Chemie

der

menschlichen Nahrungs- und Genussmittel.

Von

Dr. J. König,

Professor und Vorsteher der agric.-chem. Versuchsstation Münster i. W.

Erster Theil.

Chemische Zusammensetzung der menschlichen Nahrungs- und Genussmittel.

Mit einer Einleitung über die Ernährungslehre.

Dritte sehr vermehrte und verbesserte Auflage.

Springer-Verlag Berlin Heidelberg GmbH
1889

Chemische Zusammensetzung

der

menschlichen Nahrungs- und Genussmittel.

Nach vorhandenen Analysen

mit Angabe der Quellen zusammengestellt.

Mit einer Einleitung über die Ernährungslehre.

Von

Dr. J. König,

Professor und Vorsteher der agric.-chem. Versuchsstation Münster i. W.

Dritte sehr vermehrte und verbesserte Auflage.

Mit in den Text gedruckten Abbildungen.

Springer-Verlag Berlin Heidelberg GmbH
1889

ISBN 978-3-662-41984-7 ISBN 978-3-662-42042-3 (eBook)
DOI 10.1007/978-3-662-42042-3

Softcover reprint of the hardcover 3rd edition 1889

Vorrede zur 1. Auflage.

Die Ernährung des Menschen hat bislang seitens der Physiologie nicht die Berücksichtigung gefunden wie andere Zweige dieser Wissenschaft. Während wir über die Beschaffenheit, Art und Menge des Futters, welches zur Ernährung der landwirthschaftlichen Nutzthiere nothwendig ist, schon recht gut informirt sind, besitzen wir über die Zusammensetzung und Menge der für den Menschen nothwendigen und zweckmässigen Nahrung nur sehr mangelhafte Kenntnisse. Es hat dieses verschiedene Gründe. Zunächst ist die Nahrung des Menschen eine sehr vielseitige und complicirte, sowohl in Rücksicht der einzelnen Arten und der Zubereitung der Nahrungsmittel, als auch nach den Berufsklassen und den örtlichen Verhältnissen. In diesem Labyrinth einen leitenden Faden zu finden, ist gewiss nicht leicht und mag dieses manchen Forscher von dem Gebiet fern gehalten haben. Auch erscheint die Erforschung desselben wenig dankbar; denn der grösste Theil der menschlichen Gesellschaft wird sich derartigen Forschungen gegenüber indolent verhalten, indem er entsprechend seinen Mitteln die Nahrung nicht nach wissenschaftlichen Grundsätzen, sondern nach seinem Geschmack auswählt. So auch mag es gekommen sein, dass die Regierungen dieser Frage bis jetzt gleichgültig gegenüber gestanden haben, insofern sie keine hinreichenden Mittel zur Erforschung dieses Gebietes zur Verfügung stellten.

Den grossartigen unermüdlichen Forschungen besonders der Münchener physiologischen Schule über die Ernährungsvorgänge des Menschen in den letzten 20 Jahren jedoch konnte man sich nicht länger verschliessen. Diese Forschungen haben nicht nur Licht in das verworrene Dunkel gebracht, sie haben auch in den weitesten Kreisen das lebhafteste Interesse hervorgerufen. So sehen wir denn, dass in den letzten Jahren von den Aerzten und Regierungsbehörden der Ernährung des Menschen, besonders in den öffentlichen Anstalten, in der Volksküche, in den Gefängnissen etc. mehr Aufmerksamkeit zugewendet wird.

Um in dieser Hinsicht zu richtigen Regeln zu gelangen, ist vorzugsweise dreierlei zu wissen nothwendig:

1. Die chemische Zusammensetzung der einzelnen menschlichen Nahrungs- und Genussmittel, ihr Gehalt an einzelnen Nährstoffen,

2. die Grösse ihrer Verdaulichkeit,
3. die Art und Menge der täglich für den Menschen verschiedenen Alters und Berufes erforderlichen Nährstoffe, ihr Schicksal und ihre Function im menschlichen Organismus.

Um einen Beitrag zu diesen Fragen zu liefern, habe ich seit einigen Jahren eine Reihe menschlicher Nahrungs- und Genussmittel einer chemischen Untersuchung unterworfen, deren erste Reihe durch die Zeitschrift für Biologie 1876. S. 497 mitgetheilt wurde. In Fortsetzung dieser Untersuchung habe ich den Entschluss gefasst, eine »Chemie der menschlichen Nahrungs- und Genussmittel« zu schreiben, welche nicht nur den mittleren, Maximal- und Minimal-Gehalt der Nahrungs- und Genussmittel, sondern auch die chemische Constitution der einzelnen Bestandtheile derselben, ferner die Veränderungen, welche dieselben durch Fabrikation und Zubereitung erleiden, enthalten soll. Ich habe mich dazu entschlossen, weil alle bis jetzt über diesen Gegenstand vorliegenden Werke, entweder wie z. B. die seiner Zeit hochgeschätzte »Physiologie der Nahrungsmittel« von Jac. Moleschott veraltet, oder wie die meisten neuesten Werke ungemein lückenhaft sind.

Man begegnet in den physiologischen Lehrbüchern durchweg nur einzelnen und meistens älteren Analysen, die zum Theil in Folge veränderter und verbesserter Methoden ganz unbrauchbar geworden sind. Diese übertragen sich von einem Buch in das andere, ohne dass man neueres Untersuchungs-Material berücksichtigt. Eine möglichst vollständige Zusammenstellung von Nahrungs- und Genussmittel-Analysen unter besonderer Berücksichtigung der neueren Analysen dürfte daher sehr an der Zeit sein, und nicht bloss von dem eben angeführten Gesichtspunkt aus, sondern auch noch aus einem ebenso wichtigen anderen Grunde.

Die Nahrungs- und Genussmittel werden nämlich wie alle Handelsartikel, nach denen die Nachfrage gross ist, in der gewissenlosesten und gröblichsten Weise verfälscht. Dieser Unfug hat in den letzten Jahren einen solchen Umfang angenommen, dass die deutsche Reichsregierung sogar Veranlassung genommen hat, demselben durch besondere Gesetze Schranken zu setzen. Das Schicksal dieser Gesetzesvorlage im Reichstage ist allerdings noch nicht abzusehen. Inzwischen aber haben schon viele grössere Städte und Vereine Untersuchungsämter eingerichtet, denen die chemische Untersuchung der Lebenswaaren des Handels obliegt. Für derartige Untersuchungen ist aber in sehr vielen Fällen wichtig, die mittlere chemische Zusammensetzung der reinen, unverfälschten Nahrungs- und Genussmittel und deren Schwankung zu kennen, um event. aus dem Vergleich mit dem Untersuchungsobject auf eine Verfälschung erkennen zu können.

Man muss nach meinen Erfahrungen zur Zeit in den verschiedensten Werken und Zeitschriften suchen, um über die chemische Zusammensetzung dieser oder jener Nahrungs- und Genussmittel im reinen, unverfälschten Zustande einige Aufklärung zu erhalten.

Ich glaube daher auch dem analytischen Handelschemiker für viele Fälle dadurch einen Dienst zu erweisen, dass ich die brauchbaren Analysen der Nahrungs- und Genussmittel in übersichtlichen Tabellen zusammenstelle und Mittelwerthe herausziehe.

Anfangs beabsichtigte ich, diese Tabellen mit einem erläuternden Text zu versehen, um sie auch dem Laien zugänglich zu machen. Da dieselben aber zum Theil einen grossen Umfang angenommen haben, so habe ich hiervon Abstand genommen; denn für den Laien haben diese grossen Zahlenreihen keinen Werth, für ihn genügt es, die mittlere chemische Zusammensetzung und deren Schwankungen zu kennen. Der Fachmann aber bedarf des erläuternden Textes nicht, für ihn genügen die einfachen Zahlen.

Ich habe mich daher entschlossen, die »Chemie der menschlichen Nahrungs- und Genussmittel« in zwei von einander unabhängigen Theilen herauszugeben, von denen der erste Theil eine Zusammenstellung aller bisherigen brauchbaren Analysen, der zweite Theil nur die Mittelzahlen und den erläuternden Text unter den oben angedeuteten Erweiterungen enthält.

Den ersten Theil übergebe ich hiermit der Oeffentlichkeit. Ich bin mir wohl bewusst, dass die entworfene Zusammenstellung noch manche Mängel und Lücken besitzt. Wenngleich ich mir alle Mühe gegeben habe, das brauchbare Material in der Literatur seit 1848 zusammenzulesen, so kann es doch sein, dass mir hier und da Analysen entgangen sind. Für jeden Wink in dieser Hinsicht werde ich den Herren Fachgenossen sehr dankbar sein, noch mehr aber, wenn sie die, etwa selbst ausgeführten, bis jetzt noch nicht veröffentlichten Analysen an mich gelangen lassen wollen, um sie den Tabellen zuzufügen.

Ich bitte daher die nachstehende Zusammenstellung in dem Sinne aufzufassen, dass sie das Gute anstrebt, nicht aber bereits erreicht hat.

Nichtsdestoweniger wollte ich mit der Veröffentlichung derselben nicht länger zögern, denn über zahlreiche Nahrungs- und Genussmittel liegt ein umfangreiches Untersuchungs-Material vor, so dass es kaum einer Erweiterung bedarf. Aus dieser Zusammenstellung ersieht man daher am ersten, wo weitere Untersuchungen am nothwendigsten sind.

Ich muss an dieser Stelle dankbar hervorheben, dass mich mein erster Assistent Dr. C. Krauch sowohl durch Ausführung sehr vieler Analysen, als auch durch Zusammenstellung von Tabellen und Berechnung der Mittelwerthe aufs eifrigste unterstützt hat.

Münster i. W., im Juli 1878.

Der Verfasser.

Vorrede zur 2. Auflage.

Wenn ich in der 1. Vorrede hervorgehoben habe, dass die Ernährungslehre des Menschen im allgemeinen bis jetzt nicht die gebührende Berücksichtigung seitens der Physiologie und Chemie gefunden hat, so lässt sich jetzt wohl behaupten, dass in den letzten 3 Jahren seit dem Erscheinen des Buches kein Zweig dieser Wissenschaft mehr bearbeitet worden ist, als gerade die Nahrungs- und Genussmittelkunde. Durch die Anhäufung von massigem Untersuchungsmaterial war daher schon an sich eine starke Vermehrung der 2. Auflage bedingt. Nicht nur konnten für eine ganze Reihe Nahrungsmittel die Tabellen um eine Anzahl Analysen vermehrt, sondern auch verschiedene neue Nahrungsmittel hinzugefügt werden, die bis dahin nicht untersucht waren.

Die Tabellen gewinnen dadurch eine erhöhte Bedeutung; denn abgesehen von einigen neuen Nahrungsmitteln, haben die in vielen Fällen zu berücksichtigenden Mittelwerthe um so mehr Anspruch auf Gültigkeit, je grösser die Anzahl Analysen ist, aus denen die Mittel berechnet wurden.

Leider kann ich an dieser Stelle nicht unerwähnt lassen, dass diese Minimal-, Maximal- und Mittelwerthe einerseits selbst in den neuesten Lehrbüchern der Physiologie und Chemie veraltete und vereinzelte Analysen aus gewohnter Bequemlichkeit noch nicht zu verdrängen vermochten, andererseits aber von gewissen Seiten*) in einer Weise ausgenutzt werden, gegen welche ich hier Protest erheben muss. Zwar kann ich nur wünschen, dass die Zahlen

---

*) Sehr viel hat darin ein Herr R. Palm geleistet, welcher in den letzten Wochen mit einem Buch: „Die wichtigsten und gebräuchlichsten menschlichen Nahrungs-, Genussmittel und Getränke“ etc. (Voss' Sortiment, G. Haessel, Leipzig 1882) an die Oeffentlichkeit getreten ist. Dasselbe enthält, ohne Angabe der Quelle, nicht nur die sämmtlichen Zahlen (Minimum-, Maximum- und Mittelzahlen) dieses I. Theiles meines Buches, sondern unter Hinzufügung einiger unzugehöriger Abbildungen und Umsetzung einiger Wörter und Sätze ein kurzes Extract aus dem II. Theil. Zwar ist am Schlusse der Vorrede mein Buch als Literatur unter denjenigen aufgeführt, welche bei der Bearbeitung benutzt sind. Aber kein Mensch wird aus dem weiteren Text ersehen, dass wesentlich nur mein Buch benutzt ist; Zahlen und Inhalt sind vielmehr so wiedergegeben, als wenn sie von R. Palm selbst herrühren. Ein solches Verfahren spottet jeder Kritik; es wird hoffentlich in den wissenschaftlichen Kreisen die richtige Würdigung finden. (Vergl. Repertorium f. analyt. Chemie 1882. S. 117—121.)

und Tabellen recht vielseitige Beachtung und Verbreitung finden, aber ich glaube auch verlangen zu müssen, dass man bei Benutzung derselben wenigstens die Quelle angiebt, der sie entnommen sind; wer die Mühseligkeit einer solchen Arbeit kennt, wird dieses Verlangen nicht unbillig finden.

Ausser durch Hinzufügung neuer Analysen und Nahrungsmittel sind die Tabellen auch noch dadurch vermehrt resp. erweitert, dass ich zwei Rubriken hinzugefügt habe, von denen, auf Trockensubstanz berechnet, die eine den Gehalt an Stickstoff, die andere den an Fett bei den animalischen, den an Kohlehydraten bei den vegetabilischen Nahrungsmitteln angiebt. Durch diese Erweiterung glaube ich die Tabellen für wissenschaftliche Untersuchungen und Betrachtungen brauchbarer zu machen. Der verschiedene Gehalt an Wasser lässt häufig keine directe Vergleichung der einzelnen Analysen zu, wenn es sich um die Fragen handelt, ob und welche Unterschiede in der Zusammensetzung durch die Individualität, Fütterung, Bodenart, Düngung oder Zubereitung etc. etc. bedingt sind. Da es bei den animalischen Nahrungsmitteln vorwiegend nur auf den Gehalt an Stickstoff-Substanz und Fett, bei den vegetabilischen vorwiegend nur auf den Gehalt an Stickstoff-Substanz und Kohlehydraten ankommt, glaubte ich mich mit der Umrechnung dieser beiden Bestandtheile auf Trockensubstanz begnügen zu dürfen. Dass ich den Gehalt an Stickstoff statt Stickstoff-Substanz ($N \times 6{,}25$) gewählt habe, hat darin seinen Grund, dass nach neueren Untersuchungen der Factor 6,25 oder ein procentischer Gehalt von 16 % Stickstoff in den Protein-Verbindungen zweifelhaft geworden ist, der Gehalt an Stickstoff aber eine bestimmte nicht näher definirbare Grösse bildet.

Diese zahlreichen mühseligen Umrechnungen auf Trockensubstanz sind, wie ich hier dankbar hervorheben muss, fast ausschliesslich von Herrn Dr. W. von der Becke, zum geringen Theil von Herrn Dr. J. Cosack, Assistenten der Versuchsstation ausgeführt worden.

Eine dritte neue Rubrik, welche die Zeit resp. das Jahr der Untersuchung angiebt, dürfte nicht minder die Benutzung der Tabellen erleichtern, da man aus derselben den grösseren oder geringeren Werth einer Analyse erschliessen kann. Zwar konnte diese Zeit nicht überall mit Sicherheit ermittelt oder musste nach dem Jahr der Veröffentlichung angegeben werden, welches gewiss nicht immer mit der Zeit der Untersuchung übereinstimmen dürfte. Indess wird die Abweichung in den bei weitem meisten Fällen nicht gross sein und höchstens 1—2 Jahre betragen, welche Differenz für diesen Zweck nicht ins Gewicht fällt.

Ausserdem aber habe ich bei denjenigen Nahrungsmitteln wie Milch, Wein, Bier, bei denen verschiedene Untersuchungsmethoden in Gebrauch sind und je nach der Untersuchungsmethode in etwa andere Resultate erhalten werden, in der neuen Auflage thunlichst die Untersuchungsmethoden kurz beschrieben oder angedeutet. Das Fehlen derselben in der 1. Auflage ist mit

Recht als ein Mangel hervorgehoben worden*); ich habe diesen thunlichst abzustellen gesucht und dort, wo ich in den Quellen hierüber nichts finden konnte, die Mühe nicht gescheut, jeden Analytiker schriftlich ein und mehrere Male um diese Angaben zu ersuchen.

Von einigen Seiten sind Stimmen laut geworden, die älteren Weinanalysen, die nach weniger exacten Methoden ausgeführt sind, überhaupt als unnöthigen Ballast ganz fallen zu lassen. Ich glaube diesem Wunsche nicht nachkommen zu dürfen, einmal weil die Analysen wenigstens historische Bedeutung besitzen und für Studien bis jetzt unerlässlich sind, dann aber auch, weil die meisten und ausführlicheren derselben nach meinem Dafürhalten einen viel höheren Werth und mehr Glaubwürdigkeit in Anspruch nehmen können, als eine Reihe neuerer Analysen, welche die Hast und Effecthascherei an der Stirn tragen.

Die beiden Kapitel »Verdaulichkeit der Nahrungsmittel« und »Nahrungsbedürfniss des Menschen« habe ich nicht wieder aufgenommen,**) weil sie in den 2. Theil gehören und dort ausführlich besprochen werden.

Dagegen habe ich dem Kapitel: »Ueber die Berechnung des Nährgeldwerthes der Nahrungsmittel«, entsprechend der hohen practischen Bedeutung, eine eingehende und umfangreiche Behandlung zu theil werden lassen.

So hoffe ich denn, dass diese 2. sehr vermehrte und umgearbeitete Auflage nicht minder günstige Aufnahme und Anerkennung finden wird, wie die 1. Auflage.

---

*) Freilich hat es auch mit einigen dieser Kritiken ein eigenes Bewandtniss. So wird von dem Verf. eines ähnlichen Buches, dessen erstes literarisches Debüt, wie ich höre, darin bestand, dass er ein fleissig nachgeschriebenes Collegienheft drucken liess, der Zusammenstellung der Wein- und Bieranalysen aller Werth abgesprochen, weil die Untersuchungsmethoden nicht angegeben seien; in demselben Athemzuge theilt der Kritiker aber eine Reihe von ihm untersuchter Weinanalysen mit, ohne auch nur mit einem Wort die von ihm befolgten Methoden zu erwähnen. Wo nichts ist, da hat der Kaiser sein Recht verloren.

Von derselben oder einer nahe verwandten Seite wird mir in einer Kritik der Vorwurf gemacht, dass ich verschiedene Rothwein-Analysen von den Proff. Fr. u. N. übersehen und nicht aufgenommen habe. Auf meine wissbegierige Anfrage, wo denn diese Analysen zu finden seien, erhalte ich die Antwort, dass dieselben für eine Weinhandlung L. & Co. in B. ausgeführt seien. Freilich auch eine Quelle, aber es ist mir neu, in den Weinkellern nach Literatur suchen zu müssen.

**) Ist doch für die 3. Auflage wieder als Einleitung aufgenommen, um für den II. Theil mehr Raum für mikroscopische Abbildungen und Untersuchungsmethoden zu gewinnen.

Münster i. W., im Februar 1882.

Der Verfasser.

Vorrede zur 3. Auflage.

Die dritte Auflage des I. Bandes ist auf mehr als den 3fachen Umfang der zweiten Auflage angewachsen.

Diese Vermehrung ist einerseits dadurch bedingt, dass die »Ernährungslehre« aus dem II. Bande, um für diesen mehr Raum für mikroscopische Abbildungen, Untersuchungsmethoden etc. zu gewinnen, in den I. Band übernommen worden ist, andererseits dadurch, dass nach dem Erscheinen der zweiten Auflage zahlreiche Untersuchungen auf diesem Gebiete ausgeführt worden sind. Bei Vervollständigung des Inhaltes einiger Kapitel, so z. B. von Kuh- und Ziegenmilch, von abgerahmter Milch, von Körnern und Samen der Cerealien, Leguminosen, sowie von Wurzelgewächsen, kam mir die Neubearbeitung der Tabellen von Prof. Dr. Th. Dietrich in Marburg für das von ihm und mir gemeinschaftlich herausgegebene und demnächst erscheinende Werk »Zusammensetzung und Verdaulichkeit der Futtermittel« wesentlich zu statten.

Im übrigen haben mich bei der Bearbeitung der dritten Auflage dieselben Gesichtspunkte geleitet, wie bei der zweiten Auflage. Neben Aufführung der Analysen-Zahlen habe ich die angewendeten Untersuchungsmethoden, besonders bei den Nahrungs- und Genussmitteln, deren Untersuchungsresultate von den Analysen-Methoden beeinflusst sind, thunlichst berücksichtigt.

Ich glaube annehmen zu dürfen, dass die dritte Auflage eine vollständige Uebersicht über die gesammte bis jetzt vorliegende umfangreiche Literatur dieses Gegenstandes bietet; an Mühe und Arbeit, das Material zu sammeln und übersichtlich zusammenzustellen, habe ich es wenigstens nicht fehlen lassen. Hierbei bin ich von den verschiedensten Seiten durch Einsendung von diesbezüglichen Abhandlungen und Schriften unterstützt worden; für dieses Entgegenkommen will ich den Fachgenossen an dieser Stelle meinen wärmsten Dank aussprechen und mich der Hoffnung hingeben, dass die dritte Auflage nicht minder wie die früheren Auflagen den weiteren Ausbau des äusserst wichtigen Gebietes der menschlichen Nahrungs- und Genussmittel fördern möge. Darin besteht die beste Anerkennung, welche einem Werke zu theil werden kann.

Münster i. W., Pfingsten 1889.

Der Verfasser.

Inhalts-Uebersicht.

I. Die Ernährungslehre.

II. Animalische Nahrungs- und Genussmittel.

Nachträge:

Anhang:

I.

Die Ernährungslehre.

Einleitung.

Nährstoff, Nahrungsmittel, Nahrung und Genussmittel.

Die Lebensvorgänge im menschlichen Organismus bedingen wie bei jedem organischen Wesen einen stetigen Zerfall von Körpersubstanz; fortwährend spalten sich complicirt zusammengesetzte Verbindungen in einfache und werden als solche aus dem Körper ausgeschieden. Soll letzterer auf seinem Bestande erhalten und lebensfähig bleiben, so muss ihm für diesen stetigen Verlust ein entsprechender Ersatz geleistet werden.

Dieses geschieht durch die in Speise und Trank zugeführten Nährstoffe.

Unter „Nährstoff“ oder „Nahrungsstoff“ verstehen wir einen einzelnen Bestandtheil der Nahrungsmittel, der z. B. wie Zucker, Fett oder Eiweiss, Wasser etc. als ein selbständiger, chemischer Körper angesehen werden kann und irgend einen der wesentlichen stofflichen Bestandtheile des Organismus zu ersetzen vermag. Nährstoff.

Ein „Nahrungsmittel“ setzt sich aus verschiedenen Nährstoffen zusammen; so nennen wir Milch ein Nahrungsmittel, weil sie mehrere Nährstoffe, nämlich: Casein, (Albumin), Fett, Milchzucker und Salze enthält. Mit diesem Nahrungsmittel ernährt sich der Mensch in den ersten Monaten seines Lebens. Alsdann aber greift er gleichzeitig zu anderen Nahrungsmitteln (wie Brod, Kartoffeln, Gemüse, Fleisch etc.). Nahrungsmittel.

Keines dieser Nahrungsmittel ist für sich allein geeignet, den Menschen auf die Dauer vollauf zu ernähren; er gebraucht vielmehr zu seiner vollen Ernährung ein Gemisch der verschiedensten Nahrungsmittel und dieses für die völlige Ernährung des Menschen hinreichende Gemisch von verschiedenen Nahrungsmitteln nennen wir „Nahrung“. Nahrung.

Neben den Nahrungsmitteln nimmt der Mensch noch täglich eine grössere oder geringere Menge anderer Stoffe zu sich, welche zwar nicht absolut nothwendig sind, um die Lebensthätigkeit zu erhalten, auch nicht zum Aufbau der Körperorgane oder Bestandtheile dienen, welche er sich aber nicht entgehen lässt, wenn ihm dazu die Mittel gegeben sind. Es sind dies die sogen. „Genussmittel“, welche wie die alkoholischen Getränke, Kaffee, Thee, Chocolade, Tabak, Gewürze etc. vorzugsweise durch einen darin enthaltenen specifischen Körper (Alkohol, Caffein, Theobromin, Nicotin oder ein aetherisches Oel) einen wohlthuenden und behaglichen Einfluss auf die Nerven ausüben und die ganze Lebensthätigkeit steigern. Genussmittel.

Um den Werth der verschiedenen Nahrungs- und Genussmittel für die menschliche Ernährung besser würdigen zu können, dürfte es zweckmässig sein, zunächst die Bedeutung der einzelnen Nährstoffe für die Ernährung in kurzen Zügen klar zu legen, ferner den Weg derselben durch den Organismus und ihre Function in demselben zu verfolgen.

Allgemeines über die Bedeutung der einzelnen Nährstoffe.

Allgemeines. Der Mensch gehört zu den Omnivoren, er nimmt seine Nahrung sowohl aus dem Thier- wie Pflanzenreich.

Die Nährstoffe der verschiedenen Nahrungsmittel sowohl der animalischen wie vegetabilischen lassen sich in folgende 5 Gruppen zerlegen:

1) Wasser,
2) Eiweiss- oder Proteinstoffe,
3) Fett,
4) Sogen. stickstofffreie Extractstoffe oder Kohlehydrate,
5) Salze oder Mineralstoffe.

Die animalischen Nahrungsmittel wie Fleisch, Eier enthalten ausser Wasser, Eiweiss, Fett und Salzen keine oder nur geringe Mengen sogen. stickstofffreier Extractstoffe; nur in der Milch und den Molkereiproducten ist diese Gruppe in Form von Milchzucker in erheblicher Menge vertreten.

In den vegetabilischen Nahrungsmitteln dagegen ist diese Gruppe durchweg vorwaltend; hier bilden die sogen. stickstofffreien Extractstoffe den vorwiegendsten Bestandtheil und bestehen bald aus Zucker, Gummi, Dextrin, bald aus Stärke (oder Stärkemehl) und verwandten Verbindungen. Dazu gesellt sich die diese Stoffe umhüllende Zellwandung oder Cellulose, welche, von derselben Elementarzusammensetzung wie die Stärke, ebenfalls von dem Menschen verdaut und resorbirt wird, im allgemeinen aber für die Ernährung von untergeordneter Bedeutung ist.

Die Bedeutung dieser einzelnen Nährstoffe für die Ernährung des Menschen ist eine sehr verschiedene.

Das Wasser. ***1. Das Wasser.*** Das Wasser bildet den hervorragendsten Bestandtheil des thierischen Organismus. Der jüngere Organismus enthält circa 87 % Wasser, der ältere etwa 70 %.

Diese grosse, über $^2/_3$ des Körpergewichts ausmachende Wassermenge ist zum grössten Theile im freien Zustande vorhanden und bildet die Hauptmasse der thierischen Flüssigkeiten, so des Blutes, welches 80 %, des Chylus und der Lymphe, welche 93 % enthalten, ferner des Magen-Inhaltes, des Harn's etc. Das Wasser ist hier der Träger der in diesen Flüssigkeiten gelösten Stoffe; es übernimmt den Transport derselben vom Magen durch den ganzen Körper und vermittelt die chemischen Umsetzungen der Stoffe in den einzelnen Körpertheilen.

Ein anderer Theil des thierischen Wassers ist physikalisch und chemisch mit Körperbestandtheilen verbunden. So enthält das Muskelgewebe circa 75 % Wasser, ohne welche es nicht die saftweiche Beschaffenheit, die Elasticität etc. besitzen würde. Von dem Körper-Wasser wird nun fortwährend im Athem, oder durch Verdunstung von der Haut, oder im Harn und in den Fäces erheblich abgegeben; die Menge dieses Verlustes kann bei einem erwachsenen Menschen auf 2—3 l pro Tag veranschlagt werden; sie wächst mit der Grösse der verrichteten Arbeit und der Höhe der den Körper umgebenden Lufttemperatur. Je höher die Temperatur, desto schneller die Verdunstung. Dazu, dass das flüssige Wasser in den Hautgeweben gasförmig austritt, ist Wärme erforderlich, oder wird, wie wir sagen, Wärme gebunden. Diese Wärme wird dem Organismus entzogen; es wirkt daher die Verdunstung des Wassers durch die Haut, auf welcher sich der gasförmig ausgetretene Wasserdampf bei einer sehr gesteigerten Absonderung durch dieselbe als flüssiges Wasser niederschlägt, abkühlend. Da die Grösse der Wasserverdunstung mit der Höhe der Temperatur und der Grösse der geleisteten Arbeit steigt und fällt, so wird dieselbe zum Wärme-Regulator des thierischen Organismus.

Mit der allmählichen Abnahme des Wassers in den Geweben stellt sich bei uns das Gefühl des Durstes, das Bedürfniss nach Aufnahme von Wasser ein.

Letztere erfolgt entweder in Form von Trinkwasser, geistigen Getränken oder von Nahrungsmitteln. Denn alle unsere Nahrungsmittel enthalten Wasser; so hat Fleisch 70—80 %, Milch 87—90 %, Brod 30—40 %, Wurzelgewächse, Gemüse und Obst 75—90 %, die geistigen Getränke (Bier und Wein) endlich 86—90 % Wasser.

Die Proteinstoffe.

2. *Die Eiweissstoffe oder Proteinstoffe.* Zu dieser Gruppe von Nährstoffen gehört eine Reihe von Körpern, welche bald als Albumin, Casein, Fibrin, Kleber, bald als Legumin etc. bezeichnet, in nur wenig wechselnder Menge die Elemente, Kohlenstoff, Wasserstoff, Sauerstoff, Stickstoff, Schwefel und Phosphor enthalten und eine ganz ähnliche Constitution besitzen. Sie sind unzweifelhaft die wichtigsten Bestandtheile des thierischen wie auch des pflanzlichen Organismus. Denn vom Protoplasma der Pflanzenzellen bis hinauf zu den hochorganisirten Muskeln und dem Gehirn sind die Lebensfunctionen wesentlich an diese stickstoffhaltigen Verbindungen oder deren Spaltungsproducte und Abkömmlinge gebunden.

Das Blut sowie alle thierischen Gewebe und Organe (Muskeln, Herz, Lunge, Leber etc.) sind vorwiegend aus diesen stickstoffhaltigen Eiweiss-Verbindungen zusammengesetzt.

Der in dem Blut in Verbindung mit Eisen vorkommende krystallisirbare Eiweisskörper, das „Hämoglobin", bildet die rothen Blutkörperchen; auf das Hämoglobin verdichtet sich der in den Lungen aufgenommene Luft-Sauerstoff, um durch den ganzen Körper bis in die Gewebe fortgetragen zu werden; dort trifft der Sauerstoff mit gelösten stickstoffhaltigen Eiweisskörpern zusammen und bewirkt deren Zerfall zu niedriger organisirten Verbindungen, als deren Endproduct der Harnstoff, Harnsäure[1]) und einige andere seltenere Körper erscheinen. Durch diese Umsetzung der stickstoffhaltigen Eiweiss-Verbindungen, bei welcher auch gleichzeitig die Fette und sonstige stickstofffreie Verbindungen (wie Zucker etc.) zersetzt werden, ist die Lebensthätigkeit der einzelnen thierischen Organe bedingt und wird die thierische Wärme erzeugt und erhalten.

Der bei der Umsetzung der stickstoffhaltigen Eiweissverbindungen sich bildende Harnstoff (und Harnsäure) wird im Harn ausgeschieden; der Harnstoff (resp. der im Harn ausgeschiedene Stickstoff) giebt uns daher einen Massstab für die Grösse dieser Umsetzung, denn auf einem anderen Wege werden keine oder nur äusserst geringe Mengen von Endproducten dieser Umsetzung aus dem Körper ausgeschieden.

Die auf diese Weise festgestellte Grösse des Eiweissverbrauches beträgt für den mittleren menschlichen Organismus etwa 118—150 g. Diese müssen also in der täglichen Nahrung wieder zugeführt werden, wenn der Organismus auf seinem Bestande verbleiben soll. Wird mehr zugeführt, als dem Umsatz entspricht, so erfolgt Ansatz oder Wachsthum der Organe und Gewebe.

---

[1]) Bei den Pflanzenfressern wird statt der Harnsäure Hippursäure ausgeschieden.

Der Ersatz an Eiweissstoffen kann durch Aufnahme sowohl von thierischen als auch pflanzlichen Nahrungsmitteln geleistet werden; denn auch die letzteren enthalten mehr oder weniger Eiweissstoffe, die für den Organismus des Herbivoren (Pflanzenfressers) und Omnivoren dieselben oder doch ähnliche Dienste leisten, wie die Eiweissstoffe in den thierischen Nahrungsmitteln. Der Pflanzenfresser nicht nur baut aus pflanzlichen Eiweissstoffen thierische Organe und Gewebe auf, auch der Mensch als Omnivore vermag sein Leben durch fast ausschliesslichen Genuss von pflanzlichen Nahrungsmitteln zu fristen.

Der Gehalt der Nahrungsmittel an Eiweissstoffen ist sehr verschieden; das Fleisch der verschiedenen Thiere enthält 15—23 %, Milch 3—4 %, Käse 27—32 %; unter den vegetabilischen Nahrungsmitteln sind die Leguminosen (Bohnen, Erbsen, Linsen) am eiweissreichsten, sie enthalten 23—27 % Eiweissstoffe, die Mehlsorten 8—11 %, Brod 6—9 %, Wurzelgewächse und Gemüse 1—4 % etc.

Für eine richtige Ernährung ist erforderlich, die einzelnen Nahrungsmittel in einem solchen Gemisch einzunehmen, dass die pro Tag erforderliche Eiweissmenge gedeckt wird.

Das Fett.

3. Das Fett. Die Fette sind chemische Verbindungen von Fettsäuren mit Glycerin. Dieses gilt wenigstens für die thierischen Fette, während die vegetabilischen Fette neben der Verbindung der Fettsäuren mit Glycerin auch freie Fettsäuren enthalten. Zuweilen tritt an die Stelle des Glycerins ein anderer basischer Körper wie Cholesterin.

Das Fett ist im menschlichen wie in jedem thierischen Organismus zum Theil als solches in Bindegewebszellen abgelagert und bildet das sogen. Fettgewebe, zum Theil findet es sich in den Muskeln und Geweben eingelagert, zum Theil ist es aufgelöst im Blut und in den Säften vorhanden. Im Gehirn, in den Nerven, im Rückenmark und Knochenmark bildet das Fett einen hervorragenden Bestandtheil.

Der Gehalt des thierischen Organismus an Fett ist sehr verschieden, er hängt viel von der Individualität und Nahrung ab; bei reichlicher Fettnahrung und geringer körperlicher Anstrengung wird meistens viel Fett abgelagert.

Schon hieraus folgt, dass für gewöhnlich das in der Nahrung aufgenommene Fett im thierischen Organismus zerstört wird. Unter dem Einfluss des durch die Lungen aufgenommenen Sauerstoffs wird es wie bei der Lampe oder Kerze verbrannt, der Kohlenstoff desselben verbrennt zu Kohlensäure, der Wasserstoff zu Wasser. Durch diesen Vorgang wird ebenso wie beim Brennen des Fettes an der Luft, Wärme erzeugt. Auch tritt auf diese Weise das Fett für die Eiweissstoffe ein, indem es diese vor Zerfall in den Geweben schützt und beim wachsenden Organismus zum Ansatz bringt; das Fett wirkt zunächst als Eiweiss ersparendes Mittel; wird mehr Fett in der Nahrung zugeführt, als im Körper zur Zerstörung gelangen kann, so wird es abgelagert.

Die Menge des täglich in der menschlichen Nahrung zuzuführenden Fettes kann nicht so genau bemessen werden, wie die der Eiweissstoffe, weil wir neben dem Fett noch eine Menge anderer stickstofffreier Stoffe zu uns nehmen, welche das Fett in seiner Eiweiss ersparenden Rolle vertreten können. C. Voit schätzt die im Minimum für einen mittleren menschlichen Organismus erforderliche Menge auf 56 g.

Wir nehmen das Fett in der Nahrung bald als reines Fett (in der Butter, im Schmalz, in Pflanzenölen etc.) oder in mit Fetten zubereiteten Speisen zu uns, bald in den mehr oder weniger Fett enthaltenden Nahrungsmitteln. Gut durchwachsenes Fleisch hat 5—12 %, Eier 12 %, Milch 3—4 %, Butter 85—90 %, Käse 8—30 % Fett. Die vom Menschen genossenen vegetabilischen Nahrungsmittel sind durchweg sehr arm an Fett; sie enthalten davon 0—3 %; nur in den Mandeln und Nüssen (Hasel- und Wallnuss), in den Oelsamen etc. ist eine grössere Menge Fett von 30—60 % vorhanden.

4. *Die stickstofffreien Extractstoffe.* Zu dieser Gruppe von Nährstoffen gehören eine Reihe chemischer Körper oder Verbindungen von ähnlicher Constitution, von denen Stärkemehl, Zucker, Gummi und Dextrin, ferner Alkohol etc. die wichtigsten Repräsentanten sind. Diese Körper sind keine Bestandtheile der thierischen Gewebe und Organe; die durch die Nahrung aufgenommenen Nährstoffe dieser Art werden entweder im Blut oder in den Geweben direct zu Kohlensäure und Wasser oxydirt. Sie wirken also ähnlich wie das Fett, indem sie einerseits durch den Verbrennungsprocess Wärme liefern, andererseits das Eiweiss der thierischen Säfte und Organe vor Zersetzung schützen. Sie unterscheiden sich von dem Fett nur dadurch, dass sie nicht als solche zum Ansatz im thierischen Organismus gelangen. Ob aus den Kohlehydraten durch Umlagerung Fett im Organismus entsteht oder entstehen kann, ist lange eine Streitfrage gewesen. Die N.-freien Extractstoffe.

Neuere Versuche haben aber ergeben, dass nicht nur bei dem Pflanzenfresser sondern auch bei dem Fleischfresser unter Umständen aus den Kohlehydraten im Organismus Fett gebildet werden kann.

Nach vielfachen Ermittelungen nimmt der erwachsene menschliche Organismus täglich rund 500 g oder $\frac{1}{2}$ kg dieser Stoffe zu sich, und zwar vorzugsweise in Form von Brod und Kartoffeln.

5. *Die Cellulose.* Von der Cellulose nahm man früher allgemein an, dass sie beim Stoffwechsel dem gleichen Schicksal anheimfällt, wie die N.-freien Extractstoffe, nämlich, dass sie durch den saueren Magensaft in eine lösliche Form übergeführt wird und die Eigenschaft eines löslichen Kohlehydrates annimmt. Diese Bedeutung ist jedoch der Cellulose durch einige Versuche von W. Tappeiner, Hoppe-Seyler etc. in den letzten Jahren abgesprochen, indem hiernach angenommen werden musste, dass die Cellulose nicht dem Verdauungs- sondern einem Gährungsprocess verfällt, bei welchem unter der Einwirkung von geformten Elementen aus der Cellulose theils gasförmige Producte (wie Kohlensäure und Grubengas), theils flüchtige Fettsäuren (Essigsäure, Buttersäure etc.) entstehen.[1]) H. Weiske glaubte sogar durch einen Versuch thatsächlich den Beweis geliefert zu haben, dass die Cellulose keine Eiweiss ersparende Wirkung und damit keinen Nährwerth besitzt. Dieses Resultat ist aber durch weit umfangreichere Versuche von W. v. Knierim widerlegt und haben Henneberg und Stohmann nachgewiesen, dass wenn auch eine im obigen Sinne verlaufene Cellulose-Gährung im Darm statthat, die flüchtigen Fettsäuren doch nicht als nutzlos für den Stoffwechsel zu bezeichnen sind und H. Wilsing hat durch einen Fütterungsversuch bei einer Ziege durch Bestimmung der flüchtigen Fettsäuren im Harn und Koth den Beweis erbracht, dass die bei der Cellulose entstehenden Die Cellulose.

---

[1]) Vergl. Kapitel „der Darmsaft.“

Fettsäuren entweder resorbirt werden müssen, oder aber dass nur ein kleiner Theil der Cellulose der Vergährung anheimfällt. Man wird daher der Cellulose nach wie vor wenn auch nicht den vollen Nährwerth eines Kohlehydrates, so doch einen nicht zu unterschätzenden Nährwerth beilegen müssen.

Die Mineralstoffe.

6. Die Mineralstoffe. Sie bilden den Hauptbestandtheil des menschlichen Knochengerüstes. Die Knochen bestehen je nach dem Alter und der Härte bis zu 70% aus mineralischen Stoffen. Unter diesen steht das Calciumphosphat (3basisch-phosphorsaurer Kalk) oben an; 80—90% der in den Knochen vorhandenen Mineralstoffe werden durch Calciumphosphat gebildet. Neben demselben finden sich in geringer Menge Magnesiumphosphat, Calciumcarbonat und in sehr geringer Menge Fluorcalcium etc.

Die Organe und Gewebe sind ebenfalls wenn auch weniger mit Mineralstoffen durchsetzt; sie enthalten durchweg 1—2% Mineralstoffe, die vorwiegend aus Kaliumphosphat neben geringen Mengen von Chloriden und schwefelsauren Salzen bestehen.

Eine sehr wichtige Rolle spielen die Mineralstoffe in den Flüssigkeiten des menschlichen Organismus, im Magensaft, im Chylus, Blut etc. Diese sind besonders reich an Chlornatrium (Kochsalz); dasselbe befördert im Magen nicht nur die Verdauung, sondern ist auch von grosser Bedeutung für die endosmotischen Vorgänge im Organismus, indem es ein rasches Ueberströmen der durch den Magensaft gelösten Stoffe in das Blut bewirkt. Auf diese wie auf noch einige andere Rollen des Kochsalzes im menschlichen Körper werde ich weiter unten zurückkommen.

Neben dem Kochsalz finden sich im thierischen Blut bei den Fleischfressern Alkali-Phosphate, bei den Pflanzenfressern Alkali-Carbonate. Beiderlei Salze ertheilen dem Blut eine alkalische Reaction und befördern die Umsetzungs- und Oxydationsvorgänge; denn wir wissen, dass organische Stoffe in alkalischer Lösung leichter oxydirt werden, als in neutraler oder sauerer Lösung.

Auch verdient besonders das Eisen hervorgehoben zu werden; es bildet mit dem Hämoglobin des Blutes (den Blutkörperchen) eine feste Verbindung und findet sich daher vorzugsweise im Blut. Da die Blutkörperchen, wie bereits oben bemerkt, die Vermittler aller Wirkungen des Blutes sind, so leuchtet hieraus die Wichtigkeit des Eisens für den menschlichen Organismus von selbst ein.

Ob das bei Bleichsucht eingenommene Eisen (in Form der verschiedensten Salze) als solches in's Blut geht und zur Vermehrung der Blutkörperchen beiträgt oder ob es nur als Stomachicum wirkt in der Weise, dass die Eisensalze die Verdauungsthätigkeit der Bleichsüchtigen regeln und einen vermehrten Uebergang der blutbildenden Bestandtheile der Nahrung in das Blut bewirken, ist noch nicht sicher festgestellt.

Jedenfalls sind die mineralischen Bestandtheile in unserer Nahrung nicht zu unterschätzen. Als Kind bedarf der Mensch vorzugsweise zum Aufbau des Knochengerüstes der Phosphate und Carbonate der Erdmetalle; diese findet das Kind in hinreichender Menge in der Milch; bei Entwöhnung von derselben müssen solche Nahrungsmittel gewählt werden, die eine genügende Menge an diesen Mineralstoffen enthalten. Werden dem menschlichen Organismus die Mineralstoffe nicht in hinreichender Menge zugeführt, so kann er, wie wir weiter unten sehen werden, seine Functionen nicht mehr verrichten, es treten Erkrankungen aller Art auf.

Eier, Milch und Käse enthalten vorzugsweise Kali- und Kalkphosphat; im Fleisch ist ebenso wie in den meisten von uns genossenen vegetabilischen Nahrungsmitteln das Kaliphosphat vorwaltend; jedoch tritt bei vielen vegetabilischen Nahrungsmitteln (wie Leguminosen, Gemüsearten etc.) eine grössere Menge Kalk hinzu. Auch sind die meisten vegetabilischen Nahrungsmittel durch einen Gehalt an Kieselerde ausgezeichnet, welche als indifferent für die menschliche Ernährung in den animalischen Nahrungsmitteln fehlt.

Nach dieser allgemeinen Characteristik der Bestandtheile des menschlichen Organismus und der Nährstoffe wollen wir den Ernährungsvorgang selbst eingehender verfolgen.

Die Verdauung.

Die Nährstoffe der menschlichen Nahrung nach ihrer Aufnahme in den Mund gehen nicht ohne weiteres in den Magen und das Blut über; sie bedürfen mit vereinzelten Ausnahmen nach Zerkleinerung der aufgenommenen festen Stoffe einer vorherigen Umarbeitung und Umsetzung, um assimilationsfähig zu werden. Zerkleinerung.

Die Zerkleinerung der Nahrungsmittel geschieht, insofern sie nicht durch eine besondere Zubereitung (Kochen und Zerstossen) vorbereitet ist, durch das Kauen im Munde. Bei diesem mechanischen Vorgange werden dieselben mit dem Speichel vermischt und erleiden dadurch sehr wesentliche Umsetzungen.

1. Der Speichel ist das Secret der Speicheldrüsen (der Ohrspeicheldrüse, Unterkieferdrüse und Unterzungendrüse). Der Speichel ist von alkalischer Reaction und hat ein spec. Gew. von 1,004—1,006. Die Menge des von den Drüsen durch den Reiz während des Kauens abgesonderten Speichel-Secretes ist eine sehr bedeutende; sie übertrifft das Gewicht der Drüsen um das 8—14fache. So fand Tuczek[1]) das Gewicht der Speicheldrüsen beim erwachsenen Menschen zu 66 g; während des Essens werden täglich etwa 30—58 Minuten zum Kauen verwendet und beträgt die während 1 Stunde abgesonderte Speichelmenge pro 100 g Drüse im Mittel etwa 1300 g. Beim Pferd vermögen 100 g Drüse in 1 Stunde 1422 g, beim Rind 801 g Speichel zu liefern. Die Speichelmenge.

Die Hauptmasse des Secrets besteht aber aus Wasser, nur ein kleiner Theil aus festen Bestandtheilen, von denen nur die organischen und von diesen nicht einmal alle als durch die Drüsen-Thätigkeit veränderte Producte angesehen werden können. Die vom Menschen in 1 Stunde abgeschiedene Speichelmenge enthält etwa 6,3 g feste Bestandtheile, 3,9 g organische und 2,4 g anorganische Stoffe.

Nach den Untersuchungen von Simon, Berzelius, Frerichs (1)[2]) und von Fr. Hammacher (2)[3]) enthält der menschliche Speichel im Mittel: Zusammensetzung.

	(1)	(2)
Wasser	99,199 %	99,420 %
Speichelstoff oder Ptyalin	0,250 „	0,139 „ *)
Schleim	0,164 „	0,139 „ **)

---

[1]) Zeitschr. f. Biologie. Bd. 12. S. 234.
[2]) Moleschott: Physiologie der Nahrungsmittel. II. Theil. 1859. S. 3.
[3]) Zeitschr. f. physiol. Chemie V. S. 302.
*) Ptyalin + Albumin.
**) Epithelien + Mucin.

	(1)	(2)
Fett	0,019 %	— %
Schwefelcyankalium	0,007 „	0,004 „
Chloralkalien	0,103 „	0,220 „ [1]
Sonstige Salze	0,258 „	

Nach B. H. Heyward enthält der Speichel 0,004—0,01 % Ammoniak.

P. Gries findet in seinem eigenen Speichel 1 mg, in dem eines Knaben 10 mg salpetrige Säure.

J. Munk giebt den Gehalt an Sulfocyansäure zu 0,01 % an.

Speichel-Absonderung für verschied. Nahrungsmittel.

Tuczek hat (l. c.) die Menge Speichel ermittelt, welche vom Menschen beim Kauen verschiedener Nahrungsmittel zur Einspeichelung derselben abgeschieden werden. Er fand unter anderen:

	Trockengewicht der eingenommenen Nahrungsmittel %	Abgesonderte Speichelmenge pro 100 g trockner Nahrungsmittel g
Weissbrodkrume	59,11	128,1
Weissbrodrinde	86,17	137,0
Schwarzbrodkrume	59,35	98,0
Schwarzbrodrinde	82,76	124,6
Kuchen (Gogelhopf)	72,68	90,5
Knödel	31,78	66,7
Süsses Gebäck (sehr hart und trocken)	98,04	504,3
Rindfleisch (gesotten)	39,47	205,9
Kalbsbraten (Schlegel)	37,74	202,1
Schweinebraten	48,06	157,3
Lammbraten	37,19	111,0
Rehbraten (gebeizt)	38,31	198,4
Gulyas (gepfeffert)	38,56	213,7
Salzhäring (Fleisch)	46,62	104,0
Geräucherter Häring	66,97	76,1
Wurst (geselcht)	49,50	83,8
Eier-Eiweis (hart gesotten)	13,30	142,3
Eier-Dotter (weich gesotten)	50,69	103,5
Eierspeise	33,10	145,6
Schweizerkäse	66,86	89,6
Sauerkraut	10,32	142,4
Wasserrüben	18,54	64,4
Kartoffeln (in der Schale gekocht)	22,61	144,6
Kartoffelsalat	20,58	155,0
Zwetschen (roh, frisch)	15,59	159,8
Aepfel (roh, frisch)	16,50	313,3
Nüsse (alte)	95,45	243,5
Kastanien (gebraten)	68,87	264,2

Aus diesen Zahlen ersieht man, dass per 100 g Trockensubstanz in das eine Nahrungsmittel mehr, in das andere weniger Speichel während des Kauens auf-

[1]) In 100 Thln. Asche waren enthalten 45,7 % K_2O, 9,59 % Na_2O, 5,01 % CaO, 0,16 MgO, 6,38 % SO_3 (mit 1,80 % fertig gebildeter SO_3), 18,95 % P_2O_5 und 18,35 % Cl.

genommen wird, dass demnach noch andere Verhältnisse als der Wassergehalt der Speise für den Grad der Einspeichelung bestimmend sind.

Mit Hülfe dieser Zahlen hat dann Tuczek diejenige Speichelmenge berechnet, welche bei verschiedener Kost innerhalb 24 Stunden von dem Menschen durch Kauen abgesondert wird. Er findet folgende Mengen:

Versuchsobject	Art der Nahrung	Menge des Speichels g
Mann	Gemischte Kost	476
desgl.	Eiweissreiche Kost	773
3 Arbeiter (Mittel)	Gemischte Kost	473
2 junge Männer (Mittel)	desgl.	459
Alter Mann	desgl.	372
Alte Frau	desgl.	328
Kind, $2^1/_2$ Jahre alt	desgl.	126

Nach Bidder und Schmidt beträgt die pro Tag beim Menschen abgesonderte Speichelmenge 1000—2000 g, nach anderen Angaben 200—1500 g.

Die vortheilhafte Wirkung des Speichels auf die Verdauung kann auf 4 Punkte zurückgeführt werden: Wirkung des Speichels auf die Nahrungsbestandtheile.

a. er durchfeuchtet die Nahrungsbissen, macht sie schlüpfrig und bewirkt auf diese Weise ein besseres Hinabgleiten in den Magen;

b. er fügt der Nahrung eine grössere Menge Wasser hinzu und wirkt lösend auf die Nährstoffe; er stellt gleichsam ein wässeriges Extract derselben her, welches von dem Magensaft leichter verarbeitet werden kann und assimilationsfähiger wird;

c. in Folge der schaumigen Beschaffenheit des Speichels und der kauenden Bewegung wird den Nahrungsbissen atmosphärische Luft beigemengt, welche von Einfluss auf manche Zersetzungen und Umbildungen im Magen und Darm ist;

d. die vortheilhafteste Wirkung des Speichels beruht endlich auf einer chemischen Umsetzung.

Der chemisch wirksame Stoff in demselben ist das Ptyalin, welches aus einer Verbindung von einem dem Albumin ähnlichen stickstoffhaltigen Körper mit Alkali besteht. Ptyalin.

Das Ptyalin ist ein Ferment. Unter Ferment verstehen wir durchweg eigenthümliche organisch-chemische, stickstoffhaltige Verbindungen, welche durch ihre blosse Gegenwart gewisse Umsetzungen anderer organischer Verbindungen zur Folge haben. Die Fermentwirkungen haben nach Hermann fast alle den Charakter gemein, dass sie mit einer Wasseraufnahme des sich umsetzenden Körpers verbunden sind.

So bewirkt auch das Ptyalin eine Umwandlung der Stärke in Dextrin und eine Zuckerart, wobei der Stärke einfach die Atome des Wassers hinzugefügt werden. Als entstandene Zuckerart nahm man bis jetzt allgemein „Traubenzucker" an. Neuere Untersuchungen von v. Mehring[1]) haben aber dargethan, dass sich ebenso wie unter dem Einfluss von Diastase so auch unter dem von Speichel aus der Stärke anfangs ausser Dextrin nur „Maltose" bildet etwa nach folgender Gleichung:

$$3\,(C_6\,H_{10}\,O_5) + H_2\,O = C_{12}\,H_{22}\,O_{11} + C_6\,H_{10}\,O_5$$

3 Stärke + Wasser = 1 Maltose + 1 Dextrin.

[1]) Zeitschr. f. physiol. Chemie V. S. 185.

Bei längerer Einwirkung dieser Fermente auf Stärke tritt als secundäres Product, d. h. durch Spaltung von Maltose, Traubenzucker auf. Bei der Einwirkung von Speichel und Diastase auf Stärke entstehen zwei verschiedene Dextrine, von denen das eine durch genannte Fermente angegriffen, d. h. in Maltose und weiter in Traubenzucker zerlegt wird, das andere nicht.

Zu ähnlichen Resultaten gelangte O. Nasse[1]); derselbe findet, dass bei der Einwirkung von menschlichem Speichel auf Stärke nur 45 % derselben in Traubenzucker umgewandelt werden, dass dagegen bei Einwirkung von thierischem Speichel auf Stärke kein Traubenzucker, sondern eine andere lösliche, Kupferoxyd nur in alkalischer Lösung reducirende Zuckerart entsteht; diese nennt er „Amylum-Ptyalose"; neben dieser Zuckerart bildet sich „Achroodextrin", welche Kupferlösung gar nicht reducirt. Die Wirkung des Speichels resp. des Ptyalins auf Stärke ist ganz analog der der Diastase im Malz (gekeimte Gerste). Das Ptyalin unterscheidet sich nur dadurch von der Diastase, dass es schon bei 30—40 ° C. wirkt und bei 60 ° zerstört wird, während Diastase erst bei ca. 60 ° zu wirken anfängt.

Von Cl. Bernard ist die zuckerbildende Eigenschaft des Speichels bestritten worden[2]); jedoch kann dieselbe auf Grund vorstehender und anderer Untersuchungen, so von v. Wittich, G. Hüfner u. s. w. wohl nicht angezweifelt werden.

Harald Goldschmidt[3]) glaubt, dass das Ferment des Speichels ein vitales d. h. vermehrungsfähiges ist; aus der Parotis vom Schwein konnte er allerdings keinen diastatisch wirksamen Organismus züchten, doch schien im Parotidenspeichel vom Pferd sowie in der Hunde-Submaxilaris ein solcher vorhanden zu sein. Chittenden und Smith[4]) finden die diastatische Wirkung des neutralisirten Speichels grösser als die des normalen alkalischen. Neutrale Peptone begünstigen die diastatische Wirkung des neutralisirten Speichels. Dasselbe ist der Fall durch Zusatz ganz geringer Mengen Salzsäure und bei Bildung von geringen Mengen Acidprotein; 0,003 % freie Salzsäure soll dagegen die Wirkung des Speichels auf Stärke fast vollständig aufheben. Auch Natriumcarbonat verzögert nach Chittenden und Smith die diastatische Wirkung des Speichels im Verhältniss zu der zugesetzten Menge.

Von rohen Stärkekörnern löst der Speichel bei 35 ° C. nur die Stärkegranulose, während die Stärkecellulose ungelöst bleibt. Gekochte oder einer höheren Temperatur ausgesetzte Stärke wird dagegen ganz umgewandelt.

O. Hammerstein[5]) bestimmte die Zeit, nach deren Verlauf sich durch Einwirkung von Speichel Zucker bildet; er fand Zuckerbildung bei:

Kartoffelstärke	nach	2—4	Stunden
Erbsenstärke	„	$1^3/_4$—2	„
Weizenstärke	„	$^1/_2$—1	„
Gerstenstärke	„	10—15	Minuten
Haferstärke	„	5—7	„
Roggenstärke	„	3—6	„
Maisstärke	„	2—3	„

---

[1]) Pflüger's Archiv f. Physiologie 1877. S. 455.

[2]) Er behauptet, dass frischer Speichel diese Eigenschaft nicht besitze, sondern sie erst durch Berührung mit Luft erlange.

[3]) Zeitschr. f. physiol. Chemie. Bd. 10. S. 273.

[4]) Chem. News Bd. 53. S. 173.

[5]) Jahresbericht über die Leistungen der gesammten Medicin. 1871. S. 1.

Nach diesen Untersuchungen würde also Kartoffelstärke am schwierigsten in Zucker übergehen. A. Dobroslavin, Leuberg und Georgiewsky[1]) haben dagegen durch ihre Untersuchungen über die Einwirkungen des Speichels für sich und in Gemeinschaft mit verdünnter Salzsäure auf verschiedene Stärkesorten gefunden, dass unter sonst gleichen Verhältnissen Kartoffelstärke weniger Zeit erfordert, um in Zucker umgewandelt zu werden, als Maismehl, Reisstärke und Weizenstärke.

Nach L. Solera muss man zwischen der Schnelligkeit, mit welcher Stärke umgewandelt wird, und der schliesslichen Zuckerproduction unterscheiden, da die verschiedenen Stärkesorten nicht gleiche Gewichtstheile Zucker liefern. Die Maisstärke vereinigt nach L. Solera mit verhältnissmässig grosser Beschleunigung die absolut grösste definitive Zuckerproduction. Weizen- und Reisstärke geben gleiche absolute Mengen Zucker; die Weizenstärke jedoch schneller als die Reisstärke. Die Kartoffelstärke setzt sich zwar am schnellsten um, liefert aber schliesslich die geringste absolute Zuckermenge. Jedenfalls dürfte, wie auch O. Hammerstein schliesst, die Schnelligkeit der Umwandlung von dem Widerstande abhängig sein, welchen die Cellulose in den verschiedenen Stärkesorten der Einwirkung des Speichels entgegensetzt; denn bei Anwendung von Kleister oder pulverisirter Stärke erfolgt die Einwirkung schneller und bildet sich z. B. aus Kartoffelstärke schon nach 5 Minuten Zucker. Unter dem Einfluss des Kauens geht die Zuckerbildung zwischen 1—4 Minuten von statten.

J. Munk[2]), Kühne und Hüfner haben im Mund-Speichel des Menschen auch ein fibrinverdauendes, peptonbildendes Ferment nachgewiesen; demnach würde auch schon durch den Mundspeichel eine Verdauung der Eiweisskörper eingeleitet.

2. Der Magensaft. Die durch Kauen und Einspeichelung im Munde zur Verdauung vorbereiteten Speisen gelangen in den Magen. Hierauf verfallen sie der Einwirkung des Magensaftes. Derselbe setzt sich aus 2 Secreten, dem der Schleimdrüsen und dem der Labdrüsen zusammen. Während das erstere Secret schwach alkalisch reagirt, besitzt das Secret der Labdrüsen eine stark sauere Reaction. Beschaffenheit des Magensaftes.

Es ist lange und noch bis heute darüber gestritten, ob diese Säure-Reaction von freier Salzsäure oder einer organischen Säure herrührt; die meisten Versuche jedoch stimmen darin überein, dass sie durch freie Salzsäure entsteht, welche zuweilen von Milch- und Buttersäure begleitet ist.

Nach Ewald und Boas[3]) enthält in den ersten 10—100 Minuten nach Aufnahme von Kohlehydraten und Fleisch der Magensaft in der Regel nur Milchsäure, welche aus den Ingestis stammt; nach 30—50 Minuten beginnt daneben freie Salzsäure aufzutreten. Ad. Landwehr[4]) ist der Ansicht, dass aus dem Magenschleim durch ein Ferment, welches die Magenschleimhaut liefert, zuerst Milchsäure gebildet wird. Letztere macht dann aus Chloralkalien etwas Salzsäure frei, welche durch die eingeführten Eiweisskörper gebunden wird. Das sich bildende milchsaure Alkali (Natron) wird resorbirt. Mit der Peptonisirung des Eiweisses. kommt die Salzsäure

---

[1]) Berichte d. deutschen chem. Gesellsch. Berlin, 1876. S. 76.
[2]) Centr.-Bl. f. d. medic. Wissensch. 1877. S. 582.
[3]) Arch. f. pathol. Anatomie Bd. 101. S. 325.
[4]) Med. Centr.-Bl. Bd. 24. S. 338.

wieder in Lösung und kann durch Resorption des Peptons vollständig frei werden, so dass der Magensaft jetzt freie Salzsäure enthält und Methylviolett bläut.

Die Wirkung der freien Säure (Salzsäure) auf die Umwandlung der Nährstoffe wird unterstützt durch das stickstoffhaltige Ferment „Pepsin"[1]), welches aus dem Blut-Albumin gebildet und durch die Magendrüsen secernirt wird[2]). Dasselbe ist in Wasser löslich, in Alkohol unlöslich; durch Gerbsäure wird es gefällt.

Figur 1.

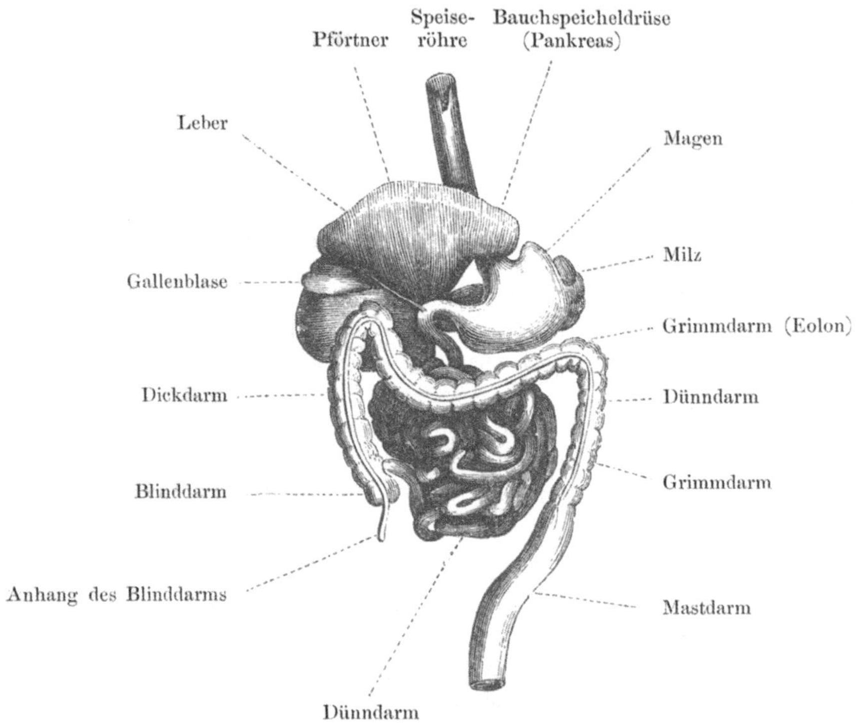

Verdauungsorgane.

A. Chapoteaut hat aus den Pepsindrüsen des Schafes durch Entfetten, Lösen in Wasser und Fällen der wässerigen Lösung mit Alkohol eine weisse fibrinverdauende Substanz dargestellt, welche 51 % C., 7 % H. und 15,4 % N. enthielt.

Nach C. Schmidt[3]) hatte der Magensaft einer 35jährigen, mit einer Magenfistel behafteten Bäuerin folgende Zusammensetzung im Mittel:

Wasser	99,440 %
Pepsin (nebst etwas Ammoniak) . .	0,319 „

[1]) Das im Handel vorkommende als Verdauung beförderndes Mittel bezeichnete Pepsin wird aus der Drüsenhaut des Schweinemagens dargestellt; es ist sehr leicht zersetzbar und veränderlich, somit auch seine Wirkung sehr unsicher.

[2]) Nach A. Béchamp wird das Pepsin wie alle löslichen Fermente des thierischen Organismus durch äusserst kleine organisirte wie eine Zelle constituirte Partikelchen producirt, die er „Mikrozymen" nennt. Letztere sind als selbständige Organismen zu betrachten, welche trotz ihrer äussersten Kleinheit vitale Eigenschaften zeigen und auf chemischem Wege lösliche Fermente ausscheiden, so die Magen-Mikrozyme das Pepsin, die Pankreas-Mikrozyme die Pankreasfermente, die Leber-Mikrozyme Galle und Glycose etc.

[3]) Annal. d. Chem. u. Pharm. Bd. XCII. S. 46.

Salzsäure	0,20 %
Chlornatrium	0,146 „
Chlorkalium	0,055 „
Chlorcalcium	0,006 „
Phosphorsäure, Erden und Eisenoxyd	0,012 „

Ch. Richet[1]) fand im menschlichen Magensaft im Mittel 0,17 % (0,05—0,32 %) Säure als Salzsäure berechnet.

Während der Verdauung ist der Magensaft säurereicher als zu anderen Zeiten

Figur 2.

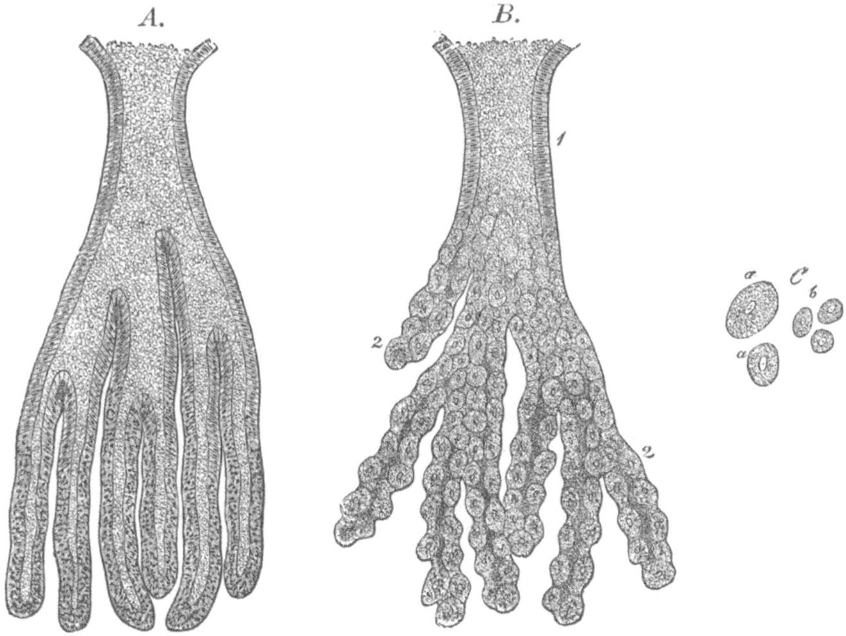

Zusammengesetzte Drüsen aus dem menschlichen Magen 100 mal verg. A. Magenschleimdrüse vom Pylorustheil, B. Magensaftdrüse von der Cardia; 1) gemeinschaftliche Ausmündungshöhle, 2) die einfachen Schläuche bei A. mit Cylinderzellen, bei B. mit Labzellen. C. Einzelne Labzellen 350 mal vergrössert; a. grössere, delomorphe, b. kleinere, adelomorphe Zellen.

Nach Fr. van der Velden[2]) tritt freie Salzsäure erst $1\frac{1}{2}$—2 Stunden nach Beendigung der Mahlzeit auf und erst von da an beginnt die Eiweissverdauung. Bis zum Auftreten der freien Säure wird nur die durch den Mundspeichel begonnene Sacharificirung der Stärke fortgesetzt.

Die Menge des täglich vom Menschen abgesonderten Magensaftes ist sehr gross; während sie Vierordt für den mittleren menschlichen Organismus zu etwa $\frac{1}{10}$ des Körpergewichtes oder rund $6\frac{1}{2}$ Kilo schätzt, nimmt J. Moleschott sogar $\frac{1}{4}$ des Körpergewichtes oder 16,8 kg an.

Wirkung des Magensaftes.

Die verdauende Wirkung des Magensaftes erstreckt sich fast ausschliesslich auf die Eiweisskörper, Leim und leimgebende Gewebe, welche durch

---

[1]) Berichte d. deutschen chem. Gesellsch. Berlin, 1877. S. 729.
[2]) Chem. Centr.-Bl. 1879. S. 526.

denselben in eine lösliche Form, in sogen. Peptone resp. Albuminosen umgewandelt werden.

Die Lösung und Umwandlung der Eiweisskörper etc. zu Peptonen resp. Albuminosen wird durch die gleichzeitige Einwirkung von Pepsin und Salzsäure hervorgerufen; weder Pepsin noch Salzsäure für sich allein vermag diese Umsetzung zu vollziehen; wird die Salzsäure durch kohlensaure Salze neutralisirt, so hört die Verdauung der Eiweisskörper auf. Man pflegt sich den Vorgang wohl in der Weise vorzustellen, dass Pepsin und Salzsäure zu einer Verbindung „Pepsinsalzsäure“ vereinigt sind, welche bei Einwirkung auf die Eiweiskörper etc. die Salzsäure zur weiteren Verarbeitung derselben abgiebt, während das frei gewordene Pepsin sich mit neuen Mengen freier Salzsäure verbindet, um den Process zu erneuern. Damit dürfte im Einklange stehen, dass man mit geringen Mengen Pepsin eine verhältnissmässig grosse Menge Eiweiss zu lösen und in Peptone umzuwandeln im Stande ist.

Th. Chandelon[1]) stellt sich den Vorgang wie folgt vor: Zunächst werden physikalische Modifikationen hervorgerufen, welche die Umwandlung des Fibrins etc. in eine isomere, lösliche, leicht angreifbare Verbindung zur Folge haben, nämlich: Quellen des Fibrins unter dem Einfluss der Säure; darauf Niederschlagen des Pepsins auf das gequollene Fibrin, welches sich durch Pepsin ebenso wie durch Carmin färbt; dann Umwandlung in einen isomeren Körper, das Syntonin. In diesem Augenblick tritt

1. eine Reaction des Pepsins auf das Syntonin ein, das Syntoninmolekül wird verdoppelt entweder unter Bildung zweier Moleküle Syntoninpepsin oder eines Moleküls dieser Verbindung und eines Moleküls Pepton;
2. Reaction der verdünnten Säure auf das Syntoninpepsin, indem ein Molekül Pepton und ein Molekül Zymogen gebildet wird.
3. Das letztere fixirt das Atom Sauerstoff, welches bei der ersten Reaction frei geworden ist, und bildet wieder Pepsin.

Zu dieser Annahme sieht sich Chandelon durch den Umstand veranlasst, dass auch Wasserstoffhyperoxyd sich wie Pepsin verhält und Albumin in Pepton umwandelt, dass also das Pepsin, weil es vorher kein Wasserstoffhyperoxyd, welches die Umwandlung bewirken könne, erzeugt, wenigstens wie dieses constituirt sein müsse.

Peptone. Die umgewandelten Eiweiss- und Leimsubstanzen, die Peptone, haben wesentlich andere Eigenschaften als ihre Muttersubstanzen; sie sind in erster Linie in Wasser löslich und gut resorbirbar, diffundiren leicht durch Membranen, reagiren sauer, werden weder in der Hitze noch durch Säuren, Kaliumeisencyanür oder Kochsalzlösungen gefällt; dagegen sind sie aus neutraler oder schwach sauerer Lösung fällbar durch Quecksilberchlorid, Gerbsäure, Gallensäure und phosphorwolframsaures Natrium; sie geben mit Millon's Reagenz Eiweiss- und mit Aetznatron und etwas Kupersulfat Biuret-Reaction.

Ueber die Constitution und chemische Zusammensetzung der Peptone liegen sehr verschiedene Angaben vor. Nach Kistiakowsky[2]) besitzen die durch künstliche Verdauungsversuche erhaltenen Peptone eine andere Elementar-Zusammensetzung,

---

[1]) Berichte d. deutschen chem. Gesellsch. Berlin, 1885. Bd. 18. S. 1999.
[2]) Pflüger's Archiv f. Physiol. 1874. S. 438.

namentlich einen niedrigeren Kohlenstoffgehalt, als die zugehörigen Eiweissstoffe; er fand die Elementar-Zusammensetzung wie folgt:

	C	H	N	S	O
1. Fibrin ($C_{139} N_{226} N_{37} O_{46}$)	52,32	7,07	16,23	1,35	23,03 %
2. Fibrin-Pepton ($C_{113} H_{228} N_{36} O_{66}$) . . .	42,32	7,13	15,92	1,03	33,20 „
1. Pflanzen-Casein nach Ritthausen	54,87	7,29	16,82	0,52	20,50 „
2. Pflanzen-Casein-Pepton ($C_{115} H_{224} N_{36} O_{65}$)	43,10	7,02	16,16	0,78	32,74 „
Magensaftpepton aus Pflanzen-Casein .	46,67	7,12	16,30	0,93	28,98 „

A. Kossel[1]) giebt für die Elementar-Zusammensetzung des Peptons und zwar für ein durch Fällung mit Silberlösung von Chlor gereinigtes (I) und für ein nicht gereinigtes Pepton (II) folgende Zahlen:

	C	H	N	S
I	45,93	6,71	15,45	0,90 %
II	49,08	7,00	15,17	1,16 „

Entgegen diesen Untersuchungen hat A. Adamkiewitz[2]) nachgewiesen, dass der Complex der organischen Elemente der Eiweisskörper bei der Magenverdauung nicht verändert, sondern nur der Gehalt an Salzen verringert wird; er fand:

	C	H	N	Asche	Phosphor	Chlor
Pepton	51,40	6,95	15,89	1,167	0,251	Spur
Serumeiweiss . .	51,51	6,98	16,70	9,600	0,048	4,387

Dafür, dass die Peptone sich in ihrer Constitution nicht wesentlich von den Muttersubstanzen entfernen, spricht auch der Umstand, dass künstlich hergestellte Peptone bei Verabreichung an Thiere nach Versuchen desselben Verf.'s, von Plosz, Maly und Anderen nicht nur den Eiweissbedarf des thierischen Organismus decken, sondern auch eine Vermehrung der Muskelsubstanz, der Gewebe etc., also ein Wachsthum des thierischen Organismus bewirken können.

Zu ganz denselben Resultaten gelangten R. Herth[3]) und A. Henninger[4]). Beide fanden für die Peptone eine ähnliche Elementarzusammensetzung (Analyse 1 von Herth, Analysen 2—4 von Henninger), wie für die Muttersubstanz, nämlich:

	C	H	N	Asche
	%	%	%	%
1. Eiweiss-Pepton	52,53	7,03	16,72	1,00
2. Fibrin-Pepton	51,43	7,05	16,66	0,31
3. Albumin-Pepton	52,28	7,03	16,38	0,54
4. Casein-Pepton	52,13	6,98	16,14	1,15

R. Herth ist der Ansicht, dass es sich bei der Umwandlung des Eiweisses in Pepton nicht um eine tiefgreifende Zersetzung, sondern nur um eine Verringerung in der Grösse der kleinsten, als Ganzes auftretenden Massentheilchen handelt, oder dass in dem grösseren Eiweissmolekül mehrere kleinere Peptonmoleküle condensirt sind, welche durch die Wirkung des Pankreasfermentes aus-

[1]) Pflüger's Archiv f. Physiol. 1874. Bd. 13. S. 309.
[2]) Die Natur und der Nährwerth der Peptone. Berlin. Hirschwald. 1876.
[3]) Zeitschr. f. physiol. Chem. I. Bd. 1877. S. 277.
[4]) Comptes rendus. 1878. Bd. 86. p. 1464.

einander fallen und als selbständige Massentheilchen auftreten. Die Rückverwandlung der Peptone in Eiweiss im Organismus ist hiernach nicht befremdend. Henninger gelang es, durch Wasser entziehende Mittel (Essigsäureanhydrid bei 80° C.) aus dem Pepton ein dem „Syntonin" ähnlichen Eiweisskörper zu regeneriren; nach Hofmeister geht Pepton durch Erhitzen auf 170° C., nach Wittich und Cohn durch den galvanischen Strom in Gegenwart von Kochsalz, nach Behl und Danilewsky durch Alkohol und Salze in Eiweiss zurück; man theilt daher jetzt allgemein die Ansicht, dass das Pepton aus dem Eiweiss durch Wasseraufnahme entsteht. Auch W. Kühne und R. E. Chittenden[1]) halten die Peptonbildung für einen hydrolytischen Process, haben aber nachzuweisen gesucht, dass bei der Magenverdauung durch Pepsin und Salzsäure als erste Spaltungsproducte keine eigentlichen Peptone, sondern Albuminosen entstehen, welche als Zwischenbildungsstufen zwischen den eigentlichen Albuminstoffen und dem Pepton aufzufassen siud, indem die Hemialbuminose als das erste Hydrat der Albumine und das Hemipepton als das zweite oder als das Hydrat der Hemialbuminose anzusehen ist.

In dem Eiweissmolekül sind nach W. Kühne zwei Substanzen präformirt: das Hemialbumin und das Antialbumin. Durch Magensaft werden sie zuerst in Hemialbuminose (Schmidt-Mülheim's Propepton) und Antialbuminose dann weiter in Hemipepton und Antipepton übergeführt; nur das Hemipepton wird durch das Pankreatin oder das Trypsin in Leucin und Tyrosin gespalten. Für die Elementarzusammensetzung dieser Spaltungsproducte aus Eiereiweiss wurde folgende Elementarzusammensetzung gefnnden:

	C	H	N	S	O
Antialbumid . . .	53,79	7,08	14,55	24,58	
Antipepton	49,87	6,89	15,21	28,03	
Hemialbuminose . .	50,96	6,85	15,88	1,45	24,86
Hemipepton . . .	49,38	6,81	15,07	1,10	27,64

Die Hemialbuminose unterscheidet sich:

1. Von den Albuminen: a. durch ihre Löslichkeit in siedendem Wasser, in siedenden verdünnten Salzlösungen selbst bei schwachem Ansäuern, evt. Wiederabscheidung in der Kälte; b. durch unveränderte Löslichkeit nach Ausfällung mit starkem Alkohol.
2. Vom Pepton: a. durch sehr langsame und mangelnde Dialyse; b. durch Ausscheidung durch Chlornatrium oder durch dieses und Essigsäure oder durch Ammoniumsulfat in sauerer oder alkalischer Lösung, oder durch Coagulation bei Temperaturen weit unter 70° C. mit oder ohne Salz- und Säure-Zusatz, nebst Wiederlösung des Gerinnsels über 70° C. und beim Kochen.
3. Von den der Antigruppe der Albumine angehörenden Stoffen: Durch Zersetzlichkeit durch Trypsin (Pankreatin) unter Bildung von Leucin, Tyrosin und eines durch Brom violett werdenden Körpers.

Der Kohlenstoff-Gehalt der Hemialbuminose liegt nicht über 52,29 % und nicht unter 49,82 %; er beträgt im Mittel 50,32 %.

---

[1]) Zeitschr. f. Biologie. 1883. Bd. 19. S. 159 u. 1884. Bd. 20. S. 11.

Die bei der Pepsinverdauung erhaltene Hemialbuminose ist aber kein einheitlicher Körper; Kühne und Chittenden konnten daraus 4 verschiedene Albuminosen isoliren, nämlich:

Nr. I. Durch festes NaCl im Ueberschuss fällbar; in kaltem und heissem Wasser löslich; „Protoalbuminose".

Nr. II. Durch NaCl im Ueberschuss fällbar, in kaltem und siedendem Wasser unlöslich, dagegen sowohl in verdünntem als auch in concentrirtem Salzwasser löslich; „Heteroalbuminose".

Nr. III wie Nr. II, aber auch in Salzwasser unlöslich; „Dysalbuminose".

Nr. IV. Durch NaCl im Ueberschuss nicht fällbar, dagegen durch NaCl und Säuren; in reinem Wasser löslich; „Deuteroalbuminose".

Aber auch diese Fällungsproducte sind noch nicht rein, sondern schliessen noch Bestandtheile der Antigruppe ein.

Kühne und Chittenden untersuchten darauf (durch Fällen mit neutralem Ammoniumsulfat) die sog. Peptone des Handels und fanden, dass die mit Pepsinverdauung dargestellten Peptone (z. B. das von Witte, Kemmerich, Kochs) nur aus Albuminosen bestehen und entweder gar keine oder nur Spuren Pepton enthalten; dass dagegen das Sanders-Ezn'sche Pepton, welches durch Trypsinverdauung dargestellt wird, sich vorwiegend als aus Kühne's Antipepton bestehend erwies. Durch diesen Befund wird aber nach Kühne und Chittenden der therapeutische Werth der ersten Präparate (sog. Peptone, die von jetzt an richtiger „Albuminosen" heissen sollten) nicht beeinträchtigt.

H. Thierfelder[1]) untersuchte die durch Pepsinverdauung entstehenden Peptone des Caseins (Caseinpeptone) und konnte aus der durch Calciumcarbonat neutralisirten Lösung durch NaCl ein I. Propepton, aus der filtrirten Lösung nach Versetzen mit starker Salzsäure ein II. Propepton und aus dem Filtrat hiervon durch Phosphorwolframsäure ein eigentliches Pepton gewinnen. Das I. Propepton war kein einheitlicher Körper, sondern schloss wahrscheinlich die verschiedenen Arten Hemialbuminosen Kühne's und Chittenden's mit ein, während das II. Propepton als einheitlicher Körper aufzufassen war. Das Merck'sche Casein-Pepton gab mit Ammoniumsulfat eine so starke Fällung, dass nicht viel in Lösung geblieben sein konnte, während in dem Weyl'schen Caseinpepton noch andere nicht fällbare Substanzen vorhanden zu sein schienen.

C. Fr. W. Krukenberg[2]) will in dem Weyl'schen Caseinpepton neben einer eigenartigen Albuminose, für welche er den Namen „Caseïnose" vorschlägt, ungefähr 6 % echtes Pepton und eine grössere Menge von Amidosäuren nachgewiesen haben. Nach ihm bilden sich aus dem Syntonin der Muskeln „Albuminosen," welche in ihren Eigenschaften mehr den Verdauungsproducten des Leims als denen des Fibrins resp. echten Eiweisses gleichen; die Fleischpeptone von Kochs und Kemmerich sollen vorwiegend aus diesen Syntoninalbuminosen bestehen.

S. Pollitzer[3]) ermittelte den Nährwerth der einzelnen Verdauungsproducte des Eiweisses (nämlich von reinem Pepton und Albuminosen gegenüber Fleisch etc.)

---

[1]) Zeitschr. f. physiol. Chemie. Bd. 10. S. 577.
[2]) Chem. Untersuchungen zur wissensch. Medicin. I. Heft. 1886 Jena. S. 57.
[3]) Pflüger's Arch. f. Physiologie. Bd. 37. S. 301 und 313.

an einem $3^1/_2$ kg schweren Hunde, welcher neben der gleichen Menge Stickstoff in Fleisch, Pepton, Albuminose etc. pro Tag stets 70 g N-freie Reisstärke und 20 g Schmalz erhielt, und fand:

Periode:	Fütterung mit:	Zahl der Versuchs-tage	Tägliche N-Einfuhr g	Tägliche N-Ausfuhr g	N-Ansatz am Körper g
I.	Fleisch	6	2,409	1,908	+ 0,501
II.	Pepton	2	2,413	1,659	+ 0,584
III.	Fleisch	3	2,409	1,727	+ 0,512
IV.	Protalbuminose . .	2	2,468	1,733	+ 0,665
V.	Heteroalbuminose .	1	2,491	1,498	+ 0,823
VI.	Fleisch	4	2,130	1,501	+ 0,459
VII.	Gelatine	3	2,254	2,768	— 0,514
VIII.	Fleisch	4	2,130	1,665	+ 0,465

Hiernach hat in Uebereinstimmung mit den Fütterungsversuchen von Plosz, Maly und Adamkiewitz sowohl Pepton wie Albuminose denselben Nähreffect geäussert als die Eiweisskörper des Fleisches.

N. Zuntz[1]) stellte ähnliche Versuche mit dem Kochs'schen und Kemmerich'schen Fleischpepton an einem 3,07 kg schweren Hunde an; während bei Fütterung mit Fleisch ein N-Ansatz von 0,200, 0,235 und 0,280 g pro Tag statthatte, verlor der Hund bei Fütterung mit Kemmerich's Pepton 0,480 g und mit Koch's Pepton 0,487 g N pro Tag. Als er jedoch neben 60,6 g Kemmerich'schem und 75,8 g Kochs'schem Fleischpepton pro Tag 70 g Reis und 10 g Schmalz verfütterte, trat Stickstoffgleichgewicht ein. Hiernach besitzen die beiden genannten Präparate zwar nicht die vollen Wirkungen des wahren Peptons resp. des Fleisches, indess lässt sich der Nährwerth derselben nicht verkennen. Aehnliche Resultate fanden Carl Genth und Emil Pfeiffer,[2]) wie weiter, dass zwischen den beiden genannten Präparaten bezüglich ihres Nährwerthes kein wesentlicher Unterschied besteht.

Krukenberg ist der Ansicht, dass man derartige leicht resorptionsfähige Präparate je nach der Krankheit auswählen müsse, nämlich für Magenkranke Pepsin-Peptone, bei Darmerkrankungen dagegen Pankreas-Peptone, welche durch Pankreatin aus den peptischen Verdauungsproducten gewonnen sind.

Bislang nahm man an, dass die löslichen Peptone als solche ins Blut übergehen und dort erst in Propepton und weiter in gewöhnliche Eiweissstoffe zurückverwandelt werden. Diese Ansicht beruht aber nach Fr. Hofmeister[3]) auf Irrthum; denn Pepton, direct in die Blutbahn (Vene) eingeführt, geht zu $^4/_5$ unverändert durch die Nieren ab, ebenso, wenn es subcutan injicirt wird; das Blut besitzt somit keine „Pepton" umwandelnde Eigenschaften. Die Resorption des Peptons ist vielmehr kein einfacher Diffusions- oder Filtrationsvorgang, sondern eine Function lebender Zellen, der farblosen Blutkörperchen, die bei der Ernährung mit Eiweiss eine ähnliche Rolle spielen, wie die rothen Blutkörperchen bei der Athmung.

„Das im Darm gebildete Pepton muss, wenn es in die Darmschleimhaut hineindiffundirt, ehe es an die Kapillaren gelangt, eine an den verschiedenen Partien des Darmes an Mächtigkeit und Anordnung wechselnde Schicht drüsigen Gewebes durch-

[1]) Pflüger's Arch. f. Physiologie. Bd. 37. S. 301 und 313.
[2]) Repertorium f. analyt. Chemie. 1886. S. 73, 87 und 104.
[3]) Zeitschr. f. physiol. Chemie IV. S. 253, V. S. 127 u. VI. S. 51.

setzen, welches bei nüchternen und hungernden Thieren eine mässige Zahl Lymphzellen enthält, bei verdauenden Thieren jedoch von denselben strotzend erfüllt ist. In der Darmschleimhaut von in Verdauung begriffenen Thieren ist somit reichlich Gelegenheit vorhanden, dass das hineingelangende Pepton vor seinem Uebertritt in den Säftestrom von den Lymphzellen festgehalten wird. An diese gebunden, kann es dann den Kreislauf durchwandern, ohne der Ausscheidung durch die Nieren zu verfallen."

Neben dem Pepsin hat Hammarsten noch ein anderes Ferment, nämlich das „Labferment", im menschlichen Magen nachgewiesen, welches sowohl in alkalischer wie neutraler Lösung das Casein der Milch zum Gerinnen bringt. Auch ist im Magensaft ein Milchsäureferment enthalten, welches Milchzucker in Milchsäure überführt.

Ausser der Umwandlung der Eiweiss- und Leimsubstanzen bewirkt der sauere Magensaft eine Lösung der in Wasser überhaupt löslichen Stoffe, so des Zuckers, Gummis, Dextrins und vieler Salze. Von letzteren dürften auch die in Wasser unlöslichen Kalk- und Magnesiasalze durch den saueren Magensaft in Lösung gebracht werden.

Dahingegen werden Stärkemehl (Cellulose?) und Fett durch den Magensaft nicht verändert; ihre Umwandlung in eine lösliche und resorbirbare Form erfolgt erst im Darm (Dünndarm).

Eine Resorption der Nährstoffe in wässriger Lösung findet nach H. Tappeiner nicht oder nur in sehr geringer Menge statt; wenigstens steht in dieser Hinsicht der Magen weit hinter dem Darmcanal zurück. Dahingegen resorbirt der Magen verdünnten Alkohol und in diesem gelöste Stoffe sehr gut.

3. *Die Galle.* Der mit dem saueren Magensaft durchtränkte und zum Theil umgeänderte Speisebrei, der sogen. Chymus, geht in den Darm (Dünndarm) über. Beschaffenheit der Galle.

Hier unterliegt er zunächst der Einwirkung der Galle, dann der des Bauchspeichels oder Pankreassaftes und des Darmsaftes.

In den oberen Theilen des Dünndarms behält der Speisebrei seine von dem saueren Speisebrei herrührende sauere Reaction bei, wird aber durch Vermischung mit den alkalischen Säften der Galle und der Bauchspeicheldrüse nach abwärts mehr alkalisch.

Die in den oberen Theil des Dünndarms sich ergiessende Galle ist das Secret der Leber. Dieselbe ist entweder von neutraler oder schwach alkalischer Reaction und besitzt beim Menschen ein spec. Gewicht von 1,026 bis 1,032.

Sie ist vorzugsweise ausgezeichnet:

a. Durch 2 Säuren, die Taurocholsäure ($C_{52} H_{45} NS_2 O_{14}$) und Glycocholsäure ($C_{52} H_{43} NO_{12}$), welche beide an Natrium gebunden als Natriumsalze vorhanden sind.

b. Durch 2 Farbstoffe, einen gelbbraunen, Bilirubin ($C_{32} H_{36} N_4 O_6$) und einen grünen, Biliverdin ($C_{32} H_{36} N_5 O_8$).

c. Durch Cholesterin, Lecithin und Fette.

Ueber die Menge und Zusammensetzung der vom Menschen (von 47 kg Gew.) in 24 Stunden ausgeschiedenen Galle giebt J. Ranke[1]) folgende Zahlen:

---

[1]) Die Blutvertheilung und der Thätigkeitswechsel der Organe. Leipzig, 1871. S. 144.

	Ausgeschiedene Gallenmenge g	Darin feste Stoffe g
I	415	11,74
II	661	17,34
III	610	20,14
IV	616	16,74
V	945	37,00
Mittel	652	20,62

Im Mittel enthält darnach die menschliche Galle 96,84 % Wasser und 3,16 % feste Bestandtheile.

Die festen Bestandtheile der in 24 Stunden ausgeschiedenen Galle bestehen im Mittel aus:

Gallensäuren	11,0 g	oder 53,44 %
Fett, Cholesterin	3,2 „	„ 14,48 „
Farbstoff, Schleim	3,2 „	„ 17,29 „
Asche	3,2 „	„ 14,79 „
Summa	20,60	100

Wirkung der Galle.

Die Rolle der Galle bei der Magenverdauung ist unzweifelhaft eine sehr wichtige, wenngleich die Wirkung derselben noch nicht ganz aufgeklärt ist. Es wird angenommen, dass die im Chymus gelösten Eiweisssubstanzen und Leim durch die Gallensäuren gefällt werden, um später durch die Einwirkung des Secrets der Bauchspeicheldrüsen wieder in Lösung zu gehen.

Die Peptonisirung, d. h. die Wirkung des Pepsins, wird durch die Galle von 1 % aufwärts vermindert und bei 20 % fast ganz aufgehoben (Chittenden und Cammins); die Glykocholsäure als solche soll die Thätigkeit des Pepsins nicht beeinträchtigen, während nach Maly und Emich schon 0,2 % und nach Chittenden und Cammins 0,5 % Taurocholsäure hinreichen, um die Wirkung des Pepsins aufzuheben.

Auf die stickstofffreien Extractstoffe (Stärke, Gummi, Dextrin etc.) übt frische Galle verschiedener Thiere eine mehr oder minder schwache diastatische Wirkung aus (Nasse, v. Wittich); 0,2 % Taurocholsäure und 0,5—1,0 % Glycocholsäure als solche dagegen hemmen oder verhindern die diastatische Wirkung der Galle (Maly, Emich, Chittenden und Cammins). Es scheint somit, dass der hemmende Einfluss dieser Säuren resp. deren Natriumverbindungen durch andere in der Galle natürlich vorkommende Substanzen theilweise aufgehoben wird.

Von grösster Bedeutung ist die Galle für die Verdauung des Fettes; sie bringt die Fette einerseits in einen fein vertheilten Zustand, in eine Emulsion und befördert dadurch ihre Resorption. Andererseits vermag dieselbe — wie ebenso das Pankreas — nach Versuchen von M. Nencki[1]) die Säureester der Fettsäure-Reihe in freie Fettsäuren und Glycerin zu spalten, d. h. zu verseifen, indem sich durch Umsetzung mit den gallensauren Natriumsalzen fettsaures Natrium bildet; letzteres soll nach früheren Ansichten leichter als die natürlichen Fette resorbirt und im Organismus irgendwo in fettsaures Glycerin zurückverwandelt werden, während die Gallensäuren unter Wiederaufnahme des Natrons theils ebenfalls resorbirt oder

[1]) Archiv f. experim. Pathol. Bd. 20. S. 367.

theils in den Fäces ausgeschieden werden. Mit dieser Annahme steht im Einklang, dass C. Schmidt und Hoppe-Seyler[1]) im Chylus Seifen bis zu 2 pro mille nachgewiesen haben.

J. Munk[2]) hat aber gefunden, dass bei reichlicher Zufuhr nicht nur ein dem thierischen Organismus fremdes Fett (wie Rüböl oder Hammeltalg) als solches im Körper eines Hundes abgelagert wird, sondern dass auch die in der Nahrung verabreichten freien Fettsäuren des Hammeltalgs im Körper eines Hundes zu Fett und zwar zu Hammeltalg werden. Eine gleiche Beobachtung machte O. Minkowsky[3]), als er einem an Bauchwassersucht leidenden Menschen die dem menschlichen Organismus fremdartige Fettsäure, die Erucasäure, verabreichte; Minkowsky konnte auf diese Weise später in der dem Patienten entnommenen Punktionsflüssigkeit das Glycerid der Erucasäure nachweisen.

Es ist damit die Möglichkeit einerseits der directen Aufnahme eines Fettes, andererseits der Synthese von Fett aus Fettsäuren und Glycerin, welches letztere der Körper liefert, nachgewiesen. J. Munk verlegt den Ort dieser Synthese in die Lymphzellen der Darmschleimhaut; denn wenn man ausgeschnittene Darmschleimhaut mit Glycerin und Fettsäure bei Bruttemperatur digerirt, so entsteht Neutralfett.

Die directe Aufnahme des in Emulsion übergeführten Fettes sucht man jetzt dadurch zu erklären, dass bewegungsfähige, wandernde Zellen (Protoplasmazellen) aus dem Bindegewebe der Schleimhaut, zwischen den Cylinderzellen durch, an die Oberfläche kommen, dort das Fett aufnehmen, gleichsam fressen — ähnlich wie gewisse niedere Thiere, die Rhizopoden etc. überhaupt ihre Nahrung aufnehmen — und mit dem Fett beladen in die Milchsaftgefässe des Darmes zurückkehren, um es dort zu deponiren. Man nennt diesen Vorgang in Bezug auf die Fettaufnahme bei den höheren Thieren die interepitheliale Resorption; für die Betheiligung der Cylinderepithelzellen bei der Fettresorption spricht die Thatsache, dass die Verbindungswege dieser Zellen mit den Milchgefässen, welche jetzt hinreichend bekannt sind, während der Verdauungszeit stets reichlich mit Fetttröpfchen angefüllt gefunden werden. Da Farbstoffkörnchen, selbst wenn deren Grösse gleich der der feinen Fetttröpfchen ist, von den Cylinderepithelzellen nicht aufgenommen werden, so scheint im Darm eine Auswahl der zu resorbirenden Stoffe stattzufinden. Dass die Farbstoffpartikelchen im Darm nicht aufgenommen werden, liegt nicht daran, dass sie fest sind; denn nach den Versuchen Munk's wird Hammelfett, welches bei einer über der Körpertemperatur liegenden Wärme noch starr ist, im Darm resorbirt.

Von der directen Ablagerung des Nahrungsfettes in die Zellen des Körpers unabhängig ist die Fettbildung im Körper, welche aus anderen Substanzen, aus Eiweiss oder Kohlehydraten statthat.

Eine andere günstige Wirkung der Galle besteht darin, dass sie eine faulige Zersetzung des Darminhalts verhindert.

4. *Der Bauchspeichel oder Pankreassaft.* Der Bauchspeichel oder Pankreas ist das Secret der Bauchspeicheldrüse; er besitzt eine, durch Gegenwart von Natriumkarbonat stark alkalische Reaction und enthält 95—98,5 % Wasser

Beschaffenheit des Pankreassaftes.

[1]) Physiol. Chemie. 1879. III. S. 597.
[2]) Virchow's Archiv f. pathol. Anatomie u. Physiol. etc. 1884. Bd. 95. S. 407.
[3]) Archiv f. experim. Pathol. u. Pharmak. Bd. 21. S. 373.

oder 1,5—5 % feste Bestandtheile. Unter letzteren findet sich vorzugsweise ein albuminartiger, in der Hitze gerinnbarer und durch Alkohol fällbarer Körper, Fermentkörper, Fett, fettsaure und mineralische Salze, ferner die Zersetzungsproducte von Eiweisssubstanzen, Tyrosin und Leucin, welche auch in grösserer Menge in der Bauchspeicheldrüse selbst enthalten sind.

Figur 3.

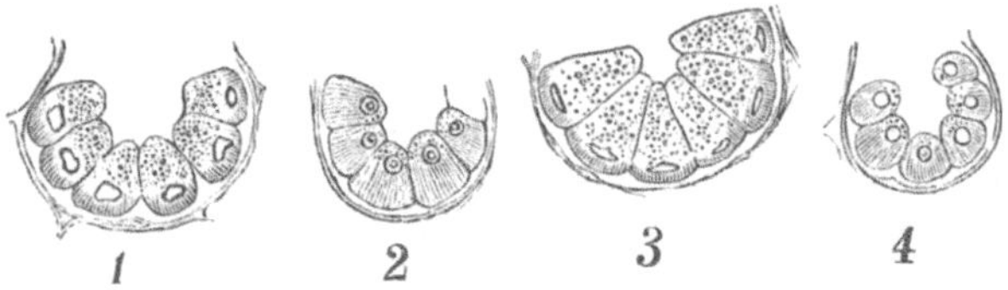

Veränderungen der Pankreaszellen in verschiedenen Stadien der Thätigkeit; — Nr. 2 im ersten Stadium der Verdauung, — Nr. 3 im zweiten Stadium, — Nr. 1 im Hungerzustande, — No. 4 bei der parylitischen Secretion.

Figur 4.

Gefässe des Pankreas des Kaninchens. Vergr. 45.

Nach Heidenhain entsteht das Trypsin durch Sauerstoffaufnahme innerhalb des Pankreas aus einem Mutterkörper, dem Zymogen, welches sich 16 Stunden nach der Nahrungsaufnahme in den inneren Theilen der Secretionszellen am reichlichsten ansammelt. Es ist löslich in Wasser und Glycerin. Zusatz von Kochsalz, glycocholsaurem und kohlensaurem Natrium steigert die Wirksamkeit des Fermentes. Die Menge des abgesonderten Secretes ist, je nachdem dieses dick- oder dünnflüssig ist, sehr verschieden.

Für das Ferment des Bauchspeichels (Pankreas - Diastase) giebt G. Hüfner[1]) folgende Elementarzusammensetzung:

Kohlenstoff . .	40,27—43,59 %
Wasserstoff . .	6,45— 6,95 „
Stickstoff . . .	12,32—14,00 „
Schwefel . . .	0,88 — „
Asche	7,04— 8,22 „

Für das aschefreie Ferment giebt Hüfner an: 46,57 % C, 7,14 % H, 14,95 % N und 0,95 % S.

Der Pankreassaft enthält 3 verschiedene Fermente: ein diastatisches, ein peptonbildendes (das Pankreatin oder Trypsin) und ein die neutralen Fette unter Hydratation in Fettsäuren und Glycerin zerlegendes Ferment.

Einfluss desselben bei der Verdauung. Der Einfluss des Pankreassaftes auf die Verdauung ist ein ungemein wichtiger. Zunächst setzt er

a. die im Magen begonnene Lösung der Eiweisskörper fort; es findet aber nicht bloss eine Lösung durch Hydratation wie im Magensaft, sondern gleichzeitig eine tiefer gehende Zersetzung der Eiweisskörper statt, indem sich

[1]) Journ. f. pract. Chemie. 1872. Neue Folge. Bd. V. S. 372.

aus denselben zum Theil Spaltungsproducte, wie Leucin, Tyrosin, Glycocoll, Hypoxanthin, Asparaginsäure, Glutaminsäure, Amidovaleriansäure, und bei noch weiterer Einwirkung stark fäkalriechende Stoffe: Indol, Skatol, Phenol und flüchtige Fettsäuren etc. bilden.[1])

b. Die Thätigkeit der Galle, Fette in eine Emulsion zu bringen, wird vom Bauchspeichel in erhöhtem Masse fortgesetzt. Auch wird nach Cl. Bernard angenommen, dass ein im Bauchspeichel vorkommendes Ferment die Spaltung der Neutralfette in Glycerin und Fettsäure bewerkstelligt, in Folge deren sich leichter resorbirbare Seifen bilden sollen. Da aber Seifen (fettsaure Salze) weder im Dünndarm-Inhalt noch im Blut in auffallender Menge vorzukommen pflegen, so bleibt diese Frage noch streitig.

c. Die wichtigste Wirkung des Bauchspeichels ist unzweifelhaft die durch den Mundspeichel eingeleitete Ueberführung der stickstofffreien Extractstoffe, der Stärke, des Dextrins, Gummis in löslichen und resorptionsfähigen Zucker. Diese Umwandlung oder Sacharificirung durch den Bauchspeichel erfolgt sehr rasch und vollständig; 1 g Bauchspeichel soll 4—5 g Stärke in Zucker umzuwandeln im Stande sein. Der aus der Stärke gebildete Zucker ist aber kein Traubenzucker sondern Maltose. Nach F. Brown und J. Heron ist die Pankreasdiastase in ihrer Wirkung gleich der Malzdiastase, wie sie auch von Musculus und Mering für das Speichelferment (Ptyalin) nachgewiesen wurde; sie unterscheidet sich nur dadurch von der Malzdiastase, dass sie bei längerer Einwirkung bei 40 ^{0} die Maltose in Dextrose umwandelt, welche Umwandlung die Malzdiastase selbst unter den günstigsten Verhältnissen nicht hervorzurufen vermag.

Mit der Einwirkung des Bauchspeichels oder pankreatischen Saftes auf die eingenommene Nahrung hat die verdauende Thätigkeit des Magens und Darmes ihren Höhepunkt erreicht; denn wenn die Verdauung auch im Darm noch fortgesetzt wird, so ist dessen Wirkung doch eine erheblich schwächere als die des Bauchspeichels.

5. Der Darmsaft. Der Darm des Menschen ist ähnlich dem der früchtefressenden Affen 10 mal länger als die Körperlänge vom Scheitel bis zum After. Darmsaft.

Die Verdauungsflüssigkeit des Darmes wird von zahlreichen Drüsen der Darmschleimhaut abgesondert; die grösste Menge liefern die Lieberkühn'schen Drüsen, welche einfach schlauchförmig einem Handschuhfinger gleichen, dicht neben einander liegen und vorwiegend in der Darmschleimhaut des Dickdarmes vorkommen.

Zu dem Secret der Lieberkühn'schen Drüsen gesellt sich im Duodenum das der kleinen traubenförmigen Brunner'schen Drüsen, jedoch in nur spärlicher Menge. Letztere bilden cylindrische Zellen, welche denen der Pylorusdrüsen gleichen. Der körnchenreiche Inhalt derselben besteht aus Albuminstoffen, Mucin und Fermentsubstanzen, jedoch ist noch unbekannt, ob letztere ausser einer Auflösung der Eiweissstoffe eine fermentative Wirkung auf Kohlehydrate und Fette äussern.

---

[1]) Diese Spaltung der Eiweisskörper ist aber nach A. Béchamp nicht mit der bei der Fäulniss zu vergleichen; denn unter den „Mikrozymen" des Pankreas ist keine Spur von „Bacterien" zu beobachten; auch kann bei der Einwirkung des Pankreasfermentes auf die Eiweisskörper nicht die geringste Spur eines Fäulnissgeruches nachgewiesen werden.

Vom Duodenum an abwärts bildet das Secret der Lieberkühn'schen Drüsen den Hauptbestandtheil des Darmsaftes. Derselbe fliesst während der Verdauung am reichlichsten, ist hellgelb, opalescirend, dünnflüssig und stark alkalisch; er enthält

Figur 5.

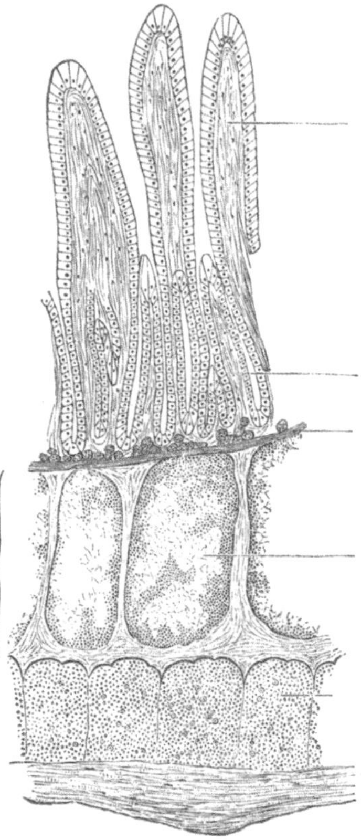

Längsschnitt durch den Dünndarm des Hundes (nach Schenk).

Figur 6.

Querschnitt Lieberkühn'scher Drüsen (nach Schenk).

Eiweissstoffe und Fermente, und besteht aus ca. 97,6 % Wasser, 0,8 % Eiweisskörper, 0,9 % sonstigen organischen Stoffen, 0,7 % Mineralstoffen.

Der Darmsaft besitzt eine geringe diastatische Wirkung, vermag Rohrzucker zu invertiren und Maltose zu hydratisiren; auch äussert er wie Trypsin und Pepsin auf Fibrin, Casein, Fleisch und Pflanzeneiweiss schwache peptonisirende Wirkungen; jedoch werden Fette nur theilweise von ihm emulgirt.

Von diesen eigentlichen Verdauungsvorgängen im Darm vollständig verschieden sind die Gährungs- und Fäulnissvorgänge, welche in demselben verlaufen und durch niedere Organismen (Spaltpilze) verursacht werden. Gährungs- u. Fäulnissvorgänge im Darm.

Wenn schon die Umsetzungen der Nahrungsstoffe durch den Pankreassaft viele Aehnlichkeit mit den Zersetzungen bei der Fäulniss haben, so sind die Zersetzungen im Darm zum Theil als reine Gährungs-Fäulnissvorgänge aufzufassen. Die zur Hervorrufung der Gährung und Fäulniss im Darmtractus erforderlichen Mikroorganismen werden mit den Speisen und Getränken, sowie mit der Mundflüssigkeit verschluckt. Sie enthalten dort eine bald stärkere bald schwächere Thätigkeit. Als Product dieser sind die Darmgase aufzufassen, nämlich Wasserstoff, Grubengas, (unter Umständen Stickstoffgas und Ammoniak) und Kohlensäure, welche letztere zum Theil durch Diffusion aus dem Blut stammt. Kolbe und Ruge fanden für die Darmgase aus dem After eines Menschen: Darmgase.

Nahrung:	Kohlensäure CO_2 Vol. %	Wasserstoff H Vol. %	Grubengas CH_4 Vol. %	Stickstoff N Vol. %	Schwefelwasserstoff H_2S Vol. %
Milch	16,8	43,3	0,9	38,3	nicht bestimmt.
Fleisch	12,4	2,1	27,5	57,8	
Hülsenfrüchte	21,0	4,0	55,9	18,9	

Die Gase treten sowohl bei der Zersetzung der Eiweissstoffe als der der Kohlehydrate, Fette und der Cellulose auf.

Die Gährung resp. Fäulniss der Eiweissstoffe wird durch specifische Spaltpilze hervorgerufen, von denen man in den Fäces constant verschiedene Formen nachgewiesen hat (vergl. folgendes Capitel „Fäces"). Die Zerlegung der Eiweissstoffe durch Pankreassaft geht nur bis zur Bildung der Amidosäuren (Leucin und Tyrosin); die Fäulnissgährung im Dickdarm bringt aber tiefergehende Zersetzungen hervor. Leucin ($C_6H_{13}NO_2$) wird unter Wasseraufnahme ($2H_2O$) in Valeriansäure ($= C_6H_{10}O_2$), Ammoniak (NH_3), Kohlensäure (CO_2) und Wasserstoff ($2H_2$) zerlegt; Tyrosin ($C_9H_{11}NO_3$) liefert nach Kühne und Nencki neben CO_2, H_2O u. H Indol (C_8H_7N); Leim nach Nencki Kohlensäure, Essigsäure, Buttersäure, Baldriansäure und Glycin neben Leucin, Ammoniak und Kohlensäure.

Das Indol (C_8H_7N) ist ein konstantes Product der Eiweissfäulniss im Darm und ein konstanter Bestandtheil der Fäces; es ist die Vorstufe des Indicans im Harn, welches nach den Untersuchungen von E. Baumann, L. Brieger und Tiemann mit dem Schwefelsäurerest SO_3H und an Kalium gebunden als indoxylschwefelsaures Kalium ($C_8H_6NSO_4K$) darin vorkommt. Das Indol tritt nur in geringer Menge auf, wenn die Producte der Verdauung der Albuminate, die Peptone schnell resorbirt werden, dagegen in reichlicher Menge, wenn in Folge einer geringen und gestörten Resorption im Darm (z. B. beim Typhus, Magen-Darmkatarrh, Dünndarmkrankheiten, Cholera nostras etc.) die Fäulniss auf die Producte der Pankreasverdauung intensiver einwirken kann. In letzterem Falle erscheint auch eine grössere Menge Indican im Harn. Indol.

Neben dem Indol entsteht bei der Eiweissfäulniss nach Brieger stets Skatol, welches als Methylindol (C_9H_9N) aufgefasst werden kann und ebenfalls einen konstanten Bestandtheil der menschlichen Fäces bildet. Bei der Fäulniss der Eiweissstoffe bildet sich, wie E. und H. Salkowsky nachgewiesen haben, Skatolcarbonsäure, die sich leicht in Skatol und Kohlensäure zerlegt. Auch das Skatol erscheint im Skatol.

Harn als Schwefelsäure-Verbindung. So fand L. Brieger nach Fütterung von Skatol bei einem Hunde viel skatoloxylschwefelsaures Kalium im Harn,

E. und H. Salkowsky[1]) nehmen an, dass sowohl Indol wie Skatol aus einer gemeinsamen im Eiweiss praeformirtan Substanz entstehen, welche bei ihrer Zersetzung bald mehr Indol bald mehr Skatol liefert, je nachdem der diese Zersetzungsproducte liefernde Spaltpilz, also der hypothetische „Indolpilz" oder „Skatolpilz" vorherrschend ist.

Phenol. Unter den Fäulnissproducten des Fibrins mit Pankreas fand E. Baumann auch Phenol und L. Brieger wies dasselbe als constanten Bestandtheil der Fäces nach. Das bei der Darmfäulniss sich entwickelnde Phenol geht zum Theil in den Harn über, in welchem es als phenolschwefelsaures Kalium ($C_6 H_5 O . SO_3 K$) auftritt. Nach E. und H. Salkowsky scheint das Phenol unter denselben Bedingungen wie das Indol eine Zunahme im Darm zu erfahren, indem mit der Vermehrung des Indicans im Harn auch eine solche der Phenylschwefelsäure verbunden ist.

Phenylpropionsäure und Phenylessigsäure. Bei der Fäulniss von Serumalbumin oder von Wolle mit Pankreasdrüse tritt ferner, wie E. und H. Salkowsky nachgewiesen haben, Phenylessigsäure (α Toluylsäure $= C_6 H_5 . CH_2 . CO_2 H$) auf, und neben Buttersäure und Valeriansäure auch Phenylpropionsäure (Hydrozimmtsäure $= C_6 H_5 . NH_2 . CH_2 . CO_2 H$); erstere, die Phenylessigsäure, geht im Organismus in Phenylacetursäure $= (C_6 H_5 . CH_2 . CO) NH . CH_2 . CO_2 H$, die Phenylpropionsäure dagegen in Hippursäure (Benzoylglycocoll $= (C_7 H_5 O) NH . CH_2 . CO_2 H$) in den Harn über. Hieraus erklärt sich das Auftreten von Hippursäure bei Eiweissfütterung.

Gährung der Fette. Auch auf die Fette äussert die Fäulniss ihre Wirkung, indem unter der Einwirkung noch unbekannter Organismen neutrale Fette nach Aufnahme von Wasser in Glycerin und fette Säuren zerlegt werden. Das Glycerin liefert unter dem Einfluss verschiedener Spaltpilze die verschiedenartigsten Zersetzungsproducte. Mit Kreide und Käse liefert es wenig Aethylalkohol und Buttersäure; mit Kreide und Fleisch Aethylalkohol und höhere Homologe desselben, ferner Essigsäure, Propion-, Butter-, Valerian- und Capronsäure, sowie CO_2 und H; in neutralen Lösungen auch Bernsteinsäure etc. Die aus dem Fett abgespaltenen Fettsäuren werden weiter in Kohlensäure, Grubengas und Wasserstoff etc. zerlegt; so liefert ameisensaures Calcium bei der Gährung mit Kloakenschlamm Calciumcarbonat, CO_2 u. H; essigsaures Calcium unter denselben Verhältnissen Calciumkarbonat, CO_2 u. CH_4.

Gährung der Kohlehydrate. Den mannigfachsten Zersetzungen unter dem Einfluss der Darm-Fäulniss und Gährung sind die Kohlehydrate ausgesetzt. So wird Traubenzucker ($C_6 H_{12} O_6$) durch den Spaltpilz (Bacterium lacticum Cohn), welcher ausserhalb des Organismus die Gerinnung der Milch verursacht und bei der Einsäuerung von Früchten sich bildet, in Milchsäure 2 ($C_3 H_6 O_3$) umgewandelt. Derselbe Spaltpilz bewirkt die Umwandlung des Milchzuckers ($C_{12} H_{22} O_{11}$) unter Hinzufügung von H_2O in 2 Moleküle Traubenzucker 2 ($C_6 H_{12} O_6$), welcher dann wie oben 4 Moleküle Milchsäure 4 ($C_3 H_6 O_3$) liefert. Die Milchsäure wird durch den Bacillus butyricus oder Bacillus amylobacter van Tieghem weiter in Buttersäure, Kohlensäure und Wasserstoff zerlegt nach der Gleichung:

$$2\,(C_3 H_6 O_3) = C_4 H_8 O_2 + 2\,(CO_2) + 4\,H$$

2 Milchsäure = 1 Buttersäure + 2 Kohlensäure + 4 Wasserstoff.

[1]) Zeitschr. f. physiol. Chemie. Bd. VIII. S. 417.

Auch Hefe kann im Darm vorkommen und die Bildung von Alkohol veranlassen; nach Fitz und Brieger vermögen gewisse Micrococcen aus Zucker ebenfalls Alkohol als hauptsächlichstes Product zu liefern; in beiden Fällen wird Milchzucker erst in Traubenzucker (Dextrose) umgewandelt. Einige noch unbekannte Schizomyceten im Darm sollen auch Stärke in Zucker umzuwandeln vermögen, während andere wie der im Rübensaft sich bildende Leukonostoc mesenterioides „Invertin" ausscheiden, welches Rohrzucker in vergährbaren Invertzucker umwandelt.

Gährung der Cellulose.

Neuerdings wird von W. Tappeiner[1]) auch die Lösung der Cellulose im Darm auf die Thätigkeit von Spaltpilzen zurückgeführt, nachdem Hoppe-Seyler und Popoff nachgewiesen haben, dass Cellulose bei der Fäulniss mit Kloakenschlamm und in Sümpfen das Material für die Bildung von Sumpfgas abgiebt. Man denkt sich diese Zersetzung wohl nach folgender Gleichung verlaufen:

$$n\,(C_6H_{10}O_6) + n\,(H_2O) = 3\,n\,(CH_4) + 3\,n\,(CO_2)$$

n Moleküle „Cellulose" + n Mol. Wasser = 3mal n Mol. Sumpfgas + 3mal n Mol. Kohlensäure.

Hiernach würde die Cellulose so gut wie gar keinen Nährwerth besitzen. H. Weiske, B. Schulze und E. Flechsig[2]) glaubten auch durch einen Fütterungsversuch den thatsächlichen Beweis geliefert zu haben, dass die Cellulose keine eiweissersparende Wirkung und damit keinen Nährwerth habe. Da aber bei der Cellulose-Gährung gleichzeitig flüchtige Fettsäuren, Essigsäure und Buttersäure sowie Wasserstoff entstehen, so kann auf obige Weise die Zersetzung nicht verlaufen. W. Henneberg nud F. Stohmann[3]) glauben auf Grund der quantitativen Bestimmungen der Fäulnissproducte der Cellulose-Gährung durch W. Tappeiner die Zersetzung durch folgende Gleichung ausdrücken zu können:

$$21\,(C_6H_{10}O_5) + 11\,H_2O = 26\,CO_2 + 10\,CH_4 + 12\,H + 19\,(C_2H_4O_2) + 13\,(C_4H_8O_2)$$

21 Cellulose + 11 Wasser = 26 Kohlensäure + 10 Sumpfgas + 12 Wasserstoff + 19 Essigsäure + 13 Buttersäure

oder 100 g Cellulose liefern unter der Aufnahme von 5,82 g Wasser:

33,63 g	Kohlensäure
4,70 g	Sumpfgas
0,35 g	Wasserstoff
33,51 g	Essigsäure
33,63 g	Buttersäure
105,82 g	Gährungsproducte.

Hiernach besitzt die Cellulose allerdings nicht den vollen Nährwerth eines Kohlehydrates, wie früher angenommen wurde, sondern ist um den Betrag des Wärmewerthes des Sumpfgases, nämlich um 15 % geringer, indess bleibt die Cellulose doch noch ein Nährstoff von hoher Bedeutung, indem 266 Thle. derselben mit 100 Thln. Fett isodynam sein würden[4]).

---

[1]) Zeitschr. f. Biologie. 1883. S. 228 und 1884. S. 52.

[2]) Ibidem. 1886. Bd. 22. S. 613.

[3]) „ 1885. Bd. 21. S. 613.

[4]) Der Wärmewerth des Gährungsprocesses beträgt nämlich nach Henneberg und Stohmann:

	100 g Cellulose (100 × 4146) = ...		414 600 Cal.
Daraus geht hervor:	33,5 g Kohlensäure	0 Cal.	
	4,7 g Sumpfgas ((4,7 × 13 344) = .	62 717 „	
	33,6 g Essigsäure (33,6 × 3505) = .	17 768 „	
	33,6 g Buttersäure (33,6 × 5647) = .	189 739 „	
	Gährungswärme	44 376 „	
			414 600 „

Entgegen den Versuchsresultaten von H. Weiske, Schulze und Flechsig kommt W. v. Knierim[1]) durch umfangreiche Versuche zu dem Schluss, dass die bei der Lösung der Cellulose im Darm sich bildenden Producte sowohl Eiweiss als Fett ersparen und H. Wilsing[2]) zeigt in einem Fütterungsversuch mit einer Ziege, dass im Koth und Harn nur 4 g flüchtige Fettsäuren vorhanden waren, während nach der verdauten Menge Cellulose unter Zugrundelegung der Tappeiner'schen Vergährungsgleichung 157 g vorhanden gewesen sein müssten, wenn sämmtliche gebildeten Fettsäuren für den Stoffwechsel verloren gegangen wären. Es mussten daher letztere entweder resorbirt sein, oder es fällt nur ein kleiner Theil der Cellulose der Vergährung anheim.

Der unverdaute Theil der Nahrung (die Fäces).

Vorgänge im Dickdarm.

Der Dickdarm enthält nur sehr geringe Darmsaftfermente; desshalb überwiegen in ihm die Fäulniss- und Gährungs-Zersetzungen über die eigentlichen Verdauungsumsetzungen. Dazu ist die aufsaugende Thätigkeit der Dickdarmwandung grösser, als die absondernde; aus dem Grunde wird der Darminhalt, welcher beim Beginn des Dickdarmes noch breiig wässerig ist, im weiteren Verlaufe stetig consistenter. Es werden aber nicht allein Wasser und die in Lösung gebrachten Verdauungsproducte resorbirt, sondern unter Umständen auch unveränderte lösliche Stoffe, wie flüssiges Eiereiweiss, Milch und ihre Eiweissstoffe, Fleischsaft, Leimlösung etc.

Fäces.

Die Bildung und Formung der Fäkalstoffe erfolgt im unteren Theil des Dickdarmes. Die Fäces bilden den unverdaulichen Rest der Nahrung. Sie enthalten also unter anderen die unverdaulichen Rückstände der Gewebe thierischer oder pflanzlicher Nahrungsmittel wie Haare, Horngewebe, Holzfaser, Obstkerne, Spiralgefässe von Pflanzenzellen, ferner Bruchstücke sonst wohl verdaulicher, aber durch Kauen zu wenig zerkleinerter Substanzen, wie Bruchstücke von Muskelfasern, Sehnen, Knorpelstückchen, Flocken von Fettgewebe, Stücke von hartem Eiweiss, Pflanzenzellen und etwas rohe Stärke, ferner unverändertes Mucin, vereinzelte Fetttröpfchen und Kalkseifen in Krystallnadeln.

Von allen Nahrungsmitteln gehen gewisse Reste in die Fäces über, jedoch von den vegetabilischen Nahrungsmitteln durchweg mehr als von den animalischen.

So fand Fr. Hofmann, dass ein Mann bei einer Nahrung von 100 g Kartoffeln, 207 g Linsen, 40 g Brod und Bier täglich 116 g trocknen Koth, oder 24 % der trocknen Nahrung ausschied, dass dagegen bei einer Nahrung von 390 g Fleisch und 126 g Fett mit gleichem Stickstoffgehalt nur 28,3 g trockner Koth ausgeschieden wurden. Bei gemischter Nahrung beträgt die Menge des frischen Kothes (mit rund 75 % Wasser und 25 % festen Bestandtheilen) für den erwachsenen Menschen pro Tag etwa 150 g (60—250 g); nur selten erreicht die in 24 Stunden ausgeschiedene Kothmenge 300 g und darüber.

Im Durchschnitt enthalten die normalen Fäces:

Wasser	Organische Stoffe	Stickstoff	Mineralstoffe	Kali	Phosphorsäure
75,0 %	21,6 %	0,7 %	3,4 %	0,35 %	0,57 %

---

[1]) Zeitschr. f. Biologie. 1885. S. 67.
[2]) Ibidem. 1885. S. 625.

Die Mineralstoffe bestehen vorwiegend aus unlöslichen Phosphaten und Carbonaten. E. Salkowsky hat in den Fäces auch Schwefel und unterschwefeligsaure Salze nachgewiesen. Dass die Fäces auch die Producte der Eiweiss-Fäulniss in der Gährung (wie Phenol, Skatol, Indol, Milchsäure etc.) enthalten, ist schon im vorigen Kapitel erwähnt.

Die dunkle Farbe der Fäces rührt von ausgeschiedenen Gallenfarbstoffen her; der eigenthümliche Geruch von flüchtigen Fettsäuren (Essigsäure, Isobuttersäure, Valeriansäure, Capronsäure) und von den Fäulnissproducten; jedoch ist der den eigentlichen Fäkalgeruch bedingende Körper noch unbekannt; er haftet zwar dem Indol und Skatol so innig an, dass man diese früher als die fäkalriechenden Stoffe ansah, indess sind diese, rein dargestellt, geruchlos.

Die Reaction ist oft in Folge der Milchsäure-Gährung reichlich genossener Kohlehydrate bald sauer, unter Umständen in Folge Ammoniakbildung im unteren Darm neutral bis alkalisch.

In den letzten Jahren sind in den Fäces auch eine Reihe Spaltpilze nachgewiesen. Spaltpilze.

Escherich suchte aus dem Darminhalt von Säuglingen, B. Bienstock[1]) aus dem von Erwachsenen durch Reinculturen die einzelnen Spaltpilzarten festzustellen.

Figur 7.

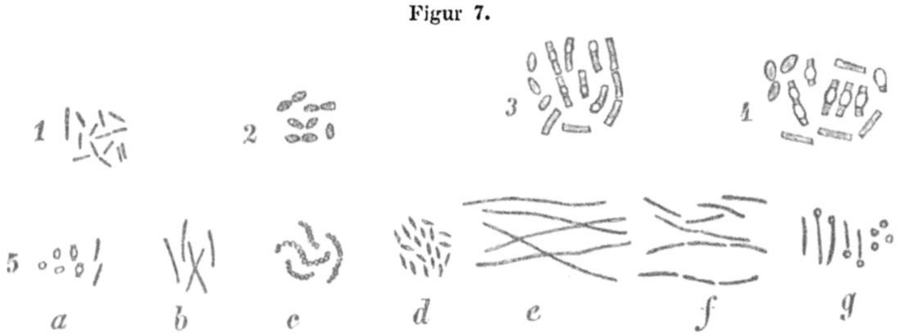

1. Bacterium coli commune. — 2. Bacterium lactis aërogenes. — 3. und 4. Die beiden grossen Bienstock'schen Bacillen mit theilweiser endogener Sporenbildung. — 5. (a—g) Die verschiedenen Entwickelungsstadien des Bacillus der Eiweissfäulniss.

Von diesen Spaltpilzen sind das schlanke Bacterium coli commune (Nr. 1) wie Bacterium lactis aërogenus Nr. 2 (Milchsäuregährungspilz) characteristisch für die Fäces der Säuglinge.

Die anderen Formen gehören dem Kothe der Erwachsenen an. Die 2 grossen Bacillenarten Fig. 7 Nr. 3 und 4 gleichen dem Bacillus subtilis und unterscheiden sich nur durch die Form ihrer Reinkultur, durch die Art und Weise ihrer Sporenbildung wie durch den Mangel an Eigenbewegung. Der Spaltpilz Nr. 4 ist der specifische Spaltpilz der Eiweisszersetzung, welcher unter Fäkalgeruch die Fäulnissproducte der Eiweissstoffe liefert; er fehlt im Kothe von Säuglingen; Casein und Kalialbuminat vermag er nicht zu zersetzen. Nr. 5 a—g stellt die Entwickelungsreihe dieser Spaltpilze dar; die Stadien c und g fehlen jedoch in den Fäces und finden sich nur in künstlichen Züchtungen.

W. Sucksdorff[2]) bestimmte die Anzahl der in den Fäces unter normalen und abgeänderten Verhältnissen vorkommenden Spaltpilze und fand dieselben, wie nicht Anzahl von Spaltpilzen.

[1]) Zeitschr. f. klin. Medicin. Bd. 8. S. 1.
[2]) Archiv f. Hygiene. 1886. Bd. IV. S. 355.

anders zu erwarten ist, ausserordentlich verschieden; dieselbe betrug bei gewöhnlichem Essen und Trinken pro 1 mg Fäces zwischen 25000—2304347 (Mittel 381000) Kolonien; Weisswein und Kaffee bis zu 1·1 pro Tag hatten keinen Einfluss auf den Gehalt, dagegen bewirkte 1 l Rothwein eine bedeutende Abnahme, nämlich 7813 bis 64000 (Mittel 35906) Kolonien pro 1 mg Fäces, ebenso 0,2—1,6 g Chinin pro Tag; durch Sterilisiren der Speisen und Getränke sank die Anzahl der Spaltpilzkolonien auf 53—15000 (Mittel 10395) pro 1 mg. Fäces.

Verdauung befördernde Mittel (Genussmittel).

Wirkung der Genussmittel auf die Verdauung.

Neben den Nahrungsstoffen geniessen wir in jeder Nahrung noch eine grosse Anzahl anderer Stoffe, welche zwar nicht dazu bestimmt sind, den täglichen Verlust an Körpersubstanz zu decken, welche aber dadurch, dass sie uns die Nahrung wohlschmeckender und geniessbarer machen, einen wohlthätigen Einfluss auf die Verdauungsthätigkeit und Nerven ausüben und so einerseits eine erhöhte Ausnutzung der Nahrung im Magen und Darm bewirken, andererseits nach ihrem Uebergange ins Blut durch ihren Reiz auf das Central-Nerven-System gewisse andere Functionen des Organismus unterstützen und erhöhen.

Von diesen Centralorganen aus sind dann noch weitere Uebertragungen möglich, wodurch oft auf grossen Umwegen wieder Einflüsse zurück auf diejenigen Theile im Verdauungscanal ausgeübt werden können, welche sich bei dem ursprünglichen Contact mit dem Genussmittel noch neutral verhielten.

Zwar wird allem Anscheine nach die absolute Ausnutzungs- oder Verdaulichkeitsgrösse durch die Genussmittel nicht erhöht; denn Forster und Rijnders beobachteten z. B., dass mit Wasser extrahirtes, ganz geschmackloses Fleisch in der gleichen Zeit und der gleichen Quantität verdaut resp. resorbirt wurde als das nämliche Gewicht von gebratenem Fleisch; auch schien nach Flügge bei einer geschmacklosen gemischten Kost, die längere Zeit nur mit Widerwillen genossen werden konnte, die Grösse der Ausnutzung nicht beeinflusst zu sein; indess erleichtern sie die Verdauungsthätigkeit und ersparen dadurch dem Organismus viel Arbeit, die er für andere Zwecke benutzen kann.

Gewürze, Kochsalz, Alkohol etc.

Zu den Genussmitteln, welche durch ihren wohlthätigen Einfluss auf Geruchs- oder Geschmacks-Nerven in erster Linie die Absonderung der Verdauungssäfte befördern, gehören z. B. Kochsalz, Zucker, Gewürze, alter Käse, Alkohol etc. Ein Tropfen verdünnter Kochsalz-Lösung auf die Magenschleimhaut eines Thieres gebracht, bewirkt einen Austritt von Saft aus den Drüsen; ebenso findet reichliche Absonderung von Speichel statt, wenn Kochsalz oder Zucker in den Mund eingeführt werden.[1])

Ohne Kochsalz die Nahrung zu geniessen, wäre uns unmöglich; dasselbe bildet in salzarmen Gegenden einen wahren Leckerbissen, und sind um den Besitz von Salinen und Steinsalzlagern schon Kriege geführt.

Der Zucker ist nicht nur ein wichtiger Nahrungsstoff, sondern auch vorwiegend ein Genussmittel; nur aus letzterem Grunde opfert man grosse Summen Geldes für

---

[1]) J. Forster beobachtete sogar eine reichliche Absonderung von Galle, als er eine Zuckerlösung direct in die Blutbahn (Vena mesenterica) einführte.

ihn, denn als Nährstoff hat er kaum einen höheren Werth als Stärkemehl, Dextrin etc. Der Geschmack des Zuckers ist uns so angenehm, dass wir nach ihm alles bezeichnen, was uns angenehm schmeckt. Bei der blossen Vorstellung von etwas Leckerem läuft dem Menschen, wie man zu sagen pflegt, das Wasser im Munde zusammen. Moses tröstete sein Volk, sagt v. Pettenkofer, in der Wüste nicht ohne Erfolg mit der Verheissung, dass er es in ein Land führen werde, welches von Milch und Honig fliesst.

Die Wichtigkeit von Salz und Zucker für Absonderung der Verdauungssäfte und die Verdauung erkennen wir nach C. Voit dadurch an, dass wir eine reichliche Mahlzeit durch etwas Caviar oder durch ein Glas Sherry einzuleiten pflegen, von denen der Caviar durch hohen Salzgehalt, der Sherry durch Zucker ausgezeichnet ist. Letzterer wie alle Süssweine wirken aber nicht allein durch ihren Zucker-Gehalt verdauungbefördernd, sondern auch durch ihren Gehalt an Alkohol. Der Alkohol in mässigen Gaben genossen, bildet ein wichtiges Reizmittel für die Verdauungsthätigkeit und nicht ohne Grund tritt bei der arbeitenden Classe, welche sich vorzugsweise mit schwer verdaulicher Nahrung (wie Kartoffel und Brod etc.) ernährt, ein starkes Verlangen nach Branntwein auf. Bei Verdauungsstörungen pflegen wir mit Vorliebe einen Cognak oder bittere alkoholreiche Liqueure zu trinken.

Entgegen diesen bisherigen Anschauungen findet Masanovi Orgáta[1]) durch Versuche an Hunden, dass Bier, Wein und Schnaps, wenigstens so lange, bis sie resorbirt sind, die Verdauung verlangsamen und beeinträchtigen, dass neben dem Alkohol auch die Extractivstoffe verlangsamend wirken, indem Bier stärker verlangsamend wirkt als Wein von gleichem Alkoholgehalt. Auch Zucker (Rohr- und Traubenzucker) verzögert nach Orgáta die Verdauung bedeutend, während Wasser, kohlensäurehaltiges Wasser, Thee und Kaffee in mässigen Mengen keinen störenden Einfluss üben und Kochsalz die Verdauung wesentlich beschleunigt.

C. A. Gluchinsky[2]) hat ebenfalls die Wirkung des Alkohols auf die Verdauung geprüft und gefunden, dass dieselbe stark gehemmt wird, so lange noch Alkohol im Magen vorhanden ist. Der Alkohol verschwindet indess bald (nach $^1/_2$—1 Stunde) aus dem Magen und sobald dieses geschehen ist, steigt plötzlich der Säuregrad des Magens auf das 2—3fache des Säuregrades ohne Alkohol. Dem entsprechend schreitet auch die Verdauung schneller vorwärts und ist trotz der anfänglich ungünstigen Wirkung in kürzerer Zeit vollendet. Ein mässiger Alkoholgenuss einige Zeit vor dem Essen muss daher günstig auf die Verdauung einwirken.

Leider aber wird derselbe besonders von der arbeitenden Classe häufig in zu grossen Mengen genossen und kann aus dem wohlthätigen Genussmittel leicht ein verdammenswerthes Gift werden, welches den Ruin des Organismus zur Folge hat. Denn im Uebermasse genossen, macht der Branntwein wie alle alkoholreichen Getränke nicht nur die Verdauungsorgane erschlaffen, sondern zerrüttet auch durch den ständigen übergrossen Reiz auf das ganze Nervensystem die Thätigkeit der Functionen des gesammten Organismus, so dass derselbe einem frühen und elenden Siechthum anheimfällt.

Als verdauungbefördernde Mittel verdienen auch besonders die Gewürze hervorgehoben zu werden. Von diesen wirken einige durch besondere characteristische

---

[1]) Archiv f. Hygiene. Bd. III. S. 204.
[2]) Archiv f. klinische Med. Bd. 39. S. 405.

scharfe, bittere Stoffe befördernd auf die Absonderung der Verdauungssäfte, so der Pfeffer durch das Piperin, der Senf durch das Senföl (letzterer vorzugsweise auf Absonderung der Galle). Das Senföl ist auch der wirksame Bestandtheil von Rettig und Radieschen. Andere Gewürze sind durch wohlriechende leicht flüchtige Oele ausgezeichnet, die durch Einwirkung auf die Geruchs-Nerven indirect eine erhöhte Speichel-Absonderung zur Folge haben. Zu diesen gehören z. B. Vanille, Zimmet, Nelken, Muscatnuss etc., ferner viele Gemüse (Petersilie, Zwiebeln) und Obst aller Art, welches neben wohlriechenden aromatischen Oelen freie Säure, Aepfelsäure enthält, die direct die Verdauung befördert.

Sehr trefflich schildert die Wirkung dieser Stoffe C. Voit mit folgenden Worten: „Es hat noch vieles Anderes auf den Verdauungsact Einfluss, an was wir gewöhnlich gar nicht denken; wir suchen bei dem Essen noch alle möglichen anderen Genüsse uns zu verschaffen, so dass die mannigfaltigsten Verbindungen der Organe des Körpers existiren müssen, deren Erregung mitbestimmend auf die Vorgänge im Darmcanal sind. Neben dem Geschmacks-Organ steht das Geruchs-Organ obenan; die Speisen, welche flüchtige Stoffe enthalten, werden nicht geschmeckt, sondern gerochen; wir machen die Speise durch Zusätze wohlriechend; denn Speisen, welche einen Geruch haben, den wir an ihnen nicht gewöhnt sind, werden mit Widerwillen gegessen und meistens nicht ertragen. Wir suchen ferner unseren Gerichten angenehme Formen zu geben, wir tischen sie sauber auf, damit sie „appetitlich“ sind. In stinkenden und unsauberen Lokalen schmeckt es uns nicht. Auch die Gesammtstimmung, in der wir uns befinden, ist von Wichtigkeit; bei Aerger oder Kummer bekommt uns das Essen nicht; ein mit lachenden Kindern und guten Freunden besetzter Tisch dient auch als Genussmittel; wir verdauen gewiss anders bei Aussicht in eine heitere Gegend, als auf Kerker und Klostermauern.“

Kaffee, Thee, Fleisch-extract.

Ausser diesen Genussmitteln, welche durch ihre wohlthätige Einwirkung auf die Geruchs- und Geschmacks-Nerven und ferner auf die Drüsen-Thätigkeit der Verdauungs-Organe eine erhöhte Verdauung und Ausnutzung der Nahrung bewirken und damit ihre Function verrichtet haben, giebt es verschiedene andere, welche durch ihren Reiz auf die Nerven erst nach dem Uebertritt in das Blut zu wirken beginnen. Dazu gehören: der Fleischextract, Kaffee, Thee, Bier, Wein. Auch der Tabak gehört zu dieser Art Genussmittel, welche einmal durch den erregenden Einfluss auf die Nerven die geistige und körperliche Thätigkeit erhöhen, dann auch (wie der Tabak) das Gefühl des Wohlbehagens bei uns hervorrufen. Das wirksame Princip in diesen Genussmitteln sind bei Fleischextract, Kaffee, Thee und Tabak Alkaloïde neben flüchtigen Oelen, bei Bier und Wein Alkohol und Aetherarten. Ob die Extractivstoffe in ähnlicher Weise wirken, erscheint nach den Versuchen von Orgáta (vergl. vorige Seite) zweifelhaft.

Eine diesen Genussmitteln gemeinsame wohlthätige Wirkung besteht auch darin, dass sie eine schnellere Blutcirculation hervorrufen.[1]) In Folge von körperlicher

---

[1]) Nach den Versuchen von Conty, Guimaraes und Niobey (Compt. rend. T. 99 p. 85) ist jedoch die Wirkung des **Kaffees** eine verwickeltere, als man bis jetzt annimmt. In mässigen Gaben vermindert der Kaffee die Menge der Blutgase, ohne die Menge der consumirten Nfreien Extractstoffe zu beeinflussen. Derselbe bildet daher ein Sparmittel, indem er die Activität der Verbrennung vermindert. Dagegen steigert der Kaffee einerseits die Assimilation der stickstoffhaltigen Nährstoffe, andererseits die Bildung des Harnstoffs, d. h. die Desassimilation; auf diese

oder geistiger Thätigkeit sammeln sich in den Muskeln und Organen eine Menge Zersetzungsproducte an, welche schliesslich zur Erschlaffung der thätigen Organe und des ganzen Körpers führen. Durch den Kreislauf des Blutes werden diese in den Organen abgelagerten und ermüdenden Stoffe fortgenommen und denselben wieder neues Zersetzungsmaterial für weitere Arbeitsleistung zugeführt. Je rascher das Blut den Organen zuströmt, desto schneller werden sie wieder leistungsfähig. In dieser Hinsicht leisten nun die genannten Genussmittel Vorzügliches. Speciell für den Kaffee ist von J. Ranke nachgewiesen, dass er die Blutvertheilung im Organismus verändert und das Blut schneller den Organen und Muskeln zuleitet. Jeder Mensch hat schon die erregende und kräftigende Wirkung einer Tasse Kaffee oder Fleischbrühe verspürt, wenn er in Folge angestrengter Thätigkeit bis zum Erschlaffen müde war; jeder Mensch kennt die belebende Wirkung eines Glases Wein nach übermässiger Anstrengung. Kaffee, Fleischbrühe und Wein etc. helfen uns über manche Müdigkeit hinweg und sind im Stande, den Körper zu einer Arbeitsleistung über die von der Natur gezogenen Grenzen hinaus anzuspornen.

Auf diese Weise erhalten diese Art Genussmittel eine hohe Bedeutung in unserer Nahrung, einen Werth, der sie hoch über die directen Nährstoffe stellt.

„Der Mensch", sagt v. Pettenkofer, „hängt so sehr von Genussmitteln der verschiedensten Art ab und zwar nicht bloss für Zwecke der Verdauung und Ernährung, sondern auch noch für zahlreiche Nerventhätigkeiten in ganz anderen Richtungen, dass er dafür, um sich dieselben zu verschaffen, gern etwas Geld opfert oder bezahlt. Wie viele verzichten nicht auf ein Stück Brod, um sich eine Tasse Kaffee oder Thee, eine Prise Tabak, eine Cigarre, ein Glas Bier oder Wein zu sichern, wenn ihnen die Wahl gelassen wird, obwohl ein Stück Brod zum Fett- und Eiweissersatz am Körper beiträgt und die genannten Genussmittel nicht."

„Die Genussmittel sind wahre Menschenfreunde, sie helfen unserem Organismus über manche Schwierigkeiten hinweg. Ich möchte sie mit der Anwendung der richtigen Schmiere bei Bewegungsmaschinen vergleichen, welche zwar nicht die Dampfkraft ersetzen und entbehrlich machen kann, aber dieser zu einer viel leichteren und regelmässigeren Wirksamkeit verhilft und ausserdem der Abnutzung der Maschine ganz wesentlich vorbeugt. Um letzteres thun zu können, ist bei der Wahl der Schmiermittel eine Bedingung unerlässlich: sie dürfen die Maschinentheile nicht angreifen, sie müssen, wie man sagt, unschädlich sein."

Verdauung hemmende Mittel.

Werden vorstehende Genussmittel in zu starken Gaben genommen, so schlägt ihre vortheilhafte Wirkung, wie ich bereits vorstehend bei den alkoholischen Genussmitteln erwähnt habe, in das Gegentheil um. Die Geschmacks-Nerven und die Drüsen-Thätigkeit der Verdauungs-Organe werden durch den übergrossen Reiz nach und nach abgestumpft und geschwächt. Dieses gilt besonders für einen sehr starken Genuss alkoholischer Getränke und des Kochsalzes. Auch der Tabak scheint bei seiner günstigen Wirkung auf das Central-Nerven-System einen hemmenden Einfluss auf die

Ueber-mässige Einnahme von Genuss-mitteln.

Weise hält er die Functionen des Körpers im Gleichgewicht. Er macht den Körper fähig, grössere Mengen stickstoffhaltiger Nahrung zu consumiren, in Folge dessen er indirect Arbeit liefert und allen denen nützlich ist, welche viele disponible Kraft gebrauchen.

Verdauung auszuüben, da eine Pfeife Tabak oder eine Cigarre vor Tisch geraucht den Appetit abschwächt.

Gerbsäure-haltige Nahrungsmittel.

Als besonders verdauunghemmend müssen die Gerbsäure-haltigen Nahrungs- und Genussmittel genannt werden. Die Gerbsäure nämlich fällt aus den Verdauungssäften einerseits diejenigen Stoffe, welche wie das Pepsin die Lösung der Nährstoffe in der Nahrung bewirken, andererseits geht sie mit bereits gelösten Nährstoffen wie den Eiweiss-Peptonen unlösliche Verbindungen ein. Hierauf ist die Wirkung des stark gerbsäurehaltigen Rothweines zurückzuführen, welchen wir mit Vorliebe zu trinken pflegen, wenn durch eine zu starke Absonderung der Verdauungssäfte die Verdauung gestört ist und abnorm verläuft.

Kleie-reiche Nahrungsmittel.

Von ungünstigem Einfluss auf die Verdauung sind auch die Holzfaser- (Cellulose-) reichen Nahrungsmittel wie Kleie-haltiges Schwarzbrod. So beobachtete Fr. Hofmann eine stärkere Koth-Entleerung, wenn er einer Fleischkost Cellulose beimengte. Nach G. Meyer, M. Rubner und Anderen wird bei Genuss von Kleie-haltigem Brod eine grössere Menge Koth als unverdauter Theil der Nahrung entleert, als bei Genuss von feinerem, nur wenig Cellulose enthaltendem Weissbrod. Hier bewirkt die Holzfaser oder Cellulose durch die stärkere Reibung der Darm-Wandungen eine schnellere Entleerung des Darm-Inhaltes.

Uebergrosse Einnahme von Stärke.

Auch eine übergrosse Gabe von Stärkemehl-haltigen Nahrungsmitteln kann die Verdauung stören und herabsetzen. Die Stärke nämlich muss, um ins Blut übergehen zu können, durch die Verdauungssäfte erst in Zucker übergeführt werden. Ist aber die Menge der zu verarbeitenden und umzuwandelnden Stärke im Verhältniss zur Menge der Verdauungssäfte zu gross, so erleidet sie eine anderweitige Zersetzung, bei welcher sich organische Säuren, vor allem Buttersäure bilden. Diese Säuren bewirken alsdann ähnlich wie die Holzfaser-reichen Nahrungsmittel durch Erregung der peristaltischen Bewegung des Darmes eine rasche Entleerung des Stärkechymus. Ohne Zweifel rühren die schwer stillbaren Durchfälle kleiner Kinder von dieser Umsetzung der Stärke im Darme her.

In Folge dieser Säure- (Buttersäure-) Bildung treten die Darm-Gase (Kohlensäure, Wasserstoff und Grubengas) auf, deren Menge bei Pflanzenfressern am stärksten zu sein pflegt.

Grösse der Verdaulichkeit der Nahrungs- und Genussmittel.

Ueber die Grösse der Resorptionsfähigkeit der Nahrungs- und Genussmittel liegen bis jetzt nur spärliche Untersuchungen vor. Auch wird sich dieselbe für die einzelnen Nahrungsmittel wohl nie zu einem correcten Ausdruck bringen lassen; denn sie schwankt sehr nach der Individualität, dem Alter, Geschlecht und der Berufsart. Dann aber ist es nur mit einigen wenigen Nahrungsmitteln möglich, den Menschen vollständig auf mehrere Tage allein zu ernähren. Wir sind gewohnt, eine gemischte Kost zu uns zu nehmen; ein einseitiges Nahrungsmittel auf mehrere Tage zu nehmen, widersteht sehr leicht, in Folge dessen die Ausnutzungsfähigkeit deprimirt werden kann. Um so höher müssen wir demnach Versuche schätzen, welchen es gelang, diese Schwierigkeiten einigermassen zu überwinden.

Animalische Nahrungsmittel.

1. Versuche mit animalischen Nahrungsmitteln. Vom Fleisch ist durch die zahlreichen Untersuchungen von Bischoff, v. Pettenkofer und

C. Voit im physiologischen Institut in München nachgewiesen worden, dass es sowohl vom Menschen wie vom Fleischfresser (Hund) bis auf sehr geringe Mengen resorbirt wird.

J. Ranke hat 1862[1]) gefunden, dass bei einem Genuss von 1832 g resp. 1281 g Rindfleisch 5,2 resp. 11,5 % des aufgenommenen Stickstoffs und bei Einnahme von 2009 g Rehfleisch 12,4 % des aufgenommenen Stickstoffs wieder abgingen. J. Ranke experimentirte aber nur an einem einzigen Versuchstage, an welchem durch Vermischen des Kothes mit unverdauten Theilen der Nahrung vor dem Versuch leicht Fehler entstehen können.

Weitere sehr interessante Versuche über diese Frage hat M. Rubner[2]) unter der Leitung von C. Voit angestellt. Rubner hat den der Nahrung während 3 Tage entsprechenden Koth durch Milchnahrung vor und nach dem Versuche abgegrenzt. Er fand im Mittel pro Tag:

Nahrung:		1. Nahrungsaufnahme: Frische Nahrung	Trocken-substanz	Stick-stoff[3])	Fett	Asche	2. Kothausscheidung: Frischer Koth	Trocken-substanz	Stick-stoff	Fett	Asche
		g	g	g	g	g	g	g	g	g	g
1. Fleisch, Braten . . .		884	366,8	48,8	20,9	18,6	65,3	17,7	1,2	4,4	2,8
2. desgl. desgl. . . .		[4])738	306,4	39,8	23,9	15,2	53,0	17,1	1,12	4,0	3,23
3. „ „ u. gekocht		798,3	193,67	21,34	48,5	11,78[4])	20,0	5,37	0,35	0,86	0,97
4. Eierkost (hart gesotten)		948,1	247,4	20,7	103,3	10,4[5])	42,7	13,0	0,61	5,2	1,93
5. Milch, Person a . . .		2438	315,0	15,4	95,1	17,8	96,3	24,8	1,00	4,66	8,7
6. desgl. „ b . . .		2050	264,9	12,9	79,7	15,0	—	22,3	0,9	5,7	7,0
7. desgl. „ c . . .		3075	397,3	19,4	119,9	22,4	241	40,6	1,5	6,7	10,9
8. desgl. „ d . . .		4100	529,7	25,8	160,0	29,9	174	50,0	3,1	7,4	13,3
9. Milch + Käse	Milch .	2291	296,0	24,1	138,6	27,5	98,3	25,3	0,9	3,8	7,2
	Käse .	200	123,8								
10. desgl.	Milch .	2050	264,9	23,5	133,6	26,7	88,2	27,4	0,7	10,1	8,2
	Käse .	218	134,9								
11. desgl.	Milch .	2209	285,4	38,9	213,5	44,1	273,7	66,8	1,9	24,6	20,0
	Käse .	517	320,0								

Darnach wurden in Procenten der in der Nahrung aufgenommenen Mengen Bestandtheile im Koth als unverdaulich wieder ausgeschieden:

	Trocken-substanz	Stick-stoff	Fett	Asche	Pro Tag: Stickstoff in der Nahrung	Stickstoff im Koth + Harn	Also im Körper verblieben (+) od. abgegeben (—)
	%	%	%	%	g	g	g
1. Fleisch, als Braten . . .	4,7	2,5	21,1	15,0	48,8	48,4	+ 0,4
2. desgl. . . .	5,6	2,8	17,2	21,2	39,8	38,79	+ 1,01
3. desgl. . . .	2,77	1,62	1,78	8,21	21,34	27,87	— 6,53
4. Eierkost + 7,4 Kochsalz .	5,2	2,9	5,0	18,4	20,75	22,50	— 1,75
5. Milch, Versuch a, 2483 Milch	7,8	6,5	3,3	48,8	15,40	14,50	+ 0,90
6. desgl., „ b, 2050 „	8,4	7,0	7,1	46,8	12,9	13,50	— 0,60
7. desgl., „ c, 3075 „	10,2	7,7	5,6	48,2	19,4	18,10	+ 1,00
8. desgl., „ d, 4100 „	9,4	12,0	4,6	44,5	25,8	—	—
9. desgl., + 200 Käse . . .	6,0	3,7	2,7	26,1	24,1	—	—
10. desgl., + 218 „ . . .	6,8	2,9	7,7	30,7	23,5	25,0	— 1,5
11. desgl., + 517 „ . . .	11,3	4,9	11,5	55,7	38,9	27,2	+ 11,1

---

[1]) Arch. f. Anat. u. Physiol. 1862. S. 311.

[2]) Zeitschr. f. Biologie. 1879. S. 115 u. 1880. S. 119.

[3]) Der Stickstoff des trocknen, fettfreien Fleisches wurde zu 14,11 % angenommen, ebenso sind die Bestandtheile der Milch nach dem mittleren Gehalt berechnet.

[4]) Dieser Versuch ist von H. Malfatti (Sitzungsberichte der Wiener Akademie d. Wissensch. 1884. III. Abth. Dez.-Heft).

[5]) Dazu in Versuch 2 = 7,4 g, in Versuch 3 = 10 g Kochsalz.

Im allgemeinen stellt sich die Ausnutzung der Milch-Trockensubstanz, des Stickstoffs und der Aschebestandtheile gegen die von Fleisch, Eiern und Käse ungünstig; vorwiegend aber werden die Aschebestandtheile der Milch als unverdaulich, wenigstens beim erwachsenen Menschen — als Versuchspersonen dienten 70—74 kg schwere Menschen —, im Koth wieder ausgeschieden.

Berechnet man die Ausnutzungsgrösse nach Abzug der Aschebestandtheile in Einnahme und Ausgabe, so stellt sich das Resultat auch für Milch wesentlich günstiger; darnach wurden in Procenten der aschefreien Einnahmen im aschefreien Koth als unverdaulich im Mittel abgegeben:

	Fleisch I	II	Eier	Milch
Trockensubstanz	4,7	5,6	5,2	7,8 %
Organische Substanz . .	4,1	4,7	4,7	5,4 „

Die Milch ist für den Erwachsenen eine ungenügende Nahrung. J. Forster fand, dass von der Milch-Trockensubstanz beim Kinde nur 6,35 % im Koth ausgeschieden werden; der trockne Milchkoth des Kindes bestand aus 30—40 % nicht resorbirtem Fett und 34 % Asche, ein Beweiss, dass die Milch-Stickstoffsubstanz (und Milchzucker) verhältnissmässig höher verdaut werden. Auch giebt H. Wegschneider an, dass bei 2—3 Monate alten Kindern nur ein Theil des Milchfettes sich der Resorption entzieht, dass dagegen die Eiweissstoffe vollständig resorbirt werden.

Neuerdings hat auch Camerer[1]) die Milch bei 2 Mädchen im Alter von 12 und 10 Jahren auf ihre Verdaulichkeit geprüft und eine höhere Ausnutzung als M. Rubner bei Erwachsenen gefunden. Die Mädchen erhielten nur Milch und etwas Kaffee als Nahrung. Letzterer wie der Koth enthielten:

Nahrung:					Koth:			
Kaffee-Aufguss g	Milch g	Trocken-substanz im Ganzen g	Stickstoff g	Fett g	24stündige Menge g	Trocken-substanz g	Stickstoff g	Fett g
1. M. 125	1790	224	10,59	53,7	69	15,9	0,58	1,50
2. M. 125	2039	239	11,30	57,4	45	10,3	0,38	1,60

Demnach blieben in Procenten der verzehrten Bestandtheile unverdaut:

	Milch-Trockensubstanz	Stickstoff	Fett
1. M. . . .	7,1 %	5,4 %	2,8
2. „ . . .	4,3 „	3,4 „	2,8

Dass die geringere Ausnutzung der Milchbestandtheile (der Stickstoffsubstanz) gegenüber der des Fleisches und der Eier nur dem Umstande zuzuschreiben ist, dass Milch für sich allein für den Erwachsenen kein geeignetes Nahrungsmittel ist, dürfte auch daraus zu schliessen sein, dass die Ausnutzung der Milchbestandtheile unter Zusatz von Käse sich mit Ausnahme der Mineralstoffe annähernd gleich verhält wie beim Fleisch und den Eiern. Erst als eine grosse Quantität Käse (517 g) verabreicht wurde, wurde eine grössere Menge Nahrungsstoffe als unverdaut im Koth ausgeschieden.

---

[1]) Zeitschr. f. Biologie 1880. S. 493.

Aus diesen Versuchen geht auch hervor, dass die Bestandtheile des Käses[1]), Stickstoffsubstanz und Fett, und ebenso die von hart gesottenen Eiern nicht minder gut resorbirt werden als die des Fleisches (gebraten). Bezüglich der Resorption des eingeschlossenen Fettes verhalten sich Eier und Käse (auch Milch) sogar besser als Fleisch.

Es ist auffallend, dass nach vorstehenden Versuchen bei Aufnahme von 100 g Fett und darüber (bei Eier, Milch, Käse) durchweg nicht mehr Fett in absoluter Menge im Koth abgegeben wird, wie bei 20—24 g Fett-Einnahme im Fleisch.

Dieses veranlasste M. Rubner, über die Grösse der Fettresorption beim Menschen noch besondere Versuche anzustellen, indem er neben Fleisch und Brod steigende Mengen von Fett, bald in Form von Speck oder Butter, bald in Form beider zusammen verabreichte. Die Resultate waren folgende: Resorption grosser Fettmengen.

		1. Nahrungs-Aufnahme pro Tag:					2. Kothausscheidung pro Tag:				
		Frisch	Trocken	Stickstoff	Fett	Asche	Koth frisch	Koth trocken	Stickstoff	Fett	Asche
		g	g	g	g	g	g	g	g	g	g
1. Versuch	Fleisch	614	135,9	23,6	99,0	23,5	299,1	46,5	2,86	17,2	6,7
	Brod	450	303,3								
	Speck	95,6	—								
2. Versuch	Fleisch	600	138,8	23,53	194,7	22,5	375,0	56,0	3,30	15,17	5,7
	Brod	450	266,0								
	Speck	191,2	—								
3. Versuch	Fleisch	600	138,3	22,98	214,0	25,5	161,0	41,3	2,60	5,8	5,1
	Brod	450	256,9								
	Butter	240	209,9								
4. Versuch	Fleisch	600	146,5	23,37	350,5	27,4	299,8	82,0	2,14	44,6	7,6
	Brod	450	266,0								
	Butter	233	204,6								
	Speck	145,8	—								

Die Menge der Kohlehydrate in der Nahrung betrug der Reihe nach 259,6, 226,4, 221,5 und 234,3 g, die des Kochsalzes ebenso 5,7, 5,9, 10,0, 11,2 g im Durchschnitt pro Tag.

In Procenten der Einnahme in der Nahrung werden im Koth ausgeschieden:

	Trockensubstanz	Stickstoff	Fett	Kohlehydrate	Asche	Stickstoff in der Nahrung	Stickstoff in Koth u. Harn	Stickstoff am (+) oder vom (—) Körper
	%	%	%	%	%	g	g	g
1. Fleisch + Brod + 100 Speck	8,5	12,1	17,4	1,6	28,5	23,6	26,36	— 2,76
2. desgl. + 200 „	9,2	14,0	7,8	6,2	25,1	23,53	21,64	+ 1,89
3. desgl. + 240 Butter	6,7	11,3	2,7	6,2	20,0	22,98	18,80	+ 4,18
4. desgl. + {233 Butter, 145,8 Speck}	10,5	9,2	12,7	6,8	27,7	23,37	17,64	+ 5,73

Man sieht hieraus, dass der menschliche Magen grosse Mengen Fett zu verarbeiten und resorbiren im Stande ist; von 99 g Fett im Speck werden 17,2 g, von 194,7 g nur 15,2 g Fett als nicht resorbirt im Koth ausgeschieden. Aber damit ist die Höhe der Fettresorption noch nicht erreicht; als 350 g Fett in Form von Speck und Butter verabreicht werden, sind 305,9 g resorbirt und 44,6 g abgegeben. Auch scheint das Butterfett besser als das Speckfett verdaulich zu sein, indem bei einer

[1]) Bis zu der Menge, wie der Käse überhaupt (125—250 g pro Tag) genommen wird.

Einnahme von 191 g Speck und 194,7 g Fett im Koth 15,2 g, bei einer Einnahme von 240 g Butter und 214 g Fett nur 5,8 g Fett im Koth abgegeben wurden. Das erklärt sich wohl daraus, dass das Fett im Speck in Zellen eingeschlossen ist, während das Butterfett aus freien Fettkügelchen besteht.

Die erhöhte Fett-Einnahme hat die Resorption der Kohlehydrate in der Nahrung herabgesetzt; bei annähernd gleichen Mengen Kohlehydraten in der Nahrung werden bei einer Einnahme von circa 100 g Fett nur 1,6 %, bei einer Einnahme von 194—300 g Fett dagegen 6,2—6,8 % der Nahrungs-Kohlehydrate der Resorption entzogen.

Verdaulichkeit von Milchfett.

W. Tschernoff[1]) fand, dass bei gesunden Erwachsenen und Kindern vom Milchfett 90—95 % desselben verdaut wurden.

Ad. Mayer[2]) ermittelte die Verdaulichkeit von Naturbutter- und Kunstbutterfett, indem er zu einer sonst normalen Kost einmal 62 g resp. 72 g Naturbutter, dann 62 g resp. 70 g Kunstbutter setzte und die Menge des im Koth eines Erwachsenen und Knaben ausgeschiedenen Fettes bestimmte. Das Naturbutterfett wurde rund bis auf 2 %, das der Kunstbutter bis auf 4 % verdaut. Dem entsprechend erwies sich das Milchbutterfett auch leichter verseifbar als das der Kunstbutter.

Verdaulichkeit von Fisch- und Rindfleisch.

Ueber die Verdaulichkeit von Fischfleisch im Vergleich zu Rindfleisch hat W. O. Atwater[3]) an einem 79 kg schweren, kräftigen, jungen Mann (Studierenden der Medicin) Versuche angestellt; die Nahrung bestand im wesentlichen aus dem Muskelfleisch vom Schellfisch und Rinde unter Zusatz von Butter, Salz und etwas Gewürze; ausserdem wurden als Getränke: Wasser, Bier, Wein, Kaffee und etwas Branntwein eingenommen; vom Schellfischfleisch wurden täglich rund 1550 g, vom Rindfleisch 1200 g verzehrt. In Procenten der verzehrten Bestandtheile wurden resorbirt resp. im Koth ausgeschieden:

	Resorbirt				Im Koth ausgeschieden			
	Trockensubstanz	Stickstoffsubstanz	Fett	Salze	Trockensubstanz	Stickstoffsubstanz	Fett	Salze
Fischfleisch .	95,1 %	98,0 %	91,0 %	77,5 %	4,9 %	2,0 %	9,0 %	22,5 %
Rindfleisch .	95,7 „	97,5 „	94,8 „	78,5 „	4,3 „	2,5 „	5,2 „	21,5 „

Hiernach werden die Bestandtheile des Fischfleisches im menschlichen Darm eben so gut ausgenutzt als die des Rindfleisches. Wenn das Fett in dem Versuch etwas weniger resorbirt wurde, so liegt das nach Atwater daran, dass beim Rindfleischversuch im ganzen täglich 59 g und beim Fischfleischversuch nur 35 g Fett täglich verzehrt wurde und von der grösseren Menge Fett stets verhältnissmässig mehr resorbirt wird.

Auch beim Hund verhielt sich in diesen Versuchen die Verdaulichkeit des Schellfischfleisches gleich der des Rindfleisches.

A. H. Chittenden und W. Cammins[4]) suchten die relative Verdaulichkeit von verschiedenen Fleischsorten, besonders denen von Fischen auf künstlichem Wege zu ermitteln. Den künstlichen Magensaft stellten sie aus reinem Pepsin und 0,2 procentiger Salzsäure her, indem 5 g Pepsin in 1 l verdünnter Salz-

1) Archiv f. pathol. Anat. Bd. 98. S. 231.
2) Landw. Versuchsstationen. 1883. Bd. 29. S. 215.
3) Zeitschr. f. Biologie. 1887. Neue Folge. Bd. VI. S. 16.
4) Amer. Chem. Journ. Bd. VI. p. 318.

säure gelöst wurden. Das verwendete Fleisch wurde thunlichst von Sehnen, Fett, Haut und Knochen befreit und wurden stets 20 g desselben gleichmässig mit dem künstlichen Magensaft behandelt. Wenn man die aus 20 g fester Substanz von gekochtem Rindfleisch gelöste Menge (nämlich 4,0461 g) gleich 100 setzt, so wurden von den anderen Fleischsorten verdaut:

Kalbfleisch	94,89 %	Makrele	86,24 %	Weissbarsch . . .	72,94 %
Hammel	92,15 „	Flunder	85,32 „	Aal	71,82 „
Lamm	87,93 „	Hecht	82,99 „	Junger Hummer . .	87,81 „
Huhn (helles Fleisch)	86,72 „	Häring	82,34 „	Grosser weibl. Hummer	79,06 „
„ (dunkeles „	84,42 „	Schellfisch	82,50 „	„ männl. „	69,13 „
Lachs	92,29 „	Seebarsch	80,99 „	Krebs	67,13 „
Goldforelle	87,03 „	Bachforelle . . .	78,45 „	Froschschenkel . .	80,40 „

Versuche über die Verdaulichkeit des gekochten und rohen Fleisches ergaben, dass, wenn unter sonst gleichen Verhältnissen vom gekochten Rindfleisch 100, so vom rohen 142,38 % verdaut wurden. Desgleichen erwies sich das Fleisch junger Thiere weniger leicht verdaulich als das älterer Thiere gleicher Art.

In derselben Weise ermittelte v. Klenze[1]) die Verdaulichkeit des Käsestoffs (N-Substanz) verschiedener Käsesorten auf künstlichem Wege nach der Methode von Stutzer (vergl. II. Thl. unter „vegetabilische Eiweisskörper“). v. Klenze fand: Verdaulichkeit von Käse.

	Zusammensetzung der Käse: Wasser %	Fett %	Asche %	Käsestoff %	Reifezustand	Verdaut vom Käsestoff nach Stunden	Proc.
1. Allgäuer Emmenthaler, I. Qual. .	37,46	25,41	4,80	32,33	genussreif	2	97,53
2. Ziegen-	31,00	3,48	0,90	64,62	„	?	96,59
3. Gorgonzola, II. Qual.	26,81	35,29	4,10	33,80	„	8	94,37
4. Romadour, bitter	43,21	10,56	6,10	40,13	„	9	94,01
5. Vorarlberger Sauerkäse, aussen . .	56,61	4,48	2,49	36,42	„	10 (beinahe)	93,13
6. Mainzer Handkäse	53,74	5,55	3,38	37,33	„	10 „	93,03
7. Echter Emmenthaler, II. Qual. . .	35,18	27,95	4,60	32,23	„	8	92,31
8. Cheddar, II. Qual.	35,22	27,91	3,40	33,47	„	4	91,63
9. Roquefort, nicht alt	38,94	34,14	5,00	21,92	„	4	90,87
10. Hohenburger Rahmkäse	38,67	29,13	5,30	26,90	handelsreif	10 (beinahe)	90,83
11. Magerer, Schweizer, alter, zäher .	50,41	3,99	3,70	41,90	genussreif	10 (wenig)	90,21
12. Schabziger, I. Qual.	38,17	12,27	3,83	45,73	„	10 (mittel)	89,28
13. Brie, noch hart u. brüchig, II. Qual.	55,69	21,42	5,60	17,29	unreif	10 (beinahe)	87,27
14. Vorarlberger Sauerkäse, innen . .	50,58	4,56	2,49	42,37	„	10 (wenig)	87,25
15. Edamer, III. Qual., Nissler . . .	41,88	24,05	4,60	29,27	handelsreif	?	87,10
16. Böbinger Schlosskäse, III. Qual. .	48,34	16,97	5,10	29,59	kaum handelsreif	10 (mittel)	85,80
17. Neufchâtel, bröckliger Teig . . .	51,72	23,99	3,56	20,73	handelsreif	8	84,56
18. Magerer, Schweizer, jung	Wie Nr. 11 angenommen				unreif	10 (wenig)	77,08

Man sieht hieraus, dass die Käse um so rascher verdaulich sind, je mehr Fett sie enthalten oder je lockerer sie sind. Im übrigen aber hängt die Vollständigkeit

[1]) Milchztg. 1885. S. 369.

der Verdauung der Käse in erster Linie von dem Reifezustand ab. Es ist dieses für die Volksernährung von grösster Wichtigkeit, da auf diese Weise auch die billigeren Sorten Magerkäse ihre Stellung unter den Volksnahrungsmitteln behaupten.

Verdaulichkeit von Knorpeln.

Für die Volksernährung ist auch von Wichtigkeit, wie sich verschiedene Abfälle, Knochen, Knorpel und Sehnen bezüglich ihrer Verdaulichkeit verhalten? Hierüber hat J. Etzinger[1]) einige Versuche an einem Hunde angestellt, welcher wie der Mensch Fleisch so gut wie vollständig verdaut. Etzinger fand, dass von dem trocknen Knochenknorpel (aus der vermehrten Harnstoffausscheidung berechnet)[2]) 53 % zur Resorption gelangt waren. Von den Knorpeln wurde offenbar noch mehr verdaut, da sich in dem Koth nur einzelne weisslich durchscheinende Plättchen als Residuen der verzehrten Knorpel vorfanden. Von den Sehnen wurden an 2 Tagen 727,4 g frische Sehnen mit 254,8 g Trockensubstanz verabreicht; abgegeben wurden 188,3 g frischer Koth mit 53,1 g Trockensubstanz, so dass 79 % verdaut worden wären. Diese verdaute Menge ist aber ohne Zweifel noch grösser, weil die obige Zahl auch den Koth von 10 Hungertagen miteinschliesst. Thatsächlich liessen sich in dem Koth nur einzelne kleine unverdaute Sehnenstückchen nachweisen.

2. Versuche mit vegetabilischen Nahrungsmitteln und gemischter Nahrung. Nicht so günstig als die animalischen Nahrungsmittel verhalten sich bezüglich der Verdaulichkeit die vegetabilischen Nahrungsmittel; sie sind, wie nicht anders zu erwarten steht, schwer verdaulich.

Verdaulichkeit von Brodsorten.

G. Meyer[3]) prüfte die Verdaulichkeit verschiedener Brodsorten an einem Erwachsenen, dessen Verdauungswerkzeuge zu den bevorzugteren gehörten. Zur Verwendung kamen:

1) Horsford-Liebig'sches Roggenbrod; dasselbe wird ohne Sauerteig oder Hefe mit Hülfe von Kohlensäure gelockert, die aus einem Gemisch von kohlens. Natrium und saurem phosphorsaurem Calcium entwickelt wird.
2) Münchener Roggenbrod, aus gebeuteltem Roggenmehl und grobem Weizenmehl unter Zusatz von Sauerteig dargestellt.
3) Weisses Weizenbrod (Semmel).
4) Norddeutsches Schwarzbrod (Pumpernickel), hergestellt aus kleiehaltigem Roggenmehl und Sauerteig.

Von diesen Brodsorten wurden täglich 736—816 g frisch verzehrt mit annähernd der gleichen Menge Trockensubstanz, dazu 50 g Butter und 2 l Bier.

Die Resultate erhellen aus folgenden Zahlen:

	Verzehrt in der Nahrung:			Ausgeschieden im Koth:		
	Trockensubstanz	Stickstoff	Asche	Trockensubstanz	Stickstoff	Asche
1. Horsford-Liebig-Brod . .	436,8	8,66	24,68	50,5	2,81	9,41
2. Münchener Roggenbrod . .	438,1	10,47	18,05	44,2	2,33	5,50
3. Weisses Weizenbrod . . .	439,5	8,83	10,02	25,0	1,76	3,03
4. Pumpernickel	422,7	9,38	8,16	81,8	3,97	7,89

[1]) Zeitschr. f. Biologie. 1874. Bd. X. S. 84.

[2]) Nach den directen Bestimmungen waren in 406,8 g verzehrtem Knochenknorpel 114 g organ. Substanz enthalten, während in den entsprechenden 374,2 g Koth 75 g organ. Substanz; darnach wären nur 39 g oder 34 % organ. Substanz der Knochenknorpel resorbirt.

[3]) Zeitschr. f. Biologie. 1871. S. 1.

Hiernach sind von den Brodsorten resorbirt:

	In Gramm: Trocken-substanz	Stick-stoff	Asche	In Procenten: Trocken-substanz	Stick-stoff	Asche
1. Horsford-Liebig-Brod . .	386,3	5,85	15,27	88,5	67,6	61,9
2. Münchener Roggenbrod . .	393,9	8,14	12,55	89,9	77,8	69,5
3. Weisses Weizenbrod . . .	414,5	7,07	6,99	94,4	80,1	69,8
4. Pumpernickel	340,9	5,41	0,27	80,7	57,7	3,4

Diese Zahlen sprechen aus sich selbst; am wenigsten resorbirt ist der Pumpernickel; G. Meyer schiebt diese geringe Resorptionsfähigkeit dem grösseren Gehalt desselben an Kleie zu, welche, wie bereits S. 36 bemerkt, durch ihren Reiz auf den Darm bewirkt, dass der Darminhalt rasch entleert und somit nicht vollständig ausgenutzt wird. So auch sah Hofmann bei Zusatz von Cellulose zu Fleisch die Kothmenge bedeutend anwachsen.

M. Rubner[1]) hat weiter die Frage, ob es, wie z. B. nach dem Vorschlag des Vereins „Bread Reform League" in London, zweckmässig und rationell ist, dem Mehl die Kleie zu belassen und statt des sonst gebräuchlichen Weissbrodes, Brod von Mehl aus ganzem Korn (Wheat meal flour) zu verwenden, einer erneuten eingehenden Untersuchung unterzogen. Er nahm 3 Mehlsorten in Untersuchung:

1. Die feinste Sorte Mehl, welche nur 30 % Ausbeute des Weizenkornes darstellt, wozu eine Mischung von Odessaer, californischem und englischem Weizen diente.
2. Die mittlere Sorte Mehl, welche durch 70 % Ausmahlung aus einer Mischung von Girka- und amerikanischem Minesota-Weizen gewonnen wurde.
3. Mehl aus ganzem Korn (das sog. wheat meal flour), welches frei von Spelzen, Schmutz und feinen Strohtheilchen war, möglichst wenig scharfe Ränder und Spitzen enthielt und zu welchem die äussere Haut der Kleie durch einen besonderen Prozess, die Dekortikation, abgetrennt wurde. Hierbei fällt etwa $3\frac{1}{2}$ % des Kornes ab, wozu noch ein weiterer Verlust von 2—$2\frac{1}{2}$ % bei der Vermahlung kommt, so dass im ganzen rund 95 % des Kornes zur Verwendung gelangen.

Die Mehle wurden in vorschriftsmässiger Weise zu Brod verbacken und letzteres neben $1\frac{1}{2}$ l Bier an einen Erwachsenen, der auch zu den früheren Versuchen gedient hatte, verabreicht, so dass derselbe im Mittel rund täglich zu sich nahm:

12 g Stickstoff, 5 g Fett und 514 g Kohlehydrate.

Da Voit für einen Erwachsenen in der Kost verlangt:

18 g Stickstoff, 56 g Fett und 500 g Kohlehydrate,

so fehlte in derselben ungefähr $\frac{1}{3}$ des nöthigen Stickstoff und $\frac{10}{11}$ des nöthigen Fettes. Die erzielten Resultate waren folgende:

		Frische Substanz	Trocken-substanz	Stick-stoff	Fett	Kohle-hydrate	Asche
1. Brod aus feinstem Mehl	Eingenommen pro Tag	898 g	615,3 g	10,20 g	6,69 g	528,8 g	12,39 g*)
	Im Koth ausgeschieden	132,7 „	24,8 „	2,17 „	2,99 „	5,83 „	2,39 „
	Also verdaut in g .	—	590,5 g	8,03 g	3,70 g	522,97 g	10,00 g
	Oder in Procenten .	—	95,9 %	78,7 %	(55,3 %)	98,9 %	(80,7 %)

[1]) Zeitschr. f. Biologie. 1883. Bd. 19. S. 45.
*) Incl. 10,00 g NaCl.

		Frische Substanz	Trocken-substanz	Stick-stoff	Fett	Kohle-hydrate	Asche
2. Brod aus mittelfeinem Mehl	Eingenommen pro Tag	882 g	612,5 g	13,19 g	5,65 g	507,9 g	12,89 g*)
	Im Koth ausgeschieden	252,7 „	40,8 „	3,24 „	3,55 „	13,10 „	3,90 „
	Also verdaut in g .	—	571,7 g	9,95 g	2,10 g	494,80 g	8,99 g
	Oder in Procenten .	—	93,3 %	75,4 %	(37,1 %)	97,4 %	(69,8 %)
3. Brod von Mehl aus ganzem Korn	Eingenommen pro Tag	989 g	617,1 g	12,45 g	12,65 g	504,5 g	18,54 g*)
	Im Koth ausgeschieden	317,8 „	75,7 „	3,80 „	6,47 „	37,23 „	8,34 „
	Also verdaut in g .	—	541,4 g	8,65 g	6,18 g	467,27 g	10,20 g
	Oder in Procenten .	—	87,7 %	69,5 %	(48,9 %)	92,6 %	(55,0 %)

Setzt man die im Koth ausgeschiedenen Mengen N-Substanz und Kohlehydrate bei dem Brod aus feinstem Mehl = 100, so betragen die Mehrverluste bei den 2 Sorten wie folgt:

	Stickstoff im Koth	Kohlehydrate im Koth
Brod aus feinstem Mehl	100	100
„ „ mittelfeinem Mehl . . .	149	208
„ „ ganzem Korn	175	590

Hiernach entziehen sich in dem Brod aus groberem Mehl die Kohlehydrate relativ am meisten der Resorption. Die geringere Ausnutzung der Stickstoffsubstanz und der Kohlehydrate (Stärke) bei den gröberen Brodsorten hat offenbar ausser der Reizwirkung auf die Darmwandung auch darin seinen Grund, dass dieselben von der Cellulosewandung der Hülsenzellen eingeschlossen sind, in Folge dessen die Verdauungssäfte weniger lösend einzuwirken im Stande sind. Um die Kleienbrode besser resorbirbar zu machen, muss das Mehl viel besser zerkleinert werden als dieses bis jetzt geschieht, nämlich so, dass die einzelnen Theilchen mit Wasser durch ein Sieb von 0,05 qmm Weite hindurch gehen.

Die Preise des rohen Mehles und die für die resorbirbaren Stoffe stellten sich pro 1 Kilo wie folgt:

	Rohes Mehl	Resorbirbare Substanz
1. Feinste Sorte . . .	39 Pfenuige	45 Pfennige
2. Mittelsorte	35 „	43 „
3. Ganzes Korn . . .	29 „	37 „

Hiernach bezahlt der, welcher Brod aus feinstem Mehl isst, entsprechend mehr, als der, welcher grobes Brod verzehrt.

In Wirklichkeit ist die absolute Menge resorbirbarer Stoffe, welche von einer Ackerfläche geerntet werden, bei Verwendung des ganzen Kornes zur Brodbereitung grösser, als wenn nur Feinmehl dazu verwendet wird; so erhält man, wenn man eine Mittelernte von 2000 kg Weizen pro ha annimmt:

Bei 95 % Ausmahlung 1900 kg Mehl mit 1417 kg resorbirbaren Nährstoffen
„ 80 % „ 1600 „ „ „ 1260 „ „ „
Also bei 95 % Ausmahlung mehr 157 kg resorbirbare Theile.

Diesem Mehrgewinn an resorbirbaren Nährstoffen für den Menschen stehen aber bei der geringeren Mehlausbeute der Abfall an Kleien gegenüber, welche ebenfalls einen Handelswerth besitzen und schon aus dem Grunde für die Viehfütterung zu empfehlen sind, weil sie von dem Vieh besser als von dem Menschen ausgenutzt werden.

*) Incl. 10,00 g Na Cl.

In derselben Weise hat M. Rubner[1]) eine Reihe vegetabilischer Nahrungsmittel auf ihre Verdaulichkeit geprüft und zwar unter verschiedener Zubereitung derselben. Mais und Reis wurden zu Suppen unter Zusatz von Fleischextract und etwas Rindsmark, Kartoffel mit Butter und Essig zu Salat zubereitet, Mehl in Form von Brod oder Spätzeln und Knödeln verabreicht, Macaroninudeln mit Fett und Kochsalz, die Gemüse, Wirsing und gelbe Rüben mit Schmalz und Kochsalz gekocht. Beim Mais (theilweise als Polenta mit Wasser unter Zusatz von Käse zubereitet) genoss die Versuchsperson noch $1\frac{1}{4}$ L Bier.

Verdaulichkeit verschiedener vegetabilischer Nahrungsmittel.

Die Resultate dieser Versuche, die 2—3 Tage währten, erhellen aus folgenden Zahlen:

	1. Nahrungsaufnahme pro Tag						2. Kothausscheidung pro Tag				
	Frisch	Trocken	Stickstoff[2])	Fett[2])	Kohlehydrate[2])	Asche[2])	Koth, frisch	Koth, trocken	Stickstoff	Fett	Asche
	g	g	g	g	g	g	g	g	g	g	g
1. Mais (mit etwas Fleischextract) . .	750	641,4	14,69	48,61	—	26,76	198,0	49,3	2,27	8,52	8,03
2. Reis	638	551,9	10,40	74,1	492,0	23,8	194,6	27,2	2,13	5,20	3,57
3. Kartoffeln . . .	3077,6	819,3	11,45	143,8	718,1	64,0	635,0	93,8	3,69	5,31	10,13
4. Weissbrod, Versuch a.	500[3])	438,8	7,59	—	391,1	9,9	95,2	23,5	1,95	—	2,5
5. Desgl. „ b.	860[3])	752,9	13,04	—	670,1	17,17	—	28,9	2,44	—	2,98
6. Spätzeln[4]) . . .	—	743,0	11,92	—	557,5	25,4	—	36,3	2,31	—	5,4
7. Schwarzbrod . . .	1360	764,7	13,30	—	659,3	10,73	—	115,8	4,26	—	10,29
8. Macaroninudeln . .	695	626,3	10,88	72,2	462,4	21,8	—	27,0	1,86	4,2	5,3
9. Desgl. mit Kleberzus.	695	664,0	22,6	73,4	418,0	32,0	218,6	38,1	2,53	5,1	7,1
10. Wirsing	3831	406,0	13,2	87,8	247,4	73,3	—	73,4	2,4	8,2	14,2
11. Gelbe Rüben . . .	2566	351,6	6,47	47,3	281,9	41,2	1092,6	85,1	2,52	3,1	14,0
12. Erbsen a. . . .	959,8	835,6	32,67	11,28	587,9	44,75	927,1	124,0	9,09	8,5	16,05
12. Erbsen b. . . .	600,0	521,1	20,37	7,03	357,0	30,09	260,1	48,5	3,57	4,99	8,15

Hiernach wurden in Procenten der aufgenommenen Bestandtheile im Koth als unverdaut ausgeschieden:

	Trockensubstanz	Stickstoff	Fett	Kohlehydrate	Asche	Stickstoff in der Nahrung	Stickstoff im Harn + Koth	Stickstoff am (+) oder vom (—) Körper
	%	%	%	%	%	g	g	g
1. Mais	6,7	15,5	17,5	3,2	30,0	14,69	17,45	— 2,76
2. Reis	4,1	20,4	7,1	0,9	15,0	10,4	13,72	— 3,32
3. Kartoffeln	9,4	32,2	3,7	7,6	15,8	11,45	12,49	— 1,04
4. Weissbrod a.	5,2	25,7	—	1,4	25,4	7,59	13,18	— 5,59
5. Desgl. b.	3,7	18,7	—	0,8	17,3	13,04	14,95	— 1,91
6. Spätzeln	4,9	20,5	—	1,6	20,9	11,92	16,31	— 4,39
7. Schwarzbrod	15,0	32,0	—	10,9	36,0	13,30	16,83	— 3,53
8. Macaroninudeln	4,3	17,1	5,7	1,2	24,1	10,80	27,85	— 6,97
9. Dgl. unter Zusatz v. Kleber	5,7	11,2	7,0	2,3	22,2	22,60	20,45	+ 2,15
10. Wirsing	14,9	18,5	6,1	15,4	19,3	13,20	20,00	— 6,80
11. Gelbe Rüben . , . . .	20,7	39,0	6,4	18,2	33,8	6,47	15,02	— 8,55
12. Erbsen a.	14,5	27,8	75,4	6,9	35,8	32,67	30,63	+ 2,04
12. Erbsen b.	9,1	17,5	63,9	3,6	32,5	20,37	21,17	— 0,80

[1]) Zeitschr. f. Biologie. 1879. S. 115 und 1880. S. 119.
[2]) Stickstoff, Fett etc. verstehen sich für die Gesammt-Einnahme (incl. Zuthaten).
[3]) D. h. Mehl, das zu Brod verbacken wurde.
[4]) Die Spätzeln wurden nicht durch Verreiben des Mehles mit Milch und Eiern, wie üblich, sondern durch Verreiben mit Wasser hergestellt.

Zu ähnlichen Resultaten gelangte H. Malfatti[1]) bei der Prüfung von Maismehl und Erbsenmehl auf ihre Ausnutzung im Darmkanal des Menschen. Er wählte zu seinen Versuchen (neben Fleisch, vergl. S. 37) Maismehl (Polenta) und Erbsen (geschälte, sog. gebrochene), welche theils für sich allein, einfach in Wasser abgekocht, theils unter Zusatz von Butter resp. Käse von einem gut genährten, 20 Jahre alten und 75 kg schweren Versuchsindividuum genossen wurden.

	Nahrungsaufnahme pro Tag						Kothausscheidung pro Tag				
	Frisch g	Trocken g	Stickstoff g	Fett g	Kohlehydrate g	Asche g [1])	Trocken g	Stickstoff g	Fett g	Kohlehydrate g	Asche g
1. Maismehl (Polenta) für sich allein . . .	629	540,86	6,86	10,06	481,03	18,37	34,13	1,25	4,24	16,44	5,60
2. Desgl. + Butter . .	871,3	749,66	8,62	92,52	590,28	21,29	53,15	2,67	7,06	21,79	7,65
3. Desgl. + Käse . .	924,3	774,01	14,35	37,29	612,52	37,83	32,5	1,05	4,42	14,11	7,33
4. Erbsen für sich allein .	574,5	502,1	21,54	4,06	354,47	21,43	49,5	2,96	4,51	14,44	11,51
5. Desgl. + Butter . .	623,5	544,25	20,65	67,54	338,13	21,93	47,3	3,14	5,84	14,18	7,65

	In Procenten der eingenommenen Bestandtheile im Koth ausgeschieden:					Stickstoff-Gleichgewicht:		
	Trocken substanz %	Stickstoff %	Fett %	Kohlehydrate %	Asche %	Stickstoff in der Nahrung	Stickstoff im Harn + Koth	Stickstoff am (+) oder vom (—) Körper
1. Maismehl für sich allein	6,30	18,28	42,14	3,42	30,48	6,86	9,74	— 2,88
2. Desgl. + Butter . .	7,96	31,54	56,83	3,69	35,87	8,62	13,22	— 4,60
3. Desgl. + Käse . .	4,20	7,31	9,34	2,32	19,37	14,35	18,05	— 3,70
4. Erbsen für sich allein .	9,86	13,76	111,07	4,07	41,10	21,54	19,99	+ 1,55
5. Desgl. + Butter . .	8,69	15,20	8,64	4,19	34,91	20,65	20,17	+ 0,48

Art der Zubereitung.

Von sehr grossem Einfluss auf die Resorption im Darm des Menschen scheint die Art der Zubereitung der Nahrungsmittel zu sein. So genoss A. Strümpell[2]) Leguminosenmehl einmal in Form von Kuchen, die mit abgewogenen Mengen Milch, Butter und Eiern zubereitet waren, dann im ungemahlenen Zustande Linsen, die nur in Wasser gequollen und dann gekocht wurden. Er fand:

	In der Nahrung		Ausgeschieden		Also resorbirt
	Trockensubstanz g	Stickstoff g	Koth Trocken g	Stickstoff g	Stickstoff %
1. Leguminosen in Kuchenform . . .	875[3])	36,9[4])	47,6	3,04	91,8
2. desgl. im ungemahlenen Zustande .	223,5	8,7	—	3,50	59,8

Hier also ist das besonders zubereitete Leguminosenmehl wesentlich höher im Darme ausgenutzt als die ungemahlenen und nur gekochten Linsen. Das steht auch mit Versuchen von v. Boeck im Einklange, wonach aus Mehl hergestellte Gerichte wie Spätzel, Knödel etc. höher ausgenutzt werden sollen als Brod. Es würde hiernach ein Nahrungsmittel um so höher ausgenutzt werden, je lockerer es ist, je mehr Angriffspunkte es gleichsam den Verdauungssäften darbietet.

Gemüse.

In ähnlicher Weise wie vorstehende Versuchsansteller hat auch H. Weiske[5]) die Verdaulichkeit einiger Gemüsearten, Sellerie, Kohl und Möhren geprüft. Der Zweck dieser Versuche war eigentlich nachzuweisen, ob der Mensch ebenso wie

[1]) Sitzungsbericht d. Wiener Akademie d. Wissenschaften. 1884. Bd. 110. III. Abth. Dez.-Heft.
[2]) Centr.-Bl. f. d. medicin. Wiss. 1876. S. 47.
[3]) Nahrung während 4 Tage.
[4]) Hiervon kommen 8 g Stickstoff auf Milch und Eier.
[5]) Zeitschr. f. Biologie. 1870. S. 456.

das Thier (Schaf, Kuh, Pferd etc.) die Cellulose[1]) in den Nahrungsmitteln zu verdauen im Stande ist; es lassen sich aber aus den Angaben von H. Weiske sehr annähernde Schlüsse ziehen, wie viel von diesem Gemisch überhaupt ausgenutzt wurde. Zwei Personen, S. und W., verzehrten 3 Tage lang, am 19. Dec. Möhren und Sellerie, am 20. und 21. Dec. Sellerie und Kohl; an den Tagen vor und nachher wurde animalische Nahrung genossen. Weiske rechnet nun bereits den Koth vom 19. Dec. und schliesslich den vom 23. Dec. zu dem der Nahrung vom 19.—21. incl., und zwar aus dem Grunde, damit ihm ja keine unverdaute Cellulose (Holzfaser) entging. Die am 24. Dec. mit dem Koth abgegebene Holzfaser ist aber eine sehr geringe und dürfte es keinen grossen Fehler in sich schliessen, wenn wir den am 20., 21. und 22. Dec. ausgeschiedenen Koth als der Nahrung am 19., 20. und 21. Dec. entsprechend annehmen. Nach Zugrundelegung des angegebenen Trocken-Gehaltes für den an 5 Tagen gesammelten Koth würde hiernach in 3 Tagen verzehrt und verdaut sein:

Verzehrt im Ganzen: Trockensubstanz		Ausgeschieden im Koth: Trockensubstanz		Also verdaut:	
Person S.	W	S	W	S	W
g	g	g	g	g	g
417,05	353,39	129,32	75,71	68,99	78,58

An Holzfaser (Cellulose) war im Ganzen:

	Person S	W
	g	g
1. Aufgenommen in der Nahrung . . .	37,480	31,057
2. Ausgeschieden im Koth	13,963	16,372
Also verdaut	23,517	14,685 g
Oder Procent	62,7	47,3

Aus vorstehenden Untersuchungen erhellt übereinstimmend, dass die Stickstoff-Substanz sämmtlicher vegetabilischer Nahrungsmittel in viel geringerem Grade resorbirt wird als bei den animalischen Nahrungsmitteln. Hieraus dürfte zu schliessen sein, dass der Mensch schwerlich seinen Stickstoffbedarf aus den Vegetabilien allein decken kann. In der Menge, die er durchweg überhaupt aufzunehmen im Stande ist, findet er nicht die nöthige Menge Stickstoff und wird Stickstoff vom Körper abgegeben. Nur mit einer einzigen Ausnahme, in Versuch 9 S. 45 ist Stickstoff angesetzt. Dieser Vergleich zeigt auch gegenüber Nr. 8 S. 45, dass der Pflanzen- (hier Weizen-) Kleber verdaulicher als andere Pflanzen-Proteinstoffe ist.

Bezüglich der Verdaulichkeit der Gesammt-Trockensubstanz verhalten sich einige vegetabilische Nahrungsmittel (wie Reis, Weissbrod, Macaroninudeln, Spätzeln, Mais etc.) den animalischen Nahrungsmitteln annähernd gleich; diese Vegetabilien werden in hohem Grade ausgenutzt. Von den Kohlehydraten, der Stärke dieser Nahrungsmittel, finden wir nur sehr geringe Mengen im Koth. Der Magen des Menschen ist im Stande, grosse Mengen Stärke in kurzer Zeit zu verarbeiten und in den resorptionsfähigen Zucker überzuführen.

Nicht so günstig lautet das Resultat für die Kartoffelstärke; sie ist im Koth nach S. 45 zu 7,6 % ausgeschieden; auch liessen sich in demselben unverdaute Stärkekörnchen in Menge nachweisen.

Ferner zeigen diese Versuche übereinstimmend mit den obigen über die Verdau-

[1]) Dass die „Cellulose“ noch immer als ein nicht zu unterschätzender Nährstoff aufgefasst werden muss, ist bereits unter Kapitel „Darmsaft“ S. 29 auseinandergesetzt.

lichkeit verschiedener Brodsorten, dass das kleiehaltigere Schwarzbrod schlechter verdauet wird, als das Weissbrod (oder andere Gerichte aus feinem Mehl, Spätzeln, Nudeln etc.).

Ferner ist ersichtlich, dass die Gemüse (Wirsing, gelbe Rüben, Sellerie, Kohl) schwer verdauet werden; sie scheinen nach den vorliegenden Versuchen von den Vegetabilien am wenigsten resorptionsfähig zu sein. Trotzdem die Kohlehydrate der gelben Rüben vorwiegend aus Zucker bestehen, ist die Gesammtmenge derselben in geringerem Grade resorbirt, als bei dem zuckerärmeren Wirsing.

Nach den Versuchen von Malfatti würde Butter in der Nahrung die Ausnutzung der Stickstoffsubstanz der Vegetabilien herabdrücken.

Verdaulichkeit des Kakao.

Noch schwerer verdaulich als bei den vorstehenden Vegetabilien ist die Stickstoff-Substanz im Kakao. So fand H. Weigmann[1]) nach Versuchen an sich selbst während zweier Tage, an welchen er nur in Wasser gekochtes, theilweise entfettetes Kakaopulver neben Bier resp. Wein zu sich nahm, folgende Beziehungen zwischen Einnahme und Ausgabe:

	Stickstoff	Fett	Stärke und in Zucker überführbare Stoffe	Asche	Phosphorsäure	Kali
Einnahme in 195 g Kakaopulver	6,45 g	53,21 g	40,17 g	10,47 g	3,74 g	3,23 g
Ausgabe in 99,47 g lufttrocknem Koth	3,74 „*)	3,81 „	0 „	11,48 „	4,10 „	1,88 „
Also resorbirt	2,71 g	49,30 g	40,17 g	—	—	1,35 g
Oder in Proc.	42,0 %	94,5 %	100 %	—	—	(41,8 %)

Die für die Stickstoffsubstanz gefundene geringe verdauliche Menge stimmt vollständig mit den Werthen, welche A. Stutzer bei künstlichen Verdauungsversuchen mit Kakao erhielt (vergl. weiter unten).

Das Fett des Kakaos wird dagegen ziemlich vollständig verdaut und von der Stärke resp. den in Zucker überführbaren Kohlehydraten liess sich im Koth mikroscopisch und chemisch nichts oder nur Spuren mehr nachweisen.

Verdaulichkeit von essbaren Schwämmen.

R. H. Saltet[2]) prüfte die Verdaulichkeit von Champignon, indem er durch Zusatz von etwas Liebig'schem Fleischextract, ein wenig Curry-Powder als Gewürz, Salz und ausgelassene Butter ein schmackhaftes Gericht aus denselben hergestellt hatte, welches von einer 31 Jahr alten, kräftigen Versuchsperson von 89,5 kg Leb.-Gew. während zweier Tage gern verzehrt wurde. Die Einnahme und Ausgabe stellte sich wie folgt, wobei zu bemerken ist, dass von der Gesammt-Trockensubstanz (68,6 g) und von dem Gesammt-Stickstoff (4,10 g) der Fäces die in Alkohol und Aether löslichen Mengen, als vom Stoffwechsel herrührend, abgezogen wurden:

	Frische Substanz	Trockensubstanz	Stickstoff
Einnahme in der Nahrung . .	1774 g	267,6 g	13,31 g
Ausgabe im Koth	574 „	51,21 „	3,43 „
Also resorbirt	—	215,39 g	9,88 g
Oder in Proc.	—	80,91 %	74,23 %

[1]) Original-Mittheilung. *) Nach Abzug des Stickstoffs der Stoffwechselproducte, welcher durch künstlichen Magensaft bestimmt wurde und 1,89 g in 99,47 g Koth betrug; ohne Berücksichtigung desselben würden nur ca. 13 % Stickstoffsubstanz resorbirt sein.

[2]) Archiv f. Hygiene. Bd. III. S. 443.

Von dem reinen Eiweissstickstoff der Champignons wurden nur 66,24 % resorbirt, während künstliche Verdauungsversuche nach der Methode von Stutzer noch niedrigere Werthe ergaben.

J. Uffelmann[1]) prüfte die Verdaulichkeit der Champignons an sich selbst, und zwar mit frischen, in Butter gesottenen, ferner mit lufttrockenen, ebenso gesottenen Champignons und endlich mit gepulverter Champignon-Masse, die in Fleischbrühe mit Stärkemehl und Butter gekocht wurde.

Von dem eigentlichen Protein-Stickstoff (nach Abzug des Nichtprotein-Stickstoffs) wurden verdaut:

Frische Champignons	Trockene Champignons	Gepulverte Champignonmasse
64 %	61 %	71,2 %.

Die etwas grössere Ausnutzung des Protein-Stickstoffs in der gepulverten Masse erklärt sich ohne Zweifel daraus, dass das Protein der Pilze zum grössten Theile in Zellen eingeschlossen ist, welche durch das Pulverisiren mehr oder weniger gesprengt werden, so dass die Verdauungssäfte besser einwirken können.

C. Th. Mörner[2]) berechnet auf Grund von künstlichen Verdauungsversuchen mit einer Anzahl von Pilzen, dass von dem Gesammtstickstoff im Mittel entfallen auf Stickstoff:

In den löslichen N-Verbindungen	In verdaulichem Eiweiss	In unverdaulichem Eiweiss
26 %	41 %	33 %

F. Strohmer[3]) findet, dass durch künstlichen Magensaft (nach Stutzer's Methode) von Boletus edulis in Procenten der N-Substanz verdaut werden:

Hut	Stiel	Ganzer Schwamm
80,65 %	75,38 %	79,07 %

Hiernach ist die Stickstoff-Substanz in den Pilzen und Schwämmen ebenso gering oder noch geringer verdaulich als in den Gemüsearten, in Kartoffeln oder Schwarzbrod und scheint ihr Nährwerth nicht so hoch zu sein, wie er vielfach geltend gemacht wird.

Alex. Constantinidi[4]) prüfte die Verdaulichkeit von Weizenkleber, nachdem dieser sich beim Hunde als in hohem Masse resorptionsfähig erwiesen hatte, auch an einem Menschen von 74 kg Körpergewicht. Der Weizenkleber war als Abfallproduct bei der Weizenstärkefabrikation gewonnen, getrocknet und stellte im gemahlenen Zustande ein griesartiges Pulver dar. Er wurde zu 200 g in 200 CC. einer 1procentigen Kochsalzlösung über Nacht aufgequollen und täglich mit 1700 g geschälten Kartoffeln in 1 l Wasser unter Zusatz von 100 g Butterschmalz und 8 g Kochsalz gekocht. Neben diesem Speisebrei trank die Versuchsperson noch 600 CC. Wasser und 500 CC. Bier pro Tag. Der Versuch dauerte 3 Tage; in diesen wurden 478,0 g frischer Koth mit 77,82 g Trockensubstanz (oder pro Tag 159,3 g frischer und 25,94 g trockener Koth) abgegeben. Die Einnahme und Ausgabe stellte sich pro 3 Tage wie folgt:

Verdaulichkeit des Weizenklebers.

	Stickstoff	Fett	Kohlehydrate	Rohfaser (Cellulose)
Aufgenommen in der Nahrung . .	95,091 g	302,800 g	1138,800 g	16,920 g
Abgegeben im Koth	6,075 „	7,782 „	4,373 „	3,704 „
Also resorbirt	89,016 g	295,018 g	1134,427 g	13,216 g
Oder in Proc.	93,61 %	97,43 %	99,61 %	78,11 %

[1]) Archiv f. Hygiene. Bd. IV. S. 105.
[2]) Zeitschr. f. physiol. Chemie. 1886. Bd. 10. S. 6.
[3]) Archiv f. Hygiene. 1886. Bd. V. S. 322.
[4]) Zeitschr. f. Biologie. 1886. Neue Folge. Bd. V. S. 433.

Da in den verzehrten Kartoffeln nur 19,572 g Stickstoff, in dem verzehrten trocknen Kleber dagegen 73,569 g Stickstoff enthalten waren, so ist letzterer unzweifelhaft in hohem Masse resorbirt worden, da die Stickstoff-Substanz der Kartoffeln jedenfalls nicht vollständig verdaut worden ist.

Im Harn wurden während der 3 Tage 72,254 g Stickstoff ausgeschieden, mithin sind 89,016 — 72,254 = 16,762 g im Körper verblieben, welche einen Eiweissansatz von 105 g bewirkt haben.

Nach dieser Versuchsperiode verzehrte die Versuchsperson während 3 Tage pro Tag ohne Zusatz von Kleber: 1700 g frische Kartoffeln mit 100 g Butterschmalz, 12,25 g Kochsalz und 500 CC. Bier.

Während der 3 Tage wurden 418,28 g frischer = 60,36 % trockener (oder pro Tag 139,42 g frischer = 20,12 g trockener Koth) abgegeben.

In diesem Versuch stellten sich die Einnahmen und Ausgaben pro 3 Tage wie folgt:

	Stickstoff	Fett	Kohlehydrate	Cellulose
Eingenommen in der Nahrung . .	21,522 g	301,361 g	1101,340 g	14,531 g
Abgegeben im Koth	4,203 „	3,567 „	8,160 „	3,060 „
Also resorbirt	17,319 g	297,794 g	1093,180 g	11,471 g
Oder in Proc.	80,47 %	98,82 %	99,26 %	78,94 %

Im Harn wurden während der 3 Tage 24,468 g Stickstoff, also 7,149 g mehr ausgeschieden, als resorbirt waren; bei obiger Nahrung hat daher der Körper während der 3 Tage ca. 44,7 g Eiweiss abgegeben.

In diesem Versuch ist die Stickstoff-Substanz der Kartoffeln wesentlich höher ausgenutzt, als in dem obigen von M. Rubner (vergl. S. 45).

Constantinidi schreibt das dem Umstande zu, dass M. Rubner zu grosse Mengen Kartoffeln (3077,6 g gegen 1700 g in letzterem Versuch) und in nicht so günstiger breiartiger Form wie hier verabreichte.

Gemischte Nahrung.

C. Flügge[1]) prüfte die Verdaulichkeit einer gemischten Nahrung in 14 Versuchstagen an sich selbst und dem Diener des hygienischen Instituts in Leipzig (von rund 60 kg Körpergewicht) in 11 Versuchstagen. Flügge genoss und resorbirte:

Nahrung:	In der Nahrung: Stickstoff g	Fett g	Verdaut wurden: Stickstoff %	Fett %
1 l Milch 500 g knochenfreies Fleisch 150—200 g Weissbrod 68 g Butter	24,02	79,2	93,99	94,99

Der Diener erhielt pro Tag:

Nahrung g		mit Stickstoff g	Gesammt-Stickstoff g	Fett g	Kohlehydrate g
50	condensirte Milch	= 0,64			
300	Fleisch	= 10,20			
450	Brod	= 5,03			
50	Käse	= 1,39	17,65	70	320
25	Reis	= 0,24			
60	Butter	= 0,00			
15	Fleischextract	= 1,15			
954 g mit 505 g Trockensubstanz.					

[1]) Siehe C. A. Meinert: „Die Armee- und Volksernährung.“ 1880. S. 131.

In den 11 Tagen wurden resorbirt:	nicht verdaut:
173,94 g Stickstoff = 89,6 %	20,21 g N = 10,4 %.

Man sieht auch hieraus, dass die aus mehr Pflanzenkost bestehende Nahrung des Dieners in geringerem Grade ausgenutzt wurde, als die erste vorwiegend animalische Nahrung.

E. W. Beneke[1]) fand in einer gemischten Nahrung (mit Fleisch) die Verdaulichkeitsgrösse der Stickstoffsubstanz im Mittel von 14 Tagen zu 82,0 %, Schuster[2]) im Mittel von 6 Untersuchungen zu 87,86 %.

Sehr umfangreiche Untersuchungen über die Ausnutzung einer gemischten, aber vorwiegend vegetabilischen Kost haben Bär, Paul Jeserich und C. A. Meinert[3]) in der Strafanstalt in Plötzensee angestellt. Zu den Versuchen dienten im Ganzen 13 Versuchspersonen von 56—76 kg Körpergewicht; dieselben erhielten in der ersten Versuchsperiode die übliche Gefängnisskost mit nur 3 mal Fleisch in der Woche. In der zweiten Versuchsperiode wurde einerseits durch eine Veränderung des Speisezettels (durch Einführung von trockenem Fleischpulver an Stelle des frischen Fleisches, durch Einführung von Käse, Häring etc.), andererseits durch eine vermehrte Gabe von ganzer resp. abgerahmter Milch der Gehalt der Kost an Eiweissstoffen und Fett erhöht. Jede Versuchsperiode dauerte 18 Tage und stellten sich die Einnahmen und Ausgaben im Mittel der einzelnen Versuchspersonen wie der einzelnen Tage wie folgt:

I. Periode (Straf-Anstaltskost).

	Frische Substanz	Trockene Substanz	Stickstoff	Fett	Kohlehydrate	Mineralstoffe
In der Nahrung aufgenommen	3682,68 g	704,25 g	11,48 g	27,95 g	571,33 g	33,20 g
In den Fäces ausgeschieden .	216,71 „	49,14 „	2,34 „	4,59 „	23,84 „	6,07 „
Also resorbirt	—	655,11 g	9,14 g	23,36 g	547,49 g	27,13 g
Oder in Proc.	—	93,02 %	79,79 %	83,57 %	95,81 %	81,71 %

II. Periode (verbesserte Anstaltskost).

	Frische Substanz	Trockene Substanz	Stickstoff	Fett	Kohlehydrate	Mineralstoffe
In der Nahrung aufgenommen	3350,56 g	698,88 g	16,63 g	35,45 g	522,90 g	37,33 g
In den Fäces ausgeschieden .	222,65 „	52,38 „	2,54 „	4,92 „	25,02 „	6,59 „
Also resorbirt	—	646,50 g	14,09 g	30,53 g	497,88 g	30,74 g
Oder in Proc.	—	92,51 %	84,72 %	86,12 %	95,21 %	82,34 %

Hiernach hat die Vermehrung von animalischen Eiweissstoffen in der Kost, wie nicht anders zu erwarten ist, eine erhöhte Ausnutzung des Nahrungs-Stickstoffs zur Folge gehabt.

A. Stutzer hat[4]) in Gemeinschaft mit G. Fassbender und W. Klinkenberg für eine Reihe von Nahrungsmitteln für Kranke und Kinder die Verdaulichkeit der Eiweissstoffe auf künstlichem Wege (durch Anwendung von aus Schweinemagen extrahirtem Magensaft)[5]) festgestellt und dabei Zahlen erhalten, welche mit den vorstehenden, in wirklichen Versuchen beim Menschen erhaltenen Ausnutzungs-

[1]) E. W. Beneke: Zur Ernährungsfrage des gesunden Menschen. 1878. S. 299.
[2]) Schuster: Untersuchung der Kost. S. 556.
[3]) Ueber Massen-Ernährung von Bär, Paul Jeserich und C. A. Meinert. Berlin 1885.
[4]) Repertorium f. analytische Chemie. 1882. Nr. 11.
[5]) Methode siehe im II. Bd. bei vegetabilischen Eiweisskörpern.

Coëfficienten ziemlich im Einklang[1]) stehen. Ausser dem verdaulichen Eiweiss wurde auch die Menge Stickstoffverbindungen, welche in Form von Nichteiweissstoffen als Amide, Kreatin etc. (bei Fleisch) und als unverdaulicher Stickstoff in Form von „Nucleïn“ enthalten sind, bestimmt.

Die folgende Tabelle enthält die gefundenen Resultate:

	Vertheilung des Stickstoffs:			In Procenten des Stickstoffs sind vorhanden:			Procentische Zusammensetzung der Nahrungsmittel:					
	Gesammt-N.	Protein-N.	Nucleïn-N.	Lösliche N-Verbindungen (Amide, Kreatin etc.)	Verdauliches Eiweiss	Unverdauliches Nucleïn	Verdauliches Eiweiss %	Fett %	Kohlehydrate oder Extractstoffe[2]) %	Asche %	Phosphorsäure %	Wasser %
I. Animalische Nahrungsmittel:												
1. Austern	1,319	0,970	0,044	26,45	70,22	3,33	5,78	1,77	8,63	1,79	0,286	82,03
2. Caviar	4,564	4,340	0,210	4,90	90,50	4,60	25,81	15,45	2,05	4,53	1,129	52,16
3. Liebig's Fleischextract	8,886	0,683	—	92,31	7,69	—	4,26	—	52,99	23,18	8,570	19,57
4. Geräucherter Schinken	4,083	3,242	0,065	20,60	77,81	1,59	18,92	36,41	5,40	11,02	0,495	28,25
5. Hühnerfleisch	3,565	3,051	0,041	14,42	84,46	1,12	16,56	2,85	2,80	1,28	0,435	76,51
6. Rindfleischsuppe	0,663	0,279	—	57,92	42,08	—	1,51	0,52	2,29	0,82	0,318	—
7. Ausgekochtes Rindfleisch von der Suppe	3,253	3,203	0,045	1,54	97,07	1,38	17,02	2,93	0,30	0,35	0,187	—
8. Mageres Rindfleisch (roh)	3,916	3,482	0,045	11,10	87,76	1,14	18,53	3,45	2,59	1,17	0,505	74,26
9. Hühner-Eier-Eiweiss	2,157	2,157	—	—	100	—	13,48	0,26	0,91	0,63	0,035	84,72
10. „ „ -Eigelb	2,504	2,324	0,242	7,18	83,16	9,66	13,01	30,00	3,49	1,65	1,210	51,82
11. Condensirte Milch	1,407	1,383	—	—	100,00	—	8,79	10,45	54,22	1,75	0,532	24,79
II. Conserven und vegetabilische Nahrungsmittel.												
1. Kindermehl von H. Nestlé in Vevey	1,728	1,655	0,071	4,22	91,68	4,10	9,90	5,16	79,30	1,47	0,411	4,17
2. Desgl. von F. A. Wahl in Neuwied	0,314	0,314	0,013	—	95,86	4,14	1,88	1,28	86,37	0,33	0,143	10,14
3. Desgl. von Faust & Schuster in Göttingen	1,593	1,533	0,069	3,76	91,91	4,33	9,15	5,07	77,01	2,17	0,509	6,59
4. Desgl. (Kraftgries) von Th. Timpe i. Magdeburg	1,293	1,090	0,249	13,00	67,13	19,87	5,25	2,93	84,76	0,95	0,467	6,11
5. Präparirtes Hafermehl. W. C. H. Weibezahn-Fischbeck	1,701	1,471	0,011	13,52	85,84	0,64	9,12	7,10	72,51	0,95	0,568	10,32

[1]) Nach vergleichenden Versuchen von W. Henneberg und O. Pfeiffer hat sich herausgestellt, dass die durch künstliche Verdauung mit Magensaft erhaltenen Resultate nicht ganz mit denen am Thier übereinstimmen. A. Stutzer hat daher die Methode dahin erweitert, dass er neben sauerem Magensaft alkalischen Pankreassaft einwirken lässt. Auf diese Weise ist durchweg zwischen der künstlichen und natürlichen Verdauung fast vollständige Uebereinstimmung gefunden, unter Umständen wurden aber auch so von einigen Experimentatoren (E. Wolff, G. Kühn) abweichende Resultate erhalten.

[2]) Die Kohlehydrate bei den vegetabilischen und die Extractstoffe bei den animalischen Nahrungsmitteln schliessen die löslichen N-Verbindungen (Amide und Fleischbasen etc.) und das unverdauliche Nucleïn mit ein.

	Vertheilung des Stickstoffs:			In Procenten des Stickstoffs sind vorhanden:			Procentische Zusammensetzung der Nahrungsmittel:					
	Gesammt-N.	Protein-N.	Nucleïn-N.	Lösliche N-Verbindungen (Amide, Kreatin etc.)	Verdauliches Eiweiss	Unverdauliches Nucleïn	Verdauliches Eiweiss %	Fett %	Kohlehydrate oder Extractstoffe[1] %	Asche %	Phosphorsäure %	Wasser %
6. Präparirtes Hafermehl von C. H. Knorr in Heilbronn	1,715	1,576	0,010	8,10	91,32	0,58	9,78	5,73	72,64	1,24	0,673	10,61
7. Revalescière von Du Barry in London . .	3,770	3,324	0,130	11,83	84,73	3,44	19,93	1,55	65,65	2,31	0,911	10,56
8. Leguminose v. Hartenstein & Co. in Chemnitz 1. Mischung .	3,774	3,343	0,140	11,42	84,88	3,70	20,01	2,17	64,87	2,32	0,765	10,63
9. Desgl. 2. „ .	3,562	3,074	0,091	13,70	83,75	2,55	18,64	1,72	65,92	1,80	0,813	11,92
10. Desgl. 3. „ .	2,742	2,428	0,090	11,45	85,27	3,38	14,61	1,38	69,97	1,57	0,653	12,47
11. Malto-Leguminose von Starker & Pobuda in Stuttgart	3,509	3,206	0,197	8,63	85,75	5,61	19,43	1,72	67,78	3,06	0,923	8,01
12. Malzextract von M. Koch & Co. in Stuttgart	0,400	0,268	—	33,00[2]	67,00	—	2,50	—	63,46	0,93	0,350	33,11
13. Desgl. von Joh. Hoff in Berlin	0,045	0,015	—	66,66[2]	33,34	—	0,28	—	60,88	1,54	0,514	34,25
14. Nahrungsmittel von P. Liebe in Dresden . .	0,563	0,357	—	36,58[2]	63,42	—	3,51	—	70,65	1,36	0,298	24,48
15. Kindernahrung v. Ed. Löfflund in Stuttgart	0,533	0,384	—	27,95[2]	72,05	—	3,33	—	60,88	1,54	0,514	34,25
16. Frisches Weissbrod .	1,225	1,197	0,045	2,28	94,05	3,67	7,20	0,28	60,76	1,48	0,247	30,28
17. Rheinisches Schwarzbrod	0,956	0,82	0,157	13,28	70,30	16,42	4,20	1,16	52,09	1,23	0,514	41,32
18. Kleberbisquit von Huntley & Palmers .	1,178	1,178	0,103	—	91,26	8,74	6,71	12,21	73,67	0,88	0,236	6,53
19. Entölter Cacao . 1	3,238	2,220	0,144	31,43[3]	33,34[4]	35,33	6,72	30,95	52,00	3,78	1,790	6,55
2	3,246	2,371	1,053	26,95[3]	40,61[4]	32,44	8,23	32,31	47,59	5,37	1,950	6,50
3	2,977	2,090	1,424	29,79[3]	22,62[4]	47,83	4,16	33,48	50,47	5,18	1,671	6,71

Man sieht, dass auch bei diesen künstlichen Verdauungsversuchen von der Stickstoff-Substanz der vegetabilischen Nahrung mehr unverdaut bleibt, als von der der animalischen Nahrung. Die in Form von löslichen Amiden oder Fleischbasen etc. vorhandenen Stickstoffverbindungen müssen als leicht verdaulich und resorptionsfähig bezeichnet

[1]) Siehe Note [2]] auf Seite 52.

[2]) Incl. Peptone, die in diesen Nahrungsmitteln nachgewiesen werden konnten.

[3]) Incl. Theobromin.

[4]) Diese Werthe stimmen mit den von H. Weigmann (S. 48) gefundenen Resultaten bei einem wirklichen Ausnutzungsversuch überein. Es scheint, als wenn das Fett unter Umständen die Ausnutzung der N-Substanz beeinträchtigt. So fanden wir im fetthaltigen 51,3 %, in dem entfetteten Kakao nur 19,3 % der N-Substanz durch künstlichen Magensaft unverdaulich.

werden; sie haben aber nicht den Werth von Eiweissstoffen wie H. Weiske für das Asparagin nachgewiesen hat, sondern wirken, wenn sie nicht wie das Kreatin etc. des Fleisches, das Theobromin des Cacao etc. eine nervenerregende Wirkung besitzen, ähnlich wie Leim, indem sie das Eiweiss vor Zerfall schützen und dadurch Eiweiss zum Ansatz zu bringen vermögen.

C. Voit hat zu prüfen gesucht, welche Nahrungsmittel rascher in die Säfte aufgenommen werden, welche also, wie man sich gewöhnlich auszudrücken pflegt, leichter oder schwerer verdaulich sind; er glaubte in der Grösse der stündlichen Eiweisszersetzung nach Aufnahme irgend eines eiweisshaltigen Nahrungsmittels einen Maassstab dafür zu gewinnen. Allein es hat sich herausgestellt, dass die Grösse der Eiweisszersetzung bei den verschiedensten Nahrungsmitteln nach Aufnahme derselben ziemlich gleich ist. „Beim gesunden Menschen, sagt C. Voit, ist es in Beziehung der Resorptionsgeschwindigkeit ziemlich gleichgültig, in welchen Nahrungsmitteln sich das Eiweiss befindet; ein gesunder Darm erträgt alles; erst bei Kranken und Schwachen wird sich ein Unterschied herausstellen, der sich aber nur schwer durch Versuche constatiren lassen wird.“

Bei den Genussmitteln können wir die volle Resorptionsfähigkeit ihrer Bestandtheile voraussetzen. Letztere sind bei den alkoholischen Genussmitteln, Wein und Bier (Alkohol, Zucker, Dextrin etc. Eiweiss oder Pepton[1]) einerseits directe Nährstoffe, andererseits nach S. 32—35 durch ihre nervenerregende Wirkung von förderndem Einfluss sowohl auf die Verdauungsthätigkeit wie auf das allgemeine Wohlbefinden. Bei den alkaloidhaltigen Genussmitteln (Kaffee, Thee, Chokolade) ist der Gehalt an wirklichen Nährstoffen nach der Art und Weise ihrer Zubereitung ein sehr geringer. Sie wirken nur nervenerregend besonders durch einen geringen Gehalt an Theïn oder Theobromin und durch ein flüchtiges aromatisches Oel etc. Letzteres ist auch durchweg das wirkende Princip in den Gewürzen, welche als Verdauung befördernde Mittel genommen werden.

Uebergang der Nahrungsbestandtheile in das Blut.

Wie vorstehend nachgewiesen ist, erleiden die eingenommenen Nahrungsbestandtheile im Munde, Magen und Darm mannigfaltige Veränderungen. Manche in Wasser lösliche Verbindungen werden durch die Mund-, Magen- und Darmflüssigkeiten einfach gelöst, wie der Zucker, Dextrin, lösliche Salze etc. Andere Bestandtheile erleiden eine Umwandlung, um löslich zu werden. Die schwer löslichen Kohlehydrate wie Stärke, Cellulose (?) nehmen unter dem Einfluss besonderer Fermente des alkalischen Mund- und Bauchspeichels, ein Molecül Wasser auf und gehen in Zucker über. Die Eiweisskörper werden vorzugsweise durch den sauren Magensaft (durch das Pepsin und die Salzsäure) umgewandelt und in lösliche Peptone übergeführt; zum Theil werden sie auch noch im Darm durch den Bauchspeichel in Lösung gebracht. Die Verdauung des Fettes erfolgt vorzugsweise durch die Galle und weiter durch den pankreatischen Saft der Bauchspeicheldrüse. Es wird unter theilweiser Verseifung in Emulsion übergeführt.

---

[1]) Auf den Eiweiss-, resp. Pepton-Gehalt des Bieres wird in den meisten Kost-Recepten nicht hinreichend Rücksicht genommen; und doch ist derselbe nicht unbedeutend, nämlich 5—10 g pr. l. Das Bier ist nicht allein Genussmittel, es ist auch ein Nahrungsmittel.

Die so vorbereiteten und durch die Verdauungssäfte in eine lösliche, resorptions-fähige Form übergeführten Nahrungsbestandtheile werden entweder durch die Blut-gefäss-Capillaren oder durch die Chylusgefässe aufgesogen und gelangen so direct oder indirect durch den Vermittelungs-Apparat der letzteren ins Blut. Blut- und Lymph-gefässe.

Die Oberfläche der Dünndarmschleimhaut ist nämlich mit zahlreichen, kleinen Zotten überzogen, die kegelförmig in die Schleimhaut hineinragen und dadurch Hervorstülpungen derselben bilden, welche der inneren Darmfläche ein sammet-artiges Aussehen geben. Diese Zotten sind mit einem cylinder-förmigen Epithel (a) überzogen, welches mit zahlreichen feinsten „Poren" oder nach Anderen „Stäbchen" durchsetzt ist. Im Inneren einer solchen Zotte befindet sich in sehr starker Verästelung das Blutgefässnetz (b) und die Saugader des Chylusgefässes (d).

Figur 8.

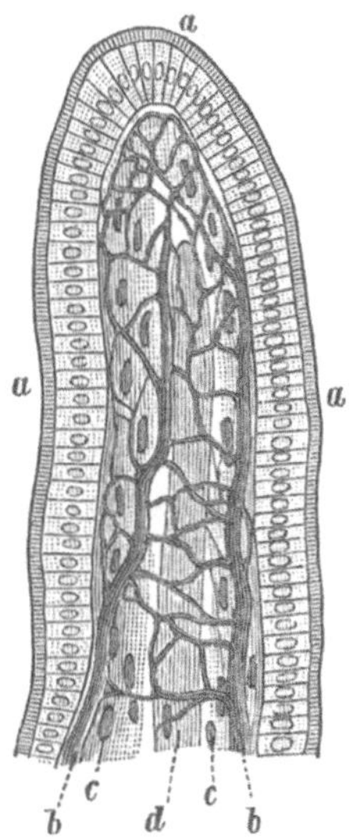

Längsschnitt einer Dünn-darmzotte.

a. Cylinder-Epithel,
b. Blutgefässnetz,
c. Längslagen glatter Muskeln,
d. Chylusgefäss.

Die Bestandtheile des Nahrungsbreies im Dünndarm dringen nun entweder im gelösten oder emulgirten Zustande (Fett) durch die stark imbibitionsfähige Membran der Schleim-haut des Dünndarms und von da durch die Poren-Canälchen oder Stäbchen des Cylinder-Epithels der Zotte zu den Blut- und Chylusgefässen. Ein Theil der Nahrungsbestandtheile wird von den Blutgefäss-Capillaren aufgesogen, ein anderer wandert weiter und geht in das Chylusgefäss über. Der aus dem Darm aufgesogene Saft hat eine durch die Fetttröpfchen hervorgerufene emulsionsartige Beschaffenheit, welcher dem Milchsaft gleicht und daher „Chylus" genannt wird. Die diesen Saft aufnehmende Saugader heisst daher auch Chylus-gefäss.

Die Salze, Alkohol und Gifte scheinen vorzugsweise durch die Blutgefäss-Capil-laren, das Fett fast ausschliesslich durch das Chylusgefäss aufgenommen zu werden. Sonst ist kein Bestandtheil des Darm-Inhaltes auf die Aufnahme auf den einen oder anderen der beiden Wege angewiesen.

Der Uebergang der löslichen Nahrungsbestandtheile in die Blut- und Chylusgefässe erfolgt ohne Zweifel zum Theil nach den Gesetzen der Endosmose. Unter „Endos-mose" verstehen wir den Vorgang, nach dem zwischen zwei durch eine Membran getrennten Flüssigkeiten ein fortwährender Austausch ihrer Bestandtheile statthat. Wird eine salzhaltige oder salzreiche Flüssigkeit durch eine Membran von einer salzfreien oder salzärmeren Flüssigkeit getrennt, so tritt die salzfreie oder salz-ärmere Flüssigkeit durch die Membran zu der salzreicheren. Haben die beiden durch eine Membran getrennten Flüssigkeiten einen gleichen Salzgehalt, so findet gar kein Ueberströmen nach der einen oder andern Seite statt. Nach diesen Gesetzen verläuft auch die Nahrungs-Aufnahme durch die Blut- und Chylusgefässe. Das alkalisch reagirende Blut z. B. ist im Verhältniss zu dem sauren Darm-Inhalt eine salz-reiche Flüssigkeit; es tritt daher der wasserreiche Nahrungssaft des Darmes durch die Schleimhaut und das Zotten-Epithel in das Blut der Blutgefäss-Capillaren. Das fortwährend zu dem Blut überströmende Wasser wird durch den Harn-Apparat abgeschieden, so dass das Blut aut seinem normalen Wassergehalt verbleibt und stets eine zum Darm-Inhalt concentrirte Flüssigkeit darstellt. Ausserdem befindet sich das Blut in den Gefäss-Capillaren in fortwährender Strömung von und zu den Darm-Zotten. Enthält die Verdauungs-Flüssigkeit mehr Salz als das Blut, wie es z. B. nach Aufnahme salziger Abführmittel der Fall ist, so tritt umgekehrt Wasser aus der Blutbahn in den Verdauungs-Canal; es entstehen breiige und wässerige Koth-Entleerungen (Durchfall).

Active Thätigkeit der Zotten.

Wie aber schon S. 23 gesagt ist, nimmt man jetzt allgemein an, dass die Resorption der Nahrungsstoffe nicht allein durch einfache Filtration und Endosmose erfolgt, sondern dass Protoplasmazellen amöbenartig die Nahrungsstoffe in sich aufnehmen und in die Speisesaftgefässe überführen. Dieses gilt besonders für die Fettaufnahme. Aber E. A. Schäfer[1]) findet, dass während der Resorption der Nahrung Lymphkörperchen in grosser Zahl aus dem Darm in die Speisesaft- oder Chylusgefässe wandern, im Speisesaft meistens zerfallen und aufgelöst werden; dieses ist auch der Fall nach Mahlzeiten, welche kein Fett enthalten. Es handelt sich also um eine allgemein mit der Resorption verbundene Erscheinung; die Ueberführung der Fetttheilchen in die Speisesaftgefässe ist nur eine Theilerscheinung dieser Function.

Umwandlung des Chylus in Blut.

Die von den Blutgefäss-Capillaren aufgenommenen Nahrungsbestandtheile werden direct zu Bestandtheilen des Blutes und gehen in dessen Plasma über; die durch die Chylusgefässe aufgenommenen Bestandtheile (der Chylus) erleiden erst durch besondere Drüsen-Organe (Lymphdrüsen) eine wesentliche Umänderung; der Chylus nimmt in diesen Drüsen zahlreiche farblose Kerne und kernhaltige Zellen, sog. Chyluskörperchen auf, welche die farblosen Blutkörperchen bilden.

Denn die Chylus-Bestandtheile ergiessen sich, nachdem sie sich mit denen der Lymph-Gefässe im Milchbrustgang gesammelt haben, in die linke vena subclavia.

Lymphgefässe.

Das Lymphgefäss-System entsteht aus den Lücken resp. den Saftcanälchen der Gewebe und führt Lymphe, die ähnlich zusammengesetzt ist wie der Chylus, der Inhalt des Chylus-Gefässsystemes, das in den Darmzotten entspringt. Chylus und Lymphe bilden den flüssigen Inhalt des Saugadersystemes, der vorzugsweise aus Plasma und Körperchen besteht.

Zusammensetzung von Chylus, Lymphe und Blut.

Beide sind von schwach alkalischer Reaction und gerinnen einige Zeit nach ihrer Entleerung aus dem Körper, d. h. sie trennen sich in einen die Körperchen umschliessenden Kuchen und eine Flüssigkeit (Serum).

Die Lymphe ist wasserreicher als der Chylus und enthält nur wenig Fett; sie enthält beim Menschen 94—97 % Wasser, 2—3 % Eiweiss, 0,3—0,5 % Faserstoff, 0,3 % Extractivstoffe (mit Zucker), 0—0,2 % Fett und 0,75—1,5 % Chlornatrium. Die Eiweisskörper bestehen wie beim Chylus aus Albumin und fibrinbildenden Stoffen.

Der Chylus hat eine dem Blut ähnliche Zusammensetzung, nur ist er reicher an Wasser und Fett.

Nach Untersuchungen von O. Nasse enthält z. B. Chylus und Blut einer Katze:

	Chylus %	Blut %
Wasser	90,57	81,00
Eiweisskörper (incl. Körperchen und Extractivstoffe)	4,89	17,69

---

[1]) Procedings of the Royal Soc. Vol. 38. Nr. 235. S. 47.

	Chylus %	Blut %
Faserstoff	0,13	0,24
Fett	3,27	0,27
Kochsalz	0,71	0,54
Alkalisalze	0,23	0,16
Eisenoxyd	Spuren	0,05
Salze im Ganzen	1,14	0,80

Der Fett-Gehalt des Chylus hängt ganz von dem Fett-Gehalt der Nahrung ab.

Kreislauf des Blutes.

Die auf den angedeuteten zwei Wegen in das Blut übergegangenen Nahrungs- Blutkreislauf. bestandtheile werden den einzelnen Organen des Körpers zugeführt und gelangen so zu dem Ort ihrer Bestimmung. Das Blut nämlich durchströmt fortwährend und unaufhaltsam den ganzen Körper.

Figur 9.

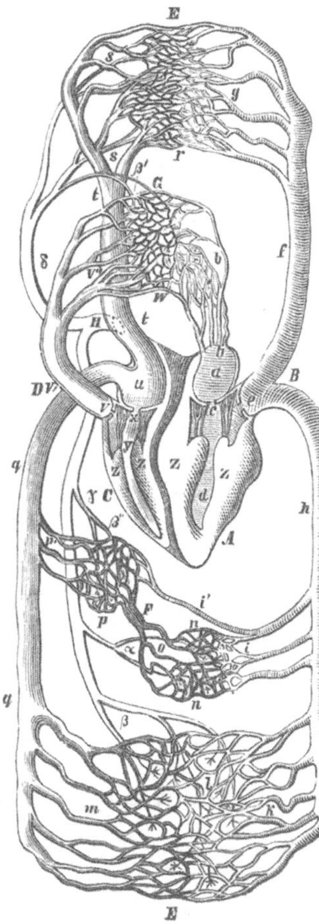

Blutkreislauf.

Den Mittelpunkt oder das Centralorgan dieser Strömungen bildet das Herz.

Dasselbe ist in 2 Hälften, in eine linke Seitenhälfte A und eine rechte C getheilt; jede dieser Hälften zerfällt durch ein Klappenventil von einander getrennt in 2 Abtheilungen, in eine linke Vorkammer a und eine Herzkammer d, und die rechte Hälfte in die rechte Vorkammer (in der Figur nicht sichtbar) und die rechte Herzkammer y. Während die beiden Vorkammern durch Klappenventile c und x mit den Herzkammern in Verbindung stehen, sind die beiden Seitenhälften von einander getrennt.

Diejenigen Gefässe oder Adern, welche das Blut vom Herzen wegführen, nennt man **Schlagadern** oder **Arterien** B (h und f), die, welche es zum Herzen hinführen, **Blutadern** oder **Venen** D (q und t). Zwischen dem Arterien- und Venensysteme ist das Gefäss- oder Capillar-System E (F Pfortader und Bauch-Capillaren, n Haargefässnetz der Organe in der Bauchhöhle, p′ Haargefässnetz der Leber, p Lebervenen, o Venen der Organe in der Bauchhöhle, ó Pfortader, r Haargefässnetz des Kopfes, s Venen des Kopfes, k Arterien des Rumpfes und der Hinterglieder, m Venen derselben etc.) eingeschaltet. Dasselbe besteht aus sehr feinen und engen Gefässen.

Diese vermitteln den Uebertritt des Arterien-Blutes in die Venen.

Das Blut wird durch Zusammenziehen und Verengern der Herzkammern in die Arterien (Aorta) gepresst; man nennt dieses die Systole. Die Diastole ist der Ruhezustand der Herzmusculatur; sie entsteht durch Erschlaffung und Erweiterung der Herzmuskeln (z), in Folge dessen Blut in die Hohlräume des Herzens einströmt. Die Systole presst das in der linken Herzkammer befindliche Blut in die Arterien oder Aorta, welche sich in der Nähe des 3. Rückenwirbels in die vordere (f) und hintere (h) Aorta theilt. Die vordere Aorta führt das Blut dem Kopf, Hals (g), den Vordergliedern und den unteren Theilen von Brust und Bauch zu; die hintere Aorta liefert das Blut für die Brustwand (k), den Bauch (i) und dessen Eingeweide, sowie für die unteren Glieder. Aus diesen beiden Haupt-Arterien-Aesten vertheilt sich das Blut durch kleinere Adern und Capillaren netzförmig in die Organe und Gewebe, wo die Bestandtheile des Blutes durch Diffusion austreten. Die überflüssig gewordenen Bestandtheile des ausgeströmten Arterien-Blutsaftes werden von den Venen-Capillaren aufgesogen und strömen in der vorderen (t) und hinteren (q) Hohlvene zur rechten Herzvorkammer. Aus dieser tritt das venöse Blut in die rechte Herzkammer (y) und von hier beginnt der Lungen-Kreislauf, indem das Blut durch die Lungenarterie (v) zur Lunge geht und sich in den Lungen-Capillaren (G) verbreitet. Von der Lunge eilt dasselbe durch die Lungenvene (b) zur linken Vorkammer (a), geht von dieser in die linke Herzkammer (d) und beginnt so seinen Kreislauf von neuem.

Das von den Lungen der linken Vorkammer zuströmende Blut ist hellroth und sauerstoffreich; indem es durch die Arterien-Ader und deren Capillarnetze in die Organe und Gewebe übergeführt wird, verliert es mehr und mehr Sauerstoff und nimmt in Folge von Umsetzungen und Verbrennungen, wie wir gleich sehen werden, Kohlensäure auf; es wird dunkelroth. Das „venöse" und für die Lebens-Vorgänge unbrauchbar gewordene Blut wird in den Lungen wieder aufgefrischt, indem es seine schädliche Kohlensäure abgiebt und wieder Sauerstoff aufnimmt.

Lymphstrom. Zwischen diesen 2 Hauptströmungen ist noch ein intermediärer Saftstrom, der bereits erwähnte Lymphstrom (α, β, γ, δ; α = Chylusgefässe, β = Lymphgefässe des Körperstammes, β' Lymphgefässe der Lunge, β'' der Leber, γ Lymphgefässstamm des Rumpfes, δ des Kopfes) eingeschaltet. Ein Theil der in die Gewebe austretenden Bestandtheile des Blutes geht nämlich in die Anfänge der Lymphgefässe über, welche einen Anhang des Venen-Systems bilden und gleichsam als Mittelglied zwischen Arterien- und Venensystem eingeschoben sind.

Die Lymphe wird, wie ich bereits S. 56 auseinandergesetzt habe, aus gewissen Bestandtheilen des Blutes gebildet, um sich sodann als Ganzes wieder in das Blut zu ergiessen.

Bedeutung des Blutes für die Lebensvorgänge.

Zusammensetzung des Blutes. Das Blut, welches etwa $^1/_{12}$ des Körpergewichts ausmacht und aus der gelblich gefärbten Blutflüssigkeit (Plasma) und den in dieser schwimmenden Blutkörperchen besteht, ist der eigentliche Lebenssaft; es führt den einzelnen Organen nicht nur alle Stoffe zu, welche zur Function derselben, zum Aufbau und Wachsthum nothwendig sind, sondern nimmt auch alle in den Organen unbrauchbar gewordenen Stoffe wieder auf, um sie den Ausscheidungsorganen (Lungen, Haut und Nieren) zuzuführen und durch diese aus dem Körper zu entfernen.

Das Blut besitzt durch Dinatriumphosphat ($Na_2 H PO_4$) eine alkalische Reaction und hat ein spec. Gew. von 1,045 bis 1,075.

Im Mittel mehrerer Analysen enthält das menschliche Blut:

Wasser	78,80 %
Hämoglobin = Blutkörperchen	12,68 „
Eiweiss	6,72 „
Faserstoff	0,22 „
Fett	0,38 „
Extractivstoffe	0,42 „
Salze	0,78 „
In letzteren: Kochsalz	0,40 „
Alkaliphosphat	0,08 „
Alkalicarbonat	0,10 „
Natriumsulfat	0,02 „
Eisenoxyd	0,08 „

Den wichtigsten Bestandtheil des Blutes bilden die Blutkörperchen; sie besitzen weder Hülle noch Kern, sondern bestehen aus einer gleichartigen Masse, die 1. aus einer Gerüstsubstanz, einem äusserst blassen, durchsichtigen, weichen Protoplasma (dem Stroma) und 2. dem rothen Blutfarbstoff, dem Hämoglobin, welches das Stroma durchtränkt, gebildet wird. Blut-körperchen.

Figur 10.

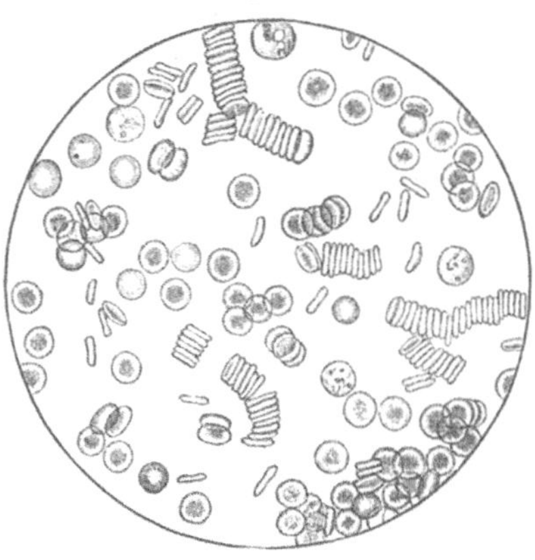

Normale, menschliche Blutkörperchen aus geschlagenem Aderlassblut.

Stroma und Blutkörperchen verhalten sich ähnlich wie Waschschwamm und von diesem aufgesogene Flüssigkeit. Die Blutkörperchen haben etwa $^1/_{130}$ mm Durchmesser; 1 cbmm Menschenblut enthält nahezu 5 Millionen Blutkörperchen. Man nimmt an, dass dieselben in der embryonalen Zeit aus gefässbildenden Zellen, d. h. aus cylindrischen, langen, mit Protoplasmaspitzen versehenen, stark lichtbrechenden, zelligen Elementen entstehen, indem sie sich hier im Protoplasma der gefässbildenden Zellen entwickeln, wie die Chlorophyll- oder Stärke-Körner im Protoplasma der Pflanzenzellen. In der späteren Lebenszeit bilden sie sich nach Ansicht der meisten Physiologen aus besonderen, gekernten Zellen. Die gebildeten Blutkörperchen gehen innerhalb einer nicht zu langen Frist wieder zu Grunde und scheint dieses in der Leber und Milz der Fall zu sein.

Neben den rothen Körperchen kommen im Blut auch farblose, weisse vor, welche aus der Lymphe („Lymphoidzellen“ oder „Leukozyten“) herrühren und allmählich in rothe Körperchen übergehen.

Hämoglobin. Das **Hämoglobin** (Blutfarbstoff) bedingt die rothe Farbe des Blutes; es kommt auch im Muskelgewebe vor. Seine procentische Zusammensetzung (vom Hunde herrührend) ist folgende:

53,85 % C, 7,32 % H, 16,17 % N, 21,84 % O, 0,39 % S und 0,42 % Fe.

Figur 11.

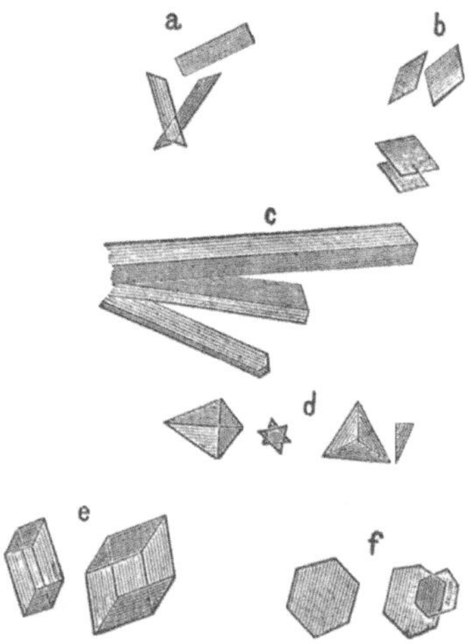

Hämoglobin-Krystalle:
a b. aus Menschenblut; — c. von der Katze; — D. vom Meerschweinchen; — e. vom Hamster; — f. vom Eichhörnchen.

Trotzdem das Hämoglobin eine colloide Substanz ist, krystallisirt es beim langsamen Verdunsten des lackfarbig gemachten Blutes leicht und schön in rhombischen Tafeln oder Prismen. Die Krystalle sind doppelt brechend und pleochromatisch. Das Hämoglobin des Blutes nimmt aus der eingeathmeten Luft mit Begierde Sauerstoff auf und geht in „Oxyhämoglobin" über, welches sich einer schwachen Säure ähnlich verhält. Letzteres giebt den aufgenommenen Sauerstoff wieder schnell an die Körpergewebe ab; auch Bestandtheile des Blutes, besonders reducirende (wie Ammoniumsulfid), oder Bestandtheile des Serums und Zucker nehmen den Sauerstoff fort. Kohlenoxyd verdrängt (1 Vol. zu 1 Vol.) den Sauerstoff aus seiner Verbindung mit Hämoglobin und bewirkt schliesslich — wie bei der Kohlenoxydgasvergiftung — den Tod. Auch mit Stickstoffoxyd geht das Hämoglobin eine Verbindung ein, welche wie die mit Sauerstoff und Kohlenoxyd dem gasfreien Hämoglobin isomorph ist.

Das „**Methämoglobin**" enthält dieselben Mengen Sauerstoff wie das Oxyhämoglobin, jedoch in anderer chemischer Anlagerung. Durch Wärme, Alkalien, Säuren (selbst die schwache Kohlensäure bei Gegenwart von viel Wasser) und durch Ozon zerfällt das Hämoglobin 1. in einen dem „**Globulin**" nahestehenden Eiweisskörper, 2. in das eisenhaltige, gefärbte „Hämatin." Das **Hämatin** ($C_{68} H_{70} N_8 Fe_2 O_{10}$) macht etwa 6 % der Blutkörperchen aus und enthält 8 % Eisenoxyd.

Der getrocknete Blutfarbstoff giebt beim Erwärmen mit einem Ueberschuss von wasserfreier Essigsäure unter Zusatz von etwas Kochsalz die characteristischen „**Hämin**"-Krystalle (Chlorhämatin, d. h. Hämatin + 2 H Cl nach **Hoppe-Seyler**), durch welche Reaction in forensischen Fällen eingetrocknete Blutflecke nachgewiesen zu werden pflegen.

Ausser vorstehenden Bestandtheilen enthalten die trockenen Blutkörperchen noch 0,35—0,71 % **Lecithin** und 0,25 % **Cholesterin**.

Mit dem Gehalt des Blutes an Hämoglobin nimmt die Intensität der rothen Färbung zu. Der Gehalt an demselben ist bei den einzelnen Individuen sehr verschieden. Das Blut des ausgewachsenen Organismus enthält mehr Hämoglobin, als das des jungen; Fleischfresserblut ist reicher an demselben, als das Blut der Pflanzenfresser. Auch pflegt das Blut der Männer durchweg mehr Hämoglobin resp. Blutkörperchen zu enthalten, als das Blut der Frauen; so fanden **Becquerel**, **Rodier** und **Schmidt** im Mittel:

	Blut der Männer	Blut der Frauen
Wasser	78,43 %	80,78 %
Blutkörperchen . .	15,22 „	12,54 „
Eiweiss	5,47 „	5,78 „
Faserstoff	0,31 „	0,21 „
Salze	0,73 „	0,80 „

Jac. G. Otto bestimmte die Anzahl der Blutkörperchen und den Gehalt des Blutes an Hämoglobin bei Menschen im Alter von 19—35 Jahren im Mittel wie folgt:

	Männliches Geschlecht		Weibliches Geschlecht	
	Rothe Blutkörperchen pro 1 Cubikmillimeter in Millionen	Hämoglobin pro 100 CC. in Gramm	Rothe Blutkörperchen pro 1 Cubikmillimeter in Millionen	Hämoglobin pro 100 CC. in Gramm
Maximum . .	5,3528	15,30	4,9966	14,46
Minimum . .	4,7552	13,56	3,7573	11,58
Mittel	4,9988	14,57	4,5847	13,27

Dass die Anzahl der Blutkörperchen und der Gehalt an Hämoglobin beim männlichen Geschlecht grösser sind als beim weiblichen, ist ein für die Säugethiere allgemein gültiges Gesetz.

v. Subbotin zeigte ferner, dass das Blut nach reichlicher Eiweissnahrung einen höheren Gehalt an Hämoglobin aufweist, als nach eiweissarmer Nahrung.

Die Blutkörperchen schwimmen in der Blutflüssigkeit, welche ohne diese schwach gelblich gefärbt ist und im unveränderten Zustande „Plasma“ heisst. **Blut-Plasma.**

Ueberlässt man die Blutflüssigkeit nach ihrer Entfernung aus den Blutkörperchen einige Zeit sich selbst, so scheidet sich durch den Einfluss eines Fermentes eine feste faserige Substanz, der Faserstoff aus, welcher sich aus drei besonderen Körpern, den sog. Fibrinogeneratoren (der fibrinogenen Substanz, der fibrinoplastischen Substanz oder Serumglobulin und dem Gerinnungsferment) bildet. Der Faserstoff resp. das Fibrin macht nur 0,1—0,3 % der Blutmasse aus. Er ist frisch zäh-elastisch mit faserigem Aussehen und wird nach dem Trocknen hornartig und durchsichtig. **Faserstoff.**

Die nach Abscheidung des Faserstoffs verbleibende Flüssigkeit heisst „Serum“. Plasma und Serum müssen daher nach Abzug der Faserstoffbildner eine gleiche chemische Zusammensetzung besitzen. **Serum.**

Die Eiweisskörper des Plasmas machen ca. 8—10 % des Gesammtgewichtes aus; unter den Eiweisskörpern befinden sich „Serum-Albumin“ (3—4 %) und „Serum-Globulin“ (2—4 %); die Eiweissstoffe sind als freie coagulirbare Eiweissstoffe vorhanden. Die Lösung wird durch den Salzgehalt des Blutes begünstigt; zum Theil sind sie an Alkalien gebunden als Kali- und Natron-Albuminat vorhanden. Die Eiweisskörper des Blutes geben das Bildungsmaterial für die Organe und Gewebe ab. **Eiweissstoffe.**

Das „Fett“ des Blutes gelangt in den Geweben entweder zum Ansatz, oder wird dort durch den Sauerstoff zu Kohlensäure oder Wasser oxydirt. Es ist im Blut in Form kleinster Tröpfchen als „Neutralfett“ (als eine Verbindung von Fettsäure, Palmitin-, Stearin- und Oelsäure mit Glycerin) vorhanden. Ob auch fette Säuren resp. fettsaure Alkalien (Seifen) im Blut vorkommen, ist noch eine Streitfrage. Neben Fett **Fett.**

ist aber noch etwas Cholosterin, Lecithin und dessen Spaltungsproduct, die Glycerinphosphorsäure vorhanden.

Zucker. Das Blut enthält nach J. Seegen[1]) sowohl im Hungerzustande wie nach Stärkemehlfütterung geringe und gleiche Mengen Zucker als Traubenzucker, nämlich 0,14—0,15 %; nur nach reichlicher Fütterung von Zucker und noch mehr von Dextrin erfährt diese Menge eine Steigerung auf 0,18—0,26 %. Das Lebervenenblut enthält sowohl im Hungerzustande wie bei jeder Art der Kohlehydratfütterung mehr Zucker (nämlich 0,26—0,32 %), als das Pfortaderblut. Der Zucker bildet sich somit in der Leber und muss im Hungerzustande von Bestandtheilen des Körpers gebildet werden; jedoch scheint die Menge des Glykogens der Leber hierfür nicht auszureichen. Jac. G. Otto will neben dem Traubenzucker noch eine andere reducirende, aber gährungsunfähige Zuckerart im Blut nachgewiesen haben; dieses wird von J. Seegen bestritten.

Sonstige organische Bestandtheile. Als Bildungsproducte des Stoffwechsels kommen vor: die Kalisalze einiger niederen Fettsäuren, der Ameisen-, Essig- und Capronsäure; ferner Harnstoff und Harnsäure (0,02—0,03 %) neben einigen Fleischbasen wie Kreatin, Kreatinin etc.

Mineralstoffe. Die Mineralstoffe (Salze) des Blutes bestimmte Hoppe-Seiler für das Serum des Menschenblutes wie folgt:

Kochsalz	4,92 pro mille	Natriumphosphat . . .	0,15 pro mille
Natriumsulfat	0,44 „ „	Calciumphosphat } Magnesiumphosphat }	. 0,73 „ „
Natriumcarbonat . . .	0,21 „ „		

Fleischkost steigert den Salzgehalt des Blutes, Pflanzenkost vermindert denselben vorübergehend.

Die anorganischen Bestandtheile des Blutes befördern einerseits die Löslichkeit mancher Bestandtheile, andererseits die Zersetzungsvorgänge; dieses gilt besonders für die Alkali-Phosphate und Carbonate, welche dem Blut die alkalische Reaction ertheilen.

Gase. Zu den organischen und mineralischen Bestandtheilen gesellen sich die gasförmigen, nämlich: Sauerstoff, Kohlensäure und Stickstoff.

Die Menge dieser Gase im Blut ist verschieden.

Das arterielle Blut ist reicher an Sauerstoff und ärmer an Kohlensäure als das venöse Blut; so fanden Ed. Matthieu und V. Urbain pro 100 Blut:

	Arterielles Blut	Venöses Blut
Sauerstoff .	17,25 CC	9,90 CC
Kohlensäure	42,75 „	54,75 „

Bei Arbeit vermehrt sich der Sauerstoff im arteriellen Blut, während er im venösen Blut abnimmt, z. B.

	Muskelarbeit		Ruhe	
	Arterielles Blut	Venöses Blut	Arterielles Blut	Venöses Blut
Sauerstoff .	23,63	12,56	22,19	15,77
Kohlensäure	40,98	43,65	49,27	58,49

Der Sauerstoff findet sich grösstentheils in den Blutkörperchen verdichtet; sie sind die Träger des Sauerstoffs.[2]) Ozon ist im Blut nicht vorhanden; dagegen wirkt das Blutroth als „Ozonüberträger“.

---

[1]) Pflüger's Archiv f. Physiol. 1886. Bd. 37. S. 348.

[2]) Dieser Ansicht entsprechend fand P. Picard (Comptes rendus 1874. Bd. 79. S. 1266)

Die Kohlensäure findet sich mehr im Plasma und zwar nach den Untersuchungen von P. Bert[1]) nicht im gasförmig aufgelösten Zustande, sondern gebunden an Alkalien als doppeltkohlensaures Salz. P. Bert fand, dass die Alkalisalze des Blutes (auch des venösen) bei weitem nicht mit Kohlensäure gesättigt sind, dass das Blut 3—4mal so viel Kohlensäure aufnehmen kann, als es durchweg enthält. Das Leben kann nur unterhalten werden, so lange die Kohlensäure sich im gebundenen Zustande befindet. Sind die Alkalien gesättigt und ist ein Theil der Kohlensäure im Blut bloss gelöst, so tritt rasch der Tod ein.

Der Stickstoff der atmosphärischen Luft ist bei der Athmung und im Lebensprocess von indifferenter Natur; es sind nur geringe Mengen davon im Blut vorhanden, nämlich 1—2 CC. pro 100 Blut.

Das Blut hat demnach die zweifache Aufgabe, nämlich:

a. Den inneren Organen Bau- und Zersetzungs-Material, sowie Luft resp. Sauerstoff zuzuführen, um diese Um- und Zersetzungen zu bewirken;

b. Die Oxydations- und Zersetzungsproducte aus den Geweben wieder aufzunehmen und den Ausscheidungsorganen (Lungen, Haut und Nieren) zuzuführen.

Zersetzungsvorgänge in den Geweben.

Ort der Zersetzungen.

Früher verlegte man die hauptsächlichsten Zersetzungsvorgänge in das Blut. Dieses hat sich aber als irrig erwiesen, da sich in dem Blut (Arterienblut), welches den Geweben das Bau- und Zersetzungsmaterial zuführt, nicht die Producte solcher Zersetzungen nachweisen lassen.

Chylus, Lymphe, Blut müssen nur als Transportmittel der zersetzbaren und zersetzten Stoffe angesehen werden; die Zersetzungsvorgänge selbst verlaufen in den Geweben.

Die im Blut gelösten oder suspendirten Stoffe (also Eiweisskörper, Fett, Zucker, Salze und Sauerstoff) diffundiren durch die feinen Blutgefäss-Capillaren zu den Gewebs-Flüssigkeiten, und hier unterliegen dieselben allerlei Umwandlungen und Umsetzungen.

Umsetzungen der Eiweisskörper.

Die Eiweisskörper zerfallen successive in niedriger organisirte Stickstoffverbindungen, als deren Endprodukte Harnstoff und Harnsäure[2]) zu bezeichnen sind. Nur ein ganz kleiner Theil verfällt einer weiteren Zersetzung zu Ammoniak. Die vielfach (so von Nowack und Seegen) aufgestellte Behauptung, dass bei diesem Vorgange sich auch freier Stickstoff abspaltet, ist nach mehreren Untersuchungen anderer Forscher (so von Bischof und C. Voit, M. Märcker nnd E. Schulze und H. Leo) mehr als unwahrscheinlich.

---

eine Proportionalität zwischen dem an das Hämoglobulin gebundenen Eisen des Blutes und dem Sauerstoff, nämlich:

Eisen im Blut g	Sauerstoff CC	Sauerstoff g	Verhältniss des Sauerstoffs zu Eisen wie 1:
0,092	27,64	0,0393	2,31
0,067	18,70	0,0268	2,50
0,060	18,70	0,0268	2,23
0,048	14,80	0,0213	2,25

[1]) Comptes rendus. 1878. T. 87. p. 628.

[2]) Statt der Harnsäure tritt bei den Pflanzenfressern Hippursäure auf; im Menschenharn kommt sie nur in geringer Menge vor.

Wie die Umsetzung der Eiweisskörper, die uns in ihrer Constitution noch völlig unbekannt sind, verläuft, darüber hat man noch keine klare Vorstellung gewonnen.

Man pflegt die Harnsäure wohl als Vorbildungsstufe des Harnstoffs anzusehen, indem sie durch Sauerstoff unter Aufnahme von Wasser nach der Gleichung:

$$\underset{\text{Harnsäure}}{C_5 H_4 O_3 N_4} + O + H_2 O = \underset{\text{Alloxan}}{C_4 H_2 N_2 O_4} + \underset{\text{Harnstoff}}{CO (NH_2) 2} \text{ zerfällt;}$$

ihre Menge tritt im Harn gegen den Harnstoff zurück. Auf 1 Theil Harnsäure kommen etwa 50 Theile Harnstoff.

Da in den Muskeln und Drüsen eine grössere oder geringere Menge Körper auftreten, welche mit der Harnsäure in naher Verbindung stehen, so bezeichnet man auch diese wohl als die Uebergangsstufen der Eiweisskörper zum Harnstoff. Als solche werden genannt Guanin, Sarkin und Xanthin.

Das Guanin kommt im Pankreas und der Leber vor; es lässt sich durch salpetrige Säure in Xanthin überführen nach der Gleichung:

$$\underset{\text{Guanin}}{C_5 H_5 N_5 O} + NO_2 H = \underset{\text{Xanthin}}{C_5 H_4 N_4 O_2} + H_2 O + N_2;$$

zwischen Sarkin, Xanthin und Harnsäure bestehen aber folgende einfache Beziehungen:

Sarkin (oder Hypoxanthin) $= C_5 H_4 N_4 O$
Xanthin . . . . . . $= C_5 H_4 N_4 O_2$
Harnsäure . . . . . . $= C_5 H_4 N_4 O_3$

Thatsächlich können diese Verbindungen auch auf künstlichem Wege ausserhalb des Organismus durch Reagentien in einander übergeführt werden.

Zu dieser Gruppe von Körpern gehören auch das Kreatin ($C_4 H_9 N_3 O_2$) und Kreatinin ($C_4 H_7 N_3 O$), welche Basen in den Muskeln und zuweilen auch im Harn vorkommen. Das Kreatin lässt sich leicht in Kreatinin umwandeln und zerfällt unter Aufnahme von Wasser in Sarkosin und Harnstoff nach der Gleichung:

$$\underset{\text{Kreatin}}{C_4 H_9 N_3 O_2} + H_2 O = \underset{\text{Sarkosin}}{C_3 H_7 NO_2} + \underset{\text{Harnstoff.}}{CO (NH_2) 2}$$

Bei der Zersetzung der Eiweisskörper ausserhalb des Organismus, sowie bei der Fäulniss oder bei der Einwirkung von Alkalien und Säuren auf dieselben etc. entstehen eine Reihe von Amido-Verbindungen (Leucin, Tyrosin, Glycocoll, Asparaginsäure, Asparagin, Gutaminsäure etc.), die man auch unter den Verdauungsproducten des Pankreas aufgefunden hat und die man daher ebenfalls als Vorstufen des Harnstoffs betrachtet, zumal nach Einführung derselben in den Organismus im Harn eine vermehrte Harnstoffmenge auftritt.

Diese Verbindungen haben folgende Constitution:

Glycocoll = Amidoessigsäure $= CH^2 (NH_2) . CO . OH$
Leucin = Amidocapronsäure $= C_5 H_{10} (NH_2) . CO . OH$
Asparaginsäure = Amidobernsteinsäure $= CH_2 . CH . (NH_2) \begin{cases} CO . OH \\ CO . OH \end{cases}$
Tyrosin = (Amidohydroparacumarsäure?) $= C_9 H_{11} NO_3$

Da diese Körper nicht direct in Harnstoff übergehen können, weil sie nur 1 Atom Stickstoff enthalten, so vermuthet man (Schultzen), dass Glieder der Carbaminsäure-Gruppe weitere Zwischenkörper zwischen diesen Amidosäuren und dem Harnstoff bilden. In der That hat E. Drechsel[1]) bei der Oxydation von Glycocoll, Tyrosin und Leucin in alkalischer Lösung Carbaminsäure und Oxaminsäure erhalten. Die Carbaminsäure ($NH_2 . CO . OH$) steht aber in naher Beziehung zum Harnstoff ($NH_2 . CO . NH_2$); sie geht unter Zutritt von Ammoniak einfach in Harnstoff über nach der Gleichung:

$$\underset{\text{Carbaminsäure}}{NH_2 . CO . OH} + \underset{\text{Ammoniak}}{NH_3} = \underset{\text{Harnstoff}}{NH_2 . CO . NH_2} + \underset{\text{Wasser}}{H_2 O}$$

Da nun Drechsel auch im Blut Carbaminsäure als carbaminsaures Salz gefunden und ausserdem[2]) nachgewiesen hat, dass das carbaminsaure Ammon auf electrolytischem Wege durch abwechselnde Oxydation und Reduction in Harnstoff umgewandelt werden kann, so denkt er sich den Vorgang der Harnstoff-Bildung wie folgt: das Eiweiss zerfällt in Leucin, Tyrosin etc.; diese werden oxydirt und bilden carbaminsaures Natrium; letzteres zersetzt sich — vielleicht unter dem Einflusse eines Fermentes — unter Mitwirkung von 2 Molecülen Natron in Harnstoff und kohlensaures Natrium.

E. Salkowsky hat die Carbaminsäure im Blut indirect noch dadurch nachgewiesen, dass er zeigte, dass Taurin nach Verfütterung im Organismus in Taurocarbaminsäure übergeht, nach der Gleichung:

$$\underset{\text{Carbaminsäure}}{NH_2 . CO . OH} + \underset{\text{Taurin}}{NH_2 . C_2 H_4 . SO_2 OH} = \underset{\text{Taurocarbaminsäure}}{NH_2 . CO . NHCH_4 . SO_2 OH} + \underset{\text{Wasser}}{H_2O}$$

Hierdurch war das Vorkommen von Carbaminsäure im Organismus dargethan, da das Taurin sich nur mit bereits vorhandener Carbaminsäure in obiger Weise verbinden kann. An die Stelle des Taurins braucht aber nur Ammoniak zu treten, um, wie wir gesehen haben, Harnstoff zu erhalten.

Salkowsky ist indess der Ansicht, dass hierbei wie überhaupt bei der Harnstoffbildung die Cyansäure betheiligt ist, indem dieselbe bei Gegenwart von Ammoniak nach folgender Gleichung zerfällt:

$$2\,(CONH) + 2\,(NH_3) = 2\left(CO\begin{cases}NH_2\\NH_2\end{cases}\right)$$

2 Cyansäure + 2 Ammoniak = 2 Harnstoff.

Dieser Vorgang findet eine Stütze durch Versuche, nach denen Ammoniaksalze an Thiere verfüttert, grösstentheils in Harnstoff übergehen und als solcher im Harn erscheinen.

Schmiedeberg und Knierim halten dagegen die Bildung des Harnstoffs direct aus kohlensaurem Ammon unter Abspaltung von Wasser und Kohlensäure für möglich.

Man ist daher über diesen wichtigen Vorgang noch zu keiner Einigung gekommen, und ebenso wenig Klarheit wie über die Art und Weise der Bildung des Harnstoffs herrscht, ebenso wenig klar ist man darüber, an welcher Stelle im Organismus derselbe sich aus den Zersetzungsproducten der Eiweisskörper bildet. Früher erblickte man die Bildungsstätte bald in den Nieren, bald in der Leber etc.; aber seitdem man im Blut und den Muskeln Harnstoff nachgewiesen hat, werden diese Organe nicht mehr als der Ort der Harnstoff-Bildung angesehen; die Nieren bilden nur das Ausscheidungs-Organ für den Harnstoff. Auch ist nicht anzunehmen, dass sich der Harn-

[1]) Journ. f. pract. Chem. 1875. Bd. 120. S. 147.
[2]) Ibidem. 1880. Neue Folge. Bd. 22. S. 476.

stoff im Blut bildet, vielmehr scheint es, dass er in den Geweben entsteht und direct vom Blut aufgenommen wird.

Wie dem auch sei, uns genügt die Thatsache, dass der Harnstoff neben geringen Mengen Harnsäure, Ammoniak und einigen Basen das Endproduct der Zersetzung der Eiweisskörper im Organismus ist und sämmtlich durch das Secretionsorgan der Nieren im Harn ausgeschieden wird, dass uns somit der Harnstoff ein Mass für die Grösse des Eiweiss-Umsatzes im Körper abgiebt.

Bei der Umsetzung der Eiweisskörper in den Geweben, wobei aller Stickstoff in Harnstoff übergegangen ist, und aus 100 Eiweiss 33,45 Harnstoff entstehen, verbleibt aber noch ein stickstofffreier, aus Kohlenstoff, Wasserstoff und Sauerstoff bestehender Rest, von dem man annimmt, dass er das Material zur Fettbildung wird. Dieses erhellt aus folgenden Zahlen:

	C	H	N	O
100 Gewichtstheile Eiweiss enthalten .	53,53	7,06	15,61	23,80 %
33,45 g daraus entstehender Harnstoff	6,69	2,23	15,61	8,92 „
Stickstofffreier Rest	46,84	4,83	—	14,88 %

Nachdem also sämmtlicher Stickstoff der Eiweisskörper in Form von Harnstoff abgetrennt ist, verbleiben von 100 Eiweiss noch 46,84 % Kohlenstoff, 4,83 % Wasserstoff und 14,88 % Sauerstoff, die anderen Zwecken dienen können. Wie dieser Rest das Material für die Fettbildung hergeben kann, werden wir weiter unten sehen.

Für gewöhnlich wird derselbe durch den in den Geweben vorhandenen Sauerstoff oxydirt und in Kohlensäure und Wasser übergeführt nach der Gleichung:

$$2\,C + 4\,H + O_6 = 2\,CO_2 + 2\,.\,H_2O$$

Kohlenstoff Wasserstoff Sauerstoff = Kohlensäure + Wasser

Umsetzung der N-freien Nährstoffe. Analog wie dieser stickstofffreie Rest der Eiweisskörper werden auch die durch das Blut den Geweben zugeführten stickstofffreien Stoffe, wie Fett, Zucker, Fettsäuren oder sonstige aus Kohlenstoff, Wasserstoff und Sauerstoff bestehenden organischen Säuren durch den Sauerstoff zu Kohlensäure und Wasser oxydirt.

Die einzelnen stickstofffreien Körper gebrauchen jedoch, um zu Kohlensäure und Wasser oxydirt zu werden, eine verschiedene Menge Sauerstoff; so erfordern 100 Theile:

	C %	H %	O %	O-Bedarf %
Fett (mit	78,1	12,8	10,1)	292
N.-freier Rest der Eiweisskörper (mit .	46,8	4,8	14,9)	149
Stärke (mit	44,5	6,2	49,3)	118
Zucker (mit	40,0	6,7	53,3)	107

Die Sauerstoff-Aufnahme und Kohlensäure-Ausscheidung richtet sich daher wesentlich mit nach der Art und Menge der eingenommenen Nährstoffe.

Wird den Organen oder Geweben durch das Blut mehr Material zugeführt, als sie zu verarbeiten im Stande sind, so verbleibt es in denselben, es findet ein Wachsthum, ein Ansatz in demselben statt. Dieses gilt aber nur für die Eiweisskörper und das Fett und das aus Eiweiss resp. den Kohlehydraten gebildete Fett;

die sonstigen durch das Blut den Geweben zugeführten stickstoffreichen Stoffe unterliegen entweder einer vollständigen Zersetzung oder einer Umlagerung in ihrer Constitution. Für gewöhnlich verbrennen sie durchweg zu Kohlensäure und Wasser etc.

Ausscheidung der Stoffwechselproducte.

Die in Folge der Umsetzungen in den Geweben sich bildenden Producte sind zweierlei Art: 1. gasförmige (Kohlensäure und Wassergas), 2. feste wie Harnsäure, Harnstoff etc. Ausscheidung der Stoffwechselproducte.

Zwischen diesen Endreactionen des Stoffwechsels verlaufen noch intermediäre Zersetzungen, deren Producte nicht wie die Endproducte für den Stoffwechsel unbrauchbar geworden sind, sondern noch wieder in denselben eintreten können. Da fortwährend neue Blutmassen den Organen zuströmen und Material abliefern, so müssen beiderlei Stoffwechselproducte aus den Organen und Geweben entfernt werden.

Die intermediären Stoffwechselproducte werden von den Lymphgefässen aufgenommen, um, wie wir S. 56 gesehen haben, nach einigen Veränderungen in den Drüsen wieder in das Blut ergossen zu werden.

Die entstandenen indifferenten oder schädlichen Stoffwechselproducte werden durch das Venen-Adersystem, welches durch die feinen Blutcapillaren in den einzelnen Geweben nach den Gesetzen der Endosmose die Stoffwechselproducte gleichsam aufsaugt, aus dem Körper entfernt und zwar auf 2 Wegen: die gasförmigen Stoffwechselproducte durch die Lungen in der ausgeathmeten Luft, die festen durch die Nieren im Harn. Hierzu gesellt sich noch ein dritter Weg, nämlich die Verdunstung besonders von Wasser durch die Haut.

1. Ausscheidung der gasförmigen Stoffwechselproducte durch die Lungen. Das Athmen. Während das von der linken Herzkammer kommende Arterien-Blut den Organen zuströmt und ihnen neues Bildungs- und Zersetzungs-Material zuführt, nimmt das Venen-Blut, wie bereits bemerkt, die Producte des Zersetzungsprocesses wieder auf und führt sie aus den Geweben und Organen weg. Gasförmige Stoffwechselproducte.

Das venöse Blut ist daher auch von anderer Beschaffenheit als das arterielle. Indem es die in den Geweben sich bildende Kohlensäure aufnimmt, enthält es, wie wir S. 62 gesehen haben, verhältnissmässig mehr Kohlensäure und weniger Sauerstoff, als das arterielle Blut. Durch den geringeren Gehalt an Sauerstoff-Hämoglobin und durch grössere Antheile reducirten Hämoglobins erscheint das venöse Blut dunkelroth gefärbt.

Das venöse Blut sammelt sich in 2 grossen Stämmen oder Adern, in der vorderen und hinteren Hohlvene (vergl. S. 57). Beide Stämme fliessen der rechten Herz-Vorkammer zu, gehen von dieser in die rechte Herzkammer und von da zu den Lungen.

In den Lungen erleidet das venöse Blut wesentliche Umänderungen.

Die Lungen (Fig. 12a) bestehen aus zwei elastischen Lappen, einem rechten und linken. In sie münden und vertheilen sich einmal in zahlreichen Aesten die Lungen.

Figur 12a.

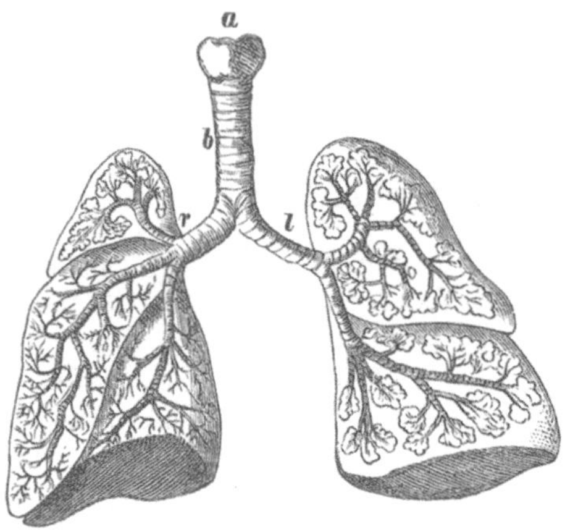

a. Kehlkopf, b. Luftröhre, r. und l. Bronchien, die Lungen mit den Lappen und Verzweigungen.

Figur 12b.

Feinstes Aestchen der Bronchien mit 2 Lungenbläschen.

feinen Blutcapillaren der von der rechten Herzkammer kommenden Vene, andererseits die zahlreichen Aestchen der Luftröhre. Diese kleinsten Luftröhrchen haben unten ein Bläschen Alveole (Fig. 12b) von dünnster Schicht, durch welche Luft mit Leichtigkeit diffundiren kann. Die Blutcapillaren und feinen Luftröhrchen befinden sich in naher Berührung. Der Austausch ihrer Gase erfolgt nach chemischen und Diffusions-Gesetzen. Die Kohlensäure des venösen Blutes kommt mit einem grösseren Druck in den Lungen an, als die eingeathmete Luft besitzt, sie tritt daher in die Luftröhrchen über[1]); das des Sauerstoffs beraubte Hämoglobin zieht dagegen mit Begierde Sauerstoff an und nimmt solchen aus der eingeathmeten, in den Luftröhrchen befindlichen Luft weg. Es tritt somit Kohlensäure aus dem Blut aus und wieder Sauerstoff ein.

Dieser Vorgang wird durch das Athmen unterhalten.

Athmen. Die Athmungsbewegungen geschehen, unabhängig vom Willen, „automatisch“ und kommen in der Weise zu Stande, dass eine Stelle im Gehirn (im sog. verlängerten Mark), sowie sie mit Blut in Berührung kommt, das zu wenig Sauerstoff und zu viel Kohlensäure enthält, erregt wird, und dass die Erregung dieses Gehirntheiles durch Nervenfäden bis zu den Muskeln fortgepflanzt wird, welche durch ihre Zusammenziehung eine Erweiterung des Brustkastens hervorbringen. Diese von Pflüger und Rosenthal aufgestellte Hypothese wird neuerdings von F. Hoppe-Seyler[2]) als unhaltbar bestritten; er deutet darauf hin, dass die Reizung des Nervencentrums vielleicht blos darin zu suchen ist, dass das verlängerte Mark der Ort ist, wo die meisten Nerven des Körpers hinzugehen und ihre Erregung als Summe den Athemnerven induciren.

Indem sich die Brusthöhle durch das Zwerchfell und die übrigen Muskeln erweitert, entsteht in den feinen Luftröhrchen der elastischen Lungen ein luftverdünnter Raum, der durch die einströmende atmosphärische Luft ausgefüllt wird. Auf diese Weise erfolgt die Einathmung (inspiratio). Indem aber die erweiterte Brusthöhle nach Erschlaffung der Muskeln wieder in ihre Gleichgewichtslage zurückkehrt,

---

[1]) Nach Untersuchungen von P. Bert (S. 63) ist die Kohlensäure des Blutes an Alkalien gebunden als doppelt kohlensaures Salz vorhanden. Der Austritt der Kohlensäure aus dem Blut während der Athmung setzt daher eine Dissociation der Dicarbonate voraus.

[2]) Zeitschr. f. physiol. Chemie. Bd. 3. S. 105.

zurückfällt, werden die Lungen und Luftröhrchen zusammengepresst; die in ihnen befindliche Luft wird ausgepresst, es erfolgt Ausathmung (exspiratio).

Durch diese fortwährend auf- und abgehende Bewegung der Brusthöhle und den beständigen Gasaustausch zwischen den Blutcapillaren und den feinen Aestchen der Luftröhre wird einerseits die verdorbene stark kohlensäurehaltige Luft aus dem Körper entfernt, andererseits das Blut wieder mit frischer sauerstoffreicher Luft gespeist.

Das mit Sauerstoff beladene Blut nimmt statt der dunkelrothen wiederum eine hellrothe Farbe an, strömt zur linken Vor- und Herzkammer, um seinen Kreislauf von neuem zu beginnen.

Zusammensetzung der Athmungsluft.

Die Ausathmungsluft besitzt beim ruhigen Athmen im Vergleich zu der Einathmungsluft im Durchschnitt folgende Zusammensetzung:

	Einathmungsluft	Ausathmungsluft
Stickstoff	79,2	79,3
Sauerstoff	20,8	15,4
Kohlensäure	0,03	4,3

Ausser diesen Gasen (Stickstoff, Sauerstoff, Kohlensäure) enthält die Ausathmungsluft noch eine wesentliche Menge Wassergas. Beim ruhigen Athmen ist die Ausathmungsluft mit Wasser gesättigt, d. h. sie enthält so viel Wassergas als Luft von der Temperatur der Ausathmungsluft (36 ^{0} bis 37 ^{0} C.) überhaupt aufzunehmen vermag, ohne dass Condensation desselben eintritt.

Im Ganzen macht der Mensch etwa 17000—18000 Athemzüge pro Tag; damit werden für den mittleren menschlichen Organismus in den Lungen ein- resp. aus denselben ausgeführt:

		g
1. Aufnahme:	Sauerstoff	744
2. Ausscheidung:	Kohlensäure	900
	Wassergas	330

Dieses macht etwa 520 l Sauerstoff und 455 l Kohlensäure.

Neben den genannten Gasen kommen in der Ausathmungsluft ganz geringe Mengen Ammoniakgas oder flüchtige Stoffe der eingenommenen Nahrung, z. B. Alkoholdampf vor. Alle derartige Beimischungen zu der Ausathmungsluft sind entweder zufälliger Natur oder von untergeordneter Bedeutung.

Die in der Athemluft aufgenommene Sauerstoffmenge steht nicht immer im Verhältniss zu der in der Kohlensäure ausgeathmeten Sauerstoffmenge. Diese ist unter Umständen bald grösser, bald geringer. So glaubten Pettenkofer und C. Voit gefunden zu haben, dass bei Nacht mehr Sauerstoff eingeathmet, als in der Kohlensäure ausgeathmet wird; dieser mehr eingeathmete Sauerstoff soll daher gleichsam im Blut aufgespeichert werden, um bei Tage, wo in der ausgeathmeten Kohlensäure mehr Sauerstoff zum Vorschein kommt, als eingeathmet wird, Verwendung zu finden. Hieraus hat Fr. Mohr das Bedürfniss nach Schlaf abgeleitet. Nach angestrengter Arbeit fühlen wir das Bedürfniss nach Ruhe; einer 10—15stündigen Thätigkeit folgt ein 7—9stündiger Schlaf. Mohr nimmt an, dass durch die angestrengte Thätigkeit, die einen erhöhten Stoffwechsel in den Geweben und einen vermehrten Sauerstoffverbrauch zur Folge hat, das Blut an Sauerstoff verarmt ist, dass der Körper alsdann der Ruhe und des Schlafes bedarf, um sich wieder mit Sauerstoff zu bereichern und für eine erneute Thätigkeit tauglich zu werden.

Neuere Versuche von L. Levin[1]) stehen jedoch mit den früheren von v. Pettenkofer und Voit angestellten nicht im Einklang; nach Levin's Versuchen scheint während des Schlafes für gewöhnlich weder eine Aufspeicherung von Sauerstoff noch eine Abgabe von bereits aufgespeichertem stattzufinden.

2. *Ausscheidung der festen Stoffwechselproducte durch den Harn.* Die festen in Wasser löslichen Stoffwechselproducte werden in den Nieren aus dem Blut ausgeschieden. Hierbei zeigt die Absonderungs-Membran nur für gewisse Bestandtheile des Blutes ein Durchlassungsvermögen, anderen Bestandtheilen versperrt sie das Hervortreten auf der Secretionsfläche. Der Vorgang ist noch wenig aufgeklärt.

Die diffundirten Stoffe werden durch die zahlreichen Harncanälchen der Nieren in Wasser gelöst zu dem Sammelbehälter, den Nierenbecken, geführt und ergiessen sich von hier in die Harnblase.

Bestandtheile des Harns.

Die Bestandtheile des Harns sind: Wasser, die stickstoffhaltigen Stoffwechselproducte, Harnstoff, Harnsäure etc., ferner Salze und einige mehr oder weniger zufällige Stoffe.

Der Gehalt des Harns an diesen Bestandtheilen ist den grössten Schwankungen unterworfen; der Wassergehalt richtet sich nach der Menge des eingenommenen und vom Körper verdunsteten Wassers; je mehr Wasser in der Nahrung und den Getränken aufgenommen wird, desto reicher an Wasser ist der Urin, und umgekehrt. Bei starker Wasserverdunstung vom Körper wird ein an Wasser armer, concentrirter Harn ausgeschieden.

Der Wassergehalt des Harns kann auf diese Weise zwischen 90—98 % schwanken.

Die täglich ausgeschiedene Harnmenge richtet sich ganz nach diesem Wassergehalt, sie schwankt beim erwachsenen Organismus zwischen 1000—2000 CC und dürfte im Mittel auf 1500—1800 CC zu veranschlagen sein.

Harnstoff.

Die Menge des Harnstoffs [$CO(NH_2)_2$] hängt fast ausschliesslich von der Menge der in der Nahrung zugeführten Eiweisskörper ab und ist das hauptsächlichste Endproduct der Oxydation derselben. In früheren Zeiten nahm man (so Liebig) an, dass der Harnstoff von der Grösse der Muskelthätigkeit abhängig sei; allein die vielen Versuche von Bischof und C. Voit und Anderen haben gezeigt, dass die täglich ausgeschiedene Harnstoffmenge bei Ruhe und Arbeit wesentlich gleich bleibt, wenn die Eiweisszufuhr dieselbe ist, dass er aber mit der Grösse der Eiweisszufuhr steigt und fällt.

Je nach der Nahrungszufuhr scheidet der mittlere menschliche Organismus täglich 35—50 g Harnstoff aus.

Harnsäure.

Die Harnsäure ($C_5 H_4 N_4 O_3$) ist nach dem Harnstoff das zweite stickstoffreichste Umsetzungsproduct der Eiweisskörper; verfütterte Harnsäure geht bei den Säugern zum Theil in Harnstoff über. Bei Vögeln, Reptilien und Insecten bildet sie die grösste Menge in den N-haltigen Ausscheidungsproducten.

Die Harnsäure ist im Harn durchweg als saueres harnsaures Natrium und Kalium vorhanden. Gerrod[2]) ist der Ansicht, dass die Harnsäure in den Nierenzellen in Form des Ammoniumsalzes gebildet wird.

---

[1]) Zeitschr. f. Biologie. 1881. S. 71.
[2]) Chem. News. T. 52. p. 290.

Die Menge der pro Tag im Harn eines Erwachsenen ausgeschiedenen Harnsäure beträgt 0,5—0,75 g; im Hungerzustande etwa 0,24, nach starker Fleischnahrung 2,11 g. Ebenso wie durch reichliche Eiweissnahrung wird die Harnsäure nach Horbaczewsky und Kauera[1]) nach Genuss von freiem Glycerin (nicht von dem in den Fetten an Fettsäuren gebundenen) im Harn vermehrt, indem das Glycerin den Eiweissumsatz befördert. Neutralfette und Rohrzucker vermindern die Harnsäuremenge in dem Masse, als sie ersparend auf den Eiweissumsatz wirken; Muskelarbeit mit Transpiration steigert dieselbe.

Die Hippursäure [Benzoylamidoessigsäure = $NH(N_7H_5O) . CH_2 . CO_2H$] kann im Organismus entweder aus Benzoësäure, Bittermandelöl, Zimmtsäure, Chinasäure oder aus Phenylessigsäure, welche letztere sich bei der Eiweissfäulniss im Darm bildet (S. 28), ihre Entstehung nehmen. Hippursäure.

Sie ist im Harn der Herbivoren der hauptsächlichste Repräsentant der N-haltigen Umsetzungsproducte des Stoffwechsels. Im Harn der Carni- und Omnivoren ist sie nur in geringer Menge vorhanden; so beträgt die im Harn des Menschen pro Tag ausgeschiedene Menge Hippursäure nur 0,3—3,8 g.

Das Kreatinin ($C_4H_9N_3O_2$), welches zu 0,6—1,3 g pro Tag im Harn des Menschen vorkommt, stammt aus dem Kreatin der Muskeln resp. der Fleischnahrung. Kreatinin, Xanthin.

Ausserdem kommen zuweilen und in Spuren die Fleischbasen: Xanthin ($C_5H_4N_4O_2$), Sarkin ($C_5H_4N_4O$), letzteres bei Leukämie vor; ferner Allantoin ($C_4H_6N_4O_3$) in der ersten Lebenswoche und bei Schwangeren.

Ferner kommen mehrere Stoffwechselproducte, welche von der Eiweissfäulniss im Darm herrühren, gepaart mit dem Schwefelsäurerest (SO_3H) im Harn vor; so das Indikan, eine Verbindung des Indols (C_8H_7N) mit dem Schwefelsäure-Rest, als indoxylschwefelsaures Kalium ($C_9H_6NSO_4K$); das Skatol (Methylindol = C_9H_9N) als skatoloxylschwefelsaures Kalium; das Phenol als Phenolschwefelsäure ($C_6H_5O . SO_3H$), und das Brenzkatechin ($C_6H_6O_2$) ebenfalls mit Schwefelsäure gepaart. Auch die von der Eiweissfäulniss herrührenden aromatischen Oxysäuren (Hydroparacumarsäure und Paraoxyphenylessigsäure) werden im Harn vorgefunden. Indikan, Skatol, Phenol etc.

Die Oxalsäure ($C_2H_2O_4$) kommt bis zu 20 mg pro Tag als oxalsaures Calcium im Harn vor; nach Fütterung von Harnsäure tritt viel Oxalsäure im Harn auf; jedoch kann sie auch als Oxydationsproduct von Derivaten der Fettsäuren-Reihe entstehen. Milchsäure ($C_3H_6O_3$) ist ein constanter Bestandtheil des Harns; im diabetischen Harn tritt sie als Gährungsmilchsäure, bei Phosphorvergiftung und Trichinose als Fleischmilchsäure auf. Nach reichlicher Fleisch- und Fettkost, besonders nach Spargelgenuss, tritt auch Bernsteinsäure ($C_4H_6O_4$) auf. Oxalsäure, Milchsäure, etc.

In jedem normalen Harn kommen Spuren von Zucker vor, nämlich 0,005 bis 0,01 %; diese Menge wird bei Diabetikern selbstverständlich mehr oder weniger bedeutend gesteigert. Auch enthält der Harn stets thierisches Gummi; die von Thudichum als Harnbestandtheil angegebene Krytophonsäure besteht nach Landwehr ebenfalls vorwiegend aus thierischem Gummi. Zucker.

Die gelbe bis rothgelbe Färbung des Harns rührt von dem Gallenfarbstoff „Urobilin“ ($C_{32}H_{40}N_4O_7$) her, welches ein Abkömmling des Hämatins ist. Farbe des Harns.

---

[1]) Monatsh. f. Chemie. Bd. 7. S. 105.

Fermente. Brücke fand ein diastatisches und pepsinartiges Ferment im Harn, Sahli, Mya und Belfanti ein dem Trypsin ähnlich wirkendes Ferment; Ptyalin und Labferment wurden darin von Grützner und Holovitschiner nachgewiesen.

Unorganische Bestandtheile. Die unorganischen Bestandtheile des Harns, welche im ganzen pro Tag ca. 20—30 g ausmachen, bestehen vorwiegend aus Kochsalz (15—20 g); die Phosphorsäure (etwa 2 g pro Tag) kommt in Form von sauerem Monokalium- und Mononatrium-Phosphat neben geringen Mengen sauerer Erdphosphate vor. Die Schwefelsäure (etwa 2,5—3,5 g pro Tag) ist theils an Alkalimetalle gebunden, theils an Indol, Phenol, Skatol, Brenzkatechin in Form von aromatischen Aetherschwefelsäuren, beide im Verhältniss wie 1 : 0,1045. Die Menge der Schwefelsäure steigt und fällt daher mit der Menge der genannten aromatischen Fäulnissproducte des Eiweisses. Zuweilen tritt im Harn freies Ammoniak (0,72 g pro Tag) auf; die Ammoniakausscheidung ist im Harn bei animalischer Kost grösser als bei vegetabilischer Kost.

Reaction. Die Reaction des Harns ist durch den Gehalt an Monoalkaliphosphat beim Menschen und Fleischfresser sauer, beim Pflanzenfresser dagegen ist die Reaction des Harns eine alkalische.

Zusammensetzung. Die procentische Zusammensetzung und die tägliche absolute Menge der einzelnen Bestandtheile lassen sich beim menschlichen Harn für einen mittleren Organismus durch folgende Zahlen ausdrücken:

	Proc. Gehalt	Menge der Bestandtheile pro Tag g — g
Wasser	95,0	1500 — 1800
Feste Bestandtheile	5,0	65 — 70
In letzteren:		
Harnstoff	2,80	35 — 50
Harnsäure	0,04	0,5 — 0,75
(Mit Stickstoff	1,4	17 — 24)
Mineralstoffe	1,7	20 — 30
Darin: Chlornatrium	1,1	15 — 20
Schwefelsäure	0,1	1,5 — 2,0
Phosphorsäure	0,2	2 — 2

Hierbei ist zu bemerken, dass die Phosphorsäure durchweg in einem constanten Verhältniss zum Stickstoff resp. zum Harnstoff aufzutreten pflegt, dass sie mit diesem steigt und fällt.

Bestandtheile der Hautverdunstung. ***3. Verdunstung durch die Haut (Perspiration).*** Neben dem Wasser, welches gasförmig durch die Lungen in der Ausathmungsluft entweicht, wird noch eine grössere Menge durch Verdunstung von der Körperoberfläche durch die Haut ausgeschieden. Diese Menge ist fast doppelt so gross, als die in der Ausathmungsluft befindliche, nämlich 600—700 g pro Tag.

Auch wird durch die Haut eine kleine Menge Kohlensäure, 2—3 g pro Tag, verdunstet; im Schweiss treten geringe Mengen flüchtiger Säuren (Ameisensäure, Essigsäure, Buttersäure), Schwefelwasserstoff und Spuren von Ammoniak auf.

Schweissdrüsen. Die Verdunstung von der Körperoberfläche (für den mittleren menschlichen Organismus $1\frac{1}{2}$ □Meter) wird durch die Schweissdrüsen vermittelt; aus diesen tritt das

Wasser aus und verbreitet sich in einer äusserst dünnen Schicht über die benachbarte Hautoberfläche, durch die es verdunstet.

Die Wasserverdunstung durch die Haut folgt zunächst den Gesetzen, welchen die Verdunstung von Wasser in freien Gefässen unterworfen ist. Je trockener die umgebende Luft und je stärker die Bewegung, mit welcher sie an der Körperoberfläche vorüberfliegt, desto grösser ist die Wasserverdunstung von der Haut. Dieselbe nimmt ferner mit der Luftwärme zu. In der Kälte ist die Haut trockner; sowohl der Parenchymsaft der Lederhaut ist gering, als auch die Epidermis arm an Wasser, weil der Haut wenig Blut zuströmt. In der Wärme aber strömt der Haut viel Wasser zu, in Folge dessen ist sie viel weicher und saftreicher. Einfluss der Luft auf die Hautverdunstung.

Auf diese Weise wird die Wasserverdunstung von der Haut zum Regulator der Körperwärme.

Eine reichliche Aufnahme von Wasser hat auch eine reichliche Ausscheidung auf dem Wege der Verdunstung durch die Haut zur Folge.

Von grösstem Einfluss auf dieselbe ist auch die Arbeit und Bewegung. Je stärker die Arbeit und Bewegung, desto grösser die Verdunstung; sie kann durch anhaltende Arbeit auf das 2—3fache im normalen Zustande gesteigert werden.

Wird durch eine der genannten Ursachen die Absonderung des Wassers in und durch die Haut so gesteigert, dass dasselbe nicht so schnell gasförmig entweichen kann, so tritt dasselbe flüssig auf der Haut als Schweiss hervor. Schweiss.

In einer feuchten, warmen Luft kann nur wenig Wasser verdunsten; deshalb tritt unter solchen Verhältnissen starke Schweissbildung auf; bei anstrengender Muskelthätigkeit wird in der Haut ebenfalls mehr Wasser abgesondert, als die Luft aufnehmen kann; deshalb sehen wir Menschen bei starker körperlicher Arbeit stark schwitzen. Wird ferner durch eine zu übermässige Bedeckung der Haut durch Kleidung die Wasserverdunstung gehindert, so findet ebenfalls Schweissabsonderung statt.

Die Kleidung darf bei warmer Luft nicht zu dicht sein, weil sie sonst die Wasserverdunstung beeinträchtigt, andererseits bei kalter Luft nicht zu schwach, weil sonst die Haut zu stark abgekühlt und die Wasserverdunstung zu sehr herabgedrückt wird.

Grösse des Stoffwechsels.

Nach vorstehenden Auseinandersetzungen sind wir in der Lage, einen annähernden Ausdruck für die Grösse des täglichen Stoffumsatzes beim Menschen zu gewinnen. Freilich sind diese Zahlen nur approximative; sie schwanken je nach Geschlecht, Berufsart, Individualität und auch bei demselben Individuum von Tag zu Tag in mehr oder minder weiten Grenzen. Immerhin aber sind dieselben lehrreich und von Nutzen. Grösse des Stoffwechsels.

Ich folge hierin den Angaben von K. Vierordt[1]), der die täglichen Ausgaben des erwachsenen menschlichen Organismus bei mässig bewegter Lebensweise wie folgt angiebt:

---

[1]) Grundriss der Physiologie des Menschen. 1877. 3. Aufl. S. 288—289.

Ausscheidung durch:	Wasser g	Kohlenstoff g	Wasserstoff g	Stickstoff g	Sauerstoff g	Salze g
Athem	330	248,8	—	—	651,2	—
Haut-Ausscheidung . .	660	2,6	—	—	7,2	—
Urin	1700	9,8	3,3	15,8	11,1	26
Koth	128	20,0	3,0	3,0	12,0	6
Gebildetes Wasser durch Oxydation v. Wasserstoff der Nahrungsmittel .	—	—	32,9	—	263,4	—
Summa	2818	281,2	38,2	18,8	944,8	32

Hiernach vertheilen sich die täglichen Gesammt-Ausgaben ungefähr folgendermassen:

Athmung	32 %
Hautausdunstung . . .	17 %
Harn	46,5 %
Koth	4,5 %

Ersatz des Verlustes.

Die vorstehende Stoffmenge muss nun dem Organismus wieder zugeführt werden wenn er auf seinem Bestande verbleiben soll. Dieses geschieht nach K. Vierordt durch eine Nahrung, welche 120 g Eiweisskörper, 90 g Fett und 330 g Kohlehydrate (von der Constitution der Stärke) enthält[1]). Zu dieser Nahrung, zu der sich das Nährstoffverhältniss der N-haltigen zu den N-freien Stoffen wie 1 : 4 stellt, muss noch eine bestimmte Wassermenge (2818 g) kommen; wir haben alsdann in derselben:

	Wasser g	Kohlenstoff g	Wasserstoff g	Stickstoff g	Sauerstoff g	Salze g
Wasser in der Nahrung .	2818	—	—	—	—	—
Sauerstoff in der Athemluft	—	—	—	—	744,11	—
Eiweisskörper 120 g . . .	—	64,18	8,60	18,88	28,34	—
Fett . . . 90 g . . .	—	70,20	10,26	—	9,54	—
Kohlehydrate 330 g . . .	—	146,82	20,33	—	162,85	—
Salze in der Nahrung . .	—	—	—	—	—	32
Summa	2818	281,20	39,19	18,88	—	32

Die Menge der täglichen Ersatzstoffe (Wasser, Eiweiss, Fett, Kohlehydrate und Salze) beträgt daher pro Tag annähernd 3—4 kg oder etwa $^1/_{20}$ des Körpergewichtes. Das Wasser, rund (3 l pro Tag) nehmen wir bald in flüssigen, d. h. mit Wasser zubereiteten Speisen (Suppen, Milch, Kaffee etc.), bald in geistigen Getränken (Bier und Wein), bald als reines Trinkwasser zu uns.

Der Bedarf an Eiweisskörpern wird zum Theil durch animalische Nahrungsmittel (Fleisch, Milch, Käse etc.), zum Theil durch vegetabilische Nahrungsmittel (Brod, Gemüse, Kartoffeln etc.) gedeckt.

Das Fett wird meistens als solches in der Butter, Schmalz, Speck oder mit Fett zubereiteten Speisen zugeführt.

Für die Zuführung der nöthigen Kohlehydrate (Stärke, Zucker) dient durchweg das Brod, vorwiegend aber auch bei der geringeren Volksklasse die Kartoffeln.

[1]) Wie wir weiter unten sehen werden, kann dieser Ersatz durch eine verschieden zusammengesetzte Nahrung geleistet werden, die sich jedoch in dem Gehalt und Verhältniss der Nährstoffe nicht weit von diesem Kostmass entfernt.

Mit Ausnahme des Kochsalzes, welches mehr als unentbehrliches Gewürzmittel dient, sind die anderen erforderlichen Salze durchweg in hinreichender Menge in den Nahrungsmitteln enthalten.

Die Mischung der einzelnen Nahrungsmittel kann je nach ihrem Gehalt an Nährstoffen selbstverständlich in der verschiedensten Weise variiren, um vorstehendem Bedürfniss an Ersatzmitteln zu genügen.

Entstehung und Erhaltung der thierischen Wärme.

Die normale Körper-Temperatur des Menschen beträgt im Mastdarm 37 ° C., im Blut 38°—39° C. Es ist demnach der menschliche Körper stets erheblich viel wärmer als die ihn umgebende Luft und giebt in Folge dessen stets mehr oder weniger Wärme durch Strahlung an die kältere Luft ab. Auch wird aus dem Körper sowohl durch die Haut wie den Athem, wie wir gesehen haben, eine grosse Quantität Wasser verdunstet, zu welcher Arbeitsleistung ebenfalls Wärme erforderlich ist. Wärmeverlust des Körpers.

Ferner bedürfen sowohl die niedriger temperirte Nahrung wie die eingeathmete Luft einer Erwärmung, um auf die Körpertemperatur gebracht zu werden.

Die auf diese Weise täglich vom Körper abgegebene, resp. für denselben erforderliche Wärmemenge ist durch Versuche annähernd auf 2500000 Calorien festgestellt worden.

Unter „Calorie" (oder Wärmeeinheit) verstehen wir diejenige Menge Wärme, welche nothwendig ist, 1 g Wasser um 1 ° C. zu erhöhen. Die täglich vom menschlichen Körper durch Strahlung, Wasserverdunstung etc. abgegebene resp. erforderliche Wärmemenge ist demnach so gross, dass wir 2½ Mill. g Wasser oder 2500 kg um 1 ° C. erwärmen könnten. Calorie.

Diese Wärmemenge vertheilt sich nach K. Vierordt (l. c. S. 282) auf die genannten Factoren wie folgt:

1. *Wasserdunstung von der Haut.* Wenn Wasser aus dem flüssigen Zustand in den gasförmigen übergeführt werden soll, ist Wärme nothwendig; wir sagen daher auch wohl, beim Verdampfen des Wassers wird Wärme gebunden oder entsteht Kälte. Auch bei der Verdunstung des Wassers durch die Haut muss Wärme aufgewendet werden. Um 1 g flüssiges Wasser in Wasserdampf umzuwandeln, sind 582 Calorien (Wärmeeinheiten) erforderlich. Wasserverdunstung von der Haut.

Da von der ganzen Körperoberfläche pro Tag etwa 660 g Wasser verdunstet werden, so giebt demnach der Körper für diese Function:

$$582 \times 660 = 384\,020 \text{ Calorien (Wärme-Einheiten)}$$

her.

2. *Wasserverdunstung durch die Lungen.* Durch die Lungen werden im Durchschnitt pro Tag in der Athemluft 330 g Wasser gasförmig ausgeschieden; hierzu sind: Wasserverdunstung durch die Lungen.

$$582 \times 330 = 192\,060 \text{ Calorien erforderlich.}$$

3. *Erwärmung der Athemluft.* Der erwachsene Mensch athmet pro Tag etwa 10 000 l oder rund 13 000 g Luft ein resp. aus. Die Temperatur der eingeathmeten Luft beträgt durchschnittlich etwa 12 ° C., während die der ausgeath- Erwärmung der Athemluft.

meten Luft etwa 37 ⁰ C. hat. Es muss daher die eingeathmete Luft um ca. 25 ⁰ C. erwärmt werden. Da Luft eine Wärmecapacität von 0,26 (Wasser = 1) besitzt, so beträgt dieser Wärmeaufwand resp. Verlust:

$$13\,000 \times 25 \times 0{,}26 = 84\,500 \text{ Calorien.}$$

Wärmeabgabe durch Urin und Koth.

4. Wärmeabgabe in Urin und Koth. Urin und Koth verlassen den Körper durchweg mit einer Temperatur von 37 ⁰ C. Da wir die Nahrung nur mit einer Temperatur von ca. 12 ⁰ zu uns nehmen, so beträgt die in diesen Excreten (ca. 2000 g pro Tag) abgegebene Wärme-Menge:

$$2000 \times 25 = 50\,000 \text{ Calorien.}$$

Wärme-Verlust durch Strahlung.

5. Wärme-Strahlung der Haut. Wie bereits bemerkt, ist die Gesammt-Wärmeabgabe des menschlichen Organismus auf 2 500 000 Wärme-Einheiten pr. Tag festgestellt worden. Ziehen wir die Summe der unter 1—4 gewonnenen Wärmemengen, nämlich 710 680 von dieser Grösse ab, so erhalten wir als Rest die Wärme, welche der Körper durch Strahlung an die Luft abgiebt. Sie beträgt 1 789 320 Calorien und bedingt somit den grössten Wärme-Verlust.

Procentisch vertheilt sich hiernach die Wärme-Abgabe wie folgt:

	%		%	
Haut	86,9	Strahlung	71,5	
		Wasserverdunstung . . .	15,5	23,2
Athem . . .	12,1	Wasserverdunstung . . .	7,7	
		Erwärmung der Athemluft .	3,4	
Wärmeabgabe in Koth und Urin			2,0	

Ersatz des Wärme-Verlustes.

Die in vorstehender Weise vom Körper abgegebene Wärme-Menge muss irgendwie gedeckt und ersetzt werden, wenn der Körper auf seiner Temperatur verbleiben, wenn der Wärme-Vorrath nicht geringer werden soll.

Diese Wärme wird nun fortwährend durch die ohne Unterbrechung verlaufenden chemischen Processe und Oxydationen in unserem Körper erzeugt. Wenn sich zwei chemische Elemente mit einander verbinden, so ist Auftreten von Wärme die Folge hiervon, es wird, wie wir sagen, Wärme frei. Erfolgt die Verbindung der Elemente rasch und heftig, so wird die Wärme-Entwickelung so sehr gesteigert, dass sie mit Licht-Erscheinung verbunden ist.

Die Wärme- und Licht-Effecte in den Oefen, Lampen etc. beruhen darauf, dass sich der Kohlenstoff und Wasserstoff der Heiz- und Brennmaterialien mit dem Sauerstoff der Luft verbindet. Je stärker der Sauerstoff-Zutritt, je leichter die Verbindung des Sauerstoffs mit dem Kohlenstoff und Wasserstoff der Heiz- und Brennmaterialien vor sich gehen kann, desto grösser ist der Wärme- und Licht-Effect.

Solche chemischen Verbindungsvorgänge, bei welchen Wärme und Licht auftritt, pflegen wir „Verbrennungen" zu nennen. In Wirklichkeit aber muss man alle chemischen Processe, welche durch Zusammentreten, Verbinden von zwei bis dahin getrennten Elementen das Auftreten von Wärme zur Folge haben, „Verbrennungen" nennen.

So ist auch der Vorgang in unserem Körper, durch welchen der Sauerstoff des Blutes den Kohlenstoff und Wasserstoff der Gewebe in die Sauerstoff-Verbindungen: Kohlensäure und Wasser überführt, nichts anderes als ein „Verbrennungsprocess;"

hier wie dort ist das Auftreten von Wärme die Folge und der Vorgang nur graduell verschieden. In den Oefen und Lampen erfolgt die Verbindung des Sauerstoffs mit dem Kohlenstoff und Wasserstoff der Brenn- und Heizmaterialien rasch und energisch; desshalb tritt neben der Wärme noch Licht auf; in unserem Körper wirkt der Sauerstoff nicht so energisch auf den Kohlenstoff und Wasserstoff der Nährstoffe (Fett, Zucker, Stärke etc.) ein; dementsprechend ist die Wärme-Entwickelung schwächer.

Die in beiden Fällen aus einem Gewichtstheil Kohlenstoff oder Wasserstoff entwickelte Wärme-Menge ist jedoch vollständig gleich. 1 g Kohlenstoff liefert bei seiner Oxydation zu Kohlensäure 8080 Wärme-Einheiten oder Calorien, 1 g Wasserstoff bei seiner Oxydation zu Wasser 34460 Calorien, d. h. mit der bei diesen Oxydationen entstehenden Wärme können wir 8080 resp. 34460 g Wasser um 1 ^{0} C. erwärmen. Diese Wärme-Menge entsteht nun stets und unter allen Umständen, mag die Verbindung des Sauerstoffes mit dem Kohlenstoff resp. Wasserstoff rasch oder langsam, auf dem Feuerroste oder in den feinen Capillaren des thierischen Muskels vor sich gehen.

Man hat daher auch (Liebig, Boussingault u. A.) aus den täglich in der Nahrung zugeführten Mengen an Kohlenstoff und Wasserstoff die Wärmemenge, welche durch Oxydation derselben zu Kohlensäure und Wasser in unserem Körper entsteht, berechnet und angenommen, dass der in den Nährstoffen in inniger Verbindung vorhandene Kohlenstoff und Wasserstoff dieselbe Wärme-Menge liefern, als wenn sie im freien ungebundenen Zustande mit Sauerstoff verbrennen.

Nimmt man mit K. Vierordt das S. 74 angegebene Kostmass für den mittleren menschlichen Organismus an, so ergeben sich durch Oxydation des Kohlenstoffs und Wasserstoffs folgende Wärmemengen:

Nahrung:		Kohlenstoff g	Wasserstoff g	Calorien durch Oxydation: des Kohlenstoffs	Calorien durch Oxydation: des Wasserstoffs	Summe
Eiweisskörper . .	120 g	64,18	8,60	518574	296356	814930
Fette	90 g	70,20	10,26	567216	353559	920775
Kohlehydrate . .	330 g	146,82	—[1]	1186306	—	1186306
	Summe	281,20	18,86	2272096	649915	2922011
Abzug des C. und H. im Urin und Koth		29,8	6,3	240784	217098	457882
	Bleibt Rest	251,4	12,56	2031312	432813	2464129

Durch Oxydation der in vorstehender Nahrung pro Tag zugeführten Menge Kohlenstoff und Wasserstoff würde daher eine Wärmemenge von 2464129 Calorien entstehen.

Selbstverständlich können diese Zahlen nur einen annähernden Ausdruck für die in Wirklichkeit erzeugte Wärmemenge abgeben. Denn die den Organen und Geweben zugeführten Nährstoffe: Eiweisskörper, Fette und Kohlehydrate zerfallen unter dem Einfluss des Sauerstoffs nicht direct in die Endproducte: Harnstoff, Kohlensäure und Wasser; es bilden sich eine Reihe Zwischenproducte oder inter-

[1]) Kohlehydrate enthalten Wasserstoff und Sauerstoff durchweg in einem solchen Verhältniss, dass sie Wasser bilden können. Beide sind daher hier als schon verbunden angenommen und für den Wasserstoff keine Verbrennungswärme berechnet.

mediäre Producte, aus denen unter successiver Zersetzung nach und nach diese Endproducte entstehen. Für den Zerfall der Eiweisskörper bis hinab zu Harnstoff hat man, wie wir gesehen haben, eine Menge solcher Uebergangsglieder nachgewiesen; für die stickstofffreien Nährstoffe sind sie uns noch unbekannt.

Bei dem Zerfall der hochorganisirten Nahrungsbestandtheile zu niedriger organisirten und sauerstoffreicheren Verbindungen entsteht selbstverständlich ebenfalls Wärme, allein diese kann grösser oder geringer sein, als wenn der in ihnen enthaltene Kohlenstoff und Wasserstoff für sich allein im ungebundenen Zustande verbrennt. Dieses um so mehr, als im Körper durch den Zerfall vorhandener Verbindungen, durch Zusammentreten von gespaltenen Atomcomplexen neue Verbindungen entstehen, zu deren Bildung Wärme verbraucht wird. Ich will hier nur an das Zusammentreten von Glycerin und Fettsäuren erinnern, welche bei der Verdauung aus dem Fett durch Spaltung gebildet wurden, sowie an die Rückverwandlung der Peptone in Eiweiss etc. Deshalb ist es auch nicht zulässig den Nähr- und physiologischen Werth der Nahrungsmittel, wie es Frankland gethan hat, nach der Verbrennungswärme zu bestimmen, welche die einzelnen Nährstoffe liefern, wenn sie ausserhalb des Organismus durch den Sauerstoff verbrannt werden. Frankland giebt nämlich folgende Heizwerthe der Nährstoffe, ermittelt nach der Verbrennungswärme ausserhalb des Organismus:

Nach Frankland liefert:	Calorien
1 g trockenes Fleisch	5103
1 g Albumin	4998
1 g Zucker	3227
1 g Arrowroot (Stärke)	3912
1 g Butter	7264
1 g Rinderfett	9096

A. Danilewsky[1]) findet nach einer neuen von F. Stohmann verbesserten Methode folgende Werthe:

1 g liefert:	Calorien	1 g liefert:	Calorien
Pflanzenfibrin	6231	Pepton (von Drechsel)	4997
Kleber	6141	Glutin aus Hausenblase	5493
Legumin	5573	Chondrin	4909
Casein aus Milch	5785	Harnstoff	2537
Blutfibrin	5709	Liebig's Fleischextract	3206
Pepton (von Schuchardt)	5334	Fett (mit kaltem Aether extrahirt)	9686
Pepton (von Wirth)	4876		

F. Stohmann hat in Gemeinschaft mit C. v. Rechenberg, H. Wilsing und P. Rodatz[2]) diese Zahlen einerseits controlirt, andererseits für eine Reihe von Nährstoffen erweitert. Die Resultate sind folgende:

---

[1]) Chem. Centr.-Bl. 1881. S. 564.

[2]) Landw. Jahrbücher. 1884. Bd. 13. S. 513 und Journal f. practische Chemie. N. F. Bd. 31. S. 273, Bd. 32. S. 93, 407 und 420. Die Zahlen in beiden genannten Quellen weichen um ein Geringes von einander ab; ich gebe dieselben nach der letzten Quelle.

1 g liefert:	Calorien
1. Eiweissstoffe:	
Blutfibrin	5511
Eieralbumin	5579
Casein	5717
Krystallisirt. Eiweiss (Grübler)	5598
Paraglobulin	5637
Conglutin	5362
Mittel aller Eiweissstoffe	5567
Fleisch (Filet) wasserfrei	6036
„ völlig entfettet	5321
2. Derivate des Eiweisses:	
Harnstoff	2465
Hippursäure	5642
Harnsäure	2621
Glycocoll	3053
Asparagin	3428
3. Fette: a. Thierfette:	
Mittel von 23 Beobachtungen verschiedener Thierfette*) (mit Schwankung von 9318 bis 9445)	9365
Butterfett	9192
b. Pflanzenfette:	
Leinöl	9323
Olivenöl	9328
Mohnöl	9442
Rüböl	9489
und	9619
4. Fettsäuren, deren Aether und Glycerine:	
Caprinsäure	8463
Myristinsäure	9004
Palmitinsäure	9226
Stearinsäure**)	9429

1 g liefert:		Calorien
Glycerin		4317
Palmitinsäurecetyläther		10153
Trimyristin		9085
5. Sonstige organische Säuren:		
Oxalsäure		571
Malonsäure		1960
Bernsteinsäure		3019
Weinsäure		1745
Citronensäure		2397
Benzoësäure		6281
Salicylsäure		5162
6. Alkohole:		
Cetylalkohol		10348
Phenol		7681
Resorcin		6098
Brenzkatechin		6075
7. Kohlehydrate:		
a. Dextrose-Gruppe ($C_6H_{12}O_6$)	Dextrose (wasserfrei)	3692
	Lactose	3659
	Arabinose	3695
b. Rohrzucker-Gruppe ($C_{12}H_{22}O_{11}$)	Rohrzucker	3866
	Milchzucker (wasserfrei)	3877
	Melitose	3880
	Arabinsäure	4004
c. Gruppe ($C_6H_{10}O_5$)	Kartoffelstärke	4127
	Reisstärke	4123
	Inulin	4070
	Cellulose	4146
Roggenbrod	(frisch)	2727
„	(trocken)	4421
Weizenbrod	(frisch)	2807
„	(trocken)	4302

In der Fettsäure-Reihe unterscheiden sich nach Stohmann die einzelnen Fettsäuren für die CH_2-Gruppe, auf das Grammmolekül berechnet, in ihrem Wärmewerth um die constante Grösse von 154275 Calorien, die Alkohole dagegen um die Grösse von 156097 Calorien. Aehnliche Beziehungen zwischen der Verbrennungswärme der einzelnen Fettsäuren und deren Verbindungen erhielt W. Luginin.[1])

M. Rubner[2]) hat ebenfalls calorimetrische Bestimmungen für einzelne Nährstoffe

*) Vom Schwein, Hammel, Ochsen, Pferd, Menschen, Hund, Gans und Ente.
**) Durch Interpolation berechnet.

[1]) Compt. rendus. T. 102. p. 1240.
[2]) Zeitschr. f. Biologie. 1885. Bd. 21. S. 250.

ausgeführt, welche im allgemeinen ziemlich gut mit denen von F. Stohmann übereinstimmen. Rubner fand bei der Verbrennung von 1 g Substanz folgende Calorien:

Eiweiss	5754	Harnstoff (auf trocknem Wege) .	2513
Fleisch (trocken und fettfrei) . .	5345	Schweinefett	9423
Hämoglobin	5949	Rohrzucker	4001
Harnstoff (auf nassem Wege) . .	2523		

Da sich nach M. Rubner die Nährstoffe im thierischen Stoffwechsel (resp. bei Erhaltung der thierischen Zellen) nach dem Vorrath an potentieller Energie, d. h. nach ihren Verbrennungswärmen (Wärmewerth), vertreten, so muss zwischen den künstlich und im thierischen Organismus gefundenen, isodynamen Werthen der einzelnen Nährstoffe Uebereinstimmung bestehen. Das ist in der That der Fall; so sind 100 Theilen Fett isodynam:[1])

	Direct am Thier bestimmt	Nach den calorimetrischen Bestimmungen
Syntonin	225	213
Stärkemehl	232	229
Muskelfleisch	243	235
Rohrzucker	234	235
Traubenzucker	256	255

Ferner sind nach den calorimetrischen Bestimmungen 100 Fett isodynam mit 243 Milchzucker (wasserfrei), 336 trocknem Brod, 1400 Kuhmilch etc.

Um zu berechnen, wie gross der in Calorien ausgedrückte Kraftverbrauch eines mittleren erwachsenen menschlichen Organismus bei mittlerer Arbeit in 24 Stunden ist, kann man unter Berücksichtigung der Fehler und Mängel in der Bestimmung der einzelnen Nährstoffe einer Kostration die Wärmewerthe von je 1 g Nährstoff, nämlich: Eiweiss = 4,1 Calorien, Fett = 9,3 Calorien und Kohlehydrate = 4,1 Calorien setzen.

Indem Rubner die weiter unten aufgeführten Kostmasse eines Menschen von 67 kg Gewicht bei mittlerer Arbeit zu Grunde legt, findet er für diese Kost im Mittel 3094 Calorien pro 24 Stunden, oder nach Abzug der in den unverdauten Speiseresten (8,11 %) in den Fäces verloren gegangenen Calorien (251), also 3094—251 = 2843 Calorien als Kraftverbrauch der mittleren Arbeit in 24 Stunden.

Vorstehende calorimetrischen Bestimmungen für die einzelnen Nährstoffe zeigen eine hinreichende Uebereinstimmung und gewinnen noch dadurch an Bedeutung, dass durch die indirecte Berechnung der Wärmewerthe ein im wesentlichen gleiches Resultat erzielt wird.[2])

Vorstehende Ermittelungen zeigen aber ferner, dass Fette und Kohlehydrate die Hauptwärmequellen für den menschlichen Körper bilden. Deshalb geniessen

---

[1]) Zeitschr. f. Biologie. 1886. Bd. 22. S. 40.

[2]) So kann man die Verbrennungswärme des Kohlenstoffs etc. im Eiweiss- und Fettmolecül annähernd berechnen, wenn man die Wärmeproduction des Organismus und die Grösse der Oxydationsproducte für eine gegebene Zeit kennt. Despretz und Dulong haben (Ann. de chim. e. de phys. T. XXVI. S. 337 und III. Ser. 1841. S. 440) derartige Versuche angestellt, aus denen M. Traube (Virchow's Archiv. Bd. 29. S. 414) berechnet hat, dass dem im Eiweiss

wir im Winter, wo der Körper an die kalte Luft viel Wärme ausstrahlt, eine fett-, kohlenstoffreichere und mehr Nahrung als im Sommer, wo die Wärme-Ausstrahlung eine viel geringere ist.

Aus demselben Grunde ist die Kost der Nordländer fett- und kohlenstoffreicher als die der Südländer.

C. Voit[1]) hat in Gemeinschaft mit Herzog Carl Theodor in Bayern nachgewiesen, dass der Mensch (auch das Thier) bei umgebender kalter Luft mehr Sauerstoff ein- und Kohlensäure ausathmet, als bei umgebender warmer Luft. Sie fanden für einen 71 kg schweren Mann in nüchternem Zustande und bei vollkommener Ruhe pro 6 Stunden: Wärme und kalte Luft.

0	Kohlensäure g	Harnstickstoff g
Bei 4,4 C	210,7	4,23
6,6	206,0	4,05
9,0	192,0	4,20
14,5	155,1	3,81
16,3	158,3	4,00
23,7	164,8	3,40
24,2	166,5	3,34
26,7	160,0	3,97
30,0	170,6	—

Hier ist also die Kohlensäure-Ausscheidung bei kalter Temperatur nicht unwesentlich höher als bei warmer. Die Athem-Bewegungen sind in der Kälte tiefer und zahlreicher, in Folge dessen mehr Sauerstoff einströmt. Die erhöhte Sauerstoff-

---

und Fett gebundenen Kohlenstoff eine Verbrennungswärme von 9600 Wärmeeinheiten zukommt, wenn die des Wasserstoffs mit Favre und Silberman gleich 34462 gesetzt wird.

Die Verbrennungswärme des Eiweisses würde sich hiernach, wie N. Zuntz (Landw. Jahrbücher 1879. S. 71—72) zeigt, folgendermassen gestalten:

	C	H	N	O
100 g Eiweiss enthalten	53,53 C,	7,06 H,	15,01 N,	23,80 O.
Für 33,45 g Harnstoff daraus ab . .	6,69 „	2,23 „	15,01 „	8,92 „
Bleibt Rest	46,84	4,83	—	14,88
Die 14,88 O brauchen zur Wasserbildung	—	1,86	—	14,88
Zu oxydirender Rest	46,84 C,	2,97 H.		

46,84 g C geben 46,84 × 9600 = 449 664 Wärme-Einheiten
2,97 „ H „ 2,97 × 34362 = 102 352 „ „
Also 100 g Eiweiss = 552 016 Wärme-Einheiten.

1 g Eiweiss liefert daher 5520 W. E., womit die von Stohmann und Rubner gefundenen Werthe ziemlich nahe übereinstimmen.

In derselben Weise ergiebt sich für Fett:

	C	H	O
100 g Fett enthalten	79,00 C,	11,00 H,	10,00 O
10 „ O brauchen zur Wasserbildung . .	— „	1,25 „	10,00 „
Bleibt zu verbrennen	79,00 C,	9,75 H	

79 g C geben 79 × 9 600 = 758 400 W. E.
9,75 „ H „ 7,95 × 34 462 = 336 312 „ „
Also 100 g Fett = 1 094 712 W. E.

1 g Fett liefert daher 10 947 W. E., während Stohmann durch directe Bestimmung 9365 und Rubner 9423 W. E. fanden.

In derselben Weise und unter der Voraussetzung, dass der Wasserstoff bei seiner Verbindung mit dem Sauerstoff des Moleküls keine Wärme producirt, wird für Stärke die Verbrennungswärme zu 4262 W. E. gefunden, während die directe Bestimmung 4125 Calorien ergeben hat.

[1]) Zeitschr. f. Biologie. 1878. S. 71.

zufuhr aber kann nach C. Voit nicht die Ursache des grösseren Stoffwechsels sein, da die Grösse des Stoffwechsels nur von der Menge der Nahrungszufuhr und der körperlichen Bewegung abhängig ist. C. Voit erblickt vielmehr die Ursache des grösseren Stoffzerfalles bei kalter Luft in den Nerven, welche an ihren peripherischen Enden einen Reiz erfahren und dadurch einen grösseren Zerfall in den Muskel-Organen bewirken.

Die Thatsache, dass der Südländer mehr stärke- und zuckerhaltige Nahrungsmittel geniesst, der Nordländer dagegen mehr Fett, ist nach Voit vielleicht darauf zurückzuführen, dass das Fett 9069 Wärmeeinheiten[1]) bei der Verbrennung liefert, während die ihm stofflich gleich wirkende Menge Stärkemehl nur 6566 Wärmeeinheiten, also um $\frac{1}{3}$ weniger.[1])

„Bewunderten wir," sagt H. Grouven, „einmal in der Nähe die Naturschönheiten Grönlands, durchstreiften wir im Schlitten des Kamtschadalen die endlosen Eisfelder seiner Heimath, so müsste sich jenes Bedürfniss noch sonderbarer stellen; wir würden in der Schneehütte des Eskimo eine uns gereichte Tasse Thran ebenso zu würdigen wissen, wie die Gastfreundschaft des Samojeden, der uns ein Dutzend Talgkerzen als Leckerbissen anbietet; wir würden dort behaglich ein Quantum Branntwein verschlucken, das uns hier zum Säufer qualificirte."

„In den gemässigten Zonen berühren uns nicht die durch die Verhältnisse gebotenen Extreme des Nordens; wir theilen aber auch nicht die Lebensweise des Südländers. Besonders die viel gerühmte Mässigkeit der dem Aequator nahen Völker kann in unserem Deutschland keinen Anklang finden. Wir müssen thätiger sein, um uns Nahrung zu verschaffen, welche überhaupt dem Südländer weit weniger physisches Bedürfniss ist und ihm obendrein von einer üppigen subtropischen Pflanzenwelt fast unentgeltlich bereitet wird."

Der Stoffwechsel des Südländers ist durch die geringe Wärmeabgabe an die Luft auch ein viel geringerer als der des Nordländers; seine Hauptnahrung besteht in sauerstoffreichen Kohlehydraten oder in süssen an Pflanzensäuren reichen Südfrüchten.

Deshalb erholen sich unsere Lungenkranken und schwächlichen Personen sichtbar schnell in wärmeren Klimaten; denn dadurch, dass nur wenig und leichter verdauliche Nahrung aufgenommen und dem entsprechend auch weniger Sauerstoff eingeathmet zu werden braucht, ist sowohl die Thätigkeit des Magens wie der Lungen gemildert.

Einfluss der Kleidung auf Wärme-Abgabe.

Um die Wärme-Ausstrahlung vom Körper im kalten Winter herabzusetzen, kleiden wir uns warm und heizen unsere Wohnräume.[2]) Die Kleider wärmen nicht, sondern verhindern nur eine übergrosse Wärme-Ausstrahlung vom Körper, indem sie die Wärme viel schlechter leiten, als die Luft. Aber Kleider- und Zimmerwärme allein halten unseren Körper auf die Dauer nicht warm, ebensowenig wie ein Ofen, den wir mit einem Pelz umhängen, ohne Feuer darin zu machen, warm wird.

[1]) Nach vorstehenden Untersuchungen liefert 1 g Fett rund 9400 Wärmeeinheiten, Stärke dagegen nur 4125, also um mehr als $\frac{1}{2}$ weniger.

[2]) Durch die stärkere Bekleidung (Pelz etc.) im Norden wird die Wärme-Ausstrahlung herabgedrückt, während der Südländer durch möglichst leichte Bekleidung dieselbe thunlichst zu begünstigen sucht. Ausserdem sucht der Südländer durch Fächeln etc. die Wasser-Verdunstung von der Haut zu erhöhen, wozu ebenfalls Wärme verbraucht wird. Auf diese Weise kommt es, dass das Kostmass im Norden und Süden, was die eingeführte Menge Kohlenstoff anbelangt, doch nicht sehr wesentlich von einander verschieden ist. Dieses gilt besonders für die Arbeiterkost.

Der warm bekleidete Hungernde friert und fröstelt selbst im Sommer. Die Wärme-Ausstrahlung wird nämlich selbst durch eine sehr dicke Bekleidung nicht vollständig aufgehoben. Wir bedürfen, um den Wärmeverlust des Körpers zu decken, fortwährend der Nahrung und Heizstoffe und um so mehr, je grösser der Verlust ist.

Der wirksamste Schutz gegen die Kälte ist die Nahrung.

Quelle der Muskelkraft. (Geschichte der Ernährungstheorie.)

Ueber die Quelle der Muskelkraft oder über die Vorgänge, durch welche der Organismus befähigt wird, mechanische Arbeit zu leisten, haben zu verschiedenen Zeiten sehr verschiedene Ansichten geherrscht und sind auch zur Zeit die Ansichten noch getheilt.

Eine Entwickelung dieser Ansichten giebt uns zugleich eine historische Entwickelung der Ernährungstheorie überhaupt; deshalb möge sie hier kurz Platz finden.

Die Ansichten über die Ernährung im Alterthum (unter Aristoteles) und von da bis zum 17. Jahrhundert können wir übergehen, weil sie unseren jetzigen Anschauungen zu fern liegen. Man betrachtete bis dahin die Luft im Aristotelischen Sinne als Element, welches als einheitliches Ganze wirke. Erst gegen Ende des 17. Jahrhunderts finden sich in verschiedenen Schriften Stellen, welche darauf hinweisen, dass man in der Luft, die zwar noch als Element gilt, besondere Beimischungen annahm, die für gewisse Processe, wie das Athmen und Verbrennen besonders wirksam sind. So betrachtet Sylvius de le Boë (1614—1672) das Athmen als etwas der Verbrennung ganz Aehnliches. Wie starkes Feuer den Zutritt der Luft mehr nothwendig habe, als schwaches, so würde auch beim starken Athmen mehr Luft verbraucht, als beim schwachen. Das Eintreten von Luft in den Körper wirkt aber nach ihm nicht wärmeerregend, sondern abkühlend. Aeltere Ansichten.

John Mayow dagegen lehrte schon 1668, dass in der Luft ein Bestandtheil enthalten sei, der auch im Salpeter resp. dessen feuriger Säure vorkomme,[1]) der die Verbrennung zu Stande bringe und auch bei der Gährung wirke. Verbrennen und Athmen sind nach ihm analoge Vorgänge. Diese Analogie beweist er dadurch, dass das Athmen eines Thieres und das Brennen einer Kerze in einem gewissen Raum nur halb so lange dauert, als das Athmen des Thieres allein oder das Brennen der Kerze allein. Nicht die ganze Luft sei zum Verbrennen und zur Respiration tauglich, da bei der Verbrennung und dem Athmen eine Luft zurückbleibe, welche zur Unterhaltung dieser Processe unfähig sei.[2]) Die eingeathmete Luft wird nach Mayow's Ansicht in den Lungen vom Blut absorbirt, es entsteht dadurch eine Gährung, welche mit einer Wärme-Entwickelung verbunden die Ursache der Blutwärme ist. Das Warmwerden der Thiere hat nach ihm darin seinen Grund, dass alsdann stärkeres Athmen und stärkere Gährung eintritt. Die blühendere Farbe des arteriellen Blutes wird durch die Verbindung des dunkleren venösen Blutes mit jenem Bestandtheil der Luft hervorgebracht.

Auch spricht er bereits 1681 in seinem Werk de motu musculari den sehr bedeutsamen Satz aus, dass zur Muskelbewegung zweierlei nothwendig sei, nämlich die

[1]) Wie wir jetzt wissen „Sauerstoff."

[2]) Nach unserem jetzigen Wissen der Stickstoff.

Zufuhr von verbrennlicher Substanz (Fett) und die Aufnahme jenes Bestandtheiles der Luft, des spiritus-nitro-aëreus.[1])

Thomas Willis, der Zeitgenosse von Mayow, erklärte (1671) Athmen und Verbrennen nicht für ähnliche sondern für gleiche Processe; er lehrt, dass die Blutwärme nur auf dreierlei Weise zu Stande kommen könne: entweder durch Zuführung von Wärme, oder durch Mischen von Säuren mit anderen Körpern, oder durch Verbrennung. Nur letztere kann nach Willis die Ursache der Blutwärme sein.

Man sieht, dass diese beiden Gelehrten unseren jetzigen Anschauungen schon sehr nahe gestanden haben, und es ist zu verwundern, dass diese Ideen keine weitere Berücksichtigung fanden und erst 100 Jahre später durch Lavoisier in ein klareres Licht gestellt wurden.

Doch ehe wir hierzu übergehen, mag noch erwähnt sein, dass sich Albr. v. Haller (1708—1777) eingehend mit der Ernährungsfrage befasste und die Mengen der Einnahmen und Ausgaben des Körpers zu ermitteln suchte. Er ist der Ansicht, dass aus den Nahrungsmitteln (animalischen sowohl wie vegetabilischen) durch den Verdauungsact eine „Gallerte" (Aliment) ausgegeben werde. Alle Nahrungsmittel enthalten dieses „Aliment," wenn auch in verschiedenem Grade.

Da der Mensch täglich gegen 50 Unzen durch die Haut verdunstet und ferner ebensoviel durch Flüssigkeitsabgabe (Harn) und Stuhlgang etc. verliert, so muss, wie Haller lehrt, dieser Abgang wieder ersetzt werden.

„Folglich müssen wir," sagt Haller, „Speise zu uns nehmen, damit die Materie der menschlichen Säfte und ohne Zweifel auch der Stoff der festen Theile wieder ergänzt werden könne. Letztere müssen Kinder und alle diejenigen, welche noch im Wachsen begriffen sind, nothwendig von den Speisen hernehmen und auch Erwachsene und völlig Ausgewachsene müssen diese festen Theile wieder ergänzt bekommen, von denen wir zeigen wollen, dass sie ebenfalls durch Anstrengung des Lebens abgerieben werden."

Hierin liegt deutlich ausgesprochen, dass durch die Arbeitsthätigkeit Materie des Körpers aufgezehrt wird, welche durch Nahrung wieder ersetzt werden muss.

Auch erkannte Black 1757, dass beim Athmen fixe Luft (d. h. Kohlensäure) gebildet wird, welche ätzende Alkalien mild macht. Das Athmen besteht nach ihm vorzugsweise in der Umwandlung der athmosphärischen Luft in fixe.

Wenn wir in diesen und manchen anderen Aeusserungen von Chemikern und Aerzten damaliger Zeit schon richtig geahnte Anschauungen über den Lebensprocess erkennen müssen, so sollten diese doch erst in den Jahren 1772—1774 eine richtige und wissenschaftliche Deutung finden.

Lavoisier's Ansicht.

Denn um diese Zeit entdeckten gleichzeitig und unabhängig von einander der Schwede Scheele und der Engländer Pristley den „Sauerstoff." Sie erkannten mit Lavoisier, dass die Luft ein Gemenge zweier verschiedener Gase sei, aber auch nur zweier, von denen das eine „Oxygène" oder Sauerstoff, das andere „Azote" oder Stickstoff genannt wurde. Alle drei Forscher bewiesen dann, dass beim Athmen der Thiere der Sauerstoff wirksam sei und sich in ein gleiches Volumen Kohlensäure verwandele, dass dagegen der Stickstoff der Luft bei diesem Process sich vollständig indifferent verhalte. Lavoisier glaubte, dass sich die Kohlensäure-Bildung

[1]) Deshalb von Mayow so genannt, weil er im Salpeter sowohl wie in der Luft vorkommt.

in zweierlei Weise denken lasse: entweder nehme der Sauerstoff in den Lungen Kohlenstoff aus dem Blute auf und beide verbinden sich mit einander zu Kohlensäure — die Umwandlung gehe also in den Lungen vor sich — oder der Sauerstoff werde in den Lungen von dem Blut absorbirt, während sich gleichzeitig ein entsprechendes Volumen Kohlensäure entwickele. Letzteres hielt er für das Wahrscheinlichere, weil das Blut beim Durchgange durch die Lungen röther werde, was nur auf einer Aufnahme von Sauerstoff beruhen könne. Die Wärme-Erzeugung im Thierkörper betrachtet er als nur durch die langsame Verbrennung des Kohlenstoffs zu Kohlensäure hervorgebracht.

Dulong und Despretz bewiesen dann gleichzeitig durch Versuche, dass der Verbrennungsvorgang im thierischen Organismus hinreiche, um die thierische Wärmeproduction zu erklären.

Von der früheren geheimnissvollen Lebenskraft, von einem dem Herzen eingeborenen Feuer oder von „Gährungen“ des Blutes, durch welche Annahme man die thierische Wärme zu erklären versucht hatte, konnte natürlich jetzt keine Rede mehr sein; die Nebelbilder, welche den thierischen Lebensvorgang bis jetzt verschleiert hatten, waren mit einem Male zerrissen.

Magendie's Ansicht.

Jedoch fanden die Ideen Lavoisier's bei den Gelehrten nicht sofort Eingang; am wenigsten bei den Aerzten, weil sie einen Chemiker in diesen Fragen nicht für competent hielten. Selbst der französische Physiologe Magendie wandte sich gegen die Lehre Lavoisier's. Er zeigte, dass die Ansicht Lavoisier's nicht haltbar sei, dass nämlich aus dem Blut eine Kohlenstoff- und Wasserstoff-reiche Flüssigkeit fortwährend gleichsam in die Lungen ausschwitze, um dort durch den aufgenommenen Sauerstoff zu Kohlensäure und Wasser oxydirt zu werden. Magendie wies nach, dass das in den Lungen ausgeathmete Wasser nicht oder nur zum geringen Theil von der Verbrennung des Wasserstoffs zu Wasser herrühre, dass der grösste Theil von dem in der Nahrung als solchem aufgenommenen Wasser abstamme.

Gleichzeitig aber stellte Magendie sehr wichtige Versuche über die Ernährungsfrage an und muss er in dieser Hinsicht als einer der Begründer der experimentellen Forschung auf diesem Gebiete bezeichnet werden.

Zunächst zergliederte er die Nahrung in einfachere Stoffe; er führte die Eintheilung der Nährstoffe in „stickstoffhaltige“ und „stickstofffreie“ ein.

Mit diesen einfachen Nährstoffen, den stickstofffreien (Zucker, Gummi, Oel, Butter etc.) einerseits und den stickstoffhaltigen (Leim, fettfreiem Muskelfleisch etc.) andererseits wurden verschiedene Ernährungsversuche an Thieren angestellt. An derartigen Versuchen betheiligten sich auch in hervorragender Weise Boussingault, Gmelin und Tiedemann. Man fand, dass die einfachen stickstofffreien Nährstoffe (Zucker, Oel etc.) für sich allein verabreicht nicht im Stande seien, den thierischen Organismus am Leben zu erhalten, dass dieses ebensowenig der Leim, allein gegeben, vermag; dahingegen gelang es, Nagethiere durch fettfreies Muskelfleisch zu erhalten.

Hieraus leitete man die Wichtigkeit der stickstoffhaltigen Bestandtheile der Nahrung ab und galt der Stickstoff der Nahrungsmittel eine Zeitlang als der einzige Factor zur Nährwerthabschätzung derselben. Wenngleich dieses als einzig für die Ernährung massgebende „Albumin“ (oder Stickstoff-Substanz) noch immer an das „Aliment“ vergangener Zeiten oder an die „Gallerte“ Haller's erinnerte, so war doch durch diese Versuche die Ernährungsfrage in experimentelle wissenschaftliche

Bahnen gelenkt. Es mussten sich durch Discussion dieser Versuche allmählich die Ansichten klären und schliesslich zu einem wissenschaftlichen Lehrgebäude führen.

Liebig's Ansicht.

Aber es gehörte der geistreiche Blick und klare Verstand eines Justus v. Liebig dazu, die zerstreuten Versuche zu sichten und die verschiedenartigen Anschauungen zu einer einheitlichen Theorie zu vereinigen. Und nur die überzeugende Kraft der Darstellung in Wort und Schrift eines Justus v. Liebig konnte es zu Stande bringen, dass diese Theorie bald in alle Kreise Eingang fand.

Justus v. Liebig übergab seine „Ernährungstheorie“ 1842 in dem epochemachenden Buch: „Die organische Chemie in ihrer Anwendung auf Physiologie und Pathologie“ der Oeffentlichkeit.

Er theilt die Nahrungsstoffe in plastische oder gewebebildende, wozu die stickstoffhaltigen Verbindungen, Albumin, Casein etc. gehören, und in wärmeerzeugende, zu denen die stickstofffreien Bestandtheile der Nahrung, Fett und Kohlehydrate (Zucker, Stärke, Gummi etc.) zählen.

Diese Nährstoffe werden in der Nahrung aufgenommen, im Magen zu in Wasser löslichen Verbindungen verarbeitet, von den Magendrüsen aufgesogen und gelangen so ins Blut, welches sie den einzelnen Körpertheilen zuführt. Die stickstoffhaltigen Nährstoffe werden in den Muskeln zu thierischen Gebilden, zu Muskeltheilen angesetzt, während sich das Fett einfach zwischen den Muskelfasern ablagert, ohne ein thierisches Gewebe zu bilden. Das Fett ist schon theils fertig gebildet in der Nahrung enthalten, theils wird es aus den Kohlehydraten (Zucker, Stärke, Gummi etc.) auf eine uns noch unbekannte Weise gebildet.

Ausser den Nährstoffen, den Proteïn- und Fettkörpern nimmt das Blut in den Lungen noch atmosphärische Luft und in ihr Sauerstoff auf, welcher durch das Blut in alle und bis in die äussersten Körpertheile getragen wird. Auf diesem Wege wirkt der Sauerstoff zerstörend auf die thierischen Gebilde. Die stickstoffhaltige Muskelfaser erleidet unter Aufnahme von Sauerstoff eine Umsetzung, die schliesslich mit der Bildung von Harnstoff endet. Die Fettkörper verbrennen zu Kohlensäure und Wasser. Der Harnstoff wird im Harn ausgeschieden, die Kohlensäure dagegen beim Rücklauf des Blutes in den Lungen wieder an die Luft abgegeben.

Die Einwirkung des Sauerstoffs auf die Muskelsubstanz, der Umsatz derselben zu Harnstoff bewirkt eine Umlagerung der Moleküle der Muskelsubstanz, welche die Bewegung des Muskels zur Folge hat, mit anderen Worten, die Umsetzung der Muskelsubstanz zu Harnstoff liefert die Kraft, welche der Muskel zur Verrichtung von Bewegungen und Arbeit nothwendig hat. Den Impuls zu dieser Umlagerung geben die Nerven. Der im Harn zum Vorschein kommende Harnstoff giebt uns also das Aequivalent der umgesetzten Muskelsubstanz, und damit der freigewordenen Kraft, der geleisteten Arbeit. Durch die Verbrennung der Fettkörper zu Kohlensäure und Wasser wird die thierische Körperwärme, welche durch Ausstrahlung in die Luft immerfort beeinträchtigt wird, hervorgerufen und erhalten. Ist das Fett in unzureichender Menge vorhanden, um diesen Wärmeverlust zu decken, so tritt an seine Stelle die stickstoffhaltige Muskelsubstanz.

Dieses wäre jedoch ein Luxusverbrauch, da die stickstofffreien Nährstoffe (Fett und Kohlehydrate) billiger zu haben sind, als die stickstoffhaltigen Nährstoffe, wir also denselben Zweck, die thierische Wärme zu erhalten, auf billigerem Wege erreichen können. Deshalb ist es von Wichtigkeit, in welchem Verhältniss wir die 2 Gruppen von Nährstoffen in der Nahrung zu uns nehmen, damit der Körper in seinem normalen Zustande verbleibt, und ihm auf die angemessenste Weise ersetzt wird, was er einerseits durch den Umsatz der Muskelsubstanz, andererseits durch die Verbrennung von Fett verloren hat. Dieses Verhältniss ist verschieden je nach der individuellen Constitution, nach Alter und Berufsarbeit. Beim arbeitenden Menschen ist das Verhältniss der stickstoffhaltigen Nährstoffe zu den stickstofffreien wie 1 : 3—4, beim Kind und Greise wie 1 : 5 u. s. w.

Gegen diese gewichtige und geistreiche Lehre Justus v. Liebig's erhoben sich bald mancherlei Bedenken sowohl theoretischer wie experimenteller Art.

Schon 1845 trat J. R. Mayer, der bekannte Begründer der mechanischen Wärmetheorie, als Gegner auf und entwickelte in seiner Abhandlung: „Die organische Bewegung in ihrem Zusammenhange mit dem Stoffwechsel“[1]) die Ansicht, dass der Muskel nicht das Material bilde, durch dessen chemischen Umsatz die Kraft erzeugt würde, sondern blos der Apparat sei, in welchem die Umwandlung der Kraft vor sich gehe. Er zeigte, dass die 15 Pfd. trockenen Muskels eines 150 Pfd. schweren Mannes in 80 Tagen, das Herz allein in 8 Tagen, die Herzkammer in $2^1/_2$ Tagen oxydirt sein würden, wenn die mechanische Arbeit einzig auf Oxydation der Muskelsubstanz beruhe. J. R. Mayer's Ansicht.

Zu diesen Bedenken theoretischer Art gesellten sich bald solche experimenteller Art.

So fand C. Voit 1860 durch seine „Untersuchungen über den Einfluss des Kochsalzes, des Kaffee's und der Muskelbewegungen,“ dass bei gleichbleibender Eiweisszufuhr die mechanische Arbeit eines Thieres beliebig gesteigert werden kann, ohne dass eine entsprechende Zunahme der Harnstoff-Ausscheidung stattfindet. Und wenn schon seit 1854 Lawes und Gilbert durch ihre Versuche zu dem Resultat kamen, dass bei Thieren die Stickstoff-Ausscheidung im Harn lediglich von der Stickstoff-Aufnahme in der Nahrung abhängt, so glaubte man schliessen zu müssen, dass die Grösse des Muskelumsatzes von der verrichteten Arbeit vollständig unabhängig ist. Andere Ansichten.

Da nun die Muskelkraft doch schliesslich aus der Nahrung stammen muss, so verlegte man ihren Ursprung in die Verbrennung der stickstofffreien Nährstoffe und glaubte sich hierzu um so mehr berechtigt, als durch die Untersuchungen von Edw. Smith, v. Pettenkofer und C. Voit ausser allen Zweifel gesetzt war, dass mit der Grösse der Muskelthätigkeit auch die Grösse der Kohlensäure-Ausgabe in den Lungen sich steigerte.

Diese Anschauung fand eine wesentliche Stütze in der sich gleichzeitig Geltung verschaffenden mechanischen Wärmetheorie. Darnach ist Wärme nichts anderes als Molekular-Bewegung, d. h. eine Kraft, welche sich in Bewegung umsetzen lässt, und umgekehrt, wo Bewegung verschwindet, da tritt sie als Wärme wieder zum Vorschein. Die z. B. einen Eisenbahnzug in Bewegung setzende Kraft ist die Wärme. Die brennenden Kohlen des Heizraumes der Dampfmaschine erzeugen Wärme, die Wärme wird auf das Wasser des Dampfkessels übertragen, versetzt die Moleküle des Wassers in vibrirende Bewegung, bis sich dieselben trennen und in Dampf verwandeln. Der Wasserdampf hat Wärme, hat Bewegung und damit Kraft aufgenommen, er drückt auf einen Kolben, überträgt die Bewegung auf diesen, indem er den Kolben hin- und

[1]) Siehe Chem. Centr.-Bl. 1867. S. 769 u. s. w.

herschiebt und dieser, mit einer Stange befestigt, giebt die Bewegung weiter an ein Rad, welches hunderte von Centnern mit sich fortzieht. Hier also leistet die Wärme der brennenden Kohlen mechanischen Effect, indem sie den Eisenbahnzug in Bewegung setzt und die Wärme, welche verwandt wird, diese Bewegung hervorzurufen, kommt in der Erwärmung der Wagenaxen und Eisenbahnschienen wieder zum Vorschein; die durch Wärme oder Molekularbewegung hervorgerufene Massenbewegung setzt sich wieder um in Molekularbewegung, in Wärme.

Da nun die Oxydation des Kohlenstoffs und Wasserstoffs im Organismus zu Kohlensäure und Wasser gleich ist der Verbrennung der Kohlen in der Dampfmaschine und da hier wie dort Wärme die Folge dieses Processes ist, so lag nichts näher, als in dieser Verbrennung die Ursache zu erblicken, welche die Kraft-Aeusserungen des Muskels bewirkt.

Fick's und Wislicenus' Arbeiten.

Einen directen Beweis hierfür glaubten Fick und Wislicenus geliefert zu haben. Sie verrichteten durch die Besteigung des Faulhorn am Brienzer See eine messbare äussere Arbeit und ermittelten durch die Stickstoff-Bestimmung ihres Harn den Verbrauch an Muskelsubstanz. Aus der Menge ihrer verbrauchten stickstoffhaltigen Substanz berechneten sie dann die Menge Wärme, welche bei der Verbrennung derselben entsteht, und fanden, dass diese nicht zur Hälfte ausreichte, um die Arbeit, nämlich die Beförderung ihres Körpergewichtes auf die betreffende Höhe, zu leisten.[1])

Hieraus schliessen die Versuchsansteller, dass durch die Umsetzung der stickstoffhaltigen Muskelsubstanz nur ein Theil der Muskelkraft oder Muskelarbeit geliefert wird, dass auch die stickstofffreien Nährstoffe, Fett etc. als krafterzeugendes Brennmaterial betrachtet werden müssen.

Bedeutung der N.-freien Nährstoffe.

Mit der Annahme, dass die Muskelkraft unter gewöhnlichen Verhältnissen durch die Verbrennung stickstofffreier Nährstoffe gebildet wird, stehen eine Menge Thatsachen im Einklang, welche sich sonst nur schwer erklären lassen. So berichtet Frankland, dass in der Nahrung der Feldarbeiter in Lancashire ein grosser Theil Fett enthalten ist; ausser sehr fettem Speck, der ihre eigentliche animalische Nahrung ausmacht, verzehren sie grosse Mengen Aepfelpudding, der aus einem Teige mit viel Schmalz besteht und häufig gar keine Aepfel enthält. Ein Gericht aus Eiern,[2]) Speck und Kartoffeln bildet bei schwerer Ernte-Arbeit ihre gewöhnlichen pièces de resistance. Von den Seeleuten, welche zum Bau der Lancaster-Breston-Eisenbahn verwendet wurden, sah Frankland dicke Brodschnitte mit enormen Mengen Fett

---

[1]) Die Art dieser Berechnung ist folgende: 1 g Protein liefert bei seiner Verbrennung 6730 Wärmeeinheiten, d. h. mit der erzeugten Wärme sind wir im Stande, 6730 g oder 6,73 kg Wasser um 1° C. zu erhöhen. Mit der Wärmemenge aber, welche 1 kg Wasser um 1° C. erhöht, können wir 445 kg auf 1 m Höhe heben, oder es ist, wie man zu sagen pflegt, 1 Wärmeeinheit = 425 kg-m als Arbeitseinheit. Demnach leistet also 1 g Protein bei seiner Verbrennung eine Arbeit von 425 × 6,73 = 2860,25 kg-m. Es hatte nun Fick 37,17 g, Wislicenus 37,00 g Eiweiss oder Protein umgesetzt, welche in Arbeitseinheiten ausgedrückt 106 096 kg-m für Fick und 105 825 kg-m für Wislicenus entsprechen. Fick hatte bei einem Körpergewicht von 66 kg und der Höhe des Faulhorn von 1956 m eine Arbeit von 129 099 kg-m und die innere Arbeit für Herz- und Athmungsthätigkeit mit eingerechnet, 159 637 kg-m zu leisten, Wislicenus bei 76 kg Körpergewicht im Ganzen 184 287 kg-m. Die durch Umsatz der Muskelsubstanz erzeugte Wärme reichte also bei weitem nicht hin zur Deckung der geleisteten Arbeit.

[2]) Da Eier verhältnissmässig viel Stickstoff-Substanz enthalten, so würde diese Ration nicht für die Frankland'sche Anschauung sprechen.

verzehren, in denen nur dünne Streifen Fleisch enthalten waren. Ueberhaupt essen Bauern, wie L. Dufour nachweist, viel häufiger den stickstoffarmen Speck, als eigentliches stickstoffhaltiges Muskelfleisch, und pflegen Gemsjäger in der Westschweiz auf ihre mehrtägigen sehr anstrengenden Excursionen als Nahrung nur Speck und Zucker mitzunehmen.

Dazu kommt, dass die Thiere, welche mit ihren Muskeln Enormes leisten, gerade solche sind, denen Eiweisskörper in der Nahrung nur spärlich zufliessen, dagegen Kohlehydrate in reichlicher Menge geboten werden. Dazu gehören die flüchtigen Wiederkäuer, kletternde Ziegen, Gemsen, manche fliegende Insecten. Viele Insecten verzehren, wie C. Verloren nachweist, zu einer Zeit, wo sie wenig Muskelarbeit verrichten (als Raupen), vorzugsweise proteïnreiche Nahrung, während sie in der Zeit, wo ihre Muskelarbeit sehr beträchtlich ist, wenn sie fliegen, ausschliesslich oder fast ausschliesslich von stickstofffreier Nahrung leben. Bienen und Schmetterlinge verrichten eine enorme Muskelarbeit bei einer Nahrung, welche nur Spuren von Stickstoff enthält.

Dem scheint entgegen zu stehen, dass die Muskelarbeit im allgemeinen dem Muskelvolumen proportional ist. Aber man muss, wie L. Dufour hervorhebt, wohl unterscheiden zwischen Muskelkraft und eigentlicher Muskelarbeit, d. h. der Fähigkeit zu einer einmaligen enormen Arbeit und der zu einer anhaltenden Thätigkeit. Die grossen Fleischfresser sind zwar sehr stark, aber es ist nicht ausgemacht, ob sie auch eine beträchtliche Arbeit würden leisten können. Ein Tiger ist zwar im Stande, ein Pferd in die Höhe zu heben, aber es fragt sich, ob er im Stande wäre, die Arbeit zu leisten, welche ein Pferd vor dem Wagen, ein Ochse vor dem Pflug verrichtet. Es ist daher wohl denkbar, dass eine vorzugsweise stickstofffreie Kost die Muskelmasse und somit die Kraft vermehrt, ohne nothwendig auch die Arbeitsfähigkeit zu erhöhen.

Auf Grund dieser Thatsachen sehen Fick und Wislicenus und mit ihnen Frankland die Muskelfaser als eine Art Maschine an, in welcher die durch Verbrennung von vorzugsweise stickstofffreien Stoffen erzeugte Wärme in mechanische Arbeit umgesetzt wird. Dieselben Stoffe, welche Liebig's genialer Blick schon vor längeren Jahren als Heizmaterial des thierischen Körpers erkannt hat, sind zugleich und in erster Linie die krafterzeugenden. Denn Wärme und mechanische Arbeit sind für den heutigen Stand der Wissenschaft nur zweierlei Erscheinungsformen desselben Wesens. Die in den Muskeln verbrennende stickstofffreie Substanz liefert Wärme, von welcher ein Theil in mechanische Arbeit umgewandelt wird, ein Theil aber nothwendig als Wärme zur Erhaltung der thierischen Körperwärme zum Vorschein kommt.

Die stickstoffhaltigen Nahrungsbestandtheile dagegen ersetzen das Material, welches in den Muskeln bei fortwährender Abnutzung verloren geht.

Auch Huppert tritt für diese Anschauung auf. Er sucht mit derselben die bekannte Thatsache, dass der Protein-Gehalt der Nahrung und des Körpers einen höchst bedeutenden Einfluss auf die Arbeitsfähigkeit ausübt, in Einklang zu bringen. Er weist darauf hin, dass der Sauerstoff nicht so ohne weiteres in den Körper einströmt, sondern von den Blutkörperchen gebunden, durch diese den einzelnen Körperorganen zugeführt wird. Von der Anzahl der Blutkörperchen hängt die Menge des aufgenommenen Sauerstoffs und damit die Grösse der Verbrennung, der erzeugten Huppert's Ansicht.

Wärme und der Arbeitsleistung ab. Die Blutkörperchen werden aber aus dem stickstoffhaltigen Bestandtheil der Nahrung gebildet und es ist einleuchtend, warum nicht die Zufuhr von Fett und Kohlehydraten allein den Körper arbeitsfähig macht, warum auch zu gleicher Zeit dem Organismus eine entsprechende Menge Protein zugeführt werden muss, welches in den Blutkörperchen denselben mit dem nöthigen Sauerstoff versorgt, warum ein an Eiweiss reiches Thier grösserer Anstrengung fähig ist, als ein an Eiweiss armes.

Pettenkofer's und Voit's Ansicht.

Aus denselben Gründen halten v. Pettenkofer und C. Voit die Eiweisskörper in der Nahrung für sehr wichtig und nothwendig, auch wenn die Verbrennung von Fett als die nächste Quelle der Muskelkraft angesehen werden soll. Sie betrachten den Eiweissstrom im Organismus als die Hauptstrasse, auf welcher der Sauerstoff in den Körper gelangt, die Blutkörperchen sind die Fahrzeuge und der Sauerstoff ist ihre Fracht, die an den verschiedensten Punkten des Körpers abgesetzt wird, um theils zu den gleichmässig fortlaufenden Arbeiten verwendet, theils zeit- und ortsweise angesammelt zu werden. Denn sie fanden durch ihre Respirationsversuche beim Menschen, ebenso wie W. Henneberg beim Ochsen, dass mitunter mehr Sauerstoff in den Körper einströmt, als in der Kohlensäure wieder ausgeathmet wird, dass also unter Umständen bei Ruhe Sauerstoff im Blut aufgespeichert wird. Von diesem condensirten Sauerstoff zehrt der Muskel bei Ruhe und Arbeit; der arbeitende Muskel entzieht dem Blut mehr Sauerstoff als der ruhende und liefert durch Oxydation der Fettkörper dementsprechend auch mehr Kohlensäure. Die Grösse der Eiweisszersetzung ist aber bei Ruhe wie bei Arbeit wesentlich gleich. Deshalb nehmen v. Pettenkofer und C. Voit an, dass sich durch die Sauerstoffaufnahme in die Organe und durch das sich gleichmässig zersetzende Eiweiss eine Spannkraft ansammelt, die auch bei Ruhe allmählich verbraucht wird, die aber nach Willkür in mechanische Arbeit verwandelt werden kann; während der Arbeit verbindet sich auf noch unbekannte Weise der Sauerstoff mit einer den Muskeln nicht angehörigen kohlenstoffhaltigen Substanz (Fett), die dann unter Erzeugung derselben Wärmemenge verbrennt, wie ausserhalb des Körpers.

Während der Arbeit verbrennt mehr Fett als in der Ruhe; dadurch entsteht auch mehr Wärme. Wird nun aber die durch die grössere Verbrennung erzeugte Wärme durch grössere Wärme-Ausstrahlung an die Luft abgegeben, oder ist die Wärmeabgabe bei Arbeit um das höher, um was die Menge des verbrauchten Fettes grösser ist, dann fängt die Hypothese von Fick, Wislicenus und Frankland an, sehr unwahrscheinlich zu werden.

Wird dahingegen weniger Wärme während der Arbeit abgegeben und zwar um so viel weniger, als dem mehr verbrannten Fett und der geleisteten Arbeit entspricht, dann ist die Hypothese mehr als wahrscheinlich; wird ferner bei Hunger und Arbeit die gebildete Wärme und geleistete Arbeit durch die während der Arbeitszeit verbrannte Eiweiss- und Fettmenge nicht gedeckt werden, dann ist sicher anzunehmen, dass der Körper mit einer aufgespeicherten Kraft gearbeitet hat, die von nichts anderem herrühren kann, als von Eiweiss.

v. Pettenkofer und C. Voit halten das von Fick, Wislicenus und Frankland gewählte Bild, die Wärmebildung und Arbeitsleistung mit einer Dampfmaschine zu vergleichen, überhaupt für kein glückliches. Denn im Organismus fehlt eine der wesentlichsten Bedingungen, welche eine Dampfmaschine in Bewegung setzt, nämlich die Wärmedifferenz zwischen Kessel und Condensator; im Organismus wird niemals die durch Verbrennung bereits entwickelte Wärme in mechanische Bewegung umgesetzt, sondern es spielt das gerade Gegentheil, die Erhaltung einer stets gleichen Temperatur, eine Hauptrolle.

Wenn nun auch die Vertreter der Ansicht, dass die Muskelkraft durch Verbrennung von Fett und Kohlehydraten entsteht, behaupten, dass nicht bereits frei gewordene Wärme in mechanische Arbeit umgewandelt wird, sondern dass Wärme und Arbeit gleichzeitig Producte der Verbrennung sind, so ist doch nicht abzusehen, in wieweit die bei der Arbeit auftretenden Zersetzungs-Erscheinungen als directe Quellen für die Muskelkraft oder als secundäre Erscheinungen angesehen werden dürfen.

v. Pettenkofer hat daher die Kraftquelle des Körpers, d. h. den aus der Nahrung entstammenden und durch die Organe gehenden Eiweissstrom, einer Wasserkraft oder einem Mühlbach verglichen, der gleichmässig dahin fliesst, unbekümmert darum, ob die in ihm liegende Kraft ganz oder nur zum Theil oder gar nicht ausgenutzt wird.

Der Eiweissstrom fliesst gleichmässig durch den Körper, die in ihm ruhende Kraft ist dieselbe bei Ruhe wie bei Arbeit und nur vom Willen des Menschen ist es abhängig, ob die bei der Zersetzung des Eiweisses auftretende Kraft für mechanische Bewegung und Arbeit ausgenutzt werden soll oder nicht. Der Wille lässt sich mit dem Müller, die Muskeln mit den mechanischen Einrichtungen der Mühle vergleichen. Der Müller kann, ohne dass der Bach grösser oder kleiner zu werden braucht, mit halbem und Viertel-Wasser arbeiten, je wie er es will; aber ein kleiner Bach setzt dem Thätigkeitsdrange des Müllers eher Schranken als ein grosser und so ist es begreiflich, dass ein gut genährtes Thier mehr Arbeit leisten kann, aber nicht muss, als ein ausgehungertes. Und wie der Müller in einem Sammelteich oder durch eine Stauvorrichtung die fliessende Kraft des Wassers hemmen und aufbewahren kann, so vermag auch der thierische Organismus durch Aufspeicherung des Sauerstoffs Kraft in sich anzusammeln.

Auch L. A. Parkes[1]) hält für die Kraftäusserungen des Organismus die Eiweisskörper für sehr wesentlich. Er kommt aber auf Grund von Versuchen zu ganz anderen, von den bisherigen ganz abweichenden Anschauungen. Parkes findet nämlich in mehreren Versuchen, dass bei Arbeit weniger Stickstoff im Harn ausgeschieden wurde, als bei Ruhe und zwar sowohl bei stickstofffreier wie bei stickstoffhaltiger Kost. Nach der Arbeit nahm die Stickstoffausscheidung zwar nicht in hohem Grade, aber doch anhaltend zu. Als nach der stickstofffreien Nahrung wieder stickstoffhaltige genommen wurde, wurde nicht aller Stickstoff der Nahrung wieder ausgeschieden und zwar blieb nach der Arbeit mehr Stickstoff zurück, als nach der Ruhe. Aus diesen Versuchen schliesst Parkes, indem er die bis dahin geltende Theorie der Muskelthätigkeit geradezu umkehrt, dass während der Arbeit, während der Thätigkeit des Muskels Stickstoff angesetzt wird, dass eine Zunahme an Masse stattfindet, während bei Ruhe die Masse des Muskels abnimmt. Parkes bildet sich dann über die Muskelthätigkeit folgende Vorstellung: „Wird ein willkürlicher Muskel durch den Willen in Thätigkeit gesetzt, so nimmt er Stickstoff auf und

Parkes' Ansicht.

[1]) Chem. Centr.-Bl. 1868.

wächst; der Reiz oder diese Anbildung von Stickstoff löst Vorgänge in den stickstofffreien, die letzten Gewebselemente des Muskels umgebenden Substanzen aus, welche die Umwandlung der Wärme in Bewegung bewirken. Die Contraction dauert so lange fort (vorausgesetzt, dass die Einwirkung des Willens noch fortbesteht), bis die Umsatzproducte diese Vorgänge hemmen; dann tritt Ruhe ein, während welcher die Umsatzproducte entfernt werden. Der Muskel verliert Stickstoff und kann aufs neue durch den Reiz in Thätigkeit versetzt werden.“

Nach dieser Anschauung würden die Kraftäusserungen eine directe Folge der Verbrennung der stickstofffreien Stoffe des Muskels sein; aber es schliesst dieses die Bedeutung der stickstoffhaltigen Stoffe (des Eiweisses) nicht aus. Denn von ihnen geht die erste Anregung zur Umsetzung der stickstofffreien Stoffe aus; zwar kann die Menge des Umsatzes des Eiweisses während der Arbeit nicht zunehmen, aber eine Zufuhr desselben ist doch nothwendig und sehr wichtig, um dem Muskel zu ersetzen, was er nach gethaner Arbeit in der Ruhe wieder verliert. Auch wird ein Organismus um so mehr leisten können, je grösser die sich zersetzende Eiweissmenge, das Muskelvolumen ist, während er andererseits auch eine Zeitlang Arbeit zu verrichten im Stande ist, ohne Eiweiss zu sich zu nehmen. Nach verschiedenen Versuchen (s. weiter unten) ist man anzunehmen geneigt, dass bei der Zersetzung des Eiweisses im Organismus der stickstofffreie Rest (S. 66) in Fett umgewandelt wird; da nun nach Parkes die Umsetzung des Körper-Eiweisses während der Ruhe vor sich geht, so sammelt der Muskel während der Ruhe einen Vorrath an Fett an, welches bei der demnächstigen Arbeit des Muskels durch die Verbrennung zu Kohlensäure und Wasser zur Kraftquelle wird.

Wie paradox die Parkes'sche Ansicht auch klingen mag, so lässt sich doch nicht verkennen, dass viele Thatsachen und Erfahrungen mit ihr in Einklang stehen.

Hermann's Ansicht.

Eine von den bisherigen sehr verschiedene Anschauung über die Ursache der Muskelkraft entwickelt ferner L. Hermann.[1])

Derselbe hält den bei der Contraction des Muskels ablaufenden chemischen Process für identisch mit dem bei der Todtenstarre, und zwar ist die sichtbare Todtenstarre der Schlussact eines Vorganges, welcher im ausgeschnittenen Muskel beständig verläuft.

Während des Erstarrens treten ebenso wie bei der Muskelthätigkeit erwiesener Massen Kohlensäure und eine fixe Säure auf; diese Producte sind beim Erstarren des Muskels um so geringer, je mehr der ausgeschnittene Muskel durch Contraction geliefert hat. Beim Erstarren des Muskels wird ferner ein gallertartiger Körper (Myosin) gebildet; dieser ist zwar bei der Contraction des Muskels noch nicht nachgewiesen, jedoch hat die Annahme der Bildung desselben auch hier nichts gegen sich. Für die Identität der Processe bei der Muskelzusammenziehung und Muskelerstarrung spricht auch, dass gleiche Umstände eine Erholung der Muskeln herbeiführen, nämlich Wegnahme der Kohlensäure und fixen Säure (letztere durch Neutralisation des alkalischen Blutes) und Zuführung von frischem Sauerstoff. Die beim Zusammenziehen und Erstarren des Muskels auftretenden chemischen Processe sind mit Freiwerden von Kräften (Wärmebildung) verbunden. Wahrscheinlich findet eine Spaltung von einer höchst complicirt zusammengesetzten chemischen Substanz statt,

---

[1]) Berliner klin. Wochenschr., Ergänzungsblätter. 1869. S. 245.

welche ähnlich wie die Spaltung des Zuckers in Alkohol und Kohlensäure, Wärmebildung oder Freiwerden von Kraft zur Folge hat.

Hermann nimmt nun an, das auch im lebenden Organismus die Muskeln beständig im Absterben oder Erstarren begriffen sind, dass sie aber darin nicht weit kommen können, weil einerseits durch das sauerstoffreiche alkalische Blut dem Muskel die Kohlensäure unter Zuführung von Sauerstoff weggenommen, die fixe Säure (nach J. Ranke Milchsäure und saures phosphorsaures Kalium) neutralisirt, andererseits dem Muskel durch das Blut zur Restitution neue kohlenstoffhaltige Substanz zugeführt wird. Dabei dient das während der Muskelthätigkeit gebildete Myosin mit der neu zugeführten kohlenstoffhaltigen Substanz wieder zum Aufbau des Muskels, weil während der Muskelthätigkeit nicht mehr Stickstoff ausgeschieden wird, als bei Ruhe. Würde das gebildete Myosin auch in Kreatin und Harnstoff zerfallen, so müsste eine vermehrte Stickstoff-Ausscheidung im Harn während der Arbeit statthaben. Bei einer sehr anstrengenden Arbeit kann allerdings die Myosinbildung so weit gehen, dass einzelne Muskelfasern absterben und zu einer erhöhten Stickstoff-Ausscheidung im Harn (oder zu einem erhöhten Eiweissverbrauch) führen. Bei gewöhnlicher Arbeitsleistung ist dieses aber nicht der Fall, und lässt sich der Vorgang wie folgt vorstellen:

Bei Ruhe, energischer bei Thätigkeit, geht eine Spaltung der wesentlichen Muskelsubstanz vor sich; es treten auf als Spaltungsproducte unter Anderen: Kohlensäure, fixe Säure und gallertartiges Myosin. Ist die Spaltung bis zu einer gewissen Concentration der Myosingallerte gediehen, so zieht sich diese zu einem festen Gerinnsel zusammen, d. h. Starre. Die Blutcirculation bewirkt umgekehrt eine Restitution der Muskelsubstanz, indem das Blut Sauerstoff und eine kohlenstoffhaltige Substanz, der Muskel selbst Myosin liefert. Diese Restitution hält mit der Spaltung gleichen Schritt, wenn letztere nicht durch übermässige Arbeit allzu sehr beschleunigt ist.

Aus diesen Gründen ist erklärlich, dass bei Arbeit kein Eiweiss verbraucht wird, obgleich dasselbe an dem Zustandekommen von Arbeit sehr betheiligt ist. Das, was verbraucht wird, ist eben jene unbekannte, kohlenstoffhaltige, stickstofffreie Substanz und Sauerstoff, welcher letzterer dem Muskel während der Thätigkeit in erhöhtem Masse zuströmt und vom Muskel in erhöhtem Masse aufgenommen wird. Da also während der Arbeit kein Eiweiss verbraucht wird, sondern nur Kohlehydrate und Fett, der Arbeiter diese aber in jedem Nahrungsmittel gewinnen kann, so lässt sich für den Arbeiter keine bestimmte Arbeitskost aufstellen; er ist auch im Stande mit einer an Kohlehydraten und Fett reichen Kost erhebliche Arbeit zu leisten.

Diese in den 60er Jahren entwickelten Anschauungen über den Ernährungsprocess und die Quelle der Muskelkraft haben Justus v. Liebig veranlasst, noch einmal auf seine erste Theorie zurückzukommen. Er giebt in einer längeren Abhandlung[1]) zu, dass seine frühere Behauptung, die Quelle der Muskelkraft sei in dem Umsatz der Muskelsubstanz zu suchen, durch einen selbstverschuldeten irrigen Schluss verwirrt worden ist. Denn wenn in dem Umsatz der Muskelsubstanz die Quelle der Muskelkraft liegt und das letzte stickstoffhaltige Product dieses Umsatzes der Harnstoff ist, so muss sich aus der Menge des Harnstoffs die Arbeitsleistung erschliessen

Liebig's letzte Ansicht.

[1]) Ueber Gährung, über Quelle von Muskelkraft und Ernährung. Separatabdruck aus Ann. d. Chem. u. Pharm. 1870. Bd. 153. S. 77 und 157.

lassen. Dieses ist aber nicht der Fall, da sich nach den Versuchen von Bischoff und C. Voit die secernirte Harnstoffmenge bei völliger Ruhe und starker Arbeit im wesentlichen gleich bleibt und nur nach der Eiweisszufuhr richtet.

Nichts destoweniger glaubt Liebig an seiner Ansicht festhalten zu müssen, dass in dem Umsatz der stickstoffhaltigen Muskelsubstanz die Quelle der Muskelkraft liegt. Er weist darauf hin, dass die directe Verbrennungswärme der organischen Stoffe, wie sie von Fick, Wislicenus und Frankland bestimmt wurde, uns kein Mass für die Wärmegrösse liefern kann, welche möglicherweise durch ihre Verbrennung im Organismus hervorgerufen wird.

Es liefert z. B. nach Frankland durch directe Verbrennung 1 g Rohrzucker 3348 g Wärmeeinheiten, also 171 g (1 Atom) 3348 $\times$ 171 $=$ 572 508 W.-E.

Nun geben 171 g Rohrzucker rund 85,5 g Alkohol, und 1 g Alkohol nach Bestimmungen von Dulong, Despretz und Favre 6981 W.-E., mithin 88,5 g Alkohol 617818 W.-E.

Dazu kommt noch die Wärme, welche bei der Gährung des Zuckers frei wird und für 171 g Rohrzucker 22 743 W.-E. beträgt. Man erhält somit aus 171 g Zucker:

a. Wenn sie der Gährung unterworfen werden	640 561	Wärme-Einheiten
b. Wenn sie direct verbrennen	572 508	„
Mithin im ersteren Falle mehr .	68 053	„

Aus diesen und vielen anderen Thatsachen schliesst Liebig, dass complicirt zusammengesetzte Körper ganz andere Wärmemengen liefern, wenn sie, ehe sie in Kohlensäure und Wasser übergehen, successive in weniger complicirte, intermediäre Producte zerfallen, als wenn sie direct verbrennen. Er ist nun der Ansicht, dass im Organismus die Stoffe, besonders die stickstoffhaltigen, nicht direct verbrennen, sondern, ehe sie in die Endproducte: Kohlensäure, Wasser und Harnstoff zerfallen, verschiedene Umsetzungen oder Umlagerungen erleiden. Die hoch zusammengesetzten Stickstoffverbindungen unterliegen zuerst einer Spaltung in ein stickstoffreicheres und ein daran ärmeres oder stickstofffreies und kohlenstoffreicheres Product, die dann zuletzt in Kohlensäure, Wasser und Harnstoff (resp. Ammoniak) übergehen. Gerade in dieser Spaltung erblickt Liebig die Kraftquelle und nimmt an, dass die Bewegung, welche die Stickstoffverbindungen bei ihrem Zerfall hervorbringen, nicht auf ihrer Verbrennung durch Sauerstoff und dem Umsatz der Wärme in Bewegung, sondern auf der bei ihrem Zerfall frei werdenden Spannkraft beruht, die in ihnen während ihrer Bildung (in der Pflanze) angehäuft ist.

Bei dieser Spaltung der Stickstoff-Substanz des Muskels entsteht nie Harnstoff, weil er niemals im Muskel gefunden wurde und folgt daraus, dass Harnstoff und Muskelarbeit nicht in directer Beziehung stehen können.

Auf die weiteren Ausführungen Liebig's, der übrigens jetzt die Lösung der Frage über die Quelle der Muskelkraft noch für sehr fernliegend erklärt, lässt sich hier schwer eingehen, um so weniger, als sie keine wesentlich neuen Gesichtspunkte enthalten.

Auch hat C. Voit[1]) die Ausführungen Liebig's zum Theil berichtigt, zum Theil widerlegt. Voit sucht die von ihm und v. Pettenkofer aufgestellte Theorie

---

[1]) Zeitschr. f. Biologie 1870. S. 305.

über die Quelle der Muskelkraft und die Ernährung aufrecht zu erhalten. Erstere habe ich oben kurz auseinandergesetzt, auf letztere komme ich ausführlich weiter unten zurück.

Insbesondere hebt C. Voit hervor, dass die Ansicht v. Liebig's, wonach die von Frankland gefundenen Verbrennungswärmen der Nährstoffe wohl für den Dampfkessel, nicht aber als Ausdruck für den Wärmeeffect im lebendigen Körper gelten können, durchaus nicht richtig sei und sich nicht mit dem Gesetz über die Constanz der Kraft vertrage. „Wenn wir mit dem Calorimeter," sagt C. Voit, „die sogenannte latente Wärme bestimmen, so erfahren wir, wenn anders die Apparate in Ordnung sind, die Differenz der Spannkraft des ursprünglichen Stoffes und der Spaltungsproducte; sind demnach die Anfangsglieder und die Endproducte in chemischer und physikalischer Beziehung die gleichen, so müssen wir die gleiche Wärmemenge erhalten, mag der Uebergang alsbald erfolgt sein oder Tausende von Zwischenstufen durchlaufen haben, mag er durch eine sogen. Verbrennung oder eine Spaltung unter allmählicher Bildung sauerstoffreicher Producte geschehen sein. Sollte bei dem Uebergang in allerlei Verbindungen auch zur Ueberwindung von Widerständen (in Verbindungsarbeit) Wärme nöthig gewesen sein, so wird diese, weil sie in den Zwischenproducten als Spannkraft rückständig bleibt, immer wieder gewonnen, sobald schliesslich die gleichen Endproducte vorhanden sind. Wir suchen ja die Calorimeter so herzustellen, dass die ganze Spannkraftsdifferenz in Wärmebewegung verwandelt wird" etc.

Wenn daher die Frankland'schen, Danilewsky'schen und Stohmann'schen Zahlen (siehe S. 78) der Wirklichkeit nicht entsprechen, so kann dieses nach C. Voit nur an der Unrichtigkeit der Methode liegen; speciell die stickstoffreichen Nährstoffe (Eiweiss, Harnstoff etc.) scheinen in Frankland's Versuchen nur unvollkommen verbrannt zu sein.

J. Ranke, der über die Veränderungen, welche bei der Thätigkeit im Muskel vor sich gehen, umfangreiche Untersuchungen angestellt hat, weist[1]) darauf hin, dass allen bisherigen Versuchen und Anschauungen über die Quelle der Muskelkraft der gemeinsame Irrthum zu Grunde liegt, dass man glaubte, von den Endproducten des Gesammt-Stoffwechsels auf den Stoffwechsel einer Organgruppe, speciell der Muskeln, schliessen zu dürfen. Es ist aber eine bekannte Thatsache, dass unter normalen Verhältnissen mit der gesteigerten Thätigkeit eines Organes oder einer Organgruppe eine entsprechend verminderte Thätigkeit eines oder aller anderen Organe verbunden ist. So bedingt eine gesteigerte Nahrungsaufnahme, welche den Verdauungsapparat in volle Thätigkeit setzt, einen Stillstand in der Bewegungsfähigkeit der Muskulatur. Ebenso soll übermässig gesteigerte Arbeitsleistung der Muskeln die Intensität des Verdauungsvorganges herabsetzen. Daraus erklärt sich auch das Bedürfniss nach Ruhe nach einer Hauptmahlzeit.

J. Ranke ist nun der Ansicht, dass, wie hier Verdauungs- und Bewegungsapparat in Verbindung stehen und gleichsam ihre Thätigkeit austauschen, auch die anderen Organe und Organgruppen in der Weise in Wechselwirkung treten, dass wenn die einen arbeiten, die anderen ruhen, oder ihre Arbeit, Kraftäusserungen auf ein Minimum beschränken.

---

[1]) Die Blutvertheilung und der Thätigkeitswechsel der Organe. Leipzig, 1871.

Hierfür spricht der Umstand, dass das im Körper vorhandene Blut zu den arbeitenden, thätigen Organen in erhöhtem Masse hinströmt.

Auf diese Weise liesse sich erklären, dass bei der Arbeit der Gesammt-Stoffwechsel (resp. die Endproducte) ganz oder annähernd dieselben bleiben; denn er ist um die Grösse, um welche er in den thätigen Organen gesteigert ist, in den ruhenden Organen herabgesetzt.

J. Ranke glaubt daher, dass die vielfach über diese Frage angestellten Versuche bis jetzt weder etwas für noch gegen die alte Theorie Liebigs's beweisen.

In vorstehender geschichtlichen Entwickelung habe ich die verschiedenen Ansichten über die Quelle der Muskelkraft darzulegen versucht. Man sieht daraus[1]), dass über diesen wichtigen Gegenstand bis jetzt noch keine Klarheit und Einigkeit erzielt ist. Die Lösung der Frage scheint der Zukunft vorbehalten zu sein, denn wohl keine der entwickelten Ansichten dürfte im Stande sein, alle einschlägigen Thatsachen zu erklären.

Kellner's Versuche.

In dieser Richtung ist es mit Freuden zu begrüssen, wenn den vielen theoretischen Betrachtungen mal wieder ein experimenteller Versuch folgt. Dieser ist in den letzten Jahren von O. Kellner[2]) beim Pferde angestellt. Kellner liess ein Pferd einmal bei einer für gewöhnliche Arbeit ausreichenden Ration eine bestimmte gesteigerte Arbeit verrichten, dann erhöhte er einerseits die Eiweissgabe, andererseits die an Kohlehydraten und Fett und liess wiederum eine Steigerung der Arbeitsleistung eintreten.

In den ersten Versuchen mit einer für gewöhnliche Leistungen ausreichenden Ration und bei einseitiger Erhöhung des Nahrungseiweisses fand Kellner, dass mit der Steigerung der Arbeitsleistung eine vermehrte Harnstoffausscheidung Hand in Hand ging. Durch gleichzeitige Steigerung der Gabe von Stärkemehl und Fett konnte jedoch Stickstoff-Gleichgewicht erzielt werden. Kellner zieht aus seinen Versuchen folgende Schlussfolgerungen:

1) Der Bedarf von Kraftwirkungen eines Organismus kann zur Ursache des Zerfalls von Nahrungs- und Körperbestandtheilen werden.
2) Hierbei wird zunächst stickstofffreies Material angegriffen, und wenn letzteres ungenügend oder verschwunden ist, tritt ein Zerfall von organisirtem Eiweiss ein.
3) Der Zerfall von Körpereiweiss kann nur aufgehoben werden durch Vermehrung der Nahrung, insbesondere der stickstofffreien Nahrungsbestandtheile. Selbst sehr reichliche Eiweisszufuhr kann der Zerstörung von organisirtem Eiweiss nicht vorbeugen, wenn die Gesammtmenge der Nährstoffe für den Bedarf von Kraftwirkungen ungenügend ist. Unter normalen Verhältnissen wird es sich bei starken Anforderungen an die Leistungsfähigkeit der Zug- und Lastthiere vornehmlich um eine Vermehrung der stickstofffreien Nährstoffe handeln.

---

[1]) Fick hat in einem Vortrage: Ueber die Wärme-Entwickelung (Tagebl. d. deutschen Naturforscher und Aerzte in Cassel 1879, S. 190) nochmals seine Ansichten über die Beziehungen der Entstehung von Wärme und mechanischer Arbeit im Muskel entwickelt, spricht sich aber diesmal nicht klar darüber aus, ob die Wärme- und Kraftquelle allein in der Verbrennung der Fettkörper und Kohlehydrate zu suchen ist, oder ob sich auch gleichzeitig die Eiweisskörper daran betheiligen.

[2]) Preuss. Landw. Jahrbücher 1879. S. 701 und 1880. S. 651.

4) Es ist möglich und wahrscheinlich, dass in Folge des gesteigerten Nährstoffbedürfnisses während der Arbeit eine grössere Menge circulirendes Eiweiss nöthig wird, als der ruhende Organismus im Minimum gebraucht. In diesem Falle musste die Minimalmenge des Eiweisses auch mit der Intensität der Leistung variiren.

5) Bei einem Organismus, dessen Lebensunterhalt gesichert ist, der sich also im Beharrungszustande befindet, wird aus den mehr zugeführten verdaulichen stickstofffreien Nährstoffen fast die Hälfte der in ihnen enthaltenen Spannkräfte für nutzbare Kraftleistungen verwendbar.

Zum Schlusse will ich noch erwähnen, dass nach Ermittelungen von Helmholtz und Fick von der entwickelten Wärme im menschlichen Organismus 20% bis 30% in mechanischen Effect, in Arbeit umgesetzt werden, während diese Menge bei der best eingerichteten Dampfmaschine höchstens 10% beträgt.

v. Gohren (Naturgesetze der Fütterung 1872. S. 372—378) berechnet sogar, dass von der Nahrung für mechanische Arbeit ausgenutzt werden:

Von der Dampfmaschine . . .	2,8%
Von dem Pferd	31,9 „
Von dem Ochsen	42,8 „
Von dem Menschen	53,5 „

Können diese Zahlen auch nur als ungefähre Schätzung gelten, so zeigen sie doch, dass der thierische Organismus durch seine kunstgerechte Einrichtung viel exacter und sparsamer arbeitet, als die beste Dampfmaschine, indem in demselben viel weniger Wärme nutzlos verloren geht, als bei der letzteren.

Bildung des Fettes im Organismus.

Ebenso wie die Ansicht Liebig's über die Quelle der Muskelkraft, so hat auch seine Behauptung über die Bildung des Fettes aus Kohlehydraten vielfache Angriffe erfahren. Wenngleich diese Frage für den menschlichen Organismus von weit untergeordneterer Bedeutung als für den thierischen Organismus ist, den wir bei der Mästung recht fettreich zu machen bestrebt sind, so mag dieselbe hier doch ihre Erörterung finden.

Kohlehydrate als Fettbildner.

Es war eine durch Versuche von Boussingault bei Gänsen und Enten, von Huber bei Bienen längst festgestellte Thatsache, dass das Fett der Nahrung durchweg bei weitem nicht ausreicht, das im Körper angesetzte Fett zu decken. Es musste daher das Fett aus irgend welchen anderen Stoffen der Nahrung gebildet worden sein. Man fand, dass das Eiweiss allein für sich gefüttert den Körper nicht fett mache, dass dagegen sehr viel Fett im Körper angesetzt wird, wenn gleichzeitig Kohlehydrate in der Nahrung beigegeben werden. So glaubte man bei Biertrinkern, die durchweg stark und corpulent werden, die Entstehung des Fettes aus den Kohlehydraten (Gummi, Dextrin, Zucker), woran das Bier sehr reich ist, herleiten zu müssen. Aehnliche Verhältnisse walten auch in der Thierwelt ob. So fanden Lawes und Gilbert durch vielfache Versuche an Schafen und Schweinen, dass die producirte Zunahme an Lebend-Gewicht (Fett) mehr durch die Quantität der stickstofffreien als der stickstoffhaltigen Nährstoffe regulirt wird.

Man dachte sich, dass bei einer erhöhten Zufuhr von Kohlehydraten in der Nahrung der in den Lungen eingeathmete Sauerstoff nicht hinreiche, die Kohlehydrate zu Kohlensäure und Wasser zu verbrennen, dass dieselben somit unverbrannt blieben und zu Fett umgebildet würden. Bestärkt wurde man in letzterer Ansicht durch die Thatsache, dass Thiere um so mehr Fett ansetzen, je ruhiger sie sich verhalten, je weniger Luft sie einathmen, je weniger also den Kohlehydraten Veranlassung zur Verbrennung gegeben wird.

Nach Liebig kann die Entstehung des Fettes aus Zucker auf zweierlei Weise gedacht werden: Einmal kann sie der Alkoholgährung analog sein, indem das Zuckeratom in Kohlensäure und eine sauerstoffarme, den Fettsäuren nahe verwandte Substanz zerfällt; in dem anderen Falle ist sie der Buttersäuregährung analog, indem aus dem Zuckeratom Wasserstoff abgeschieden und Kohlensäure gebildet wird, während eine Fettsäure zurückbleibt.

So entsteht bei der Buttersäure-Gährung aus:

$$\underset{\text{Zucker}}{C_6H_{12}O_6} = \underset{\text{2 Wasserstoff}}{2\,H_2} + \underset{\text{2 Kohlensäure}}{2\,CO_2} + \underset{\text{Buttersäure}}{C_4H_8O_2}$$

Bei der Bildung höherer Glieder der Fettsäure-Reihe würden mehrere Atome des Zuckers zusammenwirken und könnte z. B. aus 2 Atomen Zucker Caprylsäure analog der Buttersäure-Gährung entstehen nach der Gleichung:

$$\underset{\text{2 Zucker}}{2\,(C_6H_{12}O_6)} = \underset{\text{2 Wasserstoff}}{2\,H_2} + \underset{\text{2 Wasser}}{2\,H_2O} + \underset{\text{4 Kohlensäure}}{4\,CO_2} + \underset{\text{Caprylsäure}}{C_8H_{16}O_2}$$

Für diese Umsetzung (eine Art Gährung) des Zuckers spricht das fast beständige Auftreten von Wasserstoff und Kohlenwasserstoff im Darm; dementsprechend nimmt H. Grouven an, dass die Kohlehydrate nicht als solche ins Blut übergehen, sondern schon im Dünndarm unter der Einwirkung der alkalischen Verdauungsflüssigkeiten (Galle und Bauchspeichel) durch eine eigentliche Fettsäure-Gährung in Fettsäure und Glycerin zerfallen. Das gleichzeitige Auftreten von Glycerin, dem Paarling in den Fetten (= fettsaurem Glycerin) kann nicht befremden, da Pasteur nachgewiesen hat, dass bei der Alkoholgährung des Zuckers neben Alkohol, Kohlensäure und Bernsteinsäure stets und constant Glycerin auftritt.

F. Hoppe-Seyler[1]) glaubt für diese Ansicht einen directen Beweis beigebracht zu haben. Wenn man milchsauren Kalk mit Natronkalk und Aetzkalk erhitzt, so entstehen, unter Entwickelung von Wassergas und Wasserstoff, Fettsäuren (Essig-, Propion-, Butter-, Capronsäure und wenig feste Fettsäuren); in einem Gährungsgemisch von Glycerin, überschüssigem Kalkcarbonat und etwas faulendem Fibrin schienen ferner reichliche Mengen Capronsäure und Hexylalkohol gebildet zu sein.

Da nun sowohl durch Fäulniss als durch Einwirkung von Aetzalkalien gewisse Kohlehydrate in Glycerin und Milchsäure übergehen und sich durch dieselben Factoren aus Milchsäure fette Säuren bilden, so ist damit der Weg offen, auch im Organismus aus Kohlehydraten und Milchsäure fette Säuren von hohem Molekulargewicht entstehen zu lassen. Denn die Fäulnissprocesse ausserhalb des Organismus sind denen gleich zu erachten, welche in den höheren Organismen während des Lebens verlaufen.

---

[1]) Zeitschr. f. physiol. Chemie. Bd. III. S. 351.

Hiernach scheint die Bildung des Fettes aus Kohlehydraten aus den angeführten Versuchen nicht nur als möglich, sondern auch aus chemischen Gründen als sehr wahrscheinlich. Auch galt die Liebig'sche Lehre längere Zeit als unanfechtbar. Jedoch lag kein Grund vor, welcher zu der Annahme zwang, dass alles Fett aus den Kohlehydraten wirklich gebildet wird; es war nur die Möglichkeit der Entstehung des Fettes auf diese Weise ausgesprochen.

Und so sehen wir denn, dass auch an diesem Gebäude bald gerüttelt wurde.

Eiweissstoffe als Fettbildner.

v. Pettenkofer und C. Voit fanden nämlich durch viele Versuche, welche unten ausführlicher besprochen werden, dass zunächst die Verbrennung nicht von der aufgenommenen Menge Sauerstoff abhängt, dass die Sauerstoffaufnahme vielmehr der Nahrungsaufnahme parallel geht, dass um so mehr Sauerstoff aufgenommen und um so grösser die Zersetzung (Verbrennung) wird, je mehr Eiweiss dem Körper zugeführt wird. Nicht Fett und Kohlehydrate werden zuerst von dem Sauerstoff angegriffen, wie man bisher angenommen hatte, sondern die Grösse der Zersetzung richtet sich in erster Linie nach der Menge des eingeführten Eiweisses. Dieses versteht sich eigentlich von selbst, da aus dem Eiweiss der Nahrung sich die Blutkörperchen bilden, die den Sauerstoff binden und auf sich verdichten. Je grösser also die Anzahl der Blutkörperchen, je mehr Sauerstoff wird von dem Blute aufgenommen und in den Körper übergeführt werden. Beim Athmen in reinem Sauerstoff, bei grösster Frequenz und Tiefe der Athemzüge wird, wenn die Anzahl der Blutkörperchen gleichbleibt, nicht mehr verbrannt als unter normalen Verhältnissen.

Werden dem Eiweiss in der Nahrung Fett und Kohlehydrate zugesetzt, so ändern diese in der Zahl der Blutkörperchen nichts, es wird daher nicht mehr umgesetzt und verbrannt, als wenn Eiweiss allein verzehrt wird. Es muss daher bei Zusatz solcher Nahrung, weil dadurch nicht mehr zerstörender Sauerstoff verfügbar wird, ein Ansatz von Substanz (entweder Wachsthum oder Mastung) eintreten. Diese Aufspeicherung von Substanz im Körper bei der gemischten Nahrung von Eiweiss, Fett und Kohlehydraten, für welche eine richtige Erklärung bis jetzt fehlt, fällt zum Theil auf Ansatz von Fleisch aus dem Nahrungs-Eiweiss, zum Theil auf den Ansatz von Fett. Das abgelagerte Fett kann entweder aus dem Nahrungsfett stammen, was aber in den meisten Fällen zur Deckung nicht hinreicht,[1]) oder aus den Kohlehydraten oder aus dem Eiweiss der Nahrung. Die Bildung des Fettes aus Kohlehydraten halten v. Pettenkofer und C. Voit für nicht wahrscheinlich. Zunächst fanden sie in mehreren Versuchen (siehe weiter unten), dass bei einem Hunde bei reichlicher Eiweisszufuhr nicht aller Kohlenstoff in den Athem-Producten, Harn und Koth wieder zum Vorschein kam, der sich nach der im Harnstoff gemessenen Menge des umgesetzten Eiweisses in den anderen Ausscheidungen aus dem Körper hätte ergeben müssen; es war eine Kohlen- und Wasserstoff-haltige Substanz aus dem umgesetzten Eiweiss im Körper zurückgeblieben, derselbe hatte Fett angesetzt. Dann erinnert Voit an die Leichenwachsbildung, bei welcher, wie man annimmt, die stickstoffhaltige Körpersubstanz in stickstoffhaltige Zersetzungsproducte und einen Stoff zerfällt, der sich wie Fett verhält.

Auch fand J. Bauer[2]), dass bei der Phosphorvergiftung der Eiweissumsatz um

---

[1]) V. Subbotin sowohl (Zeitschr. f. Biologie 1870. S. 73) als auch Radziczewsky (Virchow's Archiv 1868. S. 268) legen nach ihren Versuchen dem Fettansatz aus Nahrungsfett wenig Gewicht bei.

[2]) Zeitschr. f. Biologie 1871. S. 63.

das 3-fache gesteigert wird, wobei sich im Körper eine erhebliche Menge Fett bildet. Dieses Fett kann nur aus dem Körpereiweiss durch Spaltung entstanden sein.

v. Pettenkofer und C. Voit halten die Fettbildung aus dem Nahrungs- und Körpereiweiss bei dem Fleischfresser wenigstens für erwiesen.

Es sind aber auch Gründe geltend gemacht, dass bei dem Pflanzenfresser das Fett aus dem Eiweiss seine Entstehung nimmt. So fand R. Fischer[1]), dass bei Bienen durch eine Futtermischung von 1 Theil Hühnerei und 2 Theilen Kandislösung (oder auch wie 1 : 3) eine erstaunliche Wachsproduction erzielt wurde. Ein schwaches Völkchen hatte eine grosse Anzahl Brutzellen zu verpflegen; die geringe Volkszahl genügte nicht zur normalen Ernährung der ungeheuren Brutmenge; auch fehlte es im Stock nicht an leeren Waben und doch begann das Völkchen den Wachsbau in Folge einer Fütterung mit dem stickstoffhaltigen Hühnerei. Ausserdem macht er darauf aufmerksam, dass 1) die Wachsproduction der frei im Naturhaushalte sich bewegenden Bienen am höchsten ist zur Zeit der reichsten stickstoffhaltigen Pollenernte z. B. in der Rapsblüthe, 2) sich eine auffallende Wachsproduction zeigt, wenn die eingesperrten Versuchsbienen neben dem Honig noch Pollen geniessen.

Diese Thatsache lässt sich allerdings, wie Liebig bemerkt, so erklären, dass die Intensität der Wachsbildung von der Ausbildung gewisser Organe abhängt, deren durch grössere Protein-Zufuhr gesteigerte Ernährung eine erhöhte Wachsproduction zur Folge hat. Auch haben neuere und genaue Wägungsversuche von E. Erlenmeyer und v. Planta-Reichenau[2]) gezeigt, dass Bienen aus fast stickstofffreiem Kandiszucker Wachs zu produciren vermögen, nämlich aus 18 g Zucker 1,589 g Wachs; bei reiner Honigfütterung entstanden aus 18 g trockenem Honig 0,471 g Wachs; bei Berücksichtigung des Eiweissgehaltes des Honigs würden noch 0,822 g Wachs auf den Zucker des Honigs entfallen. Bei einem Futter von 1,18 Thln. Kleberpepton, 100 Thln. Zucker und 60 Thln. Rosenwasser wurde weder Honig noch Wachs abgesetzt; ein Futter von 3,42 g Zuckersyrup und 28 g Hühnereiweiss hatte keine erhöhte Wachsproduction zur Folge. Diese Forscher sind daher der Ansicht, dass das Bienenwachs nicht aus den N-haltigen, sondern den N-freien Substanzen, vorwiegend aus Zucker erzeugt wird. Zwar haben C. Voit[3]), und G. Kühn in Gemeinschaft mit M. Fleischer[4]) bei Milchkühen nachgewiesen, dass der durch den Stickstoff des Harns gemessene Eiweissumsatz hinreicht, nicht nur den Kohlenstoff zur Bildung des in der Milch abgeschiedenen Fettes zu liefern, sondern auch, wenn das assimilirte Nahrungsfett hinzugezogen wird, den für den producirten Milchzucker erforderlichen Kohlenstoff zu decken; auch glauben W. Weiske und E. Wildt[5]) selbst bei Schweinen, welche durchweg im Verhältniss zum Eiweiss ein an Kohlehydraten reiches Futter (1 : 6—9) verzehren, nachgewiesen zu haben, dass die in einem eiweissarmen Futter verabreichte Eiweissmenge hinreicht, sowohl das im Körper angesetzte Eiweiss wie auch Fett zu decken; allein bei letzterem Versuch war der Gehalt des Futters (Kartoffeln) an nicht eiweissartigen Verbindungen nicht berücksichtigt, und hat gerade beim Schwein Fr. Soxhlet[6]) durch Fütterung von Reis unter Berücksichtigung aller

---

[1]) Landw. Versuchsst. Bd. 8. S. 31.
[2]) Bienenztg. 1880. Nr. 1.
[3]) Chm. Centrbl. 1869. S. 494.
[4]) Landw. Versuchsst. Bd. 10. S. 418.
[5]) Zeitschr. f. Biologie 1874. S. 1.
[6]) Zeitschr. d. landw. Vereins in Bayern 1881. S. 1.

Cautelen nachgewiesen, dass 5—6 mal mehr Fett während dieser Fütterung gebildet wurde, als aus dem Eiweiss hätte entstehen können. W. Henneberg, Kern und Wattenscheid[1]) kommen durch Fütterungsversuche bei Schafen zu dem Resultat, dass das Eiweiss und Fett der Nahrung nicht ausreichen zur Bildung des angesetzten Fettes, dass 42 % desselben aus Kohlehydraten entstanden sein mussten. B. Schulze[2]) hat bei Gänsen nachgewiesen, dass in einem verhältnissmässig protein- und fettarmen Futter die Kohlehydrate sich wesentlich an der Fettbildung betheiligen.

Zu ganz demselben Ergebniss gelangte Stan. Chaniewsky[3]) bei Gänsen, welche Gerste resp. Reis als Futter erhielten.

N. Tschiowinsky[4]) experimentirte mit Schweinen, welche mit Gersteschrot gefüttert wurden; er findet, dass zur Bildung der Quantitäten Fett während der Fütterungszeit die verabreichten Eiweissstoffe nicht ausreichten, dass die gebildeten Fettmengen weit hinter den Fehlergrenzen lagen und nur unter der Annahme der Theilnahme der Kohlehydrate an der Fettbildung erklärt werden konnten.

Meissl und Strohmer[5]) haben die Frage der Fettbildung ebenfalls an Schweinen geprüft, aber sich dabei einer anderen Methode bedient, indem sie sämmtliche Futtereinnahmen und Ausgaben in Koth, Harn und Respirationsproducten während einer längeren Periode ermittelten und auf diese Weise zahlenmässig die Fettproduction am Körper verfolgten. Das Schwein erhielt anfänglich Gerste, später Reis; das pro Tag zum Ansatz gelangte Fett vertheilte sich wie folgt:

Fett aus der Nahrung	7,9 g	pro Tag
„ aus dem im Körper zerfallenen Eiweiss	33,6 g	„ „
„ aus Kohlehydraten neu gebildet . . .	310,3 g	„ „

Es ist in diesem Versuch, selbst wenn man alles Fett der Nahrung als verdaut annimmt, und aus dem im Körper zerfallenen Eiweiss die grösstmöglichste Menge Fett entstehen lässt, immer noch 7—8 mal mehr Fett aus Kohlehydraten entstanden.

In weiteren Versuchen[6]) fanden Meissl, Strohmer und v. Lorenz, dass beim Schwein bei Reismehlfütterung 82,2—88,3 %, bei Gerstefütterung 71,1 % und bei einer eiweissreichen Fleischmehl-Reisfütterung noch 4,6 % des Fettes aus Kohlehydraten gebildet waren.

Wenn hiermit die Fettbildung aus Kohlehydraten beim Herbi- und Omnivoren erwiesen war, so blieb dieselbe beim Carnivoren noch eine offene Frage.

Indess zeigen Versuche von Imm. Munk[7]) an einem Hund, welcher, nachdem er während einer 31tägigen Hungerperiode sein Körperfett eingebüsst hatte, während 25 Tage täglich 200 g Fleisch und 250 g Stärke und Zucker erhielt, dass auch beim Hunde die Bildung von Fett aus Kohlehydraten statthaben kann. Munk berechnet, dass von den 960 g neugebildetem Fett im allerungünstigsten Falle 162 resp. 203 g, im günstigsten Falle sogar 692 g aus den gefütterten Kohlehydraten gebildet sein mussten resp. konnten.

---

[1]) Zeitschr. f. Biologie 1881. S. 295.
[2]) Landw. Jahrbücher 1882. S. 57.
[3]) Zeitschr. f. Biologie 1884. Bd. 20. S. 179.
[4]) Landw. Versuchsst. Bd. 29. S. 317.
[5]) Sitzungsberichte d. k. k. Akad. d. Wissenschaften. Wien 1883. Juliheft.
[6]) Zeitschr. f. Biologie 1886. Bd. 22. S. 63.
[7]) Archiv f. pathol. Anat. Bd. 101. S. 91.

Ein von M. Rubner[1]) mit einem 6,2 kg schweren Dachshund, welcher nach einer Hungerperiode 100 g Rohrzucker, 85 g Stärke und 4,7 g Fett erhielt und bei welchem die sämmtlichen Ausgaben im Respirationsapparat controlirt wurden, angestellter Versuch ergab ebenfalls eine Bildung von Fett aus Kohlehydraten.

Andererseits muss aber auch wenigstens für den Fleischfresser die Bildung von Fett aus Eiweiss zugestanden werden; denn der säugende Carnivore hat z. B. kein anderes Bildematerial für das in der Milch ausgeschiedene Fett und den Milchzucker.

Fett aus Eiweiss. Ueber die Art der Fettbildung aus Fleisch kann man sich nach W. Henneberg[2]) folgender Vorstellung hingeben:

	C	H	N	O
100 Gewichtstheile Eiweiss enthalten	53,53	7,06	15,61	23,80
Für 33,45 Harnstoff[3]) ab	6,69	2,23	15,61	8,92
Stickstofffreier Rest	46,84	4,83	—	14,88
Dem Kohlenstoff im Rest entsprechen 61,15 Gewichtstheile Fett mit	46,84	7,37	—	6,94
Wasserstoff-Deficit	—	2,54	—	—
Sauerstoffüberschuss	—	—	—	7,94
Zur Deckung des Wasserstoff-Deficits 22,86 Wasser erforderlich mit	—	2,54	—	20,32
Der Sauerstoff-Ueberschuss somit erhöht auf .	—	—	—	28,26

Bei der Unzulässigkeit der Annahme, dass der überflüssige Sauerstoff sich im freien Zustande abspaltet, sind zu den 100 Gewthln. Eiweiss, von denen man ausgegangen, noch so viel hinzuzunehmen, als erforderlich, um 28,26 Gewthle. Sauerstoff in die Endproducte des thierischen Stoffwechsels: Harnstoff, Kohlensäure und Wasser überzuführen, nämlich 19,01 Gewthle. (denn 19,01 Eiweiss + 28,26 Sauerstoff = 6,36 Harnstoff + 8,28 Wasser + 32,63 Kohlensäure). Demnach liefern 119,01 Gewthle. Eiweiss günstigen Falles 61,15 Gewthle. Fett, oder 100 Eiweiss 51,4 Fett.

Resumé. Mit Sicherheit wissen wir daher in kurzer Zusammenfassung des Gesagten, dass der thierische und auch menschliche Organismus täglich eine bestimmte Menge von Eiweiss, Fett, Kohlehydraten, Wasser, Salzen und Sauerstoff nothwendig hat, um sich auf seinem Bestande zu erhalten und um leistungsfähig zu bleiben.

Weder Eiweiss allein, noch Fette und Kohlehydrate für sich allein bilden eine genügende Nahrung; es müssen die Nährstoffe vielmehr in einem bestimmten Verhältniss zu einander eingenommen werden.

Durch die Umsetzungen dieser Stoffe entstehen unter dem Einfluss des oxydirenden Sauerstoffs als Endproducte auf der einen Seite Kohlensäure und Wasser, auf der andern Harnstoff. Dieser Vorgang ist mit dem Auftreten von Wärme und Kraft (Freiwerden von Spannkräften) verbunden. Die Wärme dient zur Erhaltung der thierischen Körperwärme, die gleichzeitig frei werdende Kraft zur Bewegung der Muskeln und Organe. Ob die Zersetzung der Eiweissstoffe allein hinreicht, die Kraft zu den Leistungen des Körpers zu liefern, oder hieran auch die Verbrennung der

1) Zeitschr. f. Biologie 1886. Bd. 22. S. 272.

2) Tagebl. d. 49. Versammlung deutscher Naturforscher und Aerzte in Hamburg 1877. S. 169.

3) Der bei der Spaltung des Eiweisses gebildet wird.

Fettkörper und Kohlehydrate betheiligt ist, lässt sich nach dem jetzigen Standpunkt der Wissenschaft noch nicht entscheiden.

Die stickstoffhaltigen Bestandtheile der Nahrung dienen in erster Linie zur Bildung der Blutkörperchen, der Träger des die Umsetzung und Verbrennung unterhaltenden Sauerstoffs, und ferner zum Wachsthum der Muskelsubstanz. Da mit der Anzahl von Blutkörperchen und der Grösse der Organmasse die Umsetzung und Verbrennung und damit Wärme- und Kraftbildung steigt, so sind die Eiweissstoffe in erster Linie von Bedeutung in unserer Nahrung.

Die Spaltung der Eiweisskörper in den Geweben ist von gleichzeitiger Verbrennung der Fette und Kohlehydrate begleitet; sie schützen dadurch die Eiweissmenge vor weiterem Zerfall und bewirken auf diese Weise, in hinreichender Menge gegeben, einen Ansatz von Eiweiss, ein Wachsthum der Körper-Organe. Das zerstörte Fett des Körpers wird entweder aus dem Fett der Nahrung wieder ersetzt, oder aber es bildet sich bei der Spaltung der gleichzeitig eingenommenen anderen Nährstoffe.

Es ist anzunehmen, dass bei dem Fleischfresser durch die Spaltung der Eiweisskörper ein stickstofffreier Rest verbleibt, der sich wie Fett verhält oder zur Fettbildung Veranlassung giebt; dagegen findet bei dem Herbi- und Omnivoren vorwiegend durch Umlagerung der Kohlehydrate eine Fettbildung aus diesen statt, und ist letztere Bildungsweise auch für den Fleischfresser wenigstens als möglich erwiesen.

Ursache des Stoffwechsels.

Nach der Entdeckung des Sauerstoffs und der zuerst von Lavoisier entwickelten Ernährungstheorie nahm man eine Zeitlang an, dass die Umsetzung der Stoffe im Körper durch die directe Einwirkung des Sauerstoffs veranlasst werde. Man dachte sich den Vorgang wie die Verbrennung im Ofen, wobei sich der Sauerstoff direct mit dem Kohlenstoff und Wasserstoff verbindet und dieselben in Kohlensäure und Wasser überführt. Diese directe Verbrennung sollte sogar einzig in dem Feuerheerde der Lungen vor sich gehen. Sauerstoff als Ursache.

Es stellte sich aber bald die Unhaltbarkeit dieser Ansichten heraus. Was den Ort der Zersetzung und der Verbrennung anbelangt, kam man zu der Einsicht, dass dieselben weder in den Lungen noch im Blut (oder nur zum sehr geringen Theil) sondern in den Geweben verlaufen.

Auch musste man davon Abstand nehmen, die Einwirkung des Sauerstoffs auf die Stoffe als die erste Ursache des Zerfalles zu bezeichnen, denn bei gewöhnlicher Temperatur verbindet sich der Sauerstoff nur mit sehr wenigen Stoffen; die meisten bedürfen erst der Erwärmung auf höhere Temperaturen (sogen. Entzündungstemperatur), um die Einwirkung des Sauerstoffs zu ermöglichen. Die herrschende Körper-Temperatur ist aber nicht hinreichend, die schwer verbrennlichen Stoffe, Eiweiss und Kohlensäure ebensowenig wie das Fett so hoch zu erwärmen, dass sie sich mit dem Sauerstoff verbinden.

Als dann durch Schönbein das Ozon entdeckt wurde, glaubte man in diesem das Agens für die Zersetzungen im Körper gefunden zu haben. Das Ozon besitzt bekanntlich als eigenthümliche Modification (Allotropie) des Sauerstoffs (verdichteter Sauerstoff) viel grössere oxydirende Eigenschaften als der gewöhnliche Sauerstoff. Es war daher denkbar, dass der Sauerstoff in diesem Zustande die

Veranlassung zu den Zersetzungen gab. Allein man konnte im Organismus kein Ozon nachweisen.

Fermente als Ursache.

Man musste also zu einer anderen Erklärung greifen; diese wurde durch C. F. Schönbein[1]) gegeben, der die Zersetzungsvorgänge des thierischen Organismus mit den Gährungserscheinungen in Zusammenhang brachte.

Schönbein weist nach, dass alle organischen Materien, welche Gährung veranlassen, auch die Fähigkeit besitzen, Wasserstoffsuperoxyd ($H_2 O_2$) in Wasser ($H_2 O$) und Sauerstoff zu zerlegen; da durch die ganze Pflanzen- und Thierwelt Stoffe albuminoser Art vertheilt sind, welche (wie z. B. Blutkörperchen) gleich den Gährungserregern Wasserstoffsuperoxyd zu spalten im Stande sind, so ist die Annahme einer allgemeinen Verbreitung von Fermenten berechtigt, welche in dem Pflanzen- und Thierorganismus vielfache, der Gährung ähnliche Vorgänge und Spaltungen von Stoffen veranlassen.

Diese Annahme ist um so wahrscheinlicher, als sich nach neueren Untersuchungen herausgestellt hat, dass Fermente im ganzen thierischen Organismus und in zahlreicher Menge vertheilt sind. So haben wir bereits in den Speicheldrüsen ein zuckerbildendes Ferment (Ptyalin), im Magen ein eiweissspaltendes (Pepsin), in der Bauchspeicheldrüse des Dünndarmes ein zuckerbildendes, eiweiss- und (fett-?) spaltendes Ferment kennen gelernt.

G. Hüfner[2]) hat sowohl für das eiweissspaltende Ferment der Bauchspeicheldrüse wie für das zuckerbildende Ferment des Mundspeichels eine allgemeine Verbreitung nachgewiesen. E. Brücke[3]) fand das Pepsin des Magens im Muskel und im Harn. Nach v. Wittich[4]) sind die Fermente durch den ganzen thierischen Organismus verbreitet. Ihre Verbreitung wird wesentlich durch ihre grosse Diffusibilität durch die Gewebe unterstützt. P. Grützner[5]) hat festgestellt, dass durch Einführung von Nahrung und den dadurch ausgeübten Reiz die Ferment-Absonderung gesteigert, dagegen unter normalen Verhältnissen nie vollständig erschöpft wird.

Da schon durch ganz kleine Stückchen der thierischen Organe das Wasserstoffsuperoxyd gasförmig zersetzt wird, so schliesst O. Nasse[6]), dass das Wesen des Lebensprocesses in allen Organen und deren Elementen, den Zellen, ein Fermentationsprocess ist.

Nach O. Schultzen und M. Nencki[7]) geht der Zerfall der Eiweisskörper im Organismus in der Weise vor sich, dass sich dieselben unter dem Einfluss der Fermente, zum Theil schon im Verdauungscanal, zum grössten Theil aber im Kreislauf der Stoffe, unter Aufnahme von Wasser, in Amidosäuren (Leucin, Tyrosin, Glycocoll) und stickstofffreie Körper spalten; erstere zerfallen weiter in Harnstoff, letztere werden unter Einwirkung des Hämoglobulins als Sauerstoffträgers zu Kohlensäure und Wasser verbrannt.[8])

---

[1]) Ueber die katalytische Wirksamkeit organischer Materien und deren Verbreitung in der Pflanzen- und Thierwelt. Zeitschr. f. Biologie I. S. 273, Bd. II. S. 1 u. Bd. IV. S. 367.

[2]) Journ. f. pract. Chem. Bd. 117. S. 372. Bd. 118. S. 1. Bd. 110. S. 53 u. s. w.

[3]) Zeitschr. f. Chem. 1870. S. 60.

[4]) Pflüger's Archiv f. Physiol. 1870. S. 339 u. 1871. S. 435.

[5]) Ibidem. Bd. 12. S. 285 u. Bd. 16. S. 121.

[6]) Ibidem. Bd. 11. S. 138.

[7]) Zeitschr. f. Biologie. Bd. VIII. S. 124.

[8]) Dieses stickstofffreie Spaltungsproduct soll, wie wir eben gesehen haben, unter Umständen auch das Material zur Fettbildung abgeben.

Auch Hoppe-Seyler[1]) ist der Ansicht, dass neben den Oxydationen im Thierkörper fermentative Processe verlaufen, die für den Lebensvorgang unentbehrlich scheinen. Als Beweis hierfür führt er folgende Thatsachen an: 1) Im thierischen Organismus entstehen reducirte Stoffe, wie Urobilin, Bernsteinsäure, Hippursäure bei Einnahme von Chinasäure u. s. w.; diese verlassen neben unzweifelhaften Oxydationsproducten den Körper im Harn. 2) Viele für die Oxydation sehr geeignete Stoffe können durch den Organismus unoxydirt hindurchgehen. 3) Auch zeigt sich zwischen Kohlensäure-Ausscheidung und Sauerstoff-Aufnahme im lebenden Organismus nicht stets ein constantes Verhältniss. 4) Obwohl sich im lebenden Organismus Ozon nicht findet und nicht wohl finden kann, findet doch eine vollständige Auflösung complicirter organischer Verbindungen zu Kohlensäure und Wasser statt, während wir durch die kräftigsten Oxydationsmittel, wie unterchlorigsaures Natron oder übermangansaures Kali, oft nur langsam und unvollkommen solche Oxydationen künstlich auszuführen im Stande sind.

Diese Thatsachen können wir uns nach Hoppe-Seyler nur erklären, wenn wir neben den Oxydationen gleichzeitig fermentative Processe im thierischen Körper annehmen.

Die Oxydationen in den Geweben kommen dadurch zu Stande, dass in den lebenden Zellen Wasserstoff, wie bei der Fäulniss, gebildet wird. Aber nur, wo kein Sauerstoff dazutritt, findet Wasserstoff-Entwickelung statt. Bei hinreichendem Sauerstoff-Zutritt wird kein Wasserstoff frei, sondern er setzt sich mit dem molekularen Sauerstoff zu Wasser und atomistischem Sauerstoff ($H_2 + O_2 = H_2O + O$) um, welcher letzterer die Oxydationen bewirkt.[2])

Ort der Zersetzungen.

Die die Zersetzung bewirkenden Fermente sind nach F. Hoppe-Seyler[3]) vorzugsweise in den Drüsen und Muskeln angehäuft und müssen daher wesentlich hier die Zersetzungen verlaufen. Blut und Lymphgefässe besitzen weder nachweisbare Fermente noch hervorragende oxydirende Eigenschaften, welche zu der Annahme berechtigen könnten, dass in Blut und Lymphe der Ort der wesentlichen chemischen Lebensprocesse oder überhaupt der Zerfall der Nährstoffe zu suchen ist.

In Folge der Zersetzungsvorgänge in Muskeln und Drüsen wird die Masse derselben beeinträchtigt; Muskeln und Drüsen sind keine stabilen Apparate, sie verbrauchen sich schnell, während neue Elemente an die Stelle der alten treten. Der Anwachs wird durch die junge, entwickelungsfähige Zelle vermittelt; denn sie allein ist der Aufnahme auch von nicht gelösten Nährstoffen fähig und ihre Vermehrung ist von der reichlicheren oder kärglicheren Ernährung des Organismus abhängig; sie besitzt die Fähigkeit, fermentative Processe und Oxydationen organischer Stoffe bei Zutritt atmosphärischen Sauerstoffs auszuführen.

Die Ansicht Nasse's und Hoppe-Seyler's findet eine Stütze in den Untersuchungen von E. u. H. Salkowsky, E. Baumann und L. Brieger; nach diesen entstehen bei der Fäulniss der Eiweissstoffe ausserhalb des Organismus eine Reihe Stoffe, welche wie Indol, Phenol, Skatol und aromatische Säuren, auch im thierischen Organismus (bei der Verdauung) resp. in den Se- und Excreten vorkommen.

---

[1]) Physiol. Chemie. I. S. 128.

[2]) Veranlassung zu dieser Annahme gab die Beobachtung, dass Sauerstoff durch Palladiumwasserstoff activ gemacht wird.

[3]) Archiv f. Physiol. 1873. B. 7. S. 399.

Wenngleich nun auch nach Nencki ein Freiwerden von Wasserstoff und eine Activirung des Sauerstoffs d. h. Zerlegung in Atome ($O_2 = O + O$) auf diese Weise[1]) in lebendigen Zellen nicht angenommen werden kann, so findet doch nach Radziszewsky's und den Untersuchungen Nencki's allgemein bei der Oxydation organischer Verbindungen in Gegenwart von Alkalien eine Spaltung des indifferenten atmosphärischen Sauerstoff-Moleküls in seine Atome statt. Die Rolle der Alkalien hierbei sind nach Radziszewsky auch organische Basen wie Neurin, überhaupt Basen von der Formel $R_2 - N - OH$ zu übernehmen im Stande. Da es ferner eine Reihe organischer Substanzen (wie Aldehyde, mehratomige Phenole, die Leukoverbindungen der Farbstoffe) giebt, welche schon für sich allein, noch leichter aber bei Gegenwart von Alkali durch den molekularen Sauerstoff oxydirt werden, so kann man sich nach M. Nencki die Oxydationsvorgänge in den lebendigen thierischen Zellen durch Spaltung des indifferenten molekularen Sauerstoffs in seine Atome (inactiven Sauerstoff) denken und erklären, ohne dass man das unwahrscheinliche Freiwerden von Wasserstoff in Folge von fermentativen Processen zu Hülfe nimmt.[2])

Noch bestimmter wendet sich M. Traube[3]) gegen die Hypothese Hoppe-Seyler's; er zeigt zunächst, dass die Vorgänge im Muskel durchaus nicht mit Fäulnissvorgängen verglichen werden können, indem z. B. frische Muskeln keine Salpetersäure in salpetrige Säure umzuwandeln vermögen, indem sich kein oder nur Spuren von Ammoniak in denselben findet, also keine Vorgänge vorhanden sind, welche die Fäulnissbacterien begleiten. Dann auch vermag nascirender Wasserstoff nicht den Sauerstoff zu activiren, da er kein Ozon zu bilden im Stande ist. Die oxydirenden Wirkungen des Wasserstoffpalladiums, welche Hoppe-Seyler für seine Ansicht geltend macht, beruhen nicht auf einer Activirung des Sauerstoffs, sondern darauf, dass Wasserstoffpalladium als autoxydabler Körper den Sauerstoff auf sich verdichtet und alle Mal zunächt nur Wasserstoffhyperoxyd bildet.

Was den Ort der Stoffzersetzung und den Aufbau neuer Zellen anbelangt, so ist C. Voit der Ansicht, dass die Zersetzungsprocesse vorzugsweise in den Geweben verlaufen, jedoch hält er eine Zerstörung und einen Wiederaufbau der Organe im Sinne Hoppe-Seyler's unter normalen Verhältnissen für sehr unwahrscheinlich.[4]) Voit leugnet den Untergang organisirter Theile und den Aufbau neuer durch die Nährflüssigkeit nicht, jedoch scheint ihm die Grösse dieses Vorganges nur von untergeordneter Bedeutung gegenüber der Grösse der Zersetzung des Eiweisses zu sein; er beschränkt die Zerstörung der Zellen und den Wiederersatz (bei Erwachsenen) auf diejenigen Organe, wo man etwas davon sieht, also auf die Blutzellen, die Epidermis- und Epithelzellen, die Auskleidungszellen einiger Drüsen unter gewissen Umständen u. s. w.

---

[1]) So beobachtete er einerseits bei der Pankreasfäulniss trotz grosser vorhandener Mengen von O starke Wasserstoffentwickelung, andererseits wurde von Pflüger und Valentin in den Ausathmungsgasen von Fröschen, die längere Zeit ohne Sauerstoff-Aufnahme leben können, kein Wasserstoffgas gefunden.

[2]) Vergl. M. Nencki: Journ. f. pract. Chemie. Neue Folge. Bd. 23. S. 87. Bd. 24. S. 498 u. Bd. 26. S. 1; ferner E. Baumann: Zeitschr. f. physiol. Chemie. Bd. 4. S. 339.

[3]) Berichte d. deutschen chem. Gesellsch. 1882. S. 2421.

[4]) Zeitschr. f. Biologie. 1874. S. 202 u. 218. Hier verwahrt sich C. Voit ausdrücklich gegen die Behauptung Hoppe-Seyler's, dass er die Zersetzungen jemals in den Blut- oder Lymphstrom verlegt habe.

Circulirendes und Organ-Eiweiss.

Das in der Natur aufgenommene und in den Säftestrom übergegangene Eiweiss unterliegt nach C. Voit alsbald und in erster Linie dem Zerfall, ohne vorher zu festen Bestandtheilen der Organe geworden zu sein. Voit unterscheidet daher zwischen circulirendem, im Säftestrom befindlichem und Organ- oder fester gebundenem Eiweiss. Zu dieser Unterscheidung wird er durch seine Versuche gezwungen. Wenn nämlich ein Thier mehrere Tage lang hungert, so wird, wie C. Voit fand, nur ein Bruchtheil des an seinem Körper befindlichen Eiweisses zersetzt, während alsbald unverhältnissmässig mehr, sobald Eiweiss in der Nahrung zugeführt wird. Alle Umstände, welche den intermediären Säftestrom vermehren, bringen auch eine Vermehrung der Eiweisszersetzung hervor, so namentlich jegliche Zufuhr von Eiweiss in der Nahrung; es muss daher zwischen diesem Säftestrom und der Eiweisszersetzung ein Zusammenhang bestehen, aber nicht derart, dass das in der Ernährungsflüssigkeit befindliche Eiweiss ohne weiteres zerfällt, sondern dass es an Orte kommt, wo sich die Bedingungen für seine Zersetzung finden, nämlich in der Wechselwirkung mit den Organen, in denen das Organ-Eiweiss abgelagert und fester gebunden wird.

Dass zwischen den an den Organen fester gebundenen, sie constituirenden Stoffen und denen des intermediären Säftestromes oder der Ernährungsflüssigkeit ein Unterschied besteht, geht noch schlagender aus folgenden durch einen Versuch von C. Voit festgestellten Thatsachen hervor:

Bei mehrtägigem Hunger wird nur mehr das an den Organen abgelagerte Eiweiss, nachdem es in den Säftestrom gerathen ist, zersetzt; dabei werden auch alle die Bestandtheile frei, welche mit dem Eiweiss einen Theil des Zelleninhaltes darstellen, so namentlich die Aschebestandtheile, welche dann als überflüssig im Harn und Koth entfernt werden. Giebt man alsdann nach der Hungerzeit ausschliesslich aschefreien Leim oder aschefreies Eiweiss, so werden diese zerlegt und die Zersetzung des Organ-Eiweisses wird beschränkt oder aufgehoben; im Harn fehlen aber alsdann auch die vorher darin befindlichen Aschebestandtheile des Gewebes. Der etwaige Einwand, dass die Aschebestandtheile der im Körper zerstörten Zellen zurückgehalten werden und mit dem neuen Eiweiss zum Aufbau dienen, ist für den Leim hinfällig, da von ihm erwiesen ist, dass er nicht zum Aufbau von Zellen dienen kann.

Aus diesen Gründen glaubt C. Voit zwischen circulirendem und fester gebundenem Organ-Eiweiss unterscheiden und annehmen zu müssen, dass das im Säftestrom befindliche, circulirende Nahrungs-Eiweiss direct zerfällt, ohne vorher zu Organ-Eiweiss geworden zu sein. Jedoch kann hierüber, wie C. Voit meint, nur die mikroskopische Forschung entscheiden.

E. Pflüger[1]) schliesst als Herd der Umsetzungen im Körper zwar auch das Blut und die Säfte aus und verlegt denselben in die Zellen der Gewebe, hat aber im übrigen ganz andere Vorstellungen von der Ursache des Stoffzerfalles, als die genannten Forscher.

Dass das Blut als Ort der Oxydationen ausgeschlossen werden muss, folgt schon daraus, dass bei den Insecten der Sauerstoff den Zellen direct, ohne die Vermittelung des Blutes zugeführt wird. Der Vogel-Embryo absorbirt nach Baumgärtner schon

[1]) Pflüger's Archiv f. Physiol. Bd. X. S. 468, Bd. XI. S. 263, Bd. XVIII. S. 217.

Sauerstoff und bildet Kohlensäure zu einer Zeit, wo weder Blut noch Blutgefässe vorhanden sind. In beiden Fällen verläuft die Zersetzung nur in den Zellen und was hier bei niederen Thieren und bei solchen im ersten Entwickelungsstadium der Fall ist, das muss folgerichtig auch bei den höheren und entwickelteren Thieren angenommen werden, weil der Fundamentalprocess des Lebens im Laufe der Entwickelung keine solchen Sprünge machen kann, dass mit einem Male der Herd der Umsetzungen von den Gewebszellen aufs Blut übergeht.

Jede Zelle (thierische und pflanzliche) absorbirt Sauerstoff und bildet Kohlensäure; diese Oxydation kann sich soweit steigern, dass Leuchten eintritt. Die Phosphorescenz verwesender Organismen, das Leuchten des Meereswassers wird durch lebende Zellen bedingt, meist durch Pilze von der Familie der Schizomyceten. Bei Abschluss von Sauerstoff verlieren sie die Eigenschaft zu leuchten.

Riesenmolekül Pflüger's.

Die thierischen Zellen hängen nun zusammen, sie bilden durch Continuität grosse Massen, die sich mit Riesenmolekülen vergleichen lassen. Das ganze Nerven- und Muskelsystem, sowie die übrigen von den Nerven abhängigen Apparate sind durch Continuität zu einem einzigen Zellennetz verbunden; mit einem Wort, der ganze empfindende, denkende und bewegende Apparat eines Thieres bildet ein einziges Riesenmolekül.

Wenn nun in diesem grossen Zellennetz oder Riesenmolekül an irgend einem Punkte eine wenn auch noch so kleine Aenderung in der Gruppirung der Atome, eine Umlagerung entsteht, so wird sich diese der ganzen Masse des Moleküls mittheilen; es entstehen Veränderungen durch die ganze Masse des Moleküls, deren Grösse in gar keinem Verhältniss zur Kleinheit des ursprünglichen Angriffs steht.

Dem Molekül ist aber eine beständige Aenderung in seinem Gefüge eigenthümlich; die Selbstzersetzung geht auch ohne Einwirkung des Luftsauerstoffs vor sich. Bei Fröschen z. B. dauert die Kohlensäurebildung und Ausscheidung, dauert also das Leben mit allen Functionen noch viele Stunden lang fort, wenn den Thieren kein Atom freien Sauerstoffs zugeführt wird.[1]) Der Sauerstoff bedingt also die chemischen Processe des Lebens nicht; sie sind vielmehr von diesem innerhalb gewisser Grenzen unabhängig; das Leben wird durch die Selbstzersetzlichkeit des lebenden Moleküls unterhalten.

Die Selbstzersetzung ist nichts Paradoxes; sie tritt überall in der Natur dann auf, wenn die intramoleculare Bewegung, welche wir Wärme nennen, so stark ist, dass sie das Gefüge des Moleküls lockert und zerreisst; es nehmen alsdann die Atome eine andere Stellung an, es entstehen neue Anziehungen, welche stärker sind, als die, welche das Molekül zusammenhielten. Dafür, dass die Wärme die Intensität der den Lebensprocess ausmachenden chemischen Umsetzungen bedingt, spricht der Umstand, dass beim Kaltblüter der Stoffwechsel proportional mit der äusseren (umgebenden) Temperatur steigt und fällt, d. h. Kaltblüter liefern um so mehr Kohlensäure, je wärmer die sie umgebende Luft ist.

Beim Warmblüter treten, wie wir gesehen haben, diese Verhältnisse nicht oder umgekehrt hervor; diese besitzen aber besondere Einrichtungen, mittelst deren

---

[1]) Wurde den scheintodten und kalt gehaltenen Fröschen, welche längere Zeit keinen Sauerstoff aufgenommen hatten, wieder Sauerstoff zugeführt, so kamen sie wieder zu sich; indem der Sauerstoff in die freien Verwandtschaften des Riesenmoleküls, das sich zu zersetzen aufgehört hatte, eintrat, begann das Leben aufs neue.

sie eine constante Temperatur des Körpers zu erhalten im Stande sind (vergl. S. 72); eine Abkühlung des Körpers hat einen Reiz auf gewisse Nerven zur Folge, welche durch ihre Erregung reflectorisch den Stoffwechsel in den Muskeln steigern. Wird diese Wärmeregulation durch besondere Kunstgriffe unwirksam gemacht, so steigt und fällt auch hier die Intensität des Stoffwechsels mit der äusseren Temperatur gerade wie beim Kaltblüter.

Aus diesen wie vielen anderen Versuchs-Resultaten schliesst Pflüger, dass das Wesen des lebendigen Stoffwechsels auf Selbstzersetzungen in dem Riesenmolekül beruht; es treten in demselben von selbst Umlagerungen in den Atom-Gruppirungen, ein Dissociations-Process auf, der bis zu einer gewissen Grenze auch ohne Zutritt von freiem Sauerstoff unabhängig von diesem verläuft. Zum fortwährenden Verlaufe desselben ist jedoch sowohl die Zufuhr von Sauerstoff als von Nährsubstanzen nothwendig, welche die zerfallenen und oxydirten Atomgruppen des Riesenmoleküls restituiren.

Einfluss der Nahrung auf den Stoffwechsel. Ernährungsversuche.

Nachdem wir den Weg und das Schicksal der Nahrung im menschlichen Organismus, sowie die Bedeutung der Nährstoffe für die Lebensfunctionen kennen gelernt haben, wollen wir jetzt den Einfluss der einzelnen Nährstoffe auf den Stoffwechsel noch etwas näher ins Auge fassen, um genauere Anhaltepunkte für die zweckmässigste Zusammensetzung der Nahrung eines Menschen zu erhalten.

Auf viele dieser Ernährungsversuche habe ich in vorstehenden Ausführungen schon Bezug genommen.

Münchener Versuche.

Diese Versuche sind in umfangreicher Weise in dem Münchener physiologischen Institut von Bischof, v. Pettenkofer und C. Voit ausgeführt worden; man kann wohl behaupten, dass diese Versuche die erste Grundlage für unsere gegenwärtigen Anschauungen über die menschliche Ernährung geworden sind und in dem verworrenen, dunkelen Gebiet den Weg gebahnt haben.

Die genannten Forscher experimentirten zuerst mit Hunden, die bezüglich des Verdauungssystems unter den Hausthieren dem Menschen am nächsten stehen und auch mit dem Menschen eine gemischte, d. h. animalische und vegetabilische Nahrung theilen. Sie prüften dann die am Hunde erhaltenen Resultate und Gesetze durch gelegentliche, gleichzeitige Versuche am Menschen, wobei sie übereinstimmende Beziehungen fanden. Auf diese Weise bilden die Versuche die Grundlage für die menschliche Ernährung.

Bei denselben wurden nicht nur alle Einnahmen und sichtbaren Ausgaben (Harn und Koth) festgestellt, sondern auch die nicht sichtbaren (insensibelen) Ausgaben (die Gase: Kohlensäure, Sauerstoff und Wassergas) vom Körper genau controlirt.

Zu diesem Zweck befand sich das Versuchsindividuum in einem luftdicht schliessenden Kasten oder einer luftdichten Kammer, durch welche mittelst eines Aspirators ein beständiger schwacher Luftstrom gesogen wurde. Indem einerseits die Menge der durchströmenden Luft gemessen, andererseits die Luft vor dem Eintritt und nach dem Austritt aus der Kammer, worin sich das Thier befand, genau auf seine Bestandtheile untersucht wurde, konnte mit hinreichender Schärfe berechnet werden, was und wie viel das Thier an Gasen (Kohlensäure resp. Wassergas) abgegeben, event. wie viel Sauerstoff es aus der einströmenden Luft während des Versuches aufgenommen hatte.

Unter gleichzeitiger Berücksichtigung der in der Versuchszeit abgegebenen Koth- und Harnmenge sowie der eingenommenen Nahrung waren somit alle Daten gegeben, um zu berechnen, ob und was das Versuchsindividuum unter den verschiedenen Versuchsverhältnissen im Körper zurückbehalten oder von demselben abgegeben hatte; die genannten Forscher studirten auf diese Weise den Stoffwechsel bald im Hungerzustande, bald bei voller, bald bei einseitiger Nahrung, bald in der Ruhe, bald bei Arbeit u. s. w.

Wir wollen im Nachstehenden die wesentlichsten Resultate dieser grossartigen Untersuchungen der Reihe nach in kurzen Zügen betrachten und mit dem Stoffwechsel im Hungerzustande beginnen.

Stoffwechsel im Hungerzustande.

1. Stoffwechsel im Hungerzustande. Im Hungerzustande, wenn der Mensch keine oder nur eine sehr unzureichende Nahrung zu sich nimmt, hört der Umsatz der Körperstoffe nicht auf, der Stoffwechsel besteht fort. Allein die Grösse des Umsatzes ist wesentlich herabgesetzt; sie ist im Anfange bedeutender als später.

Joh. Ranke[1]) liess einen Mann 24 Stunden hungern und bestimmte alsdann in den nächsten 24 Stunden, wo er ebenfalls keine Nahrung zu sich nehmen konnte, die Ausgaben wie folgt:

1. Körperverlust:

Körpergewicht vor dem Versuch . . .	69,643 kg
„ nach „ „ . . .	68,513 „
Also Verlust in 24 Stunden	1,130 kg

2. Ausgaben:

	Stickstoff g	Kohlenstoff g
a. In den flüssigen Excreten . .	8,024	3,65
b. In der Respiration	—	180,85
Summa	8,024	184,5

Dem während des Hungers ausgeschiedenen Stickstoff entspricht 50,7 g Eiweiss, der ausgeschiedenen Kohlenstoffmenge, die nicht durch Eiweiss gedeckt wird, 198,1 g Fett; demnach betrug der gesammte Verlust:

$$50{,}7 \text{ g Eiweiss} + 198{,}1 \text{ g Fett} = 248{,}8 \text{ g.}$$

Dazu kommen noch 7,7 g Extractivstoffe und Salze, welche im Harn ausgeschieden wurden, so dass der Verlust an festen Stoffen 256,5 g betrug.

Es hatte aber der Körper 1130 g verloren; ziehen wir von diesem Gesammtverlust den ermittelten ab, so erhalten wir den Verlust des hungernden und durstenden Menschen an Wasser, nämlich:

$$1130 - 256{,}5 = 873{,}5 \text{ g.}$$

Die Hauptmenge des Körperverlustes besteht daher in Wasser; der Verlust an Eiweiss und Fett ist auf ein Minimum herabgesetzt; bei normaler Kost und unter normalen Verhältnissen wird die 2—3fache Menge an Stickstoff (oder Eiweiss) und Kohlenstoff (Fett und Kohlehydraten) verbraucht und ausgeschieden. Die ausgeschiedene

[1]) Die Ernährung des Menschen. München, 1876. S. 210—211.

Stickstoffmenge kann aber bei anhaltendem Hunger noch weiter herabgesetzt werden, nämlich auf 2—3 g, entsprechend 11—12 g Eiweiss pro Tag.

Ganz dieselben Verhältnisse fanden C. Voit und v. Pettenkofer[1]) beim Menschen wie beim Hunde. Sie fanden z. B. bei einem Mann, der 12 Stunden vor Beginn des Versuchs keine feste Nahrung zu sich genommen hatte, während des Hungers im Vergleich zu der Zeit, wo er eine mittlere Kost zu sich nahm, folgende Zahlen bei Ruhe und Arbeit pro 24 Stunden:

	Ausgeschiedene Kohlensäure g	Ausgeathmetes Wasser g	Aufgenommener Sauerstoff g	Secernirter Harnstoff[2]) g
I. Bei Ruhe:				
1. Im Hungerzustande . . .	738	829	780	26,8
2. Bei mittlerer Kost	912	828	709	37,2
II. Bei Arbeit:				
1. Im Hungerzustande . . .	1187	1777	1072	25,0
2. Bei mittlerer Kost	1285	2042	955	36,3

Hiernach wird bei mittlerer Kost sowohl als bei Arbeit mehr Kohlensäure, Wasser und Harnstoff ausgeschieden als im Hungerzustande. Während desselben ist aber die Menge des Stoffansatzes bei Arbeit grösser als bei Ruhe; nur die secernirte Harnstoffmenge bleibt sich bei Ruhe wie bei Arbeit gleich, unbekümmert darum, ob Nahrung eingenommen wird oder nicht.

Die Grösse der Harnstoff-Ausscheidung, Kohlensäure-Abgabe und Sauerstoff-Aufnahme ist im Anfange der Hungerperiode grösser als im weiteren Verlaufe derselben; sie richtet sich wesentlich nach dem im Körper noch von der letzten Nahrung vorhandenen Bestande; so wurde gefunden bei einem Hunde pro 24 Stunden:

		Ausgeschiedene Kohlensäure g	Ausgeathmetes Wasser g	Aufgenommener Sauerstoff g	Eiweiss- (Fleisch-) Umsatz gemessen nach der Harnstoff-Ausscheidung g
1. In einer 10tägigen Hungerreihe, nachdem vorher 16 Tage 1500 g Fleisch gefüttert waren.	6. Hungertag.	366	400	358	175
	10. Hungertag.	289	351	302	154
2. In einer 8tägigen Hungerreihe nach vorheriger längerer Fütterung mit 2500 g Fleisch.	2. Hungertag.	380	281	371	341
	8. Hungertag.	334	184	335	138

Dass im Anfange der Hungerperiode, nachdem vorher 2500 g Fleisch an den Hund verfüttert waren, mehr Eiweiss umgesetzt wurde, als in der I. Periode, wo vorher nur 1500 g verabreicht wurden, hat Voit und v. Pettenkofer zu der Annahme geführt, dass dieser grössere Umsatz nur von dem grösseren noch vorhandenen Vorrath der Eiweissnahrung herrühren könne, dass demnach zwischen letzterem Circulations-Eiweiss und dem fester gebundenen Organ-Eiweiss unter-

[1]) Zeitschr. f. Biologie. Bd. II. S. 307 und Berichte der bayr. Akademie der Wissensch. in München. 1867. S. 1.

[2]) Die Menge des täglich ausgeschiedenen Harnstoffs gilt nach den vorstehenden Ausführungen als Massstab des Eiweiss-Umsatzes.

schieden werden müsse. Je grösser die Eiweissmenge der vorausgehenden Nahrung ist, desto mehr circulirendes Eiweiss besitzt der Organismus, desto mehr wird auch alsdann umgesetzt. Ist der Vorrath dieses Eiweisses verbraucht, dann greift der Organismus zu dem fester gebundenen Organ-Eiweiss und bringt es in Circulation. Das fester gebundene Organ-Eiweiss widersteht aber der Umlagerung und Zersetzung weit schwieriger als das Circulations-Eiweiss der Nahrung; deshalb sinkt im weiteren Verlauf der Hungerperiode die Eiweisszersetzung, sie geht auf ein Minimum herab.[1])

Fettzufuhr im Hungerzustande. Mit dem Eiweiss verliert der Körper auch nach und nach seinen Fettbestand. Wird dem Thiere während des Hungers ausschliesslich Fett verabreicht, so hört zwar die Fettabgabe vom Körper auf, nicht aber die Abgabe von Eiweiss.

Nachdem ein Hund mit 1500 g Fleisch ins Stickstoffgleichgewicht[2]) gebracht und ihm 10 Tage die Nahrung ganz entzogen war, erhielt er wiederum 1500 g Fleisch bis zum Stickstoffgleichgewicht und musste wieder 10 Tage hungern, erhielt aber diesmal in der Hungerperiode täglich 100 g Fett.

Die Harnstoff-Ausscheidung, welche vor dem Versuch 110,8 resp. 111,8 g betragen hatte, war an den einzelnen Tagen folgende:

Tag	1. Hungerperiode ohne Fettzugabe g	2. Hungerperiode mit Fettzugabe g
1	26,5	27,2
2	18,6	16,3
3	15,7	14,1
4	14,9	12,9
5	14,8	12,4
6	12,8	10,8
7	12,9	10,5
8	12,1	10,7
9	11,9	11,2
Summa	140,2	126,1

Wir sehen, dass die Harnstoff-Ausscheidung (also Eiweissumsetzung) mit jedem Tage in der Hungerzeit geringer wird und dass dieselbe durch eine ausschliessliche Zufuhr von Fett herabgesetzt wird.

Ein Grund, weshalb die Fettzufuhr im Hunger den Eiweiss-Umsatz etwas herabdrückt, lässt sich nicht angeben.

---

[1]) Hiermit steht auch ein Versuch J. Forsters (Zeitschr. f. Biologie 1875. S. 496) im Einklang. Derselbe verfütterte an ein Thier einerseits defibrinirtes Blut, welches als lebendes Organ betrachtet werden kann, andererseits injicirte er Eiweisslösungen (Hühnereiweiss und Blutserum) und verfolgte in beiden Fällen die Harnstoff-Ausscheidung. Um letztere prägnanter hervortreten zu lassen, versetzte er das Thier abwechselnd in den Hungerzustand. Es stellte sich nun heraus, dass bei Verfütterung von Blut, einem lebenden Organ, keine Vermehrung der Harnstoff-Ausscheidung stattfand, dass dieselbe dagegen bald eintrat, sowohl wenn er dem hungernden Thier Eiweisslösungen injicirte, als auch, wenn er Eiweiss in der Nahrung verabreichte. Letzteres verhält sich daher von dem fester organisirten Bluteiweiss verschieden, es wird schneller und leichter als dieses zersetzt.

[2]) Unter „Stickstoffgleichgewicht" versteht man den Zustand des Körpers, in welchem die Stickstoff- (Eiweiss-) Einnahmen und Stickstoff-Ausgaben (in Harn und Koth) gleich sind.

Eine Wasser-Einnahme während des Hungerns bewirkt unter Umständen eine vermehrte Eiweisszersetzung (resp. Harnstoff-Ausscheidung). So wurde bei einem hungernden Hunde gefunden: Wasserzufuhr im Hungerzustande.

Aufgenommene Wassermenge	Harn	Harnstoff	Aenderung im Gewicht am Körper	Wasserausscheidung durch Haut und Lunge
g	g	g	g	g
0	177	16,7	— 385	207
1957	742	21,3	+ 880	335

Hier wurde durch die Wasseraufnahme die Harnstoff-Ausscheidung um 4,6 g vermehrt; in solchen Fällen jedoch, in welchen das aufgenommene Wasser dazu gedient hatte, den durch starke Bewegung während des Hungerns herbeigeführten Wasserverlust vom Körper zu decken, konnte keine Zunahme der Harnstoff-Ausscheidung constatirt werden.

Bei kleinen und jungen Thieren ist der Stoffverlust vom Körper während des Hungerns bedeutender als bei grossen und erwachsenen Thieren. Dieses erhellt aus folgenden Zahlen für Muskelmasse und Harnstoff-Ausscheidung verschiedener Thiere im Hungerzustande: Kleine und grosse Thiere im Hungerzustande.

	Gewicht des Körpers	Harnstoff während des Hungerns pro Tag	Muskelmasse am Körper		Auf 1 kg Muskelmasse: Harnstoff
	kg	g	g	%	g
Mensch . . .	70,00	19,2	29400 =	42	0,65
Hund	10,12	7,4	4534 =	45	1,63
Katze	2,50	3,8	1125 =	45	3,37
Kaninchen . .	1,00	1,8	510 =	51	3,53

Der kleinere Organismus verliert daher während des Hungerns verhältnissmässig mehr von seiner Körper- oder Muskelmasse, als der grosse Organismus. Dieses hängt genau mit der Grösse des Stoffwechsels unter gewöhnlichen Verhältnissen zusammen, der bei dem kleinen Organismus im Verhältniss zu dem grossen nicht unwesentlich lebhafter und energischer ist. Der junge und kleine Organismus bedarf für seine verhältnissmässig grösseren Leistungen, nämlich zur Hervorbringung mechanischer Arbeit und Wärme für dasselbe Körpergewicht einer entsprechend grösseren Nahrung als der ausgewachsene und grosse Organismus; er besitzt im Verhältniss zum Organ-Eiweiss mehr Circulations-Eiweiss, welches der Zersetzung leichter anheimfällt.

Aus diesem Grunde erklärt sich auch, dass Kinder eher dem Hungertode verfallen als Erwachsene; sie besitzen einen lebhafteren Stoffwechsel und verzehren daher ihren Körperbestand eher als letztere. Hungertod.

Die vielfach aufgeworfene Frage, wie lange ein Mensch, ohne Nahrung zu sich zu nehmen, zu leben im Stande ist, erledigt sich hiernach von selbst; sie lässt sich nicht im allgemeinen bestimmen, sondern ist lediglich individueller Natur. Je grösser der Bestand am Körper, je geringer der Stoffwechsel, sei es bedingt durch das Alter oder durch besondere krankhafte Zustände, desto länger wird der Mensch dem Hunger widerstehen. Man hat Fälle, wo Menschen schon am 3. und 4. Hungertage starben, andere 10—12 Tage dem Tode widerstanden. Wenn aber Wassergenuss freisteht, können Menschen wochenlang, 20—30 Tage, ohne Nahrung leben; ja Tiedemann führt Fälle an, in welchen Hungernde, welche Wasser geniessen konnten, 50 und mehr Tage ausdauerten.

Nur so lässt sich erklären, dass Kranke, welche nur Wasser geniessen, längere Zeit ohne jegliche Nahrung am Leben bleiben.

Durch gewisse krankhafte Zustände, besonders durch Rückenmarksleiden kann das Nahrungsbedürfniss sehr herabgesetzt werden. Gewisse Rückenmarksverletzungen rufen beim Menschen einen minimalen Stoffwechsel herbei, der alsdann dem der kaltblütigen Thiere gleicht, welche wie Schlangen und Salamander ein halbes Jahr und darüber ohne Nahrung leben. Mit solchen Leiden behaftete Personen sind nicht selten das Werkzeug religiöser Schwärmerei geworden, indem man in ihnen etwas Uebernatürliches erblicken zu müssen glaubte.

Hungergefühl.

Das Gefühl des Hungers und Durstes entsteht, wie alle Empfindungen und Schmerzen, durch gewisse Einwirkungen auf das Nervensystem. Es sind nagende und drückende Gefühle im Magen, verbunden mit Zusammenziehungen, Gasanhäufung und Schmerzen. Die Blutbildung im Körper ist eine geringere, und es strömt den einzelnen Organen weniger Blut als bei normaler Nahrung zu. Dadurch ist Wärme- und Kraftbildung im Organismus auf ein Minimum beschränkt und stellt sich bei Hungernden ein starkes Frieren und Frösteln ein.

Das beste Schutzmittel gegen Frost ist reichliche Nahrung.

Der Hunger ist der grosse Regulator des vegetabilischen Lebens, er ist, wie D. Huizinga sagt, das scharfe Schwert, womit uns die Natur zur Nahrungsaufnahme zwingt.

Eiweissnahrung und Eiweissumsatz.

2. *Stoffwechsel bei reiner Eiweiss- oder Fleischnahrung.*

(Bedeutung der Peptone und des Leimes.) Man könnte leicht zu der Ansicht verleitet werden, dass eine in der Nahrung eingenommene Menge Eiweiss, welche der während des Hungers umgesetzten entspricht, hinreichen müsste, den Verlust vom Körper zu decken. Das ist aber nicht der Fall. Führt man eine dem Umsatz im Hungerzustande entsprechende Eiweissmenge zu, so wird mehr Eiweiss umgesetzt, als eingenommen wurde. Denn es ist der Stoffwechsel im Hungerzustande auf ein Minimum reducirt, es gehört zur Erhaltung eines kümmerlichen Zustandes wenigstens $2\frac{1}{2}$ Mal so viel Nahrungseiweiss, als Körpereiweiss im Hungerzustande zersetzt wird.

Ueberhaupt richtet sich der Eiweissumsatz nach den Versuchen von Bischof, C. Voit und v. Pettenkofer[1]) wesentlich nach der Menge des Nahrungseiweisses. Der Körper setzt bis zu einer gewissen Grenze so viel um, als er einnimmt, er vermag sich fast mit jeder Menge Eiweiss ins Gleichgewicht zu setzen.

Dieses kann bei demselben Thiere unter verschiedenen Körperzuständen durch die verschiedensten Mengen Nahrungseiweiss geschehen. War z. B. nach Voit's Versuchen der Körper durch vorhergehende reichliche Fleischnahrung eiweissreich geworden, so genügten 1500 g Fleisch nicht, um den vorher erlangten höheren Eiweisszustand des Körpers zu erhalten; war dagegen durch vorhergehende spärliche Eiweisszufuhr der Körper arm an Eiweiss geworden, so reichten 1500 g Fleisch aus, um seinen Eiweissstand zu erhalten und zu vermehren.

Obere und untere Grenze der Eiweisszufuhr.

Es giebt aber eine obere und untere Grenze, über und unter die hinaus ein Gleichgewichtszustand des Organismus unmöglich ist. Die obere Grenze ist in der Aufnahmefähigkeit des Darmes für Eiweiss gegeben.

---

[1]) Zeitschr. f. Biologie 1867. Bd. III. S. 1 u. 1871. S. 433.

Mit 2500 g Fleisch vermochte sich der 35 kg schwere Hund noch ins Stickstoffgleichgewicht zu setzen; 2600 g Fleisch konnte er noch verdauen und setzte dabei 126 g Fleisch an; 2900 g Fleisch war er aber nicht mehr zu verdauen im Stande, es trat Erbrechen und Durchfall mit Entleerung von unverändertem Fleisch ein.

Die untere Grenze richtet sich nach dem Stande des Körpers an Circulations-Eiweiss; ist der Körper reich an Circulations-Eiweiss, so liegt die untere Grenze höher, ist er arm daran, so liegt sie tiefer. Mit 480 g als der geringsten zuzuführenden Menge vermochte sich der 35 kg schwere Hund noch ins Stickstoffgleichgewicht zu setzen.

Bei 480 g Fleischzufuhr nahm die Umsetzung des Organ- und Circulations-Eiweisses so lange ab, bis sie der Zufuhr von 480 g gleich war; bei 2500 g Fleischzufuhr nahm die Umsetzung so lange zu, bis 2500 g zersetzt wurden. Mit einer jeglichen Fleischzufuhr, welche zwischen 480 g oder 2500 g lag, vermochte sich also der Hund ins Stickstoffgleichgewicht zu setzen.

Bei geringer Fleisch- und Eiweisszufuhr giebt der Körper neben Fleisch auch noch Fett von seinem Körper her, bei grösserer Zufuhr dagegen kann Fett angesetzt werden. Dieses erhellt aus folgenden Zahlen: Fettbildung bei Eiweissnahrung.

Nr. des Versuchs	Fleisch verzehrt	Fleisch zersetzt	Fleisch am Körper	Fett am Körper	Sauerstoff aufgenommen	Sauerstoff zur Zersetzung nöthig
	g	g	g	g	g	g
I.	0	165	— 165	— 90	330	329
II.	500	599	— 99	— 47	341	332
III.	1000	1079	— 79	— 19	453	398
IV.	1500	1500	0	+ 4	487	477
V.	1800	1757	+ 43	+ 1	—	592
VI.	2000	2044	— 44	+ 58	517	524
VII.	2500	2512	— 12	+ 57	—	688

Diese Zahlen sind in mehr als einer Hinsicht lehrreich; zunächst zeigen sie, dass der Eiweissumsatz ganz parallel der Eiweisseinnahme geht; selbst bei ganz grosser Eiweisszufuhr, die den Eiweissumsatz beim Hunger um das zehnfache überwiegt, wird nicht nur alle eingeführte Menge umgesetzt, es kann sogar noch Eiweiss vom Körper, Organeiweiss, wenn auch nur in minimaler Menge weggenommen werden.

Bei geringer Eiweisszufuhr wird Fleisch und Fett vom Körper zersetzt; diese Menge wird mit steigender Eiweisszufuhr immer geringer, bis bei einer gewissen Menge — hier 1500 g — mehr oder minder Stoffgleichgewicht eintritt. Giebt man darüber hinaus noch stetig steigende Eiweiss- (Fleisch-)mengen, so wird zwar aller eingenommene Stickstoff im Harn und Koth wieder ausgeschieden, aber ein nicht unerheblicher Theil des Kohlenstoffs erscheint nicht wieder in den Excreten, sondern bleibt im Körper zurück. Dieser zurückgebliebene Kohlenstoff kann nach den genannten Versuchsanstellern nur in Form von Fett angesetzt sein.

Die Menge des aus dem Eiweiss abgelagerten Fettes ist in manchen Fällen nicht unbedeutend; sie betrug in Procenten des zersetzten trocknen Fleisches ausgedrückt 4,3—12,2 %, während sich in dem trocknen Fleische höchstens 3,8 % Fett befanden. Hiernach scheint die Fettbildung aus Eiweiss bei dem Fleischfresser erwiesen zu sein.

Sauerstoff-Aufnahme und Eiweiss-Zufuhr.

Ferner lehren die Zahlen, dass mit der Menge der Eiweisszufuhr auch die Menge des eingeathmeten Sauerstoffs proportional ansteigt. Früher nahm man an, dass die Grösse der Umsetzungen im Körper sich nach der Menge des eingeathmeten Sauerstoffs richte, dass erstere durch letzteren bedingt werde. Hier sehen wir jedoch, dass die Menge des eingeathmeten Sauerstoffs sich nach der Menge des aufgenommenen Umsetzungs-Materiales richtet, dass die Sauerstoffaufnahme durch die Nahrungsaufnahme, d. h. durch die Menge des zugeführten Umsetzungs-Materiales bedingt wird.

Ein grosses Feuer erfordert viel Brennmaterial; da der Zutritt von Sauerstoff unbeschränkt ist, so hängt die Grösse der Verbrennung und des Heizeffectes lediglich von der Menge des zugeführten Brennmateriales ab. Soll die Grösse der Flamme forterhalten werden, so ist stets die grössere Menge Brennmaterial zuzulegen; geschieht dieses nicht, so geht die Flamme bald auf den niederen Stand zurück. Ganz ähnlich ist es mit der Eiweisszufuhr. Ist durch Eiweisszufuhr der Körper reich an circulirendem Eiweiss, so strömt eine grössere Menge Sauerstoff zu und unterhält eine gesteigerte Umsetzung; soll diese gesteigerte Umsetzung fortbestehen, so muss stets eine grössere Menge Eiweiss wieder zugeführt werden; im entgegengesetzten Falle sinkt dieselbe auf eine geringe Grösse herab.

Luxus-consumtion.

Es mag nun ein Luxus sein, ein grosses Feuer zu unterhalten, weil man mit einem geringeren dieselben Zwecke erreichen kann. Ist aber zur Erzielung einer grösseren Wirkung ein mächtigeres Feuer nothwendig, so kann der Verbrauch von grossen Quantitäten Brennmaterial kein Luxus genannt werden.

Ebenso ist der durch eine grosse Eiweisszufuhr hervorgerufene Eiweissumsatz nur dann ein Luxus, wenn die durch den gesteigerten Umsatz bewirkte grössere Leistungsfähigkeit des Thieres ein Luxus ist.

Diese für die Grösse des Eiweissumsatzes beim Fleischfresser gefundenen Gesetzmässigkeiten sind von W. Henneberg, G. Kühn, M. Märcker und E. Schulze[1]) auch für den Pflanzenfresser nachgewiesen; auch hier richtet sich die Menge des Eiweissumsatzes wesentlich nach der Menge der Eiweisszufuhr.

Es ist daher von vornherein anzunehmen, dass dieses beim Menschen nicht minder der Fall sein wird. Allein, wenn es möglich ist, den Fleischfresser auf kürzere oder längere Zeit mit reinem Muskelfleisch völlig zu ernähren, so kann dieses in gleicher Weise nicht beim Menschen geschehen.

Eiweissnahrung beim Menschen.

Der Mensch nämlich, der civilisirte wenigstens, dessen Verdauungsapparate einer gemischten Kost angepasst sind, kann die enormen Mengen Fleisch, welche zu seiner vollkommenen Ernährung nothwendig wären, nicht bewältigen.

Nach den Versuchen von v. Pettenkofer und C. Voit, wie denen von J. Ranke athmet der Mensch im normalen Zustande pro Tag etwa 200—210 g Kohlenstoff aus. Um diese in der Nahrung zu decken, müssten etwa 1600 g fettfreies Muskelfleisch genossen werden, da der Kohlenstoffgehalt des frischen Fleisches annähernd 12,5 % beträgt. Da aber auch gleichzeitig unter der Voraussetzung, dass alles Fleisch verdaut wird, in den flüssigen Excreten eine grössere Menge Kohlenstoff abgeschieden wird, so würde diese Menge etwa auf 2000 g oder 4 Pfd. Fleisch pro Tag gesteigert werden müssen.

---

[1]) Journal f. Landw. 1870 u. 1871.

Es leuchtet von selbst ein, dass der Mensch diese grosse Fleischmenge nur mit Widerwillen und Ekel aufzunehmen vermag. Dazu kommt, dass derselbe bei ausschliesslicher Fleischnahrung nach Versuchen von J. Ranke[1]) noch stets Fett von seinem Körper hergiebt.

In einem Versuch gelang es, eine Aufnahme von 1832 g fettfreiem Rindfleisch zu erzielen; dasselbe war mit 70 g Fett und 31 g Kochsalz zubereitet. Der Versuch ergab:

Körpergewicht bei Beginn des Versuchs			(rein)	72,927 k
„ am Ende	„	„	„	72,781 „
Abnahme während des Versuchs				0,146 k

Einnahmen:

	1832 g Fleisch	mit 62,29	Stickstoff	und 229,36	Kohlenstoff
	70 „ Fett	„ —	—	„ 50,72	„
	3371 „ Wasser				
	31 „ Kochsalz				
Sa.:	5304 g Nahrung	mit 62,29	Stickstoff	und 280,08	Kohlenstoff

Ausgaben:

In 2073 CC Harn (mit 26,6 g Kochsalz)	44,93	Stickstoff,	17,96	Kohlenstoff
Im Koth	3,29	„	14,88	„
In der Respiration	—	„	231,20	„
Summa:	44,19	Stickstoff	264,04	Kohlenstoff
Also im Körper zurückgeblieben:	18,10	Stickstoff	16,04	Kohlenstoff

Von dem verdauten Fleisch wurden also 18,1 g Stickstoff zurückbehalten, die 523 g Fleisch entsprechen; diese enthalten 65,5 g Kohlenstoff und es müsste eigentlich so viel Kohlenstoff im Organismus zurückgeblieben sein. Dieses ist aber nicht der Fall, wir sehen, dass von der Kohlenstoff-Einnahme nur 16,04 g nicht in den Ausgaben wieder erscheinen. Es muss somit noch Fett vom Körper zersetzt sein, um diese Mehrausgabe an Kohlenstoff zu decken.

Der Verlust an Körpergewicht besteht vorzugsweise in Wasser.

Mit Fleisch allein vermag sich also der Mensch nicht völlig zu ernähren, er bedarf einer gemischten Kost, welche neben Eiweiss noch eine gewisse Portion Fett enthält. Auch diejenigen Völker, welche keine Vegetabilien, sondern nur animalische Nahrungsmittel geniessen, verzehren neben dem reinen Muskelfleisch sehr viel Fett und wissen letzteres wohl zu schätzen. Die Eskimos, welche fast nur von Fischfleisch leben, trinken viel Thran, das Fett der Leber des Cabliaus. Andere, nur animalische Kost verzehrende Völker schätzen das fettdurchwachsene Fleisch am höchsten und legen es als die ersten Leckerbissen zurück.

Was aber ist dann von der sog. Banting-Kur, jener Diät zu halten, welche Banting-Kur.
bekanntlich nur den Genuss von möglichst fettfreiem Muskelfleisch zulässt? Es ist nach dem Gesagten einleuchtend, dass nach Genuss von fast ausschliesslicher Fleisch-(Eiweiss-) Nahrung Fett vom Körper zersetzt wird. Die reichliche Eiweissnahrung giebt Veranlassung zur reichlichen Bildung von Blutkörperchen, die als Sauerstoff-

[1]) Die Ernährung des Menschen. München 1876, S. 224—226.

träger ein lebhaftes Einströmen von Sauerstoff ins Blut und in die Gewebe bewirken. Der in Folge der erhöhten Eiweiss- und Sauerstoff-Zufuhr hervorgerufene erhöhte Eiweissumsatz bedingt auch eine grössere Zersetzung des Körperfettes und so ist einleuchtend, dass corpulente, fettreiche Menschen bei Anwendung der Banting-Kur allmählich unter Fettverlust abmagern. Die Wirkung der Fleischdiät wird noch durch starke Muskelarbeit, längeres Spazierengehen und durch den Genuss mineralischer alkalischer Wässer (Karlsbader Wasser etc.) unterstützt.

Ob aber die Wirkung der Fleischdiät auf die Dauer anhält, und eine ständige Fettabmagerung zur Folge hat, muss dahingestellt bleiben. Es ist sehr wahrscheinlich, dass auch der menschliche Organismus, ebenso wie der des obigen Versuchshundes, sich mit der Fleisch- (Eiweiss-) Nahrung mit der Zeit in das Stoffgleichgewicht zu versetzen vermag und nun kein Fett mehr hergiebt, dass sich Einnahme (Fettbildung aus Eiweiss?) und Abgabe decken.

Dann aber auch widersteht mit der Zeit dem Menschen die vorwiegende Fleisch- oder Eiweissnahrung, er kehrt mehr und mehr zu der gewohnten Nahrungsweise zurück und das verlorene Fett wird rasch wieder angesetzt. Denn die Fettleibigkeit ist mehr von der Individualität als von der Art der Nahrung abhängig. Die zur Fettsucht neigenden Menschen sind nicht immer die stärksten Esser; eine Diät, bei welcher Andere mager bleiben, macht sie immer dicker und fetter.

Das beste Mittel gegen die Fettleibigkeit wird immer in einer eiweissreichen Nahrung neben geringen, mittleren Mengen Kohlehydraten und in tüchtiger körperlicher Bewegung bestehen. Durch eine eiweissreiche Nahrung unterhalten wir im Körper stets einen erhöhten Umsatz, einen erhöhten Stoffwechsel, durch starke körperliche Bewegung aber bewirken wir eine erhöhte Verbrennung der kohlenstoffreichen Fettkörper. Auf diese Weise wird der Ansatz von Fett auf ein Minimum herabgesetzt werden.

Ernährung mit Peptonen.

Bei dem Verdauungsvorgange werden, wie wir S. 16 gesehen haben, die Eiweissstoffe wenigstens theilweise in Albuminosen resp. Pepton übergeführt; es ist daher vielfach die Frage geprüft worden, ob die Peptone die Eiweissstoffe zu ersetzen im Stande sind. Die Versuche von Plosz, Maly, Adamkiewicz[1]), Sanders, Zuntz und Pollitzer ergaben, dass bei Verabreichung von Pepton in der Nahrung an Stelle von Eiweiss Stickstoff am Körper angesetzt wurde, oder doch, wenn gleichzeitig Kohlehydrate verabreicht werden, ein Verlust an Stickstoff vom Körper nicht statthat. Für die Praxis ist die Frage insofern ohne Bedeutung, als die gewöhnlichen Nahrungsmittel, wenn überhaupt so nur äusserst geringe Mengen von Pepton enthalten, wenngleich für Kranke die Albuminosen- resp. Peptonpräparate als leicht resorbirbare Stoffe einen nicht zu unterschätzenden Nutzen gewähren können.

Bei weitem wichtiger für das practische Leben ist die Frage nach der

Bedeutung des Leimes.

Bedeutung des den Eiweissstoffen nahestehenden Leimes und der Amidkörper für den Stoffwechsel. In den Knochen, Knorpeln, Sehnen kommt eine stickstoffhaltige Substanz vor, welche durch gewisse Reagentien,

---

[1]) Adamkiewicz: Natur und Nährwerth des Peptons. 1877.

besonders durch Kochen mit Wasser in Leim übergeht; auch das Bindegewebe des Fleisches gehört zu dieser Gruppe. Der Leim ist eine stickstoffhaltige Substanz, welche den Eiweissstoffen sehr nahe steht, aber doch kein Eiweiss ist. Ueber die Nahrhaftigkeit des Leimes[1]) (Gelatine) ist seit langer Zeit viel hin und her gestritten, bis dieselbe durch C. Voit[2]) ins rechte Licht gestellt wurde.

Ernährungsversuche mit Leim.

Derselbe zeigte zunächst die Resorptionsfähigkeit des Leimes, indem er nachwies, dass die Einnahme von Leim eine erhöhte Ausscheidung von Harnstoff zur Folge hatte. Dann setzte er demselben abwechselnd ein Nahrungsgemisch von Fleisch und Speck zu und beobachtete, dass unter der Beigabe von Leim die Grösse des Eiweissumsatzes vermindert wurde. Aus den vielen Versuchsreihen mögen nur folgende hier Platz finden:

Nahrung pro Tag:				
Fleisch g	Speck g	Leim g	Fleisch zersetzt g	Fleisch am Körper g
500	200	—	636	— 136
300	200	100	484	— 84
300	200	200	268	+ 32
200	200	250	247	— 47

Aus diesen und vielen anderen Zahlen schliesst C. Voit, dass der Leim stets Eiweiss erspart, d. h. das Circulations-Eiweiss vor Zersetzung schützt und damit den Untergang von Organeiweiss verhütet. In dieser Hinsicht wirkt der Leim besser und stärker als Fett und Kohlehydrate. Auch wird die Zersetzung des Fettes unter seinem Einfluss geringer. Dagegen vermag der Leim nicht, Organeiweiss zu bilden und das Eiweiss der Nahrung vollständig zu ersetzen; er ist kein plastischer Nährstoff im früheren Sinne, ist nicht nährend, sondern nur nahrhaft.

Dieses beweist ein Fütterungsversuch an einem 50 kg schweren Hunde, der bei einer täglichen Nahrungszufuhr von 200 g Leim, 250 Stärkemehl, 100 Fett und 12 g Fleischextract am 30. Tage zu Grunde ging.

Der Leim wird durchweg innerhalb 24 Stunden im Körper zersetzt; was in dieser Zeit nicht zerfällt, unterliegt der Zersetzung am folgenden Tage.

In der Eiweiss ersparenden Eigenschaft bildet der Leim einen wichtigen Nährstoff und ist es daher sehr rathsam, von der Verwendung von leimgebenden Geweben in Armenhäusern und Volksküchen einen umfangreichen Gebrauch zu machen.

Bedeutung des Asparagins.

Aehnlich wie Leim wirkt nach den umfangreichen Versuchen von H. Weiske, G. Kennepohl und B. Schulze[3]) das Asparagin in der Nahrung, welches als Amidobernsteinsäureamidsäure ($C_2H_3 . NH_2 . CO_2 . NH_2 . COOH$) aufzufassen ist. Die

[1]) Bekanntlich empfahl Sir Benjamin Tompson, gt. Graf Rumford, in der Ueberzeugung, dass der Leim ein ausgezeichneter Nährstoff sei, die Verwendung desselben in den Volksküchen. Er selbst gründete eine solche Volksküche in München, wo Knochen bei höherer Temperatur mit Wasser ausgekocht wurden und als Knochensuppe gegen einen mässigen Preis an Arme und Arbeiter abgegeben wurde. Die gepriesene Nahrhaftigkeit stellte sich aber bald als ein Irrthum heraus und eine von der Pariser Academie der Wissenschaften niedergesetzte Commission, die sich mit der Untersuchung der wichtigen Frage befasste, kam zu dem Resultat, dass der Leim als solcher ein ungenügendes Nahrungsmittel sei, dagegen im Gemisch mit anderen Substanzen recht gut als Nahrungsmittel verwerthet werden könne.

[2]) Zeitschr. f. Biologie 1872. S. 397.

[3]) Zeitschr. f. Biologie 1879. S. 261 u. 1881. S. 415.

Versuchsansteller verfütterten an Kaninchen, Hühner, Gänse und Schafe zunächst ein an Eiweissstoffen verhältnissmässig armes Futter, setzten dann diesem Futter in verschiedenen Perioden eine erhöhte aber unter sich gleiche Menge Stickstoff-Substanz bald in Form von Bohnen- resp. Erbsenschrot, oder von Leim oder Asparagin zu und beobachteten dabei den Eiweissumsatz am Körper wie auch die Milchproduction (bei Schafen). Das Ergebniss aller dieser Versuche war, dass das Asparagin eiweissersparend wirkt, indem es sowohl den Eiweissansatz im Körper als auch die Milchproduction fördert und ausserdem auch bei einem Futter mit geringem Gehalt an Eiweiss aber hohem Gehalt an N.-freien Nährstoffen die unter solchen Verhältnissen eintretende Verdauungsdepression zu vermindern im Stande ist. Ob hierbei das den Eiweissstoffen nahestehende Asparagin zu Eiweiss regenerirt wird oder wie Leim durch seinen Zerfall wirkt und dadurch zum Nährstoff wird, lässt H. Weiske dahingestellt.

Dass das Asparagin eiweiss- resp. stoffersparend wirkt, ist seit der Zeit durch mehrere Versuche bestätigt; so von J. Potthast[1]) und N. Zuntz[2]) durch Versuche bei Kaninchen. Letzterer fand gleichzeitig, dass andere Amidkörper, wie z. B. Tyrosin, Taurin, Guanidinsulfocyanat nicht nur keine eiweissersparende Wirkung besitzen, sondern sogar einen erheblich stärkeren Stickstoffumsatz im Körper der Versuchsthiere hervorriefen.

M. Schrodt[3]) hat gefunden, dass bei Milchkühen qualitativ wie quantitativ in der Milchproduction keine nachweisbare Einbusse eintrat, wenn er ein Asparagin- und Amid-armes Futter durch ein an diesen Verbindungen reiches Futter, wie z. B. Malzkeime, ersetzte; auch hieraus kann indirect auf die eiweissersparende Wirkung des Asparagins geschlossen werden.

Vorstehende Versuche sind bei Herbivoren resp. Gänsen angestellt, für welche unter normalen Verhältnissen vorwiegend ein grösserer Gehalt an Amidkörpern im Futter in Betracht kommt.

Für den Carnivor (Hund) hat jedoch J. Munk[4]) beobachtet, dass nach Asparaginbeigabe zum Futter (Fleisch) eine diuretische Wirkung und damit zugleich ein vermehrter Stickstoff- und Schwefelumsatz auftrat. Indess wurde in diesen Versuchen das Asparagin einseitig ausschliesslich neben Fleisch verabreicht und dürfte der Erfolg ein anderer gewesen sein, wenn es gleichzeitig neben Kohlehydraten verfüttert worden wäre.

Auch ergaben Fütterungsversuche von v. Knierim[5]) beim Hunde mit Asparagin das Resultat, dass durch Asparagin-Fütterung keine Harnvermehrung eintrat, dass vielmehr während der Asparagin-Fütterung bei dem Versuchsthier, welches sonst noch Stickstoff vom Körper abgegeben hatte, noch etwas Stickstoff im Körper angesetzt wurde.

H. Weiske und B. Schulze[6]) prüften, ob die Componenten des Asparagins nämlich die Amidobernsteinsäure [$C_2H_3 . NH_2 (COOH)_2$] und das Bernsteinsäure-

[1]) Archiv f. d. gesammte Physiologie 1883. Bd. 32. S. 280.
[2]) Verhandlungen d. physiol. Gesellschaft in Berlin vom 7. Juli 1882, vergl. Berichte d. deutschen chem. Gesellsch. in Berlin 1883. Bd. 16. S. 94.
[3]) Mittheil. d. land- u. milchw. Versuchsst. Kiel 1885. Heft 17.
[4]) Virchow's Archiv f. pathol. Anatomie u. Physiologie. Bd. 94. S. 436.
[5]) Zeitschr. f. Biologie. Bd. 10. S. 286.
[6]) Ebendaselbst 1884. Bd. 20. S. 277.

amid[1]) $[C_2H_4(CO.NH_2)_2]$ sich für die Ernährung gleich verhielten. Als Versuchsthier diente ein Gänserich, welcher in 3 Normalperioden Nudeln aus gleichen Theilen Kleie und Kartoffelstärke mit im ganzen 1,444 g Stickstoff pro Tag erhielt; die tägliche Stickstoffausfuhr überstieg die Einnahme in den 3 Perioden um 0,157, 0,157 und 0,126 g. Als dann dem Normalfutter „Amidobernsteinsäure" bis zu 3,420 g Stickstoff im ganzen pro Tag beigegeben wurde, wurde das Stickstoffdeficit nur wenig verringert, es betrug 0,081 g N pro Tag. Dagegen blieb die Stickstoffausfuhr hinter der Einnahme zurück, als Bernsteinsäureamid resp. Fleischmehl bis zu 3,667 resp. 3,572 g N im ganzen pro Tag beigefüttert wurden; in diesen Perioden wurden 0,101 g resp. 0,930 g Stickstoff pro Tag im Körper angesetzt. Die Amidogruppe im Carboxyl wirkte also günstiger als die Amidogruppe im Radikal, welches Resultat mit dem von Zuntz für Taurin und Tyrosin erhaltenen übereinstimmt.

P. Bahlmann[2]) hat unter Zuntz's Leitung die Versuche an Kaninchen auch auf Mäuse und Ratten, ferner auf Hunde ausgedehnt, welche letzteren statt der obigen Amidkörper die Fleischbasen des Fleischextractes (grösstentheils Amide) neben stickstofffreier Nahrung erhielten. Das Ergebniss dieser sämmtlichen Versuche war, dass die meisten Amidkörper weder bei dem im Wachsthum begriffenen noch bei dem ausgewachsenen Thier das Eiweiss in der Nahrung zu ersetzen vermögen, sondern vielmehr eine Steigerung des Eiweisszerfalles herbeiführen. Nur das Asparagin macht eine Ausnahme; es wirkt hemmend auf den Eiweissumsatz und erspart dem Körper einerseits Eiweiss und bringt solches bei eiweissarmer und stärkemehlreicher Nahrung sogar zum Ansatz, andererseits bewahrt es nach den Versuchen von Potthast (l. c.) das Fett vor Zersetzung. Ob die Amidkörper vielleicht dadurch günstig wirken, dass sie die Verdaulichkeit der in den Nahrungsmitteln vorhandenen Proteinstoffe erhöhen, ist bis jetzt noch nicht ermittelt.

Es dürfte indess von Interesse sein, hier anschliessend mitzutheilen, welche Umwandlungen die einzelnen Amidkörper im Thierkörper erleiden. P. Bahlmann giebt darüber folgende Uebersichtstabelle:

Nach Gaben von	Mensch	Hund	Kaninchen	Geflügel
Alanin	—	—	zum grössten Theil in Harnstoff; ein Theil wird unverändert ausgeschieden (Salkowski)	—
Amidobenzoesäure	Uramidosäure (bis 20 %), etwas Amidohippursäure, unverändertes Ausscheiden des Restes (Salkowski)		Uramidosäure (bis 20 %), etwas Amidohippursäure, unverändertes Ausscheiden des Restes (Salkowski)	—

[1]) Statt des Bernsteinsäureamids hätte eigentlich die Bernsteinsäureaminsäure $(C_2H_4.CO.NH_2.COOH)$ verfüttert werden müssen; indess war diese nicht in den erforderlichen Mengen zu beschaffen und sind die Versuchsansteller der Ansicht, dass es für den Zweck der Versuche irrelevant war, ob das Verhalten der NH_2-Gruppe im Radikal oder im Carboxyl geprüft wurde.

[2]) P. Bahlmann: Ueber die Bedeutung der Amidsubstanzen für die thierische Ernährung. Inaugural-Dissertation. Münster 1885. Brunn's Buchdruckerei.

Nach Gaben von	Mensch	Hund	Kaninchen	Geflügel
Asparagin	vollständige Zerlegung (v. Longo)	Harnstoff (Knierim)	—	—
Asparaginsäure	—	do.	—	Harnsäure (Knierim)
Glycocoll	—	meist Harnstoff; unverändertes Ausscheiden eines kleinen Restes (Salkowski) Harnstoff (Schultzen u. Nencki)	meist Harnstoff; unverändertes Ausscheiden eines kleinen Restes (Salkowski)	Harnsäure (Knierim)
Guanin	—	—	Harnstoff (Kerner)	—
Kreatin	Kreatinin (Voit)	Kreatinin und Harnstoff (Munck) keine Harnstoffvermehrung, nur Kreatin oder Kreatinin (Voit) theilweise Methylamin (Schiffer)	zum grössten Theil Methylharnstoff (Schiffer)	—
Leucin	—	Harnstoff (Schultzen u. Nencki)	—	Harnsäure (Knierim)
Sarkosin	meist unverändertes Ausscheiden; $\frac{1}{5}$—$\frac{1}{6}$ in Methylhydantoin, sehr wenig Methylharnstoff (Schiffer) —	Methylhydantoinsäure (Schultzen) unverändertes Ausscheiden (Baumann u. v. Mering) Harnstoff, vielleicht auch etwas Methylhydantoin, ein Theil unverändert ausgeschieden (Salkowski)	meist unverändertes Ausscheiden; $\frac{1}{5}$—$\frac{1}{6}$ in Methylhydantoin, sehr wenig Methylharnstoff (Schiffer) meist Harnstoff; ein kleiner Theil unverändert ausgeschieden (Salkowski)	Harnsäure (Salkowski)[1]
Taurin	grossen Theils in Taurocarbaminsäure umgewandelt (Salkowski)	ein kleiner Theil zu Taurocarbaminsäure umgewandelt (Salkowski)	aus dem grössten Theil wird unterschweflige Säure und aus dieser durch Oxydation Schwefelsäure gebildet. Der Stickstoff tritt sehr wahrscheinlich als Harnstoff aus (Salkowski)	Harnsäure (?) (Cech)
Tyrosin	vermehrte Ausscheidung von Phenol (Brieger, Blendermann)	vollständige Umwandlung (Jaffé) Zunahme der Oxysäuren (Blendermann)	Steigerung der Phenol- und Oxysäuren-Ausscheidung; in einem Falle Tyrosinhydantoin und Oxyhydroparacumarsäure (Blendermann)	—

Stoffumsatz bei Zufuhr von Fett.

3. Stoffwechsel bei ausschliesslicher Fütterung von Fett oder Kohlehydraten. Ebenso wenig wie es gelingt den Menschen ausschliesslich mit Eiweissstoffen zu ernähren, ebenso wenig sind zu einer vollen Ernährung ausschliess-

[1]) Zeitschr. f. physiol. Chemie IV (1880) p. 112/3.

lich Fett oder Kohlehydrate ausreichend. Wir haben schon oben gesehen, dass der thierische Organismus während des Hungers beständig Eiweiss (Muskelfleisch) und Fett von sich hergiebt.

Wird dem hungernden Thiere ausschliesslich Fett gereicht, so hört zwar die Fettabgabe vom Körper auf, nicht aber die Eiweissabgabe, diese kann höchstens vermindert werden. Es kann alsdann unter Umständen, wenn viel Fett verabreicht wird, Fett im Körper angesetzt werden. So fanden v. Pettenkofer und C. Voit[1]) bei einem Hunde:

	Vollständiger Hunger			Eiweisshunger		
				100 g Fett in der Nahrung		350 g Fett in der Nahrung
	2. Tag g	5. Tag g	8. Tag g	8. Tag g	10. Tag g	2. Tag g
Fleischverbrauch vom Körper	341	167	138	159	131	227
Fettverbrauch vom Körper	86	103	99	94	101	164
Sauerstoffaufnahme	371	358	335	262	226	522
Wasserabgabe durch Athmung	281	324	184	223	216	378
Kohlensäure-Abgabe durch Athmung	380	358	334	302	312	519

Durch die grössere Fettzufuhr von 350 g ist der Fettumsatz zwar erheblich gestiegen, aber doch ein erheblicher Antheil des Fettes zum Ansatz am Körper gebracht.

Die Grösse der Fettzersetzung (Fettverbrennung) ist abhängig von der Menge des in der Nahrung zugeführten Fettes und vom Fettbestande am Körper.

Werden statt des Fettes ausschliesslich Kohlehydrate (Stärke, Zucker) genossen, so übernehmen diese die Rolle des Nahrungsfettes, indem sie an Stelle der letzteren verbrennen; es kann auf diese Weise auch noch Fett angesetzt werden, während der Organismus an Eiweiss mehr und mehr verarmt. Denn auch die Kohlehydrate, für sich allein genossen, vermindern zwar den Eiweissumsatz, heben ihn aber nie vollständig auf. Stoffumsatz bei Zufuhr von Kohlehydraten.

J. Ranke[2]) ernährte einen Menschen nur mit Fett, Stärke und Zucker, und fand Einnahmen und Ausgaben pro 34 Stunden wie folgt:

Einnahmen:	Stickstoff	Kohlenstoff
150 g Fett	0	109,91
300 „ Stärke	0	114,50
100 „ Zucker	0	38,27
Summe	0	254,68

Ausgaben:	Stickstoff	Kohlenstoff
In den flüssigen Excreten	8,16	3,61
In den festen Excreten	—	18,79
In der Respiration	—	200,50
Summe	8,16	222,9

[1]) Zeitschr. f. Biologie. Bd. V. S. 359.
[2]) J. Ranke: Ernährung des Menschen. München, 1876. S. 220.

Trotz der ziemlich bedeutenden Einnahme von Fett und Kohlehydraten hatte der Körper nicht unerheblich Stickstoffsubstanz hergegeben, nämlich 8,16 g Stickstoff entsprechend 51,8 g Eiweiss.

Von der eingenommenen Menge Kohlenstoff dagegen sind 31,78 g im Körper verblieben; es ist mehr als wahrscheinlich, dass diese in Form von Fett abgelagert wurden.

Wenn es somit auch gelingt, durch ausschliessliche Gabe von Fett und Kohlehydraten den Körper vor Fettverlust zu schützen, ja unter Umständen Fett zum Ansatz zu bringen, so ist dieses für die stickstoffhaltige Muskelsubstanz nicht möglich. Diese zerfällt fort und fort, auch wenn wir noch so viel Fett und Kohlehydrate zu uns nehmen.

Die häufig wiederkehrende Behauptung, Kinder einzig mit Zuckerwasser und Stärke (Arrowroot) ernähren zu können, beruht daher auf einem grossen Irrthum; ebenso unrichtig ist die Behauptung, dass die Negersclaven der Zuckerplantagen sich fast einzig von Zucker ernähren, da die Untersuchung ergeben hat, dass sowohl der Zuckerrohrsaft wie der Rohzucker des Zuckerrohrs mehr oder weniger Eiweiss enthalten.

Ernährungsversuche mit Eiweiss, Fett und Kohlehydraten.

4. Stoffwechsel bei gemischter Nahrung (Eiweiss, Fett und Kohlehydrate). Zur vollen Ernährung des Menschen gehören, wie wir aus den vorstehenden Versuchen schliessen können, Eiweiss, Fett und Kohlehydrate. Dieselben müssen sogar in einem bestimmten Verhältniss zu einander stehen, wenn sich Einnahmen und Ausgaben das Gleichgewicht halten sollen. Dieses Verhältniss ist verschieden je nach der Individualität (dem Bestande am Körper), dem Alter und der Berufsart.

Am besten wird die Bedeutung der im Gemisch verabreichten Nährstoffe und ihre Beziehung zum Stoffwechsel hervortreten, wenn wir die Resultate von Ernährungsversuchen mit wechselnden Mengen derselben hier wiedergeben.

v. Pettenkofer und C. Voit[1]) fütterten einen Hund bald mit reinem Fleisch bald unter Zusatz von wechselnden Mengen Fett oder Kohlehydraten mit folgendem Ergebniss:

1. Fleisch- und Fettnahrung.

Nahrung		Aenderung am Körper				Sauerstoff	
Fleisch g	Fett g	Fleisch zersetzt g	Fleisch angesetzt g	Fett zersetzt g	Fett angesetzt g	Aufgenommen g	Nöthig g
0	100	159	— 159	94	+ 6	262	303
400	200	450	— 50	159	+ 41	—	586
500	0	566	— 66	47	— 47	329	330
500	100	491	+ 9	66	+ 34	375	323
500	200	517	— 17	109	+ 91	317	394
800	250	635	+ 165	136	+ 214	—	584
1500	30	1457	+ 43	0	+ 32	438	480
1500	60	1501	— 1	21	+ 39	503	486
1500	100	1402	+ 98	9	+ 91	456	479
1500	100	1451	+ 49	0	+ 109	397	442
1500	150	1455	+ 45	14	+ 136	521	493

[1]) Zeitschr. f. Biologie. 1873. S. 1 u. 435.

2. Fleisch- und Kohlehydrat-Nahrung.

Fleisch	Stärke oder Zucker	Fett	Fleisch zersetzt	Fleisch angesetzt	Stärke oder Zucker zersetzt	Fett aus Nahrung	Fett zer-setzt	Fett aus Ei-weiss	Sauerstoff	
									Aufge-nommen	Nöthig
g	g	g	g	g	g	g	g	g	g	g
0	379 St.	17	211	− 211	379	+ 17	—	24	—	430
0	608 „	22	193	− 193	608	+ 22	—	22	—	—
400	210 „	10	436	− 36	210	+ 10	8	—	—	440
400	227 Z.	—	393	+ 7	227	—	25	—	—	435
400	344 St.	6	344	− 13	344	+ 6	—	39	467	382
500	167 „	6	530	− 30	167	+ 6	—	8	268	269
500	182 Z.	—	537	− 37	182	—	—	16	255	350
800	379 St.	14	608	+ 192	379	+ 14	—	55	561	472
1500	172 „	4	1475	+ 25	172	+ 4	—	43	—	487
1500	379 „	10	1469	+ 331	379	+ 10	—	112	—	611

Aus diesen Versuchen geht hervor, dass durch Zusatz von Fett oder Kohlehydraten (Stärke, Zucker) der Eiweissumsatz herabgesetzt wird; was bei reiner Fleischfütterung nur mit grossen Fleischmengen erreicht wird, nämlich Stoffgleichgewicht, das sehen wir unter der Beigabe von stickstofffreien Nährstoffen (Fett und Kohlehydraten) schon bei viel geringeren Fleisch- (oder Eiweiss-) Mengen eintreten. Ja, es halten sich bei gewissen Verhältnissen von Fleisch zu Fett oder Kohlehydraten Einnahmen und Ausgaben nicht nur das Gleichgewicht, sondern es wird auch sowohl Fleisch wie Fett im Körper angesetzt. Resultate.

Fett und Kohlehydrate (Stärke, Zucker etc.) wirken daher in erster Linie (ähnlich wie der Leim) Eiweiss ersparend.

Der Darm selbst beim Fleischfresser vermag eine grosse Menge Fett und Kohlehydrate zu resorbiren. Die Kohlehydrate zerfallen nach ihrem Uebergang ins Blut alsbald und direct in Kohlensäure und Wasser. Das Fett der Nahrung kann unter Umständen im Körper abgelagert, angesetzt werden und zwar um so mehr, je magerer der Körper ist.

Die Grösse des Fettumsatzes richtet sich nach der Menge der Einnahme und des am Körper vorhandenen Fettes; sie steigt und fällt mit dieser. Je grösser die Masse des am Körper befindlichen Eiweisses ist, desto mehr Fett wird verbrannt, da mehr Zellen auch mehr zerstören, ein grösserer Organismus mehr als ein kleiner. Von nicht geringerem Einfluss auf die Grösse der Fettzersetzung ist die Menge des circulirenden Eiweisses; ist diese Menge im Verhältniss zum Organeiweiss gross, so wird mit dem Eiweiss auch mehr Fett umgesetzt (Banting-Kur.) Ruhe und Arbeit.

Die Kohlehydrate sind im Stande, das Fett in der Nahrung wenigstens zum Theil zu vertreten. Werden sie in gewisser Menge dem Eiweiss beigegeben, so wird das aus dem Eiweiss sich abspaltende Fett vor Zersetzung geschützt; es erfolgt Ansatz von Fleisch und Fett.

Die Grösse der Verbrennung von Fett (und Kohlehydraten) bei gemischter Nahrung ist wesentlich abhängig von der zu leistenden Arbeit des Organismus. Denn bei Arbeit wird sowohl mehr Sauerstoff aufgenommen, als Kohlensäure ausgeathmet; da aber die Menge des Eiweissumsatzes bei Ruhe und Arbeit sich wesentlich gleich bleibt, so kann die Menge der mehr producirten Kohlensäure nur auf Kosten des Fettes (oder der Kohlehydrate) entstanden sein.

So lieferte ein ausgewachsener Mann bei mittlerer Kost nach den Versuchen von v. Pettenkofer und C. Voit[1]) im Mittel von 2 und 3 Versuchen in 24 Stunden:

	Ausgeschiedene Kohlensäure g	Ausgeathmetes Wasser g	Aufgenommener Sauerstoff g	Harnstoff g
1. Bei Ruhe . .	928	931	832	36,6
2. Bei Arbeit . .	1209	1727	981	36,8

Dabei stellte sich heraus, dass der Mann bei Nacht viel mehr Sauerstoff aufnahm, als in der Kohlensäure abgegeben wurde, dass dagegen bei Tage viel mehr Sauerstoff in der Kohlensäure ausgeathmet, als gleichzeitig Sauerstoff eingeathmet wurde. Dieses Verhältniss machte sich sowohl in den Ruhe- als Arbeitstagen geltend. Der Körper besitzt somit die Fähigkeit, Sauerstoff zu gewissen Zeiten (bei Nacht) in sich anzusammeln und davon bei Tage wie von einer aufgespeicherten Kraft zu zehren.

5. Isodyname Werthe der einzelnen Nährstoffe. Nach den obigen Versuchen über die Verbrennungswerthe der einzelnen Nährstoffe (S. 78) geben 100 Thle. Fett ebensoviel Wärmeeinheiten als rund 250 Thle. Kohlehydrate, oder 100 Fett sind mit 250 Kohlehydraten isodynam. Thatsächlich wurde dieses Werthsverhältniss auch von je her bei Berechnung des Nährwerthes zu Grunde gelegt. Eine Zeit lang jedoch wurde diese Annahme nach den vorstehenden Versuchen von C. Voit und v. Pettenkofer wankend gemacht, indem letztere ergaben, dass in ihrer stofflichen Wirkung am Körper 100 Fett mit 175 Stärke aequivalent waren. In Folge dessen hat Verf. in den früheren Auflagen dieses Buches zwischen Fett und Kohlehydraten ein Werthsverhältniss von 100 : 175 oder wie 1 : 1,75 angenommen.

Neuere Versuche von M. Rubner[2]) haben jedoch die Richtigkeit der älteren Annahme dargethan; die abweichenden Resultate von C. Voit und v. Pettenkofer müssen darauf zurückgeführt werden, dass die Versuchsperioden mit vergleichsweiser Fett- und Kohlehydrat-Fütterung zu weit auseinander lagen.

Nach Rubner's Versuchen sind die isodynamen Werthe, welche man nach den calorimetrischen Bestimmungen ausserhalb des Organismus und nach den wirklichen Ernährungsversuchen am Thier erhält, ganz oder fast ganz gleich; indem er z. B. fand, dass 100 Fett gleichwerthig sind:

	Direct am Thier bestimmt	Nach den calorimetrischen Bestimmungen
Syntonin	225	213
Muskelfleisch	243	235
Stärkemehl	232	229
Rohrzucker	234	235
Milchzucker	—	243
Traubenzucker	256	255

Ebenso haben Th. Pfeiffer und F. Lehmann[3]) durch Fütterungsversuche mit Mast-Hammeln festgestellt, dass sich 100 Thle. Fett annähernd mit 250 Thln. Rohr-

[1]) Berichte d. bair. Academie der Wissensch. 1867. S. 1.
[2]) Zeitschr. f. Biologie. 1883. S. 314 u. 1886. S. 40.
[3]) Journ. f. Landw. 1886. Bd. 34. S. 379.

zucker bezüglich des Fettansatzes im Körper gleichwerthig verhielten, wie ferner, dass die Kohlehydrate in Rübenschnitzeln und Weizenschalen eine gleiche Nährwirkung mit dem Rohrzucker besassen.

Es ist daher gerechtfertigt, zwischen Fett und Kohlehydraten allgemein wie früher ein Nährwerthsverhältniss von 100 : 250 zu Grunde zu legen, d. h. den Nährwerth des Fettes 2,5 mal höher zu veranschlagen als den der Kohlehydrate.

6. *Bedeutung der Mineralstoffe für den Stoffwechsel.* Die Wichtigkeit der Aschebestandtheile für den thierischen Organismus ist zuerst von v. Liebig hervorgehoben worden; derselbe nimmt an, dass dem Körper in der Nahrung reichlich Aschebestandtheile zugeführt werden müssen, weil bei dem Zerfall von organisirter Körpersubstanz eine Menge Aschebestandtheile gleichzeitig mit den anderen Zersetzungsproducten aus dem Körper entfernt werden; ohne Anwesenheit der Aschenbestandtheile in der Nahrung ist der Wiederaufbau der zerstörten organisirten Körpersubstanz nicht möglich.

Wichtigkeit der Mineralstoffe für den Stoffwechsel.

Wenn man nun auch nach den Münchener Ernährungsversuchen annehmen muss, dass die organisirte Körpersubstanz sich nur wenig an dem Zerfall betheiligt, dass für den erwachsenen Organismus der Aufbau von Körpersubstanz ein minimaler ist, somit auch die Nothwendigkeit der Aschebestandtheile für Zwecke des Aufbaues als ausgeschlossen betrachtet werden kann, so ist doch die Wichtigkeit der Mineralstoffe selbst für den ausgewachsenen Organismus durch Ernährungsversuche so hinreichend festgestellt, dass sie keinem Zweifel unterliegen kann.

Für den wachsenden Organismus sind in erster Linie Erdphosphate von grosser Bedeutung, weil aus ihnen das Knochengerüst aufgebaut wird. In dem ersten Alter sind die Knochen verhältnissmässig wasserreich, schwammig und elastisch[1]; mit fortschreitendem Alter verlieren sie unter gleichzeitiger Einlagerung von Kalkphosphat und Fett mehr und mehr Wasser und werden fester.

Erdphosphate und Knochenkrankheit.

Es ist wahr, dass dieses Wachsthum, diese Einlagerung von Erdphosphaten nicht vor sich gehen kann, wenn dieselben nicht in hinreichender Menge in der Nahrung zugeführt werden. Man hat vielfach behauptet (H. Weiske[2]) und Andere), dass ein Kalkphosphatmangel in der Nahrung eine Knochenerkrankung nicht herbeiführen könne, weil die procentische Zusammensetzung der Knochenasche bei Kalk- und Phosphorsäuremangel im Futter nicht verändert werde. Man suchte in Folge dessen die Ursache der Knochenerkrankung in dem Auftreten von Milchsäure, welche die Erdphosphate aus den Knochen lösen und fortführen sollte.

Allein vielfache andere Versuche, so besonders von F. Roloff[3]), haben ergeben, dass bei jungen wachsenden Thieren bei Kalk- und Phosphorsäuremangel stets Knochenerkrankungen auftreten und zwar um so stärker und schneller, je grösser der Mangel an diesen Bestandtheilen ist; sobald Kalk und Phosphorsäure in der Nahrung wieder zugeführt wurden, konnte die bereits eingetretene Knochenerkrankung wieder geheilt werden.

---

[1]) Vergl. E. Wildt: Zusammensetzung frischer Knochen von Kaninchen in verschiedenen Altersstufen. Landw. Versuchsst. Bd. XV. S. 404.

[2]) Zeitschr. f. Biologie. Bd. VII. S. 179 u. 333. Bd. VIII. S. 541.

[3]) Zeitschr. d. landw. Centr.-Vereins d. Prov. Sachsen. 1875. S. 261.

Auch hat Verf.[1]) gezeigt, dass bei Kalkphosphatmangel im Futter kein Wachsthum der Knochen junger Thiere (Kaninchen) in dem Sinne statt hat, dass die Knochen, wie es unter normalen Verhältnissen geschieht, unter Zunahme von Kalkphosphat allmählich Wasser verlieren. Die Knochen bleiben, ohne. dass sich die proc. Zusammensetzung der Knochenasche verändert, wasserreich und weich, wie in der ersten Jugend.

Sehr umfangreiche Versuche hierüber haben weiter E. Voit und Fr. Tuczek[2]) angestellt; sie fütterten z. B. junge Tauben mit ausgewaschenem d. h. grösstentheils von Kalk und Phosphorsäure befreietem Weizen und gaben der einen Taube nebenher destillirtes Wasser, der anderen Brunnenwasser, das mit Mörtelstückchen versetzt war; ferner erhielten junge Hunde ein kalkarmes Futtergemisch von Fleisch und Speck in einer Reihe mit destillirtem Wasser, in der anderen mit Brunnenwasser unter Zusatz von Knochenasche. Die Folge war, dass die Thiere der ersten Reihe, die mit kalkarmem Futter und destillirtem Wasser ernährt wurden, bald erkrankten und unter Krankheitserscheinungen zu Grunde gingen, welche für die Rhachitis characteristisch sind, während die Thiere, die dasselbe Futter aber unter Zusatz von Kalk und Phosphorsäure erhielten, sich normal entwickelten. Die Organe der mit kalkarmem Futter ernährten Thiere wachsen, wie die der normal gefütterten Thiere, aber es findet keine entsprechende Einlagerung von Kalk in die Scelete statt, es bleiben die Knochen wasserreicher, indem z. B. das Scelet der ohne Kalk ernährten Hunde 71,9 %, das der gleich alterigen mit Kalk ernährten nur 64,9 % Wasser enthielt. Bei Kalkmangel in der Nahrung wird allen Organen Kalk entzogen, geräth in die Säfte und wird zum Theil wieder im Scelet abgelagert; aber indem die organische Grundlage des Sceletes weiter wächst, hält die Kalkablagerung nicht gleichen Schritt, so dass der ältere Knochen weniger Kalk enthält als der jüngerere.

Ausser durch Kalkarmuth in der Nahrung kann auch durch Verdauungsstörungen und Diarrhöen bei jungen Thieren Knochen-Erkrankung und Rhachitis auftreten, indem in Folge der Verdauungsstörungen nicht die nöthige Menge Kalk aus der Nahrung resorbirt wird.

J. Forster und J. Bijl[3]) weisen ferner nach, dass die Kalkresorption vorwiegend im Magen vor sich geht, dass dieselbe nicht nur individuell (bei den Versuchshunden) verschieden ist, sondern sich auch je nach den Nahrungsmitteln verschieden gestaltet, indem z. B. bei Fütterung mit Brod mehr Kalk resorbirt wurde, als bei Darreichung von Milch.

Die gegentheiligen Versuche von H. Weiske sind nach E. Voit und Tuczek nicht massgebend, weil die Thiere nicht nur an Kalk, sondern auch an anderen Nährstoffen ein ungenügendes Futter erhielten, also an Gesammthunger zu Grunde gegangen sein können.[4])

Auch A. Baginsky[5]) fand an Hunden, die mit ausgekochtem Pferdefleisch, Speck und destillirtem Wasser einerseits, andererseits mit demselben Futter unter

[1]) Landw. Jahrbücher. 1874. S. 421.
[2]) Zeitschr. f. Biologie 1880. Bd. 16. S. 55.
[3]) Archiv f. Hygiene 1884. Bd. II. S. 385.
[4]) Verf. hat ferner bezüglich der Weiske'schen Versuche (l. c.) auch eine Wasserbestimmung der Knochen der mit kalkarmem Futter ernährten Thiere vermisst.
[5]) Du Bois-Reymond's Arch. 1881. S. 357.

Zusatz von 2 g Milchsäure pro Tag gefüttert wurden, den rhachitischen sehr ähnliche Verbildungen der Knochen, während ein unter Zusatz von Calciumphosphat mit demselben Futter ernährter Hund diese Erscheinungen nicht zeigte; dabei waren die Aschebestandtheile in den Knochen vermindert, aber sonst in ihrer procentischen Zusammensetzung nicht verändert.

Gleichzeitig haben eingehende Untersuchungen von Hofmeister und Siedamgrotzky[1]) an Schafen und Ziegen, die in den einen Abtheilungen ein hinreichend kalkhaltiges Futtermittel (vorwiegend Wiesenheu) erhielten, in den anderen Abtheilungen dasselbe Futter unter Zusatz von mehr oder weniger Milchsäure, ergeben, dass die letzteren zwar eine lösende Wirkung auf Kalk und Phosphorsäure (auch Ossein) der Knochen besitzt, dass aber die Grösse der lösenden Wirkung keine bedeutende ist, dass sie vor allem aber keine Krankheitserscheinungen hervorruft, welche wie beim Kalkmangel für Osteomalacie oder Rhachitis characteristisch sind.

Es dürfte hieraus zur Genüge die Wichtigkeit der Erdphosphate für den wachsenden Organismus hervorgehen und wie durchaus unrichtig es ist, Kindern vorzugsweise solche Nährstoffe zu geben, welche, wie die verschiedenen Stärkesorten (Arrowroot, Sago, Tapioca etc.) und Zucker, nur Spuren von Mineralstoffen und Erdphosphaten enthalten. Die nicht selten zu machende Beobachtung, dass Kinder mit Vorliebe an Erd- und Kalkstückchen nagen, hat vielleicht ihren guten Grund in dem Kalkmangel der Nahrung.

Ausser den Erdphosphaten besitzt der thierische Organismus eine Menge anderer, vorzugsweise aus den Chloriden, Phosphaten, Carbonaten der Alkalien (Kalium und Natrium) und aus Eisen bestehender Mineralstoffe, welche theils mit den Organen und organisirten Körpern fester verbunden sind, theils sich in den Säften im einfach aufgelösten Zustande befinden. Sonstige Mineralstoffe.

Diese Mineralstoffe sind für den wachsenden wie ausgewachsenen Organismus von gleich grosser Bedeutung; denn sie nehmen an dem Stoffwechsel den lebhaftesten Antheil.

J. Forster[2]) fütterte Tauben und Hunde mit einer an Eiweiss, Fett (oder Kohlehydraten) ausreichenden Nahrung, aber ohne Aschebestandtheile; er wählte für diesen Zweck aschefreie: Fleischextract-Rückstände, Casein, Butterfett, Stärke. Die Processe des Stoffwechsels der Thiere, Zerfall und Zersetzung im Körper, verliefen bei dieser Nahrung wie sonst. Aber mit jedem Tage wurden die Thiere schwächer, stumpfsinniger und theilnahmloser; sie mussten schliesslich zwangsweise gefüttert werden und gingen nach 13 resp. 30 und 31 Tagen unter heftigem Zittern und grosser Muskelschwäche elend zu Grunde. Versuche mit salzarmer Nahrung.

In den flüssigen und festen Ausgaben der Thiere fanden sich die üblichen Mineralstoffe, welche vom Körper abgegeben sein mussten. Wurde den Thieren gar keine Nahrung gegeben, so dauerte die Ausscheidung von Mineralstoffen fort, ja es wurden jetzt sogar mehr Mineralstoffe abgegeben, als wenn gleichzeitig aschefreies Eiweiss, Fett und Stärke gefüttert wurde. Dieses kann nicht befremden. Wie im Hungerzustande fortwährend Eiweiss, Fett und Kohlehydrate vom Körper verbraucht und ausgeschieden werden, so auch zerfallen gleichzeitig die mit den Organen verbundenen

[1]) Mittheilungen aus d. chem. phys. Versuchsstation d. Thierarzneischule zu Dresden.
[2]) Zeitschr. f. Biologie. 1873. S. 297.

Mineralstoffe, gehen als freie Salze gelöst in die Säfte und werden in den Excreten ausgeschieden. Wird aber gleichzeitig aschefreies Eiweiss etc. aufgenommen, so nimmt dieses die löslich gewordenen Salze in Beschlag, bindet sie, um daraus die zerstörte Körpersubstanz wieder herzustellen. Das Salz beginnt zum Theil seinen Kreislauf von neuem und ist einleuchtend, dass bei Salzhunger unter gleichzeitiger Einnahme von Eiweiss, Fett und Kohlehydraten weniger Salz ausgeschieden werden kann, als bei vollständigem Hunger.

Durch Entziehung der Mineralstoffe oder durch Mangel an denselben treten allmählich Störungen in den Functionen der Organe auf, welche schliesslich einestheils die Umänderung der Nahrungsstoffe in resorbirbare Modificationen und somit den Ersatz des zersetzten Körpermaterials verhindern, anderentheils aber durch Unterdrückung lebenswichtiger Processe den Untergang des Organismus hervorbringen. L. Lanin[1]) giebt noch eine weitere Erklärung für diese Erscheinungen. Er fütterte Mäuse einmal mit coagulirter und gut ausgewaschener Milch + Zucker + destillirtem Wasser, dann andere Mäuse mit demselben Futter aber unter Zusatz von kohlensaurem Natrium. Da die Lebensdauer der letzteren Mäuse erheblich länger als die der ersteren war, da ferner die Beigabe von Chlornatrium keine Verlängerung der Lebensdauer zur Folge hatte, so schliesst er mit Bunge, dass die tödtliche Wirkung eines mineralstoffarmen Futters darauf zurückzuführen ist, dass die bei der Oxydation des Eiweisses entstehende Schwefelsäure die Basen dem Organismus entzieht, während sie unter normalen Verhältnissen durch die basischen und kohlensauren Salze der Nahrung gebunden wird.

Einfluss der Mineralstoffe auf die Nerventhätigkeit.

Die Wirkung des Mineralstoff-Mangels scheint sich wesentlich auf die Nerventhätigkeit zu erstrecken. Die grosse Theilnahmlosigkeit, die Stumpfsinnigkeit der salzhungernden Thiere deutet darauf hin, dass durch den Salzmangel die Nerventhätigkeit geschwächt wird. Die Mineralstoffe bilden somit nicht allein wichtiges Material für den Aufbau der Körperorgane, sondern auch ein wichtiges Reizmittel für die Nerven, die zu allen Vorgängen im Körper den ersten Anstoss geben. Sie verhalten sich in letzter Hinsicht wie die Genussmittel und wie diese in richtiger Menge genommen von förderlichstem Einfluss auf die Lebensvorgänge sind, aber im Uebermass genossen den Tod bewirken können, so auch die mineralischen Salze.

Wirkung grosser Mengen Kalisalze.

Grosse Mengen Kalisalze als solche eingenommen sind im Stande tödtlich zu wirken, während kleinere Mengen im Gemisch mit anderen Nährstoffen und Nahrungsmitteln nicht nur nicht schädlich, sondern sogar für die Lebensfunctionen durchaus nothwendig sind. Wir stehen hier vor einer unaufgeklärten Thatsache. Vielleicht üben grosse Dosen mineralischer Salze (vorzugsweise Kalisalze) als solche eingenommen einen zu starken Reiz auf die Nerven aus und bewirken dadurch tiefgreifende Zersetzungen, welche den Tod zur Folge haben.

Ohne Zweifel aber folgt aus den Versuchen J. Forster's und Anderer, dass der Organismus, sowohl der wachsende wie erwachsene, der Zufuhr einer bestimmten Menge Salze bedarf; sinkt diese Zufuhr unter eine gewisse Grenze, oder wird sie gänzlich aufgehoben, so giebt der Körper Salze ab und geht dadurch zu Grunde.

---

[1]) Zeitschr. f. physiol. Chemie. Bd. 5. S. 31.

Wie gross die Menge der täglich zuzuführenden Salze sein muss, ist bis jetzt noch nicht ermittelt; für gewöhnlich aber enthalten unsere Nahrungsmittel eine hinreichende Menge mineralischer Salze, um den Bedarf zu decken.

7. Bedeutung des Kochsalzes für den Stoffwechsel. Das Kochsalz, im gewöhnlichen Leben schlechtweg „Salz" genannt, spielt sowohl für die Verdauung, wie wir bereits gesehen haben, als für den Saftstrom, die osmotischen Vorgänge im Organismus eine grosse Rolle.

Einfluss des Kochsalzes auf die Ernährungsvorgänge.

Das Kochsalz hat eine grössere Wasseraufnahme zur Folge und erhöht die Säfteströmung; mit letzterer findet auch eine erhöhte Eiweissumsetzung statt und finden wir nach Kochsalz-Genuss eine vermehrte Harnstoff-Ausscheidung. Aber nicht diese Umstände sind es, welche dem Kochsalz in unserer Nahrung einen hohen Werth beilegen, es hat nach den Untersuchungen von G. Bunge[1]) noch eine weit wichtigere Aufgabe. Kochsalz ist mehr oder minder in allen Nahrungsmitteln, in vegetabilischen sowohl, wie in den animalischen enthalten. Aber die vegetabilischen Nahrungsmittel enthalten im Verhältniss zum Natron viel mehr Kali als die animalischen Nahrungsmittel.

Während z. B. die thierischen Substanzen auf 1 Aequivalent (23) Natrium, 1—3 Aequivalente Kalium (39,1) enthalten, kommen auf 1 Aequivalent Natrium bei den vegetabilischen Nahrungsmitteln (Weizen, Roggen, Bohnen, Erbsen etc.) 10 bis 20 Aequivalente Kalium.

Dementsprechend nimmt der Pflanzenfresser in seiner täglichen Nahrung im Verhältniss zum Natron viel mehr Kali auf als der Fleischfresser; nach den Berechnungen G. Bunge's enthält die tägliche Nahrung:

	Kali g	Natron g	Chlor g
1. Für 1 Kilo Fleischfresser:			
Bei Ernährung mit Rindfleisch	0,1820	0,0355	0,0310
„ „ „ Mäusen	0,1434	0,0743	0,0652
2. Für 1 Kilo Pflanzenfresser:			
Bei Ernährung mit Klee	0,3575	0,0226	0,0433
„ „ „ Rüben und Haferstroh	0,2923	0,0674	0,0603
„ „ „ Riedgräsern	0,3353	0,0934	0,0739
„ „ „ Wicken	0,5523	0,1102	0,0596

Hiernach nehmen Fleisch- und Pflanzenfresser für dieselbe Gewichtseinheit (1 kg Körpergewicht) annähernd dieselben Mengen Chlor und Natron in der Nahrung zu sich, nur die Kalimengen sind verschieden, sie sind in der Nahrung der Pflanzenfresser bedeutend überwiegend.

Eine erhöhte Kalimenge in der Nahrung aber hat eine erhöhte Ausscheidung von Natronsalzen im Harn zur Folge. Das Chlornatrium setzt sich mit den Kalisalzen zu Chlorkalium und den entsprechenden Natronsalzen um, und beiderlei Salze werden im Harn ausgeschieden.

Wechselbeziehung zwischen Kali- und Natronsalzen.

G. Bunge nahm eine normale Nahrung (500—600 g Fleisch, 300 g Brod, 100 g Butter, 100 g Zucker, 2 g Kochsalz und $2^1/_2$—3 l Wasser) zu sich, darauf nach einigen Tagen in Versuch I 18,24 g phosphorsaures Kalium, in Versuch II eine äquivalente Menge citronensaures Kalium und in Versuch III 12 g Natron in Form

[1]) Zeitschr. f. Biologie. 1873. S. 104 u. 1874. S. 111.

von citronensaurem Natrium. Indem er die Ausscheidung von Natron, Kali und Chlor in den 3 Versuchsreihen verfolgte, fand er, dass im Harn mehr ausgeschieden wurden:

In Versuch	I	II	III
	g	g	g
An Natron	5,1	4,5	8,9
An Chlor	3,4	3,7	—
An Kali	10,7	12,2	0,9

Hiernach hat die erhöhte Aufnahme von Kalisalzen eine erhöhte Ausscheidung von Natronsalzen zur Folge gehabt, wie umgekehrt die Natronsalze eine Mehrausscheidung von Kalisalzen bewirkten.

Die Gegenwart der Kalisalze im Körper begünstigt somit die Ausscheidung des Kochsalzes, macht denselben also ärmer daran. Es ist einleuchtend, dass alle Nahrungsmittel, welche dem Körper eine erhöhte Menge Kalisalze zuführen, diese Wirkung äussern müssen. Die pflanzlichen Nahrungsmittel und gerade die, welche der Mensch vorzugsweise geniesst (Getreide, Leguminosen, Kartoffeln etc.), sind im Verhältniss zu den animalischen Nahrungsmitteln sehr reich an Kali; ihr Gehalt an Kochsalz ist zu gering, um den gesteigerten Verlust zu decken; deshalb muss bei vorwiegender Pflanzenkost dem Körper Kochsalz als solches, damit er nicht daran verarmt, zugeführt werden.

Kochsalz-Bedarf von Fleisch- und Pflanzen-verzehrenden Menschen u. Thieren.

Mit diesen interessanten Versuchen und Deductionen G. Bunge's steht die Thatsache im Einklang, dass das Kochsalz als solches vorzugsweise von den Volksklassen beliebt und begehrt wird, welche sich vorwiegend von Vegetabilien ernähren, dass dagegen die nur von Fleisch und thierischen Substanzen lebenden Volksstämme kein Bedürfniss nach Kochsalz zeigen.

Die nordasiatischen Jäger-, Fischer- und Hirtenstämme[1]) leben vollständig ohne Salz, z. B. die fast ausschliesslich von Rennthierfleisch lebenden Samojeden, die Dolganen und Juraken zwischen der Jenisei und Lena, welche von Rennthierfleisch und Fisch leben und niemals Salz geniessen, obgleich sie es sehr wohl kennen und es in ihrem Lande reiche Salzlager giebt.

Ebenso die Tungusen zwischen der Lena und dem Amur. Der Reisende Schwarz hielt sich drei Monate bei diesem Volke auf und lebte während dieser ganzen Zeit nur von Rennthierfleisch und Fisch, ohne eine Spur Salz. Er befand sich dabei sehr wohl und empfand nicht das geringste Bedürfniss nach Salz. Die Giljaken und Kamtschadalen geniessen nicht nur kein Salz, sondern haben sogar eine entschiedene Abneigung dagegen. Sie essen lieber gefaulte als gesalzene Fische. Ebenso geht es den Fleischfressern in wärmeren Klimaten. Die Toda's, ein Hirtenvolk im Nilherrygebirge in Indien, kannten, als sie zum ersten Male mit den Europäern in Berührung kamen, keine pflanzliche Nahrung, lebten von ihren Büffeln und genossen niemals Salz. Sallustius erzählt von den Numidiern, dass sie nur von Milch und Fleisch lebten und zu letzterem kein Salz fügten. Die afrikanischen Negervölker dagegen leben hauptsächlich von pflanzlicher Kost. Und von ihnen sagt Mango Park, „im Binnenlande ist Salz der grösste Leckerbissen.“ Man sieht Kinder an einem Stück Steinsalz lecken, als ob es Zucker wäre. Salz ist da so theuer, dass die Redensart,

[1]) D. Huizinga: Die Ernährung des Menschen. 1878. S. 77.

„er isst Salz“ einen reichen Mann bedeutet. Ich selbst, sagt Mungo Park, habe sehr unter diesem Salzmangel gelitten, denn der fortwährende Genuss der pflanzlichen Nahrung hat auf die Dauer ein entsetzliches Verlangen nach Salz zur Folge, so dass die Entbehrung desselben zur höchsten Qual wird.

Auch bei den Thieren zeigen Fleischfresser niemals grosse Vorliebe für Salz; Pflanzenfresser dagegen sind sehr begierig nach Salz. Die Büffel in den nordamerikanischen Prairien versammeln sich bei den Salzquellen und an Stellen, wo Salzlager zu Tage liegen, um Salz zu fressen. Dasselbe gilt von den Rehen, die man mit Vorliebe durch Salzlecksteine auf bestimmte Plätze zu locken pflegt. Die verwilderten Rinder in den südamerikanischen Pampas lecken begierig Salz, wo sie es nur finden. Im Norden von Brasilien kränkelt oder stirbt nach v. Liebig das Vieh, wenn nicht von Zeit zu Zeit der Nahrung Salz zugesetzt wird. Auch unsere landw. Hausthiere zeigen zeitweise eine grosse Gier nach Salz.

Diese und andere Thatsachen dürften hinreichend beweisen, welche hohe Bedeutung das Kochsalz besonders für diejenige Volksklasse hat, welche durch fast ausschliessliche Pflanzennahrung ihr Leben fristet. Für diese ist die Salzsteuer die Besteuerung einer unentbehrlichen Lebensbedingung.

Bedeutung des Wassers für den Stoffwechsel.

8. Einfluss des Wassers auf den Stoffwechsel. Die Bedeutung des Wassers als constituirenden Bestandtheiles der thierischen Stoffe und Organe, sowie als Lösungsmittels der Nährstoffe, als welches es auch die Umsetzungen vermittelt, haben wir bereits kennen gelernt.

Der menschliche Körper verliert täglich einerseits durch Verdunstung von Wasser durch Lunge und Haut, andererseits durch Ausscheidung im Harn und Koth 2—3 l Wasser; diese also müssen dem Körper in irgend einer Form wieder zugeführt werden, um in seinem normalen Zustande zu verbleiben.

Erhöhung des Stoffwechsels durch Wassergenuss.

Eine über dieses Mass genommene Menge erhöht die Säfteströmung und vermehrt dadurch, wie wir schon S. 113 beim Stoffwechsel im Hungerzustande gesehen haben, nicht unwesentlich den Stoffwechsel. Das überschüssig eingenommene Wasser wird nämlich nicht sofort aus dem Körper wieder ausgeschieden, sondern circulirt erst von Zelle zu Zelle durch den ganzen Körper. In Folge dieser vermehrten Strömung findet auch eine erhöhte Zersetzung statt.

So beobachtete A. Gerth[1]) an sich selbst nach Einnahme einer übermässigen Wassermenge eine nicht unbedeutend grössere Menge von Harnstoff im Harn.

	Mittlere Harnstoffmenge g	Wasser im Harn g
1. Bei normaler Kost und Lebensweise	40,2—45,0	1187—1260
2. Bei derselben und einer Einnahme von 2000—4000 g Wasser . . .	46,6—54,3	3101—5435

Wasserreichthum der Gewebe und Krankheiten.

Es mag hier auch erwähnt sein, dass eine übermässige Ablagerung von Wasser in den Geweben und Organen von keinem günstigen Einfluss ist, indem es zu Krankheiten disponirt und die Widerstandsfähigkeit gegen ansteckende Krankheiten, gegen Krankheitskeime verringert. So hat v. Pettenkofer die Ansicht ausgesprochen,

[1]) Untersuchungen über den Einfluss des Wassertrinkens auf den Stoffwechsel. Wiesbaden, 1856.

dass Wasserreichthum in den Geweben speciell für die Cholera disponire. In der That sehen wir ansteckende Krankheiten gerade in den Volksschichten rapide auftreten, welche in Folge ihrer Nahrung wasserreiche Gewebe besitzen.

Eine an stickstofffreien Nährstoffen, besonders an Kohlehydraten reiche Nahrung hat nämlich eine grosse Wasseransammlung in den Organen und Geweben zur Folge. Die vorzugsweise von Kartoffeln sich ernährenden Menschen sehen rund und stark aus, und nehmen bei dieser Nahrung nicht selten an Gewicht zu. Diese Gewichtszunahme besteht aber nach den Versuchen J. Ranke's nicht in dem Ansatz von Fleisch und Fett, sondern wird durch eine Ablagerung von Wasser bedingt.

Erhalten solche Menschen alsdann eiweissreiche Nahrung, so wird das Wasser aus den Geweben verdrängt; der Körper verliert viel Wasser und nimmt an Gewicht ab, trotzdem Fleisch angesetzt wird. „Sobald die bessere Fleischnahrung beginnt, sagt J. Ranke, verlässt das Wasser den Organismus in Strömen.“

Deshalb geniessen Wassersüchtige vorzugsweise eine eiweissreiche Kost; deshalb wird schon seit alter Zeit als bestes Schutzmittel gegen ansteckende Krankheiten eine kräftige, eiweissreiche Nahrung empfohlen. Im Gefolge der Hungersnoth finden sich durchweg ansteckende Krankheiten.

9. Sonstige Einflüsse auf den Stoffwechsel. Ausser den erwähnten sind noch eine Reihe anderer Einflüsse auf den Stoffwechsel vorhanden. Dieselben sind schon zum Theil erwähnt, oder werden an weiter unten folgenden Stellen des Buches auseinander gesetzt werden; sie mögen daher hier nur eine cursorische Erwähnung finden.

a. Das Alter beeinflusst den Stoffwechsel insofern, als derselbe für gleiches Körpergewicht in einem jungen Organismus grösser ist, als in dem aufgewachsenen. So fand J. Forster für Kinder, v. Pettenkofer und C. Voit für Erwachsene folgende Kohlensäure-Ausscheidung pro 10 kg Lebendgewicht in 1 Stunde:

Säugling (Mädchen) 14 Tage alt	9,0 g
Knabe und Mädchen 3—5 Jahre alt . . .	11,7 g
„ „ „ 6—7 „ „ . . .	11,7 g
„ „ „ 9—13 „ „ . . .	8,9 g
Erwachsener bei Hunger und Ruhe	4,4 g
„ „ „ „ Arbeit . . .	7,1 g
„ bei mittlerer Kost und Ruhe .	5,5 g
„ „ „ „ „ Arbeit .	7,2 g

Dieses Verhältniss macht sich besonders während des Schlafes geltend; während ein robuster Arbeiter während 1 Stunde pro 10 kg Körpergewicht nach Levin 3,5 g Kohlensäure ausathmet, beträgt diese Menge nach J. Forster beim schlafenden Säugling 9,0 g.

Es sind daher die Zersetzungen (Oxydationen der N-freien Stoffe) in den jugendlichen Zellen erheblich grösser als beim Erwachsenen und nehmen in Folge dessen Kinder für gleiches Körpergewicht erheblich mehr Nährstoffe (nämlich pro 1 kg ca. 20—25 g Nahrungsaequivalente) auf als Erwachsene, die sich mit 5—10 Nahrungsaequivalenten begnügen.

b. Der Einfuss der Arbeit auf den Stoffwechsel erhellt schon zum Theil aus vorstehenden Zahlen; andererseits ist er bereits beim Kapitel „Quelle der

Muskelkraft" S. 83—97 besprochen und findet noch weiter unten bei Ernährung während Ruhe und Arbeit Erwähnung.

c. Desgl. ist bereits bei Wärmestrahlung der Haut S. 76 auseinandergesetzt, inwiefern die Temperatur der umgebenden Luft den Stoffwechsel beeinflusst.

d. Das Glycerin und die Fettsäuren als Spaltungsproducte des Fettes verhalten sich in ihrem Einfluss auf den Stoffwechsel nicht gleich, wie eigentlich angenommen werden sollte. Während nach den Versuchen von L. Levin und N. Tschirwinsky das Glycerin, welches grösstentheils im Körper zersetzt wird, nicht wie Fett und Kohlehydrate die Eiweisszersetzung herabsetzt, haben die Fettsäuren nach J. Munck's Versuchen dieselbe Ersparniss im Eiweissverbrauch zur Folge, als die ihnen chemisch aequivalente Fettmenge.

e. Die Wirkung des in einer Nahrung fast stets vorhandenen Alkohols sowie eines Infusums von Thee und Caffee auf den Stoffwechsel wird weiter unten bei Kapitel „Vegetabil. Genussmittel" besprochen werden.

10. Ueber den Einfluss der Nahrungszufuhr auf den Stoff- und Kraftwechsel hat N. v. Hoesslin[1]) eine neue Ansicht entwickelt, welche geeignet ist, die vorstehenden Forschungsresultate von einem allgemeinen Gesichtspunkte aus zu erklären. Erklärung.

Hoesslin hat unter Zugrundelegung der Zahlen Danilewsky's und unter der Annahme, dass mit dem Kothe ein Verlust von 5 % stattfindet, dass ferner mindestens 20—30 % des gereichten Eiweisses als Pepton resorbirt werden, aus den Versuchen vorwiegend der Münchener physiol. Schule die Stoffeinfuhr und den Stoffumsatz bei den Menschen in Calorien umgerechnet (vergl. auch S. 80) und dabei z. B. folgende Beziehungen gefunden:

Art der Nahrung	Eiweissmenge der Nahrung ausgedrückt in Calorien der Verbrennungswärme	Gesammtmenge der Nahrung ausgedrückt in Cal.	Im Körper zersetztes Eiweiss ausgedrückt in Cal.	Gesammtumsatz in Calorien
31. Juli 1866. Gemischte Nahrung . .	600	3300	600	2595
11. Dec. 1866. Hunger	—	30(?)	370	2470
14. „ 1866. „	—	30	360	2320
18. „ 1866. Gem. Nahr.	600	3120	600	2750
19. „ 1866. Eiweissreiche Nahr. . .	1190	3290	600	2270
27. „ 1866. Gem. Nahr.	600	3100	600	2710
2. Jan. 1867. Reichl. Nahr., bes. Eiw.	1330	4590	880	2780
(4. „ 1867. 3. Tag d. gleich. Nahr. .	1330	4590	1120	2940)
13. „ 1867. N-freie Nahr.	—	2280	400	2350
Mann II. (Schneider) Gem. Nahr. . .	600	3110	600	1860
3. Aug. 1866. Arbeit	600	3300	600	3840
14. Dec. 1866. Arbeit, Hunger . . .	—	30	350	4040
29. „ 1866. Arbeit	600	3110	600	3340

Es ist also der in Wärmecalorien ausgedrückte Verbrauch an spannkrafthaltenden Stoffen bei Nahrungszufuhr, und zwar obwohl die Zufuhr den Verbrauch weit übertraf, so dass bedeutend angesetzt wurde, nur wenig grösser als bei vollständigem

[1]) Virchow's Archiv f. pathol. Anatomie u. Physiol. 1882. Bd. 1882.

Hunger, und er zeigt sich ferner bei eiweissreicher Nahrung nicht grösser als bei vollständig eiweissfreier Nahrung.

Ganz ähnliche Beziehungen erhielt v. Hoesslin aus den in dieser Weise von anderen Versuchen durchgeführten Berechnungen.

Die relativ geringen Aenderungen im Stoffumsatze nach Nahrungszufuhr, wie sie sich in den angeführten Versuchsreihen zeigen, deuten nach v. Hoesslin wohl darauf hin, dass zwischen Art und Menge der Nahrung und der Höhe des Stoffumsatzes keine directe Beziehung besteht, etwa derart, dass von den Zellen einfach mehr zersetzt wird, wenn mehr zugeführt wird, ohne dass im Protoplasma selbst eine Aenderung vor sich geht. Der Umstand, dass das Steigen oder Fallen des Kraftwechsels bei Veränderung der Nahrungszufuhr mehrere Tage lang dauert, also allmählich sich vollzieht, ist wohl nur durch eine Zustandsänderung der Zellen erklärbar, die unter dem Einflusse der veränderten Nahrungsverhältnisse allmählich vor sich geht.

Der Vorgang der Verbrennung der Nährstoffe in der Zelle ist vielleicht vergleichbar dem Ausfliessen von Wasser aus einem hohen oben offenen Gefässe, dessen am unteren Ende angebrachte Ausflussöffnung viel enger ist als die Einflussöffnung, so dass das Wasser im Gefässe erst auf eine gewisse Höhe steigen muss, bis sich endlich durch den wachsenden hydrostatischen Druck Einfluss und Ausfluss das Gleichgewicht halten; Vermehrung oder Verminderung des einfliessenden Wassers bringt dann nicht direct Vermehrung oder Verminderung der ausfliessenden Wassermenge zu Stande, sondern nur ganz allmählich durch Vermittelung des steigenden oder fallenden hydrostatischen Drucks. Die Wassermenge im Gefässe resp. der hydrostatische Druck würde in diesem Falle dem Ernährungs- und Erregungszustande der Zellen (der intramolekularen Wärme) entsprechen.

Veränderungen im Zustande des Körpers nach Nahrungszufuhr, welche Steigerung des Umsatzes mit sich bringen, kennen wir ja verschiedene, so besonders Veränderung des Ernährungszustandes der Körperzellen selbst, ferner gesteigerte Drüsenthätigkeit, vermehrte Darm- und Herzarbeit, und vielleicht bewirkt auch die durch Vergrösserung der Blutmenge vermehrte Blutcirculation in der äusseren Haut indirect einen vermehrten Umsatz.

Der Körper verliert auch bei reichlicher Zufuhr von Kohlehydraten und Fetten stets etwas Stickstoff in Folge der im Protoplasma vor sich gehenden Umsetzungen und giebt auch Salze von sich her. Es muss daher in der Nahrung stets eine gewisse Menge von Salzen und Eiweiss oder von Stoffen, aus denen Eiweiss gebildet wird, vorhanden sein und dieses muss bei einem wachsenden Organismus grösser als bei einem ausgewachsenen sein; ist aber die zur Erhaltung oder zum Ansatz nothwendige Menge gegeben, so scheint es in Bezug auf die Quantität des Stoff- und Kraftwechsels — so weit bis jetzt die Versuche reichen — ziemlich gleichgültig, ob sie aus Fett, Kohlehydraten oder Eiweiss besteht. Eine gegebene Eiweissmenge beeinflusst zunächst nur den Bedarf des Plasmas, nicht aber die Schnelligkeit der Circulation; dieses folgt besonders aus dem Verhalten der Eiweisszersetzung bei Arbeit und bei einem wachsenden Organismus; im ersteren Falle wird trotz der stark beschleunigten Circulation nicht mehr Stickstoff, im zweiten Falle sogar relativ weniger Stickstoff ausgeschieden als bei Ruhe resp. beim Erwachsenen.

Der Gesammtstoffverbrauch hängt von der Masse des Organbestandes resp. des lebenden Protoplasmas ab; eine Veränderung in der Stoffzufuhr, in der Menge der zugeführten Spannkräfte bewirkt erst bei längerer Dauer eine wesentliche Aenderung in der Menge des Organeiweisses resp. des lebenden Protoplasmas und damit eine Aenderung im Stoffzerfall; das Plus oder Minus zwischen Zufuhr und Verbrauch wird grösstentheils am Körperfett ausgeglichen, so dass einem fettreichen Organismus in der Zeiteinheit auch mehr Fett für den Stoffwechsel zur Verfügung steht als einem fettarmen etc. v. Hoesslin ist der Ansicht, dass von diesem allgemeinen Standpunkt aus die vorstehenden Versuchsresultate sich einheitlich und besser erklären lassen, als nach den von v. Pettenkofer und Voit entwickelten Anschauungen.

Die Ernährung des Menschen.

(Fleisch- oder Pflanzennahrung.)

Wichtigkeit des Wechsels und der Zubereitung der Nahrung.

Wenn man in neuester Zeit versucht hat, die Gesetze der Ernährung des Menschen zu entwickeln und die täglich erforderliche Nahrung auf ein bestimmtes Mass zu fixiren, so kann dieser Versuch selbstverständlich eine allgemeine Gültigkeit nicht beanspruchen. „Eines schickt sich nicht für Alle;“ bei der richtigen Ernährung des Menschen kommen so vielerlei Gesichtspunkte in Betracht, dass man aus den an einzelnen Menschen gewonnenen Untersuchungs-Resultaten nicht absolut gültige Regeln für alle Menschen abstrahiren darf. Spielt doch bei der Nahrungsregelung des Menschen nicht allein Alter und Berufsart, sondern auch die Individualität eine grosse Rolle; ist doch ferner nicht allein die Menge der täglich zuzuführenden Nährstoffe entscheidend, sondern auch wesentlich die Art und Form, in welcher sie demselben geboten werden.

Dem einen sagt dieses Nahrungsmittel mehr zu, dem anderen jenes, der eine liebt diese Art der Zubereitung, der andere jene. Für die richtige Ausnutzung der Nahrung und ihre volle Wirkung im Organismus ist aber, wie schon bei den Genussmitteln hervorgehoben wurde, in erster Linie entscheidend, ob und wie die Nahrung zusagt, wie sie schmeckt.

Die Zufuhr der nöthigen Nährstoffe (Eiweiss, Fett, Kohlehydrate, Mineralstoffe und Wasser) genügt nicht allein, der Mensch verlangt noch mehr, er muss die Nahrung auch schmackhaft finden. Einseitige und schlecht zubereitete Nahrung, auch wenn sie noch so gehaltreich zubereitet ist, widersteht dem Menschen und ist auf die Dauer nicht geeignet, ihn vollauf zu ernähren. Davon liefern uns die mageren und blassen Gesichter in Gefängnissen und öffentlichen Anstalten einen deutlichen Beweis. Hier ist es weniger der Mangel an Nährstoffen, welcher die Menschen körperlich herunterkommen lässt, als die Art und Weise der Zubereitung, der Mangel an Gewürzen und Genussmitteln in der Nahrung.

Wir würzen unsere Nahrung, kochen und braten sie, um dieselbe durch angenehme Einwirkung auf Geruchs- und Geschmacksnerven zusagender zu machen. Das Kochen und Braten der Nahrungsmittel sind Operationen, welche wir nur bei den civilisirten Völkern finden und die sich mit dem Vorschreiten der Civilisation entwickelt haben.

Dieselben bezwecken nicht nur die Nahrung den Geruchs- und Geschmacksnerven zusagender zu machen, sondern bewirken auch mechanische und chemische Umänderung der Nahrungsmittel.

Die Stärkekörnchen der Vegetabilien gehen in einen gallertartigen kleisterähnlichen Zustand über, in welchem sie leichter verdaut werden. Die Zellwandungen werden durch Kochen gesprengt, in Folge dessen der Zellinhalt den Verdauungssäften leichter zugänglich ist.

Die Eiweissstoffe gehen in einen geronnenen Zustand über und werden unlöslich in Wasser. Man sollte meinen, dass sie dadurch schwerer verdaulich würden; das ist aber nicht der Fall, da die in Wasser löslichen Eiweissverbindungen auch durch die Verdauungssäfte erst in den geronnenen Zustand übergeführt und dann wieder gelöst werden. Ein gekochtes Ei wird nicht minder und schwerer verdaut als ein rohes.

Die ganze Kochkunst läuft darauf hinaus, die Nahrung so zuzubereiten, dass dieselbe am besten ihrem Zwecke entspricht. „Eine gut zubereitete Speise," sagt *Hamerton*, „erhält uns gesund, während eine schlecht zubereitete uns oft nur die Wahl zwischen Hunger und Indigestion übrig lässt."

Es ist also nicht allein *die Menge der Nährstoffe*, welche für die richtige Ernährung des Menschen massgebend ist, sondern auch wesentlich *die Art der Zubereitung* derselben.

Die ganze Frage wird noch verwickelter dadurch, dass wir die Wahl zwischen den mannigfaltigsten Nahrungsmitteln haben und davon auch den umfangreichsten Gebrauch machen.

Als Omnivor kann sich der Mensch sowohl von thierischen wie pflanzlichen Nahrungsmitteln ernähren.

Der civilisirte Mensch befriedigt sein Nahrungsbedürfniss aus Nahrungsmitteln sowohl des Thier- wie Pflanzenreiches; Jäger und Hirtenvölker, die noch auf der ersten Culturstufe stehen, geniessen nur Producte der Thierwelt; diesen gegenüber steht eine Gesellschaft Menschen, die *Vegetarianer*, welche nur von pflanzlichen Nahrungsmitteln leben und behaupten, dass diese die einzig richtige Nahrung des Menschen bilde.

Welche dieser extremen Lebensweise ist also die richtige?

Vegetarianer. Die *Vegetarianer* gehen in zwei Richtungen auseinander; die eine geniesst neben den Vegetabilien kein Fleisch, aber alle thierischen Producte, welche wie Milch, Käse, Butter, Eier etc. *ohne Schlachten* der Thiere gewonnen werden; die andere strengere Richtung lebt nur von Vegetabilien und hält jegliches thierisches Nahrungsmittel streng ausgeschlossen.

Sie begründen ihre Ansicht und Lebensweise damit, dass der Mensch dem Affen in der Natur am nächsten stehe, und weil dieser nur von Vegetabilien lebe, so seien auch für den Menschen die Vegetabilien die naturgemässesten Nahrungsmittel.

Der Genuss von Fleisch (oder thierischen Producten) sei unnatürlich für den Menschen, mache ihn wild und dem Thiere ähnlich, ausserdem erzeuge er manche Krankheiten.

Für letztere Behauptung finden sie eine Bestätigung in der Trichinenkrankheit der Schweine, in den Finnen etc. und glauben eine historische Basis für sich zu haben, da schon *Moses* den Israeliten den Genuss des Schweinefleisches verbot.

Auch lässt sich nicht verkennen, dass der Mensch sich mit vegetabilischen Nahrungsmitteln ernähren kann. Wir wissen, dass ganze Negerstämme ausschliesslich Pflanzenkost geniessen; der chinesische Arbeiter verzehrt grosse Quantitäten Reis, ohne wesentliche Zulage animalischer Nahrungsmittel. Auch bei uns in Europa gehört Fleisch zu den grössten Seltenheiten auf den Tischen vieler Volksklassen und doch leben und ar ten die Leute. Die Holzknechte des baierischen Gebirgslandes verzehren nur „Schmalzkost," d. h. mit Schmalz zubereitete Mehlspeisen; sie erhalten nur an hohen Festtagen Fleisch und doch verrichten sie schwere Arbeiten und zeichnen sich sogar durch Rauflust aus.

Das vorwiegendste Nahrungsmittel bei der ärmeren Volksklasse bilden die Kartoffeln und Brod, zu denen sich von thierischen Nahrungsmitteln nur das Fett gesellt.

Hier haben wir es allerdings nicht mehr mit rein vegetabilischer Nahrung zu thun, da dieselben durch den Zusatz des thierischen Fettes einen wesentlich anderen Charakter erhalten. Aber in den wärmeren Gegenden wird auch Butter und Schmalz durch Olivenöl ersetzt und so kann die Möglichkeit der völligen Ernährung durch Vegetabilien nicht geleugnet werden.

Freilich man frage in den meisten Fällen nur nicht wie?

Der Mensch steht bezüglich seines Magens und der Verdauungsorgane zwischen dem Pflanzenfresser und dem Fleischfresser. Der Pflanzenfresser vermag in Folge seines umfangreichen Verdauungssystems eine voluminöse Pflanzennahrung recht gut auszunutzen, was bei dem Fleischfresser mit einem viel geringeren Magenumfang nicht der Fall ist. Während bei dem Pflanzenfresser die Verdauungsorgane 15—20 % des Körpergewichtes ausmachen, wiegt der Darmcanal beim Fleischfresser nur 5—6 % des Körpergewichtes und beim Menschen 7—8 %. Der Mensch nähert sich daher in seiner Verdauungs-Einrichtung eher dem Fleisch- als Pflanzenfresser.

Dass aber die pflanzlichen Nahrungsmittel eine viel grössere Verdauungsthätigkeit erfordern als thierische Nahrungsmittel, ist allgemein bekannt. Die pflanzlichen Nährstoffe (Eiweiss, Stärke etc.) sind, wie bereits bemerkt, durchweg in Zellen mit festen Wandungen eingeschlossen und gestatten den Verdauungssäften nur schwer Zutritt. Dazu kommt, dass die Zellenwandungen (Holzfaser) einen Reiz auf die Darmwandungen ausüben und eine schnelle Entleerung des Darminhaltes bewirken.

Diese mechanische Wirkung der pflanzlichen Nahrungsmittel wird noch unterstützt dadurch, dass bei massenhafter Einführung von Stärke und Zucker im Darm leicht eine Art Gährung oder Fäulniss entsteht, welche die Bildung von Säuren (Buttersäure) zur Folge hat. Diese bewirken ebenfalls verstärkte Darmbewegung und damit eine schnellere Entleerung des Inhaltes. Die durch die Kürze des menschlichen Darmes bedingte *schlechtere* Ausnutzung der pflanzlichen Nahrungsmittel wird also noch durch die kurze Zeit erhöht, während welcher sie im Darm verbleiben.

So kommt es, dass die pflanzlichen Nahrungsmittel viel schlechter ausgenutzt werden, als die animalischen; *G. Meyer* und *M. Rubner* fanden, dass von den *Eiweissstoffen* des *Brodes* unter Umständen nur die Hälfte resorbirt wird (siehe oben S. 42—44); auch reichlich zugeführte Stärke wird nur unvollkommen ausgenutzt und verlässt den Darm nicht selten als solche bis zu 20 %.

Dadurch aber ist bedingt, dass wir, um den täglichen *Bedarf an Nährstoffen* in unserer Nahrung zu *decken*, grosse Quantitäten *pflanzlicher* Nahrungsmittel zu uns nehmen müssen; um nämlich die nöthige Eiweissmenge (118—130 g) zuzuführen, sind erforderlich:

Käse	270 g	Mais	1000 g
Fleisch (mager)	550 „	Schwarzbrod	1800 „
Erbsen	500 „	Reis	2000 „
Weizenmehl	900 „	Kartoffeln	5000 „

Das sind also bei Reis, Kartoffeln, Mais etc. enorme Quantitäten, die wir kaum bewältigen können; wenn nun auch durch Combination eiweissreicher Vegetabilien (wie der Leguminosen, Erbsen, Bohnen etc.) mit eiweissärmeren das Volumen der einzuführenden Pflanzenkost wesentlich herabgemindert wird, so folgt doch aus dem Gesagten, dass zur Befriedigung des Nahrungsbedürfnisses aus reiner Pflanzenkost ausgezeichnete Verdauungsorgane erforderlich sind, welche wir nur in den seltensten Fällen beim Menschen antreffen werden.

Traugott Cramer verfolgte während 3 Tage die Ausnutzung der Nahrung bei einem 64jährigen Beamten, der bereits seit 11 Jahren Vegetarianer war und seine Kost nach Belieben wählte. Derselbe nahm pro Tag in der Nahrung zu sich:

Wasser	1980,9 — 2738,9	g
Eiweissstoffe . . .	71,2 — 75,8	„
Fette	47,7 — 74,7	„
Kohlehydrate . . .	349,9 — 642,2	„
Salze	22,4 — 35,9	„

Von den festen Nahrungsstoffen wurden 28 % in Form von Schrotbrod genossen; 35,15 % der Eiweissstoffe waren in Form von animalischem Eiweiss (Milch, Ei) vorhanden; im Ganzen blieben von dem eingeführten Eiweiss 21,13 % unverdaut; nimmt man die animalischen Eiweissstoffe in der Milch und im Ei als ganz verdaulich an, so bleiben 31,96 % der vegetabilischen Eiweissstoffe unverdaut. Trotz der geringen Eiweisszufuhr — C. Voit verlangt 118 g pro Tag — bestand Stickstoffgleichgewicht, indem 11,86 g Stickstoff eingenommen und 10,86 abgegeben wurden. Indessen besass die Versuchsperson eine geringe Widerstandsfähigkeit gegen Krankheiten und ist Cramer der Ansicht, dass diese der unzureichenden und eigenthümlichen Ernährung zuzuschreiben ist. Auch war die Kost nur deshalb ausreichend, weil sie keine reine vegetabilische war. Die Kosten des Rohmaterials stellten sich durchschnittlich auf 105 Pfg.; der Preis des vegetabilischen Eiweisses der Nahrung verhielt sich zu dem Preise des verdaulichen animalischen Eiweisses wie 17 : 10.

Für die Praxis zieht Cramer aus diesem Versuch die Schlussfolgerung, dass diese Art der Ernährung für eine grössere Anzahl von Menschen einmal zu theuer, dann auch zu unpractisch ist.

Aber von allem diesem abgesehen, die grössere Anstrengung zur Bewältigung der Pflanzenkost bedingt einen Verlust an Kraft, die bei leichter verdaulicher Nahrung für andere Zwecke verwendet werden kann.

Dieser Umstand ist nicht zu gering anzuschlagen; denn wenn uns ein voller Magen zu körperlicher und geistiger Anstrengung untauglich macht (plenus venter non studet libenter), wenn nach einem reichlichen Mahle die Thätigkeit der Organe sich wesentlich auf die Verdauung der Nahrung concentrirt und der Körper sich anderer Thätigkeits-Aeusserungen enthält, so ist einleuchtend, dass der mit voluminöser und schwer verdaulicher Pflanzenkost sich ernährende Mensch nicht der Anstrengung fähig ist und das zu leisten vermag, was der Mensch leistet, der sich von leichter verdaulicher Nahrung ernährt. Dass ein Mensch, welcher ausschliesslich von Pflanzenkost lebt, überhaupt noch normaler körperlicher Arbeit fähig ist, kann nicht als Grund gegen diese Ansicht aufgeführt werden, weil die Leistungen desselben ja viel grösser sein könnten, wenn er zur Verdauung von leichter resorbirbarer Nahrung weniger Zeit und Kraft aufzuwenden hätte.

Wenigstens ist es eine allgemein anerkannte Thatsache, dass der Mensch, welcher neben Pflanzenkost auch noch animalische Nahrung geniesst, grösserer Anstrengung fähig ist, als der, welchem nur Pflanzenkost zu Gebote steht.

Unter den afrikanischen Negerstämmen, so erzählt Livingstone, sind diejenigen am meisten geeignet, Strapazen und Entbehrungen zu ertragen, welche neben Pflanzenkost gewöhnlich Fleisch verzehren; die ausschliesslich von Pflanzenkost lebenden Neger stehen gegen diese bei weitem zurück.

Auch die viel Fleisch (Beafsteaks) verzehrenden englischen Arbeiter sind wegen ihrer grossen Ausdauer und Zähigkeit berühmt.

„Wenn die Kirgisen und Eskimos," sagt R. Virchow,[1]) „ein Beispiel dafür abgeben, dass Gesundheit und Leben sich durch viele Generationen hindurch mit ausschliesslicher stickstoffhaltiger, andere ebenso mit vorwiegend kohlenstoffhaltiger Nahrung erhalten haben und noch erhalten (Hindus), so legt die Geschichte Zeugniss davon ab, dass die höchsten Leistungen des Menschengeschlechtes von Völkern ausgegangen sind, welche von gemischter Kost lebten und leben."

Die Fleischnahrung verleiht Energie und Munterkeit, die vorwiegende Pflanzenkost macht schlaff und träge. Fleischfressende wilde Thiere werden durch allmähliche Gewöhnung an Pflanzenkost zahm und umgekehrt nehmen zahme Thiere beim Uebergang zur Fleischnahrung einen mehr und mehr wilden Charakter an. So erzählt v. Liebig, dass ein gefangener Bär in Giessen abwechselnd nur mit Fleisch und dann mit Pflanzenkost ernährt wurde; bei der Fleischnahrung zeigte sich sein wildes Wesen, er wurde unwirsch und gefährlich; bei der Pflanzennahrung dagegen war der Bär zahm wie ein Lamm.

Neuerdings hat auch H. Ritthausen darauf aufmerksam gemacht, dass die Proteinstoffe einen um so höheren Nährstoffeffect besitzen, je kohlenstoffreicher und stickstoffärmer sie sind. Da nun die thierischen Proteinstoffe sich in dieser Hinsicht vor den pflanzlichen Proteinstoffen auszeichnen, so würde hieraus ihre Ueberlegenheit bei der Ernährung des Menschen von selbst einleuchten. Dieses wird zum Theil durch Versuche von Joh. Potthast bestätigt,[2]) welcher bei einer Hündin fand, dass die Eiweissstoffe der Lupinen, welche nach Ritthausen den höchsten N-Gehalt (nämlich 18,67 %) besitzen, gegenüber den Eiweissstoffen im Fleisch, Fleischmehl, Käse, in den Erbsen (resp. Linsen) und im Kleber den geringsten Nährwerth (gemessen an dem N-Ansatz im Körper) besitzen. Die Eiweissstoffe der letzteren standen sich aber im Nährwerth ziemlich nahe. Auch mag ein Unterschied darin begründet liegen, dass die Proteinstoffe beider Nahrungsmittel-Klassen bei der Zersetzung die Spaltungs-Producte (Leucin, Tyrosin, Glutamin- und Asparaginsäure und Ammoniak) in verschiedener Menge liefern. (Siehe Capitel „Stickstoff-Substanzen unter vegetabilischen Nahrungsmitteln." II. Thl.)

Aus den angeführten Thatsachen dürfte zur Genüge die Bedeutung des Fleisches und der animalischen Producte für die Ernährung des Menschen hervorgehen und wenn wir die Frage, ob reine animalische oder vegetabilische Nahrung, beantworten sollen, so werden wir zu der Antwort gedrängt, dass hier, ähnlich wie in vielen anderen Fällen, die Wahrheit in der Mitte liegt.

---

[1]) Ueber Nahrungs- und Genussmittel. Von R. Virchow. Berlin 1868. S. 35.

[2]) Beiträge zur Kenntniss des Eiweissumsatzes. Dissertation. Von Joh. Potthast. Münster 1887.

Wenn rein animalische Nahrung für den Menschen unnatürlich ist, so ist reine Pflanzenkost unzweckmässig und ebenfalls der Constitution des Menschen nicht entsprechend; der Mensch ist naturgemäss auf eine gemischte Nahrung aus dem Thier- und Pflanzenreich angewiesen. Dieses geht auch aus directen, umfangreichen Ernährungsversuchen von Jos. Hartmann[1]) hervor, welcher einen Menschen einerseits mit reiner vegetabilischer und reiner animalischer Kost, andererseits mit einer gemischten Kost ernährte. Die Versuche führten zu dem Resultat: „dass die gemischte Nahrung die natürlichste und zweckmässigste für den Menschen ist.“ Dem entsprechend finden wir auch, dass die civilisirten Menschen mit nur wenigen Ausnahmen ihre Nahrung aus animalischen und vegetabilischen Nahrungsmitteln zusammensetzen.

Von diesem Gesichtspunkt ausgehend sind nachstehende Normen für die menschliche Nahrung entworfen; es ist nach dem Gesagten auch selbstverständlich, dass sie nicht für alle und jede Fälle passen, sondern nur eine ganz allgemeine Bedeutung haben.

Muttermilch.

1. Die Ernährung der Kinder im ersten Lebensalter. Die naturgemässeste Ernährung des Menschen im ersten Lebensalter ist nach dem übereinstimmenden Urtheil aller Sachkundigen die Muttermilch. Man sollte daher von dieser Regel nur unter den zwingendsten Gründen abweichen. Die Frauenmilch hat (siehe weiter unten) folgende mittlere Zusammensetzung:

Wasser %	Casein + Albumin %	Fett %	Milchzucker %	Salze %	Nährstoffverhältniss [2]) 1 :
87,02	2,36	3,94	6,23	0,45	6,8

Sollte die Milch der Mutter zur Ernährung des Säuglings nicht ausreichen oder andere Gründe (Krankheit etc.) es für die Mutter nicht thunlich erscheinen lassen, das Kind selbst zu stillen, so liegt es am nächsten, die Ernährung des Kindes durch eine Amme besorgen zu lassen. Dass hierbei in erster Linie auf eine gesunde und kräftige Constitution der Amme Rücksicht genommen werden muss, ist mehr als hinreichend bekannt. Da aber die Milch, wie wir später sehen werden, mit der Entfernung in der Lactationsperiode in ihrer chemischen Zusammensetzung sich ändert, so soll eine solche Amme gewählt werden, welche der Mutter in der Lactationsperiode möglichst nahe steht.

Ersatzmittel der Frauenmilch: Eselsmilch.

Der Frauenmilch am ähnlichsten zusammengesetzt ist von allen Milchsorten die Eselsmisch; sie enthält im Mittel:

Wasser %	Casein + Albumin %	Fett %	Milchzucker %	Salze %	Nährstoffverhältniss 1 :
89,64	2,22	1,64	5,99	0,51	4,6

Wenn daher die Muttermilch — im ersten Halbjahr hat das Kind bei 5—6 kg Körpergewicht etwa 1000—2000 g Muttermilch nothwendig — nicht ausreicht, sollte man zur Eselsmilch seine Zuflucht nehmen.

---

[1]) Jos. Hartmann: Untersuchungen über die Ernährung des Menschen etc. Inaugural-Dissertation. Zürich 1885.

[2]) Unter „Nährstoffverhältniss“ ist hier wie stets das Verhältniss der stickstoffhaltigen Bestandtheile (= 1) zu den stickstofffreien Nährstoffen (Fett und Kohlehydrate) zu verstehen. Dabei ist das Fett mit 2,50 multiplicirt und auf den Werth der Kohlehydrate zurückgeführt.

Diese aber wird nur in den seltensten Fällen in hinreichender Menge vorhanden sein und so ist man gezwungen, zur Kuhmilch zu greifen. Die mittlere Zusammensetzung derselben ist folgende: Kuhmilch.

Wasser	Casein + Albumin	Fett	Milchzucker	Salze	Nährstoffverhältniss
%	%	%	%	%	1 :
87,42	3,41	3,65	4,81	0,71	4,1

Die Kuhmilch enthält daher im Vergleich zur Frauenmilch zu viel stickstoffhaltige Nährstoffe, das Nährstoffverhältniss ist ein zu enges, deshalb müssen derselben stickstofffreie Nährstoffe zugesetzt werden, was am zweckmässigsten durch Milchzucker, aber auch durch gewöhnlichen Rohrzucker geschehen kann. Diesen setzt man entweder der gekochten Kuhmilch unter gleichzeitiger Verdünnung mit Wasser zu, oder verabreicht ihn neben der Milch als Zuckerwasser. Ersteres ist jedoch vorzuziehen.

Fr. Raspe[1]) hat fortlaufende Untersuchungen über die Zusammensetzung der Frauenmilch in den einzelnen Wochen der Lactationsperioden angestellt und begründet hieraus, dass, wenn die Kuhmilch der Frauenmilch angepasst werden soll, zum Ersatz von 100 Frauenmilch in den einzelnen Wochen der Kuhmilch eine verschiedene Menge Wasser und Milchzucker zugesetzt werden muss, indem zur Erhaltung einer gleichen Menge Casein, Fett und Milchzucker in 100 g Frauenmilch rund erforderlich sind:

	Kuhmilch	Milchzucker (resp. Rohrzucker)	Wasser
1te Woche	45 Thle.	5—6 Thle.	50 Thle.
2te bis 5te Woche . . .	33 „	7 „	60 „
6te bis 9te Woche . . .	30 „	7 „	60 „

Hiernach müsste die Kuhmilch mit dem fortschreitenden Alter des Säuglings einen erhöhten Zusatz von Wasser und Zucker erfahren, um die Frauenmilch mit der fortschreitenden Lactation zu ersetzen. In Wirklichkeit aber wird dieses gerade umgekehrt gemacht und spricht eine vielseitige Erfahrung gegen diesen Vorschlag, indem man in den ersten Wochen des Säuglings auf $^1/_4$ resp. $^1/_3$ Kuhmilch ca. $^3/_4$ resp. $^2/_3$ Wasser nimmt, und den Wasserzusatz allmählich vermindert, bis zuletzt im zweiten Jahr ganze Kuhmilch verwendet wird.

Die Anwendung der Kuhmilch zur Kinderernährung erheischt aus den verschiedensten Gründen die grösste Vorsicht. Abgesehen von den häufig in grossen Städten auftretenden groben Milchverfälschungen, ist die Milch der Kühe je nach der Rasse und dem Futter von sehr verschiedener Beschaffenheit. Gerade das Futter hat auf die Beschaffenheit der Milch einen solchen Einfluss, dass die Milch mancher Kühe, welche mit gewissen Futterstoffen (besonders mit wässerigen Träbern und gewerblichen oder Küchen-Abfällen aller Art) gefüttert werden, für Kinder gar nicht zu gebrauchen ist. Es entstehen in Folge dessen bei denselben Durchfälle und Krankheiten aller Art, welche den schnellen Tod zur Folge haben. Die schreckenerregende Sterblichkeit der kleinen Kinder in grossen Städten wird nicht mit Unrecht auf Rechnung der fehlerhaften Ernährung, besonders aber auf Rechnung der Ernährung

---

[1]) Archiv f. Hygiene 1886. Bd. 5. S. 128.

mit verfälschter oder schlechter Kuhmilch gesetzt.[1]) Es ist daher eine segensreiche Vorkehrung in den meisten Städten, Kinder mit Milch nur von solchen Kühen zu ernähren, die an sich gesund nur mit gutem und reinem Futter (Heu, Kleie und Körnern) gefüttert werden.

Um die abführenden Wirkungen von Milch von Kühen, die fehlerhaft (z. B. mit Schlempe, Träbern, Küchenabfällen etc.) gefüttert werden, in etwas aufzuheben, setzt man der Milch beim Aufkochen Kalkwasser zu (ein Esslöffel voll pro 1 l oder eine Messerspitze voll gebrannte Magnesia). Auch empfiehlt sich der Zusatz eines Körnchen Kochsalzes.

Indess sind auch diese Vorsichtsmassregeln, wie Fr. Soxhlet[2]) hervorhebt, vielfach von keinem Erfolge, weil dabei zu wenig die natürlichen Ernährungsverhältnisse berücksichtigt werden. Denn die günstigere Wirkung der Frauenmilch gegenüber der Kuhmilch beruht nach Fr. Soxhlet wesentlich darauf, dass erstere von dem Säugling direct aus der Milchdrüse aufgenommen wird, daher nicht mit Luft in Berührung kommt und in Folge dessen keine schädlichen Mikroorganismen aufnehmen kann. Thatsächlich beobachtet man auch bei Kälbern, welche an der Mutter saugen, bei weitem nicht diejenigen Krankheiten (Diarhöen etc.), an welchen Kälber leiden, die mit der gemolkenen und mit Luft in Berührung gekommenen Milch getränkt werden.

Fr. Soxhlet schlägt daher vor, die für Säuglinge bestimmte Kuhmilch zu sterilisiren, indem man sie in verschlossenen Flaschen 35—40 Minuten bei der Siedetemperatur des Wassers erhitzt. Man kann das Sterilisiren der Kuhmilch in einer entsprechenden Anzahl von Flaschen (von 150 CC. Gehalt) gleich für einen ganzen Tag zusammen vornehmen und hat alsdann keine so grosse Vorsicht auf die Fütterungsweise der Kühe zu nehmen, wie ebenso wenig darauf, ob es Milch von einer Kuh oder ein Gemisch von mehreren Kühen ist.

Fr. Soxhlet hat für den Zweck einen besonderen Apparat[3]) construirt, welcher leicht in den Haushaltungen gehandhabt werden kann.

Zusatzmittel zur Kuhmilch.

Beim Heranwachsen des Kindes werden der Milch consistentere Nahrungsmittel (Mehl, Stärke etc.) zugesetzt. Hierbei aber wird von dem Stärkemehl (Tapioca, Arrowroot etc.) sehr häufig ein zu starker Gebrauch gemacht; die meisten sogen. Kindernahrungsmittel sind kaum etwas mehr, als reines Stärkemehl. So enthalten Tapioca, Arrowroot, Sago, Maizena etc. im Mittel:

Wasser %	Stickstoff-Substanz %	Stärke %	Asche %	Nährstoff-verhältniss 1 :
15,09	1,21	83,31	0,39	68,8

Wie schon mehrfach hervorgehoben, hat eine übermässige Zufuhr von Stärke in der Nahrung die Bildung von Buttersäure zur Folge, welche ihrerseits Veranlassung

---

[1]) Wie sich die Sterblichkeit der Kinder bei künstlicher Ernährung gegenüber der mit Muttermilch vermehrt, lehrt am deutlichsten folgende statistische Zusammenstellung:

Art der Ernährung auf je 1000 Kinder angewendet	Es zeigten von 1000 Kindern gutes Gedeihen	Mittleres Gedeihen	Schlechtes Gedeihen	Es starben vor Ablauf eines Jahres
Muttermilch	610	190	118	82
Ammenmilch	260	254	306	180
Künstliche Ernährung	90	147	253	510

[2]) Münchener medicin. Wochenschrift 1886. Nr. 15 u. 16.

[3]) Der Apparat kann neben Gebrauchsanweisung von Gebr. Siebenhofer-München, Schützenstr. 13, oder Metzeler & Co.-München, Kaufingerstr. 8 bezogen werden.

zu Diarrhöen giebt. Auch besitzt das Kind in der ersten Lebenszeit noch kein Stärke-verdauendes Ferment. Aber hiervon abgesehen, das Kind findet in den Stärkesorten weder die hinreichende Menge Eiweissstoffe zur Bildung der Muskelsubstanz, noch die nöthige Menge Mineralstoffe zum Aufbau des Knochengerüstes.

Weit eher empfehlen sich daher die Mehlsorten neben Eiern oder, sobald es angeht, Speisen aus Leguminosen (Erbsen, Bohnen etc.) zubereitet; letztere sind nicht nur reich an Eiweissstoffen, sondern auch an Kalksalzen und Phosphaten.

Ph. Biedert[1]) verwirft indess alle diese Surrogate wie auch die ganze Kuhmilch und empfiehlt für die Ernährung der Säuglinge ein Rahmgemenge, welches besteht aus: 1 Thl. (125 g) süssen Rahms, 3 Thln. (375 g) abgekochten Wassers und 15 g (= 4 g auf je 100 CC. zugesetzten Wassers) Milchzucker. Dieses für die allererste Zeit gesunder, oder für die allerempfindlichste Periode kranker Säuglinge bestimmte Gemenge (Gem. I) wird entsprechend der wachsenden Verdauungskraft allmählich verstärkt durch Zusatz von erst 60 g (Gem. II), dann 125 g (Gem. III), dann 250 g (Gem. IV) und endlich 375 g (Gem. V) Kuhmilch zu dem natürlichen Grundgemenge und so der Uebergang zu erst etwas verdünnter, dann reiner Kuhmilch bewirkt. Der Rahm wird in obiger Menge durch einstündiges Stehen aus $1\frac{1}{2}$ l Milch gewonnen.[2])

Fr. Soxhlet glaubt, dass aus obigen Gründen die Verwendung der letzten und fettreichen Milch aus dem Euter empfehlenswerther ist, als die eines derartig gewonnenen Rahms, dass jedenfalls beide in obiger Weise sterilisirt werden müssen.

Vielfach wird auch condensirte Milch[3]) (mit und ohne Rohrzuckerzusatz) und neuerdings die Scherff'sche sterilisirte und nur auf $\frac{1}{3}$—$\frac{1}{2}$ eingedickte Milch zur Ernährung der Kinder verwendet. Diese haben folgende durchschnittliche Zusammensetzung: Condensirte und Scherff'sche Milch.

	Wasser %	Casein + Albumin %	Fett %	Milchzucker %	Rohrzucker %	Salze %	Nährstoffverhältniss 1:
1. Condensirte Milch mit Rohrzucker-Zusatz . .	25,61	11,79	10,35	13,84	36,22	2,19	6,4
2. desgl. ohne Rohrzucker-Zusatz	59,00	11,92	12,42	15,48	—	2,18	3,9
3. Scherff'sche Milch . .	72,87	8,20	6,62	10,63	—	1,68	3,3

Die condensirte Milch wird mit warmem Wasser angerührt und in diesem verdünnten Zustande den Kindern verabreicht. Wenn dieselbe aus natürlicher, reiner Milch entweder mit oder ohne Zusatz von Zucker dargestellt wurde, so lässt sich gegen die Anwendung derselben nichts sagen. Das Nährstoffverhältniss 1 : 5,6 bei der condensirten Milch mit Rohrzucker-Zusatz liegt in Folge des Zuckerzusatzes der Frauenmilch ziemlich nahe; sie widersteht den Kindern nur leicht; bei der ohne Zuckerzusatz dargestellten condensirten Milch muss das Nährstoffverhältniss gleich der letzteren sein, ist aber mitunter wegen der theilweisen Entrahmung der verwendeten Milch etwas enger.

---

[1]) Ph. Biedert: Untersuchungen über die chem. Unterschiede der Menschen- u. Kuhmilch. Stuttgart 1884.

[2]) E. Münch in Worms stellt für den Zweck auch eine Rahmconserve her.

[3]) Nach J. Forster verzehrte ein Kind im Alter von 4—5 Monaten täglich 214 g condensirte Milch mit:

Eiweiss g	Fett g	Kohlehydrate g	Nährstoffverhältniss
21,3	18,4	98,2	1 : 6,1

Die Scherff'sche Milch ist bis zur Hälfte concentrirt und gleichzeitig sterilisirt; sie entspricht deshalb am meisten den von Soxhlet gemachten, sehr beachtenswerthen Vorschlägen.

2. Ernährung der Kinder im Alter von 6—15 Jahren.

Kinder geniessen verhältnissmässig (d. h. für die Körpergewichtseinheit z. B. 1 kg)[1]) mehr Nahrung, als Erwachsene; es hängt das mit dem lebhafteren Stoffwechsel derselben und dem Wachsthum des Körpers zusammen. Gerade in den Jahren des lebhaften Wachsthums ist erforderlich, dass Kinder eine reichliche und richtig zusammengesetzte Nahrung erhalten.

Die Eiweissstoffe dürfen im Verhältniss zu den Kohlehydraten weder zu reichlich noch zu kärglich bemessen sein; im ersteren Falle findet ein erhöhter Eiweissumsatz statt, der kein Eiweiss zum Ansatz gelangen lässt, im letzteren Falle kann wegen Mangels an Eiweiss kein Ansatz oder Wachsthum erfolgen.

Ueber das nöthige Kostmass für Kinder und das nöthige Verhältniss der Nährstoffe zu einander sind verschiedene Ermittelungen angestellt.

Camerer[2]) studirte den Stoffwechsel an seinen eigenen 5 Kindern im Alter von 2—11 Jahren. Dieselben genossen eine aus Milch, Brod, Reissuppe, Braten und Eiern bestehende Nahrung, deren einzelne Bestandtheile sich procentisch wie folgt vertheilten:

Kind	Alter, Jahre	Körpergewicht	In der Nahrung:						Verhältniss der animalischen zu den vegetabilischen Nahrungsmitteln
			Milch %o	Brod %o	Reissuppe %o	Braten %o	Eier %o	Getränke Wasser + Wein %o	1 :
1. Mädchen	2	10,8	54,7	4,1	18,9	4,7	6,2	9,7	0,35
2. Mädchen	4	13,3	55,3	4,9	21,8	4,0	5,1	8,1	0,41
3. Knabe	6	18,0	31,6	15,2	19,9	7,5	4,1	20,3	0,81
4. Mädchen	9	22,7	32,9	12,4	29,5	5,8	3,7	14,3	0,99
5. Mädchen	11	23,4	31,9	18,2	24,6	5,6	3,6	14,6	1,04

Die folgende Tabelle giebt Aufschluss über den Gehalt der täglichen Nahrung an Nährstoffen, über die entleerten Koth- und Urinmengen.

Kind	Alter	Körpergewicht	Nahrung:						Koth		Harn	
	Jahre	kg	Gesammt-Nahrung g	Trockensubstanz g	Eiweiss g	Fett g	Kohlehydrate g	Verhältniss Nh : Nfr. wie 1 :	Frisch g	Trockensubstanz %o	Menge CC	Harnstoff g
1	2	10,8	1185	197	47,1	43,3	95,9	4,3	62	20,6	641	12,1
2	4	13,3	1203	197	44,8	41,5	102,7	4,6	101	24,6	619	11,1
3	6	18,0	1510	311	63,7	45,8	197,3	4,9	134	20,7	729	14,6
4	9	22,7	1660	328	61,3	47,0	207,7	5,3	117	24,7	1034	14,9
5	11	23,4	1698	397	67,5	45,7	268,6	5,5	128	20,9	989	15,1

[1]) Während beim Erwachsenen auf 1 kg Körpergewicht etwa 5—10 Nahrungsäquivalente kommen, beträgt diese Menge beim Kinde auf 1 kg Körpergewicht etwa 20—25.

[2]) Zeitschr. f. Biologie 1880. S. 24.

	Kind 1	2	3	4	5
Von 100 Thln. Trockensubstanz in der Nahrung wurden als unverdaut im Koth ausgeschieden .	5,7	6,0	8,3	5,0	5,8
Von 100 Thln. Stickstoff desgl.	10,6	8,3	18,1	10,5	16,8
Auf 100 Thle. Stickstoff in der Nahrung kommen Stickstoff im Harn	82,7	86,1	81,4	85,2	79,4

Eine Fortsetzung dieser Untersuchung von Camerer[1]) bei denselben Kindern im Alter von 3—13 Jahren und 5—15 Jahren[2]) lieferte ähnliche Resultate.

C. Voit[3]) hat über die Kost der Kinder im Waisenhause zu München im Alter von 6—15 Jahren Ermittelungen angestellt und glaubt diese als ziemlich allgemein gültig hinstellen zu können, weil die Kinder bei der dortigen Ernährungsweise sich sehr wohl fühlen, äusserlich sehr gut aussehen und ganz gut gedeihen.

Die Kinder erhalten 5 mal in der Woche Fleisch und zwar 170 g rohes Fleisch mit Knochen, welche 137 g beinlosem frischen Fleisch oder 85 g gesottenem Fleisch entsprechen.

Nach dem gegebenen Küchenzettel erhalten die Kinder z. B. pr. Tag:

	1. Sonntag:	Eiweiss g	Fett g	Kohlehydrate g
Frühstück	257 g Milch	10,5	10,0	10,8
	42 „ Semmel (1 Stck.)	4,0	0,4	25,2
Mittag	Kräutersuppe (52,6 g Kräuter, 17,5 Mehl, 11,0 g Schmalz, 4,4 g Zwiebeln)	3,57[4])	6,28	19,8
	Ochsenfleisch (170 g mit Knochen)	30,0	1,2	—
	Kartoffelgemüse (201,7 g Kartoffeln, 13,1 Mehl, 8,7 Schmalz, 4,3 Zwiebeln)	4,23[4])	7,11	37,9
	Brod (1 Hausbrod (81 g)	7,00	—	37,6
Nachmittag	1 Hausbrod (81 g)	7,00	—	37,6
Abends	1 Hausbrod (81 g)	7,00	—	37,6
	Bier (1/4 Liter?)	—	—	14,3
	Kartoffelschnitz (282,9 g Kartoffeln, 13,1 g Schmalz)	5,04[4])	6,53	53,8
		78,34	31,5	274,6

	2. Freitag:	Eiweiss g	Fett g	Kohlehydrate g
Frühstück	275 g Milch	10,5	10,4	10,8
	42 „ Brod (1 Semmel)	4,0	0,4	25,2
Mittag	Erbsensuppe (39,4 g Erbsen, 24,1 g Mehl, 8,7 g Schmalz)	7,56[4])	10,58	28,2
	Rohr- oder Dampfnudeln (87,6 g Mehl, 145,6 Milch 26,3 Schmalz, 43,8 Zwetschen)	14,68[4])	32,38	70,5
	Compott	0,3	—	7,7
	Hausbrod (81 g)	7,0	—	37,6
Nachmittag	1 Hausbrod (81 g)	7,0	—	37,6
Abends	1 Hausbrod (81 g)	7,0	—	37,6
	Kartoffelsuppe (141,4 Kartoffeln, 8,7 Schmalz, 22,1 Semmel)	4,80	4,93	27,3
	Bier (1/4 l)	—	—	15,3
		62,84	58,7	289,1

[1]) Zeitschr. f. Biologie 1882. S. 220.
[2]) Ebendort 1884. Bd. 20. S. 566.
[3]) Untersuchung der Kost in einigen öffentlichen Anstalten von C. Voit, München 1877. S. 125.
[4]) Statt dieser Suppe und ferner statt dieses Gemüses werden verschiedene andere Sorten zubereitet; im Mittel ergaben dieselben den vorstehenden Gehalt.

Indem C. Voit den Küchenzettel für jeden Tag der Woche durchgerechnet hat, erhält er im Durchschnitt folgende Mengen Nährstoffe[1]) pro Tag:

Eiweiss	Fett	Kohlehydrate	Nährstoffverhältniss
g	g	g	1:
79	37	247	4,6

Diese Menge Nährstoffe in dem Verhältniss der Nh. zu den Nfr. wie 1 : 4,6 dürfte bei der guten Entwickelung der Waisenhauskinder für Kinder von 6—15 Jahren ausreichend sein; dass Kinder in den jüngeren Jahren nicht ganz diese Menge, die älteren vielleicht etwas mehr essen und verlangen, braucht kaum erwähnt zu werden.

J. Forster fand in der täglichen Nahrung eines wohlgenährten, $1^1/_2$ Jahre alten Kindes:

Eiweiss	Fett	Kohlehydrate	Nährstoffverhältniss
g	g	g	1:
36	27	151	6,1

In dem Gossner-Hause in Berlin verzehren nach den Ermittelungen von Th. Riedel verwahrloste Mädchen im Alter von 6—17 Jahren pro Tag:

Eiweiss	Fett	Kohlehydrate	Nährstoffverhältniss
g	g	g	1:
74	18	434	6,4

Hier ist offenbar im Verhältniss zu den Kohlehydraten zu wenig Eiweiss vorhanden; dadurch erklärt es sich, dass die Kinder, wie Th. Riedel bemerkt, sich zwar in einem guten Ernährungszustande befinden, aber stets eine ziemlich schwache Muskulatur zeigen.

Die Kinder erhalten nur 2—3 Mal in der Woche Fleisch (34 g), aber viel Kartoffeln (320 g) und Gemüse (274 g); durch Vermehrung der Fleischportion und Verminderung der Kartoffelgabe würde dem Uebel bald abgeholfen sein.

Wilh. Schroeder[2]) ermittelte die Kostsätze für 8—15jährige Kinder in der Kinderbewahranstalt in Gehlsdorf und fand in derselben im Durchschnitt der 6 Wochentage:

Speisengewicht	Gesammt-Eiweiss	Eiweiss vegetabilisches	Eiweiss animalisches	Fett	Kohlehydrate	Nährstoffverhältniss wie
g	g	g	g	g	g	1:
1378	87,4	78,0	9,4	49,5	508,2	7,1

Vorstehende Nahrung enthält gegenüber den von C. Voit im Münchener Waisenhause ermittelten Kostrationen auffallend viel Kohlehydrate und zu viel schwer verdauliches vegetabilisches Eiweiss gegenüber dem animalischen. Nichtsdestoweniger war die Entwickelung der Kinder auch bei dieser Nahrung eine der Norm entsprechende, ja in gewissen Beziehungen sogar eine aussergewöhnlich günstige.

---

[1]) Ich habe hier wie in den nachstehenden Berechnungen die von den Autoren angegebenen Zahlen zu Grunde gelegt; nach der von mir aufgestellten Tabelle für die mittlere Zusammensetzung der Nahrungsmittel würden sich hie und da etwas andere Zahlen, wenn auch nicht wesentlich verschiedene von diesen, ergeben.

[2]) Archiv f. Hygiene 1886. Bd. IV. S. 39.

Eine volle Nahrung für Kinder von 6—17 Jahren würde etwa in folgender Ration gegeben sein:

	Eiweiss	Fett	Kohlehydrate
170 g rohes Fleisch	30,0	17,0	—
300 „ Brod	19,5	1,0	150
180 „ Kartoffeln	3,0	0,3	36
15 „ Fett (Butter und Schmalz)	—	14,0	—
250 „ (1/4 l) Milch	8,5	9,0	12
100 „ Mehl (zu Suppen)	10,0	1,0	74
180 „ Gemüse (aller Art)	7,0	1,0	9
Summa	78,0	43,3	281

Dieselbe Menge Nährstoffe ist auch annähernd in folgenden Rationen enthalten:

	oder:
100 g rohes Fleisch,	100 g Eier (2 Stück),
25 „ Käse,	100 „ Erbsen oder Bohnen,
300 „ Brod,	250 „ Brod,
180 „ Kartoffeln,	180 „ Kartoffeln,
20 „ Fett (Butter und Schmalz),	25 „ Fett (Butter und Schmalz),
250 „ Milch,	100 „ Mehl (zu Suppen),
100 „ Mehl (zu Suppen),	180 „ Gemüse,
180 „ Gemüse,	150 „ Milch,
	150 „ Bier.

Bei diesen wie den folgenden Nahrungsrationen habe ich die Genussmittel (wie Kaffee, Thee, Chocolade, Gewürze etc.), die etwa in der täglichen Nahrung verabreicht werden, nicht mit aufgeführt, weil ihr Gehalt an den eigentlichen Nährstoffen nur gering oder ein sehr minimaler ist; nichts destoweniger sind sie für die Ernährung, wie wir bereits gesehen haben, von der grössten Bedeutung.

Ernährung des Erwachsenen. Bei Ruhe.

3. Ernährung des Erwachsenen. a. Bei Ruhe. Bei Feststellung der Nahrungsration für den erwachsenen Menschen handelt es sich um die sehr wesentliche Frage, wie viel Fleisch soll in der Nahrung neben den Vegetabilien verabreicht werden.

C. Voit giebt (l. c.) folgende Zahlen für den beobachteten Fleischconsum:

Arbeiter nach v. Pettenkofer und C. Voit	250	g roh ohne Knochen
Gefangene in Pentonville	117	„ „ „ „
Portland, strenge Arbeit	225	„ „ „ „
Deutscher Soldat nach dem Reglement (Garnison)	150	„ roh mit Knochen
desgl. desgl. (Manöver)	250	„ „ „ „
desgl. desgl. (Krieg)	375	„ „ „ „
desgl. desgl. (ausserordentl. Fälle)	500	„ „ „ „
Arbeiter in München (gutgezahlter Mechaniker)	313	„ „ „ „
desgl. desgl. nach J. Forster	231	„ „ „ „
desgl. desgl. „ demselben	92	„ „ „ „
Arzt „ demselben	368	„ „ „ „
desgl. „ demselben	403	„ „ „ „
Pfründner „ demselben	94	„ „ „ „
Aelterer Mann „ demselben	245	„ „ „ „

Auf Grund dieser Ermittelungen schätzt C. Voit den täglichen mittleren Bedarf eines Erwachsenen (eines Mannes) an Fleisch auf 230 g mit 18 g

Knochen[1]), 21 g Fett, 191 g reinem Fleisch und hält diese Menge für eine gute Kost ausreichend.

Der unbemittelten Volksklasse steht ohne Zweifel eine derartige tägliche Fleischmenge nicht zu Gebote, während der Wohlhabende durchweg darüber hinaus geht. Das kann aber nicht hindern eine gewisse Norm aufzustellen und wenigstens anzugeben, was wünschenswerth ist.

Ein für alle Menschen (bei Ruhe oder Arbeit) passendes Kostmass aufzustellen, ist nicht möglich. Je nach dem Bestande am Körper ist der Stoffwechsel ein grösserer oder geringerer und sind daher, um Stoffgleichgewicht zu erhalten, verschiedene Mengen Nährstoffe nothwendig.

So erhielt J. Ranke[2]) bei zwei Individuen in der Muskelruhe durch folgende Nahrungsration Stoffgleichgewicht:

I. Fall.		II. Fall.	
250 g	Fleisch,	550 g	Fleisch,
400 „	Brod,	200 „	Bier,
70 „	Stärke,	80 „	Fett,
100 „	Fett,	125 „	Rohrzucker,
10 „	Salz,	10 „	Salz,
2100 „	Wasser.	2000 „	Wasser.
3000 g	in Summa.	2915 g	in Summa.

Darin waren enthalten:

I. Fall.		II. Fall.	
100 g	Eiweiss,	126 g	Eiweiss,
100 „	Fett,	84,5 „	Fett,
240 „	Kohlehydrate.	213 „	Kohlehydrate.
Nährstoffverhältniss 1 : 4,9.		1 : 3,4.	

Hier haben also in dem I. Falle 100 g Eiweiss, im II. Falle 126 g Eiweiss Stoffgleichgewicht hervorgerufen, während in letzterem Falle Fett und Kohlehydrate in nicht unwesentlich geringerer Menge vorhanden waren.

C. Voit fand in der Nahrungsration eines kräftigen Arbeiters bei Ruhe

137 g Eiweiss, 72 Fett, 352 Kohlehydrate

mit einem Nährstoffverhältniss wie 1 : 3,8.

E. Voit gab einem 64 kg schweren ruhenden Soldaten eine Nahrung[3]) mit:

Eiweiss	Fett	Kohlehydrate
86,3 g	108,9 g	331,4 g

---

[1]) Das vom Metzger eingekaufte Fleisch enthält stets mehr oder weniger Knochen und Fettgewebe eingeschlossen; so fanden in 100 Theilen eingekauften Fleisches:

	Knochen %	Fettgewebe %	Fleisch (mit durchwachsenem Fett) %
Liebig	10	13	77
Artmann	20	8	72
Voit	23	13	64
Derselbe	21	6	73
Friedel (15,3 kg) . . .	8	9	83
Derselbe (153,4 kg) . .	8	9	83
Mittel	15	10	75

[2]) Die Ernährung des Menschen. München, 1876. S. 230 u. 231.

[3]) Die Nahrung bestand aus:

Morgens:	Mittags:	Abends:
196 g Milch,	2 g Fleischextract,	200 g Schwarzbrod,
200 „ Schwarzbrod,	140 „ Fleisch (roh),	196 „ Milch,
25 „ Butter.	200 „ Kartoffeln,	25 „ Butter,
	50 „ Butter,	1/2 l Bier.
	1/2 l Bier.	

fand jedoch, dass hierbei der Soldat noch mindestens 10 g Eiweiss täglich von seinem Körper verlor.

Das Nährstoffbedürfniss eines ruhenden Organismus ist daher wie das des arbeitenden individuell sehr verschieden. Nichtsdestoweniger kann man für eine Massenernährung ein mittleres Kostmass zu Grunde legen, weil sich hier die individuellen Unterschiede ausgleichen. In dieser Hinsicht dürften für den mittleren Arbeiter von 60—70 kg Körpergewicht in der Ruhe im Minimum erforderlich sein:

Eiweiss	Fett	Kohlehydrate
100 g	50 g	400 g

während C. Voit für den nicht angestrengt arbeitenden Gefangenen als sogen. Erhaltungsdiät fordert:

86 g	30 g	300 g

Derartige Kostrationen verstehen sich für gemischte, d. h. zum Theil aus animalischen, zum Theil aus vegetabilischen Nahrungsmitteln bestehende Kost. Denn wollte man diese bloss in Form der letzteren verabreichen, so müsste man wegen der geringeren Verdaulichkeit besonders des vegetabilischen Eiweisses eine grössere Menge davon geben. Es ist daher bei Feststellung einer Nahrungsration die Grösse der Verdaulichkeit der einzelnen Nahrungsmittel zu berücksichtigen. Wenn etwa $^1/_3$ des Eiweissbedarfes in Form von animalischen Nahrungsmitteln gegeben wird, so lässt sich die Menge des unverdaulichen Eiweisses in der gemischten Nahrung auf Grund der bisherigen Versuche auf rund 10 % veranschlagen, während von dem Fett circa 5 %, von den Kohlehydraten circa 10 % unverdaut bleiben.

Es hätte hiernach ein mittlerer ruhender Organismus an verdaulichen Nährstoffen nothwendig:

Verdauliches Eiweiss	Verd. Fett	Verd. Kohlehydrate
90 g	48 g	350 g

b. Bei Arbeit. Bei körperlicher sowohl wie geistiger Arbeit ist der Stoffwechsel oder Stoffumsatz, wie wir wissen, ein grösserer als bei Ruhe. v. Pettenkofer und C. Voit fanden z. B. den Stoffverbrauch bei Ruhe und Arbeit wie folgt: Körperliche Arbeit.

	1. Ruhetag	2. Arbeitstag
Verbrauch an Stickstoff	14,4 g	17,3 g
„ „ Kohlenstoff . . .	248,6 „	350,2 „
„ „ Wasser	828,0 „	2042,1 „

Während daher der Verbrauch an Stickstoff resp. Eiweiss bei Ruhe und Arbeit gleich geblieben ist, hat der Kohlenstoffverbrauch am Arbeitstage um 101,6 g oder 41 % gegenüber dem Ruhetage zugenommen.

Daraus folgt nun zwar nicht, wie wir oben gesehen haben, dass die stickstoffhaltigen Nährstoffe für die Arbeitsleistungen gleichgültig sind — denn eine eiweissreiche Nahrung macht den Organismus leistungsfähiger als eiweissarme — aber während der Arbeit findet nur ein Mehrverbrauch an stickstofffreien Stoffen (Fett und Kohlehydraten) statt; es ist einleuchtend, dass dementsprechend dem Organismus auch mehr Nährstoffe während der Arbeit zugeführt werden müssen. Diese Mehrzufuhr an Kohlenstoff kann bald durch Fett, bald durch Kohlehydrate (Stärke etc.) erfolgen; v. Pettenkofer und C. Voit fanden in der täglichen Nahrung eines kräftigen Arbeiters:

	Eiweiss g	Fett g	Kohlehydrate g	Kohlenstoff im Ganzen g	Nährstoffverhältniss 1:
a) bei Ruhe	137	72	352	283	3,8
b) bei Arbeit	137	173	352	356	5,7

Hier hat der kräftige Arbeiter an den Arbeitstagen 101 g Fett oder 73 g Kohlenstoff mehr verzehrt, als an den Ruhetagen.

Mit der Feststellung des Kostmasses der Arbeiter haben sich die verschiedensten Forscher beschäftigt.

Man hat zu diesem Zweck entweder die Menge der täglich zugeführten Nahrungsmittel festgestellt und aus der mittleren chemischen Zusammensetzung den Gehalt an Nährstoffen berechnet, oder man hat eine den verzehrten Nahrungsmitteln im Gewicht entsprechende Menge auf den Gehalt an Nährstoffen untersucht.

Auf diese Weise hat man in der täglichen Nahrung des Arbeiters etc. berechnet und gefunden:

	Eiweiss g	Fett g	Kohlehydrate g	Salze g	Wasser g	Nährstoffverhältniss Nh : Nfr. wie 1:
Mann bei mittlerer Arbeit nach Moleschott	130	84	404	30	2800	4,7
Desgl. nach Wolff	120	35	540	—	—	5,2
Ein kräftiger Arbeiter nach von Pettenkofer und C. Voit .	137	173	352	—	—	5,7
Ein Arbeiter (gut gezahlter Mechaniker) nach C. Voit	151	54	479	—	—	4,1
Ein Arbeiter (im Mittel zweier Personen) nach J. Forster . .	132	81	458	—	2916	5,0
Ein englischer Arbeiter nach Payen	140	34	435	—	—	3,7
Ein französ. Arbeiter nach Payen	138	80	502	—	—	5,1
Ein nordischer Arbeiter (Landwirth) nach Payen	198	109	710	—	—	4,9
Ein italienischer Arbeiter[1]) nach J. Ranke	167	117	675	—	—	5,8
Ein Bauernknecht nach demselben	143	108	788	—	—	7,4
Ein Tagelöhner nach Graf Lippe	140	662 (Fett + Kohlehydrate)		—	—	4,7
Ein Brauknecht bei angestrengtester Thätigkeit nach v. Liebig . .	190	73	599	—	—	4,1
Ein Bergmann bei angestrengtester Thätigkeit (im Mittel von 4 Personen) nach Steinheil . . .	133	113	634	—	—	6,8
Bauernknechte im Mittel von 4 Personen	137	55	542	—	—	5,1
Brauknechte im Mittel von 5 Personen	149	61	755	—	—	6,3
Schlosser im Mittel von 2 Personen	94	27	369	—	—	5,4
Zimmerleute im Mittel von 6 Personen	139	40	687	—	—	5,6
Schäffler	106	26	470	—	—	5,0
Mittel	141	75	553	30	2858	5,2

[1]) Der italienische Arbeiter verzehrt täglich etwa 100 g Mais und 178 g Käse.

Nach neueren Erhebungen von W. O. Atwater[1]) scheint die Kost von amerikanischen Arbeitern durchweg viel reichhaltiger an Nährstoffen, besonders an Fett zu sein; er fand z. B. durchschnittlich in der täglichen Nahrung:

	Protein g	Fett g	Kohlehydrate g
Französische Canadier, Arbeiter auf Canada	109	109	527
desgl. kräftige Mechaniker, Massachusetts	118	204	549
Andere kräftige Mechaniker ebendort	127	186	531
Kräftige Zurichter und Comptoirdiener (Speisehaus) Lynn	114	150	522
Glasblaser, Ost-Cambridge	95	132	481
Maschinenmeister, Boston	182	254	617
Studenten-Club { Gekaufte Nahrung	161	204	681
Studenten-Club { Wirklich verzehrte Nahrung	148	185	681
Ziegelstreicher, Middletown	222	263	758

Hamilton C. Bowie fand den täglichen Eiweissverbrauch bei 8 erwachsenen Männern[2]) wie folgt:

Mann	Körpergewicht kg	Stickstoff im Harn g	Eiweissverbrauch g	Mann	Körpergewicht kg	Stickstoff im Harn g	Eiweissverbrauch g
I.	63	11,9	92	V.	72	15,1	112
II.	64	14,7	110	VI.	64	16,7	122
III.	92	16,1	119	VII.	74	16,5	121
IV.	60	12,9	97	VIII.	112	20,6	147

E. Pflüger, K. Bohland und L. Bleibtreu[3]) ermittelten ebenfalls bei einer grossen Anzahl von Personen den Eiweissumsatz nach dem im Harn ausgeschiedenen Stickstoff und fanden den Eiweissverbrauch wesentlich niedriger als in vorstehenden Zahlen zum Ausdruck kommt. Für mässige Arbeit berechnete sich der Eiweissumsatz zu 92,715 g, für schwerere Arbeit zu 107,597 g (oder 1,608 g pro 1 kg Körpergewicht). In einer Versuchsreihe ergab sich im Mittel für erwachsene Versuchspersonen ein Eiweissumsatz von 81,7 g oder 1,249 g pro 1 kg Körpergewicht, in einer anderen Versuchsreihe im Mittel von 99 Bestimmungen ein solches von 96,467 g Eiweiss oder 1,464 g pro 1 kg Körpergewicht.

Trotz dieser grossen Unterschiede im Nährstoffbedürfniss bei den einzelnen Organismen wird man doch ein mittleres Kostmass annehmen können, da sich, wie bereits bemerkt, bei der Massenernährung, für welche vorwiegend ein solches von Bedeutung ist, die Unterschiede ausgleichen.

C. Voit, der auf diesem Gebiet die grösste Erfahrung besitzt, fordert daher im Minimum bei einer gemischten Kost folgende Mengen Rohnährstoffe pro Tag:

	Eiweiss g	Fett g	Kohlehydrate g
a. Für den mittleren Arbeiter bei mittlerer Arbeit	118	56	500
b. Bei angestrengter, schwerer Arbeit	145	100	447

[1]) Ann. Report of the Massachusetts Bureau of Statistics of Labor 1886. p. 239—328.

[2]) Vor dem Eintritt in den activen Militärdienst nach dem Bericht d. Königl. bayer. Special-Commission in C. A. Meinert: Armee- und Volksernährung. II. Th. S. 226.

[3]) Pflüger's Archiv f. Physiol. Bd. 36. S. 165 u. Bd. 38. S. 1.

Oder, indem man die obige Verdaulichkeitsgrösse der gemischten Kost annimmt, folgende Mengen verdaulicher Nährstoffe:

	Eiweiss g	Fett g	Kohlehydrate g
a. Bei mittlerer Arbeit .	106	53	450
b. Bei schwerer Arbeit .	130	95	402

In dem Kostmass a stellt sich bei einem Gesammtgehalt von 328 g Kohlenstoff ein Nährstoffverhältniss von 1 : 5,5, bei b ein solches von 1 : 4,9 heraus.

Verhältniss der animalischen zu den vegetabilischen Nahrungsmitteln.

Von vorstehender Nährstoffmenge soll nach C. Voit mindestens ein Theil durch Fleisch gedeckt werden; er nimmt 230 g rohes Fleisch vom Metzger an, worin nach S. 150 18 g Knochen, 21 g Fett und 191 g reines Fleisch enthalten sind.

In 191 g Fleisch sind ca. 6,5 g Stickstoff; es müssen daher, da in der nöthigen Eiweissmenge von 118 g 18,3 g Stickstoff enthalten sind, noch 18,3 — 6,5 = 11,8 g Stickstoff oder rund 65 % auf andere Weise gedeckt werden. Dieses geschieht zum geringen Theil durch andere animalische Nahrungsmittel, wie Milch, Eier, Käse, Wurst etc., zum grössten Theil durch vegetabilische Nahrungsmittel (Mehl, Brod, Leguminosen und Gemüse).

Würde man die fehlende Menge Stickstoff (resp. Eiweiss) allein in Form von Brod geben, so würden dazu etwa 1000 g Brod (1 Kilo) erforderlich sein; dadurch würde auch annähernd die nöthige Menge Kohlehydrate verabreicht werden. Diese Brodmenge hält aber sowohl C. Voit, wie auch Kirchner für zu hoch; sie nehmen an, dass nur etwa 70 % der nöthigen Kohlehydrate (Stärke) in Form von Brod enthalten sein dürfen, dass mindestens 30 % in Form von Kartoffeln, Gemüsen etc. gegeben werden müssen. Das Verhältniss von Fleisch resp. animalischen Nahrungsmitteln zu den vegetabilischen ist jedoch bei den einzelnen Volksklassen in der Nahrung sehr verschieden. Die bemittelte und durchweg gebildete Volksklasse kann selbstverständlich von den theueren animalischen Nahrungsmitteln einen umfangreicheren Gebrauch machen, als die weniger bemittelte und arbeitende Volksklasse.

So fand z. B. J. Forster[1]) durch eine vergleichende Untersuchung der Kost zweier Aerzte und zweier Arbeiter, dass dieselben im Mittel je zweier Personen pro Tag verzehrten:

	Fleisch frisch g	Brod frisch g	Bier Cbcm.
1. Arbeiter	161	412	1500
2. Junger Arzt	385	150	1625

Von dem Eiweiss der Nahrung waren enthalten:

	1. Im Fleisch g = Proc.	2. Im Brod g = Proc.
1. Arbeiter	35,5 = 26,9	44,3 = 30,6
2. Junger Arzt . . .	84,8 = 64,9	24,8 = 11,2

Von den Kohlehydraten waren enthalten:

	1. Im Brod g = Proc.	2. Im Bier g = Proc.
1. Arbeiter	237,3 = 51,2	78,0 = 17,6
2. Junger Arzt . . .	86,4 = 27,5	84,5 = 25,5

[1]) Zeitschr. f. Biologie. 1873. S. 381.

Bei den Arbeitern war daher von dem Nahrungseiweiss nur rund 27 % in Form von Fleisch enthalten, bei den Aerzten dagegen 65 %.

Der Bedarf an Kohlehydraten wurde bei letzteren in grösserer Menge zu 25,5 % in dem Genussmittel „Bier" gedeckt, bei den Arbeitern nur zu 17,6 %; letztere verzehrten den grössten Theil der Kohlehydrate und auch viel Eiweiss in Form von „Brod."

Ausserdem war die Kost der Aerzte erheblich reicher an Fett; es verhielt sich Fett zu den Kohlehydraten:

1. Bei den Arbeitern wie 1 : 5,8.
2. Bei den jungen Aerzten wie 1 : 3,5.

Die Gesammt-Eiweissmenge stellte sich in der Kost der Arbeiter und jungen Aerzte im wesentlichen gleich; es verzehrte in der täglichen Nahrung:

	Eiweiss g	Fett g	Kohlehydrate g	Wasser g	Nährstoffverhältniss 1:
1. Arbeiter . . .	132	81	458	2916	5,0
2. Junger Arzt . .	131	95	332	2975	4,3

Aehnliche Beziehungen fand Chr. Jürgensen[1]) in der Kost eines Kopenhagener Arztes und dessen Frau (Vorsteherin eines Mädcheninstitutes); auch diese Kost war erheblich fettreicher und kohlehydratärmer als die gewöhnlicher Arbeiter; sie enthielt pro Tag:

	Eiweiss g	Fett g	Kohlehydrate g	Nährstoffverhältniss 1:
1. Arzt, 37 Jahre alt, 71½ kg schwer . .	135	140	249	4,4
2. dessen Frau, 35 Jahre alt, 58 kg schwer	95	107	220	5,1

Im allgemeinen kann man daher wie in diesem Falle annehmen, dass in der Kost der gebildeten und bemittelten Klasse die animalischen Nahrungsmittel gegenüber den vegetabilischen wie ferner die Genussmittel (Bier, Wein etc.) vorwiegen, dass sie ausserdem bei gleichem Eiweissgehalt in Folge schmackhafterer und besserer Zubereitung mehr Fett im Verhältniss zu den Kohlehydraten enthält.

Wenn wir nach diesen allgemeinen Bemerkungen noch auf die Ernährungsweise einiger Volksklassen im besonderen eingehen, so bedarf zunächst

1. die Ernährung der Soldaten einer besonderen Erwähnung; denn wenn ihnen als dem gesunderen und kräftigeren Theile eines Volkes die Vertheidigung des Vaterlandes und die Beschützung von Hab und Gut eines jeden Staatsbürgers anvertraut ist, dann kann es auch nur im allgemeinen Interesse liegen, ihnen eine gute und ausreichende Kost besonders im Felde zu theil werden zu lassen. Friedrich der Grosse sagt mit Recht: „Wenn man eine Armee bauen will, so muss man mit dem Bauch anfangen, denn dieser ist das Fundament davon." **Ernährung der Soldaten.**

Der Bericht der Königl. bayer. Special-Commission fordert in der Nahrung des Soldaten pro Tag:

	Eiweiss g	Fett g	Kohlehydrate g	Nährstoffverhältniss 1:
1. In der Garnison . . .	120	56	500	5,3
2. Im Manöver	135	80	500	5,2
3. Im Kriege	145	100	500	5,1

[1]) Zeitschr. f. Biologie 1886. S. 489.

Nach den angestellten Erhebungen wurde dagegen in der Kost eines Soldaten gefunden:

	Eiweiss g	Fett g	Kohle-hydrate g	Nährstoff-verhältniss 1:
Für den Soldaten im Frieden:				
C. Voit	117	26	547	5,2
Artmann	100	70	420	5,9
Hildesheim	117	35	447	4,6
Playfair	119	51	530	5,5
Mittel	114	45	486	5,2
Für den Soldaten im Felde:				
Hildesheim	146	44	504	4,2
Artmann	124	100	420	5,4
Playfair	143	71	566	5,2
Mittel	138	72	497	4,9

C. A. Meinert[1]) hat aus den verschiedenen Verpflegungs-Reglements der Armeen den mittleren Nährstoffgehalt in der täglichen Kost berechnet und z. B. gefunden:

	Eiweiss g	Fett g	Kohle-hydrate g	Preis Pfge.	In der täglichen Kost: Fleisch (Rohgewicht) g	In der täglichen Kost: Brod g
I. Deutsche Reichsarmee:						
a. Gewöhnliche Friedensportion	107	22[2])	489	33,4	150	750
b. Grosse Friedensportion	135	27	533	45,4	250	750
c. Gewöhnliche Mundportion im Felde:						
aa. bei Fleisch und Brod	133	35	471	63,1	375	750
bb. bei Speck und Brod	78	146	471	43,1	170 (Speck)	750
cc. bei Fleisch und Zwieback	150	35	471	71,1	375	500 Zwieb.
dd. bei Speck und Zwieback	97	146	471	51,1	170 (Speck)	500 Zwieb.
d. Aussergewöhnliche Portion	192	45	678	85,0	500	1000 Brod.
II. Oesterreichisch-Ungarische Armee:						
a. Im Frieden	100	51	474	40,0	187	900
b. Im Krieg:						
aa. bei Fleisch	146	47	645	?	280	900
bb. bei Speck	109	135	645	?	170 (Speck)	714 Mehl 100 Bisquit.
III. Französische Armee:						
a. Im Frieden	130	29	542	43	300	1000
b. Im Krieg:						
aa. bei Brod	139	31	574	48	312	1000
bb. bei Zwieback	168	31	574	52	312	750 Zwieb.
c. Marine	136	44	478	46	330	750 Zwieb.
IV. Italienische Armee:						
a. Im Krieg	113	38	613	48	200	918
b. Im Frieden	127	45	613	57	300	918
V. Englische Armee:						
a. Landarmee im Frieden	108	48	452	60	340	680
b. Marine						
aa. bei frischer Fleischkost	141	417 (Fett u. Kohlehydrate)		—	—	—
bb. bei Salzfleischkost	165	535 (Fett u. Kohlehydrate)		—	—	—

In diesen Kostrationen fehlt es, wie wir sehen, einerseits an Nährstoffen (durchweg ist besonders das Fett in zu geringer Menge vorhanden), andererseits muss daran

[1]) C. A. Meinert: Armee- u. Volks-Ernährung. Berlin 1880. I. Bd. S. 286.

[2]) In Wirklichkeit ergaben sich in der Kost der Menagen 38—39 g Fett.

getadelt werden, dass der Gehalt an Nährstoffen für die einzelnen Tage zu grossen Schwankungen unterworfen ist. Es fehlt daher nicht an Vorschlägen und Anregungen zu einer besseren und gleichmässiger zusammengefassten Kost der Soldaten.

Nach dem Reglement für die Naturalverpflegung der deutschen Armeen im Frieden wie im Kriege soll jeder Soldat pro Tag erhalten:

Garnisonration	Manöverration	Kriegsration
750 g Brod (+ 25 g Salz),	750 g Brod (+ 25 g Salz),	750 g Brod (oder 500 g Zwieback + 25 g Salz),
150 g Fleisch (Rohgewicht),	250 g Fleisch (Rohgewicht),	375 g frisches oder gesalzenes Fleisch (resp. 250 g geräuchertes Fleisch oder 170 g Speck),
dazu:	dazu:	dazu:
90 g Reis, oder	120 g Reis, oder	125 g Reis, Graupen resp. Grütze, oder
120 g Graupen, Hafer-, Buchweizen-, Gerstenmehl, oder	150 g Graupen (resp. Grütze), oder	250 g Hülsenfrüchte, oder
230 g Hülsenfrüchte (Erbsen, Linsen resp. Bohnen), oder	300 g Hülsenfrüchte, oder	250 g Mehl, oder
1500 g Kartoffeln,	2000 g Kartoffeln,	1500 g Kartoffeln,
ferner:	ferner:	ferner:
3 Pfge. für Beschaffung eines Frühstückes.	15 g gebrannte Kaffeebohnen.	25 g gebr. Kaffeebohnen.

F. H. Buchholtz[1]) verlangt für die Friedensportion einen Minimal-Kostsatz von:

	Eiweiss g	Fett g	Kohlehydrate g
	100	50	500
In der vorstehenden Brod- und Frühstück-Portion sind enthalten	46	13	350
Bleiben also für die Mittagskost zu decken	60	37	150
Die reglementsmässigen Kostsätze ergeben aber nur:			
1. 150 g Rindfleisch + 90 g Reis	32	7	70
2. 150 g „ + 120 g Graupen etc.	34	9	91
3. 150 g „ + 230 g Erbsen	77	11	118
4. 150 g „ + 1500 g Kartoffeln	51	9	275

In diesen Portionen fehlt es daher neben Eiweissstoffen vorwiegend an Fett; der Soldat ist daher gezwungen, dieses durch eigenen Ankauf von Butter, Schmalz, Speck etc. und durch Bestreitung aus der Löhnung oder eigenen Mitteln zu beschaffen. Es scheint aber geboten, dass auch die Behörde hierauf in dem Menagebetrieb thunlichst Rücksicht nimmt.

Zwar spielt die Geldfrage hierbei eine wichtige Rolle, indess haben C. A. Meinert (l. c.) und F. H. Buchholtz (l. c.) in ausführlichster Weise gezeigt, dass sich auch durch zweckmässigere Zusammensetzung der Kost erheblich Besseres leisten lässt, ohne dass die Kosten erhöht werden.

---

[1]) F. H. Buchholtz: Rathgeber für den Menagebetrieb der Truppen. Berlin 1882. S. 129.

C. A. Meinert nimmt hierbei an, dass als extraordinärer Verpflegungs-Geldzuschuss[1]) 15 Pfge. (— 1 Pfg. für zu erzielende Ersparnisse) + 13 Pfge. als Löhnungsantheil, im Ganzen also 27 Pfge. zur Beschaffung der Morgen-, Mittag- und Abendkost ausser der Brodportion von 750 g zur Verfügung stehen.

Er berechnet auf diese Weise folgende Rationen pro Mann und Tag, wobei die Engros-Mittelpreise der Nahrungsmittel in verschiedenen Garnisonen zu Grunde gelegt sind:

Tag	Mahlzeit	Gericht	Mengen der Nahrungsmittel	Gehalt an Nährstoffen Eiweiss	Fett	Kohlehydrate	Preis Pfge.
1 Sonntag	Morgenkost	Kaffee	8 g Kaffee + 70 g Milch	2,9	2,7	2,9	3
	Mittagkost	Gulyas mit Quetschkartoffeln	100 g Rindfleisch . . . . 40 g Hammelfleisch . . . 30 g Schweinefleisch . . 14 g Fett . . . . . . 1000 g Kartoffeln . . . . 20 g Salz und Gewürze .	46,4	26,0	218,0	25
			Hierzu 750 g Brodration . .	46,5	10,5	350,0	—
			(Abendkost fällt aus) Summe:	95,8	39,2	570,9	28
2	Morgenkost und	Brodration	wie bei 1	49,4	13,2	352,9	3
	Mittagkost	Speck mit gemischtem Gemüse	80 g Speck . . . . . 170 g Erbsen und Erbsenmehl 250 g Kartoffeln . . . . 300 g Möhren . . . . . 16 g Salz	50,0	63,0	182,6	19
	Abendkost	Magerkäse	100 g	35,0	10,0	5,0	5
			Summe:	135,2	86,2	540,5	27
3	Morgenkost und	Brodration	wie bei 1	49,4	13,2	352,9	3
	Mittagkost	Fleisch mit Linsen und Kartoffeln	40 g Patent-Fleischpulver*) 125 g Linsen und Linsenmehl 250 g Kartoffeln . . . . 16 g Fett . . . . . . 20 g Essig und Salz . .	66,7	18,8	124,5	19
	Abendkost	Brodsuppe mit Kümmel	150 g Schwarzbrod . . . 10 g Zucker . . . . . 20 g Fett . . . . . . 5 g Kümmel	9,3	22,1	79,7	4,5
			Summe:	125,4	54,1	557,1	26,5
4	Morgenkost und	Brodration	wie bei 1	49,4	13,2	352,9	3
	Mittagkost	Schweinefleisch mit Sauerkraut und Erbsen	120 g Schweinefleisch . . 250 g Sauerkraut . . . . 170 g Erbsen (und Mehl) . 10 g Fett und Gewürze .	60,1	24,0	106,1	22,5
	Abendkost	Graupensuppe	50 g Graupen . . . . . 15 g Fett und Salz . .	3,6	15,6	38,8	2,8
			Summe:	113,1	52,8	497,8	28,3

[1]) Derselbe schwankte pro 1. Quartal 1882 von 6 Pfg. (Tilsit) bis 22 Pfgn. (Aachen).

*) Wie es bis vor kurzem von der Actien-Gesellschaft „Carne pura" aus dem überseeischen Fleischvorrath dargestellt und in den Handel gebracht wurde.

Tag	Mahlzeit	Gericht	Mengen der Nahrungsmittel	Gehalt an Nährstoffen Eiweiss	Fett	Kohlehydrate	Preis Pfge.
5	Morgenkost und	Brodration	wie bei 1	49,4	13,2	352,9	3
	Mittagkost	Blutwurst mit Linsen	100 g Blutwurst . . . . 150 g Linsen und Linsenmehl 25 g Essig und Salz . .	50,8	15,2	111,0	20
	Abendkost	Hafergrützsuppe mit Speck	45 g Grütze . . . . . 10 g Speck	6,7	10,3	29,7	3
			Summe:	106,9	38,7	493,6	26
6	Morgenkost und	Brodration	wie bei 1	49,4	13,2	352,9	3
	Mittagkost	Häringskartoffeln	1½ Stück Häring . . . 1250 g Kartoffeln . . . . 15 g Speck . . . . . 10 g Mehl . . . . . . 70 g Milch . . . . . 20 g Zwiebeln, Pfeffer u. Salz	54,6	37,6	282,9	19,5
	Abendkost	Milchsuppe	50 g Weizenmehl . . . 200 g Magermilch	12,0	2,0	40,0	4
			Summe:	116,0	52,8	575,8	26,5
7	Morgenkost und	Brodration	wie bei 1	49,4	13,2	352,9	3
	Mittagkost	Fleischsuppe m. Kartoffeln	125 g Leguminosenfleischtafel 500 g Kartoffeln	45,0	31,0	130,0	19
	Abendkost	Magerkäse	100 g Magerkäse	35,0	10,0	5,0	5
			Summe:	129,4	54,2	487,9	27,0

Indem C. A. Meinert in ähnlicher Weise für einen ganzen Monat Kostrationen berechnet, findet er, dass sich durch zweckmässige Auswahl der Nahrungsmittel im Mittel für 27,2 Pfge. pro Kopf und Tag ausser der Brodration folgende Nährstoffmengen beschaffen lassen:

	Eiweiss g	Fett g	Kohlehydrate g	Preis Pfge.
Morgenkost	2,9	2,7	2,9	3,0
Mittagkost	53,0	29,6	199,4	21,4
Abendkost	14,4	6,4	28,9	2,8
Dazu Brodration . .	46,5	10,5	350,0	—
Summe:	116,8	49,2	581,2	27,2

In ähnlicher Weise hat F. H. Buchholtz in seiner Schrift „Rathgeber für den Menagebetrieb bei den Truppen 1882“ S. 133 für 30 Tage rationell zusammengesetzte Kostrationen für die Truppen-Menagen zusammengestellt, auf welche ich hier verweisen will.

Für Friedenszeiten pflegt eine mangelhafte Ernährung der Soldaten nicht so sehr äusserlich hervorzutreten, da dieselben zum Theil aus ihrer Löhnung und aus privaten Mitteln das Fehlende zu ergänzen im Stande sind.

Wenn es aber nicht mit Unrecht heisst, dass „die Courage ihren Sitz im Magen hat,“ dann soll auf eine reichliche Verpflegung im Felde die allergrösste Sorgfalt verwendet werden.

Eine fleischreiche gute Nahrung in Verbindung mit den nöthigen Genussmitteln (Kaffee, Tabak, Branntwein, Bier oder sogar Wein) erhält den Soldaten munter, macht muthig und verleiht Kraft zur Ueberwindung grosser Strapazen. In den Schlachten entscheidet nicht allein die mechanische Gewandheit, sondern auch die Leistungsfähigkeit und Ausdauer des Soldaten. Letztere beiden Eigenschaften aber werden demselben nur durch eine gute Nahrung verliehen; auch fällt der gut genährte Soldat nicht leicht ansteckenden und verheerenden Krankheiten anheim. Sehen wir daher zu, wie den Anforderungen an eine gute Nahrung im Kriege Genüge geleistet wird.

Der preussische Soldat erhält neben 75 CC. Branntwein und 32 g Kochsalz reglementsmässig im Kriege:

	Eiweiss	Fett	Kohlehydrate
750 g Brod	46,5	10,5	350
375 „ Fleisch (Rind-)	59	17	—
170 „ Hafergrütze	25	10	108
Summa	130,5	37,5	458

oder:

	Eiweiss	Fett	Kohlehydrate
750 g Brod	46,5	10,5	350
375 „ Fleisch	59	17	—
125 „ Reis	9,7	—	95,5
Summa	115,2	27,5	445,5

oder:

	Eiweiss	Fett	Kohlehydrate
750 g Brod	46,5	10,5	350
170 „ Speck	16	129,0	—
250 „ Erbsenmehl	58	5,5	147,5
Summa	120,5	145,0	497,5

Wenn man nach oben für den Soldaten im Kriege 145 g Eiweiss, 100 g Fett und 500 g Kohlehydrate verlangen muss, so sind diese Rationen noch sehr knapp zu nennen.

Im Feldzuge 1870/71 wurde nach dem siegreichen Einrücken in Frankreich für den deutschen Soldaten pro Tag gefordert:

750 g Brod	48	4	345
500 „ Fleisch	100	15	—
250 „ Speck	11	190	55
1 l Bier	5	—	—
Summa	164	209	400

Dazu kamen noch 30 g Kaffee und 60 g Tabak pro Kopf und Tag; an die Stelle von 1 l Bier konnte $^1/_2$ l Wein oder $^1/_{10}$ l Branntwein gesetzt werden.

Das ist gewiss eine sehr reichliche Nahrungsration, welche für die angestrengteste Thätigkeit tauglich macht.

Unzweifelhaft dürfte es für die Ernährung im Felde sich empfehlen, eher eine zu reichliche als zu kärgliche Ration zu verabreichen, zumal in diesem Falle der Geldpunkt mehr in den Hintergrund tritt. Leider aber ist eine regelrechte Verpflegung der einzelnen Soldaten nicht immer möglich.

Eiserner Bestand.

Für Fälle der Noth soll daher der Soldat eine möglichst compendiöse, für längere Zeit (3 Tage) ausreichende, unverderbliche Nahrung mit sich führen, den sogen. eisernen Bestand.

Derselbe soll sehr vielen Bedingungen genügen, nämlich:

1. Soll derselbe eine volle Nahrung bieten, d. h. alle erforderlichen Nährstoffe enthalten.
2. Möglichst wenig Gewicht und Volumen besitzen und leicht zu transportiren sein.
3. Muss sich derselbe auf längere Zeit conserviren und leicht zu einer Speise zubereiten lassen, falls er nicht direct geniessbar oder zusagend ist.
4. Muss derselbe schmackhaft sein oder eine schmackhafte Speise liefern, aber wiederum nicht so schmackhaft, dass ihn die Mannschaften vorher aufzehren.

Unter Berücksichtigung aller dieser Bedingungen ist, zumal wenn der Preis ein thunlichst niedriger sein muss, die Auswahl für die eiserne Portion keine sehr grosse. Zunächst sind alle stark wasserhaltigen Nahrungsmittel ausgeschlossen, weil sie leicht verderben, andererseits das Wasser zu sehr das Gewicht und Volumen erhöht. Wenn daher J. Ranke für die eiserne Portion 750 g Brod und 300 g geräuchertes Schweinefleisch pro Tag (mit 126 g Eiweiss, 112 g Fett und 345 g Kohlehydraten) empfiehlt, so ist zu bedenken, dass Brod mit 35—40 % Wasser sich aus den verschiedensten Gründen für diesen Zweck schlecht eignet. Auch die viel gepriesene und in den letzten Feldzügen massenhaft verwendete Erbswurst (mit rund 16 % Eiweiss und 40 % Fett) entspricht nicht den obigen Anforderungen, weil sie im Verhältniss zum Fett zu wenig Eiweiss enthält und sich als schlecht conservirbar gezeigt hat.

In erster Linie muss daher auf Conserven Rücksicht genommen werden, welche im getrockneten, gepressten resp. gebackenen Zustande (als Zwieback) nur 10—12 % Wasser enthalten. Da nach oben der Soldat pro Tag 145 g Eiweiss + 100 g Fett + 500 g Kohlehydrate, also im Ganzen rund 750 g Nährstoffe erhalten soll, so wird sich unter Hinzurechnung von Wasser und Salzen etc. unter 700—800 g Gewicht eine eiserne Portion nicht herstellen lassen, wenn sie vollauf diesem Kostmass entsprechen soll; das würde für 3 Tage ein Gewicht von 2—2½ kg ausmachen. Da der französische und englische Soldat für 4 Tage Lebensmittel im Gewicht von ca. 3 kg bei sich zu tragen pflegt, der russische Soldat für 3 Tage solche im Gewicht von sogar 3½ kg, so dürfte diese Gewichtsmenge als zulässig erscheinen.

Eine weitere hauptsächliche Bedingung an die eiserne Portion aber ist die, dass sie, aus animalischen und vegetabilischen Nahrungsmitteln bestehend, die Nährstoffe in einem solchen Verhältniss enthält, wie es einer guten und zweckmässigen Nahrung entspricht. Gerade das Vorhandensein von animalischen Nahrungsmitteln darin ist aus bereits mehrfach geltend gemachten Gründen nicht ausser Acht zu lassen, denn nur sie befähigen den Organismus zu starken und andauernden Kraftanstrengungen.

In dieser Hinsicht würden sich geräucherte Fleischwaaren mit Zwieback aus Getreidemehl empfehlen. Weil aber erstere leicht von den Mannschaften zu früh verzehrt werden dürften, so ist es zweckmässig, die animalischen Nahrungsmittel den vegetabilischen gleich so beizumischen und zu präpariren, dass beide Bestandtheile in Form eines Kuchens oder von Zwieback ein Ganzes bilden, so dass diese nur in Wasser aufgeweicht oder mit demselben gekocht zu werden brauchen, um eine schmackhafte Speise zu liefern.

Es muss daher als ein grosser und willkommener Fortschritt bezeichnet werden, dass es in den letzten Jahren der Technik gelungen ist, das Fleisch in einen getrockneten und gepulverten Zustand überzuführen, in welchem es gegenüber frischem Fleisch für dieselbe Mengen Nährstoffe nicht nur ein geringes Volumen und Gewicht einnimmt, sondern sich auch unter Beimengung von Mehl und Fett (als gepresste Tafeln oder gebackene Zwiebacks) zu Conserven[1]) verarbeiten lässt, welche bei einem sehr geringen Volumen und Gewicht die erforderlichen Nährstoffe bieten[2]) und sich lange conserviren lassen.

Solcher Weise dargestellter Fleischzwieback ergab z. B. folgende procentische Zusammensetzung:

Wasser	Stickstoff-Substanz	Fett	Kohlehydrate	Holzfaser	Asche
10,02 %	17,37 %	8,97 %	59,61 %	0,78 %	3,25 %

In einem Gewicht von 750 g solchen Fleischzwiebacks sind also enthalten:

Eiweiss	Fett	Kohlehydrate
130 g	67 g	447 g

also nicht viel weniger als für eine Ration bei angestrengter Arbeit erforderlich ist. Durch Zusatz von Gewürzen werden sich derartige Conserven hinreichend schmackhaft machen lassen und dadurch, dass man verschiedene Mehle (Getreide- und Leguminosenmehl etc.) verwendet, kann sogar Wechsel in der Kost erzielt werden. Derartige Conserven werden daher allen Anforderungen entsprechen, welche an eine eiserne Portion gestellt werden müssen. Dass sie nicht minder wichtig sind für die Verproviantirung von Schiffen, Festungen, braucht kaum hervorgehoben zu werden.

Vielleicht gelingt es wie beim Fleisch so auch bei Milch, resp. Käse, bei Eiern durch Condensation der Nährstoffe d. h. durch Entfernung des Wassers ähnliche Conserven herzustellen, die im Wechsel mit diesen Fleischconserven dem genannten Zwecke dienen können.

Ganser[3]) schlägt z. B. folgendes Gemisch zur Darstellung des „eisernen Bestandes" vor:

	Eiweiss g	Fett g	Kohlehydrate g
153,3 g (3 Stück) Eier	18,02	14,61	—
55,5 „ trockenes Fleischpulver . . .	40,52	1,83	—
50,0 „ Käse	21,20	3,50	—
208,0 „ Brodpulver	25,16	3,85	155,80
128,0 „ Weizenmehl	15,10	1,53	94,20
128,0 „ Rindschmalz	—	128,00	—
77,0 „ Speck	—	73,45	—
Summe	120,00	226,77	250,00

Im gebackenen Zustande wog diese Nahrungsration 630 g.

In den letzten Jahren werden eine Reihe Präparate und Conserven in den Handel gebracht, welche den Zwecken einer eisernen Portion dienen sollen. In wie weit sie dazu geeignet sind, wird im II. Bd. Kapitel „Conserven" gezeigt werden.

---

[1]) Hierzu kann allerdings auch frisches Fleisch verwendet werden.

[2]) Dass das aus den überseeischen Fleischvorräthen dargestellte Fleischextract nicht die Rolle des trockenen Fleischpulvers übernehmen kann, braucht kaum hervorgehoben zu werden, da es nicht die Nährstoffe des Fleisches enthält, sondern nur denjenigen Theil desselben, welcher als Genussmittel wirkt.

[3]) Archiv f. Hygiene 1885. Bd. III. S. 500.

2. Von nicht minder grosser Wichtigkeit wie die Ernährung der Soldaten ist die der arbeitenden Klasse, denn es kann keinem Zweifel unterliegen, dass das träge Wesen, die Schwerfälligkeit der Bewegungen und die geringe Leistungsfähigkeit unserer Arbeiter durchweg mit der schlechten und unzureichenden Ernährung derselben zusammenhängt. Und vielfache Erhebungen über die Kost der Arbeiter haben gezeigt, wie ungenügend dieselbe ist. Ernährung der Arbeiter.

So ermittelte Böhm den Wochenverbrauch einer armen norddeutschen Arbeiterfamilie (in Luckau), bestehend aus Vater, Mutter und einem 5jährigen Kinde; diese verzehrten neben geringen Mengen Milch in einer Woche:

		Eiweiss	Fett	Kohlehydrate
	g	g	g	g
Kartoffeln 20,5 kg . . . . . . =	20500	410	33	4200
Roggenmehl	1250	137	25	875
Fleisch (mit Knochen)	875	140	70	—
Reis	250	30	17	190
Schwarzbrod	6000	456	90	2760
Summa	28875	1163	235	8025
Oder pro Tag	4125	166	34	1146
Oder indem man annimmt, dass Mutter und Kind so viel verzehren als der Mann, so kommen auf letzteren	2063	83	17	573

Flügge fand in der Kost eines Leipziger Arbeiters nur:

Verdauliches Eiweiss	Fett	Kohlehydrate
g	g	g
56	37	290

Nach Ermittelungen von J. Forster[1]) verzehrte eine 30jährige Arbeitsfrau von 60,8 kg Körpergewicht täglich:

348,3 g Brod,
60 „ Fleisch (ohne Knochen).

Im Ganzen nahm die Frau im Mittel von 3 Tagen in diesen und anderen Nahrungsmitteln (Mehlspeisen, Gemüse, Käse und Bier) zu sich:

Trockensubstanz	Wasser	Eiweiss	Fett	Kohlehydrate
g	g	g	g	g
463,4	1447	76,1	22,8	334

Von dem Eiweiss sind 47 % in Form von Brod und nur 14 % in Form von Fleisch vorhanden; von den Kohlehydraten kommen 57,5 % auf das Brod.

Der nach der Stickstoffausscheidung im Harn gemessene Eiweissumsatz betrug pro Tag 73,9 g, während 76,1 g in der Nahrung vorhanden waren. Es musste daher fast alles Eiweiss der Nahrung resorbirt werden, wenn sich der Körper auf seinem Bestande erhalten sollte. J. Forster glaubt aber die in diesem Falle gefundene tägliche Menge Nährstoffe als das Minimum bezeichnen zu müssen, unter welches ohne Schädigung der Gesundheit nicht wohl gegangen werden kann.

[1]) C. Voit: Untersuchung der Kost etc. 1877. S. 277.

Die umfangreichsten Erhebungen über die Kost armer Arbeiterfamilien hat C. A. Meinert[1]) angestellt; derselbe findet z. B. folgende Mengen Nährstoffe pro Kopf und Tag[2]):

	Menge der verzehrten Nahrungsmittel	In der Nahrung:				Preis	Besondere Bemerkungen
		Eiweiss (Gesammt-)	Verdauliches Eiweiss[3])	Fett	Kohlehydrate		
	g	g	g	g	g	Pfg.	
Arme Arbeiter Schlesiens	—	79,6	—	16	552	—	Kartoffelkost
Armer Arbeiter . . .	—	86	—	13	610	—	desgl.
Arbeiter Berlins, welche sich durch die Volksküche ernähren . . .	—	—	68	37	290	—	Meist vegetabilische Kost
Ländliche Arbeiter bei Leipzig	1394	80,4	62,4	36,7	504	30,4	desgl.
Apothekergeh. in Leipzig	1129	71,1	59	69,1	351,4	46,9	Gemischte Kost
Buchdruckereimädchen daselbst	1202	65	54,3	39,3	503	43	desgl.
Cigarrenarbeiterin daselbst	839	52,1	41,9	52,9	301,4	34,2	Fast reine vegetabilische Kost
Strohflechterin daselbst .	1504	72,2	56,4	55,7	440,0	39,6	desgl.
Näherin und Buchbinderin daselbst	846	55,5	47,4	51,4	229,2	35,6	Wenig Fleisch
Arbeiterin in einer Luxuspapierfabrik	1062	61,2	49,0	40,8	347,3	36,3	Gemischte Kost
Maler in Leipzig . . .	1199	86,7	73,3	68,6	366,2	47,9	desgl.
Tischler daselbst . . .	1281	76,5	60,5	57,2	465,8	45,9	desgl.

Aehnliche Verhältnisse stellten sich auch bei armen Arbeiterfamilien in London und Italien heraus.

Im allgemeinen kann man das Nährstoffbedürfniss einer Arbeitsfrau auf $^3/_4$ bis $^4/_5$ des arbeitenden Mannes veranschlagen; es soll daher nach C. Voit ein mittlerer Organismus bei mittlerer Arbeit pro Tag erhalten:

	Eiweiss	Verdauliches Eiweiss	Fett	Kohlehydrate
	g	g	g	g
a. Männlichen Geschlechtes . .	118	106	54	500
b. Weiblichen „ . .	94	84	49	400

Wenn man mit diesen an sich minimalen Kostsätzen umstehende Nährstoffmengen vergleicht, so sieht man, wie mangelhaft und unzureichend die Kost dieser Arbeiter beschaffen ist und die Verhältnisse, welche sich hier geltend machten, werden sich in zahllosen Fällen wiederholen.

[1]) C. A. Meinert: Armee- und Volksernährung. Berlin 1880. II. Th. S. 171—260.

[2]) Dabei sind in den Fällen, wo auch Kinder mit ernährt wurden, 2 Kinder gleich einer erwachsenen Person gerechnet.

[3]) Diese Menge kann nur als annähernde gelten, geschätzt nach den bis jetzt vorliegenden Versuchen von M. Rubner.

Mag man nun auch mit Beneke und anderen annehmen, dass sich ein Organismus mitunter auch mit geringeren als den von C. Voit geltend gemachten minimalen Kostsätzen in Stoffgleichgewicht zu versetzen und leistungsfähig zu erhalten vermag, so sind doch umstehende Nährstoffmengen gewiss nicht ausreichend, einen mittleren Arbeiter oder eine mittlere Arbeiterin im allgemeinen und auf die Dauer in erforderlicher Weise leistungsfähig zu erhalten. Es fragt sich daher, ob sich nicht auch für die Arbeiter bessere Kostrationen beschaffen lassen, ohne dass dafür höhere Mittel in Anspruch genommen zu werden brauchen. Ich werde im Anhang dieses Bandes auseinandersetzen, wie sich in vielen animalischen Nahrungsmitteln (Magermilch, Magerkäse, Stockfisch, Häring, Schellfisch etc.) die Nährstoffe recht billig und zum Theil nicht viel höher herausstellen als in manchen vegetabilischen Nahrungsmitteln, dass daher die Möglichkeit vorliegt, durch zweckmässige Auswahl selbst armen Arbeiterfamilien animalische Nahrungsmittel zuzuführen.

In noch klarerer und practischerer Weise hat dieses C. A. Meinert[1]) in seiner preisgekrönten Schrift „Wie nährt man sich gut und billig?“ dargethan. Derselbe nimmt 3 Arbeiter-Haushaltungen an, bestehend aus je Mann, Frau und 2 Kindern im Alter von 10—12 Jahren, die zusammen im Jahre verdienen:

A	B	C
800 Mark	1100 Mark	1500 Mark.

Bei einer Jahreseinnahme von 800—1100 Mk. pflegen circa 60 % des Einkommens (vergl. auch „Anhang“) zur Beschaffung der Nahrung verwendet zu werden; bei einer Jahreseinnahme von 1500 Mk. etwa 50 %.

Es stehen daher diesen Haushaltungen für die Nahrung circa zur Verfügung:

	A	B	C
1. Pro Jahr	480 Mk.	630 Mk.	800 Mk.
2. Pro Tag	132 Pfge.	172 Pfge.	220 Pfge.
3. Pro Tag und Kopf .	44 „	57 „	73 „

Eine Familie von Mann, Frau und 2 Kindern von 10—12 Jahren kann man, was das Nährstoffbedürfniss anbelangt, gleich 3 erwachsenen Männern setzen; unter der Annahme, dass diese folgende Nährstoffmengen pro Tag und Kopf erhalten:

	A	B	C
	g	g	g
Eiweiss	100	100	120
Fett	50	50	70
Kohlehydrate . . .	500	500	500

berechnet Meinert Nahrungsrationen für 14 Tage und zeigt, wie sich bei obigen disponiblen Mitteln dieser Anforderung genügen lässt. Der Wichtigkeit halber will ich diese Kostsätze für die Familien A. und B. an 7 Tagen hier wiedergeben:

[1]) Preisgekrönt durch den Verein Concordia in Mainz; diese Schrift: „Wie nährt man sich gut und billig?“ Berlin, E. S. Mittler & Sohn, 1882, die nur 50 Pfge. kostet, kann nicht genug zur Verbreitung gerade unter die Arbeiter empfohlen werden, weil sie in für Jedermann verständlicher Weise geschrieben eine Fülle von practischen Vorschlägen für eine rationelle Ernährung enthält.

Kostrationen für Mann, Frau und 2 Kinder von 10—12 Jahren, pro Person 100 g Eiweiss, 50 g Fett und 500 g Kohlehydrate.

Mahlzeit	Familie A.; Jahreseinnahme 800 M.; täglich im Ganzen zu verausgaben 132 Pfge. Nahrungsmittel	Gewicht g	Preis pro 1 kg Pfg.	Preis der verbrauchten Menge Pfg.	Gehalt Eiweiss g	Gehalt Fett g	Gehalt Kohlehydrate g	Familie B.; Jahreseinnahme 1100 M.; täglich im Ganzen zu verausgaben 172 Pfge. Nahrungsmittel	Gewicht g	Preis pro 1 kg Pfg.	Preis der verbrauchten Menge Pfg.	Gehalt Eiweiss g	Gehalt Fett g	Gehalt Kohlehydrate g
Frühstück, Vesper- und Abendbrod [1])	Brod	1800	24	43	108	19,8	900	Weissbrod (4 Stück à 3 Pfge.)	290	—	12	14,5	2	148
	Kaffee	20	240	5	0,5	1,2	3	Roggenbrod	1500	24	36	90	9	750
	Gebrannter Roggen oder Gerste	30	66	2	3,5	—	20	Kaffee und gebrannte Gerste	50	—	7	4	1	23
	Fett	65	130	8,5	—	63	—	Schmalz	90	170	15	—	85	—
	Magermilch [2]) (zu Suppen etc.)	1500	8	12	45	7	60	Magermilch 1 l [2])	1000	8	8	30,5	5	40
	Salz	75	20	1,5	—	—	—	Bier 1 l [2])	1000	12	12	5	—	80
								Salz	75	20	1,5	—	—	—
								Grünes	—	—	0,5	—	—	—
	Insgesammt (f. Frühstück, Vesper- und Abendbrod)	—	—	72	157	91	983	— — — —	—	—	92	144	102	1041
	Also pro Kopf und Tag	—	—	24	52	80	238	— — — —	—	—	30,7	48	34	347
	Es sind daher für die Mittag- und Abendkost noch pro Kopf zu liefern	—	—	20	48	20	172	— — — —	—	—	26,3	52	16	153
	Diese werden durch folgende Mittag- (und Abend-) Rationen gedeckt:													
Tag 1	Rindfleisch	360	120	43	60	30	—	Rindfleisch	500	130	65	80	40	—
	Bruchreis	100	50	5	7	—	76	Fett	100	130	13	—	95	—
	Kartoffeln	2000	7	7	14	2	400	Kartoffeln	3000	7	21	60	3	600
	Schweinefett	30	170	50	—	28	—	Essig und Oel	—	—	5	—	—	—
	(Mittags: Rindfleisch mit Reis und Kartoffeln)	—	—	—	—	—	—	(Mittags: Geschmortes Rindfleisch mit Kartoffelsalat)	—	—	—	—	—	—
	Abends: Magerkäse	200	50	10	80	14	—	Abends: Magermilch (zu Suppe)	1500	8	12	45	7	60
	Mittag- und Abendkost für den ersten Tag	—	—	77	187	74	476	— — — —	—	—	116	185	145	660
	Oder pro Kopf	—	—	25,7	62	25	159	— — — —	—	—	39	62	48	220
	Gesammtkost pr. Kopf und 1 Tag	—	—	49,7	114	55	487	— — — —	—	—	69,7	110	82	567
2	Kartoffeln	3000	7	21	60	3	600	Fleischgemüsetafel	200	20	40	62	36	68
	Buttermilch 2 l	2000	6	12	68	20	20	Bohnen	200	40	8	54	4	100
	Speck	100	200	20	2	78	—	Kartoffeln	1000	7	7	20	1	200

[1]) d. h. an den Abenden, an denen nicht besondere Speisen angesetzt sind.

[2]) Es ist angenommen, dass in 14 Tagen im Ganzen 21 l resp. 14 l Magermilch resp. 14 l Bier verbraucht werden, also im Durchschnitt pro Tag obige Mengen.

Tag	Familie A.; Jahreseinnahme 800 M.; täglich im Ganzen zu verbrauchen 132 Pfge.							Familie B.; Jahreseinnahme 1100 M.; täglich im Ganzen zu verausgaben 172 Pfge.						
	Nahrungsmittel	Gewicht	Preis pro 1 kg	Preis der verbrauchten Menge	Gehalt			Nahrungsmittel	Gewicht	Preis pro 1 kg	Preis der verbrauchten Menge	Gehalt		
					Eiweiss	Fett	Kohlehydrate					Eiweiss	Fett	Kohlehydrate
		g	Pfg.	Pfg.	g	g	g		g	Pfg.	Pfg.	g	g	g
2	(Mittags: Kartoffeln mit Buttermilch und Speck)	—	—	—	—	—	—	(Mittags: Fleischgemüse mit Bohnen und Kartoffeln) .	—	—	—	—	—	—
	Abends: fällt aus .	—	—	—	—	—	—	Abends: Magerkäse .	300	50	15	120	21	—
	Mittag- u. Abendkost für den zweiten Tag	—	—	53	130	101	620	— — — —	—	—	70	256	62	368
	Oder pro Kopf	—	—	17,7	43	34	207	— — — —	—	—	23,3	85	21	123
	Gesammtkost pr. Kopf und zweiten Tag .	—	—	41,7	95	64	535	— — — —	—	—	54,0	133	55	470
3	Fleischgemüsetafel .	125	200	25	40	22	38	Sauerkraut . . .	1000	18	18	10	2	46
	Erbsen	250	50	12,5	63	3	125	Erbsen	300	50	15	67	3	150
	Kartoffeln	1500	7	10,5	30	1	300	Blutwurst	200	160	32	22	22	52
	Schweinefett . . .	60	170	10	—	58	—	(Mittags: Blutwurst mit Sauerkraut und Erbsen)	—	—	—	—	—	—
	(Mittags: Fleischgemüse mit Erbsen und Kartoffeln) .	—	—	—	—	—	—	Abends: Buttermilch (zu Suppe) . . .	1500	6	9	51	15	15
	Abends: fällt aus .	—	—	—	—	—	—							
	Mittag- und Abendkost für den dritten Tag	—	—	58	133	84	463	— — — —	—	—	74	150	42	263
	Oder pro Kopf	—	—	19,3	44	28	154	— — — —	—	—	24,7	50	14	88
	Gesammtkost pr. Kopf und den dritten Tag	—	—	43,3	96	58	482	— — — —	—	—	55,4	98	48	435
4	Häring 3 Stück . .	260	(1St.) 7	21	52	32	48	Stockfisch	250	140	35	198	3	—
	Kartoffeln	3000	7	21	60	3	600	Senf	60	90	5	14	23	5
	Magermilch . . .	500	8	4	15	2	20	Mehl	50	40	2	5	1	35
	Mehl	30	40	1,2	3	0,3	21	Fett	50	130	6,5	1	47	—
	Zwiebeln	50	10	0,5	1	0,5	3	Zucker	30	100	3	—	—	27
	Gewürz	—	—	1,3	—	—	—	Essig	2 Löffel	—	2	—	—	—
	(Mittags: Härings-Kartoffeln) . . .	—	—	—	—	—	—	Kartoffeln	2500	7	17,5	50	2,5	500
	Abends: Magermilch (zu Suppe) . . .	1500	8	12	45	6	60	(Mittags: Stockfisch mit Senfsauce und Kartoffeln) . . .	—	—	—	—	—	—
								Abends: fällt aus .	—	—	—	—	—	—
	Mittag- und Abendkost für den vierten Tag	—	—	61	176	44	752	— — — —	—	—	71	268	76,5	567
	Oder pro Kopf	—	—	20,3	59	15	251	— — — —	—	—	23,7	89	26	189
	Gesammtkost pr. Kopf und den vierten Tag	—	—	44,3	101	45	579	— — — —	—	—	54,4	137	60	536
5	Erbsen	500	50	25	112	5	250	Leber und Lunge .	500	80	40	97	27	10
	Speck	80	200	16	2	62	—	Schmalz	50	170	8,5	—	47	—
								Weissbrod	156	—	6	8	2	78
								Mehl	40	40	1,6	4	—	28
								Zwiebeln	50	10	0,5	1	—	4
								Grünes und Pfeffer .	60	—	1,4	—	—	—
								Kartoffeln	2000	7	14	40	2	400

Tag	Familie A.; Jahreseinnahme 800 M.; täglich im Ganzen zu verausgaben 132 Pfge. — Nahrungsmittel	Gewicht g	Preis pro 1 kg Pfg.	Preis der verbrauchten Menge Pfg.	Gehalt Eiweiss g	Gehalt Fett g	Gehalt Kohlehydrate g	Familie B.; Jahreseinnahme 1100 M.; täglich im Ganzen zu verausgaben 172 Pfge. — Nahrungsmittel	Gewicht g	Preis pro 1 kg Pfg.	Preis der verbrauchten Menge Pfg.	Gehalt Eiweiss g	Gehalt Fett g	Gehalt Kohlehydrate g
5	(Mittags: Erbsen mit Speck)	—	—	—	—	—	—	(Mittags: Leberknödel mit Kartoffeln) . .	—	—	—	—	—	—
	Abends: Kartoffeln u.	1500	7	10,5	30	1,5	300	Abends: fällt aus .	—	—	—	—	—	—
	Quark	300	30	9	52	9,0	9							
	Mittag- und Abendkost für den fünften Tag	—	—	60,5	196	77,5	559	— — — —	—	—	72	150	78	520
	Oder pro Kopf	—	—	20,2	65	26	186	— — — —	—	—	24	50	26	173
	Gesammtkost pro Kopf und den fünften Tag	—	—	44,2	117	56	514	— — — —	—	—	54,7	98	60	520
6	Kartoffeln	3000	7	21	60	3	600	Patent-Fleischpulver.	70	350	24,5	49	4	—
	Schmalz	100	170	17	—	95	—	Welschkohl . . .	1500	10	15	28	3	99
	Mehl	400	40	16	44	4	280	Kartoffeln	1500	7	10,5	30	1,5	300
	(Mittags: Kartoffelreibekuchen; Puffer)	—	—	—	—	—	—	Fett	100	130	13	—	95	—
	Abends: Magermilch (zu Suppe) . . .	1500	8	12	45	7	60	(Mittags: Welschkohl mit Kartoffeln in Fleischbrühe) . .	—	—	—	—	—	—
								Abends: Brodsuppe .	—	—	—	—	—	—
								Brod	400	24	9,5	24	2	200
								Zucker	30	100	3	—	—	27
								Fett	40	130	5	—	38	—
	Mittag- und Abendkost für den sechsten Tag	—	—	66	149	109	940	— — — —	—	—	80,5	131	139,5	633
	Oder pro Kopf	—	—	22	50	36	313	— — — —	—	—	26,5	44	46	211
	Gesammtkost pro Kopf und den sechsten Tag . .	—	—	46	102	66	641	— — — —	—	—	57,2	92	80	558
7	Fleischgemüsetafel .	190	200	38	60	33	57	Gehacktes Rindfleisch	300	160	48	81	18	—
	Weisskohl	1500	10	15	28	3	99	Schmalz	30	170	5	—	24	—
	Kartoffeln	1000	7	7	20	1	200	Milch	250	8	2	8	—	10
	(Mittags: Fleischgemüse mit Weisskohl und Kartoffeln) .	—	—	—	—	—	—	Mehl	50	40	2	5	1	35
	Abends: fällt aus .	—	—	—	—	—	—	Gewürz	—	—	1	—	—	—
								Kartoffeln	2500	7	17,5	50	2,5	500
								(Mittags: Beefsteak mit Quetschkartoffeln	—	—	—	—	—	—
								Abends: fällt aus .	—	—	—	—	—	—
	Mittagkost für den siebenten Tag . .	—	—	60	108	37	356	— — — —	—	—	75,5	144	45,5	545
	Oder pro Kopf	—	—	20	36	12	119	— — — —	—	—	25,2	48	15	182
	Gesammtkost pro Kopf und den siebenten Tag . . .	—	—	44	88	42	447	— — — —	—	—	55,9	96	49	529

Indem so Meinert für 14 Tage Kostrationen berechnet, findet er, dass für Familien (Mann, Frau und 2 Kindern von 10—12 Jahren, zusammen = 3 erwachsenen Männern), wenn

	A.	B.	C.
im Ganzen	132 Pfge.	172 Pfge.	220 Pfge.
oder pro Kopf . . .	44 „	53 „	73 „

für Beschaffung der täglichen Nahrung zur Verfügung stehen, im Mittel der 14 Tage beschafft werden können:

Eiweiss	105 g	106,5 g	128 g
Fett	53 „	65 „	78 „
Kohlehydrate . . .	517 „	538 „	573 „

Diese Beispiele zeigen, wie man durch zweckmässige Auswahl der Nahrungsmittel selbst mit sehr geringen Mitteln eine Arbeiterkost erzielen kann, welche allen Anforderungen einer rationell zusammengesetzten Nahrung entspricht, die bei einem ausreichenden Verhältniss von animalischen zu vegetabilischen Nahrungsmitteln und bei einem hinreichenden Gehalt an einzelnen Nährstoffen sogar Wechsel genug bietet, um auch einer verwöhnteren Zunge gerecht zu werden. Es verlohnt sich daher wohl der Mühe, dieser wichtigen Frage etwas Aufmerksamkeit zuzuwenden.

Leider aber herrschen über den Nährwerth der einzelnen Nahrungsmittel und ihre Bedeutung für die Ernährung noch grosse Unkenntniss und sehr unrichtige Anschauungen. Man pflegt den Gehalt und Nährwerth eines Nahrungsmittels durchweg noch nach seinem Gewicht und Volumen abzuschätzen; man ist vielfach der Ansicht, dass, wenn man einen grossen Haufen Gemüse oder Kartoffeln etc. vor sich hat, damit auch eine grosse Menge Nährstoffe zu sich führt. Hier belehrend und aufklärend zu wirken, ist die Pflicht eines jeden wahren Menschenfreundes, dem es vom Schicksal vergönnt ist, sich Kenntnisse über die Lebensvorgänge zu verschaffen. Wir lehren in den Schulen, wie sich die Pflanze und das Thier ernähren, aber daran, was der Mensch zu seinem Lebensunterhalt nothwendig hat und wie er sich ernähren soll, wird noch wenig gedacht.

Gewandte Volksredner sind bemüht, das Volk durch hoch klingende Phrasen über politische und religiöse Fragen aufzuklären, ohne dass sie etwas anderes erreichen und bezwecken als die Gemüther aufzuregen und zu verwirren; man darwinisirt und häckelesirt in der oberflächlichsten und leichtsinnigsten Weise in den Arbeitervereinen über die Entstehung des Menschen und die höchsten aber wohl nie zu lösenden Fragen der Wissenschaft, aber für die elementarste Frage, wovon die eigene physische Existenz und damit das eigene leibliche wie geistige Wohl abhängig ist, hat man vielfach kaum etwas mehr als ein mitleidiges Lächeln.

Wer dem Arbeiter einen wirklichen Dienst erweisen will, der lehre ihn, wie er sich und die Seinigen am besten leistungsfähig und arbeitstüchtig erhalten kann, oder was dasselbe bedeutet, wie er sich am zweckmässigsten d. h. am besten und billigsten ernähren soll. Er wird dadurch unsäglich viel Elend aus der Welt schaffen und auch dem Vaterlande einen grossen Dienst erweisen; denn es kann wohl nicht geleugnet werden, dass die durch eine gute Ernährung bedingte Leistungsfähigkeit unserer Arbeiter auch den nationalen Wohlstand mitbedingt.

Unsere Behörden aber sollten allen derartigen Bestrebungen um so mehr Beachtung schenken, als es, wie wir gesehen haben, möglich ist, auch den Arbeitern eine bessere Kost zukommen zu lassen, ohne dass dazu höhere Mittel erforderlich sind.

Ernährung im Alter.

4. *Ernährung im Alter.* Mit dem Aelterwerden nimmt die Thätigkeit der Sinne und Organe mehr und mehr ab und damit wird auch die Grösse des Stoffwechsels nach und nach herabgedrückt. Den erschlaffenden Verdauungsorganen wird durch Einnahme von leicht verdaulichen Speisen und Genuss- oder Reizmitteln nachgeholfen. Der Wein ist die Milch der Alten.

Was an Quantität der Nahrung abgeht, muss durch schmackhafte Zubereitung derselben ersetzt werden.

Ueber die Nahrung älterer Personen hat J. Forster (l. c.) einige Ermittelungen angestellt. In der Kost eines 60 Jahre alten Mannes (Hausmeister an einem wissenschaftlichen Institut) mit relativ gutem Einkommen, der die Speisen nach freier Wahl genoss, fand er im Mittel von 3 Tagen folgende Mengen:

	Trockensubstanz	Wasser	Eiweiss	Fett	Kohlehydrate
Morgen	—	—	18,7	8,6	85,5
Mittag	—	—	46,2	32,0	101,3
Nachmittag	—	—	6,5	3,8	32,1
Abend	—	—	45,1	23,2	126,2
Summa	574,4	2399	116,4	67,6	345,1

An Brod verzehrte der Mann 365 g täglich und darin 32,4 % des täglichen Gesammteiweisses und 58,3 % der Kohlehydrate.

Die Nahrung bestand morgens in Kaffee, Zucker und Brod, mittags in Suppe, Fleisch und Gemüse, abends in Fleischspeisen (Wurst, sauere Leber, geräuchertes Fleisch) und Bier.

J. Forster hält diese Nährstoffmenge für eine relativ hohe, und bezeichnet sie als die Maximalgrenze für die Bedürfnisse älterer, nicht arbeitender Menschen, über welche hinauszugehen nicht nothwendig erscheint.

Nach anderen in Pfründneranstalten (Versorgungsanstalten alter, arbeitsunfähiger Personen) in München gemachten Erhebungen fand J. Forster erheblich weniger Nährstoffe, es verzehrten pro Tag:

	Fleisch (ohne Knochen g	Eiweiss im Fleisch g	Fleisch-Eiweiss in Procenten des Gesammt-Eiweisses	Brod-menge g	Eiweiss im Brod g	= Proc.[1])	Kohlehydrate im Brod g	= Proc.[1])
1. Pfründnerinnen .	94	20,7	31	259	26,6	40	149,4	57
2. Pfründner . . .	171	30,8	34	282	34,0	37	163,4	49

Im Mittel kommen auf die Nahrung der Pfründnerinnen und Pfründner pro Tag im Ganzen:

	Eiweiss g	Fett g	Kohlehydrate g
1. Pfründnerinnen			
a. Ohne Zulage	67,0	38,2	265,9
b. Mit Zulage[2])	79,1	48,6	265,1
2. Pfründner	91,5	45,2	331,6

[1]) Procente des täglichen Gesammt-Eiweisses resp. der Gesammt-Kohlehydrate.

[2]) Diese besteht in Bier und Käse, welche sich ein Theil der Pfründnerinnen für geschenktes Geld kauft.

Letztere Zahlen sind in der Pfründneranstalt „Heiliggeistspital" in München gewonnen, welche alte erwerbsunfähige Personen beiderlei Geschlechts aufnimmt.

Von dieser durchschnittlichen Nährstoffmenge wird daher ein grösserer Theil auf die männlichen, ein kleinerer auf die weiblichen Personen fallen.

Die Nahrung bestand des Morgens und Abends aus Suppen aller Art, des Mittags aus Suppe, Fleisch und Gemüse.

L. Meyer[1]) untersuchte die Kost in der städtischen Frauen-Siechenanstalt in Berlin und fand folgende tägliche Nahrungsaufnahme:

	Eiweiss g	Fett g	Kohlehydrate g	Nährstoff-Verhältniss Nh. : Nfr. wie 1:
Pfründnerin	80	49	266	4,8
Sieche I.	75,9	38,2	335,3	5,7
„ II.	53,0	44,3	222,8	6,3

Diese Grössen stimmen mit den von J. Forster ermittelten ziemlich annähernd überein.

5. Ernährung der Gefangenen. Die Kost in den Gefängnissen und Zuchthäusern ist in der letzten Zeit vielfach Gegenstand der Untersuchungen gewesen. Die grosse Sterblichkeit in denselben musste mit der wachsenden Erkenntniss der Wichtigkeit einer richtigen Ernährung des Menschen die Aufmerksamkeit der Aerzte wie der Verwaltungsbehörden von selbst auf die Nahrung lenken. Durch genauere Untersuchungen hat sich denn auch ergeben, dass die Nahrung in den Gefängnissen und Zuchthäusern durchweg mangelhaft und unrichtig zusammengesetzt ist. Mangelhaftigkeit der Kost in Gefängnissen.

Das häufige Auftreten des Scorbut glaubt man mit dem Mangel an thierischem Fett in der Gefangenkost in Zusammenhang bringen zu müssen.

Dieselbe leidet an dem generellen Fehler, dass sie zu wenig Fleisch oder animalische Nahrungsmittel überhaupt enthält.

Der Gefängnissarzt Dr. Baer verlangt in der Nahrung der Gefangenen durchschnittlich pro Tag 117 g Fleisch.

In den preussischen Gefängnissen werden seit 1872 in der Woche nur 210 g Fleisch und zwar 3mal mit dem Mittagessen verkocht, früher nur 88 g. Den belgischen Gefangenen werden 4 mal in der Woche je 100 g Fleisch verabreicht; im Genfer Strafhaus 2mal je 234 g.

In Pentonville sind dagegen je 117 g täglich vorgeschrieben, in Portland bei schwerer Arbeit 175 g gekochtes, knochenfreies Fleisch.

Die Folgen der einseitigen Pflanzenkost sind nach Baer: Appetitlosigkeit, Säurebildung, Erbrechen, Flatulenz, häufige Durchfälle und anhaltende Verstopfung. Der Zustand der allmählichen Erschlaffung und Erschöpfung ist dann meistens das disponirende Moment für die Entwickelung chronischer Dissolutionskrankheiten, wie: Phthisis, Hydrops, Scrophulose, Scorbut.

Mit der Untersuchung der Kost in Zuchthäusern und Gefängnissen haben sich Baer, Ad. Schuster, Richter, Fr. Hofmann, Getsch[2]), neuerdings auch Bär,

---

[1]) Virchow's Archiv. Bd. 84. S. 155.

[2]) Untersuchung der Kost in einigen öffentlichen Anstalten von C. Voit. München, 1877. S. 142—185.

Jeserich und Meinert[1]) eingehend beschäftigt, auf welche Arbeiten, besonders die letzteren, ich hier verweisen will.

Richter giebt z. B. folgende Kostrationen pro Tag in der Gefangenanstalt des Kreisgerichts und in dem Zuchthause (für kräftige arbeitende Männer) in Brandenburg:

Gefängniss		Zuchthaus (arbeitende Männer)
92 g Reis		67 g Hafergrütze
670 g Kartoffeln		15 g Butter
24 g Talg		230 g Erbsen
67 g Mehl		614 g Kartoffeln
650 g Brod		60 g Schweinefleisch
		775 g Brod
		13 g Mehl
	oder:	
167 g Erbsen		67 g Gerstenmehl
720 g Kartoffeln		15 g Butter
42 g Speck		230 g Linsen
67 g Mehl		655 g Kartoffeln
9 g Talg		20 g Schmalz
650 g Brod		100 g Hafergrütze
		625 g Brod
	oder:	
(1 Mal pro Woche)		(2 Mal pro Woche)
233 g Bohnen		100 g Milch
260 g Fleisch (vom Metzger)		90 g Reis
87 g Fettgewebe (am Fleisch)		620 g Kartoffeln
70 g Kartoffeln		15 g Gerstenmehl
67 g Mehl		70 g Fleisch (vom Metzger)
5 g Talg		7 g Fettgewebe (am Fleisch)
650 g Brod		100 g Gerstegrütze
		8 g Butter
		625 g Brod
	u. s. w.	

Indem aus diesen und anderen Sätzen der Gehalt an Nährstoffen berechnet wird, erhält Richter folgende durchschnittlichen Mengen in der täglichen Nahrung:

	Eiweiss g	Fett g	Kohlehydrate g
1. Für das Gefängniss	109	34	574
2. Für das Zuchthaus	127	29	639
In ähnlicher Weise fanden:			
3. Ad. Schuster für das Zuchthaus in München	104	38	521
4. Derselbe für das Gefängniss an der Badstr. in München	87	22	305
5. Derselbe für das Zellengefängniss in Nürnberg	112	34	525
6. Derselbe für belgische Gefängnisse	106	10	586
7. Getsch für badische Gefängnisse	121	27	599
8. Fr. Hofmann für die Kgl. sächsischen Gefängnisse	106	15	600
9. Bär für das Gefängniss in Naugard	103	22	611
(10. Derselbe für preuss. Gefängnisse nach dem Speisetarif	117	32	597)
(11. Derselbe f. preuss. Zuchthäuser (bei schwerer Arbeit) nach dem Speisetarif	140	35	736)
Mittel (excl. 10 u. 11)[2])	108	26	551
Ein Erwachsener bei mittlerer Arbeit soll erhalten	118	56	500

[1]) Ueber Massenernährung von Bär, Paul Jeserich und C. A. Meinert. Berlin 1885.
[2]) Die letzten beiden Nährstoffmengen sind nach dem Speisetarif ohne Berücksichtigung der

Es bleibt daher die Nährstoffmenge der Gefangenen in Eiweiss- und Fettgehalt erheblich gegen das minimale Kostmass eines Arbeiters zurück.

Dieses rührt daher, dass durchweg nur minimale Mengen animalischer Nahrungsmittel verabreicht werden; der Charakter der Nahrung ist ein wesentlich vegetabilischer.

Aber das ist es nicht allein, was die Kost in Zuchthäusern und Gefängnissen unerträglich und verwerflich macht; ein weiterer Hauptfehler liegt auch nach dem übereinstimmenden Urtheil der Sachkenner in der Art der Zubereitung.

Die fortwährenden Mehl- und Brotsuppen, das stetige Einerlei in der Kost erweckt bei den Gefangenen schliesslich einen Widerwillen gegen die Speisen, sie haben bei lebhaftem Hunger durch den Anblick und den Geruch der Speisen ein Gefühl von Brechneigung.

„Wer das Leben der Sträflinge,“ sagt Gefängnissdirector Ehlers, „practisch kennt, wird wissen, wie furchtbar die monotone, reizlose, wenig animalische Bestandtheile enthaltende Sträflingskost die Leute herunter bringt, wie sie für einen Häring, einen Käse, etwas Butter, eine saure Gurke etc. ihren besten Freund verrathen würden.“

C. Voit verlangt daher neben Erhöhung der Fleisch- und Fettgabe den Speisen mehr Gewürze zuzusetzen; durch Zuthat der letzteren, welche in der verschiedensten Form zur Verfügung stehen, kann der Geschmack an den Speisen wesentlich erhöht werden. Auch soll mehr Abwechselung in die Kost gebracht, das Mehl zu verschiedenen Gebäcken verarbeitet werden; die Consistenz der Speisen darf nicht stets eine breiartige sein. Wie bei der Kost armer Arbeiterfamilien, so würden sich auch durch umfangreiche Verwendung einiger animalischer Nahrungsmittel (wie Magermilch, Magerkäse, Häring, Stockfisch etc.) Verbesserungen erzielen lassen, ohne dass die Kost zu gut würde und der Speiseetat erhöht zu werden brauchte.

Man kann gegen diese Humanitäts-Principien einwenden, dass Gefangene, als Auswurf der Menschheit, gewiss keine reichlichere und besser zubereitete Kost erhalten sollen, als mit welcher sich arme Arbeiterfamilien ernähren. Das erscheint als eine gerechte Forderung und ist auch für viele Fälle richtig.

„Wenn aber,“ sagt Ad. Schuster, „eine Bevölkerung in so armseligen Verhältnissen lebt, dass sie eben bei vorwaltend vegetabilischer Kost einen dürftigen Körperzustand erhalten kann, so würde eine solche Kost den Gefangenen zu Grunde richten, da er unter viel ungünstigeren Bedingungen existirt als der Freie.“

Hier eine allzugrosse Humanität obwalten zu lassen wäre gewiss verwerflich; aber andererseits muss die Kost der Sträflinge so bemessen und so zubereitet werden, dass sie nicht einen ständigen Hungertod leben.

Krankenkost.

6. Ernährung der Kranken. Ueber die zweckmässigste Nahrung für Kranke resp. Reconvalescenten lässt sich nicht viel sagen. Wenn sich einmal die Menge der Nährstoffe und Nahrungsmittel nach der Art der Krankheit richtet, so ist andererseits die Art der Nahrung und ihrer Zubereitung das wesentlichste Moment, welches hier je nach Krankheit und Individualität in Betracht kommt.

Abfälle und dessen, was die Gefangenen nicht verzehrt haben, berechnet; sie können daher zur Mittelwerthsberechnung nicht herangezogen werden. Die grössere Menge Eiweiss in der Zuchthauskost ist durch eine grössere Gabe von Leguminosen bedingt.

In erster Linie ist die leichte Verdaulichkeit der Speisen zu beachten; die durch Schmerzen aller Art erschlaffte Lebensthätigkeit darf nicht dadurch angestrengt werden, dass den Verdauungsorganen durch Einverleibung von schwer verdaulichen Nahrungsmitteln viel Arbeit aufgebürdet wird.

Auf diese Weise fällt die Wahl von selbst auf Nahrungsmittel animalischen Ursprungs und einige wenige Vegetabilien (Obst, Mehlspeisen in besonderer Zubereitung etc.).

In zweiter Linie kommt das richtige Verhältniss der Nährstoffe zu einander in Betracht; die Kost darf weder zu eiweissreich noch zu eiweissarm sein. Der Kranke, welcher viel von seinen Organen hergegeben hat, bedarf des Eiweisses zum Wiederaufbau der Organe und Muskeln. Eiweissreiche Nahrung erhöht, wie wir wissen, den Eiweissumsatz und lässt ebensowenig wie eiweissarme Nahrung Eiweiss im Organismus zum Ansatz gelangen.

Fr. Renk hat (l. c.) die Kost in den Münchener Krankenhäusern ermittelt und für die einzelnen Diätsätze gefunden:

Das Frühstück ist in allen gleich, es besteht entweder aus:

200 CC. Kaffeeabsud, 100 CC. Milch, 15 g Zucker und Semmel, oder $^1/_4$ l Fleischsuppe mit Semmel.

1. Diät; bei dieser wird ausser dem Frühstück mittags und abends entweder $^1/_4$ l einer Suppe oder Milch mit Semmel gegeben.
2. Eine Viertelkost; mittags $^1/_4$ l Suppe oder Milch oder Obstspeise; abends $^1/_4$ l Suppe mit Semmel.
3. Halbe Kost; mittags $^1/_4$ l Suppe und 100 g Kalbfleisch, oder statt letzterer Mehl- oder Milchspeise; abends $^1/_4$ l eingekochte Suppe mit 2 mal pro Woche 70 g Kalbfleisch, 3 mal $^1/_4$ l Kalbfleischsauce, 2 mal Milchspeisen mit Semmel.
4. Dreiviertelkost; mittags $^1/_4$ l Suppe und 96 g Rindfleisch mit $^1/_4$ l Gemüse oder 100 g Kalbsbraten in Sauce; abends wie bei No. 3.
5. Ganze Kost; mittags $^1/_4$ l Suppe und 150 g Rindfleisch mit $^1/_4$ l Gemüse, oder Suppe und Milch- oder Mehlspeisen; abends eingekochte Suppe mit 2 mal pro Woche 100 g Kalbsbraten, 3 mal 100 g eingemachtem Fleisch, 2 mal Milchspeise mit Semmel.

Die Suppen ausser Fleischsuppen werden zubereitet aus Mehl- (Stärke-) Sorten, Milch und Eiern; die Mehlspeisen aus denselben Stoffen unter Zusatz von Fett; die Gemüse aus dem betreffenden Gemüse unter Zusatz von Mehl und Fett.

Indem aus der Menge der verabreichten Nahrungsmittel und der chemischen Zusammensetzung derselben der Gehalt an Nährstoffen berechnet wird, ergeben sich folgende Zahlen:

	Eiweiss	Fett	Kohlehydrate	Nährstoffverhältniss Nh. : Nfr.
	g	g	g	wie 1 :
1. Diät	5	3	26	6,7
2. $^1/_4$ Kost	28	26	150	7,7
3. $^1/_2$ „	48	25	145	4,3
4. $^1/_1$ „	93	54	183	3,4

Nicht sehr abweichende Zahlen ergaben sich für das Augsburger Krankenhaus, nämlich:

	Eiweiss	Fett	Kohlehydrate	Nährstoffverhältniss Nh. : Nfr.
	g	g	g	wie 1:
1. Diät	7	24	39	14,1
2. $^1/_4$ Kost	26	34	95	6,9
3. $^1/_2$ „	75	57	207	4,7
4. $^1/_1$ „	94	57	222	3,9

Zu dieser gewöhnlichen Kost werden je nach Umständen besondere Zusätze und Extraspeisen gegeben.

Es ist bezeichnend, dass bei den schweren Kranken, welche nur wenig geniessen oder geniessen dürfen, in beiden Fällen im Verhältniss zu den Kohlehydraten nur wenig Eiweiss gegeben wird, während letzteres mit fortschreitender Genesung in der Kost zunimmt. Das weist auf die Wichtigkeit hin, den Organismus des Genesenden durch Blut- und Muskelbildung wieder kräftig zu machen.

Wie oft soll man essen?

7. Vertheilung der Nahrung auf die einzelnen Mahlzeiten und Temperatur der Speisen. Die Frage, „wie oft sollen wir essen," findet ihre Erledigung in dem allgemeinen durch die Erfahrung eingeführten Gebrauch, dass wir 3—4 mal im Tage Nahrung zu uns nehmen. Ebenso fehlerhaft es ist, zu häufig zu essen, ebenso unrichtig ist es, das ganze nöthige Nahrungsquantum in einem Mahle einzuführen. Im ersteren Falle werden die Verdauungsorgane in fortwährende Thätigkeit versetzt und dadurch die Thätigkeit der anderen Organe zu häufig gestört und beeinträchtigt; im anderen Falle bürden wir den Verdauungsorganen zu viel Arbeit auf ein Mal auf; sie können das Nahrungsquantum kaum bewältigen und verfällt der Körper in Folge der übergrossen Thätigkeit der Verdauungsorgane in eine Art Betäubung oder Lethargie.

Für gewöhnlich aber pflegen wir nur eine Hauptmahlzeit im Tage zu halten und zwar mittags (12—1 Uhr) oder nachmittags (2—4 Uhr).

C. Voit untersuchte die Kost dreier gut gezahlter Arbeiter während 10 Tagen und bestimmte, wie viel von der Gesammtnahrung auf die Mittagsmahlzeit fiel. Er fand im Mittel von 30 Bestimmungen:

Aufgenommen im Tag im Ganzen:			Gehalt der Nahrung pro Tag:			Gehalt der Mittagsmahlzeit:		
Bier	Brod	Fleisch	Eiweiss	Fett	Kohlehydrate	Eiweiss	Fett	Kohlehydrate
g	g	g	g	g	g	g	g	g
2119	594	313	151	54	479	74	33	160
			Oder in Procenten			50 %	61 %	32 %

Unter Zugrundelegung dieser Procentsätze würde daher von der Normalration eines Mannes:

	Eiweiss	Fett	Kohlehydrate
	g	g	g
	118	56	500
auf die Mittagsmahlzeit kommen müssen:			
1. Für männliche und weibliche Arbeiter	59	34	160

In derselben Weise fordert C. Voit in der Mittagsmahlzeit:

	Eiweiss	Fett	Kohlehydrate
	g	g	g
2. Für Greise	40	30	85
3. Für Kinder von 6—12 Jahren	39	21	80

J. Forster[1]) fand die Vertheilung der Nahrung auf die einzelnen Mahlzeiten wie folgt:

	Im Ganzen pro Tag g	Im Frühstück g = Proc.	In der Mittagsmahlzeit g = Proc.	Im Abendessen g = Proc.
1. Arbeiter im Mittel zweier Personen:				
Eiweiss	132	24,5 = 18,5	54,2 = 41,0	53,2 = 40,0
Fett	81	7,6 = 9,4	47,9 = 59,1	26,0 = 32,1
Kohlehydrate	458	121,0 = 26,4	164,0 = 36,0	172,3 = 37,6
2. Junger Arzt im Mittel zweier Personen:				
Eiweiss	131	5,5 = 4,2	62,2 = 47,5	62,8 = 47,9
Fett	95	1,9 = 2,0	54,6 = 57,4	38,9 = 40,9
Kohlehydrate	332	39,9 = 12,0	138,0 = 41,8	148,8 = 44,8
3. Ein 60 Jahre alter Mann[2]):				
Eiweiss	116,5	18,7 = 16	46,2 = 39	45,1 = 39
Fett	67,6	8,6 = 14	32,0 = 47	23,2 = 34
Kohlehydrate	345,1	85,5 = 25	101,3 = 29	126,2 = 37
4. Eine 30 Jahre alte Arbeitsfrau[3]):				
Eiweiss	76,0	13,9 = 18	28,4 = 38	20,6 = 27
Fett	22,8	3,1 = 13	13,9 = 61	31,1 = 14
Kohlehydrate	333,9	77,3 = 23	93,0 = 28	100,8 = 30
5. Eine alte Frau (Pfründnerin):				
Eiweiss	67,0	10,0 = 15	33,8 = 50	23,2 = 35
Fett	38,2	3,1 = 8	31,2 = 82	3,9 = 10
Kohlehydrate	265,9	62,5 = 23	70,8 = 27	132,6 = 50

Hiernach vertheilen sich die Nährstoffe im Durchschnitt procentisch auf die einzelnen Mahlzeiten wie folgt:

	Frühstück	Mittagessen	Abendessen	Zwischenspeisen am Vor- und Nachmittag
Eiweiss	14 %	43 %	38 %	5 %
Fett	9 „	61 „	26 „	4 „
Kohlehydrate	21 „	32 „	40 „	7 „

Es wird also mittags etwa die Hälfte und abends etwa $^1/_3$ von der täglichen Nahrung aufgenommen.

Temperatur der Speisen.

Was die Temperatur der zuzuführenden Speisen anbelangt, so hat die Erwärmung derselben den Zweck, einerseits dem Körper Wärme zu ersparen, andererseits die Sekretion der Verdauungssäfte und die Verdaungsthätigkeit zu unterstützen und zu beschleunigen. Fr. Späth[4]) findet, dass Temperaturen von 40—50° C. für

[1]) Zeitschr. f. Biologie 1873. S. 381.

[2]) Der Mann verzehrte am Nachmittage:

	Eiweiss	Fett	Kohlehydrate
	6,5	3,8	32,1 g
Oder	6	5	9 %

[3]) Die Frau verzehrte ausserdem:

	Eiweiss	Fett	Kohlehydrate
a. Am Vormittage	4,7	—	25,4 g
b. Am Nachmittage	8,4	2,7	37,4 „

[4]) Archiv f. Hygiene 1886. Bd. IV. S. 68.

flüssige und feste Speisen im allgemeinen die zuträglichsten sind, bei festen Speisen, die gekaut werden müssen, liegt die Grenze der zulässigen Temperatur bei 55 ⁰ C.; bei Flüssigkeiten in kleinen Mengen und bei kühler Zukost können Temperaturen von 60—65 ⁰ C. ertragen werden. Für Kinder soll die Temperatur der Speisen die der Muttermilch von 38 ⁰ C. nicht überschreiten.

8. *Nahrung in der Volksküche.* Seit mehreren Jahren hat man in grösseren Städten und in Industriegegenden Volksküchen errichtet, in welchen den unbemittelten Arbeitern gegen einen mässigen und Selbstkostenpreis Speisen, vorzugsweise Mittagsspeisen verabreicht werden.

C. Voit hat (l. c.) aus den Mittagsportionen mehrerer Volksküchen den Gehalt an Nährstoffen berechnet, aber gefunden, dass in den meisten Fällen der Gehalt dieser Portionen an Nährstoffen bei weitem nicht ausreicht, den Anforderungen zu entsprechen, welche nach vorstehenden Ermittelungen an eine gute Mittagskost gestellt werden müssen. Er hat dann verschiedene Kostrationen aufgestellt, von denen ich hier einige, um zu zeigen, wie eine genügende Mittagsmahlzeit in den Volksküchen zusammengesetzt werden kann, wiedergebe.

1. Semmelsuppe, Rindfleisch, Gemüse aus weissen Bohnen und Kartoffeln:	g	Gehalt an: Eiweiss g	Fett g	Kohlehydrate g
{Semmel (1 Stck. = 42 g)	50	5	—	30
{Fett	5	—	5	—
Rindfleisch (163 g mit Knochen)	150	30	15	—
{Weisse Bohnen	80	20	—	44
{Mehl	10	1	—	7
{Kartoffeln	146	3	—	32
{Fett	14	—	14	—
Schwarzbrod	81	9	—	47
	Summa	65	34	160

Annähernd dieselben Nährstoffmengen ergeben sich in folgenden Portionen:

2. Erbsensuppe, Rindfleisch und Weisskraut mit Kartoffeln:

50 g Erbsen } bei Zusatz von Mehl bleibt eben
9 „ Fett } soviel an Erbsen weg
150 „ Rindfleisch (163 mit Knochen)
350 „ Weisskraut }
30 „ Mehl }
10 „ Fett }
124 „ Kartoffeln
81 „ Schwarzbrod.

3. Reissuppe mit Käse, Rindfleisch, Gemüse aus sauren Kartoffeln:

50 g Reis }
14 „ Käse }
5 „ Fett }
150 „ Rindfleisch
280 „ Kartoffeln }
30 „ Mehl }
14 „ Fett }
81 „ Schwarzbrod.

4. Erbsensuppe, Kalbsbraten und Kartoffelsalat:

50 g Erbsen }
19 „ Fett }
140 „ Kalbfleisch (163 g mit Knochen)
380 „ Kartoffeln }
12 „ Oel }
81 „ Schwarzbrod.

5. Griessuppe, Rindfleisch und Linsengemüse:

40 g Gries }
5 „ Fett }
150 „ Rindfleisch
80 „ Linsen }
10 „ Mehl }
14 „ Fett }
105 „ Kartoffeln
81 „ Schwarzbrod.

6. Brennsuppe, bœuf à la mode und Knödel:

30 g Mehl }
10 „ Fett }
150 „ Rindfleisch }
23 „ Mehl }
10 „ Fett }
80 „ Semmel }
35 „ Mehl }
81 „ Schwarzbrod.

7. Kartoffelsuppe, Schweinefleisch und Sauerkraut mit Spätzeln:

180 g Kartoffeln }
9 „ Fett }
150 „ Schweinefleisch
350 „ Sauerkraut }
30 „ Mehl }
10 „ Fett }
45 „ Mehl
81 „ Schwarzbrod.

8. Linsensuppe, Rohrnudeln mit gedörrtem Obst (Fastenessen):

100 g Linsen }
12 „ Fett }
100 „ Mehl }
21 „ Fett }
20 „ gedörrte Birnen
81 „ Schwarzbrod.

9. Erbsensuppe, Hammelbraten und Spätzeln:

50 g Erbsen }
12 „ Fett }
155 „ Hammelfleisch
113 „ Mehl }
12 „ Fett }
81 „ Schwarzbrod.

10. Brennsuppe, Blut- und Leberwurst mit Sauerkraut:

30 g Kohl }
10 „ Fett }
200 „ Leberwurst
350 „ Sauerkraut }
30 „ Mehl }
190 „ Kartoffeln
81 „ Schwarzbrod.

11. Kartoffelsuppe, geräucherte Würste und Erbsensuppe mit Reis:

180 g Kartoffeln }
5 „ Fett }
182 „ Wurst
74 „ Erbsen }
20 „ Mehl }
6 „ Fett }
20 „ Reis
81 „ Schwarzbrod.

Diese für den mittleren, rüstigen Arbeiter geltenden Mittagsrationen können in der mannigfaltigsten Weise verändert und zusammengesetzt werden; vorstehende Beispiele werden aber hinreichend genügen, zu zeigen, wie Einsichtige bei Normirung einer Mittagskost in Volksküchen zu verfahren haben. (Vergl. auch die Kostrationen von Soldaten und Arbeitern S. 158 u. 166—168.)

II.

Animalische Nahrungs- und Genussmittel.

Vorbemerkungen zu den Tabellen.

Bei der nachstehenden Zusammenstellung der Analysen habe ich thunlichst die älteren Analysen mit berücksichtigt[1]), jedoch sind solche Analysen, durch welche nur der eine oder andere Bestandtheil bestimmt worden ist, durchweg nicht oder nur bei solchen Nahrungsmitteln aufgenommen, bei denen nur sehr wenige Analysen überhaupt vorliegen oder bei denen der betreffende Bestandtheil von hervorragender Bedeutung ist.

Sind ausser den in den allgemeinen Tabellen aufgeführten Bestandtheilen noch andere bestimmt, so habe ich diese in den Anmerkungen angegeben.

Was die wichtigste Rubrik „Stickstoff-Substanz“ anbelangt, so sind alle nicht eingeklammerten Zahlen in der Weise gewonnen, dass in der Stickstoff-Substanz 16 pCt. Stickstoff angenommen, der N-Gehalt also mit 6,25 pCt. multiplicirt wurde. Diese Zahl wird nämlich in der letzten Zeit nach Uebereinkunft der Agriculturchemiker bei Berechnung der Stickstoff-Substanz fast allgemein zu Grunde gelegt. In den älteren Analysen hat man durchweg 15,75 pCt. Stickstoff in der Stickstoff-Substanz angenommen. Ich habe jedoch alle Zahlen, welche auf diese Weise gewonnen wurden, unter der Annahme obigen Stickstoff-Gehaltes umgerechnet. Bei manchen älteren Analysen war jedoch weder der Stickstoffgehalt angegeben, noch auch, wie der Gehalt an Stickstoff-Substanz berechnet war. Solche Zahlen sind alsdann von mir eingeklammert und bei der Mittelwerthsberechnung nicht mit berücksichtigt.

Eine Ausnahme hiervon bilden nur einige Fleisch-Analysen. Zwar habe ich bei den an hiesiger Station ausgeführten Fleisch-Analysen ebenfalls für die N-Substanz einen N-Gehalt von 16 pCt. zu Grunde gelegt und als N-freie Extractivstoffe bezeichnet, was nach Abzug des Wassers + N-Substanz + Fett + Asche von 100 übrig bleibt. Diese Menge ist aber in den meisten Fällen sehr gering, so dass man das Fleisch als ein Nahrungsmittel bezeichnen kann, welches ausser Wasser nur aus N-Substanz, Fett und Salzen besteht. Ich habe daher bei manchen Analysen, bei denen nur Wasser, Fett und Salze bestimmt waren, den Rest als N-Substanz angenommen. Wo dieses geschehen, ist es in den Anmerkungen angegeben.

Bei den meisten Obst-Analysen habe ich ebenfalls über den N-Gehalt oder die Berechnung der N-Substanz in den mir zu Gebote stehenden Quellen keine näheren

[1]) Freilich hat die Aufnahme mancher älterer Analysen kaum einen anderen Zweck, als zu zeigen, dass sie in Folge neuerer Untersuchungsmethoden vollständig unbrauchbar geworden sind. Andere sind in Folge neuerer Untersuchung so unwahrscheinlich geworden, dass ich von ihrer Aufnahme glaubte Abstand nehmen zu müssen.

Angaben finden können. Ich habe daher hier die älteren Angaben über den Gehalt an Eiweiss, resp. Stickstoff-Substanz einstweilen als richtig angenommen und glaubte dieses thun zu dürfen, weil hier die letztere gegenüber den anderen Nährstoffen eine untergeordnete Rolle spielt.

Einer besonderen Erwähnung bedürfen die Zahlen für die N-Substanz der Wurzel-Gewächse. Diese enthalten nicht selten kleine Mengen von Salpetersäure, ferner auch Ammoniak. Durch Umrechnung des ganzen N-Gehaltes auf Stickstoff-Substanz erhält man daher für letztere zu hohe Zahlen. Andererseits haben E. Schulze (Landw. Jahrbücher 1877. S. 157 und Landw. Versuchsstationen 1877. Bd. XX. S. 193 etc.) und Andere nachgewiesen, dass in Kartoffeln und Rüben ein erheblicher Theil des Stickstoffs neben Eiweissverbindungen in Form von Amiden vorhanden ist, die einen höheren Stickstoff-Gehalt als erstere haben.

C. Böhmer hat auf meine Veranlassung einige Gemüsearten (siehe „dieses Kapitel") auf Nichteiweissstoffe untersucht und gefunden, dass auch hier ein erheblicher Theil des Stickstoffs ($^1/_3$ und darüber) in Form von Nichteiweissstoffen vorhanden ist.

Auch findet H. Ritthausen (die Eiweisskörper der Getreidearten, Hülsenfrüchte und Oelsamen. Bonn 1872) den N-Gehalt des Conglutins in den gelben Lupinen zu 18,40 pCt., den des Gluten-Caseins im Weizen zu 17,14 pCt. Ja neuerdings giebt derselbe (Pflüger's Archiv f. Physiol. Bd. 16. S. 299. Bd. 21. S. 81 und Journal f. praktische Chemie. Neue Folge. 1881. Bd. 23. S. 481, 1882 Bd. 25. S. 130) den N-Gehalt[1]) des Lupinen- und Mandeln-Conglutins zu 19,44 pCt., den des Legumins aus Bohnen und Erbsen zu 18,22 pCt., den des Haferlegumins zu 18,64 pCt., des Maisfibrins zu 16,91 pCt., des krystallisirten Eiweisses aus Hanfsamen zu 18,73 pCt., aus Ricinussamen zu 18,57 pCt. an. Diese Stickstoffverbindungen enthalten daher alle mehr Stickstoff, als jetzt allgemein und auch von mir für Berechnung der Stickstoff-Substanz aus dem N-Gehalt angenommen wird. Die von mir aufgeführten Zahlen für Stickstoff-Substanz geben daher nach vorstehenden Untersuchungen in den genannten Gruppen von Nahrungsmitteln keinen richtigen Ausdruck für den wirklichen Gehalt an Stickstoff-Substanz; sie müssen, wenn die bezeichneten Eiweisskörper in vorwiegender Menge vorhanden sind, im allgemeinen als etwas zu hoch bezeichnet werden. Der Fehler wird sich einigermassen ausgleichen, wenn neben diesen Verbindungen mit höherem Gehalt auch solche vorhanden sind, welche weniger als 16 pCt. Stickstoff enthalten. Hierüber liegen bis jetzt noch keine Untersuchungen vor. Der Gehalt an Stickstoff-Substanz aber wird sich erst correct angeben lassen, wenn über die Menge und das Verhältnis, in welchem die einzelnen Eiweiss- resp. Protein-Verbindungen in den Nahrungsmitteln

---

[1]) Der N-Gehalt wurde nach der Dumas'schen Methode bestimmt; die früheren Bestimmungen geschahen nach der Will-Varrentrapp'schen Methode, durch welche der N-Gehalt zu niedrig ausfallen soll. Ich sage ausdrücklich „soll", denn viele Experimentatoren haben nach beiden Methoden übereinstimmende Zahlen erhalten. Der N-Gehalt in nachstehenden Analysen dürfte fast ausschliesslich nach der Will-Varrentrapp'schen Methode ermittelt sein.

Nach unseren Erfahrungen liefert die letztere auch bei sehr N-reichen Nahrungsmitteln recht zuverlässige und richtige Resultate, wenn man nur darauf Bedacht nimmt, die Substanz recht staubfein zu pulverisiren und innigst mit dem Natronkalk zu vermischen.

Neuerdings wird allgemein die Kjeldahl'sche Methode angewendet, bei welcher für alle Eiweiss-artige Verbindungen eine vollkommnere Ueberführung des Stickstoffs in Ammoniak statthat als nach der Natronkalk-Methode.

durchschnittlich aufzutreten pflegen, mehr Untersuchungen vorliegen. Aus diesem Grunde habe ich einstweilen an der Zahl 16 für den procentischen Gehalt der Stickstoff-Substanzen an Stickstoff festgehalten. Sollte sich nun diese Zahl auch durch fernere Untersuchungen als zu hoch oder niedrig herausstellen, so behalten doch die von mir berechneten Mittelzahlen ihren vollen Werth, da sie sich leicht durch einen anderen festzusetzenden Factor umrechnen lassen.

Zur Erleichterung derartiger Umrechnungen habe ich den Gehalt an Stickstoff auf Trockensubstanz berechnet, für jedes einzelne Nahrungsmittel in einer besonderen Rubrik mit aufgeführt.[1])

Bei den Analysen der Milch- und Molkereiproducte war aus den Quellen meistens nicht ersichtlich, weder wie die N-Substanz, noch auch wie die anderen Bestandtheile erhalten wurden. Fast jeder Chemiker hat hier seine eigene Untersuchungsmethode; die verschiedenen Methoden der Milchuntersuchung liefern aber für eine und dieselbe Milch sehr verschiedene Resultate, und sind daher die Analysen der verschiedenen Analytiker kaum mit einander vergleichbar, gerade wie bei den Bier- und Weinanalysen. Für die Mittelwerthe gleicht sich der Fehler nur dadurch aus, dass eine grosse Anzahl von Analysen zur Berechnung gelangte.

Unter der Rubrik „Fett" ist allgemein der Aetherextract zu verstehen. Auch diese Zahlen bringen den wirklichen Fettgehalt nicht correct zum Ausdruck, denn sie schliessen ausser Fett noch andere, in Aether lösliche Substanzen mit ein. Diese Menge ist aber durchweg (ausser bei Chlorophyll- und Wachs-haltigen Nahrungsmitteln) äusserst gering, so dass sie vernachlässigt werden kann.

Die Rubrik „N-freie Extractstoffe" bezeichnet überall diejenigen Nährstoffe, welche nach Subtraction der anderen summirten Bestandtheile von 100 übrig bleiben. Diese Gruppe Nährstoffe besteht in den menschlichen Nahrungs- und Genussmitteln vorzugsweise aus Zucker, Dextrin, Gummi, Stärke, Alkohol etc.; hierzu kommt häufig ein Rest anderer Bestandtheile, deren Constitution uns zur Zeit noch völlig unbekannt ist.

Mit „Holz- oder Rohfaser" bezeichnen wir die Cellulose incl. der diese umhüllenden, incrustirenden Cuticularsubstanz oder auch Lignin genannt. Die Menge der Holz- oder Rohfaser wird dadurch bestimmt, dass man auf die Substanzen entweder Diastase einwirken lässt, welche alle Stärkemehl-haltige Substanzen in Lösung bringt, oder dadurch, dass man dieselben successive mit verdünnter Säure und Alkalien behandelt. In manchen Fällen ist unter Holzfaser einfach die in Wasser unlösliche Substanz aufgeführt. Diese wie die erste Methode sind aber unrichtig, weil sie nicht alle Stoffe ausser Cellulose und incrustirender Substanz in Lösung bringen. Deshalb wendet man jetzt allgemein zur Bestimmung der Holzfaser verdünnte Schwefelsäure und Kalilauge an und zwar nach dem von den agriculturchemischen Versuchsstationen adoptirten Weender Verfahren $1\frac{1}{4}$procentige Schwefelsäure und Kalilauge.

Nur die auf diese Weise (durch verdünnte Säure und Alkalien) ermittelten Zahlen für Holzfaser habe ich zur Mittelwerthsberechnung herangezogen; alle nach

[1]) Die Berechnung des Stickstoff-Gehaltes erfolgte entweder nach den hierfür direct angegebenen Zahlen oder dadurch, dass der Gehalt an Stickstoff-Substanz bei den zuverlässigen Analysen durch 6,25 dividirt wurde.

anderen Methoden erhaltenen und solche Zahlen, für welche ich die Bestimmungs-Methode aus dem Original nicht ersehen konnte, sind eingeklammert.

Unter „Asche" ist durchweg Sand- und Kohle-freier Verbrennungs-Rückstand zu verstehen, ob in allen Fällen auch Kohlensäure-freier Rückstand, kann ich nicht mit Sicherheit behaupten. Die näheren Bestandtheile der Asche (Salze) habe ich nicht mit aufgenommen, weil wir in den „Aschen-Analysen von landw. Producten etc. von E. Wolff. Berlin 1871 u. II. Theil Berlin 1880 eine ausgezeichnete und ausführliche übersichtliche Zusammenstellung besitzen, auf welche ich hier verweisen will.

Zur Mittelwerthsberechnung bemerke ich, dass zunächst der mittlere Wassergehalt festgestellt wurde; dieser wurde alsdann für die Analysen, welche sich auf die Trockensubstanz bezogen, zu Grunde gelegt. In einigen Fällen liegen von diesem oder jenem Bestandtheil der Nahrungsmittel nur eine oder einige Bestimmungen vor, während beim Wasser und einem hervorragenden anderen Bestandtheil mehrere Bestimmungen. Alsdann ist meistens der mittlere Wassergehalt der Gesammt-Analysen anders als der Wassergehalt für die Analyse oder Analysen, welche den Gehalt besonderer Bestandtheile aufführen. Man kann alsdann aus letzteren nicht einfach das Mittel nehmen, sondern muss dieses ebenfalls auf den berechneten mittleren Wassergehalt zurückführen. Dieses ist auch stets geschehen.

Die Minimal- und Maximal-Zahlen sind auf den mittleren Wassergehalt zurückgeführt, so dass sie sich direct mit den Mittel-Zahlen vergleichen lassen.

Am Schlusse habe ich die Mittelwerthe in zwei Uebersichts-Tabellen zusammengestellt, von denen die eine die mittlere Zusammensetzung im natürlichen, die andere im wasserfreien Zustande enthält.

Die erstere enthält ausser dem Nährstoffverhältniss noch drei Rubriken, nämlich über die Anzahl der Nährwertheinheiten pro 1 Kilo, die Marktpreise mehrerer Nahrungsmittel pro 1 Kilo und wie viel Nährwertheinheiten man für 1 Mark bei letzteren erhält.

Ueber die Eruirung dieser Werthe siehe „Anhang."

Procentische Zusammensetzung des gesammten Thierkörpers

von Lawes u. Gilbert.[1])

1. Schlachtergebniss:

	Fettes Kalb	Halbfetter Ochs	Fetter Ochs	Fettes Lamm	Mageres Schaf	Halbfettes Schaf	Fettes Schaf	Sehr fettes Schaf	Mageres Schwein	Fettes Schwein
Alter des Thieres	1/5	4	4	1/2	1	3 1/4	1 1/4	1 3/4	?	? Jahre
Lebendgewicht	258	1232	1419	84	97	105	127	252	93	185 Pfd.
Letzteres ergab in Procenten:										
Knochen	12,4	11,4	10,4	8,1	9,5	7,7	7,0	35,0 (Knochen u. Muskelfleisch)	8,3	5,6 %
Muskelfleisch	45,5	47,9	40,2	36,9	37,5	38,4	29,8		47,6	37,3 %
Fett	11,0	12,7	25,8	23,7	14,8	18,1	32,4	40,8	20,0	39,4 %
Eingeweide, Fell etc.	31,1	28,0	23,6	31,3	38,2	35,8	30,8	24,2	24,1	17,7 %
Also:	100	100	100	100	100	100	100	100	100	100
Gesammtschlachtabfälle	37,9	35,2	33,8	40,2	46,7	46,4	42,5	36,9	26,3	17,2 %
Reines Schlachtgewicht*)	62,1	64,8	66,2	59,8	55,3	53,6	57,5	63,1	73,7	82,8 %

2. Procentische Zusammensetzung des ganzen Thieres:

	Fettes Kalb	Halbfetter Ochs	Fetter Ochs	Fettes Lamm	Mageres Schaf	Halbfettes Schaf	Fettes Schaf	Sehr fettes Schaf	Mageres Schwein	Fettes Schwein
Wasser	63,0	51,5	45,5	47,8	57,3	50,2	43,4	35,2	55,1	41,3 %
Eiweissstoffe	15,2	16,6	14,5	12,3	18,4	14,0	12,2	10,9	13,7	10,9 %
Fett	14,8	19,1	30,1	28,5	18,7	23,5	35,6	45,8	23,3	42,2 %
Salze	3,80	4,66	3,92	2,94	3,16	3,17	2,81	2,90	2,67	1,65 %
Magen- und Darm-Inhalt (excl. Dünndarm)	3,2	8,2	6,0	8,5	6,0	9,1	6,0	5,2	5,2	4,0 %

3. Procentische Zusammensetzung des ausgeschlachteten Rumpfes nach Abzug der Knochen:

	Fettes Kalb	Halbfetter Ochs	Fetter Ochs	Fettes Lamm	Mageres Schaf	Halbfettes Schaf	Fettes Schaf	Sehr fettes Schaf	Mageres Schwein	Fettes Schwein
Wasser	67,0	60,7	51,5	53,9	62,0	57,2	45,1	—	57,6	38,5 %
Eiweissstoffe	15,8	16,5	13,1	9,7	11,1	12,3	9,9	—	11,1	8,6 %
Fett	16,3	22,0	34,7	35,8	25,4	29,8	44,5	—	30,7	52,6 %
Salze	0,94	0,82	0,69	0,57	1,49	0,70	0,54	—	0,62	0,27 %

---

[1]) Philos. Transactions 1859. T. II. S. 494 u. s. f., vergl. auch Grouven's Vorträge über Agric.-Chem. III. Aufl. 1872. S. 344—346. Die Zahlen für die procent. Zusammensetzung des ausgeschlachteten Rumpfes konnten für die Gewinnung der Mittelzahlen für die chemische Zusammensetzung des Fleisches nicht mitbenutzt werden, da sie sich nicht bloss auf die Zusammensetzung des Fleisches beziehen, sondern auch das Fettzellgewebe etc. mit einschliessen.

*) Im Mittel mehrerer Thiere fanden Verf. das Schlachtgewicht wie folgt:

	Fette Kälber	Fette Rinder	Fette Ochsen	Magere Schafe	Halbfette Schafe	Sehr fette Schafe	Fette Schweine
Anzahl der geschlachteten Thiere	2	2	14	5	100	45	59 Stück
Lebendgewicht (Mittel)	250,7	853,9	1182	93,0	145,4	192,0	212,7 Pfd.
Schlachtgewicht (Mittel)	63,1	55,6	59,8	53,4	58,9	64,0	82,6 %

Procentische Zusammensetzung der verschiedenen Fleischstücke (aus Fleisch, Fett, Knochen und Sehnen)

von W. Henneberg, E. Kern und H. Wattenberg.[1])

	Bezeichnung der Fleischstücke							
	Hals %	Brust %	Lappen %	Blatt %	Carbonade %	Carré excl. Nieren u. Nierenfett %	Carré incl. Nieren u. Nierenfett %	Keule %
1. Nicht gemästeter Hammel (Leineschaf):								
Fleisch ohne Fettgewebe	56,8	48,8	54,3	57,0	63,3	53,0	46,2	61,0
Fettgewebe mit Fett	14,7	31,2	25,2	12,5	15,0	25,7	35,1	15,3
Knochen	14,2	11,9	3,2	15,5	15,8	11,5	10,1	11,7
Sehnen	14,3	8,1	17,3	15,0	5,9	9,8	8,6	12,0
2. Fetter Hammel:								
Fleisch ohne Fettgewebe	40,2	43,9	35,6	46,0	51,1	35,8	26,3	45,7
Fettgewebe mit Fett	35,8	44,2	51,9	33,7	31,0	52,0	64,7	37,6
Knochen	14,1	7,8	1,9	12,0	11,8	8,8	6,5	9,4
Sehnen	9,9	4,1	10,6	8,3	6,1	3,4	2,5	7,3
3. Hochfetter Hammel:								
Fleisch ohne Fettgewebe	47,5	33,7	24,9	49,1	47,9	31,1	20,7	44,4
Fettgewebe mit Fett	29,1	53,9	64,0	28,9	37,8	54,3	69,6	39,2
Knochen	12,6	7,6	1,4	13,5	10,4	8,7	5,8	10,4
Sehnen	10,8	4,8	9,7	8,5	3,9	5,9	3,9	6,0

Procentische Zusammensetzung des frischen, fettfreien Fleisches

von denselben.[2])

	Wasser %	Extractivstoffe*)				Muskelfaser (unlösliches Eiweiss) %
		Gesammt-Trockensubstanz %	Eiweiss %	Nicht-Eiweiss (eig. Extractivstoffe) %	Asche %	
1. Nicht gemästeter Hammel (Leineschaf):						
Hals	80,48	4,25	1,07	1,97	1,21	15,27
Brust	78,50	4,76	1,14	2,33	1,29	16,65
Lappen	79,67	4,64	1,27	2,02	1,35	15,69
Blatt	80,18	4,79	1,25	2,38	1,16	15,03
Carbonade	79,97	3,86	1,00	1,65	1,21	16,17
Carré	77,69	5,29	1,74	2,12	1,43	17,02
Keule	79,28	5,58	1,54	2,81	1,23	15,14
Mittel	**79,41**	**4,74**	**1,29**	**2,18**	**1,27**	**15,85**

[1]) Journal f. Landw. 1878. S. 549 resp. 597.
[2]) Ibidem. S. 549 resp. 610.
*) Die Extractivstoffe wurden durch wiederholtes Extrahiren des fettfreien zerkleinerten Fleisches (50 g) mit kaltem Wasser bestimmt. Das Filtrat wurde auf ein bestimmtes Volumen (1000 CC.) gebracht und hiervon aliquote Theile genommen: a) zur Bestimmung der gesammten Trockensubstanz, b) des gesammten gelösten Stickstoffs, c) des noch vorhandenen Stickstoffs nach Abscheidung des Eiweisses durch Kochen der wässrigen Lösung (zur Controle wurde das ausgeschiedene Eiweiss filtrirt, getrocknet und gewogen), d) zur Bestimmung der Asche. Der Stickstoff wurde durch Verbrennen mit Natronkalk unter Zusatz von Oxalsäure bestimmt,

	Wasser %	Extractivstoffe*) Gesammt-Trockensubstanz %	Eiweiss %	Nicht-Eiweiss (eig. Extractivstoffe) %	Asche %	Muskelfaser (unlösliches Eiweiss) %
2. Hochfetter Hammel:						
Hals	80,49	4,66	1,52	2,08	1,06	14,85
Brust	78,66	5,24	1,94	2,11	1,19	16,10
Lappen	79,48	4,95	1,93	1,86	1,16	15,57
Blatt	79,78	5,05	1,79	2,15	1,11	15,17
Carbonade	78,80	4,69	1,77	1,78	1,14	16,51
Carré	77,67	5,99	2,34	2,46	1,19	16,34
Keule	78,21	6,21	2,26	2,76	1,19	15,58
Mittel	**79,02**	**5,25**	**1,93**	**2,17**	**1,15**	**15,73**

Fleisch.

Ochsenfleisch.**)

No.	Nähere Bezeichnung	Zeit der Untersuchung	Wasser %	Stickstoff-Substanz %	Fett %	N-freie Extractstoffe %	Asche %	In der Trocken-Substanz: Stickstoff-Substanz %	In der Trocken-Substanz: Fett %	Stickstoff in der Trocken-Substanz %	Analytiker
	I. Sehr fetter Ochs resp. sehr fettes Ochsenfleisch:										
1	Halsstück	In den 60ger Jahren	73,5	19,5	5,8	—	1,2	73,58	21,89	11,77	*Siegert*[1])
2	Lendenstück		63,4	18,8	16,7	—	1,1	51,30	45,63	8,22	
3	Schulterstück		50,5	14,5	34,0	—	1,0	29,29	68,69	4,68	
4	Vom Hinterviertel	1876	55,01	20,81	23,32	—	0,86	46,25	51,83	7,40	*J. König und B. Farwick*[2])
5	desgl. durchwachsen	„	47,99	15,93	35,33	—	0,75	30,63	67,93	4,90	
6	Backhast, mag. Vordertheil	„	65,05	19,94	13,97	—	1,14	57,05	39,97	9,13	
7	desgl. durchwachs. Vorderth.	„	32,49	10,87	55,11	—	1,53	16,10	80,63	2,58	
8	Fettes Ochsenfleisch	1874	50,13	15,13	29,72	—	(5,02)	30,34	59,59	4,85	*F. Buckland*[3])
9[0])	Seitenstück, durchwachsen	1885	54,60	17,90	26,50	—	1,00	39,43	58,37	6,31	*W. O. Atwater*[4])
10[0])	Lendenstück, ziemlich fett	„	60,00	19,00	20,00	—	1,00	47,50	50,00	7,60	
11[0])	Weichestück, sehr fett	„	27,30	12,40	59,60	—	0,70	17,06	81,98	2,73	
	Mittel (1—7)		**53,05**	**16,75**	**29,28**	—	**0,92**	**35,46**	**62,36**	**5,67**	

[1]) Grouven's Vorträge über Agric.-Chem. 3. Aufl. 1872. S. 374.
[2]) Zeitschr. f. Biologie 1876. S. 497.
[3]) Archiv f. Pharm. 1874. Bd. 203. S. 178.
[4]) Contributions to the knowledge of the chem. Composition etc. of Amer. Food-Fisches. Washington 1885. p. 491.
*) Siehe Note *) auf S. 186.
**) Breunlin giebt in Landw. Presse 1878. S. 406 zwei Analysen von Ochsenfleisch, nämlich:

	Wasser	Muskelfleisch	Fett	Asche
1. Magerer Ochs	58,68	30,81	8,07	1,14 %
2. Fetter Ochs	38,97	35,65	23,87	1,51 „

Diese Zahlen, besonders für den Wassergehalt, weichen so erheblich von denen anderer Analytiker ab, dass ich Bedenken trage, sie in die Tabellen mit aufzunehmen.

[0]) Für die auf dem Markt gekauften Fleischstücke wurden folgende Mengen Abfälle und essbarer Theil und für den essbaren Theil folgender Gehalt gefunden:

	Abfälle (Knochen, Sehnen etc.) %	Essbarer Theil %	Im essbaren Theil: Wasser %	N-Substanz %	Fett %	Salze %
No. 9. Seitenstück	19,7	80,3	43,8	14,4	21,3	0,8
„ 10. Lendenstück	25,0	75,0	45,0	14,3	15,0	0,7
„ 11. Weichestück	12,5	87,5	23,9	10,8	52,2	0,6

No.	Nähere Bezeichnung	Zeit der Untersuchung	Wasser %	Stickstoff-Substanz %	Fett %	N-freie Extractstoffe %	Asche %	In der Trocken-Substanz: Stickstoff-Substanz %	In der Trocken-Substanz: Fett %	Stickstoff in der Trocken-Substanz %	Analytiker
	II. Mittelfetter Ochs resp. mittelfettes Ochsenfleisch:										
1[0])	Halsstück	1874	70,35	21,38*)	6,86	—	1,41	72,11	23,14	11,54	
2[0])	Seitenstück	„	68,50	24,14	6,35	—	1,01	76,64	20,16	12,26	
3[0])	Schenkel (Hinterviertel)	„	70,90	24,21	4,11	—	0,78	83,19	14,12	13,31	
4[0])	Lendenstück	„	71,20	18,19	9,86	—	0,75	63,16	34,24	10,11	
5[0])	Nierenstück	„	69,89	17,61	1,28	—	1,22	58,48	4,25	9,35	
6[0])	Bugstück	„	70,83	24,62	3,08	—	1,45	84,40	10,54	13,50	
7[0])	Rückenstück	„	74,60	19,05	5,42	—	0,93	75,00	21,34	12,00	
8[0])	Seitenstück (entre côte)	„	72,10	20,54	6,41	—	0,95	73,62	23,00	11,78	
9[0])	Vorderbug	„	75,29	17,33	6,25	—	1,13	70,13	25,29	11,22	*Ch. Mène*[1])
10[0])	Wangenstück	„	75,28	20,17	3,51	—	1,04	81,59	14,20	13,05	
11[0])	Stück vom Gelenkkopf	„	69,91	25,03	4,16	—	0,90	83,18	13,83	13,31	
12[0])	Oberlendenstück	„	70,25	23,88	3,85	—	2,02	80,27	12,94	12,84	
13[0])	Schwanzstück	„	72,50	21,33	5,16	—	1,01	77,56	18,76	12,41	
14[0])	Bruststück	„	72,10	19,65	7,46	—	0,79	70,43	26,74	11,27	
15[0])	(Tranche)	„	71,20	24,19	3,10	—	1,51	83,98	10,80	13,44	
16[0])	(Faut filet)	„	71,40	16,99	9,60	—	2,01	59,40	33,57	9,50	
17[0])	(Faut gite)	„	70,52	22,47	5,30	—	1,71	76,21	17,98	12,19	
18	Vom Hals	„	78,0	20,1**)	1,0	—	1,0***)	91,36	4,54	14,62	
19	Vom Bein	„	75,0	20,0**)	4,0	—	1,0	80,00	16,00	12,80	*J. Leyder*
20	Vom Bauch	„	76,8	17,9**)	4,3	—	1,0	77,15	18,53	12,34	*und J. Pyro*[2])
21	Von den Lenden	„	70,6	20,4**)	8,0	—	1,0	69,39	27,21	11,10	
	No. 22—33 = breitgezahnter (sägeförmiger) Muskel von Mastochsen†):										
22	Shorthorn-Vollblut	1882	74,99	20,06††)	3,35	0,51	1,09	80,21	13,39	12,84	*J. Moser, Meisl*
23	Shorthorn-Holländer	„	72,79	19,87	5,35	0,97	1,02	73,02	19,29	11,68	*u. Strohmer*[3])

[1]) Compt. rend. 1874. T. 79. S. 396 u. 529.
[2]) Journ. de Médic. de Bruxelles 1874. S. 497.
[3]) Kurzer Bericht der landw. Versuchsstation Wien in den Jahren 1882/83. S. 4.
[0]) In der Stickstoff-Substanz:

	Albumin %	Faser etc. %	Leim + Verlust %
1.	2,07	13,52	5,79
2.	3,17	13,21	7,76
3.	3,05	15,22	5,94
4.	2,01	11,46	4,72
5.	3,06	18,11	6,44
6.	3,09	15,22	6,33
7.	2,51	13,54	3,00
8.	4,73	10,10	5,71
9.	3,01	10,28	4,14
10.	2,59	15,61	1,97
11.	4,05	13,53	8,45
12.	5,11	12,35	6,42
13.	3,65	10,49	7,19
14.	4,11	10,60	4,94
15.	3,70	12,41	8,08
16.	2,72	8,18	6,09
17.	6,99	9,64	5,84

*) Die Stickstoff-Substanz der Analysen von Cn. Mène ist von mir aus der Differenz berechnet. Mène hat auch die Elementarzusammensetzung für die einzelnen Fleischsorten angegeben. Jul. Bertram u. M. Schäfer zeigen aber (Zeitschr. f. Biolog. 1876. S. 558), dass diese Zahlen durchaus unrichtig sind. Ob hiernach die Zahlen für die chem. Zusammensetzung der Fleischsorten ebenfalls mit Vorsicht aufgefasst werden müssen, lasse ich dahingestellt.

**) Gleich Muskelsubstanz.

***) Von den Verfassern willkürlich angenommen.

†) Die Ochsen waren auf der II. Mastviehausstellung in Wien zur Schau gebracht; das bei allen Ochsen von dem breitgezahnten (sägeförmigen) Muskel entnommene Fleisch repräsentirt Fleisch II. Qualität. Ueber Alter, Lebendgewicht der Ochsen etc. sind noch folgende Angaben gemacht:

No.	22	23	24	25	26	27	28	29	30	31	32	33	
Alter in Monaten	38	25	84	72	55	66	48	56	60	60	84	77	Monate
Lebendgewicht am Schlachttage in kg	620	597	720	671	688	790	825	890	800	777	900	960	kg
††)	%	%	%	%	%	%	%	%	%	%	%	%	
Stickstoff im frischen Fleisch	3,21	3,18	2,99	2,99	3,72	3,23	3,45	3,07	2,86	2,97	2,95	3,09	

Aus diesem Stickstoffgehalt ist der an Stickstoff-Substanz durch Multiplication mit 6,25 berechnet, während die sog. N-freien Extractstoffe aus der Differenz zwischen der Summe der anderen Bestandtheile und 100 erhalten wurden.

No.	Nähere Bezeichnung	Zeit der Untersuchung	Wasser %	Stickstoff-Substanz %	Fett %	N-freie Extractstoffe %	Asche %	In der Trocken-Substanz: Stickstoff-Substanz %	In der Trocken-Substanz: Fett %	Stickstoff in der Trocken-Substanz %	Analytiker
24	Bergschecken	1882	67,10	18,68	12,99	0,26	0,97	56,78	39,47	9,08	J. Moser, Meisl u. Strohmer[1])
25	Egerländer	„	71,39	18,68	7,71	1,24	0,98	65,29	26,95	10,45	
26	Pusterthaler	„	69,00	23,37	6,70	—	1,23	75,40	21,61	12,06	
27	Mürzthaler	„	71,48	20,18	6,92	0,34	1,08	70,76	24,26	11,32	
28	Allgäuer	„	59,15	21,56	18,07	0,33	1,09	52,78	44,24	8,44	
29	Mariahofer	„	72,64	19,19	6,32	0,74	1,11	70,29	23,10	11,24	
30	Murbodener	„	73,32	17,87	7,00	0,84	0,97	66,98	26,23	10,72	
31	Ungarisch (podol.) . . .	„	75,32	18,56	4,79	0,24	1,09	75,20	19,41	12,03	
32	desgl. . . .	„	73,74	18,43	5,92	0,97	0,94	70,18	22,54	11,23	
33	desgl. . . .	„	71,37	19,31	7,60	0,78	0,94	67,45	26,55	10,79	
34	Weide- Fleisch vom	1885	76,71	21,31 *)	1,76	0,22 **)		91,50	7,56	14,64	Petersen[2])
35	mastochse[0]) Rücken	„	75,71	20,56	2,54	1,19		84,64	10,46	13,54	
36	Stall- (Schulter-	„	72,95	19,00	6,44	1,61		70,24	23,81	11,24	
37	mastochse[0]) stück)	„	76,00	19,56	2,77	1,67		81,50	11,54	13,04	
38	Weide-	„	74,58	20,25	4,55	0,62		79,67	17,90	12,75	
39	mastochse[0]) Fleisch von	„	76,68	21,00	1,38	0,94		90,05	5,92	14,41	
40	Stall- Lende (Maus)	„	75,36	19,44	2,58	2,62		78,89	10,47	12,62	
41	mastochse[0])	„	75,92	20,19	1,62	2,27		83,85	6,73	13,42	
42	[00])	„	66,70	23,00	9,00	1,30		69,07	27,03	11,05	Atwater[3])
	Minimum		59,15	14,76	1,18	—	0,79	52,78	4,25	8,44	
	Maximum		78,00	25,59	12,37	—	1,96	91,50	44,24	14,64	
	Mittel		**72,03**	**20,96**	**5,41**	**0,46**	**1,14**	**74,95**	**19,33**	**12,00**	

III. Magerer Ochs resp. mageres Ochsenfleisch:

No.	Nähere Bezeichnung	Zeit der Untersuchung	Wasser %	Stickstoff-Substanz %	Fett %	N-freie Extractstoffe %	Asche %	In der Trocken-Substanz: Stickstoff-Substanz %	In der Trocken-Substanz: Fett %	Stickstoff in der Trocken-Substanz %	Analytiker
1	Halsstück	In den 60ger Jahren	77,5	20,4 ***)	0,9	—	1,2	90,67	4,00	14,51	Siegert[4])
2	Lendenstück		77,4	20,3 ***)	1,1	—	1,2	89,82	4,87	14,37	
3	Schulterstück		76,5	21,0 ***)	1,3	—	1,2	89,36	5,53	14,30	
4	Muskelfleisch		75,98	22,17	0,61	—	1,14	92,29	2,54	14,77	H. Grouven[5])

[1]) Kurzer Bericht der landw. Versuchsstation Wien in den Jahren 1882/3. S. 4.
[2]) Landw. Blatt f. d. Herzogthum Oldenburg 1886. S. 205.
[3]) Contributions to the knowledge of the chem. Composition etc. of the Amer. Food-Fishes. Washington 1885. p. 491.
[4]) Grouven's Vorträge über Agricultur-Chemie. III. Aufl. 1872. S. 347.
[5]) Ibidem S. 342.

[0]) Die Ochsen wurden geschlachtet:

No. 34	35	36	37	38	39	40	41
26. Oct.	30. Oct.	9. Mai	11. Mai	26. Oct.	30. Oct.	9. Mai	11. Mai 1885.

Für das fettfreie Fleisch berechnet sich Stickstoff-Substanz:

21,69 %	21,10 %	20,30 %	20,12 %	21,22 %	21,29 %	20,00 %	20,52 %

Hiernach scheint das Fleisch der Weidemastochsen etwas reicher an Stickstoff-Substanz zu sein, als das der Stallmastochsen; ob dieses aber stets zutrifft, dürfte schwerlich aus diesen zwei Fällen zu folgern zulässig sein.

[00]) Das auf dem Markt gekaufte Stück Fleisch enthielt 10,0 % Abfälle (Knochen, Sehnen etc.) und 90 % essbaren Theil; in letzterem 60,0 % Wasser, 20,7 % N-Substanz, 8,1 % Fett und 1,2 % Salz.

*) Wahrscheinlich durch Multiplikation des gefundenen N mit 6,25 berechnet.

**) Ueber den Gehalt an Asche sind im Original keine Angaben gemacht; obige Zahlen sind von mir aus der Differenz zwischen der Summe der drei übrigen Bestandtheile und 100 berechnet.

***) Die Fleischfaser enthielt:

	Hals	Lende	Schulter
Muskelfibrin	13,6 %	14,4 %	14,8 %
Leimgebende Gewebe	2,6 „	1,1 „	1,8 „
Albumin	2,4 „	2,2 „	2,5 „
Wasserextract	2,6 „	1,8 „	2,3 „

No.	Nähere Bezeichnung	Zeit der Untersuchung	Wasser %	Stickstoff-Substanz %	Fett %	N-freie Extractstoffe %	Asche %	In der Trocken-Substanz: Stickstoff-Substanz %	In der Trocken-Substanz: Fett %	Stickstoff in der Trocken-Substanz %	Analytiker
5	Ochs A { Vom Vordertheil	1871	77,22	21,00 *)	0,76	—	—	92,34	3,14	14,74	*P. Petersen*[1])
6	Ochs A { Vom Hintertheil	"	75,75	20,25	3,01	—	—	83,51	12,41	13,36	
7	Ochs B { Vom Vordertheil	"	78,16	20,18	0,86	—	—	92,40	3,94	14,78	
8	Ochs B { Vom Hintertheil	"	75,21	20,93	3,46	—	—	84,43	14,45	13,51	
9	Von Sehnen und Fett befreites Fleisch	1877	76,76	17,88 **)	2,28	1,95 ***)	1,13	76,94	9,81	12,31	*A. Almen*[2])
10	Lendenstück⁰)	1882	74,26	21,12 †)	3,45	—	1,17 ††)	82,05	13,40	(15,19) †)	*A. Stutzer*[3])
11	. . . .	1887	75,61	21,69	1,21	0,31	1,18	88,93	4,96	14,23	*W. O. Atwater*[4])
12	. . . .	"	75,73	20,06	2,67	0,43	1,11	82,65	11,00	13,22	
13	Fast fettfrei	1885	76,00	21,80	0,90	—	1,30	90,83	3,75	14,53	*derselbe*[5])
	Mittel		**76,37**	**20,71**	**1,74**	—	**1,18**	**87,64**	**7,37**	**14,02**	

IV. Innere Theile vom Ochsen:

	Nähere Bezeichnung	Zeit der Untersuchung	Wasser %	Stickstoff-Substanz %	Fett %	N-freie Extractstoffe %	Asche %	In der Trocken-Substanz: Stickstoff-Substanz %	In der Trocken-Substanz: Fett %	Stickstoff in der Trocken-Substanz %	Analytiker
	Zunge⁰⁰)	1883	63,80	17,10	18,10	—	1,00	47,23	50,00	7,56	*Atwater*[6])
	Herz	1874	68,76	28,37 †††)	2,30	—	0,57	90,81	7,38	14,53	*Ch. Mène*[7])
	desgl.⁰⁰⁰)	1876	71,41	14,65	12,64	0,32	0,98	51,24	44,21	8,20	*J. König*[8])
	desgl.⁰⁰)		56,80	15,80	26,30	—	1,10	36,57	60,88	5,87	*Atwater*[6])
	Mittel	.	**65,66**	**19,61**	**13,75**	**0,10**	**0,88**	**57,39**	**40,04**	**9,18**	
	Lunge	1874	83,10	7,38 †††)	2,74	—	6,78	43,67	16,21	6,99	*Ch. Mène*[7])
	desgl.⁰⁰⁰)	1876	78,97	17,37	2,19	0,40	1,07	82,60	10,41	13,21	*J. König*[8])
	Mittel	.	**81,03**	**12,37**	**2,46**	**0,21**	**3,93**	**63,14**	**13,31**	**10,10**	

¹) Zeitschr. f. Biologie 1871. S. 166.
²) Analysen des Fleisches einiger Fische. Upsala, 1877.
³) Repertorium f. analyt. Chem. 1882. S. 167.
⁴) Zeitschr. f. Biologie 1887. N. F. Bd. VI. S. 16.
⁵) Contributions to the knowledge of the chem. Composition etc. of Amer. Food-Fishes etc. Washington 1885. p. 491.
⁶) Ibidem 1885. p. 491.
⁷) Compt. rend. 1874. T. 79. S. 396 u. 529.
⁸) Zeitschr. f. Biologie 1876. S. 497.

⁰) Beim Kochen des Lendenstücks während 4 Stunden unter Beigabe von Kochsalz:

	Gesammt-N %	Protein-N %	Nuclein-N %	Verdauliches Eiweiss %	Fett %	Sog. Extractstoffe %	Mineralstoffe %	Phosphorsäure %
1. Verblieben im Fleisch	3,25	3,20	0,045	17,02	2,93	0,30	0,35	0,187
2. Gingen in die Suppe über	0,66	0,28	—	1,51	0,52	2,29	0,82	0,318

⁰⁰) Die von W. O. Atwater untersuchten: Zunge, Herz und Leber vom Ochsen enthielten:

	Abfälle %	Essbarer Theil %	Im essbaren Theil: Wasser %	N-Substanz %	Fett %	Salze %
Zunge	15,3	84,7	54,0	14,5	15,3	0,9
Herz	6,0	94,0	53,4	14,9	24,8	0,9
Leber	0	100	69,5	20,1	5,4	1,5

⁰⁰⁰) Fetter Ochs.

*) Aus dem N-Gehalt durch Multiplication mit 6,25 von mir berechnet.

**) Die N-Substanz bestand aus 2,13 % Albumin, 14,29 % unlöslichen Proteinstoffen und 1,46 % Leimbildnern. Ueber die Bestimmungsmethode dieser Bestandtheile siehe unter „Fleisch von Fischen" von demselben Verf.

***) Extractivstoffe, d. h. die in Wasser löslichen organischen Stoffe nach Abzug des gefällten Albumins.

†) Mit 3,91 % N; durch Multiplication des letzteren mit 6,25 würden 24,43 % Stickstoff-Substanz d. h. 3,31 % über 100 herausgekommen. Von dem Gesammt-N (3,91 %) waren 3,48 % Protein-N und 0,045 % Nuclein-N.

††) Mit 0,505 % Phosphorsäure.

†††) Aus der Differenz von mir berechnet.

No.	Nähere Bezeichnung	Zeit der Untersuchung	Wasser %	Stickstoff-Substanz %	Fett %	N-freie Extractstoffe %	Asche %	In der Trocken-Substanz: Stickstoff-Substanz %	In der Trocken-Substanz: Fett %	Stickstoff in der Trocken-Substanz %	Analytiker
	Leber	1874	72,96	19,94 *)	5,15	—	1,95	73,74	19,05	11,80	*Cn. Mène*[1])
	desgl.[0])	„	71,92	20,89 **)	3,28	2,81	1,10	74,39	11,68	11,90	*v. Bibra*[2])
	desgl.	1876	71,17	17,94	8,38	0,47	2,04	62,23	29,07	9,96	*J. König*[3])
	desgl.	1885	69,50	20,10	5,40	3,50	1,50	65,90	17,70	10,54	*Atwater*[4])
	Mittel	.	**71,39**	**19,72**	**5,55**	**1,69**	**1,65**	**68,96**	**19,39**	**11,03**	
	Milz[0])	1876	75,71	19,87	2,55	0,17	1,70	81,30	10,49	13,09	*J. König*[3])
	Knochenmark	1874	3,49	1,30 *)	92,53	—	2,78	1,35	94,89	0,22	*Cn. Mène*
	Kuhfleisch.										
	I. Fette Kuh resp. fettes Kuhfleisch:										
1[00])	Vom Hals	1874	76,2	20,0	2,8	—	1,0	84,03	11,76	13,44	*J. Leyder u. J. Pyro*[5])
2[00])	Vom Bein	„	73,3	20,0	5,8	—	1,0	74,91	21,72	12,13	
3[00])	Vom Bauch	„	67,8	22,4	8,8	—	1,0	69,57	27,33	11,25	
4[00])	Von den Lenden	„	67,4	18,8	12,9	—	1,0	57,98	39,57	9,23	
5	Muskelfleisch	In den 60g. J.	72,94	19,83	5,92	—	1,08	73,28	21,88	11,72	*H. Grouven*[6])
6	Lendenstück I. Sorte . .	1876	73,48	19,17	5,86	0,11	1,38	72,29	22,10	11,57	*J. König u. B. Farwick*[3])
7	Backhast v. Vorderth. II. S.	„	65,11	17,94	15,55	0,62	0,78	51,13	44,57	8,23	
8	„ „ „ III. S.	„	71,66	18,14	7,18	—	1,20	64,01	25,34	10,24	
9	Rostbeaf einer fetten Kuh .	1878	70,88	22,51	4,52	0,85	1,24	77,30	15,52	12,37	*J. König u. C. Krauch*[7])
	Mittel		**70,96**	**19,86**	**7,70**	**0,41**	**1,07**	**69,56**	**25,53**	**11,13**	
	II. Magere Kuh resp. mageres Kuhfleisch:										
1[00])	Vom Hals	1874	76,5	21,2	1,3	—	1,0	90,21	5,53	14,47	*J. Leyder u. J. Pyro*[5])
2[00])	Vom Bein	„	77,1	21,0	0,9	—	1,0	91,70	3,93	14,67	
3[00])	Vom Bauch	„	77,5	20,7	0,8	—	1,0	92,00	3,56	14,72	
4[00])	Von den Lenden	„	76,6	19,8	2,6	—	1,0	84,61	11,11	13,54	
5	Muskelfleisch einer halbfett. Kuh	In den 60ger Jahren	74,48	21,79	4,09	—	0,98	85,38	16,03	13,66	*H. Grouven*[6])
6	Muskelfleisch	In den 60ger Jahren	75,90	18,75	1,01	2,09	2,95	77,80	4,19	12,45	*Girardin*[8])
	Mittel		**76,35**	**20,54**	**1,78**	**0,01**	**1,32**	**86,95**	**7,25**	**13,92**	
	III. Innere Theile von einer Kuh:										
	Niere[000])	1876	76,93	15,23	6,66	0,08	1,10	—	28,90	10,58	*J. König u. B. Farwick*[3])

[1]) Compt. rend. 1874. T. 79. S. 396 u. 529.
[2]) Moleschott: Physiologie der Nahrungsmittel. 1859. II. Thl. S. 79.
[3]) Zeitschr. f. Biologie 1876. S. 497.
[4]) Contributions to the knowlegde of the chem. Composition etc. of Amer. Food-Fishes. Washington 1885. p. 491.
[5]) Journ. de Médic. de Bruxelles 1874. S. 493.
[6]) Dessen Vorträge über Agric.-Chem. III. Aufl. 1872. S. 342.
[7]) Original-Mittheilung.
[8]) Compt. rend. Bd. 41. S. 746.

[0]) Fetter Ochs.
[00]) Unter Stickstoff-Substanz ist fettfreie Muskelsubstanz zu verstehen, die Salze sind zu 1 % angenommen.
[000]) Fette Kuh.

*) Aus der Differenz von mir berechnet.
**) Dieselbe zerfällt nach Verf. in:

Eiweiss (löslich)	Eiweiss-Substanz (unlöslich)	Leimbildner
2,35 %	11,29 %	6,25 %

Kalbfleisch.

No.	Nähere Bezeichnung	Zeit der Untersuchung	Wasser %	Stickstoff-Substanz %	Fett %	N-freie Extractstoffe %	Asche %	In der Trocken-Substanz: Stickstoff-Substanz %	In der Trocken-Substanz: Fett %	Stickstoff in der Trocken-Substanz %	Analytiker
	I. Fettes Kalb resp. fettes Kalbfleisch:										
1 [0])	Bruststück	1874	69,66	21,15 *)	7,42	—	1,77	69,71	24,46	11,15	*Cn. Mène*[1])
2 [0])	Halsstück	„	75,22	17,53	6,18	—	1,07	70,74	24,94	11,31	
3 [0])	Nierenstück	„	76,25	15,12	7,12	—	1,51	63,66	29,98	10,14	
4 [0])	Rippenstück (cotelette) . .	„	72,66	20,57	5,12	—	1,65	75,25	18,73	12,04	
5 [0])	Bugstück	„	76,57	18,10	3,62	—	1,71	77,25	15,45	12,36	
6	Hals-Carbonade	1876	73,91	19,51	5,57	—	1,01	74,78	21,31	11,96	*J. König u. C. Brimmer*[2])
7	Kalbsbrust	„	64,66	18,81	16,05	—	0,92	53,23	45,41	8,52	
8	Kalbskeule	„	70,30	18,87	9,25	0,44	1,14	63,54	31,57	10,30	
9	Rippenstück (cotelette) . .	1878	71,55	20,28	6,40	0,61	1,16	71,32	22,50	11,41	*C. Krauch*[3])
	Mittel		**72,31**	**18,88**	**7,41**	**0,07**	**1,33**	**68,87**	**26,04**	**11,02**	
	II. Mageres Kalbfleisch:										
1	Kalb A { Vom Vorderschenkel	1871	79,29	19,25 **)	0,92	—	—	92,95	4,44	14,87	*P. Petersen*[4])
2	Kalb A { Vom Hinterschenkel	„	77,85	20,61	0,81	—	—	93,95	3,66	15,03	
3	Kalb B { Vom Vorderschenkel	„	79,19	19,56	0,78	—	—	93,99	3,75	15,02	
4	Kalb B { Vom Hinterschenkel	„	79,05	19,81	0,76	—	—	94,56	3,63	15,12	
	Mittel		**78,84**	**19,86**	**0,82**	—	**(0,50)**	**93,86**	**3,87**	**15,01**	
	III. Innere Theile vom Kalbe:										
	Herz[00])	1876	72,48	15,39	10,89	0,18	1,06	55,92	39,57	8,95	*König u. Hammerbacher*[2])
	Lunge[00])	„	78,34	16,33	2,32	1,69	1,32	75,39	10,71	12,06	
	Niere	1874	72,85	22,13 *)	2,77	—	1,25	81,51	13,89	13,04	*Cn. Mène*[5])
	Leber	„	72,80	17,66***)	2,39	5,47	1,68	64,93	8,82	10,39	*v. Bibra*[6])

¹) Compt. rend. 1874. S. 396 u. 529.
²) Zeitschr. f. Biologie. 1876. S. 497.
³) Original-Mittheilung.
⁴) Zeitschr. f. Biologie. 1871. S. 166.
⁵) Compt. rend. 1874. T. 79. S. 396 u. 529.
⁶) Moleschott: Physiologie der Nahrungsmittel. 1859. II. Bd. S. 79.

⁰) In der Stickstoff-Substanz:

	Albumin %	Faser etc. %	Leim + Verlust %
1.	1,53	6,49	14,12
2.	1,49	2,20	12,83
3.	1,55	1,82	12,02
4.	1,33	6,72	12,52
5.	2,01	3,09	13,00

⁰⁰) Fettes Kalb.

*) Vergl. die Anmerkung zu den Analysen des Verfassers vom Ochsenfleisch S. 188.

**) Die Stickstoff-Substanz ist von mir durch Multiplication des Stickstoffs mit 6,25 berechnet.

***) Dieselbe zerfällt nach Verf. in:

Eiweiss (löslich)	Eiweissstoffe (unlöslich)	Leimbildner
1,90 %	11,94 %	4,72 %

Hammelfleisch.

No.	Nähere Bezeichnung	Zeit der Untersuchung	Wasser %	Stickstoff-Substanz %	Fett %	N-freie Extractstoffe %	Asche %	In der Trocken-Substanz: Stickstoff-Substanz %	In der Trocken-Substanz: Fett %	Stickstoff in der Trocken-Substanz %	Analytiker
	I. Sehr fetter Hammel resp. sehr fettes Hammelfleisch:										
1	Vom Hintertheil	1878	41,97	14,39	43,47	—	0,66	24,80	74,91	3,97	J. König u. L. Mutschler[1])
2	Von der Brust	„	41,39	15,45	42,07	—	1,03	26,36	71,78	4,22	
3	Von den Schultern . . .	„	60,38	14,57	23,62	0,58	0,85	36,77	59,62	5,88	
4	Durchschnitt des Fleisches von der linken Körperhälfte[0])	1883	52,89	17,43*)	27,13	1,49*)	1,06	37,00	57,59	5,95	J. Moser u. Meisl[2])
5		„	59,72	20,18	15,70	3,16	1,24	50,09	38,47	8,01	
6[00])	Seitenstück, durchwachsen .	„	53,60	16,50	29,00	—	0,90	35,56	62,50	5,69	W. O. Atwater[3])
7[00])	Keule	„	61,90	18,20	19,00	—	0,90	47,77	49,87	7,64	
8[00])	Bugstück	„	58,60	18,00	22,40	—	1,00	43,48	54,11	6,96	
9[00])	Lendenrippenstück . . .	„	49,30	14,90	35,10	—	0,70	29,39	69,23	4,70	
	Mittel		**53,31**	**16,62**	**28,61**	**0,54**	**0,93**	**35,59**	**61,28**	**5,70**	
	II. Halbfetter Hammel resp. halbfettes Hammelfleisch:										
1[000])	Hammelskeule	1874	75,50	14,26**)	8,77	—	1,47	58,20	35,80	9,31	Ch. Mène[4])
2[000])	Bugstück	„	75,70	14,02	9,03	—	1,25	57,70	37,16	9,23	
3[000])	Rippenstück (cotelette) . .	„	75,50	14,33	8,55	—	1,62	58,49	34,90	9,36	
4[000])	Halsstück	„	74,53	15,63	8,52	—	1,32	61,37	33,45	9,82	
5	Hammel A { Vorderschenkel	1871	76,22	20,06	3,03	—	—	84,44	12,74	13,50	P. Petersen[5])
6	Hammel A { Hinterschenkel	„	76,68	20,12	2,57	—	—	86,28	11,02	13,80	
7	Hammel B { Vorderschenkel	„	76,78	19,00	3,02	—	—	81,83	13,01	13,08	
8	Hammel B { Hinterschenkel	„	76,98	19,50	2,67	—	—	84,71	11,55	13,55	
	Mittel		**75,99**	**17,11**	**5,77**	—	**1,33**	**71,33**	**23,70**	**11,43**	

1) Chem. u. techn. Untersuchungen d. landw. Versuchsst. Münster von J. König. 1878. S. 104.
2) Kurzer Bericht d. Versuchsst. Wien in den Jahren 1882/83. S. 8.
3) Contributions to the knowledge of the chem. Comp. etc. of the Food-Fishes. Washington 1887. p. 491 etc.
4) Compt. rend. 1874. T. 79. S. 396 u. 529.
5) Zeitschr. f. Biologie. 1871. S. 166.

0) Durchschnittsprobe des Fleisches von der linken Hälfte des Körpers nach Abtrennung der Fetthaut (Panniculus adiposus). Die Hammel waren mit Heu und Sojabohnen gemästet.

00) Für das auf dem Markt gekaufte Fleisch wurde gefunden:

Hammelfleisch, sehr fett	Abfälle (Knochen, Sehnen etc.) %	Essbarer Theil %	Im essbaren Theil: Wasser %	N-Substanz %	Fett %	Salze %
No. 6. Seitenstück	20,0	80,0	42,9	13,2	23,2	0,7
„ 7. Keule	18,4	18,4	40,2	12,2	28,6	0,6
„ 8. Bugstück	16,9	16,9	48,7	15,0	18,6	0,8
„ 9. Lendenrippenstück .	16,3	16,3	41,3	12,5	29,3	0,6

000) In der Stickstoff-Substanz:

	Albumin	Faser etc.	Leim + Verlust
1.	3,83 %	10,28 %	0,15 %
2.	4,14 „	9,75 „	0,13 „
3.	3,54 „	10,50 „	0,28 „
4.	3,25 „	11,54 „	0,28 „

*) Die N-Substanz von mir aus dem angegebenen N (2,79 % bei No. 4 und 3,23 % bei No. 5) berechnet; die N-freien Extractstoffe ergeben sich aus der Differenz.

**) Vergl. meine Anmerk. zu den Analysen des Verf's. vom Ochsenfleisch.

No.	Nähere Bezeichnung	Zeit der Untersuchung	Wasser %	Stickstoff-Substanz %	Fett %	N-freie Extractstoffe %	Asche %	In der Trocken-Substanz: Stickstoff-Substanz %	Fett %	Stickstoff in der Trocken-Substanz %	Analytiker
	III. Innere Theile vom Hammel:										
	Niere[0])		78,61	16,56	3,33	0,21	1,30	77,38	15,56	12,66	
	Leber[0])		69,25	18,18 *)	5,24	6,20	1,13	59,09	17,04	9,45	*v. Bibra*[1])
	desgl.	1878	68,18	23,22	5,08	1,68	1,84	72,97	15,93	11,68	*J. König, C. Brimmer u. L. Mutschler*[2])
	desgl.	„	70,28	23,51	4,62	1,52	1,07	79,10	15,55	12,66	
	Leber (Mittel)		**69,24**	**21,64**	**4,98**	**2,73**	**1,35**	**72,14**	**16,17**	**11,61**	
	Zunge[00])	„	66,57	13,15	18,37	1,03	0,88	39,34	54,98	6,29	
	desgl.[0])	„	68,31	15,44	15,99	—	1,12	48,72	50,46	7,80	
	Zunge (Mittel)		**67,44**	**14,29**	**17,18**	**0,51**	**1,00**	**44,03**	**52,72**	**7,05**	
	Herz und Lunge[00])	„	70,57	16,29	10,57	1,58	0,99	55,35	35,92	8,86	
	Schweinefleisch.										
	I. Fettes Schweinefleisch:										
1 †[0])	Schinken	1876	48,71	15,98	34,62	—	0,69	31,16	67,50	4,95	*J. König u. Fr. Hammerbacher*[3])
2 †[0])	Vom Hals (Hals-Carbonade)	„	54,63	16,58	28,03	—	0,76	36,54	61,78	5,85	
3 †[0])	Von den Rippen	„	43,44	13,37	42,59	—	0,60	23,64	75,30	3,78	
4 †[0])	Von den Schultern	„	40,27	12,55	46,71	—	0,47	21,01	78,20	3,36	
5 †[0])	Vom Kopf	„	40,96	14,23	34,74	—	1,07	28,44	69,42	4,55	
	Mittel		**47,40**	**14,54**	**37,34**	—	**0,72**	**28,16**	**70,44**	**4,50**	
	II. Mageres Schweinefleisch:										
1 †[00])	Lendenstück	1874	73,15	17,32 **)	8,43	—	1,10	64,51	31,40	10,32	*Ch. Mène*[4])
2 †[00])	Rippenstück (cotelette)	„	73,00	17,40	8,65	—	0,95	64,45	32,04	10,31	
3 †[00])	Schinken	„	69,60	20,97	8,29	—	1,14	69,21	27,27	11,04	
4 †[00])	Kleiner Schinken	„	69,32	24,47	5,12	—	1,09	79,36	16,69	12,76	
5 †[00])	Seitenstück	„	74,11	17,75	7,16	—	0,98	68,56	27,66	10,97	
6	Schwein A v. Vorderschenkel	1871	74,89	20,81 ***)	3,78	—	—	82,88	15,05	13,26	*P. Petersen*[5])
7	Schwein A v. Hinterschenkel	„	73,99	19,94 ***)	4,65	—	—	76,66	17,88	12,27	
8	Schwein B v. Vorderschenkel	„	76,14	19,56 ***)	3,73	—	—	81,98	15,63	13,12	
9	Schwein B v. Hinterschenkel	„	71,93	20,93 ***)	6,55	—	—	74,56	23,33	11,93	
10	Speck eines mag. Schweines	„	69,55	23,31 ***)	11,77	—	1,64	76,55	38,65	12,25	*Girardin*[6])
	Mittel		**72,57**	**20,25**	**6,81**	—	**1,10**	**73,87**	**24,56**	**11,82**	

[1]) Moleschott: Physiologie der Nahrungsmittel. 1859. II. Bd. S. 79.
[2]) Chem. u. techn. Untersuch. d. Versuchsstat. Münster. 1878. S. 105.
[3]) Zeitschr. f. Biologie. 1876. S. 497.
[4]) Compt. rend. 1874. T. 79. S. 396 u. 529.
[5]) Zeitschr. f. Biologie. 1871. S. 166.
[6]) Compt. rend. T. 41. S. 746.

[0]) Mittelfetter Hammel.
[00]) Sehr fetter Hammel.
†[0]) Das Fleisch stammte von einem 133 Kilo schweren Schwein.
†[00]) In der N-Substanz:

	Albumin	Faser etc.	Leim + Verlust
1.	2,02 %	6,00 %	9,20 %
2.	2,08 „	10,46 „	4,86 „
3.	3,80 „	7,10 „	13,07 „
4.	3,77 %	7,15 %	13,56 %
5.	3,01 „	12,80 „	12,93 „

*) Die N-Substanz zerfällt nach Verf. in:

Eiweiss (löslich)	Eiweissstoffe (unlöslich)	Leimbildner
2,75 %	10,13 %	3,12 %

**) Die N-Substanz ist von mir aus der Differenz berechnet; vergl. meine Anmerkung zu den Analysen des Verf's. vom Ochsenfleisch.

***) Die N-Substanz ist von mir aus dem Stickstoffgehalt durch Multiplication mit 6,25 berechnet.

No.	Nähere Bezeichnung	Zeit der Untersuchung	Wasser %	Stickstoff-Substanz %	Fett %	N-freie Extractstoffe %	Asche %	In der Trocken-Substanz: Stick-stoff-Sub-stanz %	In der Trocken-Substanz: Fett %	Stickstoff in der Trocken-Substanz %	Analytiker
	III. Innere Theile eines Schweines:										
1[0])	Herz	1876	75,07	17,65	5,73	0,64	0,91	70,80	22,98	11,33	J. König u. Fr. Hammerbacher[1])
2[0])	Lunge	„	81,61	13,96	2,92	0,54	0,97	75,91	15,88	12,15	
3[0])	Milz	„	75,24	15,67	5,83	2,84	1,42	63,28	23,55	10,13	
4[0])	Niere	1874	74,20	18,14 *)	6,69	—	0,97	70,31	25,93	11,25	Cn. Mène[2])
5[0])	Leber	1876	71,16	18,61	8,32	—	1,91	64,53	28,85	10,32	J. König[1])
6[0])	„		73,58	18,69 **)	3,00	3,61	1,12	70,74	11,36	11,32	v. Bibra[3])
	Mittel		**72,37**	**18,65**	**5,66**	**1,81**	**1,51**	**69,26**	**20,11**	**11,08**	

Pferdefleisch.

1	Pferd A mager: Vom Hals . .	1874	75,0	22,9***)	1,1	—	1,0††)	91,60	4,40	14,66	J. Leyder u. J. Pyro[4])
2	Pferd A mager: Von den Lenden	„	76,0	21,8	1,2	—	1,0	90,83	5,00	14,53	
3	Pferd A mager: Vom Schenkel .	„	75,2	23,3	0,5	—	1,0	93,95	2,02	15,03	
4	Pferd B mager: Vom Hals . .	„	75,1	22,2	1,7	—	1,0	89,16	7,39	14,26	
5	Pferd B mager: Von den Lenden	„	77,3	20,6	1,1	—	1,0	90,75	4,85	14,54	
6	Pferd B mager: Vom Schenkel .	„	79,3	18,9	0,9	—	1,0	91,30	4,35	14,61	
7	Pferd A: Vorderschenkel .	1871	73,55	22,18†)	1,73	—	—	83,86	6,54	13,42	P. Petersen[5])
8	Pferd A: Hinterschenkel .	„	73,21	22,68†)	1,96	—	—	84,66	7,32	13,55	
9	Pferd B: Vorderschenkel .	„	76,03	21,62†)	0,76	—	—	90,20	3,17	14,43	
10	Pferd B: Hinterschenkel .	„	75,98	20,50†)	1,09	—	—	85,35	4,54	13,66	
	Wohlgenährtes Pferd:										
11	Vom Hinterviertel . . .	1878	73,16	21,61	3,06	1,05	1,12	80,51	11,40	12,88	J. König u. L. Mutschler[6])
12	Brustkasten	„	61,39	21,26	15,64	0,74	0,97	56,10	40,51	8,98	
	Minimum		61,39	13,91	0,52	0,00	0,65	56,10	2,02	8,98	
	Maximum		79,30	24,16	10,42	1,00	1,10	93,95	40,51	14,53	
	Mittel		**74,27**	**21,71**	**2,55**	**0,46**	**1,01**	**85,69**	**8,46**	**13,71**	

[1]) Zeitschr. f. Biologie. 1876. S. 497.
[2]) Compt. rend. 1874. T. 79. S. 396 u. 529.
[3]) Moleschott: Physiologie d. Nahrungsmittel. 1859. II. Bd. S. 79.
[4]) Journ. de Médic. de Bruxelles. 1874. S. 463.
[5]) Zeitschr. f. Biologie. 1871. S. 166.
[6]) Chem. u. techn. Untersuch. d. Versuchsst. Münster. 1877. S. 106.

[0]) Von einem fetten Schwein.

*) Aus der Differenz von mir berechnet.
**) Die N-Substanz zerfällt nach Verf. in:

Eiweiss (löslich)	Eiweissstoffe (unlöslich)	Leimbildner
5,24 %	10,33 %	4,85 %

***) Als Muskelsubstanz von Verfassern bezeichnet.
†) Die N-Substanz ist von mir aus dem Stickstoffgehalt durch Multiplication mit 6,25 berechnet.
†) Willkürlich von Verfassern zu 1 % angenommen.

Blut.

No.	Blut von	Wasser %	Blut-körperchen %	Albumin %	Fibrin %	Fett %	Extractiv-stoffe %	Asche %	Analytiker
	Mensch[0]) ohne Kochsalzbeigabe	77,99	13,01	7,74	0,21	0,11	—	0,93	*Poggiale*[1])
	desgl. mit 10 g Kochsalzbeigabe	76,76	14,30	7,40	0,23	0,13	0,10	1,17	*Poggiale*[1])
	desgl.	79,84	11,65	7,42	0,22	0,19	—	0,80	*H. Nasse*[2])
1	Ochs	79,61	12,32	6,55	0,54	0,22	—	0,87	*Poggiale*[1])
2	Kuh	78,82	12,62	6,72	0,63	0,22	0,20	0,98	*Poggiale*[1])
3	Rind	79,96	12,19	6,69	0,36	0,20	—	0,69	*H. Nasse*[2])
4	Kalb	83,56	9,25	5,53	0,41	0,13	0,30	1,09	*Poggiale*[1])
5	desgl.	82,67	10,25	5,64	0,58	0,16	—	0,79	*H. Nasse*[2])
6	Schaf (Hammel)	79,80	10,20	8,50	0,32	0,18	0,20	0,98	*Poggiale*[1])
7	desgl.	82,78	9,24	6,88	0,30	0,12	—	0,78	*H. Nasse*[2])
8	Pferd	80,47	11,71	6,76	0,24	0.13	—	0,79	*H. Nasse*[2])
9	desgl., venöses Blut[00]) . .	81,51	9,87	(8,12)*)	0,50	—	—	—	*Clément*[3])
10	desgl., arterielles[00]) . . .	81,98	9,67	(7,80)*)	0,53	—	—	—	*Clément*[3])
11	desgl., schlagaderliches[00]) .	78,09	17,78	2,99	0,35	—	(0,41)†)	(0,37)†)	*C. G. Lehmann*[4])
12	desgl., aderliches[00]) . . .	82,43	11,15	4,45	0,51	—	(4,43)†)	(0,51)†)	*C. G. Lehmann*[4])
13	desgl.	81,00	9,28	8,00	0,28	0,16	0,52	0,76	*Nasse u. Simon*[4])
14	Ziege	83,94	8,60	6,27	0,39	0,09	—	0,79	*H. Nasse*[2])
15	Kaninchen	81,73	17,07		0,38	0,19	—	—	*H. Nasse*[2])
16	desgl.	83,10	9,15	6,38	0,32	0,16	0,10	0,88	*Poggiale*[1])
17	Schwein	76,89	14,55	7,29	0,39	0,19	—	0,79	*H. Nasse*[2])
18	Huhn	79,34	14,56	4,85	0,46	0,20	—	0,87	*H. Nasse*[2])
19	desgl.	78,50	15,03	4,72	0,51	0,23	0,10	0,90	*Poggiale*[1])
20	Taube	79,50	14,32	4,81	0,51	0,17	0,10	0,88	*Poggiale*[1])
21	Gans	81,49	12,14	5,08	0,35	0,26	—	0,80	
	Minimum	76,89	9,88	2,62	0,23	0,11	0,00	0,76	
	Maximum	83,94	15,56	8,07	0,57	0,27	0,35	1,27	
	Mittel	**80,82**	**11,69**	**6,01**	**0,42**	**0,18**	**0,03**	**0,85**	

[1]) Compt. rend. T. XXV. S. 110 u. 196.
[2]) Journ. f. pract. Chem. Bd. XXVIII. S. 147.
[3]) Compt. rend. T. XXXI. S. 298.
[4]) Moleschott, Physiologie der Nahrungsmittel. 1859. II. Thl. S. 9—16.

[0]) Das Menschenblut dient zwar nicht als Nahrungsmittel, jedoch mögen obige drei Analysen des Vergleiches wegen mit aufgeführt werden; sie sind bei der Mittelwerths-Berechnung nicht berücksichtigt.
[00]) Mittel mehrerer Analysen.

*) Incl. Salze.
†) Im Serum.

Blut von Mastochsen.

No.	Nähere Bezeichnung	Zeit der Untersuchung	Wasser %	Stickstoff-Substanz %	Fett %	N-freie Extractstoffe %	Asche %	In der Trocken-Substanz: Stickstoff-Substanz %	In der Trocken-Substanz: Fett %	Stickstoff in der Trocken-Substanz %	Analytiker
	Mastochse[0]):										
1	Shorthorn-Vollblut . . .	1882	75,76	23,25 *)	0,29		0,70	95,87	—	15,34	J. Moser, Meisl u. Strohmer[1])
2	Shorthorn-Holländer . .	„	76,88	19,94	2,47		0,71	86,12	—	13,78	
3	Bergschecken	„	78,70	19,81	0,64		0,85	92,87	—	14,86	
4	Egerländer	„	76,61	22,56	—		0,95	96,43	—	15,43	
5	Pusterthaler	„	79,21	19,62	0,30		0,87	94,31	—	15,09	
6	Mürzthaler	„	76,45	21,93	0,73		0,89	94,00	—	15,04	
7	Allgäuer	„	76,27	21,50	1,47		0,76	90,56	—	14,49	
8	Mariahofer	„	78,32	19,12	1,47		0,79	88,18	—	14,11	
9	Murbodener	„	78,94	19,69	0,63		0,74	93,31	—	14,93	
10	Ungarisch (podol.) . . .	„	77,67	21,19	0,23		0,91	95,06	—	15,21	
11	desgl.	„	77,67	20,44	1,01		0,88	91,62	—	14,66	
12	desgl.	„	76,33	21,50	1,34		0,83	90,94	—	14,55	
	Mittel		**77,34**	**20,87**	**0,97**		**0,82**	**92,43**	—	**14,79**	

Blutkörperchen und Serum.

Defibrinirtes Blut		Wasser %	Hämoglobin %	Eiweiss %	Sonstige organ. Stoffe %	Salze %	Analytiker
Schweineblut	43,68 % Körperchen	63,21	26,10	8,61	1,20	0,89	G. Bunge[2])
	56,32 % Serum	91,96	—	6,77	0,50	0,77	
Pferdeblut	53,15 % Körperchen	60,89	—	—	—	—	
	46,85 % Serum	89,66	—	—	—	—	
Rinderblut	31,87 % Körperchen	59,99	28,05	10,73	0,75	0,48	
	68,13 % Serum	91,33	—	7,32	0,56	0,79	
Mittel	Körperchen	**61,36**	**27,07**	**9,67**	**0,97**	**0,68**	
	Serum	**90,98**	—	**7,04**	**0,53**	**0,78**	

---

[1]) Kurzer Bericht der Versuchsstation Wien in den Jahren 1882/83. S. 7.

[2]) Zeitschr. f. Biologie. Bd. 12. S. 192.

[0]) Die Ochsen waren auf der II. Mastviehausstellung in Wien 1882 zur Schau gebracht und hatten folgendes Alter und Lebendgewicht:

	No. 1	2	3	4	5	6	7	8	9	10	11	12
Alter in Monaten . .	38	25	84	72	55	66	48	56	60	60	84	77 Mon.
Lebendgewicht in kg	620	597	720	671	688	790	825	890	800	777	900	960 kg

*) Der Stickstoffgehalt des frischen Blutes betrug:

3,72 % 3,19 % 3,17 % 3,61 % 3,14 % 3,51 % 3,44 % 3,06 % 3,15 % 3,39 % 3,27 % 3,44 %

Hieraus st die Stickstoff-Substanz durch Multiplication mit 6,25 von mir berechnet, während sich Fett und N-freie Extractstoffe aus der Differenz der Summe der 3 anderen Bestandtheile von 100 ergeben.

Rindstalg.

Nähere Bezeichnung	Wasser %	Stickstoff-Substanz %	Fett %	Asche %	In der Trocken-Substanz: Stickstoff-Substanz %	In der Trocken-Substanz: Fett %	Stickstoff in der Trocken-Substanz %	Analytiker
Gutes Rindsschmalz	0,71	0,12	99,10	0,07	0,12	99,81	0,02	*Versuchsstat. Wien*[1])
Schlechtes	1,96	0,76	97,20	0,08	0,77	99,14	0,12	
Mittel	**1,33**	**0,44**	**98,15**	**0,08**	**0,44**	**99,48**	**0,07**	

Fettgewebe.

Magerer Bulle	21,95	4,19	73,86	1,00	5,30	93,44	0,85	*H. Grouven*[2])
Halbfette Kuh	9,41	1,66	88,68	0,25	1,83	97,89	0,29	
Fette Kuh	5,29	0,97	93,74	?	1,02	98,98	0,16	
Mittel	**11,88**	**2,27**	**85,43**	**0,42**	**2,72**	**96,84**	**0,43**	

Schweineschmalz.

Schweineschmalz I. Sorte . .	0,14	0,11	99,75	Spuren	0,11	99,88	0,02	*J. König*[3])
„ II. „ . .	1,26	0,41	98,33	Spuren	0,43	99,58	0,07	
Mittel	**0,70**	**0,26**	**99,04**	—	**0,27**	**99,73**	**0,04**	

Sonstige Schlachtabfälle.

1. Kalbsbröschen	70,0	28,0*)	0,4	1,6	93,33	1,33	14,93	*Morin*[4])
2. Kalbsfüsse (Sehnenknorpel + anhaftendes Fett) . .	63,84	23,00	11,32	0,84	63,64	31,32	10,18	*J. König*[5])
3. Schweineschwarte . . .	51,75	35,32	3,75	9,18	73,20	7,77	11,71	

Zusammensetzung thierischer Fette
von E. Schulze u. A. Reinecke.[6])

Körperstelle	Zusammensetzung des Fettgewebes: Wasser %	Membran %	Fett %	Mittlere Zusammensetzung des Fettes: Kohlenstoff C %	Wasserstoff H %	Sauerstoff O %	Schmelzpunkt C°	Erstarrungspunkt C°
I. Hammelfette.								
1. Mittelmässig gemästeter Hammel (Landschaf):								
Von den Nieren	6,35	0,84	92,81	76,62	12,16	11,22	50	37
Vom Netz	5,00	0,77	94,23	76,65	12,05	11,30	51	39
Vom Panniculus adiposus	12,54	3,18	84,28	76,52	11,93	11,55	44	31

[1]) Centr.-Bl. f. Agric.-Chemie. 1873. Bd. 3. S. 253.
[2]) Dessen Vorträge über Agric.-Chemie. 3. Aufl. 1872. S. 342.
[3]) Zeitschr. f. Biologie. 1876. S. 497. — [4]) Wo? — [5]) Original-Mittheilung.
[6]) Landw. Versuchsstationen. Bd. 9. S. 97. Verf. bemerken in ihrer Mittheilung, dass die früher von Chevreul, Bidder u. Schmidt mitgetheilten Analysen thierischer Fette für den Kohlenstoff zu hoch, die von Grouven zu niedrig ausgefallen sind. Diese sollen daher hier nicht mit aufgeführt werden.

*) Dieselbe zerfällt in: Lösliche Eiweissstoffe 14,0 %, Unlösliche Eiweissstoffe 8,0 %, Leimbildner 6,0 %

Körperstelle	Zusammensetzung des Fettgewebes: Wasser %	Membran %	Fett %	Mittlere Zusammensetzung des Fettes: C %	H %	O %	Schmelzpunkt C°	Erstarrungspunkt C°
2. Gut gemästet. Hammel (Southdown-Merino):								
Von den Nieren	7,38	1,03	91,14	76,65	12,02	11,33	52	40
Vom Hodensack	11,24	1,40	87,36	76,69	11,91	11,40	49	38
Vom Netz	7,48	0,80	91,72	76,58	12,02	11,40	51,5	39
Vom Panniculus adiposus (Brust) . . .	16,81	4,03	79,16	76,57	11,87	11,56	43,5	27
3. Southdown-Merino:								
Von den Nieren	4,54	0,95	94,51	76,50	12,07	11,43	51,5	39
Vom Netz	4,91	0,92	94,17	76,85	12,15	11,00	49	34
Vom Gekröse	10,12	1,92	87,96	76,70	12,05	11,25	48,5	37
Vom Panniculus adiposus	20,84	—	—	76,80	12,03	11,17	44,5	31
4. Magerer Southdown-Merino:								
Von den Nieren	18,20	2,24	79,56	76,56	12,10	11,34	52	43
5. Reiner Southdown:								
Von den Nieren	—	—	—	76,62	12,16	11,22	52,5	39
6. Fett aus magerem Hammelfleisch . . .	—	—	—	76,27	11,88	11,85	41	24
Mittel	**10,48**	**1,64**	**87,88**	**76,61**	**12,03**	**11,36**	—	—

Für die Membranen*) fanden Verf. 50,44 % C, 7,19 % H, 15,39 % N, 26,09 % O, 0,89 % Asche.

II. Ochsenfette.

Körperstelle	Wasser %	Membran %	Fett %	C %	H %	O %	Schmelzpunkt C°	Erstarrungspunkt C°
1. Gut gemästeter Ochs, Göttinger Landschlag:								
Von den Nieren	5,00	0,85	94,15	76,73	11,89	11,38	50	36
Vom Netz	4,89	0,80	94,31	76,27	11,87	11,86	48	34
Vom Hodensack	8,34	1,63	90,03	76,33	11,85	11,82	43,5	29
Vom Panniculus adiposus (Brust) . . .	30,85	4,88	64,27	76,50	11,76	11,74	41	gewöhnl. Temp.
2. Mittelfetter Ochs:								
Von den Nieren	7,69	1,19	91,12	76,74	12,11	11,15	49,5	36
Vom Netz	7,06	1,02	91,92	76,38	11,85	11,77	47,5	34
Vom Herzbeutel	7,78	1,32	90,90	76,31	11,96	11,73	48,5	34
Vom Panniculus adiposus (Brust) . . .	8,12	1,62	90,26	76,71	11,95	11,34	42,5	26
3. Fettstreifen aus dem Muskelfleisch . . .	—	—	—	76,65	11,99	11,36	42	} gew. Temp.
4. Fett aus magerem Fleisch	—	—	—	76,34	11,91	11,75	41	
Mittel	**9,96**	**1,16**	**88,88**	**76,50**	**11,91**	**11,59**	—	—

Für die Membranen fanden Verf. 50,84 % C, 7,57 % H, 15,85 % N, 25,19 % O, 0,55 % Asche.

III. Schweinefette.

Körperstelle	Wasser %	Membran %	Fett %	C %	H %	O %	Schmelzpunkt C°	Erstarrungspunkt C°
1. Halbenglisches $^3/_4$jähriges Schwein:								
Von den Nieren	4,81	0,93	94,26	76,53	11,95	11,52	47	26
Vom Panniculus adiposus (am Becken) .	5,19	1,05	93,76	76,50	11,94	11,56	46,5	26
Vom Darme	9,33	2,08	88,59	76,78	12,07	11,15	48	28
2. Englisches Schwein:								
Vom Panniculus adiposus (Brust) . . .	9,88	2,12	87,99	76,29	11,88	11,83	42,5	} gew. Temp.
Desgl. (vom Bauch)	6,84	1,56	91,60	76,49	11,86	11,65	43	
Von den sog. Pflaumen (an d. inneren Bauchwand)	2,61	0,39	97,00	76,64	11,92	11,44	48	27
Mittel	**6,44**	**1,35**	**92,21**	**76,54**	**11,94**	**11,52**	—	—

Für die Membranen fanden Verf. 51,27 % C, 7,25 % H, 15,87 % N, 24,88 % O und 0,73 % Asche.

*) Dieselben waren zur Entfernung der Asche vorher mit Wasser und Salzsäure extrahirt.

IV. Sonstige Fette.	C %	H %	O %
1. Hundefett, vom Panniculus adiposus eines sehr fetten Hundes	76,66	12,01	11,33
2. desgl. Fett aus dem Gewebe eines mageren Hundes	76,60	12,09	11,31
3. Katzenfett, Fett aus dem Gewebe einer mageren Katze	76,56	11,90	11,44
4. Pferdefett, sogen. Kammfett	77,07	11,69	11,24
5. Menschenfett, von den Nieren	76,44	11,94	11,62
6. desgl. vom Panniculus adiposus	76,80	11,94	11,26
7. Butterfett	75,63	11,87	12,50

Fleisch von Fischen.

Frische Fische.

No.	Nähere Bezeichnung	Zeit der Untersuchung	Wasser %	Stickstoff-Substanz %	Fett %	N-freie Extractstoffe %	Asche %	In der Trocken-Substanz Stickstoff-Substanz %	In der Trocken-Substanz Fett %	Stickstoff in der Trocken-Substanz %	Analytiker
	a. Fettreiche Fische:										
1	Lachs oder Salm (Salmo salar)[0])	1865	75,70	13,09 *)	4,85	(5,08)	1,28	53,87	19,96	8,62	*A. Payen*[1])
	desgl.	1874	77,06	13,11	4,30	—	(5,53)	57,15	18,74	9,23	*F. Buckland*[2])
	desgl.	1877	70,33	18,82 **)	10,12	—	1,49	63,44	31,11	10,15	*Aug. Almen*[3])

[1]) Compt. rendus T. XXXIX. S. 318. u. Précis théorique et pratique des Substances alimentaires par A. Payen. Paris 1865. p. 488.
[2]) Archiv f. Pharm. 1874. Bd. 203. S. 178.
[3]) Analyse des Fleisches einiger Fische von Aug. Almen. Upsala 1877.

[0]) Für die gelaichten Fische fanden Atwater und Woods:

	Wasser	N-Substanz	Fett	Asche
1. Salmo salar, männlich	75,34 %	19,17 %	4,37 %	1,12 %
„ „ weiblich	78,34 „	17,66 „	2,83 „	1,17 „
2. Salmo salar subsp. sebago, männlich	78,40 „	16,29 „	4,03 „	1,28 „
„ „ „ „ weiblich	79,52 „	17,31 „	1,96 „	1,21 „

*) Bei dieser und den anderen Fischanalysen des Verfassers habe ich die Stickstoff-Substanz aus dem N-Gehalt durch Multiplication mit 6,25 berechnet.

**) Ebenfalls durch Multiplication des Stickstoffs mit 6,25 von mir berechnet, während Almen den Factor 5,34 für richtig hält. Derselbe hat ferner die N-Substanz in den von ihm untersuchten Fischen näher zerlegt und bezeichnet mit „Fleischfaser“ den nach Extraction mit kaltem Wasser und dann 12stündigem Auskochen mit Wasser verbleibenden unlöslichen Rückstand unter Abrechnung des Fettes und der unlöslichen Salze; unter „Albumin“ ist die Substanz zu verstehen, welche in dem kalten wässerigen Extract durch Kochen, auf Zusatz von einigen Tropfen Essigsäure ausfällt; „Leimbildner“ sind diejenigen Stoffe, welche nach Extraction mit kaltem Wasser durch 12stündiges Kochen in die wässerige Lösung übergehen; diese wurde verdampft und der Rückstand nach dem Trocknen als Leimbildner bezeichnet; das aus der wässerigen Lösung ausgeschiedene „Albumin“ wurde filtrirt, getrocknet und als solches gewogen. Unter „Extractivstoffe“ ist der im Filtrat vom Albumin verbleibende trockne Rückstand nach Abzug der mitgelösten Salze zu verstehen (das Filtrat wird eingedampft, getrocknet, gewogen, dann eingeäschert und wieder gewogen. Auf diese Weise fand A. Almèn:

	Albumin %	Extractivstoffe %	Leimbildner %	Fleischfaser %	Chlor %
No. 1. Lachs oder Salm	3,39	2,15	1,50	11,72	0,043
„ 4. Flussaal	1,46	1,78	2,04	7,87	0,013
„ 9. Strömling	2,64	2,30	2,53	11,35	0,079
„ 11. Makrele	2,74	1,87	1,01	14,53	0,173
„ 23. Hecht	2,52	1,85	2,82	7,62	0,186
„ 25. Dorsch	1,78	1,58	2,69	10,66	0,097
„ 26. Barsch (Fluss-)	3,61	1,76	3,74	9,00	0,061
„ 27. Scholle	1,72	2,15	3,17	12,99	0,140
„ 61. Häring (eingemacht)	1,71	5.52	1,93	9,12	—
„ 64. Lachs (geräuchert und desgl.)	2,73	3,02	1,41	15,22	—
„ 57. Laberdan	0,60	3,70	7,06	17,23	—
„ 62. Strömling	1,00	2,82	1,76	14,79	—
„ 60. Makrele	1,28	2,74	1,50	15,30	—
„ 55. Stockfisch	5,36	6,48	12,35	55,74	—
„ 56. Fleischmehl von Gadusarten	3,38	9,14	10,47	52,17	—
„ „ Leng	1,86	4,90	13,12	38,63	—

No.	Nähere Bezeichnung	Zeit der Untersuchung	Wasser %	Stickstoff-Substanz %	Fett %	N-freie Extractstoffe %	Asche %	In der Trocken-Substanz: Stickstoff-Substanz %	In der Trocken-Substanz: Fett %	Stickstoff in der Trocken-Substanz %	Analytiker
	Salm	1883	66,90	19,47***)	12,43	—	1,20	58,82	37,55	9,41	*W. O. Atwater u. C. D. Woods*[4])
	„ weiblich	„	61,07	24,60	12,98	—	1,35	63,14	33,35	10,10	
	„ männlich	„	60,83	24,70	13,03	—	1,44	63,06	33,29	10,09	
	„ weiblich	1887	63,41	21,66	14,99	—	1,56	59,19	40,97	9,47	
	„ „	„	65,80	21,19	13,31	—	1,46	61,99	38,93	9,91	
	Salm, Mittel (aus den letzten 6 Analysen)	.	**64,29**	**21,60**	**12,72**	—	**1,39**	**60,49**	**35,62**	**9,69**	
2	Californischer Salm (Oncorhynchus chonicha) .		62,65	16,96	19,25	—	1,11	45,41	51,54	7,25	*dieselben*[4])
	desgl.	1883	64,14	18,45	16,40	—	1,01	51,45	45,73	8,23	
	Californ. Salm, Mittel	.	**63,39**	**17,72**	**17,83**	—	**1,06**	**48,43**	**48,63**	**7,73**	
3	Salm (Salvelinus od. Christovomer namaycush) . .	1883	68,59	17,57	12,52	—	1,33	55,92	39,85	8,81	*dieselben*[4])
	desgl.	„	69,29	19,36	10,18	—	1,17	63,04	33,16	10,09	
	Salm, Mittel	.	**68,94**	**18,46**	**11,35**	—	**1,25**	**59,48**	**36,51**	**9,45**	
4	Flussaal (Anguilla fluviatilis oder Muraena anguilla L.)	?	62,07	12,50	23,86	0,80	0,77	32,96	62,91	5,27	*A. Payen*[5])
	desgl.	1877	52,78	13,15	32,88	—	0,92	27,85	69,63	4,46	*A. Almen*[6])
	Flussaal, Mittel	.	**57,42**	**12,83**	**28,37**	**0,53**	**0,85**	**30,41**	**66,27**	**4,87**	
5	Meeraal (Anguilla rostrata)	1883	69,59	19,20***)	10,31	—	0,90	63,14	33,90	10,10	*Atwater u. Woods*[4])
	desgl.	„	73,30	17,72	7,87	—	1,11	66,37	29,48	10,62	
	Meeraal, Mittel	.	**71,45**	**18,46**	**9,09**	—	**1,00**	**64,76**	**31,69**	**10,36**	
6	Meeraal (Muraena Conger oder Conger vulgaris) .	?	79,91	13,57	5,02	0,39	1,11	67,55	24,99	10,81	*A. Payen u. Woods*[4])
7	Seeneunauge (Petromyzon marinus)	1883	71,07	14,98	13,29	—	0,66	51,78	45,54	8,28	*Atwater u. Woods*[4])
8	Häring, frisch (Clupea harengus)	1874	80,71	10,11	7,11	—	2,07	52,41	36,86	8,39	*F. Buckland*[7])
	desgl.	1883	68,57	18,99	10,95	—	1,49	60,42	34,84	9,67	*Atwater u. Woods*[4])
	Häring (frisch), Mittel	.	**74,64**	**14,55**	**9,03**	—	**1,78**	**56,42**	**35,85**	**9,03**	

[4]) Berichte d. deutschen chem. Gesellschaft in Berlin 1883. Bd. 16. S. 1839 u. American Chem. Journ. 1887. IX.; ferner: Contributions to the knowledge of the chem. Composition and nutritive values etc. Washington 1885.

[5]) Vergl. Anmerkung 1 u. *) unter No. 1.

[6]) Vergl. Anmerkung 3 u. **) unter No. 1.

[7]) Archiv f. Pharmazie. 1874. S. 203.

***) Die Stickstoff-Substanz in den Fischanalysen von W. O. Atwater und C. D. Woods ist durch Multiplication des gefundenen N mit 6,25 berechnet. Der Stickstoff wurde durch Verbrennen mit Natronkalk bestimmt, Fett durch Extraction mit Aether, Wasser durch Trocknen im Wasserstoffstrom während 24—48 Stunden. Bei Berechnung der Resultate sind die gefundenen Zahlen in ersterer Quelle für Wasser, Stickstoff-Substanz, Fett und Asche auf 100 abgerundet und entsprechend reducirt, wobei sich die Hauptcorrection auf das Wasser bezieht. Die Differenzen der gefundenen Werthe von 100 betragen aber in den bei weiten meisten Fällen nur einige Zehntel Procent, so dass die berechneten Werthe nicht wesentlich von den gefundenen abweichen.

No.	Nähere Bezeichnung	Zeit der Untersuchung	Wasser %	Stickstoff-Substanz %	Fett %	N-freie Extractstoffe %	Asche %	In der Trocken-Substanz: Stickstoff-Substanz %	In der Trocken-Substanz: Fett %	Stickstoff in der Trocken-Substanz %	Analytiker
9	Strömling (Clupea harengus var. membras)	1877	73,25	18,82	5,87	0,41	1,65	70,36	21,94	11,26	*A. Almen*[1])
10	Clupea vernalis	1883	75,92	19,00	3,82	—	1,46	78,87	15,85	12,62	*Atwater u. Woods*[2])
		"	72,69	19,72	6,02	—	1,48	72,21	22,04	11,55	
	Cl. vernalis, Mittel	.	**74,44**	**19,36**	**4,92**	—	**1,47**	**75,54**	**18,95**	**12,09**	
11	Weissfisch (Uklei), Leuciscus alburnus	?	72,80	16,81	8,13	3,25		61,80	29,89	9,89	*Payen u. Woods*[3])
	Plötze (Leuciscus rutilus) .	?	67,03	14,56	13,25	5,06		44,10	40,19	7,06	
12	Makrele (Scomber scombrus)	?	68,27	23,42	6,71	—	1,85	73,81	21,30	11,81	*A. Payen*[3])
	desgl.	1877	64,40	20,15	16,41	—	1,70	56,60	46,13	9,06	*A. Almen*[1])
	desgl.	1883	78,55	18,26	2,19	—	1,00	85,13	10,21	13,62	*Atwater u. Woods*[2])
	desgl.	"	74,24	17,50	7,02	—	1,24	67,93	27,25	10,87	
	desgl.	"	73,69	18,07	6,95	—	1,29	68,64	26,43	10,98	
	desgl.	"	63,44	18,91	16,18	—	1,47	51,72	44,26	8,28	
	desgl.	"	73,52	19,42	5,85	—	1,21	73,34	22,09	11,74	
	desgl.	"	75,12	19,37	4,20	—	1,28	77,85	16,88	12,46	
	Makrele, Mittel	.	**71,20**	**19,36**	**8,08**	—	**1,36**	**67,22**	**28,06**	**10,75**	
13	Spanische Makrele (Cybium maculatum)	1883	67,77	21,35	9,39	—	1,49	66,24	29,13	10,60	
14	Buttenfisch (Stromateus oder Poronetus triacanthus) .	1883	69,89	17,96	11,01	—	1,14	56,33	36,57	9,01	
15	Heilbutte, amerikanische Pferdezunge (Hippoglossus americanus od. H. vulgaris)	1883	79,12	17,52	2,21	—	1,15	83,91	10,58	13,43	
	desgl.	"	69,86	18,47	10,53	—	1,14	61,28	34,94	9,80	
	desgl.	"	76,77	19,61	2,74	—	0,88	84,42	11,80	13,51	
	Pferdezunge, Mittel	.	**75,24**	**18,53**	**5,16**	—	**1,06**	**76,54**	**19,11**	**12,25**	
	Hippoglossus groenlandicus Günther	1883	71,39	14,75	14,41	—	1,28	51,55	50,37	8,25	
16	Meeräsche (Mugil albula) .	1883	74,74	19,45	4,64	—	1,17	77,00	18,37	12,32	
17	Trachynotus caroliness . .	1883	67,25	18,31	13,48	—	0,96	55,91	41,16	8,95	
	desgl.	"	78,05	19,28	1,64	—	1,03	87,84	7,47	14,05	
	Trachynotus, Mittel	.	**72,65**	**18,79**	**7,56**	—	**1,00**	**71,88**	**24,32**	**11,50**	
18	Morone americana . . .	1883	75,39	17,90	5,60	—	1,11	72,73	22,75	11,64	
	desgl.	"	75,64	20,56	2,52	—	1,28	84,40	10,34	13,50	
	Morone, Mittel	.	**75,52**	**19,23**	**4,06**	—	**1,19**	**78,57**	**16,55**	**12,57**	

[1]) Vergl. Anmerkung 3 u. **) unter No. 1. S. 200.
[2]) Vergl. Anmerkung 4 u. ***) unter No. 1. S. 201.
[3]) Vergl. Anmerkung 1 u. *) unter No. 1. S. 200.

No.	Nähere Bezeichnung	Zeit der Untersuchung	Wasser %	Stickstoff-Substanz %	Fett %	N-freie Extractstoffe %	Asche %	In der Trocken-Substanz: Stickstoff-Substanz %	In der Trocken-Substanz: Fett %	Stickstoff in der Trocken-Substanz %	Analytiker
19	Stenotomus oder Diplodus argyrops	1883	79,69	17,45	1,46	—	1,40	85,74	7,19	13,72	
	desgl.	„	71,94	18,85	7,86	—	1,35	67,18	28,01	10,75	
	desgl.	„	73,19	19,41	6,01	—	1,39	72,40	22,41	11,58	
	Stenotomus, Mittel	.	**74,94**	**18,57**	**5,11**	—	**1,38**	**75,11**	**19,20**	**12,02**	
20	Diplodus oder Argosargus probatocephalus	1883	71,54	20,69	6,68	—	1,09	72,70	23,47	11,63	
	desgl.	„	78,73	19,29	0,66	—	1,32	90,69	3,10	14,51	
	Diplodus, Mittel	.	**75,14**	**19,99**	**3,67**	—	**1,20**	**81,70**	**13,28**	**13,07**	
21	Alse (Alosa oder Clupea sapidissima)	1883	69,37	18,57	10,76	—	1,30	60,63	35,13	9,70	*Atwater und Woods*[1])
	desgl.	„	65,12	19,83	13,57	—	1,48	56,85	38,90	9,10	
	desgl.	„	70,57	18,03	10,06	—	1,34	61,26	33,84	9,80	
	desgl.	„	70,78	18,12	10,20	—	0,90	62,01	34,91	9,92	
	desgl.	„	71,89	20,08	6,50	—	1,53	71,43	23,12	11,43	
	desgl.	„	72,01	18,37	8,08	—	1,54	65,63	28,87	10,50	
	desgl.	„	73,83	18,31	7,01	—	1,35	69,97	26,56	11,20	
	Alse (Alosa), Mittel	.	**70,44**	**18,76**	**9,45**	—	**1,35**	**63,97**	**31,62**	**10,24**	
22	Coregonus clupeiformis	1883	69,22	22,73	6,45	—	1,60	73,85	20,96	11,82	
23	Pomolobus vernalis	„	72,82	19,69	6,01	—	1,48	72,44	22,11	11,59	
	b. Fettarme Fische:										
24	Hecht (Esox lucius)	?	77,53	20,36	0,60	0,22	1,29	90,61	2,67	14,50	*A. Payen*[2])
	desgl.	1878	77,37	19,86	0,79	1,60	0,38	87,76	3,49	14,04	*C. Krauch*[3])
	desgl.	1877	83,89	14,81	0,15	0,02	1,13	91,93	0,93	14,71	*A. Almen*[4])
	desgl.	1883	79,73	18,66	0,58	—	1,03	92,06	2,81	14,73	
	Hecht, Mittel	.	**79,63**	**18,42**	**0,53**	**0,46**	**0,96**	**90,59**	**2,42**	**14,50**	
25	Esox nobilior	1883	76,26	20,15	2,54	—	1,57	84,66	10,67	13,54	*Atwater u. Woods*[1])
26	Hecht (Esox reticulatus)	„	79,81	18,43	0,52	—	1,24	91,28	2,58	14,59	
	desgl.	„	79,40	19,00	0,49	—	1,13	92,23	2,38	14,76	
	No. 26, Mittel	.	**79,60**	**18,71**	**0,51**	—	**1,18**	**91,76**	**2,48**	**14,68**	
27	Gemeiner Schellfisch (Gadus aeglefinus)	1874	80,97	17,09	0,34	—	1,64	89,91	1,79	14,39	*J. König u. B. Farwick*[5])
	desgl.	?	82,95	15,06	0,38	—	1,61	88,33	2,23	14,13	*A. Payen*[2])
	desgl.	1883	80,14	18,54	0,17	—	1,15	93,35	0,70	14,94	
	desgl.	„	81,79	16,50	0,14	—	1,57	90,61	0,71	14,50	*Atwater u. Woods*[1])
	desgl.	„	82,24	16,26	0,32	—	1,18	91,55	1,80	14,65	
	desgl.	„	81,42	17,21	0,35	—	1,02	92,63	1,88	14,88	

[1]) Vergl. Anmerkung 4 u. ***) zu No. 1. S. 201.
[2]) Vergl. Anmerkung 1 u. *) zu No. 1. S. 200.
[3]) Original-Mittheilung.
[4]) Vergl. Anmerkung 3 u. **) zu No. 1. S. 200.
[5]) Zeitschr. f. Biologie. 1874. S. 497.

No.	Nähere Bezeichnung	Zeit der Untersuchung	Wasser %	Stickstoff-Substanz %	Fett %	N-freie Extractstoffe %	Asche %	In der Trocken-Substanz: Stickstoff-Substanz %	In der Trocken-Substanz: Fett %	Stickstoff in der Trocken-Substanz %	Analytiker
	Gemeiner Schellfisch . .	1887	81,91	17,06	0,11	—	1,15	94,31	0,61	15,09	W. O. Atwater[1])
	desgl.	„	80,58	18,63	0,36	—	1,19	95,92	1,85	15,33	
	Schellfisch, Mittel	.	**81,50**	**16,93**	**0,26**	—	**1,31**	**91,51**	**1,40**	**14,64**	
28	Kabliau, Stockfisch oder Dorsch genannt (Gadus morrhua resp. G. calarias)	1877	82,98	15,38	0,20	—	1,44	90,36	1,17	(15,72)	A. Almen[2])
	desgl.	1883	83,06	15,41	0,28	—	1,25	90,97	1,65	14,56	Atwater u. Woods[3])
	desgl.	„	82,45	15,90	0,40	—	1,25	90,60	2,28	14,50	
	desgl.	„	80,12	18,18	0,30	—	1,40	91,45	1,51	14,62	
	desgl.	„	82,96	15,74	0,31	—	0,99	92,37	1,82	14,78	
	desgl.	„	81,62	16,68	0,50	—	1,20	90,75	2,73	14,52	
	Kabliau, Mittel	.	**82,20**	**16,23**	**0,33**	—	**1,36**	**91,08**	**1,86**	**14,57**	
29	Gadus tom-cod	1883	81,55	17,24	0,38	—	0,99	93,44	2,06	14,95	
30	Gadus virens	„	76,02	21,60	0,78	—	1,55	90,07	3,25	14,41	
31	Flussbarsch (Perca fluviatilis)	1877	80,06	18,11	0,44	0,01	1,38	90,82	2,21	14,53	A. Almen[2])
	desgl.		80,49	17,82	0,55	—	1,14	91,34	2,82	14,61	Atwater u. Woods[3])
	desgl.		77,90	19,64	1,12	—	1,34	88,87	5,07	14,22	
	Flussbarsch, Mittel	.	**79,48**	**18,53**	**0,70**	—	**1,29**	**90,34**	**3,37**	**14,48**	
32	Scholle oder Kliesche (Pleuronectes platessa resp. limanda)	?	79,41	18,06	2,05	—	(0,48)	87,71	9,96	14,03	A. Payen[4])
	desgl.	1877	77,39	19,35	1,80	—	1,46	85,58	7,92	13,69	A. Almen[2])
	Scholle, Mittel	.	**78,35**	**18,71**	**1,93**	—	**1,01**	**88,86**	**5,60**	**14,22**	
33	Seezunge (Pleuronectes solea)	?	86,14	11,94	0,25	0,45	1,22	86,15	1,80	13,78	Payen u. Woods[4])
34	Karpfen (Cyprinus carpio) .	?	76,97	21,86	1,09	—	1,33	94,92	4,73	15,19	
35	Rochen (Raja sp.) . . .	1883	79,85	17,69	1,35	—	1,11	87,79	6,70	14,05	Atwater[3])
	desgl.	?	75,49	(24,03)	0,47	—	(1,71)	98,04	1,92	(15,69)	Payen[4])
	Rochen, Mittel	.	**77,67**	**19,51** *)	**0,91**	—	**1,11**	**92,92**	**4,31**	**14,87**	
36	Gründling (Gobio) . . .	?	76,89	17,37	2,68	—	3,44	75,16	11,60	12,02	
37	Flunder ? (Paralichtys dentatus)	1883	83,22	14,88	0,62	—	1,28	88,68	3,69	14,19	Atwater u. Woods[3])
	desgl.	„	84,77	13,18	0,77	—	1,28	86,54	5,06	13,85	
	Flunder, Mittel	.	**84,00**	**14,03**	**0,69**	—	**1,28**	**87,61**	**4,38**	**14,02**	
38	Saibling oder Forelle (Salmo salvelinus resp. Salvelinus fontinalis)	1883	77,40	18,57	2,61	—	1,42	82,17	11,55	13,15	
	desgl.	„	79,56	18,73	0,75	—	0,96	91,63	3,67	14,66	
	desgl.	„	75,57	20,24	2,94	—	1,25	82,85	11,63	13,26	
	Saibling, Mittel	.	**77,51**	**19,18**	**2,10**	—	**1,21**	**85,55**	**8,95**	**13,69**	

[1]) Zeitschr. f. Biologie. 1887. N. F. Bd. VI. S. 16.
[2]) Vergl. Anmerkung 3 u. **) zu No. 1. S. 200.
[3]) Vergl. Anmerkung 4 u. ***) zu No. 1. S. 201.
[4]) Vergl. Anmerkung 1 u. *) zu No. 1. S. 200.
*) Aus der Differenz berechnet.

No.	Nähere Bezeichnung	Zeit der Untersuchung	Wasser %	Stickstoff-Substanz %	Fett %	N-freie Extractstoffe %	Asche %	In der Trocken-Substanz: Stickstoff-Substanz %	In der Trocken-Substanz: Fett %	Stickstoff in der Trocken-Substanz %	Analytiker
39	Micropterus pallidus . . .	1883	78,45	19,40	0,96	—	1,19	90,02	4,45	14,40	
	desgl.	„	74,67	21,67	2,43	—	1,23	85,55	9,60	13,69	
	Micropterus, Mittel	.	**76,56**	**20,54**	**1,69**	—	**1,21**	**87,79**	**7,03**	**14,05**	
40	Scinops ocellatus	1883	81,40	16,84	0,53	—	1,23	90,54	2,85	14,49	
41	Centropristis atrarius . .	„	78,48	19,61	0,49	—	1,42	91,12	2,27	14,58	
42	Roccus lineatus	„	78,68	18,62	1,55	—	1,15	87,34	7,27	13,97	
	desgl.	„	79,53	16,94	2,17	—	1,36	82,66	10,11	13,23	
	desgl.	„	77,13	18,95	2,81	—	1,11	82,86	12,29	13,24	
	desgl.	„	75,60	19,50	3,63	—	1,27	79,92	14,88	12,78	
	desgl.	„	77,74	18,94	2,20	—	1,12	85,09	9,88	13,61	
	desgl.	„	76,52	17,95	4,61	—	0,92	76,45	19,63	12,23	
	Roccus lin., Mittel	.	**77,53**	**18,49**	**2,83**	—	**1,15**	**82,29**	**12,34**	**13,17**	
43	Roccus americanus . . .	1883	75,64	17,95	5,62	—	1,11	73,68	23,07	11,79	
	desgl.	„	75,77	20,58	2,52	—	1,28	84,93	14,00	13,59	
	Roccus americ., Mittel	.	**75,71**	**19,27**	**4,07**	—	**1,19**	**79,31**	**18,54**	**12,69**	
44	Tautoga onitis	1883	76,66	19,26	2,80	—	1,28	82,52	12,00	13,20	
	desgl.	„	81,22	17,58	0,55	—	0,65	93,61	2,93	14,98	
	desgl.	„	79,48	18,87	0,62	—	1,03	91,96	3,02	14,71	
	desgl.	„	78,28	18,92	1,44	—	1,36	87,11	6,63	13,94	*Atwater und*
	Tautoga, Mittel	.	**78,91**	**18,66**	**1,35**	—	**1,08**	**88,80**	**6,15**	**14,21**	*Woods*[1])
45	Pomatomus saltatrix . .	1883	78,16	19,34	1,24	—	1,26	88,55	5,68	14,17	
46	Myxostoma velata . . .	„	78,49	17,97	2,45	—	1,19	83,54	10,93	13,37	
47	Argyrosomus tulliber . .	„	76,04	19,23	3,48	—	1,25	80,26	14,52	12,83	
48	Brosmius brosme, americanus	„	81,95	16,98	0,17	—	0,90	94,07	0,94	15,05	
49	Pseudopleuronectes americanus	„	83,92	14,45	0,44	—	1,19	89,86	2,74	14,38	
50	Epinephelus morio . . .	„	79,73	18,63	0,48	—	1,16	91,91	2,37	14,71	
	desgl.	„	78,47	19,69	0,71	—	1,13	91,50	3,30	14,64	
	Epinephelus, Mittel	.	**79,10**	**19,16**	**0,59**	—	**1,15**	**91,71**	**2,84**	**14,67**	
51	Phycis chuss	1883	83,01	15,34	0,67	—	0,98	90,34	3,95	14,45	
52	Meuticirrus nebulosus . .	„	78,99	18,88	0,95	—	1,18	94,35	4,75	15,10	
53	Stizostedium canadense . .	„	80,34	17,78	0,76	—	1,12	90,44	3,87	14,47	
54	Stizostedium vitreum . .	„	79,61	18,55	0,47	—	1,37	90,98	2,31	14,56	
55	Pollachius carbonarius . .	„	76,06	21,61	0,78	—	1,55	90,27	3,26	14,44	
56	Lutjanus blackfordii . .	„	77,07	19,68	1,93	—	1,32	85,83	8,42	13,73	
	desgl.	„	79,06	19,08	0,54	—	1,33	91,12	2,58	14,58	
	Lutjanus, Mittel	.	**78,06**	**19,38**	**1,23**	—	**1,32**	**88,48**	**5,50**	**14,16**	

[1]) Vergl. Anmerkung 4 u. ***) zu No. 1. S. 201.

No.	Nähere Bezeichnung	Zeit der Untersuchung	Wasser %	Stickstoff-Substanz %	Fett %	N-freie Extractstoffe %	Asche %	Chlornatrium %	In der Trocken-Substanz: Stickstoff-Substanz %	In der Trocken-Substanz: Fett %	Stickstoff in der Trocken-Substanz %	Analytiker
57	Osmerus mordax	1883	79,66	16,42	1,93	—	1,99	—	80,73	9,49	12,92	
	desgl.	„	78,30	18,69	1,65	—	1,36	—	86,13	7,60	13,78	
	Osmerus, Mittel	.	**78,98**	**17,55**	**1,79**	—	**1,68**	—	**83,43**	**8,55**	**13,35**	*Atwater u. Woods*[1])
58	Acipenser sturio (Stöhr) .	1883	78,59	18,08	1,90	—	1,43	—	84,45	8,87	13,51	
59	Cynosion regale	„	78,70	17,74	2,38	—	1,18	—	83,29	11,17	13,33	

Conservirte Fische.

a. Getrocknete Fische:

No.	Nähere Bezeichnung	Zeit der Untersuchung	Wasser %	Stickstoff-Substanz %	Fett %	N-freie Extractstoffe %	Asche %	Chlornatrium %	In der Trocken-Substanz: Stickstoff-Substanz %	In der Trocken-Substanz: Fett %	Stickstoff in der Trocken-Substanz %	Analytiker
60	Stockfisch (getrockn. Schellfisch, Gadus morrhua, resp. aeglefinus virens) .	1877	13,71	79,93	1,20	—	6,89	0,19	92,63	1,39	14,82	*A. Almen*[2])
	desgl.	1878	18,60	77,90	0,36	1,62	1,52	—	95,70	0,44	15,31	*J. König u. Krauch*[3])
	desgl. gleichzeitig gesalzen	1883	14,75	75,41	1,84	—	8,00	2,88	88,46	2,16	14,15	*Atwater*[1])
	desgl. gleichzeitig gesalzen	„	11,65	72,02	4,89	—	11,84	6,60	81,52	5,54	13,04	
	Stockfisch, Mittel: ungesalzen	.	**16,16**	**81,54**	**0,74**	—	**1,56**	—	**97,26**	**0,88**	**15,56**	
	Stockfisch, Mittel: gesalzen .	.	**13,20**	**73,72**	**3,37**	—	**9,92**	**4,74**	**84,93**	**3,88**	**13,59**	
61	Leng (Gadus molva) . .	1877	28,53	59,11	0,57	—	11,82	9,08	82,71	0,80	13,23	*A. Almen*[2])
	Von anderen Gadus-Arten .	„	17,02	76,06	0,70	—	8,73 *)	0,60	91,66	0,84	14,67	

b. Gesalzene und geräucherte Fische:

No.	Nähere Bezeichnung	Zeit der Untersuchung	Wasser %	Stickstoff-Substanz %	Fett %	N-freie Extractstoffe %	Asche %	Chlornatrium %	In der Trocken-Substanz: Stickstoff-Substanz %	In der Trocken-Substanz: Fett %	Stickstoff in der Trocken-Substanz %	Analytiker
62	Laberdan (gesalzener Kabeljau, Gadus morrhua) .	?	47,03	31,39	0,38	—	21,32	19,55	59,26	0,72	9,48	*A. Payen*[4])
	desgl.	1877	52,42	28,50	0,40	—	19,75	18,00	59,90	0,84	9,61	*A. Almen*[2])
	desgl.	1883	51,74	23,97	0,24	—	24,05	20,95	49,67	0,50	7,95	*Atwater u. Woods*[1])
	desgl.	„	51,40	24,82	0,44	—	23,34	20,22	51,07	0,91	8,17	
	Laberdan, Mittel	.	**50,54**	**27,07**	**0,36**	—	**22,10**	**19,68**	**55,00**	**0,74**	**8,80**	
63	Schellfisch (Gadus aeglefinus) geräuchert	1883	72,85	23,38	0,17	—	3,60	2,06	86,11	0,63	13,78	
	desgl. gesalzen und eingemacht in Büchsen . .	„	68,39	22,18	2,21	—	7,22	5,59	70,17	6,99	11,23	
64	Pferdezunge (amerikanisch. Schellfisch, Hippoglossus americanus) geräuchert u. gesalzen	1883	50,89	18,43	15,55	—	15,13	13,05	37,53	31,66	6,00	
	desgl.	„	47,69	23,01	14,44	—	14,86	12,87	43,99	27,60	7,02	
	Pferdezunge, Mittel	.	**49,29**	**20,72**	**15,00**	—	**14,99**	**12,97**	**40,76**	**29,63**	**6,51**	

[1]) Vergl. Anmerkung 4 u. ***) zu No. 1. S. 201.
[2]) Vergl. Anmerkung 3 u. **) zu No. 1. S. 200.
[3]) Zeitschr. f. Biologie. 1874. S. 497.
[4]) Vergl. Anmerkung 1 u. *) zu No. 1. S. 200.

*) Ohne Zweifel incl. Asche von Gräten etc.

No.	Nähere Bezeichnung	Zeit der Untersuchung	Wasser %	Stickstoff-Substanz %	Fett %	N-freie Extractstoffe %	Asche %	Chlornatrium %	In der Trocken-Substanz Stickstoff-Substanz %	In der Trocken-Substanz Fett %	Stickstoff in der Trocken-Substanz %	Analytiker
65	Makrele (gesalzen, Scomber scombrus)	1877	48,43	20,82	14,10	0,38	16,27	14,50	40,37	27,34	6,46	A. Almen[1])
	desgl.	1883	42,57	21,34	22,80	—	13,29	10,60	37,16	39,70	5,95	Atwater u. Woods[2])
	desgl.	„	43,34	16,64	28,02	—	12,00	9,44	29,37	49,45	4,70	Atwater u. Woods[2])
	desgl.	„	43,48	17,89	24,81	—	13,72	11,16	31,65	43,90	5,06	Atwater u. Woods[2])
	Makrele (gesalzen), Mittel	.	**44,45**	**19,17**	**22,43**	**0,13**	**13,82**	**11,42**	**34,64**	**40,10**	**5,54**	
66	Häring (Clupea harengus, gesalzen, Pökelhäring)	?	48,99	19,45	12,72	2,51	16,33	14,62	38,13	24,98	6,10	A. Payen[3])
	desgl.	1874	47,12	18,97	16,67	—	17,24	15,14	35,87	31,52	5,74	König und Farwick[4])
	desgl.	1877	42,52	18,28	21,30	2,19	15,66	13,65	31,80	37,09	5,09	A. Almen[1])
	Pökelhäring, Mittel	.	**46,23**	**18,90**	**16,89**	**1,57**	**16,41**	**14,47**	**35,27**	**31,20**	**5,64**	
67	Häring, gesalz. u. geräuchert	1883	34,38	36,76	15,74	—	13,12	11,66	56,02	23,99	8,96	Atwater u. Woods[2])
68	Strömling (Clupea harengus, var. membras), gesalzen	1877	55,62	19,37	7,05	0,03	17,93	16,24	43,65	15,89	6,98	A. Almen[1])
69	Sardelle (Clupea sardina) gesalzen	1874	51,77	22,30	2,21	—	23,27	20,59	44,16	4,59	7,40	König u. Farwick[4])
70	Lachs, Salm (Salmo salar), gesalzen und geräuchert	„	51,89	26,00	11,72	1,00	9,39	7,94	54,04	24,36	8,65	König u. Farwick[4])
	desgl.	1877	51,04	22,38	12,00	—	14,70	13,81	45,71	24,51	7,31	A. Almen[1])
	Lachs, geräuchert, Mittel	.	**51,46**	**24,19**	**11,86**	**0,45**	**12,04**	**10,87**	**49,88**	**24,44**	**7,98**	
	c. Geräucherte und eingelegte Fische:											
71	Californischer Salm (Oncorhynchus chonicha), in Büchsen eingemacht	1883	66,02	21,11	11,08	—	1,79	0,53	62,12	32,61	9,94	Atwater u. Woods[2])
	desgl.	„	62,03	19,95	14,50	—	3,52	2,19	52,54	38,19	8,41	Atwater u. Woods[2])
	desgl.	„	57,36	19,44	21,44	—	1,76	0,41	45,59	50,28	7,29	Atwater u. Woods[2])
	Californ. Salm, Mittel	.	**61,78**	**20,16**	**15,68**	—	**2,38**	**1,33**	**53,42**	**40,36**	**8,55**	
72	Bücklinge (geräucherter Häring, Clupea harengus)	1874	69,49	21,12	8,51	—	1,24	—	69,22	27,89	11,07	König, Farwick u. C. Krauch[4])
73	Kieler Sprotten (Clupea sprattus), geräuchert	„	59,89	22,73	15,94	0,98	0,46	—	56,67	39,74	9,07	König, Farwick u. C. Krauch[4])
74	Neunauge (Petromyzon fluviatilis), geräuchert	„	51,21	20,18	25,59	1,61	1,41	—	41,36	52,45	6,62	König, Farwick u. C. Krauch[4])
75	Anchovis oder Sardines à l'huile (Clupea encras), in Oel eingelegt	?	46,04	37,50	9,36	—	7,10	—	69,50	17,35	11,12	A. Payen[3])
	desgl.	1883	56,62	24,98	12,76	—	5,64	—	57,58	29,41	9,21	Atwater u. Woods[2])
	desgl.	1884	58,26	15,23	11,69*)	0,55	14,27	—	36,49	28,01	5,84	J. König[5])
	Anchovis od. Sardinen, Mittel	.	**53,64**	**25,90**	**11,27**	**0,19**	**9,00**	—	**54,52**	**24,92**	**8,72**	

[1]) Vergl. Anmerkung 3 u. **) zu No. 1. S. 200.
[2]) Vergl. Anmerkung 4 u. ***) zu No. 1. S. 201.
[3]) Vergl. Anmerkung 1 u. *) zu No. 1. S. 200.
[4]) Zeitschr. f. Biologie. 1874. S. 497 u. Chem. u. techn. Untersuch. d. Versuchsstation Münster. 1878. S. 106.
[5]) Original-Mittheilung.
*) Für die Analyse wurde das äusserlich anhaftende Oel mit Fliesspapier thunlichst entfernt.

Gehalt der amerikanischen Fische an Abfall und essbarem Theil; Zusammensetzung des letzteren etc.

von W. O. Atwater.[1])

No.	Nähere Bezeichnung	Zeit des Fanges	Gewicht des Fisches g	Abfälle*) (Eingeweide, Gräten, Haut etc.) %	Essbarer Theil (Fleisch) %	Essbarer Theil: Wasser %	Essbarer Theil: Trocken-Substanz (nährfähig) %	Essbarer Theil: Nährende Bestandtheile: Protein†) %	Essbarer Theil: Nährende Bestandtheile: Fett %	Essbarer Theil: Nährende Bestandtheile: Salze %
	I. Frische Fische:									
1	Acipenser sturio, Stör, Sturgeon . .	April	753,0	14,4	85,6	67,4	18,2	15,4	1,6	1,2
2	Myxostema velatum, Buffala fish (Eingeweide entfernt)	"	1500,0	52,5	47,5	37,3	10,2	8,5	1,1	0,6
3	Clupea harengus, Häring, Herring . .	März	1080,8	46,0	54,0	37,3	16,7	10,0	5,9	0,8
4	Clupea vernalis, Alewise	Frühjahr	859,0	49,5	50,5	38,3	12,2	9,5	1,9	0,8
	desgl.	April	879,2	49,4	50,6	36,9	13,7	9,9	3,0	0,8
	No. 4, Mittel	.	**869,1**	**49,5**	**50,5**	**37,5**	**13,0**	**9,7**	**2,5**	**0,8**
5	Clupea oder Alosa sapidissima, Alse, Common Shad	Frühjahr	1925,0	49,3	50,7	35,3	15,4	9,2	5,5	0,7
	desgl.	"	1595,0	46,4	53,6	35,0	18,6	10,5	7,3	0,8
	desgl.	Mai	1752,0	45,9	54,1	38,3	15,8	9,6	5,5	0,7
	desgl.	März	1196,0	44,4	55,6	39,5	16,1	9,9	5,7	0,5
	desgl.	April	1461,0	53,2	46,8	33,7	13,1	9,3	3,1	0,7
	desgl.	"	1579,0	52,7	47,3	34,1	13,2	8,6	3,8	0,8
	desgl.	"	1801,0	58,8	41,2	30,3	10,9	7,4	2,9	0,6
	No. 5, Mittel	.	**1615,6**	**50,1**	**49,9**	**35,2**	**14,7**	**9,2**	**4,8**	**0,7**
6	Osmerus mordax, Smelt whole . . .	März	1023,0	34,8	65,2	52,3	12,9	10,4	1,2	1,3
	desgl.	"	398,0	49,0	51,0	39,9	11,1	9,6	0,8	0,7
	No. 6, Mittel	.	**710,5**	**41,9**	**58,1**	**46,1**	**12,0**	**10,0**	**1,0**	**1,0**
7	Coregonus clupei formis, White fish .	November	1313,0	53,5	46,5	32,5	14,0	10,3	3,0	0,7
8	Coregonus sp. (tulliber od. artedi?), Cisco	December	1256,0	42,7	57,3	43,6	13,7	11,0	2,0	0,7
9	Oncorhyncus chonicha, Californ. Salm, Califormia Salmon	—	—	—	100,0	62,7	37,3	17,0	19,2	1,1
	desgl.	April	870,5	10,3	89,7	57,9	31,8	16,1	14,8	0,9
	No. 9, Mittel	.	**870,5**	**5,2**	**94,8**	**60,3**	**34,5**	**16,5**	**17,0**	**1,0**
10	Salmo salar, Lachs (Salm), Common Atlantic salmon, weiblich	Juli	5948,0	33,5	66,5	42,2	24,3	13,3	10,0	1,0
	desgl.	"	5082,0	30,8	69,2	45,0	24,2	13,9	9,3	1,0
	desgl.	Juni	5107,0	37,5	62,5	38,3	24,2	15,2	8,1	0,9
	Salmo salar etc., männlich	"	5826,0	39,5	60,5	36,6	23,6	14,8	7,9	0,9
	No. 10, Mittel	.	**5515,7**	**35,3**	**64,7**	**40,6**	**24,1**	**14,3**	**8,8**	**1,0**
	Salmo salar, nach Entfernung der Eingeweide	Frühjahr	4764,3	23,8	76,2	51,2	25,0	14,6	9,5	0,9

[1]) American Chem. Journ. 1887. No. IX. W. O. Atwater hat von den vorstehend untersuchten Fischen noch verschiedene andere Bestimmungen ausgeführt, welche hier ebenfalls mitgetheilt werden mögen. Ich gebe diese Tabelle in der von Atwater gewählten Reihenfolge.

*) Wo nichts weiter bemerkt ist, wurden die Abfälle vom ganzen Fisch bestimmt.

†) Aus der Differenz berechnet.

No.	Nähere Bezeichnung	Zeit des Fanges	Gewicht des Fisches g	Abfälle (Eingeweide, Gräten, Haut etc.) %	Essbarer Theil (Fleisch) %	Essbarer Theil: Wasser %	Essbarer Theil: Trocken-Substanz (nährfähig) %	Nährende Bestandtheile: Protein %	Nährende Bestandtheile: Fett %	Nährende Bestandtheile: Salze %
11	Salvelinus od. Christivomer nomaycush Salm, Lake trout	Novbr.	3600,4	56,3	43,7	30,0	13,7	7,7	5,4	0,6
	desgl. nach Entfernung der Eingeweide	April	2477,0	35,2	63,8	45,0	19,8	12,4	6,6	0,8
12	Salvelinus fontinalis, Saibling oder Forelle, Brook trout	März	1295,0	50,1	49,9	38,7	11,2	9,2	1,3	0,7
	desgl.	April	353,1	45,2	54,8	43,8	11,0	10,1	0,4	0,5
	desgl.	„	346,0	49,1	50,9	38,6	12,3	10,2	1,5	0,6
	No. 12, Mittel	.	**664,7**	**48,1**	**51,9**	**40,4**	**11,5**	**9,8**	**1,1**	**0,6**
13	Esox reticulatus, Hecht, Common eastern pickerel	Novbr.	960,6	45,4	54,6	43,6	11,0	10,0	0,3	0,7
	desgl.	April	600,0	48,7	51,3	40,8	10,5	9,7	0,2	0,6
	No. 13, Mittel	.	**780,3**	**47,1**	**52,9**	**42,2**	**10,7**	**9,8**	**0,2**	**0,7**
14	Esox lucius, Hecht, Pike, Pickerel .	Novbr.	1617,0	42,7	57,3	45,7	11,6	10,7	0,3	0,6
15	Esox nobilior, Hecht, Mascalonge . .	März	4118,0	49,2	50,8	38,7	12,1	10,0	1,3	0,8
16	Anguillula rostrata, Meeraal, Eel, Salt water (nach Entfernung von Kopf, Haut und Eingeweiden)	Frühjahr	1368,0	21,4	78,6	54,9	23,7	14,9	8,1	0,7
	desgl.	April	436,0	19,0	81,0	59,4	21,6	14,3	6,4	0,9
	No. 16, Mittel	.	**902,0**	**20,2**	**79,8**	**57,2**	**22,6**	**14,6**	**7,2**	**0,8**
17	Mugil albula, Striped mullet	Decbr.	707,5	57,9	42,1	31,5	10,6	8,1	2,0	0,5
18	Scomber scombrus, Makrele, Common mackerel	Frühjahr	1280,0	38,3	61,7	48,5	13,2	11,2	1,4	0,6
	desgl.	„	898,2	51,8	48,2	35,8	12,4	8,4	3,4	0,6
	desgl.	Mai	2594,0	48,9	51,1	37,9	13,2	8,9	3,6	0,7
	desgl.	Decbr.	522,1	33,8	66,2	42,4	23,8	12,1	10,7	1,0
	desgl.	April	576,0	50,4	49,6	37,4	12,2	9,5	2,1	0,6
	No. 18, Mittel	.	**1034,5**	**46,6**	**55,4**	**40,4**	**15,0**	**10,6**	**4,3**	**0,7**
	desgl. nach Entfernung der Eingeweide	April	640,0	40,7	59,3	43,7	15,6	11,4	3,5	0,7
19	Cybium maculatum, Spanish Mackerel	März	1512,4	34,6	65,4	44,5	20,9	13,7	6,2	1,0
20	Trachynotus carolinus, Common pompano	April	683,5	42,4	57,6	38,8	18,8	10,5	7,8	0,5
	desgl.	„	949,0	48,6	51,4	40,2	11,2	9,9	0,8	0,5
	No. 20, Mittel	.	**816,3**	**45,5**	**54,5**	**39,5**	**15,0**	**10,2**	**4,3**	**0,5**
21	Pomatomus saltator, Blue fish (Eingeweide entfernt)	Frühjahr	1400,0	48,6	51,4	40,3	11,1	9,8	0,6	0,7
22	Stromateus triacanthus, Butterfish . .	Novbr.	724,0	42,8	57,2	40,1	17,1	10,2	6,3	0,6
23	Micropterus salmoides, Black bass (large mouthed)	März	1676,5	56,0	44,0	34,6	9,4	8,5	0,4	0,5
	desgl. (small mouthed)	Novbr.	772,8	53,6	46,4	34,7	11,7	10,0	1,1	0,6
24	Perca fluviatilis, Flussbarsch, Yellow perch	Decbr.	1152,0	62,7	37,3	30,0	7,3	6,7	0,2	0,4
	desgl., Kopf, Flossen, Schwanz und Eingeweide entfernt	März	302,0	35,1	64,9	50,7	14,2	12,6	0,7	0,9

No.	Nähere Bezeichnung	Zeit des Fanges	Gewicht des Fisches	Abfälle (Eingeweide, Gräten, Haut etc.)	Essbarer Theil (Fleisch)	Essbarer Theil: Wasser	Trocken-Substanz (nährfähig)	Nährende Bestandtheile: Protein	Fett	Salze
			g	%	%	%	%	%	%	%
25	Stizostedium canadense, Gray pike . .	April	349,5	63,2	36,8	29,7	7,1	6,4	0,3	0,4
26	Roccus lineatus, Striped bass, Rock .	Frühjahr	2055,0	56,7	43,3	34,2	9,1	7,9	0,7	0,5
	desgl.	Novbr.	1098,5	56,9	43,1	34,4	8,7	7,2	0,9	0,6
	desgl.	April	1132,0	48,6	51,4	39,7	11,7	9,7	1,4	0,6
	desgl.	„	1270,0	57,1	42,9	32,5	10,4	8,3	1,6	0,5
	desgl.	„	906,0	55,4	44,6	34,7	9,9	8,4	1,0	0,5
	No. 26, Mittel	.	**1292,3**	**54,9**	**45,1**	**35,1**	**10,0**	**8,3**	**1,1**	**0,6**
	Roccus lineatus, nach Entfernung der Eingeweide	April	969,5	51,2	48,8	37,4	11,4	8,7	2,2	0,5
27	Roccus americanus, White perch . .	März	770,1	63,2	36,8	27,8	9,0	6,5	2,1	0,4
	desgl.	„	935,9	61,8	38,2	28,9	9,3	7,8	1,0	0,5
	No. 27, Mittel	.	**853,0**	**62,5**	**37,5**	**28,4**	**9,1**	**7,2**	**1,5**	**0,4**
28	Centropristris atrarius, Sea bass . .	April	2985,0	56,1	43,9	34,8	9,1	8,3	0,2	0,6
29	Epinephelus morio, Red grouper, nach Entfernung der Eingeweide . . .	Decbr.	1559,0	55,8	44,2	35,3	8,9	8,2	0,2	0,5
	desgl.	Mai	5344,0	55,9	44,1	34,8	9,3	8,5	0,3	0,5
	No. 29, Mittel	.	**3451,5**	**55,9**	**44,1**	**35,0**	**9,1**	**8,4**	**0,2**	**0,5**
30	Lutjanus blackfordii, Red snapper, ganz	Novbr.	3507,5	40,0	60,0	46,9	13,1	12,0	0,4	0,8
	desgl., Eingeweide entfernt	April	5498,7	52,5	47,5	36,8	10,7	9,2	0,9	0,6
	desgl., Eingeweide und Kiemen entfernt	„	1848,0	45,3	54,7	43,7	11,0	10,0	0,3	0,7
	desgl., zubereitet, Mittel von 2 Proben	.	—	**48,9**	**51,1**	**40,3**	**10,8**	**9,6**	**0,6**	**0,6**
31	Diplodus argyrops, Porgy	Frühjahr	1190,5	65,1	34,9	27,8	7,1	6,1	0,5	0,5
	desgl.	Mai	2857,0	57,3	42,7	30,7	12,0	8,0	3,4	0,6
	desgl.	April	896,0	57,6	42,4	31,1	11,3	8,2	2,5	0,6
	No. 31, Mittel	.	**1647,8**	**60,0**	**40,0**	**29,9**	**10,1**	**7,4**	**2,1**	**0,6**
32	Diplodus probatocephalus, Sheepshead, Eingeweide entfernt	März	1974,2	56,5	43,5	31,3	12,2	8,8	2,9	0,5
	desgl., ganz	April	886,5	66,0	34,0	26,9	7,1	6,4	0,2	0,5
33	Sciana ocellata, Red bass	Mai	3033,0	63,5	36,5	29,8	6,7	6,1	0,2	0,4
34	Menticirrus nebulosus, Barb, Kingfish	April	685,5	56,6	43,4	34,4	9,0	8,1	0,4	0,5
35	Cynoscion regale, Weakfish	Mai	909,4	51,9	48,1	38,0	10,1	8,4	1,1	0,6
36	Tautoga onitis, Blackfish, ganz . . .	Decbr.	2060,0	56,2	43,8	33,7	10,1	8,3	0,2	0,6
	desgl., ganz	März	1446,5	64,1	35,9	29,2	6,7	6,3	0,2	0,2
	desgl., Eingeweide entfernt	April	1147,0	57,8	42,2	33,5	8,7	7,9	0,4	0,4
	desgl. desgl.	Mai	1189,0	53,6	46,4	36,4	10,0	8,7	0,7	0,6
	desgl., ganz, Mittel von 2 Proben	.	**1753,3**	**60,1**	**39,9**	**31,5**	**8,4**	**7,3**	**0,7**	**0,4**
	desgl., zubereitet, desgl.	.	**1193,0**	**55,7**	**44,3**	**35,0**	**9,3**	**8,3**	**0,5**	**0,5**
37	Phycis chuss, Hake, Eingeweide entfernt	Decbr.	6534,5	52,5	47,5	39,5	8,0	7,2	0,3	0,5
38	Brosmius brosne, Cusk	„	1436,5	40,3	59,7	49,0	10,7	10,7	0,1	0,5

No.	Nähere Bezeichnung	Zeit des Fanges	Gewicht des Fisches g	Abfälle (Eingeweide, Gräten, Haut etc.) %	Essbarer Theil (Fleisch) %	Essbarer Theil: Wasser %	Trocken-Substanz (nährfähig) %	Nährende Bestandtheile: Protein %	Fett %	Salze %
39	Gadus aeglefinus, Schellfisch, Haddok, Eingeweide entfernt	Frühjahr	1900,0	51,4	48,6	39,0	9,6	8,9	0,1	0,6
	desgl. desgl.	Novbr.	2402,0	51,6	48,4	39,7	8,7	7,8	0,1	0,8
	desgl. desgl.	April	1480,0	48,0	52,0	42,9	9,1	8,3	0,2	0,6
	desgl. desgl.	"	3235,0	52,9	47,1	38,5	8,6	7,9	0,2	0,5
	No. 39, Mittel	.	**2254,2**	**51,0**	**49,0**	**40,0**	**9,0**	**8,2**	**0,2**	**0,6**
40	Gadus morrhua, Kabeljau, Cod, Kopf und Eingeweide entfernt	Frühjahr	2780,0	33,7	66,3	55,3	11,0	9,9	0,2	0,9
	desgl. desgl.	"	2532,0	30,6	69,4	57,9	11,5	10,4	0,3	0,8
	desgl. desgl.	April	3387,0	25,5	74,5	62,1	12,4	11,4	0,2	0,8
	desgl., ganz	März	1881,0	56,5	43,5	35,1	8,4	7,7	0,1	0,6
	desgl., ganz	April	2481,0	48,5	51,5	42,3	9,2	8,3	0,3	0,6
	desgl., zubereitet, Mittel von 3 Proben	.	**2899,7**	**29,9**	**70,1**	**58,5**	**11,6**	**10,6**	**0,2**	**0,8**
	desgl., ganz, Mittel von 2 Proben . .	.	**2181,0**	**52,5**	**47,5**	**38,7**	**8,8**	**8,0**	**0,2**	**0,6**
41	Gadus Tomcod (tomcodus), Tomcod .	Novbr.	1131,6	59,9	40,1	32,7	7,4	6,8	0,2	0,4
42	Gadus virens, Köhler, Pollock, Kopf und Eingeweide entfernt	Octbr.	2638,0	28,5	71,5	54,3	17,2	15,5	0,6	1,1
43	Hippoglossus vulgaris, Heilbutte, Halibut, Hintertheil entfernt	Frühjahr	1894,0	23,1	76,9	60,9	16,0	13,4	1,7	0,9
	desgl., Theile des Körpers, fetter als erste Probe	"	1075,0	11,2	88,8	62,3	26,5	16,1	9,4	1,0
	desgl., Theile von verschiedenen Stellen des Körpers	März	3705,0	18,7	81,3	62,6	18,7	15,8	2,2	0,7
	No. 43, Mittel	.	—	**17,7**	**82,3**	**61,9**	**20,4**	**15,1**	**4,4**	**0,9**
44	Hippoglossus groenlandicus G., Turbot	März	2496,5	47,7	52,3	37,3	15,0	6,8	7,5	0,7
45	Paralichthys dentatus, Flunder, Common Flounder, Eingeweide entfernt . .	Frühjahr	2308,0	57,0	43,0	35,8	7,2	6,3	0,3	0,6
	desgl., ganz	März	1257,5	66,8	33,2	27,2	6,0	5,2	0,3	0,5
46	Pleuronectes americanus, Winterflounder	April	751,0	56,2	43,8	37,0	6,8	6,1	0,2	0,5
47	Petromyzon marinus, Seeneunauge, Lamprey eel	"	1295,0	45,8	54,2	38,5	15,7	8,1	7,2	0,4
48	Raja sp., Skate, letzter Lappen vom Körper	"	2150,0	51,0	49,0	40,2	8,8	7,5	0,7	0,6
	II. Gelaichte Fische:									
49	Salmo salar, Salm, männlich, ganz .	—	—	43,8	56,2	42,3	13,9	10,8	2,5	0,6
	desgl. weiblich, ganz	—	—	43,5	56,5	44,2	12,3	10,0	1,6	0,7
	Salmo salar: ganz, Mittel	—	—	**43,6**	**56,4**	**43,3**	**13,1**	**10,4**	**2,1**	**0,6**
	Salmo salar, land-locked, männlich .	—	—	48,4	51,6	40,2	11,4	8,7	2,1	0,6
	desgl., weiblich	—	—	46,2	53,8	42,6	11,2	9,5	1,0	0,7
	Salmo salar, land-locked: ganz, Mittel	—	—	**47,3**	**52,7**	**41,4**	**11,3**	**9,1**	**1,6**	**0,6**

No.	Nähere Bezeichnung	Zeit des Fanges	Gewicht des Fisches g	Abfälle (Eingeweide, Gräten, Haut etc.) %	Essbarer Theil (Fleisch) %	Essbarer Theil: Wasser %	Essbarer Theil: Trocken-Substanz (nährfähig) %	Nährende Bestandtheile: Protein %	Nährende Bestandtheile: Fett %	Nährende Bestandtheile: Salze %
	III. Fischrogen:									
50	Rogen von Alosa sapidissima, Alse Shad	April	257,0	—	100,0	72,1	28,8	23,4	3,8	1,6
	IV. Conservirte Fische:		Salz %							
51	Gadus morrhua, Stockfisch (getrockneter Kabliau)		2,9	—	97,1	15,2	81,9	74,6	1,9	5,4
52	Scomber scombrus, Makrele, gesalzen		7,1	33,3	66,7	28,1	31,5	14,7	15,1	1,7
53	Gadus morrhua, Laberdan (gesalzener Kabeljau), Channelfisch		17,3	25,5	57,2	40,0	17,2	15,7	0,3	1,2
	desgl., Boatfish		17,2	24,3	58,5	40,5	18,0	16,4	0,4	1,2
	No. 53, Mittel		**17,2**	**24,9**	**57,9**	**40,3**	**17,6**	**16,0**	**0,4**	**1,2**
	desgl., grätenfrei		19,1	—	80,9	54,4	26,5	22,1	0,3	4,1
	desgl., gesalzen und getrocknet		6,6	—	93,4	11,7	81,7	71,6	4,9	5,2
54	Clupea harengus, Häring, gesalzen und geräuchert		6,5	44,4	49,1	19,2	29,9	20,2	8,8	0,9
55	Gadus aeglefinus, Schellfisch, Haddok, gesalzen und geräuchert		1,4	32,2	66,4	49,2	17,2	16,1	0,1	1,0
56	Hippoglossus vulgaris, Heilbutte, Haddok, gesalzen und geräuchert		12,0	8,0	80,0	47,0	33,0	16,7	14,4	1,9
	desgl.		12,1	5,9	82,0	44,9	37,1	21,6	13,6	1,9
	No 56, Mittel		**12,1**	**6,9**	**81,0**	**46,0**	**35,0**	**19,1**	**14,0**	**1,9**
57	Clupea encras, Sardinen, eingemacht in Büchsen		—	5,0	95,0	53,6	41,4	24,0	12,1	5,3
58	Oncorhynchus chouicha, Californ. Salm, Salmon, eingemacht in Büchsen		0,4	11,7	87,9	58,2	29,4	18,8	9,8	1,1
	desgl.		2,2	—	97,8	62,2	35,6	19,7	14,6	1,3
	desgl.		0,4	—	99,6	57,6	42,0	19,2	21,5	1,3
	No. 58, Mittel		**1,0**	**3,9**	**95,1**	**59,3**	**35,8**	**19,3**	**15,3**	**1,2**
59	Scomber scombrus, Makrele, eingemacht in Büchsen		1,9	—	98,1	68,2	29,9	19,9	8,7	1,3
	desgl., gesalzen und eingemacht in Büchsen		7,9	17,0	75,1	35,8	39,3	14,0	23,2	2,1
	desgl. " " " " "		8,7	22,4	68,9	33,8	35,1	13,7	19,3	2,1
	No. 59, Mittel (der 2 letzten Proben)		**8,3**	**19,7**	**72,0**	**34,8**	**37,2**	**13,8**	**21,3**	**2,1**
60	Scomber thunnus, Thunfisch, eingemacht in Büchsen		—	—	100,0	72,2	27,2	21,5	4,1	1,7
61	Gadus aeglefinus, Schellfisch, Haddok, geräuchert und eingemacht in Büchsen		5,6	—	94,4	68,7	25,7	21,8	2,3	1,6

Gehalt des Fischfleisches an Extractivstoffen, Albumin, Leim (Gelatine, in heissem Wasser löslich) etc. von W. O. Atwater.[1])

No.	Nähere Bezeichnung	**Wasser** %	**Extractivstoffe,** Kaltwasserextract, nicht coagulirbar %	**Albumin,** vom Kaltwasserextract coagulirbar %	**Leim,** Heisswasserextract %	**Unlösliches Protein** %	**Fett** (Aetherextract) %	**Asche** %	In der Trocken-Substanz: **Extractivstoffe,** Kaltwasserextract, nicht coagulirbar %	**Albumin,** vom Kaltwasserextract coagulirbar %	**Leim,** Heisswasserextract %	**Unlösliches Protein** %	**Fett** (Aetherextract) %
	Frische Fische:												
1	Micropterus salmoides, Black bass	78,61	2,24 *)	2,04	3,10 *)	—	0,96	1,19	10,49 *)	9,54	14,48 *)	—	4,47
2	Tautoga onitis, Blackfish	76,95	1,72 *)	2,61	3,64 *)	11,76 *)	2,81	1,28	7,46 *)	11,32	15,79 *)	51,00 *)	12,20
3	Gadus aeglefinus, Schellfisch, Haddock	82,03	1,11	1,42	2,94	11,70	0,14	1,57	6,18	7,89	16,36	65,06	0,78
4	Paralychtys dentatus, Common Flounder	85,04	1,92	0,98	3,60	—	0,77	1,29	12,77	6,51	24,07	—	5,18
5	Clupea harengus, Häring	69,03	1,40 *)	1,62	2,93 *)	—	11,01	1,50	4,51 *)	5,23	9,46 *)	—	35,55
6	Esox nobilior, Mascalonge	76,26	2,27 *)	1,65	2,40 *)	13,46 *)	2,54	1,57	9,55 *)	6,95	10,20 *)	56,71 *)	10,70
7	Scomber scombrus, Makrele	74,14	2,22 *)	1,88	1,48 *)	12,25	6,99	1,30	8,61 *)	7,27	5,74 *)	47,37	27,04
8	Cybium maculatum, Spanisch Mackerel	68,10	2,22 *)	1,25	2,94 *)	—	9,43	1,50	6,96 *)	3,92	9,22 *)	—	29,56
9	Morone americana, White perch	75,64	1,65 *)	1,79	3,27 *)	—	5,62	1,11	6,76 *)	7,35	13,39 *)	—	23,07
	desgl.	75,77	2,22 *)	2,37	2,68 *)	12,47 *)	2,52	1,28	8,88 *)	9,78	11,04 *)	51,47 *)	10,42
	No. 9, Mittel	**75,71**	**1,94** *)	**2,08**	**2,98** *)	—	**4,10**	**1,20**	**7,82** *)	**8,57**	**12,22** *)	—	**16,75**
10	Perca fluviatilis, Flussbarsch, Pike perch	79,74	2,66 *)	1,19	3,44 *)	10,57 *)	0,47	1,37	13,14 *)	5,87	16,98 *)	52,15 *)	2,31
11	Diplodus argyrops, Porgy	71,98	1,78 *)	2,98	2,07 *)	12,44	7,86	1,35	6,35 *)	10,64	7,41 *)	44,40	28,04
12	Lutjanus blackfordii, Red snapper	78,22	1,81	1,59	3,65	13,25	0,62	1,27	8,38	7,30	16,83	60,84	2,85
	desgl.	77,34	1,85	1,84	2,89	12,71	1,94	1,33	8,16	8,12	12,72	56,09	8,58
	No. 12, Mittel	**77,78**	**1,83**	**1,72**	**3,27**	**12,98**	**1,28**	**1,30**	**8,27**	**7,71**	**14,79**	**58,46**	**5,72**

[1]) American chem. Journ. 1887. No. IX.

*) Die mit *) versehenen Zahlen bedeuten asche- und fettfreie Substanz; Zahlen, die in den entsprechenden Columnen nicht mit *) versehen sind, beziehen sich nur auf aschefreie Substanz. Zur Bestimmung der wässerigen Extracte wurden erst je 33,5 g des frisch zerhackten Fleisches 18—24 Stunden mit 500 CC. kalten Wassers digerirt und filtrirt; das Filtrat wurde zur Abscheidung des coagulirbaren Eiweisses gekocht, letzteres durch ein Asbestfilter filtrirt, mit Aether ausgewaschen, getrocknet und gewogen. Das Filtrat von dem coagulirbaren Eiweiss diente nach dem Eindunsten, Trocknen und Wägen zur Bestimmung der Gesammt-Menge der in Wasser löslichen Stoffe; ein Theil des Eindampfrückstandes wurde eingeäschert, ein anderer mit Aether extrahirt, um Asche und Fett in dem Abdampfrückstand zu erhalten und von dem ganzen abzuziehen (die mit *) versehenen Zahlen). Der Fleischrückstand vom Kaltwasserextract wurde 18—24 Stunden mit kochendem destillirtem Wasser (100°) behandelt und dann durch ein gewogenes Asbestfilter filtrirt. Das Filtrat wurde zur Trockne verdampft und gewogen; nachdem in dem Rückstand Asche und Aetherextract bestimmt und abgezogen waren, erhielt man die reine Menge „Leim" („gelatin"). Der Fleischrückstand vom Heisswasserextract wurde mit Alkohol und Aether ausgewaschen, dann getrocknet und gewogen; in dem gewogenen Rückstand wurde dann noch die Asche bestimmt und durch Abzug dieser von dem letzten Gewicht erhielt man das, was in der Tabelle als „unlösliches Protein" bezeichnet ist.

No.	Nähere Bezeichnung	Wasser %	Extractivstoffe, Kaltwasserextract, nicht coagulirbar %	Albumin, vom Kaltwasserextract coagulirbar %	Leim, Heisswasserextract %	Unlösliches Protein %	Fett (Aetherextract) %	Asche %	In der Trocken-Substanz: Extractivstoffe, Kaltwasserextract, nicht coagulirbar %	Albumin, vom Kaltwasserextract coagulirbar %	Leim, Heisswasserextract %	Unlösliches Protein %	Fett (Aetherextract) %
13	Oncorhynchus chouicha, Californ. Salm . .	62,68	1,81	1,57	1,77	11,95	19,25	1,11	4,85	4,21	4,74	32,02	51,59
14	Alosa sapidissima, Alse Shad	70,25	1,92*)	1,92	1,93*)	12,74	10,08	1,34	6,68*)	6,57	6,31*)	43,60	34,50
15	Diplodus probatocephalus, Sheepshead . .	72,01	1,44*)	1,99	3,36*)	—	6,72	1,10	5,11*)	7,11	11,98*)	—	24,02
16	Osmerus mordax, Smelt	80,16	3,22	0,60	4,97	7,44	1,94	2,00	16,23	3,02	25,07	37,50	9,76
17	Salvelinus fontinalis, Saibling, Brook trout	77,54	2,57	1,80	2,22	12,52	2,61	1,42	11,44	8,01	9,88	55,74	11,61
18	Hippoglossus groenlandicus, Turbot . . .	71,39	2,01*)	0,12	3,69*)	8,05*)	14,41	1,28	7,04*)	0,42	12,89*)	28,14*)	50,36
	Gelaichte Fische:												
19	Salmo salar, Salm, Salmon, männlich . .	75,27	2,27*)	1,16	2,89*)	13,13*)	4,37	1,12	9,18*)	4,69	9,66*)	53,09*)	17,66
	desgl., weiblich . . .	78,20	1,37*)	1,00	3,03*)	—	2,83	1,17	6,27*)	4,57	13,92*)	—	12,98
	No. 19, Mittel	**76,74**	**1,77**	**1,08**	**2,71**	—	**3,60**	**1,15**	**7,73***)	**4,64**	**11,79**	—	**15,32**
20	Salmo salar, subsp. sabago, männlich . .	77,88	2,03	0,65	1,97*)	—	4,01	1,27	9,18	2,94	8,88*)	—	18,12
	desgl., weiblich . . .	79,20	2,20	1,07	2,20*)	—	1,95	1,20	10,56	5,14	10,58*)	—	9,36
	No. 20, Mittel	**78,54**	**2,11**	**0,86**	**2,09***)	—	**2,98**	**1,24**	**9,87**	**4,04**	**9,37***)	—	**13,74**
	Praeservirte Fische:												
21	Scomber scombrus, Makrele, gesalzen . .	42,19	3,57*)	0,29	1,68*)	15,49*)	22,59	13,16	6,17*)	0,50	2,91*)	26,81*)	39,08
22	Gadus morrhua, Kabliau, Cod, gesalzen (Laberdan)	53,62	1,51*)	0,50	4,79*)	15,15*)	0,25	24,96	3,26*)	1,07	10,38*)	33,67*)	0,53
	desgl.	53,54	1,16*)	0,96	3,38*)	17,17*)	0,44	24,35	2,50*)	2,07	7,28*)	36,92*)	0,54
	No. 22, Mittel	**54,58**	**1,34**	**0,73**	**4,03**	**16,16**	**0,35**	**24,65**	**2,88**	**1,57**	**8,83**	**34,80**	**0,73**
	desgl., grätenlos . . .	54,35	3,20	0,84	3,02	14,98	0,32	23,15	7,01	1,84	6,62	32,81	0,71
23	Hippoglossus vulgaris, Heilbutte, Hallibut, geräuchert	57,06	2,74	0,74	1,58*)	13,01	15,61	15,18	5,60	1,51	3,25*)	26,57	31,90
24	Clupea harengus, Häring, geräuchert	34,55	8,53*)	0,32	5,13*)	21,69	15,82	13,19	13,04*)	0,48	7,84*)	33,14	24,18
25	Oncorhynchus chouicha, Californ. Salm, eingemacht	65,86	4,85	—	1,80	14,49	11,06	1,79	14,21	—	5,27	42,44	32,40

*) Siehe Anmerkung *) auf Seite 213.

Gehalt des Fischfleisches an Phosphorsäure, Schwefelsäure und Chlor*)

von W. O. Atwater.[1])

No.	Nähere Bezeichnung	In der frischen Substanz: Phosphorsäure P_2O_5 %	In der frischen Substanz: Schwefelsäure SO_3 %	In der frischen Substanz: Chlor %	In der Trocken-Substanz: Phosphorsäure P_2O_5 %	In der Trocken-Substanz: Schwefelsäure SO_3 %	In der Trocken-Substanz: Chlor %
1	Clupea vernalis, Alewise	0,50	—	—	2,06	—	—
2	Micropterus pallidus, Black bass	0,44	0,89	—	2,04	4,14	—
3	Roccus lineatus, Striped bass	0,53	—	—	2,51	—	—
	desgl.	0,44	0,46	—	2,16	2,28	—
	No. 3, Mittel	**0,48**	—	—	**2,34**	—	—
4	Tautoga onitis, Blackfish	0,52	0,46	0,23	2,24	1,97	1,03
5	Pomatomus saltatrix, Bluefish	0,63	—	—	2,93	—	—
6	Gadus morrhua, Kabliau, Cod	0,36	—	—	2,19	—	—
	desgl.	0,53	—	—	3,18	—	—
	No. 6, Mittel	**0,45**	—	—	**2,69**	—	—
7	Anguillula rostrata, Meeraal, Eel, salt water	0,51	—	—	1,70	—	—
8	Paralychtis dentatus, Flounder	0,31	0,38	—	1,86	2,23	—
	desgl.	0,40	0,46	—	2,70	3,10	—
	No. 8, Mittel	**0,36**	**0,42**	—	**2,28**	**2,67**	—
9	Gadus aeglefinus, Schellfisch, Haddock . .	0,48	—	—	2,43	—	—
	desgl.	0,45	0,40	—	2,54	2,26	—
	No. 9, Mittel	**0,47**	—	—	**2,49**	—	—
10	Hippoglossus vulgaris, Heilbutte, Hallibut .	0,44	0,44	—	2,11	2,11	—
	desgl.	0,43	—	—	1,51	—	—
	No. 10, Mittel	**0,44**	—	—	**1,81**	—	—
11	Clupea harengus, Häring, Herring . . .	0,55	0,55	—	1,77	1,77	—
12	Esox nobilior, Moscalonge	0,52	0,37	—	2,21	1,55	—
13	Scomber scombrus, Makrele, Mackerel . .	0,47	—	—	2,26	—	—
	desgl.	0,63	—	—	2,43	—	—
	desgl.	0,56	0,43	—	2,16	1,68	—
	desgl.	0,58	0,51	0,24	1,60	1,42	0,68
	No. 13, Mittel	**0,56**	**0,47**	—	**2,11**	**1,55**	—

[1]) American. chem. Journ. 1887. No. IX.

*) Zur Bestimmung der Phosphorsäure, der Schwefelsäure und des Chlors wurde eine bestimmte Menge der Trocken-Substanz des Fleisches mit gleichen Theilen Soda und Salpeter verascht; die Asche zur Bestimmung der Phosphorsäure mit Salpetersäure aufgenommen und letztere nach der Molybdänmethode bestimmt; zur Bestimmung der Schwefelsäure wurde die Asche mit Salzsäure aufgenommen und mit Chlorbarium gefällt. Die Bestimmung des Chlors erfolgte nach der Methode von Volhard durch Schwefelcyanammonium.

No.	Nähere Bezeichnung	In der frischen Substanz			In der Trocken-Substanz		
		Phosphorsäure P_2O_5 %	Schwefelsäure SO_3 %	Chlor %	Phosphorsäure P_2O_5 %	Schwefelsäure SO_3 %	Chlor %
14	Cybium maculatum, Spanish mackerel	0,60	0,58	—	1,88	1,81	—
15	Morone americana, White perch	0,36	0,62	—	1,46	2,54	—
	desgl.	0,52	0,68	—	2,13	2,80	—
	No. 15, Mittel	**0,44**	**0,65**	—	**1,79**	**2,67**	—
16	Stizostedium vitreum, Pike perch	0,45	0,90	—	2,24	4,43	—
17	Diplodus argyrops, Porgy	0,62	—	—	3,04	—	—
	desgl.	0,56	0,52	—	1,98	1,84	—
	No. 17, Mittel	**0,59**	—	—	**2,51**	—	—
18	Lutjanus blackfordii, Redsnapper	0,47	0,47	—	2,15	2,19	—
	desgl.	0,48	0,46	—	2,10	2,06	—
	No. 18, Mittel	**0,47**	**0,47**	—	**2,13**	**2,13**	—
19	Salmo salar, Salm, Salmon	0,59	—	—	1,79	—	—
20	Oncorhynchus chouicha, Californ. Salm	0,69	0,43	—	1,86	1,14	—
21	Salmo salar, gelaicht, männlich	0,47	0,39	0,18	1,89	1,58	0,74
	desgl., weiblich	0,48	0,32	0,18	2,20	1,45	0,85
	No. 21, Mittel	**0,48**	**0,36**	**0,18**	**2,05**	**1,52**	**0,80**
22	Salmo salar subsp. sebago, Landlocked Salmon, gelaicht, männlich	0,51	0,39	0,21	2,31	1,77	0,95
	desgl. desgl. weiblich	0,51	0,41	0,19	2,43	1,98	0,93
	No. 22, Mittel	**0,51**	**0,40**	**0,20**	**2,37**	**1,88**	**0,94**
23	Alosa oder Clupea sapidissima, Alse, Shad	0,67	—	—	1,94	—	—
	desgl.	0,52	0,52	0,22	1,76	1,78	0,74
	No. 23, Mittel	**0,60**	—	—	**1,85**	—	—
24	Diplodus probatocephalus, Sheephead	0,45	0,48	—	1,62	1,71	—
25	Osmerus mordax, Smelt	0,81	0,55	—	4,10	2,79	—
26	Hippoglossus groenlandicus, Turbot	0,48	0,32	—	1,66	1,12	—
27	Salvelinus nomaycush, Lake trout	0,56	0,62	—	1,80	1,94	—
28	Salvelinus fontinalis, Saibling, Brook trout	0,61	0,48	—	2,72	2,13	—
29	Coregonus clupeiformis, White fish	0,71	0,41	—	2,35	1,36	—
	Praeservirte Fische:						
30	Scomber scombrus, Mackrele, gesalzen	0,35	0,61	—	0,61	1,06	—
31	Gadus morrhua, Laberdan (gesalzen. Kabliau)	0,28	0,72	11,90	0,61	1,56	25,66
	desgl.	0,22	0,75	11,94	0,48	1,61	25,71
	No. 31, Mittel	**0,25**	**0,74**	**11,92**	**0,55**	**1,59**	**25,69**

No.	Nähere Bezeichnung	In der frischen Substanz: Phosphorsäure P_2O_5 %	Schwefelsäure SO_3 %	Chlor %	In der Trocken-Substanz: Phosphorsäure P_2O_5 %	Schwefelsäure SO_3 %	Chlor %
32	Gadus morrhua, Laberdan, grätenlos . . .	0,36	0,68	11,19	0,79	1,48	24,51
33	Hippoglossus vulgaris, Heilbutte, Hallibut, geräuchert	0,46	0,44	8,66	0,95	0,89	17,69
34	Clupea harengus, Häring, geräuchert . . .	0,84	1,24	7,21	1,28	1,89	11,01
35	Oncorhynchus chouicha, Californischer Salm, eingemacht	0,60	0,43	—	1,77	1,27	—

Abfälle von Fischen.

No.	Nähere Bezeichnung	Zeit der Untersuchung	Wasser %	Stickstoff-Substanz %	Fett %	N-freie Extractstoffe %	Asche %	Chlornatrium %	In der Trocken-Substanz: Stickstoff-Substanz %	Fett %	Stickstoff in der Trocken-Substanz %	Analytiker
1	**Caviar**		37,50	28,04	16,26	(7,82)	9,28	—	44,86	26,02	7,18	*A. Payen*[1])
	desgl.	1876	45,04	31,90	14,14	—	8,91	6,38	58,04	25,73	9,29	*J. König u. Brimmer*[2])
	desgl. frischer, körniger .	1880	53,84	25,18	13,12	—	7,86	—	69,11	28,42	8,73	*A. Lidow*[3])
	desgl. Paionsnaja[0]) . .	„	30,89	40,33	18,90	—	9,88	—	58,36	27,35	9,36	*A. Lidow*[3])
	desgl. Russischer . . .	1882	52,16	28,50*)	15,45	—	4,53**)	—	59,53	32,99	9,52	*A. Stutzer*[4])
	(Caviar) Mittel	.	**43,89**	**30,79**	**15,66**	**1,67**	**8,09**	**6,02**	**54,89**	**24,02**	**8,78**	
2	**Rogen**	1883	73,19	21,34	3,89	—	1,58	—	79,59	14,50	12,73	*Atwater*[5])
3	**Fischrogenkäse**[00]) . .	1865	19,38	34,81	28,87	(6,33)	10,61	—	43,18	35,81	6,91	*v. Kletzinski*[6])
4	**Leber** vom Hecht . . .	In den 50ger Jahren	79,34	6,66	4,75	7,61	1,64	—	32,34	23,04	5,16	*v. Bibra*[7])
	desgl. von der Forelle .		78,64	16,05	3,00	0,42	1,89	—	75,14	14,06	12,03	*v. Bibra*[7])
	desgl. vom Karpfen . .		68,06	14,37	2,93	13,49	1,15	—	44,99	9,17	7,20	*v. Bibra*[7])

[1]) Compt. rend. Bd. XXXIX. S. 318.
[2]) Chem. u. techn. Untersuchungen der Versuchsstat. Münster. 1878. S. 106.
[3]) Chem.-Ztg. 1880. S. 818.
[4]) Repertorium f. analyt. Chemie. 1882. S. 161.
[5]) Berichte der deutschen chem. Gesellsch. in Berlin 1883. S. 1839.
[6]) Mittheilungen auf dem Gebiet der reinen und angewandten Chemie. Wien, 1865. S. 33.
[7]) Moleschott: Physiologie der Nahrungsmittel. 1859. S. 80.

[0]) Unter „Paionsnaja" versteht man stark gesalzenen und ausgepressten Caviar.

[00]) Derselbe wird von Fischern der Dardanellen durch Lufttrocknung und Pressung aus dem Rogen einiger Fische hergestellt.

*) Von der N-Substanz waren 25,81 % leicht verdauliches Eiweiss; von dem Gesammt-Stickstoff waren 4,34 % in Form von Protein-Stickstoff und 0,21 % als Nuclein-Stickstoff vorhanden.

**) Mit 1,129 % Phosphorsäure.

5. Fett von Fischen, Leberthran.

No.	Nähere Bezeichnung	Olein %	Margarin %	Schwefel %	Phosphor %	Jod %	Brom %	Chlor %	Schwefelsäure %	Phosphorsäure %	Analytiker
1	Heller Leberthran . . .	98,87	0,81	0,320	0,020	0,033	0,004	0,112	—	—	
2	„ „ . . .	98,87	0,81	0,020	0,020	0,033	0,004	0,112	0,044		
3	Weissgelb. „ . . .	98,87	0,81	0,019	0,020	0,032	0,004	0,112	0,089		*Unbekannt*[1])
4	Brauner „ . . .	98,80	0,93	0,016	0,019	0,031	0,003	0,102	0,092		
5	Schwarzer „ . . .	98,89	0,83	0,014	0,008	0,020	0,002	0,101	0,084		
6	Vom Kabliau	98,87	0,81	0,020	0,020	0,033	0,004	0,112	—		
7	Vom Rochen	98,69	1,11	0,016	0,029	0,018	0,004	0,113	—		*Delattré*[1])
8	Vom Haifisch	98,72	1,10	0,016	0,021	0,034	0,003	0,102	—		
9	Hellblanker	—	—	0,020	0,021	0,033	0,005	0,112	0,064	0,071	
10	Braunblanker	—	—	0,018	0,014	0,041	0,005	0,113	0,069	0,075	
11	Brauner von Kabliau . .	—	—	0,016	0,009	0,035	0,004	0,102	0,048	0,063	*Biegel*[2])
12	Vom Rochen	—	—	0,017	0,018	0,039	0,004	0,113	0,062	0,072	
13	desgl.	—	—	0,018	0,019	0,039	0,004	0,112	0,061	0,073	
	Mittel	**98,81**	**0,89**	**0,041**	**0,018**	**0,030**	**0,004**	**0,102**	**0,061**	**0,071**	

6. Elementarzusammensetzung des Leberthrans.

	Döglingsthran *)			Ceporkakthran		Tunoliktbran	Mittel	Analytiker
	1 %	2 %	3 %	1 %	2 %	%	%	
Kohlenstoff	79,89	79,65	80,01	77,03	77,07	75,91	78,26	
Wasserstoff	13,89	13,18	13,21	12,63	11,46	12,22	12,78	*E. A. Scharling*[3])
Sauerstoff	6,13	7,17	6,78	10,34	11,47	11,87	8,96	

[1]) Dictionaire des altérations et falsifications des substances alimentaires par Chevallier et Baudrimont. Paris, 1878. S. 564 u. 565.

[2]) Arch. f. Pharm. (2) LXX. S. 18.

[3]) Journ. f. pract. Chemie. Bd. 43. S. 257.

*) In dem Döglingsthran konnte kein Glycerin nachgewiesen werden.

Fleisch von Muschel- und Krustenthieren etc.

No.	Nähere Bezeichnung	Zeit der Untersuchung	Wasser %	Stickstoff-Substanz %	Fett %	N-freie Extractstoffe %	Asche %	In der Trocken-Substanz: Stickstoff-Substanz %	In der Trocken-Substanz: Fett %	Stickstoff in der Trocken-Substanz %	Analytiker
1	Austern (Ostrea edulis):										
	Fleisch	?	80,38	13,31	1,51	4,80		67,83	7,70	10,85	*A. Payen*[1])
	Flüssiger Inhalt . . .	?	95,75	0,54	—	3,72		12,71	—	2,03	*A. Payen*[1])
	Gesammt-Inhalt . . .	1878	89,69	4,95	0,37	2,62	2,37	48,01	3,59	7,68	*König u. Krauch*[2])
	Von Ostende. Fleisch[0]) .	1882	82,03	8,25*)	1,77	6,16	1,79**)	45,91	9,84	7,34	*A. Stutzer*[3])
2	Miesmuschel (Mytilus edulis), gekochte Substanz .	?	75,74	15,62	2,42	6,22		64,39	9,98	10,30	*A. Payen*[1])
3	Strandmuschel (Mactra solida)[00])	?	70,76	15,56	1,90	11,78		53,22	6,50	8,52	*A. Payen*[1])
4	Schnirkelschnecke (Helix L.), gekochte fleischige Substanz	?	76,17	15,62	0,95	7,26		65,55	3,99	14,88	*A. Payen*[1])
5	Hummer (Homarus vulgaris):										
	Rohes Fleisch	—	76,61	18,31	1,17	3,91		78,28	5,00	12,52	*A. Payen*[1])
	Innere, weiche Masse .	—	84,31	11,69	1,44	2,56		74,51	9,18	11,92	*A. Payen*[1])
	Hummereier	—	62,98	21,06	8,23	7,73		56,89	22,23	9,10	*A. Payen*[1])
	Hummerfleisch, eingemacht in Salzwasser[000])	1885	77,49	19,09	0,97	0,50	1,95	84,81	4,31	13,57	*J. König*[2])
6	Flusskrebs (Astacus fluviatilis), Fleisch in Kochsalz eingemacht	1878	72,74	13,63	0,36	0,21	13,06***)	50,00	1,32	8,00	*König u. Krauch*[2])
7	Froschschenkel, in Salzwasser eingemacht . .	1885	63,64	24,17	0,91	2,92	8,46	66,47	2,53	10,64	*J. König*[2])

[1]) Précis théorique et pratique des Substances alimentaires par Payen. Paris 1865. p. 488.

[2]) Original-Mittheilung.

[3]) Repertorium f. analyt. Chem. 1882. S. 161.

[0]) Der Inhalt von 12 Austern wog 86 g und enthielt 4,95 g und 1,52 g Fett; Stutzer berechnet hiernach, dass in 14 Austern so viel verdauliches Eiweiss enthalten ist, wie in einem Hühnerei und in 223 Austern so viel wie in einem Pfund magerem Rindfleisch.

[00]) Nach dem Aufwerfen im Meerwasser.

[000]) Das anhaftende Salzwasser wurde durch Fliesspapier thunlichst von dem Fleisch entfernt.

*) Von der Stickstoff-Substanz waren 5,78 % leicht verdaulich; von dem Gesammt-Stickstoff 1,319 % waren 0,97 % Protein-Stickstoff und 0,044 % Nuclein-Stickstoff.

**) Mit 0,286 % Phosphorsäure.

***) Darin 11,98 % Kochsalz.

Zusammensetzung von nährender Flüssigkeit

Von W. O.

No.	Nähere Bezeichnung	Datum des Fanges	Essbarer Theil Im Fleisch Wasser %	 Stickstoff %	 Protein (N×6,25) %	 Fett (Aetherextract) %	 Rohasche %
	I. Auster, Ostrea virginiana (in Muscheln):						
1	Buzzard's Bay, Massachusetts	Mai 1881	84,21	1,24	7,75	1,57	1,48
2	Providence River, Rhode Island	Mai 1881	79,01	1,65	10,30	2,58	2,13
3	Clinton, Connecticut	Novbr. 1881	80,91	1,55	9,67	1,86	2,29
4	Stony Creak, Connecticut	April 1881	81,02	1,67	10,46	1,60	2,76
5	desgl.	Mai 1881	82,09	1,57	9,81	1,48	2,55
6	desgl.	Novbr. 1881	77,82	1,70	10,60	2,32	2,51
7	desgl.	März 1882	80,42	1,66	10,38	1,85	2,22
	Mittel von No. 4—7	.	**80,34**	**1,65**	**10,33**	**1,81**	**2,51**
8	Fair Haven, Connecticut	April 1881	81,30	1,58	9,89	2,05	2,20
9	desgl.	Novbr. 1881	76,24	1,75	10,96	2,47	2,01
10	desgl.	März 1882	80,80	1,58	9,89	2,05	1,85
	Mittel von No. 8—10	.	**79,44**	**1,64**	**10,25**	**2,19**	**2,02**
11	Norwalk, Connecticut	Decbr. 1881	81,33	1,52	9,52	1,51	2,10
12	desgl.	Febr. 1882	80,50	1,60	9,97	1,89	2,15
	Mittel von No. 11 u. 12	.	**80,92**	**1,56**	**9,75**	**1,70**	**2,13**
13	Blye Point, New-York	April 1884	76,77	1,61	10,06	2,30	1,93
14	desgl.	Novbr. 1881	75,55	2,13	13,31	2,02	2,58
15	desgl.	Febr. 1882	83,97	1,41	8,81	1,62	1,59
	Mittel von No. 13—15	.	**78,76**	**1,72**	**10,73**	**1,98**	**2,03**
16	Rockaway, New-York	April 1881	81,27	1,67	9,18	2,13	1,67
17	desgl.	Novbr. 1881	77,66	1,68	10,53	2,72	2,02
	Mittel von No. 16 u. 17	.	**79,46**	**1,58**	**9,85**	**2,43**	**1,85**
18	Long Island Sound, New-York	April 1881	84,47	1,30	8,14	1,68	1,41
19	desgl.	Novbr. 1881	78,51	1,86	11,61	1,84	2,52
20	desgl.	Novbr. 1881	82,79	1,35	8,41	1,74	1,71
	Mittel von No. 18—20	.	**81,92**	**1,50**	**9,39**	**1,75**	**1,88**
21	Auster Bay, New-York	Febr. 1882	77,90	1,70	10,61	2,35	2,19
22	East River, New-York	April 1881	79,92	1,67	10,44	2,16	1,74
23	desgl.	Novbr. 1881	75,22	1,61	10,07	2,87	1,87
	Mittel von No. 22 u. 23	.	**77,57**	**1,64**	**10,25**	**2,52**	**1,81**

¹) Contributions to the knowledge of the chem. Composition etc. Washington 1885. p. 486.

und von Fleisch amerikanischer Invertebraten.

Atwater.[1])

Essbarer Theil													In der ganzen Probe		
In der Flüssigkeit					Im essbaren Theil (Fleisch + Flüssigkeit)										
Wasser %	Stickstoff %	Protein (N×6,25) %	Fett (Aether-extract) %	Rohasche %	Wasser %	Trocken-Substanz %	Protein (N×6,25) %	Fett (Aether-extract) %	Rohasche %	Extractivstoffe %	Stickstoff %	Gesammter essbarer Theil %	Gesammte wasserfreie, nährende Substanz %	No.
96,40	0,20	1,23	—	1,63	88,80	11,20	5,30	0,99	1,54	3,37	0,85	20,01	2,22	1
95,05	0,24	1,48	—	2,41	84,79	15,21	7,12	1,65	2,23	4,21	1,14	17,00	2,59	2
96,02	0,18	1,10	0,02	2,21	88,91	11,09	5,13	0,88	2,24	2,84	0,82	24,87	2,76	3
96,12	0,13	0,83	0,01	2,72	90,11	9,89	4,64	0,64	2,73	1,95	0,74	18,90	1,89	4
96,33	0,10	0,63	0,05	2,61	90,89	9,11	4,19	0,60	2,59	1,73	0,67	19,15	1,75	5
95,40	0,22	1,36	0,01	2,33	84,83	15,17	6,94	1,39	2,44	4,40	1,11	18,23	2,76	6
95,30	0,23	1,42	0,03	2,50	87,19	12,81	6,31	1,02	2,34	3,14	1,01	20,50	2,62	7
95,79	**0,17**	**1,06**	**0,02**	**2,54**	**88,24**	**11,76**	**5,52**	**0,91**	**2,52**	**2,80**	**0,88**	**19,20**	**2,26**	Mittel 4—7
94,00	0,33	2,06	0,02	3,19	85,12	14,88	7,53	1,44	2,50	3,41	1,20	18,06	2,69	8
94,43	0,34	2,14	0,02	2,43	85,25	14,75	6,24	1,26	2,22	5,03	1,00	24,31	3,59	9
95,12	0,31	1,94	0,03	2,21	84,64	15,36	7,75	1,28	2,92	3,81	1,24	16,59	2,55	10
94,52	**0,33**	**2,06**	**0,02**	**2,61**	**85,00**	**15,00**	**7,17**	**1,33**	**2,54**	**4,08**	**1,12**	**19,65**	**2,95**	Mittel 8—10
96,46	0,12	0,75	0,01	2,32	90,04	9,90	4,50	0,65	2,23	2,52	0,72	17,85	1,78	11
96,32	0,12	0,76	0,02	2,50	89,60	10,40	4,69	0,82	2,35	2,54	0,75	17,05	1,77	12
96,39	**0,12**	**0,77**	**0,02**	**2,41**	**89,82**	**10,18**	**4,59**	**0,73**	**2,29**	**2,51**	**0,73**	**17,45**	**1,78**	Mittel 11 u. 12
94,33	0,37	2,31	0,09	1,91	81,70	18,30	8,22	1,72	1,92	6,46	1,31	18,62	3,41	13
96,89	0,12	0,75	0,01	1,90	88,30	11,70	5,81	0,82	2,17	2,90	0,93	16,17	1,95	14
96,87	0,15	0,92	0,01	1,70	90,15	9,85	5,00	0,85	1,64	2,36	0,80	15,42	1,52	15
96,03	**0,21**	**0,31**	**0,04**	**1,88**	**86,75**	**13,28**	**6,34**	**1,13**	**1,91**	**3,91**	**1,01**	**16,74**	**2,33**	Mittel 13—15
95,06	0,26	1,60	0,04	2,26	87,06	12,92	6,00	1,25	1,92	3,85	0,96	18,40	2,40	16
94,79	0,28	1,76	0,01	2,56	84,31	15,69	7,06	1,66	2,23	4,74	1,13	19,84	3,13	17
94,92	**0,27**	**1,68**	**0,03**	**2,40**	**85,65**	**14,35**	**6,53**	**1,46**	**2,07**	**4,29**	**1,01**	**19,12**	**2,75**	Mittel 16 u. 17
96,35	0,21	1,30	0,09	0,85	89,67	10,33	5,24	0,98	1,17	3,03	0,84	16,23	1,69	18
93,81	0,37	2,29	0,02	3,16	83,64	16,36	8,50	1,23	2,73	3,90	1,36	14,62	2,39	19
96,64	0,18	1,09	0,01	1,87	90,15	9,85	4,56	0,82	1,79	2,68	0,73	17,59	1,73	20
95,60	**0,25**	**1,56**	**0,04**	**1,96**	**87,79**	**12,21**	**6,10**	**1,01**	**1,89**	**3,20**	**0,98**	**16,15**	**1,97**	Mittel 18—20
95,31	0,23	1,46	0,01	2,37	84,34	15,66	7,19	1,48	2,26	4,73	1,15	17,27	2,70	21
95,44	0,26	1,63	0,02	1,57	87,57	12,43	6,31	1,10	1,87	3,15	1,01	20,28	2,52	22
94,87	0,29	1,81	0,09	2,33	83,53	16,65	6,39	1,72	2,06	6,48	1,02	20,31	3,38	23
95,16	**0,27**	**1,74**	**0,06**	**1,95**	**85,46**	**14,54**	**6,35**	**1,41**	**1,97**	**4,82**	**1,02**	**20,30**	**2,87**	Mittel 22 u. 23

No.	Nähere Bezeichnung	Datum des Fanges	Essbarer Theil — Im Fleisch: Wasser %	Stickstoff %	Protein (N×6,25) %	Fett (Aetherextract) %	Rohasche %
24	Shrewsbury, New-York	April 1881	81,85	1,31	8,20	2,20	1,33
25	desgl.	Mai 1881	77,58	1,55	9,68	2,66	1,88
26	desgl.	Novbr. 1882	81,73	1,46	9,13	2,00	1,68
	Mittel von No. 24—26	.	**80,32**	**1,44**	**9,00**	**2,29**	**1,63**
27	Norfolk Va	April 1881	83,86	1,49	9,32	1,45	1,82
28	Potomac River Va	Mai 1881	78,87	1,57	9,81	2,27	2,54
29	desgl.	Novbr. 1881	82,06	1,45	9,06	1,93	1,58
30	desgl.	Novbr. 1881	77,90	1,65	10,31	2,33	2,17
	Mittel von No. 28—30	.	**79,61**	**1,56**	**9,74**	**2,18**	**2,10**
31	Rappahannock River, Virginia	Mai 1881	82,64	1,36	8,49	1,90	1,58
32	James River Va	Mai 1881	83,49	1,32	8,26	1,78	1,71
33	desgl.	Novbr. 1881	77,99	1,70	10,63	2,61	2,21
34	desgl.	Novbr. 1881	82,77	1,40	8,75	1,91	1,55
	Mittel von No. 32—34	.	**81,42**	**1,47**	**9,23**	**2,10**	**1,82**
	Auster, Gesammtmittel von No. 1—34	.	**80,52**	**1,55**	**9,04**	**2,04**	**1,96**
	II. Auster, „solids?“ (ausser Muschel):						
35	Fair Haven, Connecticut	Novbr. 1881	84,04	1,14	7,12	1,96	0,86
36	desgl.	März 1882	—	—	—	—	—
37	Virginia	Novbr. 1881	85,50	1,20	7,51	1,83	1,12
38	desgl.	März 1882	—	—	—	—	—
	Mittel von No. 35—38	.	—	—	—	—	—
	III. Auster, „cove“ (eingelegt):						
39	Chesapeake Bay	Mai 1881	78,53	2,24	14,00	3,78	1,60
40	desgl.	Novbr. 1881	76,75	2,12	13,25	4,35	1,63
41	desgl.	Novbr. 1881	77,25	2,15	13,44	4,24	1,45
	Mittel von No. 39—41	.	**77,51**	**2,17**	**13,46**	**4,12**	**1,56**
	IV. Kammmuschel, Pecten irradians:						
42	Shelter Island, New-York	März 1881	—	—	—	—	—
43	desgl.	April 1881	—	—	—	—	—
	Mittel von No. 42 u. 43	.	—	—	—	—	—
	V. Klaffmuschel, Mya arenaria:						
44	Boston, Massachusetts	Mai 1881	77,96	2,33	14,55	1,79	2,76
45	Clinton, Connecticut	Novbr. 1881	78,57	2,38	14,86	1,78	2,49
46	desgl.	März 1881	79,94	2,02	12,62	1,69	3,11
	Mittel von No. 45 u. 46	.	**79,26**	**2,20**	**13,54**	**1,74**	**2,80**
47	Long Island, New-York	April 1881	81,05	2,00	12,52	1,52	1,56
	Mittel von No. 44—47	.	**79,42**	**2,18**	**13,63**	**1,68**	**2,37**

Essbarer Theil: In der Flüssigkeit: Wasser %	Stickstoff %	Protein (N×6,25) %	Fett (Aether-extract) %	Rohasche %	Essbarer Theil: Im essbaren Theil (Fleisch + Flüssigkeit): Wasser %	Trocken-Substanz %	Protein (N×6,25) %	Fett (Aether-extract) %	Rohasche %	Extractivstoffe %	Stickstoff %	In der ganzen Probe: Gesammter essbarer Theil %	Gesammte wasserfreie, nährende Substanz %	No.
95,07	0,33	2,06	0,04	1,83	85,37	14,63	6,48	1,60	1,47	5,08	1,04	17,52	2,56	24
95,35	0,30	1,88	0,04	1,96	85,17	14,83	6,24	1,54	1,91	5,14	1,00	19,67	2,93	25
96,52	0,22	1,38	0,01	1,72	89,16	10,84	4,87	1,00	1,70	3,27	0,78	19,23	2,08	26
95,65	**0,28**	**1,76**	**0,03**	**1,83**	**86,57**	**13,43**	**5,88**	**1,38**	**1,69**	**4,49**	**0,94**	**18,81**	**2,53**	Mittel 24—26
96,83	0,17	1,05	0,01	1,64	91,45	8,55	4,50	0,61	1,71	1,73	0,72	11,18	0,95	27
95,51	0,23	1,42	0,01	2,47	86,60	13,40	5,92	1,22	2,51	3,75	0,95	12,15	1,63	28
95,69	0,33	2,05	0,01	1,19	87,36	12,64	6,25	1,18	1,43	3,78	1,00	16,66	2,11	29
94,99	0,29	1,81	0,02	2,47	86,14	13,86	6,19	1,21	2,31	4,15	0,99	16,13	2,33	30
95,40	**0,28**	**1,76**	**0,01**	**2,04**	**86,70**	**13,30**	**6,12**	**1,20**	**2,08**	**3,89**	**0,98**	**14,98**	**2,00**	Mittel 28—30
97,24	0,16	1,01	0,01	1,38	89,77	10,23	4,88	0,99	1,52	2,73	0,78	15,17	1,53	31
95,91	0,19	1,17	0,01	2,56	90,05	9,95	4,63	0,84	2,16	2,48	0,74	13,79	1,41	32
94,74	0,31	1,95	0,05	2,54	84,15	15,85	7,00	1,67	2,33	4,85	1,12	15,00	2,38	33
95,22	0,34	2,14	0,13	1,42	86,95	13,05	8,00	1,31	1,51	2,23	1,28	17,17	2,19	34
95,29	**0,28**	**1,76**	**0,07**	**2,17**	**87,05**	**12,95**	**6,54**	**1,27**	**2,00**	**3,19**	**1,05**	**15,32**	**1,98**	Mittel 32—34
95,76	**0,22**	**1,42**	**0,03**	**2,09**	**87,30**	**12,70**	**5,95**	**1,15**	**2,03**	**3,55**	**0,95**	**17,70**	**2,32**	Mittel 1—34
96,19	0,26	1,60	0,02	0,55	85,21	14,79	6,60	1,77	0,83	5,50	1,05	100,00	14,79	35
—	—	—	—	—	88,44	11,56	5,91	1,54	0,89	3,22	0,95	100,00	11,56	36
96,43	0,23	1,43	0,02	0,77	87,23	12,77	6,38	1,54	1,06	3,79	1,02	100,00	12,77	37
—	—	—	—	—	87,90	12,10	6,44	1,57	0,77	3,63	1,03	100,00	12,10	38
—	—	—	—	—	**87,19**	**12,81**	**6,33**	**1,60**	**0,89**	**4,07**	**1,01**	**100,00**	**12,81**	Mittel 35—38
93,57	0,28	1,77	0,27	1,21	86,01	13,99	7,89	2,04	1,42	2,51	1,26	100,00	13,99	39
93,35	0,22	1,40	0,09	0,91	85,14	14,96	7,25	2,19	1,27	4,25	1,16	100,00	14,96	40
90,57	0,30	1,88	0,12	1,10	84,60	15,40	7,00	1,96	1,26	5,18	1,12	100,00	15,40	41
92,50	**0,27**	**1,70**	**0,16**	**1,08**	**85,25**	**14,78**	**7,38**	**2,06**	**1,32**	**3,98**	**1,18**	**100,00**	**14,78**	Mittel 39—41
—	—	—	—	—	77,79	22,21	15,05	0,03	1,48	5,65	2,41	100,00	22,21	42
—	—	—	—	—	82,84	17,16	14,44	0,30	1,29	1,13	2,31	100,00	17,16	43
—	—	—	—	—	**80,32**	**19,68**	**14,75**	**0,17**	**1,38**	**3,38**	**2,36**	**100,00**	**19,68**	Mittel 42 u. 43
96,73	0,08	0,49	0,01	3,29	86,11	13,80	8,13	0,98	3,00	1,78	1,30	53,90	7,50	44
96,02	0,11	0,69	—	2,81	86,11	13,89	8,69	1,01	2,63	1,56	1,39	57,92	8,05	45
96,40	0,11	0,69	0,06	2,05	85,00	15,00	7,60	1,18	2,79	3,43	1,22	56,30	8,45	46
94,76	**0,11**	**0,66**	**0,01**	**2,43**	**85,56**	**14,44**	**8,15**	**1,09**	**2,71**	**2,49**	**1,30**	**57,11**	**8,25**	Mittel 45 u. 46
95,63	0,21	1,30	0,03	2,93	86,05	13,95	8,40	0,97	2,06	2,52	1,34	57,64	8,04	47
91,92	**0,13**	**0,82**	**0,02**	**2,88**	**85,91**	**14,09**	**8,23**	**1,01**	**2,59**	**2,29**	**1,31**	**56,44**	**8,17**	Mittel 44—47

No.	Nähere Bezeichnung	Datum des Fanges	Essbarer Theil. Im Fleisch: Wasser %	Stick-stoff %	Protein (N×6,25) %	Fett (Aether-extract) %	Roh-asche %
	Klaffmuschel, eingelegt (canned):						
48	Penobscot Bay, Maine	Novbr. 1881	74,63	2,87	17,94	2,92	3,18
	VI. Geldmuschel, Venus mercenaria (in Muschel):						
49	Little Neck, New-York	April 1881	78,24	1,86	11,59	0,74	2,22
	Geldmuschel, eingelegt (canned):						
50	Islip, Long Island N. V	Novbr. 1881	75,56	2,67	16,70	1,27	2,33
	VII. Miesmuschel, Mytilus edulis (in Muschel):						
51	Stony Creek, Connecticut	Decbr. 1881	78,67	2,00	12,51	1,67	1,73
	VIII. Hummer, Homarus americanus (in Muschel):						
52	Maine	März 1881	—	—	—	—	—
53	desgl.	April 1881	—	—	—	—	—
54	desgl.	April 1882	—	—	—	—	—
55	desgl.	Mai 1881	—	—	—	—	—
	Mittel von No. 52—55	.	—	—	—	—	—
	Hummer, eingelegt:						
56	Maine	Mai 1881	—	—	—	—	—
57	desgl.	Novbr. 1881	—	—	—	—	—
	Mittel von No. 56 u. 57	.	—	—	—	—	—
	IX. Krebs (Crayfish? in Muschel):						
58	Potomac River, Virginia	April 1881	—	—	—	—	—
	X. Krabbe, Ballinectes hastatus (in Muschel):						
59	New-Yersey	Novbr. 1881	—	—	—	—	—
	Krabbe, eingelegt:						
60	Hampton Va	Novbr. 1881	—	—	—	—	—
61	desgl.	April 1882	—	—	—	—	—
	Mittel von No. 60—61	.	—	—	—	—	—
62	XI. Krabbe? (Shrimp), eingelegt, Gulf of Mexico	Novbr. 1881	—	—	—	—	—
63	XII. Terrapin (in Muschel), Lavannah Ga.	April 1882	—	—	—	—	—
64	XIII. Riesenschildkröte, Chelonia Mydas (in Muschel), Key West, Fla.	Mai 1882	—	—	—	—	—

Essbarer Theil: In der Flüssigkeit: Wasser %	Stickstoff %	Protein (N×6,25) %	Fett (Aether-extract) %	Rohasche %	Essbarer Theil: Im essbaren Theil (Fleisch + Flüssigkeit): Wasser %	Trocken-Substanz %	Protein (N×6,25) %	Fett (Aether-extract) %	Rohasche %	Extractivstoffe %	Stickstoff %	In der ganzen Probe: Gesammter essbarer Theil %	Gesammte wasserfreie, nährende Substanz %	No.
91,92	0,39	2,44	0,04	1,72	84,54	15,46	9,06	1,27	2,34	2,79	1,45	100,00	15,46	48
95,12	0,14	0,88	0,02	3,17	86,20	13,80	6,56	0,40	2,67	4,17	1,05	31,71	4,38	49
90,52	0,65	4,07	0,26	3,26	82,91	17,59	9,54	0,68	3,74	3,13	1,53	100,00	17,09	50
94,23	0,28	1,77	0,13	2,25	34,16	15,84	8,69	1,12	1,91	4,12	1,39	50,66	3,02	51
—	—	—	—	—	84,30	15,70	11,63	1,82	1,63	0,62	1,86	52,52	8,24	52
—	—	—	—	—	81,77	18,23	14,00	1,55	1,71	0,92	2,24	36,24	6,66	53
—	—	—	—	—	79,17	20,83	17,24	1,45	1,62	0,52	2,76	—	—	54
—	—	—	—	—	82,11	17,89	15,03	2,54	1,87	—	2,41	30,56	5,47	55
—	—	—	—	—	**81,84**	**18,16**	**14,49**	**1,84**	**1,71**	—	**2,32**	**39,77**	**6,80**	Mittel 52—55
—	—	—	—	—	79,36	20,64	16,75	0,46	2,78	0,65	2,68	100,00	20,64	56
—	—	—	—	—	76,15	23,85	19,52	1,68	2,15	0,50	3,12	100,00	23,85	57
—	—	—	—	—	**77,75**	**22,25**	**18,13**	**1,07**	**2,47**	**0,58**	**2,90**	**100,00**	**22,25**	Mittel 56 u. 57
—	—	—	—	—	81,22	18,78	16,00	0,46	1,31	1,01	2,56	12,30	2,31	58
—	—	—	—	—	77,07	22,93	16,64	1,96	3,13	1,20	2,66	44,16	10,12	59
—	—	—	—	—	80,98	10,02	15,62	0,79	1,78	0,38	2,50	100,00	19,02	60
—	—	—	—	—	78,95	21,05	15,98	2,30	2,10	0,67	2,56	100,00	21,05	61
—	—	—	—	—	**79,97**	**20,03**	**15,80**	**1,54**	**1,94**	**0,75**	**2,53**	**100,00**	**20,04**	Mittel 60 u. 61
—	—	—	—	—	70,80	29,20	25,38	1,00	2,58	0,24	4,06	100,00	29,20	62
—	—	—	—	—	74,47	25,53	21,23	3,47	1,02	—	3,40	20,97	5,36	63
—	—	—	—	—	79,78	20,22	19,84	0,53	1,20	—	3,17	24,03	4,86	64

Fleisch von Wild und Geflügel.

Nähere Bezeichnung	Zeit der Untersuchung	Wasser %	Stickstoff-Substanz %	Fett %	N-freie Extractstoffe %	Asche %	In der Trocken-Substanz: Stickstoff-Substanz %	In der Trocken-Substanz: Fett %	Stickstoff in der Trocken-Substanz %	Analytiker
1. Hase[0]):										
Aus den Lenden	1876	73,73	23,54	1,19	0,47	1,07	89,61	4,53	14,34	*J. König u.*
Vom Vorder- und Hintertheil	„	74,59	23,14	1,07	—	1,29	91,07	4,21	14,57	*B. Farwick*[1])
Mittel	.	**74,16**	**23,34**	**1,13**	**0,19**	**1,18**	**90,34**	**4,37**	**14,46**	
Innere Theile des Hasen:										
Lunge	1876	78,56	18,17	2,18	—	1,16	84,85	10,17	13,56	
Herz	„	77,57	18,82	1,62	0,86	1,13	83,91	7,29	13,43	*dieselben*[1])
Niere	„	75,17	20,11	1,82	1,53	1,36	80,99	7,33	12,96	
Leber	„	73,81	21,84	1,58	1,09	1,68	83,39	6,03	13,34	
2. Kaninchen[00]) (französisch. sog. Lapins, fett):										
Fleisch (von der einen Hälfte des Körpers)	1878	66,85	21,47	9,76	0,75	1,17	64,77	29,74	10,84	
Innere Theile:										*J. König u.*
Leber	„	68,73	22,04	2,21	5,32	1,70	70,48	7,07	11,28	*C. Krauch*[2])
Niere	„	72,99	—	2,76	—	—	—	10,22	—	
3. Reh — Fleisch	„	76,9	20,3	—	—	—	87,88	—	14,07	*Schlossberger*[3])
		74,63	19,24	—	—	—	75,84	—	12,13	*v. Bibra*[3])
		—	—	1,92	—	1,13	—	7,92	—	
Mittel	.	**75,76**	**19,77**	**1,92**	**1,42**	**1,13**	**81,86**	**7,92**	**13,10**	
4. Haushuhn (mager)[000]):										
Fleisch	1878	76,22	19,72	1,42	1,27	1,37	82,93	5,97	11,25	(*Moleschott*)[3])
desgl. (fett) Fleisch . . .	„	70,06	18,49	9,34	1,20	0,91	61,76	31,19	9,88	*J. König,*
desgl. (fett) innere Theile .	„	59,70	17,63	19,30	2,26	1,16	43,75	47,89	7,06	*C. Krauch u. Aldendorff*[2])
desgl. (jung) Fleisch von der Brust	1882	76,51	19,36 *)	2,85	—	1,28**)	82,42	12,13	(15,19) ?	*A. Stutzer*[4])

1) Zeitschr. f. Biologie. 1876. S. 497.
2) Original-Mittheilung.
3) Moleschott: Physiologie d. Nahrungsmittel. 1859. II. Bd. S. 64 u. 69.
4) Repertorium f. analyt. Chemie. 1882. S. 168.

0) Der Hase wog 1980 g.

00) Das Kaninchen wog ohne Kopf und Extremitäten 1270 g; darin 152 g Knochen; Leber = 71,0 g; Nieren = 12,7 g; Herz und Leber = 28,0 g.

000) Fleisch von der einen Hälfte des Körpers; das Huhn wog ohne Federn, Kopf und Extremitäten 720 g, worin 101 g Knochen; die inneren essbaren Theile wogen ohne den Eierstock 81,4 g.

*) Mit 3,56 % N; durch Multiplication des N × 6,25 würde 22,25 % Stickstoff-Substanz gefunden worden sein, also 2,89 % über 100. Von dem Gesammt-N (3,56 %) waren 3,05 % Protein-N und 0,041 % Nuclein-N; das verdauliche Eiweiss wurde nach der Methode von Stutzer zu 16,56 % gefunden.

**) Mit 0,435 % Phosphorsäure.

Nähere Bezeichnung	Zeit der Untersuchung	Wasser %	Stickstoff-Substanz %	Fett %	N-freie Extractstoffe %	Asche %	In der Trocken-Substanz: Stickstoff-Substanz %	In der Trocken-Substanz: Fett %	Stickstoff in der Trocken-Substanz %	Analytiker
4. Haushuhn°), jung, fast mager	1883	71,50	25,10	2,00	—	1,40	88,07	7,01	14,09	*Atwater*[1])
5. Junger Hahn°°) (mager) Fleisch	1878	70,03	23,32	3,15	2,49	1,01	77,81	10,51	12,44	*J. König, C. Krauch u. Aldendorff*[2])
desgl., innere Theile	„	74,52	18,79	2,41	3,00	1,28	73,44	9,45	11,80	
6. Truthahn°), mittelfett	1883	65,60	24,70	8,50	—	1,20	71,80	24,71	11,49	*Atwater*[1])
7. Ente†°) (wilde): Fleisch (von der Brust, Flügel und Fuss)	1878	69,89	23,80	3,69	1,68	0,93	79,04	12,28	12,65	*J. König u. C. Krauch*[2])
„	„	71,76	21,50	2,53	2,95	1,26	76,13	8,96	12,18	*v. Bibra*[3])
Ente, Mittel	.	**70,82**	**22,65**	**3,11**	**2,33**	**1,09**	**77,59**	**10,62**	**12,42**	
8. Gans (Fleisch von der einen Hälfte des Körpers)	1882	38,02	15,91	45,59	—	0,49	25,67	73,55	4,11	*J. König*[2])
9. Feldhuhn	1876	71,96	25,26	1,43	—	1,39	90,09	5,10	14,14	*J. König u. B. Farwick*[4])
10. Krammetsvögel	„	73,13	22,19	1,77	1,39	1,52	82,58	6,58	13,15	
11. Taube		76,00	21,50	1,00	1,50		89,58	4,17	14,33	*Schlossberger*[3])
		74,20	22,78		3,07		88,29	—	14,13	*v. Bibra*[3])
Taube, Mittel	.	**75,10**	**22,14**	**1,00** *)	**0,76**	**1,00** *)	**88,94**	**4,17**	**14,23**	
12. Bärenschinken†°°)	1884	65,14	28,01	5,41	—	1,44	80,35	15,52	12,86	*F. Strohmer*[2])
Leber vom Haushuhn		73,58	18,33**)	2,87	3,90	1,32	69,38	10,86	11,09	*v. Bibra*[3])
„ „ Feldhuhn		70,06	21,92**)	2,30	4,14	1,58	73,11	7,68	11,71	
„ von der Taube		71,97	17,50**)	5,36	3,71	1,46	62,43	19,12	9,99	

1) Contributions to the knowledge of the chem. Compos. etc. of americ. Food-Fishes etc. Washington 1887. p. 491.
2) Original-Mittheilung.
3) Moleschott: Physiolog. d. Nahrungsmittel. 1859. II. Thl. S. 70 u. 79.
4) Zeitschr. f. Biologie. 1876. S. 497.

°) In dem von Atwater untersuchten jungen Huhn und Truthahn wurde ferner gefunden:

	Abfälle (Knochen etc.) %	Essbarer Theil %	Im essbaren Theil: Wasser %	N-Substanz %	Fett %	Salze %
Junges Huhn, fast mager	41,6	58,4	41,6	14,6	1,2	0,8
Truthahn, mittelfett	35,4	64,6	42,4	16,0	5,5	0,7

°°) Fleisch von der einen Hälfte des Körpers; der Hahn wog ohne Kopf, Federn und Extremitäten 611 g, worin 111 g Knochen; die inneren essbaren Theile wogen 64,3 g.

†°) Die Ente wog ohne Kopf und Flügel 840 g; darin 88,0 g Knochen; Magen = 37 g; Herz = 12,4 g; Lunge = 35,0 g.

†°°) Im gebratenen Zustande; von der N-Substanz waren nach Stutzer's Methode 98,73 % verdaulich; 1 g des abgetrennten und ausgeschmolzenen Fettes erforderte 209,8 mg KHO zur Verseifung.

*) Willkürlich von mir angenommen.

**) Dieselbe zerfällt in:

	Eiweiss	Unlösliches Eiweiss	Leimbildner
Haushuhn	2,86 %	13,22 %	3,25 %
Feldhuhn	2,71 „	15,55 „	3,66 „
Taube	1,77 „	11,40 „	4,33 „

Fleischconserven.

Getrocknete, geräucherte, eingemachte und gesalzene Fleischwaaren.

No.	Nähere Bezeichnung	Zeit der Untersuchung	Wasser %	Stickstoff-Substanz %	Fett %	N-freie Extractstoffe %	Asche %	In der Trocken-Substanz: Stickstoff-Substanz %	In der Trocken-Substanz: Fett %	Stickstoff in der Trocken-Substanz %	Analytiker
	I. Getrocknetes Fleisch:										
1	Getrocknetes Fleisch, sog. Patent-Fleischpulver oder sog. Carne pura (aus amerikanischem Fleisch)[0])	1881	15,43	64,50[0])	5,24	2,18	12,55[0])	76,27	6,20	12,20	J. König[1])
2	desgl.	1882	9,06	72,19	6,90	—	11,85	79,38	7,59	12,70	J. König[1])
3	desgl.	„	9,10	70,12	6,07	0,16	14,55	77,14	6,68	12,35	J. König[1])
4	desgl.	„	10,04	71,60	6,52	—	11,94	79,59	7,25	12,73	J. König[1])
5	desgl.	1883	13,19	67,06	5,99	—	14,24	77,25	6,90	12,36	J. König[1])
6	desgl.	„	14,28	66,18	6,47	0,20	12,87	77,20	7,55	12,35	J. König[1])
7	desgl.	1884	8,39	73,94	7,14	2,35	8,18	80,71	7,79	12,91	J. König[1])
8	desgl.	1882	8,52	72,23 *)	5,07	—	14,18 **)	78,95	5,54	12,63	A. Stutzer[2])
9	desgl. aus deutschem Fleisch	1881	10,54	71,05	4,34	—	14,08	79,42	4,85	12,71	J. König[1])
10	desgl. aus deutschem Fleisch	„	11,33	66,12	4,65	—	18,07	74,57	5,24	11,93	J. König[1])
	Carne pura, getrocknetes Fleischpulver, Mittel	.	**10,99**	**69,50**	**5,84**	**0,42**	**13,25**	**78,04**	**6,46**	**12,49**	
11	Russisches Armee-Fleischpulver[00])	?	12,75	57,18	19,98	1,93	8,16	65,54	22,90	10,49	G. Heppe[3])
12	Hassal's Fleischpulver[000]) .	1864	12,70	57,00	11,00	15,50	3,80	65,29	12,60	10,45	J. Parkes[3])
13	Charque †[0]), fette	1880	40,2	48,4	3,1	—	8,3 †[0])	80,94	5,17	12,94	Fr. Hofmann[4])
	desgl., magere	„	36,1	46,0	2,7	—	15,2	71,99	4,22	11,52	Fr. Hofmann[4])
	II. Geräucherte und gesalzene Fleischwaaren:										
1	Rauchfleisch vom Ochsen .	1878	47,68	27,10	15,35	—	10,59	51,80	29,34	8,29	J. König u. C. Krauch[5])
	desgl. vom Pferde . . .	„	49,15	31,84	6,49	—	12,53	62,61	12,76	10,02	J. König u. C. Krauch[5])
2	Zunge vom Ochsen . . .	1876	35,74	24,31	31,61	—	8,51	37,83	49,19	6,05	J. König u. C. Brimmer[6])

[1]) Original-Mittheilung.
[2]) Bericht über die erste allgem. deutsche Hygiene-Ausstellung 1882/83. S. 216.
[3]) C. A. Meinert: Armee- und Volksernährung. 1880. I. Th. S. 470.
[4]) Fr. Hofmann: Bedeutung der Fleischnahrung. Leipzig 1880. S. 162.
[5]) Chem. u. techn. Untersuch. d. Versuchsst. Münster. 1878. S. 106.
[6]) Zeitschr. f. Biologie. 1876. S. 497.

[0]) Das in Stücken geschnittene Fleisch wird nach einem besonderen patentirten Verfahren getrocknet, gepulvert und entweder im gepressten Zustande oder in Pulverform in Büchsen in den Handel gebracht. Augenblicklich ist die Fabrikation eingestellt. Die Stickstoff-Substanz ist durch Multiplication des gefundenen N mit 6,25 berechnet. Für die Asche etc. wurde gefunden:

	Asche	P_2O_5	K_2O	CaO	MgO	Cl oder	NaCl	In Wasser lösliche Stoffe	In Alkohol lösliche Stoffe
No. 1. . .	12,55 %	1,48 %	1,95 %	0,08 %	0,16 %	5,37 %	8,85 %	20,46 %	19,18 %
„ 2. . .	11,85 „	1,62 „	1,69 „	—	—	—	—	25,23 „	—
„ 3. . .	14,55 „	1,43 „	1,67 „	—	—	—	—	24,28 „	—
„ 4. . .	11,94 „	1,71 „	1,78 „	—	—	—	—	23,45 „	—

[00]) Dasselbe ist nach Meinert wahrscheinlich erst gekocht, dann getrocknet und pulverisirt.

[000]) Durch Zusatz von 8 % Arrowroot, 8,5 % Zucker und 3 % Gewürz (Salz und Pfeffer) hergestellt.

†[0]) Die dünnen Fleischschnitte werden erst in Fässern eingesalzen und dann an der Luft getrocknet; die fette Charque enthielt 6,3, die magere 14,1 % Kochsalz. Für die Analyse wurde das Fleisch von dem äusserlich anhaftenden Fett befreit.

*) Davon 65,72 % Eiweissstoffe, 5,39 % lösliche Nichteiweissstoffe und 1,12 % unlösliche N-Substanz.
**) Mit 1,57 % Phosphorsäure.

No.	Nähere Bezeichnung	Zeit der Untersuchung	Wasser %	Stickstoff-Substanz %	Fett %	N-freie Extractstoffe %	Asche %	In der Trocken-Substanz: Stickstoff-Substanz %	In der Trocken-Substanz: Fett %	Stickstoff in der Trocken-Substanz %	Analytiker
3	Schinken, westfälischer . .	1876	27,98	23,97	36,48	1,50	10,07	33,28	50,65	5,32	*J. König u. C. Brimmer*[1])
	desgl. „ . .	1882	28,25	25,50 *)	36,41	—	11,02	35,54	50,75	5,69	*A. Stutzer*[2])
	Schinken, westfäl., Mittel	.	**28,11**	**24,74**	**36,45**	**0,16**	**10,54**	**34,41**	**50,69**	**5,50**	
	Schinken, gesalzen . . .	1874	62,58	22,32 **)	8,68	—	6,42	59,65	23,20	9,54	*Cn. Mène*[3])
	desgl., gesalz. u. geräuchert	„	59,73	25,08 **)	8,11	—	7,08	62,28	20,14	9,96	*Cn. Mène*[3])
	desgl., geräuchert[0]) (amerikanischer)	„	41,50	24,00	30,60	—	3,90	41,02	52,31	6,56	*Atwater*[4])
4	Speck (amerikan.), gesalzen	?	44,01	20,00 ***)	7,01	(6,16)?	22,82 †)	35,72	12,52	5,72	*Girardin*[5])
	desgl., gesalzen	1874	9,15	9,72 **)	75,75	—	5,38	10,70	83,38	1,71	*Cn. Mène*[3])
	desgl., „	„	10,70	2,60	77,80	—	6,60	2,91	87,12	0,47	*Kr.-San.-Ordg.*[6])
5	Gänsebrust, pommersche .	1878	41,35	21,45	31,49	1,15	4,56	36,57	53,69	5,85	*J. König u. C. Krauch*[7])

III. In Büchsen eingelegtes Fleisch:

a. Ueberseeisches Büchsenfleisch:

No.	Nähere Bezeichnung	Gewicht einer Büchse	Zeit der Untersuchung	Wasser %	Stickstoff-Substanz %	Fett %	N-freie Extractstoffe %	Asche %	In der Trocken-Substanz: Stickstoff-Substanz %	In der Trocken-Substanz: Fett %	Stickstoff in der Trocken-Substanz %	Analytiker
1	Amerikanisches Fleisch, gegesalzen		—	49,11	28,87	0,18	0,77	21,07 ††)	56,73	0,35	9,08	*Girardin*[5])
2[00])	Export-Gesellschaft Wilson . .	745 g	1880	57,3	28,9	10,2	—	3,6 [00])	67,68	23,75	10,83	*A. Mayer*[8])
3[00])	Export-Gesellschaft Canning & Co. . .	822 „	„	49,2	25,7	21,6	—	3,5	50,59	42,52	8,09	*A. Mayer*[8])
4[00])	Export-Gesellschaft Brougham .	780 „	„	48,9	27,7	19,0	—	4,4	54,21	37,18	8,67	*A. Mayer*[8])
5	Aus Australien		1878	54,03	29,31	12,11	—	4,55	63,76	26,34	10,20	*J. König u. C. Krauch*[7])
6	Pressed Corned Beef aus Chicago (1 Büchse = 770 g)		1879	56,9	33,8	6,4	—	2,9	78,42	14,85	12,55	*Ulex*[9])
7	2 Pfd.-Büchsen, 1020 g .		„	57,7	31,5	7,3	—	3,5	74,47	17,62	11,91	*Fr. Hofmann*[10])
8	4 Pfd.-Büchsen, 1844 g .		„	58,8	25,9	11,8	—	3,5	62,86	28,64	10,05	*Fr. Hofmann*[10])

1) Zeitschr. f. Biologie. 1876. S. 497.
2) Repertorium f. analyt. Chemie. 1882. S. 168.
3) Compt. rendus. 1874. T. 79. p. 396 u. 529.
4) Contributions to the knowledge of the chem. Compos. etc. of the americ. Food-Fishes. Washington 1883. p. 491.
5) Compt. rendus. 1874. T. 41. p. 746.
6) C. A. Meinert: Armee- und Volksernährung. Berlin 1880. I. Th. S. 184.
7) Original-Mittheilung.
8) Fühling's landw. Ztg. 1880. S. 31.
9) C. A. Meinert: Armee- und Volksernährung. Berlin 1880. S. 189.
10) Fr. Hofmann: Bedeutung von Fleischnahrung und Fleischconserven. Leipzig 1880. S. 99.

0) Der Schinken enthielt 12,40 % Abfälle und 87,6 % essbare Theile; in letzteren: 36,4 % Wasser, 21,0 % N-Substanz, 26,8 % Fett und 3,4 % Salze.

00) In der Asche resp. auf den oberen Theilen des Fleisches lies sich Löthmetall pro Büchse nachweisen:

Wilson	Canning & Co.	Brougham
0,099 g	0,026 g	0,027 g

*) Von dem Gesammt-N 4,08 % waren 3,24 % als Protein-N und 0,065 % als Nuclein-N vorhanden; die Menge des verdaulichen Eiweisses ist zu 18,92 % angegeben.

**) Aus der Differenz berechnet.

***) Aus dem N-Gehalt (3,20 %) durch Multiplication mit 6,25 berechnet, wie bei den anderen Analysen.

†) Darin 11,61 % Chlornatrium.

††) Darin 11,52 % Chlornatrium.

No.	Nähere Bezeichnung	Zeit der Untersuchung	Wasser %	Stickstoff-Substanz %	Fett %	N-freie Extractstoffe %	Asche %	In der Trocken-Substanz: Stickstoff-Substanz %	In der Trocken-Substanz: Fett %	Stickstoff in der Trocken-Substanz %	Analytiker
9	Texas-Beef (gekochtes Ochsenfleisch ohne Knochen; 1 Pfd.-Büchse = 452 g)	—	63,6	29,6	3,9	—	2,9	81,32	10,71	12,98	*C. Voit*[1])
10	Corned-Beef[0])	1883	58,10	21,40	17,90	—	3,10	51,07	42,72	8,17	*W. O. Atwater*[2])
	Eingemachtes Büchsenfleisch, Mittel No. 2—9	.	**55,80**	**29,04**	**11,54**	—	**3,62**	**66,64**	**26,11**	**10,66**	
	b. Inländisches Büchsenfleisch:										
1	Nach dem System Gierling: Bestes deutsches Rindfleisch in Fleischbrühe (Gewicht einer Büchse) 410 g[00])	1883	60,63	26,38	8,61	2,37	2,61	66,00	21,54	10,59	*J. König u. C. Söllscher*[3])
2	Nach dem System Gierling: Deutscher Rindsbraten 515 g[00])	„	52,52	34,56	4,09	3,69	5,17	72,79	8,61	11,67	*J. König u. C. Söllscher*[3])
3	Nach dem System Gierling: Deutscher Rinds-Gulyas 655 g[00])	„	71,90	19,63	3,92	2,03	2,52	69,86	13,95	11,17	*J. König u. C. Söllscher*[3])
4	Von L. Léjeune in Berlin: Rindfleisch in Büchsen 283 g	—	64,86	19,41	13,07	—	2,76	55,24	37,19	8,84	*J. König u. C. Söllscher*[3])
5	Von L. Léjeune in Berlin: Zunge . . 245 g	—	64,86	15,35	15,14	2,01	2,64	43,68	43,08	6,99	*J. König u. C. Söllscher*[3])

Russische Fleisch- und Fleisch-Gemüse-Conserven.*)

No.	Nähere Bezeichnung	Zeit der Untersuchung	Wasser %	Stickstoff-Substanz %	Fett %	Kohlehydrate %	Holzfaser %	Asche %	In der Trocken-Substanz: Stickstoff-Substanz %	In der Trocken-Substanz: Fett %	Stickstoff in der Trocken-Substanz %	Analytiker
1	Schmorbraten	1888	60,40	19,50	17,11	1,04	—	1,95	49,22	43,21	7,88	*Stood*[3])
2	Rindfleisch in conc. Bouillon (im Cylinder):											
	a. Rindfleisch . . 5443 g	1887	59,51	28,47	8,47	1,22**)	—	2,33	70,31	20,18	11,25	*R. Thal*[4])
	b. Bouillon . . . 1228 „	„	86,85	8,58	0,10	0,27	—	4,25	65,24	0,76	10,44	*R. Thal*[4])
	c. Summe[000]) des Inhaltes . . . 6671 g	.	**64,54**	**24,81**	**6,93**	**1,05**	—	**2,67**	**70,00**	**19,59**	**11,20**	

[1]) C. A. Meinert: Armee- und Volksernährung. Berlin 1880. S. 189.
[2]) Contributions to the knowledge of the chem. Compos. etc. of the americ. Food-Fishes. Washington 1885. p. 491.
[3]) Original-Mittheilung.
[4]) Pharmaz. Zeitschr. f. Russland. 1887. No. 45 bis No. 52. Die Bestimmung des Stickstoffs ist nach Kjeldahl ausgeführt; die der Stärke nach Faulenbach's Methode durch Behandeln der verkleisterten Masse mit Diastase, Invertiren der Maltose-Lösung mit Salzsäure und Titriren der Dextrose-Lösung mit Fehling'scher Lösung; als Cellulose ist der Rückstand bezeichnet, welcher sich nach Behandlung der Substanz mit Diastase, Aether, Alkohol unter Abzug der noch vorhandenen N-Substanz und Asche ergiebt.

[0]) In dieser Probe waren 6,2 % Abfälle (Sehnen etc.) und 93,8 % essbare Theile mit 54,5 % Wasser, 20,1 % N-Substanz, 16,3 % Fett und 2,9 % Salzen.
[00]) Durch Einkochen von je 720 g Fleisch erhalten.
[000]) Die procentische Zusammensetzung für den Gesammt-Inhalt ist von mir aus der Zusammensetzung für die einzelnen Bestandtheile und deren absolutes Gewicht berechnet.

*) Von der Firma H. Goegginger in Riga.
**) Vergl. Anmerkung *) Seite 231.

No.	Nähere Bezeichnung	Zeit der Untersuchung	Wasser %	Stickstoff-Substanz %	Fett %	Kohlehydrate %	Holzfaser %	Asche %	In der Trocken-Substanz: Stickstoff-Substanz %	In der Trocken-Substanz: Fett %	Stickstoff in der Trocken-Substanz %	Analytiker
3	Rindfleisch in conc. Bouillon:											
	a. Rindfleisch . . 285 g	1887	63,32	28,50	6,23	0,72*)	—	1,23	77,69	16,98	12,43	
	b. Bouillon . . . 150 „	„	92,08	5,98	0,39	0,10	—	1,45	75,51	4,92	12,08	
	c. Gesammt-Inhalt 435 g	.	**73,23**	**20,73**	**4,22**	**0,51**	—	**1,31**	**77,46**	**15,77**	**12,39**	
4	Ungarischer Gulyas mit wenig Gewürz:											
	a. Rindfleisch . . 230 g	1887	61,84	23,60	11,23	1,65	—	1,68	61,84	29,43	9,89	
	b. Sauce . . . . 215 „	„	70,43	4,85	19,13	2,57	0,95	2,07	16,40	64,69	2,62	
	c. Gesammt-Inhalt 445 g	.	**65,99**	**14,54**	**15,05**	**2,09**	**0,46**	**1,87**	**42,75**	**44,25**	**6,84**	
5	Ungarischer Gulyas mit viel Gewürz:											
	a. Rindfleisch . . 195 g	1887	65,51	21,57	7,68	2,52	—	2,73	62,54	22,27	10,01	
	b. Sauce . . . . 203 „	„	73,00	2,35	18,76	3,28	1,15	1,46	8,70	69,49	1,39	
	c. Gesammt-Inhalt 398 g	.	**69,33**	**11,76**	**13,32**	**2,93**	**0,58**	**2,08**	**38,34**	**43,43**	**6,13**	
6	Schweinefleisch in Bouillon:											
	a. Schweinefleisch . 265 g	1887	45,00	14,29	39,15	0,44	—	1,12	25,80	70,12	4,01	
	b. Bouillon . . . 140 „	„	91,34	5,52	0,44	0,62	—	2,08	63,74	5,08	10,19	
	c. Gesammt-Inhalt 405 g	.	**61,02**	**11,25**	**25,77**	**0,51**	—	**1,45**	**28,88**	**66,11**	**4,62**	*R. Thal*[1]
7	Erbsen mit Schweinefleisch:											
	a. Schweinefleisch . 470 g	1887	55,09	14,29	28,02	1,51	—	1,09	31,82	62,39	5,09	
	b. Erbsen . . . . 1413 „	„	73,88	5,70	4,46	12,90	1,93	1,13	21,82	17,07	3,49	
	c. Gesammt-Inhalt 1883 g	.	**69,19**	**7,84**	**10,34**	**10,10**	**1,41**	**1,12**	**25,44**	**33,56**	**4,07**	
8	Erbsen mit Rindfleisch:											
	a. Rindfleisch . . 490 g	1887	62,30	16,89	17,79	1,74	—	1,26	44,80	47,18	7,17	
	b. Erbsen . . . 1428 „	„	74,04	7,00	4,35	11,01	1,77	1,83	26,95	16,74	4,31	
	c. Gesammt-Inhalt 1918 g	.	**71,04**	**9,53**	**7,84**	**8,92**	**1,32**	**1,35**	**32,91**	**27,07**	**5,27**	
9	Suppe mit Rindfleisch und Perlgraupen:											
	a. Rindfleisch . . 530 g	1887	65,76	21,56	11,32	0,50	—	0,86	62,97	33,06	10,07	
	b. Graupen und Gemüse . . . . 976 „	„	86,45	1,95	0,48	9,60	0,40	1,12	14,39	3,55	2,30	
	c. Flüssige Suppe . 300 „	„	94,99	1,30	0,08	2,55	—	1,08	25,95	1,59	4,15	
	d. Gesammt-Inhalt 1806 g	.	**81,79**	**7,60**	**3,59**	**5,76**	**0,22**	**1,04**	**41,73**	**19,71**	**6,68**	

[1]) Vergl. Anmerkung 4, Seite 230.

*) Die N-freien Extractstoffe (resp. Kohlehydrate) sind aus der Differenz zwischen der Summe der übrigen Bestandtheile und 100 Thln. berechnet. Bei nachstehenden Analysen ist der Gehalt an Stärke wie folgt angegeben:

No.	4 b	4 c	5 b	5 c	7 b	7 c	8 b	8 c	9 b	9 c	9 d	10 b	10 c
Stärke . .	2,27 %	1,09 %	2,90 %	1,48 %	12,53 %	9,40 %	(11,27 %)?	8,39 %	9,46 %	1,95 %	5,43 %	28,04 %	21,73 %

No.	11 b	11 c	12 b	12 c	13 b	13 c	13 d	14 b	14 c	14 d	15 b	15 c
Stärke . .	24,80 %	20,03 %	19,92 %	15,58 %	2,20 %	1,10 %	1,28 %	3,90 %	2,73 %	2,59 %	19,75 %	15,60 %

No.	Nähere Bezeichnung	Zeit der Untersuchung	Wasser %	Stickstoff-Substanz %	Fett %	Kohlehydrate %	Holzfaser %	Asche %	In der Trocken-Substanz: Stickstoff-Substanz %	In der Trocken-Substanz: Fett %	Stickstoff in der Trocken-Substanz %	Analytiker
10	Hammelfleisch mit Reis:											R. Thal[1])
	a. Hammelfleisch . 405 g	1887	56,15	25,79	16,46	0,07*)	—	1,53	58,81	37,56	9,41	
	b. Reis . . . . 1396 „	„	57,29	3,54	9,19	28,87	0,07	1,04	8,29	21,52	1,33	
	c. Gesammt-Inhalt**) 1801 g	.	**57,04**	**8,54**	**10,83**	**22,39**	**0,05**	**1,15**	**19,88**	**25,20**	**3,12**	
11	Kalbfleisch mit Reis:											
	a. Kalbfleisch . . 335 g	1887	60,41	29,84	8,04	1,08	—	0,63	75,37	20,31	12,06	
	b. Reis . . . . 1406 „	„	61,26	3,15	9,45	25,51	0,29	0,34	8,13	24,39	1,30	
	c. Gesammt-Inhalt 1741 g	.	**61,09**	**8,28**	**9,18**	**20,83**	**0,23**	**0,39**	**21,27**	**23,58**	**3,40**	
12	Geräuchertes Hammelfleisch mit Bohnen:											
	a. Geräuch. Hammelfleisch . . . . 395 g	1887	55,39	30,01	10,86	2,23	—	1,51	67,27	24,12	10,76	
	b. Bohnen . . . 1190 „	„	58,51	9,93	7,59	20,41	1,84	1,70	23,93	18,29	3,83	
	c. Gesammt-Inhalt 1585 g	.	**57,73**	**14,93**	**8,40**	**15,91**	**1,38**	**1,65**	**35,32**	**19,87**	**5,65**	
13	Kohlsuppe mit Schweinefleisch und Buchweizengrütze:											
	a. Schweinefleisch . 380 g	1887	49,30	5,53	43,40	1,31	—	0,46	10,90	85,59	1,74	
	b. Kohl und Grütze 676 „	„	74,20	1,65	19,88	2,62	0,91	0,74	6,39	77,05	1,02	
	c. Flüssige Suppe . 680 „	„	95,92	1,70	0,05	1,26	—	1,07	41,66	1,22	6,06	
	d. Gesammt-Inhalt 1736 g	.	**77,29**	**2,52**	**17,26**	**1,77**	**0,35**	**0,81**	**11,00**	**76,00**	**1,77**	
14	Kohlsuppe mit Rindfleisch und Buchweizengrütze:											
	a. Rindfleisch . . 465 g	1887	62,63	24,51	11,29	0,74	—	0,83	65,58	30,21	10,49	
	b. Kohl und Grütze 876 „	„	88,22	2,28	2,85	4,51	0,88	1,26	19,35	24,19	3,09	
	c. Flüssige Suppe . 510 „	„	93,56	1,97	0,27	2,84	—	1,34	30,59	4,16	4,89	
	d. Gesammt-Inhalt 1851 g	.	**83,26**	**7,77**	**4,26**	**3,13**	**0,41**	**1,17**	**46,41**	**25,45**	**7,42**	
15	Linsen mit Schweinespeck:											
	a. Speck . . . . 325 g	1887	33,77	12,43	51,33	0,06	—	2,41	18,76	77,53	3,00	
	b. Linsen . . . . 1223 „	„	53,94	10,35	10,59	20,21	2,96	1,95	22,47	22,99	3,59	
	c. Gesammt-Inhalt 1548 g	.	**49,71**	**10,78**	**19,14**	**15,98**	**2,34**	**2,05**	**21,43**	**38,06**	**3,43**	

[1]) Vergl. Anmerkung 4, Seite 230.
*) Vergl. Anmerkung *) Seite 231.
**) Vergl. Anmerkung °°°) Seite 230.

Pasteten.

(Mit Fett und Gewürzen eingemachte, zerkleinerte Fleischmassen.)

No.	Nähere Bezeichnung	Zeit der Untersuchung	Wasser %	Stickstoff-Substanz %	Fett %	N-freie Extractstoffe %	Asche %	In der Trocken-Substanz: Stickstoff-Substanz %	In der Trocken-Substanz: Fett %	Stickstoff in der Trocken-Substanz %	Analytiker
1[0])	Gänseleberpastete (von J. Fischer-Strassburg)	1884	46,04	14,59	33,59	2,67	3,11[0])	27,04	62,25	4,33	J. König u. C. Söllscher[1])
2[0])	Von Grosse & Brackwell in London: Rindfleischpastete (Potted beef)	„	32,81	17,17	44,63	3,36	2,03[0])	25,57	66,42	4,09	
3[0])	Von Grosse & Brackwell in London: Schinkenpastete (Potted Ham)	„	25,57	16,88	50,88	—	6,78[0])	22,68	68,36	3,63	
4[0])	Von Grosse & Brackwell in London: Zungenpastete (Potted Tonque)	„	41,52	18,46	32,85	0,46	6,71[0])	31,57	56,17	5,05	
5[0])	Von Grosse & Brackwell in London: Salmpastete (Potted Salmon)	„	37,64	18,48	36,51	0,70	6,67[0])	29,63	58,55	4,74	
6[0])	Von Grosse & Brackwell in London: Hummerpastete (Potted Lobster)	„	51,33	14,87	24,86	4,04	4,90[0])	30,55	51,08	4,89	
7[0])	Von Grosse & Brackwell in London: Anchovispastete (Anchovy-Paste)	„	36,81	12,33	1,59	5,18	44,09[0])	19,51	2,52	3,12	

Würste.

Nähere Bezeichnung	Zeit der Untersuchung	Wasser %	Stickstoff-Substanz %	Fett %	N-freie Extractstoffe %	Asche %	In der Trocken-Substanz: Stickstoff-Substanz %	In der Trocken-Substanz: Fett %	Stickstoff in der Trocken-Substanz %	Analytiker
Schinkenwurst	1884	46,87	12,87	24,43	12,52*)	3,31	24,22	45,98	3,88	J. König u. C. Söllscher[1])
Trüffelwurst I. Qual.[00])	„	43,29	13,06	41,27	—	2,41	23,03	25,16	3,68	
„ II. „ [000])	„	34,31	11,50	51,39	—	3,36	17,51	78,27	2,80	
Mettwurst (westfälische)	1878	20,76	27,31	39,88	5,10	6,95	34,59	50,33	5,51	J. König u. C. Krauch[1])
Cervelatwurst	1876	37,37	17,64	39,76	—	5,44	28,17	63,47	4,35	J. König, B. Farwick u. C. Krauch[1]) u.[2])
Frankfurter Würstchen	„	42,79	11,69	39,61	2,25	3,66	20,43	69,24	3,27	
Blutwurst	„	49,93	11,81	11,48	25,09	1,69	23,59	22,90	3,77	
desgl.[000])	1880	63,61	9,93	8,87	15,83	1,76	27,29	24,37	4,37	
Leberwurst I. Sorte	1876	48,70	15,93	26,33	6,38	2,66	31,05	51,33	4,97	
„ II. „	„	47,80	12,89	25,10	12,22	2,21	24,70	48,08	3,97	
„ III. „	„	47,58	10,87	14,43	20,71	2,87	20,74	27,52	3,32	
desgl.[000])	1880	55,73	9,09	14,76	19,33	1,09	20,53	33,34	3,29	
Sülzenwurst	1879?	41,50	23,10	22,80	—	12,60	39,49	38,96	6,31	Fr. Hofmann[3])
Knackwurst	1879	58,60	22,80	11,40	—	7,20	55,07	27,53	8,81	

[1]) Original-Mittheilung.
[2]) Zeitschr. f. Biologie. 1876. S. 497.
[3]) Siehe C. A. Meinert: Armee- u. Volksernährung. Berlin, 1880. I. Thl. S. 184, 189 u. 470.

[0]) Für Gewicht des Inhaltes einer Büchse, für Preis und Asche-Bestandtheile ergaben sich folgende Zahlen:

	Inhalt der Büchse	Preis	In der Asche: Chlor	In der Asche: oder Chlornatrium	P_2O_5	K_2O
1. Gänseleberpastete	206,5 g	3,25 M.	1,34 %	2,22 %	—	—
2. Rindfleischpastete	154,0 „	1,75 „	—	—	0,33 %	0,75 %
3. Schinkenpastete	176,4 „	1,75 „	3,47 „	5,72 „	—	—
4. Zungenpastete	177,8 „	1,75 „	3,63 „	5,98 „	—	—
5. Salmpastete	170,6 „	1,75 „	3,43 „	5,65 „	—	—
6. Hummerpastete	181,3 „	1,75 „	1,44 „	2,38 „	0,37 „	0,52 „
7. Anchovispastete	187,8 „	1,75 „	24,89 „	40,10 „	0,85 „	1,61 „

[00]) Die I. Qual. Trüffelwurst kostete 6,00 M., die II. Qual. 2,80 M. pro 1 kg.
[000]) Gewöhnliche Handelsqualität.

*) Die N-freien Extractstoffe bei den Wurstsorten stammen aus vegetabilischen Nahrungsmitteln (Mehl).

Nähere Bezeichnung	Zeit der Untersuchung	Wasser %	Stickstoff-Substanz %	Fett %	N-freie Extractstoffe %	Asche %	In der Trocken-Substanz: Stickstoff-Substanz %	In der Trocken-Substanz: Fett %	Stickstoff in der Trocken-Substanz %	Analytiker
Erbswurst	1879	5,36	19,60	34,59	29,75	10,70	20,71	36,55	3,31	*G. Heppe*[1])
desgl.	1876	(29,15	16,02	29,70	11,94	13,19)	22,61	41,92	3,61	*Ritter*[2])
desgl. 542 g	1879	6,91	11,80	47,58	25,31	8,40	12,68	51,12	2,03	*Fr. Hofmann*[3])
desgl. 492 g	„	5,68	16,45	36,17	33,20[0])	8,50	17,44	38,35	2,77	
desgl.[0]) . . . von L. Lejeune in Berlin	1884	6,67	15,44	38,65	32,27	6,93	16,54	41,41	6,63	
desgl.[0]) I. Qual. von L. Lejeune in Berlin	„	9,13	13,55	40,52	29,30	7,50	14,91	44,59	7,14	
desgl.[0]) II. „ von L. Lejeune in Berlin	„	8,89	11,87	38,87	32,43	7,94	13,07	42,66	6,82	
desgl.[0]) mit Speck von A. Schörke u. Co. in Görlitz	„	3,68	16,94	34,85	33,97	10,56	17,59	36,18	2,81	
desgl.[0]) „ „ u. Schinken von A. Schörke u. Co. in Görlitz	„	6,44	16,19	35,83	33,24	8,30	17,30	38,32	2,77	*J. König*[4])
desgl.[0]) von Dennerlein & Co. in Berlin	1883	6,05	17,29	34,42	32,92	9,32	18,40	36,64	2,94	
Deutsche Erbswurst, Mittel	.	**6,53**	**15,46**	**37,94**	**31,38**	**8,69**	**16,54**	**40,59**	**2,65**	
Französische Erbswurst[0]) . .	1884	11,00	19,65	15,52	41,05	11,88	22,08	17,44	3,53	

Fleischextracte.

No.	Nähere Bezeichnung	Zeit der Untersuchung	Wasser %	Asche %	Organische Substanz %	In letzterer Stickstoff %	In Alkohol von 80 % löslich %	In der Trocken-Substanz: Stickstoff %	In der Trocken-Substanz: Organ. Subst. %	Analytiker
	a. Feste Fleischextracte:									
1	Amerikanischer	1869	32,53	12,83	54,64	—	36,02	—	80,98	
2	Australischer	„	21,34	21,66	57,00	—	57,72	—	73,38	*Enders*[5])
3	Amerikanischer	„	12,17	23,53	64,30	—	68,83	—	73,21	
4	Fray-Bentos	1873	20,90	21,50	57,60	—	58,41	—	72,82	
5	Montevideo	„	18,00	17,42	64,58	—	59,07	—	78,75	
6	San-Antonio	„	18,90	18,00	63,10	—	60,19	—	77,80	*P. Wagner*[6])
7	Beffle Creek Queensland . .	„	19,30	21,36	59,34	—	58,19	—	73,53	
8	Adelaide	„	22,00	11,81	66,19	9,47	34,60	12,14	85,37	
9	Montevideo	1873	15,92	21,37	62,71	—	80,15	—	74,11	*E. Reichardt*[6])
10	Schaffleisch-Extract (Australien)	„	29,20	10,32	60,48	8,68	—	12,26	85,42	*A. Völcker*[6])

[1]) Siehe C. A. Meinert: Armee- u. Volksernährung. Berlin, 1880. I. Thl. S. 184, 189 u. 470.
[2]) Siehe C. Voit: Anhaltspunkte zur Beurtheilung des sogen. eisernen Bestandes.
[3]) Siehe Fr. Hofmann: Bedeutung von Fleischnahrung u. Fleischconserven. Leipzig, 1880. S. 99, 103 u. 116.
[4]) Original-Mittheilung.
[5]) Jahresbericht f. Chemie. 1869. S. 1100.
[6]) Jahresbericht f. Agric.-Chemie. 1873/74. II. Bd. S. 21.

[0]) Es ergaben an Rohfaser:

Erbswurst von L. Lejeune —	Erbswurst von L. Lejeune I. Qual.	Erbswurst von L. Lejeune II. Qual.	Alex. Schörke Mit Speck	Alex. Schörke Ohne Speck	Dennerlein	Französische Erbswurst
1,01 %	0,73 %	0,90 %	1,08 %	1,00 %	0,88 %	4,32 %

Der hohe Gehalt an Rohfaser in der französischen Erbswurst rührt ohne Zweifel von der Verwendung eines groben Mehles und grobstengeliger resp. grobschaliger Gewürze her. Die Erbswurst von L. Lejeune in Berlin kostete für die I. Qual. 1,20 M., für die II. Qual. 1,00 M. pro 1 kg, die von Dennerlein & Co. 1,60 M. pro 1 kg.

No.	Nähere Bezeichnung	Zeit der Untersuchung	Wasser	Asche	Organische Substanz	In letzterer Stickstoff	In Alkohol von 80 % löslich	In der Trocken-Substanz: Stick-stoff	In der Trocken-Substanz: Organ. Subst.	Analytiker
			%	%	%	%	%	%	%	
11	Fray-Bentos	1867	24,11	10,55	65,34	8,75	—	11,53	86,09	Versuchsstat. Insterburg[1])
12	„	„	29,02	21,45	49,53	(2,65)?	—	?	69,77	
13	„	„	18,97	13,23	67,80	7,26	—	8,96	83,67	
14	„	„	25,02	10,53	64,42	7,65	—	10,20	85,92	Proskau
15	„	„	23,93	17,82	58,23	8,05	—	10,58	76,55	Kuschen
16	„	„	21,87	15,56	62,57	4,93	—	6,31	80,08	Poppelsdorf
17	„	„	23,08	20,44	56,48	8,53	—	11,09	73,43	Dahme
18	„	„	18,72	17,28	64,00*)	5,60**)	50,73	6,89	78,74	Bonn
19	„	„	22,26	15,35	62,39	9,08	—	11,68	80,25	Regenwalde
20	„	„	25,37	17,67	56,96	9,04	—	12,11	76,32	Ida-Marienhütte
21	„	„	13,20	18,03	68,77	—	—	—	79,23	Waldau
22	Liebig's Fleischextract . .	1881	28,70	20,20	51,10	8,55	65,14	11,99	71,67	E. Wildt[2])
23	„ „ . .	„	19,80	24,36	55,84	8,46	65,29	10,55	69,62	
24	Aus Serzice bei Posen[0]) . .	„	19,74	14,58***)	65,68 †)	9,07	64,78	11,30	81,86	
25	„ „ „ „ . .	„	34,01	13,77	52,22	8,51	—	12,89	79,13	
26	„ „ „ „ . .	„	29,55	18,03	52,32	8,38	66,45	11,89	74,26	
27	„ „ „ „ . .	„	33,66	15,35	50,99	8,84	62,18	13,34	76,86	
28	Argentinischer (Kemmerich's) Fleischextract von St. Elena	1882	17,88	20,99	61,13	9,55	68,43	11,63	74,44	R. Fresenius[3])
29		„	16,89	20,69	62,42	8,30	72,98	9,99	75,10	Bischof[3])
30		„	13,85	20,08	66,07	9,02	69,60	10,47	76,69	Niederstadt[3])
31	Kemmerich's Fleischextract	1885	20,95	18,24 ††)	60,81	9,73 †††)	—	12,31	76,93	A. Stutzer[4])
32	Liebig's Fleischextract	„	19,33	23,15 ††)	57,52	8,91 †††)	—	11,04	71,30	
33	Kemmerich's Argentin. Fl. .	1887	18,88	19,46	61,66	—	59,06	—	76,01	R. Sendtner[5])
34	Liebig's Fray-Bentos[00]) . .	„	18,79	23,02 ††)	58,19	8,00	61,85	9,85	71,65	
35	Pastoril's Fl.[00])	„	15,50	26,32	58,27	—	61,74	—	68,95	
36	Pisonis' Extract of meat . .	„	17,74	19,68	62,58	—	64,68	—	76,08	
37	Soladero Concordia[00]) . . .	„	21,88	15,85	62,27	9,64	58,29	12,34	79,71	
38	Cibil's Extr. carnis[00]) . . .	„	19,41	26,44 ††)	54,15	—	62,86	—	67,19	
	Minimum		12,17	10,89	52,64	4,94	34,67	6,31	67,19	
	Maximum		34,01	25,72	68,46	10,45	74,71	13,34	86,09	
	Gesammt-Mittel (für festes Fleischextract)		**21,64**	**17,89**	**60,47**	**8,27**	**61,83**	**10,55**	**77,18**	

¹) Jahresbericht f. Agric.-Chemie. 1867. S. 382.
²) Original-Mittheilung.
³) Chem. Centr.-Bl. 1882. S. 734.
⁴) Berliner klinische Wochenschrift. 1885. No. 15.
⁵) Archiv f. Hygiene. 1887. S. 253.

⁰) Von Dr. Papilsky & Brühl hergestellt.
⁰⁰) Cibil's und Pastoril's Fleischextract haben nach Ansicht von R. Sendtner wahrscheinlich einen Zusatz von Kochsalz erhalten, während der niedrige Gehalt an Salzen bei dem Fleischextract Soladero Concordia sich dadurch erklärt, dass das Fleisch vermuthlich nicht so lange extrahirt wird als bei der Herstellung von Liebig's Extract. Liebig's Extract ergab 2,84 %, der von Saladero Concordia nur 1,51 % Milchsäure. Die Zahlen für den Liebig'schen Extract bilden das Mittel von 170 Analysen.

*) In der organischen Substanz 1,50 % Fett.
**) Derselbe vertheilt sich wie folgt: 3,500 % Kreatin mit 1,12 % N, 10,400 % Leim mit 1,90 % N, 47,026 % Inosinsäure, Kreatinin, Sarkosin etc. (Siehe Zeitschr. d. landw. Vereins für Rheinpreussen. 1866. S. 294.)
***) Mit 0,58 % Eisen.
†) Mit 1,25 % Aetherextract.
††) Die Salze enthielten:

	P_2O_5	K_2O	Cl
No. 31.	6,56 %	8,30 %	0,85 %
„ 32.	7,83 „	10,18 „	0,84 „
No. 34.	—	—	2,30 %
„ 38.	—	—	5,64 „

†††) Der Gesammt-N vertheilt sich auf N in Form von:

	Eiweiss	Pepton	Fleischbasen
No. 31.	1,26 %	2,31 %	6,16 %
No. 32.	0,85 %	0,28 %	7,82 %

No.	Nähere Bezeichnung	Zeit der Untersuchung	Wasser %	Asche %	Organische Substanz %	In letzterer Stickstoff %	In Alkohol von 80 % löslich %	In der Trocken-Substanz: Stickstoff %	In der Trocken-Substanz: Organ. Subst. %	Analytiker
	b. Flüssige Fleischextracte:									
39	„Cibil's"	1883	64,96	19,44 *)	16,00 **)	2,10	—	5,99	45,66	*A. Hilger*[1])
40	desgl.	„	64,79	19,05***)	16,16	2,54	—	7,21	45,90	*Frühling u. Schulz*[1])
41	desgl., Hermanos . . .	1887	64,13	18,29 †)	17,58	2,10	34,28	5,85	49,01	
42	Maggi's Bouillonextract[0]) .	„	68,64	23,80 ††)	7,56	1,29	25,79	4,11	24,11	*R. Sendtner*[2])
43	Bouillon conc. Morris, Canning & Co.[0])	„	64,24	13,40	22,36	—	29,87	—	62,53	
44	Berger's Extract of Beef .	1881	40,65	19,50	39,85 †††)	—	13,18	—	67,14	*Staats-Gesundheits-amt in New-York*[3])
45	Starr's „ „ „ .	„	37,00	7,35	55,65 †††)	—	10,13	—	88,33	
46	London Co.'s „ „ „ .	„	81,90	1,30	16,80	—	—	—	92,82	
47	London Co.'s Essence of Mutton	„	78,00	2,50	19,50	—	—	—	88,63	
48	London Co.'s Essence of Chicken	„	71,60	1,30	27,10	—	—	—	95,40	
49	Natürlicher Fleischsaft[00]) . .	1879	92,84	1,04	6,12[00])	—	—	—	85,47	*J. Martenson*[4])
Mittel	(von No. 39—43, für flüssiges Fl.)		**65,35**	**18,89**	**15,76**	**2,01**	**29,98**	**5,79**	**45,44**	

Procentische Zusammensetzung der Asche des Fleischextractes. †*)

Aschen-Analysen zu den vorstehend aufgeführten No.	11 %	12 %	13 %	14 %	15 %	16 %	17 %	18 %	19 %	20 %	28 %	29 %	30 %	38 %
Kali	43,20	43,71	41,86	32,23	38,50	46,53	39,44	44,49	44,98	44,59	44,26	41,79	44,04	35,89
Natron	12,12	9,53	13,00	13,62	18,35	14,81	14,55	10,37	13,69	11,08	11,63	11,51	11,32	18,00
Kalkerde . . .	Spur	0,52	0,38	.0,95	1,07	0,34	1,06	0,41	0,34	0,32	0,43	0,52	1,76	Spur
Magnesia . . .	2,89	2,22	3,65	4,64	3,03	2,34	2,99	3,46	3,31	2,87	2,86	3,89	2,03	2,17
Eisenoxyd . . .	0,12	0,22	0,18	0,77	0,45	0,19	0,46	0,06	0,25	0,09	Spur	0,22	0,32	—
Phosphorsäure .	28,12	34,88	26,67	38,08	27,44	23,32	34,06	28,47	28,35	31,27	32,35	32,55	32,12	25,59
Schwefelsäure . .	2,93	1,95	3,04	0,46	2,75	3,83	0,12	3,02	0,33	2,06	1,77	1,54	1,62	1,03
Kieselerde + Sand	0,60	0,89	0,42	—	2,97	0,67	1,04	0,93	0,79	0,75	0,24	0,82	0,31	Spur
Chlor	12,50	7,56	14,16	11,93	7,01	10,29	7,64	8,79	10,27	9,00	8,34	9,46	8,36	21,32
	102,48	101,48	103,36	102,68	101,57	102,32	101,86	100,00	102,32	102,03	101,88	102,30	101,88	104,00
O für Cl ab . .	2,82	1,69	3,19	2,68	1,57	2,32	1,86	1,98	2,32	2 ,03	1,88	2,13	1,88	4,88
	99,66	99,79	100,17	100	100	100	100	98,02	100	100	100	100,15	100	99,12

[1]) Chem. Centr.-Bl. 1884. S. 47.
[2]) Archiv f. Hygiene. 1887. S. 253.
[3]) Aus dessen Jahresbericht 1881 in Pharmaz. Rundschau 1883. S. 23.
[4]) Archiv d. Pharm. 1879. S. 248.

[0]) „Cibil's" Fleischextract hat vermuthlich nach Sendtner einen Zusatz von Kochsalz erfahren, während Maggi's Bouillonextract fast nur eine parfümirte Kochsalzlösung zu sein scheint, vergl. auch S. 240 unter XV b.

[00]) Dieser Fleischsaft wird in St. Petersburg durch Auspressen von zerkleinertem und von Fett befreitem Muskelfleisch unter Anwendung von hydraulischem Druck gewonnen; derselbe hält sich nicht länger wie 1—2 Tage und wird nur frisch abgegeben. Die organische Substanz zerfällt in:

Albumin	Leim und Fleischbasen etc.	Zucker
3,86 %	1,96 %	0,30 %

*) Mit 9,36 % Chlor. **) Mit 0,37 % Fett. ***) Mit 15,00 % Chlornatrium.
†) Mit 8,13 % Chlor.
††) Mit 13,61 % Chlor.
†††) No. 44 mit 1,11 % und No. 45 mit 1,10 % löslichem Eiweiss.
†*) Aschen-Analysen der menschlichen Nahrungs- und Genussmittel habe ich hier nicht mit aufgenommen, weil dieselben in der Zusammenstellung von Aschen-Analysen von E. Wolff (Berlin, 1871 u. 1880) sehr ausführlich enthalten sind. Ich führe hier die Analysen des Fleischextractes nur deshalb auf, weil sie in dem I. Thl. des genannten Werkes fehlten.

*Fleischpeptone,**) *Fluid meat etc.*

(Löslich gemachtes, ganzes Fleisch.)

	Wasser	Organische Stoffe	In den organischen Stoffen: Gesammt-Stickstoff	Unlösliche Eiweissstoffe N × 6,25	Propepton od. Hemialbuminosen N×6,25	Pepton *)	Sonstige N-Verbindungen	Fett = Aetherextract	Salze	In den Salzen: Kali	Phosphorsäure	Chlor oder Kochsalz	In Alkohol von 80%: Löslich	Unlöslich
	%	%	%	%	%	%	%	%	%	%	%	%	%	%
I. Leube-Rosenthal'sche Fleischsolution: [1])														
No. 1	72,81	23,97	—		21,88			0,72	3,22	—	—	Na Cl 1,86	—	—
„ 2	80,36	18,36	2,30	—	9,00	1,79	5,57	2,00	1,28	—	0,34	0,49	—	—
„ 3	67,21	31,99	3,42	—	11,00	6,51	7,55	1,80	1,80	—	0,58	0,46	—	—
I. Mittel	**73,44**	**24,47**	**2,86**	—	**10,00**	**4,15**	**6,56**	**1,51**	**2,10**	—	**0,36**	**0,60**	—	—
II. Fluid meat von Darby: [2])														
No. 1	20,79	64,43	8,21	—	—	23,80	—	—	14,78	—	0,57	9,99	40,60	38,61
„ 2	30,62	57,16	7,92	—	—	37,40	—	—	12,22	—	—	—	19,76	49,62
II. Mittel	**25,71**	**60,79**	**8,06**	—	—	**30,60**	—	—	**13,50**	—	**0,53**	**9,51**	**30,18**	**44,11**
III. Murdock's Liquid food[2]) . .	83,61	15,83	2,39	—	12,91	0,24 *)	2,68	—	0,56	0,17	0,10	Cl 0,05	—	—
IV. Valentine's Meat juice[2]) .	59,07	29,41	2,50	—	1,81	4,87 *)	22,73	—	11,52	5,11	3,76	0,05	—	—
V. Savory u. Moore's fluid beef[2]) .	27,01	60,89	8,77	—	5,42	2,74 *)	52,73	—	12,10	4,20	1,49	2,67	—	—
VI. Brand & Co.'s fluid beef[2]) .	89,19	9,50	1,48	—	2,25	6,21 *)	1,04	—	1,31	0,20	0,19	0,06	—	—
VII. Johnston's fluid beef: [3])														
No. 1	39,37	50,29	7,20		—			—	10,34	3,58	2,97	—	29,08†)	31,55
„ 2	42,46	47,98	6,56		46,25			1,73	9,56	3,10	2,28	—	29,94	27,60

*) Bei den vom Verf ausgeführten Analysen von Handelspeptonen und bei solchen, bei denen nichts weiter bemerkt ist, ist der Gehalt an „Propepton" resp. „Albuminosen" durch Fällen mit Ferriacetat und der Gehalt an „Pepton" durch Fällen mit phosphorwolframsaurem Natrium im Filtrat der Ferriacetat-Fällung bestimmt worden Nach den Untersuchungen von Kühne und Chittenden (Zeitschr. f. Biologie. 1883. Bd. 19. S. 159 und 1884. Bd. 20. S. 11) u. Anderen bilden sich bei der Verdauung der Eiweissstoffe mit Pepsin und Salzsäure keine eigentlichen Peptone, sondern „Albuminosen," welche durch Ferriacetat nur zum Theil, vollständig dagegen durch Ammoniumsulfat gefällt werden. Wendet man letzteres Fällungsmittel an, so erhält man bei den meisten Handelspeptonen erheblich mehr „Albuminosen" und bedeutend weniger Pepton (d. h. fällbare Eiweissstoffe durch phosphorwolframsaures Natrium). Ja viele Handelspeptone enthalten, nach dieser Methode untersucht, überhaupt nur sehr wenig eigentliches „Pepton," welches sich nur durch Pankreas-Verdauung bilden soll. Der in den nachstehenden Analysen aufgeführte Pepton-Gehalt ist daher durchweg viel zu hoch und nur relativ aufzufassen. Fällt man die Peptone einerseits mit Ferriacetat und darauf mit phosphorwolframs. Natrium, so erhält man weniger Albuminosen und mehr Pepton, fällt man sie aber mit Ammoniumsulfat, so erhält man mehr Albuminosen und weniger Pepton; indes ist die Summe der nach beiden Methoden erhaltenen löslichen Eiweissstoffe mehr oder weniger gleich, und da nach den Untersuchungen von Pollitzer und Zuntz (S. 19 u. 20), beide Eiweissderivate, die Albuminosen wie die Peptone, bei gleichzeitiger Gabe von Kohlehydraten die Muttersubstanz, das Eiweiss in der Nahrung ersetzen können, so behalten auch die älteren Analysen, nach welchen der aufgeführte Peptongehalt zu hoch, der an Albuminosen zu niedrig gefunden ist, ihren relativen Werth.

Bei den mit *) versehenen Analysen ist der Peptongehalt durch Multiplication des N mit 6,41 berechnet.

¹) I. Die Leube-Rosenthal'sche Fleischsolution wird durch Behandeln des zerhackten Fleisches mit Salzsäure in Papin'schen Töpfen dargestellt: No. 1 von E. Salkowsky; No. 2 u. 3 von F. Strohmer: Wiener medic. Wochensch. 1884. No. 9.

²) Die Präparate von Darby, Mardock, Valentine, Johnston, Kemmerich, Koch, Antweiler etc. sind wahrscheinlich alle durch Behandeln des Fleisches mit Wasserdampf unter Druck gewonnen. In einigen Fällen wird hierbei das ganze Fleisch, in anderen das vorher mit Wasser extrahirte Fleisch verwendet; letztere Peptone enthalten dann weniger Leim, weniger Fleischbasen und Fleischsalze als erstere.

II. No. 1 u. 2 von M. Rubner, Zeitschr. f. Biologie. 1879. S. 485 und 1880. S. 209 u. 212.

III., IV., V. u. VI. von A. Stutzer, Berliner klin. Wochenschr. 1885. No. 15.

³) VII. Johnston's fluid beef No. 1 von C. Gilbert, No. 2 von L. Marquardt, No. 3 von B. C. Niederstadt, No. 4 von A. Oberdörffer, No. 5 von Pieper, No 6 von Ulex, No. 7 von Th. Wimmel im Pharm. Centr.-Bl. 1880. S. 190 und No. 8 von A. Stutzer in Berliner klin. Wochenschr. 1885. No. 15.

†) Hierin bei No. 1 = 2,68 % Stickstoff.

	Wasser	Organische Stoffe	In den organischen Stoffen: Gesammt-Stickstoff	Unlösliche Eiweissstoffe N × 6,25	Propepton od. Hemialbuminosen N × 6,25	Pepton *)	Sonstige N-Verbindungen	Fett = Aetherextract	Salze	In den Salzen: Kali	Phosphorsäure	Chlor oder Kochsalz	In Alkohol von 80%: Löslich	Unlöslich
	%	%	%	%	%	%	%	%	%	%	%	%	%	%
No. 3	44,60	45,73	5,84	44,19				1,54	9,67	2,89	1,89	0,91	24,72	21,01
„ 4	44,80	45,90	5,10	43,60				2,30	9,30	—	2,10	—	20,00	25,90
„ 5	44,50	46,05	6,13	42,44				2,01	9,43	2,93	1,22	2,01	22,16	33,30
„ 6	44,40	—	—	—				—	—	—	—	—	22,20	33,40
„ 7	44,55	45,67	5,33	43,07				2,60	9,78	2,51	1,90	—	20,75	24,92
„ 8	49,49	45,32	7,20	—	17,75	18,18 *)	9,41		5,19	1,72	1,91	0,84	—	—
VII. Mittel	**44,27**	**46,69**	**6,19**	—	**18,14**	**18,57**	**7,94**	**2,04**	**9,04**	**2,97**	**2,04**	**1,25**	**24,12**	**28,24**
VIII.[1]) Kemmerich's Fleischpepton;[0]) a. festes:												Cl		
No. 1	34,17	59,14	9,93	—	7,75	37,11 *)	15,26		6,69†)	2,85	2,34	0,64	—	—
„ 2	33,41	59,26	10,29	—	10,29	37,24 *)	11,73		7,33	—	—	—	—	—
„ 3	35,90	54,50	9,16	1,43	6,13	23,13 *)	23,81		9,60	—	—	—	—	—
„ 4	32,36	60,20	9,42	1,48	29,87	26,21	2,37	0,18	7,44†)	3,77	2,54	0,69	—	—
„ 5	30,62	61,69	10,12	0,49	18,75	39,16	2,85	0,44	7,69†)	3,34	2,61	0,66	27,69	41,69
VIII a. Mittel	**33,30**	**58,47**	**9,78**	**1,10**	**14,56**	**32,57**	**9,97**	**0,30**	**7,73**	**3,32**	**2,49**	**0,66**	**26,82**	**40,88**
VIII. desgl.; b. flüssiges, oder Fleischbouillon genannt:												Na Cl		
No. 6	61,59	17,48	2,78	Spur	5,68	9,30	1,97	0,53	20,93	—	1,88	14,88	—	—
„ 7	61,68	20,43	3,05	—	2,69	5,51	10,82	1,41	17,89	1,65	1,56	14,07	—	—
„ 8	63,31	22,50	3,69	0,21	6,89	12,51	1,92	0,97	14,19	1,99	1,44	9,02	—	—
VIII b. Mittel	**62,19**	**20,14**	**3,17**	**0,18**	**5,09**	**9,11**	**4,79**	**0,97**	**17,67**	**1,82**	**1,63**	**12,66**	—	—
VIII. desgl.; c. Pulverform:														
No. 9	10,30	79,97	13,94	0,93	34,43	36,31	7,67	0,63	9,73	3,87	3,22	—	—	—
IX.[2]) Kochs' Fleischpepton;[0]) a. festes:												Cl		
No. 1	43,24	50,55	7,34	2,18	3,53	15,89 *)	28,95	—	6,21	—	—	—	—	—
„ 2	33,51	59,14	8,62	1,25	29,25	22,81 *)	5,37	0,36	6,98†)	2,38	2,85	0,26	—	--
„ 3	43,04	49,65	7,44	1,02	16,25	24,04 *)	7,06	1,28	7,31	3,39	2,92	0,71	34,28	22,68
„ 4	40,44	52,47	—	1,21	14,77	12,59[00])	—	—	7,09	—	—	—	—	—
IX a. Mittel	**40,16**	**52,95**	**7,80**	**1,42**	**15,95**	**18,83**	**15,96**	**0,79**	**6,89**	**1,88**	**1,88**	**0,49**	**36,18**	**23,66**

[1]) VIII. Kemmerich's Fleischpepton: No. 1 von R. Fresenius in Brendel: Kemmerich's Fleischpepton, Berlin 1885; No. 2 u. 3 von A. Stutzer in Repertorium f. analytische Chemie. Bd. V. S. 121; No. 4 von R. Schmitt in Chem. Ztg. 1885. S. 1670; No. 5 von J. König in Archiv f. Hygiene Bd. III. S. 486 u. No. 6—9 von demselben, Original-Mittheilung.

[2]) IX. Kochs' Fleischpepton No. 1 von A Stutzer: Repertorium f. analytische Chemie Bd. V. S. 121; No. 2 von R. Schmitt, Chem. Ztg. 1885. S. 1670; No. 3 u. 5 von J. König in Archiv f. Hygiene u. Original-Mittheilung; No. 4 von Bodländer in „Ein neues Fleischpepton" von W. Kochs. 1884. S. 11.

[0]) An Schwefel war vorhanden im Kemmerich'schen Fleischpepton: Kochs' Fleischpepton:

	VIII. No 3.	No. 4.	No 5.	IX. No. 1.	No. 2.	No. 3.	No. 4.
Schwefel in Form schwefelsaurer Salze	0,030 %	—	—	0,007 %	—	—	—
„ „ „ von Eiweiss etc. . .	0,351 „	0,219 %	0,154 %	0,305 „	0,251 %	0,169 %	0,229 %

[00]) Bodländer fällte das Propepton durch Natriumsulfat, das eigentliche Pepton oder Pepton 2 durch Ammoniumsulfat, indem das Gewicht der ersteren Fällung von dem der letzteren abgezogen wurde.

*) Vergl. Anmerkung *) auf Seite 237.

†) Ferner waren enthalten in den Salzen:

	Na_2O	CaO	MgO	Fe_2O_3	SO_3	SiO_2 etc.
VIII. No 1 . . .	0,76 %	0,03 %	0,18 %	0,01 %	0,008 %	0,018 %
„ 4 . . .	0,75 „	0,05 „	0,24 „	—	0,130 „	0,05 „
„ 5 . . .	0,73 „	0,05 „	0,21 „	0,02 „	0,230 „	—
IX. „ 2 . . .	1,22 „	Spur	0,19 „	—	0,11 „	0,03 „

	Wasser	Organische Stoffe	In den organischen Stoffen: Gesammt-Stickstoff	Unlösliche Eiweissstoffe N × 6,25	Propepton od. Hemialbuminosen N × 6,25	Pepton*) N × 6,41	Sonstige N-Verbindungen	Fett = Aetherextract	Salze	In den Salzen: Kali	Phosphorsäure	Chlor	In Alkohol von 80%: Löslich	Unlöslich
	%	%	%	%	%	%	%	%	%	%	%	%	%	%
IX. Kochs' Fleischpepton; b. flüssiges, sog. Kochs' Pepton-Bouillon:														
No. 5	61,87	21,71	3,50	0,38	7,16	6,09*)	7,03	1,05	16,42	2,35	1,69	7,62	—	—
X.[1]) E. Merck's Pepton:[0])														
No. 1. Syrupform	32,42	63,75	9,01	Spur	10,75	27,94*)	24,67	0,39	3,83	1,78	1,46	—	52,40	15,18
„ 2. Pulverform	6,91	86,76	13,26	0,63	23,00	32,49*)	30,03	0,61	6,33	2,42	2,42	—	82,87	10,12
„ 3. Casein-(Milch-)Pepton	3,87	83,44	12,59	Spur	Spur	68,44	15,00		12,69	—	—	—	—	—
XI.[2]) Antweiler's Pepton:														
No. 1 (Versuchspräparate)	8,96	64,05	10,33	3,22	34,24	13,28*)	13,31	—	26,99	—	—	—	—	—
„ 2 (Versuchspräparate)	11,12	71,62	11,51	(14,37)	25,06	27,92*)	—	2,23	17,26	—	—	—	—	—
„ 3 (Versuchspräparate)	7,67	72,52	11,21	0,17	23,81	42,30*)	6,06	0,18	19,81	—	—	—	—	—
„ 4 (Versuchspräparate)	8,15	72,25	10,98	0,23	27,75	40,80*)	2,95	0,52	19,60	—	—	—	—	—
„ 5[00]) (pulverförmig)	7,92	75,07	12,00	1,37	15,87	56,25*)	1,27	0,31	17,01	0,70	0,38	13,41	—	—
„ 6[00]) (pulverförmig)	5,91	84,48	13,79	5,06	13,18	64,04*)	1,12	0,76	9,61	0,65	0,62	5,85	—	—
XII.[3]) Carnrick's beef peptonids:														
Trocken	6,75	87,75	10,49	1,37	56,62	7,11*)	22,65		5,50	1,33	1,27	1,41	—	—
XIII.[3]) Benger's peptonised beef jelly:														
Flüssig	89,68	9,43	1,55	—	2,41	4,75	2,27		0,89	0,30	0,53	0,16	—	—
XIV.[4]) H. Finzelberg's Nachfolger Pepton-Pulver:[00])														
No. 1. Trockenes Pulver	6,44	76,54	11,81	0,53	9,19	64,23*)	2,45	0,14	17,02	0,54	0,31	9,14	—	—

[1]) X. Merck's Pepton No. 1 u. 2 von J. König, Archiv f. Hygiene Bd. III. S. 476; No. 3 von Th. Weyl, Berliner klin. Wochenschrift 1886. No. 15.

[2]) XI. Antweiler's Pepton No. 1—6 von J. König, H. Weigmann und W. Kisch, Original-Mittheilung.

[3]) XII. u. XIII. von A. Stutzer in Berliner klin. Wochenschr. 1885. No. 15.

[4]) XIV. Original-Mittheilung von J. König und C. Stood.

[0]) Die Merck'schen Peptone sind durch Pankreasferment hergestellt und als Pankreatin-Peptone zu bezeichnen. No. 1 ergab 0,192 %, No. 2 = 0,338 % Schwefel.

[00]) Durch Fällen mit Ammoniumsulfat wurden erheblich mehr „Albuminosen" und viel weniger eigentliches Pepton in dem Peptonpulver XI. 5 u. 6, sowie in No. XIV gefunden, nämlich:

	Pepton XI. 5	und 6	Pepton XIV.
Albuminosen	48,66 %	46,82 %	50,57 %
Pepton	23,46 „	30,74 „	20,24 „

Die Peptone XI. No. 5 u. 6 und Pepton XIV. sind wegen des geringen Gehaltes an K_2O und P_2O_5 wahrscheinlich aus mit Wasser extrahirtem Fleisch hergestellt.

*) Vergl. Anmerkung *) auf Seite 237.

	Wasser	Organische Stoffe	In den organischen Stoffen: Gesammt-Stickst.-Substanz N × 6,25	Unlösliche Eiweissstoffe N × 6,25	Propepton od. Hemialbuminose N × 6,25	Pepton*) N × 6,41	Sonstige N-Verbindungen	Fett = Aetherextract	Salze	In den Salzen: Kali	Phosphorsäure	Chlor = Natrium	In Zucker überführbare Kohlehydrate	Sonstige lösliche Kohlehydrate
	%	%	%	%	%	%	%	%	%	%	%	%	%	%
XV.[1]) **Maggi's Pepton-, Bouillon- und Speisegewürz-Präparate:**[0])														
a. Pepton-Kranken-Nahrung (fest):														
No. 1 . . .	8,03	85,77	41,37	—	31,11		—	—	6,20	—	—	3,33	37,80	6,60
„ 2 . . .	5,15	85,44	37,69	0,27	5,75	28,90*)	2,77	0	9,41	1,05	0,22	6,55	15,42**)	32,33
b. Kranken-Bouillon-Extract:														
No. 1 . . .	37,40	50,80	20,46	—	11,60		—	—	11,80	—	—	9,77	20,20	10,14
„ 2 . . .	43,93	44,70	19,75	0,42	3,81	10,98*)	4,54	0,69	11,37	1,24	0,76	8,96	18,82**)	5,44
c. Bouillon-Extract (Extractum purum):														
No. 1 . . .	60,23	17,65	10,37	—	2,31	0,83*)	7,23	0,82	22,12	1,26	0,49	20,24	— **)	6,42
d. Suppen- und Speise-Gewürze (Concentré de truffes):														
No. 1 . . .	72,16	12,55	10,31	0,03	0,94	0,71*)	8,63	1,59	15,29	0,72	0,34	12,53	— **)	0,65
e. Suppen- und Speise-Gewürze (Aux fines herbes):														
No. 1 . . .	68,64	8,97	7,87	—	0,87	1,28*)	5,72	1,08	22,39	0,81	0,36	20,83	— **)	—

Procentische Zusammensetzung der Asche von einigen vorstehenden Fleischpeptonen: ***)

	In Procenten der Asche: Kali	Natron	Kalk	Magnesia	Eisenoxyd	Phosphorsäure	Schwefelsäure	Chlor	Kieselsäure etc.
	%	%	%	%	%	%	%	%	%
VIII. Kemmerich's Fleischpepton No. 1 .	42,59	11,41	0,51	2,68	0,15	34,96	(0,12)	9,54	0,27
„ „ „ 4 .	42,70	10,08	0,77	3,23	—	34,26	1,78	9,23	0,66
„ „ „ 5 .	43,50	9,43	0,65	2,78	0,21	33,96	2,93	8,56	—
IX. Kochs' Fleischpepton No. 2 . . .	34,13	17,43	Spur	2,71	—	40,81	1,62	3,75	0,37
„ „ „ 4 . . .	35,59	9,91	0,45	2,34	0,11	31,95	12,23	9,48	—

[1]) Von diesen Präparaten ist a. No. 1 und b. No. 1 von E. Schumacher-Kopp (Chem. Ztg. 1887. S. 1395) untersucht; die anderen Analysen sind 1888 von meinen Assistenten C. Stood und W. Kisch ausgeführt.

[0]) Die Präparate unter XV a—c. werden von der Schweiz. gemeinnützigen Gesellschaft für Darstellung von Volksnahrungsmitteln resp. von der Firma Jul. Maggi & Co. in Kemptthal (Schweiz) dargestellt; die consistente Pepton-Kranken-Nahrung wird in Pastillen à 1 g dosirt. Die Präparate c—e. dienen als Zusatz- und Gewürzmittel zu Suppen und Speisen aller Art; sie gehören daher eher zu der folgenden Gruppe, „den käuflichen Saucen," als zu den Pepton-Präparaten. Die sämmtlichen Präparate sind bis auf sehr geringe Mengen löslich in Wasser.

*) Die obigen Zahlen für Propepton und Pepton wurden wie bei vorstehenden Pepton-Präparaten durch Fällen mit Ferriacetat und darauf mit phosphorwolframsaurem Natrium erhalten. Durch Fällen der Lösung mit Ammoniumsulfat wurde folgender Gehalt an „Albuminosen" und eigentlichem Pepton gefunden:

	a. No. 2	b. No. 2	c.	d.	e.
Albuminosen	19,64 %	4,57 %	3,00 %	1,21 %	1,07 %
Pepton	15,01 „	9,92 „	0,35 „	0,55 „	0,88 „

**) Hiervon bei XV a. No. 2 direct durch Fehling'sche Lösung reducirbarer Zucker 7,88 %. Bei dem Präparat b war kein durch Fehling'sche Lösung direct reducirender Zucker vorhanden; die in Zucker überführbaren Kohlehydrate wurden durch Invertiren einer 1 procentigen Lösung mittelst Salzsäure (2 CC. pro 100 CC. Lösung) und Berechnung auf Rohrzucker bestimmt. Die Präparate c, d und e enthielten keinen Zucker und auch keine in Zucker überführbaren Kohlehydrate.

***) Vergl. Anmerkung 1), 2) und †) Seite 238.

Käufliche Saucen) und Speisegewürze.*

	Inhalt einer Flasche g	Preis pro Flasche Mk.	Wasser %	Gesammt-N %	Gesammt-N-Substanz (N × 6,25) %	Lösliche **) Eiweissstoffe %	Pepton **) %	Sonstige N-Verbindungen %	Aetherextract (Fett und ätherisches Oel) %	Zucker %	Sonstige Kohlehydrate %	Mineralstoffe %	Kochsalz %	Kali %	Phosphorsäure %
1. Essence of Anchovis	215,9	1,65	66,09	1,13	7,06	2,07	2,44	2,55	0,94	11,69		24,22	21,72	2,15	0,39
2. Essence of Schrimps	218,7	1,60	67,48	1,12	6,97	1,06	2,31	3,60	0,53	12,34		22,68	19,01	1,37	0,14
3. Harvey-Sauce	214,4	1,50	82,65	0,18	1,13	0,15	0,98		0,84	5,33***)	0,49	9,56	6,85	0,64	0,16
4. Japanisch Soya	550,4	2,75	73,60	0,74	4,63	0,68	1,79	2,16	0,49	4,25		17,03	12,47	1,92	0,34
5. India-Soya	272,2	1,25	25,68	0,15	0,94	0,58		0,36	0,48	3,36	57,07	12,57	9,84	2,17	0,61
6. Beefsteak-Sauce	219,6	1,50	78,55	0,19	1,19	0,17	1,02		1,18	10,48 †)	1,17	7,43	3,94	0,68	0,22
7. Trüffel-Sauce	195,0	2,00	80,52	0,42	2,63	0,66	1,97		0,57	2,54 ††)	3,98	9,76	5,31	0,75	0,21

Zusatz zu käuflichen Saucen: Ueber die Darstellung der „Japanisch Soya“ (oder Shoya, oder Soy) liegen nach einem Vortrag im Chemiker-Verein in Hamburg in „Officielle Ztg. d. allg. Ausstellung f. Kochkunst u. Volksernährung in Düsseldorf. 1887. No. 4“ und in dem Bericht „Japan. International Health Exhibitation A. Descriptive Catalogue etc. London 1884, p. 21“ von K. Nagai und J. Murai folgende Mittheilungen vor:

Zur Darstellung derselben dienen: Gerste oder auch Weizen, Kochsalz, Hefe, Wasser und hauptsächlich eine nur zu diesem Zweck angebaute Bohne, die Sojabohne (Dolichos Soya oder Soya japonica), †††) welche das eigenthümliche Aroma hergiebt.

Die enthülsten Bohnen werden getrocknet, dann ähnlich wie Kaffeebohnen in kleinen, im Lande zerstreuten Brennereien gebrannt, da sie frisch den Transport nicht vertragen, ohne an Aroma zu verlieren.

Die Gerste ist eine langgrannige, sehr harte Gerste, welche unenthülst zur Verwendung kommt. Ein Theil derselben wird geröstet, gleich den Bohnen. In der Hauptfabrik in Tokio wird nunmehr angeblich ein Theil frischer Gerste gemalzt und davon ein Aufguss bereitet, gleich wie in unseren Brennereien. In einen andern grossen Bottich werden alsdann geröstete Bohnen und Gerste geschüttet und mit kaltem Wasser längere Zeit eingeweicht, während künstlich sehr niedrig gehaltene Temperatur und später ein hoher Gehalt Kochsalzzusatz den Aufguss vor Zersetzung schützen. Nach einiger Zeit wird die aus dem Malz bereitete Diastaselösung zugesetzt (ob warm oder kalt war nicht zu erfahren) und das Ganze einige Zeit unter zeitweisem Umrühren sich selbst überlassen. Sobald erfahrungsmässig die Zeit gekommen, die an der Farbe der Würze erkannt wird, setzt man eine eigene Art Hefe zu, welche unter den gegebenen Bedingungen (sehr niedrige Temperatur) sowie bei grossem Salzgehalt eine sehr langsame Gährung veranlasst, welche angeblich ohne Kohlensäureentwickelung und ohne Spiritusgehalt im Endproduct verläuft. Nach dem Extractgehalt und der Qualität der Rohmaterialien werden drei Sorten von Soya getrennt fabrizirt, wovon die ärmste Lösung ein Jahr zur Vergährung, die mittlere zwei Jahre, die dritte drei volle Jahre zur Vergährung bedarf, während welcher Zeit der Bottich unberührt bleibt.

*) Im Laboratorium des Verfassers von C. Söllscher untersucht; Original-Mittheilung. Die käuflichen Saucen bestehen im allgemeinen aus Gewürz- und Pflanzenextracten, denen man in einigen Fällen noch Extracte von Fischen und Fleisch, sowie auch Zucker (oder Mehl) zusetzt; durch einen gleichzeitigen Zusatz von Kochsalz soll sowohl die Haltbarkeit wie der pikante Geschmack erhöht werden.

**) Die löslichen Eiweissstoffe wurden nach der Methode von Schmidt durch Fällen mit Ferriacetat bestimmt (N × 6,25), Pepton im Filtrat von der Fällung mit Ferriacetat durch Concentration und Fällen in schwefelsaurer Lösung mit phosphorwolframsaurem Natrium (N × 6,41 = Pepton).

***) Hiervon 4,59 % Trauben- und 0,74 % Rohrzucker.

†) „ 8,29 „ „ „ 2,19 „ „

††) Traubenzucker.

†††) Siehe deren Zusammensetzung weiter unten unter „Leguminosen.“

Alsdann vom Bodensatz abgezogen, ist die Soya zum Gebrauch fertig. Dieselbe hält sich, kühl und in Porzellanflaschen aufbewahrt, mehrere Jahre (unter Luft- und Lichtabschluss); bei Luft- und Lichtzutritt setzt sich die sehr langsame Vergährung fort, ohne erkennenswerthe Veränderungen in wochenlangen Zwischenräumen.

Die isolirte Hefe gleicht der Wein- oder Bierhefe. Durch die langsame Gährung soll die directe Lösung des Proteingehaltes der Soyabohne und der Gerste resp. des Weizens bewirkt werden.

Die Zusammensetzung der „Soya" aus der Tokio Shoy und Kwaisha zu Tokio (No. 1) ist nach ersterer Quelle und die der „Kikkoman Shoya" aus Noda, Prov. Shimosa (No. 2) nach Nagai und Murai folgende:

	Spec. Gewicht	Wasser	Stickstoff-Substanz	Zucker	Dextrin	Alkohol	Flüchtige Säure	Nichtflüchtige Säure $= SO_3$	Mineralstoffe
		%	%	%	%	%	%	%	%
1.	—	67,33	5,87			9,68			17,12
2.[0])	1,199	64,83	8,93	4,44	4,56	0,14	0,16	1,08	14,67

In der Asche von No. 1 wurden gefunden: 10,20 % Chlornatrium, 4,50 % Chlorkalium, 0,59 % Kaliumsulfat, 0,45 % Calciumsulfat, 0,08 % Magnesiumsulfat und 0,92 % Calciumphosphat. In der Probe No. 1 konnte Alkohol nicht nachgewiesen werden.

Die „Soya" dient in Japan als Würze für fast alle Speisen und bildet ein weit verbreitetes Volksnahrungsmittel, welches zum Theil das Fleisch ersetzen muss.

Gemischte Fleisch-Conserven, Suppen-Conserven.

(Gemische von Fleisch, Fleischextract und Fett mit Mehl und Kochsalz.)

A. Gemische von Fleisch resp. trockenem Fleischpulver, Fett und Mehl.

No.	Nähere Bezeichnung	Zeit der Untersuchung	Wasser %	Stickstoff-Substanz %	Fett %	Kohlehydrate %	Holzfaser %	Asche %	In der Trocken-Substanz: Stickstoff-Substanz %	In der Trocken-Substanz: Fett %	Stickstoff in der Trocken-Substanz %	Analytiker
I. 1	Bohnen-Fleischsuppe[00])	1881	9,33	29,31	23,04	23,36	0,73	14,23	32,33	25,41	5,17	J. König u. Th. Breyer[1])
2	(Bohnen-Fleischtafel oder	„	11,07	27,12	16,16	29,72	2,26	13,67	30,50	18,17	4,88	
3	Bohnen-Fleischgemüse gt.)	1882	12,54	27,31	15,61	31,29	0,90	12,35	31,23	17,85	5,00	
4	der Carne pura-Gesellsch.	„	7,45	32,37	23,57	24,15	2,07	10,39 *)	34,98	25,47	5,60	
5	in Berlin	1883	5,98	28,62	18,02	30,75	2,32	14,31	30,44	19,17	4,87	
	I. Mittel	.	**9,27**	**28,95**	**19,28**	**27,86**	**1,65**	**12,99**	**31,89**	**21,21**	**5,10**	
6	Bohnen-Fleischtafel von Ad. Brandt in Altona[000])	1879	10,98	28,12	2,59	52,79	1,96	3,56	31,59	2,91	5,05	J. König[1])
II. 1	Erbsen-Fleischsuppe oder	1881	8,31	31,31	22,01	25,06	2,23	11,08 **)	34,15	24,00	5,46	J. König u. H. Weigmann[1])
2	Erbsen-Fleischtafel der	„	9,29	29,43	24,16	19,42	2,08	15,62	32,45	26,63	5,19	
3	Carne pura-Gesellschaft	„	9,55	28,21	14,77	32,40	1,51	13,56	31,19	16,33	4,99	
4	in Berlin	„	8,31	28,63	15,34	31,95	2,29	13,48	31,22	16,74	5,00	

[1]) Original-Mittheilung.

[0]) Im Original ist die Zusammensetzung pro 1 Liter mitgetheilt; ich habe die Zahlen auf Gewichtsprocente umgerechnet.

[00]) Die Leguminosen etc., Fleischsuppen der früheren Gesellschaft Carne pura, bestehen aus besonders präparirtem Leguminosenmehl, trockenem Fleischpulver (Carne pura), Fett (Talg und Speckfett) neben Gewürzen und Kochsalz.

[000]) Die Fleischleguminose von Ad. Brandt in Altona enthält ca. 84 Theile Leguminosenmehl und 14 Theile trockenes Fleischpulver.

*) Mit 0,81 % P_2O_5 und 1,26 % K_2O.
**) „ 0,80 „ „ „ 1,14 „ „

No.	Nähere Bezeichnung	Zeit der Untersuchung	Wasser %	Stickstoff-Substanz %	Fett %	Kohlehydrate %	Holzfaser %	Asche %	In der Trocken-Substanz: Stickstoff-Substanz %	In der Trocken-Substanz: Fett %	Stickstoff in der Trocken-Substanz %	Analytiker
II. 5	Erbsen-Fleischsuppe oder Erbsen-Fleischtafel der Carne pura-Gesellschaft in Berlin	1882	12,99	25,06	20,04	30,41	0,60	10,90	28,80	23,03	4,61	J. König u. H. Weigmann[1])
6	”	1883	13,26	28,48	16,57	28,63	2,15	10,91	32,83	19,10	5,25	”
7	”	”	11,51	27,27	17,98	30,18	2,08	10,98 *)	30,82	20,32	4,92	”
8	desgl. von L. Léjeune in Berlin	1884	17,01	21,87	17,98	32,60	1,47	9,07**)	26,35	21,67	4,22	”
	II. Mittel	.	**11,28**	**27,53**	**18,61**	**28,83**	**1,80**	**11,95**	**31,03**	**20,98**	**4,96**	
III. 1	Linsen-Fleischsuppe oder Linsen-Fleischtafel der Carne pura-Gesellschaft in Berlin	1881	7,52	31,62	22,85	24,57	2,37	11,07***)	34,16	24,71	5,47	J. König u. J. Cosack[1])
2	”	”	12,24	27,18	18,89	27,97	1,82	11,90	30,97	21,52	4,79	”
3	”	1882	13,26	25,13	18,04	30,93	0,57	12,07	28,97	20,80	4,64	”
4	”	1883	10,82	28,35	17,10	31,19	1,92	10,62 †)	31,79	19,17	5,09	”
	III. Mittel	.	**10,96**	**28,07**	**19,22**	**28,67**	**1,67**	**11,41**	**31,47**	**16,55**	**5,00**	
IV. 1	Bohnen in Fleisch von Carne pura-Ges. in Berlin	1881	12,88	23,43	2,19	51,59	2,07	7,84	26,89	2,51	4,30	”
2	”	1882	10,98	28,12	2,59	52,79	1,96	3,56	31,59	2,91	5,05	”
	IV. Mittel	.	**11,94**	**25,78**	**2,39**	**52,18**	**2,01**	**5,70**	**29,24**	**2,71**	**4,68**	
V.	Linsen in Fleisch von desgl.	1881	13,64	29,31	1,81	48,92	3,75	12,57	33,94	2,09	5,43	”
VI. 1	Fleischbrodsuppe von desgl.	1881	10,87	16,37	12,43	47,39	1,45	11,53	18,37	13,95	2,94	”
2	”	1882	11,55	16,49	14,59	51,69	2,33	3,35	18,64	14,05	2,98	”
3	”	1883	8,14	20,66	12,23	45,97	2,54	10,46††)	22,49	13,31	3,60	”
	VI. Mittel	.	**10,19**	**17,84**	**13,08**	**48,33**	**2,11**	**8,45**	**19,83**	**13,44**	**3,17**	
VII.	Gemischte Fleischsuppe von desgl.[0])	1881	14,84	19,81	1,58	60,54	0,90	2,33	23,26	18,55	3,72	”
VIII.	Fleischsuppenpulver von desgl.	”	9,07	25,02	19,17	32,99	2,11	11,64	27,52	21,08	4,40	”
IX. 1	Suppenpulver (German Army food) von Dennerlein & Co. in Berlin[00])	1879	10,83	18,72	1,85	49,47	1,58	17,55	20,99	2,07	3,35	P. Wittelshöfer[2])
2	”	1878	11,71	20,31	2,43	46,61	1,84	17,10	23,00	2,75	3,68	E. Wildt[3])
	IX. Mittel	.	**11,27**	**19,51**	**2,14**	**78,07**	**1,71**	**17,33**	**22,00**	**2,41**	**3,52**	
X.	Rumfordsuppe[000]) . . .	1879	11,73	16,18	1,87	56,33	1,15	12,74	18,33	2,12	2,93	J. König[4])
XI.	Suppe militaire †[0]) . . .	1884	7,21	23,41	1,40	43,06	6,80	18,32	25,23	1,51	4,04	C. Söllscher[1])

[1]) Original-Mittheilung.
[2]) Centr.-Bl. f. Agric.-Chemie. 1879. S. 797.
[3]) Landw. Centr.-Bl. f. d. Prov. Posen. 1878. No. 9.
[4]) C. A. Meinert: Armee- und Volksernährung. Berlin 1880. I. Th. S. 449.

[0]) Die gemischte Suppe besteht aus einem Gemisch von Maccaroni, Gries und Graupen mit trockenem Fleischpulver, Gewürzen und Grünem.
[00]) Das German Army food besteht aus Getreidemehl, Erbsenmehl, Fleischfasern, Gemüsetheilchen und Kochsalz.
[000]) Die Rumfordsuppe besteht aus 13,5 % groben Fleischstücken, 31,8 % Graupen, 44,7 % feinem Mehl u. 10 % Kochsalz.
†[0]) Die französische Conserve Suppe militaire besteht aus etwas Fleisch, Leguminosenmehl, Griesmehl (Reis), Gewürz und grobstengeligen Gemüsetheilchen.

*) Mit 0,81 % P_2O_5 und 1,64 % K_2O und 8,18 % NaCl.
**) „ 0,68 „ „ „ 1,05 „ „
***) „ 0,87 „ „ „ 1,29 „ „
†) „ 0,81 „ „ „ 1,57 „ „ „ 8,00 „ „
††) „ 0,63 „ „ „ 1,65 „ „

B. Fleisch-Teigwaaren und Fleisch-Zwieback.

(Gemische von Mehl mit trockenem Fleischpulver.)

No.	Nähere Bezeichnung	Zeit der Untersuchung	Wasser %	Stickstoff-Substanz %	Fett %	Kohlehydrate %	Holzfaser %	Asche %	In der Trocken-Substanz: Stick-stoff-Sub-stanz %	In der Trocken-Substanz: Fett %	Stickstoff in der Trocken-Substanz %	Analytiker
I. 1	Fleisch- (Carne pura-) Graupen von C. A. Guillaume & Söhne in Raden bei Cöln a. Rh.	1881	10,23	18,56	1,36	66,58	0,52	2,75	20,68	1,51	3,31	J. König, J. Cosack u. Th. Breyer[1])
2		„	11,46	19,19	1,08	65,66	0,31	2,30	21,67	1,22	3,47	
3		1882	10,63	18,50	(10,95)	57,12	0,43	2,37	20,70	12,25	3,31	
4		„	13,29	17,94	1,28	64,20	0,82	2,47	20,69	1,48	3,31	
	I. Mittel	.	**11,40**	**18,55**	**1,24**	**65,82**	**0,52**	**2,47**	**20,93**	**1,40**	**3,35**	
II.	Fleisch-Gries von desgl. .	1881	15,06	23,00	2,19	56,34	0,53	2,88	27,05	2,58	4,33	
III.	Fleisch-Maccaroni v. desgl.	„	13,81	19,06	1,14	63,87	0,13	1,99	22,11	1,32	3,54	
IV.	Fleisch-Nudeln von desgl.	„	14,53	17,56	1,44	63,73	0,45	2,29	20,55	1,69	3,29	
V.	Patent-Fleischzwieback v. F. Krietsch in Wurzen .	„	5,07	16,31	15,91	59,09	1,29	2,33	17,18	16,76	2,75	
VI. 1	Armee-Fleischzwieback von demselben	„	8,85	12,94	1,80	74,52	0,58	1,31	14,20	1,97	2,27	
2		„	9,42	12,00	0,85	75,87	0,61	1,25	13,25	0,94	2,12	
3		1882	9,52	12,25	0,58	75,79	0,61	1,25	13,54	0,64	2,17	
4		„	10,82	11,81	1,78	73,41	0,96	1,22	13,24	2,00	2,12	
	VI. Mittel	.	**9,65**	**12,25**	**1,25**	**74,90**	**0,69**	**1,26**	**13,56**	**1,39**	**2,17**	
VII. 1	Schiffs-Fleischzwieback von demselben	1881	12,10	15,06	5,83	63,20	1,05	2,76	17,13	6,63	2,74	J. König, J. Cosack u. H. Weigmann[1])
2		„	10,02	17,37	8,97	59,61	0,78	3,25	19,30	9,97	3,09	
	VII. Mittel	.	**11,06**	**16,22**	**7,40**	**61,40**	**0,91**	**3,01**	**18,22**	**8,30**	**2,92**	
VIII. 1	Fleisch-Weizenzwieback von demselben	1881	10,77	13,31	4,33	60,87	1,57	9,15	14,91	4,85	2,39	
2		„	11,48	13,69	5,99	60,21	2,07	6,56	15,47	6,77	2,48	
3		1882	11,59	13,18	4,22	67,04	2,15	1,82	14,91	4,77	2,39	
4		„	12,23	13,06	4,47	66,90	1,50	1,84	14,88	5,09	2,38	
	VIII. Mittel	.	**11,52**	**13,31**	**4,75**	**63,76**	**1,82**	**4,84**	**15,04**	**5,37**	**2,41**	
IX. 1	Fleisch-Roggenzwieback von demselben	1881	10,28	11,93	4,26	59,52	0,87	13,14	13,30	4,75	2,13	
2		„	11,65	12,06	5,05	59,30	2,27	9,67	13,65	5,72	2,18	
	IX. Mittel	.	**10,97**	**12,00**	**4,66**	**59,40**	**1,57**	**11,40**	**13,48**	**5,23**	**2,16**	
X. 1	Fleisch-Bisquits von F. Krietsch in Wurzen .	1881	5,93	15,56	1,09	74,26	1,00	2,16	16,54	1,16	2,65	
2	desgl. von L. Léjeune in Berlin	1884	7,32	13,81	1,05	74,21	0,48	3,13	14,90	1,13	2,38	
	X. Mittel	.	**6,62**	**14,69**	**1,07**	**74,23**	**0,74**	**2,65**	**15,72**	**1,15**	**2,51**	

[1]) Original-Mittheilung.

C. Gemische von Fleisch mit Gemüse und Kartoffeln.

No.	Nähere Bezeichnung	Zeit der Untersuchung	Wasser %	Stickstoff-Substanz %	Fett %	Kohlehydrate %	Holzfaser %	Asche %	In der Trocken-Substanz: Stickstoff-Substanz %	In der Trocken-Substanz: Fett %	Stickstoff in der Trocken-Substanz %	Analytiker
I.	Fleischgemüse:											
1	400 g Fleisch + Gewürz + 100 g Gemüse-Conserve von Ferd. Flörken in Mayen .	1888	37,74	12,50	7,97	31,40	2,00	8,39	20,07	12,80	3,19	E. Fricke u. W. Kisch[1])
II.	Gulyas (roh) mit Kartoffelwürfeln:											
1	Von demselben	1888	57,25	17,62	5,36	15,10	0,81	3,86	42,75	12,54	6,63	
III.	Feldbeefsteaks mit Kartoffel-Frittes:											
1	Von demselben	1888	50,34	16,68	21,31	5,58	1,20	4,89	33,59	42,91	5,37	
IV.	Trockne deutsche Feldmenage (in Pergamentpapier, Wurstform):											
1	Fleisch - Erbsen - Kartoffeln vom 1. März 1885 von demselben	1888	13,22	31,25	28,59	15,74	3,80	7,40	36,01	32,94	5,76	
2	Fleisch-Erbsen-Möhren vom 1. Oct. 1884 von demselb.	"	15,93	32,56	27,06	13,82	1,90	8,73	38,73	32,18	6,19	

D. Fleisch-Cacaopulver und Fleisch-Chocolade.

(Gemische von Cacao und Chocolade mit trockenem Fleischpulver.)

No.	Nähere Bezeichnung	Zeit der Untersuchung	Wasser %	Stickstoff-Substanz %	Fett %	Kohlehydrate %	Holzfaser %	Asche %	In der Trocken-Substanz: Stickstoff-Substanz %	In der Trocken-Substanz: Fett %	Stickstoff in der Trocken-Substanz %	Analytiker
I. 1	Fleisch-Cacaopulver von J. & C. Blooker in Amsterdam	1881	5,05	25,12 *)	19,43	34,32	9,06	7,02	26,46	20,46	4,23	J. König u. C. Krauch[1])
2		"	6,98	23,81 **)	20,17	34,18	8,21	6,65	25,60	21,68	4,10	
3		1882	5,65	24,81	22,91	34,61	5,64	6,38	26,30	24,29	4,21	
4		"	5,64	23,63 ***)	23,61	32,87	7,36	6,89	25,04	25,02	4,01	
	I. Mittel	.	**5,83**	**24,34**	**21,53**	**66,01**	**7,57**	**6,74**	**25,85**	**22,86**	**4,14**	
II. 1	Fleisch-Chocolade von demselben	1881	2,16	11,13 †)	27,34	54,64 ††)	2,36	2,37	11,38	27,94	1,82	
2		"	2,27	11,81	24,60	57,72	1,42	2,38	12,08	25,16	1,93	
	II. Mittel	.	**2,21**	**11,47**	**25,97**	**56,09**	**1,89**	**2,37**	**11,73**	**26,55**	**1,88**	

E. Fleischpepton-Puder-Cacao.[0])

No.	Nähere Bezeichnung	Zeit der Untersuchung	Gesammt-N-Substanz (N × 6,25) %	Wasser %	Albuminosen[0]) %	Pepton[0]) %	Theobromin %	Fett %	Zucker %	Sonstige N-freie Stoffe %	Rohfaser %	Asche %	Kali %	Kalk %	Phosphorsäure %
1	Fleischpepton - Puder-Cacao	1888	6,92	21,12	5,64	4,25	0,41	10,86	47,50	7,08	3,15	3,37	1,18	0,11	1,34
2	Fleischpepton - Cacao-Pastillen	"	13,76	19,06	6,37	4,06	—	9,85	41,80	—	—	—	—	—	—

[1]) Original-Mittheilung.

*) Mit 1,62 % Theobromin. **) Mit 1,54 % Theobromin. ***) Mit 0,47 % Theobromin.

†) Mit 0,22 „ „ ††) Mit 40,82 „ Zucker.

[0]) Dieses von F. W. Altgelt in Crefeld in den Handel gebrachte Präparat wurde im Laboratorium des Verfassers von

F. Fleischextract-Conserven, sog. condensirte Suppen.

(Gemische von Fleischextract mit Mehl und Fett etc.)

No.	Nähere Bezeichnung	Zeit der Untersuchung	Wasser %	Stickstoff-Substanz %	Fett %	Kohlehydrate %	Holzfaser %	Asche %	In der Trocken-Substanz: Stick-stoff-Substanz %	In der Trocken-Substanz: Fett %	Stickstoff in der Trocken-Substanz %	Analytiker
I. Condensirte Bohnensuppe mit Fleischextract:												
1	Von L. Léjeune in Berlin[00])	1881	11,12	17,56	16,67	40,15	1,73	12,77	19,76	18,76	3,16	*J. König, J. Cosack, H. Weigmann u. W. Kisch*[1])
2[0])	desgl.	1884	10,12	19,75	19,22	37,71	2,15	11,05	21,97	21,38	3,52	
3	desgl.	"	10,11	18,19	19,66	38,83	1,24	11,97	20,24	21,87	3,24	
4	Von Alex. Schörke & Co. in Görlitz	1887	12,56	20,22	20,54	33,40	1,32	11,96	23,12	23,49	3,69	
5[0])	Von C. H. Knorr in Heilbronn	1888	9,89	18,87	16,83	38,75	2,01	13,65	20,94	18,67	3,35	
	I. Mittel	.	**10,76**	**18,92**	**18,58**	**37,77**	**1,69**	**12,28**	**21,19**	**20,81**	**3,39**	
II. Condensirte Erbsensuppe mit Fleischextract:												
1	Von L. Léjeune in Berlin[00])	1881	10,93	17,13	17,88	40,20	1,62	12,24	19,23	20,07	3,08	
2[0])	Von L. Léjeune in Berlin[00])	1884	10,83	20,00	17,15	38,55	1,64	11,83	22,43	19,23	3,59	
3	Von L. Léjeune in Berlin[00])	"	10,52	19,44	16,23	39,88	1,29	12,64	21,73	18,14	3,48	
4[0])	Von Carne pura-Gesellschaft in Berlin	"	8,93	22,22	16,19	40,70	1,97	9,99	24,40	17,78	3,90	
5	Von Carne pura-Gesellschaft in Berlin	"	8,04	19,81	20,20	38,28	1,41	12,26	21,54	21,96	3,45	
6[0])	Von C. H. Knorr in Heilbronn	1888	7,21	19,06	19,68	39,32	1,24	13,49	20,54	21,21	3,28	
	II. Mittel	.	**9,61**	**19,61**	**17,88**	**38,80**	**1,53**	**12,07**	**21,69**	**19,78**	**3,47**	
III. Condensirte Erbsensuppe mit Fleischextract und Kemmerich's Albuminatmehl:												
1[0])	Von L. Léjeune in Berlin	1884	9,25	29,63	17,93	31,68	1,27	10,24	32,65	19,76	5,22	*dieselben*[1])
2	Von Carne pura-Gesellschaft in Berlin . . .	"	8,92	30,63	17,84	31,00	1,31	10,30	33,63	19,59	5,38	
	III. Mittel	.	**9,09**	**30,13**	**17,89**	**31,33**	**1,29**	**10,27**	**33,14**	**19,68**	**5,30**	
IV. Condensirte Linsensuppe mit Fleischextract:												
1	Von L. Léjeune in Berlin	1883	12,95	17,94	15,53	39,68	1,44	12,46	20,61	17,83	3,30	*J. König*[1]) u. *W. Kisch*
2	Von L. Léjeune in Berlin	1881	10,40	19,56	18,51	37,56	1,40	12,57	21,83	20,66	3,49	
3[0])	Von C. H. Knorr in Heilbronn	—	9,38	22,12	18,79	38,95	0,86	9,90	24,41	20,73	3,90	
	IV. Mittel	.	**10,91**	**19,87**	**17,61**	**38,74**	**1,23**	**11,64**	**22,30**	**19,76**	**3,57**	

C. Stood untersucht; als Fleischpepton ist das von Kochs benutzt. Die Albuminosen wurden durch Fällen mit Ammoniumsulfat bestimmt. Wendet man wie früher Ferriacetat und darauf phosphorwolframsaures Natrium an, so erhält man weniger Albuminosen (oder Propepton) und mehr Pepton; es wurden nämlich nach letzterer Methode 3,56 % Albuminosen und 5,99 % Pepton gefunden. (Vergl. unter „Peptone.") Bei Verdauungsversuchen mit künstlichem Magen- und Pankreassaft wurden von der N-Substanz 15,62 % (oder in Procenten derselben 73,96 %) verdaut, während nach gleichzeitigen Versuchen mit einfachen Cacaopulvern von der N-Substanz in Proc. derselben nur 47 bis 59 % verdaut wurden.

[1]) Original-Mittheilung.

[0]) Es enthalten Kali und Phosphorsäure:

	I. Cond. Bohnensuppe No. 2	I. Cond. Bohnensuppe 5	II. Cond. Erbsens. No. 2	II. Cond. Erbsens. 4	II. Cond. Erbsens. 6	III. Cond. Erbsens. mit Albumin No. 1	IV. Cond. Linsens. No. 3
Phosphorsäure . .	1,18 %	0,94 %	1,04 %	0,87 %	0,80 %	0,74 %	0,97 %
Kali	2,42 „	1,54 „	2,23 „	2,25 „	1,25 „	0,97 „	1,07 „

[00]) Eine Portion von 125 g kostete 20 Pfge.

No.	Nähere Bezeichnung	Zeit der Untersuchung	Wasser %	Stickstoff-Substanz %	Fett %	Kohlehydrate %	Holzfaser %	Asche %	In der Trocken-Substanz: Stickstoff-Substanz %	In der Trocken-Substanz: Fett %	Stickstoff in der Trocken-Substanz %	Analytiker
V. Hafergrützsuppe mit Fleischextract:												
1⁰)	Von Carne pura-Gesellschaft in Berlin . .	1884	6,69	15,31	14,61	54,09	1,55	7,75	16,41	15,66	2,63	*J. König*[1])
2⁰⁰)	Aus Russland	1880	9,73	17,75	5,68	52,06		14,81	19,66	6,69	3,14	*G. Heppe*[2])
	V. Mittel	.	**8,21**	**16,53**	**10,14**	**52,32**	**1,52**	**11,28**	**18,04**	**11,18**	**2,89**	
VI. Kartoffelsuppe mit Fleischextract:												
1⁰)	Von Carne pura-Gesellschaft in Berlin . .	1884	9,48	8,69	14,08	53,13	1,88	12,74	9,60	15,55	1,54	*J. König*[1])
2⁰⁰)	Aus Russland	1880	9,94	12,18	0,84	72,27		4,77	13,52	0,93	2,16	*G. Heppe*[2])
VII. Brodsuppe mit Fleischextract:												
1⁰)	Von Carne pura-Gesellschaft in Berlin . .	1884	7,11	15,50	13,26	51,70	1,68	10,77	16,69	14,28	2,67	*J. König*[1])
VIII. Griessuppe mit Fleischextract:												
1⁰)	Von C. H. Knorr in Heilbronn	1888	10,67	10,81	10,99	52,68	0,92	13,93	12,10	12,30	1,93	*W. Kisch*[1])
IX. Gerstensuppe mit Fleischextract:												
1⁰)	Von demselben . . .	1888	8,31	10,56	11,23	54,43	0,76	14,71	11,51	12,24	1,84	*W. Kisch*[1])
X. Reissuppe mit Fleischextract:												
1⁰)	Von demselben . . .	1888	9,80	9,00	10,09	56,46	0,79	13,86	9,98	11,18	1,59	*W. Kisch*[1])
XI. Tapioca-Julienne-Suppe*) mit Bouillon-Extract:												
1	Von demselben . . .	1887	10,69	4,25	10,61	59,44	1,82	13,19	4,76	12,44	0,76	*v. Peter, Stood u. Kisch*[1])
XII. Grünkern-Suppe) mit Bouillon-Extract:**												
1	Von demselben . . .	1887	6,54	10,44	12,04	53,07	1,43	16,48	11,17	12,88	1,76	*v. Peter, Stood u. Kisch*[1])
XIII. Curry-Suppe*) mit Bouillon-Extract:**												
1	Von demselben . . .	1887	6,59	17,81	20,84	39,54	2,15	13,07	19,07	22,31	3,05	*v. Peter, Stood u. Kisch*[1])
XIV. Mock-Turtle-Suppe, sog. Schildkrötsuppe:												
1	Von demselben . . .	1887	4,97	18,37	17,31	40,27	3,23	15,85	19,31	18,21	3,09	*v. Peter, Stood u. Kisch*[1])

[1]) Original-Mittheilung.

[2]) C. A. Meinert: Armee- und Volksernährung. Berlin 1880. I. Th. S. 468 u. 469.

⁰) Es enthielten Phosphorsäure und Kali:

	V. Hafergrütz. No. 1	VI. Kartoffels. No. 1	VII. Brods. No. 1	VIII. Griess. No. 1	IX. Gerstens. No. 1	X. Reiss. No. 1
Phosphorsäure . .	0,95 %	0,57 %	0,68 %	0,61 %	0,76 %	0,51 %
Kali	0,87 „	1,87 „	1,19 „	0,98 „	1,09 „	0,84 „

⁰⁰) Für die russische Armee von der Actien-Gesellschaft „Volksernährung" (Narodnoe Prodowolstwo) fabricirt.

*) Unter Tapioca-Julienne ist ein Gemisch von Reis mit Suppenkräutern zu verstehen.

**) Grünkern = unreifer Spelz.

***) Curry = indisches Gewürz.

G. Condensirte Suppentafeln.

(Gemische von Mehl mit nur Fett, Gewürzen und Salz.)

No.	Nähere Bezeichnung	Zeit der Untersuchung	Wasser %	Stickstoff-Substanz %	Fett %	Kohlehydrate %	Holzfaser %	Asche %	In der Trocken-Substanz: Stick-stoff-Sub-stanz %	In der Trocken-Substanz: Fett %	Stickstoff in der Trocken-Substanz %	Analytiker
	A. Suppentafeln von Rud. Scheller in Hildburghausen:											
I. 1	Sogen. condensirte braune Griessuppe	1877	7,92	7,56	(7,56)	60,53	1,87	11,47	8,21	(8,31)	1,31	J. König
2		1878	9,48	7,64	14,47	55,78	1,23	11,40	8,44	15,99	1,35	u.
3		1882	10,49	5,94	15,61	55,39	1,10	11,48	6,64	17,44	1,06	C. Krauch[1])
	I. Mittel	.	**9,30**	**7,05**	**15,04**	**55,76**	**1,40**	**11,45**	**7,76**	**16,72**	**1,21**	
II.	Sog. cond. Gerstensuppe .	1883	10,99	6,07	15,87	51,19	1,23	14,65	6,82	17,83	1,11	J. König[1])
III. 1	Sog. cond. Erbsensuppe (Erbsenpuree etc.)	1877	4,94	20,32	23,79	42,55		8,40	21,38	25,02	3,42	A. v. Loesecke[1])
2		1878	8,08	15,81	24,41	36,78	1,69	13,23	17,20	26,56	2,75	C.
3		1883	12,49	17,25	25,16	30,32	1,50	13,28	19,71	28,75	3,15	Söllscher[1])
	III. Mittel	.	**8,50**	**17,79**	**24,45**	**35,99**	**1,63**	**11,64**	**19,43**	**26,78**	**3,11**	
	B. Von Alex. Schörke & Co. in Görlitz:											
I. 1	Erbsentafeln, cond. Erbsensuppe	1879	7,25	18,44	19,55	41,95		12,81	19,88	21,08	3,18	H. Fleck[3])
2		„	6,30	19,03	20,20	41,93		12,54	20,31	21,56	3,24	
3		1883	7,68	15,31	20,40	42,38	2,00	12,23	16,58	22,10	2,65	J. König
4	desgl. mit Speck . .	„	8,16	16,19	22,61	40,57	1,72	10,75	17,63	24,62	2,82	u. C.
5		1884	10,77	18,75	21,08	37,64	1,28	10,48	21,01	23,62	3,36	Söllscher[1])
	I. Mittel	.	**8,03**	**17,54**	**20,77**	**40,25**	**1,65**	**11,76**	**19,08**	**22,59**	**3,05**	
II. 1	Bohnentafel	1879	3,70	16,69	20,70	44,84		14,07	16,91	21,49	2,71	H. Fleck[3])
2		1887	10,38	18,81	20,64	36,60	1,54	12,03	20,99	23,03	3,35	W. Kisch[1])
	II. Mittel	.	**7,04**	**17,75**	**20,67**	**39,90**	**1,59**	**13,05**	**18,95**	**22,26**	**3,03**	
III. 1	Linsentafel	1879	4,50	21,50	21,50	39,97		12,53	22,51	22,51	3,60	H. Fleck[3])
2		1887	9,34	20,00	19,77	37,21	1,76	11,91	22,06	21,81	3,53	W. Kisch[1])
	III. Mittel	.	**6,92**	**20,75**	**20,64**	**37,66**	**1,81**	**12,22**	**22,28**	**22,16**	**3,57**	

[1]) Original-Mittheilung.

[2]) Archiv f. Pharm. 1877. I. Bd. S. 415.

[3]) C. A. Meinert: Armee- und Volksernährung. Berlin 1880. I. Th. S. 453.

Eier.

Nähere Bezeichnung	Zeit der Untersuchung	Wasser %	Stickstoff-Substanz %	Fett %	N-freie Extractstoffe %	Asche %	In der Trocken-Substanz: Stickstoff-Substanz %	In der Trocken-Substanz: Fett %	Stickstoff in der Trocken-Substanz %	Analytiker
Hühner-Eier	1876	72,46	11,36	13,40	1,73	1,05	41,25	48,66	6,60	*J. König u. B. Farwick* [1])
desgl.[0])	1873	73,99	13,71	11,27	—	1,03	52,71	43,33	8,43	*Commaille* [2])
desgl.	1863	74,64	13,63	10,43	—	1,34	53,75	41,13	8,59	*A. Payen* [3])
desgl.[0])	1878	73,61	11,49	13,36	0,46	1,08	43,54	50,62	7,01	*J. König u. C. Krauch* [4])
Mittel	.	**73,67**	**12,55**	**12,11**	**0,55**	**1,12**	**47,81**	**45,99**	**7,66**	
Hühner-Eiweiss . . .	1878	86,36	12,71	0,24	—	0,69	93,18	1,76	14,88	*J. König u. C. Krauch* [4])
desgl.	?	85,90	13,30	—	—	0,80	94,33	—	15,08	*E. Wolff* [5])
desgl.	1855 (?)	85,00	12,00	0,27	—	0,30	80,00	1,80	12,80	*Bostock* [6])
desgl.	1882	84,76	13,48 *)	0,26	0,87	0,63**)	88,51	1,71	14,16	*A. Stutzer* [7])
Mittel	.	**85,50**	**12,87**	**0,25**	**0,77**	**0,61**	**88,79**	**1,76**	**14,21**	
Hühner-Eigelb[00]) . . .	1847	51,48	15,76	31,43	—	1,33	32,48	64,82	5,19	*Gobley* [8])
desgl.[00])	1868	47,19	15,63	36,21	—	0,97	29,60	68,57	4,73	*J. Parkes* [9])
desgl.	1878	50,84	16,12	30,54	0,94	1,55	32,79	62,13	5,25	*J. König u. C. Krauch* [4])
desgl.	?	53,78	17,48	28,75	—	0,53	37,80	62,20	6,03	*Prout* [6])
desgl.	1882	51,85	15,62***)	30,00	0,88	1,65	32,44	62,31	5,19	*A. Stutzer* [7])
Mittel	.	**51,03**	**16,12**	**31,39**	**0,48**	**1,01**	**33,12**	**64,10**	**5,30**	
Enten-Eier[000])	1873	71,11	12,24	15,49	—	1,16	42,37	53,62	6,78	*Commaille* [2])
Kibitz-Eier†[0])	1878	74,43	10,75	11,66	2,19	0,98	42,04	45,78	6,73	*J. König u. C. Krauch* [4])

1) Zeitschr. f. Biologie. 1876. S. 497.
2) Centr.-Bl. f. Agric.-Chem. 1873. Bd. 4. S. 419.
3) Journ. d. Pharm. XVI. S. 279.
4) Original-Mittheilung.
5) Mentzel u. v. Lengerke's landw. Kalender. 1878. II. Thl. S. 74.
6) Moleschott: Physiologie der Nahrungsmittel. 1859. II. Bd. S. 84 u. 85.
7) Repertorium f. analyt. Chemie. 1882. S. 166.
8) Pharm. Centr.-Bl. 1874. S. 584.
9) Zeitschr. f. Chem. 1868. S. 157.

0) Ein Hühnerei von 60,4 g Gew. enthielt 7,2 g Schalen und 53,2 g Inhalt } Durchschnitt von 5 Eiern.
Desgl. „ 49,2 „ „ „ 7,9 „ „ „ 39,3 „ „ }

00) Für das Eigelb giebt Gobley folgende nähere Zusammensetzung: 51,486 % Wasser, 15,760 % Vitellin, 21,304 % Margarin und Olein, 0,438 % Cholesterin, 8,426 % phosphorhaltige Substanz (mit 1,200 % Phosphorglycerinsäure), 0,300 % Cerebrinsubstanz, 0,034 % Chlorammonium, 0,277 % Chlornatrium und Chlorkalium, 1,022 % Kalk- und Magnesiaphosphat, 0,400 % Alkoholextract, 0,553 % Farbstoff und sonstige Stoffe.

J. L. Parkes findet weiter für frisches Eidotter: 1,750 % Cholesterin, 25,953 % fette Säuren, 17,422 % Protagon = 31,391 % Aether-Extract, 2,949 % fette Säure, 10,031 % Protagon = 4,826 % Alkohol-Extract, 15,626 % Albuminstoffe, 0,970 % Salze und 47,192 % Wasser.

000) Ein Entenei von 59,8 g Gew. enthielt 7,7 g Schalen und 52,1 g Inhalt } Durchschnitt von 5 Eiern.
†0) „ Kibitzei „ 24,9 „ „ „ 2,4 „ „ „ 22,5 „ „ }

*) Der Gesammt-Stickstoff 2,157 % war als Protein-Stickstoff resp. in Form von leicht verdaulichem Eiweiss vorhanden.

**) Mit 0,035 % Phosphorsäure.

***) Von dem Gesammt-Stickstoff 2,50 % waren 2,324 % als Protein-Stickstoff und 0,242 % als Nuclein-Stickstoff vorhanden; die Menge des verdaulichen Eiweisses wurde nach der Methode von Stutzer zu 13,01 % gefunden. In der Asche waren 1,21 % Phosphorsäure vorhanden.

Milch und Molkerei-Producte.

Frauenmilch.

No.	Bemerkungen	Zeit der Untersuchung	Wasser %	Casein %	Albumin %	Fett %	Milchzucker %	Asche %	In der Trocken-Substanz: Stickstoff-Substanz %	In der Trocken-Substanz: Fett %	Stickstoff in der Trocken-Substanz %	Analytiker
1	Seit der letzten Milchentnahme verflossene Stund. 10½ – Zu Anfang	1843	89,42	—	—	2,00	—	—	—	18,90	—	Jul. Reiset[1])
2	„ 10½ – Zu Ende	„	87,07	—	—	1,90	—	—	—	14,69	—	
3	„ 8½ – Zu Anfang	„	89,19	—	—	3,3	—	—	—	30,52	—	
4	„ 8½ – Zu Ende	„	87,68	—	—	4,1	—	—	—	33,28	—	
5	„ 5½ – Zu Anfang	„	87,22	—	—	3,9	—	—	—	30,51	—	
6	„ 5½ – Zu Ende	„	84,48	—	—	7,4	—	—	—	47,68	—	
7	„ 4 – Zu Anfang	„	87,82	—	—	3,3	—	—	—	27,09	—	
8	„ 4 – Zu Ende	„	84,59	—	—	7,0	—	—	—	45,42	—	
9	„ 1½ – Zu Anfang	„	86,54	—	—	4,9	—	—	—	36,40	—	
10	„ 1½ – Zu Ende	„	85,43	—	—	6,1	—	—	—	41,86	—	
11	Milch dreier Frauen, 4 Std. nach der letzten Milchabgabe – Erste Portion, Dichte 1,0333	1849	91,05	1,21	—	0,53	7,21		13,52	5,92	2,16	Bouchardat u. Quevenne[2])
12	Zweite Portion 1,0332	„	90,42	1,26	—	0,87	7,45		13,15	9,08	2,10	
13	Dritte Portion 1,0325	„	90,23	1,35	—	1,11	7,31		13,82	11,36	2,21	
14	Mittel mehrerer Analysen . .	1852	87,38	0,34	1,30	3,80	7,00	0,18	13,00	29,86	2,08	Doyère[3])
15	Mittel von 89 Analysen von Milch weisser Frauen . .	?	88,91	3,92		2,67	4,36	0,14	35,35	24,08	5,66	Vernois u. Becquerel[4])
16	4 Tage nach d. Geburt, 23 J. alt	1868	—	4,19		2,47	4,33	—	—	—	—	Tolmatscheff[5])
17	6 „ „ „ „ 22 „ „	„	—	2,05		3,18	5,76	—	—	—	—	
18	15 „ „ „ „ 22 „ „	„	—	2,08		2,94	5,90	—	—	—	—	
19	36 „ „ „ „ 34 „ „	„	—	1,10		1,71	6,26	—	—	—	—	
20	Aermliche Nahrung	1871	88,01	0,24	2,20	3,10	6,25	0,20	20,35	25,85	3,25	E. Decaisne[6])
21	Reichliche „	„	86,22	1,05	1,15	4,16	7,12	0,30	15,96	30,19	2,55	
22	Aermliche „	„	88,76	0,18	1,95	2,90	6,05	0,16	18,95	25,80	3,03	
23	Reichliche „	„	85,48	1,15	0,95	5,12	7,05	0,25	14,46	35,26	2,31	
24	Aermliche „	„	88,24	0,31	2,35	2,95	5,90	0,25	22,62	25,08	3,62	
25	Reichliche „	„	85,99	1,90	1,75	4,10	5,95	0,31	26,05	29,26	4,17	

[1]) No. 1—10. Reiset in Martiny: Die Milch I. 378 (Ann. de Chim. et de Phys. 25. 1849. 89). Die Milch stammte von einer 27 Jahre alten Amme, welche ihr fünftes Kind nährte und zum letzten Male vor 11 Monaten entbunden war.

[2]) No. 11—12. Bouchardat u. Quevenne. Ebendaselbst (der Autoren: Du Lait II. 77).

[3]) Ann. phys. nat. XXII. S. 239.

[4]) Compt. rend. XXXVI. S. 187.

[5]) Zeitschr. f. Chemie. 1868. S. 254. Die Analysen sind nach der Methode von Hoppe-Seyler ausgeführt.

[6]) Compt. rend. 1871. T. 73. S. 119.

No.	Bemerkungen	Zeit der Untersuchung	Wasser %	Casein %	Albumin %	Fett %	Milchzucker %	Asche %	In der Trockensubstanz: Stickstoff-Substanz %	In der Trockensubstanz: Fett %	Stickstoff in der Trocken-Substanz %	Analytiker
26	Mittel von 16—20 Analysen[0])	1873	90,90	0,63		1,73	6,23	0,51	6,92	19,01	1,18	*Th. Brunner*[1])
27	Nach Haidlen's Methode[00]) . .	1876	87,49	2,34		3,83	4,46	0,23	18,71	30,62	2,99	*Christenn*[2])
28	Nach Tolmatscheff's Methode[000])	"	87,07	1,89		3,75	4,40	0,23	14,62	29,00	2,34	*Christenn*[2])
29	Nach Haidlen's Methode[00]) . .	"	87,68	1,77		3,88	6,35	0,31	14,37	31,49	2,30	*Christenn*[2])
30	Desgl.	"	87,08	1,79		4,04	6,74	0,33	13,78	31,27	2,22	*Christenn*[2])
31	Nach Verf.'s Methode †[0]) . .	"	86,46	1,85		3,83	7,21	0,32	13,66	28,29	2,19	*Christenn*[2])
32	Mittel von 14 Analysen von Milch weisser Frauen . .	"	88,36	3,43		2,53	4,82	0,23	29,47	21,74	4,72	*Christenn*[2])
33	30jährige Frau	?	89,40	3,40		3,88	4,05	0,18	32,08	36,60	5,13	*Simon*[3])
34	20jährige Frau	1876	89,40	3,20		2,88	—	—	30,19	27,17	4,83	*Simon*[3])
35	3 Monate nach der Geburt 48 J. alte Frau aus Burgund	1852	84,32	0,43	1,10	7,07	6,90	0,18	9,76	45,09	1,56	*Doyère*[4])
36	(desgl.)	"	85,70	—	1,65	5,70	6,85	0,20	11,55	39,86	1,85	*Doyère*[4])

[1]) Archiv f. Physiologie. 1873. Bd. 7. S. 140. Die Richtigkeit dieser Zahlen ist von mehreren Seiten angezweifelt.
[2]) Vergleichende Untersuch. üb. d. gegenw. Methoden d. Milch-Analyse. Dissertation. Erlangen, 1876.
[3]) Die Milch von Benno Martiny. 1871. I. Bd. S. 197.
[4]) Ann. de l'Inst. Agr. 1852. S. 251.

[0]) Brunner bestimmte (Pflüger's Archiv f. Physiol. Bd. 7. S. 442—445) den Gehalt an Wasser (resp. Trockensubstanz) in Liebig'schen Trockenröhren (in kochendem Wasser), durch welche trocknes Wasserstoffgas geleitet wurde.

Die Gesammt-Eiweisssubstanzen + Fett erhält er in der Weise, dass er die Milch bis zum Verschwinden der alkalischen Reaction mit Essigsäure versetzt, zum Kochen erhitzt und bis zur Sättigung ein Mittelsalz (Natriumsulfat) einträgt; die während des Kochens wieder hervortretende alkalische Reaction muss durch Zusatz von Essigsäure zum Verschwinden gebracht werden. Den Krystallbrei bringt man auf ein gewogenes Filter und wäscht ihn bis zum Verschwinden der Schwefelsäure-Reaction mit kaltem Wasser aus.

Das Fett bestimmt Brunner nach der Methode von Trommer durch Eintrocknen der Milch auf Marmorpulver und Extrahiren der eingetrockneten fein gepulverten Masse mit Aether im Verdrängungsapparat.

Im Filtrat vom Gesammt-Eiweissniederschlag bestimmt man den Milchzucker durch Titration mit Fehling'scher Lösung.

[00]) Für die Haidlen'sche Methode (Ann. d. Chem. u. Pharm. 45. Bd. S. 273) wird zunächst der zu verwendende Gyps in der Weise präparirt, dass man gebrannten Gyps mit Wasser befeuchtet, bis er fest wird, dann pulvert und bei 110° C. bis zum constanten Gewicht trocknet. Auf diesem Gyps lässt man eine Quantität Milch (15—30 CC. resp. g) in einer Schale im Wasserbade eindampfen, trocknet schliesslich bei 110° C. und erhält so die Menge der Trockensubstanz. Der Rückstand wird quantitativ aus der Schale in einen Mörser gebracht, sehr fein pulverisirt, in ein tarirtes Kölbchen übergeführt und dessen Gewicht bestimmt; darauf übergiesst man den Rückstand mit Aether, extrahirt mehrmals zur Entfernung des Fettes mit demselben, trocknet den Rückstand, wägt und erfährt aus dem Verlust die Menge des Fettes. Jetzt behandelt man den Rückstand im Kölbchen wiederholt mit Alkohol von 85 % bis zur Erschöpfung, trocknet und wägt wieder. Der Gewichtsverlust ist = Milchzucker + lösliche Salze. Im Rückstand befinden sich noch Eiweisskörper + unlösliche Salze, deren Menge man nach Abzug der Gypsmenge erfährt.

Lösliche und unlösliche Salze bestimmt man in der Weise, dass man eine gewisse Menge Milch in einer Platinschale zur Trockne verdampft und so lange erhitzt, bis sich keine brennbaren Gase mehr entwickeln. Den kohligen Rückstand zieht man mit heissem, destillirtem Wasser aus, filtrirt, dampft die Lösung ein, glüht, wägt und erhält so die Menge der löslichen Salze. Den kohligen Rückstand auf dem Filter äschert man sammt letzterem ein, bis eine weisse Asche zurückbleibt, wägt und erhält nach Abzug der Filterasche die Menge der unlöslichen Salze.

[000]) Nach Tolmatscheff's Methode (Hoppe-Seyler's med. chem. Untersuch. S. 273) versetzt man 20—25 CC. Milch mit Alkohol, sammelt die ausgeschiedenen Eiweissstoffe auf einem gewogenen Filter, wäscht zuerst mit 60procentigem Alkohol, dann mit Aether aus; das alkoholische Filtrat wird zur Trockne verdampft, mit Aether zur Entfernung des Fettes extrahirt; die beiden ätherischen Lösungen werden vereinigt und verdampft; der bei 110° C. getrocknete Rückstand giebt die Menge Fett. Den mit Aether extrahirten Rückstand des alkoholischen Extractes löst man in Wasser auf, kocht und erhält so das beim Auswaschen des Caseins mit in Lösung gegangene Eiweiss; dieses wird auf einem gewogenen Filter gesammelt und mit dem Caseinniederschlag bis zur Constanz des Gewichtes getrocknet; die beiden Filter-Gehalte geben die Menge „Casein + Eiweiss + unlösliche Salze;" durch Einäschern derselben sammt Filter erhält man nach Abzug der Asche der letzteren die Menge der unlöslichen Salze. Indem man die gekochte wässerige, von Eiweiss befreite Lösung (Filtrat) zur Trockne verdampft, trocknet und wägt, erhält man die Menge Milchzucker + lösliche Salze und indem man den Rückstand einäschert, die Menge der löslichen Salze.

Auch kann man den Milchzucker direct in einer besonderen Portion Milch bestimmen, indem man mit dem 4fachen Volumen Alkohol fällt, den Niederschlag mit verdünntem Weingeist auswäscht, im Filtrat den sämmtlichen Alkohol verjagt, den Rückstand mit Wasser auf ein bestimmtes Volumen bringt und in einem aliquoten Theil den Milchzucker mit Fehling'scher Lösung bestimmt.

†[0]) G. Christenn (dessen Dissertation. Erlangen, 1876) verfährt in der Weise, dass er 10 g Frauenmilch mit einem Gemisch von 10 CC. Aether und 20 CC. Alkohol versetzt, die abgeschiedenen Eiweissstoffe + unlösliche Salze auf einem gewogenen Filter sammelt, trocknet und wägt; durch Einäschern ergeben sich die unlöslichen Salze. Die ätherisch-alkoholische Lösung wird vorsichtig zur Trockne verdampft, der Rückstand mit Aether vom Fett befreit, letzteres nach Verdunsten des Aethers für sich gewogen, ebenso der Rückstand (Milchzucker + lösliche Salze) nach dem Trocknen. Indem letzterer in Wasser gelöst und die Lösung in einer Platinschale zur Trockne verdampft und eingeäschert wird, erfährt man die Menge der löslichen Salze. Die Summe aller Bestandtheile giebt die Trockensubstanz.

No.	Bemerkungen	Zeit der Untersuchung	Wasser %	Casein %	Albumin %	Fett %	Milchzucker %	Asche %	In der Trocken-Substanz: Stickstoff-Substanz %	In der Trocken-Substanz: Fett %	Stickstoff in der Trocken-Substanz %	Analytiker
37	Amme[0]) 17 Mon. n. d. Entbind.	1852	83,68	0,85	0,40	7,60	7,31	0,15	7,66	46,60	1,23	
38	Milch vom Dienstag	„	83,72	0,42	0,75	7,45	7,50	0,16	7,19	45,76	1,15	Doyère[1])
39	Dieselbe vom Sonnabend . .	„	86,17	0,41	1,10	5,09	7,05	0,18	10,92	36,80	1,75	
40	„ nach reichl. Essen .	„	87,23	0,28	0,29	4,10	8,00		—	—	—	
41	Mittel aus mehreren Analysen .	1857	88,99	1,43		2,07	7,50		12,99	18,80	2,08	Bouchardat u. Quevenne[2])
42	Am 4. Tage nach der Geburt	?	87,98	3,53		4,29	4,11	0,21	29,37	35,69	4,71	
43	„ 9. „ „ „ „	?	88,58	3,69		3,53	4,29	0,17	32,31	30,91	5,17	Clemm[3])
44	„ 12. „ „ „ „	?	90,58	2,91		3,34	3,15	0,19	30,89	35,46	4,94	
45	14 Tage nach der Geburt . .	1848	88,45	1,27		2,56	6,18	1,55	11,00	22,16	1,76	
46	1 Monat „ „ „ . .	„	88,49	1,33		3,43	5,24	1,51	11,56	29,80	1,85	Griffith[4])
47	9 Mon. 6 Tage n. d. Geburt .	„	88,24	0,64		1,69	7,66	1,77	5,44	14,37	0,87	
48	Colostrum, Mittel von 3 Anal.	1869	84,08	3,23		5,78	6,51	0,35	20,29	36,31	3,25	Meymot
49	Mittel von 13 Analysen von Milch weisser Frauen	„	87,81	3,52		4,02	4,27	0,28	28,88	32,93	4,62	Tidy[5])
50	Sehr gut genährte Amme . .	1857	87,65	3,71		4,35	4,16	1,33	30,04	35,22	4,81	Vernois u.
51	Sehr schlecht genährte Amme	„	89,57	3,87		1,88	4,57	1,02	37,10	18,02	5,94	Becquerel[2])
52	Brünette, 22 Jahre alt . .	1842	89,20	1,00		3,55	5,85	0,40	9,26	32,87	1,48	
53		„	88,15	0,95		4,05	6,40	0,45	8,02	34,18	1,28	
54	Blonde, 22 Jahre alt . . .	„	85,33	1,62		5,48	7,12	0,45	11,04	37,35	1,77	
55		„	85,30	1,70		5,63	7,00	0,45	11,56	38,30	1,85	L'Hertier[6])
56	40 Stunden n. d. Entwöhnung	„	90,11	(0,19)		3,40	5,85	0,45	(1,92)	34,38	(0,31)	
57	Während des Stillens . . .	„	85,80	1,30		3,65	7,80	0,45	9,15	25,70	1,46	
58	Sehr schwarze, 16 Jahre alte Frau, Milch neutral . . .	1876	84,99	3,59		5,12	5,89	0,41	23,92	34,11	3,83	Spec.Gew. 1,0200
59	Desgl.	„	84,89	3,66		5,15	5,88	0,42	24,22	34,08	3,77	1,0200
60	Mittelmässig schwarze, 18 Jahre alte Frau, Milch alkalisch .	„	84,46	3,15		4,05	5,65	0,69	20,28	26,06	3,24	1,0249
61	Sehr schwarze, 30 Jahre alte Frau, Milch alkalisch . .	„	88,25	2,79		2,54	6,11	0,31	23,74	21,62	3,80	1,0214
62	Nicht sehr dunkle, 23 Jahre alte Frau — Rechte Brust	„	86,25	3,35		4,02	5,78	0,60	24,36	29,24	3,90	1,0200 A. Molt[7])
63	Nicht sehr dunkle, 23 Jahre alte Frau — Linke Brust	„	87,90	3,29		2,67	5,54	0,60	27,19	22,07	4,35	1,0250
64	Schwarze, 22 J. alte Frau — Rechte Brust	„	84,52	4,20		5,51	4,92	0,85	27,13	35,59	4,34	1,0212
65	Schwarze, 22 J. alte Frau — Linke Brust	„	85,44	4,11		4,59	5,10	0,85	28,23	31,52	4,52	1,0200
66	Mässig dunkle, 18 Jahre alte Frau, 35 Stdn. n. d. Geburt	„	85,01	4,10		4,31	6,05	0,53	27,35	28,75	4,38	1,0200
67	Sehr schwarze, 30 Jahre alte Frau, 36 Stdn. n. d. Geburt	„	87,45	4,30		3,26	4,51	0,48	34,26	25,98	5,48	1,0220

[1]) Ann. de l'Inst. Agr. 1852. S. 251.
[2]) Du Lait. Paris, 1857. II. S. 143—153.
[3]) Wagner's Handwörterbuch der Physiol. II. Bd. S. 450.
[4]) The chem. Gazette. 1848. S. 192.
[5]) Zeitschr. f. ration. Medicin. 1869. Bd. XXXV. S. 269.
[6]) Traité de chim. pathologique. Paris, 1842.
[7]) The american Chemist. 1876. April. pag. 366.

[0]) Die Amme erhielt an den 3 ersten Tagen der Woche eine reichliche Nahrung, an den 4 anderen Tagen nur Brod und Gemüse.

No.	Bemerkungen	Zeit der Untersuchung	Wasser %	Casein %	Albumin %	Fett %	Milchzucker %	Asche löslich %	Asche unlöslich %	In der Trocken-Substanz Stickstoff-Substanz %	In der Trocken-Substanz Fett %	Stickstoff in der Trocken-Substanz %	Analytiker
68	Dunkle, 26 Jahr alte Frau, 6 Tage nach der Geburt .	1876	86,18	4,13		3,98	5,09	0,62		29,88	28,80	4,78	Spec.Gew. 1,0258 } A. Molt[1])
69	Mässig dunkle, 18 Jahr alte Frau, 9 Tage nach d. Geburt	"	86,45	3,02		4,07	5,78	0,68		22,29	30,04	3,64	1,0221 } A. Molt[1])
70	Desgl., 16 Tage n. d. Geburt .	"	86,46	3,15		4,05	5,65	0,69		23,26	29,91	3,72	1,0222 } A. Molt[1])
71	Von 6 gesunden russischen Bauersfrauen	1874	88,75	2,43		2,63	5,82	0,15	0,16	21,60	23,38	3,45	J. Biel[2])
72		"	88,79	1,68		2,59	6,61	0,07	0,25	15,00	23,10	2,50	
73		"	86,57	1,83		5,39	5,86	0,18	0,16	13,62	40,13	2,18	
74		"	86,32	3,15		4,49	5,79	0,07	0,18	23,02	32,82	3,68	
75		"	87,98	1,69		3,73	6,36	0,03	0,21	14,06	31,02	2,25	
76		"	87,18	2,49		4,03	6,07	0,03	0,21	19,42	31,43	3,11	
77	Gemischte Milch°)	1879	88,73	3,56		3,24	4,20	0,29		31,59	28,75	5,05	N. Gerber u. P. Radenhausen[3])
78	Erstgebärende am 9. Tage°) .	"	86,51	4,82 *)		3,74	4,58	0,35		35,73	27,72	5,72	
79	Ammenmilch°°), morg. 3. März	1881	87,73	1,40**)		3,68	6,99	0,20		11,41	39,99	1,83	J. König u. C. Krauch[4])
80	Desgl., nachmittags 5. " .	"	84,87	1,38**)		6,22	7,29	0,24		9,12	41,11	1,46	
81	Erstgebärende, 6 Wochen nach der Geburt		88,21	1,00**)		2,78	7,76	0,25		8,48	23,58	1,36	
82	Ammenmilch°°°) . . Spec. Gew. 1,0278	1887	85,18	0,93		6,14	7,59	0,16		6,27	41,43	1,00	H. Focke[5])
	Datum 1880 — Tage nach der Entbindung — Portion — Menge g												
83	24./6. — 17 — 1 — 33,1	1881	90,24	1,13**)		1,71	5,50	0,46		11,58	17,52	1,85	J. Forster[6])
	2 — 33,3	"	89,68	0,94		2,77	5,70	0,32		9,11	26,84	1,46	
	3 — 37,3	"	87,50	0,71		4,51	5,10	0,28		5,68	36,08	0,91	
	Mittel	.	**89,14**	**0,93**		**3,00**	**5,43**	**0,35**		**8,79**	**26,81**	**1,41**	
84	25./10. — 67 — 1 — 48,3	1881	89,92	0,88**)		1,94	6,82	0,22		8,73	19,25	1,40	
	2 — 30,3	"	88,86	0,88		3,07	6,92	0,23		7,90	27,56	1,26	
	3 — 40,1	"	86,70	1,06		4,58	5,87	0,21		7,97	34,44	1,27	
	Mittel	.	**88,49**	**0,93**		**3,20**	**6,20**	**0,22**		**8,20**	**27,08**	**1,31**	

[1]) The american Chemist. 1876. April. pag. 366.
[2]) J. Biel: Untersuchungen über den Kumys und den Stoffwechsel während der Kumyskur. Wien, 1874.
[3]) Forschungen auf dem Gebiet der Viehhaltung etc. (Beilage zur Milchzeitung). 1879. 7. Heft.
[4]) Original-Mittheilung.
[5]) Repertorium f. analyt. Chemie. 1887. S. 342.
[6]) Berichte der deutsch. chem. Gesellsch. Berlin. S. 591.

°) Spec. Gewicht: No. 77: 1,0290. No. 78: 1,0295.
°°) Starke, kräftige Amme; der Säugling zeigte bei dieser Ammenmilch fast gar kein Wachsthum und Gedeihen, vermuthlich in Folge des geringen Gehaltes der Milch an Stickstoff-Substanz und Salzen gegenüber Fett und Milchzucker.
°°°) Die Milch gelangte einige Tage nach dem Tode des Kindes zur Untersuchung; es wurde vermuthet, dass das Kind in Folge der mangelhaften Zusammensetzung der Milch gestorben war.

*) Die Albuminate wurden nach **Ritthausen** (Journ. f. pract. Chemie. II. Folge. Bd. 15. S. 329 u. Bd. 16. S. 237) mit Kupfersulfat gefällt; die Kupferlösung enthält pro Liter 63,5 g Kupfervitriol (10 CC. = 0,2 g CuO); die verwendete Alkali-Lösung wird durch Auflösen von 50 g Aetzkali in 1 Liter destill. Wassers (Kalilösung = 1,048 spec. Gew.) hergestellt. 5 CC. Frauenmilch werden mit 100 CC. destillirten Wassers vermischt, dann 3 CC. Kupferlösung zugegeben und mit 2,5 CC. Kalilösung versetzt. Nachdem der Kupfercasein-Niederschlag sich abgesetzt hat, wird er auf ein gewogenes Filter gebracht, lange mit Wasser ausgewaschen, bis das Filtrat etwa 240 CC. beträgt. Den Niederschlag entwässert man erst durch absoluten Alkohol oder unter dem Exsiccator, wäscht ihn dann zur Entfernung des Fettes aus, trocknet, wägt ihn, äschert denselben sammt Filter ein und erfährt nach Abzug der Asche vom Filterinhalt die Menge „Stickstoff-Substanz."
**) Durch Multiplication des gefundenen Stickstoffs mit 6,25 berechnet.

No.	Bemerkungen				Zeit der Untersuchung	Wasser %	Casein %	Albumin %	Fett %	Milchzucker %	Asche %	In der Trocken-Substanz Stickstoff-Substanz %	Fett %	Stickstoff in der Trocken-Substanz %	Analytiker
	Datum 1880	Tage nach der Entbindung	Portion	Menge g											
85	18./11.	93	1	39,6	1881	90,91	2,06 *)		1,23	5,97	0,16	22,66	11,28	3,63	J. Forster[1])
			2	37,9	„	89,74	0,88		2,50	6,03	0,24	8,58	24,37	1,35	
			3	41,9	„	87,52	0,88		4,61	6,43	0,24	7,08	36,94	1,13	
				Mittel	.	**89,39**	**0,93**		**2,78**	**6,14**	**0,21**	**12,77**	**24,20**	**2,04**	
86	13./12.	113	1	30,0	1881	89,96	1,06 *)		2,54	5,17	0,23	10,55	25,30	1,69	
			2	22,5	„	87,69	1,00		3,99	5,17	0,25	8,12	32,41	1,30	
			3	31,8	„	86,65	1,06		7,20	5,17	0,25	7,94	53,93	1,29	
				Mittel	.	**87,77**	**1,04** *)		**4,58**	**5,17**	**0,24**	**8,87**	**37,21**	**1,43**	
87	5./2. 1881	6	1	29,0	1881	85,41	—		6,11	4,82	—	—	41,19	—	
			2	25,0	„	84,26	—		7,15	—	—	—	45,49	—	
			3	32,8	„	81,01	—		9,94	4,82	—	—	52,34	—	
				Mittel	.	**83,56**	—		**7,73**	**4,82**	—	—	**46,34**	—	
88	Amme im 11. Monat d. Lactation	fettarme Nahrung			1881	89,56	0,72		2,25	7,31	0,16	6,87	21,55	1,10	C. Krauch[2])
89		fettreiche Nahrung			„	90,05	0,75		1,95	7,07	0,18	7,54	19,69	1,21	
90	Frauenmilch				1883	91,40	0,60 **)	1,35 **)	2,76	3,68	0,21	22,67	32,09	3,63	H. Struwe[3])
				Spec. Gew.											
91	von derselben Frau: 28. Sept., alkalisch			1,0350	„	—	0,64	0,64 ***)	2,25	—	—	—	—	—	E. Pfeiffer[4]) ***)
92	29. „ stark alkal.			1,0352	„	—	0,84	0,49 ***)	1,42	—	—	—	—	—	
93	30. „ desgl.			1,0352	„	—	0,74	0,44 ***)	1,55	—	—	—	—	—	
94	1. Oct., schwach alkalisch			1,0362	„	—	0,69	0,59 ***)	1,09	—	—	—	—	—	
95	6. „ alkalisch			1,0345	„	—	0,71	0,56 ***)	1,55	—	—	—	—	—	
96	Bei mangelhafter Nahrung . .				„	90,13	1,60		2,83	5,27	0,17	16,21	28,67	2,59	
97	Bei reichlicher Nahrung . .				„	88,56	2,09		4,69	4,51	0,15	18,27	41,00	2,92	

[1]) Berichte der deutsch. chem. Gesellsch. Berlin. S. 591.
[2]) Original-Mittheilung.
[3]) Journ. f. pract. Chem. 1883. N. F. Bd. 27. S. 249.
[4]) Zeitschr. f. analyt. Chem. 1883. Bd. 22. S. 14 u. Berliner klin. Wochenschr. 1888. No. 4.

*) Durch Multiplication des gefundenen Stickstoffs mit 6,25 berechnet.

**) Die 0,60 % Casein zerfallen in 0,46 % unlösliches und 0,14 % lösliches (d. h. dialysirbares) Casein; die 1,35 % Albumin schliessen 0,41 % Pepton ein.

***) Das Casein wurde nach einem besonderen Verfahren durch Salzsäure ausgefällt, das Albumin durch Kochen des Filtrats von der Casein-Fällung. Im Filtrat nach dem Kochen verbleibt aber nach E. Pfeiffer in der Frauenmilch — auch Kuhmilch — ein Eiweisskörper, welcher durch Tannin gefällt wird, sich nach einigem Stehen in Flocken absetzt und den Pfeiffer als „Pepton" ansieht. Obige Zahlen für Albumin schliessen diesen Eiweisskörper (Eiweissrest) mit ein. Die Analyse ergab im Mittel je zweier Bestimmungen:

	No. 91	92	93	94	95
Albumin	0,11 %	0,10 %	0,14 %	0,13 %	0,10 %
Eiweissrest . . .	0,52 „	0,39 „	0,30 „	6,46 „	0,46 „

No.	Bemerkungen	Zeit der Untersuchung	Wasser %	Casein %	Albumin %	Fett %	Milchzucker %	Asche %	In der Trocken-Substanz: Stick-stoff-Sub-stanz %	In der Trocken-Substanz: Fett %	Stickstoff in der Trocken-Substanz %	Analytiker
98	Mangelhafte Nahrung . . . (Mittel von je 3 Analysen)	1872	—	—	—	2,56	—	—	—	—	—	Adr. Schukowsky[1])
99	Genügende Nahrung . . . (Mittel von je 3 Analysen)	"	—	—	—	3,65	—	—	—	—	—	
100	Erstgebärende, 35 Jahre alt, 6 Tage nach der Geburt, spec. Gew. 1,0300 . . .	1873	—	—	—	3,24	—	—	—	—	—	
101	21 Jahre alt, 7 Tage nach der Geburt, spec. Gew. 1,0310 .	"	—	—	—	3,85	—	—	—	—	—	
102	Fastennahrung . (Mittel von je 8 Analysen)	1887	88,34	1,86		3,41	5,72	—	15,95	29,94	2,55	W. Koselinsky[2])
103	Gewöhnliche Nahrung . . (Mittel von je 8 Analysen)	"	85,80	2,29		5,17	5,60	—	16,13	36,41	2,58	
	Reaction: Gew. Spec.											
104	Gewöhnliche, genügende u. gute Kost[0]) — alkalisch 1,0291	1888	87,94	1,69	0,82	3,96	5,44	0,28 [0])	20,81	32,83	3,33	St. Szcz. Zaleski[3]) [0])
105	Gewöhnliche, genügende u. gute Kost[0]) — " 1,0291	"	87,97	1,67	0,78	3,99	5,48	0,28	20,36	33,16	3,26	
106	Sehr reichliche Eiweiss- u. Fettkost[0]) — " 1,0270	"	86,56	1,89	0,78	6,30	4,41	0,20	19,72	46,87	3,15	
107	Sehr reichliche Eiweiss- u. Fettkost[0]) — " 1,0270	"	86,54	1,91	0,74	6,28	4,39	0,20	19,68	46,66	3,15	
	Minimum — Spec. Gew. 1,0200	.	81,01	0,18	0,32	1,43	3,88	0,12	5,44	11,28	0,87	
				0,69								
	Maximum — 1,0362	.	91,40	1,96	2,36	6,83	8,34	1,90	37,10	53,93	5,94	
				4,70								
	Mittel — 1,0270	.	**87,41**	**1,03**	**1,26**	**3,78**	**6,21**	**0,31**	**18,15**	**30,02**	**2,90**	
				2,29								

[1]) Zeitschr. f. Biologie. 1873. S. 432 und Berliner klin. Wochenschr. 1888. No. 4.

[2]) Nach einer Dissertation des Verfassers. St. Petersburg 1887 (russisch) in Berliner klin. Wochenschr. 1888. No. 4.

[3]) Berliner klin. Wochenschr. 1888. No. 4.

[0]) Die Milch No. 104—107 stammte von einer 25 Jahre alten, erstgebärenden Amme (dunkelblonden Estin), welche vor 8 Monaten geboren hatte und während der Stillungsperiode niemals menstruirte. Früher an eine einfache Lebensweise gewöhnt, erhielt sie als Amme anfänglich eine überaus reichliche, fast nur aus Fleisch, Eiern, Kaffee, Sahne, Butter und Bier bestehende Nahrung; da das Kind bei dieser Ernährungsweise — wahrscheinlich in Folge des zu grossen Fettgehaltes — nicht gedeihen wollte, so wurde zu einer einfachen, mehr Pflanzennahrung enthaltenden Kost mit Ausschluss des Bieres übergegangen. Nach Einführung dieser Kost erholte sich das Kind bald. Was die Untersuchungsmethoden anbelangt, so wurde das Casein sowohl mit Salzsäure und Essigsäure nach Pfeiffer als auch mit Magnesiumsulfat nach Tolmatscheff gefällt und bestimmt; Fett nach der Methode von Hoppe-Seyler und Adams; Milchzucker durch Titration. Zaleski konnte in der von ihm untersuchten Frauenmilch **kein** Pepton nachweisen. Der Gehalt an Eisen betrug:

	No. 104	105	106	107
Eisen	0,0007 %	0,0007 %	0,0008 %	0,0008 %

Einfluss der Nahrung auf die Zusammensetzung der Frauenmilch.[1]

Die Nahrung der Stillenden:	Wasser %	Casein %	Albumin %	Fett %	Zucker %	Salze %	In der Trocken-Substanz: Stickstoff-Substanz %	In der Trocken-Substanz: Fett %	Stickstoff in der Trocken-Substanz %	Analytiker
1. Mangelhafte Nahrung . .	91,40	3,55		0,80	3,95	—	41,28	9,30	6,60	*Simon*
2. Reichliche, aus Fleisch bestehende	88,06	3,75		3,40	4,54	—	31,41	28,47	5,06	*Simon*
1. Ungenügende	87,36	0,41	0,011	5,09	7,05	0,08	3,32	40,27	0,53	*Doyère*
2. Gute und genügende . .	84,09	0,85	0,004	7,60	7,31	0,15	5,37	47,77	0,86	*Doyère*
1. Spärliche (Mittel von je 3 Analysen)	88,00	0,24	2,16	2,98	6,40	0,20	20,00	24,83	3,20	*Decaisne*
2. Genügende (Mittel von je 3 Analysen)	85,90	1,36	1,28	4,46	6,70	0,29	18,72	31,63	3,00	*Decaisne*
1. Mangelhafte	90,13	1,60		2,83	5,270	0,17	16,21	28,67	2,59	*Pfeiffer*
2. Reichliche	88,56	2,09		4,69	4,51	0,15	18,27	41,00	2,92	*Pfeiffer*
1. Mangelhafte (Mittel von je 3 Analysen)	—	—		2,56	—	—	—	—	—	*Schukowsky*
2. Genügende (Mittel von je 3 Analysen)	—	—		3,65	—	—	—	—	—	*Schukowsky*
1. Fastennahrung (Mittel von je 5 Analysen)	88,36	1,86		3,41	5,72	—	15,95	29,24	2,55	*Koselinsky*
2. Gewöhnliche Nahrung . . (Mittel von je 5 Analysen)	85,80	2,29		5,17	5,60	—	16,13	36,41	2,58	*Koselinsky*
1. Gewöhnliche, genügende und gute Kost + Wasser	87,95	1,68	0,80	3,97	5,46	0,28	20,58	33,00	3,29	*Zaleski*
2. Sehr reichliche Eiweiss- und Fettkost + Bier . .	86,55	1,90	0,76	6,29	4,40	0,20	19,70	46,77	3,15	*Zaleski*
1. Fettarme Nahrung . . .	89,56	0,72		2,25	7,31	0,16	6,87	21,55	1,10	*C. Krauch*
2. Fettreiche „ . . .	90,56	0,75		1,95	7,07	0,18	7,54	19,69	1,21	*C. Krauch*

[1]) Um den Einfluss der Nahrung auf die Zusammensetzung der Frauenmilch zu zeigen, gebe ich nach Zaleski (Berliner klin. Wochenschr. 1888. No. 4) aus vorstehenden Analysen noch diese besondere Uebersichtstabelle. Man hat nach den Untersuchungen von L'Hertier, Vernois und Becquerel wohl angenommen, dass zwischen der Milch von Brünetten und Blondinen ein Unterschied bestehe; dieses wird aber von Tolmatscheff und anderen Analytikern in Abrede gestellt. Auch ist noch nicht entschieden, ob mit dem Eintritt der Menstruation bei den Stillenden die Zusammensetzung der Milch eine andere wird. Ueber die Zusammensetzung der ersten, mittleren und letzten Milch bei jeder Milchabgabe vergl. Analysen No. 1—13 und No. 83—87.

Kuhmilch.

(Das Kapitel Kuhmilch und Ziegenmilch habe ich nach den von Prof. Dr. Th. Dietrich in Marburg neubearbeiteten Tabellen umgeändert, welche in dem von ihm und dem Verfasser gemeinschaftlich herausgegebenen Werke „Zusammensetzung und Verdaulichkeit der Futtermittel" enthalten sind.)

Colostrum der Kuh.

No.	Bemerkungen	Jahr der Untersuchung	In der ursprünglichen Substanz: Wasser %	Casein %	Albumin %	Fett %	Zucker %	Salze %	In der Trocken-Substanz: Casein %	Albumin %	Fett %	N. in der Trocken-Substanz %	Analytiker
1		1848	75,80	2,6	15,00	2,6	3,6	3,0	61,98		10,74	9,92	*Boussingault*[1])
2		?	80,30	15,1		2,6	—	2,0	76,65		13,20	12,26	*Henry*[2])
3	Schlechte Milchkuh, unmittelbar v. d. Kalben . .	1855	61,60	—	15,5	8,4	—	—	40,36		21,87	—	*F. Crusius*[3])
4	desgl. desgl.	„	77,50	—	8,5	4,1	1,7	—	—	37,77	18,22	—	
5	Kuh, unmittelbar v. d. Kalben	„	84,10	—	5,3	3,1	0,5	—	—	34,33	19,50	—	
6	desgl. desgl.	„	79,00	—	6,8	2,9	1,5	—	—	32,38	13,81	—	
7	Gute Milchkuh, unmittelbar v. d. Kalben	„	83,30	—	4,1	3,7	2,3	—	—	34,55	22,16	—	
8	desgl. desgl.	„	85,80	—	4,7	2,5	2,9	—	—	33,10	17,61	—	
9	Kurz nach dem Kalben .	1862	80,21	13,64		2,23	3,00	0,92	68,92		11,27	11,03	*Müller u. Eisenstuck*[4])
10	Am Morgen nach dem Kalben	„	85,55	7,31		2,79	3,38	0,97	50,59		19,31	8,09	
11	Mittel des Colostrums beider Kühe in den ersten 4 Tagen	„	86,58	4,71		3,77	4,08	0,86	35,10		28,09	5,62	
12	5 Stunden nach dem Kalben	1859	79,25	14,35		2,78	2,77	0,85	69,08		13,39	11,05	*Boussingault*[5])
13	Kuh 1	1858	71,15	—	—	7,71	—	1,23	—	—	26,72	—	*Vrolyk u. Baumhauer*[6])
14	„ 2		79,41	—	—	2,26	—	—	—	—	10,98	—	
15	„ 3		71,01	—	—	5,85	—	0,98	—	—	20,18	—	
16	„ 4		76,30	—	—	3,30	—	1,00	—	—	13,92	—	
17	„ 5		72,02	—	—	2,80	—	1,06	—	—	10,01	—	
18	Alderney-Kuh, am ersten Tage n. d. Kalben . .	1876	80,30	6,40	4,70	2,70	4,85	1,05	—	—	13,57	—	*Smee*[7])
19	Montavoner, alte K. 6. Kalb, Dichte 1,068	„	73,07	2,65	16,56	3,54	3,00	1,18	9,84	61,53	13,14	11,42	*W. Eugling*[8])
20	Montavoner, junge K. 1. Kalb, Dichte 1,071	„	72,30	5,20	15,50	3,11	1,85	2,04	18,77	55,96	11,23	11,96	

[1]) No. 1. J. B. Boussingault. Dessen: Die Landwirthschaft etc., deutsch von Graeger. 1854. III. 229. Die Nh-Substanz ist als „eiweissartiger Käsestoff" bezeichnet.

[2]) No. 2. O. Henry u. A. Chevalier. Journ. Pharm. 25. 333.

[3]) No. 3—8. F. Crusius. J. f. pract. Chem. 68,1. Gesammtprotein wurde nicht, Albumin für sich bestimmt. Vergleiche Uebergang des Colostrum in Milch No. 1—69.

[4]) No. 9—11. Al. Müller u. Eisenstuck. L. V. St. 6. 1864. 376. Das untersuchte Colostrum stammte von 2 Kühen der Landrasse von Westeraas. Der Gehalt an Protein ist aus dem gefundenen N-Gehalt berechnet, der an Milchzucker aus der Differenz zur Trocken-Substanz. Vergl. Uebergang d. Colostrum z. Milch No. 70—83.

[5]) No. 12. J. B. Boussingault. Weende'r Jahresb. für Agriculturchemie 1866/67. 446. Vergl. Uebergang d. Colostrum z. Milch No. 84—86.

[6]) No. 13—17. J. Vrolyk u. Baumhauer. B. Martiny: Die Milch 1871. I. 236. Vergl. Uebergang d. Colostrums zur Milch No. 87—119.

[7]) No. 18. A. H. Smee. Milchztg. 1876. 1699. Vergl. Uebergang d. Colostrum z. Milch No. 120—124.

[8]) Vergl. Anmerkung [1]) Seite 258.

No.	Bemerkungen		Alter Jahre	Dichte	Jahr der Untersuchung	In der ursprünglichen Substanz: Wasser %	Casein %	Albumin %	Fett %	Zucker %	Salze %	In der Trocken-Substanz: Casein %	Albumin %	Fett %	N. in der Trocken-Substanz %	Analytiker
	Montavoner:															
21	Lisele	11. Kalb	13	1,063	18 76/77	69,55	6,30	16,18	3,86	2,43	1,64	20,69	53,14	12,68	11,81	W. Eugling[1]
22	Sarle	7. „	11	1,072	„	68,71	4,52	18,44	4,24	2,51	1,58	14,45	58,93	13,55	11,74	
23	Victoria I	6. „	9	1,058	„	76,60	3,47	12,31	3,52	2,88	1,22	14,83	52,61	15,04	10,79	
24	Sara	6. „	9	1,066	„	73,95	2,64	16,47	3,14	2,62	1,18	10,13	63,23	12,05	11,75	
25	Sila I	6. „	8	1,065	„	73,77	3,55	15,06	4,06	3,08	1,48	13,53	57,41	15,48	11,35	
26	Paula	6. „	8	1,068	„	73,07	2,65	16,56	3,54	3,00	1,18	9,84	61,49	13,14	11,41	
27	Evele	4. „	7	1,068	„	70,66	4,28	15,31	4,68	2,12	1,97	14,59	52,18	15,95	10,84	
28	Victoria II	3. „	6	1,063	„	69,15	7,14	17,42	2,64	1,34	2,31	23,14	56,46	8,56	12,74	
29	Fides	4 „	6	1,067	„	70,69	4,24	17,99	2,36	2,84	1,88	14,47	61,38	7,99	12,30	
30	Fausta	4. „	6	1,067	„	70,02	4,43	17,80	3,14	2,66	1,95	14,78	59,38	10,48	11,87	
31	Cleta	4. „	6	1,068	„	69,63	5,75	15,76	3,23	3,48	2,15	18,93	51,90	10,64	11,33	
32	Preiss	3. „	6	1,065	„	70,99	6,46	14,22	4,15	2,10	2,08	22,27	49,02	14,31	11,41	
33	Roma I	4. „	6	1,068	„	73,42	4,75	15,68	2,88	1,85	1,42	15,87	58,72	10,83	11,93	
34	Rosa	2. „	5	1,072	„	69,82	6,41	14,43	3,33	3,83	2,18	21,24	47,81	11,03	11,05	
35	Sila II	2. „	4	1,079	„	67,43	6,00	19,31	3,04	2,25	1,97	18,42	59,28	9,33	12,59	
36	Roma II	2. „	4	1,070	„	75,66	5,21	13,75	1,88	1,43	2,07	21,40	56,49	7,72	12,46	
37	Lisele I	2. „	4	1,069	„	74,37	5,23	11,18	4,07	3,50	1,65	20,41	43,61	15,98	10,24	
38	Venus II	2. „	3	1,071	„	74,76	4,42	14,50	2,55	2,02	1,75	17,51	57,45	10,10	11,99	
39	Schwyzer Kuh	6. „	8	1,065	„	72,10	3,42	16,81	3,15	2,62	1,90	12,26	60,25	11,29	11,60	
40	desgl.	1. „	2	1,079	„	69,45	3,44	20,21	3,21	1,84	1,85	11,26	66,15	10,51	12,37	
41	Allgäuer Kuh	3. „	5	1,069	„	69,93	6,62	15,68	3,42	2,25	2,10	22,01	52,14	11,37	11,86	
42	Oberinnthaler	2. „	4	1,066	„	73,67	5,25	13,53	4,02	1,85	1,68	19,94	51,39	15,27	11,41	
43	Fehlerhaftes Colostrum . . .				1849	70,76	2,20	15,00	1,75	5,14	—	7,52	51,30	5,99	9,41	*Marchand*[2]
	Minimum					61,60	2,50	11,09	1,96	0,52	0,86	9,84	43,61	7,72	5,62	
	Maximum					86,50	5,88	16,82	7,14	7,73	3,15	23,14	66,15	28,09	12,74	
	Mittel (excl. 43)					**74,67**	**4,04**	**13,60**	**3,59**	**2,67**	**1,56**	**15,90**	**53,49**	**14,10**	**11,10**	
							17,64 (Casein + Albumin)					**69,39** (Casein + Albumin)				

[1]) No. 19—42. W. Eugling. Forschungen auf dem Gebiete der Viehhaltung 2. 1878. 101 u. 102. Sämmtliche Kühe standen in der landesüblichen, ausschliesslichen Heufütterung oder genossen den Weidegang. Der gefundene Zucker ist kein Milchzucker, sondern Traubenzucker oder Lactose. Das Fett des Colostrums unterscheidet sich von dem der Milch durch einen höheren Schmelzpunkt und lässt sich durch Buttern nicht abscheiden. Autor fand ferner in Colostrum: im Fette desselben in ziemlich reichlicher Menge Lecithin, ferner Cholesterin, Globulin, Nuclein, Lactoprotein, Harnstoff. 100 Theile Colostrum-Asche enthielt:

K_2O	Na_2O	CaO	MgO	Fe_2O_3	P_2O_5	SO_3	Cl
7,23	5,72	34,85	2,06	0,52	41,43	0,16	11,25

(Vergl. Uebergang d. Colostrum in Milch No. 125—135.)

[2]) No. 43. Marchand. Journ. f. pract. Chem. 47. 1849. 129. Das untersuchte Colostrum zeichnete sich durch braune Farbe und dicke Consistenz aus, stammte von einer Kuh her, welche schon wiederholt nach früheren Geburten eine ähnliche Erscheinung dargeboten hatte. Die Milch des ersten Tages nach dem Kalben war von schwarzbrauner Farbe, setzte keinen Rahm ab und war so zähe, dass sie kaum floss. Dieselbe enthielt zahlreiche Faserstoffbündel, aber keine Spur von Blutkörperchen, dagegen Blutroth. Als weitere Bestandtheile des Colostrums sind aufgeführt: Haematin und andere Stoffe 4,95 %, Faserstoff 0,20 %.

Uebergang des Colostrum der Kuh in die Milch.

No.	Bemerkungen	Jahr der Untersuchung	In der ursprünglichen Substanz: Wasser %	Casein %	Albumin %	Fett %	Zucker %	Salze %	In der Trocken-Substanz: Casein %	Albumin %	Fett %	N. in der Trocken-Substanz %	Analytiker
1	Schlechte Milchkuh, unmittelbar nach d. Kalben . . .	1855	61,6	—	15,5	8,4	—	—	—	40,36	21,87	—	F. Crusius[1]
2	Farbe des Colostrums dunkelgelb bis braungelb. Consistenz so zähe, dass es kaum floss: 1 Tag n. d. Kalben	„	69,6	—	13,7	5,9	0,2	—	—	45,51	19,60	—	
3	2 „ „ „ „	„	76,9	—	10,9	6,2	0,9	—	—	47,19	26,84	—	
4	3 „ „ „ „	„	84,7	—	8,6	4,0	2,5	—	—	56,20	26,14	—	
5	4 „ „ „ „	„	85,1	—	5,1	4,5	3,6	—	—	34,23	30,20	—	
6	5 „ „ „ „	„	86,3	—	3,4	3,7	3,9	—	—	24,82	27,01	—	
7	6 „ „ „ „	„	87,1	—	2,0	3,0	4,3	—	—	15,50	23,26	—	
8	7 „ „ „ „	„	87,5	—	2,1	2,5	4,2	—	—	16,80	20,00	—	
9	8 „ „ „ „	„	87,3	—	1,7	3,1	4,5	—	—	11,39	24,41	—	
10	14 „ „ „ „	„	87,4	—	1,6	2,5	4,3	—	—	12,70	19,84	—	
11	21 „ „ „ „	„	87,9	—	0,9	2,3	4,6	—	—	7,44	19,01	—	
12	28 „ „ „ „	„	87,6	—	0,7	2,6	4,4	—	—	5,65	20,97	—	
13	Schlechte Milchkuh, unmittelbar n. d. Kalben	„	77,5	—	8,5	4,1	1,7	—	—	37,77	18,22	—	
14	desgl. 1 Tag, Abends . . .	„	81,1	—	6,3	4,0	2,2	—	—	33,33	21,16	—	
15	desgl. 2 „ früh	„	83,7	—	5,0	3,7	3,5	—	—	30,68	22,70	—	
16	desgl. 2 „ Abends . . .	„	84,2	—	4,4	3,5	3,5	—	—	27,67	22,01	—	
17	desgl. 3 „ früh	„	85,0	—	3,8	3,0	3,9	—	—	25,33	20,00	—	
18	desgl. 3 „ Abends . . .	„	85,5	—	3,0	3,3	4,3	—	—	20,69	22,16	—	
19	desgl. 4 „ früh	„	87,1	—	2,8	2,8	4,3	—	—	21,71	21,71	—	
20	desgl. 4 „ Abends . . .	„	87,3	—	2,2	2,5	4,5	—	—	17,37	19,74	—	
21	desgl. 5 „ früh	„	87,9	—	1,8	1,9	4,8	—	—	14,88	15,70	—	
22	desgl. 5 „ Abends . . .	„	87,4	—	1,9	1,7	4,7	—	—	15,08	13,50	—	
23	desgl. 6 „	„	87,5	—	2,0	2,3	4,7	—	—	16,00	18,40	—	
24	desgl. 7 „	„	87,0	—	1,9	2,8	4,6	—	—	14,61	21,54	—	
25	desgl. 14 „	„	87,4	—	1,3	3,0	4,5	—	—	10,32	23,81	—	
26	desgl. 21 „	„	87,5	—	0,6	2,7	4,8	—	—	4,80	21,60	—	
27	desgl. 28 „	„	87,4	—	0,6	2,5	4,5	—	—	4,76	19,84	—	
28	desgl. 35 „	„	87,1	—	0,6	2,8	4,5	—	—	4,65	21,71	—	
29	desgl. unmittelbar n. d. Kalben	„	84,1	—	5,3	3,1	0,5	—	—	33,33	19,50	—	
30	desgl. 1 Tag nach dem Kalben	„	86,4	—	4,9	2,5	2,1	—	—	36,09	18,38	—	
31	desgl. 2 „	„	86,9	—	2,7	2,2	3,4	—	—	20,61	16,79	—	
32	desgl. 3 „	„	87,6	—	2,8	1,9	3,8	—	—	22,58	15,32	—	
33	desgl. 4 „	„	88,5	—	2,3	0,9	3,9	—	—	20,06	7,93	—	
34	desgl. 5 „	„	88,4	—	1,9	1,0	4,5	—	—	16,38	8,62	—	
35	desgl. 6 „	„	88,7	—	1,2	1,7	4,4	—	—	10,62	15,05	—	
36	desgl. 7 „	„	88,5	—	0,9	2,4	4,8	—	—	7,83	20,87	—	
37	desgl. 8 „	„	88,0	—	0,8	2,9	4,7	—	—	6,67	24,17	—	
38	desgl. 16 „	„	88,5	—	0,5	2,6	4,8	—	—	4,35	22,61	—	

[1]) No. 1—69. F. Crusius. Journ. f. pract. Chem. 68. 1. Gesammtprotein wurde nicht, Albumin besonders bestimmt.

17*

No.	Bemerkungen	Jahr der Untersuchung	In der ursprünglichen Substanz: Wasser %	Casein %	Albumin %	Fett %	Zucker %	Salze %	In der Trocken-Substanz: Casein %	Albumin %	Fett %	N. in der Trocken-Substanz %	Analytiker
39	Schlechte Milchkuh, 21 Tage nach dem Kalben	1855	88,3	—	0,3	2,5	4,6	—	—	2,56	21,37	—	F. Crusius[1]
40	desgl. 30 Tage nach d. Kalben	„	88,8	—	0,3	2,3	4,8	—	—	2,68	20,54	—	F. Crusius[1]
41	desgl. unmittelbar n. d. Kalben	„	79,0	—	6,8	2,9	1,5	—	—	32,38	13,81	—	F. Crusius[1]
42	Farbe des Colostrums gelb; es war fadenziehend: 1 Tag	„	84,1	—	4,3	2,1	3,0	—	—	27,04	13,21	—	F. Crusius[1]
43	2 „	„	85,5	—	4,5	1,2	3,7	—	—	31,04	8,28	—	F. Crusius[1]
44	3 „	„	86,9	—	4,0	1,2	3,9	—	—	30,53	9,16	—	F. Crusius[1]
45	4 „	„	87,6	—	2,6	1,5	4,2	—	—	20,97	12,10	—	F. Crusius[1]
46	5 „	„	88,5	—	2,2	2,1	4,1	—	—	19,13	18,26	—	F. Crusius[1]
47	6 „	„	88,3	—	1,7	2,5	4,3	—	—	14,53	21,37	—	F. Crusius[1]
48	13 „	„	88,6	—	0,8	2,1	4,1	—	—	7,02	18,42	—	F. Crusius[1]
49	26 „	„	88,2	—	0,5	2,3	4,1	—	—	4,24	19,49	—	F. Crusius[1]
50	Gute Milchkuh, unmittelbar nach d. Kalben	„	83,3	—	4,1	3,7	2,3	—	—	24,55	22,16	—	F. Crusius[1]
51	desgl. 1 Tag	„	85,5	—	3,6	3,6	2,9	—	—	24,83	24,63	—	F. Crusius[1]
52	desgl. 2 „	„	85,9	—	2,4	3,1	3,5	—	—	17,02	21,99	—	F. Crusius[1]
53	desgl. 3 „	„	86,8	—	1,7	3,2	4,1	—	—	12,88	24,24	—	F. Crusius[1]
54	desgl. 4 „	„	88,1	—	1,7	3,0	4,5	—	—	14,29	25,21	—	F. Crusius[1]
55	desgl. 5 „	„	88,3	—	1,1	3,1	4,0	—	—	9,40	26,50	—	F. Crusius[1]
56	desgl. 6 „	„	88,2	—	0,6	2,9	4,1	—	—	5,09	24,58	—	F. Crusius[1]
57	desgl. 20 „	„	88,3	—	0,4	3,0	4,0	—	—	3,42	25,64	—	F. Crusius[1]
58	Gute Milchkuh, unmittelbar nach d. Kalben	„	85,8	—	4,7	2,5	2,9	—	—	33,10	17,61	—	F. Crusius[1]
59	Im Aeussern fast gleich mit normaler Milch und auch beinahe von Geschmack normaler Milch: 1 Tag	„	86,9	—	2,9	2,5	3,5	—	—	22,14	17,08	—	F. Crusius[1]
60	2 „	„	87,6	—	2,0	2,1	4,1	—	—	16,00	16,80	—	F. Crusius[1]
61	3 „	„	88,4	—	2,0	2,7	4,5	—	—	17,24	23,28	—	F. Crusius[1]
62	4 „	„	88,3	—	1,7	3,1	4,5	—	—	14,53	26,50	—	F. Crusius[1]
63	5 „	„	88,6	—	1,9	2,8	4,2	—	—	15,79	24,56	—	F. Crusius[1]
64	6 „	„	88,6	—	1,0	3,2	4,1	—	—	8,77	28,07	—	F. Crusius[1]
65	8 „	„	88,8	—	0,8	2,4	4,3	—	—	7,14	21,43	—	F. Crusius[1]
66	15 „	„	88,7	—	0,5	2,6	4,6	—	—	4,43	23,01	—	F. Crusius[1]
67	21 „	„	88,3	—	0,4	2,3	4,3	—	—	3,42	19,66	—	F. Crusius[1]
68	29 „	„	88,5	—	0,3	2,9	4,3	—	—	2,61	25,22	—	F. Crusius[1]
69	35 „	„	88,7	—	0,4	2,7	4,5	—	—	3,55	23,90	—	F. Crusius[1]
70	Kuh Trana, kurz nach d. Kalben 24/3 Abend	1862	80,21	13,64		2,23	3,00	0,92	68,92		11,27	11,03	Müller u. Eisenstuck[2]
71	25/3 Morgen	„	84,90	6,83		4,17	3,27	0,83	45,23		21,61	7,24	Müller u. Eisenstuck[2]
72	„ Abend	„	87,18	4,31		3,68	3,86	0,97	33,62		28,70	5,38	Müller u. Eisenstuck[2]
73	26/3 Morgen	„	86,47	4,12		3,50	3,98	0,93	30,45		26,87	4,87	Müller u. Eisenstuck[2]
74	„ Abend	„	87,13	4,07		3,84	4,13	0,83	31,62		29,83	5,06	Müller u. Eisenstuck[2]

[1]) Vergl. Anmerkung [1]) Seite 259.

[2]) No. 70—83. Al. Müller u. Eisenstuck. L. V. St. 6. 1864. 376. Die untersuchte Milch stammte von Trana und Stora, Kühen der Landrasse von Westeraas, welche beide den 24/3. Nachmittags kalbten. Der Gehalt an Protein ist nach dem gefundenen N-Gehalt berechnet worden, der an Milchzucker aus der Differenz zur Trocken-Substanz.

No.	Bemerkungen	Jahr der Untersuchung	In der ursprünglichen Substanz: Wasser %	Casein %	Albumin %	Fett %	Zucker %	Salze %	In der Trocken-Substanz: Casein %	Albumin %	Fett %	N. in der Trocken-Substanz %	Analytiker
	Kuh Trana:												
75	27/3 Morgen	1862	86,89	4,12		3,83	4,38	0,78	31,43		29,22	5,03	Müller u. Eisenstuck[1]
76	„ Abend	„	86,62	3,84		4,05	4,67	0,82	28,70		30,27	4,59	
77	Kuh Stora, am Morgen n. d. Kalben 25/3 Morgen	„	85,55	7,31		2,79	3,38	0,97	50,59		19,31	8,09	
78	„ Abend	„	86,91	4,88		3,53	3,76	0,92	37,28		26,77	5,96	
79	26/3 Morgen	„	87,47	4,39		4,14	4,08	0,92	35,04		33,04	5,61	
80	„ Abend	„	86,89	4,19		3,90	4,22	0,80	31,96		29,74	5,11	
81	27/3 Morgen	„	86,54	4,32		3,72	4,67	0,75	32,09		27,64	5,13	
82	„ Abend	„	86,37	4,12		4,14	4,56	0,81	30,23		30,38	4,84	
83	Mittlere Zus. d. M. beider Kühe in den ersten 4 Tagen . .	„	86,58	4,71		3,77	4,08	0,86	35,10		28,09	5,62	
84	Kuh, Freiburger Rasse: Dichte 5 Std. n. d. Kalben 1,0518	1859	79,25	14,35		2,78	2,77	0,85	69,15		13,40	11,06	Boussingault[2]
85	29 „ „ „ „ 1,0340	„	85,77	5,49		3,60	4,34	0,80	38,58		25,30	6,17	
86	53 „ „ „ „ 1,0339	„	86,45	5,06		3,38	4,34	0,77	37,34		24,94	5,97	
87	Kuh I 10. Dec. 1858 in 100 ccm.	1858	71,15	—		7,71	—	1,23	—		26,72	—	Vrolyk u. Baumhauer[3]
88	desgl. „	„	81,90	—		5,80	—	1,17	—		32,04	—	
89	desgl. „	„	86,02	—		3,02	—	1,03	—		21,60	—	
90	11. Dec. „	„	13,94	—		5,64	—	0,96	—		35,12	—	
91	„ „	„	84,99	—		4,35	—	0,87	—		28,98	—	
92	„ „	„	84,82	—		5,07	—	0,89	—		33,40	—	
93	12. Dec. „	„	85;28	—		4,97	—	0,90	—		33,87	—	
94	12. „ „	„	85,09	—		4,86	—	0,89	—		32,60	—	
95	13. „ „	„	86,13	—		4,51	—	0,82	—		32,50	—	
96	Kuh II 8. Januar 1859 „	1859	79,41	—		2,26	—	—	—		10,93	—	
97	„ „	„	85,39	—		1,32	—	1,04	—		9,04	—	
98	„ „	„	86,05	—		1,85	—	0,90	—		13,26	—	
99	9. „ „	„	86,90	—		1,27	—	0,90	—		9,70	—	
100	Kuh III 14. „ „	„	71,01	—		5,85	—	0,98	—		20,18	—	
101	„ „	„	78,22	—		4,22	—	1,00	—		19,37	—	
102	„ „	„	83,70	—		3,69	—	0,90	—		22,64	—	
103	15. „ „	„	87,38	—		3,04	—	0,89	—		24,02	—	
104	„ „	„	87,02	—		3,52	—	0,85	—		27,12	—	
105	„ „	„	86,32	—		3,43	—	0,84	—		25,07	—	

[1]) Vergl. Anmerkung [2]) Seite 260.

[2]) No. 84—86. J. B. Boussingault. Weende'r Jahresb. 1866/67. 446. (Ann. chim. phys. 1866. IV. S. t. 9. 132.) Die Colostrum-Milch war von einer Kuh, welche am 14. Juni um Mitternacht kalbte. Die erste Portion wurde um 5 Uhr M. gemolken, war gelblich weiss und coagulirte im Wasserbad. Die zweite Probe, 24 Stunden später entnommen, war noch colostrumartig, während die dritte Probe, abermals 24 Stunden später entnommen, fast normales Aussehen hatte und im Wasserbade nur noch schwach coagulirte.

[3]) No. 87—119. J. Vrolyk u. Baumhauer. Martiny: Die Milch 1871. I 236. (J. f. pract Chem. 84. 1861. Tabelle z. S. 167.)

No.	Bemerkungen	Jahr der Untersuchung	In der ursprünglichen Substanz: Wasser %	Casein %	Albumin %	Fett %	Zucker %	Salze %	In der Trocken-Substanz: Casein %	Albumin %	Fett %	N. in der Trocken-Substanz %	Analytiker
106	Kuh III 16. Jan. 1859 in 100 ccm	1859	87,41	—	—	2,99	—	0,84	—	—	23,75	—	*Vrolyk u. Baumhauer*[1]
107	" "	"	87,82	—	—	2,57	—	0,83	—	—	21,10	—	
108	17. " "	"	87,72	—	—	2,59	—	0,80	—	—	21,09	—	
109	" "	"	87,68	—	—	2,49	—	0,80	—	—	20,21	—	
110	Kuh V 11. März "	"	76,30	—	—	3,30	—	1,00	—	—	13,92	—	
111	12. " "	"	85,72	—	—	2,68	—	0,87	—	—	18,77	—	
112	" "	"	85,28	—	—	2,94	—	0,80	—	—	19,97	—	
113	13. " "	"	87,84	—	—	3,08	—	0,80	—	—	25,33	—	
114	14. " "	"	87,91	—	—	3,29	—	0,76	—	—	27,21	—	
115	Kuh V 17. April "	"	72,02	—	—	2,80	—	1,06	—	—	10,01	—	
116	18. " "	"	80,41	—	—	2,85	—	0,92	—	—	14,55	—	
117	" "	"	81,82	—	—	3,12	—	0,84	—	—	17,18	—	
118	19. " "	"	85,32	—	—	4,44	—	0,80	—	—	30,25	—	
119	" "	"	86,11	—	—	4,61	—	0,76	—	—	33,19	—	
	Alderney-Kuh:												
120	am 1. Tage n. d. Kalben .	1876	80,30	6,40	4,70	2,70	4,85	1,05	32,49	23,86	13,71	9,02	*Smee*[2]
121	" 2. " " " " .	"	85,80	4,01	0,80	4,10	4,49	0,80	30,65	6,11	31,32	5,88	
122	" 3. " " " " .	"	86,10	5,04	0,60	2,80	4,56	0,90	36,26	4,32	20,14	6,49	
123	" 4. " " " " .	"	86,92	4,20	0,90	3,60	4,08	0,90	32,10	6,88	27,52	6,24	
124	" 5. " " " " .	"	85,60	3,60	0,70	3,80	5,40	0,90	25,00	4,86	26,39	4,78	
125	Montavoner Kuh, 8 Jahr alt, 6. Kalb: unmittelbar nach dem Kalben, Dichte 1,068	"	73,07	2,65	16,56	3,54	3,00	1,18	10,04	62,75	13,42	11,65	*W. Engling*[3]
126	nach 10 Stunden 1,046	"	"	4,28	9,32	4,66	1,42	1,55	16,22	35,31	17,56	8,24	
127	" 24 " 1,043	"	"	4,50	6,25	4,75	2,85	1,02	17,05	23,68	18,00	6,52	
128	" 48 " 1,042	"	"	3,25	2,31	4,21	3,46	0,96	12,32	8,75	15,95	3,37	
129	" 3 Tagen 1,035	"	"	3,33	1,03	4,08	4,10	0,82	12,62	3,90	15,46	2,64	
130	Montavoner Rind, 2 Jahr alt, 1. Kalb: unmittelbar nach dem Kalben 1,071	"	72,30	5,20	15,50	3,11	1,85	2,04	18,77	55,96	11,23	11,96	
131	nach 1 Tage 1,053	"	"	5,84	9,22	4,03	2,42	1,22	21,08	33,28	14,55	8,70	
132	" 2 " 1,045	"	"	4,31	6,75	3,75	3,20	0,94	15,56	24,37	13,54	6,39	
133	" 3 " 1,041	"	"	4,16	4,61	3,82	3,56	0,85	15,02	15,74	13,79	4,92	
134	" 4 " 1,038	"	"	3,00	2,05	3,63	4,14	0,79	10,83	7,40	13,10	2,92	
135	" 5 " 1,033	"	"	2,86	1,12	3,94	4,55	0,68	10,32	4,04	14,22	2,30	

[1]) Vergl. Anmerkung [3]) Seite 261.

[2]) No. 120—124. A. H. Smee. Mitgetheilt von C. Petersen, Milchztg. 1876. 1699.

[3]) No. 125—135. W. Engling. Forschungen a. d. Gebiete der Viehhaltung 2. 1878. 101. Der gefundene Zucker ist kein Milchzucker, sondern Traubenzucker oder Lactose. Das Colostrum schied an dem letzten Tage keine Albuminflocken mehr aus. (Vergl. Colostrum No. 19—42).

Kuhmilch, allgemeine Tabelle A.

Milch von Kühen, deren Rassenabstammung nicht genannt oder nicht bestimmt angegeben ist, oder von gemischten Herden.

No.	Bemerkungen	Jahr der Untersuchung	In der ursprünglichen Substanz: Wasser %	Casein %	Albumin %	Fett %	Zucker %	Salze %	In der Trocken-Substanz: Casein %	Albumin %	Fett %	N. in der Trocken-Substanz %	Analytiker
1	Von einer Kuh, 200—300 Tage n. d. Kalben	1840	87,30	3,22		4,04	5,28	—	25,86		31,76	4,14	Bell u. Boussingault[1])
2	desgl. 170—190 Tage n. d. Kalb.	„	87,50	3,67		3,50	5,07	—	29,36		28,00	4,70	Bell u. Boussingault[1])
3	desgl. 24—35 „ „ „ „	„	87,80	3,05		4,55	4,35	—	25,00		37,30	4,00	Bell u. Boussingault[1])
4	Von 2 Kühen, bei ausschliesslicher Rübenfütterung. . .	„	87,98	3,74		3,99	3,56	0,73	30,81		33,19	4,93	Boussingault[2])
5	desgl. bei ausschliesslicher Heufütterung	„	86,83	3,60		5,15	3,70	0,72	27,33		39,16	4,37	Boussingault[2])
6	desgl. bei ausschliesslicher Kartoffelfütterung	„	87,16	4,18		4,30	3,54	0,82	32,55		33,49	5,21	Boussingault[2])
7	Von einer Kuh, 135—206 Tage nach d. Kalben, Morgenmilch	1858	87,18	3,46		3,63	5,11	0,62	26,99		28,31	4,32	ders.[3])
8	Zu Petit-Guivilly 30. Juli . .	1847	86,30	4,62	0,34	5,50	3,24		33,72	2,48	40,14	5,79	Girardin[4])
9	Zu Serraville 16. „ . .	„	85,08	4,95	0,38	5,02	4,57		38,29	2,94	38,83	6,60	Girardin[4])
10	„ Salmonville 30. „ . .	„	88,11	3,30	0,47	4,32	3,80		27,75	3,95	36,33	5,07	Girardin[4])
11	„ „ 3. Novbr. .	„	86,06	6,14	0,32	2,48	5,00		44,05	3,30	17,79	7,58	Girardin[4])
12		„	88,72	5,56	0,32	—	4,54		49,29	3,84	—	8,50	Girardin[4])
13		„	87,55	5,56	0,39	2,57	3,93		44,66	3,13	20,64	7,65	Girardin[4])
14		„	83,62	7,40	0,65	3,89	4,44		45,18	3,97	23,75	7,86	Girardin[4])
15		„	85,06	6,78	0,29	3,32	4,55		45,38	1,94	22,22	7,57	Girardin[4])
16		„	87,60	3,00	1,20	3,20	4,30	0,70	24,20	9,68	25,41	5,42	Doyère[5])
17	Aus dem Sammelfasse d. Rüdigsdorfer Kuhstalls	1856	88,30	—	0,39	2,60	4,20	—	—	3,33	22,22	—	F. Crusius[6])
18	Aus dem Sammelfasse d. Sahliser Kuhstalls	„	88,90	—	0,31	2,70	4,50	—	—	2,79	24,33	—	F. Crusius[6])
19		1859	87,67	—	—	3,11	3,24	—	—	—	25,22	—	F. Hoppe[7])
20		—	87,47	—	—	2,88	4,18	—	—	—	23,01	—	F. Hoppe[7])
21		—	87,74	—	—	3,12	—	—	—	—	25,45	—	F. Hoppe[7])
22		?	87,00	4,50		3,10	4,80	0,60	30,11		23,85	4,82	Henry[8])

[1]) No. 1—3. Bell u. J. B. Boussingault. Aus dessen: Die Landwirthschaft etc., deutsch von Graeger. 2. Bd. 1851. 322. Milch No. 1 ist das Mittel von 5, No. 2 das Mittel von 2 und No. 3 das Mittel von 3 zu verschiedener Zeit ausgeführten Analysen.

[2]) No. 4—6. J B. Boussingault. Ebendaselbst 4. Bd. 1856. 50. Die Zahlen sind das Mittel von je 2 Analysen der Milch von 2 verschiedenen Kühen, beide frischmilchend.

[3]) No. 7. Derselbe. Weende'r Jahresber. 1866/67. 432. Im Mittel der Milch eines längeren Zeitraums.

[4]) No. 8—15. Girardin. Compt. rend. 36. 753.

[5]) No. 16. Doyère. Ann. phys. nat. 22. 239.

[6]) No. 17 u. 18. F. Crusius. Wilda's landw. Centralbl. 1856. 2. 48. Beide Milchsorten hatten eine sehr constante Zusammensetzung.

[7]) No. 19—21. F. Hoppe. Chem. Centralbl. 1860. I. 67. (Arch. f. pathalog. Anat. 17. 440.) Der Milchzucker wurde durch Polarisation, die übrigen Bestandtheile nach Haidlen's Verfahren (vergl. vorstehend unter Frauenmilch S. 251) bestimmt. An weiteren Bestandtheilen werden angegeben für:

	No. 19	20	21		No. 19	20	21
Alkoholischer Extract . .	3,046	4,363	3,359	Albuminstoffe . . .	6,179	5,275	5,778

[8]) No. 22. O. Henry u. A. Chevalier. J. Pharm. 25. 333. Die Autoren fällten das Casein mit verdünnter Essigsäure und entfernten daraus das Fett durch Aether.

No.	Bemerkungen	Jahr der Untersuchung	In der ursprünglichen Substanz: Wasser %	Casein %	Albumin %	Fett %	Zucker %	Salze %	In der Trocken-Substanz: Casein %	Albumin %	Fett %	N. in der Trocken-Substanz %	Analytiker
23	Bei Weidegang Abendm.	1852	86,50	5,4		3,70	3,80	0,60	40,00		27,41	6,40	Playfair[1])
24	„ „ Morgenm.	„	87,00	3,9		5,60	3,00	0,50	29,75		42,72	4,76	Playfair[1])
25	1. Woche	1855	88,63	3,25		2,53	4,85	0,75	28,59		22,25	4,57	Scheven[2])
26	2. „	„	88,37	3,25		2,91	4,77	0,75	27,94		25,02	4,47	Scheven[2])
27	3. „ 28/2 } Aus dem Sammelfasse des Wirthschafts-stalles	„	87,08	3,36		3,70	5,10	0,76	26,01		28,64	4,16	Scheven[2])
28	3. „ 5/3 } Aus dem Sammelfasse des Wirthschafts-stalles	„	86,84	3,27		3,87	5,20	0,82	24,85		29,41	3,98	Scheven[2])
29	Mittel v. 25—28	„	86,96	3,31		3,78	5,10	0,79	25,38		28,99	4,06	Scheven[2])
30	Gute Milchkuh, 20 Tage n. d. Kalben (bei gleicher Fütterung)	1856	88,30	—	0,40	3,00	4,00	—	—	3,42	25,64	—	Crusius[3])
31	Andere Milchkuh, 35 Tage n. d. Kalben (bei gleicher Fütterung)	„	88,70	—	0,40	2,70	4,50	—	—	3,54	23,90	—	Crusius[3])
32	Schlechte Milchkuh, 28 Tage n. d. Kalben (bei gleicher Fütterung)	„	87,60	—	0,70	2,60	4,40	—	—	5,64	20,97	—	Crusius[3])
33	Andere Milchkuh, 35 Tage n. d. Kalben (bei gleicher Fütterung)	„	87,10	—	0,60	2,80	4,50	—	—	4,65	21,71	—	Crusius[3])
34	Andere Kühe, 30 Tage n. d. Kalben (bei gleicher Fütterung)	„	88,80	—	0,30	4,30	4,80	—	—	2,70	20,54	—	Crusius[3])
35	Andere Kühe, 26 Tage n. d. Kalben (bei gleicher Fütterung)	„	88,20	—	0,50	2,30	4,10	—	—	4,24	19,49	—	Crusius[3])
36	Nach der Methode von Hoppe-Seyler[0]) untersucht in 100 ccm		—	1,80	0,33	5,25	4,25	—	—	—	—	—	Nast[4])
37	Nach der Methode von Hoppe-Seyler[0]) untersucht in 100 ccm		—	1,50	0,30	4,95	4,30	—	—	—	—	—	Nast[4])
38	Nach der Methode von Hoppe-Seyler[0]) untersucht in 100 ccm		—	1,70	0,29	4,80	4,30	—	—	—	—	—	Nast[4])

[1]) No. 23 u. 24. Playfair. J. B. Agric. Soc. England. 1852. 33. 356. Vom Autor ist zu den Analysen bemerkt: Die Bestimmungen des Käsestoffs können etwas zu niedrig, die des Milchzuckers zu hoch ausgefallen sein.

[2]) No. 25—29. H. Scheven. Landw. V. St. Grosskmehlen, Prschr. des landwirthschaftl. Centralbl. d. Prov. Sachsen. 1856. 250.

[3]) No. 30—35. F. Crusius. Journ. f. pract. Chem. 68, 1.

[4]) No. 36—38. Nast, mitgetheilt von Hoppe-Seyler: Weende'r Jahresber. 1867/68. (Tübinger medic. chem. Unters. II. 278. 1867.)

[0]) Die Methode von Hoppe-Seyler (Handbuch der phys. pathol. chem. Analyse. 4. Aufl. S. 434) zerfällt in 3 Operationen:

Man verdünnt zunächst 20 CC. Milch mit destillirtem Wasser auf 400 CC., fügt unter Umrühren tropfenweise verdünnte Essigsäure hinzu, bis sich ein flockiger Niederschlag zu zeigen beginnt; dieser wird durch 1/4—1/2 stündiges Einleiten von CO_2 zum Absetzen gebracht, durch ein gewogenes Filter filtrirt und nach dem Trocknen bei 110° C. gewogen; das Gewicht des Filterinhalts mit 5 multiplicirt giebt den Procent-Gehalt an Fett + Casein + unlöslichen Salzen. Das Filtrat dieses Niederschlages erhitzt man zur Abscheidung des Eiweisses zum Kochen; dasselbe wird auf einem gewogenen Filter gesammelt, bei 110° C. getrocknet und gewogen. Das Filtrat vom Eiweiss bringt man auf ein bestimmtes Volumen und bestimmt in einem aliquoten Theil den Milchzucker durch Fehling'sche Lösung.

Zur Bestimmung des Fettes werden in einem engen und hohen Cylinder mit eingeriebenem Glasstöpsel 20 CC. Milch mit dem gleichen Volumen verdünnter Kalilauge, dann mit 100 CC. Aether versetzt, gehörig umgeschüttelt, stehen gelassen und der klare Aether abgehoben. Man bringt neue Mengen Aether in den Cylinder und setzt das Extrahiren so lange fort, bis sich kein Fett mehr löst. Der nach Destillation des Aethers verbleibende Rückstand giebt die Menge Fett (durch Multiplication mit 5 erhält man den Procentgehalt, d. h. pro 100 CC.).

Feste Stoffe resp. Wasser bestimmt man wie nach der Methode von Haidlen (siehe Anmerkungen S. 251), nur dass man die Milch ohne irgend welchen Zusatz eintrocknet. Die eingetrocknete Milch lässt sich gleich wie bei Haidlen zur Bestimmung der löslichen und unlöslichen Salze benutzen.

No.	Bemerkungen	Jahr der Untersuchung	In der ursprünglichen Substanz: Wasser %	Casein %	Albumin %	Fett %	Zucker %	Salze %	In der Trocken-Substanz: Casein %	Albumin %	Fett %	N. in der Trocken-Substanz %	Analytiker
39	Nach der Methode von Hoppe-Seyler untersucht[0]) — in 100 ccm	1860	87,67	6,18		3,11	3,24	—	50,12		25,22	8,02	Hoppe-Seyler[1])
40		″	87,47	5,27		2,88	4,18	—	42,10		23,01	6,74	
41		″	87,74	4,29		3,12	—	—	34,99		25,45	5,60	
42	in 100 ccm	″	—	3,48	0,42	3,23	5,26	—	—		—	—	Tolmatscheff[2])
43		″	—	3,66	0,43	2,85	5,11	—	—		—	—	
44	Milch vom Gute Enskede b. Stockholm	″	87,67	—	—	3,32	—	—	—		26,92	—	Michaelsen[3])
45	desgl. einige Tage später . .	″	87,84	—	—	3,32	—	—	—		27,30	—	
46	Frisch gemolkene Milch a. Stockholm	″	87,74	—	—	3,30	—	—	—		26,92	—	
47	Academ. Gut b. Stockholm: Lichtarme, kalte Winterszeit Novbr. 61—März 62	$18\frac{61}{62}$	87,15	3,42		4,04	4,67	0,72	26,61		31,44	4,76	Müller u. Eisenstuck[4])
48	Hellere Frühjahrszeit bis Mitte Juni (Winterfutter)	1862	87,39	3,32		3,82	4,74	0,73	26,25		30,40	4,20	
49	Sommerzeit, Weidegang b. Mitte August	″	87,20	3,16		4,22	4,67	0,75	24,69		32,97	3,95	
50	Herbstzeit b. Novbr. (theilw. Grün- u. Wurzelfutter)	″	87,00	4,42		4,09	4,75	0,74	26,31		31,46	4,21	
51	Jahresmittel $^{12}/_{11}$ 61—$^{25}/_{11}$ 62	″	87,18	3,33		4,05	4,71	0,73	25,97		31,59	4,16	
52	Von der Domäne Tullgarn Morgen- u. Abendm. . . .	″	87,22	3,44		4,14	4,44	0,76	26,92		32,40	4,31	
53	Kuh Stora, Landrasse von Westeraas Mittel	″	87,76	3,32		3,44	4,72	0,76	27,21		28,10	4,35	dieselben[5])
54	Kuh Trana, Landrasse von Westeraas, Mittel	″	88,08	3,23		3,12	4,81	0,76	27,10		26,17	4,34	
55	Milch beider Kühe: Durchschn. v. $^{28}/_{3}$—$^{11}/_{6}$ 1862	″	88,00	3,32		3,18	4,73	0,77	27,67		26,50	4,43	
56	″ ″ $^{15}/_{6}$—$^{30}/_{7}$ ″	″	87,72	3,02		3,51	4,99	0,76	24,59		28,58	3,93	
57	″ ″ $^{26}/_{10}$	″	88,00	3,18		3,42	4,67	0,73	26,50		28,50	4,24	
58	Mittel v. $^{28}/_{3}$—$^{21}/_{10}$ 1862 . .	″	87.91	3,17		3,37	4,80	0,75	26,22		27,88	4,20	
59	″ ″ . .	″	87,92	3,22		3,28	4,77	0,76	26,66		27,15	4,27	
60	Milch v. acad. Gute b. Stockholm	″	87,07	3,61		3,83	4,72	0,77	27,92		29,62	4,47	dieselben[6])
61	″ ″	″	87,58	3,24		3,49	4,96	0,73	26,09		28,10	4,17	
62		″	86,29	—		4,44	—	0,67	—		32,39	—	
63	$^{29}/_{1}$ Abendm.	″	86,95	3,19		4,49	4,68	0,69	24,44		33,81	3,91	

[1]) No. 39—41. F. Hoppe-Seyler. Chem. Centralbl. 1860. 49 u. 65.

[2]) No. 42 u. 43. Tolmatscheff. Ztschr. für Chem. 1868. 254.

[3]) No. 44—46. Michaelsen. Weende'r Jahresber. 1857/61. 160. (Polyt. J. 149. 59.)

[4]) No. 47—52. Al. Müller u. Eisenstuck. Landw. V. St. 5. 1863. 161 u. 6. 1864. 373. Die Milch stammte von je 5 Kühen der Ayrshire-Pembrokshire- (Wales) u schwedischen Landrasse. Die Analysen sind Mittel von Morgen- und Abendmilch, berechnet aus längeren Reihen von Analysen. Bei diesen Analysen sowohl als bei allen folgenden derselben Autoren wurde der Proteingehalt aus dem N-Gehalt (× 6,25) berechnet, der Milchzuckergehalt aus der Differenz.

Milch unter No. 52 ist das Mittel von Morgen- u. Abendmilch eines Tages und stammte von Kühen der Ayrshire-Rasse und des schwedischen (Mischling) Strömholmer-Stammes.

[5]) No. 53—59. Dieselben. Landw. V. St. 6. 1864. 378. Die Mittel unter 53 u. 54 beziehen sich auf eine grössere Anzahl Einzelanalysen, die von während 8 Monaten entnommenen Milchproben gemacht worden waren. Die Zahlen unter No. 55 bis 57 repräsentiren die mittlere Zusammensetzung der Milch derselben beiden Kühe während gewisser Perioden. Die Mittel unter No. 58 u. 59 sind von den Autoren berechnet.

[6]) No. 60—70. Dieselben. Landw. V. St. 8. 1866. 70 u. 403. 9. 1867. 139. 140.

[0]) Vergl. Anmerkung [0]) Seite 264.

No.	Bemerkungen	Jahr der Untersuchung	In der ursprünglichen Substanz: Wasser %	Casein %	Albumin %	Fett %	Zucker %	Salze %	In der Trocken-Substanz: Casein %	Albumin %	Fett %	N. in der Trocken-Substanz %	Analytiker
64	Von der Domäne Tullgarn: 28/11 Abendm.	1862	86,89	—		4,43	—	0,70	—		33,28	—	Müller u. Eisenstuck[1]
65	29/11 Morgenm.	„	87,14	—		4,05	—	0,83	—		31,49	—	
66	3/11 „	„	87,34	3,43		3,79	4,52	0,74	27,07		31,33	4,33	
67	4/11 „	„	87,66	—		3,79	—	0,80	—		32,18	—	
68	5/11 „	„	86,95	—		4,36	—	0,77	—		33,41	—	
69	3/11 Abendm.	„	87,15	3,44		4,31	4,37	0,73	26,77		33,54	4,28	
70	4/11 „	„	87,38	—		3,51	—	0,75	—		27,81	—	
71	in 100 ccm	1868	86,20	2,59	1,20	4,79	4,45	0,77	18,69	8,69	34,71	4,38	Karmrodt[2]
72	Rein gehaltene Landmilch	1869	85,75	4,80		3,62	5,05	0,78	33,69		25,28	5,39	W. L. Scott[3]
73		„	86,75	4,29		3,55	4,62	0,79	32,38		26,79	5,18	
74		„	88,10	3,80		2,99	4,44	0,67	31,93		25,72	5,11	
75		„	84,81	5,47		3,86	5,12	0,74	36,01		25,41	5,76	
76		„	84,50	4,75		4,31	5,67	0,77	30,65		27,81	4,90	
77		„	89,02	3,26		2,85	4,18	0,69	29,69		25,95	4,75	
78		„	85,40	5,10		3,85	4,90	0,75	34,94		26,37	5,59	
79		„	85,04	5,55		3,66	5,08	0,77	37,11		24,48	5,94	
80		„	87,05	3,93		3,11	5,19	0,72	30,35		24,02	4,86	
81		„	86,12	4,52		3,87	4,72	0,75	32,57		27,88	5,21	
82			86,90	4,40		4,00	4,20	0,50	33,59		30,54	5,37	Percy[4]
83	Abendmilch	1856	87,65	—		4,68	—	0,64	—		33,22	—	Barral[5]
84	Bei Weidegang und Heu ohne Beifutter 7/8	1862	87,40	3,12		3,43	5,12	0,93	24,77		27,23	3,96	Völcker[6]
85	desgl. 29/11	„	85,20	3,66		4,96	5,05	1,13	24,73		33,51	3,94	
86		1861	87,81	3,57		3,23	4,69	0,70	29,28		26,50	4,68	Chandler[7]
87		„	87,23	3,71		3,81	4,46	0,79	29,05		29,84	4,65	
88		„	87,13	4,09		3,54	4,53	0,71	31,78		27,50	5,08	
89		„	88,40	3,55		3,09	4,19	0,77	30,60		26,64	4,90	
90	Durchschnittsprobe aus 1930 l Milch	„	87,44	3,89		3,83	4,08	0,76	30,97		30,69	4,96	
91	Kuhmilch i. Caux, Dichte 1,0319	1865	88,29	2,30		3,69	5,02	0,70	19,64		31,50	3,14	Marchand[8]
92	Halbblut - Holländer - Landvieh Mittagsmilch	1847	86,67	2,30		4,04	—	0,64	17,25		30,31	2,76	Moser[9])

1) Vergl. Anmerkung [4—6]) Seite 265.
2) No. 71. C. Karmrodt. Neue landwirthsch. Ztg. 1868. 46.
3) No. 72—81. W. L. Scott. Landw. Centrlbl. 1871. 1. 3.
4) No. 82. Sam. Percy. Milchztg. 1872. 179 (Milk J. 1871. No. 9).
5) No. 83. Barral's Journ. d'agricult. prat. 1856. I. 123.
6) No. 84. 85. A. Voelcker. Martiny. Die Milch II. 242 (Casein ist 0,50 N × 6,25).
7) No. 86—90. Chandler. Milchztg. 1. 1872. 93. Die untersuchten Proben unter No. 85—88 waren aus 4 Kannen, welche aus 44 Kannen Milch ausgewählt worden, entnommen. Die Milch war der American Condensed Milk Company bei Station Purdy geliefert worden. Von jeder der 44 Kannen Milch wurde eine Probe zur Bestimmung der Dichte verwendet und dieselbe höchstens zu 1,0332, mindestens zu 1,0299, im Mittel zu 1,0318 gefunden.
8) No. 91. E. Marchand. Weende'r Jahresb. 1866/67. 306.
9) No. 92. J. Moser. Arenstein's Allgem. Land- u. Forstw. Ztg. 1857. 778. Die Kuh war mit grünem Wickgemenge gefüttert. Andere Milchproben enthielten nach demselben Autor: 1858

	Morgenmilch	Abendmilch	Fettarme	Fettreiche
Wasser	86,80	85,31	88,26	86,65 %
Fett	4,62	5,34	3,04	4,16 %

No.	Bemerkungen		Jahr der Untersuchung	In der ursprünglichen Substanz: Wasser %	Casein %	Albumin %	Fett %	Zucker %	Salze %	In der Trocken-Substanz: Casein %	Albumin %	Fett %	N. in der Trocken-Substanz %	Analytiker
93	Gekallt den 10. December 1858. Wintermilch v. 17/12 58	M.	18 58/59	87,66	—		4,30	—	0,93	—		32,50	—	Vrolyk[1]
94	" "	A.	"	87,59	—		2,28	—	0,90	—		23,15	—	
95	Winterm. v. 30/4 59 Ende der Winterfütterung	M.	"	88,25	—		2,50	—	0,69	—		21,28	—	
96	"	A.	"	87,95	—		2,87	—	0,80	—		23,82	—	
97	Winterm., Mittel v. 10 Analysen innerhalb der Winterfütterung	M.	"	88,26	—		2,81	—	0,75	—		23,94	—	
98	"	A.	"	88,37	—		2,66	—	0,74	—		22,87	—	
99	Sommermilch (Weide): Anfang 12/5	M.	"	88,13	—		2,49	—	0,71	—		20,98	—	
100		A.	"	88,24	—		2,41	—	0,76	—		20,49	—	
101	Ende 1/10	M.	"	87,24	—		3,05	—	—	—		23,90	—	
102	" "	A.	"	87,12	—		3,11	—	—	—		24,15	—	
103	Mittel von 10 Analysen innerhalb d. Sommerfütterung	M.	"	88,20	—		2,67	—	0,70	—		22,63	—	
104	"	A.	"	88,14	—		2,59	—	0,74	—		21,76	—	
105	Wintermilch	M.	"	88,25	—		2,76	—	0,71	—		23,49	—	
106	"	A.	"	88,21	—		2,84	—	0,71	—		24,09	—	
107	Sommermilch, Weide	M.	"	88,09	—		3,08	—	0,70	—		25,86	—	
108	" "	A.	"	88,01	—		3,16	—	0,71	—		26,35	—	
109			1862	87,30	3,31		3,75	4,86	0,78	26,06		29,53	4,17	A. Völcker[2]
110			"	87,00	3,44		3,99	4,81	0,76	26,46		30,69	4,23	
111			"	87,89	2,94		3.12	5,29	0,76	24,30		25,78	3,89	
112			"	88,50	3,25		2,43	5,03	0,79	36,26		21,13	5,80	
113			"	89,00	3,01		1,93	5,28	0,78	27,36		17,54	4,38	
114			"	89,10	3,50		2,31	4,32	0,77	32,11		21,19	5,14	
115			"	85,75	2,94		6,11	4,47	0,73	20,38		42,88	3,26	
116			"	86,73	2,69		4,81	5,01	0,76	20,27		36,25	3,24	
117	Von Kühen in Cirencester, über Tag Weidegang, Abends Futter im Stall	Juli	1863	88,25	2,87		2,92	5,24	0,72	24,43		25,16	3,91	
118		Septemb.	"	90,30	2,88		1,89	4,26	0,65	26,69		25,51	4,27	
119		October	"	88,95	2,62		3,44	4,30	0,69	23,50		24,85	3,76	
120	Milch von anderen Kühen	Septemb.	"	87,13	3,36		3,60	5,18	0,73	26,11		19,58	4,18	
121			"	87,60	3,41		3,34	4,88	0,77	27,50		30,85	4,40	
122			1864	87,64	3,21	0,97	3,11	4,22	0,85	27,93	7,85	25,16	5,72	Dieulafait[3]
123			"	87,65	3,10	1,30	3,15	4,20	0,60	25,10	9,72	25,51	5,57	

[1]) No. 93—108. Vrolyk; B. Martiny: Die Milch I. 341. Die Milch ist von denselben 5 Kühen, deren Colostrum der Autor untersuchte (siehe Colostrum No. 13—17). Unter No. 93—104 Milch von Kuh I, unter No. 105—108 Milch der 5 Kühe bezw. nur der 4 ersten.

[2]) No. 109—121. A. Voelcker. Journ. R. Agric. Soc. England 1862. 23. 170 u. 1863. 302.

[3]) No. 122 u. 123. Dieulafait. Journ. d'agric. prat. 1864. I. 519.

No.	Bemerkungen	Dichte	Jahr der Untersuchung	In der ursprünglichen Substanz: Wasser %	Casein %	Albumin %	Fett %	Zucker %	Salze %	In der Trocken-Substanz: Casein %	Albumin %	Fett %	N. in der Trocken-Substanz %	Analytiker
124	Milch von Kühen der Lombardei	1,0326	1875	88,93	3,44		2,03	5,09	0,74	31,04		18,34	4,97	Manetti u. Musso[1]
125	desgl.		„	89,05	3,51		1,76	4,71	0,77	31,96		16,03	5,11	Manetti u. Musso[1]
	Radener Herde, bei Weidegang:													
126	Morgenm.	1,0314	1876	87,08	2,90	0,41	4,23	4,51	0,69	22,45	3,17	32,74	4,10	W. Fleischmann[2]
127	„ 2/10	1,0310	„	87,14	2,77	0,45	3,98	4,56	0,69	21,54	3,50	30,95	4,01	W. Fleischmann[2]
128	Abendm. 5/10	1,0308	„	87,59	2,78	0,39	3,98	4,57	0,68	22,40	3,14	32,07	4,12	W. Fleischmann[2]
129	Morgenm. 9/10	1,0320		87,67	3,02	0,39	3,51	4,52	0,70	24,49	3,56	28,47	4,42	W. Fleischmann[2]
130	Abendm. 11/10	1,0308		87,97	2,61	0,57	3,92	4,39	0,69	21,70	4,74	32,59	4,23	W. Fleischmann[2]
131	„ 16/10	1,0310		87,87	2,73	0,51	3,98	4,29	0,73	22,51	4,20	32,81	4,27	W. Fleischmann[2]
132	21/10	1,0315		87,37	2,56	0,65	4,03	4,47	0,72	20,27	5,15	31,91	4,07	W. Fleischmann[2]
133	Morgenm. 3/4	1,0324	1877	88,06	2,64	0,55	3,82	4,24	0,69	22,11	4,61	31,99	4,28	W. Fleischmann[2]
134	„ 9/4	1,0327	„	87,89	2,59	0,48	3,59	4,69	0,69	21,39	3,96	29,75	4,06	W. Fleischmann[2]
135	„ 13/4	1,0325	„	87,80	2,81	0,40	3,62	4,45	0,67	23,03	3,28	29,67	4,21	W. Fleischmann[2]
136	„ 27/4	1,0322	„	87,70	2,72	0,68	3,64	4,69	0,70	22,11	5,53	29,59	4,42	W. Fleischmann[2]
137	23/3	1,319	„	87,45	2,49	0,77	3,91	4,56	0,73	19,68	6,09	29,91	4,12	W. Fleischmann[2]
	Von 128 Kühen:													
138	Morgenm. 12/6	1,0314	„	88,18	3,19	0,48	3,26	3,94	0,71	26,99	4,06	27,58	4,97	W. Fleischmann[2]
139	Abendm. 17/6	1,0330	„	88,26	3,31	0,60	3,05	4,36	0,72	27,34	5,11	25,96	5,19	W. Fleischmann[2]
	Von 127 Kühen:													
140	Morgenm. 25/6	1,0321	„	87,84	2,81	0,41	3,40	4,85	0,68	23,11	3,37	27,96	4,19	W. Fleischmann[2]
141	Abendm. 1/7	1,0316	„	88,31	2,94	0,48	3,04	4,47	0,71	25,15	4,11	26,00	4,68	W. Fleischmann[2]
142	Morgenm. 26/3	—	„	87,94	2,63	0.69	3,67	4,57	0,72	21,81	5,72	30,43	4,40	W. Fleischmann[2]
143	Aus Gjedsergaard: Morgenmilch	1,0321	1876	88,31	2,50	0,46	3,59	4,36	0,72	21,39	3,93	30,71	4,05	W. Fleischmann[2]
144	Altmilchende Kühe		1880	87,58	3,77		3,68	4,20	0,77	30,25		26,63	4,84	Storch[3]
145	Frischmilchende Kühe . . .		„	87,23	3,80		3,86	4,33	0,78	29,76		30,23	4,76	Storch[3]
146	Mittel von 44 Proben	1,0328	1881	87,54	—		3,50	—	—	—		28,09	—	Schnutz u. Gaard[4]
147	„ „ 45 „	1,0322	„	87,72	—		3,49	—	—	—		28,39	—	Schnutz u. Gaard[4]
148	„ „ 34 „	1,0328	„	87,52	—		3,55	—	—	—		28,45	—	Schnutz u. Gaard[4]

[1]) No. 124 u. 125. L. Manetti u. G. Musso. Milchztg. 5. 1876. 1959. (Nach Il Caseificio 1876). Statt Casein ist der N-Gehalt der Milch und zwar für Milch No. 124 = 0,551, für No. 125 = 0,561 angegeben. Diesen Gehalt auf Protein (× 6,25) berechnet, ergeben sich Zahlen, die mit den übrigen Componenten 100,23 bezw. 99,80 zusammen machen.

[2]) No. 126—143. W. Fleischmann. Milchztg. 5. 1876. 2205. 2240. 2251. 6. 1877. 204. 293. 415. Die Milch war stets von amphoterer Reaction. Die Herde war ca. 90—120 Kopf stark. Die Milch unter No. 143 stammte von einem Gute in Dänemark, welche die Eigenthümlichkeit zeigte, dass sie bei dem Eisverfahren nicht ausrahmte, während sie nach holsteinischem Verfahren eine befriedigende Ausbeute von Rahm ergab. Die untersuchte Milch war Morgenmilch, hatte 24 Stunden in Eiswasser gestanden und kam am 1/10 zur Untersuchung; sie zeigte zu dieser Zeit schwach sauere Reaction. Nach mikroskopischer Untersuchung enthielt sie zahlreiche, rothbraune Sporen und Fragmente von Pilzen. Die Erscheinung zeigte sich, als die dortige Herde von Kleeweide auf Grasweide gekommen war. Milch unter No. 129 zeigte ein ähnliches Verhalten; sie stammte von 87 Kühen, welche den Tag über im Freien weideten, die Nacht aber im Stalle standen u. Weizen- u. Roggenkaff vorgesetzt erhielten. Vom 9/10 an erhielten die Thiere statt Kaff Häcksel aus Haferstroh.

[3]) No. 144 u. 145. Storch (Kopenhagen). Mitgetheilt von H. Cordes. Milchztg. 10. 1881. 606. Die Milch stammte von Kühen des Gutes Ourup.

[4]) Vergl. Anmerkung [1]) Seite 269.

No.	Bemerkungen	Dichte	Jahr der Untersuchung	In der ursprünglichen Substanz: Wasser %	Casein %	Albumin %	Fett %	Zucker %	Salze %	In der Trocken-Substanz: Casein %	Albumin %	Fett %	N. in der Trocken-Substanz %	Analytiker
149	Mittel von 34 Proben	1,0331	1881	87,64	—	—	3,52	—	—	—	—	28,48	—	Schnutz u. Gaard[1])
150	„ „ 28 „	1,0317	„	88,04	—	—	3,54	—	—	—	—	29,35	—	
151	„ „ 23 „	1,0321	„	87,75	—	—	2,65	—	—	—	—	21,37	—	
152	Milchgemenge a. Raden u. Mamerow 15/1 84	1,0310	1884	88,04	3,14	0,33	3,32	4,30	0,72	27,91	2,76	27,76	4,91	Fleischmann[2])
153	Aus einer Wirthschaft zu Aunsbarg (Dänemark)		1877	87,44	3,18		3,52	4,18	0,77	25,32		28,03	4,05	Storch[3])
154	Von einer Kuh (in Italien) .			86,85	4,33		4,40	3,95	0,47	32,93		33,46	5,27	Lassaigne[4])
155	Aus einer Sammel-Molkerei: Morgenm. 29/1	1,0314	1878	88,05	3,61	0,35	3,35	3,93	0,71	30,21	2,93	28,03	5,30	Kirchner[5])
156	„ 5/2	1,0320	„	87,95	3,67	0,39	3,33	3,90	0,77	30,46	3,24	29,64	5,39	
157	„ 11/2	1,0317	„	88,05	3,38	0,39	3,37	4,01	0,80	28,27	3,26	27,20	5,04	
158	„ 18/2	1,0313	„	88,21	3,13	0,40	3,13	4,33	0,80	26,55	3,39	26,55	4,79	
159	Milch von 18 Kühen, Trockenfutter		„	88,23	3,22		2,39	5,45	0,71	27,36		20,31	4,38	Frühling[6])
160	Vermuthlich Bremer Niederungs-Vieh: Trockenfutter Morg. . .		1879	88,50	—		3,03	—	—	—		26,35	—	Janke[7])
161	Trockenfutt. Mtg.	1,0312	„	88,60	—		3,51	—	—	—		30,79	—	
162	Schlempe (Mastfutter) Abdm.	1,0322	„	87,78	—		2,98	—	—	—		24,39	—	
163	Grünfutter a. d. Weide Morg.	1,0315	„	88,48	—		2,97	—	—	—		25,78	—	

[1]) No. 146—151. Schnutz u. Gaard. Milchztg. 11. 1882. 103. (Veröffentl. d. K. D. Gesundheitsamtes vom 9. Jan. 1882.) Die Milchproben enthielten an

	Trockensubstanz Maxim.	Trockensubstanz Minim.	Fett Maxim.	Fett Minim.	Dichte Maxim.	Dichte Minim.
No. 146. Ganze Milch v. F. Mahnkes Molkerei . .	13,30	11,63	4,15	3,03	1,0350	1,0315
„ 147. „ „ „ Genoss.-Molkerei Kiel . .	13,10	11,42	4,33	2,67	334	308
„ 148. „ „ aus Kiel und Umgegend . .	13,88	11,86	4,56	2,90	352	309
„ 149. „ „ polizeilich entnommen . . .	13,24	11,45	4,96	2,71	350	310
„ 150. „ „ v. Genoss.-Molkerei Itzehoe .	13,17	11,36	4,63	3,01	338	298
„ 151. „ „ aus Prov. Holstein	14,25	11,30	5,76	2,59	341	300

[2]) No. 152. W. Fleischmann. Ber. d. M. V. St. Raden 1884. 20. Summe des Proteins nach Ritthausen 3,474 %, des Caseins nach Lehmann 3,14 %.

[3]) No. 153. V. Storch. Forschungen a. d. Gebiete der Viehhaltung II. 178. Caseingehalt aus dem N-Gehalt der Milch (0,508 × 6,25) berechnet.

[4]) No. 154. Lassaigne. Mitgetheilt von Ableitner. Milchztg. 6. 1877. 559. Die Dichte der Milch ist zu 1,019 angegeben.

[5]) No. 155—158. W. Kirchner. Milchztg. 7. 1878. 257.

[6]) No. 159. R. Frühling u. Schulz. Milchztg. 7. 1878. 457. Aus der Kindermilchstation in Braunschweig.

[7]) No. 160—166. Janke. Chem. Laborat. d. Sanitätsbehörde in Bremen. Milchztg. 1880. 56. Die Milch stammte aus Wirthschaften der Umgebung Bremens. Die Zahlen unter 160 sind das (v. uns berechnete) Mittel von 7 verschiedenen Analysen, die unter 161 beziehen sich auf ein Gemenge gleicher Volume von 11 Proben, die unter 162 sind das Mittel von 4 Proben, die unter 163 Gemenge gleicher Volume von 4 Proben, unter 164 von 11 Proben, unter 165 von 15 Proben, unter 166 von 15 Proben.

Die Fütterung bestand bei 160 aus: Reismehl, Runkeln, Heu und Haferstroh,
„ 161 „ Geringes Heu, Linsenmehl, Gerstenmehl, Reismehl, Palmkernkuchen und Weizenkleie,
„ 162 „ Heu, Schlempe, Treber, Gersteschrot,
„ 164 „ „ Malzkeime, Linsenschrot, Roggenschrot u. Weizenkleie,
„ 165 „ „ „ „ „

Oldenburger und Bremer Niederungsvieh (Nos. 164–187)

No.	Bemerkungen	Dichte	Jahr der Untersuchung	In der ursprünglichen Substanz: Wasser %	Casein %	Albumin %	Fett %	Zucker %	Salze %	In der Trocken-Substanz: Casein %	Albumin %	Fett %	N. in der Trocken-Substanz %	Analytiker
164	Trockenfutter	1,0310	1879	87,51	—	—	3,18	—	—	—	—	25,46	—	Janke[1]
165	„	1,0325	„	87,25	—	—	3,71	—	—	—	—	29,10	—	Janke[1]
166	Weidegang	1,0329	„	87,95	—	—	3,51	—	—	—	—	29,13	—	Janke[1]
167	von 10 Kühen Grünfutter im Stall		1878	89,68	—	—	1,92	—	—	—	—	18,60	—	derselbe[2]
168	von 8 Kühen Weide . .		„	88,60	—	—	2,91	—	—	—	—	26,01	—	derselbe[2]
169	Grünfutter u. Weidegang .		„	87,37	—	—	4,21	—	—	—	—	33,34	—	derselbe[2]
170	„ „ .		„	87,59	—	—	3,96	—	—	—	—	31,91	—	derselbe[2]
171	Marktmilch, Mittel von 15 Analysen		„	88,76	—	—	2,72	—	—	—	—	24,20	—	derselbe[2]
172	Weidegang b. Bremen (Mittel v. 15 Prob.)		„	87,64	—	—	2,91	—	—	—	—	23,54	—	derselbe[2]
173	Weidegang b. Oldenburg .		„	89,35	—	—	2,55	—	—	—	—	23,94	—	derselbe[2]
174	„ „ .		„	89,94	—	—	2,80	—	—	—	—	27,83	—	derselbe[2]
175	„ „ .		„	86,69	—	—	5,00	—	—	—	—	37,57	—	derselbe[2]
176	„ „ .		„	88,04	—	—	3,06	—	—	—	—	25,58	—	derselbe[2]
177	„ „ .		„	89,87	—	—	2,87	—	—	—	—	28,32	—	derselbe[2]
178	„ „ .		„	87,78	—	—	3,71	—	—	—	—	30,36	—	derselbe[2]
179	„ „ Gemenge v. 29 Proben . .		„	87,66	—	—	3,33	—	—	—	—	26,99	—	derselbe[2]
180	Weideg. b. Oldenb., Gem. v. 18 Prob.	1,0310	„	87,09	—	—	4,12	—	—	—	—	31,92	—	derselbe[2]
181	Morgenm. Weideg. b. Bremen, Gemenge v. 5 Prob.	1,0315	„	87,91	—	—	3,92	—	—	—	—	32,43	—	derselbe[2]
182	Oldenburger Gebiet, Gemenge von 10 Proben M.	1,0320	„	87,15	—	—	3,84	—	—	—	—	29,88	—	derselbe[2]
183	Stallfütterung	1,0300	„	88,66	—	—	3,50	—	—	—	—	29,81	—	derselbe[2]
184	„	1,0320	„	88,59	—	—	2,95	—	—	—	—	25,85	—	derselbe[2]
185	„	1,0305	„	89,46	—	—	2,60	—	—	—	—	24,69	—	derselbe[2]
186	Marktmilch, Mittel v. 17 Analysen	1,0318	„	88,79	—	—	3,40	—	—	—	—	30,33	—	derselbe[2]
187	Stallproben, polizeilich entnommen	1,0306	„	88,25	—	—	3,21	—	—	—	—	27,32	—	derselbe[2]

[1]) Vergl. Anmerkung [7]) Seite 269.

[2]) No. 167—187. L. Janke. Milchztg. 1879. 9 u. 279. Die Milch unter No. 167 u. 168, No. 172, 180 u. 186 stammte von Kühen des Bremer milchwirthschaftlichen Vereins (welche vermuthlich der Niederungs-Rasse der dortigen Gegend angehören); die Milch unter No. 169 u. 170 u. 181—185 stammen ebendaher, sind aber Einzelanalysen-Milch, No. 171 u. 186 sind als Marktmilch bezeichnet, stammen aber aus gleicher Quelle. Bei den folgenden Nummern wurde gefunden:

	No. 167	168	171	179	180	182
Fett, Maxim.	2,56	3,57	3,61	5,15	5,09	5,21 %
„ Minim.	1,42	2,29	1,97	2,15	2,00	2,28 „
Trockensbst., Maxim.	11,03	12,02	12,84	14,79	15,48	15,07 „
„ Minim.	9,41	9,94	10,02	9,93	10,04	11,11 „

No.	Bemerkungen	Dichte	Jahr der Untersuchung	In der ursprünglichen Substanz: Wasser %	Casein %	Albumin %	Fett %	Zucker %	Salze %	In der Trocken-Substanz: Casein %	Albumin %	Fett %	N. in der Trocken-Substanz %	Analytiker
188	Jahresdurchschnitt	1,0322	1885	86,94	—		3,93	—	—	—		30,09	—	*Vieth*[1])
189	Milch v. 60 Kühen (Heu, Rüben, Malztreber)	1,0335	1886	86,38	—		4,42	—	—	—		32,46	—	*Klinger*[2])
190	Milch von 2 frischmilchenden Kühen	1,0333	„	87,89	—		2,70	—	—	—		22,30	—	*Klinger*[2])
191	Milch von 3 frischmilchenden Kühen	1,0312	„	87,63	—		4,43	—	—	—		27,73	—	*Klinger*[2])
192	Ab.-Milch von 18 Kühen, frischmilch., Trockenfutter	1,0325	„	87,89	3,96		3,00	4,43	0,72	32,60		24,67	5,22	*Frühling u. Schultz*[3])
193	M.-Milch v. 18 Kühen, frischmilch., Trockenfutter	1,0307	„	88,13	3,92		2,84	4,39	0,72	32,93		23,93	5,27	*Frühling u. Schultz*[3])
194	Mittel v. 192 u. 193 ...			88,01	3,94		2,92	4,41	0,72	32,86		24,35	5,26	*Frühling u. Schultz*[3])
195	Morgenmilch von 9 Kühen, Stallfütterung		18 85/86	88,45	—		3,02	—	—	—		26,16	—	*M. Schrodt*[4])
196	Morgenmilch vom $^{20}/_{5}$—$^{1}/_{10}$ 86, Weidegang		1886	88,47	—		3,08	—	—	—		26,71	—	*M. Schrodt*[4])
197	Abendmilch Stallfütterung		18 85/86	88,13	—		3,22	—	—	—		27,13	—	*M. Schrodt*[4])
198	„ Weidegang .		1886	87,48	—		3,93	—	—	—		31,39	—	*M. Schrodt*[4])
199	Jahresdurchschnitt		18 85/86	88,18	—		3,25	—	—	—		27,50	—	*M. Schrodt*[4])
	Alter d. K. / milchend seit													
200	— / —		1884. 4	86,99	—		3,20	—	—	—		24,60	—	*C. A. Goessmann*[5])
201	— / —		„	85,64	—		4,95	—	—	—		34,47	—	*C. A. Goessmann*[5])
202	— / —		„	85,04	—		5,90	—	—	—		39,52	—	*C. A. Goessmann*[5])
203	7 / —		1884.11	85,31	—		5,53	—	0,63	—		37,64	—	*C. A. Goessmann*[5])

[1]) No. 188. P. Vieth. (Laborat. d. Aylesbury-Dairy-Compagnie in London.) Milchztg. 1886. 131. Der Jahresdurchschnitt ist das Mittel der Prüfung von 3879 Proben. Nach Monaten geordnet war der Gehalt der Milch wie folgt:

	Jan.	Febr.	März	April	Mai	Juni	Juli	Augst.	Septbr.	Octbr.	Novbr.	Decbr.
Spec. Gew. .	1,0324	323	325	323	324	323	319	315	317	323	322	322
Fett. . . .	3,98	3,84	3,68	3,63	3,77	3,76	3,89	4,11	4,18	4,21	4,14	3,99
Trockensbst.	13,22	13,02	12,68	12,74	12,90	12,88	12,94	13,07	13,25	13,41	13,31	13,12

[2]) No. 189—191. A. Klinger. Repertor. d. analyt. Chem. 1886. 550.

[3]) No. 192—194. R. Frühling u. J. Schulz. Rep. d. analyt. Chem. 1887. 519. Die Milch wurde nur bei Trockenfütterung erhalten. Die Methode der Untersuchung ist kurz folgende: Die mit geglühtem Quarzsande in Porzellanschalen eingedampfte, im Luftbade bei 100° C. getrocknete Milch wird mit Petroleumäther übergossen, nach 15 M. die Lösung abgegossen, der Petroleumäther 8 mal erneuert. Der Milchrückstand (nach Extraction mit ca. 100 ccm Aether) wird bei 100° eine Stunde getrocknet und dann gewogen. Der Gewichtsverlust = Fett; Milchzucker wurde durch Polarisation bestimmt; Protein ist N × 6,25. (Vergleiche „Morgen- u. Abendmilch" der einzelnen Monate.)

[4]) No. 195—199. M. Schrodt. Jahresber. der Milchw. V. St. Kiel 1885/86. 21. Die Kühe, denen die untersuchte Milch entnommen wurde, gehören zu fünf der Angler Rasse an, die anderen dem Landschlage. Nach Monaten geordnet, war der Ertrag und der Gehalt an Milch (Tagesmilch) folgender (vergl. Milch v. Morgen und Abend):

	Jan.	Febr.	März	April	Mai	Juni	Juli	August	Septbr.	Octbr.	Nvbr.	Decbr.
Ertrag in kg .	2805,6	2766,0	3676,9	3744,9	3669,9	3295,2	2419,1	2271,9	1253,5	823,3	2082,3	2832,7
Fett % . . .	2,94	2,96	3,07	2,97	3,14	3,18	3,47	3,60	3,77	3,44	3,34	3,12
Trockfttr. % .	11,36	11,39	11,58	11,35	11,57	11,59	11,79	12,27	12,44	12,47	12,15	11,83

[5]) No. 200—284. C. A. Goessmann, Charl. Harrington. Massachusetts Sixth Ann. Rep. State Board of Healths, Boston 1885 u. Results of inquiries, rel. to the quality of milk etc. in Massachusetts. Mitgeth. v. Sam. W. Abott. Boston, Febr. 1886.

Die Analysen von No. 200—260 beziehen sich auf Milch einzelner Kühe, die von No 261—284 auf Milch mehrerer Thiere. Alle Proben sind bezeichnet als Milch von bekannter Reinheit.

No.	Bemerkungen	Alter d. K.	milchend seit		Jahr der Untersuchung	In der ursprünglichen Substanz: Wasser %	Casein %	Albumin %	Fett %	Zucker %	Salze %	In der Trocken-Substanz: Casein %	Albumin %	Fett %	N. in der Trocken-Substanz %	Analytiker
204		19 Mon.	5 W.	2 quts Maismehl, 4 quts Kleie (shorts), 2 quts Baumwollesaatmehl, 1 bushel Ensilage u. gutes Heu v. Raygras.	1884.11	88,02	—	—	2,91	—	0,68	—	—	24,29	—	C. A. Goessmann[1])
205		6 Jahr	— „		„	87,14	—	—	3,35	—	0,66	—	—	26,05	—	
206		6 „	— „		„	85,76	—	—	5,22	—	0,74	—	—	36,65	—	
207		4 „	— „		„	85,48	—	—	4,49	—	0,72	—	—	30,92	—	
208		3 „	— „		„	85,29	—	—	4,67	—	0,69	—	—	31,43	—	
209		4 „	— „		„	85,50	—	—	4,32	—	0,67	—	—	29,77	—	
210		9 „	— „		„	86,76	—	—	4,19	—	0,66	—	—	31,65	—	
211		10 „	— „		„	85,90	—	—	4,09	—	0,76	—	—	28,98	—	
212		10 „	— „		„	87,16	—	—	3,63	—	0,63	—	—	28,27	—	
213		5 „	— „		„	87,73	—	—	3,03	—	0,66	—	—	24,69	—	
214		5 „	— „		„	85,37	—	—	6,06	—	0,54	—	—	41,42	—	
215		12 „	— „		„	85,55	—	—	4,25	—	0,67	—	—	29,41	—	
216		5 „	— „		„	84,74	—	—	4,64	—	0,78	—	—	30,41	—	
217	Landkuh native	9 „.	6 „	Ensilage u. Heu	1884. 6	87,10	—	—	4,37	—	0,69	—	—	33,88	—	
218	Landkuh native	— „	6 M.	Heu, Häcksel, Maismehl u. Kleie	1884.10	87,94	—	—	3,08	—	0,65	—	—	25,54	—	
219	Landkuh native	— „	— „		„	86,23	—	—	3,81	—	0,71	—	—	27,57	—	
220	Kreuzung	7 „	6 „	Heu u. Kleie	1884.11	85,20	—	—	4,67	—	0,74	—	—	31,56	—	
221	Kreuzung	6 „	5 „		„	87,12	—	—	3,65	—	0,69	—	—	28,34	—	
222	Kreuzung	6 „	4 „		„	87,31	—	—	3,45	—	0,67	—	—	27,19	—	
223	Kreuzung	7 „	4 „		„	86,24	—	—	4,24	—	0,65	—	—	30,81	—	
224	Kreuzung	8 „	8 „		„	85,27	—	—	4,05	—	0,74	—	—	27,50	—	
225	Landkuh	10 „	6 „	Weide u. Mehl 4 h p. M.	1885. 9	85,57	—	—	3,83	—	0,70	—	—	26,54	—	
226	Landkuh	12 „	4 „		„	85,61	—	—	3,87	—	0,70	—	—	26,89	—	
227	Landkuh	6 „	3 „		„	86,76	—	—	3,10	—	0,65	—	—	23,41	—	
228	Landkuh	7 „	3 „		„	87,54	—	—	2,21	—	0,65	—	—	17,74	—	
229	Landkuh	4 „	3 „	Heu u. Mehl 5 h p. M.	1885.11	87,95	—	—	3,30	—	0,56	—	—	27,39	—	
230	Landkuh	4 „	3 W.		„	87,23	—	—	3,58	—	0,56	—	—	28,03	—	
231	Landkuh	4 „	3 „		„	87,71	—	—	3,14	—	0,50	—	—	24,17	—	
232	Landkuh	5 „	2 „		„	87,31	—	—	3,23	—	0,58	—	—	25,45	—	
233	Landkuh	6 „	3 „		„	89,05	—	—	1,92	—	0,58	—	—	17,53	—	
234	Landkuh	— „	6 „		„	86,69	—	—	4,07	—	0,61	—	—	30,58	—	
235	Landkuh	— „	8 M.	Malzkeime	1884. 4	86,59	—	—	3,84	—	0,68	—	—	28,63	—	
236	Landkuh	— „	3 W.		„	87,58	—	—	3,27	—	0,75	—	—	26,33	—	
237	Landkuh	— „	21 M.		„	86,62	—	—	3,35	—	0,76	—	—	24,93	—	

[1]) Vergl. Anmerkung [5]) Seite 271.

No.	Bemerkungen	Jahr der Untersuchung	In der ursprünglichen Substanz: Wasser %	Casein %	Albumin %	Fett %	Zucker %	Salze %	In der Trocken-Substanz: Casein %	Albumin %	Fett %	N. in der Trocken-Substanz %	Analytiker
	Alter Jahre												
238	Landk. 7 (1 qut. Roggenm., 2 qut. Cottonmehl in 3 qut. shorts und Kohlblätter)	1884.11	86,30	—	—	4,10	—	0,62	—	—	29,93	—	C. A. Goessmann[1]
239	„ 9	„	87,67	—	—	3,24	—	0,60	—	—	26,28	—	
240	„ 7	„	86,23	—	—	2,73	—	0,70	—	—	19,83	—	
241	„ 5	„	86,55	—	—	3,76	—	0,69	—	—	27,96	—	
242	„ 7	„	86,06	—	—	3,90	—	0,66	—	—	27,97	—	
243	„ 7	„	86,11	—	—	4,64	—	0,68	—	—	33,40	—	
244		1884. 8	86,41	—	—	3,17	—	—	—	—	23,33	—	
245	Von der besten Kuh . . . (Malzkeime, Tomatenschalen, Blumenkohl-Strünke, ein wenig Mehl u. Salzheu)	„	86,53	—	—	3,15	—	—	—	—	23,39	—	
246	Von einer sehr mageren Kuh	„	87,01	—	—	3,31	—	—	—	—	25,48	—	
247	Von einer 20 J. alten Kuh (ohne Zähne)	„	87,03	—	—	2,79	—	—	—	—	21,51	—	
	Alter Jahre / milchend seit Mon.												
248	Landk. 3 6 5 h p. m.	1884.10	85,09	—	—	3,98	—	0,72	—	—	26,69	—	
249	„ 8 8 „	„	85,54	—	—	4,24	—	0,66	—	—	29,32	—	
250	„ 7 7 „	„	85,08	—	—	4,21	—	0,71	—	—	28,22	—	
251	Kreuz. 8 6 (Heu u. Stoppelweide, Mehl etc.) „	„	88,29	—	—	1,88	—	0,58	—	—	16,06	—	
252	„ 7 4 „	„	86,28	—	—	3,84	—	0,69	—	—	27,99	—	
253	Landk. 5 12 (Heu, Haferstroh, Malzkeime, Maismehl) Ab.	1885.12	83,65	—	—	5,79	—	0,67	—	—	35,41	—	
254	„ 7 3 „		86,04	—	—	4,03	—	0,60	—	—	29,13	—	
255	„ 7 10 „		85,69	—	—	4,32	—	0,53	—	—	30,19	—	
256	„ 6 12 „		84,15	—	—	5,19	—	0,64	—	—	32,74	—	
257	„ 5 3 „		86,26	—	—	3,92	—	0,59	—	—	28,53	—	
258	„ 5 7 „		84,28	—	—	6,03	—	0,63	—	—	38,26	—	
259	„ 12 3 „		85,82	—	—	4,42	—	0,54	—	—	31,17	—	
260	„ 7 3 M.	1886. 1	86,26	—	—	4,34	—	—	—	—	31,59	—	
261	Herde v. 5 K., Mittel v. 3 Anal. (aus Wirthschaften staatlicher Institute)	1884. 5	87,32	—	—	3,72	—	0,68	—	—	29,34	—	
262	„ „ 15 „	1884.11	86,26	—	—	4,37	—	0,65	—	—	31,80	—	
263	„ „ 11 „	1884.10	87,44	—	—	2,76	—	0,75	—	—	17,20	—	
264	„ „ 4 „	„	86,90	—	—	2,88	—	0,65	—	—	21,99	—	
265	Von 2 K.	1885. 9	85,83	—	—	3,86	—	0,67	—	—	27,24	—	
266	„ 4—8 „ Mitt. v. 2 A.	1884. 8	87,75	—	—	2,70	—	—	—	—	22,04	—	
267	Von 5 Landk. a. Lawronce, M. v. 3 A., Heu, Mehl, Malzkeime	„	87,44	—	—	2,61	—	0,67	—	—	20,78	—	
268	Von 6 Landk. a. Andover, Mittel v. 4 Anal., Heu, Mehl u. Gras	„	87,57	—	—	2,62	—	0,65	—	—	21,08	—	

[1]) Vergl. Anmerkung [5]) Seite 271.

No.	Bemerkungen	Jahr der Untersuchung	In der ursprünglichen Substanz: Wasser %	Casein %	Albumin %	Fett %	Zucker %	Salze %	In der Trocken-Substanz: Casein %	Albumin %	Fett %	N. in der Trocken-Substanz %	Analytiker
269	Von 17 Landk. v. Lowell . .	1884.11	87,02	—		3,58	—	0,60	—		27,58	—	C. A. Goessmann[1]
270	Von 17 Kühen gem. Rassen v. Trunton	1884.11	85,06	—		4,79	—	0,64	—		32,06	—	
271	Von 6 Kühen a. Littleton, Weide und Grobmehl, Morg. . .	1885. 9	85,50	—		4,06	—	0,62	—		27,97	—	
272	Von 6 Landk. a. Woburn, Cottonmehl, Kleie, Heu, 5 h p. m.	1885.10	85,45	—		4,18	—	0,71	—		28,93	—	
273	Von 20 K. a. Burlington, Heu, Stoppel und Mehl, Ab. . .	1885	86,69	—		3,35	—	0,60	—		25,17	—	
274	Von 30 K., meist Landvieh, ebendort, M.	„	86,94	—		3,13	—	0,56	—		23,97	—	
275	V. 3 K., Lincoln } Malzkeime u. Mehl 4 h p.m.	„	86,93	—		3,42	—	0,59	—		26,17	—	
276	„ 3 „ „ } Malzkeime u. Mehl 4 h „	„	86,77	—		3,33	—	0,61	—		25,16	—	
277	Von 3 K., Lincoln } Kleie und Mehl 5 h p.m.	„	85,82	—		3,62	—	0,72	—		25,53	—	
278	„ 2 „ „ 5¼h „	„	84,86	—		4,57	—	0,62	—		30,18	—	
279	„ 10 „ „ 5½h „	„	86,50	—		3,11	—	0,64	—		23,04	—	
280	„ 5 „ „ „ „	„	86,58	—		3,38	—	0,61	—		25,18	—	
281	„ 5 „ „ „ „	„	85,87	—		4,48	—	0,67	—		35,24	—	
282	„ 28 „ „ 6 h „	„	86,24	—		3,39	—	0,61	—		24,64	—	
283	„ 9 „ „ 6 h „	„	85,74	—		4,10	—	0,68	—		28,75	—	
284	„ 4 „ Amherst 7 h „	1886	84,55	—		5,76	—	—	—		37,28	—	
285	Nach Methode Hoppe-Seyler untersucht	1876	89,32	2,67		2,75	4,45	0,71	25,00		25,75	4,00	G. Christenn[2]
286	Nach Meth. Haidlen untersucht	„	89,32	2,36		2,75	4,30	0,71	22,10		25,75	3,54	
287	„ „ Christenn „	„	88,11	3,49		2,60	5,05	0,75	29,35		20,27	4,70	
288	„ „ Haidlen „	„	88,65	3,27		2,45	4,93	0,75	28,81		21,58	4,61	
289	Milch gesunder Kühe von Lancashire und Chestire	1875	88,90	—		2,16	—	—	—		19,46	—	Cambell-Brown[3]
290		„	88,66	—		2,41	—	—	—		21,25	—	
291		„	88,45	—		2,74	—	—	—		23,72	—	
292	Milch von einer mit Biertrebern genährten, heruntergekommenen Kuh, vor 6 Monaten gekalbt, 6. Juli bis 24. Juli	1875	87,16	—		2,96	—	0,63	—		23,05	—	W. Morgen[4]
293		„	86,84	—		3,78	—	0,73	—		28,72	—	
294		„	85,69	—		4,54	—	0,70	—		31,73	—	
295		„	84,77	—		5,89	—	0,72	—		38,67	—	
296		„	83,44	—		7,00	—	0,67	—		42,27	—	
297		„	83,00	—		8,00	—	0,65	—		47,06	—	
298	Mittel aus 40 Analysen . . .		87,00	4,10		4,00	4,28	0,62	32,64		31,85	5,22	Cameron[5]

[1]) Vergl. Anmerkung [5]) Seite 271.

[2]) No. 285—288. Cf. Christenn. Jahresber. d. Agrikulturchem. 1875/76. 75. (Ueber die angewendeten Untersuchungsmethoden vergl. unter Frauenmilch S. 251 u. vorstehend S. 264.

[3]) No. 289—291. J. Cambell-Brown. Centralbl. für Agrikulturchem. 1876. I. 147. (Chem. News. 1875. 31. 266.)

[4]) No. 292—297. W. Morgen. „ „ („ „ „ 32. 80.)

[5]) No. 298. Cameron. Jahresb. d. Agrikulturchemie 1875/76. 276. (Arch. d. Pharmac. 1875. 472.)

No.	Bemerkungen: Morgenmilch Rasse	Futter	Rahm Vol. %	Spec. Gewicht	In der ursprünglichen Substanz: Wasser %	Casein %	Albumin %	Fett %	Zucker %	Salze %	In der Trocken-Substanz: Casein %	Albumin %	Fett %	N. in der Trocken-Substanz %	Analytiker
	(Versuche aus März, April, Mai 1882.)														
299	3 Holländische, 20 Normännische	Treber, Gras, Stroh	10	1,033	87,25	3,42		3,92	4,81	0,60	26,82		30,74	4,29	Ch. Girard[1]
300	15 Holländ.	Rüben, Kleie, Stroh, Heu	10	1,030	87,42	3,40		3,82	4,76	0,60	27,03		30,37	4,32	
301	2 „	Rüben, Treber, Stroh, Heu	12	1,028	87,42	3,28		4,18	4,52	0,60	26,07		33,23	4,17	
302	2 Flamännische	Treber, Stroh, Kleie	11	1,030	85,93	3,68		4,32	5,32	0,75	26,15		30,70	4,18	
303	9 Holländ.	Treber, Stroh und Heu	10	1,030	87,40	3,23		4,04	4,73	0,60	25,64		32,07	4,10	
304	11 Holländ., 2 Flamänn.	Treber, Rüben, Stroh u. Heu	9	1,029	87,15	3,38		4,06	4,81	0,60	26,33		31,63	4,21	
305	26 St. Holländ., Flam. u. Pikard.	desgl.	10	1,031	86,89	3,34		4,16	4,95	0,66	25,48		31,73	4,08	
306	26 Stück desgl.	desgl.	10	1,031	87,15	3,35		3,92	4,90	0,68	26,06		30,61	4,17	
307	4 Flam. u. Holländ.	Rüben, Stroh, Heu	10	1,031	87,43	3,28		3,92	4,77	0,60	26,09		31,18	4,17	
308	2 Holländ., 1 Pikard., 1 Flam.	Treber, Heu, Kleie, Bohnen	9	1,030	88,11	3,12		3,46	4,72	0,59	26,24		29,10	4,20	
309	12 St. Normand., Holl. u. Flam.	Bohnen, Griesmehl, Heu, Stroh	12	1,032	86,50	3,49		4,40	5,01	0,60	25,85		32,59	4,14	
310	2 Holländ., 1 Normänn.	Treber, Kleie, Rüben, Heu	10	1,030	87,59	3,26		3,69	4,86	0,60	26,27		29,73	4,20	
311	8 Holländ., 3 Flamänn.	Kleie, Möhren, Luzerne, Bohnen, Heu	10	1,031	87,43	3,28		3,81	4,88	0,60	26,09		30,31	4,17	
312	19 Holländ., 2 Flam.	Treber, Bohnenkleie, Stroh, Heu	9	1,030	87,56	3,29		3,69	4,86	0,60	26,45		29,66	4,23	
313	18 Holländ., 8 Flam.	Treber, Rüben, Stroh, Kleie	9	1,031	88,00	3,21		3,49	4,70	0,60	27,50		29,08	4,40	
314	desgl.	desgl.	8	1,030	89,79	2,63		3,34	3,65	0,59	25,76		32,71	4,12	
315	6 Holländ., 6 Pikard., 8 Flam.	Schlempe, Kleie, Heu, Stroh	8	1,030	88,13	3,13		3,46	4,75	0,53	26,37		29,15	4,22	
316	desgl.	desgl.	12	1,031	86,14	3,81		4,04	5,41	0,60	27,49		29,15	4,40	
317	desgl.	desgl.	10	1,031	85,80	3,58		4,74	5,18	0,70	24,96		33,05	3,99	
318	desgl.	desgl.	10	1,031	87,37	3,25		3,92	4,86	0,60	25,73		31,04	4,12	
319	desgl.	desgl.	9	1,030	87,58	3,26		3,69	4,87	0,60	26,25		29,71	4,20	

[1]) Vergl. Anmerkung [1]) Seite 276.

No.	Bemerkungen: Rasse	Futter	Rahm Vol. %	Spec. Gewicht	In der ursprünglichen Substanz: Wasser %	Casein %	Albumin %	Fett %	Zucker %	Salze %	In der Trocken-Substanz: Casein %	Albumin %	Fett %	N. in der Trocken-Substanz %	Analytiker
	Morgenmilch														
320	22 Stück Holländ.,	Bohnenschrot, Kleie, Stroh, Heu	10	1,030	87,40	3,40		3,81	4,79	0,60	36,99		30,24	5,84	*Ch. Girard*[1]
321	15 Holl. 10 Flam.	Rüben, Heu, Luzerne, Grieskleie	9	1,030	87,48	3,31		3,69	4,92	0,60	26,44		29,37	4,23	
322	18 Holl. 10 Flam.	Treber, Bohnen, Rüben, Kleie, Stroh	10	1,030	86,59	3,52		4,16	5,13	0,60	26,25		32,02	4,20	
323	desgl.	desgl.	10	1,031	86,76	3,33		4,27	5,04	0,60	25,15		32,25	4,02	
324	14 Flam. 8 Holländ.	Rüben, Kleie, Kartoffeln	10	1,030	87,43	3,26		3,84	4,90	0,60	25,93		30,55	4,15	
325	8 Holländ. 3 Pikard. 7 Flam.	Schlempe, Kleie, Heu, Stroh	12	1,030	86,69	3,30		4,51	4,90	0,60	24,79		33,88	3,97	
326	12 Holl. 6 Pik. 6 Norm.	Treber, (Haus-Abfälle, pulpe), Kleie, Heu, Stroh	9	1,030	87,15	3,42		3,81	5,02	0,60	26,61		29,65	4,26	
327	6 Flam. 9 Norm.	Kleie, Rüben, Heu, Stroh	10	1,032	86,48	3,19		4,89	4,79	0,65	23,60		36,17	3,78	
328	19 Holl. 3 Norm.	—	9	1,030	87,43	3,33		3,69	4,95	0,60	26,49		29,35	4,24	
329	7 Holländ. 3 Schweizer 7 Flam.	Treber, Pulpe, Heu, Stroh, Bohnenhülsen	7	1,031	87,96	3,31		3,22	4,92	0,59	27,49		26,75	4,40	
330	1 Flam. 4 Schweiz. 8 Norm.	Rüben, Heu, Stroh, Roggen, Afterkleie	10	1,030	86,34	3,69		4,04	5,28	0,65	27,01		29,58	4,32	
331	2 Holländ. 8 Pikard.	Rüben, Kleie, Stroh	8	1,032	88,24	3,12		3,69	4,35	0,60	26,53		31,38	4,24	
332	8 Norm., 3 Schweiz. 4 Holl., 7 Flam.	Treber, Rüben, Kleie, Stroh	8	1,033	87,54	3,53		3,69	4,65	0,59	28,33		29,62	4,53	
333	6 Holl., 4 Flam. 2 Pik., 4 Norm.	Rüben, Mais, Kleie, Stroh	10	1,032	86,64	3,53		4,04	5,14	0,60	26,42		30,24	4,23	
334	desgl.	desgl.	10	1,033	86,71	3,50		4,04	5,10	0,65	26,33		30,40	4,21	
	Abendmilch:														
335	13 Holl.,	Rüben, Grieskleie, Stroh	9	1,032	88,11	3,20		3,46	4,63	0,60	26,91		29,10	4,31	
336	7 „	Rüben, Kleie, Grummet		1,031	88,05	3,06		3,58	4,71	0,60	25,61		29,96	4,10	

[1] No. 299—336. Von Ch. Girard: Documents sur les falsifications des' matières alimentaries etc. deuxième rapport. Paris 1885. p. 338.

Die Versuche sind unter Aufsicht des Inspectors des städtischen Laboratoriums in Paris im März, April und Mai 1882 ausgeführt worden.

Das spec. Gewicht ist mit dem Bouchardat-Quevenne'schen Lactodensimeter bestimmt; Rahm (Vol. %) mit dem Cremometer von Chevallier; Trockensubstanz durch Eindampfen von 10 cc. Milch und Trocknen des Rückstandes bei einer konstanten Temperatur von 95° C.; Fett nach der Methode von Marchand; Casein durch Coagulation mit Essigsäure etc.; Albumin durch Kochen des von Casein befreiten Filtrats; Zucker in dem Albumin-freien Filtrat durch Titration mit der von Neubauer & Vogel vorgeschriebenen alkalischen Kupferlösung; Salze durch directes Einäschern des Trockenrückstandes.

No.	Bemerkungen	Spec. Gewicht	Rahm Vol. %	Jahr der Untersuchung	In der ursprünglichen Substanz: Wasser %	Casein %	Albumin %	Fett %	Zucker %	Salze %	In der Trocken-Substanz: Casein %	Albumin %	Fett %	N. in der Trocken-Substanz %	Analytiker
	Verkaufsmilch in verschlossenen und versiegelten Gefässen.														
337	Von der Domäne Coullér b. Versteg.	1,029	9	18 81/83	86,69	3,31		4,49	5,00	0,51	24,87		33,72	3,98	*Ch. Girard*[1]
	Von dem Gut:														
338	d'Arcy in Crie	1,031	11	„	85,88	2,88		4,83	5,77	0,64	20,40		34,21	3,26	
339	Bézu - Saint Eloi (Eure)	1,029	12	„	86,70	3,50		4,04	5,11	0,65	26,32		30,38	4,21	
340	Brie-comte-Robert	1,035	8	„	86,79	3,60		3,74	5,21	0,66	27,25		28,31	4,36	
341	Combaut	1,029	11	„	86,79	3,41		4,06	5,04	0,70	25,81		30,51	4,13	
342	Gannes	1,031	10	„	86,64	3,61		3,92	5,23	0,60	27,02		29,34	4,32	
343	Grignon	1,030	11	„	87,62	3,16		3,74	4,90	0,58	25,53		30,21	4,08	
344	Hamnau	1,029	11	„	86,88	3,15		4,25	5,10	0,62	24,01		32,39	3,84	
345	Gournay	1,027	6	„	87,16	3,30		4,04	4,90	0,60	25,70		31,48	4,11	
346	Putrus in Nangis	1,030	12	„	86,44	3,58		4,17	5,11	0,70	26,40		30,75	4,22	
	Molkerei:														
347	de l'enfant Jésus	1,030	11	„	87,18	3,30		4,04	4,85	0,63	25,74		31,51	4,12	
348	du champ de courses d'Auteuil	1,032	14	„	86,21	3,76		4,05	5,28	0,70	27,27		28,37	4,36	
349	du Jardin d'Acclimatation	1,031	11	„	86,60	3,49		4,08	5,15	0,68	26,05		30,45	4,17	
350	Normale de l'enfance	1,031	10	„	87,55	3,17		3,92	4,76	0,60	25,46		31,49	4,07	
351	du Pré Catelan	1,033	14	„	85,43	3,58		4,87	5,37	0,75	24,45		33,26	3,91	
352	Société des Herbages de Saint Denis	1,030	12	„	86,93	3,25		4,07	5,10	0,65	24,87		31,14	3,98	
353	Vacherié suisse, rue de Londres	1,031	10	„	87,05	2,76		3,81	5,71	0,67	21,31		29,42	3,41	
354	Vacherié suisse, Boulogne	1,030	11	„	86,67	3,51		4,04	5,08	0,70	26,33		30,30	4,21	
		Spec. Gew.													
	Minimum	1,0300		.	83,00	2,51	0,25	2,05	2,92	0,46	19,68	1,94	16,03	2,76	
						2,20					17,25				
	Maximum	1,0335		.	90,30	6,29	1,24	6,00	6,12	1,10	49,29	9,72	47,06	8,50	
						6,40					50,12				
	Mittel	**1,0313**		.	**87,22**	**3,18**	**0,48**	**3,62**	**4,82**	**0,68**	**24,85**	**3,79**	**28,33**	**4,58**	
						3,66					**28,64**				

[1]) No. 337—354. Von Ch. Girard (Laboratoire Muncipal-Paris). Documents sur les falsifications des matières alimentaires etc. deuxième rapport. Paris 1885. p. 340. Vergl. Anm. S. 276.

Kuhmilch, allgemeine Tabelle B.

Milch von Kühen, deren Rassen genannt sind.

No.	Bemerkungen	Jahr der Untersuchung	In der ursprünglichen Substanz: Wasser %	Casein %	Albumin %	Fett %	Zucker %	Salze %	In der Trocken-Substanz: Casein %	Albumin %	Fett %	N. in der Trocken-Substanz %	Analytiker
	Holländer:												
1	Grummetfütterung } ein und dieselb. Kühe	1853	88,62	—	—	2,53	—	—	—	—	19,70	—	Wolff u. Keyser[1]
2	Rübenblätterfütt. } ein und dieselb. Kühe	„	88,96	—	—	2,20	—	—	—	—	19,93	—	Wolff u. Keyser[1]
	Montavoner:												
3	Grummetfütterung } 2 Kühe dieselben	„	87,52	—	—	3,26	—	—	—	—	25,12	—	Wolff u. Keyser[1]
4	Rübenblätterfütt. } 2 Kühe dieselben	„	88,08	—	—	2,74	—	—	—	—	22,99	—	Wolff u. Keyser[1]
5	frischmilchend, Winter- (Trocken-) Futter . . .	„	87,57	—	—	3,18	5,13	—	—	—	25,58	—	dieselben[2]
6	Sommer- (Grün-) Futter . .	„	87,17	—	—	3,57	—	—	—	—	27,82	—	dieselben[2]
7	frischmilchend	1854	87,83	—	—	3,10	—	—	—	—	25,49	—	Ritthausen[3]
8	7 Jahr alt, frischmilchend .	1855	87,64	—	—	3,19	4,93	—	—	—	25,81	—	Knop[4]
9	Schwyzer, Lupinenfütt., 2 K. .	1856	89,12	—	—	2,45	—	—	—	—	22,52	—	Ritthausen[5]
10	Holländer	„	88,86	—	—	2,42	—	—	—	—	21,72	—	derselbe[6]
11	Schwyzer, frischmilchend, 2 K.	„	88,27	—	—	2,88	—	—	—	—	25,15	—	derselbe[7]
12	„ dieselben in späterer Milchungszeit	„	87,90	—	—	3,30	5,16	—	—	—	27,27	—	derselbe[7]
13	Normandie, Abendm.	1859	85,64	2,16	1,10	5,44	4,88	0,78	15,04	7,66	37,88	3,63	Marchand[8]
14	„ -Durham-Kreuzung, Abendm.	„	86,31	1,91	0,92	5,13	4,95	0,78	13,95	6,72	37,47	3,21	Marchand[8]
15	Mährischer Landschlag . . .	1862	87,75	—	—	3,65	4,25	—	—	—	29,80	—	v. Gohren[9]
16	Landrasse von Westeraas . .	„	87,92	3,22		3,28	4,77	0,76	26,66		27,15	4,27	Müller[10]
17	Shorthorn, Mittel von 7 Proben	$18\frac{66}{67}$	86,46	3,70		4,25	4,83	0,76	27,33		31,39	4,37	Lehmann[11]
18	Holländer „	„	88,23	2,99		3,37	4,71	0,70	25,40		28,63	4,06	Lehmann[11]

[1]) No. 1—4. Em. Wolff u. Keyser. Versuchsst. Möckern. Martiny: Die Milch I. 262.

[2]) No. 5 u. 6. Em. Wolff u. Keyser. Agrikulturchem. Unters. II. 1 n. III 39. No. 1 ist das von uns aus 36 Analysen, No. 2 das aus 15 Analysen berechnete Mittel . Abend- + Morgenmilch. Die Milch stammte von 2 Kühen.

[3]) No. 7. H. Ritthausen. Ebendaselbst IV. 1.

[4]) No. 8. W. Knop u. R. Arendt. Ebendaselbst V. 74.

[5]) No. 9. H. Ritthausen. Ebendaselbst V. 1. Mittel aus 10 Analysen Abendm. u. 8 Analysen Morgenmilch. Die Milch stammte von 2 Kühen. Die Milchproben wurden im Laufe eines Vierteljahres genommen.

[6]) No. 10. H. Ritthausen. Weende'r Jahresb (Ztschr. f. Deutsche Landwirthe 1856. 221)

[7]) No. 11. u. 12 H. Ritthausen. Amtsbl. f. d. Landw. Ver. Kgr. Sachsen 1856. 87 u. 96. Die Kühe, je 2, erhielten ad 11 neben Rauhfutter abwechselnd Kartoffeln, Kartoffelmaische oder Kartoffelschlempe, ad 12 Körnerschrot.

[8]) No. 13 u. 14. E. Marchand. Compt. rend. 48. 112. Die Milch stammte von je 30 Kühen. Das durchschnittliche Alter der Kühe war ad 13 über 5 Jahre, ad 14 etwas unter 5 Jahren. Die Menge der ermolkenen Abendmilch betrug bei der reinen Rasse täglich 9,38 Liter, bei den Kreuzungsprodukten täglich 8,5 Liter. Die Dichte der Milch war 1,0338 u. 1,03263. Die auf Liter gegebene Zusammensetzung rechneten wir hiernach auf Gewichtsprocente um.

[9]) No. 15. Th. von Gohren. Landw. V. St. 1863. 5. Mittel von 32 Analysen Morgen-, Mittag- u. Abendmilch.

[10]) No. 16. Al. Müller u. Eisenstuck. Ebendaselbst 6. 1864. 380. Mittel von 56 Einzelanalysen von Milch, die 2 Kühen in dem Zeitraum vom $^{28}/_{3}$—$^{31}/_{10}$ 1862 entnommen wurde.

[11]) No. 17 u. 18. J. Lehmann. V. St. Pommritz. Der Landwirth 1869. 1.

No.	Bemerkungen	Jahr der Untersuchung	In der ursprünglichen Substanz Wasser %	Casein %	Albumin %	Fett %	Zucker %	Salze %	In der Trocken-Substanz Casein %	Albumin %	Fett %	N. in der Trocken-Substanz %	Analytiker
19	Shorthorn, reinblütige (Pedigree)	1860	86,73	3,24		4,11	5,18	0,74	24,42		30,97	3,91	Völcker[1])
20	„ -Kreuzung (Cross-bred)	„	86,89	3,30		4,08	4,97	0,76	25,17		31,12	4,03	
21	Arabische Rasse, 8 Tage nach dem Kalben	1866	85,61	3,39	1,61	3,79	4,78	0,78	23,56	11,19	26,34	5,56	Commaille[2])
22	Arabische Rasse, 10 Monate nach dem Kalben	„	85,21	3,57	0,94	5,34	4,38	0,61	24,12	6,36	36,10	4,88	
23	Bretannische Kuh	„	86,09	3,68	1,26	3,93	4,18	0,69	26,48	9,07	28,28	5,69	
24	Schweizer (von der landwirthschaftlichen Ausstellung in Paris 1856)	1856	85,20	2,26	0,34	7,09	4,59	0,56	14,27	2,30	47,93	2,65	Vernois u. Becquerel[3])
25	Tiroler	„	81,74	4,19	0,76	7,96	4,84	0,50	22,94	4,16	43,59	4,34	
26	Voigtländer	„	84,99	3,67	0,80	5,14	4,63	0,68	24,43	5,33	34,22	4,76	
27	Steiermark	„	85,31	2,26	0,88	6,28	4,62	0,64	15,40	5,99	42,78	3,42	
28	Normandie	„	87,18	4,21	0,55	3,24	4,21	0,60	32,83	4,29	25,27	5,94	
29	Bretagne	„	83,75	4,65	0,72	5,70	4,55	0,62	28,56	4,42	35,01	5,28	
30	Angus	„	80,32	4,56	0,79	9,88	3,23	0,72	23,17	4,01	50,20	4,35	
31	Durham	„	84,56	3,25	1,11	6,41	3,97	0,68	21,05	7,19	41,53	4,52	
32	Holland	„	83,97	3,49	0,73	6,85	4,35	0,61	21,67	4,54	42,73	4,19	
33	Belgien	„	85,77	3,15	0,91	6,22	3,29	0,68	22,14	6,39	43,71	4,56	
34	Böhmen	„	84,18	2,85	1,02	6,34	4,97	0,64	18,01	6,45	40,08	3,91	
35	Shorthorn, Jahresmittel . . .	1868	87,02	3,47		3,85	4,91	0,75	26,73		29,66	4,28	Lehmann[4])
36	Holländer, „ . . .	„	88,17	3,27		3,21	4,62	0,73	27,64		27,13	4,42	
	Dichte												
37	Mariahofer 1,0337	1873	87,56	2,58	0,32	4,19	4,86	0,74	20,74	2,57	33,68	3,73	J. Moser[5])
38	Lavanthaler 1,0322	„	86,62	3,25	0,39	4,13	4,30	0,81	24,28	2,91	30,87	4,35	
39	Stockerauer 1,0322	„	87,43	2,89	0,42	3,88	4,59	0,75	22,99	3,25	30,87	4,20	
40	Oberinnthaler 1,0305	„	88,18	2,44	0,34	3,79	4,44	0,70	20,64	3,88	32,06	3,92	
41	Märzthaler 1,0338	„	86,67	3,08	0,47	4,18	4,38	0,80	23,11	3,53	31,26	4,26	
42	Opocner 1,0340	„	87,83	3,08	0,33	3,92	4,46	0,62	25,31	2,71	32,21	4,48	
43	Montavoner 1,0347	„	86,63	3,06	0,33	4,43	4,79	0,76	22,89	2,47	33,13	4,06	
44	Kuhländer 1,0347	„	86,58	3,21	0,26	4,50	4,47	0,78	23,92	1,94	33,53	4,14	

[1]) No 19 u. 20. A. Völcker. Journ. R. Agr. Soc. England 1863. 309. Die untersuchte Milch ist das Mittel von je 3 Analysen, welche zu verschiedenen Zeiten ausgeführt wurden mit Milch, die den Kühen während des Weidegangs entnommen worden war.

[2]) No. 21—23. A. Commaille. Journ. Pharm. 10. (41. 96 u. 151.)

[3]) No. 24—34. Vernois u. Becquerel, von Gohren. Die Naturgesetze der Fütterung. 1872. 466.

[4]) No. 35 u. 36. J. Lehmann. Jahresber. d. Agrikulturchemie 1868/69. 576. (Neue landw. Ztg. 1869. 195.) Von jeder der beiden Rassen wurden 9 Kühe aufgestellt u. in gleicher Weise gefüttert, des Winters pro Kopf u. Tag mit 40 kg Runkeln, 2 kg Rapskuchen, 2 kg Roggenkleie, 5 kg Wiesenheu u. 9 kg Häcksel u. Spreu; des Sommers mit Grünklee u. 2 kg Roggenkleie. Die Milch wurde ein Jahr lang untersucht. Die Milcherträge waren in Durchschnitt pro Kopf u. Jahr:

	Höchster	Niedrigster	Durchschnittlicher
Shorthorn . .	6949	5262	6172 Pfund
Holländer . .	8556	5972	7308 „

Jahresertrag an	Fett	Casein	Milchzucker	Trockensbst.
Shorthorn	240	222	303	812 Pfd.
Holländer	235	230	343	860 „

[5]) No. 37—51. J. Moser. Milchztg. 1874. 915. Die Kühe, von denen die untersuchte Milch stammte, waren gelegentlich der Weltausstellung in Wien dort nebeneinander ausgestellt und erhielten das gleiche aus Kleehäcksel, Wiesenheu, Schwarzmehl, Kleie u. Biertreber bestehende Futter. (Vergl. M. zu verschiedenen Melkzeiten.)

No.	37	38	39	40	41	42	43	44	45	46	47	48	49	50	51
Milchertrag am Tage d. Probenahme in kg . .	11,4	6,5	9,4	9,7	7,1	8,1	10,0	10,7	11,5	11,5	7,7	7,2	6,1	7,9	7,2

Milchzucker wurde aus der Differenz gefunden, alle anderen Bestandtheile wurden direct bestimmt.

No.	Bemerkungen	Dichte	Jahr der Untersuchung	In der ursprünglichen Substanz: Wasser %	Casein %	Albumin %	Fett %	Zucker %	Salze %	In der Trocken-Substanz: Casein %	Albumin %	Fett %	N. in der Trocken-Substanz %	Analytiker
45	Pinzgauer	1,0321	1873	87,88	2,48	0,38	3,59	4,65	0,74	20,46	3,14	29,62	3,78	J. Moser[1]
46	Möllthaler	1,0339	„	87,34	3,08	0,44	3,62	4,52	0,80	24,33	3,48	28,59	4,45	J. Moser[1]
47	Pusterthaler	1,0317	„	87,62	2,86	0,41	4,36	4,31	0,77	23,10	3,31	35,22	4,23	J. Moser[1]
48	Zillerthaler-Duxer	1,0338	„	87,21	3,05	0,45	4,34	4,36	0,76	24,85	3,52	33,93	4,54	J. Moser[1]
49	Melser Schecken	1,0318	„	87,86	2,72	0,36	3,59	4,19	0,80	22,41	2,97	29,57	4,06	J. Moser[1]
50	Egerländer	1,0350	„	87,22	2,66	0,28	4,40	4,58	0,73	20,81	2,19	34,43	3,68	J. Moser[1]
51	Gföhler	1,0341	„	87,45	2,73	0,36	3,88	4,80	0,74	21,75	2,87	30,69	3,94	J. Moser[1]
52	Dessauer 1		1870	88,11	3,12		3,47	4,56	(0,74)	26,24		29,18	4,20	G. Kühn[2]
53	„ 2		„	87,75	3,15		3,56	4,88	(0,66)	25,71		30,06	4,11	G. Kühn[2]
54	„ 3		„	88,62	2,83		2,92	4,94	(0,69)	22,04		22,74	3,53	G. Kühn[2]
55	„ 4		„	88,05	2,84		3,43	5,08	(0,60)	23,77		37,07	3,80	G. Kühn[2]
56	„ frischmilchend . . .		18$\frac{72}{73}$	87,85	3,03		3,64	4,68	—	24,94		29,96	3,99	G. Kühn[2]
57	„ „ . . .		1870	88,27	2,67		3,22	5,09	—	22,76		27,45	3,64	G. Kühn[2]
58	Holländ., frischmilch.	bei gleichem Futter	„	88,59	2,29	0,26	3,15	4,87	—	20,07	2,28	27,61	3,58	G. Kühn[2]
59	„ „	bei gleichem Futter	„	89,18	2,43	0,35	2,75	4,47	—	22,46	3,23	25,42	4,11	G. Kühn[2]
60	Allgäuer „ . . .		„	87,87	2,64	0,55	3,35	4,53	—	21,76	4,53	27,62	4,21	G. Kühn[2]
61	Voigtländer „ . . .		„	88,46	2,54	0,36	3,12	4,44	—	22,01	3,12	27,03	4,02	G. Kühn[2]
62	Holländer „ . . .		„	88,79	2,17	0,23	3,34	4,71	—	19,36	2,05	29,80	3,43	G. Kühn[2]
63	„ „ . . .		„	89,44	2,11	0,28	2,93	4,38	—	19,98	2,65	27,75	3,62	G. Kühn[2]
64	Voigtländer „ . . .		„	86,33	3,51		4,33	5,02	—	25,68		31,67	4,11	G. Kühn[2]
65	„ „ . . .		„	86,95	3,28		3,92	4,95	—	25,13		30,15	4,02	G. Kühn[2]
66	Simmenthaler „ . . .		„	88,00	2,80		3,40	—	0,68	23,33		28,33	3,73	M. Fleischer[3]
67	„ „ . . .		„	87,45	2,48		3,56	—	0,72	19,76		28,37	3,16	M. Fleischer[3]
68	Ostfriesen, 4 Kühe, 4—5jähr., frischm.		18$\frac{58}{59}$	89,00	3,45		2,43	4,27	0,79	31,36		22,09	5,02	Pincus[4]
69	Holländer, 3 K.		1868	88,00	—		3,07	4,16	—	—		25,58	—	Wolff[5]
70	Ostfriese, junge K., 14 Tage n. d. Kalb., Febr.	(1,0385)	1855	88,99	2,42	0,53	3,03	4,25	0,78	21,98	4,81	27,52	4,29	Struckmann[6]
71	Ostfriese, 6 Jahre alt, 14 Tage n. d. Kalb., April	(1,0380)	„	88,59	2,45	0,35	3,41	4,43	0,78	21,37	3,07	29,89	3,91	Struckmann[6]
72	Oldenburger, 4 K., 3—6½ Jahr alt		1872	88,66	3,23		2,71	4,62	0,77	28,48		23,90	4,56	Heiden[7]

[1]) Vergl. Anmerkung [5]) Seite 279.

[2]) No. 52—65. G. Kühn. V. St. Möckern. No. 52—55. Sächs. Landw. Ztg. 1875. 153. Der Ertrag an Milch pro Tag war bei Kuh 1 2 3 4
7,23 7,39 9,86 7,33 kg. (Vergl. Milch u. d. Einfl. d. Futters); No. 56, 57, 65. Journ. f. Landw. 1874 u. s. f.

[3]) No. 66 u. 67. M. Fleischer. Journ. f. Landw. 1871. 371. (Vergl. Milch u. d. Einfl. d. Futters.)

[4]) No. 68. Pincus. B. Martiny: I. 319. Im Mittel mehrerer während eines längeren Zeitraumes gemachten Analysen. Der mittlere tägliche Milchertrag der 4 Kühe war ca. 73 l.

[5]) No. 69. Em. Wolff. Die V. St. Hohenheim, ein Programm. 1870. Die Zusammensetzung der Milch ist mit 12 % Trockensubstanz berechnet.

[6]) No. 70 u. 71. Struckmann. Weende'r Jahresb. 1855/56. 8. No. 71 Mittel von Morgen- u. Abendmilch, No 72 Mittel von Morgen-, Mittag- u. Abendmilch.

[7]) No. 72. E. Heiden. Centrlbl. f. Agrikulturchem. 3. 1874. 110. Milch bei Kartoffelfütterung erhalten.

No.	Bemerkungen	Jahr der Untersuchung	In der ursprünglichen Substanz: Wasser %	Casein %	Albumin %	Fett %	Zucker %	Salze %	In der Trocken-Substanz: Casein %	Albumin %	Fett %	N. in der Trocken-Substanz %	Analytiker
73	Shorthorn-Vollblut, 5 K., Mittagsm., Trockenfutter . . .	1876	88,00	2,58		3,48	—	—	21,50		29,00	3,44	*Petersen*[1])
74	desgl. 3 K., Abendm., Weidefutt.	"	88,13	3,04		3,36	—	—	25,61		28,31	4,10	
75	Oldenburger, 3 K., Mittagsm., Trockenfutter	"	87,82	2,48		3,65	—	—	20,36		29,97	3,26	
76	desgl. 3 K., Mittagsm., Trockenfutter	"	87,65	2,77		4,02	—	—	22,43		32,55	3,59	
77	desgl. 3 K., Abendm., Weidefutt.	"	88,68	2,91		2,88	—	—	25,71		25,44	4,11	
78	Salers, Sommermilch, Morgens	"	87,49	5,38		2,70	3,60	0,81	43,08		21,58	6,89	*Truchot*[2])
79	" " "	"	87,35	5,26		2,71	3,84	0,79	41,59		21,42	6,65	
80	" " Abends	"	87,68	5,45		2,60	3,41	0,90	44,24		21,10	7,08	
81	" " "	"	87,77	5,57		2,75	3,62	0,90	45,55		22,49	7,29	
82	" Wintermilch "	"	85,60	4,45		5,37	4,06	0,80	30,82		37,26	4,93	
83	" " . . .	"	86,50	3,70		4,77	4,33	0,70	27,41		35,33	4,39	
84	Charollaise, Sommermilch . .	"	86,34	4,77		4,00	4,12	0,74	24,92		29,28	3,99	
85	" Wintermilch . .	"	85,90	5,12		4,96	3,35	0,80	36,31		35,18	5,81	
86	Normandie, Sommermilch . .	"	83,11	4,45		7,40	4,35	0,60	26,35		43,82	4,22	
87	" Wintermilch . .	"	83,40	4,00		7,69	4,25	0,70	24,10		46,32	3,86	
88	Ferrandaise, Sommerm., Morg.	"	86,55	4,87		3,70	4,16	0,72	36,21		27,51	5,79	
89	" " Abds.	"	86,29	5,20		3,50	4,10	0,90	37,93		25,58	6,07	
	Vorarlberg, Alpmilch: Dichte												
90	$^{24}/_{7}$ Morgenm., 16 K. 1,031	1877	87,07	2,35	0,56	4,05	5,14	0,83	18,18	4,33	31,32	3,60	*W. Eugling*[3])
91	$^{3}/_{8}$ " 16 " 1,030	"	87,08	2,27	0,65	4,03	5,18	0,79	17,57	5,04	31,19	3,62	
92	I 1,0294	"	87,44	2,65		3,94	5,19	0,77	21,10		31,37	3,38	
93	II 1,0298	"	87,31	2,70		5,05	5,21	0,73	21,28		39,79	3,40	
94	III 1,0297	"	86,55	2,83		4,65	5,13	0,84	21,04		34,57	3,37	
95	IV 1,0317	"	87,16	2,72		3,73	5,65	0,75	21,18		29,06	3,39	

[1]) No. 73—77. C. u. P. Petersen. Milchztg. 1876. 2192. Zu bemerken ist hierzu:

Zu Milch unter 73. 4 der Kühe hatten im December, eine Mitte März gekalbt. Probenahme am 8. April. Gemolken wurde dreimal täglich. Der Futterzustand war ein guter; die Kühe waren den ganzen Winter hindurch ernährt mit $^{3}/_{4}$ Heu von Oldenburger Wesermarsch u. $^{1}/_{4}$ Stroh, dazu $^{3}/_{4}$ kg Bohnenschrot.

Zu Milch unter No. 74. Gekalbt hatten die Kühe bezw. Mitte November, Mitte Januar u. Ende März. Probenahme der Milch 11. Juni, der Futterzustand war ein guter, die Kühe waren seit 16 Tagen auf Marschweiden, wurden täglich zweimal gemolken u. gaben zusammen täglich 26 l Milch.

Zu Milch unter No. 75. Die Kühe hatten Januar und Februar gekalbt, wurden täglich dreimal gemolken, Probenahme am 8. April. Futter wie bei Kühen No. 73.

Zu Milch unter No. 76. 2 der Kühe hatten Anfang November und eine Anfang März gekalbt. Probenahme am 26. März; es wurde dreimal täglich gemolken. Futterzustand gut. Die Kühe waren den Winter hindurch ernährt mit $^{3}/_{4}$ Heu (von leichter Flussmarsch), $^{1}/_{4}$ Stroh, 1 kg Roggenschrot u. 2 kg Biertreber.

Zu Milch unter No. 77. Gekalbt hatten die Kühe bezw. Anfang October, Anfang Novbr. u. Ende März. Probenahme der Milch am 11. Juni; sonst wie unter No. 74.

[2]) No. 78—79. M. P. Truchot. Milchztg. 1877. 370. (L'industrie laitière v. $^{3}/_{6}$ 1877.) Nähere Angaben fehlen namentlich auch darüber, ob die Milch von einzelnen Individuen, von mehreren oder von einer grösseren Anzahl von Kühen entnommen wurde. Der gefundene, sehr von einander abweichende Gehalt der Milch, insbesondere an Fett u. Casein, lässt vermuthen, dass noch andere Verhältnisse wie nur die der Rassen-Eigenthümlichkeit auf das Resultat eingewirkt haben.

[3]) No. 90—102. W. Eugling u. von Klenze. Milchztg. 7. 1878. 140. Die Milch stammte von Kühen, die auf einer 1290 M. über dem Mittelmeere hohen Alp in der Nähe von Feldkirch, Vorarlberg, weideten. Die Zahlen für Albumine schliessen auf Lactoprotein ein, für welches letztere im Original angegeben sind, Milch No. 90 = 0,218 %, für No. 91 0,216 %. Casein und Albumin wurden nach Hoppe-Seyler, Lactoprotein durch Füllen mit Gerbsäure (nach Liebermann) bestimmt. Die Herde bestand aus 16 Kühen. Die Albuminate der Milch wurden ausserdem noch in zwei Fällen getrennt bestimmt u. ergaben sich:

	Casein	Albumin	Lactoprotein etc.	in Summa	dagegen N × 6,25
Milch VI	2,346	0,347	0,218	2,911	2,861
" X	2,267	0,433	0,216	2,916	2,808

No.	Bemerkungen	Jahr der Untersuchung	In der ursprünglichen Substanz: Wasser %	Casein %	Albumin %	Fett %	Zucker %	Salze %	In der Trocken-Substanz: Casein %	Albumin %	Fett %	N. in der Trocken-Substanz %	Analytiker
	Vorarlberg, Alpmilch: Dichte												
96	V 1,0312	1877	86,94	2,63		3,93	5,68	0,82	20,14		30,09	3,22	W. Eugling[1]
97	VI 1,0315	„	87,16	2,86		4,05	5,10	0,83	22,27		31,54	3,56	
98	VII 1,0306	„	87,73	2,74		4,71	5,08	0,75	22,33		43,39	3,57	
99	VIII 1,0299	„	86,95	2,97		4,02	5,17	0,89	23,06		31,21	3,69	
100	IX 1,0319	„	87,41	2,67		4,09	5,07	0,76	21,21		32,08	3,39	
101	X 1,0301	„	87,27	2,81		4,03	5,24	0,76	22,16		31,78	3,55	
102	Im Durchschnitt der Analysen 92—101 1,0304	„	87,19	2,76		4,02	5,24	0,79	21,64		31,38	3,46	
103	D'Aubrac (von der Ausstellung in Paris 1878)	1878	88,35	2,30		3,43	5,20	0,72	19,74		29,44	3,16	Marchand[2]
104	D'Ayr	„	88,24	2,31		3,48	5,24	0,73	19,64		29,59	3,14	
105	Comtoise	„	88,08	2,53		3,32	5,30	0,77	21,22		27,85	3,40	
106	Durham	„	88,22	2,49		3,43	5,11	0,75	21,14		29,12	3,38	
107	Femeline	„	87,85	2,59		3,49	5,29	0,78	21,32		28,72	3,41	
108	Flamande	„	88,46	2,27		3,31	5,20	0,76	19,67		28,68	3,15	
109	Fribourgeoise	„	87,92	2,43		3,59	5,29	0,77	20,12		29,72	3,22	
110	Hollandaise	„	88,12	2,14		3,77	5,22	0,75	18,01		31,73	2,88	
111	De Kerry	„	88,23	2,44		3,56	5,05	0,72	20,73		30,25	3,32	
112	Limousine	„	87,58	2,68		3,84	5,17	0,73	21,58		30,92	3,45	
113	Du Mézene	„	87,69	2,48		3,95	5,09	0,79	20,23		31,99	3,24	
114	Normande	„	87,78	2,59		3,76	5,09	0,78	21,19		30,77	3,39	
115	Parthenaise	„	87,58	2,43		3,99	5,22	0,78	19,57		32,13	3,13	
116	Des Polders	„	87,33	2,30		4,27	5,33	0,77	18,15		33,70	2,90	
117	De Salens	„	87,29	2,50		4,18	5,26	0,77	19,67		32,88	3,15	
118	De Schwitz	„	87,35	2,32		3,65	5,41	0,77	19,09		30,04	3,06	
119	Suédoise	„	88,54	1,84		3,49	5,37	0,76	16,06		30,45	2,57	
120	Tarentaise	„	87,54	2,51		3,96	5,24	0,75	20,15		31,78	3,22	
121	Kreuzung Holländer Bulle und Schweizer Kuh 1, fettarmes Futter	1862	86,68	—	7,94	4,42	—	0,96	—	59,61	33,19	—	E. Peters[3]
122	desgl. Kuh 2, fettreiches Futter	„	86,38	—	7,88	4,78	—	0,96	—	57,85	35,09	—	
123	desgl. „ 3, fettarmes „	„	88,63	—	7,90	2,59	—	0,84	—	69,49	22,78	—	
124	desgl. „ 3, fettreiches „	„	87,38	—	8,80	2,90	—	0,91	—	69,73	22,98	—	
125	desgl. „ 4, fettarmes „	„	88,17	—	7,22	3,62	—	0,93	—	61,03	30,60	—	
126	desgl. „ 4, fettreiches „	„	88,33	—	7,63	3,15	—	0,89	—	65,34	25,97	—	

[1]) Vergl. Anmerkung [3]) Seite 281.

[2]) No. 103—120. E. Marchand. L'industrie laitière 1878. No. 46. Der Autor fand in der frischen Milch freie Milchsäure und nimmt diese als stets vorhanden an; er fand für 62 verschiedene Proben:

	Minimum	Maximum	Mittel
Milchsäure . . .	0,079 %	0,282 %	0,078 %

Wir rechneten die Milchsäure dem Milchzucker zu. Die Proben wurden in der Weise entnommen, dass erst annähernd die Hälfte der Milch, welche ein Thier in einer Melkung lieferte, ermolken, dann eine Probe zur Analyse zurückbehalten, die letztere Hälfte wieder in den Milcheimer gemolken wurde. Die Zahlen sind im Original in g pro L. angegeben; wir berechneten die Zusammensetzung auf Gewichtsprocente.

[3]) No. 121—126. Ed. Peters. Annal. d. Landw. i. Preussen 42. 1862. 275.

No.	Bemerkungen	Dichte	Jahr der Untersuchung	In der ursprünglichen Substanz: Wasser %	Casein %	Albumin %	Fett %	Zucker %	Salze %	In der Trocken-Substanz: Casein %	Albumin %	Fett %	N. in der Trocken-Substanz %	Analytiker
127	Holländer Kuh 1		1875	88,59	3,50		2,85	4,87	—	30,67		24,98	4,91	Zanelli[1])
128	Schweizer „ 1		„	86,90	3,17		4,27	5,02	—	24,20		32,59	3,87	
129	Italiener „ 1		„	86,95	3,22		4,55	4,72	—	24,67		34,87	3,95	
130	Allgäuer Kühe 35—40 . . .		1886	86,28	3,69		4,43	4,59	0,65	30,56		32,25	4,89	v. Cselkó[2])
131	Simmenthaler, 3 Kühe . . .		1880/81	86,89	—		4,08	—	—	—		31,12	—	Kellner[3])
132	Parmesaner	1,0290	1883	85,20	5,79		3,85	4,44	0,72	39,12		26,01	6,26	[4])
133	Schweizer	1,0283	„	88,00	3,58		3,10	4,61	0,71	29,83		25,83	4,77	
134	Holländer	1,0284	„	87,90	3,97		3,25	4,16	0,72	32,81		26,86	5,25	
	Guernsey-Kühe: Gloriana, gekalbt 8/3 82:													
135	Morgenm. v. 15/11	1,0326	1882	85,02	4,22		5,00	4,47	1,29	28,21		33,38	4,51	E. H. Jenkins[5])
136	„ „ 8/12	1,0354	„	84,98	4,13		5,47	4,42	0,79	29,50		36,42	4,72	
137	„ „ 16/5	—	„	86,38	—		4,39	—	—	—		32,18	—	
	Princess, gekalbt 21/4 82:													
138	Morgenm. v. 15/11	1,0334	„	86,63	4,16		4,00	4,18	1,03	31,11		29,92	4,98	
139	„ „ 8/12	1,0354	„	85,90	3,69		4,77	4,39	1,25	26,13		33,78	4,18	
140	„ „ 16/5	—	„	87,19	—		4,05	—	—	—		31,61	—	
	Ceres, gekalbt 23/3 82:													
141	Morgenm. v. 15/11	1,0340	„	82,85	4,51		6,62	4,57	1,45	26,30		38,60	4,21	
142	„ „ 8/12	1,0368	„	82,94	4,60		6,74	4,52	1,20	24,27		35,55	3,88	
143	„ „ 16/5	—	„	84,86	—		6,04	—	—	—		39,89	—	
	Fawn (Fehlgeb. im letzten Frühjahr:													
144	Morgenm. v. 15/11	1,0340	„	84,96	4,14		5,23	4,62	1,05	27,53		34,77	4,40	
145	„ „ 8/12	1,0340	„	86,05	3,77		4,73	4,35	1,10	27,02		33,90	4,32	
	Lemon, gekalbt 26/4 82:													
146	Morgenm. v. 15/11	1,0353	„	84,82	4,00		5,06	4,69	1,43	26,35		33,34	4,22	
147	„ „ 8/12	1,0368	„	85,52	3,55		5,06	4,76	1,11	24,52		34,94	3,92	
148	Amy, gekalbt Novbr. 81:													
	Morgenm. v. 16/5	—	„	84,66	—		6,22	—	—	—		40,55	—	
149	6 K., Mittel der vorigen .		1880	85,20	4,08		5,23	4,50	1,17	27,57		35,34	4,41	
150	Jersey, 6 K., milchend durchschnittlich seit 52 Tagen .		„	85,28	3,67		5,21	4,93	0,91	24,93		35,39	3,99	ders.[6])
151	Ayrshire, 5 K.		1882	87,15	3,20		4,33	4,60	0,72	24,90		33,70	3,98	
152	Landkühe, 6 K		„	86,43	3,34		4,49	4,82	0,92	24,61		33,20	3,94	

[1]) No. 127—129. A. Zanelli. Jahresber. d. Agrikulturchem. 1875/76. 78.

[2]) No. 130. Stef. von Cselkó. Milchztg. 16. 1886. 204. (Wien'er l. Ztg. 1886.)

[3]) No. 131. O. Kellner. Deutsche Landw. Presse 1881. No. 32.

[4]) No. 132—134. ? Milchztg. 12. 1883. 824. Caseificio italiano 1883. Nähere Angaben fehlen.

[5]) No. 135—149. E. H. Jenkins in An. Rep. Connect. Agric. Exp. Stat. 1882. 82 aus New-Jersey, Station Report, für 1880. 59. Derselbe Autor untersuchte Milch grösserer Herden, so von 12 Herden mit ca. 180 Köpfen, auf ihren Gehalt an Trockensubstanz und Fett mit folgendem Ergebniss:

		Mittel Trockensbst.	Mittel Fett	Maximum Trockensbst.	Maximum Fett	Minimum Trockensbst.	Minimum Fett
Von denselben 12 Herden	30 Analysen Octbr. 1881 . . .	12,89	4,02	14,28	5,14	12,00	2,68
	27 „ Juli—August 1882	12,21	4,23	13,32	5,63	11,02	3,47
„ 60 Herden	77 „ Mai 1882	12,81	4,05	14,44	5,23	10,93	3,24

[6]) No. 150—152. Mitgetheilt von E. H. Jenkins in An. Rep. Connect. Agric. Exp. Stat. 1882. 82 aus New-Jersey, Station Report für 1880. 59. Der Ertrag an Milch für den Tag und den Kopf waren bei Kühen unter No. 150 = 9,71 kg, No. 151 = 9,74 kg, No. 138 = 10,34 kg.

No.	Bemerkungen	Dichte	Jahr der Untersuchung	In der ursprünglichen Substanz: Wasser %	Casein %	Albumin %	Fett %	Zucker %	Salze %	In der Trocken-Substanz: Casein %	Albumin %	Fett %	N. in der Trocken-Substanz %	Analytiker
153	Kleine bengalische Kuh, frischmilchend		1877	84,88	5,50		4,98	3,98	0,76	36,38		32,94	5,82	*Macnamara*[1])
154	desgl. altmilchend		„	88,08	4,20		3,00	4,37	0,68	35,23		25,17	5,64	*Macnamara*[1])
155	Schweizer Kühe, Marktmilch	1,0301	„	87,65	3,37		4,75	3,82	0,65	27,29		38,46	4,37	*Gerber u. Radenhausen*[2])
156	Schweizer Kühe, Marktmilch	1,0332	„	88,58	3,99		3,01	3,46	0,70	34,94		26,36	5,59	*Gerber u. Radenhausen*[2])
157	Schweizer Kühe, Marktmilch	1,0356	„	87,95	3,93		2,92	3,99	0,76	32,62		24,23	5,22	*Gerber u. Radenhausen*[2])
158	Schweizer Kühe, Marktmilch	1,0330	„	87,91	4,05		3,33	3,80	0,66	33,50		27,54	5,36	*Gerber u. Radenhausen*[2])
159	Schweizer Kühe, Marktmilch	1,0330	„	87,86	3,96		3,35	3,95	0,67	32,62		27,59	5,22	*Gerber u. Radenhausen*[2])
160	Schweizer Kühe, Marktmilch	1,0320	„	87,90	4,41		3,32	3,85	0,66	36,44		27,44	5,83	*Gerber u. Radenhausen*[2])
161	Schweizer Kühe, Marktmilch	1,0325	„	87,83	4,25		3,21	3,95	0,70	34,92		26,38	5,59	*Gerber u. Radenhausen*[2])
162	Holsteiner Kühe	1,0314	„	88,05	3,61	0,35	3,35	3,39	0,71	30,31	2,93	28,03	5,30	*Kirchner*[3])
163	Holsteiner Kühe	1,0320	„	87,95	3,67	0,39	3,33	3,89	0,77	30,46	3,24	27,64	5,39	*Kirchner*[3])
164	Holsteiner Kühe	1,0317	„	88,05	3,38	0,39	3,37	4,01	0,80	28,48	4,26	28,20	5,24	*Kirchner*[3])
165	Holsteiner Kühe	1,0313	„	88,21	3,13	0,40	3,13	4,33	0,80	26,55	3,39	26,55	4,79	*Kirchner*[3])
	Bei gewöhnlichem Futter: Oberinnthaler, 1 K.:													
166	Morgenm.	1,0316	1880	87,43	2,61	0,43	3,74	4,62	0,72	20,77	3,42	29,76	3,87	*K. Portele*[4])
167	Abendm.	1,0322	„	86,79	2,73	0,55	4,03	5,26	0,72	20,67	4,16	30,51	3,97	*K. Portele*[4])
168	Mittel mehrerer K., M.	1,0314	„	87,23	2,52	0,53	3,97	4,73	0,75	19,73	4,15	31,09	3,82	*K. Portele*[4])
169	Rendena, 1 K., M.	1,0315	„	88,87	2,19	0,59	3,29	4,63	0,70	19,68	5,30	29,56	4,00	*K. Portele*[4])
170	„ 1 „ A.	1,0316	„	88,19	2,16	0,56	3,36	4,68	0,72	18,29	4,74	28,45	3,68	*K. Portele*[4])
171	„ Mittel mehrerer K., M.	1,0321	„	87,11	2,36	0,36	3,32	4,95	0,66	18,31	2,79	25,76	3,38	*K. Portele*[4])
172	Sulzthaler, 1 K., M.	1,0323	„	88,37	2,21	0,33	3,38	4,86	0,54	19,00	2,84	29,05	3,49	*K. Portele*[4])
173	„ 1 „ A.	1,0322	„	88,13	2,28	0,31	3,02	4,81	0,59	19,21	2,62	25,44	3,49	*K. Portele*[4])
174	Mittel mehrerer Tiroler K., M.	1,0322	„	87,07	2,61	0,38	3,80	5,15	—	20,19	2,17	24,39	3,58	*K. Portele*[4])
175	Durchschnitt mehrerer Tiroler Rassen, M.	1,0314	„	87,94	2,22	0,56	3,51	4,93	0,62	18,41	4,64	29,10	3,69	*K. Portele*[4])
	Bei reiner Heufütterung: Oberinnthaler, 1 K.:													
176	M.	1,0314	„	87,32	2,76	0,46	3,62	5,21	0,62	21,77	3,63	28,54	4,06	*K. Portele*[4])
177	A.	1,0320	„	86,15	2,82	0,47	4,82	4,53	0,77	20,36	3,39	34,80	3,80	*K. Portele*[4])
178	Mittel mehrerer K., M.	1,0324	„	87,02	3,00	0,40	4,08	4,28	0,72	23,11	3,08	31,43	4,19	*K. Portele*[4])
179	Rendena, 1 K., M.	1,0317	„	87,96	2,63	0,42	3,06	4,83	0,72	21,84	3,49	25,42	4,05	*K. Portele*[4])
180	„ 1 „ A.	1,0326	„	87,77	2,67	0,44	3,24	4,53	0,64	21,83	3,60	26,40	4,07	*K. Portele*[4])
181	Mittel mehrerer K., M.	1,0334	„	88,25	2,43	0,51	3,11	4,84	0,65	20,68	4,34	26,46	4,00	*K. Portele*[4])

[1]) No. 153 u. 154. F. N. Macnamara. Chem. News 1877. 27. 507.

[2]) No. 155—161. N. Gerber u. P. Radenhausen. Forschungen a. d. Gebiete d. Viehhaltung 7. S. 1879. Die Albuminate sind nach der Methode von Ritthausen mit Kupfersulfat gefällt. (Siehe unter „Frauenmilch“ Anmerkung *) S. 253.)

[3]) No. 162—165. W. Kirchner. Milchztg. 1878. 257.

[4]) No. 166—185. K. Portele. Landw. Vers. Stat. 27. 1881. 133. Die Winterfütterung bestand für den Kopf (400 kg Leb. Gew.) u. Tag aus 1 kg Malzkeime, 16 kg Runkelrüben, 1 kg Luzerneheu, 2 kg Haferstroh, 6 kg Wiesenheu.

No.	Bemerkungen	Dichte	Jahr der Untersuchung	In der ursprünglichen Substanz: Wasser %	Casein %	Albumin %	Fett %	Zucker %	Salze %	In der Trocken-Substanz: Casein %	Albumin %	Fett %	N. in der Trocken-Substanz %	Analytiker
182	Bei reiner Heufütt.: Sulzthaler, 1 K., M.	1,0321	1880	87,66	2,48	0,37	3,25	—	0,60	24,15	2,37	27,15	4,24	K. Portele[1])
183	„ 1 „ A.	1,0323	„	87,79	2,45	0,33	3,39	4,92	0,73	20,07	2,70	27,76	3,64	K. Portele[1])
184	„ Mittel mehrerer K., M.	1,0324	„	87,37	2,78	0,44	3,30	5,24	0,72	22,01	3,48	26,12	4,08	K. Portele[1])
185	Durchschnitt mehrerer Tirol. Rass.	1,0325	„	87,33	2,24	0,44	3,72	5,10	0,74	17,68	3,47	29,36	3,38	K. Portele[1])
186	Schweizer (vermuthlich Mittelzahlen)		1878	87,50	3,40		3,50	4,80	0,70	27,20		28,00	4,35	Schatzmann[2])
187	(angeblich) Holländer 1 Kuh frische Abendmilch in 100 ccm		1867	85,02	5,54		4,75	4,44		36,99		31,71	5,92	Winthrop[3])
188	2 „		„	87,93	3,82		3,39	4,48		31,65		28,42	5,06	Winthrop[3])
189	3 „		„	87,44	4,80		3,25	4,20		38,22		25,88	6,12	Winthrop[3])
190	4 „		„	86,96	4,97		4,02	3,68		38,11		30,83	6,10	Winthrop[3])
	Ayrshire-Voll- u. Halbblut:													
191	Abendm.		1861	86,69	—		4,43	—	0,70	—		33,28	—	Müller[4])
192	M.		„	87,14	—		4,05	—	0,83	—		31,49	—	Müller[4])
193	M.		1862	87,34	3,43		3,97	4,52	0,74	27,09		31,36	4,33	Müller[4])
194	A.		„	87,15	3,44		4,31	4,37	0,73	26,77		33,54	4,28	Müller[4])
	Oldenburger Kühe: Sammelmilch:	Dichte												
195	von 30 K.	1,0329	1880	87,91	—		2,88	—	—	—		23,82	—	P. Petersen[5])
196	„ 15—18 K.	1,0290	„	89,30	—		2,81	—	—	—		26,26	—	P. Petersen[5])
197	„ 17—18 „	1,0306	„	88,53	—		3,00	—	—	—		26,15	—	P. Petersen[5])
198	„ 3 „	1,0280	„	89,29	—		3,04	—	—	—		28,38	—	P. Petersen[5])
199	„ 15 „	1,0293	„	89,67	—		2,45	—	—	—		23,72	—	P. Petersen[5])
	Stallfütterung:													
200	von 4—5 K.	1,0305	„	89,05	—		2,56	—	—	—		23,38	—	P. Petersen[5])
201	„ 2 „	1,0271	„	90,20	—		2,48	—	—	—		25,31	—	P. Petersen[5])
202	v. 3 K. Morgenm.	1,0291	„	89,55	—		2,64	—	—	—		25,26	—	P. Petersen[5])
203	von 14 K.	1,0314	„	88,80	—		2,81	—	—	—		25,09	—	P. Petersen[5])
204	„ 5 „	1,0316	„	88,92	—		2,54	—	—	—		22,92	—	P. Petersen[5])
205	„ 5 „	1,0318	„	88,28	—		3,00	—	—	—		25,60	—	P. Petersen[5])
206	„ 3 „	1,0312	„	89,05	—		2,64	—	—	—		24,13	—	P. Petersen[5])
207	„ 3 „	1,0319	„	89,05	—		2,39	—	—	—		21,83	—	P. Petersen[5])
208	v. 18—20 K. Mgm.	1,0303	„	88,65	—		3,03	—	—	—		26,69	—	P. Petersen[5])
	seit 8 Tagen auf der (Marsch) Weide:													
209	v. 20—24 K. Abm.	1,0315	„	88,15	—		3,09	—	—	—		26,08	—	P. Petersen[5])
	seit 14 Tagen auf der Weide (Ostfriesl.):													
210	6 K., Morg., 14 W.	1,0281	„	89,79	—		2,56	—	—	—		25,07	—	P. Petersen[5])

[1]) Vergl. Anmerkung [4]) Seite 284.
[2]) No. 186. Schatzmann. Milchztg. 1878. 126.
[3]) No. 187—190. Winthrop. Annal. d. Landw. i. Preussen. Wochenbl. 1866. 333.
[4]) No. 191—194. Al. Müller. L. V. St. 9. 1867. 145.
[5]) No. 195—230. P. Petersen. Milchztg. 1880. 556.

No.	Bemerkungen		Dichte	Jahr der Untersuchung	In der ursprünglichen Substanz: Wasser %	Casein %	Albumin %	Fett %	Zucker %	Salze %	In der Trocken-Substanz: Casein %	Albumin %	Fett %	N. in der Trocken-Substanz %	Analytiker
211	Oldenburger Kühe	5 K., Morg., 8 W.	1,0301	1880	89,55	—	—	2,38	—	—	—	—	22,77	—	P. Petersen[1]
212		4 „ 8 „	1,0272	„	89,18	—	—	3,27	—	—	—	—	30,22	—	
213		4 „ 8 „	1,0288	„	89,30	—	—	2,83	—	—	—	—	26,45	—	
214		6 „	1,0310	„	88,80	—	—	2,80	—	—	—	—	25,00	—	
215		6—7 K.	1,0320	„	88,28	—	—	2,96	—	—	—	—	25,25	—	
		Weidegang:													
216		5—6 K., Marsch	1,0320	„	88,03	—	—	3,18	—	—	—	—	26,57	—	
217		5 K., Morg.	1,0320	„	89,17	—	—	2,29	—	—	—	—	21,15	—	
218		7 „ „	1,0302	„	88,91	—	—	2,85	—	—	—	—	25,70	—	
219		2 „ „	1,0314	„	88,03	—	—	3,40	—	—	—	—	28,40	—	
220		7 „ „	1,0303	„	89,05	—	—	2,80	—	—	—	—	25,57	—	
221		3 „ Abend	1,0318	„	87,78	—	—	3,35	—	—	—	—	27,41	—	
222		8 „	1,0316	„	88,41	—	—	2,94	—	—	—	—	25,37	—	
223		3—4 K., Mittagm.	1,0293	„	87,67	—	—	4,05	—	—	—	—	32,85	—	
224		7 „ „	1,0310	„	89,17	—	—	2,47	—	—	—	—	22,81	—	
225		7—8 „	1,0320	„	88,92	—	—	2,51	—	—	—	—	22,65	—	
226		4 „	1,0264	„	90,69	—	—	2,32	—	—	—	—	24,92	—	
227		5 „	1,0314	„	89,05	—	—	2,62	—	—	—	—	23,93	—	
228		6—7 K., Mittagm.	1,0299	„	87,03	—	—	4,42	—	—	—	—	34,08	—	
229		Mittel bei Stallfütter.	1,0298	„	89,15	—	—	2,74	—	—	—	—	25,55	—	
230		„ „ Weidegang	1,0306	„	88,76	—	—	2,91	—	—	—	—	25,89	—	
231	5 Kühe, Angler-Rasse . . .			„	88,68	—	—	2,95	—	—	—	—	26,06	—	Schrodt[2]
232	5 „ „ „ . . .			„	88,28	—	—	3,32	—	—	—	—	28,33	—	Kirchner[3]
233	2 „ „ „ frischm.			„	87,91	—	—	3,20	—	—	—	—	26,47	—	Schrodt[4]
234	3 „ Holsteiner Landschlag, frischmilchend			1881	87,79	—	—	3,69	—	—	—	—	30,22	—	derselbe[5]
235	3 Kühe, Angler			„	87,62	—	—	3,56	—	—	—	—	28,76	—	derselbe[6]
	Holländer, 45 Kühe:		Dichte												
236	Morgenmilch	15/10 1878 bis 29/3 1879	1,0317	$18\frac{78}{79}$	88,71	—	—	2,81	—	—	—	—	24,89	—	Schmoeger[7]
237		30/3 79 „ 11/10 79	1,0327	1879	88,64	—	—	2,89	—	—	—	—	25,42	—	
238		12/10 79 „ 31/3 80	1,0321	$18\frac{79}{80}$	88,62	—	—	2,80	—	—	—	—	21,81	—	
239		1/4 80 „ 2/10 80	1,0317	1880	88,81	—	—	2,80	—	—	—	—	25,02	—	
240		3/10 80 „ 31/3 81	1,0319	$18\frac{80}{81}$	88,67	—	—	2,67	—	—	—	—	23,57	—	

[1]) Vergl. Anmerkung [5]) Seite 285.
[2]) No. 231. M. Schrodt. Milchztg. 1880. 471.
[3]) No. 232. W. Kirchner u. Schrodt. Milchztg. 8. 1879. 541.
[4]) No. 233. M. Schrodt. Milchztg. 9. 1880. 641.
[5]) No. 234. derselbe. Milchztg. 10. 1881. 637.
[6]) No. 235. derselbe. Milchztg. 11. 1882. 427.
[7]) No. 236—253. Schmoeger. (Milchw. V. St. Proskau.) Milchztg. 10. 1881. Die oben mitgetheilte Zusammensetzung bezieht sich auf Milch der Proskauer, aus durchschnittlich 45 Kühen Holländer Rasse bestehenden Herde, welche in zahlreichen, zu verschiedener Zeit genommenen Proben untersucht wurde. Gemolken wurde um 4 Uhr u. 11 Uhr Morgens u. 6 Uhr Abends. Das Futter bestand für den Kopf u. Tag

Winter 1878/79 aus 1,5 kg Heu, 6 kg Futterstroh, 2,5 kg Schlempe u. 5 kg Biertreber;
Sommer 1879 aus 50 kg Grünfutter (Klee, Wicken), 3 kg Futterstroh u. 1—1½ kg Biertreber;
Winter 1879/80 aus 5 kg Heu, 4,5 kg Futterstroh, 2 kg Spreu, 30 kg Schlempe u. 5 kg Treber;
Sommer 1880 aus 50 kg Grünfutter (Wickhafer, Kleegras, Mais u. Stoppelklee), 2 kg Futterstroh u. 1—1½ kg Biertreber;
Winter 1880/81 aus 4 kg Heu, 6 kg Futterstroh, 2 kg Spreu, 48 kg Schlempe, 1 kg Biertreber. Ausserdem erhielten die Thiere regelmässig Salz.

No.		Bemerkungen	Dichte	Jahr der Untersuchung	In der ursprünglichen Substanz: Wasser %	Casein %	Albumin %	Fett %	Zucker %	Salze %	In der Trocken-Substanz: Casein %	Albumin %	Fett %	N. in der Trocken-Substanz %	Analytiker
241	Mittagmilch	Winter 1878/79	1,0309	18 80/81	88,25	—	—	3,39	—	—	—	—	28,85	—	Schmoeger[1]
242	Mittagmilch	Sommer 1879	1,0320	„	88,17	—	—	3,44	—	—	—	—	29,08	—	Schmoeger[1]
243	Mittagmilch	Winter 1879/80	1,0311	„	88,04	—	—	3,52	—	—	—	—	29,43	—	Schmoeger[1]
244	Mittagmilch	Sommer 1880	1,0308	„	88,21	—	—	3,41	—	—	—	—	28,92	—	Schmoeger[1]
245	Mittagmilch	Winter 1880/81	1,0310	„	88,09	—	—	3,29	—	—	—	—	27,92	—	Schmoeger[1]
246	Abendmilch	Winter 1878/79	1,0322	„	88,25	—	—	3,20	—	—	—	—	27,24	—	Schmoeger[1]
247	Abendmilch	Sommer 1879	1,0325	„	88,29	—	—	3,27	—	—	—	—	27,93	—	Schmoeger[1]
248	Abendmilch	Winter 1879/80	1,0317	„	88,11	—	—	3,33	—	—	—	—	28,01	—	Schmoeger[1]
249	Abendmilch	Sommer 1880	1,0312	„	88,26	—	—	3,36	—	—	—	—	28,62	—	Schmoeger[1]
250	Abendmilch	Winter 1880/81	1,0318	„	88,26	—	—	3,16	—	—	—	—	26,92	—	Schmoeger[1]
251	im Durchschn.	Morgenm.	1,0320	„	88,69	—	—	2,79	—	—	—	—	24,67	—	Schmoeger[1]
252	„ „	Mittagsm.	1,0312	„	88,15	—	—	3,41	—	—	—	—	28,78	—	Schmoeger[1]
253	„ „	Abendm.	1,0319	„	88,23	—	—	3,26	—	—	—	—	27,70	—	Schmoeger[1]
254	Radener Herde, bestehend aus ca. 100 Kühen des rothbunten mecklenburgischen Landschlags. Thl. Kreuzungsproducte dieses Schlages mit Angler- u. Wilstermarschvieh.	Morgenmilch	1,0316	1878	—	—	—	3,37	—	—	—	—	—	—	W. Fleischmann[2]
255	"	Abendmilch	1,0318	„	—	—	—	3,42	—	—	—	—	—	—	W. Fleischmann[2]
256	"	Tagesmilch	1,0317	„	—	—	—	3,40	—	—	—	—	—	—	W. Fleischmann[2]
257	"	Morgenmilch	1,0319	1879	(87,82)	—	—	3,29	—	—	—	—	27,01	—	W. Fleischmann[2]
258	"	Abendmilch	1,0319	„	(87,73)	—	—	3,32	—	—	—	—	27,07	—	W. Fleischmann[2]
259	"	Morgenmilch	1,0315	1880	88,16	—	—	3,26	—	—	—	—	27,37	—	W. Fleischmann[2]
260	"	Abendmilch	1,0316	„	88,07	—	—	3,27	—	—	—	—	27,41	—	W. Fleischmann[2]
261	"	Morgenmilch	1,0310	1881	88,07	—	—	3,24	—	—	—	—	27,16	—	W. Fleischmann[2]
262	"	Abendmilch	1,0311	„	88,02	—	—	3,25	—	—	—	—	27,13	—	W. Fleischmann[2]
263	"	Morgenmilch	1,0312	1882	87,97	—	—	3,21	—	—	—	—	26,68	—	W. Fleischmann[2]
264	"	Abendmilch	1,0315	„	87,94	—	—	3,19	—	—	—	—	26,45	—	W. Fleischmann[2]
265	"	Morgenmilch	1,0310	1883	88,08	—	—	3,27	—	—	—	—	27,43	—	W. Fleischmann[2]
266	"	Abendmilch	1,0310	„	88,05	—	—	3,26	—	—	—	—	27,28	—	W. Fleischmann[2]
267	"	Morgenmilch	1,0311	1884	87,95	—	—	3,29	—	—	—	—	27,30	—	W. Fleischmann[2]
268	"	Abendmilch	1,0310	„	87,89	—	—	3,32	—	—	—	—	27,42	—	W. Fleischmann[2]
269	"	Morgenmilch	1,0303	1883	87,27	3,15	0,44	4,09	4,29	0,76	24,74	3,46	32,13	4,51	W. Fleischmann[2]
270	"	„ 22/1 84	1,0326	1884	87,57	3,13	0,29	3,34	4,91	0,76	25,18	2,33	27,59	4,40	W. Fleischmann[2]
271	"	„ 10/12 84	1,0313	„	88,04	3,71		3,26	4,26	0,73	31,02		27,26	4,96	W. Fleischmann[2]
272	"	„ 16/1 83	1,0311	„	88,30	3,06		3,02	—	—	26,15		25,81	4,18	W. Fleischmann[2]
273	"	Abendmilch 13/2 83	1,0320	„	87,98	3,10		2,95	—	—	25,79		24,94	4,13	W. Fleischmann[2]
274	Angler K.	. . . .		1883	88,16	—		2,55	—	—	—		21,54	—	Schrodt u. Wibel[3]
275	„ „	. . . .		„	87,90	—		3,08	—	—	—		25,45	—	Schrodt u. Wibel[3]
276	„ „	. . . .		„	87,92	—		3,05	—	—	—		25,25	—	Schrodt u. Wibel[3]

[1]) Vergl. Anmerkung [7]) Seite 286.

[2]) No. 254—273. W. Fleischmann. Landw. V. St. Bd. 24. 1879. 81 u. Berichte d. Milchw. V. St. Raden 1880—1884.
Zu Milch unter No. 269. Ber. 1883. 21. Die Milch wurde am Schlusse des Weidegangs genommen. Die Caseinbestimmung nach J. Lehmann ergab 3,147 % u. die Bestimmung der Proteinstoffe nach Ritthausen 3,589 %. Die Differenz dieser beiden Zahlen wurde als Eiweiss in Rechnung gestellt.
Zu Milch unter No. 270. Summe des Proteins n. Ritthausen 3,474 %. Casein nach Lehmann 3,14 %.
„ „ „ „ 271. „ „ „ „ „ 3,423 „ „ „ „ 3,13 „
„ „ „ „ 273 u. 273. Summe des Proteins n. Ritthausen bestimmt.

[3]) Vergl. Anmerkung [1]) Seite 288.

No.	Bemerkungen	Jahr der Untersuchung	In der ursprünglichen Substanz: Wasser %	Casein %	Albumin %	Fett %	Zucker %	Salze %	In der Trocken-Substanz: Casein %	Albumin %	Fett %	N. in der Trocken-Substanz %	Analytiker
277	Nord-Holländer	1883	88,07	—		3,56	—	—	—		29,84	—	*Schrodt u. Wibel*[1])
278	Schwyzer	„	87,74	—		3,25	—	—	—		26,51	—	
279	Scotsch-Polled	„	87,84	—		3,42	—	—	—		28,10	—	
280	„ „	„	87,11	—		3,43	—	—	—		26,61	—	
281	Ditmarschen	„	87,74	—		2,30	—	—	—		18,76	—	
282	Shorthorn	„	87,04	—		3,85	—	—	—		29,71	—	? [2])
283	„	„	85,80	—		4,71	—	—	—		33,17	—	
284	„	„	86,89	—		4,01	—	—	—		30,59	—	
285	„	„	86,23	—		5,30	—	—	—		38,49	—	
286	Jersey	„	86,79	—		4,20	—	—	—		31,79	—	
287	„	„	86,71	—		4,11	—	—	—		30,92	—	
288	„	„	85,79	—		5,14	—	—	—		36,17	—	
289	Guernsey	„	85,34	—		5,08	—	—	—		34,65	—	
290	„	„	85,75	—		5,54	—	—	—		38,88	—	
291	Ayrshire	„	85,82	—		5,12	—	—	—		36,11	—	
292	„	„	86,26	—		4,92	—	—	—		35,81	—	
293	Shorthorn-Holländer	„	87,88	—		2,86	—	—	—		23,60	—	
294	„	„	88,52	—		2,40	—	—	—		20,91	—	
295	Devon	„	85,25	—		5,28	—	—	—		35,80	—	
296	Parmesaner Kühe	„	85,20	5,79		3,85	4,44	0,72	39,12		26,01	6,26	? [3])
297	Schweizer	„	88,00	3,58		3,10	4,61	0,71	29,83		25,82	4,77	
298	Holländer	„	87,90	3,97		3,25	4,16	0,72	32,39		26,86	5,18	
299	Danziger, 7 K. (?)	1885	87,67	—		3,33	—	—	—		27,01	—	*Schmoeger*[4])
300	Danziger Kuh + Shorthorn-Bulle, 5 K. (?)	„	87,35	—		3,38	—	—	—		26,79	—	
301	Simmenthaler, 7 K. (?) . . .	„	86,57	—		3,98	—	—	—		29,64	—	
302	Holländer („melke“), 11 K. (?)	„	87,94	—		3,31	—	—	—		27,45	—	

[1]) No. 274—281. M. Schrodt u. Wibel. Milchztg. 12. 1883. 489. Die Probenahme und Untersuchung (Wibel) der Milch geschah gelegentlich der Hamburger Thierausstellung im J. 1883. Die tägliche Milchmenge betrug pro Kopf:

No. 274	275	276	277	278	279	280	281
14,13	15,57	15,03	14,53	16,20	10,44	9,04	15,00 kg.

[2]) No. 282—295. ? Milchztg. 12. 1883. 774. (The Farmer and the Chamber etc. v. 9/11 83.) Die Analysen u. Erhebungen wurden gelegentlich der milchwirthschaftlichen Ausstellung in London, October 1883, ausgeführt. Die in Pfunden und Unzen angegebenen Milcherträge wurden von uns auf kg berechnet (1 Pfd. 16 Unzen = 0,45 kg). Die Erhebungen bezogen sich auf und ergaben:

	282	283	284	285	286	287	288	289	290	291	292	293	294	295
Alter der Kühe in Jahren	7 3/4	5 1/2	5 1/6	5	7 1/2	7 1/6	5 1/2	4	7 1/6	4 1/2	4	7	5 1/2	4 1/2
Zuletzt gekalbt	12/5	27/9	17/8	29/10	1/9	28/7	5/8	28/6	8/4	3/10	8/8	10/7	27/9	4/7
Täglicher Milchertrag in kg . . .	23	21	12,5	15,6	14,6	10,4	11,8	9,5	8,3	13,6	15,2	27,1	23,2	11,9

[3]) No. 296—298. ? Milchztg. 12. 1883. 824. (Il Caseificio italiano 1883.) Nähere Angaben fehlen. Milchertrag No. 296 = 13,0, No. 297 u. 298 je 15,05 kg.

[4]) No. 299—302. M. Schmoeger. Bericht der Milchw. V. St. Proskau 1885/86. Die Kühe, deren Milch untersucht wurde, standen gemeinschaftlich in einem Stalle (zu Zuzella) und erhielten zur Zeit der bezügl. Untersuchung (Januar 1885) pro Kopf u. Tag: 60 l Kartoffelschlempe, 9 kg gutes Kleeheu, 6—7 kg gutes Gerstenstroh, 6 kg geschnittenes Kleestroh oder Getreidekaff u. 6 kg Spreu. Die drei Gemelke je eines Tages wurden zu einer Durchschnittsprobe zusammengemischt. Die gegebenen Zahlen sind das Mittel von den Resultaten von je 3 Tagen. Die Zahl der z. Z. der Untersuchung dort vorhandenen Kühe u. des Milchertrags pro Kopf in Liter wird wie folgt angegeben:

7 Simmenthaler	Holländer („melke“)	Danziger	Kreuzung
9,8	13,0	11,7	7,4

Aus dem Texte geht jedoch nicht hervor, ob die sämmtlichen Kühe jeder Rasse zum Versuche benutzt wurden.

No.	Bemerkungen	Dichte	Jahr der Untersuchung	In der ursprünglichen Substanz: Wasser %	Casein %	Albumin %	Fett %	Zucker %	Salze %	In der Trocken-Substanz: Casein %	Albumin %	Fett %	N. in der Trocken-Substanz %	Analytiker
303	Mecklenburger (Morgenm.)	1,0320	1880	88,33	—	—	3,12	—	—	—	—	26,74	—	W. Fleischmann [1]
304	Breitenburger (Morgenm.)	1,0310	„	88,11	—	—	3,39	—	—	—	—	28,51	—	W. Fleischmann [1]
305	Angler (Morgenm.)	1,0318	„	88,03	—	—	3,42	—	—	—	—	28,57	—	W. Fleischmann [1]
306	Ostfriesen (Morgenm.)	1,0304	„	88,59	—	—	3,19	—	—	—	—	27,96	—	W. Fleischmann [1]
307	Mecklenburger (Abendmilch)	1,0323	„	88,24	—	—	3,01	—	—	—	—	25,59	—	W. Fleischmann [1]
308	Breitenburger (Abendmilch)	1,0318	„	87,82	—	—	3,43	—	—	—	—	28,16	—	W. Fleischmann [1]
309	Angler (Abendmilch)	1,0322	„	88,03	—	—	3,27	—	—	—	—	27,32	—	W. Fleischmann [1]
310	Ostfriesen (Abendmilch)	1,0309	„	88,60	—	—	3,03	—	—	—	—	26,58	—	W. Fleischmann [1]
311	Mecklenburger (Tagesmilch)	1,0322	„	88,28	—	—	3,06	—	—	—	—	26,11	—	W. Fleischmann [1]
312	Breitenburger (Tagesmilch)	1,0314	„	87,97	—	—	3,41	—	—	—	—	28,35	—	W. Fleischmann [1]
313	Angler (Tagesmilch)	1,0320	„	88,03	—	—	3,34	—	—	—	—	27,90	—	W. Fleischmann [1]
314	Ostfriesen (Tagesmilch)	1,0306	„	88,60	—	—	3,11	—	—	—	—	27,28	—	W. Fleischmann [1]
315	Oldenb. Geestschlag, 1 K.	1,0281	„	87,42	—	—	4,52	—	—	—	—	35,93	—	v. Borries [2]
316	„ „ 1 K.	1,0289	„	88,75	—	—	3,42	—	—	—	—	30,40	—	v. Borries [2]
317	Holländer Kühe, Mittel von: Mai, 10 Prüfung.	1,0313	1879/80	87,84	—	—	2,82	—	—	—	—	23,19	—	
318	Holländer Kühe, Juni 5 „	1,0312	„	87,90	—	—	2,71	—	—	—	—	22,40	—	
319	Holländer Kühe, Juli 6 „	1,0308	1879/81	88,12	—	—	2,57	—	—	—	—	21,63	—	? [3]
320	Holländer Kühe, August 6 „	1,0306	„	88,05	—	—	2,55	—	—	—	—	21,34	—	? [3]
321	Holländer Kühe, Septbr. 4 „	1,0316	1880/81	87,75	—	—	2,90	—	—	—	—	23,67	—	? [3]
322	Holländer Kühe, October 3 „	1,0306	1881	87,80	—	—	2,75	—	—	—	—	22,54	—	? [3]
323	Holländer Kühe, Novbr. 5 „	1,0310	1879/81	87,96	—	—	2,60	—	—	—	—	21,60	—	? [3]
324	Holländer Kühe, Decbr. 4 „	1,0313	1881	87,90	—	—	2,70	—	—	—	—	22,31	—	? [3]
325	Holländer Kühe, Januar 3 „	1,0316	1880/83	88,33	—	—	2,60	—	—	—	—	22,28	—	? [3]
326	Holländer Kühe, Februar 4 „	1,0306	1880	87,80	—	—	2,88	—	—	—	—	23,61	—	? [3]
327	Holländer Kühe, März 4 „	1,0316	„	87,70	—	—	2,83	—	—	—	—	23,01	—	? [3]
328	Schwyz. Braunvieh, Jahresdschn.		1884/85	—	—	—	3,39	—	—	—	—	—	—	? [4]
329	desgl. desgl.		1885/86	—	—	—	3,32	—	—	—	—	—	—	? [4]

[1]) No. 303—314. W. Fleischmann u. P. Vieth. Jahresber. d. Agrikulturchem. 1880. 487. (Landw. Annal. des mecklenburg-patriot. Vereins 1880. 105. Die Beobachtungen beziehen sich auf 4 Kühe des mecklenburgischen Landschlags, 6 Kühe der Ostfriesischen, 4 Kühe der Angler und 3 Kühe der Breitenburger Rasse. Die Auswahl dieser Thiere geschah in der Weise, dass dieselben in annähernd gleicher Periode der Lactation standen, wogegen Alter u. Gewicht nicht zugleich berücksichtigt werden konnten. Morgen- und Abendmilch wurde jede dritte Woche und zwar bei drei der genannten Rasse während eines ganzen Jahres also 17 mal, dagegen bei den Breitenburgern nur 11 mal untersucht. Bei letzteren war das Ergebniss weniger zuverlässig, da nur eine Kuh ders. frischmilchend, alle aber schon nach 8 Monaten trocken standen. Nach dreijährigen Ermittelungen war der mittlere jährliche Milchertrag

Mecklenburger	Breitenburger	Angler	Ostfriesen
2578,6 kg	2645,3 kg	2394,0 kg	2688,0 kg

[2]) No. 315 u. 316. E. von Borries. Milchztg. 1880. 462. Mittel aus 13 bezw. 9 Einzelanalysen.

[3]) No. 317—327. Mitgetheilt von D. Gäbel in der Milchztg. 1884. 56 aus Landbouw-Courant. No. 90 u. 92. 1883. Die Milchproben stammen aus der Molkerei s'Gravenhagen, unter deren Aufsicht die Milch ermolken wurde. Die Prüfungen erstreckten sich auf Sommer und Winter mehrerer Jahre. Der Trockensubstanzgehalt wurde nach Behrend-Morgen's Formel aus dem specifischen Gewicht und Fettgehalt berechnet.

[4]) No. 328. 329? Milchztg. 1885. 534 u. Milchztg. 1887. 122. (Schweizer'sche Milchztg. v. 18. Juli 1885.) Die Erhebungen über den Milchertrag von 40 Schwyzer Braunviehkühen aus dem Viehstande des Gutes Langrüthi ergaben:

	Anzahl der Melktage	Gesammtmilchertrag p. Jahr	Durchschn. Ertrag pro Melktag
1884/85 . .	288	3745,2 kg	13,0 kg
1885/86 . .	283	3626 „	12,8 „

Der Fettgehalt nach monatlichen Proben der Milch jeder Kuh betrug

	Maxim.	Minim.		Maxim.	Minim.
1884/85	3,91 %	3,01 %	1885/86	4,00 %	3,00 %

No.	Bemerkungen	Dichte	Jahr der Untersuchung	In der ursprünglichen Substanz: Wasser %	Casein %	Albumin %	Fett %	Zucker %	Salze %	In der Trocken-Substanz: Casein %	Albumin %	Fett %	N. in der Trocken-Substanz %	Analytiker
330	Ayrshire	1,0325	1884	87,38	3,19		3,96	4,66	0,70	25,28		31,38	4,04	V. Dircks[1]
331	Telemark	1,0320	„	87,97	3,04		3,62	4,61	0,73	25,27		30,09	4,04	V. Dircks[1]
332	Kreuzung von vor. beid.	1,0325	„	87,11	3,31		4,10	4,63	0,71	25,68		31,81	4,11	V. Dircks[1]
333	Gudbrandsdal . . .	1,0330	„	87,62	3,11		3,77	4,72	0,71	25,12		30,45	4,02	V. Dircks[1]
334	Gemisch (330—333) .	1,0325	„	87,50	3,17		3,89	4,64	0,71	25,36		31,12	4,06	V. Dircks[1]
	Shorthorns:													
335	55 K. in 7 Jahren, Morgenm.		1879/85	87,31	—		3,62	—	—	—		28,53	—	Lloyd[2]
336	18 K. 1886, Mrg.- u. Abendm.		1886	86,84	—		3,91	—	—	—		29,71	—	Lloyd[2]
337	73 K. in 8 Jahren . . .		1879/86	87,20	—		3,69	—	—	—		28,83	—	Lloyd[2]
	Jerseys:													
338	42 K. in 7 Jahren, Morgenm.		1879/85	86,30	—		4,17	—	—	—		31,44	—	Lloyd[2]
339	14 K. 1886, Mrg.- u. Abendm.		1886	85,65	—		4,75	—	—	—		33,07	—	Lloyd[2]
340	56 K. in 8 Jahren . . .		1879/86	86,14	—		4,31	—	—	—		31,04	—	Lloyd[2]
341	Guernseys: 23 K. in 7 Jahren		1879/85	86,13	—		4,52	—	—	—		32,59	—	Lloyd[2]
342	„ 1886 . .		1886	85,79	—		5,10	—	—	—		35,89	—	Lloyd[2]
343	„ in 8 Jahren		1879/86	86,02	—		4,64	—	—	—		33,19	—	Lloyd[2]
	Andere Rassen:													
344	9 K. in 7 Jahren, Morgenm.		1879/85	87,29	—		3,57	—	—	—		28,09	—	Lloyd[2]
345	6 K. 1886, Morg.- + Abendm.		1886	86,91	—		3,59	—	—	—		26,42	—	Lloyd[2]
346	15 K. in 8 Jahren		1879/86	87,14	—		3,58	—	—	—		24,84	—	Lloyd[2]
	Simmenthaler:													
347	gekalbt 20/12. 86, Juni . . .		1887	86,95	—		3,81	—	—	—		29,20	—	Kirchner[3]
348	„ 12/1. 87		„	87,71	—		3,58	—	—	—		29,23	—	Kirchner[3]
349	Schwyzer, Ende April 87 . .		„	87,97	—		3,20	—	—	—		26,60	—	Kirchner[3]

[1]) No. 330—333. V. Dircks. Milchztg. 1887. 85. (Beretning om den höiere Landbrugsskole i Aas 1/7 1884—30/6 1885. Christiana 1886.) Die Kühe hatten im Sommer (etwa 4 Monate) Weidegang mit Beifütterung im Stalle; die Trockenfütterung im Winter bestand aus Heu, Stroh, Getreideschrot, Oelkuchen, Malzkeimen, Kartoffeln u. Turnips. Gemolken wurde zweimal täglich. Die Zusammensetzung der gemischten Milch aller Kühe jeder Rasse wurde monatlich zweimal (December nur einmal) ermittelt, Morgenmilch u. Abendmilch nach Verhältniss der ermolkenen Mengen gemischt. Das Fett wurde theils aräometrisch nach Soxhlet, theils gewichtsanalytisch, der Gehalt an Protein aus dem N nach Kjeldahl, der Milchzucker mittelst Kupferprobe (jedoch nur an 8—10 Tagen, titrimetrisch oder gewichtsanalytisch?) bestimmt. Bei den drei erstgenannten Rassen bezw. Kreuzung standen durchschnittlich je 20, bei den Gudbrandsdalen durchschnittlich 5 Kühe zur Verfügung. Das durchschnittliche Lactationsalter betrug 165, 163, 182 u. bezw. 163 Tage; der durchschnittliche Milchertrag pro Tag u. Kopf betrug 6,6, 6,1, 6,2 u. bezw. 5,8 l. Unter No. 334 ist die durchschnittliche Zusammensetzung der Milch sämmtlicher Kühe aller Rassen (56—70 Kühe) angegeben, wie sie vom Autor berechnet wurde. Die Grenzzahlen in der Zusammensetzung der Milch waren folgende:

	330	331	332	333
Wasser	86,92—87,68 %	87,31—88,47 %	86,73—87,64 %	83,42—88,67 %
Fett	3,67—4,44 „	3,38—4,12 „	3,74—4,39 „	3,04—5,99 „
Protein	3,05—3,44 „	2,72—3,22 „	3,05—3,75 „	2,61—4,40 „
Milchzucker . .	4,56—4,72 „	4,48—4,67 „	4,44—4,79 „	4,65—4,83 „
Asche.	0,69—0,72 „	0,71—0,74 „	0,70—0,74 „	0,69—0,82 „

[2]) No. 335—346. Fred. Jas. Bloyd. Milchztg. 1887. 630. Die Milchuntersuchungen beziehen sich auf Kühe, die bei den britischen Dairy-Schauen zur Ausstellung gelangten, und die gegebenen Zahlen sind Durchschnittsergebnisse.

[3]) No. 347—351. W. Kirchner. Deutsche Landw. Presse 1887. No. 51. 447. Die Zahlen sind das Ergebniss der Milchfett-Ergiebigkeits-Concurrenz auf der Frankfurter Ausstellung der Deutschen Landwirthschafts-Gesellschaft. Die Erhebungen erstreckten sich auf 3 aufeinanderfolgende Tage und wurde zweimal täglich, früh 5 und nachmittags 5 Uhr gemolken. Der Fettgehalt wurde nach Soxhlet's Methode ermittelt, der Trockensubstanzgehalt nach Fleischmann's Verfahren berechnet. Die Milch- und Fettmenge betrug:

	Simmenthaler 1	do. 2	Schwyzer	Wilstermarsch	Shorthorn-Dithmarschen
Milch pro Tag . . .	19,42	19,68	22,95	22,25	22,52 kg
Fett „ „ . . .	0,739	0,705	0,734	0,759	0,840 „

No.	Bemerkungen	Jahr der Untersuchung	In der ursprünglichen Substanz: Wasser %	Casein %	Albumin %	Fett %	Zucker %	Salze %	In der Trocken-Substanz: Casein %	Albumin %	Fett %	N. in der Trocken-Substanz %	Analytiker
350	Wilstermarsch, 1/4. 87 . . .	1887	88,41	—	—	3,41	—	—	—	—	29,42	—	*Kirchner* [1]
352	Shorthorn-Dithmarsch, Mitte Mai	„	87,79	—	—	3,73	—	—	—	—	30,65	—	*Kirchner* [1]
	milchend seit: / Durchschnitt v.:												
352	Shorthorns, 10 Wch. 39 Küh.	18$\frac{81}{84}$	87,40	—	—	3,70	—	—	—	—	29,37	—	*E. W. Völcker* [2]
353	Jerseys 8 „ 21 „	„	86,50	—	—	4,10	—	—	—	—	30,37	—	*E. W. Völcker* [2]
354	Guernseys 15 „ 13 „	„	86,10	—	—	4,60	—	—	—	—	33,09	—	*E. W. Völcker* [2]
355	Ayrshires 14 „ 10 „	„	86,50	—	—	4,20	—	—	—	—	31,11	—	*E. W. Völcker* [2]
356	Holländer 6 „ 5 „	„	88,00	—	—	3,10	—	—	—	—	25,83	—	*E. W. Völcker* [2]
	Dichte												
357	Devons 13 „ 1 K. 1,0336	„	85,30	—	—	5,30	—	—	—	—	36,06	—	*E. W. Völcker* [2]

[1]) Vergl. Anmerkung [3]) Seite 290.

[2]) No. 352—362. E. W. Völcker. Mitgetheilt von P. Vieth. Milchztg. 1885. 450. (Journ. of the British Dairy Farmer's Association.) Die Untersuchungen wurden während der 1881—1884 alljährlich in Islington, London, abgehaltenen milchwirthschaftlichen Ausstellungen gemacht. Die am Vorabend rein ausgemolkenen Thiere wurden an den Prüfungstagen zweimal gemolken, die ermolkenen Milchmengen durch Wägen genau festgestellt und von der Milch jedes einzelnen Thieres entsprechende Proben entnommen, zusammengemischt u. untersucht. Die mittleren Erträge an Milch pro Tag und Kopf waren:

Shorthorns	Jerseys	Guernseys	Ayrshires	Holländer	Devons	Devons	Wälsch	Shorthorn-Longhorn	Holl. Sh.	Shorth. Ayrsh.
17,66	13,85	11,24	16,18	21,79	12,02	15,31	20,87	11,91	23,36	17,32 kg

Um die Bedeutung der Lactationszeit zum Ausdruck zu bringen, geben wir in Nachstehendem die Ergebnisse für jede einzelne Kuh, geordnet nach der Zeit des Milchendseins.

Shorthorns

Milchend seit Wochen	?	?	1	1	1	2	2	2	3	3	3
Tagesertrag kg . .	19,73	21,97	16,78	21,32	19,85	20,60	24,01	24,38	23,35	24,61	20,07
Dichte der Milch . .	1,0310	1,0310	1,0290	1,0336	1,0320	1,0360	1,0330	1,0320	1,0320	1,0300	1,0280
Trockensubstanz %.	12,5	13,0	12,3	14,2	12,7	13,7	11,5	11,6	11,9	11,9	15,1
Fett %	3,5	3,9	3,5	4,7	3,6	3,5	2,4	2,9	3,0	3,4	6,6

Milchend seit Wochen	4	4	4	4	4	5	5	6	6	7	7
Tagesertrag kg . .	20,21	23,52	20,45	22,80	19,51	25,47	15,76	20,87	22,11	12,59	13,61
Dichte	1,0320	1,032	1,0310	1,0310	1,0330	1,0320	1,0300	1,0300	1,031	1,0336	1,0310
Trockensubstanz %.	10,9	11,6	11,5	13,7	11,9	12,8	13,8	11,5	13,4	13,1	11,7
Fett %	2,3	2,8	3,5	4,4	2,8	3,2	4,6	3,5	4,4	4,0	3,1

Milchend seit Wochen	8	8	8	9	10	11	12	12	17	20	21	21	22	22	27	31	31
Tagesertrag kg . .	17,96	20,51	24,04	15,65	15,31	9,64	24,76	10,55	7,03	23,13	6,24	11,68	5,90	23,47	7,83	6,58	4,99
Dichte	1,0330	1,0350	1,0320	300	310	330	280	270	310	338	330	300	280	330	310	330	340
Trockensubstanz %.	13,5	12,5	12,4	11,3	11,4	11,6	11,8	14,4	12,1	13,0	13,0	11,7	12,5	12,3	13,4	14,9	14,4
Fett %	5,1	3,3	3,4	3,2	2,3	2,5	4,0	6,2	2,9	3,9	3,5	3,5	3,6	3,3	4,1	4,8	4,0

Jerseys

Milchend seit Wochen	—	1	2	3	4	4	5	5	5
Tagesertrag kg . .	16,22	14,52	14,63	16,56	17,46	15,20	18,38	13,82	11,79
Dichte	1,0336	1,0326	1,0360	1,0370	1,0318	1,0320	1,0325	1,0320	1,0320
Trockensubstanz %.	13,1	13,2	13,2	12,4	14,2	14,7	13,5	14,4	14,8
Fett %	3,7	4,2	3,2	3,1	4,8	5,6	3,4	5,1	4,9

Milchend seit Wochen	6	6	7	7	8	10	10	12
Tagesertrag kg . .	9,75	13,50	14,97	16,57	17,12	10,43	15,42	12,36
Dichte	1,0316	1,0330	1,0320	1,0330	1,0326	1,0336	1,0310	1,0330
Trockensubstanz %.	13,7	14,7	12,4	13,5	12,3	13,3	13,7	13,2
Fett %	4.6	4,5	3,4	3,8	3,2	4,1	4,8	3,6

					Holländ.				
Milchend seit Wochen	13	17	18	23	2	3	5	9	12
Tagesertrag kg . .	11,91	8,05	9,09	13,15	16,56	21,65	19,62	23,81	27,33
Dichte	1,0316	1,0350	1,0320	1,0300	1,0360	1,0316	1,0320	1,0320	1,0334
Trockensubstanz %.	14,2	12,6	12,7	14,5	14,2	10,2	13,3	9,9	12,1
Fett %	5,1	3,0	3,2	5,2	3,8	2,3	4,4	1,9	2,9

Guernseys

Milchend seit Wochen	2	2	3	8	10	14	14	17	20	21	25	28	30
Tagesertrag kg . .	11,79	14,63	16,10	11,23	9,19	14,18	9,53	10,21	13,15	9,07	8,51	8,35	10,21
Dichte	1,0320	1,0340	1,0340	1,0310	1,0330	1,0320	1,0324	1,0310	1,0320	1,0310	1,0300	1,0316	1,0310
Trockensubstanz %.	14,1	12,1	13,3	12,6	13,3	13,2	14,7	14,2	14,0	15,2	14,5	14,2	15,0
Fett %	4,5	2,5	3,9	4,0	3,6	4,0	5,4	5,3	4,6	5,6	4,5	5,5	6,3

Ayrshires

Milchend seit Wochen	—	1	1	1	1	1	2	5	50	74
Tagesertrag kg . .	19,39	19,28	11,34	16,67	18,60	12,82	12,82	21,89	13,72	15,31
Dichte	1,0314	1,0360	1,0288	1,0330	1,0340	—	1,0330	1,0320	1,0326	1,0312
Trockensubstanz %.	13,8	14,9	14,4	13,0	13,5	12,4	13,2	11,6	14,2	13,7
Fett %	5,6	4,6	4,3	3,6	3,9	3,5	3,7	2,6	5,1	4,9

No.	Bemerkungen	Jahr der Untersuchung	In der ursprünglichen Substanz: Wasser %	Casein %	Albumin %	Fett %	Zucker %	Salze %	In der Trocken-Substanz: Casein %	Albumin %	Fett %	N. in der Trocken-Substanz %	Analytiker
	milchend seit: — Dichte												
358	Devons 8 Wch. 1 K. 1,0330	$18\frac{81}{84}$	86,10	—		4,50	—	—	—		32,37	—	*E. W. Völcker*[1]
359	Wälsch 5 „ 1 „ 1,0310	„	87,30	—		4,20	—	—	—		37,27	—	*E. W. Völcker*[1]
360	Shorthorn u. Longhorn 18 „ 1 „ 1,0318	„	87,80	—		3,40	—	—	—		27,87	—	*E. W. Völcker*[1]
361	Holländer u. Shorthorn 2 „ 1,0336	„	88,50	—		2,70	—	—	—		23,48	—	*E. W. Völcker*[1]
362	Shorthorn u. Ayrshire . . .	„	85,90	—		5,10	—	—	—		36,12	—	*E. W. Völcker*[1]
363	Jersey, Durchschn. von 28 Küh.	1886	85,23	3,64		5,40	—	—	24,64		36,56	3,93	*H. P. Armsby*[2]
364	Guernsey „ „ 7 „	„	85,26	4,08		5,20	—	—	27,68		32,28	4,43	*H. P. Armsby*[2]
365	Devon „ 14—20 „	„	87,10	—		4,65	—	—	—		35,96	—	*H. P. Armsby*[2]
366	Ayrshire „ von 13 „	„	86,98	3,34		4,13	—	—	25,65		31,72	4,10	*H. P. Armsby*[2]
367	Holstein-Friesen „ 6 „	„	88,19	3,26		3,17	—	—	27,61		26,85	4,42	*H. P. Armsby*[2]
368	Jersey, v. 2 K. im Durchschn., 44 Tage, frischmilchend . .	—	85,82	—		4,90	—	—	—		34,55	—	*H. P. Armsby*[2]
369	desgl., v. 2 K. im Durchschn., 131 Tage, frischmilchend .	—	83,92	3,56		6,18	—	—	22,14		38,43	3,54	*H. P. Armsby*[2]
370	Ayrshire, v. 5 K. im Durchschn., 4 Monat, frischmilchend . .	—	87,24	3,10		3,89	—	—	34,29		30,49	5,49	*H. P. Armsby*[2]
371	desgl., v. 3 K. im Durchschn., 2 Monat, frischmilchend, Juni	—	87,19	3,84		3,55	—	—	29,98		27,71	4,80	*H. P. Armsby*[2]
372	dieselb., 6 Mon., frischm., Oct.	—	86,06	3,49		4,75	—	—	25,04		34,08	4,01	*H. P. Armsby*[2]
373	Guernseys, v. 1 K. i. Durchschn., 118 Tage	—	85,59	—		4,99	—	—	—		34,60	—	*H. P. Armsby*[2]
374	Holstein-Friesen, von 3 K. im Durchschn., 3 Monat, Juni .	—	88,39	3,31		2,93	—	—	28,51		25,24	4,56	*H. P. Armsby*[2]

[1]) Vergl. Anmerkung [2]) Seite 291.

[2]) No. 363—376. H. P. Armsby. 4 Rep. Agric. Exper. Stat. Wisconsin 1886. 159. Die Analysen von 368 ab sind daselbst mitgetheilt, stammen jedoch aus älterer Zeit und zum Theil aus anderer Quelle; so No. 368 u. No. 376 aus Bull. No. 10; No. 369 aus 3 Rep. dieser Station; No. 370, 371, 372, 374 u. 375 aus Connect. Agric. St. Rep. 1882. 82. 1883. 108 u. 1886. 169.

Die Fütterung der Jersey-Kühe, deren Milch zur Untersuchung gelangte und deren Gehalt nachstehend zusammengestellt wird, war folgende für den Tag und für eine Kuh:

Januar u. Februar: Kleeheu, Maisstengel u. 7 Pfd. Mehl (aus $^1/_4$ Mais, $^1/_4$ Hafer u. $^1/_2$ Weizenkleie);
März u. April: Kleeheu und Timotheeheu, sonst wie vorher;
Mai: Etwas Weidegang, sonst Timotheeheu und Mehl wie vorher;
Juni: Bei Tage Weidegang in Wäldern u. auf niedrigen Wiesen, während der Nacht Weide auf reichem Graswuchs;
Juli: Weidegang und 3 kg Kleie bei Tag;
August: Sehr schwache Weide, täglich eine Fütterung mit Heu u. 8 kg Weizenkleie;
September: Weide und täglich 4 kg Weizenkleie;
October: Weidegang u. 6 kg Weizenkleie;
November: Weide, schwache u. 6 kg Weizenkleie;
December: Mohrheu, Timotheeheu u. Maisstengel u. 12 kg Weizenkleie.

Morgenmilch von 14—20 Jerseys	1. Jan.	1. Febr.	1. März	31. März	3. Mai	7. Juni	5. Juli	3. Aug.	6. Sept.	4. Oct.	1. Novbr.	7. Decb.	Mittel
Durchschnittszeit nach dem Kalben	150	133	140	150	168	194	166	152	165	174	197	199	—
Ertrag an Milch p. Kuh in Pfd. .	5,62	6,67	6,70	6,15	7,24	7,85	8,31	7,67	8,80	9,36	6,32	7,57	7,36
Trockensubstanz %	14,76	15,13	13,40	15,00	13,24	14,95	—	15,31	—	15,32	15,16	—	14,70
Fett %	4,61	5,47	5,32	5,92	5,11	5,50	—	6,19	—	5,34	5,46	—	5,44

Die Fütterung der Devon-Kühe bestand im Januar: aus Kleeheu u. 6 Quart Weizenkleie; Februar: Kleeheu und 6 Quart einer Mischung von $^2/_3$ Hafer u. $^1/_3$ Mais; März: Klee u. Timotheeheu u. 6 Quart Hafer und Kleie; April: Heu wie vorher, ein wenig Gras und 4 Quarts der Schrotmischung; Mai: Weissklee u. Blaugras-Weide u. 4 Quarts Weizenkleie; Juli: Knappe Weide u. 4 Quarts Weizenkleie.

No.	Bemerkungen	Jahr der Untersuchung	In der ursprünglichen Substanz: Wasser %	Casein %	Albumin %	Fett %	Zucker %	Salze %	In der Trocken-Substanz: Casein %	Albumin %	Fett %	N. in der Trocken-Substanz %	Analytiker
375	Holstein-Friesen, von 3 K. im Durchschn., 7 Monat, Octbr.	1886	87,84	3,20		3,49	—	—	25,32		28,70	4,05	H. P. Armsby[1]
376	dieselben, v. 2 K. im Durchschn., 73 Tage	„	88,34	—		3,03	—	—	—		25,99	—	H. P. Armsby[1]
377	Harzvieh, Stammherde Molkenhaus, Abendm.	1887	86,68	—		3,55	—	—	—		26,65	—	H. Schultze[2]
378	desgl. desgl.. Morgenm. . .	„	86,36	—		4,70	—	—	—		34,46	—	H. Schultze[2]
	Probenahme 10. u. 11. Juni:												
379	Holstein: K. Keiser, gekalbt März, Ab.	1886	88,60	3,50		2,89	—	—	30,70		25,35	4,91	E. H. Jenkins[3]
380	Holstein: Friese „ „ „	„	86,68	4,00		3,78	—	—	30,03		28,38	4,80	E. H. Jenkins[3]
381	Holstein: Sneeker „ „ „	„	88,70	2,88		3,56	—	—	25,49		31,51	4,08	E. H. Jenkins[3]
382	Holstein: desgl. „ „ Mrg.	„	89,58	2,86		1,48	—	—	27,45		14,20	4,39	E. H. Jenkins[3]
383	Ayrshire: Bessie „ April Ab.	„	87,45	—		3,60	—	—	—		28,68	—	E. H. Jenkins[3]
384	Ayrshire: Shortlegged A. „ „	„	87,29	3,63		3,47	—	—	28,56		27,30	4,57	E. H. Jenkins[3]
385	Ayrshire: desgl. „ Mrg.	„	86,96	3,58		3,64	—	—	27,46		27,92	4,39	E. H. Jenkins[3]
386	Ayrshire: Belle of Cream Hill, Dec. Ab.	„	87,08	4,32		3,48	—	—	33,44		26,94	5,32	E. H. Jenkins[3]
	gekalbt												
387	Grade Ayrshire: Black — Ab.	„	87,19	—		4,01	—	—	—		31,30	—	E. H. Jenkins[3]
388	Grade Ayrshire: Lillie Jan. „	„	86,44	—		3,97	—	—	—		29,28	—	E. H. Jenkins[3]
389	Grade Ayrshire: Cherry April „	„	87,47	3,19		3,85	—	—	25,46		30,73	4,07	E. H. Jenkins[3]
390	Grade Ayrshire: Pride of Amerika „ „	„	86,12	3,50		5,04	—	—	25,22		36,31	4,04	E. H. Jenkins[3]
391	Grade Ayrshire: — 10 Tage vorher „	„	86,22	4,29		4,21	—	—	31,13		30,55	4,98	E. H. Jenkins[3]
392	Grade Ayrshire: Louisa Febr. „	„	87,13	3,87		3,82	—	—	30,07		29,68	4,81	E. H. Jenkins[3]
393	Grade Ayrshire: Bobtail Sept. 85 „	„	85,43	2,76		4,79	—	—	18,94		32,87	3,03	E. H. Jenkins[3]
394	Grade Ayrshire: Rubberteat März „	„	86,47	3,38		4,48	—	—	24,98		33,11	4,00	E. H. Jenkins[3]
395	Grade Ayrshire: desgl. „ Mrg.	„	86,47	3,72		4,52	—	—	27,49		33,41	4,40	E. H. Jenkins[3]
396	Grade Ayrshire: Bug Horn Febr. Ab.	„	87,56	3,25		3,47	—	—	26,13		27,90	4,18	E. H. Jenkins[3]
397	Grade Ayrshire: Excelsior März „	„	86,93	3,61		4,18	—	—	27,62		31,98	4,42	E. H. Jenkins[3]
398	Grade Ayrshire: desgl. „ Mrg.	„	86,61	3,38		4,55	—	—	25,24		33,98	4,04	E. H. Jenkins[3]
399	Grade Ayrshire: Curly Head „ Ab.	„	86,89	3,91		4,13	—	—	29,83		31,51	4,79	E. H. Jenkins[3]
400	Grade Ayrshire: Mattie Sept. 85 „	„	86,09	4,28		4,36	—	—	30,80		31,37	4,93	E. H. Jenkins[3]

[1] Vergl. Anmerkung [2]) Seite 292.

[2] No. 377 u. 378. H. Schultze. Milchztg. 1888. 105.

[3] No. 379—439. E. H. Jenkins. Ann. Rep. Connect. Agric. Exper. Stat. for 1886. 119. Zur Zeit, als die Proben der Milch genommen wurden, waren die Kühe auf der Weide und erhielten kein anderes Futter. Gemolken wurde 6 Uhr abends und 5 Uhr morgens. Ueber das Alter der Kühe und den Ertrag derselben an Milch (je Abend- oder Morgenmilch) ist noch Folgendes zu bemerken. Die Angaben des Milchertrages sind von uns aus Pfund u. Unzen in kg übertragen:

No.	379	380	381	382	383	384	385	386	387	388	389	390	391	392	393
Alter der Kühe, Jahre . .	3	3	3	3	9	4	4	14	8—9	6	10	8	3	6	6
Milchertrag in kg	6,05	6,74	5,85	5,45	7,42	5,33	5,38	4,63	4,82	4,77	6,18	7,65	7,08	5,87	4,05
No.	394	395	396	397	398	399	400	401	402	403	404	405	406	407	
Alter der Kühe, Jahre . .	10	10	10	10	10	5	4	12	12	4	9	7	7	10	
Milchertrag in kg	8,12	7,70	6,43	6,78	7,15	7,55	3,06	8,42	5,43	3,37	3,77	2,70	2,39	6,23	
No.	410	411	412	413	414	415	416	417	418	419	420	421	422	423	
Alter der Kühe, Jahre . .	3	3	3	3	3	3	9	4	14	8—9	10	10	10	10	
Milchertrag in kg	3,71	3,71	2, 0	3,82	2,88	3,63	3,71	2,98	2,84	2,81	4,30	3,91	4,81	3,24	
No.	424	425	426	427	428	429	430	431	432	433	434	435	436	437	
Alter der Kühe, Jahre . .	10	5	4	12	12	9	9	10	10	2	8	8	4	4	
Milchertrag in kg	4,81	3,46	2,20	4,36	5,23	3,18	3,83	4,05	4,73	3,74	4,05	4,72	4,08	5,85	

No.	Bemerkungen	Jahr der Untersuchung	In der ursprünglichen Substanz: Wasser °/₀	Casein °/₀	Albumin °/₀	Fett °/₀	Zucker °/₀	Salze °/₀	In der Trocken-Substanz: Casein °/₀	Albumin °/₀	Fett °/₀	N. in der Trocken-Substanz °/₀	Analytiker
	gekalbt												
401	Grade Ayrshire: Dolly-Varder Mai Ab.	1886	87,30	3,88		4,62	—	—	34,43		41,00	5,51	E. H. Jenkins[1]
402	Grade Ayrshire: desgl. „ Mrg.	„	88,05	3,75		3,42	—	—	31,38		28,62	5,02	
403	Grade Ayrshire: Josie Aug. 85 Ab.	„	85,63	4,69		4,37	—	—	32,64		30,41	5,22	
404	Grade Ayrshire: Beauly Febr. „	„	86,37	3,72		4,21	—	—	27,29		30,89	4,37	
405	Grade Ayrshire: Three teat April 85 „	„	85,48	3,81		4,85	—	—	26,24		33,40	4,20	
406	Grade Ayrshire: desgl. „ Mrg.	„	85,51	4,13		4,51	—	—	28,50		31,12	4,56	
407	Grade Ayrshire: Brindle März „	„	87,36	3,57		3,47	—	—	28,24		27,45	4,52	
408	Gemischte Abendmilch von 40 Kühen Ab.	„	86,77	3,68		4,15	—	—	27,81		30,37	4,45	
409	Gemischte Morgenmilch von 40 Kühen Mrg.	„	86,95	3,81		3,91	—	—	29,20		29,96	4,67	
	Probenahme 7. u. 8. October: gekalbt												
410	Holstein: Keiser März Ab.	„	88,82	2,97		3,28	—	—	26,57		28,34	4,25	
411	Holstein: desgl. „ Mrg.	„	89,36	2,84		1,37	—	—	26,69		12,88	4,27	
412	Holstein: Truie „ Ab.	„	85,47	3,56		5,12	—	—	24,50		35,24	3,92	
413	Holstein: desgl. „ Mrg.	„	85,97	3,69		4,71	—	—	26,30		33,57	4,21	
414	Holstein: Sneeker „ Ab.	„	88,38	3,15		3,57	—	—	27,11		30,62	4,34	
415	Holstein: desgl. „ Mrg.	„	89,03	3,00		2,88	—	—	27,35		26,36	4,38	
416	Ayrshire: Bessie April Ab.	„	86,12	3,44		4,97	—	—	24,79		35,81	3,57	
417	Ayrshire: Shortlegged A. „ „	„	86,40	3,28		4,44	—	—	24,12		32,65	3,86	
418	Ayrshire: Belle of cream Hill, Dec. „	„	85,67	3,75		4,85	—	—	29,92		38,69	4,79	
419	Black Mai „	„	86,53	3,47		4,59	—	—	25,76		34,08	4,12	
420	Cherry April „	„	87,52	3,06		3,99	—	—	24,52		31,97	3,92	
421	Rubberteat März „	„	86,13	3,37		5,28	—	—	24,30		38,07	3,89	
422	desgl. „ Mrg.	„	87,14	3,47		3,93	—	—	26,98		30,56	4,32	
423	Excelsior „ Ab.	„	85,56	3,50		5,08	—	—	24,24		35,18	3,88	
424	desgl. „ Mrg.	„	86,82	3,32		4,05	—	—	25,19		30,73	4,03	
425	Curly-Head „ Ab.	„	85,88	3,44		4,51	—	—	24,36		31,94	3,90	
426	Mattie Septbr. „	„	86,81	3,37		4,18	—	—	25,55		31,69	4,09	
427	Dolly-Varden Mai „	„	87,10	3,25		4,56	—	—	25,19		35,35	4,03	
428	desgl. „ Mrg.	„	87,62	3,34		3,75	—	—	26,98		32,29	4,32	
429	Beauty Febr. Ab.	„	85,06	3,72		5,51	—	—	24,85		36,81	3,98	
430	desgl. „ Mrg.	„	86,36	3,56		4,15	—	—	26,10		30,12	4,18	
431	Brindle März Ab.	„	86,64	3,53		4,00	—	—	26,42		29,94	4,23	
432	desgl. „ Mrg.	„	87,18	3,41		3,50	—	—	26,60		27,30	4,26	
433	Arny 3 Wch. vorher Ab.	„	85,92	3,31		4,87	—	—	23,51		34,59	3,76	
434	Strawberry Mai „	„	86,37	3,41		4,64	—	—	24,93		33,70	3,99	
435	desgl. „ Mrg.	„	85,98	3,53		4,60	—	—	25,18		32,81	4,03	
436	Ayrshire: Ewkahn Octbr. 4 Ab.	„	83,68	4,37		6,03	—	—	26,78		36,95	4,28	
437	Ayrshire: „ „ Mrg.	„	84,97	4,63		4,64	—	—	30,80		30,67	4,93	

[1]) Vergl. Anmerkung [3]) Seite 293.

No.	Bemerkungen	Jahr der Untersuchung	In der ursprünglichen Substanz: Wasser %	Casein %	Albumin %	Fett %	Zucker %	Salze %	In der Trocken-Substanz: Casein %	Albumin %	Fett %	N. in der Trocken-Substanz %	Analytiker
438	Gemischte Milch v. 40 K. Ab.	1886	86,16	—	—	4,61	—	—	—	—	—	—	Jenkins [1])
439	„ „ „ 40 „ Mrg.	„	86,69	—	—	4,01	—	—	—	—	—	—	
440	„ „ „ 20 „ . .	„	87,14	—	—	3,60	—	—	—	—	—	—	Klinger [2])
441	Holländer von 8 „ . .	„	86,30	—	—	4,31	—	—	—	—	—	—	
442	„ „ 60 „ . .	„	87,33	—	—	3,46	—	—	—	—	—	—	
443	Allgäuer, bei sehr kräftiger Winterfütterung Mrg.	1864	88,10	—	—	2,66	—	—	—	—	—	—	Stöckhardt [3])
444	desgl., bei Grünfutter „	„	88,30	—	—	2,72	—	—	—	—	—	—	
445	Oldenburger, bei kräftiger Winterfütterung Mrg.	„	88,20	—	—	2,93	—	—	—	—	24,83	—	
446	desgl., bei Grünfutter „	„	88,10	—	—	2,85	—	—	—	—	23,95	—	
447	Breitenburger, bei kräftiger Winterfütterung Mrg.	„	88,70	—	—	2,56	—	—	—	—	22,66	—	
448	desgl., bei Grünfutter „	„	88,70	—	—	2,47	—	—	—	—	21,92	—	
	Gemischte Herde von 40 Kühen:												
449	bei kräft. Winterfütterung Mrg.	„	87,80	—	—	3,20	—	—	—	—	26,33	—	
450	„ Grünfutter „	„	87,90	—	—	3,15	—	—	—	—	26,03	—	
451	Tagesmilch v. 1 Holländer Kuh, rothscheckig, 27 Tg. n. d. Kalb.	1866	—	—	—	3,64	—	—	—	—	—	—	Körte [4])
452	desgl., schwarzscheckig, 35 Tage nach dem Kalben	„	—	—	—	4,12	—	—	—	—	—	—	
453	Sog. Amsterdamer K., schwarzscheckig, 31 Tage n. d. Kalb.	„	—	—	—	3,82	—	—	—	—	—	—	
454	Kreuzung v. böhmisch. (?) Landvieh u. Ostfries., 108 Tg. n. d. K.	„	—	—	—	5,07	—	—	—	—	—	—	
455	Rothe böhmische (?) Landkuh, 127 Tage nach dem Kalben .	„	—	—	—	5,48	—	—	—	—	—	—	
		Spec. Gew.											
Minimum		1,0264 .	80,32	1,79	0,25	1,67	2,11	0,35	13,95	1,94	12,88	2,57	
				2,07					16,06				
Maximum		1,0370 .	90,69	4,23	1,44	6,47	6,03	1,21	32,83	11,19	50,20	7,29	
				5,87					45,55				
Mittel		**1,0316** .	**87,12**	**2,89**	**0,55**	**3,74**	**4,94**	**0,76**	**22,48**	**4,27**	**29,04**	**4,27**	
				3,44					**26,75**				
Mittel von Tabelle A. und B. (793 Analysen)		**1,0315** .	**87,17**	**3,02**	**0,53**	**3,69**	**4,88**	**0,71**	**23,51**	**4,15**	**28,75**	**4,42**	
				3,55					**27,66**				

[1]) Vergl. Anmerkung [3]) Seite 293.

[2]) No. 440—442. A. Klinger. Repertorium der analytischen Chemie 1886. 549.

[3]) No. 443—450. A. Stöckhardt u. R. Handtke. Chem. Ackerm. 1864. 54. Die Milch stammte von einer grösseren Anzahl Kühen der einzelnen Rassen. Die gegebenen Zahlen sind die aus Einzelbestimmungen berechneten Mittelwerthe. Der Durchschnittsertrag für den Tag u. für das Stück war in Litern:

	Allgäuer	Oldenburger	Breitenburger	Gemischte Herde
Winterfutter . .	13,8	13,2	11,8	11,0
Grünfutter . . .	10,6	12,4	9,6	10,7

[4]) No. 451—455. Bericht von Körte. Schlesische landw. Ztg. 1886. 114. Die Milch stammte von Kühen, die ge-

F. Davenport[1]) findet im Mittel von 1203 Analysen von Marktmilch in Boston folgende procentige **Zusammensetzung**:

Spec. Gewicht	Rahm	Jahr der Untersuchung	In der ursprünglichen Substanz: Wasser	Fett	Casein	Albumin	Zucker	Salze	Trocken-Substanz	In der Trocken-Substanz: Fett	Casein	Albumin	Zucker	Salze	N. in der Trocken-Substanz
	%		%	%	%	%	%	%	%	%	%	%	%	%	%
1,0294	8,66	1885	88,13	2,95	3,85		4,45	0,62	11,87	24,85	32,43		37,50	5,22	5,19

Ch. Girard[2]) giebt die procentige Zusammensetzung der Marktmilch in Paris (an den verschiedensten Stellen entnommen) im Mittel von 900 Analysen wie folgt an:

Spec. Gewicht	Rahm	Jahr der Untersuchung	In der ursprünglichen Substanz: Wasser	Fett	Casein	Albumin	Zucker	Salze	Trocken-Substanz	In der Trocken-Substanz: Fett	Casein	Albumin	Zucker	Salze	N. in der Trocken-Substanz
	%		%	%	%	%	%	%	%	%	%	%	%	%	%
1,0296	10	1885	87,37	4,06	3,30		4,66	0,61	12,63	32,15	26,12		36,90	4,83	4,18

Mittlere Zusammensetzung der Kuhmilch, nach Rassen[3]) geordnet.

No.	Bemerkungen	Anzahl der Analysen	In der ursprünglichen Substanz: Wasser %	Casein %	Albumin %	Fett %	Zucker %	Salze %	In der Trocken-Substanz: Casein %	Albumin %	Fett %	N. in der Trocken-Substanz %
1	Romanische Rasse	2	86,08	4,44		4,02	4,61	0,68	31,90		30,44	5,10
2	Mürzthaler Stamm oder die Steierische Rasse	11	87,00	2,76	0,48	4,21	4,82	0,73	21,23	3,67	32,42	3,98
3	Freiburger Rasse, buntes Vieh . . .	2	87,78	2,63		3,69	5,17	0,73	21,50		30,22	3,44
4	Simmenthal-Saanen-Rasse, buntes Vieh	6	87,26	2,64		3,79	5,81	0,70	21,55		29,18	3,45
5	Schwyzer Rasse, Braunvieh	7	88,20	—		3,01	5,03	—	—		25,49	—
6	Zillerthaler Vieh, gewöhnliche Tyroler Rasse (Pinzgauer, Duxerthaler) . .	22	87,43	2,64	0,43	3,70	5,10	0,70	21,00	3,42	29,45	3,91
7	Vorarlberger Vieh, einfarbig . . .	19	87,38	2,32	0,59	3,54	5,40	0,77	18,36	4,64	28,08	3,68
8	Allgäuer Vieh (Baiern), einfarbig . .	4	87,88	3,22		3,20	5,13	0,57	26,60		26,39	4,26
9	Miesbacher, oberbairisches Gebirgsvieh, Voigt- oder Egerländer Schlag, bunt	5	86,79	2,87	0,53	4,16	4,97	0,68	21,70	4,04	31,48	4,12
10	Böhmisches Vieh	2	86,00	3,03	0,64	5,06	4,63	0,64	21,66	4,58	36,15	4,20

legentlich der Thierschau zu Reichenbach 1866 einem Wettmelken unterworfen wurden. Der Milchertrag und der Fettgehalt der einzelnen Gemelke war folgender:

	No. 451 Ertrag	No. 451 Fettgehalt	No. 452 Ertrag	No. 452 Fettgehalt	No. 453 Ertrag	No. 453 Fettgehalt	No. 454 Ertrag	No. 454 Fettgehalt	No. 455 Ertrag	No. 455 Fettgehalt
Morgens . .	9,02 l	2,80 %	8,73 l	3,66 %	13,74 l	2,88 %	7,30 l	4,45 %	6,58 l	5,38 %
Mittags . .	8,30 „	4,45 „	6,15 „	4,66 „	11,74 „	4,09 „	6,44 „	5,38 „	3,93 „	5,70 „
Abends . .	4,87 „	3,80 „	4,72 „	4,26 „	7,58 „	5,13 „	4,01 „	6,03 „	2,15 „	5,38 „
Tagesm. . .	22,19 l	3,64 %	19,60 l	4,12 %	33,06 l	—	17,75 l	—	12,66 l	—

[1]) City of Boston. Twenty-sixth annual report of the Milk Inspector. Boston 1885. 31. März. Unter den 1203 Analysen befinden sich auch einige von augenscheinlich abgerahmter Milch, andere von anscheinend Rahm; wir führen daher die Minima- und Maxima-Zahlen nicht mit auf.

[2]) Documents sur les falsifications des matières alimentaires etc. Laboratoire Municipal. Paris 1885. p. 349. Minima- u. Maxima-Zahlen sind nicht angegeben.

[3]) Die aufgeführte mittlere Zusammensetzung der Milch verschiedener Kuhrassen ergiebt sich aus vorstehenden Analysen in Tabelle B u. einigen sonstigen Analysen, besonders von Harrington etc. 6. Ann. Report State Board of Health etc. Boston 1885 etc. Selbstverständlich sind diese Mittelzahlen für die einzelnen Rassen nicht direct mit einander vergleichbar; denn zu dem Zweck hätte die Milch der einzelnen Rassen nicht nur für eine gleiche Anzahl, sondern auch in derselben Lactationsperiode, bei demselben Futter u. unter sonst gleichen Verhältnissen untersucht werden müssen. Derartige gleiche Bedingungen lassen sich aber für eine grosse Anzahl Rassen selbst mit sehr grossen Opfern kaum schaffen.

Immerhin werden die obigen Zahlen einiges Interesse bieten u. dürften in den Fällen, wo eine grössere Anzahl von Analysen vorliegt, einen Vergleich zulassen.

No.	Bemerkungen	Anzahl der Analysen	In der ursprünglichen Substanz: Wasser %	Casein %	Albumin %	Fett %	Zucker %	Salze %	In der Trocken-Substanz: Casein %	Albumin %	Fett %	N. in der Trocken-Substanz %
11	Mittel- und norddeutsches Vieh, bunte Thiere	11	87,71	3,12		3,51	4,89	0,77	25,37		28,23	4,06
12	Holländisches und Oldenburger Vieh	24	88,04	3,57	0,42	3,25	4,16	0,56	21,49	3,49	27,18	4,00
13	Ostfriesisches Vieh (Oldenburg-Bremen)	18	87,95	2,62	0,48	3,38	4,81	0,76	21,73	3,95	28,02	4,11
14	Holstein'sches und schleswig'sches, Breitenburger Vieh	20	88,11	3,01	0,39	3,14	4,58	0,77	25,29	3,25	26,42	4,57
15	Jütisches Vieh, Tondern'sches und Angler-Vieh	8	88,06	—		3,13	—	—	—		26,22	—
16	Englisches Vieh, Durham- oder Shorthorn-Rasse (Kurzhorn-Rasse)	63	87,20	3,21		3,45	5,45	0,69	25,05		26,98	4,01
17	desgl., Devon- (Mittelhorn-) Rasse	15	86,39	—		4,38	—	0,64	—		32,18	—
18	desgl., Ayrshire- (Mittelhorn-) Rasse	41	86,93	3,42		3,58	5,43	0,64	26,15		27,41	4,18
19	desgl., Jersey- oder Aldernay-Rasse	24	86,01	3,34		4,18	5,73	0,74	23,90		29,87	3,82
20	desgl., Guernsey-Rasse	23	85,39	3,98		5,11	4,38	1,14	27,24		34,96	4,36
21	Französisches Vieh, Normänner Rasse	5	85,42	2,88	0,95	5,37	4,67	0,71	19,78	6,53	36,81	4,21
22	desgl., Flamännische Rasse	1	88,46	2,27		3,31	5,20	0,76	19,67		28,68	3,15
23	desgl., Charolais- oder Nivernais-Rasse	2	86,12	4,95		4,47	3,74	0,72	35,65		32,23	5,70
24	desgl., Auvergne- und Salers-Rasse	6	87,07	5,01		3,43	3,67	0,82	38,78		26,53	6,20
25	desgl., Bretonne-Rasse	1	86,09	3,68	1,26	3,93	4,18	0,69	26,46	9,06	28,29	5,68
26	Sonstige französische Rassen	12	87,21	3,07		3,90	5,05	0,77	23,98		30,52	3,84
27	Rassen-Schläge aus Norwegen und Schweden	4	88,01	2,76		3,51	4,96	0,76	23,03		29,28	3,68
28	Arabische Kühe	2	85,41	3,40	1,28	4,53	4,68	0,70	23,31	8,78	31,06	5,13
29	Kleine bengalische Kuh	2	86,48	4,94		3,93	3,93	0,72	35,81		29,06	5,73
30	Milch von Kreuzungsproducten	32	87,02	3,27		3,52	5,50	0,69	25,19		27,10	4,03

Kuhmilch nach der Zeit nach dem Kalben.

No.	Bemerkungen	Jahr der Untersuchung	In der ursprünglichen Substanz: Wasser %	Casein %	Albumin %	Fett %	Zucker %	Salze %	In der Trocken-Substanz: Casein %	Albumin %	Fett %	N. in der Trocken-Substanz %	Analytiker
1	Von 2 Kühen schwedischer Landrasse I, Colostrumszeit $^{27}/_{11}$	—	86,61	4,10		3,93	4,57	0,79	30,61		29,35	4,90	*Müller u. Eisenstuck*[1]
2	desgl. II, Colostrumszeit $^{28}/_{3}$—$^{11}/_{6}$	—	88,00	3,32		3,18	4,73	0,77	27,67		26,49	4,43	
3	desgl. III, „ $^{15}/_{6}$—$^{30}/_{6}$	—	87,91	3,18		3,11	5,06	0,74	26,30		25,72	4,21	
4	desgl. IV, „ $^{26}/_{8}$—$^{31}/_{10}$	—	88,39	3,08		3,15	4,66	0,72	26,53		27,13	4,21	

[1]) No. 1—4. Al. Müller u. M. Eisenstuck. L. V. St. 161 u. 6. 3. Mittelwerthe aus den Analysen zweier Kühe für gewisse längere Perioden berechnet, corrigirt mit Rücksicht auf die Veränderungen, denen die Milch eines gesammten Viehstandes in Folge veränderter Fütterung etc. in der betreffenden Zeit unterworfen war.

No.	Bemerkungen	Jahr der Untersuchung	In der ursprünglichen Substanz: Wasser %	Casein %	Albumin %	Fett %	Zucker %	Salze %	In der Trocken-Substanz: Casein %	Albumin %	Fett %	N. in der Trocken-Substanz %	Analytiker
5	Von Kühen der kleinen bengalischen Rasse: 1 Monat nach d. Kalben	1873	84,88	5,50		4,98	3,98	0,76	36,38		32,94	5,82	T. N. Macnamara[1])
6	2 „ „ „ „	„	87,18	4,30		3,60	4,40	0,70	33,54		28,08	5,37	
7	2½ „ „ „ „	„	84,72	5,76		4,10	4,10	0,84	37,69		26,83	6,03	
8	5 „ „ „ „	„	88,10	4,30		2,52	4,37	0,78	36,13		21,18	5,78	
9	6 „ „ „ „	„	87,96	4,30		3,20	4,10	0,70	36,14		26,90	5,78	
10	7 „ „ „ „	„	88,35	5,40		1,90	3,86	0,82	46,35		16,31	7,42	
11	10 „ „ „ „	„	88,08	4,20		3,00	4,37	0,68	35,23		25,17	5,64	
12	2 „ vor „ „	„	84,10	7,76		4,10	3,40	0,90	48,80		25,78	7,81	

NB. Weitere Analysen über die Zusammensetzung der Kuhmilch mit fortschreitender Lactation nach dem Kalben finden sich in dem folgenden Kapitel „Kuhmilch unter dem Einfluss des Futters."

Kuhmilch unter dem Einflusse des Futters.

No.	Bemerkungen	Jahr der Untersuchung	Wasser %	Casein %	Albumin %	Fett %	Zucker %	Salze %	Casein %	Albumin %	Fett %	N. in der Trocken-Substanz %	Analytiker
1	I: Nur mit Heu gefüttert . .	1840er	87,7	3,0		4,5	4,7	0,1	24,14		36,20	3,86	Bell u. Boussingault[2])
2	I: Stoppelrüben u. Häcksel .	„	87,6	3,0		4,2	5,0	0,2	24,20		33,87	3,87	
3	I: Runkelrüben u. „ .	„	87,1	3,4		4,0	5,3	0,2	26,36		31,01	4,22	
4	I: Kartoffeln u. „ .	„	86,5	3,4		4,0	5,9	0,2	25,18		29,63	4,03	
5	I: Topinambur u. „ .	„	87,5	3,3		3,5	5,5	0,2	26,40		28,00	4,22	
6	II: Heu u. grüner Klee . .	„	88,8	3,0		3,5	4,5	0,2	26,78		31,25	4,28	
7	II: Grüner Klee	„	86,8	3,1		5,6	4,2	0,3	23,49		42,43	3,76	
8	III: Heu u. Kartoffeln . . .	„	86,5	3,3		4,8	5,1	0,3	24,44		35,55	3,91	
9	III: Grüner Klee	„	88,7	4,0		2,2	4,8	0,3	35,40		19,47	5,66	
10	III: „ „	„	87,4	3,7		3,5	5,2	0,2	29,39		27,78	4,70	
	Kuh No. 5:												
11	Ausschliesslich Runkelrüben	1850er	87,73	3,67		4,56	3,39	0,65	29,91		37,16	4,79	Boussingault[3])
12	„ Wiesenheu .	„	86,26	3,63		5,92	3,47	0,72	26,44		43,11	4,23	
13	„ Kartoffeln .	„	87,75	4,37		3,97	3,09	0,82	35,67		32,41	5,71	
	Kuh No. 8:												
14	Ausschliesslich Runkelrüben	„	88,23	3,81		3,42	3,74	0,80	32,37		29,06	5,18	
15	„ Wiesenheu .	„	87,39	3,56		4,39	3,94	0,72	28,23		34,81	4,52	
16	„ Kartoffeln .	„	86,57	3,99		4,63	3,99	0,82	28,71		34,47	4,59	

[1]) No. 5—12. T. N. Macnamara. Jahresber. der Agrikulturchemie 1873/74. (Chem. New. 27. 507.) Die Ernährung dieser in der Umgebung von Calcutta heimischen Kühe war eine sehr ärmliche, nämlich arme Grasweide, 6 kg Reisstroh, ½ kg Reiskleie u. ¼ kg Oelkuchen. Die Milch stammte von 8 verschiedenen Kühen.

Kuhmilch unter dem Einflusse des Futters:

[2]) No. 1—10. Le Bel et J. B. Boussingault. Aus dessen: Die Landwirthschaft etc. 2. B. 1851. 322. Die untersuchte Milch stammte immer von je einer Kuh. Die Milch, deren Zusammensetzung unter I (No. 1—5) steht, stammte von einer Kuh, die beim Beginn der Versuche vor 200 Tagen gekalbt hatte und von neuem trächtig war; die Milch, deren Analysen unter II (6 u. 7) stehen, stammte von einer Kuh, die vor 24 Tagen gekalbt und bereits seit einiger Zeit Heu u. grünen Klee als Futter erhalten hatte; die Milch unter III stammte von einer Kuh, die bei Beginn des Versuchs vor 176 Tagen gekalbt hatte. An Milch wurde täglich gewonnen:

	Kuh I					Kuh II		Kuh III		
Bei Fütterung unter No.	1	2	3	4	5	6	7	8	9	10
Milchmenge	5,6	6,0	5,58	4,96	3,5	10,6	12,0	9,3	9,7	9,8 l

Das gereichte Futter sollte in jedem Falle 15 kg Heu äquivalent sein. B. bemerkt, dass die Veränderungen im Buttergehalte der Milch von verschiedenen anderen Einflüssen, nicht von der Art des gereichten Futters herkommen.

[3]) No. 11—16. J. B. Boussingault. Ebendaselbst 4 B. 1856. 50. Von den zu dem Versuche benutzten Kühen hatte No. 5 „Galathee," 7 Jahr alt, vor 96 Tagen, No 8 „Waldeburg" vor 40 Tagen gekalbt; letzterer war das Kalb bei Beginn des Versuchs genommen worden. Das bis dahin den Kühen gereichte Futter bestand p. Kopf u. Tag aus: 12 kg Heu,

No.		Bemerkungen	Dichte	Jahr der Untersuchung	In der ursprünglichen Substanz Wasser %	Casein %	Albumin %	Fett %	Zucker %	Salze %	In der Trocken-Substanz Casein %	Albumin %	Fett %	N. in der Trocken-Substanz %	Analytiker
		Kuh I (vache blanche):													
17	1	Heu 13,07 kg	1,0315	1858	87,10	3,59		3,51	5,18	0,62	27,73		27,21	4,44	J. B. Boussingault[1])
18	2	„ 43,37 „ + Rapskuch. 1,56 kg	1,0310	„	87,61	3,51		3,34	4,92	0,62	28,33		29,16	4,53	
19	3	Heu 14,07 kg + Bohnen 2,01 kg	1,0317	„	87,90	2,99		3,39	5,10	0,62	24,71		28,01	3,95	
20	4	Heu 14,09 kg	1,0312	„	87,18	3,40		3,66	5,11	0,65	26,56		28,60	4,58	
21	5	Grünklee 46,0 kg	—	„	—	—		—	—	—	—		—	—	
22	6	Heu 15,0 kg	1,0310	„	87,25	3,26		3,72	5,12	0,65	25,57		29,18	4,09	
23	7	„ 12,46 „ + Mehl 2,86 kg	1,0326	„	87,07	3,94		3,30	5,11	0,58	30,47		25,52	4,88	
24	8	„ 13,42 „	1,0300	„	86,85	3,13		3,96	5,46	0,60	29,96		30,12	4,79	
25	9	„ 11,0 „ + Leinsamen 1,83 kg	1,0316	„	86,67	3,45		4,01	5,25	0,62	25,88		30,08	4,14	
26	10	„ 12,5 kg	1,0310	„	86,92	3,89		3,80	4,74	0,65	29,74		29,05	4,76	
		Kuh II (vache noire der Freiburger Rasse):													
27	11	Heu 15,0 kg	1,0322	„	88,02	3,02		3,42	4,85	0,69	25,21		28,55	4,03	
28	12	„ 14,25 „ + Gerstenmehl 1,83 kg	1,0297	„	86,70	2,74		4,90	4,86	0,80	20,60		36,84	3,30	
29	13	Grünklee 53,67 „	1,0295	„	86,31	2,71		5,06	5,22	0,70	19,80		36,96	3,17	
30	14	Heu 15,0 kg	1,0300	„	87,96	2,48		3,74	5,12	0,70	20,60		31,06	3,30	
31	15	„ 13,65 „ + Melasse 2,13 kg	—	„	88,73	3,01		2,55	5,08	0,63	26,71		22,63	4,27	

8,5 kg Kartoffeln, 12 kg Runkeln, 1 kg Rapskuchen u. Häcksel unbeschränkt. Was wir unter „Salze" zusammengefasst haben, bestand nach dem Autor aus:

	bei No. 11	12	13	14	15	16
Chlorkalium + Chlornatrium	0,43	0,45	0,55	0,54	0,52	0,55 %
Calcium- u. Magnesiumphosphat . .	0,22	0,50	0,26	0,27	0,27	0,27 „ der frischen Milch

Bei den verschiedenen Fütterungsperioden

	wurden verzehrt: No. 5	8	wurden Milch gewonnen: 5	8	pro Tag 5	8
Runkeln in 17 Tagen . .	1055 kg	1126 kg	99,0 l	104,0 l	5,8 l	6,1 l
Heu „ 15 „ . .	232,5 „	239,5 „	66,5 „	89,0 „	4,4 „	5,9 „
Kartoffeln 14 „ . .	544 „	533 „	47,0 „	75,6 „	3,4 „	5,4 „

[1]) No. 17—38. J. B. Boussingault. Weende'r Jahresb. 1866/67. 432. (Ann. chim. phys. 1866. IV S. Ag. 132.) Zu Beginn des Versuchs (4/7 58) wog Kuh I = 565 kg; Kuh II = 538 kg. Erstere hatte am 21. Febr. das vierte Kalb geworfen, letztere am 14. Juni. Heu und Grünfutter wurde in reichlicher Menge vorgelegt, das nicht verzehrte Futter zurückgewogen, der Futterverzehr war deshalb kein regelmässiger; Rapskuchen gemahlen, Leinsamen gequetscht, Bohnenmehl, Weizenmehl, Gerstenmehl und Melasse wurden mit lauem Wasser, bei Rapskuchen und Bohnenmehl auch mit Salz, als Tränke gegeben. Zur Untersuchung gelangte in jeder Periode einmal die Morgenmilch; nur bei 2 der Fütterungsperioden (1 u. 3) wurden mehr als eine Probe in Untersuchung genommen und nur einmal (bei 1) neben der Morgenmilch auch Abendmilch untersucht. Des leichteren Vergleichs halber haben wir unter No. 17—34 zunächst nur die Analysen der Morgenmilch zusammengestellt und diesen dann unter No. 35—38 die unteren Analysen angefügt. Die Milchproben wurden in den einzelnen Perioden z. Th. nach wenigen Tagen der Fütterung, nicht gegen Ende derselben genommen, so dass die etwaige Wirkung des Futters schwerlich zum Ausdruck gelangt. Zu bemerken ist noch: Die Kuh hatte zur Zeit der Periode

	1	2	3	4	5	6	7	8	9	10
Tage nach dem Kalben (Kuh I)	135	142	151	160	170	180	189	195	200	206
Producirte täglich Milch	8,22	9,35	9,97	8,74	8,98	7,63	8,38	7,73	6,84	6,26 kg

	11	12	13	14	15	16	17	18
Tage nach dem Kalben (Kuh II) . . .	43	47	55	63	72	78	85	95
Producirte täglich Milch	14,12	13,88	13,83	12,38	11,67	11,40	9,97	9,13 kg

No.	Bemerkungen	Dichte	Jahr der Untersuchung	In der ursprünglichen Substanz: Wasser %	Casein %	Albumin %	Fett %	Zucker %	Salze %	In der Trocken-Substanz: Casein %	Albumin %	Fett %	N. in der Trocken-Substanz %	Analytiker
32	16 Heu 14,0 kg	1,0310	1858	87,92	2,91		3,08	5,45	0,64	24,09		25,50	3,85	*J. B. Boussingault*[1])
33	17 „ 11,48 „ + Leinsamen 1,83 kg	1,0295	„	87,63	2,98		3,84	4,86	0,69	24,09		31,04	3,85	
34	18 „ 12,5 kg	1,0310	„	87,80	2,80		3,74	4,97	0,69	22,95		30,66	3,67	
	Kuh I:													
35	1 wie oben, Abendm.	1,0315	„	87,13	3,49		3,69	5,01	0,68	27,27		28,83	4,36	
36	1 desgl. Mittel v. Morgen- u. Abendm.	1,0315	„	87,11	3,54		3,60	5,10	0,65	27,46		29,93	4,39	
37	3 desgl. Morgenmilch 20. Juli	1,0325	„	87,65	3,14		3,29	5,30	0,62	25,42		26,64	4,07	
38	3 desgl. desgl. 21. Juli	1,0310	„	88,12	2,84		3,49	4,93	0,62	23,91		29,37	3,83	
39	Weide auf Nachgras, Abendm.	1,0340	1852	86,5	5,4		3,7	3,8	0,6	40,00		27,41	6,40	*Playfair*[2])
40	Weide auf Nachgras, Morgenm.	1,032	„	87,0	3,9		5,6	3,0	0,5	30,00		43,07	4,50	
41	Heu + Hafermehl, Abendm.	1,031	„	85,7	4,9		5,1	3,8	0,5	34,27		35,66	5,48	
42	desgl. + Bohnenmehl, Abendm.	1,034	„	85,4	5,4		3,9	4,8	0,5	36,98		26,71	5,92	
43	desgl. + Bohnenmehl, Morgenm.	1,032	„	86,3	3,9		4,6	4,5	0,7	28,47		33,58	4,56	
44	Kartoffeln, Heu + Bohnenmehl, Abendm.	1,033	„	84,2	3,9		6,7	4,6	0,6	24,68		42,40	3,95	
45	Kartoffeln, Heu + Bohnenmehl, Morgenm.	1,032	„	86,9	2,7		4,9	5,0	0,5	20,61		37,41	3,30	
46	Kartoffeln + Heu, Abendm.	1,030	„	87,1	3,9		4,6	3,9	0,5	30,23		35,66	4,84	
47	Kartoffeln + Heu, Morgenm.	1,030	„	87,3	3,5		4,9	3,8	0,5	27,56		38,58	4,41	
48	Fütterung mit Salz		1855	88,62	—		3,82	2,74	—	—		33,59	—	*Richter*[3])
49	„ ohne „		„	88,20	—		3,74	2,90	—	—		31,70	—	
50	Grummet, Montafuner Kuh 1		„	87,53	—		3,13	—	—	—		25,10	—	*Wolff u. Keyser*[4])
51	Runkelrübenblätter, Montafuner Kuh 1		„	88,70	—		2,60	—	—	—		23,01	—	
52	Grummet, Montafuner Kuh 2		„	87,51	—		3,39	—	—	—		27,03	—	
53	Rübenblätter, Montafuner Kuh 2		„	87,92	—		2,88	—	—	—		23,84	—	
54	Grummet, Holländer Kuh		„	88,62	—		2,53	—	—	—		22,23	—	
55	Rübenblätter, Holländer Kuh		„	88,96	—		2,20	—	—	—		19,93	—	
56	Heu + Runkelrübenblätter 11. bis 16. Novbr.		„	86,50	—		4,20	—	—	—		31,11	—	*Rohde*[5])
57	Heu + Möhrenbl. 17.—22. Nov.		„	87,10	—		4,60	—	—	—		35,66	—	

[1]) Vergl. Anmerkung [1]) Seite 299.

[2]) No. 39—47. Playfair. B. Martiny: Die Milch 187. I. 249. (Journ. R. Agric. Soc. England 13. 1852. I. 25.) Die verschiedenen Fütterungen währten jedesmal nur 1 Tag; die am Abend desselben und am Morgen des nächsten Tages erhaltene Milch wurde als zu der Fütterung des betr. Tages gehörig angesehen. Die Fütterung bestand u. die Milchmenge pro Tag betrug:

1 Tag	Weide auf Nachgras	$9\frac{1}{2}$ Quart
2 „	28 kg gutes Heu + $2\frac{1}{2}$ Pfd. Hafermehl	10 „
3 „	28 „ „ „ + $2\frac{1}{2}$ „ „ + 8 kg Bohnenmehl	$9\frac{1}{2}$ „
4 „	14 „ „ „ + 24 „ ged. Kartoffeln + 8 kg Bohnenmehl . .	9 „
5 „	14 „ „ „ + 30 „ „	$9\frac{1}{4}$ „

[3]) No. 48 u. 49. Richter. Weende'r Jahresb. 1855/56. 92. (Böhm. Centrlbl. 1855. Beil. No. 20.) Die untersuchte Milch stammte von 2 Kühen.

[4]) No. 50—55. Em. Wolff u. Keyser. Martiny: Die Milch 1871. I. 262.

[5]) No. 56 u. 57. Rohde. Eldena'er Archiv f. landwirthsch. Erfahrungen u. Versuche. Berlin 1855. 277. Die mit obengenannten Futtermitteln ernährten 2 Kühe waren seit Mai frischmelkend u. ergaben beim Probemelken am 1. November,

No.	Bemerkungen	Jahr der Untersuchung	In der ursprünglichen Substanz: Wasser %	Casein %	Albumin %	Fett %	Zucker %	Salze %	In der Trocken-Substanz: Casein %	Albumin %	Fett %	N. in der Trocken-Substanz %	Analytiker
58	Heu 37 kg	1855	88,10	4,20		3,10	—	—	35,29		26,05	5,65	Rohde u. Trommer[1]
59	„ $18^1/_2$ kg + Kartoffeln 37 Pfd.	„	88,20	4,10		3,60	—	—	34,75		30,51	5,56	
60	„ „ + Kartoffelschlempe 49 Quart	„	87,60	5,00		3,10	—	—	40,33		25,06	6,45	
61	a. Heu $18^1/_2$ kg + Zuckerrübenschlempe 49 Quart .	„	87,80	3,80		—	—	—	26,15		—	4,18	
62	b. Heu $18^1/_2$ kg + Zuckerrübenschlempe 98 Quart .	„	87,80	3,80		—	—	—	31,15		—	4,98	
63	Heu $18^1/_2$ kg + Zuckerrüben 55,4 Pfd.	„	87,30	3,90		—	—	—	30,71		—	4,91	
64	Heu $18^1/_2$ kg + Futterrunkeln 55,4 Pfd.	„	87,30	3,90		—	—	—	30,71		—	4,91	
65	Heu $18^1/_2$ kg + Mohrrüben 55,4 Pfd.	„	87,50	4,10		—	—	—	32,80		—	5,25	
66	Heu $18^1/_2$ kg + Roggenschlempe 49 Quart	„	86,80	4,20		—	—	—	31,82		—	5,09	
	Im Futter für jede Kuh pro Tag Nährstoffe in Pfd.:												
67	nh 1,47 nfr. 9,07 Fett —	$18\frac{58}{59}$	87,57	3,95		2,19	5,48	0,81	31,79		17,62	5,09	Pincus[2]
68	„ 1,81 „ 9,42 „ 0,085	„	88,94	3,50		2,54	4,20	0,82	31,54		22,96	5,06	
69	„ 2,15 „ 9,77 „ 0,170	„	89,01	3,79		2,21	4,20	0,79	34,49		20,11	5,52	
70	„ 2,27 „ 10,42 „ 0,170	„	89,02	3,56		2,69	3,95	0,78	23,31		24,50	3,73	
71	„ 1,84 „ 10,19 „ 0,204	„	88,96	3,85		2,68	3,76	0,75	34,87		24,28	5,58	
72	„ 2,09 „ 10,66 „ 0,408 } „ 1,42 „ 8,61 „ 0,204 }	„	—	—		3,24	4,26	—	—		—	—	
73	„ 1,67 „ 9,08 „ 0,408	„	89,78	3,04		2,18	4,22	0,78	29,75		21,33	4,76	

dreimal gemolken, $5^1/_4$ u. bezw. 5 Quart (6 bezw. 5, 7 l) Milch. Zur Vorbereitung des Versuchs erhielten die Kühe von Runkelblättern soviel als sie davon fressen wollten, 4 kg Heu u. Wasser nach Belieben. Nachdem so festgestellt worden, wieviel Blätter die Kühe zu verzehren vermochten, erhielten dieselben vom 11.—16. November täglich 350 kg Blätter u. 4 kg Heu in 2 Mahlzeiten vorgelegt; darnach die Kühe 6 Tage lang 350 kg frisch geschnittene Möhrenblätter. Während bei Runkelblätterfütterung die Heumenge vollständig verzehrt wurde, frassen die Kühe bei Möhrenblätterfütterung uur 3 kg Heu pro Tag. Die Milchmenge blieb sich in beiden Perioden gleich, in 6 Tagen wurden je $74^1/_4$ Quart (= 85 l) gemolken; die Probenahme behufs Untersuchung der Milch geschah je am 6. Tage der Fütterung.

[1]) No. 58—66. Rohde u. Trommer. Eldana'er Arch. 1855. 240. Die untersuchte Milch stammte von 4 Kühen, von denen 3 einer Kreuzung von Ayrshire mit Landvieh, die vierte der Breitenburger Rasse angehörte; alle 4 Kühe hatten im letzten Drittel des Decembers 1854 gekalbt. Der Fütterungsversuch begann Anfang Februar. Gemolken wurde dreimal täglich u. die Milch jeder Periode wiederholt (wann u. in welcher Weise ist nicht angegeben) untersucht. Für den Tag u. Kopf wurden an Milch erhalten:

	58	59	60	61	62	63	64	65	66
(auf Liter berechnet)	7,77	8,36	9,27	7,79	7,56	6,41	6,10	6,23	7,33

[2]) No. 67—76. Pincus. B. Martiny: Die Milch I. 319. Vier ostfriesische Kühe, 4—5 jährig, vor 4—5 Wochen gekalbt u. von constanter Milchergiebigkeit, erhielten das nachstehende Futter Die Kühe waren 800—950 Pfd. schwer, wurden zweimal täglich gemolken. Die tägliche Futtermenge für die Kuh u. den Tag bestand bis zur 6. Periode aus 26 kg Stoppelrüben oder Runkelrüben, 12 kg Heu u. 6 kg Roggenstroh, von da ab aus 42 Pfd. Runkeln, 6 kg Heu u. 6 kg Stroh u. von der 2. Periode an als Beigabe aus wechselnden Mengen Rübkuchen, deren Menge (1—3 Pfd.) aus oben angegebenem Oelgehalt des Futters, der sich nur auf die Rübkuchen, nicht auf das Gesammt-Futter, bezieht, erkennbar ist. Die durchschnittliche tägliche Milch-Menge der Kühe betrug in Pfunden:

zu No.	67	68	69	70	71	72	73	74	75	76
	72,91	78,39	78,03	76,21	76,76	79,61	77,03	80,24	78,84	76,23

Die Fütterungsperioden wechselten ohne Uebergang; Milchmenge u. Milchzusammensetzung wurden ermittelt, ohne den störenden Einfluss des Futterwechsels zu berücksichtigen.

No.	Bemerkungen	Jahr der Untersuchung	In der ursprünglichen Substanz: Wasser %	Casein %	Albumin %	Fett %	Zucker %	Salze %	In der Trocken-Substanz: Casein %	Albumin %	Fett %	N. in der Trocken-Substanz %	Analytiker
74	nh 1,92 nfr. 9,55 Fett 0,612	18 58/59	89,37	2,94		2,55	4,36	0,78	27,65		23,99	4,42	*Pincus*[1])
75	„ 1,67 „ 9,08 „ 0,408 / „ 1,42 „ 8,61 „ 0,204	„	88,93	3,32		2,62	4,33	0,80	29,89		23,67	4,78	
76	„ 1,51 „ 8,49 „ 0,085*	„	89,36	3,10		2,41	4,38	—	29,14		22,65	4,66	
77	Weide 18/9 (3 Kühe reinblütiger Shorthorns (Pedigree))	1860	87,20	3,28		3,86	4,89	0,77	25,62		30,15	4,10	*Aug. Völcker*[2])
78	„ + 1 Pfd. Leinkuchen 24/9	„	86,50	3,25		4,28	5,30	0,67	24,07		31,70	3,85	
79	„ + 2 Pfd. Leinkuchen 2/10	„	86,50	3,19		4,19	5,34	0,78	23,63		31,04	3,78	
80	„ 18/9 (3 Kühe Short-horns-Kreuzung (Crossbred))	„	86,65	3,47		3,99	5,11	0,78	25,99		29,89	4,16	
81	„ + 1 Pfd. Leinkuchen 24/9	„	87,10	3,06		4,28	4,81	0,72	23,72		33,18	3,79	
82	„ + 2 Pfd. Leinkuchen 2/10	„	86,90	3,37		3,96	4,98	0,79	25,73		30,23	4,12	
83	„ Juli	„	88,25	2,87		2,92	5,24	0,72	24,42		24,85	3,91	*derselbe*[3])
84	„ arm u. überfüllt, Septbr.	„	90,30	2,88		1,89	4,26	0,65	19,69		19,48	3,15	
85	„ mit Beifutter, October .	„	88,95	2,62		3,44	4,30	0,69	23,71		31,13	3,79	
	Shorthorns-Kühe:												
86	Reichliche Winterfütterung, Milch von 9 Kühen . . .	18 66/67	87,36	3,33		3,54	5,02	0,75	26,34		28,06	4,21	*J. Lehmann*[4])
87	desgl. Milch von 7 Kühen . .	„	86,66	3,61		4,17	4,80	0,76	27,06		31,26	4,33	
88	Grünklee + 2 kg Kleie, Milch von 7 Kühen	„	86,48	3,84		4,01	4,93	0,74	28,40		30,66	4,54	
89	Grünklee ohne Beifutter, Milch von 2 Kühen	„	86,94	3,55		4,07	4,65	0,79	27,18		31,16	4,35	
90	desgl. Milch von 2 Kühen . .	„	86,20	3,42		4,54	5,13	0,71	24,78		32,90	3,96	
91	Grünklee + 3 kg Kleie, Milch von 2 Kühen	„	85,83	4,20		4,61	4,56	0,80	29,64		32,53	4,74	
92	desgl. Milch von 2 Kühen . .	„	85,75	3,99		4,78	4,70	0,78	28,00		33,55	4,48	
	Holländer Kühe:												
93	Reichliche Winterfütterung, Milch von 9 Kühen . . .	„	88,36	3,27		3,11	4,49	0,77	28,09		26,72	4,49	
94	desgl. Milch von 7 Kühen . .	„	87,98	3,28		3,29	4,75	0,70	26,74		26,82	4,28	

1) Vergl. Anmerkung 2) Seite 301.

2) No. 77—82. Aug. Völcker. Journ. R. Agric. Soc. England 1863. 309. Die untersuchte Milch war das Gemenge von Morgen- u. Abendmilch, in deren Zusammensetzung kein wesentlicher Unterschied bemerkbar war. Der Ertrag an Milch pro Tag und pro 3 Stück Kühe waren:

reine Shorthorns			Shorthorn-Kreuzung		
18/9	24/9	2/10	18/9	24/9	2/10
27,9	27,5	27,0	29,5	26,4	27,9 l

3) No. 83—85. Aug. Völcker. Ebendas. 1861. 33. 1863. 302. Die Kühe wurden von Mai bis Ende October geweidet u. erhielten während des Octobers ein Beifutter von Rüben, Schrot u. Heu, im September dagegen war die Weide arm u. übersetzt, so dass die Kühe ärmlich ernährt wurden. Die Zusammensetzung bezieht sich auf Morgen- u. Abendmilch.

4) No. 86—99. J. Lehmann. Der „Landwirth" 1869. 1. Die Winterfütterung bestand für den Kopf u. Tag aus 40 kg Runkeln, 2 Rapskuchen, 2 kg Roggenkleie, 5 kg Wiesenheu u. 9 kg Häcksel u. Spreu nebst Salz. Die untersuchten Milchproben repräsentirten stets die Gesammtmilch eines Tages.

No.	Bemerkungen	Jahr der Untersuchung	In der ursprünglichen Substanz: Wasser %	Casein %	Albumin %	Fett %	Zucker %	Salze %	In der Trocken-Substanz: Casein %	Albumin %	Fett %	N. in der Trocken-Substanz %	Analytiker
95	Grünklee + 2 kg Kleie, Milch von 7 Kühen	1866/67	88,30	2,95		3,24	4,83	0,68	25,21		27,69	4,03	*J. Lehmann*[1]
96	Grünklee ohne Beifutter, Milch von 2 Kühen	„	88,00	2,89		3,40	5,04	6,67	24,28		28,33	3,88	
97	desgl. Milch von 2 Kühen . .	„	88,56	2,78		3,34	4,62	0,70	24,30		29,19	3,89	
98	Grünklee + 3 kg Kleie, Milch von 2 Kühen	„	87,60	2,93		3,68	5,11	0,68	23,63		29,68	3,78	
99	desgl. Milch von 2 Kühen . .	„	88,81	2,79		3,55	4,14	0,71	24,93		31,83	3,99	
	Shorthorn-Kühe:												
100	Bei beregnetem Grünklee . .	„	87,03	3,59		3,72	4,91	0,75	27,68		28,68	4,43	*derselbe*[2]
101	„ trocknem „ . .	„	86,57	3,48		4,31	4,89	0,75	25,88		32,09	4,14	
	Holländer Kühe:												
102	„ beregnetem Grünklee . .	„	88,65	2,83		2,98	4,85	0,69	25,14		26,62	4,02	
103	„ trocknem „ . .	„	88,29	2,83		3,37	4,83	0,68	24,17		28,78	3,87	
	Protein i. Futter — Nährstoffverhältniss = 1 :			Milchzucker			Protein + Salze		Milchzucker				
104	Drei Kühe der Holländer Rasse, Einfluss steigender Menge von Protein im Futter: 2,20 kg — 5,00	1868	88,00	4,42		3,07	4,42		36,83		25,58	—	*Wolff, Funke u. Kreuzhage*[3]
105	2,29 „ — 5,43	„	„	4,42		3,00	4,42		36,83		25,00	—	
106	2,89 „ — 4,22	„	„	4,52		3,12	4,36		37,67		26,00	—	
107	3,51 „ — 3,39	„	„	4,01		3,07	4,92		33,42		25,58	—	
108	3,79 „ — 3,27	„	„	4,37		3,08	4,55		36,42		25,67	—	
109	3,04 „ — 3,75	„	„	3,84		3,10	5,06		32,08		25,83	—	
110	3,77 „ — 3,36	„	„	3,93		3,04	5,03		32,75		25,33	—	
111	4,09 „ — 3,20	„	„	3,89		3,06	5,05		32,42		25,50	—	
112	2,68 „ — 4,78	„	„	4,03		3,13	4,84		35,82		26,08	—	
	Kuh 1:			Cas. | Alb.					Casein | Alb.				
113	Reiche Fütterung	1870	„	2,73		3,37	—		22,75		—	3,64	*M. Fleischer*[4]
114	Arme „	„	„	2,60		3,50	—		21,67		—	3,47	
115	„ „ + Oel . .	„	„	2,54		3,44	—		21,17		—	3,39	
116	„ „ + Bohnenschrot	„	„	2,63		3,17	—		21,92		—	3,51	
117	Reiche (Grün-) Fütterung . .	„	„	2,74		3,15	—		22,83		—	3,65	

[1]) Vergl. Anmerkung [4]) Seite 302.

[2]) No. 100—103. J. Lehmann. Wilda's landwirthsch. Centralbl. 1869. 2. 285.

[3]) No. 105—112. Em. Wolff, Funke u. Kreuzhage. „Die Versuchsstation Hohenheim." Berlin 1870, auch „Württembergisches Wochenblatt für Land- u. Forstwirthschaft" 1869. No. 29. Nach üblicher Vorfütterung erhielten 3 Kühe der Holländer Rasse vom

	Wiesenheu	Kleeheu	Runkeln	Bohnenschrot	u. ergaben täglich Milch	u. darin Trockensbstz.
18/2—28/2	18,8	—	53,5	— Pfd.	18,0 Pfd.	11,38 %
2/3—10/3	9,3	9,5	53,5	— „	18,1 „	11,43 „
11/3—20/3	—	19,1	53,4	— „	18,2 „	11,46 „
21/3—28/3	—	21,1	52,2	— „	17,9 „	11,61 „
29/3—8/4	—	18,1	52,7	— „	16,8 „	11,71 „
9/4—14/4	—	17,4	52,7	1,57 „	16,6 „	— „
15/4—24/4	—	17,6	51,7	2,77 „	16,6 „	11,50 „
25/4—2/5	—	16,3	51,8	4,62 „	16,5 „	11,88 „
3/5—22/5	17,6	—	51,6	1,83 „	15,5 „	11,84 „

Die Milch wurde in jeder Periode 3 bis 6 mal an aufeinanderfolgenden Tagen, Abend- u. Morgenmilch gemischt, untersucht. Die Ergebnisse der Untersuchung sind auf Milch von 12 % Trockensubstanz berechnet.

[4]) Vergl. Anmerkung [1]) Seite 304.

No.	Bemerkungen	Jahr der Untersuchung	In der ursprünglichen Substanz						In der Trocken-Substanz			N. in der Trocken-Substanz	Analytiker
			Wasser	Casein	Albumin	Fett	Zucker	Salze	Casein	Albumin	Fett		
			%	%	%	%	%	%	%	%	%	%	
	Kuh 2:												
118	Reiche Fütterung	1870	88,00	2,94		3,55	—	—	24,50		—	3,92	*M. Fleischer*[1]
119	Arme „	„	„	2,70		3,61	—	—	22,50		—	3,60	
120	„ „ + Oel . .	„	„	2,59		3,50	—	—	21,58		—	3,45	
121	„ „ + Leinsamen	„	„	2,63		3,33	—	—	21,92		—	3,51	
122	Reiche (Grün-) Fütterung . .	„	„	2,87		3,50	—	—	23,92		—	3,83	
	Kuh I:												
123	Grüner Rothklee { Morgenm.	1867	„	2,19	0,44	2,61	4,58	—	18,25	3,67	—	3,51	*G. Kühn*[2]
124	Grüner Rothklee { Mittgm.	„	„	2,33	0,46	4,49	4,55	—	19,42	3,83	—	3,70	
125	Grüner Rothklee { Abendm.	„	„	2,35	0,45	4,13	4,70	—	19,58	3,74	—	3,73	
	Kuh II:												
126	Grüner Rothklee { Morgenm.	„	„	2,41	0,31	3,67	4,62	—	20,08	2,58	—	3,63	
127	Grüner Rothklee { Abendm.	„	„	2,59	0,38	3,79	4,77	—	21,58	3,17	—	3,96	
	Kuh I:												
128	desgl. + Strohhäcksel { Morgenm.	„	„	2,31	0,44	2,59	4,96	—	19,25	3,67	—	3,67	
129	desgl. + Strohhäcksel { Mittgm.	„	„	2,42	0,40	4,53	5,33	—	20,17	3,33	—	3,76	
130	desgl. + Strohhäcksel { Abendm.	„	„	2,40	0,34	3,75	5,37	—	20,00	2,83	—	3,65	
	Kuh II:												
131	{ Morgenm.	„	„	2,39	0,33	3,53	4,30	—	19,92	2,75	—	3,63	
132	{ Abendm.	„	„	2,35	0,39	2,84	—	—	19,58	3,25	—	3,65	

[1]) No. 113—122. M. Fleischer. Journ. f. Landwirthsch. 1871. 371 u. 1872. 395. Zu dem Versuche über die Frage, ob bei sehr verschiedener Fütterungsweise u. bei wesentlicher Aenderung im Ernährungszustande der Thiere die mittlere Zusammensetzung der Milch constant bleibt oder in irgend einer Richtung bestimmte Differenzen zeigt, dienten 2 Kühe der Simmenthaler Rasse, von denen Kuh 1, $10^{1}/_{4}$ Jahr alt, am $^{24}/_{12}$ 69, die Kuh 2, $3^{3}/_{4}$ Jahr alt, am $^{1}/_{1}$ 70 gekalbt hatte. Nach üblicher Vorfütterung erhielten die Kühe an Futter:

	Milchertrag Kuh 1	Milchertrag Kuh 2	in der Milch Trockensubstanz Kuh 1	in der Milch Trockensubstanz Kuh 2
1) als reiches Futter 21 kg Kleeheu, 35 kg Runkeln u. 3 kg Gersteschrot . . .	26,7	23,5 Pfd.	12,31	13,26 %
2) „ armes „ 8 „ „ 40 „ „ „ 10,5 kg Gerstestroh . . .	18,1	16,6 „	12,00	12,62 „
3) kam hinzu 1 Pfd. Oel, anfänglich Rüböl, später Leinöl	17,7	16,1 „	11,84	12,16 „
4) „ „ anstatt Oel 2 kg Bohnenschrot, Kuh 2 jedoch Leinsamen	18,3	17,7 „	11,38	12,15 „
5) wurde sehr reichlich u. intensiv gefüttert mit grünem Klee neben etwas Kleeheu, ausserdem 8 kg Gersteschrot u. 2 kg Bohnenschrot	20,2	18,8 „	12,28	12,51 „

Die Abend- u. Morgenmilch wurde gemischt untersucht. Trockensubstanz: Milch mit Sand gemischt im H-Strom getrocknet.

[2]) No. 123—132. G. Kühn. Versuchs-St. Möckern. Amtsbl. f. d. landw. Verein Königr. Sachsen 1868. 68. Zwei Kühe erhielten geschnittenen, im Beginn der Blüthe befindlichen Rothklee, soviel sie davon fressen wollten.

Die Thiere frassen in der Zeit vom 10. bis 22. Juli:

	Grünklee Kuh I	Grünklee Kuh II	Kleetrockensubstanz Kuh I	Kleetrockensubstanz Kuh II	und producirten Milch Kuh I	und producirten Milch Kuh II
als Maximum	149,4 Pfd.	113,0 Pfd.	31,3 Pfd.	24,8 Pfd.	27,16 Pfd.	17,72 Pfd.
„ Minimum	112,4 „	82,0 „	24,1 „	18,0 „	24,89 „	15,90 „
im Mittel pro Tag . . .	130,3 „	93,5 „	27,43 „	19,65 „	26,33 „	16,53 „

Die Milch wurde am 17., 19. und 22. Juli untersucht.

Bei der zweiten Periode wurde von den Thieren in den 7 Versuchstagen

im Mittel verzehrt	Kuh I	Kuh II	an Milch producirt	Kuh I	Kuh II
Klee-Trockensubstanz	19,71 Pfd.	12,96 Pfd.	pro Tag	22,58 Pfd.	13,47 Pfd.
Stroh- „	4,83 „	3,00 „			
	24,54 „	15,96 „			

Bei den Untersuchungen von G. Kühn wurde die Trockensubstanz in Liebig'schen Trockenröhren im Wasserbade unter Durchleiten von Wasserstoff bestimmt. Zur Bestimmung des Fettes wurden 20 CC. Milch auf feingepulvertem Marmor unter stetem Umrühren im Wasserbade zur Trockne gebracht, der Rückstand fein zerrieben und bis zur Erschöpfung mit Aether extrahirt. Die Bestimmung des Caseins und Albumins erfolgte nach der Methode von Hoppe-Seyler (siehe Anm. S. 264) nur mit dem Unterschiede, dass nicht mit dem 19- sondern nur mit dem 11-fachen Wasser verdünnt wurde. Zur Bestimmung des Milchzuckers wurden 25 CC. Milch coagulirt, auf 500 CC. gebracht und in einem aliquoten Theil des Filtrats der Milchzucker mit Fehling'scher Lösung titrirt.

No.	Bemerkungen		Spec. Gewicht	Jahr der Untersuchung	In der ursprünglichen Substanz: Wasser %	Casein %	Albumin %	Fett %	Zucker %	Salze %	In der Trocken-Substanz: Casein %	Albumin %	Fett %	N. in der Trocken-Substanz %	Analytiker
133	Grüner Klee mit Gerstenstroh, 1/4 der Trockensubstanz bestand aus Stroh (Abth. I, Periode I)	12. Juni	1,0297	1886	87,02	2,67	0,37	4,18	—	—	20,59	2,85	32,20	3,75	G. Kühn, M. Fleischer u. A. Striedter[1]
134		16. „	1,0297	„	86,97	2,75	0,37	4,05	—	—	21,10	2,77	31,08	3,82	
135		21. „	1,0292	„	86,82	2,79	0,33	4,08	4,55	—	21,17	2,50	30,95	3,79	
136		1. Juli	1,0307	„	86,69	2,76	0,36	3,95	4,59	—	20,74	2,70	29,67	3,75	
137		2. „	1,0301	„	87,40	2,75	0,34	3,82	4,51	—	21,83	2,70	30,32	3,93	
138		Mittel		„	86,67	2,74	0,39	4,02	4,55	—	21,03	2,99	30,85	3,84	
139	Grünklee ad libitum (Abth. I, Periode II)	15. Juli	1,0295	„	86,47	2,79	0,36	4,41	4,40	—	20,62	2,66	32,59	3,73	
140		17. „	1,0313	„	86,66	2,64	—	4,25	4,42	—	19,79	—	31,86	—	
141		23. „	1,0305	„	—	2,64	0,28	—	—	—	—	—	—	—	
142		27. „	1,0300	„	86,73	2,95	0,30	4,06	4,49	—	22,23	2,26	30,60	3,92	
143		28. „	1,0297	„	86,49	2,86	—	4,33	—	—	21,17	—	32,05	—	
144		Mittel		„	86,59	2,77	0,31	4,26	4,44	—	20,66	2,31	31,77	3,68	
145	Grüner Klee mit Gerstenstroh, 1/3 der Trockensubstanz bestand aus Stroh (Abth. II, Periode I)	12. Juni	1,0309	„	87,45	2,52	—	3,55	—	—	20,08	3,03	28,29	3,70	
146		17. „	1,0303	„	87,41	2,62	—	3,66	—	—	20,81	2,62	29,07	3,75	
147		21. „	1,0292	„	87,24	2,44	4,63	3,79	4,63	—	19,12	2,82	29,70	3,51	
148		1. Juli	1,0307	„	87,43	2,49	4,80	3,62	4,80	—	19,81	2,71	28,80	3,60	
149		2. „	1,0287	„	87,50	2,52	4,77	3,62	4,77	—	20,16	2,56	28,96	3,64	
150		Mittel		„	87,41	2,52	4,73	3,65	4,73	—	20,02	2,70	28,99	3,64	
151	Grünklee ad libitum (Abth. II, Periode II)	15. Juli	1,0300	„	87,05	2,60	4,55	3,98	4,55	—	20,08	2,47	30,73	3,61	
152		17. „	1,0303	„	87,18	2,46	4,71	3,91	4,71	—	19,19	2,73	30,50	3,51	
153		18. „	1,0298	„	—	—	—	3,99	—	—	—	—	—	—	
154		23. „	1,0305	„	—	2,50	—	—	—	—	—	—	—	—	
155		27. „	1,0301	„	87,22	2,38	4,61	3,84	4,61	—	18,62	2,50	30,05	—	
156		28. „	1,0301	„	87,22	2,67	—	3,68	—	—	20,89	2,97	28,80	—	
157		Mittel		„	87,17	2,52	4,62	3,88	4,62	—	19,64	2,65	32,24	—	
	Kuh 1:	Nährstoffverhältniss 1: roh	verdaut												
158	Wiesenheu	6,4	12,3	„	88,00	2,20	0,39	4,09	4,58	(0,74)	18,33	3,25	34,08	3,43	G. Kühn u. M. Fleischer[2]
159	„ + Rapsmehl	4,6	7,4	„	„	2,36	0,47	3,78	4,50	(0,89)	19,57	3,92	31,50	3,76	
160	„ + Stärke	8,0	16,3	„	„	2,43	0,41	3,88	4,24	(1,04)	20,25	3,42	32,33	3,79	

[1]) No. 133—157. G. Kühn, M. Fleischer u. A. Striedter. Journ. f. Landwirthsch. 16. 1869. Vier Kühe wurden in 2 Abtheilungen von nahezu gleichem Gewicht (Abth. I. 1800 Pfd., Abth. II. 1600 Pfd.) gebracht. Es wurde immer die Abendmilch mit der Milch vom folgenden Morgen vereinigt untersucht, so dass die Milch, welche als Milch am 12. Juni aufgeführt ist, z. B. vom Abend des 12. und vom Morgen des 13. Juni herrührt. Auf Milch von 12 % Trockensubstanz berechnet ergiebt sich nachstehende mittlere Zusammensetzung der Milch:

	Fett	Casein	Albumin	Zucker
Abth. I Periode I . . .	3,70	2,53	0,32	4,19
„ I „ II . . .	3,81	2,52	0,30	3,98
„ II „ I . . .	3,48	2,40	0,33	4,50
„ II „ II . . .	3,61	2,36	0,32	4,32

Es konnte das Mittel aus den Summen sämmtlicher Analysen einer Periode ohne vorherige Berechnung der an den einzelnen Untersuchungstagen ausgeschiedenen absoluten Menge eines jeden Bestandtheiles abgeleitet werden, weil die Menge der Milch, welche an den Untersuchungstagen im Mittel ausgeschieden wurde, mit dem Gesammtmittel der Perioden genau übereinstimmt.

[2]) Vergl. Anmerkung [1]) Seite 306.

No.	Bemerkungen	Nährstoffverhältniss 1: roh	verdaut	Jahr der Untersuchung	In der ursprünglichen Substanz: Wasser %	Casein %	Albumin %	Fett %	Zucker %	Salze %	In der Trocken-Substanz: Casein %	Albumin %	Fett %	N. in der Trocken-Substanz %	Analytiker
161	Wiesenheu + Oel	8,0	—	1868	88,00	2,46	0,39	3,82	4,61	(0,72)	20,50	3,25	31,83	3,80	G. Kühn u. M. Fleischer[1])
162	„	6,4	—	„	„	2,45	0,35	3,98	4,35	(0,87)	20,42	2,92	33,17	3,73	„
	Kuh 2:														
163	„	6,4	11,4	„	„	2,54	0,34	4,27	4,52	(0,33)	21,17	2,83	35,58	3,84	„
164	„ + Oel	8,1	13,5	„	„	2,41	0,34	3,92	4,41	(0,92)	20,08	2,83	32,67	3,67	„
165	„ + Stärke	7,9	14,3	„	„	2,59	0,33	3,87	4,56	(0,65)	21,58	2,75	32,65	3,89	„
166	„ + Bohnenschrot	5,0	7,7	„	„	2,64	0,36	4,11	4,32	(0,57)	22,00	3,00	34,25	4,00	„
167	„	6,4	11,1	„	„	2,61	0,30	4,10	4,25	(0,74)	21,75	2,50	34,17	3,88	„
168	Abth. I bei schwachem Futter			„	„	2,55	0,41	3,25	4,86	—	21,25	3,42	27,08	3,95	G. Kühn u. Biedermann[2])
169	„ „ starkem „			„	„	2,58	0,40	3,14	4,99	—	21,50	3,33	26,17	3,97	„
170	„ II „ schwachem „			„	„	2,59	0,38	3,28	4,91	—	21,58	3,17	27,33	3,96	„
171	„ „ starkem „			„	„	2,59	0,37	3,42	4,48	—	21,58	3,08	28,50	3,95	„
172	Wiesenheufutter			1874	„	2,87		3,43	4,85	—	23,92		28,58	3,83	G. Kühn, Gerver etc.[3])
173	Kleienfutter			„	„	3,00		3,44	4,81	—	25,00		28,67	4,00	„
174	Rapsmehlfutter			„	„	3,09		3,31	5,00	—	25,75		27,58	4,12	„
175	Wiesenheufutter			„	„	3,11		3,35	5,07	—	25,93		27,92	4,15	„

[1]) No. 158—167. G. Kühn u. M. Fleischer. Amtsbl. f. d. Landw. Ver. in Sachsen 1869. 55 Versuche über den Einfluss wechselnder Ernährung auf die Milchproduction. 2 Kühe (Rasse nicht benannt) erhielten je 20 Pfd. Wiesenheu als Normalfutter und darnach Zusätze wie oben angegeben. Der wirkliche Verzehr an Futter-Trockensubstanz war folgender:

	Wiesenheu	Wiesenheu	+ Rapsmehl / Bohnen	Wiesenheu	+ Stärke	Wiesenheu	+ Oel	Wiesenheu
Kuh 1	16,26	16,10	1,71 (Rapsmehl)	15,36	2,34	15,64	0,94	16,29
„ 2	16,25	16,27	2,49 (Bohnen)	15,40	2,23	15,75	1,00	

Im verdauten Antheil des Futters war das Nährstoffverhältniss: 1 : 11,1. Der Ertrag an Milch war:

	Kuh 1: 1.	2.	3.	4.	5.	Kuh 2: 1.	2.	3.	4.	5.
Brutto-Ertr.	15,26	15,30	13,00	13,59	11,83	14,03	15,10	13,45	13,76	11,76
Milch von 12 % Trockensubst.	16,30	15,62	14,30	14,09	12,16	15,99	16,75	15,08	16,17	13,87

Die Zusammensetzung der Milch ist auf 12 % Trockensubstanz berechnet und ist das Mittel der Milch von mindestens 5, höchstens 12 Tagen genommen.

[2]) No. 168—171. G. Kühn und R. Biedermann. Ebendaselbst 137. Vier Kühe erhielten, in 2 Abtheilungen gebracht, ein aus Wiesenheu, Gerstenstroh, Runkelrüben und Rapskuchen zusammengesetztes Futter in wechselnden Mengen des Gesammtfutters (ohne Erhöhung der Strohration), so dass also die Menge des Futters, nicht aber das Nährstoffverhältniss des Futters (1 : 5 wesentlich) geändert wurde.

	Abth. 1 schwach F.	stark F.	Abth. 2 schwach F.	stark F.
Der Milchertrag war folgender, brutto	38,0	38,0	33,0	35,0 Pfd.
auf Milch von 12 % Trockensbst. . .	38,0	39,6	34,8	35,0 „

Die Zusammensetzung der Milch ist auf Milch von 12 % Trockensubstanz berechnet. Der Nährstoffverzehr auf 1000 Pfd. Lebendgewicht war folgender:

Abth. I.	nh.	nfr.	Fett	Holzfaser	Abth. II.	nh.	nfr.	Fett	Holzfaser
schwach. F.	2,49	10,90	0,73	6,43	stark	2,73	11,53	0,77	6,23
stark. F.	2,94	12,27	0,83	6,99	schwach	2,22	9,78	0,63	5,50

[3]) No. 172—175. G. Kühn, F. Gerver, E. Wackwarth und E. Kisielinski. Sächs. Landw. Ztschr. 1875. 153. Zu Versuchen über den Einfluss der Ernährung auf die Milchproduction dienten 4 „Dessauer“ Kühe, welche zwischen Mitte Juli und Mitte August gekalbt hatten (wann aber der Versuch begann, ist nicht ersichtlich). Dieselben erhielten in der 1. und 4. Periode eine „Normalration“, bestehend pro 500 kg Lebendgewicht aus 4 kg Wiesenheu, 2 kg Kleeheu, 20 kg Kartoffeln, 5,5 kg Spreu und Stroh und 0,5 kg Erbsenschrot. In den dazwischen liegenden Perioden 2 und 3 wurde das Wiesenheu aus der Ration weggelassen und einmal durch Roggenkleie (2. Per.), das andere Mal durch entöltes Rapsmehl in Verbindung mit so viel Roggenstroh ersetzt, als zur Sättigung nothwendig war. (Roggenkleie 1,63, Rapsmehl 0,64 kg.) An Milch wurde erhalten auf 12 % Trockensubstanz bezogen) im Durchschnitt der 4 Thiere

Periode	1	2	3	4
	8,46 kg	7,99 kg	7,41 kg	7,67 kg

No.	Bemerkungen	Jahr der Untersuchung	In der ursprünglichen Substanz: Wasser %	Casein %	Albumin %	Fett %	Zucker %	Salze %	In der Trocken-Substanz: Casein %	Albumin %	Fett %	N. in der Trocken-Substanz %	Analytiker
	I. Reihe:												
176	Holländer Kuh 1: 33 Tage knappe Normalration	1870	88,00	2,40	0,31	3,21	5,24	—	20,00	2,58	26,75	3,61	G. Kühn, Haase u. Bäsecke[1]
177	21 Tage dieselbe + 1,5 kg Bohnenschrot	„	„	2,39	0,26	3,32	5,21	—	19,92	2,17	27,66	3,53	
178	20 Tage dieselbe + 3,0 kg Bohnenschrot	„	„	2,49	0,25	3,40	4,97	—	20,75	2,08	28,33	3,65	
179	41 Tage dieselbe	„	„	2,45	0,26	3,28	5,03	—	20,42	2,17	27,33	3,61	
180	Holländer K. 2: 33 Tage knappe Normalration	„	„	2,68	0,42	3,04	5,20	—	22,33	3,50	25,33	4,13	
181	34 Tage dieselbe + 3,0 kg Bohnenschrot	„	„	2,73	0,39	3,08	4,86	—	22,75	3,25	25,67	4,16	
182	48 Tage dieselbe	„	„	2,67	0,37	3,01	4,83	—	22,24	3,08	25,08	4,05	
183	Allgäuer Kuh: 33 Tage knappe Normalration	„	„	2,57	0,57	3,23	4,54	—	21,42	4,75	26,72	4,19	
184	21 Tage dieselbe + 3 kg Bohnenschrot	„	„	2,61	0,51	3,36	4,52	—	21,75	4,25	28,00	4,16	
185	20 Tage dieselbe + 3 kg Bohnenschrot + 0,5 kg Rüböl	„	„	2,66	0,48	3,31	4,41	—	22,17	4,00	27,58	4,19	
186	41 Tage dieselbe	„	„	2,62	0,45	3,34	4,49	—	21,83	3,75	27,83	4,09	
187	Voigtländer Kuh: 33 Tage knappe Normalration	„	„	2,59	0,41	3,21	4,99	—	21,58	3,42	26,75	4,00	
188	21 Tage dieselbe + 1,5 kg Bohnenschrot	„	„	2,62	0,37	3,24	4,64	—	21,83	3,08	27,00	3,99	
189	20 Tage dieselbe + 30 kg Bohnenschrot	„	„	2,71	0,38	3,24	4,48	—	22,58	3,17	27,00	4,12	
190	41 Tage dieselbe	„	„	2,67	0,38	3,27	4,46	—	22,24	3,17	27,25	4,07	
	II. Reihe:												
191	Kuh 1: Normalfutter	1871	„	2,25	0,25	3,33	5,08	—	18,75	2,08	27,75	3,33	G. Kühn, Aarland, Dietzell etc.[2]
192	„ + Palmkernmehl 3 kg .	„	„	2,26	0,24	3,81	4,76	—	18,83	2,00	31,75	3,33	
193	„ + Bohnenmehl 3 kg .	„	„	2,38	0,26	3,51	5,03	—	19,83	2,17	29,25	3,52	
194	12,5 kg Wiesenheu . . .	„	„	2,36	0,23	3,46	5,27	—	19,57	1,92	28,84	3,44	
195	desgl. + 3,0 kg Palmkernmehl	„	„	2,38	0,24	3,76	5,08	—	19,83	2,00	31,33	3,49	

[1]) No. 176—190. G. Kühn, A. Haase und H. Bäsecke. Journ. f. Landw. 1874. 175 u. 191. Die knappe Normalration enthielt pro Tag und Kopf der annähernd 500 kg schweren Thiere 10,5 kg Trockensubstanz, 0,9 kg nh. Stoffe, 6,0 kg nfr. Extraktstoffe, 0,25 kg Fett, 2,8 kg Rohfaser, und bestand aus 8,5 kg Wiesenheu, 1,5 kg Gerstenstroh und 17,5 kg Runkelrüben nebst etwas Salz. Der Versuch begann am 17./1. 70 und hatte Kuh 1 am 17./12. 69, Kuh 2 am 7./12. 69, Kuh 3 am 15./11. 69 und Kuh 4 am 19./12. 69 gekalbt, waren demnach frischmilchend.

[2]) No. 191—199. G. Kühn, G. Aarland, H. Bäsecke, B. Dietzell, A. Haase und A. Schmidt. Zum Versuche dienten die beiden Holländer Kühe des vorigen Versuchs, welche am 23./1. 71 und 20./1. 70 gekalbt hatten und am 7. Februar eingestellt wurden. Die Normalration bestand in 8,5 kg Wiesenheu, etwas später nur noch 7,5 kg Wiesenheu, 1,5 kg Gerstenstroh und 17,5 kg Rüben.

No.	Bemerkungen	Jahr der Untersuchung	In der ursprünglichen Substanz: Wasser %	Casein %	Albumin %	Fett %	Zucker %	Salze %	In der Trocken-Substanz: Casein %	Albumin %	Fett %	N. in der Trocken-Substanz %	Analytiker
196	Kuh 2: Normalfutter	1871	88,00	2,24	0,30	3,44	4,98	—	18,67	2,50	28,67	3,39	G. Kühn, Aarland, Dietzell etc.[1])
197	Kuh 2: desgl. + 3 kg Palmkernmehl	„	„	2,40	0,31	3,44	4,69	—	20,00	2,58	28,67	3,61	
198	Kuh 2: desgl. + 3 kg Bohnenschrot	„	„	2,47	0,35	3,15	5,10	—	20,58	2,92	26,25	3,76	
199	Kuh 2: 12,5 kg Wiesenheu . . .	„	„	2,48	0,31	3,30	5,16	—	20,67	2,58	27,50	3,72	
	III. Reihe:												
200	K. 5 „Dessauer“: Normalfutter	$18\frac{72}{73}$	„	3,01		3,29	4,97	—	25,08		27,42	4,01	dieselben[2])
201	K. 5 „Dessauer“: „ + 1,5 kg Palmkernmehl . .	„	„	3,00		3,65	4,70	—	25,00		30,42	4,00	
202	K. 5 „Dessauer“: „ + 30 kg Palmkernmehl . .	„	„	3,07		3,81	4,37	—	25,58		31,75	4,09	
203	Kuh 6 „Dessauer“: „	„	„	2,71		3,26	5,26	—	22,58		27,17	3,61	
204	Kuh 6 „Dessauer“: „ + 1,5 kg Palmkernmehl . .	„	„	2,72		3,35	5,21	—	22,67		27,90	3,63	
205	Kuh 6 „Dessauer“: „ + 1,0 kg Malzkeime . . .	„	„	2,78		3,23	5,19	—	23,17		26,92	3,71	
206	Kuh 6 „Dessauer“: Normalration	„	„	2,64		3,31	5,37	—	22,00		27,58	3,52	
207	Kuh 6 „Dessauer“: „ + 2 kg Malzkeime . . .	„	„	2,77		3,32	4,98	—	23,08		27,66	3,69	
208	Kuh 7 „Voigtländer“: „	„	„	3,00		3,65	4,62	—	25,00		30,42	4,00	
209	Kuh 7 „Voigtländer“: „ + 1,5 kg Palmkernmehl . .	„	„	3,05		3,79	4,46	—	25,42		31,58	4,07	
210	Kuh 7 „Voigtländer“: „ + 1,0 kg Malzkeime . . .	„	„	3,19		3,72	4,58	—	26,58		31,00	4,25	
211	Kuh 7 „Voigtländer“: „	„	„	3,07		3,75	4,44	—	25,58		31,25	4,09	
212	Kuh 7 „Voigtländer“: „ + 3,0 kg Palmkernmehl . .	„	„	3,13		4,07	4,02	—	26,09		33,92	4,17	
213	Kuh 8 „Voigtländer“: „	„	„	2,87		3,54	4,71	—	23,92		29,50	3,83	
214	Kuh 8 „Voigtländer“: „ + 1,5 kg Palmkernmehl . .	„	„	3,08		3,65	4,59	—	25,67		30,42	4,11	
215	Kuh 8 „Voigtländer“: „ + 1,0 kg Malzkeime . . .	„	„	3,11		3,55	4,47	—	25,92		29,58	4,15	
216	Kuh 8 „Voigtländer“: „	„	„	2,93		3,61	4,56	—	24,42		30,08	3,91	
217	Kuh 8 „Voigtländer“: „ + 2,0 kg Malzkeime . . .	„	„	3,04		3,67	4,34	—	25,33		30,57	4,05	
218	Bei übermässiger Fütterung mit Oelkuchen	1876	79,8	5,80		6,20	7,10	—	28,71		30,69	4,59	Smee[3])
219	Mit Wiesengras gefüttert 22/10 .	1873	86,20	3,20		3,00	—	0,70	23,19		21,74	3,71	derselbe[4])

[1]) Vergl. Anmerkung [2]) Seite 307.

[2]) No. 200—217. Die Vorigen. Ebendaselbst. Einrichtung des Versuchs wie vorher. Kühe No. 7 und 8 gehörten der Voigtländer Rasse an. No. 6 und 5 sind als sog. „Dessauer“ bezeichnet. No. 7 und 8 hatten 3—4 Wochen vor ihrer Einstellung gekalbt; No. 6 hatte am 9. October gekalbt und wurde am 30./11. eingestellt. Die Kühe waren demnach sämmtlich frischmilchend. Das Normalfutter bestand aus Wiesenheu, Gerstenstroh, Runkelrüben und Gerstenschrot.

[3]) No. 218. A. H. Smee, mitgetheilt von C. Petersen; Milchztg. 1876. 1699. Die Kuh (Aldernay-Brittany) war mit so grosser Menge von Oelkuchen gefüttert worden, dass die Milch unbrauchbar für den Tischgebrauch geworden. Nach dem Kochen der Milch flossen grosse Quantitäten von ranzigem Oel auf der Oberfläche.

[4]) Vergl. Anmerkung [1]) Seite 309.

No.	Bemerkungen	Spec. Gew.	Jahr der Untersuchung	In der ursprünglichen Substanz: Wasser %	Casein %	Albumin %	Fett %	Zucker %	Salze %	In der Trocken-Substanz: Casein %	Albumin %	Fett %	N. in der Trocken-Substanz %	Analytiker
220	Mit Sewage gedüngt. Gras gef. 22/10		1873	86,30	2,50		2,50	8,00	0,70	18,25		18,25	2,92	Smee[1])
221	„ Wiesengras gef. 23/10 . .		„	86,00	3,10		3,20	7,07	0,63	22,14		22,26	3,54	Smee[1])
222	„ Sewage gedüngt. Gras gef. 23/10		„	88,80	2,50		2,50	5,60	0,60	22,32		22,32	3,57	Smee[1])
223	Abthl. 1 Vor dem Versuch . . .		1872	88,00	3,61		2,96	4,65	0,78	30,08		24,67	4,81	E. Heiden, Gruber u. Brunner[2])
224	Abthl. 1 Mit gedämpften Kartoffeln .		„	„	3,38		3,02	4,85	0,75	28,17		25,17	4,51	E. Heiden, Gruber u. Brunner[2])
225	Abthl. 1 „ rohen „ .		„	„	3,22		2,99	4,95	0,84	26,83		24,92	4,29	E. Heiden, Gruber u. Brunner[2])
226	Abthl. 2 Vor dem Versuche . . .		„	„	3,18		2,89	5,16	0,77	26,47		24,08	4,24	E. Heiden, Gruber u. Brunner[2])
227	Abthl. 2 Mit rohen Kartoffeln . .		„	„	3,78		2,83	4,52	0,82	31,08		23,58	4,97	E. Heiden, Gruber u. Brunner[2])
228	Abthl. 2 „ gedämpften Kartoffeln .		„	„	3,53		2,69	4,80	0,93	29,83		22,42	4,77	E. Heiden, Gruber u. Brunner[2])
	Kuh A: (Rübenblätter-Fütterung)	Spec. Gew.												
229	Nov. 6. Abends	1,0321	1877	85,50	3,84		4,50	5,56	0,60	26,48		31,04	4,24	A. Leslerci-Mettray[3])
230	„ 7. „	1,0337	„	84,10	3,43		5,70	5,97	0,80	21,57		35,85	3,45	A. Leslerci-Mettray[3])
231	„ 8. Morgens	1,0331	„	87,56	2,90		3,20	5,74	0,60	23,31		19,32	3,73	A. Leslerci-Mettray[3])
232	„ 8. Abends	1,0340	„	85,50	3,23		4,50	6,17	0,60	22,42		31,04	3,59	A. Leslerci-Mettray[3])
233	„ 9. Morgens	1,0350	„	86,20	3,53		3,60	6,17	0,50	25,58		26,09	4,09	A. Leslerci-Mettray[3])
234	„ 9. Abends	1,0331	„	86,60	3,23		4,00	5,77	0,40	25,10		29,85	4,02	A. Leslerci-Mettray[3])
235	„ 10. Morgens	1,0359	„	85,70	3,83		4,00	6,17	0,30	26,78		27,97	4,28	A. Leslerci-Mettray[3])
236		Mittel	„	85,88	3,43		4,21	5,94	0,54	24,46		28,74	3,91	A. Leslerci-Mettray[3])
	Kuh B: (Rübenblätter-Fütterung)													
237	Nov. 6. Abends	1,0302	„	84,88	4,42		4,92	5,18	0,60	29,23		32,54	4,68	A. Leslerci-Mettray[3])
238	„ 7. „	1,0310	„	85,92	4,49		3,68	5,27	0,64	31,89		26,14	5,10	A. Leslerci-Mettray[3])
239	„ 8. Morgens	1,0316	„	88,60	2,52		2,80	5,38	0,70	22,11		24,56	3,54	A. Leslerci-Mettray[3])
240	„ 8. Abends	1,0312	„	87,30	3,84		2,80	5,46	0,60	30,24		22,07	4,84	A. Leslerci-Mettray[3])
241	„ 9. Morgens	1,0338	„	88,80	3,64		1,20	5,96	0,40	32,50		10,71	5,20	A. Leslerci-Mettray[3])
242	„ 9. Abends	1,0321	„	89,10	2,43		2,80	5,27	0,40	22,29		25,69	3,57	A. Leslerci-Mettray[3])
243	„ 10. Morgens	1,0326	„	88,18	4,84		1,30	5,46	0,30	40,95		11,00	6,55	A. Leslerci-Mettray[3])
244		Mittel	„	87,54	3,74		2,79	5,43	0,54	29,89		21,82	4,78	A. Leslerci-Mettray[3])
245	Die Kühe weideten auf gedüngter Alpweide, Mittel von 5 Tagen		„	87,08	2,70		4,06	5,37	0,87	20,90		31,42	3,34	Eugling u. v. Klenze[4])
246	desgl. auf ungedüngter Alpweide, Mittel von 5 Tagen . . .		„	87,30	2,80		3,97	5,10	0,80	21,95		31,31	3,51	Eugling u. v. Klenze[4])

[1]) No. 219—222. Derselbe; ebendaselbst. Zwei Shorthorn-Kühe, die in der Qualität ihrer Milch ziemlich gleich waren, wurden gefüttert, die eine mit gewöhnlichem Wiesengras, die andere mit Gras von der Beddington-Sewage-Farm.

[2]) No. 223—228. E. Heiden, O. v. Gruber, L. Brunner. Jahresbericht 1873/74. 92. Vier Kühe Oldenburger Rasse von durchschnittlich 560 kg Lebendgewicht erhielten neben 1 kg Rapskuchen 1,5 kg Roggenkleie, 2,5 kg Wiesenheu, 20 kg Haferstroh und 4 kg Weizenspreu, 12,5 kg Kartoffeln. Die Milch wurde an 6—7 Tagen jeder Versuchsperiode untersucht; im natürlichen Zustande hatte dieselbe nachstehenden Gehalt an Trockensubstanz:

	Abtheil. 1.			Abtheil. 2.		
Periode	1	2	3	1	2	3
	11,50	11,55	11,52	11,33	10,90	11,00

[3]) No. 229—244. A. Leslerci-Mettray. Milchztg. 1877. 311. (L'industrie laitière v. 13. Mai 1877.) Aus einer grösseren Anzahl von Kühen, die bereits seit 15 Tagen nur Runkelblätter erhalten hatten, wählte der Autor zwei aus und untersuchte die Milch zweimal täglich. Methode nicht angegeben; die grossen Schwankungen im Fettgehalte der Milch B sind vielleicht auf mangelhafte Untersuchungsmethode, vielleicht auf Verdauungsstörungen zurückzuführen.

[4]) No. 245 und 246. W. Eugling und v. Klenze. Milchztg. 7. 1878. 160. Die Milch stammte von einer Herde von 16 Stück Kühen. Nachdem dieselben bereits mehrere Tage ausschliesslich auf gedüngter Weide geweidet hatten, wurde die

No.	Bemerkungen	Nährstoff-verhältniss	Jahr der Untersuchung	In der ursprünglichen Substanz: Wasser %	Casein %	Albumin %	Fett %	Zucker %	Salze %	In der Trocken-Substanz: Casein %	Albumin %	Fett %	N. in der Trocken-Substanz %	Analytiker
247	I. Normalfutter	1 : 4,8	1877	88,30	—	—	3,25	—	—	—	—	27,88	—	W. Kirchner[1])
248	II. desgl. u. Rüben	1 : 4,3	„	88,14	—	—	3,33	—	—	—	—	28,09	—	
249	III. desgl. + 0,25 kg Erdnusskuchen	1 : 4,5	„	87,93	—	—	3,43	—	—	—	—	28,42	—	
250	IV. desgl. + 0,5 kg Erdnusskuchen + 0,5 kg Stärke	1 : 4,5	„	88,07	—	—	3,34	—	—	—	—	28,00	—	
251	V. Normalfutter	1 : 4,3	„	88,00	—	—	3,33	—	—	—	—	27,75	—	
252	Weidegang, Milch von 4 Tagen		1878	86,71	—	—	4,19	—	—	—	—	23,15	—	derselbe[2])
253	Stallfütterung mit Rübenblättern, desgl.		„	87,00	—	—	3,92	—	—	—	—	22,46	—	
254	Normalfutter	1 : 5,3	1879	88,25	—	—	3,53	—	—	—	—	29,04	5,29	derselbe[3])
255	0,5 kg Erdnusskuchen (+ Stärke)	1 : 4,9	„	88,30	—	—	3,26	—	—	—	—	27,86	4,26	
256	1,0 kg Erdnusskuchen (+ Stärke)	1 : 4,8	„	88,28	—	—	3,32	—	—	—	—	28,33	4,51	
257	Normalfutter	1 : 5,3	„	88,31	—	—	3,19	—	—	—	—	27,29	4,17	
258	„	1 : 5,1	1880	88,56	—	—	3,16	—	—	—	—	27,62	4,04	M. Schrodt[4])
259	„ + Reismehl 1,5 kg	1 : 5,3	„	88,57	—	—	2,89	—	—	—	—	24,58	3,37	

Milch derselben an 5 auf einander folgenden Tagen untersucht. Dann wurde auf ungedüngte Weide übergegangen und 5 Tage ebenso verfahren. Die Schwankungen an Wasser- und Fettgehalt waren an den 5 Tagen

	Wasser Max.	Wasser Min.	Fett Max.	Fett Min.
beim Weiden auf gedüngter Weide	87,44	86,55	4,65	3,73
„ „ „ ungedüngter „	87,72	86,95	4,08	3,70

[1]) No. 247—251. W. Kirchner. Milchztg. 7. 1878. 465. Die Fütterung bestand durchgehends aus Kleeheu, Haferstroh, Weizenkleie, Bohnenschrot und von der zweiten Periode an auch aus Rüben. In der dritten Periode kamen noch 0,25 kg Erdnusskuchen und in der vierten 0,5 kg Erdnusskuchen und 0,5 kg Stärke pro Tag und Stück hinzu. Der Versuch wurde mit 5 Kühen ausgeführt; an Milch wurde täglich erhalten in der Periode

I	II	III	IV	V
59,2 kg	53,2 kg	50,7 kg	50,1 kg	46,5 kg

Die Milch wurde in jeder Woche an 3 Tagen (Morgenmilch und Abendmilch getrennt) untersucht. Aus den einzelnen Analysen berechneten wir obige Mittelzahlen.

[2]) No. 252—253. W. Kirchner. Milchztg. 7. 1878. 653. Vier Kühe, die längere Zeit zur Weide gegangen, erhielten, nachdem sie am 27. September in den Stall gebracht waren, ein aus 25 kg Rübenblättern, 0,5 kg Erdnusskuchen und ca. 10 kg Rauhfutter bestehendes Futter. Die angegebene Zusammensetzung der Milch ist das aus grösseren Analysenreihen berechnete Mittel.

An Milch wurde erzielt: bei Weidegang für den Tag 16,3 kg Milch, darin Trockensubst. 2,16 kg u. 0,68 kg Fett,
„ „ „ „ „ 19,85 „ „ „ „ 2,58 „ „ 0,77 „ „

[3]) No. 254—257. W. Kirchner, Schrodt und du Roi. Ebendaselbst 8. 1879. 541. Die untersuchte Milch wurde gelegentlich von Fütterungsversuchen gewonnen, die eine Fortsetzung der zur Milch unter 247—251 erwähnten Versuche bilden. Die benutzten 5 Kühe waren Angler Rasse. Die angegebene Zusammensetzung der Milch bezieht sich auf Morgen- und Abendmilch und ist je das Mittel täglicher Untersuchungen während jeder Periode. Das Futter war dasselbe wie bei dem früheren Versuche.

[4]) 258—261. M. Schrodt, Ph. du Roi und H. von Peter. Milchw. Vers.-St. Kiel. Milchztg. 1880. 471. Zu dem Versuche dienten 5 Kühe der Angler Rasse im Alter von 8—12 Jahren, welche theils im November, theils im December gekalbt hatten. Der Versuch begann am 31. December 79. Das Hauptfutter bestand aus 5 kg Heu, 2 kg Haferstroh und 5 kg Rüben pro Tag und Stück. Das Beifutter wechselte in folgender Weise:

		Kleie	Rapskuchen	Reismehl
1. Periode		3,0	1,0	— kg
2. „		1,5	1,0	1,5 „
3. „	a.	—	1,0	3,0 „
„	b.	1,5	—	2,5 „
4. „		3,0	1,0	— „

Der Milchertrag war in den 4 Perioden für alle 5 Kühe 69,57 kg, 65,14 kg, 53,25 kg, 49,50 kg.

No.	Bemerkungen	Nährstoffverhältniss / Dauer der Fütterung	Jahr der Untersuchung	In der ursprünglichen Substanz: Wasser %	Casein %	Albumin %	Fett %	Zucker %	Salze %	In der Trocken-Substanz: Casein %	Albumin %	Fett %	N. in der Trocken-Substanz %	Analytiker
		Nährstoffverhältniss												
260	Normalfutter + Reismehl 3,0 kg	1 : 6,4	1880	88,83	—		2,85	—	—	—		20,51	4,46	M. Schrodt[1])
261	„	1 : 5,1	„	88,74	—		2,91	—	—	—		25,84	3,67	
262	Holländer Kuh: Grüner Klee u. grünes Gras, gleiche Theile		1875	88,59	2,77		3,55	4,38	—	33,04		31,11	4,36	A. Zanelli[2])
263	Heu + Rüben		„	88,62	3,42		2,27	5,17	—	26,63		17,68	3,84	
264	„ + Kleie		„	88,32	3,29		2,96	4,97	—	28,17		25,34	3,65	
265	„ + Leinkuchen . . .		„	88,83	2,91		2,61	4,94	—	26,05		23,37	4,24	
266	Schweizer K.: Grüner Klee + Gras . .		„	87,16	3,24		4,45	4,44	—	25,23		34,66	4,27	
267	Weidegang u. Klee im Mai		„	85,98	2,95		5,09	5,31	—	21,04		36,31	4,29	
268	Heu + Rüben		„	87,47	3,49		3,47	5,06	—	27,85		27,69	4,25	
269	„ + Klee		„	86,98	2,99		4,05	5,29	—	22,96		31,16	4,40	
270	Italiener K.: Gras in der Blüthe . . .		„	86,92	3,56		4,30	4,63	—	27,22		32,87	4,31	
271	„ nach der Blüthe . .		„	87,00	3,12		4,55	4,71	—	24,00		35,00	4,37	
272	zur Hälfte Klee, zur Hälfte Gras		„	86,94	2,98		4,79	4,82	—	22,82		36,68	4,21	
		Dauer der Fütterung												
273	Trocknes Winterfutter	79 T.	1886	85,92	3,73		4,53	5,08	0,74	26,49		32,17	4,24	v. Czelkó[3])
274	desgl.	34 „	„	86,12	3,70		4,43	5,01	0,73	26,66		31,92	4,27	
275	Heu, Malzkeime u. grüne Luzerne	14 „	„	86,73	3,56		4,17	4,89	0,65	26,83		31,43	4,29	
276	Heu, grüne Luzerne u. Esparsette	13 „	„	85,93	3,74		4,57	5,20	0,56	26,58		32,48	4,25	
277	desgl. w. vorher, Roggenkleie, Malzkeime	7 „	„	85,79	3,91		4,65	5,22	0,43	27,51		32,72	4,40	
278	Luzerne, Roggenkleie, Malzkeime	9 „	„	85,94	3,79		4,59	5,03	0,65	26,95		32,64	4,31	
279	Luzerne u. Wickhafer, Roggenkleie, Malzkeime	12 „	„	86,20	3,77		4,41	4,99	0,63	27,32		31,96	4,37	
280	Wickhafer, Roggenkleie, Malzkeime	6 „	„	86,08	3,66		4,55	5,05	0,66	26,29		32,69	4,21	

[1]) Vergl. Anmerkung [4]) Seite 310.

[2]) No. 262—272. A. Zanelli. Jahresb. d. Agriculturchemie. 1875/76. 78. Zu dem Versuche diente immer eine Kuh der betr. Rasse.

[3]) No. 273—288. Stef. v. Cselkó. Milchztg. 16. 1886. 204 (Wiener Landw. Ztg. 1886). Die Beobachtungen und Erhebungen über den Einfluss des Futters auf die Qualität der Milch beziehen sich auf die Kühe der Ungarisch-Altenburger Institutsschweizerei, 35—40 Allgäuer Kühe und fanden vom 1. Januar bis 27. September 1886 statt. Die Kühe (Durchschnittsgewicht 475 kg) wurden den ganzen Sommer über auf dem Stall gehalten und in vorbemerkter Weise gefüttert. Das „Winterfutter" bestand aus Wiesenheu, Gerstenstroh, Spreu, Rüben, Rapskuchen, Roggenkleie und Malzkeime; in der 2. Periode war das Stroh durch Moharheu ersetzt. Die Analysen der Milch wurden in geringer Zahl, in mehreren Perioden nur einmal vorgenommen; es wurde stets nur Mittagmilch untersucht. Auf die Kuh und für den Tag wurde Milch gewonnen:

No.	273	274	275	276	277	278	279	280	281	282	283	284	285	286	287	288
	7,13	7,73	8,17	8,48	7,75	8,19	8,26	8,16	8,40	8,52	8,16	7,80	7,89	8,18	7,60	8,14 Liter.

No.	Bemerkungen	Dauer der Fütterung	Jahr der Untersuchung	In der ursprünglichen Substanz: Wasser %	Casein %	Albumin %	Fett %	Zucker %	Salze %	In der Trocken-Substanz: Casein %	Albumin %	Fett %	N. in der Trocken-Substanz %	Analytiker
281	Mais und Wickhafer, Roggenkleie, Malzkeime, Moharheu	4 T.	1886	86,15	3,72		4,48	4,99	0,66	26,86		32,35	4,30	v. Czelkó[1]
282	Mais, Rapskuchen, Roggenkleie, Malzkeime, Moharheu	10 „	„	86,45	3,64		4,31	4,94	0,66	26,86		31,81	4,30	
283	Sorghum, Rapskuchen, Roggenkleie, Malzkeime, Moharheu	5 „	„	86,00	3,69		4,74	4,90	0,67	26,36		33,86	4,22	
284	Mais, Wickhaferheu, Rapskuchen, Roggenkleie, Malzkeime	6 „	„	86,64	3,62		4,27	4,82	0,65	27,10		31,96	4,34	
285	desgl.	6 „	„	86,12	3,65		4,70	4,86	0,67	26,30		33,86	4,21	
286	Mais, Luzernenheu, Rapskuchen, Roggenkleie, Malzkeime	17 „	„	86,54	3,58		4,26	4,93	0,69	26,60		31,65	4,26	
287	Mais, Luzerne, Rapskuchen, Roggenkleie, Malzkeime	26 „	„	86,76	3,61		4,08	4,85	0,70	27,27		30,82	4,36	
288	wie vorher	14 „	„	86,56	3,65		4,11	5,01	0,67	27,16		30,58	4,35	

Anm. Bezüglich weiterer Untersuchungen über den Einfluss des Futters auf die Zusammensetzung der Milch verweise ich auf das Werk von Th. Dietrich u. Verf: Zusammensetzung u. Verdaulichkeit der Futtermittel, wo sich noch Analysen finden:

1. Von *E. Wolff:* Agric. chem. Untersuchungen II. S. 1 u. III. S. 39.
2. „ *H. Ritthausen:* Ebendort IV. S. 1 u. V. S. 1.
3. „ *demselben:* Amts- u. Anzeigeblatt f. d. Königr. Sachsen 1856. S. 87 u. 96.
4. „ *W. Knop u. R. Arendt:* Agric. chem. Untersuchungen V. S. 74.

(Zu 1.–4.: Vergl. auch unter „Kuhmilch" zu verschiedenen Melkzeiten.)

5. „ *Aug. Völcker:* Journ. Royal Agric. Society of England 1861. S. 33, 1863. S. 302 u. 309.
6. „ *Ed. Peters:* Ann. d. Landw. in Preussen 1862. S. 275.
7. „ *Th. v. Gohren:* Landw. Versuchsst. 1863. Bd. 5. S. 5. Vergl. unter „Kuhmilch" zu verschiedenen Melkzeiten No. 27—32.
8. „ *M. Schrodt u. H. v. Peter:* Milchztg. 1880. S. 641, 1881. S. 558 u. 637, 1882. S. 427, 1883. S. 22, 721 u. 737, 1884. S. 494.
9. „ *W. Fleischmann:* Bericht d. milchw. Versuchsst. Roden 1880—1884, vergl. unter „Kuhmilch" zu verschiedenen Melkzeiten No. 33—49.
10. „ *K. Portele:* Landw. Versuchsst. 1882. Bd. 27. S. 133.
11. „ *M. Schmoeger u. O. Neubert:* Milchztg. 1883 S. 129.

[1]) Vergl. Anmerkung [3]) Seite 311.

Kuhmilch zu verschiedenen Melkzeiten.

No.	Bemerkungen	Zeit der Untersuchung	Morgenmilch Wasser %	Morgenmilch Fett %	Morgenmilch Fett in der Trocken-Substanz %	Mittagmilch Wasser %	Mittagmilch Fett %	Mittagmilch Fett in der Trocken-Substanz %	Abendmilch Wasser %	Abendmilch Fett %	Abendmilch Fett in der Trocken-Substanz %	Analytiker
1	Gewohntes Winterfutter[0]) . . .	1853	87,51	3,23	25,76	—	—	—	87,29	3,21	25,26	E. Wolff[1])
2	desgl. + 2 Pfd. Rapskuchen . .	„	88,15	3,04	25,65	—	—	—	87,77	3,09	22,27	
3	desgl. + 4 „ „ . .	„	87,55	3,20	25,70	—	—	—	87,23	3,38	26,47	
4	desgl. + 6 „ „ . .	„	87,80	3,07	25,16	—	—	—	87,25	3,46	27,14	
5	Mittel von je 18 Analysen[00]) . .	„	87,64	3,12	25,24	—	—	—	87,50	3,24	25,92	
6	„ „ 8 Analysen	„	87,30	3,46	27,24	—	—	—	87,02	3,71	28,59	
7	9 Pfd. Heu + 10 Pfd. Gerstenstroh + 4 Pfd. Rapskuchen + 4 Pfd. Kleie pro Kopf und Tag[000]) + 40—60 Pfd. Kartoffeln .	1856	89,10	2,57	23,58	88,40	2,88	24,83	88,20	2,49	21,10	H. Ritthausen[2])
8	+ Maische .	„	88,40	2,45	21,12	87,70	3,26	26,50	87,80	3,09	25,33	
9	+ Schlempe .	„	88,50	2,72	23,65	88,30	2,93	25,04	88,30	3,09	26,41	
10	+ 15 Pfd. Runkelrüben . .	„	88,50	2,79	24,26	87,90	3,21	26,53	88,10	3,12	26,22	
11	9 Pfd. Heu + 10 Pfd. Gerstenstroh + 20 Pfd. Runkelrüben[000]) + 6 Pfd. Schrot	„	88,38	2,98	25,66	87,59	3,55	28,79	88,01	3,35	27,94	
12	+ desgl. . .	„	87,91	3,20	26,47	87,65	3,57	28,91	87,70	3,37	27,40	
13	+ gekochtes Schrot . .	„	88,21	3,00	25,45	87,68	3,62	29,38	87,98	3,05	25,37	
14	10—14 Pfd. Heu + 4 Pfd. Gerstenstroh + 28 bis 36 Pfd. Kartoffeln, 60—62 Pfd. Runkelrüben, 2—4 Pfd. Rapskuchen + 1 Pfd. Malz †[0]); Nährstoffverhältniss 1 : 5,07	1857	88,46	2,84	24,61	88,09	3,30	27,71	87,50	3,60	28,81	W. Knop u. R. Arendt[3])
15	1 : 5,07	„	88,18	2,76	23,25	87,33	3,35	26,44	87,19	3,44	26,85	
16	1 : 5,02	„	87,99	3,10	25,81	86,58	3,20	23,85	86,77	3,63	27,44	
17	1 : 5,50	„	88,76	2,99	26,60	87,57	3,06	24,62	87,80	3,60	27,80	
18	1 : 5,60	„	88,21	3,07	25,43	87,55	3,41	27,39	87,60	3,16	25,49	
19	1 : 5,50	„	87,85	3,22	26,50	87,04	3,54	27,31	87,25	3,48	27,29	
20	1 : 5,60	„	88,14	2,98	25,12	87,72	3,27	26,63	87,68	3,09	25,08	
21	1 : 5,40	„	88,40	2,95	25,43	87,79	3,26	26,70	87,95	2,94	24,40	
22	1 : 5,40	„	88,54	2,81	24,52	87,08	3,17	26,59	88,07	3,06	25,65	
23	1 : 5,20	„	88,17	2,87	24,26	87,71	3,18	25,87	87,80	3,01	24,67	
24	1 : 5,20	„	88,06	2,93	24,54	87,55	3,26	31,18	87,50	3,32	26,56	
25	1 : 5,00	„	88,14	2,79	23,52	87,75	3,20	26,12	87,68	3,27	26,54	
26	1 : 5,40	„	87,98	2,98	24,79	87,16	3,60	28,03	87,20	3,44	26,88	

[1]) No. 1—6. E. Wolff, Agric. chem. Untersuchungen II 1 und III 39.
[2]) No. 7—13. H. Ritthausen, Amts- und Anzeigeblatt f. d. Königreich Sachsen 1856. S. 87 u. 96.
[3]) No. 14—26. W. Knop u. R. Arendt, Agric. chem. Untersuchungen V. S. 74.

[0]) Zu den Versuchen No. 1—6 dienten 2 Kühe Montafuner Rasse von mittlerer Milchergiebigkeit, welche mit verschiedenen Mengen Rapskuchen und Grünfutter gefüttert wurden.

[00]) Für Casein + Albumin u. Zucker wurde in diesen 18 Analysen im Mittel gefunden:

	In der natürlichen Milch Casuin + Albumin	In der natürlichen Milch Zucker	In der Trockensubstanz Casein + Albumin	In der Trockensubstanz Zucker
Morgenmilch	4,08 %	5,16 %	33,01 %	41,74 %
Abendmilch	4,16 „	5,10 „	33,28 „	40,80 „

[000]) Zu den Versuchen No. 7—13 dienten 2 Kühe Schwyzer Rasse, welche in der 2. Periode statt der 60 Pfd. Kartoffeln die Maische resp. Schlempe von 60 Pfd. Kartoffeln erhielten; das Schrot bestand aus $^2/_3$ Wicken und $^1/_3$ Hafer + Gerste.

†[0]) Zu den Versuchen dienten wie bei No. 16 2 Kühe Montafuner Rasse, 7 Jahre alt, 8 Wochen nach dem Kalben, welche nicht viel, aber lange Zeit hindurch eine constante Menge Milch gaben.

No.	Bemerkungen	Nährstoffverhältn. 1 :	Kuh [0])	Zeit der Untersuchung	Morgenmilch Wasser %	Morgenmilch Fett %	Morgenmilch Fett in der Trocken-Substanz %	Mittagmilch Wasser %	Mittagmilch Fett %	Mittagmilch Fett in der Trocken-Substanz %	Abendmilch Wasser %	Abendmilch Fett %	Abendmilch Fett in der Trocken-Substanz %	Analytiker
27	12 Pfd. Kleeheu + 6 Pfd. Futterstroh + 2 Loth Viehsalz + 0	3,98	A	1862	90,0	2,20	22,00	88,40	5,80	50,00	87,2	3,2	25,00	*Th. v. Gohren* [1]) [0])
28	12 Pfd. Kleeheu + 6 Pfd. Futterstroh + 2 Loth Viehsalz + 0	3,98	B	„	87,8	2,40	19,67	86,40	4,40	32,35	86,40	3,50	25,74	*Th. v. Gohren* [1]) [0])
29	12 Pfd. Kleeheu + 6 Pfd. Futterstroh + 2 Loth Viehsalz + 0,3 Pfd. Rüböl	4,39	A	„	88,70	2,60	23,01	88,00	3,90	32,50	88,90	4,00	36,04	*Th. v. Gohren* [1]) [0])
30	12 Pfd. Kleeheu + 6 Pfd. Futterstroh + 2 Loth Viehsalz + 1,8 Pfd. Wasser	4,03	B	„	88,20	3,20	28,12	86,70	3,60	27,07	86,70	4,20	31,60	*Th. v. Gohren* [1]) [0])
31	12 Pfd. Kleeheu + 6 Pfd. Futterstroh + 2 Loth Viehsalz + 1,8 Pfd. dgl.	4,03	A	„	88,80	2,80	24,97	88,10	4,60	38,65	87,80	3,90	31,97	*Th. v. Gohren* [1]) [0])
32	12 Pfd. Kleeheu + 6 Pfd. Futterstroh + 2 Loth Viehsalz + 0,3 Pfd. Rüböl	4,39	B	„	87,90	3,20	26,44	86,90	4,10	31,30	86,80	4,00	30,30	*Th. v. Gohren* [1]) [0])
	Altmilchende Kühe: [00])													
33	Unzureichende Fütterung . . .			1878	87,84	3,62	29,77	—	—	—	87,57	3,69	29,69	*W. Fleischmann* [2]) [00])
34	Reichlichere Fütterung, 1. Woche			„	87,58	3,62	29,11	—	—	—	87,42	3,69	29,33	*W. Fleischmann* [2]) [00])
35	„ „ 2. „			„	87,73	3,49	28,44	—	—	—	87,45	3,61	32,37	*W. Fleischmann* [2]) [00])
	Frischmilchende Kühe:													
36	Unzureichende Fütterung . . .			„	88,46	3,26	28,25	—	—	—	88,43	3,20	27,66	*W. Fleischmann* [2]) [00])
37	Reichlichere Fütterung, 1. Woche			„	88,46	3,06	26,51	—	—	—	88,11	3,23	29,16	*W. Fleischmann* [2]) [00])
38	„ „ 2. „			„	88,56	2,97	25,96	—	—	—	88,34	3,08	26,41	*W. Fleischmann* [2]) [00])
39	Kleeweide, 17/7—14/10			1879	87,71	3,41	27,70	—	—	—	87,60	3,48	29,68	*derselbe* [3])
40	Stallfütterung, 14/10—31/12			„	87,91	3,50	28,95	—	—	—	87,83	3,50	28,76	*derselbe* [3])
41	desgl., 1/1—27/5			1880	88,34	3,24	28,79	—	—	—	88,39	3,16	27,22	*derselbe* [3])
42	Koppelweide, 27/5—20/7			„	88,31	3,23	27,63	—	—	—	88,31	3,09	26,43	*derselbe* [3])
43	Kleeweide, 20/7—5/10			„	88,03	3,22	26,90	—	—	—	87,62	3,40	27,46	*derselbe* [3])
44	Stallfütterung, 5/10—31/12			„	87,88	3,36	27,72	—	—	—	87,76	3,46	28,27	*derselbe* [3])
45	Jahresmittel 1880			„	88,16	3,26	27,53	—	—	—	88,07	3,27	27,41	*derselbe* [3])
46	desgl. 1881			1881	88,07	3,24	27,16	—	—	—	88,02	3,25	27,13	*derselbe* [3])
47	desgl. 1882			1882	87,97	3,19	26,68	—	—	—	87,94	3,19	26,45	*derselbe* [3])

[1]) No. 27—32. Th. v. Gohren: Landw. Versuchsst. 1863. Bd. 5. S. 5.

[2]) No. 33—38. W. Fleischmann. Milchztg. 1880. S. 247.

[3]) No. 39—49. W. Fleischmann: Berichte d. Milchw. Versuchsstation Raden 1880—1885. Die Milch der Kühe der Radener Heerde (Mecklenburgischer Landschlag, z. Th. Kreuzungsproducte dieses Schlages mit Anglo- und Wilstermarschvieh) wurde allwöchentlich ein Mal morgens und abends untersucht und bilden die obigen Zahlen das Mittel dieser einzelnen Bestimmungen. Bei der Stallfütterung 1879 erhielten die Kühe pro Tag und Kopf (490 kg schwer) 10 Pfd. Kleeheu, 4 Pfd. Wiesenheu, 10 Pfd. Haferstroh, 2 Pfd. Kleie, 1 Pfd. Erdnusskuchen und 1 Pfd. Cocosnusskuchen. Das spec. Gewicht der Milch betrug im Mittel:

Jahr	1879	1880	1881	1882	1883	1884
Morgenmilch	1,0319	1,0315	1,0310	1,0312	1,0311	1,0311
Abendmilch	1,0319	1,0316	1,0311	1,0315	1,0310	1,0310

[0]) Beide Kühe (A und B = mährischer Landschlag) hatten zwei Mal gekalbt, waren 390 kg schwer; A = 14 Wochen nach dem Kalben, B = 16 Wochen. Der Milchertrag war folgender:

	Rauhfutter allein	Rauhfutter + Oel	Rauhfutter + Melasse
Kuh A	4,84 kg	5,31 kg	5,31 kg
„ B	4,58 „	4,24 „	5,36 „

[00]) Die Anzahl der alt- wie frischmilchenden Kühe betrug je 18 Stück. Bei der unzureichenden Fütterung wurden 4,16 kg Kleeheu, 1,76 kg Wiesenheu (z. Th. verregnet), 5,98 kg Haferstroh, 0,5 kg Cocosnusskuchen und 0,5 kg Roggenschrot (Nährstoffverhältniss 1 : 7,4) verabreicht. Bei der reichlicheren Fütterung ausserdem noch 2 resp. 3 kg Weizenkleie.

No.	Bemerkungen	Zeit der Untersuchung	Morgenmilch: Wasser %	Morgenmilch: Fett %	Morgenmilch: Fett in der Trocken-Substanz %	Mittagmilch: Wasser %	Mittagmilch: Fett %	Mittagmilch: Fett in der Trocken-Substanz %	Abendmilch: Wasser %	Abendmilch: Fett %	Abendmilch: Fett in der Trocken-Substanz %	Analytiker
48	Jahresmittel 1883	1883	88,08	3,27	27,43	—	—	—	88,05	3,26	27,28	*Fleischmann*[1]
49	desgl. 1884	1884	87,95	3,29	27,34	—	—	—	87,89	3,32	27,42	*Fleischmann*[1]
50	Schlempefütterung[0])	1880/81	88,71	2,81	24,89	88,22	3,38	28,69	88,19	3,23	27,35	*Friedländer, Schrodt u. Schmoeger*[2]
51	Grünfütterung	„	88,61	2,95	22,95	88,20	3,49	29,58	88,42	3,27	28,34	*Friedländer, Schrodt u. Schmoeger*[2]
52	Von einer Kuh[00])	1859	90,22	2,67	27,03	87,40	4,35	34,53	88,05	4,34	36,32	*Hellriegel*[3]
53	November 1885[000])	1885	88,05	3,19	26,69	—	—	—	87,65	3,50	28,34	*M. Schrodt*[4]
54	December „	„	88,28	3,06	26,11	—	—	—	88,06	3,19	26,72	*M. Schrodt*[4]
55	Januar 1886	1886	88,79	2,83	25,25	—	—	—	88,48	3,04	26,39	*M. Schrodt*[4]
56	Februar „	„	88,72	2,89	25,62	—	—	—	88,50	3,02	26,26	*M. Schrodt*[4]
57	März „	„	88,59	2,99	26,20	—	—	—	88,25	3,14	26,72	*M. Schrodt*[4]
58	April „	„	88,79	2,89	25,78	—	—	—	88,52	3,05	25,99	*M. Schrodt*[4]
59	Mai „	„	88,62	2,97	26,10	—	—	—	88,24	3,31	28,15	*M. Schrodt*[4]
60	Juni „	„	88,69	2,89	24,76	—	—	—	88,13	3,48	29,32	*M. Schrodt*[4]
61	Juli „	„	88,73	3,01	24,30	—	—	—	87,68	3,92	31,82	*M. Schrodt*[4]
62	August „	„	88,39	3,03	26,10	—	—	—	87,07	4,16	32,17	*M. Schrodt*[4]
63	September „	„	88,06	3,37	28,22	—	—	—	87,05	4,17	30,12	*M. Schrodt*[4]
64	October „	„	87,73	3,37	27,47	—	—	—	87,33	3,51	27,70	*M. Schrodt*[4]
65	Stallfütterung	„	88,45	3,02	26,15	—	—	—	88,13	3,22	27,13	*M. Schrodt*[4]
66	Weidegang, 20/5—1/10[000])	„	88,42	3,08	26,71	—	—	—	87,48	3,93	31,39	*M. Schrodt*[4]
67	Milch verschiedener Kühe v. Dairy-Show; Futter = 7,5 kg Heu, 1 kg Stroh, 5,0 kg Rüben, 2,5 kg Kleie oder Baumwollesaatmehl und 20 g Salz	1855	86,82	3,48	26,43	—	—	—	86,17	3,56	25,74	*F. J. Lloyd*[5]
68		„	84,22	5,12	32,45	—	—	—	84,20	4,94	31,27	
69		„	86,18	4,92	35,59	—	—	—	89,78	2,85	27,89	
70		„	86,90	3,60	27,48	—	—	—	87,49	3,30	26,38	
71		„	88,32	2,42	20,72	—	—	—	87,18	3,29	25,66	
72		„	85,34	5,02	34,24	—	—	—	85,11	5,26	35,33	
73		„	87,18	5,20	40,56	—	—	—	86,46	5,94	43,87	
74		„	84,22	5,58	35,36	—	—	—	84,48	5,58	35,95	
75		„	87,48	3,96	23,64	—	—	—	86,21	4,63	33,58	

[1]) Vergl. Anmerkung [3]) Seite 314.

[2]) No. 50 u. 52. Friedländer, Schrodt u. Schmoeger, Forschungen auf dem Gebiet der Viehhaltung 1880 Heft 8. S. 368.

[3]) Preuss. Ann. der Landw. 1859. S. 33.

[4]) No. 53—66. M. Schrodt, Jahresber. der milchw. Versuchsst. Kiel. 1885/86 u. 1886/87.

[5]) Milchztg. 1887. S. 630.

[0]) Die Kühe (43—47 Stück der Proskauer Herde von Holländer Rasse u. 558 kg durchschnittl. Leb. Gew.) wurden 4 Uhr morgens, 11 Uhr mittags und 6 Uhr abends gemolken; bei der Schlempefütterung im Winter erhielten die Thiere: 45 kg Schlempe, 5 kg Biertreber, 2,5 kg Spreu, 1,5 kg Heu + 33 g Salz; bei der Grünfütterung im Sommer 50 kg Grünfutter (Klee + Wicken), 3 kg Stroh, 1—1½ kg Biertreber und 33 g Salz. Der Milchertrag betrug pro Kopf und Jahr = 2709,6 l.

[00]) Die Kuh war 6 Jahre alt und hatte vor 6 Monaten gekalbt; sie erhielt als Futter Kartoffelschlempe und ein Häckselgemenge von Grummet, Gersten- und Weizenstroh.

[000]) Die Herde bestand zu 5 aus Angler, zu 5 aus Holsteiner Rasse; das Alter schwankte zwischen 5—10 Jahren, das Leb. Gew. zwischen 392—534 kg. Die Zahlen bilden das Mittel je 5 tägiger Untersuchungen; die Schwankungen betrugen:

	Morgenmilch: Spec. Gew.	Morgenmilch: Wasser	Morgenmilch: Fett	Abendmilch: Spec. Gew.	Abendmilch: Wasser	Abendmilch: Fett
Stallfütterung . .	1,0294—1,0359	89,28—86,78 %	2,45—4,38 %	1,0293—1,0353	89,15—86,07 %	2,54—4,24 %
Weidegang . . .	1,0302—1,0335	89,32—87,01 „	2,51—4,03 „	1,0285—1,0330	88,92—86,39 „	3,03—4,83 „
Für das Jahr 1886/87 fand M. Schrodt für 7—10 Kühe:						
Stallfütterung . .	1,0290—1,0342	89,13—84,73 %	2,30—5,96 %	1,0287—1,0349	88,93—85,93 %	2,40—4,57 %
Weidegang . . .	1,0290—1,0334	88,97—86,34 „	2,55—4,24 „	1,0284—1,0327	88,93—85,14 „	2,67—5,50 „
Ferner im Mittel: pro 1886/87:						
Stallfütterung . .	1,0315	88,11 %	3,18 %	1,0317	87,91 %	3,25 %
Weidegang . . .		87,94 „	3,25 „		87,55 „	3,62 „

No.	Bemerkungen	Nach Std. im Euter	Jahr der Untersuchung	In der ursprünglichen Substanz: Wasser %	Casein %	Albumin %	Fett %	Zucker %	Salze %	In der Trocken-Substanz: Casein %	Albumin %	Fett %	N. in der Trocken-Substanz %	Analytiker
76	Junge ostfriesische Kuh, Februar, Morgenm.	10	1855	89,75	2,53	0,44	2,43	4,10	0,75	24,68	4,29	23,71	4,64	Struckmann[1]
77	desgl. Mittagsm.	8	„	88,22	2,30	0,62	3,64	4,41	0,81	19,52	5,26	30,90	3,97	Struckmann[1]
78	6jähr. ostfriesische Kuh, April, Morgenm.	9	„	89,97	2,24	0,44	2,17	4,35	0,83	22,33	4,39	21,63	4,28	Struckmann[1]
79	desgl. Mittagsm.	8	„	89,20	2,36	0,31	2,63	4,77	0,72	22,20	2,92	24,74	4,02	Struckmann[1]
80	desgl. Abendm.	7	„	86,60	2,70	0,31	5,42	4,19	0,78	20,15	2,31	40,45	3,59	Struckmann[1]
81	Lichtarme u. kalte Winterzeit vom Nov. 1861 bis März 1862	Morgenm.	18 61/62	87,43	3,40		3,77	4,67	0,73	27,05		29,99	4,33	Müller u. Eisenstuck[2]
82		Abendm.	„	86,87	3,44		4,32	4,66	0,71	36,20		32,90	5,79	Müller u. Eisenstuck[2]
83	Hellere Frühjahrszeit bis Mitte Juni mit Beibehaltung der Winterfütterung	Morgenm.	1862	87,86	3,28		3,55	4,57	0,74	27,02		29,24	4,32	Müller u. Eisenstuck[2]
84		Abendm.	„	86,92	3,36		4,08	4,91	0,73	25,69		31,19	4,11	Müller u. Eisenstuck[2]
85	Sommerzeit mit Weidegang bis Mitte August	Morgenm.	„	87,35	3,12		3,98	4,80	0,75	24,66		31,46	3,95	Müller u. Eisenstuck[2]
86		Abendm.	„	87,06	3,19		4,45	4,55	0,75	24,65		34,39	3,95	Müller u. Eisenstuck[2]
87	Herbstzeit bis November mit theilweiser Grün- und Wurzelfütterung	Morgenm.	„	87,16	3,41		3,93	4,76	0,74	26,56		30,47	4,25	Müller u. Eisenstuck[2]
88		Abendm.	„	86,85	3,43		4,25	4,74	0,73	26,09		32,32	4,17	Müller u. Eisenstuck[2]
89	Gesammt-Jahr vom 12. November 1861 bis 24. November 1862	Morgenm.	„	87,45	3,30		3,81	4,70	0,74	26,29		30,36	4,21	Müller u. Eisenstuck[2]
90		Abendm.	„	86,92	3,35		4,28	4,71	0,73	25,61		32,72	4,10	Müller u. Eisenstuck[2]
91	Vom 29. Novbr. 1861	Morgenm.	1861	87,14	—		4,05	—	0,83	—		31,49	—	Müller u. Eisenstuck[2]
92	„ 28. „ „	Abendm.	„	86,69	—		4,43	—	0,70	—		33,28	—	Müller u. Eisenstuck[2]
93	„ 3. „ 1862	Morgenm.	1862	87,28	3,43		3,97	4,52	0,80	26,97		31,21	4,32	Müller u. Eisenstuck[2]
94	„ „ „ „	Abendm.	„	87,15	3,44		4,31	4,37	0,73	26,77		33,54	4,28	Müller u. Eisenstuck[2]
95	Es waren seit dem letzten Melken verflossen	10 Stunden	„	86,95	—		4,36	—	—	—		33,41	—	Müller u. Eisenstuck[2]
96		11 „	„	87,15	—		4,31	—	—	—		33,54	—	Müller u. Eisenstuck[2]
97		12 „	„	87,66	—		3,97	—	—	—		32,17	—	Müller u. Eisenstuck[2]
98		13 „	„	87,28	—		3,97	—	—	—		31,21	—	Müller u. Eisenstuck[2]
99		14 „	„	87,38	—		3,51	—	—	—		27,81	—	Müller u. Eisenstuck[2]

[1]) No. 76—80. Struckmann. Weend'er Jahresber. 1855/56. II. 8. (Journ. f. Landwirthsch. 1855. 415.) Beide Kühe, von denen die untersuchte Milch stammte, hatten 14 Tage vor Entnahme der Proben gekalbt und wurden täglich drei Mal gemolken. Die Milch unter No. 78 u. 79 enthielt je 0,05 % Milchsäure (wir rechneten sie dem Milchzucker hinzu). Das spec. Gewicht der untersuchten Proben wird zu

No.	76	77	78	79	80
	1,039	1,038	1,038	1,040	1,036 (jedenfalls zu hoch) angegeben.

[2]) No. 81—99 von Al. Müller u. Eisenstuck: Landw. Versuchsst. 1863. Bd. V. S. 161. Die Milch war bei No. 81 bis 90 ein Gemisch von je 5 Kühen der Ayrshire (Wales) u. schwed. Landrasse, welche sehr reichlich gefüttert und täglich zwei Mal gemolken wurden; die Analysen No. 91—94 sind Einzelanalysen.

No.	Bemerkungen	Nach Std.	Jahr der Untersuchung	In der ursprünglichen Substanz: Wasser %	Casein %	Albumin %	Fett %	Zucker %	Salze %	In der Trocken-Substanz: Casein %	Albumin %	Fett %	N. in der Trocken-Substanz %	Analytiker
100	Allgäuer, Mittel mehrerer Analysen $^{12}/_{2}$—$^{24}/_{6}$	Morg. 12	1859	88,46	3,15		2,69	4,87	0,83	26,30		23,31	4,21	Scheven [1])
101		Mitt. 5	„	88,16	3,27		2,94	4,90	0,73	27,62		24,83	4,42	
102		Abd. 7	„	88,30	3,21		2,82	4,87	0,80	27,44		24,10	4,39	
103	Mariahofer, von 3 Kühen	Morg.	1873	87,77	2,56	0,31	3,97	4,73	0,72	20,93	2,53	32,46	3,75	
104		Mittg.	„	86,86	2,69	0,34	4,96	4,89	0,82	20,47	2,59	37,75	3,69	
105		Abd.	„	87,86	2,53	0,33	3,85	5,00	0,70	20,84	2,72	31,71	3,77	
106	Lavonthaler, von 3 Kühen	Morg.	„	86,73	3,15	0,39	3,92	4,24	0,79	23,74	2,94	29,54	3,77	I. Moser [2])
107		Mittg.	„	86,50	3,69	0,41	4,11	4,30	0,81	27,34	3,04	30,45	4,86	
108		Abd.	„	86,56	3,99	0,40	4,52	4,40	0,84	29,69	2,98	33,63	5,23	
109	Stockerauer, von 3 Kühen	Morg.	„	87,92	2,83	0,45	3,56	4,65	0,76	23,43	3,73	29,48	4,35	
110		Mittg.	„	86,32	2,97	0,27	4,96	4,65	0,75	21,71	1,97	36,26	3,79	
111		Abd.	„	87,34	2,94	0,39	3,64	4,41	0,75	23,22	3,08	28,75	4,05	
112	Oberinnthaler, von 3 Kühen	Morg.	„	88,86	2,43	0,34	3,27	4,46	0,69	21,81	3,05	29,35	3,98	
113		Mittg.	„	87,24	2,46	0,35	4,61	4,41	0,73	19,30	2,75	36,17	3,53	
114		Abd.	„	88,12	2,43	0,34	3,71	4,44	0,69	20,46	2,86	31,23	5,33	
115	Mürzthaler, von 3 Kühen	Morg.	„	87,33	3,06	0,49	3,69	4,47	0,81	24,15	3,87	29,13	4,48	
116		Mittg.	„	86,09	3,02	0,44	4,30	4,23	0,79	21,71	23,82	23,81	7,28	
117		Abd.	„	86,40	3,15	0,49	4,65	4,41	0,79	23,17	3,60	34,20	4,44	
118	Opocner, von 3 Kühen	Morg.	„	87,45	3,11	0,33	3,49	4,40	0,51	24,78	2,63	27,81	4,39	
119		Mittg.	„	86,66	3,12	0,34	4,82	4,60	0,72	23,39	2,55	26,13	4,15	
120		Abd.	„	87,76	3,00	0,30	3,88	4,44	0,74	24,51	2,45	31,70	4,31	
121	Montavoner, von 3 Kühen	Morg.	„	86,58	3,04	0,35	4,13	4,85	0,77	22,65	2,61	30,78	4,04	
122		Mittg.	„	86,11	3,08	0,29	5,32	4,87	0,77	22,17	2,09	38,30	3,88	
123		Abd.	„	87,18	3,07	0,32	4,20	4,60	0,72	23,95	2,50	32,76	4,23	
124	Kuhländer, von 3 Kühen	Morg.	„	87,21	3,22	0,23	4,22	4,43	0,77	25,18	1,80	33,00	4,32	
125		Mittg.	„	85,68	3,16	0,36	5,27	4,41	0,78	22,07	2,51	36,80	3,93	
126		Abd.	„	86,07	3,24	0,24	4,47	4,60	0,80	23,26	1,72	22,09	3,99	
127	Pinzgauer, von 3 Kühen	Morg.	„	88,64	2,44	0,38	3,05	4,67	0,74	21,48	3,35	26,85	3,97	
128		Mittg.	„	86,82	2,50	0,43	4,37	4,60	0,74	18,97	3,26	33,16	3,56	
129		Abd.	„	87,69	2,53	0,35	3,70	4,65	0,75	20,55	2,84	30,06	3,74	
130	Möllthaler, von 3 Kühen	Morg.	„	87,77	3,14	0,41	3,08	4,64	0,81	25,68	3,35	25,18	4,64	
131		Mittg.	„	87,07	3,21	0,43	4,08	4,46	0,79	24,83	3,33	31,55	4,51	
132		Abd.	„	86,94	2,89	0,51	4,00	4,41	0,79	22,14	3,91	30,63	4,17	

[1]) No. 100—102 von Scheven: Martiny, Die Milch. I. S. 313. Die Fütterung bestand aus Runkeln, Kleie, Rapskuchen, Heu, Stroh und zeitweise Kartoffeln.

[2]) No. 106—147. I. Moser. Milchztg. 1874. 915. Die Kühe, von denen die untersuchte Milch stammte, waren gelegentlich der Weltausstellung in Wien dort nebeneinander aufgestellt und erhielten das gleiche, aus Kleehäcksel, Wiesenheu, Schwarzmehl, Kleie und Biertreber bestehende Futter. Proben der Durchschnittsmilch wurden von der Vers.-St. untersucht. Die Durchschnittsproben wurden in der Art gewonnen, dass zunächst das Gewicht der ermolkenen Milch eines jeden Individuums der Gruppe festgestellt, dann eine diesem Gewicht proportionale Quantität von jeder einzelnen Milch weggenommen wurde. Durch Mengung dieser proportionalen Antheile ergab sich der für die Analyse verwendete Durchschnitt. Dieses Verfahren wurde bei der Morgen-, Mittag- und Abendmilch befolgt. Die durchschnittliche Zusammensetzung der Milch, wie sich dieselbe aus dem Gehalte der Morgen-, Mittag- und Abendmilch unter Berücksichtigung der zu den 3 Melkzeiten gewonnenen Quantitäten berechnet. Sämmtliche Bestandtheile der Milch sind direct bestimmt worden, die des Milchzuckers auf optischem Wege.

No.	Bemerkungen		Jahr der Untersuchung	In der ursprünglichen Substanz: Wasser %	Casein %	Albumin %	Fett %	Zucker %	Salze %	In der Trocken-Substanz: Casein %	Albumin %	Fett %	N. in der Trocken-Substanz %	Analytiker
133	Pusterthaler, von 3 Kühen	Morg.	1873	88,05	2,90	0,43	4,09	4,31	0,78	24,27	3,60	34,23	4,46	Ig. Moser[1]
134		Mittg.	„	87,08	2,87	0,40	4,87	4,19	0,78	18,98	3,10	37,69	3,53	Ig. Moser[1]
135		Abd.	„	87,47	2,80	0,39	4,31	4,41	0,76	22,35	3,11	34,40	4,07	Ig. Moser[1]
136	Zillerthaler-Duxer, von 1 Kuh	Morg.	„	87,35	3,07	0,49	4,01	4,36	0,75	25,45	4,06	33,24	4,72	Ig. Moser[1]
137		Mittg.	„	86,63	3,07	0,50	5,00	4,18	0,78	22,96	3,74	37,40	4,27	Ig. Moser[1]
138		Abd.	„	87,26	3,02	0,39	4,45	4,41	0,76	23,70	3,06	34,93	4,28	Ig. Moser[1]
139	Welser Schecken, von 2 Kühen	Morg.	„	88,09	2,87	0,37	3,07	4,27	0,84	24,10	3,11	25,78	4,35	Ig. Moser[1]
140		Mittg.	„	88,05	2,67	0,35	3,95	4,09	0,82	22,34	2,93	33,05	4,04	Ig. Moser[1]
141		Abd.	„	87,43	2,57	0,36	3,99	4,19	0,75	20,45	2,86	31,74	3,73	Ig. Moser[1]
142	Egerländer, von 3 Kühen	Morg.	„	88,01	2,73	0,33	3,53	4,52	0,73	22,77	2,75	29,44	4,08	Ig. Moser[1]
143		Mittg.	„	86,08	2,60	0,26	3,68	4,74	0,68	18,68	1,87	40,81	3,29	Ig. Moser[1]
144		Abd.	„	87,23	2,62	0,21	4,35	4,52	0,78	20,32	1,64	34,06	3,51	Ig. Moser[1]
145	Gföhler, von 2 Kühen	Morg.	„	87,90	3,73	0,40	3,45	4,78	0,75	30,83	3,31	28,51	5,46	Ig. Moser[1]
146		Mittg.	„	86,89	3,82	0,30	4,50	4,77	0,76	29,16	2,29	34,35	5,03	Ig. Moser[1]
147		Abd.	„	87,35	2,64	0,36	3,93	4,87	0,69	20,87	2,85	31,07	3,79	Ig. Moser[1]
148	Abendmilch, Januar 27, bei 17,5° l.	Dichte 1,0325	1886	87,63	3,37		3,43	4,87	0,70	27,25		27,73	4,36	Frühling u. Schulz[2]
149	Morgenmilch, Januar 28	1,0330	„	87,85	3,57		3,03	4,87	0,68	28,95		24,91	4,63	Frühling u. Schulz[2]
150	Abendmilch, Februar 26	1,0325	„	87,51	4,18		3,36	4,25	0,70	33,47		31,71	5,36	Frühling u. Schulz[2]
151	Morgenmilch, „ 27	1,0325	„	87,67	4,05		3,35	4,24	0,69	32,85		27,17	5,26	Frühling u. Schulz[2]
152	Abendmilch, März 25	1,0325	„	87,73	4,31		2,92	4,27	0,77	35,13		23,80	5,62	Frühling u. Schulz[2]
153	Morgenmilch, „ 26	1,0320	„	87,82	4,14		3,07	4,18	0,79	33,99		25,20	5,44	Frühling u. Schulz[2]
154	Abendmilch, April 5	1,0330	„	87,94	4,18		3,02	4,17	0,69	34,66		25,04	5,55	Frühling u. Schulz[2]
155	Morgenmilch, „ 6	1,0310	„	88,16	4,11		2,79	4,25	0,69	34,71		23,56	5,55	Frühling u. Schulz[2]
156	Abendmilch, Mai 25	1,0315	„	88,42	4,09		2,61	4,19	0,69	35,32		22,54	5,65	Frühling u. Schulz[2]
157	Morgenmilch, „ 26	1,0305	„	88,15	4,29		2,67	4,19	0,70	36,20		22,53	5,79	Frühling u. Schulz[2]
158	Abendmilch, Juni 21	1,0330	„	87,97	3,80		3,01	4,51	0,71	31,59		25,02	5,05	Frühling u. Schulz[2]
159	Morgenmilch „ 22	1,0315	„	88,47	3,64		2,81	4,37	0,71	31,57		24,37	5,05	Frühling u. Schulz[2]
160	Abendmilch, Juli 28	1,0325	„	88,36	3,71		2,70	4,50	0,73	31,87		23,20	5,10	Frühling u. Schulz[2]
161	Morgenmilch „ 29	1,0315	„	88,80	3,36		2,62	4,50	0,72	29,91		23,33	4,79	Frühling u. Schulz[2]
162	Abendmilch, August 6	1,0315	„	87,86	3,50		3,30	4,62	0,72	28,83		27,18	4,61	Frühling u. Schulz[2]
163	Morgenmilch, „ 7	1,0310	„	88,28	3,42		2,90	4,69	0,71	29,03		24,62	4,64	Frühling u. Schulz[2]
164	Abendmilch, Septbr. 29	1,0325	„	88,46	3,59		2,53	4,68	0,74	31,11		21,92	4,98	Frühling u. Schulz[2]
165	Morgenmilch, „ 30	1,0310	„	88,42	3,63		2,60	4,62	0,73	30,72		22,01	4,92	Frühling u. Schulz[2]
166	Abendmilch, Octbr. 29	1,0330	„	87,82	3,73		2,98	4,74	0,73	30,62		24,47	4,90	Frühling u. Schulz[2]
167	Morgenmilch, „ 30	1,0320	„	87,90	3,73		3,00	4,64	0,73	30,83		24,80	4,94	Frühling u. Schulz[2]

[1]) Vergl. Anmerkung [2]) Seite 317.

[2]) No. 148—173 R. Frühling und Jul. Schulz. Repertorium für analysische Chemie 1887. 517. Milch aus der Kindermilch-Station in Braunschweig. Die untersuchte Milch war die Sammelmilch von 16—18 Stück Kühen, welche frischmilchend aufgestellt, im Durchschnitt je 5 Monate lang in Braunschweig bleiben. Die Kühe wurden nur trocken gefüttert und zwar auf 1000 Pfd. Lebendgewicht und für den Tag 4 Pfd. Haferschrot, 5 Pfd. Roggenkleie, 6 Pfd. Weizenkleie, 15 Pfd. Kleeheu und dazu Haferstroh nach Belieben. Durchschnittsertrag 12,5 L. Unters.-Methode: 5—6 ccm Milch wurden gewogen und mit Sand eingedampft, dieser Rückstand in der Schale mit Petroleumäther ausgezogen; Gewichtsverlust = Fett. N-Bestimmung nach Kjeldahl, Milchzucker durch Polarisation.

No.	Bemerkungen	Jahr der Untersuchung	In der ursprünglichen Substanz: Wasser %	Casein %	Albumin %	Fett %	Zucker %	Salze %	In der Trocken-Substanz: Casein %	Albumin %	Fett %	N. in der Trocken-Substanz %	Analytiker
168	Abendmilch, Novbr. 29 1,0325	1886	87,29	4,36		3,33	4,30	0,72	34,30		26,20	5,49	*Frühling u. Schulz*[1])
169	Morgenmilch, „ 30 1,0315	„	88,09	4,34		2,70	4,14	0,73	36,44		22,67	5,83	
170	Abendmilch, Decbr. 28 1,0325	„	87,77	4,70		2,76	4,06	0,71	38,43		22,57	6,15	
171	Morgenmilch, „ 29 1,0330	„	87,92	4,80		2,57	4,00	0,71	39,73		21,27	6,36	
172	Mittel der Abendmilch 1,0325	„	87,89	3,96		3,00	4,43	0,72	32,70		24,77	5,23	
173	„ „ Morgenmilch 1,0307	„	88,13	3,92		2,84	4,39	0,72	33,03		23,93	4,28	
		Anzahl der Analys.											
	Mittel, Morgenmilch	157	**87,70**	**2,91**	**0,52**	**3,32**	**4,84**	**0,71**	**23,66**	**4,23**	**26,98**	**4,46**	
				3,43					**27,89**				
	„ Abendmilch	„	**87,47**	**2,93**	**0,52**	**3,56**	**4,82**	**0,70**	**23,38**	**4,15**	**28,40**	**4,40**	
				3,45					**27,53**				
	Mittel, Morgenmilch	**28**	**88,08**	**2,85**	**0,39**	**3,06**	**4,88**	**0,74**	**23,91**	**3,26**	**25,67**	**4,35**	
				3,24					**27,17**				
	„ Mittagmilch	„	**87,44**	**2,89**	**0,37**	**3,87**	**4,68**	**0,75**	**23,01**	**2,95**	**30,81**	**4,15**	
				3,26					**25,96**				
	„ Abendmilch	„	**87,49**	**2,83**	**0,36**	**3,62**	**4,99**	**0,71**	**22,62**	**2,87**	**28,94**	**4,08**	
				3,19					**25,49**				

Kuhmilch, bei zwei- und mehrmaligem Melken.

No.	Bemerkungen		Jahr der Untersuchung	In der ursprünglichen Substanz: Wasser %	Casein %	Albumin %	Fett %	Zucker %	Salze %	In der Trocken-Substanz: Casein %	Albumin %	Fett %	N. in der Trocken-Substanz %	Analytiker
1	Bei dreimaligem Melken 15,35 l pro Tag	Morg.	1855	87,5	4,6		4,2	3,7		36,80		33,60	5,89	*Rohde u. Trommer*[2])
2		Mittg.	„	86,8	5,0		4,2	4,0		37,88		31,82	6,06	
3		Abd.	„	88,3	4,0		3,9	3,8		32,48		33,33	5,20	
4		Mittel	„	87,6	4,5		4,1	3,8		36,29		33,07	5,81	

[1]) Vergl. Anmerkung [2]) Seite 318.

[2]) Vergl. Anmerkung [1]) Seite 320.

[0]) Bei der Mittelwerthsberechnung für die Zusammensetzung der Morgen- und Abendmilch resp. der Morgen-, Mittag- und Abendmilch sind nur solche Analysen berücksichtigt, bei welchen die Milch von einem und demselben Tage entweder durch 2maliges (Morgen und Abend) oder durch 3maliges Melken (Morgen, Mittag und Abend) gewonnen wurde. Ausser den vorstehenden sind auch die in Tabelle A und B, sowie in Tabelle „Milch unter dem Einfluss der Fütterung" enthaltenen Analysen bei der Mittelwerthsberechnung berücksichtigt. Der Milchzucker ist aus der Differenz berechnet.

No.	Bemerkungen		Jahr der Untersuchung	In der ursprünglichen Substanz: Wasser %	Casein %	Albumin %	Fett %	Zucker %	Salze %	In der Trocken-Substanz: Casein %	Albumin %	Fett %	N. in der Trocken-Substanz %	Analytiker
5	Bei zweimaligem	Morg.	1855	88,0	4,3		3,5	4,2		35,83		29,17	5,73	Rohde u. Trommer[1])
6	Melken	Abd.	„	87,8	4,5		3,5	4,2		36,89		28,69	5,90	
7	13,23 l pro Tag	Mittel	„	87,9	4,4		3,5	4,2		36,37		28,92	5,82	
8	Kuh I bei dreimaligem Melken		1860	—	4,50		4,42	4,79	—	—		—	—	May u. Frank[2])
9	„ „ zweimaligem „		„	—	5,30		3,23	4,80	—	—		—	—	
10	Kuh II „ dreimaligem „		„	—	4,30		4,00	4,60	—	—		—	—	
11	„ „ zweimaligem „		„	—	5,30		3,23	4,80	—	—		—	—	
12	Kuh I bei dreimaligem Melken	Morg.	1866	89,18	—		2,26	—	0,62	—		20,70	—	R. Jones[3])
13		Mittg.	„	88,56	—		2,56	—	0,61	—		22,38	—	
14		Abd.	„	89,08	—		2,42	—	0,56	—		22,16	—	
15		Mittel	„	88,94	—		2,42	—	0,60	—		21,88	—	
16	bei zweimaligem Melken	Morg.	„	88,72	—		2,48	—	0,74	—		21,99	—	
17		Abd.	„	89,10	—		2,12	—	0,67	—		19,45	—	
18		Mittel	„	88,91	—		2,30	—	0,71	—		20,74	—	
19	Kuh II bei dreimaligem Melken	Morg.	„	89,52	—		2,27	—	0,61	—		21,66	—	
20		Mittg.	„	88,49	—		2,68	—	0,58	—		23,28	—	
21		Abd.	„	88,84	—		2,86	—	0,74	—		25,63	—	
22		Mittel	„	88,95	—		2,60	—	0,65	—		23,53	—	
23	bei zweimaligem Melken	Morg.	„	89,23	—		2,29	—	0,64	—		21,26	—	
24		Abd.	„	89,27	—		1,97	—	0,69	—		18,36	—	
25		Mittel	„	89,25	—		2,13	—	0,66	—		19,81	—	

Kuhmilch bei 2—3maligem Melken:

[1]) No. 1—7. Rohde und Trommer. Weende'r Jahresbericht. 1855/56. II. 9. (Eldena'er Archiv 1856. I. 65.) Die Milch stammte von 2 Kühen, welche zuerst 12 Tage lang wie gewöhnlich täglich dreimal, nämlich morgens zwischen 4 und 5 Uhr, mittags zwischen 11 und 12 Uhr und abends zwischen 7 und 8 Uhr, — dann zweimal, nämlich morgens und abends 6 Uhr gemolken waren. Am sechsten Tage jeder Periode wurde eine Probe der Milch untersucht.

[2]) No. 8—11. Georg May u. Frank in G. May: Die Rassen, Züchtung, Ernährung und Benutzung des Rindes. München 1863. II. 433. Zwei Kühe erhielten das gleiche Futter, lediglich gutes Heu, und wurden 8 Tage lang täglich zweimal und 8 weitere Tage hindurch dreimal gemolken. Am Schlusse eines jeden Abschnittes wurde die Milch eines Tages zusammengeschüttet und der Bestimmung von Casein, Fett und Milchzucker unterworfen. Methode der Untersuchung ist nicht mitgetheilt. Die Kühe scheinen dem Milchertrag nach am Schlusse einer Lactationsperiode gestanden zu haben, derselbe betrug bei:

	Kuh I	Kuh II
3maliges Melken	1,42 kg	2,17 kg p. Tag
2 „ „	0,72 „	1,10 „ „ „

[3]) No. 12—25. R. Jones. (Vers.-St. Kuschen.) Ann. der Landwirthschaft. Wochenbl. 1866. 411. Die Milch stammte von 2 Holländer Kühen, von denen No. I Anfang November, No. II Mitte December gekalbt hatte. Das Futter bestand aus Runkeln, Kartoffelschlempe, Gerstenstroh und Rapskuchen. Die Kühe waren bis dahin dreimal gemolken worden, morgens 5 Uhr, mittags 12 Uhr und abends 6 Uhr. Zu den Analysen dienten Milchproben vom 15. Februar (3mal. Melken) und vom 19. Februar, nachdem 4 Tage hindurch nur zweimal täglich gemolken worden war. Die absoluten Mengen von Trockensubstanz und Fett, welche bei diesen Versuchen von den Kühen geliefert wurden, betrugen:

		Kuh I: Morg.	Mitt.	Abd.	Summe	Kuh II: Morg.	Mitt.	Abd.	Summe	
bei 3maligem M.	Trockensubstanz . .	32,98	23,33	21,29	77,60	42,97	30,16	31,81	104,94	Loth
	Fett	6,90	5,22	4,73	16,85	9,32	7,01	8,14	24,48	„
bei 2maligem M.	Trockensubstanz . .	23,60	—	43,03	76,63	45,00	—	56,85	101,85	„
	Fett	7,39	—	8,39	15,78	9,57	—	10,41	19,98	„

Von der gut gemischten Milch wurden 2—3 g in einer flachen Platinschale über einer kleinen Spiritusflamme fast trocken gemacht, dann im Luftbade bei 100° völlig ausgetrocknet. Der gewogene Rückstand wurde zweimal in der Wärme mit Benzin ausgezogen und die letzten Spuren von Fett durch Aether entfernt. In der Regel genügte dazu ein zweimaliges Auswaschen, auch war, da das Milchhäutchen sehr fest an den Wandungen der Platinschale haftete, das Filtriren der Auszüge meistens unnöthig. Der entfettete Rückstand wurde wieder getrocknet, gewogen und schliesslich eingeäschert. Jede Bestimmung ist doppelt ausgeführt worden.

No.	Bemerkungen	Jahr der Untersuchung	In der ursprünglichen Substanz: Wasser %	Casein %	Albumin %	Fett %	Zucker %	Salze %	In der Trocken-Substanz: Casein %	Albumin %	Fett %	N. in der Trocken-Substanz %	Analytiker
26	Schwyzer Kuh, bei zweimaligem Melken	?	86,14	3,93		4,28	4,96	(0,69)	28,35		30,88	4,55	*Lami*[1]
27	Schwyzer Kuh, „ dreimaligem „	?	86,04	2,76		5,37	5,10	(0,73)	19,76		38,47	3,16	
28	Schwyzer Kuh, „ zweimaligem „	?	87,78	2,48		4,22	5,26	(0,26)	20,29		34,52	3,25	
29	Holländer Kuh, „ zweimaligem „	?	86,21	4,20		4,10	4,90	(0,59)	30,46		29,73	4,87	
30	Holländer Kuh, „ dreimaligem „	?	86,59	3,07		4,47	5,27	(0,60)	22,89		33,33	3,66	
31	Holländer Kuh, „ zweimaligem „	?	85,88	4,00		4,38	5,03	(0,71)	28,33		31,02	4,53	
	Dichte												
32	Kuh I, dreimal gemolken 1,0297	1883	89,09	—		2,91	—	—	—		26,67	—	*Schmoeger*[2]
33	Kuh I, zweimal „ 1,0293	„	89,04	—		3,04	—	—	—		27,74	—	
34	Kuh I, dreimal „ 1,0301	„	88,86	—		3,17	—	—	—		27,56	—	
35	Kuh II, dreimal „ 1,0309	„	88,80	—		2,87	—	—	—		25,63	—	
36	Kuh II, zweimal „ 1,0297	„	88,86	—		3,07	—	—	—		27,56	—	
37	Kuh II, dreimal „ 1,0307	„	88,71	—		3,14	—	—	—		27,81	—	

Kuhmilch, gebrochenes Melken.

I. Weisse Kuh.

No.	Datum	Seit dem letzten Melken verflossene Stunden	Gewicht der gesammtmilchmenge g		Jahr	Wasser	Casein	Albumin	Fett	Zucker	Salze	Casein (Tr.)	Albumin (Tr.)	Fett (Tr.)	N.	Analytiker
1				Anf.	1843	90,10	8,1		1,8	—	—	—	—	18,18	—	*Jules Reiset*[3]
2	27/10 Abds. 7 h.	12	4840	Ende	„	84,15	9,25		6,6	—	—	—	—	41,64	—	
3				Anf.	„	90,10	9,1		0,8	—	—	—	—	8,08	—	
4	31/10 Morg. 7 h.	12	4200	Ende	„	82,18	8,22		9,6	—	—	—	—	53,88	—	
5				Anf.	„	89,59	6,36	—	1,07	—	0,71	61,09	—	10,28	—	
6	29/10 Abd. 6½ h.	11½	4570	Ende	„	78,70	6,28	—	13,20	—	0,80	29,48	—	61,97	—	
7				Anf.	„	90,38	6,34	—	1,22	—	0,75	65,90	—	12,68	—	
8	31/10 „ 6½ h.	11½	4100	Ende	„	80,93	6,11	—	11,20	—	0,74	32,04	—	59,73	—	
9				Anf.	„	88,00	5,88	—	3,30	—	0,75	49,06	—	27,48	—	
10	27/10 Mitt. 12 h.	5	2695	Ende	„	78,80	6,09	—	13,10	—	0,84	28,73	—	61,92	—	

[1]) No. 26—31. Lami. Milchztg. 1879. 666. Aus den Angaben des absoluten Ertrages an Milch in Litern, an Trockensubstanz, Fett, Milchzucker und stickstoffhaltige Substanzen, in kg, berechneten wir die procentische Zusammensetzung, die Menge der Salze aus der Differenz. Die Liter-Anzahl wurde unter Annahme eines specifischen Gewichts von 1,03 auf kg berechnet. Der Ertrag an Milch betrug

	2 mal gem.	3 mal gem.	2 mal gem.
Schwyzer Kuh	70,90	84,19	88,20 Liter in 10 Tagen.
Holländer „	111,41	102,28	87,26 „ „ „ „

[2]) No. 32—37. Schmoeger. Bericht des milchwirthschaftl. Instituts Proskau 1883/84. 10. Zum Versuche dienten 2 Kühe Holländer Rasse; Kuh I ca. 7 Jahre alt, hatte am 20. Juni 1883 gekalbt; Kuh II ca. 7 Jahre alt, hatte am 26. September gekalbt. Nach vorausgegangener Fütterung mit Schlempe, Trebern und Stroh erhielten die Thiere vom 9./11. ab täglich und für das Stück 24 Pfd. Heu und 3 Pfd. Roggenkleie; letztere in dem ad libitum gegebenen Tränkwasser. Bis zum 30./11. wurde täglich morgens 4 Uhr, mittags 11 Uhr und abends 6 Uhr gemolken. Vom 1.—14. December wurde zweimal gemolken, morgens und abends 6 Uhr; vom 15. December an wieder dreimal. Die Untersuchung der Milch geschah mit der gesammten Tagesmilch. Der Ertrag an Milch war folgender:

	3 mal gem.	2 mal gem.	3 mal gem.
Kuh I	9,30	8,47	9,32 kg täglich
Kuh II	10,93	8,70	9,49 „ „

Gebrochenes Melken:

[3]) No. 1—28. Jules Reiset. B. Martiny, Die Milch. I. 370. Die Kühe weideten am Tage, abends kamen sie auf den Stall, ohne Futter zu erhalten. Die zu untersuchende Milch wurde in Mengen von je etwa 20 g unmittelbar in die Abdampfschale gemolken, bei 100° C. getrocknet und mit Aether ausgezogen. Die Kühe wurden gewöhnlich morgens um 6, mittags um 12 und abends um 6 Uhr gemolken.

No.	Bemerkungen	Seit dem letzten Melken verflossene Stunden	Gewicht der Gesammtmilchmenge g		Jahr der Untersuchung	In der ursprünglichen Substanz: Wasser %	Casein %	Albumin %	Fett %	Zucker %	Salze %	In der Trocken-Substanz: Casein %	Albumin %	Fett %	N. in der Trocken-Substanz %	Analytiker
11				Anf.	1843	86,40	—		5,23	—	—	61,54		38,46	—	Jules Reiset[1]
12	1/11 Mitt. 12 h.	5	2355	Ende	„	81,50	—		10,70	—	—	42,17		57,83	—	
13				Anf.	„	82,81	—		9,70	—	—	43,01		56,99	—	
14	30/10 Abds. 4 h.	4	1320	Ende	„	83,07	—		8,60	—	—	49,20		50,80	—	
15				Anf.	„	84,72	—		4,90	—	—	67,93		32,07	—	
16	1/11 Abds. 4 h.	4	1240	Ende	„	85,27	—		5,10	—	—	65,38		34,62	—	
17				Anf.	„	85,40	—		7,20	—	—	50,68		49,32	—	
18	30/10 Abd. 6½ h.	2½	425	Ende	„	86,67	—		7,10	—	—	46,74		53,26	—	
19				Anf.	„	87,16	—		4,90	—	—	61,84		38,16	—	
20	1/11 Abd. 6½ h.	2½	430	Ende	„	86,92	—		4,30	—	—	67,13		32,87	—	
	II. Rothe Kuh.															
21				Anf.	„	88,99	5,32		2,20	—	—	48,32		19,98	7,73	
22	3/11 Morg. 7 h.	12½	4465	Ende	„	82,37	6,26		9,70	—	—	35,51		55,02	5,68	
23				Anf.	„	86,85	—		4,30	—	—	—		32,70	—	
24	2/11 Abd. 6½ h.	6½	2210	Ende	„	82,71	—		8,80	—	—	—		50,90	—	
25				Anf.	„	85,63	5,92		5,90	—	0,77	41,20		41,06	6,59	
26	3/11 Mitt. 12 h.	5	2110	Ende	„	81,07	6,00		10,50	—	0,77	31,70		55,47	5,07	
27				Anf.	„	86,80	6,42		4,40	—	0,63	48,74		33,33	7,80	
28	3/11 Abd. 6½ h.	5	2040	Ende	„	82,50	5,70		9,10	—	0,70	32,57		52,00	5,21	
				Dichte												
29	Grünfütterung, Kuh milchend seit 6 Wch.: Erstes Liter			1,0343	1847	89,55	3,87		1,40	5,18	—	37,03		13,40	5,92	Bouchardat u. Quevenne[2]
30	Letztes Liter			1,0264	„	83,82	4,09		7,37	4,72	—	25,28		45,55	4,04	
31	5 Mon. 6 Wch.: Erste Hälfte			1,0340	„	88,47	4,12		1,79	5,62	—	35,73		15,52	5,72	
32	Letzte Hälfte			1,0310	„	86,61	3,96		4,36	5,07	—	29,57		32,56	4,73	
33	6 Wch.: Erstes Liter			1,0310	1849	89,81	3,64		0,85	5,70	—	35,72		8,34	5,72	
34	Letztes Liter			1,0270	„	84,95	3,35		6,39	5,31	—	22,26		42,46	3,56	
35	Waldseethaler Rasse, Winterfütterung, Morgenmilch: Erste Milch			1,0345	1850	91,13	—		1,00	—	—	88,74		11,26	—	Knoblock[3]
36	Zweite „			1,0335	„	90,96	—		1,11	—	—	87,72		12,28	—	
37	Dritte „			1,0326	„	90,26	—		1,73	—	—	82,24		17,76	—	
38	Vierte „			1,0321	„	89,53	—		2,06	—	—	80,32		19,68	—	
39	Fünfte „			1,0259	„	84,20	—		5,20	—	—	54,43		32,91	—	
40	Daraus berechn. Mittel			1,0317	„	89,21	—		2,62	—	—	75,63		29,28	—	
41	In den übrig. Gesammtm.			1,0317	„	89,13	—		2,60	—	—	76,08		23,92	—	
42	Gesammtm. v. 20 Kühen			1,0307	„	87,67	—		3,00	—	—	75,67		24,33	—	

[1]) Vergl. Anmerkung [3]) Seite 321.

[2]) No. 29—34. Bouchardat u. Quevenne. B. Martiny, Die Milch. I. 373 (der Autoren: Du Lait II. 75). Die für 1 Liter Milch angegebenen Gehalte wurde von uns auf Gewichtsprocente umgerechnet. Die Kühe gaben zur Zeit der Untersuchung täglich Milch: Kuh 1 20 Liter, Kuh 2 14 Liter und Kuh 3 20 Liter.

[3]) Vergl. Anmerkung [1]) Seite 323.

No.	Bemerkungen	Milchmenge g	Dichte	Jahr der Untersuchung	In der ursprünglichen Substanz: Wasser %	Casein %	Albumin %	Fett %	Zucker %	Salze %	In der Trocken-Substanz: Casein %	Albumin %	Fett %	N. in der Trocken-Substanz %	Analytiker
43	Waldseethaler Rasse, Sommer- (Stall-) Fütterung, Morgenmilch: Erste Milch		1,0364	1850	89,80	—		0,80	—	—	92,16		7,84	—	Knoblock[1]
44	Zweite „		1,0354	„	89,10	—		1,50	—	—	86,24		13,76	—	
45	Dritte „		1,0326	„	87,46	—		3,00	—	—	76,08		23,93	—	
46	Vierte „		1,0306	„	86,20	—		4,14	—	—	70,00		30,00	—	
47	Fünfte „		1,0291	„	84,73	—		5,60	—	—	63,36		36,64	—	
48	Daraus berechn. Mittel		1,0327	„	87,46	—		3,00	—	—	76,07		23,93	—	
49	In den übrig. Gesammtm.		1,0326	„	87,43	—		3,06	—	—	75,56		24,32	—	
50	Gesammtm. v. 20 Kühen		1,0322	„	87,00	—		3,24	—	—	75,08		24,92	—	
51	Freiburger Kuh: Erste Probe	398	1,0339	1858	89,53	2,94		1,70	5,13	0,70	28,11		16,25	4,50	J. Boussingault[2]
52	Zweite „	628	1,0329	„	89,25	3,32		1,76	5,14	0,53	30,89		16,37	4,94	
53	Dritte „	1295	1,0325	„	89,15	3,00		2,10	5,11	0,64	27,65		19,36	4,42	
54	Vierte „	1390	1,0320	„	88,77	2,99		2,54	5,15	0,55	26,63		22,62	3,62	
55	Fünfte „	1565	1,0312	„	88,37	2,81		3,14	4,98	0,70	24,16		27,00	3,87	
56	Sechste „	315	1,0301	„	87,33	2,91		4,08	4,98	0,70	22,97		32,20	3,68	
57	Mittel,	5591	—	„	88,73	3,01		2,55	5,08	0,63	26,71		22,63	4,27	
58	Morgenmilch, das 1. Quart .			1859	91,50	2,14		1,49	4,10	0,71	25,35		17,65	4,06	H. Hellriegel[3]
59	„ „ 2. „ .			„	90,11	2,26		2,37	4,50	0,76	22,85		23,96	3,66	
60	„ „ 3. „ .			„	88,96	2,06		4,16	4,06	0,76	18,68		37,71	2,99	
61	„ Durchschnitt .			„	90,22	2,15		2,67	4,22	0,74	21,98		27,30	3,52	
62	Mittagsmilch, das 1. Quart .			„	89,45	3,37		2,19	4,24	0,75	31,94		20,76	5,11	
63	„ „ 2. „ .			„	85,35	3,36		6,50	4,06	0,73	22,94		44,37	3,67	
64	„ Durchschnitt .			„	87,40	4,36		4,35	4,15	0,74	34,61		33,53	5,54	
65	Abendmilch, das erste 3/4 Quart			„	89,18	2,64		3,40	4,03	0,75	24,40		31,42	3,90	
66	„ „ zweite 3/4 „			„	86,93	3,10		5,28	3,97	0,72	33,72		40,40	5,40	
67	„ Durchschnitt . .			„	88,05	2,87		4,34	4,00	0,74	24,02		36,32	3,84	

[1] No. 35—50. Knoblock (Schleissheim). B. Martiny, Die Milch. I. 370 (Centralbl. des landwirthschaftl. Vereins 1. Bayern 40. 1850. 354). Die Kuh, welcher die untersuchte Milch entnommen war, gehörte der Waldseethaler (Walseethaler?) Rasse an, war 10 Jahre alt und hatte zur Zeit der ersten Untersuchung, bei Winterfütterung, vor 42 Tagen gekalbt. Die zweite Untersuchung fand 15 Tage später und zwar 14 Tage nach Einführung der Sommer- (Stall-) Fütterung statt. Die Winterfütterung bestand aus 8 Pfund eines Gemisches zu gleichen Theilen von Klee-, Esparsette- und Moosheu, aus 8 Pfund Haferstroh, 30 Maass Branntweinschlempe (gewonnen aus 1/12 Scheffel Kartoffeln), den Trebern von 1/100 Scheffel Malz, aus 1 1/2 Pfd. Kartoffeln und 2 Loth Salz. Die Sommerfütterung bestand aus 104 1/2 Pfd. grünem Klee und 2 Loth Salz. Zur Zeit der ersten Untersuchung gab die Kuh täglich 6 Maass, zur Zeit der zweiten nahezu 8 Maass. Zur Untersuchung wurde in beiden Fällen die Morgenmilch verwendet und dabei in möglichst genau abgemessenen Zeitabschnitten während des Melkens die zur Untersuchung erforderliche Menge Milch in fünf besonderen Gefässen aufgefangen; das Uebrige wurde zusammengemolken und ebenfalls untersucht. Das analytische Verfahren ist nicht angegeben; jedenfalls wurde der Caseingehalt zu hoch (7—8 %), der Milchzuckergehalt (0,8—1,36 %) zu niedrig gefunden. Wir haben deshalb die Gehalte beider Bestandtheile, in denen auch die Salze eingeschlossen, zusammengezogen.

[2] No. 51—57. J. B. Boussingault. Weende'r Jahresber. 1866/67. 446. (Ann. chim. phys. 1866. IV. St. g. 132.) Morgenmilch wurde in 6 verschiedenen Portionen aufgefangen. Die Kuh war mit Heu und Melasse gefüttert worden. (Vergl. Milch unter dem Einflusse des Futters.)

[3] No. 58—67. H. Hellriegel. Annal. der Landwirthsch. in Preussen 1859. 33. 356. Die untersuchte Milch wurde von einer Kuh gewonnen, die als Futter nur Kartoffelschlempe mit einem Häckselgemenge von Grummet, Gerstenstroh und Weizenstroh erhielt. Das Thier war 6 Jahr alt und hatte vor 3 Monaten gekalbt.

No.	Bemerkungen		Dichte	Jahr der Untersuchung	In der ursprünglichen Substanz: Wasser %	Casein %	Albumin %	Fett %	Zucker %	Salze %	In der Trocken-Substanz: Casein %	Albumin %	Fett %	N. in der Trocken-Substanz %	Analytiker
68	Von einer ungarischen Kuh	Erste Milch	1,0341	1862	89,46	—	—	2,56	—	—	—	—	24,29	—	J. Moser[1])
69		Dritte „	1,0299	„	86,23	—	—	4,94	—	—	—	—	35,87	—	
70	Von 10 Kühen	Erste „	—	„	88,85	—	—	2,11	—	—	—	—	18,92	—	
71		Zweite „	—	„	87,46	—	—	3,70	—	—	—	—	29,51	—	
72	a.		1,0346	1886	89,77	—	—	0,94	—	—	—	—	9,19	—	Klinger[2])
73	b.		1,0338	„	88,69	—	—	2,17	—	—	—	—	19,19	—	
74	c.		1,0307	„	86,29	—	—	4,33	—	—	—	—	31,58	—	
75	Von 1 Jersey-Kuh	„Fore milk“ . .		1885	86,66	—	—	3,88	—	0,85	—	—	29,08	—	Harrington[3])
76		„Middle“ . . .		„	84,60	—	—	6,74	—	0,81	—	—	43,77	—	
77		„Strippings“ . .		„	82,87	—	—	8,12	—	0,82	—	—	47,40	—	
				Anzahl der Analysen											
	Mittel, erste Milch[0])	bei gebrochenem Melken		7	**89,84**	**2,88**		**1,78**	**4,81**	**0,69**	**28,35**		**17,52**	**4,53**	
	„ zweite „			7	**88,12**	**2,94**		**3,34**	**4,92**	**0,68**	**24,75**		**28,11**	**3,96**	
	„ dritte „			6	**86,29**	**2,59**		**4,52**	**5,88**	**0,72**	**18,89**		**32,97**	**3,02**	

Kuhmilch aus verschiedenen Zitzen derselben Kuh.

No.			Ertrag Pfd.		Dichte	Jahr der Untersuchung	Wasser	Casein	Albumin	Fett	Zucker	Salze	Casein	Albumin	Fett	N.	Analytiker
1	Ayrshire Kuh, 11 Jahr alt	Rechte vordere Z.	2	Abendmilch	1,025	1876	85,16	5,59	4,09	4,48	—	0,68	37,67	27,56	30,19	—	S. P. Scharpless[4])
2		Linke vordere Z.	$1^1/_4$		1,024	„	86,20	4,43	2,18	6,58	—	0,61	32,10	15,80	47,76	—	
3		Rechte hintere Z.	$1^1/_2$		1,026	„	86,51	4,39	3,44	5,00	—	0,66	32,54	25,50	37,06	—	
4		Linke hintere Z.	$1^1/_4$		1,028	„	85,70	3,84	4,20	5,59	—	0,67	26,85	29,37	39,09	—	
5	Ayrshire Ferse, $2^1/_2$ Jahr alt	Rechte vordere Z.	$1^3/_8$		1,032	„	88,66	2,32	4,90	3,53	—	0,59	20,46	43,21	31,13	—	
6		Linke vordere Z.	$1^3/_8$		1,031	„	88,01	3,00	5,00	3,42	—	0,57	25,02	41,70	28,52	—	
7		Rechte hintere Z.	$1^1/_2$		1,0306	„	88,33	2,73	4,72	3,61	—	0,61	23,39	40,45	30,93	—	
8		Linke hintere Z.	$1^5/_8$		1,0315	„	88,87	2,13	4,88	3,48	—	0,64	19,14	42,85	31,27	—	

[1]) No. 68—71. J. Moser (Ungar. Altenburg). B. Martiny, Die Milch. I. 376 (Arenstein's allgem. Land- u. Forstw.-Ztg. 1862. 873). Die beiden ersten Proben stammten von einer Kuh ungarischer Rasse, die am 25./2. gekalbt hatte und am 10. Mai wieder belegt worden war; am 7. Juli abends wurde die Milch in drei Abschnitten ausgemolken und die des ersten und dritten untersucht; gefüttert war die Kuh schon seit längerer Zeit mit Grünmais. Die Proben des zweiten Versuchs stammten von 10 Kühen einer Meierei, die in zwei Abschnitten ausgemolken wurden. Die Menge der ermolkenen Milch betrug:

	1. Abschn.	2. Abschn.	3. Abschn.	im Ganzen
bei 1 Kuh . . .	1 Pfd. 8 Loth	3 Pfd. 11 Loth	2 Pfd. 4 Loth	6 Pfd. 23 Loth
„ 10 Kühen . .	53,75 Pfd.	40,34 Pfd.	—	94,09 Pfd.

[2]) No. 72—74. A. Klinger. Repert. d. analyt. Chem. 1886. 551. Die Milch war aus einer Milchkuranstalt.

[3]) No. 75—77. Ch. Harrington. 6 Ann. Rep. State Board of Health of Massachusetts. Boston 1885. 189.

[0]) Für die Mittel bei gebrochenem Melken sind nur die Analysen von 36—71 berücksichtigt und nur 3 Abstufungen gewählt; wo die Milch in 5 Portionen ermolken wurde, ist No. 1 und 2 als erste, No. 3 und 4 als zweite Milch etc., wo 6 mal gemolken wurde, sind No. 1 und 2 als erste, No. 3 und 4 als zweite und 4 und 6 als dritte Milch gewählt.

Kuhmilch aus verschiedenen Zitzen:

[4]) No. 1—8. S. P. Scharpless (Boston). Milchztg. 1877. 215. (National Live-Stock-Journ.; März 1877). Die Kuh erhielt auf der Weide als Beifutter Mais und 6 Quart Kleie. Der Ertrag der Abendmelkung vom 6. August betrug 6 Pfund. Die Ferse wurde auf dem Stalle mit Mais, Heu und Futtermehl gefüttert. Der Ertrag der Abendmelkung vom 19. November betrug $5^3/_8$ Pfund.

Kuhmilch, gebrochenes Melken und aus verschiedenen Zitzen.

No.	Bemerkungen	Milchmenge	Jahr der Untersuchung	In der ursprünglichen Substanz: Wasser %	Casein %	Albumin %	Fett %	Zucker %	Salze %	In der Trocken-Substanz: Casein %	Albumin %	Fett %	N. in der Trocken-Substanz %	Analytiker
1	Vordere Zitzen	575 ccm	1881	92,14	3,20		1,63	5,49	0,73	28,93		14,74	4,55	*Fr. Hofmann*[1])
2	" "	1090 "	"	90,29	3,10		3,70	5,32	0,69	24,20		28,88	3,87	
3	" "	1060 "	"	89,31	2,88		4,92	5,11	0,68	21,19		36,21	3,39	
4	Hintere "	890 "	"	91,18	3,13		2,77	5,36	0,66	26,26		23,24	4,20	
5	" "	980 "	"	89,95	2,98		4,29	5,00	0,68	23,07		33,20	3,69	
6	" "	890 "	"	87,95	2,96		5,63	5,19	0,67	20,48		38,96	3,28	
7	Kreuzweise	1100 "	"	87,95	3,01		5,66	5,00	0,69	20,98		39,44	3,36	
8	"	320 "	"	83,91	2,76		10,00	4,68	0,64	16,08		52,25	2,57	

Schwankungen in der Zusammensetzung der Kuhmilch von einer und derselben Kuh.

No.	Bemerkungen		Spec. Gew.	Wasser %	Fett %	Fett in der Trocken-Substanz %	No.	Bemerkungen		Spec. Gew.	Wasser %	Fett %	Fett in der Trocken-Substanz %	Analytiker
	Kuh I,[0]) Oldenburger:	1879 Nov.						Kuh II[0])	1879 Nov.					
1	Fütterung unregelmässig, Marschheu + 1 Pfd. Commisbrod und zuweilen Buttermilch	6	1,0269	87,82	4,43	36,37	14	Futter: Marschheu + 1 Pfd. Commisbrod	26	1,0276	88,42	3,70	31,95	*E. v. Borries*[2])
2		7	1,0263	87,32	4,96	39,12	15		27	1,0292	88,55	3,35	29,26	
3		8	1,0274	87,32	4,85	38,25	16		28	1,0289	88,42	3,45	29,79	
4		10	1,0284	88,05	4,03	33,72	17		29	1,0284	89,04	3,19	29,11	
5		11	1,0283	87,67	4,27	34,63			Dec.					
6		13	1,0276	87,67	4,31	34,95	18		1	1,0283	88,55	3,58	31,27	
7		14	1,0284	88,17	3,94	33,30	19		2	1,0293	88,42	3,45	29,79	
8		17	1,0278	87,05	4,83	37,30	20		3	1,0289	88,55	3,40	29,70	
9		18	1,0287	87,42	4,34	34,50	21		4	1,0311	88,66	2,90	25,57	
10		19	1,0284	87,92	4,10	33,94	22		5	1,0285	88,17	3,73	31,53	
11		20	1,0297	85,75	5,44	38,09								
12		21	1,0281	86,80	4,96	37,58								
13		22	1,0292	87,42	4,26	33,86								

Gebrochenes Melken und aus verschiedenen Zitzen:

[1]) No. 1—8. Franz Hofmann. Jahresber. für Thier-Chemie 1882. 177 (Akad. Gedächtnissschrift, Leipzig 1881), Nach Elimination des Fettes ergiebt sich eine fast übereinstimmende Zusammensetzung der fettfreien Milch.

Schwankungen in der Zusammensetzung der Kuhmilch von einer und derselben Kuh:

[2]) No. 1—22. E. v. Borries. Milchztg. 1880. S. 285.

[0]) Die Kühe, von welchen die untersuchte Milch stammte, gehörten dem Oldenburger Geest-Schlage an; Kuh I war 6 Jahre alt, hatte 4 Kälber gehabt und am 20. September zuletzt gekalbt; Kuh II war etwa 4 Jahre alt, hatte 2 Kälber gehabt und zuletzt Mitte October gekalbt. Zur Untersuchung wurde stets die vollständig ermolkene Mittagmilch verwendet. Zur Fettbestimmung wurden je 2 Proben von 10 cc mit 20 g Gyps eingedampft, von denen die eine Probe nach Szombathy, die andere nach W. Fleischmann (dessen Molkereiwesen 1875. S. 197) extrahirt wurde; der Trockensubstanz-Gehalt wurde mittelst der Behrend-Morgen'schen Tabelle berechnet. v. Borries glaubt die grösseren Schwankungen im Gehalte der Milch von Kuh I mit der unregelmässigen Fütterung mit Buttermilch in Zusammenhang bringen zu sollen.

No.	Bemerkungen	Spec. Gew.	Wasser %	Fett %	Fett in der Trocken-Substanz %	No.	Bemerkungen	Spec. Gew.	Wasser %	Fett %	Fett in der Trocken-Substanz %	Analytiker
	Altmilchende Kühe, Angler Rasse, bei Weidegang: Datum 1879, Milchertrag kg						Frischmilchende Kühe, Angler Rasse, bei Stallfütterung: Datum 1879, Milchertrag kg					
23	Kuh I Mrg. 2,0	1,0343	85,69	4,50	31,45	55	Kuh V Mrg. 7,0	1,0340	87,67	3,01	24,41	Ph. du Roi u. W. Kirchner[1]
24	5/9 Ab. 1,9	1,0346	85,48	4,74	32,64	56	4/11 Ab. 6,9	1,0340	87,77	2,83	23,14	
25	9/9 Mrg. 1,7	1,0343	85,85	5,55	39,22	57	5/11 Mrg. 6,9	1,0330	87,97	3,19	26,52	
26	Ab. 2,0	1,0340	85,09	5,79	38,94	58	12/11 Mrg. 8,0	1,0316	88,60	3,02	26,49	
27	Kuh II Mrg. 2,5	1,0343	85,81	4,45	31,36	59	Ab. 8,4	1,0338	88,30	2,89	24,70	
28	5/9 Ab. 2,5	1,0336	85,88	4,76	33,71	60	13/11 Mrg. 8,0	1,0320	88,40	3,66	31,55	
29	9/9 Mrg. 2,4	1,0333	84,94	5,10	33,86	61	18/11 Ab. 7,9	1,0333	88,23	3,03	25,74	
30	Ab. 1,9	1,0327	84,82	5,60	36,89	62	19/11 Mrg. 8,2	1,0318	89,05	2,80	25,57	
31	Kuh III Mrg. 3,5	1,0323	89,92	2,29	22,72	63	2/12 Ab. 7,6	1,0327	88,65	2,93	25,30	
32	5/9 Ab. 4,2	1,0304	86,61	5,14	38,38	64	3/12 Mrg. 8,4	1,0315	88,81	3,09	27,62	
33	9/9 Mrg. 3,7	1,032	89,02	2,83	25,78	65	17/12 Ab. 7,3	1,0312	88,78	2,77	24,69	
34	Ab. 3,6	1,0309	86,95	4,25	32,64	66	18/12 Mrg. 7,5	1,0315	89,36	2,64	24,81	
35	Kuh IV Mrg. 0,6	1,0343	85,92	4,26	30,25	67	Kuh IX Mrg. 7,5	1,0335	86,42	4,34	32,01	
36	5/9 Ab. 0,7	1,0325	85,47	5,12	35,22	68	12/11 Ab. 7,3	1,0350	86,05	4,50	32,26	
37	9/9 Mrg. 0,4	1,0333	86,07	4,47	32,09	69	13/11 Mrg. 8,0	1,0330	86,68	4,08	30,63	
38	Ab. 0,6	1,0330	85,25	5,62	38,10	70	18/11 Ab. 7,2	1,0333	86,67	4,32	32,41	
39	Kuh V Mrg. 0,9	1,0312	86,56	4,96	36,91	71	19/11 Mrg. 7,6	1,0335	87,34	3,92	30,96	
40	5/9 Ab. 1,1	1,0304	85,18	5,62	37,92	72	2/12 Ab. 7,3	1,0327	87,28	3,94	30,98	
41	9/9 Mrg. 0,5	1,0271	85,82	5,92	41,75	73	3/12 Mrg. 7,9	1,0310	87,79	3,82	31,28	
42	Ab. 0,6	1,0330	85,67	4,47	31,19	74	17/12 Ab. 7,4	1,0325	88,06	3,95	33,07	
43	Kuh VI Mrg. 0,8	1,0333	87,78	3,32	27,17	75	18/12 Mrg. 7,4	1,0310	88,19	3,42	28,96	
44	5/9 Ab. 1,4	1,0314	86,26	5,31	38,65	76	Kuh IV, 18/11 A. 7,0	1,0360	86,04	4,14	29,65	
45	9/9 Mrg. 0,8	1,0323	88,05	2,99	25,02	77	19/11 Mrg. 7,3	1,0346	86,54	3,97	29,49	
46	Ab. 1,2	1,0334	87,48	3,50	27,95	78	2/12 Ab. 6,6	1,0322	86,83	4,51	34,24	
47	K. VII Mrg. 1,1	1,0353	85,94	4,22	30,01	79	3/12 Mrg. 6,0	1,0323	88,48	2,98	25,87	
48	5/9 Ab. 1,1	1,0346	85,45	4,64	31,88	80	17/12 Ab. 6,2	1,0327	88,23	3,16	26,85	
49	9/9 Mrg. 0,9	1,0333	83,79	5,72	35,29	81	18/12 Mrg. 6,8	1,0320	85,56	2,46	17,04	
50	Ab. 0,7	1,0330	85,01	4,63	30,89	82	Kuh I, 2/12 Ab. 7,2	1,0363	86,88	3,20	24,39	
51	K. VIII Mrg 3,2	1,0323	87,34	3,73	29,46	83	3/12 Mrg. 8,2	1,0340	86,92	3,51	26,83	
52	5/9 Ab. 4,3	1,0314	86,84	4,67	35,49	84	17/12 Ab. 7,1	1,0336	87,32	3,61	28,47	
53	9/9 Mrg. 5,2	1,0323	86,84	3,40	25,84	85	18/12 Mrg. 7,6	1,0334	87,92	3,06	25,33	
54	Ab. 4,4	1,0320	86,83	3,34	32,95	86	Kuh VI, 17/12 A. 6,8	1,0333	88,69	2,35	20,78	
						87	18/12 Mrg. 7,2	1,0138	88,38	3,11	26,76	

[1]) No. 23—87. Du Roi u. W. Kirchner. Milchztg. 1879. Bd. 8. S. 630. Die ausgeführten Untersuchungen sollten zeigen, welchen Schwankungen die Milch einzelner Kühe von einer Melkung zur anderen hinsichtlich ihres spec. Gewichtes und des Gehaltes an Trockensubstanz und Fett unterworfen ist.

Schwankungen in der Zusammensetzung der Kuhmilch ganzer Herden.

No.	Bemerkungen	Datum	Morgenmilch Spec. Gew.	Morgenmilch Wasser %	Morgenmilch Fett %	Morgenmilch Fett in der Trocken-Substanz %	Abendmilch Spec. Gew.	Abendmilch Wasser %	Abendmilch Fett %	Abendmilch Fett in der Trocken-Substanz %	Analytiker
		1878 Oct.									
1	Proskauer Herde, 45 Kühe Holländer Rasse	21	1,0311	89,59	2,09	20,08	1,0317	88,50	2,96	25,74	*Friedländer, Schrodt u. Schmoeger*[1])
2		22	1,0305	89,54	2,50	23,90	1,0306	87,67	3,68	29,84	
3		23	1,0307	89,56	2,36	22,61	1,0304	88,82	3,35	29,96	
4		24	1,0313	89,62	2,19	21,09	1,0310	88,62	3,19	28,03	
5		25	1,0315	89,04	2,59	23,63	1,0304	88,48	3,38	29,34	
6		26	1,0308	89,74	2,24	21,83	1,0302	88,80	2,90	25,89	

No.	Bemerkungen	Datum	Morgenmilch Menge pro Kopf kg	Morgenmilch Fett %	Abendmilch Menge pro Kopf kg	Abendmilch Fett %
	Radener Herde:	1880 Mai				
7	Stallhaltung	1	3,58	3,13	3,83	2,92
8		10	3,93	3,08	4,01	2,98
9		20	3,74	3,12	3,91	2,96
10		24	3,95	3,05	4,08	2,97
11		26	3,87	2,98	4,10	2,92
12	Weidegang	27	3,83	—	2,77	2,48
13		28	3,12	3,66	3,52	3,89
14		29	3,45	4,00	3,78	3,23

No.	Bemerkungen	Datum	Morgenmilch Menge pro Kopf kg	Morgenmilch Fett %	Abendmilch Menge pro Kopf kg	Abendmilch Fett %	Analytiker
		1880 Mai					
15	Weidegang	30	3,79	3,63	4,33	3,23	*W. Fleischmann*[2])
16		31	4,17	3,63	4,58	3,22	
		Juni					
17		1	4,39	3,33	4,76	3,29	
18		2	4,60	3,53	4,67	3,09	
19		7	4,67	3,39	4,54	3,17	
20		15	4,45	3,28	4,44	3,33	
21		21	4,35	3,05	4,59	3,01	
22		28	4,23	3,00	4,33	2,93	

(Vergl. hierzu weiter unter „Milch zu verschiedenen Melkzeiten“ Seite 313—315.)

[1]) No. 1—6. Friedländer, Schrodt und Schmoeger. Forschungen auf dem Gebiete der Viehhaltung. 1880. Heft 8. S. 372.

[2]) No. 7—22. W. Fleischmann, Bericht d. milchw. Versuchsst. Raden pro 1880. S. 26.

Schwankungen in der Zusammensetzung der Kuhmilch ganzer Herden in den einzelnen Wochen und Monaten des Jahres.

No.	Bemerkungen	Woche des Jahres 1885	Milchmenge von allen Kühen kg	Milchmenge von einer Kuh kg	Spec. Gew.	Wasser %	Fett %	No.	Woche des Jahres 1885	Milchmenge von allen Kühen kg	Milchmenge von einer Kuh kg	Spec. Gew.	Wasser %	Fett %	Analytiker
1	Milch der Radener Herde von 103 Stück Milchvieh (Kreuzungsproduct des Mecklenburger Landschlages mit Angler und Wilstermarschvieh); das mittlere Lebendgewicht der Kühe betrug 478,8 kg, die Milchmenge pro Haupt und Jahr 2065,8 kg, also das Vierfache des lebenden Gewichtes. Während der Stallfütterung zu Anfang des Jahres, 1.—6. Jan., erhielten die Kühe 20 Pfd. Runkelrüben, von da bis zum 30. März 20 Pfd. Zuckerrüben, dazu 6 Pfd. Kleeheu, 2 Pfd. Erdnusskuchen und Haferstroh nach Bedarf; nach dem 30. März statt der Rüben 2 Pfd. Roggenschrot. Vom 27. Mai bis 7. Oct. gingen die Kühe auf die Weide; vom 7. Oct. bis 31. Decbr. bestand die Fütterung aus 9 Pfd. Kleeheu, 6 Pfd. Wiesenheu, 20 Pfd. Runkelrüben, 2 Pfd. Erdnusskuchen und Haferstroh nach Bedarf.	1	553,5	7,0946	1,0311	88,29	3,02	27	27	664,5	6,389	1,0312	88,05	3,20	*W. Fleischmann*[1])
2		2	629,0	8,064	1,0309	88,39	3,06	28	28	606,5	5,832	1,0310	88,25	3,12	
3		3	659,0	7,845	1,0314	88,07	3,32	29	29	575,0	5,529	1,0307	88,19	3,23	
4		4	652,0	7,762	1,0308	88,07	3,15	30	30	668,0	6,614	1,0314	87,66	3,43	
5		5	643,5	6,919	1,0312	88,22	3,18	31	31	709,0	7,020	1,0311	88,12	3,18	
6		6	653,0	6,802	1,0315	88,11	3,14	32	32	666,0	6,594	1,0311	88,12	3,16	
7		7	673,0	7,315	1,0312	88,11	3,15	33	33	648,0	6,416	1,0314	88,16	3,19	
8		8	697,5	7,266	1,0309	88,25	3,12	34	34	620,0	6,139	1,0310	88,08	3,22	
9		9	704,0	7,333	1,0315	88,18	3,14	35	35	456,0	4,560	1,0307	87,75	3,61	
10		10	680,5	6,944	1,0318	88,08	3,07	36	36	393,5	4,015	1,0306	87,86	3,56	
11		11	690,5	7,046	1,0312	88,22	3,09	37	37	372,5	3,801	1,0309	87,76	3,52	
12		12	702,5	6,820	1,0314	88,55	2,82	38	38	389,5	3,923	1,0314	87,51	3,73	
13		13	710,5	6,966	1,0307	88,30	3,12	39	39	353,5	3,607	1,0307	87,78	3,56	
14		14	697,5	6,838	1,0306	88,35	3,09	40	40	329,5	3,362	1,0308	87,61	3,65	
15		15	708,0	6,617	1,0311	88,23	3,14	41	41	254,0	2,919	1,0309	87,41	3,89	
16		16	769,5	7,259	1,0308	88,30	3,11	42	42	225,5	2,592	1,0313	87,58	3,61	
17		17	792,5	7,476	1,0310	88,20	3,19	43	43	228,0	3,257	1,0313	87,86	3,32	
18		18	746,5	7,042	1,0304	88,24	3,25	44	44	196,0	2,970	1,0312	87,69	3,45	
19		19	747,0	7,047	1,0305	88,30	3,20	45	45	281,5	3,704	1,0323	87,52	3,47	
20		20	703,5	6,637	1,0307	88,57	2,99	46	46	378,0	4,725	1,0324	87,58	3,36	
21		21	614,5	5,852	1,0308	88,57	2,91	47	47	428,5	5,638	1,0323	87,90	3,19	
22		22	537,5	5,119	1,0310	88,63	3,59	48	48	457,5	5,865	1,0318	88,06	3,15	
23		23	834,0	8,019	1,0316	88,02	3,25	49	49	466,5	6,664	1,0317	88,19	3,14	
24		24	778,5	7,485	1,0310	88,11	3,15	50	50	489,0	8,016	1,0316	88,02	3,04	
25		25	758,5	7,293	1,0313	88,13	3,21	51	51	520,0	8,525	1,0315	88,32	3,03	
26		26	721,0	6,932	1,0312	88,21	3,18	52	52	527,0	8,108	1,0318	88,27	3,01	

	Milch von einer Kuh kg	Spec. Gew.	Wasser %	Fett %
Mittel bei Stallhaltung vom 1. Januar bis 27. Mai	**7,093**	**1,0310**	**88,27**	**3,11**
„ „ Weidegang „ 27. Mai „ 7. October . . .	**5,579**	**1,0311**	**87,92**	**3,38**
„ „ Stallhaltung „ 7. October „ 31. December . .	**5,460**	**1,0317**	**87,93**	**3,25**
„ vom ganzen Jahre	**6,165**	**1,0312**	**88,07**	**3,24**

Schwankungen in der Zusammensetzung der Milch ganzer Herden in den einzelnen Wochen und Monaten des Jahres.

[1]) No. 1—52. W. Fleischmann. Bericht der Milchw. Versuchsstation Raden pro 1885. S. 13.

No.	Bemerkungen	Monat des Jahres 1886	Spec. Gew.	Wasser %	Fett %	No.	Monat des Jahres 1886	Spec. Gew.	Wasser %	Fett %	Analytiker
53	Im Mittel von im Ganzen 17269 untersuchten Milchproben des Londoner Marktes, von denen 12181 mit der Eisenbahn ankamen, bei deren Ankunft im Geschäft entnommen	Januar	1,0322	87,13	3,77	59	Juli	1,0318	87,33	3,69	*P. Vieth*[1])
54		Februar	1,0322	87,17	3,73	60	August	1,0319	87,23	3,74	
55		März	1,0323	87,22	3,69	61	Septbr.	1,0321	87,02	3,89	
56		April	1,0321	87,25	3,70	62	October	1,0321	86,44	4,11	
57		Mai	1,0323	87,20	3,71	63	Novbr.	1,0322	86,68	4,14	
58		Juni	1,0322	87,22	3,70	64	Decbr.	1,0324	86,73	4,06	
							Jahresdurchschnitt[0])	**1,0322**	**87,08**	**3,83**	

(Vergleiche auch weiter in Tabelle B. Anm. Seite 292.)

Kuhmilch, unter dem Einfluss sexueller Erregung.

No.	Bemerkungen	Dichte	Jahr der Untersuchung	In der ursprünglichen Substanz: Wasser %	Casein %	Albumin %	Fett %	Zucker %	Salze %	In der Trocken-Substanz: Casein %	Albumin %	Fett %	N. in der Trocken-Substanz %	Analytiker
	Von rindrigen Kühen:													
1	Morgenmilch, 2/11	1,0335	1873	—	—		5,33	5,44	—	—		—	—	*G. Schröder*[2])
2	desgl. von derselben, 5/11	1,0346	„	—	—		5,33	5,68	—	—		—	—	
3	desgl. v. einer anderen, 6/12	1,0321	„	—	—		4,67	—	—	—		—	—	
4	desgl. von einer anderen, 8/1 74	1,0332	1874	—	—		5,67	5,95	—	—		—	—	
5	desgl. von derselb., 9/1 74	1,0331	„	—	—		5,13	5,88	—	—		—	—	
6	desgl. „ „ 10/1	1,0329	„	—	—		5,75	5,92	—	—		—	—	
7	desgl. „ „ 11/1	1,0333	„	—	—		5,13	—	—	—		—	—	
8	Milch von Kühen in regelmässig wiederkehrender Brunstzeit 1	1,0341	1884	85,30	—		4,45	—	—	—		30,27	—	*Schaffer*[3])
9	Milch von Kühen in regelmässig wiederkehrender Brunstzeit 2	1,0333	„	—	—		4,15	—	—	—		—	—	
10	Milch von 1 Kuh mit fortdauernder Brunst (Nymphomanie)	1,0383	„	85,22	5,72		3,80	4,50	0,78	38,70		25,71	6,19	

[1]) No. 53—64. Nach dem Bericht der Aylesbury-Dairy-Compagnie in London (eines den deutschen städtischen Molkereien entsprechenden Milchgeschäfts) in Milchztg. 1887. S. 106.

[0]) Das specifische Gewicht der Milch fiel während des Jahres nie unter 1,030 und überstieg mitunter — allerdings selten — 1,034; letzteres wurde alsdann nicht durch niedrigen Fettgehalt, sondern durch einen verhältnissmässig hohen Gehalt an fettfreier Trockensubstanz bedingt.

Das Fett ist bei den gewöhnlichen Controlproben auf Grund der für spec. Gewicht und Trockensubstanz gefundenen Zahlen mit Hülfe der Fleischmann'schen Formel ($f = \text{Fett} = 0{,}833 - 2{,}22\ \frac{100\ s - 100}{s}$, wobei s = spec. Gewicht d. Milch) berechnet; in anderen Fällen wurde das Fett durch Eintrocknen der Milch mit Gyps und Extrahiren mit Aether bestimmt.

Kuhmilch unter dem Einfluss sexueller Erregung:

[2]) No. 1—7. G. Schröder. Milchztg. 1874. 1128. (Fett vermuthlich galactoskopisch bestimmt.)

[3]) No. 8—10. F. Schaffer. Milchztg. 1885. 151. (Mitthl. der naturforschend. Gesellschaft in Bern 1884.) Die Milch unter No. 10 zeigte die Eigenschaft, dass sie auch nach mehrtägigem Stehen bei 10—15° C. nicht aufrahmte.

Kuhmilch unter dem Einfluss der Castration.

No.	Bemerkungen	Jahr der Untersuchung	In der ursprünglichen Substanz: Wasser %	Casein %	Albumin %	Fett %	Zucker %	Salze %	In der Trocken-Substanz: Casein %	Albumin %	Fett %	N. in der Trocken-Substanz %	Analytiker
1	Vor der Castration	1864	87,58	3,12	1,26	3,13	4,20	0,71	25,12	9,85	25,20	5,60	*Dieulafait*[1])
2	3 Monate nach der Castration	„	86,26	2,79	0,98	4,13	5,03	0,81	20,31	7,13	30,06	4,39	
3	Vor der Castration	„	87,64	3,21	0,97	3,11	4,22	0,85	25,97	7,85	25,16	5,41	
4	6 Wochen nach der Castration	„	86,58	3,41	1,04	4,03	4,14	0,80	25,41	7,75	30,03	5,31	
5	Vor der Castration	„	87,65	3,10	1,30	3,15	4,20	0,60	25,10	10,53	25,49	5,70	
6	4 Monate nach der Castration	„	86,94	3,06	1,11	3,98	4,30	0,61	23,43	7,66	30,47	4,98	
	Kuh Ketthly:												
7	Juli bis Ende Dec. 1853 (nicht castrirt)	1853	—	2,51		2,82	—	—	—	—	—	—	*Londet*[2])
8	Januar bis Juli 1854	1854	—	3,10		3,32	—	—	—	—	—	—	
9	August bis Decemb. 1854	„	—	3,23		3,86	—	—	—	—	—	—	
	Kuh Vesta:												
10	Juli bis Ende Dec. 1853 (vor der Castration)	1853	—	2,77		2,95	—	—	—	—	—	—	
11	Januar bis Juli 1854	1854	—	3,42		3,85	—	—	—	—	—	—	
12	August bis Dec. 1854 nach ders.	„	—	3,70		4,94	—	—	—	—	—	—	
13	Nicht castrirte Kühe (derselben Gegend)	1857	87,10	—		3,6	5,3	—	27,91	—	—	—	*Marchand*[3])
14	Castrirte Kühe	„	83,20	—		6,1	5,0	—	36,31	—	—	—	

Fehlerhafte Kuhmilch.

No.	Bemerkungen	Jahr der Untersuchung	Wasser %	Casein %	Albumin %	Fett %	Zucker %	Salze %	Casein %	Albumin %	Fett %	N. in der Trocken-Substanz %	Analytiker
1	Gesunde Milch dess. Stalles. Mittel von 3 Proben . . .	1847	86,42	4,79	0,39	4,46	4,46		35,26	2,87	32,83	6,10	*Girardin*[4])
2	Zähe fadenziehende Milch bei Fütterung von Hopfenklee und blühendem Weissklee: Kuh A dick geronnen, gelblich mit obenaufschwimmendem Serum	„	90,35	0,48	8,90	0,07	0,20		4,97	92,23	0,73	15,55	
3	Kuh B 6/7 47 (nicht geronnen, aber klebrig und spinnend, etwas gelblich)	„	88,53	0,24	10,68	0,05	0,50		2,09	98,12	0,45	16,04	
4	„ „ 16/7 „	„	87,88	0,45	11,02	0,16	0,49		3,70	90,55	1,31	15,08	
5	„ „ 30/7 „	„	90,00	2,50	5,00	0,78	1,72		25,00	50,00	7,80	12,00	
6	„ C 6/7 „ (geronnen, in ihrer Masse gelbliche Punkte zeigend)	„	89,14	1,76	6,80	0,58	1,72		16,21	62,41	5,34	12,58	
7	„ „ 16/7 „	„	86,58	2,51	8,22	0,99	1,70		18,70	61,26	7,38	12,79	
8	„ „ 30/7 „	„	88,12	2,95	6,45	0,89	1,59		24,83	54,30	7,49	12,66	
9	„ D 6/7 „ (ganz gestreckt (?))	„	89,27	0,43	9,76	0,10	0,44		4,01	90,96	0,93	15,19	
10	„ „ 16/7 „	„	87,22	1,86	8,36	0,62	1,94		14,55	65,42	4,85	12,79	
11	„ „ 30/7 „	„	84,90	2,65	8,35	1,35	2,75		17,55	55,30	8,94	11,66	
12	„ E 6/7 „ (desgl.)	„	91,57	0,44	7,42	0,10	0,47		5,22	88,02	1,19	14,92	
13	„ „ 16/7 „	„	89,67	3,23	4,79	0,09	2,19		31,27	46,37	0,87	12,42	
14	„ „ 30/7 „	„	88,20	2,62	5,06	1,44	2,68		22,20	42,88	12,20	12,01	
15	Milch derselben Kühe nach deren Genesung	„	85,41	6,58	0,44	3,26	4,31		45,10	3,02	22,34	7,70	

Kuhmilch unter dem Einfluss der Castration:
[1]) No. 1—6. Dieulafait, Journ. d'agric. prat. 28. 1864. I. 520. Milch dreier Kühe.
[2]) No. 7—12. Londet (Grand-Jouan). B. Martiny, Die Milch. I. 243 (Ann. d'agricult. franc. 1885. II. 543).
[3]) No. 13 u. 14. Marchand. „ „ „ I. 325 „ „ „ 1857. I. 325).
Fehlerhafte Kuhmilch:
[4]) No. 1—15. Girardin. Martiny, Die Milch. I. 380. (Compt. rend. 36. 1853. 753.) Die untersuchte Milch zeigte, frisch aus dem Euter gekommen, weder für das Auge noch für die Zunge etwas Absonderliches; beim Erkalten aber und beim Säuern coagulirte sie schlecht, wurde schleimig und fadenziehend. Seit 12 Jahren war dieselbe Erscheinung wiederholt

No.	Bemerkungen	Dichte	Jahr der Untersuchung	In der ursprünglichen Substanz: Wasser %	Casein %	Albumin %	Fett %	Zucker %	Salze %	In der Trocken-Substanz: Casein %	Albumin %	Fett %	N. in der Trocken-Substanz %	Analytiker
16	Salzige Milch	1,0346	1880	—	1,53	—	—	—	—	—	—	—	—	W. Eugling[1])
17	Bittere „	1,0280	„	—	2,16	—	—	—	—	—	—	—	—	W. Eugling[1])
18	Schleimige Milch	1,0200	„	—	1,35	—	—	—	—	—	—	—	—	W. Eugling[1])
19	Röthlich-gelbe Milch	1,0208	1886	91,58	1,17	4,02	1,14	1,02	1,07	13,89	47,74	13,54	9,86	M. Schrodt[2])

Milch von kranken Kühen.

No.	Bemerkungen	Dichte	Jahr der Untersuchung	Wasser %	Casein %	Albumin %	Fett %	Zucker %	Salze %	Casein % (Trocken-Substanz)	Albumin % (Trocken-Substanz)	Fett % (Trocken-Substanz)	N. in der Trocken-Substanz %	Analytiker
1	Im höchsten Stadium der Lungenseuche		1854	69,44	3,89	4,85	15,23	6,52		12,73	15,87	49,83	4,58	Fraas[3])
2	Im höchsten Stadium der Lungenseuche		„	71,35	9,10		19,23	0,31		31,76		67,11	5,08	Fraas[3])
3	Hochgradig an Lungenseuche kranke Kuh	1,0372	1886	88,80	—		1,64	3,35	—	—		14,64	—	Klinger[4])
4	Von einer perlsüchtigen Kuh		1860	88,93	2,70		2,93	4,77	0,67	24,39		26,47	3,90	Lehmann[5])
5	Von einer an Maul- u. Klauenseuche krank. Aldernay-K.		1873	88,10	3,40		2,90	—	0,68	28,57		24,37	4,57	Smee[6])
6	desgl. stärkerer Fall		„	87,54	—		3,50	—	0,60	—		28,09	—	Smee[6])
7	Im acuten Stadium der Klauenseuche		—	87,70	3,90		3,90	3,81	0,69	31,71		31,71	5,07	Lassaigne[7])
8	In der Abnahme der Klauenseuche		—	90,60	2,85		2,30	3,02	1,23	30,32		24,47	4,85	Lassaigne[7])
9	Maul- und Klauenseuche am 1. Krankheitstage		1875	91,24	2,90		0,39	4,84	0,66	33,10		4,45	5,30	A. Winter-Blyth[8])
10	Maul- und Klauenseuche „ 2. „		„	79,90	—	14,38	5,01	—	0,71	59,54		24,92	9,53	A. Winter-Blyth[8])
11	Maul- und Klauenseuche „ 2. „		„	86,32	—	9,14	3,84	—	0,71	66,81		28,07	10,69	A. Winter-Blyth[8])
12	Maul- und Klauenseuche „ 3. „		„	87,68	3,95		0,89	7,15	0,33	32,06		7,22	5,13	A. Winter-Blyth[8])
13	Maul- und Klauenseuche „ 4. „		„	83,85	3,47		7,80	4,67	0,21	21,49		50,30	3,44	A. Winter-Blyth[8])
14	Maul- und Klauenseuche „ 5. „		„	87,90	—	10,38	1,06	—	0,66	85,79		8,76	13,73	A. Winter-Blyth[8])
15	Maul- und Klauenseuche „ 7. „		„	86,07	—	10,85	1,59	—	0,51	77,89		11,41	12,46	A. Winter-Blyth[8])
16	Maul- und Klauenseuche „ 14. „		„	83,88	—	11,48	3,96	—	0,68	71,22		24,57	11,39	A. Winter-Blyth[8])

auf dem betreffenden Gute beobachtet worden. Milch unter No. 1 war von einer Kuh desselben Stalles und bei gleicher Fütterung. Das analytische Verfahren war folgendes: „Freiwilliges Coaguliren der Milch, Trennung der Butter vom ausgeschiedenen Casein mittelst Aether, Ausfällen des Albumins aus dem Milchserum mittelst Quecksilberchlorid der Bestimmung des Milchzuckers und der Salze durch Ausfällen des Quecksilbers aus der Flüssigkeit mit Schwefelwasserstoff und Eindampfen und Trocknen."

[1]) No. 16—18. W. Eugling. Jahresber. für Agriculturchemie 1880. 493. Die „salzige Milch" liess sich kochen, coagulirte schwer mit Lab, leicht mit Säuren; Reaction alkalisch. Unter dem Mikroskop zeigte sich, dass die grossen Milchkügelchen fast vollständig fehlten. Die Milch war untauglich zur Käsebereitung; die daraus fabricirten Käse trieben unter kräftiger Gasentwickelung auf und machten eine faulige Gährung durch. „Bittere Milch" coagulirte schwer mit Lab und mit Säuren; Geschmack ausgesprochen bitter, theilte sich dem Käse mit. „Schleimige Milch" hatte das Aussehen wie abgerahmte Milch und wurde beim Schütteln noch stärker schleimig. Reagirte schwach sauer und schmeckte käsig, coagulirte nicht vollständig mit Lab.

[2]) Jahresber. d. Milchw. Vers. St. Kiel pro 1886/87. S. 9. Die Milch stammte aus dem einen, allmählich versiegenden Strich einer anscheinend kranken Kuh während des Weideganges; dieselbe enthielt vereinzelte Blutzellen und war von flockiger, schleimiger Beschaffenheit. Die Asche enthielt in Procenten:

K_2O	Na_2O	CaO	MgO	Fe_2O_3	P_2O_5	Cl	SO_3
8,52 %	45,85 %	8,04 %	1,82 %	0,97 %	9,70 %	24,35 %	5,68 %

Milch kranker Kühe:

[3]) No. 1 u. 2. Fraas. B. Martiny, Die Milch. I. 398. (Centralbl. d. landwirthschaftl. Vereins Bayern 44. 1854. 456.) Die Milch hatte sich fast ganz verloren, mit Mühe wurde noch etwas Milch erhalten; dieselbe war dick, fadenziehend, mit farblosen Eiweissstreifen durchzogen.

[4]) No. 3. A. Klinger. Milchztg. 1887. 857. Unter dem Mikroskop bot die Milch das Bild völlig entrahmter Milch dar. Die Zahl der Milchkügelchen war bedeutend vermindert und die mittleren und grösseren fehlten gänzlich, dagegen waren viele Schleimkörperchen und Epithelialzellen vorhanden.

[5]) No. 4. J. Lehmann. L. V. St. 3. 193. Die untersuchte Milch war ein gleichmässiges Gemisch einer perlsüchtigen Kuh, die sich im letzten Stadium der Krankheit befand, aber noch $2^1/_2$—3 Liter Milch täglich gab.

[6]) No. 5—6. A. H. Smee, mitgetheilt von C. Petersen. Milchztg. 1876. 1700.

[7]) No. 7 u. 8. Lassaigne, mitgetheilt von Ableitner. Milchztg. 1877. 559. Das specifische Gewicht der untersuchten Milch wird zu 1,015—1,018 angegeben, das von gesunder Milch zu 1,019. Weder Schleim noch Eiter waren nachzuweisen.

[8]) No. 9—16. A. Winter-Blyth. Jahresber. der Agriculturchemie 1875/76. (Chem. News. 1875. 224. Während

No.	Bemerkungen	Jahr der Untersuchung	In der ursprünglichen Substanz: Wasser %	Casein %	Albumin %	Fett %	Zucker %	Salze %	In der Trocken-Substanz: Casein %	Albumin %	Fett %	N. in der Trocken-Substanz %	Analytiker
17	An Rinderpest kranke Kuh, 4 Std. nach dem letzten Melken, Dichte 1,057	1877	82,80	8,47	0,75	3,55	3,23	1,19	49,24	4,36	20,64	8,58	Monin[1])
18	desgl. 4 Std. nach dem letzten Melken 1,052	„	82,45	10,12	0,51	2,14	3,66	1,12	57,66	2,91	12,19	9,63	
19	desgl. 2½ Std. nach dem letzten Melken 1,002	„	87,46	8,20	0,85	1,77	0,46	1,26	65,40	6,78	14,12	11,55	
20	desgl. 13 Std. nach dem letzten Melken 0,985	„	86,33	9,37	0,49	2,25	—	1,56	68,55	3,58	16,46	11,54	
21	Bei Euterentzündung in später Zeit der Lactation (Hyperämie des interstitiellen Bindegewebes) I	—	92,64	5,78		0,19	0,46	0,93	78,53		25,52	12,56	Fürstenberg[2])
22	II	—	81,79	8,89		5,21	3,07	1,04	48,82		28,61	7,81	
23	III	—	88,58	3,22	—	3,41	4,09	0,70	28,20	—	29,86	—	
24	Bei acuter Euterentzündung (Mastitis)	—	92,98	0,60	5,30	0,42	0,29	0,41	8,47	74,86	5,93	13,33	*derselb.*[3])
25	Milch aus missgebildetem Euter einer Kuh a) aus d. Zitzen rechts	—	80,27	6,12		6,70	3,48	—	31,01		33,96	4,96	Filhol u. Joly[4])
26	b) „ „ „ links	—	79,99	6,25		6,80	3,48	3,48	31,24		33,93	5,00	
27	c) aus einem monströsen milchgebenden Organe	—	91,83	4,83		1,18	2,16	—	59,12		14,44	9,46	
	Tuberkulöse Kühe.												
28	Von der kranken Drüse 7. Mai stark alkalisch	1884	87,58	4,71		5,30	1,41	1,00	37,92		42,68	6,07	Storch[5])
29	desgl. 6. Juni stark alkalisch .	„	91,75	6,15		1,07	0,14	0,89	74,54		12,97	11,93	
30	Von der gesunden Drüse derselben Kuh 7. Juni alkalisch	„	83,21	5,89		6,50	3,39	1,01	35,08		38,71	5,61	

am ersten Tage der Krankheit sich keine fremden Elemente in der Milch nachweisen liessen, zeigten sich am dritten Tage „länglichflache“ Körper, die perlschnurartig eingeschnürt waren, aber nicht aus Zellen bestanden. Später wurden nicht selten Eiterzellen, Vibrionen und Bacterien beobachtet.

[1]) No. 17—20. C. Monin. Ebendaselbst (Centralbl. für Agriculturchemie 1877. 236). Von uns auf Gewichtsprocente berechnet. (Unverständlich ist, dass eine Milch mit 13,67 % Trockensubstanz und nur 2,25 % Fett eine geringere Dichte haben soll als Wasser; nur ein Gehalt an Gasen, der unberücksichtigt blieb, könnte die niedrige Dichte erklären.)

[2]) No. 21—23. Fürstenberg. B. Martiny, Die Milch. I. 399. (Fürstenberg, Die Milchdrüsen der Kuh 128. u. 144.) Die vordere Hälfte der einen erkrankten Drüse lieferte 4 Stunden nach der Milchentleerung 2 Unzen Secret, das durch Käsestoff-Gerinnsel etwas getrübt war, nach Absetzung dessen sich klärte und eine dem Blutserum ähnliche gelbröthliche Farbe hatte (I). In den folgenden Tagen näherte sich die Beschaffenheit der Milch dem Colostrum, sie wurde gelblich weiss, schleimig zähe, gerann beim Erhitzen und liess Colostrumkörperchen in zunehmender Zahl erkennen; die Milch wurde daher vier Tage später zum zweiten Male untersucht (II), gleichzeitig dabei auch Milch aus dem hinteren gesunden Theil der Drüse (III).

[3]) No. 24. Fürstenberg. Ebendaselbst. Die Milch war dem am meisten erkrankten hinteren Theile der rechten Milchdrüse entnommen; es wurden nur 2—3 Unzen Milch von opalisirendem Ansehen erhalten.

[4]) No. 25—27. Filhol u. Joly. Ebendaselbst 401. Das monströse milchgebende Organ (dessen Secret unter c. untersucht) befand sich zwischen den linken und rechten Zitzen.

[5]) No. 28—30. V. Storch. Jahresber. d. Thier-Chemie 1884. 170. (Aus einer Abhandlung von M. Bang: Ueber Tuberkulose im Kuheuter und über tuberkulöse Milch.) Das Serum der Milch war bei 1) gelblich, bei 2) gelbbraun, fast durchsichtig, bei 3) milchweiss, aber etwas schmutzig gelb. Die procentische Zusammensetzung der Milchasche war folgende:

	CaO	MgO	K_2O	Na_2O	P_2O_5	SO_3	Cl	SiO_2
28)	10,91	—	—	—	15,67	—	—	—
29)	4,34	1,27	10,87	40,60	7,10	5,08	0,27	0,44
30)	24,67	3,43	13,27	22,39	25,42	9,21	0,19	0,15

Kuhmilch, Einfluss des Gefrierens auf die Zusammensetzung der Milch.

No.	Bemerkungen	Dichte	Jahr der Untersuchung	In der ursprünglichen Substanz: Wasser %	Casein %	Albumin %	Fett %	Zucker %	Salze %	In der Trocken-Substanz: Casein %	Albumin %	Fett %	N. in der Trocken-Substanz %	Analytiker
1	Flüssiger Theil	1,0320	1886	86,72	3,56		4,11	4,87	0,74	26,81		30,95	4,29	P. Vieth[1]
2	Geschmolzenes Eis (1,2 % d. Gesammtm.)	1,0245	„	91,63	2,40		2,40	3,05	0,52	28,68		28,68	4,59	
3	Flüssiger Theil	—	„	86,86	3,46		4,08	4,90	0,70	26,33		31,05	4,21	
4	Geschmolzenes Eis	—	„	90,46	2,67		3,18	3,19	0,50	27,99		43,33	4,48	
5	Ursprüngliche Milch (Aufrahmen nicht möglich, No. 5–9)	1,0313	„	88,63	—		2,89	—	—	—		25,42	—	Henzold[2]
6	Gefrorener Theil (v. 1 Liter)	1,0279	„	80,32	—		2,37	—	—	—		24,48	—	
7	Flüssig gebl. Theil	1,0337	„	87,28	—		3,39	—	—	—		26,65	—	
8	Ursprüngliche Milch	1,0302	„	88,83	—		2,92	—	—	—		26,14	—	
9	Gefrorener Theil (v. 1 Liter)	1,0234	„	93,57	—		0,54	—	—	—		8,40	—	
10	Ursprüngliche Milch (Aufrahmen möglich, No. 10–15)	1,0318	„	88,51	—		3,03	—	—	—		26,27	—	
11	Gefrorener Theil (v. 20 Liter)	1,0202	„	88,38	—		5,39	—	—	—		46,39	—	
12	Flüssiger Theil	1,0338	„	88,63	—		2,41	—	—	—		21,20	—	
13	Ursprüngliche Milch	1,0302	„	88,56	—		3,03	—	—	—		26,49	—	
14	Gefrorener Theil v. Boden	1,0296	„	89,57	—		2,51	—	—	—		24,07	—	
15	desgl. von den Wandungen	1,0171	„	90,13	—		5,18	—	—	—		52,48	—	
16	Verwendete, mit Rahm versetzte M., sauer	1,029	1887	84,93	3,18		7,40	3,90	0,59	19,20		44,69	3,07	Kaiser u. Schmieder[3]
17	nach dem Gefrieren: flüssig. Theil, stark sauer	1,040	„	84,55	4,42		4,11	5,95	0,97	28,61		26,60	4,58	
18	nach dem Gefrieren: gefror. Theil, schw. sauer	1,015	„	84,69	2,57		10,10	2,14	0,50	16,80		66,03	2,69	
19	Verwendete M., sauer	1,032	„	89,24	3,44		2,40	4,26	0,66	21,98		22,31	3,52	
20	Zur Hälfte gefroren gewesen: flüssig. Theil, stark sauer	1,048	„	86,40	4,72		1,68	6,15	1,04	34,71		12,35	5,55	
21	Zur Hälfte gefroren gewesen: Eis, schwach sauer	1,016	„	92,07	1,92		3,06	2,52	0,43	24,21		38,59	3,87	
22	Total gefroren gewesen: flüssig. Theil, stark sauer	1,061	„	81,48	5,27		2,63	9,32	1,30	28,46		14,20	4,55	
23	Total gefroren gewesen: Eis, schwach sauer	1,006	„	95,72	1,24		2,02	0,85	0,17	28,97		47,20	4,64	

Einfluss des Gefrierens auf Zusammensetzung der Milch.

[1]) No. 1—4. P. Vieth. Milchztg. 1886. 131.

[2]) No. 5—15. C. Henzold. (Milchwirthschaftl. Vers. St. Kiel.) Milchztg. 1886. 461. Bei den bezüglichen Versuchen wurde in verschiedener Weise verfahren:

Zu No. 5—7. Gefrieren von 1 Liter Milch bei 20 ° C., schnell gefroren, Aufrahmen nicht möglich;
„ „ 8 u. 9. „ „ 1 „ „ unter zeitweisem Aufrühren der Milch, Aufrahmen nicht möglich;
„ „ 10—12. „ „ 20 „ „ im Freien, bei —2 ° C., Aufrahmen möglich;
„ „ 13—15. „ „ 20 „ „ „ „ „ —7 ° „ „ „

[3]) No. 16—23. Kaiser und Schmieder. Milchztg. 1887. 198. Zu No. 16—18 liess man mit Rahm versetzte Milch

Kuhmilch, Einfluss des Erwärmens und der Filtration auf Zusammensetzung der Milch.

No.	Bemerkungen	Spec. Gewicht	Rahm Vol. %	Jahr der Untersuchung	In der ursprünglichen Substanz: Wasser %	Casein %	Albumin %	Fett %	Zucker %	Salze %	In der Trocken-Substanz: Casein %	Albumin %	Fett %	N. in der Trocken-Substanz %	Analytiker
1 A	Gemisch kalt. Milch	1,0320	9	1885	87,33	3,25		4,03	4,82	0,57	25,65		31,81	4,10	Ch. Girard[1]
1 B	Milch A nach 5 Minuten Aufwallens	1,0350	5	„	84,88	4,08		4,62	5,70	0,72	26,99		30,56	4,32	
1 C	Milch B durch Leinwand filtrirt	1,0356	5	„	85,00	4,10		4,50	5,70	0,70	27,33		30,00	4,37	
1 D	Milch C nach 2. Aufkochen während 5 Min. u. nach Ruhe von 17 Stunden	1,0370	5	„	82,51	5,10		4,85	6,70	0,84	29,16		27,73	4,67	
1 E	Milch D zum 2. Male d. Leinwand filtrirt	1,0370	5	„	82,68	5,08		4,73	6,70	0,81	29,33		27,31	4,69	
2 A	Gemisch kalt. Milch	1,0298	9	„	87,99	2,90		4,03	4,47	0,61	24,15		33,55	3,86	
2 B	Milch A nach 10 Minuten Aufkochens	1,0360	6	„	83,77	4,52		4,73	6,15	0,83	28,13		29,43	4,50	
2 C	Milch B durch Leinwand filtrirt	1,0360	6	„	83,98	4,54		4,50	6,15	0,83	28,34		28,09	4,53	
2 D	Milch C nach 2. Aufkochen während 10 Min. u. nach Ruhe von 17 Stunden	1,0490	6	„	80,00	6,04		5,20	7,67	1,09	30,20		26,00	4,83	
2 E	Milch D zum 2. Male d. Leinwand filtrirt	1,0490	6	„	80,22	6,06		4,97	7,67	1,08	36,70		25,13	5,87	
3 A	Gemisch kalt. Milch	1,0320	10	„	86,88	3,36		4,15	5,00	0,61	25,61		31,63	4,10	
3 B	Milch A nach 5 Minuten Aufkochens	1,0355	6	„	84,58	4,18		4,62	5,80	0,82	27,11		29,96	4,34	
3 C	Milch B durch Leinwand filtrirt	1,0360	6	„	84,77	4,08		4,55	5,78	0,82	26,79		29,88	4,29	
3 D	Milch A nach 10 Minuten Aufkochens	1,0410	6	„	82,41	5,12		4,85	6,76	0,86	29,11		27,57	4,66	
3 E	Milch D durch Leinwand filtrirt	1,0410	6	„	82,63	5,03		4,73	6,76	0,85	28,99		27,26	4,64	
3 F	Milch A nach 15 Minuten Aufkochens	1,0490	5	„	79,54	6,24		5,20	7,90	1,12	30,50		25,42	4,88	
3 G	Milch F durch Leinwand filtrirt	1,0490	5	„	79,74	6,17		5,08	7,90	1,11	30,46		25,07	4,87	

zur Hälfte gefrieren, so dass die Menge der vom Eis gesonderten Flüssigkeit dem des geschmolzenen Eises ungefähr gleichkamen. In einem zweiten Versuche liess man Milch theils zur Hälfte gefrieren, theils ganz gefrieren, und dann bis zur Hälfte wieder aufthauen. Der Säuregrad der Milch, d. h. = ccm Normalalkali auf 100 ccm Milch, war bei den untersuchten Proben folgender:

No.	16	17	18	19	20	21	22	23
	2	3	1	1,5	2,5	1,0	3,0	0,5 ccm Alkali.

Kuhmilch, Einfluss des Erwärmens und der Filtration auf Zusammensetzung der Milch:

[1]) No. 1 A bis 3 G, von Ch. Girard; Documents sur les falsifications des matières alimentaires etc. Laboratoire municipal Paris 1885. II. Rapport p. 351. Ueber die Untersuchungsmethoden vergl. S. 276 Anm.

Die Erwärmung der Milch bedingt daher in Folge der Wasserverdunstung eine Vermehrung an allen festen Sub-

Milch von Rindern.

No.	Bemerkungen	Dichte	Jahr der Untersuchung	In der ursprünglichen Substanz: Wasser %	Casein %	Albumin %	Fett %	Zucker %	Salze %	In der Trocken-Substanz: Casein %	Albumin %	Fett %	N. in der Trocken-Substanz %	Analytiker
1	Secret von einem Rind, 5—6 Woch. vor dem ersten Kalben	1,0719	1872	72,10	24,84		0,93	—	—	89,03		3,33	14,24	*Th. Dietrich*[1])
2	desgl., das angeblich nicht tragend	1,0228	„	92,70	2,90		1,41	—	—	39,73		19,32	6,36	*Th. Dietrich*[1])
3	desgl. von einer 5/4jährig. Kalbin	1,0310	1880	86,59	3,25		4,26	4,50	0,74	24,24		31,77	3,88	*Fleischmann*[2])

Ziegenmilch.

Colostrum.

No.	Bemerkungen	Jahr	Wasser	Casein	Albumin	Fett	Zucker	Salze	Casein (Tr.)	Albumin (Tr.)	Fett (Tr.)	N. (Tr.)	Analytiker
1		1840 ?	64,1	5,2	3,2	24,5	—	3,0	14,49	8,89	68,26	3,75	*Henry*[3])

Ziegenmilch, allgemeine Tabelle.

No.	Bemerkungen	Jahr	Wasser	Casein	Albumin	Fett	Zucker	Salze	Casein (Tr.)	Albumin (Tr.)	Fett (Tr.)	N. (Tr.)	Analytiker
1		1844	86,52	6,03		4,25	3,20		44,73		31,53	7,16	*Clemm*[4])
2	Mittel von 4 Analysen . . .	18 47/51	85,98	4,42		4,21	4,86	0,53	31,53		30,03	5,04	*Bouchardat*[5])
3		1852	87,28	3,89		3,45	4,62	0,76	30,58		27,12	4,89	*Filhol*[6])
4	(Densimetrisch bestimmt) Mittel	„	87,30	3,50	1,35	4,40	3,10	0,35	27,56	10,63	34,65	6,11	*Doyère*[7])
5	Vier Wochen vor dem Lammen	„	84,80	—		4,91	4,42	0,48	—		32,30	—	*Wicke*[8])
6	Mittel mehrerer Analysen . .	18 67/68	84,58	6,59		3,35	4,92	0,56	42,74		21,72	6,84	*Tidy*[9])

stanzen, besonders an Milchzucker und Salzen; das spec. Gewicht der Milch steigt, während die Rahmbildung abnimmt. Die Filtration der gekochten Milch durch Leinewand äussert nur einen unbedeutenden Einfluss auf die Verminderung an festen Bestandtheilen.

Milch von Rindern:

¹) No. 1 u. 2. Th. Dietrich. Mitthl. der landwirthschaftl. Centralv. für den Reg.-Bez. Cassel 1872. 53. No. 1 verhielt sich wie ein concentrirtes Colostrum, reagirte stark alkalisch und zeigte Colostrumkörperchen; No. 2 verhielt sich wie dünne Milch, reagirte sehr schwach alkalisch. Beide Secrete stammten aus einer unter Leitung von C. Petersen stehenden Wirthschaft (Windhausen). Stickstoff in dem frischen Secret bei No. 1 = 3,975 %, No. 2 = 0,470 %.

²) No. 3. W. Fleischmann. Bericht der milchwirthschaftl. Vers. St. Raden 1880. 32. Das betreffende Kalb stammte aus einer sehr milchreichen Familie und ist ein Kreuzungsproduct einer Holländer Kuh und eines Breitenberger Bullen. 5/4 Jahr alt gab dasselbe bereits täglich ca. 600 g Milch von ganz normalem Aussehen, Geruch und Geschmack und amphoterer Reaction. Unter dem Mikroskope liessen sich Colostrumkörperchen in ziemlicher Anzahl, Rudimente desselben und Epitheliumzellen erkennen. In der Analyse ist ein „Verlust" von 0,66 % aufgeführt.

Ziegenmilch:

³) Colostrum, O. Henry u. A. Chevalier. Journ. Pherm. 25. 333.

⁴) Milch No. 1. Clemm. B. Martiny: Die Milch I. 182. (Wagner's Handwörterbuch der Physiologie II. 466.)

⁵) No. 2. Bouchardat u. Quevenne. Ebendaselbst (aus Du Lait von B. u. Qu. II. 175). Die 4 Einzelanalysen zeigen nachstehende Zusammensetzung:

	Dichte	Im Liter g: Butterfett	rohes Casein	roher Milchzucker	feste Stoffe zusammen
1./10. 1847 . .	1,0348	35,8	48,5	52,5	136,8
19./10. „ . .	1,0319	44,8	47,2	48,0	140,0
22./10. 1849 . .	1,0346	40,5	50,5	52,7	143,7
12./9. 1851 . .	1,0345	53,1	55,8	51,7	160,6

⁶) No. 3. E. Filhol u. N. Joly. Journ. f. Pharm. (3) 21. 343.

⁷) No. 4. Doyère Arch. phys. nat. 22. 239.

	Fett	Casein	Albumin	Zucker	Salze
Maximum	5,10	4,00	3,35	3,90	0,40
Minimum	3,15	2,00	0,50	2,70	0,30

⁸) No. 5. W. Wicke. Journ. f. Landwirthschaft 1856. 121. Die Ziege wurde mit Heu, Rauhstroh und Küchenabfällen gefüttert. Vergl. Ziegenmilch zu verschiedenen Melkzeiten.

⁹) No. 6. Meymott Tidy. Ztschr. f. rationelle Medic. 35. 1869. 271. (C. M. Tidy, On human milk.) Mittel mehrerer sehr gleichmässig zusammengesetzter Proben.

No.	Bemerkungen	Jahr der Untersuchung	In der ursprünglichen Substanz: Wasser %	Casein %	Albumin %	Fett %	Zucker %	Salze %	In der Trocken-Substanz: Casein %	Albumin %	Fett %	N. in der Trocken-Substanz %	Analytiker
7	Morgenmilch	—	87,24	4,62		3,76	3,49	0,89	36,21		29,77	5,79	v. Gorup-Besanez[1]
8	Abendmilch	—	82,25	4,31		9,38	3,27	0,82	24,28		52,85	3,88	
9	in 100 ccm	1868	—	2,88	0,10	5,88	4,25	—	—		—	—	Nast[2]
10	g	„	—	3,15	0,15	5,85	4,28	—	—		—	—	
11	35 Tage nach dem Kalben .	—	86,75	2,98	0,94	3,94	4,65	0,74	22,49	7,09	29,74	4,73	Commaille[3]
12	1 Jahr „ „ „	—	83,59	3,65	0,93	6,15	4,98	0,70	22,24	5,67	37,48	4,47	
13	1 Monat „ „ „	—	85,61	3,00	0,79	4,11	5,72	0,77	20,85	5,49	28,56	4,21	
14	Mittel zahlreicher Analysen .	1868	88,16	3,54		3,17	—	—	29,90		26,77	4,78	Stohmann[4]
15	desgl.	1870	87,81	3,07		3,76	4,51	0,85	25,18		30,84	4,03	
16	„ (Heu und Leinmehl) . .	1873	85,98	4,03		4,31	4,74	0,94	28,75		30,74	4,60	
17	Aus Ober-Aegypten	1856	87,99	2,44	0,99	4,24	3,74	0,60	19,44	8,24	35,30	4,43	A. Völcker[5]
18	„ Paris u. Umgegend (Mittel von 7 Analysen)	„	84,49	5,52		5,69	3,68	0,62	35,59		36,68	5,69	
19	Aus Saanen (Bern)	„	85,95	2,66	1,18	5,38	4,21	0,62	18,93	8,40	38,29	4,37	
20	„ „ „	„	89,22	2,41	1,52	3,01	3,19	0,65	22,36	14,10	27,92	5,83	
21	„ Schwyz	—	87,81	2,45	1,60	3,84	3,70	0,60	20,10	13,12	31,50	5,32	
22	Thibet-Rasse (Paris)	—	85,65	2,45	1,32	5,55	4,33	0,70	17,07	9,20	38,68	4,20	
	Dichte												
23	Kurzhaarige Ziege . . 1,0357	1879	82,02	4,87		7,02	5,08	1,01	27,09		39,05	4,33	
24	Langhaarige Pyrenäen-Ziege 1,0302	„	84,48	3,94		6,11	4,68	0,79	25,39		39,37	4,06	
25	Ziege ohne Hörner . 1,0302	„	83,51	3,19		7,34	5,19	0,77	19,34		44,51	3,09	
26	Vierjährig dritter Wurf 1,029	—	90,16	2,95		2,29	3,87	0,73	29,98		23,27	4,80	Gerber[6]
	milchend seit / Tagesertrag kg												
27	Kurzhaarig 16 Wochen 1,928 1,0304	18 81/84	84,40	—		6,7	—	—	—		42,95	—	E. W. Völcker[7]
28	Kurzhaarig 15 „ 1,290 1,0358	„	84,00	—		6,7	—	—	—		41,88	—	
29	Kurzhaarig 23 „ 1,247 1,0362	„	86,00	—		4,5	—	—	—		32,14	—	
30	Kurzhaarig 4 „ 2,268 1,0328	„	86,10	—		3,6	—	—	—		25,90	—	
31	Kurzhaarig 27 „ 1,588 1,0316	„	85,70	—		4,3	—	—	—		30,07	—	
32	Langhaarig 18 „ 1,616 1,0316	„	83,80	—		7,5	—	—	—		46,30	—	
33	Langhaarig 13 „ 1,276 1,0324	„	89,10	—		2,5	—	—	—		22,93	—	
34	Langhaarig 13 „ 1,985 1,0320	„	87,60	—		3,2	—	—	—		25,80	—	
35	Langhaarig 26 „ 1,361 —	„	86,10	—		5,1	—	—	—		36,69	—	

[1]) No. 7 u. 8. Gorup-Besanez. Griesinger's Arch. f. physiolog. Heilkunde, 8. 717.

[2]) No. 9. u. 10. Nast. Ztschr. für Chemie 1868. 255. Methode Hoppe-Seyler vergl. S. 264 Anm.

[3]) No. 11—13. Commaille. Journ. f. Pharm. (4) 10. 96.

[4]) No. 14. F. Stohmann, O. Baeber, R. Lehde (Vers. St. Halle). Journ. f. Landwirthschaft 1868. 135 u. f., 1869 S. 129 u. 340.
No. 15. F. Stohmann, R. Frühling u. A. Rost (Vers. St. Halle). Ztschr. f. Biologie 1870. 204.
No. 16. F. Stohmann, R. Frühling, O. Claus, P. Petersen u. v. Seebach. (Vers. St. Halle). Biologische Studien von F. Stohmann. Braunschweig 1873.

[5]) 17—25. A. Voelcker, Journ. Roy. Agric. Soc. England 16. 1880. 32. Die Untersuchung wurde gelegentlich der milchwirthschaftlichen Ausstellung in London im October 1879 ausgeführt. Die Ziegen waren alt:

No.	23	24	25	No.	23	24	25
	über 3 Jahr	57,7 Mon.	5 Jahr	und hatten gelammt	15./6	April	2./7

Der Proteingehalt ist aus dem gefundenen N. Gehalt durch Multiplication mit 6,25 erhalten.

[6]) No. 26. N. Gerber u. P. Radenhausen. Forschungen auf dem Gebiete der Viehhaltung 7 H. 1879. 318.

[7]) No. 27—38. E. W. Voelcker, mitgetheilt von P. Vieth. Milchztg. 1885. 451 u. Journ. of the Britisch Dairy Farmers Association. Die Untersuchungen wurden gelegentlich der in den Jahren 1881 bis 1884 stattgehabten milchwirthschaftlichen Ausstellungen zu Islington, London ausgeführt.

No.	Bemerkungen	Jahr der Untersuchung	In der ursprünglichen Substanz: Wasser %	Casein %	Albumin %	Fett %	Zucker %	Salze %	In der Trocken-Substanz: Casein %	Albumin %	Fett %	N. in der Trocken-Substanz %	Analytiker
	Tagesertrag kg / Dichte												
36	Fremd, milchend seit 4 Wochen 3,671 1,0340	18$\frac{81}{84}$	86,70	—	—	4,3	—	—	—	—	32,33	—	*E. W. Völcker*[1]
37	Kreuz., Nubisch-Britisch, milch. seit 12 Wochen 1,247 1,0320	„	85,30	—	—	5,9	—	—	—	—	40,14	—	
38	desgl. fremd, milchend s. 18 Wch. 1,729 —	—	85,70	—	—	4,4	—	—	—	—	30,77	—	
	Ziegenmilch: Minimum	.	82,02	2,44	0,78	3,10	3,26	0,39	17,07	5,49	21,72	3,09	
				3,26 (Casein + Albumin)					19,34 (Casein + Albumin)				
	Ziegenmilch: Maximum	.	90,16	3,94	2,01	7,55	5,77	1,06	27,56	14,10	52,85	7,16	
				6,39 (Casein + Albumin)					44,73 (Casein + Albumin)				
	Ziegenmilch: Mittel	.	**85,71**	**3,20**	**1,09**	**4,78**	**4,46**	**0,76**	**22,36**	**7,63**	**33,46**	**4,80**	
				4,29 (Casein + Albumin)					**29,99** (Casein + Albumin)				

Ziegenmilch, zu verschiedenen Melk- (Tages-) Zeiten.

No.	Bemerkungen	Jahr	Wasser	Casein	Albumin	Fett	Zucker	Salze	Casein (Tr.)	Albumin (Tr.)	Fett (Tr.)	N. (Tr.)	Analytiker
1	Januar 7, Morg.	1856	87,01	—	—	3,44	—	—	—	—	26,48	—	*W. Wicke*[2]
2	desgl. Mttg.	„	—	—	—	5,59	—	—	—	—	—	—	
3	desgl. Abd.	„	84,45	—	—	5,62	—	—	—	—	35,04	—	
4	Januar 8, Morg.	„	—	—	—	3,74	—	—	—	—	—	—	
5	desgl. Mttg.	„	84,15	—	—	5,51	—	—	—	—	34,16	—	
6	desgl. Abd.	„	85,56	—	—	4,51	—	—	—	—	31,23	—	
7	Januar 9, Morg.	„	86,43	—	—	3,48	—	—	—	—	25,64	—	
8	desgl. Mttg.	„	87,01	—	—	3,47	—	—	—	—	26,71	—	
9	desgl. Abd.	„	85,85	—	—	4,56	—	—	—	—	32,23	—	
10	Januar 11, Mttg.	„	85,05	—	—	4,76	—	—	—	—	31,84	—	
11	desgl. Abd.	„	82,41	—	—	6,74	—	—	—	—	38,32	—	
12	Januar 12, Morg.	„	82,95	—	—	6,76	—	—	—	—	39,69	—	
13	desgl. Mttg.	„	83,87	—	—	5,66	—	—	—	—	35,09	—	
14	desgl. Abd.	„	84,52	—	—	5,29	—	—	—	—	34,17	—	
15	Januar 13, Morg.	„	85,33	—	—	4,54	—	—	—	—	30,95	—	
16	desgl. Mttg.	„	85,16	—	—	4,68	—	—	—	—	31,54	—	
17	desgl. Abd.	„	84,81	—	—	4,63	—	—	—	—	30,48	—	
18	Januar 14, Morg.	„	83,75	—	—	5,21	—	—	—	—	32,06	—	
19	desgl. Mttg.	„	85,18	—	—	4,51	—	—	—	—	30,43	—	
20	desgl. Abd.	„	83,46	—	—	5,22	—	—	—	—	31,56	—	
21	Januar 15, Morg.	„	83,89	—	—	5,09	—	—	—	—	31,35	—	
22	desgl. Mttg.	„	82,32	—	—	5,40	—	—	—	—	30,54	—	

[1]) Vergl. Anmerkung [1]) Seite 336.

Ziegenmilch zu verschiedenen Melkzeiten:

[2]) No. 1—22. W. Wicke. Weende'r Jahresber. 1855/56. 10.

No.	Bemerkungen	Anzahl der Analysen	In der ursprünglichen Substanz: Wasser %	Casein %	Albumin %	Fett %	Zucker %	Salze %	In der Trocken-Substanz: Casein %	Albumin %	Fett %	N. in der Trocken-Substanz %	Analytiker
	Menge g												
23	3 Std. nach d. letzt. Melk., 117	1849	75,88	5,77		13,64	4,71	—	23,92		56,55	3,83	*Bouchardat u. Quevenne*[1])
24	6 „ „ „ „ „ 238	„	80,48	5,59		8,96	4,98	—	28,64		45,90	4,58	
25	12 „ „ „ „ „ 368	„	81,32	6,14		7,43	5,11	—	32,87		39,77	5,26	
26	24 „ „ „ „ „ 815	„	82,52	5,64		6,60	5,24	—	32,27		37,76	5,16	
27	Morgenmilch } bei Kartoffel- u. Strohfütterung	1878	89,10	—		2,89	—	—	—		26,51	—	*H. Weiske*[2])
28	Abendmilch } bei Kartoffel- u. Strohfütterung	„	88,18	—		3,69	—	—	—		31,22	—	
29	Morgenmilch } desgl. unt. Zusatz von Fleischmehl	„	89,41	—		3,08	—	—	—		29,08	—	
30	Abendmilch } desgl. unt. Zusatz von Fleischmehl	„	88,85	—		3,63	—	—	—		32,26	—	
	Im Mittel von je 6 Ziegen: Milchmenge pr. Melkung v. 6 Stück in g pr. Tag; Dichte												
	20. Juli:												
31	6 h. Mrg. 2612,6 } 2malig. Melken 4607,6 { 1,0289	1872	88,49	4,22	0,30	3,74	2,48	0,77	36,66	2,61	32,49	6,28	*J. Moser u. Soxhlet*[3])
32	6 „ Ab. 1995,6 } 2malig. Melken 4607,6 { 1,0278	„	88,45	3,26	0,18	3,97	3,38	0,76	28,23	1,56	34,37	4,77	
	22. Juli:												
33	6 h. Mrg. 2067,1 } 3malig. Melken 4355,2 { 1,0289	„	89,27	2,95	0,28	3,32	3,42	0,76	27,49	2,61	30,94	4,82	
34	12 „ Mtg. 1304,0 } 3malig. Melken 4355,2 { 1,0281	„	88,15	4,99	0,51	4,17	1,44	0,74	42,11	4,30	35,19	7,43	
35	6 „ Ab. 984,1 } 3malig. Melken 4355,2 { 1,0289	„	88,47	4,68	0,20	3,75	2,14	0,76	40,59	1,73	32,52	6,77	
	24. Juli:												
36	6 h. Mrg. 2431,5 } 4malig. Melken 4891,4 { 1,0299	„	89,60	2,26	0,19	2,98	4,16	0,81	21,73	1,83	38,27	3,77	
37	10 „ „ 930,1 } 4malig. Melken 4891,4 { 1,0284	„	88,36	2,45	0,47	4,10	3,83	0,79	21,05	4,04	35,22	4,01	
38	2 „ Mtg. 672,3 } 4malig. Melken 4891,4 { 1,0286	„	88,01	2,64	0,43	4,22	3,95	0,75	22,02	3,59	35,19	4,10	
39	6 „ Ab. 807,5 } 4malig. Melken 4891,4 { 1,0276	„	88,88	3,10	0,13	3,52	3,66	0,71	27,88	1,17	31,66	4,65	
	26. Juli:												
40	6 h. Mrg. 2415,5 } 5malig. Melken 4922,0 { 1,0291	„	89,35	2,98	0,13	3,05	3,72	0,77	27,98	1,22	28,64	4,67	
41	9 „ „ 657,1 } 5malig. Melken 4922,0 { 1,0277	„	87,89	3,67	0,16	4,40	3,13	0,75	30,31	1,32	36,34	5,06	
42	12 „ Mtg. 673,0 } 5malig. Melken 4922,0 { 1,0276	„	87,92	2,79	0,32	4,43	3,82	0,72	23,10	2,65	36,67	4,12	
43	3 „ Nachmittg. 647,0 } 5malig. Melken 4922,0 { 1,0284	„	88,19	3,14	0,15	4,09	3,68	0,75	26,59	1,27	34,63	4,46	
44	6 „ Ab. 529,4 } 5malig. Melken 4922,0 { 1,0279	„	88,43	3,00	0,16	3,98	3,70	0,73	25,93	1,38	34,40	4,37	
		Anzahl der Analys.											
	Mittel,[0]) Morgenmilch . . .	**4**	**89,30**	**4,02**		**3,24**	**2,51**	**0,73**	**37,57**		**30,28**	**6,01**	
	Abendmilch . . .	„	**88,49**	**3,05**		**3,76**	**4,08**	**0,62**	**26,49**		**32,66**	**4,24**	
	Morgenmilch . . .	**9**	**86,99**	**3,26**	**0,29**	**4,09**	**4,46**	**0,91**	**25,05**	**2,23**	**31,44**	**4,36**	
	Mittagmilch . . .	„	**86,18**	**3,47**	**0,42**	**4,69**	**4,50**	**0,74**	**25,11**	**3,04**	**33,94**	**4,50**	
	Abendmilch . . .	„	**86,26**	**3,58**	**0,18**	**4,52**	**4,72**	**0,74**	**26,06**	**1,31**	**33,90**	**4,38**	

[1]) No. 23—26. Bouchardat u. Quevenne. Martiny: Die Milch I. 351 (May: Das Rind II. 431).

[2]) No. 27—30. H. Weiske, M. Schrodt u. B. Dehmel. Journ. f. Landwirthsch. 26. 1878. 447. Vergl. Ziegenmilch unter dem Einfluss des Futters No. 56—62. Milch von einer Ziege, deren Alter nicht angegeben ist.

[3]) No. 31—44. J. Moser u. F. Soxhlet. 1. Ber. d. Vers. St. Wien 1878. 72. Die Thiere waren von der k. k. Landwirthschafts-Gesellschaft auf der Wiener Weltausstellung 1872 mehrere Monate hindurch aufgestellt. Das Futter der Thiere bestand aus Heu und Weizenkleie.

[0]) Bei den Mittelwerthsberechnungen sind nur die sich für je einen Tag entsprechenden Analysen einerseits für Morgen- und Abendmilch, andererseits für Morgen-, Mittag- und Abendmilch berücksichtigt.

Ziegenmilch nach der Zeit nach dem Lammen.

No.	Bemerkungen		Tägliche Milchmenge	Anzahl der Analysen	In der ursprünglichen Substanz: Wasser %	Casein %	Albumin %	Fett %	Zucker %	Salze %	In der Trocken-Substanz: Casein %	Albumin %	Fett %	N. in der Trocken-Substanz %	Analytiker
1	1000 g Wiesenheu + 100 g Leinmehl	14. April	1002 g	1869	87,63	3,25		3,67	4,61	0,84	26,27		29,67	4,20	Fr. Stohmann[1]
2	"	15. "	901 "	"	86,93	3,38		4,05	4,80	0,84	25,86		30,99	4,14	"
3	"	16. "	870 "	"	86,83	3,38		3,70	5,25	0,84	25,66		28,09	4,11	"
4	"	18. "	637 "	"	86,76	3,50		4,40	4,79	0,95	25,66		32,26	4,11	"
5	"	19. "	500 "	"	86,39	3,81		4,04	4,81	0,95	28,00		29,69	4,48	"
6	"	20. "	363 "	"	85,61	4,00		4,69	4,75	0,95	27,80		32,59	4,45	"
7	"	21. "	365 "	"	86,49	3,94		3,73	4,89	0,95	29,16		27,61	4,67	"
8	"	22. "	338 "	"	86,91	4,19		3,30	4,65	0,95	32,01		25,20	5,12	"
9	"	23. "	261 "	"	84,02	4,81		5,73	4,49	0,95	30,10		35,86	4,82	"
10	1250 g Heu + 150 g Leinmehl	30. April	232 "	"	85,33	4,31		4,43	4,93	1,00	29,38		30,20	4,70	"
11	"	2. Mai	213 "	"	84,59	4,56		5,13	4,72	1,00	29,55		33,29	4,73	"
12	"	3. "	230 "	"	84,95	4,63		4,96	4,46	1,00	30,77		32,96	4,92	"
13	"	4. "	217 "	"	85,63	4,63		4,23	4,51	1,00	32,22		29,44	5,16	"
		Zeit nach d. Geb.	Dichte												
14	Zum ersten Mal tragend, Ziege I	8 Tage	1,027	1879	86,40	3,30		4,40	5,10	0,80	24,26		32,25	3,88	Siedamgrotzky u. Hofmeister[2]
15	"	16 "	1,030	"	88,20	3,40		2,80	4,75	0,85	28,82		23,73	4,61	"
16	"	22 "	1,031	"	89,16	2,79		2,57	4,55	0,93	25,74		23,71	4,12	"
17	"	31 "	1,030	"	89,90	2,67		2,20	4,46	0,77	26,44		21,78	4,23	"
18	"	38 "	1,032	"	90,04	2,76		2,00	4,40	0,80	27,71		20,08	4,43	"
19	"	64 "	1,026	"	90,52	2,71		2,11	3,88	0,78	28,59		22,26	4,57	"
20	Zum ersten Mal tragend, Ziege II	8 "	1,030	"	85,80	3,23		5,77	4,40	0,80	22,75		40,63	3,64	"
21	"	16 "	1,028	"	87,40	3,18		3,96	4,60	0,86	25,14		31,43	4,02	"
22	"	22 "	1,031	"	88,60	2,79		3,07	4,75	0,79	24,47		26,93	3,92	"
23	"	31 "	1,031	"	89,03	2,87		2,57	4,63	0,90	26,16		23,44	4,19	"
24	"	38 "	1,032	"	89,60	2,66		2,18	4,65	0,91	25,58		20,96	4,09	"
25	"	64 "	1,031	"	90,15	2,56		1,63	4,81	0,85	25,99		16,54	4,16	"

Ziegenmilch unter dem Einflusse der Fütterung.

No.	Ziege I:	Spec. Gew.	Anzahl der Analysen	Wasser %	Casein %	Albumin %	Fett %	Zucker %	Salze %	Casein % (Trocken-Substanz)	Albumin %	Fett %	N. in der Trocken-Substanz %	Analytiker
1	Heu + Leinkuchenmehl	1,028	1866	87,84	2,95		3,87	5,34		24,26		31,83	3,88	Fr. Stohmann, Lehde u. Baeber[3]
2	desgl.	1,028	"	88,39	2,75		3,57	5,79		23,68		30,75	3,79	"
3	desgl.	1,0265	"	88,45	2,76		3,36	4,56	0,87	23,90		29,09	3,82	"
4	Heu + Oel (Mohnöl)	1,0274	"	88,01	2,87		3,71	4,52	0,89	23,96		30,96	3,83	"

Ziegenmilch nach der Zeit nach dem Lammen:

[1]) No. 1—13. Fr. Stohmann etc. Vers. St. Halle. Biolog. Studien von F. Stohmann, Braunschweig 1873. (Vergl. Ziegenmilch unter dem Einflusse des Futters No. 31—55.)

[2]) No. 14—25. Siedamgrotzky und Hofmeister. Mitthl. v. d. chem. physiol. Vers. St. der Thierarzneischule in Dresden 1879. 7. Das Futter der Ziegen bestand aus Wiesenheu (Roggenkleie und Schwarzmehl); Ziege I erhielt ausserdem nach dem achten Tage 6 bezw. 12 g Milchsäure im Futter (um den Einfluss der so erzeugten Milch auf die Knochenbildung bei dem Lammen zu erforschen). Während der Milchsäure-Fütterung hatte die Milch eine schwach saure Reaction, während sie in der anderen Zeit neutral reagirte. Der Ertrag an Milch schwankte bei Ziege I zwischen 1000—1380 g, bei Ziege II zwischen 1210—2340 g für den Tag.

[3]) Vergl. Anmerkung [1]) Seite 340.

No.	Bemerkungen	Spec. Gew.	Jahr der Untersuchung	In der ursprünglichen Substanz: Wasser %	Casein %	Albumin %	Fett %	Zucker %	Salze %	In der Trocken-Substanz: Casein %	Albumin %	Fett %	N. in der Trocken-Substanz %	Analytiker
5	Fettarm (entfettete Leinkuchen)	1,028	1866	89,01	2,93		2,87	4,19	1,10	26,68		26,14	4,43	Fr. Stohmann, Lehde u. Baeber[1])
6	Vermehrung von Eiweiss	1,028	„	89,11	3,34		2,52	3,82	1,21	30,67		23,14	4,91	
7	Heu u. Leinkuchen	1,0288	„	87,75	3,51		3,48	4,19	1,07	28,65		28,41	4,58	
8	Zusatz von wenig Stärke	1,0285	„	87,65	3,78		3,44	3,77	1,36	27,41		27,85	4,39	
9	„ „ viel Stärke	1,030	„	87,42	4,12		3,43	3,97	1,06	32,75		27,27	5,24	
10	Heu + Leinkuchen	1,0296	„	87,65	3,07		3,76	5,52		24,86		30,44	3,98	
11	desgl.	1,0284	„	87,81	2,86		3,67	5,66		23,46		30,11	3,75	
12	Zusatz von Oel	1,028	„	87,62	3,03		3,74	4,77	0,84	24,48		30,21	3,90	
13	Heu + Leinkuchen	1,0286	„	88,13	3,06		3,39	4,55	0,87	25,78		28,36	4,12	
14	desgl.	1,0288	„	87,85	2,87		3,47	4,91	0,90	23,62		28,56	3,78	
15	Fettarm	1,029	„	88,98	3,28		2,48	4,29	0,97	29,76		22,50	4,76	
16	Zusatz von Eiweiss	1,030	„	87,55	3,85		3,03	4,33	1,24	30,92		24,34	4,95	
17	Heu + Leinkuchen	1,030	„	87,22	4,09		3,28	4,25	1,16	32,00		25,67	5,12	
18	Zusatz von viel Stärke	1,031	„	87,00	4,34		3,29	4,41	0,96	33,38		25,31	5,34	
19	Wiesenheu 1500 g		1868	88,53	2,38		3,77	4,56	0,76	19,88		32,87	3,18	Fr. Stohmann, Frühling u. Rost[2])
20	„ 1300 „ + Stärkemehl 200 g. . .		„	88,71	2,47		3,36	4,71	0,75	21,88		28,87	3,50	
21	„ 1450 g + Mohnöl 20 g		„	87,97	2,75		3,96	4,51	0,81	22,86		32,92	3,66	
22	„ 1500 g		„	86,24	3,08		5,23	4,58	0,87	22,22		37,73	3,56	
23	„ 1300 g + Zucker 200 g.		„	86,66	3,27		4,60	4,55	0,92	24,51		34,48	3,92	
24	„ 1500 g		„	85,35	3,65		5,61	4,48	0,91	24,91		38,29	3,99	
	Ziege II:													
25	Wiesenheu 1500 g		„	88,97	2,79		3,00	4,39	0,85	25,29		27,20	4,05	
26	„ 1300 „ + Stärkemehl 200 g. . .		„	89,36	2,96		2,46	4,41	0,81	27,82		23,12	4,45	

Ziegenmilch unter dem Einfluss der Fütterung:

[1]) No. 1—18. F. Stohmann, R. Lehde u. O. Baeber. Journ. f. Landw. 1868. 135 u. f. 1869. 1. 129 u. 340. Die Ziegen, von welchen die untersuchte Milch stammte, hatten am 23. bezw. 28. März gelammt. Nachdem die Lämmer nach etwa 14 Tagen abgesetzt waren, wurden die Ziegen täglich regelmässig dreimal gemolken; untersucht wurde stets ein Gemisch von Mittag- und Abendmilch und der Morgenmilch des nächsten Tages. Zur Milchuntersuchung wurden je 5 ccm Milch abgemessen, diese im Platinschiffchen auf staubfreien, gekörnten Bimstein gebracht, gewogen und im Wasserbad und Wasserstoffstrom getrocknet, das Schiffchen mit der Milchtrockensubstanz in einem Rohre mit Aether extrahirt. N und Asche wurden in besonderen Theilen der Milch direct bestimmt. Die oben angegebene Zusammensetzung der Milch ist jedesmal das Mittel von Analysen von vier oder mehr an vier oder mehr aufeinander folgenden Tagen genommenen Milchproben. Von den Ziegen wurde verzehrt bezw. Milch gemolken pro Tag in Grammen:

Ziege I	Wiesenheu	Leinkuchen	Milch	Ziege II	Wiesenheu	Leinkuchen	Milch
1. 14./5 bis 3./6	1044	375	1228	10.	1160	375	1450
2. 11./6 „ 17./6	1058	375	1244	11.	1177	475	1596
3. 25./6 „ 1./7	1057	375	1159	12.	1061	475 (Oel 50)	1593
4. 16./7 „ 22./7	917	375 (Oel 50)	1220	13.	1114	475 —	1415
5. 13./8 „ 19./8	929	entfettete 338	798	14.	1134	475	1064
6. 27./8 „ 2./9	558	676	775	15.	1112	entfettete 428	894
7. 10./9 „ 16./9	856	gewöhnl. 375	578	16.	658	856	831
8. 24./9 „ 30./9	772	338 (Stärke 90)	502	17.	947	gewöhnl. 426	576
9. 8./10 „ 14./10	509	338 („ 215)	438	18.	597	428 (Stärke 232)	528

Ausser dem angegebenen Futter bekamen die Thiere täglich je 10 g Salz.

[2]) Vergl. Anmerkung [1]) Seite 341.

No.	Bemerkungen	Jahr der Untersuchung	In der ursprünglichen Substanz: Wasser %	Casein %	Albumin %	Fett %	Zucker %	Salze %	In der Trocken-Substanz: Casein %	Albumin %	Fett %	N. in der Trocken-Substanz %	Analytiker
27	Wiesenheu 1450 g + Mohnöl 50 g	1868	88,57	3,10		3,18	4,25	0,90	27,12		27,82	4,34	Fr. Stohmann, Frühling u. Rost[1]
28	„ 1500 g	„	87,76	3,27		3,61	4,49	0,87	26,72		29,49	4,28	
29	„ 1300 „ + Zucker 200 g	„	88,61	3,46		2,47	4,60	0,86	30,38		21,69	4,86	
30	„ 1500 g	„	87,04	3,71		3,84	4,52	0,89	28,63		29,63	4,58	
	Ziege I: Wiesenheu g + Leinmehl g, Milchmenge g												
31	1500 + 100, 1258, 11/5—14/5	1869	83,20	3,91		7,14	4,81	0,94	23,27		42,50	3,72	Fr. Stohmann, Frühling, Claus, Petersen u. v. Seebach[2]
32	1500 + 100, 1003, 23/5—29/5	„	83,82	4,25		5,86	5,13	0,94	26,27		36,21	4,20	
33	1450 + 150, 786, 6/6—12/6	„	84,09	4,60		5,49	4,79	1,03	28,63		34,16	4,58	
34	1450 + 200, 625, 20/6—26/6	„	83,20	4,90		6,23	4,71	0,96	29,16		37,08	4,67	
35	1350 + 250, 890, 4/7—10/7	„	85,04	4,30		5,11	4,46	1,09	28,74		34,16	4,60	
36	1250 + 350, 1203, 25/7—31/7	„	86,23	4,19		4,17	4,54	0,87	30,43		30,28	4,87	
37	1100 + 500, 1252, 8/8—14/8	„	85,95	3,85		4,48	4,82	0,90	27,40		31,88	4,38	
38	950 + 650, 1228, 22/8—28/8	„	86,41	3,91		3,93	4,88	0,87	28,77		28,92	4,60	
39	800 + 800, 1427, 5/9—11/9	„	86,36	3,93		4,22	4,57	0,92	28,81		30,94	4,61	
40	A 1600 + —, 1057, 19/9—25/9	„	86,21	3,86		4,31	4,72	0,90	27,99		31,26	4,48	
41	B 1600 + —, 643, 3/10—9/10	„	85,96	4,01		4,37	4,73	0,93	28,56		31,13	4,57	
	Ziege II:												
42	700 + 800, 1742, 14/4—16/4	„	86,75	3,44		4,11	4,84	0,86	25,96		31,02	4,15	
43	700 + 800, 1493, 18/4—24/4	„	86,61	3,63		3,88	5,04	0,84	27,11		28,98	4,34	
44	700 + 800, 1386, 30/4—4/5	„	87,34	3,64		3,33	4,83	0,86	28,75		26,30	4,60	
45	700 + 800, 1574, 11/5—14/5	„	87,81	3,71		3,13	4,50	0,85	30,43		25,68	4,87	
46	700 + 800, 1481, 23/5—29/5	„	88,09	3,44		2,94	4,69	0,84	28,88		24,68	4,62	
47	700 + 800, 1492, 6/6—12/6	„	88,02	3,67		2,98	4,50	0,85	30,63		24,87	4,90	
48	700 + 800, 1395, 20/6—26/6	„	87,70	3,72		3,16	4,57	0,85	30,24		25,69	4,84	
49	700 + 800, 1294, 4/7—10/7	„	87,79	3,63		3,11	4,64	0,83	29,73		25,47	4,76	
50	900 + 400 + 200 g Stärkemehl, 1273, 25/7—31/7	„	88,33	3,77		2,66	4,39	0,85	32,31		22,79	5,17	

[1]) No. 19—30. F. Stohmann, R. Frühling und A. Rost. Zeitschrift f. Biologie 1880. 204. Die Zusammensetzung der Milch schwankte in den einzelnen Perioden und bei den beiden Ziegen in nachstehenden Grenzen:

		Ziege I: Trocksbst.	Fett	Casein	Zucker	Ziege II: Trocksbst.	Fett	Casein	Zucker
Wiesenheu	Minimum . .	11,24	3,57	2,31	4,39	10,55	2,61	2,75	4,26
	Maximum . .	11,67	3,99	2,44	4,73	11,28	3,31	2,88	4,53
„ + Stärkemehl	Minimum . .	11,26	3,21	2,44	4,65	10,33	2,26	2,88	4,37
	Maximum . .	11,43	3,53	2,56	4,76	10,94	2,59	3,00	4,50
„ + Oel . . .	Minimum . .	11,73	3,73	2,63	4,47	11,27	3,10	3,06	4,10
	Maximum . .	12,44	4,11	3,00	4,57	11,76	3,33	3,13	4,30
„	Minimum . .	13,50	4,97	3,00	4,37	11,94	3,29	3,06	4,23
	Maximum . .	13,91	5,75	3,13	4,86	12,42	3,84	3,44	4,81
„ + Zucker	Minimum . .	13,08	4,08	3,06	4,36	11,12	2,23	3,38	4,44
	Maximum . .	14,10	5,17	3,38	4,81	11,56	2,70	3,56	4,86
„	Minimum . .	14,28	5,20	3,44	3,90	12,69	3,39	3,63	4,08
	Maximum . .	14,80	6,43	3,75	4,81	13,39	4,37	3,81	4,78

[2]) No. 31—55. F. Stohmann, R. Frühling, C. Claus, P. Petersen u. v. Seebach. Biolog. Studien v. F. Stohmann. Braunschweig 1873.

No.	Bemerkungen	Jahr der Untersuchung	In der ursprünglichen Substanz: Wasser %	Casein %	Albumin %	Fett %	Zucker %	Salze %	In der Trocken-Substanz: Casein %	Albumin %	Fett %	N. in der Trocken-Substanz %	Analytiker
	Wiesenheu g + Leinmehl g, Milchmenge g												
51	{900 400 + 200 g Gummi} 1089 $^{8}/_{8}$—$^{11}/_{8}$	1869	87,39	3,65		3,25	4,83	0,88	28,94		25,77	4,63	Fr. Stohmann, Frühling, Claus, Petersen u. v. Seebach[1]
52	900 400 976 $^{22}/_{8}$—$^{28}/_{8}$	„	87,85	3,87		2,68	4,68	0,92	31,85		22,06	5,10	
53	Wiesenheu A 627 $^{19}/_{9}$—$^{25}/_{9}$	„	86,37	4,26		4,07	4,37	0,93	31,26		29,86	5,00	
54	„ B 519 $^{3}/_{10}$—$^{9}/_{10}$	„	85,89	4,34		4,23	4,61	0,93	31,76		29,98	5,08	
55	{Stärkemehl 200 g + Gummi 200 g} 358 $^{17}/_{10}$—$^{23}/_{10}$	„	87,20	4,46		2,29	5,09	0,96	34,84		17,89	5,41	
56	I 750 g Wiesenheu		89,16	—		2,81	—	—	—		25,92	—	H. Weiske, Schrodt u. Dehmel[2]
57	II 500 g Wiesenheu + 500 g Erbsenschrot		89,47	—		3,32	—	—	—		31,53	—	
58	III 1500 g frische Kartoffeln + 375 g Strohhäcksel . .		89,44	—		2,70	—	—	—		25,57	—	
59	IV desgl. + 250 g Fleischmehl		89,31	—		3,14	—	—	—		29,37	—	
60	V desgl. (ohne Fleischmehl) 250 g Kleie + 125 g Olivenöl		87,12	—		5,09	—	—	—		39,51	—	
61	VI wie V, statt Olivenöl 85 g Stearinsäure		87,72	—		4,46	—	—	—		36,32	—	
62	VII wie I		88,67	—		3,46	—	—	—		30,53	—	
63	Ziege I: 11. Lactationswoche, eiweissreiches Futter $^{24}/_{6}$—$^{2}/_{7}$, milch. 11 Wochen; Tagesertrag ccm 505,8; Spec. Gew. —	1881	88,27	—		3,57	4,58	—	—		30,43	—	J. Munk[3]

[1]) Vergl. Anmerkung [2]) Seite 341.

[2]) No. 56—62. H. Weiske, M. Schrodt u. B. Dehmel. Journ. f. Landwirthschaft 26. 1878. 447. Als Versuchsthier diente eine Ziege von normaler Beschaffenheit. Fütterungsperioden III u. V dauerten je 3 Wochen, die übrigen je 2 Wochen. In jeder Periode bestimmte man mindestens an den letzten 12 Versuchstagen die täglich producirte Milchmenge durch dreimaliges Melken und an den letzten 4 bezw. 5 Tagen den Fett- und Trockensubstanzgehalt der Milch. Ebenso wurde wie unten ersichtlich eine weitere Untersuchung des Milchfettes vorgenommen.

	Tägl. Milchmenge g	darin Trockensbst. g	Fett g	Milchfett Schmelzpunkt °C.	Milchfett Erstarrungsp. °C.	Eigentliche Fettsäuren d. Milchfettes %	Eigentliche Fettsäuren Schmelzpunkt °C.	Eigentliche Fettsäuren Erstarrungsp. °C.
I.	730,8	79,29	20,50	35,3	—	87,41	37,9	29,0
II.	782,1	82,34	25,96	37,5	10,3	85,14	45,4	32,0
III.	739,0	78,02	19,96	34,5	10,8	85,41	48,0	37,6
IV.	1054,0	112,66	33,21	37,5	11,8	84,94	48,6	37,6
V.	588,3	77,85	79,74	38,8	11,5	88,34	39,4	30,3
VI.	506,2	62,24	22,30	39,5	12,5	87,26	47,4	36,1
VII.	358,0	38,19	11,65	32,9	9,4	87,85	40,9	30,6
Rahm	—	—	—	37,0	10,5	85,47	48,0	34,0
Abgerahmte Milch		—	—	39,0	10,5	82,70	48,0	35,0

[3]) No. 63--67. J. Munk. Archiv für wissensch. und pract. Thierheilkunde 1881. S. 91.

Das eiweissreiche Futter bestand aus 500 g Heu, 300 g Weizenkleie, 150 g Maisschrot u. 3 l Wasser; das eiweissärmere Futter aus 500 g Heu, 250 g Weizenkleie, 150 g Maisschrot und 3 l Wasser pro Tag. Bei No. 67 wurden neben 3 kg Weidegras noch 150 g Schrot gefüttert. Die Ziegen befanden sich zu Anfang der Versuche in der 11. Lactationswoche und wurden morgens 7 Uhr und abends 8 Uhr gemolken. An gesammten Bestandtheilen wurden pro Tag in der Milch abgegeben:

	Feste Stoffe	Eiweiss	Fett	Milchzucker
Ziege I, eiweissreiches Futter, 24. Juni bis 2. Juli . . .	61,3 g	15,51 g	17,81 g	23,16 g
„ I, eiweissärmeres „ 2. bis 13. Juli	44,45 „	14,85 „	15,15 „	17,82 „
„ II, „ „ 2. „ 14. „	37,26 „	— „	12,03 „	13,60 „
„ II, Weidegras + Schrot, 15. „ 30. „	45,56 „	— „	17,90 „	14,09 „

No.	Bemerkungen	Tages-ertrag ccm	Spec. Gew.	Jahr der Untersuchung	In der ursprünglichen Substanz: Wasser %	Casein %	Albumin %	Fett %	Zucker %	Salze %	In der Trocken-Substanz: Casein %	Albumin %	Fett %	N. in der Trocken-Substanz %	Analytiker
64	Eiweissärmeres Futter 2/7—13/7, milch. 12 Wch.	413,4	1,0303	1881	88,09	3,10		3,72	4,20	—	26,03		31,23	4,16	J. Munk[1])
65	Salzreiches[0]) Futter 19/7—30/7, milchend 13 bis 14 Wochen	295,0	1,0322	„	87,80	—		—	—	0,81	—		—	—	
	Ziege II:														
66	11. Lactationswoche, eiweissärmeres Futter 2/7—14/7, milch. 11 Wochen	313,5	—	„	87,69	—		3,89	—	—	—		31,60	—	
67	Weidegrasfütterung u. Schrot 15/7—30/7, milch. 13—14 Woch.	339,5	1,0293	„	86,61	—		5,25	4,15	—	—		39,21	—	

Ziegenmilch aus verschiedenen Zitzen des Euters einer Ziege.

No.	Bemerkungen		Jahr	Wasser	Casein	Albumin	Fett	Zucker	Salze	Casein (Tr.)	Albumin (Tr.)	Fett (Tr.)	N.	Analytiker
1	Heufütterung	Rechte Zitze	1878	89,20	—		2,81	—	—	—		26,02	—	H. Weiske, Schrodt u. Dehmel[2])
2		Linke „	„	88,84	—		3,06	—	—	—		27,44	—	
3	Kartoffeln u. Stroh	Rechte „	„	89,54	—		3,14	—	—	—		30,02	—	
4		Linke „	„	89,30	—		2,74	—	—	—		25,61	—	
5	desgl. u. Fleischmehl	Rechte „	„	89,24	—		3,16	—	—	—		29,37	—	
6		Linke „	„	88,88	—		3,47	—	—	—		31,21	—	

Ziegenmilch, gebrochenes Melken.

No.	Bemerkungen	Jahr	Wasser	Casein	Albumin	Fett	Zucker	Salze	Casein (Tr.)	Albumin (Tr.)	Fett (Tr.)	N.	Analytiker
1	Erste Milch einer Ziege . .	1878	90,16	2,30	—	—	—	—	—		23,37	—	dieselb.[3])
2	Letzte „ „ „ . .	„	88,04	4,46	—	—	—	—	—		37,29	—	

[1]) Vergl. Anmerkung [3]) Seite 342.

[0]) Das Futter der salzreichen Periode bestand aus 300 g Weizenkleie, 2 kg Kartoffeln mit $1\frac{1}{2}$ l Wasser und 20,6 g Salzen. Während in einer Vorfütterungsperiode 1,96 g Salze pro Tag oder 0,76 % der Milch ausgeschieden wurden, betrug diese Menge in der Salzperiode 2,24 g pro Tag oder 0,81 % der Milch.

Ziegenmilch aus verschiedenen Zitzen des Euters:
[2]) No. 1—6. H. Weiske, M. Schrodt u. B. Dehmel. Journ. f. Landwirthschaft 26. 1878. 447. Milch von einer und derselben Ziege.

Ziegenmilch, gebrochenes Melken:
[3]) No. 1 u. 2. H. Weiske, M. Schrodt u. B. Dehmel. Journ. f. Landwirthsch. 26. 1878. 447.

Schafmilch.

I. Colostrum und Uebergang zur Milch.

No.	Bemerkungen			Zeit der Untersuchung	Wasser %	Casein %	Albumin %	Fett %	Milchzucker %	Asche %	In der Trocken-Substanz: Stick-stoff-Sub-stanz %	In der Trocken-Substanz: Fett %	Stickstoff in der Trocken-Substanz %	Analytiker
1	Colostrum, spec. Gew. 1,063			1879	69,74	17,37 *)		2,75	8,85	1,29	57,40	9,09	9,18	*A. Völcker* [1])
2	3 Tage nach dem Lammen			1865	76,70	13,37 *)		1,20	7,10	1,63	58,38	5,15	9,18	*A. Völcker* [1])
	Zeit nach dem Lammen	Milchmenge g	Spec. Gew.	In 100 CC. Milch										
3	Von einem Mutterschaf der Southdown-Merino-Kreuzung [0]): ½ Stunde	64,6	1,0604	1881	47,03	4,96 **)	18,56 **)	25,02	1,54	1,19	47,61	48,14	7,62	*H. Weiske u. G. Kennepohl* [2])
4	7 Stund.	170,0	1,0520	„	61,93	7,48	9,61	16,14	3,53	0,96	45,81	42,40	7,33	
5	19 „	288,0	1,0449	„	76,53	5,27	2,93	8,87	5,24	0,86	36,17	37,79	5,79	
6	2 Tage	620,0	1,0359	„	82,79	4,28	0,82	5,93	5,19	0,87	30,33	34,46	4,85	
7	3 „	736,0	1,0350	„	82,93	4,54	0,92	6,19	4,37	0,95	32,57	36,26	5,21	
8	4 „	768,0	1,0343	„	83,48	4,64	0,85	5,69	4,31	0,96	33,64	34,44	5,38	
9	5 „	840,0	1,0335	„	83,90	4,18	0,60	5,72	4,27	0,92	32,23	35,53	5,16	
10	6 „	910,0	1,0335	„	85,22	3,88	0,70	4,47	4,55	0,88	33,02	30,24	5,28	
11	7 „	924,0	1,0352	„	84,40	4,04	0,86	4,61	5,09	0,90	32,05	29,55	5,13	
12	8 „	992,0	1,0365	„	84,26	3,97	0,73	4,62	5,31	0,88	31,32	29,35	5,01	
13	9 „	987,0	1,0358	„	84,39	4,49	0,60	4,71	5,41	0,90	29,40	30,17	4,70	
	10 Tage nach dem Lammen:													
	Zeit	Milchmenge g	Spec. Gew.											
14	5. Mai: Morgen	524	1,0334	„	85,77	—	—	4,29	—	—	—	30,15	—	
15	Mittag	254	1,0319	„	84,64	—	—	5,54	—	—	—	36,07	—	
16	Abend	240	1,0309	„	83,92	—	—	6,56	—	—	—	40,80	—	
17	6. Mai: Morgen	358	1,0324	„	85,11	—	—	5,22	—	—	—	35,06	—	
18	Mittag	220	1,0298	„	84,59	—	—	6,04	—	—	—	39,20	—	
19	Abend	232	1,0317	„	85,33	—	—	5,18	—	—	—	35,31	—	
20	7. Mai: Morgen	444	1,0340	„	86,41	—	—	4,26	—	—	—	31,35	—	
21	Abend	493	1,0333	„	85,68	—	—	4,79	—	—	—	33,45	—	
22	8. Mai: Morgen	467	1,0339	„	85,65	—	—	4,91	—	—	—	34,22	—	
23	Abend	487	1,0334	„	85,87	—	—	4,41	—	—	—	31,21	—	

[1]) Journ. of the Roy. agric. Soc. of England 1865 Bd. XXIII. S. 412 u. 1880 Bd. 16 No. 32.
[2]) Journ. f. Landw. 1881 Bd. 29. S. 451.

[0]) Durch Multiplication des gefundenen N mit 6,25 erhalten.

*) Das Versuchsschaf hatte zum 1. Male gelammt; es erhielt in der ersten Zeit (No. 3—23 der Analysen) als Futter 0,5 kg Heu, 0,5 kg Gerstenschrot u. 1,0 kg Rüben pro Tag.

**) An Gesammt-Protein (N × 6,25) und an nichteiweissartigem Stickstoff wurde gefunden:

No.	3	4	5	6	7	8	9	10	11	12	13
Gesammt-Protein . . .	25,22 %	17,44 %	8,50 %	5,22 %	5,56 %	5,56 %	5,19 %	4,88 %	5,00 %	4,93 %	4,59 %
Nicht eiweissartiger N .	0,28 „	0,11 „	0,12 „	0,11 „	0,10 „	0,10 „	0,09 „	0,08 „	0,07 „	0,10 „	0,08 „

No.	Bemerkungen	Zeit der Untersuchung	Wasser %	Casein %	Albumin %	Fett %	Milchzucker %	Asche %	In der Trocken-Substanz: Stickstoff-Substanz %	In der Trocken-Substanz: Fett %	Stickstoff in der Trocken-Substanz %	Analytiker
			In 100 CC. Milch									
24	1. bis 25. Juni bei Grünfutter 0,5 kg Gerstenschrot + 0,25 kg Leinkuchen[0]) . .	1881	83,50	5,18		6,38	4,29	0,80	31,39	38,67	5,02	H. Weiske u. G. Kennepohl[1])
25	3. bis 18. Juli 1,5 kg Wiesenheu pro Tag[00])	„	81,43	—		7,15	—	—	—	38,50	—	
26	19. Juli bis 1. August 1,5 kg Wiesenheu + 150 g Oel[000])	„	80,36	—		8,68	—	—	—	44,20	—	
			%	%	%	%	%	%	%	%	%	
27	Merino-Schaf, 4 Tage nach dem Lammen, spec. Gew. = 1,0338	1880	80,72	3,61	0,83	8,90	3,24	0,33	23,03	46,17	3,68	F. Strohmer[2])

II. Normale Schafmilch.

No.	Bemerkungen	Zeit der Untersuchung	Wasser %	Casein %	Albumin %	Fett %	Milchzucker %	Asche %	In der Trocken-Substanz: Stickstoff-Substanz %	In der Trocken-Substanz: Fett %	Stickstoff in der Trocken-Substanz %	Analytiker
28		In den 50ger Jahren	81,60	4,00	1,70	7,50	4,30	0,90	13,98	40,76	4,09	Doyère[3])
29	Dishley-Schaf		81,00	7,70		5,00	5,80	0,70	40,53	26,32	6,32	Filhol u. Joly[4])
30	Dishley-Schaf		82,50	7,90		3,70	5,35	0,55	45,14	21,14	7,22	
31	Southdown		84,20	6,50		4,00	4,61	0,69	41,14	25,32	6,58	
32	Merino		78,40	9,02		7,60	4,37	0,61	41,76	35,19	6,68	
33	Lauragais		76,98	8,30		10,40	4,16	0,16	63,75	45,13	5,77	
34	Tarascon		77,23	8,05		10,40	4,16	0,16	35,35	45,67	5,69	
35	Schafe aus der Gegend von Paris		83,23	6,98		5,13	3,94	0,72	41,62	30,59	6,66	Vernois u. Becquerel[5])
36	Merino-Rasse (Oesterr.) . .		82,40	4,50		8,29	3,31	0,64	25,57	47,10	4,09	
37			83,12	4,18	1,13	5,37	4,49	0,92	31,46	31,81	5,03	Commaille[6])
38	Bergamasker-Schaf	1875	82,41	5,97		6,89	4,21	0,52	33,94	39,17	5,42	Rossel[7])
39		1857	84,01	5,67		4,74	4,83	0,75	35,46	29,64	5,67	Bouchardat u. Quevenne[8])
40	Spec. Gew. 1,0416	1861	87,02	4,83		2,36	5,41	0,89	37,21	18,18	5,95	H. Grouven[9])
41	„ „ 1,0390	„	82,24	5,88		6,34	5,05	0,91	33,11	35,70	5,30	
42		1865	83,10	5,76		4,45	5,73	0,96	34,08	26,33	5,44	A. Völcker[10])
	(Milchmenge g / Spec. Gew.)											
43	Im Mittel der ganzen Radener Schafherde v. ca. 250—300 Stck.†[0]): — / 1,0375	1877	75,43	7,19	1,46	11,91	3,26	1,07	33,83	48,48	5,64	W. Fleischmann u. P. Vieth[11])
44	67,5 / 1,0361	„	77,15	6,08	1,59	10,64	3,64	1,03	33,53	46,56	5,46	
45	80,0 / 1,0372	1879	75,43	6,17	1,62	11,73	4,03	1,02	31,71	47,74	5,07	
46	63,7 / 1,0371	1880	74,59	6,59	1,85	11,95	3,94	1,08	33,22	47,03	5,31	

[1]) Vergl. Anmerkung [2]) Seite 344.
[0]) Milchmenge zuweilen bis etwas über 1000 g pro Tag.
[00]) „ am 3. Juli 753 g, am 18. Juli 591 g, durchschnittlich 600 g.
[000]) „ durchschnittlich 596 g.
[2]) Original-Mittheilung. Fett ist nach Fr. Soxhlet, die übrigen Bestandtheile nach den Angaben in Fleischmann's „Molkereiwesen" bestimmt. Durch Verbrennen der Milch mit Natronkalk wurden 0,76 % N oder mit 6,25 multiplicirt = 4,75 % N-Substanz gefunden.

Normale Schafmilch:
[3]) Arch. phys. nat. XXII. S. 239.
[4]) Compt. rendus. T. 47. S. 1013.
[5]) v. Gohren: Die Naturgesetze d. Fütterung 1872. S. 467.
[6]) Journ. de Pharm. (4) X. S. 96.
[7]) Centr.-Bl. für Agric.-Chem. 1875. Bd. 2. S. 140.
[8]) Der Verfasser: Du lait. Paris 1857. II. S. 174.
[9]) Zeitschr. d. landw. Centr.-Vereins d. Prov. Sachsen 1861. S. 120.
[10]) Journ. of the Roy. agric. Soc. of England 1862. Bd. XXIII. S. 412.
[11]) Bericht über die Thätigkeit der milchwirthsch. Versuchsstat. Raden. Rostock 1881. S. 33; desgl. 1882 S. 36, 1883 S. 40, 1885 S. 23 u. 1886 S. 34.
†[0]) Die Mutterschafe wurden im Juli, nachdem die Lämmer abgesetzt waren, noch einige Tage gemolken und deren Milch zur Darstellung von Käse verwendet. Aus 100 Milch wurden erhalten: 27—36 % Käse, 64—71 % Käsemilch u. 1,3—4,2 % Verlust.

No.	Bemerkungen	Milchmenge g	Spec. Gew.	Zeit der Untersuchung	Wasser %	Casein %	Albumin %	Fett %	Milchzucker %	Asche %	In der Trocken-Substanz: Stickstoff-Substanz %	In der Trocken-Substanz: Fett %	Stickstoff in der Trocken-Substanz %	Analytiker
47⁰)	Im Mittel der ganzen Radener Schafherde v. ca. 250—300 Stck.	60,3	1,0385	1881	74,48	6,65	1,88	12,01	3,41	1,12⁰)	33,43	47,06	5,35	W. Fleischmann[1])
48⁰)		73,3	1,0350	1882	75,54	5,83	1,33	11,90	3,43	1,05⁰)	29,27	48,65	4,68	
49⁰)		82,8	1,0369	1884	77,55	6,67	1,02	9,66	3,71	1,11⁰)	38,71	43,07	6,20	
50		82,7	1,0369	1885	72,51	8,90		12,87	4,73	1,08	32,41	46,82	5,19	
51	Gewöhnliche Schafmilch von englischen Schafen		—	1879	83,70	5,16*)		4,45	5,73	0,96	31,64	27,30	5,07	A. Völcker[2])
52			—	„	75,00	6,58		12,78	4,66	0,98	26,32	51,12	4,21	
53			—	„	86,70	4,44		3,67	4,00	1,19	33,38	27,60	5,34	
54			—	„	86,12	5,59		2,16	4,93	1,20	40,27	15,56	6,44	
55			1,042	„	84,15	5,91		2,32	6,57	1,05	37,29	14,64	5,96	
56			1,031	„	79,02	4,56		10,24	5,19	0,99	21,73	48,81	3,48	
57			1,036	„	84,24	4,31		4,78	5,80	0,87	27,35	30,33	4,38	
58			1,041	„	84,73	5,37		3,65	5,46	0,79	35,17	23,90	5,63	
59	Gemisch v. 2700 Stck. aus der Provinz Roma	2. April Morgen-M.	1,0374	1887	79,04	6,16		8,90	5,04	0,99	29,39	42,46	4,70	G. Sartori[3])
60		1. April Abend-M.	1,0381	„	78,37	6,55		8,99	5,08	1,04	30,28	41,56	4,84	
Schafmilch No. 28—60	Minimum		Spec. G. 1,0298	.	74,47	3,59	0,83	2,81	2,76	0,13	23,04	14,64	3,68	
						4,42								
	Maximum		1,0385	.	87,02	5,69	1,77	9,80	7,95	1,72	38,98	51,12	6,24	
						7,47								
	Mittel		**1,0341**	.	**80,82**	**4,97**	**1,55**	**6,86**	**4,91**	**0,89**	**33,98**	**35,78**	**5,44**	
						6,52								

Büffelmilch.

No.	Bemerkungen	Zeit der Untersuchung	Wasser %	Casein %	Albumin %	Fett %	Milchzucker %	Asche %	Stickstoff-Substanz %	Fett %	Stickstoff %	Analytiker
1	Aus Siebenbürgen im geronnenen Zustande	1884	84,23	—	—	6,69	—	0,86	—	42,42	—	W. Fleischmann[4])
2	Morgens vor dem Austreiben zur Weide	1883	79,97	7,86	0,25	6,12	4,76	1,04	40,48	30,55	6,25	Bovesco[5])
3	Abends nach der Rückkehr von der Weide	„	79,78	7,06	0,37	8,04	3,93	0,82	36,64	39,76	5,87	
4	Aus Ungarn, frisch, 1,0319 spec. Gewicht	1888	81,67	3,99		9,02	4,50	0,77	21,77	49,21	3,48	F. Strohmer[6])
	Mittel	.	**81,41**	**5,85**	**0,25**	**7,47**	**4,15**	**0,87**	**32,96**	**40,49**	**5,27**	
				6,10								

[1]) Vergl. Anmerk. [11]) u. †⁰) Seite 345.
[2]) Journ. of the Royal agric. Soc. of England 1880. Bd. 16. No. 32.
[3]) Annali di chim. e di farmacol. Lodi, R. Stazione sperimentale di caseificio. 1887. p. 203.
⁰) Es ergaben:

	No. 47	48	49
Lactoprotein	— %	0,49 %	0,45 %
Verlust	0,45 „	0,43 „	— „

*) Die Stickstoff-Subst. bei den Völcker'schen Analysen ist durch Multiplicat. d. gefundenen Stickstoffs mit 6,25 berechnet.
Büffelmilch:
[4]) Bericht d. Milchw. Versuchsst. Raden pro 1884. Rostock 1885. S. 23.
[5]) Ann. de Chim. et Pharm. S. 5. T. 6 p. 396.
[6]) Ztschr. f. Nahrungsmittel-Unters. etc. 1888. Die Milch hatte amphotere Reaction u. einen moschusartigen Geruch.

Lamamilch.

No.	Bemerkungen	Zeit der Untersuchung	Wasser %	Casein %	Albumin %	Fett %	Milchzucker %	Asche %	In der Trocken-Substanz: Stick-stoff-Sub-stanz %	In der Trocken-Substanz: Fett %	Stickstoff in der Trocken-Substanz %	Analytiker
1	Mittel aus 3 Analysen . .		86,55	3,00	0,90	3,15	5,60	0,80	29,00	23,42	4,64	*Doyère*[1])

Kameelmilch.

No.	Bemerkungen	Zeit der Untersuchung	Wasser %	Casein %	Albumin %	Fett %	Milchzucker %	Asche %	In der Trocken-Substanz: Stick-stoff-Sub-stanz %	In der Trocken-Substanz: Fett %	Stickstoff in der Trocken-Substanz %	Analytiker
1			86,94	3,67		2,90	5,87	0,66	28,10	22,21	4,50	*Dragendorff*[2])
2			—	4,00		—	5,80	—	—	—	—	*Chatin*[3])
3	Vor 62 Tagen geworfen, Spec. Gew. 1,0404 . .	1877	86,21	3,96	0,38	3,23	5,31	0,91	31,47	23,42	5,04	*Marchetti*[4])
	Mittel	.	**86,57**	**4,00**		**3,07**	**5,59**	**0,77**	**29,80**	**22,82**	**4,77**	

Elefantenmilch.

No.	Bemerkungen	Zeit der Untersuchung	Wasser %	Casein %	Albumin %	Fett %	Milchzucker %	Asche %	In der Trocken-Substanz: Stick-stoff-Sub-stanz %	In der Trocken-Substanz: Fett %	Stickstoff in der Trocken-Substanz %	Analytiker
1[0])	Bald nach dem Kalben: 5. April	1880	67,57	—		17,55	—	0,65	—	54,11	—	*C. A. d'Oremus*[5])
2[0])	9. „	„	69,29	—		19,09	—	0,66	—	62,16	—	
3[0])	10. „	„	66,99	3,21		22,07	7,40	0,63	9,62	66,26	1,54	
	Mittel	.	**67,85**	**3,09**		**19,57**	**8,84** *)	**0,65**	**9,61**	**60,89**	**1,54**	

Stutenmilch.

No.	Bemerkungen	Zeit der Untersuchung	Wasser %	Casein %	Albumin %	Fett %	Milchzucker %	Asche %	In der Trocken-Substanz: Stick-stoff-Sub-stanz %	In der Trocken-Substanz: Fett %	Stickstoff in der Trocken-Substanz %	Analytiker
1	Steppenstute } Kirgisen	1871	—	—		2,12	7,26	—	—	23,55	—	*Stahlberg*[6])
2	Arbeitsstute } Kirgisen	„	—	—		2,45	5,95	—	—	27,22	—	
3	Mittel aus 14 Analysen .	1875	90,31	1,95		1,06	6,26	0,39	20,12	10,94	3,22	*Cameron*[7])
4		1872	91,47	0,70	1,40	0,55	5,50	0,40	24,62	6,45	4,09	*Doyère*[1])
5	Spec. Gew. 1,040 . . .	?	92,20	1,99		0,50	4,20	1,20	25,21	6,41	3,90	*Hering*[8])
6	Von tartarischen Stuten, Spec. Gew. 1,0353 . .	1871	92,48	1,33	0,36	0,65	4,72	0,29	22,47	8,66	3,60	*J. Moser*[9])
7	Steppenstuten	?	90,26	1,82	1,03	1,26	5,34	0,29	29,26	12,94	3,04	*Biel*[10])
8	„	?	90,62	1,82	0,96	1,11	5,21	0,28	29,64	11,83	4,74	
9	„	?	90,38	1,31	0,71	1,56	5,73	0,31	21,00	16,22	3,36	
10	Stutenmilch	?	89,29	1,59	0,28	1,16	7,16	0,36	17,46	10,83	2,79	*Landowsky*[10])
11	Engl. Spec. Gew. 1,0345	1879	91,49	0,87	0,46	0,12	6,41	0,33	15,63	1,41	2,50	*P. Vieth*[11])
12	Vollblut „ „ 1,0276	„	92,53	0,75	0,83	0,36	4,69	0,49	21,15	4,82	3,38	

Lamamilch:
1) Ann. de l'Inst. agron. 1852. S. 251.

Kameelmilch:
2) Zeitschr. f. Chemie 1865. S. 735.
3) Ibidem 1865. S. 538.
4) Repertoire de Pharm. T. V. S. II. S. 618.

Elefantenmilch:
5) Nach American. chem. Society in Milchzeitung 1881. S. 486.
0) Die 3 Proben „Elefantenmilch" reagirten und lieferten:

No.	1	2	3
Reaction = ...	Neutral	Schwach alkalisch	Schwach sauer
Rahm = ...	52,4 Vol. %	58,0 Vol. %	62,0 Vol. %

*) Aus der Differenz berechnet.

Stutenmilch:
6) Neue landw. Ztg. 1871. S. 638.
7) Arch. f. Pharm. 1875. S. 472.
8) Die Milch von Benno Martiny 1871. I. Bd. S. 187 u. 88.
9) Jahresber. f. Agric.-Chem. 1873/84. Bd. II. S. 287.
10) v. Tymowsky: Zur physiol. und therap. Bedeutung des Kumys. München 1877. S. 12.
11) Das Molkereiwesen von W. Fleischmann 1879. S. 1058.

No.	Bemerkungen	Zeit der Untersuchung	Wasser %	Casein %	Albumin %	Fett %	Milchzucker %	Asche löslich %	Asche unlöslich %	In der Trocken-Substanz Stickstoff-Substanz %	In der Trocken-Substanz Fett %	Stickstoff in der Trocken-Substanz %	Analytiker
13	Stute 5 Jahre alt . . .	1879	91,15	1,50*)		1,27	5,75	0,37		16,95	14,35	2,71	*M. Schrodt*[1])
14	Stutenmilch	$18\frac{56}{58}$	89,05	3,00		2,15	5,20	0,60		27,40	19,63	4,38	*Filhol u. Joly*[1])
15	12jähr. braune Stute, 5. Wurf, 45 Tage nach der Geburt, spec. Gew. 1,036 . . .	1878	91,76	2,45**)		0,39	5,99	0,31		29,73	4,73	4,75	*N. Gerber u. Radenhausen*[2])
	Mischmilch von 15 Stuten[0]) 4—5 Mon. nach dem Wurf:												
	Zeit 1884 — Spec. Gew.												
16	10/9 4 Uhr Nachm. 1,0350	1884	90,41	2,11		0,87	6,30	0,08	0,23	22,00	9,07	3,52	
17	16/9 10 „ Vorm. 1,0353	„	90,30	1,88		0,87	6,64	0,07	0,24	19,38	8,97	3,10	
18	„ 12 „ Mitt. 1,0352	„	90,05	1,85		0,94	6,82	0,11	0,23	18,59	9,45	2,97	
19	„ 2 „ Nachm. 1,0360	„	90,09	1,89		1,13	6,59	0,09	0,21	19,07	11,40	3,05	
20	„ 4 „ „ 1,0348	„	90,25	1,93		0,91	6,59	0,08	0,24	19,79	9,34	3,17	
21	„ 6 „ „ 1,0351	„	89,83	2,03		1,19	6,62	0,10	0,23	19,96	11,70	3,19	
22	22/9 10 „ Vorm. 1,0350	„	90,08	1,79		1,09	6,75	0,09	0,20	18,04	10,99	2,89	
23	„ 12 „ Mitt. 1,0349	„	89,74	1,89		1,44	6,64	0,06	0,23	18,42	14,04	2,95	
24	„ 2 „ Nachm. 1,0335	„	89,89	1,86		1,21	6,74	0,30		18,40	11,97	2,94	
25	„ 4 „ „ 1,0343	„	90,22	1,71		1,14	6,63	0,08	0,22	17,47	11,66	2,79	
26	„ 6 „ „ 1,0349	„	89,76	1,86		1,25	6,82	0,06	0,25	18,16	12,21	2,91	
	Mittel d. Mischmilch **1,0349**	.	**90,06**	**1,89**		**1,09**	**6,65**	**0,31**		**19,01**	**10,96**	**3,04**	*P. Vieth*[3])
	Milch einzelner Stuten:												
27	29/9 10 Uhr Vorm. 1,0345	1884	90,06	1,72		1,12	6,80	0,07	0,23	17,30	11,27	2,77	
28	„ 10 „ „ 1,0358	„	90,15	1,76		0,78	6,99	0,08	0,24	17,87	7,92	2,86	
29	„ 10 „ „ 1,0356	„	90,46	1,65		0,83	6,70	0,09	0,27	17,40	8,71	2,78	
30	„ 10 „ „ 1,0353	„	90,04	1,83		1,00	6,80	0,07	0,26	18,37	10,04	2,94	
31	„ 10 „ „ 1,0352	„	90,07	1,62		0,95	7,10	0,04	0,22	16,41	9,57	2,63	
32	1/10 10 „ „ 1,0356	„	90,07	1,65		0,94	7,07	0,05	0,22	16,62	9,47	2,66	
33	„ 10 „ „ 1,0350	„	90,42	1,62		0,62	7,08	0,04	0,22	16,91	6,47	2,71	
34	„ 10 „ „ 1,0345	„	90,17	1,58		0,96	6,99	0,07	0,23	16,07	9,77	2,57	
35	„ 10 „ „ 1,0351	„	89,92	1,62		0,97	7,21	0,06	0,22	16,07	9,62	2,57	
36	„ 10 „ „ 1,0354	„	90,27	1,76		0,67	7,03	0,04	0,23	18,09	6,89	2,89	

[1]) Landw. Versuchsst. 1879. Bd. 23. S. 311.
[2]) Forschungen auf dem Gebiet der Viehhaltung. Beilage zur Milchztg. 1879. Heft VII.
[3]) Landw. Versuchsst. 1885. Bd. 31. S. 353.

*) Die Stickstoff-Substanz wurde durch Multiplication des gefundenen Stickstoffs mit 6,25 berechnet. Schrodt bestimmte auch gleichzeitig Casein und Albumin nach der Methode von Hoppe-Seyler (S. 264) und nach Ritthausen (S. 253); er fand nach ersterer 1,09 %, nach letzterer 2,48 % Stickstoff-Substanz, welche Zahlen er beide für fehlerhaft hält.

**) Die Stickstoff-Substanz ist nach der Methode von Ritthausen (S. 253 Anm.) bestimmt.

[0]) Die Stuten waren im Alter von 5—6 Jahren; die Fohlen waren während der Zeit von Mitte April bis Mitte Mai gefallen. Das Futter bestand aus Grünfutter, Heu, Hafer, Kleie und Futterbrod (einem geheim gehaltenen Futtermittel „Good-Food"). Die Fohlen blieben nachts bei den Müttern, morgens 8 Uhr wurden sie abgesperrt und den Tag über, von 10 Uhr anfangend, die Stuten 5 mal gemolken. Gute Stuten gaben in der besten Zeit bei 5 maligem Melken einen Tagesertrag von 4—5 l Milch. Die frisch ermolkene Milch reagirte in wenigen Fällen neutral, in den meisten Fällen alkalisch. Während warmer Tage trat innerhalb der ersten 24 Stunden nach dem Melken spontane Alkohol- u. Milchsäure-Gährung ein.

No.	Bemerkungen		Zeit der Untersuchung	Wasser %	Casein %	Albumin %	Fett %	Milchzucker %	Asche löslich %	Asche unlöslich %	In der Trocken-Substanz: Stickstoff-Substanz %	In der Trocken-Substanz: Fett %	Stickstoff in der Trocken-Substanz %	Analytiker
	Zeit 1884	Spec. Gew.												
37	3/10 10 Uhr Vorm.	1,0347	1884	90,28	1,54		0,86	7,04	0,06	0,22	15,84	8,85	2,53	P. Vieth[1]
38	„ 10 „ „	1,0353	„	90,17	1,71		0,88	6,95	0,08	0,21	17,40	8,95	2,78	
39	„ 10 „ „	1,0346	„	89,88	1,57		1,17	7,07	0,10	0,21	15,51	11,56	2,48	
40	„ 10 „ „	1,0346	„	90,11	1,50		1,18	6,91	0,06	0,24	15,18	11,93	2,43	
41	„ 10 „ „	1,0344	„	89,92	1,55		1,18	7,05	0,10	0,20	15,38	11,71	2,46	
	Mittel No. 27—71	**1,0350**	.	**90,13**	**1,65**		**0,94**	**6,98**	**0,30**		**16,72**	**9,52**	**2,67**	
	Milch einzelner Stuten, besonders gefüttert.[0]													
42	16/9 11 Uhr Vorm.	1,0355	1884	89,55	2,07		1,23	6,86	0,08	0,21	19,81	11,77	2,17	
43	22/9 4 „ Nachm.	1,0339	„	89,88	1,80		1,40	6,67	0,07	0,18	17,79	13,83	2,85	
44	21/9 12 „ Mitt.	1,0339	„	89,18	2,20		1,28	7,10	0,05	0,19	20,33	11,83	3,25	
45	„ 12 „ „	1,0347	„	88,82	1,70		1,18	7,02	0,06	0,22	16,70	11,59	2,67	
46	26/9 12 „ „	1,0361	„	88,66	2,12		1,67	7,23	0,08	0,24	18,69	14,73	2,99	
47	„ 12 „ „	1,0353	„	88,24	2,05		2,14	7,28	0,07	0,22	17,43	18,20	2,79	
	Mittel No. 42—47	**1,0349**	.	**89,22**	**1,99**		**1,48**	**7,03**	**0,28**		**18,46**	**13,73**	**2,96**	
	Stutenm., Gesammtmittel	**1,0347**	.	**90,78**	**1,24**	**0,75**	**1,21**	**5,67**	**0,35**		**21,62**	**13,16**	**3,46**	
					1,99 (Casein + Albumin)									

Maulthiermilch.

No.	Bemerkungen	Zeit der Untersuchung	Wasser %	Casein %	Albumin %	Fett %	Milchzucker %	Asche löslich %	Asche unlöslich %	Stickstoff-Substanz %	Fett %	Stickstoff in der Trocken-Substanz %	Analytiker
1	6 Jahre lang gemolken, ohne je ein Füllen gehabt zu haben; Milchmenge 1/4 l .	1887	91,50	1,64		1,59	4,80	0,38		19,29	18,71	3,08	E. F. Ladd[2]

Eselmilch.

No.	Bemerkungen	Zeit der Untersuchung	Wasser %	Casein %	Albumin %	Fett %	Milchzucker %	Asche löslich %	Asche unlöslich %	Stickstoff-Substanz %	Fett %	Stickstoff in der Trocken-Substanz %	Analytiker
1	Eselin unter gewöhnlichen Verhältnissen	?	91,65	1,82		(0,11)	6,08	0,34		21,79	1,32	3,49	Chevallier u. Henry[3]
2	desgl. übermässig angestrengt	?	92,24	1,12		(0,13)	5,90	0,61		14,43	1,67	2,31	
3		1846	89,63	0,60	1,55	1,50	6,40	0,32		20,73	14,46	3,32	Doyère[4]
4	Mittel aus 14 Analysen .	„	90,47	1,95		1,29	6,29			20,46	13,54	3,27	Péligot[5]
5		?	90,70	1,67		1,21	6,23			17,96	13,01	2,87	Simon[6]

[1] Landw. Versuchsst. 1885. Bd. 31. S. 353.

[0] Zwei Stuten erhielten statt des obigen Futters (Anmerk. [0]) S. 348) nur Heu und das erwähnte Futterbrod (Good-Food).

Maulthiermilch:

[2] Agric. Science 1887. Vol. I. p. 108.

Eselmilch:

[3] Bouchardat und Quevenne: Du Lait II. p. 96. Die Milch der übermässig angestrengten Eselin gerann beim Erwärmen.

[4] Annal. phys. nat. XXII. S. 239.

[5] Compt. rendus 1836. Bd. III. S. 414.

[6] Die Milch von Benno Martiny 1871. I. Bd. S. 187 u. 188.

No.	Bemerkungen	Zeit der Untersuchung	Wasser %	Casein %	Albumin %	Fett %	Milchzucker %	Asche %	In der Trocken-Substanz: Stickstoff-Substanz %	In der Trocken-Substanz: Fett %	Stickstoff in der Trocken-Substanz %	Analytiker
6	Mittel aus mehreren Analysen	1857	89,36	2,26		1,37	7,04		21,24	12,88	3,40	*Bouchardat u. Quevenne*[1]
7	Milch von 5 Eselinnen . .	1878	88,03	3,08		2,82	5,29	0,78	25,73	23,56	4,12	*Frühling u. Schultz*[2]
	Eselmilch, Mittel aus No. 3—7	.	**89,64**	**0,67**	**1,55**	**1,64**	**5,99**	**0,51**	**21,22**	**15,49**	**3,39**	
				2,22								

Schweinemilch.

No.	Bemerkungen	Zeit der Untersuchung	Wasser %	Casein %	Albumin %	Fett %	Milchzucker %	Asche %	Stickstoff-Substanz %	Fett %	Stickstoff in der Trocken-Substanz %	Analytiker
1	Colostrum von Yorkshire-R. nach 5maligem Ferkeln .	1865	70,13	15,56		9,53	3,84	0,85	52,09	31,90	8,33	*Th. v. Gohren*[3]
2	Yorkshire-R., 6 Tage nach dem Werfen	„	80,43	12,89		3,14	2,79	0,71	65,87	16,00	10,54	
3	desgl., 19 Tage n. d. Werfen	„	89,26	5,68		2,82	1,59	0,87	52,89	26,26	8,46	
4	Landschwein } Nach 5wöch. Säugen	1856	85,49	8,45		1,93	3,03	1,09	58,24	13,30	9,32	*Scheven*[4]
5	Essexschwein } Nach 5wöch. Säugen	„	88,17	7,36		1,03	2,26	1,18	62,21	8,71	9,97	
6	Bair. Landschw., 5 Wochen nach dem Werfen . .	1866	82,93	6,89		6,88	2,01	1,29	40,36	40,30	6,46	*Lintner*[5]
7		?	81,80	5,30		6,00	6,07	0,83	29,01	32,97	4,66	*Cameron*[6]
8	Mittel aus 2 Analysen . .	?	81,76	6,18		5,38	5,34	0,89	33,88	29,50	5,42	*derselbe*[7]
9		?	82,46	5,09		9,23	1,69	1,53	29,02	52,62	4,64	*Jvon*[7]
	Mittel (No. 2—9)	.	**84,04**	**7,23**		**4,55**	**3,13**	**1,05**	**46,44**	**27,68**	**7,33**	

Milch von Hippopotamus.

No.	Bemerkungen	Zeit der Untersuchung	Wasser %	Casein %	Albumin %	Fett %	Zucker	Salze	Stickstoff-Substanz %	Fett %	Stickstoff in der Trocken-Substanz %	Analytiker
1	Schwach sauer	1871	90,43	—	—	4,51	4,51		—	47,13	—	*F. W. Gunning*[8]

Hundemilch.

No.	Bemerkungen	Zeit der Untersuchung	Wasser %	Casein %	Albumin %	Fett %	Zucker	Asche	Stickstoff-Substanz %	Fett %	Stickstoff in der Trocken-Substanz %	Analytiker
1		1868	—	5,52	2,99	10,77	3,05	—	—	—	—	*Tolmatscheff*[9]
2		„	—	3,94	3,97	12,84	3,37	—	—	—	—	
3	10 Tage nach der Geburt .	1838	65,74	17,40		16,20	2,90	1,50	50,79	47,29	8,13	*Simon*[10]
4	Später nach der Geburt .	„	68,20	14,60		13,30	3,00	1,48	45,91	41,82	7,40	
5	Nahrung: Brod, Fleisch und Knochen	1845	69,80	13,60		12,40	Extractivstoffe 2,50	0,77	45,03	41,06	7,21	*Dumas*[11]
6	Nahrung: Pferdefleisch . .	„	77,14	11,15		7,32	3,39	0,57	48,78	32,02	7,80	

[1]) Der Verf.: Du lait. Paris 1857. II. S. 167—171.
[2]) Milchztg. 1878. S. 457.
Schweinemilch:
[3]) Landw. Versuchsst. VII. S. 352.
[4]) Journ. f. pract. Chemie LXVIII. S. 188.
[5]) Chem. Centr.-Bl. 1866. S. 447.
[6]) Chem. News XIX. S. 217.
[7]) Archiv f. Pharm. 1875. S. 472.
Milch von Hippopotamus:
[8]) Chem. Centr.-Bl. 1871. S. 149. Die Milch wurde durch Ausdrücken des Euters und Auftunken mit Schwämmchen von dem vorher gereinigten Boden gewonnen.
Hundemilch:
[9]) Zeitschr. f. Chemie 1868. S. 254. Die Analysen sind nach der Methode von Hoppe-Seyler (S. 264 Anm.) ausgeführt.
[10]) Simon: Die Frauenmilch nach ihrem chem. u. physiol. Verhalten. Berlin 1838.
[11]) Compt. rendus 1845. T. XXI. S. 707.

No.	Bemerkungen	Zeit der Untersuchung	Wasser %	Casein %	Albumin %	Fett %	Milchzucker %	Asche % (13 ff.: Salze + Extractivstoffe)	In der Trocken-Substanz: Stickstoff-Substanz %	In der Trocken-Substanz: Fett %	Stickstoff in der Trocken-Substanz %	Analytiker
7	Nahrung: Pferdefleisch . . .	1845	74,74	—		5,15	—		—	20,39	—	Dumas[1])
8	„ Brod + Fleischbrühe	„	81,10	—		3,09	—		—	16,35	—	Dumas[1])
9	„ desgl.	„	75,90	—		6,84	—		—	28,28	—	Dumas[1])
10	„ Brod (ausschliessl.)	„	73,40	14,50		7,90	4,20		54,51	29,70	8,72	Dumas[1])
11	Grosser Hofhund, 8 Tage mit Fleisch gefüttert	1847	75,54	—		10,75	—		—	43,95	—	Bensch[2])
12	Mittelgrosser Hofhund, 5 Tage mit Fleisch gefüttert . . .	„	77,52	—		10,95	—		—	48,71	—	Bensch[2])
13	I. 1. Grosse gesunde Hühnerhündin, gemischte Kost v. d. Vers.	1866	82,63	5,14	3,90	5,05	2,77	0,51	52,04	29,07	8,33	Scubotin[3])
14	desgl. fettfreies Fleisch	„	77,79	4,04	3,21	12,00	2,53	0,43	32,64	54,03	5,22	Scubotin[3])
15	2. desgl. Kartoffeln und Stärkemehl	„	84,25	3,50	3,28	5,23	3,31	0,44	43,00	33,21	6,88	Scubotin[3])
16	3. desgl. desgl. . . .	„	84,38	3,56	3,37	4,38	3,85	0,45	44,36	31,88	7,09	Scubotin[3])
17	4. desgl. Fleisch . . .	„	78,82	4,98	3,70	9,61	2,57	0,32	40,93	45,35	6,57	Scubotin[3])
18	5. desgl. Speck + Fleisch	„	78,90	5.68	4,00	9,22	2,20	—	45,88	46,39	7,34	Scubotin[3])
19	II. 1. Grosse Hündin, Fleisch	„	75,00	7,14	6,13	8,97	2,23	0,52	53,08	35,88	8,49	Scubotin[3])
20	2. desgl. Kartoffeln u. Stärke	„	80,55	4,80	5,14	5,27	3,73	0,51	47,66	21,95	7,62	Scubotin[3])
21	3. desgl. Fleisch . . .	„	71,66	4,78	4,23	17,05	1,81	0,47	31,79	60,16	5,09	Scubotin[3])
22	III. 1. Grosse Pudelhündin, Fleisch	„	81,04	5,44	3,40	7,08	5,23	0,51	46,62	37,34	7,46	Scubotin[3])
23	2. desgl. Speck	„	75,85	6,15	4,51	11,01	2,09	0,39	44,14	45,58	7,06	Scubotin[3])
24	3. desgl. Fleisch . . .	„	79,25	4,82	3,12	9,12	3,29	0,40	38,26	43,95	6,12	Scubotin[3])
25	4. desgl. Hunger . . .	„	79,45	4,28	3,97	9,82	2,06	0,42	40,15	47,79	6,42	Scubotin[3])
26	a. Mittel bei Fleischnahrung, N-reich .	„	77,26	5,20	3,97	10,64	2,49	0,44	40,28	46,79	6,44	Scubotin[3])

[1]) Compt. rendus 1845. T. XXI. S. 707.

[2]) Annal. d. Chem. u. Pharm. 1847. Bd. LXI. S. 221. Nach Haidlen's Methode (vergl. S. 251) untersucht.

[3]) No. 13—28. Scubotin, Virchow's Archiv f. pathol. Anatomie u. Physiologie 1866. Bd. 36. S. 561. Die Thiere, welchen die untersuchte Milch entnommen wurde, wurden immer zu derselben Stunde gefüttert; die Abzapfung der Milch geschah früh 11 Uhr und waren die Jungen einige Stunden vorher weggenommen. Die Milch war in allen Proben sauer.

Hündin I, 3 Wochen nach dem Werfen eines Hundes, vor dem Versuche vermuthlich mit gemischter Kost gefüttert.

1) 8 Tage lang mit täglich 3—4 Pfd. möglichst fettfreiem Pferdefleisch gefüttert. Die Milchdrüsen schwollen an und secernirten reichlich, so dass 60 ccm Milch entnommen werden konnten, während früher kaum 15 ccm zu erlangen waren.

2) 4 Tage lang mit einem gern von ihr verzehrten Gemische von Kartoffeln und Stärkemehl ad libitum gefüttert; nach diesen 4 Tagen waren die Drüsen zusammengeschrumpft und gaben weniger Milch.

3) Nach weiteren 2 Tagen gleicher Fütterung war die Milch fast ganz geschwunden, so dass 18 Stunden nach dem letzten Säugen nur mit Mühe 16 g zu erlangen waren.

4) Nach 3tägiger Fleischfütterung war die Milchsecretion wieder bedeutend vermehrt.

5) Jetzt erhielt die Hündin täglich $2^1/_2$ Pfd. Speck, den sie nur ungern frass; die Milch verschwand fast vollständig. Nach 3tägiger Dauer dieser Fütterung war 18 Stunden nach dem letzten Säugen nicht genug Milch zur Analyse zu erlangen; erst nachdem wieder 2 Tage mit Fleisch gefüttert worden war, hob sich die Milchabsonderung.

Hündin II hatte in der ersten Woche nach dem Werfen eines Hundes wenig schleimige Milch. Bei der nun folgenden Versuchs-Fütterung traten dieselben Erscheinungen wie bei Hündin I auf.

Hündin III in der dritten Woche nach dem Werfen von drei Jungen. Drüsen sehr gross und lieferten viel Milch. Die Milch wurde entnommen, nachdem die Jungen vor 3 Stunden weggenommen waren. Erfolg der Fütterung wie bei Hündin I.

Die Mittel beziehen sich bei a) auf No. I. 1 und 4, II. 1 und 3 und III. 1 und 3.
„ „ „ „ „ b) „ „ I. 2 „ 3, II. 2.
„ „ „ „ „ c) „ „ I. 5 „ III. 2,

No.	Bemerkungen	Zeit der Untersuchung	Wasser %	Casein %	Albumin %	Fett %	Milchzucker %	Salze %	In der Trocken-Substanz: Stickstoff-Substanz %	In der Trocken-Substanz: Fett %	Stickstoff in der Trocken-Substanz %	Analytiker
27	b. Mittel bei Stärkenahrung, N-arm	1866	82,95	4,25	3,92	4,98	3,42	0,48	42,89	29,21	3,67	Scubotin[1])
28	c. Mittel bei Fettnahrung, N-arm	„	77,37	5,92	4,26	10,11	2,15	0,39	44,94	44,68	7,19	Scubotin[1])
	Hundemilch, Mittel	.	**75,44**	**6,10**	**5,05**	**9,57**	**3,09** *)	**0,73**	**45,48**	**38,49**	**7,27**	
				11,17 (Casein + Albumin)								

Katzenmilch.

No.	Bemerkungen	Zeit der Untersuchung	Wasser %	Casein %	Albumin %	Fett %	Milchzucker %	Salze %	Stickstoff-Substanz %	Fett %	Stickstoff in der Trocken-Substanz %	Analytiker
1	Colostrum, 24 Std. nach dem Gebären; in 100 CC. . . .	1862	81,63	3,12	5,96	3,33	4,91	0,58	49,44	18,13	7,91	*A. Cammatte*[2])

Meerschweinchenmilch.

No.	Bemerkungen	Zeit der Untersuchung	Wasser %	Casein + Albumin %	Fett %	Milchzucker %	Salze %	Stickstoff-Substanz %	Fett %	Stickstoff in der Trocken-Substanz %	Analytiker
1	Gelblich dick v. fischigem Geruch	1884	41,11	11,19	45,80	1,33	0,57	—	—	—	*Purdie*[3])

Molkerei-Producte und Molkerei-Abfälle.

Praeservirte Milch.[0])

No.	Bemerkungen	Spec. Gew.	Zeit der Untersuchung	Wasser %	Stickstoff-Substanz %	Fett %	Milchzucker %	Salze %	Stickstoff-Substanz %	Fett %	Stickstoff in der Trocken-Substanz %	Analytiker
1	Scherff'sche praeservirte Milch	1,0305	1881	88,15	3,60	3,18	4,32	0,75	30,38	26,84	4,86	*W. Fleischmann*[4])
2	Scherff'sche praeservirte Milch	1,0311	1885	89,22	2,75	2,57	4,69	0,77 [000])	25,44	23,75	4,07	*R. Fresenius*[5])
3[00])	Aus Romannshorn		1881	87,98	3,26	3,01	5,01	0,79	27,12	25,04	4,34	*W. Fleischmann*[4])
4	desgl.	1,0323	„	86,52	3,77	4,06	4,93	0,72	29,97	30,12	4,47	*F. Strohmer*[6])
		Mittel	.	**87,97**	**3,34**	**3,21**	**4,74**	**0,74**	**27,76**	**26,68**	**4,44**	

Praeservirte Magermilch.

No.	Bemerkungen	Zeit der Untersuchung	Wasser %	Stickstoff-Substanz %	Fett %	Milchzucker %	Salze %	Stickstoff-Substanz %	Fett %	Stickstoff in der Trocken-Substanz %	Analytiker
1†)	Conserved Milk	1882	90,52	3,52	0,56	4,32	0,79	37,13	5,91	5,94	*W. Fleischmann*[4])

---

[1]) Vergl. Anmerkung [3]) Seite 351.
*) Aus der Differenz berechnet.

Katzenmilch:
[2]) Compt. rend. Bd. 63. S. 692.

Meerschweinchenmilch:
[3]) Chm. News 52. S. 170.

Molkerei-Producte und Molkerei-Abfälle:
[4]) Jahresbericht d. Milchw. Versuchsstation Raden 1881. Rostock 1882. S. 44 und 1883. S. 58.
[5]) Milchztg. 1885. S. 545.
[6]) Wiener „Neue freie Presse" 1881.

[0]) Die Praeservirung der Milch nach Scherff etc. hat Aehnlichkeit mit dem Pasteurisiren des Bieres und Weines, indem man die Milch in Flaschen einer höheren Temperatur aussetzt. Obige Proben No. 1 u. 2 hatten eine bräunlich röthliche Färbung und besass Probe 1 nach Fleischmann den Geschmack von gekochter, Probe 2 nach Fresenius den von frischer Kuhmilch. Wenngleich die von Fresenius untersuchte Probe sich auch 2—3 Monate unverändert hielt, so giebt Fleischmann doch als Uebelstände dieses Verfahrens an, dass sich das Fett an der Oberfläche abgeschieden hatte und sich nicht mehr gleichmässig vertheilen liess. Auch verhielt sich die Probe No. 1 gegen verdünnte Salzsäure und Lab anders, als frische Kuhmilch.

[00]) Mit 0,60 % Verlust bei der Analyse.

[000]) In Procenten der Asche waren vorhanden:

K_2O	Na_2O	CaO	MgO	Fe_2O_3	P_2O_5	SO_3	Cl	SiO_2
24,53 %	10,73 %	23,67 %	2,37 %	Spur	26,03 %	1,13 %	14,17 %	0,56 %

†) Mit 0,29 % Verlust bei der Analyse.

Peptonisirte Milch.

No.	Bemerkungen	Zeit der Untersuchung	Wasser %	Stickstoff-Substanz %	Fett %	Milchzucker %	Asche %	In der Trocken-Substanz: Stickstoff-Substanz %	In der Trocken-Substanz: Fett %	Stickstoff in der Trocken-Substanz %	Analytiker
1	Aus England?	1886	89,20	2,93 *)	3,41	3,80	0,68	27,13	31,58	4,34	*P. Vieth*[1])

Condensirte (praeservirte) Milch.**)

I. Ohne Zusatz von Rohrzucker dargestellt.

No.	Bemerkungen	Zeit der Untersuchung	Wasser %	Stickstoff-Substanz %	Fett %	Milchzucker %	Asche %	In der Trocken-Substanz: Stickstoff-Substanz %	In der Trocken-Substanz: Fett %	Stickstoff in der Trocken-Substanz %	Analytiker
1	Aus Purdy (Amerika) . . .	1871 ?	53,54	14,44	13,12	16,30	2,60	31,08	28,24	4,95	*C. F. Chandler und Schweitzer*[2])
2	desgl.	„	51,50	13,61	14,51	17,47	2,91	28,06	29,92	4,49	
3	desgl.	„	49,23	15,48	14,58	17,75	2,96	30,49	28,72	4,88	
4	Aus Amerika	1871	50,40	17,80	14,20	15,60	2,00	35,89	28,63	5,74	*S. Percy*[3])
5	desgl.	„	61,00	10,60	11,20	15,70	1,50	27,18	28,72	4,35	
6	desgl.	„	46,40	19,10	19,80	12,50	2,20	35,63	36,94	5,70	
7	desgl. (verdächtig)[0])	„	36,20	30,30	20,50	10,80	2,20	47,49	32,13	7,60	
8	desgl. desgl.	„	41,20	28,20	13,60	14,00	3,00	47,96	23,13	7,67	
9	desgl. desgl.	„	40,50	26,50	17,70	12,80	2,50	44,54	29,75	7,13	
10	Romanshörner cond. Alpenmilch	1881	62,84	11,39	11,11	12,03	2,24	30,65	29,89	4,90	*F. Strohmer*[4])
11[00])	Romanshörner, April . . .	„	62,38	9,96	10,16	13,69	2,32	26,47	26,74	4,24	*W. Fleischmann*[5])
12[00])	desgl. Juli	„	61,21	11,22	10,16	13,48	2,33	28,92	26,19	4,63	
13	desgl. „	1882	62,40	12,26	11,63	11,69	2,02	32,61	30,93	5,22	*N. Gerber*[6])
14	desgl. „	„	64,53	9,38	11,63	16,34	2,23	26,44	32,79	4,23	*Ch. Girard*[6])
15	desgl. „	„	63,55	14,07	10,57	14,01	2,02	38,60	29,00	6,18	*Castellucci*[6])
16[00])	Aus Casonay (Schweiz) . . .	1881	52,32	12,13	13,09	17,43	2,79	25,44	29,15	4,07	*W. Fleischmann*[5])
17[00])	Aus England	„	56,52	11,03	13,24	15,83	2,34	25,37	30,45	4,06	
18	Amerika	1882	53,04	17,26	16,29	10,64	2,71	36,75	34,69	5,88	*Waller*[6])
19	Eagle	„	56,83	15,07	14,36	11,64	2,10	34,91	33,26	5,59	
20	New-York	„	55,86	13,96	14,28	13,90	2,00	31,63	32,35	5,06	
21	National	„	59,24	14,02	13,97	10,44	2,33	34,40	34,27	5,50	
22		1885	65,97	8,36	8,46	15,07	1,17	24,57	24,86	3,93	*M. Schrodt*[7])
23	Von Walcker u. Co. in Bremen	1883	63,81	10,32	9,77	13,68	2,29	28,51	27,00	4,56	*W. Fleischmann*[5])
24		1884	55,83	13,25	10,52	17,66	2,80	30,00	23,82	4,80	

[1]) Milchztg. 1887. S. 121.
[2]) Americ. Chemist. Bd. II. S. 25.
[3]) Milchztg. 1872. S. 93 u. 179.
[4]) Wiener „Neue freie Presse" 1881. Spec. Gew. 1,0997.
[5]) Bericht der Milchw. Versuchsstat. Raden pro 1881, 1882, 1883, 1884.
[6]) Repertorium f. analyt. Chem. 1882. S. 68.
[7]) Jahresbericht d. Milchw. Versuchsstation Kiel 1885/86. S. 11.

*) Die Stickstoff-Substanz zerfällt in:

Casein	Albumin	Lactoprotein u. Pepton
0,96 %	0,07 %	1,88 %

**) Die condensirte Milch wird durch Eindampfen von ganzer Kuhmilch bis zur Honigconsistenz im Vacuum mit oder ohne Zusatz von Rohrzucker dargestellt.

[0]) Wegen des verhältnissmässig geringen Fettgehaltes gegenüber der Stickstoff-Substanz wahrscheinlich aus abgerahmter Milch hergestellt.

[00]) Es ergaben:

	No. 11	12	16	17
Verlust . . .	1,49 %	1,59 %	0,50 %	1,05

No. 16 ergab ferner 1,74 % Benzoësäure.

No.	Bemerkungen	Zeit der Untersuchung	Wasser %	Stickstoff-Substanz %	Fett %	Milchzucker %	Asche %	In der Trocken-Substanz: Stickstoff-Substanz %	In der Trocken-Substanz: Fett %	Stickstoff in der Trocken-Substanz %	Analytiker
25	Herkunft nicht angegeben	1884	64,0	11,0	10,50	12,50	2,00	30,56	29,17	4,89	*Th. Mabeu*[1])
26		„	65,0	9,0	8,25	15,75	2,00	25,71	23,57	4,11	
27		„	68,9	8,2	8,30	13,00	1,60	26,37	26,69	4,22	
28	Von Gossau (St. Gallen) . .	1880	65,25 *)	10,33	10,82	11,59	2,01	29,73	31,14	4,76	*W. Eugling* [2]) *)
29	Romanshorn (Thurgau) . . .	„	63,42	11,00	11,25	12,12	2,21	30,07	30,75	4,81	
30	Freiburg	„	61,50	11,40	12,30	12,60	2,20	29,61	31,95	4,75	
31	Montreux	„	58,30 *)	11,80	13,10	14,50	2,30	28,30	31,41	4,53	
32	Aus England?	1881	56,96	8,50 **)	16,02	16,32	2,20	19,75	37,22	3,16	*A. Völcker* [3]) **)
33		„	56,92	7,62	17,09	16,22	2,15	13,05	39,67	2,09	
34		„	51,72	11,69 **)	14,33	19,51	2,75	24,21	29,68	3,87	
35	Schweizer	18 82/83	60,50	10,20	11,82	15,43	2,05	25,82	29,92	4,15	*Ch. Girard*[4])
36	Enthielt Borax und Natriumbicarbonat	„	57,30	—	13,70	—	1,50	—	32,08	—	
37	Alpenmilch, enthielt Calciumcarbonat	„	59,36	12,09	12,24	14,15	2,16	29,75	30,12	4,76	
38		„	68,80	8,56	9,26	12,17	1,21	27,44	29,68	4,39	
39	Enthielt Natriumbicarbonat .	„	57,62	11,37	11,57	17,20	2,24	26,83	27,30	4,29	
40	Scherff'sche praeservirte und condensirte Milch von Drenkhan in Stendorf auf 1/3 eingedicht	1883	76,15	7,28	6,12	9,26	1,46	30,52	25,66	4,88	*W. Fleischmann*[5])
41		„	66,21	10,96	8,46	12,31	2,19	32,45	25,04	5,19	
42		„	75,53	7,08	6,05	10,02	1,39	28,93	24,72	4,63	
43		„	70,94	8,28	6,41	12,57	1,80	28,49	22,06	4,56	*J. Cosack*[6])
44	„ 1/2 „	„	75,54	7,43	6,05	9,42	1,56	30,38	24,73	4,86	
	Minimum	.	46,40	5,35	9,66	9,28	1,36	13,05	23,57	2,09	
	Maximum	.	76,15	15,06	16,25	18,43	2,61	36,75	39,67	5,88	
	Mittel für stark condens. Milch (No. 1—39 excl. 7, 8 u. 9)	.	**58,99**	**11,92**	**12,42**	**14,49**	**2,18**	**29,07**	**30,29**	**4,65**	
	Mittel für Scherff'sche (1/2—1/3) condens. Milch (No. 40—44)	.	**72,87**	**8,20**	**6,62**	**10,63**	**1,68**	**30,22**	**24,40**	**4,83**	

[1]) Nach The Pharm. Journ. and Trans. in Chem. Ztg. 1884. S. 1874.
[2]) Jahresbericht d. landw. Versuchsstation Vorarlberg in Tisis 1880 von W. Eugling.
[3]) The Analyst 1881.
[4]) Girard: Documents sur les falsifications etc. Laboratoire Municipal. Deuxième Rapport. Paris 1885. p. 656
[5]) Bericht d. Milchw. Versuchsstation Raden pro 1881, 1882, 1883, 1884.
[6]) Originalmittheilung.

*) Der Wassergehalt ist bei No. 28, 29, 30 u. 31 aus der Differenz berechnet.

**) Die N-Substanz ist aus dem gefundenen N-Gehalt (1,36 % bei No. 37, 1,22 % bei No. 38 u. 1,87 % bei No. 39) durch Multiplication mit 6,25 berechnet.

2. Condensirte Milch: Unter Zusatz von Rohrzucker dargestellt.

No.	Bemerkungen	Zeit der Untersuchung	Wasser %	Stickstoff-Substanz %	Fett %	Milchzucker %	Rohrzucker %	Asche %	In der Trocken-Substanz: Stickstoff-Substanz %	In der Trocken-Substanz: Fett %	Stickstoff in der Trocken-Substanz %	Analytiker
1	Aus Cham⁰) in der Schweiz	1868	24,13	13,67	8,67	10,82	40,48	2,23	18,02	11,43	2,88	*C. Karmrodt*[1])
2	desgl.	1873	26.23	9,43	8,34	53,89		2,01	12,78	11,31	2,05	*J. Moser u.*
3	desgl.	„	23,90	10,16	9,35	54,59		2,00	13,35	12,29	2,14	*F. Soxhlet*[2])
4	desgl.⁰⁰)	„	(24,70	9,77	6,02	57,40		2,11)	12,97	8,00	2,08	
5	desgl.	„	26,95	10,56	9,13	51,13		2,23	14,46	12,50	2,31	*J. Forster*[2])
6	desgl.	1872	27,80	8,00	9,26	52,69		2,25	10,99	12,83	1,77	*P. Wagner*[2])
7	desgl.	1875	25,95	13,11	10,46	48,32		2,15	17,70	14,13	2,83	*N. Gerber*[3])
8	desgl.	1876	28,24	9,41	8,64	51,56		2,13	13,11	12,04	2,10	
9	desgl.	„	26,86	10,85	9,99	49,58		1,71	14,83	13,66	2,37	
10	desgl.	1877	23,51	11,00	10,62	52,96		2,11	14,38	13,88	2,30	
11	desgl. (engl. Filialen) . .	1876	25,40	18,10	10,00	50,80		1,70	24,30	13,42	3,89	*A. Hutschi-*
12	desgl. „ „ . .	„	22,50	12,30	10,50	52,90		1,80	15,87	13,55	2,54	*son-Smee*[4])
13	desgl. „ „ . .	„	20,50	12,70	10,80	54,10		1,90	15,97	13,58	2,56	
14	desgl.	1879	23,48	11,35	9,70	11,95	41,41	2,11	14,83	12,68	2,50	*N. Gerber*[5])
	Mittel (1—14)	.	**25,02**	**11,03**	**9,39**	**11,21**	**41,32**	**2,03**	**15,24**	**12,59**	**2,44**	
15	Aus Vivis-Kempen⁰) . .	1872	23,40	10,00	13,83	50,74		2,03	13,05	18,05	2,09	*P. Wagner*[2])
16	desgl.	1877	22,07	18,00	11,93	45,26		2,74	23,10	15,31	3,70	*Wendler*[6])
	Mittel (15—16)	.	**22,74**	**14,00**	**12,88**	**48,00**		**2,38**	**18,08**	**16,68**	**2,89**	
17	Aus Luxburg-Alpina . .	1873	28,38	8,81	12,61	46,55		2,23	12,30	17,61	1,97	*E. Schulze*[2])
18	desgl.	„	29,09	7,79	10,43	51,33		2,07	10,99	14,71	1,76	*E. Kopp*[2])
19	desgl.	1872	24,70	8,81	12,45	51,87		2,17	11,70	16,53	1,87	*P. Wagner*[2])
20	desgl.	1875	20,93	9,62	18,78	49,69		1,96	12,17	23,75	1,95	*N. Gerber*[3])
21	desgl. (Filiale Sonthofen) .	1876	24,12	10,88	10,27	52,84		1,94	14,34	13,53	2,29	
	Mittel (17—21)	.	**25,44**	**9,98**	**12,91**	**50,40**		**2,07**	**12,30**	**17,23**	**1,97**	
22	Vevey-Schweiz	1872	23,40	10,00	13,83	50,74		2,03	13,05	18,05	2,09	*P. Wagner*[2])
23	desgl. (Nestlé)	1879	25,28	10,25	8,62	53,82		2,03	13,72	11,54	2,19	*F. Soxhlet*[7])
24	desgl. „	„	24,75	12,67	11,53	11,19	37,69	2,17	16,64	15,32	2,69	*N. Gerber*[5])
	Mittel (22—24)	.	**24,48**	**10,97**	**11,33**	**11,19**	**39,95**	**2,08**	**14,46**	**14,97**	**2,32**	
25	Genf (Nestlé)	1880	25,35	11,26	9,37	9,47	42,47	2,08	15,08	12,42	2,41	*L. Janke*[8])
26	Thun-Schweiz, Gerber u. Co.	1877	35,66	16,35	14,68	30,18		3,12	25,41	22,81	4,07	*N. Gerber*
27	desgl.	1878	26,05	12,46	10,42	11,04	38,19	1,89	16,85	14,09	2,70	[3]) *und* [4])
	Mittel (25—27)	.	**30,86**	**14,41**	**12,55**	**10,31**	**29,76**	**2,51**	**19,11**	**18,45**	**3,06**	

[1]) Arch. f. Pharm. 1868. Bd. CXXXV. S. 218.

[2]) Jahresber. für Agric.-Chem. 1873/74. S. 280. Desgl. 1879. S. 356 u. Erster Bericht über Arbeiten der landw. Versuchsst. Wien 1878. S. 70.

[3]) Milchztg. 1875 u. 1876 u. Alpwirthsch. Monatsbl. 1878. No. 65.

[4]) Ibid. 1876. No. 167. S. 1700.

[5]) Forschungen auf dem Gebiet der Viehhaltung. Beilage zur Milchztg. 1879. Heft VII.

[6]) Milchztg. 1877. No. 17. S. 220.

[7]) Das Molkereiwesen von W. Fleischmann 1879. S. 1052—1053.

[8]) Hannov. Mntsschr. wider die Nahrungsfälscher 1880. S. 62.

⁰) L. Kofler hat (Dingler's polytechn. Journ. Bd. 198, S. 161) ebenfalls Analysen von condensirter Milch aus Cham, Sassin und Vivis ausgeführt; diese weichen aber — sie enthalten nur halb so viel Fett als Stickstoff-Substanz — so weit von denen anderer Chemiker ab, dass ich dieselben hier nicht mit aufführe.

⁰⁰) Diese Probe wird von F. Soxhlet wegen des geringen Fettgehaltes als verdächtig, d. h. als aus theilweise entrahmter Milch hergestellt, bezeichnet.

No.	Bemerkungen	Zeit der Untersuchung	Wasser %	Stickstoff-Substanz %	Fett %	Milchzucker %	Rohrzucker %	Asche %	In der Trocken-Substanz: Stick-stoff-Sub-stanz %	In der Trocken-Substanz: Fett %	Stickstoff in der Trocken-Substanz %	Analytiker
28	Gruyères in der Schweiz .	1873	29,80	8,81	12,61	46,55		2,23	12,55	17,99	2,01	*E. Schulze*[1])
29	Sassie	1868	12,43	17,59	18,31	48,14		3,53	20,09	20,91	3,21	*v. Gohren*[2])
30	Weichnitz	„	28,63	10,85	12,18	—		—	15,20	17,07	2,43	*K. Eichhorn*[2])
31	desgl.	1867	21,50	10,20	12,90	52,90		2,50	12,99	15,52	2,08	*E. Peters*[3])
32	Innsbruck (J. Gfall) . . .	1873	24,53	10,97	11,17	50,06		3,27	14,54	14,80	2,35	*J. Moser u.*
33	desgl.	„	27,38	9,24	9,61	17,25	34,40	2,12	12,72	13,23	2,04	*F. Soxhlet*[1])
34	Wien (Hernals)	1879	24,26	10,82	9,63	53,13		2,16	14,29	12,71	2,29	*und* [4])
35	Mailand	„	26,88	11,07	8,67	51,12		2,26	15,14	11,86	2,42	*F. Soxhlet*[4])
36	desgl.	1878	25,21	14,65	9,21	13,42	35,48	2,03	19,59	12,31	2,13	*N. Gerber*[5])
37	desgl.	1880	26,75	9,95	8,81	15,13	37,16	2,05	13,58	12,03	2,17	*J. Martenson*[6])
38	Waterloo (Dairy u. Co.)[0]) .	1878	21,67	15,86	9,15	13,48	36,23	2,61	20,25	11,68	3,24	*N. Gerber*[5])
39	Hamburg (Albers)[0]) . . .	1871	15,45	19,76	11,52	16,17	34,65	2,45	23,37	13,63	3,74	*Schaedler*[7])
40	Norwegen (Honnar)[0]) . .	1875	32,80	13,13	9,80	41,25		3,01	19,54	14,58	3,13	*N. Gerber*[8])
41	desgl.	1876	35,66	16,35	14,68	30,18		3,12	25,41	22,82	4,07	
42	desgl.	1879	30,08	9,02	7,54	51,35		2,01	12,90	10,79	2,06	*F. Soxhlet*[4])
43	London Hooker's Cream. Milk Co.	„	25,56	12,39	9,90	10,18	40,10	1,87	16,64	13,16	2,66	*N. Gerber*[5])
44	Wilts (Swindon)	„	24,89	13,08	10,64	13,31	35,47	2,61	17,41	14,17	2,79	
45	Herkunft nicht näher angegeben[0]) (England ?)	1876?	24,30	18,52	10,80	16,50	27,11	2,77	21,82	14,27	3,91	*Arth. Hill Hassal*[9])
46		„	27,00	17,20	11,30	12,00	29,59	2,91	23,56	15,48	3,77	
47		„	26,50	16,39	9,50	17,54	27,06	3,09	22,30	12,93	3,55	
48		„	24,94	15,36	9,50	15,36	32,14	2,43	20,46	12,66	3,27	
49	New-York, Gail Borden .	1875	27,72	9,92	8,61	51,84		1,81	13,72	11,91	2,20	*N. Gerber*[3])
50	desgl. (Aldernay)	1876	28,38	10,22	9,23	51,57		1,56	14,27	12,89	2,28	
51	desgl. (Amerc. cond. Milk C.[0])	1878	25,43	11,35	7,01	10,11	44,22	1,89	15,22	9,40	2,44	*derselbe*[5])
52	Herkunft nicht näher unterschieden (aus der Schweiz, England, Irland, Norwegen und Canadien)	1884	27,50	11,50	10,50	14,40	34,50	1,60	15,86	14,48	2,54	*Th. Mahen*[10])
53		„	28,30	11,80	9,60	14,70	33,80	1,80	16,46	13,39	2,63	
54		„	27,25	12,12	9,00	15,20	34,40	2,03	16,66	12,37	2,67	
55		„	30,20	12,00	8,00	15,00	32,40	1,90	17,19	11,46	2,75	
56		„	28,50	11,30	8,60	14,00	36,00	1,60	15,80	12,03	2,53	
57		„	29,50	11,50	8,20	14,40	35,00	1,40	16,31	11,63	2,61	
58		„	28,80	12,00	6,70	15,00	36,00	1,50	16,85	9,41	2,70	

[1]) Jahresbericht für Agric.-Chem. 1873/74. S. 280. Desgl. 1879. S. 356 u. Erster Bericht über Arbeiten der landw. Versuchsst. Wien 1878. S. 70.
[2]) Jahresber. f. Agric.-Chem. 1868/69. S. 708 u. 709.
[3]) Ibidem 1867. S. 338.
[4]) Das Molkereiwesen von W. Fleischmann 1879. S. 1052—1053.
[5]) Forschungen auf dem Gebiet der Viehhaltung. Beilage zur Milchztg. 1879. Heft VII.
[6]) Chem. Ztg. 1881. S. 269.
[7]) Pharm. Centralbl. 1871. No. 35.
[8]) Milchztg. 1875 u. 1876 u. Alpwirthsch. Monatsbl. 1878. No. 65.
[9]) Food: Its adulteration and the methods for their detection. London 1876. S. 395.
[10]) Nach Th. Pharm. Journ. and Trans. 1884 in Chem. Ztg. 1884. S. 1874.

[0]) Diese Proben erscheinen ebenfalls sämmtlich verdächtig, d. h. aus theilweise entrahmter Milch hergestellt.

No.	Bemerkungen	Zeit der Untersuchung	Wasser %	Stickstoff-Substanz %	Fett %	Milchzucker %	Rohrzucker %	Asche %	In der Trocken-Substanz: Stickstoff-Substanz %	In der Trocken-Substanz: Fett %	Stickstoff in der Trocken-Substanz %	Analytiker
59	Aus Vevey und Montreux .	18 82/83	26,33	8,54*)	9,78	13,85	39,80	1,70	11,59	13,28	1,85	*Ch. Girard*[1])
60	Aus England?	1881	21,68	9,19*)	9,92	56,98		2,23	11,73	12,67	1,88	*Völcker*[1])
61		„	23,49	9,27	6,47	58,66		2,11	12,12	8,46	1,94	
62		„	22,45	8,82	10,60	55,96		2,17	11,37	13,67	1,82	
63		„	24,53	9,44	6,22	57,72		2,09	12,51	8,24	2,00	
64		„	23,49	7,43*)	9,53	57,34		2,21	9,71	12,46	1,55	
	Minimum	.	15,45	7,23	5,87	10,11	—	1,47	9,71	8,00	1,55	
	Maximum	.	30,08	18,86	17,62	17,77	—	3,62	25,41	23,70	4,07	
	Gesammt-Mittel	.	**25,61**	**11,79**	**10,35**	**13,84**	**36,22**	**2,19**	**14,50**	**13,91**	**2,25**	

Condensirte Magermilch.

1	Von Heckmann in Berlin .	1882	68,96	12,43	0,26	15,73	—	2,96	40,05	0,84	6,41	*W. Fleischmann*[2])

Condensirte Molken.

1	Von demselben	1882	20,64	11,06	0,38	61,06	—	6,86	13,94	0,48	2,23	*derselbe*[2])

Condensirte Ziegenmilch.

1	Aus Klausenburg (Gebr. Sigmond)	1880	20,98	17,00	16,95	15,72	26,75	2,60	21,51	21,45	3,44	*V. Goddefroy*[3])

Condensirte Stutenmilch.

1[0])	Von Dr. Carrick's Fabrik in Orenburg dargestellt — Sommer	1882	17,90	13,50	12,07	54,88		1,65	16,44	14,70	2,63	*P. Vieth*[4])
2[0])	„	„	18,80	15,23	10,08	54,09		1,80	18,76	12,41	3,00	
3[0])	„	1883	26,73	13,69	4,77	53,07		1,74	18,68	6,51	2,99	
4[0])	„	„	24,04	12,17	6,20	55,81		1,78	16,15	8,16	2,58	
	Mittel	.	**21,87**	**13,65**	**8,28**	**54,46**		**1,74**	**17,50**	**10,49**	**2,80**	

Rahm.

							Zucker + N-Subst.					
1		1860	83,23	4,24	8,17	3,02	—	—	25,28	48,72	4,05	*F. Hoppe-Seyler*[5])
2		„	80,42	4,29	10,84	3,74	—	—	21,91	55,36	3,51	
3		„	82,36	4,16	9,76	—	—	—	23,58	55,33	3,77	

[1]) Girard: Documents sur les falsifications. Laboratoire municipal. Deuxième rapport. Paris 1885. p. 635 u. 656.
[2]) Bericht d. Milchw. Versuchsstation Raden 1882. Rostock 1883. S. 22.
[3]) Milchztg. 1880. S. 362.
[4]) Ebendort 1883. S. 329 u. 1884. S. 164.
[5]) Chem. Centr.-Bl. 1860. S. 49 u. 65.

[0]) No. 1 u. 2 waren durch Zusatz von 2,33 % Zucker u. Eindampfen auf ca. 1/7 ihres Gewichtes, No. 3 u. 4 durch Zusatz von 3 % Zucker u. Eindampfen auf ca. 1/6 ihres Gewichtes dargestellt. Die cond. Stutenmilch soll wie cond. Kuhmilch als Ersatz der Muttermilch für Säuglinge dienen.

*) Aus dem gefundenen N durch Multiplication mit 6,25 berechnet.

No.	Bemerkungen	Zeit der Untersuchung	Wasser %	Stickstoff-Substanz %	Fett %	Milchzucker %	Zucker + N-Substanz %	Asche %	In der Trocken-Substanz: Stick-stoff-Sub-stanz %	In der Trocken-Substanz: Fett %	Stickstoff in der Trocken-Substanz %	Analytiker
4		1863	59,25	2,20	35,00	3,05	—	0,50	5,40	85,89	0,86	*Alex. Müller*[1])
5		„	52,51	2,69	41,16	3,19	—	0,45	5,66	86,67	0,91	
6		„	70,41	—	23,05	—	5,95	0,59	—	77,89	—	
7		„	59,92	2,60	33,55	3,30	—	0,63	6,48	83,71	1,00	
8		„	60,10	2,73	33,56	2,99	—	0,62	6,84	84,11	1,09	*derselbe*[2])
9		1867	66,73	3,18	25,04	4,34	—	0,71	9,56	75,26	1,53	
10		„	71,80	2,75	20,94	3,96	—	0,55	9,75	74,26	1,56	
11		„	74,20	2,66	17,93	4,57	—	0,65	10,31	69,50	1,65	
12		1849	56,04	6,02	34,38	2,67	—	0,88	13,69	78,21	2,19	*Orthmann*[3])
13	Nach dem Devonshire-Verfahren erhalten . . .	?	22,83	4,10	70,20	2,31	—	0,56	5,31	90,97	0,85	*Gérard*[4])
							Farbstoff					
14		1859	63,28	4,22	29,46	2,08	0,56	0,40	11,49	81,88	1,86	*Hamberg*[5])
15		1863	74,46	2,69	18,18	4,08	—	0,59	10,53	71,18	1,69	
16		„	64,80	—	25,40	—	—	(2,19)	—	72,16	—	*A. Völcker*[6])
17		„	56,50	—	31,57	—	—	(3,49)	—	72,57	—	
18		„	61,67	2,62	33,43	1,56	—	0,72	6,84	87,22	1,09	
19		?	79,52	—	15,56	—	—	0,63	—	75,98	—	*Gérard*[4])
							Milchzucker + Salze					
20	Bei 6° C. 16 St. Aufrahmung	1875	77,45	2,86	14,31	—	5,38	—	12,68	63,46	2,03	
21	„ 28 „ „	„	77,37	3,17	15,07	—	5,39	—	14,01	66,55	2,24	
22	„ 40 „ „	„	75,59	3,01	17,41	—	3,99	—	12,33	71,32	1,97	
23	Bei 8° C. 16 „ „	„	77,46	3,58	13,24	—	5,72	—	15,88	58,74	2,54	
24	„ 28 „ „	„	75,73	4,20	16,27	—	3,80	—	17,31	67,04	2,77	
25	„ 40 „ „	„	74,93	2,75	17,07	—	5,25	—	10,97	68,09	1,76	*U. Kreussler*[7])
26	Bei 10° C. 16 „ „	„	75,89	3,47	15,25	—	5,39	—	13,98	63,25	2,30	
27	„ 28 „ „	„	74,82	2,54	17,61	—	5,03	—	10,08	69,94	1,61	
28	„ 40 „ „	„	72,75	2,48	18,65	—	6,12	—	9,10	68,44	1,46	
29	Bei 15° C. 16 „ „	„	73,46	3,48	17,31	—	5,75	—	13,11	65,60	2,10	
30	„ 28 „ „	„	71,77	3,10	20,45	—	4,68	—	10,98	72,44	1,76	
31		1876	62,12	5,83	30,64	1,27	—	0,14	15,39	80,89	2,46	
32		„	61,50	5,14	32,22	0,74	—	0,40	13,35	83,69	2,14	
33		„	63,24	2,70	31,42	2,36	—	0,28	7,34	85,47	1,18	*Arth. Hill Hassall*[8])
34		„	49,10	5,20	42,82	2,46	—	0,42	10,22	84,13	1,63	
35		„	43,04	7,40	44,76	4,45	—	0,35	12,99	78,23	2,08	
36		„	45,82	6,38	44,33	2,92	—	0,50	11,78	81,82	1,88	

[1]) Landw. Versuchsstat. Bd. V. S. 161.
[2]) Ibidem. Bd. IX. S. 276, 285 u. 294.
[3]) Landw. Erfahrungen von Hohenheim 1849. S. 131.
[4]) Die Milch von Benno Martiny 1871. II. Bd. S. 67 u. 110.
[5]) Landw. Versuchsstat. 1859. Bd. I. S. 98.
[6]) Journ. of the Roy. agric. Soc. of England 1863. XXIV. S. 298.
[7]) Landw. Jahrbücher 1875. S. 249 u. s. f.
[8]) Hassall, Food: Its adulteration and the methods for their detection. London, 1876. S. 395.

No.	Bemerkungen	Zeit der Untersuchung	Wasser °/₀	Stickstoff-Substanz °/₀	Fett °/₀	Milchzucker °/₀	Asche °/₀	In der Trocken-Substanz: Stick-stoff-Sub-stanz °/₀	In der Trocken-Substanz: Fett °/₀	Stickstoff in der Trocken-Substanz °/₀	Analytiker
37	Mit Lehfeldt's Centrifuge⁰) . .	1878	29,55	1,42	67,63	2,25	0,12	2,02	96,00	0,32	*W. Fleischmann*[1])
38	Mit de Laval's Separator . .	1880	66,12	2,69	27,69	3,03	0,47	7,94	81,73	1,27	*A. Völcker*[2])
39	Nach Swartz'schem Verfahren⁰⁰)	1878	68,40	—	22,08	—	—	—	69,87	—	*J. König*[3])
40	Aus Milch altmilchender, dänischer Kühe	1877	77,26	3,89	14,64	3,52	0,69	17,10	64,38	2,73	*Storch*[4])
41		„	77,34	3,73	14,73	3,52	0,68	16,46	65,00	2,63	
42	desgl. frischmilchender Kühe .	„	79,96	3,31	12,28	3,77	0,68	16,51	61,27	2,64	
43	Mittel von 7 Proben⁰⁰⁰) . . .	1881	65,26	—	28,31	—	—	—	81,49	—	*Schnutz*[5])
44	Nach Swartz'schem Verfahren und mit Centrifuge . . .	1882	78,93	2,76	13,88	3,75	0,68	13,10	65,88	2,10	*W. Fleischmann*[6])
45	Mit De Laval's Separator, spec. Gew. 1,0200	1884	76,64	3,07	15,15	4,50	0,64	13,14	64,85	2,10	
46	Devonshire-Rahm (Cloted cream,†⁰) Mittel v. 19 Proben)	1886	36,11	—	57,36	—	0,51	—	89,78	—	*P. Vieth*[7])
	Minimum	.	22,83	0,63	15,19	0,59	0,11	2,02	48,72	0,32	
	Maximum	.	83,23	7,88	29,93	5,52	2,50	25,28	96,00	4,05	
	Mittel (excl. No. 13, 37 u. 46)	.	**68,82**	**3,76**	**22,66**	**4,23** *)	**0,53**	**12,06**	**72,68**	**1,93**	

Schlamm aus Centrifugen

(der in den Trommeln zurückbleibt, etwa 0,100 °/₀ der Milch).

No.	Bemerkungen	Zeit der Untersuchung	Wasser °/₀	Stickstoff-Substanz °/₀	Fett °/₀	Milchzucker °/₀	Asche °/₀	In der Trocken-Substanz: Stickstoff-Substanz °/₀	In der Trocken-Substanz: Fett °/₀	Stickstoff in der Trocken-Substanz °/₀	Analytiker
1	Aus De Laval's Separator bei 6900 Touren d. Trommel pro Min.; 6. Febr.	1880	67,33	28,99 **)	0,19	—	3,49 ***)	88,74	0,58	14,20	*W. Fleischmann*[8])
2	30. Juni	„	68,73	25,79	2,02	0,44	3,01	82,48	6,46	13,20	
3	28. Oct.	1882	67,31	27,42 **)	1,16	—	4,11	83,88	3,55	13,42	
4	7. Mai	1883	65,90	26,00	—	3,26	3,73	76,25	—	12,20	
5	bei 6300 Umgängen 15. Jan.	1884	65,88	25,93	1,37	3,20	3,54	76,06	4,02	12,16	
	Mittel	.	**67,03**	**26,86**	**1,20**	**1,34**	**3,57**	**81,47**	**3,65**	**13,03**	

¹) W. Fleischmann: Das Molkereiwesen 1878. S. 704.
²) Journ. of the Roy. Agric. Soc. of England 1880. II. Bd. S. 160.
³) Original-Mittheilung.
⁴) Von H. Cordes mitgetheilt in Milchztg. 1881. S. 606.
⁵) Milchztg. 1882. S. 103.
⁶) Bericht d. Milchw. Versuchsstation Raden pro 1882. S. 24 u. pro 1884. S. 26.
⁷) Milchztg. 1887. S. 120.
⁸) Bericht d. Milchw. Versuchsst. Raden pro 1883. S. 25 u. pro 1884. S. 27.
⁰) Rahmstücke.
⁰⁰) Mittel von 4 Analysen.
⁰⁰⁰) Die Rahmproben stammten aus der Genossenschaftsmolkerei in Itzehoe; sie enthielten:

	Wasser	Fett
Maximum	80,29 °/₀	50,98 °/₀
Minimum	43,21 „	13,07 „

†⁰) Zur Bereitung des Devonshire-Rahmes werden 13—15 l Milch in etwa 30 cm tiefe Weissblechsatten gefüllt, 12 Stund. zum Abrahmen hingestellt, darauf in ein Wasserbad gestellt, welches ca. 20 Min. mittelst Wasserdampfes erwärmt wird, abkühlen gelassen und nach weiteren 12 Std. der Rahm mittelst einer durchlöcherten Kelle abgehoben. Die 19 Proben ergaben:

	Wasser	Protein + Milchzucker	Fett	Asche
Minimum	32,59 °/₀	4,61 °/₀	50,36 °/₀	0,42 °/₀
Maximum	42,13 „	8,93 „	61,43 „	0,77 „
Mittel	36,11 „	6,01 „	57,36 „	0,52 „

*) Aus der Differenz berechnet.
**) Incl. Milchzucker.
***) Die Asche hatte im Mittel von 2 Analysen folgende proc. Zusammensetzung:

K_2O	Na_2O	CaO	MgO	Fe_2O_3	P_2O_5	Cl	Sonstige Bestandtheile
2,39 °/₀	1,01 °/₀	33,87 °/₀	2,53 °/₀	1,39 °/₀	33,09 °/₀	1,28 °/₀	24,73 °/₀

Butter.

I. Kuhbutter.

No.	Bemerkungen	Zeit der Untersuchung	Wasser %	Fett %	Casein %	Milchzucker %	Sonstige N-freie Stoffe %	Asche %	In der Trocken-Substanz: Fett %	In der Trocken-Substanz: Stickstoff-Substanz %	Stickstoff in der Trocken-Substanz %	Analytiker
1	Schwedische Butter aus verschiedenen Orten Schwedens und nach verschiedenen Methoden dargestellt	1864	13,67	85,00	0,51	0,70	—	0,12	98,46	0,59	0,09	*Alex. Müller und Eisenstuck*[1]
2		„	14,02	82,03	2,58		—	1,37	95,41	—	—	
3		„	13,16	82,01	2,01		—	2,82	93,36	—	—	
4		„	11,42	85,35	1,92		—	1,31	96,35	—	—	
5		„	11,71	84,39	2,58		—	1,32	95,58	—	—	
6		„	11,29	85,75	1,30		—	1,70	96,66	—	—	
7		„	6,10	90,18	1,87		—	1,85	96,04	—	—	
8		„	10,07	87,05	1,37		—	1,51	97,78	—	—	
9		„	12,69	83,95	1,81		—	1,55	95,01	—	—	
10		„	16,13	81,86	1,85		—	0,16	97,60	—	—	
11		„	20,20	77,33	2,28		—	0,19	96,78	—	—	
12		„	13,46	83,34	0,99		—	2,21	96,30	—	—	
13		„	10,08	86,57	1,20		—	2,15	96,27	—	—	
14		„	14,84	83,51	1,59		—	0,06	98,06	—	—	
15		„	18,29	79,61	1,93		—	0,17	97,43	—	—	
16		„	21,10	74,29	4,35		—	0,26	94,16	—	—	
17		„	8,87	88,89	0,91		—	1,33	97,53	—	—	
18		„	18,59	80,52	0,80		—	0,09	98,91	—	—	
19		„	17,03	81,55	1,33		—	0,09	98,29	—	—	
20		„	23,47	74,60	1,80		—	0,13	97,48	—	—	
21		„	14,96	83,35	1,59		—	0,10	97,99	—	—	
22		„	15,25	83,03	1,57		—	0,15	97,97	—	—	
23		„	9,24	83,52	0,64	0,60	—	6,00	92,02	0,71	0,11	
24		„	13,82	84,78	1,27		—	0,13	98,38	—	—	
25		„	7,66	88,83	0,29		—	2,59	96,20	—	—	
26		„	9,93	88,13	0,44	0,46	—	1,04	97,44	0,49	0,08	
27		„	12,56	83,57	0,78	0,43	—	2,66	95,57	0,89	0,13	
28		„	15,91	83,22	0,45	0,35	—	0,07	98,97	0,54	0,09	
29		„	15,30	82,89	0,75	0,88	—	0,18	97,86	0,89	0,14	
30		„	18,18	79,45	1,08	1,11	—	0,18	97,10	1,32	0,21	
31		„	13,00	85,69	0,62	—	0,69		98,49	0,71	0,01	
32		„	14,00	84,90	0,54	—	0,56		98,72	0,63	0,10	
33		„	11,44	86,08	0,54	0,70	—	1,24	97,20	0,61	0,10	
34		1867	13,82	84,78	1,27		—	0,13	98,38	—	—	*Alex. Müller*[2]
35		„	12,56	83,57	0,78	0,43	—	2,66	95,57	0,89	0,14	
36		„	15,91	83,22	0,45	0,35	—	0,07	98,97	0,54	0,09	
37	Septemberbutter, Holstein . .	„	10,25	86,88	0,52	0,49	—	1,86	96,80	0,58	0,09	
38	Frühjahrsbutter, Schweden .	„	11,45	83,32	1,63		—	3,60	94,09	—	—	
39	Sommerbutter, desgl. .	„	9,48	87,00	3,60		—	3,13	96,11	—	—	

[1]) Landw. Versuchsstat. 1864. Bd. VI. S. 3.
[2]) Ibid. Bd. IX. S. 276.

No.	Bemerkungen	Zeit der Untersuchung	Wasser %	Fett %	Casein %	Milchzucker %	Sonstige N-freie Stoffe %	Asche %	In der Trocken-Substanz Fett %	In der Trocken-Substanz Stickstoff-Substanz %	Stickstoff in der Trocken-Substanz %	Analytiker
40	Rahmbutter	1868	13,11	85,97	0,84		—	0,08	98,94	—	—	O. Lindt[1])
41	Vorbruchbutter	„	19,96	78,54	1,25		—	0,25	98,13	—	—	
	Holsteiner Butter:											
42	Sehr fein	1872	11,68	86,95	0,19	0,85	—	1,43	98,45	0,22	0,04	A. Emmerling[2])
43	Mittelfein	„	12,09	84,76	0,39	0,81	—	1,95	95,28	0,44	0,07	
44	Recht fein	„	10,35	86,96	0,26	0,82	—	4,83	97,00	0,29	0,05	
45	Mittelmässig	„	10,09	85,50	0,28	0,69	—	2,24	95,10	0,31	0,05	
46	—	„	12,64	84,10	0,58	0,86	—	2,09	96,27	0,66	0,11	
47	—	„	14,42	82,91	0,50	1,07	—	1,78	96,88	0,58	0,09	
48	Oelig	„	10,81	86,43	0,32	0,75	—	1,85	96,91	0,36	0,06	
49	Normal und gut	„	12,29	85,50	0,57	0,59	—	0,93	97,48	0,65	0,10	
50	Gesalzene Butter	1873	5,50	90,96	0,50	—	—	3,02	96,25	0,53	0,08	R. Alberti[3])
51		„	10,60	86,62	0,63	—	—	2,03	95,77	0,70	0,11	
52	Theebutter	„	14,20	85,55	1,25	—	—	0,11	99,68	0,29	0,05	J. Moser[3])
53	Gute Marktbutter	„	13,70	86,06	1,42	—	—	0,12	99,70	0,49	0,08	
54	Schlechte „	„	17,08	82,60	1,72	—	—	0,20	98,43	0,87	0,14	
55	Aus süsser Sahne	„	12,06	84,00	0,75	0,64	—	2,45	95,52	0,84	0,13	F. Dahl[3])
56		„	12,05	84,43	0,51	0,47	—	1,98	96,00	0,58	0,09	
57	Aus saurer Sahne	„	11,88	83,21	0,92	0,74	—	3,17	94,43	1,04	0,17	
58		„	12,49	82,75	0,90	0,61	—	3,11	94,56	1,03	0,17	
59	I. Preis 1,10 Mk.	„	28,75	63,95	3,25	—	—	4,05	89,75	4,56	0,73	N. Gräger[3])
60	II. „ 1,20 „	„	15,05	76,55	4,70	—	—	3,70	90,11	5,53	0,88	
61	III. „ 1,30 „	„	12,72	83,60	2,60	—	—	1,12	95,78	2,98	0,48	
	Schweizer Butter:											
62	Speisebutter (frische Butter)	„	8,16	85,54	6,30				93,14	—	—	E. Schulze[3])
63	Vorbruchbutter (frische Butter)	„	10,02	85,34	4,57				94,84	—	—	
64	Gemischte Butter (frische Butter)	„	11,68	83,09	5,23				94,08	—	—	
65	Speisebutter (gesottene Butter)	„	(0,07)	99,00	0,93				(99,07)	—	—	
66	Vorbruchbutter (gesottene Butter)	„	(0,04)	99,63	0,33				(99,66)	—	—	
67	Gemischte Butter (gesottene Butter)	„	(0,06)	97,61	2,33				(97,67)	—	—	
68	Gewöhnliche Butter vom Markte Münster's	1876	35,12	61,09	1,22		—	2,57	94,16	—	—	J. König und C. Brimmer[4])
69		„	25,27	71,99	1,37		—	1,37	96,33	—	—	
70		„	27,55	69,82	1,07		—	1,56	96,37	—	—	
71		„	34,12	63,97	1,37		—	0,54	97,10	—	—	
72		„	30,42	66,68	1,15		—	1,75	95,83	—	—	
73		„	17,45	80,60	0,82		—	1,13	97,64	—	—	
74		„	27,53	67,65	2,33		—	2,49	93,35	—	—	
75		„	25,53	70,15	1,81		—	1,51	95,48	—	—	

[1]) Jahresbericht f. Agric. Chem. 1868/69. S. 711.
[2]) Landw. Wochenbl. f. Schleswig-Holstein 1872. S. 499.
[3]) Jahresbericht f. Agric. Chem. 1873/74. Bd. II. S. 289 u. 290.
[4]) Landw. Ztg. f. Westf. u. Lippe 1876. S. 3.

No.	Bemerkungen	Zeit der Untersuchung	Wasser %	Fett %	Casein %	Milchzucker %	Sonstige N-freie Stoffe %	Asche %	In der Trocken-Substanz: Fett %	In der Trocken-Substanz: Stickstoff-Substanz %	Stickstoff in der Trocken-Substanz %	Kochsalz	Analytiker
76	Süsse Butter (Aus süssem Rahm)	1876	13,12	83,92	0,62	—	0,63	0,14	96,59	0,71	0,11	1,23	V. Storch[1]
77	desgl. (Aus süssem Rahm)	„	13,41	83,82	0,61	0,46	0,74	0,12	96,80	0,70	0,11	1,30	V. Storch[1]
78	desgl. (Aus süssem Rahm)	„	10,45	85,40	0,54	0,32	0,53	0,16	95,37	0,60	0,10	2,92	V. Storch[1]
79	Saure Butter (Aus saurem Rahm)	„	17,09	80,01	0,87	0,13	0,71	0,15	96,50	1,05	0,17	1,17	V. Storch[1]
80	desgl. (Aus saurem Rahm)	„	11,57	85,43	0,62	0,17	0,39	0,12	96,61	0,70	0,11	1,87	V. Storch[1]
81	Seeländer Höckerbutter (Aus saurem Rahm)	„	9,60	86,77	0,61	0,23	0,62	0,15	95,98	0,67	0,11	2,25	V. Storch[1]
82	Schlechte Butter (Aus saurem Rahm)	„	9,80	83,36	1,00	—	0,80	0,25	92,42	1,11	0,18	4,97	V. Storch[1]
	Spec. Gew. — Schmelzpunkt												
83	0,927 — 22,5 C.	1859	18,11	80,22	1,59	—	—	0,08	97,96	1,94	0,31	Spuren	C. Karmrodt[2]
84	0,921 — 19,9 „	„	16,59	81,07	1,24	—	—	0,10	97,19	1,49	0,24	1,00	C. Karmrodt[2]
85	0,925 — 19,3 „	„	17,74	80,99	1,15	—	—	0,08	98,45	1,40	0,22	0,04	C. Karmrodt[2]
86	0,920 — 19,2 „	„	10,58	86,34	1,19	—	—	0,14	96,56	1,33	0,21	0,14	C. Karmrodt[2]
87	0,927 — 21,9 „	„	15,94	81,88	2,02	—	—	0,10	97,41	2,40	0,38	0,10	C. Karmrodt[2]
88	Alpenbutter — 37,1 „	1877	10,81	86,14	1,86		—	0,20	96,58	—	—		W. Eugling[3]
89	Alpenbutter — 37,8 „	„	14,97	83,33	1,46		—	0,24	98,00	—	—		W. Eugling[3]
90	Proben durch Milchbuttern erhalten[0]	1879	17,97	76,95	4,77		—	0,31	93,81	—	—		M. Schrodt und Ph. du Roi[4]
91	Proben durch Milchbuttern erhalten[0]	„	16,03	81,17	2,69		—	0,11	96,67	—	—		M. Schrodt und Ph. du Roi[4]
92	Proben durch Milchbuttern erhalten[0]	„	15,33	81,87	2,65		—	0,15	96,69	—	—		M. Schrodt und Ph. du Roi[4]
93	Proben durch Rahmbuttern erhalten[0]	„	14,65	82,76	2,51		—	0,08	96,97	—	—		M. Schrodt und Ph. du Roi[4]
94	Proben durch Rahmbuttern erhalten[0]	„	13,78	83,80	2,28		—	0,14	97,19	—	—		M. Schrodt und Ph. du Roi[4]
95	Proben durch Rahmbuttern erhalten[0]	„	13,79	84,32	1,75		—	0,14	97,81	—	—		M. Schrodt und Ph. du Roi[4]
	Italienische Butter:						Milchsäure						
96	Lodi	1878	13,66	84,95 *)	0,36	0,60	—	0,43	98,39	0,42	0,07		A. Menozzi[5]
97	„	„	19,78	77,18	1,89	0,47	0,12	0,56	96,21	2,36	0,38		A. Menozzi[5]
98	Mailand[00])	„	14,78	83,87	0,60	0,44	0,10	0,20	98,42	0,70	0,11		A. Menozzi[5]
99	Codogno	„	15,08	83,38	0,65	0,57	0,09	0,23	98,19	0,77	0,12		A. Menozzi[5]
100	Lodi	„	15,47	83,34	0,58	0,31	0,14	0,16	98,59	0,69	0,10		A. Menozzi[5]
101	Meierei Maleo	„	15,35	82,45	1,45	0,38	0,17	0,19	97,40	1,71	0,27		A. Menozzi[5]
102	Lodi	„	14,53	83,98	0,53	0,71	0,14	0,11	98,26	0,62	0,10		A. Menozzi[5]
103	„	„	15,25	83,25	0,79	0,36	0,15	0,19	98,26	0,93	0,15		A. Menozzi[5]
104	„	„	14,82	83,08	0,91	0,53	—	0,13	97,53	1,07	0,17		A. Menozzi[5]
105	„	„	15,59	83,57	0,99	0,59	0,10	0,16	99,00	1,07	0,17		A. Menozzi[5]
106	„	„	15,72	82,44	0,93	0,56	0,22	0,14	97,82	1,10	0,18		A. Menozzi[5]
107	„	„	15,03	83,56	0,67	0,45	0,14	0,15	98,34	0,79	0,13		A. Menozzi[5]
108	„	„	16,12	82,01	0,83	0,72	0,14	0,17	97,77	0,99	0,16		A. Menozzi[5]

[1]) Milchztg. 1876. S. 1722.
[2]) Zeitschr. d. landw. Vereins f. Rheinpreussen 1859. S. 103.
[3]) Nach einem Separatabdruck aus Milchzeitung 1877.
[4]) Milchztg. 1879. S. 558.
[5]) Nach Rendiconti del R. Instituto Lombardo Ser. II. Vol. XII. Fas. IV. in Forschungen auf dem Gebiete der Viehhaltung (Beilage zur Milchztg.) 1879. S. 294—296.

[0]) Die durch Verbuttern des Rahmes gewonnene Butter enthält 2—5 % Fett mehr als die durch Milchbuttern erhaltene Butter; letztere Methode lieferte zwar mehr Butter aus dem gleichen Quantum Milch; dieses Mehr vertheilt sich aber auf einen höheren Gehalt an Wasser und Casein.
[00]) Rahm zu dieser Butter durch die Lehfeldt'sche Centrifuge erhalten.

*) Das Fett der einzelnen Buttersorten lieferte 85,5—87,8 % unlösliche Fettsäuren.

No.	Bemerkungen	Zeit der Untersuchung	Wasser	Fett	Casein	Milchzucker	Milchsäure	Asche	In der Trocken-Substanz		Stickstoff in der Trocken-Substanz	Analytiker
			%	%	%	%	%	%	Fett %	Stick-stoff-Sub-stanz %	%	
109	Lodi	1878	15,56	83,02	0,56	0,69	0,04	0,14	98,32	0,66	0,11	*A. Menozzi*[1])
110	„	„	14,18	84,57	0,66	0,33	0,12	0,14	98,54	0,77	0,12	
111	„	„	14,43	83,94 *)	0,88	0,47	0,19	0,15	98,10	1,03	0,16	
112	Westfäl. Butter, Rahm nach Swartz'schem Verfahren gewonnen	„	13,42	85,57	0,92		—	0,09	98,83	—	—	*J. König u. C. Krauch*[2])
113		„	13,09	85,71	0,92		—	0,28	98,62	—	—	
114		„	12,92	85,71	0,95		—	0,42	98,43	—	—	
115	Desgl. nach Holst. Verfahren .	„	15,42	81,94	1,74		—	0,90	96,88	—	—	
116	Aus Lehfeldt'schem Rahm . .	„	14,88	83,85	0,60	0,44	0,04	0,20	98,52	0,70	0,11	*G. Cantoni*[3])
117	Beste Sorten Butter von Lodesan (Lombardei)	„	15,08	83,37	0,65	0,57	0,09	0,23	98,17	0,77	0,12	
118		„	15,35	82,45	1,45	0,38	0,17	0,19	97,40	1,71	0,27	
119		„	14,53	83,98	0,53	0,71	0,14	0,11	98,26	0,62	0,10	
120		„	15,25	83,25	0,79	0,36	0,15	0,19	98,23	0,93	0,15	
121	Gemisch niederer Buttersorten	„	19,78	77,48	1,09	0,47	0,12	0,56	96,58	1,36	0,22	
122	Aus süssem Rahm } Mittel von je 5 Analys.	1880	13,65	83,62	0,61	0,56	0,04	1,52	96,84	0,71	0,11	*M. Schmoeger*[4])
123	Aus sauerem Rahm	„	14,23	82,83	0,80	0,54	0,05	1,55	96,57	0,93	0,15	

No.	Bemerkungen	Butterfett			Jahr der Untersuchung	In der ursprünglichen Substanz				Fett in der Trocken-Substanz	Analytiker
		Spec. Gew. b. 37,8 °C.	Schmelz-punkt °C.	Procent-gehalt an unlöslichen Fettsäuren		Wasser %	Fett %	Casein u. Zucker %	Salz %	%	
124	Juli 1875, Surrey	0,9135	30,0	—	1875	4,15	—	—	—	—	*J. Bell*[5])
125	„ „	0,9131	31,1	—	„	6,80	89,13	0,80	3,27	95,64	
126	„ „	0,9131	31,1	—	„	15,50	80,70	1,70	2,10	95,47	
127	„ „	0,9123	32,2	—	„	11,40	87,07	0,77	0,76	98,20	
128	„ „	0,9139	29,4	—	„	7,55	90,27	1,15	1,03	97,67	
129	„ „	0,9128	30,0	—	„	12,70	85,64	0,86	0,80	98,06	
130	„ Irische gesalzene Butter	0,9123	30,8	87,2	„	11,67	85,27	0,86	2,20	96,53	
131	Sept. 1875, County Galway . .	0,9131	31,3	—	„	11,79	84,14	0,68	3,39	95,41	
132	„ „ . .	0,9116	31,3	—	„	14,04	82,82	1,51	1,63	96,32	
133	„ „ . .	0,9130	31,2	—	„	10,12	86,56	0,70	2,62	96,34	
134	„ „ . .	0,9121	31,7	87,42	„	4,91	93,12	0,43	1,54	97,96	
135	„ „ . .	0,9130	31,7	—	„	11,73	85,69	0,47	2,11	97,09	
136	„ „ . .	0,9127	31,7	86,60	„	11,83	86,23	0,80	1,14	97,78	
137	„ Devonshire . . .	0,9127	31,0	—	„	13,22	84,76	0,68	1,34	97,64	
138	„ Cornwall . . .	0,9124	31,5	—	„	16,99	79,00	1,36	2,65	94,40	
139	„ Cumberland . . .	0,9129	30,8	—	„	12,26	82,28	0,94	4,52	93,72	
140	„ „ . . .	0,9124	30,8	—	„	11,92	82,34	1,52	4,22	93,46	

[1]) Vergl. Anmerkung [5]) Seite 362.
[2]) Chem. u. techn. Untersuchungen der landwirthschaftl. Versuchsstation Münster. 2. Bericht. 1878—1880. S. 47.
[3]) L'industrie laitière. 1878. No. 44.
[4]) Milchzeitung 1880. S. 273.
[5]) J. Bell. Milchztg. 1877. (Journ. Roy. Agric. Soc. Engl. (1877?)

*) Vergl. Anmerkung *) Seite 362.

No.	Bemerkungen	Butterfett: Spec. Gew. b. 37,8° C.	Butterfett: Schmelzpunkt °C.	Butterfett: Procentgehalt an unlöslichen Fettsäuren	Jahr der Untersuchung	In der ursprünglichen Substanz: Wasser %	In der ursprünglichen Substanz: Fett %	In der ursprünglichen Substanz: Casein u. Zucker %	In der ursprünglichen Substanz: Salz %	Fett in der Trocken-Substanz %	Analytiker
141	Sept. 1875, Cumberland . . .	0,9130	31,1	—	1875	12,96	82,88	0,36	3,80	95,23	
142	" " . . .	0,9120	31,1	—	"	9,72	87,18	0,28	2,82	96,60	
143	" " . . .	0,9127	30,6	—	"	8,18	87,76	0,92	3,14	95,57	
144	" " . . .	0,9127	30,8	—	"	12,84	83,40	0,98	2,78	95,66	
145	" Dorsetshire . . .	0,9119	31,0	—	"	16,85	80,27	0,11	2,77	99,49	
146	" " . . .	0,9119	30,8	—	"	16,37	79,85	0,56	3,22	95,50	
147	" " . . .	0,9120	30,7	—	"	17,06	79,93	0,88	2,13	96,40	
148	" " . . .	0,9123	31,0	—	"	17,03	79,86	0,86	2,25	96,23	
149	" " . . .	0,9121	30,7	—	"	18,37	79,61	0,39	1,63	97,52	
150	" " . . .	0,9122	30,8	—	"	13,24	85,11	0,40	1,25	98,13	
151	Oct. 1875, Cumberland . . .	0,9114	31,8	—	"	12,22	86,83	0,34	0,61	98,90	
152	" " . . .	0,9113	32,3	—	"	13,02	85,65	0,61	0,72	98,50	
153	" " . . .	0,9117	32,2	—	"	11,74	86,52	0,42	1,32	98,03	
154	" " . . .	0,9122	31,4	—	"	8,72	90,00	0,70	0,58	98,64	
155	" " . . .	0,9120	31,5	—	"	9,55	86,04	0,24	4,17	95,16	
156	Novbr. 1875, Suffolk . . .	0,9124	31,7	86,87	"	14,41	81,85	0,64	3,10	95,68	
157	" " . . .	0,9116	33,3	87,80	"	12,75	74,82	0,61	3,82	94,42	
158	" " . . .	0,9129	31,4	86,45	"	14,26	81,70	0,22	3,82	95,26	
159	" " . . .	0,9128	31,4	86,00	"	9,11	82,21	0,40	8,28	91,43	
160	" " . . .	0,9139	30,8	85,50	"	11,52	84,15	0,41	3,92	95,09	
161	" " . . .	0,9123	31,7	—	"	9,60	83,13	0,82	6,45	91,94	
162	" Devonshire . . .	0,9130	31,4	—	"	14,36	81,52	1,46	2,66	95,22	*J. Bell*[1]
163	" " . . .	0,9118	31,7	87,40	"	15,52	78,86	1,54	4,08	93,29	
164	" " . . .	0,9124	31,7	—	"	17,56	78,32	1,14	2,98	95,01	
165	" " . . .	0,9130	31,4	—	"	17,18	78,58	1,24	3,00	94,85	
166	" " . . .	0,9128	31,4	—	"	16,28	78,84	1,56	3,32	94,13	
167	" " . . .	0,9124	31,7	—	"	18,72	77,68	1,36	2,24	95,55	
168	" " . . .	0,9122	31,1	86,87	"	16,42	79,18	1,60	2,80	94,78	
169	" " . . .	0,9108	32,2	88,00	"	13,62	82,78	0,60	3,00	95,86	
170	" Suffolk	0,9140	31,1	—	"	13,14	78,16	2,96	5,74	89,96	
171	Dec. 1875, County Londonderry	0,9130	31,7	—	"	19,40	76,34	0,56	3,70	94,74	
172	" "	0,9123	32,2	—	"	13,70	82,14	1,86	2,30	92,90	
173	" "	0,9111	33,1	—	"	15,94	78,98	2,68	2,40	93,99	
174	" "	0,9120	32,5	—	"	18,52	74,48	2,16	4,84	91,39	
175	" "	0,9119	32,5	—	"	14,90	77,56	1,50	6,04	90,03	
176	" "	0,9110	33,1	—	"	14,98	80,14	1,14	3,74	94,24	
177	Jan. 1876, Kent	0,9131	31,4	—	1876	11,71	84,49	0,76	3,04	95,73	
178	" "	0,9131	31,4	—	"	13,51	82,89	0,70	2,90	95,82	
179	" "	0,9105	33,9	88,60	"	18,64	77,89	0,79	2,68	95,73	
180	" "	0,9106	33,9	—	"	17,60	78,82	0,98	2,60	95,69	
181	" Surrey	0,9109	33,3	88,35	"	13,55	83,16	0,80	2,49	96,22	
182	" "	0,9122	31,7	—	"	14,60	—	—	—	—	
183	" County Cork . .	0,9111	31,9	87,72	"	13,63	85,31	0,62	0,44	98,79	

[1]) Vergl. Anmerkung [5]) Seite 363.

No.	Bemerkungen	Butterfett			Jahr der Untersuchung	In der ursprünglichen Substanz				Fett in der Trocken-Substanz	Analytiker
		Spec. Gew. b. 37,8 °C.	Schmelz-punkt °C.	Procent-gehalt an unlöslichen Fettsäuren		Wasser %	Fett %	Casein u. Zucker %	Salz %	%	
184	Jan. 1876, County Cork . .	0,9102	33,6	88,75	1876	16,46	81,29	1,12	1,13	97,30	
185	„ „ . .	0,9114	31,7	87,50	„	13,57	84,94	0,84	0,65	98,28	
186	„ „ . .	0,9099	33,6	89,15	„	14,98	83,66	0,68	0,68	98,39	
187	„ „ . .	0,9106	32,8	—	„	15,34	83,57	0,69	0,40	98,70	
188	„ „ . .	0,9104	33,1	—	„	14,64	84,08	0,82	0,46	98,46	
189	Febr. 1876, Carnarvonshire . .	0,9124	33,3	87,01	„	11,41	84,86	0,70	3,03	95,81	
190	„ „ . .	0,9115	31,7	—	„	10,43	86,54	0,57	2,46	96,58	
191	„ „ . .	0,9106	33,9	88,22	„	13,79	81,99	1,26	2,96	95,11	
192	„ „ . .	0,9107	33,9	—	„	11,05	80,80	0,44	7,71	90,82	
193	„ „ . .	0,9111	33,9	88,42	„	11,36	82,63	1,04	4,97	93,19	
194	„ „ . .	0,9113	33,9	88,12	„	16,24	74,16	0,40	9,20	88,55	
195	„ Normandy . . .	0,9115	32,2	—	„	11,71	83,74	0,95	3,60	94,88	
196	März 1876, Irische gesalz. Butter	0,9115	31,9	—	„	16,89	73,32	1,23	8,56	88,20	
197	„ Wiltshire . . .	0,9121	32,5	86,96	„	11,59	86,48	0,44	1,49	97,81	
198	„ „ . . .	0,9118	32,5	—	„	13,21	84,49	0,56	1,74	97,33	
199	„ „ . . .	0,9115	32,5	87,35	„	12,52	84,57	0,79	2,12	96,66	
200	„ „ . . .	0,9118	31,7	—	„	11,99	84,79	0,99	2,23	96,32	
201	„ „ . . .	0,9115	32,5	87,65	„	12,57	84,96	0,89	1,58	97,19	
202	„ Cumberland . . .	0,9125	31,7	86,90	„	11,81	76,75	3,06	8,38	87,03	
203	„ „ . . .	0,9116	33,3	87,74	„	12,08	81,79	3,74	2,39	93,00	
204	„ „ . . .	0,9121	32,2	86,92	„	12,89	80,27	3,15	3,69	92,15	
205	„ „ . . .	0,9106	33,3	88,29	„	13,08	81,87	2,72	2,33	94,15	*J. Bell*[1])
206	„ „ . . .	0,9117	33,1	87,60	„	11,18	81,71	5,32	1,79	92,01	
207	„ „ . . .	0,9109	33,6	88,40	„	19,12	72,93	4,02	3,93	90,14	
208	„ County Monayhan .	0,9104	33,6	—	„	13,39	78,31	1,62	6,68	90,45	
209	„ „	0,9101	33,3	88,90	„	15,60	77,35	0,54	6,51	91,66	
210	„ „	0,9095	34,2	—	„	13,59	69,97	1,36	15,08	80,96	
211	„ „	0,9110	33,1	—	„	13,50	83,37	0,55	2,58	96,38	
212	„ „	0,9103	33,9	—	„	14,55	78,28	1,31	5,86	90,73	
213	„ „	0,9107	33,3	—	„	12,43	83,47	0,55	3,55	95,32	
214	„ County Londonderry	0,9109	33,3	88,62	„	11,81	84,64	0,70	2,85	95,98	
215	„ „	0,9115	32,2	87,66	„	13,88	82,22	0,75	3,15	95,46	
216	„ „	0,9119	32,5	—	„	14,34	81,57	0,78	3,31	95,19	
217	„ „	0,9107	33,3	88,74	„	12,57	82,60	0,51	4,32	94,49	
218	„ „	0,9120	32,5	87,42	„	13,56	83,40	0,75	2,29	96,49	
219	„ „	0,9118	32,5	88,05	„	11,56	85,15	0,47	2,82	96,30	
220	„ Dorsetshire . . .	0,9106	34,4	88,65	„	13,92	83,43	0,52	2,13	96,86	
221	„ „ . . .	0,9109	33,6	88,46	„	8,88	86,12	0,50	4,50	94,47	
222	„ „ . . .	0,9122	33,1	—	„	12,55	83,88	1,35	2,22	95,96	
223	„ „ . . .	0,9108	33,6	88,07	„	12,81	84,67	0,74	1,78	97,12	
224	„ Staffordshire . .	0,9109	33,1	88,21	„	10,61	87,65	0,63	1,11	98,08	
225	„ „ . .	0,9124	31,9	87,14	„	12,87	84,81	0,76	1,56	97,36	
226	„ „ . .	0,9113	32,2	87,90	„	12,84	84,93	0,56	1,67	97,41	

[1]) Vergl. Anmerkung [5]) Seite 363.

No.	Bemerkungen	Butterfett: Spec. Gew. b. 37,8 °C.	Butterfett: Schmelzpunkt °C.	Butterfett: Procentgehalt an unlöslichen Fettsäuren	Jahr der Untersuchung	In der ursprünglichen Substanz: Wasser %	In der ursprünglichen Substanz: Fett %	In der ursprünglichen Substanz: Casein u. Zucker %	In der ursprünglichen Substanz: Salz %	Fett in der Trocken-Substanz %	Analytiker
227	März 1876, Staffordshire . .	0,9118	33,1	—	1876	13,11	84,77	0,46	1,66	97,57	J. Bell[1])
228	„ „ . .	0,9119	31,7	87,30	„	10,93	87,20	0,62	1,25	97,93	
229	„ „ . .	0,9101	33,9	—	„	12,79	85,52	0,66	1,03	98,09	
230	April 1876, County Sligo . .	0,9101	33,9	—	„	12,36	83,53	0,87	3,24	95,31	
231	„ „ . .	0,9118	32,8	—	„	11,02	86,22	0,87	1,89	96,91	
232	„ „ . .	0,9109	32,5	88,46	„	14,61	80,68	0,85	3,86	94,48	
233	„ „ . .	0,9128	32,2	—	„	14,12	82,54	1,06	2,28	96,08	
234	„ County Galway . .	0,9124	33,1	86,79	„	13,78	84,47	0,85	0,90	97,99	
235	„ „ . .	0,9114	33,6	87,79	„	10,24	84,55	1,22	3,99	94,19	
236	„ „ . .	0,9115	33,9	87,51	„	11,75	82,99	1,93	3,33	94,03	
237	„ „ . .	0,9113	33,6	87,66	„	15,17	80,88	1,99	1,96	95,36	
238	„ „ . .	0,9094	34,7	87,66	„	14,37	80,53	1,89	3,21	94,06	
239	„ „ . .	0,9094	35,0	89,90	„	14,50	82,45	1,61	1,44	96,47	
240	Mai 1876, Cornwall	0,9118	33,3	—	„	15,70	81,27	1,49	1,54	96,39	

No.	Bemerkungen	Jahr der Untersuchung	Wasser %	Fett %	Casein %	Milchzucker %	Milchsäure %	Salze %	In der Trocken-Substanz: Stickstoff-Substanz %	In der Trocken-Substanz: Fett %	Stickstoff in der Trocken-Substanz %	Analytiker
241	Aus gekühltem Rahm (Milch von altmilchenden Kühen)	1878	13,90	84,73	0,84	0,42	—	0,12	0,98	98,37	0,16	Storch[2])
242	Aus ungekühltem Rahm (Milch von altmilchenden Kühen)	„	14,04	84,56	0,79	0,49	—	0,12	0,92	98,60	0,15	
243	Aus gekühltem Rahm (Milch von frischmilchenden Kühen)	„	13,61	84,93	1,02	0,33	—	0,12	1,18	98,18	0,19	
244	Aus ungekühltem Rahm (Milch von frischmilchenden Kühen)	„	14,22	84,26	1,07	0,22	—	0,12	1,25	98,25	0,20	
245	Durch Verkneten von Rahm gewonnen, 20 Tage alt, gesalzen	1881	10,87	84,68	0,64	0,51	—	Asche 3,30	0,72	95,01	0,12	W. Fleischmann[3])
246	Durch 2 maliges Centrifugiren des Rahms gewonnen, talgiger Geschmack	„	16,43	83,04	0,22	0,05	—	0,26	0,26	99,37	0,04	
247	Durch Verkneten aus süssem Rahm, 26 Tage alt, schwach ranzig	„	12,46	86,09	0,79	0,16	—	0,49	0,90	98,34	0,14	
248	desgl. schwach gesalzen . .	„	11,06	86,71	0,79	0,45	—	0,99	0,89	97,49	0,14	
249	Aus Centrifugenrahm durch 2 mal. Centrifugiren im Handbutterfass gewonnen, ungesalzen .	„	12,76	86,33	0,48	0,22	—	0,21	0,55	98,96	0,09	
250	Aus Centrifugenrahm durch 2 mal. Centrifugiren im Handbutterfass gewonnen, gesalzen . .	„	10,36	88,08	0,36	0,33	—	0,88	0,40	98,26	0,06	

[1]) Vergl. Anmerkung [5]) Seite 363.
[2]) Von H. Cordes mitgetheilt in Milchztg. 1881. S. 606.
[3]) Bericht d. Milchw. Versuchsst. Raden pro 1881. S. 29—32, pro 1882 S. 24 u. 44, pro 1883 S. 29 u. 31.

No.	Bemerkungen	Zeit der Untersuchung	Wasser %	Fett %	Casein %	Milchzucker %	Milchsäure %	Asche %	In der Trocken-Substanz: Stickstoff-Substanz %	In der Trocken-Substanz: Fett %	Stickstoff in der Trocken-Substanz %	Analytiker
251	Aus mässig gesäuert. Rahm unter Zusatz von 4 % Salz gewonnen	1881	13,80	83,35	0,68	0,22	—	1,95	0,79	96,69	0,13	W. Fleischmann[1])
252	Käsemilchbutter (bei Fabrikation von Tilsiter Fettkäse gewonnen) . . .	"	14,73	83,92	0,62	0,43	—	0,29	0,73	98,42	0,12	
253	Aus gesäuertem Rahm im Holsteinischen Butterfass	1882	13,99	83,69	1,03		—	1,28	—	97,30	—	
254	Ueberarbeitete, schlechte, krümelige Butter . . .	1883	11,46	84,59	2,04		—	1,91	—	95,54	—	
255[0])	Dänische Centrifugenbutter	1886	8,53	89,40[0])	0,42	0,46	—	1,19	0,46	97,74	0,07	*H. Fresenius*[2])
256	Englische und Dänische Butter, 19 Proben: Minim.	"	10,82	82,33[00])	0,08		—	0,02	—	—	—	*P. Vieth*[3])
257	Englische und Dänische Butter, 19 Proben: Maxim.	"	15,94	88,95[00])	3,20		—	2,73	—	—	—	
258	Englische und Dänische Butter, 19 Proben: Mittel	"	12,92	85,37[00])	0,97		—	0,74	—	98,04	—	
259	Schlechte Butter aus Oberbayern	"	(29,28	68,42	1,02	1,03	—	0,20)	1,44	96,75	0,23	*R. Sendtner*[4])
260[000])	Aus Osigny	1884	9,80	86,25	2,23	1,63	—	0,10	2,47	95,62	0,40	*E. Schmidt*[5])
261[000])	Aus Flandern	"	10,54	86,50	1,42	0,69	—	0,85	1,59	96,69	0,25	
								Asche (+ Casein)				
262[†])	Aus der Normandie, nach der Classification bei der Ausstellung im Palais de l'Industrie von der Jury folgend	1886	12,40	86,71	—	0,16	—	0,73	—	98,98	—	*E. Duclaux*[6])
263		"	13,36	85,48	—	0,20	—	0,96	—	98,67	—	
264		"	12,28	86,76	—	0,17	—	0,79	—	98,91	—	
265		"	10,72	88,30	—	0,13	—	0,85	—	98,90	—	
266		"	13,34	86,01	—	0,20	—	0,45	—	99,24	—	
267		"	11,62	86,52	—	0,30	—	1,56	—	97,90	—	
268		"	14,00	85,31	—	0,20	—	0,49	—	99,20	—	
269[†])		"	13,03	86,33	—	0,11	—	0,53	—	99,26	—	

[1]) Vergl. Anmerkung [3]) Seite 366.
[2]) Central-Bl. f. Agric. Chem. 1886. S. 287.
[3]) Milchztg. 1887. S. 120.
[4]) 3. u. 4. Jahresber. d. Untersuchungsstation d. hyg. Instituts in München 1885. S. 10—16.
[5]) Ann. agron. Bd. 10. No. 11. p. 496.
[6]) Comptes rend. 1886. Bd. 102. S. 1022.

[0]) Das Butterfett ergab nach Hehner's Methode 87,47 % unlösliche Fettsäuren; 1 g desselben erforderte nach Reichert-Meissl 14,85 cc $^1/_{10}$ Normal-Natronlauge.

[00]) Das Butterfett ergab nach Hehner's Methode:

	Minimum	Maximum	Mittel
Unlösliche Fettsäuren	87,60 %	89,30 %	88,32 %

[000]) Es ergab das Butterfett:

	No. 260	No. 261
Unlösliche Fettsäure nach Hehner	88,57 %	89,15 %
Schmelzpunkt derselben	+ 39.08 "	+ 40,00 "
Lösliche, flüchtige Säuren	4,45 "	4,45 "

Das Fett von No. 260 ergab 5 % Butyrin, 60 % Oleïn und 35 % Margarin.

†) Das Butterfett lieferte ferner an flüchtigen Säuren:

	No. 262	263	264	265	266	267	268	269
Capronsäure . . .	2,10 %	2,18 %	2,17 %	2,23 %	2,26 %	2,00 %	2,08 %	2,19 %
Buttersäure . . .	3,55 "	3,52 "	3,53 "	3,60 "	3,65 "	3,38 "	3,52 "	3,46 "
Verhältniss beider Säuren in Aequivalenten .	2,1	2,0	2,0	2,0	2,0	2,1	2,1	2,0

No.	Bemerkungen	Zeit der Untersuchung	Wasser %	Fett %	Casein %	Milchzucker %	Milchsäure %	Asche %	In der Trocken-Substanz: Stick-stoff-Substanz %	In der Trocken-Substanz: Fett %	Stickstoff in der Trocken-Substanz %	Analytiker
270	I. Versuch: Gewöhnlich geknetet[0]) . . .	1885	14,78	83,35	1,77			0,09	—	97,81	—	W. Fleischmann[1])
271	I. Versuch: Centrifugirt[0]) . .	„	14,49	84,09	1,29			0,12	—	98,34	—	
272	II. Versuch: Gewöhnl. geknetet	„	14,83	83,95	1,14			0,08	—	98,57	—	
273	II. Versuch: Centrifugirt . .	„	12,81	85,51	1,52			0,16	—	98,22	—	
274	III. Versuch: Gewöhnl. geknetet	„	14,94	83,64	1,33			0,10	—	98,33	—	
275	III. Versuch: Centrifugirt . .	„	14,33	84,14	1,41			0,12	—	98,21	—	
276	IV. Versuch: Gewöhnl. geknetet	„	15,19	83,49	1,23			0,09	—	98,33	—	
277	IV. Versuch: Centrifugirt . .	„	15,06	83,29	1,49			0,15	—	98,06	—	
	Praeservirte Butter der deutschen Marine:											
278	Aus Deutschland, wahrscheinlich Stallbutter .	1882	12,19	84,34	0,69	0,78	—	2,00	0,79	96,05	0,13	derselbe[2])
279	desgl., Grasbutter . . .	„	10,88	86,11	0,69	0,51	—	1,81	0,77	96,62	0,12	
280	desgl., „ . . .	„	10,79	85,79	0,69	0,87	—	1,86	0,77	96,17	0,12	
281	Aus Dänemark, Grasbutter	„	9,49	84,62	0,69	0,81	—	4,39	0,76	93,49	0,12	
282	„ „ „	„	8,34	86,14	0,70	0,61	—	4,21	0,76	93,98	0,12	
283	Aus Deutschland, Stallbutter	„	10,14	87,11	0,65	0,46	—	1,64	0,72	96,94	0,12	
284	Aus Dänemark, Grasbutter	„	9,36	84,95	0,70	0,49	—	4,60	0,77	93,72	0,12	
285	„ „ „	„	9,58	82,91	(0,79)	(0,59)	—	6,13	0,87	91,69	0,14	
286	„ „ alte Butter	„	8,57	86,16	0,61	0,49	—	4,17	0,67	94,24	0,11	
287	Aus Deutschland, Grasbutter	„	11,12	85,28	0,44	0,62	—	2,54	0,50	95,95	0,08	
288	„ „ „	„	11,03	85,43	0,44	0,64	—	2,46	0,49	96,02	0,08	
289	„ „ „	„	11,43	84,99	0,44	0,57	—	2,57	0,50	95,85	0,08	
290	„ „ „	„	11,08	85,25	0,44	0,66	—	2,57	0,49	95,87	0,08	
291	„ „ „	„	13,32	84,38	0,63	0,59	—	1,08	0,73	97,35	0,12	
292	„ „ „	„	13,71	83,83	0,62	0,73	—	1,11	0,72	97,15	0,12	
293	„ „ „	„	11,35	85,86	0,70	0,36	—	1,73	0,79	96,85	0,13	
294	Ohne nähere Bezeichnung	1883	13,04	83,01	1,31		—	2,64	—	95,46	—	
295	Ohne nähere Bezeichnung	„	9,89	87,00	1,03		—	2,08	—	96,55	—	
296	Alte Butter	„	8,88	85,47	1,09		—	4,56	—	93,80	—	
297	Frische „	„	8,63	83,50	1,31		—	6,56	—	91,39	—	
298	Schwach ranzig	1885	8,26	89,54	0,65	0,13	—	1,42	0,71	97,60	0,11	M. Schrodt[3])
299	In Geschmack und Geruch gut	„	9,30	85,06	1,13	0,43	—	4,08	1,25	93,78	0,20	
300	desgl.	„	11,52	84,06	1,42	0,35	—	2,65	1,60	95,00	0,26	

[1]) Bericht d. Milchw. Versuchsst. Raden pro 1885. Rostock 1886. S. 28.

[2]) Bericht d. Milchw. Versuchsst. Raden pro 1882. S. 44, pro 1883. S. 29.

[3]) Jahresbericht der Milchw. Versuchsst. Kiel pro 1885/86. S. 9.

[0]) Mittelst der von Baquet construirten „mechanischen Buttercentrifuge“ behandelt, welche bezweckt, die aus dem Butterfass genommene rohe Butter durch Centrifugalkraft von der Buttermilch zu befreien, im Mittel der obigen 4 vergleichenden Versuche enthielt die centrifugirte Butter 0,76 % Wasser weniger als die mit der Hand geknetete Butter, dagegen mehr Fett und etwas mehr an Protein, Milchzucker und Asche.

No.	Bemerkungen	Zeit der Untersuchung	Wasser %	Fett %	Casein %	Milchzucker %	Milchsäure %	Asche %	In der Trocken-Substanz: Stickstoff-Substanz %	In der Trocken-Substanz: Fett %	Stickstoff in der Trocken-Substanz %	Analytiker
	Praeservirte Butter der deutschen Marine:											
301	Ranzig	1885	10,34	86,64	1,04	0,82	—	1,16	1,16	96,64	0,19	M. Schrodt[1])
302	desgl.	„	13,26	82,56	1,44	0,34	—	2,40	1,66	95,18	0,27	
	Minimum	.	4,15	69,96	0,19	0,45		0,02	0,22	80,96	0,04	
	Maximum	.	35,12	86,15	4,78	1,16		15,08	5,53	99,70	0,88	
	Gesammt-Mittel	.	**13,59**	**84,39**	**0,74**	**0,50**	**0,12**	**0,66** *)	**0,86**	**97,64**	**0,14**	
	Mittel von schwedisch. Butter No. 1—41 excl. 37 . .	.	**13,84**	**84,35**	**0,63**	**0,60**	—	**0,58** *)	**0,73**	**97,93**	**0,12**	
	Mittel von Holsteiner Butter No. 37, 42—61 . . .	.	**12,89**	**84,13**	**0,99**	**0,78**	—	**1,21** *)	**1,14**	**96,58**	**0,18**	
	Mittel von englischer Butter No. 124—240	.	**13,33**	**84,40**	**1,06**		—	**1,21** *)	—	**97,31**	—	
	Mittel von französisch. Butter No. 262—269	.	**12,58**	**86,46**	—	**0,18**	—	+ Casein **0,78**	—	**98,90**	—	
	Mittel von italienisch. Butter No. 96—111	.	**15,33**	**83,00**	**0,83**	**0,51**	**0,13**	Asche **0,20** *)	**0,98**	**98,02**	**0,16**	
	Mittel v. praeservirter Butter der deutschen Marine No. 278—302	.	**12,22**	**85,68**	**0,78**	**0,48**	—	**0,84** *)	**0,89**	**97,59**	**0,14**	
	Mittel von Butter aus süssem Rahm (10 Analysen) .	.	**12,93**	**84,53**	**0,61**	**0,68**	—	**1,25**	**0,70**	**97,08**	**0,11**	
	desgl. aus sauerem Rahm (11 Analysen)	.	**13,08**	**84,26**	**0,81**	**0,66**	—	**1,19**	**0,93**	**96,94**	**0,15**	
	Mittel von Butter durch Milchbuttern (3 Analysen)	.	**16,44**	**80,00**	**3,37**		—	**0,19**	—	**95,27**	—	
	desgl. von Butter durch Rahmbuttern (3 Analysen)	.	**14,07**	**83,63**	**2,18**		—	**0,12**	—	**97,32**	—	
	Mittel von Butter durch Centrifugiren des Rahms (6 Analysen)	.	**13,30**	**85,25**	**0,42**	**0,76**	—	**0,27**	**0,48**	**98,69**	**0,07**	
	desgl. von Butter durch Verkneten des Butterrahms (6 Analysen)	.	**13,86**	**84,55**	**0,79**	**0,49**	—	**0,31**	**0,91**	**98,06**	**0,14**	

[1]) Jahresbericht der Milchw. Versuchsst. Kiel pro 1885/86. S. 9.

*) Bei Berechnung des Mittels sind nur die Analysen mit bis höchstens 2,00 % Salzen resp. Asche berücksichtigt.

2. Butter aus Büffelmilch.

No.	Bemerkungen	Zeit der Untersuchung	Wasser %	Fett %	Casein %	Milchzucker %	Asche %	In der Trocken-Substanz: Stickstoff-Substanz %	In der Trocken-Substanz: Fett %	Stickstoff in der Trocken-Substanz %	Analytiker
1	Aus Marienburg in Siebenbürgen	1884	15,50	82,31	2,01		0,17	—	97,41	—	*W. Fleischmann*[1])
2	Aus Ungarn	1888	17,67	80,98 *)	1,19		0,16	—	96,38	—	*F. Strohmer*[2])
	Mittel	.	**16,59**	**81,64**	**1,60**		**0,17**	—	**96,89**	—	

3. Butter aus Ziegenmilch (resp. Schafmilch).[0])

No.	Bemerkungen	Zeit der Untersuchung	Wasser %	Fett %	Casein %	Milchzucker %	Asche %	In der Trocken-Substanz: Stickstoff-Substanz %	In der Trocken-Substanz: Fett %	Stickstoff in der Trocken-Substanz %	Analytiker
1[0])	Ziegenbutter	1884	22,40	75,00	1,75	0,67	0,18	2,26	96,65	0,36	*E. Schmidt*[3])

4. Kunstbutter.

No.	Bemerkungen	Zeit der Untersuchung	Wasser %	Fett %	Stickstoff-Substanz + etwas Milchzucker	Salze	In der Trocken-Substanz: Stickstoff-Substanz %	In der Trocken-Substanz: Fett %	Stickstoff in der Trocken-Substanz %	Analytiker
1		1877	12,01	82,03	0,74	5,22	—	93,23	—	*A. Mott*
2		„	11,25	87,15	0,57	1,03	—	98,20	—	*T. Brown*
3		„	10,01	87,91	0,23	1,85	—	97,69	—	*J. König*[4])
4		1878	7,77	91,56	0,40	0,27	—	99,27	—	*J. Moser*[5])
5	Aus Hamburg	1884	9,33	85,78	2,89	2,00	—	94,61	—	} *W. Fleischmann*[6])
6	„ „	„	9,00	87,46	1,02	2,52	—	96,11	—	
7		1886	11,26	83,64	1,67	3,58	—	94,25	—	} *R. Sendtner*[7])
8		„	10,94	84,11	1,83	3,12	—	94,44	—	
9		„	10,18	85,52	0,72	3,47	—	95,21	—	
10		„	13,57	83,83	1,23	1,25	—	96,74	—	
11	Aus England?	„	10,93	84,99	1,14	2,94	—	95,42	—	*P. Vieth*[8])
	Mittel	.	**10,57**	**85,82**	**1,14**	**2,47**	—	**95,96**	—	

Butter aus Büffelmilch:

[1]) Bericht d. Milchw. Versuchsstat. Raden pro 1884. S. 27.

[2]) Zeitschr. f. Nahrungsmittel-Untersuchung u. Hygiene 1880. No. 2. S. 19.

*) Für das Fett der Büffelbutter fand F. Strohmer im Vergleich zum Kuhbutterfett:

	Schmelzpunkt	Erstarrungspunkt	Erstarrungspunkt der Fettsäuren	1 g Fett erfordert nach Koettstorfer mg KHO zur Verseifung	5,0 g Fett erfordern zur Neutralisation der flüssigen Fettsäuren nach Reichert-Meissl
Büffelbutterfett . . .	31,3 C	19,8 C	37,9 C	222,4 mg	30,4 CC $^1/_{10}$ Normal-Natronlauge
Kuhbutterfett . . .	31,0—31,5 „	19—20 „	37,5—38 „	227,0 „	24,0—32,8 „ „ „

Butter aus Ziegenmilch (resp. Schafmilch):

[3]) Ann. agron. 1884. Bd. 10. S. 496.

[0]) E. Schmidt ermittelte auch das Verhalten des Butterfettes aus Ziegen- und Schafmilch gegenüber dem aus Kuhmilch und findet:

		Kuhbutterfett	Ziegenbutterfett	Schafbutterfett
Unlösliche Fettsäuren nach Hehner . .		88,57—89,15 %	84,40 %	85,25 %
Schmelzpunkt derselben		39,08—40,00 „	38,08 „	40,5 „
Lösliche, flüchtige Fettsäuren		4,45 „	4,51 „	4,77 „
Das Fett bestand aus	Butyrin . . .	5,00 %	5,50 %	6,00 %
	Oleïn . . .	60,00 „	64,00 „	58,00 „
	Margarin . .	35,00 „	30,50 „	36,00 „

Kunstbutter:

[4]) Original-Mittheilung.

[5]) Erster Bericht der Versuchsstation Wien 1878. Tabellen XXIX.

[6]) Bericht d. Milchw. Versuchsstation Raden pro 1884. S. 28.

[7]) 3. u. 4. Jahresber. d. Untersuchungsstation d. hygien. Instituts in München 1885. S. 10.

[8]) Milchztg. 1886. S. 131.

Käse.

I. Rahmkäse[0]) oder überfetter Käse.

No.	Bemerkungen	Zeit der Untersuchung	Wasser %	Stickstoff-Substanz %	Fett %	Milchzucker %	Asche %	In der Trocken-Substanz: Stickstoff-Substanz %	In der Trocken-Substanz: Fett %	Stickstoff in der Trocken-Substanz %	Analytiker
1	Eigentlicher Rahmkäse[00])	1875	30,34	2,02	67,32	—	0,32	2,90	96,66	0,46	*Hassall*[1])
2	Gervais-Käse	1881	52,94	11,80	29,75	2,58*)	2,93	25,08	63,22	4,01	*J. König*[2])
3	Neufchâteler, alt	?	34,50	20,69**)	41,90	—	3,6	31,59	63,97	5,05	*A. Payen*[3])
4	desgl., frisch		36,60	14,18	40,70	(9,02) Milchsäure	0,5	22,37	64,20	3,58	*A. Payen*[3])
5	Französische Rahmkäse, (Fromage Gervais)	1886	47,94	—	43,76	0,29	0,52	—	84,06	—	*P. Vieth*[4])
6	Französische Rahmkäse, (Fromage Gervais)	„	45,69	—	45,96	0,31	0,44	—	84,63	—	*P. Vieth*[4])
7	Französische Rahmkäse, (Fromage Gervais)	„	42,07	—	48,41	0,22	0,53	—	83,57	—	*P. Vieth*[4])
8	Französische Rahmkäse, (Fromage Gervais)	„	33,57	—	58,58	0,25	0,46	—	88,18	—	*P. Vieth*[4])
9	Neufchâtel	1885	51,72	20,73	23,99	—	3,56	42,94	49,69	6,87	*v. Klenze*[5])
	Mittel (1—9)	.	**41,04**	**14,32**	**43,22**	—	**1,42**	**24,98**	**75,35**	**4,00**	
10	Stilton-Käse, ziemlich frisch	1861	32,18	24,31	37,36	2,22	3,93	35,84	55,09	5,74	*A. Völcker*[6])
11	„ alt	„	20,27	(33,55) ***)	43,98	—	2,20	—	55,16	—	*A. Völcker*[6])
12	„ nicht mehr frisch	„	38,28	23,93	30,89	3,70	3,20	38,77	50,05	6,20	*A. Völcker*[6])
13	„ nicht mehr frisch	„	38,23	24,38	29,12	2,76	5,51	39,47	47,14	6,32	*A. Völcker*[6])
14	„	1876	31,37	27,66	31,37	—	4,39	40,30	45,71	6,45	*Hassall*[1])
	Mittel (10—14)	.	**32,07**	**26,21**	**34,55**	**3,32**	**3,85**	**38,57**	**50,63**	**6,17**	
15	Englische Rahmkäse[000])	1886	30,24	—	62,80	—	1,48	—	91,31	—	*P. Vieth*[4])
16	Englische Rahmkäse[000])	„	32,40	4,16	60,48	1,74	1,08	6,15	89,47	0,98	*P. Vieth*[4])
17	Englische Rahmkäse[000])	„	27,69	2,00	66,80	2,20	1,01	2,76	92,38	0,44	*P. Vieth*[4])
18	Englische Rahmkäse[000])	„	32,30	2,35	61,88	2,16	1,03	3,47	91,40	0,56	*P. Vieth*[4])
	Mittel	.	**30,66**	**2,84**	**62,99**	**2,03**	**1,15**	**4,13**	**91,14**	**0,66**	
19	Stracchino-Käse †[0])	1873	52,57	17,01	26,73	—	3,69	35,72	56,68	5,74	*Fr. Soxhlet*[7])

[1]) Hassall, Food: Its adulteration and the methods for their detection. London, 1876. S. 450.
[2]) Original-Mittheilung.
[3]) Journ. de Pharm. XVI. S. 279 und Bull. soc. chim. (2) III. S. 232.
[4]) Milchztg. 1887. S. 120.
[5]) Milchztg. 1885. S. 369.
[6]) Journal of the Royal agric. Soc. of England 1861. XXII. S. 37.
[7]) Erster Bericht über Arbeiten der landwirthschaftlichen Versuchsstation Wien. 1878. Tabelle XXIX.

[0]) Unter „Rahmkäse“ sind die aus Rahm oder aus ganzer Milch unter Zusatz von Rahm gewonnenen Käse zu verstehen, bei denen der procentische Fettgehalt den des Caseins bedeutend übersteigt.
[00]) Ein aus süsser Sahne bereiteter Weichquarg.
[000]) In denselben wurde gefunden:

No.	15	16	17	18
Milchsäure	0,31 %	0,14 %	0,30 %	0,28 %
Kochsalz	1,15 „	0,70 „	0,70 „	0,86 „

†[0]) Der Stracchino-Käse wird theils aus ganzer, süsser Milch, theils aus dieser unter Zusatz von Rahm dargestellt, wobei eine niedrige Temperatur beim Laben und eine hohe nach dem Käsen beim Trocknen massgebend sind. Ob alle hier aufgeführten Sorten aus ganzer Milch unter Zusatz von Rahm gewonnen sind, lässt sich aus der Zusammensetzung nicht mit Sicherheit schliessen. Musso, Menozzi, und Bignamini (vergl. Giov. Musso: Il Cacio, Tecnologia Chimica etc. Roma 1887 p. 53) bestimmten in 2 Sorten Stracchino-Käse die einzelnen Stickstoffverbindungen mit folgendem Resultat:

Strachino:	Wasser	Casein	Albumin	Pepton	Amide	Ammoniak	Fett	Asche
Frisch	55,02 %	14,26 %	1,28 %	0,74 %	1,54 %	0,05 %	24,51 %	2,43 %
Reif	40,37 „	14,93 „	0,71 „	0,86 „	8,15 „	0,42 „	30,83 „	3,75 „

*) Darin 0,33 % Milchsäure.
**) Bei den Käse-Analysen von A. Payen ist die N-Substanz aus dem N-Gehalt durch Multiplication mit 6,25 berechnet.
***) Bedeutet Stickstoffsubstanz + Milchzucker.

No.	Bemerkungen	Zeit der Untersuchung	Wasser %	Stickstoff-Substanz %	Fett %	Milchzucker %	Asche %	Darin Kochsalz %	In der Trocken-Substanz: Stickstoff-Substanz %	In der Trocken-Substanz: Fett %	Stickstoff in der Trocken-Substanz %	Analytiker
20	Stracchino-K. } fast reifer Stracchino,	1877	42,42	24,81*)	29,60	0,04	3,13	—	43,09	51,41	6,89	G. Musso u. A. Menozzi[1])
21	„ } fast reifer Stracchino,	„	40,27	23,01	34,62	—	3,13	—	38,52	57,96	6,16	
22	„ frisch . .	„	47,09	20,00	29,00	0,06	3,85	—	37,80	54,81	6,05	
23	„ } 1 Jahr alt	„	34,21	25,56	36,92	—	3,95	—	38,85	56,27	6,22	
24	„ } 1 Jahr alt	„	31,16	26,77	39,32	—	3,76	—	38,89	57,12	6,24	
25	„ } 1 Jahr alt	„	36,15	24,42*)	34,15	1,02	4,26	—	38,25	53,48	6,12	
26	„ } 1 Jahr alt	„	29,82	fehlt	39,04	—	4,63	—	—	55,63	—	
	Mittel (19—26)	.	**39,21**	**23,92**	**33,67**	—	**3,80**	—	**38,73**	**55,42**	**6,19**	
27	Hohenburger Rahmkäse .	.	38,67	26,90	29,13	—	5,30	—	43,48	47,49	7,01	v. Klenze[2])
	Rahmkäse, Gesammt-Mittel	.	**36,33**	**18,84**	**40,71**	**1,02**	**3,10**	—	**29,98**	**63,94**	**4,73**	

2. Fettkäse.**)

No.	Bemerkungen	Zeit der Untersuchung	Wasser %	Stickstoff-Substanz %	Fett %	Milchzucker %	Asche %	Darin Kochsalz %	In der Trocken-Substanz: Stickstoff-Substanz %	In der Trocken-Substanz: Fett %	Stickstoff in der Trocken-Substanz %	Analytiker
1	Backstein-Käse aus Baiern	1867	45,24	23,14	28,16	—	3,46	—	42,26	51,42	6,76	O. Lindt u. C. Müller[3])
2	desgl. aus Bern	„	35,80	24,44	37,40	—	2,36	—	38,07	58,26	6,09	
	Mittel (1—2)	.	**40,52**	**23,79**	**32,78**	—	**2,91**	—	**40,16**	**54,84**	**6,42**	
3	Bellelay-Käse (Weich-) . .	1867	37,59	28,88***)	30,05	—	3,48	—	46,27	48,15	7,40	dieselben[3])
4	„ „ . .	1887	39,62	25,70	30,10	—	4,72	3,35	42,48	49,85	6,70	E. Schulze[4])
	Mittel (3—4)	.	**38,61**	**27,29**	**30,08**	—	**4,10**	**2,91**	**44,37**	**49,00**	**7,10**	
5	Von Brie	1865	53,99	14,94 †)	24,83	0,61	5,63	—	32,47	53,96	5,20	A. Payen[5])
6	„ „	„	45,20	18,31	25,70	5,19	5,60	—	33,79	46,90	5,36	
7	„ „ unreif . . .	1885	55,69	17,29	21,42	—	5,60	—	39,02	48,34	6,24	v. Klenze[6])
8	Brie } Von den Pariser Ausstellungen 1884/85	1887	53,84	17,40 ††)	24,60	—	4,16	3,26	37,69	53,29	6,03	Duclaux[7])
9	Brie } Von den Pariser Ausstellungen 1884/85	„	49,73	17,16	28,74	—	4,37	3,42	34,13	57,17	5,46	
10	Brie } Von den Pariser Ausstellungen 1884/85	„	50,51	17,87	27,61	—	4,01	3,04	36,11	55,79	5,78	
11	Brie } Von den Pariser Ausstellungen 1884/85	„	50,05	19,34	27,04	—	3,57	2,67	39,92	54,13	6,39	
12	Alter aus Marcy . . .	„	46,06	19,94	29,50	—	4,50	3,70	36,97	54,69	5,92	

[1]) Le Stazioni sperimentali agrarie Italiane 1877. 6. Bd. 4. Heft und Forschungen auf dem Gebiet der Viehhaltung 1878. S. 43.

[2]) Milchztg. 1885. S. 369.

*) Aus dem Stickstoff-Gehalt nach Abzug des Ammoniaks durch Multiplication mit 6,25 berechnet. Die Käse enthielten:

	5	6	7	8	21	22	23	24	25	26
No.	5	6	7	8	21	22	23	24	25	26
Ammoniak . . .	—	—	—	—	0,064	0,067	0,281	0,349	0,552	2,041 %
Milchsäure . . .	0,29	0,31	0,22	0,25	—	1,470	0,907	—	2,001	2,079 „

Fettkäse:

[3]) Jahresbericht f. Agric. Chemie 1867. S. 354 u. 355.

[4]) Landw. Jahrbücher 1887. S. 317.

[5]) Journ. de Pharm. XVI. S. 279 u. Bull. soc. chim. (2) III. S. 232.

[6]) Milchztg. 1885. S. 369.

[7]) Duclaux: Le Lait 1887. p. 282, 296, 300.

**) Unter „Fettkäse" ist der aus ganzer Milch dargestellte Käse zu verstehen, dessen Fettgehalt mehr oder weniger gleich dem des Caseïns ist.

***) Die Stickstoff-Substanz zerfiel in:

Eiweissstoffe	Eiweisszersetzungsproducte	Nucleïn (unverdaulich)
24,33 %	1,37 %	0,22 %

†) Bei den Käseanalysen von Payen ist die N-Substanz aus dem N-Gehalt durch Multiplication mit 6,25 berechnet.

††) Vergl. Anmerkung *) Seite 373.

No.	Bemerkungen	Zeit der Untersuchung	Wasser	Stickstoff-Substanz	Fett	Milchzucker	Asche	Darin Kochsalz	In der Trocken-Substanz: Stickstoff-Substanz	In der Trocken-Substanz: Fett	Stickstoff in der Trocken-Substanz	Analytiker
			%	%	%	%	%	%	%	%	%	
13	Nach Art des Brie-Käses dargestellt: Camembert	1862	51,90	18,75	21,00	3,65	4,70	—	38,98	43,66	6,24	*A. Payen*[1])
14	„	1887	45,24	19,75 *)	30,31	—	4,70	3,69	36,07	55,35	5,77	*Duclaux*[2])
15	Port-du-Salut	„	47,51	22,56	25,93	—	4,00	1,90	42,98	49,40	6,88	
16	„	„	48,02	24,29	24,00	—	3,69	1,56	46,71	46,13	7,47	
	Mittel (5—16, Brie-Käse)	.	**49,79**	**18,97**	**25,87**	**0,83**	**4,54**	**3,05**	**37,91**	**51,55**	**6,07**	
17	Cantal	1887	36,26	24,59 *)	34,70	—	4,45	2,23	38,59	54,44	6,17	
18	Crescenza	„	56,75	18,91 *)	21,34	—	2,90	1,34	43,72	49,34	7,00	
19	Cheddar-Käse, englisch . .	1862	37,85	25,00 **)	28,91	4,91	3,33	0,52	40,23	46,59	6,44	*A. Völcker*[3])
20	„ „ . .	„	31,70	27,19	36,18	1,95	2,98	0,34	39,81	52,97	6,37	
21	„ „ . .	„	32,88	29,87	29,25	4,92	3,08	0,29	44,50	43,55	7,12	
22	„ „ . .	„	38,43	32,37	23,28	2,10	3,82	0,65	52,57	37,81	8,41	
23	„ „ . .	„	39,43	30,37	27,08	0,22	2,90	0,23	50,14	44,71	8,02	
24	„ „ . .	„	38,39	28,37	23,21	6,80	3,23	—	46,05	37,67	7,37	
25	„ „ . .	„	30,53	23,38	41,58	2,45	2,06	0,09	33,65	59,85	5,38	
26	„ 3 Monate alt .	1861	36,17	24,93	31,83	3,21	3,86	1,18	39,06	49,87	6,25	*derselbe*[4])
27	„ 6 „ „ .	„	31,17	26,31	33,68	4,91	3,93	1,15	38,22	48,92	6,12	
28	„ 6 „ „ .	„	33,92	28,12	33,15	0,96	3,85	1,23	42,60	50,17	6,81	
29	„ 11 „ „ .	„	30,32	28,18	35,53	1,66	4,31	1,55	40,44	50,99	6,47	
30	„	„	37,85	25,00	28,91	4,91	3,33	0,52	40,22	46,52	6,44	
31	„	„	38,43	32,37	23,28	2,10	3,82	0,65	52,57	37,81	8,41	
32	„ 2 Jahre alt . .	1858	36,04	28,98	30,40	—	4,58	—	45,31	47,53	7,25	*Jones*[5])
33	„ (amerikanischer)	1861	27,29	25,87	55,41	6,21	5,22	1,97	35,58	48,70	5,69	*A. Völcker*[4])
34	„ „	„	33,01	27,37	33,38	2,82	3,39	0,47	40,86	49,83	6,54	
35	„ „	„	31,01	26,25	30,90	7,43	4,41	1,59	38,05	44,79	6,09	
36	„ „	„	38,24	26,81	26,05	3,64	5,26	1,94	43,41	42,18	6,94	
37	„ „	1877	31,41	27,18	37,88	—	3,53	—	39,63	55,23	6,34	*Caldwell*[6])
38	„ „	„	35,68	25,57	35,15	—	3,60	—	39,75	54,65	6,36	
39	„ „	„	35,24	25,85	35,68	—	3,23	—	39,92	55,10	6,39	
40	„ „	„	33,73	26,65	35,57	—	4,05	—	40,21	53,67	6,43	
41	„ Factorei-Käse a. Massachusets	„	34,18	28,88	33,92	—	3,02	—	43,88	51,53	7,02	
42	„ Factorei-Käse a. Massachusets	„	38,50	26,58	31,19	—	3,73	—	43,22	50,72	6,92	
43	„ Maine und Wisconsin	„	28,11	28,15	41,03	—	2,71	—	39,16	57,07	5,26	
44	„ Maine und Wisconsin	„	35,49	26,12	34,05	—	3,34	—	40,49	52,78	6,48	

[1]) Journ. de Pharm. XVI. S. 279 u. Bull. soc. chim. (2) III. S. 232.
[2]) Duclaux: Le Lait 1887. p. 282, 296, 300.
[3]) Journ. of Roy. agric. Soc. of England 1862. XXIII. S. 170.
[4]) Ibidem 1861. XXII. S. 39.
[5]) Ibidem 1858. XIX. S. 420.
[6]) Siehe Schatzmann: Alpenwirthsch. Monatsblätter 1877. S. 158.

*) Duclaux bestimmte in den Käsen noch ferner:

	Brie No. 8	9	10	11	12	Camembert No. 14	15	16	Cantal No. 17	Crescenza No. 18
	%	%	%	%	%	%	%	%	%	%
Unlösliches Casein	11,75	11,97	—	—	—	13,96	18,96	20,88	11,09	15,63
Lösliches „	5,65	5,19	—	—	—	5,79	3,60	3,41	13,50	3,28
Casein-Pepton	3,71	6,57	3,18	6,51	8,61	7,98	4,92	3,61	—	6,65
	‰	‰	‰	‰	‰	‰	‰	‰	‰	‰
Ammoniak, freies, pro 1 kg	0,89 g	0,36	—	1,6	0,5	0,67	0,05	0,00	9,00	0,00
„ gebundenes, „ „ „	0,56 „	2,95	—	3,8	2,0	1,42	5,30	5,40		0,00
Buttersäure „ „ „	2,00 „	1,1	0,7	0,5	0,4	0,70	2,10	2,60	1,40	0,02

**) Die Zahlen für die N-Substanz sind bei den Völcker'schen Analysen aus dem N-Gehalt durch Multiplication mit 6,25 berechnet.

No.	Bemerkungen	Zeit der Untersuchung	Wasser %	Stickstoff-Substanz %	Fett %	Milchzucker etc. %	Asche %	Darin Kochsalz %	In der Trocken-Substanz: Stickstoff-Substanz %	In der Trocken-Substanz: Fett %	Stickstoff in der Trocken-Substanz %	Analytiker
45	Cheddar-Käse, genussreif .	1885	35,22	33,47	27,91	—	3,40	—	51,67	43,08	8,27	*v. Klenze*[1])
46	„	1882	30,32	28,18	35,53	1,66	4,31	1,55	40,44	50,99	6,47	*A. Völcker*[2])
47	„ Loail-Cheese	„	22,09	26,00	37,22	10,01	4,68	1,86	33,39	47,77	5,39	
	Mittel (19—47)	.	**33,89**	**27,56**	**33,00**	**1,90**	**3,65**	**1,01**	**41,58**	**49,69**	**6,67**	
48	Chester-Käse	1865	30,39	34,75	21,68	6,09	7,09	—	49,92	31,14	7,99	*A. Payen*[3])
49	„	„	35,90	25,81	26,30	7,79	4,20	—	40,27	41,03	6,44	
50	„ junger	1861	36,96	24,08	29,34	5,17	4,45	1,91	38,20	46,54	6,11	*A. Völcker*[4])
51	„ alter	„	32,59	26,06	32,51	4,53	4,31	1,59	38,66	47,37	6,19	
	Mittel (48—51)	.	**33,96**	**27,68**	**27,46**	**5,89**	**5,01**	**1,75**	**41,91**	**41,77**	**6,70**	
52	Derby-Käse	1876	31,68	24,50	35,20	4,38	4,24	—	35,86	51,52	5,79	*Sheldon*[5])
53	Dunlop-Käse, 1 Jahr alt, 1845 bereitet	1846	38,46	25,87	31,86	—	3,81	—	42,04	51,77	6,74	*Jones*[6])
54	Edamer Käse, 1. Preis . .	1872	32,57	23,97	32,19	6,35	4,67	—	35,55	47,74	5,68	*Dahl*[7])
55	„ 2. „ . .	„	33,62	23,48	33,99	6,34	2,42	—	35,38	51,21	5,66	
56	„ 3. „ . .	„	42,85	19,39	27,33	5,15	5,62	—	33,93	47,82	5,43	
57	„ . .	1873	36,10	29,43	27,54	—	6,93	—	46,06	43,10	7,37	*J. Moser*[8])
58	„ handelsreif	1885	41,88	29,47	24,05	—	4,60	—	50,71	41,38	8,11	*v. Klenze*[9])
59		1887	33,20	29,60	28,00	2,60	6,60	3,30	44,31	41,92	7,09	*A. Mayer*[10])
	Mittel (52—59)	.	**36,53**	**25,89**	**28,85**	**3,59**	**5,14**	**2,57**	**40,80**	**45,45**	**6,53**	
60	Emmenthaler[0]) 1. Preis .	1867	37,44	30,64	28,54	—	3,38	—	48,98	45,62	7,83	*O. Lindt* und *C. Müller*[11])
61	„ 2. „ .	„	36,70	30,44	28,98	—	3,88	—	48,09	45,78	7,69	
62	„ 3. „ .	„	34,92	31,26	29,88	—	3,94	—	48,03	45,91	7,69	
63	„ nicht prämiirt .	1866	31,78	31,84	31,74	—	4,70	—	46,67	46,53	7,47	
64	„ 1873? 1. Preis .	—	24,17	37,51	33,37	—	4,95	—	49,47	44,01	7,91	
65	„ I.	1873	35,14	30,86	31,00	—	4,00	—	47,58	47,80	7,61	*J. Moser*[8])
66	„ II.	—	35,20	36,81	23,59	—	4,40	—	56,81	36,40	9,09	
67	„	1869	33,53	29,99	30,29	0,31	5,88	—	45,12	45,57	7,22	*Hornig*[12])
68	„ echt, genussreif	1885	35,18	32,23	27,99	—	4,60	—	49,72	43,18	7,96	*v. Klenze*[9])
69	„ Algäuer E. desgl.	„	37,46	32,33	25,41	—	4,80	—	51,69	40,63	8,27	

[1]) Milchztg. 1885. S. 369.
[2]) Milchztg. 1882. S. 439.
[3]) Journ. de Pharm. XVI. S. 279 u. Bull. soc. chim. (2) III. S. 232.
[4]) Journ. of Roy. agric. Soc. of England 1862. XXII. S. 39.
[5]) Prize Essay on cheesemaking etc. Newcastle under-Lyme 1876. p. 7.
[6]) Journ. of the Royal agric. Society of England 1858. Bd. XIX. S. 420.
[7]) Die Milchzeitung 1872. S. 210.
[8]) Jahresber. f. Agric. Chem. 1873/74. II. Bd. 291. Diese Analyse rührt vermuthlich von A. Payen her.
[9]) Milchztg. 1885. S. 369. Ueber die Verdaulichkeit dieses Käses vergl. S. 41.
[10]) Ebendort 1887. S. 87.
[11]) Jahresbericht f. Agric. Chem. 1867. S. 354 u. 355.
[12]) Beiträge zur Geschichte, Technik und Statistik der Käserei. Wien 1869. S. 40.

[0]) Musso, Menozzi u. Bignamini (vergl. Giov. Musso: Il Cacio, Tecnologia, Chimica etc. Roma 1887. p. 53) bestimmten in 2 Sorten Emmenthal-Käse die einzelnen Stickstoffverbindungen mit folgendem Resultat:

	Wasser %	Casein %	Albumin %	Pepton %	Amide %	Ammoniak %	Fett %	Asche %
No. 1 . . .	37,59	20,38	0,63	0,75	4,20	0,11	31,47	4,15
„ 2 . . .	41,22	21,90	0,35	0,74	3,79	0,11	26,53	4,58

No.	Bemerkungen	Zeit der Untersuchung	Wasser %	Stickstoff-Substanz %	Fett %	Milchzucker etc. %	Asche %	Darin Kochsalz %	In der Trocken-Substanz: Stickstoff-Substanz %	In der Trocken-Substanz: Fett %	Stickstoff in der Trocken-Substanz %	Analytiker
70	Emmenthaler, völlig reif .	1886	35,22	23,25 *)	32,95	2,90	5,68	3,08	35,89	50,86	5,74	
71	„ fast völlig reif .	„	30,49	25,31 *)	34,70	4,06	5,44	2,16	36,41	49,92	5,83	
72	„ nicht völlig ausgereift	„	35,93	24,37 *)	29,71	3,17	6,82	4,22	37,72	46,37	6,04	
73	„ nicht völlig ausgereift	„	36,54	27,75 *)	27,56	3,55	4,60	1,19	43,73	43,43	7,00	E. Schulze u. F. Beneke[1])
74	„ gebläht reif . .	„	35,30	27,75 *)	29,38	2,86	4,71	1,65	44,44	45,41	7,11	
75	„ frischer Käse .	„	40,92	25,00	28,14	3,03	2,91	0,01	42,32	47,63	6,77	
76	„ reifer Käse, Inneres	„	35,93	24,37	29,71	3,17	6,82	4,22	38,04	46,37	6,09	
77	„ reifer Käse, Rinde	„	27,06	29,12	32,56	4,23	7,03	2,90	39,91	44,64	6,39	
	Mittel (60—77)	.	**34,38**	**29,49**	**29,75**	**1,46**	**4,92**	**2,18**	**45,03**	**45,35**	**7,20**	
78	Gloucester-Käse, 7—8 W. alt	1861	37,20	24,50	27,30	7,44	3,56	0,85	39,01	43,47	6,24	
79	„ 5.5 Mon. „	„	31,96	29,37	31,37	2,85	4,45	1,35	43,17	46,11	6,91	
80	„ 7 Mon. „	„	27,68	35,12	30,80	1,46	4,95	1,27	48,56	42,59	7,76	
81	„ Doppelt- .	„	32,44	32,00	30,17	0,97	4,42	1,41	47,37	44,66	7,58	
82	„ „ .	„	38,83	26,25	26,77	3,18	4,97	2,04	42,91	43,76	6,87	
83	„ „ .	„	38,14	26,56	24,16	6,40	4,74	1,28	42,94	39,06	6,87	
84	„ „ .	„	33,41	27,75	32,69	2,23	3,92	1,01	41,67	49,09	6,68	
85	„ „ .	„	32,80	—	27,22	—	5,22	1,27	—	40,51	—	A. Völcker[2])
86	„ „ .	„	40,88	—	22,81	—	4,43	1,45	—	38,58	—	
87	„ Einfach- .	„	28,10	30,31	33,68	3,72	4,19	1,12	42,02	46,86	6,74	
88	„ „ .	„	31,96	29,37	31,37	2,85	4,45	1,35	43,17	46,11	6,91	
89	„ „ .	„	37,20	24,50	27,30	7,44	3,56	0,85	39,01	43,47	6,24	
90	„ „ .	„	31,81	26,12	29,26	8,63	4,18	1,50	38,30	42,91	6,13	
91	„ „ .	„	37,91	31,25	22,70	3,30	4,84	1,23	50,33	36,57	8,05	
92	„ „ .	„	36,50	25,75	28,75	4,68	4,32	1,38	40,55	45,28	6,49	
93	„ Doppelt- .	1845	35,81	37,96	21,97	—	4,25	—	59,14	34,23	9,46	Jones[3])
94	„ Einfach- .	1875	32,42	34,46	27,42	—	5,70	1,46	51,00	40,57	8,16	
95	„ „ .	1876	23,52	31,70	29,94	—	5,48	—	41,45	44,37	7,52	Hassall[4])
	Mittel (78—95)	.	**34,31**	**29,21**	**28,08**	**3,86**	**4,54**	**1,30**	**44,46**	**42,68**	**7,11**	
96	Gorgonzola-Käse[0]) . . .	1873	43,56	24,17	27,95	—	3,32	—	42,82	49,52	6,85	J. Moser[5])
97	„ . . .	1869	36,72	25,67	33,69	0,21	3,71	—	40,57	53,24	6,49	Hornig[6])
98	„ . . .	1885	26,81	33,80	35,29	—	4,10	—	44,81	48,22	7,01	v. Klenze[7])

[1]) Preuss. Landw. Jahrbücher 1887. S. 317.
[2]) Journ. of the Royal agric. Society of England. Bd. XXII. S. 50.
[3]) Ibidem 1858. Bd. XIX. S. 420.
[4]) Hassall, Food: Its adulteration and the methods for their detection. London 1876. S. 450.
[5]) Jahresbericht f. Agric. Chem. 1873/74. II. Bd. 291. Diese Analyse rührt vermuthlich von A. Payen her.
[6]) Beiträge zur Geschichte, Technik und Statistik der Käserei. Wien 1869. S. 40.
[7]) Milchztg. 1885. S. 389.

[0]) Vergl. Anmerkung *) Seite 376.

*) Die Stickstoff-Substanz zerfällt in:

No.	70 %	71 %	72 %	73 %	74 %
Eiweissstoffe	18,60	21,73	21,85	24,91	23,76
Mit Stickstoff	2,90	3,25	3,41	3,71	3,59
Eiweisszersetzungsproducte	6,91	6,64	5,46	5,78	6,57
Mit Stickstoff	0,82	0,80	0,58	0,73	0,85
Nucleïn (unverdaulich) . .	0,15	0,16	—	0,23	0,12

No.	Bemerkungen	Zeit der Untersuchung	Wasser %	Stickstoff-Substanz %	Fett %	Milchzucker etc. %	Asche %	Darin Kochsalz %	In der Trocken-Substanz: Stickstoff-Substanz %	In der Trocken-Substanz: Fett %	Stickstoff in der Trocken-Substanz %	Analytiker
99	Gorgonzola-Käse	1887	42,80	23,14 *)	29,70	—	4,36	2,21	40,45	51,92	6,47	Duclaux[1])
100	„ (nicht ganz reif)	„	38,69	22,78 *)	34,07	—	4,46	2,64	37,15	55,56	5,94	
	Mittel (96—100)	.	**37,72**	**25,91**	**32,14**	**0,23**	**4,00**	**2,20**	**41,59**	**51,60**	**6,65**	
101	Holländer Käse[0]) . . .	1865	36,10	30,00	27,50	5,60	0,80	—	46,95	43,04	7,51	A. Payen[2])
102	„ . . .	„	41,41	25,63	25,06	1,69	6,21	—	43,74	42,67	7,00	
103	„ . . .	1876	30,10	32,81	27,57	—	6,84	—	46,94	36,58	7,51	Hassall[3])
104	„ (Goudascher)	1887	38,80	24,40	31,20	—	5,60	2,80	39,87	50,98	6,38	A. Mayer[4])
	Mittel (101—104)	.	**36,60**	**28,21**	**27,83**	**2,50**	**4,86**	**2,43**	**44,49**	**43,89**	**7,12**	
105	Marelles-Käse	1876	40,07	23,31	28,73	1,96	5,93	—	38,90	47,94	6,22	
106	Romadur-Käse oder	1866	56,60	18,76	17,05	0,81	6,78	—	43,23	39,26	6,92	Hornig[5])
107	Romadour- „	1869	(51,21	33,60	9,16	0,02	6,01	—	66,82	18,77	11,02)	
108	„ „	1878	42,70	26,80	24,29	—	6,24	—	46,77	42,34	7,48	J. Moser[6])
109	„ „ genussreif	1885	(43,21	40,13	10,56	—	6,10	—	70,66	18,55	11,31)	v. Klenze[7])
	Mittel (106, 108)	.	**49,65**	**22,78**	**20,66**	**0,40**	**6,51**	—	**45,24**	**41,30**	**7,24**	
110	Rottenburger Schlosskäse .	1885	45,92	22,01	27,17	—	4,90	—	40,70	50,24	6,53	
	Russischer Käse:											
111	Nach Schweizer Art bereitet	1882	29,80	20,57	37,20	6,74	5,96	2,41	29,30	52,99	4,69	A. Kalantarow[8])
112		„	32,51	26,16	29,68	4,21	7,44	4,78	38,76	43,83	6,20	
113		„	35,44	28,81	28,97	0,57	6,21	3,09	44,63	46,42	7,14	
114		„	34,68	24,15	32,53	3,72	4,92	1,63	36,96	49,80	5,91	
115		„	31,26	24,54	32,94	6,90	4,36	1,45	35,70	47,92	5,71	
	Mittel (111—115)	.	**32,74**	**24,85**	**32,26**	**4,43**	**5,78**	**2,67**	**37,07**	**48,19**	**5,93**	
	Schaf-Käse:											
116	Roquefort-Käse, genussreif .	1885	38,94	21,92	34,14	—	5,00	—	35,90	55,91	5,74	v. Klenze[7])
117	„	1865	34,50	26,31	30,10	3,19	5,90	—	40,17	45,95	6,43	A. Payen[2])

[1]) Duclaux: Le Lait 1887. p. 304.
[2]) Journ. de Pharm. XVI. S. 279 u. Bull. soc. chim. (2) III, S. 232.
[3]) Hassal, Food: Its adulteration and the methods for their detection. London 1876. S. 450.
[4]) Milchztg. 1885. S. 87.
[5]) Beiträge zur Geschichte, Technik und Statistik der Käserei. Wien 1869. S. 40.
[6]) Erster Bericht der Versuchsstation Wien. 1878. Tab. XXXIX.
[7]) Milchztg. 1885. S. 389.
[8]) Nach Journ. d. russ. phys. chem. Gesellsch. 1882. I. S. 155 in Berichte d. deutschen chem. Gesellsch. in Berlin 1882. S. 1220.

[0]) Vermuthlich identisch mit „Edamer“ Käse.

*) Duclaux bestimmte in den beiden Sorten Gorgonzola-Käse ferner:

	No. 99	100
	%	%
Unlösliches Casein	10,77	13,22
Lösliches „	12,37	9,56
Casein-Pepton	11,72	8,50
	‰	‰
Ammoniak, freies, pro 1 kg .	2,00	4,00
„ gebundenes, „ „ „ .	5,10	
Buttersäure . . . . . . „ „ „ .	1,80	0,70

Musso, Menozzi u. Bignamini (vergl. Giov. Musso: Il Cacio, Tecnologia, Chimica etc. Roma 1877. p. 53) bestimmten die einzelnen Stickstoffverbindungen in einem Gorgonzola-Käse mit folgendem Resultat:

Wasser	Casein	Albumin	Pepton	Amide	Ammoniak	Fett	Asche
%	%	%	%	%	%	%	%
33,37	5,66	0,87	1,74	17,52	0,79	37,47	3,38

No.	Bemerkungen	Zeit der Untersuchung	Wasser %	Stickstoff-Substanz %	Fett %	Milchzucker etc. %	Asche %	Darin Kochsalz %	In der Trocken-Substanz: Stickstoff-Substanz %	In der Trocken-Substanz: Fett %	Stickstoff in der Trocken-Substanz %	Analytiker
118	Roquefort-Käse	1865	26,53	31,68	32,31	5,03	4,45	—	43,12	43,98	6,90	*A. Payen*[1])
119	Roquefort, 1 Monat alt .	1880	36,93	25,79	31,23	—	4,78	—	40,89	49,52	6,54	*Hornig*[2])
120	desgl., ganz alt	„	23,54	27,00	40,13	—	6,27	—	35,44	52,48	5,65	*N. Sieber*[3])
121	Briesen-Käse aus Ungarn .	1869	43,08	23,28	28,04	0,02	5,58	—	40,90	49,26	6,54	
122	Tesselscher Schaf-Käse . .	1887	54,40	30,10	18,30	1,40	5,80	3,40	44,08	40,13	7,05	*A. Mayer*[4])
	Mittel (116—122)	.	**36,85**	**25,25**	**30,61**	**1,90**	**5,39**	**3,15**	**40,07**	**48,47**	**6,41**	
123	Schwarzenberger Käse . .	1873	47,20	17,77	29,04	—	5,99	—	33,66	55,00	5,38	*J. Moser*[5])
124	„ „ [0]) . .	1869	(59,28	24,09	10,44	0,02	6,17	—	59,16	25,64	9,46	*Hornig*[2])
	Schwedische Käse:											
125	Chester v. Rieseberga[00]) .	1872	26,80	29,20	37,9	1,70	3,7	—	39,88	51,78	6,38	*Alex. Müller*[6])
126	Gudhemer	„	31,90	(31,60 *))	31,2	—	5,3	—	—	45,82	—	
127	Von Flieshut in Smaaland	„	36,00	(29,80)	31,9	—	2,3	—	—	49,84	—	
128	Von Färlöse bei Calmar .	„	23,10	(32,2)	39,7	—	5,0	—	—	51,63	—	
129	Von Bergquara	„	33,40	(33,9)	28,2	—	3,5	—	—	42,34	—	
130	Nahe an der Rinde 1863 .	„	31,90	(31,6)	31,2	—	5,3	—	—	45,81	—	
131	desgl. 1864 .	„	30,90	(31,2)	32,7	—	5,2	—	—	47,32	—	
132	Käse frisch	„	40,42	24,80	28,00	1,65	5,43	—	41,62	46,99	6,66	
133	desgl. reif, 1 Jahr alt . .	„	33,12	27,35	31,70	2,96	4,87	—	40,89	47,40	6,54	
134	Schweizer Käse, 1. Preis .	1867	29,34	23,20	36,44	6,11	4,78	—	32,83	51,57	5,25	*Dahl*[7])
135	„ „ 2. „ .	„	38,64	23,21	29,13	4,36	4,39	—	37,83	47,46	6,08	
136	„ „ 3. „ .	„	36,02	24,76	32,05	4,59	2,39	—	38,70	50,10	6,19	
	Mittel (125—136)	.	**32,54**	**26,05**	**32,50**	**5,06**	**3,85**	—	**38,62**	**48,17**	**6,19**	
137	Spalen-Käse[000])	1887	28,14	28,24[000])	33,69	2,55	7,38	4,46	39,30	46,88	6,29	*E. Schulze u. Benecke*[8])
138	Vacherin-Käse[000])	„	54,02	17,12[000])	23,74	2,04	3,08	1,77	37,23	51,63	5,96	
139	„	1867	45,87	25,29	27,21	—	1,63	—	46,72	50,27	7,50	*O. Lindt u. C. Müller*[9])
140	Vorarlberger Käse . . .	1876	32,92	25,65	31,99	2,55	6,89	—	38,24	47,69	6,12	*W. Eugling und v. Klenze*[10])
141	„ „ . . .	„	34,28	28,58	29,49	1,81	5,38	—	43,49	44,87	6,96	
142	„ „ . . .	„	35,79	30,32	26,06	2,21	5,62	—	47,22	40,59	7,56	
143	„ „ . . .	1880	34,48	27,80	31,45	1,95	4,32	—	42,43	48,00	6,79	
	Mittel (140—143)	.	**34,37**	**28,09**	**29,76**	**2,13**	**5,55**	—	**42,84**	**45,39**	**6,85**	
Fettkäse	Minimum	.	22,09	18,16	19,31	—	0,77	0,01	29,30	31,14	4,69	
Fettkäse	Maximum	.	56,75	34,07	37,11	6,83	9,91	4,39	54,96	59,85	8,79	
Fettkäse	Gesammt-Mittel	.	**38,00**	**25,35**	**30,25**	**1,43**	**4,97**	**2,37**	**40,86**	**48,78**	**6,54**	

[1]) Journ. de Pharm. XVI. S. 279 u. Bull. soc. chim. (2) III. S. 232.
[2]) Beiträge zur Geschichte, Technik und Statistik der Käserei. Wien 1869. S. 40.
[3]) Journ. f. pract. Chem. 1880. N. F. Bd. 21. S. 203 etc.
[4]) Milchztg. 1887. S. 87.
[5]) Jahresbericht f. Agric. Chem. 1873/4. II. Bd. 291. Diese Analyse rührt vermuthlich von A. Payen her.
[6]) Landw. Jahrbücher 1872. S. 85.
[7]) Milchztg. 1872. S. 210.
[8]) Preuss. Landw. Jahrbücher 1887. S. 317.
[9]) Jahresbericht f. Agric. Chem. 1867. S. 354 u. 355.
[10]) Bericht d. landw. Versuchsst. Tisigro 1875—76. Bregenz 1887. S. 12 u. Milchztg. 1880. S. 597.
[0]) Diese Probe ist wohl aus entrahmter Milch gewonnen.
[00]) Dieser Käse enthielt 0,7 % Ammoniak.
[000]) Die Stickstoff-Substanz zerfällt in:

	Eiweissstoffe	Eiweisszersetzungsproducte	Nucleïn
No. 125 . . .	26,14 % (4,04 % N)	4,64 % (mit 0,48 % N)	0,28 %
„ 126 . . .	16,18 „ (2,40 „ „)	2,80 „ „ 0,34 „ „)	0,47 „

*) Die eingeklammerten Zahlen bedeuten N-Substanz + Milchzucker.

3. Halbfetter Käse.[0])

No.	Bemerkungen	Zeit der Untersuchung	Wasser %	Stickstoff-Substanz %	Fett %	Milchzucker etc. %	Asche %	Darin Kochsalz %	In der Trocken-Substanz: Stick-stoff-Sub-stanz %	In der Trocken-Substanz: Fett %	Stickstoff in der Trocken-Substanz %	Analytiker
1	Greyerzer, Groyer, Gruyère oder Grivera[00])	1865	40,00	31,25	24,00	1,75	3,00	—	52,08	40,00	8,33	A. Payen[1])
2	"	"	32,05	34,25	28,40	0,51	4,79	—	50,40	41,73	8,06	A. Payen[1])
3	1. Preis frisch	1867	34,57	32,51	29,12	—	3,80	—	49,67	46,04	7,75	v. Lindt u. C. Müller[2])
4	2. " "	"	35,74	29,95	30,64	—	3,67	—	46,61	47,68	7,46	v. Lindt u. C. Müller[2])
5	Greyerzer[000])	1887	40,61	26,18	26,59	1,94	4,68	2,10	44,08	44,75	7,05	E. Schulze[3])
6	Gruyère	"	36,00	30,84*)	29,29	—	3,87	0,57	48,19	45,77	7,71	Duclaux[4])
	Mittel (1—6)	.	**36,49**	**30,83**	**28,01**	**0,72**	**3,95**	**1,23**	**48,51**	**44,23**	**7,77**	
7	Grana aus Reggio †[0]) . .	1887	32,56	32,27*)	21,75	8,35	5,07	1,65	47,85	32,25	7,66	Duclaux[4])
8	" " Lombardia . .	"	30,09	38,42*)	26,04	—	5,45	1,76	54,96	37,25	8,79	Duclaux[4])
	Mittel (7 u. 8)	.	**31,33**	**35,34**	**23,90**	**4,17**	**5,26**	**1,71**	**51,41**	**34,75**	**8,22**	
9	Holländer, resp. nach Holländer Art dargestellt: aus Frankreich	1887	35,37	34,12*)	24,72	—	5,79	2,89	52,79	38,25	8,45	Duclaux[4])
10	"	"	32,74	36,04	24,63	—	6,69	3,61	53,58	36,62	8,57	Duclaux[4])
11	"	"	44,43	25,59	23,75	—	6,13	3,84	46,05	42,74	7,37	Duclaux[4])
12	aus Holland	"	38,94	31,66	24,03	—	5,37	2,30	51,85	39,35	8,30	Duclaux[4])
13	"	"	35,08	34,64	25,90	—	4,38	1,58	53,36	39,90	8,54	Duclaux[4])
	Mittel (9—13)	.	**37,35**	**32,40**	**24,61**	—	**5,65**	**2,84**	**51,75**	**39,32**	**8,28**	

1) Journ. de Pharm. XVI. S. 279 u. Bull. soc. Chim. (2) III. S. 232.
2) Jahresbericht f. Agric. Chemie 1867. S. 254.
3) Preuss. Landw. Jahrbücher 1887. S. 314.
4) Duclaux: Le Lait 1887. p. 307 u. 310.

0) Unter „halbfetter Käse" ist der zur Hälfte aus theilweise entrahmter (meistens zwölfstündiger Abendabrahmmilch) und ganzer Milch (meistens Morgenmilch) dargestellte Käse zu verstehen.

00) Musso, Menozzi u. Bignamini (vergl. Giov. Musso: Il Cacio; Tecnologio, Chimica e Mikrobiologia Generale del Caseificio. Roma. 1887. p. 53) bestimmten in 4 Sorten Gruyère-Käse (Cacio grivera) die einzelnen Stickstoffverbindungen mit folgendem Resultat:

	Wasser %	Casein %	Albumin %	Pepton %	Amide %	Ammoniak %	Fett %	Asche %
No. 1	20,11	27,79	0,61	0,45	8,02	0,17	37,70	5,32
„ 2	29,02	21,95	0,62	0,88	8,68	0,26	33,43	5,88
„ 3	20,43	24,41	0,70	1,13	7,04	0,40	39,75	5,84
„ 4	35,66	18,13	0,60	1,10	6,47	0,22	31,48	5,95
Mittel	26,31	20,57	0,63	0,89	7,80	0,26	35,59	5,77

000) Die Stickstoff-Substanz zerfällt in:

	Eiweissstoffe	Eiweisszersetzungsproducte	Nucleïn
No. 5	22,61 % (3,55 % N)	5,34 % (mit 0,64 % N)	0,18 %

†0) Giov. Musso, Menozzi u. Bignamini (vergl. Giovanni Musso: Il Cacio, Tecnologia, Chimica e Microbiologia generale del Caseifio. Roma 1887. p. 53) bestimmten in dem Grana-Käse die einzelnen Stickstoffverbindungen mit folgendem Resultat:

	Wasser %	Casein %	Albumin %	Pepton %	Amide %	Ammoniak %	Fett %	Asche %
Grana No. 1	27,96	27,84	1,20	0,64	17,38	0,30	18,67	5,75
„ „ 2	40,78	19,04	0,50	0,46	18,00	0,33	16,88	4,36

*) Duclaux bestimmte in den Käsesorten ferner:

	Gruyère No. 6 %	Grana No. 7 %	No. 8 %	Holländer No. 9 %	10 %	11 %	12 %	13 %
Unlösliches Casein	24,54	25,56	23,70	22,38	25,87	—	—	24,40
Lösliches „	6,30	16,71	14,72	11,74	10,17	—	—	10,24
Casein-Pepton (Filtrirbares Casein)	4,33	18,50	15,80	8,43	9,78	6,07	7,67	10,24
	‰	‰	‰	‰	‰	‰	‰	‰
Ammoniak, feines, pro 1 Kilo	0,29	0,02	0,03	0	0	0	0	0,03
„ gebundenes, „ „ „	0,58	1,50	2,50	0,95	0,61	0,43	5,70	6,30
Buttersäure	2,50	2,00	1,80	1,50	1,50	1,20	1,20	5,10

No.	Bemerkungen	Zeit der Untersuchung	Wasser %	Stickstoff-Substanz %	Fett %	Milchzucker etc. %	Asche %	Darin Kochsalz %	In der Trocken-Substanz: Stickstoff-Substanz %	In der Trocken-Substanz: Fett %	Stickstoff in der Trocken-Substanz %	Analytiker
14	Vorarlberger Battelmattkäse	1876	44,24	21,22	29,42	2,25	2,86	—	38,06	52,96	6,04	W. Eugling und v. Klenze[1])
15	"	"	47,98	22,75	24,11	2,45	2,71	—	43,73	46,85	7,00	"
16	"	"	49,27	23,20	22,04	2,35	3,14	—	45,73	43,45	7,32	"
17	"	"	47,67	24,48	23,58	3,35	2,92	—	46,78	45,06	7,48	"
18	"	"	50,53	23,11	20,52	3,08	2,76	—	46,71	41,48	7,45	"
19	"	"	46,54	23,48	24,84	2,28	2,86	—	43,91	46,46	7,03	"
20	"	1878	47,73	22,70	24,08	2,62	2,87	—	43,43	46,07	6,95	"
	Mittel (14—20)	.	**47,71**	**22,99**	**24,08**	**2,35**	**2,87**	—	**43,88**	**45,97**	**7,02**	
21	Aus Westfalen	1879	46,08	26,77	19,02	1,02	6,45	—	49,65	35,27	7,94	J. König[2])
	Halbfetter Käse, Gesammtmittel	.	**39,79**	**29,67**	**23,92**	**1,79**	**4,73**	**1,97**	**49,04**	**39,73**	**7,88**	

4. Magerkäse.[0])

No.	Bemerkungen (Alter, Monate)	Zeit der Untersuchung	Wasser %	Stickstoff-Substanz %	Fett %	Milchzucker etc. %	Asche %	Darin Kochsalz %	In der Trocken-Substanz: Stickstoff-Substanz %	In der Trocken-Substanz: Fett %	Stickstoff in der Trocken-Substanz %	Analytiker
1	Dänischer Exportkäse: 7 —	1878	43,87	34,00	10,74	5,73	3,96	1,70	60,57	19,13	9,69	V. Storch[3])
2	5 1. Prämie	"	38,78	30,31	23,70	2,65	3,45	1,11	49,51	38,71	7,92	"
3	4 1. "	"	46,05	30,25	13,46	5,36	3,58	1,30	56,07	24,95	8,97	"
4	4 2. "	"	47,76	30,32	9,34	5,90	4,17	2,51	58,04	17,88	9,29	"
5	4 1. "	"	46,33	30,56	12,55	5,15	3,33	2,08	56,94	23,38	9,11	"
6	3½ talgig	"	46,66	27,69	15,04	5,48	3,44	1,69	51,91	28,20	8,31	"
7	3½ 2. Prämie	"	48,10	29,06	11,88	5,03	3,60	2,33	55,99	22,90	8,96	"
8	3½ 1. "	"	46,47	27,75	14,27	5,51	3,45	2,55	51,84	26,66	8,29	"
9	3, seichte Beschaffenheit	"	49,88	30,19	9,73	5,32	3,65	1,33	60,24	19,41	9,64	"
	Mittel (1—9)	.	**45,99**	**30,01**	**13,41**	**5,10**	**3,63**	**1,86**	**55,55**	**24,58**	**8,88**	
10	Engadiner (Ober-)[00]) . . .	1867	47,30	36,34	11,40	—	4,96	—	68,96	21,44	11,03	O. Lindt u. C. Müller[4])
11	Simmenthaler[00])	"	41,02	48,37	8,43	—	2,18	—	82,01	14,29	13,12	"
12	desgl.	"	43,67	49,16	3,40	—	3,77	—	87,27	6,04	13,96	"
	Mittel (10—12)	.	**43,99**	**44,62**	**7,74**	—	**3,64**	—	**79,66**	**13,92**	**12,74**	
13	Kümmelkäse 2. Preis . .	1866	47,12	31,61	7,36	10,43	3,42	—	59,77	13,92	9,56	Dahl[5])
14	" 3. " . . .	"	40,54	31,29	16,87	8,13	3,17	—	52,62	28,36	8,42	"
	Mittel (13—14)	.	**43,83**	**31,45**	**12,11**	**9,32**	**3,29**	—	**56,00**	**21,14**	**8,96**	
15	Nögelkäse oder Nögelost .	1866	48,51	32,72	6,13	8,59	3,79	—	63,55	11,91	10,17	derselbe[5])
16	desgl. aus Schweden	Aus früherer Zeit	43,87	28,93	15,89	6,47	4,84	—	51,54	28,31	8,25	A. Völcker[6])
17	" aus Schweden	Aus früherer Zeit	45,39	33,12	9,97	6,39	5,13	—	60,65	18,25	9,70	"
18	" aus Schweden	1870	42,44	42,12	3,36	9,85	2,22	—	73,18	5,84	11,78	"
	Mittel (15—18)	.	**45,05**	**34,17**	**8,84**	**7,95**	**3,99**	—	**62,19**	**16,08**	**9,95**	

[1]) Milchztg. 1877 u. 1878. No. 11 u. 12.
[2]) Original-Mittheilung.

Magerkäse.
[3]) Forschungen auf dem Gebiete der Viehhalt. 1879. S. 166—232. — Aus dem N-Gehalt durch Multiplikation mit 6,25 berechnet.
[4]) Jahresbericht f. Agric. Chemie 1867. S. 354.
[5]) Milchzeitung 1872. S. 310.
[6]) Journ. of the Roy. Agric. Soc. of England 1870. II. S. 333.

[0]) Aus ganz oder theilweise entrahmter Milch dargestellter Käse, bei welchem der Fettgehalt bedeutend niedriger als der Caseingehalt ist.

[00]) Diese Käsesorten sind als „halbfette" in den Originalen aufgeführt; wegen des sehr niedrigen Fettgehaltes gegenüber dem Casein rechne ich sie zu den Magerkäsen.

No.	Bemerkungen	Zeit der Untersuchung	Wasser %	Stickstoff-Substanz %	Fett %	Milchzucker etc. %	Asche %	Darin Kochsalz %	In der Trocken-Substanz: Stickstoff-Substanz %	In der Trocken-Substanz: Fett %	Stickstoff in der Trocken-Substanz %	Analytiker
19	Parmesankäse[0])	1865	27,60	43,75	16,00	6,95	5,70	—	60,43	22,10	9,81	A. Payen[1])
20	"	"	30,31	34,25	21,68	6,87	7,09	—	49,15	31,11	7,86	A. Payen[1])
21	"	1873	34,57	35,15	24,05	—	6,23	—	53,72	36,76	8,60	J. Moser[2])
22	"	1878	31,16	48,25*)	12,58	—	6,99	—	70,09	18,27	11,21	L. Manetti und G. Musso[3])
23	"	"	33,27	41,00	17,17	2,25	6,31	—	61,44	25,73	9,83	L. Manetti und G. Musso[3])
24	"	"	30,20	44,56	18,65	0,10	6,49	—	63,96	26,72	12,21	L. Manetti und G. Musso[3])
25	"	"	32,01	41,44	19,97	0,84	5,74	—	60,95	29,37	9,75	L. Manetti und G. Musso[3])
26	"	"	33,90	41,50	21,28	—	7,18	—	62,78	32,19	10,05	L. Manetti und G. Musso[3])
27	"	"	30,43	37,62	23,42	3,33	5,20	—	54,07	33,66	8,65	L. Manetti und G. Musso[3])
28	"	"	36,11	42,00	17,12	—	6,39	—	65,74	26,79	10,52	L. Manetti und G. Musso[3])
29	"	"	30,24	43,56*)	22,83	—	6,05	—	62,44	32,73	9,99	L. Manetti und G. Musso[3])
	Mittel (19—29)	.	**31,80**	**41,19**	**19,52**	**1,18**	**6,31**	—	**60,39**	**28,68**	**9,66**	
30	Vorarlberger aus Feldkirch . . .	1877	48,75	34,48	5,28	7,21	4,28	—	67,28	10,30	10,76	W. Eugling u. v. Klenze[4])
31	Vorarlberger aus Dornbirn . . .	"	56,85	29,10	3,84	5,25	4,96	—	67,44	8,90	10,79	W. Eugling u. v. Klenze[4])
32	Vorarlberger desgl.	"	44,65	40,11	2,82	7,02	5,42	—	72,47	5,13	11,59	W. Eugling u. v. Klenze[4])
33	Vorarlberger —	"	49,03	33,63	10,08	3,43	3,82	—	66,00	19,77	10,56	W. Eugling u. v. Klenze[4])
34	Vorarlberger Mittel von 4 Analysen	"	50,20	31,08	12,17	2,76	3,79	—	62,41	24,44	9,99	W. Eugling u. v. Klenze[4])
	Mittel (30—34)	.	**49,89**	**33,68**	**6,84**	**5,14**	**4,45**	—	**67,21**	**13,71**	**10,76**	
35	Aus Westfalen	1877	46,56	29,85	11,16	7,98	3,45	—	55,86	20,88	8,94	J. König u. C. Krauch[5])
36	Schweizer Magerkäse . .	1885	50,41	41,90	3,99	—	3,70	—	84,49	8,05	13,52	v. Klenze[6])
37	Aus England, aus weniger abgerahmter,	1882	38,39	28,37	23,21	6,80	3,23	1,33	46,02	37,67	7,36	A. Völcker[7])
38	Aus England, aus mehr abgerahmter Milch	"	43,87	28,93	15,89	6,47	4,84	1,66	51,54	28,31	8,25	A. Völcker[7])
39	Leydener Magerkäse . .	1887	46,90	35,90	11,00	1,00	5,20	1,40	67,61	20,72	10,82	A. Mayer[8])
40	Aus Separator-Magermilch (Backsteinkäse) . . .	1884	73,12	19,84	2,76	2,17	2,11	—	73,81	10,27	10,27	W. Fleischmann[9])
41	Magerer Backsteinkäse . .	1880	61,04	23,85	6,80	3,48	4,83	—	61,22	17,48	9,79	W. Fleischmann[9])
	Magerkäse Minimum	.	27,60	24,85	2,77	—	2,00	—	46,02	5,13	7,36	
	Magerkäse Maximum	.	73,12	45,62	20,90	9,22	6,21	—	84,49	38,71	13,52	
	Magerkäse Gesammt-Mittel	.	**46,00**	**34,06**	**11,65**	**3,42**	**4,87**	**1,80**	**63,07**	**21,57**	**10,09**	

[1]) Journ. de Pharm. XVI. S. 279 u. Bull. soc. chim. (2) III. S. 232.
[2]) Jahresbericht f. Agric. Chemie 1873/74. II. Bd. S. 291.
[3]) Landw. Versuchsst. 1878. Bd. 21. S. 211.
[4]) Milchztg. 1877 und Jahresbericht f. Agric. Chemie 1878. S. 509.
[5]) Chem. u. techn. Untersuchungen d. Versuchsst. Münster 1878. S. 107.
[6]) Milchztg. 1885. S. 369.
[7]) Ebendort 1882. S. 439.
[8]) Ebendort 1887. S. 87.
[9]) Bericht d. Milchw. Versuchsstation Raden pro 1880 S. 34 u. 1884 S. 30.

[0]) Vergl. Anmerkung [0]) Seite 379.

*) Aus dem N-Gehalt nach Abzug des Ammoniak-Stickstoffs durch Multiplikation mit 6,25 von mir berechnet. Die Proben enthielten:

No.	22	23	24	25	26	27	28	29
Ammoniak	0,142	0,388	0,146	0,286	0,316	0,134	0,248	—

5. Sauermilchkäse.[0])

(Quargel, Quark, Käsematte oder Topfen oder Ziger etc. gt.)

No.	Bemerkungen	Zeit der Untersuchung	Wasser %	Stickstoff-Substanz %	Fett %	Milchzucker etc. %	Sonstige N-fr. Stoffe %	Asche %	Darin Kochsalz %	In der Trocken-Substanz: Stick-stoff-Substanz %	In der Trocken-Substanz: Fett %	Stickstoff in der Trocken-Substanz %	Analytiker
1	Quargeln aus Olmütz	1869	44,54	41,04	3,37	0,16	—	10,89	—	74,00	6,08	11,84	*Hornig* [1])
2	Quargeln aus Olmütz	1873	52,49	38,02	7,70	—	—	1,79	—	80,03	16,21	12,80	*Soxhlet* [2])
	Mittel (1—2)	.	**48,51**	**39,53**	**5,53**	**0,09**	—	**6,34**	—	**77,01**	**11,14**	**12,32**	
3	Sauermilchquarg a. Sachsen, frisch	1879	76,39	17,17	3,07	2,33	—	1,04	—	72,72	13,00	11,64	*J. König* [3])
4	Quarg oder Topfen aus München[00])	„	60,27	24,84	7,33	3,54	—	4,02	—	62,52	18,45	10,00	*M. Rubner* [4])
5	Vorarlberger Ziger	1877	68,51	22,13	3,15	3,90	—	2,31	—	70,28	10,00	11,24	*W. Eugling und v. Klenze* [5])
6	Vorarlberger Ziger	„	74,74	14,99	4,33	3,93	—	2,02	—	59,34	17,14	9,49	*W. Eugling und v. Klenze* [5])
7	Vorarlberger Ziger	1880	68,47	18,72	5,22	3,97	—	3,62	—	59,37	16,56	9,50	*W. Eugling und v. Klenze* [5])
8	Vorarlberger Sauerkäse aussen .	1885	56,61	36,42	4,48	—	—	2,49	—	83,94	10,32	13,43	*v. Klenze* [6])
9	Vorarlberger Sauerkäse innen .	„	50,58	42,37	4,56	—	—	2,49	—	85,73	9,23	13,71	*v. Klenze* [6])
	Mittel (5—9)	.	**63,78**	**26,93**	**4,35**	**2,35**	—	**2,59**	—	**74,37**	**12,01**	**11,90**	
10	Ziger	1885	31,00	64,62	3,48	—	—	0,90	—	93,65	5,04	14,98	*v. Klenze* [6])
11	Schabziger	„	38,17	45,73	12,27	—	—	3,83	—	73,96	19,84	11,82	*v. Klenze* [6])
12	desgl. Glarner[000]) (grüner Kräuterkäse)	1887	47,02	37,06 *)	6,60	—	—	10,10	7,53	69,95	12,46	11,19	*E. Schulze u. Benecke* [7])
13	Mainzer saurer Handkäse .	1885	53,74	37,33	5,55	—	—	3,38	—	80,70	12,00	12,91	*v. Klenze* [6])
14	Kirgisischer Sauerkäse, Krutt †[0])	„	8,59	78,68	1,31	1,93	—	9,46	8,01	83,89	1,43	13,42	*W. Leutner* [8])
15	Kirgisischer Sauerkäse, Krutt †[0])	„	10,14	69,74	1,45	0,81	—	17,84	13,34	77,61	1,63	12,42	*W. Leutner* [8])
	Gesammt-Mittel (excl. 14 und 15	.	**52,36**	**36,64**	**6,03**	**0,90**		**4,07**	**3,03**	**76,91**	**12,66**	**12,30**	

[1]) Beiträge zur Geschichte, Technik u. Statistik der Käserei 1869. S. 40.

[2]) Erster Bericht der Versuchsst. Wien von 1870—1878. Wien 1878. XXIX.

[3]) Original-Mittheilung.

[4]) Zeitschr. f. Biologie 1879. S. 496.

[5]) Milchzeitung 1877 und 1880. S. 597; siehe auch: Jahresbericht f. Agric. Chemie 1878. S. 508.

[6]) Milchztg. 1885. S. 369.

[7]) Preuss. Landw. Jahrbücher 1887. S. 317.

[8]) Chem. Ztg. 1885. S. 254.

[0]) Aus saurer abgerahmter Milch für sich allein oder auch unter Zusatz von saurer Buttermilch durch Erwärmen hergestellt. Zur Bereitung des Zigers verwendet man auch süsse Molken.

[00]) Die Laibchen wogen 26—28 gr.

[000]) Aus entrahmter Milch unter Zusatz von Buttermilch hergestellt.

†[0]) Der Krutt wird aus sauer gewordener, abgerahmter Kuh-, Ziegen-, Schaf- und Kameelmilch gewonnen, indem man dieselbe mit Kochsalz versetzt, in Säcken unter Beschweren mit Steinen auspresst, die Käsemasse in kleine Kugeln formt und auf Matten in der Sonne trocknet.

*) Die Stickstoff-Substanz bei No. 12 zerfällt in:

Eiweissstoffe	Eiweisszersetzungsproducte	Nucleïn + Rohfaser des Zigerklees.
31,76 (mit 5,08 % N)	7,55 (mit 0,85 % N)	0,85 %

6. Molkenkäse.*)

(Mysost.)

No.	Bemerkungen		Zeit der Untersuchung	Wasser %	Stickstoff-Substanz %	Fett %	Milchzucker etc. %	Sonstige N-fr. Stoffe %	Asche %	In der Trocken-Substanz: Stick-stoff-Sub-stanz %	In der Trocken-Substanz: Fett %	Stickstoff in der Trocken-Substanz %	Analytiker
1	Schwedischer Molkenkäse	aus Kuhmilch	1866	23,98	8,88	9,63	43,31	8,82	5,28	11,67	12,67	1,87	Dahl[1])
2		aus Kuhmilch	"	18,58	7,17	15,64	41,73	11,30	5,58	8,77	19,33	1,41	Dahl[1])
3		aus Kuhmilch	"	26,03	6,77	16,21	33,98	10,92	6,09	9,15	21,91	1,46	Dahl[1])
4		aus Ziegenmilch	"	21,07	10,57	20,36	39,03	5,69	3,28	13,39	25,79	2,14	Dahl[1])
5		aus Ziegenmilch	"	25,29	9,10	20,98	29,21	1,54	3,88	12,18	28,08	1,95	Dahl[1])
6		aus Ziegenmilch	"	26,49	10,78	14,76	36,38	7,14	4,45	14,66	20,08	2,35	Dahl[1])
7		aus Ziegenmilch	1870	24,21	9,06	20,80	41,01	—	4,92	11,95	27,44	1,91	*A. Völcker*[2])
	Mittel		.	**23,66**	**8,90**	**16,91**	**37,81**	**7,94**	**4,78**	**11,68**	**22,19**	**1,87**	

Amerikanischer Käse.

Zusammensetzung und Verdaulichkeit,[3]) ermittelt von L. B. Arnold[4]) (1879).

No.	Beschreibung	Wasser	Fett u. Extract	Casein	Salze	Zeit der Verdauung St.Min.	Bemerkungen
1	Camembert, kleiner französ. Käse, halbflüssig, gleicht dem fr. Brie, scharf	50,41	20,55	25,49	3,52	2,00	Die Veränderung hörte nach 1 St. und 45 Min. auf.
2	Gute amerikanische Nachahmung des Brie	41,50	36,15	17,63	4,70	2,00	Wie No. 1.
3	Amerikan. Nachahmung des Neufchateler Käses	37,45	34,60	24,04	3,90	1,00	Schnelle, aber unvollkommene Verdauung.
4	Amerikan. Nachahmung von Pont l'Evêque	26,02	50,80	20,64	2,54	0,45	Fast vollkommen.
5	Pont l'Evêque, echt, wie oben . .	44,57	21,80	30,36	3,97	4,00	Verdauung in 4 Stunden nicht vollendet. Riecht nach Milchsäure.
6	Ganzer Rahmkäse, scharf u. mager. Amerikanische Factorei . . .	36,72	29,18	30,95	3,34	4,00	Schwerer Schaum von Fett u. Casein. Nicht völlig in 4 St. verdaut.
7	Philadelphia Handkäse	33,14	1,86	58,66	6,03	4,00	Bedeutender käsiger Bodensatz, in 4 Stunden nicht völlig verdaut.
8	Käse von abgerahmter Milch, sehr porös und mager	35,31	20,63	39,26	4,79	3,45	Quark bleibt fast unaufgelöst.

Molkenkäse.

[1]) Milchzeitung 1872. S. 210. Für die nicht bestimmten Bestandtheile der Käse und für angegebene Verluste sind hier Rubriken nicht aufgeführt.

[2]) Journ. of the Roy. agric. Soc. of England 1870. II. Bd. S. 333.

*) Durch vorsichtiges Eindampfen der durchgeseihten Molken (vorwiegend) in Skandinavien gewonnen.

Amerikanischer Käse.

[3]) Zu den Verdauungsversuchen wurden stets 6 g Käse mit 0,6 g Pepsin aus Schweinemägen, 120 g Wasser und 24 Tropfen Salzsäure bei Blutwärme digerirt und unter öfterem Umschütteln von 1/4 zu 1/4 Stunde so lange beobachtet, bis keine Veränderung mehr wahrzunehmen war. Vergl. auch S. 41.

[4]) Michzeitung 1879. S. 468 u. s. w.

No.	Beschreibung	Wasser	Fett u. Extract	Casein	Salze	Zeit der Verdauung St.Min.	Bemerkungen
9	Amerikanische Nachahmung engl. Molkereikäses	27,92	36,04	36,76	5,24	3,45	Ziemlich gut verdaut.
10	Amerikanischer Cheddar	30,92	34,10	30,60	4,36	1,00	Gut verdaut.
11	Junger Amerika, mit Säure fabricirt	32,97	31,13	31,78	4,13	3,45	
12	Salbeikäse, sehr porös und weich	33,32	28,62	33,11	4,23	1,15	Sehr vollständige Verdauung
13	Gauta, Holland, alt und schön	21,90	24,81	46,95	6,32	2,00	Unvollkommen verdaut.
14	Amerikan. Limburger	23,26	34,98	35,05	6,69	2,15	Gute Verdauung, aber schrecklicher Geruch.
15	Amerikan. Limburger, 2. Sorte	35,65	30,85	27,57	5,91	1,30	Gut verdaut.
16	Edam aus Holland	29,23	28,71	33,89	8,14	1,15	Gut verdaut.
17	Edam aus Holland	29,56	28,43	32,31	8,49	3,45	Nicht so gut verdaut.
18	Käse von 1/4 abgerahmter Milch aus Illinois	26,72	32,65	36,16	4,46	3,45	Schmutzig aussehender und trüber Chymus.
19	Sapsago, Kräuter-Käse	13,30	15,52	57,59	13,57	3,45	Verdauung unvollkommen.
20	Leydener oder Comyn-Käse, aus Holland	25,44	6,48	58,45	9,60	3,30	Verdauung unvollkommen.
21	Englischer Chester, alt und reif	24,69	37,08	33,36	4,85	1,15	Fast vollständig. Gut.
22	Holländischer Käse	27,54	19,02	44,67	8,70	3,00	Bedeutend viel ungelöste Materie auf der Oberfläche und am Boden.
23	Magerer Käse aus abgerahmt. Milch. Factoreifabrikat	33,15	2,68	58,94	5,14	4,50	
24	Factoreikäse	32,86	33,94	30,09	3,14	3,30	Verdauung sehr vollständig.
25	„	37,29	23,09	34,75	4,97	3,45	Nicht so ganz gut, wie der vorige.
26	Amerik. Nachahmung des Münster, eines deutschen Käses	29,22	29,85	33,66	7,26	2,00	Quark völlig aufgelöst.
27	Schöner amerikan. Molkereikäse	21,05	28,34	44,23	6,36	1,00	Der Quark in 20 Minuten fast ganz aufgelöst.
28	Nachahmung des englischen Molkereikäses	25,44	34,45	35,35	4,50	2,00	Vollkommen.
29	Hell abgerahmter Factoreikäse	32,37	20,13	43,36	4,15	3,00	Molken ganz aufgelöst.
30	Parmesan-, italienisch, abgerahmt	23,01	12,49	55,85	8,41	2,00	Chymus wolkig. Unvollkommen.
31	Roquefort, alter, französ. Wernert	28,35	29,98	32,84	8,82	2,00	Vollkommen. Fett verdaut.
32	Roquefort, neuer	28,87	33,70	28,82	8,66	2,15	Fast vollkommen. Fett verdaut.
33	Factoreikäse	21,02	39,46	33,61	5,62	1,30	Fast vollkommen.
34	Cheddar, aus vollem Rahm	35,84	22,74	37,87	3,53	3,00	60 % des Käses aufgelöst.
35	Aus vollem Rahm	38,11	22,45	35,74	3,69	3,30	20—30 % des Käses aufgelöst. Geringe Einwirkung auf das Fett.
36	Cheddared Käse	33,72	29,70	32,19	4,38	1,15	Ganz aufgelöst.
37	2 Jahr alter Idamkäse	20,19	36,72	35,52	7,57	2,00	
38	Stiltonkäse	16,26	38,69	41,48	3,56	2,30	
39	9 Monate alter Factoreikäse	26,10	30,52	39,63	3,74	4,00	
40	Nachgeahmter Schweizerkäse. Syrakus	38,51	24,84	32,02	4,57	2,40	4/5 verdaut. Chymus klar.
41	Echter Schweizerkäse od. Gruyère. Syrakus	—	—	—	—	2,30	Gleich dem obigen. 5/6 aufgelöst.
42	Nachgemachter Limburger. Syrakus	48,60	21,29	23,58	6,52	3,10	4/5 aufgelöst.

No.	Beschreibung	Wasser	Fett u. Extract	Casein	Salze	Zeit der Verdauung St.Min.	Bemerkungen
43	Nachgeahmter Limburger, ein anderer Käse	35,05	32,18	27,93	4,82	2,20	Sehr geringer Bodensatz.
44	Echter Schweizerkäse, eingeführt, alt. Syrakus	28,35	29,16	36,60	5,89	1,30	Sehr klarer Chymus.
45	Molkereikäse aus vollem Rahm. Syrakus	35,93	27,18	32,85	4,03	2,10	Dicke Schicht Oel auf der Oberfläche. Chymus schön, wenig Bodensatz.
46	Sapsago oder Kräuterkäse, kleiner, grüner Käse. 6 Unzen. Syrakus	27,51	6,17	53,63	12,92	3,30	Schlecht verdaut. Bedeutender Bodensatz.
47	Neuer Factoreikäse, 4 Wochen alt	36,93	21,97	37,48	3,60	3,00	
48	Echter Roquefortkäse	22,47	34,02	34,99	8,24	1,45	
49	3 Jahr alter Cheddarkäse . . .	13,48	34,56	45,13	6,82	2,30	
50	Amerikanische Nachahmung englischen Molkereikäses	16,44	40,24	37,41	5,90	2,45	
51	Amerikanischer Käse	37,10	22,13	37,38	3,39	—	von E. E. Brugg analysirt[1]) (1879).
52	" "	49,18	28,63	18,35	4,64	—	
53	" "	37,90	25,94	31,66	4,5	—	

Kunstkäse

(aus Magermilch unter Zusatz von anderen thierischen Fetten).

No.	Bemerkungen	Zeit der Untersuchung	Wasser %	Stickstoff-Substanz %	Fett %	Milchzucker etc. %	Asche %	Darin Kochsalz %	In der Trocken-Substanz: Stickstoff-Substanz %	In der Trocken-Substanz: Fett %	Stickstoff in der Trocken-Substanz %	Analytiker
1	Schmalzkäse (amerikanischer)	1882	38,26	27,37 *)	21,70	8,29	4,38	1,25	44,33	35,15	7,09	*A. Völcker*[2])
2		"	38,26	(36,55) **)	21,07 ***)	—	5,12	—	57,58	34,11	9,21	*P. Vieth*[3])
3	Oleomargarinkäse (amerikanischer)	"	37,65	24,87 *)	25,95	8,17	3,36	0,62	39,89	41,62	6,38	*A. Völcker*[2])
4		"	37,99	(34,65) **)	23,70 ***)	—	3,66	—	55,88	38,22	8,94	*P. Vieth*[3])
5	Amerikan. Kunstkäse aus Magermilch unter Zusatz von thierischem und pflanzlichem Fett	1883	23,49	36,21	34,92	0,11	5,24	—	47,33	45,64	7,57	*Willard u. Griffiths*[4])
6		"	28,20	37,01	30,18	0,10	4,51	—	51,55	42,03	8,25	
7		"	26,55	35,58	33,85	0,12	3,90	—	48,44	46,09	7,75	
8		"	31,81	36,10	28,68	0,01	3,20	—	52,94	42,06	8,47	
	Mittel	.	**32,77**	**33,42**	**27,51**	**2,13**	**4,17**	**0,89**	**49,73**	**40,92**	**7,95**	

[1]) Journal of the american chemical Society. Vol. I. p. 64.

Kunstkäse:

[2]) Milchztg. 1882. S. 438.

[3]) Ebendort 1882. S. 519.

[4]) Nach Chem. News Bd. 47. S. 85 in Wiener Landw. Ztg. 1883. S. 75.

*) N × 6,25.

**) Aus der Differenz berechnet, als „Casein" etc. bezeichnet.

***) P. Vieth verseifte das Käsefett nach Hehner's Methode und fand:

	No. 2	No. 4
Unlösliche Fettsäuren	90,46 %	91,82 %
Daraus berechnet sich:		
Butterfett	63 %	46 %
Fremdes Fett	37 „	54 „

Hiernach muss die verwendete abgerahmte Milch 1,25 % und 1,00 % Fett enthalten haben.

Abgerahmte Milch, Magermilch.

(Die Kapitel „Abgerahmte Milch,“ „Buttermilch“ und „Molken“ habe ich nach den von Prof. Dr. Th. Dietrich neu bearbeiteten Tabellen aufgenommen, wie dieselben in dem von ihm und dem Verf. gemeinschaftlich herausgegebenen und demnächst erscheinenden Werke „Zusammensetzung und Verdaulichkeit der Futtermittel“ enthalten sind.)

No.	Bemerkungen	Jahr der Untersuchung	In der ursprünglichen Substanz: Wasser %	Stickstoff-Substanz %	Fett %	Milchzucker %	Salze %	In der Trocken-Substanz: Stickstoff-Substanz %	Fett %	N. in der Trocken-Substanz %	Analytiker
1	Süsse Milch	1856	90,05	3,11	1,25	4,87	0,72	31,26	12,56	5,00	*H. Scheven*[1])
2	„ „	„	89,90	3,47	1,64	4,48	0,61	34,36	16,24	5,50	
3	Schlicker-Milch . . .	„	90,47	3,60	0,56	4,61	0,76	37,77	5,88	6,04	
4	„ „ . . .	„	90,35	3,51	0,47	4,79	0,88	36,37	4,87	5,82	
5	Morgenmilch bei 5—9° in 48 St. aufgerahmt . .	1858	90,24	—	0,62	—	—	—	6,35	—	*Ign. Moser*[2])
6	Abendmilch bei 5—9° in 48 St. aufgerahmt . .	„	89,36	—	1,37	—	—	—	12,98	—	
7	Fettarme Milch, bei 16° in 7¾ St. aufgerahmt .	„	90,06	—	1,27	—	—	—	12,78	—	
8	Fettreiche Milch, bei 16° in 7¾ St. aufgerahmt .	„	86,49	—	0,95	—	—	—	9,04	—	
9	Von dem Gute Ensked bei Stockholm	1857	90,18	—	0,84	—	—	—	8,55	—	*Michaelsen*[3])
10	I. bei 62° F. Dichte 1,0370	1863	89,65	3,01	0,79	5,72	0,83	29,08	7,63	4,65	*A. Völcker*[4])
11	II. „ „ „ 1,0337	„	89,40	2,94	0,76	6,05	0,85	27,74	7,17	4,44	
12	III.	„	89,00	3,01	1,93	5,28	0,78	27,36	17,54	4,38	
13		1865	90,41	3,68	0,32	4,80	0,79	38,38	3,35	6,14	*J. Lehmann*[5])
14	Saure Schlickermilch . .	1868	90,91	3,19	0,97	4,10	0,83	35,09	10,67	5,61	*E. Heiden*[6])
15	„ „ Sept.	1873/75	91,75	3,05	0,64	3,86	0,70	36,97	7,76	5,92	*E. Heiden u. Gans*[7])
16	„ „ 26. Jan.	„	90,70	2,65	0,80	5,28	0,57	28,50	8,60	4,56	
17	„ „ 29. „	„	90,97	2,93	0,78	4,71	0,61	29,52	7,86	4,72	
18	„ „ Novbr.	„	91,73	3,13	0,91	3,53	0,70	37,85	11,00	6,06	
19	„ „ 1. Decbr.	„	92,45	2,57	0,78	3,63	0,57	34,04	10,33	5,45	
20	„ „ 4. „	„	92,57	2,81	0,68	3,38	0,56	37,82	9,15	6,05	
21	23. Novbr.	„	90,92	2,88	0,68	4,78	0,74	31,72	7,49	5,08	
22	25. „	„	91,07	2,89	0,59	4,71	0,74	32,36	6,61	5,18	
23	27. „	„	90,86	2,79	0,55	5,04	0,76	30,53	6,02	4,88	

[1]) Ztschr. d. landw. Centralv. f. Prov. Sachsen 1856. 248. Angaben über die Art der Aufrahmung liegen nicht vor.

[2]) Arenstein's Allgem. Land- und Forstw. Ztg. 1858. 612. Die ursprüngliche Milch enthielt:

		Wasser	Fett	Trockensubstanz
No. 5.	Morgenmilch	86,80 %	4,62 %	13,20 %
„ 6.	Abendmilch	85,31 „	5,34 „	14,69 „
„ 7.	Milch von Kühen ungar. Rasse	88,26 „	3,04 „	11,74 „
„ 8.	Gekaufte Milch	86,65 „	4,16 „	13,35 „

Milch unter No. 5 u. 6 war alsbald durch Einstellen in ein Kühlbad auf 15° C. abgekühlt worden.

[3]) Weende'r Jahresber. 1857/61. 160. (Polyt. Journ. 149. 59.) Die volle Milch enthielt 12,16 % Trockensubstanz und dabei 3,32 % Fett.

[4]) Journ. Roy. agric. Soc. of England. 24. 1863. 298.

[5]) Amtsblatt für die Landw. Ver. Sachsen 1865. 55.

[6]) O. v. Gruber und Fritzsche. Ber. d. Vers. St. Pommritz 1868/69. 27.

[7]) Vers. St. Pommritz. Beiträge zur Ernährung des Schweins. 1. H. 11, 20, 29, 41, 43.

No.	Bemerkungen	Jahr der Untersuchung	In der ursprünglichen Substanz: Wasser %	Stick-stoff-Substanz %	Fett %	Milch-zucker %	Salze %	In der Trocken-Substanz: Stick-stoff-Sub-stanz %	Fett %	N. in der Trocken-Substanz %	Analytiker
24	2. Febr.	—	90,86	2,79	0,52	5,12	0,71	30,53	5,69	4,88	
25	4. „	—	90,74	3,03	0,66	4,79	0,80	35,64	7,13	5,70	
26	Sauere Milch 7. Decbr.	1874	91,07	3,02	0,69	4,48	0,74	33,82	7,73	4,93	
27	„ „ 10. „	„	90,68	3,22	0,58	4,71	0,81	34,55	6,22	5,53	
28	„ „ 16. Novbr.	„	91,03	2,94	0,53	4,72	0,78	32,78	5,91	5,24	
29	„ „ 18. „	„	91,31	3,01	0,52	4,44	0,72	34,64	5,98	5,54	
30	„ „ 6. u. 9. Dec.	„	91,23	2,77	0,34	4,95	0,71	31,59	3,88	5,05	
31	„ „ 10. u. 12. „	„	91,29	2,77	0,34	4,85	0,75	31,60	3,90	5,09	
32	„ „	„	92,20	3,06	0,89	3,09	0,76	39,25	11,41	6,25	
33	„ „	„	92,42	3,02	0,67	3,22	0,67	39,84	8,84	6,37	
34	„ „	„	91,74	3,27	0,90	3,26	0,83	27,48	10,90	4,40	
35	Sauere blaue Milch bei 0° nach 20 Stund. abgerahmt	1862	89,96	—	1,02	—	0,61	—	10,16	—	
36	Sauere blaue Milch bei 15° nach 20 Stund. abgerahmt	„	88,96	3,25	2,27	4,89	0,63	29,44	20,56	4,71	*Al. Müller*[1]
37	Sauere blaue Milch bei 30° nach 20 Stund. abgerahmt	„	88,91	—	3,02	—	0,58	—	25,83	—	
38	Nach 24 Stunden bei 20° C.	1861	89,60	—	1,19	—	0,80	—	11,44	—	
39	Morgenmilch nach 36 stünd. Aufrahmen	1862	89,76	3,51	1,16	4,81	0,76	34,28	11,33	5,48	
40		1863	90,64	3,77	0,55	4,66	0,78	40,28	5,88	6,44	
41	Nach 24 stünd. Aufrahmung, Februar	„	89,80	—	1,30	—	—	—	12,75	—	
42	Nach 36 stünd. Aufrahmung, Februar	„	90,04	3,41	1,06	5,09	0,74	34,24	10,64	5,48	
43	Nach 24 stünd. Aufrahmung, Juni	1864	—	—	0,82	—	—	—	—	—	
	Dichte										
44	Marktmilch 1,0362	1879	89,05	—	0,60	—	—	—	5,48	—	
45	„ 1,0368	„	90,00	—	0,90	—	—	—	9,00	—	
46	„ 1,0365	„	89,16	—	1,37	—	—	—	12,64	—	[2]
47	„ 1,0370	„	89,50	—	0,97	—	—	—	9,24	—	
48	„ 1,0372	„	89,29	—	1,25	—	—	—	11,67	—	
49	„ 1,0340	„	90,78	—	0,165	—	—	—	1,89	—	

[1]) Landw. Vers. St. 9. 1867. 138, 276, 364. Die ursprüngliche Milch enthielt:

	Trockensubstanz	Fett	Protein	Milchzucker	Salze
Zu No. 35—37 . . .	13,05	4,49	3,19	4,68	0,69
„ „ 38 . . .	13,19	3,97	—	—	—
„ „ 39 . . .	12,66	3,97	3,43	4,52	0,74

Von der Domaine Tullgarn. Magermilch ebendaher enthielt nach einer Aufrahmungszeit von 36 Stunden: Abendmilch 1,09, Morgenmilch 0,97, Abendmilch 1,00 % Fett.

No. 38 stammte von Abendmilch von 1,0315 Dichte bei 25° C., die in einer Glasschale mit stark convexem Boden ausrahmte.

No. 41 u. 42. Die untersuchten Proben kamen vom Rittergute Riseberga (Ayreshire-Halb- und Vollblutkühe). Die Aufrahmung erfolgte in 90—100 mm tiefen kupfernen Milchsatten in einem holsteinischen Keller.

No. 43. Von Morgen- und Abendmilch von 3,59 % Fettgehalt.

[2]) No. 44—49. Chem. Laboratorium der Sanitätsbehörde in Bremen. Milchzeitung 1880. 55.

No.	Bemerkungen	Jahr der Untersuchung	In der ursprünglichen Substanz: Wasser %	Stick-stoff-Substanz %	Fett %	Milch-zucker %	Salze %	In der Trocken-Substanz: Stick-stoff-Sub-stanz %	Fett %	N. in der Trocken-Substanz %	Analytiker
50	Von Milch altmilchender dänischer Kühe	1878	90,23	3,76	0,84	4,38	0,79	38,49	8,60	6,16	*Storch*[1])
51	Von Milch frischmilchender dänischer Kühe . . .	„	90,20	3,93	0,59	4,47	0,80	40,10	6,02	6,42	*Storch*[1])
52	Magermilch	1882	90,48	3,45	0,79	4,50	0,78	36,24	8,30	5,80	*H. Struve*[2])
53	Im Mittel v. 20 Prob. Dichte 1,0350	1881	90,24	—	0,66	—	—	—	6,76	—	*Schnutz*[3]).
54	„ „ „ 12 „ 1,0350	„	90,41	—	0,77	—	—	—	8,03	—	*Schnutz*[3]).
55	„ „ „ 14 „ 1,0351	„	90,16	—	0,81	—	—	—	8,23	—	*Schnutz*[3]).
56	Mittel n. W. Fleischmann 1,0345	„	89,85	4,03	0,75	4,60	0,77	39,70	7,39	6,35	*W. Fleischmann*[4])
	Minimum Spec. Gew. 1,0337	.	88,31	2,62	0,18	3,79	0,47	27,36	1,89	4,38	
	Maximum 1,0372	.	92,57	3,85	2,47	5,46	0,96	40,28	25,83	6,44	
	Mittel **1,0357**	.	**90,43**	**3,26**	**0,87**	**4,74**	**0,70**	**34,09**	**9,09**	**5,45**	

Nach Gussander'schem Verfahren, flache Satten:

No.	Bemerkungen	Jahr	Wasser	Stickstoff-Substanz	Fett	Milchzucker	Salze	Trocken: Stickstoff-Substanz	Fett	N. in der Trocken-Substanz	Analytiker
1	Bei 16° C. nach 23 Stunden	1855	90,32	—	0,74	—	—	—	7,64	—	*A. Stöckhardt*[5])
2	„ 15° „ „ 20 „	1862	89,67	3,25	1,24	5,22	0,62	31,43	12,02	5,05	*Al. Müller*[6])
3	„ 15° „ „ 33 „	„	89,76	3,51	1,16	4,81	0,76	34,28	11,33	5,48	*Al. Müller*[6])
4	Vom Gute Oerby, Ende März	1865	90,05	—	0,40	—	—	—	4,02	—	*Al. Müller*[6])
5	Schlickermilch, 1. Febr. .	1875	91,26	2,78	0,25	4,88	0,83	31,81	2,86	5,09	*E. Heiden*[7])
	Mittel	.	**90,21**	**3,18**	**0,74**	**5,12**	**0,75**	**32,53**	**7,57**	**5,20**	

Nach Swartz'schem Verfahren. Eis- und Kaltwasser-Verfahren.

No.	Bemerkungen	Jahr	Wasser	Stickstoff-Substanz	Fett	Milchzucker	Salze	Trocken: Stickstoff-Substanz	Fett	N. in der Trocken-Substanz	Analytiker
1	Sauermilch, 4. Febr. . .	1874	90,95	2,92	0,61	4,77	0,75	32,27	6,74	5,16	*E. Heiden*[8])
2	„ 17. „ . . .	1876	90,98	2,95	0,34	4,98	0,75	32,70	3,77	5,23	*E. Heiden*[8])
3	„ 20. „ . . .	„	91,03	2,88	0,43	4,92	0,74	32,11	4,79	5,14	*E. Heiden*[8])
4	In Eiswasser gekühlt, nach 24 Stunden, Dichte 1,0356	„	90,32	3,04	1,05	4,93	0,71	31,62	10,85	5,06	*W. Fleischmann*[9])

[1]) Mitgetheilt von H. Cordes. Milchztg. 10. 1881. 606.
[2]) Jahresber. d. Agriculturchemie 1883. 396. (Journ. f. prakt. Chemie N. F. 27. 249.) Die N-haltigen Substanzen bestanden aus unlöslichem Casein 2,61 %, löslichem Casein 0,09 %, Albumin 0,39 %, Pepton 0,36 %.
[3]) Milchztg. 11. 1882. 104. (Veröffentlichungen d. K. d. Gesundheitsamtes vom 9. Jan. 1882.) Die Magermilchproben enthielten:

	Trockensubstanz Max.	Trockensubstanz Min.	Fett Max.	Fett Min.	Ihre Dichte betrug Max.	Ihre Dichte betrug Min.
No. 53. Genossenschafts-Molkerei Kiel . . .	10,71 %	9,16 %	1,38 %	0,24 %	1,0362	1,0330
„ 54. „ Itzehoe . .	10,08 „	8,95 „	1,34 „	0,32 „	1,0355	1,0345
„ 55. Aus anderen Molkereien	10,44 „	9,13 „	0,57 „	0,26 „	1,0370	1,0330

[4]) Dessen: Das Molkereiwesen, Braunschweig 1875. 363.

Nach Gussander'schem Verfahren:
[5]) Neue schwedische Milchwirthschaft ohne Keller 1856. 19. Vollmilch 12,88 % Trockensubstanz, 4,26 % Fett.
[6]) Landw. Vers. St. 9. 1867. 138 u. f. Vollmilch zu 2) enthält 87,34 % Wasser, 3,97 % Fett.
„ „ 4) „ 3,00 „ Fett.
[7]) Vers. St. Pommritz, Bericht derselben über Ernährung der Schweine. Hannover u. Leipzig 1876.

Nach Swartz'schem Verfahren:
[8]) Vers. St. Pommritz. Bericht über Ernährung der Schweine. Hannover u. Leipzig 1876.
[9]) Milchztg. 1876. 2205. Die Vollmilch enthielt 4,23 % Fett, 2,90 % Casein, 0,41 % Eiweiss, 4,51 % Zucker, 0,69 % Salze. Reaction amphoter.

No.	Bemerkungen	Dichte	Jahr der Untersuchung	In der ursprünglichen Substanz: Wasser %	Stickstoff-Substanz %	Fett %	Milchzucker %	Salze %	In der Trocken-Substanz: Stickstoff-Substanz %	Fett %	N. in der Trocken-Substanz %	Analytiker
5	In Eiswasser gekühlt, nach 12 Stunden		1876	90,38	3,22	0,84	—	0,78	33,47	8,73	5,36	V. Storch[1])
6	desgl. nach 36 Std. . . .		„	90,89	3,19	0,40	—	0,76	35,02	4,39	5,60	V. Storch[1])
7	desgl. „ 12 „ . . .		„	90,34	3,09	1,31	—	0,74	31,99	13,56	5,12	V. Storch[1])
8	desgl. „ 24 „ . . .		„	89,73	3,19	0,96	4,17	0,85	31,06	9,34	4,97	V. Storch[1])
9	Mittel von 7 Analysen . .		1878	91,50	—	0,50	—	—	—	5,88	—	J. König[2])
10	Nach 36 Stunden	1,0343	1880	—	—	1,06	—	—	—	—	—	P. Petersen[3])
11	„ 24 „	1,0311	„	—	—	0,45	—	—	—	—	—	P. Petersen[3])
12	„ 12 „	1,0341	1882	—	—	0,712	—	—	—	—	—	W. Fleischmann[4])
13	„ 24 „	1,0336	„	—	—	0,58	—	—	—	—	—	W. Fleischmann[4])
	Mittel	Spec. Gew. **1,0337**	.	**90,68**	**3,03**	**0,70**	**4,84**	**0,75**	**32,53**	**7,56**	**5,20**	
	Entrahmung durch Centrifuge:											
1	Lefeld'sche Centrifuge	1,0353	1876	90,73	3,38	0,46	5,34	0,72	36,46	4,96	5,83	W. Fleischmann[5])
2	De Levals Separator	1,0348	1884	91,16	4,03	0,29	3,77	0,75	45,59	3,28	7,29	W. Fleischmann[5])
3	„ „	—	1880	90,71	3,31	0,22	—	0,64	35,63	2,37	5,70	Aug. Völcker[6])
4	Centrifugal-Milc	1,0350	1879	90,52	3,84	0,29	5,54	0,77	40,51	3,06	6,48	N. Gerber u. P. Radenhausen[7])
5	Mittel verschied. Analysen		—	90,68	3,49	0,29	4,76	0,78	37,45	3,11	5,99	P. Vieth[8])
6	Mittel verschied. Analysen der Amherster Molkerei .		18 84/85	89,78	3,53	0,33	5,56	0,80	34,54	3,23	5,53	C. A. Goessmann[9])
	Mittel	Spec. Gew. **1,0350**	.	**90,60**	**3,06**	**0,31**	**5,29**	**0,74**	**38,36**	**3,34**	**6,14**	
	Nach Holstein'schem Verfahren:											
1	Holsteinische Keller-Milch in 90—100 mm hohen kupfernen Satten nach 24 Std.		1863	89,80	—	1,30	—	—	—	12,75	—	Al. Müller[10])
2	„ 36 „		„	90,04	3,07	1,06	5,09	0,74	30,82	10,64	4,93	Al. Müller[10])
	Mittel		.	**89,92**	**3,11**	**1,18**	**5,24**	**0,75**	**30,82**	**11,70**	**4,93**	

[1]) Forschungen auf dem Gebiet der Viehhaltung 4. 180. Nh-Substanz von uns aus dem angegebenen N-Gehalt (× 6,25) berechnet.
[2]) Original-Mittheilung.
[3]) Milchztg. 1880.
[4]) Ber. d. Milchw. Vers. St. Raden 1882. 21.

Centrifugen-Magermilch:

[5]) Dessen: Das Molkereiwesen 1878. 704. 2) Bericht der Milchwirthsch. Vers. St. Raden 1884. 26. Die Magermilch wurde im allgemeinen Betriebe der Radener Molkerei bei Durchlauf von 292,2 kg Vollmilch durch die Trommel bei 30,7° C. und bei 6500 Umgängen in der Minute gewonnen. Der Gehalt an Milchzucker betrug bei directer Bestimmung 3,645 %; der oben angegebene Gehalt wurde aus der Differenz berechnet.
[6]) Journ. Roy. agr. Soc. England 1880. I. 160.
[7]) Forschungen auf dem Gebiete der Viehhaltung 1879. 7. II. 316.
[8]) Milchzeitung 1887. 121.
[9]) Jahresber. der Agriculturchemie 1885. 623 (Massach. Agr. Exp. St. Bull. 17). Durchschnitt der Analysen vom 6. Novbr. 1884 bis 5. Febr. 1885.

Nach Holstein'schem Verfahren:

[10]) Landw. Vers. St. 9. 1867. 147. Milch von Voll- und Halbblut-Ayershire-Kühen.

Magermilch bei Aufrahmung unter verschiedenartigen Einflüssen.

Nach Höhe der Milchschicht und Temperatur.

A. Stöckhard u. J. Nyberg.[1]) Milch mit 12,48 % Trockensubstanz und 3,33 % Fett.

			Wasser	Fett	Trocken-substanz	Grad der Ausrahmung
			%	%	%	%
I. Bei 22° C.	a. bei 23,6 cm hoher Schicht	Nach 24 Stunden	90,61	0,590	9,39	85
	b. „ 4,7 „ „ „		90,39	0,301	9,61	92
II. „ 10° „	a. „ 23,6 „ „ „		90,93	0,305	9,07	92
	b. „ 4,7 „ „ „		91,32	0,225	8,68	94

Milch mit 11,93 % Trockensubstanz; 14,1 cm hohe Schichtung.

		Wasser	Fett	Trockensubstanz	Grad der Ausrahmung
I. Bei 20° C.	a. nach 22 Stunden	91,32	—	8,68	—
	b. „ 30 „	91,52	—	8,48	—
II. „ 9,5° C.	a. „ 22 „	—	—	—	—
	b. „ 30 „	91,75	—	8,25	—

A. Rosing u. Aal.[2]) Morgenmilch vom $^{13}/_4$ 1864 in je 8 Blechsatten, und vom $^{19}/_4$ in 6 Satten.

Ursprüngliche Milch enthielt:

$^{13}/_4$ 12,08 % Trockensubstanz, 3,166 % Fett.
$^{19}/_4$ 12,15 „ „ 3,331 „ „

	Procent. Fettgehalt der Magermilch: Milch v. $^{13}/_4$ bei 4½° C.	bei 14° C.	v. $^{19}/_4$ bei 23½° C.
Nach 6 Stunden	—	—	1,648
„ 7 „	1,099	1,377	1,412
„ 12 „	0,444	0,868	0,761
„ 18 „	0,425	0,602	0,526
„ 24 „	0,296	0,517	0,483
„ 30 „	0,285	0,516	sauer
„ 36 „	0,280	0,401	—
„ 60 „	0,240	—	—

Morgenmilch. $^{30}/_1$ 1865 in Gussander'schen Blechsatten, nach 26 Stunden:

Meierei, aufgestellt bei 10—12° C. . . . . . 0,506 %
Keller, „ „ ca. 1° „ . . . . . 0,318 „

Milch vom $^{21}/_3$ 1865 in Gussander'schen Satten, von 3,138 % Fettgehalt:

Meierei, aufgestellt bei ca. 12—13° C. . . . . 0,302 %
Keller, „ „ „ 2—3° „ . . . . 0,261 „

J. Moser.[3]) Ungleich fette Milch bei verschiedener Temperatur. (1858.)

		Wassergehalt	Trockensubst.	Fett
		%	%	%
Auf 15° R. gekühlt, 48 Stunden lang im Kühlbad von 5—9° R.	Morgenmilch, frisch . . .	86,80	13,20	4,62
	„ abgerahmt . .	90,24	9,76	0,62
	Abendmilch, frisch	85,31	14,69	5,34
	„ abgerahmt . .	89,36	10,64	1,37
Ca. 23° R. warme Milch in einem Raume von 16° R. während 7¾ Stunden.	Fettärmere Milch, frisch . .	88,26	11,74	3,04
	„ „ abgerahmt	90,06	9,94	1,28
	Fettreichere Milch, frisch .	86,65	13,35	4,16
	„ „ abgerahmt	89,49	10,51	0,95

[1]) Chem. Ackersmann 1856. 56.
[2]) A. Rosing u. Aal. B. Martiny: Die Milch. (Asbjörnsen, Norsk Landmandsbog f. 1868. 103.)
[3]) J. Moser. Arenstein's Allgem. Land- u. Forstw. Ztg. 1858. 612.

Al. Müller.[1]) Magermilch von 3,49 % Fettgehalt.

		Höhe der Milchschicht mm	Fettgehalt in 100 ccm nach 12	23	24	72	96	120 Stund.
a. bei 8,5—11° C.	1.	0	0,92 g	0,63 g	0,29 g	0,25 g	0,31 g	0,32 g
	2.	95	1,95 „	1,62 „	1,23 „	1,11 „	1,05 „	0,88 „
	3.	190	2,08 „	1,81 „	1,46 „	1,32 „	1,17 „	1,01 „
	4.	285	2,22 „	— „	— „	— „	— „	— „
b. bei 20—24° C.	1.	0	0,66 „	0,43 „	— „	— „	— „	— „
	2.	95	2,05 „	1,58 „	— „	— „	— „	— „
	3.	190	2,32 „	1,87 „	— „	— „	— „	— „
	4.	285	2,41 „	— „	— „	— „	— „	— „

Al. Müller.[2]) Milch von 3,85 % Fettgehalt, gab nach der Aufrahmung in Magermilch:

	Milchmenge ccm	Höhe mm	Fettgehalt nach 24	nach 36 Stund.
1. Verschlossene Glasflasche	580	120	0,42 %	0,20 %
2. Offenes Cylinderglas	1500	255	1,36 „	1,42 „
3. „ „	712	202	1,25 „	0,78 „
4. „ „	760	100	0,13 „	0,18 „
5. Gussander'sche Blechsatte	2000	28	0,13 „	0,14 „

Al. Müller.[3]) Frische Morgenmilch von 3,99 % Fettgehalt lieferte bei 15° C. Magermilch von:

	Höhe der Milchschicht	Fettgehalt (bei Proben vom Boden) nach 12 Std.	nach 24 Std.
1.	25 mm	0,25 %	0,29 %
2.	100 „	0,30 „	0,34 „
3.	200 „	0,39 „	0,43 „

Al. Müller.[4]) Milch bei 20° C.:

		Höhe der Schicht	Fett in 100 ccm Magermilch nach 12 Stunden
I. Hohe Cylinder bei 335 mm Höhe der Milchschicht	1.	am Boden	0,66 g
	2.	95 mm	2,05 „
	3.	190 „	3,32 „
	4.	285 „	2,41 „
II. Flacher Cylinder, 6,85 mm Höhe	1.	am Boden	0,56 „
	2.	75 mm	1,90 „

Al. Müller.[5]) Frische Abendmilch vom 29/1 1862 in tubulirten Glasglocken bei 170 mm hoher Schichtung (1—3).

Nach 20 Stunden	Trockensbst.	Wasser	Fett	Zucker	Protein	Salze
1. Auf nahe 0° C. gekühlt . .	10,04	89,96	1,02	8,41		0,61 %
2. Bei ca. 15° C.	11,04	88,96	2,27	4,89	3,25	0,63 „
3. „ „ 30° C.	11,69	88,31	3,02	8,09		0,58 „
4. Gussander'sche Satte bei ca. 15° bei ca. 5 cm hoh. Schichtung	10,33	89,67	1,24	5,22	3,25	0,62 „
Ursprüngliche Milch	13,05	86,95	4,19	4,48	3,19	0,69 „

---

[1]) Landw. Vers. St. 8. 1866. 72. Im Mai 1863 wurden 2 gleiche Cylinder zu je 335 mm Höhe mit 2370 g frischer Morgenmilch von 3,49 % Fettgehalt gefüllt, mit Deckel versehen, worin 4 Röhren zur Probenahme aus verschiedener Höhe befestigt waren.

[2]) Landw. Ver. St. 9. 1867. 129.

[3]) Ebendaselbst 9. 1865. 137.

[4]) Ebendaselbst 8. 1866. 398.

[5]) Al. Müller. Ebendaselbst 9. 1867. 139. Autor bemerkt, dass die Proben der abgerahmten Milch nicht so genommen werden konnten, dass auf ihren Fettgehalt sichere Schlüsse zu gründen wären.

Al. Müller.[1]) Abendmilch v. $^{11}/_{2}$ 1862 in cylindrischen Glasglocken, mit Glasplatte bedeckt, gesammte abgerahmte Milch nach 20 Stunden:

	Trockensbst.	Wasser	Fett	
1. ungefähr 20°. .	11,55	88,45	2,48 %	(nach 23 Std. sauer)
2. „ 35°. .	12,73	87,27	3,79 „	(„ 14 „ „ und geronnen)
3. „ 50°. .	—	—	— „	(„ 17 „ noch süss aber in Gährung)
				(„ 20 „ sauer)
Ursprüngliche Milch	13,71	86,29	4,44 „	

Frische Morgenmilch vom $^{3}/_{12}$ 1862, von 3,35 % Fettgehalt, in Glasflaschen von ca. 1200 ccm Inhalt zu 110 mm Höhe geschichtet.

	Nach 18 Std. Fettgehalt der Magermilch a) nahe am Boden	b) nahe unt. d. Rahmdecke	
1. Bei 28°, verkorkt } ruhig gehalten	0,92 %	?	(gesäuert u. geronnen)
2. „ 18°, offen } ruhig gehalten	0,53 „	1,70 %	noch süss.
3. „ 18°, verkorkt } ruhig gehalten	0,47 „	1,68 „	noch süss.
4. Abwechselnd (8 mal) auf 32½° erwärmt u. auf 6° gekühlt, verkorkt, unbewegt	0,60 „	1,26 „	noch süss.
5. Bei 1°, verkorkt in eiskaltem Wasser .	0,53 „	1,25 „	noch süss.

Dahl.[2]) Morgenmilch von 3,217 % Fettgehalt (Swartz'sches Verfahren).

		Fettgehalt der Magermilch bei 4°	bei 8—10°
	nach 24 Stunden	0,61 %	1,19 %
	„ 36 „	0,52 „	1,11 „
	„ 48 „	**0,48** „	**1,04** „
Abendmilch von 3,31 % Fettgehalt.		bei 3°	bei 6,5°
	„ 24 „	0,52 %	0,73 %
	„ 36 „	0,48 „	0,60 „

U. Kreusler, Kern u. Dahlen.[3]) Milch von 2,95 % Fett wurde in cylindrischen Glasgefässen von etwa 6 cm Durchmesser etwa 18,6 cm hoch aufgefüllt, in Wasserbädern genau gleichbleibenden Temperaturen ausgesetzt.

Temperatur °C	Fettgehalt der Magermilch. Dauer der Aufrahmung in Stunden: 8	16	28	40	52	64	76	88	112	136
2	—	1,895	1,708	1,429	1,377	1,201	1,118	—	0,802	0,633
4	2,229	1,909	1,632	1,557	1,265	1,084	0,945	—	0,728	0,546
6	2,279	1,822	1,626	1,213	1,214	1,078	0,889	0,837	0,699	0,588
8	2,050	1,871	1,508	1,358	1,137	0,981	0,824	—	0,658	0,550
10	1,994	1,742	1,398	1,171	1,080	0,899	0,797	0,692	0,602	—
15	1,824	1,467	1,096	0,917	—	—	—	—	—	—
20	1,460	1,264	—	—	—	—	—	—	—	—
25	1,502	—	—	—	—	—	—	—	—	—
30	1,481	—	—	—	—	—	—	—	—	—

Dieselben. Milch von 2,95 % Fettgehalt.

bei Temperatur:	Procentischer Fettgehalt der Magermilch 6°	2°	4°	8°	10°	15°
Höhe der Milchschicht 35 mm	0,979	0,831	0,603	0,436	0,559	—
„ „ „ 186 „	1,708	1,632	1,626	1,508	1,398	1,096

---

[1]) Al. Müller. Landw. Vers. St. 140. 141.

[2]) B. Martiny: Die Milch II. 76.

[3]) Landw. Jahrb. 4. 1875. 280.

G. Naser.[1])

		Temperatur	Gehalt der Magermilch nach 15 Stunden an Trockensbst.	an Fett
1. Milch von 13,64 % Trockensubst. u. 3,79 % Fett, 5 cm hoch	a. in Eis gekühlt	bei 5 ° C.	12,28 %	1,30 %
	b. nicht gekühlt	„ 19 ° „	12,64 „	1,45 „
2. Milch von 12,68 % Trockensubst. u. 3,22 % Fett, 5,5 cm hoch geschüttet	a. in Eis gekühlt	„ 3,5 ° „	10,34 „	0,50 „
	b. nicht gekühlt	„ 20 ° „	11,24 „	1,43 „

Einfluss der atmosphärischen Luft auf die Absonderung des Rahms und den Gehalt der Magermilch.

Al. Müller.[2]) Frische Abendmilch von 4,0 % Fettgehalt, bei 16 ° C. Anfangstemperatur.

			Fettgehalt nach 24 Std. vom Boden genomm. Proben
11/3 1861	Verschlossenes Gefäss,	sauer und geronnen . . .	—
	Cylindrisches „	offen, säuerlich, nicht geronnen .	0,6 %
	Flaches „	„ vollkommen süss	0,4 „

Einfluss des Luftdruckes.

Dahl.[3]) Milch von guter Beschaffenheit in Cylindergläsern mit einem Durchmesser von 4,9 cm und bis zur Höhe von 34 cm über dem Boden mit Milch gefüllt.

1873 Datum	Fettgehalt der ursprüngl. Milch	Dauer in Stund.	Temperatur ° C.	Fettgehalt der Magermilch bei Luft-verdünnung	bei gewöhnl. Druck
24/1	3,64	24	1—6	1,28 %	1,08 %
25/1	3,20	47	2—9	0,97 „	0,79 „
27/1	3,20	47	10—16,5	1,74 „	1,62 „
27/1	3,35	22	2—6	1,21 „	1,15 „
28/1	3,36	23	3—7	1,44 „	1,36 „

Einfluss des Kochens der Milch.

Al. Müller.[4]) Milch von 3,49 % Fettgehalt, 1. Mai 1863 wurde in Gefässen 81—85 mm hoch geschichtet.

		Fettgehalt der Magermilch in 100 ccm nach 12 Std.	nach 23 Std.
I. Milch frisch gekocht, bei 9,0 ° C. aufgestellt	am Boden entnommen	0,79 g	0,64 g
	unter der Rahmdecke	?	2,97 „
II. Erst nach 12 Stunden in Wasser auf ca. 95° erhitzt, bei 9° aufgest. (Devonshire-Verfahren)	am Boden entnommen	?	0,41 „
	unter der Rahmdecke	?	1,65 „
III. Ohne Erwärmen, aufgestellt bei 20—22 ° C.	am Boden entnommen	0,56 g	0,31 „
	unter der Rahmdecke	1,90 „	1,56 „

Verschiedene Art der Abrahmgefässe.

Al. Müller.[5]) Morgenmilch 29/6 1861.

	Milchmenge ccm	Höhe mm	Fettgehalt der Magermilch nach 9½ Std.	nach 24 Std.	nach 36 Std.
1. Verschlossene Glasflasche .	580	120	—	0,42 %	0,20 %
2. Offenes Cylinderglas . .	1500	255	—	1,36 „	1,42 „
3. „ „ . .	712	202	—	1,25 „	0,78 „
4. „ „ . .	760	100	—	0,13 „	0,18 „
5. Gussander'sche Blechsatte .	2000	28	0,43 %	0,13 „	0,14 „

[1]) W. Fleischmann. Das Molkereiwesen 1878.
[2]) Al. Müller. Landw. Vers. St. 9. 1867. 122.
[3]) Milchztg. 1873. 707. Fleischmann: Das Molkereiwesen. Braunschweig 1875. 258.
[4]) Landw. Vers. St. 8. 1866. 612.
[5]) Al. Müller. Ebendaselbst. 9. 1867. 129. Der Fettgehalt der zur Abrahmung aufgestellten Milch betrug 3,85 %; dieselbe wurde noch 31 ° warm in einem Zimmer bei 22—23 ° aufgestellt.

	Vollmilch Trocken-Substanz	Vollmilch Fett	Zimmer-Wärme	Dauer der Aufrahmung	Trocken-Substanz	Fett	Aus-rahmungs-grad	Trocken-Substanz	Fett	Aus-rahmungs-grad	Trocken-Substanz	Fett	Aus-rahmungs-grad
	%	%	°C.	Std.	%	%	%	%	%	%	%	%	%
					Holzbütten			Emaillirt. Gusseisen			Verzinnt. Eisenblech		
Kirchner.[1]					Gleiches Gewicht, Milchhöhe der Schichtung verschieden								
1. Abendmilch, 8/12 1877	12,00	3,265	ca. 13	38	9,30	0,645	82,55	—	—	—	9,59	0,490	86,78
2. „ 10/12 „	11,85	3,35	„	38	9,58	0,48	87,91	—	—	—	9,59	0,41	89,76
3. „ 13/12 „	11,41	3,03	„	38	9,19	0,435	87,49	—	—	—	9,27	0,437	87,30
4. „ 15/12 „	11,85	3,18	12	38	9,62	0,588	84,17	9,39	0,49	86,66	9,29	0,33	90,86
5. „ 22/12 „	11,87	3,18	9	38	9,81	0,817	78,60	9,77	0,760	78,30	9,75	0,800	78,11
6. „ 3/1 1878	12,02	3,46	11,5	38	9,69	0,86	78,89	9,46	0,66	83,23	9,40	0,50	87,41
7. „ 7/1 „	11,86	3,44	11	38	9,19	0,345	91,85	9,12	0,325	91,85	9,18	0,300	92,58
					Gleiche Höhe der Schüttung (45 mm), ungleiches Gewicht								
8. „ 8/1 „	12,00	3,50	12	38	9,39	0,41	90,77	9,29	0,255	94,05	9,32	0,24	94,37
9. „ 12/1 „	11,71	3,21	12	38	9,25	0,39	89,74	9,27	0,26	93,26	9,15	0,303	92,24
10. „ 15/1 „	11,85	3,29	11	38	9,40	0,425	89,47	9,23	0,20	94,99	9,24	0,18	95,40
11. „ 19/1 „	11,92	3,27	10,5	38	9,59	0,515	86,16	9,07	0,26	93,52	9,17	0,155	96,00
12. „ 26/1 „	11,78	3,06	12	38	9,44	0,49	86,21	9,31	0,235	93,65	9,20	0,165	95,48
13. „ 28/1 „	11,98	3,52	11	38	9,32	0,35	92,10	9,29	0,335	92,17	9,18	0,28	93,44
14. Mittel von 1—7 (Höhe der Schüttung: Holz 41 mm, Emaille 65 mm, Blech 56 mm) . . .	—	—	—	—	—	—	84,49	—	—	85,01	—	—	87,54
15. Mittel v. 8—13 (Höhe der Schüttung gleichmässig 45 mm) . .	—	—	—	—	—	—	89,07	—	—	93,61	—	—	94,49
					Holzbütten			Thonbütten			Blechsatten		
Schrodt u. von Peter.[2]					Gleiche Höhe der Schüttung (60 mm), nahezu gleiches Gewicht								
1. Morgenmilch, 13/4 1880	—	3,12	10,5	24	—	0,755	79,15	—	0,600	84,18	—	0,539	85,10
2. „ 14/4 „	—	3,155	11	24	—	0,83	78,48	—	0,70	80,72	—	0,69	81,15
3. „ 15/4 „	—	3,096	11,5	24	—	0,77	78,95	—	0,56	87,74	—	0,53	85,31
4. „ 16/4 „	—	3,06	11,5	24	—	0,835	77,37	—	0,62	82,32	—	0,485	86,42
5. „ 17/4 „	—	3,10	11,5	24	—	0,875	79,42	—	0,755	79,13	—	0,695	81,82
6. „ 19/4 „	—	2,985	11	24	—	0,60	83,09	—	0,49	87,12	—	0,42	88,88
7. „ 20/4 „	—	3,095	13	24	—	0,84	76,78	—	0,775	79,64	—	0,60	83,44
8. „ 22/4 „	—	2,95	12,5	24	—	0,63	81,72	—	0,51	85,83	—	0,48	85,90
9. „ 23/4 „	—	2,73	12,5	24	—	0,60	80,96	—	0,585	81,06	—	0,57	81,32
10. „ 28/4 „	—	2,88	10	36	—	0,42	87,60	—	0,22	93,65	—	0,27	92,04
11. „ 30/4 „	—	2,82	10	36	—	0,57	82,44	—	0,49	85,18	—	0,525	83,59
12. „ 30/4 „	—	2,935	11	36	—	0,65	81,81	—	0,38	88,98	—	0,42	87,91
13. „ 1/5 „	—	3,022	11	36	—	0,634	82,06	—	0,506	85,92	—	0,447	87,41
14. „ 2/5 „	—	3,049	10	36	—	0,738	79,32	—	0,695	80,51	—	0,586	83,47
15. Mittel von 1—9 . .	—	—	—	24	—	—	79,55	—	—	82,75	—	—	84,37
16. „ „ 10—14 . .	—	—	—	36	—	—	82,65	—	—	86,85	—	—	86,88

[1]) Kirchner. Milchztg. 1878. 185. Die Milch stammte jedesmal von 5 Kühen und war stets von amphoterer Reaction; sie gelangte unmittelbar nach dem Melken in die Gefässe.

[2]) M. Schrodt u. von Peter. Milchztg. 1880. 373. Die Holzbütten waren innen und aussen mit Oelanstrich versehen.

Abgerahmte Milch, bei Aufrahmung:

	Dauer der Aufrahmung Std.	Temperatur des Eiswassers °C.	Fettgehalt der Vollmilch %	Magermilch Fett %	Magermilch Dichte
1) Swartz'sches (Eis-) Verfahren, verschiedene Aufrahmdauer:[1])					
1. } Morgenmilch von 93 Kühen der Radener Herde, Tag u. Nacht Koppelweide, $^{2}/_{10}$ 1876	12	} 0,5—1,5	3,98	0,901	1,0338
2.	24		„	0,605	1,0359
3. } Abendmilch von 92 Kühen, $^{5}/_{10}$ „	12	} 0,5—2,0	„	1,095	1,0346
4.	24		„	0,877	1,0350
5. } Morgenmilch von 87 Kühen, Tags Weide, Nachts im Stall Weizen- u. Roggenkaff, $^{9}/_{10}$ 1876	12	} 0,5—4,0	3,51	2,86	1,033
6.	24		„	2,42	1,034
7. } Abendmilch von 86 Kühen, wie vorher $^{11}/_{10}$ 1886	12	} 1,5—4,0	3,92	1,734	1,0335
8.	24		„	1,401	1,0335
Swartz'sche Gefässe im Vergleich zu Glassatten:					
9. } Swartz', Eiskühlung, ca. 42 cm hohe Schichtung, auf 1 Pfd. Milch 1,08 Pfd. Eis } Abendmilch der Radener Herde von 87 Kühen, $^{16}/_{10}$ Tags Weide, Nachts im Stall Häcksel von Haferstroh	12	} 3,5—0,5	3,98	2,252	1,0330
10.	24		„	2,000	1,0336
11.	36		„	1,740	1,0340
12. } Holstein'sche Glassatten, ca. 5,2 cm hohe Schichtung	12	} ca. 15,5	„	1,251	1,0340
13.	24		„	0,999	1,0340
14.	36		„	0,505	1,0340
15. } Swartz', Eiskühlung, auf 1 Pfd. Milch 1 Pfd. Eis } Morgenmilch von 84 Kühen, Fütterung u. Haltung wie vorher	12	} 0,5—1,0	4,03	2,021	1,033
16.	24		„	1,633	1,034
17.	36		„	1,608	1,0343
18. } Holstein'sche Glassatten	12	} ca. 14,0	„	1,761	1,0335
19.	24		„	1,117	1,0345
20.	36		„	0,984	1,0355
2) Eis- oder Wasserkühlung:[2])					
21. Eiskühlung } Versuche in Ourupgaard $^{10}/_{8}$ 1876	10	—	—	0,59	—
22. Wasserkühlung 10° C.	10	10	—	1,30	—
23. Eiskühlung } desgl. $^{7}/_{9}$ 1876	34	—	—	0,41	—
24. Wasserkühlung 8° C.	34	8	—	0,71	—
25. Eiskühlung } Gjeddesdal	34	—	—	1,01	—
26. Wasserkühlung 8,5° C.	34	8,5	—	1,33	—
27. Eis, Ourupgaard $^{21}/_{8}$	10	—	3,78	0,46	—
28. „ Saedingegaard $^{2}/_{10}$	34	—	3,63	0,99	—
29. „ Ourupgaard $^{7}/_{9}$	34	—	3,56	0,41	—
30. Schneekühlung } Saedingegaard $^{29}/_{6}$	12	—	} 3,12	0,52	—
31. „	22	—		0,40	—
32. Bütten	34	—		0,44	—
33. Schnee } $^{10}/_{8}$	10	—	} 3,40	0,74	—
34. Wasser	10	12,5		1,61	—
35. Gleich in Eis } $^{21}/_{8}$	10	—	} 3,78	0,58	—
36. 2 Stunden gefahren, Eis	10	—		0,90	—
37. Bütten gleich in Eis	34	—		0,45	—

[1]) W. Fleischmann. Milchzeitung 1876. 2239. 2251 u. 2263.

[2]) N. J. Fjord u. Storch. Milchzeitung 1877, 629. Forschungen a. d. Gebiete der Viehhaltung. 2. Hft. 70. 81.

	Dauer der Aufrahmung Std.	Temperatur der Kühlung °C.	Fettgehalt der Vollmilch %	Fett der Magermilch %	Aufrahmungsgrad %
38. Eis } 7/9	34			0,52	—
39. Wasser } 7/9	34	10	3,46	0,89	—
40. Bütten } 7/9	34			0,51	—
41. Eis } 21/9	34			1,28	—
42. Wasser } 21/9	34	10	3,89	1,67	—
43. " } 21/9	34			1,69	—
44. Eis, stark } 2/10	34	—		1,24	—
45. Wasser in Holzbassin } 2/10	34	9,7	3,63	1,38	—
46. " " gemauertem Bassin } 2/10	34	11,9		1,43	—
47. " " Holzbassin } 2/10	34	14,4		1,43	—
3) Swartz'sches und Holstein'sches Verfahren:[3]					
48. Swartz' Gefässe m. Eiskühlung } Milch von 10 Angler Kühen (12,07 % Trockensbst.), Winterfutter	36	5—8	3,35	0,73	—
49. Holstein'sche Satten } Milch von 10 Angler Kühen (12,07 % Trockensbst.), Winterfutter	36	ca. 14		0,49	—
50. Swartz'sche } Milch v. 10 Angler Kühen b. Weidegang (12,53 % Trockensubstanz)	36	5—8	3,65	0,54	—
51. Holstein'sche S. } Milch v. 10 Angler Kühen b. Weidegang (12,53 % Trockensubstanz)	36	14		0,37	—
4) 52. Eiskühlung[4]	—	—	—	0,19	—
53. "	—	—	3,78	0,20	—
54. "	—	—	—	0,29	—
Tremser- (auch Oberkühlung) u. Swartz'sches (Boden- und Seitenkühlung) Verfahren:		Temperatur der Milch beim Abrahmen			
5) 55. Tremser V.[5] mit Wasser gekühlt 4 Stunden	24	7,5	3,27	1,233	67,6
56. " " " " " 5 "	24	8,5	3,28	1,215	68,0
57. " " " " " 6 "	24	8,0	3,41	1,122	72,0
58. " " " " " 12 "	36	8,5	3,76	0,923	79,0
59. Tr. m. Wasser gekühlt 5 Stunden } 28/5	24	9,5	3,115	1,05	70,6
60. Sw. " " " 24 " } 28/5	24	12,0		1,04	70,7
61. Tr. " " " 12 " } 29/5	24	11,0	3,350	1,335	65,1
62. Sw. " " " 24 " } 29/5	24	11,5		1,22	67,9
63. Tr. " " " 2½ " } 31/5	24	9,5	2,85	1,085	66,2
64. Sw. " " " 2½ " } 31/5	24	11,8		0,640	80,8
65. Tr. } Milch vorher durch Lawrence'schen Kühler gegangen 1/6	24	9,5	3,31	1,130	70,2
66. Sw. } Milch vorher durch Lawrence'schen Kühler gegangen 1/6	24	12,0		1,011	73,8
67. Tr. mit Wasser gekühlt 4 St. } 3/6	24	10,8	3,15	0,990	72,6
68. Sw. " " " 4 " } 3/6	24	9,5		0,360	90,4
69. Tr. " " " 2½ " } 4/6	24	11,0	2,755	1,020	68,0
70. Sw. " " " 2½ " } 4/6	24	9,0		0,510	84,3
71. Tr. nach 2½stünd. Kühlung mit Wasser, Eis w. oben — Eisverbrauch 4,1 kg	24	10,0	2,90	1,050	70,0
72. Sw. Eis — 18,0 "	24	9,5		0,645	81,0
73. Tr. } wie vorh. — 4,2 "	24	10,2	3,08	1,21	65,8
74. Sw. } wie vorh. — 24,0 "	24	11,2		0,63	83,0

[3]) M. Schrodt u. Ph. du Roi. Milchzeitung 1879. 585. Im Mittel von je 5 Aufrahmversuchen.
[4]) N. Engström. Milchztg. 1879. 661.
[5]) M. Schrodt. Milchzeitung 1880. 625.

	Dauer der Aufrahmung Std.	Temperatur der Milch beim Abrahmen ° C.	Fettgehalt der Vollmilch %	Fett der Magermilch %	Aufrahmungsgrad %
Eisverbrauch					
75. Tr. } wie vorh. { 4,4 kg	24	10,0	} 3,035	1,07	69,0
76. Sw. } wie vorh. { 24,0 „	24	„		0,75	87,5
77. Tr. } wie vorh. { 4,8 „	24	„	} 2,90	1,215	63,0
78. Sw. } wie vorh. { 6,0 „	24	13,0		0,520	84,4
79. Tr. } wie vorh. { 5,0 „	24	10,5	} 2,98	1,19	65,4
80. Sw. } wie vorh. { 6,0 „	24	13,2		0,89	74,6
81. Tr. } wie vorh. { 4,6 „	24	10,5	} 2,705	0,95	70,3
82. Sw. } wie vorh. { 6,0 „	24	13,0		0,62	80,1
83. Tr. } wie vorh. { 6,0 „	24	11,5	} 2,84	1,05	67,1
84. Sw. } wie vorh. { 6,0 „	24	15,2		0,645	79,8
85. Tr. } wie vorh. { 6,0 „	30	12,0	} 2,74	0,79	74,8
86. Sw. } wie vorh. { 30,0 „	30	14,0		0,435	86,0
87. Tr.	24	—	} 3,24	1,54	—
88. Sw. Kaltwasser	24	—		1,05	—
89. Tr.	24	—	} 1,05	1,39	—
90. Kaltwasser	24	—		0,73	—
6) Aufrahmung in Blechsatten ohne Kühlung[6]) bei 10—12° C. des Lokales. Schüttung in der Höhe von 45—50 mm:					
91. Milch v. Angler Kühen; im Mittel von 10 Versuchen	—	—	3,28	0,425	—
Maxim.	—	—	—	0,528	—
Minim.	—	—	—	0,299	—
					Dichte
7) 92. Swartz'sches Verf. mit Eiskühlung[7])	—	ca. 2	3,313	0,698	1,0342
93. „	—	„	3,269	0,799	1,0342
94. „	—	„	3,020	0,673	1,0342
95. „	—	„	3,366	0,467	1,0340
96. „	—	„	3,272	0,519	1,0339
97. Aufrahm. b. einer mittleren Temperatur von 15° C.	—	—	3,313	1,350	1,0333
98.	—	—	3,269	1,035	1,0332
99.	—	—	3,020	1,024	1,0330
100.	—	—	3,366	0,931	1,0332
101.	—	—	3,272	0,357	1,0340
					Aufrahmungsgrad
8) 102. Swartz'sches Verf.,[8]) Abendmilch	24	ca. 3	2,97	0,63	82,47
103. Amerikanische Massenaufrahmung, Reimer's Milchwanne, m. Destinorisch. Rahmrechen	24	„	3,035	0,68	80,86
104. desgl.	24	„	2,405	0,505	81,86
105. desgl.	24	5	2,80	0,78	76,12
106. desgl.	24	7	3,12	0,83	77,63
107.	36	7	2,885	0,285	91,53
108.	36	7	2,72	0,46	85,56

[6]) M. Schrodt u. du Roi. Milchztg. 1879. 558.
[7]) P. Vieth. Forschungen a. d. Gebiete der Viehhaltung 8. 349.
[8]) M. Schrodt. Milchztg. 1880. 405.

	Dauer der Aufrahmung Std.	Temperatur der Milch beim Abrahmen ° C.	Fettgehalt der Vollmilch %	Fett der Magermilch %	Auf-rahmungs-grad %
109.	36	7	2,96	0,345	90,09
110.	24	6,5	3,005	0,605	83,03
9) Amerikanische Massenaufrahmung,[9]) System Reimer's, Rahmrechen u. Ahlborn'sche Abflusseinrichtung f. Rahm:					
111. Höhe der Schüttung 12,3 cm bei ca. 14 ° C.	24	—	3,147	0,828	78,07
112. Höhe der Schüttung 12,3 cm bei ca. 14 ° C.	34	—	3,274	0,763	81,96
113. Höhe der Schüttung 12,3 cm bei ca. 14 ° C.	36	—	3,153	0,744	79,71

Verschiedene Aufrahmverfahren.

Kaltwasser- u. Cooley'sches Verfahren.

M. Schrodt u. H. Hansen.[10])

		Vollmilch Fettgehalt %	t ° C.	Magermilch Fettgehalt %	Ausrahmungs-grad %
12 stündige Aufrahmdauer.					
1. a) Ungekühlte Milch, Mittel von je 5 Versuchen	Cooley	3,14	11,4	1,223	66,7
2.	Kaltwasser	3,14	11,4	1,453	58,8
3. b) Gekühlte Milch, ca. 14 ° C., Mittel von je 5 Versuchen	Cooley	3,08	11,8	1,316	62,3
4.	Kaltwasser	3,08	11,8	1,487	56,5
24 stündige Aufrahmdauer.					
5. Ungekühlte Milch, Mittel von je 12 Versuchen	Cooley	3,27	8,04	0,417	89,2
6.	Kaltwasser	3,27	8,04	0,500	87,0
36 stündige Aufrahmdauer.					
7. a) Ungekühlte Milch, Mittel von je 5 Versuchen	Cooley	3,12	12,0	0,489	86,5
8.	Kaltwasser	3,12	12,0	0,609	83,0
9. b) Gekühlte Milch, 13—15 ° C., Mittel von je 5 Versuchen	Cooley	3,40	11,0	0,929	76,5
10.	Kaltwasser	3,40	11,0	1,008	72,4
36 stündige Aufrahmdauer.					
11. Ungekühlte Milch, Mittel von je 5 Versuchen	Cooley	3,01	12,0	0,788	77,6
12.	Kaltwasser	3,01	12,0	0,918	73,1

Cooley'sches Verfahren.

H. P. Armsby, A. F. Hilbert u. T. G. Short.[11])

Mittel ganzer Perioden:			Wasser t ° C.		
Periode I	Kuh No. 1, Jersey-Kreuzung	4,51	0,66	0,69	92,0
„ II		4,24	1,38	0,46	94,0
„ III		4,04	1,32	0,52	93,8
„ IV		3,80	1,36	0,42	94,6

---

[9]) W. Fleischmann. Bericht d. Milchwirthsch. Versuchsst. Raden 1888. 47.

[10]) Forschungen auf dem Gebiete der Viehhaltung. 16. H. 368. Das Cooley'sche Verfahren unterscheidet sich von dem Kaltwasserverfahren nur dadurch, dass bei ersterem gleichzeitig auch Luftabschluss stattfindet und dass geschlossene Gefässe unter Wasser zu stehen kommen. Bei allen vorstehenden Versuchen wurde bei dem „Kaltwasser-Verfahren“ fast noch einmal so viel Milch verwendet als bei dem Cooley'schen. Der hohe Fettgehalt der Magermilch, resp. die schlechte Ausrahmung der Milch bei den Versuchen unter 9—12 wird auf die Beschaffenheit der Milch, welche man als „träge“ bezeichnet, und welche bei Uebergang von Trocken- zu Grünfütterung aufzutreten pflegt, zurückgeführt.

[11]) Vergl. Anmerkung [1]) Seite 398.

			Vollmilch Fettgehalt %	Wasser ° C.	Magermilch Fettgehalt %	Ausrahmungsgrad %
H. P. Armsby[1]) etc.	Periode I	Kuh No. 2, reine Jersey	6,06	1,38	0,24	97,5
	„ II		5,90	2,55	0,19	97,9
	„ III		5,80	2,72	0,19	97,9
	„ IV		5,73	2,74	0,25	97,5
	„ I	Kuh No. 3, Jersey-Kreuzung	6,17	1,27	0,31	96,9
	„ II		6,05	2,43	0,43	95,3
	„ III		5,95	2,72	0,26	97,6
	„ IV		6,06	2,71	0,27	97,2

Aufrahmung durch Stehenlassen und Centrifugiren.

	Fett in der vollen Milch		Magermilch			
			Eisverfahren		Bütten	
			Fettgehalt nach 34 std. Aufrahmung			
	%	%	%	%	%	%
N. J. Fjord u. Storch.[2])	Angler	Jüten	Angler	Jüten	Angler	Jüten
1879. Rosvang.						
1. September 8., Abendmilch	3,28	3,22	0,73	1,11	0,63	0,64
2. „ 9., Morgenmilch	3,25	3,17	0,73	1,27	—	—
3. November 2., Morgenmilch	—	—	1,34	1,90	1,26	1,42
4. „ 2., Abendmilch	—	—	1,54	2,48	1,54	2,04
5. „ 22., Morgenmilch	—	—	1,66	2,38	0,96	1,24
6. „ 22., Abendmilch	—	—	2,05	2,59	1,10	1,36
1880. Rosvang.						
7. September 2., Abendmilch	—	—	0,53	0,94	0,66	0,50
8. „ 3., Morgenmilch	—	—	0,51	1,08	0,65	0,44
9. October 5., Abendmilch	—	—	0,81	1,45	0,74	0,92
10. „ 6., Morgenmilch	—	—	0,79	1,34	0,68	0,82
11. November 23., Abendmilch	—	—	1,42	2,44	1,04	1,11
12. „ 24., Morgenmilch	—	—	2,12	2,57	1,08	1,12
Alte Kühe.						
13. April 21., Abendmilch	—	—	0,20	0,42	0,43	0,43
14. „ 22., Morgenmilch	—	—	0,17	0,44	0,23	0,45
1881. Rosvang, Egebaksunde und Marselisborg.	Centrifugen (Nielsen u. Petersen)					
15. Rosvang, Mai 4., Morgenmilch	0,24	0,27	0,89	1,08	0,59	0,82
16. „ „ 4., Abendmilch	0,15	0,17	0,66	0,98	0,48	0,76

[1]) Forschungen a. d. Gebiete der Viehhaltung. 17. H. 1. Bei jeder der drei Kühe wurden vier Fütterungsperioden von je 2—4 Wochen eingehalten, nämlich:

Fütterung pro Tag:

Periode 1. Kuh No. 1. Maismehl 4,5 kg, Kleeheu 6,9 kg. 1884. 1.—18. März.
„ „ 2 u. 3. Weizenkleie 2,3 kg, Maismehl 3,2 kg, Sauerheu von Klee 4 kg und Wiesenheu ad libitum. 1885. 2.—28. Febr.

Periode 2. Kuh No. 1. Maismehl 3,5 kg, Baumwollsamenmehl 0,9 kg, Kleeheu 6,9 kg. 1888. 19. März bis 8. April.
„ „ 2 u. 3. Weizenkleie 2,3 kg, Maismehl 1,8 kg, entöltes Leinmehl 1,4 kg, eingesäuerter Rothklee 4 kg, Wiesenheu ad libitum; Kuh No. 2 v. 1.—18. März. Kuh No. 3 v. 1.—21. März.

Periode 3. Kuh No. 1. Maismehl 2 kg, Malzkeime 2,2 kg, Kleeheu 6,9 kg. 1884. 9.—22. April.
„ „ 2 u. 3. Weizenkleie 2,3 kg, Maismehl 3,2 kg, entöltes Leinmehl 1 kg, Sauerheu und Klee 4 kg, Wiesenheu ad libitum. 1885. 22. März bis 11. April.

Periode 4. Wie Periode 1. Kuh No. 1. 1884. 23. April bis 13. Mai. Kuh No. 2 u. 3. 12. April bis 2. Mai. Die Kühe waren sämmtlich frischmilchend.

[2]) Forschungen auf d. Gebiete der Viehhaltung. Heft 11. 1881. 98.

	Fett in der vollen Milch		Magermilch			
			Eisverfahren		Bütten	
			Fettgehalt nach 34 std. Aufrahmung			
	%	%	%	%	%	%
	Angler	Jüten	Angler	Jüten	Angler	Jüten
17. Rosvang, Juni 14., Morgenmilch	0,15	0,14	0,58	0,95	0,52	0,79
18. „ „ 14., Abendmilch	0,13	0,17	0,52	0,17	0,49	0,74
19. „ August 23., Morgenmilch . . .	0,24	0,17	0,67	1,77	0,57	0,60
20. „ „ 23., Abendmilch . . .	0,11	0,05	0,66	1,33	0,49	0,73
21. „ September 3., Abendmilch . . .	0,13	0,07	0,80	1,36	0,54	0,63
22. „ „ 4., Morgenmilch . .	0,13	0,05	0,81	1,43	0,54	0,66
23. Egebaksunde, August 27., Morgenmilch . .	0,05	0,04	0,51	1,25	0,50	0,48
24. „ „ 27., Abendmilch . .	0,10	0,09	0,48	1,09	0,60	0,53
25. Marselisborg, „ 12., Morgenmilch . .	0,09	0,12	0,49	0,79	0,42	0,45
26. „ „ 12., Abendmilch . .	0,09	0,12	0,47	0,61	0,45	0,53
27. „ September 19., Morgenmilch .	0,13	0,10	0,90	1,07	0,63	0,65
28. „ „ 19., Abendmilch .	0,09	0,14	0,47	0,58	0,47	0,72
	Centrifuge (de Laval)					
	Shorthorn	Jüten	Shorthorn	Jüten	Shorthorn	Jüten
29. 1880. Juli 12—23. (verschiedene Ställe) .	—	—	0,23	1,45	0,40	0,57
30. „ 9., Morgenmilch	0,14	0,19	0,31	1,37	0,43	0,55
31. „ 9., Abendmilch	0,14	0,16	0,23	0,89	0,37	0,47
32. „ 12., Morgenmilch	0,16	0,20	0,28	1,15	0,35	0,59
33. „ 12., Abendmilch	0,16	0,16	0,36	1,15	0,43	0,70
34. September 12., Abendmilch	0,19	0,30	0,29	1,10	0,45	0,47
35. „ 13., Morgenmilch . . .	0,19	0,22	0,38	1,62	0,45	0,63
1881. Mai bis Sept. Durchschnitt d. Analysen.						
36. Vestervigkloster und Vejlegaard	0,17	0,22	0,30	1,25	0,41	0,57
37. desgl. und verschiedene Höfe	0,16	0,18	0,32	1,15		
	Centrifugen (Nielsen u. Petersen)					
	Angler	Jüten	Angler	Jüten	Angler	Jüten
38. Rosvang	0,76	0,14	0,71	1,13	0,53	0,72
39. Egebaksunde	0,08	0,07	0,50	1,17	0,51	0,56
40. Marselisborg	0,10	0,12	0,57	0,76		

Centrifugen-Magermilch

(ohne nähere Bezeichnung des Apparates und wo Anwendung der Centrifuge zu vermuthen).

	Vollmilch		Magermilch		
	Dichte	Fett %	Dichte	Fett %	Trocken-Substanz %
W. Fleischmann.[1])					
1. Aus der Genossenschaftsmolkerei Frankfurt a. d. O.	—	—	1,0351	0,236	—
2. Radener Molkerei, im Mittel von 7 (aräometr.) Bestimmungen	—	—	—	0,429	—
3. desgl., im Mittel von 6 (aräometr.) Bestimmungen .	—	—	—	0,405	—

[1]) Ber. d. Milchwirthsch. Vers. St Raden 1882. 20. 31. 33—36.

	Vollmilch		Magermilch		
	Dichte	Fett %	Dichte	Fett %	Trocken-Substanz %
Milchwirthschaftl. Vers. St. Kiel, nach Angaben von M. Schrodt.					
4. Im Mittel v. 47 Bestimmungen, Sept. bis Ende Dec. 1882	—	—	—	0,502	—
5. Fettreiche Magermilch, im Mittel v. 10 Bestimmung.	—	—	1,0354	0,992	9,805
6. Fettarme „ „ „ „ 11 „	—	—	1,0363	0,452	9,150
7. Aus der Schweriner Molkerei	—	—	1,0333	0,500	—
8. Dampfmolkerei Malchin	—	—	1,0344	0,200	—
W. Fleischmann.[1]					
Aus der Genossenschaftsmolkerei zu Schwerin:					
9. Im Mittel von 9 Bestimmungen	1,0314	3,224	1,0338	0,370	—
10. Maximum des Fettgehaltes der Magermilch . . .	—	—	1,0346	0,643	—
11. Minimum „ „ „ „ . . .	—	—	1,0326	0,115	—
12. Molkerei Püschow	1,0326	3,258	1,0350	0,636	—
W. Fleischmann.[2]					Reaction
Aus der Genossenschaftsmolkerei zu Schwerin 1884:					
13. 23/1	1,0323	3,245	1,0327	0,531	schwach sauer
	—	—	1,0332	0,429	
14. 20/2	1,0318	3,323	1,0339	0,705	neutral
	—	—	1,0332	0,334	
15. 26/3	1,0320	2,710	1,0352	0,283	neutral
	—	—	1,0350	0,274	
16. 23/4	1,0308	3,378	1,0328	0,416	schwach sauer
	—	—	1,0341	0,344	
17. 21/5	1,0320	3,178	1,0334	0,333	schwach sauer
	—	—	1,0335	0,440	
18. 11/6	1,0322	2,501	1,0339	0,295	schw. sauer
	—	—	1,0340	0,228	sauer
19. 23/7	1,0312	2,801	1,0336	0,359	schwach sauer
	—	—	1,0340	0,356	
20. 22/10	1,0325	2,636	1,0344	0,348	neutral
21. 12/11	1,0322	2,412	1,0328	0,565	schwach sauer
	—	—	1,0332	0,342	
22. 17/12	1,0328	2,797	1,0365	0,527	—
	—	—	1,0358	0,273	—
W. Fleischmann.[2]					
Aus der Genossenschaftsmolkerei Woldegk:					
21. 17/1	1,0319	3,376	1,0340	1,097	sauer
22. 22/2	1,0326	3,242	1,0352	0,713	schw. sauer
23. 12/6	1,0312	3,099	—	0,301	sauer
24. Molkerei Prützen 16/6	—	3,390	—	0,480	stark sauer
25. Aus Aachen 15/11	—	—	—	0,877	„ „
26. „ „ 15/11	—	—	—	1,118	„ „

[1] Ber. d. Milchwirthsch. Vers. St. Raden 1883. 43.

[2] Ber. d. Milchwirthsch. Vers. St. Raden 1884. 74. Bei den monatlichen Untersuchungen sind fast ausnahmslos auf je 1 Probe Vollmilch 2 Proben Magermilch untersucht worden. Aus der vorliegenden Mittheilung ist nicht zu ersehen, welche Veranlassung zu dem meist beträchtlichen Unterschiede im Fettgehalte vorgelegen haben mag.

		Vollmilch		Magermilch		
		Dichte	Fett %	Dichte	Fett %	Reaction
27. Aus Siedenbollentin (Centrifuge)	9/1	—	—	1,0340	0,290	—
28. „ Criewen (Centrifuge)	7/2	—	—	1,0342	0,346	—
29. „ „ „	7/2	—	—	1,0338	0,316	—
30. „ Lüssow	11/2	—	—	—	0,317	sauer
31. „ „	11/2	—	—	—	0,567	„
32. „ „	30/5	—	—	1,0340	0,588	schw. sauer
33. „ Gülzow	31/5	—	—	1,0341	0,520	—
34. „ Barmstedt (Centrifuge)	6/6	—	—	—	0,325	stark sauer

Heinr. Petersen's Schäl-Centrifuge.

		Vollmilch Dichte	Vollmilch Fett %	Magermilch Dichte	Magermilch Fett %	Reaction
W. Fleischmann.[1]						
1. Aus Oldesloe	8/2 1882	—	—	1,0332	0,369	schwach säuerlich
2. „ „	30/3 „	—	—	1,0349	0,361	
3. „ Woldegk	17/12 1883	1,0315	2,946	—	0,418	
4. „ „ (700 l Milch in d. Stunde)	6/5 1884	—	—	—	0,359	sauer
5. „ Stavenhagen	7/8 „	—	—	1,0348	0,505	—
6. „ Hamburg	11/11 „	—	—	1,0307	0,491	gewässert
7. „ „	29/11 „	—	—	1,0347	0,483	—
8. „ „	12/12 „	—	—	1,0324	0,678	gewässert

	Milch in der Stunde kg	Trommelumläufe in ′	t °C.	Vollmilch		Magermilch		Ausrahmungsgrad %
				Dichte	Fett %	Dichte	Fett %	
W. Fleischmann.[2]								
Frische Morgenmilch der Radener Herde:								
9. Mittel von 5 Versuchen	370,4	1677	5	—	3,237	—	0,827	78,5
10. „ „ 6 „	374,1	1664	10	—	3,117	—	0,601	84,0
11. „ „ 5 „	378,4	1644	15	—	3,136	—	0,438	88,4
12. „ „ 5 „	381,0	1661	20	—	3,149	—	0,403	89,1
13. „ „ 5 „	394,9	1671	25	—	3,126	—	0,331	90,9
14. „ „ 6 „	383,1	1661	30	—	3,059	—	0,284	92,1
15. „ „ 6 „	377,0	1669	35	—	3,040	—	0,254	92,9
16. „ „ 9 „	383,0	1663	40	—	3,520	—	0,224	94,4
17. Transportirte Milch aus Mamerow, frische Morgenmilch, Mittel von 6 Versuchen	400,9	1681	25	—	3,137	—	0,307	91,9
18. 12 Stunden alte Abendmilch der Radener Herde, Mittel von 6 Versuchen	378,1	1632	25,4	—	3,156	—	0,354	90,7

Burmeister und Wain's Centrifuge. Kleine dänische Centrifuge.

								React.
W. Fleischmann.[1]								
1. Aus Woldegk (500 l Milch in der Stunde)	—	—	—	—	—	1,0340	0,434	sauer

[1]) Ber. d. Milchwirthsch. Vers. St. Raden 1888. 21. 1883. 46. 1884. 75 u. ff.
[2]) W. Fleischmann u. R. Sachtleben. Milchztg. 1882. 593 u. 610. (Schäl-Centrifuge von Nielsen u. Petersen.)

M. Schmoeger.[1])	Milch i. d. Stunde kg	Temperatur d. Vollmilch ° C.	Vollmilch Fett %	Magermilch Fett %
2. 30. Januar	190	33,1	3,37	0,27
3. 31. „	193	35,0	3,39	0,26
4. 28. „	285	33,7	—	0,41
5. 29. „	305	34,4	3,36	0,41
6. 4. Februar	188,7	27,5	3,49	0,30
7. 26. „	196,2	27,5	3,12	0,29
8. 1. „	305,3	27,5	3,35	0,44
9. 2. „	294,8	27,5	—	0,40
10. 4. März	189,5	20,0	—	0,45
11. 5. „	165,0	20,0	—	0,45
12. 6. „	279,2	20,0	2,95	0,74
13. 28. Februar	290,4	20,0	—	0,50
14. 3. März	279,2	20,5	3,22	0,59
15. 7. März	171,1	13,1	3,21	0,50
16. 10. „	181,5	13,7	—	0,55
17. 12. „	266,7	13,1	—	0,86

M. Schmoeger.[2]) Einfluss des während des Centrifugirens innegehaltenen Verhältnisses zwischen ablaufender Magermilch und Rahm; Mittel von je 2 Versuchen. Temperatur und Milchquantum in den angegebenen Grössen annähernd.

	Milch i. d. Stunde	Temperatur d. Vollmilch	Vollmilch Fett %	Magermilch Fett %
18. Rahm : Magermilch 1 : 9	150 Liter	35° C.	3,85	0,175
19. „ : „ 1 : 10	„ „	„ „	3,75	0,180
20. „ : „ 1 : 4	300 „	„ „	3,67	0,27
21. „ : „ 1 : 10	„ „	„ „	3,40	0,52
22. „ : „ 1 : 4	150 „	12,5 „	3,38	0,255
23. „ : „ 1 : 10	„ „	„ „	3,58	0,405
24. „ : „ 1 : 4	300 „	„ „	3,60	0,67
25. „ : „ 1 : 10	„ „	„ „	3,58	1,065

Einfluss des Fettgehaltes der Vollmilch auf die Entrahmung.

	Milch i. d. Stunde	Temperatur d. Vollmilch		Vollmilch Fett %	Magermilch Fett %
26. Rahm : Magermilch 1 : 5	150 Liter	35° C.	fettarm	2,60	0,21
27. „ : „ 1 : 8	„ „	„ „	fettarm	2,63	0,18
28. „ : „ 1 : 5	„ „	„ „		3,50	0,19
29. „ : „ 1 : 5	300 „	„ „	fettarm	2,81	0,385
30. „ : „ 1 : 8	„ „	„ „	fettarm	2,72	0,455
31. „ : „ 1 : 5	„ „	„ „		3,45	0,39
32. „ : „ 1 : 5	150 „	7,5 „	fettarm	1,95	0,44
33. „ : „ 1 : 8	„ „	„ „	fettarm	1,96	0,345
34. „ : „ 1 : 5	„ „	„ „		3,07	0,40
35. „ : „ 1 : 5	250 „	„ „	fettarm	2,17	1,07
36. „ : „ 1 : 8	„ „	„ „	fettarm	2,04	0,795
37. „ : „ 1 : 5	„ „	„ „		2,97	1,07

[1]) Ber. d. Milchwirthsch. Instit. Proskau 1883/84. 8.
[2]) Ebendaselbst 1884/88. 11 u. ff. und 1885/86 11.

Frisch gemolkene Morgenmilch im Mittel von 4 Versuchen.

	Milch i. d. Stunde	Temperatur d. Vollmilch	Vollmilch Fett %	Magermilch Fett %
38. Rahm : Magermilch 1 : 5	ca. 190 Liter	29° C.	2,64	0,175

In Eiswasser gestandene und wieder angewärmte Mittag- und Abendmilch.

39. Rahm : Magermilch 1 : 5	190 Liter	29° C.	2,91	0,19

Morgenmilch 12 Stunden in Eiswasser, dann entrahmt, dann centrifugirt ohne Anwärmen.

40.	Zulauf ca. 200 Liter	12,5° C.	1,50	0,25
41. Kuhwarme Abendmilch	„ „ 200 „	31,2 „	3,66	0,22
42. „ „	„ „ 300 „	„ „	„	0,48

Burmeister's kleine Centrifuge.

N. J. Fjord u. Storch.[1]) a. Der Gesammt-Magermilch entnommen:

Temperatur der Vollmilch °C.	Zuströmung in der Stunde Pfd.	Umdrehungen in 1 Stunde	Magermilch Fettgehalt %
24,8	298	1946	0,21
24,7	434	2385	0,22
24,2	701	2931	0,28

b. Magermilch abzüglich des ersten und letzten Antheils.

° C.	Pfd.		%
27,8	278	1970	0,23
27,7	444	2395	0,23
27,9	694	3018	0,22

April bis September 1882:	Pfd.		Durschschnitt	Min.	Max.
Im Mittel von 9 Versuchen (Analysen)	1290	2410	0,12	0,09	0,15
„ „ „ 28 „ „	2435	„	0,22	0,15	0,39
„ „ „ 8 „ „	1290	„	0,12	0,11	0,12
„ „ „ 4 „ „	2435	„	0,25	0,22	0,28
„ „ „ 4 „ „	3580	„	0,41	0,38	0,47
„ „ „ 4 „ „	4720	„	0,71	0,64	0,79

Einfluss des Stehens der Milch auf den Erfolg des nachfolgenden Entrahmens.

	alsbald entrahmt	am nächsten Morgen kalt	am nächsten Morgen erwärmt
Abendmilch:	bei 29,3° C.	11° C.	40° C.
a. 450 Pfd. Milch in der Stunde durchschnittlich	0,20	0,49	0,20
b. 300 „ „ „ „ „ „	0,09	0,23	0,10

	alsbald entrahmt	am nächsten Morgen allein centrifugirt	am nächsten Morgen mit der Hand entrahmt und centrifugirt
	bei 30° C.	12° C.	12° C.
c. 450 Pfd. Milch, im Durchschnitt v. 4 Versuchen	0,25 %	0,25 %	0,23 %

P. Vieth.[2]) (1886.) Im Mittel von 110 Proben zwischen 0,2 und 0,5 % Fett.*)
(1887.) „ „ „ 71 „ „ 0,14 „ 0,43 „ „ **)

[1]) Milchztg. 1883. S. 55 u. 68.
[2]) Milchztg. 1886. S. 131 u. 1887. S. 120.

*) Mit ganz wenigen Ausnahmen.
**) Der Fettgehalt von 3 anderen Proben lag über 0,5 % und betrug 0,55, 0,62 u. 0,63 %.

	Rahmausbeute in %	Milch in der Stunde kg	Umdrehungen in der Minute	Wärme der Milch ° C.	Vollmilch Dichte	Vollmilch Fett %	Magermilch Dichte	Magermilch Fett %	Ausrahmungsgrad %
W. Fleischmann u. J. Berendes.[1]									
1. Im Mittel von je 6 Versuchen		305	3396	**40**	1,0306	3,766	1,0354	0,303	93,36
2.		297	3291	**30**	1,0307	3,685	1,0349	0,358	92,11
3.		295,8	3357	**20**	1,0309	3,902	1,0352	0,399	91,83
4.		302,5	3397	**10**	1,0311	3,798	1,0346	0,735	84,80
5.		ca. **200**	3380	30	1,0314	3,304	1,0348	0,250	93,92
6.		„ **250**	3380	30	1,0314	3,329	1,0348	0,266	93,59
7.		„ **350**	3376	30	1,0320	3,559	1,0356	0,392	91,12
8.		„ **400**	3334	30	1,0322	3,410	1,0357	0,392	90,55
9. Versch. Rahmmenge bei 40 ° C.	17,6	308	3389	**40**	1,0322	3,295	1,0354	0,292	92,69
10. „ „ „ 40 „	10,4	309	3342	**40**	1,0322	3,299	1,0355	0,357	90,31
11. „ „ „ 30 „	20,7	293	3298	**30**	1,0319	3,266	1,0352	0,302	92,66
12. „ „ „ 30 „	11,5	300	3399	30	1,0319	3,305	1,0351	0,373	90,02
13. „ „ „ 20 „	20,5	298	3436	20	1,0318	3,271	1,0349	0,333	91,89
14. „ „ „ 20 „	11,0	300	3422	20	1,0318	3,272	1,0349	0,486	86,78
15.		352	3365	30	1,0319	3,177	1,0350	0,322	51,95
16.		400	3409	30	1,0319	3,156	1,0349	0,363	90,42

Verbesserte dänische Centrifuge — Type B — von Burmeister und Wain.

C. Pepper-Louisenhof.[2]								
1. Warme, eben ermolkene Milch	450	3391	ca. 30	—	—	—	0,411	—
2.	400	3400	„	—	—	—	0,302	—
3.	300	3395	„	—	—	—	0,254	—
4.	250	3398	„	—	—	—	0,179	—
5. Kalte, die Nacht über im Kühlwasser gestandene Milch	250	3356	12,5	—	—	—	0,310	—
6.	200	3390	„	—	—	—	0,226	—
7. desgleichen, schwach entrahmt	300	3392	„	—	—	—	0,301	—
8.	250	3387	„	—	—	—	0,284	—
9.	200	3398	„	—	—	—	0,129	—
10. Warme und kalte, transportirte Milch	350	3398	ca. 20	—	—	—	0,379	—
11.	300	3395	„	—	—	—	0,299	—
12.	300	3400	ca. 10	—	—	—	0,320	—
13.	250	3389	„	—	—	—	0,221	—

[1]) Milchztg. 1886. 589. 609 u. 629. Die 1885 in Raden ausgeführten Versuche währten von Anfang September bis Anfang December. Die verwendete Milch zeigte gleich anfänglich und bis Anfang November die Erscheinung der „Trägheit" der Milch, welche sich ganz erst Mitte November verlor. Die unter 15 u. 16 verzeichneten Proben beziehen sich auf nicht träge Milch; nach der Autoren Berechnung beziffert sich bei den vorstehenden Versuchen und bei Berücksichtigung aller Verhältnisse der Einfluss der Trägheit auf die Entrahmung der Milch derart, dass Magermilch von träger Milch 0,065 % Fett mehr enthält als solche von nicht träger. Die Erscheinung der Trägheit der Milch im Ausrahmen zeigte sich in Raden nach 10jähriger Beobachtung regelmässig zweimal im Jahre.

[2]) Milchztg 1885. 697.

Fesca'sche Centrifuge.

	Ringe No.	Milch in der Stunde kg	Umdrehungen in der Minute	Wärme der Milch °C.	Vollmilch Dichte	Vollmilch Fett %	Magermilch Dichte	Magermilch Fett %	Ausrahmungsgrad %
W. Fleischmann u. R. Sachtleben.[1]									
I. Reihe. Bei annähernd gleichen Milchmengen:									
1. Im Mittel von 3 Versuchen	13/16	177,9	3907	35	—	3,269	—	1,632	51,0
2. " " " 2 "	12/16	178,6	3793	35	—	3,335	—	1,521	55,9
3. " " " 3 "	11/16	182,9	3969	35	—	3,175	—	0,503	85,4
4. " " " 3 "	10/16	186,8	3969	35	—	3,105	—	0,383	89,3
5. " " " 3 "	9/16	184,5	3896	35	—	3,141	—	0,360	90,5
6. " " " 3 "	8/16	187,5	4139	35	—	3,129	—	0,352	91,1
II. Reihe. Bei mittleren Rahmmengen (11,5—15,6 %):									
7. Im Mittel von 4 Versuchen	13/16	261,0	4099	35	—	3,237	—	0,578	85,2
8. " " " 4 "	12/16	217,4	4063	35	—	3,254	—	0,539	85,5
9. " " " 4 "	11/16	210,6	4077	35	—	3,465	—	0,536	86,7
10. " " " 4 "	10/16	184,6	4023	35	—	3,604	—	0,479	88,4
11. " " " 4 "	9/16	163,8	4004	35	—	3,463	—	0,443	88,8
12. " " " 4 "	8/16	146,1	4064	35	—	3,286	—	0,274	90,1
III. Reihe. Leistung der einzelnen Ringe bei verschieden starkem Zulaufe der Milch:									
13.	13/16	177,9	3907	35	—	3,269	—	1,632	51,0
14.		220,6	4212	35	—	3,163	—	0,532	84,5
15.		238,1	4104	35	—	3,165	—	0,498	86,6
16.		261,0	4099	35	—	3,237	—	0,578	85,2
17.	12/16	178,6	3793	35	—	3,335	—	1,521	55,9
18.		208,3	3942	35	—	3,050	—	0,758	77,3
19.		217,4	3063	35	—	3,254	—	0,539	85,5
20.		250,0	3996	35	—	3,109	—	0,400	89,1
21.		258,6	3942	35	—	3,056	—	0,405	89,8
22.	11/16	182,9	3969	35	—	3,175	—	0,503	85,4
23.		189,9	3834	35	—	3,092	—	0,492	85,5
24.		189,9	3996	35	—	3,103	—	0,466	86,6
25.		210,6	4077	35	—	3,465	—	0,536	86,6
26.		250,0	4104	35	—	3,322	—	0,393	91,1
27.	10/16	164,8	3996	35	—	3,208	—	0,380	89,0
28.		180,7	3996	35	—	3,190	—	0,283	92,2
29.		184,6	4023	35	—	3,604	—	0,479	88,4
30.		186,8	3969	35	—	3,105	—	0,383	89,3
31.		202,7	3996	35	—	3,090	—	0,344	90,9
32.		250,0	3969	35	—	3,151	—	0,310	93,3

[1]) Milchztg. 1883. 369 und 385. Die Zahlen der dritten Reihe sind zum Theil der ersten und zweiten Reihe entnommen.

	Ringe No.	Milch in der Stunde kg	Umdrehungen in der Minute	Wärme der Milch °C.	Vollmilch Dichte	Vollmilch Fett %	Magermilch Dichte	Magermilch Fett %	Ausrahmungsgrad %
33.	9/16	150,0	4050	35	—	3,382	—	0,381	89,9
34.		163,8	4004	35	—	3,463	—	0,443	88,8
35.		176,5	3996	35	—	3,166	—	0,287	92,6
36.		184,5	3896	35	—	3,141	—	0,360	90,5
37.		223,9	3996	35	—	3,119	—	0,300	93,1
38.	8/16	127,1	3942	35	—	3,106	—	0,300	91,1
39.		146,1	4064	35	—	3,286	—	0,374	90,1
40.		161,3	3942	35	—	3,056	—	0,271	92,5
41.		187,5	4139	35	—	3,129	—	0,352	91,1
42.		192,3	3942	35	—	3,123	--	0,230	94,6

Lefeldt'sche Centrifuge.

Modell No. 0 (1883).								
W. Fleischmann u. J. Berendes.[1]								
Molkerei Raden:								
1. Mittel von 9 Versuchen	246	5851	**35**	1,0312	3,277	1,0347	0,353	90,63
2. „ „ 10 „	245	6011	**30**	1,0314	3,375	1,0352	0,355	91,01
3. „ „ 10 „	250	6046	**25**	1,0317	3,298	1,0353	0,385	90,36
4. „ „ 9 „	251	6034	**20**	1,0309	3,227	1,0346	0,418	88,83
5. „ „ 3 „	**149**	5934	25	1,0308	3,218	1,0341	0,252	93,27
6. „ „ 3 „	**319**	6000	25	1,0311	3,317	1,0341	0,617	83,76
7. „ „ 6 „	**367**	5988	25	1,0306	3,258	1.0338	0,666	82,17
Modell 1885.								
W. Fleischmann u. J. Berendes.[2]								
8.	323,7	6174	35	1,0310	3,073	1,0341	0,348	90,49
9.	318,6	6013	30	1,0310	3,231	1,0343	0,385	90,12
10.	275,9	6367	35	1,0317	3,286	1,0356	0,257	93,35
11.	250,4	6128	30	1,0310	3,437	1,0351	0,283	92,61
12.	268,7	6048	25	1,0316	3,553	1,0358	0,296	92,70
13. Im Mittel d. Versuche von No. 10—12 . .	265	6181	30	1,0314	3,425	1,0355	0,279	92,89
14.	225,3	6100	35	1,0320	3,303	1,0360	0,202	94,73
15.	226,4	6234	30	1,0318	3,430	1,0358	0,197	95,09
16.	225,3	6380	25	1,0318	3,348	1,0357	0,266	93,21
17. Im Mittel d. Versuche von No. 14—16 . .	225,7	6238	30	1,0319	3,360	1,0358	0,222	94,34

[1]) Ber. d. Milchwirthsch. Vers. St. Raden 1884. 50.

[2]) Milchztg. 1886. 269. Die Zahlen beziehen sich auf den Durchschnitt von je 4 Versuchen. Als Durchschnittswerthe ergaben sich für die Entrahmung mittelst dieser Centrifuge, Modell 1885, bei 30° C. in der Stunde:
bei 6013 Trommelumgängen i. d. Min. 319 kg Milch i. d. St. bis auf einen Fettgehalt der Magermilch von 0,38 % (Reihe 9);
bei 6181 Trommelumgängen 265 kg Milch bis auf einen Fettgehalt i. d. Magermilch von 0,28 (10—12);
„ 6238 „ 226 „ „ „ „ „ „ „ „ „ „ 0,22 (14—16);

De Laval's Separator.

	a Milch in der Stunde kg	b Umdrehungen in der Minute	c Wärme der Milch ° C.	Vollmilch Dichte	Vollmilch Fett %	Magermilch Dichte	Magermilch Fett %	Ausrahmungsgrad %
W. Fleischmann.[1]) Radener Molkerei:								
1. Mittel von 14 Bestimmungen	154,4	5360	26,2	—	—	—	0,253	—
2. Bei Minimum von a	121	5382	28	—	—	—	0,234	—
3. Bei Maximum von a	298	5336	24	—	—	—	0,324	—
4. Minimum des Fettgehaltes bei	128	5336	28	—	—	—	0,199	—
W. Fleischmann u. P. Vieth.[2]) Radener Molkerei, frisch gemolkene Milch.								
A. Ueber 6000 Touren der Trommel in der Minute:								
5. Ungekühlt, im Mittel von 6 Versuchen . .	121	6019	25	—	3,281	—	0,160	95,56
6. Auf 15° C. abgekühlt, Mittel v. 3 Vers. . .	113	6128	13	—	3,219	—	0,263	92,71
B. Weniger als 6000 Touren d. Trommel i. d. Minute:								
7. Ungekühlt, Mittel v. 13 Vers.	107	5475	25	—	3,278	—	0,200	93,02
8. Auf 15° gekühlt, Mittel v. 5 Vers. . . .	110	5336	14	—	3,303	—	0,322	91,46
9. „ 6° „ „ „ 6 „ . . .	104	5359	6	—	3,197	—	0,558	84,87
10. „ 40° C. erwärmt „ „ 3 „ . . .	99	5336	39	—	3,370	—	0,138	96,27
11.[0]) Abendm. d. vorigen Tages, Mittel v. 6 Vers.	125	5441	14	—	2,974	—	0,357	90,19
12.[0]) „ „ „ „ auf 31° C. erwärmt, M. v. 6 V.	118	5448	28	—	2,938	—	0,178	94,82
13. Transportirte Morgenmilch, Mittel v. 6 Vers.	101	5359	27	—	3,094	—	0,206	94,14
14. Frische Morgenmilch, bei ganz geöffnetem Zuflussrohr, Mittel v. 6 Vers.	167	5452	27	—	3,190	—	0,238	94,99
(Aufrahmung mit Eis bei 10stünd. Dauer, Anfangstemper. 27°, Ende 2° C. . . .	—	—	—	—	3,232	—	0,717	81,95)
W. Fleischmann.[3]) Separator-Trommel mit becherförmigem Einsatz:								
15. Mittel von 13 Bestimmungen	294	6029	26	—	ca. 3,3	1,0345	0,352	91,0
(16. Minimum d. Fettgehaltes bei	320	6808	26,5	—	„	1,0347	0,232	—)
(17. Maximum „ „ „	311	5888	25,5	—	„	1,0343	0,417	—)
W. Fleischmann.[4])								
18. A. d. Molkerei Prützen, 1/6	—	—	—	1,0328	3,290	1,0362	0,350	—
19. „ „ „ Lalendorf, 21/6	—	—	35	—	—	1,0357	0,370	—
20. „ „ „ „ „	—	—	25	—	—	1,0351	0,500	—
21. „ „ „ „ 19/12 (träge Milch)	—	—	—	—	—	1,0348	0,287	—
22. „ „ „ Niegleve, 6/12	—	—	—	1,0317	3,488	1,0350	0,360	—
23. „ „ „ Raden, Mittel von 78 Proben	—	—	—	—	—	—	—	—
Im Laufe d. Jahres 1883 b. regelrechtem Betriebe	—	—	—	—	—	1,0345	0,466	—
24. Maximum	—	—	—	—	—	—	0,933	—
25. Minimum	—	—	—	—	—	—	0,260	—

[1]) Ber. d. Milchwirthsch. Vers. St. Raden 1880. 24.
[2]) Milchztg. 1880. 517.
[3]) Ber. d. Milchwirthsch. Vers. St. Raden 1882. 20.
[4]) „ „ „ „ „ „ 1883. 23. 44. 52.
[0]) Die Abendmilch blieb in Swartz'schen Satten die Nacht über sich selbst überlassen und wurde bei der Temperatur, die sie im Aufrahmungsraum angenommen (7—10°) und ohne vorherige Durchmischung in das Sammelgefäss gegeben.

	a Milch in der Stunde kg	b Umdrehungen in der Minute	c Wärme der Milch ° C.	Vollmilch Dichte	Vollmilch Fett %	Magermilch Dichte	Magermilch Fett %	Ausrahmungsgrad %
26. Im Mittel v. 30 Bestimm. Febr. bis April 1883	316	6854	26	—	—	1,0345	0,331	—
27. Mittel, Raden	292	6500	30,7	—	3,265	1,0348	0,290	—
W. Fleischmann.[1])								
28. Mittel, Raden, 9.—15. Novemb. 1884 . . .	295	6443	30	—	3,547	—	0,366	91,65
29. „ 21. Nov. bis 2. Dec. 1884 . . .	280	6417	30	—	3,562	—	0,342	92,25
30. a	300	6450	28	—	3,561	—	0,305	—
31. b entrahmte Milch a	165,7	6500	32	—	0,305	—	0,169	—
32. c „ „ b	155,7	6650	37	—	0,169	—	0,148	—
N. Engström.[2])								
33. Im Mittel von 8 Bestimmungen	—	—	—	—	—	—	0,25	—
N. J. Fjord u. Storch.[3])								
34. Im Mittel von 5 Bestimmungen	127,5	5350	—	—	—	—	0,18	—
35. „ „ „ 7 „	191,2	5350	—	—	—	—	0,31	—

De Laval's Separator, neuester (1883) Construction.

	a	b	c	Vollmilch Dichte	Vollmilch Fett	Magermilch Dichte	Magermilch Fett	Ausrahmungsgrad
W. Fleischmann u. J. Berendes.[4])								
1. 20° u. darunter, Mittel v. 29 Vers. . . .	325,0	6702	**13,9**	—	3,475	—	0,985	76,99
2. Ueber 20° „ „ 71 „ . . .	313,25	6812	**28,8**	—	3,469	—	0,389	90,56
3. „ 145 Umgänge d. Triebrades i. d. Min. (Mittel von 54 Vers.)	312,4	üb. **6670**	27,1	—	3,460	—	0,366	91,13
4. Unter 145 Umgängen d. Triebrades i. d. Min. (Mittel von 17 Vers.)	317,5	unt. **6670**	34,1	—	3,495	—	0,464	88,67
5. 40° C. Mai, Mittel von 4 Vers. . .	329,9	6900	40	—	3,587	—	0,322	92,11
6. 40° C. August, „ „ 4 „ . . .	319,3	6693	40	—	3,455	—	0,411	90,07
7. 40° C. Septemb. „ „ 3 „ . . .	308,1	6532	40	—	3,607	—	0,442	89,21
8. 30° C. Juli, „ „ 5 „ . . .	307,8	6871	30	—	3,285	—	0,375	90,10
9. 30° C. August, „ „ 4 „ . . .	335,6	6587	30	—	3,421	—	0,467	89,03
10. 30° C. Septemb. „ „ 3 „ . . .	297,9	6532	30	—	3,588	—	0,501	87,64
11. 20° C. Juli, „ „ 4 „ . . .	313,6	6870	20	—	3,275	—	0,565	86,05
12. 20° C. August, „ „ 4 „ . . .	363,4	6693	20	—	3,383	—	0,632	86,12
13. 20° C. Oct., „ „ 3 „ . . .	297,3	6486	20	—	3,701	—	0,660	84,32
14. 10° C. August, „ „ 4 „ . . .	304,3	6870	10	—	3,484	—	1,046	73,83
15. 10° C. August, „ „ 4 „ . . .	347,7	6601	10	—	3,341	—	1,061	72,73
16. 10° C. Octob. „ „ 4 „ . . .	292,7	6633	10	—	3,495	—	1,293	68,51
17. 40° C. Mittel der Vers. u. No. 5—7 . . .	319,8	6725	**40**	—	3,544	—	0,387	90,58
18. 30° „ „ „ „ „ „ 8—10 . . .	321,2	6697	**30**	—	3,406	—	0,437	89,13

[1]) Ber. d. Milchwirthsch. Vers. St. Raden 1884. 52. Mittel von je 7 Versuchen an 7 aufeinanderfolgenden Tagen mit de Laval's Separator neuester Construction. Die Entrahmung verlief ganz ohne Störung. Zu No. 30—32 ist zu bemerken, dass ein u. dieselbe Milch dreimal hintereinander den Apparat durchlief.

[2]) Milchztg. 1879. 662.

[3]) „ 1883. 55. Der Fettgehalt der Magermilch betrug

	im Maxim.	im Minim.
bei den Bestimmungen unter No. 34	0,13	0,22
„ „ „ „ „ 35	0,21	0,39

[4]) Landw. Vers. Stat. 31. 1885. 367. Die Versuche, welche den Ergebnissen zu Grunde liegen, erstreckten sich fast über ein ganzes Jahr. Die Zahlen für den Fettgehalt von Voll- u. Magermilch sind das Mittel von je zwei übereinstimmenden Ergebnissen.

	Milch in der Stunde kg	Umdrehungen in der Minute	Wärme der Milch °C.	Vollmilch Dichte	Vollmilch Fett %	Magermilch Dichte	Magermilch Fett %	Ausrahmungsgrad %
19. 20° C. Mittel der Vers. u. No. 11—13 . .	327,3	6702	**20**	—	3,431	—	0,615	85,60
20. 10° „ „ „ „ „ „ 14—16 . .	314,9	6702	**10**	—	3,440	—	1,133	71,72
21.	**386,5**	5000	25	—	—	—	0,740	—
22.	**341,6**	6343	25	—	—	—	0,423	—
23.	**303,3**	6522	25	—	—	—	0,336	—
24.	**262,3**	6163	25	—	—	—	0,309	—
25.	**220,8**	6457	25	—	—	—	0,280	—
26. Morgenmilch, Mittel v. 3 Vers.	297,9	6532	30	—	3,588	—	0,501	87,64
27. Transportirte Abendmilch, über Nacht in Eiswasser gestanden. Mittel v. 3 Vers. . . .	290,9	6716	30	—	3,444	—	0,519	86,74

Centrifugenmilch. Vergleichende Versuche mit verschiedenen Centrifugen.

	Im Mittel von Analysen	Milch in der Stunde Pfd.	Durchschnittliche Geschwindigkeit	Magermilch, Fettgehalt Durchschnitt %	Minimum %	Maximum %
N. J. Fjord u. Storch.[1])						
Gewöhnliche Ausrahmung April bis Juli 1882.						
Wärme der süssen Milch durchschnittlich 25° C.						
Kleine Burmeister	9	1290	2410	0,12	0,09	0,15
„	28	2435	2410	0,122	0,15	0,39
De Laval	5	1300	5350	0,18	0,13	0,22
„	7	2450	5350	0,31	0,21	0,39
Nielsen u. Petersen	10	1490	1490	0,11	0,08	0,13
„	14	2810	1490	0,18	0,16	0,20
Grosse Burmeister	4	1870	1950	0,15	0,11	0,17
„	8	2128	1950	0,27	0,21	0,39
September 1882.						
Kleine Burmeister	8	1290	2410	0,12	0,11	0,12
„	4	2435	2410	0,25	0,22	0,28
„	4	3580	2410	0,41	0,38	0,47
„	4	4720	2410	0,71	0,64	0,79
Grosse Burmeister	5	1780	1800	0,07	0,16	0,19
„	5	2158	1800	0,70	0,58	0,79

[1]) Milchztg. 1883. 55. Unter gewöhnlicher Ausrahmung verstehen Autoren eine Arbeitsweise, durch welche die Milch 2—3 Stunden nach dem Melken oder bei dem Wärmegrad, welche sie dann hat, abgerahmt wird, ohne dass besondere Vorkehrungen zur Abkühlung oder gegen dieselbe getroffen werden, und bei welcher 18—20 % Rahm entnommen werden.

Buttermilch.

No.	Bemerkungen	Jahr der Untersuchung	In der ursprünglichen Substanz: Wasser %	Stickstoff-Substanz %	Fett %	Milchzucker %	Salze %	In der Trocken-Substanz: Stickstoff-Substanz %	Fett %	N. in der Trocken-Substanz %	Analytiker
1			89,67	3,41	1,58	5,34		33,01	15,30	5,28	*J. B. Boussingault* [1])
2			90,80	3,82	0,24	5,14		41,52	2,61	6,64	*Quevenne* [1])
3	Aus Rahm nach Gussander'schem Verfahren (Butterfass Gussander)	1855	28,26	—	2,57	—		—	21,91	—	*A. Stöckhardt* [2])
4	Aus Rahm nach Gussander'schem Verfahren (Butterfass Gussander)	1857	90,83	—	1,21	—		—	13,20	—	*Ignatz Moser* [3])
5	Aus Rahm nach gewöhnlichem Verfahren (gusseiserne Satten)	„	91,26	—	1,00	—		—	11,44	—	*Ignatz Moser* [3])
6	Aus frischem 24stünd. Rahm gewässert, Spülw.	1861	82,82	—	8,74	—	0,73	—	50,88	—	*Al. Müller u. Eisenstuck* [4])
7	Aus gestandenem 36 std. Rahm, gewässert, Spülw.	„	88,16	—	3,24	—	0,74	—	27,36	—	*Al. Müller u. Eisenstuck* [4])
8	Rahmbutterung: Burchard's Butterf., unter Zusatz von Kühlwasser, a[5])	1862	83,87	2,70	8,80	4,03	0,60	16,74	54,56	2,68	*Al. Müller u. Eisenstuck* [5])
	„ „ b.	„	82,22	2,98	9,70	4,44	0,66	16,76	54,52	2,68	*Al. Müller u. Eisenstuck* [5])
9	Holmgren's „ a.	„	93,02	2,19	1,13	3,17	0,49	31,38	16,19	5,02	*Al. Müller u. Eisenstuck* [5])
	„ „ b.	„	89,55	3,28	1,69	4,75	0,63	31,39	16,17	5,02	*Al. Müller u. Eisenstuck* [5])
10	Gussander's „ a.	„	91,64	2,59	1,50	3,66	0,61	30,98	17,94	4,96	*Al. Müller u. Eisenstuck* [5])
	„ „ b.	„	89,34	3,30	1,91	4,67	0,78	30,96	18,92	4,96	*Al. Müller u. Eisenstuck* [5])
11	Milchbutterung: Burchard's Butterf., nicht gewässert	„	90,02	2,89	1,48	4,91	0,70	28,96	14,83	4,63	*Al. Müller u. Eisenstuck* [5])
12	Holmgren's „	„	89,79	2,93	1,55	5,15	0,58	28,70	15,18	4,59	*Al. Müller u. Eisenstuck* [5])
13	Aus schwach sauerem Rahm, Burchard's Butterfass, nicht gewässert	„	89,78	—	1,92	—	0,74	—	18,79	—	*Al. Müller u. Eisenstuck* [6])
14	desgl., Holsteiner Butterfass, nicht gewässert	„	88,84	3,70	0,42	5,10	0,86	33,16	12,72	5,31	*Al. Müller u. Eisenstuck* [6])
15	desgl., Holsteiner, stark gewässert, a.	„	95,61	1,59	0,66	1,77	0,37	36,22	15,03	5,79	*Al. Müller u. Eisenstuck* [6])
	desgl., b. ungewässert . . .	„	89,46	3,82	1,58	4,25	0,89	36,21	14,98	5,79	*Al. Müller u. Eisenstuck* [6])

[1]) E. Wolff's Landw. Fütterungslehre. Stuttgart 1881. 228.

[2]) Martiny: Die Milch II. 171. (Gussander: Neue schwedische Milchwirthschaft ohne Keller. 1856. 19.) Nach Kleefütterung aus Milch mit 12—18 % Trockensubstanz 4,26 % Fett.

[3]) Ebendaselbst. (Arenstein's Allgem. Land- und Forstwirthsch. Ztg. 1858. No. 39.)

[4]) Landw. Vers. St. 9. 1867. 267. Der Rahm, bei 6 nahezu süss, bei 7 sauer, wurde in einem Gussander'schen Blechbutterfässchen verbuttert; auf 332,5 g Rahm kamen 40 g, resp. bei 7 auf 310 g Rahm 40 g Spülwasser. Der Fettgehalt wurde theils durch Extraction des Abdampfrückstandes mittelst Aether, theils durch Behandlung der frischen Substanz (auch Buttermilch?) mit einem entsprechenden Gemenge von Alkohol und Aether, beide wasserfrei, nach Müller's ausgearbeiteter Methode bestimmt.

[5]) Ebendaselbst 1867. 285. Die Butterung von Rahm und Milch ergaben Producte in nachstehenden Verhältnissen:

	Rahm resp. Milch	unter Zusatz von Wasser	ergeben Butter	und Buttermilch
bei No. 8 . .	5339 g Rahm	472 g	400 g	5111 g
„ „ 9 . .	2081 „ „	1027 „	514 „	3094 „
„ „ 10 . .	672 „ „	144 „	149 „	667 „
„ „ 11 . .	13617 „ „	— „	378 „	13239 „
„ „ 12 . .	5498 „ „	— „	139 „	5104 „

Die Zusammensetzung der Buttermilch auf ungewässerte Buttermilch unter b. bei No. 8—10 wurde von uns berechnet,

[6]) Vergl. Anmerkung [1]) Seite 411.

No.	Bemerkungen	Jahr der Untersuchung	In der ursprünglichen Substanz: Wasser %	Stickstoff-Substanz %	Fett %	Milchzucker %	Salze %	In der Trocken-Substanz: Stickstoff-Substanz %	Fett %	N. in der Trocken-Substanz %	Analytiker
16	Süsser Rahm, Holsteiner, nicht gewässert	1862	88,04	4,09	2,08	4,99	0,80	34,20	17,39	5,47	
17	desgl., Gussander's Butterfass, nicht gewässert	„	87,99	4,06	2,33	4,96	0,76	33,80	19,40	5,41	*Al. Müller u. Eisenstuck*[1])
18	Aus Rieseberga, schw. gewässert	„	89,47	3,37	1,39	5,00	0,77	32,00	13,20	5,12	
	Milchsäure % — desgl. 24 Std. später										
19	Octbr. 3. — —	1866	92,00	—	—	—	—	—	—	—	
20	„ 5. — —		93,00	—	—	—	—	—	—	—	
21	„ 7. 0,38 0,55		92,60	4,06	0,42	1,93	0,55	55,42	5,73	8,87	
22	„ 8. — —		92,40	—	—	—	—	—	—	—	
23	„ 10. 0,38 0,50		92,60	4,35	0,40	1,68	0,50	58,79	5,41	9,41	
24	„ 14. 0,33 0,44		91,00	4,07	0,13	3,71	0,75	45,22	1,44	7,24	
25	„ 17. 0,28 0,43		90,60	4,94	0,09	3,52	0,50	52,55	1,96	8,41	*Robertson*[2])
26	„ 19. 0,38 0,44		91,60	3,91	0,47	2,78	0,80	46,55	5,60	7,45	
27	„ 21. 0,45 0,53		93,00	3,64	0,14	2,22	0,55	52,02	2,00	8,32	
28	April 28. 0,18 0,21		93,30	4,04	0,09	1,97	0,45	60,30	1,34	9,65	
29	Mai 3. 0,17 0,30		91,60	5,08	0,09	2,35	0,64	60,53	1,07	9,68	
30	„ 4. 0,18 0,30		92,10	4,72	0,02	2,25	0,67	59,75	0,25	9,56	
31	„ 20. 0,09 0,27		92,00	5,03	0,17	2,22	0,44	62,88	2,13	10,06	
32	Aus Devonshire-Rahm . . .	1873	86,90	—	3,60	—	—	—	27,48	—	*A. H. Smee*[3])
33	„ Carsharton- „ . . .	„	86,40	—	4,00	—	—	—	29,41	—	
34	Aus 9 Liter Rahm und	1877	82,85	10,00	0,83	5,36	0,95	58,31	4,84	9,33	
35	2,675 kg Vorbruch.	„	88,86	4,88	1,23	4,21	0,81	43,81	11,04	7,01	*W. Eugling u. v. Klenze*[4])
36	Molkerei der Alpen.	„	87,95	5,00	0,83	5,26	0,95	41,50	6,89	6,64	
37	Molkerei Stagelse (Dänemark)	„	90,46	2,94	0,66	—	0,75	30,82	6,92	4,93	*V. Storch*[5])
38	Dänische Molkerei	1878	89,63	3,15	1,21	—	0,82	30,38	11,67	4,86	
39	Aus Rahm gekühlt } Milch altmilchender Kühe	„	89,53	4,48	1,07	4,13	0,79	42,79	10,22	6,85	
40	„ „ ungekühlt } Milch altmilchender Kühe	„	87,41	4,20	3,63	4,00	0,76	33,36	28,83	5,34	*V. Storch*[6])
41	Aus Rahm gekühlt } Milch frischmilchender Kühe	„	89,99	3,82	0,85	4,54	0,80	38,16	8,49	6,11	
42	„ „ ungekühlt } Milch frischmilchender Kühe	„	86,17	3,66	5,04	4,35	0,78	26,46	36,41	4,23	
43	Aus Rahm nach Schwartz'schem Verfahren, Mittel aus mehreren Analysen	„	90,42	—	1,91	—	—	—	19,94	—	*J. König*[7])

[1]) Landw. Vers. St. 1867. 295, 365 u. folg. Die Butterungsausbeute war folgende:

Rahm	unter Zusatz von Wasser	ergaben Butter	und Buttermilch
12,30 Pfd.	12,30 Pfd.	3,50 Pfd.	21,1 Pfd.

Als ideale Zusammensetzung der Buttermilch giebt Al. Müller folgende Zahlen (Landw. Vers. St. 5. 1868. 182):

Wasser	Fett	Protein	Milchzucker	Salze	Trockensubstanz
39,62 %	1,67 %	3,33 %	4,61 %	0,77 %	10,30 %

[2]) Weende'r Jahresber. 1866/67. 310.

[3]) Mitgetheilt von C, Petersen. Milchztg. 1873.

[4]) Milchztg. 7. 1878. Die Analysen unter 34 und 36 sind identisch und die Angabe des Wasser- und Proteingehaltes bei No. 34, die um 5 % mit denen der Analysen unter No. 36 differirt, beruht auf Druckfehler.

[5]) Forschungen auf dem Gebiete der Viehhaltung. Heft 4. 179. Der Proteingehalt ist von uns aus dem angegebenen N-Gehalte (0,47 resp. 0,504 × 6,25) berechnet.

[6]) Milchzeitung 10. 1881. 606.

[7]) Original-Mittheilung.

No.	Bemerkungen	Jahr der Untersuchung	In der ursprünglichen Substanz: Wasser %	Stickstoff-Substanz %	Fett %	Milchzucker %	Salze %	In der Trocken-Substanz: Stickstoff-Substanz %	Fett %	N. in der Trocken-Substanz %	Analytiker
	Dichte										
44	Aus süssem Rahm . 1,0350	1876	90,20	4,36	0,76	3,84	0,73	44,49	7,76	7,12	*W. Fleischmann*[1])
45	„ „ „ . 1,0345	„	90,28	—	0,80	—	0,73	—	8,23	—	
46	Aus gesäuertem Rahm (ohne Spülwasser) bei 14,5° C. .	1882	91,26	3,25	0,47	3,94	0,74	36,96	5,38	5,83	*derselbe*[2])
47	Molkerei Raden (ohne Spülwasser)	1884	91,21	3,12	0,32	4,39	0,96	35,50	3,64	5,68	*derselbe*[3])
48	Dieselbe (mit 10 % Spülwasser)	„	(92,09	2,70	0,29	3,96	0,87)	35,40	3,67	5,66	
49	Dieselbe (ohne Spülwasser) .	„	90,52	3,76	0,84	4,00	0,75	39,98	8,86	6,40	*derselbe*[4])
50	Molkerei Amhorst, Durchschn.	1885	92,00	2,65	0,20	4,55	0,60	33,13	2,50	5,30	*C. A. Goessmann*[5])
51	Mittel von 20 Proben . . .	1881	92,48	—	0,35	—	—	—	4,65	—	*Schnutz*[6])
52	„ „ 10 „ . . .	„	91,70	—	0,38	—	—	—	4,59	—	
53	„ „ 6 „ . . .	„	92,01	—	0,29	—	—	—	3,63	—	
54	Mittel von 5 Versuchen, süss. Rahm, Holstein	1882	90,52	—	0,72	—	—	—	7,60	—	*M. Schmoeger*[7])
55	Mittel von 5 Versuchen, sauer Schlesisches (dän.) Butterf. .	„	91,17	—	0,46	—	—	—	5,21	—	
56	Mittel d. Zusammensetzung nach Fleischmannn		91,24	3,50	0,56	4,00	0,70	39,90	6,39	6,38	*W. Fleischmann*[8])
57	Aus Saul's Molkerei in Cassel	1884	91,38	3,70	0,65	3,53	0,74	42,92	7,54	6,87	*Th. Dietrich*[9])
	Minimum } nicht gewässerter Buttermilch	.	82,22	1,66	0,02	2,47	0,37	16,76	0,25	2,68	
	Maximum } nicht gewässerter Buttermilch	.	93,30	6,21	5,39	5,62	0,94	62,88	54,57	10,06	
	Mittel } nicht gewässerter Buttermilch	.	**90,12**	**4,03**	**1,09**	**4,04**	**0,72**	**40,84**	**11,01**	**6,53**	

[1]) Milchztg. 1876. 2205. Beide Proben waren von ranzigem Geruch, bitterem Geschmack und sauerer Reaction.

[2]) Bericht der Milchwirthsch. Vers.-Stat. Raden 1882. 24. Der verbutterte Rahm stammte zum Theil vom Eisverfahren, zum Theil vom Centrifugenbetrieb. Die Dauer des Butterns im Holsteinischen Fass betrug 32 Minuten, bei 125 Umgängen der Welle in der Minute und bei 14,5° Anfangs- und 16° C. Endtemperatur.

[3]) Ebendaselbst 1884. 29. Die Differenz aus dem Gewichte der nach Ritthausen bestimmten Proteinstoffe und des nach Lehmann ermittelten Käsestoffs ist als Eiweiss in Rechnung gebracht. Der Milchzuckergehalt wurde aus der Differenz berechnet.

[4]) Ebendaselbst 1884. 29. (Verlust bei der Analyse 0,092 %.)

[5]) Jahresbericht der Agric. Chemie 1885. (Massach. Agr. Eseper. Bull. No. 17.) Durchschnitt der Analysen vom 6. Novbr. 1884 bis 5. Februar 1855.

[6]) Milchztg. 11. 1882. 102. (Veröffentlch. d. K. d. Gesundheitsamtes vom 9. Jan. 1883.) Die Buttermilch enthielt:

	An Trockensubst. Maximum	Minimum	Fett Maximum	Minimum
No. 51. Aus der Genossenschaftsmolkerei Kiel . .	9,42	5,41	0,59	0,16
„ 52. „ „ „ Itzehoe .	9,43	7,42	0,56	0,18
„ 53. „ sonstigen Bezugsquellen	9,80	6,21	0,45	0,18

[7]) Milchwirthschl. Versuchsst. Proskau. Milchztg. 1880. 273. Die ursprüngliche Milch stammte von Holländer Kühen und enthielt im Durchschnitt 3,32 % Fett und 11,80 % Trockensubstanz. Bei den Einzelversuchen wurde der Gehalt der Buttermilch wie folgt ermittelt:

	Fettgehalt					Trockensubstanz				
Aus süssem Rahm . . .	0,61	0,65	0,80	0,80	0,73	9,32	9,20	9,95	9,45	9,49
„ sauerem „ . . .	0,32	0,55	0,60	0,46	0,38	8,57	8,78	9,44	8,92	8,42

[8]) Dessen: Das Molkereiwesen. Braunschweig 1875. 605.

[9]) Privat-Mittheilung.

Molken (Käsemilch, Quargserum).[0]

Käsemilch.

No.		Bemerkungen	Jahr der Untersuchung	In der ursprünglichen Substanz: Wasser %	Stick-stoff-Substanz %	Fett %	Milch-zucker %	Salze %	In der Trocken-Substanz: Stick-stoff-Sub-stanz %	Fett %	N. in der Trocken-Substanz %	Analytiker
1	Gloucester Käse	Abscheidung mittelst der Hand	1860	92,60	0,96	0,55	5,08	0,81	12,97	7,43	2,08	A. Völcker[1]
2	"	Abscheidung mittelst der Centrifuge	"	92,75	0,87	0,39	5,13	0,86	12,00	5,38	1,92	"
3	Bei der Bereitung von Cheddar-Käse gewonnen	Vollmilchkäse aus voller Milch a) 11. Aug.	"	93,25	0,91	0,26	4,70	0,88	13,48	3,85	2,16	"
4	"	Vollmilchkäse aus voller Milch b) 21. "	"	92,80	0,91	0,59	5,04	0,66	12,64	8,19	2,02	"
5	"	Halbfetter Käse, aus gleich. Theilen Mager- und Vollmilch a) 13. "	"	92,85	0,93	0,29	5,03	0,90	13,01	4,06	2,08	"
6	"	Halbfetter Käse, aus gleich. Theilen Mager- und Vollmilch b) 28. "	"	93,05	0,95	0,40	4,96	0,64	13,60	5,73	2,18	"
7	"	Magerkäse aus Magermilch a) 15. "	"	93,15	0,91	0,14	5,06	0,74	13,29	2,04	2,13	"
8	"	Magerkäse aus Magermilch b) 20. "	"	93,10	0,76	0,14	5,31	0,69	11,01	2,03	1,76	"
9	"	Fettkäse aus voller Milch und Rahm a) 15. "	"	92,95	1,20	0,65	4,55	0,65	17,02	9,22	2,72	"
10	"	Fettkäse aus voller Milch und Rahm b) 20. "	"	92,95	1,01	0,42	4,95	0,67	14,33	5,96	2,29	"
11	Aus verschiedenen Käsereien, vermuthlich bei der Bereitung von Chester-, Gloucester- oder Cheddar-Käse erhalten	Aus Keevil's Apparat	1861	92,65	0,81	0,68	5,28	0,58	11,02	9,25	1,76	"
12	"	Bei Handbereitung gewonnen	"	92,95	1,43	0,49	4,49	0,64	20,28	6,95	3,24	"
13	"	"	"	92,95	1,01	0,29	5,08	0,67	14,33	4,11	2,29	"
14	"	"	"	93,15	1,06	0,55	4,66	0,59	15,47	8,03	2,48	"
15	"	"	"	92,95	0,81	0,24	5,27	0,73	11,49	3,40	1,84	"
16	"	"	"	93,30	1,01	0,31	4,68	0,70	15,07	4,63	3,41	"
17	"	"	"	93,35	0,91	0,25	5,00	0,49	13,68	3,76	2,19	"
18	"	"	"	92,70	0,96	0,31	5,31	0,72	13,15	4,25	2,10	"
19	"	Bei Benutzung von Keevil's Apparat gewonnen: Zu Anf. abgel.	"	92,90	0,94	0,18	5,30	0,68	13,24	2,54	2,12	"
20	"	Bei Benutzung von Keevil's Apparat gewonnen: 10 Min. später	"	93,35	0,94	0,18	5,03	0,60	13,93	2,67	2,23	"
21	"	Bei Benutzung von Keevil's Apparat gewonnen: noch 10 Min. später	"	93,55	0,94	0,03	4,82	0,66	14,57	0,47	2,33	"

[0]) W. Fleischmann unterscheidet von den Producten, die man gewöhnlich unter dem Namen „Molken" zusammenfasst:
Käsemilch, d. i. die Flüssigkeit, welche bei der Bereitung von Labkäsen zunächst zurückbleibt;
Molken, d. i. die Flüssigkeit, welche aus der Käsemilch resultirt, nachdem aus derselben der Zigerkäse event. auch die Käsemilchbutter ausgeschieden wurde;
Quargserum ist Molke der Sauermilchkäserei. Zu unterscheiden von Molke im engeren Sinne wäre auch noch die medicinische oder Apotheker-Molke.

[1]) B. Martiny: Die Milch II. 243. 255 u. 280. (Journ. Roy. Agric. Soc. England 23. 1862.170 u. 185—22. 1861. 64—55.) An freier Milchsäure (welche in dem für Milchzucker angegebenen Gehalt nicht enthalten ist) enthielten die Proben:

No.	1	2	3	4	5	6	7	8	9	10	11	12	13	14	15	16	17	18	19	20	21
	0,36	0,41	0,60	—	0,48	—	0,48	0,46	0,48	—	0,41	0,12	0,54	—	0,39	0,41	0,43	0,40	—	—	—

Die ursprüngliche Milch enthielt:

		Wasser	Fett	Proteinst.	Milchzucker	Salze
Zu Molke	1 u. 2	87,40	3,43	3,12	5,12	0.93
Vollmilch zu Molke	3	87,30	3,75	3,31	4,86	0,78
" " "	4	87,00	3,99	3,44	4,81	0,76
Vollmilch u. Magermilch zu Molke	5	87,89	3,12	2,94	5,29	0,76
" " " " "	6	88,50	2,43	3,25	5,03	0,79
Magermilch zu Molke	7	89,00	1,93	3,01	5,28	0,78
" " "	8	89,10	2,31	3,50	4,32	0,77
Vollmilch und Rahm zu Molke	9	85,75	6,11	2,94	4,47	0,73
" " " " "	10	86,73	4,81	2,69	5,01	0,76

No.	Bemerkungen	Jahr der Untersuchung	In der ursprünglichen Substanz: Wasser %	Stickstoff-Substanz %	Fett %	Milchzucker %	Salze %	In der Trocken-Substanz: Stickstoff-Substanz %	Fett %	N. in der Trocken-Substanz %	Analytiker
22	Limburger Käse, aus abgerahmter Milch	1867	91,40	0,82	1,05	6,12	0,61	9,53	12,21	1,52	*E. Peters*[1])
23	Bei der Bereitung von dänischen Exportkäsen: aus nach 12 Stunden abgerahmter Milch (Eisverfahren)	1876	93,69	0,87	0,20	—	0,53	13,99	3,17	2,24	*V. Storch*[2]) (No. 23–31)
24	aus nach 36 Stunden abgerahmter Milch (Eisverfahren)	„	93,52	0,85	0,16	—	0,53	13,12	2,47	2,10	
25	aus nach 12 Stunden abgerahmter Milch (36 Std. gestand. Rahm, Eisverfahren)	„	93,79	0,74	0,26	4,17	0,54	11,92	4,19	1,91	
26	aus nach 12 Stunden abgerahmter Milch (Eisverfahren)	„	93,67	0,71	0,33	4,27	0,56	11,22	5,21	1,79	
27	aus nach 24 Stunden abgerahmter Milch (Eisverfahren)	1877	93,22	0,82	0,20	4,42	0,56	12,09	2,95	1,93	
28	aus süsser Milch . . .	„	92,76	0,82	0,61	4,50	0,55	11,33	8,43	1,81	
29	„ „ Buttermilch .	„	93,26	0,91	0,19	—	0,68	13,50	2,82	2,16	
30	Molke aus der Käsepresse 12stündiger abger. M. .	1876	93,68	0,85	0,50	—	0,51	13,45	7,91	2,15	
31	desgl. 36stündiger abger. M.	„	93,38	0,89	0,39	—	0,50	13,44	5,89	2,15	
32	Bei der Bereitung von Parmesan-Käse in 100 cc Molke	„	93,85	—	0,40	—	—	—	6,50	—	*A. Galimberti*[3]) (No. 32–37)
33		„	94,12	—	0,45	—	—	—	7,65	—	
34		„	94,07	—	0,49	—	—	—	8,26	—	
35		„	93,37	—	0,57	—	—	—	8,60	—	
36		„	93,81	—	0,50	—	—	—	7,95	—	
37		„	93,29	—	0,58	—	—	—	8,64	—	
38	Von der sogen. Mager- oder Ziegel-Käse-Bereitung . .	1875	94,27	0,78	0,07	3,69	0,59	15,13	1,36	2,42	*J. König*[4])
39	Backsteinkäse aus Magerm.: Nach Absetzen des Bruch. entnomm. Dichte 1,0274	1881	93,61	0,81	0,06	4,72	0,58	12,68	0,94	2,03	*W. Fleischmann*[5]) (No. 39–40)
40	Aus den Formen abgelaufen Dichte 1,0270	„	93,68	0,82	0,028	4,71	0,58	12,97	0,44	2,08	

[1]) Der Landwirth 1867. 376.

[2]) Forschungen auf dem Gebiete der Viehhaltung. 4. H. 1879. 216. Der Gesammt-Proteingehalt wurde aus dem angegebenen N-Gehalt durch Multiplication mit 6,25 von uns berechnet. Verf. bestimmte ausserdem den direct fällbaren Käsestoff und Molkenprotein (Proteinrest) nach Methoden, bezügl. deren wir auf die Originalmittheilung verweisen. Die Proben enthielten:

	No. 23	24	25	26	27	28	29	30	41
Stickstoff	0,139	0,136	0,119	0,113	0,132	0,132	0,145	0,136	0,142
Direct gefällter Käsestoff	—	—	0,64	0,67	0,71	0,71	0,75	0,68	0,74
Rest (Molkenprotein) . .	—	—	0,60	0,40	0,89	0,84	—	—	—

Die Proben unter No. 30 und 31 entstammen denselben Verkäsungsversuchen wie die unter No. 23 und 24.

[3]) Milchzeitung 1876. 2016. (Il Caseificio No. 4. 1876.)

[4]) Landw. Ztg. für Westfalen und Lippe 1875. 76.

[5]) Ber. d. Milchwirthsch. Vers. St. Raden 1881. 37.

No.	Bemerkungen	Jahr der Untersuchung	In der ursprünglichen Substanz: Wasser %	Stickstoff-Substanz %	Fett %	Milchzucker %	Salze %	In der Trocken-Substanz: Stickstoff-Substanz %	Fett %	N. in der Trocken-Substanz %	Analytiker
41	Aus einer mitteldeutschen Molkerei I	1883	97,10	0,24	0,066	2,14	0,46	8,28	2,28	1,32	W. Fleischmann[1])
42	Aus einer mitteldeutschen Molkerei II	„	94,03	0,53	0,084	4,34	1,01	8,88	1,41	1,42	
43	Aus einer holsteinschen Molkerei	„	94,60	0,70	0,18	3,76	0,72	12,96	3,33	2,07	
44	Süsse Molken (Holsteinsche und Limburger Käse)	1882	93,79	0,40	0,06	5,11	0,64	6,44	0,97	1,03	*M. Schrodt u. H. von Peter*[2])
45	Käsemilch von Radener Magerkä 16/10 78	1878	93,06	1,07	0,127	5,10	0,58	15,42	1,83	2,47	*W. Fleischmann*[3])
46	Käsemilch von Radener Magerkä 18/10 78	„	92,95	1,02	0,152	4,96	0,61	14,47	2,16	2,32	
			91,40	0,43	0,03	4,22	0,47	6,44	0,44	1,03	
			,10	1,34	0,61	5,45	1,12	20,28	9,25	3,24	
			93,38	**1,86**	**0,32**	**4,79**	**0,65**	**13,01**	**4,82**	**2,08**	

Quargserum.[0])

No.	Bemerkungen	Jahr der Untersuchung	Wasser %	Stickstoff-Substanz %	Fett %	Milchzucker %	Salze %	Stickstoff-Substanz %	Fett %	N. in der Trocken-Substanz %	Analytiker
1	Molken	1868	93,58	1,05	0,12	4,45	0,80	16,35	1,87	2,62	*E. Heiden*[4])
2	„	1875	94,10	0,65	0,16	4,38	0,71	11,02	2,71	1,76	*R. Alberti*[5])
3	„	„	93,35	1,31	0,21	4,37	0,76	19,70	3,16	3,15	
4	„	„	93,49	1,35	0,20	4,20	0,76	20,74	3,07	3,32	
5	Quargserum 16/10 78	1878	93,48	1,04	0,083	4,42	0,82	15,96	1,27	2,55	*W. Fleischmann*[6])
6	„ 18/10 78	„	93,18	1,06	0,122	4,38	0,82	15,43	1,78	2,47	
	Mittel	.	**93,52**	**1,07**	**0,15**	**4,48**	**0,78**	**16,53**	**2,31**	**2,65**	

Molken.[0])

No.	Bemerkungen	Jahr der Untersuchung	Wasser %	Stickstoff-Substanz %	Fett %	Milchzucker %	Salze %	Stickstoff-Substanz %	Fett %	N. in der Trocken-Substanz %	Analytiker
1	Schotten (scotta)[00])	1875	93,35	0,53	0,026	5,36	0,57	7,97	0,39	1,28	*L. Manelli u. G. Musso*[7])
2	„	„	93,97	0,58	0,042	4,86	0,59	9,62	0,70	1,54	
3	„	„	94,20	0,44	0,031	4,61	0,47	7,59	0,53	1,21	

[0]) Vergl. Anm. [0]) S. 413.

[1]) Bericht d. Milchwirthsch. Vers. St. 1883. 34 u. 35. Zu No. 43 ist die Zusammensetzung durch „Milchsäure, Extractstoffe und Verlust“ = 0,038 % zu ergänzen.

[2]) Milchwirthschaftl. Vers. St. Kiel. Milchztg. 1882. 427. (Landw. Wochenblatt für Schleswig-Holstein.)

[3]) Dessen: Das Molkereiwesen, Braunschweig 1875. 995. Die Proben waren am 16. u. 18. Oct. 1878 in der Gutsmeierei Raden bei der Bereitung von Radener Magerkäse gewonnen. Die Zusammensetzung der Probe ist zu ergänzen mit „Verlust“ 0,0073 % bezw. 0,311 %. Das Gesammtprotein setzt sich zusammen aus:

Niederschlag durch Essigsäure bei Siedehitze No. 45 = 0,599 % und No. 46 = 0,592 %.
„ „ Gerbsäure „ „ „ „ = 0,466 „ „ „ „ = 0,426 „

Quargserum:

[4]) Vers. St. Pommritz. Bericht 1868/69. 27. Ueber die Bereitungsweise dieser Molken fehlen die Angaben.

[5]) Journ. f. Landwirthsch. 1876. 92. „ „ „ „ „ „ „ „

[6]) Dessen: Das Molkereiwesen. Braunschweig 1878. S. 995. Die Zusammensetzung ist zu ergänzen mit Verlust 0,169 resp. 0,494 %. Das Gesammtprotein besteht aus:

Protein, Niederschlag durch Essigsäure bei Siedehitze No. 5 = 0,518 %, No. 6 = 0,474 %
„ „ „ Gerbsäure „ „ „ „ = 0,520 „ „ „ = 0,588 „

Molken:

[00]) Schotten ist hier die Masse, welche von der Käsemilch nach Entnahme des „Vorbruchs“, d. h. des sich beim Erwärmen und Zusatz von Säure ausscheidenden fetthaltigen Schaumes, übrig bleibt. Nach W. Fleischmann (Das Molkereiwesen. 1878 S. 912) ist zwar unter „Schotten“ Ziger zu verstehen, nach Art der Bereitung und nach der Zusammensetzung des untersuchten Materials aber ist dieses mit Molken im Fleischmann'schen Sinne übereinstimmend.

[7]) Milchztg. 1876. 1959. (Il Caseificio 15/1. 1876.) An freier Milchsäure enthielten die Proben:

No.	1	2	3	4	5	6
	0,19	0,09	0,10	0,15	0,09	0,08

Die Molken (Schotten) stellten eine ins gelbliche spielende, leicht grünlich gefärbte Flüssigkeit dar, welche eine grössere oder geringere Menge Sahneflocken suspendirt enthielt. Wird der Schotten durch Filtriren von letzteren befreit, so ist derselbe völlig fettfrei.

No.	Bemerkungen	Jahr der Untersuchung	In der ursprünglichen Substanz: Wasser %	Stickstoff-Substanz %	Fett %	Milchzucker %	Salze %	In der Trocken-Substanz: Stickstoff-Substanz %	Fett %	N. in der Trocken-Substanz %	Analytiker
4	Schotten (scotta)	1875	93,77	0,48	0,035	4,99	0,51	7,70	0,56	1,23	L. Manelli u. G. Musso[1])
5	„	„	93,61	0,48	0,035	5,24	0,57	7,51	0,55	1,20	
6	„	„	94,60	0,59	0,038	4,72	0,47	10,93	0,70	1,25	
7	Halbfettkäserei (m. Vorbruch- u. Ziger-Gewinn.)	1877					[illegible]	4,19	1,55	0,67	W. Eugling u. von Klentze[2])
8	Magerkäserei	„						5,59	1,32	0,89	
9	Fettkäserei (m. Vorbruch- u. Ziger-Gewinn.)	1878								[illegible]	
10	Aus Milch von Algäuer Kühen	„									W. Fleischmann[3])
11	Aus Kuhmilch (nach Valentiner)	„									
	Mittel	.									

Molken [illegible] Ziegen- und Schafmilch.

No.	Bemerkungen	Jahr der Untersuchung	Wasser %	Stickstoff-Substanz %	Fett %	Milchzucker %	Salze %	Trocken: Stickstoff-Substanz %	Fett %	N. in der Trocken-Substanz %	Analytiker
1	Aus Ziegenmilch von Landek .		93,91	0,40	0,038	5,03	0,62	6,48	0,62	1,04	W. Fleischmann[4])
2	„ „ „ Kreuth .		93,77	0,58	0,030	4,99	0,67	5,83	0,32	0,93	
3	„ „		93,38	1,14	0,372	4,53	0,58	17,22	5,62	2,76	
4	„ „ „ Kreuth .		93,88	0,62	0,021	4,77	0,70	10,23	0,35	1,64	
	Mittel	.	**93,81**	**0,62**	**0,11**	**4,88**	**0,58**	**9,94**	**1,73**	**1,59**	
5	Aus Schafmilch		91,96	2,13	0,25	5,07	0,59	26,49	3,11	4,24	W. Fleischmann[4])

Kumys.[0]) (Milchwein.)

a. Aus Stutenmilch.

No.	Bemerkungen	Zeit der Untersuchung	Wasser %	Alkohol %	Milchsäure %	Zucker %	Stickstoff-Substanz %	Fett %	Asche %	Kohlensäure (frei u. gebunden) %	Analytiker
1	Aus Stutenmilch	Anfa[illegible] de[illegible] 70 g. Jah[illegible]	—	1,65	1,15	2,20	1,12	2,05	0,28	0,785	Stahlberg[5])
2	„ „		—	3,23	2,92	—	—	1,05	—	1,86	
3	„ „		94,92	—	—	—	1,28	1,40	—	—	J. Moser[6])
4	„ „ 1 tägiger . .	(187[illegible]?)	93,71	1,23	0,48	1,80	—	1,18	—	0,540	J. Biel[7])
5	„ „ 2 „ . .	„	94,29	1,65	0,65	1,32	2,22	1,21	0,31	0,843	
6	„ „ 5 „ . .	„	93,71	1,55	0,65	1,49	2,66	1,18	0,39	0,808	

[1]) Vergl. Anmerkung [7]) Seite 415.
[2]) Milchztg. 1878 144. 156 u. 1880. 598. Die Nh-Substanz ist als Lactoprotein (durch Gerbsäure ausfällbar bezeichnet.
[3]) Nach Pletzer, Bad Kreuth und seine Molkenkuren. München 1875. 60. in W. Fleischmann: Das Molkereiwesen. 1878. 999.

Molken aus Ziegen- und Schafmilch:
[4]) Nach Valentiner (No. 3 u. 5), Drenkmann (No. 1) und Lehmann (No. 2 u. 4) mitgetheilt von W. Fleischmann in dessen: Das Molkereiwesen. Braunschweig 1875. S. 999, aus Pletzer, Bad Kreuth und seine Molkenkuren. München 1875. 60.

Kumys:
[0]) Der Kumys wird dadurch gewonnen, dass man Milch (meistens abgerahmte Milch) mit oder ohne Zusatz von Rohrzucker gähren lässt; er gehört somit zu den geistigen Getränken.
[5]) Jahresbericht f. Agric.-Chemie 1870/72. II. Bd. S. 235 u. 1873/74. II. Bd. S. 287.
[6]) 1. Bericht der landw. Vers. St. Wien 1878. XXXII.
[7]) v. Tymowski: Zur physiol. u. therapeutischen Bedeutung des Kumys etc. München 1877. S. 15.

No.	Bemerkungen	Zeit der Untersuchung	Wasser %	Alkohol %	Milchsäure %	Zucker %	Stickstoff-Substanz %	Fett %	Asche %	Kohlensäure (frei u. gebunden) %	Analytiker
7	Aus Stutenmilch	1877(?)	93,89	1,72	0,82	1,29	2,59	1,12	0,29	0,916	*J. Biel*[1])
8	„ „	„	94,48	1,75	0,73	1,25	2,93	1,29	0,31	0,924	
9	„ „	„	94,65	1,79	0,76	1,16	2,11	1,03	0,30	1,337	
10	„ „ 9 tägiger . .	„	95,28	1,97	0,71	0,78	1,82	1,12	0,29	0,859	
11	„ „	„	—	2,01	0,76	0,64	—	—	—	0,772	
12	„ „	„	—	2,02	0,83	0,61	—	—	—	1,159	
13	„ „	„	—	1,85	0,81	0,96	—	—	—	0,677	
14	„ „	„	—	1,56	0,63	1,37	—	—	—	0,905	
15	Aus einer Kumys-anstalt in Isamara: 1 stünd.	1883	—	0,88	0,18	2,89	1,92	1,18	0,36	0,133	*W. Stange*[2])
16	6 „ (4 Analysen)	„	—	1,86	0,39	1,89	2,25	1,89	0,45	0,384	
17	18 „ (4 „)	„	—	1,85	0,56	1,64	2,28	2,04	0,32	0,606	
18	24 „ (4 „)	„	—	2,23	0,56	0,68	2,37	1,99	0,40	0,597	
19	30 „ (2 „)	„	—	2,75	0,64	—	2,10	—	0,40	0,867	
20	4 tägiger (1 „)	„	—	2,70	0,67	—	—	—	0,38	1,327	
21	5 „ (2 „)	„	—	3,00	0,66	—	1,60	1,90	0,43	—	
22	Aus einer Kumysanstalt an der Wolga: schwach	„	—	0,97	—	2,01	3,73*)	2,19	0,52	—	*J. M. Potechin*[3])
23	schwach	„	—	—	—	2,41	3,33*)	2,54	—	—	
24	mittel	„	—	1,38	—	1,55	2,93*)	2,20	—	—	
25	mittel	„	—	—	—	1,83	2,79*)	2,56	—	—	
26	stark	„	—	1,55	—	0,98	2,71*)	2,17	—	—	
27	stark	„	—	—	—	1,04	2,06*)	2,53	—	—	

[1]) J. Biel („Studien über die Eiweissstoffe des Kumys und des Kefir". St. Petersburg 1886) fand ferner im Kumys:

Kumys:	Milchsäure %	Milchzucker %	Casein %	Albumin %	Acidalbumin %	Hemialbuminose %	Pepton %	Von 100 Eiweissstoffen: Casein %	Albumin %	Acidalbumin %	Hemialbuminose %	Pepton %
Nicht aus derselben Milch: 1 tägiger	0,607	0,907	0,940	0,512	0,076	0,420	0,088	46,17	25,14	3,73	20,64	4,31
2 „	0,700	0,825	0,860	0,506	0,108	0,490	0,105	41,57	24,45	5,22	23,69	5,07
3 „	0,800	0,756	0,688	0,523	0,168	0,426	0,130	35,56	27,00	8,70	22,01	6,72
Aus derselben Milch: 1 tägiger	0,743	0,043	0,957	0,388	0,117	0,459	0,067	48,11	19,52	5,90	23,09	3,37
2 „	0,810	0,000	0,859	0,388	0,122	0,422	0,113	45,10	20,37	6,43	22,17	5,93
3 „	0,900	0,000	0,772	0,390	0,140	0,418	0,151	41,20	20,90	7,48	22,36	8,07

[2]) W. Stange: Der Steppenkumys 1883. Vergl. J. Biel: Studien über die Eiweissstoffe des Kumys und des Kefir. St. Petersburg 1886.

[3]) Journ. d. Gesellsch. Kasan'scher Aerzte 1883. Vergl. J. Biel: Studien etc. St. Petersburg 1886.

*) Die Stickstoff-Substanz zerfällt in:

	Casein %	Albumin %	Parapepton %	Pepton %	Gesammt-Stickstoff-Substanz %
No. 22 . . .	2,92	0,49	0,27	0,048	3,73
„ 23 . . .	2,53	0,52	0,24	0,024	3,33
„ 24 . . .	2,23	0,22	0,27	0,217	2,93
„ 25 . . .	1,94	0,47	0,24	0,144	2,79
„ 26 . . .	1,73	0,33	0,23	0,422	2,71
„ 27 . . .	1,19	0,43	0,22	0,213	2,06

A. Dochmann giebt (Kumys, Wratsch 1882. Vergl. J. Biel, Studien etc.) in derselben Weise für die Eiweissstoffe des Kumys im Mittel von je 3 Analysen an:

	Casein %	Albumin %	Parapepton %	Pepton %	Gesammt-N-Substanz %
12 stündiger Kumys . . .	1,60	0,32	0,47	0,12	2,51
40 „ „ . . .	1,39	0,24	0,84	0,28	2,75
70 „ „ . . .	1,08	0,15	0,71	0,49	2,63

No.	Bemerkungen	Zeit der Untersuchung	Wasser %	Alkohol %	Milchsäure %	Zucker %	Stickstoff-Substanz %	Fett %	Asche %	Kohlensäure (frei u. gebunden) %	Analytiker
28	Dargestellt[0]) am 13. Oct., aufgefüllt am 14. Oct. 1884 — nach 1 Tag, 15. Oct., frischer Kumys	1884	90,99	2,47	0,64	2,21	2,25 *)	1,08	0,36	—	P. Vieth[1])
29	nach 8 Tag., 22. Oct., mittlerer Kumys	„	91,95	2,70	1,16	0,69	2,00 *)	1,13	0,37	—	
30	nach 23 Tag., 6. Nov., alter Kumys	„	91,79	2,84	1,26	0,51	1,97 *)	1,27	0,36	—	
31	Dargestellt[0]) am 21. Oct., aufgefüllt am 22. Oct. 1884 — nach 1 Tag, 23. Oct., frischer Kumys	„	91,87	3,29	0,96	0,39	1,99 *)	1,17	0,33	—	
32	nach 8 Tag., 30. Oct., mittlerer Kumys	„	92,38	3,26	1,03	0,09	1,76 *)	1,14	0,34	—	
33	nach 21 Tag., 13. Nov., alter Kumys	„	92,42	3,29	1,00	—	1,87 *)	1,20	0,35	—	
34	Dargestellt am 27. Oct., aufgefüllt am 28. Oct. 1884 — nach 1 Tag, 29. Oct., frischer Kumys	„	91,42	2,25	0,70	2,30	1,75 *)	1,22	0,36	—	
35	nach 8 Tag., 6. Nov., mittlerer Kumys	„	92,04	2,84	1,06	0,73	1,89 *)	1,10	0,34	—	
36	nach 22 Tag., 19. Nov. alter Kumys	„	91,99	2,81	1,54	0,19	1,69 *)	1,44	0,34	—	
37	Aus condensirter Stutenmilch, 10 Monate alt	„	89,13	1,17	1,78	5,13	1,63 *)	0,80	0,36	—	
38	Voller Kumys — 1 Tag alt	1886	88,90	0,15	0,34	6,03	2,65 *)	1,35	0,58	—	
39	8 Tage „	„	90,35	0,94	0,96	3,10	2,72 *)	1,36	0,57	—	
40	22 „ „	„	90,57	1,04	1,40	2,18	2,85 *)	1,38	0,58	—	
41	Mittlerer Kumys — 1 Tag alt	„	87,55	0,29	0,68	6,80	2,37 *)	1,54	0,77	—	
42	8 Tage „	„	88,39	0,97	1,20	4,70	2,41 *)	1,56	0,77	—	
43	22 „ „	„	88,62	1,05	1,67	3,90	2,41 *)	1,58	0,77	—	
	Minimum	.	87,55	0,15	0,34	—	1,12	0,80	0,28	0,133	
	Maximum	.	95,28	3,29	2,92	6,80	3,73	2,56	0,77	1,860	
	Mittel	.	**(90,44**))**	**1,91**	**0,91**	**1,77**	**2,24**	**1,46**	**0,42**	**0,857**	

b. Russischer Kumys.

No.	Bemerkungen	Zeit der Untersuchung	Wasser %	Alkohol %	Milchsäure %	Zucker %	Stickstoff-Substanz %	Fett %	Asche %	Kohlensäure (frei u. gebunden) %	Analytiker
1	1 Tag alt	1886	91,87	0,22	0,06	3,95	2,72 ***)	0,34	0,84	—	P. Vieth[2])
2	8 Tage „	„	92,26	0,45	0,31	3,08	2,72 ***)	0,33	0,85	—	
3	22 „ „	„	92,52	0,57	0,56	2,45	2,73	0,33	0,84	—	

[1]) Landw. Vers. St. 1885. Bd. 31. S. 363 u. Milchztg. 1887. S. 121.
[2]) Milchztg. 1887. S. 121.

[0]) Zur Darstellung wurden 3 Theile Milch mit 1 Theil gut in Gährung befindlichem Kumys vermischt, 21 Stunden bei 20 ° C. stehen gelassen und dann auf Flaschen gefüllt, die mit Kork und Draht verschlossen wurden.

*) Die Stickstoff-Substanz zerfällt in:

No.	28	29	30	31	32	33	34	35	36	37	38	39	40	41	42	43
	%	%	%	%	%	%	%	%	%	%	%	%	%	%	%	%
Casein	0,83	0,81	1,01	0,80	0,85	0,79	0,67	0,88	0,69	1,00	2,01	1,96	1,88	1,46	1,40	1,30
Albumin	0,37	0,23	0,29	0,15	0,32	0,32	0,23	0,27	0,11	0,24	0,30	0,23	0,20	0,43	0,25	0,14
Lactoprotein + Pepton	1,05	0,96	0,67	1,04	0,59	0,76	0,85	0,74	0,89	0,39	0,34	0,53	0,77	0,48	0,76	0,97

**) Der mittlere Wassergehalt ist aus der Differenz berechnet.
***) Vergl. Anmerkung *) Seite 419.

c. Kumys für Diabetiker.

No.	Bemerkungen	Zeit der Untersuchung	Wasser %	Alkohol %	Milchsäure %	Zucker %	Stickstoff-Substanz %	Fett %	Glycerin %	Asche %	Kohlensäure (frei u. gebunden) %	Analytiker
1	1 Tag alt	1886	92,24	0,28	0,75	2,78	2,85 *)	0,51	—	0,59	—	P. Vieth[1])
2	8 Tage „	„	92,38	0,35	0,86	2,42	2,86 *)	0,52	—	0,61	—	
3	22 „ „	„	92,55	0,57	1,22	1,64	2,88 *)	0,51	—	0,61	—	

d. Molken-Kumys.

No.	Bemerkungen	Zeit der Untersuchung	Wasser %	Alkohol %	Milchsäure %	Zucker %	Stickstoff-Substanz %	Fett %	Glycerin %	Asche %	Kohlensäure (frei u. gebunden) %	Analytiker
1	1 Tag alt	1886	89,74	0,30	0,60	7,48	0,98 *)	0,11	—	0,79	—	P. Vieth[1])
2	8 Tage „	„	90,63	1,03	0,91	5,52	0,99 *)	0,13	—	0,79	—	
3	22 „ „	„	91,07	1,38	1,26	4,34	1,01 *)	0,15	—	0,79	—	

e. Kumys aus Kuhmilch.

No.	Gew. des Kumys g	CO_2 l	CO_2 g	Zeit der Untersuchung	Wasser %	Alkohol %	Milchsäure %	Zucker %	Stickstoff-Substanz %	Fett %	Glycerin %	Asche %	Kohlensäure (frei u. gebunden) %	Analytiker
1				1877 ?	88,80	2,25	0,70	3,89	2,02	0,85	0,14	0,41	0,66	Landowsky[2])
2				„	88,63	3,03	0,89	2,31	2,12	0,85	0,19	0,48	1,39	
3	747,42	2,543	5,009	1887	88,81	0,87	—	4,33	2,69	2,21	—	—	0,67	H. W. Wiley[3])
4	729,38	3,140	6,186	„	89,53	0,66	0,47	4,31	2,58	2,15	—	—	0,85	
5	768,58	3,179	6,269	„	89,15	0,69	0,51	4,33	3,02	2,07	—	—	0,82	
6	736,04	3,281	6,463	„	89,37	0,81	0,45	4,43	3,01	1,99	—	—	0,88	
7	746,19	3,579	6,850	„	89,97	0,86	0,48	4,43	2,64	1,67	—	—	0,91	
8	750,25	2,973	5,757	„	89,87	0,70	0,43	4,33	2,81	1,75	—	—	0,77	
9	738,84	3,204	6,313	„	89,01	0,73	0,49	4,48	2,89	2,44	—	—	0,85	
10	752,55	3,263	6,428	„	88,87	0,77	—	—	2,81	2,34	—	—	0,85	
11	Aus Kuhmilch unter Zusatz von Rohrzucker + Bierhefe nach 12 stünd. Gährung			„	83,36	1,12	0,17	6,32	3,70 *)	4,35	—	0,67	0,32	M. Schrodt.[4])
	Mittel (excl. No. 11)			.	**89,20**	**1,14**	**0,55**	**4,09**	**2,66**	**1,83**	**0,16**	**0,43**	**0,86**	

f. Herkunft unbekannt (wahrscheinlich aus abgerahmter Kuhmilch).

No.	Bemerkungen	Zeit der Untersuchung	Wasser %	Alkohol %	Milchsäure %	Zucker %	Stickstoff-Substanz %	Fett %	Glycerin %	Asche %	Kohlensäure (frei u. gebunden) %	Analytiker
1	Aus Davos	1870 u. 1873	90,35	3,21	0,19	2,11	1,86	1,78	—	0,51	0,178	Suter-Naef[5])
2			89,06	3,62	2,56	2,37	2,09	2,00	—	0,74	1,99	
3	Unbekannt (wahrscheinlich aus abgerahmter Kuhmilch)	1876	88,73	0,38	0,42	6,33	3,54	0,61	—	0,37	0,36	Arth. Hill Hassall[6])
4		„	90,01	0,86	0,68	5,05	3,39	0,52	—	0,34	0,82	
5		„	91,51	1,28	1,15	3,02	3,83	0,51	—	0,39	1,23	
6		„	88,10	0,40	0,54	8,95	1,26	0,49	—	0,65	0,39	
7		„	(82,29)	0,49	0,37	2,34	4,41	0,19	(9,72)	0,68	0,47	
8		„	(83,16)	0,79	0,61	1,45	4,37	0,16	(9,58)	0,67	0,75	
9	desgl.	1872	95,30	—	—	—	1,74	1,69	—	—	—	J. Moser[7])
	Mittel	.	**(89,55 †)**	**1,38**	**0,82**	**3,95**	**2,89**	**0,88**	—	**0,53**	**0,77**	

[1]) Milchztg. 1887. S. 121.
[2]) v. Tymowsky: Zur physiol. u. therap. Bedeutung des Kumys etc. München 1877. S. 15.
[3]) Foods and Foods adulterants. Bulletin No. 13. Washington 1887. S. 120.
[4]) Jahresber. d. Milchw. Vers. St. Kiel pro 1886/87. S. 9.
[5]) Jahresbericht f. Agric. Chemie 1870/72. III. Bd. S. 235 u. 1873/74. II. Bd. S. 287.
[6]) Dessen Food: Its Adulterations and the Methodes for their Detection. London 1876. S. 397.
[7]) Bericht d. landw. Vers. St. Wien. 1878. XXXII.
*) Die Stickstoff-Substanz zerfällt in:

	Russischer Kumys 1 %	2 %	3 %	Kumys für Diabetiker 1 %	2 %	3 %	Molken-Kumys 1 %	2 %	3 %	Aus Kuhmilch 11 %
Casein	2,32	2,17	2,03	2,19	2,13	2,05	0,15	0,14	0,11	3,04
Albumin	0,08	0,07	0,07	0,30	0,25	0,18	0,39	0,36	0,32	0,34
Lactoprotein + Pepton	0,32	0,48	0,63	0,36	0,48	0,65	0,44	0,49	0,58	0,32

†) Aus der Differenz angenommen.

Kefir*) (oder Kaphir).

No.	Bemerkungen		Zeit der Untersuchung	Wasser %	Alkohol %	Fett %	Zucker %	Milchsäure %	Casein %	Albumin %	Hemi-albuminose %	Pepton %	Gesammt-Stickstoff-Substanz**) %	Asche %	Analytiker
1	2 tägiger Kefir . . .		?	—	0,80	2,00	2,00	0,90	—	—	—	—	3,80	—	Tuschinsky [1])
2			?	—	1,20	0,51	1,37	0,83	—	—	—	—	2,83	0,68	Neusky u. Rakosky [1])
3	Aulkefir	1 tägiger . . .	1885	—	0,16 ***)	—	—	0,16	3,46	0,42	—	—	—	—	
4	Aulkefir	1 „ . . .	„	—	—	—	3,46	0,90	3,26	0,80	—	—	—	—	
5	Aulkefir	2 „ . . .	„	—	?	—	2,98	1,30	3,33	0,78	—	—	—	—	
6	Flaschenkefir	1 tägiger . . .	„	—	0,32	—	3,84	1,35	2,57	0,75	—	0,023	—	—	Ssadowenj [1])
7	Flaschenkefir	2 „ . . .	„	—	0,72	—	—	1,50	2,67	0,77	—	—	—	—	Ssadowenj [1])
8	Flaschenkefir	3 „ . . .	„	—	1,22	—	1,54	1,35	2,57	0,77	—	0,022	—	—	Ssadowenj [1])
9	Flaschenkefir	1 „ . . .	„	—	0,24	—	—	0,99	2,98	0,43	—	0,041	—	—	Ssadowenj [1])
10	Flaschenkefir	2 „ . . .	„	—	0,56	—	2,11	1,26	—	—	—	—	—	—	Ssadowenj [1])
11	Flaschenkefir	3 „ . . .	„	—	0,89	—	1,44	1,35	2,95	0,42	—	0,040	—	—	Ssadowenj [1])
12	Flaschenkefir	5 „ . . .	„	—	0,81	—	1,44	1,44	2,89	0,43	—	0,039	—	—	Ssadowenj [1])
13	Flaschenkefir	6 „ . . .	„	—	0,89	—	1,25	1,53	—	—	—	—	—	—	Ssadowenj [1])
14	Aus einer Anstalt entnommen	1 tägiger	1886	—	—	—	3,75	0,54	3,34	0,12	0,190	0,035 †)	3,78	—	J. Biel [1])
15	Aus einer Anstalt entnommen	2 „	„	—	—	—	3,22	0,56	2,87	0,03	0,282	0,046	3,34	—	J. Biel [1])
16	Aus einer Anstalt entnommen	3 „	„	—	—	—	3,09	0,65	2,99	—	0,409	0,082	3,74	—	J. Biel [1])
17	Selbst angefertigt aus roher Milch	3 „	„	—	—	—	Nicht bestimmt	Nicht bestimmt	2,63	0,22	0,252	0,014	3,33	—	J. Biel [1])
18	Selbst angefertigt aus roher Milch	3 „	„	—	—	—	Nicht bestimmt	Nicht bestimmt	2,17	0,19	0,254	Spur	2,91	—	J. Biel [1])
19	Selbst angefertigt aus roher Milch	3 „	„	—	—	—	2,75	0,70	2,31	0,21	0,252	Spur	2,98	—	J. Biel [1])
20	Selbst angefertigt aus gekochter Milch	5 „	„	—	—	—	2,55	0,73	2,76	—	0,162	Spur	3,14	—	J. Biel [1])
21	Selbst angefertigt aus gekochter Milch	9 „	„	—	—	—	2,40	0,86	2,36	—	0,320	0,056 †)	3,05	—	J. Biel [1])
22	Alter unbekannt . .		„	90,09	0,64	1,82	1,87	0,44	2,90	0,07	0,45		3,42	—	P. Vieth [2])
		Mittel	.	**91,21** ††)	**0,75**	**1,44**	**2,41**	**1,02**	**2,83**	**0,36**	**0,26**	**0,039**	**3,49**	**0,68**	

[1]) Vergl. J. Biel: Studien über die Eiweissstoffe des Kumys und des Kefir. St. Petersburg 1886.

[2]) Milchztg. 1887. S. 121.

*) Der Kefir unterscheidet sich dadurch vom Kumys, dass er aus Kuhmilch durch einen besonderen Gährungspilz (das Kefirferment) dargestellt wird.

**) Nach J. Biel (l. c.) fand Silwanow für die Stickstoff-Substanz des Kefir:

1. Flaschenkefir aus ganzer Milch.

	1 täg. %	2 täg. %	3 täg. %	1 täg. %	2 täg. %	3 täg. %	1 täg. %	2 täg. %	3 täg. %	1 täg. %	2 täg. %	3 täg. %
Casein . . .	2,43	2,33	1,93	2,49	2,29	2,01	2,39	2,26	1,98	2,41	2,28	1,95
Albumin . . .	0,19	0,06	0,02	0,20	0,08	0,00	0,21	0,12	0,04	0,20	0,07	0,01
Pepton . . .	0,09	0,14	0,38	0,12	0,18	0,36	0,10	0,16	0,32	0,10	0,19	0,39

2. Flaschenkefir aus gekochter Milch.

	1 täg. %	2 täg. %	3 täg. %	1 täg. %	2 täg. %	3 täg. %	1 täg. %	2 täg. %	3 täg. %	1 täg. %	2 täg. %	3 täg. %
Casein . . .	2,09	1,97	1,89	2,11	2,02	1,90	2,06	1,95	1,81	—	—	—
Albumin . . .	0,02	0,00	0,00	0,02	0,00	0,00	0,02	0,003	0,00	—	—	—
Pepton . . .	0,12	0,23	0,42	0,11	0,27	0,40	0,13	0,28	0,43	—	—	—

***) Der Alkohol ist bei den Analysen von Ssadowenj in Grad Tralles angegeben und darnach von mir in Gewichtsprocent umgeändert.

†) J. Biel giebt ferner für Acidalbumin an:

No.	14	15	16	17	18	19	20	21
Acidalbumin . . .	0,095 %	0,107 %	0,250 %	0,218 %	0,297 %	0,213 %	0,217 %	0,318 %

††) Der mittlere Wassergehalt ist aus der Differenz berechnet.

Kindermehle.*)

A. Bisquit-Kindermehle.

No.	Bemerkungen	Zeit der Untersuchung	Wasser %	Stickstoff-Substanz %	Fett %	N-freie Extractstoffe in kaltem Wasser löslich %	N-freie Extractstoffe in kaltem Wasser unlöslich %	Holzfaser %	Asche %	In der Trocken-Substanz: Stickstoff-Substanz %	In der Trocken-Substanz: Lösliche Kohlehydrate %	Stickstoff in der Trocken-Substanz %	Analytiker
1	I. W. Nestlé in Vevey	1879	5,30	9,85	3,67	41,16	37,85	—	2,17	10,40	43,46	1,66	N. Gerber[1]) u. [2])
2		Juni 1879	5,78	9,96	4,49	45,00	32,75	0,50	1,52 **)	10,57	47,76	1,68	
3		1878	6,36	10,96	4,75	77,08		—	1,85	11,70	—	1,87	Physik. Institut Leipzig[1])
4		"	—	9,50	—	78,72		—	1,70	10,13	—	1,62	Müller[1])
5		"	9,55	9,50	3,91	74,36***)		0,34	1,62 †)	10,50	—	1,68	J. König und Krauch[3])
6		1877	5,00	8,00	4,88	—	—	—	1,59	8,42	—	1,35	A. v. Loesecke[4])
7		1880	7,28	9,48	4,34	43,12	34,81	—	1,97	10,22	46,50	1,73	H. Schmidt[5])
8		1882	4,17	10,80 ††)	5,16	42,42	36,88 †††)	—	1,47 †*)	11,27	44,26	1,80	A. Stutzer[6])
9		1886	5,34	11,46 †**)	4,66	41,22	35,47	0,10	1,75 †*)	12,11	43,54	1,94	
10		1887	6,55	9,61	4,34	42,89	34,41	0,43	1,77	10,16	45,89	1,63	Edg. Everhardt[7])
	I, Mittel	.	**6,15**	**9,91**	**4,46**	**42,37**	**35,04**	**0,33**	**1,74**	**10,55**	**45,15**	**1,69**	
1	II. Gerber & Co. in Thun	Sept. 1878	4,39	13,69	4,75	75,72		—	1,45	14,32	—	2,29	v. Fellenberg[1])
2		Juni 1879	5,52	12,33	4,42	44,32	31,56	0,50	1,35 **)	13,05	46,91	2,08	N. Gerber[2])
	II, Mittel	.	**4,96**	**13,01**	**4,58**	**44,58**	**32,93**	**0,50**	**1,40**	**13,69**	**46,91**	**2,19**	
1	III. Anglo-Swiss Co. in Cham	1878	5,84	10,33	5,02	43,51	33,55	—	1,74	10,97	46,21	1,75	N. Gerber u. P. Radenhausen[1]) u. [2])
2		Jan. 1876	7,79	8,84	5,44	48,50	27,95	—	1,46	9,59	52,69	1,53	
3		Juli 1879	6,34	10,02	7,08	39,82	34,48	0,50	1,75 **)	10,70	42,41	1,71	
4		Sept. 1879	6,40	12,33	6,76	49,26	23,06	0,50	1,69 **)	13,17	52,63	2,10	H. Schmidt[5])

[1]) Nach einer Zusammenstellung von N. Gerber: Milchztg. 1879. S. 359.
[2]) Ferner, Forschungen auf dem Gebiete der Viehhaltung 1879. Heft 7. S. 324.
[3]) Original-Mittheilung.
[4]) Arch. f. Pharmacie 1877. I. Bd. S. 415.
[5]) Hannover'sche Monatschr. wider die Nahrungsfälscher 1880. S. 52.
[6]) Bericht über die I. allgem. deutsche Hygiene-Ausstellung. I. Bd. S. 216 u. Pharm. Centralhalle 1886. S. 94.
[7]) The Texas State Geolog. and Scientitic Association. 17. Mai 1887.

*) Unter „Kindermehlen" sind im allgemeinen Gemische von condensirter Milch mit präparirten Cerealien- oder anderen Mehlen zu verstehen; einige der nachfolgenden Kindermehle bestehen indess aus einfach praeparirten Mehlen (besonders Hafermehl).

**) Es enthält:

	I	II	III	VI	
	No. 2	No. 2	No. 3 und 4	No. 1 und 2	
Phosphor . . .	0,39 %	0,43 %	0,33 und 0,35 %	0,38 %	0,36 %

***) Mit 5,31 % Milchzucker.

†) Darin 0,63 % Kali, 0,42 % Phosphorsäure und 0,22 % Kalk.

††) Von der Gesammt-N-Substanz waren 9,90 % Eiweiss, 0,45 lösliches Nichteiweiss und 0,45 unlösliche N-Substanz.

†††) Davon 33,40 % Stärkemehl.

†*) Es enthielt No. 8 = 0,411 %, No. 9 = 0,630 % Phosphorsäure, ferner No. 9 = 0,390 % Kalk.

†**) Hiervon 11,09 % durch Magensaft leicht verdaulich.

No.	Bemerkungen	Zeit der Untersuchung	Wasser %	Stickstoff-Substanz %	Fett %	N-freie Extraktstoffe in kaltem Wasser löslich %	N-freie Extraktstoffe in kaltem Wasser unlöslich %	Holzfaser %	Asche %	In der Trocken-Substanz: Stickstoff-Substanz %	In der Trocken-Substanz: Lösliche Kohlehydrate %	Stickstoff in der Trocken-Substanz %	Analytiker
5	Anglo-Swiss Co. in Cham	1880	5,99	14,63	5,43	54,98	16,30	—	2,67	15,56	57,87	2,57	*Everhardt*[1])
6		1887	6,50	11,20	6,00	46,00	28,00	0,38	1,92	11,98	49,19	1,92	
	III, Mittel	.	**6,48**	**11,23**	**5,96**	**47,01**	**26,95**	**0,50**	**1,87**	**11,99**	**50,26**	**1,92**	
	IV.												
1	Giffey, Schill & Co. in Rohrbach (Baden)	1877	4,22	12,86	4,34	47,68	29,94	—	1,78	13,43	49,78	2,14	*N. Gerber*[2])
2		„	6,51	10,56	—	—	—	—	1,75	11,30	—	1,79	*A. v. Loesecke*[3])
	IV, Mittel	.	**5,37**	**11,71**	**4,29**	**47,11**	**29,75**	—	**1,77**	**12,37**	**49,78**	—	
1	V. Faust & Schuster in Göttingen	1877	6,29	10,71	5,03	48,62	27,59	—	1,76	11,43	51,89	1,82	*N. Gerber*[2])
2		„	6,63	10,96	4,75	39,12	36,69	—	1,85	11,72	41,89	1,87	*C. Flügge*[2])
3		„	6,00	11,46	3,39	—	—	—	1,79	12,19	—	1,94	*A. v. Loesecke*[3])
4		1880	7,20	10,92	4,52	44,22	31,11	—	2,03	11,77	47,65	1,88	*H. Schmidt*[4])
5		1882	6,59	9,94 *)	5,07	40,90	36,11 **)	—	2,17 ***)	10,64	42,71	1,70	*A. Stutzer*[5])
	V, Mittel	.	**6,54**	**10,79**	**4,55**	**43,21**	**32,99**	—	**1,92**	**11,55**	**46,23**	**1,85**	
	VI.												
1	Oettli-Vevey und Montreux: Tablettenform	Juni 1879	7,72	9,21	4,93	42,60	33,19	0,50	1,85	9,98	47,25	1,60	*Gerber u. Radenhausen*[2])
2	Oettli-Vevey und Montreux: Mehlform		6,07	11,00	5,39	42,00	33,39	0,50	1,65	11,71	44,71	1,87	
	VI, Mittel	.	**6,89**	**10,11**	**5,16**	**42,30**	**33,29**	**0,50**	**1,75**	**10,85**	**45,89**	**1,74**	

B. Andere Kindermehle.

No.	Bemerkungen	Zeit der Untersuchung	Wasser %	Stickstoff-Substanz %	Fett %	N-freie Extraktstoffe in kaltem Wasser löslich %	N-freie Extraktstoffe in kaltem Wasser unlöslich %	Holzfaser %	Asche %	In der Trocken-Substanz: Stickstoff-Substanz %	In der Trocken-Substanz: Lösliche Kohlehydrate %	Stickstoff in der Trocken-Substanz %	Analytiker
1	VII. Kindernahrung (Kraftgries) von Th. Timpe in Magdeburg	1882	(6,11	7,81 †)	2,93	—	—	—	0,95) †††)	8,32	—	1,01	*A. Stutzer*[6])
2		„	7,32	19,96 ††)	5,45	35,34	29,11	—	2,82 †††)	21,54	38,13	3,45	
1	VIII. Kindermehl von Dr. W. Stelzer in Berlin	1884	9,06	8,50	3,81	49,37	26,73	0,28	2,25 †*)	9,35	54,29	1,50	*H. Weigmann*[7])
2		„	5,27	9,31	4,76	53,39	24,61	0,26	2,40 †*)	9,83	56,36	1,56	
3		„	6,56	13,00	3,95	51,52	20,39	—	2,58	13,91	55,13	2,22	
	VIII, Mittel	.	**6,96**	**10,27**	**4,17**	**51,43**	**24,49**	**0,27**	**2,41**	**11,03**	**55,26**	**1,76**	

[1]) Read before the Texas State geolog. and scient. Association. 17. Mai 1887. p. 13.
[2]) Nach einer Zusammenstellung von N. Gerber in Milchztg. 1879. S. 359.
[3]) Arch. f. Pharmacie 1877. I. Bd. S. 415.
[4]) Hannover'sche Monatsschr. wider die Nahrungsfälscher 1880. S. 52.
[5]) Repertorium f. analyt. Chemie 1882. S. 163.
[6]) Repertorium f. analyt. Chemie 1882. S. 163 u. Bericht über die Hygiene-Ausstellung 1882/83. Breslau 1884. S. 215.
[7]) Original-Mittheilung.

*) Von dem Gesammt-N 1,59 % waren 1,53 % als Protein-N u. 0,069 % als Nucleïn-N vorhanden; das verdauliche Eiweiss ist zu 9,15 % angegeben.
**) Mit 33,62 % Stärke.
***) Mit 0,509 % Phosphorsäure.
†) Von dem Gesammt-N (1,25 %) sind 1,09 % Protein-N und 0,25 % Nucleïn-N; das verdauliche Eiweiss ist zu 5,25 % angegeben.
††) Hiervon 17,18 % Eiweiss, 1,39 % lösliches Nichteiweiss und 1,39 % unlösliche N-Substanz.
†††) In No. 1 von Timpe's Kindernahrung 0,467 %, in No. 2 = 0,715 % Phosphorsäure.
†*) In No. 1 von Stelzer's Kindermehl 0,82 %, in No. 2 = 0,98 % Phosphorsäure.

No.	Bemerkungen	Zeit der Untersuchung	Wasser %	Stickstoff-Substanz %	Fett %	N-freie Extractstoffe in kaltem Wasser löslich %	N-freie Extractstoffe in kaltem Wasser unlöslich %	Holzfaser %	Asche %	In der Trocken-Substanz Stickstoff-Substanz %	In der Trocken-Substanz Lösliche Kohlehydrate %	Stickstoff in der Trocken-Substanz %	Analytiker
	IX.												
1	Kindermehl von C. Heinroth in Berlin	1885	5,37	9,94	5,37	68,21	8,94	0,58	1,59 *)	10,50	72,08	1,52	C. Böhmer[1])
2		„	5,88	9,87	5,88	62,93	12,88	0,72	1,84 *)	10,49	66,86	1,52	
	IX, Mittel	.	**5,63**	**9,91**	**5,63**	**65,57**	**10,89**	**0,65**	**1,72**	**10,50**	**69,47**	**1,52**	
	X. Kindermehl v. Stratmann & Meyer in Bielefeld . . .	1887	6,27	11,56	8,69	36,40	34,62	0,71	1,75	12,33	38,83	1,97	E. Fricke[1])
1	XI. Kindernahrung von Ed. Löfflund in Stuttgart[0])	1882	30,75	3,54 **)	—	63,83	—	—	1,88 ***)	5,11	92,17	0,82	A. Stutzer[2])
2		„	34,25	3,33	—	60,88	—	—	1,54 ***)	5,06	92,59	0,81	
3		1887	32,00	3,54	—	62,61	—	—	1,85	5,21	92,07	0,83	Everhardt[3])
	XI, (No. 1—3) Mittel	.	**32,33**	**3,47**	—	**62,44**	—	—	**1,76**	**5,14**	**92,28**	**0,82**	
4	Reine Allgäuer Rahmmilch . } von demselben	1888	66,02	9,25 **)	9,90	12,88	—	—	1,95 ***)	27,23	37,91	4,35	M. Wesener[1])
5	Kindermilch . } von demselben	„	24,46	10,35	7,57	40,42	14,28	—	2,92 ***)	13,70	53,51	2,19	
	XII. Nahrungsmittel v. P. Liebe in Dresden .	1882	24,48	3,51†)	—	70,65	—	—	1,36 ††)	4,65	93,55	0,74	A. Stutzer[2])
	XIII.												
1	Dr. Frerich's Kindermehl (Dr. F. Frerichs & Co. in Leipzig-Reudnitz)	1878	—	16,80	—	53,02	21,50	—	2,00	18,13	57,21	2,90	H. Hager[4])
2		1879	7,32	14,88	4,26	71,09		—	2,45	16,06	—	2,57	Fr. Soxhlet[4])
3		1882	6,65	11,75 †††)	8,20	28,71	44,41 †*)	—	2,18 †**)	12,59	30,75	2,01	A. Stutzer[5])
4		?	5,30	9,26	5,60	77,40		—	2,44	9,78	—	1,57	J. Skalweit[6])
	XIII, (No. 2-3) Mittel	.	**6,42**	**11,96**	**6,02**	**28,76**	**44,48**	—	**2,36**	**12,81**	**30,75**	**2,05**	
	XIV.												
1[00])	Kindermehl von Grob & Anderegg	?	9,28	17,20	6,07	13,02	53,20	—	1,19	18,96	14,35	3,03	Ambühl[6])
2[00])		?	9,66	14,35	4,88	29,44	40,60	—	0,98	15,88	32,59	2,54	
	XIV, Mittel	.	**9,47**	**15,78**	**5,48**	**21,23**	**46,95**	—	**1,09**	**17,42**	**23,47**	**2,79**	

[1]) Original-Mittheilung.
[2]) Repertorium f. analyt. Chem. 1882. S. 165 u. Bericht über die Hygiene-Ausstellung 1882/83. Breslau 1884. S. 217.
[3]) Read before the Texas State geolog. and scient. Association. 17. Mai 1887. S. 13.
[4]) Nach einer Zusammenstellung von N. Gerber in Milchztg. 1879. S. 359.
[5]) Bericht über die erste allgem. deutsche Hygiene-Ausstellung 1882. S. 216.
[6]) Vergl. die wichtigsten Geheimmittel und Specialitäten von Fl. Kratschmer. Leipzig u. Wien 1887. 137.

[0]) Löfflund's Kindernahrung wird nach den Angaben Stutzer's aus Weizenmehl und Gerstenmalz durch Extrahiren mit Wasser (unter Zusatz von Kali?) und Concentration des wässerigen Extracts im Vacuum hergestellt.

[00]) Das Kindermehl Nr. 2 von Grob u. Anderegg soll aus No. 1 durch Zumischen von 20 % Zucker hergestellt sein.

*) In No. 1 von Heinroth's Kindermehl 0,61 %, in No. 2 = 0,64 % Phosphorsäure.

**) Die N-Substanz bei XI, No. 2 besteht aus 1,22 % Eiweiss, 0,39 lösl. Nichteiweiss und 1,93 % unlösl. N-Substanz; bei XI, No. 4 aus 8,69 % Casein und 0,50 % Albumin.

***) In der Asche bei XI, No. 1 = 0,519 %, bei No. 2 = 0,514 % Phosphorsäure; bei XI, No. 4 = 0,64 % Phosphorsäure, 0,43 % Kali, 0,26 % Kalk; bei XI, No. 5 = 0,82 % Phosphorsäure, 0,55 % Kali und 0,64 % Kalk.

†) Mit 2,33 % Eiweiss, 0,66 % löslichem Nichteiweiss und 0,62 % unlöslicher N-Substanz.

††) Mit 0,298 % Phosphorsäure.

†††) Hiervon waren bei XIII, No. 3 = 10,86 % reines Eiweiss, 0,56 % lösliches Nichteiweiss, 0,33 % unlösl. N-Substanz.

†*) Mit 41,07 % Stärke. — †**) Mit 0,515 % Phosphorsäure.

No.	Bemerkungen	Zeit der Untersuchung	Wasser %	Stickstoff-Substanz %	Fett %	N-freie Extractstoffe in kaltem Wasser löslich %	N-freie Extractstoffe in kaltem Wasser unlöslich %	Holzfaser %	Asche %	In der Trocken-Substanz: Stickstoff-Substanz %	In der Trocken-Substanz: Lösliche Kohlehydrate %	Stickstoff in der Trocken-Substanz %	Analytiker
	XV. Kindermehl von A. Wahl in Neuwied.	1882	10,14	1,96 *)	1,28	12,24	74,13 **)	—	0,33 ***)	2,18	13,62	0,35	*A. Stutzer*[1])
1	XVI. Kufeke's Kindermehl[0])	1886	10,13	12,33	2,92	25,74 [0])	46,63	—	2,25 [0])	13,72	28,64	2,19	*Pieper*[2])
2		1888	7,43	12,68	0,70	18,10 [0])	58,47	0,62	1,96 [0])	13,69	19,55	2,19	*Stood*[2])
	XVI, Mittel	.	**8,78**	**12,51**	**1,81**	**21,92**	**52,22**	**0,65**	**2,11**	**13,71**	**24,09**	**2,19**	
	XVII. Kindermehl v. Uslar u. Polstorf . . .	1877	6,73	11,51	—	79,97		—	1,79	12,34	—	1,97	*A. v. Loesecke*[3])
1	XVIII. Dr. N. Gerber's Lacto-Leguminose	Juli 1879	7,24	18,77	5,76	41,21	23,04	1,00	2,98	20,24	44,42	3,23	*Gerber und Radenhausen*[4])
2		1880	5,42	14,57	5,39	45,13	26,91	—	2,57	15,40	47,72	2,46	*H. Schmidt*[5])
	XVIII, Mittel	.	**6,33**	**16,67**	**5,58**	**43,17**	**24,46**	**1,01**	**2,78**	**17,82**	**46,07**	**2,85**	
	XIX. Liebig's Kindersuppe	1877	40,44	8,41	0,82	48,61		—	1,71	14,12	—	2,26	*N. Gerber*[4])
	dgl. in Extractform[00])	„	27,43	4,01	Spur	—		—	1,46	5,53	—	0,88	*A. v. Loesecke*[3])
1	XX. Rademann's Kindermehl[000])	1888	5,78	12,93	5,29	15,58	55,72	0,95	3,75 [000])	13,72	16,53	2,19	*M. Wesener*[2])
2		„	3,30	14,31	5,45	71,89		0,69	4,36 [000])	14,89	—	3,38	*A. Stutzer*[2])
	XX, Mittel	.	**4,54**	**13,62**	**5,37**	**15,78**	**55,51**	**0,82**	**4,06**	**14,31**	**16,53**	**2,29**	
	XXI. Wiener Kindermehl	1888	3,18	11,38 [0]†)	4,36	47,01	30,00	0,25	3,82 [0]†)	11,75	48,55	1,88	*F. Strohmer*[2])
	C. Ausländische Kindermehle.												
1	XXII. Dr. Ridge-London, Patent food (grösstentheils aus Hafermehl)	1877	3,98	9,05	1,95	8,12	75,47	—	1,13	9,43	8,46	1,51	*Gerber und Radenhausen*[6])
2		Juni 1879	9,64	6,38	1,15	6,64	74,75	1,00	0,44 †)	7,06	7,35	1,13	*Gerber und Radenhausen*[6])
3		1887	6,30	10,60	1,00	6,60	74,70	0,28	0,52	11,31	7,04	1,81	*Everhardt*[7])
4		1886	8,31	8,76 ††)	1,27	1,79	78,66	0,73	0,48 †††)	9,55	1,95	1,53	*A. Stutzer*[8])
	XXII, Mittel	.	**7,06**	**8,70**	**1,38**	**5,79**	**75,75**	**0,68**	**0,64**	**9,34**	**6,20**	**1,49**	

[1]) Bericht über die 1. allg. deutsche Hygiene-Ausstellung 1882/83. Breslau 1884. S. 216.
[2]) Original-Mittheilung.
[3]) Arch. f. Pharm. 1877. I. Band. S. 415.
[4]) Nach einer Zusammenstellung von N. Gerber in Milchztg. 1879. S. 359.
[5]) Hannover'sche Monatsschr. wider die Nahrungsfälscher. 1880. S. 52.
[6]) Forschungen auf dem Gebiete der Viehhaltung 1879. Heft 7. S. 321.
[7]) Read before the Texas State geol. and scient. Assoc. 17. Mai 1887. S. 13.
[8]) Pharm. Centralhalle 1886. S. 95.

[0]) Das zur Zeit viel verbreitete Kufeke'sche Kindermehl scheint nach obigen 2 Analysen sehr schwankend, besonders im Fettgehalt zu sein; es wurde ferner gefunden:

		Invertzucker	Rohrzucker	Phosphorsäure	Kali	Kalk
Kufeke's Kindermehl	No. 1 . . .	13,74 %	12,00 %	0,69 %	1,06 %	— %
	„ 2 . . .	1,78 „	10,40 „	0,57 „	— „	0,11 „

[00]) Von Ferd. Scheller in Hildburghausen.

[000]) Rademann's Kindermehl wird aus zum Theil dextrinirtem Hafermehl unter Zusatz von Nährsalzen dargestellt; es enthielt:

	Phosphorsäure	Kalk		Phosphorsäure	Kalk
XX, No. 1 . .	1,23 %	1,03 %	No. 2 . .	2,20 %	1,04 %

[0]†) Von der N-Substanz des Wiener Kindermehles waren 9,51 % reines Eiweiss; in der Asche 0,79 % Natriumbicarbonat und 2,49 % phosphorsaurer Kalk.

*) Mit 1,88 % Eiweiss u. 0,08 % unlöslicher N-Substanz.
**) Mit 72,17 % Stärkemehl u. 1,96 % sonstigen N-freien Stoffen.
***) Mit 0,143 % Phosphorsäure.

†) Mit 0,16 % Phosphor.
††) Davon nach Stutzer's Methode verdaul. 7,97 %.
†††) Mit 0,060 % Kalk und 0,260 % Phosphorsäure.

No.	Bemerkungen	Zeit der Untersuchung	Wasser %	Stickstoff-Substanz %	Fett %	N-freie Extractstoffe in kaltem Wasser löslich %	N-freie Extractstoffe in kaltem Wasser unlöslich %	Holzfaser %	Asche %	In der Trocken-Substanz Stickstoff-Substanz %	In der Trocken-Substanz Lösliche Kohlehydrate %	Stickstoff in der Trocken-Substanz %	Analytiker
1	XXIII. Mellin's Food	1886	7,76	8,34 °)	0,50	60,89	18,40	0,58	3,53 °°)	9,04	66,01	1,45	*A. Stutzer*[1])
2		1887	5,97	9,56	0,17	81,95			2,35	10,17	—	1,63	*Everhardt*[2])
	XXIII, Mittel	.	**6,87**	**8,95**	**0,34**	**61,47**	**18,84**	**0,59**	**2,94**	**9,61**	**66,01**	**1,54**	
1	XXIV. Franco Swiss Co., Milk food	1886	3,26	12,88 °°°)	1,88	41,54	37,62	1,34	1,48 *)	13,31	42,94	2,13	*A. Stutzer*[1])
2		1887	4,96	13,01	4,58	44,58	30,97	0,50	1,40	13,69	46,92	2,19	*Everhardt*[2])
	XXIV, Mittel	.	**4,11**	**12,94**	**3,23**	**43,06**	**34,32**	**0,92**	**1,44**	**13,50**	**44,93**	**2,16**	
1	XXV. Carnrick's soluble food**)	1886	6,14	18,22 ***)	5,00	26,87	40,78	—	2,99 †)	19,52	28,63	3,12	*A. Stutzer*[1])
2		1887	4,20	15,15	6,06	29,35	42,05	0,19	3,00	15,81	30,63	2,53	*Everhardt*[2])
	XXV, Mittel	.	**5,17**	**16,69**	**5,53**	**28,11**	**41,32**	**0,18**	**3,00**	**17,67**	**29,63**	**2,83**	
1	XXVI. Neave's farinaceous food	1886	3,63	14,20 ††)	1,66	3,60	73,56	(2,39)	0,90 †††)	14,74	3,73	2,36	*A. Stutzer*[1])
2		1887	5,10	14,70	—	—	—	(3,70)	1,20	15,49	—	2,48	*Everhardt*[2])
3		„	3,58	12,31	1,82	79,46		1,18	1,05 †*)	12,77	—	2,04	*O. Schweissinger*[3])
4		„	3,18	12,44	1,56	6,67	74,39	0,93	0,98	12,85	6,89	2,05	*Bissinger*[4])
5		„	5,88	12,35	1,77	3,89	84,80	0,58	1,33	13,12	4,13	2,10	*R. Fresenius*[4])
	XXVI, Mittel	.	**4,27**	**13,20**	**1,70**	**4,71**	**74,14**	**0,89**	**1,09**	**13,79**	**4,92**	**2,20**	
1	XXVII. Horlick's food	1886	5,75	11,30 †**)	0,60	65,92	13,12	0,55	2,76 †***)	11,99	69,94	1,92	*A. Stutzer*[1])
2		1887	4,40	8,04	0,08	86,20			1,28	8,41	—	1,35	*Everhardt*[2])
	XXVII, Mittel	.	**5,08**	**9,67**	**0,34**	**66,39**	**15,95**	**0,55**	**2,02**	**10,20**	**69,94**	**1,64**	
1	XXVIII. Savory & Moore's food	1886	3,27	11,94 *†)	1,72	10,78	70,18	1,19	0,92 *††)	12,34	11,14	1,97	*A. Stutzer*[1])
2		1887	8,34	9,63	0,40	44,83	36,36	0,44	0,89	10,51	48,91	1,70	*Everhardt*[2])
	XXVIII, Mittel	.	**5,81**	**10,79**	**1,06**	**28,27**	**50,34**	**0,82**	**0,91**	**11,43**	**30,03**	**1,84**	
	XXIX. Benger's self digestive food . . .	1886	11,29	10,43 *†††)	1,10	9,90	65,72	0,60	0,96 *°)	11,75	11,16	1,88	*A. Stutzer*[1])
	XXX. Well's Richardson & Co. lactated food .	„	6,52	9,05 *°°)	2,19	25,52	52,92	1,54	2,26 *°°°)	9,68	27,29	1,55	*A. Stutzer*[1])
	XXXI. Imperial Granum .	1887	11,50	10,91	0,64	5,73	70,02	0,20	1,00	12,33	6,47	1,97	*Everhardt*[2])

[1]) Pharm. Centralhalle 1886. S. 95.
[2]) Read before the Texas State geolog. and scient. Association. 17. Mai 1887. S. 13.
[3]) Pharm. Centralhalle. Bd. 28. S. 245.
[4]) Nach einer Broschüre über Neave's Kindermehl.

°) Davon nach Stutzer's Methode 7,38 % verdaulich.
°°) Mit 0,155 % Kalk u. 0,583 % Phosphorsäure.
°°°) Hiervon nach Stutzer's Methode (durch künstlichen Magensaft) verdaulich 12,18 %.
*) Mit 0,360 % Kalk und 0,515 % Phosphorsäure.
**) Carnrick's soluble food soll nach d. Angaben Carnrick's durch Behandeln d. Milch mit Pankreas hergestellt sein.
***) Hiervon nach Stutzer's Methode 16,45 %, leicht verdaul.
†) Mit 0,645 % Kalk und 0,874 % Phosphorsäure.
††) Hiervon nach Stutzer's Methode, leicht verdaul., 12,90 %.
†††) Mit 0.117 % Kalk und 0,556 % Phosphorsäure.
†*) Mit 0,26 % Phosphorsäure.
†**) Hiervon nach Stutzer's Methode durch künstlichen Magensaft 10,85 % verdaulich.
†***) Mit 0,060 % Kalk und 0,921 % Phosphorsäure.
*†) Mit 10,83 % durch Magensaft verdaulichem Eiweiss.
*††) Mit 0,066 % Kalk u. 0,468 % Phosphorsäure.
*†††) Mit 8,93 % durch Magensaft verdaulichem Eiweiss.
*°) Mit 0,054 % Kalk u. 0,288 % Phosphorsäure.
*°°) Mit 8,35 % durch Magensaft verdaulichem Eiweiss.
*°°°) Mit 0,390 % Kalk u. 0,688 % Phosphorsäure.

No.	Bemerkungen	Zeit der Untersuchung	Wasser %	Stickstoff-Substanz %	Fett %	N-freie Extractstoffe in kaltem Wasser löslich %	N-freie Extractstoffe in kaltem Wasser unlöslich %	Holzfaser %	Asche %	In der Trocken-Substanz: Stickstoff-Substanz %	In der Trocken-Substanz: Lösliche Kohlehydrate %	Stickstoff in der Trocken-Substanz %	Analytiker
	XXXII. Robinson's Patent-Burley	1887	10,10	5,13	0,97	4,11	77,76	1,93	1,93	5,71	4,55	0,91	*Everhardt*[1])
	XXXIII. Baby Sup, No. 1 .	„	6,54	9,60	1,08	14,55	60,80	6,25	1,18	10,27	15,57	1,64	*Everhardt*[1])
	desgl., No. 2 . . .	„	11,50	8,00	0,60	22,00	52,40	4,30	1,20	9,04	24,86	1,45	*Everhardt*[1])
	XXXIV. Hawley's food . .	„	6,60	5,38	0,61	76,54	10,97	—	1,50	5,76	81,95	0,92	*Everhardt*[1])
	XXXV. Keasby, Matthinson's food	„	28,40	0,20	—	70,50	—	—	0,90	0,28	—	0,04	*Everhardt*[1])
	XXXVI. Lobb in London .	Juni 1879	9,47	11,29	6,81	35,81	34,59	0,50	1,53 *)	12,47	39,55	1,99	*Gerber und Radenhausen*[2])
	XXXVII. Dr. Coffin in New-York	1877	8,29	17,15	1,59	35,12	34,82	—	3,02	18,70	38,29	2,99	*N. Gerber*[3])

D. Kinder-Zwieback.

No.	Bemerkungen	Zeit der Untersuchung	Wasser %	Stickstoff-Substanz %	Fett %	N-freie Extractstoffe in kaltem Wasser löslich %	N-freie Extractstoffe in kaltem Wasser unlöslich %	Holzfaser %	Asche %	In der Trocken-Substanz: Stickstoff-Substanz %	In der Trocken-Substanz: Lösliche Kohlehydrate %	Stickstoff in der Trocken-Substanz %	Analytiker
	XXXVIII. Arrow-Root Kinderzwieback von H. Schmidt . . .	1877	6,66	8,17	2,32	81,96		—	0,89	8,75	—	1,40	*A. v. Loesecke*[4])
	XXXIX. desgl. von Huntley & Palmers . . .	1882	6,53	7,36 **)	12,21	70,05	3,64	—	0,88 ***)	7,87	74,94	1,26	*A. Stutzer*[5])
	XXXX. Kinderzwieb. v. Rademann in Forbach	1885	7,11	11,31	3,58	74,18		0,97	2,85 †)	12,17	—	1,95	*H. Weigmann*[7])
	XXXXI. Kinderzwieback von Fr. Coers-Massen Westf.	1887	10,99	10,50	1,15	18,95	56,87	0,62	0,92 ††)	11,78	21,29	1,88	*Stood*[7])
	XXXXII. Milchzwieback v. Ed. Löfflund i. Stuttgart	1888	4,58	13,44	5,81	69,61		0,73	5,83 †††)	14,80	—	2,20	*M. Wesener*[7])

Ueber einige sonstige Handelspräparate, welche als Kindernahrungsmittel ausgegeben und aus Mehl durch Digestion mit Malzaufguss (Diastase) etc. hergestellt werden, vergl. weiter unten unter „praeparirte Mehle.“

[1]) Read before the Texas State geological and scient. Association. 17. Mai 1887. S. 13.
[2]) Forschungen auf dem Gebiete der Viehhaltung. 1879. Heft 7. S. 324.
[3]) Nach einer Zusammenstellung von N. Gerber in Milchztg. 1879. S. 359.
[4]) Arch. für Pharm. 1887. I. Bd. S. 415.
[5]) Bericht über die erste allgem. deutsche Hygiene-Ausstellung 1882/83. Breslau 1884. S. 218.
[7]) Original-Mittheilung.

*) Mit 0,42 % Phosphor.
**) Davon 6,71 % Eiweiss u. 0,65 % unlösliche N-Substanz.
***) Mit 0,236 % Phosphorsäure.
†) Mit 0,75 % Kalk u. 1,28 % Phosphorsäure.
††) Mit 0,17 % CaO u. 0,23 % P_2O_5.
†††) Mit 0,43 % CaO u. 2,07 % P_2O_5.

III.

Vegetabilische Nahrungs- und Genussmittel.

Elementar-Zusammensetzung von Pflanzenfetten und flüchtigen Oelen.

1. Pflanzenfette von J. König.[1])

Fett aus		Wasser %	Fett %	Fett in Procenten der Trocken-Substanz %	Elementarzusammensetzung des Fettes: Kohlenstoff %	Wasserstoff %	Sauerstoff %	Aggregat-Zustand	Farbe
Leinsamen[2])		9,29	31,94	35,21	76,80	11,20	12,00	flüssig	
desgl.[2])		—	—	—	77,80	11,20	11,80	—	
desgl.[3])		—	—	—	78,00	11,00	11,00	—	
Mohnsamen[3])		—	—	—	76,50	11,20	12,30	—	
desgl.[3])		—	—	—	76,63	11,63	11,74	—	
Hanfsamen[3])		8,17	32,37	35,25	76,00	11,30	12,70	—	
Rapssamen	1.	7,90	41,90	45,49	77,99	12,03	9,98	—	wasserhell
	2.	—	—	—	78,20	12,08	9,72	—	
	3.	—	—	—	77,91	12,02	10,07	—	
Bucheckern		18,09	23,08	28,18	76,65	11,47	11,88	—	weissgelblich
Madiasamen		7,73	37,32	40,44	77,23	11,41	11,36	—	
Weisser Sesam		6,09	49,31	52,50	77,38	11,59	11,03	—	schwach gelb
Schwarzer Sesam		6,62	46,02	49,28	76,17	11,44	12,39	—	
Baumwollesamen	1.	10,28	19,49	21,72	76,50	11,33	12,17	—	stark gelb
	2.	—	—	—	76,30	11,73	12,39	—	
Erdnuss	1.	6,77	51,51	55,25	75,83	11,44	12,73	fest	weiss
	2.	—	—	—	75,63	11,70	12,67	—	
Palmkerne: In Alkohol löslich	1.	9,24	48,07	52,85	72,89	11,47	15,64	flüssig	gelblich
	2.	—	—	—	73,17	11,81	15,02	—	
Palmkerne: In Alkohol unlöslich	1.	—	—	—	74,99	11,73	13,28	fest	weiss
	2.	—	—	—	75,47	11,93	12,60	—	
Cocosnussschale	1.	4,85	64,48	67,76	74,28	11,77	13,95	—	
	2.	46,64 (frisch)	35,93	67,35	74,03	11,68	14,29	—	

[1]) Landw. Vers. St. Bd. 13. S. 241.

[2]) Diese Analysen sind von G. J. Mulder.

[3]) Diese von Sacc. (Siehe Knapp's Lehrb. d. Technol. 3. Aufl. Bd. I. S. 371.) Da diese Analysen mit der von mir gefundenen mittleren Zusammensetzung der Fette übereinstimmen, so habe ich sie nicht wiederholt.

Fett aus		Wasser %	Fett %	Fett in Procenten der Trocken-Substanz %	Elementarzusammensetzung des Fettes Kohlenstoff %	Wasserstoff %	Sauerstoff %	Aggregat-Zustand	Farbe
Nigerkuchen	1.	—	—	—	74,39	11,19	14,42	—	wachsähnlich
	2.	—	—	—	74,28	11,09	14,63	—	
Candelnussöl		3,69	60,93	—	76,82	11,91	11,27	flüssig	stark gelb
Roggen		6,40	1,35	1,44	76,71	11,79	11,50	"	gelb
Weizen		7,23	1,14	1,23	77,19	11,97	10,84	—	
Gerste	1.	6,55	1,44	1,54	76,27	11,78	11,95	fest	weissgelb
	2.	—	1,57	1,68	76,31	11,75	11,94	—	
Hafer	1.	10,88	3,97	4,45	75,67	11,77	12,56	flüssig	stark gelb
	2.	—	4,11	4,61	75,74	11,60	12,66	—	
Mais	1.	7,75	4,43	4,80	75,79	11,43	12,78	—	hellgelb
	2.	—	4,51	4,89	75,61	11,28	13,11	—	
Lupinen		14,79	5,20	6,10	75,94	11,59	12,47	—	stark gelb
Erbsen		13,22	0,81	0,93	76,71	11,96	11,33	—	hellgelb
Bohnen		12,53	0,83	0,96	77,50	11,81	10,69	flüssig	"
Kartoffeln	1.	—	—	—	76,06	11,77	12,17	fest	schmutzig weiss
	2.	—	—	—	76,27	11,93	11,80	—	
Runkelrüben		—	—	—	76,12	11,69	12,19	—	
Reismehl		—	—	—	76,17	11,51	12,32	flüssig	gelb

2. Flüchtige Oele.[1])

	Spec. Gew. %	Kohlenstoff %	Wasserstoff %	Sauerstoff %	Analytiker
Citronenöl	0,840	88,5	11,5	—	*Dumas*
Wachholderöl	0,840	88,4	11,6	—	*Blanchet und Sell*
Bittermandelöl	1,043	79,5	5,7	14,7	*Woehler und Liebig*
Nelkenöl	1,061	70,0	7,9	22,1	*Dumas*
Anisöl	0,99	81,4	8,3	10,3	*Dumas und Cahours*
Fenchelöl	1,00	77,2	8,5	14,3	*Blanchet und Sell*
Kümmelöl, sauerstoffhaltig	—	81,1	8,1	10,8	*Gerhard und Cahours*
Pfeffermünzöl, ohne Stearopten	0,94	85,7	11,1	3,2	*Kane*
Petersilienöl	—	69,5	7,8	22,7	*Blanchet und Sell*
				Schwefel	Stickstoff
Senföl	1,04	49,29	5,01	32,07	13,63 *Loewig*

[1]) Berzelius: Jahresbericht. Deutsch. Jahrg. 1841. S. 376.

Cerealien.

(Dieses Kapitel und Kapitel „Leguminosen“ habe ich nach den von Prof. Dr. Th. Dietrich-Marburg neu bearbeiteten Tabellen aufgenommen, wie dieselben in dem von ihm und dem Verf. gemeinschaftlich herausgegebenen und demnächst erscheinenden Werk „Zusammensetzung und Verdaulichkeit der Futtermittel“ enthalten sind.)*)

I. Weizen.

1. Nacktweizen.

Triticum vulgare, Tr. turgidum, Tr. durum. — Wheat. — Blé.

Weizen aus nördlichen und östlichen Gegenden Deutschlands, sowie Mitteldeutschlands.

a. Winterweizen.

No.	Bemerkungen	Jahr der Untersuchung	In der ursprünglichen Substanz: Wasser %	Nh-Substanz %	Rohfett %	Nfr. Extractstoffe %	Rohfaser %	Asche %	In der Trocken-Substanz: Nh-Substanz %	Nfr. Extractstoffe %	Stickstoff in der Trocken-Substanz %	Analytiker
1	Reif, geerntet 22. Aug. 1851	1851	—	—	—	—	—	—	14,94	—	2,39^{0}	*A. Stöckhardt* [1])
	Hectol.											
2	{Schwere Körner, 70,75 kg	1854	15,65	11,84	2,61	65,79	(2,54)	1,57	14,00	78,03	2,24	*Alex. Müller u. Mittenzwei* [2])
3	{Leichte „ 52,55 kg	„	15,56	12,97	2,39	61,24	(6,04)	1,80	15,38	71,33	2,46	
4	{Schwere „ 76,70 kg	1855	13,28	8,75	—	—	(2,66)	—	10,09	—	1,61	
5	{Leichte „ 53,20 kg	„	14,39	10,62	—	—	(4,12)	—	12,40	—	1,98	
	Triticum vulgare muticum.											
6	Sächsischer Wechselweizen, glasig	1857/58	—	—	—	—	—	—	18,25	—	2,92^{0}	*v. Bibra* [3])
7	Unbegrannter Bartw. von Toucelle, meist mehlig . . .	„	—	—	—	—	—	—	16,37	—	2,62^{0}	
8	Schönermarks Kolbenweizen, übergehend	„	—	—	—	—	—	—	16,37	—	2,62^{0}	
9	Dessauer Kolbenw., mehlig .	„	—	—	—	—	—	—	16,12	—	2,58^{0}	
10	Hunter's-Weizen, mehlig . .	„	—	—	—	—	—	—	15,19	—	2,43^{0}	
11	Spalding's prolific., meist mehlig	„	—	—	—	—	—	—	15,19	—	2,43^{0}	
12	Essex-Weizen, gemengt . .	„	—	—	—	—	—	—	15,00	—	2,40^{0}	
13	Standart rouge, mehlig . .	„	—	—	—	—	—	—	14,81	—	2,37^{0}	
14	Vipound-Weizen, mehlig . .	„	—	—	—	—	—	—	14,81	—	2,37^{0}	
15	Suffolk-Weizen, mehlig . .	„	—	—	—	—	—	—	14,62	—	2,34^{0}	
16	Daunton's neuer Saat-Weizen, überwiegend glasig . . .	„	—	—	—	—	—	—	14,37	—	2,30^{0}	
17	Bartweizen, glasig	„	—	—	—	—	—	—	14,19	—	2,27^{0}	
18	Castilianischer Weizen, mehlig	„	—	—	—	—	—	—	13,75	—	2,20^{0}	
19	Weisser bengalischer, mehlig	„	—	—	—	—	—	—	13,12	—	2,10^{0}	

*) In den Tabellen bedeutet das Zeichen ^{0} in Rubrik Stickstoff in der Trocken-Substanz = Stickstoff im Original angegeben, das Zeichen p bei Asche = Reinasche.

[1]) E. Wolff's Grundlagen des Ackerbaues. Leipzig 1856. S. 841.

[2]) Amts- u. Anzeigebl. f. Sachsen 1855. 38. (Wilda's landw. Centralbl. 1855. II. 201. Journ. f. Landw. 3. 190. Weende'r Jahresber. 1855/56. II. 15.)

	No. 2	3		No. 2	3
Im Hectoliter sind enthalten Körner	2399960	3987000	Specifisches Gewicht	1,398	1,392
Gewicht eines Kornes	0,0320 g	0,0132 g	Volum eines Korns in ccm . .	0,0229	0,0095

[3]) Vergl. Anmerkung [1]) Seite 432.

No.	Bemerkungen	Jahr der Untersuchung	In der ursprünglichen Substanz: Wasser %	Nh-Substanz %	Rohfett %	Nfr. Extractstoffe %	Rohfaser %	Asche %	In der Trocken-Substanz: Nh-Substanz %	Nfr. Extractstoffe %	Stickstoff in der Trocken-Substanz %	Analytiker
20	Champignon-Weizen, mehlig	18 57/58	—	—	—	—	—	—	13,62	—	2,180	v. Bibra[1])
21	Begrannter Bartweizen aus Neapel, übergehend . . .	„	—	—	—	—	—	—	12,44	—	1,990	
22	Lama-W., mehlig od. übergeh.	„	—	—	—	—	—	—	11,87	—	1,900	
23	Klarke's Stanwick-W., übergehend	„	—	—	—	—	—	—	10,00	—	1,600	
24	Clover's rother Kolbenweizen, mehlig	„	—	—	—	—	—	—	9,94	—	1,590	
25	Preisw. von Oxford, mehlig	„	—	—	—	—	—	—	9,81	—	1,570	
	Triticum turgidum.											
26	Blauer engl. W., meist mehlig	„	—	—	—	—	—	—	14,25	—	2,280	
27	Violetter engl. Weizen, gemengt	„	—	—	—	—	—	—	13,75	—	2,200	
28	Taganrog-Weizen, glasig . .	„	—	—	—	—	—	—	13,12	—	2,100	
29	Riesenw. v. St. Helena, glasig	„	—	—	—	—	—	—	12,00	—	1,920	
30	Spalding's-W., Poppelsdorf 1857, mehlig	„	—	—	—	—	—	—	10,62	—	1,700	
31	Hunter's-Weizen, Poppelsdorf 1857, mehlig	„	—	—	—	—	—	—	11,56	—	1,850	
32	Henton's-Weizen, Poppelsdorf, 1. Gen., mehlig	„	—	—	—	—	—	—	12,87	—	2,060	
33	desgl., 2. Gen., glasig . .	„	—	—	—	—	—	—	12,31	—	1,970	

[1]) v. Bibra: Die Getreidearten und das Brod. Nürnberg 1860.

Die Weizen aus Norddeutschland (No. 6—29) sind sämmtlich auf dem Gute der Akademie Eldena, Prov. Pommern, gezogen worden und zwar auf gutem Gerstenboden von lehmig-sandiger Beschaffenheit und günstiger wasserhaltenden Kraft. Nach einer Analyse von Fr. Schulze besteht der Boden seinen mechanischen Gemengtheilen nach aus:

und enthielt:

Kleinen Steinen	1,00 %	Kalkerde	0,20—0,40 %
Grandigem Sand	4,00 „	Kali und Natron	0,20—0,40 „
Streusand	70,00 „	Thonerde	3,00 „
Staubsand	16,00 „	Glühverlust	4,00 „
Humus	1,8—2,0 „	In Wasser lösliche Theile .	0,1075—0,11 „

Die Weizen No. 30 und 31 waren 1856 aus England bezogen und in Poppelsdorf angebaut; die Analysen beziehen sich auf Weizen 1857er Ernte. Ausserdem wurde gefunden:

No.	6	7	8	9	10	11	12	13	14	15	16	17
Spec. Gew.	1,54	1,44	—	1,46	1,35	1,35	1,43	1,39	1,37	—	1,54	1,34
Gew. von je 20 Körnern .	0,85	1,01	0,91	0,99	0,80	0,87	0,80	0,86	0,92	0,80	0,94	0,92

No.	18	19	20	21	22	23	24	25	26	27	28	29
Spec. Gew.	1,40	—	—	1,40	—	—	1,35	1,34	—	—	1,35	1,43
Gew. von je 20 Körnern .	1,03	1,00	0,96	0,89	0,96	0,88	0,86	0,74	1,23	1,11	1,02	1,49

No.	30	31	32	33
Spec. Gew.	1,38	1,37	1,40	1,34
Gew. von je 20 Körnern .	1,00	0,86	0,91	0,70

Die Weizenanalysen von v. Bibra wurden wie folgt ausgeführt:

Zur Bestimmung des Fettes wurden die bei 40—50 ° R. getrockneten und nicht völlig fein zerkleinerten Körner wiederholt mit Aether in der Wärme digerirt, dieser noch warm abfiltrirt und die gesammelten Filtrate in gewogenem Gefässe abgedampft.

Zur Bestimmung des Stickstoffs wurde mit Natronkalk verbrannt und die vorgelegte verdünnte Schwefelsäure zurücktitrirt.

Die Bestimmung des Wassergehaltes geschah mit Weizen, der in verschlossenen Holzkästen ein halbes Jahr lang unter ganz gleichen Verhältnissen in einem Zimmer aufbewahrt worden, welches im Winter geheizt war. Das Austrocknen geschah im Luftbade bei 80—85 ° R. Alle Proben waren vorher mit der Feile zerkleinert worden. Das Trocknen wurde bis zum gleichbleibenden Gewicht fortgesetzt.

Die Asche wurde gewonnen, indem eine abgewogene Menge der Körner im Platintiegel bei geringer Hitze verkohlt, die Kohle mit Wasser ausgelaugt, getrocknet und wieder geglüht wurde, bis der Rest kohlefrei war. Die Aschen sind kohlen- und kohlensäurefrei in Rechnung gebracht.

No.	Bemerkungen	Jahr der Untersuchung	In der ursprünglichen Substanz: Wasser	Nh-Substanz	Rohfett	Nfr. Extractstoffe	Rohfaser	Asche	In der Trocken-Substanz: Nh-Substanz	Nfr. Extractstoffe	Stickstoff in der Trocken-Substanz	Analytiker
			%	%	%	%	%	%	%	%	%	
34	Mary's Gold-Winterw., Mittel	1859	16,26	—	—	—	—	—	13,70	—	2,19°	*Th. Siegert*[1])
35	Vom Folgengut bei Tharand	1862	9,70	21,18	1,68	63,19	2,92	1,33	23,45	69,99	3,75	*R. Handtke*[2])
36	desgl.	1868	11,82	10,91	1,44	72,97	1,33	1,51	12,37	82,78	1,98	*N. Nowacki*[3])
37	desgl.	1866	—	—	—	—	—	—	11,82	81,09	1,89	*R. Heinrich*[4])
38	Halle a. d. S., II. Waare	1869	13,26	8,94	1,85	71,60	2,81	1,54	10,31	82,54	1,65°	*G. Wolffenstein*[5])
39	desgl., Weissweizen	„	12,95	8,97	1,78	—	—	1,31	10,31	—	1,65°	〃
40	desgl., III. Waare	„	13,20	10,44	2,02	71,76	1,23	1,55	12,00	82,46	1,92°	〃
41	desgl., I. Waare	„	13,35	9,08	2,01	72,39	1,68	1,49	10,50	83,52	1,68°	〃
42	Von Priesa bei Meissen in Sachsen (Hart, weich und übergehend.)	1872	16,77	11,82	—	—	—	—	14,37	—	2,30°	*Ritthausen, Kreusler, Dittmar u. Pott*[6])
43	Aus Frankenstein in Schlesien	„	14,40	10,73	—	—	—	—	12,56	—	2,01°	〃
44	Kujavischer Weizen aus Posen	„	16,01	12,07	—	—	—	—	14,37	—	2,30°	〃
45	Von Brodersdorf bei Kiel	„	16,51	11,16	—	—	—	—	13,37	—	2,14°	〃
46	Von Liebstadt i. Sachs.	„	14,11	8,75	—	—	—	—	10,19	—	1,63°	〃
47	Blumen-W. v. Schieritz in Sachsen	„	15,26	9,85	—	—	—	—	11,62	—	1,86°	〃
48	Kaiserweizen v. Proskau in Schlesien	„	14,68	10,29	—	—	—	—	12,06	—	1,93°	〃
49	desgl.	„	15,06	11,73	—	—	—	—	13,81	—	2,21	〃
50	Kujavischer Kolbenweizen	1879	10,76	11,87	—	—	2,52	1,48	13,31	—	2,13	*E. Wollny*[7])
51	desgl.	„	10,98	11,45	—	—	2,21	1,46	12,86	—	2,06	〃
52	desgl.	„	11,13	11,82	—	—	2,33	0,48	13,30	—	2,13	〃
53	desgl.	„	10,59	11,92	—	—	2,68	1,49	13,33	—	2,13	〃
54	Hallet's Pedigree red, 1881er Ernte	1880	16,44	10,80	1,66	67,22	2,38	1,50	12,93	80,53	2,07	*Fittbogen, Willfarth u. Schiller*[8])

[1]) Landw. Vers. Stat. 1861. Bd. III. S. 128. Die Zahlen repräsentiren das Mittel von 6 Analysen verschieden gedüngten und ungedüngten Weizens.

[2]) Chem. Ackersm. 16. 1870. 163.

[3]) Chem. Ackersm. 1870. Bd. 16. S. 160.

[4]) Ann. d. Landwirthsch. in Preussen. 50. (1867.) 314. Der Aschengehalt ist im Original nicht angegeben; die dafür oben angegebene Zahl ist aus der Differenz berechnet. Der Weizen war nach Kleegras auf einem Verwitterungsboden von Thonschiefer gewachsen und hatte als Düngung 2 Ctr. Peruguano und 3 Ctr. Knochenmehl pro sächsischen Acker erhalten.

[5]) Ztschr. f. d. gesammten Naturwissenschaften von Giebel u. Heintz. 32. 151. Die untersuchten Weizen enthielten:

	No. 38	39	40	41
Stärkemehl	65,65	68,36	69,60	—
Zucker	—	—	1,16	—

Das specifische Gewicht derselben betrug bei:

	No. 38	39	40	41
	1,4228	1,4009	1,4177	1,4140
Gewicht v. je 100 Korn	3,73	3,11	3,54	3,80

[6]) Die Eiweisskörper der Getreidearten etc. von Dr. H. Ritthausen. Bonn 1872. 10. u. 76. Die N-Bestimmung wurde mit völlig trocknem Material durch Verbrennen mit Natronkalk ausgeführt, der N mittelst Platinchlorid und Wägung des aus dem Platinsalmiak erhaltenen Platins bestimmt.

Wir berechneten aus dem ermittelten N-Gehalt die Nh-Substanz durch Multiplication mit 6,25. (Ritthausen benutzt hierzu den Factor 6,0, da er für die Proteinstoffe des Weizens den Minimalgehalt an N zu 16,66 % annimmt.)

[7]) Allgem. Hopfenztg. 1879. S. 71.

[8]) Vergl. Anmerkung [1]) Seite 434.

No.	Bemerkungen	Jahr der Untersuchung	In der ursprünglichen Substanz: Wasser %	Nh-Substanz %	Rohfett %	Nfr. Extractstoffe %	Rohfaser %	Asche %	In der Trocken-Substanz: Nh-Substanz %	Nfr. Extractstoffe %	Stickstoff in der Trocken-Substanz %	Analytiker
55	Shiriff's square headed, 1881er Ernte	1880	16,16	10,40	1,62	67,58	2,39	1,85	12,41	80,60	1,99	*Fittbogen, Willfarth u. Schiller* [1]
56	Neuseeländer Weissw., 1881er Ernte	"	16,04	11,20	1,70	67,10	2,16	1,80	13,34	79,93	2,13	
57	Hallet's Pedigree red, 1882er Ernte	"	15,00	12,46	1,52	67,37	1,95	1,70p	14,65	79,27	2,34	
58	Shiriff's square headed, 1882er Ernte	1882	"	10,04	1,68	69,74	1,89	1,65p	11,81	82,05	1,89	
59	Neuseeländer Weissw., 1882er Ernte	"	"	12,71	1,82	66,99	1,93	1,55p	14,95	78,82	2,39	
60	Kessingland-W., Thonschieferboden	"	"	9,90	1,90	69,20	2,10	1,90	11,64	82,43	1,86	
61	Märkischer Weizen . . .	1880	"	9,40	2,70	69,00	2,00	1,90	11,05	81,19	1,77	*M. Märcker* [2]
62	desgl.	"	"	14,20	1,10	64,60	2,00	3,10	16,70	76,01	2,67	
63	Blumenweizen	"	"	8,20	1,60	70,90	2,40	1,90	9,64	83,43	1,54	
64	Golden drop	"	"	8,70	1,60	70,20	2,50	2,00	10,23	82,60	1,64	
65	Kessingland-Weizen . . .	"	"	10,50	1,60	68,50	2,10	2,30	12,34	80,61	1,97	
66	Shiriff's square headed . .	"	"	10,00	1,60	68,90	2,30	2,20	11,76	81,07	1,88	
67	Märkischer Weizen . . .	"	"	10,20	1,60	68,60	2,30	2,30	12,00	80,72	1,92	
68	Shiriff's square headed . .	"	"	11,10	1,40	67,90	2,20	2,40	13,05	79,89	2,09	
69	Brauner Elbweizen	"	"	9,80	1,20	96,10	2,30	2,60	10,92	81,91	1,75	
70	Landweizen	"	"	10,00	1,30	68,30	2,20	3,20	11,76	80,36	1,88	
71	Gelber Landweizen	1881	"	10,00	1,40	69,40	2,20	2,00	11,76	81,65	1,88	
72	Probsteier Weizen	"	"	10,60	1,40	68,40	2,50	2,10	12,47	80,47	2,00	
73	desgl.	"	"	8,30	1,40	71,30	2,20	1,80	9,76	83,88	1,55	
74	Kessingland-Weizen . . .	"	"	9,80	1,40	68,70	3,10	2,00	11,52	80,83	1,84	
75	Rivett's bearded-Rauhweizen .	"	"	8,70	1,40	70,90	2,00	2,00	10,23	83,42	1,64	
76	Braunweizen	"	"	9,20	1,60	69,00	3,20	2,00	10,92	81,09	1,75	
77	desgl.	1882	"	8,60	1,40	69,90	2,90	2,20	10,11	82,24	1,62	
78	Shiriff's square headed . .	"	"	12,10	1,40	67,10	2,50	1,90	14,23	78,95	2,28	
79	desgl.	"	"	8,90	1,60	70,50	2,20	1,80	10,47	82,94	1,68	
80	Spalding-Weizen	"	"	9,00	1,40	70,70	2,20	1,70	10,58	83,18	1,69	
81	Shiriff's square headed . .	"	"	9,30	1,40	70,10	2,30	1,90	10,94	82,48	1,75	
82	desgl.	"	"	8,90	1,50	70,60	2,20	1,80	10,47	83,06	1,68	
83	desgl.	"	"	8,70	1,40	69,70	2,60	2,60	10,23	82,00	1,64	
84	Mold's improved golden . .	"	"	9,00	1,50	70,40	2,20	1,90	10,58	82,84	1,69	
85	Hallet	"	"	7,80	1,40	72,00	2,00	1,80	9,17	84,71	1,47	
86	Griechischer	"	"	9,90	1,40	68,90	2,30	2,50	11,64	81,07	1,86	
87	Rivett's bearded	"	"	7,60	1,30	69,30	2,00	1,70	8,94	85,18	1,43	
88	Juliweizen	"	"	8,90	1,70	70,70	2,30	1,40	10,47	83,10	1,68	

[1] Privat-Mittheilung. Der Klebergehalt betrug bei No. 54 = 7,5 %, bei No. 55 = 9,2 %, bei No. 56 = 9,8 %. Mit der Klebermenge in gleichem Verhältniss stand das Backwerk; No. 56 lieferte den weissesten Kleber mit dem höchsten N-Gehalt und das weisseste Brod.

[2] Privat-Mittheilung.

No.	Bemerkungen	Jahr der Untersuchung	In der ursprünglichen Substanz: Wasser %	Nh-Substanz %	Rohfett %	Nfr. Extractstoffe %	Rohfaser %	Asche %	In der Trocken-Substanz: Nh-Substanz %	Nfr. Extractstoffe %	Stickstoff in der Trocken-Substanz %	Analytiker
89	Spalding's prolific	1882	15,00	9,90	1,50	68,80	2,40	2,20	11,64	81,19	1,86	*M. Märcker*[1])
90	Aus Holstein, länglich, gelbgrün	1869	14,09	10,38	1,99	69,65 *)	2,27	1,62	12,06	81,09	1,93	*Wolffenstein*[2])
	Minimum	.	9,70	7,74	1,22	60,61	1,13	1,27	8,94	69,99	1,43	
	Maximum	.	16,77	20,31	2,68	73,79	3,26	3,26	23,45	85,18	3,75	
	Mittel	.	**13,37** **)	**10,93**	**1,65**	**70,01**	**2,12** ***)	**1,92**	**12,62**	**80,81**	**2,02**	

b. Sommerweizen.

No.	Bemerkungen	Jahr der Untersuchung	Wasser %	Nh-Substanz %	Rohfett %	Nfr. Extractstoffe %	Rohfaser %	Asche %	Nh-Substanz %	Nfr. Extractstoffe %	Stickstoff in der Trocken-Substanz %	Analytiker
1	Aus Schafstädt b. Halle a. d. S.	1869	13,23	12,15	2,04	—	1,97	—	14,00	—	2,24°	*Wolffenstein*[2])
2	Glatter Sommerw., kalkhalt. Lehm	1880	15,00	10,90	1,60	66,80	2,50	3,20	12,82	78,60	2,05	*M. Märcker*[1])
3	Humoser, tiefgründig, kalkr. Lehm	1882	„	8,90	1,60	70,00	2,20	2,30	10,47	82,86	1,68	
4	desgl.	„	„	9,90	1,80	69,10	2,30	1,90	11,64	81,31	1,86	
5	desgl., Riesenweizen . . .	„	„	15,20	1,60	63,40	2,00	2,80	17,58	74,90	2,81	
6	desgl.	„	„	10,00	1,90	68,70	2,50	1,90	11,76	80,84	1,88	
7	desgl., brauner Weizen . .	„	„	11,10	1,50	66,80	2,00	2,60	13,05	79,78	2,09	
8	desgl.	„	„	10,50	1,40	69,00	2,30	1,80	12,34	81,19	1,97	
	Mittel	.	**13,37** †)	**11,23**	**2,03**	**68,61**	**2,26**	**2,52**	**12,96**	**79,18**	**2,07**	

Weizen aus dem südlichen und westlichen Deutschland.

a. Winterweizen.

No.	Bemerkungen	Jahr der Untersuchung	Wasser %	Nh-Substanz %	Rohfett %	Nfr. Extractstoffe %	Rohfaser %	Asche %	Nh-Substanz %	Nfr. Extractstoffe %	Stickstoff in der Trocken-Substanz %	Analytiker
1	Elsass, Bechelbronn . . .	1836	14,50	12,23	2,22	64,64	—	2,06	14,31	75,60	2,29°	*J. Boussingault*[3])
2	desgl.	„	—	—	—	—	—	—	21,94	—	3,51°	
3	desgl., rother Weizen . . .	„	14,50	12,30	1,50	67,60	2,10	2,00	14,39	79,07	2,30	
4	desgl., Hühner-Weizen . .	„	14,40	15,60	1,00	65,60	1,50	1,90	18,22	76,63	2,91	
5	desgl., harter Weizen . . .	„	14,80	13,60	2,00	65,70	2,30	1,60	15,96	77,12	2,55	

[1]) Privat-Mittheilung.

[2]) Ztschr. d. gesammten Naturwissensch. von Geibel u. Heintz. Bd. 32. S. 151.

*) Mit 66,04 % Stärkemehl und 1,74 % Zucker.

**) Nach dem Mittel von 428 Analysen von Weizen aller Länder angenommen; das wirklich gefundene Mittel für Wasser ist 14,01.

***) Mittel aus Analysen von No. 35 an.

†) Ebenfalls nach obigem Mittel angenommen.

[3]) J. B. Boussingault. — Die Landwirthschaft etc. I. Thl. 292. II. Thl. 170. III. Thl. 200. Der Weizen unter No. 1 ergab im trocknen Zustande 13,7 % Kleie und 86,3 % Mehl und diese enthielten:

	Kleber	Stärke	Zucker	Gummi	Fett	Holzfaser	Asche
In 100 trockner Kleie . . .	20,0	—	—	28,8	5,5	45,7 % (Holzfaser und Asche)	
In 100 trocknem Mehl . . .	13,4	73,2	5,6	4,2	2,1	—	1,5 %

Rohfaser von uns aus der Differenz berechnet.

Boussingault und Le Bel bestimmten in dem selbst dargestellten Mehle einer Anzahl Weizensorten den N-Gehalt und berechneten aus diesem den Gehalt des Mehles an Proteinsubstanzen, deren Gehalt an N zu 16 % angenommen wurde. Die analysirten Weine waren in demselben Jahre in Jardin des Plantes geerntet und daher in gleich gut gedüngtem Boden und unter völlig gleichen meteorologischen Verhältnissen angebaut. Durch Zerreiben im Achatmörser wurde ausserdem Kleie

No.	Bemerkungen	Jahr der Untersuchung	In der ursprünglichen Substanz: Wasser %	Nh-Substanz %	Rohfett %	Nfr. Extractstoffe %	Rohfaser %	Asche %	In der Trocken-Substanz: Nh-Substanz %	Nfr. Extractstoffe %	Stickstoff in der Trocken-Substanz %	Analytiker
6	Württemberg, Hohenheim, Igelw.	1850	14,78	11,28	—	—	2,42	1,68	13,24	—	2,12⁰	*Fehling u. Faist*[1])
7	desgl.	1851	16,08	10,56	—	—	2,78	1,65	12,59	—	2,01⁰	
8	desgl., Talavera-Weizen . .	1845	15,43	13,69	—	—	—	2,36	16,19	—	2,59⁰	*E. N. Horsford*[2])
9	desgl., Whittington-Weizen .	„	13,93	14,42	—	—	—	2,69	16,75	—	2,68⁰	
10	desgl., Sandomierz-Weizen .	„	15,48	14,21	—	—	—	2,03	16,81	—	2,69⁰	
11	Bayern, Schleissheim, Arnaut. Weizen, weich	1856	14,33	10,31	—	—	—	—	12,06	—	1,93⁰	*W. Mayer*[3])
12	desgl., Mönchshofen, hart .	„	11,04	12,44	—	—	—	1,68	14,00	—	2,24⁰	
13	desgl., nicht völlig reif . .	„	10,97	12,31	—	—	—	—	13,81	—	2,21⁰	
14	desgl., Brennberg, mittelweich	„	13,39	10,87	—	—	—	2,04	12,56	—	2,01⁰	
15	desgl., Litzendorf, „	„	13,68	11,75	—	—	—	—	13,62	—	2,18⁰	
16	desgl., Geisfeld, „	„	13,83	12,50	—	—	—	—	14,50	—	2,32⁰	
17	desgl., Triesdorf, „	„	12,43	12,62	—	—	—	—	14,44	—	2,31⁰	
18	desgl., weisser, weich . . .	„	13,10	12,25	—	—	—	—	14,12	—	2,26⁰	
19	desgl., Gelchsheim, hart . .	„	13,16	12,50	—	—	—	1,77	14,44	—	2,31⁰	
20	desgl., Martinshöhe, mittelw.	„	13,11	11,94	—	—	—	—	13,62	—	2,18⁰	

und Mehl dargestellt und deren Menge bestimmt, indem das Mehl durch ein Florsieb getrennt und die rückständige Kleie gewogen wurde; die Menge des Mehles wurde aus dem Gewichtsverlust bestimmt.

Bezeichnung der Weizenart	Beschaffenheit der Körner	In 100 Thl. Weizen Kleie	Mehl	In 100 Thl. Mehl N	Protein	Ansehen des Mehls
Weizen von Barel, Trit. spelta rufa mutiva	gering, klein	21,9	78,1	3,85	24,1	grau, rauh
Tr. monococcum, kleiner Spelt	mittel	20,8	79,2	3,97	24,8	glatt
Grosser Spelt	sehr gross	26,9	73,1	3,53	22,1	sehr rauh
Mekka-Weizen	hornartig, lang	32,0	68,0	3,71	23,8	gelb, rauh
Bartweizen mit violetter Hülle	klein, braun	13,2	86,8	3,63	22,7	sehr rauh
Winterweizen, Tr. hybernum	mittel	38,5	61,5	2,92	18,3	gelblich, glatt
Gewöhnlicher Weizen	röthlich	23,5	76,5	3,77	23,5	rauh
Weizen von Reyel	gelb, schön	14,0	86,0	3,00	18,7	sehr weiss, glatt
Rother ägyptischer Weizen	klein, hart	15,0	85,0	3,45	21,6	gelblich, dick
Vierzeiliger Weizen	hart	15,0	85,0	3,27	20,4	ein wenig rauh
Rother Weizen von Marcel (Paris) . . .	dick	21,5	78,5	3,04	19,0	gelb, glatt
Weizen von Danzig	weich	24,0	76,0	3,63	22,7	weiss, sehr glatt
Weizen du Nord	ziemlich hart	20,5	79,5	3,58	22,4	gelblich
Weizen, feiner rother von Foix	weich	18,5	81,5	3,51	21,9	weiss, sehr glatt
Weizen von Smyrna	weiss, hart	19,0	81,0	3,18	19,9	weisslich, zieml. rauh
Bengalischer Weizen	weiss, hart	21,5	78,5	2,97	18,6	glatt, weiss
Weizen von Tangarog	klein	23,5	76,5	3,86	24,1	weiss, glänzend
Weizen von Afrika	grau, hart	24,5	75,5	4,25	26,5	gelb, sehr rauh
Weizen vom Cap	gelb, dick	19,0	81,0	2,92	18,2	weiss, glänzend
Weizen aus Russland	runzlig	18,0	82,0	3,53	22,1	gelb, glänzend
Weizen aus Sicilien	klein, roth	19,5	80,5	3,89	24,3	gelb, rauh
Weizen von St. Helena	hart, sehr gross	25,0	75,0	3,35	20,9	gelb, rauh
Weizen von Subernac (Pyrenäen)	wohlgebildet	20,5	79,5	3,05	19,0	weiss, glänzend
Feiner rother Weizen von Roussillon . .	röthlich	16,0	84,0	3,61	22,6	weiss, glänzend

[1]) Liebig u. Kopp, Jahresber. 1853. (Weende'r Jahresber. 1853. II. 7.) Holzfaser wurde durch aufeinanderfolgendes Auslaugen der Substanz mit verdünnter Säure und verdünnter Kalilauge erhalten. Der Wassergehalt der frischen Körner, der Klebergehalt (aus dem N-Gehalt berechnet), der Holzfaser- und Aschengehalt, der Gehalt an Phosphorsäure und Kieselsäure wurden direct, der Stärkemehl- und Fettgehalt (den wir nicht aufführen) aus dem Verluste bestimmt. Die Körner enthielten in 100 Trockensubstanz:

	No. 13	14
Phosphorsäure	0,71	0,72 %
Kieselsäure	0,14	0,14 „

[2]) Annal. d. Chem. u. Pharm. 58. (1846.) 166—212. Mit Ergänzungen (Stärkemehlbestimmung) von Krocker. Diese Weizen enthielten in Procenten der frischen Substanz:

	No. 15	16	17
Stärkemehl	56,25 %	52,45 %	53,38 %

Nh-Substanz von uns nach angegebenem N-Gehalt berechnet.

[3]) Ergebnisse agriculturchem. Versuche. 1. Heft. 1857. 1. Bodenbeschaffenheit der betreffenden Felder: Schleissheim in Oberbayern, Isargerölle im Untergrund, sonst Kalkboden mit sehr seichter Krume. Mönchshofen in Niederbayern,

No.	Bemerkungen	Jahr der Untersuchung	In der ursprünglichen Substanz: Wasser %	Nh-Substanz %	Rohfett %	Nfr. Extractstoffe %	Rohfaser %	Asche %	In der Trocken-Substanz: Nh-Substanz %	Nfr. Extractstoffe %	Stickstoff in der Trocken-Substanz %	Analytiker
21	Bayern, Bogenhausen, ungedüngt	1858	14,26	12,37	—	—	—	1,85	14,44	—	2,31⁰	W. *Mayer* [1]
22	desgl., mit Superph. gedüngt	„	14,12	12,87	—	—	—	1,82	15,00	—	2,40⁰	
23	desgl., Weihenstephan, rother Kolbenweizen	„	11,22	15,20	1,95	—	—	—	17,12	—	2,74⁰	*v. Bibra* [2]
24	desgl., St. Helena-Weizen .	„	14,00	13,22	1,76	—	—	1,75	15,37	—	2,46⁰	
25	desgl., Sicilianischer Weizen	„	13,10	12,22	—	—	—	1,69	14,06	—	2,25⁰	
26	desgl., Whittington-Weizen .	„	12,11	12,25	1,76	—	—	1,56	13,94	—	2,23⁰	
27	desgl., Richmond's Riesenw.	„	8,00	9,77	1,88	—	—	1,74	10,62	—	1,70⁰	
28	desgl., weisser Toucelle-W. .	„	14,70	8,74	1,39	—	—	—	10,25	—	1,64⁰	
29	desgl., Lichtenhof, Wunderw.	„	8,00	16,39	—	—	—	—	17,81	—	2,85⁰	
30	desgl., aus Tunis	„	14,08	13,21	—	—	—	1,72	15,37	—	2,46⁰	
31	desgl., Mumienweizen . . .	„	12,08	13,09	1,78	—	—	1,76	15,00	—	2,40⁰	
32	desgl., Trautskirchen . .	„	13,30	13,87	1,78	—	—	—	15,31	—	2,45	
33	desgl., Unterfranken . . .	„	8,90	12,94	—	—	—	—	14,19	—	2,27⁰	

Lehm, Donaualluvium (Gegend von Straubing, berühmt wegen des vortrefflichen Getreides). Der Kraftzustand ist vortrefflich. Brennberg in der Oberpfalz, kalkhaltiger Lehm, Verwitterungsproduct von Granit und Gneis. Die Getreidearten wurden auf stark gedüngtem Lande in fünfjährigem Turnus mit nachstehender Fruchtfolge gebaut: Weizen, Winterroggen, 2) Sommerroggen, Hafer, 3) Schmalsaat, 4) Gerste mit eingesäetem Klee, 5) Klee. Greitsfeld, Oberfranken, schwarzer Jura. Litzendorf, Oberfranken, brauner Jura. Triesdorf in Mittelfranken, sandiger Lehm und Lehm. Gelchsheim in Unterfranken, fetter Thon, Untergrund: Muschelkalk. Gedüngt mit $1^1/_2$ Ctr. Guano p. bayr. Tagwerk Martinshöhe, Rheinpfalz, bunter Vogesensandstein mit etwas Muschelkalk. Der Muschelkalk lagert über dem Vogesensandstein, hat sich aber nur auf den höchsten Punkten der Gegend erhalten. Fruchtfolge: 1) Brache, 2) Kohl (Winterraps), 3) Wintergetreide, 4) Kartoffeln, 5) Hafer oder Gerste, 6) Klee, 7) Hafer oder Wintergetreide. Die Brache wird mit 400 Ctr. Stallmist pro Tagwerk gedüngt und ausserdem wird Knochenmehl, Asche, Gyps, gebrannter Kalk, Guano beigefügt, je nach Beschaffenheit der Felder.

Ueber die Beschaffenheit der Körner ist noch zu ergänzen:

No. 11 weich, gemischt mit sehr wenig mittelweichem und hartem Weizen;
No. 12 u. 13 (vor der vollen Reife geschnitten), hart mit wenig weichem und mittelweichem Weizen;
No. 14 mittelweich, mit ziemlich viel hartem und wenig weichem Weizen;
No. 18 fast rein, weisser Winterweizen, fast nur weiche Körner;
No. 19 hart, mit mittelweichem und wenig weichem Weizen.

Verfasser unterscheidet: harte Weizen mit länglichem, schmalem, glattem, glänzendem, dunkelem Korn, auf dem Querschnitt hornartig, halb durchscheinend, fest;

Weiche Weizen mit rundlichem, dickem, viel hellerem, rauherem, mattem Korn, auf dem Querschnitt weich, ganz weiss, undurchsichtig, mehlreich.

Zur Wasserbestimmung wurden die Samen bei 100⁰ getrocknet. Die Einäscherung geschah in der Muffel unter Anwendung von Barytlauge (nach Strecker); die N-Bestimmungen wurden nach dem Verfahren von Varentrapp und Will ausgeführt. Der Weizen enthielt Phosphorsäure:

No.	11	12	13	14	15	16	17	18	19	20
Im lufttrocknen Zustande	0,903	0,914	0,899	0,808	0,915	0,968	1,019	0,999	1,003	0,866
In der Trockensubstanz .	1,053	1,027	1,009	0,035	1,060	1,125	1,163	1,149	1,156	0,997

[1]) Ergeb. agriculturchemischer Versuche. Heft 2. 154. Angebaut in Bogenhausen auf Lehmboden; dieser war seit 6 Jahren nicht gedüngt und hatte vorher Winterroggen, dann Klee und hierauf 3mal Hafer getragen, war aber immer noch in ziemlichem Kraftzustand.

[2]) Die Getreidearten und das Brod. Nürnberg, 1860. Die Weizen No. 23 u. 28 stammten aus Weihenstephan, von sandigem Thonboden. Zu denselben ist noch über Vorfrucht und Düngung zu bemerken:

	Vorfrucht	Düngung		Vorfrucht	Düngung
No. 23.	Sommerroggen	Stallmist	No. 27.	Mohn	Stallmist
No. 24.	Oelrettig	„	No. 28.	Bastardklee	„
No. 25.	Nepaul-Gerste	„	No. 29.	Gedüngte Wicken	„
No. 26.	Weberdistel	„	No. 30.	Plattererbsen	„

Die Weizen No. 29—31 stammten aus Lichtenhof bei Nürnberg, steriles, aber stark mit Stalldünger gedüngtes Sandland. Der Weizen aus Tunis war die dritte Generation von Originalsamen, der Mumienweizen war die vierte Generation von angeblich echtem, altem Mumienweizen. No. 32 stammte aus Trautskirchen. Von den Weizen wurde das specifische Gewicht und ausserdem das Gewicht von je 20 Körnern bestimmt.

Winterweizen No.	23	24	25	26	27	28	29	30	31	32	32	33
Spec. Gew.	1,39	1,31	1,36	1,37	1,32	1,34	1,43	1,42	1,32	1,35	1,42	1,33
Gew. von 20 Körnern . .	0,992	1,400	0,920	0,920	0,910	0,950	0,770	1,147	0,993	0,725	0,675	—

Sommerweizen No.	2	3	4	5	6	7	8
Spec. Gew.	1,43	1,43	—	1,38	1,35	1,50	1,30
Gew. von 20 Körnern .	0,640	0,575	—	0,700	0,688	0,700	0,630

No.	Bemerkungen	Jahr der Untersuchung	In der ursprünglichen Substanz: Wasser %	Nh-Substanz %	Rohfett %	Nfr. Extractstoffe %	Rohfaser %	Asche %	In der Trocken-Substanz: Nh-Substanz %	Nfr. Extractstoffe %	Stickstoff in der Trocken-Substanz %	Analytiker
34	Bayern, Würzburg	1858	—	—	—	—	—	—	10,62	—	1,70°	v. *Bibra*[1])
35	desgl., Spiessheim	"	—	—	—	—	—	—	10,19	—	1,63°	
36	Württemberg, Hohenheim, Talavera-Weizen	1857	—	—	—	—	—	—	10,25	—	1,64°	*E. Wolff*[2])
37	desgl., Igelweizen	"	—	—	—	—	—	—	10,94	—	1,75°	
38	desgl., Talavera-Weizen . .	1859	—	—	—	—	—	—	12,50	—	2,00°	
39	desgl., Frankensteiner Weizen	"	—	—	—	—	—	—	12,56	—	2,01°	
40	desgl., Whittington-Weizen .	"	—	—	—	—	—	—	13,69	—	2,19	
41	Preuss. Rheinprovinz, Poppelsdorf, St. Helena-Weizen .	1858	12,07	15,28	—	—	2,81	2,12	17,37	77,02	2,78	*Hartstein u. Topp*[3])
42	desgl.	"	13,40	14,00	1,13	65,46	4,07	1,94	16,17	75,58	2,59	
43	desgl.	"	15,48	10,96	1,19	68,71	1,67	1,99	12,97	81,29	2,08	
44	desgl., Rheinischer Klingw., glasig	1872	15,55	—	—	—	—	—	16,31	—	2,61°	*Ritthausen u. Kreusler*[4])
45	desgl., Bismarck-W., 1871er	"	14,37	—	—	—	—	—	15,69	—	2,51°	
46	desgl., von der Ahr . . .	"	15,46	—	—	—	—	—	13,81	—	2,21°	
47	desgl., Poppelsdorf, Kessingland-Weizen	"	17,14	—	—	—	—	—	12,62	—	2,02°	
48	desgl., Hallet's genealogischer	"	15,53	—	—	—	—	—	12,00	—	1,92°	
49	desgl., St. Helena-Weizen .	"	15,10	—	—	—	—	—	15,81	—	2,53°	
50	desgl., Kaiserweizen . . .	1882	14,60	10,47	2,17	—	—	1,80	12,26	—	1,96	*Stutzer*[5])
51	Hessen, Rheinhessen, Alzey .	1876	5,33	14,75	1,96	72,86	3,20	1,90	15,58	77,77	2,49	*P. Wagner*[6])
52	desgl., aus der Wetterau . .	"	5,82	9,94	2,20	77,32	2,80	1,92	10,56	82,09	1,69	
	Minimum	.	5,33	8,83	1,01	65,47	1,71	1,04	10,19	(75,58)	1,63	
	Maximum	.	17,14	19,01	2,25	70,11	4,07	2,71	21,94	(82,09)	3,51	
	Mittel	.	**13,37** *)	**12,29**	**1,71**	**67,96**	**2,82** **)	**1,85**	**14,19**	**78,46**	**2,27**	

b. Sommerweizen.

No.	Bemerkungen	Jahr der Untersuchung	Wasser %	Nh-Substanz %	Rohfett %	Nfr. Extractstoffe %	Rohfaser %	Asche %	Nh-Substanz (Trocken) %	Nfr. Extractstoffe (Trocken) %	Stickstoff in der Trocken-Substanz %	Analytiker
1	Bayern, Schleissheim, hart .	1856	13,47	12,44	—	—	—	1,90	14,31	—	2,29°	*W. Mayer*[7])
2	desgl., Weihenstephan . .	1858	12,02	13,14	1,94	—	—	—	14,94	—	2,39°	v. *Bibra*[1])
3	desgl.	"	15,33	12,28	—	—	—	—	14,50	—	2,32°	
4	desgl., Spiessheim	"	13,42	11,20	—	—	—	—	12,94	—	2,07°	
5	desgl., Lohr	"	—	—	—	—	—	—	12,75	—	2,04°	

[1]) Vergl. Anmerk. [2]) Seite 437.

[2]) Hohenheimer Mitthl. 5. 161. Bei dem Talaveraweizen 1857er Ernte waren 48,3 % der Aehren brandig; die Ernte war am 29. Juli; die Reife des Frankensteiner und des Talavera-W. war 1859 am 27. Juli, die des Whittington-W. am 1. August. Beim Talavera-W. war die Hälfte der Aehren mit Staubbrand gefüllt, bei dem Whittington-W. weit über die Hälfte.

[3]) Preuss. Ann. d. Landw. 1861. S. 37. Die Zahlen bilden das Mittel von je 6 Analysen verschieden gedüngten resp. ungedüngten Weizens.

[4]) Die Eiweisskörper der Getreidearten etc. von H. Ritthausen. Bonn. 1872. S. 10 u. 76. Vergl. Anmerkung zu Winterweizen aus dem nördl. u. östl. Deutschland. No. 42—48.

[5]) Landw. Jahrbücher 1882. Bd. 11. S. 338. Mittel von 5 verschieden gedüngten Weizen.

[6]) Ztschr. d. landw. Ver. d. Grossh. Hessen 1876. S. 159. Der Wetterauer Weizen liefert ein Mehl von wesentlich grösserer Backfähigkeit als der Alzeyer Weizen.

[7]) Vergl. Anmerkung [1]) Seite 437.

*) Nach dem obigen Mittel der Haupttabelle auch hier zu Grunde gelegt; das wirkliche Mittel aus vorstehenden Zahlen beträgt 13,18 %.

**) Mittel aus No. 41, 42, 43, 51 u. 52.

No.	Bemerkungen	Jahr der Untersuchung	In der ursprünglichen Substanz: Wasser %	Nh-Substanz %	Rohfett %	Nfr. Extractstoffe %	Rohfaser %	Asche %	In der Trocken-Substanz: Nh-Substanz %	Nfr. Extractstoffe %	Stickstoff in der Trocken-Substanz %	Analytiker
6	Bayern, Lohr	1858	—	—	—	—	—	—	10,87	—	1,740	v. *Bibra*[1])
7	desgl., Schwebheim . . .	„	12,20	8,89	1,23	—	—	—	10,12	—	1,620	
8	desgl. Trautskirchen . . .	„	16,00	8,14	—	—	—	—	9,69	—	1,550	
9	Preuss. Rheinprovinz, Poppelsdorf, Saatweizen	1872	13,82	14,00	—	—	—	—	16,25	—	2,600	*Ritthausen, Kreusler, Pott u. Dittmar*[2])
10	A. dgl., dav. gebaut, ungedüngt	„	13,64	14,03	—	—	—	2,42	16,25	—	2,600	
11	B. desgl., P_2O_5-Düngung .	„	13,50	15,27	—	—	—	2,08	17,65	—	2,820	
12	C. desgl., N- „ .	„	13,70	18,55	—	—	—	2,10	21,50	—	3,440	
13	D. desgl., N- u. P_2O_5-Düngung	„	13,60	19,54	—	—	—	2,44	22,62	—	3,620	
14	desgl., rheinischer	„	16,16	16,35	—	—	—	—	19,50	—	3,120	
15	desgl., galizischer, 1870 . .	„	13,21	17,36	—	—	—	—	20,00	—	3,200	
16	desgl., 1871	„	—	—	—	—	—	—	18,00	—	2,880	
17	desgl., gelbähriger Dinkel, 1870	„	13,27	16,04	—	—	—	—	18,50	—	2,960	
18	desgl., 1871	„	—	—	—	—	—	—	15,69	—	2,510	
19	desgl., Igel-Weizen, 1870 .	„	13,80	19,56	—	—	—	—	22,69	—	3,630	
20	desgl., 1871	„	—	—	—	—	—	—	18,44	—	2,950	
21	desgl., blauer Bartweizen, 1870	„	14,19	17,43	—	—	—	—	20,31	—	3,250	
22	desgl., 1871	„	—	—	—	—	—	—	19,69	—	3,150	
23	desgl., weisser Bartweizen, 1870	„	13,33	17,17	—	—	—	—	19,81	—	3,170	
24	desgl., 1871	„	—	—	—	—	—	—	17,25	—	2,760	
25	desgl., Igel-Weizen, 1870 .	„	13,76	15,90	—	—	—	—	18,44	—	2,950	
26	desgl., 1871	„	—	—	—	—	—	—	18,00	—	2,88	
27	desgl., ungedüngt	1874	—	—	—	—	—	—	19,00	—	3,040	*Kreusler u. Kern*[3])
28	desgl., N-Düngung . . .	„	—	—	—	—	—	—	20,19	—	3,230	
29	desgl., P_2O_5-Düngung . .	„	—	—	—	—	—	—	17,19	—	2,750	
30	desgl., N- u. P_2O_5-Düngung	„	—	—	—	—	—	—	21,31	—	3,410	
	Mittel	.	**13,37** *)	**14,95**	**1,56**	**67,93**		**2,19**	**17,26**	—	**2,76**	

Weizen aus Oesterreich-Ungarn.

Winterweizen.

No.	Bemerkungen	Jahr der Untersuchung	Wasser %	Nh-Substanz %	Rohfett %	Nfr. Extractstoffe %	Rohfaser %	Asche %	Nh-Substanz (Trocken) %	Nfr. Extractstoffe (Trocken) %	Stickstoff in der Trocken-Substanz %	Analytiker
1	Ungarn, Banat	—	14,50	13,40	1,10	—	—	—	15,67	—	2,51	*Peligot*[4])
2	Mähren, gr. Körner } kleiner Bartw.	1859	12,41	10,87	2,05	68,80	3,87	2,00	12,41	78,55	1,99	*C. W. Tod u. Wels*[5])
3	desgl., kl. Körner } kleiner Bartw.	„	11,05	16,44	2,85	63,81	3,68	2,17	18,48	71,74	2,96	

[1]) Vergl. Anmerkung [2]) auf Seite 437.

[2]) Vergl. Anm. [4]) vorige Seite und Landw. Vers.-Stat. 16. 1873. 384. Der angewendete Saatweizen von No. 9—13 war eine in Poppelsdorf schon seit längerer Zeit angebaute Sorte, völlig glasig, hart und von dunkler Farbe; die Samen der daraus hervorgegangenen Weizen waren bei A. u. B. halbmehlige und übergehende, bei C. u. D. klein, glasig hart und dunkel wie die Saat.

[3]) Journ. f. Landw. 1876. Bd. 24. S. 1; tiefgründiger, reicher Lehmboden.

*) Nach dem Mittel von 428 Analysen von Weizen verschiedener Länder angenommen; der wirkliche mittlere Wassergehalt nach vorstehenden Zahlen beträgt 13,80 %.

Weizen aus Oesterreich-Ungarn:

[4]) Nach v. Bibra: Die Getreidearten etc. 1860. S. 138 u. 226. Mit 11,8 % unlösl. Kleber, 1,60 % lösl. Albumin, 5,4 % Gummi + Zucker u. 65,6 % Stärkemehl.

[5]) Mitth. d. K. K. Mähr.-Schles. Gesellsch. zur Beförderung des Ackerbaues 1859. Boden: ein ausser aller Dungkraft stehender, sandiger Lehmboden; die Zahlen bilden das Mittel von 7 verschieden gedüngten Winterweizen.

No.	Bemerkungen	Jahr der Untersuchung	In der ursprünglichen Substanz: Wasser %	Nh-Substanz %	Rohfett %	Nfr. Extractstoffe %	Rohfaser %	Asche %	In der Trocken-Substanz: Nh-Substanz %	Nfr. Extractstoffe %	Stickstoff in der Trocken-Substanz %	Analytiker
4	Ungarn, Altenburg, trockne Witterung, 1866 . . .	1866	12,28	16,36	2,08	64,73	2,75	1,80	18,62	73,83	2,98°	L. Lenz[1])
5	desgl., nasse Witterung, 1870	1870	14,18	12,81	2,24	65,94	3,26	1,57	14,94	76,82	2,39°	
6	desgl., Theiss und Banat .	„	10,51	13,99	—	—	—	1,51	15,64	—	2,50°	O. Dempwolf[2])
7	desgl.	„	10,74	15,66	—	—	—	1,50	17,54	—	2,81	
8	Rostiger Weizen	1872	10,83	13,22	1,79	70,43	2,01	1,72	14,82	78,99	2,37	O. Kohlrausch[3])
9	Spec. Gew. 1,319	1877	9,94	10,81	—	—	5,53	—	12,00	—	1,92	
10	„ „ 1,369	„	11,50	10,38	—	—	3,33	—	11,73	—	1,88	
11	„ „ 1,329	„	10,58	10,06	—	—	4,67	—	11,85	—	1,90	
12	„ „ 1,304	1878	11,42	14,25	—	—	3,76	1,49	16,09	—	2,57	
13	„ „ 1,306	„	11,34	11,06	—	—	3,26	1,87	12,48	—	1,98	
14	„ „ 1,326	„	11,98	11,00	—	—	2,72	1,69	12,50	—	2,00	
15	„ „ 1,249	„	12,08	11,56	—	—	3,04	1,77	13,14	—	2,10	
16	„ „ 1,244	„	12,00	8,62	—	—	3,08	2,28	9,79	—	1,57	
17	Banat, glasig und weich . .	1872	12,62	—	—	—	—	—	19,25	—	3,08°	Ritthausen u. Kreusler[4])
18	Kezthely, glasig	„	13,78	—	—	—	—	—	16,06	—	2,57°	
	Mittel	.	**13,37** *)	**12,66**	**1,99**	**66,84**	**3,39**	**1,75**	**14,61**	**77,16**	**2,34**	

Weizen aus Russland.

No.	Bemerkungen	Jahr	Wasser	Nh-Substanz	Rohfett	Nfr. Extractstoffe	Rohfaser	Asche	Nh-Substanz (Trocken)	Nfr. Extractstoffe (Trocken)	Stickstoff	Analytiker
1	Odessa-Weizen aus Polen . .	1851	15,20	14,30	1,50	67,60		1,40	16,86	79,72	2,70	Peligot[5])
2	„ „ „ „ 1844	„	13,20	21,50	1,50	61,90		1,90	24,77	71,71	3,96	
3	Sommerweizen, Trit. durum album, glasig, aus Samara	„	—	—	—	—		—	21,69	—	3,47°	v. Bibra[5])
4	Sommerw., rother, Tr. vulgare aestivum, glasig, aus Jeaisaisk	„	—	—	—	—		—	16,56	—	2,65°	
5	desgl., glasig	„	—	—	—	—		—	14,94	—	2,39°	

[1]) Landw. Vers.-Stat. 12. (1870.) 344. An näheren Bestandtheilen wurden noch bestimmt (in % der lufttrocknen Substanz):

	Zucker u. Gummi	Stärkemehl
No. 4	8,06	56,66
„ 5	12,51	53,43

[2]) Annal. d. Chem. u. Pharm. 149. 1869. 343. Der untersuchte Weizen No. 6 war aus Ungarn von einer Pester Mühle geliefert und war nach deren Angabe aus $^2/_3$ Theiss- und $^1/_3$ Banat-Weizen gemischt. Der Stärkemehlgehalt ist zu 65,41 % angegeben, der für „Fett und Holzfaser" zu 8,225 %. Gefunden wurde für Holzfaser 7,144 %. Zucker konnte direct nicht nachgewiesen werden.

No. 7 wird als eine ebendaher stammende Mehlprobe bezeichnet, „welche noch alle Kleie enthielt und deren Zusammensetzung fast völlig dem des ganzen Kornes gleicht". Stärkemehl 64,475 %.

[3]) Vers.-Stat. d. Centralver. f. Rübenzuckerindustrie in d. österr.-ungar. Monarchie zu Wien. Privatmittheilung. Die Weizen enthielten (in % der lufttrocknen Substanz) Kleber:

No.	9	10	11	12	13	14	15	16
	8,99	9,29	7,07	11,28	7,78	8,24	8,62	5,98

[4]) Vergl. Anmerkung [2]) Seite 439.

*) Nach dem Mittel von 428 Analysen von Weizen verschiedener Länder angenommen; der wirkliche mittlere Wassergehalt nach vorstehenden Zahlen beträgt 11,72 %.

Weizen aus Russland:

[5]) v. Bibra: Die Getreidearten etc. Nürnberg 1860. S. 138 u. 226. No. 1 mit 12,7 % unlöslichem Kleber, 1,6 % löslichem Albumin, 6,3 % Gummi + Zucker u. 61,13 % Stärke, No. 2 mit 19,8 % unlöslichem Kleber, 1,7 % löslichem Albumin, 6,8 % Gummi + Zucker u. 55,1 % Stärke. Die russischen Weizen No. 3—9 hatten folgendes spec. Gew. resp. wogen:

No.	3	4	5	6	7	8	9
Spec. Gew.	1,45	1,37	1,38	1,40	1,33	1,40	1,37
Je 20 Körner wogen . . .	1,07	0,36	0,89	0,80	0,70	0,83	0,40

No.	Bemerkungen	Jahr der Untersuchung	In der ursprünglichen Substanz						In der Trocken-Substanz		Stickstoff in der Trocken-Substanz	Analytiker
			Wasser %	Nh-Substanz %	Rohfett %	Nfr. Extractstoffe %	Rohfaser %	Asche %	Nh-Substanz %	Nfr. Extractstoffe %	%	
6	Weizen, glasig	1851	—	—	—	—	—	—	14,81	—	2,37°	v. Bibra[1]
7	desgl.	"	—	—	—	—	—	—	14,56	—	2,33°	v. Bibra[1]
8	desgl.	"	—	—	—	—	—	—	14,25	—	2,28°	v. Bibra[1]
9	Sommerw., Tr. vulg. aestiv., übergehend, Gouv. Saratow	"	—	—	—	—	—	—	10,44	—	1,67°	v. Bibra[1]
	Europäisches Russland.											
10	Aus Orenburg, hart . . .	1865	12,86	23,14	1,77	—	—	—	26,56	—	4,25	N. Laskowsky[2]
11	Aus Walucka, hart . . .	"	11,23	23,52	1,21	—	—	—	26,50	—	4,24	N. Laskowsky[2]
12	Aus Lebedjan, halbhart . .	"	10,91	22,16	—	—	—	—	24,87	—	3,98	N. Laskowsky[2]
13	Aus Kupjansk, hart . . .	"	11,61	21,99	—	—	—	—	24,87	—	3,98	N. Laskowsky[2]
14	Aus Ischigrow, halbhart . .	"	12,29	20,82	1,03	—	—	—	24,87	—	3,98	N. Laskowsky[2]
15	Aus Troizk, halbhart . . .	"	10,62	22,07	1,36	—	—	—	24,69	—	3,95	N. Laskowsky[2]
16	Aus Peremyschl, halbhart .	"	11,44	21,08	—	—	—	—	23,81	—	3,81	N. Laskowsky[2]
17	Aus Kosaken, hart . . .	"	10,88	20,44	1,73	—	—	—	22,93	—	3,67	N. Laskowsky[2]
18	Aus Novousensk, hart . .	"	9,97	20,59	1,74	—	—	—	22,87	—	3,66	N. Laskowsky[2]
19	Aus Swenigorod, mehlig . .	"	13,47	19,68	1,06	—	—	—	22,75	—	3,64	N. Laskowsky[2]
20	Aus Kotjelniki, mehlig . .	"	12,77	19,79	—	—	—	—	22,69	—	3,63	N. Laskowsky[2]
21	Aus Kamyschin, halbhart .	"	10,74	19,86	2,29	—	—	—	22,25	—	3,56	N. Laskowsky[2]
22	Aus Nowoioskol, hart . .	"	11,00	19,70	—	—	—	—	22,25	—	3,56	N. Laskowsky[2]
23	Aus Nowosilek, halbhart .	"	11,78	19,57	1,39	—	—	—	22,19	—	3,55	N. Laskowsky[2]
24	Aus Michailowsk, halbhart .	"	11,73	19,58	1,17	—	—	—	21,94	—	3,51	N. Laskowsky[2]
25	Aus Kotjelniki, halbhart . .	"	12,56	18,31	—	—	—	—	20,94	—	3,35	N. Laskowsky[2]
26	Aus Theodosia, hart . . .	"	10,72	17,41	1,79	—	—	—	19,50	—	3,12	N. Laskowsky[2]
27	desgl.	"	10,97	15,58	—	—	—	—	17,50	—	2,80	N. Laskowsky[2]
28	Aus Troksk, mehlig . . .	"	12,36	10,68	1,95	—	—	—	12,19	—	1,95	N. Laskowsky[2]
29	Mittel	"	11,52	19,79	1,55	—	—	—	22,37	—	3,58	N. Laskowsky[2]
	Kaukasus.											
30	Gouv. Eriwan, hart . . .	"	10,10	24,16	—	—	—	—	27,88	—	4,30	N. Laskowsky[2]
31	" Nachitschewan, mehlig	"	12,53	18,64	1,54	—	—	—	21,31	—	3,41	N. Laskowsky[2]
32	" Imiretien, hart . . .	"	10,49	18,74	1,76	—	—	—	20,94	—	3,35	N. Laskowsky[2]
33	" Tiflis, hart	"	11,55	14,99	—	—	—	—	16,37	—	2,62	N. Laskowsky[2]
34	Mittel der kaukasisch. Weizen	"	11,16	15,08	1,75	—	—	—	21,37	—	3,42	N. Laskowsky[2]
	Sibirien.											
35	Tobolsk, halbhart	"	12,27	15,08	1,75	—	—	—	17,19	—	2,75	N. Laskowsky[2]
36	Tobolsk, dem vorigen ähnlich	"	12,20	14,98	—	—	—	—	17,06	—	2,73	N. Laskowsky[2]
37	Mittel der sibirischen Weizen	"	12,30	15,03	1,75	—	—	—	17,12	—	2,74	N. Laskowsky[2]
38	Mittel der russischen Weizen No. 10—36	"	11,52	17,92	1,57	—	—	—	20,25	—	3,24	N. Laskowsky[2]
39	Sommerw. aus Cherson, glasig	1872	13,11	16,67	—	—	—	—	19,19	—	6,07	H. Ritthausen[3]

[1]) Vergl. Anmerkung [5]) Seite 440.

[2]) Liebig's Annal. d. Chem. u. Pharm. 1865. Bd. 135. S. 346.

[3]) H. Ritthausen: Die Eiweisskörper der Getreidearten etc. Bonn 1872. S. 10 u. 76. Die Weizen No. 39—41 waren direct aus Russland bezogen.

No.	Bemerkungen	Jahr der Untersuchung	In der ursprünglichen Substanz: Wasser %	Nh-Substanz %	Rohfett %	Nfr. Extractstoffe %	Rohfaser %	Asche %	In der Trocken-Substanz: Nh-Substanz %	Nfr. Extractstoffe %	Stickstoff in der Trocken-Substanz %	Analytiker
40	Winterw., ebendaher, mehlig	1872	12,90	13,66	—	—	—	—	15,69	—	2,51	*H. Ritthausen*[1])
41	Sommerw. aus Jekaterinoslaw, glasig	„	11,81	18,79	—	—	—	—	21,31	—	3,41	
	Russischer Weizen, Mittel	.	**13,37** *)	**17,65**	**1,58**	**65,74**		**1,66**	**19,33**	—	**3,09**	

Weizen aus England.

No.	Bemerkungen	Jahr der Untersuchung	Wasser %	Nh-Substanz %	Rohfett %	Nfr. Extractstoffe %	Rohfaser %	Asche %	Tr. Nh-Substanz %	Tr. Nfr. Extractstoffe %	Stickstoff %	Analytiker
1	Old red Lammes, 1845-1848, Mittel, 4jähr. Anbau, 3 Anal.	—	15,20	12,03	—	—	—	1,66	14,19	—	2,27	*J. B. Lawes u. J. H. Gilbert*[2])
2	Red Clustor, 1849—1852, Mittel, 4jähr. Anbau, 4 Anal.	—	16,30	11,04	—	—	—	1,62	13,19	—	2,11	
3	Rostock, 1853 u. 1854, Mittel, 2jähr. Anbau, 2 Analysen	—	12,10	12,36	—	—	—	1,83	14,06	—	2,25	
4	Ungedüngt, 1845—1854 . .	—	17,10	11,03	—	—	—	1,72	13,31	—	2,13°	
5	Ammoniaksalz-Düngung, 1845 bis 1854	—	17,00	11,72	—	—	—	1,54	14,12	—	2,26°	
6	Ammoniaksalz- u. Mineralsalz-Düngung, 1845—1854 .	—	17,10	11,50	—	—	—	1,62	13,87	—	2,22°	
7	Spalding, 1856er Ernte . .	1858	—	—	—	—	—	—	11,25	—	1,80°	*v. Bibra*[3])
8	Hunter's, 1856er „ . .	„	—	—	—	—	—	—	14,06	—	2,25°	
9	Stammbaum-W., 1870er Ernte	1871	12,75	9,63	1,61	71,28	2,71	1,71	11,12	81,84	1,78	*W. Pillitz*[4])
10	Prinz Albert-W., 1870er „	„	12,44	9,55	1,75	71,79	2,65	1,51	10,94	81,89	1,75	
11	Broviks red-W., 1870er „	„	12,57	11,75	1,56	67,93	4,16	1,95	13,44	77,77	2,15	

[1]) Vergl. Anmerkung [3]) Seite 441.

*) Nach dem Mittel von 428 Analysen von Weizen aus verschiedenen Ländern angenommen; der wirkliche mittlere Wassergehalt nach obigen Analysen beträgt 12,65 %.

Weizen aus England:

[2]) On some points in the composition of wheat-grain, its products etc. London, 1857. 6. Der untersuchte Weizen war in den Jahren 1845—1854 aufeinanderfolgend in verschiedener Düngung auf demselben Felde gewachsen. Der Ertrag an Weizen, pro engl. Acker, war folgender:

Im Jahre	1845	1846	1847	1848	1849	1850	1851	1852	1853	1854	Im Mittel
Gesammtertrag an Korn und Stroh . . .	5545	4114	5221	4517	5321	5496	5279	4299	3932	6803	5053 engl. Pfd.
Körner in % des Gesammtertrags . . .	38,1	43,1	36,4	36,7	40,9	33,6	38,2	31,6	25,1	38,8	35,4 „ „
Gereinigte Körner in % des Körnerertrags	90,1	93,2	93,6	89,0	95,5	94,3	92,1	92,1	85,9	95,6	92,1 „ „
1 Bushel gereinigtes Korn wiegt	56,7	63,1	62,0	58,5	63,5	60,9	62,6	56,7	50,2	61,4	59,6 „ „

Die Zahlen für No. 4—6 sind das aus je 10 Analysen berechnete Mittel von Weizen, der alljährlich gleiche Düngung erhalten hatte.

[3]) v. Bibra: Die Getreidearten etc. Nürnberg 1860.

[4]) Fresenius, Ztschr. f. analytische Chemie. 11. 1872. 46. Die untersuchten Weizen waren englisches Product vom Jahre 1870. Die Nh-Substanz ist vom Verf. zu 15,5 % N-Gehalt angenommen; die Zahlen für Nh-Substanz sind von uns auf solche von 16 % N-Gehalt umgerechnet worden und darnach die Menge der Nfr-Extractstoffe abgeändert. Die ausführlichere Untersuchung ergab für den Weizen in Wasser lösliche Stoffe:

		Albumin	Zucker	Nfr-Extractstoffe	Salze	Dextrin	Stärkemehl
Im lufttrocknen Weizen	No. 9 . .	0,29	1,39	3,59	0,71	1,53	64,58
	No. 10 . .	0,33	1,36	3,94	0,91	1,99	64,36
	No. 11 . .	0,84	0,93	0,71	1,42	4,60	61.27
	No. 12 . .	1,66	0,53	1,64	1,38	4,02	62,22
	No. 13 . .	1,38	0,51	3,27	1,44	1,62	63,10
In der Trockensubstanz	No. 9 . .	0,35	1,60	4,12	0,82	1,76	74,02
	No. 10 . .	0,38	1,56	4,54	1,05	2,28	73,51
	No. 11 . .	0,96	1,07	0,81	1,63	5,27	70,17
	No. 12 . .	1,79	0,58	1.87	1,57	4,58	70,99
	No. 13 . .	1,59	0,59	3,78	1,66	1,82	72,79

Wasser, N, Fett und Asche wurden in üblicher Weise bestimmt; zur Stärkebestimmung wurde der gemahlene Weizen zunächst nach dem Prinzip der Real'schen Presse (durch den Druck einer Wassersäule) seiner in Wasser löslichen Stoffe

No.	Bemerkungen	Jahr der Untersuchung	In der ursprünglichen Substanz: Wasser %	Nh-Substanz %	Rohfett %	Nfr. Extractstoffe %	Rohfaser %	Asche %	In der Trocken-Substanz: Nh-Substanz %	Nfr. Extractstoffe %	Stickstoff in der Trocken-Substanz %	Analytiker
12	Weisser flandrischer Sammtweizen	1871	12,28	10,79	2,28	68,52	4,30	1,48	12,56	78,46	2,01	W. Pillitz[1])
13	Rheinischer Weizen . . .	„	12,35	10,60	1,78	79,49	3,86	1,64	12,25	79,36	1,96	
14	Mold's White Winterweizen .	1878	8,64	9,63	2,32	76,14	1,63	1,64	10,54	83,35	1,69	P. Collier[2])
15	Mold's Red Winterweizen .	„	8,75	10,50	2,05	75,71	1,27	1,72	11,50	82,95	1,84	
	Mittel	.	**13,37** *)	**10,99**	**1,86**	**69,21**	**2,90**	**1,67**	**12,69**	**79,88**	**2,03**	

Weizen aus Schottland.

(1849 in der Nähe von Edinburg gebaut)

No.	Bemerkungen	Jahr der Untersuchung	Wasser %	Nh-Substanz %	Rohfett %	Nfr. Extractstoffe %	Rohfaser %	Asche %	Nh-Substanz % (Trocken)	Nfr. Extractstoffe % (Trocken)	Stickstoff %	Analytiker
1	1 Hektoliter 79,9 kg schwer	1852	16,88	8,88	1,99	—	—	1,57	10,68	—	1,71	Th. Anderson[3])
2	Neuer schottischer, ½ Jahr alt . .	1854	14,80	7,07	1,19	63,05	12,44	1,45	8,30	73,10	1,33	Arch. Polson[4])
3	Chevalier white . .	1858	8,03	13,05	1,56	—	—	1,46	14,19	—	2,27°	v. Bibra[5])
4	Chevalier brown . .	„	10,73	12,05	1,72	—	—	1,63	13,50	—	2,16°	
5	Fenton-Weizen . .	„	12,00	11,61	—	—	—	—	13,19	—	2,11°	
6	Hunter's-Weizen . .	„	9,09	11,54	1,88	—	—	—	12,69	—	2,03°	
7	Early champion white	„	10,10	10,39	—	—	—	—	11,56	—	1,85°	
8	Fullard red-Weizen .	„	9,09	10,51	2,05	—	—	1,56	11,56	—	1,85°	
9	Yellow Danzig . .	„	11,00	9,96	1,87	—	—	—	11,19	—	1,79°	
10	Golden drop . . .	„	12,00	9,73	1,96	—	—	—	11,06	—	1,77°	

beraubt, dann zunächst über Schwefelsäure unter der Luftpumpe, dann bei 100° getrocknet; davon 1—1,2 g mit 40 ccm gesäuertem Wasser (3—3,5 ccm Schwefelsäure von 1,16 spec. Gew. auf 1000 ccm Wasser) im zugeschmolzenen Rohre bei 140—145° C. 8 Stunden lang erhitzt. In erhaltener Lösung wurde der Zucker resp. die Stärke mit Fehling'scher Lösung titrirt. In gleicher Weise wurden direct im gemahlenen Weizen die in Zucker überführbaren Kohlehydrate bestimmt (Stärke, Dextrin u. Zucker), ferner der Zucker in der wässrigen Lösung. Die bestimmten Zuckermengen der Stärke und des Zuckers von denen der Gesammtkohlehydrate abgezogen ergab die Dextrinmenge.

Als „Zellstoffe" wurden die bei der Stärkemehl- resp. Dextrinsubstanz verbleibenden ungelösten Zellstoffe und Hülsen, nachdem dieselben nacheinander mit Wasser, Alhohol und Aether gewaschen worden, getrocknet und gewogen.

[1]) Vergl. Anmerkung [4]) Seite 442.

[2]) Ann. Rep. of the Commissioner of Agriculture for 1878. Washington. 146. Die beiden Weizen waren in England gewachsen. (Analysen amerikanischer Weizen desselben Autors siehe bei „Weizen aus Nordamerika".) An näheren Bestandtheilen wurden noch ermittelt:

	In der ursprünglichen Substanz: Zucker	Gummi	Stärke	In Alkohol lösl. Eiweissstoffe	In der Trockensubstanz: Zucker	Gummi	Stärke	In Alkohol lösl. Eiweissstoffe
No. 14 . .	3,12	3,38	69,64	1,07	3,41	3,70	76,24	1,17
No. 15 . .	2,74	2,58	70,39	1,51	3,00	2,83	77,15	1,65

*) Nach dem Mittel von 428 Analysen von Weizen verschiedener Länder angenommen; der wirkliche mittlere Wassergehalt nach vorstehenden Zahlen beträgt 13,41%.

Weizen aus Schottland:

[3]) Trans. Highl. Soc. Juli 1851 bis März 1853. (Weende'r Jahresber. 1853. II. 8. Chem. Pharm. Centralbl. 1853. 331.) Nh-Substanz von uns berechnet. Der Gehalt an Wasser (durch Austrocknen), an Oel (durch Ausziehen der getrockneten Substanz mit Aether) und Asche wurde direct bestimmt. In 100 frischer Substanz 1,42% N, 0,53% Phosphate und 0,28 Phosphorsäure.

[4]) Journ. f. pract. Chem. Bd. 66. S. 320. In No. 2 ist ferner 6,2% Gummi + Zucker u. 66,9% Stärke angegeben.

[5]) v. Bibra: Die Getreidearten und das Brod. Nürnberg 1860. In dem schottischen Weizen wurde ausserdem das spec. Gewicht und das Gewicht von je 20 Körnern bestimmt:

No.	3	4	5	6	7	8	9	10	11	12	13	14	15	16
Spec. Gew.	1,43	1,38	1,48	1,34	1,40	1,38	1,39	1,43	1,39	1,40	1,46	1,52	1,39	1,40
Gew. von je 20 Körnern	0,91	0,89	0,77	0,87	0,99	0,99	0,87	1,00	1,04	0,85	1,00	0,92	0,95	1,03

No.	Bemerkungen	Jahr der Untersuchung	In der ursprünglichen Substanz: Wasser %	Nh-Substanz %	Rohfett %	Nfr. Extractstoffe %	Rohfaser %	Asche %	In der Trocken-Substanz: Nh-Substanz %	Nfr. Extractstoffe %	Stickstoff in der Trocken-Substanz %	Analytiker
11	Vipount-Weizen . . (1852 in Haddingtonshire auf gutem Weizenboden gebaut)	1858	—	—	—	—	—	—	12,50	—	2,00°	v. Bibra[1]
12	Moos-Weizen . . .	"	—	—	—	—	—	—	14,62	—	2,34°	
13	Blutstropfen-Weizen .	"	—	—	—	—	—	—	12,94	—	2,07°	
14	Preisweizen a. Oxford	"	—	—	—	—	—	—	12,69	—	2,03°	
15	Gemeiner Perlweizen	"	—	—	—	—	—	—	12,31	—	1,97°	
16	RotherWunderweizen	"	—	—	—	—	—	—	12,31	—	1,97°	
	Mittel	.	**13,37** *)	**10,58**	**1,73**	**72,77**		**1,55**	**12,21**	**84,00**	**1,95**	

Weizen aus Frankreich.

No.	Bemerkungen	Jahr	Wasser	Nh-Substanz	Rohfett	Nfr. Extractstoffe	Rohfaser	Asche	Nh-Substanz	Nfr. Extractstoffe	Stickstoff	Analytiker
1	Spalding-W., dünne Körner .	1852	19,90	12,42	—	—	—	1,80	15,50	—	2,48°	Jul. Reiset[2]
2	desgl., dicke Körner . . .	"	19,10	11,78	—	—	—	1,79	14,56	—	2,33°	
3	Victoria-W., dünne Körner .	"	16,80	12,69	—	—	—	1,81	15,25	—	2,44°	
4	desgl., dicke Körner . . .	"	17,58	10,71	—	—	—	1,62	13,00	—	2,08°	
5	Albert-Weizen, dünne Körner	"	18,34	13,22	—	—	—	1,72	16,19	—	2,59°	
6	desgl., dicke Körner . . .	"	18,70	11,94	—	—	—	1,69	14,69	—	2,35°	
7	I. geerntet 6. August . . .	"	16,20	11,68	—	—	—	—	13,94	—	2,23°	
8	II. geerntet 22. August . .	"	16,54	12,10	—	—	—	—	14,50	—	2,32	
	Hectoliter-Gew. kg											
9	Petagnelle noir (Ponlard) halbweich . 73,96	1851/52	14,10	9,17	—	—	—	1,83	10,68	—	1,71°	
10	Weisser, weicher, engl. Weizen 76,74	"	14,47	10,05	—	—	—	1,61	11,75	—	1,88°	
11	Weizen, geerntet zu Ecorche-boeuf 1850 74,88	"	15,90	14,67	—	—	—	1,65	12,68	—	2,03°	
12	Weizen von Charmoise 77,42	"	14,97	9,93	—	—	—	1,78	11,68	—	1,87°	
13	Engl. Weizen (3. Jahr nach d. Einführung) 79,16	"	15,64	10,38	—	—	—	1,62	12,31	—	1,97°	
14	Barker's Weizen, 1851 eingeführt . . . 79,30	"	16,51	9,55	—	—	—	1,57	11,44	—	1,83°	

[1]) Vergl. Anmerkung [5]) Seite 443.

*) Nach dem Mittel von 428 Analysen von Weizen verschiedener Länder angenommen; der wirkliche mittlere Wassergehalt nach vorstehenden Zahlen beträgt 11,37 %.

Weizen aus Frankreich:

[2]) Dingler's Polytechn. Journ 129. (1883.) 298. (Aus Compt. rend. Mai 1853. No. 20.) Von den Weizenproben No. 9—28 wurde auch mittelst des Regnault'schen Volumenometers die Dichte der Körner bestimmt; wir haben das specifische Gewicht nicht beigefügt, bemerken aber, dass die untersuchten Weizen nach ihrer verschiedenen Dichte, mit dem der niedrigsten (1,290) beginnend und mit dem der höchsten Dichte (1,407) schliessend, geordnet sind. Ueber die Weizen ist noch Folgendes bemerkt:

No. 9. Geerntet zu Varrières (Vilmorin).
No. 10. Geerntet zu Crespel (Strasse von Calais).
No. 11. Schlechte Ernte.
No. 12. Eingesandt von Herrn Malingié.
No. 13. Geerntet zu Avrigny (Picardie).
No. 14. Gesäet zu Ecorche-boeuf 1851.
No. 15. Eingesandt von Herrn Mabioe.
No. 16. Geerntet zu Bruyères bei Arpajon.
No. 17. Geerntet zu Vollerand (Seine und Oise).
No. 18. Aus der Umgegend von Pontoise.
No. 19. Untere Seine.
No. 20. Untere Seine.
No. 21. Geerntet zu Bruyères bei Arpajon.
No. 22. Geerntet zu Neufchâtel (untere Seine).
No. 23. Eingesandt von Herrn Malingié.
No. 24. Geerntet zu Varrières (Vilmorin).
No. 25. Geerntet zu Bruyères.
No. 27. Gesäet zu Ecorche-boeuf 1851.
No. 28. Geerntet zu Varrières (Seine und Oise).

Die Zahlen sind von uns aus den Angaben über Wassergehalt und über N- und Aschegehalt der Trockensubstanz berechnet.

No.	Bemerkungen	Hectoliter-Gew. kg	Jahr der Untersuchung	In der ursprünglichen Substanz: Wasser %	Nh-Substanz %	Rohfett %	Nfr. Extractstoffe %	Rohfaser %	Asche %	In der Trocken-Substanz: Nh-Substanz %	Nfr. Extractstoffe %	Stickstoff in der Trocken-Substanz %	Analytiker
15	Weisser, russ. W. (in Neufchatel geerntet)	81,60	18$\frac{51}{52}$	15,00	10,78	—	—	—	1,67	12,68	—	2,03°	
16	Hérrison-(Somm.-)W., halbweich, 1851 .	79,56	„	13,48	15,43	—	—	—	1,88	17,93	—	2,87°	
17	Richelle von Neapel, weisser Sommerw., 1851	80,11	„	14,13	11,97	—	—	—	1,81	13,94	—	2,23°	
18	Victoria-Weizen (Sommerfrucht) . . .	74,54	„	15,49	12,94	—	—	—	1,70	15,31	—	2,45°	
19	Spalding-W.,i.Ecorcheboeuf gebaut, 1851	78,23	„	14,69	10,55	—	—	—	1,73	12,37	—	1,98°	
20	Victoria-W.,i.Ecorcheboeuf gebaut, 1851	78,45	„	13,27	10,24	—	—	—	1,66	11,81	—	1,89°	
21	Xeres-W., sehr hart	80,36	„	13,60	10,47	—	—	—	1,65	12,12	—	1,94°	*Jul. Reiset*[1]
22	Rother, russischer W. (7 Jahr nach der Einfuhr)	79,50	„	13,65	10,41	—	—	—	1,52	12,06	—	1,93°	
23	Weizen aus Pont-Levoy	77,50	„	12,81	10,90	—	—	—	1,30	12,50	—	2,00°	
24	Weizen v.Sicilien, harte Sommerfrucht, 1851	80,30	„	14,25	11,79	—	—	—	1,81	13,75	—	2,20°	
25	Nouette- oder Riesenweizen v. St. Helena	79,98	„	13,11	11,44	—	—	—	1,72	13,05	—	2,09°	
26	Richellew. v. Grignon, weich	80,58	„	14,11	10,68	—	—	—	1,61	12,44	—	1,99°	
27	Albertw. (aus England 1851 eingeführt) .	81,53	„	16,11	11,27	—	—	—	1,79	13,43	—	2,15°	
28	Poln. W. (sehr hart)	74,62	„	12,20	14,32	—	—	—	1,91	16,31	—	2,61°	
29	Geerntet 22. August . . .		1851	—	—	—	—	—	—	14,94	—	2,39°	*Stöckhardt*[2]
30	Poulard bleu conique . . .		—	14,40	15,60	1,40	67,10	1,50	1,90	18,22	76,18	2,92	
31	Midatin du Midi		—	13,60	16,00	1,10	66,20	1,40	1,70	18,51	76,63	2,96	
32	Weisser niederländ. W., 1841		—	14,60	10,7	1,0	71,9	1,8	—	12,53	84,19	2,00	
33	Hunter-Weizen, 1843 . . .		—	13,60	12,5	1,1	71,3	1,5	—	14,46	82,53	2,31	
34	Weisser Toucelle aus der Provence, 1842		—	14,60	9,9	1,3	—	—	—	11,59	—	1,85	*Peligot*[3]
35	Odessa-Weizen aus Polen .		—	15,2	14,3	1,5	67,6	—	1,4	16,86	79,72	2,70	
36	Blé Hérisson, 1842 . . .		—	13,2	11,7	1,2	73,9	—	—	13,48	85,14	2,16	
37	Poulard roux, 1840 . . .		—	13,9	10,6	1,0	74,5	—	—	12,31	84,53	1,97	

[1]) Vergl. Anmerkung [2]) Seite 444.

[2]) Aus E. Wolff's Grundlagen d. Ackerbaues. Leipzig 1856. 811.

[3]) Aus Bibra's d. Getreidearten etc. 1860. 138 u. 226. An näheren Bestandtheilen wurden unterschieden und bestimmt:

No.	47	48	49	50	51	52	53	54	55	56	57	58	59	60	Mittel 61
Nh in Wasser unlösliche Stoffe (Kleber)	13,8	14,4	8,3	10,5	8,1	12,7	10,0	8,7	16,7	19,8	11,8	19,1	8,9	12,2	12,8
Nh in Wasser lösliche Stoffe (Albumin)	1,8	1,6	2,4	2,0	1,8	1,6	1,7	1,9	1,4	1,7	1,6	1,5	1,8	1,4	1,8
Lösliche Nfr-Stoffe (Gummi, Zucker) .	7,2	6,4	9,2	10,5	8,1	6,3	6,8	7,8	5,9	6,8	5,4	6,0	7,3	7,9	7,2
Stärkemehl	59,9	59,8	62,7	60,8	66,1	61,3	67,1	66,7	59,7	55,4	65,6	58,8	63,6	57,9	59,7

No.	Bemerkungen	Jahr der Untersuchung	In der ursprünglichen Substanz: Wasser %	Nh-Substanz %	Rohfett %	Nfr. Extractstoffe %	Rohfaser %	Asche %	In der Trocken-Substanz: Nh-Substanz %	Nfr. Extractstoffe %	Stickstoff in der Trocken-Substanz %	Analytiker
38	Poulard bleu conique, sehr trocknes Jahr, 1846 . .	—	13,2	18,1	1,2	65,6	—	1,9	20,85	75,58	3,34	*Peligot*[1])
39	Polnischer Weizen, 1844 .	—	13,2	21,5	1,5	61,9	—	1,9	24,77	71,71	3,96	
40	Ungarischer W., 1845 (Lemat)	—	14,5	13,4	1,1	71,0	—	—	15,67	83,04	2,51	
41	Aegyptischer Weizen . . .	—	13,5	20,6	1,1	64,8	—	—	23,81	74,92	3,81	
42	Spanischer Weizen	—	15,2	10,7	1,8	70,9	—	1,4	12,62	83,61	2,02	
43	Tangarog-Weizen	—	14,8	13,6	1,9	65,8	2,3	1,6	15,97	77,02	2,56	
	I. Im Jahre 1848 in der Umgegend von Lille (Norden) geerntet.											
44	Spanischer Weizen, weich, weiss, gross	1848	16,5	12,06	1,56	66,57	1,80	1,51	14,45	79,71	2,31	*Millon*[2])
45	Engl. rother Weizen, weich, sehr in's Rothe gefärbt .	„	17,1	10,35	1,59	67,78	1,74	1,44	12,48	81,76	2,00	
46	Andererengl. rotherW., ebenso	„	—	12,05	—	—	—	—	—	—	—	
47	Bartw. (blé barbu), weich, weiss	„	17,1	11,08	1,41	66,95	1,93	1,53	13,26	80,86	2,12	
48	Blé blauzé, weich, weiss . .	„	17,1	11,78	1,70	65,84	1,88	1,70	14,21	79,42	2,27	
49	desgl.	„	17,0	10,80	1,63	67,13	1,80	1,64	13,01	80,88	2,08	
50	Blé duvet, weich	„	17,1	10,23	1,80	67,69	1,71	1,47	12,34	81,66	1,97	
51	Blé de miracle (Wunderw.), etwas hornartig	„	17,7	13,02	1,47	64,44	2,00	1,37	15,82	78,30	2,53	
52	Weicher, weisser Weizen, feste Körner, etwas hornig . .	„	—	12,34	—	—	1,78	—	—	—	—	
53	Rother schottischer Weizen .	1855	—	8,44	—	—	—	—	—	—	—	*Is. Pierre*[3])
54	Weizen vom schwarzen Meer	„	—	12,06	—	—	—	—	—	—	—	
55	Chevalier-Weizen	„	—	10,75	—	—	—	—	—	—	—	
56	Harter russischer Weizen .	„	—	13,94	—	—	—	—	—	—	—	

[1]) Vergl. Anmerkung [3]) Seite 445.

[2]) Weende'r Jahresber. 1854. II. 9 und v. Bibra, Die Getreidearten. Nürnberg 1860. 231. (Journ. f. prakt. Chem. 61. 340. Chem. pharm. Centralbl. 1854. 110. Liebig u. Kopp, Jahresber. 1854. 789.) Zu den untersuchten Weizen wird noch Folgendes bemerkt: Zu No. 62: Der Same war aus Spanien gekommen und seit 8 Jahren ohne Erneuerung gebaut; zu No. 63: der aus England bezogene Samen wurde seit 3 Jahren zu Fives gebaut; zu No. 66: die Samen waren von Castres Baillaud genommen; zu No. 67: ein Jahr vorher ebendaher bezogen; zu No. 68: Varietät des Weizens unter No. 63; zu No. 69: der Weizen reift nicht immer im Departement Lille; er wurde nur versuchsweise gebaut, hatte runzlige Hülsen und hornartigen Bruch; zu No. 70: dem blé blauzé ähnlich, aber von etwas hornartigem Bruche zu No. 72: die Körner waren sehr in die Breite entwickelt, von mehligem Bruch, wenige Korn von halbhornartigem Bruch. An „trocknem Kleber" enthielten diese Weizen (in lufttrocknem Zustande):

No.	44	45	46	47	48	49	50	51	52
	9,9	6,0	10,2	9,0	9,1	8,7	8,2	12,3	11,72

[3]) Weende'r Jahresber. 1855/56. II. 17. (Annal. d'agric. franc. 6. 87. Comp. rend. 41. 47. Wilda's landw. Centralbl. 55. II. 198.) Der procentische Gehalt an Nh-Substanz von uns aus angegebenem Gewicht der Ernte von Körnern und Stickstoff berechnet. Der Ertrag der verschiedenen Weizensorten, die unter gleichen klimatischen und Bodenverhältnissen in der Normandie in demselben Jahre gebaut wurden, war folgender pro ha:

	No. 53	54	55	56	57	58	59	60	61	62
Körner { Hectoliter . . .	27,0	25,5	29,0	22,0	28,0	20,0	27,5	25,0	30,0	29,0
Körner { Kilogramm . . .	2187	2053	2320	1826	1837	2250	2214	2050	2430	2378
Stickstoff, kg	29,6	39,6	39,9	40,7	41,3	41,8	42,9	44,3	45,2	45,7
Berechneter % N-Gehalt . .	1,35	1,93	1.72	2,23	2,25	1,86	1,94	2,16	1,86	1,92

	No. 63	64	65	66	67	68	69	70	71	72
Körner { Hectoliter . . .	30,0	30,0	25,5	24,0	28,0	29,0	29,0	30,0	27,0	31,0
Körner { Kilogramm . . .	2400	2445	2129	2028	2324	2334	2334	2490	2268	2480
Stickstoff, kg	46,0	46,7	47,3	49,1	49,5	51,1	51,4	51,8	51,9	89,0
Berechneter % N-Gehalt . .	1,87	1,91	2,22	2,42	2,13	2,19	2,20	2,08	2,29	3,59

No.	Bemerkungen	Jahr der Untersuchung	In der ursprünglichen Substanz: Wasser %	Nh-Substanz %	Rohfett %	Nfr. Extractstoffe %	Rohfaser %	Asche %	In der Trocken-Substanz: Nh-Substanz %	Nfr. Extractstoffe %	Stickstoff in der Trocken-Substanz %	Analytiker
57	Franc-blé	1855	—	14,06	—	—	—	—	—	—	—	Is. Pierre [1]
58	Goutte d'or-Weizen . . .	„	—	11,62	—	—	—	—	—	—	—	
59	Poperingue-Weizen	„	—	12,12	—	—	—	—	—	—	—	
60	Franc-blé, ohne Grannen .	„	—	13,50	—	—	—	—	—	—	—	
61	Adelaide-Weizen	„	—	11,62	—	—	—	—	—	—	—	
62	Burrel-Weizen	„	—	12,00	—	—	—	—	—	—	—	
63	Bastard v. Danziger u. rothem schottischen Weizen . .	„	—	11,69	—	—	—	—	—	—	—	
64	Marthampton-Weizen . . .	„	—	11,94	—	—	—	—	—	—	—	
65	Australischer Weizen . . .	„	—	13,87	—	—	—	—	—	—	—	
66	Grober, harter Auvergne-W.	„	—	15,12	—	—	—	—	—	—	—	
67	Rother Lammas-Weizen . .	„	—	13,31	—	—	—	—	—	—	—	
68	Chaplain-Weizen	„	—	13,69	—	—	—	—	—	—	—	
69	Blé chicot blanc	„	—	13,75	—	—	—	—	—	—	—	
70	Bastard von weissem flandrischem und franc-blé .	„	—	13,00	—	—	—	—	—	—	—	
71	Franc-blé ohne Grannen von Brodier-W. abstammend .	„	—	14,31	—	—	—	—	—	—	—	
72	Chiddam-Weizen	„	—	22,44	—	—	—	—	—	—	—	
73	Harter und weicher Weizen .	„	14,50	14,40	1,90	63,30	4,20	1,70	16,38	74,50	2,62	*Poggiale* [2]
	Französ. Weizen, Mittel	.	**13,37** *)	**12,64**	**1,41**	**68,92**	**2,00**	**1,66**	**14,59**	**79,56**	**2,33**	

Weizen aus Dänemark.

No.	Bemerkungen	Jahr	Wasser %	Nh-Substanz %	Rohfett %	Nfr. Extractstoffe %	Rohfaser %	Asche %	Nh-Substanz (Trocken) %	Nfr. Extractstoffe (Trocken) %	Stickstoff %	Analytiker
1	Aus Quaaland	1869	13,22	8,51	3,60	71,59	2,57	0,51	9,81	82,48	1,57	*G. Wolffenstein* [3]
2	Aus Fünen	„	13,93	10,46	1,87	70,33	1,80	1,61	12,12	81,75	1,94	
3	Aus Seeland	„	14,69	8,84	1,78	—	—	1,83	10,38	—	1,66	
4	Aus Jütland	„	14,50	9,35	2,03	—	—	1,38	10,94	—	1,75	
	Mittel	.	**13,37** *)	**9,36**	**2,34**	**71,40**	**2,19**	**1,34**	**10,81**	**82,41**	**1,73**	

[1]) Vergl. Anmerkung [3]) Seite 446.

[2]) Poggiale. Weende'r Jahresber. 1855/56. II. 19. (N. J. Pharm. 30. 180 u. 255. (Die Zahlen repräsentiren die mittlere Zusammensetzung von hartem und weichem Weizen. Der Gehalt an Holzfaser wurde bestimmt, indem zunächst die in Wasser und in Aether löslichen Substanzen des Weizens entfernt und im Rest dann durch Diastase das Stärkemehl in Zucker übergeführt und vom Gewicht des Rückstandes die durch directe Bestimmungen ermittelte Menge der in ihnen enthaltenen Nh-Substanzen abgezogen wurde. Auf diese Weise bestimmte Poggiale noch in einigen Weizensorten die Holzfaser und fand:

Im weissen baltischen Weizen . .	4,301 %	Im Bordeaux-Weizen	4,157 %
Im Blé Poulard	4,525 „	Im rothen amerikanischen Weizen .	4,823 „
Im harten spanischen Weizen . .	3,687 „	Im weichen französischen Weizen .	4,629 „
Im harten afrikanischen Weizen .	3,823 „		

*) Nach dem Mittel von 428 Analysen von Weizen verschiedener Länder angenommen; der wirkliche mittlere Wassergehalt nach vorstehenden Analysen beträgt 15,20 % resp. 14,08 %.

Weizen aus Dänemark:

[3]) Zeitschr. f. d. gesammten Naturw. von Geibel u. Heintz. Bd. 32. S. 151. Die 4 untersuchten dänischen Weizen ergaben ferner:

	No. 1	2	3	4
Stärkemehl	63,65 %	65,76 %	63,54 %	— %
Zucker	— „	2,06 „	2,40 „	— „
Spec. Gewicht	1,4069 „	1,4055 „	1,4019 „	1,3970 „
Gew. von je 100 Körnern .	3,55 g	3,65 g	3,42 g	3,85 g

Weizen aus Spanien.

No.	Bemerkungen	Jahr der Untersuchung	In der ursprünglichen Substanz: Wasser %	Nh-Substanz %	Rohfett %	Nfr. Extractstoffe %	Rohfaser %	Asche %	In der Trocken-Substanz: Nh-Substanz %	fr. Extractstoffe %	Stickstoff in der Trocken-Substanz %	Analytiker
1	Von den Balearen, Mahon Minorca	1858	*) 13,37	20,89	2,30	—	—	—	24,12	—	3,860	v. *Bibra*[1]
2	desgl., Malorca Arta, glasig .	„	13,37	13,26	2,34	—	—	1,84	15,31	—	2,450	
3	desgl., mehlig	„	13,37	12,00	—	—	—	—	13,87	—	2,220	
4	desgl., Malorca Alcuda . .	„	13,37	11,53	1,13	—	—	—	13,31	—	2,130	
5	desgl., Malorca Palma . .	„	13,37	10,01	2,07	—	—	1,73	11,56	—	1,850	
6	Von den Höhen von Barcelona	„	13,37	12,24	1,49	—	—	1,99	14,25	—	2,280	
7	Von der Ebene von Barcelona	„	13,37	10,23	2,19	—	—	—	11,81	—	1,890	
8	Von dem Hochgebirge in Catalonien	„	13,37	12,01	—	—	—	—	13,87	—	2,220	
9	Von Andalusien, Sevilla . .	„	13,37	9,74	1,93	—	—	1,63	11,25	—	1,800	
	Mittel	.	**13,37**	**12,45**	**1,92**	**70,46**		**1,80**	**14,37**	**81,33**	**2,30**	

Weizen aus Afrika.

No.	Bemerkungen	Jahr der Untersuchung	Wasser %	Nh-Substanz %	Rohfett %	Nfr. Extractstoffe %	Rohfaser %	Asche %	Tr.: Nh-Substanz %	fr. Extractstoffe %	Stickstoff %	Analytiker
1	Harter afrikanischer . . .	—	—	—	—	—	—	—	18,75	—	3,000	*Payen*[2]
	Umgegend von Algier und benachbarte Länder.											
2	Aus Cheragas	$18\frac{52}{53}$	13,70	11,15	1,88	69,77	1,70	1,80	12,92	80,84	2,07	*Millon*[3]
3	Aus Guyotville	„	12,23	9,92	2,14	72,87	1,40	1,44	11,30	83,03	1,81	
4	desgl., ausgelesen, halbharte Körner	„	—	11,80	—	—	—	—	—	—	—	
5	desgl., vollkommen entwickelte Körner	„	13,01	11,71	1,98	69,71	1,84	1,75	13,47	80,12	2,16	
6	desgl., unvollkommen entwickelte Körner	„	13,19	11,93	1,88	69,12	2,18	1,70	13,74	79,62	2,20	
7	Aus Mitidja	„	12,60	12,32	2,07	68,57	2,35	2,09	14,09	78,46	2,25	
8	desgl.	„	—	15,21	—	—	—	—	—	—	—	
9	Aus der Provinz Oran . .	„	12,01	13,38	2,03	69,01	1,80	1,77	15,20	78,44	2,43	
10	Aus der Provinz Constantine	„	12,15	13,05	2,10	69,35	1,58	1,77	14,85	78,94	2,38	
11	Aus Mitidja	„	12,67	13,81	2,03	67,29	2,10	2,10	15,81	77,07	2,53	
12	Aus Lagouot	„	—	12,69	—	—	—	—	—	—	—	

[1]) v. Bibra: Die Getreidearten u. das Brod. Nürnberg 1860. Die untersuchten Weizen aus Spanien ergaben ferner:

	No. 1	2	3	4	5	6	7	8	9
Spec. Gewicht	1,44	1,51	1,36	1,47	1,50	1,48	1,54	1,48	1,40
Gewicht von je 20 Körnern .	0,95 g	0,91 g	1,02 g	0,84 g	0,79 g	0,77 g	0,65 g	0,83 g	0,92 g

Ueber die Bodenverhältnisse ist folgendes angegeben: No. 1 fetter Boden, No. 2 u. 3 schwarzer Boden I. Cl., No. 6 steiniger bewässerter Lehmboden, No. 8 kalter Untergrund, No. 4 sandiger Boden II. Cl., No. 7 Lehm, Mergel I. Cl., No. 5 rother Boden I. Cl., No. 9 guter, bewässerter Thonboden.

*) Nach dem allgemeinen Mittel angenommen.

Weizen aus Afrika:

[2]) Boussingault's Landwirthschaft etc. Bd. I. S. 291.

[3]) Weende'r Jahresbericht 1864. Bd. II. S. 9 und v. Bibra: Die Getreidearten etc. Nürnberg 1860.

No.	Bemerkungen	Jahr der Untersuchung	In der ursprünglichen Substanz: Wasser %	Nh-Substanz %	Rohfett %	Nfr. Extractstoffe %	Rohfaser %	Asche %	In der Trocken-Substanz: Nh-Substanz %	Nfr. Extractstoffe %	Stickstoff in der Trocken-Substanz %	Analytiker
13	Blé dur, Prov. Oran, I (Sämmtlich aus der Prov. Oran, waren auf der Paris. Ausstell. ausgestellt u. besond. schön: No. 13–26)	1858	—	—	—	—	—	—	15,50	—	2,48°	v. Bibra[1]) (No. 13–25)
14	desgl., I	„	—	—	—	—	—	—	15,31	—	2,45°	
15	desgl., I	„	—	—	—	—	—	—	15,00	—	2,40°	
16	desgl., II	„	—	—	—	—	—	—	15,37	—	2,46°	
17	desgl., II	„	—	—	—	—	—	—	14,94	—	2,39°	
18	desgl.	„	—	—	—	—	—	—	14,81	—	2,37°	
19	Blé tendre 1854, Oran	„	—	—	—	—	—	—	14,12	—	2,26°	
20	desgl.	„	—	—	—	—	—	—	13,87	—	2,22°	
21	desgl.	„	—	—	—	—	—	—	13,87	—	2,22°	
22	desgl.	„	—	—	—	—	—	—	11,81	—	1,89°	
23	desgl., non plus ultra	„	—	—	—	—	—	—	11,69	—	1,87°	
24	desgl.	„	—	—	—	—	—	—	11,25	—	1,80°	
25	desgl.	„	—	—	—	—	—	—	11,25	—	1,80°	
26	Hartweizen aus Algier	1872	13,00	11,80	—	—	—	—	13,56	—	2,17°	Ritthausen[2])
	Weizen aus Aegypten.											
27	Rother ägyptischer, Béhéri .	1858	12,17	10,34	2,30	65,44	7,86	1,89	11,78	74,51	1,88	Poggiale[3])
28	Von Luxor, bessere Qualität	„	11,80	8,20	1,45	75,28	1,73	1,54	9,30	85,35	1,49	Houzeau[4]) (No. 28–29)
29	desgl., geringere Qualität .	„	11,10	9,59	1,49	75,54	1,67	1,61	10,79	83,84	1,73	
30	Aus Oberägypten . . (Von der Ausstell. in London: No. 30–34)	„	8,90	9,06	1,31	—	—	1,71	9,94	—	1,59°	v. Bibra[1]) (No. 30–34)
31	desgl.	„	—	—	—	—	—	—	8,87	—	1,42°	
32	desgl.	„	—	—	—	—	—	—	8,87	—	1,42°	
33	Aus einem alt. Mumiensarge, echt . . .	„	7,41	8,39	—	—	—	—	9,06	—	1,45°	
34	desgl.	„	—	—	—	—	—	—	8,75	—	1,40°	
	Minimum	.	7,41	7,68	1,12	64,54	1,38	1,34	8,87	74,51	1,42	
	Maximum	.	13,70	16,24	2,27	73,93	(7,75)	2,42	18,75	85,35	3,00	
	Mittel	.	**13,37** *)	**11,18**	**1,83**	**70,04**	**1,82**	**1,76**	**12,90**	**80,86**	**2,06**	

Weizen aus Asien (Indien).

No.	Bemerkungen	Jahr	Wasser	Nh-Substanz	Rohfett	Nfr. Extractstoffe	Rohfaser	Asche	Nh-Substanz (Trocken)	Nfr. Extractstoffe (Trocken)	Stickstoff	Analytiker
1	Trit. vulgare aus Paulasa mudrum, Maissúr, röthlich und glasig	1859	—	—	—	—	—	—	14,62	—	2,34°	v. Bibra[5])

[1]) v. Bibra: Die Getreidearten etc. Nürnberg 1860. Die spanischen resp. ägyptischen Weizen ergaben ferner:

	No. 13	16	18	19	22	23	25	30	32	33
Spec. Gewicht	1,39	1,35	1,39	1,30	1,30	1,36	1,40	1,35	1,37	1,59
Gewicht von je 20 Körnern in g	1,27 g	1,30 g	1,06 g	1,04 g	1,07 g	1,02 g	0,92 g	—	—	—

[2]) H. Ritthausen: Die Eiweisskörper der Getreidearten etc. Bonn. 1872.

[3]) Compt. rendus. T. 49. p. 128.

[4]) Ibidem. T. 68. p. 453. Beide Proben, No. 28 u. 29, waren grösseren Vorräthen entnommen und stammten von ungedüngtem Boden; No. 28 war jedoch in einer grösseren Wirthschaft gebaut und gereinigt; No. 29 dagegen in einer kleinen Wirthschaft gebaut und nicht gereinigt.

*) Nach dem Mittel von 428 Analysen von Weizen verschiedener Länder angenommen; der wirkliche mittlere Wassergehalt beträgt 11,80 %.

Weizen aus Asien (Indien):
[5]) v. Bibra: Die Getreidearten etc. Nürnberg 1860. S. 283; 20 Korn wogen 0,875 g.

No.	Bemerkungen	100 Korn wogen	Jahr der Untersuchung	In der ursprünglichen Substanz: Wasser %	Nh-Substanz %	Rohfett %	Nfr. Extractstoffe %	Rohfaser %	Asche %	In der Trocken-Substanz: Nh-Substanz %	Nfr. Extractstoffe %	Stickstoff in der Trocken-Substanz %	Analytiker
2	Yellow piecy, hart .	4,35 g	1886	13,00	12,99	2,12	68,64	1,80	1,45	14,93	78,90	2,39	*Th. Dietrich u. O. Greitherr*[1]
3	Hard red, hart . .	3,80 „	„	12,37	11,87	2,09	70,23	2,12	1,32	13,54	80,14	2,17	
4	Soft red, weich . .	3,65 „	„	12,62	9,43	2,34	71,84	2,13	1,64	10,79	82,21	1,73	
5	Club I, weiss., weich	4,50 „	„	12,10	9,75	2,06	73,20	1,53	1,36	11,09	83,28	1,77	
6	Laskari, gelb, hart .	4,20 „	„	12,60	11,36	2,06	70,27	2,32	1,39	13,00	80,40	2,08	
7	Soft white Kurrachee	3,30 „	„	12,00	9,61	2,23	72,57	1,94	1,65	10,92	82,47	1,75	
8	Soft red Kurrachee	3,20 „	„	13,27	10,74	1,80	71,01	1,75	1,43	12,38	81,88	1,98	
	Mittel, harte Körner . .		.	**12,66**	**12,07**	**2,09**	**69,71**	**2,08**	**1,39**	**13,82**	**79,82**	**2,21**	
	„ weiche Körner .		.	**12,50**	**9,89**	**2,11**	**72,17**	**1,81**	**1,52**	**11,30**	**82,48**	**1,81**	
	„ der 8 Analysen .		.	**12,57**	**11,09**	**2,10**	**70,84**	**1,94**	**1,46**	**12,66**	**81,05**	**2,03**	

Weizen aus Japan.

No.	Bemerkungen	Jahr	Wasser	Nh-Substanz	Rohfett	Nfr. Extractstoffe	Rohfaser	Asche	Nh-Substanz (Tr.)	Nfr. Extractstoffe (Tr.)	Stickstoff	Analytiker
1	Tr. vulgare, jap. „Ko-mug“ .	1885	12,38	16,44	1,63	65,21	2,90	1,44	18,76	74,43	3,00	*O. Kellner*[2]

Weizen aus Australien.

No.	Bemerkungen	Jahr	Wasser	Nh-Substanz	Rohfett	Nfr. Extractstoffe	Rohfaser	Asche	Nh-Substanz (Tr.)	Nfr. Extractstoffe (Tr.)	Stickstoff	Analytiker
1	No. 2	—	—	—	—	—	—	—	12,12	—	1,94°	*Lawes u. Gilbert*[3]
2	No. 3	—	—	—	—	—	—	—	14,87	—	2,38°	
3	1851er Ernte	1858	12,20	8,78	1,40	—	—	—	10,00	—	1,60°	*v. Bibra*[4]
4		—	—	—	—	—	—	—	9,94	—	1,59°	
	Mittel	.	**13,37** *)	**10,16**	**1,39**	—	—	—	**11,73**	—	**1,88**	

Weizen aus Nordamerika.

a. Winterweizen.

No.	Bemerkungen	Jahr	Wasser	Nh-Substanz	Rohfett	Nfr. Extractstoffe	Rohfaser	Asche	Nh-Substanz (Tr.)	Nfr. Extractstoffe (Tr.)	Stickstoff	Analytiker
1	Michigan White, gereinigt .	1877	12,75	11,64	1,26	70,96	1,83	1,56	13,34	81,33	2,13	*Atwater u. Warnecke*[5]
2	Missouri Red Fall, gereinigt .	„	13,52	11,79	1,47	69,95	1,72	1,55	13,63	80,89	2,18	

[1]) Landw. Versuchs-Stat. 1888. Bd. 35. S. 309. Die untersuchten Weizen sind diejenigen indischen Sorten, welche zur Zeit der Untersuchung hauptsächlich gehandelt wurden. Die Weizen unter No. 7—8 sind nach den Ausfuhrhäfen als Kurachee-, die übrigen als Bombay-Weizen bezeichnet. An näheren Bestandtheilen wurden ferner ermittelt

Lufttrockne Körner:	No. 2	3	4	5	6	7	8
In Wasser lösliche Nh. Substanz . . .	3,18	1,81	2,62	2,00	5,25	4,12	2,81
In Wasser löslich: Zucker	7,63	4,20	4,68	5,98	5,96	4,51	6,18
In Wasser löslich: Dextrin	10,60	6,45	9,54	9,11	9,84	3,44	8,95
Stärkemehl . . .	50,41	61,92	56,05	58,10	56,04	63,06	55,10
Trockensubstanz:							
In Wasser lösliche Nh. Substanz . . .	3,66	2,06	3,00	2,27	6,00	4,75	3,21
In Wasser löslich: Zucker	8,77	4,77	5,35	6,80	6,82	5,20	7,05
In Wasser löslich: Dextrin	12,19	7,33	10,92	10,36	11,26	3,97	10,21
Stärkemehl . . .	57,94	70,37	64,13	66,12	64,13	72,71	62,88
Aus dem selbst hergestellten schalenhaltigen Mehle wurde Kleber hergestellt und gewonnen (in % d. lufttr. Mehles):							
Kleber im frischen Zustande	42,00	24,6	24,5	27,35	—	32,30	39,96
Kleber, getrocknet	17,25	10,19	9,05	10,45	8,34	13,43	16,16
Aus dem bestimmten N-Gehalt berechn.	10,76	6,70	6,78	7,20	6,78	8,83	3,74

Weizen aus Japan:

[2]) Mitth. d. deutschen Gesellsch. für Natur- u. Völkerkunde Ostasiens. Bd. IV. No. 35.

Weizen aus Australien:

[3]) Wolff's Grundlagen des Ackerbaues. S. 771.

[4]) v. Bibra: Die Getreidearten etc. Nürnberg 1860. S. 283; 20 Korn wogen 0,875 g.

*) Nach dem obigen Mittel der Haupttabelle angenommen, um die Zahlen mit den Mittelzahlen dieser und den anderen Tabellen vergleichbar zu machen.

Weizen aus Nordamerika:

[5]) Report of work of the Agricultural Exper. Stat. Middletown, Connect. 1877—78. 25.

No.	Bemerkungen	Jahr der Untersuchung	Wasser %	Nh-Substanz %	Rohfett %	Nfr. Extractstoffe %	Rohfaser %	Asche %	In der Trocken-Substanz: Nh-Substanz %	In der Trocken-Substanz: Nfr. Extractstoffe %	Stickstoff in der Trocken-Substanz %	Analytiker
3	Diehl, Michig	1877	9,64	12,38		76,26		1,72	13,69	—	2,19	
4	desgl.	„	12,18	13,78		72,22		1,82	15,63	—	2,50	
5	desgl.	„	12,68	11,81		73,74		1,77	13,54	—	2,17	
6	desgl.	„	10,25	11,88		76,37		1,50	13,24	—	2,12	
7	Soules	„	11,02	11,81		75,44		1,73	12,81	—	2,05	
8	Soules, British Columbia . .	„	8,51	12,25		77,61		1,63	13,39	—	2,14	
9	desgl.	„	11,22	11,88		74,81		2,09	13,34	—	2,13	
10	desgl.	„	10,07	13,45		74,59		1,89	14,96	—	2,39	
11	Lincoln, Mich.	„	13,38	11,90		73,16		1,56	13,78	—	2,20	
12	desgl.	„	10,78	11,38		76,09		1,75	12,76	—	2,04	
13	Fultz, Mich.	„	11,45	11,59		75,22		1,74	13,09	—	2,09	
14	desgl.	„	12,53	14,47		71,26		1,74	16,54	—	2,65	
15	Treadwell Mich.	„	12,69	12,50		78,10		1,71	14,31	—	2,29	
16	desgl.	„	9,94	11,69		76,57		1,80	12,99	—	2,08	
17	desgl.	„	10,00	11,88		76,36		1,76	13,20	—	2,11	
18	Buckeye or White Wabash .	„	12,73	10,97		74,92		1,38	12,69	—	2,03	
19	Tappahannock, Mich. . . .	„	11,21	13,56		73,46		1,77	15,27	—	2,44	
20	Lancaster	„	11,93	14,00		72,25		1,82	15,88	—	2,54	
21	Asiatic	„	11,11	12,25		74,94		1,70	13,78	—	2,20	
22	Gold Medal	„	10,55	11,15		76,57		1,73	12,47	—	2,00	*R. C. Kedzie*[1]
23	desgl.	„	10,12	13,06		74,82		2,00	14,51	—	2,32	
24	Egyptian red	„	11,48	11,19		75,64		1,69	12,64	—	2,02	
25	Clawson	„	12,29	11,88		74,19		1,64	13,54	—	2,17	
26	desgl.	„	11,30	10,94		76,02		1,74	12,33	—	1,97	
27	desgl.	„	12,29	11,16		74,76		1,79	12,72	—	2,04	
28	Clawson, Mich.	„	10,36	11,81		76,19		1,64	13,21	—	2,11	
29	desgl.	„	11,19	12,06		74,99		1,76	13,59	—	2,17	
30	desgl.	„	11,09	12,38		74,89		1,64	13,93	—	2,23	
31	desgl.	„	11,08	12,25		75,18		1,49	13,78	—	2,20	
32	desgl.	„	10,43	12,69		75,18		1,70	14,17	—	2,27	
33	desgl.	„	10,31	12,25		75,84		1,60	13,66	—	2,19	
34	desgl.	„	13,00	11,37		73,84		1,79	13,07	—	2,09	
35	desgl., Oregon	„	12,99	10,50		74,74		1,77	12,07	—	1,93	
36	Weeks, Mich.	„	10,03	11,00		77,38		1,59	12,22	—	1,96	
37	Powers, Mich.	„	10,85	12,03		75,42		1,70	13,50	—	2,16	
38	Armstrong, Mich.	„	12,21	12,88		72,94		1,97	14,66	—	2,35	
39	Tuscan, Mich.	„	13,77	11,37		73,14		1,72	13,19	—	2,11	
40	Post, Mich.	„	10,27	11,25		76,90		1,58	12,54	—	2,01	
41	Senora Club, Oregon . . .	„	10,91	10,63		77,00		1,46	11,93	—	1,91	
42	Yellow Missouri	1878	7,69	11,59	2,11	75,17	1,53	1,91	12,56	81,42	2,01	*P. Collier*[2]
43	Swamp, gewachsen in Ohio .	„	7,63	11,59	2,41	74,99	1,54	1,84	12,55	81,17	2,01	

[1]) Ann. Report of the Connecticut Agric. Exper. Stat. for 1879. 137. (Rep. Mich. Bd. Ag. 1877. 350.)
[2]) Vergl. Anmerkung [1]) Seite 452.

No.	Bemerkungen	Jahr der Untersuchung	In der ursprünglichen Substanz: Wasser %	Nh-Substanz %	Rohfett %	Nfr. Extractstoffe %	Rohfaser %	Asche %	In der Trocken-Substanz: Nh-Substanz %	Nfr. Extractstoffe %	Stickstoff in der Trocken-Substanz %	Analytiker
44	Victor, gewachsen in Ontario, Canada	1878	7,49	9,45	2,27	77,71	1,69	1,39	10,22	84,01	1,64	P. Collier [1]
45	Silver Chaff, gewachsen in Ontario, Canada	„	8,93	9,89	2,44	75,41	1,75	1,58	10,86	82,81	1,74	
46	Foizy, gewachsen in Oregon	„	8,98	8,40	2,28	77,52	1,25	1,57	9,23	85,16	1,48	
47	Brazilian, gewachsen in Oregon	„	9,29	9,45	1,99	76,33	1,17	1,77	10,42	84,15	1,67	
48	Polish, gewachsen in Maryland	„	10,08	12,43	2,67	71,59	1,56	1,67	13,82	79,62	2,21	
49	White, gewachsen in Oregon	„	9,52	8,58	1,69	77,11	1,53	1,57	9,47	85,24	1,52	
50	Minnesota No. 1	1872	12,34	13,06	—	—	2,03	1,59	14,90	—	2,38	Noyes [2]
51	desgl., No. 2	„	11,31	13,00	—	—	2,37	1,92	14,66	—	2,35	
52	desgl., No. 3	„	11,85	13,56	—	—	2,50	1,97	15,39	—	2,46	
53	Pensylvania, Mittel von 6 verschieden gedüngten Weizen	„	12,93	11,16	1,93	69,24	2,55	2,16	12,82	79,55	2,05	Jordan [3]
	Canada, Ontaria. Gew. von 100 Körn. g											
54	Silver Chaff, gelb . . 3,60	1879	11,05	9,80	2,28	73,27	1,70	1,90	11,02	82,37	1,76	Clifford Richardson [4]
55	Midge Proof, weiss . 2,96	„	11,60	9,80	2,04	73,43	1,68	1,45	11,08	83,07	1,77	
56	Arnold's Victor, gelb . 2,97	„	10,90	11,55	2,14	72,23	1,58	1,60	12,96	81,07	2,07	
57	Vermont, Cross. gelb, glasig 4,07	1881	10,87	10,69	2,04	72,13	2,52	1,75	11,99	80,93	1,92	
58	New-York, Landreth, weich 4,54	1882	11,43	10,85	2,02	71,85	1,75	2,10	12,25	81,12	1,96	

[1]) No. 42—49. P. Collier. Ann. Rep. of the Commissioner of Agriculture Washington f. 1878. 147. An näheren Bestandtheilen wurden ferner unterschieden in Procenten der lufttrocknen Körner:

	No. 42	43	44	45	46	47	48	49
Zucker	2,92	2,92	2,66	3,79	3,78	4,67	3,77	4,21
Gummi	2,02	3,26	1,88	2,54	3,77	2,51	1,93	2,66
Stärke	70,23	68,81	73,17	69,08	69,97	60,15	65,89	70,24 (aus d. Differenz)
Von den Einweissstoffen in Alkohol löslich	2,06	1,08	3,52	2,70	3,38	3,23	3,08	2,34

[2]) No. 50—52. Noyes. An Investigation of the composition of American Wheat and Corn. Clifford Richardson. Departement of Agriculture. Chemical Division Bulletin No. I. 18.

[3]) No. 53. Jordan. Ebendaselbst. Mittel von Analysen 6 verschieden gedüngter Weizen, von uns berechnet.

[4]) No. 54—488. Clifford Richardson. Departement of Agriculture, Chemical Division. 1, 4 u. 9. An Investigation of the compostion of american wheat and corn. 1., 2. u. 3. Bericht. Zu einzelnen der untersuchten Weizenproben ist noch Folgendes erwähnenswerth:

No. 60 ist ein Kreuzungsproduct von Champion Amber und Hughe's Prolific. No. 64—75 wurden auf der Eastern Experiment. Farm, West Grove, Penns. gebaut. No. 82 gilt als der beste Weizen in der Umgegend von Centre County, Penns. No. 91 stammte von No. 87, 1882 er Ernte und war auf Maisboden unter Anwendung von vollständigem Handelsdünger gebaut worden. No. 88 stammte von demselben Weizen und war auf Brachland gebaut worden. No. 93 wuchs auf sandigem Lehm mit rothem Thon im Untergrund, ungedüngt. No. 102 u. 103 waren auf sehr leichtem, ungedüngtem Sandboden gewachsen. No. 105 wuchs auf schwerem, rothem Thonboden. No. 109 wuchs auf Lehm mit Thon im Untergrund, nicht gedüngt. No. 110 wuchs auf schwerem, ungedüngtem Boden, im 2. Jahre seiner Cultur. No. 115 wuchs auf schwerem, rothem, ungedüngtem Lehmboden, der im Jahr vorher Mais getragen hatte. No. 116 wuchs auf Sandboden mit Thon im Untergrund, der mit gut verrottetem Compost aus Baumwollsamen und Kuhdünger gedüngt war. No. 139—155 wuchsen auf armem, ungedüngten Sandboden. No. 156 wuchs auf einem grandigen, kiesigen Höhenboden, der im Vorjahr zu Baumwolle mit einem Compost aus Phosphat, Stalldünger und Baumwollensaat gedüngt worden war. No. 157 war derselbe Weizen, auf lehmigem Tiefland, weniger schwer, gewachsen. No. 160—200 wuchsen auf der Ohio Agric. Experiment Station Farm, Columbus. No. 201 wuchs auf schwerem Thonboden, ungedüngt. No. 202—222 stammen von Michigan Agric. College zu Lausing. Der Boden der Farm ist ein sandiger Lehmboden. No. 224 u. 225 wuchsen auf Kalksteinboden mit etwas Lehm und Sandmergel (? gravel). No. 234 auf schwerem Boden gewachsen. No. 236 wuchs auf dunklem, ungedüngtem Lehmboden von mittlerer Fruchtbarkeit; der Weizen war im 3. Jahre der Cultur. No. 245 wuchs auf flachem Thonboden, der im Vorjahre gedüngt worden. No. 247 wuchs auf ungedüngtem Thonboden. No. 267 u. 268 wuchsen auf humosem, ungedüngtem Thonboden. No. 294 wuchs auf Sand, No. 295 auf grauem Kalkboden, Tiefland, ungedüngt. No. 206 wuchs auf ungedüngtem Lehmboden.

No.	Bemerkungen	Gew. von 100 Körn. g	Jahr der Untersuchung	In der ursprünglichen Substanz: Wasser %	Nh-Substanz %	Rohfett %	Nfr. Extractstoffe %	Rohfaser %	Asche %	In der Trocken-Substanz: Nh-Substanz %	Nfr. Extractstoffe %	Stickstoff in der Trocken-Substanz %	Analytiker
	Pennsylvania.												
59	Champion Amber (Hybrid), hart . . .	3,28	1881	8,95	11,03	2,21	74,56	1,35	1,90	12,13	81,87	1,94	*Clifford Richardson*[1]
60	Lemon (Hybrid von Champion Amber u. Hughes Prolific), gelb, hart	3,42	„	8,35	15,58	2,51	70,13	1,53	1,90	17,00	76,52	2,72	
61	Gold Medal, gelb, hart	3,08	„	8,60	9,80	2,37	76,05	1,38	1,80	10,72	83,21	1,72	
62	German Amber, hart .	2,94	„	7,60	11,03	2,64	75,98	1,05	1,70	11,93	82,23	1,91	
63	Washington Glass, gelb, hart	3,74	„	8,45	12,08	2,23	73,44	1,75	2,05	13,19	80,22	2,09	
64	Swamp, roth, hart .	4,06	1879	9,95	12,78	2,13	71,94	1,55	1,65	14,19	79,90	2,27	
65	Hedge's Prolific, roth, hart	3,10	„	10,00	10,68	1,77	75,07	1,33	1,15	11,87	83,40	1,90	

Von nachstehenden Weizen liegen nähere Analysen vor; diese Weizen waren auf dem reichen Boden von Colorado, auf der Versuchs-Farm des Colorado Agricultur-Collegs zu Fort Collins gewachsen; der Boden ist ein Alluvialboden, welcher von den benachbarten Kreideschiefern sehr reichlich Kalk erhalten hat. Die Weizen wurden unter Leitung von A. E. Blount nach sorgfältiger Auswahl, Hybridation und fortgesetzter Cultur angebaut.

Im wasserhaltigen Weizen:

No.		Frischer Kleber	Trockner Kleber	Zucker etc.	Dextrin etc.	Stärke etc.	Albumin in 80% Alkohol löslich	Albumin in Alkohol unlöslich
23	Sommerweizen, Hedge's Row	30,14	10,69	3,12	2,10	66,66	4,19	8,75
300	Winterw., Blount's Hybr. 18	32,22	10,74	3,32	1,94	67,23	3,57	9,37
301	„ „ „ 19	36,96	12,14	3,44	2,68	64,47	3,28	9,10
302	„ „ „ 20	35,22	11,74	3,64	2,66	63,32	3,71	8,54
303	„ Seed from New South Wales . .	28,31	10,64	4,22	3,03	64,68	5,05	7,57
304	„ El Dorado	25,06	9,49	3,28	1,82	66,83	3,83	7,92
305	„ Russian	32,41	12,13	3,70	2,20	63,96	3,81	10,68
306	„ Imperial Fife	39,47	14,23	4,04	2,06	61,95	5,96	9,98
307	„ Clawson	26,91	9,99	4,10	2,30	65,86	3,44	8,31
308	„ Doty	35,81	12,52	3,68	2,32	63,94	5,69	8,31
342	„ Oregon Club	28,92	10,06	3,10	1,50	67,86	4,34	7,91
345	„ Australian Club	25,23	8,91	3,30	1,92	68,28	3,01	8,18
347	„ Sonora	34,86	11,80	3,18	3,00	63,92	6,51	7,67
350	„ White Mexican	42,21	14,33	3,46	2,20	64,61	4,20	9,61
355	„ Rio Grande	35,01	12,34	2,86	2,58	65,53	3,19	11,50
358	„ Judkin	33,59	12,10	4,96	2,80	63,55	1,97	10,28
361	„ Lost Nation	29,52	11,23	3,52	2,40	64,01	1,64	11,29
364	„ Touzelle	33,25	10,90	3,24	1,88	65,05	4,01	9,49
369	„ Pringle's No. 6	34,78	11,83	3,52	2,20	65,85	5,25	7,88
371	„ „ „ 7	33,69	12,01	2,94	2,06	63,68	3,40	11,85
373	„ Centennial	23,80	9,22	3,06	2,10	67,67	4,26	7,80
375	„ Hedge's Row	34,01	12,11	2,80	2,02	66,68	4,66	8,96
378	„ Blount's Hybrid No. 10	42,22	14,44	4,12	2,22	61,10	4,30	9,60
383	„ „ „ „ 15	32,24	11,38	2,92	2,46	66,12	3,18	9,06
386	„ „ „ „ 16	52,92	11,19	3,38	1,90	67,24	4,26	7,49
389	„ „ „ „ 17	34,16	11,88	4,20	9,00	53,66	0,80	12,82
392	„ Fountain	35,15	11,93	2,86	2,32	64,36	3,53	10,29
400	„ White Chaff	32,44	11,37	4,80	2,00	62,88	4,89	9,11
402	„ Perfection	35,36	12,07	2,84	1,80	65,39	4,34	9,84
404	„ German Fife	38,33	14,45	2,02	1,50	63,42	4,24	10,82
406	„ Triticum	34,32	13,08	4,60	2,84	62,09	5,65	7,97
408	„ Durum Russian	37,54	13,51	4,28	3,00	61,30	6,48	8,77
410	„ Meekins	38,61	13,83	5,12	2,04	61,17	5,36	9,89
	Minimum . . .	52,92	14,45	5,12	9,00	68,28	6,51	12,82
	Maximum . . .	23,80	8,91	2,02	1,50	53,66	0,80	7,49
	Mittel	34,1	11,83	3,56	2,45	64,31	4,12	9,29

[1]) Vergl. Anmerkung [4]) vorige Seite.

No.	Bemerkungen	Gew. von 100 Körn. g	Jahr der Untersuchung	In der ursprünglichen Substanz: Wasser %	Nh-Substanz %	Rohfett %	Nfr. Extractstoffe %	Rohfaser %	Asche %	In der Trocken-Substanz: Nh-Substanz %	Nfr. Extractstoffe %	Stickstoff in der Trocken-Substanz %	Analytiker
66	Glick, roth, hart . .	3,96	1879	11,55	12,25	2,10	70,50	1,80	1,80	13,85	79,69	2,22	Clifford Richardson[1]
67	Champion Amber, roth, hart	3,21	„	9,90	11,20	2,41	72,74	1,90	1,85	12,43	80,73	1,99	
68	Medit. White Chaff, roth, hart	3,85	„	10,05	12,08	2,30	72,04	1,83	1,70	13,43	80,08	2,15	
69	Sandimika, gelb, hart	2,08	„	11,30	12,60	2,15	71,05	1,60	1,30	14,20	80,11	2,27	
70	Fultz, hart	3,27	„	11,40	10,50	1,51	74,79	0,90	0,90	11,85	84,32	1,90	
71	Gold Dust, gelb, hart	2,53	„	11,45	10,50	1,61	74,61	1,03	0,80	11,85	84,27	1,90	
72	Eureka, gelb, hart .	3,24	„	10,50	11,55	2,14	72,86	1,60	1,35	12,90	81,41	2,06	
73	Washington, Glass, gelb, hart . . .	3,60	„	10,40	11,55	1,90	73,87	1,23	1,05	12,89	82,45	2,06	
74	Clawson, gelb, hart .	3,12	„	10,60	11,38	2,09	72,10	2,23	1,60	12,73	80,65	2,04	
75	Gold Medal, gelb, hart	2,58	„	11,45	10,68	1,39	74,60	0,98	0,90	12,06	84,24	1,93	
76	Mountain White, weiss, weich	2,71	1882	9,50	9,98	2,38	75,12	1,32	1,70	11,03	83,00	1,76	
77	Mediterranean, gelb, hart	4,06	„	8,85	11,55	2,25	74,45	1,25	1,65	12,67	81,68	2,03	
78	Fultz, gelb, hart . .	3,02	„	9,55	9,45	2,30	75,20	1,70	1,80	10,45	83,14	1,67	
79	Fultz, roth, übergehend	3,47	1879	11,00	11,38	2,11	72,38	1,73	1,40	12,79	81,33	2,05	
80	Clawson, gelb, hart .	4,29	„	11,35	11,20	1,90	71,90	1,75	1,90	12,62	81,13	2,02	
81	Hybrid, hart . . .	2,99	1881	11,50	11,20	2,22	71,80	1,78	1,50	12,66	81,12	2,03	
82	Bukholder, Kalkboden, weiss, weich . . .	4,66	1883	10,74	10,15	1,93	73,53	1,69	1,93	11,38	82,51	1,82	
83	Pennsylvania Amber, Kalkbod., übergehend	3,64	„	10,72	11,38	1,91	72,06	1,95	1,98	12,62	80,90	2,02	
84	Fultz, Kalkboden, übergehend	3,88	„	11,45	13,65	1,46	69,61	1,86	1,97	15,41	78,62	2,47	
85	Martin's Amber, weiss, hart	—	„	11,30	13,13	—	—	—	2,03	14,80	—	2,37	
	Maryland.												
86	Rice, roth, hart . .	3,59	1881	8,40	12,43	2,67	71,59	1,56	2,15	13,57	79,46	2,17	
87	Fultz, hart	3,20	1882	11,06	14,53	2,32	70,97	1,63	1,85	11,22	82,62	1,79	
88	Rice, roth, hart . .	3,08	„	10,00	9,98	1,98	73,43	1,70	1,80	11,08	82,83	1,77	
89	Centennial Amber, gelb, übergehend . . .	5,08	1879	11,05	12,08	2,11	71,03	1,68	2,05	13,58	79,86	2,17	
90	Midge Proof, gelb, weich	3,08	„	9,45	10,85	1,93	74,79	1,63	1,35	11,98	82,60	1,92	
91	Fultz, nach Mais, gedüngt, amber, hart .	3,69	1883	11,34	9,80	2,27	73,21	1,72	1,66	11,05	82,55	1,77	
92	Fultz, Brachland, amber, gedüngt	3,60	„	11,38	10,85	1,55	72,99	1,59	1,64	12,24	82,37	1,96	
93	White Mediterranean, weich	3,47	„	11,92	12,08	1,77	70,30	2,30	1,63	13,71	80,12	2,19	

[1]) Vergl. Anmerkung [4]) Seite 452 u. 453.

No.	Bemerkungen	Gew. von 100 Körn. g	Jahr der Untersuchung	In der ursprünglichen Substanz: Wasser %	Nh-Substanz %	Rohfett %	Nfr. Extractstoffe %	Rohfaser %	Asche %	In der Trocken-Substanz: Nh-Substanz %	Nfr. Extractstoffe %	Stickstoff in der Trocken-Substanz %	Analytiker
	Virginia.												
94	Mc. Gehee's Red, roth, hart	2,81	1881	8,80	13,65	2,49	72,53	1,48	1,05	14,96	79,54	2,39	*Clifford Richardson*[1]
95	Finlay, roth, hart	3,29	„	9,45	11,72	2,38	73,67	1,18	1,60	12,94	81,36	2,07	
96	Hybrid, roth, hart	3,65	1882	11,54	12,78	2,00	70,30	1,73	1,65	14,44	79,49	2,31	
97	Shenandoah 1, roth, hart	1,83	„	9,45	14,00	2,18	70,02	1,90	2,45	15,46	77,33	2,46	
98	desgl. 2, roth, hart	2,66	„	11,15	10,15	2,56	72,76	1,78	1,60	11,42	81,90	1,83	
99	desgl. 3, roth, hart	3,20	„	9,28	11,55	2,38	73,16	1,63	2,00	12,73	80,65	2,04	
100	Harrison, roth, hart	3,71	1879	11,14	11,73	2,46	71,11	1,70	1,86	13,20	80,03	2,11	
101	Mc. Gehee's White, weiss, weich	3,50	1883	9,35	12,43	1,85	72,81	1,96	1,60	13,71	80,33	2,19	
102	Dallas, roth, übergeh.	4,14	„	12,26	12,78	1,83	69,59	1,96	1,58	14,57	79,31	2,33	
103	Fultz-Clawson, übergehend	4,21	„	12,10	10,50	2,01	71,84	1,75	1,80	11,55	82,12	1,85	
104	Wysor	3,80	1881	9,25	12,60	2,16	72,71	1,73	1,55	13,89	80,11	2,22	
105	White Mediterranean, schwerer, roth. Thonboden	4,26	1883	7,73	11,03	—	—	—	2,32	11,96	—	1,91	
106	Fultz and Longberry	—	„	9,62	12,78	—	—	—	1,93	14,13	—	2,26	
107	Osterey	3,56	„	9,22	12,60	—	—	—	2,50	13,89	—	2,22	
108	Red	3,46	„	9,33	11,20	—	—	—	2,15	12,35	—	1,98	
	West-Virginia.												
109	Early Amber	—	„	9,42	10,85	—	—	—	2,00	11,98	—	1,92	
110	Osterey	3,39	„	7,68	11,03	—	—	—	2,13	11,95	—	1,91	
	Georgia.												
111	Dallas, amber hard	4,02	1881	7,95	12,60	2,48	73,17	1,65	2,15	13,68	79,51	2,17	
112	Bennet hard	3,22	„	8,05	14,00	2,22	72,30	1,38	2,05	15,22	78,64	2,44	
113	Italian White hard	4,63	1882	11,22	9,45	2,68	73,47	1,48	1,70	10,64	82,76	1,70	
114	Purple Straw, roth, hart	4,51	„	10,49	10,15	2,12	73,46	1,48	2,30	11,33	82,08	1,81	
115	Red Mediterranean, roth, hart	2,89	1883	9,19	12,43	2,13	72,18	2,03	2,04	13,69	79,47	2,17	
116	desgl.	2,83	„	12,20	12,60	2,09	69,57	1,88	1,66	14,35	79,24	2,30	
	North-Carolina.												
117	Kivet, gelb, hart	4,23	1882	11,70	11,03	2,22	71,22	2,28	1,55	12,50	80,64	2,00	
118	desgl.	3,63	„	11,65	8,93	2,11	73,86	1,65	1,80	10,11	83,61	1,62	
119	desgl.	4,39	„	10,15	12,25	2,15	72,52	1,43	1,50	13,63	80,72	2,18	
120	desgl.	3,38	„	10,90	9,98	2,32	73,18	2,12	1,50	11,20	82,14	1,79	
121	Rust Proof, roth, übergehend	4,30	„	10,40	10,33	2,39	72,46	2,87	1,55	11,53	80,87	1,84	
122	desgl.	4,03	„	10,60	10,15	2,33	72,63	2,84	1,45	11,36	81,23	1,82	
123	desgl.	4,63	„	9,30	9,28	2,25	75,42	1,95	1,80	10,24	83,14	1,64	

[1]) Vergl. Anmerkung [4]) Seite 452 u. 453.

No.	Bemerkungen	Gew. von 100 Körn. g	Jahr der Untersuchung	In der ursprünglichen Substanz: Wasser %	Nh-Substanz %	Rohfett %	Nfr. Extractstoffe %	Rohfaser %	Asche %	In der Trocken-Substanz: Nh-Substanz %	Nfr. Extractstoffe %	Stickstoff in der Trocken-Substanz %	Analytiker
124	Baltimore, gelb, mittel	3,91	1882	9,55	9,98	2,28	75,05	1,54	1,60	11,04	82,97	1,77	*Clifford Richardson*[1]
125	desgl.	3,43	„	9,85	11,20	2,32	74,08	1,10	1,45	12,42	82,07	1,99	
126	desgl.	3,92	„	9,65	9,10	2,25	76,35	1,00	1,65	10,07	84,50	1,61	
127	desgl.	3,30	„	9,20	10,15	2,06	75,14	1,60	1,85	11,18	82,75	1,79	
128	desgl.	4,15	„	9,70	11,38	2,16	73,48	1,63	1,65	12,60	81,38	2,02	
129	Purple Straw, roth, hart	3,24	„	9,40	10,15	2,47	74,58	1,70	1,70	11,21	82,30	1,79	
130	desgl.	2,78	„	10,55	11,90	2,42	72,12	1,66	1,35	13,30	80,62	2,13	
131	Davis, roth, hart . .	3,76	„	8,45	11,73	2,28	73,26	2,53	1,75	12,81	82,03	2,05	
132	desgl.	3,28	„	8,35	10,68	2,43	76,50	0,44	1,60	11,65	83,47	1,96	
133	desgl.	3,70	„	11,05	12,43	2,31	70,85	1,81	1,55	13,97	81,66	2,24	
134	Earnhardt, gelb, weich	3,95	„	10,92	9,98	2,10	74,07	1,63	1,30	11,21	83,14	1,79	
135	Golden Premium, gelb, weich	4,37	„	10,66	9,63	2,03	74,44	1,54	1,70	7,45	86,66	1,19	
136	Wintergreen, gelb, weich	3,57	„	9,40	9,45	2,34	76,17	1,44	1,20	10,43	84,08	1,67	
137	Hick's prolific, roth, hart	3,42	„	8,15	9,63	2,20	76,64	1,53	1,85	10,48	83,46	1,68	
138	White Australian, roth, mittel	3,65	1879	11,15	10,15	2,02	72,48	2,50	1,70	11,41	81,60	1,83	
	Alabama.												
139	Lancaster Red (bebart.), roth, mittel . . .	3,93	1883	11,18	12,60	1,64	70,70	1,51	2,37	14,18	79,60	2,27	
140	Smooth Mediter., roth, mittel	3,96	„	10,42	11,38	2,30	72,28	1,61	2,01	12,70	80,69	2,03	
141	Tuscan Island (bebartet mit langen gelben Aehren), roth, mittel	4,06	„	10,52	10,85	2,69	72,40	1,51	2,03	12,13	80,90	1,94	
142	Rogers Red (kurze Aehren), roth, weich	2,01	„	9,36	10,85	2,50	73,24	1,88	2,17	12,08	80,63	1,93	
143	Dot, roth, mittel . .	3,71	„	10,21	10,85	2,37	72,85	1,54	2,18	12,09	81,12	1,93	
144	Clawson, blassgelb, hart	2,24	„	9,81	9,98	1,94	74,37	1,81	2,09	11,07	82,45	1,77	
145	Rice, roth, mittel . .	3,73	„	10,78	11,55	2,42	71,67	1,56	2,02	12,95	82,33	2,72	
146	Bill Dallas, blassgelb, hart	4,65	„	11,03	10,15	2,01	73,72	1,32	1,77	11,41	82,86	1,83	
147	Tennessee Amber, blassgelb, mittel . . .	3,49	„	10,84	11,03	2,07	72,57	1,53	1,96	12,38	81,38	1,98	
148	Emporium, roth, mittel	2,79	„	11,62	11,90	2,04	70,93	1,60	1,91	13,46	80,26	2,15	
149	Lovell's New, blassgelb, mittel	2,18	„	11,57	9,80	2,28	72,42	1,74	2,19	11,08	81,89	1,77	
150	Washington Glass, weiss, mittel . . .	2,17	„	10,84	9,80	2,42	73,02	1,80	2,12	11,00	81,88	1,76	
151	Eureka, blassgelb, mittel	2,68	„	11,43	11,38	2,09	71,49	1,65	1,96	12,85	82,72	2,06	
152	Purple Straw, roth, hart	2,82	„	12,12	12,78	2,40	68,99	1,77	1,94	14,54	78,51	2,33	

[1]) Vergl. Anmerkung [4]) Seite 452 u. 453.

No.	Bemerkungen	Gew. von 100 Körn. g	Jahr der Untersuchung	In der ursprünglichen Substanz: Wasser %	Nh-Substanz %	Rohfett %	Nfr. Extractstoffe %	Rohfaser %	Asche %	In der Trocken-Substanz: Nh-Substanz %	Nfr. Extractstoffe %	Stickstoff in der Trocken-Substanz %	Analytiker
153	Kilpatric Rust Proof, roth, hart	4,26	1883	12,36	12,25	2,13	69,89	1,49	1,88	13,98	79,74	2,24	Clifford Richardson[1]
154	Hughes Rust Proof, roth, hart	3,59	„	12,18	13,65	2,07	68,52	1,68	1,90	15,55	78,02	2,49	
155	Red Mediterr., roth, hart	4,08	„	9,68	12,25	2,22	72,29	1,55	2,01	13,56	80,04	2,17	
156	Dallas, gelb, hart . .	4,45	1882	9,29	11,20	—	—	—	1,79	12,34	—	1,97	
157	desgl.	4,28	1883	10,31	10,33	—	—	—	1,69	11,52	—	1,84	
	Ohio.												
158	Swamp	3,98	1878	7,63	11,59	2,41	74,99	1,54	1,84	12,55	81,18	2,01	
159	Michigan Amber, roth, hart	3,64	1883	11,30	11,73	1,40	71,80	1,78	1,99	13,22	80,85	2,12	
160	Royal Australian, weiss, weich	4,09	„	10,53	10,68	—	—	—	1,80	11,94	—	1,91	
161	Treadwell, blassgelb, mittel	3,41	„	11,16	11,73	—	—	—	1,97	13,21	—	2,11	
162	Champion Amber, blassgelb, mittel . . .	3,27	„	12,31	11,20	—	—	—	2,03	12,77	—	2,04	
163	Mc. Pherson, blassgelb, mittel	3,50	„	10,65	11,73	—	—	—	2,00	13,13	—	2,10	
164	Clawson, gelb, weich .	3,30	„	10,54	13,83	—	—	—	1,93	15,45	—	2,47	
165	Treadwell, bearded, gelb, weich . . .	3,59	„	9,74	12,78	—	—	—	2,30	14,16	—	2,27	
166	Valley, blassgelb, mittel	3,25	„	12,49	11,90	—	—	—	1,55	13,60	—	2,18	
167	Pool, roth, hart . .	3,50	„	10,60	12,08	—	—	—	1,90	13,52	—	2,16	
168	Landreth, weiss, weich	3,90	„	11,82	11,20	—	—	—	1,73	12,70	—	2,03	
169	Theiss, roth, hart . .	2,99	„	10,95	13,83	—	—	—	2,00	15,53	—	2,48	
170	Michigan Amber, hellroth, hart	5,80	„	10,42	11,73	—	—	—	2,06	13,24	—	2,12	
171	Finley, blassgelb, mittel	3,59	„	10,00	14,00	—	—	—	1,96	15,55	—	2,49	
172	Zimmermann, blassgelb, mittel	3,33	„	11,39	13,13	—	—	—	2,04	14,82	—	2,37	
173	Golden Drop, blassgelb, mittel	3,55	„	11,86	12,08	—	—	—	1,74	13,71	—	2,19	
174	Rocky Mountains, blassgelb, mittel . . .	3,06	„	9,56	13,30	—	—	—	1,77	14,71	—	2,35	
175	Travis, hellgelb, weich	2,99	„	10,66	12,25	—	—	—	2,20	13,71	—	2,19	
176	Mc. Gehee's White, weiss, weich . . .	3,22	„	10,68	12,60	—	—	—	1,75	14,11	—	2,26	
177	White Velvet, blassgelb, weich	2,78	„	10,60	11,90	—	—	—	2,06	13,32	—	2,13	
178	Russian, blassgelb, mittel	2,64	„	9,87	14,70	—	—	—	2,09	16,30	—	2,61	
179	Nigger, roth, hart . .	4,16	„	10,67	11,38	—	—	—	1,81	12,75	—	2,04	

[1]) Vergl. Anmerkung [4]) Seite 452 u. 453.

No.	Bemerkungen	Gew. von 100 Körn. g	Jahr der Untersuchung	In der ursprünglichen Substanz: Wasser %	Nh-Substanz %	Rohfett %	Nfr. Extractstoffe %	Rohfaser %	Asche %	In der Trocken-Substanz: Nh-Substanz %	Nfr. Extractstoffe %	Stickstoff in der Trocken-Substanz %	Analytiker
180	Waney's Select, gelb, weich	2,66	1883	10,73	13,30	—	—	—	1,75	14,90	—	2,38	*Clifford Richardson*[1]
181	Bennet, gelb, weich .	2,88	„	10,69	12,95	—	—	—	1,81	14,50	—	2,32	
182	Siver Chaff, gelb, weich	3,27	„	10,11	11,73	—	—	—	1,87	13,18	—	2,11	
183	Mc. Gehee's Red, blassgelb, mittel . . .	3,29	„	9,76	14,35	—	—	—	1,87	15,90	—	2,54	
184	Lancaster, hellroth, hart	3,89	„	9,90	15,05	—	—	—	2,15	16,71	—	2,67	
185	Rogers, blassgelb, hart	3,11	„	9,48	13,48	—	—	—	1,65	14,90	—	2,38	
186	Red Fultz, roth, hart .	3,29	„	11,32	13,30	—	—	—	2,05	15,00	—	2,40	
187	Tasmanian, roth, hart	3,58	„	10,60	13,65	—	—	—	2,05	15,17	—	2,43	
188	Michigan Bronce, roth, hart	4,09	„	10,58	10,68	—	—	—	1,89	11,94	—	1,91	
189	Golden Straw, blassgelb, mittel	3,76	„	10,30	13,48	—	—	—	2,00	15,03	—	2,40	
190	Velvet Chaff, roth, hart	3,98	„	10,16	15,23	—	—	—	2,10	16,95	—	2,71	
191	German Amber, roth, hart	3,76	„	9,75	14,70	—	—	—	2,02	16,29	—	2,61	
192	Democrat, weiss, weich	3,32	„	10,03	12,08	—	—	—	2,14	13,42	—	2,15	
193	York White Chaff, gelb, weich	3,10	„	11,45	12,08	—	—	—	1,90	13,64	—	2,18	
194	Rice, bernst.-gelb, mittel	3,39	„	11,36	14,18	—	—	—	2,09	16,00	—	2,56	
195	Mediterranean, bernsteingelb, hart . .	3,94	„	11,13	16,10	—	—	—	2,13	18,11	—	2,90	
196	Martin's Amber, weiss, hart	3,34	„	11,32	12,25	—	—	—	2,03	13,82	—	2,21	
197	Fultz, hellroth, hart .	3,51	„	11,37	13,13	—	—	—	2,00	14,81	—	2,37	
198	Heighe's Prolific, hellroth, hart	3,38	„	10,05	13,48	—	—	—	1,79	14,99	—	2,40	
199	Grecian, gelb, mittel .	3,31	„	10,95	11,20	—	—	—	1,86	12,58	—	2,01	
200	Egyptian, bernsteingelb, mittel	3,56	„	11,98	12,95	—	—	—	1,76	14,71	—	2,35	
201	Sandomirka, hellroth, hart	2,90	„	11,76	13,83	—	—	—	1,88	15,67	—	2,51	
	Indiana.												
202	Osterey, gelb, hart .	2,77	„	10,16	10,85	1,51	73,41	2,02	2,05	12,08	81,71	1,93	
	Michigan.												
203	Silver Chaff, weiss, weich	4,20	1879	10,25	10,85	1,70	75,00	1,20	1,00	12,09	82,66	1,93	
204	Louisiana, weiss, mittel	3,74	„	10,30	10,50	2,07	73,73	1,80	1,60	11,71	82,86	1,87	
205	Jersey Red, roth, hart	3,98	„	9,05	11,73	2,17	73,17	2,18	1,70	12,90	80,86	2,06	
206	Powers, weiss, hart .	3,61	„	9,70	10,50	1,79	75,91	1,05	1,05	11,62	82,83	1,78	

[1]) Vergl. Anmerkung [4]) Seite 452 u. 453.

No.	Bemerkungen	Gew. von 100 Körn. g	Jahr der Untersuchung	In der ursprünglichen Substanz: Wasser %	Nh-Substanz %	Rohfett %	Nfr. Extractstoffe %	Rohfaser %	Asche %	In der Trocken-Substanz: Nh-Substanz %	Nfr. Extractstoffe %	Stickstoff in der Trocken-Substanz %	Analytiker
207	Dot, roth, hart . .	4,54	1879	9,70	12,43	2,23	71,94	1,80	1,90	13,76	80,51	2,20	*Clifford Richardson*[1]
208	Michigan Wick, weiss, mittel	3,93	"	9,65	10,68	2,09	73,88	2,05	1,65	11,82	82,05	1,89	
209	Schaeffer, gelb, mittel	4,27	"	9,35	11,20	2,12	73,80	1,88	1,65	12,35	81,23	1,98	
210	LancasterRed, roth, hart	4,63	"	11,25	12,95	2,21	69,96	1,83	1,80	14,59	78,83	2,33	
211	Velvet Chaff, gelb, hart	4,14	"	11,50	14,00	2,17	68,60	1,68	2,05	15,82	77,51	2,53	
212	Shuhmaker, bernsteingelb, hart	4,53	"	11,10	12,60	1,97	71,38	1,60	1,35	14,18	80,28	2,27	
213	Armstrong, gelb, hart	3,98	"	10,60	10,68	2,30	72,62	2,10	1,70	11,95	81,23	1,91	
214	Muskingum, roth, mittel	4,01	"	11,35	12,60	2,16	70,59	1,90	1,40	14,21	79,63	2,27	
215	Mediterranean, roth, mittel	4,90	"	10,90	15,23	1,98	69,41	1,23	1,25	17,10	77,90	2,74	
216	Red Russian, roth, weich	4,81	"	10,40	12,08	2,31	71,38	1,78	2,05	13,48	79,66	2,16	
217	Diehl, weiss, weich .	3,40	"	10,90	10,50	2,14	73,11	1,60	1,75	11,79	82,04	1,89	
218	Clawson, gelb, mittel .	4,10	"	11,40	10,68	2,20	72,12	1,95	1,65	12,06	81,40	1,93	
219	Jennings, weiss, weich	3,93	"	11,65	12,25	1,99	70,61	1,65	1,85	13,87	80,92	2,22	
220	Buckeye, gelb, weich .	4,10	"	11,55	12,43	1,89	70,73	1,95	1,45	14,01	80,03	2,24	
221	Trump, gelb, weich .	4,30	"	10,95	11,38	1,95	72,02	2,00	1,70	12,78	80,87	2,04	
222	Shumaker, bernsteingelb, hart	4,38	1882	10,05	9,13	2,45	74,01	2,28	2,08	10,15	82,28	1,62	
223	Clawson, gelb, mittel .	3,86	"	11,20	10,69	2,18	71,59	2,35	1,97	12,04	80,64	1,93	
	Kentucky.												
224	Fultz, roth, hart . .	3,67	"	10,55	11,90	2,30	71,87	1,98	1,40	13,30	80,35	2,13	
225	Rice, roth, hart . .	3,46	1833	10,53	14,53	1,99	69,55	1,61	1,79	16,24	77,74	2,60	
226	desgl.	3,64	"	10,96	14,00	1,94	69,89	1,69	1,52	15,72	78,49	2,52	
227	Fultz, bernsteingelb, hart	3,27	?	12,44	12,78	1,87	69,44	1,71	1,76	14,59	79,31	2,33	
228	Odessa, bst.-gelb, weich	3,15	?	10,68	11,90	1,64	71,75	2,27	1,76	13,32	80,33	2,13	
229	German Amber, bernsteingelb, mittel . .	3,54	?	9,86	14,18	1,79	69,95	2,44	1,78	15,73	77,60	2,52	
230	White, weiss, weich .	3,40	?	9,94	12,78	1,65	71,22	2,34	2,07	14,19	79,08	2,27	
231	Fultz, bernst.-gelb, mittel	3,50	?	11,68	13,13	1,80	69,26	2,25	1,88	14,86	78,42	2,38	
	Tennessee.												
232	Swamp, roth, hart .	3,66	1881	7,10	16,63	2,08	70,24	1,85	2,10	17,89	75,62	2,86	
233	Tennessee Amber, bernsteingelb, hart . .	3,20	1882	9,90	11,90	2,09	72,78	1,48	1,85	13,21	80,78	2,11	
234	Spark's Swamp, bernsteingelb, hart . .	3,55	"	10,24	11,55	2,31	72,37	1,73	1,80	12,87	80,62	2,06	
235	Rice, roth, hart . .	3,73	1883	9,91	9,98	2,15	74,40	2,24	2,04	10,99	82,93	1,76	
236	White Mediterranean, weiss, weich . . .	2,47	"	10,92	15,23	1,90	66,71	2,86	2,38	15,10	76,89	2,42	
237	desgl.	2,14	"	10,64	10,15	2,04	72,87	2,20	2,10	11,37	81,54	1,82	

[1]) Vergl. Anmerkung [4]) Seite 452 u. 453.

No.	Bemerkungen	Gew. von 100 Körn. g	Jahr der Untersuchung	In der ursprünglichen Substanz: Wasser %	Nh-Substanz %	Rohfett %	Nfr. Extractstoffe %	Rohfaser %	Asche %	In der Trocken-Substanz: Nh-Substanz %	Nfr. Extractstoffe %	Stickstoff in der Trocken-Substanz %	Analytiker
238	Tennessee Amber, bernsteingelb, mittel . .	3,20	1883	9,90	11,90	2,09	72,78	1,48	1,85	13,21	80,78	2,11	*Clifford Richardson*[1]
239	desgl., gelb, weich .	2,45	?	11,10	12,60	2,06	70,95	1,67	1,62	14,18	79,80	2,27	
240	Red, bernsteingelb, hart	2,57	?	11,85	10,85	2,00	71,57	1,83	1,90	12,30	81,20	1,93	
241	Bearded, bernsteingelb, weich	3,33	?	11,30	12,43	2,12	69,71	2,54	1,90	14,01	78,60	2,24	
242	Fultz, bernsteingelb, mittel	2,76	?	10,64	12,60	2,16	70,87	2,13	1,60	14,10	79,31	2,26	
243	desgl.	3,74	?	10,66	12,08	1,87	71,11	2,36	1,92	13,52	79,60	2,16	
244	California Gold Chaff, bernsteingelb, hart .	3,30	?	10,26	15,40	1,69	68,72	2,21	1,72	17,16	76,58	2,75	
245	Swamp, bernsteingelb, hart	3,99	1882	8,95	11,90	2,20	73,60	2,70	1,65	13,07	79,74	2,09	
246	Roth, weich	—	1883	10,92	12,25	—	—	—	2,32	13,76	—	2,20	
	Illinois.												
247			"	9,05	12,43	—	—	—	2,06	13,67	—	2,19	
	Arkansas.												
248	Mediterranean, roth, weich	—	"	9,56	12,95	—	—	—	2,52	14,32	—	2,30	
	Dakota.												
249	Castle Fife, hart . .	3,51	1882	10,98	10,68	2,11	72,20	1,83	2,20	11,99	81,11	1,92	
	Minnesota.												
250	Egyptian, gelb, hart .	3,83	?	10,44	13,30	1,77	70,99	1,55	1,95	14,86	79,25	2,38	
251	Scotch Fife, bernsteingelb, mittel . . .	3,15	1882	10,62	10,85	2,08	72,24	2,31	1,90	12,14	80,82	1,94	
252	Red Fern, bernsteingelb, mittel	3,19	"	11,74	17,15	2,16	64,84	2,20	1,91	19,43	73,47	3,11	
253	Fife, gelb, weich . .	3,05	"	10,31	13,48	2,16	69,37	2,89	1,79	15,03	77,34	2,80	
254	Old Settlers, roth, mittel	3,36	"	10,10	12,43	1,83	72,26	1,81	1,57	13,82	80,39	2,21	
255	Red Fern, roth, mittel	3,24	"	10,08	12,25	2,19	72,09	1,96	1,43	13,62	80,17	2,18	
256	Fife, bernsteingelb, weich	3,12	"	11,34	11,55	2,02	71,77	1,82	1,50	13,03	80,94	2,08	
257	Golden Drop, bernsteingelb, weich . . .	3,55	"	11,10	11,55	1,89	71,97	1,96	1,53	12,99	80,95	2,08	
258	White Fife, weiss, mittel	3,70	"	9,70	11,38	2,19	73,05	1,88	1,80	12,60	80,91	2,02	
	Missouri.												
259	Yellow, gelb, hart . .	3,10	1878	7,69	11,59	2,11	75,17	1,53	1,91	12,55	81,43	2,01	
260	Fultz, roth, hart . .	3,45	1879	10,28	10,50	2,28	72,86	2,28	1,80	11,70	81,21	1,87	
261	Shumaker, roth, hart	3,35	"	8,64	12,44	2,33	72,11	2,49	1,99	13,62	78,93	2,18	
262	Zimmermann, roth, hart	3,87	"	9,18	11,38	2,35	72,51	2,57	2,01	12,53	79,84	2,00	
263	Clawson, bernsteingelb, hart	3,86	"	9,18	11,19	2,16	73,28	2,28	1,91	12,32	80,69	1,97	

[1]) Vergl. Anmerkung [4]) Seite 452 u. 453.

No.	Bemerkungen	Gew. von 100 Körn. g	Jahr der Untersuchung	In der ursprünglichen Substanz: Wasser %	Nh-Substanz %	Rohfett %	Nfr. Extractstoffe %	Rohfaser %	Asche %	In der Trocken-Substanz: Nh-Substanz %	Nfr. Extractstoffe %	Stickstoff in der Trocken-Substanz %	Analytiker
264	Russian No. 2, gelb, hart	3,47	1879	8,43	11,00	2,23	73,53	2,72	2,09	12,01	80,20	1,92	*Clifford Richardson*[1]
265	Smooth Mediterr., bernsteingelb, hart . .	3,58	„	9,45	11,75	1,80	72,43	2,68	1,89	12,97	79,99	2,08	
266	Silver Chaff, bernsteingelb, hart	3,49	„	10,99	11,19	2,42	70,89	2,29	2,22	12,57	79,65	2,01	
267	Osterey, hart . . .	3,34	1882	11,48	11,43	2,36	70,95	1,88	1,90	12,93	80,12	2,07	
268	Rice, roth, hart . .	—	1883	9,36	14,00	2,37	70,62	1,77	1,88	15,44	77,93	2,47	
269	Tennessee Amber, bernsteingelb, hart . .	—	„	9,41	10,50	2,35	74,01	1,85	1,88	11,60	81,69	1,86	
	Kansas.												
270	Weiss, weich . . .	3,42	?	11,58	10,85	1,98	71,87	2,01	1,72	12,27	81,17	1,96	
271	Roth, mittel . . .	3,33	1883	11,77	11,20	2,07	71,15	1,97	1,84	12,69	80,65	2,03	
272	Weiss, weich . . .	3,35	„	11,60	10,50	2,04	72,19	1,89	1,78	11,88	81,66	1,90	
273	Roth, hart	3,00	„	11,36	12,25	1,91	70,18	2,76	1,54	13,82	79,18	2,21	
274	Roth, mittel	3,33	„	11,57	11,03	2,02	72,29	1,62	1,47	12,47	81,36	2,00	
275	desgl.	3,41	„	12,38	10,50	1,83	71,96	1,75	1,58	11,98	82,13	1,92	
276	Bernsteingelb, mittel .	2,98	„	12,27	11,90	2,01	70,12	2,09	1,61	13,57	79,92	2,17	
277	Weiss, weich . . .	3,39	„	12,10	10,85	1,96	71,73	1,66	1,70	12,35	81,60	1,98	
278	Bernsteingelb, mittel .	2,88	„	11,62	10,68	2,12	70,87	3,05	1,66	12,09	80,18	1,93	
279	Roth, mittel	2,96	„	11,76	11,73	1,83	71,15	2,03	1,50	13,29	80,64	2,13	
	Texas.												
280	Roth, mittel	2,61	„	10,64	12,43	2,39	70,23	2,39	1,92	13,91	78,60	2,23	
281	Roth, hart	2,66	„	9,70	12,95	2,56	71,14	1,99	1,66	14,34	77,39	2,29	
282	desgl.	2,71	„	9,26	14,35	1,94	70,19	2,08	2,18	15,81	77,36	2,53	
283	desgl.	2,83	„	9,36	13,65	2,15	70,95	2,25	1,64	15,06	78,27	2,41	
284	Bernsteingelb, hart .	2,70	„	9,50	11,03	2,00	73,86	2,01	1,60	12,19	81,61	1,93	
285	Weiss, weich . . .	3,94	„	9,55	13,65	1,89	71,13	1,89	1,94	15,10	78,57	2,42	
286	Bernsteingelb, weich .	2,41	„	9,66	14,18	1,86	69,68	2,19	2,43	15,70	77,13	2,51	
287	desgl., hart	2,63	„	10,26	13,65	1,96	70,37	1,90	1,86	15,21	78,42	2,43	
288	Roth, mittel	2,69	„	10,24	12,60	1,76	41,46	2,22	1,72	14,04	79,61	2,25	
289	Bernsteingelb, mittel .	2,61	„	10,00	14,00	1,92	70,55	2,01	1,52	15,55	78,40	2,49	
290	desgl., weich . . .	2,71	„	9,62	14,00	1,72	70,79	2,19	1,68	15,48	78,34	2,48	
291	Nicaraguan, gelb, weich	3,13	„	10,00	14,70	1,83	69,55	2,20	1,72	16,32	77,30	2,61	
292	Weiss, weich . . .	4,74	„	10,28	10,68	2,46	72,73	2,05	1,80	11,91	81,05	1,91	
293	Roth, weich	2,62	„	10,04	12,60	2,46	70,95	2,19	1,76	14,01	78,85	2,24	
294	Roth, mittel	2,56	„	10,00	12,60	2,83	70,78	2,03	1,76	14,00	78,64	2,24	
295	Red Mediterr., roth, hart	3,53	„	8,88	15,23	2,34	69,44	2,09	2,02	16,71	76,21	2,67	
296	desgl.	3,32	„	11,61	12,08	2,08	70,62	1,92	1,69	13,67	79,90	2,19	
297	White Mediterr., weiss, weich	3,70	„	12,05	13,48	1,59	68,95	1,91	2,02	15,33	78,39	2,45	
298	Nicaraguan, glasig, hart	—	1882	9,94	11,73	2,29	72,75	1,71	1,58	13,02	80,70	2,08	

[1]) Vergl. Anmerkung [4]) Seite 452 u. 453.

No.	Bemerkungen	Gew. von 100 Körn. g	Jahr der Untersuchung	In der ursprünglichen Substanz: Wasser %	Nh-Substanz %	Rohfett %	Nfr. Extractstoffe %	Rohfaser %	Asche %	In der Trocken-Substanz: Nh-Substanz %	Nfr. Extractstoffe %	Stickstoff in der Trocken-Substanz %	Analytiker
	Provinces.												
299	Saskatchiwan, roth, hart	3,11	1883	8,85	15,58	—	—	—	1,92	17,11	—	2,74	Clifford Richardson[1]
300	Manitoba, roth, hart .	3,46	„	7,84	13,48	—	—	—	1,33	14,63	—	2,34	
	Colorado.												
301	Blount's Hybrid No. 18	—	1881	9,74	12,94	1,58	71,95	1,60	2,19	14,34	79,71	2,29	
302	desgl., No. 19 . . .	—	„	10,45	12,44	2,19	70,59	1,79	2,54	13,90	78,81	2,22	
303	desgl., No. 20, roth .	—	„	10,57	12,25	2,32	69,62	1,67	3,57	13,70	77,85	2,19	
304	New South Wales Seed, gelb, mittel . . .	4,66	„	9,47	12,62	2,40	71,78	1,55	2,18	13,95	79,28	2,23	
305	El Dorado, gelb, hart	4,70	„	10,55	11,75	2,43	71,93	1,10	2,24	13,14	80,41	2,10	
306	Russian, roth, weich .	4,13	„	9,55	14,49	2,62	69,86	1,49	1,99	16,03	77,22	2,56	
307	Imperial Fife, gelb, hart	4,15	„	9,48	15,94	2,31	68,00	1,63	2,64	17,61	75,12	2,82	
308	Clawson, gelb, weich .	4,57	„	10,14	11,75	2,31	72,26	1,60	1,94	13,08	80,41	2,09	
309	Doty, roth, weich . .	4,37	„	9,41	14,00	2,50	69,94	1,80	2,35	15,46	77,20	2,47	
310	Mc. Gehee's Red, roth, hart	4,16	1882	7,85	14,00	1,97	72,53	1,80	1,85	15,19	78,71	2,43	
311	Finley, roth, hart . .	4,13	„	9,30	12,60	2,36	72,16	1,73	1,85	13,90	79,55	2,22	
312	Champion Amber, bernsteingelb, hart . .	4,35	„	8,20	11,90	2,47	73,68	1,55	2,21	12,96	80,25	2,07	
313	Dallas, roth, hart . .	4,67	„	10,05	14,53	2,46	69,38	1,73	1,85	16,16	77,12	2,59	
314	Bennet, roth, hart .	3,98	„	7,85	13,65	2,58	71,67	2,05	2,20	14,81	77,78	2,37	
315	Lemon, roth, hart .	4,33	„	8,45	12,43	2,14	73,25	1,68	2,05	13,57	80,01	2,17	
316	Gold Medal, roth, hart	4,38	„	9,25	12,25	2,26	72,71	1,73	1,80	13,50	80,12	2,16	
317	German Amber, bernsteingelb, mittel . .	4,03	„	8,80	12,43	2,42	72,80	1,75	1,80	13,62	79,82	2,18	
318	Rice, roth, hart . .	4,10	„	8,50	14,18	2,39	70,86	1,97	2,10	15,50	77,44	2,48	
319	Washington Glass, roth, hart	4,45	„	8,60	11,55	2,41	74,31	1,18	1,95	12,64	81,30	2,02	
320	Swamp, roth, hart .	4,42	„	10,15	14,35	2,29	69,31	1,85	2,05	15,97	77,13	2,56	
321	Wysor, roth, hart . .	4,61	„	8,55	12,60	2,20	72,27	2,13	2,25	13,77	79,07	2,20	
322	White Chili, gelb, weich	3,50	—	8,23	9,80	—	—	—	1,99	10,68	—	1,71	
323	Colorado Red Chaff, bernsteingelb, mittel	3,48	—	9,16	9,80	—	—	—	2,01	10,79	—	1,73	
324	No. 6 El Dorado, gelb, hart	4,22	1883	9,53	9,80	—	—	—	1,95	10,83	—	1,73	
325	No. 8 Defiance, gelb, weich	3,77	„	9,79	10,68	—	—	—	1,74	11,84	—	1,89	
326	Blount's Hybrid No. 9	4,50	„	9,53	10,50	—	—	—	1,97	11,60	—	1,86	
327	Russian, roth, hart .	3,81	„	8,15	12,25	—	—	—	2,07	13,34	—	2,13	
328	Blount's Hybrid No. 18, blassgelb, hart . .	3,35	„	9,16	11,03	—	—	—	2,10	12,14	—	1,94	
329	desgl. No. 19, gelb, weich	3,44	„	9,47	9,98	—	—	—	1,96	11,03	—	1,76	

[1]) Vergl. Anmerkung [4]) Seite 452 u. 453.

No.	Bemerkungen	Gew. von 100 Körn. g	Jahr der Untersuchung	In der ursprünglichen Substanz: Wasser %	Nh-Substanz %	Rohfett %	Nfr. Extractstoffe %	Rohfaser %	Asche %	In der Trocken-Substanz: Nh-Substanz %	Nfr. Extractstoffe %	Stickstoff in der Trocken-Substanz %	Analytiker
330	Blount's Hybrid No. 21, bernsteingelb, weich	3,54	1883	9,51	10,85	—	—	—	1,89	11,99	—	1,92	Clifford Richardson[1]
331	desgl. No. 23, gelb, weich	3,94	„	9,09	10,50	—	—	—	2,31	11,55	—	1,85	
332	desgl. No. 24, gelb, weich	3,00	„	9,58	9,80	—	—	—	2,07	10,84	—	1,73	
333	desgl. No. 25, gelb, mittel	3,87	„	9,30	10,85	—	—	—	2,14	11,97	—	1,92	
334	desgl. No. 27, gelb, mittel	2,64	„	9,46	8,93	—	—	—	1,98	9,86	—	1,58	
335	desgl. No. 29, gelb, hart	3,00	„	9,33	9,10	—	—	—	1,91	10,04	—	1,61	
336	desgl. No. 30, gelb, mittel	2,90	„	9,70	9,28	—	—	—	1,81	10,27	—	1,64	
337	desgl. No. 31, gelb, mittel	3,32	„	10,40	9,10	—	—	—	2,19	11,16	—	1,79	
338	desgl. No. 36, bernsteingelb, hart	3,22	„	9,08	10,68	—	—	—	2,00	11,74	—	1,88	
339	Prossoe, 3. Ernte, gelb, weich	4,28	„	8,85	13,30	—	—	—	2,38	14,59	—	2,33	
340	desgl.	4,65	1882	9,62	12,08	—	—	—	2,52	13,36	—	2,14	
341	Winnipeg Russian, 1. Ernte, bst.-gelb, mittel	3,44	„	8,92	12,78	—	—	—	2,31	14,03	—	2,24	
342	desgl., 2. Ernte, bernsteingelb, weich . .	3,99	1883	9,68	12,25	—	—	—	2,14	13,56	—	2,17	
343	Oregon Club, gelb, weich	4,43	1881	9,59	12,25	2,19	72,46	1,60	1,91	13,55	80,55	2,17	
344	desgl.	3,71	1883	8,75	11,38	—	—	—	2,10	12,47	—	2,00	
345	desgl., bernsteingelb .	3,65	1884	6,93	11,20	2,13	75,58	2,18	1,98	12,03	81,21	1,92	
346	Australian Hard, gelb, weich	5,51	1881	9,78	11,19	2,23	73,50	1,45	1,85	12,40	81,47	1,98	
347	desgl., bernsteingelb .	4,04	1884	7,46	11,73	1,95	74,76	2,05	2,05	12,68	80,77	2,03	
348	Sonora, gelb, weich .	4,74	1881	10,17	14,18	2,13	70,10	1,40	2,02	15,78	78,04	2,52	
349	desgl.	3,62	1883	9,12	12,78	—	—	—	1,96	14,06	—	2,25	
350	desgl.	3,83	1884	7,31	12,25	2,27	74,64	1,63	1,90	13,22	80,52	2,12	
351	White Mexican, gelb .	—	1881	9,91	13,81	1,89	70,27	1,52	2,60	15,33	78,99	2,45	
352	desgl.	4,44	1883	8,35	11,90	—	—	—	2,20	12,98	—	2,08	
353	desgl.	4,89	1884	7,27	11,55	1,94	75,69	1,50	2,05	12,45	81,63	1,99	
354	Improved Fife, bst.-gelb	3,78	1883	9,28	13,83	—	—	—	2,04	15,24	—	2,44	
355	desgl.	3,67	1884	8,72	14,18	2,24	71,18	1,90	1,87	15,52	77,89	2,48	
356	Rio Grande, roth, weich	5,91	1881	9,51	14,69	2,96	68,97	1,79	2,08	16,23	76,22	2,60	
357	desgl.	4,16	1883	8,89	12,35	—	—	—	2,03	14,23	—	2,28	
358	desgl., bernsteingelb .	4,74	1884	8,74	12,43	2,49	72,92	1,90	1,52	13,62	79,86	2,18	
259	Judkin, roth, hart .	—	1881	9,75	12,25	2,42	71,31	1,70	2,57	13,57	79,02	2,17	
360	desgl., bernsteingelb .	3,76	1883	9,13	11,55	—	—	—	1,91	12,71	—	2,03	
361	desgl., dunkelbernsteingelb	3,92	1884	7,63	12,25	2,97	74,06	1,85	1,94	13,27	80,17	2,09	
362	Lost Nation, roth, mittel	3,85	1881	10,24	12,93	2,99	69,93	1,74	2,17	14,40	78,00	2,30	
363	desgl., bernsteingelb .	3,74	1883	9,93	11,55	—	—	—	1,87	12,82	—	2,05	
364	desgl.	4,15	1884	7,29	12,08	2,25	75,40	1,45	1,53	13,03	81,34	2,08	

[1]) Vergl. Anmerkung [4]) Seite 452 u. 453.

No.	Bemerkungen	Gew. von 100 Körn. g	Jahr der Untersuchung	In der ursprünglichen Substanz: Wasser %	Nh-Substanz %	Rohfett %	Nfr. Extractstoffe %	Rohfaser %	Asche %	In der Trocken-Substanz: Nh-Substanz %	Nfr. Extractstoffe %	Stickstoff in der Trocken-Substanz %	Analytiker
365	Touzelle, gelb, mittel	5,21	1881	10,23	13,50	2,35	70,17	1,65	2,10	15,05	78,15	2,41	Clifford Richardson[1]
366	desgl.	4,25	1883	10,73	13,30	—	—	—	2,12	14,90	—	2,38	
367	desgl., hellbernsteingelb	4,30	1884	6,98	14,18	1,94	73,63	1,48	1,79	15,24	79,16	2,44	
368	Australian Club, gelb	4,42	1883	8,97	11,03	—	—	—	1,97	12,12	—	1,92	
369	desgl., gemischt	4,54	1884	7,16	11,55	1,98	76,97	1,18	1,16	12,44	82,91	1,99	
370	Pringles No. 6, gelb, mittel	5,15	1881	9,89	13,13	2,52	70,63	1,70	2,12	14,57	78,39	2,33	
371	desgl.	4,65	1883	9,30	13,65	—	—	—	2,08	15,06	—	2,41	
372	Pringles No. 7, bernsteingelb, hart	4,64	1881	9,89	15,25	2,20	68,65	1,78	2,23	16,93	76,17	2,71	
373	desgl., gelb	3,97	1883	9,15	12,08	—	—	—	2,05	13,30	—	2,11	
374	Centennial, gelb	—	1881	9,66	12,06	2,00	72,83	1,10	2,35	13,35	80,62	2,14	
375	desgl., gelb	5,88	1883	8,60	11,55	—	—	—	2,10	12,64	—	2,02	
376	Hedge Row, white Chaff, gelb, mittel	4,07	1881	9,07	13,62	2,11	71,50	1,62	2,08	14,98	79,41	2,40	
377	desgl.	2,84	1883	9,16	11,73	—	—	—	2,02	12,91	—	2,07	
378	desgl., gelb	3,17	1884	5,95	9,98	2,43	78,85	1,29	1,50	10,61	83,85	1,70	
379	Hybrid No. 10, bernsteingelb, hart	—	1881	9,72	13,75	2,16	70,77	1,32	2,28	15,24	78,38	2,44	
380	desgl., gelb	5,02	1883	8,68	11,03	—	—	—	2,26	12,08	—	1,93	
381	desgl., bernsteingelb	4,69	1884	9,57	9,45	1,78	78,60	1,85	1,75	10,45	83,59	1,67	
382	Hybrid No. 13, roth	3,70	1883	10,27	10,68	—	—	—	2,10	11,90	—	1,90	
383	desgl., bernsteingelb	3,17	1884	7,13	12,95	2,59	74,07	1,48	1,78	13,95	79,75	2,23	
384	Hybrid No. 15, roth, hart	—	1881	10,07	12,25	2,68	71,50	1,57	1,93	13,62	79,50	2,18	
385	desgl.	3,57	1883	8,87	11,73	—	—	—	2,03	12,87	—	2,06	
386	desgl., gelb	3,20	1884	8,19	12,08	2,32	74,23	1,43	1,75	13,16	80,84	2,11	
387	Hybrid No. 16, roth, mitt.	4,82	1881	9,53	11,75	2,54	72,52	1,62	2,04	12,98	80,17	2,08	
388	desgl., bernsteingelb	5,04	1883	8,70	11,03	—	—	—	2,13	12,08	—	1,93	
389	desgl., gemischt	4,11	1884	7,04	11,38	2,27	75,78	1,58	1,95	12,24	81,52	1,96	
390	Hybrid No. 17, bernsteingelb, hart	5,14	1881	9,93	13,62	3,93	68,86	1,59	2,07	15,12	76,46	2,42	
391	desgl., roth	4,82	1883	8,90	14,35	—	—	—	2,23	15,76	—	2,52	
392	desgl.	4,74	1884	7,00	12,25	2,55	75,45	1,15	1,60	13,17	81,14	2,11	
393	Fountain, gelb, hart	5,10	1881	10,58	13,62	2,15	69,63	1,32	2,70	15,23	77,87	2,44	
394	desgl.	4,19	1883	8,27	11,90	—	—	—	2,14	12,97	—	2,08	
395	White Chaff, roth, weich	4,21	1881	9,57	14,04	2,44	69,64	2,18	2,03	15,53	77,10	2,48	
396	desgl.	3,25	1883	7,95	12,08	—	—	—	2,05	13,12	—	2,10	
397	Perfection, gelb, hart	5,54	1881	9,93	14,18	2,32	70,03	1,55	1,99	15,74	77,74	2,52	
398	desgl.	5,03	1883	10,29	12,95	—	—	—	2,08	14,44	—	2,31	
399	German Fife, roth, weich	5,27	1881	10,42	15,06	2,79	67,94	1,48	2,31	16,81	75,85	2,69	
400	desgl., bernsteingelb	4,55	1883	10,05	12,60	—	—	—	2,28	14,01	—	2,24	

[1]) Vergl. Anmerkung [4]) Seite 452 u. 453.

No.	Bemerkungen	Gew. von 100 Körn. g	Jahr der Untersuchung	In der ursprünglichen Substanz: Wasser %	Nh-Substanz %	Rohfett %	Nfr. Extractstoffe %	Rohfaser %	Asche %	In der Trocken-Substanz: Nh-Substanz %	Nfr. Extractstoffe %	Stickstoff in der Trocken-Substanz %	Analytiker
401	Triticum, gelb, hart .	5,75	1881	10,02	13,62	2,65	69,53	1,51	2,67	15,13	77,25	2,42	*Clifford Richardson*[1]
402	desgl.	4,86	1883	8,98	14,00	—	—	—	2,02	15,39	—	2,46	
403	Russian durum, bernsteingelb, hart . .	5,92	1881	9,91	15,25	2,00	68,98	1,54	2,32	16,93	76,56	2,71	
404	desgl., gelb	4,76	1883	8,70	14,35	—	—	—	2,10	15,71	—	2,51	
405	Meekin's, roth, weich	5,19	1881	9,38	15,15	2,97	68,38	1,59	2,53	16,73	75,44	2,68	
406	desgl.	4,41	1883	10,15	13,48	—	—	—	2,05	15,00	—	2,40	
407	Hybrid No. 26, gelb .	3,99	1883	9,40	14,38	—	—	—	2,20	15,88	—	2,54	
408	desgl., hellbernsteingelb	5,34	1884	8,12	12,08	2,01	74,39	1,45	1,95	13,14	80,97	2,10	
409	Hybrid No. 28, gelb .	3,83	1883	9,32	9,98	—	—	—	2,28	11,01	—	1,76	
410	desgl., dunkelgelb . .	4,68	1884	9,15	11,20	2,32	73,43	1,80	2,10	12,33	80,83	1,97	
411	Hybrid No. 33, gelb .	2,72	1883	10,15	8,93	—	—	—	1,87	9,94	—	1,59	
412	desgl., dunkelgelb . .	3,59	1884	8,00	9,80	2,31	76,30	1,75	1,84	10,65	82,94	1,70	
413	Hybrid No. 34, bst.-gelb	5,18	1883	8,82	12,60	—	—	—	2,43	13,82	—	2,21	
414	desgl., bst.-gelb, glasig	6,62	1884	8,42	12,08	1,99	73,31	1,95	2,25	13,19	80,05	2,11	
415	Hybrid No. 35, gelb .	3,06	1883	9,37	10,50	—	—	—	2,27	11,59	—	1,85	
416	desgl.	3,80	1884	7,53	10,50	2,42	76,57	1,48	1,50	11,35	82,81	1,82	
417	Hick's Prolific, bernsteingelb	2,88	1883	9,21	10,33	—	—	—	2,04	11,38	—	1,82	
418	desgl., roth	3,89	1884	6,88	12,78	2,10	75,04	1,75	1,45	13,73	80,57	2,20	
419	Geiger, gelb	4,06	1883	9,92	14,33	—	—	—	2,20	15,91	—	2,55	
420	desgl., bernsteingelb .	4,24	1884	6,23	13,13	2,25	74,81	1,58	2,00	14,00	79,79	2,24	
421	Hybrid No. 37, gelb .	3,56	1883	10,72	11,90	—	—	—	2,44	13,23	—	2,12	
422	desgl.	3,85	1884	6,08	12,20	2,58	75,26	1,78	2,05	12,99	81,18	2,08	
423	Brook's, bernsteingelb	3,84	„	6,86	13,13	1,96	74,55	1,88	1,80	14,10	79,84	2,26	
424	Canada Club, bst.-gelb	3,76	„	7,85	12,43	2,14	74,11	1,60	1,87	13,49	80,42	2,16	
425	Golden Globe, bst.-gelb	4,67	„	7,08	13,83	2,67	72,80	1,65	1,97	14,88	78,35	2,38	
426	China Tea, bernsteingelb	5,00	„	7,38	13,13	2,58	74,48	1,25	1,18	14,18	80,41	2,27	
427	Chili, gelb	4,44	„	6,55	11,38	2,02	77,16	1,28	1,61	12,18	82,57	1,90	
428	Egyptian Fife, gelb .	4,84	„	6,98	12,43	2,11	75,64	1,23	1,61	13,36	81,32	2,14	
429	Saxon Fife, roth . .	3,69	„	6,51	14,35	2,38	73,98	1,50	1,28	15,35	79,12	2,46	
430	Dominion, roth u. gelb	4,11	„	6,26	13,30	2,22	74,84	1,63	1,75	14,19	79,83	2,27	
431	Prussian, dunkelbernsteingelb	3,61	„	7,01	10,15	1,22	76,61	2,10	1,91	10,91	83,47	1,75	
432	Pringle, hellbernst.-gelb	4,30	„	6,97	11,90	2,24	75,09	1,95	1,85	12,79	80,71	2,05	
433	Italian, roth und gelb	5,02	„	6,92	11,90	2,17	75,50	1,60	1,91	12,78	81,12	2,04	
434	Nox No. 1, gelb . .	3,98	„	6,35	11,55	2,08	77,07	1,33	1,62	12,34	82,29	1,97	
435	Andriola Amber, roth und bernsteingelb .	3,79	„	8,07	14,18	2,61	71,64	1,60	1,90	15,43	77,92	2,47	
436	Red Clawson, dunkelbernsteingelb . . .	3,66	„	7,51	12,78	2,19	74,06	1,61	1,85	13,82	80,07	2,21	

[1]) Vergl. Anmerkung [4]) Seite 452 u. 453.

No.	Bemerkungen	Gew. von 100 Körn. g	Jahr der Untersuchung	In der ursprünglichen Substanz: Wasser %	Nh-Substanz %	Rohfett %	Nfr. Extractstoffe %	Rohfaser %	Asche %	In der Trocken-Substanz: Nh-Substanz %	Nfr. Extractstoffe %	Stickstoff in der Trocken-Substanz %	Analytiker
437	Big Mary, dunkelgelb	4,71	1884	7,16	11,20	2,09	75,87	1,63	2,05	12,06	81,72	1,93	*Clifford Richardson*[1] (437–470)
438	Casaca, roth . . .	3,30	„	8,65	11,73	2,55	73,25	1,68	2,10	12,84	80,23	2,05	
439	Monmuth, hellroth .	4,83	„	8,24	12,78	2,68	72,70	1,55	2,05	13,37	79,79	2,14	
440	Vermillion, roth . .	3,50	„	7,84	14,70	2,34	71,49	1,63	2,00	15,95	77,57	2,55	
441	Edenton Fife, roth .	4,01	„	9,33	13,30	2,50	71,30	1,64	1,93	14,67	78,62	2,35	
442	Nox 2, gelb	4,17	„	7,52	11,38	2,16	75,34	1,30	2,30	12,30	81,66	1,97	
443	Nox 4, hellroth . .	4,67	„	8,13	11,90	2,51	74,51	1,30	1,65	12,95	81,11	2,07	
444	Nox 3, bernsteingelb, glasig u. zusammengeschrumpft . . .	5,50	„	8,43	14,53	2,80	70,79	1,40	2,05	15,87	77,30	2,52	
445	Nox 5, gelb	4,24	„	8,48	12,25	2,21	74,31	1,30	1,45	13,38	81,21	2,14	
446	Pringle No. 17, gelb .	4,17	„	7,94	12,60	2,73	73,03	1,70	2,00	13,68	79,34	2,19	
447	Wales, hellgelb . . .	5,07	„	7,74	10,85	1,97	76,39	1,55	1,50	11,76	82,79	1,88	
448	Northcotes Improved, gelb	3,57	„	7,66	10,50	1,34	75,62	1,93	1,95	11,37	82,98	1,82	
449	Northcotes Amber, hellroth	4,12	„	7,46	10,85	2,38	76,01	1,25	2,05	11,73	82,13	1,88	
450	Black Chaff, roth . .	3,42	„	8,28	11,20	2,03	75,54	1,35	1,60	12,21	82,37	1,95	
451	Hebron, gelb . . .	3,50	„	7,69	14,00	1,90	72,96	1,35	2,10	15,16	79,05	2,43	
452	Nebraska, bernsteingelb	4,44	„	7,08	13,83	2,10	72,86	1,98	2,15	14,88	78,42	2,38	
453	White North Carolina, hellroth	4,40	„	6,90	13,13	2,52	74,20	1,75	1,50	14,10	79,70	2,26	
454	Kivet, tiefgelb . . .	4,22	„	7,18	14,00	2,35	72,57	1,95	1,95	15,08	77,19	2,41	
455	Baltimore, hellroth .	5,06	„	7,06	12,60	2,29	74,45	1,55	2,05	13,56	80,20	2,17	
456	Davis, hellroth . . .	4,22	„	7,12	14,88	1,96	72,71	1,38	1,95	16,03	78,27	2,56	
457	Wintergreen, bst.-gelb	3,93	„	7,11	13,13	1,95	74,91	1,38	1,35	14,14	80,82	2,26	
458	Sea Island, roth . .	3,42	„	6,77	12,43	2,07	75,75	1,58	1,40	13,34	81,24	2,13	
459	Edenton, bernsteingelb	5,18	„	7,69	12,60	2,56	74,25	1,85	1,65	13,65	79,79	2,18	
460	Winnipeg Russian, hellroth	4,12	„	9,17	12,08	2,52	72,25	1,83	2,15	13,30	79,55	2,13	
461	Manitoba, roth . . .	3,58	„	8,09	12,25	3,36	73,45	1,80	2,05	13,33	78,82	2,13	
462	Winnipeg, tiefgelb, glas.	5,56	„	7,39	14,18	2,84	71,81	1,78	2,00	15,31	77,54	2,45	
463	Hallet's Pedigree, gelb	3,88	„	8,31	12,08	2,63	—	1,95	—	13,18	—	2,11	
464	China No. 2, bst.-gelb	3,18	„	8,94	15,05	2,20	69,71	1,75	2,35	16,52	76,56	2,64	
465	Mo Turkey	4,00	„	—	12,25	—	—	1,32	—	—	—	—	
466	Mo Mediterranean, hellroth	4,48	„	8,68	14,00	2,21	71,21	1,75	2,15	15,33	77,98	2,45	
467	Scottish Fife, roth .	3,44	„	8,13	14,00	2,50	71,67	1,80	1,90	15,23	78,13	2,44	
468	Rye, dunkel- u. hellroth	4,76	„	7,96	13,30	2,04	73,03	1,72	1,95	14,44	79,35	2,31	
469	Sandomirka, dunkelroth	4,06	„	7,54	12,95	2,36	73,25	1,90	2,00	14,01	80,22	2,24	
470	Hopetown, bernsteingelb	4,50	„	8,97	13,30	2,17	72,53	2,08	0,95	14,62	79,67	2,34	

[1]) Vergl. Anmerkung [4]) Seite 452 u. 453.

No.	Bemerkungen	Gew. von 100 Körn. g	Jahr der Untersuchung	In der ursprünglichen Substanz: Wasser %	Nh-Substanz %	Rohfett %	Nfr. Extractstoffe %	Rohfaser %	Asche %	In der Trocken-Substanz: Nh-Substanz %	Nfr. Extractstoffe %	Stickstoff in der Trocken-Substanz %	Analytiker
	Oregon.												
471	Hudson Bay	4,25	1882	10,97	8,58	2,31	74,51	1,88	1,75	9,64	83,69	1,54	Clifford Richardson[1]
472	Velvet Chaff, weiss .	5,14	„	10,92	8,05	1,80	75,60	1,68	1,95	9,44	84,52	1,51	
	Utah.												
473	Red Taos, gelb, weich, 1875er Ernte . .	4,08	1883	9,27	10,50	—	—	—	1,93	11,57	—	1,85	
474	Leran, gelb, weich, 1875er Ernte . .	3,70	„	9,07	9,80	—	—	—	2,53	10,78	—	1,72	
	New-Mexico.												
475	Taos, gelb, weich, 1882er Ernte . .	3,19	„	9,50	11,73	—	—	—	2,10	12,96	—	2,07	
476	German, gelb, 1875er Ernte	3,96	„	9,10	9,28	—	—	—	1,77	10,21	—	1,63	
477	Propo, gelb, weich, 1875er Ernte . .	3,62	„	11,37	12,08	—	—	—	1,87	13,64	—	2,18	
478	Sonora, gelb, weich, 1875er Ernte . .	3,32	„	11,40	10,15	—	—	—	2,02	11,46	—	1,83	
479	Nonpareil, gelb, weich, 1875er Ernte . .	5,18	„	11,82	11,20	—	—	—	1,79	12,70	—	2,03	
480	Pride of Butte, gelb, weich, 1875er Ernte	3,44	„	11,18	9,98	—	—	—	1,90	11,24	—	1,80	
481	Nonpareil, gelb, weich, 1875er Ernte . .	3,91	„	10,82	12,78	—	—	—	1,93	14,33	—	2,29	
482	White Chili, gelb, weich, 1875er Ernte . .	4,16	„	10,47	11,90	—	—	—	1,95	13,29	—	2,13	
483	White Australien, gelb, weich, 1875er Ernte	5,04	„	10,38	9,10	—	—	—	2,02	10,54	—	1,69	
484	Jones, gelb, weich, 1875er Ernte . .	3,61	„	10,16	9,45	—	—	—	1,68	10,52	—	1,68	
485	Fultz, roth, hart, 1875er Ernte	3,10	„	10,20	12,25	—	—	—	1,49	13,65	—	2,18	
486	White Colorado, gelb, weich, 1875er Ernte	3,54	„	9,53	10,50	—	—	—	1,97	11,60	—	1,86	
	Washington Territory.												
487	Walla Walla, weiss, weich, 1883er Ernte	2,58	„	10,13	7,70	—	—	—	1,95	8,57	—	1,37	
488	Tappahanock, gelb, glasig, 1871er Ernte	4,73	„	9,65	8,75	—	—	—	2,02	9,69	—	1,55	

[1]) Vergl. Anmerkung [4]) Seite 452 u. 453.

No.	Bemerkungen	Jahr der Untersuchung	In der ursprünglichen Substanz: Wasser %	Nh-Substanz %	Rohfett %	Nfr. Extractstoffe %	Roh-faser %	Asche %	In der Trocken-Substanz: Nh-Substanz %	Nfr. Extractstoffe %	Stickstoff in der Trocken-Substanz %	Analytiker
	Weizenanalysen anderen Ursprungs als dem des Departement of Agriculture.											
489	White Winter, New-York .	—	13,07	10,63	1,65	71,23	1,79	1,63	12,22	81,95	2,96	Brewer[1])
490	Red Winter, New-York . .	—	13,30	13,60	1,59	68,08	1,73	1,70	15,69	78,52	2,51	
491	From limestone land, New-Jersey	—	13,30	11,39	1,70	69,62	1,90	2,09	13,13	80,31	2,10	
492	From gray rock, gravel soil, New-Jersey	—	13,67	12,50	1,74	68,34	1,93	1,82	14,48	79,17	2,32	
493	No. 1, white winter, Michigan	—	12,89	11,06	1,56	70,74	1,90	1,85	12,70	81,21	2,03	
494	Fultz, Wisconsin	—	12,34	11,09	1,62	71,30	1,76	1,89	12,65	81,33	2,02	
495	Macaroni, California . . .	1879	10,70	13,76	1,46	70,21	1,90	1,97	15,41	78,61	2,47	
496	Macaroni, California . . .	„	10,93	12,84	1,63	71,40	1,75	1,45	14,42	80,15	2,31	
497	White Club, California . .	„	11,23	8,25	1,67	74,78	2,14	1,93	9,29	84,25	1,49	
498	No. 1, San Francisco Produce Exchange California . .	„	11,03	9,69	1,77	73,58	2,15	1,78	10,86	82,74	1,74	
499	Aus Neuschottland, Canada .	1872	13,20	16,88	—	—	—	—	19,44	—	3,11	Ritthausen[2])
	Minimum der Analysen v. Winterweizen a. Nordamerika	.	(5,95)	6,45	1,13	60,93	0,41	0,78	7,45	73,47	1,19	
	Maximum der Analysen v. Winterweizen a. Nordamerika	.	13,77	16,84	3,78	75,07	2,99	3,46	19,44	86,66	3,11	
	Mittel der Analysen v. Winterweizen a. Nordamerika	.	**13,37** *)	**11,60**	**2,07**	**69,47**	**1,70**	**1,79**	**13,39**	**80,19**	**2,14**	

b. Amerikanischer Sommerweizen.

No.	Bemerkungen	Jahr der Untersuchung	Wasser %	Nh-Substanz %	Rohfett %	Nfr. Extractstoffe %	Roh-faser %	Asche %	Nh-Substanz % (Trocken)	Nfr. Extractstoffe % (Trocken)	Stickstoff %	Analytiker
1	Canada, Ontario-Improved Fife	1878	8,50	14,70	2,56	71,15	1,62	1,47	16,07	77,75	2,64	P. Collier[3])
2	New-York-Champlain . . .	„	8,79	15,40	2,55	69,72	1,49	2,05	16,89	76,43	2,70	
3	New-York-Defiance	„	8,12	14,00	2,49	71,78	2,04	1,57	15,23	78,13	2,44	
4	Oregon-Chili Club	„	7,90	8,14	2,33	78,66	1,41	1,56	8,83	85,42	1,41	
5	Oregon-Noah, Island . . .	„	9,64	9,20	2,06	75,18	1,92	2,00	10,84	82,55	1,73	
6	Oregon-Red Chaff	1882	10,68	8,40	2,16	74,91	1,65	2,20	9,40	83,87	1,50	Clifford Richardson[4])
7	Georgia-Spring, hart . . .	„	10,92	11,20	2,40	71,55	2,13	1,80	12,58	80,31	2,01	

[1]) No. 489—498. Brewer. Aus Cliff. Richardson's second report: The composition of american wheat etc. 27. Tenth Census of the United States. Vol. III. Statics of Agriculture. p. 414.

[2]) No. 499. H. Ritthausen: Die Eiweissstoffe der Getreidearten. Bonn 1872.

*) Nach dem Mittel von 428 Analysen von Weizen verschiedener Länder angenommen; der wirkliche mittlere Wassergehalt der vorstehenden Analysen berechnet sich zu 9,92 %.

Amerikanischer Sommerweizen.

[3]) No. 1—5. P. Collier. Ann. Rep. of the Commissioner of Agriculture for 1878. 146. An näheren Bestandtheilen wurden ferner bestimmt:

	In Procenten der lufttrocknen Körner No. 1	2	3	4	5	In Procenten der trocknen Körner No. 1	2	3	4	5
Zucker	3,37	3,61	3,50	4,07	3,30	3,68	3,96	3,81	4,42	3,67
Gummi	2,46	2,12	2,27	4,45	2,14	2,69	2,32	2,47	4,83	2,37
Stärkemehl	65,32	63,99	66,01	70,14	69,14	71,38	70,15	71,85	76,17	76,51
In Alkohol lösliches Eiweiss	4,69	4,45	4,10	2,73	2,74	5,13	4,88	4,46	2,96	3,03

[4]) Vergl. Anmerkung [1]) Seite 469.

No.	Bemerkungen	Jahr der Untersuchung	In der ursprünglichen Substanz: Wasser %	Nh-Substanz %	Rohfett %	Nfr. Extractstoffe %	Rohfaser %	Asche %	In der Trocken-Substanz: Nh-Substanz %	Nfr. Extractstoffe %	Stickstoff in der Trocken-Substanz %	Analytiker
8	Dakota: Scotch Fife, hart (Hard Spring wheat, 1883er Rothe, dicke, harte Körner)	1882	10,08	14,35	2,25	69,69	1,83	1,80	15,96	77,51	2,55	Clifford Richardson [1]
9	Cass Connty	1883	8,89	16,10	—	—	—	1,89	17,78	—	2,84	
10	desgl.	"	7,71	16,10	—	—	—	1,95	17,45	—	2,79	
11	desgl.	"	7,67	14,53	—	—	—	2,10	15,74	—	2,52	
12	desgl.	"	7,73	15,23	—	—	—	1,91	16,51	—	2,64	
13	desgl.	"	8,48	17,33	—	—	—	1,76	18,94	—	3,03	
14	desgl.	"	8,47	14,00	—	—	—	1,96	15,30	—	2,45	
15	desgl.	"	8,56	14,35	—	—	—	2,07	15,73	—	2,52	
16	La MoureCounty	"	8,07	16,28	—	—	—	1,99	17,71	—	2,83	
17	desgl.	"	9,57	18,03	—	—	—	1,89	19,94	—	3,19	
18	Pembina	"	9,92	12,43	—	—	—	1,84	13,80	—	2,21	
19	Minnesota: Wheat, No. 1, rothe, dicke, harte Körner	"	9,56	14,18	—	—	—	1,91	15,68	—	2,51	
20	Polk County, Scotch Fife, rothe, mittl., hart. Körn.	"	8,31	14,35	—	—	—	2,05	15,66	—	2,51	
21	desgl., rothe, dicke, harte Körner	"	8,05	13,83	—	—	—	1,93	15,03	—	2,40	
22	Hard Spring, Saatweizen, rothe, feine, harte Körn.	"	8,11	15,23	—	—	—	1,76	16,57	—	2,65	
23	Colorado: HedgeRow, RedChaff, hrt.	1881	9,17	12,94	2,09	71,88	1,33	2,59	13,65	79,74	2,18	
24		1883	9,18	12,95	—	—	—	2,19	14,26	—	2,28	
25	Mediterranean Spring	1884	7,53	13,30	2,61	73,27	1,60	1,69	14,38	79,24	2,30	
26	China Spring	"	6,39	14,00	2,49	74,24	1,65	1,23	14,95	79,32	2,39	
27	Russian Spring	"	8,41	13,48	2,36	72,01	1,79	1,95	14,72	78,62	2,36	
28	desgl.	1883	9,68	12,25	—	—	—	2,14	13,56	—	2,17	
29	desgl.	1882	8,92	12,78	—	—	—	2,31	14,03	—	2,24	
30	Red Mediterranean, bernsteingelb, hart (Gew. v. 100 K. g: 3,65)	1883	9,50	13,65	—	—	—	2,10	15,08	—	2,41	
31	French Imperial, bernsteingelb, mittel (4,59)	"	9,55	12,95	—	—	—	1,95	14,32	—	2,29	
32	Rust Proof, bernsteingelb, weich (4,96)	"	10,25	12,43	—	—	—	2,10	13,85	—	2,22	
33	Purple Straw, bernsteingelb, weich (3,23)	"	11,11	12,60	—	—	—	2,04	14,18	—	2,25	
34	Golden Premium gelb, mittel (3,82)	"	9,44	11,38	—	—	—	2,17	12,56	—	2,01	
35	White Mediterranean, gelb, weich (4,18)	"	9,69	11,20	—	—	—	2,19	12,40	—	1,98	
36	Amber-bearded, Maine	1880	13,35	11,81	2,00	69,06	1,99	1,79	13,63	79,59	2,18	Brewer [2]
37	Red Mammoth, Wisconsin	"	12,13	15,13	2,07	66,07	2,30	2,30	17,22	75,14	2,76	

[1]) No. 6—35. Clifford Richardson. An Investigation of the composition of american wheat etc. Depart. of Agriculture, Bureau of Chemistry. Bulletins No. 1, 4 u. 9.
Die Weizen No. 30—35 waren aus Winterweizen umgebildete Sommerweizen.

[2]) Vergl. Anmerkung [1]) Seite 470.

No.	Bemerkungen	Jahr der Untersuchung	In der ursprünglichen Substanz: Wasser %	Nh-Substanz %	Rohfett %	Nfr. Extractstoffe %	Rohfaser %	Asche %	In der Trocken-Substanz: Nh-Substanz %	Nfr. Extractstoffe %	Stickstoff in der Trocken-Substanz %	Analytiker
38	Spring weath, Minnesota .	1880	11,13	14,00	—	—	—	1,95	15,75	—	2,52	*Brewer* [1]
39	Scotch Fife, Dakota . . .	„	12,60	13,50	1,82	68,09	2,01	1,98	15,42	78,30	2,47	
40	desgl.	„	12,90	13,25	1,82	68,33	1,93	1,77	15,21	78,45	2,43	
	Minimum	.	(6,39)	7,65	1,81	65,09	1,26	1,13	8,83	75,14	1,41	
	Maximum	.	13,35	17,27	2,44	74,00	2,30	2,47	19,94	85,42	3,19	
	Mittel der amerikanischen Sommerweizen *) . .	.	**13,37** **)	**12,92**	**2,15**	**67,98**	**1,72**	**1,86**	**14,92**	**78,46**	**2,39**	

Zusammenstellung

für die mittlere Zusammensetzung von amerikanischem Weizen (incl. Sommerweizen).

		Zahl der Analysen										
1	Canada	6	$18\frac{79}{80}$	9,74	10,87	—	—	—	1,56	12,04	—	1,93
2	Pennsylvania	33	„	10,73	11,44	—	—	—	1,70	12,81	—	2,05
3	Maryland	9	„	10,52	11,65	—	—	—	1,75	13,02	—	2,12
4	Virginia	15	„	9,98	12,10	—	—	—	1,84	13,44	—	2,15
5	West-Virginia . . .	2	„	8,55	10,94	—	—	—	2,07	11,96	—	1,91
6	North Carolina . . .	22	„	10,03	10,43	—	—	—	1,59	11,59	—	1,85
7	Georgia	7	„	10,00	11,78	—	—	—	1,96	13,09	—	2,09
8	Alabama	19	„	10,82	11,29	—	—	—	1,96	12,67	—	2,03
9	Ohio	44	„	10,68	12,83	—	—	—	1,94	14,37	—	2,30
10	Tennessee	15	„	10,24	12,50	—	—	—	1,92	13,93	—	2,23
11	Kentucky	8	„	10,83	13,15	—	—	—	1,75	14,74	—	2,36
12	Michigan	22	„	10,71	11,67	—	—	—	1,64	13,09	—	2,09
13	Missouri	12	„	9,80	11,56	—	—	—	1,92	12,82	—	2,05
14	Arkansas	1	„	9,56	12,95	—	—	—	2,52	14,32	—	2,30
15	Minnesota	13	„	9,96	13,19	—	—	—	1,77	14,65	—	2,35
16	Dakota	12	„	8,84	14,95	—	—	—	1,96	16,20	—	2,59
17	Manitoba	2	„	8,35	14,53	—	—	—	1,63	15,84	—	2,53
18	Kansas	10	„	11,80	11,15	—	—	—	1,64	12,64	—	2,02
19	Texas	19	„	10,03	13,14	—	—	—	1,81	14,60	—	2,02
20	Colorado	106	„	9,73	12,73	—	—	—	2,21	14,10	—	2,26
21	Utah	2	„	9,17	10,15	—	—	—	2,23	11,17	—	1,79
22	New-Mexico	2	„	9,30	10,50	—	—	—	1,98	11,58	—	1,85
23	California	10	„	10,73	10,94	—	—	—	1,86	12,25	—	1,96
24	Oregon	8	„	9,74	8,60	—	—	—	1,84	9,53	—	1,52
25	Washington Territory .	2	„	9,89	8,23	—	—	—	1,98	9,14	—	1,46
26	Atlantic and Golf States [2]	117	„	10,34	11,35	—	—	—	1,77	12,66	—	2,03

[1]) No. 36—40. Brewer. Aus Cliff. Richardson's second report: The composition of american wheat etc. 27. (Tenth Census of the United States, Vol. III, Statistics of Agriculture, p. 414.)

*) N-, Wasser- und Aschengehalt No. 1—40, Fett-, Kohlehydrate- und Holzfasergehalt 16 Analysen.

**) Nach dem Mittel von 428 Analysen von Weizen verschiedener Länder angenommen; der wirkliche mittlere Wassergehalt nach vorstehenden Zahlen berechnet sich zu 9,36 %.

[2]) No. 26. Die Atlantic und Golf-Staaten umfassen die Staaten Canada bis Alabama incl.

No.	Bemerkungen	Zahl der Analysen	Jahr der Untersuchung	In der ursprünglichen Substanz: Wasser %	Nh-Substanz %	Rohfett %	Nfr. Extractstoffe %	Rohfaser %	Asche %	In der Trocken-Substanz: Nh-Substanz %	Nfr. Extractstoffe %	Stickstoff in der Trocken-Substanz %	Analytiker
27	Middle States[1] . . .	91	1879/80	10,61	12,50	—	—	—	1,85	13,99	—	2,25	
28	Western States[1] . . .	177	"	9,83	12,74	—	—	—	2,06	14,12	—	2,26	
29	Pacific States . . .	20	"	10,25	9,73	—	—	—	1,87	10,83	—	1,73	
30	**United States and British America** .	**407**	"	**10,16**	**12,15**	—	—	—	**1,92**	**13,52**	—	**2,16**	
31	Colorado wheat, nach 6jährigem Anbau . .	24	1884	7,15	12,44	2,24	74,83	1,64	1,70	13,40	80,59	2,14	
32	desgl., nach 5jähr. Anbau	7	"	7,19	11,98	2,32	75,27	1,49	1,75	11,98	82,04	1,92	
33	desgl., nach 3jähr. Anbau	19	"	8,11	12,05	2,34	73,90	1,59	2,01	13,11	80,43	2,10	
34	desgl., nach 2jähr. Anbau	21	"	7,34	12,90	2,32	73,96	1,67	1,81	13,93	79,81	2,23	
35	desgl., nach 1jähr. Anbau	7	"	8,37	13,77	2,25	71,90	1,83	1,88	15,02	78,48	2,40	
36	Colorado-Weizen . . .	—	1881	9,86	13,40	2,41	70,48	1,57	2,28	14,86	78,20	2,38	
37	desgl.	—	1882	8,80	13,04	2,38	72,03	1,76	1,99	14,29	78,99	2,29	
38	desgl.	—	1883	9,38	11,74	—	—	—	2,09	12,95	—	2,07	
39	desgl.	—	1884	7,54	12,53	2,29	74,19	1,64	1,81	13,56	80,23	2,17	

Weizenkörner, unter dem Einfluss der Düngung. Winterweizen.

No.	Bemerkungen	Jahr	Wasser %	Nh-Substanz %	Rohfett %	Nfr. Extractstoffe %	Rohfaser %	Asche %	Nh-Substanz (Trocken) %	Nfr. Extractstoffe (Trocken) %	Stickstoff %	Analytiker
	Old-Lammas-Weizen.											
1	a. Ungedüngt	1845	18,8	11,57	—	—	—	1,57	14,25	—	2,28°	*Lawes u. Gilbert*[2]
2	b. Ammoniaksalze allein . .	"	20,0	11,15	—	—	—	1,51	13,94	—	2,23°	
3	c. Mineral- u. Ammoniaksalze	"	19,1	—	—	—	—	1,61	—	—	—	
4	a. Ungedüngt	1846	16,0	11,08	—	—	—	1,71	13,19	—	2,11°	
5	b. Ammoniaksalze allein . .	"	14,8	11,66	—	—	—	0,93	13,69	—	2,19°	
6	c. Mineral- u. Ammoniaksalze	"	15,9	11,35	—	—	—	1,61	13,50	—	2,16°	

[1]) No. 27 u. 28. Die Middle-West-Staaten werden von dem Mississippi-Strom begrenzt; die Western-States sind die Staaten westlich vom Mississippi einschliesslich Texas Colorado, Kansas, Missouri und Minnesota.

Weizenkörner, unter dem Einfluss der Düngung. Winterweizen.

In diesen Abschnitt fallen Analysen von gedüngtem Weizen, welche von Sigismund Friedrich Hermbstaedt im Jahre 1823 ausgeführt wurden, von Material, welches bei „Versuchen über den Einfluss auf die Erzeugung der näheren Bestandtheile der Getreidearten" erhalten wurden. — Dr. J. S. C. Schweigger's und Dr. Fr. W. Schweigger-Seidel's Journ. f. Chemie u. Physik. 46. (1826). 278. — Die verwendeten Düngerarten wurden rein und ohne Vermengung mit Streumitteln gesammelt und bei einer Temperatur, welche 70 ° R. nicht überstieg, ausgetrocknet. Ein sandiger Lehmboden wurde in 10 Beete von je 100 Quadratfuss Flächenraum abgetheilt, sodann im October in jedes einzelne derselben eine gleiche Gewichtsmenge der gesammelten Düngerarten untergegraben, nur das 10. Beet blieb ohne Düngung. Im Monat März des folgenden Jahres wurden sämmtliche Beete aufs neue umgegraben und jedes mit 16 Loth Samenkörner von ein und derselben Art Sommerweizen in Reihen besäet. Die im August geernteten Samen wurden der Analyse (nach bei den „Untersuchungsmethoden" mitgetheiltem Verfahren) der Untersuchung unterzogen. Nachstehend das Ergebniss derselben (die Zahlen sind im Original auf 5000 Theile der Substanz bezogen, hier von uns auf Procente umgerechnet):

	Rindsblut	Menschenkoth	Schafmist	Ziegenmist	Menschenharn	Pferdemist	Taubenmist	Kuhmist	Pflanzenerde	Ungedüngt
Körner-Ertrag	14 fältig		12 facher Ertrag			10 fach	9 fach	7 fach	5 fach	3 fach
Natürliche Feuchtigkeit . .	4,30	4,34	4,28	4,30	5,00	4,34	4,30	4,22	4,22	4,20
Hülsensubstanz	13,90	14,00	13,96	14,28	14,24	14,00	14,00	13,94	14,04	14,00
Kleber (Triticin)	34,24	33,94	32,90	32,88	35,10	13,68	12,20	11,96	9,60	9,20
Amylon	41,30	41,44	42,80	42,42	39,90	61,64	63.18	62,34	65,94	66,66
Getreideöl	0,90	1,10	1,08	0,90	1,08	1,00	0,92	1,04	0,98	1,00
Eiweiss	1,06	1,30	1,30	1,32	1,40	1,12	0,96	1,00	0,80	0,72
Schleimzucker	1,88	1,60	1,50	1,56	1,44	1,68	1,96	1,98	1,98	1,92
Gummi	1,84	1,60	1,56	1,56	1,60	1,72	1,92	1,90	1,90	1,88
Saurer phosphorsaurer Kalk	0,52	0,60	0,72	0,70	0,80	0,76	0,50	0,50	0,48	0,36
Verlust	0,06	0,08	0,08	0,08	0,10	0,06	0,06	0,08	0,06	0,06
	100,00	100,00	100,00	100,00	100,00	100,00	100,00	100,00	100,00	100,00

[2]) No. 1—33. J. B. Lawes u. J. H. Gilbert. On some points in the composition of wheat-grain, its products in the mill, and bread. London, 1857. Vom Jahre 1844 an wurde ununterbrochen auf demselben Felde, einem ziemlich thonigen Lehm-

No.	Bemerkungen	Jahr der Untersuchung	In der ursprünglichen Substanz: Wasser %	Nh-Substanz %	Rohfett %	Nfr. Extractstoffe %	Rohfaser %	Asche %	In der Trocken-Substanz: Nh-Substanz %	Nfr. Extractstoffe %	Stickstoff in der Trocken-Substanz %	Analytiker
7	a. Ungedüngt	1847	—	—	—	—	—	—	13,50	—	2,160	
8	b. Ammoniaksalze allein . .	„	—	—	—	—	—	—	14,62	—	2,340	
9	c. Mineral- u. Ammoniaksalze	„	—	—	—	—	—	—	15,00	—	2,400	
10	a. Ungedüngt	1848	—	—	—	—	—	—	14,62	—	2,340	
11	b. Ammoniaksalze allein . .	„	18,8	12,28	—	—	—	1,62	15,12	—	2,420	
12	c. Mineral- u. Ammoniaksalze	„	19,6	12,11	—	—	—	1,62	15,06	—	2,410	
	Red Cluster-Weizen.											
13	a. Ungedüngt	1849	17,7	9,56	—	—	—	1,56	11,62	—	1,860	
14	b. Ammoniaksalze allein . .	„	17,3	10,08	—	—	—	1,41	12,19	—	1,950	
15	c. Mineral- u. Ammoniaksalze	„	17,0	10,47	—	—	—	1,50	12,62	—	2,020	
16	a. Ungedüngt	1850	16,2	10,89	—	—	—	1,73	13,00	—	2,080	
17	b. Ammoniaksalze allein . .	„	15,7	11,22	—	—	—	1,60	13,31	—	2,130	*Lawes u. Gilbert.*
18	c. Mineral- u. Ammoniaksalze	„	15,6	11,77	—	—	—	1,70	13,94	—	2,230	
19	a. Ungedüngt	1851	15,7	9,48	—	—	—	1,65	11,25	—	1,800	
20	b. Ammoniaksalze allein . .	„	15,5	11,36	—	—	—	1,54	13,44	—	2,150	
21	c. Mineral- u. Ammoniaksalze	„	16,0	10,39	—	—	—	1,57	12,37	—	1,980	
22	a. Ungedüngt	1852	17,4	11,93	—	—	—	1,74	14,44	—	2,310	
23	b. Ammoniaksalze allein . .	„	16,3	12,97	—	—	—	1,60	15,50	—	2,480	
24	c. Mineral- u. Ammoniaksalze	„	16,5	12,32	—	—	—	1,65	14,75	—	2,360	
	Rostock-Weizen.											
25	a. Ungedüngt	1853	19,9	11,61	—	—	—	2,02	14,50	—	2,320	
26	b. Ammoniaksalze allein . .	„	19,6	12,21	—	—	—	1,67	15,19	—	2,430	
27	c. Mineral- u. Ammoniaksalze	„	19,1	11,63	—	—	—	1,72	14,37	—	2,300	

boden, Weizen angebaut. Jahr für Jahr wurde auf einem und demselben Platze derselbe Dünger aufgegeben. Ein Platz blieb stets ungedüngt; ein anderer erhielt nur Ammoniaksalze; der Weizen unter der Rubrik „Ammoniaksalze und Mineraldünger“ entstammte verschiedenen Plätzen, von denen ein jeder dieselbe Menge Ammoniaksalze wie der Platz „Ammoniaksalze allein“ erhielt, daneben eine mehr oder weniger vollständige Mischung von Mineralsalzen. Bis zum Jahre 1848 incl. wurde Old Red Lammas-Weizen, von 1849—1852 incl. Red Cluster-Weizen und dann Rostock-Weizen angebaut. Aus den Angaben des Gehalts der Körner an Trockensubstanz, Asche und N ist von uns die Zusammensetzung berechnet. Der Ertrag an Stroh und Körnern pro engl. Acker und in engl. Pfunden war (ungedüngt ist mit a, Ammoniaksalze allein mit b und Ammoniaksalze und Mineralsalze mit c bezeichnet):

	1845 a	1845 b	1845 c	1846 a	1846 b	1846 c	1847 a	1847 b	1847 c	1848 a	1848 b	1848 c	1849 a	1849 b	1849 c
1) Gesammt-Ertrag an Korn und Stroh	4153	6246	—	2720	4094	4666	3025	4593	5479	2664	3701	4661	2813	4992	5619
2) Körner in % des Gesammt-Ertrags	34,7	31,7	—	44,4	45,2	42,4	37,1	37,1	36,0	35,7	36,0	36,5	43,2	42,9	40,5
3) Gereinigte Körner in % des Körnerertrags . .	90,9	90,4	—	94,7	94,1	93,6	91,6	93,1	93,1	88,8	83,9	89,3	96,1	94,8	95,4
4) 1 Bushel gereinigter Körner wiegt	56,5	56,2	—	63,7	63,6	63,1	60,9	61,5	62,3	57,3	58,1	58,7	61,4	62,3	63,7

	1850 a	1850 b	1850 c	1851 a	1851 b	1851 c	1852 a	1852 b	1852 c	1853 a	1853 b	1853 c	1854 a	1854 b	1854 c
1) Gesammt-Ertrag an Korn und Stroh	2721	4810	5877	2710	5036	5583	2457	4107	4970	1772	2691	4913	3496	5808	8311
2) Körner in % des Gesammt-Ertrags	36,8	35,8	33,2	40,0	39,0	38,1	35,0	32,1	30,6	20,2	23,8	26,8	38,9	38,1	34,7
3) Gereinigte Körner in % des Körnerertrags . .	95,6	94,2	94,2	89,5	91,0	92,3	90,9	92,6	92,1	74,3	75,2	89,5	93,9	94,0	95,6
4) 1 Bushel gereinigter Körner wiegt	60,6	60,2	61,2	61,6	61,9	62,6	56,6	55,9	56,5	45,9	48,6	51,9	60,6	60,5	61,9

Mittel:	a	b	c
1) Gesammt-Ertrag an Korn und Stroh . .	2856	4608	5564
2) Körner in % des Gesammt-Ertrags . .	36,6	36,2	35,4
3) Gereinigte Körner in % des Körnertrags	90,6	90,3	92,8
4) 1 Bushel gereinigter Körner wiegt . .	58,5	58,9	60,2

No.	Bemerkungen	Jahr der Untersuchung	In der ursprünglichen Substanz: Wasser %	Nh-Substanz %	Rohfett %	Nfr. Extractstoffe %	Rohfaser %	Asche %	In der Trocken-Substanz: Nh-Substanz %	Nfr. Extractstoffe %	Stickstoff in der Trocken-Substanz %	Analytiker
28	a. Ungedüngt	1854	15,3	10,64	—	—	—	1,70	12,56	—	2,01°	
29	b. Ammoniaksalze allein . .	„	15,2	12,19	—	—	—	1,52	14,37	—	2,30°	
30	c. Mineral- u. Ammoniaksalze	„	14,9	11,28	—	—	—	1,61	13,25	—	2,12°	
31	a. Ungedüngt . . } Mittel d. 10 Jahre	—	17,1	11,03	—	—	—	1,72	13,31	—	2,13°	
32	b. Ammoniaks. allein } Mittel d. 10 Jahre	—	17,0	11,72	—	—	—	1,54	14,12	—	2,26°	
33	c. Mineral- u. Ammoniaksalze . . . } Mittel d. 10 Jahre	—	17,1	11,50	—	—	—	1,62	13,87	—	2,22°	
	Kleiner Bartweizen.											
34	Kalksuperphosphat	1844	—	—	—	—	—	—	18,94	—	3,03°	
35	desgl. und Ammoniaksalze .	„	—	—	—	—	—	—	16,56	—	2,65°	*Lawes u. Gilbert*[1]
36	Liebig's Patentdünger . . .	1846	—	—	—	—	—	—	11,31	—	1,81	
37	desgl. und Ammoniaksalze .	„	—	—	—	—	—	—	10,56	—	1,69	
38	desgl. und Rapskuchen . .	„	—	—	—	—	—	—	11,81	—	1,89	
39	desgl., Rapskuchen u. Ammoniaksalze	„	—	—	—	—	—	—	11,75	—	1,88	
40	Erschöpfter Boden, ungedüngt	„	—	—	—	—	—	—	12,19	—	1,95	
41	desgl. mit Ammoniaksalzen .	„	—	—	—	—	—	—	12,56	—	2,91	
42	desgl. mit Rapskuchen . .	„	—	—	—	—	—	—	11,56	—	1,85°	
43	desgl. mit Rapskuchen und Ammoniaksalzen	„	—	—	—	—	—	—	12,06	—	1,93	
	Kleiner Bartweizen. A. die grösseren Körner, Vorderweizen.											
44	1. Peruguano	1859	12,75	11,81	1,82	67,59	4,02	2,01	13,53	77,47	2,16	
45	2. Fledermaus-Guano . . .	„	12,03	9,75	2,04	70,30	3,98	1,90	11,09	79,91	1,77	
46	3. Oelkuchen	„	12,82	10,20	2,13	68,31	4,16	2,08	12,04	78,36	1,93	
47	4. Asche	„	12,65	10,62	1,90	68,94	3,74	2,15	12,16	78,92	1,95	
48	5. Oelkuchen und Asche .	„	12,62	10,50	2,27	69,25	3,36	2,00	12,01	79,26	1,92	
49	6. Ungedüngt	„	11,84	11,87	2,07	68,66	3,78	1,88	13,46	77,77	2,15	
50	7. Ungedüngt	„	12,20	11,19	2,12	68,42	4,04	2,03	12,75	77,93	2,04	*Tod u. Wels*[2]
51	Mittel d. ungedüngt. Parzellen	„	12,02	11,53	2,09	68,50	3,91	1,95	13,11	77,84	2,10	
52	Mittel der Parzellen 1—7 (No. 44—50)	„	12,41	10,87	2,05	68,80	3,87	2,00	12,41	78,55	1,99	
	B. die kleineren Körner, Hinterweizen.											
53	1. Peruguano	„	11,41	15,44	2,52	64,56	3,92	2,15	17,43	72,86	2,79	
54	2. Fledermaus-Guano . . .	„	11,25	21,87	2,89	58,18	3,64	2,17	24,65	65,55	3,94	
55	3. Oelkuchen	„	10,94	14,12	2,65	65,68	3,90	2,71	15,86	77,74	2,54	

[1] No. 34—43. J. B. Lawes u. J. H. Gilbert. Aus Wolff's Grundlagen des Ackerbaues. 771.

[2] No. 44—61. C. W. Tod u. A. Wels (Vers.-Stat. Raitz-Blanko). — Mitthl. d. K. K. Mährisch-Schlesischen Gesellschaft zur Beförderung des Ackerbaues etc. 1859. 1. Boden: ausser aller Dungkraft stehender, sandiger Lehmboden, 8 Zoll tief bearbeitet. Die Parzellen hatten eine Grösse von $33\frac{1}{3}$ Quadrat-Klaftern = $\frac{1}{12}$ Wiener Joch = 4.76 Are. Die Aussaat erfolgte Ende September 1858, nachdem die Dungmittel unmittelbar vorher mit einem mehrfachen Volumen Erde gemischt, gleichmässig ausgestreuet und flach eingerecht worden waren. Der angewendete Peruguano enthielt 10,9 % N und 18,6 % phosphorsaure Erden, der Fledermaus-Guano 7,7 % N u. 3,15 % Phosphorsäure, die Oelkuchen 3 % N (?) u. 3,4 % phosphor-

No.	Bemerkungen	Jahr der Untersuchung	In der ursprünglichen Substanz: Wasser %	Nh-Substanz %	Rohfett %	Nfr. Extractstoffe %	Rohfaser %	Asche %	In der Trocken-Substanz: Nh-Substanz %	Nfr. Extractstoffe %	Stickstoff in der Trocken-Substanz %	Analytiker
56	4. Asche	1859	12,30	15,94	1,82	63,56	3,51	2,27	18,17	73,17	2,91	*Tod u. Wels*
57	5. Oelkuchen und Asche	„	11,01	15,12	1,87	66,92	2,89	2,19	17,01	75,17	2,72	
58	6. Ungedüngt	„	11,52	16,19	1,75	64,50	3,92	2,12	18,29	72,90	2,93	
59	7. Ungedüngt	„	11,16	16,37	2,66	63,63	3,97	2,21	18,43	72,61	2,95	
60	Mittel d. ungedüngt. Parzellen	„	11,34	16,28	2,20	64,07	3,95	2,16	18,36	72,26	2,94	
61	Mittel der Parzellen 1—7 (No. 53—59)	„	11,05	16,44	2,85	63,81	3,68	2,17	18,48	71,74	2,96	
62	Ungedüngt (Mary's Goldweiz.)	„	16,48	—	—	—	—	1,70	14,31	—	2,29°	*Th. Siegert* [1])
63	Schwefelsaures Ammoniak	„	15,99	—	—	—	—	1,62	13,13	—	2,10°	
64	Salpetersaurer Kalk	„	16,97	—	—	—	—	1,62	13,63	—	2,18°	
65	Saurer phosphorsaurer Kalk	„	15,40	—	—	—	—	1,81	13,44	—	2,15°	
66	desgl. und schwefelsaures Ammoniak	„	15,90	—	—	—	—	1,63	13,25	—	2,12°	

saure Erden. Die pro österreichisches Joch verwendeten Mengen von Dünger und erhaltenen Erträge waren nachstehende (in österr. Pfunden):

	Düngerquantum	Ertrag: Körner	Stroh u. Spreu
1) Peruguano	480 Pfd.	1728 Pfd.	2481 Pfd.
2) Fledermaus-Guano	960 „	1536 „	3153 „
3) Oelkuchen	1920 „	1440 „	3042 „
4) Asche	2380 „	1359 „	2961 „
5) Oelkuchen und Asche	{1440 „ / 228 „}	1632 „	3600 „
6) Ungedüngt	— „	1344 „	2760 „

Das Verhältniss der geernteten gut entwickelten zu den unvollkommen entwickelten Körnern erhellt aus nachstehenden Zahlen:

	Guano	Flederm.-Guano	Oelkuchen	Asche	Oelkuch. u. Asche	Ungedüngt	Ungedüngt
Vorderkörner	65	67	54	34	55	28	31 %
Hinterkörner	35	33	46	66	45	71	69 „

Die ausführlichere Analyse ergab noch an näheren Bestandtheilen:

		Guano	Fledermaus-Guano	Oelkuchen	Asche	Oelkuchen u. Asche	Ungedüngt	Ungedüngt	Durchschnitt
Vorderkörner	Kleber	8,42	7,22	7,56	7,80	8,64	8,92	8,53	9,16
	Albumin	3,54	2,66	3,10	2,97	1,97	4,11	2,72	3,01
	Stärke	64,47	65,81	63,72	65,06	66,23	64,35	65,48	65,02
	Nfr. lösliche Stoffe	2,97	4,36	4,43	3,73	2,91	3,05	2,88	3,48
	N	1,89	1,56	1,68	1,70	1,68	1,90	1,79	1,74
	P_2O_5	0,904	0,925	0,976	1,031	1,058	0,914	0,928	0,962
Hinterkörner	Kleber	12,65	13,32	12,04	12,63	12,42	13,54	12,02	12,66
	Albumin	2,91	2,40	2,21	3,41	2,85	2,78	2,47	2,71
	Stärke	61,83	61,59	62,69	61,28	64,03	60,75	62,28	62,12
	Nfr. lösliche Stoffe	2,61	2,74	2,86	2,58	2,74	3,62	2,83	2,31
	N	2,47	3,50	2,26	2,55	2,42	2,59	2,62	2,63
	P_2O_5	1,098	1,221	1,001	1,226	1,212	—	1,287	1,174

Wir berechneten in unserer Tabelle die Menge der Nh-Substanz nach dem angegebenen N-Gehalt; im Original steht der N-Gehalt zu dem angegebenen Gehalt an Nh-Substanzen in einem Verhältniss = 1 : 6,33 (doch nicht durchgehend richtig berechnet). Bezüglich der Methode ist zu erwähnen: Wasser wurde bei 110° bestimmt; Asche ist Rohasche; Albumin wurde durch Coagulation aus dem wässrigen Auszuge ausgeschieden und als solches gewogen. Die Gesammtmenge des Proteïns wurde durch Multiplikation des N-Gehaltes mit 6,33 bestimmt, Kleber = Gesammtproteïn — Eiweiss; Fett ist Aetherextract. „Holzfaser" wurde durch oft wiederholtes, abwechselndes Ausziehen der Substanz mit verdünnter Kalilauge und verdünnter Schwefelsäure erhalten. Der von Albumin befreite, wässrige Auszug wurde nach dem Eindampfen im Wasserbade gewogen und verascht; er ist nach Abzug der Aschenmenge als stickstofffreie lösliche Substanz (Dextrin) in Rechnung gebracht. Der Gehalt an Stärkemehl wurde aus der Differenz berechnet.

[1]) No. 62—68. Th. Siegert. Landw. Vers.-Stat. 3. 1861. 128. Versuchsgarten zu Chemnitz, dessen Ackerkrume aus einem ziemlich schweren, aus Felsittuff entstandenen Thonboden besteht; die Fläche hatte vorher mehrere Jahre Kartoffeln ohne Düngung getragen. Die zu 17,3 qm abgetheilten Beete erhielten bezw. je 114 g N und 152 g P_2O_5. Die Erträge waren folgende:

	No. 62	63	64	65	66	67
Körner	2750	4750	2750	2500	4000	3000 g
Stroh und Spreu	8500	11750	7250	7350	12450	10350 „

Die Proteïnstoffe wurden geschieden in unlösliche und lösliche und wurden davon gefunden:

	No. 62	63	64	65	66	67	Mittel
Unlösliche Nh-Substanz	10,12	9,19	9,13	8,94	9,06	9,81	9,37 %
Lösliche Nh-Substanz	4,19	3,94	4,50	4,60	4,19	4,63	4,33 „

No.	Bemerkungen		Jahr der Untersuchung	In der ursprünglichen Substanz: Wasser %	Nh-Substanz %	Rohfett %	Nfr. Extractstoffe %	Rohfaser %	Asche %	In der Trocken-Substanz: Nh-Substanz %	Nfr. Extractstoffe %	Stickstoff in der Trocken-Substanz %	Analytiker
67	Saurer phosphorsaurer Kalk u. salpetersaurer Kalk . .		1859	16,84	—	—	—	—	1,52	14,44	—	2,31⁰	*Th. Siegert*[1])
68	Mittel		„	16,26	—	—	—	—	1,65	13,70	—	2,19⁰	
	Englischer St. Helena-Weizen aus Poppelsdorf.												
69	Ungedüngt . . .	Gedüngt 1857 (Nachwirkuag)	1858	12,77	14,67	68,25		2,47	1,84	16,83	—	2,69	*Hartstein, Sopp u. Töpler*[2])
70	Kohlensaurer Kalk .		„	12,16	15,01	67,61		3,23	1,99	17,09	—	2,73	
71	Kohlensaures Kali u. kohlensaurer Kalk		„	12,02	14,73	68,30		2,94	2,01	16,74	—	2,68	
72	Salpetersaurer Kalk u. kohlensaur. Kalk		„	11,43	15,84	66,95		3,00	2,78	17,88	—	2,86	
73	Phosphorsaur. Kalk		„	12,14	14,91	69,02		2,06	1,87	16,97	—	1,32	
74	Salzgemisch . . .		„	11,89	16,55	66,17		3,15	2,24	18,78	—	3,00	
75	Mittel		„	12,07	15,28	67,72		2,81	2,12	17;37	—	2,78	
76	Ungedüngt	Frisch gedüngt	1859	13,20	12,28	1,15	67,26	4,30	1,81	14,15	77,49	2,26	
77	Kohlensaurer Kalk .		„	13,54	13,75	1,11	65,78	3,93	1,89	15,91	76,11	2,55	
78	Kohlensaures Kali und kohlensaurer Kalk .		„	13,31	13,13	1,20	66,46	4,02	1,88	15,15	76,66	2,42	
79	Salpetersaurer Kalk u. kohlensaurer Kalk .		„	13,61	14,36	1,14	64,85	4,19	1,85	16,60	75,10	2,66	
80	Phosphorsaurer Kalk .		„	12,90	14,12	1,14	65,58	3,94	2,32	16,21	75,30	2,59	
81	Salzgemisch		„	13,88	16,31	1,05	62,83	4,02	1,91	18,94	72,95	3,03	
82	Mittel		„	13,40	14,00	1,13	65,46	4,07	1,94	16,17	75,58	2,59	

[1]) Vergl. Anmerkung [1]) Seite 474.

[2]) No. 69—89. Hartstein, Sopp u. Töpler. Annal. d. Landw. in Preussen. 37. 1861. 163. Das untersuchte Material wurde bei Düngungsversuchen in Kästen gewonnen. Als Boden wurde der sandige Lehm des Rheinalluviums verwendet. Die Oberkrume des Landes wurde bis zu 2 Fuss Tiefe abgegraben und erst die darauf folgende Erdschicht nach sorgfältigem Mischen zur Füllung der Kästen benutzt. Der sandige Lehm bei 100° getrocknet enthielt:

Grössere Steine (Quarz, Grauwacke u. Thonschiefer) bis zu Erbsengrösse	0,53 %
Feinen Sand	63,24 „
Abschlämmbare Theile	33,79 „
Wasser und organische Bestandtheile	2,26 „
In Wasser lösliche Salze	0,18 „

Specifisches Gewicht des Bodens: 2,694, wasserhaltende Kraft 38,4 %. Die chemische Zusammensetzung des Bodens war folgende:

	Wasser u. organ. Substanz	Kohlensaurer Kalk	Quarz u. in Salzsäure unlösl. Silicate	SiO_2	F_2O_3	Al_2O_3	CaO	MgO	K_2O	Na_2O	P_2O_5
In den 63,24 % feinem Sand . . .	0,41	1,02	58,89	0,83	0,38	0,58	0,58	0,16	0,08	0,22	0,04
In den 33,79 % abschlämmb. Theilen	—	—	22,95	4,54	1,65	2,78	0,53	0,33	0,44	0,09	0,05

Der gleichmässig gemischte Boden wurde in Kästen von 6 Fuss Länge, 4 Fuss Breite und 3 Fuss Tiefe gebracht, welche in entsprechender Tiefe in die Erde eines freien Gartens eingelassen wurden. Die Düngung betrug bei Kasten II: 209,6 g kohlensauren Kalk, bei III: 86,6 g kohlensaures Kali und 209,6 g kohlensauren Kalk, bei IV: 75,2 g salpetersauren Kalk und 163,6 g kohlensauren Kalk, bei V: 216,5 g dreibasischen phosphorsauren Kalk, bei VI: 216,5 g dreibas. phosphorsauren Kalk, 86,6 g kohlensaures Kali und 75,2 g salpetersauren Kalk (Salzgemisch).

Die Erträge an Körnern und Stroh in den 3 Jahren waren folgende:

	1858 Körner g	1858 Stroh g	1859 Körner g	1859 Stroh g	1860 Körner g	1860 Stroh g
I.	64	638	354	3044	219,5	610,4
II.	57	650	408	3080	185,3	463,1
III.	54	673	437	3618	199,8	536,5
IV.	51	659	443	4357	315,5	944,7
V.	56	679	474	3571	218,1	538,2
VI.	25	565	387	3583	253,0	667,5

Die Kästen wurden im Jahre 1857 mit Gerste bestellt und war dazu wie bemerkt gedüngt worden. Nach Aberntung der Gerste folgte Winterweizen ohne frische Düngung. Die darauf folgende zweite Bestellung mit Winterweizen erhielt frische Düngung (in gleicher Weise wie vorher). Im Herbst 1859 wurde zum drittenmal mit Winterweizen bestellt.

No.	Bemerkungen	Jahr der Untersuchung	In der ursprünglichen Substanz: Wasser %	Nh-Substanz %	Rohfett %	Nfr. Extractstoffe %	Rohfaser %	Asche %	In der Trocken-Substanz: Nh-Substanz %	Nfr. Extractstoffe %	Stickstoff in der Trocken-Substanz %	Analytiker
83	Ungedüngt	1860	14,92	10,05	1,18	70,04	1,84	1,97	11,81	82,33	1,89	*Hartstein, Sopp u. Töpler*[1])
84	Kohlensaurer Kalk . . .	„	15,30	10,48	1,14	69,22	1,57	2,29	12,38	81,81	1,98	
85	Kohlensaures Kali u. kohlensaurer Kalk	„	14,70	11,25	1,30	69,11	1,48	2,16	13,19	81,03	2,11	
86	Salpetersaurer Kalk u. kohlensaurer Kalk	„	16,17	11,81	1,10	67,72	1,27	1,93	14,09	80,78	2,25	
87	Phosphorsaurer Kalk . . .	„	17,08	10,57	1,17	67,30	2,07	1,81	12,75	81,16	2,04	
88	Salzgemisch	„	14,68	11,62	1,25	68,87	1,81	1,77	13,82	80,52	2,21	
89	Mittel	„	15,48	10,96	1,19	68,71	1,67	1,99	12,97	81,29	2,08	
90	Wasserlösl. P_2O_5 (Winterweiz.)	1882	14,06	11,08	2,22	—	—	2,57	12,90	81,53	2,06	*Werner u. Stutzer*[2])
91	Präcipit. Kalkphosphat . .	„	14,53	10,35	2,16	—	—	1,05	12,11	83,13	1,94	
92	Unlöslich gemachte P_2O_5 .	„	14,93	10,26	2,12	—	—	1,78	12,07	83,35	1,93	
93	Phosphorit	„	14,61	10,10	2,08	—	—	1,85	11,83	83,56	1,89	
94	Ungedüngt	„	14,84	10,59	2,26	—	—	1,76	12,43	82,85	1,99	
95	40 kg Phosphorsäure, kein Stickstoff	„	15,00	8,80	1,70	70,60	2,50	1,40	10,35	83,26	1,66	*M. Märcker*[3])
96	40 kg Stickstoff und 40 kg Phosphorsäure: Chilisalpeter im Octbr.	„	15,00	9,10	1,40	70,60	2,10	1,80	10,70	83,06	1,71	
97	desgl. im December .	„	15,00	8,70	1,40	70,50	2,30	2,10	10,23	82,95	1,64	
98	desgl. im Februar .	„	15,00	9,70	1,40	69,80	2,20	1,90	11,31	82,22	1,81	
99	desgl. im Mai . . .	„	15,00	9,30	1,50	70,40	2,20	1,60	10,94	82,85	1,75	
100	Schwefelsaures Ammoniak im October .	„	15,00	9,40	1,50	70,50	2,00	1,60	11,05	82,98	1,77	
101	1/2 schwefelsaures Ammoniak im Herbst, 1/2 Chili im Frühjahr	„	15,00	8,40	1,60	71,10	2,10	1,80	9,88	83,67	1,58	
102	40 kg Stickstoff (Form?) im Herbst, keine P_2O_5 . . .	„	15,00	7,70	1,60	71,20	2,10	2,40	9,06	84,96	1,45	
103	Ungedüngt	„	15,00	9,30	1,40	70,10	2,30	1,90	10,94	82,48	1,75	
104	Ungedüngt	„	13,33	10,86	1,99	69,02	2,76	2,04	12,53	79,63	2,00	*Jordan*[4])
105	P_2O_5 und K_2O	„	13,04	10,50	1,97	69,85	2,65	1,99	12,08	80,31	1,93	
106	desgl. und 1 fach N . . .	„	13,16	11,16	1,90	69,24	2,51	2,03	12,85	78,73	2,06	

[1]) Vergl. Anmerkung [2]) Seite 475.

[2]) No. 90—94. Hugo Werner u. A. Stutzer (Vers.-Stat. Bonn). Landw. Jahrbücher. 11. 1882. 833. Der Weizen erwuchs aus Boden, der bis zur Tiefe von 2 m aus Alluviallehm ohne grössere Gesteinstrümmer und dessen Untergrund aus durchlassendem Rheinkies bestand. 100 Feinerde enthielten 0,099 g P_2O_5 und absorbirten 0,2368 g P_2O_5. Jede Parzelle, 50 m lang, 10 m breit, also 500 qm gross, empfing 5 kg P_2O_5 in einer der oben angegebenen Formen. Der Versuch wurde zuerst (1880) mit Hafer und eingesäetem Klee begonnen. Nach Aberntung des Klee's wurde von neuem gedüngt und mit Kaiserweizen (20. October 1881) besäet. Die Erträge waren folgende:

	No. 90	91	92	93	94
Körner	155,5	153,0	161,0	145,5	143,5 kg
Stroh und Spreu . .	238,0	224,5	259,5	224,5	221,5 „
Von N in den Körnern sind vorhanden (lufttrockne Substanz) in Form von:					
Verdaulichem Eiweiss	1,521	1,417	1,430	1,299	1,456
Nucleïn	0,105	0,078	9,105	0,091	0,118
Amiden	0,148	0,161	0,108	0,226	0,121
Verdauliches Eiweiss .	9,506	8,856	8,937	8,118	9,100

[3]) No. 95—103. M. Märcker (Vers.-Stat. Halle). Privatmitthl.

[4]) No. 104—109. Jordan. Aus Clifford Richardson: „An Investigation of the composition of American Wheat and Corn. Departement of Agriculture. Chemical Division. Bulletin No. I". Die Menge der Nfr. Extractstoffe ist dort bei No. 105 zu 69,35, bei No. 107 zu 68,90 und bei No. 108 zu 69,53 % angegeben; die Componenten ergeben da aber 99,50, 101,00 und 100,10; wir corrigirten bei den Nfr. Extractstoffen.

No.	Bemerkungen	Jahr der Untersuchung	In der ursprünglichen Substanz: Wasser %	Nh-Substanz %	Rohfett %	Nfr. Extractstoffe %	Rohfaser %	Asche %	In der Trocken-Substanz: Nh-Substanz %	Nfr. Extractstoffe %	Stickstoff in der Trocken-Substanz %	Analytiker
107	P_2O_5, K_2O und 2fach N .	1882	13,06	11,69	1,90	67,90	2,47	2,98	13,44	78,10	2,15	*Jordan*[1])
108	desgl. und 3fach N . . .	„	12,59	11,70	1,92	69,43	2,53	1,83	13,38	79,44	2,14	
109	Stalldünger	„	12,41	11,04	1,89	70,10	2,37	2,09	12,59	80,18	2,01	

Weizenkörner, unter dem Einflusse der Düngung. Sommerweizen.

No.	Bemerkungen	Jahr	Wasser	Nh-Substanz	Rohfett	Nfr. Extractstoffe	Rohfaser	Asche	Nh-Substanz (Tr.)	Nfr. Extractstoffe (Tr.)	Stickstoff	Analytiker
1	Saatfrucht (Sommerweizen) .	1860	13,46	13,19	1,24	65,90	4,28	1,93	15,25	76,54	2,44	*Ph. R. Zöller*[2])
2	Ungedüngt	„	14,03	12,62	1,14	66,53	3,78	1,90	14,68	77,38	2,35	
3	Mit Guano gedüngt . . .	„	13,93	12,12	1,13	67,81	3,18	1,83	14,08	78,72	2,41	
4	Schwefelsaures Ammoniak .	„	13,92	12,87	1,28	66,67	3,38	1,88	14,95	77,45	2,39	
5	Schwefelsaures Ammoniak u. Kochsalz	„	13,71	12,50	1,24	67,81	2,90	1,84	14,49	78,58	2,32	
6	Holzasche	„	13,93	12,37	1,25	66,88	3,68	1,89	14,37	77,70	2,30	
7	Chilisalpeter	„	13,92	12,44	1,40	67,45	3,01	1,78	14,46	78,34	2,31	
8	Phosphorsaures Ammoniak u. Kochsalz	„	13,90	12,31	1,17	67,71	3,11	1,80	14,79	78,15	2,37	
9	Guanisirtes Knochenmehl .	„	13,95	12,44	1,38	67,21	3,20	1,82	14,46	78,11	2,31	
10	Ungedüngt	1859	16,24	12,53	—	—	—	1,91	14,94	—	2,39	*Th. Siegert*[3])
11	Schwefelsaures Ammoniak .	„	15,78	14,37	—	—	—	1,63	17,06	—	2,73	
12	Salpetersaurer Kalk . . .	„	15,88	14,77	—	—	—	1,61	17,56	—	2,81	
13	Saurer phosphorsaurer Kalk	„	15,67	13,12	—	—	—	1,83	15,56	—	2,49	

[1]) Vergl. Anmerkung [4]) Seite 476.

Weizenkörner, unter dem Einflusse der Düngung. Sommerweizen.

[2]) No. 1—9. Ph. R. Zöller. Münchener Ergebnisse. 3. 134. Boden: reicher Lehm in Bogenhausen; derselbe enthielt (an wichtigeren Stoffen) in Procenten der lufttrocknen Erde (in kalter Salzsäure löslich):

K_2O	Na_2O	CaO	MgO	P_2O_5	SO_3	N
0,251	0,135	0,887	0,707	0,312	0,030	0,258

Das Feld hatte zwei Jahre vorher gedüngten Roggen, hierauf Hafer getragen. Die Jahreswitterung war der Entwicklung des Sommerweizens äusserst günstig und lagerte sich derselbe bald nach der Blüthe. Düngermengen pro 240 Quadratfuss der Parzellen waren folgende: Guano 2 Pfd. 16 Loth, schwefelsaures Ammoniak 1 Pfd. 16 Loth, Kochsalz je 1 Pfd. 10 Loth, Chilisalpeter 2 Pfd., Holzasche 25 Pfd., phosphorsaures Ammoniak 1 Pfd. 16 Loth, guanisirtes Knochenmehl 5 Pfd.

Die Erträge, auf 1 bayrisches Tagewerk berechnet, waren:

	No. 2	3	4	5	6	7	8	9	
Körner .	1042	911	854	1125	708	938	1041	1000	Pfunde in abgerundeten Zahlen
Stroh . .	3123	3565	3519	3613	3665	3540	3540	3373	

Die gut gereinigten Körner wurden zerkleinert und davon bei 100° getrocknet.

Zur Bestimmung des Wassers wurde eine besondere Menge verwendet. Die Rohfaserbestimmung geschah nach Peligot's Vorschlag. Behandeln der verkleisterten Substanz mit Malzauszug bei 60—65° C. und Auskochen des ungelösten Rückstandes mit 3procentiger Kalilauge während 15 Minuten; der Rückstand wurde ausgewaschen und alsdann ebenso mit 3procentiger Salzsäure behandelt. Die Menge der sauren und alkalischen Flüssigkeit betrug auf ca. 5 g Substanz 40 ccm. der Flüssigkeiten. Nach wiederholtem Auswaschen mit warmem Wasser, Alkohol und Aether wurde der Rückstand gesammelt und als Holzfaser gewogen, die nur noch wenig Asche, aber keine Stärke u. keine Nh-Substanz enthielt. Zur Bestimmung von Stärke (und Gummi) wurde die gepulverte Substanz zunächst zur Entfernung des grössten Theiles Kleber mit schwefelsäurehaltigem Weingeist behandelt und dann die Substanz zuerst mit Wasser erhitzt, dann 5—6 Stunden nach Zusatz von 12—18 Tropfen Schwefelsäure gekocht. Die Zuckerbestimmung geschah hiernach durch Titration mit Fehling'scher Kupferlösung.

[3]) No. 10—16. Th. Siegert. Landw. Vers.-Stat. 3. 1861. 128. Versuchsgarten zu Chemnitz, dessen Ackerkrume aus einem ziemlich schweren aus Felsittuff entstandenen Thonboden besteht; die Fläche hatte vorher mehrere Jahre Kartoffeln ohne Düngung getragen. Die zu 17,3 qm abgetheilten Beete erhielten bezw. je 114 g N und 162 g P_2O_5.

Die Erträge waren folgende:

	No. 10	11	12	13	14	15
Körner	2000	2350	2100	2100	2100	2100 g
Stroh und Spreu . .	4000	6100	4750	4600	5350	4900 g

Die Proteïnstoffe wurden geschieden in unlösliche und in lösliche und wurden davon gefunden:

	No. 10	11	12	13	14	15	Mittel
Unlösliche Nh-Substanz .	11,00	13,00	13,25	11,62	12,63	13,63	12,52
Lösliche Nh-Substanz .	3,94	4,06	4,31	3,94	3,75	3,87	3,98

No.	Bemerkungen	Jahr der Untersuchung	In der ursprünglichen Substanz: Wasser %	Nh-Substanz %	Rohfett %	Nfr. Extractstoffe %	Rohfaser %	Asche %	In der Trocken-Substanz: Nh-Substanz %	Nfr. Extractstoffe %	Stickstoff in der Trocken-Substanz %	Analytiker
14	Saurer phosphorsaurer Kalk u. schwefelsaures Ammoniak	1859	15,68	13,80	—	—	—	1,69	16,37	—	2,62	*Th. Siegert*[1])
15	desgl. u. salpetersaurer Kalk	„	16,06	14,69	—	—	—	1,53	17,50	—	2,80	
16	Mittel	„	15,88	13,88	—	—	—	1,70	16,50	—	2,64	
	Parz.											
17	1 A. Ungedüngt	1872	13,42	15,04	—	—	—	2,56	17,37	—	2,78	*H. Ritthausen u. Pott*[2])
18	7 A. desgl.	„	13,59	14,26	—	—	—	2,35	16,50	—	2,64	
19	12 A. desgl.	„	13,91	12,86	—	—	—	2,34	14,94	—	2,39	
20	4 B. 4 kg Superphosphat	„	13,16	17,04	—	—	—	2,36	19,62	—	3,14	
21	8 B. 4 „ „	„	13,80	14,92	—	—	—	2,11	17,31	—	2,77	
22	11 B. 6 „ „	„	13,53	13,84	—	—	—	2,18	16,00	—	2,56	
23	2 C. 2,5 kg schwefelsaures Ammoniak	„	13,94	18,50	—	—	—	1,97	21,50	—	3,44	
24	5 C. 3,0 kg salpetersaures Natron	„	13,71	18,28	—	—	—	1,57	21,19	—	3,39	
25	9 C. 1,25 kg schwefelsaures Ammoniak u. 2,0 kg Natronsalpeter	„	13,45	18,82	—	—	—	2,16	21,75	—	3,48	
26	3 D. 2,5 kg schwefelsaures Ammoniak u. 4 kg Superphosphat	„	13,45	20,66	—	—	—	2,39	23,87	—	3,82°	
27	6 D. 3,0 kg salpetersaures Natron und 4 kg Superphosphat	„	13,71	18,12	—	—	—	2,36	21,00	—	3,36°	
28	10 D. Wie 9 u. 4 kg Superphosphat	„	13,65	19,85	—	—	—	2,56	23,00	—	3,68°	

[1]) Vergl. Anmerkung [3]) Seite 477.

[2]) No. 17—32. H. Ritthausen und R. Pott. Landw. Vers.-Stat. 16. 1873. 281. Das untersuchte Material war bei „Untersuchungen über den Einfluss einer an N- und P_2O_5-reichen Düngung auf die Zusammensetzung der Samen von Sommerweizen" gewonnen worden. Auf Beeten von 15 qm Fläche wurde 1872 Weizen gezogen unter folgender Düngung und mit folgendem Ertrag:

No. d. Beetes	Düngung	Körner kg	Stroh kg	Spreu kg
1	Ungedüngt	2,84	5,53	0,75
12	Ungedüngt	2,57	5,48	0,73
4	4,0 kg Superphosphat	2,43	7,59	0,79
8	4,0 kg Superphosphat	2,99	6,24	0,78
11	6,0 kg Superphosphat	2,74	5,86	0,89
2	2,5 kg schwefelsaures Ammoniak	2,21	6,82	1,05
5	3,0 salpetersaures Natron	2,38	6,45	0,81
9	1,25 kg schwefels. Ammoniak u. 2,0 kg salpeters. Natron	2,32	6,35	0,93
3	2,5 kg schwefelsaures Ammoniak u. 4,0 kg Superphosphat	2,30	7,65	1,05
6	3,0 kg salpetersaures Natron u. 4,0 kg Superphosphat	2,04	6,68	0,81
10	Wie 9 u. 4,0 kg Superphosphat	1,75	5,92	0,84

Der Weizen der mit N gedüngten Beete lagerte sich in Folge eines Regens schon nach dem Schossen.

Während der verwendete Saatweizen (siehe No. 308 der allgemeinen Tabelle) ein völlig glasiger, harter und dunkler Weizen war, waren die von den ungedüngten Beeten geernteten Samen vorwiegend halbmehlige oder übergehende und hellfarbige Körner, gross und voll, mit glatten und glänzenden Oberflächen; auch die wenigen glasigen Körner zeigten die letztgenannten Eigenschaften.

Die Körner der Phosphorsäure-Düngung waren von gleicher Beschaffenheit, nur variirten sie mehr in der Grösse; die Zahl der kleinen, vorwiegend glasigen Körner war dem Anschein nach gleich der der grossen.

Die N-Düngung erzeugte nur kleine, jedoch nur gut ausgebildete Körner, durchweg hart, glasig und dunkelfarbig.

Die Mischdüngung erzeugte in der Hauptsache gleiche Körner wie die reine N-Düngung, doch enthielten die Samen eine beträchtliche Anzahl verschrumpfter, unausgebildeter Körner.

No.	Bemerkungen	Jahr der Untersuchung	In der ursprünglichen Substanz: Wasser %	Nh-Substanz %	Rohfett %	Nfr. Extractstoffe %	Rohfaser %	Asche %	In der Trocken-Substanz: Nh-Substanz %	Nfr. Extractstoffe %	Stickstoff in der Trocken-Substanz %	Analytiker
29	A. Mittel von Ungedüngt	1872	13,64	14,03	—	—	—	2,42	16,25	—	2,60	*H. Ritthausen u. Pott*[1]
30	B. Mittel von Phosphorsäuredüngung	„	13,50	15,17	—	—	—	2,08	17,65	—	2,82	
31	C. Mittel v. Stickstoffdüngung	„	13,70	18,55	—	—	—	2,11	21,50	—	3,44	
32	D. Mittel von Phosphorsäure- und N-Düngung	„	13,60	19,54	—	—	—	2,44	22,62	—	3,62	
33	Ia. Ungedüngt	1874	—	—	—	—	—	—	18,06	—	2,89	*Kreusler u. Kern*[2]
34	IIa. desgl.	„	—	—	—	—	—	—	19,94	—	3,19	
35	IIIa. desgl.	„	—	—	—	—	—	—	18,94	—	3,03	
36	Mittel	„	—	—	—	—	—	—	19,00	—	3,04	
37	Ib. 1 kg schwefelsaures Ammoniak	„	—	—	—	—	—	—	19,06	—	3,05	
38	IIb. desgl.	„	—	—	—	—	—	—	20,37	—	3,26	
39	IIIb. desgl.	„	—	—	—	—	—	—	20,62	—	3,30	
40	Mittel	„	—	—	—	—	—	—	20,00	—	3,20	
41	Ic. 5 kg schwefelsaures Ammoniak	„	—	—	—	—	—	—	19,44	—	3,11	
42	IIc. desgl.	„	—	—	—	—	—	—	21,19	—	3,39	
43	IIIc. desgl.	„	—	—	—	—	—	—	20,19	—	3,23	
44	Mittel	„	—	—	—	—	—	—	20,31	—	3,25	
45	Id. 2 kg Superphosphat	„	—	—	—	—	—	—	16,25	—	2,60	
46	IId. desgl.	„	—	—	—	—	—	—	17,69	—	2,83	
47	IIId. desgl.	„	—	—	—	—	—	—	17,69	—	2,83	
48	Mittel	„	—	—	—	—	—	—	17,19	—	2,75	
49	Ie. 1 kg Ammoniaksalz u. 2 kg Superphosphat	„	—	—	—	—	—	—	20,37	—	3,26	
50	IIe. desgl.	„	—	—	—	—	—	—	21,19	—	3,39	
51	IIIe. desgl.	„	—	—	—	—	—	—	20,94	—	3,35	
52	Mittel	„	—	—	—	—	—	—	20,81	—	3,33	
53	If. 5 kg Ammoniaksalz u. 2 kg Superphosphat	„	—	—	—	—	—	—	21,00	—	3,36	
54	IIf. desgl.	„	—	—	—	—	—	—	21,75	—	3,48	
55	IIIf. desgl.	„	—	—	—	—	—	—	21,31	—	3,41	
56	Mittel	„	—	—	—	—	—	—	21,31	—	3,41	

[1]) Vergl. Anmerkung [2]) Seite 478.

[2]) No. 33—60. U. Kreusler u. E. Kern. Journ. f. Landwirthsch. 24. 1876. 1. Das untersuchte Material wuchs auf tiefgründigem, reichem Lehmboden, der seit einer Reihe von Jahren ohne Düngung war und 1872 Erbsen, 1873 Hafer getragen hatte. Die Düngungsparzellen waren je 30 qm gross. Die Aussaat erfolgte 12 Stunden nach der Düngung am 9. April 1874. Die Wägung der Ernteproducte ergab Folgendes (Summe der 3 Parzellen):

	Ia.	Ib.	Ic.	Id	Ie.	If.	Ig.
Körner	8,50	8,78	8,52	8,40	9,57	9,07	10,03 kg
Stroh und Kaff	19,54	20,04	14,79	14,46	17,61	16,62	21,18 „

Die geernteten Samen (die Vegetation hatte durch Witterungseinflüsse nicht gelitten, keine Lagerung) waren im Gegensatz zu dem Ritthausen'schen Ergebnisse No. 17—32 durchweg von gleichmässiger Beschaffenheit und zeigten in Bezug auf Farbe, Härte und Grösse keine merklichen Unterschiede.

Auf die Ermittlung der ursprünglichen Feuchtigkeit wurde verzichtet.

No.	Bemerkungen	Jahr der Untersuchung	In der ursprünglichen Substanz: Wasser %	Nh-Substanz %	Rohfett %	Nfr. Extractstoffe %	Rohfaser %	Asche %	In der Trocken-Substanz: Nh-Substanz %	Nfr. Extractstoffe %	Stickstoff in der Trocken-Substanz %	Analytiker
57	Ig. 5 kg Ammoniaksalz u. 8 kg Superphosphat	1874	—	—	—	—	—	—	22,00	—	3,52°	Kreusler u. Kern[1])
58	IIg. desgl.	"	—	—	—	—	—	—	21,62	—	3,46°	
59	IIIg. desgl.	"	—	—	—	—	—	—	21,94	—	3,51°	
	Mittel	"	—	—	—	—	—	—	21,87	—	3,50°	

Anbauversuche mit Sommerweizen-Spielarten

von M. Märcker und F. Heine.

(Nach einem Sonderabdruck aus der Magdeburger Zeitung. 1880.)

Die Spielarten wurden im Sommer 1887 auf einem flachgründigen, thonigen, mit Flusskies durchsetztem Boden (V. u. VI. Kl.) angebaut, welcher getragen hatte und gedüngt war:

	Frucht	Düngung pro Morgen
1884	Erbsen	100 Pfd. Guano-Superphosphat.
1885	Winterweizen	160 Ctr. Stallmist + 150 Pfd. Knochenmehl.
1886	Zuckerrüben	110 Pfd. Chilisalpeter + 170 Pfd. schwefels. Ammoniak + 160 Pfd. Doppelt-Superphosphat.

Zu dem Sommerweizen wurde nur mit $66\frac{2}{3}$ Pfd. Chilisalpeter gedüngt.

Die wesentlichsten Resultate dieser Versuche sind in folgender Tabelle enthalten:

Laufende No.	Bezeichnung der Spielart	Körner-Ertrag kg pro ha	Hectolitergewicht (in Halle) kg	Zahl der Körner auf 10 g	Proteingehalt der Körner %	Vegetationsdauer Tage	Körner: mehlige %	Körner: glasige %	Protein im Mehl %	Trockener Kleber im Mehl %	Kleberstickstoff vom Gesammtstickstoff %	Feuchter Kleber %	Trockensubstanz des feuchten Klebers %	Volumen von 100 g Gebäck cc	
1	Saskatschewan .	2687	76,6	287	14,18	128	16	60	13,0	11,5	85,3	45,4	24,5	346	weiss und sehr locker
2	Challenge . .	2724	75,6	309	11,44	140	16	56	10,1	8,0	79,9	34,6	23,3	284	weiss und locker
3	Invincible . .	3063	76,0	259	12,38	128	16	60	10,8	8,8	80,7	37,2	23,5	328	weiss und sehr locker
4	Kurzbärtiger . .	3120	75,7	319	13,95	128	12	72	12,6	10,7	85,3	47,1	22,8	369	gelblich weiss, sehr schön und locker
5	Emma	3161	74,4	268	11,98	131	32	30	10,6	8,9	84,3	38,0	23,6	326	fast weiss und ziemlich locker
6	Australischer .	3198	76,9	281	11,39	126	14	38	10,8	8,5	77,3	32,9	25,5	319	weiss und sehr locker
7	Diamant . . .	3226	75,7	302	12,87	130	2	96	11,4	9,9	86,4	40,7	24,1	374	weiss und sehr locker
8	Grüner Berg .	3231	75,4	280	14,22	130	28	56	12,5	10,5	84,2	43,0	24,5	314	fast weiss, ziemlich locker
9	Heine's Kolben .	3441	76,4	295	13,97	123	10	72	12,5	10,9	86,7	44,2	24,5	355	weiss und sehr locker
10	Noë	3461	75,5	209	11,83	133	46	20	10,2	8,8	86,6	37,5	23,6	351	grau, aber locker.

[1]) Vergl. Anmerkung [2]) Seite 479.

Zusammenstellung

der mittleren Zusammensetzung der Weizen verschiedener Länder, von Winter- und Sommerweizen, von hartem und mehligem Weizen etc.

(Ausser der Ordnung der Weizenanalysen nach Ländern sind in der von Th. Dietrich und dem Verfasser bearbeiteten Zusammenstellung von Futtermitteln die Analysen für Winter- und Sommerweizen, für glasigen und weichen resp. mehligen Weizen, sowie nach den Bodenarten, auf welchen sie gewachsen sind, noch besonders aufgeführt. Ich gebe für diese besonderen Zusammenstellungen, welche sich aus vorstehenden Tabellen ergeben, hier nur die Mittelzahlen und verweise bezüglich der Einzelanalysen auf das Original.)

No.	Bemerkungen	Zahl der Analysen	Jahr der Untersuchung	In der ursprünglichen Substanz: Wasser %	Nh-Substanz %	Rohfett %	Nfr. Extractstoffe %	Rohfaser %	Asche %	In der Trocken-Substanz: Nh-Substanz %	Rohfett %	Nfr. Extractstoffe %	Rohfaser %	Asche %	Stickstoff in der Trocken-Substanz %
1	Weizen aus nördl., östlichem u. mittlerem Deutschland,														
	a. Winterweizen	90	—	13,37	10,93	1,65	70,01	2,12	1,92	12,62	1,90	80,81	2,45	2,22	2,02
	b. Sommerweizen	8	—	13,37	11,23	2,03	68,61	2,26	2,52	12,96	2,34	79,18	2,61	2,91	2,07
2	Weizen aus südlichem u. westlichem Deutschland,														
	a. Winterweizen	52	—	13,37	12,29	1,71	67,96	2,82	1,85	14,19	1,97	78,46	3,25	2,13	2,27
	b. Sommerweizen	30	—	13,37	14,95	1,56	67,93		2,19	17,26	1,80	78,41		2,53	2,76
3	Oesterreich-Ungarn, Winterweizen	18	—	13,37	12,66	1,99	66,94	3,39	1,75	14,61	2,30	77,16	3,91	2,02	2,34
4	Russland, Sommerweizen	39	—	13,37	17,65	1,58	65,74	—	1,66	19,33	1,82	76,93	—	1,92	3,09
5	England, Winterweizen (?)	22	—	13,37	10,99	1,86	69,21	2,90	1,67	12,69	2,15	79,88	3,35	1,93	2,03
6	Schottland, Winterweizen (?)	16	—	13,37	10,58	1,73	72,77		1,55	12,21	2,00	84,00		1,79	1,95
7	Frankreich (?)	70	—	13,37	13,16	1,60	67,59	2,62	1,66	15,19	1,85	78,01	3,03	1,92	2,43
8	Dänemark, Winterweizen (?)	4	—	13,37	9,36	2,34	71,40	2,19	1,34	10,81	2,70	82,41	2,53	1,55	1,73
9	Spanien, Sommerweizen (?)	9	—	13,37	12,45	1,92	70,46		1,80	14,37	2,22	81,33		2,08	2,30
10	Afrika	34	—	13,37	11,18	1,83	70,04	1,82	1,76	12,90	2,11	80,86	2,10	2,03	2,06
11	Asien (excl. Sibirien), Indien, Sommerweizen (?)	8	—	13,37	10,97	2,08	70,31	1,92	1,45	12,66	2,40	81,05	2,22	1,67	2,03
12	Australien	4	—	13,37	10,16	1,39	—	—	—	11,73	1,60	—	—	—	1,88
13	Nordamerika, a. Winterw.	504	—	13,37	11,60	2,07	69,47	1,70	1,79	13,39	2,39	80,19	1,96	2,07	2,14
	b. Sommerw.	40	—	13,37	12,92	2,15	67,98	1,72	1,86	14,92	2,48	78,46	1,99	2,15	2,39
14	Gesammt-Mittel aller Länder (1—13)	**948**	—	**13,37**	**12,04**	**1,85**	**68,65**	**2,31**	**1,78**	**13,90**	**2,13**	**79,24**	**2,67**	**2,06**	**2,22**
15	Winterweizen	503	—	13,37	11,64	1,72	69,07	2,34	1,86	13,44	1,99	79,72	2,70	2,15	2,15
16	Sommerweizen	91	—	13,37	13,59	2,00	67,29	1,81	1,94	15,69	2,31	77,67	2,09	2,24	2,51
17	Harter, glasiger Weizen	239	—	13,37	12,67	2,07	68,41	1,69	1,79	14,61	2,39	78,98	1,95	2,07	2,34
18	Weicher, mehliger Weiz.	146	—	13,37	11,38	1,93	69,71	1,83	1,78	13,14	2,23	79,46	2,11	2,06	2,10
19	W. von schwerem Thonbod.	26	—	13,37	11,04	1,72	69,69	2,17	2,01	12,74	1,99	80,44	2,51	2,32	2,04
20	W. von schwerem Lehmbod.	55	—	13,37	11,10	1,53	69,49	2,44	2,07	12,81	1,77	80,21	2,82	2,39	2,05
21	W. von leichterem (sandigem) Lehmboden	63	—	13,37	12,79	1,44	67,80	2,51	2,09	14,19	1,66	78,84	2,90	2,41	2,27
22	W. von Sandboden	25	—	13,37	12,70	2,00	68,36	1,81	1,76	14,66	2,31	78,91	2,09	2,03	2,35
23	W. von Kalkboden	10	—	13,37	11,94	2,39	68,70	1,78	1,82	13,78	2,76	79,31	2,05	2,10	2,20

2. Spelzweizen.

Spelz.*) (Dinkel, Schlegeldinkel, Schwabendinkel.) Triticum Spelta L. — Spelt. — Épautre.

No.	Bemerkungen	Jahr der Untersuchung	In der ursprünglichen Substanz: Wasser %	Nh-Substanz %	Rohfett %	Nfr. Extractstoffe %	Rohfaser %	Asche %	In der Trocken-Substanz: Nh-Substanz %	Nfr. Extractstoffe %	Stickstoff in der Trocken-Substanz %	Analytiker
1	„Schlegeldinkel“ (mit den Hülsen) aus Hohenheim, 1850	1851	14,33	10,56		63,62	7,99	3,50	12,33	73,26	1,97	Fehling u. Faist[1])
2	desgl., 1851	„	15,25	11,09		60,84	9,59	3,23	13,08	72,92	2,09	
3	„Kernen“ (enthülster Spelz) von Ochsenhausen, 1850	„	12,97	11,93		72,16	1,10	1,84	13,71	82,92	2,19	
4	desgl., 1851	„	14,33	14,96		67,33	1,58	1,80	17,46	78,60	2,79	
5	desgl. von Kirchberg, 1850	„	15,06	11,99		70,42	0,78	1,75	14,12	82,90	2,26	
6	desgl., 1851	„	14,86	12,06		70,07	1,20	1,81	14,16	82,30	2,27	
7	Winter-Spelz von Schleissheim	1856	13,88	9,75	—	—	—	—	11,31	—	1,81°	W. Mayer[2])
8	desgl. von Illerfeld (mit den Spelzen)	„	12,56	14,44	—	—	—	—	16,50	—	2,64°	
9	Rother Kolbenspelt a. Weihenstephan, mehlig	„	7,00	13,02	1,69	—	—	—	14,00	—	2,24°	v. Bibra[3])
10	Weiss. Kolbenspelt a. Weihenstephan, übergehend	„	8,07	13,22	1,66	—	—	—	14,37	—	2,30°	
11	Spelt aus Mörlach, übergehend	„	13,10	9,39	1,49	—	—	1,48	10,81	—	1,73°	
12	desgl., mehlig	„	—	—	—	—	—	—	10,62	—	1,70°	
13	Spelt aus dem Ries, mehlig	„	13,10	9,07	1,13	—	—	1,22	10,44	—	1,67°	
14	Bengalischer Spelt aus Eldena, glasig	„	—	—	—	—	—	—	20,31	—	3,25°	
15	Roth. Grannenspelt aus Eldena, glasig	„	—	—	—	—	—	—	13,75	—	2,20°	
16	Weisser Spelt aus Eldena, glasig	„	—	—	—	—	—	—	11,87	—	1,90°	

Spelz:

[1]) No. 1—6. Fehling und Faist. Liebig u. Kopp: Jahresber. 1853. 812. (Weende'r Jahresber. 1853. II. 7.) Der Wassergehalt der frischen Körner, der Klebergehalt (aus dem N-Gehalt berechnet), die Holzfaser (durch aufeinanderfolgendes Auslaugen mit verdünnter Säure und ebensolcher Kalilauge) und der Aschengehalt wurden „grösstentheils“ direct, der Stärkemehl- und Fettgehalt dagegen aus dem Verluste bestimmt.

[2]) No. 7 u. 8. W. Mayer. Münchener Ergebnisse. I. 1. Boden in Schleissheim: Kalkboden mit sehr seichter Krume und Isargerölle im Untergrund.

[3]) No. 9—16. von Bibra. „Die Getreidearten und das Brod.“ Nürnberg, 1860. No. 9 u. 10 wuchsen in Weihenstephan auf sandigem Thonboden, frisch mit Stallmist gedüngt; No. 9 hatte Senf, No. 10 Puffbohnen als Vorfrucht. No. 11 u. 12 wuchsen ebenfalls auf frisch mit Stallmist gedüngtem sandigen Thonboden. No. 13 Thonboden gedüngt. No. 14—16 wuchsen in Eldena auf sandigem Lehm.

*) J. Boussingault (D. „Landwirthschaft“ etc. 1. 289) untersuchte 2 Proben Spelt, wovon die eine als „Weizen von Barel, Trit. spelta rufa mutiva mit geringen kleinen Körnern“ bezeichnet ist, welche letztere 78,1 % eines „grauen, rauhen“ Mehles ergaben; das Mehl enthielt 3,85 % N., entspr. 24,1 % Nh-Substanz; wovon ferner die andere als „grosser Spelt mit sehr grossen Körnern“ bezeichnet ist, welche letztere 73,1 % eines sehr „rauhen“ Mehles ergaben; das Mehl enthielt 3,53 % N., entspr. 22,1 % Nh-Substanz. (Vergl. die Bemerknngen unter „Weizenkörner“ S. 435.)

No.	Bemerkungen	Jahr der Untersuchung	In der ursprünglichen Substanz: Wasser %	Nh-Substanz %	Rohfett %	Nfr. Extractstoffe %	Rohfaser %	Asche %	In der Trocken-Substanz: Nh-Substanz %	Nfr. Extractstoffe %	Stickstoff in der Trocken-Substanz %	Analytiker
17	„Spelz", enthülst	1871	13,10	11,30	2,53	67,49	2,92	1,91	13,40	78,29	2,14	*W. Pillitz* [1])
18	„Dinkel", enthülst	„	12,82	11,90	2,96	67,53	2,27	1,95	13,75	77,96	2,20	
	Mittel*)	.	**13,37** **)	**11,84**	**1,85**	**68,22**	**2,65**	**2,07**	**13,67**	**79,90**	**2,19**	

Emmer.***) (Amelkorn, Gerstendinkel, Reisdinkel.) Triticum amyleum Ser. Amel-corn. — Épautre.

No.	Bemerkungen	Jahr	Wasser	Nh-Substanz	Rohfett	Nfr. Extractstoffe	Rohfaser	Asche	Nh-Substanz (Trocken)	Nfr. Extractstoffe (Trocken)	Stickstoff	Analytiker
1	Winter-Emmer von Schleissheim, mit Spelzen . . .	1856	13,59	12,44	—	—	—	—	14,38	—	2,30°	*W. Mayer* [2])
2	Sommer-Emmer von Schleissheim, mit Spelzen . . .	„	13,79	12,94	—	—	—	—	14,88	—	2,38°	
3	Dichter rother Emmer, Eldena, glasig	1858	—	—	—	—	—	—	14,69	—	2,35°	*v. Bibra* [3])
4	Weisser Emmer, Eldena, glasig	„	—	—	—	—	—	—	12,75	—	2,04°	
	Mittel	.	**13,37** †)	**12,28**	—	—	—	—	**14,18**	—	**2,27**	

Einkorn.††) (Pferdedinkel, Peterskorn, Blicken, Dinkel.) Triticum monococcum L. — One-grainet-wheat.

No.	Bemerkungen	Jahr	Wasser	Nh-Substanz	Rohfett	Nfr. Extractstoffe	Rohfaser	Asche	Nh-Substanz (Trocken)	Nfr. Extractstoffe (Trocken)	Stickstoff	Analytiker
1	Einkorn von Giessen . . .	1845	14,40	11,08	—	—	—	1,72	12,94	—	2,07°	*Horsford* [4])
2	Rothes Einkorn, meist glasig	„	—	—	—	—	—	—	11,06	—	1,77°	*v. Bibra* [5])

[1]) No. 17 u. 18. W. Pillitz (Vers.-Stat. Wiesbaden). Fresenius Zeitschr. f. analytische Chemie. 11. (1872.) 46. Methode der Untersuchung siehe bei „Weizenkörner-Analysen" desselben Autors Anm. 4, Seite 442. Die nähere Analyse ergab:

		Stärke	Dextrin	Zucker	Extractstoffe	Unlösl. Albumin	Lösliches Albumin	Unlösl. Asche	Lösliche Asche
No. 17	Im ursprünglichen Zustande	61,72	2,12	1,06	2,59	9,03	2,27	0,52	1,39
	In der Trockensubstanz . .	71,60	2,46	1,23	3,00	10,77	2,63	0,60	1,61
No. 18	Im ursprünglichen Zustande	61,61	1,32	0,92	3,68	9,47	2,43	0,65	1,30
	In der Trockensubstanz . .	71,13	1,52	1,06	4,25	10,94	2,81	0,75	1,50

*) Für die Mittelwerthsberechnung der N-Substanz, des Fettes und der Asche wurden sämmtliche Analysen, für die der Rohfaser nur No. 17 u. 18 berücksichtigt.

**) Nach obigem Mittel der Haupttabelle bei Weizen angenommen; der wirkliche mittlere Wassergehalt beträgt nach vorstehenden Analysen 12,89 %.

Emmer:

[2]) No. 1 u. 2. W. Mayer. Münchener Ergebnisse. 1. 1. Boden: Kalkboden mit seichter Krume und Thongerölle im Untergrund.

[3]) No. 3 u. 4. v. Bibra. Die Getreidearten und das Brod. Nürnberg, 1860. Boden: sandiger Lehm.

***) Zenneck (Schweigger's Journ. f. Chem. u. Phys. 39. (1823.) 323) untersuchte eine Probe rothen Emmer („Trit. dicoccon"), der auf sandigem Lehmboden in Hohenheim gewachsen war; dieselbe wurde gröblich gemahlen und ohne gebeutelt worden zu sein, als schwärzliches Mehl der Untersuchung unterworfen. Die Analyse (deren Methode unter „analytische Methoden") ergab 12,5 % Wasser, 13,0 % Kleber, 20,0 % Hülsensubstanz, 58,8 % Stärkemehl, 0,3 % Extractivstoff, 0,2 % Seifenstoff und 0,3 % Schleim mit Eiweiss. Ausserdem wurden 7,1 % Asche gefunden.

†) Nach obigem Mittel der Haupttabelle bei Weizen angenommen; der mittlere Wassergehalt nach obigen 2 Analysen beträgt 13,69 %.

Einkorn:

[4]) No. 1. E. N. Horsford. Annal. d. Chem. u. Pharm. 58. (1846.) 166.

[5]) No. 2. v. Bibra. Die Getreidearten und das Brod. Nürnberg, 1860. Das untersuchte Einkorn stammte von Eldena. Bodenverhältnisse siehe bei Weizenkörner No. 160 u. f.

††) J. B. Boussingault (Die „Landwirthschaft" etc. 1. 289) untersuchte eine Probe „Tr. monococcum, kleiner Spelt", deren Körner als „klein" und deren Mehl als „glatt" bezeichnet ist. Die Körner lieferten 79,2 % Mehl, welches 3,97 % N, entsprechend 24,8 % Nh-Substanz, enthielt. (Vergl. Bemerkung unter Weizenkörner.)

Zenneck (Schweigger's Journ. f. Chem. u. Phys. 43. 487) untersuchte eine Probe Einkorn (vergl. Trit. amyleum, Bemerkung) und fand im Mehl gebeutelt 15,34 % Kleber, 0,81 % Faser, 76,46 % Stärkemehl, 0,19 % Eiweiss, 7,2 % Extract (in der Trockensubstanz); Wasser im frischen Mehl 15,8 %; im Schrot ungebeutelt 15,0 % Kleber, 7,5 % Faser, 65,0 % Stärkemehl, 1,4 % Eiweiss, 11,1 % Extract (in der Trockensubstanz); Wasser im frischen Schrot 16,5 %, Asche im frischen Schrot 1,6 %.

II. Roggen.

Roggenkörner. — Secale cereale. — Rye. — Seigle.

Winterroggen.*)

No.	Bemerkungen	Jahr der Untersuchung	In der ursprünglichen Substanz: Wasser %	Nh-Substanz %	Rohfett %	Nfr. Extractstoffe %	Rohfaser %	Asche %	In der Trocken-Substanz: Nh-Substanz %	Nfr. Extractstoffe %	Stickstoff in der Trocken-Substanz %	Analytiker
1	Mittel aus 2 Analysen . .	—	—	—	—	—	—	—	11,56	—	1,85°	*Herepath*[1])
2		—	14,24	10,72	1,93	68,22	2,66	2,23	12,50	79,55	2,00	*Payen*[2])
3		—	14,98	7,20	1,92	69,10	6,18	0,52	8,47	81,39	1,36	
4		1836	16,60	8,81	2,00	67,62	3,00	1,97	10,56	81,07	1,69	*Boussingault*[3])
5		„	14,00	12,50	2,00	66,20	3,30	2,00	14,54	76,96	2,33	
6		1853	—	—	—	—	—	—	12,12	—	1,94°	*Stöckhardt*[4])
7	Staudenroggen, 1850, Hohenheim	1851	14,04	13,61		67,53	2,84	1,98	15,83	—	2,53	*Fehling u. Faist*[5])
8	desgl., 1851, Hohenheim . .	„	14,06	11,42		70,53	2,23	1,76	13,29	—	2,13	
9	Roggen, 1850, Ochsenhausen	„	12,62	10,76		73,14	1,82	1,66	12,32	—	1,97	
10	desgl., 1851, Ochsenhausen .	„	14,07	11,34		71,83	1,07	1,69	13,20	—	2,11	
11	desgl., 1851, Kirchberg . .	„	14,70	11,80		69,81	1,99	1,70	13,83	—	2,21	
12	desgl., 1850, Ellwangen . .	„	14,66	12,12		69,56	2,11	1,55	14,20	—	2,27	
13	desgl., 1851, Ellwangen . .	„	14,49	12,06		69,08	1,99	2,58	10,40	—	1,66	
14	desgl. (geschroten)	1853	16,50	(9,60)	2,10	61,10	(8,50)	3,30	11,50	71,85	1,84	*Wolff*[6])
15	Staudenroggen aus Hohenheim	1846	13,94	14,95	—	—	—	2,09	17,37	—	2,78°	*Horsford*[7])
16	Schilfroggen aus Hohenheim	„	13,82	13,31	—	—	—	2,04	15,44	—	2,47°	
17	Winterroggen, schwere Körner	1854	18,34	9,08	2,33	65,33	3,52	1,40	11,12	79,91	1,78	*Müller*[8])
18	desgl., leichte Körner . . .	„	16,46	10,06	2,81	64,23	4,64	1,80	12,04	77,00	1,93	

Roggenkörner. Winterroggen:

[1]) No. 1. Herepath. Journ. Roy. Agric. Soc. England. 14. 2. 450. (Edw. T. Hemming's Tabelle.)

[2]) No. 2. Payen. No. 3. Fürstenberg. Aus Moleschott's Physiologie der Nahrungsmittel. 2. Thl. 107.

[3]) No. 4 u. 5. J. B. Boussingault. Dessen: Die Landwirthschaft etc. Bd. 2. 174 u. Bd. 3. 200.

[4]) No. 6. A. Stöckhardt. Aus Wolff's Grundlagen des Ackerbaus 1856. 853.

[5]) No. 7—13. Fehling u. Faist. Liebig u. Kopp's Jahresber. 812. Der Wassergehalt der frischen Körner, der „Kleber"gehalt (aus dem N-Gehalt berechnet), die Holzfaser (durch aufeinanderfolgendes Auslaugen mit verdünnter Säure und ebensolcher Kalilauge), der Aschengehalt wurden direct, der Stärke- und Fettgehalt (den wir nicht anführen) aus dem Verluste bestimmt.

[6]) No. 14. E. Wolff. Weende'r Jahresber. 1853. II. 9. (Zeitschr. f. Deutsche Landwirthe 1853. 118.) Die stickstoffhaltige Substanz wurde direct bestimmt, nicht aus dem N-Gehalt berechnet. Die stickstofffreien Extractstoffe enthielten 56,7 % Stärke und 6,4 % Dextrin und Zucker. Die Summe der Bestandtheile ergiebt 101,1.

[7]) No. 15 u. 16. E. N. Horsford. Annal. d. Chem. u. Pharm. 58. (1845.) 166. Krocker bestimmte in denselben Roggenproben den Stärkemehlgehalt und fand in No. 15 45,09, in No. 16 47,42 % der trocknen Substanz. Im Original ist der N-Gehalt der Nh-Substanz zu 15,7 % angenommen; wir nahmen denselben zu 16 % an.

[8]) No. 17 u. 18. Al. Müller. Amts- u. Anzeigebl. f. Sachsen 1855. 38. (Weende'r Jahresber. 1855/56. II. 15.) Die beiden Roggen waren auf demselben Felde gewachsen und nur durch Wurfen in Körner von verschiedenem Scheffelgewicht getrennt worden.

	Gew. d. Hectol.	Körnerzahl d. Hectol.	Gew. eines Korns	Spec. Gew.	Volumen eines Korns
No. 17 . .	72,5 kg	2 813 000	0,0258 g	1,387	0,0186 ccm
No. 18 . .	58,57 „	4 529 800	0,0129 „	1,383	0,0093 „

*) Bei den mit * versehenen Analysen fehlt die Angabe, ob der untersuchte Roggen Winter- oder Sommerroggen war.

Davy (v. Bibra, Die Getreidearten etc.) fand im ganzen Korn des Roggens: Kleber 9,5 %, Eiweiss 3,3 %, Stärke 61,0 %, Zucker 3,3 %, Gummi 11,1 %, Cellulose und Verlust 11,8 %.

Hermbstädt (Fresenius, Lehrbuch der Chemie f. Landwirthe 1847. 289):

	Kleber	Eiweis	Stärke	Zucker	Gummi	Hülsen	Asche	Fett	Wasser
I. Kleberreicher Roggen	13,3	4,0	57,8	4,0	6,9	11,9	0,9	1,2	—
II. Kleberarmer Roggen	9,5	2,9	62,5	5,3	6,1	11,2	1,5	1,0	—

Fresenius (ebendaselbst) giebt als mittlere Zusammensetzung für Roggen an:

	Kleber	Eiweis	Stärke	Zucker	Gummi	Hülsen	Asche	Fett	Wasser
Lufttrocken	10,79	3,04	51,14	3,74	5,31	10,29	1,74	0,95	13,00
Wasserfrei	12,40	3,50	58,78	4,30	6,10	11,83	2,00	—	—

Fraas (Weende'r Jahresber. 1855/56, Bayerisch-Landw. Centralbl.) fand in einem aus dem Jahre 1427 stammenden, eingemauert gefundenen Roggen 1,15 % N bei 7,4 % Wassergehalt. Das Korn war braunroth geworden, roch erwärmt wie gebrannter Kaffee und gab an Wasser eine braune Humussubstanz ab.

No.	Bemerkungen	Jahr der Untersuchung	In der ursprünglichen Substanz: Wasser %	Nh-Substanz %	Rohfett %	Nfr. Extractstoffe %	Rohfaser %	Asche %	In der Trocken-Substanz: Nh-Substanz %	Nfr. Extractstoffe %	Stickstoff in der Trocken-Substanz %	Analytiker
19	Winterroggen, schwere Körner	1856	17,94	9,53		67,10	3,41	2,02	11,61	—	1,86	G. Wunder [1]
20	desgl., leichte Körner . . .	„	17,49	10,00		66,14	4,22	2,15	12,12	—	1,96	
21	desgl., schwere Körner . .	„	16,95	8,96		70,67	2,04	1,38	10,79	—	1,73	
22	desgl., leichte Körner . . .	„	17,55	9,67		68,72	2,57	1,49	11,73	—	1,88	
23	Roggen von 1855	„	15,53	8,79	1,99	65,53	(6,39)	1,77	10,41	77,09	1,68	*Poggiale* [2]
24	desgl. v. Schleissheim, seichter Kalkboden	„	13,61	11,93	—	—	—	1,92	13,81	—	2,21°	W. Mayer [3]
25	desgl. v. Mönchshofen, Lehm, Donaualluvium	„	11,77	12,79	—	—	—	—	14,50	—	2,32°	
26	desgl. von Illerfeld	„	13,59	12,75	—	—	—	—	14,75	—	2,36°	
27	desgl. von Brennberg, kalkhaltiger Lehm	„	13,86	12,76	—	—	—	1,77	14,81	—	2,37°	
28	desgl. von Litzendorf, brauner Jura	„	14,31	10,50	—	—	—	—	12,25	—	1,96°	
29	desgl. von Geisfeld, schwarzer Jura	„	14,24	11,74	—	—	—	—	13,69	—	2,19°	
30	desgl. von Tiefenellern, weisser Jura	„	14,19	11,69	—	—	—	—	13,62	—	2,18°	
31	desgl. von Triesdorf, sandiger Lehm	„	13,74	10,30	—	—	—	1,79	11,94	—	1,91°	
32	desgl. von Gelchsheim, fetter Thon	„	13,12	12,22	—	—	—	—	14,06	—	2,25°	
33	desgl. v. Gerhardsbrunn, bunter Vogesensandstein . . .	„	14,06	11,49	—	—	—	—	13,37	—	2,14°	
	Aus Deutschland. (Spec. Gew.)											
34	Röm. Roggen, Eldena, übergehend . . . 1,53	1858	—	—	—	—	—	—	22,75	—	3,64°	v. Bibra [4]
35	desgl., Trautskirchen, mehlig 1,45	„	8,00	14,09	—	—	—	—	15,31	—	2,45°	
36	Probstei-Roggen, Triesdorf, gemengt. . . 1,41	„	7,35	13,90	—	—	—	—	15,00	—	2,40°	
37	Staudenrogg., Schwebheim, gut gedüngter Sandboden, mehlig . 1,33	„	10,80	13,33	—	—	—	1,75	14,94	—	2,39°	

[1]) No. 19—22. G. Wunder. Ebendaselbst 1857. April. Der Roggen No. 19 u. 20 stammte von einem anderen Standorte als der von A. Müller untersuchte (No. 16 u. 17) und zwar vom Versuchsfelde der Chemnitzer Versuchs-Station. No. 21 u. 22 stammen von Dittersdorf.

	No. 19	20	21	22
Gewicht von 1 Dresdener Scheffel . . .	165,34 Pfd.	149,20 Pfd.	171 Pfd.	158 Pfd.
Zahl der Körner in 1 Dresdener Scheffel	2 550 000	4 272 000	—	—

[2]) No. 23. Poggiale. Weende'r Jahresber. 1855/56. II. 20. (Polytechn. Centralbl. 1858. 6) Rohfaser mit Malzaufguss erhalten (vergl. Weizenanalysen von demselben Autor).

[3]) No. 24—33. W. Mayer. Ergebnisse der Vers.-Stat. München. 1. 1857. 1. Näheres über Boden- und Bestellungsverhältnisse vergl. Weizenanalysen desselben Autors.

[4]) No. 34—57. v. Bibra. Dessen: Die Getreidearten u. das Brod. Nürnberg, 1860. 294. Nh-Substanz von uns berechnet. Näheres über Bodenverhältnisse siehe bei Weizenanalysen desselben Autors. Zur Bestimmung des Wassergehalts der Roggen wurden dieselben ein halbes Jahr lang in hölzernen Kästen in einem geheizten Zimmer aufbewahrt und dann erst, nachdem sie also so gleichmässig wie möglich trocken geworden waren, ihr Wassergehalt durch Trocknen bei 80 bis 85 ° R. ermittelt.

No.	Bemerkungen	Spec. Gew.	Jahr der Untersuchung	In der ursprünglichen Substanz: Wasser %	Nh-Substanz %	Rohfett %	Nfr. Extractstoffe %	Rohfaser %	Asche %	In der Trocken-Substanz: Nh-Substanz %	Nfr. Extractstoffe %	Stickstoff in der Trocken-Substanz %	Analytiker
38	Champagner-Roggen, Triesdorf, mehlig	1,44	1858	10,00	12,93	—	—	—	—	14,37	—	2,30^{o}	
39	desgl., Eisenach, glasig	—	"	—	—	—	—	—	—	13,75	—	2,20^{o}	
40	desgl., Loso, rother lehmigerSand(Buntsandstein), mehlig	1,40	"	—	—	—	—	—	—	13,44	—	2,15^{o}	
41	dgl., Eisenach, Muschelkalk, mehlig	—	"	—	—	—	—	—	—	13,00	—	2,08^{o}	
42	desgl., Würzburg, mehlig	—	"	—	—	—	—	—	—	12,50	—	2,00^{o}	
43	desgl., Würzburg, glasig	—	"	—	—	—	—	—	—	12,19	—	1,95^{o}	
44	desgl., Dahme, meist mehlig	1,55	"	—	—	—	—	—	—	11,87	—	1,90^{o}	
45	dgl., Schwebheim, mehl.	1,40	"	12,70	9,50	—	—	—	—	10,87	—	1,74^{o}	
46	Abyssinischer Roggen, Eldena, übergehend	1,47	"	—	—	—	—	—	—	10,62	—	1,70^{o}	
47	Johannistag-Roggen, Eldena, meist mehlig	1,39	"	—	—	—	—	—	—	9,37	—	1,50^{o}	
48	Roggen aus Nürnberg von 1347	1,58	"	—	—	—	—	—	—	8,94	—	1,43^{o}	*v. Bibra*[1]
	Aus England und Schottland.												
49	Aus England, mehlig		"	—	—	—	—	—	—	12,50	—	2,00^{o}	
50	Aus Edinburg, mehlig		"	—	—	—	—	—	—	12,50	—	2,00^{o}	
51	Aus England, mehlig		"	—	—	—	—	—	—	12,19	—	1,95^{o}	
52	desgl.		"	—	—	—	—	—	—	11,69	—	1,87^{o}	
53	Riesen-R., Edinburg, gemengt		"	9,10	10,05	—	—	—	—	11,06	—	1,77^{o}	
54	Grosser, nordischer aus Edinburg, gemengt		"	10,02	9,17	—	—	—	—	10,19	—	1,63^{o}	
55	desgl., mehlig		"	—	—	—	—	—	—	9,69	—	1,55^{o}	
	Aus Schweden.												
56	Aus d. Provinz Hericke, mehlig		"	—	—	—	—	—	—	12,94	—	2,07^{o}	
57	Aus der Provinz Hericke		"	—	—	—	—	—	—	11,38	—	1,90^{o}	
58	Holstein. Winterroggen, Mittel verschieden gedüngt. Roggen		1859	18,68	11,65	—	—	—	1,69	14,33	—	2,29^{o}	*Siegert*[2]
59	Gelbreife Körner, nicht nachgereift, geerntet 18. Juli		1860	—	—	—	—	—	—	8,75	(73,30)	1,40	
60	desgl., nachgereift, geerntet 18. Juli		"	—	—	—	—	—	—	8,53	(74,73)	1,36	*B. Lucanus*[3]
61	desgl., bei gewöhnlicher Aufbewahrung, geerntet 18. Juli		"	—	—	—	—	—	—	9,53	(73,87)	1,52	

[1]) Vergl. Anmerkung [4]) Seite 485.
[2]) No. 58. Th. Siegert. Landw. Vers.-Stat. 3. 128. (Vergl. gedüngten Roggen No. 1—7.)
[3]) No. 59—64. B. Lucanus (Vers.-Stat. Dahme). Ebendaselbst. 4. 1862. 147. Vergl. Roggen in verschiedenen Reifeperioden. Der Roggen war zu Dahme (leichter Sandboden?) gewachsen.

No.	Bemerkungen	Jahr der Untersuchung	In der ursprünglichen Substanz: Wasser %	Nh-Substanz %	Rohfett %	Nfr. Extractstoffe %	Rohfaser %	Asche %	In der Trocken-Substanz: Nh-Substanz %	Nfr. Extractstoffe %	Stickstoff in der Trocken-Substanz %	Analytiker
62	Gelbreife Körn. bei beschränkt. Nachreife, geerntet 26. Juli	1860	—	—	—	—	—	—	9,11	(73,79)	1,46	B. Lucanus[1]
63	Völlig reife (überreife) Körner, ohne Nachreife	„	—	—	—	—	—	—	8,39	(76,64)	1,34	
64	Völlig reife mit Nachreife, geerntet 26. Juli	„	—	—	—	—	—	—	9,47	(75,71)	1,52	
65	Aus dem mittleren Schweden	„	14,29	8,50	2,29	71,34	1,47	2,11	9,92	83,23	1,59	*Eisenstuck*[2]
66	Aus Schleissheim, Kalkboden	„	15,66	12,19	1,70	63,80	4,97	1,68	14,46	75,64	2,31	*Zöller*[3]
67	Saatroggen I, 1 Hectol. wiegt 71,94 kg	1862	9,10	13,61	—	—	—	1,84	14,97	—	2,39	*C. Schmid*[4]
68	desgl. II, 1 Hectoliter wiegt 72,20 kg	„	9,38	12,63	—	—	—	1,80	13,93	—	2,23	
69	Gebrauchsroggen III, 1 Hectol. wiegt 71,87 kg	„	10,64	13,89	—	—	—	1,76	15,54	—	2,49	
70	*Aus Sachsen	1868	15,57	11,01	2,07	66,05	2,58	2,72	13,04	78,24	2,09	*Lehmann*[5]
71	*	1871	13,85	12,44	2,17	66,26	3,93	1,45	14,47	77,05	2,32	*Pillitz*[6]
72	*Aus Ungarisch-Altenburg, trocknes Jahr 1866 . .	1870	12,70	15,94	2,26	64,41	2,40	1,60	18,25	74,58	2,92	*Leop. Lenz*[7]
73	desgl., nasses Jahr, 1870 .	„	13,85	15,35	2,01	64,59	2,39	1,80	17,81	75,00	2,85	
74	In Westfalen gebaut . . .	1877	—	—	—	—	—	—	11,23	—	1,80	*J. König*[8]
75	Saatroggen	1872	15,40	11,47	1,96	67,24	1,92	1,77	13,60	79,70	2,18	*Heiden u. Voigt*[9]
76	Daraus auf schwerem Boden erzogener Roggen . . .	1873	13,68	8,94	2,26	71,54	1,71	1,87	10,35	82,87	1,66	

[1]) Vergl. Anmerkung [3]) Seite 486.

[2]) No. 65. C. M. Eisenstuck. Landw. Vers.-Stat. 3. 1861. 241. Der Roggen ist auf einem zwar guten, aber ausgetragenen Boden, nach dem in früherer Zeit in Schweden ziemlich allgemeinen System der Zweifelderwirthschaft ohne allen Dünger gebaut worden. Die Rohfaser (Cellulose) wurde durch aufeinanderfolgende Digestion der Substanz mit 3 procent. Salzsäure, 3 procent. Natronlauge, Alkohol und Aether erhalten.

[3]) No. 66. R. H. Ph. Zöller. Ergebnisse d. Vers.-Stat. München. 3. 148. Von uns berechnetes Mittel der Analysen von 8 verschieden gedüngtem Roggen. Vergl. gedüngter Winterroggen No. 8—16. Die Roggenkörner enthielten Stärkemehl 61,6 %.

[4]) No. 67—69. C. Schmidt. Livländische Jahrbücher d. Landwirthschaft. 16. 1863. 129. Zu Turneshof in Livland 1862 geerntet. Die Zahlen beziehen sich auf (auf der „Riegendarre") getrocknetes, an freier Luft wieder „lufttrocken" gewordenes Material. Der trockne warme Herbst des Erntejahrs erklärt den durchschnittlich um 2—3 % unter dem Mittel bleibenden geringeren Wassergehalt. No. 67 u. 69 stammen von Binnenschlägen, No. 68 von Schafweideschlag (Aussenschlag) des Gutes. Der „Stärkemehlgehalt" wurde ermittelt, indem 1 Thl. Substanz mit 50 Thl. einer 4 Volumenprocente Schwefelsäurehydrat enthaltenden Säure bis zum Aufhören der Jodreaction digerirt und die erhaltene Lösung mit Kupferlösung titrirt wurde. (Die Zahlen für „Stärkemehl" umfassen daher auch alle in Zucker überführbaren Bestandtheile. Der Ref.) Die Differenz von 100 einer- und der Summe von Wasser, Albumin, Stärkemehl und Asche anderseits ist als „Cellulose etc." bezeichnet. Die Zahlen für Stärkemehl und Cellulose sind folgende:

	I.	II.	III
Stärkemehl	63,19	63,42	63,56 %
Cellulose etc. . . .	12,26	12,77	10,15 „

[5]) No. 70. J. Lehmann. Amtsbl. f. d. landw. Vereine in Sachsen. 17. 1868. 18.

[6]) No. 71. W. Pillitz. Fresenius Zeitschr. f. analyt. Chemie. 11. 1872. 46. Methode der Untersuchung siehe bei Weizenanalysen desselben Autors. Die Summe der Bestandtheile der lufttrocknen Körner ergiebt 99,89. Die Körner enthielten:

	Stärkemehl	Dextrin	Zucker	In Wasser lösl. Extractstoffe	Lösliches Eiweiss	Lösliche Salze
Lufttrocken . .	56,41	4,97	1,87	3,01	3,33	1,23 %
Wasserfrei . .	65,60	5,78	2,07	3,50	3,87	1,50 „

[7]) No. 72 und 73. Leop. Lenz. Landw. Vers.-Stat. 12. 1870. 344. Der untersuchte Roggen stammte von dem Landgute der landw. Lehranstalt zu Ungarisch-Altenburg. Die Witterung des Jahres 1866 war eine trockne, die im Jahre 1870 eine solche, „wie sie feuchten, nördlichen Klimaten zukommt".

[8]) No. 74. J. König. 1. Ber. d. Vers.-Stat. Münster 1871/77. 140. Mittel von 3 Analysen verschieden gedüngten Roggens. Vergl. gedüngter Winterroggen No. 17—19.

[9]) Vergl. Anmerkung [1]) Seite 488.

No.	Bemerkungen	Jahr der Untersuchung	In der ursprünglichen Substanz: Wasser %	Nh-Substanz %	Rohfett %	Nfr. Extractstoffe %	Rohfaser %	Asche %	In der Trocken-Substanz: Nh-Substanz %	Nfr. Extractstoffe %	Stickstoff in der Trocken-Substanz %	Analytiker
77	Saatroggen	1874	12,88	11,20	1,98	70,13	1,76	1,90	12,88	80,64	2,06	*Heiden u. Voigt*[1])
78	Daraus auf schwerem Boden erzogener Roggen . . .	1875	12,86	10,83	1,91	70,83	1,70	1,87	12,43	81,28	1,99	
79	Saatroggen	1876	7,08	13,21	2,00	73,76	1,89	2,00	14,23	79,43	2,28	
80	Daraus auf schwerem Boden erzogener Roggen . . .	1877	12,80	12,51	1,92	69,14	1,82	1,81	14,35	79,29	2,30	
81	Aus Hannover, geschroten .	1871	15,27	12,50	1,72	66,21	2,39	1,91	14,75	78,15	2,36	*U. Kreusler*[2])
82	Aus Hannover, Körner . .	„	15,03	—	—	—	2,53	1,75	—	—	—	
83	*	1875	—	—	—	—	—	—	12,94	79,87	2,07	*Weiske*[3])
84	*	1878	16,00	11,80	2,00	63,10	4,20	2,90	14,04	75,13	2,25	*Wagner*[4])
85	Von Cassel	1880	15,61	8,43	1,63	70,08	1,71	2,54	9,99	83,04	1,60	*Dietrich*[5])
86	*Roggen, geschroten . . .	1875	13,90	13,40	2,46	60,30	6,20	3,80	15,56	70,04	2,49	*M. Märcker*[6])
87	*desgl.	„	13,18	14,13	3,02	61,50	4,65	3,52	16,28	70,82	2,60	
88	Pirnaer Roggen, Sandmergelboden	1880	15,00	9,9	70,2		2,0	2,9	11,64	—	1,86	
89	desgl.	„	15,00	9,4	71,9		1,7	2,0	11,05	—	1,77	
90	Staudenroggen, sand. lehmig. Boden	„	15,00	11,1	1,7	67,1	2,0	3,1	13,05	78,95	2,09	
91	Vierländer Roggen, lehmiger Sand	„	15,00	9,7	1,3	69,5	2,1	2,4	11,41	81,77	1,83	
92	Liprechtröder Landroggen, lehmiger Sand, Bergland .	„	15,00	9,9	1,4	69,2	2,0	2,5	11,64	81,42	1,86	
93	Landroggen, lehmiger Sand .	„	15,00	9,0	1,4	70,7	2,0	1,9	10,58	83,19	1,69	
94	desgl., humoser Lehm . .	„	15,00	9,9	1,3	68,4	2,1	3,3	11,64	80,48	1,86	
95	desgl., Sandboden	„	15,00	10,9	1,6	67,5	2,0	3,0	12,82	79,42	2,05	
96	desgl., Sandboden	„	15,00	10,9	1,5	66,6	1,9	4,1	12,82	78,37	2,05	
97	desgl., Sandboden	„	15,00	11,2	1,4	66,9	2,2	3,3	13,17	78,71	2,11	
98	desgl., schwerer Thonboden .	1881	15,00	9,5	1,4	69,7	2,7	2,7	10,17	81,82	1,63	
99	Champagner-Roggen, mässig humoser Sandboden, Höhenlage	„	15,00	8,8	1,5	70,1	2,0	2,6	10,35	82,48	1,66	
100	Probsteier Roggen	„	15,00	8,2	1,1	71,5	2,1	2,1	9,64	84,13	1,54	
101	Vierländer Roggen	„	15,00	8,3	1,3	71,7	2,1	1,6	9,76	84,36	1,56	
102	Zeeländer, humoser, milder, kalkreicher Lehm . . .	„	15,00	8,5	1,6	70,6	2,0	2,3	10,00	83,07	1,60	
103	Probsteier Roggen, sandiger, humusarmer Lehm . . .	„	15,00	8,5	1,4	71,6	2,0	1,5	10,00	84,24	1,60	

[1]) No. 75—80. E. Heiden u. Franz Voigt. Denkschrift d. Vers.-Stat. Pommritz 1882. Näheres ersiehe bei gedüngtem Roggen No. 20—33. Die Analysen von No. 76 u. 78 sind die von uns berechneten Mittel von je 6 Analysen verschieden gedüngten Roggens.

[2]) No. 81 u. 82. U. Kreusler. 1. Ber. d. Vers.-Stat. Hildesheim. Celle, 1873. 26.

[3]) No. 83. H. Weiske. Der Landwirth. 11. 1875. 219.

[4]) No. 84. P. Wagner u. W. Rohn. Privatmittheilung.

[5]) No. 85. Th. Dietrich. Privatmittheilung.

[6]) No. 86—106. M. Märcker u. F. Holdefleiss (Vers.-Stat. Halle). Zeitschr. d. landw. Centralv. d. Prov. Sachsen 1876. 243 und Privatmittheilung.

No.	Bemerkungen	Jahr der Untersuchung	In der ursprünglichen Substanz: Wasser %	Nh-Substanz %	Rohfett %	Nfr. Extractstoffe %	Rohfaser %	Asche %	In der Trocken-Substanz: Nh-Substanz %	Nfr. Extractstoffe %	Stickstoff in der Trocken-Substanz %	Analytiker
104	Landroggen, steiniger Muschelkalkboden	1881	15,00	8,6	1,3	71,1	2,0	2,0	10,11	83,66	1,62	*M. Märcker*[1]
105	Champagn.-Rogg., humoser Lehm	1882	15,00	7,3	1,2	70,1	2,5	3,9	8,58	82,47	1,37	
106	Johannis-Roggen, humusarmer Thon, Höhenlage	"	15,00	8,4	1,3	70,4	2,5	2,4	9,88	82,83	1,58	
	Roggen aus Nordamerika.											
	Winterroggen.											
107	Von Pennsylvanien (White Winter-Rye)	1878	8,68	12,07	2,07	73,91	1,40	1,87	13,22	80,93	2,12	*Collier*[2])
108	Mittel von 6 Analysen . . .	—	11,60	10,60	1,70	72,60	1,60	1,90	11,99	82,13	1,92	*Jenkins*[3])
	Vermont. (Gew. v. 100 Körn. g; 1 Bushel wiegt Pfd.)											
109	Common New-England 2,10 62,3	1886	7,80	10,33	2,00	76,84	1,35	1,68	11,21	83,34	1,79	*Clifford Richardson*[4])
110	White Winter . . 2,40 64,1	"	8,07	11,55	2,12	75,03	1,38	1,85	12,57	81,61	2,01	
111	Winter 2,10 58,6	"	8,90	11,03	1,80	75,32	1,35	1,60	12,11	82,67	1,95	
	Connecticut.											
112	Common-R. . . . 2,41 —	"	8,84	10,85	1,91	75,02	1,38	2,00	11,90	82,30	1,90	
113	desgl. 1,99 60,2	"	7,74	10,50	2,09	75,72	1,75	2,20	11,38	82,07	1,82	
114	Common White-R. 2,38 61,5	"	9,17	10,25	1,74	75,55	1,32	1,97	11,29	83,17	1,81	
115	Winter 2,52 62,8	"	9,69	9,80	1,80	75,38	1,45	1,88	10,85	83,47	1,75	
	Rhode-Island.											
116	Winter . . . . 2,15 —	"	9,75	10,15	1,71	74,40	1,89	2,10	11,25	82,44	1,80	
	New-York.											
117	Winter 2,24 60,4	"	8,02	14,53	2,09	71,43	1,38	2,55	15,79	77,67	2,53	
118	desgl. 2,32 56,2	"	9,12	10,68	1,58	74,96	1,26	2,40	11,75	82,48	1,88	
119	Native 2,31 60,1	"	8,98	11,55	1,69	74,37	1,25	2,16	12,69	81,71	2,03	
120	White 2,16 62,6	"	8,93	9,45	2,10	76,42	1,33	1,77	10,38	83,93	1,66	
121	Common 2,06 63,1	"	7,35	11,38	2,13	75,37	1,61	2,16	12,28	81,35	1,96	
	Pennsylvania New-Jersey.											
122	Common white . . 1,70 63,3	"	9,05	9,98	2,16	75,61	1,10	2,10	10,98	83,12	1,76	
123	Jersey 2,60 59,1	"	8,93	11,73	1,74	74,34	1,23	2,03	12,88	81,63	2,00	

[1]) Vergl. Anmerkung [6]) Seite 488.

[2]) No. 107. P. Collier. Ann. Report of the Commissioner of Agriculture for 1878. 146. An näheren Bestandtheilen sind noch genannt: Zucker 4,82 °/,, in Alkohol lösliche Eiweissstoffe 2,72 %, Gummi 4,40 %, Stärke (Differenz) 64,69 %.

[3]) No. 108. Ann. rep. Connect. Agric Exper. Stat. for 1884. Tafel von der Zusammensetzung amerikanischer Futterstoffe von Dr. E. H. Jenkins. Als Maximal- und Minimalgehalte der 6 Analysen sind angegeben:

	Trockensubstanz	Proteïn	Fett	Nfr-Extractstoffe	Rohfaser
Minimum . . .	86,80	9,50	1,40	70,70	1,40
Maximum . . .	91,30	12,10	2,10	73,90	2,10

[4]) No. 109—173. Clifford Richardson. (Depart. of Agriculture, Division of Chemistry. Bull. No. 9.) Third Report on the chemical composition and physical properties of american cereals Wheat, Oats, Barley and Rye. Washington, 1886. 52 u. 81. Von einigen der Roggen wurden noch nähere Bestandtheile bestimmt und zwar (in lufttrockner Substanz):

No.	115	116	119	123	124	128	136	137	138	140	141	148	151	155	156	161
Zucker etc.	8,10	6,74	7,85	6,20	9,46	7,89	8,49	6,25	7,10	7,45	7,83	6,92	7,29	7,89	7,52	7,93
Dextrin etc. . . .	4,76	4,36	5,19	6,02	4,44	4,14	4,38	5,56	5,00	4,46	4,80	4,54	5,32	4,44	4,20	4,50
Stärkemehl	62,52	63,31	61,33	62,12	59,81	62,23	59,61	64,34	62,40	62,59	62,19	63,55	60,55	58,73	62,74	60,47
Albuminoide in 80 % Alkohol löslich .	2,20	1,90	2,17	1,76	3,08	2,71	3,45	2,17	2,76	2,56	2,15	2,14	2,44	3,03	2,18	3,17
Albuminoide darin unlöslich	7,60	8,25	9,38	9,97	8,65	9,37	9,68	9,03	8,44	8,99	9,39	9,24	9,26	9,05	9,20	9,78

No.	Bemerkungen	Gew. v. 100 Körn. g	1 Bushel wiegt Pfd.	Jahr der Untersuchung	In der ursprünglichen Substanz: Wasser %	Nh-Substanz %	Rohfett %	Nfr. Extractstoffe %	Rohfaser %	Asche %	In der Trocken-Substanz: Nh-Substanz %	Nfr. Extractstoffe %	Stickstoff in der Trocken-Substanz %	Analytiker
124	White	2,42	59,3	1885	9,35	11,73	1,86	73,71	1,20	2,15	12,94	81,32	2,07	*Clifford Richardson*[1]
125	Common	2,81	62,3	„	8,75	11,38	1,76	74,63	1,34	2,14	12,47	81,78	2,00	
126	Canada	2,59	63,5	„	9,35	11,20	1,92	74,31	1,52	1,70	12,35	81,97	1,98	
	Ohio.													
127	Common	2,79	61,6	„	9,81	10,50	1,79	74,00	1,35	2,55	11,64	82,04	1,86	
128	Black Fall . . .	2,08	61,7	„	8,15	12,08	1,93	74,26	1,88	1,70	13,16	80,84	2,11	
	Illinois.													
129	?	1,91	60,4	„	9,57	10,33	2,16	74,59	1,42	1,93	11,47	82,44	1,84	
130	White	1,87	60,7	„	9,99	10,55	1,98	72,41	1,35	3,72	11,62	80,55	1,86	
131	Common Winter .	1,72	61,7	„	8,85	10,15	2,09	76,01	1,10	1,80	11,13	83,40	1,78	
132	Common	1,41	57,8	„	7,62	12,96	2,06	72,68	1,95	2,73	14,02	78,69	2,24	
133	White Winter . .	2,10	60,0	„	8,85	10,85	1,85	75,05	1,25	2,15	11,90	82,34	1,90	
134	Common Black . .	1,82	58,7	„	8,73	13,13	1,86	71,33	1,58	3,37	14,39	78,15	2,30	
135	Winter	1,64	58,1	„	9,45	10,50	1,92	75,08	1,45	1,60	11,59	82,92	1,85	
136	desgl.	1,84	59,4	„	8,45	13,13	1,98	72,48	1,60	2,36	14,34	78,17	2,29	
137	Common white . .	1,67	60,1	„	9,18	11,20	1,70	75,15	1,15	1,62	12,33	82,75	1,97	
	Wisconsin.													
138	Common	2,00	60,4	„	8,65	11,20	1,86	74,50	1,47	2,32	12,26	81,56	1,96	
139	. . . .	2,10	62,6	„	8,41	10,33	1,59	76,97	1,15	1,55	11,28	84,03	1,80	
140	?	1,69	60,6	„	8,80	11,55	1,84	74,50	1,35	1,96	12,66	81,69	2,03	
141	Black Winter . .	1,85	60,2	„	8,38	11,90	1,38	74,88	1,56	1,90	12,93	81,77	2,07	
142	White	2,70	61,6	„	10,00	10,85	1,69	74,13	1,38	1,95	12,05	82,37	1,93	
	Minnesota.													
143	. . . .	2,13	60,8	„	9,13	11,20	1,63	74,70	1,40	1,94	12,32	82,22	2,13	
144	Canada White . .	2,78	62,2	„	8,75	11,90	1,94	74,38	1,18	1,85	13,04	80,51	2,09	
145	?	1,90	—	„	7,25	12,43	2,46	73,51	1,95	2,40	13,40	79,26	2,14	
	Jowa.													
146	Common	1,59	60,2	„	7,69	10,68	2,16	75,81	1,68	1,98	11,57	82,13	1,85	
147	Summer Hill . .	1,30	58,2	„	8,50	11,38	2,48	73,32	1,53	2,80	12,44	80,52	1,99	
148	White Winter . .	2,10	60,2	„	8,32	11,38	1,93	75,01	1,28	2,08	12,42	81,80	1,99	
	Missourie.													
149	White	—	—	„	7,27	11,20	2,19	75,82	1,59	1,93	12,20	81,58	1,95	
	Nebraska.													
150	Common, mixed .	1,30	60,3	„	8,27	9,28	2,25	77,54	1,39	1,31	10,12	84,48	1,62	
	Maryland.													
151	?	2,17	62,0	„	9,70	11,73	1,93	73,16	1,38	2,10	12,99	81,02	2,08	
152	Early White . .	2,57	59,9	„	9,64	10,85	1,65	74,63	1,43	1,80	12,01	82,59	1,92	
	Virginia.													
153	Winter	1,92	60,2	„	8,60	12,43	1,77	73,10	1,80	2,30	13,60	79,97	2,18	
	West-Virginia.													
154	Pennsylvania White	2,43	62,8	„	8,87	11,55	1,90	73,70	1,31	2,67	12,67	80,88	2,03	
155	White	2,06	59,4	„	8,35	12,08	1,75	73,60	1,54	2,68	13,18	80,31	2,11	

[1]) Vergl. Anmerkung [4]) Seite 489.

No.	Bemerkungen	Gew. v. 100 Körn. g	1 Bushel wiegt Pfd.	Jahr der Untersuchung	In der ursprünglichen Substanz: Wasser %	Nh-Substanz %	Rohfett %	Nfr. Extractstoffe %	Rohfaser %	Asche %	In der Trocken-Substanz: Nh-Substanz %	Nfr. Extractstoffe %	Stickstoff in der Trocken-Substanz %	Analytiker
	North-Carolina.													
156	White	1,87	62,1	1885	8,75	11,38	1,85	74,46	1,55	2,01	12,47	81,62	2,00	Clifford Richardson[1]
157	desgl.	1,67	62,3	„	8,60	12,25	2,33	74,64	1,63	1,55	13,40	80,57	2,14	
	South-Carolina.													
158	Common	2,04	—	„	8,44	10,50	1,73	76,01	1,56	1,76	11,47	82,02	1,84	
	Kentucky.													
159	White	1,58	—	„	—	12,25	2,27	—	1,70	—	—	—	—	
160	Black	2,25	—	„	9,82	12,08	1,93	72,86	1,38	1,93	13,40	80,79	2,14	
	Georgia.													
161	Georgia	1,24	—	„	8,24	12,95	2,17	72,90	1,83	1,91	14,12	79,44	2,26	
	Colorado.													
162	. . . .	—	—	„	9,05	15,58	1,98	68,74	1,85	2,80	17,14	75,56	2,78	
163	. . . .	—	—	„	8,05	12,95	2,91	72,38	1,76	1,95	14,05	78,79	2,25	
164	. . . .	1,81	61,4	„	6,85	11,38	2,01	76,23	1,48	2,05	12,22	81,83	1,96	
	Washington Territory.													
165	Departement	3,45	—	„	7,00	11,03	2,05	76,27	1,55	2,10	11,86	82,01	1,90	
166	Kansas	—	—	„	11,60	12,60	2,22	70,49	1,49	1,60	14,25	79,74	2,28	
167	Berechnetes Mittel aus No. 109—166, R. a. Nordamerika	—	—	„	11,20	12,40	1,88	71,32	1,40	1,80	13,96	80,31	2,23	
168	United States, 57 Analysen	2,07	60,9	„	8,67	11,32	1,94	74,52	1,46	2,09	12,40	81,59	1,98	
169	Staaten an der Atlantischen Küste, 25 Analysen	2,19	61,2	„	8,75	11,26	1,91	74,74	1,45	1,99	12,34	81,80	1,97	
170	Staaten an d. Pacific-Küste, 4 Analys.	—	—	„	7,74	12,73	2,24	73,40	1,66	2,23	13,80	79,55	2,21	
171	Nördl. Staaten, 43 Analysen	2,07	60,8	„	8,73	11,10	1,92	74,74	1,43	2,08	12,17	81,88	1,95	
172	West-Staaten, 25 Analysen	1,75	60,0	„	8,71	11,17	1,94	74,62	1,44	2,12	12,81	81,17	2,05	
173	Süd-Staat., 10 Anal.	1,98	61,2	„	8,80	11,68	1,90	74,01	1,54	2,07	12,80	81,16	2,05	
	Minimum			.	6,85	7,27	0,21	60,68	1,05	0,53	8,39	70,04	1,34	
	Maximum			.	18,68	19,71	3,01	63,71	5,10	4,18	22,75	85,09	3,64	
	Gesammt-Mittel*)			.	**13,37** **)	**10,81**	**1,77**	**70,21**	**1,78**	**2,06**	**12,48**	**81,04**	**2,00**	

	Anzahl d. Analysen										
Mittel für Roggen aus Norddeutschland	27	.	13,37	11,01	1,70	69,78	2,17	1,97	12,71	80,55	2,03
desgl. aus Süddeutschland	36	.	13,37	12,04	1,98	67,97	2,73	1,91	13,88	78,49	2,22
Mittel für deutschen Roggen	63	.	**13,37**	**11,52**	**1,84**	**68,88**	**2,45**	**1,94**	**13,30**	**79,51**	**2,13**

[1]) Vergl. Anmerkung [4]) Seite 489.

*) Für die Berechnung des Mittels sind bei N-Substanz, Fett und Asche sämmtliche Analysen, bei Holzfaser nur die von No. 66 an berücksichtigt.

**) Nach dem mittleren Wassergehalt bei Weizen angenommen; der wirkliche mittlere Wassergehalt nach vorstehenden Analysen beträgt 11,15 %.

Roggenkörner. Sommerroggen.

No.	Bemerkungen	Spec. Gew.	Jahr der Untersuchung	In der ursprünglichen Substanz: Wasser %	Nh-Substanz %	Rohfett %	Nfr. Extractstoffe %	Rohfaser %	Asche %	In der Trocken-Substanz: Nh-Substanz %	Nfr. Extractstoffe %	Stickstoff in der Trocken-Substanz %	Analytiker
1	Sommerroggen von Schleissheim, seichter Kalkboden		1856	14,16	15,45	—	—	—	—	18,00	—	2,88°	*Mayer*[1])
2	Riesenroggen, Triesdorf, glasig	1,39	1858	—	—	—	—	—	—	16,87	—	2,70°	*v. Bibra*[2])
3	desgl., Poppelsdorf, gemengt	—	„	—	—	—	—	—	—	16,75	—	2,68°	*v. Bibra*[2])
4	Staudenroggen, Schwebheim, mehlig	1,38	„	—	—	—	—	—	—	14,56	—	2,33°	*v. Bibra*[2])
5	dgl., Triesdorf, gemengt	1,40	„	—	—	—	—	—	—	14,19	—	2,27°	*v. Bibra*[2])
6	Probsteiroggen, Triesdorf, gemengt	1,42	„	—	—	—	—	—	—	13,50	—	2,16°	*v. Bibra*[2])
7	desgl., Proskau, gemengt	1,40	„	—	—	—	—	—	—	12,50	—	2,00°	*v. Bibra*[2])
8	Aus Mecklenburg		1860	14,70	13,80	63,20		6,50	1,80	16,17	74,01	2,59	*Wicke*[3])
9	Russ. Sommerroggen, lettiger Sandboden		1870	12,90	17,34	2,54	62,46	2,66	2,10	18,91	72,71	3,03	*Schwackhöfer*[4])
10	Aus Wisconsin, Common		—	8,65	11,29	1,86	74,50	1,47	2,32	12,69	81,11	2,03	*Richardson*[5])
11	Aus Indiana, Spring		—	9,60	8,75	1,73	77,22	1,13	1,57	9,68	85,42	1,55	*Richardson*[5])
	Mittel		.	**13,37** *)	**12,90**	**1,98**	**68,11**	**1,71**	**1,93**	**14,89**	**78,62**	**2,38**	

Roggenkörner. Winterroggen unter dem Einfluss der Düngung.

No.	Bemerkungen	Jahr	Wasser %	Nh-Substanz %	Rohfett %	Nfr. Extractstoffe %	Rohfaser %	Asche %	Nh-Substanz (Trocken) %	Nfr. Extractstoffe (Trocken) %	Stickstoff %	Analytiker
1	Ungedüngt	1860	19,43	11,38	—	—	—	1,71	14,13	—	2,26	*Th. Siegert*[6])
2	Schwefelsaures Ammoniak	„	19,17	11,52	—	—	—	1,69	14,25	—	2,28	*Th. Siegert*[6])
3	Salpetersaurer Kalk	„	20,80	12,03	—	—	—	1,61	15,19	—	2,43	*Th. Siegert*[6])
4	Saurer phosphorsaurer Kalk	„	18,51	11,25	—	—	—	1,69	13,81	—	2,21	*Th. Siegert*[6])
5	desgl. und schwefelsaures Ammoniak	„	18,11	12,19	—	—	—	1,70	14,88	—	2,38	*Th. Siegert*[6])
6	desgl. und salpetersaurer Kalk	„	16,07	11,54	—	—	—	1,72	13,75	—	2,20	*Th. Siegert*[6])
7	Mittel	„	18,68	11,65	—	—	—	1,69	14,33	—	2,29	*Th. Siegert*[6])

Roggenkörner. Sommerroggen:

[1]) No 1. W. Mayer. Ergebn. d. Vers.-Stat. München. 1. 1857, 1. Nh-Substanz von uns berechnet.

[2]) No. 2—7. v. Bibra. Dessen: „Die Getreidearten und das Brod". Nürnberg, 1860. 294. Nh-Substanz von uns berechnet.

[3]) No. 8. Wicke. Wilda's landw. Centralbl. 1862. 2. 371. (Journ. f. Landw. 1862. 215.) Unter stickstofffreien Extractstoffen sind aufgeführt: Lignin, Kork, Cuticula, Schleim 10 %, Stärke 40,3 %, Zucker und Dextrin 12,9 %.

[4]) No. 9. Fr. Schwackhöfer (K. K. landw. chem. Vers.-Stat. Wien). Landw. Vers.-Stat. 15. 1872. 105. Auf dem Lande der Ackerbauschule zu Eibenschütz in Mähren cultivirt, 2. Ernte. 1 Hectoliter wog 86 kg. Ertrag auf lettigem, ziemlich kräftigem Sandboden 11⅝ fach. Der Roggen besteht aus grossen schweren Körnern.

[5]) No. 10 u. 11. Clifford Richardson. Vergl. Amerikanische Winterroggen No. 109. Der Roggen No. 10 stammte aus dem County Chippewa, Staat Wisconsin, der unter No. 11 aus dem County Elkhart, Staat Indiana.

	Gesäet	Geerntet	Gew. v. 100 Korn	Gew. v. 1 Bushel
No. 10 . . .	1. April	1. August	2,00 g	60,4 Pfd.
No. 11 . . .	10. April	25. Juli	2,10 g	63,5 Pfd.

*) Nach obigem mittleren Wassergehalt bei Weizen angenommen; der wirkliche mittlere Wassergehalt nach vorstehenden 5 Analysen beträgt 12 %.

Roggenkörner. Unter dem Einfluss der Düngung:

[6]) No. 1—7. Th. Siegert. Landw. Vers.-Stat. 3. 128. Die Versuche wurden auf einem Stück Gartenland mit ziemlich schwerem, aus Felsittuff entstandenem Thonboden ausgeführt; die Fläche hatte vorher mehrere Jahre hintereinander Kartoffeln getragen, ohne jedoch gedüngt worden zu sein. Der im Herbst 1858 ausgesäete Roggen war Holsteiner Winter-

No.	Bemerkungen	Jahr der Untersuchung	In der ursprünglichen Substanz: Wasser %	Nh-Substanz %	Rohfett %	Nfr. Extractstoffe %	Rohfaser %	Asche %	In der Trocken-Substanz: Nh-Substanz %	Nfr. Extractstoffe %	Stickstoff in der Trocken-Substanz %	Analytiker
8	Superphosphat, Glaubersalz u. Kochsalz	1860	15,83	12,19	1,74	64,20	4,35	1,69	14,48	76,27	2,32	Ph. Zöller[1]
9	desgl., schwefels. Ammoniak und Kochsalz	„	15,12	12,44	1,59	64,92	4,20	1,73	14,65	76,50	2,34	
10	Superphosphat, Chilisalpeter und Kochsalz	„	15,45	12,94	1,79	63,71	4,39	1,72	15,15	75,60	2,42	
11	desgl. u. Kochsalz	„	15,84	12,23	1,80	63,86	4,57	1,70	14,53	75,88	2,32	
12	desgl. u. Chilisalpeter . . .	„	15,66	12,13	1,72	64,67	4,14	1,68	14,37	76,69	2,30	
13	desgl.	„	15,78	12,88	1,75	62,99	4,88	1,72	15,29	74,80	2,45	
14	Phosphorit	„	15,65	11,13	1,58	63,35	6,69	1,60	13,19	75,11	2,11	
15	Ungedüngt	„	15,91	11,56	1,63	62,79	6,50	1,61	13,74	74,68	2,20	
16	Mittel	„	15,66	12,19	1,70	63,80	4,97	1,68	14,46	75,64	2,31	
17	Ammoniak-Superphosphat (Herbst)	1877	—	—	—	—	—	—	10,95	—	1,75	J. König[2]
18	Superphosphat (Herbst), Chilisalpeter (Frühjahr) . . .	„	—	—	—	—	—	—	11,76	—	1,88	
19	Ungedüngt	„	—	—	—	—	—	—	10,99	—	1,76	
20	Saatroggen	1873	15,40	11,47	1,96	67,24	1,92	1,77	13,60	79,70	2,18	E. Heiden und Fr. Voigt[3]
21	I. Ungedüngt	„	14,13	9,15	2,12	70,19	1,71	1,92	10,75	82,49	1,72	
22	II. Ungedüngt	„	12,79	9,13	2,31	71,38	1,67	1,84	10,58	82,68	1,69	
23	III. Aetzkalk	„	13,96	8,00	2,30	72,34	1,51	1,77	9,31	84,19	1,49	
24	IV. Schwefelsaur. Ammoniak	„	13,19	8,13	2,18	72,85	1,84	1,70	9,38	84,03	1,50	

roggen. Die gedüngten Parzellen erhielten 114 g N resp. 152 g P_2O_5, resp. beides zusammen. Die Ernteerträge von je 17,323 qm Fläche betrugen:

	Ungedüngt	Schwefelsaures Ammoniak	Salpetersaurer Kalk	Saurer phosphors. Kalk	Saurer phosphors. Kalk u. schwefels. Ammoniak	Saurer phosphors. Kalk u. salpeters. Kalk
Körner	3850	4200	4750	3750	4100	4100 g
Stroh und Spreu .	7350	11450	8700	6950	10500	8750 „

[1]) No. 8—16. R. II. Ph. Zöller. Ergebn. d. Vers.-Stat. München. 3. 148. Die untersuchten Roggenkörner waren bei Düngungsversuchen, die 1858 zu Schleissheim auf armem Kalkboden ausgeführt worden waren, gewonnen. Auf 100 Thl. Boden kommen 39—48 Thl. Kalksteine. 100 Thl. lufttrockne Erde enthalten: Natron 0,010, Kali 0,116, Magnesia 0,570, kohlensauren Kalk 3,414, Eisenoxyd 4,482, Thonerde 3,498, Phosphorsäure 0,051, Schwefelsäure 0,020, lösliche Kieselerde 0,578, Wasser 5,040, organische Substanzen und Glühverlust 6,078, Thon und Sand 76,143, Stickstoff 0,1206 %.

Die Parzellen waren je $^1/_8$ bair. Tagewerk gross und erhielten bezw. gleiche Mengen Stickstoff, Phosphorsäure und Natron. Düngermengen und Erträge pro $^1/_8$ Tagewerk sind aus Folgendem ersichtlich:

	I.	II.	III.	IV.	V.	VI.	VII.	VIII.
Düngung	Superphosphat 45 Pfd.	Desgl.	Desgl.	Desgl.	Desgl.	Desgl.	Phosphorit 40 Pfd.	—
	Glaubersalz 58 Pfd.	Ammoniaksalz 24 Pfd.	Chilisalp. 31 Pfd.	—	Desgl.	—	—	Unged.
	Kochsalz $10^1/_2$ Pfd.	Desgl.	Desgl.	Desgl.	—	—	—	—
Ertrag	Körner $53^3/_4$ Pf.	$55^3/_4$ Pf.	$46^3/_4$ Pf.	$40^1/_2$ Pf.	$49^3/_4$ Pf.	46 Pf.	$10^3/_4$ Pf.	$8^3/_4$ Pf.
	Stroh 119 Pf.	126 „	102 „	$88^1/_2$ „	114 „	102 „	$29^1/_2$ „	$21^1/_2$ „

Die Nh-Substanz wurde von uns nach angegebenem N-Gehalt berechnet.

Die Roggenkörner enthielten Stärkemehl:

No 8	9	10	11	12	13	14	15	16
62,00	62,85	61,99	61,20	62,25	61,28	59,51	59,77	61,6

[2]) No. 17—19. J. König. 1. Ber. d. Vers.-Stat. Münster 1871/77. 138. Eine gleichmässig beschaffene Fläche des Gutes Sudbrack bei Bielefeld wurde in Stücke von 12,5 Are getheilt und davon das eine im Herbst 1876 mit 50 kg Ammoniak-Superphosphat (5 % N und 14 % P_2O_5), das andere zu gleicher Zeit mit 14 % Superphosphat und im Frühjahr 1877 mit 16,5 kg Chilisalpeter gedüngt. Der Ertrag war pro 12,5 Are folgender:

	I (No. 17)	II (No. 18)	III (No. 19)
Körner	219	246,7	211 kg
Stroh	432	460,0	369,5 „

[3]) Vergl. Anmerkung [1]) Seite 494.

No.	Bemerkungen	Jahr der Untersuchung	In der ursprünglichen Substanz: Wasser %	Nh-Substanz %	Rohfett %	Nfr. Extractstoffe %	Rohfaser %	Asche %	In der Trocken-Substanz: Nh-Substanz %	Nfr. Extractstoffe %	Stickstoff in der Trocken-Substanz %	Analytiker
25	V. Phosphorsaurer Kalk .	1873	12,80	9,13	2,25	71,14	1,66	2,08	10,58	82,48	1,69	E. Heiden u. Fr. Voigt[1])
26	VI. Schwefelsaures Kali . .	„	15,14	9,73	2,32	67,94	1,82	1,83	11,63	81,23	1,86	
27	Saatroggen	1875	12,88	11,20	1,98	70,13	1,76	1,90	12,88	80,64	2,06	
28	I. Ungedüngt	„	13,00	10,51	1,90	71,14	1,54	1,86	12,09	81,81	1,93	
29	II. Ungedüngt	„	13,27	10,82	1,93	70,51	1,62	1,79	12,48	81,36	2,00	
30	III. Aetzkalk	„	12,42	10,74	1,92	71,37	1,69	1,82	12,27	81,53	1,96	
31	IV. Schwefelsaur. Ammoniak	„	12,78	10,82	1,92	70,74	1,82	1,89	12,41	81,14	1,99	
32	V. Phosphorsaurer Kalk .	„	12,81	10,74	1,92	70,74	1,75	2,00	12,33	81,17	1,97	
33	VI. Schwefelsaures Kali . .	„	12,90	11,36	1,85	70,25	1,74	1,87	13,04	80,69	2,09	
34	Saatroggen	1877	7,08	13,21	2,00	73,76	1,89	2,00	14,23	79,43	2,32	
35	I. Ungedüngt	„	7,78	12,94	1,87	73,12	2,22	2,00	14,04	79,35	2,23	
36	II. Ungedüngt	„	14,00	13,05	1,93	67,37	1,78	1,82	15,19	78,38	2,43	
37	III. Aetzkalk	„	12,80	12,39	1,95	69,00	2,00	1,84	14,21	79,14	2,27	
38	IV. Schwelelsaur. Ammoniak	„	14,58	11,63	1,95	68,44	1,79	1,60	13,61	80,14	2,18	
39	V. Phosphorsaurer Kalk .	„	12,35	12,28	1,90	70,17	1,51	1,77	14,01	80,08	2,24	
40	VI. Schwefelsaures Kali . .	„	15,52	12,76	1,90	66,65	1,61	1,82	15,05	78,66	2,41	

III. Gerste.

Gerste aus Mittel- und Norddeutschland.

No.	Bemerkungen	Jahr der Untersuchung	Wasser %	Nh-Substanz %	Rohfett %	Nfr. Extractstoffe %	Rohfaser %	Asche %	Nh-Substanz %	Nfr. Extractstoffe %	Stickstoff in der Trocken-Substanz %	Analytiker
	Königreich Sachsen.											
1	Gegend von Leipzig, Wintergerste, sandiger Lehmboden	1854	16,14	8,39	—	—	8,48	2,27	10,00	—	1,60	H. Ritthausen[2])
2	desgl., Annatgerste, thoniger Lehmboden	„	14,18	11,02	—	—	6,43	2,60	12,84	—	2,054	
3	desgl., Probsteigerste, thoniger Lehmboden	„	14,07	10,04	—	—	7,30	2,40	11,68	—	1,87	
4	desgl.	1856	14,22	11,77	—	—	3,19	2,15	13,75	—	2,20	
5	Gegend von Chemnitz, 1 hl = 70,7 kg	„	20,88	9,52	—	—	5,90	2,72	12,03	—	1,925	G. Wunder[3])
6	desgl., 1 hl = 53,9 kg . .	„	19,81	10,66	—	—	6,44	3,00	13,29	—	2,127	
7	desgl., 1 hl = 68,1 kg . .	1855	14,89	10,00	1,20	64,52	6,23	3,16	11,75	75,81	1,88	Alex. Müller[4])
8	desgl., 1 hl = 37,8 kg . .	„	15,02	10,00	1,02	63,56	7,01	3,39	11,77	74,79	1,89	

[1]) No. 20—40. E. Heiden u. Franz Voigt. Denkschrift der Vers.-Stat. Pommritz 1862. Die Zahlen für die Trockensubstanz beziehen sich auf wasser- und sandfreie Substanz. Die Zusammensetzung der lufttrocknen Körner ist noch durch einen geringen Sandgehalt zu ergänzen. Derselbe betrug bei

No. 20	21	22	23	24	25	26	27	28	29	30	31	32	33
0,24	0,78	0,88	0,12	0,11	0,94	1,22	0,15	0,045	0,055	0,03	0,035	0,04	0,043

Die Analysen wurden von Franz Voigt ausgeführt.

Gerste aus Mittel- und Norddeutschland:

[2]) 4. Ber. d. Vers.-Stat. Möckern (Agriculturchem. Untersuchungen) 76. Die Wintergerste war nach gedüngtem Futtermais gebaut; die Vegetation derselben war kräftig, doch wurde die Ernte während des Trocknens mehrfach von Regen durchnässt. Die Annatgerste war nach gedüngten Kartoffeln und Zuckerrüben, die Probsteigerste nach gedüngten Runkelrüben gebaut. Die Nh-Subtanz wurde von uns auf solche von 16 % N-Gehalt umgerechnet. Die Gersten enthielten in der lufttrocknen Snbstanz Stärkemehl No. 68: 39,8, No. 69: 44,0 und No. 70: 40,52 %.

[3]) Amts- und Anzeigebl. d. landw. Ver. f. d. Kgr. Sachsen 1857. 33. Die Gerste wurde durch Wurfen in Sorten von verschiedenem Scheffelgewicht zerlegt und durch Auslesen von allen Unkrautsamen befreit.

[4]) Journ. f. pract. Chem. 1861. Die Gersten enthielten im lufttrocknen Zustande:
Zucker . . . . . No. 7 1,02 % No. 8 1,24 %

No.	Bemerkungen	Jahr der Untersuchung	In der ursprünglichen Substanz: Wasser %	Nh-Substanz %	Rohfett %	Nfr. Extractstoffe %	Rohfaser %	Asche %	In der Trocken-Substanz: Nh-Substanz %	Nfr. Extractstoffe %	Stickstoff in der Trocken-Substanz %	Analytiker
9	Gegend v. Chemnitz, Mittel verschied. (8) gedüngter Gerste	1854	13,60	9,13	—	—	—	2,50	10,53	—	1,69	*A. Müller*[1]
10	. . . .	1856	—	—	—	—	—	—	12,19	61,97	1,95	*W. Stein*[2]
11	Gegend von Leipzig . . .	1870	15,43	8,88	2,66	66,21	3,77	2,85	10,50	78,53	1,68	*G. Kühn*[3]
12	Lausitz	1863	16,90	9,57	1,81	60,46	7,50	3,36	11,99	72,77	1,92	*Seyffert u. Lehmann*[4]
13	desgl.	„	14,51	10,83	2,11	61,38	8,17	3,00	12,67	71,79	2,03	
14	desgl.	„	11,34	12,72	2,85	61,25	7,49	4,35	14,35	69,08	2,30	
15	desgl.	1868	11,66	15,81	1,81	63,00	5,13	2,59	17,90	71,31	2,86	*E. Heiden*[5]
16	desgl.	1869	13,79	13,81	2,17	61,49	5,66	3,08	16,02	71,32	2,56	
17	desgl.	1870	14,44	10,53	2,83	66,13	3,59	2,53	12,31	77,22	1,97	
18	desgl.	1871	16,76	9,96	2,05	65,18	3,55	2,50	11,96	78,32	1,91	
19	desgl.	1872	14,43	13,63	2,33	61,18	4,97	3,46	15,93	71,70	2,55	
20	desgl.	„	15,17	10,69	2,27	62,16	6,05	3,66	12,60	73,27	2,02	
21	desgl.	„	16,51	10,86	3,08	63,20	3,52	2,83	13,00	75,75	2,08	
22	desgl.	„	21,59	10,20	2,89	59,35	3,31	2,66	13,01	75,70	2,09	
23	desgl.	„	14,70	14,00	2,75	62,27	4,09	2,19	16,41	73,01	2,63	
24	desgl.	„	14,87	13,97	2,74	62,15	4,08	2,19	16,41	73,01	2,63	
25	desgl.	„	17,56	13,53	2,66	60,18	3,95	2,12	16,41	73,00	2,63	
	Preussen, Prov. Sachsen und Thüringen.											
26	Halle a. d. Saale, Saalgerste, 1876er	$18\frac{76}{77}$	15,08	9,11	—	—	—	2,51	10,73	—	1,717	*K. Reischauer u. Aubry*[6]
27	Zörbig, 1877er	$18\frac{77}{78}$	14,80	8,89	—	—	—	2,16	10,43	—	1,669	
28	Magdeburg, Chevaliergerste, 1877er	„	12,29	10,43	—	—	—	2,18	11,90	—	1,904	
29	desgl., 1877er	„	13,56	9,25	—	—	—	2,36	10,70	—	1,712	
30	Saale, Chevaliergerste, 1877er	„	13,26	8,19	—	—	—	2,48	10,60	—	1,696	
31	Halle a. d. Saale, 1877er .	„	13,28	10,00	—	—	—	2,19	11,53	—	1,845	
32	Mühlhausen, 1877er . . .	„	14,24	9,34	—	—	—	2,42	10,89	—	1,742	
33	Halle a. d. Saale, Landgerste, 1878er	$18\frac{78}{79}$	16,76	8,69	—	—	—	2,61	10,20	—	1,63^{0}	
34	desgl., 1878er	„	16,20	8,56	—	—	—	2,11	10,21	—	1,63^{0}	
35	desgl., 1880er	$18\frac{80}{81}$	16,18	7,41	—	—	—	—	8,84	—	1,414^{0}	
36	Magdeburg	„	16,86	8,48	—	—	—	—	10,20	—	1,632^{0}	

[1] Weende'r Jahresber. 1855/56. I. S. 180.

[2] Chem. Centralbl. 1856. 753. Die Gerste enthielt 54,3 % Stärkemehl, 6,5 % Dextrin, 0,9 % Extractstoffe, 1,3 % lösliches und 11,2 % unlösliches Protein. Nh-Substanz von uns berechnet.

[3] Journ. f. Landw. 1874. S. 191.

[4] Amtsbl. d. landw. Vereine Sachsens 1868. S. 14.

[5] No. 15—25. E. Heiden (Vers.-Stat. Pommritz). Privatmittheilung und Bericht über Schweinefütterungsversuche. Die Gersten waren sandhaltig und betrug die Menge der Reinasche bei

No. 19	20	21	22	23	24	25
2,46	2,57	2,02	1,90	1,67	1,67	1,62

[6] No. 26, 72, 80—81. K. Reischauer, mitgetheilt v. L. Aubry in Ztschr. f. d. gesammte Brauwesen 1881, Separatabdruck. No. 27—36, 85—98 u. 116—120. L. Aubry. Ebendas. 1883, ferner dritter, vierter und fünfter Jahresber. d. wissenschaftl. Stat. f. Brauerei in München 1878/79, 1879/80, 1880/81.

No.	Bemerkungen	Jahr der Untersuchung	In der ursprünglichen Substanz: Wasser %	Nh-Substanz %	Rohfett %	Nfr. Extractstoffe %	Rohfaser %	Asche %	In der Trocken-Substanz: Nh-Substanz %	Nfr. Extractstoffe %	Stickstoff in der Trocken-Substanz %	Analytiker
37	Calbe a. S. (Mittel verschiedener Analysen)	1880	15,00	8,13	1,44	67,36	4,29	3,78	9,56	79,25	1,53	
38	Nedlitz (Mittel verschiedener Analysen	„	15,00	8,45	2,25	66,72	4,60	2,98	9,94	78,50	1,59	
39	Kochstedt	„	15,00	7,9	2,3	67,6	4,3	2,9	9,19	79,64	1,47	
40	Hohenberg	„	15,00	9,4	1,1	67,5	4,1	2,9	11,05	79,43	1,77	
41	Heringen	„	15,00	6,9	1,5	69,6	4,1	2,9	8,11	81,90	1,30	
42	Hohenziatz	„	15,00	8,2	1,9	67,1	4,7	(8,1)	9,64	73,07	1,54	
43	Klein-Costritz	„	15,00	10,0	1,0	65,8	4,7	3,5	11,76	77,41	1,88	
44	Fischbeck	„	15,00	8,8	1,4	67,2	3,9	3,7	10,35	79,06	1,66	
45	Schlansted	„	15,00	8,7	0,8	65,9	4,7	4,9	10,23	77,54	1,64	
46	desgl.	„	15,00	8,8	1,2	66,7	5,0	3,3	10,35	78,48	1,66	
47	desgl.	„	15,00	9,0	1,3	65,5	4,8	4,4	10,58	77,08	1,70	
48	Bindersleben	1881	15,00	8,4	1,3	68,2	4,0	3,1	9,88	80,24	1,58	*M. Märcker*[1]
49	Torgau	„	15,00	8,9	2,0	65,2	5,4	3,5	10,47	76,71	1,68	
50	Rönnebeck	„	15,00	7,3	1,4	68,1	4,9	3,3	8,58	80,13	1,37	
51	Emersleben	„	15,00	8,8	1,6	65,1	4,8	4,7	10,35	76,60	1,70	
52	Warchow	„	15,00	7,7	1,8	66,7	6,2	2,6	9,06	78,47	1,45	
53	Dietenborn	„	15,00	9,4	1,4	66,3	4,8	3,1	11,05	78,01	1,77	
54	Bründel	„	15,00	8,2	2,0	63,6	4,8	6,4	9,64	78,84	1,54	
55	Chevaliergerste	1882	15,00	9,5	1,4	66,2	4,9	3,0	11,17	77,89	1,79	
56	desgl.	„	15,00	6,7	1,3	67,9	5,4	3,7	7,88	79,89	1,26	
57	desgl.	„	15,00	8,4	1,6	68,2	3,9	2,9	9,88	80,24	1,58	
58	desgl.	„	15,00	8,8	1,6	66,7	4,9	3,0	10,35	78,48	1,70	
59	desgl.	„	15,00	8,8	1,4	67,5	4,7	2,6	10,35	79,41	1,70	
60	desgl.	„	15,00	8,8	1,6	66,6	4,6	3,4	10,35	78,36	1,70	
61	. . . .	—	9,51	10,75	1,88	69,33	5,56	2,97	12,43	76,19	1,99	
62	Saalgerste	1885	15,00	8,10	—	—	—	—	9,53	—	1,52	
63	Saalgerste (Mittel v. 34 Analys.)	„	15,00	9,33	—	—	—	—	10,97	—	1,76	
64	Dänische Gerste (Mittel von 34 Analysen)	„	15,00	9,33	—	—	—	—	10,97	—	1,76	*derselbe*[2]
65	Mährische Gerste (Mittel von 34 Analysen)	„	15,00	9,48	—	—	—	—	11,15	—	1,78	
66	Slowakische Gerste (Mittel von 34 Analysen)	„	15,00	9,22	—	—	—	—	10,84	—	1,73	

[1]) No. 37—60. M. Märcker (Vers.-Stat Halle). Die angewendeten Düngermengen betrugen bei
No. 39: 33000 kg Stallmist u. 200 kg Superphosphat pro ha,
No. 40: 200 kg Ammoniak-Superphosphat 9 u. 50 kg Chilisalpeter pro ha,
No. 41: 300 kg Superphosphat pro ha,
No. 43: 24000 kg Stallmist pro ha,
No. 44: 30000 kg Stallmist pro ha,
No. 45—47: je 70000 kg Fabrikcompost, 400 kg Ammoniak-Superphosphat, $^5/_{12}$ pro ha,
No. 49: 200 kg Chilisalpeter pro ha,
No. 51: 28000 kg Stalldünger, 200 kg Superphosphat und 67 kg Chilisalpeter pro ha,
No. 52: 67 kg Chilisalpeter pro ha,
No 53: 200 kg Ammoniak-Superphosphat $^9/_9$ pro ha,
No. 54: 200 kg Chilisalpeter, 120 kg Superphosphat und 200 kg Kasimagnesia pro ha.

[2]) No. 63—71. M. Märcker (Vers.-Stat. Halle). Sonderabdruck aus der Magdeburger Zeitung 1885 u. 1886.

No.	Bemerkungen	1 Bushel wiegt Pfd.	Jahr der Untersuchung	In der ursprünglichen Substanz: Wasser %	Nh-Substanz %	Rohfett %	Nfr. Extractstoffe %	Rohfaser %	Asche %	In der Trocken-Substanz: Nh-Substanz %	Nfr. Extractstoffe %	Stickstoff in der Trocken-Substanz %	Analytiker
21	Hord. dist., Chevalier-Gerste: Aus Schottland .	56	1852	15,97	7,63	1,88	—	—	2,14	9,08	—	1,45	Th. Anderson[1]
22	East-Lothian, Kiesboden . . .	57	1856	14,52	7,09	—	—	8,28	3,68	8,30	—	1,327	Th. Anderson[1]
23	desgl., Lehmboden	56	„	14,82	6,91	—	—	8,57	3,13	8,11	—	1,298	Th. Anderson[1]
24	Rother Lehm . .	54	„	14,85	10,30	—	—	8,00	1,10	12,09	—	1,935	Th. Anderson[1]
25	East-Lothian, Kiesboden . . .	55¼	„	12,76	8,22	—	—	5,94	2,51	9,43	—	1,508	Th. Anderson[1]
26	dgl., leichter Sandboden . . .	55	„	14,08	8,10	—	—	10,28	2,39	9,43	—	1,508	Th. Anderson[1]
27	desgl., Thonboden	—	„	15,29	7,96	—	—	5,65	4,70	9,43	—	1,508	Th. Anderson[1]
28	desgl., Thonboden, gut eingebracht	—	„	14,43	9,37	—	—	5,23	2,42	10,94	—	1,751	Th. Anderson[1]
29	desgl., Sandboden, beregnet . . .	—	„	14,30	8,69	—	—	9,67	2,82	10,14	—	1,62	Th. Anderson[1]
30	Perthshire . . .	—	„	17,08	7,17	—	—	3,90	2,53	8,65	—	1,38	Th. Anderson[1]
31	Hordeum vulgare: Perthshire . . .	53	„	14,11	11,18	—	—	6,64	3,07	13,01	—	2,08	Th. Anderson[1]
32	East Lothian . .	55¼	„	14,60	8,97	—	—	11,10	1,19	10,50	—	1,68	Th. Anderson[1]
33	desgl., Moorboden	54	„	13,82	11,09	—	—	6,15	3,10	12,86	—	2,06	Th. Anderson[1]
34	desgl., sand. Boden	53½	„	12,47	9,39	—	—	5,25	2,56	10,72	—	1,72	Th. Anderson[1]
35	Campsie, trockner Boden . . .	52	„	14,87	7,78	—	—	13,49	3,44	9,14	—	1,46	Th. Anderson[1]
36	Perthshire . . .	—	„	13,58	7,02	—	—	7,84	3,50	8,12	—	1,30	Th. Anderson[1]
37	Grangemouth, schwerer Boden	54	„	13,48	7,37	—	—	3,67	2,88	8,52	—	1,36	Th. Anderson[1]
38	Kilwinnig, am Meeresspiegel, Lehm . . .	54	„	14,22	10,25	—	—	10,08	2,60	11,95	—	1,91	Th. Anderson[1]
39	H. vulg., Kentyre bere: Campbeltown, 30 Fuss üb. Meeresspiegel, Sand .	51	„	14,55	11,86	—	—	8,09	2,18	13,88	—	2,22	Th. Anderson[1]
40	desgl., 40 Fuss üb. Meeresspieg., Sand	52	„	13,87	11,38	—	—	11,10	2,72	13,21	—	2,11	Th. Anderson[1]
41	Wo?	—	„	14,34	7,08	—	—	6,84	0,59	8,26	—	1,32	Th. Anderson[1]
42	Schottische Gerste, ½ Jahr nach der Ernte		1855	12,00	13,20	2,60	57,90	11,50	2,80	15,10	65,80	1,42	Polson[2]
43	Schott. schwarze Wintergerste		1858	14,20	9,34	—	—	—	1,97	10,88	—	1,74°	v. Bibra[3]
44	Mittel von verschieden gedüngter Gerste		1879	14,90	9,70	—	—	—	2,82	11,40	—	1,80	L. Aubry[4]

[1]) Transactions Highl. Soc. 1851, 1853 u. 1858 p. 289.

[2]) Chem. Gaz. 1855. p. 211. Die Gerste No. 42 enthielt in der ursprüngl. Substanz 52,7 % Stärke u. 4,2 % Gummi + Zucker.

[3]) v. Bibra: Die Getreidearten und das Brod. Nürnberg 1860. S. 313.

[4]) Vergl. Anmerkung [1]) Seite 514.

No.	Bemerkungen	Jahr der Untersuchung	In der ursprünglichen Substanz: Wasser %	Nh-Substanz %	Rohfett %	Nfr. Extractstoffe %	Rohfaser %	Asche %	In der Trocken-Substanz: Nh-Substanz %	Nfr. Extractstoffe %	Stickstoff in der Trocken-Substanz %	Analytiker
45	Mittel von verschieden gedüngter Gerste	1879	14,70	10,00	—	—	—	3,09	11,72	—	1,88	*L. Aubry* [1])
46	Northamptonshire, 1879er .	"	16,50	9,19	—	—	—	—	11,01	—	1,762°	
47	Herts und Essex, 1879er .	"	16,75	9,08	—	—	—	—	10,91	—	1,745°	
48	Avenue of Cambridge, 1879er	"	16,08	9,81	—	—	—	—	11,69	—	1,870°	
49	Portskewit, 1879er . . .	"	16,52	8,47	—	—	—	—	10,15	—	1,624°	
50	Norfolk, 1880er	1880	19,49	7,61	—	—	—	—	9,45	—	1,512°	
51	Isle of Man, 1880er . . .	"	20,70	8,25	—	—	—	—	10,40	—	1,664°	
	Mittel	.	**14,05** *)	**9,80**	**2,17**	**64,45**	**6,84**	**2,69**	**11,04**	**75,34**	**1,77**	

Gerste aus Frankreich.

No.	Bemerkungen	Jahr der Untersuchung	Wasser %	Nh-Substanz %	Rohfett %	Nfr. Extractstoffe %	Rohfaser %	Asche %	Trocken: Nh-Substanz %	Nfr. Extractstoffe %	Stickstoff in der Trocken-Substanz %	Analytiker
1	. . . .	1855	15,23	10,66	2,38	60,33	8,78	2,62	12,58	71,16	2,01	*Poggiale* [2])
2	. . . .	1875	11,40	8,31	2,65	66,93	5,98	4,73	9,38	75,53	1,50	*Graudeau* [3])
3	Champagne (sortirt prima), 1876er	1876	16,44	14,92	—	—	—	2,26	17,85	—	2,856°	*Reischauer und Aubry* [4])
4	desgl.	"	16,40	9,01	—	—	—	2,16	10,78	—	1,725°	
5	desgl.	"	16,22	9,03	—	—	—	2,31	10,78	—	1,725°	
6	Champagne	"	15,94	9,78	—	—	—	2,47	11,63	—	1,861°	
7	desgl.	"	15,68	—	—	—	—	2,49	—	—	—	
8	desgl.	"	16,06	9,29	—	—	—	2,07	11,07	—	1,771°	
9	desgl.	"	15,55	9,09	—	—	—	2,26	10,76	—	1,722°	
10	Chevalier-Gerste	"	15,57	8,17	—	—	—	2,34	9,68	—	1,549°	
11	Dijon, Burgund	"	13,68	9,73	—	—	—	2,51	11,27	—	1,803°	
12	Haute-Saône	"	13,50	9,64	—	—	—	2,89	11,14	—	1,878°	
13	Champagne, Vitry, 1877er .	1877	14,85	9,85	—	—	—	2,33	11,57	—	1,851°	*L. Aubry* [5])
14	desgl., Vitry	"	15,04	9,03	—	—	—	2,28	10,63	—	1,749°	
15	desgl.	"	15,59	10,53	—	—	—	2,63	12,47	—	1,995°	
16	Auvergne	"	13,55	8,44	—	—	—	2,31	9,76	—	1,562°	
17	Champagne, Vitry, 1878er .	18 78/79	16,07	9,34	—	—	—	2,47	11,13	—	1,78°	
18	desgl., 1878er	"	16,61	9,21	—	—	—	2,53	11,04	—	1,76°	
19	desgl., Troyes, 1878er . .	"	16,35	9,48	—	—	—	2,16	11,31	—	1,81°	

[1]) No. 44—51. Louis Aubry. 4. Jahresber. d. wissenschaftl. Stat. f. Brauerei in München pro 1879/80 Seite 5. Als Manuscript gedruckt; mit Erlaubniss des Autors entnommen. Ferner 5. Bericht Seite 11.

*) Nach dem Mittel von Gerste aller Länder angenommen; das wirkliche Mittel beträgt 16,01 %.

Gerste aus Frankreich:

[2]) Vergl. Anmerkung [2]) Seite 513.

[3]) Privat-Mittheilung.

[4]) No. 3—12. K. Reischauer u. L. Aubry. (Mitthl. d. wisenschaftl. Station f. Brauerei in München.) Ztschr. f. d. gesammte Brauwesen 1881 u. 1883. An P_2O_5 enthielten die Gersten:

No. 3	4	5	6	7	8	9	10	11	12
0,777 %	0,725 %	0,856 %	0,979 %	0,823 %	0,777 %	0,923 %	0,869 %	0,842 %	1,042 %

[5]) No. 13—43. Louis Aubry. Dritter, vierter u. fünfter Jahresber. d. wissenschaftl. Station f. Brauerei in München 1878/79, 1879/80 u. 1880/81. (No. 14 u. 15 sind von anderer Seite dem Autor mitgetheilt und ebendaselbst, 4. Bericht, veröffentlicht.) An P_2O_5 in der Trockensubstanz enthielten die Gersten:

No. 13	14	15	16	17	18	19	20	21	22	23	24	25	26	27	28
1,011	0,892	1,199	0,637	1,076	1,327	1,076	0,951	1,083	0,715	1,092	1,050	0,892	0,852	1,000	1,045 %
No. 29	30	31	32	33	34	35	36	37	38	39	40	41	42	43	
1,029	1,016	0,938	1,040	0,014	0,804	0,876	0,818	1,049	1,032	0,965	0,913	0,990	1,014	1,101 %	

No.	Bemerkungen	Jahr der Untersuchung	In der ursprünglichen Substanz: Wasser %	Nh-Substanz %	Rohfett %	Nfr. Extractstoffe %	Rohfaser %	Asche %	In der Trocken-Substanz: Nh-Substanz %	Nfr. Extractstoffe %	Stickstoff in der Trocken-Substanz %	Analytiker
20	Auvergne, Landgerste, 1878er	$18\frac{78}{79}$	13,76	9,20	—	—	—	2,44	10,67	—	1,71°	
21	Champagne, 1878er . . .	"	—	—	—	—	—	—	11,07	—	1,77°	
22	Auvergne-Gerste, 1878er .	"	—	—	—	—	—	—	10,28	—	1,64°	
23	Champagne, Vitry, 1879er .	$18\frac{79}{80}$	16,67	8,92	—	—	—	2,50	10,70	—	1,710°	
24	desgl., 1879er	"	17,06	9,12	—	—	—	2,46	11,00	—	1,760°	
25	Midi-Gerste, 1879er . . .	"	12,89	8,52	—	—	—	2,46	9,78	—	1,564°	
26	Auvergne, 1879er	"	14,87	7,64	—	—	—	2,15	8,98	—	1,438°	
27	desgl., 1879er	"	12,00	9,00	—	—	—	2,49	10,23	—	1,629°	
28	desgl., 1879er	"	15,10	8,35	—	—	—	2,54	9,83	—	1,573°	
29	desgl., 1879er	"	14,90	7,23	—	—	—	2,54	8,50	—	1,360°	
30	desgl., 1880er	$18\frac{80}{81}$	15,47	8,27	—	Stärke 54,36	—	—	9,78	Stärke 64,31	1,565°	
31	desgl.	"	16,13	7,47	—	53,90	—	—	8,91	64,27	1,425°	L. Aubry [1]
32	Champagne, Vitry	"	16,38	8,97	—	54,27	—	—	10,73	64,90	1,717°	
33	Sarthe	"	16,69	8,45	—	48,86	—	—	10,14	65,85	1,622°	
34	Champagne	"	16,29	9,58	—	—	—	—	11,45	—	1,832	
35	desgl.	"	16,99	8,50	—	—	—	—	10,24	—	1,638°	
36	desgl.	"	17,00	8,33	—	—	—	—	10,04	—	1,606°	
37	Aube Champagne	"	15,60	8,85	—	—	—	—	10,48	—	1,677°	
38	Dijon Burgund	"	15,03	9,03	—	—	—	—	10,63	—	1,701°	
39	Arcis sur Aube	"	15,61	8,03	—	—	—	—	9,75	—	1,560°	
40	Chalons sur Marne . . .	"	15,53	9,01	—	—	—	—	10,67	—	1,707°	
41	Bézier	"	13,63	8,49	—	—	—	—	9,83	—	1,573°	
42	Arcis sur Aube	"	16,05	8,23	—	—	—	—	9,80	—	1,568°	
43	Champagne, Vitry	"	16,73	7,57	—	—	—	—	9,09	—	1,454	
44	Champagne, feine Hülsen, 1884er	1884	11,93	9,10	—	Stärke 55,91	—	—	10,33	Stärke 63,48	1,652°	
45	desgl., feine Hülsen, 1884er	"	14,00	8,72	—	56,20	—	—	10,14	65,35	1,622°	
46	Auvergne, feine Hülsen, 1884er	"	13,97	7,95	—	55,15	—	—	9,24	64,05	1,478°	
47	desgl., feine Hülsen, 1884er	"	14,07	7,23	—	56,22	—	—	8,41	65,42	1,345°	
48	desgl., feine Hülsen, 1884er	"	14,57	8,06	—	55,73	—	—	9,43	65,24	1,508°	
49	Arles Paumelles, Montpellier, feine Hülsen, 1884er . .	"	11,25	9,59	—	57,04	—	—	10,81	64,27	1,723°	L. Marx [2]
50	desgl., Sommières, feine Hüls., 1884er	"	12,66	7,80	—	56,42	—	—	8,93	64,60	1,428°	
51	desgl., Pézenas, feine Hülsen, 1884er	"	12,89	7,69	—	56,67	—	—	8,83	65,05	1,412°	
52	desgl., Lunel, grobe Hülsen, 1884er	"	12,42	9,36	—	54,68	—	—	10,69	62,44	1,710°	

[1]) Vergl. Anmerkung [5]) Seite 514.

[2]) No. 44—54. Louis Marx. Ztschr. f. d. gesammte Brauwesen. 8. 1885. 272. (Revue de la Brassierie et Malterie. No. 601.) Die Gersten unter No. 44—51 werden als Gersten mit feinen Hülsen bezeichnet, die unter 52—54 als solche mit groben Hülsen. In der Trockensubstanz dieser Gersten war enthalten:

No. 44	45	46	47	48	49	50	51	52	53	54
P_2O_5 = 1,075	0,806	0,775	1,024	1,108	1,006	0,837	0,836	0,628	0,795	0,660 %

No.	Bemerkungen	Jahr der Untersuchung	In der ursprünglichen Substanz: Wasser %	Nh-Substanz %	Rohfett %	Nfr. Extractstoffe %	Rohfaser %	Asche %	In der Trocken-Substanz: Nh-Substanz %	Nfr. Extractstoffe %	Stickstoff in der Trocken-Substanz %	Analytiker
53	Arles Paumelles, Arles, grobe Hülsen, 1884er	1884	11,69	8,80	—	54,61	—	—	9,97	61,84	1,545⁰	*L. Marx* [1])
54	desgl., Arles, grobe Hülsen, 1884er	„	13,51	10,3'4	—	52,96	—	—	11,95	61,23	1,911⁰	
55	Vitry, „Champagnergerste“ .	1879	17,29	8,55	—	—	—	2,45	10,37	—	1,659⁰	*L. Aubry* [2])
56	Champagne, Vitry, 1878er .	1878	—	—	—	—	—	—	11,40	—	1,82⁰	
57	Auvergne, weisse Chevalier-Gerste, 1879er	1879	13,04	8,57	—	—	—	—	9,86	—	1,580	
58	desgl., 1879er	„	15,58	8,24	—	—	—	2,50	9,76	—	1,561⁰	
59	desgl., 1879er	„	15,08	8,35	—	—	—	2,54	9,83	—	1,573	
60	desgl., 1879er	„	14,88	7,24	—	—	—	2,54	8,50	—	1,360⁰	
61	Vitry, Champagner-G., 1879er	„	17,29	8,58	—	—	—	2,45	10,37	—	1,659⁰	
62	Corsika, grobe Hülsen, 1884er	1885	12,28	6,75	—	(Stärke) (57,20)	—	—	7,70	(Stärke) (65,21)	1,232	
	Mittel	.	**14,05** *)	**9,08**	**1,64**	**65,43**	**7,31**	**2,49**	**10,57**	**76,11**	**1,70**	

Gerste aus Schweden und Norwegen.

No.	Bemerkungen	Jahr der Untersuchung	Wasser %	Nh-Substanz %	Rohfett %	Nfr. Extractstoffe %	Rohfaser %	Asche %	Nh-Substanz (Trocken) %	Nfr. Extractstoffe (Trocken) %	Stickstoff in der Trocken-Substanz %	Analytiker
1	Aus Norwegen	—	—	9,89	1,94	—	—	—	—	—	—	*Werenskiold* [3])
2	Aus Schweden, Gothland, 1876er	1876	13,55	11,21	—	—	—	2,68	12,97	—	2,075⁰	*Reischauer* [4])
3	desgl., Oedgothlong, Wadstena, 1876er	„	15,89	8,34	—	—	—	2,03	9,92	—	1,587	(Reischauer)
4	dgl., Schonen, Iststadt, 1876er	„	16,19	9,53	—	—	—	2,23	11,37	—	1,819	(Reischauer)
5	desgl., Oeland, 1876er . .	„	15,92	13,65	—	—	—	2,09	16,23	—	2,597	(Reischauer)
6	desgl., Upland, 1876er . .	„	16,13	14,76	—	—	—	2,08	11,26	—	1,802	(Reischauer)
7	desgl., Schonen, Landskrona, 1876er	„	16,03	9,91	—	—	—	1,78	11,80	—	1,888	(Reischauer)
8	desgl., Gottland, 1876er . .	„	15,82	10,95	—	—	—	1,84	13,01	—	2,082	(Reischauer)
9	desgl., Wisby auf Gottland, 1877er	1877	18,31	8,19	—	—	—	2,15	10,03	—	1,605	*Aubry* [5])
10	desgl., Oeland, 1878er . .	1878	16,39	8,19	—	-	—	2,37	9,80	—	1,57	*derselbe* [6])
11	desgl., Oeland, 1878er . .	„	15,63	8,99	—	—	—	2,08	10,66	—	1,70	(derselbe)

[1]) Vergl. Anmerkung [2]) Seite 515.

[2]) L. Aubry. 3. u. 4. Jahresber. d. wissenschaftl. Station f. Brauerei in München 1879/80 S. 28 und Ztschr. f. d. gesammte Brauwesen 1887. 2.

*) Nach dem Mittel von Gerste aller Länder angenommen; das wirkliche Mittel beträgt 14,97 %.

Gerste aus Schweden und Norwegen:

[3]) No. 1. F. Werenskiold. Landbrugskemiker Werenskiold Beretning. 76

[4]) No. 2—8. K. Reischauer, mitgetheilt von L. Aubry. (Wissenschaftl. Stat. f. Brauerei in München.) Ztschr. f. d. gesammte Brauwesen, Separatabdruck, 1881. In Procenten der Trockensubstanz enthielten diese Gersten:

No.	2	3	4	5	6	7	8
P_2O_5 =	0,996	0,796	1,048	0,884	0,742	0,693	0,730 %

[5]) No. 9. L. Aubry. Ebendaselbst, Separatabdruck, 1883. In Procenten der Trockensubstanz enthielt diese Gerste P_2O_5 = 0,767 %.

[6]) No. 10—15. L. Aubry. 3. Jahresber. d. wissenschaftl. Stat. f. Brauerei in München pro 1878/79. 27. In Procenten der Trockensubstanz enthielten die Gersten:

No.	10	11	12	13	14	15
P_2O_5 =	1,086	0,891	0,862	0,718	0,977	1,037 %

No.	Bemerkungen	Jahr der Untersuchung	In der ursprünglichen Substanz: Wasser %	Nh-Substanz %	Rohfett %	Nfr. Extractstoffe %	Rohfaser %	Asche %	In der Trocken-Substanz: Nh-Substanz %	Nfr. Extractstoffe %	Stickstoff in der Trocken-Substanz %	Analytiker
12	Aus Schweden, Gotland, Ostküste, 1878er	1878	16,29	8,25	—	—	—	2,13	9,85	—	1,57	
13	desgl., Gotland, Westküste, 1878er	„	15,93	8,27	—	—	—	2,04	9,84	—	1,53	*L. Aubry* 1)
14	desgl., Gotland, Westküste, 1878er	„	16,15	7,86	—	—	—	2,18	9,37	—	1,16	
15	desgl., Prov. Schonen, 1878er	„	16,21	9,12	—	—	—	2,24	10,88	—	1,73	
16	desgl., Schonen, 1880er . .	1880	14,56	10,29	—	—	—	—	12,04	—	1,926	
						Stärke				Stärke		
17	desgl., Upland, 1880er . .	„	12,68	9,89	—	56,56	—	—	11,33	64,77	1,813°	
18	desgl., Upland, 1880er . .	„	13,02	10,92	—	56,52	—	—	12,56	64,98	2,010°	
19	desgl., Westergöthland, 1880er	„	13,07	10,97	—	56,54	—	—	12,62	65,04	2,02°	*L. Aubry* 2)
20	desgl., Ostergöthland, 1880er	„	11,76	9,01	—	58,00	—	—	10,21	65,73	1,633°	
21	desgl., Gotland, 1880er . .	„	12,00	11,00	—	57,55	—	—	12,50	65,40	2,000°	
22	desgl., Schonen, 1880er . .	„	11,98	10,95	—	57,55	—	—	12,44	65,38	1,991°	
23	desgl., Oeland, 1880er . .	„	12,16	10,54	—	58,00	—	—	12,00	66,03	1,919°	
	Mittel	.	**14,05** *)	**9,35**	—	—	—	**2,20**	**10,88**	—	**1,74**	

Gerste aus Dänemark.

No.	Bemerkungen	Jahr der Untersuchung	Wasser %	Nh-Substanz %	Rohfett %	Nfr. Extractstoffe %	Rohfaser %	Asche %	Nh-Substanz %	Nfr. Extractstoffe %	Stickstoff in der Trocken-Substanz %	Analytiker
1	Sechszeilige Gerste, 1876er .	18$\frac{76}{77}$	16,30	9,00	—	—	—	2,22	10,75	—	1,720°	
2	Zweizeilige Gerste, 1876er .	„	15,17	8,49	—	—	—	2,37	10,01	—	1,602°	*Reischauer und Aubry* 3)
3	desgl., 1878er	18$\frac{78}{79}$	15,52	8,99	—	—	—	2,21	10,64	—	1,70°	
	Mittel	.	**14,05** **)	**8,98**	—	—	—	**2,36**	**10,45**	—	**1,67**	

Gerste aus der Türkei.

No.	Bemerkungen	Jahr der Untersuchung	Wasser %	Nh-Substanz %	Rohfett %	Nfr. Extractstoffe %	Rohfaser %	Asche %	Nh-Substanz %	Nfr. Extractstoffe %	Stickstoff in der Trocken-Substanz %	Analytiker
	Europäische Türkei.					Stärke				Stärke		
1	Rodosto, grobe Hülsen, 1884er	1884	12,02	9,95	—	54,74	—	—	11,31	62,22	1,809°	
2	desgl., 1884er	„	12,22	9,90	—	51,73	—	—	11,28	59,16	1,805°	
3	desgl., 1884er	„	13,38	9,36	—	54,78	—	—	10,81	63,24	1,730°	*L. Marx* 4)
4	Salonichi, grobe Hüls., 1884er	„	12,81	10,11	—	54,42	—	—	11,60	62,42	1,855°	
5	desgl., 1884er	„	12,75	7,59	—	58,28	—	—	8,70	66,80	1,391°	

1) Vergl. Anmerkung 6) Seite 516.

2) No. 16—23. L. Aubry. Fünfter Jahresber. d. wissenschaftl. Stat. f. Brauerei in München pro 1880/81. In Procenten der Trockensubstanz enthielten die Gersten P_2O_5:

No. 16	17	18	19	20	21	22	23
0,910	1,389	1,278	1,440	1,152	1,120	1,216	0,853 %.

*) Nach dem Mittel von Gerste aller Länder angenommen; das wirkliche Mittel beträgt 14,71 %.

Gerste aus Dänemark:

3) Ztschr. f. d. gesammte Brauwesen, 1881.

**) Nach dem Mittel von Gerste aller Länder angenommen; das wirkliche Mittel beträgt 15,66 %.

Gerste aus der Türkei:

4) No. 1—25. L. Marx. Ztschr. f. d. gesammte Brauwesen. 8. 1885. 272. (Revue de la Brasserie et Malterie. No. 601.) Die Gersten unter No. 1—12, 15—18 u. 22—24 hatten grobe Hülsen, No. 19—21 feine Hülsen. In Procenten der Trockensubstanz enthielten die Gersten P_2O_5:

No. 1	2	3	4	5	6	7	8	9	10	11	12
0,793	0,979	0,998	1,011	0,913	0,934	0,942	0,740	0,682	0,765	0,694	0,792 %
No. 13	15	16	17	18	19	20	21	22	23	24	25
0,853	0,804	0,802	0,910	0,947	0,884	0,960	0,764	0,877	0,708	0,898	0,823 %

No.	Bemerkungen	Jahr der Untersuchung	In der ursprünglichen Substanz: Wasser %	Nh-Substanz %	Rohfett %	Nfr. Extractstoffe %	Rohfaser %	Asche %	In der Trocken-Substanz: Nh-Substanz %	Nfr. Extractstoffe %	Stickstoff in der Trocken-Substanz %	Analytiker
						Stärke				Stärke		
6	Salonichi, grobe Hüls., 1884 er	1884	12,64	8,56	—	54,12	—	—	9,80	64,24	1,562°	L. Marx [1]
7	desgl., 1884 er	„	13,16	9,07	—	55,27	—	—	10,45	63,65	1,672°	
8	Dardanellen, grb. Hüls., 1884 er	„	12,02	9,27	—	55,66	—	—	10,54	63,27	1,687°	
9	desgl., 1884 er	„	12,52	8,52	—	54,78	—	—	9,74	62,62	1,550°	
10	desgl., 1884 er	„	12,36	9,47	—	52,60	—	—	10,80	60,02	1,727°	
11	desgl., 1884 er	„	12,84	8,41	—	56,24	—	—	9,66	64,52	1,545°	
12	Volo, grobe Hülsen, 1884 er	„	12,86	8,89	—	55,24	—	—	10,20	63,39	1,631°	
13	Mittel von 1—12	1884	**12,83**	**9,07**	—	**54,88**	—	—	**10,40**	**62,96**	**1,633**	
						Nfr. Extractstoffe				Nfr. Extractstoffe		
14	Thessalien	1880	12,14	9,05	1,87	70,05	4,84	2,05	10,30	79,73	1,65°	
	Asiatische Türkei.					Stärke				Stärke		
15	Smyrna, grobe Hülsen, 1884 er	1884	11,34	7,70	—	55,72	—	—	8,68	62,85	1,389°	
16	desgl., 1884 er	„	12,69	9,94	—	54,42	—	—	11,38	62,33	1,821°	
17	desgl., 1884 er	„	11,28	8,69	—	55,66	—	—	9,80	62,74	1,567°	
18	desgl., 1884 er	„	11,26	9,25	—	57,41	—	—	10,42	64,70	1,667°	
19	Samsoum, feine Hüls., 1884 er	„	11,62	9,57	—	56,62	—	—	10,83	64,06	1,733°	
20	desgl., 1884 er	„	12,98	8,48	—	54,56	—	—	9,75	62,70	1,560°	
21	desgl., 1884 er	„	12,97	9,43	—	56,17	—	—	10,84	64,54	1,734°	
22	Mittel von 14—21	1884	**12,02**	**8,97**	—	**55,79**	—	—	**10,19**	**63,41**	**1,638°**	
23	Syrien, Tripolis, grobe Hülsen, 1884 er	„	12,51	8,07	—	58,72	—	—	9,22	67,12	1,475°	
24	Cypern, grobe Hülsen, 1884 er	„	11,90	8,55	—	54,55	—	—	9,71	61,92	1,553°	
	Asien.											
25	Indien, Kurrachée, grobe Hüls., 1884 er	„	11,47	7,96	—	56,92	—	—	8,99	64,03	1,438°	
	Türkei, Gesammt-Mittel	.	**14,05** *)	**8,78**	**1,82**	**71,19**	**(2,16)**	**(2,00)**	**10,21**	**82,82**	**1,63**	

Gerste aus Spanien.

No.	Bemerkungen	Jahr	Wasser %	Nh-Substanz %	Rohfett %	Nfr. Extractstoffe %	Rohfaser %	Asche %	Nh-Substanz (Trocken) %	Nfr. Extractstoffe (Trocken) %	Stickstoff %	Analytiker
1	Balearen, Mallorca Palma, mehlig	1858	10,33	12,61	—	—	—	1,73	14,06	—	2,25°	*v. Bibra* [2]
						Stärke				Stärke		
2	Sevilla, strohig, 1884 er . .	1884	11,51	8,04	—	53,90	—	—	9,09	60,91	1,454°	*L. Marx* [3]
3	Pampelune, feine Hüls., 1884 er	„	13,84	7,15	—	53,37	—	—	8,30	61,94	1,328°	
4	Las Campanos, grobe Hülsen, 1884 er	„	13,86	6,35	—	57,55	—	—	7,37	66,81	1,179°	
	Mittel	.	**14,05** **)	**8,44**	—	—	—	—	**9,71**	—	**1,55**	

[1]) Vergl. Anmerkung [4]) Seite 517.
*) Nach dem Mittel von Gerste aller Länder angenommen; das wirkliche Mittel beträgt 12,40 %.

Gerste aus Spanien:
[2]) Dessen: Die Getreidearten und das Brod. Nürnberg 1860. S. 313.
[3]) No. 2—4. Louis Marx. Ztschr. f. d. gesammte Brauwesen. 8. 1885. 272. (Revue de la Brasserie et Malterie No. 601.) In Procenten der Trockensubstanz enthielten dieselben P_2O_5:

No. 2	3	4
1,097	0,801	0,606

**) Nach dem Mittel von Gerste aller Länder angenommen; das wirkliche Mittel beträgt 12,39 %.

Gerste aus Afrika.

No.	Bemerkungen	Jahr der Untersuchung	In der ursprünglichen Substanz: Wasser %	Nh-Substanz %	Rohfett %	Nfr. Extractstoffe %	Rohfaser %	Asche %	In der Trocken-Substanz: Nh-Substanz %	Nfr. Extractstoffe %	Stickstoff in der Trocken-Substanz %	Analytiker
1	Nackte Gerste aus Tunis, glasig	1858	12,00	13,75	—	—	—	—	15,62	—	2,50°	*v. Bibra*[1])
2	Nackte Gerste aus Afrika	1873	10,77	8,76	1,81	74,70	2,03	1,93	9,82	83,71	1,57	*Petermann*[2])
3	Aus Afrika	1876	15,42	9,67	—	—	—	2,50	11,43	—	1,829°	*Reischauer*[3])
4	desgl.	„	13,92	9,89	—	—	—	2,15	11,49	—	1,838°	
5	Chevalier von Algier, 1880er	1880	15,63	10,08	—	—	—	—	11,95	—	1,91°	*Aubry*[4])
6	Algerien, Algier, 1884er	1884	12,48	8,86	—	Stärke 53,35	—	—	10,12	Stärke 60,96	1,628°	*L. Marx*[5])
7	desgl., Médiagh, 1884er	„	10,92	9,29	—	56,49	—	—	10,43	63,41	1,668°	
8	desgl., Oran, 1884er	„	12,09	7,31	—	56,57	—	—	8,31	64,35	1,329°	
9	desgl., Oran, 1884er	„	12,81	8,85	—	—	—	—	10,15	—	1,624°	
10	Aegypten (Alexandrien), 1884er	„	12,61	7,17	—	57,26	—	—	8,20	65,52	1,311°	
11	Tripolis in der Berberei, 1884er	„	12,54	8,66	—	54,46	—	—	9,90	62,27	1,584°	
12	Tunisien, 1884er	„	11,75	8,15	—	54,70	—	—	9,24	61,98	1,477°	
13	desgl., 1884er	„	13,29	8,43	—	54,30	—	—	9,72	62,62	1,554°	
14	Marocco, Mazagran, 1884er	„	12,36	9,29	—	53,22	—	—	10,60	60,73	1,695°	
15		1879	12,02	8,61	—	—	—	2,10	9,79	—	1,566°	?[6])
	Mittel	.	**14,05** *)	**8,98**	**(1,74**	**71,12**	**1,96)**	**2,15**	**10,45**	**82,74**	**1,67**	

Gerste aus Nordamerika.

No.	Bemerkungen	Jahr der Untersuchung	Wasser %	Nh-Substanz %	Rohfett %	Nfr. Extractstoffe %	Rohfaser %	Asche %	Nh-Substanz (Trocken) %	Nfr. Extractstoffe (Trocken) %	Stickstoff in der Trocken-Substanz %	Analytiker
1	Nepaul-Gerste aus Californien	1877	7,23	13,17	3,15	72,96	1,55	1,94	14,19	78,65	2,25°	*Jenkins*[7])
2	Mittel von 9 Analysen	18 79/83	11,10	12,40	1,80	69,30	2,90	2,50	13,95	77,95	2,23	
3	Wisconsin	1877	13,32	9,74	—	—	—	2,38	11,24	—	1,798°	*Aubry*[8])
	Gew. p. Bushel in engl. Pfd.											
4	Canada . . . . . $50^1/_2$	1883	10,04	9,65	—	—	—	2,50	10,73	—	1,72	Wissensch. Stat. f. Brauwes. in New-York[9])
5	Jowa . . . . . . $48^3/_4$	„	9,22	10,14	—	—	—	—	11,18	—	1,79	
6	Kansas, Bald-barley . $57^1/_2$	„	10,41	9,10	—	—	—	—	10,16	—	1,63	

Gerste aus Afrika:

[1]) Vergl. Anmerkung [2]) Seite 518.

[2]) Privat-Mittheilung.

[3]) No. 3 u. 4. K. Reischauer, mitgetheilt von L. Aubry. (Wissenschaftl. Stat. f. Brauerei in München.) Ztschr. f. d. gesammte Brauwesen 1881. P_2O_5 in der Trockensubstanz:

No. 3	4
0,949	0,614

[4]) No. 5. L. Aubry. Fünfter Jahresber. d. wissenschaftl. Stat. f. Brauerei in München pro 1880/81. 9.

[5]) No. 6—14. Louis Marx. Ztschr. f. d. gesammte Brauwesen. 8. 1885. 272. (Revue de la Brasserie et Malterie No. 601.)

No.	6	7	8	9	10	11	12	13
P_2O_5 =	0,979	0,655	0,811	—	0,807	0,732	0,585	0,914 %

Die Gersten hatten sämmtlich grobe Hülsen.

[6]) No. 15. Unbenannter Autor, Analyse mitgetheilt von L. Aubry im vierten Jahresber. d. wissenschaftl. Stat. f. Brauerei in München. 8. In der Trockensubstanz der Asche 0,623 % Phosphorsäure.

*) Nach dem Mittel von Gerste aller Länder angenommen; das wirkliche Mittel beträgt 12,76 %.

Gerste aus Nordamerika:

[7]) No 2. Aus Dr. E. H. Jenkins Tabelle über die Zusammensetzung amerikanischer Futterstoffe in Ann. Rep. Connect. Agr. Experim. Station for 1883.

[8]) No. 3. L. Aubry. Wissenschaftl. Stat. f. Brauerei in München. Ztschr. f. d. gesammte Brauw. 1883. Sonderabdruck.

[9]) Vergl. Anmerkung [1]) Seite 520.

No.	Bemerkungen	Gew. p. Bushel in engl. Pfd.	Jahr der Untersuchung	In der ursprünglichen Substanz: Wasser %	Nh-Substanz %	Rohfett %	Nfr. Extractstoffe %	Rohfaser %	Asche %	In der Trocken-Substanz: Nh-Substanz %	Nfr. Extractstoffe %	Stickstoff in der Trocken-Substanz %	Analytiker
7	Western barley . . .	48½	1883	9,56	11,20	—	—	—	—	12,39	—	1,98	Wissensch. Stat. f. Brauwesen in New-York [1]
8	Western barley . . .	48½	„	9,36	10,29	—	—	—	—	11,36	—	1,82	
9	Wisconsin, (Waukesha County), Scotch barley	48	„	10,21	7,34	—	—	—	—	8,18	—	1,31	
10	New-York State . . .	—	„	12,05	11,26	—	—	—	—	12,79	—	2,05	
11	California, Chevalier-G.	54	„	12,40	11,91	—	—	—	—	13,60	—	2,18	
12	Wisconsin	48½	„	11,89	9,05	—	—	—	—	10,27	—	1,64	
13	Wisconsin (Farmer barley)	47	„	11,56	10,81	—	—	—	—	12,23	—	1,96	
14	New-York Staate . .	50	„	14,06	9,99	—	—	—	—	11,62	—	1,86	
15	Mittel von 4—14 . .	50⅛	„	10,96	10,08	—	—	—	—	11,32	—	1,81	
	Vermont.												
16	Windsor, Four-rowed .	52,2	1885	6,70	14,00	2,90	70,28	3,90	2,22	15,01	75,32	2,40	Clifford Richardson [2]
17	Washington, Four-rowed	51,4	„	6,50	12,60	2,65	72,37	3,48	2,40	13,47	77,42	2,16	
18	Orleans, Common . .	52,4	„	6,55	12,08	2,75	71,57	4,15	2,90	12,93	76,59	2,07	
	Connecticut.												
19	Lichtfield, Two-rowed .	53,0	„	6,50	10,15	2,33	75,14	2,89	2,99	10,85	80,39	1,74	
	New-York.												
20	. . . .	54,5	„	6,86	11,73	2,76	72,85	3,40	2,40	13,59	77,22	2,17	
21	Allegany, Five-rowed .	51,4	„	6,77	11,38	2,77	73,41	3,55	2,12	12,22	78,73	1,96	
22	Ontario, Canada six-rowed, mehlig, weiss	53,4	„	5,90	11,03	2,58	74,14	3,05	2,70	11,71	79,45	1,87	
23	Otsego, Canada two-rowed	49,3	„	6,95	10,15	2,66	74,47	3,13	2,64	10,91	80,03	1,75	
24	Cayuga, Imperial six-rowed	54,7	„	7,39	10,85	2,48	73,10	3,73	2,45	11,72	78,92	1,87	

[1]) No. 4—15. Wissenschaftl. Stat f. Brauwesen in New-York. (Biedermann's Centralbl. f. Agriculturchemie. 13. 1884. 491.) In den Gersten wurden ferner Stärkemehl und Phosphorsäure bestimmt und betrugen deren Mengen in Procenten der Trockensubstanz:

	No. 4	5	6	7	8	9	10	11	12	13	14	15
Stärkemehl .	63,63	59,48	64,49	60,30	61,36	59,54	66,31	66,54	65,98	66,29	63,70	63,42 %
Phosphorsäure	0,950	1,149	0,997	1,124	1,278	1,582	—	—	1,000	1,030	—	1,139 %

[2]) No. 16—101. Clifford Richardson. Third Report on the Chemical composition etc. of American Cereals. (Depart. of Agriculture, Division of Chemistry, Bulletin No. 9.) Washington, 1886. 64. Die untersuchten Gersten stammen von denjenigen Länderstrichen der Vereinigten Staaten Nordamerikas, deren Landwirthschaft von Bedeutung ist. Die Canadischen Gersten 76—95 waren vom Bureau of Agriculture and Arts in Toronto gesammelt, aus 4 Bezirken des Landes, welche wie folgt erläutert werden: A nördlich vom centralen Theil des Erie-See's; B nördlich vom nordwestlichen Theil des Ontario-See's; C nördlich vom centralen Theil des Ontario-See's; D nördlich vom nordöstlichen Theil des Ontario-See's; begrenzt der Quinte-Bay. Der letztere Bezirk liefert die beste Gerste, deren Güte war jedoch im Jahre der Probenahme durch Regenwetter beeinträchtigt; die schönsten Körner lieferte in diesem Jahre der Bezirk B. Die untersuchten Gersten waren ihrer Qualität nach in 3 Gruppen gebracht, eine jede derselben ihrer Consistenz (ihrer Mehligkeit nach) begutachtet. Darnach enthielten die Gersten der

	I. Qualität					II. Qualität					III. Qualität				
	A	B	C	D	Mittel	A	B	C	D	Mittel	A	B	C	D	Mittel
Mehlige Körner . . .	16	—	40	12	17	36	16	12	24	22	36	16	—	20	18
Halbmehlige Körner . .	32	48	28	36	36	40	36	36	40	38	28	44	40	32	36
Viertelmehlige Körner .	24	36	20	36	29	12	28	32	32	26	24	32	44	24	31
Wenig mehlige Körner .	20	12	12	16	15	12	16	20	4	13	8	—	16	20	11
Glasige Körner . . .	8	4	—	—	3	—	4	—	—	1	4	8	—	4	4

No.	Bemerkungen	Gew. p. Bushel in engl Pfd.	Jahr der Untersuchung	In der ursprünglichen Substanz: Wasser %	Nh-Substanz %	Rohfett %	Nfr. Extractstoffe %	Rohfaser %	Asche %	In der Trocken-Substanz: Nh-Substanz %	Nfr. Extractstoffe %	Stickstoff in der Trocken-Substanz %	Analytiker
	Pennsylvania.												
25	Crawford, Nohama . .	50,4	1885	6,27	11,90	2,06	72,89	3,83	3,05	12,70	77,76	2,03	*Clifford Richardson*[1]
	Ohio.												
26	Butler, Early May (Wintergerste), braun . .	53,9	„	6,85	10,68	3,53	71,84	3,80	3,30	11,47	77,12	1,84	
27	Wood, Fall (Winter-G.)	50,8	„	6,25	10,50	2,40	73,13	4,65	3,07	11,20	78,00	1,79	
28	Warren	52,5	„	6,81	10,15	2,58	72,91	4,00	3,55	10,89	78,25	1,74	
29	Butler, Common Fall (Wintergerste) . .	51,0	„	6,80	9,80	2,06	73,92	4,32	3,10	10,52	79,30	1,68	
	Michigan.												
30	Genesee, Four-rowed .	54,3	„	6,44	13,13	2,70	71,33	3,43	2,97	14,04	76,23	2,25	
31	Livingston, Six-rowed .	49,3	„	6,37	14,70	2,73	69,73	3,88	2,59	15,70	74,47	2,51	
32	Saint Clair, Four-rowed	56,8	„	6,73	12,95	2,90	71,83	3,03	2,56	13,88	77,12	2,22	
33	Shiawassee, Four-rowed	53,7	„	5,27	11,90	2,71	73,36	3,71	3,05	12,57	77,43	2,01	
34	Cheboygan, Common .	58,7	„	6,55	9,63	2,55	75,45	3,07	2,75	10,30	80,79	1,65	
	Indiana.												
35	Shelby, Common . .	53,2	„	5,99	11,38	3,54	71,19	4,40	3,50	12,11	75,82	1,86	
36	Spencer (nicht bekannt), Wintergerste . . .	54,3	„	5,92	9,45	2,73	75,37	3,58	2,95	10,05	80,10	1,61	
	Illinois.												
37	Stephenson, Common .	50,4	„	6,06	12,60	2,61	70,88	4,51	3,34	13,42	75,44	2,15	
38	Ogle, Common spring .	49,8	„	6,18	11,38	2,59	72,55	4,14	3,16	12,13	78,33	1,94	

In gleicher Weise wurden auch die übrigen Gersten unter No. 16—72 begutachtet und zwar wie folgt:

No.	16	17	18	19	20	21	22	23	24	25	26	27	28	29	30	31
Mehlige Körner . . .	—	40	—	12	—	—	16	20	8	8	16	36	40	40	16	—
Halbmehlige Körner .	16	36	20	24	—	36	28	40	24	36	40	36	44	32	36	32
Viertelmehlige Körner .	44	16	40	36	—	44	28	28	24	24	32	20	12	20	40	36
Wenig mehlige Körner .	24	8	40	28	—	20	28	12	44	32	12	8	4	8	8	24
Glasige Körner . . .	16	—	—	—	—	—	—	—	—	—	—	—	—	—	—	8

No.	32	33	34	35	36	37	38	39	40	41	42	43	44	45	46	47
Mehlige Körner . . .	4	16	24	24	48	32	28	24	12	8	36	36	16	16	12	16
Halbmehlige Körner .	36	40	32	48	22	28	32	36	28	32	32	24	36	28	44	36
Viertelmehlige Körner .	44	28	28	28	16	20	32	24	24	40	32	24	28	28	32	36
Wenig mehlige Körner .	16	16	16	—	14	20	8	16	36	20	—	16	12	20	12	12
Glasige Körner . . .	—	—	—	—	—	—	—	—	—	—	—	—	8	8	—	—

No.	48	49	50	51	52	53	54	55	56	57	58	59	60	61	62	63
Mehlige Körner . . .	24	40	12	28	16	20	8	8	12	4	8	16	20	16	16	40
Halbmehlige Körner .	44	36	44	36	36	36	20	32	28	28	40	32	36	52	36	28
Viertelmehlige Körner .	28	24	40	28	28	28	32	44	52	40	36	40	32	24	28	24
Wenig mehlige Körner .	4	—	4	8	20	16	32	16	8	28	16	12	8	8	20	8
Glasige Körner . . .	—	—	—	—	—	—	8	—	—	—	—	—	14	—	—	—

No.	66	67	68	69	70	71	72	73	95	96	97	99	100	101
Mehlige Körner . . .	76	24	20	16	—	24	24	24	19	20	11	21	27	21
Halbmehlige Körner .	24	44	44	28	24	36	48	52	37	35	29	35	35	40
Viertelmehlige Körner .	28	28	28	36	40	40	20	24	29	29	32	30	26	29
Wenig mehlige Körner .	4	8	8	20	36	—	8	—	13	15	26	13	11	10
Glasige Körner . . .	—	—	—	—	—	—	—	—	2	1	2	1	1	—

Von nachfolgenden Gersten wurden noch an näheren Bestandtheilen bestimmt:

No.	23	24	27	30	31	40	46	52	55	59	70	72
Zucker etc.	6,01	6,93	6,21	7,12	8,73	7,71	5,97	5,82	8,30	7,21	5,38	7,44
Dextrin etc.	3,14	3,80	3,40	3,92	4,64	3,60	3,58	3,48	62,72	3,70	3,46	3,42
Stärkemehl	65,52	62,37	63,52	60,29	56,36	60,46	64,24	62,98		61,32	66,72	63,88
Eiweissstoffe, löslich in Alkohol, 80 %	3,07	3,41	3,01	3,76	4,70	4,25	2,85	3,18	4,38	3,95	2,86	3,42
Eiweissstoffe, unlöslich in Alkohol, 80 %	7,08	7,44	7,49	9,37	9,91	8,35	8,00	8,55	7,87	8,13	5,89	5,68

[1]) Vergl. Anmerkung [2]) vorige Seite.

No.	Bemerkungen	Gew. p. Bushel in engl. Pfd.	Jahr der Untersuchung	In der ursprünglichen Substanz: Wasser %	Nh-Substanz %	Rohfett %	Nfr. Extractstoffe %	Rohfaser %	Asche %	In der Trocken-Substanz: Nh-Substanz %	Nfr. Extractstoffe %	Stickstoff in der Trocken-Substanz %	Analytiker
39	Mc Henry, Spring . .	52,0	1885	6,72	12,95	2,81	72,15	2,64	2,73	13,88	77,35	2,22	Clifford Richardson[1]
40	Lee, Common . . .	52,2	„	6,52	12,60	2,66	71,77	3,37	3,08	13,48	76,77	2,16	
	Wisconsin.												
41	Chippew, Common . .	50,6	„	7,15	12,25	2,76	70,51	4,43	2,90	13,19	75,95	2,11	
42	Vernon	50,6	„	7,40	10,50	2,74	73,17	3,83	2,30	11,34	78,08	1,81	
43	La Fayette	48,5	„	6,60	10,85	2,65	72,03	4,27	3,60	11,62	77,11	1,86	
44	Fond du Lac, Scotch Pearl	53,3	„	7,70	10,50	2,50	72,77	3,78	2,75	11,37	75,85	1,82	
45	Dodge, Mensury . .	53,3	„	6,40	13,13	2,49	70,88	3,95	3,15	14,02	75,74	2,24	
	Minnesota.												
46	Dodge, Three-rowed .	50,8	„	7,60	10,85	2,69	73,79	3,57	1,50	11,74	79,87	1,72	
47	Winona, Scotch . .	52,8	„	6,20	9,45	3,07	73,88	4,40	3,00	10,07	78,77	1,61	
48	Dakota, Scotch . . .	50,8	„	6,30	9,28	2,76	74,72	4,43	2,51	9,90	79,75	1,58	
49	Blue Earth, Four-rowed	51,8	„	7,22	11,90	2,80	71,25	3,08	3,15	12,83	77,44	2,05	
50	Olmstedt, Scotch . .	51,8	„	9,15	10,50	2,72	70,69	3,97	2,97	11,24	77,27	1,80	
	Jowa.												
51	Scott, Scotch . . .	52,6	„	6,47	12,73	2,63	71,34	3,93	2,85	13,62	76,26	2,18	
52	Palo Alto, Four-rowed	51,3	„	5,69	11,73	2,75	72,28	4,37	3,18	12,43	76,65	1,99	
53	Winneschiek, Common	54,8	„	6,24	11,38	2,83	72,68	3,90	2,97	12,04	77,61	1,93	
54	Fayette, Common . .	55,3	„	6,67	14,35	2,65	69,19	3,81	3,33	15,37	74,14	2,46	
	Nebraska.												
55	Antelope, Com. six-row.	53,2	„	7,58	12,25	2,70	71,12	3,35	3,00	13,25	76,92	2,12	
	Dakota.												
56	Stutsmann, Common .	54,3	„	5,80	14,88	3,01	69,97	3,29	3,05	15,80	74,27	2,53	
57	Cass, Chevalier . . .	56,7	„	5,55	11,55	2,46	74,19	3,35	2,90	12,22	78,57	1,96	
58	Bon Homme, Four-row.,	53,0	„	5,75	13,48	2,94	71,02	3,68	3,13	14,30	75,56	2,29	
59	Traill	52,0	„	6,00	12,02	2,74	72,23	3,75	3,20	12,79	78,90	2,05	
60	Lawrence	—	„	5,95	13,13	2,68	71,34	4,25	2,65	13,96	75,85	2,23	
	Montana.												
61	Meagher, Com. two-row.	58,6	„	7,55	9,63	2,60	74,53	3,99	1,70	10,41	80,63	1,67	
62	Gallatin, Two-rowed or England	58,1	„	6,60	10,33	2,52	74,20	3,35	3,00	11,06	79,44	1,77	
63	Deer Lodge, Two-rowed brewers	57,4	„	4,95	9,45	2,56	76,79	3,10	3,15	9,94	80,80	1,59	
	South-Carolina.												
64	Laurens, Four-rowed (Wintergerste) . .	—	„	6,85	10,33	2,45	73,62	4,10	2,65	11,09	79,03	1,77	
	Kentucky.												
65	Jefferson, Canada (Wintergerste)	—	„	6,00	8,75	2,37	75,73	4,25	2,90	9,31	80,56	1,49	

[1]) Vergl. Anmerkung [2]) Seite 520.

No.	Bemerkungen	Gew. p. Bushel in engl. Pfd.	Jahr der Untersuchung	In der ursprünglichen Substanz: Wasser %	Nh-Substanz %	Rohfett %	Nfr. Extractstoffe %	Rohfaser %	Asche %	In der Trocken-Substanz: Nh-Substanz %	Nfr. Extractstoffe %	Stickstoff in der Trocken-Substanz %	Analytiker
	Utah.												
66	Wasatch, Two-rowed .	60,2	1885	7,70	10,50	2,53	72,99	2,88	3,40	11,37	79,09	1,82	*Clifford Richardson*[1]
	Arizona.												
67	Pinal, Common (Wintergerste)	53,2	„	6,26	9,63	2,63	74,30	4,28	2,90	10,28	78,25	1,64	
	Washington.												
68	Pierce, Black Nepaul .	65,8	„	5,95	12,25	2,98	70,97	4,35	3,50	13,03	76,46	2,08	
	Oregon.												
69	Baker, Chevalier, braun	59,9	„	6,27	11,90	2,06	72,89	3,83	3,05	12,72	77,74	2,04	
70	Linn	52,2	„	6,20	8,75	2,71	75,56	4,00	2,78	9,33	80,56	1,49	
	California.												
71	Contra Costa, Six-rowed	55,7	„	6,70	9,10	3,01	74,32	4,14	2,74	9,76	79,63	1,56	
72	Solano	53,5	„	4,53	9,10	2,72	74,74	4,48	4,43	9,53	78,28	1,52	
73	Monterey, Common .	—	„	6,18	8,93	2,50	75,52	4,13	2,74	9,52	80,49	1,52	
74	Wyoming	—	„	6,70	11,55	2,52	74,03	3,00	2,20	12,38	79,34	1,98	
75	Colorada	—	„	8,15	13,30	2,87	68,99	3,92	2,77	14,47	75,14	2,16	
	Canada-Gersten.												
76	Erste Qualität, Bezirk A	54,8	„	7,58	10,15	2,70	73,49	3,10	2,98	10,98	79,53	1,76	
77	desgl., Bezirk B . .	56,1	„	8,35	9,45	2,69	73,23	3,55	2,73	10,31	79,91	1,65	
78	desgl., Bezirk C . .	55,9	„	6,95	9,80	2,64	74,28	3,65	2,68	10,54	79,82	1,69	
79	desgl., Bezirk D . .	52,7	„	8,35	9,28	2,67	73,13	3,69	2,88	10,12	79,80	1,62	
80	desgl., Durchschnitt .	54,9	„	7,81	9,67	2,67	73,53	3,50	2,82	10,49	79,77	1,68	
81	Zweite Qualität, Bez. A	54,5	„	7,85	10,50	2,72	72,76	3,22	2,95	11,39	78,97	1,82	
82	desgl., Bezirk B . .	54,7	„	7,03	10,15	2,80	73,46	3,76	2,80	10,92	79,01	1,75	
83	desgl., Bezirk C . .	53,5	„	10,08	9,45	2,78	72,58	3,49	1,62	10,51	80,72	1,68	
84	desgl., Bezirk D . .	53,5	„	8,43	9,80	2,63	72,55	3,41	3,18	10,69	79,26	1,71	
85	desgl., Durchschnitt .	54,1	„	8,35	9,97	2,73	72,84	3,47	2,64	10,88	80,17	1,74	
86	Dritte Qualität, Bezirk A	52,4	„	8,78	9,98	2,69	72,35	3,50	2,70	10,94	80,13	1,75	
87	desgl., Bezirk B . .	54,8	„	6,75	10,15	2,72	73,87	3,68	2,83	10,88	79,20	1,74	
88	Dritte Qualität, Bezirk C	52,4	„	8,13	9,98	2,67	72,82	3,35	3,05	10,86	79,18	1,74	
89	desgl., Bezirk D . .	54,3	„	7,93	9,33	2,74	73,47	3,35	3,18	10,13	79,80	1,62	
90	desgl., Durchschnitt .	53,5	„	7,89	9,86	2,71	73,13	3,47	2,94	10,71	79,39	1,71	
91	Durchschnitt v. Bezirk A	53,9	„	8,07	10,21	2,70	72,87	3,27	2,88	11,11	79,26	1,78	
92	desgl. von B . . .	55,2	„	7,37	9,92	2,74	73,52	3,66	2,79	10,71	79,37	1,71	
93	desgl. von C . . .	53,9	„	8,39	9,74	2,70	73,23	3,49	2,45	10,63	79,94	1,70	
94	desgl. von D . . .	53,5	„	8,24	9,47	2,68	73,05	3,48	3,08	10,32	80,61	1,65	
95	desgl. der Canadischen Gersten	54,1	„	8,02	9,83	2,70	73,17	3,48	2,80	10,69	79,56	1,71	
96	desgl. der Gersten der Vereinigt. Staaten, 60 Analysen . .		„	6,53	11,33	2,68	72,77	3,80	2,89	12,12	77,85	1,94	

[1]) Vergl. Anmerkung [2]) Seite 520.

No.	Bemerkungen	Jahr der Untersuchung	In der ursprünglichen Substanz: Wasser %	Nh-Substanz %	Rohfett %	Nfr. Extractstoffe %	Rohfaser %	Asche %	In der Trocken-Substanz: Nh-Substanz %	Nfr. Extractstoffe %	Stickstoff in der Trocken-Substanz %	Analytiker
97	Durchschnitt der Gersten der atlantischen Küstenstaaten, 10 Analysen	1885	6,64	11,59	2,59	73,02	3,57	2,51	12,41	78,31	1,99	Clifford Richardson[1])
98	desgl. der Nordstaaten, 48 Analysen	„	6,55	11,58	2,69	72,55	3,76	2,87	12,39	77,64	1,98	
99	desgl. der Weststaaten, 30 Analysen	„	6,66	11,52	2,73	72,26	3,87	2,96	12,34	77,43	1,97	
100	desgl. der Nordweststaaten, 8 Analysen	„	6,02	11,82	2,69	73,03	3,59	2,85	12,58	77,71	2,01	
101	desgl. der Pacific-Küsten-Staaten, 10 Analysen . .	„	6,47	11,50	2,65	72,43	3,90	3,05	12,31	77,42	1,97	
	Minimum der nord-amerikanischen Gersten	.	4,53	7,03	1,74	63,72	1,44	1,39	8,18	74,14	1,31	
	Maximum der nord-amerikanischen Gersten	.	14,06	13,58	3,26	69,45	4,26	3,99	15,80	80,80	2,53	
	Mittel der nord-amerikanischen Gersten	.	**14,05** *)	**10,48**	**2,42**	**66,94**	**3,47**	**2,64**	**12,19**	**77,88**	**1,95**	

Gerste aus Südamerika.

No.	Bemerkungen	Jahr	Wasser	Nh-Substanz	Rohfett	Nfr. Extractstoffe	Rohfaser	Asche	Nh-Substanz (Trocken-Substanz)	Nfr. Extractstoffe (Trocken-Substanz)	Stickstoff	Analytiker
1	Chili, 1884er	1884	10,83	7,13	—	Stärke 61,31	—	—	8,00	Stärke 68,76	1,280	L. Marx[2])
2	Chili, 1884er	„	11,18	8,21	—	62,48	—	—	9,24	70,34	1,478	
3	Chili, 1884er	„	11,22	7,85	—	59,56	—	—	8,84	67,09	1,413	
	Mittel	.	**14,05** **)	**7,47**	—	—	—	—	**8,69**	—	**1,39**	

Mittel der Gerste aller Länder.

	Jahr	Wasser	Nh-Substanz	Rohfett	Nfr. Extractstoffe	Rohfaser	Asche	Nh-Substanz (Trocken-Substanz)	Nfr. Extractstoffe (Trocken-Substanz)	Stickstoff
	.	**14,05**	**9,66**	**1,93**	**66,99**	**4,95**	**2,42**	**11,24**	**77,94**	**1,79**

Gerste, geschält.

No.	Bemerkungen	Jahr	Wasser	Nh-Substanz	Rohfett	Nfr. Extractstoffe	Rohfaser	Asche	Nh-Substanz (Trocken-Substanz)	Nfr. Extractstoffe (Trocken-Substanz)	Stickstoff	Analytiker
1	Aus dem Staate New-York .	1885	6,88	12,60	2,20	75,22	1,22	1,88	13,53	80,79	2,16	Clifford Richardson[3])
2	desgl.	„	6,25	10,50	2,60	76,27	1,98	2,40	11,20	81,36	1,79	
3	Aus dem Staate Michigan .	„	5,55	11,38	2,84	76,14	1,74	2,35	12,04	80,63	1,93	
4	Aus dem Staate Indiana . .	„	6,55	13,30	2,30	73,77	1,88	2,20	14,23	78,95	2,28	
5	Aus dem Staate Minnesota .	„	5,60	11,55	2,55	76,91	1,19	2,20	12,23	81,48	1,96	
6	desgl.	„	6,00	11,38	2,76	76,35	1,41	2,10	12,11	81,23	1,94	
7	Aus dem Staate Jowa . .	„	6,41	11,38	3,12	74,67	2,27	2,15	12,15	79,80	1,94	

[1]) Vergl. Anmerkung [2]) Seite 520.

*) Nach dem Mittel von Gerste aller Länder angenommen; das wirkliche Mittel beträgt 7,01 %.

Gerste aus Südamerika:

[2]) No. 1—3. Louis Marx. Ztschr. f. d. gesammte Brauwesen. 8. 1885. 272. (Revue de la Brasserie et Malterie. No. 691.) Die Gersten hatten feine Hülsen und enthielten in Procenten der Trockensubstanz P_2O_5:

No. 1	2	3
0,903	0,722	1,076 %.

**) Nach dem Mittel von Gerste aller Länder angenommen; das wirkliche Mittel beträgt 11,08 %.

Gerste, geschält:

[3]) No. 1—15. Clifford Richardson. 3 Rep. Chemic. Compos. of Americ. Cereals (Bullet. No. 8), Washington, 1886. 4. Von einigen dieser Gersten wurde der Gehalt an Korn und Schale (Nulls) ermittelt und zwar wie folgt:

	No. 1	3	4	5	6	7	8	9	11	12	13	Mittel
Korn . . .	84,96	84,01	83,78	84,47	86,28	83,70	84,25	85,72	84,93	87,45	83,06	84,78 %
Schale . . .	15,04	15,99	16,22	15,53	13,72	16,30	15,75	14,28	15,07	12,55	16,94	15,22 %

No.	Bemerkungen	Jahr der Untersuchung	In der ursprünglichen Substanz: Wasser %	Nh-Substanz %	Rohfett %	Nfr. Extractstoffe %	Rohfaser %	Asche %	In der Trocken-Substanz: Nh-Substanz %	Nfr. Extractstoffe %	Stickstoff in der Trocken-Substanz %	Analytiker
8	Aus dem Staate Jowa . .	1885	6,35	12,25	2,65	75,52	1,25	1,98	13,08	80,24	2,09	*Clifford Richardson*[1])
9	desgl.	„	6,25	12,25	2,76	75,19	1,40	2,15	13,07	80,21	2,09	
10	Aus dem Staate Missouri .	„	7,50	12,25	2,81	73,95	1,47	2,02	13,24	79,95	2,12	
11	Aus dem Staate Nevada . .	„	7,20	9,80	2,77	75,93	1,92	2,38	10,56	81,81	1,69	
12	desgl.	„	2,87	9,63	2,47	81,31	1,73	1,99	9,92	83,71	1,59	
13	Aus dem Staate California .	„	5,80	11,73	2,61	76,03	1,23	2,60	12,46	80,70	1,99	
14	desgl.	„	6,85	12,60	2,61	74,49	1,40	2,05	13,57	79,90	2,17	
15	Aus dem Staate Colorado .	„	7,78	14,00	2,86	71,16	1,90	2,30	15,18	77,17	2,43	
	Geschälte Gersten, Mittel No. 1—15	.	**6,26**	**11,77**	**2,66**	**74,53**	**1,60**	**2,18**	**12,56**	**80,56**	**2,01**	

Gerste, unter dem Einfluss der Düngung.*)

No.	Bemerkungen	Jahr der Untersuchung	Wasser %	Nh-Substanz %	Rohfett %	Nfr. Extractstoffe %	Rohfaser %	Asche %	Nh-Substanz %	Nfr. Extractstoffe %	Stickstoff in der Trocken-Substanz %	Analytiker
1	a. Ungedüngt	1874	9,52	13,07	—	—	—	—	14,44	—	2,31	*Kreusler u. Kern*[2])
2	b. Mit Ammoniumsulfat (70 kg N pro ha)	„	8,68	15,07	—	—	—	—	16,50	—	2,64	
3	c. Mit desgl. (350 kg N pro ha)	„	8,67	18,21	—	—	—	—	19,94	—	3,19	
4	d. Mit Superphosphat gedüngt (126 kg lösl. P_2O_5 pro ha)	„	9,50	17,59	—	—	—	—	19,44	—	2,11	
5	e. Mit Ammoniumsulfat und Superphosphat (70 kg N u. 126 kg lösl. P_2O_5 pro ha)	„	10,87	13,82	—	—	—	—	15,50	—	2,48	
6	f. desgl. (350 kg N u. 126 kg lösl. P_2O_5 pro ha) . . .	„	9,12	17,67	—	—	—	—	19,44	—	3,11	
7	g. 350 kg N u. 506 kg lösl. P_2O_5 pro ha	„	9,86	18,25	—	—	—	—	20,25	—	3,24	

[1]) Vergl. Anmerkung [3]) Seite 524.

Gerste unter dem Einfluss der Düngung:

[2]) No. 1—7. U. Kreusler u. E. Kern. J. f. L. 1876. 1. Feld in Poppelsdorf. Tiefgründiger, reicher Lehmboden, seit einer Reihe von Jahren ohne Düngung, mit Erbsen (1872) und Hafer (1873) als letzten Vorfrüchten. Zu dem Versuche (Einfluss N-reicher und P_2O_5-reicher Düngung auf die Zusammensetzung der Getreidekörner) dienten Parzellen von je 30 qm Inhalt. Die Aussaat der Gerste erfolgte 12 Stunden nach der Düngung, April 1874. Die Ernteerträge lassen keine ausgesprochenen Beziehungen zu der Düngung erkennen. Die geernteten Samen waren durchweg von gleichmässiger Beschaffenheit und zeigten in Bezug auf Farbe, Härte und Grösse keinerlei merkliche Unterschiede. Die Qualität der Samen wird durch nachstehende relative Zahlen, die nur geringe Differenz zeigen, angegeben:

Düngung	a.	b.	c.	d.	e.	f.	g.
Gewicht eines bestimmten Volumens .	106	102	100	108	106	103	102
Zahl der Samen in demselben	101	103	106	100	103	107	108

Die Angaben über Wassergehalt beziehen sich auf Material, das bei 90° vorgetrocknet, gemahlen und 36—48 Stunden in Schalen flach ausgebreitet der Luftfeuchtigkeit ausgesetzt worden war. 100 Theile der Trockensubstanz enthielten:

	a.	b.	c.	d.	e.	f.	g.
P_2O_5	1,22	1,28	1,13	1,15	1,23	1,18	1,29 %
K_2O	0,65	0,69	0,70	0,70	0,68	0,58	0,59 %

Die Zahlen bilden das Mittel aus je 3 Parzellen.

*) Ueber den Einfluss der Düngung auf die Zusammensetzung der Gerste sind viele Versuche angestellt, nämlich von Polstorff in E. Wolff's Grundlagen des Ackerbau's 1856, von J. B. Lawes u. Gilbert in On the Growth of Barley by differents manures. London 1858, von Alex. Müller in Weende'r Jahresber. 1855/56. S. 180 u. 298, von Zöller u. Fraas in Ergebnisse landw. und agric. chem. Versuche etc. München 2. Heft, von Hartstein u. Topler in Preuss. Ann. d. Landw. 1861. S. 163, von Andr. Aitken in Transactions of the Highland and Agric. Soc. of Scotland vol. 13, von W. Hoffmeister in Landw. Jahrbücher 1886. S. 865; ich nehme die Resultate dieser Versuche hier nicht mit auf, sondern verweise die, welche sich hierfür näher interessiren, auf das Werk: Zusammensetzung und Verdaulichkeit der Futtermittel von Th. Dietrich u. Verf. S. 479.

No.	Bemerkungen	Jahr der Untersuchung	In der ursprünglichen Substanz: Wasser %	Nh-Substanz %	Rohfett %	Nfr. Extractstoffe %	Rohfaser %	Asche %	In der Trocken-Substanz: Nh-Substanz %	Nfr. Extractstoffe %	Stickstoff in der Trocken-Substanz %	Analytiker
8	Gedüngt mit 220 kg pro ha schwefelsaurem Kalium	1877	16,32	10,74	—	—	—	2,40	12,84	—	2,054°	C. Lintner [1]
9	Ged. m. 293 kg Superphosphat	"	15,53	9,87	—	—	—	2,48	11,64	—	1,862°	
10	Ged. m. 220 kg Peruguano	"	16,93	10,43	—	—	—	2,38	12,55	—	2,008°	
11	Ungedüngt	"	—	—	—	—	—	—	10,08	—	1,612°	
12	Durchschn. d. 3 resp. 4 Gersten	"	16,16	10,35	—	—	—	2,42	11,78	—	1,88	
13	Gedüngt mit 220 kg pro ha schwefelsaurem Kalium	1878	18,51	8,81	—	—	—	2,66	10,81	—	1,730°	
14	Ged. m. 293 kg Superphosphat	"	16,89	8,39	—	—	—	2,45	10,09	—	1,615°	
15	Ged. m. 220 kg Peruguano	"	17,06	9,20	—	—	—	2,80	11,09	—	1,775	
16	Ungedüngt	"	16,57	8,13	—	—	—	2,45	9,74	—	1,558	
17	Durchschnitt der 4 Analysen	"	17,26	8,63	—	—	—	2,59	10,43	—	1,67	
	Calbe a. d. Saale, Prov. Sachsen — pro ha ged. mit											
18	I. 300 kg, 2/5 Chili, 2/5 aufgeschl. Guano, 1/5 Baker-Guano-Superphosph.	1880	15,00	6,5	1,5	70,7	3,4	2,9	7,64	83,19	1,22	M. Märcker [2]
19	II. 300 kg roh. Peruguano	"	15,00	6,5	1,4	69,5	4,0	3,6	7,64	81,78	1,22	
20	III. 200 kg Chilisalpeter	"	15,00	7,1	1,3	69,6	3,7	3,3	8,35	81,89	1,34	
21	IV. 300 kg aufgeschl. Peruguano	"	15,00	6,5	1,4	70,6	3,7	2,8	7,64	83,07	1,22	
22	V. 200 kg Gemenge wie bei I.	"	15,00	7,0	1,4	68,6	4,2	3,8	8,23	80,71	1,32	
23	VI. 300 kg, 2/5 Chili, 3/5 aufgeschl. Guano	"	15,00	7,3	1,4	68,2	4,2	3,9	8,58	80,24	1,37	
24	VII. 600 kg aufgeschl. Peruguano	"	15,00	11,2	1,6	62,8	4,6	4,8	13,17	73,90	2,11	
25	VIII. 300 kg Chili u. 200 kg Baker-G.-Superph.	"	15,00	9,6	1,6	63,4	6,0	4,4	11,29	74,60	1,81	
26	IX. 600 kg roh. Peruguano u. 200 kg Superphosph.	"	15,00	9,8	1,2	65,1	4,6	4,3	11,52	76,60	1,84	
27	X. 600 kg, 2/5 Chili, 2/5 aufgeschl. Peruguano, 1/5 Baker-G.-Superph.	"	15,00	9,8	1,6	65,1	4,5	4,0	11,52	76,61	1,84	
28	Mittel	"	15,00	8,13	1,44	67,36	4,29	3,78	9,56	79,37	1,53	
	Nedlitz, Pr. Sachsen											
29	Ungedüngt	"	15,00	8,3	1,6	67,0	4,5	3,6	9,76	78,84	1,56	
30	133 kg Chili	"	15,00	8,9	2,7	66,1	4,8	2,5	10,47	77,77	1,68	
31	133 kg Chili u. 200 kg Superphosphat	"	15,00	8,4	2,5	66,6	4,6	2,9	9,88	78,36	1,58	
32	133 kg Chili u. 125 kg präcipit. Kalkphosph.	"	15,00	8,2	2,2	67,2	4,5	2,9	9,64	79,07	1,54	
33	Mittel	"	15,00	8,45	2,25	66,72	4,60	2,98	9,94	78,50	1,59	

[1] No. 8—17. C. Lintner. Biedermann's agriculturchem. Centralbl. 1878. 225 u. 1879. 18. Der Gehalt an Nh-Substanz und Asche in der lufttrocknen Substanz von uns berechnet; ebenso der Gehalt an Nh-Substanz in der Trockensubstanz, da die in citirter Quelle nicht genau der üblichen Rechnung entspricht.

[2] No. 18—37. M. Märcker (Vers.-Stat. Halle). Privat-Mittheilung.

No.	Bemerkungen	Hectol.-Gew. kg	Jahr der Untersuchung	In der ursprünglichen Substanz: Wasser %	Nh-Substanz %	Rohfett %	Nfr. Extractstoffe %	Rohfaser %	Asche %	In der Trocken-Substanz: Nh-Substanz %	Nfr. Extractstoffe %	Stickstoff in der Trocken-Substanz %	Analytiker
34	Chevalier-gerste, humoser Lehmboden: Ungedüngt		1882	15,00	10,6	1,8	65,2	4,8	2,6	11,84	77,34	1,89	*M. Märcker*[1])
35	Chevalier-gerste, humoser Lehmboden: Mit Kainit ged.		„	15,00	10,5	1,2	65,1	4,7	3,5	12,35	77,77	1,98	*M. Märcker*[1])
36	Chevalier-gerste, humoser Lehmboden: M. Kainit, Superphosphat und Chili gedüngt		„	15,00	8,2	1,5	67,4	5,3	2,6	9,64	79,31	1,54	*M. Märcker*[1])
37	Chevalier-gerste, humoser Lehmboden: Mit Melasseschl. gedüngt		„	15,00	8,6	1,3	67,2	4,8	3,1	10,11	79,07	1,62	*M. Märcker*[1])
38	Ungedüngt		1881	20,68	7,47	1,74	64,38	3,85	1,88p	9,42	81,17	1,51	*Emmerling*[2])
39	Mit Cilisalpeter gedüngt		„	21,43	8,57	1,75	62,79	3,65	1,81p	10,91	79,91	1,75	*Emmerling*[2])
40	100 kg Chilisalpeter, Saalgerste	67,2	1885	15,00	9,19	—	—	—	—	10,81	—	1,73	*M. Märcker*[3])
41	200 kg Chilisalp., Saalg.	67,0	„	15,00	9,48	—	—	—	—	11,15	—	1,78	*M. Märcker*[3])
42	100 kg Chilisalpeter, dänische G.	67,2	„	15,00	9,11	—	—	—	—	10,71	—	1,71	*M. Märcker*[3])
43	200 kg Chilisalpeter, dänische G.	66,8	„	15,00	9,56	—	—	—	—	11,24	—	1,80	*M. Märcker*[3])
44	100 kg Chilisalpeter, mährische G.	67,8	„	15,00	9,18	—	—	—	—	10,80	—	1,73	*M. Märcker*[3])
45	200 kg Chilisalpeter, mährische G.	67,5	„	15,00	9,78	—	—	—	—	11,50	—	1,84	*M. Märcker*[3])
46	100 kg Chilisalpeter, slowakische G.	67,3	„	15,00	8,92	—	—	—	—	10,49	—	1,68	*M. Märcker*[3])
47	200 kg Chilisalpeter, slowakische G.	66,7	„	15,00	9,52	—	—	—	—	11,20	—	1,80	*M. Märcker*[3])
48	100 kg Chilisalpeter, v. Trotha'sche G.	67,9	1886	15,00	8,88	—	—	—	—	10,44	—	1,67	*M. Märcker*[3])
49	100 kg schwefels. Ammoniak, v. Trotha'sche G.	68,0	„	15,00	8,83	—	—	—	—	10,38	—	1,66	*derselbe*[4])
50	100 kg Chilisalpeter, Saalgerste	68,1	„	15,00	8,76	—	—	—	—	10,30	—	1,65	*derselbe*[4])
51	100 kg schwefels. Ammoniak, Saalgerste	68,2	„	15,00	8,78	—	—	—	—	10,33	—	1,65	*derselbe*[4])
52	100 kg Chilisalpeter, dänische G.	67,8	„	15,00	8,80	—	—	—	—	10,35	—	1,66	*derselbe*[4])

[1]) Vergl. Anmerkung [2]) Seite 526.

[2]) No. 38 u. 39. Emmerling. Von M. Märcker in der Magdeburger Ztg. No. 439 1881 mitgetheilt. Eine Fläche von gleichmässigem Bestand wurde in 2 Parzellen à 1 are Fläche abgetheilt, von welcher die eine mit 4 Pfund Chilisalpeter gedüngt wurde.

[3]) No. 40—48. M. Märcker (Vers.-Stat. Halle). Separatabdruck aus der Magdeburgischen Ztg. 1885. No. 443 u. 455. Vergl. Analysen unter 185—188 der Haupttabelle. Die Gersten wurden auf 19 verschiedenen Gütern der preuss. Provinz Sachsen angebaut unter Anwendung von 100 bezw. 200 kg Chilisalpeter pro ha. Die oben angegebenen Gehalte an Protein sind die berechneten Mittel von bei 17 bezw. 16 Proben erhaltenen Resultaten und betrugen die Extreme bei

	Saalgerste 100	Saalgerste 200	Dänische Gerste 100	Dänische Gerste 200	Mährische Gerste 100	Mährische Gerste 200	Slowakische Gerste 100	Slowakische Gerste 200 kg Chilisalpeter
Maximum	12,2	11,6	10,9	12,5	10,8	12,2	13,2	13,2 % Protein
Minimum	7,5	7,9	7,7	8,1	8,2	8,4	7,5	7,9 „

[4]) Vergl. Anmerkung [1]) Seite 528.

No.	Bemerkungen	Hectol.-Gew. kg	Jahr der Untersuchung	In der ursprünglichen Substanz: Wasser %	Nh-Substanz %	Rohfett %	Nfr. Extractstoffe %	Rohfaser %	Asche %	In der Trocken-Substanz: Nh-Substanz %	Nfr. Extractstoffe %	Stickstoff in der Trocken-Substanz %	Analytiker
53	100 kg Ammoniaksalz, dänische G. . . .	68,1	1886	15,00	8,73	—	—	—	—	10,27	—	1,64	*M. Märcker*[1])
54	100 kg Chilisalpeter, slowakische G. . .	68,0	„	15,00	8,77	—	—	—	—	10,32	—	1,65	
55	100 kg Ammoniaksalz, Original-G. . . .	68,2	„	15,00	8,71	—	—	—	—	10,24	—	1,64	
56	100 kg Chilisalpeter, slowak. Landgerste .	67,1	„	15,00	9,08	—	—	—	—	10,68	—	1,71	
57	100 kg Ammoniaksalz, slowak. Landgerste .	67,0	„	15,00	8,89	—	—	—	—	10,45	—	1,67	

Indem man aus vorstehenden Tabellen die unter verschiedenen Bodenverhältnissen gewachsenen Gerstenkörner, die glasigen und mehligen Gerstenkörner, die Gerstenkörner verschiedener Schwere, zusammenstellt, erhält man folgende Zahlen:

No.	Bemerkungen	Anzahl der Analysen	Wasser %	Stickstoff-Substanz %	Fett %	Kohlehydrate %	Holzfaser %	Asche %	In der Trocken-Substanz: Stickstoff-Substanz %	Fett resp. Kohlehydrate %	N in der Trocken-Substanz %
	a. Gerstenkörner auf verschiedenem Boden*) gewachsen:										
1	Von Sand- und Kiesboden . . .	6	14,05	9,57		(65,35)	(8,51)	2,52	11,14	(76,03)	1,78
2	Lehmiger Sandboden	4	14,05	11,15	1,55	65,57	5,01	2,67	12,97	76,29	2,08
3	Sandiger Lehm, leichter Lehmboden	9	14,05	9,79	1,44	65,21	6,67	2,84	11,39	75,99	1,83
4	Thoniger Lehm, schwerer Lehmboden	17	14,05	10,49	1,87	64,56	6,48	2,55	12,21	75,11	1,95
5	Thonboden	18	14,05	11,56	2,54	63,59	4,61	3,63	13,45	74,98	2,15
6	Kalkboden	9	14,05	10,91	2,04	65,42	5,23	2,45	12,66	76,03	2,03
	b. Glasige und mehlige Gerstenkörner:										
1	Glasige Gerste	25	14,05	9,69	—	—	—	2,17	11,27	—	1,80
2	Mehlige Gerste	52	14,05	9,22	2,48	67,82	3,50	2,93	10,73	78,90	1,72
	c. Gerstenkörner in verschiedener Grösse und Schwere:)**										
1	Grosse Körner, Gew. v. 1000 K. 52,9 g	13	14,05	10,93	—	—	—	2,27	12,72	—	2,04
2	Mittlere „ „ „ „ „ 40,4 „	„	14,05	12,22	—	—	—	2,11	14,22	—	2,28
3	Kleine „ „ „ „ „ 27,7 „	„	14,05	11,10	—	—	—	2,34	12,91	—	2,07

[1]) No. 49—57. M. Märcker (Vers.-Stat. Halle). Separatabdruck d. Magdeb. Ztg. 1886. No. 513, 527 u. 537. Vergl. Analysen unter No. 191—195 der Haupttabelle. Die Gersten wurden auf 12 verschiedenen Gütern der preuss. Provinz Sachsen angebaut. Die angegebenen Düngermengen beziehen sich auf 1 ha. Die für Protein angegebenen Zahlen sind Mittelzahlen, berechnet aus dem Proteingehalt von je 12 Proben Gerste gleicher Saat und gleicher Düngung. Die Extreme im Proteingehalt betrugen (a. Chilisalpeter, b. Ammoniaksalz):

	v. Trotha'sche Gerste a.	b.	Saalgerste a.	b.	Dänische Gerste a.	b.	Slowakische Gerste a.	b.	Slowak. Landgerste a.	b.
Maximum . .	11,4	10,7	11,5	11,3	10,6	10,7	11,1	11,1	11,4	10,8 % Protein
Minimum . .	7,1	7,3	7,1	7,6	7,1	7,0	7,2	7,1	7,7	7,5 „ „

(Zu bemerken ist, dass sich sämmtliche Maxima auf ein und dasselbe Gut — Rossla —, die Minima auf ein und dasselbe Gut — Schlanstedt — beziehen.)

*) Diese Mittelzahlen lassen keine allgemeine Schlüsse für die einzelnen Bodenarten zu; denn die Gersten sind nicht in denselben Jahren, unter denselben Düngungs- und klimatischen Verhältnissen gewachsen; auch kamen ohne Zweifel verschiedenartige Spielarten zum Anbau, durch welche Umstände die Verschiedenheit der Zusammensetzung auch zum Theil bedingt sein kann.

**) Diese Mittelzahlen ergeben sich aus einer Untersuchung von W. Hoffmeister (Landw. Jahrbücher, 1886. Bd. 15. S. 865). Die einzelnen, zu der Untersuchung verwendeten Gersten waren unter verschiedenen Düngungs-Verhältnissen etc. gewachsen, indess die einzelnen Proben gleichmässig in grosse, mittlere und kleine sortirt, so dass die Mittelzahlen mit einander vergleichbar sind.

No.	Bemerkungen	Jahr der Untersuchung	In der ursprünglichen Substanz: Wasser %	Nh-Substanz %	Rohfett %	Nfr. Extractstoffe %	Rohfaser %	Asche %	In der Trocken-Substanz: Nh-Substanz %	Nfr. Extractstoffe %	Stickstoff in der Trocken-Substanz %	Analytiker
20	Auvergne, Landgerste, 1878er	18 78/79	13,76	9,20	—	—	—	2,44	10,67	—	1,710	L. Aubry [1]
21	Champagne, 1878er . . .	„	—	—	—	—	—	—	11,07	—	1,770	
22	Auvergne-Gerste, 1878er .	„	—	—	—	—	—	—	10,28	—	1,640	
23	Champagne, Vitry, 1879er .	18 79/80	16,67	8,92	—	—	—	2,50	10,70	—	1,7100	
24	desgl., 1879er	„	17,06	9,12	—	—	—	2,46	11,00	—	1,7600	
25	Midi-Gerste, 1879er . . .	„	12,89	8,52	—	—	—	2,46	9,78	—	1,5640	
26	Auvergne, 1879er	„	14,87	7,64	—	—	—	2,15	8,98	—	1,4380	
27	desgl., 1879er	„	12,00	9,00	—	—	—	2,49	10,23	—	1,6290	
28	desgl., 1879er	„	15,10	8,35	—	—	—	2,54	9,83	—	1,5730	
29	desgl., 1879er	„	14,90	7,23	—	—	—	2,54	8,50	—	1,3600	
30	desgl., 1880er	18 80/81	15,47	8,27	—	Stärke 54,36	—	—	9,78	Stärke 64,31	1,5650	
31	desgl.	„	16,13	7,47	—	53,90	—	—	8,91	64,27	1,4250	
32	Champagne, Vitry	„	16,38	8,97	—	54,27	—	—	10,73	64,90	1,7170	
33	Sarthe	„	16,69	8,45	—	48,86	—	—	10,14	65,85	1,6220	
34	Champagne	„	16,29	9,58	—	—	—	—	11,45	—	1,832	
35	desgl.	„	16,99	8,50	—	—	—	—	10,24	—	1,6380	
36	desgl.	„	17,00	8,33	—	—	—	—	10,04	—	1,6060	
37	Aube Champagne	„	15,60	8,85	—	—	—	—	10,48	—	1,6770	
38	Dijon Burgund	„	15,03	9,03	—	—	—	—	10,63	—	1,7010	
39	Arcis sur Aube	„	15,61	8,03	—	—	—	—	9,75	—	1,5600	
40	Chalons sur Marne . . .	„	15,53	9,01	—	—	—	—	10,67	—	1,7070	
41	Bézier	„	13,63	8,49	—	—	—	—	9,83	—	1,5730	
42	Arcis sur Aube	„	16,05	8,23	—	—	—	—	9,80	—	1,5680	
43	Champagne, Vitry	„	16,73	7,57	—	—	—	—	9,09	—	1,454	
44	Champagne, feine Hülsen, 1884er	1884	11,93	9,10	—	Stärke 55,91	—	—	10,33	Stärke 63,48	1,6520	L. Marx [2]
45	desgl., feine Hülsen, 1884er	„	14,00	8,72	—	56,20	—	—	10,14	65,35	1,6220	
46	Auvergne, feine Hülsen, 1884er	„	13,97	7,95	—	55,15	—	—	9,24	64,05	1,4780	
47	desgl., feine Hülsen, 1884er	„	14,07	7,23	—	56,22	—	—	8,41	65,42	1,3450	
48	desgl., feine Hülsen, 1884er	„	14,57	8,06	—	55,73	—	—	9,43	65,24	1,5080	
49	Arles Paumelles, Montpellier, feine Hülsen, 1884er . .	„	11,25	9,59	—	57,04	—	—	10,81	64,27	1,7230	
50	desgl., Sommières, feine Hüls., 1884er	„	12,66	7,80	—	56,42	—	—	8,93	64,60	1,4280	
51	desgl., Pézenas, feine Hülsen, 1884er	„	12,89	7,69	—	56,67	—	—	8,83	65,05	1,4120	
52	desgl., Lunel, grobe Hülsen, 1884er	„	12,42	9,36	—	54,68	—	—	10,69	62,44	1,7100	

[1]) Vergl. Anmerkung [5]) Seite 514.

[2]) No. 44—54. Louis Marx. Ztschr. f. d. gesammte Brauwesen. 8. 1885. 272. (Revue de la Brasserie et Malterie. No. 601.) Die Gersten unter No. 44—51 werden als Gersten mit feinen Hülsen bezeichnet, die unter 52—54 als solche mit groben Hülsen. In der Trockensubstanz dieser Gersten war enthalten:

No.	44	45	46	47	48	49	50	51	52	53	54
P_2O_5 =	1,075	0,806	0,775	1,024	1,108	1,006	0,837	0,836	0,628	0,795	0,660 %

No.	Bemerkungen	Gew. p. Bushel in engl Pfd.	Jahr der Untersuchung	In der ursprünglichen Substanz: Wasser %	Nh-Substanz %	Rohfett %	Nfr. Extractstoffe %	Rohfaser %	Asche %	In der Trocken-Substanz: Nh-Substanz %	Nfr. Extractstoffe %	Stickstoff in der Trocken-Substanz %	Analytiker
	Pennsylvania.												
25	Crawford, Nohama . .	50,4	1885	6,27	11,90	2,06	72,89	3,83	3,05	12,70	77,76	2,03	*Clifford Richardson*[1]
	Ohio.												
26	Butler, Early May (Wintergerste), braun . .	53,9	„	6,85	10,68	3,53	71,84	3,80	3,30	11,47	77,12	1,84	*Clifford Richardson*[1]
27	Wood, Fall (Winter-G.)	50,8	„	6,25	10,50	2,40	73,13	4,65	3,07	11,20	78,00	1,79	*Clifford Richardson*[1]
28	Warren	52,5	„	6,81	10,15	2,58	72,91	4,00	3,55	10,89	78,25	1,74	*Clifford Richardson*[1]
29	Butler, Common Fall (Wintergerste) . .	51,0	„	6,80	9,80	2,06	73,92	4,32	3,10	10,52	79,30	1,68	*Clifford Richardson*[1]
	Michigan.												
30	Genesee, Four-rowed .	54,3	„	6,44	13,13	2,70	71,33	3,43	2,97	14,04	76,23	2,25	*Clifford Richardson*[1]
31	Livingston, Six-rowed .	49,3	„	6,37	14,70	2,73	69,73	3,88	2,59	15,70	74,47	2,51	*Clifford Richardson*[1]
32	Saint Clair, Four-rowed	56,8	„	6,73	12,95	2,90	71,83	3,03	2,56	13,88	77,12	2,22	*Clifford Richardson*[1]
33	Shiawassee, Four-rowed	53,7	„	5,27	11,90	2,71	73,36	3,71	3,05	12,57	77,43	2,01	*Clifford Richardson*[1]
34	Cheboygan, Common .	58,7	„	6,55	9,63	2,55	75,45	3,07	2,75	10,30	80,79	1,65	*Clifford Richardson*[1]
	Indiana.												
35	Shelby, Common . .	53,2	„	5,99	11,38	3,54	71,19	4,40	3,50	12,11	75,82	1,86	*Clifford Richardson*[1]
36	Spencer (nicht bekannt), Wintergerste . . .	54,3	„	5,92	9,45	2,73	75,37	3,58	2,95	10,05	80,10	1,61	*Clifford Richardson*[1]
	Illinois.												
37	Stephenson, Common .	50,4	„	6,06	12,60	2,61	70,88	4,51	3,34	13,42	75,44	2,15	*Clifford Richardson*[1]
38	Ogle, Common spring .	49,8	„	6,18	11,38	2,59	72,55	4,14	3,16	12,13	78,33	1,94	*Clifford Richardson*[1]

In gleicher Weise wurden auch die übrigen Gersten unter No. 16—72 begutachtet und zwar wie folgt:

No.	16	17	18	19	20	21	22	23	24	25	26	27	28	29	30	31
Mehlige Körner . . .	—	40	—	12	—	—	16	20	8	8	16	36	40	40	16	—
Halbmehlige Körner .	16	36	20	24	—	36	28	40	24	36	40	36	44	32	36	32
Viertelmehlige Körner .	44	16	40	36	—	44	28	28	24	24	32	20	12	20	40	36
Wenig mehlige Körner .	24	8	40	28	—	20	28	12	44	32	12	8	4	8	8	24
Glasige Körner . . .	16	—	—	—	—	—	—	—	—	—	—	—	—	—	—	8

No.	32	33	34	35	36	37	38	39	40	41	42	43	44	45	46	47
Mehlige Körner . . .	4	16	24	24	48	32	28	24	12	8	36	36	16	16	12	16
Halbmehlige Körner .	36	40	32	48	22	28	32	36	28	32	32	24	36	28	44	36
Viertelmehlige Körner .	44	28	28	28	16	20	32	24	24	40	32	24	28	28	32	36
Wenig mehlige Körner .	16	16	16	—	14	20	8	16	36	20	—	16	12	20	12	12
Glasige Körner . . .	—	—	—	—	—	—	—	—	—	—	—	—	8	8	—	—

No.	48	49	50	51	52	53	54	55	56	57	58	59	60	61	62	63
Mehlige Körner . . .	24	40	12	28	16	20	8	8	12	4	8	16	20	16	16	40
Halbmehlige Körner .	44	36	44	36	36	36	20	32	28	28	40	32	36	52	36	28
Viertelmehlige Körner .	28	24	40	28	28	28	32	44	52	40	36	40	32	24	28	24
Wenig mehlige Körner .	4	—	4	8	20	16	32	16	8	28	16	12	8	8	20	8
Glasige Körner . . .	—	—	—	—	—	—	8	—	—	—	—	—	14	—	—	—

No.	66	67	68	69	70	71	72	73	95	96	97	99	100	101
Mehlige Körner . . .	76	24	20	16	—	24	24	24	19	20	11	21	27	21
Halbmehlige Körner .	24	44	44	28	24	36	48	52	37	35	29	35	35	40
Viertelmehlige Körner .	28	28	28	36	40	40	20	24	29	29	32	30	26	29
Wenig mehlige Körner .	4	8	8	20	36	—	8	—	13	15	26	13	11	10
Glasige Körner . . .	—	—	—	—	—	—	—	—	2	1	2	1	1	—

Von nachfolgenden Gersten wurden noch an näheren Bestandtheilen bestimmt:

No.	23	24	27	30	31	40	46	52	55	59	70	72
Zucker etc.	6,01	6,93	6,21	7,12	8,73	7,71	5,97	5,82	8,30	7,21	5,38	7,44
Dextrin etc.	3,14	3,80	3,40	3,92	4,64	3,60	3,58	3,48	62,72	3,70	3,46	3,42
Stärkemehl	65,52	62,37	63,52	60,29	56,36	60,46	64,24	62,98		61,32	66,72	63,88
Eiweissstoffe, löslich in Alkohol, 80 %	3,07	3,41	3,01	3,76	4,70	4,25	2,85	3,18	4,38	3,95	2,86	3,42
Eiweissstoffe, unlöslich in Alkohol, 80 %	7,08	7,44	7,49	9,37	9,91	8,35	8,00	8,55	7,87	8,13	5,89	5,68

[1]) Vergl. Anmerkung [2]) vorige Seite.

Gerste, ausgewachsene im Vergleich zu gut geernteter.

No.	Bemerkungen	Jahr der Untersuchung	In der ursprünglichen Substanz: Wasser %	Nh-Substanz %	Rohfett %	Nfr. Extractstoffe %	Rohfaser %	Asche %	In der Trocken-Substanz: Nh-Substanz %	Nfr. Extractstoffe %	Stickstoff in der Trocken-Substanz %	Analytiker
1	Ausgewachsen	1880	8,57	11,69	1,65	69,49	5,44	3,16	12,79	75,99	2,05	*M. Märcker*[1]
2	Normale	„	9,51	10,75	1,88	69,33	5,56	2,97	11,88	76,62	1,90	
3	Beregnete Probsteier-G., im Anfange des Auswachsens	1885	14,76	11,45	1,67	64,00	5,72	2,40	13,43	75,08	1,832°	*Fr. Farsky*[2]
4	Nicht beregnete Probsteier-G.	„	12,34	11,25	1,98	66,11	6,12	2,20	12,83	75,42	1,80°	
5	Chevalier-Gerste, gesund . .	„	10,24	10,58	1,86	69,27	5,28	2,77	11,79	77,17	1,886°	
6	desgl., beregnet nach 1 Tag	„	10,56	10,09	1,88	68,95	5,13	2,79	11,95	77,74	1,912°	
7	desgl., beregnet nach 5 Tagen	„	11,28	9,93	1,76	68,80	5,34	2,89	11,19	77,55	1,790°	
8	desgl., verbrüht (?) . . .	„	13,75	10,71	1,64	66,24	5,09	2,57	12,19	77,03	1,950°	
9	desgl., ausgewachsen . . .	„	37,16	7,95	1,01	47,98	3,94	1,96	12,65	76,35	2,024°	

Nachtrag zu Gerste.

v. Liebenberg fand (Mittheilungen des Vereins zur Förderung des landw. Versuchswesens in Oesterreich. Wien 1887. S. 26) in vergleichenden Anbauversuchen mit verschiedenen Gerstensorten die Zusammensetzung und physikalischen Eigenschaften derselben wie folgt:

		Hanna	Chevalier	Kaiser
Gewicht von 1000 Körnern in g		35,38	38,37	40,91
Gewicht eines Liter in g		643,00	633,00	630,00
Spelzenantheil in Proc.		14,30	16,00	14,30
Sortirung der Körner nach der Grösse pro mille	grosse	277,50	208,00	621,00
	mittlere	630,50	656,00	362,00
	kleine	92,00	136,00	17,00

Gerste, ausgewachsene im Vergleich zu gut geernteter:

[1]) No. 1 u. 2. M. Märcker u. Lauenstein (Vers.-Stat. Halle). Magdeburger Ztg. 1880. No. 479. Beide Proben stammen von ein und demselben Felde, das zur Hälfte ohne Regen abgeerntet werden konnte, während die Ernte der anderen Hälfte stark beregnet wurde, so dass die Gerstenkörner zum Auswachsen kamen. An Kohlehydraten enthielten die Gersten in Procenten der Trockensubstanz:

	Stärke unlöslich	Stärke löslich	Dextrin	Maltose
Ausgewachsen . . .	52,34	1,17	2,44	14,70
Normal	62,02	1,76	2,14	3,12

Von 100 Theilen Stickstoff waren vorhanden in Form von:

	Amiden	Ammoniak	löslichem Eiweiss	unlösl. Eiweiss
Ausgewachsen . .	22,2	2,2	1,8	72,8 %
Normal	1,5	2,4	4,6	91,5 „

[2]) No. 3—9. F. Farsky. Biedermann's Centralbl. f. Agriculturchem. 15. 1886. (5. Ber. d. Vers.-Stat. Tabor 1886.) In Procenten der Trockensubstanz enthielten die Gersten:

	No. 3	No. 4
K_2O . . .	0,46 %	0,47 %
P_2O_5 . . .	0,82 „	0,79 „

In Procenten des Gesammt-N enthielten die Gersten:

	No. 3	4	5	6	7	8	9
N in Form von N_2O_5	Spur	0,08	—	—	—	—	—
N in Form von NH_3	0,54	0,57	0,58	0,60	0,58	0,60	0,72
N in Form von Amiden	20,00	1,50	1,63	3,26	4,32	21,12	24,32
N in Form von löslichem Eiweiss .	2,77	4,52	5,01	4,77	5,25	3,08	3,53
N in Eorm von unlöslichem Eiweiss	76,69	93,33	92,78	91,37	89,85	75,20	71,43
An in Wasser löslichen Substanzen in Procenten der Trockensubstanz wurden gefunden:							
Dextrin	1,05	2,12	2,45	2,28	2,05	1,67	2,92
Zucker (Dextrose und Maltose) . .	6,59	1,56	0,50	0,82	3,49	10,12	8,47
Andere lösliche Stoffe	6,35	4,72	5,42	5,50	5,28	4,42	5,32
Milchsäure	—	—	0,246	0,327	0,411	0,462	0,704

		Hanna	Chevalier	Kaiser
Beschaffenheit des Endosperms in Proc.	mehlig	42,00	14,00	55,00
	übergehend	55,00	62,00	33,00
	glasig	3,00	24,00	12,00
Proteïn in Proc.	in Wasser unlöslich	7,33	10,53	9,94
	in Wasser löslich: coagulirbar	0,69 } 9,50	0,97 } 11,89	0,28 } 11,85
	in Wasser löslich: nicht coagulirbar	1,03	0,39	1,63
Rohfett in Proc.		3,12	3,02	2,42
Extractgehalt in Proc.		81,73	78,83	81,20
Stickstofffreie Extractstoffe in Proc.	Maltose	1,68	2,23	2,30
	Dextrin	2,68	1,75	1,36
	Stärke	72,03	69,85	70,43
	andere stickstofffreie Extractstoffe	4,88	4,41	5,17
Holzfaser in Proc.		3,69	3,73	3,39
Acidität in Proc. Milchsäure		0,32	0,23	0,20
Reinasche in Proc.	Kali	0,59	0,50	0,55
	Phosphorsäure	1,01	1,06	1,11
	andere Mineralstoffe	1,27	1,63	1,42
Wassergehalt in Proc. der lufttrockenen Gersten		13,80	13,88	13,82

Für das Gewicht je 1000 Körner, für den Gehalt an Spelzen, an Extract und Proteïn wurden folgende Schwankungen gefunden:

	Gewicht von 1000 Körnern	Gehalt an Spelzen	Ausbeute an Extract	Gehalt an Proteïn
Einheimische Gerste . .	34,9—46,5 g	12,2—18,8 %	66,11—74,75 %	8,85—12,34 %
Hanna- „ . .	30,9—43,49 „	12,2—18,7 „	68,34—75,17 „	8,38—12,24 „
Imperial- „ . .	34,37—47,19 „	12,2 - 20,0 „	66,16—74,15 „	8,60—12,93 „
Chevalier- „ . .	35,75—45,13 „	12,8—18,6 „	66,28—76,38 „	8,62—13,27 „

IV. Hafer.

Hafer. — Avena sativa L. — Avoine. — Oats.

No.	Bemerkungen	Jahr der Untersuchung	In der ursprünglichen Substanz: Wasser %	Nh-Substanz %	Rohfett %	Nfr. Extractstoffe %	Rohfaser %	Asche %	In der Trocken-Substanz: Nh-Substanz %	Nfr. Extractstoffe %	Stickstoff in der Trocken-Substanz %	Analytiker
1	Im Elsass gebaut	1842	20,80	10,85	6,31	—	—	—	13,70	—	2,19	*Boussingault*[1])
2	desgl.	„	20,80	11,01	—	—	—	3,15	14,00	—	2,24°	
3	desgl.	1848	14,00	11,90	5,50	61,50	4,10	3,00	13,84	71,50	2,21	
4		—	16,00	11,00	6,00	—	—	2,50	13,10	—	2,10	*Johnston*[2])
5	Hohenheim, Kamtschatka-H.	1845	12,71	13,04	—	—	—	2,84	14,94	—	2,39°	*Horsford*[3])
6	desgl., weisser früher Rispenh.	„	12,94	15,35	—	—	—	3,60	17,63	—	2,82°	

Hafer-Körner:

[1]) No. 1—3. J. B. Boussingault. Dessen: „Die Landwirthschaft in ihren Beziehungen zur Chemie etc." Deutsch von Gräger. 2. Aufl. Halle 1851. I. Bd. 294. II. Bd. 39 u. 200. Bei No. 1 ergab die directe Bestimmung der näheren Bestandtheile in der trocknen Substanz: Stärkemehl 46,1, Zucker 6,0, Gummi 3,8 %, ausserdem blieben Holzfaser, Asche und Verlust 21,7 %.

[2]) No. 4. Johnston. Aus Moleschott's Physiologie d. Nahrungsmittel. II. 110.

[3]) No. 5 u. 6. E. N. Horsford. Ann. d. Chem. u. Pharm. 58. (1846.) 166—222. Nh-Substanz von uns berechnet. Krocker bestimmte in denselben Haferproben den Stärkemehlgehalt und fand in Procenten der Trockensubstanz: No. 5 = 39,86, No. 6 = 37,42 %.

No.	Bemerkungen	Jahr der Untersuchung	In der ursprünglichen Substanz: Wasser %	Nh-Substanz %	Rohfett %	Nfr. Extractstoffe %	Rohfaser %	Asche %	In der Trocken-Substanz: Nh-Substanz %	Nfr. Extractstoffe %	Stickstoff in der Trocken-Substanz %	Analytiker
7	In England gebaut . . .	1847	14,82	12,99	—	—	—	2,94	15,25	—	2,44⁰	*Lawes*[1])
8	Hopetoun-Hafer	1850	—	—	—	—	—	—	13,69	—	2,19⁰	*Norton*[2])
9	desgl.	„	—	—	—	—	—	—	14,69	—	2,35⁰	
10	desgl.	„	—	—	—	—	—	—	14,25	—	2,28⁰	
11	Hafer von Barnbarroch, Wigtonshire	„	—	—	—	—	—	—	18,06	—	2,89⁰	
12	desgl.	„	—	—	—	—	—	—	21,44	—	3,43⁰	
13	desgl.	„	—	—	—	—	—	—	15,56	—	2,49⁰	
14	Potato-Hafer	„	—	—	—	—	—	—	17,25	—	2,76⁰	
15	desgl.	„	—	—	—	—	—	—	17,62	—	2,82⁰	
16	Imperial-Hafer, New-York .	„	—	—	—	—	—	—	18,75	—	3,00⁰	
17	Aus Frankreich	—	11,70	12,70	4,85	61,65	6,23	2,87	14,39	69,80	2,30⁰	*Payen*[3])
18	Aus Schottland (43 Pfd. pro Bushel)	1852	12,66	10,00	6,12	—	—	2,66	11,45	—	1,83	*Anderson*[4])
19	Weisser schottischer Hafer (42 Pfd. pro Bushel) . .	„	—	—	—	—	—	—	14,94	—	2,39⁰	*Völcker*[5])
20	Schwarzer englischer Hafer (37½ Pfd. pro Bushel) .	„	—	—	—	—	—	—	13,94	—	2,23⁰	
21	Hafer, geschroten	„	(18,0	9,2	2,5	37,2	29,8	4,60)	—	—	—	*E. Wolff*[6])
22	Kamtschatka-Hafer, Hohenheim, Württemberg 1850 .	—	12,75	13,60	—	—	9,94	2,43	15,59	—	2,49	*Fehling und Faist*[7])
23	desgl., 1851	—	14,13	12,22	—	—	8,50	2,48	14,11	—	2,26	
24	Hafer a. Ochsenhausen, Württemberg 1850	1851	12,47	10,82	—	—	9,07	2,63	12,37	—	1,98	
25	desgl., 1851	„	12,96	10,11	—	—	9,03	2,32	11,62	—	1,86	

[1]) No. 7. J. B. Lawes. Agric. Chemistry. Sheep feeding and Manure, London 1849. 13 aus J. R. Agric. Soc. England. 10. I. 1849.

[2]) No. 8—16. John Pitkin Norton. Aus v. Bibra's: Die Getreidearten und das Brod. Nürnberg 1862. 319. Nh-Substanz von uns berechnet.

Von demselben Autor und von Fromberg werden an gleicher Stelle nachstehende Analysen von Hafer mitgetheilt. (Dieselben beziehen sich auf Haferkorn nach Entfernung der Schale.)

		Hopetoun-Hafer von Northumberland	Potato-Hafer von Northumberland	Hopetoun-Hafer von Ayrshire 1.	Hopetoun-Hafer von Ayrshire 2.
Stärke		65,24	65,60	64,79	46,80
Gummi		4,51	0,80	2,09	2,58
Zucker		2,10	2,28	2,12	2,41
Oel		5,44	7,38	6,41	6,97
Avenin . . .	Protein	15,76	16,29	17,72	16,26
Eiweiss . . .	Protein	0,46	2,17	1,76	1,29
Kleber . . .	Protein	2,47	1,45	1,33	1,46
Epidermis		1,18	2,28	2,84	2,39
Alkalisalze und Verlust .		2,36	1,75	0,94	1,84

[3]) No. 17. Payen. Aus Moleschott's Physiologie der Nahrungsmittel.

[4]) No. 18. Th. Anderson. Trans. Highl. Soc. Juli 1851 bis März 1853. 512. Nh-Substanz von uns aus angegebenem N-Gehalt berechnet.

[5]) No. 19 u. 20. A. Völcker. Ebendaselbst. 542. Die beiden Hafer enthielten:

	No. 19	No. 20
An Schale	28,5 %	33,75 %
An Mehl	71,5 „	66,25 „

[6]) No. 21. Em. Wolff. Ztschr. f. Deutsche Landw. 1853. 118. Die Nh-Substanz ist direct bestimmt und nicht aus dem N-Gehalt berechnet. Der Hafer enthielt Stärke 30,5 %, Dextrin, Zucker 6,7 %, Holzfaser und Hülsen 29,8 %.

[7]) No. 22—29. Fehling u. Faist. Liebig u. Kopp's Jahresber. 1853. 812. Die Holzfaser wurde durch aufeinanderfolgendes Auslaugen der Substanz mit verdünnter Schwefelsäure und verdünnter Kalilauge dargestellt.

No.	Bemerkungen	Jahr der Untersuchung	In der ursprünglichen Substanz: Wasser %	Nh-Substanz %	Rohfett %	Nfr. Extractstoffe %	Rohfaser %	Asche %	In der Trocken-Substanz: Nh-Substanz %	Nfr. Extractstoffe %	Stickstoff in der Trocken-Substanz %	Analytiker
26	Hafer aus Kirchberg, Württemberg 1850	1851	13,27	9,99	—	—	8,99	2,51	11,53	—	1,84	Fehling und Faist[1])
27	desgl., 1851	„	13,43	11,29	—	—	8,98	2,55	13,04	—	2,09	
28	Hafer aus Ellwangen, Württemberg 1850	„	13,71	10,37	—	—	8,81	2,29	12,02	—	1,92	
29	desgl., 1851	„	12,59	9,43	—	—	8,74	2,53	10,69	—	1,71	
30	Weisshafer, 1 hl = 59,12 kg, schwerer	1854	14,70	9,00	6,56	58,54	8,46	2,74	10,55	68,83	1,69	Alex. Müller[2])
31	desgl., 1 hl = 51,16 kg, mittl.	„	14,67	8,76	6,37	57,89	9,60	2,71	10,27	67,83	1,64	
32	desgl., 1 hl = 43,21 kg, leicht.	„	14,64	8,52	6,18	57,24	10,74	2,68	9,99	67,04	1,60	
33	Fahnenhafer v. Tharand } schwerer nasser, kalter Thonboden	1851	—	—	—	—	—	—	6,83	—	1,092°	Stöckhardt[3])
34	Hopetounh. v. Tharand . } schwerer nasser, kalter Thonboden	„	—	—	—	—	—	—	6,84	—	1,094°	
35	Schwarzhafer v. Tharand } schwerer nasser, kalter Thonboden	„	—	—	—	—	—	—	7,88	—	1,260°	
36	Hafer v. Kleinopitz b. Tharand, bindig., kräftig. Lehmboden	„	—	—	—	—	—	—	9,37	—	1,500°	
37	Hafer v. Frankenfelde, leicht., warm., sandig. Lehmboden	„	—	—	—	—	—	—	11,56	—	1,850°	
38	Sandwich-Hafer, englischer Saathafer, 1854	1855	—	—	—	—	—	—	9,51	—	1,52	derselbe[4])
39	desgl., daraus Ernte i. Sachsen, 1855	„	—	—	—	—	—	—	11,65	—	1,86	
40	Potato-Hafer, englischer Saathafer, 1854	„	—	—	—	—	—	—	9,76	—	1,56	
41	desgl., daraus Ernte i. Sachsen, 1855	„	—	—	—	—	—	—	12,09	—	1,93	
42	Jütländischer Hafer, englischer Saathafer, 1854	„	—	—	—	—	—	—	9,19	—	1,47	
43	desgl., daraus Ernte i. Sachsen, 1855	„	—	—	—	—	—	—	11,78	—	1,88	
44	Aus Schleissheim, seichter Kalkboden, Bayern . . .	1857	13,14	9,88	—	—	—	—	11,37	—	1,82°	W. Mayer[5])

[1]) Vergl. Anmerkung [1]) Seite 531.

[2]) No. 30—32. Al. Müller. Amts- u. Anzeigebl. f. d. landw. Ver. im Königr. Sachsen 1855. 38. Der schwere und leichte Hafer war durch Wurfen geschieden; der „mittlere" ist das berechnete Mittel der beiden anderen Hafer.

An näheren Bestandtheilen wurden ferner bestimmt:

Zucker und Dextrin . .	2,40	2,46	2,53 %	in der lufttrocknen Substanz.
Stärkemehl	56,14	55,43	54,71 „	

Weitere Bestimmungen ergaben:

	No. 30	No. 32
Körnerzahl, 1 Hectoliter . .	1 939 136	1 544 650
Gewicht 1 Kornes	0,0305 g	0,0279 g
Specifisches Gewicht . . .	1,39	1,39
Volum eines Kornes . . .	0,021 ccm	0,010 ccm

[3]) No. 33—37. Ad. Stöckhardt. Aus E. Wolff's Grundlagen des Ackerbau's 1856. 864.

[4]) No. 38—43. Ad. Stöckhardt. Chem. Ackersmann 1856. 179.

[5]) No. 44—52. W. Mayer. 1. Ber. d. Vers.-Stat. München 1857. 1.

No.	Bemerkungen	Jahr der Untersuchung	In der ursprünglichen Substanz: Wasser %	Nh-Substanz %	Rohfett %	Nfr. Extractstoffe %	Rohfaser %	Asche %	In der Trocken-Substanz: Nh-Substanz %	Nfr. Extractstoffe %	Stickstoff in der Trocken-Substanz %	Analytiker
45	Aus Illerfeld, Bayern . . .	1857	11,79	10,42	—	—	—	3,17	11,81	—	1,89°	W. Mayer [1])
46	Aus Brennberg, kalkhaltiger Lehmboden, Bayern . .	„	12,36	9,68	—	—	—	2,64	11,12	—	1,78°	
47	Aus Litzendorf, brauner Jura, Bayern	„	12,81	9,15	—	—	—	—	10,50	—	1,68°	
48	Aus Geisfeld, schwarzer Jura, Bayern	„	13,86	10,01	—	—	—	—	11,62	—	1,86°	
49	Aus Tietenellern, weisser Jura, Bayern	„	13,81	8,78	—	—	—	—	10,19	—	1,63°	
50	Aus Triesdorf, sandiger Lehmboden, Bayern	„	13,13	9,77	—	—	—	3,16	11,25	—	1,80°	
51	Aus Gelchsheim, fetter Thon, gedüngt, Bayern	„	16,40	8,04	—	—	—	—	9,62	—	1,54°	
52	Aus Gerhardsbrunn, bunter Vogesensandstein . . .	„	13,62	10,37	—	—	—	—	12,00	—	1,92°	
53	Weisser unbegrannter Hafer, Hohenheim	„	—	—	—	—	—	—	13,12	—	2,10	E. Wolff [2])
54	Brauner Rispenhafer . . .	„	—	—	—	—	—	—	12,94	—	2,07°	
55	Früher weisser Rispenhafer .	„	—	—	—	—	—	—	12,81	—	2,05°	
56	Weisser Fahnenhafer . . .	1859	—	—	—	—	—	—	11,56	—	1,85°	
57	Brauner Rispenhafer . . .	„	—	—	—	—	—	—	13,19	—	2,11°	
58	Hopetoun-Hafer	„	—	—	—	—	—	—	12,56	—	2,01°	
59	Aus der Grafschaft Schaumburg	1860	13,74	13,77	4,45	51,45	13,02	3,70	15,96	59,50	2,55	Dietrich [3])
60	Aus Schlesien	1861	16,58	17,18	—	—	—	4,42	20,50	—	3,28	Bretschneider [4])
61	Aus Livland, 1 hl = 48,48 kg	1862	11,23	9,32	—	—	—	2,86	10,50	—	1,68	C. Schmidt [5])
62	desgl., 1 hl = 44,64 kg .	„	10,71	10,89	—	—	—	3,44	12,19	—	1,95	
63	Aus Sachsen	1864	13,95	8,56	5,37	61,69	7,16	3,27	9,94	71,68	1,59	Lehmann [6])
64	desgl.	1865	12,86	11,34	6,11	57,66	9,10	2,93	13,00	66,18	2,08	
65	desgl.	1863	13,23	10,40	6,16	58,11	8,81	3,29	12,00	66,96	1,92	V. Hofmeister [7])
66	desgl.	1864	15,48	9,72	5,85	57,31	9,03	2,61	11,50	67,81	1,84	
67	desgl., sogen. „grauschaliger“	„	15,67	9,21	6,34	53,75	12,31	2,72	10,94	63,71	1,75	
68	Aus Schlesien	1868	13,00	9,64	5,74	55,58	12,76	3,28	11,06	63,91	1,77	Krocker [8])

[1]) Vergl. Anmerkung [5]) Seite 532.

[2]) No. 53—58. E. Wolff. Mitthl. aus Hohenheim. 5. 161—346. In Hohenheim gezogener Hafer. Die Ernte war bei den verschiedenen Sorten 1857 gleichmässig am 7. August, 1859 am 1. August. Nh-Substanz von uns berechnet.

[3]) No. 59. Th. Dietrich. Landw. Anzeiger f. Kurhessen 1860. 54.

[4]) No. 60. P. Bretschneider. Mitthl. d. landw. Centralver. f. Schlesien 1859.

[5]) No. 61 u. 62. C. Schmidt. Livländer Jahrb. d. Landw. 16. 1863. 136. Weitere Bemerkungen siehe unter Roggenanalysen desselben Autors S. 487. Die nähere Analyse ergab für

	lufttrocknen I.	lufttrocknen II.	trocknen Hafer I.	trocknen Hafer II.
Stärkemehl . . .	50,51	49,45 %	56,89	55,39 %
Cellulose	26,08	25,51 „	29,38	28,57 „

[6]) No. 63 u. 64. J. Lehmann. Amtsbl. f. d. landw. Ver. Sachsens 1865. 59 u. 1868. 17.

[7]) No. 65—67. V. Hofmeister. Landw. Vers.-Stat. 6. 1864. 190; 7. 1865. 413 u. 8. 1866. 111.

[8]) No. 68. F. Krocker u. H. Weiske. Ann. d. Landw. in Preussen. 54. 1869. 49. Rohfaser N-frei, Asche frei von C und CO_2.

No.	Bemerkungen	Jahr der Untersuchung	In der ursprünglichen Substanz: Wasser %	Nh-Substanz %	Rohfett %	Nfr. Extractstoffe %	Rohfaser %	Asche %	In der Trocken-Substanz: Nh-Substanz %	Nfr. Extractstoffe %	Stickstoff in der Trocken-Substanz %	Analytiker
69	Aus Ungarn, 1866er Ernte, trockne Witterung . . .	1866	7,67	13,41	5,58	54,74	16,10	2,50	14,50	59,31	2,32	L. Lenz[1])
70	desgl., 1870er Ernte, feuchte Witterung	1870	8,09	14,38	7,09	56,64	10,29	3,51	15,63	61,64	2,50	
71	Aus Sachsen, Granitverwitterungsboden	1868	10,47	12,81	5,52	55,58	10,48	5,14	14,31	62,08	2,29	E. Heiden[2])
72	desgl., Granitverwitterungsboden, längere Zeit i. Cultur	1872	8,68	13,53	4,42	60,65	9,40	3,32	14,82	66,41	2,37	
73	desgl., Saathafer	1869	10,76	14,69	4,59	53,70	12,26	3,64	16,65	60,85	2,66	
74	desgl., Mittel verschieden gedüngt., aus vorigem gezogen	„	10,44	10,23	5,30	56,46	14,73	2,84	11,42	63,15	1,83	
75	desgl., Saathafer	1870	6,26	11,52	6,84	60,67	10,87	3,84	12,49	65,79	2,00	
76	desgl., aus vorigem gezogen, Mittel verschied. gedüngten Hafers	„	9,80	9,87	5,19	59,18	12,87	3,09	10,94	65,61	1,75	
77	desgl. Saathafer	1871	11,05	10,46	6,04	58,74	10,47	3,24	11,77	66,12	1,88	
78	desgl., aus vorigem gezogen, Mittel verschied. ged. Hafers	„	12,10	8,54	5,41	56,28	13,98	3,69	9,72	64,00	1,56	
79		„	13,61	12,26	4,20	(50,16	16,21)	3,56	14,36	(57,57)	2,297°	Pillitz[3])
80	Aus Schlesien	1873	12,70	9,44	5,54	60,00	9,35	2,97	10,81	68,73	1,73°	H. Weiske[4])
81	desgl.	1875	—	—	—	—	—	—	12,19	67,18	1,95°	
82	desgl.	„	—	—	—	—	—	—	11,37	66,64	1,82	
83	desgl.	1883	14,00	9,03	7,60	59,28	7,49	2,60	10,50	68,93	1,68	
84	Aus Bayern	1879	9,12	15,50	5,22	56,19	11,48	2,49	17,06	62,13	2,73	E. Wollny[5])
85	desgl.	„	9,34	15,75	5,35	54,22	12,90	2,44	17,38	59,80	2,78	
86	desgl.	„	9,41	13,66	5,78	54,14	14,48	2,53	15,06	59,78	2,41	
87	Aus Nieder-Hessen	„	13,55	11,21	4,91	57,86	8,61	3,86	12,97	66,92	2,08	Th. Dietrich[6])
88	Schrot	1870	—	—	—	—	—	—	9,25	63,41	1,48	E. Schulze[7])
89	Württemberg, Hohenheim .	1871	15,33	12,28	4,26	53,25	10,75	4,13	14,50	62,89	2,32°	E. Wolff[8])
90	desgl., Hohenheim	1872	—	—	—	—	—	—	14,84	62,12	2,373°	

[1]) No. 69 u. 70. Leop. Lenz. Landw. Vers-Stat. 12. 1870. 345. „Die Witterung im Jahre 1870 war eine solche, wie sie feuchten, nördlichen Klimaten zukommt." Auf den Feldern der landwirthschaftlichen Akademie Ungar.-Altenburg gewachsen. An Zucker und Gummi enthielten die beiden Hafer im lufttrocknen Zustande: No. 69 = 7,89 %; No. 70 = 5,91 %.

[2]) No. 71—78. E. Heiden (Vers.-Stat. Pommritz). No. 71 Amtsbl. d. landw. Ver. Sachsens 1870. 8. No. 72 u. f. Privatmitthl. und „Denkschrift" von E. Heiden. Die Mittel wurden von uns berechnet. Die Zusammensetzung der wasserhaltigen Substanz bezieht sich auf sandhaltige, die der Trockensubstanz auf sandfreie Substanz.

[3]) No. 79. Wilh. Pillitz. Ztschr. f. analyt. Chem. 11. 1872. 46. Zur Bestimmung der Rohfaser wurde ein von dem Weende'r abweichendes Verfahren angewendet. (Siehe näheres bei Weizenanalysen desselben Autors S. 442 Anm. 4.) Der N-Gehalt des Proteins ist vom Autor zu 15,5 % angenommen, wir berechneten die Nh-Substanz mit 16 % N-Gehalt. Die ausführlichere Analyse ergab:

	Stärkemehl	Dextrin	Zucker	in Wasser lösl. Eiweiss	in Wasser lösl. Asche	Extractivstoffe
Wasserhaltige Substanz .	45,78	1,25	0,32	2,30	1,23	1,42 %
Wasserfreie Substanz . .	53,62	1,46	0,27	2,69	1,44	1,66 „

[4]) No. 80—83. H. Weiske (Vers.-Stat. Proskau). Journ. f. Landwirthsch. 22. 1874. 150; 24. 1876. 271 u. 32. 1884. 338. Rohfaser = N-frei, Asche = C- u. CO_2-frei. No. 81. D. Landwirth 1875. 219.

[5]) No. 84—86. E. Wollny. Allgem. Hopfenzeitung 1879. 711.

[6]) No. 87. Th. Dietrich. Landw. Ztschr. u. Anzeig. f. d. Regierungsbezirk Cassel 1879. 379.

[7]) No. 88. E. Schulze u. M. Märcker. Journ. f. Landw. 18. 1870. 294.

[8]) No. 89 u. 90. E. Wolff, M. Fleischer u. J. Skalweit. Landw. Jahrb. 2. 1873. 225 u. 268. Zusammensetzung der ursprünglichen Substanz von uns berechnet. Rohfaser ist N-frei.

No.	Bemerkungen	Jahr der Untersuchung	In der ursprünglichen Substanz: Wasser %	Nh-Substanz %	Rohfett %	Nfr. Extractstoffe %	Rohfaser %	Asche %	In der Trocken-Substanz: Nh-Substanz %	Nfr. Extractstoffe %	Stickstoff in der Trocken-Substanz %	Analytiker
91	Württemberg, Hohenheim, 1875er Ernte, Sommer .	1875	12,00	11,71	5,92	56,88	9,72	3,77	13,31	64,63	2,13	*E. Wolff und Kreuzhage*[1])
92	desgl., Hohenheim, 1875er Ernte, Winter	„	12,80	11,44	5,47	56,42	10,22	3,65	13,12	64,70	2,10	
93	desgl., Hohenheim	1876	17,80	11,69	4,95	50,33	10,83	4,40	14,22	61,24	$2,28^0$	
94	desgl., Hohenheim	„	15,17	10,41	4,27	57,10	9,42	3,63	12,27	67,31	$1,96^0$	
95	desgl., Sommer	1879	15,10	10,50	5,33	54,65	11,29	3,13	12,37	64,36	1,98	*dieselben*[2])
96	desgl., Winter	1881	13,48	12,16	4,62	54,95	10,09	3,70	14,03	63,54	2,24	
97	desgl., Sommer	1879	13,57	11,44	4,63	53,14	11,71	5,51	13,24	61,47	2,12	
98	desgl., Winter	1884	13,00	10,17	4,53	55,34	13,63	3,33	11,69	63,60	1,87	
99	desgl., Winter	„	13,00	9,18	6,44	57,17	11,02	3,19	10,56	65,69	1,69	*dieselben*[3])
100	desgl., Frühjahr	1882	13,00	12,51	4,66	55,36	11,05	3,42	14,38	63,53	2,30	
101	desgl., Winter	„	13,00	10,18	4,78	58,51	9,78	3,75	11,71	66,35	1,87	
102	desgl.	$18\frac{76}{77}$	13,00	11,50	5,66	56,25	9,90	3,69	13,22	64,67	2,12	
103	Auf Niederungsmoor gewachs.	1879	—	—	—	—	—	—	14,44	—	2,31	*M. Fleischer*[4])
104	desgl.	„	—	—	—	—	—	—	15,13	—	2,42	
105	Gelber	1883	13,00	12,46	4,07	57,11	9,54	3,82	14,32	65,64	2,29	*J. König*[5])
106	Weisser	„	13,00	12,06	3,96	57,13	10,32	3,53	13,86	65,65	2,22	
107	Russischer	„	13,00	11,67	4,08	55,85	10,76	4,64	13,42	64,18	2,15	
108		1880	18,46	8,25	4,85	56,96	9,24	2,14	10,11	69,99	1,62	*R. Wagner*[6])
109	I.	„	—	—	—	—	—	—	(10,96)	—	$(1,753)^0$	*A. Stutzer*[7])
110	II. Besser ausgebildete Körner als bei I.	„	—	—	—	—	—	—	(9,72)	—	$(1,556)^0$	
111	a. Viel Wasser im Boden .	—	—	—	—	—	—	—	13,38	—	$2,141^0$	*J. Fittbogen*[8])
112	b. Weniger Wasser im Boden	—	—	—	—	—	—	—	13,32	—	$2,132^0$	
113	c. Noch weniger Wasser im Boden	—	—	—	—	—	—	—	11,87	—	$1,900^0$	
114	d. Am wenigsten im Boden .	—	—	—	—	—	—	—	15,22	—	$2,435^0$	

[1]) No. 91—94. E. Wolff, C. Kreuzhage u. O. Kellner (Vers.-Stat. Hohenheim). Landw. Jahrbücher 1879. I. Supplem. 7. 32 u. 74.

[2]) No. 95—98. E. Wolff u. C. Kreuzhage. Landw. Jahrb. 10. 1881. 563 u. 885; 9. 1880. 666; 13. 246 u. 255. Hafer No. 96 enthielt N als Nichtprotein 0,214 in Procenten der Trockensubstanz. (12,74 % Protein und 1,29 % Amide etc.)

[3]) No. 99—102. E. Wolff u. C. Kreuzhage. Grundlagen für die rationelle Fütterung des Pferdes. Berlin 1885. 44. Unter Asche ist bei den Hohenheimer Analysen Reinasche und Sand zu verstehen.

[4]) No. 103 u. 104. M. Fleischer. Aus E. Wolff's Aschen-Analysen. 2. Theil. 1880. 13. Beide Hafer sind von Drömling. No. 103 ist auf noch niemals, No. 104 auf seit 6 Jahren nicht gedüngtem Niederungsmoor gewachsen.

[5]) No. 105—107. J. König (Ver.-Stat. Münster). 3. Ber. ders. 1884.

[6]) No. 108. Rich. Wagner. Landw. Vers.-Stat. 25. (1880.) 208. Gesammt-N-Gehalt 1,32 %, davon in Form von Protein 1,17 % (7,31 % Protein) und 0,15 % Amid-N (= 0,71 % Amid). Letztere nach der Tannin-Methode des Autors ermittelt.

[7]) No. 109 u. 110. A. Stutzer. Journ. f. Landw. 28. 1880. 440. Aus dem Original ist nicht ersichtlich, ob der ermittelte N-Gehalt sich auf lufttrockne oder wasserfreie Substanz bezieht, wir nahmen Letzteres an. Von dem in den untersuchten Haferkörnern enthaltenen N sind in Form von solchen Verbindungen vorhanden, welche durch Kupferoxydhydrat

	nicht fällbar	fällbar, resp. unlöslich sind und durch sauren Magensaft verdaulich	unverdaulich
Hafer I	9,1	78,2	12,7 %
Hafer II	4,1	84,1	11,8 „

Hafer II bestand durchschnittlich aus grösseren und besser ausgebildeten Körnern als Hafer I.

[8]) No. 111—114. J. Fittbogen. Landw. Jahrb. 3. 1873. 353. Der Boden, in welchem die Pflanzen 1870 cultivirt wurden, war eine den obersten Schichten des Gartens der Regenwalder Versuchsstation entnommene Feinerde von entschieden sandiger Beschaffenheit (in concentrirter heisser Salzsäure lösliche Stoffe 3,696 %, Unlösliches 91,990 % und organische Substanz nebst gebundenem Wasser 4,090 %). Die wasserhaltende Kraft des bei 105° getrockneten Bodens betrug 36,8 %. Der Hafer wurde in Glastöpfen gezogen und dabei die Erde im Feuchtigkeitszustande während der ganzen Dauer des Versuchs in

No.	Bemerkungen	Jahr der Untersuchung	In der ursprünglichen Substanz: Wasser %	Nh-Substanz %	Rohfett %	Nfr. Extractstoffe %	Rohfaser %	Asche %	In der Trocken-Substanz: Nh-Substanz %	Nfr. Extractstoffe %	Stickstoff in der Trocken-Substanz %	Analytiker
115	Probsteier Hafer, Mittel verschieden gedüngten Hafers	1881	10,33	11,40	5,41	—	—	3,53	12,71	—	2,03	*Stutzer*[1])
	Haferkörner, gewonnen bei vergleichenden Anbauversuchen.											
116	Weisser tartarischer Fahnenhafer, Saatgut, 1883er Ernte	1884	15,00	11,1	4,8	57,8	8,5	2,8	13,05	68,02	2,09	*M. Märcker*[2])
117	desgl., Anbau, 1884er Ernte	„	15,00	10,1	4,7	57,3	9,9	3,0	11,88	67,42	1,90	*M. Märcker*[2])
118	Lüneburger Kley, Saatgut, 1883er Ernte	„	15,00	12,3	4,4	56,5	8,9	2,9	14,64	66,31	2,34	*M. Märcker*[2])
119	desgl., Anbau, 1884er Ernte	„	15,00	9,8	4,3	59,0	9,2	2,7	11,52	69,42	1,84	*M. Märcker*[2])
120	Schwarzer Californ. prolific, Saatgut, 1883er Ernte .	„	15,00	9,7	5,2	56,9	10,2	3,0	11,41	66,94	1,83	*M. Märcker*[2])
121	desgl., Anbau, 1884er Ernte	„	15,00	9,8	5,4	56,6	10,2	3,0	11,52	66,60	1,84	*M. Märcker*[2])
122	Probsteier Original, Saatgut, 1883er Ernte	„	15,00	10,7	4,3	57,0	9,9	3,1	12,58	67,07	2,01	*M. Märcker*[2])
123	desgl., Anbau, 1884er Ernte	„	15,00	9,3	4,6	58,8	9,5	2,8	10,94	69,19	1,75	*M. Märcker*[2])
124	Hopetoun, Saatgut, 1883er Ernte	„	15,00	11,3	4,7	58,1	8,4	2,5	13,29	68,36	2,13	*M. Märcker*[2])
125	desgl., Anbau, 1884er Ernte	„	15,00	11,2	4,7	57,0	9,8	2,3	13,17	67,08	2,11	*M. Märcker*[2])
126	Australischer, Saatgut, 1883er Ernte	„	15,00	10,1	5,0	58,4	8,9	2,6	11,88	68,71	1,90	*M. Märcker*[2])
127	desgl., Anbau, 1884er Ernte	„	15,00	10,2	5,1	58,1	9,3	1,3	12,00	69,53	1,92	*M. Märcker*[2])
128	Dänischer, Saatgut, 1883er Ernte	„	15,00	13,0	4,2	55,1	9,9	2,8	15,29	64,84	2,45	*M. Märcker*[2])
129	desgl., Anbau, 1884er Ernte	„	15,00	8,5	4,3	60,2	9,5	2,5	10,00	70,83	1,60	*M. Märcker*[2])
130	Hallet's canadischer, Saatgut, 1883er Ernte	„	15,00	11,5	4,7	56,5	9,3	3,0	13,52	66,48	2,16	*M. Märcker*[2])
131	desgl., Anbau, 1884er Frnte	„	15,00	11,7	4,6	57,6	9,0	2,1	13,76	67,78	2,20	*M. Märcker*[2])
132	Kylbergs pedigree, Schwed., Saatgut, 1883er Ernte .	„	15,00	3,2	4,1	53,3	11,3	3,1	15,52	62,72	2,48	*M. Märcker*[2])
133	desgl., Anbau, 1884er Ernte	„	15,00	9,5	4,5	55,6	12,8	2,6	11,17	65,41	1,79	*M. Märcker*[2])

a. auf 80—60 %, in b. auf 60—40 %, in c. auf 40—30 %, in d. auf 30—20 % u. in e. auf 20—10 % der wasserhaltenden Kraft erhalten. An Trockensubstanz wurde producirt, zusammen in jedesmal 4 Gefässen:

	a.	b.	c.	d.	e.
Körner	23,14	21,20	24,39	16,22	2,56 g
Stroh und Spreu .	30,78	27,45	26,94	14,79	3,73 „

[1]) No. 115. H. Werner u. A. Stutzer. Landw. Jahrb. 11. 1882. 833. Mittel von Analysen verschieden gedüngten Hafers. Der Hafer enthielt in Procenten der lufttrocknen Substanz verdauliches Eiweiss 10,22 %, N in Form von Nuclein 0.156 %, N in Form von Amiden 0,033 %.

[2]) No. 116—134. M. Märcker (Vers.-Stat. Halle). Ztschr. d. landw. Ver. f. d. Prov. Sachsen 1885. 3. Heft. Die bei den betreffenden Anbauversuchen gewonnenen Erträge sind folgende:

Ertrag pro ha	No. 117	119	121	123	125	127	129	131	133	134
An Körnern	3221	3918	3282	3994	3300	3368	4024	3803	3182	4188 kg
An Stroh und Spreu	6544	6553	6335	6094	6582	6485	5888	6550	5729	6929 „
Gewichtsverhältniss der Ernteproducte: Körner	33	37	34	40	33	34	41	37	36	38 %
Gewichtsverhältniss der Ernteproducte: Stroh .	67	63	66	60	67	66	59	63	64	62 „
1 Hectoliter Körner wiegt . . .	50	52	47	51	54	56	52	50	60	52 kg

No.	Bemerkungen	Jahr der Untersuchung	In der ursprünglichen Substanz: Wasser %	Nh-Substanz %	Rohfett %	Nfr. Extractstoffe %	Rohfaser %	Asche %	In der Trocken-Substanz: Nh-Substanz %	Nfr. Extractstoffe %	Stickstoff in der Trocken-Substanz %	Analytiker
134	Beseler's Anderbecker, Anbau, 1884er	1884	15,00	8,7	4,3	58,7	10,5	2,8	10,23	69,07	1,64	*M. Märcker* [1]
135	Provinz Sachsen, Dünnsaat, Mittel von 12 Analysen .	„	15,00	9,47	3,65	58,50	10,10	3,20	11,14	68,93	1,78	*derselbe* [2]
136	desgl., stärkere Aussaat, Mittel von 6 Analysen	1882	15,00	9,05	3,65	59,23	9,90	3,17	10,64	69,70	1,70	
137	desgl., Dünnsaat, Mittel von 9 Analysen	1883	15,00	11,20	3,55	58,23	9,30	2,72	13,17	68,52	2,11	
138	desgl., stärkere Aussaat, Mittel von 9 Analysen	„	15,00	10,64	3,70	58,30	9,60	2,76	12,51	68,60	2,00	
139	Beseler's Anderbecker, 1882er	1882	15,00	9,20	3,7	58,9	10,0	3,2	10,82	69,31	1,73	*derselbe* [3]
140	desgl., 1883er	1883	15,00	11,0	3,5	58,4	9,4	2,7	12,94	68,71	2,07	
141	desgl., 1884er	1884	15,00	8,6	4,4	59,0	10,0	3,0	10,11	69,43	1,62	
142	Triumphhafer (v. Metz u. Co. bezogen), 1885er Ernte .	1885	15,00	11,42	4,24	55,42	11,15	2,77	13,42	65,24	2,15	*Jul. Kühn und Schwab* [4]
143	Weisser canadischer Rispenhafer, 1885er	„	15,00	11,94	4,78	55,19	10,54	2,55	14,04	64,93	2,25	
144	Triumphhafer (v. Platz u. Sohn bezogen), 1885er Ernte .	„	15,00	12,50	4,13	53,24	12,41	2,72	14,70	62,65	2,35	
145	Beseler's Anderbecker, 1885er	„	15,00	9,74	4,25	58,19	9,87	2,95	11,45	68,47	1,83	
146	Hafer (von Dietrich-Schwaneberg), 1885er	„	15,00	9,84	4,07	58,24	9,95	2,90	11,57	68,53	1,85	
147	Weisser gemeiner Rispenhafer (Landhafer)	„	15,00	9,24	4,19	58,00	10,27	3,30	10,87	68,24	1,74	
148	Brauner tartarischer Fahnenhafer, begrannt, 1885er .	„	15,00	11,16	4,11	55,50	11,17	3,06	13,12	65,31	2,10	
149	Landhafer, Sandboden . .	1880	15,00	8,1	—	62,5	10,6	3,8	9,53	73,53	1,52	*M. Märcker* [5]
150	Lehmiger Sand, Landhafer, ungedüngt	„	15,00	9,9	3,7	56,5	10,8	4,1	11,64	66,49	1,86	
151	desgl., 200 kg Chilisalpeter .	„	15,00	10,8	4,2	57,2	9,7	3,1	12,70	67,30	2,03	
152	desgl., 200 kg Chilisalpeter und 200 kg Superphosphat . .	„	15,00	10,7	3,8	56,0	10,7	3,8	12,58	65,90	2,01	

[1]) Vergl. Anmerkung [2]) Seite 536.

[2]) No. 135—138. M. Märcker (Vers.-Stat. Halle). Privatmittheilung.

[3]) No. 139—141. M. Märcker. Berechnete Mittel aus den Analysen gedüngten Hafers und von Hafer unter dem Einfluss verschiedener Aussaatstärke und Drillweite.

[4]) No. 142—148. Jul. Kühn u. Schwab (Landw. Institut Halle). Ztschr. d. landw. Centralver. f. d. Prov. Sachsen 1886. 124. Der Boden des Versuchsfeldes ist Diluviallehm und enthält 2,4 % Perlsand u. Kies, 2,17 % gröberen und 62,06 % feinen Sand. Die 33,37 % betragenden abschlämmbaren Theile zeigten unter dem Mikroskop einen reichen Gehalt an feinstem Quarzstaub, welcher gegen $^2/_3$ des Bestandes ausmachte. Der Glühverlust (Humusgehalt) betrug 3,54 %, der Gehalt an kohlensaurem Kalk 0,9 %. Der Untergrund besteht aus Diluvialmergel. Das Land hatte 1884 Futterrüben getragen, zu welchen pro ha 1000 Ctr. sehr guter Stalldünger, 2,22 Ctr. Superphosphat und 4,44 Ctr. Chilisalpeter verwendet wurden. Zu Hafer wurde nicht gedüngt; derselbe wurde zu 60 kg pro ha in Entfernungen von 23,5 cm gedrillt. Die angebauten Hafervarietäten gehörten, mit einer Ausnahme, zu Avena sativa patula mutica Alef., der Fahnenhafer gehörte zu Avena sativa orientalis pugna Alef. Die Erträge pro ha waren folgende:

	No. 142	143	144	145	146	147	148
Körner	1722	2904	1916	3075	3066	2931	2776 kg
Stroh und Spreu	5933	5446	6235	5869	6439	5341	5690 „
1 Hectoliter Körner wiegt .	48	$52^3/_4$	48	45	$46^1/_8$	$44^3/_4$	$44^1/_2$ „

[5]) No. 149—193. M. Märcker (Vers.-Stat. Halle). Privatmittheilung.

No.	Bemerkungen	Jahr der Untersuchung	In der ursprünglichen Substanz: Wasser %	Nh-Substanz %	Rohfett %	Nfr. Extractstoffe %	Rohfaser %	Asche %	In der Trocken-Substanz: Nh-Substanz %	Nfr. Extractstoffe %	Stickstoff in der Trocken-Substanz %	Analytiker
153	Lehmiger Sand, Landhaf., 200 kg Chilisalpet. u. 125 kg Präcipitat	1880	15,00	11,8	3,9	53,8	12,1	3,4	13,88	63,30	2,22	M. Märcker[1]
154	Probsteier Hafer, humoser Thonboden	„	15,00	8,4	3,1	58,5	11,2	3,8	9,88	68,83	1,58	
155	Landhafer, lehmiger Sand, gemergelt	„	15,00	9,1	3,5	57,3	11,4	3,7	10,70	67,02	1,71	
156	Landhafer, Moorboden	„	15,00	12,0	4,4	53,3	11,5	3,8	14,11	62,73	2,26	
157	Hoppetounhafer, Lehmboden, Höhenlage	„	15,00	7,8	4,5	61,2	9,4	3,1	9,17	70,84	1,47	
158	Frühhafer, flachgründiger, sandiger Lehm	„	15,00	10,5	2,7	56,6	11,5	3,7	12,35	66,60	1,98	
159	Landhafer, gemergelter, leichter Sandboden	„	15,00	10,6	4,5	57,4	8,8	3,7	12,47	67,54	2,00	
160	desgl.	„	15,00	10,1	10,3	56,2	4,3	4,1	11,88	66,13	1,90	
161	desgl.	„	15,00	10,0	5,3	56,0	10,8	2,9	11,76	65,90	1,88	
162	desgl.	„	15,00	10,0	3,1	59,4	9,3	3,2	11,76	69,89	1,88	
163	desgl.	„	15,00	10,3	3,8	47,3	10,6	3,0	12,11	67,42	1,94	
164	desgl.	„	15,00	10,8	4,1	56,8	9,9	3,4	12,70	66,84	2,03	
165	desgl.	„	15,00	10,1	3,8	54,9	12,2	4,0	11,88	64,60	1,90	
166	desgl.	„	15,00	9,5	4,2	58,6	10,5	2,7	11,17	68,36	1,79	
167	desgl.	„	15,00	8,8	3,7	56,9	11,9	2,7	10,35	68,03	1,66	
168	desgl.	„	15,00	10,4	3,4	60,5	8,1	2,6	12,23	71,18	1,96	
169	desgl.	„	15,00	9,2	3,8	58,4	10,6	3,0	10,82	68,71	1,73	
170	desgl.	„	15,00	10,8	3,9	56,7	10,4	3,2	12,70	66,72	2,03	
171	desgl.	„	15,00	8,4	4,0	60,8	8,7	3,1	9,88	71,54	1,58	
172	desgl.	„	15,00	7,7	4,4	59,4	10,5	3,0	9,06	69,81	1,61	
173	desgl.	„	15,00	7,3	3,8	60,0	10,9	3,0	8,58	70,60	1,37	
174	desgl.	„	15,00	7,9	3,8	59,7	11,0	2,6	9,29	70,24	1,49	
175	Sommerhafer, kalkhaltiger Lehm, Höhenlage	„	15,00	9,3	3,9	57,2	11,2	3,4	10,94	67,30	1,75	
176	Landhafer, humoser Lehm . .	„	15,00	9,8	3,3	57,2	10,4	4,3	11,52	67,31	1,84	
177	desgl., Sandboden	„	15,00	11,5	4,6	52,8	12,3	3,8	13,52	62,14	2,16	
178	Weisser Landhafer, Elbkleyboden	„	15,00	9,0	3,9	59,0	8,9	4,2	10,58	69,42	1,69	
179	Probsteier Hafer, humoser, thoniger Lehm	„	15,00	7,1	3,7	59,3	11,2	3,7	8,35	69,78	1,34	
180	Gelber Landhafer, humoser Sandboden, Höhenlage	1881	15,00	11,1	4,9	56,5	9,4	3,1	13,05	66,49	2,09	
181	Landhafer, Moorboden	„	15,00	9,3	5,2	55,7	11,7	3,1	10,94	65,53	1,75	
182	Unbekannten Ursprungs . . .	„	15,00	8,5	3,9	59,1	10,5	3,0	10,00	69,53	1,60	
183	desgl.	„	15,00	8,5	3,6	59,9	9,5	3,5	10,00	70,48	1,60	
184	Beseler's verbessert. Anderbecker, milder humoser Lehm . . .	„	15,00	10,9	3,3	57,9	7,6	3,3	12,82	70,48	2,05	
185	desgl.	„	15,00	9,3	3,4	59,8	9,3	3,2	10,94	70,36	1,75	

[1]) Vergl. Anmerkung [5]) Seite 537.

No.	Bemerkungen	Jahr der Untersuchung	In der ursprünglichen Substanz: Wasser %	Nh-Substanz %	Rohfett %	Nfr. Extractstoffe %	Rohfaser %	Asche %	In der Trocken-Substanz: Nh-Substanz %	Nfr. Extractstoffe %	Stickstoff in der Trocken-Substanz %	Analytiker
186	Deutscher gelber Herbsthafer, Muschelkalkbod. auf strengem Boden, Höhenlage	1881	15,00	8,2	3,4	54,8	12,2	6,4	9,64	64,48	1,54	M. Märcker[1]
187	Milder Lehmboden, Landhafer .	„	15,00	10,4	4,5	51,4	10,7	8,0	12,23	60,59	1,96	
188	Landhafer, 2 Ctr. Kainit . . .	1882	15,00	9,4	4,5	55,6	11,0	4,5	11,05	65,43	1,77	
189	desgl., 5 Ctr. Kalk pro Morgen	„	15,00	10,3	4,3	53,9	11,6	4,9	12,11	63,63	1,94	
190	desgl., ungedüngt	„	15,00	10,4	4,8	56,2	10,6	2,9	11,05	67,43	1,77	
191	desgl., 2 Ctr. Kainit	„	15,00	9,9	4,5	56,0	10,5	4,1	11,64	65,90	1,86	
192	Augusthafer, humoserLehmboden, mit Kainit gedüngt	„	15,00	9,8	3,8	56,1	12,1	3,2	11,52	66,02	1,84	
193	desgl., humoser Lehmboden, ohne Kainit-Düngung	„	15,00	9,3	4,6	56,1	11,8	3,2	10,94	66,01	1,75	
194	Schwarzer Kylberg Pedigree . .	1886	15,00	10,0	4,1	55,3	12,0	3,6	11,76	65,08	1,88	Behrend[2]
195	Amerikanischer Milton . . .	„	15,00	8,7	4,0	58,4	10,6	3,3	10,23	68,72	1,64	
196	Weisser canadischer Riesenhafer	„	15,00	12,6	4,4	51,7	13,2	3,1	14,82	60,84	2,37	
197	Hallet's schwarzer tartarischer Fahnenhafer	„	15,00	12,0	3,3	54,7	11,6	3,4	14,11	64,37	2,26	
198	Russischer Tobit	„	15,00	9,1	4,2	55,2	13,4	3,1	10,70	64,95	1,71	
199	Weisser Kylberg Pedigree . .	„	15,00	10,5	4,8	54,0	12,6	3,1	12,35	63,54	1,98	
200	Triumphhafer	„	15,00	12,3	4,9	51,2	13,2	3,4	14,46	60,26	2,31	
201	Weisser canadischer Riesenhafer	„	15,00	9,5	4,2	55,9	12,6	2,8	11,17	65,78	1,79	
202	Original-Probsteihafer	„	15,00	8,4	4,6	58,2	10,7	3,1	9,88	64,48	1,58	
203	Original-Ungarischer Hafer . .	„	15,00	10,0	4,7	55,5	11,5	3,3	11,76	65,31	1,88	
204	Hallet's gelber Fahnenhafer . .	„	15,00	11,0	4,0	53,5	13,0	3,5	12,94	62,95	2,07	
205	Von Piber (Steiermark) . . .	1870	13,86	14,74	5,72	50,35	11,72	3,61p	17,12	58,44	2,74	J. Moser[3]
206	Von Radautz (Bukowina) . . .	„	13,67	13,61	6,35	50,95	12,15	3,25p	15,75	59,07	2,52	
207	Von Lipizza	„	12,36	13,47	7,11	53,07	10,28	3,70p	15,37	60,57	2,46	
208	Von Kladrub (Böhmen) . . .	„	11,79	12,93	6,86	53,93	11,40	3,08p	14,69	61,11	2,35	
209	Von Kisbér	„	11,70	13,96	6,71	53,31	11,11	3,21p	15,81	60,36	2,53	
210	Von Mezöhegyes (Ungarn) . .	„	11,27	18,51	6,18	51,02	9,81	3,22p	20,87	57,48	3,34	
211	Von Satoristye (Ungarn) . . .	„	13,13	15,56	5,89	47,96	13,39	3,88p	17,94	55,40	2,87	
212	Von Tapolvár (Ungarn) . . .	„	11,58	10,10	6,25	56,24	10,96	4,84p	11,44	63,62	1,83	
213	Aus den k. k. Hofstallungen .	„	14,42	13,86	6,81	49,71	11,36	3,83p	16,19	58,32	2,59	
214	Aus der k. k. Militär-Verpflegungs-verwaltung	„	13,64	14,09	6,64	51,84	10,20	3,60p	16,19	60,14	2,59	

[1]) Vergl. Anmerkung [5]) Seite 537.

[2]) No. 194—204. Behrend. Biedermann's Centralbl. f. Agriculturchemie. 16. 1887. 420. Das untersuchte Material wurde bei vergleichenden Anbauversuchen auf den Versuchsfeldern der Akademie Hohenheim erhalten. Die Erträge dabei waren pro ha folgende:

	194	195	196	197	198	199	200	201
Körner . . .	2739	2633	2529	2496	1934	1760	1410	1637 kg
Stroh	4709	4243	4195	3237	4151	3329	4200	3882 „

[3]) No. 205—214. J. Moser, Vers.-Stat. Wien (No. 205 Tauber; No. 206—209 u. 211—213 Schwackhöfer; 210 Moser und 214 Moser u. Schwackhöfer). Landw. Vers.-Stat. 14. 1871. 117. Das untersuchte Material ist den renommirtesten Gestüten von Oesterreich-Ungarn entnommen; die Hafer sind als Durchschnittsproben angegeben worden. Die Asche ist Reinasche. Die Hafer enthielten:

	No. 205	206	207	208	209	210	211	212	213
P_2O_5 . . .	0,749	0,913	0,900	0,683	0,680	0,740	0,701	0,745	0,892 %
K_2O . . .	0,378	0,497	0,580	0,567	0,558	0,517	0,703	0,587	0,575 „

No.	Bemerkungen	Jahr der Untersuchung	In der ursprünglichen Substanz: Wasser %	Nh-Substanz %	Rohfett %	Nfr. Extractstoffe %	Rohfaser %	Asche %	In der Trocken-Substanz: Nh-Substanz %	Nfr. Extractstoffe %	Stickstoff in der Trocken-Substanz %	Analytiker
215	Berghafer aus Salzburg: Lungauer Hafer aus Mauterndorf, ca. 1100 m Meereshöhe	1881	13,00	13,61	5,39	55,76	9,49	2,75	15,62	64,03	2,50	J. Moser[1]
216	Pongauer Eggarthafer aus Werfen	„	13,00	11,73	5,95	57,37	9,69	2,26	13,50	65,90	2,16	
217	Pongauer Spätfhafer . . .	„	13,00	11,47	6,11	56,62	10,21	2,59	13,12	65,14	2,10	
218	Sibirischer Hafer a. Radstadt	„	13,00	9,35	4,21	58,35	12,64	2,45	10,69	67,13	1,71	
219	Australischer Hafer aus St. Johann	„	13,00	13,62	4,15	56,24	10,52	2,47	15,62	64,68	2,50	
220	Flachgrauer Hafer aus Seekirchen, Moorboden, ca. 580 m Meereshöhe . .	„	13,00	10,80	7,15	54,85	11,19	3,01	12,44	63,02	1,99	
221	Berghafer a. Oberösterreich, aus d. Umgebung des Attersee's, ca. 360 m Meereshöhe: dort heimischer Hafer	„	13,00	10,51	5,06	58,44	9,66	3,33	12,06	67,20	1,93	
222	schwarzschalig . .	„	13,00	10,77	3,77	58,55	11,03	2,88	12,37	67,32	1,93	
223	degenerirter Probsteier	„	13,00	9,18	4,41	56,53	13,67	3,21	10,56	66,97	1,69	
224	schwarzschalig . .	„	13,00	9,27	4,62	58,24	12,20	2,67	10,62	66,98	1,70	
225	Gemisch von weissem u. schwarzem Hafer	„	13,00	8,76	4,81	61,60	8,81	3,02	10,06	70,82	1,61	
226	von d. Traunufer, ca. 360 m Meereshöhe, heimischer Hafer	„	13,00	10,09	5,33	56,26	12,55	2,77	11,56	64,72	1,85	
227	Berghafer aus Munkácz, ungar. Karpathenregion, weisser . .	„	13,00	8,26	7,08	55,50	12,82	3,34	9,50	63,80	1,52	
228	desgl., schwarzer	„	13,00	9,05	5,43	57,42	11,32	3,78	11,06	65,35	1,77	

[1]) No. 215—239. J. Moser, Vers.-Stat Wien (No. 215, 220, 227, 228, 232, 233 L. Meyer; No. 216, 229 Wolfbauer; No. 217, 221—225, 230, 231 u. 236 Böcker; No. 218 u. 219 E. Meissl; No. 226 Kramer; No. 234 u. 235 von Schmied) Landw. Vers.-Stat. 27. 1882. 209. Die untersuchten Hafer stammen sämmtlich von der 1881er Ernte und waren landläufige Marktwaare, durchgehends Rispenhafer. Die Sorten folgen nach der Höhe ihres Standortes mit dem höchsten beginnend. No. 215—219 sind aus der Exportwirthschaft, No. 220 aus einer Feldwirthschaft, No. 226 aus dem Hügellande am rechten Ufer der Traun (Berg Ritzlhof). Die Witterung des Jahres 1881 war der Entwicklung des Hafers nicht günstig, auch der Bergung der Ernte nicht und zwar am wenigsten in den Gebirgsländern. Ueber die Qualität des Hafers sind noch nachstehende Angaben gemacht und noch an näheren Bestandtheilen ermittelt:

	No. 215	216	217	218	219	220	221	222	223	224	225	226	227
Reinheit in %	98,08	99,52	96,49	96,67	96,00	98,91	94,47	97,58	98,87	99,47	99,05	98,52	98,43
Keimfähigkeit in % . . .	77	86	68	88	86	80	69	75	81	87	94	82	92
Gew. v. 1000 Körnern in g	33,45	28,25	25,50	30,77	32,69	24,21	27,30	22,39	26,95	25,80	26,34	32,10	24,70
Hectolitergewicht in kg . .	47,88	48,67	45,25	52,33	55,04	45,04	47,13	44,32	43,09	49,94	46,80	47,29	42,74
Stärke	53,13	52,51	52,18	54,01	51,28	50,98	55,15	55,12	52,90	56,06	59,28	51,91	52,92
Zucker und Dextrin	2,64	4,86	4,14	4,34	4,96	3,87	3,29	3,43	3,63	2,18	2,32	4,35	2,58
Reinasche . . .	2,23	1,91	1,78	1,87	2,02	2,51	2,31	1,73	2,01	1,71	2,30	2,02	1,86
P_2O_5	0,76	0,79	0,80	0,65	0,89	1,05	0,97	0,88	0,81	0,83	0,85	0,89	0,81
K_2O	0,34	0,49	0,49	0,35	0,32	0,49	0,25	0,45	0,20	0,29	0,33	0,38	0,49

	No. 228	229	230	221	232	233	234	235	236	237	238	239
Reinheit in %	99,38	99,44	98,43	98,61	97,06	99,62	97,80	98,40	99,36	—	—	—
Keimfähigkeit in %	93	81	88	90	96	94	92	94	93	—	—	—
Gewicht von 100 Körnern in g . .	21,99	22,84	21,02	23,17	20,98	22,18	21,90	25,80	25,85	—	—	—
Hectolitergewicht in kg	42,23	46,16	43,65	40,28	44,31	45,18	43,78	49,65	46,86	—	—	—
Stärke	54,72	53,77	56,24	57,09	52,27	57,35	61,53	53,88	53,65	53,72	54,74	54,46
Zucker und Dextrin . . .	2,70	5,19	3,78	2,99	5,27	2,47	2,04	2,18	4,10	3,54	3,50	3,53
Reinasche	2,54	2,32	2,27	1,60	2,88	2,33	2,38	2,51	2,62	2,06	2,36	2,17
P_2O_5	0,83	0,79	0,87	0,67	0,84	0,97	0,98	0,96	0,81	0,90	0,86	0,88
K_2O	0,57	0,51	0,31	0,25	0,55	0,50	0,45	0,52	0,55	0,39	0,45	0,41

No.	Bemerkungen			Gew. v. 1 hl kg	Volumen v. 100 kg Liter	Jahr der Untersuchung	In der ursprünglichen Substanz: Wasser %	Nh-Substanz %	Rohfett %	Nfr. Extractstoffe %	Rohfaser %	Asche %	In der Trocken-Substanz: Nh-Substanz %	Nfr. Extractstoffe %	Stickstoff in der Trocken-Substanz %	Analytiker
229	Landhafer aus Ungarn	Sárvár, Raabthal				1881	13,00	8,98	6,88	58,96	8,98	3,20	11,00	67,09	1,76	J. Moser[1]
230	Landhafer aus Ungarn	Plattensee, Keszthely	heimischer Hafer			„	13,00	8,43	5,91	60,02	9,54	3,10	9,69	69,00	1,55	J. Moser[1]
231	Landhafer aus Ungarn	Plattensee, Keszthely	Ligovo-Hafer			„	13,00	6,21	5,66	60,08	12,51	2,50	7,19	69,07	1,15	J. Moser[1]
232	Landhafer aus Ungarn	Plattensee, Keszthely	Milton-Hafer			„	13,00	10,82	6,13	58,64	8,76	3,65	12,44	66,26	1,99	J. Moser[1]
233	Landhafer aus Ungarn	Plattensee, Keszthely	heimischer Hafer			„	13,00	8,44	5,69	59,92	9,78	3,27	9,69	70,77	1,55	J. Moser[1]
234	Landhafer aus Ungarn	Banat, Theissebene	heimischer Hafer			„	13,00	6,55	5,79	63,47	7,99	3,10	7,56	73,05	1,21	J. Moser[1]
235	Landhafer aus Ungarn	Banat, Theissebene	desgl.			„	13,00	11,20	5,50	56,06	10,45	3,79	12,88	64,44	2,06	J. Moser[1]
236	Landhafer aus Ungarn	Banat, Theissebene	desgl.			„	13,00	9,63	6,23	57,75	10,21	3,18	11,06	66,40	1,77	J. Moser[1]
237	Berghafer im Durchschnitt (No. 215—228)					„	13,00	10,46	5,25	57,26	11,13	2,90	12,02	65,83	1,92	J. Moser[1]
238	Landhafer im Durchschnitt (No. 229—236)					„	13,00	8,78	5,97	59,24	9,78	3,23	10,09	68,30	1,61	J. Moser[1]
239	Gesammtdurchschnitt (No. 215 bis 236)					„	13,00	9,85	5,51	57,99	10,64	3,02	11,32	66,65	1,81	J. Moser[1]
240	Compagnie des omnibus			32,0	313,5	1875	13,30	11,24	4,25	54,72	13,70	2,79	12,96	63,12	2,07	L. Grandeau[2]
241	Vosges			35,2	284,0	„	11,30	9,42	5,02	60,99	9,45	3,82	10,62	68,72	1,70	L. Grandeau[2]
242	Mélange Dobelle			37,0	270,0	„	12,91	10,55	3,92	57,48	12,06	3,08	12,07	66,05	1,93	L. Grandeau[2]
243	Vosges			38,4	260,4	„	12,24	9,88	2,77	62,02	9,99	4,10	11,25	69,56	1,80	L. Grandeau[2]
244	Haute Marne			38,5	259,0	„	12,10	8,75	2,90	64,29	8,44	3,52	9,96	73,13	1,59	L. Grandeau[2]
245	desgl.			38,8	258,0	„	13,98	10,06	2,81	52,99	14,70	5,46	11,70	61,58	1,87	L. Grandeau[2]
246	desgl.			40,0	250,8	1874	12,85	9,81	4,18	56,06	14,89	3,21	11,12	63,55	1,78	L. Grandeau[2]
247	Bourgogne (couleur)			41,2	242,7	1875	11,00	10,06	5,90	60,58	8,72	3,74	11,31	68,06	1,81	L. Grandeau[2]
248	Haute Saône			42,5	235,2	„	13,70	9,37	3,15	55,32	13,85	4,61	10,86	64,17	1,74	L. Grandeau[2]
249	Beauce			42,7	234,1	„	11,90	10,12	3,70	56,47	11,67	6,14	11,49	64,09	1,84	L. Grandeau[2]
250	Bourgogne			42,8	233,6	„	11,26	8,63	5,68	58,42	9,94	6,07	9,73	68,83	1,56	L. Grandeau[2]
251	Brie (grise-noire)			43,0	232,5	„	10,10	7,75	2,97	64,65	10,39	4,14	8,62	71,93	1,38	L. Grandeau[2]
252	Beauce (grise-noire)			43,0	232,5	„	11,40	9,38	3,55	64,34	6,73	4,60	10,59	72,61	1,69	L. Grandeau[2]
253	Mortières (Envir. d. Paris)			43,0	232,5	1874	12,13	9,53	4,29	60,71	10,32	3,02	10,85	69,08	1,81	L. Grandeau[2]

[1]) Vergl. Anmerkung [1]) Seite 540.

[2]) No. 240—366. L. Grandeau. Journ. d'agric. prat. und Compt. rend. des travaux du Congrès international des directeurs des Stations agronomiques. Paris, 1881. 219. 244 und Privatmittheilung. Die Hafer stammten aus den Jahren 1874 u. 1875 und waren von der Compagnie générale des voitures de Paris angekauft.

Höchster und niedrigster Gehalt aus den Analysen unter No. 365 u. 366 werden wie folgt angegeben:

		In der ursprünglichen Substanz: Wasser	Nh-Substanz	Rohfett	Nfr-Extractstoffe	Rohfaser	Asche	In der Trocken-Substanz: Nh-Substanz	Rohfett	Nfr-Extractstoffe	Rohfaser	Asche	Stickstoff in der Trocken-Substanz
Aus 54 Analysen, 1875—1879	Maxima	15,50	12,43	7,13	64,65	14,89	6,14	14,76	8,43	76,48	17,61	7,26	2,36
	Minima	8,50	7,12	2,77	48,60	6,73	2,06	7,78	3,03	53,12	7,35	2,25	1,24
Aus 120 Analysen, 1875—1880	Maxima	19,00	12,43	8,05	66,86	14,89	6,14	15,35	9,94	82,59	18,39	7,58	2,46
	Minima	8,50	7,12	2,77	48,60	5,12	2,06	7,78	3,03	53,12	5,60	2,25	1,24

No.	Bemerkungen	Gew. v. 1 hl kg	Volumen v. 100 kg Liter	Jahr der Untersuchung	In der ursprünglichen Substanz: Wasser %	Nh-Substanz %	Rohfett %	Nfr. Extractstoffe %	Rohfaser %	Asche %	In der Trocken-Substanz: Nh-Substanz %	Nfr. Extractstoffe %	Stickstoff in der Trocken-Substanz %	Analytiker
254	Russie (blanche) .	43,5	229,8	1875	10,00	8,13	5,50	63,55	9,67	3,15	9,03	70,62	1,44	L. Grandeau[1]
255	Avoine grise . .	44,0	227,2	„	14,01	10,66	3,75	55,98	12,80	2,80	12,40	65,09	1,98	
256	Avoine blanche .	44,0	227,2	„	12,75	9,59	6,73	56,88	11,56	2,49	10,99	65,20	1,76	
257	Russie	44,0	227,2	„	11,60	11,00	3,82	61,44	9,72	2,42	12,44	69,51	1,99	
258	Irlande (noire) .	44,0	227,2	1874	12,00	10,38	6,21	57,95	10,82	2,64	11,89	65,59	1,90	
259	Brie (noire) . .	44,0	227,2	1875	13,00	9,81	6,44	57,23	10,18	3,34	11,27	65,79	1,80	
260	Centre (printemps)	44,2	226,2	„	10,80	9,94	4,46	61,99	8,79	4,02	11,14	69,00	1,78	
261	Normandie (rouge)	44,2	226,2	„	11,86	10,44	4,78	58,51	11,68	2,73	11,85	66,36	1,90	
262	Bourgogne . . .	44,5	224,7	„	10,00	8,52	6,30	60,08	12,11	2,99	9,47	66,76	1,52	
263	Champagne . .	45,0	222,2	„	11,85	10,05	4,95	58,29	11,63	3,23	11,40	66,14	1,82	
264	Vendée	45,0	222,2	„	14,00	9,09	5,29	58,33	10,11	3,18	10,58	67,81	1,69	
265	Russie	45,5	219,7	„	10,81	11,25	5,02	57,27	11,50	4,15	12,61	64,22	2,02	
266	Champagne . .	45,8	218,9	„	12,24	9,06	4,35	60,87	9,24	4,04	10,31	69,62	1,65	
267	Beauce (Chartres)	45,9	217,8	1874	12,00	10,56	4,31	81,86	8,10	3,17	12,09	70,08	1,93	
268	Bretagne . . .	46,0	217,3	1875	12,78	10,25	3,77	56,78	13,64	2,78	11,76	65,08	1,88	
269	Beauce normande	46,0	217,3	„	13,70	10,42	5,43	55,99	11,39	3,07	12,08	64,87	1,93	
270	Chartres . . .	46,0	217,3	„	13,88	10,68	5,34	55,62	11,47	3,07	12,40	64,56	1,98	
271	Beauce (Malesherbes) . . .	46,0	217,3	„	13,46	10,49	5,02	54,72	13,10	3,11	12,13	63,33	1,94	
272	Beauce (Orléans)	46,2	216,7	„	11,74	10,50	5,40	59,80	9,70	3,34	11,90	67,21	1,90	
273	Centre	46,2	216,7	„	11,20	7,93	5,36	51,63	20,16	3,73	8,93	58,13	1,43	
274	Beauce (Chartres)	46,5	215,8	„	12,70	9,95	7,33	55,63	11,39	3,09	11,19	63,84	1,79	
275	Beauce grise . .	46,5	215,8	„	11,90	9,07	3,57	60,01	11,14	4,31	10,29	68,13	1,65	
276	Beauce (Angerville)	47,0	217,7	„	12,70	9,11	4,06	57,68	12,87	3,58	10,43	66,08	1,67	
277	Beauce (Étampes)	47,0	217,7	„	13,65	9,25	4,45	56,72	12,82	3,11	10,71	65,69	1,71	
278	Érreux (rouge) .	47,0	217,7	„	11,50	8,37	5,22	60,05	11,63	3,20	9,45	67,90	1,51	
279	Beauce (Corbeil) .	47,0	217,7	„	14,15	10,89	4,11	56,42	11,29	3,14	12,69	65,71	2,03	
280	Caux (Bretagne) .	47,4	210,9	„	11,70	10,25	3,74	61,88	9,71	2,70	11,61	70,09	1,86	
281	Bretagne (noire) .	47,7	209,6	„	13,00	7,25	5,88	61,36	9,87	2,64	8,33	70,57	1,33	
282	Bretagne (grise-noire) . . .	48,0	206,3	„	11,40	8,38	5,01	60,73	11,21	3,27	9,46	68,53	1,51	
283	Blanche Suède .	48,0	206,3	„	10,10	8,01	3,59	61,56	12,41	3,33	8,91	69,60	1,43	
284	Centre grise . .	48,0	206,3	„	12,00	9,38	3,70	65,74	9,95	3,40	10,66	69,98	1,71	
285	desgl.	49,0	204,1	„	14,82	10,37	3,78	48,68	19,46	2,79	12,17	57,05	1,95	
286	Bretagne (pauvrette) . . .	50,0	200,0	„	13,00	10,00	4,43	62,95	7,53	2,09	11,49	72,37	1,84	
287	Centre	50,5	198,0	„	12,36	9,88	3,77	61,32	9,86	2,81	11,27	69,87	1,80	
288	Noire Suède . .	50,5	198,0	1874	12,00	9,75	5,19	62,51	7,74	2,81	11,07	71,05	1,78	
289	desgl.	51,0	196,0	1875	9,45	10,58	4,91	58,41	13,76	2,89	11,68	64,52	1,87	
290	Grise Poitou . .	51,1	195,6	1874	11,00	9,44	6,50	61,04	9,35	2,67	10,61	68,57	1,70	

[1]) Vergl. Anmerkung [2]) Seite 541.

No.	Bemerkungen	Jahr der Untersuchung	In der ursprünglichen Substanz: Wasser %	Nh-Substanz %	Rohfett %	Nfr. Extractstoffe %	Rohfaser %	Asche %	In der Trocken-Substanz: Nh-Substanz %	Nfr. Extractstoffe %	Stickstoff in der Trocken-Substanz %	Analytiker
291		1875	14,99	8,25	7,41	58,91	8,50	1,94	9,70	69,31	1,55	L. Grandeau[1]
292		—	12,20	10,88	6,53	54,05	13,39	2,95	12,39	61,56	1,98	
293		—	10,45	12,11	5,28	58,17	10,61	3,38	13,53	64,94	2,16	
294		—	11,40	12,43	4,45	57,25	11,42	3,05	14,03	64,62	2,24	
295		—	10,35	10,86	3,26	60,80	11,52	3,21	12,10	67,86	1,92	
296		—	10,50	10,59	2,47	62,92	10,29	3,22	11,83	70,32	1,89	
297		—	11,50	10,09	2,12	61,96	11,06	3,27	11,40	70,00	1,82	
298		—	9,80	11,18	2,35	63,09	10,92	2,66	12,40	69,93	1,99	
299		—	10,66	10,05	4,72	57,67	13,94	2,96	11,25	64,56	1,80	
300		—	10,50	11,62	4,74	58,43	11,72	2,99	12,98	65,30	2,08	
301		—	12,00	11,88	4,50	56,22	12,32	3,18	13,50	63,78	2,16	
302		—	10,20	9,20	5,03	58,00	14,05	3,52	10,25	64,58	1,64	
303		—	14,40	7,12	3,25	62,21	10,27	2,75	8,32	72,67	1,33	
304		—	15,50	7,58	3,59	60,12	10,14	3,07	8,97	71,15	1,44	
305		—	14,40	8,06	3,24	61,05	10,49	2,76	9,41	71,34	1,51	
306		—	12,29	9,00	3,54	61,43	11,40	2,34	10,27	73,01	1,64	
307		—	11,65	11,93	3,29	57,99	11,74	3,40	13,53	65,57	2,16	
308		—	11,18	12,43	2,96	56,45	13,36	3,62	14,00	63,53	2,24	
309		—	10,44	9,62	4,28	61,16	11,24	3,26	10,75	68,15	1,72	
310		—	11,70	9,93	4,80	56,77	13,46	3,34	11,25	64,28	1,80	
311		—	11,59	11,44	3,83	58,33	11,40	3,41	12,94	65,98	2,07	
312		—	11,86	10,43	3,90	57,11	13,62	3,08	11,84	64,77	1,89	
313		—	10,50	8,44	2,95	60,99	13,05	4,07	9,43	68,14	1,51	
314		—	8,50	8,40	3,30	65,16	11,44	3,20	9,18	71,21	1,47	
315		—	11,00	9,90	2,32	61,56	11,53	3,69	11,13	69,15	1,76	
316		—	12,00	8,44	3,63	60,34	12,14	3,45	9,59	68,58	1,52	
317		—	12,80	9,06	3,31	61,34	10,77	2,72	10,39	70,34	1,66	
318		—	12,50	10,19	3,76	60,71	10,63	2,21	11,65	69,37	1,86	
319		—	14,40	7,88	4,96	63,15	10,41	2,70	9,20	69,70	1,47	
320		—	11,65	8,55	5,65	60,02	11,04	3,09	9,70	67,87	1,55	
321		—	11,50	7,61	4,62	61,71	10,49	4,07	8,60	69,73	1,38	
322		—	11,80	8,06	5,13	61,74	9,92	3,35	9,14	69,99	1,48	
323		—	11,30	7,63	5,32	61,76	9,97	4,02	8,60	69,63	1,38	
324		—	14,00	7,40	4,23	61,71	9,46	3,20	8,61	71,75	1,38	
325		—	13,30	8,86	4,04	60,27	10,06	3,47	10,22	69,52	1,64	
326		—	13,30	8,39	5,29	59,19	10,62	3,21	9,71	68,25	1,55	
327		—	11,45	8,57	4,11	61,70	10,27	3,90	9,68	69,69	1,55	
328		—	12,30	8,96	4,51	61,20	9,87	3,16	10,21	69,80	1,64	
329		—	12,00	8,52	5,14	60,63	10,12	3,59	9,68	68,89	1,55	
330		—	12,50	8,00	5,32	60,97	9,80	3,41	9,14	69,68	1,46	
331		—	12,45	12,24	4,73	57,93	9,50	3,15	12,97	67,20	2,08	
332		—	12,59	9,39	5,51	59,40	9,70	3,41	10,74	67,96	1,72	
333		—	12,00	10,41	5,81	56,79	14,44	3,55	11,83	61,14	1,89	

[1]) Vergl. Anmerkung [2]) Seite 541.

No.	Bemerkungen	Jahr der Untersuchung	In der ursprünglichen Substanz: Wasser %	Nh-Substanz %	Rohfett %	Nfr. Extractstoffe %	Rohfaser %	Asche %	In der Trocken-Substanz: Nh-Substanz %	Nfr. Extractstoffe %	Stickstoff in der Trocken-Substanz %	Analytiker
334		1875	11,50	11,42	4,41	59,96	9,65	3,36	12,90	67,42	2,06	L. Grandeau[1]
335		—	12,33	9,90	5,08	59,01	9,77	3,91	11,29	67,32	1,81	
336		—	10,90	11,02	5,00	60,20	9,85	3,03	12,36	67,58	1,98	
337		—	11,30	11,45	4,74	56,08	12,42	4,01	12,90	63,24	2,06	
338		—	11,60	10,81	4,68	58,85	10,70	3,36	12,23	66,46	1,97	
339		—	11,80	10,32	4,53	59,74	10,14	3,47	11,70	67,70	1,87	
340		—	12,09	10,00	4,60	59,44	10,56	3,40	11,38	67,50	1,82	
341	De Lorraine . . ungereinigt a	1880	14,55	9,64	7,52	56,08	8,46	3,75	11,28	65,63	1,80	
	gereinigt b	„	15,30	8,76	5,93	60,22	6,90	2,89	10,35	70,09	1,66	
342	Des Vosges . . ungereinigt a	„	15,10	9,93	5,68	57,92	8,57	7,80	11,70	62,32	1,87	
	gereinigt b	„	16,55	9,75	5,84	57,18	8,26	2,42	11,68	68,52	1,87	
343	De Beauce (rouge de la Loupe) ungereinigt a	„	13,10	10,07	5,90	58,98	8,86	3,09	11,59	67,86	1,85	
	gereinigt b	„	14,60	8,84	6,08	60,17	7,21	3,10	10,35	70,46	1,66	
344	Macotte de Picardie ungereinigt a	„	13,90	10,42	3,96	62,64	5,12	3,96	12,10	72,76	1,94	
	gereinigt b	„	12,95	8,66	4,87	62,60	7,74	3,12	9,95	72,08	1,59	
345	De Brie . . . ungereinigt a	„	13,35	8,60	5,37	61,81	7,15	3,72	9,92	71,34	1,59	
	gereinigt b	„	16,05	8,35	5,03	59,10	8,18	3,29	9,94	70,41	1,59	
346	De Champagne . ungereinigt a	„	12,80	9,74	5,75	61,53	7,71	2,47	11,17	63,56	1,79	
	gereinigt b	„	12,02	8,75	4,92	63,91	7,70	2,70	9,95	72,64	1,59	
347	De Bourgogne . ungereinigt a	„	12,80	9,80	5,23	61,50	7,71	2,96	11,24	70,52	1,80	
	gereinigt b	„	14,75	9,31	5,29	62,59	7,06	4,00	10,92	69,90	1,75	
348	De Champagne . ungereinigt a	„	12,30	8,44	5,78	60,94	9,47	3,07	9,62	69,49	1,55	
	gereinigt b	„	16,40	8,49	4,85	59,01	8,19	3,06	10,11	70,73	1,72	
349	De Bretagne, schwarz ungereinigt a	„	15,60	9,96	5,40	57,60	7,68	3,76	11,80	68,24	1,89	
	gereinigt b	„	16,30	9,26	5,85	58,96	7,32	2,31	11,07	70,43	1,79	
350	De Beauce . . ungereinigt a	„	12,50	9,42	5,60	61,84	7,39	3,25	10,77	70,67	1,72	
	gereinigt b	„	14,00	8,30	5,50	60,36	7,74	4,04	9,65	70,25	1,56	
351	De Bourgogne . ungereinigt a	„	12,50	9,24	4,81	62,99	7,35	3,11	10,56	71,99	1,69	
	gereinigt b	„	13,90	9,25	5,16	61,03	6,45	4,21	10,63	71,19	1,70	
352	De Brie . . . ungereinigt a	„	11,40	11,37	6,55	61,35	6,11	3,22	12,83	69,24	2,05	
	gereinigt b	„	13,90	8,21	6,45	62,72	6,45	2,27	9,43	73,14	1,51	
353	De Normandie . ungereinigt a	„	13,30	10,40	6,33	60,06	6,67	3,24	11,99	69,28	1,90	
	gereinigt b	„	15,50	8,18	5,83	61,23	5,91	3,35	9,68	72,47	1,55	
354	De Brie . . . ungereinigt a	„	12,10	9,83	5,71	62,22	6,59	3,55	11,19	70,77	1,79	
	gereinigt b	„	11,50	10,08	6,37	62,09	7,21	2,75	11,39	70,25	1,82	
355	De Beauce . . ungereinigt a	„	13,55	10,47	5,36	57,87	7,69	5,06	12,11	66,94	1,94	
	gereinigt b	„	15,55	9,78	5,91	57,96	8,40	2,40	11,58	68,63	1,85	
356	De Bretagne, grise ungereinigt a	„	15,20	9,22	6,27	57,72	7,84	3,75	10,87	68,07	1,74	
	gereinigt b	„	16,05	8,35	5,03	59,10	8,18	3,29	9,94	71,51	1,59	
357	De Berry . . . ungereinigt a	„	13,30	9,06	6,64	59,42	7,89	3,69	10,45	68,54	1,67	
	gereinigt b	„	15,38	8,15	6,00	57,33	9,85	3,29	9,63	67,75	1,54	
358	De la Haute-Saône ungereinigt a	„	13,80	9,27	4,74	59,31	9,00	3,88	10,75	68,81	1,72	
	gereinigt b	„	15,75	7,77	4,55	61,94	8,38	1,61	9,22	73,52	1,48	

[1]) Vergl. Anmerkung [2]) Seite 541.

No.	Bemerkungen	Jahr der Untersuchung	In der ursprünglichen Substanz: Wasser %	Nh-Substanz %	Rohfett %	Nfr. Extractstoffe %	Rohfaser %	Asche %	In der Trocken-Substanz: Nh-Substanz %	Nfr. Extractstoffe %	Stickstoff in der Trocken-Substanz %	Analytiker
359	Du Limousin, grise: ungereinigt a	1880	13,02	8,37	6,61	58,45	9,78	3,77	9,70	66,93	1,55	L. Grandeau [1])
	gereinigt b	„	11,15	8,47	8,44	59,52	9,28	3,14	9,53	67,00	1,52	
360	ungereinigt a	„	15,60	9,26	5,94	57,74	8,56	2,90	10,97	68,41	1,76	
	gereinigt b	„	15,00	9,07	4,33	58,75	8,58	4,27	10,67	69,13	1,71	
361	De Beauce . ungereinigt a	„	12,80	9,48	5,58	61,65	7,06	3,43	10,87	70,70	1,74	
	gereinigt b	„	14,00	8,29	5,84	62,91	7,31	1,65	9,64	73,15	1,54	
362	De la Vendée ungereinigt a	„	14,50	8,24	6,32	58,93	7,48	4,53	9,64	68,92	1,54	
	gereinigt b	„	13,75	9,73	5,69	58,96	9,56	2,31	11,28	68,37	1,80	
363	Mittel d. Anal. v. rohem Hafer a	„	13,52	9,56	5,32	59,98	7,73	3,49	11,05	69,83	1,77	
364	Mittel der Analysen von gereinigtem Hafer b . . .	„	13,43	8,81	5,62	60,36	7,81	2,97	10,30	70,53	1,65	
365	Mittel v. 54 Anal., 1884er E.	„	12,01	9,80	4,58	59,09	11,20	3,32	11,13	67,18	1,76	
366	Mittel von 120 Analysen aus den Jahren 1875—1880 .	„	13,93	9,37	5,74	59,27	8,44	3,25	10,77	69,20	1,72	
367	Aus Thessalien	„	12,17	11,36	5,65	56,45	11,64	2,73	12,94	64,25	2,07	Petermann [2])
368	Aus Macedonien	„	12,18	10,33	5,54	59,01	10,92	2,02	11,65	67,30	1,88	
369	Aus Italien, Weisshafer . .	1877	16,33	18,35	3,52	40,95	16,33	4,62	21,88	48,90	3,50	Pasqualini [3])
370	Aus Illinois, (?) Weisshafer, Qualität I	1878	11,23	11,54	5,06	57,08	12,18	2,91	13,01	64,28	2,08	Atwater u. Woods [4])
371	Sehr armer schwerer Lehmb.	„	12,36	8,00	4,70	59,02	12,89	3,03	9,13	67,34	1,46	
372	In Norwegen gewachs. Hafer	1882	—	8,68	5,27	—	—	—	—	—	—	Werenskiold [5])
373	desgl.	„	—	8,35	4,95	—	—	—	—	—	—	
374	Ostpreussischer Landhafer (Mittel von 26 Proben) .	1885	—	7,90	—	—	—	—	—	—	—	W. Hoffmeister [6])
375	desgl., in stark gedüngtem Lehmboden gewachsen .	„	—	11,36	—	—	—	—	—	—	—	
376	Aus Niederhessen	1887	9,43	9,00	7,31	61,75	9,48	3,03	9,94	68,17	1,59	Greittherr [7])
377	Mittel v. 20 Analys. amer. Hafer	1883	10,56	11,41	4,97	61,10	9,01	2,95	12,76	68,31	2,04	Brewer [8])
	Minimum . . .	.	6,21	6,00	2,11	48,69	4,45	1,34	6,83	55,40	1,09	
	Maximum . . .	.	20,80	18,84	10,65	64,63	20,08	8,64	21,44	73,53	3,43	
	Mittel*)	.	**12,11**	**10,66**	**4,99**	**58,37**	**10,58**	**3,29**	**12,13**	**66,41**	**1,94**	

[1]) Vergl. Anmerkung [2]) Seite 541.
[2]) No. 367 u. 368. A. Petermann u. Warsage. Originalmittheilung. Die Hafer waren direct vom Orte ihres Anbaues an die Autoren gelangt.
[3]) No. 369. A. Pasqualini. Annali della Stazione Agraria di Forlì. 6. 1877. 48. An näheren Bestandtheilen wurden ferner bestimmt: Stärke 30,08, Zucker 2,61, andere N-freie Extractstoffe 8,03, in Wasser lösliche organ. Substanz 10,31, in Wasser lösliche Mineralstoffe 2,10, N in Form in Wasser löslicher Stoffe 0,501, in Alkohol lösliche Substanzen 9,84 %.
[4]) No. 370 u. 371. W. O. Atwater u. C. D. Woods. Report of Work of the Agric. Exper. Stat. Middletown, Connect. 1877—78. 27.
[5]) No. 372 u. 373. Werenskiold. Privatmittheilung.
[6]) No. 374 u. 375. W. Hoffmeister (Vers.-Stat. Insterburg). Landw. Jahrb. 15. 1886. 277. Die 26 Haferproben waren in Ostpreussen angebaut worden, insbesondere in der Umgebung von Insterburg. Der geringste Proteingehalt betrug 6,74 %, der höchste 9,56 %. Bei denselben Hafern wurde das Körnergewicht und der Gehalt an äusserer Schale ermittelt. Das Gewicht von 1000 Körnern betrug in maximo 40,60 g (bei 27,2 % Schalen und 8,81 % Proteingehalt), in minimo 24,42 g (bei 34,7 % Schalen und 6,74 % Proteingehalt).
[7]) No. 376. O. Greittherr (Vers.-Stat. Marburg). Privatmittheilung.
[8]) No. 377. Brewer, mitgetheilt von Cl. Richardson. Departement of Agric. Dir. of chemistry. Washington, 1886. Bulletin No. 8. 44.

*) Das Mittel für Holzfaser ist aus den Analysen von No. 63 an berechnet.

Hafer. Zusammensetzung desselben aus verschiedenen Ländern.

(Durch Zusammenstellung der in vorstehender Tabelle enthaltenen Analysen nach Ländern erhält man folgende Mittelzahlen):

No.	Bemerkungen	Anzahl der Analysen	Wasser %	Stickstoff-Substanz %	Fett %	Kohlehydrate %	Holzfaser %	Asche %	In der Trocken-Substanz: Stick-stoff-Substanz %	In der Trocken-Substanz: Kohle-hydrate %	N in der Trocken-Substanz %
1	Mittel- und Norddeutschland . . .	103	12,11[1]	10,82	5,30	58,23	10,25	3,29	12,31	66,26	1,97
2	Süd- und Westdeutschland . . .	44	12,11[2]	11,36	5,30	58,12	9,93	3,13	12,93	66,12	2,07
3	Oesterreich-Ungarn	34	12,11[3]	11,41	5,84	56,40	11,01	3,23	12,98	64,16	2,08
4	Frankreich	196	12,11[4]	9,52	5,46	60,47	9,18	3,26	10,83	68,80	1,73
5	England und Schottland	16	12,11[5]	13,05	6,15	53,16	11,89	3,64	14,85	61,62	2,38
6	Amerika	22	12,11[6]	11,26	4,96	59,35	9,33	2,99	12,81	66,31	2,05

In derselben Weise ergiebt sich im Mittel für:

Hafer, unter dem Einfluss des Bodens:*)

1	Thonboden	10	12,11	8,99	4,75	58,57	11,97	3,61	10,23	66,63	1,64
2	Schwerer Lehmboden, humos und warm	33	12,11	10,11	4,41	59,56	10,58	3,22	11,50	67,77	1,84
3	Leichter, sandiger Lehmboden . .	5	12,11	10,31	3,48	58,52	11,72	3,86	11,73	66,58	1,88
4	Sandboden	20	12,11	10,04	4,56	59,57	10,38	3,34	11,42	67,78	1,83

Hafer, unter dem Einfluss der Düngung, der Aussaatstärke und Drillweite.

Hierüber sind umfangreiche Versuche von E. Heiden (Denkschrift der Versuchsstation Pommritz 1882) und von M. Märcker (Zeitschr. d. landw. Centr.-Vereins d. Prov. Sachsen 1883 u. 1884) angestellt; die Resultate dieser Versuche haben bei Hafer für die Zwecke dieses Werkes keine wesentliche Bedeutung, wesshalb ich die Interessirenden auf das von Prof. Dr. Th. Dietrich und dem Verf. herausgegebene Werk: „Die Zusammensetzung und Verdaulichkeit der Futtermittel" verweise.

Dagegen mögen hier noch folgende Resultate über vergleichende Anbauversuche mit verschiedenen Hafersorten von M. Märcker u. F. Heine (aus der „Magdeburgischen Zeitung" vom 25. u. 30. Mai 1888) mitgetheilt worden; dieselben ergaben:

---

1) Nach dem Mittel der Haupttabelle angenommen, das wirkliche Mittel beträgt 12,45 %.
2) „ „ „ „ „ „ „ „ „ „ 13,39 „
3) „ „ „ „ „ „ „ „ „ „ 11,85 „
4) „ „ „ „ „ „ „ „ „ „ 13,50 „
5) „ „ „ „ „ „ „ „ „ „ 13,74 „
6) „ „ „ „ „ „ „ „ „ „ 10,67 „

*) Diese Zahlen sind nicht direct mit einander vergleichbar, weil die Hafersorten, welche den Analysen zu Grunde liegen, aus verschiedenen Jahren stammen oder unter verschiedenen Düngungsverhältnissen resp. sonstigen verschiedenen Verhältnissen gewachsen sind, wodurch die Verschiedenheiten ebenfalls zum Theil bedingt sein können.

Laufende Nummer	Bezeichnung der Spielart	Ertrag pro Hectar kg	Zusammensetzung der Körner, auf 88 % Trockensubstanz berechnet: Rohprotein	Rohfaser	Rohfett	Mineralstoffe	Stickstofffreie Extractstoffe	Hectolitergewicht kg	10 g enthalten Körner	100 Theile Körner enthalten Hülsen %	Von 100 Theilen Protein sind enthalten in den Hülsen	Dicke der Samenschale mm	Querdurchmesser des Korns mm	Längsdurchmesser des Korns mm	Von 100 Theilen Proteïn sind verdaulich
1	Bestehorn's Ueberfluss	4207	11,1	10,7	4,5	3,0	58,7	47,9	323	26,2	4,0	0,1545	2,60	12,90	85,44
2	Heine's ertragreichster	4129	10,6	11,0	4,9	3,0	58,5	50,4	305	25,8	4,2	0,1958	2,95	11,50	85,62
3	Jumbs'	4009	12,5	16,8	5,0	3,3	50,4	35,0	294	39,5	7,5	0,1781	2,90	13,40	86,07
4	Bestehorn's amélioré .	3978	11,5	10,2	4,8	3,0	58,5	48,4	353	26,5	5,1	0,1734	2,70	12,35	87,16
5	Danebrog	3911	11,9	10,8	4,6	2,8	57,9	48,0	303	26,4	4,1	0,1628	2,50	11,90	90,91
6	Verb. dänischer . .	3903	11,5	11,7	4,5	3,1	57,2	49,0	320	26,8	3,8	0,1711	2,60	13,10	85,81
7	Welinder's schwedisch.	3798	9,9	10,3	4,9	3,2	59,7	51,0	304	26,1	4,4	0,2029	2,70	11,75	83,27
8	Nubischer	3747	12,5	12,4	4,5	3,3	55,3	46,1	358	29,9	5,8	0,1722	2,90	12,20	86,55
9	Belgischer gelber . .	3747	12,4	11,5	4,7	2,9	56,5	47,3	320	26,1	4,7	0,1781	2,75	12,40	87,50
10	Beseler's	3737	11,2	10,2	4,5	3,0	59,1	49,4	303	25,6	4,4	0,1699	2,60	12,00	85,60
11	Gothenburger Canada	3467	13,4	12,5	4,4	2,5	55,2	54,9	324	28,5	5,8	0,1899	2,75	10,65	86,39
12	Hooper's Paragon . .	3345	12,5	11,8	4,7	2,7	56,3	52,7	318	27,6	2,7	0,1699	2,60	11,80	88,40
13	Canadischer Prolific .	3318	13,8	12,8	4,0	2,6	54,8	54,6	320	29,1	3,2	0,2006	2,80	11,15	87,80
14	Canad. Fahnenhafer .	3284	13,4	11,1	5,1	3,1	55,3	43,5	356	23,7	4,5	0,1663	2,60	13,30	86,93
15	Willkommen . . .	3281	13,3	13,3	4,5	2,6	54,3	56,0	317	28,6	3,3	0,1852	2,85	10,50	87,53
16	Race-horse-white . .	3165	13,8	13,0	4,5	2,7	54,0	56,1	356	28,9	2,8	0,1793	2,85	10,40	84,69
	Mittel	**3689**													

Geschälter Hafer, amerikanischer.

No.	Bemerkungen	Geschältes Korn in % des ganzen Hafers	Jahr der Untersuchung	In der ursprünglichen Substanz: Wasser %	Nh-Substanz %	Rohfett %	Nfr. Extractstoffe %	Rohfaser %	Asche %	In der Trocken-Substanz: Nh-Substanz %	Nfr. Extractstoffe %	Stickstoff in der Trocken-Substanz %	Analytiker
	Maine.												
1	Common Bush . . .	69,54	1864	7,20	13,65	9,03	66,65	1,67	1,80	14,71	71,82	2,35	*Clifford Richardson*[1]
2	English	69,65	„	7,26	13,65	8,54	66,41	1,85	2,29	14,71	71,62	2,35	
3	White Canada . . .	71,68	„	7,10	15,23	8,08	66,15	1,80	1,64	16,39	71,22	2,62	
	New-Hampshire.												
4	Native	—	„	7,20	15,75	8,41	65,11	1,40	2,13	16,98	70,58	2,72	
5	Russian	70,88	„	7,02	14,88	8,46	66,10	1,23	2,31	16,00	71,11	2,56	
6	Common White . .	72,20	„	6,95	16,45	8,21	64,61	1,33	2,45	17,68	69,43	2,83	

Geschälter amerikanischer Hafer:

[1]) No. 1—194. Clifford Richardson. Third Report on the Chemical Composition and Physical Properties of American Cereals. Departement of Agriculture, Division of Chemistry. Bulletin No. 9. 27. Betreffend die Haferschalen (hulls of oats) beschränken wir uns auf Mittheilung des aus 100 einzelnen Analysen gezogenen Mittels, wonach die Haferschalen enthalten: 5,22 % Wasser, 2,48 % Protein, 17,88 % Rohfaser und 5,59 % Asche. Als wahrscheinliches Mittel der Zusammensetzung des **ganzen** Korns amerikanisnhen Hafers auf Grund seiner Analysen giebt Verfasser folgende Zahlen:

	Wasser	Nh-Substanz	Rohfett	Kohlehydrate	Rohfaser	Asche
Wasserhaltig . . .	6,42	10,76	6,64	66,67	6,33	3,18 %
Wasserfrei	—	11,50	7,10	71,24	6,76	3,40 „

No.	Bemerkungen	Geschältes Korn in % des ganzen Hafers	Jahr der Untersuchung	In der ursprünglichen Substanz: Wasser %	Nh-Substanz %	Rohfett %	Nfr. Extractstoffe %	Rohfaser %	Asche %	In der Trocken-Substanz: Nh-Substanz %	Nfr. Extractstoffe %	Stickstoff in der Trocken-Substanz %	Analytiker
	Vermont.												
7	Common White . .	71,01	1884	7,60	14,70	8,65	65,76	1,20	2,09	16,31	70,77	2,61	*Clifford Richardson*[1]
8	White Schoenen . .	70,98	„	7,00	18,20	8,12	63,16	1,46	2,06	19,57	67,93	3,13	
9	White Probsteier . .	71,39	„	6,15	14,70	8,30	67,85	1,30	1,70	15,67	72,28	2,51	
10	White Australian . .	64,72	„	6,58	14,88	7,15	67,81	1,42	2,26	15,92	72,49	2,55	
	Connecticut.												
11	Common White . .	69,25	„	6,24	14,88	7,54	67,56	1,48	2,30	15,88	72,04	2,54	
12	desgl.	65,70	„	6,52	12,25	8,23	69,27	1,53	2,20	13,11	73,39	2,10	
13	desgl.	72,18	„	7,62	12,60	8,72	67,46	1,35	2,25	13,63	73,04	2,18	
14	White Russian . . .	62,63	„	5,77	14,53	7,74	67,99	1,51	2,46	15,42	72,16	2,47	
	Rhode Island.												
15	Rust Proof	—	„	7,52	12,08	8,71	68,66	1,01	2,02	13,06	74,79	2,09	
	New-York.												
16	Common White . .	66,70	„	7,33	11,90	8,13	69,07	1,48	2,09	12,84	74,53	2,05	
17	Western	73,83	„	7,20	14,35	7,15	67,56	1,22	2,15	15,47	73,18	2,48	
18	Common White . .	—	„	7,50	14,35	8,46	66,01	1,48	2,20	15,51	71,36	2,48	
19	Native	68,20	„	7,46	15,75	8,01	64,81	1,54	2,43	17,03	70,02	2,72	
20	Probsteier	73,50	„	7,20	15,75	7,13	66,24	1,31	2,37	16,99	71,36	2,72	
21	Marrowfat	71,49	„	7,58	12,95	7,79	67,50	1,89	2,23	14,01	73,11	2,24	
22	Common	70,82	„	9,24	13,13	9,63	64,88	1,19	1,93	14,47	71,48	2,32	
23	?	73,24	„	7,28	13,48	8,52	67,74	1,20	1,78	14,53	73,14	2,33	
24	Mold Ennobled . . .	70,20	„	6,34	18,03	6,98	65,02	1,60	2,03	19,26	69,41	3,08	
	New-Jersey.												
25	Branch White . . .	75,10	„	7,26	15,05	6,86	67,18	1,31	2,34	16,22	72,45	2,60	
26	Jersey	70,40	„	7,57	15,58	7,42	65,93	1,26	2,24	16,86	71,33	2,70	
	Pennsylvania.												
27	Mixed	69,65	„	6,73	17,88	8,41	62,91	1,43	2,64	19,17	67,45	3,07	
28	White Russian . . .	69,04	„	6,86	14,18	8,08	67,82	0,98	2,08	15,98	72,06	2,55	
29	Departement Seed . .	71,34	„	7,88	13,65	7,90	67,02	1,25	2,30	14,82	72,74	2,37	
30	Common	64,18	„	6,92	15,75	7,62	65,67	1,64	2,40	16,92	70,57	2,71	
	Ohio.												
31	Spranly	73,33	„	7,04	15,26	7,75	66,29	1,23	2,43	16,42	71,31	2,63	
32	?	74,95	„	7,00	17,50	8,01	64,11	1,46	1,92	18,81	68,95	3,01	
33	Welcome	60,83	„	6,78	19,44	7,40	63,21	1,10	2,07	20,86	67,80	3,32	
34	Yellow Ohio . . .	72,07	„	6,45	17,15	8,67	64,80	0,97	1,96	18,38	69,36	2,93	
35	White German . . .	74,62	„	6,76	16,10	8,67	64,56	1,26	2,65	17,26	69,26	2,76	
36	Common White . .	69,08	„	6,83	14,18	8,85	66,84	1,18	2,12	15,22	71,74	2,44	
37	desgl.	73,54	„	6,77	14,53	8,88	66,37	1,25	2,20	15,59	72,18	2,49	
38	desgl.	73,31	„	6,71	15,23	8,34	66,13	1,19	2,40	16,31	75,92	2,60	
39	. . . .	71,25	„	6,55	15,40	8,33	66,19	1,03	2,50	16,48	70,39	2,64	

[1]) Vergl. Anmerkung [1]) Seite 547.

No.	Bemerkungen	Geschältes Korn in % des ganzen Hafers	Jahr der Untersuchung	In der ursprünglichen Substanz: Wasser %	Nh-Substanz %	Rohfett %	Nfr. Extractstoffe %	Rohfaser %	Asche %	In der Trocken-Substanz: Nh-Substanz %	Nfr. Extractstoffe %	Stickstoff in der Trocken-Substanz %	Analytiker
	Michigan.												
40	White Russian . . .	74,30	1884	7,95	14,88	8,42	65,55	1,10	2,10	16,04	71,43	2,56	*Clifford Richardson* [1]
41	desgl.	72,16	„	6,67	16,28	7,42	65,43	1,26	2,94	17,44	69,91	2,59	
42	. . . .	72,41	„	6,89	13,83	7,40	68,15	1,16	2,57	14,85	73,19	2,38	
43	Early Probsteier . .	70,91	„	7,44	13,48	7,48	68,31	1,23	2,06	14,56	73,81	2,33	
44	Michigan White . .	72,47	„	7,10	14,18	7,52	67,69	1,18	2,33	15,26	72,87	2,44	
45	Common White . .	71,62	„	6,60	11,38	8,17	70,50	1,23	2,12	12,19	73,47	1,95	
	Indiana.												
46	Russian White . . .	70,69	„	8,15	15,40	7,40	66,25	1,15	1,65	16,77	72,12	2,68	
47	Common	73,40	„	7,29	16,10	8,23	65,09	1,16	2,13	17,37	70,20	2,78	
48	Common White . .	71,92	„	8,72	14,35	7,83	65,72	1,40	1,98	15,71	72,02	2,51	
	Illinois.												
49	Common Black . .	74,75	„	6,18	14,18	7,22	68,38	1,38	2,66	15,18	72,20	2,43	
50	. . . .	66,58	„	5,88	14,00	7,59	68,82	1,55	2,16	14,87	73,13	2,38	
51	Schoenen	69,53	„	7,00	13,83	7,09	67,89	1,55	2,64	14,87	73,00	2,38	
52	Common White . .	72,74	„	5,41	14,88	8,12	67,95	1,40	2,24	15,73	71,84	2,52	
53	White Russian . . .	70,97	„	6,29	15,23	8,09	66,53	1,80	2,06	16,25	71,00	2,60	
54	Black	75,85	„	5,28	15,75	7,23	67,27	1,98	2,49	16,63	71,02	2,66	
55	Common Mixed . .	70,46	„	6,11	14,00	7,70	68,34	1,43	2,42	14,91	72,79	2,39	
56	Norway (and a little white)	74,97	„	6,60	14,35	7,85	67,62	1,43	2,15	15,37	72,49	2,46	
57	desgl.	72,32	„	6,92	15,05	7,82	66,41	1,43	2,37	16,16	71,35	2,58	
	Wisconsin.												
58	White Surprise . . .	70,53	„	6,82	13,83	7,35	68,14	1,56	2,30	14,84	73,13	2,37	
59	?	68,99	„	7,84	11,90	7,82	68,90	1,26	2,28	12,91	74,77	2,07	
60	German	70,03	„	6,86	12,60	7,55	69,58	1,39	2,02	13,53	74,71	2,16	
61	White German . . .	73,25	„	7,12	14,53	7,32	67,83	1,75	1,45	15,65	73,03	2,50	
62	White Somerset . .	71,05	„	7,72	13,48	7,21	67,82	1,48	2,25	14,60	73,55	2,34	
	Minnesota.												
63	Fine Fellows . . .	69,27	„	6,69	12,25	8,24	69,36	1,30	2,15	13,12	74,37	2,10	
64	Common White . .	73,50	„	7,15	14,18	8,70	66,35	1,17	2,45	15,27	71,26	2,44	
65	White Dutch . . .	69,88	„	7,63	12,60	7,30	69,11	1,01	2,35	13,65	74,80	2,18	
66	Common White . .	73,00	„	6,88	15,40	7,90	66,26	1,33	2,23	16,54	71,15	2,65	
67	White Russian . . .	72,62	„	8,07	12,60	7,97	68,09	1,09	2,18	13,71	75,06	2,19	
68	Minn. White and Black	72,40	„	7,07	13,83	7,73	67,52	1,47	2,38	14,88	72,66	2,38	
69	desgl.	72,91	„	6,95	13,48	7,88	67,75	1,84	2,10	14,48	72,82	2,32	
70	White German . . .	69,60	„	6,82	10,68	7,61	71,22	1,29	2,38	11,46	76,44	1,83	
71	Common White . .	71,90	„	7,15	12,25	7,90	69,32	1,19	2,19	13,19	74,67	2,11	
	Jowa.												
72	Common	67,31	„	6,46	17,68	6,94	65,50	1,50	1,92	18,90	70,03	3,02	
73	German	73,43	„	6,40	13,30	7,75	69,44	1,04	2,07	14,20	74,20	2,27	

[1]) Vergl. Anmerkung [1]) Seite 547.

No.	Bemerkungen	Geschältes Korn in % des ganzen Hafers	Jahr der Untersuchung	In der ursprünglichen Substanz: Wasser %	Nh-Substanz %	Rohfett %	Nfr. Extractstoffe %	Rohfaser %	Asche %	In der Trocken-Substanz: Nh-Substanz %	Nfr. Extractstoffe %	Stickstoff in der Trocken-Substanz %	Analytiker
74	White Russian . . .	74,78	1884	7,38	14,18	9,60	65,15	1,08	2,61	15,31	70,33	2,45	*Clifford Richardson*[1]
75	desgl.	71,87	„	6,56	13,13	7,88	68,66	1,71	2,06	14,05	73,49	2,25	
76	Schoenen	70,07	„	7,66	14,88	7,96	67,06	1,60	0,84	16,16	72,58	2,59	
77	Norway Spring . . .	72,34	„	7,98	14,88	7,93	65,20	1,69	2,32	16,17	70,85	2,59	
78	. . . .	—	„	6,65	15,40	8,07	66,06	1,47	2,35	16,49	70,78	2,64	
	Missouri.												
79	Black	71,45	„	6,81	13,30	8,95	67,42	1,45	2,07	14,27	72,35	2,28	
80	White	68,60	„	7,58	14,18	8,34	66,33	1,50	2,07	15,34	71,78	2,45	
81	Yellow	69,28	„	6,95	19,25	7,77	62,86	1,57	1,60	20,62	67,67	3,30	
	Nebraska.												
82	Yellow Russian . .	73,20	„	8,03	14,88	6,91	66,81	1,35	2,02	16,57	72,25	2,65	
83	Black and white . .	68,30	„	6,90	14,00	8,32	66,72	1,85	2,21	15,04	71,66	2,41	
84	desgl.	68,79	„	7,32	14,00	8,72	66,39	1,33	2,24	15,11	71,62	2,42	
	Dakota.												
85	Wisconsin White . .	67,90	„	6,12	13,30	8,27	68,67	1,37	2,27	14,16	73,15	2,27	
86	White Russian . . .	72,39	„	6,38	14,00	8,12	67,86	1,35	2,29	14,95	73,49	2,39	
87	White Australian . .	62,20	„	5,90	17,50	7,00	66,11	1,03	2,46	18,60	70,26	2,98	
88	Russian	73,16	„	6,54	14,18	7,94	68,16	1,10	2,08	15,17	73,12	2,43	
89	White	55,37	„	8,75	11,90	9,47	66,17	1,56	2,15	13,04	72,51	2,09	
	Montana.												
90	Minnesota	70,10	„	7,10	14,00	8,79	66,39	1,54	2,18	15,06	71,47	2,41	
91	Common White . .	69,15	„	7,10	11,73	9,72	67,87	1,32	2,26	12,62	73,07	2,02	
92	White Russian . . .	72,36	„	11,13	12,25	9,03	64,42	1,02	2,15	13,78	72,49	2,20	
	Maryland.												
93	. . . .	71,70	„	6,32	15,75	8,48	65,59	1,55	2,31	16,81	70,03	2,69	
94	White Russian . . .	71,36	„	7,70	14,00	7,35	67,19	1,36	2,40	15,16	72,81	2,43	
	Delaware.												
95	Common White . .	69,59	„	5,94	16,60	7,75	66,09	1,35	2,27	17,65	70,26	2,82	
	Virginia.												
96	Winter	72,40	„	6,73	13,65	9,39	66,76	1,42	2,45	14,62	71,18	2,66	
97	Welcome	59,00	„	6,43	16,45	7,25	66,20	1,14	2,53	17,59	70,96	2,87	
98	Winter	64,29	„	6,13	14,88	8,58	66,55	1,51	2,35	15,85	70,90	2,54	
99	Centennial	—	„	7,24	16,98	6,50	64,58	1,90	2,80	18,30	69,62	2,93	
	West-Virginia.												
100	Common White . .	71,26	„	6,45	16,10	8,65	64,94	1,54	2,32	17,21	69,40	2,75	
101	Canada White . . .	67,59	„	7,10	16,45	7,34	65,63	1,34	2,14	17,71	70,65	2,83	
102	White Russian . . .	64,48	„	6,45	18,73	7,42	63,84	1,37	2,19	20,02	68,25	3,20	
103	Canada White . . .	62,60	„	6,57	17,68	6,62	65,03	1,60	2,50	18,92	69,61	3,03	

[1]) Vergl. Anmerkung [1]) Seite 547.

No.	Bemerkungen	Geschältes Korn in % des ganzen Hafers	Jahr der Untersuchung	In der ursprünglichen Substanz: Wasser %	Nh-Substanz %	Rohfett %	Nfr. Extractstoffe %	Rohfaser %	Asche %	In der Trocken-Substanz: Nh-Substanz %	Nfr. Extractstoffe %	Stickstoff in der Trocken-Substanz %	Analytiker
	North-Carolina.												
104	Black Prolific . . .	70,50	1884	7,78	9,10	7,32	71,91	1,87	2,02	9,86	77,99	1,58	*Clifford Richardson*[1]
105	Rust Proof	70,30	"	6,34	14,88	8,68	66,00	1,54	2,56	15,97	70,40	2,56	
106	Red Rust Proof . .	68,70	"	6,82	13,65	8,64	67,59	1,11	2,19	14,65	72,54	2,34	
107	Early Rust Proof . .	70,44	"	6,77	13,30	6,92	69,18	2,00	1,83	14,27	74,19	2,28	
108	Winter	73,34	"	6,77	12,95	9,77	67,08	1,63	1,80	13,90	71,94	2,22	
109	Red Rust Proof . .	68,95	"	6,58	13,65	8,26	67,31	1,62	1,98	14,61	73,22	2,34	
	South-Carolina.												
110	Red Rust Proof . .	69,95	"	6,16	13,48	8,65	68,50	1,03	2,18	14,26	73,11	2,28	
111	desgl.	67,25	"	6,94	12,25	9,51	68,40	1,14	1,76	13,16	72,92	2,11	
112	desgl.	68,65	"	7,90	13,13	7,15	69,04	0,92	1,86	13,24	76,75	2,12	
113	desgl.	68,72	"	7,08	13,65	8,13	68,20	1,01	1,93	14,69	73,39	2,35	
114	desgl.	68,48	"	6,62	13,65	9,55	67,31	1 13	1,74	14,32	72,38	2,29	
115	desgl.	71,20	"	7,02	13,30	8,59	68,15	0,88	2,06	14,30	73,31	2,29	
116	desgl.	73,33	"	7,40	13,48	7,97	68,09	0,90	2,16	14,69	73,32	2,35	
117	desgl.	68,61	"	7,40	12,43	8,31	67,90	0,96	3,00	13,55	73,07	2,17	
	Kentucky.												
118	Norway	72,70	"	8,03	15,75	7,36	65,22	1,62	2,02	17,12	70,92	2,90	
119	Black	71,49	"	7,25	14,00	9,39	65,33	2,08	1,95	15,09	70,45	2,41	
120	Red	68,51	"	6,72	14,35	6,90	68,41	1,19	2,43	15,37	74,37	2,46	
121	Michigan White . .	67,27	"	7,37	16,10	7,55	64,92	2,06	2,00	17,39	70,08	2,75	
	Tennessee.												
122	. . . .	68,24	"	6,80	15,75	7,59	66,13	1,53	2,20	16,90	70,96	2,70	
123	Winter	68,75	"	6,66	13,13	8,03	68,36	1,34	1,88	14,06	73,69	2,25	
124	Rust Proof	67,66	"	6,81	14,35	7,07	67,63	1,40	2,74	15,41	72,56	2,47	
125	Gaines Winter . . .	57,01	"	6,96	13,30	9,07	67,21	1,42	2,04	14,28	72,26	2,28	
	Georgia.												
126	North-Carolina . . .	70,95	"	6,14	12,95	8,44	68,12	1,28	3,07	13,79	72,59	2,21	
127	Hurnicutt.	68,88	"	7,24	13,48	8,93	67,45	1,12	1,78	14,53	72,71	2,33	
128	Rust Proof	71,18	"	4,88	14,88	8,92	68,17	0,92	2,23	15,64	71,68	2,49	
129	Virginia	73,52	"	7,28	15,93	7,72	65,92	1,22	1,93	17,17	71,15	2,75	
130	Tennessee	65,17	"	6,57	14,18	8,64	67,23	1,36	2,02	15,17	71,98	2,43	
131	Rust Proof or Horn Oat	67,78	"	4,85	14,18	8,03	69,28	1,81	1,85	14,90	72,82	2,38	
132	Red Rust Proof . .	62,47	"	5,82	12,78	7,26	70,40	1,44	2,30	13,57	74,74	2,17	
133	Rust Proof	67,13	"	6,40	14,70	10,38	64,61	1,66	2,25	15,71	69,01	2,51	
	Florida.												
134	Red Rust Proof . .	68,61	"	5,83	13,48	7,68	68,93	1,56	2,52	14,32	73,18	2,20	
135	Major Briton . . .	71,69	"	6,09	16,10	8,32	66,50	1,39	1,60	17,15	70,81	2,74	
136	Horn Rust Proof . .	69,40	"	6,32	14,53	7,68	68,32	0,90	2,25	15,50	72,95	2,48	
137	Texas Rust Proof . .	67,85	"	5,93	12,95	8,25	68,93	1,56	2,38	13,77	73,27	2,20	
138	Early Egyptian . .	—	"	5,99	13,83	10,51	66,57	1,45	1,65	14,72	70,80	2,36	

[1]) Vergl. Anmerkung [1]) Seite 547.

No.	Bemerkungen	Geschältes Korn in % des ganzen Hafers	Jahr der Untersuchung	In der ursprünglichen Substanz: Wasser %	Nh-Substanz %	Rohfett %	Nfr. Extractstoffe %	Rohfaser %	Asche %	In der Trocken-Substanz: Nh-Substanz %	Nfr. Extractstoffe %	Stickstoff in der Trocken-Substanz %	Analytiker
	Alabama.												
139	Red Rust Proof . .	—	1884	5,11	14,70	8,20	68,65	1,04	2,30	15,49	72,34	2,48	*Clifford Richardson*[1]
140	desgl.	68,34	„	6,59	15,23	8,98	66,20	1,20	1,80	16,30	71,42	2,61	
141	Brewington Rust Proof	66,48	„	6,28	15,23	8,95	66,92	1,07	1,55	16,25	71,42	2,60	
142	Imp. Red Rust Proof .	69,39	„	7,24	13,48	7,89	68,29	1,00	2,10	14,43	73,72	2,31	
143	Rust Proof	68,47	„	6,78	14,00	8,08	67,68	1,52	1,94	15,02	72,60	2,40	
	Mississippi.												
144	Red	69,50	„	7,53	13,13	7,67	68,49	1,21	1,97	14,19	74,08	2,27	
145	Red Rust Proof . .	67,80	„	7,13	14,00	7,61	67,99	1,13	2,14	15,08	73,20	2,41	
146	desgl.	73,69	„	8,10	14,70	8,06	66,16	1,29	1,69	15,99	72,00	2,56	
147	desgl.	74,60	„	7,05	14,18	7,81	67,32	1,54	2,10	15,26	72,52	2,44	
148	desgl.	67,00	„	7,21	14,00	8,15	67,46	1,23	1,95	15,09	72,70	2,41	
	Louisiana.												
149	Rust Proof	69,34	„	9,50	14,00	8,18	64,99	1,13	2,20	15,47	71,81	2,48	
150	Red Rust Proof . .	68,19	„	8,00	13,30	7,83	67,72	1,05	2,10	14,46	72,61	2,31	
151	desgl.	72,16	„	6,85	14,53	8,25	66,93	1,34	2,10	15,61	71,83	2,50	
	Arkansas.												
152	Red Rust Proof . .	—	„	4,67	13,83	8,12	69,35	1,93	2,10	14,54	72,72	2,33	
153	Arkansas Red . . .	64,10	„	6,94	15,75	7,71	65,83	1,63	2,14	16,93	70,73	2,71	
	Texas.												
154	White Cluster . . .	70,18	„	7,08	13,30	8,09	68,07	1,12	1,74	14,31	73,91	2,29	
155	Georgia Red Rust Proof	71,79	„	6,92	12,95	11,26	65,24	1,55	2,08	20,35	63,67	3,26	
156	Red Rust Proof . .	73,51	„	8,57	15,75	9,06	62,82	1,65	2,15	17,21	68,74	2,75	
157	desgl.	69,78	„	6,70	14,35	8,80	67,26	1,03	1,86	15,38	72,10	2,46	
158	Southern Rust Proof .	70,74	„	7,14	13,13	8,75	67,58	1,14	2,26	14,14	72,78	2,26	
159	Red Rust Proof . .	71,22	„	6,80	13,48	8,08	68,62	1,20	1,82	14,46	73,63	2,31	
160	desgl.	72,78	„	6,95	13,30	8,19	68,63	0,83	2,10	14,28	73,77	2,28	
161	desgl.	72,49	„	7,10	14,18	7,45	67,81	1,16	2,30	15,66	72,60	2,51	
	Colorado.												
162	Welcome	69,76	„	4,80	18,03	7,27	66,82	1,00	2,08	18,93	70,19	3,03	
163	Russian White fr. Dep.	69,32	„	5,08	13,13	8,67	68,98	1,14	2,40	13,84	73,39	2,21	
164	White Russian . . .	70,31	„	6,56	16,63	7,67	65,75	1,10	2,29	17,79	70,37	2,85	
165	?	—	„	7,20	13,13	7,59	68,46	1,17	2,45	14,15	73,87	2,26	
	Utah.												
166	White Somerset . .	61,17	„	6,05	12,08	8,17	69,71	1,62	2,37	12,84	74,24	2,05	
167	?	—	„	7,30	12,78	8,81	66,89	1,82	2,40	13,58	72,37	2,17	
	Nevada.												
168	Poland	66,01	„	6,80	13,83	9,72	66,21	1,17	2,27	14,84	71,03	2,37	
	New-Mexico.												
169	White and Black . .	73,21	„	6,61	13,48	9,89	66,02	1,88	2,12	14,44	70,69	2,31	
170	White	—	„	7,05	13,13	9,43	66,30	1,59	2,50	14,13	70,33	2,26	

[1]) Vergl. Anmerkung [1]) Seite 547.

No.	Bemerkungen	Geschältes Korn in % des ganzen Hafers	Jahr der Untersuchung	In der ursprünglichen Substanz: Wasser %	Nh-Substanz %	Rohfett %	Nfr. Extractstoffe %	Rohfaser %	Asche %	In der Trocken-Substanz: Nh-Substanz %	Nfr. Extractstoffe %	Stickstoff in der Trocken-Substanz %	Analytiker
	Washington Territory.												
171	Washington	72,91	1884	7,08	9,63	7,99	71,56	1,95	1,79	10,36	77,02	1,66	*Clifford Richardson*[1]
172	Gray Winter . . .	79,28	„	6,55	11,90	10,57	68,36	1,07	1,55	12,73	73,16	2,04	
	Oregon.												
173	White Russian . . .	73,09	„	6,72	11,90	8,89	68,73	1,48	2,28	11,91	74,54	1,91	
174	Hopkin	59,15	„	7,01	13,83	7,87	66,80	2,07	2,42	14,87	71,84	2,38	
	California.												
175	White Oats		„	7,95	13,13	8,83	66,33	1,83	1,93	14,26	72,06	2,28	
176	?		„	7,22	11,73	9,67	67,94	1,86	1,58	12,64	73,23	2,02	
177	Egyptian		„	6,58	9,63	10,10	70,02	1,88	1,79	10,31	74,94	1,65	
178	Common White		„	6,52	14,18	9,11	66,35	1,70	2,14	15,17	70,97	2,43	
179	Fielder		„	7,12	12,08	9,32	68,86	1,27	1,35	13,00	74,15	2,08	
180	Kansas		„	8,76	15,58	7,15	—	—	2,55	17,08	—	2,73	
181	desgl.		„	8,87	14,35	5,79	—	—	2,60	15,74	—	2,53	
182	desgl.		„	8,37	16,63	8,14	—	—	2,75	18,14	—	2,90	
183	Tennessee-Winterhafer		„	9,03	15,75	9,42	—	—	2,09	17,31	—	2,77	
184	Florida		„	9,07	13,83	9,43	—	—	2,45	15,21	—	2,43	
185	Importirter Hafer, 1885, Welcome-Oats		„	9,60	14,35	8,83	—	—	2,40	15,87	—	2,55	
186	desgl., Clydedale-Oats		„	—	—	9,02	—	—	—	—	—	—	
187	New-Zealand, 1884		„	10,18	11,55	8,91	—	—	2,32	12,84	—	2,05	
	Mittlere Zusammensetzung geschälten amerikanischen Hafers.												
188	Vereinigte Staaten, 179 Analysen		—	12,11 *)	13,57	7,68	63,37	1,30	2,03	15,37	72,10	2,46	*derselbe*[1]
189	Atlantische Küsten-Staaten, 64 Analysen		—	12,11	13,48	7,75	63,32	1,29	2,05	15,34	72,04	2,45	
190	Nördliche Staaten, 92 Analysen		—	12,11	14,07	7,58	62,88	1,29	2,07	16,01	71,53	2,56	
191	West-Staaten, 54 Analysen . .		—	12,11	13,69	7,47	63,37	1,29	2,07	15,58	72,10	2,59	
192	Süd-Staaten, 69 Analysen . .		—	12,11	13,48	7,76	63,37	1,28	2,00	15,33	72,01	2,45	
193	Nordwest-Staaten, 8 Analysen .		—	12,11	12,92	8,10	63,54	1,21	2,12	14,70	72,29	2,35	
194	Pacific-Staaten, 18 Analysen . .		—	12,11	12,26	8,36	63,85	1,44	1,98	13,95	72,65	2,23	
	Deutscher, von der äusseren Samenschale befreiter Hafer ergab im Mittel v. 17 Analysen		—	12,11	13,33	5,53	62,94	4,14	1,99	15,17	71,56	2,43	*W. Hoffmeister*[2]

[1]) Vergl. Anmerkung [1]) Seite 547.

[2]) W. Hoffmeister. Preuss. landw. Jahrbücher 1886. S. 288.

*) Nach der Haupttabelle angenommen; das wirklich gefundene Mittel beträgt für 188 = 6,83 %, 189 = 6,84 %, 190 = 7,07 %, 191 = 6,98 %, 192 = 6,79 %, 193 = 7,38 % und 194 = 6,71 %.

V. *Mais-Körner.**)

Zea Mais L. — Maize. Indian Corn-Maize.

Allgemeine Tabelle. Mais von verschiedener Herkunft.

No.	Bemerkungen	Zeit der Untersuchung	Wasser %	Stickstoff-Substanz %	Fett %	Kohlehydrate %	Holzfaser %	Asche %	In der Trocken-Substanz: Stick-stoff-Substanz %	In der Trocken-Substanz: Kohle-hydrate %	Stickstoff in der Trocken-Substanz %	Analytiker
1	Gemeiner gelber Mais v. Hohenheim	1846	14,96	12,25	—	—	—	1,63	14,38	—	2,30	*Horsford*[1])
2		—	14,00	10,33	7,56	62,14	4,96	1,01	12,30	71,60	1,97	*Payen*[2])
3	Im Elsass (Hagenau) geerntet	1848	17,10	12,80	7,00	60,50	1,50	1,10	15,44	72,93	2,47	*Boussingault*[3])
4		1852	13,16	9,12	3,46	72,53	—	1,73	10,51	83,51	1,68	*Anderson*[4])
5		1855	10,58	8,87	9,16	63,28	4,88	3,23	9,92	70,77	1,59	*Hellriegel*[5])
6	Gelber Herbstmais a. Corsika, 1854er Ernte	„	13,47	9,90	6,68	64,54	3,97	1,44	11,44	74,58	1,83	*Poggiale*[6])
7	Flacher, weisser amerikanisch. Mais	„	11,80	8,91	4,32	73,21	—	1,76	10,10	65,50	1,62	*Polson*[7]) (No. 7–10)
8	Flacher, gelber, amerik. Mais	„	11,50	8,76	4,69	73,46	—	1,59	9,90	63,20	1,58	
9	Runder, gelber, amerik. Mais	„	13,20	8,85	4,43	71,96	—	1,56	10,20	67,00	1,63	
10	Runder, gelber, aus Galacz .	„	11,80	9,08	4,50	72,86	—	1,76	10,30	60,10	1,65	
11	Aus Canada	„	12,80	11,12	5,00	67,65	—	1,43	12,75	77,58	2,04	*Moser*[8])
12	Aus steirischem Samen gezogen	„	—	7,30	—	—	—	—	—	—	—	*Stöckhardt*[9]) (No. 12–13)
13	Aus kroatischem Samen gezogen	„	—	8,90	—	—	—	—	—	—	—	

[1]) No. 1. E. N. Horsford. Ann. d. Chem. u. Pharm. 58. (1846.) 166, mit Ergänzungen von Krocker, S. 212. Letzterer ermittelte in demselben Mais den Stärkegehalt zu 66,34 %. Im Original ist der N-Gehalt des Proteins zu 15,7 % angenommen, wir berechneten den Proteingehalt aus dem angegebenen N-Gehalt mit dem üblichen Factor 6,25.

[2]) No. 2. Payen. E. Wolff's Grundlagen d. Ackerbaues 1856. Der Stärkemehlgehalt betrug 71,2 %, der an Zucker und Dextrin 0,4 %.

[3]) No. 3. J. B. Boussingault. Dessen: „Die Landwirthschaft in ihren Beziehungen zur Chemie etc.", deutsch von Gräger, Halle 1854. 3. Bd. 41. Die N-freien Extractstoffe bestehen aus: Amylum 59,0, Dextrin u. Zucker 1,5 %. In einer anderen Probe Mais fand derselbe Autor 2 % N = 12,5 % Nh-Substanz für die Trockensubstanz.

[4]) No. 4. Th. Anderson. Transact. Highl. Soc. Juli 1851 bis März 1853. 456. Im lufttrocknen Zustande enthielt der Mais 0,71 % Phosphate u. 0,14 % Phosphorsäure.

[5]) No. 5. H. Hellriegel. Chem. Ackersm. 1855. 248. Der Mais wog pro sächs. Scheffel 170 Pfund. Zucker und Dextrin 5,28 %.

[6]) No. 6. Poggiale. Weende'r Jahresber. 1855/56. 19 (a. N. J. Pharm. 30. 180).

[7]) No. 7—10. Arch. Polson. Ebendaselbst 19 (a. d. Chem. Gaz. 1855. 211). Für Gummi + Zucker u. Stärkemehl in % der Trockensubstanz werden angegeben:

	No. 7	8	9	10
Stärke	62,2	60,4	63,5	56,8
Gummi und Zucker . .	3,3	2,8	3,5	3,3

[8]) No. 11. Ign. Moser. Ebendaselbst 22. (Arenstein's landw. u. forstw. Ztg.) 1,24 % Zucker, 66,41 % Stärkemehl und Gummmi.

[9]) No. 12 u. 13. A. Stöckhardt. Chem. Ackersm. 1856. 197. Stärkemehl No. 12 = 56,4 %, No. 13 = 51 %.

*) Von anderen nicht in den Rahmen unserer Zusammenstellung passenden Analysen von Mais sind nachfolgende bemerkenswerth:

Gorham (Schweigger's Journ. f. Chemie u. Physik 32. 488 und den Ann. Philos. 1821) fand:

	Wasser	Stärke	Zeïn	Eiweiss	Gummi	Zucker	Extractstoffe	Faserstoff u. Häutchen	Salze
In der ursprüngl. Substanz	9,0	77,0	3,0	2,5	1,75	1,45	0,8	3,0	1,5 %
In der trocknen Substanz	—	84,6	3,3	2,75	1,92	1,59	0,88	3,3	1,65 „

Bartolomeo Bizio (Ebendaselbst. 37. 377)

	Stärke	Zeïn	Zymon	Hordeïn	Gummi	Zucker	Extractstoffe	Fettes Oel	Salze u. Verlust
Frühere Analyse .	80,92	5,76	0,95	7,71	2,28	0,90	1,09	0,32	0,075 %
		Gliadin							
Berichtigte Analyse	80,92	2,498	3,025	8,710	2,283	0,895	1,092	1,474	0,076 %

Nach Moleschott's Physiologie der Nahrungsmittel wurden für den Fettgehalt des Maiskornes nachstehende Zahlen ermittelt:

	Dumas	Liebig	Johnston
Fett	8,75 %	4,25 %	7,0 %

No.	Bemerkungen	Zeit der Untersuchung	Wasser %	Stickstoff-Substanz %	Fett %	Kohlehydrate %	Holzfaser %	Asche %	In der Trocken-Substanz: Stick-stoff-Substanz %	In der Trocken-Substanz: Kohle-hydrate %	Stickstoff in der Trocken-Substanz %	Analytiker
14	Grosser, gelber Frühmais, Weihenstephan	1858	—	—	—	—	—	—	10,37	—	1,66°	v. Bibra[1])
15	Triolettomais, Triesdorf . .	„	—	—	—	—	—	—	10,75	—	1,72°	
16	Pferdezahnmais, Virginien .	„	—	—	—	—	—	—	12,69	—	2,03°	
17	Chicon (pop corn), Umgegend von New-York	„	—	—	—	—	—	—	9,56	—	1,53°	
18	Majorcas mais blanckas, Colima in Mexico	„	—	—	—	—	—	—	12,31	—	1,97°	
19	Gelber, Umgebung von Frankfurt a. M. gebaut . . .	1859	13,46	9,85	5,11	68,42	1,58	1,58	11,38	79,06	1,82	Fresenius[2])
20	In mässig gutem Boden gewachsen	1860	13,50	12,60	6,29	63,55	2,47	1,59	14,56	73,47	2,33	v. Planta[3])
21	Zucker-Pferdezahnmais, i. Bad. gebaut	„	9,75	9,51	7,76	63,24	6,27	3,47	10,54	70,07	1,69	J. Nessler u. Muth[4])
22	Weisser Pferdezahnmais, in Baden gebaut	„	10,36	8,97	5,60	66,70	4,81	3,57	10,00	74,41	1,60	
23	Pfälzer, gelber, in Baden gebaut	„	9,74	7,96	5,29	67,30	5,63	4,09	8,82	74,55	1,41	
24	Baden'scher, weisser, Oberländer	„	9,16	5,82	5,60	70,57	5,94	2,91	6,41	77,68	1,03	
25		1871	13,89	10,18	4,36	66,26	4,19	1,48	12,11	76,34	1,94	W. Pillitz[5])
26	Ungarischer Mais	1868	14,58	11,88	3,97	63,75	4,20	1,62	13,91	75,62	2,23	E. Heiden, Fritsche, Voigt etc.[6])
27	Vermuthlich ungarisch. Mais	1870	14,30	11,01	4,40	65,65	2,40	2,24	12,85	76,61	2,06	
28	desgl.	1871	15,03	11,81	3,87	66,12	1,50	1,67	13,90	77,82	2,22	
29	desgl.	„	15,94	11,25	4,39	64,08	2,04	2,30	13,38	76,23	2,14	
30	desgl.	„	12,20	11,73	4,83	67,84	1,58	1,84	13,36	77,27	2,14	
31	desgl.	1872	13,80	11,16	4,30	66,23	1,72	2,79	12,94	76,83	2,07	
32		1874	18,53	11,11	4,35	62,73	1,88	1,53	13,62	76,95	2,18	

[1]) No. 14—18. v. Bibra. Dessen: Die Getreidearten u. d. Brod. Nürnberg 1860. 359. Die Körner dieser Maissorten hatten nachstehende specifische und absolute Gewichte:

	No. 14	15	16	17	18
Specifisches Gewicht . . .	1,28	1,31	1,26	1,39	1,27
Gewicht von 20 Körnern .	6,38	6,93	8,42	2,96	9,33 g.

[2]) No. 19. R. Fresenius. Landw. Vers.-Stat. 1. 1859. 179. Die Form der Körner war oval bis rund; das durchschnittliche Gewicht eines Kornes betrug 0,4 g. Die „Cellulose" wurde nach dem Peligot'schen Verfahren (Journ. f. praktische Chemie 50. 2C3) best'mmt. Zucker wurde nicht gefunden, dagegen 2,33 % Dextrin. Nh-Substanz von uns berechnet.

[3]) No. 20. A. v. Planta. Ann. d. Chem. u. Pharm. 115. 332. Zucker u. Dextrin 5,6 %.

[4]) No. 21—24. J. Nessler u. E. Muth. Vers.-Stat. Carlsruhe. Deren Bericht 1870. 58. Die Maissorten waren unter gleichen Verhältnissen im Garten angebaut. Die Nfr-Extractstoffe enthielten

	No. 21	22	23	24
Stärkemehl	54,25	58,83	62,61	67,00
Als Zucker bestimmbare Körper	4,77	7,24	—	Spuren.

[5]) No. 25. W. Pillitz. Ztschr. f. analyt. Chem. 11. 1872. 46. Autor giebt 10,58 % Protein an, indem er 15,5 % N im Protein annimmt. Wir berechneten den Gehalt an Nh-Substanz mit dem Factor 6,25 %. Stärke direct bestimmt: 62,69 %, ausserdem an Kohlehydraten: 0,76 % Dextrin, 1,38 % Zucker, ferner 1,43 % Extractivstoffe. In Wasser löslich waren 1,87 % Protein und 1,15 % Asche (in lufttrockner Substanz). Zur Bestimmung der „Zellstoffe" wurde die Substanz zunächst in zugeschmolzenen Röhren mit verdünnter Schwefelsäure bei 140 ° erhitzt, der Rückstand mit Wasser, Alkohol und Aether ausgewaschen, nach dem Wiegen die Aschenmenge bestimmt und in Abzug gebracht.

[6]) No. 26—35. E. Heiden, Fritzsche, Fr. Voigt, Th. Wetzke, A. Wolf und Güntz. Mitthl. d. Vers.-Stat. Pommritz: Beiträge zur Ernährung des Schweines. 1. Heft 1876. 17. u. f. 2. Heft 1877. 41. u. f. Die Maissorten enthielten Sand (in der Asche):

No. 26	27	28	29	30	31	32	33	34	35
0,52	0,45	0,46	0,66	0,27	0,18	0,30	0,23	0,07	0,08 % d. lufttrockn. Substanz

No.	Bemerkungen	Zeit der Untersuchung	Wasser %	Stickstoff-Substanz %	Fett %	Kohlehydrate %	Holzfaser %	Asche %	In der Trocken-Substanz: Stick-stoff-Substanz %	In der Trocken-Substanz: Kohle-hydrate %	Stickstoff in der Trocken-Substanz %	Analytiker
33	Vermuthlich ungarisch. Mais	1874	17,69	9,51	4,30	65,34	1,60	1,56	11,55	79,39	1,85	E. Heiden etc.[1])
34	desgl.	"	14,53	11,43	4,35	66,42	1,87	1,40	13,37	77,71	2,14	
35	desgl.	"	21,20	9,87	4,10	62,43	0,99	1,41	12,52	79,22	2,00	
36	Amerikanischer	"	10,75	8,92	4,37	72,97	1,74	1,25	9,99	81,76	1,60	L. Grandeau [2])
37		"	11,10	7,25	—	—	—	—	8,16	—	1,31	
38	Aus dem Departement Landes	"	9,80	9,03	4,73	72,39	2,61	1,44	10,31	79,95	1,65	
39	Türkischer Mais	"	9,85	9,19	4,39	73,09	2,12	1,36	10,91	80,56	1,75	
40	Bourgogrier Mais	"	11,20	9,14	4,50	69,04	3,33	2,79	10,29	77,75	1,65	
41	Ungarischer Mais	1875	7,40	9,02	3,64	75,53	2,45	1,76	9,74	81,78	1,56	
42		"	14,13	9,25	3,67	69,14	2,49	1,32	10,78	80,50	1,72	
43		"	12,20	8,56	3,00	71,36	3,60	1,28	9,75	81,27	1,56	
44		"	12,00	9,95	1,76	71,77	5,34	1,18	11,30	79,29	1,81	
45		"	12,30	9,43	3,53	70,72	2,90	1,02	10,75	80,76	1,72	
46		"	12,30	8,99	3,15	71,88	2,59	1,09	10,25	81,97	1,64	
47		"	12,60	8,81	4,11	69,15	3,93	1,40	10,08	79,12	1,77	
48		"	11,00	8,94	5,25	69,83	3,38	1,60	10,05	78,45	1,61	
49		"	11,00	8,51	4,63	70,96	3,78	1,12	9,57	79,72	1,53	
50		"	13,00	10,63	3,83	67,74	3,09	1,71	12,21	77,88	1,95	
51		"	12,00	8,88	3,52	72,00	2,29	1,37	10,09	81,75	1,61	
52		"	11,40	9,88	3,81	70,59	2,97	1,35	11,15	80,74	1,78	
53		"	11,62	6,18	2,39	71,50	6,16	2,12	7,00	80,92	1,12	
54		"	12,60	8,46	3,15	66,75	6,51	2,53	9,67	76,39	1,55	
55	Mittel von 38 Analysen aus dem Jahre	1879	12,41	9,39	4,07	70,20	2,60	1,33	10,75	80,13	1,72	derselbe[3])
56	Mittel von 38 Analysen aus dem Jahre	1880	13,00	9,06	3,85	71,10	1,69	1,30	10,41	81,74	1,67	
57		1872	15,40	11,03	4,05	66,61	1,47	1,44	13,03	78,74	2,08°	E. Wolff[4])
58		1878	13,00	11,61	4,14	68,25	1,52	1,48	13,34	78,45	2,13	derselbe[5])
59		1874	4,68	11,50	4,08	76,04	2,54	1,16	12,07	79,77	1,93	Hoffmeister[6])
60	Amerikanischer Mais . . .	1875	10,10	10,30	2,90	—	3,50	—	11,45	—	1,83	W. Henneberg [7])
61		"	9,30	10,40	3,70	73,70	2,90	—	11,47	81,25	1,84	
62	Amerikanischer Mais . . .	1878	17,42	8,33	3,82	67,11	2,10	1,22	10,09	81,27	1,61	
63	Donaumais	1879	15,53	10,70	4,13	66,36	1,96	1,32	12,67	78,56	2,02	
64	Amerikanisch. Pferdezahnmais	1875	14,01	8,90	3,75	70,79	1,33	1,22	10,35	82,32	1,66	J. König[8])
65	Ungarischer Mais	"	13,22	7,81	3,61	72,69	1,37	1,30	9,00	83,76	1,44	
66	desgl.	"	16,65	9,67	3,86	67,20	1,37	1,25	11,60	80,63	1,86	
67	desgl.	"	11,60	9,93	4,06	70,25	2,49	1,67	11,23	79,47	1,80	E. Wildt[9])

[1]) Vergl. Anmerkung [6]) Seite 555.
[2]) No. 36—54. L. Grandeau. Landw. Vers.-Stat. Nancy. Privatmittheilung.
[3]) No. 55 u. 56. L. Grandeau. Compt. rend. d. travaux du Congrès international d. Directeurs des stations agronomiques p. L. Grandeau. Paris 1881. 227 u. 285.
[4]) No. 57. E. Wolff u. S. Kreuzhage. Landw. Jahrb. 1872. 557.
[5]) No. 58. E. Wolff. Grundlagen f. d. rationelle Fütterung des Pferdes. 1885. 48.
[6]) No. 59. W. Hoffmeister. Vers.-Stat. Insterburg. Privatmittheilung.
[7]) No. 60 u. 63. W. Henneberg. Vers.-Stat. Göttingen. Privatmittheilung u. Landw. Jahrb. 9. 1880. 810.
[8]) No. 64—66. J. König u. C. Brimmer. Vers.-Stat. Münster. I. Bericht 1871/79. 39. No. 66 Landw. Jahrb. 5. 1876. 661. 100 Körner dieses Maises wogen 49,54 g.
[9]) No. 67. E. Wildt. Landw. Vers.-Stat. Posen. Privatmittheilung.

No.	Bemerkungen	Zeit der Untersuchung	Wasser %	Stickstoff-Substanz %	Fett %	Kohlehydrate %	Holzfaser %	Asche %	In der Trocken-Substanz: Stick-stoff-Substanz %	In der Trocken-Substanz: Kohle-hydrate %	Stickstoff in der Trocken-Substanz %	Analytiker
68	Amerikanischer Mais . . .	1875	19,70	9,70	3,80	64,10	1,60	1,10	12,08	79,82	1,93	*Holdefleiss*[1]
69		1877	14,22	9,75	3,56	68,83	1,90	1,74	11,37	80,23	1,78	*Osswald*[2]
70	Gelber amerikanischer Mais .	1876	13,00	9,68	4,96	—	—	1,04	11,13	—	1,78	*Flourens*[3]
71	Weisser (in Frankreich) einheimischer Mais	„	13,00	8,16	8,70	—	—	1,04	9,38	—	1,50	
72	Amerikanischer Mais . . .	1877	20,82	8,53	3,34	64,49	1,68	1,14	10,77	81,45	1,72	*P. Wagner und W. Rohn*[4]
73	desgl.	„	20,40	8,75	2,90	65,29	1,44	1,22	11,00	82,00	1,76	
74	desgl.	„	14,00	9,19	4,50	68,52	2,50	1,29	10,68	79,68	1,71	
75	Ungarischer Mais	„	13,55	10,94	4,00	67,36	2,80	1,35	12,66	77,91	2,03	
76	desgl.	1878	13,20	10,30	4,50	68,10	2,70	1,20	11,87	78,46	1,90	
77	Cinquantino	„	14,54	7,87	4,53	70,81	1,44	0,81P	9,22	82,84	1,48	*Schwackhöfer*[5]
78	Ungarischer Mais	„	20,64	7,80	5,63	63,18	1,50	1,25P	9,63	80,03	1,54	
79	Pferdezahnmais, weisser . .	„	13,53	6,25	4,87	72,46	1,84	1,05P	7,22	83,81	1,16	
80	Ungarischer Mais	„	17,80	6,90	4,70	64,00	5,50	1,10	8,40	77,85	1,34	*Heidepriem*[6]
81	Amerikanischer Mais . . .	„	13,02	8,29	4,29	71,34	1,81	1,25	9,53	82,02	1,52	*Petermann*[7]
82	Vom schwarzen Meere . .	„	12,46	9,12	4,36	71,14	1,50	1,42	10,42	81,27	1,67	
83	Amerikanischer Mais . . .	1879	17,94	8,51	4,69	66,80	1,24	0,82	10,37	81,40	1,66	
84		„	18,63	9,12	4,57	59,23	7,23	1,22	11,20	72,80	1,79	*G. Kühn*[8]
85		„	16,88	8,50	4,02	67,34	2,07	1,19	10,20	81,10	1,63	
86	Grosser weisser Tyroler Mais, in Böhmen gewachsen . .	—	13,00	10,30	3,93	66,50	4,58	1,69	11,84	76,43	1,89	*Hanamann*[9]
87		1879	12,98	8,77	4,08	71,23	1,68	1,26	10,08	81,85	1,61	*C. Weigelt*[10]
88		„	12,72	9,47	4,41	70,76	1,39	1,25	10,85	81,08	1,74	
89		„	14,76	8,65	4,23	69,94	1,30	1,12	10,15	82,06	1,62	
90	Italienischer Mais	1877	16,81	8,01	4,12	62,58	6,48	2,00	9,63	75,23	1,54	*Pasqualini*[11]

[1] No. 68. F. Holdefleiss. Vers.-Stat. Halle. Ztschr. d. Landw. Centr.-Ver. f. d. Prov. Sachsen 1876. 243.

[2] No. 69. W. Th. Osswald. Vers.-Stat. Halle. Ebendaselbst 1878. 13. Zwei andere gleichzeitig untersuchte Proben Maiskörner enthielten 1. 8,56 % Eiweissstoffe und 3,58 % Fett,
2. 4,56 % Fett und 65,85 % Nfr-Extractstoffe.

[3] No. 70 u. 71. G. Flourens. Biedermann's Centralbl. f. Agriculturchemie. 11. 1877. 96. (Annal. agronom. 1876. 2. 182.) Der bei 120° getrocknete Mais enthielt ferner:

	Stärke	Dextrin	Traubenzucker	Verschiedene org. Stoffe u. gebund. Wasser	in Wasser lösl. Stoffe
No. 70 . .	65,50 %	2,43 %	3,30 %	9,95 %	8,50 %
No. 71 . .	65,20 %	0,90 %	2,20 %	10,75 %	7,20 %

[4] No. 72—76. P. Wagner u. W. Rohn. (Vers.Stat. Darmstadt.) Privatmittheilung.

[5] No. 77—79. Schwackhöfer. Originalmittheilung a. d. technologischen Laboratorium d. k. k. Hochschule f. Bodenkultur in Wien. Die Maiskörner enthielten

	in Wasser lösl. coagulirbares Protein	desgl. nicht coagulirbar	unlösliches Protein	Stärke	Dextrin	Zucker
No. 77	0,99	0,58	6,30	47,38	2,67	1,43 %
No. 78	0,75	0,09	6,96	44,73	3,62	0,96 „
No. 79	0,63	0,27	5,35	?	4,03	1,06 „

[6] No. 80. Heidepriem. Vers.-Stat. Cöthen. Landw. Jahrb. 9. 1880. 810. Im Original summiren sich die Componenten auf 100,8; wir kürzten diesen Ueberschuss von den Nfr-Extractstoffen.

[7] No. 81—83. Petermann, Mercier u. Molinaris. Vers.-Stat. Gembloux. Originalmittheilung.

[8] No. 84 u. 85. G. Kühn u. E. Kern. Vers.-Stat. Möckern. Originalmittheilung.

[9] No. 86. J. Hanamann. Lehrb. d. Bierbrauerei von C. Lintner. Braunschweig 1875. 356. Der Mais enthielt Albumin 0,33 %, in Wasser lösliche, nicht coagulirbare Proteinstoffe 1,33 %, Fibrin 2,46 %, unlösliche Proteinkörper 7,67 %, Stärkemehl 72,55 %, Dextrin 3,04 %, Extractstoffe 0,84 %, Hülsenstoffe 5,27 %.

[10] No. 87—89. C. Weigelt. Vers.-Stat. Rufach. Landw. Jahrb. 9. 1880. 810.

[11] No. 90. A. Pasquelini. Ann. Staz. Agr. Forli 6. 1877. 48. Der Mais enthielt 54,31 % Stärkemehl, 2,82 % Zucker, 5 % andere N-freie Stoffe und 0,008 % N in Form von Ammoniak (in % d. lufttrocknen Substanz).

No.	Bemerkungen	Zeit der Untersuchung	Wasser %	Stickstoff-Substanz %	Fett %	Kohlehydrate %	Holzfaser %	Asche %	In der Trocken-Substanz: Stick-stoff-Substanz %	In der Trocken-Substanz: Kohle-hydrate %	Stickstoff in der Trocken-Substanz %	Analytiker
91		1879	13,46	10,32	3,93	69,59	1,42	1,28	11,93	80,41	1,91	*Fittbogen u. Förster*[1]
92		„	13,05	9,13	3,94	70,60	1,83	1,45	10,50	81,20	1,68	
93		„	13,40	9,53	3,89	69,75	1,93	1,50	11,03	80,52	1,76	
94		1880	15,10	8,66	3,52	69,73	1,61	1,38	10,20	82,13	1,63	*E. Kern*[2]
95	Badisch. Frühmais, in Poppelsdorf gebaut	„	8,91	11,58	4,25	71,76	1,80	1,70	12,71	78,77	2,034	*Hornberger*[3]
96	Aus Ungarn	„	22,20	6,75	3,51	64,97	1,26	1,31	8,67	83,52	1,39	*F. Soxhlet*[4]
97	Aus Amerika	„	13,53	7,38	2,95	73,04	1,81	1,29	8,53	84,49	1,36	
98	Aus der Banat	„	14,97	8,97	3,46	69,83	1,53	1,24	10,55	82,12	1,69	
99	Aus Serbien	„	16,45	10,06	5,05	65,83	1,34	1,27	12,04	78,80	1,93	
100	Aus der Walachei	„	14,48	7,88	3,38	71,79	1,14	1,33	9,21	83,96	1,47	
101	Aus Ungarn	„	22,18	8,31	3,17	63,69	1,33	1,32	10,68	81,84	1,71	
102	Aus Amerika	„	13,59	9,20	4,00	67,64	3,64	1,90	10,74	77,82	1,72	*Heinrich*[5]
103	desgl.	1881	—	9,81	3,96	—	—	—	—	—	—	
104	Gelber Mais, früher badischer	1880	13,00	7,88	4,72	71,47	1,39	1,27	9,06	82,45	1,45	*E. Flechsig*[6]
105	desgl., canadischer aus Ungarn	„	13,00	8,26	5,22	70,78	1,37	1,37	9,50	81,35	1,52	
106	desgl., türkischer, 40tägiger	„	13,00	8,43	5,12	70,75	1,29	1,51	9,69	81,22	1,55	
107	desgl., Jaune katif d'Antonia	„	13,00	10,99	4,69	68,94	1,26	1,12	12,63	79,23	2,02	
108	desgl., früher amerikanischer Bernsteinmais	„	13,00	7,99	5,00	71,47	1,31	1,23	9,19	82,13	1,47	
109	Gelber Mais, Cinquantino .	„	13,00	8,59	4,80	70,70	1,62	1,29	9,88	81,26	1,58°	
110	Weisser Mais, weiss. steirischer	„	13,00	9,05	4,63	70,64	1,37	1,31	10,40	81,65	1,68	
111	desgl., weisser ungarischer .	„	13,00	8,59	5,40	70,29	1,30	1,42	9,88	80,78	1,58	
112	desgl., Improved King Philip	„	13,00	7,79	4,72	71,75	1,40	1,34	8,95	82,47	1,43	
113	desgl., Blanc hâtif des Landes	„	13,00	7,83	5,41	71,13	1,24	1,39	9,00	81,75	1,44	
114	desgl., Sucre ridé	„	13,00	9,79	7,30	66,08	2,00	1,83	11,25	75,96	1,80	
115	Bunter Mais, rother Hühnerm.	„	13,00	9,62	5,05	70,02	1,07	1,24	11,06	80,48	1,77	
116	desgl., Papageienmais . . .	„	13,00	7,56	5,12	71,68	1,47	1,17	8,69	82,39	1,39	
117	desgl., bunter Augustmais .	„	13,00	8,27	4,37	71,83	1,28	1,25	9,50	82,67	1,52	
118	Weisser Mais, Tirol 1882er .	1883	12,41	11,32	4,69	70,48		1,08	12,93	80,48	2,07	*K. Portele*[7]
119	Ungar. Cinquantino, 1882er .	„	14,22	14,23	4,91	65,02		1,62	16,59	75,80	2,66	
120	desgl., 1881er	„	14,00	10,93	4,46	68,99		1,62	12,67	80,26	2,03	

[1]) No. 91—93. J. Fittbogen u. Förster. Vers.-Stat. Dahme. Privatmittheilung.

[2]) No. 94. E. Kern u. Wattenberg. Vers.-Stat. Göttingen. Journ. f. Landwirthsch. 28. 1880. 307.

[3]) No. 95. R. Hornberger u. E. v. Raumer. Landw. Jahrbücher 11. 1882. 371. 471. Der Gehalt an Eiweiss war 9,91 % in der lufttrocknen und 10,88 % in der trocknen Substanz.

[4]) No. 96—101. F. Soxhlet. K. Bayerische landw. Central-Vers.-Stat. Originalmittheilung.

[5]) No. 102 u. 103. Heinrich. Landw. Vers.-Stat. Rostock. Bericht derselben. 1882. 75.

[6]) No. 104—117. E. Flechsig. Landw. Vers.-Stat. 32. 1886. 179. Diese Maissorten wurden 1880 im Proskauer Versuchsfelde unter gleichen Witterungs-, Düngungs- und Bodenverhältnissen angebaut. (Für Richtigkeit der Namen wie für die Reinheit der Sorten steht der Autor nicht ein.)

[7]) No. 118—134. K. Portele. Laborator. d. landw. Landesanstalt in St. Michele. Landw. Vers.-Stat. 32. 1886. 241. In den Maisproben wurde auch der Stärkemehlgehalt nach Ueberführen des Stärkemehls in Zucker mittelst Fehling'scher Lösung bestimmt und darnach gefunden

	No. 118	119	120	121	122	123	124	125	126	127
In der lufttrockn. Subst. Stärkemehl	57,92	53,91	58,24	60,49	58,47	59,24	59,68	56,72	59,47	57,43

	No. 128	129	130	131	132	133	134
Stärkemehl	61,24	61,03	60,21	59,01	62,34	(64,26	62,13 in d. Trockensubstanz).

Zucker konnte Autor in keiner der untersuchten Proben nachweisen.

No.	Bemerkungen	Zeit der Untersuchung	Wasser	Stickstoff-Substanz	Fett	Kohlehydrate	Holzfaser	Asche	In der Trocken-Substanz: Stick-stoff-Substanz	In der Trocken-Substanz: Kohle-hydrate	Stickstoff in der Trocken-Substanz	Analytiker
			%	%	%	%	%	%	%	%	%	
121	Ungarischer Cinquantino, alt	1883	13,20	10,12	4,83	70,37		1,48	11,67	81,07	1,87	K. Portele[1])
122	Selice Mantovano, I. Qual., 1882er	„	13,20	11,68	5,09	68,86		1,17	13,46	79,51	2,15	
123	desgl., II. Qual., 1882er . .	„	13,71	11,50	4,63	68,92		1,24	13,33	79,86	2,13	
124	Früher weisser Paduaner, 1882 er	„	13,50	11,34	4,45	69,14		1,57	13,11	79,94	2,10	
125	Amerikanischer Pferdezahnmais, 1882er	„	13,63	9,62	5,32	70,10		1,13	11,14	81,39	1,78	
126	Gelber ungar. Mais, 1882er	„	13,43	9,50	4,75	70,75		1,57	10,97	81,73	1,76	
127	Italien. Cinquantino, 1882er	„	13,50	12,56	4,50	68,09		1,35	14,52	78,73	2,32	
128	Italien. Pignoletto, 1882er .	„	13,68	12,81	4,74	67,45		1,32	14,83	78,15	2,37	
129	Szecler Mais, 1882er . . .	„	12,95	9,50	5,69	70,28		1,58	10,92	80,72	1,75	
130	Burpells Memmuth-Corn . .	„	12,48	11,18	5,05	69,67		1,62	12,78	79,60	2,04	
131	Landreth Carly Summer, 1882er	„	14,50	11,68	4,98	67,44		1,40	13,67	78,86	2,19	
132	King Philip, braun, alt . .	„	11,15	11,04	4,47	72,03		1,31	12,46	81,01	1,99	
133	Gelber, grosskörniger Mais, St. Micheln, 1883er . .	„	13,00	14,36	4,37	66,74		1,53	16,51	—	2,64	
134	Weisser Mais, St. Micheln, 1883er	„	13,00	11,79	5,07	69,00		1,14	13,56	—	2,17	
135	In Jagem gewachsen (Tomorokoschi)	„	19,27	12,29	4,10	61,46	2,02	0,86	15,22	76,13	2,43°	Kellner[2])
136	Mais aus Kamerun	1886	9,00	8,13	5,46	75,15	1,04	1,20	8,94	82,60	1,43	B. Schulze[3])
137	desgl. aus Brasilien . . .	1876	12,41	8,75	4,78	70,05	1,99	2,02	9,99	79,97	1,60	Emmerling[4])
	Minimum	.	4,68	5,55	1,73	52,08	0,99	0,82	6,41	60,10	1,03	
	Maximum	.	22,20	14,31	8,87	72,75	7,71	3,93	16,51	83,96	2,64	
	Gesammt-Mittel . .	.	**13,35**	**9,45**	**4,29**	**69,33**	**2,29** *)	**1,29**	**10,91**	**80,01**	**1,75**	
	Mittel für amerikanischen, od. aus amerikan. Samen gezogenem Mais, 24 Analys.	.	**13,15**	**9,12**	**4,36**	**69,15**	**2,46**	**1,56**	**10,52**	**79,80**	**1,68**	
	Mittel für Mais aus dem südöstlichen Europa, 19 Analys.	.	**13,35**	**9,42**	**4,13**	**69,37**	**2,34**	**1,39**	**10,87**	**80,05**	**1,74**	
	Mittel für Mais aus dem südwestlichen Europa, 8 Analys.	.	**13,35**	**8,84**	**5,80**	**65,79**	**4,16**	**2,06**	**10,20**	**75,93**	**1,62**	

[1]) Vergl. Anmerkung [1]) Seite 558.

[2]) No. 135. O. Kellner. Japan. Chemic. Anal. Tokio 1884. 14. Der Mais enthielt 73,72 % Stärkemehl und 2,41 % andere stickstofffreie Extractstoffe, ferner 0,332 % N in Form von Amiden in der Trockensubstanz.

[3]) No. 136. B. Schulze. Der Landwirth. 22. 1886. 543. Der untersuchte Mais war ein Korn von länglicher Form, sehr hellgelber Farbe, ziemlich gross und hatte ein durchschnittliches Gewicht von 20,9 g pro 200 Körner.

[4]) No. 137. Emmerling u. R. Wagner. Zusammenstellung von Analysen von Futtermitteln. Vers.-Stat. Kiel 1877.

*) Das Mittel für Holzfaser ist erst von No. 19 an berechnet.

Analysen von in Italien gebautem Mais.

No.	Bemerkungen	Zeit der Untersuchung	Wasser %	Stickstoff-Substanz %	Fett %	Kohlehydrate %	Holzfaser %	Asche %	In der Trocken-Substanz: Stick-stoff-Substanz %	In der Trocken-Substanz: Kohle-hydrate %	Stickstoff in der Trocken-Substanz %	Analytiker
	Gemeinde Coriano.											
1	Ernte 1880 (No. 1–11), Ernte 1881 (No. 12). Sämmtliche 12 Proben waren italien. Frühmais; die Maiskolben trocken von strohgelber Farbe u. verschiedener Grösse. Einige derselben waren von einem Wurm angefressen, jedoch zeigte sich weder Geruch noch Geschmack v. Schimmel; auch mikroscopisch konnten keine Pilze nachgewiesen werden.	1883	15,48	11,05	3,89	64,34	2,79	2,45	13,07	76,13	2,09	Al. Pasqualini[1]
2		"	14,28	10,67	3,54	65,37	3,85	2,29	12,45	76,16	1,99	
3		"	15,43	11,56	4,00	63,82	2,76	2,43	13,66	75,48	2,19	
4		"	15,89	11,19	3,43	64,40	3,05	2,64	13,30	75,85	2,13	
5		"	14,95	11,10	4,01	63,30	3,54	3,00	13,05	74,54	2,09	
6		"	15,35	11,65	3,48	64,14	3,15	2,23	13,76	75,78	2,20	
7		"	14,84	11,38	3,65	64,16	3,15	2,82	13,36	75,34	2,14	
8		"	14,32	10,98	3,03	65,61	3,15	2,81	12,81	76,69	2,05	
9		"	15,10	10,80	3,99	64,34	3,62	2,15	12,72	75,79	2,04	
10		"	15,19	11,19	3,62	64,87	2,95	2,18	13,19	76,49	2,11	
11		"	14,81	11,10	3,29	68,50	0,15	2,15	13,03	78,83	2,08	
12		"	14,37	10,86	3,14	66,25	3,35	2,03	12,68	77,37	2,03	
	Gemeinde Clementi.											
13		"	12,47	10,68	3,83	67,73	3,19	2,10	12,20	78,86	1,95	
14		"	12,53	10,79	2,93	67,82	3,41	2,52	12,33	77,54	1,97	
15	Maiz delle Lande, cultivirt 1882 zu Grotter b. Forli . . .	"	12,60	9,10	3,66	70,69	2,58	1,37	10,41	80,88	1,67	
16	desgl., cultivirt 1882 auf dem Versuchsfelde b. Forli . .	"	14,00	9,66	3,42	69,55	2,33	1,04	11,23	80,87	1,73	
17	desgl., cultivirt 1882 zu Forlimpopoli	"	12,86	11,05	4,11	69,14	1,93	0,91	12,69	79,33	2,03	
18	Mais 1881 er Ernte, Stallmistdüngung	"	4,70	9,72	3,50	78,24	1,98	0,86	10,20	82,85	1,63	
19	desgl., Superphosphatdüngung	"	6,75	10,34	3,55	77,09	1,67	0,60	11,08	82,68	1,76	
20	Gelber Mais, von der Basis des Kolbens	"	13,60	8,52	4,76	68,88	2,74	1,50	9,86	79,72	1,58	
21	desgl., von der Mitte d. Kolbens	"	10,60	11,02	6,15	67,25	3,44	1,58	12,33	75,17	1,97	
22	desgl., von der Spitze des Kolbens	"	10,38	8,24	5,15	71,27	3,56	1,50	9,20	79,61	1,47	

[1]) No. 1—22. A. Pasqualini. Ann. Staz. Agrar. Forli 12. 1883. 53. 67. 105 u. 14. 1885. 37. An näheren Bestandtheilen wurden ferner bestimmt und für die lufttrockene Substanz gefunden:

	No. 1	2	3	4	5	6	7	8	9	10	11
Zucker	1,45	1,56	1,10	1,83	1,66	1,56	1,76	2,36	2,61	2,00	1,70
Dextrin und Gummi . .	0,64	0,38	0,35	0,39	0,39	0,42	0,29	0,48	0,23	0,13	0,34
Stärke (Differenz)	61,76	63,01	61,92	61,74	60,81	61,70	61,68	62,34	61,08	62,32	66,04

	No. 12	13	14	15	16	17	18	19	20	21	22
Zucker	1,80	1,66	2,00	2,06	3,14	2,24	3,67	2,98	2,80	3,29	3,60
Dextrin und Gummi . .	0,32	0,29	0,34	5,22 (nicht bestimmte Subst. u. Verlust)	4,87	5,84	2,28	2,15	2,13	2,36	3,00
Stärke (Differenz)	63,73	65,37	65,05	63,05 (direct bestimmt)	61,16	59,63	67,97	69,91	63,61	61,12	64,45
Wässerlösliche Nh-Substanz	—	—	—	—	—	—	—	—	1,37	1,25	1,52

Die Nh-Substahz ist vom Autor durch Multiplikation des Stickstoffgehaltes mit 6,5 berechnet; wir haben die Zahlen für den Factor 6,25 umgerechnet und darnach die N-freien Extractstoffe entsprechend corrigirt.

No.	Bemerkungen	Zeit der Untersuchung	Wasser %	Stickstoff-Substanz %	Fett %	Kohlehydrate %	Holzfaser %	Asche %	In der Trocken-Substanz: Stickstoff-Substanz %	In der Trocken-Substanz: Kohlehydrate %	Stickstoff in der Trocken-Substanz %	Analytiker
23	Pflanzen frei (ohne Bedeckung) gewachsen	1883	11,70	8,31	4,70	70,74	2,95	1,60	9,42	80,10	1,51	F. Sestini[1])
24	desgl. mit weissem Vorhange umgeben	„	12,80	5,34	3,30	73,81	2,95	1,80	6,12	84,65	0,98	
	Mittel	.	**13,35** *)	**10,26**	**3,84**	**67,72**	**2,88**	**1,95**	**11,84**	**78,27**	**1,89**	

Analysen von in Amerika gebautem Mais.

1. Flint Corn.

1	Norfolk White, Carge, 16 reihig	1878	11,17	10,88	4,70	70,04	1,90	1,31	12,25	78,84	1,96	S. W. Johnson[2])
2	Vermont White, Cap. 1877 .	„	10,86	11,06	4,29	71,22	1,04	1,53	12,41	79,89	1,99	
3	Rowley, 1877	„	11,00	11,63	4,83	70,15	0,78	1,61	13,06	78,83	2,09	
4	Western yellow, etwas unrein	„	13,93	8,82	3,92	70,48	1,59	1,25	10,25	81,89	1,64	W. O. Atwater[3])
5	Southern White	„	13,82	8,80	4,02	71,07	0,88	1,32	10,31	82,47	1,65	
6	Yellow or Canada, 8 reihig, sehr armer schwerer Lehmboden	„	15,10	10,01	5,31	66,99	1,24	1,36	11,56	78,90	1,85	
7	Carly Dutton, 12 reihig, ziemlich schmale Körner . .	—	8,08	9,62	5,64	72,62	2,52	1,52	10,46	78,98	1,67	derselbe[4])
8	Common Yellow or Canada, 8 reihig	—	10,52	9,72	4,42	71,63	2,40	1,31	10,86	80,06	1,74	
9	King Philip or Rhode Island, 8 reihig	—	9,79	11,87	4,45	70,08	2,21	1,60	13,16	77,69	2,11	
10	Smut nose, Michigan . . .	—	12,90	11,81	4,94	66,81	2,00	1,54	13,55	76,63	2,17	R. C. Kedzie[5])
11	desgl.	—	13,26	11,51	5,14	66,11	2,49	1,49	13,27	76,21	2,12	
12	8 reihig, Flint Michigan . .	—	13,45	12,00	4,83	66,03	2,26	1,43	13,86	76,30	2,22	
13	Sanford Michigan	—	13,37	10,69	5,06	67,41	2,10	1,37	12,34	77,82	1,97	
14	Comptoires Early, in Pennsylvanien gewonnen . . .	—	6,59	9,90	5,30	74,48	2,09	1,64	10,59	79,74	1,69	P. Collier[6])

[1]) No. 23 u. 24. F. Sestini u. A. Funaro. Landw. Vers.-Stat. 30. 1884. 106. Der Mais wurde am 31. Mai in Reihen gesäet. Ein Beet wurde mit weissem appretirten Baumwolltuch zum Abhalten der Sonnenstrahlen (Nachahmung bedeckten Himmels) überdeckt. Die Summe der Temperaturen betrugen (bis 14. September):

Bei unbedecktem Beet . .	Luft 2462,9°	Erde 2299,8°
Bei bedecktem Beet . . .	„ 2336,1°	„ 2163,3°

Die untersuchten Samen wurden am 15. September geerntet und an der Sonne getrocknet.

*) Nach der Haupttabelle angenommen; das wirkliche Mittel beträgt: 13,03.

Amerikanischer Mais:

[2]) No. 1—3 S. W. Johnson. Ann. Rep. Connect. Agric. Exp. Stat for 1877. 57. Desgl. f. 1879. 134.

[3]) No. 4—6 W. O. Atwater. N. Rep. of work Agric. Experim. Stat. Middletown, Conn. 1877/78. 29. No. 4 enthielt ungesunde Körner, Bruchstücke von dem Kolben und andere Verunreinigungen; No. 5 sehr rein; No. 6 gut, reine Sorte d. New-England Eight — rowed Yellow Corn. Auf mit Hühnermist gedüngtem Boden gewachsen.

[4]) No. 7—9. W. O. Atwater. Amer. Journ. Srims. et Arts. 1869. 352. (Rep. Connect. Ag. Exp. Stat. 1879. 134.)

[5]) No. 10—13. R. C. Kedzie. Res. of analys. Michig. St. Agr. College. Originalmitthl. (Rep. Michig. Pod. Ag. 1878. 409. Rep. Connect. Ag. Exp. St. 1879. 134.) Die Nfr-Extractstoffe bestanden aus:

	No. 10	11	12	13
Stärke	59,98	61,35	57,47	63,50
Zucker	3,78	2,47	2,40	2,70
Gummi	3,05	2,29	6,16	1,21

[6]) Vergl. Anmerkung [1]) Seite 562.

No.	Bemerkungen	Zeit der Untersuchung	Wasser %	Stickstoff-Substanz %	Fett %	Kohlehydrate %	Holzfaser %	Asche %	In der Trocken-Substanz: Stick-stoff-Substanz %	In der Trocken-Substanz: Kohle-hydrate %	Stickstoff in der Trocken-Substanz %	Analytiker
15	Adams, in New Hampshire gewonnen	—	8,61	10,50	4,83	73,30	1,19	1,57	11,48	80,22	1,84	
16	Canada, desgl.	—	8,27	11,36	5,60	71,79	1,26	1,72	12,36	78,29	1,98	
17	Vermont, in Vermont gewonnen	—	8,64	10,14	5,63	72,76	1,38	1,45	11,10	79,63	1,78	
18	Small, 12 reihig, in New-Hampshire gewonnen	—	11,48	10,50	6,03	69,56	1,09	1,34	11,87	78,58	1,90	
19	State Fair Premium gewonnen	—	10,19	10,82	5,29	70,86	1,06	1,78	12,05	78,90	1,93	
20	Large Premium gewonnen .	—	10,00	11,36	5,52	70,57	1,09	1,46	12,63	78,40	2,02	
21	Bord of Agriculture gewonnen	—	11,09	11,55	4,68	70,55	0,82	1,31	12,99	79,38	2,08	
22	King Philip gewonnen . .	—	10,23	12,08	7,05	67,79	1,01	1,84	13,47	75,50	2,16	
23	Pop Corn, White	—	8,61	13,13	5,63	68,68	2,32	1,63	14,37	75,15	2,30	
24	Improved Prolitic, Tennesse .	—	7,58	9,29	5,09	74,16	2,65	1,23	10,05	80,24	1,61	*P. Collier* [1]
25	White Mexican, in Mexico gew.	—	8,65	10,15	4,90	72,79	1,64	1,87	11,11	79,70	1,78	
26	Oregon White, in Oregon gew.	—	9,25	7,88	7,08	73,07	1,26	1,46	8,68	89,52	1,39	
27	Small 8 rowed, in New-Hampshire gewonnen	—	11,05	13,65	4,48	67,63	1,30	1,57	15,35	76,03	2,42	
28	Misce genation, white a blue, in New-Hampshire gew. .	—	9,92	11,72	5,33	70,35	1,05	1,63	13,01	78,09	2;08	
29	Pitet knot, in New-Hampshire gewonnen	—	11,24	11,20	5,26	69,74	1,04	1,52	12,62	78,58	2,18	
30	Torn Thumb Pop, yellow, in New-Hampshire gewonnen	—	9,05	12,60	5,89	69,53	1,33	1,60	13,85	76,46	2,22	
31	Old Fashioned Yellow, 1878	—	10,58	9,81	4,68	72,11	1,39	1,43	10,99	80,63	1,76	*Johnson* [2]
32	New-England „Golden“, 8 row.	—	12,51	10,25	4,94	69,37	1,35	1,58	11,73	79,27	1,88	
33	White Flint, Massach. . .	—	10,22	9,22	3,40	74,24	1,47	1,44	10,27	82,70	1,64	
34	Red Flint, Massach. . . .	—	11,95	12,06	3,40	69,47	2,02	1,10	13,70	78,90	2,19	*S. P. Sharpless* [3]
35	Western Yellow, Kansas . .	—	11,34	8,81	4,60	72,90	1,28	1,07	9,94	82,22	1,57	
36	desgl., Illinois	—	13,61	9,19	3,62	69,10	3,13	1,35	10,64	79,99	1,70	
37	White Corn, Maryland . .	1879	13,00	9,28	5,31	69,85	1,39	1,17	10,67	80,22	1,71	*P. Collier* [4]

[1]) No. 14—30. Pet. Collier. Rep. U. S. Dept. Agr. Washington 1878. 148. 149. No. 14—21 gelbe Körner. Besonders bestimmt wurden: in Alkohol lösliche und unlösliche Eiweissstoffe, Zucker, Gummi und (d. Differenz) Stärke

	No. 14	15	16	17	18	19	20	21	22	23
Eiweissstoffe in Alkohol löslich (Zeïn)	4,48	6,49	6,20	6,25	5,66	5,26	6,11	6,88	7,77	6,36
Eiweissstoffe in Alkohol unlöslich .	5,42	4,01	5,16	3,89	4,84	5,56	5,25	4,67	4,31	6,77
Zucker	2,06	2,25	2,52	1,47	2,04	2,87	2,35	1,69	2,35	2,58
Gummi	2,77	1,50	1,68	2,15	1,80	1,37	1,80	2,14	3,18	2,16
Stärke	69,65	69,55	67,59	69,14	65,72	66,62	66,42	66,72	62,26	63,94

	No. 24	25	26	27	28	29	30
Eiweissstoffe in Alkohol löslich (Zeïn) . . .	3,65	5,31	2,91	7,86	6,46	5,81	7,80
Eiweissstoffe in Alkohol unlöslich	5,64	4,84	4,97	5,79	5,26	5,49	4,80
Zucker	1,98	2,13	2,47	1,94	1,95	2,72	2,22
Gummi	2,70	1,83	2,55	2,74	2,16	2,20	3,00
Stärke	69,48	68,83	68,05	62,95	66,24	64,82	64,31

[2]) No. 31. S. W. Johnson. Ann. Rep. Connect. Agrc. Exper. Stat. 1879. 88 (134.)

[3]) No. 32—36. S. P. Sharpless. Rep. Agric. Exper. Stat. Middletown, Conn. 1877—78. 153 (corrig. nach Dep. of Agricult. Washington. Bulletin No. 466).

[4]) 37 u. 38. Peter Collier. Originalmitthl. Die nähere Analyse ergab:

	No. 37	38
In Alkohol lösliches Eiweissverb., Zeïn . .	1,58	2,71
In Alkohol unlösliche Eiweissverb., Albumin	9,09	8,71
Gummi	1,06	1,35
Zucker	2,66	1,21
Stärke	76,50	77,54

No.	Bemerkungen	Zeit der Untersuchung	Wasser %	Stickstoff-Substanz %	Fett %	Kohlehydrate %	Holzfaser %	Asche %	In der Trocken-Substanz: Stickstoff-Substanz %	In der Trocken-Substanz: Kohlehydrate %	Stickstoff in der Trocken-Substanz %	Analytiker
38	Yellow Corn, Pennsylvanien	1879	13,00	9,46	4,93	69,70	1,64	1,27	10,88	80,10	1,74	*P. Collier*[1])
39	High-mixed, 1879er Ernte, Marktwaare	1880	20,68	7,83	3,70	64,95	1,65	1,19	9,87	81,88	1,58	*S. W. Johnson*[2] (No. 39–44)
40	New western corn, 1879er, Marktwaare	„	20,22	8,54	3,55	64,86	1,67	1,16	10,71	81,40	1,71	
41	High-mixed, frische Ernte von Westerncorn, Marktwaare	„	16,41	8,57	3,85	68,16	1,76	1,25	10,25	81,55	1,64	
42	King Philip, 8 rowed	„	15,97	10,31	4,50	66,50	1,37	1,35	12,27	79,13	1,96	
43	Common yellow Corn, 8 rowed	„	15,77	10,00	4,44	67,06	1,47	1,26	11,87	80,62	1,90	
44	White Flint Corn, 8 rowed	„	16,82	8,94	3,89	67,84	1,32	1,19	10,75	81,55	1,72	
45	Pennsylvania, White Prolific	—	8,96	8,05	5,82	74,49	1,25	1,43	8,84	81,83	1,41	*Clifford Richardson*[3]) (No. 45–67)
46	desgl., Pride of North, yellow (Gew. v. 100 Körn. 30,61)	1882	8,60	10,15	4,65	73,10	2,25	1,25	11,10	79,98	1,78	
47	Missouri, Tuscarora, White (35,58)	„	7,70	11,38	5,34	71,65	2,08	1,85	12,32	77,65	1,97	
48	desgl., White Flint (34,96)	„	7,60	11,90	4,93	71,52	2,50	1,55	12,88	77,40	2,06	
49	desgl., Pennsylvania, yellow (30,67)	„	8,25	9,98	4,05	74,27	1,90	1,55	10,88	80,95	1,74	
50	desgl., Early Canada yellow (37,08)	„	8,70	10,68	4,67	72,50	2,00	1,45	11,69	79,42	1,87	
51	Colorado, Blount's Prolific (34,12)	„	10,50	9,80	5,66	70,19	2,35	1,50	10,95	78,43	1,75	
52	Washington City, Yakima City (27,90)	„	10,30	8,40	5,73	71,19	2,88	1,50	9,37	79,36	1,50	
53	Mexico, Mexican, blue (—)	„	8,97	10,21	5,25	72,35	1,80	1,42	11,22	79,47	1,80	
54	Mexikan No. 9, verschiedenfarbig (23,60)	„	8,35	7,00	7,13	73,74	2,03	1,75	7,64	80,36	1,22	
55	desgl. (40,73)	„	7,95	8,40	5,53	74,62	2,20	1,30	9,13	81,06	1,46	
56	New-York, yellow Flint	1883	—	9,80	—	—	—	1,41	—	—	—	
57	desgl.	„	—	12,43	—	—	—	1,54	—	—	—	
58	desgl.	„	—	9,28	—	—	—	1,21	—	—	—	
59	desgl.	„	—	9,10	—	—	—	1,45	—	—	—	
60	desgl.	„	—	9,45	—	—	—	1,24	—	—	—	
61	desgl.	„	—	10,85	—	—	—	1,50	—	—	—	
62	desgl.	„	—	10,68	—	—	—	1,51	—	—	—	
63	desgl.	„	—	10,85	—	—	—	1,50	—	—	—	
64	desgl.	„	—	12,43	—	—	—	1,47	—	—	—	
65	Minnesota, yellow Flint	„	—	11,03	—	—	—	1,74	—	—	—	
66	desgl.	„	—	9,80	—	—	—	1,61	—	—	—	
67	desgl., red Flint	„	—	9,10	—	—	—	1,49	—	—	—	

[1]) Vergl. Anmerkung [4]) Seite 562.
[2]) No. 39—44. S. W. Johnson. Ann. Rep. Connect. Agr. Exper. Stat. 1880. 81.
[3]) No. 45—69. Clifford Richardson. Departement of Agriculture, Chemical Division, Bull. No. 1. Washington 1883. 60 und Bull. No. 4. Washington 1884. 64.

No.	Bemerkungen	Zeit der Untersuchung	Wasser %	Stickstoff-Substanz %	Fett %	Kohlehydrate %	Holzfaser %	Asche %	In der Trocken-Substanz: Stick-stoff-Substanz %	In der Trocken-Substanz: Kohle-hydrate %	Stickstoff in der Trocken-Substanz %	Analytiker
68	Dakota mixed Flint . . .	1883	—	10,85	—	—	—	1,35	—	—	—	*Clifford Richardson* [1])
69	California white Flint . . .	„	—	11,73	—	—	—	1,70	—	—	—	
70	Massachusetts, Waushakum .	—	13,05	10,69	4,06	69,80	1,11	1,29	12,29	80,28	1,97	[2]) u. [3])
71	desgl., Wheeler's Prolific . .	—	12,69	12,06	4,58	67,46	1,82	1,39	13,82	77,25	2,21	
72	desgl., Plack	—	12,12	12,12	4,75	66,91	2,46	1,64	13,79	76,13	2,21	
73	desgl., Tip	—	8,86	12,85	5,26	68,93	2,53	1,57	14,10	75,63	2,26	
74	desgl., Canada	—	13,44	12,02	4,56	66,31	2,40	1,27	13,88	76,62	2,22	
75	Canada, Dutton White Popcorn	—	14,36	10,33	5,00	66,51	2,38	1,42	12,07	77,65	1,93	
76	Connecticut, King Philip . .	1876	11,84	9,69	4,92	71,09	1,22	1,24	10,99	80,64	1,76	
77	New-York White a yellow Pop-corn	1879	12,55	10,34	4,18	70,49	1,16	1,28	11,83	80,60	1,89	
78	South-Carolina, Southern White	—	9,86	12,47	4,48	69,78	2,03	1,37	13,83	77,43	2,21	
79	Canada, Snub Corn . . .	1884	16,66	8,94	4,04	68,55	0,78	1,03	10,73	82,26	1,72	*Johnson* [4])
80	desgl., Yellow Corn . . .	„	16,50	9,87	4,82	66,58	0,91	1,32	11,81	79,75	0,89	
	Minimum	.	6,59	6,62	3,28	65,12	0,76	1,05	7,64	75,15	1,22	
	Maximum	.	20,68	13,30	6,81	77,57	3,14	1,77	15,35	89,52	2,42	
	Mittel v. Flint-Corn No. 1—80	.	**13,35** *)	**10,17**	**4,78**	**68,63**	**1,67**	**1,40**	**11,74**	**79,20**	**1,88**	

Zusammensetzung von in Amerika gebautem Mais.

2. Dent Corn.

No.	Bemerkungen	Zeit der Untersuchung	Wasser %	Stickstoff-Substanz %	Fett %	Kohlehydrate %	Holzfaser %	Asche %	In der Trocken-Substanz: Stick-stoff-Substanz %	In der Trocken-Substanz: Kohle-hydrate %	Stickstoff in der Trocken-Substanz %	Analytiker
1	Ohio Dent 1877, Conn. . .	1878	10,78	10,06	5,14	71,30	1,35	1,37	11,27	79,92	1,80	*Johnson* [5])
2	Yellow Dent 1877, Michig. .	„	12,74	11,75	4,63	66,98	2,49	1,41	13,47	76,75	2,16	*R. C. Kedzie* [6])
3	desgl.	„	11,66	11,48	5,07	67,80	2,48	1,51	12,99	76,75	2,08	
4	White Dent 1877, Michig. .	„	13,73	11,52	4,63	66,26	2,26	1,60	13,35	76,81	2,14	
5	Hackberry Dent 1877, Michig.	„	12,47	9,88	4,77	69,11	2,30	1,47	11,29	78,84	1,81	
6	Strawberry Roan 1877, Michg.	„	14,05	10,31	4,59	67,63	2,03	1,39	12,00	78,68	1,92	
7	White Oil Corn, Indiana . .	„	11,29	10,50	4,87	70,16	1,90	1,28	11,83	79,10	1,89	
8	Pony Dent	„	13,42	11,25	4,83	66,94	2,16	1,40	12,99	77,32	2,08	
9	desgl.	„	13,29	10,63	5,03	67,53	2,21	1,31	12,26	77,88	1,96	
10	White Dent, N.-Carolina . .	„	6,74	11,03	5,18	74,09	1,53	1,43	11,82	79,47	1,89	*P. Collier* [7])

[1]) Vergl. Anmerkung [3]) Seite 563.
[2]) No. 70. 76. 77. United States Census. Ebendaselbst mitgetheilt.
[3]) No. 71—75. 78. Massachusett's Report. 1879. Ebendaselbst mitgetheilt.
[4]) No. 79 u. 80. S. W. Johnson u. E. H. Jenkins. Ann. Rep. Connect. Agric. Exp. Stat. 1884. 106.

*) Nach der Haupttabelle angenommen; das wirkliche Mittel beträgt 10,02.

Zusammensetzung von in Amerika gebautem Mais. 2. Dent Corn:

[5]) No. 1. S. W. Johnson. Rep. Connect. Agr. Exper. Stat. 1877 p. 57 (1879. 134).
[6]) No. 2—9. R. C. Kedzie. Rep. Michig. St. Agr. Colleg. 1878. 408 u. 409 (1879. 134)

	No. 2	3	4	5	6	7	8	9
Stärke . .	59,47	62,00	58,05	61,81	62,92	62,94	59,25	60,11
Zucker .	2,64	2,84	3,04	3,59	2,53	3,00	2,31	2,37
Gummi .	4,87	2,96	5,17	3,71	2,18	4,22	5,38	5,05

[7]) Vergl. Anmerkung [1]) Seite 565.

No.	Bemerkungen	Gew. von 100 Körn.	Zeit der Untersuchung	Wasser %	Stickstoff-Substanz %	Fett %	Kohlehydrate %	Holzfaser %	Asche %	In der Trocken-Substanz: Stickstoff-Substanz %	In der Trocken-Substanz: Kohlehydrate %	Stickstoff in der Trocken-Substanz %	Analytiker
11	Mexican White Dent, Mexico		1878	11,14	10,67	6,28	68,87	1,59	1,45	11,99	77,51	1,92	P. Collier[1]
12	White Prolific, Pennsylvanien		„	8,96	8,05	5,82	74,49	1,25	1,43	8,84	81,82	1,41	
13	Coe's Prolific, 1878, Connect.		„	9,55	10,13	3,98	72,70	2,19	1,45	11,21	80,36	1,79	S. W. Johnson[2]
14	Benton, 1878, Connect. . .		„	10,70	9,97	5,00	71,40	1,36	1,57	11,18	79,94	1,79	
15	Scioto, 1878, Connect. . .		„	10,43	9,25	4,01	72,98	1,80	1,53	10,31	81,49	1,65	
16	White Ohio, 1878, Connect.		„	9,70	11,28	4,20	71,30	1,73	1,79	12,50	78,95	2,00	
17	Wisconsin, 1878, Connect. .		„	9,72	11,60	4,89	70,17	2,06	1,56	12,85	77,72	2,06	
18	White Prolific, 1878, Connect.		„	10,14	9,19	4,28	73,38	1,34	1,67	10,23	81,66	1,64	
19	Extra Early Adams, 1878, Connect.		„	10,94	10,81	4,81	70,21	1,48	1,75	12,14	78,83	1,94	
20	Early Sciolo Corn		1880	15,24	8,31	3,80	69,78	1,59	1,28	9,81	82,32	1,57	
21	Pennsylvania, Chester County Mammoth yellow	44,15	18 83/84	7,80	8,75	4,82	74,90	2,33	1,40	9,49	81,23	1,52	Clifford Richardson[3]
22	desgl., Field Corn, red	37,20	„	7,85	7,53	5,49	75,73	1,95	1,45	8,17	82,18	1,31	
23	Kentucky, Willis, white	32,46	„	7,70	9,80	5,33	73,47	2,20	1,50	10,61	79,61	1,70	
24	Missouri, Proctor's Bread, white . .	30,84	„	7,90	9,63	4,65	74,12	2,05	1,65	10,46	80,47	1,67	
25	desgl., Long John, white	41,69	„	8,05	11,03	4,87	72,22	2,08	1,75	12,00	78,54	1,92	
26	desgl., Saint Charles, white	34,18	„	8,20	8,23	6,29	72,43	3,10	1,75	8,96	78,90	1,43	
27	desgl., Snow Flake, white	52,68	„	7,80	9,63	4,34	74,83	1,75	1,65	10,45	81,15	1,67	
28	desgl., Ragan's White, white	39,67	„	8,25	11,03	6,14	70,18	2,60	1,80	12,02	76,50	1,92	
29	desgl., Peabody, white	32,32	„	7,95	9,98	7,49	69,93	2,60	2,05	10,84	75,98	1,73	
30	desgl., Badeau, white	37,01	„	8,45	10,85	5,82	69,85	2,93	2,10	11,85	76,30	1,90	
31	desgl., Blount's Prolific, white . . .	38,75	„	8,05	12,25	5,33	70,34	1,98	2,05	13,33	76,49	2,13	
32	desgl., Thompson's, white	43,66	„	8,30	12,60	4,94	69,78	2,58	1,80	13,74	76,10	2,20	
33	desgl., Ragan's Yellow	42,65	„	8,50	9,63	4,85	73,44	2,13	1,45	10,53	80,26	1,68	
34	desgl., Chester County, Yellow	33,60	„	8,05	10,85	6,31	70,69	2,65	1,45	11,80	78,87	1,89	
35	desgl., Golden Yellow	35,34	„	8,30	10,50	5,38	72,79	1,43	1,60	11,46	79,36	1,83	
36	desgl., Pale, yellow .	44,25	„	8,25	9,98	4,05	74,27	1,90	1,55	10,88	80,95	1,76	

[1]) No. 10—12. Peter Collier. Rep. M. S. Dep. Agric. Washington 1878. 148 (Rep. Connect. Agr. Exp. Stat. 1879. 134)

	No. 10	11	12
Eiweiss, in Alkohol löslich, Zeïn	4,83	4,97	4,17
Eiweiss, in Alkohol unlöslich .	6,20	5,70	3,88
Zucker	2,75	2,00	1,95
Gummi	1,75	2,80	1,73
Stärke	69,59	64,07	70,81

[2]) No. 13—20. S. W. Johnson. Ann. Rep. Connect. Agr. Exper. St. 1879. 88 bezw. 136. No. 20. 1880. 81.

[3]) No. 21—71. Clifford Richardson. Depart. of Agricult. Chemic. Divis. Bullet. No. 1. Washington 1883. 60 und Bull. No. 4. Washington 1884. 64.

No.	Bemerkungen	Gew. von 100 Körn.	Zeit der Untersuchung	Wasser %	Stickstoff-Substanz %	Fett %	Kohlehydrate %	Holzfaser %	Asche %	In der Trocken-Substanz: Stickstoff-Substanz %	In der Trocken-Substanz: Kohlehydrate %	Stickstoff in der Trocken-Substanz %	Analytiker
37	Missouri, Golden Dent	35,34	1883/84	8,55	9,80	5,16	72,29	2,55	1,65	10,71	79,06	1,71	Clifford Richardson[1]
38	desgl., Chester County, Mammoth, yellow .	39,81	"	7,60	10,33	6,93	70,34	2,95	1,85	11,18	76,13	1,79	
39	desgl., New-Madrid, yellow	32,03	"	7,40	10,68	5,81	71,96	2,65	1,50	11,47	77,78	1,84	
40	desgl., Early Yellow, yellow	39,62	"	7,90	8,93	5,43	73,41	2,58	1,75	9,70	79,16	1,55	
41	desgl., Evans, yellow	40,96	"	9,05	8,93	4,73	73,24	2,55	1,50	9,82	80,32	1,57	
42	dgl., Gold Dust, yellow	43,26	"	8,75	11,55	4,95	70,92	2,28	1,55	12,66	77,71	2,03	
43	desgl., Bloody Butscher, red. . . .	37,77	"	8,70	9,98	4,78	72,61	2,23	1,70	10,87	79,60	1,74	
44	desgl., Long Yellow .	38,06	"	8,80	9,98	4,88	73,04	2,00	1,30	10,94	80,10	1,75	
45	desgl., Jersey Red .	45,87	"	8,30	10,85	4,39	72,26	2,45	1,75	11,84	78,79	1,89	
46	Kansas, Yellow Dent	34,44	"	11,24	10,50	5,11	68,82	2,04	1,69	11,91	78,17	1,79	
47	desgl., Stripedred a. yellow Dent . .	32,21	"	12,10	10,15	4,66	69,09	2,40	1,60	11,55	78,60	1,85	
48	desgl., Dark red Dent	32,15	"	12,26	10,33	4,47	68,93	2,65	1,36	11,78	78,28	1,88	
49	desgl., White Dent .	35,80	"	12,06	10,15	5,69	68,44	2,10	1,56	11,54	77,83	1,85	
50	desgl., Yellow Dent .	28,35	"	11,40	9,10	4,77	71,72	1,71	1,30	10,27	80,94	1,64	
51	desgl., White Dent .	36,69	"	12,00	10,68	4,49	69,34	2,05	1,44	12,13	78,80	1,94	
52	Texas, Wild Goose .	43,80	"	8,40	10,33	4,91	72,71	2,20	1,45	11,28	79,38	1,80	
53	desgl, White a. yellow Dent Cross . . .	31,36	"	10,10	10,33	5,33	68,96	3,84	1,44	11,49	76,71	1,84	
54	desgl., White Dent .	40,93	"	9,70	11,03	5,10	69,25	3,22	1,70	12,21	76,70	1,95	
55	desgl., Red a. yellow Cross Dent . . .	38,52	"	10,00	9,98	5,42	71,38	1,82	1,40	10,99	79,41	1,77	
56	desgl., Yellow a white Dent	38,46	"	10,36	10,68	5,29	70,02	2,61	1,04	11,92	78,11	1,91	
57	desgl., Red Dent . .	40,25	"	10,44	10,15	5,62	69,67	2,68	1,44	11,34	77,78	1,81	
58	desgl., White red a. yellow Dent . .	36,37	"	10,52	9,80	5,20	68,07	4,81	1,60	10,94	76,09	1,75	
59	desgl., White Dent .	40,88	"	10,84	10,50	5,57	69,12	2,41	1,56	11,78	77,50	1,88	
60	desgl.	40,44	"	10,60	10,85	5,32	67,74	4,17	1,32	12,14	75,75	1,94	
61	desgl., Yellow, red a. white Dent . . .	38,86	"	10,42	10,15	5,48	70,49	2,06	1,40	11,34	78,68	1,81	
62	desgl., White Dent .	39,99	"	10,20	10,68	5,26	69,92	2,31	1,63	11,90	76,73	1,90	
63	desgl., Red a. white D.	31,55	"	10,14	10,33	4,97	70,78	2,40	1,38	11,50	78,76	1,84	
64	desgl., Yellow, red a. white Dent . . .	39,66	"	10,90	10,33	5,75	69,06	2,66	1,30	11,59	77,58	1,85	
65	desgl., Yellow white a. red Dent . . .	38,53	"	10,05	10,68	5,36	70,19	2,23	1,49	11,88	78,02	1,90	
66	desgl.	39,58	"	10,49	9,80	5,58	69,65	2,96	1,52	10,95	77,81	1,75	

[1]) Vergl. Anmerkung [3]) Seite 565.

No.	Bemerkungen	Zeit der Untersuchung	Wasser %	Stickstoff-Substanz %	Fett %	Kohlehydrate %	Holzfaser %	Asche %	In der Trocken-Substanz: Stickstoff-Substanz %	In der Trocken-Substanz: Kohlehydrate %	Stickstoff in der Trocken-Substanz %	Analytiker
67	Texas, Yellow a. white Dent . . . . . (Gew. von 100 Körn.) 39,20	18 83/84	9,27	10,15	6,11	70,95	2,14	1,38	11,19	78,20	1,77	*Clifford Richardson* [1])
68	desgl., White Dent . 36,15	„	10,50	10,68	5,51	69,34	2,55	1,42	11,93	77,48	1,91	
69	desgl., Yellow Dent . 32,40	„	11,98	11,13	5,15	67,79	2,73	1,32	12,53	77,02	2,00	
70	desgl., Yellow red a. white Dent . . . 38,87	„	12,13	10,33	6,57	66,69	2,91	1,37	11,74	75,91	1,88	
71	desgl., White Dent . 30,90	„	11,82	10,15	5,46	68,63	2,76	1,18	11,51	77,83	1,84	
72	Massachusett's Early Southern	—	12,97	11,54	4,83	66,62	2,41	1,64	13,26	76,54	2,12	[2])
73	Illinois, Western White . .	—	10,77	11,46	4,23	69,72	2,47	1,35	12,85	78,23	2,06	
74	desgl., Western Yellow . .	—	11,90	10,89	4,46	68,39	2,95	1,41	12,36	77,63	1,98	
75	Minnesota, Yellow Dent . .	—	12,14	9,50	4,25	70,86	1,62	1,63	10,81	80,66	1,75	[3])
76	California, Yellow Dent . .	1879	11,42	11,31	5,18	69,16	1,56	1,37	12,77	78,07	2,04	
	Minimum	.	6,74	7,08	3,82	65,64	1,19	1,00	8,17	75,75	1,31	
	Maximum	.	15,24	11,91	7,04	71,33	4,65	2,02	13,74	82,32	2,20	
	Mittel von Dent Corn No. 1—76	.	**13,35** *)	**9,36**	**4,96**	**68,65**	**2,21**	**1,47**	**11,50**	**78,53**	**1,84**	

Zusammensetzung von in Amerika gebautem Mais.

3. Sweet Corn (Sugar Corn).

No.	Bemerkungen	Zeit der Untersuchung	Wasser %	Stickstoff-Substanz %	Fett %	Kohlehydrate %	Holzfaser %	Asche %	In der Trocken-Substanz: Stickstoff-Substanz %	In der Trocken-Substanz: Kohlehydrate %	Stickstoff in der Trocken-Substanz %	Analytiker
1	Immature Sweet, Connect., geernt. 9. Aug. 1877 . .	1878	10,12	14,50	7,92	62,70	2,57	2,19	16,14	69,75	2,58	*S. W. Johnson* [4])
2	desgl., geernt. 25. Aug. 1877	„	10,09	15,31	8,22	61,78	2,52	2,08	17,02	68,73	2,72	
3	Full grown Sweet, Connect., geernt. 25. Sept. 1877 .	„	9,45	14,38	9,13	63,05	1,93	2,06	15,88	69,64	2,54	
4	Stowell's Ever green Sweet, 12 u. 16 rech. Connect. .	1870	10,86	11,10	7,66	65,86	2,63	1,89	12,45	73,89	1,99	*Atwater* [5])
5	desgl., in New-England gew.	1878	5,98	11,91	8,00	69,53	2,66	1,92	12,67	73,95	2,03	*P. Collier* [6])
6	Egyptian, in Maryland gew.	„	7,54	11,55	7,80	69,17	2,02	1,92	12,58	74,73	2,01	
7	Red River, Minnesota gew. .	„	9,13	11,73	9,31	66,48	1,46	1,89	12,92	73,17	2,07	
8	Golden Sugar, Massachusetts gewonnen	„	6,27	14,35	9,17	66,70	1,58	1,93	15,31	71,16	2,45	
9	Marbleheard Mammoth, Massachusetts gewonnen . . .	„	6,47	12,78	9,00	67,95	1,88	1,92	13,67	72,64	2,19	
10	Prolific	1879	10,38	10,33	7,65	67,73	2,04	1,87	11,49	75,68	1,84	

[1]) Vergl. Anmerkung [3]) Seite 565.
[2]) 72—74. Massachusett's Report, mitgetheilt von Cl. Richardson.
[3]) 75 u. 76. United states Census, mitgetheilt von Cl. Richardson.
In Amerika gebauter Mais. 3. Sweet Corn:
[4]) No. 1—3. S. W. Johnson. Ann. Rep. Connect. Agric. Exper. Stat. 1878. 66. 1879. 136. Wie aus den Erntetagen ersichtlich, wurde ein und derselbe Mais in 3 Stadien der Entwickelung untersucht.
[5]) No. 4 W. O. Atwater. Ibid. 1879. 136. (Ann. Journ. Sci. a. Arts 1869. 352.)
[6]) No. 5—12. Peter Collier. Ann. Rep. of the Commiss. of Agric. 1878. (Washington, rep. of the chemist) 148.

	No. 5	6	7	8	9	10	11	12	15	16
Eiweiss, in Alkohol löslich (Zeïn) . .	5,02	5,76	5,91	8,51	6,67	4,98	6,53	6,33	5,25	5,95
Eiweiss, in Alkohohl unlöslich . . .	6,89	5,79	5,82	5,84	6,11	5,35	5,55	3,88	10,45	7,75
Zucker	4,80	6,34	5,49	6,22	5,84	5,77	6,77	1,72	1,65	1,60
Gummi	18,65	22,50	20,69	14,50	22,65	19,50	17,76	2,05	Dextrin 5,15	5,20
Stärke (d. Differenz)	46,08	40,33	40,30	45,98	39,46	42,46	44,64	68,58	49,85	50,56

*) Nach der Hauptabelle angenommen; das wirkliche Mittel beträgt 10,14.

No.	Bemerkungen	Zeit der Untersuchung	Wasser %	Stickstoff-Substanz %	Fett %	Kohlehydrate %	Holzfaser %	Asche %	In der Trocken-Substanz: Stick-stoff-Substanz %	In der Trocken-Substanz: Kohle-hydrate %	Stickstoff in der Trocken-Substanz %	Analytiker
11	Proctors, in Massachusetts gew.	1879	10,13	12,08	7,95	66,17	1,75	1,92	13,44	73,63	2,15	P. Collier[1])
12	Mexican Blue, in Mexico gew.	„	8,97	10,21	5,25	72,35	1,80	1,42	11,22	79,47	1,80	
13	Mammoth Sweet, 1878, in Connect. gewonnen . . .	„	9,43	12,32	7,48	66,09	2,75	1,93	13,60	72,97	2,18	Johnson[2])
14	Burr's Sweet	„	10,70	11,70	7,80	62,70	4,90	2,20	13,10	70,21	2,10	Sharpless[3])
15	Suger Corn (Washington) .	„	6,40	15,70	7,30	62,80	6,33	1,47	16,77	67,10	2,68	P. Collier[4])
16	desgl., in Ohio gewonnen .	„	10,00	13,70	6,00	64,61	4,24	1,45	15,22	71,79	2,44	
17	Pennsylvania, Black Sugar .	1882	8,50	11,38	8,88	65,81	3,53	1,90	12,44	71,91	1,99	Clifford Richardson[5])
18	desgl., Darling's Sugar . .	„	7,80	10,50	9,08	67,64	3,03	1,95	11,39	73,35	1,82	
19	desgl., Egyptian	„	7,40	11,73	8,08	68,01	3,08	1,70	12,67	72,43	2,03	
20	desgl., Stowell's Evergreen .	„	7,00	11,73	11,89	62,45	4,58	2,35	12,61	67,23	2,02	
21	Stowell's Evergreen . . .	„	7,85	9,45	7,83	69,12	3,50	2,25	10,25	75,01	1,64	
22	Roslyn Hybrid	„	7,85	9,98	8,77	66,41	5,24	1,75	10,77	72,12	1,72	
23	Early Minnesota	„	9,50	10,58	9,12	65,56	3,14	2,10	11,69	72,44	1,87	
24	Egyptian	„	8,10	9,98	7,96	68,05	3,76	2,15	11,26	72,26	1,80	
25	Sugar Corn, Kansas . . .	„	10,76	10,33	8,06	65,85	3,10	1,90	11,58	73,77	1,85	
26	Massachusetts, Blue Texas .	1879	7,74	13,86	8,70	65,54	2,56	1,60	15,02	71,04	2,40	[6])
27	desgl., Crosby	„	10,50	11,60	6,91	66,75	2,47	1,77	12,96	74,58	2,07	
	Mittel f. Sweet Corn No. 1—27	.	**13,35** *)	**11,43**	**7,79**	**62,76**	**2,86**	**1,81**	**13,19**	**72,43**	**2,11**	

Maiskörner, nach Qualität gesondert.

No.	Bemerkungen		Zeit der Untersuchung	Wasser %	Stickstoff-Substanz %	Fett %	Kohlehydrate %	Holzfaser %	Asche %	In der Trocken-Substanz: Stick-stoff-Substanz %	In der Trocken-Substanz: Kohle-hydrate %	Stickstoff in der Trocken-Substanz %	Analytiker
1	Stowell's Evergreen	das beste Drittel	1878	6,11	12,08	8,59	—	2,25	1,99	12,87	73,46	2,06	P. Collier[7])
2		d. geringste Dritt.	„	5,85	11,74	7,41	—	3,07	1,86	12,47	74,42	2,00	
3		Die ganze Probe	„	5,98	11,91	8,00	—	2,66	1,92	12,67	73,96	2,04	
4	Improved Prolific	das beste Drittel	„	8,09	9,58	4,99	—	2,72	1,23	10,42	79,85	1,67	
5		d. geringste Dritt.	„	7,07	8,99	5,18	—	2,59	1,23	9,67	80,64	1,55	
6		Die ganze Probe	„	7,58	9,29	5,09	—	2,65	1,23	10,05	80,24	1,62	
7	Compton's Early	das beste Drittel	„	6,48	10,07	5,02	—	2,01	1,77	10,76	79,23	1,72	
8		d. geringste Dritt.	„	6,70	9,72	5,59	—	2,17	1,51	10,42	79,84	1,67	
9		Die ganze Probe	„	6,59	9,90	5,30	—	2,09	1,69	10,60	79,68	1,70	

[1]) Vergl. Anmerkung [6]) Seite 567.
[2]) No. 13. S. W. Johnson. Ann. Rep. Connect. Agr. Exp. St. 1879. 88 u. 136.
[3]) No. 14. S. P. Sharpless. Rep. Agric. Exper. Stat. Middletown, Conn. 1877—78. 153.
[4]) No. 15 u. 16. Peter Collier. Originalmitthl. Nähere Analyse s. u. No. 5—12 S. 567 Anm. 6.
[5]) No. 17—25. Cl. Richardson. Departem. of Agricult. Chem. Divis. Bull No. 1. Washington 1883. 65 und Bull. No. 4. 66.
[6]) No. 26 u. 27. Massachusett's Rep. 179. Ebendaselbst mitgetheilt.
*) Nach der Haupttabelle angenommen; das wirkliche Mittel beträgt 8,70 %.

Maiskörner, nach Qualität gesondert:
[7]) No. 1—9. Peter Collier. Ann. Rep. of the Commissioner of Agriculture f. 1878. 124 u. 148. Die nähere Analyse dieser Maisproben ergab:

	No. 1	2	3	4	5	6	7	8	9
Zucker	4,50	5,09	4,80	1,80	2,17	1,98	1,95	2,16	2,06
Stärke	47,25	44,91	46,08	68,69	70,27	69,48	69,95	69,35	69,65
Gummi oder Dextrin .	17,23	20,07	18,65	2,90	2,50	2,70	2,75	2,80	2,77
Albumine	7,39	6,38	6,89	5,44	5,84	5,64	5,32	5,51	5,42
Zeïn	4,69	5,36	5,02	4,14	3,15	3,65	4,75	4,21	4,48

Die eine Analyse bezieht sich bei den 3 Maissorten auf das (schwerste) beste Drittel, (Best one third), die andere auf das (leichteste) ärmste Drittel (Poorest one third). Das Gewicht der beiden (extremen) Drittel war bei gleichem Volumen nahe übereinstimmend, aber die Zahlen der leichten und schweren Körner verhielt sich in einem bestimmten Gewichtsquantum bei den 3 Sorten wie folgt zu einander: 100 : 67, 100 : 67 u. 100 : 80.

VI. *Reis.*

Reiskörner.*) Oryza sativa L. Reis. — Rice. — Riz.

Nicht enthülst.

No.	Bemerkungen	Jahr der Untersuchung	In der ursprünglichen Substanz: Wasser %	Nh-Substanz %	Rohfett %	Nfr. Extractstoffe %	Rohfaser %	Asche %	In der Trocken-Substanz: Nh-Substanz %	Nfr. Extractstoffe %	Stickstoff in der Trocken-Substanz %	Analytiker
1		1876	14,42	6,93	2,41	61,18	9,73	5,33	8,09	71,52	1,29	*L. Grandeau*[1])
2		1881	9,55	5,87	1,84	72,75	5,80	4,19	6,49	80,43	1,04	*C. de Leeuw*[2])
3		—	—	—	—	—	—	—	7,50	86,90	1,20	*Wagner*[3])
	Mittel	.	**11,99**	**6,48**	**1,65**	**70,07**	**6,48**	**3,33**	**7,36**	**79,62**	**1,18**	

Enthülst.

No.	Bemerkungen	Gew. von 20 Körn.	Jahr der Untersuchung	Wasser %	Nh-Substanz %	Rohfett %	Nfr. Extractstoffe %	Rohfaser %	Asche %	Tr.: Nh-Substanz %	Tr.: Nfr. Extractstoffe %	Stickstoff %	Analytiker
1	Carolina-Reis		—	—	—	—	—	—	—	3,80	—	0,61	*Braconnot*[4])
2	Piemont-Reis		—	—	—	—	—	—	—	3,90	—	0,62	(*Braconnot*[4]))
3	Handels-Reis		—	—	—	—	—	—	—	7,50	—	1,20	*Payen*[5])
4	Piemont-Reis		1837	14,60	7,50	0,50	76,00	0,90	0,50	8,69	89,08	1,39°	*Boussingault*[6])
5	Mittel		—	9,40	5,43	0,39	80,16	4,10	0,52	6,02	88,45	0,96	*Fresenius*[7])
6	Patna-Reis, gereinigter . .		1855	9,80	7,22	0,09	81,81	0,18	0,90	8,00	90,70	1,28	*Polson*[8])
7	Piemont-Reis		„	13,72	7,80	0,24	74,47	3,45	0,32	9,04	85,15	1,45	*Poggiale*[9])
8	Gemeiner Reis		1845	6,27	—	—	—	—	—	7,25	—	1,16	*Horsford*[10])
9	Aus Ostindien . .	0,430 g	1858	—	—	—	—	—	—	7,31	—	1,17°	*v. Bibra*[11])
10	desgl.	—	„	—	—	—	—	—	—	6,13	—	0,98°	(*v. Bibra*[11]))
11	desgl.	—	„	—	—	—	—	—	—	5,94	—	0,95°	(*v. Bibra*[11]))

*) Reiskörner. Johnston untersuchte mehrere Reissorten auf ihren Gehalt an Wasser und Asche und fand:

	Reis aus Madras	Bengalen	Patua	Carolina	Carolina (Mehl)
Wasser	13,5	13,1	13,1	13,0	14,6 %
Asche	0,85	0,45	0,36	0,33	0,35 %

Reiskörner, nicht enthülst:

[1]) No. 1. L. Grandeau. Privatmittheilung.

[2]) No. 2. C. de Leeuw. Laboratoire agricole de Hasselt. Bull. No. 2. In Procenten der lufttrocknen Substanz enthielt der Reis 57,43 % Stärkemehl.

[3]) No. 3. Nach L. von Wagner's „Die Stärkefabrikation". Braunschweig, 1876. 315. Von ungenanntem Autor.

Reiskörner, enthülst:

[4]) No. 1 u. 2. Braconnot. Nach Boussingault's „Die Landwirthschaft in ihren Beziehungen zur Chemie etc." Deutsch von Gräger. 1. Bd. 300. (Ann Chim. et Phys. 4. 383.)

[5]) No. 3. Payen. Ebendaselbst. (Traité de Chimie. 5. 58.) Die Analyse dieser 3 ersten Proben ergab an näheren Bestandtheilen:

	Amylum	Zucker	Gummi	phosphors. Kalkerde	Chlorkalium etc.
No. 1 . . .	89,5	0,3	0,7	0,4	Spur
No. 2 . . .	90,1	0,1	0,1	0,4	„
No. 3 . . .	86,9	0,5 (Zucker + Gummi)		0,9 (phosphors. Kalkerde + Chlorkalium etc.)	

[6]) No. 4. J. B. Boussingault. Ebendaselbst. 3. 41 u. 200.

[7]) No. 5. Nach R. Fresenius' Lehrbuch der Chemie. Braunschweig, 1847. Daselbst ist angegeben:

	Maximum	Minimum
Wassergehalt . .	15,14	5,00
Aschengehalt . .	0,90	0,36

	Stärkemehl	Traubenzucker	Gummi
Wassserhaltig . .	79,60	0,18	0,38
Wasserfrei . . .	87,85	0,20	0,40

[8]) No. 6. Arch. Polson. Weende'r Jahresber. 1855/56. II. 19. (Chem. Gaz. 1855. 211; Journ. f. prakt. Chem. 66. 320.) Der Reis enthält in Procenten der trocknen Substanz 87,2 Stärkemehl und 2,1 Gummi und Zucker.

[9]) No. 7. Poggiale. Ebendaselbst. 20. (N. J. Pharmacie. 30. 180.)

[10]) No. 8. E. N. Horsford. Ann. Chem. u. Pharm. 58. (1846.) 166 u. 212. Krocker bestimmte in derselben Reisprobe den Stärkemehlgehalt und fand denselben in Procenten der trocknen Substanz zu 86,2.

[11]) No. 9—18. von Bibra. „Die Getreidearten und das Brod." Nürnberg, 1860. 342. Die Körner des Bergreis waren stark glasig und mit einem rothen Ueberzug, der zwischen Kern und Spelzen liegt, versehen. In Reis mit Spelzen fand von Bibra: Asche im Ostindischen bezw. Unjana Podick 9,13 %, Carolina-Reis 7,28 %.

No.	Bemerkungen	Gew. von 20 Körn.	Jahr der Untersuchung	In der ursprünglichen Substanz: Wasser %	Nh-Substanz %	Rohfett %	Nfr. Extractstoffe %	Rohfaser %	Asche %	In der Trocken-Substanz: Nh-Substanz %	Nfr. Extractstoffe %	Stickstoff in der Trocken-Substanz %	Analytiker
12	Aus Bengalen . .	0,445 g	1858	—	—	—	—	—	—	5,88	—	0,94°	
13	Aus Java . . .	0,480 „	„	—	—	—	—	—	—	4,81	—	0,77°	
14	Aus Carolina . .	—	„	—	—	—	—	—	—	4,94	—	0,79°	
15	Aus Spanien, Valencia	0,490 „	„	—	—	—	—	—	—	6,88	—	1,10°	
16	Aus Pegu (Britisch-Birma)	0,490 „	„	—	—	—	—	—	—	5,56	—	0,89°	*v. Bibra*[1])
17	Aus Italien . . .	0,435 „	„	—	—	—	—	—	—	5,00	—	0,80°	
18	Aus Abyssinien, Bergreis . . .	0,220 „	„	—	—	—	—	—	—	5,62	—	0,96°	
19	Käuflicher Reis		1871	12,54	8,38	1,76	75,47	0,67	1,18	9,58	86,30	1,53	*J. König*[2])
20	desgl.		1872	12,51	8,86	0,78	76,25	0,76	0,84	10,12	87,14	1,62	*W. Pillitz*[3])
21	desgl.		1876	14,41	6,94	0,51	77,61	0,08	0,45	8,11	90,68	1,30°	*J. König und Brimmer*[4])
22	desgl.		„	(12,58)	6,12	0,68	76,89	(2,22)	1,59	6,99	87,82	1,44	*Hanamann*[5])
23	desgl.		„	12,62	7,67	0,72	77,17	1,13	0,69	8,67	88,43	1,39	*Grandeau*[6])
24	desgl.		1877	12,89	6,65	0,97	78,47	0,24	0,78	7,55	90,19	1,21	
25	desgl.		„	12,01	7,88	0,78	78,65	0,58	0,58	8,95	88,84	1,44	
26	desgl.		„	11,13	9,30	1,82	76,41	0,28	0,28	10,46	86,85	1,67	*A. Petermann*[7])
27	desgl.		„	13,05	9,31	0,65	76,28	0,61	0,61	10,71	86,54	1,71	
28	desgl.		„	13,51	8,97	1,98	72,01	(1,63)	1,90	10,37	83,26	1,66	
29	desgl.		„	13,16	8,97	2,00	72,17	(1,83)	1,87	10,33	83,11	1,65	
30	desgl.		„	13,34	7,06	0,27	75,25	1,20	2,88	8,15	86,84	1,46	*J. König*[8])
31	desgl.		1883	13,00	5,92	0,40	80,16	0,10	0,42P	6,81	92,13	1,09	
32	desgl., sogen. indischer . .		„	13,13	6,81	0,82	78,76	0,09	0,39P	7,85	90,66	1,26	*E. Meisl*[9])
33	Italienischer Kochreis . . .		„	15,28	7,56	0,88	75,60	0,15	0,53P	8,92	89,23	1,43	
34	Käuflicher Kochreis . . .		1881	15,00	7,00	0,21	Stärke (74,80	2,43)	0,56	8,24	(88,00)	1,32	*Soxhlet*[10])
35			1877	—	—	—	—	—	—	7,50	—	1,20	*Flourens*[11])
36	Common paddy rice (Uruchi), gewöhnlicher Sumpfreis .		1884	14,20	8,44	2,28	65,09	(1,24)	8,75	9,84	88,03	1,571°	*O. Kellner*[12])

[1]) Vergl. Anmerkung [11]) Seite 569.

[2]) No. 19. J. König. Landw. Ztg. f. Westfalen u. Lippe 1871. 402.

[3]) No. 20. W. Pillitz. Ztschr. f. analytische Chemie. 11. 1872. 46. Die Analyse ergab an näheren Bestandtheile:

	Stärkemehl	Dextrin	Zucker	Extraktivstoffe	lösl. Albumin
In der wasserhaltigen Substanz .	74,88	1,11	Spur	0,11	0,41
In der wasserfreien Substanz . .	85,41	1,27	Spur	0,12	0,46

Im Original ist die Nh-Substanz mit einem N-Gehalt von 15,5 % angenommen; wir berechneten solche zu 16 % N-Gehalt.

[4]) No. 21. J. König u. C. Brimmer. Ztschr. f. Biologie 1876. 497.

[5]) No. 22. J. Hanamann. Fühling's landw. Ztg. 1826. An näheren Bestandtheilen enthielt der Reis: Albumin 0,24 %, Dextrin 2,63 %, Stärkemehl 85,19 %

[6]) No. 23. L. Grandeau. Privatmittheilung.

[7]) No. 24—29. A. Petermann u. Mercier. Privatmittheilung.

[8]) No. 30. J. König. Vers.-Stat. Münster. Ber. ders. 1871—77. 29.

[9]) No. 31—33. E. Meissl, F. Strohmer und N. von Lorenz. Ztschr. f. Biologie 1883. Juliheft. 83. 88 u. 99. Die directe der Bestimmung ergab bei Probe No 32 = 80,05 % der lufttr. Substanz Stärkemehl.

[10]) No. 34. F. Soxhlet u. Th. Henkel. Ztschr. d. landw. Vereins in Bayern 1881. Stärke wurde direct bestimmt nach der Märcker'schen Methode, die Rohfaser wurde aus der Differenz berechnet.

[11]) No. 35. G. Flourens. Biedermann's Centralbl. f. Agriculturchemie. 11. 1877. 96. (Ann. agronom. 1876. 2. 182.) Die directe Stärkemehlbestimmung ergab 87,20 %.

[12]) Vergl. Anmerkung [1]) Seite 571.

No.	Bemerkungen	Jahr der Untersuchung	In der ursprünglichen Substanz: Wasser %	Nh-Substanz %	Rohfett %	Nfr. Extractstoffe %	Rohfaser %	Asche %	In der Trocken-Substanz: Nh-Substanz %	Nfr. Extractstoffe %	Stickstoff in der Trocken-Substanz %	Analytiker
37	Upland rice (Okabo), Bergreis	1884	12,77	9,83	2,24	72,62	(1,41)	1,13	11,27	83,25	1,80°	O. Kellner[1])
38	Gewöhnlicher Reis, Japan, Mittel von 10 Analysen .	„	(12,58)	6,13	2,00	74,10	(4,00)	1,19	7,00	84,76	1,12	O. Kellner[1])
39	Bergreis, Japan, Mittel von 2 Analysen	„	(12,58)	7,65	2,25	74,77	(1,72)	1,03	8,75	85,53	1,40	O. Kellner[1])
40	Mittel aus 10 Analys., Amerika	„	12,40	7,40	0,40	79,20	0,20	0,40	8,44	90,41	1,35	*Jenkins*[2])
41	Reis, Amerika	1886	11,15	7,70	0,86	78,59	0,80	0,90	8,66	88,45	0,39	*Richardson*[3])
	Geschälter Reis (Kochreis) Minimum . .	.	6,27	3,32	0,09	72,65	0,09	0,03	3,80	83,11	0,61	
	Geschälter Reis (Kochreis) Maximum . .	.	15,28	9,85	2,33	80,54	4,09	2,90	11,27	92,13	1,80	
	Geschälter Reis (Kochreis) Mittel . . .	.	**12,58**	**6,73**	**0,88**	**78,48**	**0,51** *)	**0,82**	**7,70**	**89,78**	**1,23**	

Reiskörner. Oryza glutinosa Loureiro. Klebreis.

No.	Bemerkungen	Jahr	Wasser	Nh-Substanz	Rohfett	Nfr. Extractstoffe	Rohfaser	Asche	Nh-Substanz (Trocken)	Nfr. Extractstoffe (Trocken)	Stickstoff	Analytiker
1	Glontinous rice (Mochigome)	1884	14,88	10,48	2,43	70,83	0,86	0,92	12,25	82,83	1,962°	*O. Kellner*[4])
2	Klebreis	„	13,28	7,71	0,59	77,16	0,66	0,60	8,89	88,98	1,42	*U. Kreusler*[5])
3	Glutinoser Reis, Japan, Mittel von 3 Analysen	„	(13,88)	5,02	2,96	72,28	4,48	1,38	5,87	83,89	0,94	*O. Kellner*[4])
	Mittel von Klebreis	.	**13,88**	**6,67**	**2,35**	**72,97**	**2,99**	**1,14**	**7,75**	**84,73**	**1,24**	

VII. Hirse.

Hirse. Samen von Panicum italicum L. (Setaria italica). Italienischer oder Kolben-Fennich, Millet d'Italie.

No.	Bemerkungen	Jahr	Wasser	Nh-Substanz	Rohfett	Nfr. Extractstoffe	Rohfaser	Asche	Nh-Substanz (Trocken)	Nfr. Extractstoffe (Trocken)	Stickstoff	Analytiker
1	Geschält, „Awa"	1884	12,04	7,40	3,87	74,21	1,37	1,11	8,43	84,37	1,35°	*O. Kellner*[6])
2	Ungeschält, in Japan gewachs.	„	13,05	13,04	3,03	57,42	10,41	3,05	14,99	66,00	2,50	*Nagai u. Murai*[7])

[1]) No. 36—39. Osc Kellner. Chem. Analys. of a collection of agricultur. specimens from the Laboratory of the imperial college of Agriculture Komaba, Tokia, Japan, S. 13 und Landw. Vers.-Stat. 30. 1884. 44. Die Analyse ergab an näheren Bestandtheilen:

In % der trocknen Substanz	Stärkemehl	Zucker u. Dextrin	Eiweiss-N	ferner an N-Formen: Nichteiweiss-N (d. Cu OH_2)	Nichteiweiss-N d. Phosphorwolframs.
No. 36	77,86 %	10,17 %	1,441	0,130	0,047 %
No. 37	77,34 %	5,91 %	1,34	0,460	—

Asche frei von C u. CO_2. — Die Analysen unter No. 36 u. 37 gelten für die enthülsten, aber nicht polirten, geweissten Körner von rohem japanischem Reis.

[2]) No. 40. Tafel über die Zusammensetzung Amerikanischer Futterstoffe von Dr. E. H. Jenkins in Ann. Rep. Connecticut Agric. Exper. Stat. 1884. 116. Die Extreme im Gehalte der untersuchten 10 Reisproben sind daselbst wie folgt angegeben in Procenten der lufttrocknen Substanz

	Trockensubstanz	Protein	Fett	Nfr-Extractstoffe	Rohfaser
Maximum . .	88,60	8,60	0,60	80,60	0,40 %
Minimum . .	86,00	5,90	0,30	77,50	0,10 %

[3]) No. 41. Cl. Richardson. U. S. Departement of Agriculture, Washington. Privatmittheilung.

*) Mittel für Holzfaser von No. 19 an berechnet, mit Ausnahme von No. 22, 28, 29, 34, 36, 37, 38 u. 39.

Reiskörner. Klebreis:

[4]) No. 1 u. 3. Osc. Kellner. Siehe No. 36 von Oryza sativa. Reis unter No. 1 enthielt in Procenten der wasserfreien Substanz 76,02 % Stärkemehl, 6,81 % Rohrzucker, Glucose und Dextrin und von durch Phosphorwolframsäure fällbarem Amid-N 0,055 %.

[5]) No. 2. U. Kreusler u. F. W. Dafert. Landw. Jahrb. 13. 1884. 767. In Procenten der Trockensubstanz enthielt der Reis 8,65 % Zucker, 3,35 % Dextrin und 67,98 % Stärkemehl.

Hirse. Panicum italicum:

[6]) No. 1. Osc. Kellner. Japan. Chemical Analyses of Agricultural Specimens from the Laboratory of the Imperial College of Agriculture Komaba, Tokio, Japan. 1884. Die Hirse enthielt (in d. Trockensubst.) 1,24 % Eiweissstickstoff.

[7]) No. 2. K. Nagai u. J. Murai. Japan. International Health Exhibitation. London, 1884. A. Descriptive Cataloge etc. p. 2. Die Analysen Panicum italicum No. 2 und Panicum Crus corvi sind von den Verfassern den Tabellen für Japanische Nahrungsmittel und Getränke entnommen.

No.	Bemerkungen	Jahr der Untersuchung	In der ursprünglichen Substanz: Wasser %	Nh-Substanz %	Rohfett %	Nfr. Extractstoffe %	Rohfaser %	Asche %	In der Trocken-Substanz: Nh-Substanz %	Nfr. Extractstoffe %	Stickstoff in der Trocken-Substanz %	Analytiker
	Panicum Crus corvi-Hirse.											
1	In Japan gewachsen, dort „Hiya“ genannt	1884	13,23	9,14	0,98	72,80	3,01	0,83	10,52	83,84	1,68	*Nagai und Murai* [1])

Hirse. Rispenhirse. Samen von Panicum miliaceum L. — Panick-corn, Millet, Hirse. — Millet.

No.	Bemerkungen	Jahr der Untersuchung	In der ursprünglichen Substanz: Wasser %	Nh-Substanz %	Rohfett %	Nfr. Extractstoffe %	Rohfaser %	Asche %	In der Trocken-Substanz: Nh-Substanz %	Nfr. Extractstoffe %	Stickstoff in der Trocken-Substanz %	Analytiker
	Nicht geschälte Körner.											
1	In Ungarn cultivirt . . .	1860	13,15	10,70	3,67	57,10	13,06	2,32	12,32	65,63	1,972°	*J. Moser* [2])
2		—	11,74	10,97	4,15	—	—	3,61	12,44	78,77	1,99°	*Ritthausen* [3])
3	In Japan cultivirt, „Kibi“ .	1884	10,80	10,27	4,34	66,19	4,16	4,24	12,41	73,32	1,98°	*O. Kellner* [4])
4	desgl.	„	11,43	10,48	4,39	64,91	4,45	4,34	11,83	73,30	1,89°	
5	Ungequetscht (?)	1883	13,19	9,56	3,83	57,06	12,51	3,85	11,01	65,72	1,76	*A. Völcker* [5])
6	In Japan gewachsen . . .	1884	14,70	10,89	2,95	60,95	5,96	4,55	12,76	71,48	2,04	*Nagai und Murai* [6])
	Mittel (No. 1—6)	.	**12,50**	**10,61**	**3,89**	**61,11**	**8,07**	**3,82**	**12,13**	**69,84**	**1,94**	
	Geschälte Körner.											
1		1846	14,00	20,60	3,00	57,80	2,40	2,20	11,49	79,67	1,84	*Boussingault* [7])
2	Käufliche Hirse	1858	12,22	9,88	7,43	—	—	—	11,25	—	1,80	*v. Bibra* [8])
3	Käufliche Hirse aus Franken	„	—	—	—	—	—	—	8,88	—	1,42	
4	desgl.	„	—	—	—	—	—	—	9,88	—	1,58	
5		1871	12,90	14,81	4,17	62,80	3,73	1,59	17,00	72,11	2,72	*W. Pillitz* [9])
6		1876	13,20	8,45	3,66	65,59	(5,16)	3,84	9,73	75,69	1,56	*Grandeau* [10])
7		1878	12,01	12,25	3,31	64,26	(4,65)	3,52	13,92	72,94	2,23	*König und Krauch* [11])
8		„	7,57	11,31	4,28	74,10	1,27	1,47	12,24	80,17	1,96	*Petermann* [12])
9	Gequetscht (?)	1883	12,85	11,25	3,91	60,25	(7,73)	4,01	12,90	69,15	2,06	*A. Völcker* [13])
	Mittel (No. 1—9)	.	**11,79**	**10,51**	**4,26**	**68,16**	**2,48** *)	**2,80**	**11,92**	**77,27**	**1,94**	

Panicum Crus corvi:

[1]) No. 1. Vergl. Anmerkung 7 unter Panicum italicum.

Hirse, Panicum miliaceum, ungeschält:

[2]) No. 1. J. Moser. Allgem. land- und forstwirthschaftl. Zeitung 1861. 8. (Landw. Vers.-Stat. 4. 1862. 193.) Das Verhältniss von Schale zum Korn war wie 1 : 4.

[3]) No. 2. H. Ritthausen. Landw. Vers.-Stat. 20. 1877. 410. Aus der Mittheilung der Untersuchung ist nicht zu erkennen, ob die untersuchte Hirse ungeschält oder geschält war. Der Umstand, dass dieselbe als Schweinefutter diente, lässt vermuthen, dass dieselbe ungeschält war.

[4]) No. 3 u. 4. Osc. Kellner (Tokio, Japan). Mitthl. der deutschen Gesellschaft f. Natur- u. Völkerkunde Ostasiens, Sonderabdruck aus Band 4. No. 35. Die Hirse No. 3 enthielt in der Trockensubstanz 1,92 % Eiweiss-Stickstoff.

[5]) No. 5. Aug. Völcker. Biedermann's Centralbl. f. Agriculturchemie 1883. 710. (J. Roy. Agric. Soc. England. Bd. 19. T. 1. No. 37. 237.) In unserer Quelle ist diese Hirse als ungequetscht bezeichnet im Vergleich zu gequetschten (siehe d. No. 9), wir vermuthen aus der Differenz der beiden Analysen, dass die eine Hirse geschält, die andere ungeschält untersucht wurde.

[6]) No. 6. Nagai u. Murai. Japan. Intern. Health Exhibitation London 1884. A. Descriptive Cataloge etc. p. 2.

Hirse, Panicum miliaceum, geschält:

[7]) No. 1. J. B. Boussingault. Dessen: „Die Landwirthschaft in ihren Beziehungen zur Chemie etc.“ 3. 200.

[8]) No. 2—4. von Bibra. Dessen: „Die Getreidearten und das Brod.“ Nürnberg, 1860. 350. Bei No. 1 wurden an näheren Bestandtheilen ermittelt: Albumin 0,87 %, Pflanzenleim 3,40 %, Casein 0,50 %, in Wasser und Alkohol unlösliche Stickstoffsubstanz 5,50 %, Gummi 9,13 %, Zucker 1,80 %. Eine Aschenbestimmung wurde nicht ausgeführt. Derselbe Autor untersuchte noch eine abyssinische Hirse, welche als Panicum spei bezeichnet war, auf ihren N-Gehalt und fand denselben äusserst gering, nämlich zu 0,37 % = 2,31 % Nh-Substanz. Das spec. Gewicht der Samen unter 2 und 3 betrug 1,25 bezw. 1,23.

[9]) No. 5. W. Pillitz. Ztschr. f. analyt. Chem. 11. 1872. 62. Die nähere Analyse ergab:

	Stärke	Dextrin	Zucker	Extractivstoffe	In Wasser lösliches Albumin	In Wasser lösliche Asche
In der lufttrocknen Substanz . .	60,27	1,12	0,45	0,45	1,18	1,03
In der wasserfreien Substanz .	69,20	1,29	0,52	0,52	1,36	1,18

Ueber die analytische Methode siehe Angaben bei Weizenanalysen desselben Autors S. 442 Anm. 4.

[10]) No. 6. L. Grandeau. Privatmittheilung.

[11]) No. 7. J. König u. C. Krauch. Privatmittheilung.

[12]) No. 8. A. Petermann. Privatmittheilung.

[13]) No. 9. Aug. Völcker. Biedermann's Centralbl. f. Agriculturchem. Vergl. ungeschälte Hirse No. 5.

*) Mittel für Holzfaser aus No. 1, 5 und 8.

No.	Bemerkungen	Jahr der Untersuchung	In der ursprünglichen Substanz: Wasser %	Nh-Substanz %	Rohfett %	Nfr. Extractstoffe %	Rohfaser %	Asche %	In der Trocken-Substanz: Nh-Substanz %	Nfr. Extractstoffe %	Stickstoff in der Trocken-Substanz %	Analytiker
	Panicum miliaceum var. Bretschneideri Kcke. Klebhirse.											
1	Geschälte Körner	1887	9,04	11,82	3,89	74,09	0,14	0,92	12,99	81,57	2,08	*Beutele und Dafert*[1])
	Mohrhirse. Sorghum halapense Pers. Samen.											
1		1882	11,09	8,45	2,77	37,33	32,27	8,09	9,50	41,98	1,52	*B. Schulze*[2])
	Mohrhirse. Sorghum tartaricum. Dari.											
1	Dari, syrischer	1881	9,97	9,88	3,52	72,22	1,33	2,78	10,98	80,54	1,76	*C. de Leeuw*[3])
2	Dari, ägyptischer	„	10,05	7,05	6,11	74,20	0,97	1,62	8,00	82,13	1,28	
3	Dari	1884	10,39	8,88	3,49	72,49	2,11	2,64	9,91	80,90	1,59	*Soxhlet*[4])
4	desgl.	1885	12,25	10,54	2,78	70,22	1,79	2,42	12,01	80,02	1,92	*Farsky*[5])
5	desgl.	1883	12,55	10,31	2,93	70,43	1,63	2,15	11,78	80,55	1,88	*A. Völcker*[6])
6		„	11,31	10,06	4,02	68,10	3,65	2,86	11,94	76,20	1,91	
	Mittel (No. 1—6)	.	**11,09**	**9,77**	**3,82**	**70,98**	**1,92**	**2,42**	**10,77**	**80,05**	**1,72**	
	Zucker-Mohrhirse. Sorghum saccharatum Pers.											
1	Chinese sugar sorghum . .	1859	—	8,56	—	—	—	—	10,19	—	1,63	*J. Pierre*[7])
2	desgl.	„	—	—	3,13	—	—	—	—	—	—	*Mangon*[8])
3		„	14,19	9,81	3,32	—	—	2,97	11,43	81,24	1,83	*Cossa*[9])
4	Zuckerhirse	1878	7,57	11,31	4,28	74,10	1,27	1,47	12,24	80,17	1,96	*Petermann*[10])
5	Early Amber	„	10,57	9,98	4,60	72,56	1,48	1,81	11,17	79,99	1,79	*P. Collier*[11])
6	Chinese	„	9,93	9,54	3,95	73,59	1,52	1,47	10,59	81,71	1,69	
7	Early Amber, Minnesota . .	1881	15,04	8,13	3,51	69,65	1,94	1,73	9,57	81,98	1,53	*Johnson*[12])
8	Aus West-Cornwall . . .	„	16,76	7,69	3,36	66,81	3,21	2,17	9,23	80,30	1,48	
9	„Rozoku", geschält . . .	1884	12,37	10,81	5,41	62,14	4,66	4,16	12,34	70,91	1,97	*O. Kellner*[13])

Geschälte Klebhirse:

[1]) No. 1. A. Beutele u. F. W. Dafert. Chemiker-Zeitung 1887. 136. Der untersuchte Samen war im Versuchsgarten zu Poppelsdorf gezogen worden. In Procenten der Trockensubstanz enthielt das Material 0,25 % Dextrin, 5,13 % Traubenzucker, in Wasser von 15° C. lösliche Stoffe 9,31 %.

Mohrhirse. Sorghum halapense:

[2]) No. 1. B. Schulze. Jahresber. d. Agriculturchem. 1882. 389.

Mohrhirse. Sorghum tartaricum:

[3]) No. 1 u. 2. M. C. de Leeuw. Bulletin No. 2 Laboratoire agricole de Hasselt. No. 2 enthielt 72,9 % Stärke.

[4]) No. 3. F. Soxhlet (Vers.-Stat. München). Privatmitthl. In der ursprünglichen Substanz 66,44 % Stärke.

[5]) No. 4. Fr. Farsky. 5. Ber. der landw.-chem. Vers.-Stat. Tabor 1886. 16.

[6]) No. 5 u. 6. Aug. Völcker. Biedermann's Centralbl. f. Agriculturchem. 1883. 711 und Ann. de la science agron. par L. Grandeau. 1885. T. I. p. 101.

Zucker-Mohrhirse:

[7]) No. 1. J. Pierre. Ann. d. Chim. et de Phys. 56. 1859. 44.

[8]) No. 2. Hervé Mangon. Ebendaselbst.

[9]) No. 3. A. Cossa. Chem. News. 26. 1872. 289.

[10]) A. Petermann u. Molinari. Privatmittheilung.

[11]) No. 5 u. 6. Pet. Collier. Spec. Rep. No. 33. Dep. of Agric. Washington. Juli bis December 1880. An näheren Bestandtheilen wurden noch bestimmt:

	Zucker	Gummi	Stärke, Farbstoff u. s. w.	In Alkohol lösl. Eiweiss	In Alkohol unlösl. Substanz	
No. 5 . .	1,91	1,10	68,55	7,34	2,64 %	in der lufttrocknen Substanz
No. 6 . .	2,70	0,72	70,17	6,90	2,64 „	

[12]) No. 7 u. 8. S. W. Johnson. Rep. Connect. Agric. Exper. Stat. 1881. 82.

[13]) No. 9. O. Kellner. Japan. Chem. Anal. Imperial College Agric. Komaba, Tokio 1884. 14. (Auch Mitthl. d. Deutsch. Gesellsch. f. Natur- und Völkerkunde Ostasiens. Sonderabdruck aus Bd. 4. No. 35.) Die Probe enthielt in Procenten der Trockensubstanz 54,49 % Stärke und 16,42 % andere Kohlehydrate, ferner 1,73 % Eiweissstickstoff, entsprechend 10,81 % Eiweiss.

No.	Bemerkungen	Jahr der Untersuchung	In der ursprünglichen Substanz						In der Trocken-Substanz		Stickstoff in der Trocken-Substanz	Analytiker
			Wasser %	Nh-Substanz %	Rohfett %	Nfr. Extractstoffe %	Roh-faser %	Asche %	Nh-Substanz %	Nfr. Extractstoffe %	%	
10	Sorghum seed, Mittel von 9 Analysen	1884	12,52	8,88	3,65	71,27	1,88	1,80	10,15	81,47	1,94	*Jenkins*[1])
	„Sorgo ambracco“, enthülst.											
	a. 2. Ernte, 3. Septbr. 1882.											
11	Aus selbst geernteten Samen, in Reihen	1883	8,76	9,84	3,15	72,99	3,33	1,93	10,78	80,01	1,72	*A. Pasqualini*[2])
12	Aus selbst geernteten Samen, breitwürfig	„	11,06	9,16	2,04	73,24	2,45	2,05	10,30	75,66	1,65	
13	Originalsaat, in Reihen	„	8,28	10,77	2,19	73,99	3,27	1,50	11,74	80,67	1,88	
14	Originalsaat, breitwürfig	„	11,10	9,30	2,61	72,17	3,17	1,65	10,46	81,19	1,67	
	b. 3. Ernte, 22. Septbr. 1882.											
15	Aus selbst geernteten Samen, in Reihen	„	14,74	8,06	3,51	69,02	3,17	1,50	9,13	81,60	1,46	
16	Aus selbst geernteten Samen, breitwürfig	„	12,91	9,06	3,60	69,24	3,64	1,55	10,40	79,51	1,66	
17	Originalsaat, in Reihen	„	13,30	8,94	3,30	70,16	2,53	1,77	10,31	80,93	1,65	
18	Originalsaat, breitwürfig	„	14,20	7,88	4,20	69,31	3,03	1,38	9,19	80,77	1,47	
	c. 4. Ernte, 8. October 1882.											
19	Aus selbst geernteten Samen, in Reihen	„	13,25	8,85	3,56	69,34	3,50	1,50	10,20	79,93	1,63	
20	Aus selbst geernteten Samen, breitwürfig	„	13,56	8,93	3,04	69,10	3,83	1,54	10,33	79,94	1,65	
21	Originalsaat, in Reihen	„	13,34	9,69	3,15	68,87	3,40	1,55	11,18	79,49	1,77	
22	Originalsaat, breitwürfig	„	13,26	9,75	3,54	68,62	3,33	1,50	11,24	79,10	1,80	
	Erste Ernte, 1883.											
23	Sorgo ambraceo, a. Originalsaat, gedüngt	1884	16,65	9,36	3,05	66,34	3,32	1,28	11,23	79,59	1,80	*derselbe*[3])
24	Sorgo ambraceo, aus selbst geernteten Samen, gedüngt	„	19,54	10,14	2,06	64,96	2,10	1,20	12,60	80,74	2,02	
25	Sorgo hybrid, gedüngt . .	„	18,23	9,53	1,95	66,56	2,03	1,70	11,66	81,40	1,87	
26	Sorgo liberian, gedüngt . .	„	19,49	9,32	1,77	65,12	2,35	1,95	11,58	80,90	1,85	
27	Sorgo ambraceo, a. Originalsamen, ungedüngt . . .	„	18,24	8,95	3,00	66,13	2,24	1,44	11,07	80,67	1,77	
28	desgl., aus selbst geernteten Samen, ungedüngt . . .	„	17,44	9,56	3,16	67,07	1,42	1,35	11,58	81,24	1,85	
29	Sorgo hybrid, ungedüngt . .	„	19,22	9,22	2,85	65,02	1,85	1,64	11,41	80,74	1,83	
30	Sorgo liberian, ungedüngt .	„	19,39	8,71	3,02	66,04	1,55	1,29	10,81	81,92	1,73	

[1]) No. 10. Tafel über die Zusammensetzung amerikanischer Futtermittel, von Dr. E. H. Jenkins in Ann. Rep. Connect. Agric. Exper. Stat. 1884. 116. Die Zahlen für höchsten und niedrigsten Gehalt (der ursprünglichen Substanz) sind folgende:

	Trockensubstanz	Protein	Fett	Nfr-Extractstoffe	Rohfaser
Maximum . . .	90,72	11,25	4,60	73,59	3,21 %
Minimum . . .	83,24	7,67	2,12	66,81	1,48 „

In diesem Mittel der 9 Analysen sind die unter No. 5—8 mit eingeschlossen, die anderen 5 Analysen vermochten wir in der uns zur Verfügung stehenden Literatur nicht aufzufinden.

[2]) No. 11—22. A. Pasqualini. Ann. Staz. Agrar. Forli 12. 1883. 101. Der angebaute Samen, Early Amber, stammte aus Minnesota, Nord-Amerika, und wurde zu Forlimpopuli angebaut, theils in Reihen (seminato a file), theils breitwürfig (seminato a pizziichi) ausgesäet. Die Körnerernte fand zu 3 verschiedenen Zeitpunkten statt. Im Original ist der N-Gehalt der Nh-Substanz zu 15,5 % angenommen, wir berechneten solche zu 16 % N und änderten dem entsprechend die Zahl für die Summe der Nfr-Extractstoffe ab. Ausser den nachstehend aufgeführten näheren Bestandtheilen ist noch eine Zahl für „nicht bestimmbare Materie und Verlust“ angegeben, welche wir den Nfr-Extractstoffen zurechneten. Die Samen enthielten in Procenten der lufttrocknen Substanz:

No.	11	12	13	14	15	16	17	18	19	20	21	22
Zucker	2,93	1,73	2,75	2,55	1,63	2,21	2,01	1,98	1,13	1,16	1,09	1,09
Dextrin u. Gummi	2,22	2,81	2,91	2,24	2,04	2,41	2,64	2,54	2,46	1,98	2,33	2,30
Stärke	66,38	65,94	65,89	65,80	64,12	64,31	63,99	63,53	65,30	64,50	65,15	65,65

[3]) Vergl. Anmerkung [1]) Seite 575.

No.	Bemerkungen	Jahr der Untersuchung	In der ursprünglichen Substanz: Wasser %	Nh-Substanz %	Rohfett %	Nfr. Extractstoffe %	Rohfaser %	Asche %	In der Trocken-Substanz: Nh-Substanz %	Nfr. Extractstoffe %	Stickstoff in der Trocken-Substanz %	Analytiker
	Zweite Ernte, 1883.											
31	Sorgo ambraceo, a. Originalsamen, gedüngt	1884	19,35	9,00	3,04	63,87	2,49	2,25	11,15	79,20	1,70	*Al. Pasqualini* [1]
32	desgl., aus selbst geernteten Samen, gedüngt	„	18,64	9,83	3,01	65,30	2,05	1,17	12,08	80,26	1,93	
33	Sorgo hybrid, gedüngt . .	„	19,66	9,05	1,99	66,15	1,52	1,63	11,27	82,23	1,81	
34	Sorgo liberian, gedüngt . .	„	19,89	7,85	2,85	66,27	1,85	1,29	9,80	82,72	1,57	
35	Sorgo ambraceo, a. Originalsamen, ungedüngt . . .	„	17,34	9,08	2,93	67,18	1,95	1,52	10,99	81,07	1,77	
36	desgl., aus selbst geernteten Samen, ungedüngt . . .	„	18,27	9,69	1,81	66,26	2,35	1,62	11,86	81,06	1,90	
37	Sorgo hybrid, ungedüngt . .	„	18,46	9,11	2,00	66,68	2,42	1,33	11,17	81,78	1,79	
38	Sorgo liberian, ungedüngt .	„	19,48	8,77	2,48	65,50	2,31	1,46	10,89	81,35	1,74	
Zucker-Mohrhirse	Minimum . . .	.	7,57	7,74	1,73	60,15	1,16	1,22	9,13	70,91	1,46	
	Maximum . . .	.	19,89	10,69	4,59	69,92	4,51	4,46	12,60	82,42	2,02	
	Mittel (No. 1—38)	.	**15,17**	**9,26**	**3,36**	**67,99**	**2,51**	**1,71**	**10,92**	**80,14**	**1,75**	

Mohrhirse. Sorghum vulgare. — Guineakorn, Negerkorn, Dhurra. — Grand millet. — Indian millet. Broom-Corn.

No.	Bemerkungen	Jahr	Wasser	Nh-Substanz	Rohfett	Nfr. Extractstoffe	Rohfaser	Asche	Nh-Substanz (Tr.)	Nfr. Extractstoffe (Tr.)	Stickstoff (Tr.)	Analytiker
1	Mohrhirse (Holcus sorghum)	1846	13,20	10,60	6,10	61,60	5,10	3,40	11,59	71,58	1,85	*Boussingault* [2]
2	Guineakorn, from the West-Indies	—	—	7,43	—	—	—	—	—	—	—	*Johnston* [3]
3	Aegyptische Hirse, ungeschält	1855	8,00	—	—	—	—	—	10,90	55,10	1,74	*Polson* [4]
4	Dhurra aus Abyssinien, ungeschält	1858	11,95	8,38	3,90	—	—	1,86	9,56	—	1,53	*v. Bibra* [5]

[1]) No. 23—38. Al. Pasqualini. Ann. Staz. Agrar. Forli. 13. 1884. 79. Die Samen waren bei vergleichsweisem Anbau verschiedener Sorten Sorghum zu Crocetta gewonnen worden. Der Boden daselbst enthielt an mechanischen Gemengtheilen (Nöbel'scher Schlämmapparat): groben Sand 8,6 %, feineren Sand 20,4 %, feinen Sand 25,4 %, Thon (Differenz) 45,6 %; ferner an in Salpetersäure löslichen Stoffen:

Fe_2O_3	Al_2O_3	CaO	MgO	K_2O	Na_2O	SO_3	P_2O_5	SiO_2
11,27	1,75	7,34	0,26	0,39	0,05	0,73	0,05	0,10

Der Boden enthielt 8,6 % Kohlensäure, Kalk und Magnesia waren als Carbonate vorhanden. An näheren Bestandtheilen enthielten die Samen ferner:

No.	23	24	25	26	27	28	29	30	31	32	33	34	35	36	37	38
Zucker . .	2,23	2,05	3,12	2,94	1,04	2,14	2,05	2,19	2,95	1,45	2,36	2,64	2,35	1,15	2,05	1,95
Dextrin . .	1,29	1,42	1,23	1,23	1,23	1,32	1,10	0,95	1,05	1,13	1,25	1,35	1,55	1,36	1,16	1,24
Stärke . . .	63,34	60,45	61,35	60,24	63,31	63,14	61,33	62,62	63,35	62,05	62,35	61,62	62,69	62,35	62,49	61,82

Die für Verlust angegebenen Zahlen wurden von uns den Nfr-Extractstoffen zugerechnet. Die Asche ist als frei von CO_2 angegeben.

Mohrhirse. Sorghum vulgare.

[2]) No. 1. J. B. Boussingault. Dessen: „Die Landwirthschaft in ihren Beziehungen zur Chemie etc.“ 3. 200.

[3]) No. 2. Sheir u. Johnston. Watt's Dictionary of Chemistry. 2. Supplem. 814.

[4]) No. 3. Arch. Polson. Weende'r Jahresber. 1855/56. 19. Die Summe der angegebenen Bestandtheile beträgt 98.9.

[5]) No. 4 u. 5. von Bibra. Dessen: Die Getreidearten und das Brod. Nürnberg, 1860. 346. Zu den Körnern unter No. 4 bemerkt der Autor; Die gelblich gefärbten Körner sind oben rund, unten spitz zulaufend und von der Grösse einer kleinen Erbse. 20 Körner wogen im Mittel zweier Wägungen 1,302 g. An näheren Bestandtheilen wurden bestimmt: Leim und Casein 4,58 %, in Wasser und Alkohol unlösliche Stickstoffsubstanz 4,06 %, Gummi 3,82 %, Zucker 1,46 %, Stärke und Schalen 70,23 %. Zu No. 5: Die untersuchten Körner stammten von Paulasa múdrum, Maissúr. Gewachsen 2400 englische Fuss über dem Meere. Die Körner waren bedeutend kleiner als jene der abyssinischen; 20 Körner wogen 0,56 g.

No.	Bemerkungen	Jahr der Untersuchung	In der ursprünglichen Substanz: Wasser %	Nh-Substanz %	Rohfett %	Nfr. Extractstoffe %	Rohfaser %	Asche %	In der Trocken-Substanz: Nh-Substanz %	Nfr. Extractstoffe %	Stickstoff in der Trocken-Substanz %	Analytiker
5	„Joar“ aus Ostindien, ungeschält	1858	—	7,32	—	—	—	—	8,30	—	1,32	*v. Bibra*[1])
6	Dhurra	1872	13,21	9,25	3,13	—	—	1,95	10,66	—	1,71	*Cossa*[2])
7	desgl.	1876	12,32	7,75	2,37	73,06	3,20	1,30	8,84	83,33	1,41	*A. Völcker*[3])
8	desgl.	„	12,02	7,19	3,80	71,82	3,50	1,67	8,18	81,62	0,31	
9	Seeds of Broom-Corn, mit röthlicher Schale . . .	„	11,20	6,97	3,32	69,82	6,67	2,02	7,84	78,63	1,25	*Storer*[4])
10	desgl.	„	11,93	7,56	3,25	68,14	6,57	2,55	8,63	77,39	1,40	
11	„Durra“	1881	10,69	10,96	3,88	68,99	2,66	2,82	12,28	77,23	1,96	*de Leeuw*[5])
12	„Doura“ (brown), Mittel von 3 Analysen	1884	11,00	10,30	4,20	69,90	1,50	1,60	11,58	80,21	1,85	*Jenkins*[6])
	Mohrhirse, Mittel (No. 1—12)	.	**11,46**	**8,96**	**3,79**	**70,25**	**3,59**	**1,95**	**10,12**	**79,34**	**1,62**	

Anhang.

VIII. Buchweizen.

Buchweizenkörner. *) Samen von Polygonum fagopyrum, ungeschält.

1	Tartarischer Buchweizen von Hohenheim	—	14,19	8,37		56,03	19,44	1,97	9,75	—	1,56	*E. N. Horsford*[7])
2	In Schottland gewachsen .	1851	14,69	9,69	2,69	71,31		1,62	11,36	—	1,82	*Th. Anderson*[8])
3		1852	13,00	13,10	3,90	64,00	3,50	2,50	15,05	73,28	2,41	*J. B. Boussingault*[9])
4	Ganze Körner	1857	—	13,31	3,22	—	—	—	—	—	—	*J. Pierre*[10])
5	Im Garten gezogen . . .	1862	11,60	12,71	—	—	—	2,10	14,38	—	2,30	*F. Nobbe und Th. Siegert*[11])

[1]) Vergl. Anmerkung [5]) Seite 575.

[2]) No. 6. A. Cossa. Chemical News. 26. 1872. 289.

[3]) No. 7 u. 8. Aug. Völcker. Journ. Roy. Agric. Soc. England. 12. 1876. 297.

[4]) No. 9 u. 10. F. H. Storer. Bull. Bussey Institution Boston (Harvard University). Vol. II. Part. II. 1877. 99. Das Material unter No. 9 stammte aus einer Samenhandlung in Boston, die Körner waren voll und fest und viel besser in dieser Beziehung als die andere Probe unter No. 10, welche aus einer Samenhandlung in Hartford, Connecticut, Frühjahr 1876, stammte. Die Körner dieser Probe waren vorzüglich rein, aber nicht so gross als die der vorigen Probe.

[5]) No. 11. M. C. de Leeuw. Bull. No. 2. Laboratoire agricole de Hasselt. Die Probe enthielt 64,75 % Stärkemehl.

[6]) No. 12. Tafel über die Zusammensetzung amerikanischer Futterstoffe von Dr. E. H. Jenkins in Ann. Rep. Connect. Agric. Exper. Stat. 1884. 116. Der Gehalt an Trockensubstanz wird im maximum zu 92,4 %, im minimnm zu 87,3 %, der Gehalt an Protein im maximum zu 11,5 %, im minimum zu 9,00 % angegeben.

Buchweizenkörner, ungeschält:

*) Jenneck ermittelte im Buchweizenkorn (nach Molleschott — dessen Physiologie der Nahrungsmittel. 2. Thl. 117 —) auf den mittleren Gehalt an festen Bestandtheilen zurückgeführt: Kleber 8,988 %, lösliches Eiweiss 0,197 %, Stärkemehl 44,896 %, Zellstoff 23,126 %, Dextrin 2,404 %, Zucker 2,635 %, Extractstoffe 2,206 %, Harz 0,309 %, Salze 0,584 %.

[7]) Ann. der Chemie u. Pharmac. 1846. 58. 166. Krocker bestimmte den Stärkegehalt in den Körnern zu 44,17 %.

[8]) Transact. Highl. Soc. Juli 1851. March. 1853. 456. Der Buchweizen enthielt im lufttrocknen Zustande 1,55 % Stickstoff, 0,91 % Kalk und Magnesiaphosphat und Spuren von an Alkalien gebundener Phosphorsäure.

[9]) Dessen: Die Landwirthschaft in ihren Beziehungen zur Chemie etc. Deutsch von N. Gräger. Halle, 1854. 3. 200.

[10]) Weende'r Jahresber. 1857. II. 41. (Recherches analytiques sur la sarrasin considéré comme substanze alimentaire.)

[11]) Landw. Vers.-Stat. 5. 1863. 116.

No.	Bemerkungen	Jahr der Untersuchung	In der ursprünglichen Substanz: Wasser %	Nh-Substanz %	Rohfett %	Nfr. Extractstoffe %	Rohfaser %	Asche %	In der Trocken-Substanz: Nh-Substanz %	Nfr. Extractstoffe %	Stickstoff in der Trocken-Substanz %	Analytiker
6	Auf dem Felde geerntet . .	1865	—	—	—	—	—	13,94	—	2,23		Ilienkoff[1])
7		—	—	—	—	—	—	—	13,44	—	2,15	
8		—	—	—	—	—	—	—	14,19	—	2,27	
9		—	—	—	—	—	—	—	13,69	—	2,19	
10	Tartarischer	1871	10,62	11,19	53,58		20,01	4,60	12,52	—	2,00	E. Wildt[2])
11	Schottischer	„	10,57	10,69	61,10		14,96	2,68	11,95	—	1,91	
12	Gewöhnlicher	„	9,57	10,75	61,39		15,55	2,74	11,89	—	1,90	
13		1874	14,60	9,87	3,07	54,12	15,88	2,46	11,56	63,34	1,85	L. Grandeau[3])
14		„	16,60	11,88	2,40	52,98	13,72	2,43	14,24	63,52	2,26	
15		„	17,80	11,18	1,84	54,80	12,25	2,43	13,61	66,34	2,18	
16		„	16,41	10,83	2,14	53,60	14,08	2,94	12,95	64,33	2,07	
17		„	16,75	10,78	2,16	54,74	13,74	1,83	12,95	65,76	2,07	
18		„	16,41	14,42	1,96	52,66	12,54	2,01	17,25	63,01	2,76	
19		„	14,80	10,48	2,21	57,29	12,94	2,28	12,30	67,44	1,97	
20		„	13,00	11,42	2,88	58,23	12,02	2,45	13,13	66,91	2,10	H. Weiske[4])
21		1875	—	—	—	—	—	—	13,31	—	2,13	?
	Mittel	.	**14,12**	**11,32**	**2,61**	**54,86**	**14,32**	**2,77**	**13,18**	**63,89**	**2,11**	

Buchweizenkörner, geschält.

No.	Bemerkungen	Jahr	Wasser %	Nh-Substanz %	Rohfett %	Nfr. Extractstoffe %	Rohfaser %	Asche %	Nh-Substanz (Trocken) %	Nfr. Extractstoffe (Trocken) %	Stickstoff %	Analytiker
1	Von den äusseren Hülsen befreit	1871	12,72	10,22	2,53	71,24	1,79	1,50	11,69	81,67	1,87	W. Pillitz[5])
2		1881	12,63	10,19	1,28	72,15	1,51	2,24	11,62	82,62	1,86	C. de Leeuw[6])
	Mittel	.	**12,68**	**10,18**	**1,90**	**71,73**	**1,65**	**1,86**	**11,66**	**82,14**	**1,87**	

[1]) Weende'r Jahresber. 1865/66. 30. (Liebig's Annal. 136. 160.) Der Samen unter 7—9 war von in Töpfen gezogenen Pflanzen, die in mehr oder weniger feucht gehaltenem Boden standen, gewonnen. No. 7 erhielt 2mal soviel Wasser wie No. 8 und 4mal soviel wie No. 9.

[2]) Wochenbl. d. Ann. d. Landw. in Preussen 1871. S. 310.

[3]) Privatmittheilung.

[4]) Der Landwirth. 11. 1875. 219.

Buchweizenkörner, geschält:

[5]) Fresenius' Ztschr. f. analyt. Chemie 1872. 46. Der Buchweizen enthielt 67,82 % Stärkemehl in der lufttrocknen und 77,64 % Stärke in der trocknen Substanz. Von der Asche waren 0,96 bezw. 1,09 % in Wasser löslich. Von den Albuminaten waren 6,47 bezw. 7,40 % in Wasser unlöslich, 4,08 bezw. 4,67 % löslich in Wasser. Den N-Gehalt der Albuminate nahm der Autor zu 15,5 % an, wir berechneten solche zu 16 %. An Extractivstoffen fand Autor 3,20 bezw. 3,65 %.

[6]) Bull. No. 2. 1881. Laboratoire agricole de Hasselt. Der Buchweizen enthielt 63,81 % Stärke in der lufttrocknen Substanz.

Leguminosen.

Erbsenkörner.*) Pisum sativum L.

No.	Bemerkungen	Jahr der Untersuchung	In der ursprünglichen Substanz: Wasser %	Nh-Substanz %	Rohfett %	Nfr. Extractstoffe %	Rohfaser %	Asche %	In der Trocken-Substanz: Nh-Substanz %	Nfr. Extractstoffe %	Stickstoff in der Trocken-Substanz %	Analytiker
1	Tischerbsen aus Wien . .	1845	13,43	23,92	—	—	6,46	2,75	27,62	—	4,42°	Horsford[1])
2	Felderbsen aus Giessen . .	„	19,50	23,00	—	—	4,83	2,24	28,56	—	4,57°	
3	Gelbe Erbsen, in Bechelbronn gebaut	„	8,60	23,88	2,00	59,05	3,60	2,87	26,12	64,65	4,18°	Boussingault[2])
4	Erbsen von Clamart . . .	„	13,50	23,80	1,60	55,70	2,60	2,80	27,51	64,39	4,40	
5	Weisse Erbse	1849	13,60	24,88	—	—	—	2,40	28,81	—	4,61°	Way, Ward u. Eggar[3])
6	desgl., aus voriger, in Thonboden gezogen	„	15,40	22,31	1,01	—	—	2,38	26,38	—	4,22°	
7	desgl., aus voriger, in Sandboden gezogen	„	13,60	18,56	—	—	—	2,48	21,50	—	3,44°	
8	Maple or Grey-Erbse . . .	„	14,60	19,25	1,56	—	—	2,24	22,94	—	3,67°	
9	desgl., in Thonbod. gewachsen	„	16,60	21,69	1,54	—	—	2,40	26,00	—	4,16°	
10	desgl., in Sandbod. gewachsen	„	16,40	20,50	1,04	—	—	2,14	24,50	—	3,92°	
11	Gray Field-Peas	1852	11,94	23,88	3,30	—	—	2,25	27,12	—	4,34°	Anderson[4])
12	Maple Peas	„	13,63	19,13	1,72	—	—	2,04	22,12	—	3,54°	
13	Felderbsen aus Schleissheim	1856	13,62	22,94	—	—	—	3,71	26,56	—	4,25	W. Mayer[5])
14	Böhmische Felderbsen aus dem Garten	„	8,99	27,38	—	—	—	—	30,06	—	4,81	
15	Grüne Auslöserbsen . . .	„	9,54	27,54	—	—	—	3,12	30,44	—	4,87	
16	Felderbsen aus Sachsen . .	1857	15,23	19,84	—	—	6,52	2,70	23,41	—	3,75	Knop[6])
17	desgl.	„	13,20	21,80	2,10	54,40	6,10	2,40	25,11	62,68	4,02	Grouven[7])

Leguminosen. Erbsen:

[1]) No. 1 u. 2. E. N. Horsford. Ann. d. Chem. u. Pharm. (1846). 58. 166. In den Felderbsen von Giessen (No. 2) bestimmte Krocker den Stärkemehlgehalt und fand denselben zu 38,75 % in Procenten der trocknen Substanz. Im Original ist der N-Gehalt der Nh-Substanz zu 15,7 % angenommen, wir nahmen solchen zu 16 % an.

[2]) No. 3 u. 4. J. B. Boussingault. Dessen: „Die Landwirthsch. in ihren Beziehungen zur Chemie etc.“ 2. 175. 3. 200.

[3]) No. 5—10. Thom. Way, Ward u. Eggar. J. R. Agric. Soc. England. 9. I. 147 u. 10. II. 495. Nh-Substanz von uns aus dem angegebenen N-Gehalt berechnet.

[1]) No. 11 u. 12. Thom. Anderson. Trans. Highl. Soc. Scotland. März 1851 bis Juli 1853. Nh-Substanz von uns nach dem abgegebenen N-Gehalt berechnet.

[2]) No. 13—15. W. Mayer. Ergebnisse agriculturchem. Versuche d. Vers.-Stat. München. 1. 1857. 1.

[3]) No. 16. W. Knop u. R. Arendt. 5. Bericht d. Vers.-Stat. Möckern. Leipzig, 1857. 83. Nh-Substanz von uns nach dem N-Gehalt berechnet.

[4]) No. 17. H. Grouven. Dessen: „Vorträge über Agriculturchemie“. 2. Aufl. Köln, 1862. 349.

*) Ueber Erbsen bemerkt Boussingault in seinem Buche die „Landwirthschaft“ etc. 1. 309, dass eine noch ziemlich unvollkommene Analyse über die Zusmmensetzung der Erbse zu folgendem Resultate zu führen scheine:

Legumin	Amylum	Fett	Traubenzucker?	Holzfaser, Pectinsäure	Gummi	Salze	Wasser u. Verlust
20,4	47,0	2,0	2,0	11,0	5,0	3,0	9,6 %.

Aus Moleschott's Physiologie der Nahrungsmittel. Giessen, 1859. II. 118 sind nachstehende Analysen zu entnehmen:

	Legumin	Eiweiss	Kleberart. Stoff	Zellstoff	Stärkemehl	Dextrin	Zucker	Fett	Chlorophyll	Salze	Wasser
Einhof . . .	14,56	1,72	—	54,33		6,37	2,11	—	—	2,50	14,06
Braconnot . .	18,40	—	8,00		49,00	5,73	2,00	—	1,20	2,00	12,50
Johnston . .	24,0			9,0	50,0			2,1	—	3,0	14,0
Payen unreife	23,95			1,80	55,26			1,89	—	2,36	—
Payen reife .	22,51			3,31	55,51			1,99	—	1,98	—

„Payen's Zahlen sind auf den mittleren Gehalt an festen Bestandtheilen zurückgeführt“ (85,26 u. 85,30 %).

No.	Bemerkungen	Jahr der Untersuchung	In der ursprünglichen Substanz: Wasser %	Nh-Substanz %	Rohfett %	Nfr. Extractstoffe %	Rohfaser %	Asche %	In der Trocken-Substanz: Nh-Substanz %	Nfr. Extractstoffe %	Stickstoff in der Trocken-Substanz %	Analytiker
18	Grüne aus der Mark Brandenburg	1861	14,30	23,15	3,56	50,05	6,04	2,90	27,02	58,40	4,32	Hellriegel [1]
19	Weisse aus der Mark Brandenburg	„	14,30	21,87	2,06	51,64	7,33	2,80	25,50	60,28	4,08°	
20	Aus dem mittleren Schweden	„	15,03	24,38	1,51	—	4,30	2,78	28,70	61,19	4,59	Eisenstuck [2]
21	Saaterbsen, 1 hl wiegt 81,21 kg	1862	12,12	24,32	—	—	—	2,10	27,68	—	4,43	Schmidt [3]
22	Gebrauchserbsen, 1 hl wiegt 80,47 kg	„	11,56	24,26	—	—	—	2,05	27,44	—	4,39	
23		„	13,86	20,64	2,12	52,53	8,12	2,73	23,96	60,98	3,83	Peters [4]
24	Felderbse	„	14,10	23,40	2,00	48,00	10,00	2,50	27,24	55,90	4,36	Völcker [5]
25		1865	16,64	23,07	2,28	49,35	5,66	3,00	27,69	59,19	4,43°	Hofmeister [6]
26		„	13,20	21,52	3,07	54,50	4,29	3,42	24,81	62,77	3,97°	Lehmann [7]
27		„	14,18	21,60	2,96	51,17	6,90	3,19	25,19	60,60	4,03°	Peters [8]
28	Gemeine Erbse	1866	16,43	22,08	1,86	52,66	5,21	1,76	26,44	62,98	4,23°	Hofmeister [9]
29	Preussische graue Erbse	1867	13,98	24,19	0,64	54,79	4,22	2,18	28,13	63,70	4,50°	Siewert [10]
30		1868	14,33	20,31	1,41	55,96	5,23	2,76	23,69	65,34	3,79	E. Heiden [11]
31		1871	14,56	23,00	1,62	52,55	5,48	2,79	26,94	61,49	4,31	
32		„	16,05	23,58	1,56	48,98	5,62	3,21	28,13	59,49	4,50	
33		„	16,28	22,31	1,98	50,23	5,90	3,30	26,63	60,03	4,26	
34		„	22,12	25,67	2,13	41,90	5,42	2,76	32,94	53,83	5,27	
35		„	14,22	24,63	1,44	51,25	5,57	2,89	28,69	59,77	4,59	
36		1872	15,19	24,35	1,42	50,67	5,51	2,86	28,69	59,80	4,59	
37		„	16,38	24,01	1,40	49,97	5,43	2,81	28,69	59,79	4,59	
38		1875	15,46	26,12	1,70	45,94	7,83	2,95	30,88	54,36	4,94	
39		„	16,20	25,89	1,68	45,54	7,76	2,93	30,88	54,36	4,94	

[1]) No. 18 u. 19. H. Hellriegel. 4. u. 5. Jahresber. d. Vers.-Stat. Dahme 1862. 34. Die grüne Erbse (No. 18) war als Saatgut im Jahre 1859 nach Heinsdorf bei Dahme bezogen und mit der dort heimischen gelben Erbse (No. 19) vergleichend auf leichtem, aber in gutem Düngungszustande befindlichem Boden unter ganz gleichen Verhältnissen angebaut worden.

[2]) No. 20. C. M. Eisenstuck. Landw. Vers.-Stat. 3. (1861.) 237. Im mittleren Schweden auf zwar gutem, aber ausgetragenem und ungedüngtem Boden gewachsen. Die „Cellulose" wurde durch Einwirkung von 3 procentiger Salzsäure und 3 procentiger Natronlauge auf die Substanz gewonnen.

[3]) No. 21 u. 22. C. Schmidt. Livländer Jahrb. d. Landw. 16. 1863. 137. Die beiden Erbsen wuchsen auf einem und demselben Felde, „lehmhaltiger" Boden. Näheres siehe unter Roggen-Analysen desselben Autors. Die Analyse ergab ausserdem:

	Lufttrocken No. 21	Lufttrocken 22	Wasserfrei No. 21	Wasserfrei 22
Stärkemehl	50,61	50,02	57,59	56,56 %
Cellulose	10,85	12,11	12,35	13,69 „

[4]) No. 23. E. Peters. Ann. d. Landw. in Preussen 1862. II. 278.

[5]) No. 24. A. Völcker. Hoffmann's Jahresber. 8. 1865. 314. (Farmer's magaz. 1865. 527.) In Procenten der lufttrocknen Substanz enthielt die Erbse: Stärkemehl 37,0 %, Traubenzucker 2,0 %, andere Nfr-Stoffe 9,0 %.

[6]) No. 25. V. Hofmeister. Landw. Vers.-Stat. 8. 1866. 352.

[7]) No. 26. J. Lehmann u. Joh. Seyffert. Amtsbl. f. d. landw. Ver. Sachsens 1865. 59.

[8]) No. 27. Ed. Peters. Ann. d. Landw. in Preussen. 25. II. 1867. 6.

[9]) No. 28. V. Hofmeister u. R. Brandes. Landw. Vers-Stat. 12. 1869. 9.

[10]) No. 29. M. Siewert. Ztschr. d. landw. Centralv. f. d. Prov. Sachsen. 15. 1868. 103. Nh-Substanz von uns berechnet. Die Erbsen wurden 1867 zu Königsborn im Gemenge mit Bohnen und etwas Wicken unter Umständen gebaut, die für die Bohnen so ungünstig waren, dass sie in Körnern und Stroh nur einen sehr geringen Antheil der Ernte ausmachten. In Procenten der lufttrocknen Substanz enthielt die Erbse 2,14 % Zucker. Der botanische Name dieser Erbse ist nach Alefeld Pis. sat. borussicum, zur Varietätengruppe Pis. sat. glaucospermum gehörend.

[11]) No. 30—39. E. Heiden (Vers.-Stat. Pommritz). Ber. d. Vers.-Stat. 1868/69. 27. 1876 u. 1877. (Beiträge zur Ernährung des Schweines) und Originalmittheil. Die Aschen waren sandhaltig und betrug die sandfreie Asche:

bei No.	30	31	32	33	34	35	36	37	38	39
	2,18	2,64	2,98	3,25	2,46	2,79	2,76	2,72	2,63	2,61 %.

No.	Bemerkungen	Jahr der Untersuchung	In der ursprünglichen Substanz: Wasser %	Nh-Substanz %	Rohfett %	Nfr. Extractstoffe %	Rohfaser %	Asche %	In der Trocken-Substanz: Nh-Substanz %	Nfr. Extractstoffe %	Stickstoff in der Trocken-Substanz %	Analytiker
40		1870	13,56	23,88	1,96	50,90	6,17	3,53	27,63	62,70	3,80°	*Sachsse*[1])
41		1871	14,93	22,81	1,56	56,30	2,20	2,20	26,81	66,18	4,29	*Kreuzhage*[2])
42	Aus Cherson, Südrussland .	1872	12,80	23,98	2,33	54,86	3,60	2,43	27,50	62,91	4,40°	*R. Pott*[3])
43		1873	13,00	24,85	1,58	52,32	5,43	2,82	28,56	60,15	4,57	*G. Kühn*[4])
44	Grosse Körner	1875	12,12	22,84	3,58	54,84	4,09	2,53	25,99	62,41	4,16	*G. Marek* [5])
45	Kleine Körner	„	10,42	24,58	3,48	52,88	6,36	2,58	27,43	58,76	4,39	
46		„	17,53	21,86	1,47	50,14	6,25	2,75	26,50	60,80	4,24	*E. Wildt*[6])
47	Gute, leichtbrechende . . .	1872	15,41	19,35	2,79	54,64	5,53	2,28	22,87	64,60	3,66	*Emmerling* [7])
48	Schwerbrechende	„	15,25	23,35	2,46	49,92	6,59	2,43	27,55	58,90	4,41	
49	Hartkochende, aus der Gegend von Wittenberg	1873	—	20,12	—	—	—	—	—	—	—	*Ritthausen* [8])
50	Weichkochende, aus d. Gegend von Wittenberg	„	—	21,69	—	—	—	—	—	—	—	
51		1877	16,97	22,00	1,24	52,35	4,78	2,66	26,50	63,02	4,24°	*J. König und C. Krauch* [9])
52		„	13,12	21,44	0,98	56,91	5,06	2,49	24,69	65,49	3,95°	
53		„	13,96	18,31	1,14	59,38	4,48	2,73	21,25	69,05	3,40°	
54		„	12,39	24,18	0,74	54,57	4,97	3,15	27,63	62,27	4,42°	
55		„	13,76	20,50	0,74	58,09	4,14	2,77	23,81	67,33	3,81°	
56	Mittel von Analysen verschied. gedüngter Erbsen . . .	1880	16,77	22,91	—	—	—	—	27,54	—	4,41	*E. Wein*[10])
57	Schrot	„	11,38	21,66	1,77	55,80	6,92	2,47	24,44	62,96	3,91	*H. Weiske*[11])
58		„	13,90	25,73	1,37	50,22	5,69	3,09	29,88	58,33	4,78	*Kreuzhage*[12])
59	Afrikanische	1881	6,50	23,40	6,00	57,85	3,25	3,00	25,04	61,85	4,01	*Heinrich*[13])
60		„	15,00	18,90	1,40	55,80	6,00	2,90	22,23	65,65	3,56	*Märcker*[14])
61		„	15,00	19,40	1,40	53,30	7,70	3,20	22,81	62,72	3,65	
62		1882	15,00	21,00	0,80	54,40	6,20	2,60	24,70	64,01	3,95	
63	Saaterbsen	1876	13,60	22,91	1,53	54,83	4,62	2,51	26,52	63,46	4,24	*E. Heiden* [15])
64	Mittel von 6 Analysen verschieden gedüngter Erbsen	„	11,32	25,28	1,53	54,50	4,67	2,70	28,51	61,45	4,56	

[1]) No. 40. R. Sachsse. Habilitationsschrift. Leipzig, 1872. Die Erbsen enthielten in Procenten der Trockensubstanz 6,5 % Dextrin und 42,44 % Stärke. Zu der Reinasche sind 1,21 % der Trockensubstanz organisch gebundener Schwefel hinzugerechnet worden.

[2]) No. 41. C. Kreuzhage (Vers.-Stat. Hohenheim). Landw. Jahrb. 1. 1872. 353.

[3]) No. 42. R. Pott (Vers.-Stat. Poppelsdorf). Landw. Vers.-Stat. 15. 1872. Nh-Substanz von uns berechnet.

[4]) No. 43. G. Kühn (Vers.-Stat. Möckern). Sächs. landw. Ztg. 1875. 156.

[5]) No. 44 u. 45. G. Marek. Landw. Vers.-Stat. 19. 1876 42. Erbsen einer und derselben Sorte.

[6]) No. 46. E. Wildt, Tschaplowitz u. Hornberger. Landw. Jahrb. 6. 1877 180.

[7]) No. 47 u. 48. Emmerling u. H. Hagemann (Vers.-Stat. Kiel). Zusammenstellung von Analysen von Futtermitteln 1871—1877. Kiel, 1877. In 10000 Theilen lufttrockner Erbsen waren enthalten:

	P_2O_5	CaO	MgO	K_2O	Na_2O	Fe_2O_3
No. 47	35,6	8,6	16,8	96,8	12,2	3,0 Theile
No. 48	29,8	16,2	26,3	72,2	13,0	5,2 „

[8]) No. 49 u. 50. H. Ritthausen. Fühling's neuel andw. Ztg. 1873. 511.

[9]) No. 51—55. J. König u. C. Krauch (Vers.-Stat. Münster). Originalmitthl.

[10]) No. 56. E. Wein. Ztschr. d. landw. Ver. in Bayern 1880. 257. Humoser Kalkboden. Vergl. d. Analysen gedüngter Erbsen.

[11]) No. 57. H. Weiske (Vers.-Stat. Proskau). Landw. Jahrb. 1880. 205 u. Journ. f. Landw. 27. 1879. 323. Die Erbse enthielt in Procenten der Trockensubstanz 0,21 % Schwefel.

[12]) No. 58. C Kreuzhage (Vers.-Stat. Hohenheim). Landw. Jahrb. 1881. 594. Die Erbsen enthielten 4,780 % Gesammt-N, 0,543 % Nichteiweiss-N, 4,237 % Eiweiss-N = 26,48 % Eiweiss.

[13]) No. 59. R. Heinrich. Bericht der Vers.-Stat. Rostock. Wismar, 1882. 75.

[14]) No. 60—62. M. Märcker (Vers.-Stat. Halle) Originalmittheilung.

[15]) No. 63 u. 64. E. Heiden u. Th. Wetzke. Denkschrift der Vers.-Stat. Pommritz 1882. Studien über schweren Boden. S. 101.

No.	Bemerkungen	Jahr der Untersuchung	In der ursprünglichen Substanz: Wasser %	Nh-Substanz %	Rohfett %	Nfr. Extractstoffe %	Rohfaser %	Asche %	In der Trocken-Substanz: Nh-Substanz %	Nfr. Extractstoffe %	Stickstoff in der Trocken-Substanz %	Analytiker
65	Weisse Erbse	1882	16,00	23,30	1,70	50,20	6,20	2,60	27,73	59,78	4,44	Troschke[1])
66	Graue Felderbse	„	16,70	22,70	1,80	47,80	7,20	3,80	27,24	57,40	4,36	
	1 Korn wiegt durchschnittl.											
67	Victoria-Erbse . . 0,431 g	1877	11,84	27,75	—	—	4,83	2,99	31,47	—	5,04	E. Wollny[2])
68	desgl. . . . . . . 0,334 „	„	11,65	26,66	—	—	4,94	2,89	30,18	—	4,83	
69	desgl. . . . . . . 0,280 „	„	11,59	26,78	—	—	5,07	2,78	30,29	—	4,85	
70	desgl. . . . . . . 0,236 „	„	11,14	24,47	—	—	5,30	2,76	27,53	—	4,40	
71	desgl. . . . . . . 0,195 „	„	11,33	25,94	—	—	5,25	2,82	29,26	—	4,68	
72	desgl. . . . . . . 0,145 „	„	11,08	28,10	—	—	6,17	2,86	31,61	—	5,06	
Erbsen	Minimum . .	.	6,50	18,29	0,64	46,34	2,23	1,82	21,25	53,83	3,40	
	Maximum . .	.	22,12	28,35	5,53	59,44	10,02	3,93	32,94	69,05	5,27	
	Mittel . . .	.	**13,92**	**23,15**	**1,89**	**52,68**	**5,68** *)	**2,68**	**26,89**	**61,21**	**4,30**	

Geschälte Erbsen.

No.	Bemerkungen	Jahr	Wasser	Nh-Substanz	Rohfett	Nfr. Extractstoffe	Rohfaser	Asche	Nh-Substanz (Trocken)	Nfr. Extractstoffe (Trocken)	Stickstoff	Analytiker
1	Grüne	1855	12,73	21,67	1,92	57,65	3,22	2,80	24,82	66,01	3,97	Poggiale[3])

Erbsen, in verschiedener Düngung.

No.	Bemerkungen	Jahr	Wasser	Nh-Substanz	Rohfett	Nfr. Extractstoffe	Rohfaser	Asche	Nh-Substanz (Trocken)	Nfr. Extractstoffe (Trocken)	Stickstoff	Analytiker
1	Ungedüngt	1878	13,63	18,81	—	—	—	2,95	21,78	—	3,48	E. Wein[4])
2	Gedüngt	„	13,73	23,10	—	—	—	2,97	26,77	—	4,28	
3	Ungedüngt	1880	16,15	22,06	—	—	—	—	26,32	—	4,21	derselbe[5])
4	Wasserlösliche Phosphorsäure (Superphosphat)	„	19,82	23,94	—	—	—	—	29,85	—	4,78	
5	Neutralisirter phosphorsaurer Kalk	„	11,86	24,31	—	—	—	—	27,59	—	4,41	
6	Basisch phosphorsaurer Kalk	„	15,95	21,81	—	—	—	—	25,89	—	4,14	
7	Phosphorsaure Thonerde .	„	17,35	22,38	—	—	—	—	27,08	—	4,33	
8	Phosphorsaures Eisenoxyd .	„	16,28	22,75	—	—	—	—	27,16	—	4,35	
9	Freie Phosphorsäure . . .	„	19,96	23,13	—	—	—	—	28,99	—	4,64	
10	Mittel	—	16,77	22,91	—	—	—	—	27,51	—	4,40	

[1]) No. 65 u. 66. Troschke (Vers.-Stat. Regenwalde). Biedermann's Centralbl. f. Agriculturchem. 1883. 490.

[2]) No. 67—72. E. Wollny. Journ. f. Landw. 25. 1877. 133.

*) Mittel für Holzfaser von No. 16 an.

Geschälte Erbsen:
[3]) No. 1. Poggiale. Weende'r Jahresber. 1855/56. II. 20. (N. J. Pharmac. 30. 180.)

Erbsen, in verschiedener Düngung:
[4]) No. 1 u. 2. E. Wein. Hoffmann's Jahresber. 1878. 440. Auf sterilem Kalkkiesboden in Kästen von 1 qm Flächenraum gebaut; 1 Kasten blieb ungedüngt, der andere erhielt eine Düngung von 80 g Phosphat (worin 12 g wasserlösliche und 3 g unlösliche P_2O_5) und 2 g Stickstoff. Jeder der Kästen wurde mit 150 Erbsen von je 0,13 g Gewicht besäet. Die Ernte am 1. October lieferte:

	Körner	Stroh	Hülsen
Ungedüngt	264	270	61 g
Gedüngt	613	570	117 „

[5]) No. 3—10. E. Wein. Ztschr. d. landw. Ver. in Bayern 1880. 257. Auf humosem Kalkboden gewachsen. Pro qm gedüngt mit je 10 g Phosphorsäure in verschiedener Form.

No.	Bemerkungen	Jahr der Untersuchung	In der ursprünglichen Substanz: Wasser %	Nh-Substanz %	Rohfett %	Nfr. Extractstoffe %	Rohfaser %	Asche %	In der Trocken-Substanz: Nh-Substanz %	Nfr. Extractstoffe %	Stickstoff in der Trocken-Substanz %	Analytiker
11	Aussaat-Erbsen	1876	13,60	22,91	1,53	54,83	4,62	2,51	26,52	63,46	4,24	*Heiden und Wetzke*[1]
12	I. Ungedüngt, 1876er Ernte	„	11,23	23,52	1,58	56,90	4,45	2,32	26,50	64,11	4,24	
13	II. Ungedüngt, 1876er Ernte	„	12,09	25,39	1,39	53,98	4,63	2,52	28,89	61,42	4,62	
14	III. Aetzkalk, 1876er Ernte	„	11,68	25,78	1,55	53,09	5,07	2,83	29,20	60,14	4,67	
15	IV. Schwefelsaur. Ammoniak, 1876er Ernte	„	12,08	25,90	1,48	52,66	4,70	3,18	29,47	59,92	4,72	
16	V. Phosphors. Kalk, 1876er Ernte	„	11,46	25,96	1,65	52,48	5,27	3,18	29,33	59,29	4,69	
17	VI. Schwefels. Kali, 1876er Ernte	„	9,37	25,09	1,52	57,81	3,89	2,32	27,68	63,79	4,43	
18	1. Ungedüngt	1883	11,15	20,53	—	—	—	—	23,12	—	3,70	*P. Wagner*[2]
19	2. Stickstoff	„	12,04	24,36	—	—	—	—	27,65	—	4,42	
20	3. Kali (200 kg)	„	12,17	22,94	—	—	—	—	26,12	—	4,18	
21	4. Phosphorsäure (150 kg)	„	11,97	24,03	—	—	—	—	27,31	—	4,37	
22	5. Stickstoff u. Kali (200 kg)	„	12,08	22,50	—	—	—	—	25,60	—	4,10	
23	6. Phosphorsäure (150 kg) und Kali (100 kg) . .	„	11,57	21,08	—	—	—	—	23,84	—	3,81	
24	7. Phosphorsäure (150 kg), Kali (KCl) (200 kg) und Stickstoff	„	12,28	22,40	—	—	—	—	25,53	—	4,08	
25	8. Phosphorsaures Kalium, Stickstoff	„	12,28	19,65	—	—	—	—	22,41	—	3,59	
26	9. Stickstoff	„	12,41	24,09	—	—	—	—	27,52	—	4,40	
27	10. 150 kg wasserlösl. Phosphorsäure und Stickstoff	„	12,70	20,80	—	—	—	—	23,83	—	3,81	

[1] No. 11—17. E. Heiden u. Th. Wetzke. Denkschrift der Vers.-Stat. Pommritz 1882. Studien über schweren Boden. S. 101. Der Sandgehalt war höchst geringfügig und schwankte von 0,00—0,04 %. Der Ertrag der Parzellen, berechnet auf 1/4 ha, betrug:

	Parzelle I	II.	III.	IV.	V.	VI.
Körner . . .	607,13	571,89	480,28	275,78	608,48	673,53 kg
Stroh	928,31	948,64	1315,90	907,78	1057,06	1149,21 „

[2] No. 18—33. Paul Wagner (Vers.-Stat. Darmstadt). Landw. Jahrb. 12. 1883. 643. Bei des Autors Arbeiten „Beiträge zur Ausbildung der Düngungslehre“ kamen auch Düngungsversuche zu Erbsen zur Ausführung, bei welchen das untersuchte Material gewonnen wurde. Bezüglich der Einzelheiten der Ausführung verweisen wir auf das Original. Wir beschränken uns auf Erwähnung des Nachstehenden: Die Versuche wurden in cylindrischen Zinkgefässen von 50 cm Höhe u. 25 cm Durchmesser ausgeführt, die mit gut gemischtem Boden angefüllt waren. In jeden Cylinder wurden 24 Erbsen, je 2 in 12 Löcher gepflanzt. Die Erbsen waren sorgfältig ausgelesene Felderbsen. Ausser der Düngung waren die Vegetationsverhältnisse thunlichst die gleichen. Die Düngung bestand, pro Hectar berechnet, da, wo N gegeben wurde aus je 50 kg N in Form von salpetersaurem Natrium, da, wo Kali gegeben wurde, aus je 200 kg K_2O in Form von Chlorkalium, nur bei Parzelle 6 wurde nur halb so viel gegeben und bei 8 wurde dasselbe (200 kg) als phosphorsaures Kalium gegeben. Mit Ausnahme dieses letzteren Gefässes wurde die Phosphorsäure in Form von wasserlöslicher P_2O_5 als Knochenaschesuperphosphat gegeben; nur diejenigen Gefässe, bei denen es oben besonders bemerkt ist, erhielten citratlösliche Phosphorsäure als gefälltes Calciumphosphat. Die Gabe von 750 kg schwefelsaurem Calcium bei Gefäss 16 entspricht derjenigen Menge Calciumsulfat, welche bei Versuch 12 in der angewendeten Menge Superphosphat enthalten ist. Die Erde, welche zu den Versuchen diente, stammte von einem Acker, der als Sandboden des bunten Sandsteingebiets auf der Bodenkarte verzeichnet ist. Die Bodenfläche eines jeden Gefässes war 461 qcm; je 6 Gefässe repräsentirten eine Versuchs-Nummer. Im Mittel der 6 Einzelversuche wurden geerntet:

Versuchs-No.	1	2	3	4	5	6	7	8	9	10	11	12	13	14	15	16
Körner .	74,6	77,6	77,3	81,3	84,0	95,3	100,5	99,3	76,3	84,8	83,1	77,7	73,9	68,7	71,9	70,0 g
Stroh . .	107,8	107,5	114,3	125,2	118,3	145,6	150,4	151,1	109,0	126,9	133,4	126,7	132,2	126,6	128,7	103,3 „
Zusammen	182,4	185,1	191,6	206,5	202,3	240,9	250,9	250,4	185,3	211,7	216,5	204,4	206,1	195,3	200,6	173,3 „
Auf 100 Stroh wurden geerntet:																
Körner .	69	72	68	65	70	65	66	66	70	67	62	61	57	54	56	68
Setzt man den Ertrag von ungedüngt = 100 so wurde																
	100	101,5	105,0	113,2	110,9	132,1	137,5	137,3	101,5	116,0	118,7	112,6	113,0	107,1	109,9	94,8

erhalten.

No.	Bemerkungen	Jahr der Untersuchung	In der ursprünglichen Substanz: Wasser %	Nh-Substanz %	Rohfett %	Nfr. Extractstoffe %	Rohfaser %	Asche %	In der Trocken-Substanz: Nh-Substanz %	Nfr. Extractstoffe %	Stickstoff in der Trocken-Substanz %	Analytiker
28	11. 150 kg citratlösl. Phosphorsäure und Stickstoff	1883	11,80	22,12	—	—	—	—	25,08	—	4,01	P. Wagner[1])
29	12. 300 kg wasserlösl. Phosphorsäure und Stickstoff	„	12,22	20,20	—	—	—	—	22,99	—	3,68	
30	13. 300 kg citratlösl. Phosphorsäure und Stickstoff	„	12,88	21,95	—	—	—	—	25,06	—	4,01	
31	14. 450 kg wasserlösl. Phosphorsäure und Stickstoff	„	12,32	19,88	—	—	—	—	22,67	—	3,63	
32	15. 450 kg citratlösl. Phosphorsäure und Stickstoff	„	11,97	19,00	—	—	—	—	21,59	—	3,45	
33	16. 750 kg schwefels. Calcium	„	12,27	19,60	—	—	—	—	22,22	—	3,56	

Pisum arvense. Sanderbse. Peluschke.

No.	Bemerkungen	Jahr	Wasser	Nh-Substanz	Rohfett	Nfr. Extractstoffe	Rohfaser	Asche	Nh-Substanz	Nfr. Extractstoffe	Stickstoff	Analytiker
1	Auf leichtem (Well)-Sand gewachsen, Mecklenburg . .	1882	16,20	21,4	1,8	49,5	7,0	4,1	25,53	59,08	4,08	Troschke[2])
2	Aus Gross-Warbelin, Mecklenburg	„	16,80	21,8	1,5	51,8	5,8	2,3	26,18	62,29	4,19	
3	Aus Melln, Mecklenburg . .	„	14,70	23,3	1,4	52,1	6,0	2,5	27,31	61,09	4,37	
4	„Rothe Sanderbsen" . . .	1887	15,38	22,24	1,15	51,96	5,31	3,09	26,26	62,47	4,20	Waage[3])
5	Peluschke	—	15,89	22,02	1,13	52,50	5,35	3,11	26,18	63,43	4,19	
	Mittel	.	**15,79**	**22,14**	**1,39**	**51,93**	**5,73**	**3,02**	**26,29**	**61,67**	**4,21**	

Ackerbohnen.*) Vicia Faba L. Feldbohne, Ackerbohne, Puffbohne.

No.	Bemerkungen	Jahr	Wasser	Nh-Substanz	Rohfett	Nfr. Extractstoffe	Rohfaser	Asche	Nh-Substanz	Nfr. Extractstoffe	Stickstoff	Analytiker
1	„Grosse weisse Bohnen aus Giessen", dicke Körner von gesundem Aussehen . .	1845	15,80	24,13	—	—	3,44	3,37	28,69	—	4,59	*Horsford*[4])
2	Feldbohnen	1849	16,00	24,40	1,50	51,50	3,00	3,60	29,04	61,32	4,65	*Boussingault*[5])
3	desgl.	„	12,50	31,90	2,00	47,70	2,90	3,00	36,46	54,51	5,83	

[1]) Vergl. Anmerkung [2]) Seite 582.

Pisum arvense. Sanderbse:

[2]) No. 1—3. Troschke. Wochenschr. d. Pomm. öconom. Gesellschaft 1883. 33.

[3]) No. 4 u. 5. R. Waage. Biedermann's landw. Centralbl. 16. 1887. 394. (Wiener landw. Ztg. 1887. 287.) In Procenten der lufttrocknen Substanz enthielten die Samen:

	Wirkliches Protein	Davon verdaulich	Lösliches Legumin
No. 4	19,63	94,90	11,42 %.
No. 5	21,09	88,00	10,89 „

Ackerbohnen:

[4]) No. 1. E. N. Horsford. Ann. d. Chem. u. Pharm. 58. 1846. 166. Nh-Substanz von uns aus dem N-Gehalt (× 6,25) berechnet.

[5]) No. 2 u. 3 J. B. Boussingault. Dessen: „Die Landwirthschaft in ihren Beziehungen zur Chemie etc." Bd. 3. 45 u. 200. Diese Analysen dürften der vom Autor ermittelten durchschnittlichen Zusammensetzung der Bohnen entsprechen.

*) Ueber die Zusammensetzung der Ackerbohne liegen nachstehende Analysen, welche nicht in den Rahmen unserer Zusammenstellung passen, vor; wir entnehmen dieselben Moleschott's Physiologie der Nahrungsmittel. II. Thl. 122 und Boussingault's „Die Landwirthschaft etc."

	Legumin	Eiweiss	Zellstoff	Stärkemehl	Dextrin	Fett	Extractivstoff	Salze	Wasser
Einhof . .	10,86	0,81	10,05	50,06	14,66	—	3,54	9,80	15,63
Thomson .	26,31		—	59,55		—	—	3,54	10,60
Payen . .	30,80		3,00	48,30		1,90	—	3,50	12,50 Kleine Abart
Payen . .	24,40		3,00	51,50		1,50	—	3,60	16,00 Gewöhnl. Art
		Zucker							
Boussingault	27,5	2,0	1,000	38,5	4,5	2,00	—	3,00	12,5 Kleine Bohnen

No.	Bemerkungen	Jahr der Untersuchung	In der ursprünglichen Substanz: Wasser %	Nh-Substanz %	Rohfett %	Nfr. Extractstoffe %	Rohfaser %	Asche %	In der Trocken-Substanz: Nh-Substanz %	Nfr. Extractstoffe %	Stickstoff in der Trocken-Substanz %	Analytiker
4	Heligoland or Tick Beans, Saatbohne	1849	13,20	22,31	1,15	—	—	2,54	25,69	—	4,11°	Way[1])
5	Aus voriger, auf Thonboden	„	14,20	17,56	1,25	—	—	2,53	20,44	—	3,27°	
	gezogen	„	15,80	21,25	1,53	—	—	2,80	25,25	—	4,04°	
6	desgl., auf Sandboden gezogen											
7	Mazagan Bean, Saatbohne	„	17,00	19,40	1,47	—	—	2,85	23,38	—	3,74°	
8	Aus voriger, auf Thonboden gezogen	„	11,00	19,94	—	—	—	2,68	22,43	—	3,59°	
9	desgl., auf Sandboden gezogen	„	16,50	21,81	1,71	—	—	2,48	26,12	—	4,18°	
10	Egyptian beans	1852	11,70	26,50	2,29	—	—	4,73	30,00	—	4,80°	*Lawes*[2])
11	desgl.	„	11,83	26,31	2,20	—	—	3,72	29,87	—	4,78°	
12	Beans, 1 Bushel wiegt 65 Pfund	„	15,84	24,31	1,59	—	—	3,36	28,88	—	4,62	*Anderson*[3])
13	Field-Beans, schottische	—	12,56	26,63	1,58	—	—	3,12	30,46	—	4,87	
14	desgl., fremde	—	12,21	23,13	1,51	—	—	3,14	26,35	—	4,22	
15	Pferdebohnen	—	13,00	20,06	1,22	—	—	3,56	23,05	—	3,69	*derselbe*[4])
16	Saubohnen	1853	14,02	24,21	1,42	44,16	12,63	3,56	28,16	51,36	4,51	*Poggiale*[5])
17	Alte irische	1855	12,80	24,70	2,40	—	(17,60)	1,80	28,40	—	4,54	*Polson*[6])
18	Aegyptische Bohnen	„	10,80	26,60	2,80	—	(18,80)	1,80	30,00	—	4,80	
19	Bâtardes coulonnoises	„	17,88	21,43	—	—	—	—	24,88	—	3,88	*Corenwinder*[7])
20		„	14,40	25,46	—	—	11,41	3,40	29,74	—	4,76	*Scheven*[8])
21	Mazagan aus Schleissheim, seichter Kalkboden	1856	12,49	27,69	—	—	—	—	31,63	—	5,06	*W. Mayer*[9])
22	desgl., aus Pöttmes (Ober-Bayern)	„	11,84	26,56	—	—	—	—	30,12	—	4,82	
23	Gute Lehmerde, „Thonboden"	1858	14,35	26,12	—	—	5,85	3,19P	30,50	—	4,88	*Knop und Ritter*[10])
24	Dieselbe mit Kreide gemischt, „Kalkboden"	„	14,35	26,82	—	—	8,03	3,25P	31,31	—	5,01	
25	Dieselbe mit Gyps gemischt, „Kalkboden"	„	14,35	29,76	—	—	6,44	3,25P	34,75	—	5,56	
26	Todter Sand mit Lehmerde gemischt, „Sandboden"	„	14,35	29,87	—	—	6,24	2,98P	34,88	—	5,58	
27		1865	14,80	23,30	2,00	46,50	10,00	3,40	27,35	54,57	4,38	*Völcker*[11])

[1]) No. 4—9. Thom. Way unter Betheiligung von Ward u. Eggar. Journ. Roy. Agr. Soc. England. 9. I. 150 u. 10. II. 495. Nh-Substanz von uns aus dem angegebenen N-Gehalt berechnet.

[2]) No. 10 u. 11. J. B. Lawes. Ebendaselbst (1853). 14. II. 498 u. Agricult. Chemistry. Pig Feeding, by J. B. Lawes. London, 1854. Nh-Substanz von uns aus dem angegebenen N-Gehalt berechnet.

[3]) No. 12—14. Thom. Anderson. Transact. Highl. u. Agric. Soc. 1851—1853. Nh-Substanz von uns aus dem angegebenen N-Gehalt berechnet.

[4]) No. 15. Thom. Anderson. Nach Wolff's Grundlagen des Ackerbau's. Leipzig, 1856. 941.

[5]) No. 16. Poggiale. Weende'r Jahresber. 1855/56. 20. (N. f. Pharm. 30. 180.) Rohfaser wurde bestimmt, indem die mit Wasser und Aether extrahirte Substanz mit Malzaufguss digerirt und vom Gewicht des Rückstandes die ermittelte Menge der Nh-Substanzen abgezogen wurde.

[6]) No. 17 u. 18 Arch. Polson. Ebendaselbst 1855/56. 19. (Chem. Gez. 1855. 211. Journ. f. pract. Chemie. 66. 320.)

[7]) No. 19. Corenwinder u. Dufau. Weende'r Jahresber. 1855/56. 21. (Ann. d'agricult. franc. 6. 330.)

[8]) No. 20. H. Scheven. Mitthl. aus Waldau. I. 7.

[9]) No. 21 u. 22. W. Mayer (Vers.-Stat. München). Ergebnisse agriculturchem. Versuche. 1. 26. München, 1857.

[10]) No. 23—26. W. Knop u. H. Ritter (Vers.-Stat. Möckern). Landw. Vers.-Stat. 1. 1859. 3 u. 17. In Kästen, die mit oben bemerkten Bodenmischungen gefüllt waren, gezogen. Die Böden wurden mit etwas Guano gedüngt.

[11]) No. 27. Aug. Völcker. Hoffmann's Jahresber. 1865. 314. (Farmers magazine 1865. 328.) An näheren Bestandtheilen wurden ferner ermittelt, in Procenten der lufttrocknen Substanz: Stärke 36,00 %, Traubenzucker 2,00 %, Pectinstoffe 4,00 % und Gummi 4,50 %.

No.	Bemerkungen	Jahr der Untersuchung	In der ursprünglichen Substanz: Wasser %	Nh-Substanz %	Rohfett %	Nfr. Extractstoffe %	Rohfaser %	Asche %	In der Trocken-Substanz: Nh-Substanz %	Nfr. Extractstoffe %	Stickstoff in der Trocken-Substanz %	Analytiker
28	Pferdebohnen, grosse Körner, 1,249 g spec. Gew. . .	1874	13,00	24,23	2,28	49,74	8,11	2,64	27,84	57,19	4,45	*Marek*[1])
29	desgl., kleine Körner, 1,275 g spec. Gew.	„	12,75	25,41	2,01	45,43	11,57	2,83	29,12	52,08	4,66	*Marek*[1])
30	desgl., aus Italien	1877	15,31	22,43	2,58	42,46	12,64	4,58	26,49	50,10	4,24	*Pasqualini*[2])
31	desgl., aus Zwätzen . . .	„	14,35	26,63	1,11	46,08	8,39	3,25	31,10	53,80	4,90	*R. Pott*[3])
32	Aus vorigen, auf ungedüngtem Boden gezogen	„	14,35	20,21	3,25	50,62	8,65	2,74	23,60	59,10	3,70	*R. Pott*[3])
	In Italien gewachsen.											
33	Mittel von Analysen verschieden gedüngter Bohnen .	„	7,87	29,93	—	—	—	3,58	32,47	—	5,20	*Rudolfi*[4])
34		1878	15,30	27,81	3,12	40,37	8,80	4,60	32,84	47,66	5,25	*L. Grandeau*[5])
35		„	13,26	24,43	1,35	52,85	5,72	3,19	28,17	59,99	4,51	*L. Grandeau*[5])
36		„	12,82	18,31	1,18	59,46	5,01	3,22	21,00	68,21	3,36	*L. Grandeau*[5])
37		„	9,18	25,27	1,09	52,70	8,63	3,18	27,82	57,98	4,45	*L. Grandeau*[5])
38		„	13,75	25,51	1,16	49,51	6,12	3,35	29,57	57,42	4,73	*L. Grandeau*[5])
39		„	9,50	22,56	0,96	55,99	8,28	2,71	24,93	61,87	3,99	*L. Grandeau*[5])
40	Mittel verschiedener Analysen, 1879er Ernte	1879	12,65	22,63	1,50	51,11	8,62	3,43	25,91	58,50	4,15	*derselbe*[6])
41	desgl., 1880er Ernte . . .	1880	15,55	21,47	1,43	51,68	5,82	4,05	25,40	61,23	4,06	*derselbe*[6])
42		1878	14,00	28,65	1,41	45,86	6,87	3,20	33,31	53,33	5,33	*Wolff*[7])
43	Von tadelloser Beschaffenheit	1879	14,35	27,99	1,35	45,27	7,50	3,00	32,68 *)	52,85	5,23	*Kellner*[8])
44	Vom Stuttgarter Markt . .	1880	16,55	26,29	1,51	44,27	8,79	2,59	30,90	53,66	4,94	*Wolff*[9])
45	Pferdebohnen aus dem Elsass	„	14,99	25,09	1,23	49,54	6,40	2,75	29,51	58,28	4,72	*Weigelt*[10])
46	desgl.	„	14,59	26,22	1,09	49,45	6,24	2,41	30,70	57,90	4,91	*Weigelt*[10])
47	desgl.	„	17,85	23,36	1,20	48,33	6,27	2,99	28,43	58,84	4,55	*Weigelt*[10])
48		1882	10,48	22,72	1,85	57,55	3,58	3,82	25,38	64,29	4,06	*Weiske*[11])
49	Pferdebohnen	„	15,00	26,30	1,40	47,10	8,10	2,10	30,93	55,42	4,95	*Märcker*[12])
50	desgl.	„	15,00	22,00	0,80	51,00	8,10	3,00	25,87	60,13	4,14	*Märcker*[12])

[1]) No. 28 u 29. G. Marek. Landw. Vers.-Stat. 19. 1876. 40.

[2]) No. 30 A. Pasqualini. Ann. Staz. Agrar. Forli VI. 1877. 48. An näheren Bestandtheilen wurden ferner ermittelt, in Procenten der lufttrocknen Substanz: Stärke 33,62 %, Zucker 1,30 %, sonstige Nfr-Extractstoffe; ausserdem sind an Verlust angegeben 0,42 %, an in Wasser löslichen Stoffen 10,33 %, davon Salze 1,85 %, N 0,334 %, N als Ammoniak 0,023 %.

[3]) No. 31 u. 32. R Pott Landw. Vers-Stat. 25. 1880. 57. Das Saatgut war 1867 auf dem Zwätzener Versuchsfelde geerntet Das Feld, auf welchem die 1878er Ernte gewonnen wurde, trug 1875 Leindotter, 1876 Mais, beide ohne Dünger, 1877 Runkelrüben mit Stalldünger. Angegebener N-Gehalt und Gehalt an Nh-Substanz stimmen nicht überein.

[4]) No. 33. L. Ridolfi. Biedermann's Centralbl f. Agriculturchem 9 1880. 153. (Oesterr. landw. Wochenbl. 5. 1879. 526 das. a. L'Agricultura Italiana 1879. 173.) Der Boden war seit 2 Jahren nicht gedüngt, aber von guter Beschaffenheit.

[5]) No. 34—39. L. Grandeau (Nancy). Originalmittheilung.

[6]) No. 40 u. 41. L. Grandeau. Compt. rend. d. travaux du Congrès international. Paris, 1881. 255.

[7]) No. 42. E. Wolff, C. Kreuzhage u. O. Kellner. Landw. Jahrb. 8. 1879. Suppl. I. 78 u. 120. Asche = Reinasche und Sand.

[8]) No. 43. O. Kellner. Ebendaselbst 10. 1881. 854.

[9]) No. 44. E. Wolff (Vers.-Stat. Hohenheim). Ebendaselbst.

[10]) No. 45—47. C. Weigelt (Vers.-Stat. Rufach). Ebendaselbst.

[11]) No. 48. H. Weiske, M. Schrodt u. M. C. de Leeuw (Vers.-Stat. Breslau). Journ. f. Landwirthsch. 30. 1882. 404. Rohfaser proteinfrei, Asche C- und CO_2-frei. Wassergehalt und Zusammensetzung der lufttrocknen Substanz von uns nach den Angaben S. 406 unserer Quelle berechnet.

[12]) No. 49 u. 50. M. Märcker (Vers.-Stat. Halle). Privatmittheilung.

*) In Procenten der Trockensubstanz Nichteiweiss-N 0,444.

No.	Bemerkungen	Jahr der Untersuchung	In der ursprünglichen Substanz: Wasser %	Nh-Substanz %	Rohfett %	Nfr. Extractstoffe %	Rohfaser %	Asche %	In der Trocken-Substanz: Nh-Substanz %	Nfr. Extractstoffe %	Stickstoff in der Trocken-Substanz %	Analytiker
51	Pferdebohnen, 1 Korn wiegt durchschnittlich 0,709 g	1882	10,07	29,97	48,66		8,57	2,73	33,33	—	5,33	*Wollny*[1])
52	desgl., 0,374 g	„	10,41	28,88	48,16		9,95	2,60	32,23	—	5,16	*Wollny*[1])
53	desgl., 0,260 g	„	10,06	30,37	44,56		12,47	2,54	33,77	—	5,40	*Wollny*[1])
54	Saubohne von Algier, schwer. Boden	1885	—	—	—	—	—	—	32,56	—	5,21°	*Flechsig*[2])
55	desgl. von Italien, schwerer Boden	„	—	—	—	—	—	—	32,50	—	5,20°	*Flechsig*[2])
56	desgl. von Theben, schwerer Boden	„	—	—	—	—	—	—	34,81	—	5,57°	*Flechsig*[2])
57	Puffbohne Mazagan, schwerer Boden	„	—	—	—	—	—	—	33,06	—	5,29°	*Flechsig*[2])
58	desgl. Johnston, leicht. Boden	„	—	—	—	—	—	—	32,56	—	5,21°	*Flechsig*[2])
59	Erfurter Puffbohne, leicht. Bod.	„	—	—	—	—	—	—	31,44	—	5,03°	*Flechsig*[2])
60	Puffbohne Monarch, leichter Boden	„	—	—	—	—	—	—	33,94	—	5,43°	*Flechsig*[2])
61	Pferdebohnen	„	10,28	26,94	9,96	41,71	7,28	3,83	30,03	56,48	4,80	*Goessmann*[3])
62	Ackerbohnen	1883	13,00	25,11	1,48	50,21	7,18	3,02	28,86	57,71	4,62	*Wolff*[4])
63	desgl.	„	13,00	27,31	2,11	53,57	7,66	3,49	31,40	53,37	5,02	*Wolff*[4])
	Ackerbohnen Minimum	.	7,87	17,68	0,81	41,25	2,87	1,73	26,44	47,66	3,27	
	Ackerbohnen Maximum	.	17,85	31,54	3,29	59,01	18,17	4,70	36,46	68,21	5,83	
	Ackerbohnen Mittel	.	**13,49**	**25,31**	**1,68**	**48,33**	**8,06** *)	**3,13**	**29,26**	**55,86**	**4,68**	

Ackerbohnen, in verschiedener Düngung.

No.	Bemerkungen	Jahr	Wasser %	Nh-Substanz %	Rohfett %	Nfr. Extractstoffe %	Rohfaser %	Asche %	Nh-Substanz (Trocken) %	Nfr. Extractstoffe (Trocken) %	Stickstoff %	Analytiker
1	Ungedüngt	1878	7,14	26,72	—	—	—	3,29	28,78	—	4,60	*Rudolfi*[5])
2	100 kg Stickstoff (in Ammoniaksalzen)	„	8,94	32,88	—	—	—	3,35	36,10	—	5,78	*Rudolfi*[5])
3	65 kg Stickstoff und 50 kg Phosphorsäure in Kalk-Superphosphat	„	7,30	31,35	—	—	—	3,80	33,79	—	5,25	*Rudolfi*[5])
4	200 kg Phosphorsäure in Kalkphosphat	„	8,10	28,77	—	—	—	3,72	31,30	—	5,01	*Rudolfi*[5])

[1]) No. 51—53. E. Wollny. Journ. f. Landwirdsch. 25. 1877. 75. 133.

[2]) No. 54—60. E. Flechsig. Landw. Vers.-Stat. 32. 1886. 182. Die untersuchten Bohnen waren im Sommer 1880 auf dem Proskauer Versuchsfelde angebaut worden unter gleichen Witterungs-, Düngungs- und Bodenverhältnissen.

[3]) No. 61. C. A. Goessmann. Hoffmann's Jahresber. 1885. 408. Massachusett's State Agr. Exp. Stat. Bull. No. 14. 1885.

[4]) No. 62 u. 63. E. Wolff und C. Kreuzhage. Grundlagen für die rationelle Fütterung der Pferde. Berlin, 1885. 101 u. 112.

*) Rohfaser von No. 23 an.

Ackerbohnen, in verschiedener Düngung:

[5]) No. 1—4. L. Rudolfi. Biedermann's Centralbl. f. Agriculturchem. 1880. 153. (Oesterr. landw. Wochenbl. 1879. 526; daselbst nach L'Agricoltura Italiana 1879. 173.) Zur Düngung von Parzelle unter No. 4 ist zu bemerken, dass nur die Hälfte der Phosphorsäure sich in einem leicht löslichen Zustande befand. Der Boden der Versuchsfläche war von guter Beschaffenheit und seit 2 Jahren nicht gedüngt. Die Ernte pro ha betrug:

	No. 1	2	3	4	
An Körnern	1575	1524	2204	2860	kg
An Stroh	2000	2244	2700	2757	„
1 Hectoliter der Körner =	78,75	60,00	71,99	89,37	„

No.	Bemerkungen	Jahr der Untersuchung	In der ursprünglichen Substanz: Wasser %	Nh-Substanz %	Rohfett %	Nfr. Extractstoffe %	Rohfaser %	Asche %	In der Trocken-Substanz: Nh-Substanz %	Nfr. Extractstoffe %	Stickstoff in der Trocken-Substanz %	Analytiker
	Puffbohne. („Natamame.“) Canavalia incurva.											
1	In Japan gewachsen . . .	—	15,28	21,65	1,48	46,53	11,47	3,59	25,55	54,91	4,09⁰	*Kellner*[1])
	Schminkbohne.*) Phaseolus vulgaris L. Veits- oder Vitsbohne.											
1	Tischbohnen aus Wien . .	1845	13,41	24,19	55,27		3,34	3,79	27,94	—	4,47	*Horsford*[2])
2	Schminkbohnen a. d. Elsass	1846	12,50	31,90	2,00	47,70	2,90	3,00	36,46	54,51	5,83	*Boussingault*[3])
3	Gartenbohnen	„	16,00	24,40	1,50	51,50	3,00	3,60	29,00	61,36	4,74	
4	Weisse Bohnen	„	15,00	26,90	3,00	48,80	2,80	3,50	31,96	56,99	5,11	
5	Schminkbohne, Kidney-Beans	1852	13,00	19,75	1,22	62,27		3,56	22,69	—	3,63	*Anderson*[4])
6	Weisse	„	19,27	22,75	2,75	45,43	6,24	3,56	30,46	53,99	4,87	*Poggiale*[5])
7	Aus Jekaterinoslaw . . .	1872	11,65	24,30	2,46	53,36	3,71	4,52	27,50	61,54	4,40⁰	*R. Pott*[6])
8	Weisse Schminkbohnen . .	1877	8,33	22,56	1,06	45,40	4,34	4,09	24,61	65,04	4,29⁰	*J. König u. Krauch*[7])
9	desgl.	„	10,94	20,06	1,73	59,43	3,95	3,89	22,53	66,72	3,60⁰	
10	Buschbohnen, weisse Eier-, schwerer Boden	1885	—	—	—	—	—	—	26,19	—	4,19⁰	*E. Flechsig*[8])
11	desgl., gelbe Prinzess-, schwer. Boden	„	—	—	—	—	—	—	23,13	—	3,70⁰	
12	desgl., weisse röm. Jungfer-, schwerer Boden	„	—	—	—	—	—	—	24,75	—	3,96⁰	
13	desgl., schwarze Neger-, leichter Boden	„	—	—	—	—	—	—	24,50	—	3,92⁰	
14	desgl., lange aschgraue . .	„	—	—	—	—	—	—	25,56	—	4,09⁰	
15	„Lima“, Best one-third . .	1878	9,01	21,88	1,60	60,59	3,97	2,95	24,15	66,49	3,86	*P. Collier*[9])
16	desgl., Poorest one-third . .	„	9,61	20,48	1,50	52,01	3,81	2,79	22,65	68,39	3,62	

Puffbohnen, Canavalia incurva:

[1]) No. 1. Osc. Kellner. Mitthl. d. Deutschen Gesellschaft f. Natur- u. Völkerkunde Ostasiens. Sonderabdruck aus Bd. IV. No. 35. Dieser als „Puffbohne“ vom Autor benannte Samen enthielt in Procenten der Trockensubstanz 3,05 % Eiweiss-N = 19,06 % Eiweiss, 44,84 % Stärkemehl.

Schminkbohne:

[2]) No. 1. E. N. Horsford. Annal. d. Chem. u. Pharm. 58. (1846.) 166. In denselben Bohnen fand F. Krocker (Ebendaselbst 212) in Procenten der Trockensubstanz 37,75 % Stärkemehl.

[3]) No. 2—4. J. B. Boussingault. Dessen: Die Landwirthschaft in ihren Beziehungen zur Chemie etc. 3. 45 u. 201.

[4]) No. 5. Thom. Anderson. Trans. Highl. Soc. Juli 1851 bis März 1853. 511.

[5]) No. 6. Poggiale. Weende'r Jahresber. 1855/56. II. 20. Rohfaser ist durch Behandlung der Substanz mit Malzaufguss bestimmt.

[6]) No. 7. R. Pott (Vers.-Stat. Poppelsdorf). Landw. Vers.-Stat. 15. 1872. 214.

[7]) No. 8 u. 9. J. König u. C. Krauch. Originalmittheilung.

[8]) No. 10—14. E. Flechsig. Landw. Vers.-Stat. 32. 1886. 182. Die untersuchten Bohnen waren auf dem Proskauer Versuchsfelde unter gleichen Boden-, Düngungs- und Witterungsverhältnissen angebaut worden.

[9]) Vergl. Anmerkung [1]) Seite 588.

*) Ueber die Zusammensetzung der Schminkbohnen liegen nachstehende Analysen, welche nicht in den Rahmen dieser Zusammenstellung passen, vor; wir entnehmen dieselben Moleschott's Physiologie der Nahrungsmittel. II. Thl. S. 120 und bezw. Boussingault's „Die Landwirthschaft etc.“

	Legumin	Eiweiss	Kleberart. Stoff	Zellstoff	Stärkemehl	Dextrin	Zucker	Fett	Extractivstoff	Salze	Wasser
Einhof . .	17,46	1,13	—	6,29	39,45	16,25	—	—	2,86	—	—
Braconnot .	18,20	—	5,36	47,64		2,73	0,20	0,70	—	1,00	23,00
Johnston .	26,00	—	—	9,50		40,00		2,50	—	3,00	14,00
Payen . .	23,62	—	—	2,90		51,59		2,59	—	2,96	—
Payen . .	23,74	—	—	1,76		52,76		2,29	—	2,90	—
Boussingault	22,00	—	—	8,0	41,0	4,0	0,3	3,0	—	3,2	17,5

Die Zahlen von Einhof und Payen sind „auf den mittleren Gehalt an festen Bestandtheilen zurückgeführt“.

No.	Bemerkungen	Jahr der Untersuchung	In der ursprünglichen Substanz: Wasser %	Nh-Substanz %	Rohfett %	Nfr. Extractstoffe %	Rohfaser %	Asche %	In der Trocken-Substanz: Nh-Substanz %	Nfr. Extractstoffe %	Stickstoff in der Trocken-Substanz %	Analytiker
17	„Golden Wax“, Best third .	1878	7,23	25,46	—	—	—	3,89	27,45	—	4,39	*P. Collier* [1])
18	desgl., Poorest third . . .	„	8,02	26,95	—	—	—	3,95	29,29	—	4,69	
19	Dwarf German Wax, Best third	„	6,57	24,06	—	—	—	4,38	25,77	—	4,12	
20	desgl., Poorest third . . .	„	8,00	24,50	—	—	—	4,36	26,63	—	4,23	
	Schminkbohne, Mittel	.	**11,24**	**23,66**	**1,96**	**55,60**	**3,88**	**3,66**	**26,66**	**62,64**	**4,29**	

Phaseolus radiatus.

No.	Bemerkungen	Jahr	Wasser %	Nh-Substanz %	Rohfett %	Nfr. Extractstoffe %	Rohfaser %	Asche %	Nh-Substanz %	Nfr. Extractstoffe %	Stickstoff %	Analytiker
1	Phaseolus radiatus . . (In Japan gewachsen, dort Adzuki genannt)	1883	12,20	18,30	1,42	59,43	6,05	2,60	20,84	67,69	3,33°	*Kellner* [2])
2	desgl., breite Sorte . . (In Japan gewachsen, dort Adzuki genannt)	„	13,10	18,55	0,89	55,72	8,80	2,94	21,33	64,14	3,41	*Nagai u. Murai* [3])
3	desgl., schmale Sorte . . (In Japan gewachsen, dort Adzuki genannt)	„	13,30	18,92	0,89	55,28	9,05	2,58	21,91	63,66	3,51	
	Mittel	.	**12,87**	**18,61**	**1,06**	**56,79**	**7,97**	**2,70**	**21,36**	**65,17**	**3,42**	

Lupinenkörner.*) Lupinus luteus L. Wolfsbohne, gelbe Lupine.

No.	Bemerkungen	Jahr	Wasser %	Nh-Substanz %	Rohfett %	Nfr. Extractstoffe %	Rohfaser %	Asche %	Nh-Substanz %	Nfr. Extractstoffe %	Stickstoff %	Analytiker
1		1854	14,32	35,72	6,33	27,09	12,74	3,80	41,69	31,62	6,67°	*Eichhorn* [4])
2	„Lupine“	1855	10,18	38,35	7,85	26,24	14,55	2,83	42,68	29,24	6,83	*Poggiale* [5])

---

[1]) No. 15—20. Pet. Collier. Ann. Rep. of the Commissioner of Agriculture for 1878. Washington, 1879. 125. Die Analysen beziehen sich auf das schwerste und leichteste Drittel einer und derselben Probe. Die Zahl der leichten und schweren Körner in einem bestimmten Gewichtsquantum verhielt sich wie 100 zu

Lima	Golden Wax	Dwarf German Wax
69	74	67

In Procenten der lufttrocknen Substanz enthielten die Bohnen, „Lima“:

	Zucker	Stärke	Gummi u. Dextrin	Lösl. Eiweiss	Legumin
No. 15	3,74	47,35	9,50	0,75	21,13 %
No. 16	3,56	48,95	9,30	0,67	19,81 „

Phaseolus radiatus:

[2]) No. 1. Osc. Kellner. Mitthl. der Deutschen Gesellsch. f. Natur- u. Völkerkunde Ostasiens. Bd. IV. No. 35. In Procenten der Trockensubstanz enthielt dieser Samen: Eiweiss-N 3,06 = 19,12 % Eiweiss, 65,38 % Stärkemehl.

[3]) No. 2 u. 3. K. Nagai u. J. Murai. Japan. Intern. Health Exhibitation. London, 1884. A. Descriptive Catalogue. p. 3.

Lupinenkörner. Lupinus luteus L.:

Gelbe Lupine. Hier sind auch solche Analysen aufgenommen, bei denen die Art der untersuchten Lupine nicht angegeben, sondern allgemein als Lupine bezeichnet wurde.

[4]) N. 1. Eichhorn. Ann. d. Landw. in Preussen. 23. 272. Unter den Nfr-Extractstoffen fand Autor insbesondere Dextrin, Gummi, Pflanzenschleim und einen eigenthümlichen Bitterstoff.

[5]) No. 2. Poggiale. Weende'r Jahresber. 1855/56. II. 20. (N. J. Pharm. 30. 180. 255.)

*) Unter den Analysen von Lupinenkörnern, welche wir nicht in die Tabelle aufnehmen können, sind nachstehende, z. Thl. unvollkommene, die wir dem Weende'r Jahresber. 1854. II. 12 entnehmen. Der N-Gehalt und der dem entsprechende Gehalt an Rohprotein sowie der an Pflanzenfaser der wasserfreien gelben Lupinensamen wurde gefunden von

	Stickstoff	Rohprotein	Pflanzenfaser
Gropp (Isterbies). Ztschr. d. landw. Ver. Hessen-Darmstadt 1854. 450	9,3 %	58,1 %	25,6 %
Stöckhardt. Ztschr. f. Deutsche Landwirthe 1854. 97	4,5—5,6 %	22,1—35,0 %	21,5 %

Ueber die Form und Verdaulichkeit der in den Lupinenkörnern enthaltenen Stickstoffverbindungen macht A. Stutzer nachstehende Mittheilung. Die untersuchten Lupinen enthielten:

	In % d. Trockensubstanz	In % d. Gesammt-N
Gesammt-N	7,839 %	—
N in Nichtprotein	0,565 „	7,2 %
N in Verbindungen durch Pepsinflüssigkeit löslich . .	7,073 „	90,3 „
N in Verbindungen durch Pankreasflüssigkeit löslich .	0,135 „	1,7 „
N in unverdaulichen Verbindungen	0,066 „	0,8 „

(Magdeburger Zeitung vom 26. Januar 1887.)

No.	Bemerkungen	Jahr der Untersuchung	In der ursprünglichen Substanz						In der Trocken-Substanz		Stickstoff in der Trocken-Substanz	Analytiker
			Wasser %	Nh-Substanz %	Rohfett %	Nfr. Extractstoffe %	Rohfaser %	Asche %	Nh-Substanz %	Nfr. Extractstoffe %	%	
3		1855	14,71	33,81	—	—	17,53	4,04	39,64	—	6,34	*Ritthausen*[1])
4	Aus Pommern	1859	12,20	28,30	5,00	36,40	14,10	4,00	32,18	41,55	5,15	*Handke*[2])
5		1862	12,70	32,69	—	—	15,50	4,44	37,50	—	6,00°	*Hellriegel*[3])
6		1866	19,90	49,08	4,83	—	—	3,38	61,27	—	9,80°	*Beyer*[4])
7		1868	9,45	39,18	4,06	32,28	11,45	3,58	43,25	35,68	6,92	*Siewert*[5])
8		1869	13,82	37,25	5,34	25,11	14,72	3,76	43,21	29,04	6,91	*Dietrich*[6])
9		„	10,07	43,35	3,87	25,85	13,33	3,53	48,30	28,80	7,73	*Heidepriem*[7])
10	Alluvialboden, 1873er Ernte	1873	12,00	40,04	—	—	12,79	3,84	45,49	—	7,28	*Stohmann*[8])
11	desgl., 1874er Ernte . . .	1874	12,00	39,50	—	—	12,01	3,67	44,87	—	7,18	
12		1878	19,07	36,22	3,85	20,92	13,60	6,34	44,77	27,12	7,16	*Henneberg*[9])
13	„Lupinenschrot"	„	12,12	40,19	5,00	23,60	14,92	4,17	45,74	26,84	7,32	[10])
14	desgl.	„	—	39,20	—	—	—	—	—	—	—	*Heinrich*[11])
15		1879	12,89	39,02	5,43	24,09	14,76	3,81	44,80	27,61	7,17	*Wein*[12])
16		„	14,75	38,42	4,86	22,55	15,42	4,00	45,07	27,45	7,37	*Henneberg*[9])
17		„	17,02	39,19	4,00	22,48	13,41	3,90	47,20	27,10	7,55	*Kühn*[13])
18	Vollreife aus Pommern . .	„	13,31	37,04	5,08	25,68	14,51	4,38	42,73	29,62	6,84	*Kellner*[14])

E. Schulze u. W. Umlauft — Landw. Jahrbücher. 5. 1876. 841 — fanden in der Trockensubstanz von der Samenschale befreiter Lupinen:

Unlöslich in Wasser 68,68 %	Conglutin	40,32 %	mit 7,33 % N
	Fett	7,35 „	
	Rohfaser aschenfrei	3,24 „	
	Nfr-Stoffe unbekannter Art	16,44 „	
	Mineralstoffe	0,93 „	
Löslich in Wasser 31,32 %	Albumin	1,50 „	mit 0,24 % N
	Conglutin	3,25 „	mit 0,59 % N
	Dextrinartige Kohlehydrate	10,02 „	
	Citronensäure (und Aepfelsäure)	1,92 „	
	Alkaloïde, Amide und unbestimmbare Stoffe . .	11,66 „	mit 1,30 % N
	Mineralstoffe	2,97 „	
			9,46 % N
	Gesammtgehalt an Eiweissstoffen	45,07 %	mit 8,16 % N

Aus den Untersuchungen Ritthausen's hat sich ergeben, dass der hauptsächlichste Nh-Bestandtheil der Lupinensamen das Conglutin ist, welches 18,4 % N enthält. 1 N = 5,5 Conglutin.

1) No. 3. H. Ritthausen u. Scheven (Vers.-Stat. Möckern). 5. Ber. 1857. 4.

2) No. 4. R. Handke. Chem. Ackersm. 1860. 48. 100 Stück Samen wogen 12 g.

3) No. 5. H. Hellriegel u. Lucanus (Vers.-Stat. Dahme). Landw. Vers.-Stat. 7. 1865. 389.

4) No. 6. A. Beyer (Vers.-Stat. Regenwalde). Landw. Vers.-Stat. 9. 1867. 173. In Procenten der Trockensubstanz enthielten diese Lupinen 10,61 % Zucker und Bitterstoff, 6,92 % Gummi und 10,96 % Zellstoff, Stärke, Pectinkörper, in Wasser lösliche Eiweisskörper 10,91 %.

5) No. 7. M. Siewert. Ztschr. d. landw. Centralver. d. Prov. Sachsen. 25. 1868. 313. Der Autor unterscheidet „nutzbare" und „unverwerthbare" Cellulose aus Hülsen (Samenschale) und Cotyledonen. Die nutzbare Cellulose der Cotyledonen ist in der Weise bestimmt, dass die mit siedendem Wasser erschöpfte Substanz mit 1 procentiger Schwefelsäure gekocht und in der erhaltenen Lösung der Zuckergehalt bestimmt wurde. Aus dem Zuckergehalte berechnete der Autor die äquivalente Cellulosemenge. Unter solcher Cellulose ist jedenfalls nicht nur Cellulose, sondern auch andere in Zucker überführbare Kohlehydrate zu verstehen. Die Lupinen enthielten im lufttrocknen Zustande unverwerthbare Cellulose: aus den Hülsen 10,36 %, aus den Cotyledonen 1,09 %; nutzbare Cellulose: aus den Hülsen 6,45 %, aus den Cotyledonen 6,84 %; ferner Rohrzucker (in Wasser lösl. Zucker) 2,35 %, Bitterstoff 0,60 %, Gummi u. Pectinstoffe 15,90 %. Die Summe der Bestandtheile beträgt 99,86. Das an 100 fehlende ergänzten wir oben bei den Nfr-Extractstoffen.

6) No. 8. Th. Dietrich und J. König (Vers.-Stat. Altmorschen). Landw. Anzeiger f. d. Rgbz. Cassel 1870. 8.

7) No. 9. F. Heidepriem u. W. Jani. Landw. Vers.-Stat. 16. 1873. 5.

8) No. 10 u. 11. F. Stohmann. Mitthl. d. Landw. Instituts der Universität Leipzig 1875. 1 u. 86. Der Wassergehalt ist vom Autor willkürlich angenommen worden.

9) No. 12 u. 16. W. Henneberg (Vers.-Stat. Göttingen). Landw. Jahrb. 1880. 811.

10) No. 13. Vers.-Stat. Regenwalde. Originalmittheilung.

11) No. 14. R. Heinrich (Vers.-Stat. Rostock). Bericht 1875/81. Wismar, 1882.

12) No. 15. E. Wein. Landw. Vers.-Stat. 26. 1880. 192. Zur Untersuchung gelangten zur Saat ausgesuchte, annähernd gleich grosse und schwere Samen, von denen 100 Stück 14,2 g wogen.

13) No. 17. Vers.-Stat. Möckern. Originalmittheilung.

14) Vergl. Anmerkung 1) Seite 590.

No.	Bemerkungen	Jahr der Untersuchung	In der ursprünglichen Substanz						In der Trocken-Substanz			Analytiker
			Wasser %	Nh-Substanz %	Rohfett %	Nfr. Extractstoffe %	Rohfaser %	Asche %	Nh-Substanz %	Nfr. Extractstoffe %	Stickstoff in der Trocken-Substanz %	
19	Saatlupinen aus der Mark Brandenburg	1879	13,76	40,04	4,67	24,95	13,36	3,22	46,43	28,93	7,43°	*Kellner*[1])
20		„	—	—	—	—	—	—	42,69	—	6,83°	
21		1883	—	—	—	—	—	—	39,80	—	6,37	*Wildt*[2])
22		„	18,06	35,08	—	—	—	3,81	42,80	—	6,85	*Bochmann*[3])
23	Gut ausgereift	1879	17,23	36,23	5,14	27,96	10,49	2,97P	43,77	33,78	7,00	*C. E. Schulz*[4])
24	1880er Ernte	1881	15,00	39,21	5,35	26,17	11,06	3,21	46,13	29,74	7,38	*Flechsig*[5])
25	Gelbblühende Lupine, weisssamige Abart, 1880er Ernte	„	15,00	39,85	5,51	24,80	11,34	3,50	46,88	28,48	7,50	
26	1883er Ernte	1884	15,00	41,59	5,51	—	—	—	48,94	—	7,83	*derselbe*[6])
27	Gelbblühende, weiss, 1883er E.	„	15,00	40,11	5,76	—	—	—	47,19	—	7,55	
28	Lupinen, gelbe	1880	15,00	36,8	3,7	26,1	14,9	3,5	43,28	30,73	6,92	*M. Märcker*[7])
29	desgl.	„	15,00	35,9	5,1	29,0	11,3	3,7	42,22	34,14	6,76	
30	desgl.	„	15,00	37,3	4,4	46,9	7,7	3,7	43,86	37,56	7,02	
31	desgl.	„	15,00	27,7	5,3	55,8	8,3	2,9	32,68	47,92	5,23	
32	desgl.	„	15,00	34,4	4,7	30,1	12,3	3,5	40,05	35,84	6,41	
33	desgl.	„	15,00	35,5	4,7	29,1	12,0	3,7	41,75	34,26	6,68	
34	desgl.	„	15,00	38,1	4,4	23,8	15,2	3,5	44,66	28,17	7,15	
35	desgl.	1882	15,00	41,3	2,9	18,9	17,8	4,1	48,57	22,28	7,77	
36	desgl.	„	15,00	42,0	2,0	19,8	17,5	3,7	49,39	23,33	7,90	
37	desgl.	„	15,00	40,6	1,8	20,0	18,5	4,1	47,75	23,55	7,64	
38	desgl.	„	15,00	40,4	2,2	20,6	18,0	3,8	46,51	25,26	7,44	
39	desgl.	„	15,00	41,9	2,3	20,2	16,7	3,9	49,27	23,80	7,89	
40	desgl.	„	15,00	40,0	2,0	21,3	17,8	3,9	47,04	25,09	7,53	
41	desgl.	„	15,00	39,9	2,3	21,2	18,4	3,2	46,92	24,98	7,51	
42	desgl.	„	15,00	42,4	2,1	17,8	17,8	4,9	49,86	20,98	7,98	
Gelbe Lupinen	Minimum . . .	.	9,45	27,68	1,82	18,05	7,79	2,71	32,18	20,98	5,15	
	Maximnm . . .	.	19,90	52,70	7,52	41,22	35,74	6,74	61,27	47,92	9,80	
	Mittel	.	**13,98**	**38,25** *)	**4,38**	**25,46**	**14,12**	**3,81**	**44,47**	**29,59**	**7,11**	

[1]) No. 18—20. O. Kellner. Landw. Jahrb. 1880. 979 u. 1881. 849. No. 18 waren vollreife gelbe Lupinen aus Pommern. Die Körner dieser Sorte waren flach und wogen 1000 Stück davon 134,0 g. Dieselben enthielten 0,51 % Nichtprotein-N und 1,33 % Alkaloïde (auf die Trockensubstanz bezogen). No. 19 waren von der Kgl. Domäne Dahme in der Provinz Brandenburg bezogen worden. 1000 Körner wogen 195,94 g im lufttrocknen Zustande.

[2]) No. 21. E. Wildt. Biedermann's Centralbl. f. Agriculturchem. 1884. 675. (Landw. Centralbl. f. Posen. 11. 1883. 267.)

[3]) No. 22. Bochmann. Ebendaselbst 1880. 436. Die Lupinen enthielten 0,626 % der lufttrocknen Substanz Alkaloïd.

[4]) No. 23. Hugo C., E. Schulz (Proskau). Landw. Jahrb. 1879. 42. Mehrere Monate alte, gut ausgereifte, gesunde Samen.

[5]) No. 24 u. 25. E. Flechsig. Landw. Vers.-Stat. 30. 1884. 445. Diese Lupinen wuchsen auf dem Versuchsfelde zu Proskau mit anderen Lupinenarten (siehe diese) unter gleichen Boden-, Witterungs- und Düngungsverhältnissen. Die unter dem Namen „weisssamige gelbblühende“ Lupine unter No. 25 ist ein Bastard von Lup. luteus mit einer oder mehreren unbekannten Arten; doch ist nur ein sehr geringer Theil der Körner weiss, der bei weitem grösste ist schwarz gesprenkelt. Von dem Aetherextract der Körner ist die Menge der darin enthaltenen Alkaloïde, wie sie von Täuber, Landw. Vers.-Stat. 29. 1883, bestimmt worden ist, abgezogen. Nach dieser Bestimmung enthalten diese beide Lupinen:

	Gesammtalkaloïd	Flüssiges Alkaloïd	Festes Alkaloïd	300 Stück Samen wogen
No. 24 . . .	0,81 %	0,39 %	0,42 %	43,02 g
No. 25 . . .	0,70 „	0,29 „	0,41 „	46,40 „

[6]) No. 26 u. 27. E. Flechsig u. E. Hiller. Landw. Vers.-Stat. 31. 1884. 339 u. 32. 1885. 179. Die untersuchten Samen sind aus vorigem hervorgegangen, waren aber auf etwas schwererem Boden gewachsen. Die in diesem Material enthaltene Menge Alkaloïd wurde von E. Hiller wie folgt ermittelt:

No. 26	0,56 %	0,32 %	0,33 %
No. 27	0,55 „	0,32 „	0,23 „

[7]) No. 28—42. M. Märcker (Vers.-Stat. Halle). Originalmittheilung.

*) Zieht man vom Gesammt-N-Gehalt 8 % das Nichtprotein ab und berechnet den N-Rest auf Conglutin (1 N = 5,5 Conglutin), so würde der mittlere Gehalt der Lupinenkörner an Protein (Conglutin, Eiweiss etc.) ca. 36 % betragen.

Lupinenkörner, gelbe. Nicht reife Körner.

No.	Bemerkungen	Jahr der Untersuchung	In der ursprünglichen Substanz: Wasser %	Nh-Substanz %	Rohfett %	Nfr. Extractstoffe %	Rohfaser %	Asche %	In der Trocken-Substanz: Nh-Substanz %	Nfr. Extractstoffe %	Stickstoff in der Trocken-Substanz %	Analytiker
1	Halbreif	1869	10,80	36,76	2,75	28,87	16,50	3,95	41,21	33,78	6,56	*Siewert*[1])
2	Unreif	1881	—	43,75	5,25	—	—	—	—	—	—	*Heinrich*[2])
3	Halbreif	1869	9,30	19,75	1,80	48,36	16,99	3,80	21,78	53,30	3,48	*Siewert*[3])
4	Halbreif aus Posen . . .	1879	13,30	27,01	4,52	38,81	13,76	2,60	31,15	44,76	5,53	*Kellner*[4])

Lupinenkörner. Lupinus angustifolius L. Blaue Lupine.

No.	Bemerkungen	Jahr der Untersuchung	Wasser %	Nh-Substanz %	Rohfett %	Nfr. Extractstoffe %	Rohfaser %	Asche %	Trocken-Substanz: Nh-Substanz %	Nfr. Extractstoffe %	Stickstoff in der Trocken-Substanz %	Analytiker
1		1854	14,95	32,50	7,05	30,86	11,23	3,41	38,22	36,28	6,12	*Eichhorn*[5])
2		1859	13,20	22,00	5,60	46,80	12,20	3,20	25,34	50,47	4,06	*Handke*[6])
3	Aus Hundisburg	1868	16,19	21,66	4,90	44,44	10,23	2,58	25,84	52,23	4,13	*Siewert*[7])
4	Aus Seehausen	„	16,32	21,75	5,60	43,61	10,17	2,55	25,99	52,12	4,16	*Siewert*[7])
5	Alluvialboden, 1873er Ernte	1873	12,00	31,73	39,11		12,90	4,26	25,43	—	5,67	*Stohmann*[8])
6	desgl., 1874er Ernte . . .	1874	12,00	32,12	40,83		12,40	2,65	36,87	—	5,90	*Stohmann*[8])
7	Vollreife aus Galizien . . .	1879	12,03	26,94	6,19	41,76	10,57	2,51	30,63	47,46	4,90	*Kellner*[9])
8	1880er Ernte	—	13,81	30,98	6,41	34,92	11,49	2,39	35,94	40,26	5,76	*Flechsig, Täuber u. Hiller*[10])
9	desgl.	—	13,81	31,29	6,65	35,27	10,59	2,39	36,31	40,61	5,81	*Flechsig, Täuber u. Hiller*[10])
10	1883er Ernte	—	13,81	34,37	6,01	—	—	—	39,88	—	6,38	*Flechsig, Täuber u. Hiller*[10])
11	desgl.	—	13,81	33,99	5,71	—	—	—	39,44	—	6,31	*Flechsig, Täuber u. Hiller*[10])
12	Weisssamige, blaublühende Var., 1880er	—	13,81	32,70	7,22	33,47	10,43	2,37	37,94	38,48	6,07	*Flechsig, Täuber u. Hiller*[10])
13	desgl., 1883er	—	13,81	32,26	6,21	—	—	—	37,43	—	5,99	*Flechsig, Täuber u. Hiller*[10])
	Mittel	.	**13,81**	**29,52**	**6,16**	**36,37**	**11,24**	**2,90**	**34,25**	**42,19**	**5,48**	

Lupinenkörner, gelbe. Nicht reife Körner:

[1]) No. 1. M. Siewert. Ztschr. d. landw. Ver. f. d. Prov. Sachsen 1870. 75. Die Körner enthielten im lufttrocknen Zustande 0,35 % Alkaloïd.

[2]) No. 2. R. Heinrich. Bericht d. Vers.-Stat. Rostock 1875/81. Wismar, 1882. Die Samen enthielten 1,54 % Nichtprotein N, es bleiben 34,15 % Reinprotein.

[3]) No. 3. M. Siewert. Hoffmann's Jahresber. 1870/72. III. 13. Alkaloïd 0,63 % der lufttrocknen Substanz.

[4]) No. 4. O. Kellner. Landw. Jahrb. 1880. 979. Verschieden grosse, meist runzlige, eingedrückte Körner von ganz intensiv bitterem Geschmack, 1000 Körner wogen 123,4 g. In Procent der Trockensubstanz enthielten die Körner 0,503 % Nichtprotein-N und 1,83 % Alkaloïd.

Lupinenkörner. Lupinus angustifolius L.:

[5]) No. 1. Eichhorn. Ann. d. Landw. in Preussen. 23. 1854. 272. N × 6,25 = Nh-Substanz.

[6]) No. 2. R. Handke. Chem. Ackersm. 1860. 48. Bei 100° C. getrocknete Körner ergaben 21 % Samenschalen. 100 Stück Samen wogen 18 g. 1 kg Körner enthielten 5400 Stück Körner.

[7]) No. 3 u. 4. M. Siewert. Ztschr. d. landw. Centralver. f. d. Prov. Sachsen 1869. 75. Die Lupinen unter No. 3 stammten aus Hundisburg, die unter No. 4 aus Seehausen in der Altmark. Die Körner liessen sich trennen und enthielten:

	Wasser	Samenschale	Cotyledonen
No. 3	16,19	20,10	63,71 %
No. 4	16,32	19,59	64,09 „

Der Autor unterscheidet „nutzbare" und unverwerthbare Cellulose aus Hülsen (Samenschale) und Cotyledonen (vergl. gelbe Lupine No. 7), und fand an diesen wie an anderen näheren Bestandtheilen in Procenten der lufttrocknen Substanz:

	Nicht verwerthbare Cellulose aus Hülsen	Desgl. aus Cotyledonen	Verwerthbare aus Hülsen	Desgl. aus Cotyledonen
No. 3	9,27	0,96	7,00	20,85 %
No. 4	9,30	0,87	6,85	19,63 „

	Rohrzucker	Bitterstoff	Gummi u. Pectinstoffe
No. 3	1,65	0,46	13,69 %
No. 4	1,81	0,54	13,93 „

[8]) No. 5 u. 6. F. Stohmann. Mitthl. d. landw. Instituts der Universität Leipzig 1875. 86. Wassergehalt vom Autor angenommen.

[9]) No. 7. O. Kellner. Landw. Jahrb. 1880. 979. Kugelrunde, grosse Körner. 1000 Stück wogen 209,7 g. Dieselben enthielten in Procenten der Trockensubstanz: Gesammt-N 5,310 %, Nichtprotein-N 0,41 %, Alkaloïd 0,84 %.

[10]) No. 8—13. E. Flechsig, E. Täuber u. E. Hiller. Landw. Vers.-Stat. 30. 1884. 447. 31. 1885. 339 u. 32. 1886. 180. Die Lupinen unter 8, 9 u 12 waren auf dem Versuchsfelde in Proskau mit anderen Lupinenarten unter ganz gleichen

Lupinenkörner, Lupinus albus L. Weisse Lupine (weissblühend).

No.	Bemerkungen	Jahr der Untersuchung	In der ursprünglichen Substanz: Wasser %	Nh-Substanz %	Rohfett %	Nfr. Extractstoffe %	Rohfaser %	Asche %	In der Trocken-Substanz: Nh-Substanz %	Nfr. Extractstoffe %	Stickstoff in der Trocken-Substanz %	Analytiker
1		1854	13,25	33,06	8,85	32,96	8,91	2,97	38,12	37,99	6,10	*Eichhorn*[1])
2		1859	11,30	24,00	—	—	13,00	3,10	27,05	—	4,33	*Handke*[2])
3		„	23,15	25,62	4,87	26,04	16,03	4,29	33,33	33,89	5,33	*Karmrodt*[3])
4	1880er Ernte	1883	15,84	31,40	10,95	30,75	8,59	2,47	37,31	36,02	5,97	*Flechsig*[4])
5	Dicksamige, weissblühende L., 1880er	„	15,84	30,46	6,28	34,54	10,56	2,32	36,19	40,76	5,79	
6	1883er Ernte	1884	15,84	33,71	11,14	—	—	—	40,06	—	6,41	*derselbe*[5])
7	1883er E., dicksamige Varietät	„	15,84	33,50	5,87	—	—	—	39,81	—	6,37	
8	Weisse	1880	15,00	25,2	4,9	38,6	13,2	3,1	29,64	45,43	4,74	*Märcker*[6])
9	desgl.	„	15,00	28,6	3,8	36,8	12,4	2,4	33,63	43,33	5,38	
10	desgl.	1887	16,52	22,41	5,42	39,96	12,71	2,98	26,85	47,86	4,30	*Waage*[7])
	Mittel	.	**15,84**	**28,78**	**7,03**	**33,40**	**11,98**	**2,97**	**34,20**	**39,69**	**5,47**	

Lupinenkörner. Lupinus hirsatus L. Gemeine Garten- oder haarige Lupine (roth- oder blaublühend).

No.	Bemerkungen	Jahr der Untersuchung	Wasser %	Nh-Substanz %	Rohfett %	Nfr. Extractstoffe %	Rohfaser %	Asche %	Trocken: Nh-Substanz %	Nfr. Extractstoffe %	Stickstoff %	Analytiker
1	In Pommern gewachs., 1859er Ernte	1859	11,75	33,01	8,65	30,27	13,62	2,70	37,30	34,41	5,97	*Handke*[8])
2	In Proskau gewachsen, 1880er Ernte	1883	11,75 *)	24,54	7,50	39,71	14,04	2,46	27,81	44,99	4,45	*Flechsig*[9])

Boden-, Witterungs- und Düngungsverhältnissen gebaut worden, die Lupinen 10, 11 und 13 stammten von diesen und waren ebenfalls dort, jedoch auf etwas schwererem Boden gewachsen. In Procenten der Trockensubstanz enthielten dieselben an Alkaloïden:

	No. 8	9	10	11	12	13
Gesammt-Alkaloïd . .	0,25	0,29	0,21	0,21	0,37	0,23
Flüssiges Alkaloïd . .	0,03	0,05	0,014	0,024	0,02	0,029
Festes Alkaloïd . . .	0,22	0,24	0,196	0,186	0,25	0,200
	E. Täuber		E. Hiller		Täuber	Hiller.

Der Wassergehalt bei diesen Analysen ist nach dem mittleren Wassergehalt der Analysen No. 1—7 angenommen.

Lupinenkörner. Lupinus albus L.:

[1]) No. 1. Eichhorn. Ann. d. Landw. in Preussen. 23. 1854. 272. Nh-Substanz von uns umgerechnet.

[2]) No. 2. R. Handke. Weende'r Jahresber. 1857/60 II. 45. (Chem. Ackersm. 1860. 48. Wilda's landw. Centralbl. 1860. I. 146.) Der bei 100° getrocknete Samen ergab 23 % Samenschale, 1 Pfd. (500 g) enthielt 2000 Stück Körner.

[3]) No. 3. K. Karmrodt. Landw. Ztschr. f. Rheinpreussen 1860. 368.

[4]) No. 4 u. 5. E. Flechsig. Landw. Vers.-Stat. 30. 1884. Die Lupinen waren auf dem Versuchsfelde zu Proskau mit anderen Lupinenarten unter gleichen Boden-, Witterungs- und Düngungsverhältnissen angebaut worden. Dieselben enthielten nach Bestimmung von Täuber:

	Gesammt-Alkaloïd	Flüssiges Alkaloïd	Festes Alkaloïd
No. 4	0,51	0,08	0,43 %
No. 5	0,27	0,02	0,25 „

Die dicksamige Varietät (unter No. 5) hat in Bezug auf das Aussehen ihrer Körner keine Aehnlichkeit mit denen der vorigen Nummer. Sie sind eirund und ungefähr von der Grösse der Körner der gelben Lupine. 300 Körner wiegen von No. 4 = 153 g, von No. 5 = 57,68 g. Die Menge der Alkaloïde ist vom Aetherextract abgezogen worden.

[5]) No. 6 u. 7. E. Flechsig. Ebendaselbst. 32. 1885. Die Samen waren aus vorigen, auf etwas schwererem Boden, gezogen. An Alkaloïd enthielten dieselben nach Bestimmungen von E. Hiller:

	Gesammt-Alkaloïd	Flüssiges Alkaloïd	Festes Alkaloïd
No. 6	0,45	0,025	0,425 %
No. 7	0,27	0,017	0,253 „

Bei den Analysen No. 4—7 ist der Wassergehalt nach dem mittleren Wassergehalt der anderen Analysen angenommen.

[6]) No. 8 u. 9. M. Märcker (Vers.-Stat. Halle). Originalmittheilung.

[7]) No. 10. R. Waage. Biedermann's Centralbl. f. Agriculturchemie. 16. 1887. 394. Die Lupinen enthielten im lufttrocknen Zustande: wirkliches Protein 20,84 %, davon verdaulich (künstl. Verdauungsflüssigkeit) 95,63 %, lösliches Legumin 12,84 %. In der Asche 0,09 % Sand.

Lupinenkörner. Lupinus hirsutus L.:

[8]) No. 1. R. Handke. Weende'r Jahresber. 1857/60. II. 45. (Wilda's landw. Centralbl. 1860. I. 146.) Der bei 100° getrocknete Samen enthielt 19,6 % Samenschale. 500 g enthielten 800 Stück Samen.

[9]) Vergl. Anmerkung [1]) Seite 593. — *) Vergl. Anmerkung *) Seite 593.

No.	Bemerkungen	Jahr der Untersuchung	In der ursprünglichen Substanz: Wasser %	Nh-Substanz %	Rohfett %	Nfr. Extractstoffe %	Rohfaser %	Asche %	In der Trocken-Substanz: Nh-Substanz %	Nfr. Extractstoffe %	Stickstoff in der Trocken-Substanz %	Analytiker
3	Auf schwererem Boden gewachsen, 1883er Ernte	1884	11,75 *)	26,03	7,80	—	—	—	29,50	—	4,72	*Flechsig*[1])
	Mittel	.	**11,75**	**27,83**	**7,99**	**36,01**	**13,83**	**2,59**	**31,54**	**40,81**	**5,05**	
	Lupinenkörner. Lupinus perennis L. Ausdauernde Lupine.											
1		1879	11,75 *)	38,66	12,11	35,04	9,44	3,00	43,81	28,37	7,01	*Weiske*[2])
2	Perennirende Lupine (Lup. polyphyllus)	1883	11,75 *)	38,16	11,17	35,87	9,68	3,37	43,25	39,31	6,92	*Flechsig*[3])
	Mittel	.	**11,75**	**38,41**	**11,64**	**35,36**	**9,56**	**3,18**	**43,53**	**28,83**	**6,97**	
	Lupinenkörner. Lupinus Cruikshanskii Hooc. Cruikshank's Lupine, prächtige, veränderliche Lupine.											
1	In Proskau 1880 gewachsen	1883	11,75 *)	41,59	13,97	23,54	5,93	3,22	47,13	25,66	7,54	*Flechsig*[4])
	Lupinenkörner. Lupinus linifolius Roth. Leinblättrige Lupine.											
1	In Proskau gewachs., 1880er E.	1883	11,75 *)	31,65	7,02	35,95	11,22	2,41	35,56	41,05	5,69	*Flechsig*[5])
2	In Proskau, auf schwererem Boden gewachs., 1883er E.	1884	11,75 *)	35,25	6,19	—	—	—	39,94	—	6,39	*derselbe*[6])
	Mittel	.	**11,75**	**33,45**	**6,61**	**34,56**	**11,22**	**2,41**	**37,75**	**39,33**	**6,04**	
	Lupinenkörner. Lupinus Termis Forsk. Sicilianische oder ägyptische Lupine.											
1	In Proskau gewachs., 1880er E.	1883	11,75 *)	33,04	11,06	33,86	8,26	2,09	37,44	37,91	5,99	*Flechsig*[7])
2	desgl., 1883er Ernte . . .	1884	11,75 *)	33,59	10,67	—	—	—	38,06	—	6,09	*derselbe*[8])
	Mittel	.	**11,75**	**33,32**	**10,87**	**33,71**	**8,26**	**2,09**	**37,75**	**38,21**	**6,04**	

[1]) No. 2 u. 3. E. Flechsig. Landw. Vers.-Stat. 30. 1884. 447 u. 32. 1885. 180. Von dem Aetherextract der Lupinenkörner ist die Menge der darin enthaltenen Alkaloïde abgezogen worden. Dieselbe betrug nach Täuber an festem Alkaloïd 0,02 %. Flüssiges Alkaloïd war nicht vorhanden. In den Körnern der 1883er Ernte, welche aus denen der 1880er Ernte gezogen worden waren, fand E. Hiller 0,04 % festes Alkaloïd. 300 Stück Körner von No. 2 wogen 172 g.

Lupinenkörner. Lupinus perennis L.:

[2]) No. 1. H. Weiske. Hoffmann's Jahresber. 1880. 406. (Milchzeitung 1880. 139.)

[3]) No. 2. E. Flechsig. Landw. Vers.-Stat. 30. 1884. 447. Die mit L. polyphyllus perennirende Lupine bezeichnete Art dürfte mit L. perennis identisch oder nahe verwandt sein, wie auch die Zusammensetzung des Samens zeigt; wir haben sie deshalb mit dieser zusammengestellt. Die Körner enthielten nach Täuber 0,48 % Gesammt-Alkaloïd, davon 0,08 % flüssiges und 0,40 % festes Alkaloïd. 300 Körner wogen 7,15 g. Die Alkaloïdmenge wurde, wie auch bei den folgenden Analysen desselben Autors, vom Aetherextract abgezogen.

Lupinenkörner. Lupinus Cruikshanski Hooc:

[4]) No. 1. E Flechsig. Landw. Vers.-Stat. 30. 1884. 447. Vergl. die Analysen desselben Autors von gelber Lupine. Nach E. Täuber enthielten die Körner 1,0 % Gesammt-Alkaloïd, davon 0,45 % flüssiges und 0,55 % fester Alkaloïd.

Lupinenkörner. Lupinus linifolius Roth:

[5]) No. 1. E. Flechsig. Landw. Vers.-Stat. 30. 1884. 447. Die Körner enthielten 0,32 % Gesammtalkaloïd, davon 0,12 % flüssiges und 0,30 % festes Alkaloïd. 300 Körner wogen 65,12 g.

[6]) No. 2. Derselbe. Ebenda. 32. 1886. 180. Dieser Samen aus vorigem erzogen. Nach E. Hiller enthielten dieselben 0,24 % Gesammtalkaloïd, davon 0,027 % flüssiges und 0,213 % festes Alkaloïd.

Lupinenkörner. Lupinus Termis Forsk:

[7]) No. 1. E. Flechsig. Landw. Vers.-Stat. 30. 1884. 447. Die Körner enthielten nach Täuber 0,39 % Gesammtalkaloïd, davon 0,03 % flüssiges und 0,36 % festes Alkaloïd.

[8]) No. 2. Derselbe. Landw. Vers.-Stat. 32. 1886. 180. Die Körner enthielten nach Hiller 0,35 % Gesammtalkaloïd, davon 0,032 % flüssiges und 0,318 % festes Alkaloïd. Beide Körnerernten wurden in Proskau gemacht. No. 2 wurde aus No. 1 gewonnen, wuchs aber auf etwas schwererem Boden. 300 Körner von No. 1 wogen 107,02 g.

*) Bei diesen Analysen ist der Wassergehalt zu Grunde gelegt, welcher bei Analyse No. 1 unter Lupinus hirsutus gefunden wurde.

Linsenkörner.*) Ervum Lens L.

No.	Bemerkungen	Jahr der Untersuchung	In der ursprünglichen Substanz: Wasser %	Nh-Substanz %	Rohfett %	Nfr. Extractstoffe %	Rohfaser %	Asche %	In der Trocken-Substanz: Nh-Substanz %	Nfr. Extractstoffe %	Stickstoff in der Trocken-Substanz %	Analytiker
1	In Bechelbronn gewachsen .	1848	12,50	25,00	2,50	55,70	2,10	2,20	28,58	63,65	4,57	*Boussingault*[1]
2	Aus Wien	1845	13,01	25,94	—	—	—	2,26	29,81	—	4,77°	*Horsford*[2]
3		1852	12,70	28,25	2,23	51,95		4,87	32,37	—	5,18°	*Lawes u. Gilbert*[3]
4		„	13,38	28,50	2,21	50,93		4,98	32,87	—	5,26°	
5		„	10,58	28,38	2,25	55,81		2,98	31,75	—	5,08°	
6		„	10,03	26,13	1,35	57,62		4,87	29,06	—	4,65°	
7	Grosse Linsen, Schottland .	„	12,51	23,88	1,78	59,15		2,68	27,29	—	4,37	*Anderson*[4]
8	Linsen aus dem Auslande .	„	12,31	24,19	1,51	59,20		2,79	27,60	—	4,42	
9		1855	15,40	29,06	1,48	43,96	7,74	2,36	34,34	51,97	5,49	*Poggiale*[5]
10	Linsen a. Cherson, Südrussland	1872	11,77	23,71	2,35	56,24	3,49	2,44	26,88	63,73	4,30	*R. Pott*[6]
11	Linsen a. Jekaterinoslaw, Südrussland	„	11,77	26,43	2,28	54,08	3,27	2,77	29,75	60,88	4,76	
12	Tischlinsen	1877	13,41	24,31	1,18	54,86	3,92	2,32	28,08	63,35	4,49°	*König u. Krauch*[7]
13	desgl.	„	10,49	23,34	1,04	59,07	3,77	2,29	26,06	66,01	4,17°	
14	Linsenmehl	1874	13,36	25,82	2,59	52,95	2,90	2,56	29,80	60,91	4,77°	*Heiden*[8]
	Mittel	.	**12,33**	**25,94**	**1,93**	**52,84**	**3,92**	**3,04**	**29,59**	**60,27**	**4,74**	

Ervum-Arten. — Ervum monanthos L. Linsenwicke, Wicklinse, polnische Linse, einblüthige Erve.

No.	Bemerkungen	Jahr	Wasser	Nh-Substanz	Rohfett	Nfr. Extractstoffe	Rohfaser	Asche	Nh-Substanz	Nfr. Extractstoffe	Stickstoff	Analytiker
1	„Sogenannte Futterlinsen" aus Russland	1875	16,70	19,81	1,60	48,47	10,91	2,51	23,77	58,21	3,80	*Hoffmeister*[9]
2		1879	11,17	22,75	0,97	57,53	4,87	2,71	25,62	64,76	4,10	*Ulbricht*[10]
	Mittel	.	**13,94**	**21,26**	**1,30**	**52,90**	**7,99**	**2,61**	**24,70**	**61,47**	**3,95**	

Linsenkörner:

[1]) No. 1. J. B. Boussingault. Dessen: „Die Landwirthschaft in ihren Beziehungen zur Chemie etc." 3. 45.

[2]) No. 2. E. N. Horsford. Ann. d. Chem. u. Pharm. 1846. 58. 166 bezw. 212. Krocker ermittelte in derselben Probe den Gehalt an Stärkemehl zu 39,85%, auf trockne Substanz bezogen. Nh-Substanz von uns aus dem angegebenen N-Gehalt berechnet.

[3]) No. 3—6. J. B. Lawes u. J. H. Gilbert. On the Composition of foods in relation to Respiration and the Feeding of Animals. (Rep. British Association for the Advancement of Science for 1852). London, 1853. 7.

[4]) No. 7 u. 8. Th. Anderson. Transact. Nh-Substanz nach dem für lufttrockne Substanz angegebenen N-Gehalt (3,82 bezw. 3,87%) von uns berechnet.

[5]) No. 9. Poggiale. Weende'r Jahresb. d. Agriculturchem. 1855/56. 20. (N. J. Pharm. 30. 180.) Polyt. Centralbl. 1858. 6.

[6]) No. 10 u. 11. R. Pott (Vers.-Stat. Poppelsdorf). Landw. Vers.-Stat. 15. 1872. 214. Nh-Substanz von uns nach angegebenem N-Gehalt berechnet.

[7]) No. 12 u. 13. J. König u. C. Krauch. Originalmittheilung.

[8]) No. 14. E. Heiden (Vers.-Stat. Pommritz). Das Mehl enthielt 0,18% Sand, auf lufttrockne Substanz bezogen.

*) Ueber Linsen bemerkt Boussingault in seinem Buch „Die Landwirthschaft etc." 1. 309, dass eine noch ziemlich unvollkommene Analyse über die Zusammensetzung der Linse zu folgendem Resultate zu führen scheine:

Legumin	Amylum	Fett	Traubenzucker?	Holzfaser, Pectinsäure	Gummi	Salze	Wasser u. Verlust
22,0	40,0	2,5	1,5	12,0	7,0	2,5	12,5%

Moleschott führt in seiner Physiologie der Nahrungsmittel 2. 123 folgende Analysen der Linsen auf:

	Legumin	Eiweiss	Zellstoff	Stärkemehl	Dextrin	Zucker	Fett	Salze	Wasser
Einhof . .	32,84	1,01	45,37		5,27	2,75	—	0,51	— (wasserfrei?)
Payen . . .	25,2		2,4	56,0			2,6	2,3	11,5

Ervum-Arten:

[9]) No. 1. W. Hoffmeister (Vers.-Stat. Insterburg). Originalmittheilung.

[10]) No. 2. R. Ulbricht u. von Koritsánsky (Ungar.-Altenburg). Originalmittheilung.

Ervum-Arten. Ervum Ervilia L. Ervenlinse, Französische Erve, knotenfrüchtige Erve.

No.	Bemerkungen	Jahr der Untersuchung	In der ursprünglichen Substanz: Wasser %	Nh-Substanz %	Rohfett %	Nfr. Extractstoffe %	Rohfaser %	Asche %	In der Trocken-Substanz: Nh-Substanz %	Nfr. Extractstoffe %	Stickstoff in der Trocken-Substanz %	Analytiker
1		1879	12,21	16,21	1,44	64,09	3,76	2,29	18,47	73,00	2,96	Ulbricht[1]
2	Französische Ernte	„	9,92	18,44	1,22	63,55	4,46	2,41	20,47	70,75	3,78	
	Mittel	.	**11,07**	**17,31**	**1,33**	**63,83**	**4,10**	**2,36**	**19,47**	**71,76**	**3,37**	

Kicher, Cicer. Arietinum L.

No.	Bemerkungen	Jahr	Wasser %	Nh-Substanz %	Rohfett %	Nfr. Extractstoffe %	Rohfaser %	Asche %	Nh-Substanz %	Nfr. Extractstoffe %	Stickstoff %	Analytiker
1		1854	15,18	21,78	5,32	50,82	4,17	2,73	25,68	58,91	4,11	*Poggiale*[2]
2	Weisse „Cece bianco" . .	1877	14,39	17,95	4,52	48,84	9,78	4,52	20,97	57,05	3,36	*Pasqualini*[3]
3	Gelbe Kicher, C. phys. Rchb.	1882	14,85	12,42	6,70	60,82	2,50	2,91P	14,58	71,19	2,33	*Moser*[4]

Platterbse. Lathyrus sativus L.

No.	Bemerkungen	Jahr	Wasser %	Nh-Substanz %	Rohfett %	Nfr. Extractstoffe %	Rohfaser %	Asche %	Nh-Substanz %	Nfr. Extractstoffe %	Stickstoff %	Analytiker
1	Weisse	1869	12,31	23,63	—	57,32	4,34	2,19	26,94	65,57	4,31	*Siewert*[5]
2	„Cicerchia"	1877	15,82	21,35	3,22	41,35	14,65	3,61	25,36	49,12	4,06	*Pasqualini*[6]
3	Platterbse aus Cherson . .	1872	11,01	—	1,88	—	3,87	3,06	30,50	59,60	4,88	*R. Pott*[7]
4	desgl. aus Jekaterinoslaw .	„	11,80	—	1,98	—	3,11	2,37	27,56	63,97	4,41	
	Mittel	.	**12,74**	**24,08**	**2,38**	**51,38**	**6,60**	**2,82**	**27,59**	**58,89**	**4,41**	

Soja hispida Mönch. Rauhhaarige Sojabohne.

I. Soja hispida platycarpa var. melanosperma Harz, flachgründige, schwarze, längliche Sojabohne.

No.	Bemerkungen	Jahr	Wasser %	Nh-Substanz %	Rohfett %	Nfr. Extractstoffe %	Rohfaser %	Asche %	Nh-Substanz %	Rohfett %	Stickstoff %	Analytiker
1	Aus d. Institut Agranomique, Paris	1879	12,88	35,00	13,60	29,92	4,40	4,20	27,70	15,16	4,43	*E. Wein*[8]
2	Aus München, Ernte 1879 .	„	12,55	36,56	14,68	—	—	4,68	41,83	16,79	6,69	
3	„Lange schwarze"	„	12,70	35,80	14,20	28,50	4,40	4,40	41,09	16,27	6,57	*Kinch*[9]
	Mittel	.	**12,71**	**32,18**	**14,03**	**31,97**	**4,40**	**4,71**	**36,87**	**16,07**	**5,90**	

Ervum-Arten:

[1]) No. 1 u. 2. R. Ulbricht u. von Koritsánsky (Ungar.-Altenburg). Originalmittheilung.

Kicher, Cicer:

[2]) No. 1. Poggiale. Weende'r Jahresber. 1855/56. II. 19.

[3]) No. 2. A. Pasqualini. Annal. Staz. Agrar. pro 1877. 48. In Procenten der lufttrocknen Substanz enthielt der Samen 35,62 % Stärkemehl, 3,82 % Zucker und 9,39 % andere Nfr-Extractstoffe, ferner in Wasser lösliche Stoffe 14,89 %, davon Salze 2,00 %, N 0,215 %, N in Form von Ammoniak 0,011 %.

[4]) No. 3. J. Moser (Vers.-Stat. Wien). Bericht für die Jahre 1882 u. 1883.

Platterbse:

[5]) No. 1. M. Siewert. Ztschr. d. Prov. Sachsen 1869. 170.

[6]) No. 2. Pasqualini. Ann. Staz. Agrar. 1877. 48. In Procenten der lufttrocknen Substanzen enthielten die Samen Stärkemehl 29,47 %, Zucker 2,83 %, andere Nfr-Extractstoffe 8,42 %; in Wasser lösliche Substanz 13,43 %, davon Salze 1,41 %, N 0,148 %, N in Ammoniakform 0,009 %.

[7]) No. 3 u. 4. R. Pott (Vers.-Stat. Poppelsdorf). Landw. Vers.-Stat. 15. 1872.

Soja hispida. Sojabohne:

I. Soja hispida platycarpa var. melanosperma Harz.

[8]) No. 1 u. 2. Mitgetheilt von E. Wein (Vers.-Stat. München) in Journ. f. Landwirthsch. 29. Ergänzungsheft 1881. 10. Auf humosem Kalkboden gewachsen.

[9]) No. 3. Edw. Kinch (Cirencester). Biedermann's Centrabl. 11. 1882. 753. (Nach einem Separatabzug aus?)

IIa. Soja hispida tumida var. pallida Harz, gedunsenfrüchtige, gelbe Sojabohne.

No.	Bemerkungen	Jahr der Untersuchung	In der ursprünglichen Substanz: Wasser %	Nh-Substanz %	Rohfett %	Nfr. Extractstoffe %	Rohfaser %	Asche %	In der Trocken-Substanz: Nh-Substanz %	Rohfett %	Stickstoff in der Trocken-Substanz %	Analytiker
1		1861	10,55	38,06	20,28	19,26	5,11	6,74	42,55	22,67	6,81	*Anderson*[1])
2	Chinesische Oelbohne, gelblich weiss	1872	6,69	38,54	20,53	24,61	5,13	4,50	41,31	22,01	6,61	*Senff*[2])
3	Originalsamen a. der Mongolei	1876	7,84	32,15	17,10	32,91	4,58	5,42	34,88	18,55	5,58	*Schwackhöfer u. Stua*[3])
4	Samen der 1. Reproduction, 1875er Ernte	„	9,36	32,07	17,59	31,59	4,48	4,91	35,37	19,40	5,66	
5	Samen der 2. Reproduction, 1876er Ernte	„	7,89	32,58	17,49	—	—	—	35,46	19,00	5,67	
6	Originalsamen aus China .	„	7,96	31,26	16,21	34,59	4,75	5,23	33,94	17,60	5,43	
7	Samen der 1. Reproduction, 1875er Ernte	„	8,62	34,81	18,53	28,84	4,37	4,83	38,08	20,27	6,09	
8	Samen der 2. Reproduction, 1876er Ernte	„	7,89	34,97	18,39	—	—	—	37,97	19,97	6,08	
9	Samen aus No. 6 in Mähren angebaut, 1876er Ernte .	„	—	40,19	16,99	—	—	—	—	—	—	*Zulkowski*[4])
10	In Tirol gebaut, 1877er Ernte	1877	8,15	36,81	17,62	27,21	4,79	5,42	40,09	19,19	6,41	*Mach*[5])
11	In Ung.-Altenburg gebaut, gelb, 1878er Ernte	1878	9,54	26,13	15,65	38,95	4,67	5,06	28,87	17,29	4,62	*Ulbricht*[6])
12	desgl.	1879	15,20	28,63	16,21	—	—	—	33,75	19,11	5,40	
13	desgl.	„	13,69	25,94	17,94	—	—	—	30,06	20,79	4,81	
14	In Posen gebaut, lichtgelbe, frühreifende Saat . . .	„	9,89	32,72	17,03	29,33	6,35	4,68	36,31	18,90	5,81	*Wildt*[7])
15		„	—	35,87	18,25	—	—	—	—	—	—	*Schröder*[8])
16	Auf Diluvialboden gewachsen	„	15,20	28,63	16,21	30,84	4,38	4,74	33,76	19,11	5,40	*Blaskovics*[9])
17	Auf Alluvialboden gewachsen	„	13,50	25,94	17,94	33,16	4,45	8,82	30,00	20,74	4,80	

IIa. Soja hispida tumida var. pallida Harz:

[1]) No. 1. Anderson. Chem. Centralbl. 1861. 1. 174. Bohnenförmiger Oelsamen aus China. Die Beschreibung der Samen passt, wie die Zusammensetzung, auf die gelbe Sojabohne.

[2]) No. 2. Senff (Acad. Laborat. Tharand). Chem. Ackersm. 1872. 122. Die Samen waren eiförmig und hatten etwa die Grösse und Farbe kleiner Erbsen; sie waren aus Hongkong bezogen.

[3]) No. 3—8. Fr. Schwackhöfer u. Joh. Stua. Originalmittheilung a. d. technolog. Laborat. d. k. k. Hochschule f. Bodenkultur in Wien und Landw. Vers.-Stat. 20. 1877. 247; mitgetheilt von F. Haberlandt. Die Originalsamen wurden der Wiener Weltausstellung 1874 entnommen und im Garten der Hochschule f. Bodenkultur angebaut. Die reproducirten Samen waren grösser und schwerer als die Originalsamen. Das absolute und specifische Gewicht betrug:

	Original	1. Reprod.	2. Reprod.	Original	1. Reprod.	2. Reprod.
Absolutes Gewicht v. 1000 Körnern	81,5	126,0	163,6	92,5	148	143 g
Specifisches Gewicht	1,172	1,241	—	1,190	1,246	—
1 Hectoliter wog	67,4	72,0	74,92	68,0	72,5	75,08 kg

[4]) No. 9. K. Zulkowski. Landw. Vers.-Stat. 20. 1877. 263; mitgetheilt von F. Haberlandt. Die Samen waren Reproduction der im Wiener Versuchsgarten aus Samen No. 7 gezogenen Samen. Dieselben wuchsen in tiefrajoltem, mächtigem Gartengrund mit vorherrschend sandigem Lehmboden in kräftigem Düngerzustand.

[5]) No. 10. E. Mach u. K. Portele (Vers.-Stat. Michele). Originalmittheilung (auch Biedermann's Centralbl. 7. 1878. 601). Die Saat für untersuchte Bohnen stammte aus dem Botanischen Garten Wien's (Haberlandt) und wurde in St. Michele in einem lehmigen, frisch gedüngten, noch etwas rohen Boden ausgesäet. Am 1. October völlig reif. Die geernteten Samen hatten ein spec. Gewicht von 1,279, 100 Körner wogen 124,07 g, 1 Liter wog 760,99 g. Die Ernte konnte erst am 18. Octbr. vorgenommen werden, die Samen waren aber reif.

[6]) No. 11—13. R. Ulbricht u. von Koritsánsky (Acad. Laborat. zu Ungar.-Altenburg). Originalmittheilung.

[7]) No. 14. E. Wildt (Vers.-Stat. Posen). Originalmitthl. u. Biedermann's Centralbl. f. Agriculturchem. 1878. 608. Ungünstige Witterungseinflüsse schädigten die Ausbildung der Samen und mussten dieselben im Zimmer nachreifen; sie blieben klein, 1000 Körner wogen nur 81,2 g. Die Bohne wuchs in ausgeruhtem Gartenboden.

[8]) No. 15. Schröder-Napagedl. Journ. f. Landwirthsch. 29. 1881. Ergänzungsheft. Mitgetheilt von E. Wein.

[9]) No. 16 u. 17. Blaskovics. Ebendaselbst.

No.	Bemerkungen	Jahr der Untersuchung	In der ursprünglichen Substanz: Wasser %	Nh-Substanz %	Rohfett %	Nfr. Extractstoffe %	Rohfaser %	Asche %	In der Trocken-Substanz: Nh-Substanz %	Rohfett %	Stickstoff in der Trocken-Substanz %	Analytiker
18	1878er Ernte	1879	7,07	34,50	18,27	—	—	5,81	37,12	19,65	5,93	E. Wein[1])
19	1879er Ernte	"	11,54	35,12	17,89	—	—	4,61	39,70	20,22	6,35	E. Wein[1])
20	In Proskau angebaut, 1878er Ernte	"	9,89 *)	39,14	17,78	24,38	3,87	4,94	43,44	19,73	6,95	H. Weiske[2])
21	In Schimnitz angebaut, 1878er Ernte	"	9,89 *)	38,19	17,17	25,52	4,66	4,57	42,38	19,05	6,78	H. Weiske[2])
22	In München angebaut, 1878er Ernte	"	7,07	34,50	18,27	34,35		5,81	37,12	19,66	5,94	E. Wein[3])
23	desgl., 1879er Ernte . .	"	11,54	35,12	17,89	30,84		4,61	39,69	20,22	6,35	derselbe[4])
24	Blasse aus China	1881	9,00	32,00	18,00	32,00	4,00	5,00	35,17	19,78	5,63	Kinch[5])
25	Gelbe aus Deutschland . .	"	9,50	34,50	18,00	28,50	4,50	5,00	38,12	19,89	6,10	Kinch[5])
	Mittel	.	**9,89**	**33,41**	**17,68**	**29,31**	**4,67**	**5,10**	**37,08**	**19,57**	**5,93**	

IIb. Soja hispida tumida var. castanea Harz, gedunsenfrüchtige, braune Sojabohne.

1	Originalsamen aus China .	1876	7,46	33,26	17,45	31,78	5,31	4,46	35,95	18,86	5,75	Schwackhöfer[6])
2	Samen der 1. Reproduction, 1875er Ernte	"	9,78	33,17	18,42	29,62	4,02	4,99	36,75	20,41	5,88	Schwackhöfer[6])
3	Samen der 2. Reproduction, 1876er Ernte	"	8,68	32,47	18,05	—	—	—	35,54	19,76	5,69	Schwackhöfer[6])
4	Samen aus No. 2, in Mähren gebaut, 1876er Ernte . .	"	—	44,93	16,68	—	—	—	—	—	—	Zulkowski[7])
5	Braune Soja, in Tirol gebaut, 1877er Ernte	1877	9,45	31,72	17,45	31,87	4,39	5,12	35,02	19,26	5,60	Mach[8])

[1]) No. 18 u. 19. E. Wein. Journ. f. Landw. 1881. Bd. 29. Ergänzungsheft.

[2]) No. 20 u. 21. H. Weiske, B. Demel u. B. Schulze (Vers.-Stat. Proskau). Journ. f. Landwirthsch. 27. 1879. 511. In Proskau wuchsen die betr. Pflanzen auf einem trocknen humusarmen, grobkörnigen Kiesboden, der seit ca. 20 Jahren einer mit Obstbäumen bepflanzten Trift angehört hatte und im März 1878 umgegraben worden war. Dagegen stammten die Schimnitzer Samen von einer Fläche des Oderalluviums, welche in Bezug auf Mischung, Tiefe und Kultur einen Boden von bester Beschaffenheit repräsentirte.

[3]) No. 22. E. Wein (Vers.-Stat. München). Journ. f. Landwirthsch. 1881. Ergänzungsheft.

[4]) No. 23. Derselbe. Hoffmann's Jahresber. 1880. 405. (Ztschr. d. landw. Ver. in Bayern 1880. 731.) Die Sojabohne wurde 1879 auf humosem Kalkboden gebaut.

[5]) No. 24 u. 25. Edw. Kinch (Cirencester). Biedermann's Centralbl. 11. 1882. 753. (Nach einem Separatabzuge). Daselbst ist mitgetheilt, dass nach Untersuchungen von Levallois die Sojabohne in ihren löslichen Kohlehydraten ca. 10 % einer der Mellitose ähnlichen Zuckerart enthält. Die Nh-Bestandtheile sind fast ausschliesslich eiweissartig, es sind nur 1 % derselben als Peptone und 1—2 % als Amide gefunden worden.

*) Dieser Wassergehalt ist nach dem mittleren Wassergehalt der anderen Analysen angenommen.

IIb. Soja hispida tumida var. castanea Harz:

[6]) No. 1—3. Fr. Schwackhöfer u. Joh. Stua. Originalmittheilung a. d. technolog. Laboratorium der k. k. Hochschule f. Bodenkultur in Wien und Landw. Vers.-Stat. 20. 1877. 247; mitgetheilt von F. Haberlandt. Die Originalsamen wurden der Wiener Weltausstellung 1874 entnommen und im Garten der Hochschule für Bodenkultur angebaut. Die reproducirten Samen waren grösser und schwerer als die Originalsamen. Das absolute und specifische Gewicht betrug:

	Original	1. Reprod.	2. Reprod.
Absolutes Gewicht v. 1000 Körnern	105,0	154,5	141,8 g
Speifisches Gewicht	1,204	1,233	1,244
Hectoliter-Gewicht	68,2	70,1	74,19 kg

[7]) No. 4. K. Zulkowski. Landw. Vers.-Stat. 20. 1877. 263, mitgetheilt von F. Haberlandt. Die Samen waren Reproduction der im Wiener Versuchsgarten aus Samen No. 2 erzogenen Samen. Dieselben wuchsen in tiefrajoltem, mächtigem Gartengrund mit vorherrschend sandigem Lehmboden in kräftigem Düngerzustand.

[8]) No. 5. E. Mach u. K. Portele (Vers.-Stat. St. Michele). Originalmittheilung. Die untersuchten Samen wuchsen in St. Michele in einem lehmigen, frischgedüngten, noch etwas rauhen Boden; die Saat stammte aus dem botanischen Garten der k. k. Hochschule f. Bodenkultur in Wien. Specifisches Gewicht 1,247, 100 Körner wogen 179,08 g, 1 Liter davon 755,94 g.

No.	Bemerkungen	Jahr der Untersuchung	In der ursprünglichen Substanz: Wasser %	Nh-Substanz %	Rohfett %	Nfr. Extractstoffe %	Rohfaser %	Asche %	In der Trocken-Substanz: Nh-Substanz %	Rohfett %	Stickstoff in der Trocken-Substanz %	Analytiker
6	In Ungar.-Altenburg gebaut, roth, 1878er Ernte . . .	1878	9,00	27,88	17,30	34,83	5,36	5,63	30,64	19,01	4,90	*Ulbricht*[1])
7	desgl.	„	9,48	29,44	18,34	32,14	5,19	5,41	32,53	20,27	5,20	
8	In München gebaut, 1878er E.	1879	7,94	35,19	18,31	29,21	4,54	4,81	38,22	19,88	6,12	*E. Wein*[2])
9	desgl., 1879er Ernte . . .	„	12,17	34,37	18,16	26,17	4,54	4,59	39,15	20,68	6,26	
10		„	—	36,12	17,50	—	—	—	—	—	—	*Schröder*[3])
11	In Proskau angebaut, 1878er E.	„	9,25 *)	33,47	19,02	28,95	4,85	4,46	36,88	20,96	5,90	*Weiske*[4])
12	In Schimnitz angebaut, 1878er Ernte	„	9,25 *)	35,62	18,36	27,00	5,05	4,72	39,25	20,23	6,28	
13	„Braune"	1882	9,30	35,10	17,50	28,60	4,50	4,70	38,72	19,30	6,20	*Kinch*[5])
	Mittel	.	**9,25**	**32,90**	**18,03**	**30,17**	**4,76**	**4,89**	**36,25**	**19,87**	**5,80**	

IIc. Soja hispida tumida var. atrosperma Harz, schwarze, runde Sojabohne.

No.	Bemerkungen	Jahr der Untersuchung	Wasser %	Nh-Substanz %	Rohfett %	Nfr. Extractstoffe %	Rohfaser %	Asche %	Nh-Substanz % (Trocken)	Rohfett % (Trocken)	Stickstoff %	Analytiker
1	Chines. Oelbohne, schwarze .	1872	7,14	38,04	16,88	27,79	5,53	4,62	40,97	18,18	6,56	*Senff*[6])
2	Schwarze Soja, in Tirol geb., 1877er Ernte, ...	1877	9,91	31,25	18,12	31,68	4,22	4,82	34,69	20,11	5,55	*Mach*[7])
3	1879er Ernte	1879	12,59	34,62	16,19	—	—	4,72	39,60	18,52	6,34	*Wein*[8])
4	In München gebaut, 1879er Ernte	1880	15,29	32,96	17,15	—	—	4,75	38,89	20,24	6,22	*derselbe*[9])
5	„Runde, schwarze"	1882	11,20	33,00	17,20	29,70	4,20	4,70	37,16	19,37	5,95	*Kinch*[10])
	Mittel	.	**11,23**	**33,97**	**17,11**	**28,41**	**4,55**	**4,73**	**38,26**	**19,28**	**6,12**	

Analysen von Sojabohnen, deren botanische Abstammung nicht näher bezeichnet ist.

No.	Bemerkungen	Jahr der Untersuchung	Wasser %	Nh-Substanz %	Rohfett %	Nfr. Extractstoffe %	Rohfaser %	Asche %	Nh-Substanz % (Trocken)	Rohfett % (Trocken)	Stickstoff %	Analytiker
1	Ausgesäete Bohnen . . .	1877	14,00	34,36	16,91	—	—	—	39,96	19,67	6,39	*Caplan*[11])
2	Geerntete Bohnen	„	14,00	32,32	16,76	26,56	5,57	4,79	33,54	19,51	5,69	

1) No. 6 u. 7. R. Ulbricht u. v. Koritsánsky (Acad. Laborot. zu Ungar.-Altenbnrg). Originalmittheilung.

2) No. 8 u. 9. E. Wein (Vers.-Stat. München). Journ. f. Landwirthsch. 29. 1881. Ergänzungsheft S. 11; mitgetheilt von E. Wein. Die Bohnen wuchsen auf humosem Kalkboden.

3) No. 10. Schröder-Napagedl. Ebendaselbst.

4) No. 11 u. 12. H. Weiske, B. Demel u. B. Schulze (Vers.-Stat. Proskau). Journ. f. Landw. 27. 1879. 511. In Proskau wuchsen die betr. Pflanzen auf einem trocknen, humusarmen, grobkörnigen Kiesboden, der seit ca. 20 Jahren einer mit Obstbäumen bepflanzten Trift angehört hatte und im März 1878 umgegraben worden war. Dagegen stammten die Schimnitzer Samen von einer Parzelle des Oderalluviums, welche in Bezug auf Mischung, Tiefe und Kultur einen Boden von bester Beschaffenheit repräsentirte.

5) No. 13. Edw. Kinch (Cirencester). Biedermann's Centralbl. 11. 1882. 753. (Nach einem Separatabzuge aus?)

*) Dieser Wassergehalt ist nach dem mittleren Wassergehalt d-r anderen Analysen angenommen.

IIc. Soja hispida tumida var. atrosperma Harz:

6) No. 1. Senff (Acad. Laborat. Tharand). Chem. Ackersmann 1872. Die Samen waren bedeutend kleiner als gelbe Sojakörner, glänzend schwarz und von etwas gedrückt eiförmiger Form; sie waren aus Hongkong bezogen.

7) No. 2. E. Mach u. K. Portele (Vers.-Stat. St. Michele). Originalmittheilung. Die untersuchten Samen wuchsen in St. Michele in einem lehmigen, frischgedüngten, etwas rohen Boden. Die Saat stammt aus dem botanischen Garten der k. k. Hochschule f. Bodenkultur. Spec. Gewicht 1,265, 100 Körner wogen 106,18 g, 1 Liter davon 755,08 g. Die Samen waren bei der Ernte noch weich, zum Theil unreif, welche letztere zusammenschrumpften. Die Ernte war am 18. October.

8) No. 3. E. Wein. Journ. f. Landwirthsch. 29. 1881. Ergänzungsheft S. 11.

9) No. 4. E. Wein (Vers.-Stat. München). Hoffmann's Jahresber. 1880. 405. (Ztschr. d. landw. Ver. in Bayern 1880. 731.) Die Bohnen wurden 1879 auf humosem Kalkboden gebaut.

10) No. 5. Edw. Kinch (Cirencester). Biedermann's Centralbl. 11. 1882. 753. (Nach einem Separatabzuge aus?)

Analysen von Sojabohnen, unbekannter Abstammung:

11) No. 1 u. 2. C. Caplan (Vers.-Stat. Wien). Biedermann's Centralbl. 7. 1878. 599. (Oesterr. landw. Wochenbl. 4. 1878. 26.) Die geernteten Samen unter No. 2 waren im botanischen Garten aus Samen No. 1 gezogen worden. Der Wassergehalt ist willkürlich angenommen worden.

No.	Bemerkungen	Jahr der Untersuchung	In der ursprünglichen Substanz: Wasser %	Nh-Substanz %	Rohfett %	Nfr. Extractstoffe %	Rohfaser %	Asche %	In der Trocken-Substanz: Nh-Substanz %	Rohfett %	Stickstoff in der Trocken-Substanz %	Analytiker
3	In Tirol heimische Bohne, genannt „Kaffeebohne" .	1877	10,00	37,00	17,81	25,00	4,96	5,23	41,11	19,69	6,58	*Mach*[1])
4		1878	12,30	31,00	16,30	29,20	5,70	4,60	35,34	18,58	5,65	*Wagner*[2])
5	Aus China	1879	9,00	35,50	16,40	22,59	11,65	4,86	39,01	18,02	6,24	*H. Pellet*[3])
6	Aus Ungarn (Pressburg) . .	„	10,16	27,75	16,60	28,97	11,65	4,87	30,89	18,48	4,94	*H. Pellet*[3])
7	Aus Frankreich (Étampes) .	„	9,74	31,75	14,12	27,59	11,65	5,15	35,18	15,64	5,63	*H. Pellet*[3])
8		1880	12,88	35,00	13,60	29,92	4,40	4,20	40,18	15,61	6,43	*Carrière*[4])
9	Aus Japan	1882	11,30	37,80	20,90	24,00	2,20	3,80	42,60	25,55	6,82	*Kinch*[5])
10	Aus Indien	„	12,00	36,00	18,00	29,10		4,90	40,90	20,45	6,54	*Kinch*[5])
11	Zusammensetzung in runden Zahlen	„	10,00	37,50	20,00	22,50	5,00	5,00	41,66	22,20	6,67	*Meissl*[6])
12	Aus Japan (Daidzu) . . .	„	11,92	37,51	18,02	24,87	3,99	3,69	42,59	20,46	6,82	*Kellner*[7])
13	desgl.	„	11,90	37,70	18,11	25,04	3,93	3,32	42,79	20,56	6,85	*Kellner*[7])
14	desgl.	„	12,87	37,62	18,11	24,52	3,53	3,35	43,18	20,78	6,91	*Kellner*[7])
15	desgl.	„	10,30	39,75	11,98	28,59	5,43	3,95	44,31	13,36	7,09	*derselbe*[8])
16	In Japan gewachsen . . .	1885	11,88	34,66	17,06	27,84	4,76	3,80	39,33	19,36	5,54	*derselbe*[9])
17	In Amerika gewachsen, im Mittel von 3 Analysen .	1886	8,59	36,22	17,92	28,66	4,24	4,37	39,62	19,60	6,34	*Jenkins*[10])
	Mittel	.	**11,34**	**35,11**	**16,98**	**26,18**	**5,88**	**4,51**	**39,60**	**19,15**	**6,34**	

[1]) No. 3. E. Mach u K. Portele (Vers.-Stat. St. Michele). Originalmitthl. Die Samen hatten ein spec. Gewicht von 1,274, 100 Körner wogen 193,06 g, 1 Liter davon 748,68 g. Nach Mach ist diese Sojabohne seit lange in Tirol heimisch und bekannt; sie wird als Surrogat für Kaffee als „Kaffeebohne" angebaut.

[2]) No. 4. P. Wagner u. W. Rohn (Vers.-Stat. Darmstadt). Originalmittheilung.

[3]) No. 5—7. H. Pellet. Hoffmann's Jahresber. 23. 1880. 177. (Compt. rend. 90. 1177.) Die Samen enthielten im lufttrocknen Zustande:

	Gesammt-N	Kohlehydrate	Ammoniak	N des Ammoniaks	N coagulirbarer Substanzen	In kochendem Wasser u. in Essigsäure unlösl. Substanz
No. 5 . . .	5,91	3,21	0,290	0,230	5,68	67,1 %
No. 6 . . .	4,72	3,21	0,274	0,255	4,44	68,4 „
No. 7 . . .	5,44	3,21	0,304	0,250	5,08	65,8 „

Der oben angegebene Gehalt an Nh-Substanz entspricht dem Gesammt-N nach Abzug des Ammoniak-N.

[4]) No. 8. E. A. Carrière. Ebendaselbst. 405. (Journ. d'agric. prat. 1880. I. 482.) Der Autor bestimmte den Gesammtgehalt an Stärke, Dextrin und Zucker zu 19,40 %.

[5]) No. 9 u. 10. Edw. Kinch (Cirencester). Biedermann's Centralbl. 11. 1882. 753. (Nach einem Separatabzuge aus?)

[6]) No. 11. E. Meissl u. F. Böcker (Vers.-Stat. Wien). Hoffmann's Jahresber. 26. 1883. 305. (Sitzungsber. Acad. d. Wissensch. Wien. I. 1883. 1.) Die Sojabohnen enthalten nach den Untersuchungen dieser Autoren in runden Zahlen:

Lösl. Casein	Albumin	Unlösl. Casein	Fett	Cholesterin, Lecithin, Harz u. Wachs	Dextrin	Stärke	Zucker, Amidkörper u. dergl.
30	0,5	7	18	2	10	5 %	kleine Mengen

Bezüglich der Untersuchungsmethoden verweisen wir auf das Original, resp. unsere Quelle.

[7]) No. 12—14. O. Kellner. Japan. Chem. Analyses of agric. Experim. from the Laboratory of the Imperial College of Agric. Komaba, Tokio. Die 3 verschiedenen Sorten werden in Japen hauptsächlich zur Bereitung von Shoyu verwendet. Dieselben enthielten N in Form von Amiden 0,920 %, 0,897 % u. 0,882 %, bestimmt durch Fällen mit Kupferoxydhydrat. 1000 Körner wogen bezw. 171,6, 148,0 und 107,8 g.

[8]) No. 15. O. Kellner (Tokio). Mitthl. d. Deutschen Gesellschaft f. Natur- u. Völkerkunde Ostasiens. Sonderabdruck aus Bd. IV. No. 35. 208. Der Eiweiss-N betrug 6,04 % der Trockensubstanz, der Gehalt an Eiweiss demnach 37,75 %.

[9]) No. 16. O. Kellner u. K. Ogasawara (Tokio). Landw. Vers.-Stat. 32. 1886. 87. Der Gehalt an Eiweiss-N in der Trockensubstanz betrug 5,514 % = Eiweiss 34,46 %.

[10]) No. 17. Jenkins. Composition of American Feeding Stuffs in Ann. Rep. Connect. Agric. Exper. Stat. for 1886. Als Extrem-Zahlen für die Bestandtheile der 3 untersuchten Proben (deren Einzel-Analysen wir nicht finden konnten) werden daselbst angegeben:

	Trockensubstanz	Protein	Fett	Nfr-Extractstoffe	Rohfaser
Maximum . . .	93,9	38,6	19,0	30,5	5,0
Minimum . . .	89,9	34,6	16,8	26,2	3,6

Gedüngte Sojabohnen.

No.	Bemerkungen	Jahr der Untersuchung	In der ursprünglichen Substanz: Wasser %	Nh-Substanz %	Rohfett %	Nfr. Extractstoffe %	Rohfaser %	Asche %	In der Trocken-Substanz: Nh-Substanz %	Rohfett %	Stickstoff in der Trocken-Substanz %	Analytiker
1	Ungedüngt	—	11,04	32,69	—	—	—	—	36,74	—	5,88	E. Wein[1])
2	Mit Chilisalpeter gedüngt .	—	11,09	35,31	—	—	—	—	39,71	—	6,35	
3	Mit schwefelsaur. Ammoniak gedüngt	—	11,06	40,79	—	—	—	—	45,86	—	7,34	

Körner von Dolichos-Arten. Fasel-Heilbohne. Cow-Pea.

No.	Bemerkungen	Jahr der Untersuchung	Wasser %	Nh-Substanz %	Rohfett %	Nfr. Extractstoffe %	Rohfaser %	Asche %	Nh-Substanz %	Rohfett %	Stickstoff in der Trocken-Substanz %	Analytiker
1	Dolichos	1846	14,50	20,30	1,93	54,60	5,00	3,70	23,75	2,26	3,80	*Boussingault*[2])
2	Black Cow Pea (Dolichos) .	1879	20,85	20,08	1,28	50,51	4,34	2,94	25,37	1,62	4,06	*Ledoux*[3])
3	Yellow Cow Pea (Dolichos) .	„	19,20	23,02	1,37	48,07	5,03	3,31	28,50	1,68	4,56	
4	Mittel von 5 Analysen . .	—	14,79	20,77	1,43	55,75	4,06	3,20	24,38	1,68	3,90	*Jenkins*[4])
5	Dol. uniflorus, „Hatasasage“ . . . . . (In Japan gewachsen)	1883	12,90	37,83	17,23	20,53	7,51	4,00	43,43	19,78	6,95°	*Kellner*[5])
6	Dol. cultratus, „Sengokumame“	„	14,61	37,46	20,23	19,77	3,93	4,00	43,87	23,69	7,02°	
7	Dol. umbellatus f. volubilis, „Sasage“ . .	„	12,05	22,56	1,78	52,26	7,00	4,35	25,66	2,02	4,11°	
8	Dol. umbellatus sem. alb. u. nigr., „Yakkosasage“	„	15,21	21,76	3,18	57,32	1,17	1,36	25,66	3,75	4,11°	
	Mittel unter Ausschluss von No. 5 u. 6	.	**16,10**	**21,44**	**1,82**	**53,11**	**4,41**	**3,12**	**25,55**	**2,17**	**4,09**	

Gedüngte Sojabohnen:

[1]) No. 1—3. E. Wein (Vers.-Stat. München). Journ. f. Landwirthsch. 1881. Ergänzungsheft 34. Auf humusreichem Kalksandboden erhielten 3 je 4 qm grosse Parzellen je 120 g eines Phosphoritpräparates mit 27 % „assimilirbarer“ Phosphorsäure, welche theils in wasserlöslicher, theils in Form sogen. „zurückgegangener“ Phosphorsäure vorhanden war. Die übrige Düngung sowie das Ernteergebniss ist aus Nachstehendem ersichtlich:

Düngung	Ernte an lufttrocknen Körnern	Ernte an Trockensubstanz (in Körnern)	Ernte an Nh-Substanz in den Körnern
I. Kein Stickstoff	381,3 g	339,20 g	124,64 g
II. 20 g N-Chilisalpeter . . .	1185,2 „	1053,76 „	418,49 „
III. 20 g N-Ammoniaksalz . .	944,6 „	840,13 „	385,32 „

Aus vorstehenden Zahlen wurde von uns der oben angegebene procentische Gehalt der geernteten Samen berechnet.

Körner von Dolichos-Arten:

[2]) No. 1. J. B. Boussingault. Dessen: „Die Landwirthschaft in ihren Beziehungen zur Chemie etc.“ 3. 200.

[3]) No. 2 u. 3. A. R. Ledoux. Ann. Rep. Connect. Agric. Exper. Stat. 1879. 140. (Rep. N. C. Ag. Ex. Stat. 1879. 112.)

[4]) No. 4. E. H. Jenkins. Ebendaselbst 1885. 21. In diesem Mittel sind jedenfalls die Analysen unter 2 und 3 mit inbegriffen. Als höchster und niedrigster Gehalt an näheren Bestandtheilen werden angegeben:

	Trockensubstanz	Protein	Fett	Nfr-Extractstoffe	Rohfaser
Maximum . . .	89,99	23,02	1,60	61,99	5,03
Minimum . . .	79,20	19,30	1,30	48,10	3,37

[5]) No. 5—8. O. Kellner, Z. Sasaki, J. Sawano, T. Yoshii u. K. Makino. Mittheilungen der Deutschen Gesellschaft für Natur- und Völkerkunde Ostasiens. Sonderabdruck aus Bd. IV. No. 35. Der Eiweiss-N betrug in Procenten der Trockensubstanz bei

	No. 5	6	7	8
Eiweiss-N	6,72	6,64	3,72	3,79 %
Eiweiss	42,90	41,50	23,25	23,69 „

Oelgebende Samen.*)

Leinsamen. Samen von Linum usitatissimum L. Linseed. — Linette.

No.	Bemerkungen	Jahr der Untersuchung	In der ursprünglichen Substanz: Wasser %	Nh-Substanz %	Rohfett %	Nfr. Extractstoffe %	Rohfaser %	Asche %	In der Trocken-Substanz: Nh-Substanz %	Rohfett %	Stickstoff in der Trocken-Substanz %	Analytiker
1	Linseed No. 1	1848	9,44	23,00	—	—	—	4,28	25,44	—	4,07°	*Lawes u. Gilbert*[1]
2	Linseed No. 2	„	8,46	25,31	—	—	—	4,08	27,75	—	4,44°	
3	Riga'er Leinsaat, ausgelesen . . (1 Bushel wog) 52½ Pfd.	„	9,45	22,50	34,70	28,10		5,25	24,84	38,31	3,97	*Th. Way*[2]
4	Memel'er Leinsaat 56 „	„	8,74	20,81	36,00	30,89		3,56	22,81	39,46	3,65	
5	Vom schwarzen Meer . . . 53¼ „	„	10,12	20,68	38,42	25,14		5,64	23,02	42,76	3,68	
6	Englische Saat, 1847er E. (6–9: Frei von Schmutz u. fremden Samen)	„	12,33	28,75	36,66	19,58		2,68	33,80	41,83	5,41	
7	desgl.	„	11,00	26,75	32,77	26,18		3,30	30,07	36,83	4,81	
8	desgl.	„	10,58	26,56	33,50	25,28		4,08	29,69	37,45	4,75	
9	desgl., 1848er E.	„	8,57	26,81	38,11	22,48		4,03	29,33	41,69	4,69	
10		„	14,20	23,69	—	—		6,94	27,62	—	4,42	*Thomson*[3]
11		„	7,11	19,31	38,00	32,29		3,39	20,80	40,93	3,33	*A. Payen*[4]
12		1856	8,81	23,44	31,80	31,07		4,88	25,71	34,88	4,11	*Anderson*[5]
13		1853	7,50	24,44	34,00	30,73		3,33	26,42	36,75	4,23	*derselbe*[6]
14		—	12,30	20,50	39,00	19,00	3,20	6,00	23,37	44,46	3,74	*Boussingault*[7]
15	Kalkhaltiger Lehmboden . .	1860	9,40	24,48	26,18	35,54		6,40	27,03	28,90	4,48	*Hoffmann*[8]
16	Im mittleren Schweden angebaut	„	9,28	22,44	35,56	25,23	4,16	3,33	24,73	39,19	3,96	*Eisenstuck*[9]
17	Roh gedroschen, 1 hl wiegt 68,41 kg	1862	8,22	26,04	35,94	26,19		3,61	28,37	39,16	4,54	*Schmidt*[10]

*) Dieses Kapitel habe ich nach den Prof. Dr. Th. Dietrich in Marburg für das von ihm und Verf. gemeinschaftlich herausgegebene Werk „Zusammensetzung und Verdaulichkeit der Futtermittel" bearbeiteten Tabellen neu aufgenommen; wenn von den ölgebenden Samen auch nur einzelne direct als Nahrungsmittel dienen, so werden doch deren Oele entweder als Nahrungsmittel oder zur Verfälschung anderer Oele verwendet. Aus dem Grunde erscheint die Aufnahme hier zweckmässig.

Leinsamen:

¹) No. 1 u. 2. J. B. Lawes u. J. H. Gilbert. Journ. R. Agric. Soc. England X. II. 1849. 299. Nh-Substanz von uns berechnet. (Auch in On the composition of foods in relation to respiration and the feeding of animals. London, 1853. Report of the British Association for the advancement of Science for 1852.)

²) No. 3—9. J. Th. Way unter Betheiligung von Ogston, Ward u. F. Eggar. Ebendaselbst. 489. Nh-Substanz von uns aus angegebenem N-Gehalt (N × 6,25) berechnet.

³) No. 10. Thomson. Aus Henning's Analysen-Tabelle. Ebendaselbst. XIII. II. 449. (1852.) Nh-Substanz von uns aus angegebenem N-Gehalt berechnet.

⁴) No. 11. A. Payen. Journ. Pharm. 16. 278.

⁵) No. 12. Th. Anderson. Transact. Highl. Soc. Jan. 1857. 493. (Wilda's landw. Centralbl. 1857. I. 161. Weende'r Jahresber. 1857—1861. II. 44.)

⁶) No. 13. Derselbe. 1853. 508. (Weende'r Jahresber. 1857—61. II. 44.)

⁷) No. 14. J. B. Boussingault. Dessen: Die Landwirthschaft in ihren Beziehungen zur Chemie etc. 3. 202.

⁸) No. 15. Rob. Hoffmann. Landw. Vers.-Stat. 5. 1863. 191. Der untersuchte Leinsamen wurde im Vergleich mit anderen Oelsaaten 1860 auf einem und demselben Felde zu Zittolib in Böhmen auf einem mit Stallmist gedüngten kalkhaltigen Lehmboden mit Lettenuntergrund angebaut. Vorfrucht war Winterweizen mit Dung. Die Saat war Drillsaat von 6 Zoll. Der Lein hatte ein spec. Gewicht von 1,000, das absolute Gewicht von 100 Samen war 0,400 g. Nh-Substanz von uns berehnet.

⁹) No. 16. C. M. Eisenstuck. Landw. Vers.-Stat. 237. Die Ermittelung des Gehalts an „Cellulose" geschah durch aufeinanderfolgende Digestion mit 3procentiger Salzsäure, 3procentiger Natronlauge, beinahe absolutem Alkohol und Aether in gelinder Wärme; die Substanz war von dieser Behandlung mit Aether extrahirt.

¹⁰) No. 17. C. Schmidt. Livl. Jahrb. d. Landwirthsch. 16. 1863. 137. Zu Turneshof in Livland 1862 angebaut.

No.	Bemerkungen	Jahr der Untersuchung	In der ursprünglichen Substanz: Wasser %	Nh-Substanz %	Rohfett %	Nfr. Extractstoffe %	Rohfaser %	Asche %	In der Trocken-Substanz: Nh-Substanz %	Rohfett %	Stickstoff in der Trocken-Substanz %	Analytiker
18	Saatgut, Riga'er Tonnenlein	1862	7,96	21,61	37,11	29,65		3,67	23,48	40,32	3,76	Bretschneider und Küllenberg [1]
19	Ernte davon	„	9,42	23,11	35,34	28,09		4,04	25,50	39,02	4,08	
20	Saatgut, voll und braun	„	8,04	20,83	36,05	31,49		3,59	22,65	39,20	3,62	
21	Ernte davon	„	9,33	20,20	34,83	31,60		4,04	22,28	38,41	3,55	
22	Saatgut, schön braun, glänzend und voll	„	7,20	21,08	36,76	30,73		4,23	22,72	39,61	3,64	
23	Ernte davon	„	9,49	22,97	33,60	29,34		4,60	25,38	37,12	4,06	
24		1865	6,85	23,36	29,55	—	—	—	25,09	31,74	4,01	Lehmann [2]
25		1868	12,00	21,87	30,71	25,99	6,16	3,27	24,84	34,87	3,97	Krocker [3]
26		1870	9,50	23,76	32,97	24,55	4,74	4,48	26,25	36,43	4,20	Fleischer [4]
27		„	9,29	20,26	31,94	28,69	5,58	4,24	22,33	35,20	3,57	Th. Dietrich [5]
28	Winterlein	—	8,65	22,10	35,20	38,90		3,15	24,20	38,54	3,87	Schädler [6]
29	Sommerlein	—	7,80	24,00	31,60	33,40		3,20	26,04	34,29	4,17	
30		1875	9,23	23,09	35,90	21,79	5,16	4,83	25,44	39,55	4,07	Weiske [7]
31		1880	9,00	17,25	22,44	—	—	—	18,96	24,66	3,03	Werenskiold [8]
32		„	10,18	17,56	31,25	—	—	—	19,54	34,78	3,13	
33		„	8,68	17,68	32,48	—	—	—	19,36	35,57	3,10	
34		„	8,08	16,99	29,30	—	—	—	18,49	31,88	2,96	
35	Grosse Körner, spec. Gew. 1,154	1874	8,82	22,07	60,00		4,78	4,13	24,21	—	3,87	Marek [9]
36	Kleine Körner, spec. Gew. 1,101	„	8,62	22,94	57,44		6,72	4,28	25,10	—	4,02	
37	Aus Bombay	1873	8,01	21,81	38,21	20,85	8,36	2,76	23,72	41,57	3,80	A. Völcker [10]
38	Aus Morshauski	„	10,01	25,60	30,81	21,51	8,30	3,77	28,44	34,23	4,55	
39	Vom schwarzen Meere	„	10,40	26,62	30,78	17,30	11,40	2,50	29,71	34,35	4,75	
40	Aus Riga	„	10,64	22,19	31,19	22,71	9,38	3,89	24,83	34,90	3,97	
41	Aus St. Petersburg	„	9,61	20,19	35,32	24,71	5,91	4,26	22,33	39,06	3,57	
42	Aus Alexandria	„	5,47	19,31	35,73	26,22	8,70	4,57	20,43	37,80	3,27	
43		1875	7,70	25,21	34,36	23,10	4,97	4,66	27,31	37,23	4,37	Wolff [11]
44		„	8,81	28,53	33,93	19,32	4,36	5,05	31,29	37,21	5,01	derselbe [12]
45		1879	11,00	20,13	33,08	20,70	7,23	7,86	22,61	37,17	3,62	derselbe [13]

[1]) No. 18—23. P. Brettschneider u. Küllenberg. Mitthl. d. landw. Centralver. f. Schlesien. 14. 1865. 84. 6. Ber. d. Vers.-Stat. Ida-Marienhütte. Der Lein hatte Hafer als Vorfrucht. Die Saat erfolgte am 28. April. Als Düngung wurden 200 Pfd. Stassfurter Abraumsalz pro Morgen mit dem letzten Abeggen untergebracht. Die 3 Saatlein-Proben waren von verschiedener Herkunft. Der Boden ist ein mit thonigen Theilen (13 %) vermischter Silicatsand.

[2]) No. 24. O. Lehmann. Chem. Ackersm. 12. 1866. 241.

[3]) No. 25. F. Krocker. Ann. d. Landwirthsch. in Preussen. 54. 1869.

[4]) No. 26. M. Fleischer (Vers.-Stat. Hohenheim). Journ. f. Landwirthsch. 19. 1871. 422.

[5]) No. 27. Th. Dietrich u. J. König (Vers.-Stat. Altmorschen). Originalmitthl. Von den Nfr-Extractstoffen waren in Zucker überführbar (auf Zucker berechnet) 11,88 % der lufttrocknen Substanz. Von den Nh-Substanzen waren 12,06 % in Wasser löslich. In Wasser lösliche Stoffe überhaupt 32,51 %.

[6]) No. 28 u. 29. C. Schädler. Dessen: Technologie der Fette. Berlin, 1883. 496.

[7]) No. 30. H. Weiske, (Vers.-Stat. Proskau). Der Landwirth. 11. 1875. 219.

[8]) No. 31—34. Fr. H. Werenskiold (Vers.-Stat. Aas, Norwegen). Originalmittheilung.

[9]) No. 35 u. 36. Marek. Das Saatgut und dessen Einfluss auf Menge und Güte der Ernte.

[10]) No. 37—42. Aug. Völcker. Journ. R. Agric. Soc. England 1873. 1. 9.

[11]) No. 43. E. Wolff, M. Fleischer u. J. Skalweit (Vers.-Stat. Hohenheim). Landw. Jahrbücher. 2. 1873.

[12]) No. 44. E. Wolff u. C. Kreuzhage (Vers.-Stat. Hohenheim). Ebendaselbst. 5. 1876. 513.

[13]) No. 45. E. Wolff, C. Kreuzhage u. O. Kellner (Vers.-Stat. Hohenheim). Ebendaselbst. 10. 1881. 559. In Procenten der Trockensubstanz enthielt der Samen 0,200 % Amid-N = 5,5 % des Gesammt-N. Eiweisssubstanz 21,36 %.

No.	Bemerkungen	Jahr der Untersuchung	In der ursprünglichen Substanz: Wasser %	Nh-Substanz %	Rohfett %	Nfr. Extractstoffe %	Rohfaser %	Asche %	In der Trocken-Substanz: Nh-Substanz %	Rohfett %	Stickstoff in der Trocken-Substanz %	Analytiker
46	Aus St. Petersburg . . .	1879	—	23,60	34,90	—	—	—	—	—	—	Ad. Mayer [1])
47	Aus Calcutta	„	—	17,50	40,60	—	—	—	—	—	—	
48	Aus Archangel	„	—	20,10	35,10	—	—	—	—	—	—	
49	Aus Bombay	„	—	18,10	39,60	—	—	—	—	—	—	
50	Aus Taganrog	„	—	25,20	37,20	—	—	—	—	—	—	
51		1883	9,23	18,93	35,89	22,99	8,84	4,92	20,85	39,54	3,34	Wolff [2])
52	Mittel von 17 Analysen . .	1872 bis 1878	9,20	—	35,2	—	—	—	—	38,76	—	Behrmann [3])
53	Mittel von 2 Analysen . .	„	—	—	34,2	—	—	—	—	—	—	Thoms [4])
	Minimum . . .	.	5,47	16,78	22,39	18,54	4,34	2,53	18,49	24,66	2,96	
	Maximum . . .	.	14,20	30,68	40,36	28,76	11,55	7,95	33,80	44,46	5,21	
	Mittel	.	**9,23**	**22,57**	**33,64**	**23,23**	**7,05** *)	**4,28**	**24,87**	**37,06**	**3,98**	

Rapssamen. Rapssaat, Kohlsaat. Samen von Brassica Napus oleifera. Br. campestris. Rape-seed. Cole-seed. Colsat. Colza. Navette.

No.	Bemerkungen	Jahr der Untersuchung	Wasser %	Nh-Substanz %	Rohfett %	Nfr. Extractstoffe %	Rohfaser %	Asche %	Tr. Nh-Substanz %	Tr. Rohfett %	Stickstoff %	Analytiker
1		—	11,00	17,40	50,00	12,40	5,30	3,90	19,56	56,20	3,13	Boussingault [5])
2	Dwarf-rape	1848	6,44	26,31	37,84	26,10		3,31	28,13	40,45	4,50	Way [6])
3	Englischer Rapssamen . .	1856	7,12	21,50	36,81	28,73	6,86	8,97	23,16	39,64	3,71	Anderson [7])
4	Winterraps	1860	8,50	19,23	35,20	33,07		4,00	20,32	38,47	3,25	R. Hoffmann [8])
5	Sommerraps	„	4,50	20,11	48,40	23,49		3,50	21,06	50,67	3,37	
6	Winterraps	1856	7,28	16,78	43,67	22,30	6,64	3,43	18,10	47,10	2,90	Hellriegel [9])
7	Winterraps, Mittel aus 11 Analysen	1862	6,77	17,94	42,87	—	—	—	19,25	45,89	3,08	Bretschneider [10])
8	Winterraps von Laasan in Schlesien	„	7,45	18,62	44,09	—	—	—	20,11	47,62	3,22	
9		„	8,40	—	47,80	—	—	—	—	51,98	—	Nessler [11])

[1]) No. 46—50. Ad. Mayer. Milchzeitung 1880. 285.

[2]) No. 51. E. Wolff u. C. Kreuzhage (Vers.-Stat. Hohenheim). Grundlagen für die rationelle Fütterung des Pferdes. Berlin, 1885, 112.

[3]) No. 52. Th. Behrmann. Aus dem Laboratorium der Riga'er Cementfabrik und Oelmühle C. Ch. Schmidt in Riga. Privatmittheilung. Von uns berechnetes Mittel. Es wurden bei den 17 Proben gefunden:

	Wasser	Fettes Oel
Im Maximum	13,18 %	38,25 %
Im Minimum . . .	5,47 „	31,72 „

[4]) No. 53. Thoms. Privatmittheilung.

*) Das Mittel für Holzfaser ist erst von No. 16 an berechnet.

Rapssamen:

[5]) No. 1. J. B. Boussingault. Dessen: Die Landwirthschaft etc. 3. 202.

[6]) No. 2. Th. Way. Journ. R. Agric. Soc. Engl. X. II. 494. Nh-Substanz von uns aus angegebenem N-Gehalt berechnet.

[7]) No. 3. Th. Anderson. Trans. Highl. Soc. Jan. 1857. 493. (Wilda's landw. Centralbl. 1857. I. 161 Weende'r Jahresb. 1857—61. II. 44.)

[8]) No. 4 u. 5. Rob. Hoffmann. Landw. Vers.-Stat. 1863. Bd. 5. S. 189. Die untersuchten Rapssamen wurden im Vergleich mit anderen Oelsaaten 1860 auf einem und demselben Felde zu Zittolib in Böhmen auf einem mit Stalldünger gedüngten, kalkhaltigen Lehmboden mit Lettenuntergrund angebaut. Vorfrucht war gedüngter Winterweizen. Die Saat war 6zöllige Drillsaat. Das specifische Gewicht war bei Winterraps 1,150, bei Sommerraps 1,000. Das absolute Gewicht von 100 Samen war bei Winterraps 0,360 g, bei Sommerraps 0,200 g. Nh-Substanz von uns berechnet.

[9]) No. 6. H. Hellriegel (Tharand). Chem. Ackersm. 1861. 94. Der Autor bestimmte in der lufttrocknen Substanz: Zucker, Bitterstoffe etc. 7,7 %, Gallertstoffe 16,2 %, lösliche Proteinstoffe 5,2 % und unlösliche Proteinstoffe 12,9 %.

[10]) No. 7 u. 8. P. Bretschneider u. O. Küllenberg. Mittheilungen d. landw. Centralver. f. Schlesien. 14. 1863. 63.

[11]) No. 9. J. Nessler u. H. Körner. Ber. d. Vers.-Stat. Karlsruhe 1870. 58.

No.	Bemerkungen	Jahr der Untersuchung	In der ursprünglichen Substanz: Wasser %	Nh-Substanz %	Rohfett %	Nfr. Extractstoffe %	Rohfaser %	Asche %	In der Trocken-Substanz: Nh-Substanz %	Rohfett %	Stickstoff in der Trocken-Substanz %	Analytiker
10		1865	8,08	19,78	46,00	14,96	8,26	2,92	21,52	50,05	3,44	*Fleury*[1])
11		1870	7,89	20,14	41,90	20,58	5,41	4,08	21,91	45,16	3,51	*Dietrich*[2])
12	Sommerraps aus Schlesien .	—	9,40	13,75	35,00	37,73		4,12	15,18	38,64	2,43	
13	Winterraps, frische Saat, aus Pommern	—	9,10	15,62	36,80	33,68		4,80	17,18	40,48	2,73	
14	Winterraps, 2jähr. Saat, aus Schlesien	—	5,25	26,25	39,25	24,89		4,36	27,69	41,41	4,43	*Schädler*[3])
15	Brass. compestris L., Colza-Maine-Loire	—	4,25	22,30	33,22	36,06		4,17	23,28	35,68	3,72	
16	desgl., Belgische Colza . .	—	2,96	21,24	38,90	33,40		3,50	21,88	40,07	3,50	
17	desgl., Elsässer Colza . . .	—	10,00	18,20	43,00	53,90		4,90	20,22	47,73	3,24	
18		1878	11,69	19,04	40,68	—	—	—	21,55	46,05	3,45	*Fleischer*[4])
19		1880	7,12	22,87	39,90	—	—	—	25,34	44,24	4,05	*Werenskiold*[5])
20	Holl. Raps I, 1 Korn wiegt 0,00554 g	1876	5,62	17,59	49,51	16,87	6,51	3,90	18,63	52,43	2,98	
21	desgl. II, 1 Korn wiegt 0,00429 g	"	5,69	17,37	49,03	17,38	6,69	3,84	18,41	51,97	2,95	*E. Wollny*[6])
22	desgl. III, 1 Korn wiegt 0,00336 g	"	5,92	18,97	46,67	18,00	6,43	4,01	20,17	49,61	3,27	
23	Mittel von 17 Analys. (resp. 11)	—	7,10	—	42,8	—	—	—	—	46,05	—	*Behrmann*[7])
	Raps, Mittel	.	**7,28**	**19,55**	**42,23**	**20,78**	**5,95**	**4,21**	**21,08**	**48,55**	**3,37**	

Rübsamen. Samen von Brassica Rapa oleifera.

No.	Bemerkungen	Jahr	Wasser	Nh-Substanz	Rohfett	Nfr. Extractstoffe	Rohfaser	Asche	Nh-Substanz	Rohfett	Stickstoff	Analytiker
1		1857	9,50	23,64	41,36	11,92	10,14	3,44	26,12	45,70	4,18°	*Knop*[8])
2	Awehl	1860	6,50	12,62	40,20	37,08		3,50	13,50	43,01	2,16	*R. Hoffmann*[9])
3	Biewitz	"	7,00	11,37	41,80	35,28		4,75	12,22	44,94	1,96	

[1]) No. 10. G. Fleury. Ann. d. Chim. u. d. Phys. (4.) IV. 38. Autor fand an Zucker, Dextrin und Gummi etc. (nicht Stärke) 7,232 % und 7,721 % nicht bestimmbare Nfr-Substanzen.

[2]) No. 11. Th. Dietrich u. König (Vers.-Stat. Altmorschen). Originalmittheilung. In Procenten der lufttrocknen Substanz enthielten die Samen 19,28 % in Wasser lösliche Stoffe, davon 7,74 % Protein. Von den Nfr-Stoffen waren in Zucker überführbar 8,33 %.

[3]) No. 12—17. C. Schädler. Dessen: Technologie der Fette. Berlin, 1883. 423.

[4]) No. 18. M. Fleischer u. Kennepohl (Moor-Vers.-Stat. Bremen). Originalmittheilung.

[5]) No. 19. F. H. Werenskiold (Ver.-Stat. Aas, Norwegen). Landbrugskemiker Werenskiolds Beretning 1881. Zwei andere Rapssamen-Proben enthielten 37,24 bezw. 36,54 % fettes Oel.

[6]) No. 20—22. E. Wollny. Journ. f. Landwirthschaft. 25. 1877. 75. In 100 g sind enthalten Stück Samen bei I 18020, bei II 23280, bei III 29720.

[7]) No. 23. Th. Behrmann. Aus dem Laboratorium der Riga'er Cementfabrik und Oelmühle C. Ch. Schmidt in Riga. Privatmittheilung. Von uns berechnetes Mittel. In den Proben wurden gefunden:

		Wasser	Fettes Oel
Im Maximum	. . . .	9,2 %	47,0 %
Im Minimum	. . . .	5,1 "	36,1 "

Rübsamen:

[8]) No. 1. W. Knop, Arendt u. Ritter (Vers.-Stat. Möckern.) Landw. Vers.-Stat. 1. 1859. 170. Nh-Substanz von uns berechnet.

[9]) No. 2 u. 3. Rob. Hoffmann. Landw. Vers.-Stat. 5. 1863. 191. Die untersuchten Samen waren im Vergleich mit anderen Oelsaaten 1860 auf einem und demselben Felde zu Zittolib in Böhmen auf einem mit Stallmist gedüngten, kalkhaltigen Lehmboden mit Lettenuntergrund angebaut worden. Die Samen hatten:

		Awehl	Biewitz
Specifisches Gewicht	. . . . .	1,000	0,937
100 Samen wogen	. . . . . .	0,200	0,240 g

Nh-Substanz von uns berechnet.

No.	Bemerkungen	Jahr der Untersuchung	In der ursprünglichen Substanz: Wasser %	Nh-Substanz %	Rohfett %	Nfr. Extractstoffe %	Rohfaser %	Asche %	In der Trocken-Substanz: Nh-Substanz %	Rohfett %	Stickstoff in der Trocken-Substanz %	Analytiker
4	Sommerrübsen aus Schlesien	—	10,15	15,06	—	—	—	3,40	16,73	—	2,68	
5	Winterrübsen, frische Saat, aus Schlesien	—	8,90	15,62	—	—	—	3,26	17,15	—	2,74	*Schädler* [1]
6	desgl., ältere Saat, aus Ungarn	—	4,35	19,44	—	—	—	3,90	20,31	—	3,25	
7		1880	7,38	24,66	24,90	—	—	—	27,61	26,87	4,42	
8		„	6,92	24,00	27,16	—	—	—	25,78	29,17	4,12	
9		„	7,82	24,08	29,73	—	—	—	26,13	32,26	4,18	
10		„	9,88	24,00	22,01	—	—	—	26,64	25,43	4,26	*Werenskiold* [2]
11		„	5,93	—	38,48	—	—	—	—	40,87	—	
12		„	8,52	22,16	28,60	—	—	—	24,20	31,23	3,78	
13		„	7,66	—	36,28	—	—	—	—	37,69	—	
14	Sommerrübsen, grosse Körn., 1 Korn wiegt 0,00227 g .	1874	9,09	23,34	55,26		8,34	3,97	25,67	—	4,11	
15	desgl., kleine Körner, 1 Korn wiegt 0,00203 kg . . .	„	9,10	24,43	52,32		9,90	4,25	26,87	—	4,30	*Marek* [3]
16	Im Mittel von 22 Analysen .	18 $\frac{74}{76}$	7,1	—	41,0	—	—	—	—	44,12	—	*Behrmann* [4]
	Mittel	.	**7,86**	**20,48**	**33,53**	**24,41**	**9,91**	**3,81**	**22,23**	**36,39**	**3,55**	

Ueber die Zusammensetzung von **Senf** (weisser und schwarzer), Samen von Sinapis alba L. und nigra L. vergl. unter „Gewürze."

Oelrettig. Chinesischer Oelrettig. Samen von Raphanus sativus oleiferus.

1	Kalkhaltiger Lehmboden . .	1860	7,50	18,36	30,20	40,34		3,50	19,85	32,65	3,18	*Hoffmann* [5]
2		—	7,85	24,37	46,13	18,10		3,65	26,44	50,05	4,23	*Schädler* [6]

Mohn. Samen von Papaver somniferum L.*) — Poppy. — Pavot. Oliette.

1		—	14,70	17,50	41,00	13,70	6,10	7,00	20,51	48,05	3,28	*Boussingault* [7]
2		1863	8,00	15,74	48,40	20,91		7,75	17,11	52,61	2,74	*Hoffmann* [8]

[1]) No. 4—6. C. Schädler. Dessen: Technologie der Fette. Berlin, 1883. 422.
[2]) No. 7—13. Fr. H. Werenskiold (Vers.-Stat. Aas, Norwegen). Originalmittheilung.
[3]) No. 14 u. 15. Marek. Das Saatgut und dessen Einfluss auf Menge und Güte der Ernte. Wien, 1875. Das spec. Gewicht der Samen war bei den grossen Körnern 1,125, bei den kleinen 1,108.
[4]) No. 16. Th. Behrmann. Aus dem Laboratorium der Riga'er Cementfabrik und Oelmühle C. Ch. Schmidt in Riga. Privatmittheilung. Es wurden in den untersuchten Proben gefunden:

	Wasser	Fettes Oel
Im Maximum	9,3 %	46,67 %
Im Minimum	5,9 „	30,28 „

Oelrettig:
[5]) No. 1. Rob. Hoffmann. Landw. Vers.-Stat. 5. 1863. 191. Der untersuchte Samen wurde im Vergleich mit anderen Oelsaaten 1860 auf einem und demselben Felde zu Zittolib in Böhmen auf mit Stallmist gedüngtem, kalkhaltigem Lehmboden angebaut. Spec. Gewicht der Samen 1,005. 100 Samen wogen 1,280 g. Nh-Substanz von uns berechnet.
[6]) No. 2. C. Schädler. Dessen: Technologie der Fette. Berlin, 1883. 442. Der Gehalt der lufttrocknen Substanz an N ist zu 3,90 %, der an Proteinstoffen zu 27,80 % angegeben.

Mohn:
*) Sacc fand im Samen des weissen Mohns (Moleschott's Physiologie der Nahrungsmittel. II. 129):

Eiweissartige Stoffe	Zellstoff	Pectinkörper	Fett	Fett mit Farbstoff u. flücht. Stoffen verunreinigt	Flüchtige Stoffe	Salze	Wasser
9,94	4,66	18,28	35,48	7,47	2,78	5,39	15,99

[7]) No. 1. J. B. Boussingault. Dessen: Die Landwirthschaft in ihren Beziehungen zur Chemie etc. 3. 202.
[8]) No. 2. Rob. Hoffmann. Landw. Vers.-Stat. 5. 1863. 191. Der untersuchte Samen wurde im Vergleich mit anderen Oelsaaten 1860 auf einem und demselben Felde zu Zittolib in Böhmen auf einem mit Stallmist gedüngten, kalk-

No.	Bemerkungen	Jahr der Untersuchung	In der ursprünglichen Substanz: Wasser %	Nh-Substanz %	Rohfett %	Nfr. Extractstoffe %	Rohfaser %	Asche %	In der Trocken-Substanz: Nh-Substanz %	Rohfett %	Stickstoff in der Trocken-Substanz %	Analytiker
3		1870	7,89	23,12	40,07	17,91	4,77	7,89	25,09	43,48	4,01	*Dietrich*[1])
4	Weisser Mohn	—	8,85	16,89	55,62	15,22		3,42	18,53	61,02	2,96	*Schädler* [2])
5	Schwarzer Mohn, blauer . .	—	9,50	17,50	51,36	19,64		4,00	19,34	56,75	3,09	
6	Weisse Bombay-Saat . . .	1886	5,19	22,06	23,45	36,14	5,54	7,62	23,27	24,74	3,72	*Th. Dietrich*[3])
7	Smyrna Saat, weisse u. blaue	„	6,26	20,06	30,76	21,79	6,16	13,97	21,40	32,82	3,42	
8	Salonik Saat, weisse . . .	„	5,83	21,31	38,59	21,63	5,44	7,20	22,63	40,98	3,62	
9	Deutsche Saat, graublaue .	„	7,10	21,81	36,45	22,48	5,48	6,68	23,47	39,22	3,76	
	Mohn, Mittel	.	**8,15**	**19,53**	**40,79**	**18,72**	**5,58**	**7,23**	**21,26**	**44,41**	**3,40**	

Hanf. Samen von Cannabis sativa L.*)

No.	Bemerkungen	Jahr	Wasser %	Nh-Substanz %	Rohfett %	Nfr. Extractstoffe %	Rohfaser %	Asche %	Trocken-S. Nh-Substanz %	Rohfett %	Stickstoff %	Analytiker
1		—	12,20	16,30	33,60	23,60	12,10	2,20	18,57	38,27	2,97	*Boussingault*[4])
2	Aus Rumänien	1870	8,17	21,78	32,37	15,30	17,58	4,70	23,72	35,20	3,80	*Dietrich*[5])
3		„	6,47	22,25	31,84	33,07		6,37	23,79	34,04	3,81	*Anderson*[6])
4	Deutscher Hanfsamen . . .	„	8,65	15,95	33,60	38,35		3,45	17,47	36,79	2,80	*Schädler* [7])
5	Russischer Hanfsamen . .	„	9,13	15,00	31,42	39,95		4,50	16,50	34,56	2,64	
	Mittel	.	**8,92**	**18,23**	**32,58**	**21,06**	**14,97**	**4,24**	**20,01**	**35,77**	**3,20**	

Madie. Samen von Madia sativa Mol. Oelmadie, Saatmadie.

No.	Bemerkungen	Jahr	Wasser %	Nh-Substanz %	Rohfett %	Nfr. Extractstoffe %	Rohfaser %	Asche %	Trocken-S. Nh-Substanz %	Rohfett %	Stickstoff %	Analytiker
1		—	8,40	22,90	41,00	5,00	18,00	4,70	25,01	44,77	4,00	*Boussingault*[8])
2		1856	6,32	18,41	36,55	34,59		4,13	19,64	39,00	3,14	*Anderson*[9])
3		1870	7,73	16,28	37,32	17,41	17,13	4,13	17,65	40,45	2,82	*Dietrich*[10])
4		—	7,40	19,80	38,82	29,78		4,20	21,38	41,93	3,42	*Schädler*[11])
	Mittel	.	**7,46**	**19,36**	**38,44**	**12,78**	**17,69**	**4,27**	**20,92**	**41,54**	**3,35**	

haltigen Lehmboden mit Lettenuntergrund angebaut. Vorfrucht war Winterweizen mit Dung. Der Mohnsamen hatte ein spec. Gewicht von 0,713 g. 100 Samen wogen 0,050 g. Nh-Substanz von uns aus dem angegebenen N-Gehalt, 2,518 %, berechnet. In der Originalmittheilung ist der Gehalt an Nh-Substanz zu 13,938 %, entsprechend 2,21 % N angegeben.

[1]) No. 3. Th. Dietrich u. J. König (Vers.-Stat. Altmorschen). Originalmittheilung. In Procenten der lufttrocknen Substanz enthielt der Samen 19,70 % in Wasser lösliche Stoffe, davon 13,12 % Protein. Von den Nfr-Stoffen waren 5,99 % in Zucker überführbar (auf Zucker berechnet).

[2]) No. 4 u. 5. C. Schädler. Technologie der Fette. Berlin, 1883. 519.

[3]) No. 6—9. Th. Dietrich, A. Hesse u. O. Greitther (Vers.-Stat. Marburg). Landw. Ztg. u. Anzeig. f. d. Regbz. Cassel 1886. 654. Die untersuchten Samen repräsentirten Handelswaare und waren dem Lager der Oelmühle zu Hattersheim entnommen.

Hanf:

*) Buchholtz fand in 100 Theilen der trocknen Samen (Archiv d. Pharmacie. II. S 78. 211):

Eiweiss	Zellstoff	Dextrin	Zucker	Fett	Harz	Extractivstoff
24,7	38,3	5,0	1,6	19,1	1,6	9,0 Thl.

[4]) No. 1. J. B. Boussingault. Dessen: Die Landwirthschaft etc. 3. 202.

[5]) No. 2. Th. Dietrich u. J. König (Vers.-Stat. Altmorschen). Originalmittheilung. Die Samen waren den Autoren von dem kgl. landw. Museum in Berlin überlassen. In Procenten der lufttrocknen Substanz enthielten die Samen:

In Wasser lösliches Protein	Zucker (in solches überführbar)	In Wasser lösliche Stoffe überhaupt
3,61	5,06	12,36 %

[6]) No. 3. Th. Anderson. Arch. Pharmacie. II. 78. 211. (Journ. Highl. Soc. New Ser. No. 50.)

[7]) No. 4 u. 5. C. Schädler. Technologie der Fette. Berlin, 1883. 537.

Madie:

[8]) No. 1. J. B. Boussingault. Dessen: Die Landwirthschaft etc. 3. 202.

[9]) No. 2. Th. Anderson. Weende'r Jahresber. 1857/61. II. 44. (Trans. Highl. Soc. Tim. 1857. 493. Wilda's landw. Centralbl. 1857. I. 161.)

[10]) No. 3. Th. Dietrich u. J. König (Vers.-Stat. Altmorschen). Originalmittheilung. In % der lufttrocknen Substanz waren enthalten:

In Wasser lösliche Stoffe	Davon Protein	In Zucker überführbare Substanzen
15,01	5,33	4,71 % (Zucker)

[11]) No. 4. C. Schädler. Technologie der Fette. Berlin, 1883. 529.

Leindotter. Samen von Camelina sativa L.

No.	Bemerkungen	Jahr der Untersuchung	In der ursprünglichen Substanz: Wasser %	Nh-Substanz %	Rohfett %	Nfr. Extractstoffe %	Rohfaser %	Asche %	In der Trocken-Substanz: Nh-Substanz %	Rohfett %	Stickstoff in der Trocken-Substanz %	Analytiker
1		1856	5,75	28,31	28,18	12,16	9,05	11,55	30,04	29,90	4,81	*Anderson*[1])
2		1860	10,00	18,36	31,80	35,34		4,50	20,39	35,33	3,26	*Hoffmann*[2])
3		—	7,50	25,30	29,50	31,28		6,42	27,35	31,89	4,38	*Schädler*[3])
	Mittel	.	**7,75**	**23,92**	**29,86**	**21,68**	**8,86**	**7,93**	**25,93**	**32,37**	**4,15**	

Sonnenblumensamen. Samen von Helianthus annuus L. — Sunflower seed.

No.	Bemerkungen	Jahr der Untersuchung	Wasser %	Nh-Substanz %	Rohfett %	Nfr. Extractstoffe %	Rohfaser %	Asche %	Nh-Substanz (Trocken) %	Rohfett (Trocken) %	Stickstoff %	Analytiker
1	Sunflower Seed	1852	10,70	12,50	20,98	53,18		2,64	14,00	23,49	2,24	*Anderson*[4])
2		1856	6,19	13,29	34,74	23,95	28,48	3,35	14,17	37,03	2,26	*Hoffmann*[5])
3	„Kerne"	1860	3,25	17,49	38,40	35,86		5,00	18,08	39,71	2,89	*Hoffmann*[5])
4	Deutsche (Garten-) Samen .	—	9,62	14,12	33,48	39,90		2,86	15,62	37,03	2,50	*Schädler*[6])
5	Russische Samen	—	7,80	13,80	34,25	40,59		3,56	14,97	37,16	2,40	*Schädler*[6])
	Mittel	.	**7,51**	**14,22**	**32,26**	**14,49**	**28,08**	**3,44**	**15,37**	**34,88**	**2,46**	

Wallnusskerne. Samen von Juglans regia L.

No.	Bemerkungen	Jahr der Untersuchung	Wasser %	Nh-Substanz %	Rohfett %	Nfr. Extractstoffe %	Rohfaser %	Asche %	Nh-Substanz (Trocken) %	Rohfett (Trocken) %	Stickstoff %	Analytiker
1		—	8,50	16,30	55,80	16,10	1,70	1,60	17,82	60,99	2,85	*Boussingault*[7])
2		1883	10,85	14,10	48,65	24,10		2,30	15,82	54,59	2,53	*Schädler*[8])
3	Aus Westfalen	1878	5,04	15,55	63,77	4,16	9,59	1,89	16,37	67,15	2,62	*J. König*[9])
4	desgl.	„	4,32	17,19	61,95	11,62	2,75	2,17	17,96	64,74	2,87	*J. König*[9])
	Mittel	.	**7,18**	**15,77**	**57,43**	**13,03**	**4,59**	**2,00**	**16,99**	**61,87**	**2,72**	

Leindotter:

[1]) No. 1. Th. Anderson. Transact. Highl. Soc. Juli 1860. 376.

[2]) No. 2. Rob. Hoffmann. Landw. Vers.-Stat. 5. 1863. S. 189. Der untersuchte Samen wurde im Vergleich mit anderen Oelsaaten 1860 auf einem und demselben Felde zu Zittolib in Böhmen auf einem mit Stallmist gedüngten, kalkhaltigen Lehmboden mit Lettenuntergrund angebaut. Spec. Gewicht des Samens 1,058. 100 Samen wogen 4,00 g. Nh. Substanz von uns berechnet.

[3]) No. 3. C. Schaedler. Dessen: Technologie der Fette. Berlin, 1883. 512.

Sonnenblumensamen:

[4]) No. 1. Th. Anderson. Trans. Highl. Soc. 1851/53. 511 und 1860. 376.

[5]) No. 2 u. 3. Rob. Hoffmann. Landw. Vers.-Stat. 5. 1863. 191. Die untersuchten Samen waren 1860 im Vergleich mit anderen Oelsaaten auf einem und demselben Felde zu Zittolib in Böhmen auf einem mit Stallmist gedüngten, kalkhaltigen Lehmboden mit Lettenuntergrund gebaut worden. Das spec. Gewicht der Körner war 1,000, 100 Stück wogen 3,000 g, 100 Stück mit der Samenschale 5,76 g. Nh. Substanz von uns berechnet.

[6]) No. 4 u. 5. C. Schaedler. Dessen: Technologie der Fette. Berlin, 1883. 526.

Wallnusskerne:

[7]) No. 1. J. B. Boussingault. Dessen: Die Landwirthschaft etc. 3. 202.

[8]) No. 2. C. Schädler. Dessen: Technologie der Fette. Berlin, 1883. 541.

[9]) No. 3 u. 4. J. König und C. Krauch (Vers.-Stat. Münster). Originalmittheilung.

Haselnusskerne. Samen von Corylus Avellana L.

No.	Bemerkungen	Jahr der Untersuchung	In der ursprünglichen Substanz: Wasser %	Nh-Substanz %	Rohfett %	Nfr. Extractstoffe %	Rohfaser %	Asche %	In der Trocken-Substanz: Nh-Substanz %	Rohfett %	Stickstoff in der Trocken-Substanz %	Analytiker
1		1883	10,45	19,00	58,82	8,63		3,10	21,22	65,70	3,40	*Schädler*[1])
2	Sogen. Lambertsnuss . . .	1878	3,77	15,62	66,47	4,03	3,28	1,83	16,23	69,07	2,60	*J. König*[2])
	Mittel	.	**7,11**	**17,41**	**62,60**	**7,22**	**3,17**	**2,49**	**18,73**	**67,39**	**3,00**	

Süsse Mandeln. Samen von Amygdalus communis L.

No.	Bemerkungen	Jahr	Wasser	Nh-Substanz	Rohfett	Nfr. Extractstoffe	Rohfaser	Asche	Nh-Substanz	Rohfett	Stickstoff	Analytiker
1		1865	6,49	23,24	54,09	8,53	4,69	3,06	24,95	57,82	3,99	*Fleury*[3])
2		1878	4,29	25,12	53,28	6,00	8,45	2,86	26,25	55,67	4,26	*J. König*[4])
3	Frische 1jährige Mandeln .	—	9,53	22,50	51,42	13,69		2,86	24,86	50,82	3,98	*Schädler*[5])
4	Aeltere 4jährige Mandeln .	—	3,76	23,00	53,30	16,24		3,70	23,90	55,38	3,82	*Schädler*[5])
	Mittel	.	**6,02**	**23,49**	**53,02**	**7,84**	**6,51**	**3,12**	**24,99**	**56,42**	**4,00**	

Bucheln. Bucheckern. Früchte von Fagus sylvatica L.

No.	Bemerkungen	Jahr	Wasser	Nh-Substanz	Rohfett	Nfr. Extractstoffe	Rohfaser	Asche	Nh-Substanz	Rohfett	Stickstoff	Analytiker
1	Frische Bucheln	1846	30,00	—	18,70	—	41,00	4,00	—	26,72	—	*Boussingault*[6])
2	Buchelkerne	„	31,90	8,50	26,50	3,40	27,00	3,60	12,48	38,90	2,00	*Boussingault*[6])
3	Bucheckern mit Samen . .	1870	4,74	14,34	23,08	32,27	21,99	3,58	15,06	24,23	2,41	*Th. Dietrich*[7])
4	Geschälte Bucheckern . . .	—	10,50	24,00	21,26	40,12		4,12	26,81	23,75	4,29	*Schädler*[8])

Sesam. Samen von Sesamum orientale.

No.	Bemerkungen	Jahr	Wasser	Nh-Substanz	Rohfett	Nfr. Extractstoffe	Rohfaser	Asche	Nh-Substanz	Rohfett	Stickstoff	Analytiker
1		—	4,54	18,87	37,02	19,13	11,71	8,73	19,78	38,80	3,16	*Anderson*[9])
2	Ses. indicum DC., gelb. Samen	1865	4,25	20,62	56,33	12,80		6,00	21,53	58,81	3,44	*Flückiger*[10])
3	Schwarzer Samen	1870	6,62	16,37	46,02	14,16	10,95	5,88	17,53	49,29	2,80	*Th. Dietrich*[11])
4	Weisser Samen	„	6,09	18,76	49,31	15,35	5,15	5,44	19,98	52,52	3,20	*Th. Dietrich*[11])

Haselnusskerne:

[1]) No. 1. C. Schädler. Dessen: Technologie der Fette. Berlin, 1883. 541.

[2]) No. 2. J. König und C. Krauch. Originalmittheilung.

Süsse Mandeln:

[3]) No. 1. G. Fleury. Ann. Chim. Phys. (4.) T. IV. 38. Der Autor fand in frischen Samen: Zucker, Gummi, Dextrin etc. (keine Stärke) 6,29 %, nicht bestimmbare Substanzen 2,427 %.

[4]) No. 2. J. König und C. Krauch (Vers.-Stat. Münster). Originalmittheilung

[5]) No. 3 u. 4. C. Schädler. Dessen: Technologie der Fette. Berlin, 1883. 373.

Bucheln:

[6]) No. 1 u. 2. J. B. Boussingault. Dessen: Die Landwirthschaft etc. 3. 202.

[7]) No. 3. Th. Dietrich und J. König (Vers.-Stat. Altmorschen). Originalmittheilung. In Procenten der lufttrocknen Substanz enthielt dieselbe 25,10 % in Wasser lösliche Stoffe, dabei 5,99 % Protein. Zucker unter den Nfr. Extractstoffen (in Zucker überführbar) 6,99 %.

[8]) No. 4. C. Schädler. Technologie der Fette. Berlin, 1883. 475.

Sesam:

[9]) No. 1. Th. Anderson. Transact. Highl. Soc. Juli 1860. 376.

[10]) No. 2. F. W. Flückiger. Schweizerische Wochenschrift für Pharmacie 1866. No. 37. Der Autor fand in lufttrocknen, schwarzen Samen 8 % Asche. Das Sesamöl hatte bei 23° C. ein spec. Gewicht von 0,9191.

[11]) No. 3 u. 4. Th. Dietrich und J. König (Vers.-Stat. Altmorschen). Originalmittheilung. Von den Proteinstoffen waren in Procenten der lufttrocknen Substanz bei No. 3 = 4,69 %, bei No. 4 = 4,89 % löslich; löslich in Wasser überhaupt bei No. 3 = 10,69 %, bei No. 4 = 12,85 %.

No.	Bemerkungen	Jahr der Untersuchung	In der ursprünglichen Substanz: Wasser %	Nh-Substanz %	Rohfett %	Nfr. Extractstoffe %	Rohfaser %	Asche %	In der Trocken-Substanz: Nh-Substanz %	Rohfett %	Stickstoff in der Trocken-Substanz %	Analytiker
5	Levantische braune Samen .	—	5,90	21,19	55,63	19,76		7,52	22,52	59,13	3,60	Schädler[1])
6	Indische gelbliche Samen .	—	7,06	22,25	50,84	13,00		6,85	23,94	54,70	3,83	
7	Gelbe Jaffa	1886	4,71	20,06	46,60	21,23	3,39	4,01	21,04	49,54	3,37	Th. Dietrich[2])
8	Kurache'r	„	4,52	22,56	41,44	20,08	4,75	6,65	23,62	46,49	3,78	
9	Bombay, weisse	„	5,12	19,56	38,59	21,14	7,69	7,80	20,62	40,67	3,30	
10	Bombay, gemischte, 25 % schwarze	„	5,46	21,56	35,13	28,76	2,36	6,73	23,46	38,22	3,76	
11	desgl., 35 % schwarze . . .	„	5,90	21,62	36,35	19,58	8,08	8,47	22,98	38,64	3,68	
12	Japanesische Saat, „Goma" .	„	5,85	19,58	49,11	21,95	11,19	3,42	20,80	52,16	3,33°	Kellner[3])
	Sesam, Mittel	.	**5,50**	**20,30**	**45,60**	**14,98**	**7,15**	**6,47**	**21,48**	**48,25**	**3,44**	

Candlenuts. Bankulnüsse.*) Samen von Aleurites triloba Forst.

1		1872	5,25	—	62,97	—	—	2,79	—	66,43	—	Nallino[4])
2	Indische	—	5,15	23,00	59,82	8,53		3,50	24,24	63,05	3,88	Schädler[5])
3	Tahitische	—	5,00	22,50	62,15	7,00		3,35	23,69	65,44	3,79	
4		1879	9,10	17,41	61,50	5,88	2,74	3,37	19,15	67,65	3,06	Charles[6])
5		—	5,00	22,65	62,17	6,83		3,35	23,79	65,47	3,81	Corenwinder[7])
	Mittel	.	**5,90**	**21,38**	**61,74**	**4,88**	**2,83**	**3,27**	**22,72**	**65,61**	**3,64**	

Ricinusssamen. Ricinus communis.

1		1875	6,18	20,20	46,60	5,93	17,99	3,10	21,53	49,68	3,44	Fleury[8])
2	Seeds of Castor Plant, from Texas	1879	4,40	(3,79)	46,95	16,46	25,50	2,90	(3,96)	49,11	0,63	Collier[9])
3	Italienische Samen	—	8,00	20,50	52,62	15,95		2,93	22,28	57,20	3,56	Schädler[10])
4	Indische Samen	—	7,26	19,26	55,23	14,85		3,40	20,76	59,54	3,32	

[1]) No. 5 u. 6. C. Schädler. Technologie der Fette. Berlin, 1883. 445.

[2]) No. 7—11. Th. Dietrich, A. Hesse und O. Greitherr (Vers.-Stat. Marburg). Landw. Ztg. u. Anzeig. f. d. Rgbz. Cassel. 1886. 654. Die untersuchten Samen repräsentiren Handelswaare und waren dem Lager der Oelmühle zu Hattersheim entnommen.

[3]) No. 12. O. Kellner. Mitthl. a. d. Agriculturchem. Laboratorium d. K. land- u. forstw. Instituts zu Tokio. Mitthl. d. Deutschen Gesellschaft f. Natur- u. Völkerkunde Ostasiens. Sonderabdruck aus Bd. IV. No. 35. In Procenten der Trockensubstanz enthielten die Samen 3,18 % Eiweiss-N = 19,88 % Eiweiss.

Candlenuts:

*) Die Bankulnüsse werden von den Molukken gegessen, sind wohlschmeckend und liefern ein hellgelbes, wohlschmeckendes Oel.

[4]) No. 1. G. Nallino. Ber. d. Deutsch. chem. Gesellsch. 1872. 731.

[5]) No. 2 u. 3. C. Schädler. Technologie der Fette. Berlin, 1883. 488.

[6]) No. 4. P. Charles. Journ. Pharm. u. Chem. 30 1879. 163. In Procenten der lufttrocknen Substanz enthielten die Samen 4,08 % Rohrzucker, 1,80 % stärkeartige Substanz, 1,18 % Kali, 1,69 % Phosphorsäure.

[7]) No. 5. Corenwinder. Hoffmann's Jahresber. 1875/76. 205. (Rep. d. Pharm. 31. 515.)

Ricinusssamen:

[8]) No. 1. G. Fleury. Ann. Chim. Phys. (4.) t. IV. 38. Der Autor fand in den frischen Samen: Zucker, Dextrin, Gummi u. s. w. (keine Stärke), 2,21 % und 3,72 % nicht bestimmbare Substanzen.

[9]) No. 2. Pet. Collier (Washington). Briefliche Mittheilung. In Procenten der lufttrocknen Substanz enthielten die Samen 8,88 % Stärkemehl und 6,35 % Gummi, Zucker und Dextrin.

[10]) No. 3 u. 4. C. Schädler. Technologie der Fette. Berlin, 1883. 392. In Procenten der lufttrocknen Substanz enthielten die Samen 2,12 % resp. 2,25 % Zucker.

No.	Bemerkungen	Jahr der Untersuchung	In der ursprünglichen Substanz						In der Trocken-Substanz		Stickstoff in der Trocken-Substanz	Analytiker
			Wasser %	Nh-Substanz %	Rohfett %	Nfr. Extractstoffe %	Rohfaser %	Asche %	Nh-Substanz %	Rohfett %	%	
5	Ganzer Samen	1886	6,46	15,30	51,35	5,07	18,51	3,01	16,36	54,90	2,62	Weigmann[1]
6	Innerer Kern	„	6,46	19,24	66,03	2,91	2,47	2,89	20,57	70,59	3,29	
7	Aeussere Schale	„	6,46	5,79	3,22	9,15	71,10	4,28	6,19	3,44	0,99	
	Ricinuss, Mittel v. No. 1 u. 5	.	**6,46**	**18,78**	**51,37**	**1,50**	**18,10**	**3,10**	**20,23**	**55,33**	**3,23**	

Purgirkörner. (Kreuzblättrige Wolfsmilch.) Samen von Euphorbia Lathyris L.

No.	Bemerkungen	Jahr	Wasser	Nh-Substanz	Rohfett	Nfr. Extractstoffe	Rohfaser	Asche	Nh-Substanz (Tr.)	Rohfett (Tr.)	Stickstoff	Analytiker
1		1865	5,61	19,35	40,29	6,47	25,23	3,05	20,49	42,77	3,28	*Fleury*[2])
2		1867	—	—	46,00	—	—	—	—	—	—	*Muth*[3])

Palmkerne. Samen der Elais guiniensis L.

No.	Bemerkungen	Jahr	Wasser	Nh-Substanz	Rohfett	Nfr. Extractstoffe	Rohfaser	Asche	Nh-Substanz (Tr.)	Rohfett (Tr.)	Stickstoff	Analytiker
1		1870	9,14	8,79	48,07	26,76	5,44	1,80	9,68	52,93	1,55	*Th. Dietrich*[4])
2		„	9,14	7,95	48,87	30,45	6,53	1,86	8,82	53,81	1,41	*desgl.*[5])
3	Lagos-Palmkerne	„	6,13	8,03	49,51	28,08	5,52	1,82	9,50	52,73	1,52	
4	Von Sherbro	—	9,45	8,60	45,40	35,75		1,80	9,49	50,12	1,52	*Schädler*[6])
5	Von Quittall	—	8,40	7,90	46,85	35,30		1,55	8,63	51,16	1,38	
6	Von Old Calabar	—	8,15	8,20	53,80	28,20		1,65	8,93	58,59	1,43	
	Mittel	.	**8,40**	**8,41**	**48,75**	**26,87**	**5,82**	**1,75**	**9,18**	**53,22**	**1,47**	

Erdnuss. Samen von Arachis hypogaea L. — Erdeichel. Ground-nut, Earth-nut, Pea-nut. Arachide.

Enthülst.

No.	Bemerkungen	Jahr	Wasser	Nh-Substanz	Rohfett	Nfr. Extractstoffe	Rohfaser	Asche	Nh-Substanz (Tr.)	Rohfett (Tr.)	Stickstoff	Analytiker
1	Enthülst?	1856	6,24	28,25	41,23	7,16	13,87	3,25	30,14	43,99	4,82	*Anderson*[7])
2		1870	6,77	23,66	51,51	13,29	2,14	2,63	25,39	55,27	4,06	*Dietrich*[8])
3	Frische Samen	—	7,37	27,25	37,84	25,11		2,43	29,43	40,87	4,71	*Schädler*[9])
4	Aeltere Samen	—	2,75	27,85	41,63	25,27		2,50	28,71	42,80	4,59	
5	„Peanuts", geschält, Mittel v. 2 Analysen	—	6,50	28,30	46,40	1,80	13,90	3,30	30,28	49,65	4,84	*Jenkins*[10])

[1]) No. 5—7. H. Weigmann u. v. Peter (Landw. Vers.-Stat. Münster. Originalmittheilung. Die Samen enthielten rund 75 % inneren Fettkern und 25 % äussere Schalen.

Purgirkörner:

[2]) No. 1. G. Fleury. Ann. Chim. et Phys. (4.) t. IV. 38. Autor fand in den frischen Samen 4,085 % Gummi, Zucker, Dextrin etc. (keine Stärke) und 2,386 % nicht bestimmbare Substanzen.

[3]) No. 2. E. Muth. Centralbl. f. d. gesammte Landeskultur 1867. 376. Nach Badisch. Wochenbl.

Palmkerne:

[4]) No. 1. Th. Dietrich und J. König (Vers.-Stat. Altmorschen). Originalmittheilung. In Procenten der lufttrocknen Substanz enthielten die Kerne 1,63 % lösliches Protein, 4,13 % in Zucker überführbare Substanz (als Zucker berechnet), 9,20 % in Wasser lösliche Substanz.

[5]) No. 2 und 3. Dieselben. Anz. d. landw. Centralver. f. d. Rgbz. Cassel 1870. 10. Die Kerne enthielten in Procenten der lufttrocknen Substanz:

	In Wasser lösl. Stoffe	Dabei lösl. Protein	In Zucker überführbare Nfr-Nährstoffe als Stärkemehl berechnet
No. 5	8,25	1,41	3,28
No. 6	10,25	1,65	3,77

[6]) No. 4—6. C. Schädler. Dessen: Technologie der Fette. Berlin, 1883. 619.

Erdnuss:

[7]) No. 1. Th. Anderson. Trans. Highl. Soc. Juli 1856.

[8]) No. 2. Th. Dietrich und J. König (Vers.-Stat. Altmorschen. Originalmittheilung. In Procenten der lufttrocknen Substanz enthielten die Nüsse 19,01 % wasserlösl. Stoffe, davon 11,06 % Protein. In Zucker überführbar, als Zucker berechnet 7,76 %.

[9]) No. 3 und 4. C. Schädler. Technologie der Fette. Berlin, 1883. 363.

[10]) No. 5. Nach E. H. Jenkins Tabelle der Zusammensetzung amerikanischer Futterstoffe. Ann. Rep. Connecticut Agrar. Exp. Stat. f. 1883.

No.	Bemerkungen	Jahr der Untersuchung	In der ursprünglichen Substanz: Wasser %	Nh-Substanz %	Rohfett %	Nfr. Extractstoffe %	Rohfaser %	Asche %	In der Trocken-Substanz: Nh-Substanz %	Rohfett %	Stickstoff in der Trocken-Substanz %	Analytiker
6	Bombay-Erdnüsse	1886	7,71	31,12	46,56	9,39	2,16	3,06	33,73	50,47	5,40	Th. Dietrich[1])
7	Congo-Erdnüsse	„	5,01	26,62	50,22	14,09	1,47	2,59	28,33	52,88	4,53	
8	Rufisque-Erdnüsse	„	4,59	28,37	50,08	13,37	1,18	2,41	29,73	52,48	4,76	
9	Japanische Erdnüsse, Nankinmame	—	15,61	27,56	46,03	5,05	4,12	1,63	32,66	54,54	5,23°	*Kellner*[2])
	Erdnuss, Mittel	.	**6,95**	**27,65**	**45,80**	**16,75**	**2,21** *)	**2,64**	**29,71**	**49,22**	**4,75**	
	Nigersamen. Früchte von Guizotia oleifera DC. (Ramtilla oleifera DC.)											
1		1856	7,02	19,37	43,22	12,37	14,33	3,48	20,84	46,50	3,33	*Anderson*[3])
2		—	6,42	19,45	42,89	27,63		3,61	20,79	45,85	3,33	*Schädler*[4])
	Mittel	.	**6,72**	**19,42**	**43,08**	**12,86**	**14,38**	**3,54**	**20,82**	**46,18**	**3,33**	
	Baumwollesamen. Samen verschiedener Species Gossypium L. — Nicht entschält.											
1		1865	8,86	22,73	29,34	7,58	24,69	6,78	24,93	32,19	3,99	*Völcker*[5])
2		1870	9,34	13,62	17,71	36,70	19,74	2,89	15,02	19,53	2,40	*Th. Dietrich*[6])
3		„	10,28	—	19,49	—	—	—	—	21,73	—	
4	Aus Thessalien	1879	10,17	15,44	17,08	32,45	21,13	3,73	17,18	19,01	2,75	*Petermann*[7])
5	Amerikan., ganz von Baumwolle umzogen	1884	9,24	16,88	14,86	28,12	27,60	4,30	18,60	16,38	2,98	*J. Cossak*[8])
6	Aegyptischer, theilweise von Baumwolle umzogen . .	„	10,78	19,50	24,76	20,63	20,13	4,18	21,86	27,76	3,50	
7	Aegyptischer, v. Wolle befreit	„	11,42	19,94	25,34	20,08	18,93	4,29	22,51	28,61	3,60	
8		„	8,00	29,70	10,40	11,80	32,40	8,00	31,68	11,30	5,07	*Sacc*[9])
	Mittel	.	**9,76**	**19,56**	**19,91**	**22,45**	**23,46**	**4,86**	**21,68**	**22,06**	**3,47**	
	Entschält.											
1		1856	6,57	31,86	31,28	14,82	7,30	8,91	34,09	15,86	5,45	*Anderson*[10])
2	Aegyptische Samen . . .	1870	7,54	27,20	23,95	32,71		8,60	29,43	25,91	4,71	*Schädler*[11])

[1]) No. 6—8. Th. Dietrich, A. Hesse und O. Greitther (Vers.-Stat. Marburg). Landw. Ztg. u. Anz. f. d. Rgbz. Cassel 1886. 654. Die untersuchten Samen repräsentiren Handelswaare und waren dem Lager der Oelmühle zu Hattersheim entnommen.

[2]) No. 9. O. Kellner. Mitthl. a. d. Agrikulturchem. Laboratorium d. K. land- u. forstw. Instituts zu Tokio. Mitthl. der Deutschen Gesellschaft f. Natur- u. Völkerkunde Ostasiens. Sonderabdruck aus Bd. IV. No. 35.

*) Mittel für Holzfaser aus No. 2 u. No. 6—9.

Nigersamen:

[3]) No. 1. Thom. Anderson. Trans. Highl. Soc. Juli 1860.

[4]) No. 2. C. Schädler. Technologie der Fette. Berlin, 1883. 522.

Baumwollesamen, nicht entschält:

[5]) No. 1. Aug. Völcker. Journ. Roy. Agric. Soc. England 1866. Baumwollsamenmehl, von dem ein Theil der groben Schale durch Sieben entfernt wurde.

[6]) No. 2 und 3. Th. Dietrich und J. König (Vers.-Stat. Altmorschen). In Procenten der lufttrocknen Substanz enthielten die Samen unter No. 2:

In Wasser lösliche Stoffe	Davon Protein	In Zucker überführbare Stoffe, Zucker
16,54	3,89	13,09

[7]) No. 4. A. Petermann u. Wassage (Vers.-Stat. Gembloux). Originalmittheilung.

[8]) No. 5—7. J. Cossak. Landw. Ztg. f. Westfalen u. Lippe 1884. 185.

[9]) No. 8. Sacc. Hoffmann's Jahresber. d. Agrikulturchem. 1885. 365. (Compt. rend. 99. 1160.) In Procenten der lufttrocknen Substanz enthielten die Samen:

Casein	Dextrin	Zucker	Fibrin	Holziges Perisperm	Stärke	Grüngelbes Oel	Gelbes Wachs
6,0	0,2	2,0	23,7	32,4	9,6	9,6	0,8

Baumwollesamen, entschält:

[10]) No. 1. Th. Anderson. Trans. Highl. Soc. Juli 1860. 376.

[11]) No. 2 u. 3. C. Schädler. Technologie der Fette. Berlin, 1883. 406.

No.	Bemerkungen	Jahr der Untersuchung	In der ursprünglichen Substanz: Wasser %	Nh-Substanz %	Rohfett %	Nfr. Extractstoffe %	Rohfaser %	Asche %	In der Trocken-Substanz: Nh-Substanz %	Rohfett %	Stickstoff in der Trocken-Substanz %	Analytiker
3	Amerikanische Samen . .	1870	8,12	28,12	20,58	33,74		9,44	30,59	22,39	4,89	*Schädler*[1])
4	Aegyptische Baumwollesamen, enthülst	—	7,90	29,40	37,84	17,96	1,90	5,00	31,93	41,09	5,11	*Siewert*[2])
	Baumwolles., entschält, Mittel	.	**7,53**	**29,14**	**24,33**	**26,33**	**4,68**	**7,99**	**31,51**	**26,31**	**5,04**	

Cocosnuss.*) Samenschale von Cocos nucifera L.

No.	Bemerkungen	Jahr	Wasser	Nh-Substanz	Rohfett	Nfr. Extractstoffe	Rohfaser	Asche	Nh-Substanz (Tr.)	Rohfett (Tr.)	Stickstoff (Tr.)	Analytiker
1		1872	5,80	—	67,85	—	—	1,55	—	72,06	—	*Mallino*[3])
2		1870	4,85	7,37	64,48	26,45	4,10	2,75	7,75	67,77	1,24	*Th. Dietrich*[4])
3	Indische Copra	—	6,15	9,16	68,75	14,49		1,45	9,64	73,29	1,54	*Schädler* [5])
4	Afrikanische Copra . . .	—	6,45	10,20	66,80	15,05		1,50	10,90	71,41	1,74	
5	Frisch	1875	46,64	5,49	35,93	8,06	2,91	0,97	10,31	67,33	1,65	*J. König*[6])
	Mittel	.	**5,81**	**8,88**	**67,00**	**12,44**	**4,06**	**1,81**	**9,43**	**71,13**	**1,51**	

Paranüsse. Bertholletia excelsa. Humb.

No.	Bemerkungen	Jahr	Wasser	Nh-Substanz	Rohfett	Nfr. Extractstoffe	Rohfaser	Asche	Nh-Substanz (Tr.)	Rohfett (Tr.)	Stickstoff (Tr.)	Analytiker
1	Entschält	1880	7,50	15,20	65,45	7,62		4,23	16,43	70,75	2,63	*Schädler*[7])
2	desgl.	1885	4,37	15,75	69,84	2,32	3,27	3,55	16,47	73,03	2,63	*J. König*[8])
	Mittel	.	**5,94**	**15,48**	**67,65**	**3,83**	**3,21**	**3,89**	**16,45**	**71,89**	**2,63**	

Oelsaaten, verschiedener Abstammung.

No.	Bemerkungen	Jahr	Wasser	Nh-Substanz	Rohfett	Nfr. Extractstoffe	Rohfaser	Asche	Nh-Substanz (Tr.)	Rohfett (Tr.)	Stickstoff (Tr.)	Analytiker
1	Lamellaria resp. Lallemantia iberica, „Gundschide" . .	1877	7,50	24,85	27,34	20,39	15,02	4,90	26,87	29,56	4,30	*E. Wildt*[9])
2	Perylla ocymoides, „Egoma"	1880	5,41	21,52	43,42	11,33	13,88	4,44	22,76	45,80	3,64°	*Kellner*[10])
3	Torreya nucifera, geschält, „Kaya"	„	4,96	7,31	68,07	12,64	5,27	1,75	7,69	72,62	1,23°	
4	Camellia japonica, „Tsubaki"	„	3,01	8,80	70,01	12,96	3,36	1,86	9,07	72,18	2,26°	
5	Dracocephalum aristatum Bertol. (Lallemantia iberica Fisch u. Mey)	1887	8,90	21,67	30,53	15,82	19,47	3,61	23,79	33,52	3,81	*Richter*[11])

[1]) Vergl. Anmerkung [11]) Seite 611.

[2]) No. 4. Siewert. Landw. Vers.-Stat. 30. 1884. 145.

Cocosnuss:

*) Für die Cocosnussmilch, den flüssigen Inhalt der Cocosnuss-Samenschale, welcher wie Kuhmilch als Nahrung getrunken wird, fand Fr. Hammerbacher (Landw. Vers.-Stat. 1875. Bd. 18. S. 472) folgende Zusammensetzung:

Wasser	Stickstoff-Substanz	Fett	Kohlehydrate	Asche
91,50 %	0,46 %	0,07 %	6,78 %	1,19 %

[3]) No. 1. G. Nallino. Ber. d. Deutsch. chem. Gesellsch. 1872. 731.

[4]) No. 2. Th. Dietrich u. J. König. Originalmittheilung. In Procenten der lufttrocknen Substanz enthielt dieselbe:

In Wasser lösliche Proteinstoffe	Zucker (zuckerbildende Substanz)	In Wasser lösliche Stoffe überhaupt
2,27	9,25	15,16

[5]) No. 3 u. 4. C. Schädler. Technologie der Fette. Berlin, 1883. 626.

[6]) J. König u. Fr. Hammerbacher. Landw. Vers.-Stat. 1875. Bd. 18. S. 472.

Paranüsse:

[7]) No. 2. C. Schädler. Technologie der Fette. Berlin, 1883. 414.

[8]) Original-Mittheilung.

Oelsaaten, verschiedener Abstammung:

[9]) No. 1. E. Wildt (Vers.-Stat. Posen). Originalmitthl. Eine in der persischen Abtheilung der Wiener Weltausstellung unter dem Namen „Gundschide siah" ausgestellte, bei uns leicht reifende Sommerölsaat (Labiate). Die Pflanze wird in einer später veröffentlichten Mittheilung (Biedermann's Centralbl. f. Agrikulturchemie 1879. 292) nicht Lamellaria sondern „Lallemantia iberica Fisch. u. Mey" genannt, welche letztere Bezeichnung die richtige sein dürfte.

[10]) No. 2—4. O. Kellner. Mitthl. a. d. Agrikulturchem. Laboratorium d. K. land- u. forstw. Institute zu Tokio. Mitthl. d. Deutschen Gesellsch. f. Natur- u. Völkerkunde Ostasiens. Sonderabdruck aus Bd. IV. No. 35. In Procenten der Trockensubstanz enthielten die Samen unter No. 3 u. 4 = 3,40 bezw. 1,17 % Eiweiss-N, entsprechend 21,25 u. 7,31 % Eiweiss.

[11]) No. 5. L. Richter. Landw. Vers.-Stat. 1887. Bd. 33. S. 455. Eiweiss in Procenten der lufttrocknen Substanz 20,39 %, in Procenten der Trockensubstanz 22,38 %.

Verschiedene Körner und Samenarten resp. Pflanzentheile, welche nur eine beschränkte Verwendung als Nahrungsmittel finden.

Quinoasamen. Chenopodium Quinoa L. Mehlschmergel. Kleiner Reis von Peru.

No.	Bemerkungen	Jahr der Untersuchung	In der ursprünglichen Substanz: Wasser %	Nh-Substanz %	Rohfett %	Nfr. Extractstoffe %	Rohfaser %	Asche %	In der Trocken-Substanz: Nh-Substanz %	Nfr. Extractstoffe %	Stickstoff in der Trocken-Substanz %	Analytiker
1	Quinoa blanc	1848	15,00	15,00	4,50	61,50	1,50	2,50	17,64	72,37	2,82	*Boussingault*[1]
2		1851	16,01	19,18	4,81	47,78	7,99	4,23	22,86	56,82	3,66	*Völcker*[2]

Rosskastanie. Samen von Aesculus Hippocastanum L.

No.	Bemerkungen	Jahr der Untersuchung	Wasser %	Nh-Substanz %	Rohfett %	Nfr. Extractstoffe %	Rohfaser %	Asche %	Trocken-Substanz: Nh-Substanz %	Nfr. Extractstoffe %	Stickstoff in der Trocken-Substanz %	Analytiker
1	Rosskastanienmehl	1858	—	7,13	—	—	—	—	—	—	—	*Hoffmann*[3]
2	desgl.	„	13,37	7,22	—	—	—	—	8,33	—	1,33	*Mulder*[4]
3		„	48,06	3,13	—	—	—	1,66	6,03	—	0,96	*Payen*[5]
4	Kastanien, ungeschält . . .	1871	18,79	6,91	3,21	65,34	4,00	1,75	8,51	80,47	1,36	*J. König*[6]
5	Garten in Lobositz, Lössmergel, kalkreich . . .	1885	9,78	7,88	6,38	73,79		2,17	8,73	—	1,40	*J. Hanamann*[7]
6	Agezd bei Lobositz, reiner Basaltboden, kalk- und kalireich	„	10,18	7,88	6,00	73,65		2,29	8,77	—	1,40	*J. Hanamann*[7]
7	Priesen bei Lobositz, reiner Basaltboden, kalk- und kalireich	„	9,60	7,88	7,07	72,94		2,51	8,72	—	1,40	*J. Hanamann*[7]
8	Kronhaus, Plänerkalkboden .	„	10,27	7,00	5,08	75,42		2,23	7,80	—	1,25	*J. Hanamann*[7]
9	Werder b. Lobositz, Alluvium der Elbe, kalireich . . .	„	9,65	6,56	6,67	74,95		2,17	7,31	—	1,17	*J. Hanamann*[7]
10	Wittingau, kalkarmer Tertiärboden	„	7,08	8,75	5,27	76,39		2,51	9,42	—	1,51	*J. Hanamann*[7]
11	Lufttrocken, geschroten . .	—	13,50	5,71	3,46	74,47	1,30	1,56	6,60	71,2	1,06	*Stöckhardt*[8]
	Mittel	.	**14,83**	**6,83**	**5,14**	**68,25**	**2,73**	**2,22**	**8,02**	**80,12**	**1,28**	

Quinoasamen:

[1]) No. 1. J. B. Boussingault. Dessen: Die Landwirthschaft etc. 3. 200.

[2]) No. 2. A. Völcker. Chem. pharm. Centralbl. 1851. No. 43. (Chim. Gaz. 1851.) An näheren Bestandtheilen enthielt die untersuchte Probe:

	Stärkemehl	Zucker und Extractivstoffe	Gummi	Casein und Eiweiss	In Wasser unlösl. Protein
In der lufttrocknen Substanz .	38,72	5,12	3,94	7,47	11,71 %
In der Trockensubstanz . . .	46,10	6,10	4,60	8,91	13,95 „

Rosskastanie:

Nach Hermstädt (soll wohl heissen Hermbstädt) Weende'r Jahresber. 1857. II. 84 enthält die Rosskastanie 17 % Eiweiss, 35 % Stärke und 20 % mehlartige Faser.

Nach Jaquelin enthalten Rosskastanien ca. 28 % Stärke, 11 % Cellulose u. Pectin, 0,1 % Fett, 4 % Harz u. Oel, 1,35 % Asche, 12 % Dextrin, 1,6 % Zucker und 42 % Wasser. Biedermann's Centralbl. 1879. 952

[3]) No. 1. R. Hoffmann. Weende'r Jahresber. 1857/61. II. 85. (Böhm's Centralbl. 1858. 377.)

[4]) No. 2. Mulder. Ebendaselbst. (Wilda's Centralbl. 1858. II. 404.)

[5]) No. 3. Payen. Journ. Pharm. 16. 279.

[6]) No. 4. J. König. Landw. Ztg. f. Westfalen u. Lippe 1872. 101.

[7]) No. 5—10. J. Hanamann. Centralbl. f. Agrikulturchem. 1885. 263. (Fühling's landw. Ztg. 1885. 8.) Die ungeschälten Kastanien wurden mittelst eines Messers in feine Scheiben geschnitten und an der Luft getrocknet.

[8]) No. 11. A. Stöckhardt (Tharand). Chem. Ackersm. 1866. 167.

Kastanien. Früchte von Castanea vesca Gaertn.

Nicht entschält.

No.	Bemerkungen	Jahr der Untersuchung	In der ursprünglichen Substanz: Wasser %	Nh-Substanz %	Rohfett %	Nfr. Extractstoffe %	Rohfaser %	Asche %	In der Trocken-Substanz: Nh-Substanz %	Nfr. Extractstoffe %	Stickstoff in der Trocken-Substanz %	Analytiker
1	Italienische, von Como . .	—	—	3,57	0,87	—	4,09	1,62	—	—	—	Albini[1])
2	desgl., von Val Fravaglio .	—	—	4,53	0,59	—	—	1,54	—	—	—	
3	desgl., von Verona. . . .	—	—	—	0,87	—	—	—	—	—	—	
4	desgl., von Valtinella . . .	—	—	4,25	1,00	—	3,16	—	—	—	—	
5	desgl., nähere Herkunft unbekannt	—	—	—	—	—	—	1,44	—	—	—	
6		—	54,21	3,31	—	—	—	1,85	7,22	—	1,16	Payen[2])
7	Essbare Kastanien	1867	48,75	3,26	1,75	—	—	—	6,90	—	1,10	E. Dietrich[3])
8	Von gesundem Baume . .	1871	27,90	4,31	3,74	51,79	10,00	2,26	5,98	71,85	0,96	Antonielli[4])
9	Von krankem Baume . . .	„	28,41	3,69	2,77	53,46	9,32	2,35	5,15	74,68	0,82	
	Mittel (No. 6—9)	.	**39,82**	**3,80**	**2,49**	**43,71**	**8,09**	**2,09**	**6,31**	**72,61**	**1,01**	

Entschält.

No.	Bemerkungen	Jahr der Untersuchung	Wasser %	Nh-Substanz %	Rohfett %	Nfr. Extractstoffe %	Rohfaser %	Asche %	Nh-Substanz % (Trocken)	Nfr. Extractstoffe % (Trocken)	Stickstoff in der Trocken-Substanz %	Analytiker
1	Maronen	1873	7,34	13,37	2,42	71,16	2,78	2,93	14,50	76,73	2,32	J. Nessler[5])
2	Frühkastanien	„	*) 7,34	14,59	2,42	69,04	3,36	3,25	15,75	74,50	2,52	
3	Spätkastanien	„	7,34	11,77	2,33	72,05	3,09	3,42	12,70	77,76	2,03	
4	Getrocknete, ganze Kastanien aus der Schweiz	1887	4,91	8,06	3,51	78,15	2,40	2,97	8,48	82,19	1,36	Weigmann u. Fricke[6])
5	Kastanienmehl, weiss, von C. H. Knorr in Heilbronn	„	9,76	6,00	3,82	74,80	3,30	2,32	6,64	82,91	1,06	
	Mittel	.	**7,34**	**10,76**	**2,90**	**73,04**	**2,99**	**2,97**	**11,61**	**78,82**	**1,86**	

Kastanien:

[1]) No. 1—5. Albini. Moleschott's Physiologie der Nahrungsmittel. An weiteren näheren Bestandtheilen enthielten diese Kastanien:

	Eiweiss, unlösl.	Eiweissart. Stoffe	Stärkemehl	Dextrin	Zucker
No. 1	1,02	2,55	18,25	11,34	8,63
No. 2	—	4,53	11,39	—	8,52
No. 3	—	—	—	11,10	—
No. 4	—	4,25	11,31	—	—
No. 5	0,50	—	—	—	—

[2]) No. 6. Payen. Journ. Pharmac. 16. 279.

[3]) No. 7. E. Dietrich. Hoffmann's Jahresber. 10. 1867. 67. (Chem. Centralbl. 1867. 277.) Als nähere Bestandtheile führt Autor für die lufttrockne Substanz noch folgende an: Zucker 0,415 %, Stärkemehl 29,92 %, Zellgewebe nebst Gummi, Harz, Bitterstoff, eisengrünender Gerbstoff, Aepfel-, Citronen- und Milchsäure 15,905 %. Der Aetherextract ist als ein nicht trocknendes, fettes Oel bezeichnet.

[4]) No. 8 u. 9. Gius. Antonielli. La Stazione agraria di Modena. Bull. No. 1. Modena, 1871. S. 54. Bei No. 8 kamen auf 8,91 g Frucht 1,39 g Schalen; bei No. 9 auf 8,70 g Frucht 1,20 g Schalen. Die Kastanien enthielten ferner in Procenten der frischen Substanz:

	No. 8	No. 9
Zucker	5,20	5,22
Stärkemehl und Dextrin .	46,42	47,93

Kastanien, entschälte:

[5]) No. 1—3. J. Nessler u. von Fellenberg. Wochenbl. d. landw. Ver. Baden 1873. 94. In Procenten der Trockensubstanz enthielten diese Kastanien in Zucker überführbare Stoffe (als Zucker berechnet): No. 1 = 60,34 %, No. 2 = 60,44 % und No. 3 = 59,96 %. Das Verhältniss der Schalen und Kerne war wie folgt:

	No. 1	2	3
Schalen und Samenfülle . . .	14,5	18,0	15,2 %
Kerne	85,5	82,0	84,8 „

*) Der Wassergehalt ist nach dem Mittel von No. 4 u. 5 angenommen.

[6]) No. 4—5. H. Weigmann u. E. Fricke. Originalmittheilung. Es ergaben ferner für die wasserhaltige Substanz:

	No. 4	5
Fertig gebildeter Zucker u. Dextrin .	7,91	10,96 %
Stärkemehl	43,17	34,17 „
Sonstige Nfr-Extractstoffe	27,07	29,77 „

Eicheln. Früchte von verschiedenen Quercus-Arten.

Ungeschält.

No.	Bemerkungen	Jahr der Untersuchung	In der ursprünglichen Substanz: Wasser %	Nh-Substanz %	Rohfett %	Nfr. Extractstoffe %	Rohfaser %	Asche %	In der Trocken-Substanz: Nh-Substanz %	Nfr. Extractstoffe %	Stickstoff in der Trocken-Substanz %	Analytiker
1		1848	56,00	2,00	2,30	34,20	4,50	1,00	4,54	77,74	0,73	*Boussingault*[1])
2		1863	41,47	2,59	2,08	33,38	19,41	1,07	4,23	61,99	0,71	*Th. Dietrich*[2])
3		1868	54,60	2,09	1,52	36,49	4,26	1,04	4,60	80,37	0,74	*derselbe*[3])
4		„	26,00	4,50	3,40	53,60	10,50	2,00	6,08	72,24	0,97	*Peters*[4])
5	Halbtrocken	1875	36,08	4,09	3,26	49,29	6,14	1,14	6,40	77,02	1,02	*E. Wolff*[5])
6	An der Luft oberflächlich getrocknet	1879	43,52	3,67	2,58	43,35	5,89	0,99	6,50	76,75	1,04	*Weiske*[6])
7	Querc. Robur L. fructus Ghiande	1873	21,25	12,25	2,47	45,22	14,00	1,81	15,56	61,27	2,49	*Pasqualini*[7])
8	Querc. Robur L. Ghiande (gedörrt?)	1877	15,38	6,89	3,99	53,22	15,94	4,58	8,14	62,89	1,30	*derselbe*[8])
9	Querc. pedunculata, frische ganze Eicheln	1880	37,77	3,26	3,08	46,83	8,03	1,03	5,23	75,26	0,84	*Czubata*[9])
10	Querc. Cerris, frische ganze Eicheln	„	39,12	2,41	5,67	45,27	6,37	1,16	3,96	74,35	0,63	
	Mittel	.	**37,12**	**4,11**	**3,05**	**45,27**	**8,95**	**1,50**	**6,54**	**72,00**	**1,05**	

Nicht entschält, gedörrt.

No.	Bemerkungen	Jahr der Untersuchung	Wasser %	Nh-Substanz %	Rohfett %	Nfr. Extractstoffe %	Rohfaser %	Asche %	Nh-Substanz (Trocken) %	Nfr. Extractstoffe (Trocken) %	Stickstoff in der Trocken-Substanz %	Analytiker
1	Eichelmehl	1858	13,78	7,28	4,00	62,10	12,20	2,20	6,07	72,45	0,97	*Mulder*[10])
2		1868	14,30	5,20	—	—	—	—	8,44	—	1,35	*Peters*[11])

Eicheln, ungeschält:

[1]) No. 1. J. B. Boussingault. Die Landwirthschaft in ihren Beziehungen zur Chemie etc. 3. 200.

[2]) No. 2. Th. Dietrich (Vers-Stat. Altmorschen). Landw. Anz. f. Kurhessen 1863. 22.

[3]) No. 3. Th. Dietrich (Vers.-Stat. Altmorschen). Anz. d. landw. Centralver. f. d. Rgbz. Cassel 1868. 179.

[4]) No. 4. Ed. Peters (Vers.-Stat. Kuschen). Der Landwirth 1868. 362.

[5]) No. 5. E. Wolff und C. Kreuzhage (Vers.-Stat. Hohenheim). Württembergisches Wochenbl. f. Landwirthschaft 1882. 230.

[6]) No. 6. H. Weiske, G. Kennepohl und B. Schulze. Journ. f. Landwirthsch. 28. 1880. 125. Rohfaser protein- und aschefrei, Asche C- u. CO_2-frei.

[7]) No. 7. Al. Pasqualini. Ann. Staz. Agrar. Forli 6. 1873. Die Eicheln enthielten in Procenten der lufttrocknen Substanz 31,47 % Stärkemehl, 6,10 % Zucker und 7,64 % andere Nfr-Extractstoffe.

[8]) No. 8. Al. Pasqualini. Ebendaselbst 1877. 49. In Procenten der lufttrocknen Substanz enthielten die Eicheln 32,64 % Stärkemehl, 7,39 % Zucker und 12,42 % andere Nfr-Extractstoffe, ferner 21,63 % in Wasser lösliche Stoffe, davon 2,87 % Salze, 0,077 % N.

[9]) No. 9 u. 10. Heinr. Czubata. Biedermann's Centralbl. f. Agrikulturchemie 1880. 327. (Centralbl. f. d. gesammte Forstwesen. 6. 1880. 56.) Die Bestandtheile der Eicheln vertheilen sich auf die Theile der Eicheln in folgender Weise:

		Protein	Fett	Nfr. Extractstoffe	Rohfaser	Asche
Qu. pedunc.	Kerne	4,53	4,53	63,33	1,46	1,25
	Samenhülle . . .	0,70	0,42	11,93	11,44	0,41
Qu. Cerris	Kerne	3,74	9,02	62,57	1,96	1,54
	Samenhülle . . .	0,72	0,30	11,78	8,50	0,37

Eicheln, nicht entschälte, gedörrt:

[10]) No. 1. Mulder. Weende'r Jahresber. 1857. II. 85. (Wilda's landw. Centralbl. 1858. II. 404.)

[11]) No. 2. Ed. Peters (Vers.-Stat. Kuschen). Der Landwirth 1868. 362.

No.	Bemerkungen	Jahr der Untersuchung	In der ursprünglichen Substanz: Wasser %	Nh-Substanz %	Rohfett %	Nfr. Extractstoffe %	Rohfaser %	Asche %	In der Trocken-Substanz: Nh-Substanz %	Nfr. Extractstoffe %	Stickstoff in der Trocken-Substanz %	Analytiker
	Eicheln, entschält, frisch.											
1	Stieleiche, Querc. Robur L.	1856	32,03	4,19	4,00	50,28	6,50	3,00	6,16	73,99	0,99	*J. Moser*[1])
2	Traubeneiche, Querc. sessiliflora Salisb.	„	24,06	7,17	5,45	53,72	6,50	3,10	9,44	70,74	1,51	*J. Moser*[1])
3	„Eicheln"	1858	—	7,30	—	—	—	—	—	—	—	*Vlanderen*[2])
4	„Kerne"	1863	50,15	3,13	2,52	40,36	2,55	1,29	6,28	80,95	1,00	*Th. Dietrich*[3])
5	„Acorns"	1868	40,88	4,39	2,64	46,74	3,94	1,41	7,42	79,08	1,19	*Völcker*[4])
6	Frisch	1877	37,66	5,58	2,92	47,12	5,24	1,48	8,95	75,60	1,43	*Petermann*[5])
7	An der Luft getrocknet	„	22,83	6,91	3,61	58,43	6,49	1,73	8,96	75,71	1,43	*Petermann*[5])
8	Querc. pedunculata	1880	—	—	—	—	—	—	6,03	83,19	0,96	*Czubata*[6])
9	Querc. Cerris	„	—	—	—	—	—	—	4,14	79,71	0,66	*Czubata*[6])
	Mittel	.	**34,90**	**4,67**	**4,03**	**50,36**	**4,17**	**1,87**	**7,17**	**77,37**	**1,15**	
	Entschält, gedörrt.											
1		1848	20,00	5,00	4,30	64,50	4,60	1,60	6,25	80,62	1,00	*Boussingault*[7])
2		1868	11,40	5,45	3,99	71,98	5,08	2,90	6,15	80,34	0,98	*Th. Dietrich*[8])
3		„	14,30	5,80	3,60	69,90	4,80	1,60	6,77	81,56	1,08	*Peters*[9])
4	Nach Abzug von 16,9 % Schale	1863	15,80	5,03	4,35	67,15	5,84	1,83	5,98	79,74	0,96	*G. Kühn*[10])
5	Lufttrocken	—	13,50	8,91	4,84	74,78	3,98	1,99	10,30	63,30	1,65	*Stöckhardt*[11])
	Mittel	.	**15,00**	**6,02**	**4,22**	**67,92**	**4,87**	**1,97**	**7,09**	**79,89**	**1,13**	

Eicheln, entschält, frisch:

Braconnot (Liebig u. Kopp's Jahresber. d. Chemie. 2. 1849. 485. Ann. chim. phys. 3. 27. 392) fand in den geschälten Eicheln (von Quercus racemosa und sessiliflora) 31,80 % Wasser, 36,94 % Stärkemehl, 1,90 % Lignin, 15,82 % Legumin mit Tannin, 5,0 % Extractivstoff, 7,00 % unkrystallisirbaren Zucker, 3,27 % fettes Oel, 0,38 % Kali, 0,19 % schwefelsaures Kali, 0,01 % Chlorkalium, 0,05 % phosphorsaures Kali, 0,27 % phosphorsauren Kalk (Summe dieser Bestandtheile 102,63), Spuren von Kieselerde und Eisenoxyd, unbestimmte Mengen von Citronensäure und Milchzucker oder eine diesem nahestehende Zuckerart).

[1]) No. 1 u. 2. J. Moser. Weende'er Jahresber. 1855/56. II. 21. (Arenstein's land- u. forstw. Ztg. 1856. 380.) Die Eicheln der Traubeneiche waren zur Zeit der Untersuchung in nicht ganz frischem Zustande. Die Schalen derselben betrugen 18,18 % der lufttrocknen Substanz.

[2]) No. 3. Vlanderen. Hoffmann's Jahresber. 1. 1858/59. 68. (Donder's u. Berlin's Archiv f. d. Holländischen Beiträge zur Natur- u. Heilkunde. I. 415.)

[3]) No. 4. Th. Dietrich (Vers.-Stat. Altmorschen). Landw. Anz. f. Kurhessen 1863. 22.

[4]) No. 5. Aug. Völcker. Journ. Roy. Agric. Soc. England. 4. 1868. 388. Die Eicheln enthielten 13,90 % Schalen, 86,10 % Kerne. Die Analyse bezieht sich auf letztere.

[5]) No. 6 u. 7. A. Petermann. Originalmittheilung, auch Bull. Stat. agric. Gembloux No. 16.

[6]) No. 8 u. 9. Heinr. Czubata. Biedermann's Centralbl. f. Agriculturchemie 1880. 327. (Centralbl. f. d. ges. Forstw. 1880. 56.) Die Kerne (geschälte Eicheln) haben folgende nähere Zusammensetzung (in Procenten der Trockensubstanz):

	In Wasser lösliche Bestandtheile: Zucker	Dextrin	Protein, nicht coagulirbar	Asche	Andere organ. Substanz	In Wasser unlösliche Bestandtheile: Asche	Protein	Stärke	Andere organ. Stoffe
Qu. ped.	3,31	—	1,21	2,70	11,82	0,10	4,82	64,48	5,01
Qu. Cerris	6,81	4,72	0,62	1,99	7,97	0,20	3,52	58,54	1,60

Eicheln, entschält, gedörrt:

[7]) No. 1. J. B. Boussingault. Die Landwirthschaft in ihren Beziehungen zur Chemie etc. III. 200.

[8]) No. 2. Th. Dietrich (Vers.-Stat. Altmorschen). Anz. d. landw. Centralver. f. d. Rgbz. Cassel 1868. 186.

[9]) No. 3. E. Peters (Vers.-Stat. Kuschen). Der Landwirth 1868. 362.

[10]) No. 4. G. Kühn (Vers.-Stat. Weende). Journ. f. Landwirthsch. 1863. 240.

[11]) No. 5. A. Stöckhardt (Tharand). Chem. Ackersm. 1866. 167. Unter den 63,3 % Nfr. Extractstoffen befinden sich 9,3 % Gerbstoff.

Johannisbrod (Locust Carob). Früchte von Ceratonia siliqua L. Karoben-Bockshornbaum.*)

No.	Bemerkungen	Zeit der Untersuchung	Wasser %	Stickstoff-Substanz %	Fett %	Kohlehydrate %	Holzfaser %	Asche %	In der Trocken-Substanz: Stick-stoff-Substanz %	In der Trocken-Substanz: Kohle-hydrate %	Stickstoff in der Trocken-Substanz %	Analytiker
1		1856	14,12	7,72	0,96	71,58	3,88	1,74	9,00	83,33	1,44	*Nach Fürstenberg*[1])
2	Hülsen (Johannisbrod ohne Kerne)	„	14,22	3,52	0,47	70,73	7,89	3,17	4,10	82,45	0,66	*Th. Anderson*[2])
3	Locust, bean meel	„	12,61	5,87	1,08	70,43	7,14	2,87	6,72	80,60	1,08	*Aug. Völcker*[3])
4	desgl.	1873	16,57	5,19	2,80	64,34	7,60	3,50	6,22	77,11	1,00	
5	Locust or Carob beans (als Durchschnittsanalyse) . .	1875	17,11	7,50	1,19	65,17	6,01	3,02	9,05	78,62	1,45	*derselbe*[3])
6	Caroubes	„	19,55	9,56	0,48	60,77	6,79	2,85	11,88	75,64	1,90	*L. Grandeau*[4])
7		„	11,10	4,15	0,42	75,31	6,80	2,22	4,67	84,72	0,75	*L. Grandeau*[4])
8		„	15,50	5,96	0,32	68,89	6,71	2,62	7,05	81,53	1,13	*L. Grandeau*[4])
9		1878	13,07	3,96	1,97	73,39	5,85	1,76	4,55	84,42	0,73	*H. Weiske, M. Schrodt u. M.C. de Leeuw*[5])
10		„	15,72	4,74	3,02	69,85	5,15	1,52	5,63	82,89	0,90	*H. Weiske, G. Kennepohl u. B. Schulze*[6])
	Mittel	.	**14,96**	**5,86**	**1,28**	**68,98**	**6,39**	**2,53**	**6,89**	**81,13**	**1,10**	

Zuckerschotenbaum. Gleditschia glabra.

No.	Bemerkungen	Zeit der Untersuchung	Wasser %	Stickstoff-Substanz %	Fett %	Kohlehydrate %	Holzfaser %	Asche %	In der Trocken-Substanz: Stickstoff-Substanz %	In der Trocken-Substanz: Kohlehydrate %	Stickstoff in der Trocken-Substanz %	Analytiker
1	Körner	1877	10,90	20,94	2,96	51,68 **)	10,66	2,88	23,50	58,00	3,76	*J. Moser*[7])

Isländisches Moos.

No.	Bemerkungen	Zeit der Untersuchung	Wasser %	Stickstoff-Substanz %	Fett %	Kohlehydrate %	Holzfaser %	Asche %	In der Trocken-Substanz: Stickstoff-Substanz %	In der Trocken-Substanz: Kohlehydrate %	Stickstoff in der Trocken-Substanz %	Analytiker
1		1879	15,96	2,19	1,41	76,12 ***)	2,91	1,41	2,63	90,57	0,42	*C. Krauch u. v. d. Becke*[8])

Johannisbrod:

*) Die schotenförmige Frucht des in den Ländern am Mittelländischen Meere wildwachsenden Johannisbrodbaumes bildet in dortigen Ländern ein wichtiges Nahrungsmittel für die ärmere Volksklasse.

Nach Aug. Völcker (Ztschr. f. Deutsche Landw. 1856. 18) enthält das Johannisbrod in dem Zustande, wie es importirt wird, mehr als die Hälfte seines Gewichts an Zucker, ausserdem noch über 17 % fettproducirende Stoffe und beinahe 1 % Fett.

Nach Reinsch, ebendaselbst enthalten die samenfreien Hülsen:

Wasser	Pflanzenfaser	Traubenzucker	Eiweiss-Pflanzenleim	Gummi und rothen Farbstoff	Pectin	Gerbstoff	Chlorophyll, fettes Oel und Stärke
12,0	6,2	41,2	20,8	10,4	7,2	2,0	0,2 %

Die Kerne.

Schleim in der äusseren Haut und Schleimgummi im Innern zusammen	Eiweiss, Gummi und Faser	Stärke, Gerbstoff u. Pflanzenleim	Zucker und Gerbstoff	Fettes Oel	Wachs u. gelber Farbstoff	Wasser
44,8	33,7	8,0	2,1	1,5	0,9	9,0 %

[1]) No. 1. Ztschr. f. Deutsche Landw. 1857. 18. Die nähere Analyse ergab weiter:

	Zucker	Schleim und sonstige stickstofffreie Nährstoffe	Lösliche Salze der Asche
In der lufttrocknen Substanz .	54,07	17,41	1,12
In der Trockensubstanz . . .	63,03	20,30	1,31

[2]) Trans. Highl. Soc. 1857. 127. Die Johannisbrodfrucht enthielt 11,6 % Körner, welche der Analyse nicht mit unterzogen wurden.

[3]) Journ. Roy. Agric. Soc. England II. Ser. 1871. I. 147. 1874. II. 10. 279 u. 1876. II. 12. 212. In No. 5 in Procenten der lufttrocknen Substanz 51,42 % Zucker.

[4]) Original-Mittheilung.

[5]) Journ. f. Landwirthsch. 27. 1879. 321. In Procenten der Trockensubstanz enthielt die untersuchte Substanz 1,00 % Fett und 1,27 % Buttersäure (2,27 % Aetherextract), 45,61 % Zucker und 38,81 % Stärke.

[6]) Ebendort 349. Der Aetherextract (3,58 %) bestand aus 1,08 % Fett und 2,5 % Buttersäure.

Zuckerschotenbaum:

[7]) I. Bericht d. Vers.-Stat. Wien, 1878. S. 67. Das Verhältniss der Schoten zu den Körnern war 2 : 3.

**) Darin keine Stärke; dagegen 21,24 % Dextrose und 41,40 % durch Schwefelsäure in Zucker überführbare Stoffe.

Isländisches Moos:

[8]) Original-Mittheilung.

***) Mit 55,65 % Stärke oder Lichenin.

Hagebutten.*)

No.	Bemerkungen	Zeit der Untersuchung	Wasser %	Stickstoff-Substanz %	Fett %	N-freie Extractstoffe %	Holzfaser %	Asche %	In der Trocken-Substanz: Stick-stoff-Substanz %	In der Trocken-Substanz: Kohle-hydrate %	Stickstoff in der Trocken-Substanz %	Analytiker
1	Aus Sachsen, halbtrocken .	1882	25,47	2,99	1,41	55,62 *)	9,87	4,64	4,01	74,62	0,64	*J. König*[1])

Banane.

(Entschälter, innerer essbarer Theil der Frucht**) von Musa paradisiaca.)

No.	Bemerkungen	Zeit der Untersuchung	Wasser %	Stickstoff-Substanz %	Fett %	N-freie Extractstoffe %	Holzfaser %	Asche %	In der Trocken-Substanz: Stick-stoff-Substanz %	In der Trocken-Substanz: Kohle-hydrate %	Stickstoff in der Trocken-Substanz %	Analytiker
1	Aus Brasilien	1876	72,40	2,14	0,96	23,09 ***)	0,38	1,03 †)	1,24	83,66	—	*Corenwinder*[2])
2	Aus Venezuela	1879	73,80	1,60	0,30	23,00 ***)	0,20	1,10	0,97	87,78	—	*Marcano und Müntz*[2])
	Mittel	.	**73,10**	**1,87**	**0,63**	**23,05**	**0,29**	**1,06**	**1,1**	**85,72**	—	

Bananenmehl.

(Durch Trocknen und Pulvern der vor der Reife gepflückten Frucht erhalten.)

No.	Bemerkungen	Zeit der Untersuchung	Wasser %	Stickstoff-Substanz %	Fett %	N-freie Extractstoffe %	Holzfaser %	Asche %	In der Trocken-Substanz: Stick-stoff-Substanz %	In der Trocken-Substanz: Kohle-hydrate %	Stickstoff in der Trocken-Substanz %	Analytiker
3	Aus Venezuela	1879	14,90	2,90	0,50	77,90 ***)	1,60	2,20	0,54	91,54	—	*Marcano und Müntz*[2])

Dschugara.††)

(Körner.)

No.	Bemerkungen	Zeit der Untersuchung	Wasser %	Stickstoff-Substanz %	Fett %	N-freie Extractstoffe %	Holzfaser %	Asche %	In der Trocken-Substanz: Stick-stoff-Substanz %	In der Trocken-Substanz: Kohle-hydrate %	Stickstoff in der Trocken-Substanz %	Analytiker
1	Aus Mittelasien	1880	11,6	19,5 †††)	2,8	64,2†††)		1,9	3,53	72,62	—	? [3])

Indianisches Brod.†*)

(Puntsaon oder Tuckahoe genannt.)

No.	Bemerkungen	Zeit der Untersuchung	Wasser %	Stickstoff-Substanz %	Fett %	N-freie Extractstoffe %	Holzfaser %	Asche %	In der Trocken-Substanz: Stick-stoff-Substanz %	In der Trocken-Substanz: Kohle-hydrate %	Stickstoff in der Trocken-Substanz %	Analytiker
1	Inwendig weiss, 1 kg schwer	1876	10,70	0,78	81,12†**)		3,76	3,64 †***)	0,14	—	—	*J. L. Keller*[4])
2		1875	14,51	1,38	0,34	73,73	9,80	0,24	0,26	86,24	—	*F. H. Storer*[5])
	Mittel	.	**12,61**	**1,08**	**0,35**	**77,24**	**6,78**	**1,94**	**0,20**	**88,27**	—	

---

[1]) Original-Mittheilung.
[2]) Jahresber. f. Agric.-Chemie 1877. S. 125 u. 1879. S. 104.
[3]) Löbe's illustr. landw. Ztg. 1880. No. 39.
[4]) Chem. News 1876. Bd. 34. S. 168.
[5]) Bulletin of the Bussey Instition 1875. 4. Th. S. 373.

*) Unter Hagebutten versteht man die aus dem fleischig gewordenen Fruchtknoten hervorgegangene Scheinfrucht der Rosen, besonders der Hundsrosen. Die Probe enthielt 3,28% Rohrzucker und 16,16% Fruchtzucker.

**) Die Frucht besteht nach Marcano und Müntz aus circa 40% Schale und 60% Fleisch. Die Schale ergab 14,7% Trockensubstanz mit 1,6% Invertzucker.

***) Die N-freien Extractstoffe enthalten:

	No. 1	2	3
Rohrzucker . . .	15,90 %	5,90 %	1,52 %
Invertzucker . . .	8,50 „	6,40 „	3,30 „
Stärke	0,60 „	0,40 „	66,10 „

†) Die Asche enthielt in Procenten: 3,61% Kaliumsulfat, 14,34% Chlorkalium, 8,77% Magnesiumphosphat, 27,12% Kali, 41,66% Kaliumcarbonat, 1,17% Calciumcarbonat, 0,36% Eisenoxyd, 2,06% Kieselsäure.

††) Ein in Mittelasien angebautes Körnergewächs, dessen Mehl denselben Zwecken dient, wie bei uns das Getreidemehl: der Ertrag beläuft sich bei einer Aussaat von 100 kg Samen auf 2800 kg Samen und viel Stroh, welches von Thieren gern gefressen wird.

†††) In der N-Substanz 94% Fibrin und 10,1% sonstige Proteinstoffe, in den N-freien Extractstoffen 53,5% Stärke und 10,8% Dextrin + Zucker.

†*) Mit diesem Namen bezeichnet man in Nordamerika eine schwammartige, durch die Thätigkeit eines Pilzmycels sich bildende Wurzelanschwellung grösserer Bäume, die in China unter dem Namen „Fühling“ bekannt ist; in botanischen Katalogen wird die Masse als Lycoperdon solidum, Sclerotium cocos oder giganteum aufgeführt. Die Masse soll von den Indianern verspeist werden.

†**) Darin 0,87% Traubenzucker, 2,98% Zucker, 77,27% Pectose, keine Stärke und kein Rohrzucker.

†***) Die Asche hat folgende procentische Zusammensetzung:

Kali	Natron	Kalk	Magnesia	Eisenoxyd	Phosphorsäure	Schwefelsäure	Chlor	Kieselsäure
4,68 %	2,19 %	5,17 %	11,38 %	11,81 %	19,78 %	1,58 %	1,161 %	41,77 %

Mehle, Brod.

Mehl- und Stärkesorten etc.

Weizenmehl.

1. Feinstes Weizenmehl.

No.	Bemerkungen	Zeit der Untersuchung	Wasser %	Stickstoff-Substanz %	Fett %	Kohlehydrate %	Holzfaser %	Asche %	In der Trocken-Substanz: Stick-stoff-Substanz %	In der Trocken-Substanz: Kohle-hydrate %	Stickstoff in der Trocken-Substanz %	Analytiker
1[0])	Feinstes Weizenmehl . . .	1860	15,54	8,00	1,07	—	—	—	10,00	—	1,52	*v. Bibra*[1])
2[0])	desgl.	„	14,44	10,58	1,17	—	—	—	12,38	—	1,98	*v. Bibra*[1])
3	Auszugmehl No. 0 aus Pest	1868	10,08	10,30	—	Stärke (72,14)	—	0,38	12,56	Stärke (80,23)	2,01	*O. Dempwolf*[2])
4	desgl. „ 1 aus Pest	„	10,62	11,57	—	(71,02)	—	0,42	12,94	(79,46)	2,07	*O. Dempwolf*[2])
5	desgl. „ 2 aus Pest	„	10,49	11,68	—	(68,82)	—	0,45	13,06	(76,88)	2,09	*O. Dempwolf*[2])
6	Weizenmehl „ 0 aus Münster	1877	14,64	8,06	1,24	74,11	0,35	0,60	9,44	86,82	1,51	*J. König u. C. Krauch*[3])
7	desgl. „ 0 aus Münster	„	14,84	9,00	0,96	74,27	0,31	0,62	10,56	87,21	1,69	*J. König u. C. Krauch*[3])
8	desgl. „ 0[00]) aus Münster	1879	14,76	9,44	0,54	74,38	0,37	0,51	11,13	87,26	1,78	*G. Laube u. v. Wodzinsky*[4])
9	desgl. „ 0 aus Münster	„	15,19	9,87	0,44	73,54	0,47	0,49	11,63	86,71	1,86	*G. Laube u. v. Wodzinsky*[4])
10	desgl. „ 1 aus Amerika	1880	12,79	12,31	1,19	73,14	0,07	0,50	13,13	83,87	2,26	*S. W. Johnson*[5])
11	desgl. No. 0 aus Münster .	1883	15,49	9,81 *)	—	—	—	—	11,61	—	1,86	*J. Cosack*[3])
12	desgl. amerikan., Mittel vieler Analysen	1885	11,60	11,10	1,10	75,40	0,20	0,60	13,01	88,37	2,08	*Atwater*[6])
	Mittel	.	**13,37**	**10,21**	**0,94**	**74,71** **)	**0,29**	**0,48**	**11,79**	**86,24**	**1,89**	

2. Gröberes Weizenmehl.

No.	Bemerkungen	Zeit der Untersuchung	Wasser %	Stickstoff-Substanz %	Fett %	Kohlehydrate %	Holzfaser %	Asche %	In der Trocken-Substanz: Stick-stoff-Substanz %	In der Trocken-Substanz: Kohle-hydrate %	Stickstoff in der Trocken-Substanz %	Analytiker
1	Weizenmehl No. 2 aus Wien	1846	13,65	11,69	—	—	—	0,57	13,25	—	2,12	*Horsford*[7])
2	desgl. „ 3 aus Wien	„	13,73	19,17	—	—	—	0,97	21,50	—	3,44	*Horsford*[7])
3	Aus französ. Weizen . . .	?	10,0	(11,0) ***)	—	Stärke 71,5	—	—	—	—	—	*Vauquelin*[8])

[1]) v. Bibra: Die Getreidearten und das Brod 1861. S. 193.
[2]) Jahresbericht f. Agric.-Chem. 1868—69. S. 748.
[3]) Original-Mittheilung.
[4]) Landw. Ztg. f. Westf. u. Lippe 1879. No. 45.
[5]) Ann. Report of Connecticut agric. Exper. Stat. 1880. S. 85.
[6]) Contributions to the knowledge of the Chem. Compos. of american food-fishes. Washington. 1885. p. 494; dort werden die Minima und Maxima für amerik. Weizenmehl wie folgt angegeben:

	Wasser	N-Substanz	Fett	Kohlehydrate	Holzfaser	Asche
Minimum	8,3 %	8,6 %	0,6 %	68,3 %	0,1 %	0,3 %
Maximum	13,5 „	13,6 „	2,0 „	78,5 „	1,2 „	1,5 „

[7]) Ann. d. Chem. u. Pharm. 1846. Bd. 58. S. 166.
[8]) Journ. de Pharm. VIII. S. 353.
[0]) Es enthielt:

	No. 1	No. 2
Zucker	2,33 %	2,31 %
Gummi	0,25 „	5,82 „

[00]) Nach dem neuen Mahlverfahren gewonnen, wobei das Mehl nicht zwischen Steinen zermahlen, sondern zwischen Walzen gequetscht und dann zwischen Desintegratoren zerkleinert wird.

*) Hiervon 7,68 % reines Eiweiss, mit künstlichem Magensaft 9,26 % verdaulich und 0,55 % unverdaulich.

**) Unter Zugrundelegung der vorstehenden zwei Bestimmungen von Zucker, Gummi + Dextrin würden die N-freien Extractstoffe zerfallen in:

Zucker	Gummi + Dextrin	Stärke
2,35 %	3,06 %	69,34 %

***) Als Kleber bezeichnet, der durch Auswaschen bestimmt ist.

No.	Bemerkungen		Zeit der Untersuchung	Wasser %	Stickstoff-Substanz %	Fett %	Stärke %	Holzfaser %	Asche %	In der Trocken-Substanz: Stick-stoff-Substanz %	In der Trocken-Substanz: Stärke %	Stickstoff in der Trocken-Substanz %	Analytiker
4	Aus hartem Odessaweizen .		?	12,0	(14,6)	—	56,5	(2,3)	—	—	—	—	Vauquelin[1])
5	Aus leichtem Odessaweizen .		?	10,0	(12,0)	—	62,0	(1,2)	—	—	—	—	
6	Von Pariser Bäckern . . .		?	10,0	(10,2) *)	—	72,8	—	—	—	—	—	
7	Aus besserem Weiz. v. Luxor		?	13,00	7,81	1,14	—	—	1,30	8,88	—	1,42	A. Houzeau[2])
8	A. schlechterem W. v. Luxor		?	12,55	8,00	1,18	—	—	1,85	8,88	—	1,42	
9[0])	Grobmehl		1860	14,25	12,78	1,26	—	—	—	14,88	—	2,38	v. Bibra[3])
10[0])	Speltmehl vom Ries . . .		„	14,38	10,12	1,32	—	—	—	11,88	—	1,90	
11[0])	desgl. aus Mittelfranken . .		„	14,42	9,37	1,40	—	—	—	10,94	—	1,75	
12	Auszugsmehl No. 3 . . .		1867	10,14	11,92	—	68,39	—	0,48	13,25	(76,11)	2,12	O. Dempwolf[4])
13	Semmelmehle		„	10,42	12,38	—	67,30	—	0,58	13,81	(75,13)	2,21	
14			„	10,54	13,61	—	67,17	—	0,61	15,19	(75,08)	2,43	
15	Brodmehle		„	10,75	14,55	—	65,63	—	0,76	16,31	(73,54)	2,61	
16			„	10,67	15,57	—	61,77	—	1,18	17,44	(62,15)	2,79	
17	Schwarzmehl		„	9,53	14,53	—	61,03	—	1,55	16,06	(67,46)	2,57	
18	Weizenmehl No. 1	Aus England	1858	14,5	8,72	—	—	—	0,61	10,19	—	1,63	Lawes u. Gilbert[5])
19	desgl. „ 2		„	14,4	9,04	—	—	—	0,63	10,56	—	1,69	
20	desgl. „ 3		„	15,0	9,46	—	—	—	0,69	11,13	—	1,78	
							N-fr. Stoffe				Kohlehydrate		
21	desgl. „ 2	Aus Münster i. W.	1876	14,13	11,12	1,62	71,13	1,19	0,81	12,94	82,83	2,07	J. König und Kellermann[6])
22	desgl. „ 3		„	15,40	12,00	1,23	68,95	1,08	1,34	14,19	81,50	2,27	J. König u. C. Krauch[7])
23	desgl. „ 1		1877	14,94	10,43	1,04	71,56	0,43	0,60	12,25	84,13	1,96	
24	desgl. „ 2		„	13,47	10,50	1,63	72,97	0,58	0,85	12,13	84,33	1,94	
25	desgl. „ 1		1879	13,11	12,63	1,98	70,00	0,95	1,33	14,56	80,56	2,33	G. Laube und v. Wodzinsky[8])
26	desgl. „ 1		„	13,89	12,56	1,24	69,99	1,26	1,06	14,56	81,28	2,33	
27	desgl. „ 2		1880	12,89	14,12	2,01	—	1,22	1,44	16,21	—	2,59	Johnson[9])
28	desgl. „ 1		1883	15,08	11,43 **)	—	—	—	—	13,45	—	2,15	J. Cosack[7])
29	desgl. „ 2		„	14,66	9,66 **)	—	—	—	—	11,32	—	1,81	
	Minimum . .		.	9,53	7,74	1,06	—	0,44	0,46	8,88	—	1,42	
	Maximum . .		.	15,40	18,77	2,01	—	1,28	1,85	21,50	—	3,44	
	Mittel . . .		.	**12,81**	**12,06**	**1,36**	**71,83** ***)	**0,98**	**0,96**	**13,83**	**82,38**	**2,21**	

[1]) Journ. de Pharm. VIII. S. 353.
[2]) Compt. rend. Bd. 68. S. 453.
[3]) Dessen: Getreidearten und das Brod 1861. S. 193.
[4]) Jahresbericht f. Agric.-Chemie 1868/69. S. 749.
[5]) Chem. Society 1858. V. X. p. 31.
[6]) Zeitschr. f. Biologie 1876. S. 497.
[7]) Original-Mittheilung.
[8]) Landw. Ztg. f. Westf. u. Lippe 1879. No. 45.
[9]) Ann. Report of Connecticut agric. Exper. Stat. 1880. S. 85.

[0]) Es enthielt:

	No. 9	No. 10	No. 11
Zucker	2,35 %	1,41 %	1,75 %
Gummi	6,50 „	2,48 „	3,20 „

*) Als Kleber bezeichnet, der durch Auswaschen bestimmt ist.

**) Von dem Rohprotein war:

	Weizenmehl No. 28	No. 29	Griesmehl
Reines Eiweiss	8,94 %	7,68 %	7,63 %
Nichteiweiss	2,99 „	2,02 „	1,24 „
Unverdaulich mit künstl. Magensaft	10,99 %	9,22 %	8,43 %
Verdaulich mit künstl. Magensaft	0,44 „	0,44 „	0,44 „

***) Unter Zugrundelegung der drei Zucker- und Gummi-Bestimmungen zerfallen die N-freien Extractstoffe im Mittel in

Zucker	Gummi	Stärke
1,86 %	4,09 %	66,28 %

Sog. **Graham-Weizenmehl** (aus ganzem Korn).

No.	Bemerkungen	Zeit der Untersuchung	Wasser %	Stickstoff-Substanz %	Fett %	Stärke %	Holzfaser %	Asche %	In der Trocken-Substanz: Stick-stoff-Substanz %	In der Trocken-Substanz: Kohle-hydrate %	Stickstoff in der Trocken-Substanz %	Analytiker
1	Aus Amerika (Mittel mehrerer Analysen)	1885	13,00	11,70	1,70	69,90	1,90	1,80	13,46	80,39	2,15	*Atwater*[1])
	Weizengries (oder Griesmehl).											
1	Kochgriese	1868	11,05	11,61	—	69,98	—	0,39	13,06	(78,67)	2,09	*O. Dempwolf*[2])
2	Kochgriese	„	11,54	10,36	—	69,53	—	0,39	11,69	(78,60)	1,87	*O. Dempwolf*[2])
						N-fr. Stoffe						
3	Griesmehl	1876	14,97	9,31	0,37	74,41	0,21	0,73	10,94	87,51	1,75	*König u. Hammerbacher*[3])
4	desgl.	1883	16,24	8,87 *)	—	—	—	—	10,59	—	1,69	*J. Cosack*[4])
5	desgl. aus Holland	—	11,45	7,06	1,27	—	—	0,28	7,97	—	1,28	*van Hamel Roos*[5])
	Mittel	.	**13,05**	**9,43**	**0,94**	**75,92**	**0,21**	**0,40**	**10,85**	**87,31**	**1,74**	
	Graupen.											
1		1876	12,82	7,25	1,15	76,19	1,36	1,23	8,31	87,39	1,33	*König u. Hammerbacher*[3])
	Roggenmehl.											
1⁰)		?	Trocken	(12,76)	—	—	—	(6,38)	—	—	—	*Einhof*[6])
2⁰)		?	„	(15,80)	—	—	—	—	—	—	—	*Greif*[6])
3⁰)		?	„	(10,50)	3,5	—	(6,00)	—	—	—	—	*Boussingault*[6])
						Stärke						
4	Roggenmehl aus Wien . .	1846	13,78	10,34	—	52,51	—	1,15	11,69	—	1,87	*Horsford und Krocker*[6])
5	desgl. aus Hohenheim . .	„	14,68	15,78	—	46,48	—	0,92	18,31	—	2,93	*Horsford und Krocker*[6])
6	desgl. von Schilfroggen . .	„	13,94	14,94	—	39,60	—	2,09	17,38	—	2,78	*Horsford und Krocker*[6])
7	desgl. von Staudenroggen .	„	13,82	13,31	—	40,86	—	2,04	15,44	—	2,47	*Horsford und Krocker*[6])
8⁰)	desgl. aus Mittelfranken . .	1860	14,60	11,37	1,80	—	—	—	13,31	—	2,13	*v. Bibra*[6])
9⁰)	desgl. „ „ . .	„	14,53	12,94	2,51	—	—	—	15,13	—	2,42	*v. Bibra*[6])
10⁰)	desgl. aus Unterfranken . .	„	14,40	12,31	2,38	—	—	—	13,38	—	2,30	*v. Bibra*[6])
11	Aus schwer. Korn, fein	1856	13,62	8,06	—	—	0,96	0,94	9,81	—	1,49	*G. Wunder*[7])
12	„ leichtem „, fein	„	14,12	8,19	—	—	1,19	1,12	11,31	—	1,41	*G. Wunder*[7])
13	„ schwer. Korn, Schwarzmehl	„	11,40	11,88	—	—	1,76	1,56	13,44	—	2,15	*G. Wunder*[7])
14	„ leichtem „, Schwarzmehl	„	11,03	12,44	—	—	2,46	1,86	14,00	—	2,24	*G. Wunder*[7])

[1]) Contributions to the knowledge of the Chem. Compos. etc. of american food-fishes Washington 1885. p. 494.
[2]) Jahresbericht f. Agric.-Chemie 1868/69. S. 749.
[3]) Zeitschr. f. Biologie 1876. S. 497.
[4]) Original-Mittheilung.
[5]) Maandblad tegen de Vervalsching van Levensmiddelen etc. 1887/88. No. 1. Die Probe enthielt 5,70 % in Wasser lösliche Stoffe.
[6]) v. Bibra: Die Getreidearten und das Brod. Nürnberg 1861. S. 286 u. 290.
[7]) Amtsbl. d. landw. Vereine Sachsens 1857. S. 86.

⁰) Es enthielt Roggenmehl:

	No. 1	2	3	8	9	10
Zucker	3,28	10,40	3,00	3,47	3,03	2,50 %
Gummi	11,08	7,20	11,00	4,10	6,32	7,26 „

*) Vergl. Anmerkung **) Seite 620.

No.	Bemerkungen	Zeit der Untersuchung	Wasser %	Stickstoff-Substanz %	Fett %	N-freie Extractstoffe %	Holzfaser %	Asche %	In der Trocken-Substanz: Stick-stoff-Substanz %	In der Trocken-Substanz: Kohle-hydrate %	Stickstoff in der Trocken-Substanz %	Analytiker
15	Feines Roggenmehl . . .	1877	13,38	9,06	1,42	74,53	0,63	0,98	10,43	86,04	1,67	*J. König und Fr. Hammerbacher* [1])
16	Grobes „ . . .	„	15,02	9,19	1,63	69,86	2,62	1,69	10,81	82,21	1,73	
	Mittel	.	**13,71**	**11,57**	**2,08**	**69,61** *)	**1,59**	**1,44**	**13,41**	**80,67**	**2,14**	
	Gerstenmehl.											
1[0])	Aus Nürnberg	1860	14,01	13,93	2,23	—	—	—	16,19	—	5,59	*v. Bibra* [2])
2[0])	„ Cassel	„	15,00	12,57	2,17	—	—	—	14,81	—	2,37	
3	Gerstegries aus Münster . .	1877	16,16	8,75	0,73	73,79	0,11	0,46	10,43	88,01	1,67	*C. Krauch* [3])
4	desgl.	1878	14,14	8,31	0,81	75,19	0,83	0,72	9,69	87,57	1,55	
5	Gerstenmehl 1. Sorte . .	1875	(22,85)	12,18	1,73	59,85	0,41	2,98 **)	15,79	77,59	2,52	*E. Heiden* [3])
6	Gerstenmehl 2. „ . .	„	12,88	19,16	5,33	56,15	2,63	3,85 **)	21,99	64,45	3,52	
7	Gerstenmehl 3. „ . .	„	14,79	14,63	3,86	62,63	1,53	2,39 **)	17,17	73,50	2,75	
	Mittel (No. 1—5)	.	**14,83**	**11,38**	**1,53**	**71,22** ***)	**0,45**	**0,59**	**13,36**	**83,62**	**2,14**	
	Hafermehl (Hafergrütze).											
1[00])	Vom Spessart	1860	11,70	18,87	5,67	—	—	—	21,38	—	3,42	*v. Bibra* [4])
2[00])	Vom Spessart	„	12,33	15,48	6,83	—	—	—	17,63	—	2,82	
3	Hafermehl	1880	10,49	12,50	5,26	66,77	2,29	2,69	13,94	74,62	2,23	*Emmerling* [5])
4	Hafergrütze	1876	13,16	12,00	5,34	64,40	2,71	1,99	13,81	74,62	2,21	*J. König, Brimmer u. C. Krauch* [6])
5	desgl.	„	6,43	15,37	5,19	—	1,81	2,59	16,44	—	2,63	
6	desgl.	1878	7,69	13,62	5,60	—	2,83	2,54	14,75	—	2,36	
7	?	?	8,70	11,7	7,5	64,4	(7,6)	1,5	12,81	70,52	2,05	*Dujardin-Beaumetz* [7])
8		1883	4,53	13,82	—	—	—	—	14,48	—	2,32	*J. König u. Cosack* [3])
9		1877	9,79	9,13	7,17	70,33	1,69	1,89	10,12	77,96	1,62	
10		1874	13,65	11,10	3,51	69,29	0,79	1,76	12,02	75,08	1,92	*E. Heiden* [3])
11	Amerikanisches, Mittel mehrerer Analysen	1885	7,70	15,10	7,10	67,20	0,90	2,00	16,35	72,78	2,62	*Atwater* [8])
	Mittel	.	**9,65**	**13,44**	**5,92**	**67,01** †)	**1,86**	**2,12**	**14,88**	**74,16**	**2,35**	

[1]) Zeitschr. f. Biologie 1876. S. 497.
[2]) v. Bibra: Die Getreidearten und das Brod. Nürnberg 1861. S. 305.
[3]) Original-Mittheilung.
[4]) v. Bibra: Die Getreidearten und das Brod. Nürnberg 1861. S. 334.
[5]) Zeitschrift f. Biologie 1876. S. 197. No. 4. Original-Mittheilung.
[6]) Zeitschr. f. Biologie 1876. S. 497. No. 3 u. 6.
[7]) Dingler's polytechn. Journ. Bd. 210. S. 477.
[8]) Contributions to the knowledge of the chem. compos. etc. of americ. food-fishes. Washington 1885. p. 494.

		No. 1	2
[0]) Es enthielt Gerstenmehl:	Zucker	3,04	3,20 %
	Gummi	6,33	6,74 „
[00]) Es enthielt Hafermehl:	Zucker	2,19	2,24 %
	Gummi	2,55	3,08 „

*) Nach vorstehenden sechs Bestimmungen enthält das Roggenmehl im Mittel 4,28 % Zucker und 7,82 % Gummi; hiernach würden die N-freien Extractstoffe zerfallen in:

Zucker	Gummi	Stärke
3,89	7,16	58,61 %

**) Mit 0,34 % resp. 0,34 % resp. 0,17 % Sand in der lufttrocknen Substanz.

***) Unter Zugrundelegung vorstehender zwei Zucker- und Gummi-Bestimmungen zerfallen die N-freien Extractstoffe in:

Zucker	Gummi	Stärke
3,11	6,52	61,59 %

†) Unter Zugrundelegung vorstehender 2 Zucker- und Gummi-Bestimmungen zerfallen die N-freien Extractstoffe im Mittel in:

Zucker	Gummi	Stärke
2,26	3,08	59,39 %

Maismehl.

No.	Bemerkungen	Zeit der Untersuchung	Wasser %	Stickstoff-Substanz %	Fett %	Kohlehydrate %	Holzfaser %	Asche %	In der Trocken-Substanz: Stick-stoff-Substanz %	In der Trocken-Substanz: Kohle-hydrate %	Stickstoff in der Trocken-Substanz %	Analytiker
1		1860	10,60	14,00	3,80	70,68*)		0,86	15,56	—	2,49	*J. Stepf*[1])
2	Indian corn meal	1852	10,30	10,75	5,10	72,38		1,37	12,00	—	1,92	*Lawes u. Gilbert*[2])
3	desgl.	„	10,11	12,19	5,59	70,83		1,28	13,56	—	2,17	
4	Maize Meal, New England corn	1877	12,91	8,69	3,51	71,93	1,79	1,17	9,97	82,60	1,59	*S. W. Johnson*[3])
5	desgl., Yellow flint	„	20,67	7,81	3,07	66,35	0,93	1,17	9,85	83,63	1,58	
6	desgl., Western corn . . .	„	21,67	7,38	2,50	65,88	1,41	1,16	9,42	84,11	1,51	
7	desgl., Oldwestern corn, eine Woche alt	1880	14,56	9,12	4,05	68,89	2,16	1,22	10,67	80,64	1,71	
8	desgl., Old New-York corn, frisch	„	15,32	8,63	3,98	68,77	1,83	1,47	10,19	81,21	1,63	
9	Corn Meal	„	15,01	8,60	1,88	71,20	1,56	1,75	10,12	83,77	1,62	*A. Völcker*[4])
10	desgl.	1885	12,04	10,19	4,37	70,14	1,88	1,38	11,59	80,53	1,85	*S. W. Johnson u. Jenkins*[5])
11	desgl.	„	13,12	10,00	4,50	69,21	1,75	1,42	11,51	79,67	1,84	
12	desgl.	„	13,29	9,81	4,56	68,20	2,71	1,43	11,31	78,66	1,81	
13	desgl.	„	14,24	9,50	2,63	70,80	1,28	1,55	11,08	82,55	1,77	
14	desgl., Mittel aus 34 Analys.	„	15,03	9,09	3,73	68,86	1,85	1,45	10,70	81,03	1,71	
	Mittel	.	**14,21**	**9,65**	**3,80**	**69,55**	**1,46**	**1,33**	**11,25**	**81,07**	**1,80**	

Hirsemehl.

No.	Bemerkungen	Zeit	Wasser	Stickstoff-Substanz	Fett	Kohlehydrate	Holzfaser	Asche	Stickstoff-Substanz i. Tr.	Kohlehydrate i. Tr.	Stickstoff i. Tr.	Analytiker
1		1860	10,30	9,81	8,80	71,88**)			10,94	—	1,75	*v. Bibra*[6])

Darimehl (Andropogon sorghum).

No.	Bemerkungen	Zeit	Wasser	Stickstoff-Substanz	Fett	Kohlehydrate	Holzfaser	Asche	Stickstoff-Substanz i. Tr.	Kohlehydrate i. Tr.	Stickstoff i. Tr.	Analytiker
1		1883	13,14	7,75	3,30	68,45	4,72	2,64	8,92	78,79	1,43	*A. Völcker*[7])

Buchweizenmehl.

(Ueber geschälten Buchweizen vergl. auch S. 577.)

No.	Bemerkungen	Zeit	Wasser	Stickstoff-Substanz	Fett	N-freie Stoffe	Holzfaser	Asche	Stickstoff-Substanz i. Tr.	Kohlehydrate i. Tr.	Stickstoff i. Tr.	Analytiker
1	Friesisches Buchweizenmehl .	1868	15,39	9,96	1,98	59,84	(11,75)	1,08	11,75	70,72	1,88	*J. W. Gunning*[8])
2	Französisches „ .	„	15,29	9,16	1,96	61,36	(11,29)	0,94	11,31	72,44	1,73	
3	Holstein'sches „ .	„	15,17	8,63	1,63	65,12	(8,63)	0,82	10,18	76,77	1,63	
4		1846	15,12	(5,78)	—	—	—	0,93	6,81	—	1,09	*Horsford u. Krocker*[8])
5⁰)	Buchweizengries aus Nürnberg	1860	12,75	(2,56)?	0,94	—	—	—	(2,94)	—	0,47	*v. Bibra*[9])
6⁰)		„	13,75	(3,45)?	1,30	—	—	—	(2,63)	—	0,42	

[1]) v. Bibra: Die Getreidearten und das Brod. Nürnberg, 1861. S. 350.
[2]) Journ. of the Roy. Agric. Soc. of England 1853. 14. II. p. 498.
[3]) Report Connect. Agric. Exper. Stat. 1877. S. 56 u. 1880. S. 81.
[4]) Journ. of the Roy. Agric. Soc. of England 1880. I. S. 144.
[5]) Report Connect. Agric. Exper. Stat. 1885. S. 40.
[6]) v. Bibra: Die Getreidearten und das Brod. Nürnberg, 1861. p. 356.
[7]) Ann. de la science agron. von L. Grandeau. 1887. T. I. p. 65.
[8]) Landw. Vers.-Stat. X. S. 188.
[9]) v. Bibra: Die Getreidearten und das Brod. Nürnberg, 1861. S. 362 u. 363.

*) Darin 3,71 % Zucker und 3,05 % Gummi + Dextrin.
**) Darin 1,30 % Zucker und 10,60 % Zucker + Dextrin.
⁰) Es enthielt:

	No. 5	6
Zucker	0,91	1,20 %
Gummi	2,85	2,08 „

No.	Bemerkungen	Zeit der Untersuchung	Wasser %	Stickstoff-Substanz %	Fett %	N-freie Extractstoffe %	Holzfaser %	Asche %	In der Trocken-Substanz: Stick-stoff-Substanz %	In der Trocken-Substanz: Kohle-hydrate %	Stickstoff in der Trocken-Substanz %	Analytiker
7	Buchweizenmehl	1876	13,84	9,44	3,32	70,44	0,89	2,07	10,94	81,75	1,75	J. König, C. Brimmer u. C. Krauch[1])
8	Buchweizengrütze	„	14,50	9,31	2,02	72,38	0,50	1,29	10,88	84,65	1,74	J. König, C. Brimmer u. C. Krauch[1])
9	Buchweizenmehl	„	14,20	8,18	1,34	74,82	0,40	1,06	9,56	87,20	1,53	J. König, C. Brimmer u. C. Krauch[1])
10[0])	Geschälter Buchweizen . .	1872	12,72	10,22	2,53	70,91	1,79	1,50	11,69	81,24	1,87	W. Pillitz[2])
11	Buchweizenmehl	1883	16,40	8,75 *)	—	—	—	—	10,47	—	1,68	J. Cosack[3])
12	desgl., „flour“ a. Amerika, Mittel mehrerer Analysen	1885	13,50	(6,50)	1,30	77,30	0,30	1,10	(7,51)	89,36	1,20	W. O. Atwater[4])
13	desgl., „farina“ a. Amerika, Mittel mehrerer Analysen	„	11,20	(3,30)	0,30	84,70	0,10	0,40	(3,72)	95,37	0,60	W. O. Atwater[4])
14	Buchweizen-grütze . . a. Amerika, Mittel mehrerer Analysen	„	10,60	(4,80)	0,60	83,10	0,30	0,60	(5,37)	92,99	0,86	W. O. Atwater[4])
15	Feinmehl, ebendaher (Mittel von 3 Analysen) . . .	„	13,52	6,48	1,33	77,34	0,28	1,05	7,49	89,29	1,20	Jenkins[5])
16	Geschälter Buchweizen . .	1881	12,63	10,19	1,28	72,15	1,51	2,24	11,64	82,61	1,86	C. de Leeuw[6])
	Mittel	.	**13,51**	**8,87**	**1,56**	**74,25** **)	**0,67**	**1,14**	**10,25**	**85,85**	**1,64**	

Bohnenmehl.

No.	Bemerkungen	Zeit der Untersuchung	Wasser %	Stickstoff-Substanz %	Fett %	N-freie Extractstoffe % (Kohlehydrate)	Holzfaser %	Asche %	In der Trocken-Substanz: Stick-stoff-Substanz %	In der Trocken-Substanz: Kohle-hydrate %	Stickstoff in der Trocken-Substanz %	Analytiker
1		1879	13,48	26,56	1,55	55,13		3,28	30,69	—	4,91	G. Heppe[7])
2	Von C. H. Knorr in Heilbronn	1882	9,01	22,62 ***)	2,82	62,63 †)		2,92	24,86	—	3,98	A. Stutzer[8])
3	Von C. H. Knorr in Heilbronn	1881	8,70	18,80	2,00	66,50 ††)		3,20 ††)	20,59	—	3,29	Chem. Centralstelle in Stuttgart[3])
4	Von C. H. Knorr in Heilbronn	1882	11,37	22,63	2,11	58,73 ††)	1,53	3,63 ††)	25,53	66,24	4,08	v. d. Becke u. Cosack[3])
5	Von C. H. Knorr in Heilbronn	1887	8,51	24,38 †††)	2,37	—	—	3,40	26,65	—	4,26	F. Strohmer[9])

[1]) Zeitschr. f. Biologie 1876. S. 497. No. 9. Originalmittheilung.
[2]) Zeitschr. f. analyt. Chem. 1872. S. 46.
[3]) Original-Mittheilung.
[4]) Contributions to the knowledge of the chem. Compos. etc. of americ. food-fishes. Washington 1885. p. 494.
[5]) Connecticut Agric. Exper. Stat. Report for 1885. S. 21.
[6]) Laboratorium agric. de Hasselt. Bulletin No. 2 1881. No. 16 enthielt 63,81 % Stärke.
[7]) C. A. Meinert: Armee- u. Volksernährung. Berlin, 1880. 1. Thl. S. 191.
[8]) Bericht über die erste allgem. deutsche Hygiene-Ausstellung 1882/83. Breslau, 1885. S. 217.
[9]) Mittheil. d. chem. techn. Vers.-Stat. d. Centr.-Ver. f. Rübenzucker-Industrie in Oesterr.-Ungarn. Wien, 1888. Heft VIII.

[0]) Buchweizenmehl No. 10 enthält:

Stärke	In Wasser löslich: Albumin	Asche	N-freie Stoffe
67,82	4,08	0,90	3,20 %

*) Von dem Rohprotein bei No. 11 war:

Reines Eiweiss	Nichteiweiss	Durch künstlichen Magensaft verdaulich	unverdaulich
7,81 „	0,94 „	8,06 „	0,69 „

**) Unter Zugrundelegung vorstehender 2 Zucker- und Gummi-Bestimmungen zerfallen die N-freien Extractstoffe im Mittel in:

Zucker	Gummi	Stärke
1,06	2,95	70,24 %

***) Mit 20,58 % Eiweiss, 0,82 % löslichem Nicheiweiss und 1,22 % unlöslicher N-Substanz.
†) Mit 5,52 % Zucker + Dextrin und 46,69 % Stärkemehl.
††) Es enthielt:

	Bohnenmehl No. 3	4	Erbsenmehl No. 3	4	5
In Wasser lösliche Stoffe . . .	16,80 %	17,34 %	15,90 %	14,17 %	15,56 %
Phosphorsäure in der Asche . .	0,95 „	0,91 „	1,30 „	1,02 „	1,10 „

†††) Hiervon waren:

	Bei Bohnenmehl No. 5	Erbsenmehl No. 6	Linsenmehl No. 5
Eiweiss	21,50 %	23,44 %	23,81 %
Nichteiweissartige N-Substanz	2,88 „	4,02 „	5,05 „
Von 100 N-Substanz nach Stutzer verdaulich	94,41 %	95,76 %	91,26 %

No.	Bemerkungen	Zeit der Untersuchung	Wasser %	Stickstoff-Substanz %	Fett %	Kohlehydrate %	Holzfaser %	Asche %	In der Trocken-Substanz: Stick-stoff-Substanz %	In der Trocken-Substanz: Kohlehydrate %	Stickstoff in der Trocken-Substanz %	Analytiker
6	Von C. H. Knorr in Heilbronn	1888	9,29	24,06	1,74	59,33	1,69	3,89	26,52	65,41	4,24	*W. Kisch*[1]
7	Feinstes Bohnen-Semmelmehl von Jul. Maggi u. Co. in Kemptthal	„	11,53	23,25	2,35	57,87	1,83	3,17	26,28	65,41	4,20	*M. Wesener*[1]
	Mittel	.	**10,29**	**23,19**	**2,13**	**59,37**	**1,67**	**3,35**	**25,88**	**66,18**	**4,13**	

Erbsenmehl.

No.	Bemerkungen	Zeit der Untersuchung	Wasser %	Stickstoff-Substanz %	Fett %	Kohlehydrate %	Holzfaser %	Asche %	In der Trocken-Substanz: Stick-stoff-Substanz %	In der Trocken-Substanz: Kohlehydrate %	Stickstoff in der Trocken-Substanz %	Analytiker
1		?	16,8	25,1	—	—		3,2	30,17	—	4,83	*C. Voit*[2]
2		?	12,4	26,5	—	—		2,9	30,26	—	4,84	*C. Voit*[2]
3	Von C. H. Knorr in Heilbronn aus grünen Erbsen	1881	10,30	20,00	2,75	61,75		2,80	22,80	—	3,47	*Chem. Centralstelle i. Stuttg.*[1]
4	Von C. H. Knorr in Heilbronn aus grünen Erbsen	1882	9,74	26,44	1,72	57,87	1,53	2,70	29,30	64,12	4,69	*v. d. Becke u. Cosack*[1]
5	Von C. H. Knorr in Heilbronn aus grünen Erbsen	1883	11,83	23,13	1,79	58,89	1,43	2,93	26,23	64,98	4,20	*v. d. Becke u. Cosack*[1]
6	Von demselben	1887	7,87	27,46 *)	1,98	—	—	2,75	29,81	—	4,77	*F. Strohmer*[3]
7	desgl.	1888	10,87	26,19	1,90	56,64	1,23	3,17	29,38	63,55	4,70	*W. Kisch*[1]
8	Feinstes Erbsen-Semmelmehl von Jul. Maggi u. Co. in Kemptthal	„	11,51	26,81	2,07	55,87	1,13	2,64	30,18	63,13	4,83	*M. Wesener*[1]
	Mittel	.	**11,41**	**25,20**	**2,01**	**57,17**	**1,32**	**2,89**	**28,45**	**64,53**	**4,55**	

Linsenmehl.

No.	Bemerkungen	Zeit der Untersuchung	Wasser %	Stickstoff-Substanz %	Fett %	Kohlehydrate %	Holzfaser %	Asche %	In der Trocken-Substanz: Stick-stoff-Substanz %	In der Trocken-Substanz: Kohlehydrate %	Stickstoff in der Trocken-Substanz %	Analytiker
1		1879	13,25	22,71	0,84	60,77		2,42	26,18	—	4,19	*G. Heppe*[4]
2	Von C. H. Knorr in Heilbronn	1881	8,80	23,92	2,00	60,55 **)		2,80 **)	26,22	—	4,20	*Chem. Centralstelle in Stuttgart*[1]
3	Von C. H. Knorr in Heilbronn	1882	9,40	24,81	1,82	59,26 **)	2,03	2,68 **)	27,39	65,42	4,38	*v. d. Becke u. Cosack*[1]
4		1874	13,36	25,82	2,59	52,95	2,90	2,56	29,80	61,10	4,77	*E. Heiden*[5]
5	Von demselben	1887	9,03	28,86 *)	1,94	—	—	2,44	31,72	—	5,07	*F. Strohmer*[3]
6	desgl.	1888	10,53	26,62	1,82	57,11	1,11	2,81	29,75	63,83	4,76	*W. Kisch*[1]
	Mittel	.	**10,73**	**25,46**	**1,83**	**57,35**	**2,01**	**2,62**	**28,51**	**64,25**	**4,56**	

Sojabohnenmehl.

No.	Bemerkungen	Zeit der Untersuchung	Wasser %	Stickstoff-Substanz %	Fett %	Kohlehydrate %	Holzfaser %	Asche %	In der Trocken-Substanz: Stick-stoff-Substanz %	In der Trocken-Substanz: Kohlehydrate %	Stickstoff in der Trocken-Substanz %	Analytiker
1	Von C. H. Knorr in Heilbronn	1882	10,23	25,69	18,83	38,12 **)	2,75	4,36 **)	28,62	42,47	4,58	*v. d. Becke u. Cosack*[1]

[1]) Original-Mittheilung.

[2]) C. Voit: Anhaltspunkte zur Beurtheilung des eisernen Bestandes. S. 9.

[3]) Mittheil. d. chem. techn. Vers.-Stat. d. Centr.-Ver. f. Rübenzucker-Industrie in Oesterreich-Ungarn. Wien, 1888. Heft VIII.

[4]) C. A. Meinert: Armee- und Volksernährung. Berlin, 1880. I. Thl. S. 191.

[5]) Vers.-Stat. Pommritz.

*) Vergl. Anmerkung †††) Seite 624.

**) Es enthält:

	Linsenmehl No. 2	3	Sojabohnenmehl No. 1
In Wasser lösliche Stoffe . . .	14,50 %	16,15 %	21,29 %
Phosphorsäure in der Asche . .	1,10 „	1,05 „	0,98 „

Stärkemehlsorten.

No.	Bemerkungen	Zeit der Untersuchung	Wasser %	Stickstoff-Substanz %	Fett %	N-freie Extractstoffe %	Holzfaser %	Asche %	In der Trocken-Substanz: Stick-stoff-Substanz %	In der Trocken-Substanz: Stärke %	Stickstoff in der Trocken-Substanz %	Analytiker
1	Stärkemehl aus Mais	1854	16,0	0,69	—	Stärke 82,93	—	0,33	0,81	98,73	0,13	J. Dean[1])
2	Stärkemehl aus Mais	„	11,9	2,37	—	85,30	—	0,43	2,69	96,84	0,43	J. Dean[1])
3	Tapioka	„	13,3	0,63	—	85,95	—	0,12	0,75	99,13	0,12	J. Dean[1])
4	Arrowroot	„	16,5	0,88	—	82,41	—	0,21	1,06	98,70	0,17	J. Dean[1])
5	Sago	„	12,8	0,81	—	86,11	—	0,19	0,94	98,75	0,15	J. Dean[1])
6	Weizen-Stärke	„	11,3	1,12	—	87,05	—	0,53	1,25	98,01	0,20	J. Dean[1])
7	Weisses Sagomehl	„	16,14	3,75	—	79,88	—	0,22	4,50	95,25	0,72	P. J. Maier[2])
8	Rothes „	„	18,83	2,57	—	78,06	—	0,53	3,19	96,17	0,51	P. J. Maier[2])
9	Blaues „	„	18,47	2,45	—	78,16	—	0,94	3,00	95,99	0,48	P. J. Maier[2])
10	Tapioca-Stärke	„	15,56	0,35	—	84,05	—	0,39	0,44	99,54	0,07	C. Krauch[3])
11	Maizena	„	14,32	0,47	—	84,94	—	0,27	0,56	99,14	0,09	C. Krauch[3])
12	Sago	„	13,00	Spur	—	86,50	—	0,50	—	99,43	—	J. König[4])
13	Deutsche Kartoffelstärke . .	1880	17,03	0,51 *)	—	82,04	—	0,42	0,63	99,88	0,10	B. C. Niederstadt[3])
14	Französische „ . .	„	16,07	0,63 *)	—	82,92	—	0,38	0,69	98,80	0,11	B. C. Niederstadt[3])
15	Kartoffelstärke	1875	18,91	0,15	0,06	80,46	0,14	0,34 **)	0,18	99,05	0,03	Unbekannt[5])
16	desgl.	1874	19,78	0,42	0,06	79,27	0,14	0,33	0,52	98,03	0,08	Unbekannt[5])
17	desgl.	1875	22,42	1,19	0,02	76,07	0,03	0,27	1,53	96,00	0,24	Unbekannt[5])
18	desgl.	„	21,15	1,22	0,02	77,31	0,03	0,27	1,55	98,05	0,25	Unbekannt[5])
19	Weizenstärke, Mittel . . .	1878	15,60	2,47	0,13	81,10	0,33	0,37 **)	2,93	94,96	0,47	Unbekannt[5])
20	Arrow Root	?	15,75	1,75	0,10	81,16 ***)	0,05	0,19	2,08	97,52	0,33	F. Voigt[5])
21	Mondamin, °) Maisstärke . .	1880	11,97	0,48	Spur	87,22	Spur	0,32	0,55	99,08	0,09	Stood[3])
	Mittel	.	**16,04**	**1,18**	**0,06**	**82,13**	**0,13**	**0,36**	**1,42**	**97,83**	**0,22**	

Kartoffelmehl. †)

No.	Bemerkungen	Zeit der Untersuchung	Wasser %	Stickstoff-Substanz %	Fett %	N-freie Extractstoffe %	Holzfaser %	Asche %	In der Trocken-Substanz: Stick-stoff-Substanz %	In der Trocken-Substanz: Stärke %	Stickstoff in der Trocken-Substanz %	Analytiker
1	Russisches	1886	13,34	1,68 ††)	—	84,03	—	0,95	1,94	96,96	0,31	B. C. Niederstadt[3])
2	desgl.	„	16,50	0,59	—	82,04	—	0,87	0,29	98,25	0,11	B. C. Niederstadt[3])
3	desgl.	„	17,11	1,88	—	79,33	—	1,68	2,25	95,71	0,36	B. C. Niederstadt[3])
4	desgl.	„	20,33	0,66	—	78,44	—	0,57	0,81	98,46	0,13	B. C. Niederstadt[3])
5°°)	desgl.	„	18,62	0,32 ††)	—	80,30	—	0,76	0,38	98,67	0,06	B. C. Niederstadt[3])
	Mittel	.	**17,18**	**1,03**	—	**80,83**	—	**0,96**	**1,21**	**97,43**	**0,19**	

[1]) Value of different kinds of prepared vegetable food. Cambridge (Amerika) 1854.
[2]) Neues Jahrbuch f. Pharm. XXXI. S. 229.
[3]) Original-Mittheilung.
[4]) Zeitschr. f. Biologie 1876. S. 497.
[5]) Nach einer Privat-Mittheilung von Th. Dietrich-Marburg.

°) Dieses zur Zeit mit grosser Reclame angepriesene, zu den verschiedensten Zwecken auch als Kindernahrungsmittel empfohlene Nahrungsmittel ist nichts anderes wie reine Maisstärke.
°°) Hierin Spuren von Butter- und Milchsäure.

*) Incl. Faserstoffe.
**) In der Asche:

	No. 15	16	17	18	19
Reinasche . . .	0,15 %	0,15 %	0,16 %	0,16 %	0,19 %
Sand	0,19 „	0,18 „	0,11 „	0,11 „	0,18 „

***) Mit 80,00 % reinem Stärkemehl.
†) H. Wachter fand in 2 Proben Kartoffelmehl 73,55 % resp. 65,47 % Stärkemehl.
††) Incl. Spuren von Faserstoff.

Praeparirte Mehle.

Nudeln, Maccaroni.

No.	Bemerkungen	Zeit der Untersuchung	Wasser %	Stickstoff-Substanz %	Fett %	N-freie Extractstoffe %	Holzfaser %	Asche %	In der Trocken-Substanz: Stick-stoff-Substanz %	In der Trocken-Substanz: Kohle-hydrate %	Stickstoff in der Trocken-Substanz %	Analytiker
1		1854	9,90	9,69	—	—	—	0,98	10,69	—	1,71	*J. Dean*[1])
2	Sternform	1875	14,01	8,69	0,32	76,49	—	0,49	10,13	88,95	1,62	*J. König u. B. Farwick*[2])
3	Stengelform	„	15,86	8,19	0,29	75,06	—	0,60	9,75	89,21	1,56	
4		?	12,50	9,50	0,30	76,40	—	1,30	10,25	87,31	1,74	*Boussingault*[3])
5	Macaroni[0]) aus Japan	1884	73,48	2,95	0,21	22,54	—	0,82	11,12	85,00	1,78	*Nagai u. Murai*[4])
6	Vermicelli[0]) aus Japan	„	14,05	11,15	0,86	67,47	—	6,51	12,97	78,47	2,08	
	Mittel (No. 1—4)	.	**13,07**	**9,02**	**0,30**	**76,77**	—	**0,84**	**10,80**	**88,31**	**1,75**	
	Liebig's Backmehl.*)											
1		1878	13,82	8,81	0,44	74,55	0,50	1,88	10,25	86,51	1,64	*C. Krauch*[5])
	Liebig's Puddingpulver.)**											
1	Vanille-Pudding	1878	12,59	1,81	3,01	78,45	3,63	0,50	2,06	89,75	0,33	*J. König u. C. Krauch*[5])
2	?	„	13,35	2,37	3,73	79,32	0,44	0,79	2,75	91,31	0,44	
	Mittel	.	**12,97**	**2,09**	**3,37**	**78,93**	**2,04**	**0,64**	**2,40**	**90,53**	**0,38**	
	Praeparirtes Hafermehl oder cond. Hafergrütze.											
1[00])		1880	9,1	9,8	5,2	70,5		(5,4)	10,78	—	1,72	*E. Jacobsen*[6])
2		?	8,7	11,17	7,50	71,6		1,50	12,23	—	1,96	
3	Von W. C. H. Weibezahn in Fischbeck	1879	8,23	9,50	6,21	73,37	1,40	1,29	10,36	79,97	1,66	*J. König*[5])
4[000])	Von W. C. H. Weibezahn in Fischbeck	1882	10,32	10,63 ***)	7,10	71,00 ***)		0,95 ***)	11,85	—	1,86	*A. Stutzer*[7])

[1]) Value of different kinds of prepared vegetable food. Cambridge, 1854.
[2]) Zeitschr. f. Biologie 1876. S. 497.
[3]) Arch. f. Pharm. Bd. 207. S. 473.
[4]) Japan. Intern. Health Exhibitation. London, 1884. A. Descriptive Catalogue. p. 18.
[5]) Original-Mittheilung.
[6]) C. A. Meinert: Armee- und Volksernährung. Berlin, 1880. I. Th. S. 195 u. 457.
[7]) Repertorium f. analyt. Chem. 1882. S. 163 u. Bericht über die Hygiene-Ausstellung 1882/83. Breslau, 1885. S. 215.

[0]) Beide (Macaroni u. Vermicelli) werden in Japan durch Kneten und Verarbeiten von Weizenmehl mit Wasser und Salz hergestellt. Es ergaben:

	Zucker	Dextrin
No. 5 Macaroni . . .	0,73 %	—
No. 6 Vermicelli . . .	2,36 „	1,46 %

[00]) Aus der internationalen Konservenfabrik in Berlin; wurde in Oberschlesien zur Zeit des Nothstandes 1880 in den Schulküchen und Suppenanstalten verwendet.

[000]) Bei dieser Probe waren in Wasser lösliche Substanzen: 1,14 % Zucker, 2,48 % Dextrin + Gummi, 1,05 % Albumin und 0,79 % Salze.

*) Durch Vermischen von Mehl mit Natriumbicarbonat und Calciummonophosphat hergestellt; die Probe ergab 0,49 % Kohlensäure.

**) Gemische von Stärkemehl mit Gewürzen.

***) Die N-Substanz und N-freien Extractstoffe bestehen aus:

	N-Substanz: Gesammtmenge	N-Substanz: Eiweiss	N-Substanz: Lösliches Nichteiweiss	N-Substanz: Unlösliche N-Substanz	N-freie Extractstoffe: Zucker u. Dextrin etc.	N-freie Extractstoffe: Stärkemehl	N-freie Extractstoffe: Sonstige N-freie Stoffe	P_2O_5 in der Asche
Hafermehl No. 4 .	10,63 %	9,12 %	1,44 %	0,07 %	—	69,29 %	3,22 %	0,586
„ „ 5 .	10,75 „	9,87 „	0,82 „	0,06 „	—	—	—	0,673
„ „ 6 .	11,21 „	9,98 „	—	1,23 „	2,71 %	64,52 „	2,35 %	0,680
Hafermaltose No. 1	9,98 „	8,81 „	0,61 „	0,56 „	5,09 „	64,70 „	0,82 „	0,493
„ „ 2	—	—	—	—	51,18 „	21,91 % (Stärkemehl + Sonstige)		—
„ „ 3	—	—	—	—	24,33 „	42,72 „		—
„ „ 5	—	—	—	—	41,98 „	25,65 „		—

No.	Bemerkungen	Zeit der Untersuchung	Wasser %	Stickstoff-Substanz %	Fett %	Kohlehydrate %	Holzfaser %	Asche %	In der Trocken-Substanz: Stick-stoff-Substanz %	In der Trocken-Substanz: Kohle-hydrate %	Stickstoff in der Trocken-Substanz %	Analytiker
5	Von C. H. Knorr in Heilbronn	1882	10,61	10,75	5,73	71,48		1,42 *)	12,03	—	1,92	A. Stutzer[1])
6		„	9,17	11,21 *)	8,62	68,16 *)		2,82 *)	12,34	—	1,97	
7		1881	8,70	14,63	5,70	67,87		1,35	16,02	—	2,56	Chem. Centralstelle i. Stuttg.[2])
8		1882	9,76	12,38	6,99	68,80	0,59	1,48	13,42	76,23	2,15	v. d. Becke, Cosack u. Stood[2])
9		1887	9,52	11,56	6,96	70,07	0,73	1,16	12,77	77,43	2,04	
	Mittel	.	**9,34**	**11,29**	**6,67**	**70,30**	**0,91**	**1,49**	**12,45**	**77,54**	**1,99**	

Hafermaltose resp. lösliches Hafermehl.

No.	Bemerkungen	Zeit der Untersuchung	Wasser %	Stickstoff-Substanz %	Fett %	Kohlehydrate %	Holzfaser %	Asche %	In der Trocken-Substanz: Stick-stoff-Substanz %	In der Trocken-Substanz: Kohle-hydrate %	Stickstoff in der Trocken-Substanz %	Analytiker
1	Lösliches Hafermehl von H. Timpe-Magdeburg . . .	1882	12,38	9,98 *)	4,95	70,61 *)		2,08 *)	11,39	—	1,82	A. Stutzer[1])
2	Hafermaltose	1883	8,96	10,31	5,81	73,49 *)		1,43	11,32	—	1,81	J. Cosack[2])
3		„	10,36	13,81	7,12	67,05 *)		1,66	15,41	—	2,47	
4	Gebhardt's Hafermalzmehl .	1885	13,10	8,50	3,18	72,76 **)	1,23	1,23	9,78	83,75	1,56	E. Geissler[3])
5	Hafermaltose von Stractmann u. Meyer in Bielefeld . .	1887	10,22	14,06	6,16	67,63 *)	0,75	1,18	15,66	75,34	2,51	E. Fricke[2])
	Mittel	.	**11,00**	**11,33**	**5,44**	**69,72**	**0,99**	**1,52**	**12,73**	**78,33**	**2,03**	

Praeparirtes Reismehl.

No.	Bemerkungen	Zeit der Untersuchung	Wasser %	Stickstoff-Substanz %	Fett %	Kohlehydrate %	Holzfaser %	Asche %	In der Trocken-Substanz: Stick-stoff-Substanz %	In der Trocken-Substanz: Kohle-hydrate %	Stickstoff in der Trocken-Substanz %	Analytiker
1	Von C. H. Knorr in Heilbronn	1882	12,59	5,56	0,96	79,94 ***)	0,10	0,77	6,36	91,45	1,02	v. d. Becke u. Cosack[2])
2		1888	13,05	8,25	0,37	77,68	0,26	0,39	9,49	89,34	1,52	W. Kisch[4])
	Mittel	.	**12,82**	**6,91**	**0,67**	**78,84**	**0,18**	**0,58**	**7,93**	**90,39**	**1,27**	

Gerstenschleimmehl.

No.	Bemerkungen	Zeit der Untersuchung	Wasser %	Stickstoff-Substanz %	Fett %	Kohlehydrate %	Holzfaser %	Asche %	In der Trocken-Substanz: Stick-stoff-Substanz %	In der Trocken-Substanz: Kohle-hydrate %	Stickstoff in der Trocken-Substanz %	Analytiker
1	Von C. H. Knorr in Heilbronn	1882	12,01	8,31	2,07	74,88 †)	1,12	1,61	9,44	85,10	1,51	v. d. Becke u. Cosack[2])
2		1887	10,98	7,56	0,79	79,60 ††)	0,45	0,76	8,49	89,39	1,36	
3		„	9,82	8,03 †††)	1,27	—	—	1,85	8,94	—	1,43	F. Strohmer[5])
	Mittel	.	**10,94**	**7,97**	**1,38**	**77,51**	**0,79**	**1,41**	**8,96**	**86,93**	**1,43**	

[1]) Repertorium f. analyt. Chem. 1882. S. 163 u. Bericht über d. Hygiene-Ausstellung 1882/83. Breslau 1885. S. 215.
[2]) Original-Mittheilung.
[3]) Pharm. Centralhalle. Bd. 26. S. 524.
[4]) Original-Mittheilung.
[5]) Bericht über die Thätigkeit der chem.-techn. Vers.-Stat. f. Rübenzucker-Industrie in Oesterreich-Ungarn pro 1887/88. Wien, 1888. S. 11.

*) Vergl. Anmerkung ***) Seite 627.
**) Hiervon sofort löslich: 17,48 %, nach 2stündiger Digestion: 70,80 %.
***) Mit 2,07 % in Wasser löslichen Stoffen.

†) Mit 6,48 % in Wasser löslichen Stoffen.
††) Mit 3,35 % in Wasser löslichen Kohlehydraten.
†††) Für die N-Substanz wurde ferner gefunden:

	Gerstenschleimmehl	Grünkern-Extract	Grünkernsuppe
Eiweiss	7,81 %	6,31 %	8,56 %
Nichteiweissartige N-Substanz	0,22 „	2,67 „	1,85 „
Von 100 N-Substanz nach Stutzer verdaulich	90,42 %	92,07 %	86,54 %

Grünkern-Extract (von unreifem Spelz).

No.	Bemerkungen	Zeit der Untersuchung	Wasser %	Stickstoff-Substanz %	Fett %	Kohlehydrate %	Holzfaser %	Asche %	In der Trocken-Substanz: Stick-stoff-Substanz %	In der Trocken-Substanz: Kohle-hydrate %	Stickstoff in der Trocken-Substanz %	Analytiker
1	Von C. H. Knorr in Heilbronn	1882	11,09	8,93	1,85	76,28 *)	0,57	1,28 **)	10,06	85,79	1,61	*v. d. Becke u. Cosack* [1])
2	Von C. H. Knorr in Heilbronn	1887	6,53	8,98 ***)	1,62	—	—	16,19	9,48	—	1,52	*F. Strohmer* [2])

Grünkern-Suppe.

No.	Bemerkungen	Zeit	Wasser %	Stickstoff-Substanz %	Fett %	Kohlehydrate %	Holzfaser %	Asche %	Stickstoff-Substanz (Trocken) %	Kohlehydrate (Trocken) %	Stickstoff in der Trocken-Substanz %	Analytiker
1	Von demselben	1887	9,53	10,41 ***)	3,28	—	—	1,68	11,51	—	1,85	*F. Strohmer* [2])

Tapioca-Julienne (Reis mit Suppenkräutern).

No.	Bemerkungen	Zeit	Wasser %	Stickstoff-Substanz %	Fett %	Kohlehydrate %	Holzfaser %	Asche %	Stickstoff-Substanz (Trocken) %	Kohlehydrate (Trocken) %	Stickstoff in der Trocken-Substanz %	Analytiker
1	Von C. H. Knorr in Heilbronn	1882	12,33	5,31	0,73	78,49 †)	1,72	1,47 ††)	6,06	89,47	0,97	*v. d. Becke u. Cosack* [1])
2	Von C. H. Knorr in Heilbronn	1887	11,50	(0,39) †††)	0,69	—	—	1,60	(0,44)	—	(0,97)	*F. Strohmer* [2])

Julienne, feine Mischung.

No.	Bemerkungen	Zeit	Wasser %	Stickstoff-Substanz %	Fett %	Kohlehydrate %	Holzfaser %	Asche %	Stickstoff-Substanz (Trocken) %	Kohlehydrate (Trocken) %	Stickstoff in der Trocken-Substanz %	Analytiker
1	Von demselben	1887	7,33	11,16 †††)	1,79	—	—	5,35	12,04	—	1,92	*F. Strohmer* [2])

Eiergerstel.

No.	Bemerkungen	Zeit	Wasser %	Stickstoff-Substanz %	Fett %	Kohlehydrate %	Holzfaser %	Asche %	Stickstoff-Substanz (Trocken) %	Kohlehydrate (Trocken) %	Stickstoff in der Trocken-Substanz %	Analytiker
1	Von demselben	1887	10,16	12,22 †††)	1,96	—	—	0,57	13,60	—	2,16	*F. Strohmer* [2])

Praeparirte Leguminosenmehle, Malto-Leguminose etc.

No.	Bemerkungen	Zeit	Wasser %	Stickstoff-Substanz %	Fett %	N-freie Extractstoffe löslich %	N-freie Extractstoffe unl. %	Asche %	Stickstoff-Substanz (Trocken) %	Lösl. Kohlehydr. (Trocken) %	Stickstoff in der Trocken-Substanz %	Analytiker
	Liebig's Malto-Legumin . .	1879	9,42	20,47	1,34	16,25	49,41	3,01	22,60	17,95	3,61	*N. Gerber* [3])
	Malto-Leguminose von Starker und Pobuda in Stuttgart .	1882	8,01	21,93 †*)	1,72	5,44	49,84 †*)	3,06 †*)	23,84	5,91	3,81	*A. Stutzer* [4])

---

[1]) Original-Mittheilung.

[2]) Bericht über die Thätigkeit d. chem.-techn. Vers.-Stat. d. Vereins f. Rübenzucker-Industrie in Oesterreich-Ungarn pro 1887/88. Wien, 1888. S. 11.

[3]) Nach einer Zusammenstellung von N. Gerber in Milchztg. 1887. 9. S. 359.

[4]) Repertorium f. analyt. Chemie 1882. S. 164 u. Bericht über d. Hygiene-Ausstellung 1882/83. Breslau, 1885. S. 217.

*) Mit 16,01 % in Wasser löslichen Stoffen.

**) Mit 0,54 % Phosphorsäure.

***) Vergl. Anmerkung †††) Seite 628.

†) Mit 29,37 % in Wasser löslichen Stoffen.

††) Mit 0,36 % Phosphorsäure.

†††) Für die N-Substanz wurde gefunden:

	Tapioca-Julienne	Julienne, feine Mischung	Eiergerstel
Eiweiss	(0,24 %)	6,63 %	8,56 %
Nichteiweissartige N-Substanz	(0,15 „)	4,53 „	3,66 „
Von 100 N-Substanz nach Stutzer verdaulich	(36,73 %)	92,99 %	87,29 %

†*) Hierin wurden noch an näheren Bestandtheilen bestimmt:

	Stickstoff-Substanz: Gesammtmenge	Stickstoff-Substanz: Eiweiss	Stickstoff-Substanz: Lösliches Nichteiweiss	Stickstoff-Substanz: Unlösliche N-Substanz	Von den unlöslichen Kohlehydraten Stärkemehl	Phosphorsäure in der Asche
Malto-Legum. von Starker u. Pobuda	21,93 %	18,81 %	1,89 %	1,23 %	54,17 %	0,923 %
Lösl. Legum. von Timpe	21,18 „	18,12 „	2,25 „	0,81 „	39,73 „	0,751 „
Revalescierre von Du Barry . . .	23,56 „	19,96 „	0,81 „	2,78 „	48,21 „	0,911 „
Sparsuppenmehl von Knorr	23,00 „	20,97 „	0,87 „	1,16 „	42,30 „	0,729 „
Leguminose-Mischung I von Knorr .	27,81 „	22,22 „	3,81 „	1,78 „	44,31 „	0,689 „

No.	Bemerkungen	Zeit der Untersuchung	Wasser %	Stickstoff-Substanz %	Fett %	N-freie Extractstoffe löslich %	N-freie Extractstoffe unlöslich %	Holzfaser %	Asche %	In der Trocken-Substanz Stick-stoff-Substanz %	In der Trocken-Substanz Lösliche Kohle-hydrate %	Stickstoff in der Trocken-Substanz %	Analytiker
	Lösliche Leguminose von H. Timpe in Magdeburg . .	1882	14,96	21,18 *)	1,87	14,55	44,21 *)	—	3,23 *)	24,91	17,11	3,99	*A. Stutzer*[1])
	Leguminosen-Malzmehl von O. Gebhard in Meissen .	1885	12,00	19,32	1,50	31,60	31,76	1,80	2,02 **)	21,95	35,90	3,51	*Geissler*[2])
	Revalescierre[0]) von Du Barry in London	1882	10,56	23,56 *)	1,55	9,80	52,22 *)	—	2,31 *)	26,34	10,96	4,21	*A. Stutzer*[1])
	Sparsuppenmehl v. C. H. Knorr in Heilbronn	„	10,54	23,00 *)	2,20	12,86	48,98 *)	—	2,42 *)	25,71	14,38	4,11	*A. Stutzer*[1])
	Leguminose-Misch. I.[00])												
1	Von C. H. Knorr in Heilbronn	„	8,76	27,81 *)	2,22	8,41	50,13 *)	—	2,67 *)	30,48	9,22	4,88	*A. Stutzer*[1])
2	Von C. H. Knorr in Heilbronn	1888	11,68	26,43	1,68	56,45		0,88	2,88	29,92	—	4,79	*W. Kisch*[3])
3	desgl. von Hartenstein u. Co. in Chemnitz	1882	10,63	23,58 ***)	2,17	6,25	55,05 ***)	—	2,32 ***)	26,36	6,99	4,22	*A. Stutzer*[4])
4	desgl. von Hartenstein u. Co. in Chemnitz	1883	12,91	24,12	1,35	57,24		0,73	4,36	27,42	—	4,39	*J. König*[3])
	Mischung I, Mittel	.	**10,99**	**25,49**	**1,85**	**7,21**	**50,58**	**0,82**	**3,06**	**28,63**	**8,11**	**4,59**	
	Mischung II.												
1	Von demselben	1882	11,92	22,26 ***)	1,72	10,93	51,37 ***)	—	1,80 ***)	25,27	12,41	4,04	*A. Stutzer*[4])
2	desgl., von C. H. Knorr in Heilbronn	1888	11,38	18,50	2,07	64,80		0,98	2,27	20,87	—	3,34	*W. Kisch*[3])
	Mischung II, Mittel	.	**11,65**	**20,38**	**1,89**	**10,96**	**52,10**	**0,98**	**2,04**	**23,07**	**12,41**	**3,69**	
	Mischung III.												
1	Von Hartenstein u. Co. in Chemnitz	1882	12,47	17,13	1,38	10,97	56,48	—	1,57	19,56	12,53	3,13	*A. Stutzer*[4])
2	Von Hartenstein u. Co. in Chemnitz	1883	13,55	20,50	1,44	61,84		0,68	1,99	23,72	—	3,79	*J. König*[3])
3	desgl. von C. H. Knorr in Heilbronn	1887	10,17	14,31	1,41	11,22	61,56	0,75	1,58	15,93	11,38	2,55	*J. König*[3])
4	desgl. von C. H. Knorr in Heilbronn	1888	11,33	19,37	1,13	65,35		0,68	2,14	21,84	—	3,49	*W. Kisch*[3])
	Mischung III, Mittel	.	**11,88**	**17,83**	**1,34**	**10,54**	**55,89**	**0,70**	**1,82**	**20,24**	**11,96**	**3,28**	

[1]) Repertorium f. analyt. Chem. 1882. S. 164 u. Bericht über die Hygiene-Ausstellung 1882/83. Breslau 1885. S. 217.
[2]) Pharm. Centralhalle 1885. S. 393.
[3]) Original-Mittheilung.
[4]) Bericht über die 1. allgemeine deutsche Hygiene-Ansstellung 1882/83. Breslau, 1885. S. 217.

[0]) Die Revalescierre, welche ohne Zweifel vorwiegend aus Leguminosenmehl besteht, soll ein Heilmittel sein gegen 70—80 verschiedene Krankheiten.
[00]) Die Hartenstein'schen u. Knorr'schen Leguminosen-Mischungen bestehen aus Gemischen von feinsten Leguminosenmehlen mit Getreidemehlen; die 3 Sorten unterscheiden sich durch einen steigenden Gehalt von Getreidemehl.

) Vergl. Anmerkung †) Seite 629.
**) Mit 0,6 % Phosphorsäure.
***) Hierin wurden noch an näheren Bestandtheilen bestimmt:

	Stickstoff-Substanz Gesammtmenge	Stickstoff-Substanz Eiweiss	Stickstoff-Substanz Lösliches Nichteiweiss	Unlösliche N-Substanz	Von den unlöslichen Kohlehydraten Stärkemehl	Phosphorsäure in der Asche
Hartenstein's Leguminose I. No. 3 .	23,58 %	20,01 %	2,69 %	0,88 %	50,71 %	0,765 %
„ „ II. No. 1 .	22,26 „	18,64 „	3,05 „	0,57 „	48,21 „	0,813 „
„ „ III. No. 1 .	17,13 „	14,61 „	1,96 „	0,56 „	50,17 „	0,653 „

No.	Bemerkungen	Zeit der Untersuchung	Wasser %	Stickstoff-Substanz %	Fett %	Kohlehydrate %	Holzfaser %	Asche %	In der Trocken-Substanz: Stick-stoff-Substanz %	In der Trocken-Substanz: Fett %	Stickstoff in der Trocken-Substanz %	Analytiker
	Kraftsuppenmehl von Ferd. Scheller in Hildburghausen	1877	6,66	20,26	1,88	68,11		3,09	22,02	—	3,52	*v. Loesecke*[1]
	Suppentafeln v. Dr. Naumann in Plauen	1879	11,41	21,00	3,05	53,17		11,37	23,71	—	3,79	*G. Heppe*[2]
	Sog. Kraft u. Stoff, von der deutschen Warte für öffentliche Gesundheits-Pflege in Eisenach	1877	10,00	21,04	1,55	64,22		3,19	23,38	—	3,74	*v. Loesecke*[1]

Leguminose-Maggi.*)

Von Jul. Maggi u. Co. in Kempthal (Schweiz) (Nr. 1–14)

No.	Bemerkungen	Zeit der Untersuchung	Wasser %	Stickstoff-Substanz %	Fett %	Kohlehydrate %	Holzfaser %	Asche %	In der Trocken-Substanz: Stickstoff-Substanz %	In der Trocken-Substanz: Fett %	Stickstoff in der Trocken-Substanz %	Analytiker
1	Marke A	18 85/87	12,87	23,21	1,76	59,27		2,89 **)	25,65	2,02	4,10	*E. Schumacher-Kopp*[3] (Nr. 1–10)
2	„ B	„	12,40	17,21	1,63	67,33		1,43	19,64	1,86	3,14	
3	„ C	„	12,76	19,42	1,51	63,69		2,60	22,26	1,73	3,56	
4	„ AA	„	9,27	30,50	6,44	49,50		3,60	33,61	7,10	5,38	
5	„ BB	„	12,24	27,19	6,20	50,92		3,45	30,97	7,06	4,96	
6	„ CC	„	10,92	19,25	4,21	63,17		2,45	21,62	4,73	3,46	
7	„ AAA . . .	„	12,00	28,60	14,60	39,58		5,22	32,49	16,59	5,20	
8	„ BBB . . .	„	11,10	27,41	14,23	43,85		3,41	30,84	16,01	4,93	
9	„ CCC . . .	„	11,40	20,21	12,63	53,33		2,48 **)	22,82	14,26	3,65	
10	„ A, mager . .	1888	11,46	25,87	2,00	55,95	1,05	3,67	29,22	2,26	4,67	
11	„ AA, fett . .	„	10,65	29,66	6,54	47,46	1,60	4,09	33,19	7,32	5,31	*M. Wesener*[4] (Nr. 11–14)
12	„ CC, fett . .	„	11,06	20,75	6,15	58,26	0,91	2,87	23,33	6,91	3,73	
13	Leguminose-Maggi, mager	„	11,52	20,25	2,04	61,95	1,23	3,01	22,88	2,31	3,66	
14	desgl., fett	„	10,80	23,68	6,96	52,83	1,81	3,92	26,55	7,80	4,25	

Sojabohnen-Praeparat, gt. „Miso."

No.	Bemerkungen	Zeit der Untersuchung	Wasser %	Stickstoff-Substanz %	Fett %	Kohlehydrate %	Holzfaser %	Asche %	In der Trocken-Substanz: Stickstoff-Substanz %	In der Trocken-Substanz: Fett %	Stickstoff in der Trocken-Substanz %	Analytiker
1	Von Jul. Maggi u. Co. in Kempthal	1888	12,53	26,43	13,91	19,54	1,41	26,18	30,21	15,90	4,83	*W. Kisch*[4]

[1]) Archiv f. Pharm. 1877. Bd. I. S. 415.

[2]) C. A. Meinert: Armee- und Volksernährung. I. Thl. Berlin, 1880. S. 415.

[3]) Chem. Ztg. 1885. S. 487 u. 1887. S. 1395.

[4]) Original-Mittheilung.

*) Unter diesem Namen werden in der Schweiz aus Leguminosen und kleberreichen Getreidesorten Volksnahrungsmittel hergestellt, welche den verschiedenen Ansprüchen in Hinsicht auf Nährkraft, Geschmack, Schnelligkeit der Zubereitung und billigen Preis entsprechen sollen. Durch ein besonderes Zubereitungsverfahren soll nicht nur die Stärke theilweise in Dextrin und Zucker übergeführt, sondern auch das Eiweiss löslich erhalten werden. Das Fett in den fettreichen Marken wird denselben nicht durch Zusatz irgend welcher thierischer oder fremdartiger pflanzlicher Fette verliehen, sondern lediglich durch die Beimengung sehr fettreicher Bohnenarten (Sojabohne).

**) In der Asche war Phosphorsäure

Leguminose-Magge No.	1	2	3	4	5	6	7	8	9
Phosphorsäure	1,40 %	2,42 %	1,32 %	1,40 %	1,45 %	1,39 %	1,47 %	1,55 %	1,42 %

Sonstige Praeparate aus Sojabohne.

I. Miso.*)

	Bemerkungen	Zeit der Untersuchung	Wasser %	Stickstoff-Substanz %	Fett %	Kohlehydrate %	Holzfaser %	Asche %	In der Trocken-Substanz: Stick-stoff-Substanz %	In der Trocken-Substanz: Fett %	Stickstoff in der Trocken-Substanz %	Analytiker
1	Weisser	1882	50,7	5,7	24,4		12,6	6,6	11,56	—	1,87	Edw. Kirch[1])
2	Rother	„	50,40	10,08	18,77**)		8,25	12,50	20,32	—	3,25	

II. Tofu (oder Bohnenkäse).

	Bemerkungen	Zeit der Untersuchung	Wasser %	Stickstoff-Substanz %	Fett %	Kohlehydrate %	Holzfaser %	Asche %	In der Trocken-Substanz: Stick-stoff-Substanz %	In der Trocken-Substanz: Fett %	Stickstoff in der Trocken-Substanz %	Analytiker
1	Frisch	1882	89,0	5,0	3,4	2,1	—	0,5	45,45	30,91	7,27	derselbe[1])
2	Gefroren	„	18,7	48,5	28,5	2,6	—	1,7	59,65	35,05	9,54	

Dextrinmehl.

Bemerkungen					N-freie Extractstoffe löslich	N-freie Extractstoffe unlösl.			Lösl. Kohle-hydr.		
Sambuc's Dextrinmehl . .	1877	6,39	10,12	0,88	52,42	29,93	1,04	10,81	56,00	1,73	N. Gerber[2])
	„	6,53	10,59	0,62	63,50	17,75	1,01	11,33	67,93	1,81	Piecard[2])
Mittel	.	**6,46**	**10,36**	**0,75**	**57,96**	**23,84**	**1,03**	**11,07**	**61,97**	**1,77**	

Mehl-Extracte.

No.	Bemerkungen	Zeit der Untersuchung	Wasser %	Stickstoff-Substanz %	Fett %	Kohlehydrate löslich Zucker %	Kohlehydrate löslich Dex-trin %	Kohlehydrate un-lös-lich %	Asche %	In der Trocken-Substanz: Stick-stoff-Substanz %	In der Trocken-Substanz: Kohle-hydrate %	Stickstoff in der Trocken-Substanz %	Analytiker
1	Gerstenm. oder Malzextract***)	1881	2,02	7,02	0,22	32,02	56,00	0,42	1,64 †)	7,13	89,74	1,14	E. Geissler[3])
2	Weizenmehl-Extract***) . .	„	4,06	6,35	0,20	25,06	60,06	0,61	2,10 †)	6,75	78,31	1,08	
3	Leguminosen- „ ***) . .	„	1,95	13,45	0,30	28,08	47,05	2,00	5,30 †)	13,69	76,62	2,19	
4	Malz-extract Ed. Löfflund, in Stuttgart	1882	25,58	3,60 ††)	—		69,76		1,06 †††)	4,84	93,76	0,77	A. Stutzer[4])
5	Malz-extract M. Koch u. Co. in Stuttgart	„	33,11	2,50 ††)	—		63,46		0,93 †††)	3,74	94,87	0,60	

[1]) Centralbl. für Agric. Chem. 1882. S. 753 und Nagai u. Murai: Japan, International Health Exhibitation. London, 1884. S. 18.

[2]) Nach einer Zusammenstellung von N. Gerber in Milchztg. 1879. S. 359.

[3]) Repertorium f. analyt. Chemie 1881. Bd. 1. S. 150.

[4]) Bericht über die Hygiene-Ausstellung 1882/83. Breslau, 1885. S. 217.

*) Der „Miso“ wird in der Weise aus Sojabohnen bereitet, dass man die durchweichten und durchkochten Bohnen mit Salz unter Zusatz von etwas gekochtem, geschältem Reis zu einem Brei vermischt; der „Tofu“ (oder Bohnenkäse) in der Weise, dass man die Sojabohnen (Körner und Hülsen) mit Wasser extrahirt und die wässerige Lösung mit Kochsalz fällt. Die Extractionsrückstände, der Sojabohnenkuchen, ergaben:

Wasser	Stickstoff-Substanz	Fett	Kohlehydrate	Holzfaser	Asche
13,4 %	40,3 %	7,5 %	28,1 %	5,5 %	5,2 %

Ueber die Darstellung von „Sohu“ oder „Soya“ aus Sojabohnen vergl. unter „Käufliche Saucen“ S. 241.

**) Mit 0,61 % Zucker.

***) Mehl-Extracte No. 1—3 von Gehe & Co. in Dresden in den Handel gebracht.

†) Darin:

	No. 1	2	3	4	5
Phosphorsäure . .	0,55 %	0,81 %	0,88 %	0,512 %	0,350 %

††) Die N-Substanz zerfällt in:

	Eiweiss	Pepton	Lösliches Nichteiweiss
Malzextract von Löfflund . .	0,77 %	0,65 %	2,18 %
„ „ Koch & Co. .	1,67 „	0,39 „	0,44 „

†††) Vergl. Anmerkung **) Seite 633.

No.	Bemerkungen		Zeit der Untersuchung	Wasser %	Stickstoff-Substanz %	Fett %	Kohlehydrate löslich Zucker %	Kohlehydrate löslich Dextrin %	Kohlehydrate unlöslich %	Asche %	In der Trocken-Substanz Stickstoff-Substanz %	In der Trocken-Substanz Kohlehydrate %	Stickstoff in der Trocken-Substanz %	Analytiker
6	Aus Klebreis	auf Japan zubereitet	1884	15,36	0,78	0,05	47,92 *)	36,09	—	0,24	0,93	99,22	0,15	*Nagai u. Murai* [1])
7	Aus Klebreis	auf Japan zubereitet	„	16,77	0,94	0,05	53,19	28,96	—	0,41	1,13	98,66	0,18	*Nagai u. Murai* [1])
8	Aus gewöhnl. Reis	auf Japan zubereitet	„	17,42	1,63	0,07	56,46	24,69	—	0,53	1,92	98,27	0,31	*Nagai u. Murai* [1])
9	Aus Klebreis	auf Japan zubereitet	„	13,31	1,76	0,04	49,08	35,97	—	0,22	2,03	98,03	0,32	*Nagai u. Murai* [1])
10	Aus gewöhnl. Reis	auf Japan zubereitet	„	17,41	1,51	0,06	59,77 *)	21,91	—	0,37	1,83	99,04	0,29	*Nagai u. Murai* [1])
11 **)	Malzextract	Von Ed. Löfflund	1885	25,4	3,63 **)	—	72,10			1,00	4,86	96,61	0,78	*Ch. Girard* [2])
12 **)	desgl. mit Pepsin	Von Ed. Löfflund	„	23,7	3,33	—	73,80			1,10	4,37	96,75	0,70	*Ch. Girard* [2])
13 **)	desgl. von Liebe		„	23,8	3,63 **)	—	74,10			1,10	4,76	97,22	0,76	*Ch. Girard* [2])

Kleber-Bisquit.

No.	Bemerkungen		Zeit	Wasser	Stickstoff-Substanz	Fett	N-fr. Extractstoffe	Asche	Stick-stoff-Substanz	Kohle-hydrate	Stickstoff	Analytiker
1	Bisquit (rund)	Aus Paris	1877	9,1	44,9	3,6	40,2	2,2	49,38	44,22	7,90	*v. Loesecke* [3])
2	desgl., gespalten	Aus Paris	„	10,7	22,9	3,1	61,9	1,4	19,31	69,31	3,09	*J. Boussingault* [4])
3	Kleber-Macaroni	Aus Paris	„	12,2	21,3	1,0	64,7	0,8	24,31	73,76	3,89	*J. Boussingault* [4])
		Mittel	.	**10,67**	**29,70**	**2,57**	**55,59**	**1,47**	**31,00**	**62,43**	**4,96**	

Kleber-Brod.***)

No.	Bemerkungen	Zeit	Wasser	Stickstoff-Substanz	Fett	N-fr. Extractstoffe	Asche	Stick-stoff-Substanz	Kohle-hydrate	Stickstoff	Analytiker
1	Von P. Ossion-Paris	1879	9,60	57,62	1,61	29,71	1,46	63,69	32,86	10,19	*K. Birnbaum* [5])
2	Kleberbrod	„	8,47	76,37	2,00	10,53	2,63	85,69	11,50	13,55	*K. Birnbaum* [5])
3	desgl. mit 10 % Mehl	„	8,40	74,50	1,80	12,70	2,60	81,31	13,86	13,01	*K. Birnbaum* [5])
4	desgl. mit 10 % Kleie	„	8,73	73,44	2,92	12,81	2,10	80,44	14,03	12,87	*K. Birnbaum* [5])
5	Kleber-Mandelbrod***)	„	7,20	57,31	19,06	12,67	3,76	61,75	13,65	9,88	*K. Birnbaum* [5])
6	Kleber-Inulinbrod***)	„	8,75	58,31	2,55	27,24	3,15	63,88	29,85	10,22	*K. Birnbaum* [5])

---

[1]) Japan. Internat. Health Exhibitation. London, 1884. A. Descriptive Catalogue etc. p. 24.

[2]) Documents sur les falsifications etc. Laboratoire Municipal. Paris, 1885. p. 232.

[3]) Arch. f. Pharm. 1877. Bd. I. S. 415.

[4]) Ibidem. Bd. 207. S. 473.

[5]) Dingler's polytechn. Journal 1879. Bd. 233. S. 322.

*) In den von Nagai u. Murai untersuchten Mehlextracten ist der Zucker als „Maltose" aufgeführt.

**) Die Stickstoffverbindungen und die sacharificirenden Eigenschaften etc. bei No. 11—13 waren folgende:

	Phosphorsäure	Gesammt-N	Eiweiss-N oder Eiweiss	Pepton-N oder Pepton	Amid-N	100 Thle. verzuckern Stärke
No. 11	0,32 %	0,58 %	0,19 % = 1,19 %	0,05 % = 0,32 %	0,34 %	13,4 Thle.
No. 12	0,48 „	0,53 „	0,15 „ = 0,94 „	0,06 „ = 0,38 „	0,32 „	9,9 „
No. 13	0,46 „	0,58 „	0,14 „ = 0,88 „	0,08 „ = 0,52 „	0,35 „	2,4 „

No. 12 löst ferner pro 100 Thle. = 32,3 Thle. Albumin.

***) Das Kleberbrod wird ebenso wie die Kleber-Bisquits wegen des geringen Gehaltes an Kohlehydraten vorwiegend für Diabetiker empfohlen; den bei No. 5 verwendeten Mandeln ist der Zucker entzogen; das Inulin (No. 6), aus Cichorien dargestellt, soll nach Dragendorff bei Diabetes-Kranken nicht in Zucker übergehen.

Pepton-Brod.*)

Wasser	Eiweiss	Pepton	Fett	Zucker + Dextrin	Stärke etc.	Rohfaser	Asche**)	Analytiker
%	%	%	%	%	%	%	%	
39,41	4,91	2,73	0,37	19,80	28,99	0,76	4,03	*L. Mayer*[1])

Conditor-Waaren.

	Zeit der Untersuchung	Wasser %	Stickstoff-Substanz %	Fett (Aether-Extract) %	Zucker %	Sonstige N-fr. Stoffe %	Holzfaser %	Asche %	In der Trocken-Substanz: Stick-stoff-Substanz %	In der Trocken-Substanz: Zucker %	Stickstoff in der Trocken-Substanz %	Analytiker
Feiner Weizen-Zwieback	1878	1,18	13,31	3,18	7,12	73,96	0,25	1,00	13,50	7,21	2,16	*J. König u. C. Krauch* [2])
Bisquits	1877	10,07	11,93	7,47	36,38	32,29	0,75	1,14	13,25	40,45	2,12	
Englische Bisquits	„	7,45	7,18	9,28	17,02	58,08	0,16	0,83	7,75	19,47	1,24	
Lebkuchen	„	7,27	3,98	3,57	36,47	46,63	0,66	1,51	4,25	39,33	0,68	
Pfeffernüsse***)	1879	5,01	6,81	0,63	44,86 ***)	40,29	0,42	1,98	7,19	47,12	1,15	
Cabin †)	1875	9,7	11,4	0,6	—	77,0	—	1,3	12,56	—	2,01	*C. E. Thiel*[3])
Cakes †)	„	9,6	11,0	4,6	—	73,3	—	1,5	12,13	—	1,94	
Hafer-Cakes von W. C. H. Weibezahn in Fischbeck A	1884	4,04	8,38	12,98	18,29	54,67	0,72	0,92 ††)	8,73	19,06	1,40	*H. Weigmann*[2])
Hafer-Cakes von W. C. H. Weibezahn in Fischbeck B	„	5,70	8,19	12,70	17,40	53,64	1,19	1,18 ††)	8,68	18,44	1,39	
Bonbons:						In Wasser unlöslicher Rückstand, Stärke etc.						
Gewöhnliche Bonbons	1878	4,66	0,68	0,21	72,86	21,03		0,56	0,75	76,42	0,12	*J. König u. C. Krauch* [2])
Bessere „	„	5,86	1,63	0,18	81,69	10,16		0,58	1,69	86,77	0,27	
Frucht-Bonbons	1879	2,63	0,31	0,07	96,63	0,24		0,12	0,31	99,23	0,05	
Brust-Bonbons	„	4,63	0,50	0,13	94,25 †††)	0,16		0,33	0,52	88,49	0,08	
Gummi-Bonbons	„	7,24	2,12	0,55	87,62 †*)	0,38		2,09	2,25	58,09	0,36	

[1]) Jahresbericht f. Agric. Chem. 1881. S. 496.
[2]) Original-Mittheilung.
[3]) K. Birnbaum: Das Brodbacken. 1878. S. 139.

*) Vermuthlich für Kranke zubereitet.
**) In der Asche 1,15 % Sand.
***) Aus Mehl, Zucker und Honig zubereitet mit 24,73 % Traubenzucker.
†) Weizenbisquitsorten aus Hamburger Fabriken.
††) In der Asche der Hafer-Cakes A = 0,45 % in der von B = 0,55 % Phosphorsäure.
†††) Darin 84,39 % Malzzucker und 9,86 % durch Schwefelsäure in Zucker überführbare Stoffe.
†*) Darin 53,89 % Zucker und 33,73 % Gummi etc.

Brod.

Weizenbrod.

No.	Bemerkungen	Zeit der Untersuchung	Wasser %	Stickstoff-Substanz %	Fett %	Zucker %	Stärke %	Gummi + Dextrin etc. %	Asche %	In der Trocken-Substanz: Stickstoff-Substanz %	In der Trocken-Substanz: Kohlehydrate %	Stickstoff in der Trocken-Substanz %	Analytiker
1[0])	Weisses Weizenbrod . . .	Aus früherer Zeit	47,90	5,53[0])	—	—	—	—	0,97	10,06	—	1,61	Oppel [1])
2[0])	Weckenbrod		44,18	5,48[0])	—	—	—	—	1,05	9,81	—	1,57	
3	Gewöhnliches Pariser Brod .		41,21	7,75	—	—	—	—	0,84	13,19	—	2,11	A. Payen [2])
4	Weissbrod		36,5	7,0	0,2	—	—	—	1,0	11,00	—	1,76	Boussingault
5	Halbweissbrod		36,0	6,5	0,2	—	—	—	1,0	10,19	—	1,63	
6	desgl. aus München 1. . .	1873	Trocken	13,62	—	—	—	—	—	13,63	—	2,18	v. Kleist [3])
7	„ „ „ 2. . .	„	„	12,37	—	—	—	—	—	12,38	—	1,98	
8	„ „ „ 3. . .	„	„	12,68	—	—	—	—	—	12,69	—	2,03	
9	Brod aus Hannover . . .	„	37,57	5,87	—	—	—	—	1,40	9,38	—	1,50	Alberti [4])
											Stärke		
10	Wasserweck, Krume (aus Nürnberg)	1861	40,60	6,50	1,00	2,48	40,32	8,89	—	10,94	67,88	1,75	v. Bibra [5])
11	„ Rinde . . (aus Nürnberg)	„	(13,00)	9,25	0,61	3,61	59,24	14,00	—	10,63	67,88	1,70	
12	„ von 81 g (aus Nürnberg)	„	45,50	4,81	1,00	1,70	39,52	7,30	—	8,81	—	1,41	
13	„ von 79,5 „ (aus Nürnberg)	„	42,20	6,34	0,90	1,60	42,55	6,20	—	10,94	—	1,75	
14	„ von 81 „ (aus Nürnberg)	„	45,10	5,31	0,84	2,30	38,93	7,36	—	9,69	—	1,55	
15	Weizenbrod (aus kleinen Städten in der Umgegend von Nürnberg)	„	42,7	6,47	—	2,15	—	—	—	11,31	—	1,81	
16	„ (aus kleinen Städten in der Umgegend von Nürnberg)	„	46,3	5,76	—	1,61	—	—	—	10,69	—	1,71	
17	„ (aus kleinen Städten in der Umgegend von Nürnberg)	„	43,8	5,93	—	1,45	—	—	—	10,56	—	1,69	
18	„ (aus kleinen Städten in der Umgegend von Nürnberg)	„	40,9	5,73	—	2,29	—	—	—	9,69	—	1,55	
19	„ (aus kleinen Städten in der Umgegend von Nürnberg)	„	42,2	5,21	—	0,82	—	—	—	9,00	—	1,44	
								Holzfaser					
20	Semmel aus München . . .	„	40,3	7,49	—	—	—	—	1,36	12,56	—	2,01	Meyer [6])
21	Semmel . . . . (aus Münster)	1876	26,39	8,62	0,60	—	62,98	0,41	1,00	11,69	85,56	1,87	König u. Kellermann [7])
22	Gröberes Weizenbr. (aus Münster)	„	38,06	6,20	0,37	—	53,16	0,90	1,31	10,00	85,82	1,60	
23	Semmel . . . . (desgl.)	1878	29,52	8,69	0,21	3,77	56,29	0,35	1,17	12,31	85,22	1,97	Krauch [8])
24	Gröberes Weizenbr. (desgl.)	„	35,95	7,58	0,10	4,47	50,47	0,33	1,20	11,81	85,77	1,89	
25	Milchbrod	1877	28,08	7,28	0,93	—	—	—	0,57	10,12	—	1,62	L. v. Loesecke [9])
26	Semmel	„	31,85	(2,76)?	0,12	—	—	—	0,53	4,06	—	0,65	
27	Bosnisches Weizenbrod . .	1881	53,72	6,59	0,32	2,03	34,97	0,78	1,59	14,25	80,00	2,28	Strohmer [8])
28	Weissbrod	1882	30,38	7,65 [00])	0,28	4,32	45,89		1,48	10,99	—	1,76	A. Stutzer [10])

[1]) Dingler's polytechn. Journal. Bd. 120. S. 398.
[2]) Journ. de Pharm. XVI. S. 279.
[3]) Zeitschr. d. landw. Vereins f. Baiern 1873.
[4]) Hannov. land.- u. forstw. Vereinsbl. 1873.
[5]) Dessen: Die Getreidearten und das Brod. Nürnberg, 1861. S. 446—461.
[6]) Zeitschr. f. Biologie 1871. S. 1.
[7]) Ibidem. 1876. S. 497.
[8]) Original-Mittheilung.
[9]) Arch. f. Pharm. 1877. Bd. I. S. 415.
[10]) Repertorium f. analyt. Chemie 1882. S. 165.

[0]) Verf. giebt für No. 1 = 5,73 %, No. 2 = 5,69 % Kleber an.
[00]) Die N-Substanz besteht aus 7,20 % Eiweiss, 0,17 % löslichem Nichteiweiss u. 0,28 % unlöslicher N-Substanz.

No.	Bemerkungen	Zeit der Untersuchung	Wasser %	Stickstoff-Substanz %	Fett %	Zucker %	Kohlehydrate %	Holzfaser %	Asche %	In der Trocken-Substanz: Stick-stoff-Substanz %	In der Trocken-Substanz: Kohle-hydrate %	Stickstoff in der Trocken-Substanz %	Analytiker
29	Feinstes Brod . . } aus Pavia	1887	40,72	7,18	—	—	—	—	1,12	—	—	1,94	Torquato Gigli[1])
30	Mittelfeines Brod . } aus Pavia	„	35,80	7,81	—	—	—	—	1,43	—	—	1,94	Torquato Gigli[1])
31	Dunkeles Brod . . } aus Pavia	„	43,64	7,95	—	—	—	—	1,24	—	—	2,26	Torquato Gigli[1])
32	Aus verschiedenen Gegenden Russlands (Mittel mehrerer Proben): Weizenmehlbrod	1888	28,09	10,40	1,46	2,29	56,57	0,19	1,00	14,52	81,85	2,34	Popow [2])
33	desgl.: a. d. feinst. Mehl .	„	34,69	10,68	0,32	0,38	52,26	0,26	1,41	16,52	80,63	2,66	Popow [2])
34	desgl.: a. gewöhnl. Mehl .	„	39,01	12,65	0,50	1,92	43,43	0,93	1,56	20,75	74,35	3,32	Popow [2])
	Feineres Weizenbrod.						N-fr. Stoffe						
	Deutsches, Mittel[0])	.	**35,59**	**7,06**	**0,46**	**4,02**	**52,56**	**0,32**	**1,09**	**10,96**	**87,79**	**1,75**	
	Gröberes Weizenbrod.												
	Deutsches, Mittel	.	**40,45**	**6,15**	**0,44**	**2,08**	**49,04**	**0,62**	**1,22**	**10,35**	**85,84**	**1,86**	
	Weizen-Zwieback.							Gummi + Dextrin					
1	Aus Andalusien[00])	1860	14,00	9,06	1,20	2,00	69,05	4,40	—	10,56	—	1,69	v. Bibra [3])
2	„ Madrid[00])	„	15,00	6,62	0,99	1,25	71,85	4,05	—	7,81	—	1,25	v. Bibra [3])
3	„ Burgos	„	11,66	5,45	1,80	1,20	75,39	4,30	—	6,19	—	0,99	v. Bibra [3])
4	„ Petersburg	„	14,00	9,72	0,90	2,50	60,89	11,32	—	11,19	—	1,79	v. Bibra [3])
5	desgl.[000])	„	14,17	11,87	1,90	0,65	58,20	12,50	—	13,81	—	2,21	v. Bibra [3])
6	Aus der Schweiz	„	13,33	9,11	0,30	2,60	69,12	5,25	—	10,50	—	1,68	v. Bibra [3])
7	„ Zürich	„	14,20	5,63	0,51	2,50	69,64	7,33	—	6,56	—	1,05	v. Bibra [3])
8	„ Hamburg	„	11,42	9,13	0,73	1,90	72,67	3,85	—	10,38	—	1,66	v. Bibra [3])
								Holzfaser					
9	„ Münster	1880	11,75	10,31	0,51	75,30 (Zucker + Kohlehydrate)		0,60	1,53	11,68	—	1,87	J. König[4])
	Mittel	.	**13,28**	**8,55**	**0,98**	**1,82**	**73,28**	**0,59**	**1,50**	**9,86**	**86,60**	**1,58**	

[1]) Giornale della reale Soc. Ital. d'Igiene. Ann. IX. No. 3—4.

[2]) Nach Mon. sc. 1888. S. 826 in Zeitschr. f. angew. Chemie 1888. S. 476. In Russland wird nur im Südosten, im Süden und in den Städten Weizenbrod gegessen, im übrigen Russland meistens Roggenbrod; das Weizenbrod wird mit Presshefe dargestellt; es ist wie der russische Weizen sehr reich an Stickstoff-Substanz. Popow führt für obige 3 Weizenbrodsorten folgenden Säure-Gehalt (welche Säure?) auf:

	No. 32	33	34
Säure	0,16 %	0,20 %	0,65 %

[3]) Dessen: Die Getreidearten u. das Brod. Nürnberg 1861. S. 446 etc.

[4]) Original-Mittheilung.

[0]) v. Bibra giebt in seinem citirten Buch im Mittel von 5 Analysen für den Stickstoffgehalt für Krume und Rinde derselben Brodsorten folgende Zahlen (auf Trocken-Substanz) berechnet):

	Krume	Rinde
Stickstoff	1,498 %	1,476 %
Stickstoff-Substanz . . .	9,36 „	9,22 „

[00]) Bei dem Weizenbrod aus Andalusien und Madrid lässt v. Bibra es dahin gestellt, ob dem Weizenmehl etwas Maismehl zugesetzt ist.

[000]) Der hohe Proteingehalt bei dieser Sorte Zwieback rührt nach v. Bibra vielleicht von einem Zusatz Milch her.

Roggenbrod.

No.	Bemerkungen	Zeit der Untersuchung	Wasser %	Stickstoff-Substanz %	Fett %	Zucker %	Stärke %	Gummi + Dextrin etc. %	Asche %	In der Trocken-Substanz: Stick-stoff-Substanz %	In der Trocken-Substanz: Kohle-hydrate %	Stickstoff in der Trocken-Substanz %	Analytiker
1	Roggenbrod	?	48,57	5,30	—	—	—	—	1,78	10,31	—	1,65	*Oppel*[1])
2	Krume } Roggenbrod aus Nürnberg	1860	46,44	8,89	0,57	1,40	34,16	8,25	—	16,63	—	2,66	*v. Bibra* [2])
3	Rinde } Roggenbrod aus Nürnberg	„	(12,45	12,34	0,55	4,23	53,48	16,00)	—	14,13	—	2,26	
4	1 Tag alt } Aus d. Umgegend von Nürnberg	„	43,00	4,38	0,83	1,20	41,05	9,40	—	7,69	—	1,23	
5	desgl. } Aus d. Umgegend von Nürnberg	„	47,50	4,13	0,70	2,85	37,59	7,10	—	7,88	—	1,26	
6	3 Tage alt aus Unterfranken	„	47,00	3,49	0,78	5,70	32,82	10,10	—	6,56	—	1,05	
							N-fr. Stoffe	Holzfaser					
7	Aus Dörfern in der Umgegend von Nürnberg	„	47,3	5,86	—	1,58	—	—	—	11,13	—	1,78	
8	(desgl.)	„	47,0	4,71	—	1,23	—	—	—	8,88	—	1,42	
9	(desgl.)	„	42,7	4,58	—	1,74	—	—	—	8,00	—	1,28	
10	Roggenbrod aus Makow . .	1873	25,66 *)	9,68	—	—	—	—	—	13,00	—	2,08	*v. Kleist*[3])
11	desgl., aus Makow, weiss .	„	22,90	7,32	—	—	—	—	—	9,50	—	1,52	
12	desgl., von d. Hanna, Mähren	„	28,42	3,94	—	—	—	—	—	5,50	—	0,88	
13	desgl., aus dem Gebirge . .	„	28,24	5,04	—	—	—	—	—	7,00	—	1,12	
14	desgl., aus Emsdorf . . .	„	29,27	8,04	—	—	—	—	—	11,44	—	1,83	
15	desgl., aus St. Genois . .	„	21,30	5,95	—	—	—	—	—	7,56	—	1,21	
16	desgl., aus Hinterpommern .	„	21,00 *)	6,07	—	—	—	—	—	7,69	—	1,23	
17	Hosford - Liebig'sches[0]) Roggenbrod . . . (München)	1871	45,4	6,82	—	—	—	—	3,08	12,52	—	2,00	*G. Meyer* [4])
18	Gewöhnliches Roggenbrod . . . . . . (München)	„	46,3	9,22	—	—	—	—	2,21	17,19	—	2,75	
19	Roggenbrod aus Münster . .	1876	37,22	6,12	0,30	—	55,18	0,32	0,86	9,80	87,88	1,56	*König und Brimmer* [5])
20	desgl. aus Münster	„	35,49	7,51	0,12	4,55	51,13	0,29	0,91	11,63	86,31	1,86	*J. König u. C. Krauch*[6])
21	Sogen. Paderbörner Brod aus Münster	„	38,32	7,20	0,10	2,62	50,36	0,39	1,01	11,69	85,89	1,87	
22	Süss-saures[00]) Roggenbrod .	1881	29,81	7,76	0,39	1,61	58,36	0,97	1,10	11,06	85,44	1,77	*F. Strohmer* [6])
23	Wiener Roggenbrod . . .	„	31,93	8,30	0,33	1,46	55,11	0,97	1,90	12,19	83,11	1,95	
24	Rheinisches Schwarzbrod .	1882	41,32	5,97 **)	1,16	6,64	43,68		1,23	10,17	—	1,62	*A. Stutzer* [7])

[1]) Dingler's polytechn. Journal. Bd. 120. S. 398.
[2]) v. Bibra: Die Getreidearten und das Brod. Nürnberg, 1861. S. 436—468.
[3]) Jahresber. f. Agric. Chemie 1873/74. II. Bd. S. 225.
[4]) Zeitschr. f. Biologie 1871. S. 1.
[5]) Ibidem 1876. S. 497.
[6]) Original-Mittheilung.
[7]) Repertorium f. analyt. Chemie 1882. S. 265.

[0]) Dieses Brod wird bekanntlich statt durch Hefe durch Kohlensäure gelockert, die sich aus dem zugesetzten Gemisch von doppelt kohlensaurem Natrium und saurem phosphors. Calcium entwickelt.

[00]) No. 22 aus 1/3 gesäuertem und 2/3 ungesäuertem Teig, No. 23 in üblicher Weise aus demselben Mehl hergestellt.

*) Die Brode waren nur theilweise frisch.

**) Die N-Substanz besteht aus 4,20 % Eiweiss, 0,79 % löslichem Nichteiweiss und 0,98 % unlöslicher N-Substanz.

No.	Bemerkungen	Zeit der Untersuchung	Wasser %	Stickstoff-Substanz %	Fett %	Zucker %	Stärke %	Holzfaser %	Asche %	In der Trocken-Substanz: Stick-stoff-Substanz %	In der Trocken-Substanz: Kohle-hydrate %	Stickstoff in der Trocken-Substanz %	Analytiker
25	Aus Holland, ob aus Roggenmehl ist nicht bestimmt angegeben [0])	1887	37,07	5,29	4,70	—	33,30	—	—	8,41	52,91	1,35	van Hamel Roos [1])
26	"	„	38,10	4,24	5,53	—	38,11	—	—	6,85	61,55	1,10	"
27	"	„	37,05	8,25	3,37	(7,51)	41,82	0,89	1,11	13,10	76,41	2,10	"
28	"	„	35,70	5,94	2,60	(8,64)	45,21	0,74	1,17	9,24	70,30	1,48	"
							Kohlehydr.						
29	Aus Russland, Mittel mehrerer Proben: aus Städten	1888	43,20	8,09	0,50	1,09	44,40	1,22	1,50	14,31	80,09	2,29	M. Popow [2])
30	Aus Russland, Mittel mehrerer Proben: vom Lande	„	36,00	7,66	0,67	1,49	50,94	1,64	1,60	12,75	81,93	2,04	"
	Mittel (Deutsches Roggenbrod) [00])	.	**42,27**	**6,11**	**0,43**	**2,31**	**46,94**	**0,49**	**1,46**	**10,23**	**85,31**	**1,64**	

Roggen-Zwieback.

No.	Bemerkungen	Zeit der Untersuchung	Wasser %	Stickstoff-Substanz %	Fett %	Zucker %	N-freie Stoffe	Gummi + Dextrin etc.	Asche %	In der Trocken-Substanz: Stickstoff-Substanz %	In der Trocken-Substanz: Kohlehydrate %	Stickstoff in der Trocken-Substanz %	Analytiker
1	Aus Schweden	1859	7,4	6,04	—	—	—	—	1,93	6,50	—	1,04	Th. Dietrich [3])
2	„ Bremen	„	14,00	11,56	1,17	6,05	56,34	10,50	—	13,44	—	2,15	v. Bibra [3])
3	„ Stockholm	„	14,17	9,14	0,80	1,60	67,19	6,81	—	10,63	—	1,70	"
4	„ „ (grober Roggenkuchen	„	11,00	7,23	0,60	3,55	67,94	9,45	—	8,63	—	1,30	"
5	Aus Upsala (feines Roggenbrod)	„	10,00	9,16	1,20	2,20	65,45	11,70	—	10,19	—	1,63	"
6	Aus Darlekarlien (fein. Roggenbrod)	„	13,33	9,06	0,70	5,50	46,61	24,50	—	10,44	—	1,67	"
								Holzfaser					
7		1879	11,46	13,0	1,26	2,81	64,38	4,74	2,38	14,69	75,89	2,35	J. König u. C. Krauch [4])
	Mittel	.	**11,62**	**9,31**	**0,96**	**3,65**	**67,66**	**4,73**	**2,09**	**10,56**	**80,68**	**1,69**	

Pumpernickel (resp. Brod aus ganzem Roggenkorn).

No.	Bemerkungen	Zeit der Untersuchung	Wasser %	Stickstoff-Substanz %	Fett %	Zucker %	Stärke %	Holzfaser %	Asche %	In der Trocken-Substanz: Stickstoff-Substanz %	In der Trocken-Substanz: Kohlehydrate %	Stickstoff in der Trocken-Substanz %	Analytiker
1 [000])	Aus Westfalen	1860	(9,16) *)	(6,50)	3,90	4,50	—	—	—	(7,13)	—	(1,14)	v. Bibra [3])
2	Aus d. Umgegend v. Oldenburg	1871	44,1	7,75	—	—	—	—	1,08	13,88	—	2,22	G. Meyer [5])

[1]) Maandblad tegen de Vervalsching van Levensmiddelen etc. 1887/88. No. 1 u. 2.

[2]) Nach Mon. sc. 1888. S. 826 in Zeitschr. f. angew. Chemie 1888. S. 476. Das Roggenbrod wird in Russland mit Hülfe von altem Sauerteig bereitet. Zur Herstellung von Brod mit Hopfenhefe lässt man 200 g Hopfen mit 12 l Wasser kochen, bis die Hälfte verdampft ist; nach dem Filtriren fügt man 1—15 kg Weizenmehl zu, bringt die Mischung in ein glasirtes Gefäss und lässt 2 Tage bei 30° stehen; die entstandene Hefe ist Saccharomyces minor und ist ausserordentlich wirksam. Popow giebt für obige 2 Roggenbrode folgenden Gehalt an Säure (welche?) an:

	No. 29	30
Säure . . .	0,62 %	1,01 %

[3]) v. Bibra: Die Getreidearten und das Brod etc. 1861. S. 436—468.

[4]) Landw. Ztg. f. Westfalen u. Lippe 1879. S. 438.

[5]) Zeitschr. f. Biologie 1871. S. 1.

[0]) Die Brodsorten enthielten:

	No. 25	26	27	28
In Wasser lösliche Stoffe . .	6,92 %	8,25 %	5,61 %	7,40 %

[00]) Bei der Mittelwerths-Berechnung sind die Analysen von v. Kleist für die halbfrischen Brode nicht mit berücksichtigt.

[000]) Verf. giebt in der Probe ausserdem 13,20 % Dextrin mit etwas Stärke an.

*) Diese Zahlen gelten für das lufttrockne Brod.

No.	Bemerkungen	Zeit der Untersuchung	Wasser %	Stickstoff-Substanz %	Fett %	Zucker %	N-freie Extractstoffe %	Holzfaser %	Asche %	In der Trocken-Substanz: Stick-stoff-Substanz %	In der Trocken-Substanz: Kohle-hydrate %	Stickstoff in der Trocken-Substanz %	Analytiker
3		1873	(11,68) *)	(6,38)	—	—	—	—	—	(7,25)	—	(1,16)	*v. Kleist*[1])
4	Aus Münster i. W. . . .	1877	43,26	6,12	0,93	—	46,63	0,17	1,89	10,88	—	1,74	*J. König u. C. Krauch*[2])
5	desgl.	„	42,90	8,90	2,09	3,28	39,74	1,79	1,29	15,56	75,32	2,49	
6	Aus Holland[0])	1887	41,61	6,87	5,28	(5,32)	Stärke 36,91	2,35	1,66	11,76	63,23	1,88	*van Hamel Roos*[3])
7		„	35,55	6,31	2,71	(13,91)	37,21	2,67	1,64	9,79	57,75	1,09	
	Deutscher, Mittel[00])	.	**43,42**	**7,59**	**1,51**	**3,25**	**41,87**	**0,94**	**1,42**	**10,44**	**79,74**	**1,67**	

Haferbrod.

No.	Bemerkungen	Zeit der Untersuchung	Wasser %	Stickstoff-Substanz %	Fett %	Zucker %	N-freie Extractstoffe %	Holzfaser %	Asche %	In der Trocken-Substanz: Stick-stoff-Substanz %	In der Trocken-Substanz: Kohle-hydrate %	Stickstoff in der Trocken-Substanz %	Analytiker
1	Aus Schweden, ohne Hefe u. Salz gebacken	1858	10,80	6,69	—	—	Stärke —	(9,4) Gummi + Dextrin etc.	2,50	7,50	—	1,20	*Dietrich*[4])
2	Aus dem Spessart	1860	8,66	8,63	10,00	2,60	(65,59)	(4,25)	—	9,44	—	1,51	*v. Bibra*[4])
3	Aus Jusznyn . } Galizien	—	11,03	9,62	—	—	—	—	—	10,81	—	1,73	*v. Kleist*[5])
4	„ Zavoya . } Galizien	1873	22,85	4,97	—	—	—	—	—	6,44	—	1,03	
5	Haferzwieback	1879	11,87	12,06	2,60	5,83	58,58	Holzfaser 5,35	3,71	13,69	73,09	2,19	*J. König*[2])
	Mittel	.	**13,04**	**8,39**	**6,03**	**4,09**	**60,12**	**5,28**	**3,05**	**9,96**	**73,84**	**1,53**	

Gerstebrod.

No.	Bemerkungen	Zeit der Untersuchung	Wasser %	Stickstoff-Substanz %	Fett %	Zucker %	N-freie Extractstoffe %	Holzfaser %	Asche %	In der Trocken-Substanz: Stick-stoff-Substanz %	In der Trocken-Substanz: Kohle-hydrate %	Stickstoff in der Trocken-Substanz %	Analytiker
1	Aus Niederbayern	1860	11,78	5,44	0,50	3,90	Stoffe N-freie 73,35	(4,85)	—	6,19	—	0,99	*v. Bibra*[6])
2	Norra-Angermanland Dünnbrod (Gerstenmehl + Wasser)	„	13,00	6,38	1,30	4,00	68,72	(6,40)	—	7,31	—	1,17	
3	Gerste-Zwieback[000])	1879	12,55	16,18	1,47	6,09	55,63	4,29	3,79	18,50	70,58	2,96	*J. König*[2])
	Mittel	.	**12,44**	**9,33**	**1,09**	**4,66**	**64,40**	**4,29**	**3,79**	**10,67**	**80,71**	**1,71**	

[1]) Jahresber. f. Agric. Chemie 1873/74. Bd II. S. 225.

[2]) Original-Mittheilung.

[3]) Maandblad tegen de Vervalsching van Levensmiddelen etc. 1887/88. No. 2.

[4]) v. Bibra: Die Getreidearten und das Brod etc. 1861. S. 437 u. 462.

[5]) Zeitschr. f. Biologie 1871. S. 1.

[6]) v. Bibra: Die Getreidearten und das Brod 1861. S. 462 u. 467.

[0]) Diese Brodsorten sind wohl nicht gleich dem westfälischen Pumpernickel, müssen aber wegen des hohen Holzfasergehaltes dieser Sorte Brod aus thunlichst ganzem Korn zugerechnet werden.

[00]) Bei der Mittelwerthsberechnung sind nur die Analysen No. 2, 4 und 5 berücksichtigt.

[000]) Vermuthlich von einer Schiffs- oder Armee-Verproviantirung.

*) Diese Zahlen gelten für das lufttrockene Brod.

Sonstige Brodsorten.

No.	Bemerkungen	Zeit der Untersuchung	Wasser %	Stickstoff-Substanz %	Fett %	Zucker %	N-freie Extractstoffe %	Holzfaser %	Asche %	In der Trocken-Substanz: Stick-stoff-Substanz %	In der Trocken-Substanz: Kohle-hydrate %	Stickstoff in der Trocken-Substanz %	Analytiker
1[0])	Französ. Commisbrod . . .	?	41,07	7,62	—	—	—	—	0,83	12,94	—	2,07	*Payen*[1])
2	Preuss. „ . . .	1879	36,71	7,47	0,45	3,05	46,36	1,51	1,46	11,81	78,07	1,89	*König*[2])

Schwedische Brodsorten.

No.	Bemerkungen	Zeit der Untersuchung	Wasser %	Stickstoff-Substanz %	Fett %	Zucker %	N-freie Extractstoffe %	Holzfaser %	Asche %	In der Trocken-Substanz: Stick-stoff-Substanz %	In der Trocken-Substanz: Kohle-hydrate %	Stickstoff in der Trocken-Substanz %	Analytiker
3	Hafer-Roggenbrod 2 Hafer + 1 Roggen		9,4	6,77	—	—	—	6,7	3,33	7,50	—	1,20	*Dietrich*[3])
4	Roggen-Blutbrod		11,8	9,58	—	—	—	2,50	2,57	10,88	—	1,74	*Dietrich*[3])
5	Rindenbrod[00])		6,8	5,77	—	—	—	17,3	7,17	6,19	—	0,99	*Dietrich*[3])
6	Strohbrod[000])		10,1	4,98	—	—	—	23,4	8,83	5,56	—	0,89	*Dietrich*[3])
7	Saucrampferbrod †)		7,8	5,25	—	—	—	22,2	6,66	5,69	—	0,91	*Dietrich*[3])
8	Knochenmehlbrod ††) . . .		8,0	11,16	—	—	—	9,4	28,33	12,13	—	1,94	*Dietrich*[3])
							Stärke	Dextrin etc.					
9	Speisebrod der Arbeiter in Stockholm	In den 50ger Jahren	12,00	10,05	1,60	3,10	65,41	6,92	—	11,44	—	1,83	*v. Bibra*[3])
10	Feines Brod a. Gerste (Weizen, Roggen (Norra-Angermanl.)	In den 50ger Jahren	10,83	9,13	2,90	3,70	60,94	12,20	—	10,31	—	1,65	*v. Bibra*[3])
11	Gewöhnl. kleiehaltiges Brod ebendaher	In den 50ger Jahren	11,50	7,19	0,70	2,50	64,26	13,62	—	8,13	—	1,30	*v. Bibra*[3])
12	Gewöhnl. Brod aus Gerste + Roggen ebendaher . . .	In den 50ger Jahren	11,65	6,78	2,10	3,00	61,85	14,40	—	7,69	—	1,23	*v. Bibra*[3])
13	Knacke-Brod	In den 50ger Jahren	12,00	10,06	1,40	5,50	61,86	11,75	—	11,44	—	1,83	*v. Bibra*[3])
14	Knochenbrod	In den 50ger Jahren	10,00	10,97	—	—	—	8,66?	—	12,19	—	1,95	*v. Bibra*[3])
15	Rindenbrod †††) (aus Norra-Angermanland)	In den 50ger Jahren	13,00	4,35	6,30	4,50	—	6,20	—	5,00	—	0,80	*v. Bibra*[3])
16	Rindenbrod v. Elfdahl (Darlekarlien)	In den 50ger Jahren	12,00	4,53	—	—	—	7,23?	—	5,13	—	0,82	*v. Bibra*[3])
17	Hungernothsbrod †[0]) . . .	In den 50ger Jahren	13,33	9,14	—	—	—	3,43	—	10,56	—	1,69	*v. Bibra*[3])

[1]) Journ. de Pharm. XVI. S. 279.

[2]) Original-Mittheilung.

[3]) v. Bibra: Die Getreidearten und das Brod 1861. S. 436 u. 463—472.

[0]) Poggiale hat nach v. Bibra: Die Getreidearten und das Brod 1861. S. 401 das Commisbrod aus verschiedenen Ländern auf N-Gehalt untersucht mit folgendem Resultat (auf Trockensubstanz berechnet):

Commisbrod aus	Paris	Baden	Piemont	Belgien	Holland	Württemberg	Oesterreich	Spanien	Bayern	Preussen
Stickstoff . . .	2,26	2,24	2,19	2,08	2,07	2,06	1,58	1,57	1,32	1,12 %
Stickst.-Substanz .	14,12	14,00	13,69	13,00	12,94	12,87	9,37	9,81	8,25	7,00 „

Es ist jedoch aus den Angaben nicht ersichtlich, aus welchem Material das Brod dargestellt wurde.

[00]) Kiefer-Rinde + Mehl.

[000]) Stroh (Hafer + Gerste-Achren) + etwas Mehl.

†) Sommerampfersamen mit Waldkräuter + Hefe und Salz.

††) Knochenmehl + Hafermehl.

†††) Föhrenrinde + Roggen.

†[0]) Aus Stroh und Rinde.

Wurzelgewächse und Gemüse.

Wurzelgewächse.

(Das Kapitel „Wurzelgewächse“ habe ich im wesentlichen nach den von Prof. Dr. Th. Dietrich-Marburg neu bearbeiteten Tabellen aufgenommen, wie dieselben in dem von ihm und dem Verfasser gemeinschaftlich herausgegebenen und demnächst erscheinenden Werk „Zusammensetzung und Verdaulichkeit der Futtermittel“ enthalten sind.)

Sog. **„wilde Kartoffel,“** *) wahrscheinlich Solanum tuburosum.

No.	Bemerkungen	Jahr der Untersuchung	In der ursprünglichen Substanz: Wasser %	Nh-Substanz %	Rohfett %	Nfr. Extractstoffe %	Rohfaser %	Asche %	In der Trocken-Substanz: Nh-Substanz %	Nfr. Extractstoffe %	Stickstoff in der Trocken-Substanz %	Analytiker
1	Aus Paraguay { Knollen	1887	76,40	1,06	0,24	20,25	1,02	1,03	4,49	85,80	0,72	*Schmid, Hiltner u. Richter* [1])
2	Aus Paraguay { Rhizome	„	91,01	0,48	0,10	5,38	1,94	1,02	5,34	59,84	0,85	

Kartoffeln. **) Knollen von Solanum tuberosum L. — Potato. — Pomme de terre.

No.	Bemerkungen	Jahr der Untersuchung	Wasser %	Nh-Substanz %	Rohfett %	Nfr. Extractstoffe %	Rohfaser %	Asche %	Trocken-Substanz: Nh-Substanz %	Nfr. Extractstoffe %	Stickstoff in der Trocken-Substanz %	Analytiker
1	Im Mittel von 90, bezw. 7 Analysen	—	75,30	2,25	—	—	—	0,87	9,38	—	1,50 %	*Fromberg* [2])
2	Im Mittel von 20 Analysen	—	—	1,4	0,2	19,1	3,1	—	—	—	—	

Wilde Kartoffel:

[1]) No. 1. Landw. Vers.-Stat. 1887. Bd. 33. S. 447.

*) Die steinharten Saatknollen (von 3,01—6,27 g Gewicht mit 10,19—12,97 % Wasser) zu dem Material für obige Analysen stammte aus Asuncion in Paraguay (25° 30′ s. Br. und 40° w. L. Ferro), wo die wilde Kartoffeln während der Winterzeit auf ungebautem Lande und an Hecken und Zäunen wild wächst. Sie keimt im März — April und reift Frucht und Knollen in den Wintermonaten Mai — August. Das Material zu obigen Analysen wurde aus der Saatknolle in Tharand in einem mit Gartenerde gefüllten Holzkasten gewonnen. Die erzielten Knollen hatten ein specifisches Gewicht von 1,0949 (= 22,9 % Trockensubstanz und 17,1 % Stärke); gekocht erwiesen sich die wilden Kartoffeln extrem schleimig-glasig und vollständig ungeniessbar. Ausser obigen Bestandtheilen wurde noch bestimmt und gefunden:

	Reines Eiweiss	Solanin	Stärke	Zucker	Dextrin
Wilde Kartoffel, Knollen	0,61 %	0,32 %	16,48 %	—	0,64 %
„ „ Rhizome	0,34 „	0,09 „	2,31 „	0,50 %	—

Kartoffeln:

[2]) No. 1 u. 2. Fromberg. Journ. Roy. Agric. Soc. Engl. 30. (1852.) 449. Tabelle von T. Hemming. Der Gehalt bei No. 1 an Wasser und Asche ist das Mittel von 90 Analysen: der Gehalt an N und der von uns aus diesem berechnete Gehalt an Nh-Substanz ist das Mittel von 7 Analysen. Bei No. 2 ist die Nh-Substanz als „Gluten“ bezeichnet und der Gehalt wie oben angegeben; ausserdem wurden ermittelt: 15,2 % Stärke, 0,6 % Gummi und Dextrin, 3,3 % Zucker und 3,1 % Faserstoff und Schalen.

**) Ueber die Zusammensetzung der Kartoffeln liegen noch Analysen aus älterer Zeit vor, die sich in den Rahmen unserer Zusammenstellung nicht einfügen lassen, deren wir aber, da sie doch von Werth sind, an dieser Stelle Erwähnung thun.

Vauquelin (J. B. Boussingault's „Landwirthschaft etc.“ Bd. 1. 253) fand unter den in Wasser löslichen Bestandtheilen (in 100 Kartoffeln): Asparagin 0,1 %, Albumin 0,7 %, nicht genauer bestimmte Nh-Substanz 0,4 %, citronensauren Kalk 1,2 %. Qualitativ wies derselbe noch nach: citronensaures Kalium und freie Citronensäure. Ferner fand derselbe bei Untersuchung von 48 Kartoffelsorten, dass sie in 100 Theilen enthalten: 1—1½ Thl. Holzfaser, 2—3 Thl. auflösliche oder extractartige Substanzen, 20—28 Thl. Stärkemehl und 67—78 Thl. Wasser.

Henri (Ebendaselbst, nach Berzelius Lehrbuch der Chemie) wies in einer bei Paris angebauten Varietät folgende Stoffe nach: Zellgewebe 6,8 %, Amylum 13,3 %, Albumin 0,9 %, Zucker 3,3 %, Salze u. Säuren 1,4 %, Fett 0,1 %, Wasser 74,2 %.

Payen (Ebendaselbst S. 255) bestimmte in einigen Sorten Wasser- und Stärkemehlgehalt, und fand:

	Rohan %	Grosse gelbe %	Shaw (Schottland) %	Späte v. Island %	Segonzac %	Sibirische %	Duvillers %
Wasser	75,2	68,7	69,8	79,4	71,2	77,8	78,3
Trockensubstanz	24,8	31,3	30,2	20,6	28,8	22,2	21,7
Stärkemehl	16,6	23,3	22,0	12,3	20,5	14,0	13,6

Girardin (Cours d'agriculture Le Cte. de Gasparin. 3. Aufl. 4. Bd. S. 9) fand bei Untersuchung von 55 Sorten Kartoffeln den Wassergehalt, wenn sie gebaut wurden in

	Alluvialsand	Torfboden	Thonboden	Kalkboden
zu:	76,2 %	76,7 %	74,8 %	76,0 %

Proust (Ebendaselbst) fand bei Untersuchung von 22 in Spanien gewachsenen Sorten: Sucs extractifs, y compris le glutine 4,5 %, Amidon 15,5 %, Fibres 9,0 %, Eau 71 %.

No.	Bemerkungen	Jahr der Untersuchung	In der ursprünglichen Substanz						In der Trocken-Substanz		Stickstoff in der Trocken-Substanz	Analytiker
			Wasser %	Nh-Substanz %	Rohfett %	Nfr. Extractstoffe %	Rohfaser %	Asche %	Nh-Substanz %	Nfr. Extractstoffe %	%	
3		—	75,20	2,30	—	18,00	2,20	2,35	10,40	—	1,66	*Philipps*[1])
4		—	74,00	1,60	0,10	21,09	1,64	1,56	6,15	81,26	0,98	*Payen*[2])
5	Strenger Boden, v. Bechelbronn	1836	75,90	2,26	—	—	—	0,94	9,38	—	1,50°	*J. B. Boussingault*[3])
6	Blassgelbe von Bechelbronn.	„	75,90	2,50	0,20	20,20	0,40	0,80	10,37	83,82	1,66	
7	Rothe von Bechelbronn . .	„	70,00	3,00	0,30	25,20	0,60	0,90	10,00	84,00	1,60	
8	Weisse von Giessen . . .	1846	74,95	2,49	—	—	—	0,90	9,96	—	1,56°	*Horsford u. Krocker*[4])
9	Blaue von Giessen	„	68,49	2,37	—	—	—	1,06	7,66	—	1,20°	
10	Gelbe (Mittel aus vielen Analysen)	—	71,10	2,43	0,10	—	—	0,97	8,41	—	1,35	*R. Fresenius*[5])
11	Rothe (Mittel aus vielen Analysen)	—	75,00	1,40	—	—	—	—	5,60	—	0,90	
12	Rothe (Mittel aus 3 Analysen verschieden gedüngter Kartoffeln)	1847	77,87	0,81	—	13,70	6,39	1,22	3,66	—	0,59	
13	Rosenkartoffel	$18\frac{52}{53}$	75,52	0,92	—	—	—	—	3,76	—	0,60	*L. Häcker*[6])
14	Sechswochenkartoffel . . .	„	79,86	0,90	—	—	—	—	4,47	—	0,72	
15	Englische Spargelkartoffel .	„	73,00	0,85	—	—	2,92	—	3,15	—	0,50	

Einhof (Moleschott's Physiologie d. Nahrungsmittel. II. 150).

	Wasser %	Eiweiss %	Stärkemehl %	Zellstoff %	Dextrin %
Rothe Kartoffel . . .	75,0	1,4	15,0	7,0	4,1
Nierenkartoffel . . .	81,3	0,8	9,1	8,8	—
Grosse rothe	78,0	0,7	12,9	6,0	—
Zuckerkartoffel . . .	74,3	0,8	15,1	8,2	—
Lampadius (Ebendaselbst).					
Peruanische Kartoffel .	76,0	1,9	15,0	5,2	1,9 incl. Asche
Englische Kartoffel . .	77,5	1,1	12,9	6,8	1,7 incl. Asche
Zwiebelkartoffel . . .	70,3	0,9	18,7	8,4	1,7 incl. Asche
Voigtländische Kartoffel	74,3	1,2	15,4	7,1	1,7 incl. Asche

Michaelis (Ebendaselbst) fand 66,87 % Wasser, 0,5 % Eiweiss, 0,02 % Dextrin, 0,06 % Fett, 0,06 % Asparagin, 0,92 % Extractivstoffe, 1,02 % Salze und Säuren.

Fresenius. (Dessen Lehrbuch d. Chemie f. Landwirthe.)

	Wasser %	Eiweiss %	Stärkemehl %	Gummi u. organ. Säuren %	Faser %
Ungekeimte Kartoffel . .	75,0	1,4	15,0	4,1	7,0
Gekeimte Kartoffel . . .	73,0	1,3	15,2	3,7	6,8
Keime	93,1	0,4	0,4	3,3	2,8

[1]) No. 3. G. Philipps. Journ. Roy. Agric. Soc. Engl. 1852. 30. 449. Auch hier wurden ermittelt: 16,0 % Stärke, 1,3 % Gummi und Dextrin, 0,7 % Zucker, 2,2 % Faserstoff und Schalen und 2,3 % Gluten.

[2]) No. 4. Payen. Aus Moleschott's Physiologie der Nahrungsmittel 1859. II 150.

[3]) No. 5—7. J. B. Boussingault. Dessen „Landwirthschaft etc." Bd. 2. 163 u. Bd. 3. 21.

[4]) No. 8 u. 9. E. N. Horsford u. Krocker. Ann. d. Chemie u. Pharmacie. 58. (1846.) 166. Krocker bestimmte in den Kartoffelsorten das Stärkemehl und fand bei No. 8: 18,06 %, bei No. 9: 23,00 %.

[5]) No. 10—12. R. Fresenius. Dessen „Lehrbuch der Chemie für Landwirthe etc." 1847. 315; daselbst ist über die Zusammensetzung der Kartoffeln ferner mitgetheilt:

	Stärkemehl %	Gummi u. organ. Säuren %	Fettes Oel u. Harz %	Faser %	Asparagin %
Gelbe, wasserhaltig .	15,00	3,30	0,10	7,00	0,10
„ wasserfrei . .	51,89	11,42	0,35	24,22	0,35
Rothe, wasserhaltig .	15,00	4,1	—	7,0	—

[6]) No. 13—18. L. Häcker. Weende'r Jahresber. 1853. II. 26. (Wilda's Landw. Centralbl. 1. 383. Wolff's Grundlagen des Ackerbaues 1856. 913.) Die Analysen wurden im technischen Laboratorium der Landw. Lehranstalt Ungarisch-Altenburg in den Monaten December 1852 und Januar 1853 nach der von Fresenius (Lehrbuch d. Chemie f. Landw. etc. 643) angegebenen Methode ausgeführt. Ausser Obigem wurde noch ermittelt:

	No. 13	14	15	16	17	18
Stärke	17,74 %	17,53 % (Stärke u. Faser)	20,93 %	18,08 % (Stärke u. Faser)	15,66 %	19,87 %
Faser	2,37 „		2,92 „		1,76 „	1,66 „
Dextrin, Zucker, Asche	2,77 „	1,79 „	2,63 „	3,05 „	3,25 „	3,5g „
Ertrag pro ha in kg .	12420 kg	—	6980 kg	—	10400 kg	5600 kg

No.	Bemerkungen	Jahr der Untersuchung	In der ursprünglichen Substanz: Wasser %	Nh-Substanz %	Rohfett %	Nfr. Extractstoffe %	Rohfaser %	Asche %	In der Trocken-Substanz: Nh-Substanz %	Nfr. Extractstoffe %	Stickstoff in der Trocken-Substanz %	Analytiker
16	Rothblau marmorirte Kartoffel	18$^{52}_{53}$	78,00	0,79	—	—	—	—	3,59	—	0,57	*L. Häcker* [1]
17	Neue gelbe Chilikartoffel . .	„	79,00	0,74	—	—	1,76	—	3,52	—	0,56	
18	Weiss-rothe Chilikartoffel .	„	73,54	1,05	—	—	1,66	—	3,95	—	0,63	
19	Blassrothe Zwiebelkartoffel, 1850er Ernte	1851	76,94	0,66	0,15	19,90	1,32	1,03	2,86	86,31	0,46	*E. Wolff* [2]
20	desgl., 1851er Ernte . . .	1852	77,69	2,81	—	17,30	1,07	1,13	12,59	77,55	2,01	*desgl.* [3]
21	Weissenfelser weisse Kartoffel	1854	75,77	2,37	—	20,13	0,38	1,35	9,78	83,08	1,56	*H. Ritthausen* [4]
22	Mecklenburger weisse Kartoffel	„	78,30	1,85	—	18,46	0,31	1,08	8,52	84,97	1,36	
23	Gelbfleischige Zwiebelkartoffel, kleine Knollen	„	73,81	0,99	—	21,46	2,73	1,01	3,78	81,94	0,60	*H. Hellriegel* [5]
24	desgl., grosse Knollen . .	„	71,28	1,43	—	23,87	2,44	0,98	4,98	83,11	0,80	
25	Rothe Zwiebelkartoffel, gelbfleischige	1856	71,52	1,72	—	24,79	0,89	1,08	6,03	87,06	0,96°	*H. Scheven* [6]
26	Weissfleischige Zwiebelkart. .	„	72,32	2,24	—	23,14	0,97	1,33	8,00	83,69	1,28°	
27	Mineralische Düngung (Mittel von 7 Analysen) . . .	„	76,40	2,17	0,29	19,15	0,99	1,00	9,19	81,15	1,47	*H. Grouven* [7]
28	Stickstoffreiche Düngung (Mittel von 7 Analysen) .	„	75,20	3,60	0,31	18,96	1,03	0,90	14,52	76,45	2,32	
29	Mittel von 19 Analysen . .	„	76,00	2,80	0,30	18,94	1,01	0,95	11,67	78,91	1,87	
30	Frische, weisse Kartoffeln, ungedüngt	1860	74,95	2,11	0,07	20,09	1,90	0,88	8,42	80,21	1,35	
31	desgl., gedüngt	„	78,01	3,19	0,05	16,46	1,24	1,05	14,51	74,84	2,32	
32	Weisse Kartoffel	1852	74,95	2,49	—	—	—	—	9,94	—	1,59	*C. Schmidt* [8]
33	Rothe Kartoffel	„	68,94	2,38	—	—	—	—	7,66	—	1,23	
34		1862	76,32	1,16	—	—	—	0,78	4,90	—	0,78	
35	Heiligenstädter Kartoffel . .	1864	75,02	1,10	—	—	1,58	0,95	4,40	85,48	0,70	

[1]) Vergl. Anmerkung [6]) Seite 642.

[2]) No. 19. E. Wolff. Weende'r Jahresber. 1853. II. (Ztschr. f. Deutsch. Landw. 1852. 119. Wolff's Grundlagen des Ackerbaues 1856. 913.) Die nähere Analyse ergab noch: Stärke 17,15 %, Zucker 3.20 %, Dextrin, Pectin 0,14 %, Pectinsäure 0,44 %, Albumin 0,49 %, Casein 0,04 %, Fibrin 0,13 %. Eine N-Bestimmung scheint nicht ausgeführt worden zu sein. (Vgl. nächste No.) Im April und Mai 1851 untersucht.

[3]) No. 20. Em. Wolff. Grundl. d. Ackerb. Diese Kartoffelsorte (No. 19 mit betreffend) war seit 7—8 Jahren in Möckern bei Leipzig gebaut worden, hatte aber in schwerem und nassem Boden ihre ursprüngliche Güte und Ertragsfähigkeit schon seit einigen Jahren ziemlich verloren.

[4]) No. 21—22. H. Ritthausen. Ebendaselbst.

[5]) No. 23 u. 24. H. Hellriegel. Ebendaselbst.

[6]) No. 25 u. 26. H. Scheven. Ztschr. d. landw. Centralv. d. Prov. Sachsen 1857. 60.

[7]) No. 27—31. H. Grouven. Dessen „Vorträge über Agriculturchemie". 2. Aufl. 1862. 355 u. 495 (z. Thl. entnommen aus d. Ann. d. Landw. 1856. II. 60). An näheren Bestandtheilen wurden ferner bestimmt:

	No. 26	27	28	29	30
Stärke	14,91	15,58	15,24	17,33	13,40
Schleim, Dextrin . .	2,34	1,29	1,81	—	—
Zucker	0,15	0,11	0,13	—	—
Extractivstoffe . . .	1,70	1,99	1,83	—	—
Albumin	—	—	—	0,47	0,89
Casein	—	—	—	0,038	0,034
Pflanzenleim . . .	—	—	—	0,29	0,25
Pflanzenfibrin . . .	—	—	—	1,31	2,02
Gummi und Pectin .	—	—	—	0,76	1,56
Organische Säuren .	—	—	—	2,00	1,50

[8]) No. 32—35. C. Schmidt. Livländer Jahresber. f. Landwirthsch. 1852. 121. (Wilda's landw. Centralbl. 1853. I. 96 und 16 (1863) 139 u. 17 (1864) 184.) No. 33 war zu Turneshof in Livland im trocknen Sommer 1862 gebaut; No. 34 war auf Alt-Kusthof, südlich von Dorpat im nassen Sommer 1864 gebaut; sie enthielt 1,27 % Aepfelsäure, 20,08 % Stärkemehl, letzteres aus dem spec. Gew. der Kartoffel berechnet.

No.	Bemerkungen	Jahr der Untersuchung	In der ursprünglichen Substanz						In der Trocken-Substanz		Stickstoff in der Trocken-Substanz	Analytiker
			Wasser %	Nh-Substanz %	Rohfett %	Nfr. Extractstoffe %	Rohfaser %	Asche %	Nh-Substanz %	Nfr. Extractstoffe %	%	
36	Sächs. rothe Zwiebelkartoffel, ungedüngt	1859	75,00	4,00	—	18,79	0,99	0,82	17,59	75,14	2,81	*Bretschneider u. Metzdorf* [1]
37	desgl., gedüngt (Mittel aus 7 Analysen vergleichend gedüngter Kartoffeln) . . .	„	75,00	3,81	—	19,36	0,90	0,93	15,24	77,44	2,44	
38		„	74,50	2,23	0,20	21,32	0,85	1,10	8,75	82,83	1,40°	*Crusius* [2]
39	Zwiebelkartoffel	1860	70,70	2,01	0,80	23,00	2,39	1,10	6,86	78,50	1,10	*Hoffmann* [3]
40		1857	74,60	—	—	—	—	—	9,38	—	1,50°	*Wolff* [4]
41		1855	75,50	0,9	—	—	2,4	—	3,67	—	0,59	*Schulz-Fleeth* [5]
42		„	73,00	0,8	—	—	2,9	—	2,96	—	0,47	
43		„	79,00	0,7	—	—	1,8	—	3,33	—	0,53	
44	Aus dem mittleren Schweden	1860	75,74	1,68	—	20,67	0,64	1,27	6,92	85,21	1,11	*Eisenstuck* [6]
45		1855	74,95	2,21	—	19,70	1,51	1,63	8,82	78,64	1,25	*Herth* [7]
46	Im December untersucht . .	1865	77,23	1,97	0,18	18,90	0,53	1,19	8,65	83,00	1,38	*Hofmeister* [8]
47	Andere Sorte, im Mai untersucht	„	68,29	2,40	0,28	26,57	0,90	1,56	7,57	83,79	1,21	
48		„	70,00	2,28	0,24	25,23	0,85	1,40	7,60	84,10	1,22	
49	Zwiebelkartoffel	„	68,03	3,27	—	—	—	1,12	10,21	—	1,63	*Fr. Nobbe* [9]
50	Heiligenstädter	„	74,66	2,06	—	—	—	1,07	8,13	—	1,30	
51	Heiligenstädter, Voigtland .	„	76,14	1,57	—	Stärke 19,41	—	1,00	6,58	Stärke 81,35	1,05	
52	desgl., Friesen	„	75,10	1,90	—	19,89	—	1,49	7,63	79,88	1,22	
53	desgl., Pfaffengrün	„	72,19	1,62	—	24,01	—	1,14	5,83	86,34	0,93	
54	desgl., Neutaubenheim .	„	72,38	1,50	—	22,42	—	1,43	5,43	81,18	0,87	
55	desgl., Mosel	„	78,71	1,36	—	17,68	—	1,29	6,38	82,95	1,02	
56	Heiligenstädter, Mittel von 20 Analysen	1866	75,05	2,02	—	19,14	—	1,13	8,10	76,71	1,30	
57	Zwiebelkartoffel, Voigtland .	1865	73,64	1,71	—	22,54	—	1,18	6,49	85,52	1,04	
58	desgl., wilde rothe, Voigtland	„	76,65	1,80	—	18,23	—	1,07	7,71	78,08	1,23	
59	desgl., rothe	„	72,21	1,84	—	24,75	—	1,43	6,62	89,05	1,06	
60	desgl., rothe, späte, Neutaubenheim	„	72,72	2,10	—	22,30	—	1,30	7,70	81,76	1,23	
61	Victoria, Voigtland	„	67,65	1,58	—	17,99	—	1,12	6,77	77,05	1,08	
62	Grosse weisse	„	78,12	1,82	—	16,58	—	1,01	8,32	75,77	1,33	
63	Lerchenkartoffel	„	66,92	2,79	—	24,99	—	1,24	8,43	75,54	1,35	

[1] No. 36 u. 37. P. Bretschneider u. Metzdorf. 4. Ber. d. Vers.-Stat. Ida-Marienhütte.
[2] No. 38. F. Crusius. Die Landw. Vers.-Stat. 1. 1859. 101.
[3] No. 39. Rob. Hoffmann. Jahresber. d. Agriculturchemie. 4. 1861/62. 52.
[4] No. 40. Em. Wolff. Mitthl. a. Hohenheim. 5. 161.
[5] No. 41—43. C. Schulz-Fleeth. Aus dessen: „Der rationelle Ackerbau". Berlin, 1856. Für die Zusammensetzung der Kartoffel wurde ferner angegeben:

	No. 41	42	43
Stärke	17,7	20,9	15,7
Dextrin und Asche . .	2,8	2,6	3,3

[6] No. 44. C. M. Eisenstuck. Die Landw. Vers.-Stat. 3. 1861. 237. Die Ermittelung der „Cellulose" geschah durch aufeinanderfolgende Digestion mit dreiprocentiger Natronlauge, Alkohol und Aether.
[7] No. 45. G. Herth. Weender Jahresber. 1855/56. 31.
[8] No. 46—48. V. Hofmeister. Die Landw. Vers.-Stat. 8. 1866. 352 u. 10. 1868. 281.
[9] No. 49—65. Fr. Nobbe. Sächs. Amtsbl. 1867. 11.

No.	Bemerkungen	Jahr der Untersuchung	In der ursprünglichen Substanz: Wasser %	Nh-Substanz %	Rohfett %	Stärke %	Rohfaser %	Asche %	In der Trocken-Substanz: Nh-Substanz %	Stärke %	Stickstoff in der Trocken-Substanz %	Analytiker
64	Frühe rothe Senftenberger	1865	75,03	1,64	—	19,17	—	1,27	6,57	76,78	1,05	Fr. Nobbe[1]
65	Ordinär rothe Futterkartoffel	„	75,28	2,06	—	18,23	—	1,15	8,33	73,74	1,33	
66	Heiligenstädter a. Giessenstein, ungedüngt	1866	71,20	—	—	21,1	—	—	7,38	73,26	1,18°	A. Stöckhardt[2]
67	desgl. aus Döhlen, ungedüngt	„	70,60	—	—	21,6	—	—	8,00	73,46	1,28°	
68	desgl., aus Sayda, ungedüngt	„	72,00	—	—	20,4	—	—	7,56	72,85	1,21°	
69	desgl. aus Bräunsdorf, ungedüngt	„	68,00	—	—	24,2	—	—	7,13	75,63	1,14°	
70	desgl. aus Olbernhau, ungedüngt	„	68,40	—	—	23,7	—	—	7,31	75,01	1,17°	
71	desgl. aus Friedebach, ungedüngt	„	71,20	—	—	21,1	—	—	9,31	73,74	1,49°	
72	Zwiebelkartoffel aus Tharand, ungedüngt	„	68,70	—	—	23,5	—	—	10,50	75,08	1,68°	
73	Gemisch zweier Sorten, zu verschiedener Zeit untersucht	18 64/65	72,90	2,49	0,09	22,90	0,67	0,95	9,18	84,51	1,47	F. Stohmann[3]
74		„	76,40	2,52	0,11	19,36	0,75	0,86	10,68	82,04	1,71	
75		„	77,08	1,97	0,08	19,21	0,72	0,94	8,63	83,80	1,38	
76		1865	75,00	2,40	0,20	20,00	1,40	1,00	9,60	80,00	1,54	Peters[4]
77	Dalmahoys (zu Woolmet auf schwer. Kalkboden gewachsen)	1863	74,44	0,81		23,69 [Rohfett + Stärke + Rohfaser]		1,06	3,31	—	0,53°	Thom. Anderson[5]
78	Regents (zu Woolmet auf schwer. Kalkboden gewachsen)	„	75,33	0,87		22,74		1,06	3,56	—	0,57°	
79	Dalmahoys (zu Dargaval auf Moorboden gewachsen)	„	80,11	1,50		17,86		0,53	8,13	—	1,30°	
80	Regents (zu Dargaval auf Moorboden gewachsen)	„	78,97	1,43		18,95		0,65	6,75	—	1,08°	
81	Flukes (zu Dargaval auf gedüngtem Moorboden gewachsen)	„	79,18	1,62		18,44		0,66	8,00	—	1,28°	
82	Skerry Reds (zu Dargaval auf gedüngtem Moorboden gewachsen)	„	78,79	1,81		18,69		0,71	8,69	—	1,39°	
83	White Rocks (zu Dargaval auf gedüngtem Moorboden gewachsen)	„	77,91	1,68		19,41		1,00	7,69	—	1,23°	
84	Orkney Reds (zu Dargaval auf gedüngtem Moorboden gewachsen)	„	79,45	1,75		18,25		0,55	8,69	—	1,39°	
85	White Rocks, gedüngt (auf leichtem Sandboden gewachsen)	„	74,22	1,62		23,06		1,10	6,31	—	1,01°	
86	Flukes, gedüngt (auf leichtem Sandboden gewachsen)	„	76,77	1,56		19,41		1,16	7,31	—	1,17°	
87	Skerry Blues, gedüngt (auf leichtem Sandboden gewachsen)	„	73,22	2,00		23,69		1,09	7,50	—	1,20	
88	Orkney Reds, gedüngt (auf leichtem Sandboden gewachsen)	„	74,38	1,81		22,68		1,12	7,25	—	1,16	
89	Regents, ungedüngt (auf leichtem Sandboden gewachsen)	„	71,75	2,00		25,12		1,13	7,19	—	1,15°	
90	Dalmahoys, ungedüngt (auf leichtem Sandboden gewachsen)	„	74,85	1,68		22,62		0,85	6,94	—	1,11°	
91	Hecklingkartoffel, 1865er E., untersucht Februar	1866	75,00	1,76	0,10	21,12	1,02	1,00	7,04	84,88	1,13	J. Nessler[6]
92	Runkelkartoffel, Haut roth, Fleisch weiss	„	73,92	2,37	0,11	21,70	0,91	0,99	9,09	83,20	1,45	

[1]) Vergl. Anmerkung [9]) Seite 644.

[2]) No. 66—72. A. Stöckhardt. Chem. Ackerm. 13. 1867. 52. Die im Jahre 1865 an oben genannten Orten aus direct bezogenem Heiligenstädter Saatgut gebauten Knollen dienten zu einem Anbauversuche, der von Osc. Lehmann auf dem academischen Gute bei Tharand auf schwerem, flachgründigem Thonschieferboden ausgeführt wurde. Der oben angegebene Gehalt an Trockensubstanz resp. Wasser und Stärkemehl wurde aus dem spec. Gew. der Knollen berechnet.

[3]) No. 73—75. F. Stohmann. Journ f. Landwirthsch. 1867. 160.

[4]) No. 76. E. Peters. Preuss. Ann. der Landw. 50. 1867. 6.

[5]) No. 77—90. Thom. Anderson. Transact. Highl. Soc. New Ser. Juli 1862 bis März 1865. 293. Die Kartoffeln waren auf ungedüngtem Boden gewachsen.

[6]) No. 91—93. J. Nessler, Brigel u. E. Muth. Ber. d. Vers.-Stat. Karlsruhe 1870. 56.

No.	Bemerkungen	Jahr der Untersuchung	In der ursprünglichen Substanz						In der Trocken-Substanz		Stickstoff in der Trocken-Substanz	Analytiker
			Wasser %	Nh-Substanz %	Rohfett %	Nfr. Extractstoffe %	Roh-faser %	Asche %	Nh-Substanz %	Nfr. Extractstoffe %	%	
93	Sächs. Zwiebelkartoffel, innen gelb	1866	73,31	2,07	0,09	22,64	0,86	1,01	7,76	84,90	1,24	*J. Nessler*[1])
94	1869er Ernte, untersucht November	$18\frac{69}{70}$	81,68	2,03	0,08	14,68	0,52	0,83	11,06	81,07	1,77	*Wolff*[2])
95		$18\frac{70}{71}$	75,41	2,07	0,07	21,07	0,50	0,88	8,40	85,70	1,34	*derselbe*[3])
96	1869er Ernte, im Juni untersucht	1870	71,24	2,20	0,34	23,63	1,26	1,33	7,65	82,17	1,23	*Hofmeister*[4])
97		1864	74,39	1,87	0,27	21,92	0,43	1,12	7,30	85,60	1,17	*Lehmann*[5])
98		1866	74,19	1,93	0,13	22,00	0,57	1,18	7,48	85,24	1,20	*Hofmeister*[6])
99		„	74,15	1,64	0,24	21,89	0,76	1,32	6,54	84,48	1,03	
100		1868	73,30	2,69	0,08	21,90	0,63	1,40	10,07	82,03	1,61	*E. Heiden*[7])
101	Mit Stallmist gedüngt . . .	1870	71,10	2,80	—	23,60	1,42	0,88	10,33	81,68	1,65	
102	desgl.	1871	68,64	2,73	0,12	26,37	1,00	1,14	8,71	84,08	1,39	
103	Ungedüngt, Mittel zweier Parzellen	1869	71,53	3,07	0,11	23,78	0,61	0,90	10,78	80,06	1,72	
104	Riesen-Marmont-Kartoffel .	1872	71,60	1,62	—	—	—	—	5,70	—	0,91	*P. Wagner*[8])
105		1874	71,90	2,23	0,01	23,73	0,68	1,45	7,94	84,43	1,27	*G. Kühn*[9])
106		1871	73,88	2,56	0,15	21,49	0,74	1,18	9,81	82,30	1,57	*Weiske*[10])
107	Frühe Rosenkartoffel . . .	„	75,80	1,15	0,15	18,28	0,27	0,80	4,75	90,20	0,76	*Birner*[11])
108	Späte Rosenkartoffel . . .	„	73,86	2,08	0,20	20,22	0,34	0,86	7,96	86,58	1,27	
109	1869er, im Monat Juni untersucht	1870	71,24	2,20	0,34	23,63	1,26	1,33	7,65	82,17	1,22	*Hofmeister*[12])
110		„	75,48	2,33	0,09	20,09	0,63	1,38	9,70	81,73	1,58	*J. König*[13])
111		„	75,21	1,82	0,09	20,99	0,80	1,09	7,34	84,67	1,17	
112	Weisse Sieberhäuser, Saatknollen, im Frühjahr . .	1875	75,65	1,44	0,08	21,11	0,61	1,11	5,92	86,70	0,95	*desgl. und Brimmer*[14])
113	desgl., von No. 112 gezogene Knollen	„	76,74	2,18	0,07	19,52	0,60	0,89	9,38	83,89	1,50	
114	Gedämpfte Kartoffel, Mittel aus 6 Analysen	„	72,45	2,10	0,15	21,70	0,59	1,20	7,63	85,33	1,22	*Heiden, Voigt, Wetzke etc.*[15])

[1]) Vergl. Anmerkung [6]) Seite 645.

[2]) No. 94. E. Wolff (Vers.-Stat. Hohenheim. Ein Programm derselben 1870. 92. Ferner: Die Ernährung der landw. Nutzthiere 1876. 158.

[3]) No. 95. E. Wolff (Vers.-Stat. Hohenheim). Landw. Vers.-Stat. 14. 1871. 406. Landw. Jahrb. 1. 1872. 540.

[4]) No. 96. V. Hofmeister. Ebendaselbst. 16. 1873. 126.

[5]) No. 97. J. Lehmann u. Joh. Seyffert. Amtsbl. f. d. landw. Ver. in Sachsen 1865. 59.

[6]) No. 98 u. 99. V. Hofmeister u. R. Brandes. Landw. Vers.-Stat. 12. 1870, 9.

[7]) No. 100—103. E. Heiden (Vers.-Stat. Pommritz). Amtsbl. f. d. landw. Ver. in Sachsen. 18. 1870. 8 u. 20. 1872. 60 u. Privatmittheilung.

[8]) No. 104. P. Wagner. Ber. d. Ver.-Stat. Darmstadt 1874. 44. Zur Untersuchung dienten 3 Knollen und zwar von 210, 153 und 104 g. An reinem Stärkemehl wurde gefunden 22,8 %.

[9]) No. 105. G. Kühn (Vers.-Stat. Möckern). Sächs. landw. Ztschr. 1875. 156.

[10]) No. 106 H. Weiske u. E. Wildt (Vers.-Stat. Proskau). Ztschr. f. Biologie. 10. 1874. 6.

[11]) No. 107 u. 108. Birner (Vers.-Stat. Regenwalde). Wochenschr. d. Pomm. ökonom. Gesellsch. 1873. 3.

[12]) No. 109. V. Hofmeister. Landw. Vers.-Stat. 16. 1873. 126.

[13]) No. 110 u. 111. J. König u. B. Farwick (Vers.-Stat. Münster). Privatmitthl.

[14]) No. 112 u. 113. J. König u. C. Brimmer (Vers.-Stat. Münster). Landw. Jahrbücher. 5. 1876. 661. Die unter No. 113 angeführten Knollen wurden im Garten der Vers.-Stat. Münster in mittelschwerem, sandigem Lehmboden, der in mittelmässigem Düngungszustand war, angebaut.

[15]) Vergl. Anmerkung [1]) Seite 647.

No.	Bemerkungen	Jahr der Untersuchung	In der ursprünglichen Substanz						In der Trocken-Substanz		Stickstoff in der Trocken-Substanz	Analytiker
			Wasser %	Nh-Substanz %	Rohfett %	Nfr. Extractstoffe %	Rohfaser %	Asche %	Nh-Substanz %	Nfr. Extractstoffe %	%	
115	Gedämpfte Kartoffel, Mittel aus 6 Analysen	1875	74,32	2,08	0,15	21,53	0,59	1,19	8,10	84,39	1,30	
116	desgl.	„	71,16	2,82	0,17	23,55	0,81	1,33	9,78	82,21	1,56	
117		„	73,30	3,69	0,08	21,90	0,63	1,30	13,82	79,25	2,21	
118		18$\frac{69}{70}$	70,64	3,61	0,15	23,34	0,64	1,48	12,30	79,97	1,97	*Heiden, Voigt, Wetzke etc.* [1]
119	Eingesumpfte Kartoffel . .	„	72,80	2,86	0,19	21,90	0,63	1,56	10,51	80,75	1,68	
120		1870	74,08	2,04	0,04	21,76	0,65	1,41	7,87	84,03	1,26	
121		1873	71,00	3,01	0,12	24,23	0,57	1,06	10,38	83,59	1,66	
122		1871	70,88	2,32	0,09	24,11	1,07	1,47	7,97	83,00	1,28	
123		1872	72,08	2,90	0,12	23,32	0,55	1,01	10,37	83,61	1,66	
124	1874er Ernte, im April untersucht	1875	74,75	2,25	0,09	21,11	0,84	0,96	8,92	83,62	1,43	*E. Wildt* [2]
125		1873	74,75	2,06	0,08	21,49	0,57	1,05	8,14	85,11	1,30	
126		„	76,90	2,69	0,08	18,58	0,82	0,93	11,63	80,45	1,86	
127		„	80,44	2,86	0,15	15,21	0,59	0,75	14,64	77,76	2,34	*E. Wolff, Kreuzhage etc.* [3]
128		„	79,47	2,60	0,10	16,66	0,39	0,78	12,65	81,12	2,02	
129		„	76,26	2,83	0,15	19,22	0,63	0,91	11,91	80,98	1,91	
130		„	75,50	2,92	0,11	19,60	0,98	0,89	11,90	80,02	1,90	*E. Wolff* [4]
131	Aus München	1872	79,81	2,42	0,22	15,70	0,69	1,16	11,99	77,75	1,92	*J. Lehmann* [5]
132	Sächsische Zwiebel, 140 Stück auf 10 kg Zwiebel . . .	1876	75,30	1,69	0,20	20,90	1,04	0,87	6,84	84,62	1,09	
133	Märkische Zwiebel, 66 Stück auf 10 kg, Winter . . .	„	73,00	2,18	0,10	22,80	1,00	0,92	8,07	84,45	1,29	
134	Schlesische Zwiebel, 100 Stück auf 10 kg, Winter . . .	„	75,05	2,16	0,08	20,50	1,04	1,17	8,66	82,16	1,39	*F. Schwackhöfer, Stua u. Dehaglio* [6]
135	Victoria, Winter	„	77,34	1,62	0,05	19,34	0,80	0,85	7,15	85,35	1,14	
136	Early rose, Winter . . .	„	84,90	0,50	0,04	12,81	0,95	0,80	3,31	82,55	0,53	
137	Gemenge diverser Sorten . .	„	80,20	1,45	—	—	—	—	7,32	—	1,17	
138	Gemenge von 132—134 . .	„	74,07	1,55	0,05	22,04	1,05	1,24	5,98	85,00	0,96	
139	Frisch nach der Ernte . .	1878	75,03	2,35	0,36	20,92	0,34	1,00P	9,41	83,78	1,51	*Schwackhöfer* [7]

[1] No. 114—123. E. Heiden, Voigt, Wetzke, v. Gruber, Güntz, Bochmann (Vers.-Stat. Pommritz). Beiträge zur Ernährung des Schweins. Leipzig u. Hannover 1877. 129.

[2] No. 124. E. Wildt (Vers.-Stat. Kuschen). Landw. Jahrb. 6. 1877. 180.

[3] No. 125—129. E. Wolff, Kreuzhage, Kellner u. G. Dittmann (Vers.-Stat. Hohenheim). Landw. Jahrb. 8. 1879. Supplem. 156. 201.

[4] No. 130. E. Wolff u. O. Kellner (Vers.-Stat. Hohenheim). Landw. Jahrb. 13. 1884. 215 Die Trockensubstanz der Kartoffeln enthielt 7,13 % reines Protein und 4,77 % Amide etc.

[5] No. 131. J. Lehmann. Oekonomische Fortschritte 1872. 220.

[6] No. 132—138. E. Schwackhöfer, J. Stua u. Dehaglio. Technisch-chemisches Laborat. d. k. k. Hochschule f. Bodenkultur in Wien. Privatmittheil. Je 30 Stück Knollen wurden einzeln auf ihr spec. Gewicht geprüft und gefunden:

		No. 132	133	134	135	136
Spec. Gewicht	Maximum	1,1200	1,118	1,107	1,099	1,079
	Minimum	1,0699	1,078	1,081	1,055	1,038
Dar. berechnetes Stärkemehl . .	Maximum	23,05	22,61	20,22	18,56	15,24
	Minimum	14,36	15,12	15,50	—	—
Dar. berechnete Trockensubstanz	Maximum	28,23	27,75	25,11	23,26	19,30
	Minimum	18,02	19,14	19,63	—	—

[7] Vergl. Anmerkung [1]) Seite 648.

No.	Bemerkungen	Jahr der Untersuchung	In der ursprünglichen Substanz: Wasser %	Nh-Substanz %	Rohfett %	Nfr. Extractstoffe %	Rohfaser %	Asche %	In der Trocken-Substanz: Nh-Substanz %	Nfr. Extractstoffe %	Stickstoff in der Trocken-Substanz %	Analytiker
140	Frisch nach der Ernte . .	1878	75,88	1,79	0,43	20,80	0,35	0,75	7,42	86,24	1,19	*Schwackhöfer* [1]
141	Gedämpfte Kartoffel . . .	1869	72,98	2,82	0,15	21,92	0,82	1,31	10,44	81,12	1,67	*E. Heiden* [2]
142	Kartoffel nach Stallmistdüngung	„	74,08	2,04	0,04	21,76	0,65	1,43	7,87	83,95	1,26	
143	Rohe Kartoffeln	„	73,65	2,77	0,19	21,22	0,61	1,56	10,51	84,33	1,68	
144	Dieselben gedämpft . . .	„	71,08	3,56	0,15	22,99	0,65	1,59	12,31	79,42	1,97	
145		„	70,75	3,49	0,23	22,81	0,70	1,54	11,93	79,62	1,91	
146		„	70,89	3,41	0,22	23,15	0,83	1,50	11,71	79,53	1,87	
147		1875	73,71	2,14	0,15	22,05	0,60	1,35	8,14	83,88	1,30	
148		„	73,74	2,13	0,15	22,03	0,60	1,35	8,11	83,90	1,30	
149		„	72,28	2,25	0,16	23,24	0,64	1,43	8,23	83,62	1,32	
150		„	76,01	1,95	0,14	20,12	0,55	1,23	8,13	83,67	1,30	
151		„	74,86	2,04	0,15	21,08	0,58	1,29	8,12	83,84	1,30	
152		„	75,36	2,00	0,14	20,68	0,56	1,26	8,12	83,93	1,30	
153	Nach Stallmistdüngung . .	1870	71,16	2,56	0,04	24,53	0,52	1,19	8,88	85,05	1,42	
154	desgl., nach Gülichs-Methode gepflügt	1871	72,67	2,69	0,06	22,47	0,84	1,28	9,85	82,18	1,58	
155	desgl. (vergl. No. 102) . .	„	68,64	2,73	0,12	23,36	1,00	1,14	8,71	84,08	1,39	
156	Frische Kartoffeln	1880	76,94	2,26	0,12	19,26	0,68	0,73	9,80	83,56	1,57	*Förster* [3]
157	Aus Ostpreussen, im Juni untersucht	1878	69,44	2,01	0,09	26,44	1,07	0,94	6,58	86,55	1,05	*Hofmeister* [4]
158	White Star	1884	78,01	2,19	0,08	18,39	0,33	1,00	9,96	83,63	1,59	*Conn. Stat.* [5]
159		„	79,69	1,14	0,12	17,75	0,28	1,02	5,61	87,40	0,90	*Connect. Station* [6]
160		„	77,61	1,32	0,14	19,69	0,48	0,76	5,90	87,94	0,94	
161	Mittel zweier ungedüngter Parzellen	1869	71,53	3,06	0,12	23,78	0,61	0,90	10,75	83,53	1,70	*E. Heiden* [7]
162	Saatknollen	1878	69,68	2,08	0,17	26,39	0,61	1,07	6,86	87,04	1,10	
163	Aus vorigen erbaute Kartoffel, Mittel von zwei ungedüngten Parzellen	„	73,78	1,41	0,13	22,98	0,62	1,08	5,48	87,54	0,88	
164	Ungedüngt	1885	74,65	2,23	0,12	21,65	0,57	0,78	8,80	85,40	1,41	
165	Gedüngte, Mittel von zwei Parzellen	„	75,02	2,22	0,15	21,11	0,64	0,86	8,89	84,49	1,42	

[1]) No. 139 u. 140. F. Schwackhöfer. Vergl. Anm. [6]) S. 647. Bei der Analyse der näheren Bestandtheile wurden unterschieden:

	No. 139			No. 140	
Protein, löslich . . .	1,64	coagulirbar . .	0,56	1,79	0,66
		nicht coagulirbar	1,08		1,13
„ unlöslich . .	0,71				0,00
Stärke	16,72			17,00	
Zucker	0,07			0,13	
Mineralstoffe löslich	0,64				
Mineralstoffe unlösl.	0,36				

[2]) No. 141—155. E. Heiden (Vers.-Stat. Pommritz). Privatmitthl.
[3]) No. 156. Förster (Vers.-Stat. Dahme). Privatmitthl. Spec. Gewicht 1,091.
[4]) No. 157. W. Hoffmeister. Privatmitthl.
[5]) No. 158. The Connecticut Agric. Experiment Station, Ann. Rep. f. 1884. 107.
[6]) No. 159 u. 160. The Connecticut Agric. Experiment Station, Ann. Rep. für 1884. 107. Tabelle 115.
[7]) No. 161—165. E. Heiden. Denkschrift d. Vers.-Stat. Pommritz 1883 u. Privatmitthl.

No.	Bemerkungen	Jahr der Untersuchung	In der ursprünglichen Substanz: Wasser %	Nh-Substanz %	Rohfett %	Nfr. Extractstoffe %	Rohfaser %	Asche %	In der Trocken-Substanz: Nh-Substanz %	Nfr. Extractstoffe %	Stickstoff in der Trocken-Substanz %	Analytiker
166	Saatknollen, Farinosakartoffel (Mittel v. je zwei Analysen)	1876	68,63	2,56	0,07	26,82	0,67	1,25	8,19	85,50	1,31°	U. Kreusler [1]
167	Aus vorigen erwachsen (Mittel v. je zwei Analysen)	„	77,83	2,70	0,06	17,88	0,54	0,99	12,26	80,56	1,962°	U. Kreusler [1]
					Stärke	Sonstige Nfr. Extractstoffe u. Holzfaser				Stärke		
168	Sächs. Zwiebel, gemergelter leichter Sandboden . . .	1880	78,5	1,9	15,7	3,1		0,8	8,84	73,02	1,41	M. Märcker [2]
169	desgl.	„	79,5	2,1	14,7	2,8		0,9	10,24	71,71	1,64	M. Märcker [2]
170	desgl.	„	78,3	2,1	16,0	1,7		0,9	9,68	73,73	1,55	M. Märcker [2]
171	desgl.	„	77,6	2,0	16,6	2,7		0,9	8,93	74,10	1,43	M. Märcker [2]
172	desgl.	„	76,9	2,1	17,3	2,8		0,9	9,08	72,82	1,45	M. Märcker [2]
173	desgl.	„	77,6	2,2	16,6	2,7		0,9	9,82	74,10	1,57	M. Märcker [2]
174	desgl.	„	79,2	2,2	15,0	2,8		0,8	10,58	72,12	1,69	M. Märcker [2]
175	desgl.	„	78,3	2,2	15,9	2,8		0,8	10,14	73,27	1,62	M. Märcker [2]
176	desgl.	„	77,3	2,2	16,9	2,8		0,8	9,69	74,44	1,55	M. Märcker [2]
177	desgl.	„	76,3	2,2	17,9	2,8		0,8	9,28	75,52	1,48	M. Märcker [2]
178	desgl.	„	80,0	1,7	14,2	3,0		1,1	8,50	71,00	1,36	M. Märcker [2]
179	desgl.	„	78,9	1,7	15,3	3,1		0,7	8,06	72,51	1,29	M. Märcker [2]
180	Alkohol . . . . . (Humoser Lehmboden)	„	74,8	1,8	19,4	3,1		0,9	7,14	76,98	1,14	M. Märcker [2]
181	The farmers blush . . (Humoser Lehmboden)	„	76,8	1,7	17,4	3,3		0,8	7,33	74,99	1,17	M. Märcker [2]
182	Paulsen No. 13 . . . (Humoser Lehmboden)	„	78,7	1,8	15,5	3,1		0,9	8,94	76,96	1,43	M. Märcker [2]
183	Early Goodrich . . . (Humoser Lehmboden)	„	79,8	2,5	14,4	2,6		0,7	12,38	71,28	1,98	M. Märcker [2]
184	Richters Schneerose . (Humoser Lehmboden)	„	78,1	1,8	16,1	3,1		0,9	8,22	73,51	1,32	M. Märcker [2]
185	Poligonos . . . . . (Humoser Lehmboden)	„	75,8	—	18,4	4,8		1,0	—	76,03	—	M. Märcker [2]
186	Gesundheit . . . . (Humoser Lehmboden)	„	75,2	—	19,0	4,9		0,9	—	76,61	—	M. Märcker [2]
187	Neue Lippische . . . (Humoser Lehmboden)	„	76,2	1,3	18,0	3,5		1,0	5,46	75,64	0,87	M. Märcker [2]
188	Frühe blaue . . . . (Humoser Lehmboden)	„	75,3	—	18,9	4,9		0,9	—	76,53	—	M. Märcker [2]

[1]) No. 166 u. 167. U. Kreusler (Vers.-Stat. Poppelsdorf). Landw. Jahrb. 15. (1886.) 309. (Siehe Kartoffeln in verschiedenen Vegetationsperioden No. 78 u. f.)

		In der frischen Substanz No. 166	167	In der Trockeusubstanz No. 166	167
Im Rohprotein	Salpeter-Stickstoff . . .	Spur	0,001	0,003	0,006
	Amido-Stickstoff . . .	0,064	0,128	0,205	0,584
	Sonstiger Stickstoff . .	0,048	0,025	0,155	0,111
	Nichtprotein-Stickstoff .	0,112	0,154	0,363	0,701
	Protein-Stickstoff . . .	0,298	0,278	0,948	1,262
	Gesammt-Stickstoff . . .	0,410	0,432	1,311	1,963
	Wirkliche Proteinstoffe .	1,858	1,746	5,926	7,885
	Salpetersäure (N_2O_5) . .	0,003	0,005	0,009	0,022
In den Nfr-Extractstoffen	Stärke	23,894	15,871	76,178	71,490
	Glykose	0,000	0,000	0,000	0,000
	Dextrin etc.	0,494	0,000	1,572	0,000
	Sonstige Extractstoffe . .	2,431	2,007	7,745	9,075
	Coagulirtes Eiweiss . .	1,281	0,925	4,083	4,192
Im frischen wässrigen Auszug	N im coagulirten Eiweiss	0,205	0,148	0,653	0.671
	N im Eiweissfiltrat . . .	0,112	0,154	0,363	0,700
	N im Ganzen	0,318	0,302	1,016	1,371
	Rohprotein	1,988	1,888	6,347	8,566
	Nfr-Substanzen	1,749	1,077	5,569	4,861
	Organische Substanz . .	3,737	2,965	11,916	13,327
	Reinasche	0,997	0,954	3,179	4,336
	Trockensubstanz	4,734	3,919	15,095	17,663

[2]) No. 168—224. M. Märcker (Vers.-Stat. Halle). Privatmitthl.

No.	Bemerkungen		Jahr der Untersuchung	In der ursprünglichen Substanz: Wasser %	Nh-Substanz %	Stärke %	Sonstige Nfr. Extractstoffe und Holzfaser %	Asche %	In der Trocken-Substanz: Nh-Substanz %	Stärke %	Stickstoff in der Trocken-Substanz %	Analytiker
189	Dumbar regent	Humoser Lehmboden (No. 189–208)	1880	73,8	1,4	20,4	3,5	0,9	4,94	77,87	0,79	M. Märcker[1] (No. 189–224)
190	Alkohol, violette		„	75,1	1,5	19,1	3,2	1,1	6,02	76,71	0,96	
191	Fürstenwalder		„	73,0	1,5	21,2	3,4	0,9	5,56	78,52	0,89	
192	Paulsen No. 1		„	74,1	1,7	20,1	3,0	1,1	6,56	77,61	1,05	
193	Sieberhäuser		„	76,2	1,9	18,0	2,8	1,1	7,98	75,64	1,28	
194	Achilles		„	73,6	2,0	20,6	2,7	1,1	7,58	78,03	1,21	
195	Champion		„	75,8	2,1	18,4	2,7	1,0	8,68	76,03	1,39	
196	Gelbe Rose		„	73,7	1,9	21,5	1,7	1,2	6,96	78,75	1,11	
197	Garnet Chili		„	73,5	2,1	21,2	2,1	1,1	7,78	78,52	1,25	
198	Eos		„	74,9	1,9	19,3	2,9	1,0	7,57	76,89	1,21	
199	Blanka		„	75,6	1,9	18,6	2,9	1,0	7,79	76,22	1,25	
200	Paulsen No. 56		„	75,0	—	19,2	4,5	1,3	—	76,80	—	
201	Aurora		„	74,9	—	19,3	4,7	1,1	—	76,89	—	
202	Richters Imperato		„	75,8	1,8	18,4	3,1	0,9	7,44	76,03	1,19	
203	Dabersche		„	76,4	1,8	17,8	2,8	1,2	7,63	75,40	1,22	
204	Griesenhagen		„	74,6	2,1	19,6	2,7	1,0	8,27	77,17	1,32	
205	Trophime		„	74,7	2,1	13,5	8,7	1,0	8,30	53,37	1,33	
206	Breséсs prolific		„	79,4	2,0	14,8	3,0	0,8	9,71	71,84	1,55	
207	Paulsens No. 75		„	72,7	1,9	21,5	2,8	1,1	6,96	78,75	1,11	
208	Chardon		„	80,6	2,1	13,6	2,7	1,0	10,83	71,11	1,73	
209	Gelbfleischige sächs. Zwiebel, humoser Sandboden		„	77,3	1,9	16,9	2,6	1,3	8,37	74,44	1,34	
210	desgl., weniger gut als voriger		„	78,2	2,4	16,0	2,2	1,2	11,01	73,39	1,76	
211	Sächsische Zwiebel, Sandboden		„	80,0	1,6	14,3	3,1	1,0	8,00	71,50	1,28	
212	desgl.		„	79,9	1,7	14,3	3,0	1,0	8,46	71,14	1,35	
213	desgl.		„	81,0	1,7	13,2	3,0	1,1	8,95	69,47	1,43	
214	desgl.		„	82,0	2,0	12,2	2,7	1,1	11,11	67,78	1,78	
215	desgl.		„	81,6	1,7	12,6	3,0	1,1	9,24	68,48	1,48	
216	Gelbfleischige Zwiebel, humos. Sandbod., in kräftiger Cultur		1881	75,5	1,3	18,7	3,2	1,3	5,32	76,52	0,85	
217	desgl., weniger guter Sandbod.		„	74,8	1,4	19,4	3,1	1,3	5,56	77,00	0,89	
218	Sächs. Zwiebel, weissfleischig, sandiger Lehm		„	71,9	1,8	22,3	2,9	1,1	6,41	79,37	1,03	
219	Unbekannt, schwer. Thonbod.		„	78,4	1,7	15,8	3,11	1,02	7,73	73,15	1,24	
220	Halbgute weisse Kartoffel, humoser Lehm		1882	78,4	2,09	15,8	2,41	1,30	9,68	73,15	1,55	
221	desgl.		„	78,87	1,80	15,1	2,96	1,34	8,52	71,47	1,36	
222	Zwiebelkartoffel, ohne Kainit, humoser Lehmboden		„	74,54	2,12	19,4	2,68	1,30	8,33	76,20	1,33	
223	desgl., mit Kainit, hum. Lehmb.		„	76,62	1,66	17,9	2,14	1,70	7,10	76,56	1,14	
224	Champion, humoser Lehmbod.		„	73,95	1,89	19,7	2,53	1,94	7,26	75,63	1,16	
	Minimum	von No. 46 bis 224	.	68,03	0,83	0,04	19,45 0,28	0,53	3,31	77,75	0,53	
	Maximum		.	84,90	3,66	0,96	22,57 1,57	1,87	14,64	90,20	2,34	
	Mittel *)		.	**74,98**	**2,08**	**0,15**	**21,01 0,69**	**1,09**	**8,33**	**83,92**	**1,33**	

[1]) M. Märcker (Vers.-Stat. Halle). Privatmitth.
*) Zur Berechnung des N-Mittels wurden ferner benutzt No. 5—9, 20—26 und 32—45.

Kartoffeln. — Einfluss des Lagerns im Keller während des Winters, bezw. von Wärme, Licht und Luftfeuchtigkeit.

No.	Bemerkungen	Jahr der Untersuchung	In der ursprünglichen Substanz: Wasser %	Nh-Substanz %	Stärke %	Nfr. Extractstoffe %	Rohfaser %	Asche %	In der Trocken-Substanz: Nh-Substanz %	Stärke %	Nfr. Extractstoffe %	Rohfaser %	Asche %	Stickstoff in der Trocken-Substanz %	Analytiker
1	RotheZwiebelkartoff. am 21. Febr. . .	1857	72,40	1,67	—	—	—	—	5,99	—	—	—	—	0,96°	Scheven[1]
2	desgl. am 23. Febr.	„	71,10	1,55	—	—	—	—	5,63	—	—	—	—	0,90°	Scheven[1]
3	desgl. am 10. März	„	71,28	2,06	—	—	—	—	7,16	—	—	—	—	1,13°	Scheven[1]
4	desgl. am 28. März	„	71,50	1,63	—	24,95	0,90	1,02	5,63	—	87,63	3,16	3,58	0,90°	Scheven[1]
5	desgl. am 2. April .	„	71,31	1,69	—	24,98	0,88	1,14	5,81	—	87,15	3,07	3,97	0,93°	Scheven[1]
6	Mittel	„	71,52	1,72	—	24,79	0,89	1,08	6,00	—	87,06	3,12	3,82	0,96	Scheven[1]
					Stärkemehl am 17/12.	Stärkemehl am 27/2.	Stärkemehl am 7/6.			Stärkemehl am 17/12.	Stärkemehl am 27/2.	Stärkemehl am 7/6.			
7	I. Hell-trocken-kühle Aufbewahrung . .	1865	69,25	2,69	18,00	22,77	21,89	1,28	7,85	58,54	74,05	71,19	4,16	1,26	Fr. Nobbe u. Kleckl[2]
8	II. Hell-trocken-warme Aufb. .	„	52,49	8,01	21,18	19,19	29,40	2,71	16,86	44,58	40,39	61,89	5,70	2,70	Fr. Nobbe u. Kleckl[2]
9	III. Hell-feucht-kühle Aufb. .	„	73,26	1,21	22,77	20,25	18,50	1,14	4,53	85,16	75,74	69,19	4,26	0,72	Fr. Nobbe u. Kleckl[2]
10	IV. Hell-feucht-warme Aufb. .	„	53,87	5,70	22,48	22,53	27,69	2,47	12,36	48,74	48,85	60,03	5,35	1,98	Fr. Nobbe u. Kleckl[2]
11	V. Dunkel-trock.-kühle Aufb. .	„	68,78	2,39	20,85	22,46	19,30	1,81	7,66	66,78	71,94	61,82	5,80	1,23	Fr. Nobbe u. Kleckl[2]
12	VI. Dunkel-trock.-warme Aufb. .	„	49,60	5,19	19,89	19,60	34,06	2,92	10,10	39,46	38,89	67,58	3,93	1,62	Fr. Nobbe u. Kleckl[2]
13	VII. Dunkel-feucht-kühle Aufb. .	„	75,02	1,43	23,38	18,92	17,43	1,19	5,72	93,59	75,74	69,77	4,76	0,92	Fr. Nobbe u. Kleckl[2]
14	VIII. Dunkel-feucht-warme Aufb. .	„	47,78	3,11	26,49	24,99	38,22	2,50	5,96	50,76	47,86	73,19	4,79	0,95	Fr. Nobbe u. Kleckl[2]

Kartoffeln. Einfluss des Lagerns im Keller während des Winters, bezw. von Wärme, Licht und Luftfeuchtigkeit.

[1]) No. 1—6. Scheven. Ztschr. f. d. Prov. Sachsen 1857. 136. Die besondere Stärkemehlbestimmung ergab:

No. 3	4	5	6
16,27	17,12	16,26	16,55

[2]) No. 7—14. Fr. Nobbe u. Kleckl. Landw. Vers.-Stat. 7. 1865. Je 2 mittelgrosse (sächsische Zwiebel-) Kartoffeln von bestimmtem Gewicht und Stärkemehlgehalt wurden theils im zerstreuten Tageslicht des Laboratoriums, theils am Boden eines dunklen Wandschrankes unter Glasglocken aufbewahrt, welche letztere jedoch den Zutritt der Luft nicht ganz ausschlossen. Zur Herstellung von feuchter und trockner Luft wurde unter die Glasglocken ein Gefäss mit Wasser, bezw. mit concentrirter Schwefelsäure gestellt. Unter warmer Temperatur ist eine solche von 15—30° C., unter kühler eine solche von 10—22° C. zu verstehen. Der Versuch begann am 12. December 1864 und wurde am 7. Juni 1865 beendet. Die Verluste, welche die Kartoffeln an Gewicht etc. erlitten, erhellt aus nachfolgenden Daten:

	No. I	II	III	IV	V	VI	VII	VIII
Verlust im Ganzen	34,05 %	57,25 %	20,15 %	57,65 %	34,45 %	63,25 %	13,35 %	62,1 %

Am Schlusse des Versuchs enthielt die ursprüngliche Substanz noch:

	No. I %	II %	III %	IV %	V %	VI %	VII %	VIII %
Stärkemehl	15,8	12,5	14,8	11,5	12,6	12,7	15,1	14,4
Protein	1,587	1,658	1,321	1,499	1,540	1,337	1,512	1,209
Asche	0,84	1,16	0,91	1,03	1,18	1,09	1,02	0,95
Von ursprüngl. Stärkemehlmenge noch vorhanden	87,8	59,0	65,0	50,8	60,4	63,9	64,6	54,4

Zu letzterer Zahlenreihe ist zu bemerken, dass bei No. 6 u. 8 der Stärkemehlgehalt nur bei einer Knolle bestimmt worden war; ferner dass der Stärkemehlgehalt zu Anfang des Versuchs aus dem spec. Gewicht der Knollen, zu Ende des Versuchs jedoch auf chemischem Wege ermittelt worden war.

H. Müller-Thurgau macht über die Zusammensetzung süsser Kartoffeln und solcher, die durch Aufbewahren bei 25—26° C. ihre Süsse wieder verloren hatten, folgende Angaben (Landw. Jahrb. 11. 1882. 751):

	In den süssen Kartoffeln	In den nicht mehr süssen Kartoffeln
Direct reducirender Zucker	2,758 %	0,664 %
Nach der Inversion reducirender Zucker	1,244 „	0,544 „
Gesammt-N	0,3259 „	0,3262 „
N der unlöslichen Eiweissstoffe	0,0276 „	0,0521 „
N der löslichen Verbindungen	0,2960 „	0,2754 „
N der löslichen Eiweissstoffe	0,1010 „	0,0930 „

Schwackhöfer giebt über die Unterschiede in der Zusammensetzung frischer und gefrorener Kartoffeln nachstehende Zusammenstellung (Jahresber. f. Agriculturchem. 24. 1881. 382):

	In 100 Trockensubstanz					
	I.		II.		III.	
	Frisch	Gefroren	Frisch	Gefroren	Frisch	Gefroren
Lösliche Bestandtheile in Summe	15,22	20,03	16,01	18,49	13,15	14,36
Davon Zucker	0,27	0,42	0,53	0,66	0,71	1,71
Dextrin	—	—	—	—	0,55	0,85
Protein, coagulirbar	2,26	2,04	2,78	1,92	3,43	2,76
Protein, nicht coagulirbar	4,32	4,69	4,68	5,34	1,62	0,99
Unlösliche Bestandtheile in Summe	84,78	79,97	83,99	81,51	86,85	85,64
Davon Stärkemehl	66,94	58,17	70,52	61,57	75,52	72,32
Protein	2,86	2,69	—	—	2,26	3,45
Stärkewerth	67,18	58,55	71,00	62,16	76.71	74,71

Kartoffeln. Unter dem Einfluss der Düngung.

(Aus den zahlreichen Versuchen über den Einfluss der Düngung auf die Zusammensetzung der Kartoffel hebe ich hier nur einige neuere hervor und verweise bezüglich der sonstigen vielen Versuche auf die gemeinschaftliche Zusammenstellung von Th. Dietrich und Verf.)

No.	Bemerkungen	Jahr der Untersuchung	In der ursprünglichen Substanz: Wasser %	Nh-Substanz %	Rohfett %	Nfr. Extractstoffe %	Rohfaser %	Asche %	In der Trocken-Substanz: Nh-Substanz %	Nfr. Extractstoffe %	Stickstoff in der Trocken-Substanz %	Analytiker
1	Ungedüngt	1882	75,20	1,77	—	21,53	0,35	1,13	7,12	86,88	1,14	M. Märcker, Gräger etc.[1]
2	1 Ctr. Chilisalpeter u. wasserlösliche Phosphorsäure	„	76,50	1,79	—	20,20	0,38	1,16	7,63	85,97	1,22	
3	2 Ctr. Chilisalpeter u. wasserlösliche Phosphorsäure	„	77,50	2,05	—	21,06	0,29	1,10	9,13	84,67	1,52	
4	3 Ctr. Chilisalpeter u. wasserlösliche Phosphorsäure	„	79,10	2,36	—	16,93	0,44	1,17	11,30	81,00	1,81	

[1]) No. 1—4. M. Märcker, Gräger u. Vibrans. Agriculturchem. Centralbl. 12. 1883. 365. Auf einem sandigen Lehmboden mit Lehmuntergrund wurden von 4 je $1/2$ Morgen grossen Parzellen 3 gleichmässig mit 20 Pfd. wasserlöslicher Phosphorsäure und wechselnden Mengen Chilisalpeter gedüngt; eine Parzelle blieb ungedüngt. Das Feld hatte im Vorjahre Gerste mit Kleeeinsaat getragen, welche letztere wegen Mäusefrass umgepflügt werden musste, und wurde 1882 mit „Alkohol-Kartoffel" bestellt.

pro Morgen	Ungedüngt	1 Ctr.	2 Ctr.	3 Ctr. Chilisalpeter
Ertrag an Knollen	112,0 Ctr.	128,0 Ctr.	124,5 Ctr.	139,0 Ctr.
Ertrag an Stärkemehl	21,58 „	23,18 „	20,74 „	18,43 „
Trockensubstanz in Procenten	24,8 %	23,5 %	22,5 %	20,9 %
An näheren Bestandtheilen wurden ferner bestimmt (in der Trockensubstanz):				
Eiweiss	5,94 %	6,56 %	7,06 %	7,06 %
Amide (als Asparagin)	1,18 „	1,07 „	2,07 „	4,24 „
Stärke	77,51 „	77,07 „	73,95 „	63,64 „
Nfr-Extractstoffe	9,37 „	8,80 „	10,72 „	17,36 „

No.	Bemerkungen	Jahr der Untersuchung	In der ursprünglichen Substanz: Wasser %	Nh-Substanz %	Rohfett %	Nfr. Extractstoffe %	Rohfaser %	Asche %	In der Trocken-Substanz: Nh-Substanz %	Nfr. Extractstoffe %	Stickstoff in der Trocken-Substanz %	Analytiker
5	Ungedüngt a	1869	72,10	3,12	0,09	23,23	0,59	0,87	11,18	83,27	1,76	E. Heiden, Brunner, Schumann u. v. Gruber [1]
6	Ungedüngt b	"	70,96	3,01	0,14	24,32	0,63	0,94	10,37	83,74	1,66	
7	Superphosphat	"	73,27	2,38	0,14	22,68	0,54	0,99	8,90	84,86	1,42	
8	Holzasche	"	71,97	2,62	0,10	23,66	0,60	1,05	9,35	84,40	1,50	
9	Peruguano	"	72,69	2,68	0,14	23,05	0,65	0,79	9,81	85,50	1,57	
10	Schwefelsaures Ammoniak .	"	74,03	3,33	0,10	20,13	0,77	0,64	12,83	81,34	2,08	
11	Knochenmehl	"	73,51	2,74	0,12	22,17	0,62	0,94	10,34	83,32	1,65	
12	Schwefelsaures Kali . . .	"	72,49	2,49	0,07	23,36	0,58	1,01	9,04	84,93	1,45	
13	Stallmist	"	73,39	2,49	0,05	22,52	0,52	1,03	9,36	84,62	1,50	
14	Stallmist u. Superphosphat .	"	72,77	2,35	0,18	23,31	0,41	0,98	8,63	85,61	1,38	
15	Stallmist u. Knochenmehl .	"	73,33	2,50	0,18	22,40	0,78	0,81	9,38	83,97	1,50	
16	Stallmist u. Peruguano . .	"	73,52	2,75	0,11	22,12	0,52	0,98	10,38	83,54	1,66	
17	Stallmist u. schwefelsaures Kali	"	74,05	2,36	0,13	21,78	0,57	1,11	9,07	83,97	1,45	
18	Knochenmehl u. schwefelsaur. Kali	"	71,41	2,69	0,19	24,24	0,49	0,98	9,41	84,79	1,51	
19	Knochenmehl u. Holzasche .	"	71,31	3,05	0,19	23,91	0,53	1,01	10,63	83,34	1,70	
20	Peruguano u. schwefelsaures Kali	"	71,96	2,87	0,11	23,41	0,68	0,97	10,23	83,50	1,64	
21	Ausgesetzte Knollen . . .	1878	69,68	2,08	0,17	26,39	0,61	1,07	6,86	87,12	1,10	E. Heiden u. E. Güntz [2]
22	I. Ungedüngt a	"	74,33	1,30	0,18	22,48	0,64	1,07	5,06	87,72	0,81	
23	II. Ungedüngt b, mehrfach Boden bearbeitet . . .	"	73,24	1,52	0,08	23,47	0,61	1,08	5,73	87,81	0,92	

[1]) No. 5—20. E. Heiden, L. Brunner, C. Schumann u. O. v. Gruber (Vers.-Stat. Pommritz). Analysen durch Privatmitthl., Düng- und Bodenverhältnisse Amtsbl. f. d. landw. Ver Sachsens. 18. 1870. 95. Das Feld, Granitverwitterungsboden, hatte 1863 Kartoffeln, mit Stallmist gedüngt, 1864 Gerste, mit 11 Scheffel Kalk pr. sächs. Acker gedüngt. 1865/66 Rothklee, 1867 Winterweizen, mit 6 Ctr. Knochenmehl pr. Acker gedüngt und 1868 Winterroggen, mit 4 Ctr. Knochenmehl pr. Acker und desselben Jahres im Herbst noch Grünfuttergemenge getragen. 1869 folgten Kartoffeln, wozu der Boden in landesüblicher Weise vorbereitet war. Die Versuchsparzellen waren je 9 Qu.-Ruthen breit und 40 Qu.-Ruthen lang. Ueber Düngerquantum, Ertrag an Knollen pr. Acker und deren aus dem spec. Gewicht ermittelten procentischen Stärkemehlgehalt giebt nachstehende Uebersicht Auskunft:

Düngung und deren Gehalt an	N Pfd.	P_2O_5 Pfd.	K_2O Pfd.	Ertrag an Knollen Pfd.	Zucker %	Dextrin %	Stärke %	Anderweit. Nfr-Extractst. %
Ungedüngt, Mittel v. 4 Parzellen	—	—	—	14950	0,27	0,64	19,95	2,38
Ungedüngt	—	—	—	—	0,90	1,36	20,35	1,72
600 Pfd. Superphosphat . . .	—	108,7	—	17400	0,22	1,32	18,77	3,38
1000 „ Holzasche	—	18,5	39,5	17730	0,60	0,48	18,12	4,48
400 „ Peruguano	61,5	56,4	—	18255	0,24	0,20	18,94	3,68
200 „ Schwefels. Ammoniak	40,3	—	—	16657	0,72	1,19	16,03	3,19
300 „ Knochenmehl . . .	14,5	62,8	—	18052	0,72	0,90	19,21	1,25
200 „ Schwefelsaures Kali .	—	—	102,6	19560	0,75	0,86	19,63	2,13
37702 „ Stallmist	26,0	167,9	312,3	19942	0,13	0,25	19,53	2,61
34832 „ Stallmist und 150 „ Superphosphat . .	236,9	177,2	—	20730	0,21	0,29	18,79	4,03
34875 „ Stallmist und 200 „ Peruguano . .	271,3	178,1	—	21067	—	0,21	19,61	2,30
36232 „ Stallmist und 100 „ Schwefels. Kali . .	25,0	155,8	341,2	20760	0,23	0,20	19,28	2,07
39037 „ Stallmist und 300 „ Knochenmehl . .	283,9	230,7	312,3	19995	0,11	0,49	19,69	3,96
300 „ Knochenmehl und 150 „ Schwefels. Kali .	14,5	62,8	77,0	18296	0,21	0,29	17,76	4,16
300 „ Knochenmehl und 500 „ Holzasche .	14,5	72,1	19,8	17838	0,17	0,85	20,32	2,59
150 „ Peruguano und 150 „ Schwefels. Kali . .	23,1	21,1	70,0	19867	0,32	1,05	17,63	4,41

Die Witterung des Jahres war für die Entwicklung der Kartoffeln ungünstig. Die Ernte der 4 ungedüngten Parzellen war wenig übereinstimmend (Extreme: 16845 u. 12690 Pfd.) was auf ungleichmässige Beschaffenheit des Bodens der Parzellen schliessen lässt. In der Aschenmenge der frischen Knollen ist eine kleine Menge Sand 0,11—0,01 % eingeschlossen.

[2]) Vergl. Anmerkung [1]) Seite 654.

No.	Bemerkungen	Jahr der Untersuchung	In der ursprünglichen Substanz: Wasser %	Nh-Substanz %	Rohfett %	Nfr. Extractstoffe %	Rohfaser %	Asche %	In der Trocken-Substanz: Nh-Substanz %	Nfr. Extractstoffe %	Stickstoff in der Trocken-Substanz %	Analytiker
24	III. Aetzkalk	1878	70,69	1,59	0,17	25,84	0,71	1,00	5,45	88,27	0,87	E. Heiden und E. Güntz[1]
25	IV. Schwefelsaur. Ammoniak	"	74,89	1,84	0,13	21,84	0,53	0,77	7,36	86,96	1,18	
26	V. Phosphorsaurer Kalk	"	73,15	1,52	0,11	23,45	0,61	1,15	5,67	87,48	0,91	
27	VI. Schwefelsaures Kali	"	74,11	1,28	0,08	22,70	0,65	1,18	4,96	87,74	0,79	
28	Ungedüngt	1885	74,65	2,23	0,12	21,65	0,57	0,78	8,80	85,60	1,25	E. Heiden und Töpelmann[2]
29	Mit Superphosphatgyps conservirter Mist	"	73,95	1,93	0,17	22,34	0,70	0,88	7,42	85,86	1,19	
30	Die Bestandtheile des vorigen in künstlichen Düngemitteln	"	76,06	2,51	0,12	19,89	0,58	0,84	10,48	83,09	1,65	

Anhang zu Kartoffeln.

In der besagten Zusammenstellung von Futtermittelanalysen von Th. Dietrich u. Verf. finden sich ferner Tabellen über die Zusammensetzung der Kartoffeln unter dem Einfluss „der Kulturmethode", „der Entlaubung", „der Grösse", „des Bodens" etc. Ich lasse diese Tabellen hier fehlen und verweise auf obige Quelle. Dagegen mögen aus letzterer noch folgende Anmerkungen zu Kartoffeln auch hier aufgenommen werden.

1) Anmerkung zu dem Gehalt der Kartoffeln an Stickstoff-Substanz.

Ueber den Eiweissgehalt und den Gehalt an nicht-eiweissartigen stickstoffhaltigen Stoffen der Kartoffeln liegen noch eine Reihe von Bestimmungen vor, von welchen wir nachstehende anführen.

---

[1]) No. 21—27. E. Heiden u. E. Güntz (Vers.-Stat. Pommritz). Denkschrift d. Vers.-Stat. Pommritz 1882. Hannover, 1883. 109. Studien über schweren Boden. Die Kartoffeln wurden in schwerem Thonboden, Verwitterungsproduct des Granits, gebaut, der in ausgegrabene Parzellen eingefüllt und verschieden behandelt und gedüngt worden war. Die Ernte an Knollen betrug pr. sächs. Quadratruthe in Kilo:

	I	II	III	IV	V	VI	Setzkartoffeln
Knollen	1112,7	1318,7	1870,2	4656,7	2203,6	1783,5	—

Die Analyse der Knollen erstreckte sich auf die vorhandenen verschiedenen Formen des Stickstoffs und die näheren Bestandtheile der stickstofffreien Stoffe, ferner auf die Ermittelung des Sand- und Thongehalts.

	I	II	III	IV	V	VI	Setzkartoffeln
Eiweissstoffe	0,861	0,990	0,982	1,113	0,916	0,801	1,502
a. N für nicht eiweissartige, durch Phosphorwolframsäure fällbare Stoffe	0,003	0,001	0,017	0,006	0,010	0,008	0,005
b. N für nicht eiweissartige, durch gen. Reagens nicht fällbare	0,067	0,074	0,081	0,111	0,076	0,069	0,069
Ammoniak (NH_3)	0,000	0,013	0,000	0,000	0,014	0,000	0,022
Zucker	Spur	0,000	0,000	Spur	0,000	0,000	1,220
Dextrin	0,330	0,333	0,354	0,331	0,344	0,318	2,150
Stärkemehl	19,350	20,487	22,360	19,107	20,093	19,678	19,618
Sand und Thon	0,044	0,055	0,040	0,014	0,037	0,026	0,022

In der Sand- und wasserfreien Substanz:

	I	II	III	IV	V	VI	Setzkartoffeln
Eiweiss	3,361	3,709	3,356	4,433	3,417	3,098	4,958
N a	0,012	0,003	0,059	0,023	0,037	0,030	0,018
N b	0,260	0,278	0,276	0,444	0,282	0,268	0,227
NH_3	0,000	0,050	0,000	0,000	0,052	0,000	0,072
Zucker	Spur	0,000	0,000	Spur	0,000	0,000	4,027
Dextrin	1,288	1,247	1,209	1,319	1,283	1,230	7,096
Stärke	76,213	76,715	76,394	76,133	74,939	76,093	64,751

Bezüglich der Untersuchungsmethode ist auf die Original-Abhandlung S. 68 zu verweisen.

[2]) No. 28—30. E. Heiden u. O. Töpelmann (Vers.-Stat. Pommritz). Privatmitthl. An näheren Bestandtheilen wurden ferner bestimmt:

	Zucker	Dextrin	Stärkemehl	Sonst. Nfr-Extractst.	Eiweiss
No. 28	Spur	1,580	16,116	3,957	0,454
No. 29	„	1,615	16,582	4,141	0,384
No. 30	„	1,373	14,904	3,625	0,467

E. Schulze u. J. Barbieri (Landw. Vers.-St. 21. 1878. 63), E. Schulze u. E. Eugster (Landw. Vers.-St. 27. 1882. 357) fanden:

Kartoffelsorte	Stickstoffgehalt frische Knollen	Stickstoffgehalt Trockensubstanz	Vom Gesammt-N fallen auf Eiweiss-stoffe	Vom Gesammt-N fallen auf Nicht-Eiweiss-Substanz	Trocken-substanz der Knollen
	%	%	%	%	%
Bodensprenger I . . .	0,349	1,504	60,7	39,3	23,2
Bodensprenger II . .	0,340	1,388	59,7	40 3	24,5
Frühe Rosen-Kartoffel .	0,291	1,141	47,4	52,6	25,5
König der Frühen . .	0,336	1,412	48,2	51,8	23,8
Bisquit-Kartoffel . . .	0,360	1,526	65,2	35,0	33,6
Bodensprenger . . .	0,292	—	65,4	34,6	—
Rosen-Kartoffel . . .	0,237	—	43,9	56,1	—
König der Frühen . .	0,287	—	48,4	51,6	—
Bisquit-Kartoffel . . .	0,294	—	57,5	42,2	—

Unter den Nicht-Eiweiss-Verbindungen fand E. Schulze: Peptone, Xanthin-Körper, Asparagin, Leucin, Tyrosin.

O. Kellner theilt über die Verbindungen des N in der Kartoffelknolle Folgendes mit (Landw. Jahrbücher 1879. I. Supplement. 243).

No.	Kartoffelsorten	Trocken-substanz	In der Trockensubstanz Gesammt-N	Amid-N	Eiweiss-N	Von dem Gesammt-N im Eiweiss N
		%	%	%	%	%
1	Peach Blow	19,15	2,906	1,540	1,366	43,9
2	Van der Veer	19,16	1,555	0,762	0,793	51,0
3	Frühe Füllhorn	19,24	2,195	1,076	1,119	50,9
4	Weisse Futter	19,82	1,680	0,908	0,772	46,0
5	Dunkelgelbe Futter	19,88	2,250	1,045	1,205	53,6
6	Weisse Nieren	21,14	1,686	0,721	0,965	57,4
7	Hellgelbe Futter	23,81	1,382	0,577	0,805	58,3
8	Rohan	21,85	1,686	0,721	0,965	57,2
9	Erste vom nassen Grunde	24,35	1,722	0,718	1,004	58,3
	Mittel für No. 1—5	**19,45**	**2,117**	—	—	**49,1**
	„ für No. 6—9	**22,29**	**1,619**	—	—	**57,7**

Die Kartoffeln waren zum Theil (No. 1 u. 2) auf rigoltem, früher mit Gemüse bebautem Boden, zum Theil (No. 3—9) auf einer Parzelle gezogen worden, die früher den Zwecken einer Baumschule gedient hatte. Sämmtliche Sorten waren den Winter über in Tonnen eingemietet gewesen und gelangten erst im April zur Analyse. Die untersuchten Knollen zeichnen sich sämmtlich durch niedrigen Gehalt an Trockensubstanz und zumeist durch einen hohen N-Gehalt aus, was sich nach Ansicht des Autors aus der Beschaffenheit des betr. Bodens (in Hohenheim) erklärt, welcher für die Kartoffelkultur sehr wenig geeignet ist.

A. Morgen (Deutsche landw. Presse 1879. 533) hat 40 verschiedene Kartoffelsorten analysirt. Von 100 Gewichtstheilen Gesammt-N fielen auf:

	Eiweissstoffe	Amide
Im Maximum	64,64	51,66
Im Minimum	43,20	30,34
Im Mittel	55,88	38,52

2) Einfluss verschiedener Factoren auf den Gehalt an Stärkemehl und Trockensubstanz etc.

Kaum bei einem zweiten Nahrungsmittel schwankt die Qualität in so weiten Grenzen wie bei der Kartoffelknolle. Der Gehalt derselben an Trockensubstanz, als Ausdruck der Qualität der Knollen angenommen, schwankt in Grenzen von 16—33 % (also um 100 %), so dass Kartoffeln nicht ungewöhnlich sind, deren Werth doppelt so hoch ist als der einer anderen und vom Mittelwerthe um 33 % differiren.

Die Qualität der Kartoffeln ist abhängig von der Sorte, von den Boden-, Witterungs- und Düngungsverhältnissen. Die vorliegenden zahlreichen Analysen der Kartoffeln bringen diese verschiedenen Einflüsse auf die Zusammensetzung, auf die Qualität nicht in genügender Weise zur Anschauung. Mehr als diese gewähren einige derjenigen Untersuchungen einen Einblick in dieser Beziehung, bei welchen man sich auf die Bestimmung des specifischen Gewichts und Berechnung des Trockensubstanz- und Stärkemehlgehaltes beschränkte. Wir bringen deshalb als Ergänzung der vorstehenden Analysen die Ergebnisse einiger dieser Untersuchungen, welche uns zu dem Zwecke geeignet erscheinen.

Schwankungen des Gehalts der Kartoffeln an Trockensubstanz und Stärkemehl:

I. Bei unter gleichen Boden-, Düngungs- und Witterungsverhältnissen vergleichend angebauten Sorten, gruppirt nach Form und Farbe.

A. Einfluss des Sortencharacters auf Gehalt der Knolle an Trockensubstanz u. Stärkemehl.

	Im Mittel von Sorten	1866		Im Mittel von Sorten	1867	
		Trockensubstanz %	Stärkemehl %		Trockensubstanz %	Stärkemehl %
1) 1) Gelbschalige Sorten: a. runde . . .	29	24,0	16,4	28	25,4	17,8
b. lange . . .	16	23,3	15,7	18	24,2	16,6
überhaupt . .	45	23,7	16,1	46	24,9	17,3
2) Rothschalige Sorten: a. runde . . .	9	25,2	17,6	10	25,2	17,5
b. lange . . .	12	24,9	17,3	11	26,1	18,4
überhaupt . .	21	25,0	17,4	21	25,7	18,0
3) Buntschalige: roth und gelbe . . .	10	22,5	14,9	8	25,7	18,0
4) Buntschalige: blau und gelbe . . .	6	24,2	16,6	5	24,4	16,8
5) Blauschalige: a. runde	3	20,0	12,5	3	23,2	15,6
b. lange	2	25,4	17,8	2	24,3	16,7
6) Mäuse- (Nieren-) Kartoffel: a. gelbe .	9	23,0	15,4	8	24,5	16,9
b. . . .	5	22,3	14,8	5	23,9	16,3
Die Kartoffeln im Durchschnitt	106	23,7	16,0	98	25,0	17,4
Maximum . . .	—	32,86	20,8	—	30,7	22,9
Minimum . . .	—	ca. 16,0	ca. 9	—	21,8	14,1

Aeussere Beschaffenheit der Knollen	Zahl der analysirten Sorten (auf 100 berechnet)	Unter je 100 analysirten Sorten befanden sich										Mittlerer Stärkegehalt %	Mittlerer Gehalt an Trockensubstanz %
		Sorten mit 13 %	Sorten mit 14 %	Sorten mit 15 %	Sorten mit 16 %	Sorten mit 17 %	Sorten mit 18 %	Sorten mit 19 %	Sorten mit 20 %	Sorten mit 21 %	Sorten mit 22 %		
2) 1) Gesammtform der Knollen:													
rund	44	0	0	0	18	29	23	14	2	5	0	17,78	25,4
länglich	19	5	5	21	16	12	10	16	5	0	0	17,77	25,4
2) Farbe der Rinde:													
röthlich	63	0	3	6	14	17	22	21	6	8	2	17,86	25,5
gelb	41	2	0	15	19	29	18	10	5	2	0	17,00	24,7
3) Farbe des Fleisches:													
weiss	24	0	0	12	12	12	28	20	0	8	4	17,88	25,5
hellgelb	39	0	3	8	11	32	27	8	0	11	0	17,33	25,0

[1] Th. Dietrich. Landw. Zeitschr. f. Kurhessen 1867. 169 u. 1868. 195.
[2] F. Nobbe. Landw. Vers.-Stat. 6. 1864. 413.
(both:) Aus dem specifischen Gewicht nach der Tabelle von Balling berechnet.

Aeussere Beschaffenheit der Knollen	Zahl der analysirten Sorten (auf 100 berechnet)	Unter je 100 analysirten Sorten befanden sich: Sorten mit 13 %	Sorten mit 14 %	Sorten mit 15 %	Sorten mit 16 %	Sorten mit 17 %	Sorten mit 18 %	Sorten mit 19 %	Sorten mit 20 %	Sorten mit 21 %	Sorten mit 22 %	Mittlerer Stärkegehalt %	Mittlerer Gehalt an Trockensubstanz %
gelb	59	4	4	7	29	16	14	17	7	2	0	17,08	24,7
hochgelb	15	0	0	27	0	13	7	33	20	0	0	17,80	25,5
gelb überhaupt	111	2	3	10	19	23	7	16	6	4	0	17,32	25,0
rötlich	2	0	0	0	0	0	0	50	0	0	50	20,50	28,2
4) Beschaffenheit der Rinde:													
derb (fest)	45	0	2	7	16	13	20	27	4	7	4	18,00	25,7
fein (zart)	60	3	5	10	17	27	20	12	3	3	0	17,01	24,7
glatt	17	6	0	12	24	24	12	6	18	0	0	17,06	24,7
rauh	20	0	0	15	25	25	20	10	5	5	0	17,19	24,8
borkig	9	0	11	0	22	11	22	22	0	11	0	17,56	25,2
klüftig	6	0	0	0	0	20	20	40	0	40	0	19,17	26,9
5) Beschaffenheit des Fleisches:													
derb (fest)	41	0	0	5	17	12	22	22	7	10	5	18,03	25,7
fein (weich)	49	0	4	16	16	26	14	16	6	0	0	17,04	24,7
6) Entwicklung der Augen:													
tiefliegend	48	0	0	8	14	27	18	20	2	6	2	17,71	25,4
flachliegend	24	4	0	12	25	25	21	4	4	4	0	16,96	24,5
7) Entwicklung der Blattkissen:													
gewölbt	37	0	0	5	8	33	22	22	8	3	0	17,83	25,5
flach	34	6	6	9	21	18	21	12	3	3	3	17,00	24,7
mässig gewölbt	59	0	4	10	18	20	22	15	2	7	2	17,44	25,0
8) Beschaffenheit des Schaumes:													
fest (dicht)	64	0	0	2	12	22	24	25	9	3	3	18,14	25,8
wässrig	52	2	8	22	24	20	12	10	2	4	0	16,56	24,2
mässig fest	17	6	0	6	12	31	25	12	0	6	0	17,25	24,9

No. der Sorten		Stärkemehl %	Trockensubstanz %	No. der Sorten		Stärkemehl %	Trockensubstanz %
3) 1	Brownell's Beauty, v. Gröling	15,77	19,99	9	Frühe weisse Rosen, v. Gröling	16,71	21,12
11	Lapstone Kidney, v. Gröling	16,88	21,32	18	desgl.	17,78	22,37
21	Patersons's blaue Nieren, v. Gröling	17,77	22,59	5	Späte Rosen	16,22	20,54
25	Heiligenstädter, v. Gröling	18,16	22,81	59	Weisse Rosen, Haage u. Schmidt	23,92	29,19
31	Weisse Speisekartoffel, Halle	18,76	23,48	42	Weisse sächsische Zwiebel	20,43	25,35
37	Bisquit, v. Gröling	19,37	24,17	48	desgl.	21,52	26,59
41	Rothe Zwiebel	20,22	25,11	53	desgl.	22,61	27,75
50	Snowflake, v. Gröling	22,18	27,27	55	desgl.	23,27	28,47
54	Poachblow, v. Gröling	22,83	27,99	58	desgl.	23,70	28,95
61	Daber'sche, v. Gröling	24,13	29,43	60	desgl.	23,92	29,15
71	Daber'sche, Salzmünde	28,80	34,88	70	desgl.	28,09	33,98
72	Weissfleischige Zwiebel, v Gröling	29,39	35,68	72	desgl.	29,39	35,68
3	Frühe weisse Rosen	15,77	19,99		Mittel (42—72)	**24,3**	**29,6**

[3]) Holdefleiss. Landw. Jahrbücher 1877. 6. Supplement. 107. Nach direkten Bestimmungen und darnach eingerichteter Tabelle.

B. Schwankungen im Gehalt der Kartoffeln in verschiedenen Jahren.

Bezeichnung der Sorten	Bei 12jährigem Anbau				Stärke-mehl-Gehalt Mittel %
	Stärkemehl		Stärkemehl		
	Minimum	Jahr	Maximum	Jahr	
4) a. Runde gelbe:					
Lammer's Sechswochenkartoffel	14,2	1864	17,7	1856	16,5
Gelbe frühe Johanniskartoffel	12,0	1858	23,5	1856	18,6
Fars	14,0	1865	24,7	1863	19,0
Englische Spargelkartoffel	13,0	1865	21,5	1855	18,0
Gelbe frühe Jacobikartoffel	13,7	1855	20,4	1856	17,2
Holländische Zuckerkartoffel	11,7	1865	21,3	1863	17,0
Neue schottische Kartoffel	13,0	1865	20,0	1862	16,5
Englische mehlige Roastbeefkartoffel	11,3	1861	21,0	1856 u. 1863	17,5
Feinste volltragende	14,0	1865	21,7	1856	18,0
Pygmene	13,2	1859	22,5	1863	16,7
Neunwochen	11,7	1855	19,7	1862	17,0
Early prolific	14,0	1855	21,6	1856	17,7
Feine neue Everlasting	10,5	1860	22,2	1863	16,5
Braunschweiger Zucker	13,7	1860	21,0	1863	17,0
Späte Lumptzer	13,5	1860	20,6	1856 u. 1862	16,8
Rodland	11,7	1865	19,5	1856	16,2
Eier	13,2	1855	23,5	1863	17,2
Aus den Intermedos	11,6	1860	20,1	1856	15,2
Von Elsner's Sämling	15,2	1866	20,7	1862	18,5
Ganz frühe englische Zuckerkartoffel	11,0	1860	21,0	1863	15,0
Albert's neue Maikartoffel	13,3	1860	22,2	1863	16,7
Frühe Cockney von 1838	11,7	1865	20,5	1861	16,7
Knecht's Intermedos	11,7	1865	22,2	1863	17,2
Aus der Pfalz	11,7	1865	19,7	1861	16,7
Ashleaved Kidney	7,6	1859	20,2	1863	15,2
Runde Sechswochen	13,7	1857	21,0	3mal	17,5
Harburger vortreffliche	13,0	1858	21,2	1856	17,3
Arakacha	13,0	1865	22,0	1856	18,7
Guhrauer	14,0	1864	22,2	1863	17,6
Weisse Rosen	13,0	1865	21,2	1863	16,7
Frühe London	10,5	1859	19,5	1855	15,2
Frühe Trauben	14,0	1865	21,0	1863	17,7
Montevideo	11,0	1859	18,5	1856	14,2
Reinhard's frühe	13,0	1865 u. 1866	19,7	1856	16,7
Weisse Peruaner	13,0	1865	23,0	1863	16,0
Belle de Calais	10,7	1861	22,2	1863	16,0
Frühe englische Treibkartoffel	13,0	1865	21,0	1863	17,8
Echte englische	11,7	1865	20,7	1862	17,0
b. Lange gelbe:					
Familienkartoffel	12,3	1859	20,5	1857	16,7

[4]) Von Blomeyer zusammengestellt. Landw. Jahrbücher. 2. 1873. 178. (Ergebnisse über die wichtigsten Arbeiten auf dem Versuchsfelde zu Proskau.) Ueber den Character der Witterung während der Vegetationszeit in den 12 Jahren des Anbaues sind Angaben leider nicht gemacht. Die Maximal- und Minimalzahlen bei No. 4 wurden von uns zusammengestellt. Die Zahlen bei No. 5 auf Seite 659 wurden von uns berechnet.

Bezeichnung der Sorten	Bei 12jährigem Anbau				Stärke-mehl-Gehalt Mittel
	Stärkemehl		Stärkemehl		
	Minimum	Jahr	Maximum	Jahr	%
c. Runde rothe:					
Early toll american	11,6	1865	19,5	1857	17,8
Frühe rothe Ascherslebener	12,4	1861	20,7	1862	17,2
Englische Rosett-Kidney	8,7	1859 u. 1860	22,2	1863	16,3
Zwiebelkartoffel	11,0	1860	20,4	1862	16,5
Dochnahl's Neunwochen	16,5	1861	20,7	1862	19,7
Frühe Hasler	10,6	1865	18,7	1866	15,2
Späte rothe Aschersleben er	13,5	1865	21,8	1856	17,0
Dänische rothe runde	12,7	1859	22,5	1856	18,0
Pomme de terre de Berlin	13,7	1858	22,0	1857	17,3
Märkische	10,5	1858	21,0	1863	16,5
Schwaben	11,7	1858	22,5	1862	17,7
Rothe Yams	12,7	1859	23,5	1863	17,8
d. Lange rothe:					
Runkelrüben	13,0	1865	17,7	1861	16,4
e. Runde blaue:					
Oschard	13,2	1865	21,0	1863	17,0
Schwarze aus Algier	13,7	1855	22,2	1856	22,2
Blaugraue preussische	12,0	1860	23,5	1862	17,2
Ulmer blaue	13,7	1855	21,2	1863	17,1
Liverpool	11,2	1865	22,5	1862	17,8
Frühe blaue von Richter	8,0	1859 u. 1860	21,0	1863	16,5
Bisquit von Proskau	15,2	4mal	21,0	1862	16,7
f. Bunte:					
Bunte Rocks	13,1	1865	21,0	1856 u. 1863	17,5
Wengiersky'sche Joget	11,5	1859	21,0	1862	17,5
g. Nierenförmige:					
Algierische Nieren	11,7	1865	18,7	3mal	16,2
Corcilleren	12,0	1860	25,5	1857	17,0
Frühe Cantalouge	11,0	1860	20,4	1862	16,3

5) Mittlerer Stärkegehalt verschiedener (vorstehender) Kartoffelsorten bei vergleichsweisem Anbau in 12 aufeinanderfolgenden Jahren:

Im Mittel von 63 Sorten . . .	1855: 16,0 %		Im Mittel von 78 Sorten . . .	1861: 15,9 %
" " " 72 " . . .	1856: 18,8 "		" " " 99 " . . .	1862: 19,4 "
" " " 72 " . . .	1857: 18,0 "		" " " 99 " . . .	1863: 19,3 "
" " " 76 " . . .	1858: 16,0 "		" " " 115 " . . .	1864: 17,2 "
" " " 76 " . . .	1858: 15,0 "		" " " 120 " . . .	1865: 14,4 "
" " " 77 " . . .	1860: 14,7 "		" " " 138 " . . .	1866: 17,1 "

[5]) Vergl. Anmerkung [4]) Seite 658.

6) C. Einfluss der Lufttemperatur, der Wärmesumme, auf den Gehalt der Kartoffelknollen an Stärkemehl.

Jahr	Wärmesumme	Stärkemehlgehalt a.	Stärkemehlgehalt b.
1865	2171 °C.	19,0 %	—
1867	1912 °C.	18,5 „	17,4 %
1866	1224 °C.	17,4 „	16,0 „

7) D. Einfluss des Bodens und der Höhenlage eines Feldes auf den Stärkemehlgehalt der Kartoffel (Anbau desselben Saatgutes auf verschiedenen Gütern).

Ort des Anbaues	Geognostischer Character des Bodens	Uebliche Bezeichnung des Bodens	Höhe über dem Meere ca.	Stärkemehlgehalt %
Benkendorf bei Halle	Muschelkalk	Leichter humoser Boden	200 Fuss	26,7
Kriechen bei Liegnitz	Diluvial-Sand	Reiner Sandboden, flachgründig	?	25,4
Aderstedt bei Halberstadt	?	Bruchboden, auf weissem Klay	?	23,8
Muschten b. Frankfurt a. O.	Alluvium	In alter Cultur stehender sandiger Lehm	280	22,3
Costeletz bei Kollin	Zechstein	Mergelboden	1350	21,5
Parey bei Genthin	Alluvium (Flusssand)	Sandboden mit Lehmunterlage	100	21,2
Markleeberg bei Leipzig	Diluvium	Tiefgründiger sandiger Lehm	400	19,8
Tost bei Sarnau	Kalkstein	Milder Lehm mit Kalksteingerölle im Untergrund	900	19,4
Klamin bei Danzig	Diluvium	Milder Lehm mit durchlassendem Untergrund	50	17,4

8) E. Einfluss abnormer Entwicklung der Kartoffel (des „Durchwachsens") auf die Qualität desselben.

	Trockensubstanz normal	Trockensubstanz anormal	Stärkemehl normal	Stärkemehl anormal
Rothe Benkendorfer	32,1	31,6	24,6	24,1
Erdbeer-Rothauge	27,2	27,4	19,5	19,9
Gelbfleischige Zwiebel	29,6	29,9	21,9	22,2
Weisse Tannzapfen	29,0	27,9	21,3	20,3
Blaue Horn	27,6	27,9	20,0	20,3
Tosca	29,0	27,4	21,3	19,6
Friedrich Wilhelm	29,7	29,4	22,0	21,6
Lange rothe Tannzapfen . . .	29,0	28,1	21,3	20,7
Frühe rothe Fürstenwalder . .	32,4	31,3	24,8	23,9
Späte Oscherslebener	27,6	27,9	20,0	20,3
Grüne oder Heiligenstädter . .	23,3	25,3	15,9	17,8
Mittel	**29,4**	**27,9**	**21,6**	**20,3**

[6]) Th. Dietrich. Landw. Ztg. f. Kurhessen 1868. 195. Die Wärmesumme wurde gefunden durch Multiplication der mittleren Tagestemperatur während der Vegetationszeit mit der Anzahl der Tage, welche die Vegetation der Kartoffeln dauerte. Die Zahlen unter a. beziehen sich auf den Durchschnittsgehalt von 24 Sorten, welche die 3 Jahre hindurch in dem Garten der Vers.-Stat. Altmorschen angebaut worden waren, die unter b. auf den Durchschnitt von 98, bezw. 106 Sorten, welche im zweiten und dritten Jahre gebaut wurden.

[7]) H. Grouven. Jahresber. d. Agriculturchemie. 11 u. 12. (1868 u. 1869.) 416. Die angewendete Kartoffelsorte war die „sächsische Zwiebel". Die für die Saat an sämmtlichen Orten benutzte Kartoffel war gemeinschaftlich bezogen worden.

[8]) J. Kühn. Jahresber. d. Agriculturchemie. 11 u. 12. (1868 u. 1869.) 212. Als „durchwachsene" Kartoffeln sind hier solche im Lande frisch erzogene Knollen zu verstehen, aus welchen durch abnorme Witterungsverhältnisse bereits wieder neue Knollen ausgewachsen sind, und durch welche Erscheinung die Knolle bereits im Jahre ihrer Erzeugung (scheinbar) zur Mutterknolle wird. Nach vorstehenden Zahlen ist die Differenz im Gehalte normal und anormal entwickelter Knollen unbedeutend, aus welchem Umstande der Autor den Schluss zieht, dass die Ausbildung der jungen Knollen (2. Generation) nicht auf Kosten der Knollen erster Generation erfolgt sein kann.

Topinambur.*) — Knolle von Helianthus tuberosus L., Erdbirne, Erdapfel, Grundbirne, Erd-Artischoke. — Jerusalem-artichoke. — Topinambour, Poire de terre.

No.	Bemerkungen	Jahr der Untersuchung	In der ursprünglichen Substanz: Wasser %	Nh-Substanz %	Stärke %	Nfr. Extractstoffe %	Rohfaser %	Asche %	In der Trocken-Substanz: Nh-Substanz %	Nfr. Extractstoffe %	Stickstoff in der Trocken-Substanz %	Analytiker
1		—	77,05	0,99	0,09	22,65	1,22	—	4,31	89,98	0,69	*Braconnot*[1])
2		—	76,04	3,12	0,20	17,85	1,50	1,29	13,02	74,51	2,08	*Payen*[2])
3		—	79,20	2,04	—	17,53	—	1,23	9,81	84,25	1,57⁰	*Boussingault*[3])
4		—	79,20	2,10	0,30	16,1	1,2	1,1	10,10	77,40	1,62	
5		1855	76,68	3,45	—	15,19	3,30	1,38	14,79	65,14	2,37	*Herth*[4])
6	Rothe Knollen	1858	81,50	1,78	—	15,39	1,33	(1,22)	9,71	78,38	1,55	*Schulz-Fleeth*[5])
7	Weisse Knollen	1858	79,30	1,81	—	17,65	1,23	(1,15)	8,77	79,73	1,40	
8		1859	80,30	1,82	0,10	16,18	0,80	0,80	9,24	82,13	1,48	*Krocker*[6])
9		1860	83,46	1,32	0,09	13,75	0,51	0,87	7,98	78,24	1,28	

Topinambur:

*) Auch in den Knollen des Topinamburs ist nur ein Theil des vorhandenen N in Form von Eiweiss vorhanden wie O. Kellner (Landw. Jahrb. 8. 1879. I. Supplem. 252.) nachgewiesen hat. Eine Probe von Topinamburknollen, welche im März 1879 aus der Erde genommen worden waren, wurde in grosse und kleine Knollen, zu 63,0 und 25,7 g Gewicht sortirt, welche getrennt zur Untersuchung gelangten. Es wurde gefunden:

	Trockensubstanz	Gesammt-N in der Trockensubstanz	Vom Gesammt-N in Eiweiss gebunden
In den grossen Knollen . .	18,13 %	1,372 %	57,6 %
In den kleinen Knollen . .	20,87 „	1,038 „	57,7 „

[1]) No. 1. Braconnot. Boussingault: Die Landwirthschaft in ihren Beziehungen zur Chemie etc. Deutsch von Gräger. 1851. 260. Ausserdem ist eine Analyse von demselben Autor in Moleschott's Physiologie der Nahrungsmittel 1859. II. 156 mitgetheilt, die von obiger etwas abweicht. Die näheren Bestandtheile werden wie folgt mitgetheilt:

Boussingault:

Unkrystallisirbarer Zucker	14,80 %	Kalk und Kali mit Phosphorsäure verbunden . . .	0,20 %
Inulin	3,00 „	Schwefelsaures Kali	0,12 „
Gummi	1,22 „	Chlorkalium	0,08 „
Albumin	0,99 „	Aepfelsaure und weinsaure Kalkerde- und Kalisalze	0,05 „
Fett	0,09 „	Holzfaser	1,22 „
Citronensaure Kalk- und Kalisalze	1,15 „	Kieselerde	0,03 „

Moleschott:

Dextrin	1,08 %	Schwefelsaures Kali	0,12 %
Fett	0,06 „	Phosphorsaure Erden	0,14 „
Cerin	0,03 „	Chlorkalium	0,08 „
Weinsaurer Kalk	0,01 „	Kieselsäure	0,02 „
Aepfelsaures Kali	0,03 „	Wasser	77,21 „
Citronensaures Kali	1,07 „	Eiweiss	—
Citronensaurer Kalk	0,08 „	Zucker	14,80 „
Phosphorsaures Kali	0,06 „	Inulin	3,00 „

[2]) No. 2. Payen, Poinsot u. Féry. Moleschott's Physiologie der Nahrungsmittel 1859. II. 157. Als nähere Bestandtheile wurden noch bestimmt: Eiweiss, dem noch zwei andere Nh-Stoffe beigemengt waren, 3,12 %, Zucker 14,70 %, Inulin 1,86 %, Pectin 0,37 %, Pectinsäure 0,92 %, Zellstoff 1,50 %, phosphorsaures Kali 0,366 %, schwefelsaures Kali 0,144 %, kohlensaures Kali 0,115 %, kohlensaurer Kalk 0,053 %, kohlensaure Bittererde 0,025 %, phosphorsaure Erden 0,434 %, Thonerde 0,019 %, Chlorkalium 0,108 %, Kieselsäure 0,026 %. Siehe auch Boussingault, dessen Landw. 3. Bd. 25. Dingler's Polytechn. Journ. 117 Bd.

[3]) No. 3 u. 4. J. B. Boussingault. Dessen: Die Landw. in ihren Beziehungen zur Chemie etc. Bd. 2. 176 u. Bd. 3. 200.

[4]) No. 5. G. Herth. Weende'r Jahresber. 1855/56. 37. (Wilda's Centralbl. 1855. 1. 290.) Der N-Gehalt der frischen Knollen ist zu 0,552 % angegeben und darnach von uns die Menge der Nh-Substanz berechnet; da letztere nicht mit der angegebenen übereinstimmt, musste demzufolge auch die Menge der Nfr-Extractstoffe corrigirt werden.

[5]) No. 6 u. 7. C. Schulze-Fleeth. Ebendaselbst 1857—1861. 71. (Lüdersdorff's Annal. d. Landw. 34. 7.) Die Componenten ergeben ohne die Asche 100.

[6]) No. 8 u. 9. Krocker. Ann. d. Landw. in Preussen. Wochenbl. 1861. 424. Die Knollen waren in Proskau auf Parzellen von einigen Quadratruthen in den Jahren 1859 und 1860 erbaut worden. Die Nfr-Extractstoffe bestehen aus:

	No. 8	No. 9
Zuckergebender Substanz als Inulin berechnet	13,88 %	11,86 %
Pectin, Gummi etc.	2,30 „	1,89 „

Die Abweichungen im Gehalt an Trockensubstanz erklärt der Autor aus den verschiedenen Witterungsverhältnissen der beiden Jahre, 1859 in den Monaten Juni, Juli, August 6,78″ Pariser und 1860 in den gleichen Monaten 12,31″ P. Regen. Die Knollen wurden im zeitigen Frühjahr aus dem Boden genommen.

No.	Bemerkungen	Jahr der Untersuchung	In der ursprünglichen Substanz: Wasser %	Nh-Substanz %	Rohfett %	Nfr. Extractstoffe %	Rohfaser %	Asche %	In der Trocken-Substanz: Nh-Substanz %	Nfr. Extractstoffe %	Stickstoff in der Trocken-Substanz %	Analytiker
10	Im Jahre 1859 gebaut, im März 1860 geerntet . .	1860	78,78	3,02	—	14,98	1,30	0,82	14,24	75,76	2,28	Krocker[1])
11	Gelbe, süssschmeckende Knollen	1859	81,57	2,90	0,37	13,33	0,90	0,93	15,74	72,32	2,52	Krocker[1])
	Spec. Gew.											
12	Rothe, grosse Knollen 1,030	1860	80,68	2,24	—	14,00	2,03	1,05	11,59	72,47	1,85	J. Nessler[2])
13	Rothe, kleine Knollen 1,044	„	79,55	2,25	—	14,77	2,43	1,00	11,00	72,23	1,76	J. Nessler[2])
14	Gelbe, grosse Knollen 1,037	„	79,04	2,02	—	16,04	1,55	1,34	9,64	76,57	1,54	J. Nessler[2])
15	Gelbe, kleine Knollen 1,045	„	80,49	2,26	—	13,95	2,23	1,07	11,58	71,51	1,85	J. Nessler[2])
16	Gelbe Knollen	1868	82,14	1,37	0,21	—	—	—	7,62	—	1,22	J. Nessler[2])
17	Rothe Knollen	„	84,24	1,09	0,17	—	—	—	6,92	—	1,11	J. Nessler[2])
18		1877	(71,64	3,63	0,42	19,86	1,03	3,42)	12,80	70,03	2,05	Pasqualini[3])
19	Weisse Knollen, November .	1878	79,09	1,90	(1,38)	15,88	0,62	1,13	9,06	76,01	1,45	Schwackhöfer[4])
20	Röthliche Knollen	„	78,05	1,64	(1,38)	16,88	0,97	1,08	7,47	76,90	1,20	Schwackhöfer[4])
21		—	(77,05	0,99	—	19,02	1,22	1,72)	(4,31	82,89	0,69)	Dill[5])
22		—	79,88	2,54	0,16	14,94	1,01	1,47	12,62	74,25	2,02	Lenz[6])
23	Grosse Knollen, durchschnittliches Gewicht 63 g . .	—	81,87	0,70	—	—	—	—	8,57	—	1,37	O. Kellner[7])
24	Kleine Knollen, durchschnittliches Gewicht 26 g . .	1878	79,13	1,35	—	—	—	—	6,49	—	1,04	O. Kellner[7])
						Kohlehydr.	Holzfaser					
25	Vom Versuchsfelde von de Sébille in Belgien	1887	75,04	1,31 *)	0,26	22,40 *)		0,99	5,44	—	0,87	A. Petermann, Masson u. Graftiau[8])
26	Vom Versuchsfelde von de Sébille in Belgien	„	78,61	1,38	0,22	18,64		1,15	6,44	—	1,03	A. Petermann, Masson u. Graftiau[8])
27	Vom Versuchsfelde von de Sébille in Belgien	„	76,96	1,50	0,12	20,30		1,12	6,50	—	1,04	A. Petermann, Masson u. Graftiau[8])
28	Vom Versuchsfelde von de Sébille in Belgien	„	78,37	1,56	0,11	18,84		1,12	7,25	—	1,16	A. Petermann, Masson u. Graftiau[8])

[1]) No. 10 u. 11. Krocker. Mitgeth. von E. Wollny. Landw. Jahrb. 2. 1873. 186. Die Knollen wurden wie vorige in Proskau auf kleineren Flächen gebaut. Obwohl die Analysen mit denen unter 8 und 9 wenig übereinstimmen, so hat es doch den Anschein, als wenn sie sich auf das gleiche Material bezögen, da sie in den gleichen Jahren, auf gleicher Fläche und mit demselben Erntegewicht cultivirt wurden, wenigstens No. 8 u. 10. Bei No. 11 bestanden die Nfr-Extractstoffe aus 10,65 % Traubenzucker und 2,63 % Pectin und Inulin.

[2]) No. 12—15. J. Nessler und No. 16 u. 17. J. Nessler u. Brigel (Vers.-Stat. Karlsruhe). Bericht Derselb. 1870. 58. Als Zucker war in den Proben vorhanden bei No. 12: 4,30 %, No. 13: 5,20 %, No. 14: 5,20 % und No. 15: 4,52 %. Die Knollen waren im Februar aus der Erde genommen worden.

[3]) No. 18. Al. Pasqualini. Ann. Staz. Agrar. Forli 6. (1877.) 49. Als nähere Bestandtheile werden ferner noch angegeben: stickstofffreie Extractstoffe 8,46 %, Stärke 10,22 %, Zucker 1,10 %. In Wasser lösliche Substanz 14,65 % davon organisch 12,70 %.

[4]) No. 19 u. 20. F. Schwackhöfer u. L. Jahne. Privatmitthl. aus d. technol. Laboratorium d. k. k. Hochschule für Bodenkultur. Auf Trockensubstanz bez. enthielten die Knollen No. 19 = 2,67 %, No. 20 = 2,58 % Zucker.

[5]) No. 21. H. Dill. Agriculturchem. Centralbl. 1881. 557. Zucker 14,8 %, Inulin 3,0 %, Gummi 1,22 %. (Allgem. Zeitung für Deutsche Land- u. Forstw. 11. 1881. 185.) In unserer Quelle ist diese Analyse als die von Dill angegeben; ein Vergleich derselben mit der unter No. 1 zeigt aber die vollständige Uebereinstimmung mit derselben, dieselbe ist also nur eine Wiedergabe der Analyse von Braconnot.

[6]) No. 22. Leop. Lenz (Iglau). Landw. Vers.-Stat. 12. 1870. 344.

[7]) No. 23 u. 24. O. Kellner. Landw. Jahrb. 8. 1879. I. Supplem. 252.

[8]) No. 25—33. A. Petermann, Masson u. Graftian: Ann. de la Science agron. par L. Grandeau 1887. T. I. p. 266.

*) In den Proben No. 25—33 wurde ferner bestimmt:

	No. 25	26	27	28	29	30	31	32	33
Rein-Protein	0,94 %	0,69 %	0,75 %	0,88 %	0,88 %	0,81 %	0,81 %	0,69 %	0,69 %
In Zucker überführbare Stoffe .	15,85 „	13,69 „	16,37 „	14,62 „	13,45 „	15,46 „	13,09 „	12,72 „	13,70 „

Letztere wurden durch Behandeln der Substanz in dem Soxhlet'schen Apparat unter Anwendung von 2 Atmosphärendruck ermittelt.

No.	Bemerkungen	Jahr der Untersuchung	In der ursprünglichen Substanz: Wasser %	Nh-Substanz %	Rohfett %	Kohlehydrate %	Holzfaser %	Asche %	In der Trocken-Substanz: Nh-Substanz %	Nfr. Extractstoffe %	Stickstoff in der Trocken-Substanz %	Analytiker
29	Vom Versuchsfelde von de Sébille in Belgien	1882	79,43	1,44	0,17	17,57		1,39	7,00	—	1,12	*A. Petermann, Masson u. Graftiau*[1]
30		"	76,65	1,25	0,19	20,74		1,17	5,38	—	0,86	
31		"	78,08	1,25	0,20	19,41		1,06	5,69	—	0,91	
32		"	77,66	1,38	0,14	19,84		0,92	6,13	—	0,98	
33		"	78,36	1,06	0,18	19,52		0,94	4,88	—	0,78	
	Mittel (No. 10—17, 19, 20, 22—24 u. 25—33)	.	**79,24**	**1,76**	**0,14**	**16,29**	**1,49**	**1,08**	**8,48**	**78,47**	**1,35**	

Brassica Napus esculenta DC. — Kohlrübe, Steckrübe, Unterkohlrabi, Krautrübe, Rutabaga, Wrucke. — Swedish turnip, Swedes. — Chou rutabaga, Chou-rave, Navet de Suède.

No.	Bemerkungen	Spec. Gew.	Jahr	Wasser	Nh-Substanz	Rohfett	N-fr. Stoffe	Rohfaser	Asche	Nh-Substanz (Trocken)	Nfr. Extractstoffe	Stickstoff	Analytiker
1	„Turnips"		—	86,10	1,60	0,15	10,85	0,40	0,90	11,51	78,06	1,84	*J. Boussingault*[2])
2	„Gelbe Rüben"		—	85,00	1,90	0,20	11,5	0,5	0,9	12,67	76,67	2,03	
3	„Rutabaga"		—	91,00	1,10	0,05	7,0	0,3	0,6	12,22	77,22	1,96	
4	Schwedische Turnips . . .		1852	87,97	—	—	—	—	—	—	—	—	*Sullivan*[3])
5	Green top white, Thonboden	0,841	1855	94,56	0,63		2,51	1,73	0,57	11,59	46,13	1,85	*Th. Anderson*[4])
6	desgl., leichter Boden	0,894	"	94,00	0,44		3,09	1,82	0,65	7,33	51,51	1,17	
7	Purple top yellow, Mittelboden . . .	0,866	"	94,52	0,62		2,58	1,79	0,49	11,31	47,09	1,81	
8	desgl., Thonboden . .	0,904	"	93,29	1,11		3,01	1,92	0,67	16,54	44,86	2,65	
9	Green top yellow, Thonboden	0,952	"	92,45	0,69		4,43	2,02	0,41	9,14	58,68	1,46	
10	. . . .	0,937	"	92,57	0,87		3,45	2,39	0,72	11,71	46,43	1,87	
11	Schwed., Mittelboden	1,015	"	92,32	0,69		4,39	1,88	0,72	8,98	57,40	1,44	
12	. . . .	0,911	"	92,69	0,54		3,78	2,51	0,43	7,39	51,70	1,18	
13	Purple top	0,861	"	93,29	0,62		3,11	2,49	0,49	9,24	46,35	1,48	
14	Green top, Thonboden	0,933	"	95,54	0,65		1,51	1,82	0,48	14,57	33,86	2,33	
15	desgl., leichter Boden	0,884	"	91,15	0,96		4,71	2,54	0,61	10,85	53,56	1,74	
16	Schwed., Thonboden	1,010	"	90,87	1,23		4,19	3,17	0,54	13,47	45,90	2,16	
17	desgl.	1,015	"	91,01	0,77		5,25	2,47	0,50	8,56	58,41	1,37	
18	Tweeddale purple top .	0,954	"	90,54	1,11		4,82	2,61	0,92	11,72	51,00	1,87	
19	desgl.	0,941	"	91,54	1,03		3,89	2,71	0,83	12,17	45,99	1,95	
20	desgl.	0,807	"	90,74	0,76		4,05	3,70	0,75	8,21	43,73	1,31	

[1]) Vergl. Anmerkung [8]) Seite 662.

Brassica Napus esculenta DC:

[2]) No. 1—3. J. B. Boussingault. Dessen: Die Landwirthschaft in ihren Beziehungen zur Chemie etc. 3. Bd 200.

[3]) No. 4. William K. Sullivan. Weende'r Jahresber. 1853. II. 27. Mittel einer grossen Zahl von Analysen.

[4]) No. 5—23. Thom. Anderson. Transact. Highl. Soc. Jan. 1856. 195. Die Rüben waren von Lord Tweeddale cultivirt, der dadurch die besten Rüben zu erzielen suchte, dass er fortgesetzt jedesmal die specifisch schwersten Rüben zur Saat auswählte. Von den Rüben sind die No. 5—17 im Herbste untersucht, die übrigen, nachdem sie den Winter hindurch aufbewahrt worden waren. Im Original sind die Analysen nach folgendem Schema aufgeführt:

Faser: Pectinsäure u. Holzfaser, Proteinkörper, Asche — Saft: Wasser, Proteinkörper, Zucker u. Gummi — Asche im Ganzen]

Obige Zahlen für Rohfaser umfassen also auch Pectinkörper. Es ist fraglich, ob nicht einige der untersuchten Rüben der Brassica Rapa angehören.

No.	Bemerkungen		Jahr der Untersuchung	In der ursprünglichen Substanz: Wasser %	Nh-Substanz %	Rohfett %	Nfr. Extractstoffe %	Rohfaser %	Asche %	In der Trocken-Substanz: Nh-Substanz %	Nfr. Extractstoffe %	Stickstoff in der Trocken-Substanz %	Analytiker
		Spec. Gew.											
21	Tweeddale purple top	0,850	1855	92,60	0,75	2,67		3,21	0,77	10,14	36,07	1,62	Th. Anderson [1])
22	desgl.	0,866	„	92,58	1,03	3,59		3,12	0,68	13,88	34,91	2,22	Th. Anderson [1])
23	desgl.	0,782	„	93,13	0,50	2,82		2,83	0,72	7,28	41,05	1,16	Th. Anderson [1])
		Gew. der Rüben											
24	„Kohlrüben" . . .	3,4 kg	„	89,80	0,84	—		—	0,75	8,24	—	1,32	H. Hellriegel [2])
25	desgl.	0,50 „	„	87,70	1,44	—		—	0,90	11,71	—	1,87	H. Hellriegel [2])
26	desgl.	0,42 „	„	84,70	1,69	—		—	1,07	11,05	—	1,77	H. Hellriegel [2])
27	desgl.	3,4 „	„	88,60	0,76	8,80		1,09	0,75	6,64	77,29	1,06	H. Hellriegel [2])
28	desgl.	0,55 „	„	87,50	0,83	—		—	0,79	6,64	—	1,06	H. Hellriegel [2])
29	desgl.	1,27 „	„	89,70	0,68	—		—	0,61	6,60	—	1,06	H. Hellriegel [2])
30	desgl.	0,58 „	„	85,70	1,23	—		—	0,96	8,60	—	1,38	H. Hellriegel [2])
31	desgl., weit gepflanzt, stark gedüngt		1856	89,56	1,04	—		—	0,97	9,44	—	1,51°	desgl. u. Gaudich [3])
32	desgl., eng gepflanzt, stark gedüngt		„	90,25	1,13	—		—	0,82	11,62	—	1,86°	desgl. u. Gaudich [3])
33	desgl., weit gepflanzt, stark gedüngt		„	88,47	—	—		—	—	—	—	—	desgl. u. Gaudich [3])
34	desgl., eng gepflanzt, stark ged.		„	87,90	—	—		—	—	—	—	—	desgl. u. Gaudich [3])
35	desgl., stark gedüngt . . .		„	90,13	—	—		—	—	—	—	—	desgl. u. Gaudich [3])
36	desgl., weit gepflanzt, stark gedüngt		„	88,10	—	—		—	—	—	—	—	desgl. u. Gaudich [3])
37	desgl., eng gepflanzt, stark ged.		„	87,11	—	—		—	—	—	—	—	desgl. u. Gaudich [3])
38	desgl., stark mit Stallmist und Jauche gedüngt		„	89,48	1,23	—		—	0,82	11,63	—	1,86	Ritthausen [4])
39	„Kohlrabi," green top . .		1857	86,02	2,36	0,23	8,98	1,23	1,18	16,85	64,38	2,70	A. Völcker [5])
40	desgl., purple top		„	89,00	2,27	0,18	6,38	1,11	1,06	20,68	58,03	3,31	A. Völcker [5])
41	desgl., (Köpfe?)		„	86,74	2,75	—	8,62	0,77	1,12	20,74	65,00	3,31	Anderson [6])
42	desgl., böhmischer, ca. 8 kg schwer		1858	90,99	1,44	—	4,65	0,82	2,10	15,98	51,58	2,55	Knop [7])

[1]) Vergl. Anmerkung [4]) Seite 663.

[2]) No. 24—30. H. Hellriegel. Chem. Ackersm. 1856. 238. Die Analysen beziehen sich z. Thl. auf Rüben von 6 bis 7 Pfd. Gewicht, die anderen Analysen auf Rüben von 1—2½ Pfd. Dieselben waren sämmtlich gut gedüngt und alle gesund.

[3]) No. 31—37. H. Hellriegel u. H. Gaudich. Amts-Anzeigebl. f. d. Königr. Sachsen 1857. 22.

[4]) No. 38. H. Ritthausen. Ebendas. 73. Das Gewicht der untersuchten Rübe betrug 7½ Pfd. An Zucker enthielt die frische Rübe 3,95 %, auf Trockensubstanz berechnet 37,48 %.

[5]) No. 39 u. 40. Aug. Völcker. Journ. R. Agric. Soc. Engl. 21. 93. Die nähere Untersuchung ergab:

	greentop	purpletop
Lösliche Proteinstoffe	2,056	2,006
Unlösliche Proteinstoffe	0,300	0,269
Gummi, Zucker, Pectin	6,007	4,486
Lösliche Faser und unlösliche Pectinstoffe	2,993	1,896
Holzige Faser	1,230	1,106
In Wasser lösliche Salze	0,970	0,919
Unlösliche Mineralstoffe	0,197	0,139
In Wasser lösliche Stoffe	9,260	7,588
In Wasser unlösliche Stoffe	4,720	3,410

[6]) No. 41. Th. Anderson. Journ. R. Agric. Soc. Engl. 20. 523.

[7]) No. 42. W. Knop. Amtsbl. f. d. landw. Ver. Sachsens 1858. 95. Von dem gefundenen N schien ein geringer Theil als Ammoniak vorhanden zu sein.

No.	Bemerkungen	Jahr der Untersuchung	In der ursprünglichen Substanz Wasser %	Nh-Substanz %	Rohfett %	Nfr. Extractstoffe %	Rohfaser %	Asche %	In der Trocken-Substanz Nh-Substanz %	Nfr. Extractstoffe %	Stickstoff in der Trocken-Substanz %	Analytiker
43	Purple top, Swedish Turnips	1852	83,5	—	—	—	—	—	—	—	—	Rohde[1])
44	Rutabaga	„	84,8	—	—	—	—	—	—	—	—	
45	Rothgrauhäutige Riesensteckrübe	„	84,2	—	—	—	—	—	—	—	—	
46	Rothköpfige Riesensteckrübe .	„	85,0	—	—	—	—	—	—	—	—	
47	Swedish Turnips, vom Felde, December 1847	1848	89,42	1,64	—	—	—	0,58	15,56	—	2,49°	Lawes u. Gilbert[2])
48	desgl., eingemictet Nov. 1847, untersucht Februar 1848 .	„	87,88	0,94	—	—	—	0,63	7,81	—	1,25°	
49	desgl.	„	90,19	1,44	—	—	—	0,61	14,75	—	2,36°	
50	desgl.	„	89,68	1,88	—	—	—	0,61	16,31	—	2,61°	
51	desgl.	„	89,12	1,12	—	—	—	0,50	10,37	—	1,66°	
52	desgl.	„	89,30	1,75	—	—	—	0,58	16,44	—	2,63°	
53	desgl.	„	87,40	1,69	—	—	—	0,76	13,81	—	2,21°	
54	desgl.	„	89,11	1,44	—	—	—	0,52	13,44	—	2,15°	
55	desgl.	„	88,12	1,56	—	—	—	0,62	13,37	—	2,14°	
56	Norfolk White Turnips, mineralische Düngung . . .	„	90,63	0,91	—	—	—	0,63	9,75	—	1,56°	
57	desgl., Mineraldünger und Ammoniaksalz	„	91,58	1,09	—	—	—	0,63	13,00	—	2,08°	
58	desgl., Mineraldünger und Rapskuchen	„	92,22	1,14	—	—	—	0,64	14,75	—	2,36°	
59	desgl., Mineraldünger, Rapskuchen u. Ammoniaksalze	„	92,12	1,57	—	—	—	0,70	20,00	—	3,20°	
60	Swedes, beim Einmieten, November 1850	1850	92,54	0,85	0,13	3,36	2,65	0,57	11,39	43,61	1,82	Anderson[3])
61	desgl., dieselben aus der Miete Februar 1851	1851	93,00	0,53	0,09	3,47	2,35	0,56	7,57	49,57	1,21	
62	Schwedischer Turnips, zu Warwick, günstiges Klima, gewachsen	1855	93,39	0,75	—	—	—	0,50	11,35	—	1,82	derselbe[4])
63	desgl., zu Argyll, feuchtkaltes Klima, gewachsen . . .	„	95,22	0,44	—	—	—	0,50	9,21	—	1,47	
64	Gelber Turnips, zu Warwick gewachsen	„	94,11	0,62	—	—	—	0,70	10,43	—	1,67	
65	desgl., zu Argyll gewachsen .	„	95,35	0,50	—	—	—	0,72	10,75	—	1,72	

[1]) No. 43—46. Rohde. Weende'r Jahresber. 1853. I. 152. Die Rüben wurden im Vergleich mit Varietäten der Brassica rapa auf dem Eldenaer Versuchsfelde angebaut. Der Boden, ein sandiger Lehmboden, wurde mit 2 Ctr. Guano pro Morgen gedüngt. Die Bestimmung der Trockensubstanz geschah in Wasserbad bei 100° C., dürfte aber zufolge einer Bemerkung des Autors auf wissenschaftlichen Werth keinen Anspruch machen.

[2]) No. 47—59. J. B. Lawes u. J. H. Gilbert. On the Composition of foods in relation to respiration and the feeding of animals. (From the report of the British association for the advancement of Science for 1852.) London, 1853. 5. Aus den Angaben über Gehalt an Trockensubstanz, Asche und N abgeleitet.

[3]) No. 60 u. 61. Th. Anderson. Transact. Highl. Soc. Juli 1851 bis März 1853. 46.

[4]) No. 62—65. Th. Anderson. Ebendaselbst. October 1856. 418. Die gelbe Turnips gehört möglicherweise der Brassica rapa an und bringen wir dort die Analysen nochmals.

No.	Bemerkungen	Jahr der Untersuchung	In der ursprünglichen Substanz						In der Trocken-Substanz		Stickstoff in der Trocken-Substanz	Analytiker
			Wasser %	Nh-Substanz %	Rohfett %	Nfr. Extractstoffe %	Rohfaser %	Asche %	Nh-Substanz %	Nfr. Extractstoffe %	%	
66	White globe Turnip, Mittel von 25 Analysen, gedüngt	1852	92,45	1,49	0,19	3,03	2,14	0,70	19,74	40,13	3,16	
67	desgl., guter Boden, Mittel von 3 Analysen	„	92,16	1,28	0,15	3,61	1,94	0,86	16,74	45,61	2,68	
68	desgl., mittelguter Boden, Mittel von 4 Analysen .	„	90,98	1,24	0,22	4,54	2,35	0,67	13,75	41,33	2,20	
69	Purple top Yellows, guter Boden, Mittel v. 3 Analys.	„	91,14	1,25	0,14	4,60	2,27	0,60	14,01	52,21	2,24	
70	Green top Globes, Stalldünger, roher Boden	„	92,20	2,48	0,31	1,55	2,70	0,76	31,80	19,87	5,09	*Anderson*[1]
71	Swedes, gedüngt, Mittel von 2 Analysen, roher Boden .	1852	90,03	2,54	0,26	6,54	—	0,63	25,48	65,59	4,08	
72	desgl., gedüngt, Mittel von 2 Anal., mittelguter Boden	„	93,13	0,74	—	2,21	3,24	0,68	10,77	33,17	1,72	
73	Yellow Turnips, Mittel von 7 Analysen verschieden gedüngter Rüben	„	92,89	0,78	—	—	—	0,61	10,97	—	1,76	
74	Swedes	1867	90,85	0,81	—	—	—	0,69	8,39	—	1,34	*derselbe*[2]
75	Kohlrabi	„	86,02	2,35	0,23	9,00	1,23	1,17	16,81	64,37	2,69	*Völcker*[3]
76	Kohlrüben	„	87,05	3,13	0,65	3,95	3,56	1,66	24,17	30,50	3,87	
77	1865er, nach starker Mistdüngung gewachsen . .	1866	92,19	0,64	—	—	—	0,39	8,49	—	1,31	*H.Schultze*[4]
78	Winterkohlrabi	„	89,51	1,51	0,31	—	—	—	14,39	—	2,30	*J. Nessler*[5]
79	Gelbe Turnips, Mittel von 11 Analysen	1864	89,80	0,95	—	—	—	0,77	9,37	—	1,50°	*Anderson*[6]
80	Spec. Gewicht 1,033 . . .	1876	87,70	1,69	—	8,91	1,00	0,70	13,77	72,41	2,20°	
81	„ „ 1,013 . . .	„	86,30	1,63	—	10,15	1,16	0,76	11,90	74,08	1,90°	*A. Völcker*[7]
82	„ „ 1,022 . . .	„	87,90	1,93	—	8,45	1,08	0,65	15,87	69,82	2,55°	

[1] No. 66—73. Th. Anderson. Transactions Highl. Soc. Juli 1851 bis März 1853. 46. Berechnete Mittel aus Düngungsversuchen.

[2] No. 74. Th. Anderson. Ebendaselbst 1868/69. S. 4. II. 66. (Weende'r Jahresber. 1867/68. 540.)

[3] No. 75 u. 76. A. Völcker. Weende'r Jahresber. 1867/68. 540. Bei No. 76 fehlt die Angabe über Aschengehalt, die Differenz von der Summe der Componenten und 100 ergiebt 1,66, welche wir für Asche angesetzt haben. Die nähere Analyse ergab:

	Lösl. Eiweissstoffe	Lösl. Mineralstoffe	Gummi	Zucker
No. 75	2,056	0,970	—	—
No. 76	1,640	—	1,729	2,218

Bei No. 75 ist das in verdünnten Säuren und Alkalien Lösliche als „Zucker und verdauliche Holzfaser“ bezeichnet.

[4] No. 77. H. Schultze u. E. Schulze (Vers.-Stat. Weende). Landw. Vers.-Stat. 9. 1867. 434. Die untersuchten Rüben stammten von der 1865 auf Domäne Wasserleben erhaltenen Ernte. Dieselben enthielten am 19. April 1866 = 8,83 %, am 9. Mai 1866 = 7,81 % Trockensubstanz. Von Letzterer gelten die gemachten Bestimmungen. Ausser dem angegebenen Gehalt an organischem N enthielt die Trockensubstanz noch 0,15 % Salpetersäure.

[5] No. 78. J. Nessler u. C. Weigelt. Bericht der Vers.-Stat. Karlsruhe 1870. 57.

[6] No. 79. Th. Anderson. Transact. Highl. Soc. Juli 1863 bis März 1865. 499. Berechnetes Mittel aus 11 Analysen verschieden gedüngter Turnips.

[7] No. 80—92. A. Völcker. Journ. Roy. Agric. Soc. England. II. Ser. 13. 1877. 157. Die untersuchten Rüben stammten von einem Felde, die Untersuchung derselben sollte die Schwankungen darthun, welche die Zusammensetzung einer und derselben Rübensorte unter gleichen Boden- und Witterungsverhältnissen erfährt. Die nähere Analyse ergab ferner für die frischen Rüben:

No.	80	81	82	83	84	85	86	87	88	89	90	91
Von den Nh-Stoffen in Wasser löslich .	1,49	1,41	1,68	1,52	0,85	1,54	1,71	2,08	1,21	1,24	2,02	1,47 %
Von den Mineralstoffen in Wasser lösl	0,59	0,63	0,54	0,54	0,51	0,51	0,81	0,65	0,77	0,55	0,46	0,62 „
Zucker, Gummi	6,69	7,81	6,47	8,15	6,17	6,78	9,67	8,13	8,95	7,24	5,05	8,71 „
Pectin und verdauliche Cellulose . . .	2,21	2,34	1,98	2,54	2,08	2,40	2,78	2,94	1,71	1,83	2,41	2,97 „

Die Mittelzahlen unter No. 92 wurden von uns berechnet.

No.	Bemerkungen	Jahr der Untersuchung	In der ursprünglichen Substanz: Wasser %	Nh-Substanz %	Rohfett %	Nfr. Extractstoffe %	Rohfaser %	Asche %	In der Trocken-Substanz: Nh-Substanz %	Nfr. Extractstoffe %	Stickstoff in der Trocken-Substanz %	Analytiker
83	Spec. Gewicht 1,017 . . .	1876	85,65	1,74	—	10,68	1,26	0,66	12,15	74,47	1,94°	
84		„	89,00	1,06	—	8,25	1,07	0,61	9,65	75,03	1,55°	
85	„ „ 1,012 . . .	„	87,35	1,71	—	9,16	1,16	0,61	13,49	72,46	2,13°	
86	„ „ 1,016 . . .	„	82,22	2,08	—	12,46	1,31	0,93	12,40	74,23	1,98°	
87		„	84,04	2,48	—	11,06	1,24	0,77	15,90	70,93	2,54°	*A. Völcker* [1])
88	„ „ 1,014 . . .	„	85,50	1,50	—	10,66	1,42	0,92	10,34	73,54	1,66°	
89		„	87,65	1,55	—	9,06	1,08	0,66	12,55	73,38	2,01°	
90	„ „ 1,003 . . .	„	87,40	2,25	—	7,46	1,29	0,60	17,90	67,07	2,87°	
91	„ „ 1,039 . . .	„	84,15	1,88	—	11,68	1,52	0,76	11,90	73,66	1,91°	
92	Mittel	„	86,35	1,79	—	9,93	1,22	0,71	13,13	72,74	2,10	
93		1877	90,68	1,64	0,07	6,04	0,49	1,08	17,60	64,80	2,82	*Kirchner*[2])
94	Flaschen-Wroke-Rübe . .	1874	89,16	0,73	0,15	7,87	1,44	0,65	6,73	72,61	1,08	*Emmerling* [3])
95	Rothgrauhäutige Steckrübe .	„	89,43	0,79	0,17	7,63	1,27	0,71	7,47	72,18	1,20	
96	Chou-rave grand vert. . .	1879	89,00	1,87	—	7,15	1,18	0,80	17,00	65,00	2,72	*Dudouy*[4])
97	Englischer Futterkohlrabi .	1884	87,18	1,77	0,09	8,42	1,60	0,94	13,84	65,69	2,21	*Märcker*[5])
98	Turnips, sehr stark gedüngt	1872	90,77	1,17	0,17	5,62	1,21	1,06	12,66	57,03	2,03	*E. Wolff*[6])
99	1646 g schwer	1871	87,19	1,06	0,10	10,07	1,04	0,54p	8,27	78,61	1,32	*J. Fittbogen*[7])
100		1877	89,08	1,93	0,07	5,73	2,35	0,84	17,67	52,48	2,83	*desgl. u. J. Förster*[8])
101		„	88,88	—	—	—	—	—	9,63	74,09	1,54	
102	„Gelbe Wrucken"	1880	91,11	1,09	—	—	—	—	12,26	—	1,96	*Klien*[9])
103	„Weisse Wrucken" . . .	„	88,66	1,40	—	—	—	—	12,35	—	1,98	
104	Aus Münster	1876	91,87	0,79	0,08	5,88	0,84	0,54	9,69	72,36	1,55°	*König*[10])
105	Mitte October aus dem Boden genommen, mittleres Gew. 500 g	„	89,39	1,55	0,08	6,79	1,33	0,86p	14,60	64,00	2,33°	*Dahlen*[11])
	Minimum . . .	.	82,22	0,44	0,05	5,62	0,49	0,36	6,62	52,48	1,06	
	Maximum . . .	.	95,84	3,13	0,65	12,46	2,35	2,10	31,81	78,61	5,09	
	Mittel*)	.	**87,80**	**1,54**	**0,21**	**8,22**	**1,32**	**0,91**	**12,65**	**67,41**	**2,02**	

[1]) Vergl. Anmerkung [1]) Seite 666.
[2]) No. 93. F. W. Kirchner. Milchzeitung 1878. 466.
[3]) No. 94 u. 95. Emmerling (Vers.-Stat. Kiel). Zusammenstellung von Analysen von Futtermitteln in den Jahren 1871—77. Kiel, 1877.
[4]) No. 96. Alfr. Dudouy. Jahresber. d. Agriculturchem. 23. 1880. 410. (Journ. d'agric. prat. 1880. I. 440.) Der Samen zu dieser Rübe wurde 1877 aus England importirt, 1878 mit Erfolg cultivirt und 1879 nochmals in demselben Boden, sandiger Lehm, kalireiches Alluvium und bei Düngung mit Ammoniak-Superphosphat angebaut.
[5]) No. 97. M. Märcker (Vers.-Stat. Halle). Centralbl. f. Agriculturchem. 1885. 281. (Magdeburger Ztg. 1884. No. 555.) Die untersuchte Rübe war auf leichtem Boden in Schafdung- und Chilisalpeterdüngung gewachsen und hatte 266 Ctr. Ertrag pro Morgen gegeben.
[6]) No. 98. E. Wolff (Vers.-Stat. Hohenheim). Landw. Jahrb. 8. (1879.) I. Supplem. 182. Die Rübentrockensubstanz enthielt in Folge sehr starker Düngung eine ungewöhnlich grosse Menge Salpetersäure, 3,89 %, welche mit ihrem N-Gehalt bei der Berechnung des Rohproteins in Abzug kam. Die Turnipsrüben waren (mit Latrinendünger) gleichsam überdüngt und in Folge dessen zum Theil krankhaft ausgebildet; bei beträchtlichem Umfang und Gewicht hatten sie im Innern oft Höhlungen und das Fleisch war ziemlich hartfaserig.
[7]) No. 99. J. Fittbogen (Vers.-Stat. Dahme). Ebendas. 1. 1872. 628. Nähere Analyse siehe bei eingesäuerten Kohlrüben.
[8]) No. 100 u. 101. J. Fittbogen u. Förster (Vers.-Stat. Dahme). Privatmitthl. Bei der Analyse der Rübe No. 101 ergeben die Componenten 111,15 — wir corrigirten bei den Nfr-Extractstoffen.
[9]) No. 102 u. 103. Klien. (Vers.-Stat. Königsberg). Bericht der Vers.-Stat. 1881.
[10]) No. 104. J. König u. Farwick (Vers.-Stat. Münster). Ztschr. f. Biologie 1876. 497.
[11]) No. 105. H. W. Dahlen. Landw. Jahrb. 4. 1875. 613. Die Rüben enthielten 18,60 % bezw. 1,97 % Traubenzucker.

*) Zur Berechnung des Mittels wurden für Asche, Fett und N in der Trockensubstanz sowie die davon abgeleiteten Zahlen sämmtliche Analysen (mit Ausnahme der ( ) Zahlen), für die Rohfaser und die Nfr-Extractstoffe die Analysen von No. 75—105 benutzt.

Brassica Rapa rapifera Metzger (Br. Rapa esculenta Koch). — Weisse Rübe, Wasserrübe, Brachrübe, Stoppelrübe, Saatrübe, Steckrübe, Turnips. — Turnip. — Rave, Chou-Turneps, Chou de Laponie.

No.	Bemerkungen	Jahr der Untersuchung	In der ursprünglichen Substanz: Wasser %	Nh-Substanz %	Rohfett %	Nfr. Extractstoffe %	Rohfaser %	Asche %	In der Trocken-Substanz: Nh-Substanz %	Nfr. Extractstoffe %	Stickstoff in der Trockensubstanz %	Analytiker
1	Stoppelrübe	—	92,5	0,79	0,20	5,64	0,30	0,57	10,50	75,25	1,68°	*Boussingault*[1])
	I. Globe Turnip.											
2	White red top hybrid T. .	1852	86,8	—	—	—	—	—	—	—	—	*Rohde*[2])
3	White Norfolk T.	„	89,0	—	—	—	—	—	—	—	—	
4	White Globe T.	„	86,7	—	—	—	—	—	—	—	—	
5	Dale's hybrid T.	„	90,0	—	—	—	—	—	—	—	—	
6	Lawson hybrid T.	„	89,0	—	—	—	—	—	—	—	—	
7	White Tankard T. . . .	„	88,4	—	—	—	—	—	—	—	—	
	II. Bullock Turnip.											
8	Improved purple top Scotsh or Bullock T.	„	86,8	—	—	—	—	—	—	—	—	
9	Scotsh or Bullock T. . . .	„	84,4	—	—	—	—	—	—	—	—	
10	Altringham T.	„	87,2	—	—	—	—	—	—	—	—	
11	Invincible yellow green top T.	„	84,7	—	—	—	—	—	—	—	—	
12	Aberdeen yelllow with purple top T.	„	85,3	—	—	—	—	—	—	—	—	
13	Red top Imperial yellow T.	„	86,6	—	—	—	—	—	—	—	—	
14	Yellow Tankard T. . . .	„	86,2	—	—	—	—	—	—	—	—	
15	Greystone Turnip, auf Lehmboden gewachsen, ca. 15 Pfd. schwer	1865	93,84	0,56	0,26	2,99	1,73	0,63	9,08	48,53	1,45	*Anderson*[3])
16	desgl., auf Sandbod. gewachs., ca. 15 Pfd. schwer . . .	„	94,12	0,74	0,34	2,32	1,96	0,53	12,58	39,45	2,01	
17	Stoppelrüben, 792 g schwer	„	93,32	1,29	0,20	—	—	—	19,31	—	3,09	*Nessler*[4])
18	desgl., klein, 405 g das Stück	1868	90,57	1,86	0,23	—	—	—	19,72	—	3,16	
19	Brassica Rapa depressa Dec.	1861	91,10	2,34	—	—	—	0,82	26,32	—	4,21	*Wunder*[5])
20	White Pomeranian globe	1868	90,99	1,14	—	—	—	—	12,69	—	2,03	*J. J. Fühling*[6])

Brassica Rapa rapifera:
Brassica Rapa, Weisse Rüben, enthalten nach Stammer a) u. Herapath, b) Moleschott's Physiolog. d. Nahrungsmittel):

	Wasser	Organische Substanz	Asche
a)	93,31	6,23	0,46
b)	91,26	8,09	0,65

[1]) No. 1. J. B. Boussingault. Dessen: Die Landw. in ihren Beziehungen zur Chemie etc. 3. Bd. 200.

[2]) No. 2—14. Rohde. Weende'r Jahresber. 1853. I. 152. Die Rüben wurden im Vergleich mit Varietäten der Brassica Napus auf dem Eldenaer Versuchsfelde angebaut. Der Boden, ein sandiger Lehmboden, wurde mit 2 Ctr. Guano pro Morgen gedüngt. Die Bestimmung der Trockensubstanz geschah im Wasserbade bei 100° C., dürfte aber zufolge einer Bemerkung des Autors auf wissenschaftlichen Werth keinen Anspruch machen. Nach Mittheilung des Autors sind die Globe Turnip weissfleischig, die Bullock Turnip gelbfleischig.

[3]) No. 15 u. 16. Th. Anderson. Journ. Agric. and the Transact. 1865. 488. Von den Nh-Verbindungen waren in Wasser löslich 0,36 bezw. 0,56 %. Unter Rohfaser sind hier unlösliche Stoffe, hauptsächlich Holzfaser zu verstehen.

[4]) No. 17 u. 18. J. Nessler u. Briegel. Bericht d. Vers.-Stat. Karlsruhe 1870. 56.

[5]) No. 19. G. Wunder. Landw. Vers.-Stat. 3. 1861. 19. Aus den Angaben des Autors über die Zusammensetzung der Ernte von uns berechnet.

[6]) No. 20—30. J. J. Fühling. Neue Landw. Ztg. 1869. 4. Die Sorten wurden unter gleichen Verhältnissen bei Entfernungen von 47 cm und 26 cm angebaut. Von uns aus den Angaben über Ertrag an Rüben, Trockensubstanz und Protein berechnet. Geerntet wurden pro ha in kg:

No.	20	21	22	23	24	25	26	27	28	29	30
Frische Rüben	78624	66826	58968	53029	42568	55029	47170	54366	53029	42226	40618,5
Darin Trockensubstanz .	7082,4	6982,9	6296,6	4781,4	4923,7	7086,3	5050,5	4543,5	5481,5	4377,7	4096,9
Darin Protein	898,9	885,3	936,0	585,0	748,8	992,6	707,8	596,7	694,2	612,3	485,6

No.	Bemerkungen	Jahr der Untersuchung	In der ursprünglichen Substanz: Wasser %	Nh-Substanz %	Rohfett %	Nfr. Extractstoffe %	Rohfaser %	Asche %	In der Trocken-Substanz: Nh-Substanz %	Nfr. Extractstoffe %	Stickstoff in der Trocken-Substanz %	Analytiker
21	Dale's hybrid	1868	89,55	1,32	—	—	—	—	12,68	—	2,03	J. J. *Fühling*[1]
22	Yellow Tankard	„	89,32	1,58	—	—	—	—	14,87	—	2,37	
23	White red-top Tankard	„	90,99	1,10	—	—	—	—	12,23	—	1,95	
24	White green-top Tankard	„	88,44	1,76	—	—	—	—	15,20	—	2,43	
25	Weisse lange rothköpf. Ackerrübe von St. Nicolas	„	87,12	1,80	—	—	—	—	14,00	—	2,24	
26	Weisse runde Wasserrübe von St. Nicolas	„	89,23	1,50	—	—	—	—	14,00	—	2,24	
27	White green-top globe	„	91,64	1,09	—	—	—	—	13,13	—	2,10	
28	Green-top yellow Bullock	„	89,66	1,31	—	—	—	—	12,61	—	2,02	
29	Woolton's hybrid	„	90,10	1,38	—	—	—	—	14,00	—	2,24	
30	White globe	„	89,92	1,18	—	—	—	—	11,80	—	1,89	
31	Norfolk White Turnip: Gewöhnl. und mineralische Düngung	1848	90,63	0,91	—	—	—	0,63	9,75	—	1,56°	*Lawes u. Gilbert*[2]
32	desgl. und Ammonsalze	„	91,58	1,09	—	—	—	0,63	13,00	—	2,08°	
33	desgl. u. Rapskuchen	„	92,22	1,14	—	—	—	0,64	14,75	—	2,36°	
34	desgl., Ammonsalz und Rapskuchen	„	92,12	1,58	—	—	—	0,70	20,00	—	3,20°	
35	Stoppelrüben (mit Blättern)	1858	89,17	1,55	—	—	—	1,36	14,31	—	2,29	*Karmrodt*[3]
36	Durchschnitts-Analysen aus früheren Untersuchungen	1853	92,11	1,27	—	—	—	0,78	16,10	—	2,58	*Anderson*[4]
37	Gelbe Turnips, zu Warwick (günstiges Klima)	1855	94,11	0,62	—	—	—	0,70	10,53	—	1,68	
38	desgl., zu Argyll (ungünstiges Klima)	„	95,35	0,50	—	—	—	0,72	10,78	—	1,72	
39	Steckrüben, nach starker Mistdüngung	1866	92,19	0,62	—	—	—	0,40	7,94	—	1,27°	*H. Schultze*[5]
40	Weisse grünköpfige Kugel	1871	92,33	1,01	—	—	—	0,62	13,22	—	2,12	*E. Schulze*[6]
41	Orangegelbe grünköpfige Jelly	„	90,14	1,20	—	—	—	0,74	12,17	—	1,90	
42	Gelbe grünköpf. Lawrencekirk	„	90,86	0,84	—	—	—	0,66	9,15	—	1,46	
43	Ovale Pomeranian	„	92,28	0,64	—	—	—	0,61	8,28	—	1,32	
44	Lange dicke weisse	„	91,64	0,73	—	—	—	0,72	8,73	—	1,40	

[1] Vergl. Anmerkung [6] Seite 668.

[2] No. 31—34. J. B. Lawes u. J. H. Gilbert. Composition of foods in relation to respiration and the feeding of animals. London, 1853. 36. Auch in Sheep feeding and manure. Agricultural Chemistry. Part. I. 1849. Aus den Angaben über Gehalt an Trockensubstanz, Asche und N abgeleitet.

[3] No. 35. C. Karmrodt. Ztschr. f. Rheinpreussen 1858. 293.

[4] No. 36. Th. Anderson. Transact. Highl. Soc. March 1854. 274.
No. 37 u. 38. Ibidem. October 1856. 418.

[5] No. 39. H. Schultze u. E. Schulze. Landw. Vers.-Stat. 9. 1867. 242. Die Steckrüben stammten vom Gute Wasserleben und waren im Jahre 1865 erbaut worden; die Untersuchung fand im Mai 1866 statt. Ausser oben angegebenem N enthielt die Rüben-Trockensubstanz noch 0,04 % N in Form von Salpetersäure.

[6] No. 40—45. E. Schulze (Vers.-Stat. Darmstadt). Bericht 1874. 35. Die untersuchten Rüben stammten theils vom Gute Virnheim, theils vom Gute Gernsheim. Erstere (40—44) waren als Stoppelrüben nach Wintergerste gebaut und hatten einen Ertrag von 640—720 Ctr. pro ha gegeben. Die untersuchten Exemplare waren 4—5 Pfd. schwer. In den Mineralstoffen der Trockensubstanz:

	No. 40	41	42	43	44
Salpetersaures Kalium	0,39	0,49	0,19	0,11	0,71 %.

Rüben No. 45 waren nur $1\frac{1}{4}$—$1\frac{1}{2}$ Pfd. schwer, hatten trotz günstiger Anbauverhältnisse höchstens den halben Ertrag gegeben, wie Runkelrüben. Die Trockensubstanz enthielt, den Mineralstoffen zugerechnet, 1,22 % salpetersaures Kalium.

No.	Bemerkungen	Jahr der Untersuchung	In der ursprünglichen Substanz: Wasser %	Nh-Substanz %	Rohfett %	Nfr. Extractstoffe %	Rohfaser %	Asche %	In der Trocken-Substanz: Nh-Substanz %	Nfr. Extractstoffe %	Stickstoff in der Trocken-Substanz %	Analytiker
45	Englische Futterrübe . . .	1871	92,14	1,06	—	4,58	1,26	0,96	13,50	58,13	2,16	*E. Schulze*[1])
46	Rothe Pfahl-Turnips . . .	1880	87,80	1,44	—	—	—	—	11,80	—	1,89	*R. Heinrich*[2])
47	Gelbe Horn-Turnips . . .	„	90,48	1,25	—	—	—	—	13,12	—	2,11	
48	Rothe Horn-Turnips . . .	„	91,05	1,19	—	—	—	—	13,30	—	2,13	
49	Gelbe Pfahl-Turnips . . .	„	89,40	1,31	—	—	—	—	12,36	—	1,98	
50	Turnips	„	87,70	1,10	—	—	—	0,90	8,94	—	1,43	*M. Märcker*[3])
51	desgl., nach Stalldünger, sandiger Höhenboden . . .	„	85,40	1,10	—	—	—	1,00	7,53	—	1,20	
52	desgl. von Alnarp in Schweden	1873	87,13	1,86	—	10,09	0,98	0,94	14,45	70,64	2,31	*Olbers*[4])
53	desgl., gelbe	1875	88,40	1,01	—	7,62	1,94	1,03	8,69	65,75	1,39	
54	desgl., rothe	1876	89,28	1,25	—	7,17	1,29	1,01	11,66	66,88	1,87	
55	„Wasserrübe", Lehmboden .	1878	93,16	0,85	—	4,43	1,05	0,51	12,43	64,76	1,99	*Mach*[5])
56	Weisse	1874	89,22	1,58	0,21	6,31	1,47	1,21	14,66	58,53	2,35	*J. König*[6])
57	Gelbe	1874	89,01	1,75	0,22	6,88	1,19	0,95	15,92	62,61	2,55	
58	Golden Tankard	1884	86,80	1,10	0,08	10,32	0,80	0,90	8,33	78,18	1,33	*Mayer*[7])
59	Ende August einem Acker entnommen	1876	91,01	1,24	0,05	6,08	0,98	0,64P	13,82	67,61	2,21	*Dahlen*[8])
60	Turnips (Kabura) in Japan gewachsen	1883	93,06	1,46	0,07	3,83	0,93	0,65	21,00	55,17	3,36°	*Kellner*[9])
61	Weisse grünköpfige (von Virnheim in Hessen (vgl. auch No. 40 u. 44))	1871	92,36	1,01	—	—	—	—	13,22	—	2,12	*E. Schulze*[10])
62	Orangegelbe grünköpfige . . .	„	90,14	1,20	—	—	—	—	12,17	—	1,95	
63	Gelbe grünköpfige	„	90,82	0,84	—	—	—	—	9,15	—	1,46	
64	Ovale grünköpfige	„	92,27	0,64	—	—	—	—	8,28	—	1,32	
65	Lange weisse . .	„	91,64	0,73	—	—	—	—	8,73	—	1,40	
66	Gelbe von Northeim . . .	„	92,14	1,05	—	—	—	—	13,35	—	2,14	
	Minimum (excl. No. 2—14 u. No. 35)	.	85,40	0,50	0,05	5,08	0,56	0,40	7,53	55,17	1,20	
	Maximum	.	95,36	2,34	0,34	7,21	1,49	1,21	26,32	78,18	4,21	
	Mittel	.	**90,78**	**1,18**	**0,22**	**5,89**	**1,13**	**0,80**	**12,83**	**63,83**	**2,05**	

[1]) Vergl. Anmerkung [6]) Seite 669.

[2]) No. 46—49. R. Heinrich. (Vers.-Stat. Rostock). Bericht 1875/81. Wismar, 1882. 76.

[3]) No. 50—51. M. Märcker (Vers.-Stat. Halle). Privatmittheilung.

[4]) No. 52—54. E. W. Olbers (Vers.-Stat. Altnarp, Schweden). Privatmittheilung.

[5]) No. 55. E. Mach (Vers.-Stat. St. Michele. Privatmittheilung. Der Zuckergehalt der Rübe betrug 0,21 %, der des Saftes 0,23 %.

[6]) No. 56 u. 57. J. König (Vers.-Stat. Münster). 1. Bericht 1871/77. 39.

[7]) No. 58. A. Mayer (Vers.-Stat. Wageningen). Centralbl. f. Agriculturchem. 1884. 538 Zu Wageningen (Holland) auf gutem Lehmboden und im Vergleich mit Runkelrübensorten (siehe diese No. 237 u. f.) angebaut. Ertrag pro ha 74.000 kg, Zuckergehalt 7,7 %.

[8]) No. 59. H. W. Dahlen. Landw. Jahrb. 5. 1875. 613.

[9]) No. 60. Osc. Kellner. Chem. Anal. College of Agricult. Komaba, Tokio, Japan 1884. 21. N in Amiden etc. (bestimmt durch Fällung mit Phosphorwolframsäure) 1,473 %, Gesammt-N 3,361 %, Eiweiss-N 1,888 % = 11,8 % Eiweiss in der Trockensubstanz.

[10]) No. 61—66. E. Schulze. Landw. Vers.-Stat. 15. 1872. 170. Die untersuchten Rüben stammen von einem humosen, künstlich mit Sand gemischten Lehmboden und sind als Stoppelrüben gezogen. Ausser der angegebenen Nh organischen Substanz enthielten die Rüben noch Nh organische Substanz in Form von Salpetersäure und zwar:

	No. 61	62	63	64	65	66	
In der frischen Rübe	0,016	0,026	0,009	0,004	0,032	0,051	%
In der Trockensubstanz	0,21	0,26	0,10	0,058	0,38	0,65	„
Der Gesammt-N der Trockensubstanz × 6,25	13,56	12,60	9,31	8,37	9,35	14,41	„

Beta vulgaris L.*) — Runkelrübe, Dickwurz. — Mangold. — Garden-beet. — Bette commune.

No.	Bemerkungen	Jahr der Untersuchung	In der ursprünglichen Substanz: Wasser %	Nh-Substanz %	Stärke %	Nfr. Extractstoffe %	Rohfaser %	Asche %	In der Trocken-Substanz: Nh-Substanz %	Nfr. Extractstoffe %	Stickstoff in der Trocken-Substanz %	Analytiker
1	Gewöhnl. Feldrunkelrübe . .	—	87,8	1,26	0,10	7,90	2,20	0,76	10,38	64,53	1,66⁰	*J. Boussingault*[1])
2	Schlesische Runkelrübe . .	—	84,0	1,56	0,10	11,70	2,00	0,60	9,75	73,37	1,55⁰	
3	Rothe Zuckerrunkel . . .	—	82,0	2,81	0,10	11,60	2,50	1,00	15,61	64,38	2,50⁰	
4	„Long red Mangold", Probenahme 16. März . . .	1848	87,06	1,88	—	—	—	1,00	14,75	—	2,36⁰	*J. B. Lawes*[2])
5	desgl., Probenahme 3. April	„	86,86	1,75	—	—	—	0,98	13,63	—	2,18	
6	Mittel	„	86,96	1,81	—	—	—	0,99	14,19	—	2,27	
7	In Möckern gebaute Runkelrüb.	1850	87,67	—	0,16	9,63	1,79	0,75	—	78,10	—	*E. Wolff*[3])
8	desgl.	1852	86,07	1,44	—	9,24	1,97	1,28	10,34	66,32	1,65	
9	Lange rothe	„	85,2	1,60	—	—	—	1,14	10,79	—	1,72	*Fromberg*[4])
10	Kurze rothe	„	84,7	2,12	—	—	—	0,75	13,88	—	2,22	
11	Orange runde	„	86,5	1,94	—	—	—	0,84	14,40	—	2,30	
12	Lange gelbe Mangoldrüben, über der Erde wachsende .	„	88,43	1,90	—	—	—	1,33	16,42	—	2,63	*Anderson*[5])
13	Lange rothe Mangoldrüben, unter der Erde wachsende	„	90,66	1,54	—	—	—	1,18	16,49	—	2,64	
14	Gelbe runde Mangoldrüben .	„	90,24	1,75	—	—	—	1,26	17,93	—	2,87	
						Zucker				Zucker		
15	Feldrunkelrübe, Ernte Novbr.	„	88,05	—	—	—	—	—	—	—	—	*Bobierre*[6])
16	Gelbe deutsche Rübe, Ernte November	„	86,30	—	—	10,05	—	—	—	73,35	—	
17	Rosenrothe von Valenciennes, Ende September	„	86,60	—	—	7,64	—	—	—	57,02	—	
18	Grüne v. Valenciennes, Ende September	„	85,40	—	—	7,40	—	—	—	50,68	—	
19	Rosenrothe von Keredou bei Nantes, Anfang October .	„	87,20	—	—	8,24	—	—	—	64,38	—	
20	Grüne von Keredou, Anf. Oct.	„	89,04	—	—	7,24	—	—	—	66,06	—	
21	desgl., Anfang November .	„	86,00	—	—	9,32	—	—	—	66,57	—	

Beta vulgaris L. **Runkelrüben.**

*) Nach Cameron's Untersuchung, bei welcher die Bestimmung der Proteinverbindungen resp. Nh-Substanz offenbar zu niedrig ausgefallen und vermuthlich direct ausgeführt war, ist die Zusammensetzung einiger Varietäten die folgende:

	Wasser	Gummi	Zucker	Casein	Albumin	Holzfaser u. Pectinsäure
Lange rothe	85,18	0,67	9,79	0,39	0,09	3,08
Kurze rothe	84,86	0,50	11,90	0,26	0,18	3,41
Orange runde	86,52	0,13	10,24	0,33	0,03	2,45

[1]) No. 1—3. J. B. Boussingault. Dessen: Die Landw. in ihren Beziehungen zur Chemie etc. Deutsch von Gräger. 2. Thl. 173. 3. Thl. 200.

[2]) No. 4—6. J. B. Lawes. Journ. Roy. Agric. Soc. England. X. II. 1849. 323 u. Agric. Chem. Sheep feeding and manure. P. I. 1849. 50.

[3]) No. 7 u. 8. E. Wolff. Dessen: Grundlagen des Ackerbaues 1856. 924. Zucker 8,33 %, Dextrin 0,09 %, Pectinsäure 1,37 %, Albumin 0,10 % und Casein 0,49 %, letztere beide direct und offenbar zu niedrig bestimmt

[4]) No. 9—11. Fromberg. Wolff's Grundlagen des Ackerbaues 1856. 925. Trockensubstanz und Wassergehalt von uns berechnet.

[5]) No. 12—14. Th. Anderson. Trans. Highl. Soc. March. 1854. 274. Die lange gelbe Rübe wächst zum grösseren Theil ihrer Länge über der Erde, die lange rothe wächst fast ganz unter der Erde.

[6]) No. 15—21. Bobierre. Weende'r Jahresber. 1853. II. 29. Die Runkelrüben waren im Thonboden der unteren Loire (bei Nantes) gebaut worden. Zum Vergleich wurden Rüben (Zuckerrüben?) aus der Gegend von Valenciennes untersucht. Der Zuckergehalt wurde durch Extraction mit kochendem Alkohol von 83 % bestimmt.

No.	Bemerkungen	Jahr der Untersuchung	In der ursprünglichen Substanz: Wasser %	Nh-Substanz %	Rohfett %	Zucker %	Rohfaser %	Asche %	In der Trocken-Substanz: Nh-Substanz %	Zucker %	Stickstoff in der Trocken-Substanz %	Analytiker
22		1852	81,61	2,83	—	10,20	—	0,35	15,39	55,46	2,46	*Frerichs*[1])
23		„	81,61	3,03	—	—	—	—	16,47	—	2,64	
24	In Möckern gebaut . . .	1853	88,67	0,69	—	5,61	0,96	0,90	6,09	49,51	0,98	*Ritthausen*[2])
25	Rothe lange, zur Hälfte über dem Boden wachsende . .	„	87,70	0,78	—	6,68	1,21	0,93	6,34	54,31	1,01	*derselbe*[3])
						Nfr. Stoffe				Nfr. Stoffe		
26	Runde, Mittel aus 6 Analysen	„	89,02	0,78	—	8,35	0,92	0,93	7,22	75,62	1,16	*derselbe*[4])
27	Lange, Mittel aus 3 Analysen	„	87,69	0,86	—	9,39	1,14	0,93	7,00	75,63	1,12	
28	Im Garten zu Möckern gebaut, Mittel von 3 Sorten . .	1856	92,23	1,66	—	—	—	1,94	21,37	—	3,42°	*derselbe*[5])
29	Würzburger Rüben, stark gedüngt, 9—10 Pfd. schwer	„	91,85	1,33	—	—	—	1,41	14,50	—	2,32°	
30	8—9 Pfd. schwer, hohl (30–41: stark gedüngt)	1854	89,30	1,12	—	7,04	1,15	1,39	10,47	65,79	1,71	*H. Hellriegel*[6])
31	4 Pfd. schwer, gesund	„	86,00	0,80	—	—	—	1,19	8,71	—	1,39	
32	4 Pfd. schwer, etwas hohl	„	87,90	0,73	—	—	—	1,06	6,03	—	0,96	
33	desgl.	„	89,2	0,75	—	—	—	1,26	6,94	—	1,11	
34	Gegen 5 Pfd. schwer, gesund	„	88,6	0,80	—	8,71	0,01	0,98	7,02	76,40	1,12	
35	2 Pfd. schwer, gesund	„	86,20	1,14	—	—	1,08	1,24	8,26	—	1,32	
36	3 Pfd. schwer, gesund	„	90,10	1,03	—	—	—	1,33	10,91	—	1,75	
37	2 Pfd. schwer, etwas schwammig . . .	„	88,00	0,94	—	—	—	1,37	7,83	—	1,25	
38	Gelbe, weit gepflanzt, gegen 10 Pfd. schwer	1855	91,09	1,10	—	—	—	1,13	12,37	—	1,98°	*derselbe u. Gaudich*[7])
39	Gelbe, eng gepflanzt, gegen 7 Pfd. schwer	„	89,02	1,09	—	—	—	1,11	9,94	—	1,59°	
40	Rothe, weit gepflanzt, 7 Pfd. schwer . .	„	91,25	0,75	—	—	—	1,11	8,56	—	1,37°	
41	Rothe, eng gepflanzt, 3 Pfd. schwer . .	„	85,68	1,10	—	—	—	1,07	7,94	—	1,27°	
42	Oberndörfer, gelbe, 1 Pfd. schwer	1859	85,05	1,28	0,09	11,91	0,90	0,77	8,56	79,70	1,37	*Dietrich*[8])

[1]) No. 22 u. 23. Frerichs. Aus J. Moleschott's Physiologie der Nahrungsmittel. Giessen, 1859. 2. Thl. 161.

[2]) No. 24. H. Ritthausen. E. Wolff's „Grundlagen des Ackerbaues". 3. Aufl. S. 922. Im Mittel aus 4 Untersuchungen von Rüben verschiedener Grösse. Vergl. Abthl. Einfluss der Grösse der Rüben auf die Zusammensetzung derselben. Die Rüben waren geblattet worden.

[3]) No. 25. H. Ritthausen. Ebendaselbst. Ebenfalls Mittel der Analysen grosser und kleiner Rüben.

[4]) No. 26 u. 27. H. Ritthausen. Möckern'sche Berichte 1854. 22.

[5]) No. 28 u. 29. H. Ritthausen. Amts- u. Anzeigebl. 1857. 73. In der Trockensubstanz der 3 Sorten (Mittel No. 29) war enthalten:

	1. Sorte	2. Sorte	3. Sorte
Mineralsubstanz . . .	25,00	13,75	8,24 %
Protein	21,64	14,88	12,88 „

Die Würzburger Rüben, Gewicht sämmtlicher Exemplare je 9—16 Pfd., waren in stark mit Stallmist und Jauche gedüngtem Boden gewachsen.

[6]) No. 30—37. H. Hellriegel. Chem. Ackersm. 1856. 299.

[7]) No. 38—41. H. Hellriegel u. H. Gaudich. Amts- u. Anzgbl. f. Kgr. Sachsen 1857. 22. (Chem. Ackersm. 1857. 210.)

[8]) Vergl. Anmerkung [1]) Seite 673.

No.	Bemerkungen	Jahr der Untersuchung	In der ursprünglichen Substanz: Wasser %	Nh-Substanz %	Rohfett %	Nfr. Extractstoffe %	Rohfaser %	Asche %	In der Trocken-Substanz: Nh-Substanz %	Nfr. Extractstoffe %	Stickstoff in der Trocken-Substanz %	Analytiker
43	Steiger'sche(Leutewitzer)Rübe, 2,23 Pfd. schwer . . .	1859	88,45	1,69	0,08	7,85	1,03	0,90	14,63	71,97	2,34	
44	Koppe's Futter-Zuckerrunkel, 1,76 Pfd. schwer . . .	"	83,95	0,92	0,11	12,31	1,81	0,90	5,73	76,59	0,92	
45	desgl., 1 Pfd. schwer . . .	"	82,29	0,88	0,10	14,24	1,54	0,95	4,97	80,41	0,79	
46	desgl., 0,37 Pfd. schwer . .	"	81,88	0,81	0,09	15,02	1,30	0,90	4,47	82,90	0,72	
47	Mittel	"	83,17	0,90	0,10	13,24	1,67	0,92	5,35	78,67	0,86	*Th. Dietrich*[1]
48	Rothe Rübe, 1,1 Pfd. schwer	"	78,40	1,50	—	16,70	1,70	1,70	6,95	77,31	1,11	
49	Gelbe Rübe, 0,8 Pfd. schwer	"	75,40	1,95	—	18,00	2,20	2,45	7,93	73,17	1,27	
50	Gelbe runde, 1,85 Pfd. schwer	"	86,00	1,17	—	11,05	0,73	1,05	8,36	78,93	1,34	
51	Rothe runde, 1,65 Pfd. schwer	"	86,70	1,16	—	10,02	1,05	1,07	8,72	75,34	1,40	
52	Rothe lange, 2,28 Pfd. schwer	"	84,20	1,14	—	12,32	1,21	1,13	7,34	77,85	1,17	
53	Oberndörfer	1857	88,94	1,66	—	7,32	0,91	1,17	15,01	66,18	2,40	*Ulbricht*[2])
54	Futterrunkelrübe	"	87,68	1,12	—	9,74	0,84	0,62	9,12	79,02	1,46	*Henneberg*[3])
55	Yellow globe	"	87,44	1,10	—	—	—	1,47	8,76	—	1,40	*Völcker*[4])
56	desgl.	"	88,45	0,99	—	—	—	1,02	8,57	—	1,37	
57	Futterrunkelrübe, 6. October geerntet, 1307 g . . .	1855	90,02	0,69	—	—	—	0,97	6,94	—	1,11°	*E. Wolff*[5])
58	Futterrübe, 5. Octbr. geerntet	"	90,50	1,18	—	—	—	1,99	12,42	—	1,99	*Anderson*[6])
59	Rüben auf Lehmboden gewachsen	1858	87,14	2,37	—	7,29	1,29	1,91	18,43	56,69	2,95	
60	Auf Lehmboden mit $1^1/_2$ Ctr. Gyps gedüngt	"	89,04	2,29	—	6,13	0,88	1,66	20,89	55,80	3,34	*Knop u. Ritter*[7])
61	Auf Lehmboden mit $1^1/_2$ Ctr. Schlämmkreide gedüngt .	"	88,66	2,38	—	6,64	0,90	1,42	20,98	58,56	3,37	
62	Auf sehr unfruchtbarem Sand gewachsen	"	90,74	1,91	—	4,34	1,38	1,63	20,64	47,87	3,30	

[1]) No. 42—52. Th. Dietrich (Vers.-Stat. Heidau). Landw. Anz. f. Kurhessen 1859. 44. 1860. 35. Die Rüben unter 42—47 waren vergleichend in Heidau, auf lehmigem Sandboden, angebaut worden. Der Samen der „Leutewitzer" war direct von Leutewitz (Steiger), der Samen der Koppe'schen „Futter-" und „Zucker-Runkelrübe" von Hohenheim bezogen worden. Der Samen der Oberndörfer war in Heidau selbst gebaut worden. Die Rüben wurden durch Verpflanzen von jungen Pflanzen erzogen. An Rüben wurden geerntet von der

Oberndörfer Rübe	. . . .	240 Ctr. (pro hess. Acker)
Koppe'sche Rübe	. . . .	250 Ctr.
Leutewitzer Rübe	. . . .	260 Ctr.

An näheren Bestandtheilen wurden noch ermittelt:

	Traubenzucker	Rohrzucker	Pectinstoffe
No. 42	1,08	9,48	1,35
No. 43	0,23	5,44	2,18
No. 44	—	10,56	1,70
No. 45	—	11,04	3,25
No. 46	—	12,58	2,51

Die bei den Rüben unter No. 48—52 angegebenen Gewichte sind das Mittel des Gewichts von je 3 zur Untersuchung gelangten Rüben.

[2]) No. 53. R. Ulbricht (Vers.-Stat. Dahme). Lüdersdorff's Ann. d. Landw. 33. 154.

[3]) No. 54. W. Henneberg (Vers.-Stat. Weende). Journ. f. Landw. 1859. 324.

[4]) No. 55 u. 56. A. Völcker. Journ. Roy. Agric. Soc. Engl. 21. 97. An näheren Bestandtheilen wurden ermittelt:

	Zucker, Gummi u. lösliches Pectin	Lösliches Protein	Unlösliches Protein	Lösliche Mineralstoffe	Unlösliche Mineralstoffe	Holzfaser und unlösl. Protein
No. 55 . .	7,408	0,956	0,144	1,356	0,113	2,583
No. 56 . .	7,538	0,887	0,104	0,952	0,074	1,995

[5]) No. 57. E. Wolff Mitthl. aus Hohenheim. 5. 161.

[6]) No. 58. Th. Anderson. Trans. Highl. Soc. 1860. March 306. Juli 369.

[7]) No 59—62. W. Knop u. Ritter. Amts- u. Anzgbl. f. d. Königr. Sachsen 1859. 6. Die Rüben wurden in Kästen von 2 Ellen Breite, 3 Ellen Länge und 1 Elle 2 Zoll Tiefe gebaut. Der Boden wurde mit wenig Guano gedüngt.

No.	Bemerkungen	Mittleres Gew. kg	Jahr der Untersuchung	In der ursprünglichen Substanz: Wasser %	Nh-Substanz %	Rohfett %	Nfr. Extractstoffe %	Rohfaser %	Asche %	In der Trocken-Substanz: Nh-Substanz %	Nfr. Extractstoffe %	Stickstoff in der Trocken-Substanz %	Analytiker
63	Mittel von 2 Analysen . .		1855	86,68	1,23	—	9,35	1,75	0,99	9,23	70,10	1,48	*Knop*[1])
64			„	82,70	1,80	—	13,40	0,80	1,30	10,40	77,48	1,66	*Crusius*[2])
65	Zwei Jahre alt, gesund . .		„	92,25	1,13	—	4,08	1,18	1,36	14,57	52,67	2,32°	*Völcker*[3])
66			„	86,53	1,64	—	—	3,40	—	12,18	—	1,95	*Trommer*[4])
67			1854	86,45	2,57	—	—	2,53	1,35	18,97	52,39	3,04	*Herth*[5])
68	Rothe runde Oberndörfer, Sandboden		1859	—	1,31	—	—	—	1,09	—	—	—	*Töpler*[6])
69	desgl., leichter Lehmboden .		„	—	1,18	—	—	—	1,15	—	—	—	
70	Runkelrüben		„	85,40	1,47	—	9,70	2,00	0,84	10,07	70,48	1,61	*Knop*[7])
71	Albert's grösste neue Riesen	2,40	1861	88,66	1,44	0,20	8,67	—	1,04	12,70	76,37	2,03	
72	Pohl's gelbe Riesen .	2,20	„	88,53	1,51	0,23	8,86	—	0,88	13,16	77,17	2,11	
73	Leutewitzer, gelbe . .	2,33	„	89,62	1,45	0,18	7,63	—	1,12	13,97	73,51	2,24	
74	Runde gelbe Wiener Teller-	1,34	„	85,92	1,72	0,22	11,12	—	1,02	12,23	78,96	1,96	
75	Runde rothe Klumpers	1,26	„	83,30	1,89	0,55	13,37	—	0,88	11,34	80,44	1,81	
76	Oberndörfer, echte . .	2,45	„	88,52	1,41	0,20	8,92	—	0,95	12,28	77,70	1,96	
77	Runde rothe Wiener Teller-	2,03	„	87,26	1,51	0,22	9,83	—	1,18	11,85	77,16	1,90	*C. Karmrodt*[8])
78	Metz No. 1	2,31	„	89,51	1,20	0,19	7,93	—	1,16	11,44	75,69	1,83	
79	Metz No. 3	2,80	„	89,40	1,06	0,19	8,31	—	1,04	10,00	78,40	1,60	
80	Runde gelbe Klumpers	1,60	„	85,81	1,30	0,23	11,70	—	0,95	9,16	82,53	1,47	
81	Lange gelbe aus der Erde wachsend . .	1,12	„	84,90	1,65	0,31	11,43	—	1,71	10,93	75,70	1,73	
82	Rothe Flaschenrübe .	0,70	„	84,42	1,43	0,26	12,18	—	1,71	9,18	78,18	1,45	
83	Gelbe Flaschenrübe .	1,31	„	87,15	1,09	0,22	10,42	—	1,12	8,48	81,09	1,34	

[1]) No. 63. W. Knop u. Arendt. Möckern'sche Ber. 5. 82. Zucker 4,95 %.

[2]) No. 64. F. Crusius. Ztschr. f. Deutsche Landw. 1856. 50.

[3]) No. 65. A. Völcker. Hoffmann's Jahresber. d. Agriculturchemie. 2. 1859/60. 74. (Journ. Roy. Agr. Soc. Engl. 20. 1. 131.) An näheren Bestandtheilen wurden noch ermittelt:

	Lösliche Proteïnstoffe	Unlösliche Proteïnstoffe	Zucker, Gummi, Pectin	Lösliche Salze
In der frischen Rübe . . .	0,97	0,16	4,08	1,23
In der Trockensubstanz . .	12,51	2,06	52,67	15,87

[4]) No. 66. Trommer. Weende'r Jahresber. 1853. II. 29. Mittel von 3 Analysen verschieden gedüngter Rüben.

[5]) No. 67. Herth. Ebendas. 1855/56. II. 32. (Aus Wilda's landw. Centralbl. 1855. I. 290 u. Bad. Correspondenzblatt 1855. 37.) Unter Rohfaser ist „Pflanzenfaser u. Pectin" zu verstehen, 7,20 % Zucker.

[6]) No. 68 u. 69. Töpler. Hoffmann's Jahresber. 3. 1860/61. 237. In Kästen, unter Einfluss verschiedener Düngemittel gezogene Rüben. Von uns berechnete Mittel von je 6 Analysen. Ausser Protein und Asche wurden noch bestimmt:

	No. 68	69
Rohrzucker	6,20	6,36
Cellulose und Pectin . . .	2,31	2,26

[7]) No. 70. W. Knop (Vers.-Stat. Möckern). Amtsbl. f. d. landw. Ver. i. Königr. Sachsen 1859. 66.

[8]) No. 71—88. C. Karmrodt. Ztschr. d. landw. Ver. f. Rheinpreussen 1863. 160. Die stickstoffhaltige Substanz wurde aus dem N-Gehalt durch Multiplication mit 6,25 erhalten. Der nachstehende Zuckergehalt wurde durch Polarisation ermittelt. Die Ernteerträge pro ha in kg berechnet waren folgende:

	No. 71	72	73	74	75	76	77	78	79
Zuckergehalt .	6,50	7,07	5,89	8,05	10,23	6,24	6,97	4,51	6,30 %
Erntegewicht .	88901	60372	83889	57915	58968	71702	57564	—	—

	No. 80	81	82	83	84	85	86	87	88
Zuckergehalt .	8,89	9,47	9,55	7,87	8,34	8,60	5,34	8,66	9,41 %
Erntegewicht .	66905	69362	45043	62225	68796	68445	101790	59768	51597

No.	Bemerkungen	Mittleres Gew. kg	Jahr der Untersuchung	In der ursprünglichen Substanz: Wasser %	Nh-Substanz %	Rohfett %	Nfr. Extractstoffe %	Rohfaser %	Asche %	In der Trocken-Substanz: Nh-Substanz %	Nfr. Extractstoffe %	Stickstoff in der Trocken-Substanz %	Analytiker
84	Halblange gelbe Rübe	1,16	1861	86,93	1,14	0,29	10,58	—	1,06	8,74	80,91	1,40	C. Karmrodt[1])
85	Lange weisse a. der Erde wachsend	1,60	„	85,99	1,59	0,21	11,23	—	0,97	11,35	80,23	1,82	
86	Rothe Riesen Pfahl-	2,12	„	88,62	1,09	0,26	8,77	—	1,25	9,58	77,09	1,53	
87	Lange rothe a. der Erde wachsend	1,69	„	87,26	1,23	0,29	10,02	—	1,21	9,65	78,57	1,54	
88	Halblange dicke rothe	1,32	„	85,95	1,35	0,24	11,22	—	1,24	9,61	79,85	1,54	
89	Orange globe Mangold, schwer. Thonboden		1865	90,05	1,33	—	—	—	1,21	13,37	—	2,14	Völcker[2])
90	Aus Quesnoy sur Deule, ungedüngt		„	85,55	—	—	—	—	0,72	—	—	—	B. Corenwinder[3])
91	Ebendaher, mit flamännischem Dünger gedüngt		„	85,30	—	—	—	—	0,80	—	—	—	
92	Ebendaher, mit Oelkuchen gedüngt		„	85,65	—	—	—	—	0,73	—	—	—	
93	Ebendaher, m. Guano gedüngt		„	86,00	—	—	—	—	0,67	—	—	—	
94	Köpfe der Rüben von No. 92		„	86,76	—	—	—	—	0,86	—	—	—	
95	Sumpfiger Boden v. St. Omer, mit Schlamm gedüngt		„	88,74	—	—	—	—	0,97	—	—	—	
96	Niederungen von Dünkirchen, ungedüngt		„	87,26	—	—	—	—	1,08	—	—	—	
97	Lille, mit flamännisch. Dünger		„	89,70	—	—	—	—	0,87	—	—	—	
98	Nevers, mit Stallmist u. flüss. Dünger		„	84,72	—	—	—	—	0,77	—	—	—	
99	Aisne, ebenso gedüngt		„	78,50	—	—	—	—	1,30	—	—	—	
100	Futter-Runkelrüben		1864	87,81	1,19	—	9,57	0,92	0,71	9,75	76,88	1,57	Henneberg[4])
101	desgl.		1863	87,85	0,84	0,19	9,03	1,15	0,94	6,91	74,31	1,11	Stohmann[5])
102	desgl.		„	89,10	1,10	1,10	7,90	1,00	0,80	10,09	72,49	1,61	Henneberg[6])
103	Runkeln		1866	88,42	1,78	0,06	8,74	1,05	0,95	15,37	68,56	2,46	Wolff[7])
104			„	84,13	1,61	0,12	12,17	1,17	0,80	10,14	76,69	1,62	Moser[8])
105			„	87,90	1,10	0,10	9,10	0,85	0,95	9,09	75,21	1,45	Peters[9])
106	Mittel aus 3 Analysen		„	87,52	1,02	0,20	8,63	1,38	1,25	8,17	69,15	1,31	Fritsche[10])

[1]) Vergl. Anmerkung [8]) Seite 674.

[2]) No. 89. Aug. Völcker. Journ. Roy. Agric. Soc. 1866. 210. Mittel aus 9 Analysen verschieden gedüngter Rüben. Vergl. No. 29—37 gedüngter Rüben.

[3]) No. 90—99. B. Corenwinder. Hoffmann's Jahresber. 8. (1865.) 106. (Compt. rend. 60. 154.) Der Zuckergehalt wurde wie folgt gefunden:

No.	90	91	92	93	94	95	96	97	98	99
Zucker . . .	10,09	9,73	9,53	8,80	6,60	6,82	7,15	5,22	11,00	13,75 %

[4]) No. 100. W. Henneberg, G. Kühn, L. Aronstein u. H. Schultze. Journ. f. Landw. 1865. 349. Der wässrige Extract der Trockensubstanz enthielt 7,69 % Nh-Substanz, 74,93 % Nfr-Substanz.

[5]) No. 101. F. Stohmann. Journ. f. Landw. 1865. Anhang S. 1.

[6]) No. 102. W. Henneberg. Ibid. 1866. 331. Der Fettgehalt wurde nicht direct bestimmt, sondern wie früher gefunden angenommen.

[7]) No. 103. E. Wolff. Landw. Vers.-Stat. 10. 1868. 86.

[8]) No. 104. J. Moser u. Lenz. Weende'r Jahresber. 1867/68. 539. (Wiener allgem. land- u. forstw. Ztg. 1867. 999.)

[9]) No. 105. E. Peters. Ann. d. Landw. in Preussen. 50. (1867.) 6.

[10]) No. 106. Fritzsche. Jahresber. d. Vers.-Stat. Pommritz 1867/68. 27. Mittel aus 3 Analysen.

No.	Bemerkungen	Jahr der Untersuchung	In der ursprünglichen Substanz: Wasser %	Nh-Substanz %	Rohfett %	Nfr. Extractstoffe %	Rohfaser %	Asche %	In der Trocken-Substanz: Nh-Substanz %	Nfr. Extractstoffe %	Stickstoff in der Trocken-Substanz %	Analytiker
107	Futterrüben (Mangolds) . .	1866	86,99	1,08	—	—	—	0,91	8,30	—	1,33	*Anderson*[1])
108	Gelbe Futter-Runkelrüben von 1865, 12. April 1866 . .	„	87,22	0,79	—	—	—	1,02	6,18	—	0,99°	*H. Schultze u. E. Schulze*[2])
109	desgl. von 1865, 11. Juli 1866	„	89,75	0,75	—	—	—	0,88	7,31	—	1,17	
110	desgl. von 1866, vor der Reife geerntet, 25. Juli 1866 .	„	91,70	0,73	—	—	—	0,67	8,81	—	1,41	
111	desgl., 27. Juli 1866 . . .	„	91,79	1,12	—	—	—	0,83	13,62	—	2,18	
112	Oberndörfer Rübe, 1865er E., untersucht November . .	1865	87,07	1,47	0,17	9,56	0,93	0,86	11,37	73,48	1,82	*Nessler u. Muth*[3])
113	desgl., untersucht Februar .	1866	89,85	0,95	—	7,44	0,90	—	9,36	81,77	1,50	
114	Oberndörfer, 1868er Ernte, 14 Pfd. schwer	1868	91,31	1,98	—	—	0,86	—	22,79	—	3,65	*Nessler u. Weigelt*[4])
115	desgl., 4 Pfd. schwer . . .	„	89,75	1,75	—	—	0,79	—	17,07	—	2,73	
116	Oberndörfer	1871	89,48	0,94	0,08	7,83	0,74	0,94	8,94	74,46	1,43	*E. Schulze*[5])
117	Vilmorin-Futterrübe . . .	„	89,49	1,21	0,07	7,19	0,77	1,27	11,54	68,49	1,85	
118		1869	86,71	2,12	0,22	7,94	1,16	1,85	15,95	59,74	2,55	*Heiden u. Fritsche*[6])
119	Olivenförmige	1870	84,65	1,50	0,14	10,81	1,32	1,58	9,77	70,37	1,56	
120	Auf Lehmboden gewachsen	1868	87,52	1,02	0,20	8,63	1,38	1,25p	8,17	69,51	1,31	
121	desgl.	1869	88,20	1,59	0,14	7,42	1,31	1,33	13,76	62,68	2,20	
122	Goldwalze	1878	88,84	1,94	0,31	6,46	1,34	1,11	17,38	57,88	2,78	
123	In Pommritz gewachsen .	1869	87,51	2,14	0,22	8,01	1,17	0,95	17,13	64,13	2,74	*Heiden*[7])
124	desgl., im Frühjahr untersucht	„	89,17	1,47	0,06	7,62	0,76	0,92	13,60	70,35	2,18	*Wolff*[8])
125	Futterrüben, flaschenförmig, Ende November untersucht	1872	84,83	0,93	0,06	12,48	0,93	0,75	6,16	82,32	0,99	*Kreussler u. Alberti*[9])
126	desgl., lang, Ende November untersucht	„	82,36	1,07	0,09	13,83	1,60	1,05	6,08	78,40	0,97	
127	desgl.	„	89,73	0,92	0,18	6,86	1,30	1,01	8,87	67,11	1,42	*Alberti*[10])

[1]) No. 107. Th. Anderson. Trans. Highl. and Agric. Soc. of Scotland 1868/69. Ser. 4. II. 66.

[2]) No. 108—111. H. Schultze u. E. Schulze (Vers.-Stat. Weende). Landw. Vers.-Stat. 9. 1867. 434. Die Rüben unter 108 u. 109 stammten vom Klostergute Weende.

[3]) No. 112 u. 113. J. Nessler u. E. Muth (Vers.-Stat. Karlsruhe). Deren Bericht 1870. 56. Als „Zucker bestimmbare Körper" 7,50 bezw. 6,01 %.

[4]) No. 114 u. 115. J. Nessler u. C. Weigelt (Vers.-Stat. Karlsruhe). Ebendaselbst. Als „Zucker bestimmbare Körper" 3,38 bezw. 6,15 %.

[5]) No. 116 u. 117. E. Schulze. Bericht d. Vers.-Stat. Darmstadt 1874. 38. Das Feld, auf welchem die beiden Rübensorten gewachsen waren, hatte im Vorjahre Weizen, und vor diesem Wicken getragen, zu welchen letzteren starke Pfuhldüngung und ausserdem 4 Ctr. Kalisuperphosphat pr. Morgen gegeben worden waren. Die Rüben enthielten (oben der Asche zugerechnet) salpetersaures Kalium:

	No. 116	117
In der frischen Rübe . .	0,160 %	0,453 %
In der Trockensubstanz .	1,52 „	4,31 „

Der Gehalt der Rüben an Trockensubstanz war je nach der Grösse der Rüben:

	No. 116	117
Kleine	11,09 %	11,39 %
Mittlere	10,45 „	11,53 „
Grosse	9,09 „	8,60 „
Mittlerer Trockengehalt .	10,52 %	10,51 %

[6]) No. 118—122. E. Heiden u. Fritzsche (Vers.-Stat. Pommritz). Privatmittheilung. Die Rüben enthielten (in der Asche) Sand:

No. 118	119	122
0,94	0,01	0,29.

[7]) No. 123. E. Heiden. Kleine Mitthl. d. Vers.-Stat. Pommritz im Jahre 1872. Zucker 5,77 %.

[8]) No. 124. E. Wolff u. C. Kreuzhage. Die landw.-chem. Vers.-Stat. Hohenheim von E. Wolff. Ein Programm. Berlin, 1871. 77.

[9]) No. 125 u. 126. U. Kreusler u. R. Alberti. 1. Ber. d. Vers.-Stat. Hildesheim. 29.

[10]) No. 127. R. Alberti. 2. Ber. d. Vers.-Stat. Hildesheim. 26.

No.	Bemerkungen	Jahr der Untersuchung	In der ursprünglichen Substanz: Wasser %	Nh-Substanz %	Rohfett %	Nfr. Extractstoffe %	Rohfaser %	Asche %	In der Trocken-Substanz: Nh-Substanz %	Nfr. Extractstoffe %	Stickstoff in der Trocken-Substanz %	Analytiker
128		1871	84,34	0,82 *)	0,11	13,02	0,90	0,81	5,22 *)	83,18	0,90	*H. Weiske*[1])
129	Oberndörfer Rübe	„	91,45	0,69	0,17	6,33	0,56	0,80	8,25	73,87	1,32	*J. König*[2]) (No. 129–133)
130	Runkelrüben	1881	89,85	0,94	0,06	7,48	0,79	0,88	9,26	73,70	1,50	
131	desgl.	„	89,10	0,96	0,06	8,35	0,70	0,83	6,11	79,31	0,98	
132	desgl.	„	89,77	1,23	0,07	7,04	0,77	1,12	12,02	68,82	1,92	
133	desgl.	1880	88,63	0,93	0,05	8,73 **)	0,75	0,91	8,18	76,78	1,29	
134	„Buchner'sche Futterrüben“ .	1871	87,32	1,22	0,13	9,66	0,94	0,73	9,62	76,20	1,54	*R. Emmerling*[3]) (No. 134–139)
135	Rothe Oberndörfer	„	85,99	1,51	0,17	10,11	1,05	1,17	10,78	72,17	1,72	
136	Runde gelbe Oberndörfer .	1875	91,18	0,82	0,07	6,14	0,86	0,93	9,30	69,62	1,49	
137	Leutewitzer Runkelrübe . .	„	89,83	1,06	0,06	7,09	0,85	1,11	10,41	69,75	1,67	
138	Rothe Runkelrübe	1876	91,17	1,28	0,10	5,31	0,79	1,35	14,50	60,13	2,32	
139	Gelbe Runkelrübe	„	89,26	1,04	0,14	7,37	1,03	1,16	9,68	68,63	1,55	
140	Oberndörfer Futterrüben, mild. Lehmboden	1880	88,49	1,00	0,03	8,71	0,87	0,90	8,69	75,67	1,39	*Fleischmann*[4])
141	In Schweden (Alnarp) gewachsen	1876	89,86	0,50	—	7;37	1,24	1,03	4,93	72,68	0,79	*Olbers*[5])
142	Runkelrübe, birnförmig . .	1877	88,40	—	—	—	0,90	1,00	—	—	—	*Ad. Mayer*[6]) (No. 142–143)
143	desgl., rothe Land- . . .	„	86,20	—	—	—	0,80	1,00	—	—	—	
144	Futterrüben, 1877er, April untersucht	1878	90,68	1,64	0,07	6,04	0,49	1,08	17,60	64,80	2,82	*Ph. du Roi*[7]) (No. 144–145)
145	desgl., 1878er, October untersucht	„	86,04	1,34	0,15	10,53	0,82	1,13	9,60	75,37	1,54	
146	Runkelrübe	„	87,77	0,85	0,06	9,13	1,06	1,13	6,95	74,65	1,11	*J. Fittbogen u. Förster*[8]) (No. 146–148)
147	Futterrunkeln, 1874er Ernte, Anfang Januar	1875	88,02	1,06	0,04	9,12	0,68	1,08	8,85	76,13	1,42	
148	desgl., Ende Februar . . .	„	88,15	1,19	0,02	8,86	0,63	1,15	10,04	74,77	1,61	
149	Zucker-Futterrunkel, 932 g schwer	1878	83,42	1,34	—	13,35	0,86	1,03	8,08	80,52	1,29	*Kohlrausch*[9]) (No. 149–151)
150	desgl., 1080 g schwer . .	„	84,07	1,45	—	14,67	0,95	0,86	9,10	79,54	1,46	
151	desgl., 1245 g schwer . .	„	89,57	1,29	—	7,50	0,67	0,97	12,37	71,91	1,98	
152	Riesenpfahlrübe, roth, October	1879	90,43	1,24	0,11	7,01	0,60	0,61	12,96	73,25	2,07	*Schwackhöfer*[10]) (No. 152–153)
153	Mammuthrübe, weiss, October	„	88,88	2,03	0,16	7,35	0,82	0,76	18,26	66,10	2,92	

[1]) No. 128. H. Weiske. Journ. f. Landw. 24. 1876. 265.

[2]) No. 129—133. J. König (Vers.-Stat. Münster). Landw. Ztg. f. Westfalen u. Lippe 1871. 369; 3. Ber. ders. 1881/83. 11; und Landw. Ztg. f. Westfalen 1881. 38.

[3]) No. 134—139. R. Emmerling (Vers.-Stat. Kiel). Zusammenstellung von Analysen von Futtermitteln in d. Jahren 1871—77. Kiel, 1877.

[4]) No. 140. W. Fleischmann. Ber. d. milchwirthschaftl. Vers.-Stat. Raden 1881. 19. Die Rüben waren in Lalendorf gebaut worden; der Ertrag war sehr reichlich, die Qualität gut.

[5]) No. 141. E. W. Olbers. Privatmittheilung.

[6]) No. 142 u. 143. Ad. Mayer. Privatmittheilung.

[7]) No. 144 u. 145. Ph. du Roi. Privatmittheilung. Auf kräftigem, tiefgründigem Lehmboden gewachsen, mit Kuhmist gedüngt.

[8]) No. 146—148. J. Fittbogen u. Förster. Privatmittheilung.

[9]) No. 149—151. Kohlrausch. Privatmittheilung. Die Rüben enthielten Zucker: No. 149 = 9,27, No. 150 = 9,64 und No. 151 = 4,79 %.

[10]) No. 152 u. 153. Fr. Schwackhöfer. Privatmittheilung des techn. Laboratoriums d. k. k. Hochschule für Bodenkultur in Wien.

*) Nach Abzug des in Form von Salpetersäure vorhandenen N.

**) Darin 5,94 % Zucker.

No.	Bemerkungen	Jahr der Untersuchung	In der ursprünglichen Substanz: Wasser %	Nh-Substanz %	Rohfett %	Nfr. Extractstoffe %	Rohfaser %	Asche %	In der Trocken-Substanz: Nh-Substanz %	Nfr. Extractstoffe %	Stickstoff in der Trocken-Substanz %	Analytiker
154	Runkelrüben	1871/73	88,33	0,87	0,05	9,22	0,81	0,72	7,44	79,05	1,19	G. Kühn[1]
155	desgl.	„	88,28	0,72	0,10	9,28	0,90	0,72	6,13	79,24	0,98	
156	desgl.	„	88,56	0,91	0,06	9,20	0,69	0,58	7,94	80,42	1,27	
157	Futterrüben	1876	86,54	1,11	0,06	10,53	0,90	0,86	8,25	78,22	1,32	Pagel[2]
158	desgl.	„	91,75	1,21	0,13	5,18	0,84	0,89	14,68	62,77	2,35	P. Wagner[3]
159	desgl.	„	88,65	1,29	0,17	7,94	0,90	1,05	11,37	69,95	1,82	
160	Oberndörfer, aus Kernsaat gezogen	1875	89,00	1,50	—	—	—	1,20	13,64	—	2,18	
161	desgl., aus Pflanzen gezogen	„	92,30	1,25	—	—	—	1,14	16,34	—	2,60	
162	Rothe Riesenflaschenrübe, aus Kernsaat gezogen . . .	„	87,90	1,25	—	—	—	1,36	10,33	—	1,65	
163	desgl., aus Pflanzen gezogen	„	91,00	1,25	—	—	—	1,13	13,39	—	2,14	
164	Vilmorins, gelbe eiförmige, aus Kernsaat gezogen . . .	„	89,30	1,43	—	—	—	1,22	13,36	—	2,14	
165	desgl., aus Pflanzen gezogen	„	92,10	1,31	—	—	—	1,24	16,58	—	2,65	
166	Grosse rothe, 1875er Ernte, Februar, März	1866	87,67	0,52	0,15	10,01	0,71	0,94	4,19	81,13	0,67°	W. Henneberg u. Kern[4]
167	Kleine gelbe, 1875er Ernte, April	„	86,83	0,51	0,14	10,46	0,90	1,16	3,88	79,50	0,62°	
168	Feldrüben	„	87,38	1,07	0,17	9,36	1,02	1,00	8,45	74,25	1,35	Hofmeister[5]
169	Grosse rothe, 1876er Ernte .	1876	86,76	0,53	0,12	10,80	0,76	1,03	4,00	81,59	0,64	W. Henneberg[6]
170	Kleine gelbe, 1876er Ernte, April, Mai	1877	86,88	0,48	0,15	10,61	1,00	0,88	3,69	80,83	0,59°	
171	Rothe Riesenflasche, November . . . . . (1878er Ernte)	1878	90,96	0,88	—	6,25	0,94	0,97	9,73	69,14	1,56	E. Mach u. Portele[7]
172	Gelbe Riesenflasche . (1878er Ernte)	„	88,76	0,98	—	8,46	0,89	0,91	8,72	75,26	1,40	
173	Rothe Riesenpfahlrübe (1878er Ernte)	„	90,91	1,28	—	6,16	0,76	0,89	14,08	67,77	2,25	
174	Gelbe Riesenpfahlrübe . (1878er Ernte)	„	89,09	1,03	—	8,15	0,70	1,03	9,45	74,68	1,51	
175	Imperial-Runkelrübe . (1878er Ernte)	„	84,96	1,53	—	11,64	1,12	0,75	10,17	77,39	1,63	
176	Mammuth-Runkelrübe . (1878er Ernte)	„	91,79	0,63	—	5,88	0,76	0,94	7,67	71,62	1,23	
177	Gelbe Oberndörfer . . (1878er Ernte)	„	89,39	1,15	—	7,64	0,79	1,03	10,84	72,00	1,73	
178	Rothe Oberndörfer . . (1878er Ernte)	„	90,19	1,75	—	6,57	0,64	0,85	17,84	66,98	2,85	
179	Dicker rother Klumpen (1878er Ernte)	„	90,80	1,28	—	5,22	1,51	1,19	13,91	56,74	2,23	
180	Gelber Riesenklumpen . (1878er Ernte)	„	90,07	1,17	—	7,34	0,74	0,68	11,78	73,92	1,88	

[1]) No. 154—156. G. Kühn (Vers.-Stat. Möckern). Journ. f. Landw. 22. (1874.) 295. Der Wassergehalt der Rüben schwankte beträchtlich in den verfütterten, wiederholt untersuchten Rüben.

[2]) No. 157. A. Pagel (Vers.-Stat. Halle). Ztschr. d. Central-Ver. d. Prov. Sachsen 1877. 91.

[3]) No. 158—165. P. Wagner. Hoffmann's Jahresber. 18—19. 1875—76. II. 9. (Fühling's landw. Ztg. 1876. 641.)

[4]) No. 166 u. 167. W. Henneberg, E. Kern u. F. Meineke. Journ. f. Landw. 1877. 449. Die rothe Rübe stammte vom Versuchsfelde, die gelbe vom Klostergute Weende. Bei der Analyse der Rüben wurde im Allgemeinen nach den üblichen Untersuchungsmethoden verfahren; der unten angegebene Eiweissgehalt ist aus dem N-Gehalte der Marksubstanz und dem Eiweiss-N des Rübensaftes berechnet; er beträgt bei No. 166 = 4,206, bei No. 167 = 3,894 %.

[5]) No. 168. V. Hofmeister Landw. Vers.-Stat. 11. (1869.) 242.

[6]) No. 169 u. 170. W. Henneberg, E. Kern u. F. Meinecke. Journ. f. Landw. 1878. 549.

[7]) No. 171—180. E. Mach u. C. Portale (Vers.-Stat. St. Michele, Südtirol). Privatmitthl. Die Rübensorten wurden vergleichsweise im Versuchsfeld der Station auf Lehmboden gezogen. Dieselben enthielten ferner:

	No. 171	172	173	174	175	176	177	178	179	180
Zucker in der Rübe . .	5,57	6,95	4,81	5,44	10,73	5,39	5,74	4,20	4,88	5,57 %
Zucker im Saft . . .	5,91	9,60	6,38	9,41	13,45	7,15	7,87	5,00	5,69	9,07 %
Der Ertrag war pro ha .	45454	40746	62962	40067	26902	67340	45454	37037	43434	48821 kg

No.	Bemerkungen	Jahr der Untersuchung	In der ursprünglichen Substanz: Wasser %	Nh-Substanz %	Rohfett %	Nfr. Extractstoffe %	Rohfaser %	Asche %	In der Trocken-Substanz: Nh-Substanz %	Nfr. Extractstoffe %	Stickstoff in der Trocken-Substanz %	Analytiker
181	Futterrübe	1875	83,70	0,72	0,14	13,25	0,94	1,30	4,42	80,97	0,71	
182	desgl.	„	91,40	0,76	—	—	—	0,83	8,84	—	1,41	
183	desgl.	1876	89,20	0,82	0,54	7,18	1,70	0,56	7,59	66,48	1,21	
184	Gelbe Oberndörfer	1877	87,29	1,12	0,06	9,73	0,91	0,89	8,81	76,57	1,41	
185	desgl.	„	85,63	0,82	0,04	11,79	0,79	0,95	5,71	81,90	0,91	
186	desgl.	1878	85,96	1,12	0,06	11,09	0,94	0,82	7,98	79,05	1,28	
187	Rothe englische Futterrübe .	„	85,55	1,09	0,06	11,65	0,70	0,92	7,48	80,89	1,18	
188	Amerikanische yellow globe .	„	84,96	1,64	0,06	11,62	0,98	0,94	10,90	75,94	1,74	
189	Futterrübe	1879	88,65	1,21	0,06	—	—	—	10,66	—	1,71	
190	desgl.	„	86,85	0,78	0,06	—	—	—	5,93	—	0,95	
191	Pfahlförmige gelbe Riesenrunkel	1880	88,40	1,56	—	—	—	—	13,45	—	2,15	
192	Rothe französische Runkel .	„	87,55	1,75	—	—	—	—	14,06	—	2,25	
193	Gelbe französische Runkel .	„	88,20	1,81	—	—	—	—	15,34	—	2,45	
194	Flaschenförmige gelbe Riesen	„	87,10	1,75	—	—	—	—	13,57	—	2,17	*R. Heinrich*[1]
195	Vilmorin	„	85,00	3,00	—	—	—	—	20,00	—	3,20	
196	Pfahlförmige rothe Riesen .	„	88,90	1,75	—	—	—	—	15,77	—	2,52	
197	Flaschenförmige rothe Riesen	„	88,80	1,75	—	—	—	—	15,63	—	2,50	
198	Pohls gelbe Riesen . . .	„	89,80	1,81	—	—	—	—	17,75	—	2,84	
199	Englische rothe Riesen . .	„	87,90	1,19	—	—	—	—	9,83	—	1,57	
200	Rothe Oberndörfer	„	89,70	2,12	—	—	—	—	20,58	—	3,30	
201	Rothe Leutewitzer	„	88,63	1,87	—	—	—	—	16,45	—	2,63	
202	Rothe Klumpen	„	87,84	1,87	—	—	—	—	15,38	—	2,46	
203	Gelbe Leutewitzer	„	88,70	1,75	—	—	—	—	15,49	—	2,48	
204	Gelbe Oberndörfer	„	85,65	1,81	—	—	—	—	12,61	—	2,02	
205	Gelbe Taus-Riesen	„	89,30	1,37	—	—	—	—	12,80	—	2,05	
206	Imperial	„	87,15	1,87	—	—	—	—	14,55	—	2,33	
207	Breite gelbe Rübe	1881	80,27	1,14	0,21	14,92	2,21	1,26	5,78	75,57	0,97	
208	Futterrübe	„	81,23	0,98	0,19	15,13	1,50	0,96	5,22	80,67	0,84	
209	Runkelrüben	1871	89,17	1,47	0,06	7,62	0,76	0,92	13,60	70,35	2,18	
210	desgl., Februar-März . . .	1872	90,76	1,16	0,07	6,37	0,70	0,94	12,60	67,08	2,02	*E. Wolff u. Kreuzhage*[2]
211	desgl., März-April	„	89,16	1,14	0,10	7,50	1,17	0,93	10,55	71,75	1,69	
212	Futterrüben	1870/77	85,28	1,72	0,13	11,09	0,94	0,83	11,68	75,41	1,85	
213	desgl., rothe	„	87,36	1,64	0,19	8,97	0,83	1,01	12,97	70,97	2,08	*J. Moser*[3]
214	desgl., gelbe	„	88,48	1,66	0,22	8,02	0,79	0,83	14,41	69,61	2,31	
215	Mangolds, Mittel v. 3 Analysen	1879	92,04	1,70	0,20	4,19	0,82	1,05	21,36	52,64	3,42	*Conn. Stat.*[4]

[1]) No. 181—208. R. Heinrich (Vers.-Stat. Rostock). Bericht derselben. Wismar, 1882. 76. Rübe No. 182 enthielt 0,1 % Sand, No. 184 enthielt 7,5 %, No 185 = 10,0 % Zucker. Für die Rüben unter No. 196—206 ist der N-Gehalt der frischen Rübe angegeben, mit dem Bemerken, dass die Rüben mehr oder weniger Salpeter enthielten.

[2]) No. 209—211. E. Wolff u. C. Kreuzhage (Vers.-Stat. Hohenheim). Landw. Jahrb. 8. (1879.) I. Suppl. 124 u. 132. Die Runkelrübe No. 210 war in einem üppigen noch dazu mit Blut gedüngtem Gartenboden gewachsen, sehr gross und wässerig, sonst aber gut ausgebildet. Die Runkelrübe No. 211 stammte von einem kräftigen, frisch gedüngten Ackerboden.

[3]) No. 212—214. J. Moser. 1 Ber. d. Vers.-Stat. Wien 1870/77. Tabelle S. XXVI. Durchschnittsgewicht der untersuchten rothen Rüben 2116 g, der gelben 1434 g. Die Aschen bestanden aus:

	No. 212	213	214
Reinasche . . .	0,77	0,98	0,81
Sand	0,06	0,03	0,02

[4]) No 215. Ann. Rep. Connect. Agricult. Experim. Stat. 1883. Table of the composition of american feeding Stuffs. 92.

No.	Bemerkungen	Jahr der Untersuchung	In der ursprünglichen Substanz: Wasser %	Nh-Substanz %	Rohfett %	Nfr. Extractstoffe %	Rohfaser %	Asche %	In der Trocken-Substanz: Nh-Substanz %	Nfr. Extractstoffe %	Stickstoff in der Trocken-Substanz %	Analytiker
216	Runkelrübe	1879	86,04	1,33	0,15	10,53	0,82	1,13	9,53	75,44	1,52	*Kirchner*[1])
217	Rothe Riesenpfahl-Runkel, Rübenboden	„	87,68	1,25	—	9,19	0,87	1,01	10,15	74,59	1,62	*Behrend u. Morgen*[2])
218	desgl., Sandboden	„	85,91	1,15	—	11,39	0,74	0,81	8,16	80,84	1,31	
219	Gelbe olivenförmige Runkel, Rübenboden	„	86,96	1,25	—	9,78	0,86	1,15	9,59	74,99	1,53	
220	desgl., Sandboden	„	82,06	1,02	—	15,03	1,05	0,84	5,69	83,78	0,91	
221		1880	88,66	1,35	0,08	8,08	0,74	1,09	11,91	71,24	1,91	*Schrodt*[3])
222		„	86,92	0,57	0,17	10,71	0,63	1,00	4,37	81,88	0,70	*Kern u. Wattenberg*[4])
223		„	87,02	0,56	0,18	10,86	0,47	0,91	4,28	83,67	0,68	
224		„	88,63	0,93	0,05	8,73	0,91	0,75	8,18	76,78	1,29	*J. König*[5])
225	Mammouth	„	—	0,96	—	7,74	—	—	—	—	—	*Dudouy*[6])
226	Preis von Berkshire . . .	„	—	1,02	—	10,06	—	—	—	—	—	
227	Golden Tankard	„	—	1,17	—	9,05	—	—	—	—	—	
228		„	91,29	0,85	—	4,98	0,87	2,01	9,76	57,17	1,56	*Th. Dietrich*[7])
229	Leutewitzer	1881	87,50	1,56	0,06	9,05	0,89	0,94	12,50	72,34	2,00	*v. Oppenau*[8])
230	Oberndörfer	„	87,50	1,72	0,09	8,64	0,99	1,06	13,80	68,97	2,21	
231	Champion of yellow globe .	„	87,50	2,19	0,09	8,14	0,95	1,13	17,54	65,12	2,81	
232		1882	90,08	1,22	0,12	6,84	0,72	1,02	12,30	68,95	1,95	*Schrodt*[9])
233	Golden Tankard	1884	86,80	1,10	0,08	10,32	0,80	0,90	8,33	78,94	1,33	*Ad. Mayer*[10])
234	Oberndörfer	„	89,00	1,20	0,14	7,56	1,00	1,10	10,91	68,73	1,75	
235	Giant long red	„	88,00	1,10	0,21	8,19	1,30	1,20	9,17	68,25	1,47	
236	Giant yellow	„	86,60	1,30	0,17	9,63	1,20	1,10	9,70	71,86	1,55	

¹) No. 216. W. Kirchner. Jahresber. d. Agriculturchem. 22. 1879 342.

²) No. 217—220. P. Behrend u. A. Morgen. Ztschr. d. landw. Centralver. d. Prov. Sachsen 1873. 49. Von 100 Theilen N sind in der Rübe:

	Nichteiweiss-N		Eiweiss im Saft		Mark		Zucker	
	Rübenboden	Sandboden	Rübenb.	Sandb.	Rübenb.	Sandb.	Rübenb.	Sandb.
Riesenpfahl-Runkel .	60,5	62	27,8	23,2	2,88	2,60	8,35	10,46 %
Olivenförmige Runkel	54,5	37,4	33,5	30,9	3,07	3,65	8,39	13,90 %

³) No. 221. M. Schrodt u. von Peter. Milchztg. 1880. 641. Nach Stutzer's Methode direct Eiweiss bestimmt 0,87 %.

⁴) No. 222 u. 223. E. Kern u. A. Wattenberg (Vers.-Stat. Göttingen). Journ. f. Landw. 25. 1880. 307. Die obigen Zahlen für Nh-Substanz repräsentiren reines Eiweiss.

⁵) No. 224. J. König (Vers.-Stat. Münster). Landw. Ztg. f. Westfalen u. Lippe 1880. 38. Die Rüben waren auf stark verunkrautetem Boden V.—VII. Cl. bei 300 m Meereshöhe gewachsen; der Ertrag war unter Mittel. Die Rüben enthielten 5,49 % Zucker.

⁶) No. 225—227. Alfred Dudouy. Journ. d'agric. prat. 1880. 440. Der Samen zu diesen Rüben wurde 1877 aus England importirt, 1878 mit Erfolg kultivirt und 1879 nochmals in demselben Boden, sandigem Lehm (kalireiches Alluvium) angebaut und dazu pro ha mit 400 kg schwefelsaurem Ammoniak, 800 kg Superphosphat und 200 kg Gyps, entsprechend 80 kg N, 112 kg P_2O_5 und 59 kg CaO gedüngt. Die Rüben enthielten:

	No. 225	226	227
Glucose	0,68	0,19	0,33 %
Rohrzucker . . .	5,88	8,20	6,20 %

⁷) No. 228. Th. Dietrich. Privatmittheilung. Die Rüben waren sehr sandig.

⁸) No. 229—231. von Oppenau. Jahresber. d. Agriculturchem. 25. 1882. 392. (Landw. Ztschr. f. Elsass-Lothringen. 10. 1882. 74.) Auf der kaiserl. Obst- u. Gartenbauschule Grafenburg-Brumath kultivirt. Das Durchschnittsgewicht der Rüben war 1,57, 1,32 u. 1,92 kg. Die Rüben enthielten 50,50, 46,26 u. 45,96 % Rohrzucker in der Trockensubstanz.

⁹) No. 232. M. Schrodt u. H. Hansen. Ebendaselbst 26. 1883. 364. (Landw. Wochenbl. f. Schleswig-Holstein 1883. 456.)

¹⁰) No. 233—238. Ad. Mayer. Biedermann's Centralbl. f. Agriculturchem. 1884. 538. Die Rüben wurden zu Wageningen (Holland) auf gutem Lehmboden angebaut. Der Ertrag pro ha in kg und der Gehalt an Rohrzucker in Procenten war:

	No. 233	234	235	236	237	238
Ertrag . . .	74000	50000	60000	64500	52800	68000 kg
Rohrzucker .	7,7	6,8	6,8	7,8	5,8	2,7 %

No. 233 „Golden Tankard" ist dem Namen nach eine Brassica Rapa. Die untersuchten Exemplare haben jedoch einen für diese letztere Futterrübenart seltenen Trockensubstanz-Gehalt.

No.	Bemerkungen	Jahr der Untersuchung	In der ursprünglichen Substanz: Wasser %	Nh-Substanz %	Rohfett %	Nfr. Extractstoffe %	Rohfaser %	Asche %	In der Trocken-Substanz: Nh-Substanz %	Nfr. Extractstoffe %	Stickstoff in der Trocken-Substanz %	Analytiker
237	Yellow globe	1884	87,70	1,70	0,15	7,85	1,20	1,40	13,82	63,82	2,21	*Ad. Mayer* [1]
238	Mammouth	„	91,90	1,20	0,15	4,15	1,00	1,60	14,82	51,23	2,37	
239	Runkelrüben, humoser Lehmboden, Stalldünger . . .	1880	87,4	0,91		—		0,97	7,22	—	1,16	*M. Märcker* [2]
240		„	83,5	1,1		14,3		1,1	6,67	—	1,07	
241		„	89,9	0,7		8,4		1,0	6,93	—	1,11	
242	Runkelrüben, humoser Lehm, Stalldünger	„	88,2	0,7		—		1,05	5,93	—	0,95	
243	Oberndörfer, humoser Lehm, Stalldünger	1882	87,93	1,04		9,97		1,06	8,62	—	1,38	
244	Pfahlrübe, humoser Lehm, Stalldünger	„	88,28	1,3		9,60		1,09	11,09	—	1,77	
245	Dobiats verbesserte, humoser Lehm, Stalldünger . . .	„	87,88	0,79		10,27		1,06	6,52	—	1,04	
246	Oberndörfer, humoser Lehm, Stalldünger	„	88,23	0,76		10,01		1,00	5,46	—	0,87	
247	Rothe Mammouthrübe, humos. Sand	„	89,13	1,16		8,40		1,31	10,67	—	1,71	
248		„	85,9	1,0		12,4		0,9	7,09	—	1,13	
249		„	90,70	1,3		7,3		0,7	13,98	—	2,24	
250		„	83,8	1,5		7,9		0,8	14,71	—	2,35	
251		1853	88,43	0,67	—	8,97	1,00	0,93	5,79	—	0,93	*E. Wolff* [3]
252		1870	85,82	—	—	—	—	1,10	—	—	—	*Philippar* [4]
253	Futter-Zuckerrunkel . . .	1866	80,00	1,76	0,07	15,88	0,90	1,39	8,80	79,40	1,41	*Dietrich* [5]
254	Runkelrüben	1873	86,36	1,32	—	10,19	1,18	0,95	9,68	74,71	1,55	*derselbe* [6]
255	desgl.	1875	90,68	1,22	—	6,61	0,66	0,83	13,09	70,98	2,09	
256	desgl.	„	88,35	1,14	—	8,71	0,76	1,04	9,79	74,73	1,57	
257	desgl.	1880	91,29	0,85	—	4,98	0,87	2,01	9,76	57,17	1,56	
258	Lange gelbe, vom Klostergute Weende	1871	93,81	0,63	—	—	—	—	6,19	—	0,99	*E. Schulze* [7]
259	desgl.	„	92,69	0,61	—	—	—	—	7,31	—	1,17	
260	desgl.	„	90,30	0,67	—	—	—	—	6,91	—	1,11	

[1]) Vergl. Anmerkung [10]) Sette 680.

[2]) No. 239—250. M. Märcker (Vers.-Stat. Halle). Privatmittheilung.

[3]) No. 251. E. Wolff. Möckern'sche Ber. 2. 1.

[4]) No. 252. E. Philippar. Jahresber. d. Agriculturchem. 13/15. 1870—72. II. 13. Mittel von 3 Proben verschieden gedüngter Rüben, die fast völlig gleiche Mengen Trockensubstanz und Zucker enthielten. Zucker 13,07 %.

[5]) No. 253. Th. Dietrich (Vers.-Stat. Altmorschen). Landw. Anzeig. f. Kurhessen 1866. 41.

[6]) No. 254—257. Derselbe (Vers.-Stat. Altmorschen). Landw. Ztschr. u. Anz. f. d. Rgbz. Cassel 1873. 219; 1875. 451; und Privatmittheilung.

[7]) No. 258—266. Ernst Schulze. Landw. Vers-Stat. 15. 1872. 170. Die Futterrüben No. 258—260 sind auf kalkhaltigem Lehmboden in starker Düngung gewachsen; No. 261 u. 262 wuchsen auf einem kalkreichen, in hohem Düngungszustande befindlichen Boden, No. 263 u. 264 stammten von einem kalkhaltigen Lehmboden und war zu denselben mit viel Mistjauche und 4 Ctr. Kalisuperphosphat pro hess. Morgen gedüngt worden. Die Rüben enthielten ausser der oben angegebenen Nh organischen Substanz noch Salpetersäure wie folgt:

	No. 258	259	260	261	262	263	264	265	266	
In der frischen Rübe	0,048	0,064	0,078	0,212	0,285	0,074	0,043	0,085	0,242	%
In der Trockensubstanz	0,47	0,77	0,80	2,56	3,19	0,82	0,37	0,81	2,30	„
Gesammt-N der Trockensubstanz × 6,25 .	6,95	8,56	8,19	12,96	16,19	7,44	6,04	10,25	15,26	„

No.	Bemerkungen	Jahr der Untersuchung	In der ursprünglichen Substanz: Wasser %	Nh-Substanz %	Rohfett %	Nfr. Extractstoffe %	Rohfaser %	Asche %	In der Trocken-Substanz: Nh-Substanz %	Nfr. Extractstoffe %	Stickstoff in der Trocken-Substanz %	Analytiker
261	Lange gelbe, unreif (vom Garten der Versuchsstat.)	1871	91,72	0,73	—	—	—	—	8,81	—	1,41	E. Schulze[1])
262	desgl. (vom Garten der Versuchsstat.)	„	90,75	1,01	—	—	—	—	11,13	—	1,78	E. Schulze[1])
263	Lange gelbe (von Gestorf bei Hannover)	„	91,00	0,55	—	—	—	—	6,13	—	0,98	E. Schulze[1])
264	Rothe runde Klumpers (von Gestorf bei Hannover)	„	88,42	0,63	—	—	—	—	5,44	—	0,87	E. Schulze[1])
265	Oberndörfer (von Wintersheim in Hessen)	„	89,49	0,94	—	—	—	—	8,94	—	1,43	E. Schulze[1])
266	Vilmorin (von Wintersheim in Hessen)	„	89,60	1,21	—	—	—	—	11,54	—	1,85	E. Schulze[1])
267	Grosse rothe	1877	86,76	1,75	—	—	—	—	13,22	—	2,69	Kern u. Wattenberg[2])
268	Kleine gelbe	„	86,88	2,21	—	—	—	—	16,81	—	2,12	Kern u. Wattenberg[2])
269	Oberndörfer, schwerer Thonboden	„	84,20	1,68	—	—	—	—	10,63	—	1,70	O. Kellner[3])
	Minimum . .	.	75,40	0,48	0,02	4,19	0,47	0,56	3,69	47,87	0,59	
	Maximum . .	.	93,81	3,00	0,55	17,50	2,21	2,45	22,79	83,67	3,65	
	Mittel*) . .	.	**87,50**	**1,34**	**0,14**	**8,90**	**0,98**	**1,14**	**10,70** **)	**71,19**	**1,71**	

Beta vulgaris L. — Zuckerrübe.

No.	Bemerkungen	Jahr der Untersuchung	Wasser %	Nh-Substanz %	Rohfett %	Nfr. Extractstoffe %	Rohfaser %	Asche %	Nh-Substanz % (Trocken-S.)	Nfr. Extractstoffe % (Trocken-S.)	Stickstoff %	Analytiker
1	Schles. Zuckerrübe v. Keredou bei Nantes, Octob. 1851 .	(April) 1852	86,00	—	—	Zucker 5,00	—	—	—	Zucker 35,72	—	Rollière[4])
2	Collet rose von Valenciennes, geerntet Ende Septbr. 1852	„	86,60	—	—	7,64	—	—	—	57,02	—	Rollière[4])
3	Collet vert von Valenciennes, Ende September 1852 . .	„	85,40	—	—	7,40	—	—	—	50,68	—	Rollière[4])
4	Collet rose v. Keredou (Nantes), Anfang October	„	87,20	—	—	8,24	—	—	—	64,38	—	Rollière[4])
5	Collet vert v. Keredou (Nantes), Anfang October	„	89,04	—	—	7,24	—	—	—	66,06	—	Rollière[4])
6	desgl., November	„	86,00	—	—	9,32	—	—	—	66,57	—	Rollière[4])
7	Gelbe birnförmige	„	82,35	—	—	11,45	—	0,65	—	64,98	—	Payen[5])
8	Mittel aus 3 Analysen . .	1853	81,12	0,86	Gummi etc. 4,21	11,53	1,28	0,89	4,56	N-freie Stoffe 61,09	0,73	Ritthausen[6])

[1]) Vergl. Anmerkung [7]) Seite 681.

[2]) No. 267 u. 268. E. Kern u. H. Wattenberg. Journ. f. Landw. 26. 1878. 618. Von dem Gesammt-N gehörten Eiweissverbindungen nur 23,5 bezw. 28 % an, so dass sich der wirkliche Eiweissgehalt bei No. 267 auf 3,97, bei No. 268 auf 3,70 % der Trockensubstanz berechnet.

[3]) No. 269. O. Kellner. Landw. Jahrb. 8. 1879. I. Suppl. 251. Die untersuchte Rübe war auf der Hohenheimer Gutswirthschaft, auf schwerem mit Stallmist gedüngtem Thonboden gewachsen. Von dem Gesammt-N waren nur 61,2 % als Eiweissverbindungen vorhanden, so dass sich der Gehalt an diesen auf 6,58 % der Trockensubstanz berechnet.

*) Zur Ermittelung der Mittelzahlen wurden alle zuverlässig erscheinenden Analysen herangezogen, nur zur Berechnung des Mittels der Rohfaser wurden die Analysen erst von No. 100 ab benutzt.

**) N × 6,25. Der Gehalt der Runkelrübe an Nichteiweiss-Stickstoff beträgt im Mittel ca. 60 % des Gesammt-Stickstoffs, so dass der Gehalt der Rüben-Trockensubstanz an Reinprotein im Mittel nicht mehr als 5,0—6,0 % betragen dürfte.

Beta vulgaris L. — Zuckerrübe:

[4]) No. 1—6. Rollierre. Weende'r Jahresber. 1853. II. 29. Die Rüben unter 1 und 4—6 waren im Thonboden der unteren Loire bei Nantes gebaut worden.

[5]) No. 7. Payen. Ebendaselbst.

[6]) No. 8. H. Ritthausen. Weende'r Jahresber. 1855/56. II. 32. Mittel von 3 Rüben verschiedener Grösse 1060, 522 und 243 g, nach schwacher Mistdüngung gebaut.

No.	Bemerkungen	Jahr der Untersuchung	In der ursprünglichen Substanz: Wasser %	Nh-Substanz %	Gummi etc. %	Zucker %	Roh-faser %	Asche %	In der Trocken-Substanz: Nh-Substanz %	Nfr. Extract-stoffe %	Stickstoff in der Trocken-Substanz %	Analytiker
9	Rüben mittlerer Grösse, durchschnittliches Gewicht 660 g	1853	81,64	0,87	—	11,42	—	0,86	4,76	62,22	0,76	A. Stöckhardt[1]) (No. 9 u. 10)
10	Rüben über mittlerer Grösse, durchschnittl. Gew. 1960 g	„	84,83	0,97	—	6,93	—	1,14	6,41	45,71	1,03	
11		„	81,56	0,87	3,47	11,88	1,33	0,89	4,72	64,42	0,76	E. Wolff[2])
12		1854	84,15	0,80	—	N-freie Stoffe 13,01	1,05	0,99	5,08	82,05	0,81	Ritthausen[3])
13	Rüben mittl. Grösse (Durchschnitt v. 20 Analysen (ca. 500—600 g schwer) . .	1858	84,67	0,86	—	—	—	0,82	5,63	—	0,90	C. W. Tod[4]) (No. 13 u. 14)
14	Rüben üppig entwickelt (Durchschnitt v. 3 Analys.), 2380 g	„	88,00	2,08	—	—	—	2,40	17,34	—	2,77	
15	Rüben mittlerer Grösse (Mittel von 12 Analysen, 5—600 g schwer	1860	83,17	1,37	Fett	—	—	0,70	8,14	—	1,30	Bretschneider[5])
16		1854	81,8	1,80	0,30	—	—	0,90	9,89	—	1,58	Rohde[6])
17	Mittel von 11 Analysen gedüngter Rüben	1858	83,02	2,35	—	Zucker 10,64	—	0,81	13,88	Zucker 62,64	2,22	Bretschneider[7])
18	Mittel aus 10 Analysen gedüngter Rüben	1857	82,42	2,25	—	10,93	—	0,74	12,81	62,16	2,05	Ritthausen[8])
19	Ungedüngt	1861	82,16	1,04	—	10,24	—	0,77	5,83	57,40	0,93	Bretschneider[9]) (No. 19—25)
20	Starke Stallmistdüngung . .	„	82,34	1,32	—	10,75	—	0,83	7,48	60,88	1,20	
21	Mit Stassfurter Abraumsalz gedüngt, Mittel v. 7 Analysen	„	81,48	0,96	—	13,04	—	0,77	5,08	70,42	0,81	
22	Mit Chilisalpeter gedüngt, Mittel von 10 Analysen .	„	81,29	1,18	—	13,00	—	0,73	6,30	69,40	1,01	
23	Mit Kalkphosphat gedüngt, Mittel von 10 Analysen .	„	81,09	1,01	—	13,70	—	0,78	5,34	72,45	0,85	
24	Mit Bakerguano gedüngt, Mittel von 9 Analysen	„	80,92	1,04	—	12,11	—	0,73	5,45	63,47	0,87	
25	Mit Gemischen voriger gedüngt, Mittel von 4 Analysen .	„	81,15	1,01	—	12,33	—	0,75	5,42	66,15	0,87	

[1]) No. 9 u. 10. A. Stöckhardt. Wolff's Grundlagen des Ackerbaues. 3. Aufl. 926. No. 9 von uns berechnetes Mittel aus 12, No. 10 aus 5 Analysen von Rüben verschiedenen Gewichts. Vergl. Abthl. „Einfluss der Grösse“ unter No. 9—27.

[2]) No. 11. E. Wolff. Ebendaselbst. 931.

[3]) No. 12. H. Ritthausen. Möckern'sche Ber. 5. 4. Zucker 9,08 %.

[4]) No. 13 u. 14. C. W. Tod (Vers.-Stat. Raitz-Blansko). Mitthl. d. K. K. Mährisch-Schlesischen Gesellschaft f. Ackerbau 1859. 185. Obige Zahlen sind Mittel von 20, resp. 3 Analysen, die von Rüben bei Düngungsversuchen gemacht wurden (siehe gedüngte Rüben 89—111). Boden: magerer sandiger Lehm, ausser aller Dungkraft. Bei den üppig entwickelten Rüben war der Dünger unmittelbar an die Pflanzen gebracht worden. Der Zuckergehalt, der mittelst Fehling'scher Lösung ermittelt wurde, betrug:

	Frische Rübe	Trockensubstanz
No. 13 . . .	9,23 %	60,2 %
No. 14 . . .	5,58 „	46,5 „

[5]) No. 15. Bretschneider u. Küllenberg. 4. Ber. d. Vers.-Stat. Ida-Marienhütte. 36. Mittel aus 14 Analysen von bei Düngungsversuchen geernteten Rüben. Nh-Substanz von uns berechnet aus dem angegebenen N-Gehalt.

[6]) No. 16. Rohde u. Trommer. Weende'r Jahresber. 1855/56. 116. Ausser obigen Zahlen ist noch angegeben: Extractivstoff 0,5, Pectin u. Pflanzenfaser 3,0, Zucker 11,7 %.

[7]) No. 17. P. Bretschneider. Mitthl. d. landw. Centralver. f. Schlesien. 10. Heft. 48.

[8]) No. 18. H. Ritthausen u. Bretschneider. Ibidem. Heft 9. (1858.) 120. Vergl. gedüngte Zuckerrüben 142—152.

[9]) No. 19—25. P. Bretschneider u. O. Küllenberg. Mitthl. d. landw. Centralver. f. Schlesien. 13. (1862.) 24. (5. Ber. d. Vers.-Stat. Ida-Marienhütte.)

No.	Bemerkungen	Jahr der Untersuchung	In der ursprünglichen Substanz: Wasser %	Nh-Substanz %	Rohfett %	Nfr. Extractstoffe %	Rohfaser %	Asche %	In der Trocken-Substanz: Nh-Substanz %	Nfr. Extractstoffe %	Stickstoff in der Trocken-Substanz %	Analytiker
26	Weit gepflanzt, gelbe . . .	1856	84,30	0,89	—	—	—	1,10	5,88	—	0,94°	*Hellriegel u.Gaudich*[1])
27	Eng gepflanzt, gelbe . . .	〃	80,95	0,80	—	—	—	0,95	4,13	—	0,66°	
28	Armer lehmiger Sandboden .	1859	77,83	0,80	—	—	—	0,64	3,61	—	0,58	*Karmrodt*[2])
29	Thoniger bindiger Boden .	1860	75,20	2,20	—	19,23	2,07	1,30	8,87	77,54	1,42	*R. Hoffmann*[3])
30	Vollkommen gesund, $1^3/_4$ Pfd. schwer, kräft. guter Rübenboden	〃	75,20	0,91	—	21,68	1,40	0,80	3,67	87,47	0,59	
31	Hochwüchsige Rüben, mittleres Gewicht 720 g, October .	1861	86,10	1,48	—	10,49	1,16	0,77	10,64	75,43	1,70	*Nobbe u. Siegert*[4])
32	Breitwüchsige Rüben, mittleres Gewicht 774 g, October .	〃	86,09	1,66	—	10,35	1,03	0,86	11,96	74,38	1,91	
33	Am 16. October geerntet .	1858	82,19	2,28	—	13,75	1,10	0,68	12,84	76,91	2,05	*Bretschneider*[5])
34	Imperial-Zuckerrübe, 1,89 kg	1861	83,57	0,86	0,20	14,43	—	0,94	5,23	87,83	0,84	*Karmrodt*[6])
35	Weisse schlesische Zuckerrübe, 1,05 kg	〃	80,73	1,52	0,22	16,27	—	0,26	7,90	89,61	1,27	
36	Aus Steffeshausen, a. Schiffelland gebaut	1860	84,00	1,32	—	—	—	1,22	8,25	—	1,32	*derselbe*[7])
37	Aus Wiesenbach, auf Schiffelland gebaut	〃	79,60	1,13	—	—	—	1,04	5,54	—	0,89	
38		1864	80,60	1,28	—	16,10	1,14	0,90	6,65	82,90	1,06	*Grouven*[8])
39		1863	81,92	0,84	—	14,84	1,31	0,89	4,65	83,18	0,74	*Wolff*[9])
40	Weisse schles. Rübe, kieselig thoniger Boden	〃	—	—	Zucker 11,27	—	—	—	—	—	—	*Corbeiller*[10])
41	Weisse, mit rothem Hals, kieselig thoniger Boden .	〃	—	—	9,78	—	—	—	—	—	—	
42	Blutrothe Rübe, thonig kalkig. Boden	〃	—	—	9,89	—	—	—	—	—	—	
43	Weisse, m. grünem Hals, thonig kieseliger Boden	〃	—	—	7,86	—	—	—	—	—	—	

[1]) No. 26 u. 27. H. Hellriegel u. Gaudich. Chem. Ackersm. 1857. 210. Auf gleichem Felde gewachsen.

[2]) No. 28. C. Karmrodt. Ztschr. f. d. Rheinprov. 1860. 352.

[3]) No. 29—30. R. Hoffmann. Landw. Vers.-Stat. 4. 1860. 203 u. Centralbl. für die gesammte Landeskultur in Böhmen 1861. 15.

[4]) No. 31 u. 32. Fr. Nobbe u. Th. Siegert. Landw. Vers.-Stat. 4. (1860.) 238. Die Rüben wuchsen im landw. Versuchsgarten zu Chemnitz. Zur Cellulosebestimmung wurde getrocknete und gepulverte Substanz wiederholt mit lauwarmem Wasser ausgezogen, dann aufeinanderfolgend mit 3 % Kalilauge (50 ccm auf 5—6 g trockne Substanz) und 3 % Salzsäure je 15 Minuten lang in der Kochhitze behandelt, ausgewaschen etc.

[5]) No. 33. P. Bretschneider. 3. Ber. d. Vers.-Stat. Ida-Marienhütte. Das betr. Feld war mit 308 Pfund Knochenkohle-Superphosphat und 102,9 Pfd. schwefelsaurem Ammonium pro Morgen gedüngt worden. Zucker in der frischen Rübe 11,90 %, in der Trockensubstnnz 66,81 %.

[6]) No. 34 u. 35. C. Karmrodt. Ztschr. d. landw. Ver. f. Rheinpreussen 1863. 160. An Zucker enthielten die Rüben No. 34: 10,51 %, No. 35: 13,64 %.

[7]) No. 36 u. 37. C. Karmrodt. Ibidem 1860. Zuckergehalt bei No. 36: 6,2 %, bei No. 37: 10,74 %.

[8]) No. 38. H. Grouven. Weende'r Jahresber. 1865/66. 254.

[9]) No. 39. E. Wolff. Möckern'sche Ber. 2.

[10]) No. 40—43. Corbeiler. Weende'r Jahresber. 1855/56. Das mittlere absolute Gewicht und das mittlere specifische Gewicht der untersten Rüben war:

	No. 40	41	42	43
Absolutes Gewicht	1,327	1,398	1,228	1,500 kg
Specifisches Gewicht	1,033	1,025	1,026	1,022 „

No.	Bemerkungen	Jahr der Untersuchung	In der ursprünglichen Substanz: Wasser %	Nh-Substanz %	Rohfett %	Nfr. Extractstoffe %	Rohfaser %	Asche %	In der Trocken-Substanz: Nh-Substanz %	Nfr. Extractstoffe %	Stickstoff in der Trocken-Substanz %	Analytiker
44	Gewöhnliche Zuckerrübe . .	1871	83,01	0,83	0,08	14,43	0,95	0,70	4,88	84,89	0,78	*E. Schulze*[1])
45		„	80,10	0,99	0,14	16,53	1,13	1,11	4,98	83,07	0,80	*K. Müller*[2])
46	Von ziemlich normaler Beschaffenheit	18 72/73	83,00	1,18	0,07	14,00	1,00	0,75	6,92	82,08	1,11	*E. Wolff*[3])
47	Von normaler Beschaffenheit	18 73/74	83,40	0,80	0,08	14,10	0,88	0,74	4,79	84,96	0,77	*desgl.*[4])
48	Imperial, November . . .	1878	84,96	1,53	—	—	1,12	0,75	10,17	—	1,63	*E. Mach*[5])
					Rohrzucker							
49	Toupé Blanche choisie . .	1865	89,34	2,06	5,22	5,43	1,72	1,45	19,32	50,94	3,06	*A. Völcker*[6]) (No. 49—63)
50	Blanche commune	„	89,42	1,50	5,90	5,98	1,70	1,40	13,18	57,52	2,11	
51	Rose ordinaire	„	90,63	1,75	3,94	4,74	1,60	1,28	18,68	50,58	2,99	
52	Toupé Rose choisie . . .	„	90,47	2,01	3,54	4,32	1,77	1,43	21,09	45,34	3,37	
53	Weisse schlesische, 11 Pfd. 6 Unz. schwer	1868	92,58	1,40	2,22	2,69	1,73	1,60	18,87	36,25	3,02	
54	desgl., 6½ Pfd. schwer . .	„	88,13	2,16	4,88	5,26	2,74	1,71	18,20	44,31	2,91	
55	Schles., rothschalige, Sandboden, 1 Pfd. 8 Unz. . .	„	88,21	2,12	—	4,91	3,07	1,69	17,99	41,60	2,88	
56	desgl., weiss, 14½ Unz. . .	„	86,02	2,86	—	5,84	3,59	1,69	20,46	41,77	3,27	
57	desgl., rothschalige, stark gedüngt, 2 Pfd. 2½ Unz. .	„	87,32	2,63	—	4,90	3,21	1,94	20,74	38,05	3,32	
58	desgl., weiss, 2 Pfd. 5½ Unz.	„	89,62	2,38	—	3,55	2,54	1,91	22,99	34,14	3,68	
59	desgl., roth, ungedüngt, 2 Pfd. 6 Unz.	„	85,63	1,60	—	8,61	2,87	1,29	11,13	59,92	1,78	
60	desgl., weiss, Moorboden, 2 Pfd. 3 Unz.	„	86,47	2,12	—	7,23	2,65	1,53	15,83	52,97	2,53	
61	desgl., roth, 1 Pfd. 4 Unz. .	„	86,71	2,76	—	6,19	2,58	1,76	20,77	46,58	3,32	
62	desgl., weiss, 1 Pfd. 6 Unz.	„	88,10	2,74	—	4,24	2,86	2,06	23,02	35,64	3,68	
63	desgl., roth, gedüngt, 2 Pfd. 2¼ Unz.	„	80,79	0,88	Zucker (13,19)	14,10	3,32	0,91	4,58	73,40	0,75	

[1]) No. 44. E. Schulze. Ber. d. Vers.-Stat. Darmstadt 1847. 38. Die Rüben stammten von Wintersheim in Hessen. Das betr. Feld hatte im Vorjahre Roggen getragen, zu welchem mit 4 Ctr. Kalisuperphosphat und 1 Ctr. aufgeschlossenem Peruguano pro Morgen gedüngt worden war. Der Trockensubstanz-Gehalt der Rüben war bei kleineren Rüben 17,25 %, bei mittelgrossen 16,60 %, bei grösseren 17,11 %. Der Asche ist 0,024, resp. 0,14 % salpetersaures Kalium zugerechnet worden. Der Gehalt an Zucker betrug 11,38, resp. 67,0 %.

[2]) No. 45. K. Müller u. M. Fleischer. Journ. f. Landw. 21. 1873. 98. Von den untersuchten Rüben enthielten:

	Grosse Rübe	Mittlere Rübe	Kleinere Rübe
	735 g	530 g	350 g schwer
Trockensubstanz	20,3 %	19,5 %	19,8 %

[3]) No. 46. E. Wolff, C. Kreuzhage und O. Kellner. Landw. Jahrb. 8. 1879. I. Supplem. 132. Der Gehalt an Trockensubstanz war bei Proben vom:

18.—22. December 1872 . . . 17,74
6.—11. Januar 1873 . . . . 16,67 } im Mittel 17,0 %.
17.—22. Januar 1873 16,70

Die Rübe enthielt ferner auf Trockensubstanz bezogen 0,32 % Salpetersäure. Die Asche ist Reinasche und Sand.

[4]) No. 47. Dieselben. Ebendas. 156. Der Trockensubstanzgehalt schwankte in sehr engen Grenzen vom 1. Decbr. 1873 bis 16. Januar 1874 von 16,45 bis 16,78 %. Wir nahmen das Mittel zur Berechnung der Zusammensetzung der frischen Rübe an.

[5]) No. 48. E. Mach u. C. Portele (Vers.-Stat. St. Michele). Privatmittheilung. Die Rüben enthielten Rohrzucker in der Rübe 10,73 %, im Safte 13,45 %

[6]) No. 49—128. Aug. Völcker. Journ. Roy. Agric. Soc. England 1869. 357. Die Rüben unter 49—52 waren auf ziemlich steifem Boden aus französischem Samen in England gebaut worden. Die Rüben unter 63 u. 64 waren mit Londoner Sewage gedüngt worden. Die Rüben unter No. 67—128 waren im Jahre 1868 in verschiedenen Gegenden Englands gebaut. Der Zucker wurde mittelst Kupferlösung bestimmt.

No.	Bemerkungen	Jahr der Untersuchung	In der ursprünglichen Substanz: Wasser %	Nh-Substanz %	Zucker %	Nfr. Extractstoffe %	Rohfaser %	Asche %	In der Trocken-Substanz: Nh-Substanz %	Nfr. Extractstoffe %	Stickstoff in der Trocken-Substanz %	Analytiker
64	Schlesische, weiss, gedüngt, 4 Pfd. 1 Unz.	1868	87,94	1,26	(6,05)	6,53	3,08	1,19	10,45	54,14	1,67	A. Völcker[1]
65	desgl., dunkelroth, in Holland gebaut, 2 Pfd. $10^3/_4$ Unz. .	„	82,79	1,12	(10,56)	11,01	4,07	1,01	6,49	63,99	1,04	
66	desgl., blassr., 1 Pfd. $13^1/_4$ Unz.	„	85,67	1,91	(7,42)	7,75	3,40	1,27	13,33	54,08	2,13	
	Gewicht d. analysirten Rübe in kg				Rohrzucker						o	
67	Dünn, weiss 0,57	„	78,97	1,97	(12,65)	13,37	4,69	1,10	9,39	63,58	1,502	
68	Rother Kopf, birnenförmig 1,08	„	79,18	1,66	(12,84)	13,64	4,56	0,96	8,00	65,50	1,280	
69	Weiss, birnenförmig . 0,67	„	80,41	1,46	(12,49)	13,22	3,99	0,92	7,50	67,46	1,200	
70	Rother Kopf, röthliche Schale 0,33	„	80,67	2,55	(9,26)	10,23	5,28	1,27	13,23	53,89	2,116	
71	Grüner Kopf 0,71	„	81,06	1,76	(11,49)	12,31	3,83	1,04	10,01	64,28	1,489	
72	Weiss, dünn 0,45	„	81,15	1,86	(11,58)	12,10	3,90	0,99	9,88	64,17	1,581	
73	Weiss, grüner Kopf . 0,68	„	81,32	1,36	(11,33)	11,98	4,31	1,03	7,29	64,13	1,166	
74	desgl. 0,84	„	81,42	1,68	(10,59)	11,28	4,34	1,28	9,75	60,00	1,448	
75	Weiss 1,40	„	81,56	1,50	(12,18)	12,75	3,28	0,91	9,39	67,89	1,302	
76	Rother Kopf 1,30	„	81,61	1,06	(11,72)	12,35	3,86	1,12	5,68	67,24	0,909	
77	Dünn, roth 0,59	„	81,76	2,13	(10,55)	11,25	3,77	1,09	11,69	61,66	1,870	
78	Rother Kopf 0,66	„	81,76	1,27	(11,12)	11,86	4,09	1,02	6,99	65,00	1,118	
79	Orangefarbige Schale . 0,81	„	81,86	2,37	(8,78)	9,54	4,79	1,44	13,09	62,56	2,095	
80	Dick, weiss 1,13	„	81,87	1,56	(11,99)	12,57	3,02	0,98	8,61	69,32	1,378	
81	Rother Kopf, lösliche Schale 1,13	„	82,01	1,93	(11,14)	11,96	3,12	0,98	10,77	66,44	1,723	
82	Weiss 1,29	„	82,17	1,47	(11,24)	12,08	3,26	1,02	8,28	67,71	1,324	
83	Weiss, birnenförmig . 0,75	„	82,24	1,81	(11,13)	11,71	3,35	0,89	10,21	65,92	1,633	
84	desgl. 0,95	„	82,27	1,08	(11,14)	11,88	3,73	1,04	6,10	66,99	0,976	
85	Roth 1,16	„	82,35	1,55	(11,09)	11,61	3,25	1,24	8,78	65,78	1,405	
86	Grüner Kopf 1,25	„	82,41	1,41	(11,21)	11,89	3,31	0,98	8,06	67,55	1,290	
87	Rother Kopf 0,93	„	82,59	2,26	(9,10)	9,81	4,15	1,19	12,99	56,33	2,079	
88	Röthlich, dünn . . . 0,64	„	82,65	1,60	(9,62)	10,46	4,11	1,18	9,26	60,25	1,481	
89	Roth, lang 0,80	„	82,70	1,23	(10,72)	11,40	3,60	1,07	7,12	65,89	1,139	
90	Rother Kopf, rosarothe Schale 1,03	„	82,72	1,44	(10,94)	11,39	3,38	1,07	8,36	65,89	1,338	
91	Roth 0,48	„	82,76	1,37	(9,97)	10,69	4,01	1,17	7,98	61,97	1,276	
92	Weiss, grüner Kopf . 0,82	„	82,76	1,66	(10,91)	11,43	3,08	1,07	9,64	66,29	1,543	
93	Roth, birnenförmig . . 0,96	„	82,94	1,61	(10,17)	10,82	3,38	1,25	9,49	63,37	1,518	
94	Grüner Kopf 1,05	„	83,00	2,23	(9,42)	10,24	3,18	1,35	13,75	59,61	2,100	
95	Weiss, birnenförmig . 0,68	„	83,03	1,71	(9,31)	9,91	4,31	1,04	10,13	58,34	1,620	
96	Weiss, grüner Kopf . 1,25	„	83,11	1,25	(10,51)	11,14	3,43	1,07	7,40	65,95	1,184	
97	Grüner Kopf 1,20	„	83,25	2,66	(8,20)	8,80	3,90	1,39	15,89	52,53	2,543	
98	Weiss, birnenförmig . 1,25	„	83,34	2,12	(9,74)	10,26	3,04	1,24	12,76	61,55	2,041	

[1]) Vergl. Anmerkung [6]) Seite 685.

No.	Bemerkungen	Gewicht d. analysirten Rübe in kg	Jahr der Untersuchung	In der ursprünglichen Substanz: Wasser %	Nh-Substanz %	Rohrzucker %	Nfr. Extractstoffe %	Rohfaser %	Asche %	In der Trocken-Substanz: Nh-Substanz %	Nfr. Extractstoffe %	Stickstoff in der Trocken-Substanz %	Analytiker
99	Rosa	1,49	1868	83,36	1,41	(10,46)	11,29	2,88	1,06	8,53	67,79	1,364	
100	Lange rothe	0,91	"	83,43	1,53	(10,04)	10,54	3,49	1,01	9,24	63,60	1,478	
101	Weiss	1,33	"	83,93	1,76	(9,31)	9,94	3,21	1,16	11,01	61,79	1,761	
102	Rosa	1,20	"	83,96	1,27	(9,69)	10,44	3,12	1,21	7,95	65,04	1,272	
103	Dünn, weiss	0,45	"	84,32	1,28	(9,42)	9,90	3,51	0,99	8,21	63,09	1,314	
104	Grüner Kopf	1,42	"	84,38	1,24	(9,50)	10,26	3,05	1,07	7,96	65,66	1,274	
105	Rother Kopf	0,74	"	84,53	2,06	(7,78)	8,48	3,59	1,34	13,38	54,75	2,140	
106	Weiss	1,25	"	84,67	1,95	(7,27)	8,10	3,99	1,29	12,72	52,84	2,035	
107	desgl.	1,30	"	84,73	1,91	(8,39)	8,91	3,20	1,25	12,56	58,29	2,010	
108	Roth, dünn, spindelförmig	0,34	"	84,79	2,05	(6,82)	7,53	4,13	1,50	13,52	49,47	2,163	
109	Weiss, grüner Kopf	0,37	"	84,86	2,12	(6,11)	6,85	4,48	1,69	14,04	45,21	2,246	
110	Lang, roth	1,36	"	85,06	1,28	(8,96)	9,39	3,08	1,19	8,58	62,81	1,372	
111	Roth	0,71	"	85,07	2,41	(6,32)	6,88	4,11	1,53	16,16	46,05	2,585	
112	desgl.	0,49	"	85,21	0,93	(8,65)	9,09	3,53	1,24	4,78	62,97	0,764	
113	Dick, weiss	0,91	"	85,22	1,51	(7,46)	8,01	4,11	1,15	10,28	54,34	1,644	*A. Völcker* [1]
114	Roth	0,82	"	85,23	1,70	(8,86)	9,33	2,92	0,82	11,56	63,10	1,850	
115	Weiss, grüner Kopf	2,44	"	85,27	1,75	(8,04)	8,78	2,99	1,21	11,93	59,56	1,908	
116	Roth	?	"	85,37	0,97	(9,19)	9,64	2,93	1,09	6,66	66,00	1,066	
117	Rother Kopf	0,93	"	85,48	2,01	(7,03)	7,57	3,59	1,35	13,82	52,16	2,211	
118	Weiss	1,49	"	86,02	1,40	(8,43)	8,74	2,65	1,19	10,00	62,53	1,600	
119	Roth	1,32	"	86,18	0,84	(8,45)	8,89	2,73	1,36	6,11	64,30	0,977	
120	desgl.	1,22	"	86,89	2,13	(5,52)	6,27	3,79	1,42	17,18	44,55	2,748	
121	Weiss	1,02	"	86,71	2,13	(7,17)	6,67	3,13	0,86	16,04	53,94	2,566	
122	desgl.	?	"	86,82	1,10	(7,04)	7,54	3,17	1,37	8,34	57,22	1,335	
123	Rother Kopf, roth	0,93	"	87,66	1,43	(6,48)	7,10	2,69	1,12	11,65	57,47	1,864	
124	Rother Kopf, röthlich	1,78	"	87,75	2,37	(5,08)	5,50	2,85	1,53	19,39	44,86	3,102	
125	Weiss, sehr dick	3,00	"	88,13	2,16	(4,82)	5,26	2,74	1,71	18,27	44,24	2,923	
126	Roth	0,96	"	89,44	1,26	(5,46)	5,94	2,21	1,15	12,01	56,17	1,922	
127	Weiss	0,96	"	90,36	1,58	(3,62)	4,08	2,75	1,23	16,41	42,30	2,625	
128	Weiss, sehr dick	5,16	"	92,58	1,40	(2,22)	2,69	1,73	1,60	18,95	36,17	3,032	
129	In England gebaut, spec. Gew. 1,077		1870	78,30	0,85	Zucker (13,15)	19,52	0,65	0,68	3,92	89,95	0,63	*Church* [2]
130			1884	84,42	1,69	Fett 0,08	11,75	0,93	1,13	10,85	75,42	1,74	*Jenkins* [3]
131			1880	83,90	1,81	—	—	—	—	11,24	—	1,80	*R. Heinrich* [4]
132	Imperial		"	87,15	1,87	—	—	—	—	14,55	—	2,33	
133	Kleine Wanzlebener Zuckerrübe, 1876er Ernte		1877	84,66	1,33	Zucker (8,60)	11,70	1,03	1,28	8,66	76,29	1,39	*Th. Dietrich* [5]

[1]) Vergl. Anmerkung [6]) Seite 685.
[2]) No. 129. A. H. Church. Transact. Highl. Soc. 4. Ser. Vol. IV. (1872) 85.
[3]) No. 130. E. H. Jenkins. Ann. Rep. Connecticut Agricult. Experm. Stat. 1884. 107.
[4]) No. 131 u. 132. R. Heinrich. Ber. d. Vers.-Stat. Rostock 1875/81. 76.
[5]) No. 133. Th. Dietrich (Vers.-Stat. Altmorschen). Landw. Ztschr. u. Anzeig. f. d. Rgbz. Cassel 1877. 49.

No.	Bemerkungen	Jahr der Untersuchung	In der ursprünglichen Substanz: Wasser %	Nh-Substanz %	Rohfett %	Nfr. Extractstoffe %	Rohfaser %	Asche %	In der Trocken-Substanz: Nh-Substanz %	Nfr. Extractstoffe %	Stickstoff in der Trocken-Substanz %	Analytiker
134	Januar	1871	83,69	1,29	0,07	13,49	0,91	0,55	7,94	82,65	1,27	*U. Kreusler*[1])
135	Von Wintersheim in Hessen	"	83,00	0,83	—	—	—	—	4,88	—	0,78	*E. Schulze*[2])
136	Von Gestrof in Hannover .	"	85,52	1,24	—	—	—	—	8,56	—	1,37	
	Minimum (No. 19—48 u. No. 131—136, in Deutschland gewachsene Zuckerrüben)	.	75,20	0,64	0,03	22,98	0,64	0,51	3,61	73,00	0,58	
	Maximum	.	87,15	2,58	0,22	7,08	1,49	1,48	14,55	87,00	2,33	
	Mittel	.	**82,25**	**1,27**	**0,12**	**14,40**	**1,14**	**0,82**	**7,15**	**81,13**	**1,14**	

Zuckerrüben. — Einfluss der Grösse auf die Zusammensetzung.

No.	Bemerkungen	Jahr	Wasser %	Nh-Substanz %	Zucker %	Gummi, Pectin %	Rohfaser %	Asche %	Nh-Substanz (Trocken) %	Zucker (Trocken) %	Stickstoff %	Analytiker
1	Schlesische, Gewicht 1060 g	1853	81,77	0,84	11,21	3,86	1,36	0,94	4,64	61,17	0,74	*H. Ritthausen* [3])
2	desgl , 522 g	"	82,07	0,83	11,31	3,69	1,26	0,84	4,62	63,11	0,74	
3	desgl., 243 g	"	79,53	0,90	12,07	5,09	1,23	0,88	4,42	58,98	0,71	
4	Gewicht, 1 Pfd. 30 Loth .	1855	83,8	—	—	—	—	—	—	—	—	*A. Stöckhardt*[4])
5	" 1 Pfd. 13 Loth .	"	82,1	—	—	—	—	—	—	—	—	
6	" 1 Pfd.	"	80,4	—	—	—	—	—	—	—	—	
7	" 30 Loth	"	80,6	—	—	—	—	—	—	—	—	
8	" 25 Loth	"	78,3	—	—	—	—	—	—	—	—	
	Rüben mittlerer Grösse.											
9	850 g	"	82,72	0,54	12,70	—	—	0,66	3,11	73,50	0,50	*derselbe*[5])
10	650 g	"	79,92	0,66	13,33	—	—	0,60	3,26	66,36	0,52	
11	360 g	"	79,56	0,71	12,36	—	—	0,84	3,49	60,48	0,56	
12	650 g	"	82,62	0,59	12,78	—	—	0,64	3,42	73,53	0,55	
13	570 g	"	80,00	0,68	13,38	—	—	0,74	3,40	66,88	0,54	
14	720 g	"	82,66	0,93	12,35	—	—	0,79	5,37	71,20	0,86	
15	720 g	"	84,50	0,67	10,42	—	—	0,67	4,32	67,20	0,69	
16	570 g	"	80,40	0,94	11,85	—	—	0,92	4,78	60,46	0,76	
17	750 g	1853	80,76	1,20	10,77	—	—	1,10	6,25	56,00	1,00	
18	750 g	"	82,02	1,21	8,49	—	—	1,03	6,76	47,20	1,08	
19	900 g	"	81,80	1,16	10,15	—	—	1,12	6,41	55,80	1,03	
20	900 g	"	82,70	1,14	8,30	—	—	1,17	6,61	48,00	1,06	

[1]) No. 134. U. Kreusler. 1. Ber. d. Vers.-Stat. Hildesheim 1873. 28. Sandgehalt der frischen Rübe 0,04, der Trockensubstanz 0,22 %.

[2]) No. 135 u. 136. E. Schulze. Landw. Vers.-Stat. 15. 1872. 170. No. 135 stammte von einem kalkhaltigen Lehmboden, der mit 4 Ctr. Kali-Superphosphat und 1 Ctr. aufgeschl. Peruguano gedüngt worden war. No 136 war als Futterrübe in starker Düngung gebaut. Ausser der Nh organischen Substanz war in den Rüben noch Salpetersäure vorhanden und zwar in der frischen Rübe bei No. 135: 0,013, bei No. 136: 0,158 %; in der Trockensubstanz bei No. 135: 0,076, bei No. 136: 1,09 %.

Zuckerrüben. Einfluss der Grösse:

[3]) No. 1—3. Ritthausen. Weende'r Jahresber. 1855/56. II. 32. Rüben in schwacher Mistdüngung gebaut.

[4]) No. 4—8. Ad. Stöckhardt. Chem. Ackersm. 1856. 242. Die Rüben wuchsen auf vorzüglichem, stark gedüngtem Aueboden.

[5]) No. 9—27. Ad. Stöckhardt. Wolff's Grundlagen d. Ackerbaues. 3. Aufl. 926. Die Rüben waren nicht an gleichem Orte, sondern No. 9—11 in Lockwitz bei Dresden, No. 12 u. 14 in Gröningen, No. 13 u. 16 in Schlanstädt, alle anderen in Tharand gebaut, zu No. 9—13 war nicht, zu allen übrigen Rüben war frisch mit Stallmist, zu No. 7 u. 8 mit Guano gedüngt worden.

No.	Bemerkungen	Jahr der Untersuchung	In der ursprünglichen Substanz: Wasser %	Nh-Substanz %	Zucker %	Nfr. Extractstoffe %	Rohfaser %	Asche %	In der Trocken-Substanz: Nh-Substanz %	Zucker %	Stickstoff in der Trocken-Substanz %	Analytiker
	Rüben über mittlerer Grösse.											
21	1050 g	1853	83,00	0,96	10,72	—	—	0,94	5,63	63,04	0,90	A. Stöckhardt[1])
22	1750 g	"	82,09	1,14	9,25	—	—	1,15	6,39	51,00	1,02	
23	1900 g	"	84,54	1,06	8,45	—	—	0,93	6,83	54,02	1,08	
24	2500 g	"	86,50	0,86	4,40	—	—	1,01	6,36	32,60	1,02	
25	2600 g	"	88,00	0,82	3,35	—	—	1,39	6,82	27,90	1,09	
26	Durchschnitt der Rüben mittlerer Grösse, 660 g	"	81,64	0,87	11,42	—	—	0,86	4,76	62,22	0,76	
27	desgl., über mittler. Grösse, 1960 g	"	84,83	0,97	6,93	—	—	1,14	6,41	45,71	1,03	
28	Weisse schlesische Zuckerrübe, über 7 Pfund	"	89,80	—	—	—	—	—	—	—	—	Sullivan[2])
29	desgl., über 5 Pfund	"	88,35	—	—	—	—	—	—	—	—	
30	desgl., von 3—5 Pfund . . .	"	84,29	—	—	—	—	—	—	—	—	
31	desgl., im Mittel	"	85,47	—	—	—	—	—	—	—	—	
32	desgl., 11 Pfd. 6 Unz. . . .	1878	92,58	1,40	2,22	2,69	1,73	1,60	18,87	29,92	3,02	

Zuckerrüben. — Unter dem Einfluss der Düngung.

Aus den zahlreichen Versuchen über den Einfluss der Düngung auf die Zusammensetzung der Zuckerrüben hebe ich nur die nachstehenden hier hervor und verweise bezüglich anderer Versuche auf die gemeinschaftliche Zusammenstellung von Th. Dietrich und dem Verf.

No.	Bemerkungen	Mittleres Gew. d. untersucht. Rüben	Jahr	Wasser	Nh-Substanz	Rohfett	Zucker	Rohfaser	Asche	Nh-Substanz	Zucker	Stickstoff	Analytiker
1	Ungedüngt	462 g	1858	83,91	2,19	—	10,06	—	0,79	13,62	62,52	2,18	P. Bretschneider[3])
2	411 kg Knochenmehl p. ha	720 "	"	83,66	2,66	—	10,69	—	0,83	16,25	65,42	2,60	
3	534 kg Knochenmehl-Superphosphat pro ha .	580 "	"	83,90	2,37	—	10,42	—	0,79	14,69	64,72	2,35	
4	823 kg Knochenmehl p. ha	608 "	"	82,32	2,27	—	10,34	—	0,74	12,81	58,48	2,05	
5	1068 kg Knochenmehl-Superphosphat pro ha	607 "	"	82,91	2,46	—	9,88	—	0,81	14,37	57,81	2,30	
6	411 kg Chilisalpeter . .	628 "	"	82,29	2,27	—	11,77	—	0,90	12,69	66,46	2,03	

[1]) Vergl. Anmerkung [5]) Seite 688.

[2]) No. 28—32. William K. Sullivan. Weende'r Jahresber. 1853. II. 27.

Zuckerrüben. — Unter dem Einfluss der Düngung.

[3]) No. 1—11. P. Bretschneider. Mitthl. d. landw. Centralver. f. Schlesien. 10. Heft. 48. Nh-Substanz von uns berechnet. Die angegebenen Düngermengen beziehen sich auf 1 ha, die nachstehenden Erträge auf den preuss. Morgen.

		Wurzeln Ctr.	Blätter Ctr.
No. 1.	Ungedüngt	139,8	52,5
No. 2.	Knochenmehl	180,9	59,5
No. 3.	Knochenmehl-Superphosphat	173,8	49,3
No. 4.	Knochenmehl	172,3	57,0
No. 5.	Knochenmehl-Superphosphat	175,1	43,3
No. 6.	Chilisalpeter	204,6	62,0
No. 7.	Schwefelsaures Ammoniak	181,1	49,8
No. 8.	Knochenmehl-Superphosphat u. Holzasche	219,7	40,3
No. 9.	Knochenkohle-Superphosphat	165,9	38,1
No. 10.	Knochenkohle-Superphosphat u. schwefelsaures Ammoniak	165,6	36,3
No. 11.	Superphosphat-Knochenkohle Chilisalpeter	199,5	49,5

No.	Bemerkungen	Mittleres Gew. der untersucht. Rüben	Jahr der Untersuchung	In der ursprünglichen Substanz: Wasser %	Nh-Substanz %	Rohfett %	Zucker %	Rohfaser %	Asche %	In der Trocken-Substanz: Nh-Substanz %	Zucker %	Stickstoff in der Trocken-Substanz %	Analytiker
7	411 kg schwefelsaures Ammoniak	604 g	1858	83,16	2,46	—	10,36	—	0,88	14,56	61,52	2,33	P. Bretschneider[1]
8	986 kg Knochenmehl-Superphosphat u. 740 kg Holzasche	622 „	„	83,86	2,23	—	10,03	—	0,90	13,81	62,13	2,21	P. Bretschneider[1]
9	616 kg Knochenkohle-Superphosphat	705 „	„	82,57	2,45	—	10,21	—	0,85	14,00	58,57	2,24	P. Bretschneider[1]
10	616 kg Knochenkohle-Superphosphat u. 206 kg schwefels. Ammoniak	654 „	„	82,19	2,26	—	11,90	—	0,68	12,62	66,81	2,02	P. Bretschneider[1]
11	616 kg Knochenkohle-Superphosphat u. 206 kg Chilisalpeter	670 „	„	82,48	2,35	—	11,33	—	0,79	13,37	64,60	2,14	P. Bretschneider[1]
12	Ungedüngt	656 „	1857	83,38	2,56	—	9,63	—	0,70	15,37	57,90	2,46°	P. Bretschneider u. H. Ritthausen[2]
13	2000 kg Rapsmehl . .	738 „	„	82,41	2,39	—	10,09	—	0,69	13,44	56,80	2,15°	P. Bretschneider u. H. Ritthausen[2]
14	2000 kg Rapsmehl u. 600 kg Knochenmehl . .	806 „	„	82,83	2,17	—	10,73	—	0,65	12,62	62,50	2,02°	P. Bretschneider u. H. Ritthausen[2]
15	1000 kg Rapsmehl u. 600 kg Knochenmehl . .	796 „	„	82,14	2,16	—	11,11	—	0,68	12,12	62,20	1,94°	P. Bretschneider u. H. Ritthausen[2]
16	630 kg Rapsmehl u. 218 kg Knochenmehl . . .	818 „	„	80,72	2,22	—	11,25	—	0,64	11,50	58,30	1,84°	P. Bretschneider u. H. Ritthausen[2]
17	600 kg Knochenmehl .	713 „	„	82,48	2,04	—	11,65	—	0,65	11,62	66,50	1,86°	P. Bretschneider u. H. Ritthausen[2]
18	600 kg Knochenmehl u. 80 kg Potasche . .	770 „	„	81,26	2,39	—	12,11	—	0,87	12,75	64,60	2,04°	P. Bretschneider u. H. Ritthausen[2]
19	600 kg Knochenmehl u. 200 kg Ammonsulfat .	756 „	„	83,31	2,19	—	10,79	—	0,74	13,06	64,16	2,09°	P. Bretschneider u. H. Ritthausen[2]
20	400 kg schwefelsaures Ammoniak	1270 „	„	82,63	2,24	—	11,15	—	0,78	12,56	64,20	2,01°	P. Bretschneider u. H. Ritthausen[2]
21	1380 kg Rapsmehl, 160 kg Potasche, 330 kg Holzasche	795 „	„	82,93	2,36	—	11,01	—	0,76	13,12	64,50	2,10°	P. Bretschneider u. H. Ritthausen[2]
22	200 kg Abraumsalz p. ha	407 „	1861	82,48	0,77	—	12,37	—	0,70	4,40	70,61	0,70	P. Bretschneider u. Küllenberg[3]
23	300 „ „ „ „	293 „	„	81,25	1,27	—	13,81	—	0,82	6,77	73,65	1,08	P. Bretschneider u. Küllenberg[3]
24	400 „ „ „ „	415 „	„	81,25	0,99	—	13,03	—	0,77	5,28	69,49	0,84	P. Bretschneider u. Küllenberg[3]
25	500 „ „ „ „	362 „	„	81,39	0,84	—	12,30	—	0,76	4,51	66,29	0,72	P. Bretschneider u. Küllenberg[3]
26	600 „ „ „ „	316 „	„	80,36	1,03	—	14,83	—	0,83	5,30	76,27	0,85	P. Bretschneider u. Küllenberg[3]
27	700 „ „ „ „	422 „	„	82,26	0,86	—	12,95	—	0,64	4,85	73,00	0,78	P. Bretschneider u. Küllenberg[3]
28	800 „ „ „ „	342 „	„	81,61	0,95	—	12,62	—	0,84	5,00	67,81	0,80	P. Bretschneider u. Küllenberg[3]
29	Mittel der Salzdüngung .	365 „	„	81,48	0,96	—	13,04	—	0,77	5,25	70,42	0,84	P. Bretschneider u. Küllenberg[3]

[1] Vergl. Anmerkung [3]) Seite 689.
[2] No. 12—21. H. Ritthausen u. P. Bretschneider. Mittheil. d. landw. Centr. Ver. f. Schlesien. 9. Heft. (1858.) 120. Vorfrüchte 1855 Winterroggen, 1856 Hafer. Nh-Substanz von uns berechnet. Die angegebenen Düngermengen beziehen sich auf 1 engl. Acker.
[3] Vergl. Anmerkung [1]) Seite 691.

No.	Bemerkungen	Mittleres Gew. d. untersucht. Rüben	Jahr der Untersuchung	In der ursprünglichen Substanz: Wasser %	Nh-Substanz %	Rohfett %	Zucker %	Rohfaser %	Asche %	In der Trocken-Substanz: Nh-Substanz %	Zucker %	Stickstoff in der Trocken-Substanz %	Analytiker
30	80 kg Chilisalpeter . .	383 g	1861	82,62	1,05	—	12,62	—	0,71	6,04	72,62	0,97	P. Bretschneider u. Küllenberg[1]
31	120 „ „ . .	368 „	„	82,39	1,03	—	12,73	—	0,76	5,85	72,29	0,94	
32	200 „ „ . .	368 „	„	83,12	0,99	—	12,69	—	0,78	5,86	75,18	0,94	
33	240 „ „ . .	354 „	„	79,86	1,63	—	13,59	—	0,73	8,09	67,47	1,29	
34	280 „ „ . .	351 „	„	80,54	1,20	—	12,67	—	0,72	6,17	65,11	0,99	
35	320 „ „ . .	394 „	„	81,16	1,11	—	12,94	—	0,70	5,89	68,69	1,94	
36	360 „ „ . .	382 „	„	80,23	1,39	—	12,99	—	0,73	7,03	65,69	1,12	
37	400 „ „ . .	453 „	„	81,22	1,06	—	13,54	—	0,69	5,64	72,10	0,90	
38	500 „ „ . .	546 „	„	80,60	1,28	—	13,40	—	0,72	6,60	69,08	1,06	
39	600 „ „ . .	501 „	„	81,21	1,19	—	12,88	—	0,72	6,33	68,55	1,01	
40	Mittel d. Salpeterdüngung	410 „	„	81,29	1,18	—	13,00	—	0,73	6,31	69,49	1,01	
41	80 kg präc. Kalkphosph.	351 „	„	81,83	0,79	—	13,62	—	0,72	4,35	74,96	0,70	
42	120 „ „ „	273 „	„	80,29	1,12	—	14,43	—	0,76	5,68	73,22	0,91	
43	160 „ „ „	378 „	„	82,26	0,99	—	12,94	—	0,87	5,58	72,94	0,89	

[1]) No. 22—71. P. Bretschneider u. E. Küllenberg. Mitthl. d. landw. Centr. Ver. f. Schlesien. 13. (1862.) 24. (5. Ber. d. Vers.-Stat. Ida-Marienhütte.) Das betr. Versuchsfeld hatte 1857 mit Stallmist gedüngte Würzburger Futterrüben, 1858 Weisskraut, 1859 Mohar, 1860 Weisskraut getragen, wurde im Herbst 1860 mit dem Spaten 12 Zoll tief umgegraben. Die Parzellen waren je 1 preuss. Qu.-Ruthe gross und trugen je auf 8 Horsten 128 Stück Rübenpflanzen. Gedüngt wurde am 15. April, der Stallmist wurde untergegraben, die übrigen Düngemittel mit dem Rechen untergebracht. Die angewendeten Düngemittel enthielten (in der Hauptsache):

Stassfurter Abraumsalz		Präcipit. Kalkphosphat		Bakerguano	
Chlormagnesium . .	24,14 %	3 bas. phosphorsauren Kalk	38,31 %	Phosphorsäure . . .	26,21 %
Chlornatrium	18,80 „	2 bas. phosphorsauren Kalk	8,31 „	Stickstoff	0,14 „
Schwefelsaures Kali .	13,18 „	Eisenphosphat	2,10 „		
Schwefelsaures Natron .	9,36 „	3 bas. phosphors. Magnesia	0,61 „		

Der Chilisalpeter enthielt 15,86 % N.

Die Erträge an Rüben und Blättern pro Morgen waren folgende:

	pro ha kg	Wurzeln Ctr.	Blätter Ctr.
Abraumsalz . . .	200	127,8	28,8
„ . . .	300	124,2	28,8
„ . . .	400	136,8	30,6
„ . . .	500	133,2	28,8
„ . . .	600	129,6	27,0
„ . . .	700	117,0	28,8
„ . . .	800	147,6	34,2
	Mittel	130,9	29,6
Chilisalpeter . .	80	147,6	34,2
„ . .	120	154,8	34,2
„ . .	200	180,0	37,8
„ . .	240	164,0	37,8
„ . .	280	144,7	30,6
„ . .	320	134,8	34,2
„ . .	360	158,0	39,6
„ . .	400	169,7	39,6
„ . .	500	203,0	45,0
„ . .	600	233,1	48,6
	Mittel	169,0	38,2
Kalkphosphat . .	80	133,2	28,8
„ . .	120	114,8	21,6
„ . .	160	126,5	23.4
„ . .	200	153,2	27,0
„ . .	240	154,8	25,2

	pro ha kg	Wurzeln Ctr.	Blätter Ctr.
Kalkphosphat . .	280	144,7	28,8
„ . .	320	133,2	28,8
„ . .	360	133,2	25,2
„ . .	400	158,0	31,2
„ . .	600	163,3	30,6
	Mittel	141,5	27,4
Bakerguano . . .	120	154,8	32,4
„ . . .	160	153,2	34,2
„ . . .	200	124,2	28,8
„ . . .	240	127,8	27,0
„ . . .	280	141,2	28,8
„ . . .	320	136,8	28,8
„ . . .	400	136,8	32,4
„ . . .	500	141,5	34,2
„ . . .	600	136,8	37,8
	Mittel	139,2	31,6
Gemisch No. 187		144,7	34,2
„ „ 188		228,1	73,8
„ „ 189		191,3	23,3
„ „ 190		176,4	39,6
	Mittel	185,1	42,7
Stalldünger		213,1	37,8
„		198,0	36,0
Ungedüngt		116,5	19,8

Der Boden des Versuchsfeldes ist ein armer, lehmiger Sandboden. Zur Untersuchung der Rüben wurden von jeder Parzelle 3 Rüben, eine grössere, eine mittlere und eine kleinere verwendet, diese auf einer Reibe zerrieben und der erhaltene Brei zur Bestimmung der Trockensubstanz verwendet. In der Trockensubstanz wurden Stickstoff und Asche bestimmt. Die Nh-Substanz wurde von uns aus den Angaben des N-Gehalts berechnet.

No.	Bemerkungen	Mittleres Gew. d. untersucht. Rüben	Jahr der Untersuchung	In der ursprünglichen Substanz: Wasser %	Nh-Substanz %	Rohfett %	Zucker %	Rohfaser %	Asche %	In der Trocken-Substanz: Nh-Substanz %	Zucker %	Stickstoff in der Trocken-Substanz %	Analytiker
44	200 kg präc. Kalkphosph.	385 g	1861	80,62	1,06	—	14,53	—	0,75	5,47	74,97	0,88	*Bretschneider u. Kühlenberg*[1]
45	240 " " "	359 "	"	81,03	1,14	—	13,63	—	0,85	6,01	71,86	0,96	
46	280 " " "	355 "	"	82,18	1,19	—	13,73	—	0,86	6,68	77,03	1,07	
47	320 " " "	383 "	"	81,13	1,02	—	13,36	—	0,72	5,40	70,73	0,86	
48	360 " " "	424 "	"	80,47	0,99	—	13,90	—	0,76	5,07	71,17	0,81	
49	400 " " "	337 "	"	81,61	0,91	—	13,04	—	0,78	4,95	70,91	0,79	
50	600 " " "	320 "	"	79,51	0,94	—	13,89	—	0,76	4,59	67,76	0,73	
51	Mittel der Phosphat-Düngung	356 "	"	81,09	1,01	—	13,70	—	0,78	5,34	72,45	0,85	
52	120 kg Bakerguano . .	409 "	"	81,53	1,08	—	12,71	—	0,77	5,85	68,81	0,94	
53	160 " " . .	338 "	"	81,52	0,96	—	12,22	—	0,61	5,19	66,12	0,83	
54	200 " " . .	312 "	"	81,17	0,94	—	12,29	—	0,76	4,99	65,27	0,80	
55	240 " " . .	256 "	"	81,88	0,96	—	10,79	—	0,71	5,30	59,55	0,85	
56	280 " " . .	342 "	"	80,76	0,89	—	11,80	—	0,71	4,63	61,34	0,74	
57	320 " " . .	342 "	"	81,15	0,87	—	12,34	—	0,62	4,62	65,46	0,74	
58	400 " " . .	387 "	"	79,95	0,92	—	13,26	—	0,81	4,58	66,03	0,73	
59	500 " " . .	323 "	"	80,32	0,97	—	11,75	—	0,82	4,93	59,70	0,79	
60	600 " " . .	375 "	"	80,10	1,09	—	11,86	—	0,78	5,48	59,60	0,88	
61	Mittel der Bakerguano-Düngung	342 "	"	80,92	1,04	—	12,11	—	0,73	5,45	63,47	0,87	
62	80 kg Chilisalpet., 200 kg Abraumsalz und 80 kg Kalkphosphat . . .	410 "	"	81,56	1,03	—	—	—	0,75	5,59	—	0,89	
63	600 kg Chilisalp., 800 kg Abraumsalz und 600 kg Kalkphosphat . . .	542 "	"	80,56	1,06	—	12,61	—	0,78	5,45	64,87	0,87	
64	400 kg Chilisalp., 400 kg Abraumsalz und 120 kg Kalkphosphat . . .	408 "	"	81,00	0,91	—	12,50	—	0,71	4,79	65,79	0,77	
65	400 kg Chilisalp., 400 kg Abraumsalz und 120 kg Bakerguano . . .	405 "	"	81,48	1,05	—	11,93	—	0,78	5,67	64,42	0,91	
66	Mittel der Düngungen mit comb. Düngung . .	441 "	"	81,15	1,01	—	12,33	—	0,75	5,36	65,41	0,86	
67	60 000 kg Stalldünger .	346 "	"	82,97	1,30	—	9,83	—	0,88	7,63	57,72	1,22	
68	desgl.	396 "	"	81,71	1,34	—	11,67	—	0,78	7,33	63,80	1,17	
69	Mittel der Stallmist-Düngung	371 "	"	82,34	1,32	—	10,75	—	0,83	7,48	60,88	1,20	
70	Ungedüngt	321 "	"	82,16	1,04	—	10,24	—	0,77	5,83	57,40	0,93	
71	Stalldünger, 14 tons		"	82,96	0,89	—	11,77	—	0,821	5,21	69,08	0,833	

[1]) Vergl. Anmerkung [1]) Seite 691.

No.	Bemerkungen	Gew. d. Rüben	Jahr der Untersuchung	In der ursprünglichen Substanz: Wasser %	Nh-Substanz %	Rohfett %	Zucker %	Rohfaser %	Asche %	In der Trocken-Substanz: Nh-Substanz %	Zucker %	Stickstoff in der Trocken-Substanz %	Analytiker
72	Phosphorsaures Kali a	360 g	1868	77,36	—	—	9,32	—	0,76	—	41,12	—	O. Kohlrausch und Petermann[1])
73	„ „ b	398 „	„	78,52	—	—	10,43	—	0,71	—	48,56	—	
74	„ „ c	440 „	„	79,06	—	—	10,81	—	0,78	—	51,63	—	
75	„ „ d	431 „	„	76,20	—	—	12,30	—	0,68	—	51,68	—	
76	Kohlensaures Kali a	491 „	„	79,32	—	—	9,41	—	0,83	—	45,51	—	
77	„ „ b	560 „	„	80,49	—	—	9,51	—	0,74	—	48,75	—	
78	„ „ c	366 „	„	79,09	—	—	11,08	—	0,73	—	52,98	—	
79	„ „ d	428 „	„	78,85	—	—	11,62	—	0,77	—	54,94	—	
80	Phosphorsaures Kali a	296 „	1871	80,65	1,32	—	10,07	—	0,95	6,82	52,04	1,06	
81	„ „ b	316 „	„	79,42	1,80	—	10,58	—	0,92	8,75	51,41	1,40	
82	„ „ c	429 „	„	78,09	1,39	—	10,76	—	0,89	6,34	49,11	1,01	
83	„ „ d	498 „	„	79,95	1,42	—	11,13	—	0,82	10,10	55,63	1,62	
84	Kohlensaures Kali a	374 „	„	78,79	1,16	—	12,78	—	0,64	5,74	63,24	0,92	
85	„ „ b	391 „	„	80,39	1,31	—	13,10	—	0,78	6,68	66,80	1,07	
86	„ „ c	532 „	„	81,11	1,04	—	13,31	—	0,93	5,51	70,46	0,88	
87	„ „ d	490 „	„	80,01	1,66	—	14,26	—	0,86	8,30	51,34	1,33	
88	Phosphorsaur. Kali (Mittel von 72—75) . . .	407 „	1868	77,78	—	—	10,71	—	0,73	—	48,20	—	
89	Kohlensaures Kali (Mittel von 76—79) . . .	461 „	„	79,44	—	—	10,40	—	0,77	—	50,59	—	
90	Phosphorsaur. Kali (Mittel von 80—83) . . .	409 „	1871	74,53	1,48	—	10,63	—	0,89	5,75	41,32	0,92	
91	Kohlensaures Kali (Mittel von 84—87) . . .	407 „	„	80,33	1,29	—	13,38	—	0,80	6,56	68,02	1,05	
92	2 g Kalisalpeter . .	151,5 „	1874	89,49	—	—	5,32	—	0,98	—	50,61	—	Kohlrausch und Strohmer[2])
93	4 „ „ . .	207 „	„	87,98	—	—	8,26	—	0,95	—	68,72	—	
94	6 „ „ . .	336 „	„	90,12	—	—	5,48	—	0,92	—	55,47	—	
95	8 „ „ . .	266,5 „	„	88,84	—	—	7,03	—	0,93	—	62,99	—	
96	10 „ „ . .	267 „	„	88,79	—	—	5,44	—	1,59	—	48,53	—	
97	12 „ „ . .	305,5 „	„	88,33	—	—	6,78	—	1,02	—	58,09	—	
98	14 „ „ . .	298 „	„	88,14	—	—	5,73	—	1,22	—	48,31	—	

[1]) No. 72—91. O. Kohlrausch (72—79) u. O. Kohlrausch u. A. Petermann. Aschen-Analysen von Em. Wolff. 2. Thl. 44 u. f. (Oekonom. Fortschritte 1870. 289 u. Organ d. Ver. f. Rübenzuckerind. in d. österr.-ungar. Monarchie 1872. 171.) Das untersuchte Material wurde bei Vegetationsversuchen erhalten. Je 125 kg eines mit Salzsäure ausgezogenen Flusssandes befanden sich in Holzkästen, die mit Zinkblech ausgefüttert waren und am Boden ein Abzugsrohr hatten. Die Pflanzennährstoffe wurden in der Form von phosphorsaurem und salpetersaurem Kali, phosphorsaurem Natron, phosphorsaurem Ammon, salpetersaurem Kalk, schwefelsaurer Magnesia und Chlornatrium (Lösungen von 30 g im Liter) beigemischt und zwar betrug diese Beimischung überall neben der N-Nahrung pro 1 kg Sand:

K_2O	Na_2O	CaO	MgO	P_2O_5	SO_3	Cl
0,0529	0,0125	0,0123	0,0080	0,0400	0,0160	0,0073 g

Ausserdem wurde in dem betreffenden Kasten pro 1 kg Sand an Kali zugesetzt und zwar:

a	b	c	d	
No. 72 = 0,0083 g,	No. 73 = 0,0166 g,	No. 74 = 0,0249 g,	No. 75 = 0,0332 g	als phosphorsaures Kali
No. 76 = 0,0113 g,	No. 77 = 0,0226 g,	No. 78 = 0,0329 g.	No. 79 = 0,0452 g	als kohlensaures Kali.

Die Samen legte man nach zweitägigem Einquellen in einer Gypslösung am 25. April; sie gingen zwischen dem 4. und 8. Mai auf, am 23. Mai wurden die Pflanzen in jedem Kasten bis auf 4 weggeschnitten und am 6. Juni überall vereinzelt, so dass in jedem Kasten nur eine und zwar die beste Pflanze stehen blieb. Mitte September, nachdem die grösseren Blätter verwelkt und die übrigen gelb gefärbt waren, fand die Ernte statt. Erträge oben bemerkt (Gewicht der Rübe). Die Versuche von 1871 sind eine Wiederholung der von 1868. Die Mittelzahlen unter 88—91 wurden von uns berechnet.

[2]) Vergl. Anmerkung [1]) Seite 694.

No.	Bemerkungen	Gew. d. Rüben	Jahr der Untersuchung	In der ursprünglichen Substanz: Wasser %	Nh-Substanz %	Rohfett %	Zucker %	Rohfaser %	Asche %	In der Trocken-Substanz: Nh-Substanz %	Zucker %	Stickstoff in der Trocken-Substanz %	Analytiker
99	16 g Kalisalpeter	274,5 g	1874	87,27	—	—	6,37	—	1,05	—	50,04	—	Kohlrausch u. Strohmer[1])
100	2 „ „	190 „	1875	89,57	—	—	5,97	—	1,22	—	57,24	—	
101	4 „ „	259 „	„	90,48	—	—	4,71	—	1,16	—	49,47	—	
102	6 „ „	251 „	„	87,37	—	—	7,22	—	1,01	—	57,16	—	
103	8 „ „	254 „	„	89,64	—	—	5,36	—	1,20	—	53,67	—	
104	10 „ „	276 „	„	84,08	—	—	8,05	—	1,15	—	50,37	—	
105	12 „ „	675 „	„	89,92	—	—	4,68	—	1,25	—	46,43	—	
106	14 „ „	272 „	„	86,22	—	—	6,68	—	1,58	—	48,48	—	
107	16 „ „	266 „	„	87,22	—	—	6,99	—	1,25	—	54,70	—	
						Invertzucker	Rohrzucker	Nichtzucker	Salze				
108	Mistdüng. m. Kalimagnesia*)		1867	(84,46	0,84	0,11	13,79	0,83	0,71	5,41	88,74	0,87)	Becker u. Koppe[2])
109	Mistdüngung ohne diese . .		„	(85,45	1,32	0,19	12,56	1,07	0,73	9,04	86,32	1,45)	
110	Mistdüngung m. Kalimagnesia		„	(84,46	0,99	0,12	13,88	0,83	0,71	6,37	85,36	1,02)	
111	desgl.		„	(84,01	0,99	0,17	13,99	0,96	0,87	6,19	87,49	0,99)	
112	Mistdüngung ohne diese . .		„	(84,73	1,23	0,23	12,79	1,38	0,87	8,06	83,76	1,29)	
113	Lobositz: Ungedüngt .		1877	78,57	1,37	—	15,76	—	0,67	6,39	73,54	1,02	J. Hanamann[3])
114	Lobositz: Stickstoff . .		„	80,75	1,94	—	13,94	—	0,76	10,10	72,56	1,62	
115	Lobositz: Kali . . .		„	77,03	1,69	—	15,18	—	0,74	9,36	66,09	1,50	
116	Lobositz: Phosphorsäure		„	77,97	1,69	—	15,94	—	0,66	7,66	72,22	1,23	
117	Ploscha: Ungedüngt .		„	79,34	1,31	—	15,45	—	0,66	6,34	74,78	1,01	
118	Ploscha: Stickstoff . .		„	79,62	1,44	—	14,60	—	0,63	7,07	71,63	1,13	
119	Ploscha: Kali . . .		„	78,46	1,12	—	15,56	—	0,69	5,20	72,25	0,83	
120	Ploscha: Phosphorsäure		„	78,24	1,37	—	15,14	—	0,66	6,28	69,64	1,00	
121	Ferbenz: Ungedüngt .		„	79,11	1,12	—	14,97	—	0,61	5,36	71,66	0,86	
122	Ferbenz: Stickstoff . .		„	79,25	1,37	—	14,61	—	0,63	6,63	70,70	1,06	
123	Ferbenz: Kali . . .		„	77,41	1,12	—	15,16	—	0,67	4,96	67,11	0,79	
124	Ferbenz: Phosphorsäure		„	78,90	1,06	—	15,54	—	0,66	5,22	73,64	0,84	

[1]) No. 92—107. O. Kohlrausch u. F. Strohmer. Organ d. Ver. f. Rübenzucker-Industrie 1876. 77. Vegetationsversuche im Anschluss an die vorher erwähnten, bei welchen im wesentlichen wie bei diesen verfahren wurde, nur erhielten die 35 kg Sand enthaltenden Kästen neben der allgemeinen Düngung steigende Mengen Kalisalpeter in gelöster Form und zwar am 20. Juni, nachdem die Pflanzen bis auf eine entfernt worden waren. Die angegebenen Mengen Kalisalpeter beziehen sich auf je 1 Kasten. Die Rübenkerne, der rothen Vilmorin angehörend, wurden nach Auswahl der besten Kerne nach dem specifischen Gewicht 1874 am 1. Mai, im Jahre 1875 am 27. April gelegt. Die Ernte fand am 12., bezw. 6. October statt. Das Gewicht der Rüben ist oben bemerkt.

Die Saftmenge der Rüben schwankte von 96,42—97,79 % im Jahre 1874 und von 96,57—97,85 % im Jahre 1875. In der Ernte des letzteren Jahres wurde auch die Menge der Salpetersäure bestimmt und gefunden:

No.	100	101	102	103	104	105	106	107
Salpetersäure in der frischen Rübe . .	0,168	0,082	0,079	0,093	0,302	0,246	0,196	0,077 %
Salpetersäure in der Trockensubstanz .	1,61	0,86	0,63	0,90	1,90	2,44	1,42	0,60 %

Bei Rübe 107 war der Saft zur Zeit der Salpetersäurebestimmung schon in Zersetzung begriffen.

[2]) 108—112. Th. Becker u. Koppe-Wollup. Jahresber. d. Agriculturchem. 11. u. 12 Bd. 1868/69. 716. (Ztschr. d. Ver. f. Rübenzucker-Industrie im Zollverein 1868. 257.) Die Versuche, bei welchen das untersuchte Material gewonnen wurde, wurden auf 3 verschiedenen Schlägen à 30 Morgen ausgeführt, von denen die eine Hälfte gewöhnliche Mistdüngung, die andere ausserdem noch pro Morgen 1 Ctr. Kalimagnesia (mit 15 % Kali und 50 % Kochsalz) erhielt. Die Ernte, scheinbar auf allen Stücken gleich gross, erfolgte Ende October. Zur Untersuchung wurden am 26. November von den eingemieteten Rüben jeder Parzelle 60 Stück entnommen und in Gruppen von 20 Stück getrennt polarisirt. Die obigen Zahlen sind Durchschnittsergebnisse der Untersuchung.

*) Wir geben dieselben, obwohl sie vermuthlich sich nicht bloss bezügl. des Zuckers auf Saft beziehen, da sie unter sich vergleichbar sind. In unserer Quelle ist der N-Gehalt angegeben, nach welchem wir die Nh-Substanz berechneten.

[3]) No. 113—124. Jos. Hanamann. Landw. Jahrbücher. 7. 1878. 795 u. 8. 1879. 823. Journ. f. Landw. 24. 1876. 41. Verfasser liess im Jahre 1874 auf einem freigelegenen Platz 36 Gruben von 10 qm Fläche und 1 m Tiefe ausgraben, die Erde des Untergrundes (reiner Löss) gut mischen und bis zu $^{2}/_{3}$ m Höhe wieder einstampfen, hierauf die Gruben an den

Cichorium Intibus L. — Echte Cichorie. — Gemeine Wegwarte. — Chicorée. — Chicory.

a. Im frischen Zustande.

No.	Bemerkungen	Zeit der Untersuchung	Wasser %	Stickstoff-Substanz %	Fett %	Zucker %	N-freie Extractstoffe %	Holzfaser %	Asche %	In der Trocken-Substanz: Stick-stoff-Substanz %	In der Trocken-Substanz: Kohlehydrate %	Stickstoff in der Trocken-Substanz %	Analytiker
1		1866	78,01	0,92	0,33	—	19,21	0,88	0,65	4,18	87,34	0,67	*H. Schulze*[1])
2		1858	72,07	—	—	6,17	—	—	—	—	—	—	*v. Bibra*[2])
3		1876	77,00	—	0,60	1,10	—	—	0,8	—	—	—	*Hassall*[3])
	Mittel	.	**75,69**	**1,01**	**0,49**	**3,44**	**17,62**	**0,97**	**0,78**	**4,18**	**86,63**	**0,67**	

b. Im getrockneten und gerösteten Zustande.*)

No.	Bemerkungen	Zeit der Untersuchung	Wasser %	Stickstoff-Substanz %	Fett %	Zucker %	N-freie Extractstoffe %	Holzfaser %	Asche %	In der Trocken-Substanz: Stick-stoff-Substanz %	In der Trocken-Substanz: Kohlehydrate %	Stickstoff in der Trocken-Substanz %	Analytiker
1[0])	Trocken	1878	6,89	6,56	0,41	22,20	—	6,36	4,99	7,04	—	1,13	*C. Krauch*[4])
2[0])	desgl. und gebrannt .	„	4,30	—	1,10	22,40	—	—	10,37	—	—	—	
3[00])	Getrocknet	1876	15,00	—	1,90	10,50[00])	—	—	3,00	—	—	—	*Hassall*[5])
4[00])	Gedörrt, gebrannt .	„	14,5	—	2,0	12,2[00])	—	(28,4)	4,30	—	—	—	
5[00])	desgl.	„	12,8	—	2,2	10,4[00])	—	(28,5)	6,80	—	—	—	
6[0])	desgl.	1878	21,16	5,87	—	18,36	—	—	6,02	7,44	—	1,19	*J. König u.*
7[0])	desgl.	„	10,55	6,75	4,94	15,04	38,96	16,49	7,27	7,54	60,37	1,21	*C. Krauch*[1])

Seiten ausmauern und dann je 5 Gruben mit der Ackererde verschiedener Bodenarten, vorher sorgfältig gemischt, anfüllen, so dass sämmtliche Versuchsböden nur bis auf 33 cm Tiefe reichten, die Ackerkrume bildeten und auf einem ganz gleichen Untergrunde ruhten. Es wurden nun 3 Jahre hintereinander jedesmal zu Anfang März vor dem Anbau der Zuckerrübe immer nur mit einem einzigen, aber chemisch reinem Nährstoff (nämlich Ammoniak, Kali oder Phosphorsäure) und zwar stets mit 100 g pro Jahr und Parzelle von 10 qm gedüngt (die Nährstoffe in Wasser gelöst und mittelst der Giesskanne sehr gleichförmig über die Flächen vertheilt), also derselbe Versuch dreimal wiederholt, 1875—1877, und im dritten Jahre erst zur Analyse der sämmtlichen geernteten Rüben, jedesmal 100 Pflanzen, geschritten. Die hier in Betracht kommenden 3 Bodenarten waren Diluvialböden von Lobositz, Ploscha und Ferbenz von folgender Zusammensetzung (Analyse nach Knop's Methode):

	In 100 Thc. d. b. 100° C. getrockn. Bodens				In 100 Thl. lufttrockner Feinerde				
	Steinchen	Grobsand	Feinsand	Feinerde	Hygrosc. H_2O	Geb. H_2O	Humus	Feinboden	Absorption
Lobositz	1,95	2,15	4,94	90,96	2,72	4,03	1,65	91,60	78
Ploscha	2,43	2,61	5,96	89,00	2,66	6,16	2,03	89,15	87
Ferbenz	1,12	1,85	3,57	93,46	2,52	4,75	1,06	90,77	80

In 100 Gewichtstheilen Feinboden:

	Cl	$CaSO_4$	$CaCO_3$	$MgCO_3$	SiO_2	Al_2O_2	Fe_2O_3	CaO	MgO	K_2O	Na_2O
Lobositz	Spur	0,04	1,78	0,16	76,14	12,32	5,05	1,32	1,15	2,04	
Ploscha	0,07	Spur	0,62	Spur	73,04	14,26	7,25	1,16	0,91	2,12	0,57
Ferbenz	0,06	Spur	1,86	Spur	76,47	13,21	6,26	0,25	0,66	1,23	

In heisser concentrirter Salzsäure löslich in Procenten des Feinbodens:
Lobositz: $K_2O = 0{,}34$, $P_2O_5 = 0{,}08$. Ploscha: $K_2O = 0{,}52$, $P_2O_5 = 0{,}10$. Ferbenz: $K_2O = 0{,}26$, $P_2O_5 = 0{,}07$ %.

Die Ernte betrug im dritten Jahre (1877), auf jeder Parzelle 100 Pflanzen, an frischer Substanz in Grammen:

	Lobositz				Ploscha				Ferbenz			
	Unged.	N	K_2O	P_2O_5	Unged.	N	K_2O	P_2O_5	Unged.	N	K_2O	P_2O_5
Rüben	25370	31220	24180	30910	25930	46425	26570	28265	25260	27615	23105	25550
Blätter	8428	11452	8956	6725	5960	11260	8620	8860	10460	13130	5840	4350

Die Analysen der Rüben wurden bereits im Jahre 1878 mitgetheilt, jedoch im Jahrgang 1879 in etwas corrigirter Form reproducirt; daselbst ist der N-Gehalt angegeben, der von uns auf Nh-Substanz umgerechnet wurde.

Cichorium Intibus L. — Echte Cichorie.

[1]) Landw. Vers.-Stat. Bd. IX. S. 203.

[2]) Der Kaffee und seine Surrogate 1858. S. 75.

[3]) Food: Its adulteration and the Methods for their Detection. London, 1876. S. 174 u. 175.

[4]) Berichte der deutschen chem. Gesellsch. Berlin, 1878. S. 277 u. Original-Mittheilung.

[5]) Food: Its adulteration and the methods for their detection. London, 1876. S. 174 u. 175.

[0]) Es enthielt in Wasser lösliche Stoffe:

No. 1	2	6	7
73,29	62,60	53,66	62,63 %

[00]) Dazu kommt nach Verf. bei

	No. 3	4	5
Gummi	20,8	9,5	14,9 %
Gebrannter Zucker .	—	29,1	24,4 „

*) Hasall giebt in seinem Werk den Zuckergehalt in der natürlichen und gebrannten Cichorie wie folgt an:

	No. 1	2	3	4
Zucker in der trockenen natürl. Cichorie	22,76	30,49	35,23	35,02 %
Zucker in der gebrannten Cichorie . .	11,98	15,96	17,98	9,86 „

Vergl. auch unter „Kaffee“.

No.	Bemerkungen		Zeit der Untersuchung	Wasser %	Stickstoff-Substanz %	Fett %	Zucker %	N-freie Extractstoffe %	Holzfaser %	Asche %	In der Trocken-Substanz: Stick-stoff-Substanz %	In der Trocken-Substanz: Kohle-hydrate %	Stickstoff in der Trocken-Substanz %	Analytiker
8	Cichorien-kaffee	in Graupenform	1883	16,28	6,38	5,71	26,12	26,03	12,32	7,16	7,61	62,24	1,22	*A. Petermann*[1])
9		in Pulverform .	„	16,96	6,64	3,92	23,79	29,45	13,37	5,87	7,99	64,11	1,28	
	Gebrannte Cichorie, Mittel		.	**13,16**	**6,53**	**2,74**	**17,89**	**41,42**	**12,07**	**6,19**	**7,52**	**68,29**	**1,20**	

Chaerophyllum bulbosum L. — Kerbelrübe.

No.	Bemerkungen	Jahr der Untersuchung	In der ursprünglichen Substanz: Wasser %	Nh-Substanz %	Rohfett %	Nfr. Extractstoffe %	Rohfaser %	Asche %	In der Trocken-Substanz: Nh-Substanz %	Nfr. Extractstoffe %	Stickstoff in der Trocken-Substanz %	Analytiker
1	In Frankreich gebaut . . .	—	63,62	2,60	0,35	30,45	1,48	1,50	7,14	83,71	1,14	*Payen*[2])
2	In Baden gebaut	1854	68,44	4,61	0,20	24,78	0,52	1,45	14,61	78,51	2,34	*Herth*[3])
3	In Lübbenau (Hinterlausitz) gebaut)	1883	63,97	4,17	0,40	28,52	0,83	2,11	11,95	79,15	1,91	*J. König*[4])
	Mittel	.	**65,34**	**3,89**	**0,32**	**27,83**	**0,94**	**1,68**	**11,23**	**80,46**	**1,80**	

Chaerophyllum Prescottii. — Sibirische Kerbelrübe,

1	In Eldena angebaut . . .	1854	76,00	3,20	0,60	—	—	0,90	13,33	—	2,13	*Trommer*[5])

Daucus Carota L. — Gemeine Möhre, Mohrrübe, gelbe Rübe, gelbe Wurzeln. — Common Carrot. — Carrotte. — Grosse Varietät:

1		—	85,00	1,50	0,40	8,35	3,00	1,75	10,00	55,66	1,60	*Johnston*[6])
2	Mohrrüben	—	87,60	1,88	0,30	9,02	0,70	0,60	15,16	71,93	2,43	*Boussingault*[7])
3	Weisse Carrotte	—	86,00	1,50	0,17	10,90	0,80	0,60	10,71	78,38	1,71	

[1]) Nach Bulletin de la station agricole de Gembloux No. 28 in Centralbl. f. Agric. Chem. 1883. S. 843. A. Petermann bestimmte die in Wasser löslichen und unlöslichen Stoffe des Cichorienkaffee's wie folgt:

	Wasser %	In Wasser lösliche Stoffe: Im Ganzen %	Eiweissstoffe %	Glycose %	Dextrin, Gummi etc. %	Farb- u. Bitterstoffe %	Mineralstoffe %	Unlösliche Stoffe: Im Ganzen %	Eiweissstoffe %	Fett %	Cellulose %	Mineralstoffe %
No. 8	16,28	57,96	3,23	26,12	9,63	16,40	2,58	25,76	3,15	5,71	12,32	4,58
No. 9	16,96	56,90	3,66	23,79	9,31	17,59	2,55	26,14	2,98	3,92	13,37	5,87

Chaerophyllum bulbosum L.:

[2]) No. 1. Payen. Weende'r Jahresber. 1855/56. II. 38. (Compt. rend. 43. 769.) Ferner wurden noch bestimmt: Stärkemehl und verwandte Stoffe 28,634 %, Rohrzucker 1,200 %, Pectin 0,622 %.

Nach dem specifischen Gewicht gesondert zeigten die Wurzeln nachstehenden verschiedenen Gehalt an Wasser und Trockensubstanz

	Wasser	Trockensubstanz
Leichteste Wurzel	63,04 %	36,96 %
Weniger leicht, kaum auf dem Wasser schwimmend	58,55 „	41,45 „
Weniger leicht, langsam im Wasser sinkend . . .	59,28 „	42,72 „
Schwerste Wurzel	55,16 „	44,84 „

[3]) No. 2. G. Herth. Ebendaselbst. (Wilda's landw. Centralbl. 1855. II. 133.) Nach ausführlicherer Untersuchung enthielt die Rübe: Stärkemehl 18,73 %, Gummi 4,05 %, Zucker 2,00 %.

[4]) Original-Mittheilung. Von dem Rohprotein (4,17 %), waren 2,92 % reines Protein; von den 28,52 % N-freien Extractstoffen waren 20,99 % Stärkemehl.

Chaerophyllum Prescottii:

[5]) No. 1. Trommer. Weende'r Jahresber. 1855/56. II. 38. (Eldena'er Archiv 1865. 275.) Nach ausführlicherer Untersuchung enthielt die (ertragreiche, äusserst wohlschmeckende, zarte, goldgelbe, weissfleischige) Wurzel 17,3 % Stärkemehl, 2,0 % Pectin und Pflanzenfaser.

Daucus Carota L.:

[6]) No. 1. Johnston. Moleschott's Physiologie der Nahrungsmittel 1859. 2. Thl. 156.

[7]) No. 2 u. 3. J. B. Boussingault. Dessen: Die Landwirthschaft in ihren Beziehungen zur Chemie etc. 3. Bd. 200. Livländer Jahrbücher der Landwirthschaft.

No.	Bemerkungen	Jahr der Untersuchung	In der ursprünglichen Substanz: Wasser %	Nh-Substanz %	Rohfett %	Nfr. Extractstoffe %	Rohfaser %	Asche %	In der Trocken-Substanz: Nh-Substanz %	Nfr. Extractstoffe %	Stickstoff in der Trocken-Substanz %	Analytiker
4	Bei Dorpat gewachsen, auf gut gedüngtem Gartenboden	1853	86,97	2,23	—	—	—	—	17,10	—	2,74	C. Schmidt [1])
5	desgl., auf schwarzem Ackerboden	„	86,45	1,94	—	—	—	—	14,32	—	2,29	
6	desgl., auf Sandboden . . .	„	86,81	1,34	—	—	—	—	10,16	—	1,63	
7	Gelbe Rüben, bei Giessen gewachsen	„	83,28	1,54	—	—	—	0,671	9,21	—	1,47	Horsford [2])
8	Altringham-Möhre, gelblichweiss, 518 g schwer . .	„	87,59	0,53	—	—	—	0,87	4,27	—	0,68	Hörle [3])
9	desgl., rothgelb, 277 g schwer	„	89,92	0,67	—	—	—	1,23	6,65	—	1,06	
10	desgl., gelblichweiss, 131 g schwer	„	81,10	0,91	—	—	—	1,68	4,81	—	0,77	
11	Riesenmöhre, weisse, grünköpfige, in Hohenheim gebaut, 316 g schwer . .	1852	82,40	1,58	—	11,84	3,07	1,11	8,98	67,32	1,28	E. Wolff [4])
12	desgl., gelbe, in Möckern gebaut, 143 g schwer . .	„	83,86	1,37	—	10,24	3,24	1,29	8,49	63,44	1,36	
13	desgl., magerer Kalkboden .	1851	88,26	0,60	—	—	—	0.74	5,11	—	0,82	A. Völcker [5])
14	Weisse belgische Möhre . .	1852	88,72	0,61	—	—	—	0,70	5,41	—	0,87	
15	520 g schwer	„	85,40	0,71	—	—	—	1,27	4,86	—	0,78	H. Hellriegel [6])
16	100 g schwer	„	79,20	1,00	—	15,30	2,25	2,25	4,81	73,55	0,77	
17	Röthl. Hohenheimer, 1255 g schwer	1854	87,78	0,88	—	—	1,23	0,91	7,25	—	1,16°	H. Ritthausen [7])
18	desgl., 430 g schwer . . .	„	86,37	1,10	—	—	1,35	0,81	7,93	—	1,27°	
19	desgl., 168 g schwer . . .	„	84,48	0,79	—	—	1,60	0,99	5,13	—	0,82°	
20	Gelbe belgische, 656 g schwer	„	87,60	1,03	—	—	1,53	1,07	8,34	—	1,35°	
21	Weisse belgische, 776 g schwer	„	87,90	0,74	—	—	1,41	0,89	6,13	—	0,98°	
22	Riesenmöhre, 325 g schwer .	1859	85,30	0,66	—	11,90	1,03	1,11	4,49	81,95	0,72	Th. Dietrich [8])
23	desgl., 795 g schwer . . .	1860	88,64	0,62	0,24	8,25	1,30	0,95	5,27	73,56	1,82	derselbe [9])
24	desgl., 350 g schwer . . .	„	86,04	0,69	0,26	9,93	2,00	1,08	4,94	71,13	0,79	
25	desgl., 150 g schwer . . .	„	86,91	0,58	0,24	9,50	1,79	0,98	4,43	72,48	0,71	
26	desgl., Mittel	„	87,72	0,64	0,24	8,86	1,55	0,99	5,21	72,16	0,83	

[1]) No. 4—6. C. Schmidt. Ann. d. Chem. u. Pharm. 83. (1852.) 335. Nh-Substanz von uns aus angegebenem N-Gehalt berechnet.

	No. 4	5	6
Rohrzucker	7,19	7,81	8,07

Derselbe wurde sowohl durch Gährung als durch Kupferlösung bestimmt.

[2]) No. 7. Horsford. Wolff's Grundlagen des Ackerbau's. 3. Aufl. 1856. 938.

[3]) No. 8—10. Hörle. Ebendaselbst.

[4]) No. 11 u. 12. E. Wolff. Ebendaselbst.

[5]) No. 13 u. 14. Aug. Völcker. Ebendaselbst.

[6]) No. 15 u. 16. H. Hellriegel. Chem. Ackersm. 1856. 229.

[7]) No. 17—21. H. Ritthausen. Weende'r Jahresber. 1855/56. (Chem. Centralbl. 1857. 14.) Die Möhren waren 1854 in Möckern gebaut. Das angegebene Gewicht der Rüben bezieht sich auf je 3 Stück. Nh-Substanz von uns aus angegebenem N-Gehalt berechnet.

[8]) No. 22. Th. Dietrich. Landw. Anzeiger für Kurhessen 1859. 45.

[9]) No. 23—26. Derselbe. Ebendaselbst 1860. 35. Die Mittelzahlen (unter No. 26) sind berechnet unter der Annahme, dass 100 Gew. Erntemasse nicht aus gleichen Gewichtstheilen der grossen, mittleren und kleinen Möhren, sondern aus gleichen Antheilstheilen derselben gebildet sind:

	No. 23	24	25	26
Zucker	4,04	5,31	7,03	4,73 %
Pectinstoffe	4,21	4,62	2,47	4,13 „

No.	Bemerkungen	Jahr der Untersuchung	In der ursprünglichen Substanz: Wasser %	Nh-Substanz %	Rohfett %	Nfr. Extractstoffe %	Rohfaser %	Asche %	In der Trocken-Substanz: Nh-Substanz %	Nfr. Extractstoffe %	Stickstoff in der Trocken-Substanz %	Analytiker
27	Riesenmöhre, 250 g schwer .	1860	84,00	1,25	0,24	12,03	1,28	1,20	7,81	75,19	1,25	*Th. Dietrich*[1])
28	Grünköpf. rothfleisch. Möhre, 300 g schwer	„	84,14	1,24	0,29	11,56	1,58	1,19	7,82	72,90	1,25	
29	Grünköpf. gelbfleisch. Möhre, 200 g schwer	„	80,54	1,46	0,23	14,41	2,01	1,35	7,50	74,05	1,20	
30	Saalfelder Möhre	1859	86,45	2,18	—	8,00	2,36	1,01	16,09	59,04	2,57	*J. Nessler*[2])
31	Riesenmöhre, grünköpfige .	„	88,05	1,56	—	6,16	2,78	1,45	13,05	51,55	2,09	
32	Grünköpfige weisse Möhre .	1854	86,00	0,90	—	—	—	1,00	6,43	—	1,03	*Rohde*[3])
33	White Belgian Carrot, Kalkboden	1852	87,34	0,67	0.20	7,47	3,47	0,85	5,27	59,03	0,84	*Völcker*[4])
34	Im Mittel von 7 Analysen (gedüngte Möhre), 400 g . .	1859	89,18	0,85	—	—	—	0,67	7,86	—	1,26	*Bretschneider*[5])
35	Weisse grünköpfige, stark gedüngt, 10. October . . .	„	89,24	0,73	—	8,18	1,20	0,65	6,78	76,02	1,85	
36	Rothe Mohrrübe	1852	86,63	—	—	—	—	—	—	—	—	*Sullivan*[6])
37	Weisse, belgische	„	87,01	—	—	—	—	—	—	—	—	
38	Weisse Riesenmöhre, 500 g .	„	88,25	1,72	—	—	—	—	14,64	—	2,34	*Ritthausen*[7])
39	Rothe Riesenmöhre, 500 g .	„	88,70	1,88	—	—	—	—	16,64	—	2,66	
40	Gelbe Möhren von 1865, 25. Mai	1866	82,18	2,48	—	—	—	1,12	13,94	—	2,23°	*H. Schultze*[8])
41	Weisse grünköpfige Riesenmöhre	—	84,57	2,12	—	—	—	—	13,73	—	2,03°	*Fühling*[9])

[1]) No. 27—29. Derselbe. Ebendaselbst 1860. 38. Die Möhrensorten waren vergleichsweise auf einem Felde gebaut. An näheren Bestandtheilen wurden ermittelt:

	No. 27	28	29
Traubenzucker	4,94	2,95	8,09
Rohrzucker	4,16	6,60	3,99
Pectinstoffe	2,93	2,01	2,33

[2]) No. 30 u. 31. J. Nessler. Ber. d. Vers.-Stat. Karlsruhe 1870. 58. An näheren Bestandtheilen wurden noch ermittelt:

	Zucker	Stärke	Pectin u. Gummi
No. 30	7,15	—	0,85
No. 31	5,34	0,22	0,60

[3]) No. 32. Rohde u. Trommer. Weende'r Jahresber. 1855/56. II. 117. (Eldena'er Archiv 1855. 240.) Ausser obigen Zahlen ist noch angegeben: Zucker 7,2 %, Holzfaser u. Pectin 4,2 %. Die angegebenen Bestandtheile summiren sich auf 100,1.

[4]) No. 33. Aug. Völcker. Journ. Roy. Agr. Soc. of England. 14. II. (1852.) 385. Auf der Farm d. R. Agr. Coll., auf kalkhaltigem, ziemlich flachgründigem und steinigem Boden gewachsen. An näheren Bestandtheilen wurden ermittelt:

	Frisch	Trocken		Frisch	Trocken
Water	27,338	—	Salts insoluble in alcohol .	0,293	2,314
Cellular fibre	3,471	27,412	Sugar	6,544	51,682
Ash united with the fibre .	0,145	1,145	Salts soluble in alcohol . .	0,409	3,230
Insoluble protein compounds	0,169	1,334	Ammonia in the state of ammonial salte	0,008	0,063.
Soluble casein	0,498	3,934	Oil	0,203	1,604
Gum and pectin	0,885	6,989			

[5]) No. 34 u. 35. P. Bretschneider u. Küllenberg. 4. Ber. d. Vers.-Stat. Ida-Marienhütte. 74 u. 95.

[6]) No. 36 u. 37. William K. Sullivan. Weende'r Jahresber. 1853. II. 27. (Farmer's Magaz. Juli—Decbr, 1853. 127.)

[7]) No. 38 u. 39. H. Ritthausen. Land- u. forstw. Ztg. f. d. Prov. Preussen. 3. 28.

	Weisse	Gelbe
Rohrzucker	0,86	1,59
Traubenzucker . . .	2,76	3,92

[8]) No. 40. H. Schultze u. E. Schulze (Vers.-Stat. Weende). Landw. Vers.-Stat. 9. 1867. 433. Ausser angegebener Nh-Substanz enthielt die Möhre 0,27 % (auf Trockensubstanz bezogen) Salpetersäure.

[9]) Vergl. Anmerkung [1]) Seite 699.

No.	Bemerkungen	Jahr der Untersuchung	In der ursprünglichen Substanz: Wasser %	Nh-Substanz %	Rohfett %	Nfr. Extractstoffe %	Rohfaser %	Asche %	In der Trocken-Substanz: Nh-Substanz %	Nfr. Extractstoffe %	Stickstoff in der Trocken-Substanz %	Analytiker
42	Orangegelbe grünköpf. Riesenmöhre	—	86,41	1,26	—	—	—	—	9,29	—	1,49⁰	*Fühling*[1])
43	Altringham-Möhre	—	84,04	1,81	—	—	—	—	11,34	—	1,82⁰	
44	Weisse grünköpfige Möhre, mittl. Gew. 600 g . . .	—	88,20	1,73	—	—	—	—	14,65	—	2,34	*v. d. Goltz*[2])
45	Rothe Möhre, mittleres Gewicht 600 g	—	88,70	1,88	—	—	—	—	16,62	—	2,66	
46	„Gelbe Riesenmöhre", Lehmboden	1878	84,90	0,60	—	11,56	1,71	1,23	3,97	76,55	0,64	*Mach u. Portele*[3])
47	„Grünkopf-Riesenmöhre", Lehmboden	„	89,06	0,70	—	8,39	1,10	0,75	6,40	76,68	1,02	
48	Saalfelder dicke Futtermöhre, Lehmboden	„	85,97	2,11	—	9,55	1,28	1,09	15,04	68,07	2,41	
49	Grünköpf. Möhren, grandiger Lehmboden	1880	89,80	1,06	0,10	7,00	1,07	0,97	10,39	68,63	1,66	*W. Fleischmann*[4])
50	Möhren	1881	89,71	1,26	0,14	6,94	1,09	0,86	12,23	67,48	1,80	*Wolff*[5])
51	In Amerika gebaut . . .	—	88,82	0,97	0,65	7,39	0,86	1,31	8,68	66,60	1,39	*Jenkin*[6])
52	desgl.	—	87,85	1,35	0,71	6,86	2,32	0,91	11,11	56,47	1,78	
53	In Japan gebaut	—	86,78	1,81	0,45	9,33	0,54	1,09	13,66	69,87	2,17	*O. Kellner*[7])
	Minimum, No. 17—52	.	80,54	0,52	0,13	7,46	0,93	0,73	3,97	56,47	0,64	
	Maximum, No. 17—52	.	89,71	2,20	0,77	9,96	2,52	1,55	16,64	79,54	2,66	
	Mittel, No. 17—52	.	**86,79**	**1,23**	**0,30**	**9,17**	**1,49**	**1,02**	**9,31**	**69,41**	**1,49**	

[1]) No. 41—43. Fühling. Aus H. Werner's Handbuch des Futterbaues. Berlin, 1875. 729. Der procentische Zuckergehalt betrug bei No. 41 = 5,1 %, bei No. 42 = 5,1 %, bei No. 43 = 8,26 %. Der Ertrag pro ha in kg war bei

No. 41	42	43
46176	34573	25155

[2]) No. 44 u. 45. von der Goltz u. Funk. Aus H. Werner's Handbuch des Futterbaues. Berlin, 1875. 729. Der Ertrag an Wurzeln pro ha und an Zucker war bei:

	No. 44	45
Wurzeln . .	6415,5 kg	6169,8 kg
Protein . . .	939,7 „	1025,7 „
Zucker . . .	1782,3 „	3008,8 „

[3]) No. 46—48. E. Mach u. C. Portele (Vers.-Stat. St. Michele). Privatmitthl. Die Möhren enthielten:

	No. 46	47	48
In der Wurzel	8,94	4,84	3,98 % Zucker
Im Saft	9,68	6,90	6,68 „ „

[4]) No. 49. W Fleischmann (Milchw. Vers.-Stat. Raden). Bericht pro 1881. Ertrag sehr reichlich, Qualität gut.

[5]) No. 50. E. Wolff u. Osc. Kellner. Landw. Jahrb. 13. 1884. 245. Die Nh-Substanz der Trockensubstanz bestand aus 6,72 % Protein und 5,51 % Amiden etc. Unter Zurechnung der letzteren betrugen demnach die Nfr-Extractstoffe 72,99 %. Unter Asche ist hier Reinasche und Sand zu verstehen.

[6]) No. 51 u. 52. E. H. Jenkin's Tabelle über die Zusammensetzung amerikanischer Futtermittel in Ann. Rep. Connect. Agricult. Exper. Stat. 1883.

[7]) Mittheil. d. Deutschen Gesellsch. f. Natur- u. Völkerkunde. Bd. IV. No. 35. Von Gesammt-N der Trockensubstanz (2,17 %) waren 0,93 % Eiweiss-N.

Daucus carota. — Kleine Varietät (Speisemöhre).

No.	Bemerkungen	Zeit der Untersuchung	Wasser %	Stickstoff-Substanz %	Fett %	Zucker %	N-freie Extractstoffe %	Holzfaser %	Asche %	In der Trocken-Substanz: Stick-stoff-Substanz %	In der Trocken-Substanz: Nfr. Extract-stoffe %	Stickstoff in der Trocken-Substanz %	Analytiker
1*)	Speisemöhre, klein	1875	88,07	1,48	0,26	1,96	6,41	1,04	0,79	11,44	70,16	1,83	*W. Dahlen* [1])
2*)	desgl., mittelgross	„	85,86	0,98	0,16	2,10	8,95	1,10	0,84	6,94	78,15	1,11	
3*)	desgl., gross	„	87,17	0,90	0,13	1,28	8,90	0,93	0,69	7,01	79,35	1,12	
4	desgl., klein	1876	91,22	0,79	0,26		6,09	0,86	0,78	9,00	69,36	1,44	*J. König u. B. Farwick* [2])
5		„	89,30	1,06	0,26		8,11	0,82	0,45	9,91	75,80	1,59	*R. Pott* [3])
6		1881	90,00	1,20	0,27		6,55	1,13	0,85	12,00	65,50	1,92	*C. Böhmer* [4])
	Mittel	.	**88,84**	**1,07**	**0,21**	**1,58**	**6,59**	**0,98**	**0,73**	**9,38**	**73,05**	**1,50**	

Pastinaca sativa L. — Gemeiner Pastinak. — Parsnip. — Panais cultivé.

No.	Bemerkungen	Jahr der Untersuchung	In der ursprünglichen Substanz: Wasser %	Nh-Substanz %	Rohfett %	Nfr. Extract-stoffe %	Roh-faser %	Asche %	In der Trocken-Substanz: Nh-Substanz %	In der Trocken-Substanz: Nfr. Extract-stoffe %	Stickstoff in der Trocken-Substanz %	Analytiker
1		—	88,30	1,58	0,2	8,2	1,00	0,7	13,50	70,26	2,16	*Boussingault* [5])
2	Von kalkigem, ziemlich steinigem flachgründig. Boden	1852	82,05	1,22	0,55	7,16	8,02	1,00	6,77	39,92	1,08	*A. Völcker* [6])
3	Von Lehmboden	1878	79,31	1,32	—	16,36	1,73	1,28	6,38	79,07	1,02	*E. Mach* [7])

[1]) Landw. Jahrbücher 1875. S. 613.

[2]) Zeitschr. f. Biologie 1876. S. 497.

[3]) Untersuchungen über d. Stoffwerth in verschiedenen Gemüsepflanzen. Jena, 1876.

[4]) Original-Mittheilung. Von den N-haltigen Stoffen waren 81,77 % in Form von Eiweiss vorhanden.

*) Es enthielt:

	Phosphorsäure	Schwefel, organisch gebunden
Möhren, kleine Var. No. 1 . .	0,161	0,023 %
„ 2 . .	0,122	0,006 „
„ 3 . .	0,110	0,016 „

Pastinaca sativa L.:

[5]) No. 1. Boussingault. 3. 200.

[6]) No. 2. Aug. Völcker. The Journ. of the Royal Agricult. Society of England. 14. II. 385. (1852.) Auf der Farm d. R. Agr. Coll. auf kalkhaltigem, flachgründigem Boden gewachsen. Ausführliche Analyse:

	Frisch	Trocken
Water	82,050	—
Cellular fibre	8,022	44,691
Ash united with the fibre	0,208	1,159
Insoluble protein compounds	0,550	3,064
Soluble casein	0,665	3,704
Gum and pectin	0,748	4,166
Salts insoluble in alcohol	0,455	2,535
Sugar	2,882	16,055
Salts soluble in alcohol	0,339	1,888
Ammonia in the state of ammoniacal salts . .	0,033	0,184
Starch	3,507	19,537
Oil	0,546	3,041

[7]) No. 3. E. Mach (Vers.-Stat. St. Michele). Originalmitthl. Die Pastinak waren auf Lehmboden gewachsen; sie enthielten 1,89 % Zucker.

No.	Bemerkungen	Jahr der Untersuchung	In der ursprünglichen Substanz: Wasser %	Nh-Substanz %	Rohfett %	Nfr. Extractstoffe %	Rohfaser %	Asche %	In der Trocken-Substanz: Nh-Substanz %	Nfr. Extractstoffe %	Stickstoff in der Trocken-Substanz %	Analytiker
	Sium Sisarum L. — Zuckerwurzel.											
1		1861	72,51	2,87	0,34	19,69	2,11	2,48	10,44	71,62	1,67	*Payen*[1])
2		—	62,41	2,09	—	27,59	7,91		5,56	73,40	0,89	*Sacc*[2])
	Apios tuberosa Mönch. — Viginische Knollenwicke, Amerikanische Erdnuss.											
1		—	57,6	4,5	0,8	33,35	1,30	2,25	10,62	79,11	1,70	*Payen*[3])
	Boussingaultia baselloïdes H. B.											
1		—	85,1	2,3	0,27	10,53	0,4	1,4	15,44	70,67	2,47	*Boussingault*[4])
	Dioscorea alata L. — Yamswurzel, Igname.											
1		1847	79,64	1,93	—	17,33 *)	—	1,10	9,48	85,12	1,52	*Payen*[5])
	Dioscorea Batatas Decaisne (D. japonica Thunb., Convolvulus Batatas (?)). — Chinesische Yamswurzel, Ignama. — Sweet Potato.											
1	„Igname de Chine" . . .	1854	79,3	1,5	—	17,1	1,0	1,1	7,25	82,61	1,16	*Fremy*[6])
2	„D. japonica", aus Algerien	—	77,05	2,54	0,30	16,76	1,45	1,90	11,06	74,51	1,77	*Payen*[7])
3		—	70,4	—	—	—	—	—	—	—	—	*Pepin*[7])
4	„D. japonica", aus dem Garten des Museums (Paris) . .	—	82,6	2,4	0,4	13,1	0,4	1,30	13,79	74,14	2,21	*Boussingault*[7])
5	„Convolvul. Batatas" . . .	—	73,10	0,92	1,12	16,60	6,79	1,40**)	3,42	61,98	0,55	*Henry*[8])

Sium Sisarum L.

[1]) No. 1. Payen. Ann. d'agricult. prat. 5. Ser. t. 17. Juni 1861. 513. Nach ausführlicherer Analyse enthielt die Wurzel:

Pectose et acid pectique	2,200 %	Sucre de Canne	4,500 %
Gummi, dextrin et mucilage . . .	8,814 %	Fécule amylacée	4,060 %

Der N-Gehalt ist zu 0,459 % angegeben, darnach ist von uns die Menge der Nh-Substanz berechnet worden, während diese im Original zu 2,983 % angegeben ist.

[2]) No. 2. Sacc. Weendee'r Jahresber. 1855/56. II. 38. (Wilda's landw. Centralbl. 1856. II. 359.) Nach ausführlicher Analyse enthält die Wurzel: Stärkemehl = 18,09 %, Rohrzucker = 6,60 %, Pectin = 1,00 %, Gummi = 0,53 %, lösliche Salze = 1,37 %. (Die Wurzel wird in China Ninsi genannt.)

Apios tuberosa:

[3]) No. 1. Payen. Weende'r Jahresber. 1854. 2. 20. (Wilda's landw. Centralbl. 1854. 1. 321.) Compt. rend. 18. 189.

Boussingaultia baselloides:

[4]) No. 1. J. B. Boussingault. Dessen: Die Landwirthschaft in ihren Beziehungen zur Chemie etc. 3. Bd. 200.

Dioscorea alata:

[5]) No. 1. A. Payen. Comptes rendus 1847. T. 25. p. 182.

*) Darin 4,79 % Rohrzucker und 18 % Lävulose.

Dioscorea Batatas:

[6]) No. 1. Fremy. Weende'r Jahresber. 1854. 1. 264. (Ann. d'agricult. Franc. Juli—Decbr. 1854. 319.) Die untersuchten Knollen wurden von Decaisne 1854 im botanischen Garten zu Paris angebaut, 6. November geerntet.

[7]) No. 2. Payen. No. 3. Pepin. No. 4. Boussingault. Die betr. Analysen werden von Fremy an bezeichneter Stelle zum Vergleich angeführt. Die Analysen unterscheiden bezügl. der Nfr-Stoffe:

	No. 1	2	3	4
Stärke	16,0	16,76	18,3	13,1
Fett, Zucker etc. .	1,1	0,30	—	0,4

[8]) Vergl. Anmerkung [1]) Seite 702.

**) Säuren und Salze.

No.	Bemerkungen	Jahr der Untersuchung	In der ursprünglichen Substanz: Wasser %	Nh-Substanz %	Rohfett %	Nfr-Extractstoffe %	Rohfaser %	Asche %	In der Trocken-Substanz: Nh-Substanz %	Nfr-Extractstoffe %	Stickstoff in der Trocken-Substanz %	Analytiker
6	„Convul. Batatas", aus der Umgegend von Paris . .	—	79,64	1,10	0,25	14,22	0,54	3,25	5,40	74,76	0,86	*Payen*[1])
7	desgl., aus d. südl. Frankreich	—	67,50	1,50	0,30	26,25	0,45	2,90	4,62	84,66	0,74	
8	„D. japonica" (Naga-imo), Japan	1883	80,74	2,26	0,16	15,31	0,84	0,69	11,74	79,46	1,88	*O. Kellner*[2])
9	„Yam", Gewicht 2708 g. .	1878	71,23	2,06	0,25	25,24	0,75	0,67	7,11	87,13	1,14	*S. W. Johnson*[3])
10	Conv. Batat. Sweet Potato, „Nanse mond Improved" .	„	73,39	1,28	0,28	23,00	0,98	1,07	4,81	86,44	0,77	
11	Conv. Batat. Sweet Potato .	1877	65,96	0,45	0,30	29,72	2,50	1,07	1,32	87,31	0,21	*Antisell*[4])
12	Im botan. Gart. zu Bonn gew.	1856	83,00	1,13	0,32	13,75	0,70	1,10	6,65	80,90	1,06	*H. Grouven*[5])
13	Aus vorigem Saatgut gezogen	1857	76,50	4,61	0,21	15,56	1,57	1,55	19,61	66,22	3,15	
14	In England gebaut, „Batate"	1871	69,64	1,34	0,48	26,28	1,12	1,14	4,41	86,60	0,71	*Neubauer u. Oeconomides*[6])
15	desgl.	„	71,53	0,72	0,54	24,89	1,27	1,05	2,51	87,45	0,40	
16	desgl.	„	71,77	0,71	0,44	24,85	1,21	1,02	2,51	88,01	0,40	
17	desgl.	„	67,33	1,51	0,44	28,11	1,43	1,18	4,63	86,04	0,74	
18	Von den Azoren	1876	86,45	0,39	—	12,12	0,49	0,55	2,88	89,44	0,46	*Corenwinder*[7])
19	Von Malaga	„	69,10	1,20	—	27,06	1,32	1,32	3,88	87,58	0,62	
20	In Südamerika geb., „Moniato"	—	67,00	0,56	—	21,42	10,02	1,00	1,70	64,91	0,27	*Sacc*[8])
21	In Südamerika geb., „Rothe Batate"	1883	68,19	0,64	—	13,34	17,83		2,01	41,93	0,32	
22	In Japan gebaut	1884	76,19	2,81	0,12	17,91 *)	1,79	1,17	11,80	75,22	1,89	*Nagai u. Murai*[9])
	Mittel aus No. 8—21 (excl. No. 12 u. 13)	.	**71,86**	**1,00**	**0,20**	**25,05**	**1,03**	**0,86**	**4,13**	**86,80**	**0,66**	

[1]) No. 5. Henry. No. 6 u. 7. Aus Moleschott's Physiologie der Nahrungsmittel 1859. 2. 152. Als nähere Bestandtheile sind angegeben:

	No. 5	6	7
Stärkemehl . . .	13,30	9,42	16,05
Zucker	2,30	3,50	10,20
Pectinsäure . . .	—	1,30	—

[2]) No. 8. Osc. Kellner. Japan. Chem. Analyses. Tokio, 1884. 21. Von den Nfr-Stoffen waren (in der Trockensubstanz) 22,13 % Stärkemehl. Stickstoff in Amidform etc. bestimmt durch Ausfällen mit Phosphorwolframsäure: 0,675 %.

[3]) No. 9 u. 10. S. W. Johnson. No. 9. Rep. Ct. Ag. Exper. Stat. 1878. 16. No. 10. Americ. Journ. Scien. u. Arts. 1877. 197. (Beide Analysen aus Ann. Rep. Connect. Agricult. Exper. Stat. 1879. 158.) An näheren Bestandtheilen wurden bestimmt 1,08 % Gummi, 6,86 % Traubenzucker und 15,06 % Stärkemehl (aus der Differenz).

[4]) No. 11. T. Antisell. Ibidem.

[5]) No. 12 u. 13. H. Grouven. Ztschr. d. landw. Ver. f. Rheinpreussen 1857. 173. Die Yamsknolle No. 12 war $1^1/_2$ Fuss lang, 1 Zoll dick, mit weissem Fleisch, die von No. 13, welche in düngerreichem Gartenboden gewachsen, 2 Fuss lang. An näheren Bestandtheilen wurden unterschieden:

	No. 12	13
Stärke	8,00	3,04
Schleim und Pectin . .	1,92	0,31
Extractivstoffe	3,11	2,89
Zucker	0,72	0,32

[6]) No. 14—17. C. Neubauer u. J. Oeconomides. Mitgetheilt von H W. Dahlen. Landw. Jahrb. 4. 1875. 625. An näheren Bestandtheilen wurden unterschieden (im frischen Zustande):

	No. 14	15	16	17
Traubenzucker , . . .	3,47	2,10	2,50	0,44
Stärke und Dextrin . . .	21,02	20,18	19,57	23,01
Sonstige Nfr-Extractstoffe	1,79	2,61	2,78	4,66

Die Knollen hatten vermuthlich bei dem Transport von England nach Wiesbaden etwas an Wasser verloren.

[7]) No. 18 u. 19. Corenwinder. Ann. agron. 1876. 2. 429.

[8]) No. 20 u. 21. Sacc. Agriculturchem. Centralbl. 12. 1883. 337. An näheren Bestandtheilen wurden ferner bestimmt:

	Traubenzucker	Gummi	Pectinsäure	Stärkemehl
No. 20 . . .	4,00	1,15	1,27	15,00 %
No. 21 . . .	0,33	—	—	13,01 %

[9]) K. Nagai u. J. Murai. Japan. International Health Exhibitation. London, 1884. A. Descriptive Catalogue etc. p. 4.

*) Darin 14,80 % Stärke.

Dioscorea japonica bulbifera.

No.	Bemerkungen	Jahr der Untersuchung	In der ursprünglichen Substanz: Wasser %	Nh-Substanz %	Rohfett %	Nfr. Extractstoffe %	Rohfaser %	Asche %	In der Trocken-Substanz: Nh-Substanz %	Nfr. Extractstoffe %	Stickstoff in der Trocken-Substanz %	Analytiker
1	Aus Japan („Kaschin-imo“)	1885	81,10	0,95	1,73	15,28	0,73	0,21	5,02	82,22	0,82	*O. Kellner*[1])

Dioscorea edulis. — Batatas edulis (Sweet potatoe nach O. Kellner.)

No.	Bemerkungen	Jahr der Untersuchung	Wasser %	Nh-Substanz %	Rohfett %	Nfr. Extractstoffe %	Rohfaser %	Asche %	Nh-Substanz %	Nfr. Extractstoffe %	Stickstoff in der Trocken-Substanz %	Analytiker
1	Aus Ober-Italien	1874	60,72	4,49	0,35	32,45	1,09	0,90P	11,42	82,62	1,83	*J. Moser*[2])
2	(Satsuma-imo in Japan), späte Varietät, weissfleischig	1883	64,27	1,47	1,07	31,58	0,98	0,63	4,12	88,39	0,66°	*O. Kellner*[3])
3	desgl., gelbfleischig	„	65,56	1,86	0,37	30,19	1,23	0,79	5,40	87,77	0,87°	*O. Kellner*[3])
4	Desgl., frühe Varietät, weissfleischig	„	75,01	1,42	0,29	20,32	0,94	2,02	5,70	81,27	0,91°	*O. Kellner*[3])
5	Gross und weiss (ebenfalls in Japan gewachsen)	1884	74,50	1,02	0,29	21,71	1,39	1,09	4,00	85,13	0,64	*Nagi u. Murai*[4])
6	Roth (ebenfalls in Japan gewachsen)	„	75,20	0,92	0,26	20,95	1,32	1,35	3,71	84,47	0,59	*Nagi u. Murai*[4])
7	Roth und süss (ebenfalls in Japan gewachsen)	„	69,10	0,82	0,39	24,25	4,37	1,07	2,65	78,48	0,42	*Nagi u. Murai*[4])
	Mittel	.	**69,19**	**1,71**	**0,43**	**25,93**	**1,62**	**1,12**	**5,55**	**84,16**	**0,89**	

Dioscorea sativa.*)

No.	Bemerkungen	Jahr der Untersuchung	Wasser %	Nh-Substanz %	Rohfett %	Nfr. Extractstoffe %	Rohfaser %	Asche %	Nh-Substanz %	Nfr. Extractstoffe %	Stickstoff in der Trocken-Substanz %	Analytiker
1		—	67,58	—	—	25,86	6,51	—	—	79,91	—	*Sauersen*[5])

Dioscorea japonica bulbifera:

[1]) Mittheil. d. Deutschen Gesellsch. f. Natur- u. Völkerkunde. Bd. IV. No. 35.

Dioscorea edulis:

[2]) No. 1. J. Moser. Landw. Vers.-Stat. 20. 1877. Der Autor erklärt ausdrücklich, dass die Species, deren Knollen untersucht, nicht mit Convolv. Batatas (gewöhnliche Batate) und Diosc. sativa oder alata, welche die Yamswurzel liefern, zu verwechseln sei. Als interessantes Vorkommniss wurde die Anwesenheit von Kautschukkörpern neben Fett und einem Harz von nicht bitterem, aber auch nicht angenehmem Geschmack constatirt. Die Knollen waren beim Beginn der Untersuchung bereits stark welk, so dass der Wassergehalt nicht dem der frischen Knollen entspricht. Die sämmtlichen Bestimmungen, mit Ausnahme die des Pectins, sind „direct ausgeführt“ worden. An näheren Bestandtheilen wurden unterschieden:

	Aetherextract	Alkohol u Schwefelkohlenstoff-Extract	Rohrzucker	Lävulose	Stärkemehl	Pectin u. Extractivstoffe
Im frischen Zustande	0,348	0,265	4,79	0,18	25,19	2,03
Im trocknen Zustande	1,56 (Aetherextract und Alkohol u Schwefelkohlenstoff-Extract zusammen)		12,20	0,46	64,12	5,18

[3]) No. 2—4. Osc. Kellner. Japan. Chemic. Analys. f. Labor. Imper. Coll. of Agric. Komaba. Tokio, 1884. 22. In der Trockensubstanz sind nach ausführlicherer Analyse ferner enthalten:

	No. 2	3	4
Stärke	78,59	67,77	—
Dextrin und Rohrzucker	5,07	14,99	—
Glucose	1,14	Spuren	—
Andere Nfr Substanzen	3,54	4,97	—
Stickstoff in Amiden etc.	0,202	—	0,304

Asche ist frei von C und CO_2.

[4]) K. Nagai u. J. Murai: Japan. International Health Exhibitation. London 1884. A. Descriptive Catalogue etc. p. 4 In den untersuchten Sorten No. 5—7 Batatas edulis waren enthalten (in der frischen Substanz):

	No. 5	6	7	Dioscorea species (S. 704).
Stärke	14,70 %	14,20 %	12,30 %	12,20 %
Zucker	5,19 „	5,82 „	8,42 „	0,85 „

Dioscorea sativa:

[5]) No. 1. Sauersen. Moleschott's Physiologie d. Nahrungsmittel. II. Thl. 153. Stärkemehl 22,66 %, Zucker 0,26 %. Pectin 2,94 %.

*) Ueber den Stärkemehlgehalt der Knollen dieser und anderer Species der Dioscorea sind ebendaselbst noch folgende Angaben gemacht:

	Shier	Harris
Dioscorea edulis	16,31 %	10,47 %
Dioscorea sativa	24,47 „	—
Dioscorea von Barbados	18,75 „	—
Dioscorea bulbifera	—	10,47 %
Dioscorea aculeata	17,03 „	—
Dioscorea triphylla	16,07 „	—
desgl.	15,63 „	—
desgl.	14,83 „	—

Dioscorea species.

No.	Bemerkungen	Jahr der Untersuchung	In der ursprünglichen Substanz: Wasser %	Nh-Substanz %	Rohfett %	Nfr. Extractstoffe %	Rohfaser %	Asche %	In der Trocken-Substanz: Nh-Substanz %	Nfr. Extractstoffe %	Stickstoff in der Trocken-Substanz %	Analytiker
1	In Japan gewachsen („Tsuku-imo“)	1884	80,32	2,90	0,11	14,66 *)	0,75	1,27	14,73	74,49	2,35	*Nagai*[1])
	Jatropha Manihot L. Manihot utilissima (Manioc.).											
1	Var. Yuca dulce, ganze Knolle	1856	63,21	—	—	—	—	—	—	—	—	*Payen*[2])
2	desgl., entschälte Knolle . .	„	67,65	1,17	0,40	28,63	1,50	0,65	3,62	88,49	0,58	
	Polymnia edulis. — Erdbirne, Poire de terre Cochet.											
1	Im Garten der Aclimatisat. Ges. in Paris gebaut . .	1867	86,00	9,65			4,35		—	—	—	*Boutmy*[3])
	Colocassia antiquorum. — Zuckerkartoffel.**)											
1	In Japan gewachsen, dort „Sato-imo“ gen.	1884	85,20	1,43	0,08	12,30***)		0,99	9,73	—	1,55	*Nagai u. Murai*[4])
2		„	80,65	2,09	0,17	15,54	0,70	0,85	10,81	80,24	1,73	*O. Kellner*[5])
3		„	81,71	1,81	0,19	14,80	0,70	0,79	9,96	80,77	1,60	
	Mittel	.	**82,52**	**1,78**	**0,14**	**14,04**	**0,64**	**0,88**	**10,16**	**80,51**	**1,63**	
	Colocassia species.											
1	In Japan gewachsen, „Tono-imo“	1884	68,80	2,84	0,29	25,64 ***)	1,15	1,28	9,10	81,39	1,45	*Nagai u. Murai*[4])
	Lilium triginum. — Lilie.											
1	In Japan gewachsen, „Oni-jurigt“ gen.	1884	71,46	4,51	0,24	21,60	1,04	1,15	15,79	75,70	2,53*)	*O. Kellner*[5])

Dioscorea species:
1) K. Nagai u. J. Murai: Japan. International Health Exhibitation. London 1884. A. Descriptive Catalogue etc. p. 4.
*) Vergl. Anmerkung *) Seite 703.

Jatropha Manihot:
2) No. 1 u. 2. Payen. — Wilda's landw. Centralbl. 1857. 1. 328. (Compt. rend. 44. 407. Journ. f. prakt. Chem. 71. 175.) Bei No. 1 wurden direct durch Zerreiben und Durchsieben erhalten: Stärkemehl 21,00 %, durch Schwefelsäure in Dextrin und Traubenzucker überführbares Stärkemehl 6,05 %, 7,70 % in Wasser lösliche Substanzen, 1,59 % Faser, Pectose, Pectinsäure, Kieselsäure, fettige Stoffe.
Bei No. 2 wurden an näheren Bestandtheilen unterschieden 23,10 % Stärkemehl, 5,52 % zuckerige, gummöse und dergleichen Stoffe, 1,50 % Faserstoff, Pectose und Pectinsäure, 0,40 % fette Stoffe und ätherische Oele.

Polymnia edulis:
3) No. 1. Boutmy. Weende'r Jahresber. 1867/68. 539. (Journ. d'agricult. prat. 1868. I. 263.) Glucose 2,80 %, krystallisirbarer Zucker 6,85 %.

Colocassia antiquorum:
4) K. Nagai u. J. Murai: Japan. Intern. Health Exhibitation. London 1884. A. Descriptive Catalogue. p. 3—6.
5) Mittheil. d. Deutschen Gesellsch. f. Natur- u. Völkerkunde Ostasiens. Bd. V. No. 35.

**) Die Zuckerkartoffel hat keineswegs, wie O. Keller bemerkt, einen sehr süssen Geschmack; sie dient wie die folgenden Wurzelgewächse in Japan als menschliches Nahrungsmittel. Die meisten werden feldmässig angebaut und wie die Bambussschösslinge gedüngt.

***) In den N-freien Extractstoffen wurde gefunden:

	Coloc. antiquorum No. 1	Coloc. species	Lilium species	Bamb. puerula No. 1	No. 2
Stärke	10,40 %	18,00 %	19,10 %	1,37 %	1,23 %
Zucker	0,12 „	4,48 „	0,63 „	1,93 „	0,50 „

No.	Bemerkungen	Zeit der Untersuchung	Wasser %	Stickstoff-Substanz %	Fett %	Kohlehydrate %	Holzfaser %	Asche %	In der Trocken-Substanz: Stick-stoff-Substanz %	In der Trocken-Substanz: Kohle-hydrate %	Stickstoff in der Trocken-Substanz %	Analytiker
	Lilium species.											
1	Ebendaher, „Yuri" gen. . .	1884	69,63	3,40	0,11	24,09**)		1,35	11,19	—	1,79	*Nagai u. Murai*[1]
	Aretium lappa. — Distel.											
1	In Japan gewachsen,	1884	73,93	3,22	0,13	19,95	1,95	0,82	12,34	76,54	1,97	*O. Kellner*[2])
2	„Gobo" gen.	„	73,68	3,77	0,22	18,86	2,53	0,94	14,33	71,63	2,29	
	Mittel	.	**73,81**	**3,49**	**0,18**	**19,40**	**2,24**	**0,88**	**13,34**	**74,09**	**2,13**	
	Konophollus Koujak.***)											
1	In Japan gewachsen, „Konyaku" gen.	1884	91,76	1,03	0,08	6,47	0,30	0,36	12,50	78,49	2,00*)	*O. Kellner*[2])
	Bambusa puerula. — Bambusschösslinge.											
1	In Japan gewachsen: Mosadake . .	1884	90,21	3,28	0,13	4,47**)	0,90	1,01	33,50	45,66	5,36	*Nagai u. Murai*[1])
2	Madake . .	„	91,79	2,59	0,11	3,31**)	1,10	1,10	31,55	40,31	5,05*)	
3	„Takenoko" gen.; geschält	„	91,37	2,17	0,21	4,46	1,00	0,79	25,12	51,57	4,04	*O. Kellner*[2])
	Mittel aus No. 2 u. 3	.	**91,58**	**2,38**	**0,16**	**3,88**	**1,05**	**0,95**	**28,33**	**45,94**	**4,55**	
	Nelumbo nucifera. — Lotus.											
1	In Japan gewachsen, „Hasu" genannt	1884	85,84	1,09	0,20	11,14	1,02	0,71	7,75	78,59	1,24†)	*O. Kellner*[2])
	Sagittaria sagittifolia. — Pfeilkraut.											
1	In Japan gewachsen, „Kuwai" genannt	1884	66,86	7,05	0,55	22,93	1,18	1,43	21,26	69,21	3,42†)	*O. Kellner*[2])
	Solanum melongea L. — Eierkartoffeln.											
1	In Japan gewachsen,	1884	93,47	0,76	0,13	4,11	1,14	0,39	11,64	62,81	1,86†)	*O. Kellner*[2])
2	„Nasubi" gen. (Frucht)	„	93,99	0,99	0,06	3,13	1,41	0,42	16,47	52,08	2,63	*Nagai u. Murai*[1])
	Mittel	.	**93,72**	**0,88**	**0,10**	**3,61**	**1,28**	**0,41**	**14,07**	**57,45**	**2,25**	

¹) K. Nagai u. J. Murai: Japan. Intern. Health. Exhibitation. London 1884. A. Descriptive Catalogue. p. 3—6.

²) Mittheil. d. deutschen Gesellsch. f. Natur- u. Völkerkunde Ostasiens. Bd. IV. No. 35.

*) Von dem Gesammt-Stickstoff der Trockensubstanz waren Eiweiss-Stickstoff:

	Lilium triginum	Konophollus Koujak	Bambusa puerula
Gesammt-N	2,53 %	2,00 %	4,04 %
Eiweiss-N	0,77 „	0,42 „	1,22 „

) Vergl. Anmerkung *) Seite 704.

***) Konophollus Kounyaku dient in Japan zur Bereitung einer gelatinösen, zähen Speise; die Knollen werden zu dem Zwecke geschält, zerschnitten, getrocknet, zu Pulver zerrieben, mit heissem Wasser zu einem steifen Teig angerührt, welcher mit Kalkmilch oder dem in Wasser löslichen Theil von Holzasche versetzt, bei weiterem Erwärmen zu einer zähen Masse gesteht, aus der man noch einen Theil der Lauge durch Pressen entfernt.

†) Von dem Gesammt-Stickstoff der Trockensubstanz waren Eiweiss-Stickstoff:

	Nelumbo nucifera	Sagitta sagittifolia	Solanum melongea
Gesammt-N	1,24 %	3,42 %	1,86 %
Eiweiss-N	0.83 „	2,78 „	1,40 „

Anmerkung zu dem Gehalt der Wurzelgewächse an Nh-Substanz.

Ueber den Eiweissgehalt und den Gehalt an nicht-eiweissartigen stickstoffhaltigen Verbindungen der Wurzelgewächse sind noch folgende Angaben zu machen:

O. Hesse[1]) fand im Rübensaft beim Kochen mit Kalilauge a. = 0,0099 %, b. = 0,0014 % Ammoniak (NH_3).

Hugo Schultze und Ernst Schulze[2]) bestimmten den Gehalt an Salpetersäure nachstehender Wurzelfrüchte, sämmtlich nach der Schlösing'schen Methode.

		In der frischen Substanz		In der Trockensubstanz		Gesammt-N der Trockensubstanz
		Salpetersäure %	Protein %	Salpetersäure %	Protein %	%
Futterrunkelrüben.						
1. Lange gelbe Rübe . .	vom Klostergute Weende	0,048	0,63	0,47	6,19	6,95
2. „ „ „ . .	vom Klostergute Weende	0,064	0,61	0,77	7,31	8,56
3. „ „ „ . .	vom Klostergute Weende	0,078	0,67	0,80	6,91	8,19
4. „ „ „ (unreif)	aus dem Garten der Versuchsstation	0,212	0,73	2,56	8,81	12,96
5. „ „ „ . .	aus dem Garten der Versuchsstation	0,285	1,01	3,13	11,13	16,19
6. „ „ „ . .	von Gestorf bei Hannover	0,074	0,55	0,82	6,13	7,44
7. Rothe runde Klumpers	von Gestorf bei Hannover	0,043	0,63	0,37	5,44	6,04
8. Oberndörfer . . .	v. Wintersheim in Hessen	0,085	1,94	0,81	8,94	10,25
9. Vilmorin	v. Wintersheim in Hessen	0,242	1,21	2,30	11,54	15,26
Zuckerrüben.						
10. Zuckerrübe von Wintersheim in Hessen .		0,013	0,83	0,076	4,88	5,01
11. Zuckerrübe von Gestorf bei Hannover . .		0,158	1,24	1,09	8,56	10,31
Englische Futterrübe (Weissrüben) Brassica Rapa rapifera.						
12. Weisse grünköpfige .	von Viernheim in Hessen	0,016	1,01	0,21	13,22	13,56
13. Orangegelbe „ .	von Viernheim in Hessen	0,026	1,20	0,26	12,17	12,60
14. Gelbe „ .	von Viernheim in Hessen	0,009	0,84	0,10	9,15	9,31
15. Ovale „ .	von Viernheim in Hessen	0,004	0,64	0,058	8,28	8,37
16. Lange weisse „ .	von Viernheim in Hessen	0,032	0,73	0,38	8,73	9,35
17. Gelbe von Northeim		0,051	1,05	0,65	13,35	14,41

Die Futterrüben No. 1—3 sind auf kalkhaltigem Lehmboden in starker Düngung gewachsen. No. 4 und 5 wuchsen auf einem kalkreichen, in hohem Düngungszustande befindlichen Boden. No. 8, 9 und 10 stammten von einem kalkhaltigen Lehmboden, 8 und 9 waren mit viel Mistjauche und mit 4 Ctr. pro hess. Morgen Kali-Superphosphat, No. 10 ebenfalls mit Kali-Superphosphat und 1 Ctr. aufgeschlossenem Guano gedüngt. No. 11 war als Futterrübe in starker Düngung gebaut. No. 12—16 stammen von einem humosen, künstlich mit Sand gemischten Lehmboden und sind als Stoppelrüben gezogen.

Im Mittel von 8 Bestimmungen wurden in dem durch Bleiessig von Eiweiss befreitem Saft 0,0158 % (0,0089 bis 0,0223 %) Ammoniak (NH_3) gefunden.

E. Schulze u. A. Urich[3]) führten eine Untersuchung über die stickstoffhaltigen Bestandtheile der Futterrüben (dicke, gelbe Runkel aus der Umgegend von Zürich, A. auf leichtem Boden bei Gülle-

[1]) Journ. f. pract. Chemie Bd. 73. S. 113.
[2]) Landw. Vers.-Stat. 1867. Bd. 9. S. 434 u. 1872. Bd. 15. S. 170.
[3]) Landw. Vers.-Stat. 18. 1875. 296.

düngung, B. auf mit Stallmist gedüngtem Kiesboden gewachsen) aus, mit nachstehendem Ergebniss für die frische Rübensubstanz:

	Gesammt-N	N in Form von unlösl. Eiweiss	N in Form von löslichem Eiweiss	N in Amidform*)	N in N_2O_5	N in NH_3
A. 1 . .	0,2390	0,0158	0,0358	0,0857	0,1053	0,0050
A. 2 . .	0,2286	0,0146	0,0380	0,0777	0,0691	0,0081
B. 1 . .	0,1495	0,0125	0,0442	0,0488	0,0409	0,0043
B. 2 . .	0,1363	0,0112	0,0294	0,0623	0,0129	0,0050

Von 100 Theilen des Gesammt-Stickstoffs waren vorhanden:

A. 1	6,61	14,98	35,86	44,06	2,09
A. 2	6,39	16,62	33,99	30,23	3,54
B. 1	8,36	29,56	32,64	27,36	2,88
B. 2	8,22	21,57	45,71	9,46	3,67

Aspagarin fand sich unter den Amiden nicht vor, dagegen wurde in den Rüben A Betaïn (Trimethyl-Glycocoll) gefunden und zwar in Procenten des frischen Saftes:

	N in Form von Betaïn	Betaïn ($C_5H_{11}NO_2$)
1.	0,0177 %	0,099 %
2.	0,0213 „	0,178 „

In einer darauf folgenden Arbeit[1]) wurden theils in denselben Rüben, theils in Rüben vom Jahre 1875 nachstehende N-Verbindungen bestimmt:

	Rüben von 1874	Rüben von 1875
Lösliche Eiweissstoffe . . .	0,2306 % mit 0,0369 % N	0,1413 % mit 0,0226 % N
Unlösliche Eiweissstoffe . .	0,0950 „ „ 0,0152 „ „	0,1023 „ „ 0,0164 „ „
Glutamin (und Asparagin) .	0,4066 „ „ 0,0780 „ „	0,4425 „ „ 0,0847 „ „
Betaïn	0,1359 „ „ 0,0161 „ „	0,0226 „ „ 0,0027 „ „
Salpetersäure	0,3363 „ „ 0,0872 „ „	0,2483 „ „ 0,0644 „ „
Ammoniak	0,0080 „ „ 0,0066 „ „	0,0085 „ „ 0,0071 „ „

C. Scheibler[2]) fand in reifen Zuckerrüben durchschnittlich $^1/_{10}$ %, in unreifen bis zu $^1/_4$ % Betaïn.

E. Kern und H. Wattenberg[3]) erhielten bei der Untersuchung zweier Sorten Futterrunkeln und O. Kellner[4]) bei der gelben Oberndörfer, die auf dem schweren, mit Stallmist gedüngten Thonboden der Hohenheimer Gutswirthschaft gewachsen waren, folgende Resultate:

	Trocken-substanz	In der Trockensubstanz Eiweiss-N	Nichteiweiss-N	Vom Gesammt-N war in Eiweiss
Grosse rothe . .	13,24	0,635	2,054	23,5 %
Kleine gelbe . .	13,12	0,592	1,523	28,0 „
Oberndörfer . .	15,80	1,053	0,6513	61,2 „

In gleicher Richtung untersuchte O. Kellner[4]) verschiedene Wurzelgewächse, welche zum Theil von den bei Lichterfelde gelegenen Rieselfeldern, zum Theil von Hohenheim (schwerer Thonboden, der Rübencultur sehr ungünstig) gewachsen waren. Erstere hatten nur wenig Spüljauche erhalten und waren nicht grösser (im Maximum 3 kg pro Stück) als die Hohenheimer Rüben. In der Trockensubstanz wurde gefunden:

	Gesammt-N %	Nichtprotein-N (excl. N_2O_5) %	Salpetersäure %
Futterrunkeln aus Lichterfelde	3,13	1,39	3,15
Futterrunkeln aus Hohenheim (ungedüngt) . .	2,42	1,25	0,42
Speiserüben aus Lichterfelde	2,14	0,72	0,68
Pferdemöhren aus Lichterfelde	2,33	1,02	0,82

---

[1]) Landw. Vers.-Stat. 1877. Bd. 20. S. 213.
[2]) Berichte d. deutschen chem. Gesellsch. in Berlin 1870. S. 155.
[3]) Journ. f. Landw. 26. 1878. 619.
[4]) Landw. Jahrb. 8. 1879. I. Supplem. 251 u. 1881. Bd. 10. S. 854 und Agriculturchem. Centralbl. 1881. 540.
*) Vorwiegend in Form von Glutamin (Amidobrenzweinsäure-Amid).

	Gesammt-N	Nichtprotein-N (excl. N_2O_5)	Salpetersäure
	%	%	%
Pferdemöhren aus Hohenheim	1,83	0,56	0,49
Kohlrüben aus Lichterfelde	2,40	0,97	0,37
Kohlrüben aus Hohenheim	2,89	1,13	Spur
Stoppelrüben (nach Roggen) aus Hohenheim (milder lehmiger Sand)	2,58	1,15	0,18
Oberndörfer Rübe	—	0,904	1,40

P. Behrend und A. Morgen[1]) untersuchten in gleicher Richtung Rüben und zogen dabei Rüben von Sandboden und solche von Rübenboden in Vergleich:

	Rothe Riesenpfahlrübe auf Rübenboden	Rothe Riesenpfahlrübe auf Sandboden	Gelbe olivenförmige Rübe auf Rübenboden	Gelbe olivenförmige Rübe auf Sandboden
	%	%	%	%
Gesammt-N	0,200	0,184	0,200	0,163
Davon unlöslich im Mark	0,030	0,012	0,036	0,043
Löslich im Saft	0,170	0,172	0,164	0,120
Vom Saft-N war:				
Gebunden in Eiweiss	0,049	0,058	0,055	0,050
In Amiden	0,095	0,078	0,087	0,066
In NH_3, N_2O_5 u. A.	0,032	0,012	0,022	—
Wirkliches Eiweiss in der ganzen Rübe	0,491	0,438	0,569	0,638
Von 100 Gesammt-N waren in Eiweiss gebunden	39,5	38,0	45,5	62,2
Nicht in Eiweiss gebunden	60,5	62,0	54,5	37,4

Gemüsearten.

Teltower Rübe. — Brassica rapa teltoviensis.

No.	Bemerkungen	Zeit der Untersuchung	Wasser %	Stickstoff-Substanz %	Fett %	Zucker %	N-freie Extractstoffe %	Holzfaser %	Asche %	In der Trocken-Substanz: Stick-stoff-Substanz %	In der Trocken-Substanz: Nfr. Extract-stoffe %	Stickstoff in der Trocken-Substanz %	Analytiker
1[0])	Brassica rapa teltoviensis	1874	81,57	3,57	0,11	1,26	10,49	1,82	1,17	19,38	63,75	3,10	*W. Dahlen*[2])
2	desgl.	1876	82,23	3,47	0,17	10,91		1,82	1,40	19,50	61,40	3,12	*J. König*[3])
	Mittel	.	**81,90**	**3,52**	**0,14**	**1,24**	**10,10**	**1,82**	**1,28**	**19,44**	**62,68**	**3,11**	

Einmach-Rothrübe. — Beta vulgaris conditiva.

1[0])	Anfang August geerntet .	1874	87,07	1,37	0,03	0,54	9,02	1,05	0,92	—	73,94	1,70	*W. Dahlen*[2])

[1]) Ztschr. d. landw. Centralver. d. Prov. Sachsen 1879. 49. Vergl. No. 220—223 der Analysen von Runkelrüben.

[2]) Landw. Jahrbücher 1874. S. 321 u. 723 u. 1875. S. 613.

[3]) Zeitschr. f. Biologie 1876. S. 497.

[0]) Es enthielt:

	Phosphorsäure	Schwefel organisch gebunden
Teltower Rübe No. 1 . . .	0,190	0,079 %
Einmach-Rothrübe No. 1 . .	0,090	0,008 „

Rettig. — Raphanus sativus tristis und augustanus.

No.	Bemerkungen	Zeit der Untersuchung	Wasser %	Stickstoff-Substanz %	Fett %	Zucker %	N-freie Extractstoffe %	Holzfaser %	Asche %	In der Trocken-Substanz: Stick-stoff-Substanz %	In der Trocken-Substanz: Nfr. Extract-stoffe %	Stickstoff in der Trocken-Substanz %	Analytiker
	Ernte im October:												
1°)	Schwarzer Sommer-Rettig	1874	88,13	1,69	0,08	1,76	5,99	1,32	1,04	14,25	65,29	2,28	*W. Dahlen* [1]
2°)	Weisser Sommer-Rettig .	„	85,08	2,52	0,12	1,37	8,16	1,53	1,22	16,75	63,87	2,68	
3		1876	87,54	1,54	0,14		8,01	1,81	0,96	12,38	64,29	1,98	*König u. Hammerbacher* [2]
4°°)	In Japan gewachsen, dort „Daikon" gen.	1884	94,36	1,22	0,06		3,07	0,77	0,52	21,69	54,44	3,47*)	*O. Kellner* [3]
5°°)		„	93,45	0,88	0,07		4,40	0,77	0,43	13,39	67,15	2,14*)	
	Mittel (aus No. 1—3)	.	**86,92**	**1,92**	**0,11**	**1,53**	**6,90**	**1,55**	**1,07**	**14,46**	**64,48**	**2,31**	

Radieschen. — Raphanus sativus radicula D. C.

No.	Bemerkungen	Zeit der Untersuchung	Wasser %	Stickstoff-Substanz %	Fett %	Zucker %	N-freie Extractstoffe %	Holzfaser %	Asche %	Stickstoff-Substanz i. d. Tr. %	Nfr. Extractstoffe i. d. Tr. %	Stickstoff in der Trocken-Substanz %	Analytiker
1°)	Ende Mai geerntet . .	1874	94,31	1,15	0,09	1,14	1,97	0,65	0,67	20,19	54,66	3,23	*W. Dahlen* [1]
2°)	Ende October geerntet .	„	93,47	1,45	0,11	0,52	2,80	0,73	0,93	22,19	50,84	3,55	
3		1876	92,23	1,09	0,26		4,92	0,87	0,63	13,00	63,32	2,24	*R. Pott* [4]
	Mittel	.	**93,34**	**1,23**	**0,15**	**0,88**	**2,91**	**0,75**	**0,74**	**18,79**	**56,27**	**3,01**	

Merrettig. — Cochlearia armoracia vulgaris n.

No.	Bemerkungen	Zeit der Untersuchung	Wasser %	Stickstoff-Substanz %	Fett %	Zucker %	N-freie Extractstoffe %	Holzfaser %	Asche %	Stickstoff-Substanz i. d. Tr. %	Nfr. Extractstoffe i. d. Tr. %	Stickstoff in der Trocken-Substanz %	Analytiker
1°)	Anfang December geerntet	1874	73,85	3,35	0,31	Spur	18,29	2,58	1,62	12,81	69,94	2,05	*W. Dahlen* [1]
2		1876	79,60	2,12	0,39		13,47	2,98	1,44	10,38	66,03	1,66	*R. Pott* [4]
	Mittel	.	**76,72**	**2,73**	**0,35**	—	**15,89**	**2,78**	**1,63**	**11,60**	**67,99**	**1,86**	

Schwarzwurz. — Scorzonera hisp. glastifolia.

No.	Bemerkungen	Zeit der Untersuchung	Wasser %	Stickstoff-Substanz %	Fett %	Zucker %	N-freie Extractstoffe %	Holzfaser %	Asche %	Stickstoff-Substanz i. d. Tr. %	Nfr. Extractstoffe i. d. Tr. %	Stickstoff in der Trocken-Substanz %	Analytiker
1°)	Anfang December geerntet	1874	80,39	1,04	0,50	2,19	12,61	2,27	0,99	5,31	75,47	0,85	*W. Dahlen* [1]

Sellerie (Knollen). — Apium graveolens L.

No.	Bemerkungen	Zeit der Untersuchung	Wasser %	Stickstoff-Substanz %	Fett %	Zucker %	N-freie Extractstoffe %	Holzfaser %	Asche %	Stickstoff-Substanz i. d. Tr. %	Nfr. Extractstoffe i. d. Tr. %	Stickstoff in der Trocken-Substanz %	Analytiker
1°)	Mitte October geerntet .	1874	84,09	1,48	0,39	0,77	11,03	1,40	0,84	9,31	74,17	1,49	*W. Dahlen* [1]

Sellerie (Blätter).

No.	Bemerkungen	Zeit der Untersuchung	Wasser %	Stickstoff-Substanz %	Fett %	Zucker %	N-freie Extractstoffe %	Holzfaser %	Asche %	Stickstoff-Substanz i. d. Tr. %	Nfr. Extractstoffe i. d. Tr. %	Stickstoff in der Trocken-Substanz %	Analytiker
1°)	Blätter Mitte October geerntet	1874	81,57	4,64	0,79	1,26	7,87	1,41	2,46	25,19	49,54	4,03	*W. Dahlen* [1]
2°)	Stengel	„	89,57	0,88	0,34	0,62	5,94	1,24	1,41	8,44	62,90	1,35	

[1]) Landw. Jahrbücher 1874. S. 321 u. 723 u. 1875. S. 613.
[2]) Zeitschr. f. Biologie 1876. S. 497.
[3]) Mittheil. d. Deutschen Gesellsch. f. Natur- u. Völkerkunde Ostasiens Bd. IV. No. 35.
[4]) Untersuchungen über die Stoff-Vertheilung in verschiedenen Gemüsepflanzen. Jena, 1876.
°) Es enthielt:

	Phosphorsäure	Schwefel organisch gebunden
Rettig No. 1	0,127	0,057 %
„ „ 2	0,137	0,088 „
Radieschen No. 1	0,057	0,011 „
„ „ 2	0,090	0,023 „
Merrettig No. 1	0,199	0,078 „
Schwarzwurz No. 1 . . .	0,120	0,041 „
Sellerie-Knollen	0,74	0,21 „
„ Blätter	0,87	0,36 „
„ Stengel	0,005	—

°°) Das Wurzelgewächs ist im Original als „Rettig" (Raphanus sativus) bezeichnet; nach dem Wassergehalt würde es vielleicht eher zu der Spielart „Radieschen" gehören. Der Raph. sativus erreicht in Japan ein Gewicht von 2,5 bis 3 im Durchschnitt von 1,5 Kilo; er wird nach dem Trocknen in Reiskleie und Salzwasser gepökelt. Das Trocknen geschieht dadurch, dass man die Rettige den Tag über an Strohseilen und sonnigen Plätzen der Wohnhäuser aufhängt. Wenn sich hierbei Stellen bilden, welche zur Zersetzung und Fäulniss neigen, so werden dieselben sorgfältig abgetrennt.

*) Von dem Gesammt-N d. Trockensubstanz sind Eiweiss-N:
No. 4 1,68 % No. 5 1,41 %

Kohlrabe (Knollen). — Brassica oleracea caulorapa und opsigongyla.

No.	Bemerkungen	Zeit der Untersuchung	Wasser %	Stickstoff-Substanz %	Fett %	Zucker %	N-freie Extractstoffe %	Holzfaser %	Asche %	In der Trocken-Substanz: Stick-stoff-Substanz %	In der Trocken-Substanz: Nfr. Extract-stoffe %	Stickstoff in der Trocken-Substanz %	Analytiker
1[0])	Oberkohlrabe von August	1874	90,43	2,66	0,12	Spur	4,41	1,29	1,09	27,81	46,08	4,45	W. Dahlen[1])
2[0])	Späte Rothkohlrabe von November	„	85,97	2,74	0,16	0,38	8,45	1,40	0,90	19,50	62,94	3,12	W. Dahlen[1])
3		1876	71,17	6,61	0,43	14,00		5,18	2,61	22,94	48,56	3,67	R. Pott[2])
4	Oberkohlrabe	„	85,76	1,30	0,22	10,81		1,36	0,55	9,19	75,91	1,47	J. König u. B. Farwick[3])
5	Greentop	1860	86,02	2,34	0,23	9,01		1,23	1,17	16,75	64,45	2,68	A. Völcker[4])
6		„	89,00	2,27	0,18	6,38		1,11	1,06	20,63	58,00	3,30	A. Völcker[4])
7	Purpletop	1867	86,74	2,75	—	—		0,77	1,12	20,75	—	3,32	Anderson[5])
8		1881	92,04	2,31 *)	0,13	3,48		1,15	0,89	28,38	43,72	4,64	C. Böhmer[6])
	Mittel	.	**85,89**	**2,87**	**0,21**	**0,38**	**7,80**	**1,68**	**1,17**	**20,63**	**58,97**	**3,30**	

Kohlrabe (Blätter und Stengel).

No.	Bemerkungen	Zeit der Untersuchung	Wasser %	Stickstoff-Substanz %	Fett %	Zucker %	N-freie Extractstoffe %	Holzfaser %	Asche %	In der Trocken-Substanz: Stick-stoff-Substanz %	In der Trocken-Substanz: Nfr. Extract-stoffe %	Stickstoff in der Trocken-Substanz %	Analytiker
1[0])	Blattheile von Oberkohlrabe	1874	84,34	5,23	0,86	Spur	6,12	1,53	1,92	33,38	39,08	5,34	W. Dahlen[1])
2[0])	Stengel u. Rippen von Oberkohlrabe	„	89,95	1,93	0,14	0,41	4,31	1,77	1,49	19,19	46,97	3,07	W. Dahlen[1])
3[0])	Blattheile von später Rothkohlrabe	„	80,04	5,93	0,97	Spur	9,20	1,73	2,10	29,69	46,09	4,75	W. Dahlen[1])
4[0])	Stengel u. Rippen von später Rothkohlrabe	„	85,38	1,89	0,23	0,56	8,36	1,96	1,63	12,94	61,01	2,07	W. Dahlen[1])
5	Blätter	1876	85,50	3,13	0,77	6,79		1,48	2,33	21,56	46,83	3,45	R. Pott[2])
6	Essbare Theile	„	88,09	2,46	0,13	6,50		1,57	1,25	20,63	54,58	3,30	R. Pott[2])
7	Innere Blätter	1860	89,42	1,50	0,08	7,00		1,14	0,86	14,19	66,16	2,27	A. Völcker[4])
8	Blätter	1867	86,68	2,37	—	—	—	1,21	1,45	17,81	—	2,85	Anderson[5])
9	desgl.	1861	85,00	2,81	—	—	—	—	1,80	18,77	—	3,00	Hoffmann[7])
	Mittel	.	**86,04**	**2,03**	**0,45**	**0,51**	**6,77**	**1,55**	**1,65**	**21,52**	**52,15**	**3,44**	

Perlzwiebel. — Allium cepa lutea n.

No.	Bemerkungen	Zeit der Untersuchung	Wasser %	Stickstoff-Substanz %	Fett %	Zucker %	N-freie Extractstoffe %	Holzfaser %	Asche %	In der Trocken-Substanz: Stick-stoff-Substanz %	In der Trocken-Substanz: Nfr. Extract-stoffe %	Stickstoff in der Trocken-Substanz %	Analytiker
1[0])	Von Mitte Juli, Einmach-Zwiebel	1874	70,18	2,68	0,10	5,78	19,91	0,81	0,54	9,00	86,15	1,44	W. Dahlen[1])

Blassrothe Zwiebel (Wurzelknolle). — Allium cepa rosea n.

No.	Bemerkungen	Zeit der Untersuchung	Wasser %	Stickstoff-Substanz %	Fett %	Zucker %	N-freie Extractstoffe %	Holzfaser %	Asche %	In der Trocken-Substanz: Stick-stoff-Substanz %	In der Trocken-Substanz: Nfr. Extract-stoffe %	Stickstoff in der Trocken-Substanz %	Analytiker
1[0])	Ende November geerntet .	1874	88,66	1,53	0,09	2,26	8,34	0,59	0,52	13,50	93,47	2,16	W. Dahlen[1])
2		1876	83,32	1,83	0,11	14,02		0,84	0,88	11,00	84,05	1,76	R. Pott[2])
	Mittel	.	**85,99**	**1,68**	**0,10**	**2,78**	**8,04**	**0,71**	**0,70**	**12,25**	**88,76**	**1,96**	

[1]) Landw. Jahrbücher 1874. S. 321 u. 723 u. 1875. S. 613.
[2]) Untersuchungen über die Stoffvertheilung in verschiedenen Gemüsepflanzen. Jena, 1876.
[3]) Zeitschr. f. Biologie 1876. S. 497.
[4]) Journ. of the Royal Agric Soc. of England 1869. V. XXI. No. XXV. S. 93.
[5]) Illustr. landw. Ztg. 1867. S. 14.
[6]) Original-Mittheilung u. Landw. Vers.-Stat. 1882. Bd. 28. S. 247.
[7]) Centralbl. f. gesammte Landes-Kultur 1861. S. 113.

[0]) Es enthielt:

	Phosphorsäure	Schwefel organisch gebunden
Kohlrabe-Knollen No. 1	0,141	0,054 %
„ „ 2	0,113	0,066 „
Kohlrabe-Blätter No. 1	0,179	0,114 „
„ „ 2	0,099	0,033 „
„ „ 3	0,184	0,131 „
„ „ 4	0,086	0,045 „
Perlzwiebel No. 1	0,170	0,019 „
Blassrothe Zwiebel (Wurzelknolle) No. 1 .	0,112	0,032 „

*) Hiervon nur 44,18 % oder 1,02 % der natürlichen Substanz in Form von Eiweissstoffen.

Blassrothe Zwiebel (Blätter). — Allium cepa rosea n.

No.	Bemerkungen	Zeit der Untersuchung	Wasser %	Stickstoff-Substanz %	Fett %	Zucker %	N-freie Extractstoffe %	Holzfaser %	Asche %	In der Trocken-Substanz: Stick-stoff-Substanz %	In der Trocken-Substanz: Nfr. Extract-stoffe %	Stickstoff in der Trocken-Substanz %	Analytiker
1		—	88,17	2,58	0,58		5,65	1,76	1,25	21,81	47,76	3,49	*R. Pott*[1])

Lauch (Zwiebel und Wurzel). — Allium porrum latum n.

No.	Bemerkungen	Zeit der Untersuchung	Wasser %	Stickstoff-Substanz %	Fett %	Zucker %	N-freie Extractstoffe %	Holzfaser %	Asche %	Stickstoff-Substanz %	Nfr. Extractstoffe %	Stickstoff in der Trocken-Substanz %	Analytiker
1[0])	Von Mitte October	1874	87,67	2,71	0,23	0,44	6,95	1,12	0,88	22,00	59,94	3,52	*W. Dahlen*[2])
2[0])		„	90,14	2,39	0,35	Spur	4,06	1,56	1,49	24,88	41,18	3,98	
3	Zwiebel + Wurzelfaser	1876	85,08	3,39	0,29		8,14	1,79	1,35	22,75	54,56	3,64	*R. Pott*[1])
	Mittel	.	**87,62**	**2,83**	**0,29**	**0,44**	**6,09**	**1,49**	**1,24**	**23,21**	**51,89**	**3,71**	

Lauch (Blätter).

No.	Bemerkungen	Zeit der Untersuchung	Wasser %	Stickstoff-Substanz %	Fett %	Zucker %	N-freie Extractstoffe %	Holzfaser %	Asche %	Stickstoff-Substanz %	Nfr. Extractstoffe %	Stickstoff in der Trocken-Substanz %	Analytiker
1[0])	Von Mitte October	1874	91,30	1,83	0,42	0,77	3,75	1,06	0,86	21,75	51,95	3,48	*W. Dahlen*[2])
2		1876	90,34	2,37	0,47		4,55	1,48	0,79	24,50	47,10	3,92	*R. Pott*[1])
	Mittel	.	**90,82**	**2,10**	**0,44**	**0,81**	**3,74**	**1,27**	**0,82**	**23,13**	**49,52**	**3,70**	

Knoblauch. — Allium sativum vulgare.

No.	Bemerkungen	Zeit der Untersuchung	Wasser %	Stickstoff-Substanz %	Fett %	Zucker %	N-freie Extractstoffe %	Holzfaser %	Asche %	Stickstoff-Substanz %	Nfr. Extractstoffe %	Stickstoff in der Trocken-Substanz %	Analytiker
1[0])	Zwiebel nach Abtrennung der äusseren Schalen	1875	64,66	6,76	0,06	Spur	26,31	0,77	1,44	19,13	74,45	3,06	*W. Dahlen*[2])

Aeussere Schalen vorstehender Zwiebeln.

No.	Bemerkungen	Zeit der Untersuchung	Wasser %	Stickstoff-Substanz %	Fett %	Zucker %	N-freie Extractstoffe %	Holzfaser %	Asche %	Stickstoff-Substanz %	Nfr. Extractstoffe %	Stickstoff in der Trocken-Substanz %	Analytiker
1	Von Allium cepa lutea	1874	Trocken	3,91	0,75	—	57,97	28,85	8,52	39,06	57,97	6,25	*W. Dahlen*[2])
2	Von Allium cepa rosea	„	„	4,58	2,08	—	88,66		4,68	45,81	—	7,33	
3	Von Allium sativ. vulg.	„	„	3,30	0,50	—	46,17	46,53	3,50	33,00	46,17	5,28	

Schnittlauch. — Allium Schoenoprasum vulgare.

No.	Bemerkungen	Zeit der Untersuchung	Wasser %	Stickstoff-Substanz %	Fett %	Zucker %	N-freie Extractstoffe %	Holzfaser %	Asche %	Stickstoff-Substanz %	Nfr. Extractstoffe %	Stickstoff in der Trocken-Substanz %	Analytiker
1	Blühend	1876	83,17	2,70	0,98		9,69	2,54	0,92	16,06	57,57	2,57	*R. Pott*[1])
2[0])	Anf. December entnommen	1875	80,83	5,14	0,78		8,46	2,39	2,40	26,81	44,13	4,29	*W. Dahlen*[2])
	Mittel	.	**82,00**	**3,92**	**0,88**		**9,08**	**2,46**	**1,66**	**21,44**	**50,85**	**3,43**	

Gurke. — Cucumis sativa L.

No.	Bemerkungen	Zeit der Untersuchung	Wasser %	Stickstoff-Substanz %	Fett %	Zucker %	N-freie Extractstoffe %	Holzfaser %	Asche %	Stickstoff-Substanz %	Nfr. Extractstoffe %	Stickstoff in der Trocken-Substanz %	Analytiker
1[0])	Ende Juli geerntet	1874	95,44	0,93	0,03	1,51	1,15	0,50	0,45	20,38	58,34	3,26	*W. Dahlen*[2])
2[0])	Anfang Oct. geerntet	„	94,17	1,54	0,06	0,73	2,27	0,69	0,48	26,06	51,46	4,17	
3		1875	97,19	0,60	0,19		1,19	0,68	0,25	21,38	42,35	3,42	*R. Pott*[1])
4	Aus Japan	1884	94,00	1,66	0,07	1,12	1,67	1,24	0,58	27,67	48,17	4,43	*Nagai u. Murai*[3])
	Mittel	.	**95,20**	**1,18**	**0,09**	**0,96**	**1,35**	**0,78**	**0,44**	**23,87**	**49,18**	**3,82**	

[1]) Untersuchungen über d. Stoffvertheil. in verschiedenen Culturpflanzen. Jena, 1876.
[2]) Landw. Jahrbücher 1874. S. 321 u. 723 u. 1875. S. 613.
[3]) Japan. International Health Exhibitation. London, 1884. A. p. 5.

[0]) Es enthielt:

	Phosphorsäure	Schwefel organisch gebunden
Lauch (Zwiebel und Wurzel) No. 1	0,150	0,056 %
„ „ „ „ 2	0,196	0,067 „
Lauch (Blätter) No. 1	0,081	0,056 „
Knoblauch No. 1	0,452	0,166 „
Schnittlauch No. 2	0,258	—
Gurke No. 1	0,083	0,010 %
„ „ 2	0,104	0,009 „

Melone. — Cucumis melo L.

No.	Bemerkungen	Zeit der Untersuchung	Wasser %	Stickstoff-Substanz %	Fett %	Zucker %	N-freie Extractstoffe %	Holzfaser %	Asche %	In der Trocken-Substanz: Stick-stoff-Substanz %	In der Trocken-Substanz: Nfr. Extract-stoffe %	Stickstoff in der Trocken-Substanz %	Analytiker
1⁰)	Anfang October geerntet.	1874	95,21	1,06	0,61	0,27	1,16	1,07	0,63	22,23	29,85	3,54	*W. Dahlen*[1]
2	Fleisch[00]) der Melone, aus Amerika	1879	89,65	0,96	0,34	7,13		1,19	0,73	9,25	68,89	1,48	*F. H. Storer*[2]
3		„	85,28	0,69	0,15	11,98		0,99	0,91	4,69	80,03	0,75	
4		„	89,33	1,11	0,04	8,04		0,95	0,53	10,33	75,35	1,66	
5	Aus Japan	1884	92,44	1,17	0,48	2,50	1,58	1,24	0,59	15,68	53,98	2,51	*Nagai und Murai*[3]
	Mittel	.	**90,38**	**1,00**	**0,32**	**2,13**	**4,40**	**1,09**	**0,68**	**12,44**	**67,88**	**1,99**	

Kürbis. — Cucurbita Pepo L.

No.	Bemerkungen	Zeit der Untersuchung	Wasser %	Stickstoff-Substanz %	Fett %	Zucker %	N-freie Extractstoffe %	Holzfaser %	Asche %	In der Trocken-Substanz: Stick-stoff-Substanz %	In der Trocken-Substanz: Nfr. Extract-stoffe %	Stickstoff in der Trocken-Substanz %	Analytiker
1	Gewöhnlicher Kürbis . .	1847	93,48	(0,39)	0,06	—	4,00	(1,32)	0,75	4,75	61,35	(0,96)	*Braconnot*[4]
2	Von der Insel Corfu . .	„	95,40	(0,26)	0,04	—	2,81	(0,93)	0,56	5,63	61,09	(0,90)	
3	Gewöhnlicher Kürbis . .	„	89,50	—	0,09	4,83	—	(1,59)	(1,58)	—	—	—	*Zeuneck*[4]
4	Gemeiner Kürbis . . .	?	94,18	0,17	—	0,27	2,94		(2,45)	2,94	—	0,47	*Girardin*[4]
5	Pain du pauvre . . .	„	79,67	1,36	0,01	2,50	12,60		(3,86)	6,69	—	1,07	
6	Artichaut de Jerusalem .	„	85,80	0,41	0,01	0,15	7,85		(5,78)	2,89	—	0,46	
7	Giraumet bonnet turc. .	„	92,94	0,14	0,01	0,69	2,09		(4,13)	2,00	—	0,32	
8	Sucrine de Bresil . . .	„	93,40	0,20	—	0,33	2,65		(3,43)	3,00	—	0,48	
9		1853	90,60	1,35	—	—	—	—	—	14,06	—	2,25	*Wanderleben*[5]
10⁰)	Gelber Speisekürbis v. Oct.	1874	88,55	1,36	0,08	1,67	6,31	1,49	0,54	11,88	69,69	1,90	*W. Dahlen*[1]
11⁰)	Grüner Einmachekürbis .	„	86,64	1,24	0,11	1,65	7,91	1,89	0,56	9,31	71,56	1,49	
	Fleisch der Kürbisse:[000])												
12	Feldkürbis, gr. Exemplar	„	92,41	0,87	0,10	4,80		1,11	0,71	11,44	63,24	1,83	*H. Storer und S. Lewis*[6]
13	desgl., kleines Exemplar.	„	94,57	0,75	0,14	3,05		0,86	0,63	13,81	56,17	2,21	
14	Markkürbis	„	89,65	0,96	0,34	7,13		1,19	0,73	9,25	68,89	1,48	
15	Hubbardkürbis	1877	84,28	0,69	0,15	11,98		0,99	0,91	4,38	76,21	0,70	
16	Drehhalskürbis	„	89,33	0,11	0,04	8,04		0,95	1,53	(1,06)	75,35	0,17	
17	Aus Japan	1884	93,47	1,13	0,15	4,19		0,52	0,54	16,77	65,17	2,53	*O. Kellner*[7]
18	Aus Japan, „To-nasu" gen.	„	90,24	0,65	0,13	6,08		2,15	0,76	6,66	62,29	1,07	*Nagai und Murai*[3]

---

[1]) Landw. Jahrbücher 1874. S. 321 u. 723 u. 1875. S. 613.
[2]) Ann. Report of the Connecticut agric. Exper. Station 1879. S. 159.
[3]) Japan. International Health Exhibitation. London 1884. A. p. 5.
[4]) Pharm. Centralbl. 1847. S. 612 u. 767.
[5]) Jahresber. f. Chemie 1853. S. 566.
[6]) Bulletin of the Bussey Institut 1877. II. Bd. 2. Theil. S. 81 u. 1878. II. Bd. 3. Theil. S. 221.
[7]) Mittheil. d. Deutschen Gesellsch. f. Natur- u. Völkerkunde Ostasiens Bd. IV. No. 35.

⁰) Es enthielt:

	Phosphorsäure	Schwefel organisch gebunden
Melone No. 1 . . .	0,113	0,009 „
Kürbis No. 10 . .	0,088	0,023 „
„ „ 11 . .	0,106	0,020 „

⁰⁰) Die Rinde, ferner der Samen + faserige Masse dieser 3 Melonensorten ergaben im Mittel:

	Wasser %	Protein %	Fett %	N-freie Extractstoffe %	Holzfaser %	Asche %
a. Rinde	82,01	2,83	0,72	10,04	3,19	1,21
b. Samen + faserige Masse	74,13	5,27	6,31	8,64	4,26	1,39

⁰⁰⁰) Die Rinde, ferner der Samen + faserige Masse enthalten im Mittel der 5 untersuchten Sorten (No. 12—16):

	Wasser %	Protein %	Fett %	N-freie Extractstoffe %	Holzfaser %	Asche %
a. Rinde	83,72	2,80	0,62	8,31	3,28	1,27
b. Samen + faserige Masse	75,72	5,56	6,07	7,09	4,12	1,44

No.	Bemerkungen		Zeit der Untersuchung	Wasser %	Stickstoff-Substanz %	Fett %	Zucker %	N-freie Extractstoffe %	Holzfaser %	Asche %	In der Trocken-Substanz: Stick-stoff-Substanz %	In der Trocken-Substanz: Nfr. Extract-stoffe %	Stickstoff in der Trocken-Substanz %	Analytiker
19	Schweinskürbis[6]	Fruchtschalen .	18 75/76	86,50	2,15		5,70		4,80	0,85	15,91	—	2,55	R. Ulbricht[1]
20		Fruchtfleisch .	"	93,70	0,50		4,90		0,60	0,30	8,10	—	1,30	
21		Samengehäuse .	"	93,00	1,10		4,50		0,70	0,70	15,60	—	2,50	
22		Samenschalen .	"	32,00	11,10		9,70		46,40	0,90	16,30	—	2,61	
23		Samen-Inneres .	"	26,30	26,50	37,70	—	4,90	1,25	3,40	35,90	6,65	5,74	
24		Ganze Frucht .	"	90,90	1,30		5,60		1,70	0,50	14,30	—	2,29	
25	Misch. verschied. Herrenkürbisse[6]	Fruchtschalen .	"	83,50	2,00	0,60	—	10,50	2,60	0,80	12,10	63,30	1,94	
26		Fruchtfleisch .	"	89,00	1,10	0,10	—	7,70	1,30	0,80	10,30	69,30	1,65	
27		Samengehäuse .	"	90,60	1,70	0,20	—	5,20	1,00	1,30	17,80	55,50	2,85	
28		Samenschalen .	"	32,60	11,70	1,10	—	14,40	39,60	0,60	17,40	21,40	2,78	
29		Samen-Inneres .	"	24,70	27,30	38,90	—	4,20	1,40	3,50	36,30	5,60	5,81	
30		Ganze Frucht .	"	86,75	1,80	0,80	—	7,95	1,80	0,90	13,60	60,00	2,18	
	Fruchtfleisch	Minimum	.	79,67	0,10	0,02	0,11	—	0,77	0,42	1,06	—	0,17	
		Maximum	.	95,40	1,62	0,32	4,59	—	2,15	1,43	16,77	—	2,53	
		Mittel	.	**90,32**	**1,10**	**0,13**	**1,34**	**5,16**	**1,22**	**0,73**	**11,41**	**67,15**	**1,82**	

[1]) Landw. Vers.-Stat. 1886. Bd. 32. S. 231.

[6]) R. Ulbricht bestimmte in 12 Kürbissorten noch folgende Bestandtheile:

	Frucht-schalen %	Frucht-fleisch %	Samen-gehäuse %	Ganze Samen %	Samen-schalen %	Samen-Inneres %	In 100 Theilen Saft des Fruchtfleisches: Trauben-zucker %	Rohr-zucker %	Gesammt-zucker %	100 Theile enthalten an Gesammtzucker: Frucht-fleisch %	Frucht-schalen %	Samen-gehäuse %
I. Gelber gew. Feld- oder Schweinskürbis von Ungar.-Altenburg	13,5	6,3	6,9	72,4	68,0	73,7	1,75	2,00	3,85	3,48	—	—
II. Grüner Bastard vom Feld- oder Herrenkürbis aus dem Komorn'er Komitat . . .	10,5	7,0	6,2	76,3	67,0	79,5	4,23	0,57	4,83	4,36	—	—
III. Breiter, rother Herrenkürbis, ebendaher . . .	20,8	15,2	11,4	58,1	56,0	60,1	1,90	5,57	7,76	6,94	6,27	—
IV. Courge de Valparaiso, ebendaher	10,4	7,8	6,9	71,6	64,5	74,5	4,24	1,13	5,43	4,56	—	—
V. Langer, grüner Herrenkürbis, ebendaher	16,3	11,0	7,0	73,1	70,2	74,6	4,99	0,85	5,88	5,76	—	—
VI. Pilzkürbis, ebendaher .	14,7	11,9	13,0	77,8	69,3	84,2	—	—	7,16	5,91	—	—
VII. Kleiner gew. weisser Herrenkürbis, ebendaher .	8,8	6,2	6,1	67,4	63,1	69,2	—	—	3,69	3,00	—	unter 1,0
VIII. Grosser gew. weisser Herrenkürbis v. Debreczén	23,7	14,3	10,0	75,5	70,6	76,9	3,10	4,37	7,70	6,04	—	—
IX. Grosser, weisser Seidenkürbis, ebendaher . . .	16,3	9,4	9,4	76,0	72,5	76,8	4,66	1,04	5,75	5,98	—	3,20
X. desgl. von Temeswár . .	12,3	9,1	8,6	73,1	71,0	73,6	3,33	3,04	6,53	5,52	6,11	—
XI. Turbankürbis aus dem Komorn'er Komitat . . .	21,8	13,1	12,7	80,8	70,0	85,6	—	—	8,03	7,58	—	—
XII. desgl. von Raab . . .	26,4	15,7	11,9	71,5	67,2	72,9	5,19	0,98	6,22	6,20	—	—
Mittel	16,3	10,6	9,2	72,8	67,5	75,1	3,70	2,20	6,07	5,60	6,20	ca. 2,0

Einige Kürbissorten werden in Ungarn vielfach in gebratenem Zustande gegessen; die als solche Bratkürbisse besonders geschätzten Sorten IV, IX, X, sowie III u. XII zeichnen sich durch den grössten Gehalt an Fruchtfleisch aus. Die obigen 12 Sorten ergaben ferner:

		I	II	III	IV	V	VI	VII	VIII	IX	X	XI	XII	Mittel
		g	g	g	g	g	g	g	g	g	g	g	g	g
1 Stück = ...		3625	6460	9190	16850	5400	7500	5600	9900	12970	20100	8730	4740	9255
		%	%	%	%	%	%	%	%	%	%	%	%	%
In 100 Theil. frischer Kürbisfrucht	Fruchtschalen	89,2 (Fruchtschalen + Fruchtfleisch)	20,0	14,5	14,8	19,5	—	84,7 (Fruchtschalen + Fruchtfleisch)	18,2	14,6	19,6	—	7,8	17
	Fruchtfleisch		68,9	78,5	76,2	68,5	—		66,4	78,8	75,8	—	85,0	73
	Mark d. Samengehäuses .	6,9	8,5	5,3	6,6	9,6	—	11,1	12,1	4,9	3,3	—	4,8	7
	Samenschalen + Cotyledonen	3,8	2,6	1,7	2,4	2,4	1,4	4,2	3,3	1,7	1,3	2,0	2,4	2

Liebesapfel. — Lycopersicum esculentum vulgare.

No.	Bemerkungen	Zeit der Untersuchung	Wasser %	Stickstoff-Substanz %	Fett %	Zucker %	N-freie Extractstoffe %	Holzfaser %	Asche %	In der Trocken-Substanz: Stick-stoff-Substanz %	In der Trocken-Substanz: Nfr. Extract-stoffe %	Stickstoff in der Trocken-Substanz %	Analytiker
1[0])	Anfang October geerntet.	1874	92,37	1,25	0,33	2,53	1,54	0,84	0,63	16,56	53,34	2,65	*W. Dahlen*[1])

Spargel. — Asparagus officinalis L.

No.	Bemerkungen	Zeit der Untersuchung	Wasser %	Stickstoff-Substanz %	Fett %	Zucker %	N-freie Extractstoffe %	Holzfaser %	Asche %	In der Trocken-Substanz: Stick-stoff-Substanz %	In der Trocken-Substanz: Nfr. Extract-stoffe %	Stickstoff in der Trocken-Substanz %	Analytiker
1[0])	Aus Mainz von Mitte Mai	1874	92,04	2,27	0,31	0,47	2,80	1,54	0,57	28,50	41,08	4,56	*W. Dahlen*[1])
2	Aus Münster Mitte Mai .	1876	92,94	1,91	0,17		3,47	0,72	0,52	27,06	49,15	4,33	*J. König u. B. Farwick*[2])
3		„	94,98	1,75	0,37		1,21	1,16	0,53	34,75	24,10	5,56	*R. Pott*[3])
4[00])	desgl.	1881	95,03	1,23 [00])	0,13		2,34	0,74	0,53	24,75	47,08	3,96	*C. Böhmer*[4])
	Mittel	.	**93,75**	**1,79**	**0,25**	**0,37**	**2,26**	**1,04**	**0,54**	**28,77**	**42,08**	**4,61**	

Grüne Gartenerbse. — Pisum sativum L.

No.	Bemerkungen	Zeit der Untersuchung	Wasser %	Stickstoff-Substanz %	Fett %	Zucker %	N-freie Extractstoffe %	Holzfaser %	Asche %	In der Trocken-Substanz: Stick-stoff-Substanz %	In der Trocken-Substanz: Nfr. Extract-stoffe %	Stickstoff in der Trocken-Substanz %	Analytiker
1	Unreife Samen	1872	79,74	6,06	—	—	—	—	1,12	29,94	—	4,79	*H. Grouven*[5])
2	desgl., Anfang Juli . .	1876	82,52	5,54	0,56	—	9,29	1,41	0,68	31,69	53,15	5,07	*J. König u. Chr. Kellermann*[2])
3[0])	desgl., „ „ . .	1874	79,20	5,65	0,44	Spur	12,31	1,79	0,60	29,13	58,22	4,66	*W. Dahlen*[1])
4[00])	desgl., „ „ . .	1881	72,28	8,13 [00])	0,61	—	15,70	2,43	0,85	29,31	56,64	4,69	*C. Böhmer*[4])
	Mittel	.	**78,44**	**6,35**	**0,53**	—	**12,00**	**1,87**	**0,81**	**30,02**	**55,66**	**4,80**	

Grüne Saubohnen. — Faba vulgaris picea Al.

No.	Bemerkungen	Zeit der Untersuchung	Wasser %	Stickstoff-Substanz %	Fett %	Zucker %	N-freie Extractstoffe %	Holzfaser %	Asche %	In der Trocken-Substanz: Stick-stoff-Substanz %	In der Trocken-Substanz: Nfr. Extract-stoffe %	Stickstoff in der Trocken-Substanz %	Analytiker
1	Unreifer Samen . . .	1876	82,56	6,08	0,39	—	8,03	2,12	0,82	34,88	46,04	5,58	*J. König u. Chr. Kellermann*[2])
2[0])	Unreifer Samen, Mitte Juli	1874	89,65	3,25	0,21	—	5,16	1,26	0,47	31,38	49,85	5,02	*W. Dahlen*[1])
3[00])	desgl.	1881	80,00	6,97	0,39	—	8,84	2,86	0,93	33,00	44,20	5,28	*C. Böhmer*[4])
	Mittel	.	**84,07**	**5,43**	**0,33**	—	**7,35**	**2,08**	**0,74**	**33,08**	**46,69**	**5,29**	

[1]) Landw. Jahrbücher 1874. S. 321 u. 723 u. 1875. S. 613.
[2]) Zeitschr. f. Biologie 1876. S. 497.
[3]) Untersuchungen über die Stoffvertheilung in verschiedenen Culturpflanzen. Jena, 1876.
[4]) Original-Mittheilung u. Landw. Vers.-Stat. 1882. Bd. 28. S. 247.
[5]) Vorträge über Agric.-Chemie 1872. I. Bd. S. 414.

[0]) Es enthielt:

	Phosphorsäure	Schwefel organisch gebunden
Liebesapfel No. 1	0,081 %	0,018 %
Spargel No. 1	Spuren	0,041 „
Grüne Gartenerbse No. 3 .	0,331 %	0,054 „
Grüne Saubohnen No. 2 . .	0,178 „	0,020 „

[00]) Von der NH-Substanz in Form von Eiweissstoffen vorhanden:

	In Procenten der N-Substanz	In der natürlichen Substanz
Spargel	80,07 %	0,98 %
Grüne Gartenerbsen . . .	75,90 „	6,44 „
Grüne Saubohnen No. 3 .	79,00 „	5,50 „
Schnittbohnen No. 7 . . .	61,67 „	1,49 „
Blumenkohl No. 5 . . .	50,89 „	1,13 „

Schnittbohnen. — Phaseolus vulgaris L.

No.	Bemerkungen	Zeit der Untersuchung	Wasser %	Stickstoff-Substanz %	Fett %	Zucker %	N-freie Extractstoffe %	Holzfaser %	Asche %	In der Trocken-Substanz: Stick-stoff-Substanz %	In der Trocken-Substanz: Nfr. Extract-stoffe %	Stickstoff in der Trocken-Substanz %	Analytiker
1	Unreife Hülse zu Gemüse	?	91,34	2,04	—	—	—	—	0,63	23,56	—	3,77	*H. Grouven*[1])
2	desgl. zu Gemüse . . .	1876	92,34	1,99	0,13	—	4,23	0,82	0,49	26,00	55,22	4,16	*J. König, Chr. Kellermann*[2])
3°)	desgl. von Mitte Juli . .	1874	92,40	1,73	0,17	0,66	3,97	0,88	0,19	22,75	60,92	3,64	*W. Dahlen*[3])
4°)	desgl. von Ende October .	„	83,50	4,29	0,19	—	9,69	1,57	0,76	26,02	58,73	4,16	*W. Dahlen*[3])
5°)	desgl. zu Salat von Ende August	„	89,42	2,24	0,09	1,23	5,37	1,13	0,51	21,25	62,38	3,40	*W. Dahlen*[3])
6°)	desgl., Prinzessinbohne von Anfang October . . .	„	81,19	4,35	0,17	—	10,95	1,66	0,87	23,13	58,26	3,70	*W. Dahlen*[3])
7°°)	desgl.	1881	91,06	2,42	0,16	—	4,48	1,08	0,81	27,00	50,00	4,32	*C. Böhmer*[4])
	Mittel	.	**88,75**	**2,72**	**0,14**	**1,16**	**5,44**	**1,18**	**0,61**	**24,25**	**58,66**	**3,88**	

Blumenkohl. — Brassica oleracea botrytis L.

No.	Bemerkungen	Zeit der Untersuchung	Wasser %	Stickstoff-Substanz %	Fett %	Zucker %	N-freie Extractstoffe %	Holzfaser %	Asche %	In der Trocken-Substanz: Stick-stoff-Substanz %	In der Trocken-Substanz: Nfr. Extract-stoffe %	Stickstoff in der Trocken-Substanz %	Analytiker
1	Blüthenkopf von Anfang August	?	90,10	2,37	0,90		5,23	0,60	0,80	23,94	52,83	3,83	*Boussingault*[1])
2°)	desgl.	1874	90,80	2,83	0,21	1,22	3,29	0,94	0,72	30,75	50,00	4,92	*W. Dahlen*[3])
3		1876	92,34	2,89	0,16		3,02	0,80	0,79	37,75	39,45	6,04	*J. König u. B. Farwick*[2])
4		„	88,21	2,02	0,25		7,40	1,16	0,96	17,23	62,77	2,74	*R. Pott*[5])
5°°)	Anfang August	1881	93,04	2,22	0,17		2,60	1,07	0,90	31,88	37,36	5,10	*C. Böhmer*[4])
	Mittel	.	**90,89**	**2,48**	**0,34**	**1,21**	**3,34**	**0,91**	**0,83**	**27,63**	**49,94**	**4,42**	

Butterkohl. — Brassica oleracea luteola L.

No.	Bemerkungen	Zeit der Untersuchung	Wasser %	Stickstoff-Substanz %	Fett %	Zucker %	N-freie Extractstoffe %	Holzfaser %	Asche %	In der Trocken-Substanz: Stick-stoff-Substanz %	In der Trocken-Substanz: Nfr. Extract-stoffe %	Stickstoff in der Trocken-Substanz %	Analytiker
1°)	Blattparenchym 57,5 % .	1874	87,62	3,57	0,72	0,70	5,30	1,02	1,07	28,81	48,46	4,61	*W. Dahlen*[3])
2°)	Blattrippen 42,5 % . .	„	86,06	2,27	0,27	2,49	6,32	1,45	1,13	16,31	63,20	2,61	*W. Dahlen*[3])
3°)	Ganze Pflanze	„	86,96	3,01	0,54	1,47	5,72	1,20	1,10	23,06	55,14	3,69	*W. Dahlen*[3])

[1]) Vorträge über Agric.-Chemie 1872. I. Bd. S. 414.
[2]) Zeitschr. f. Biologie 1876. S. 497
[3]) Landw. Jahrbücher 1874. S. 321 u. 723 u. 1875. S. 613.
[4]) Original-Mittheilung u Landw. Vers.-Stat. 1882. Bd. 28. S. 247.
[5]) Untersuchungen über die Stoffvertheilung in verschiedenen Culturpflanzen. Jena, 1876.

°) Es enthielt:

	Phosphorsäure	Schwefel organisch gebunden
Schnittbohnen No. 3 . . .	0,049 %	0,020 %
„ „ 4 . . .	0,195 „	0,053 „
„ „ 5 . . .	0,123 „	0,028 „
„ „ 6 . . .	0,227 „	0,056 „
Blumenkohl No. 2	0,150 „	0,089 „
Butterkohl No. 1	0,159 „	0,077 „
„ „ 2	0,142 „	0,061 „
„ „ 3	0,152 „	0,070 „

°°) Vergl. Anmerkung °°) Seite 714.

Winterkohl (krauser Grünkohl). — Brassica oleracea var. percrispa Al.

No.	Bemerkungen	Zeit der Untersuchung	Wasser %	Stickstoff-Substanz %	Fett %	Zucker %	N-freie Extractstoffe %	Holzfaser %	Asche %	In der Trocken-Substanz: Stick-stoff-Substanz %	In der Trocken-Substanz: Nfr. Extract-stoffe %	Stickstoff in der Trocken-Substanz %	Analytiker
1⁰)	Blattparenchym 52,4 % .	1874	79,69	2,77	0,99	0,72	12,71	1,63	1,49	13,63	66,13	2,18	*W. Dahlen* [1]
2⁰)	Blattrippen 37,6 % . .	„	82,30	3,07	0,39	1,93	8,92	2,12	1,28	17,38	61,30	2,78	
3⁰)	Ganze Pflanze	„	80,67	2,88	0,76	1,17	11,29	1,82	1,41	18,00	64,46	2,88	
4	desgl.	1876	79,38	5,11	1,04	—	10,78	1,95	1,74	24,81	52,28	3,97	*J. König u. B. Farwick* [2]
	Mittel (von 3 u. 4)	.	**80,03**	**3,99**	**0,90**	**1,21**	**10,42**	**1,88**	**1,57**	**18,46**	**61,04**	**2,95**	

Rosenkohl. — Brassica oleracea var. gemmifera Al.

No.	Bemerkungen	Zeit der Untersuchung	Wasser %	Stickstoff-Substanz %	Fett %	Zucker %	N-freie Extractstoffe %	Holzfaser %	Asche %	Stick-stoff-Substanz %	Nfr. Extract-stoffe %	Stickstoff in der Trocken-Substanz %	Analytiker
1⁰)	Nussgrosse Köpfchen von October	1874	85,00	5,54	0,54	Spur	6,13	1,49	1,29	36,94	48,67	5,91	*W. Dahlen* [1]
2		1876	86,26	4,12	0,38	—	6,29	1,66	1,29	29,94	45,78	4,79	*J. König u. B. Farwick* [2]
	Mittel	.	**85,63**	**4,83**	**0,46**	—	**6,22**	**1,57**	**1,29**	**33,44**	**47,22**	**5,35**	

Savoyerkohl (Herzkohl). — Brassica oleracea var. bullata Dc.

No.	Bemerkungen	Zeit der Untersuchung	Wasser %	Stickstoff-Substanz %	Fett %	Zucker %	N-freie Extractstoffe %	Holzfaser %	Asche %	Stick-stoff-Substanz %	Nfr. Extract-stoffe %	Stickstoff in der Trocken-Substanz %	Analytiker
1⁰)	Blattpar. 62,4 % } Mitte Mai geerntet	1874	85,80	4,63	0,93	1,33	4,62	1,25	1,45	32,83	41,90	5,22	*W. Dahlen* [1]
2⁰)	Rippen 37,6 % } Mitte Mai geerntet	„	87,60	1,65	0,36	1,39	6,26	1,64	1,08	13,31	61,69	2,13	
3⁰)	Ganze Pflanze } Mitte Mai geerntet	„	86,48	3,51	0,73	1,36	5,23	1,38	1,31	25,99	48,74	4,15	
4	Aeussere Blätter . . .	1876	84,88	3,79	0,79		6,54	1,49	2,51	25,06	43,29	4,01	*R. Pott* [3]
5	Herzblätter	„	89,91	2,63	0,60		4,94	0,83	1,09	26,13	48,96	4,17	
6	Stengel	„	79,53	6,31	0,62		8,16	2,65	2,73	30,81	39,86	4,93	
	Mittel	.	**87,09**	**3,31**	**0,71**	**1,29**	**4,73**	**1,23**	**1,64**	**25,67**	**47,41**	**4,10**	

Rothkraut. — Brassica oleracea var. rubra Al.

No.	Bemerkungen	Zeit der Untersuchung	Wasser %	Stickstoff-Substanz %	Fett %	Zucker %	N-freie Extractstoffe %	Holzfaser %	Asche %	Stick-stoff-Substanz %	Nfr. Extract-stoffe %	Stickstoff in der Trocken-Substanz %	Analytiker
1⁰)	Blattparench. 55,7 % . } Mitte Juli geerntet	1874	89,43	2,14	0,19	1,69	4,54	1,27	0,73	20,25	58,94	3,24	*W. Dahlen* [1]
2⁰)	Rippen 44,3 % } Mitte Juli geerntet	„	90,86	1,43	0,18	1,80	3,59	1,31	0,82	15,63	58,97	2,50	
3⁰)	Ganze Pflanze } Mitte Juli geerntet	„	90,06	1,83	0,19	1,74	4,12	1,29	0,77	18,44	58,95	2,95	

[1]) Landw. Jahrbücher 1874. S. 312, 723 u. 1875. S. 613.
[2]) Zeitschr. f. Biologie 1876. S. 497.
[3]) Dessen: Untersuchungen über die Stoffvertheilung in verschiedenen Culturpflanzen. Jena, 1876.

⁰) Es enthielt:

	Phosphorsäure	Schwefel organisch gebunden
Winterkohl No. 1 . . .	0,302 %	0,136 %
„ „ 2 . . .	0,202 „	0,074 „
„ „ 3 . . .	0,263 „	0,102 „
Rosenkohl No. 1 . . .	0,282 „	0,138 „
Savoyerkohl No. 1 . .	0,236 „	0,097 „
„ „ 2 . .	0,159 „	0,074 „
„ „ 3 . .	0,207 „	0,088 „
Rothkraut No. 1 . . .	0,119 „	0,069 „
„ „ 2 . . .	0,105 „	0,053 „
„ „ 3 . . .	0,112 „	0,062 „

Zuckerhut (Spitzkohl). — Brassica oleracea var. conica Al.

No.	Bemerkungen	Zeit der Untersuchung	Wasser %	Stickstoff-Substanz %	Fett %	Zucker %	N-freie Extractstoffe %	Holzfaser %	Asche %	In der Trocken-Substanz: Stickstoff-Substanz %	In der Trocken-Substanz: Nfr. Extractstoffe %	Stickstoff in der Trocken-Substanz %	Analytiker
1°)	Blattparench. 51,3 % (Von Mitte Juni)	1874	92,96	2,08	0,26	0,99	2,23	0,89	0,58	29,56	45,74	4,73	*W. Dahlen* [1]
2°)	Rippen 48,7 % (Von Mitte Juni)	"	92,80	1,48	0,21	1,70	2,06	1,14	0,61	20,56	52,17	3,29	*W. Dahlen* [1]
3°)	Ganze Pflanze (Von Mitte Juni)	"	92,89	1,77	0,24	1,34	2,15	1,01	0,60	24,88	49,09	3,98	*W. Dahlen* [1]
4	desgl.	1876	91,63	1,77	0,16	4,64		1,04	0,76	21,13	55,44	3,38	*J. König u. B. Farwick* [2]
5°°)	desgl.	1881	92,74	1,91 °°)	0,13	3,84		0,75	0,63	26,31	52,89	4,21	*C. Böhmer* [3]
	Mittel (aus 3 u. 4)	.	**92,60**	**1,80**	**0,20**	**1,39**	**2,40**	**0,97**	**0,64**	**24,49**	**51,21**	**3,92**	

Weisskraut (Kabbes). — Brassica oleracea capitata alba Al.

No.	Bemerkungen	Zeit der Untersuchung	Wasser %	Stickstoff-Substanz %	Fett %	Zucker %	N-freie Extractstoffe %	Holzfaser %	Asche %	In der Trocken-Substanz: Stickstoff-Substanz %	In der Trocken-Substanz: Nfr. Extractstoffe %	Stickstoff in der Trocken-Substanz %	Analytiker
1		?	86,20	(4,75)	—	—	—	—	1,87	34,38	—	(5,50)	*A. Völcker* [4]
2°)	Blatttheile 69,7 % (Von Mitte Juni)	1874	92,31	1,26	0,14	2,56	2,37	0,83	0,53	16,38	64,11	2,62	*W. Dahlen* [1]
3°)	Rippen 30,3 % (Von Mitte Juni)	"	92,95	1,07	0,12	2,70	2,95	1,57	0,64	15,19	51,77	2,43	*W. Dahlen* [1]
4°)	Ganze Pflanze (Von Mitte Juni)	"	92,51	1,20	0,13	2,00	2,55	1,05	0,56	16,00	60,88	2,56	*W. Dahlen* [1]
5°)	Blatttheile 62,2 % (Von Ende Aug.)	"	91,60	1,40	0,10	1,95	3,21	1,18	0,55	16,69	61,67	2,67	*W. Dahlen* [1]
6°)	Rippen 37,5 % (Von Ende Aug.)	"	89,77	1,76	0,19	1,63	4,41	1,40	0,85	17,19	59,04	2,75	*W. Dahlen* [1]
7°)	Ganze Pflanze (Von Ende Aug.)	"	90,81	1,53	0,14	1,83	3,76	1,27	0,66	16,63	60,83	2,66	*W. Dahlen* [1]
8	Ganzer Kopf	1876	92,13	1,87	0,08	4,44		0,83	0,65	23,75	56,42	3,80	*J. König u. B. Farwick* [2]
9	Aeussere Blätter	"	89,10	2,34	0,51	4,18		1,65	2,22	21,44	38,35	3,43	*R. Pott* [5]
10	Herzblätter	"	92,08	1,84	0,13	3,85		1,09	1,01	17,00	48,61	3,72	*R. Pott* [5]
11	Stengel	"	86,95	1,89	0,19	5,82		4,50	1,65	14,50	44,60	2,32	*R. Pott* [5]
	Mittel (aus 1, 4, 7, 8, 9, 10, 11)	.	**89,97**	**1,89**	**0,20**	**2,29**	**2,58**	**1,84**	**1,23**	**18,81**	**48,55**	**3,01**	

Blattrippen (Stengel) der Steckrübe.*) — Brassica napus rapifera M.

No.	Bemerkungen	Zeit der Untersuchung	Wasser %	Stickstoff-Substanz %	Fett %	Zucker %	N-freie Extractstoffe %	Holzfaser %	Asche %	In der Trocken-Substanz: Stickstoff-Substanz %	In der Trocken-Substanz: Nfr. Extractstoffe %	Stickstoff in der Trocken-Substanz %	Analytiker
1		1876	91,63	2,25	0,16	—	2,40	1,45	2,11	26,88	28,67	4,30	*J. König u. B. Farwick* [2]
2°°°)	Sehr jung	1881	94,13	1,75 °°°)	0,12	—	1,48	0,90	1,62	29,81	25,21	4,77	*C. Böhmer* [3]
	Mittel	.	**92,88**	**2,00**	**0,14**	—	**1,94**	**1,17**	**1,87**	**28,35**	**26,94**	**4,54**	

1) Landw. Jahrbücher 1874. S. 312, 723 u. 1875. S. 613.
2) Zeitschr. f. Biologie 1876. S. 497.
3) Original-Mittheilung u. Landw. Vers.-Stat. 1882. Bd. 28. S. 247.
4) Grouven: Vorträge über Agric.-Chemie 1872. Bd. I. S. 414.
5) Dessen: Untersuchungen über die Stoffvertheilung in verschiedenen Culturpflanzen. Jena, 1876.

°) Es enthielt:

	Phosphorsäure	Schwefel organisch gebunden
Zuckerhut No. 1	0,122 %	0,032 %
" " 2	0,099 "	0,027 "
" " 3	0,111 "	0,029 "
Weisskraut No. 2	0,068 "	0,037 "
" " 3	0,092 "	0,029 "
" " 4	0,074 "	0,035 "
" " 5	0,205 "	0,039 "
" " 6	0,131 "	0,044 "
" " 7	0,177 "	0,041 "

°°) Von der N-Substanz sind in Form von Eiweiss 51,33 % oder 0,97 % in der natürlichen Substanz vorhanden.
°°°) " " " " " " " " 35,50 " " 0,63 " " " " " "

*) Diese Stengel werden nach Entfernung des Blattparenchyms in Westfalen als sogen. Stengelrüben (richtiger Rübenstengel) als Gemüse gegessen.

Spinat. — Spinacia oleracea L.

No.	Bemerkungen	Zeit der Untersuchung	Wasser %	Stickstoff-Substanz %	Fett %	Zucker %	N-freie Extractstoffe %	Holzfaser %	Asche %	In der Trocken-Substanz: Stick-stoff-Substanz %	In der Trocken-Substanz: Nfr. Extract-stoffe %	Stickstoff in der Trocken-Substanz %	Analytiker
1		1874	93,38	2,19	0,29	0,06	2,38	0,55	1,15	33,13	36,86	5,30	*W. Dahlen*[1]
2		1876	87,14	4,12	0,79		4,23	0,99	2,73	32,06	32,89	5,13	*J. König u. B. Farwick*[2]
3°)		1881	84,88	4,16°)	0,67		6,66	1,25	2,38	27,50	44,05	4,40	*C. Böhmer*[3]
	Mittel	.	**88,47**	**3,49**	**0,58**	**0,10**	**4,34**	**0,93**	**2,09**	**30,90**	**37,93**	**4,94**	

Endivien-Salat. — Cichorium Endivia crispa et pallida.

No.	Bemerkungen	Zeit der Untersuchung	Wasser %	Stickstoff-Substanz %	Fett %	Zucker %	N-freie Extractstoffe %	Holzfaser %	Asche %	Stick-stoff-Substanz %	Nfr. Extract-stoffe %	Stickstoff in der Trocken-Substanz %	Analytiker
1°°)	Krause Winter-Endivien, Ende August	1874	94,38	2,18	0,13	0,69	1,19	0,61	0,82	38,81	33,42	6,21	*W. Dahlen*[1]
2°°)	Glatte, gelbe Winter-Endivien, Mitte October .	„	93,88	1,35	0,13	0,83	2,45	0,63	0,74	22,06	53,50	3,53	*W. Dahlen*[1]
	Mittel	.	**94,13**	**1,76**	**0,13**	**0,76**	**1,82**	**0,62**	**0,78**	**30,44**	**43,51**	**4,87**	

Kopfsalat. — Lactuca sativa vericeps.

No.	Bemerkungen	Zeit der Untersuchung	Wasser %	Stickstoff-Substanz %	Fett %	Zucker %	N-freie Extractstoffe %	Holzfaser %	Asche %	Stick-stoff-Substanz %	Nfr. Extract-stoffe %	Stickstoff in der Trocken-Substanz %	Analytiker
1°°)	Blattparenchym 67,8 % . . (Von Mitte Mai)	1874	93,94	1,92	0,37	0,11	1,98	0,88	0,79	31,69	34,49	5,07	*W. Dahlen*[1]
2°°)	Rippen 32,2 % . (Von Mitte Mai)	„	94,56	1,29	0,20	—	2,14	0,88	0,93 *)	23,69	39,34	3,79	*W. Dahlen*[1]
3°°)	Ganze Pflanze . (Von Mitte Mai)	„	94,14	1,72	0,32	—	1,97	0,88	0,93 *)	29,38	33,62	4,70	*W. Dahlen*[1]
4	Frühe Varietät	1876	94,43	1,44	0,23	—	2,20	0,72	0,98	25,88	39,50	4,14	*R. Pott*[4]
5	Späte, braune Varietät .	„	93,17	1,80	0,44	—	2,51	0,79	1,29	26,38	36,75	4,22	*R. Pott*[4]
6	„ grüne „ .	„	93,95	1,36	0,35	—	2,56	0,73	1,05	22,50	42,31	3,60	*R. Pott*[4]
7	Blätter	?	95,98	0,71	0,22	—	1,68	0,52	0,89	17,63	41,79	2,82	*A.H. Curch*[5]
	Mittel (3, 4, 5, 6, 7)	.	**94,33**	**1,41**	**0,31**	—	**2,19**	**0,73**	**1,03**	**24,31**	**38,62**	**3,89**	

Feldsalat. — Valerianella Locusta olitoria L.

No.	Bemerkungen	Zeit der Untersuchung	Wasser %	Stickstoff-Substanz %	Fett %	Zucker %	N-freie Extractstoffe %	Holzfaser %	Asche %	Stick-stoff-Substanz %	Nfr. Extract-stoffe %	Stickstoff in der Trocken-Substanz %	Analytiker
1°°)	Von Mitte October . .	1874	93,41	2,09	0,41	—	2,73	0,57	0,79	31,69	41,43	5,07	*W. Dahlen*[1]

Römischer Salat.

No.	Bemerkungen	Zeit der Untersuchung	Wasser %	Stickstoff-Substanz %	Fett %	Zucker %	N-freie Extractstoffe %	Holzfaser %	Asche %	Stick-stoff-Substanz %	Nfr. Extract-stoffe %	Stickstoff in der Trocken-Substanz %	Analytiker
1		1876	92,50	1,26	0,54	—	3,55	1,17	0,98	16,81	47,33	2,69	*R. Pott*[4]

---

[1]) Landw. Jahrbücher 1874. S. 312, 723 u. 1875. S. 614.
[2]) Zeitschr. f. Biologie 1876. S. 497.
[3]) Original-Mittheilung u. Landw. Vers.-Stat. 1882. Bd. 28. S. 247.
[4]) Untersuchungen über die Stoffvertheilung in verschiedenen Culturpflanzen. Jena, 1876.
[5]) Pharm. Journ. and Transact. Ser. III. Vol. V. No. 258. S. 966.

°) Von der N-Substanz in Form von Eiweiss vorhanden:

In Procenten der N-Substanz	In Procenten der frischen Substanz
76,97 %	3,18 %

°°) Es enthielt:

	Phosphorsäure	Schwefel organisch gebunden
Endivien-Salat No. 1 . . .	0,139 %	0,088 %
„ „ 2 . . .	0,016 „	0,018 „
Kopfsalat No. 1	0,093 „	0,012 „
Feldsalat No. 1	0,128 „	0,036 „

*) Rohasche.

Dill. — Anethum graveolens L.

No.	Bemerkungen	Zeit der Untersuchung	Wasser %	Stickstoff-Substanz %	Fett %	Zucker %	N-freie Extractstoffe %	Holzfaser %	Asche %	In der Trocken-Substanz: Stick-stoff-Substanz %	In der Trocken-Substanz: Nfr. Extract-stoffe %	Stickstoff in der Trocken-Substanz %	Analytiker
1	Blätter, Blüthen, Blattstiele	1876	83,84	3,48	0,88		7,30	2,08	2,42	21,56	45,14	3,45	R. Pott[1])
2	Stengel	„	83,54	1,67	0,22		7,35	5,60	1,62	10,13	44,65	1,62	
3	Wurzel	„	77,80	1,50	0,32		7,43	11,47	1,48	6,75	33,47	1,08	

Petersilie. — Petroselinum sativum Hoffm.

No.	Bemerkungen	Zeit der Untersuchung	Wasser %	Stickstoff-Substanz %	Fett %	Zucker %	N-freie Extractstoffe %	Holzfaser %	Asche %	Stick-stoff-Substanz %	Nfr. Extract-stoffe %	Stickstoff in der Trocken-Substanz %	Analytiker
1[0])	Mitte October entnommen	1875	85,05	3,66	0,72	0,75	6,69	1,45	1,68	24,88	49,76	3,98	W. Dahlen[2])

Beifuss. — Artemisia Dracunculus sativus L.

No.	Bemerkungen	Zeit der Untersuchung	Wasser %	Stickstoff-Substanz %	Fett %	Zucker %	N-freie Extractstoffe %	Holzfaser %	Asche %	Stick-stoff-Substanz %	Nfr. Extract-stoffe %	Stickstoff in der Trocken-Substanz %	Analytiker
1[0])	Anfang Octbr. entnommen	1875	79,01	5,56	1,16	—	9,46	2,26	2,55	26,50	45,07	4,24	W. Dahlen[2])

Pfeffer- (Bohnen-) Kraut. — Satureja hortensis L.

No.	Bemerkungen	Zeit der Untersuchung	Wasser %	Stickstoff-Substanz %	Fett %	Zucker %	N-freie Extractstoffe %	Holzfaser %	Asche %	Stick-stoff-Substanz %	Nfr. Extract-stoffe %	Stickstoff in der Trocken-Substanz %	Analytiker
1[0])	Anfang October, Ende der Blüthe	1875	71,88	4,15	1,65	2,45	9,16	8,60	2,11	14,75	41,29	2,36	W. Dahlen[2])

Becherblume (Bimbernell). — Poterium Sanguisorba glaucescens L.

No.	Bemerkungen	Zeit der Untersuchung	Wasser %	Stickstoff-Substanz %	Fett %	Zucker %	N-freie Extractstoffe %	Holzfaser %	Asche %	Stick-stoff-Substanz %	Nfr. Extract-stoffe %	Stickstoff in der Trocken-Substanz %	Analytiker
1[0])	Anfang Oct., obere Theile der Pflanze	1875	75,36	5,65	1,23	1,98	11,05	3,02	1,72	22,94	52,88	3,67	W. Dahlen[2])

Sauer-Gemüse-Garten-Ampfer. — Rumex patientia L.

No.	Bemerkungen	Zeit der Untersuchung	Wasser %	Stickstoff-Substanz %	Fett %	Zucker %	N-freie Extractstoffe %	Holzfaser %	Asche %	Stick-stoff-Substanz %	Nfr. Extract-stoffe %	Stickstoff in der Trocken-Substanz %	Analytiker
1[0])		1875	92,18	2,42	0,48	0,37	3,06	0,66	0,82	30,94	43,86	4,95	W. Dahlen[2])

Gemüse-Conserven.*)

No.	Bemerkungen	Zeit der Untersuchung	Wasser %	Stickstoff-Substanz %	Fett %	Zucker %	N-freie Extractstoffe %	Holzfaser %	Asche %	Stick-stoff-Substanz %	Nfr. Extract-stoffe %	Stickstoff in der Trocken-Substanz %	Analytiker
	Von C. H. Knorr in Heilbronn (No. 1—10).												
1	Lauch, Allium porrum latum n.	1886	17,19	16,07 **)	2,83		64,49	10,66	8,76	19,41	77,90	3,11	J. König u. A. Schulte im Hofe[3])
2	Zwiebeln, Allium cepa rosea n.	„	26,88	10,02	0,72		55,05	4,24	3,09	13,70	75,25	2,19	
3	Sellerie-Wurzeln, Apium graveolens L. . . .	„	12,80	12,85	2,17		55,06	8,73	8,39	14,74	63,15	2,36	

[1]) Dessen: Untersuchungen über die Stoffvertheilung in verschiedenen Culturpflanzen. Jena, 1876.
[2]) Landw. Jahrbücher 1874. S. 312. 373 u. 1875. S. 613.
[3]) Vierteljahresschr. über d. Fortschritte auf dem Gebiete d. Chem. d. Nahrungs- u. Genussmittel etc. 1887. S. 149.
[0]) Es enthielt:

	Phosphorsäure	Schwefel organisch gebunden
Petersilie No. 1	0,193 %	0,058 %
Beifuss No. 1	0,235 „	0,076 „
Pfefferkraut No. 1 . . .	0,335 „	0,079 „
Becherblume No. 1 . . .	0,192 „	0,068 „
Sauer-Ampfer No. 1 . . .	0,099 „	0,028 „

*) Zu den vielen Nahrungsmittelconserven gesellen sich in der letzten Zeit auch Gemüseconserven. Die obigen aus der Conservenfabrik von C. H. Knorr in Heilbronn stammenden werden wie folgt dargestellt: Die Gemüse werden sorgfältigst geputzt, hierauf vermittelst speciell hierzu construirter Maschinen in entsprechende Streifen geschnitten, in einem Vacuum-Apparate leicht gedämpft, in besonderen Trockenöfen mit durch Dampf erwärmter Luft, die durch einen sehr kräftig wirkenden Ventilator fortwährend erneuert wird, getrocknet und darauf in Packetchen etc. gepresst. Das durch den Ventilator zugeführte Luftquantum beträgt 10 000 Liter in der Stunde, die Trockendauer 6—8 Stunden.

**) Vergl. Anmerkung *) Seite 720.

No.	Bemerkungen	Zeit der Untersuchung	Wasser %	Stickstoff-Substanz %	Fett %	N-freie Extractstoffe %	Holzfaser %	Asche %	In der Trocken-Substanz: Stick-stoff-Substanz %	In der Trocken-Substanz: Nfr. Extract-stoffe %	Stickstoff in der Trocken-Substanz %	Analytiker
4	Sellerie-Blätter, Apium graveolens L.	1866	14,99	18,81 *)	4,31	36,33	9,78	15,78	22,12	42,72	3,54	*J. König u. A. Schulte im Hofe*[1]
5	Carotten in Scheiben, Daucus carota L.	„	22,08	7,20	1,44	54,77	8,65	5,86	9,24	70,27	1,48	*J. König u. A. Schulte im Hofe*[1]
6	Grüne Schneidebohnen, Phaseolus vulgaris	„	19,21	19,22	1,53	45,04	10,33	4,67	23,76	55,67	3,80	*J. König u. A. Schulte im Hofe*[1]
7	Wirsing, Brassica oleracea var. bullata Dc.	„	24,81	20,87	1,67	36,94	8,99	6,72	27,76	49,13	4,44	*J. König u. A. Schulte im Hofe*[1]
8	Blumenkohl, Brassica oleracea var. botrytis L.	„	21,48	29,97	3,00	30,43	8,34	6,78	38,18	38,77	6,11	*J. König u. A. Schulte im Hofe*[1]
9	Winterkohl, Brassica oleracea var. percrispa Al.	„	13,93	20,31	3,59	45,25	7,65	9,27	23,60	52,58	3,78	*J. König u. A. Schulte im Hofe*[1]
10	Suppenkräuter (sog. Julienne)	„	17,44	8,23 *)	1,04	44,89	5,62	2,81	9,98	54,41	1,60	*J. König u. A. Schulte im Hofe*[1]
11	Kohl mit Grütze, Russische Armee-Conserve[0])	1880	5,40	12,82	5,53	67,58		8,67	13,58	—	2,17	*G. Heppe*[2])
12	Chunnos, Kartoffel-Conserve	„	13,03	2,31 **)	0,13	83,04 ***)	1,13	0,36	2,66	95,50	0,43	*E. Meissl*[3])

Salat-Unkräuter.

No.	Bemerkungen	Zeit der Untersuchung	Wasser %	Stickstoff-Substanz %	Fett %	N-freie Extractstoffe %	Holzfaser %	Asche %	In der Trocken-Substanz: Stick-stoff-Substanz %	In der Trocken-Substanz: Nfr. Extract-stoffe %	Stickstoff in der Trocken-Substanz %	Analytiker
1	Löwenzahn (Leontodon taraxacum), am 18. Mai mit Blüthenknospen	1877	85,54	2,81	0,69	7,45	1,52	1,90	19,43	51,52	3,11	*H. Storer und S. Levis*[4])
2	Nessel (Urtica dioica) am 18. Mai 8—10 englische Zoll hoch	„	82,44	5,50	0,67	7,13	1,96	2,30	31,32	40,60	5,01	*H. Storer und S. Levis*[4])
3	Wegebreit-Blätter (Plantago major), am 25. Mai gesammelt	„	81,44	2,65	0,41	11,19	2,09	2,16	14,28	60,29	2,28	*H. Storer und S. Levis*[4])
4	Gemüse-Portulak (Portulaca oleracea), am 14. Juli vor der Blüthe	„	92,61	2,24	0,40	2,16	1,03	1,56	30,31	29,23	4,85	*H. Storer und S. Levis*[4])
5	Weisser Gänsefuss (Chenopodium album), am 1. Aug. mittlere Grösse	„	80,80	3,94	0,76	8,93	3,82	3,02	20,52	46,51	3,28	*H. Storer und S. Levis*[4])

[1]) Vierteljahresschr. über d. Fortschritte auf dem Gebiete d. Chem. d. Nahrungs- u. Genussmittel etc. 1887. S. 149.

[2]) C. A. Meinert: Armee- u. Volksernährung. Berlin, 1880. I. Thl. S. 469.

[3]) Chem. Ztg. 1880. S. 651.

[4]) Bulletin of the Bussey Institution. II. Bd. II. Th. 1877. S. 115.

[0]) Dargestellt von der Actien-Gesellschaft Volksernährung (Narodnoe Prodowolstwo) in Petersburg.

*) In den von J. König u. A. Schulte im Hofe untersuchten Gemüse-Conserven waren folgende Mengen von „Reinem Protein":

Protein":	1	2	3	4	5	6	7	8	9	10
	Lauch	Zwiebel	Sellerie-wurzeln	Sellerie-blätter	Carotten	Schneide-bohnen	Wirsing	Blumen-kohl	Winter-kohl	Suppen-kräuter
	%	%	%	%	%	%	%	%	%	%
Reines Protein	11,82	3,89	7,46	16,46	4,84	13,59	9,56	22,81	17,50	5,55

**) Vom Gesammt-N (0,4 %) waren 0,03 % in Wasser löslich.

***) Hiervon 81,84 % Stärke, 0,4 % Zucker, 0,60 % Gummi + Dextrin etc. u. 0,14 % Asparagin.

Meeralgen.*) (Sea weeds.)

No.	Bemerkungen	Zeit der Untersuchung	Wasser %	Stickstoff-Substanz %	Fett %	Kohlehydrate %	Holzfaser %	Asche %	In der Trocken-Substanz: Stick-stoff-Substanz %	In der Trocken-Substanz: Kohle-hydrate %	Stickstoff in der Trocken-Substanz %	Analytiker
	I. Porphyra vulgaris.											
1	Beste Sorte, „Noviris" . .	1884	14,40	26,14		44,51	5,50	9,45**)	30,53	—	4,88	O. Kellner[1])
2	Mittlere Qualität	„	12,60	18,11		56,83	5,66	6,80**)	20,72	—	3,38	O. Kellner[1])
3	Gewöhnliche Sorte	„	19,40	4,48		57,71	7,46	11,90 **)	5,56	—	0,89	O. Kellner[1])
4	Porphyra vulgaris, „Asakusa-mori" auf Japan . . .	„	13,98	33,75	1,30	41,22		9,75	39,25	—	6,28	*Nagai und Murai*[2])
	I, Mittel aus No. 1 u. 4	.	**14,19**	**29,95**	**1,29**	**39,45**	**5,52**	**9,60**	**34,89**	**45,92**	**5,58**	
	II. Enteromorpha compressa.											
1	Auf Japan „Awo-nori" gen.	1884	13,60	12,41		52,99	10,58	10,42	14,36	—	2,30	O.Kellner[1])
2	desgl.	„	13,53	19,72	1,73	45,81		19,21	22,80	—	3,65	*Nagai und Murai*[2])
	II, Mittel	.	**13,57**	**16,07**	**1,73**	**43,23**	**10,58**	**14,82**	**18,58**	**50,02**	**2,98**	
	III. Cystoreira species.											
1	„Hijiki" auf Japan gen. . .	1884	16,40	8,42		41,92	17,06	16,20	10,07	—	1,61	O.Kellner[1])
2	desgl.	„	15,74	11,59	0,49	54,63		17,56	13,26	—	2,12	*Nagai und Murai*[2])
	III, Mittel	.	**16,07**	**10,01**	**0,49**	**39,49**	**17,06**	**16,88**	**11,67**	**47,05**	**1,87**	
	IV. Capea elongata.											
1	Auf Japan „Arame" gen. .	1884	13,17	8,99		45,09	7,40	24,74	10,36	—	1,66	O.Kellner[1])
	V. Alaria pinnatifolia.											
1	Wakame	„	15,11	8,29		40,62	2,16	33,82	9,77	—	1,56	*derselbe*[1])
2	desgl.	„	18,91	11,84	0,31	37,59		31,35	14,60	—	2,34	*Nagai und Murai*[2])
	V, Mittel	.	**17,01**	**10,07**	**0,32**	**38,90**	**2,11**	**32,59**	**12,19**	**46,87**	**1,95**	
	VI. Laminaria japonica.											
1	„Tangle" (Kombu)	1884	24,82	6,02		45,66	4,97	18,53	8,01	—	1,28	O.Kellner[1])
2	desgl.	„	23,08	7,25	0,87	47,57		21,24	9,43	—	1,51	*Nagai und Murai*[2])
	VI, Mittel	.	**23,95**	**6,64**	**0,87**	**43,68**	**4,97**	**19,89**	**8,72**	**57,43**	**1,39**	
	VII. Gelidium corneum.											
1	Vegetable Isinglass „Kanten"	1884	22,80	11,71		62,05		3,44	14,06	—	2,25	O.Kellner[1])
2	Gelidium corneum, Agar-Agar, „Tungusa"	„	18,50	9,80		52,20	5,00	14,50	12,02	—	1,92	*Nagai und Murai*[2])
3	Agar-Agar, Abkunft unbekannt	1883	19,56	2,53		73,60		4,31	31,45	—	5,03	J. König[3])

[1]) Japan. Chem. Analyses of a collection of agric. specimens von O. Kellner. Intern. Agric. Exhibitation. New-Orleans, 1884. p. 19.

[2]) Japan. Intern. Health Exhibitation. London, 1884. A. Descriptive Catalogue von K. Nagai u. J. Murai. London, 1884. p. 12—16.

[3]) Original-Mittheilung.

*) Die oben aufgeführten Meeralgen werden auf Japan als menschliche Nahrungsmittel benutzt, davon die Sorte Agar-Agar (aus Gelidium) auch viel bei uns.

**) O. Kellner bestimmte in der Asche der von ihm untersuchten Meeralgen Kieselsäure, Phosphorsäure und Kali und fand in Procenten der Asche:

	Porphyra vulgaris No. 1 %	Porphyra vulgaris No. 2 %	Porphyra vulgaris No. 3 %	Enteromorpha compressa No. 1 %	Cystoseira sp. No. 1 %	Copea elongata %	Alaria pinnat. No. 1 %	Laminaria japon. No. 1 %
Kieselsäure	1,40	0,60	7,80	6,97	1,91	2,20	Spur	Spur
Phosphorsäure . . .	14,07	13,77	6,05	11,22	2,20	2,37	2,61	2,96
Kali	34,50	31,50	11,15	27,98	32,55	—	21,00	31,77

Gewürze etc.

Pfeffer — Piper nigrum und Piper album L.

I. Schwarzer Pfeffer — Piper nigrum L.

No.	Bemerkungen	Zeit der Untersuchung	Wasser %	Stickstoff-Substanz %	Flüchtiges Oel %	Harz + Piperin %	Stärke %	Holzfaser %	Asche %		In der Trocken-Substanz: Stick-stoff-Substanz %	In der Trocken-Substanz: Fett + flüchtiges Oel %	Stickstoff in der Trocken-Substanz %	Analytiker
1		?	19,29	(2,50)	1,61	16,60	(18,50)	(29,00)	—		—	—	—	*Lucas*[1])
							In Wasser u. Alkohol löslich	unlösl.						
2	Penangpfeffer . . .	—	9,53	—	1,04	6,94	14,74	67,75	—		8,82	—	—	*Winter Blyth*[2])
						Fett	Kohle-hydr.	Holz-faser						
3		1877	21,12	12,37		8,38	40,31	13,08	4,36		15,70	10,64	2,51	*J. König und C. Krauch*[3])
4		„	15,65	11,25		7,05	45,91	15,47	4,67		13,34	8,36	2,13	
							In Zucker überführbar *)		Rein-asche	Sand		In Zucker überführbar *)	Holz-faser	
5	West-Coast-Penang, mit vielen Stielen .	1886	13,50	—		—	42,81	13,60	4,18	0,52	—	49,79	15,81	*H. Weigmann*[4])
6	Singapore, sehr reine Probe	„	12,82	—		—	43,57	12,67	3,36	0,04	—	50,00	14,54	
7	Trang, viele unentwickelte Beeren .	„	12,82	—		—	42,66	13,76	4,66	0,29	—	49,09	15,83	
8	Siam, helle Sorte mit vielen Stielen . .	„	12,24	—		—	40,98	13,64	4,05	0,21	—	46,81	15,58	
9	Acheen, Sumatra, ziemlich viel Stiele	„	12,73	—		—	42,82	15,19	5,14	1,66	—	50,02	17,74	
10	Lampong, Batavia, rein mit einzelnen weiss. Körnern	„	13,22	—		—	34,48	14,72	5,84	1,42	—	40,39	17,24	
11	Tellycherry, sehr schöne Probe . .	„	14,09	—		—	43,70	13,51	4,43	0,02	—	50,88	15,73	
12	Aleppi, kleine Sorte mit braunen Schalen, rein	„	13,58	—		—	32,13	11,87	4,59	0,26	—	37,29	13,77	
													Stick-stoff	
13	Singapore } unbek. Abkunft	„	13,49	12,00		—	50,0	—	3,73		13,87	60,3	2,22	*H. Röttger*[5])
14	Penang } unbek. Abkunft	„	13,89	10,81		—	45,2	—	4,02		12,56	55,0	2,01	
15	Singapore, 1882er .	„	14,45	12,12		7,97	46,1	—	3,48		14,17	56,1	2,27	
16	desgl., 1883er . . .	„	12,63	12,56		10,34	43,4	—	3,73		14,38	51,9	2,30	
17	Penang, 1883er . .	„	13,16	11,18		12,12	43,3	—	4,62		12,88	52,7	2,06	

[1]) Hasall: Food, its adulteration and the methods of their detection. London, 1876. S. 531.
[2]) Winter-Blyth: Food, their composition and analysis. p. 496.
[3]) Original-Mittheilung.
[4]) Repertorium f. analyt. Chemie 1886. S. 399.
[5]) Archiv f. Hygiene 1886. Bd. IV. S. 183 und als Dissertation: Kritische Studien über die chemischen Untersuchungsmethoden des Pfeffers. München, 1886. Ueber sonstige in diesen Sorten von H. Röttger ausgeführte Bestimmungen vergl. Anhang zu „Pfeffer“ S. 372.

*) Als „Dextrose“ berechnet; die in Zucker überführbaren Stoffe bestehen vorwiegend aus Stärke.

No.	Bemerkungen	Zeit der Untersuchung	Wasser %	Stickstoff-Substanz %	Flüchtiges Oel %	Fett (Alkoholextract) %	Kohlehydrate %	Holzfaser %	Asche %	In der Trocken-Substanz: Stick-stoff-Substanz %	In der Trocken-Substanz: Fett + flüchtiges Oel %	Stickstoff in der Trocken-Substanz %	Analytiker
18	Lampong, 1883er	1886	13,22	12,12	14,22		34,1	—	6,42	13,96	41,0	2,23	*H. Röttger* [1])
19	Acheen, 1883er	„	13,61	12,50	12,17		41,6	—	5,17	14,48	51,2	2,32	
20	Tellychery, 1883er	„	12,79	11,56	8,92		48,9	—	4,38	13,26	59,0	2,12	
21[0])	West-Coast, gereinigt	1887	8,91	9,81 [0])	0,70	66,31 [0])		10,23	4,04	10,77	—	1,72	*Clifford Richardson* [2])
22[0])	desgl., zerstossen	„	8,15	13,65	1,48	5,08	58,99	8,74	2,91	14,86	7,14	2,38	
23[0])	Acheen, importirt	„	8,29	12,60	1,69	6,06	56,64	10,02	4,70	13,73	8,45	2,20	
24[0])	West-Coast, importirt	„	9,36	13,13	1,63	5,71	55,35	10,30	4,52	14,48	8,10	2,32	
25[0])	Singapore, importirt	„	9,83	12,08	1,60	5,74	57,03	10,02	3,70	13,40	8,14	2,14	

(In rows 18–20 the values 14,22, 12,17, 8,92 span the columns Flüchtiges Oel and Fett; in row 21 the value 66,31 spans Fett and Kohlehydrate.)

Mittel für reinen, schwarzen Pfeffer:		Wasser	N-Substanz	Flüchtiges Oel	Fett (Piperin + Harz)	Stärke	In Zucker überführbare Stoffe i. ganz.	Sonstige N-freie Stoffe	Holzfaser	Reinasche	Sand
a. Für den natürlichen Zustand	.	**12,50**	**11,98**	**1,36**	**6,85**	**32,60**	**42,90**	**7,39**	**12,45**	**4,02**	**0,55**
b. Für die wasser- und sandfreie Substanz	.	—	**13,78**	**1,56**	**7,87**	**37,49**	**49,33**	**8,53**	**14,31**	**4,62**	—

II. Weisser Pfeffer — Piper album L.

No.	Bemerkungen	Zeit der Untersuchung	Wasser %	Stickstoff-Substanz %	Flüchtiges Oel %	Fett %	Kohlehydrate %	Holzfaser %	Asche % (Rein-asche)	Asche % (Sand)	In der Trocken-Substanz: Stick-stoff-Substanz %	In der Trocken-Substanz: Fett + flüchtiges Oel %	Stickstoff in der Trocken-Substanz %	Analytiker
1		1883	16,54	12,03	1,06	6,38	54,32	7,82	1,85		14,41	8,92	2,31	*J. König* [3])
							In Zucker überführbar *)					In Zucker überführbar *)	Holzfaser	
2	Penang, erdig überzogen, mit 1/4—1/3 schwarzen Körnern	1886	15,17	—	—	—	55,80	5,64	2,55	0,27	—	65,98	6,67	*H. Weigmann* [4])
3	Singapore, rein mit wenigen schwarzen Körnern	„	14,86	—	—	—	62,50	5,12	1,04	0,11	—	73,50	6,02	
4	Unbekannter Abkunft, in London präparirt	„	13,09	—	—	—	57,87	5,93	2,95	0,20	—	66,74	6,84	

[1]) Vergl. Anmerkung [5]) Seite 722.
[2]) Cl. Richardson: Foods and food adulteraunts part II. Spices u. Condiments. Washington, 1887. Bulletin No. 13. p. 206.
[3]) Original-Mittheilung.
[4]) Repertorium f. analyt. Chemie 1886. S. 499.
[0]) Cl. Richardson bestimmte in den 5 Sorten No. 21—25 nachfolgende Bestandtheile:

	Staub	Gewicht von 100 Körnern	Reines Protein	Piperin + Harz	Stärke	Unbestimmte N-freie Stoffe	In Zucker überführbare Stoffe (Dextrose) in d. wasser- u. sandfreien Trockensubst.
	%	Gramm	%	%	%	%	%
No. 21 West-Coast	Rein	5,900	7,69	7,29	36,52	24,62	47,16
No. 22 desgl.	„	6,460	11,50	7,20	33,92	21,02	42,38
No. 23 Acheen	2,5	4,525	10,38	7,72	37,50	13,64	47,87
No. 24 West-Coast	4,3	5,085	10,81	7,90	36,18	13,59	46,68
No. 25 Singapore	8,3	4,870	10,00	7,15	37,30	17,66	44,13

*) Als „Dextrose" berechnet; die in Zucker überführbaren Stoffe bestehen vorwiegend aus Stärke.

No.	Bemerkungen	Zeit der Untersuchung	Wasser %	Stickstoff-Substanz %	Flüchtiges Oel %	Fett %	Kohlehydrate %	Holzfaser %	Asche %	In der Trocken-Substanz: Stick-stoff-Substanz %	In der Trocken-Substanz: Kohle-hydrate %	Stickstoff in der Trocken-Substanz %	Analytiker
							In Zucker über-führbar				In Zucker über-führbar		
5	Singapore, unbekannter Abstammung .	1886	13,74	9,93		—	59,7	—	1,12	11,52	70,1	1,84	H. Röttger[1])
6	Penang, unbekannter Abstammung . .	„	14,56	9,81		—	60,0	—	2,69	11,48	71,0	1,84	
7	Penang, 1883 er . .	„	13,68	10,43		8,13	58,2	—	2,97	12,09	69,8	1,93	
8	Singapore, 1883 er .	„	13,75	10,50		10,69	63,3	—	1,23	12,18	74,4	1,95	
9	Tellicherry, 1884 er .	„	13,85	12,43		8,09	58,4	—	1,07	14,43	68,6	2,31	
10	Coriander, Tellicherry, 1884 er	„	12,99	11,68		—	51,4	—	0,84	13,32	59,6	2,13	
							Kohle-hydr.				Fett + flücht. Oel		
11 *)	West-Coast, zerstossen	1887	9,85	11,48 *)	0,57	—	68,96 *)	7,73	1,41	12,73	—	2,04	Cl. Richardson[2])
12 *)	Singapore, importirt .	„	10,60	11,90	1,26	2,57	68,13	4,20	1,34	13,31	4,29	2,11	

Mittel für weissen Pfeffer:		Wasser	N-Substanz	Flüchtiges Oel	Fett (Piperin + Harz)	Stärke	In Zucker überführbare Stoffe i. ganz.	Sonstige N-freie Stoffe	Holzfaser	Reinasche	Sand
a. Für den natürlichen Zustand	.	**13,56**	**11,12**	**0,94**	**7,11**	**40,31**	**56,04**	**3,35**	**6,08**	**1,61**	**0,19**
b. Für die wasser- und sandfreie Substanz .	.	—	**12,88**	**1,07**	**8,24**	**46,72**	**64,95**	**3,96**	**7,04**	**1,86**	—

Anhang zu schwarzem und weissem Pfeffer.

Das Gewicht von je 100 Pfefferkörnern wurde von Winter Blyth[3]) wie folgt gefunden:

Penang	Malabar	Sumatra	Trang	Tellicherry
6,2496 g	6,0536 g	5,1476 g	4,5736 g	4,5076 g

Cl. Richardson[4]) giebt das Gewicht von je 100 Pfefferkorn wie folgt an:

Schwarzer Pfeffer					Weisser Pfeffer	
West-Coast	West-Coast	Acheen	West-Coast	Singapore	West-Coast	Singapore
5,900 g	5,460 g	4,525 g	5,085 g	4,870 g	5,130 g	4,960 g

Ueber den Gehalt des schwarzen und weissen Pfeffers an Asche, alkoholischem und aetherischem Extract, an in Zucker überführbaren Stoffen, an Piperin etc. liegen noch folgende Untersuchungen vor:

---

[1]) Archiv f. Hygiene 1886. Bd. IV. S. 183. Ueber sonstige in diesen Sorten ausgeführte Bestimmungen vergl. Anhang zu „Pfeffer" S. 732.

[2]) Cl. Richardson: Foods and food adulterants. Part second. Washington, 1887. p. 206.

*) Richardson führte in den beiden Sorten noch folgende Bestimmungen aus:

	Staub	Gewicht von 100 Körnern	Reines Protein	Piperin + Harz	Stärke	Unbestimmte N-freie Stoffe	In Zucker überführbare Stoffe (Dextrose) in d. wasser- u. sandfreien Substanz
	%	Gramm	%	%	%	%	%
No. 11 West-Coast	Rein	5,130	9,31	7,24	40,61	23,25	50,86
No. 12 Singapore .	1,4	4,960	9,62	7,76	43,10	19,55	54,38

Anhang zu schwarzem und weissem Pfeffer:

[3]) Chem. News. 3. Ser. 5. Bd. p. 4 u. W. Blyth: Foods, their Composition and analysis p. 496 etc.

[4]) Richardson: Foods and food adulterants. Part second. Washington, 1887. S. 187.

Winter Blyth[1]) bestimmte in mehreren Pfeffersorten Wasser (durch Trocknen bei 100° C.), in Alkohol lösliche Stoffe, in Wasser lösliche Stoffe, Piperin*) und Asche mit folgendem Resultat:

		In der Trockensubstanz			Asche		
	Wasser	Piperin	Alkoholischer Extract	Wässeriger Extract	in der lufttrocknen Substanz	in der Trockensubstanz	Harz in der Trockensubstanz
Schwarzer Pfeffer:	%	%	%	%	%	%	%
Penang	9,53	5,57	7,65	18,33	3,85	4,19	2,08
Tellicherry . .	12,90	4,68	7,84	16,50	5,35	5,77	1,70
Sumatra . . .	10,10	4,70	6,45	17,50	3,33	4,32	1,74
Malabar . . .	10,54	4,63	6,38	20,37	4,67	5,19	1,74
Trang	11,66	4,60	7,65	18,18	4,21	4,78	1,70
Weisser Pfeffer .	—	5,60	—	—	0,79	1,12	2,05
Langer Pfeffer .	—	—	2,65	16,83	7,15	—	0,80

Cazeneuve u. Caillol[2]) geben den Gehalt an Piperin wie folgt an:

Sumatra (Mittel v. 4 Proben)	Schwarzer Singapore	Weisser Singapore	Penang
8,10 %	7,15 %	9,15 %	5,24 %

Für den Gehalt an Asche im ganzen reinen Pfeffer giebt Hasall[3]) folgende Zahlen:

Schwarzer Pfeffer						Weisser Pfeffer						
No. 1	2	3	4	5	6	No. 1	2	3	4	5	6	7
%	%	%	%	%	%	%	%	%	%	%	%	%
4,03	4,33	3,90	4,61	4,01	3,67	1,73	0,90	1,03	1,14	0,94	1,55	1,56

Bissinger u. Henking[4]) bestimmten das Verhältniss von Pfefferkörnern zu Pfefferstaub und Stielen, sowie die Asche in diesen Bestandtheilen mit folgendem Resultat:

	Maximum %	Minimum %	Mittel %
1) Verhältniss zwischen Pfefferkörnern, Pfefferstaub und Stielen:			
Pfefferkörner	91,40	86,20	88,80
Pfefferstaub	13,40	8,0	10,70
Stiele	1,25	0,6	0,92
2) Asche und Sand in Pfefferpulvern, welche vorher keine Reinigung erfahren haben:			
Gesammtasche	9,30	6,78	8,04
Sand	4,88	1,12	3,00
3) Asche und Sand in den ausgelesenen Pfefferkörnern:			
Gesammtasche	4,640	3,499	4,700
Sand	0,174	0,016	0,095
4) Asche, Sand und Steine in nur abgesiebten Pfefferkörnern:			
Gesammtasche	8,183	5,959	7,071
Sand und Steine	4,682	2,460	3,570
5) Asche und Sand in abgesiebtem Pfefferstaub:			
Gesammtasche	49,102	18,47	33,786
Sand	41,722	12,51	27,116

6) Asche und Sand in abgesiebten Stielen:

Gesammtasche	Sand
8,09 %	0,80 %

[1]) Chem. News. 3. Ser. 5. Bd. p. 4 u. W. Blyth: Foods, their Composition and analysis p. 496 etc.

[2]) Journ. de Pharm. et de Chim. 4. Ser. T. 25. p. 422.

[3]) Hassall: Food, its adulteration and the methods etc. London, 1876. p. 539.

[4]) Repertorium f. analyt. Chem. 1886. S. 101.

*) Der fein gemahlene Pfeffer wird mit starkem Alkohol (oder besser mit Petroleumäther) extrahirt, und der Alkohol verdunstet; der Rückstand, der aus scharfem Harz und Piperin besteht, wird behufs Lösung des Harzes mit Sodalösung behandelt, das ungelöst bleibende Piperin nochmals in Alkohol oder Petroleumäther gelöst und nach Verdunsten der letzteren getrocknet und gewogen.

7) Pfefferstaub, welcher auf einem feinen Sieb zurückgeblieben ist:

Gesammtasche	Sand
20,60 %	14,29 %

8) Pfefferstaub, welcher durch ein feines Sieb gegangen ist:

Gesammtasche	Sand
65,3 %	61,9 %

Für 12 beanstandete Pfeffersorten des Handels giebt Th. Sachs[1]) 9,63—15,66 % Asche mit 3,83—9,96 % Sand an.

Biechele[2]) findet die in absolutem Alkohol*) lösliche Menge Extract in zwei Sorten Pfeffer wie folgt:

	Schwarzer Pfeffer	Weisser Pfeffer
Alkoholischer Extract . . .	19,87 %	16,87 %

E. Geissler[3]) fand:

	Preis pro 1 kg Mark	Alkohol. Extract %	Asche %	Sand %
Batavia-Pfeffer	1,86	15,31	10,94	3,43
Penang-Pfeffer	1,88	14,23	4,43	0,32
Singapore-Pfeffer	1,95	11,28	5,93	1,41
Penang- und Batavia-Pfeffer, gemischt . . .	1,87	10,25	9,29	3,55
Malabar-Pfeffer, etwas beschädigt	1,92	9,89	6,96	1,61
Gemahlener Pfeffer, billige Sorte	1,76	11,19	7,32	3,05
Pfefferstaub	1,20	12,20	9,65	3,37
desgl. von der Fabrikation von weissem Pfeffer	1,40	11,40	9,70	2,74
Pfefferschalen	1,26	10,17	8,25	0,90
desgl., andere Sorte	1,26	9,11	16,03	8,60
Pfefferbruch	1,56	9,44	12,63	6,36

C. H. Wolff[4]) bestimmte die Menge des in Alkohol löslichen Extractes im Pfeffer und anderen Gewürzen nach der directen und indirecten Methode;**) ich füge den für Pfeffer gefundenen Resultaten die für andere Gewürze gefundenen im Zusammenhange bei; sie sind folgende:

	Extract in % berechnet aus dem Gewichtsverlust der bei 100 ° C. getrockneten Substanz nach der Extraction mit Alkohol von 0,833 spec. Gew.	Alkoholischer Auszug bei 100° getrocknet in %	Flüchtige Extractivstoffe des alkohol. Auszuges in %; Differenz zwischen 3 und 2	Procente des Aschenrückstandes
1	2	3	4	5
Schwarzer Pfeffer (ohne Bezeichnung)	22,27	11,67	10,60	3,72
„ „ Singapore	23,87	10,47	13,40	3,20
„ „ Batavia	24,37	9,77	14,60	4,93
„ „ Penang	25,17	11,59	13,58	4,74
Weisser Pfeffer (ohne Bezeichnung)	22,42	10,98	11,44	1,52
„ „ Singapore I	26,72	11,31	15,41	1,04
„ „ Singapore II	26,00	11,05	14,95	1,34
„ „ Penang (beschädigt)	23,00	8,54	14,46	2,72

[1]) 2. und 3. Bericht d. städt. Laboratoriums Heidelberg. 1886. S. 21.
[2]) Zeitschr. d. Vereins analyt. Chem. II. Jahrg. S. 70.
[3]) Pharm. Centralhalle. IV. Jahrgang. S. 521.
[4]) Correspondenzbl. d. Vereins analyt. Chemie. II. Jahrg. p. 91 u. Zeitschr. f. analyt. Chem. 1881. Bd. 20. S. 297.

*) 5 g Gewürzpulver wurden erst bei ca. 30° C. getrocknet, 1/2 Stunde in einem vom Verf. construirten Apparat mit absol. Alkohol extrahirt und darauf der Rückstand bei 100° C. bis zur Constanz des Gewichtes getrocknet und gewogen.

**) 5 g Gewürze wurden in einem Extractionsapparat mit 90procentigem Alkohol 1 Stunde lang extrahirt, nach der Erschöpfung sowohl der Gewürzpulverrückstand als auch der Inhalt des Kolbens mit der Extractionsflüssigkeit in tarirte Porzellanschalen gegeben, beide zunächst im Wasserbade und dann noch 1 Stunde im Luftbade bei 100° C. getrocknet.

1	Extract in % berechnet aus dem Gewichtsverlust der bei 100° C. getrockneten Substanz nach der Extraction mit Alkohol von 0,833 spec. Gew. 2	Alkoholischer Auszug bei 100° getrocknet in % 3	Flüchtige Extractivstoffe des alkohol. Auszuges in %; Differenz zwischen 3 und 2 4	Procente des Aschenrückstandes 5
Langer Pfeffer	19,27	10,15	9,12	6,00
Spanischer Pfeffer	34,04	18,98	15,06	7,50
Cayenne-Pfeffer	43,46	37,70	15,76	8,57
Nelkenpfeffer (Piment)	28,62	16,96	11,66	5,04
Ingwer (ungeschält)	17,27	6,37	10,90	6,31
Cassia Cinnamomea	27,80	11,29	16,51	2,00
„ „ (gekauftes Pulver)	25,21	11,60	13,61	2,97
Chinesischer Caneel	31,67	15,01	16,66	4,46
Cassia lignea Malabar	28,79	12,70	16,09	2,00
Ceylonzimmt	28,44	13,57	14,87	4,23
„ (Bruch)	27,00	12,07	14,93	4,50
Cardamom ohne Schale I	28,57	11,57	17,00	4,56
„ „ „ II	23,82	10,05	13,77	5,25
„ mit Schale	24,57	10,60	13,97	6,59
Cardamomschale allein	29,04	16,76	12,28	12,32
Cardamompulver (gekauft)	23,92	10,74	13,18	7,85
Nelken	50,50	41,60	8,90	6,00
Muskatblüthe	44,92	33,64	11,28	2,00

In ähnlicher Weise*) hat E. Borgmann[1]) den Gehalt von Pfeffer und anderen Gewürzen an alkoholischem Extract nach der directen und indirecten Methode mit folgendem Resultat ermittelt: (Die für die anderen Gewürze gefundenen Resultate mögen auch hier den für Pfeffer gefundenen beigefügt werden.)

Name des Gewürzpulvers	Alkoholischer Extract aus der Differenz des bei 100° C. getrockneten Rückstandes %	Alkoholischer Extract durch Eintrocknen des Auszuges bei 100° C. %	Differenz: ätherisches Oel und Wasser %	Asche %
Schwarzer Pfeffer:				
Penang I	45,455	12,904	12,551	4,591
„ II	24,932	12,110	12,822	4,150
Sumatra	22,696	10,458	12,238	4,412
Singapore	22,299	11,183	11,277	4,421
Aleppo	21,328	10,732	10,596	3,271
Weisser Pfeffer:				
Batavia	21,841	9,511	12,330	0,911
Singapore	21,018	9,250	11,768	0,910
Penang	19,913	9,044	10,869	1,544

[1]) Zeitschr. f. analyt. Chem. 1882. Bd. 22. S. 535.

*) E. Borgmann's Verfahren weicht nur insofern von dem von C. H. Wolff ab, als er den extrahirten Rückstand nicht aus dem Extractionsrohr entfernte, sondern in dem letzteren im Wassertrockenschrank bis zur Constanz des Gewichtes trocknete. Den alkoholischen Extract verdampfte Borgmann in einem weithalsigen Glase auf dem Wasserbade und trocknete denselben in einem Strome mittelst Chlorcalciums getrockneten Leuchtgases bis zur Constanz des Gewichtes. Auf diese Weise war es möglich, in ca. 6 Stunden das ätherische Oel und die Feuchtigkeit aus dem Extract vollständig zu entfernen.

Name des Gewürzpulvers	Alkoholischer Extract aus der Differenz des bei 100 °C. getrockneten Rückstandes %	Alkoholischer Extract durch Eintrocknen des Auszuges bei 100 ° C. %	Differenz: ätherisches Oel und Wasser %	Asche %
Zimmet:				
Ceylon I. Qual.	22,957	13,681	9,276	3,998
„ II. „	21,835	12,120	9,715	3,601
„ III. „	21,551	11,490	9,061	3,693
„ IV. „	20,403	11,284	9,119	3,289
Japan I. Qual.	27,523	14,776	12,757	4,331
„ II. „	23,476	10,963	12,513	4,685
Padang	32,615	21,903	10,712	3,520
China	26,156	12,570	12,586	1,858
Java	19,185	8,277	10,908	4,165
Cassia cinnamomea	19,864	7,659	12,205	2,066
Cassia vera	18,149	8,317	8,832	5,365
Muskatblüthe:				
Banda (roth)	55,709	36,567	19,142	1,810
Padang	53,591	37,159	15,432	3,172
Pamanoekan	53,259	37,234	16,025	1,740
Padang, in einander gesteckt	48,477	34,961	13,516	2,093
Banda (weiss)	48,271	30,423	17,848	1,511
Penang	45,051	31,118	14,933	1,550
Nelken:				
Penang	48,701	25,036	23,665	4,402
Amboina	47,694	20,217	27,477	5,210
Zanzibar	39,174	15,458	23,716	5,461
Piment:				
Ohne Bezeichnung	22,459	9,964	12,495	3,053

Aehnliche Beziehungen zwischen dem Gewichtsverlust beim Extrahiren mit Alkohol und Trocknen bei 100° und dem getrockneten und als Extract gewogenen Rückstand erhielt K. Birnbaum („Die Prüfung der Nahrungsmittel und Gebrauchsgegenstände im Grossherzogthum Baden." Karlsruhe 1883. S. 19).

Im Pariser Laboratoire Municipal[1]) wurden Asche und Alkohol-Extract*) in verschiedenen Pfeffersorten und einigen Verfälschungsmitteln derselben mit folgendem Resultat untersucht:

Reiner Pfeffer:	Asche	Alkohol-Extract
Sumatra	4,48 %	7,65 %
Penang	5,67 „	7,73 „
Sumatra	4,50 „	6,65 „
Malabar	5,20 „	6,45 „
Tellicherry	4,17 „	13,34 „
Weisser Pfeffer, rein	0,95 „	10,90 „
Mittel von 25 Analysen schwarzen Pfeffers	4,25 „	12,40 „
Weisser Pfeffer	1,54 „	11,95 „

Verfälschungsmittel.	Asche	Alkohol-Extract
Cayennepfeffer	3,47 %	22,00 %
Oliventrester, weiss	3,87 „	2,46 „
Dattelkerne, nicht gereinigt	1,35 „	15,06 „
Pfefferabfälle (Pfefferschalen)	4,50 „	5,10 „

[1]) Documents sur les falsifications des matières alimentaires. Paris, 1885. p. 691 u. 692.

*) Derselbe wurde nach der directen Methode durch Extraction von 100 g Pfefferpulver mit Alkohol, Verdampfen des letzteren und Wägen des Extractionsrückstandes bestimmt.

W. Lenz[1]) untersuchte eine Reihe Pfeffer und Materialien, welche wie Palmkernmehl etc. häufig zur Verfälschung von Pfeffer dienen, auf in Zucker überführbare Stoffe*) und fand:

Lfd. No.	Bezeichnung der Probe	Asche %	Trockensubstanz (bei 100—105° C.) %	Aschefreie Trockensubstanz %	Reducirender Zucker in Proc. der Probe	Reducirender Zucker in Proc. der aschefr. Trockensubstanz	Bemerkungen
1	Schwarzer Pfeffer I (Batavia-Pfeffer) . .	3,85	87,68	83,83	43,8	52,3	direct invertirt
2	Langer Pfeffer II	8,68	88,77	80,12	44,2	55,2	nach Extraction mit Wasser invertirt
3	Schwarzer Pfeffer III (Prima Singapore) .	3,62	86,88	83,26	43,9	52,8	direct invertirt
4	desgl.	3,62	86,88	83,26	45,0	54,1	nach Extraction mit Alkohol invertirt
5	desgl.	3,62	86,88	83,26	44,1	53,0	nach Extraction mit Wasser invertirt
6	Weisser Pfeffer IV (ohne Bezeichn. d. Herk.)	0,99	87,59	86,60	51,8	59,9	desgl.
7	Palmkernmehl I	3,71	89,76	86,05	22,7	26,4	nach Extraction mit Wasser und Alkohol invertirt
8	desgl.	3,71	89,76	86,05	19,1	22,2	nach Extraction mit Wasser invertirt
9	desgl.	3,71	89,76	86,05	22,7	26,4	direct invertirt
10	Palmkernmehl II	3,65	89,35	85,70	a 22,4 b 22,5	26,1 26,2	desgl.
11	desgl.	3,65	89,35	85,70	19,7	23,0	nach Extraction mit Wasser invertirt
12	Palmkernmehl III (aus Emden)	3,54	89,88	86,34	19,4	22,5	desgl.
13	Palmkerne, ganz unzweifelhaft echt, selbst zerkleinert.	1,89	93,44	91,55	11,1	12,1	nach Entfettung mit Aether im Soxhletschen Apparat und Extraction mit Wasser invertirt. Der Gehalt an Fett betrug 52,32 %
14	Pfefferschalen, naturell von H. & H. in M.	15,61	89,50	73,89	11,5	15,6	nach Extraction mit Wasser invertirt
15	Pfefferschalen, aus vorstehender, viel Staub und kleine Pfefferkörner enthaltender Handelswaare mit der Pincette ausgesucht	9,21	88,64	79,43	13,0	16,4	desgl.
16	Pfefferschalen, käufliche, von M. & Z. in Amsterdam	20,29	88,42	68,13	11,5	16,9	desgl.
17	Käufliches Pfefferpulver, beanstandet wegen des mikroskopisch erkannten Palmkerngehaltes	5,15	88,70	83,55	35,9	43,0	desgl.
18	Pfeffer III mit 28,8 % Palmkernmehl No. III selbst vermischt	3,59	87,88	84,29	36,0	42,7	desgl.
19	Pfeffer III mit 24,4 % Palmkernmehl No. III selbst vermischt.	3,58	88,38	84,80	33,7	39,7	desgl.
20	Walnussschalen	1,04	89,34	88,30	17,7	20,0	desgl.
21	Buchweizenmehl	2,10	86,58	84,48	56,1	66,4	direct invertirt
22	Stark geröstetes Brod	1,15 % der Trock.-subst.	100	98,85	—	86,3	desgl.
23	desgl.	desgl.	100	98,85	—	62,6	nach Extraction mit Wasser invertirt

[1]) Zeitschr. f. analyt. Chemie 1884. Bd. XXIII. S. 501.

*) 3—4 g des Untersuchungsobjectes werden in einem Kochkolben mit $^1/_4$ l destillirtem Wasser unter öfterem Umschwenken 3—4 Stunden lang stehen gelassen, alsdann abfiltrirt, mit etwas Wasser gewaschen und das noch feuchte Pulver sofort wieder in den Kolben zurückgespült. Zum Kolbeninhalt wird nun so viel Wasser gefügt, dass sich 200 CC. desselben im Kolben befinden, 20 CC. einer 25procentigen Salzsäure zugefügt, der Kolben mit einem etwa 1 m langes Rohr tragenden Kork verschlossen und unter öfterem Umschwenken genau 3 Stunden lang im lebhaft siedenden Wasserbade erhitzt. Hierauf wird nach vollständigem Erkalten in einen $^1/_2$ Liter-Kolben filtrirt, mit kaltem Wasser ausgewaschen, das Filtrat mit Natronlauge möglichst genau neutralisirt und bis zur Marke aufgefüllt. In dieser Flüssigkeit wurde der Reductionswerth gegen 10 CC. Fehling'scher, mit 40 CC. verdünnter Lösung festgestellt und angenommen, dass 10 CC. Fehling'scher Lösung 0,05 g Zucker entsprechen.

In ähnlicher Weise bestimmte Chas. Heisch[1]) den Gehalt an Stärke,*) ferner an Piperin,**) Asche und deren Verhalten gegen Wasser und Salzsäure mit folgendem Resultat:

Lfd. No.	Bezeichnung der Proben	Wasser	Asche der Trockensubstanz					In der asche- und wasserfreien Subst.		
			Total-asche	Löslich in H_2O	Löslich in HCl	Un-löslich	Alkali-nität als K_2O	Stärke	Alkohol-Extract	Piperin
		%	%	%	%	%	%	%	%	%
	Schwarzer Pfeffer:									
1	Acheen Penang	9,46	8,99	1,54	3,07	4,38	0,72	48,53	12,26	6,04
2	Trang	9,22	8,85	1,60	3,83	3,42	0,80	54,06	12,28	4,05
3	Singapore	14,36	5,41	2,07	3,52	0,82	0,90	56,24	12,41	7,14
4	Tellicherry	13,76	5,28	3,34	1,90	0,04	1,41	56,67	12,67	6,88
5	Penang	12,98	6,44	3,10	2,43	0,90	1,18	51,06	16,20	9,38
6	Tellicherry	13,01	6,41	2,37	2,83	1,19	1,57	55,87	13,62	7,86
7	Singapore	13,94	5,39	2,48	2,18	0,73	1,09	54,93	11,62	6,29
8	Singapore	14,10	4,35	2,48	1,51	0,36	1,14	54,54	10,47	6,06
	Weisser Pfeffer:									
9	Penang	15,86	3,77	0,61	2,80	0,35	0,22	77,68	9,73	5,54
10	Singapore	17,32	1,28	0,21	0,84	0,21	—	76,35	9,49	6,14
11	Siam	13,67	1,80	0,25	0,91	0,68	0,10	76,27	9,23	5,13
	Gemahlener Pfeffer:									
12	Feiner weisser Pfeffer	13,90	1,57	0,16	0,90	0,51	—	75,31	10,60	4,51
13	Feinster	14,13	2,17	0,50	1,50	0,17	0,10	84,69	9,53	4,70
14	Superfine	14,40	1,40	0,37	1,02	—	0,11	85,26	9,63	4,50
	Langer Pfeffer:									
15	No. 1 H	12,15	13,48	2,28	5,52	5,68	0,53	58,98	8,29	1,71
16	No. 2 T	14,93	11,97	2,37	5,83	3,68	0,82	46,16	8,52	1,70
17	Pfefferschalen	12,37	11,90	2,12	6,36	3,41	0,47	41,71	13,81	4,84
18	Pfefferschalen mit etwas ganzem Pfeffer	12,60	9,03	2,99	4,11	1,92	1,02	47,36	13,07	4,10
19	Abgesiebtes	7,96	51,39	1,02	6,47	43,90	—	30,66	7,52	1,15
20	Pfefferkraut zur Fälschung des Pfeffers	8,52	3,84	0,96	1,05	1,83	0,20	—	2,30	—
21	10 % von No. 20 und 90 % von No. 4 (Mischung)	13,23	5,04	2,88	1,78	0,38	1,13	49,98	—	—
22	30 % Reis, 70 % von No. 4	12,79	3,10	1,68	1,39	0,30	0,89	88,21	—	—

H. Weigmann, H. Röttger u. Cl. Richardson führten ebenfalls Untersuchungen über die in Zucker überführbaren Stoffe in verschiedenen Pfeffersorten, über den Gehalt derselben an Holzfaser, Stärke etc. aus, jedoch sind diese Resultate schon in den vorstehenden zwei Tabellen über die Zusammensetzung des Pfeffers S. 722—724 mitgetheilt.

Die Nachweisung von Verfälschungen im Pfeffer durch Palmkernmehl, Pfefferschalen etc. durch Bestimmung der in Zucker überführbaren Stoffe beruht nach vorstehenden Zahlen darauf, dass Pfeffer erheblich mehr Stärke enthält als Palmkernmehl und Pfefferschalen.

---

[1]) The analyst 1886. T. XI. p. 186 u. Vierteljahresschr. über d. Fortschritte auf dem Gebiete d. Chem. der Nahrungs- u. Genussmittel etc. 1886. S. 326.

*) Die Stärke wurde bestimmt durch 3stündiges Kochen des feinst gemahlenen Pfeffers mit 10procentiger Salzsäure und durch Bestimmung der Drehung der resultirenden Flüssigkeit. Heisch hält einen Pfeffer mit weniger als 50 % Stärke in der Wasser- und Asche-freien Substanz für verdächtig.

**) Das Piperin wurde durch Extraction des gepulverten Pfeffers mit Alkohol, Behandeln des alkoholischen Extractes mit einer Lösung von Kaliumcarbonat und Umkrystallisiren des unlöslichen Rückstandes aus Alkohol bestimmt. Völlig reines Piperin wurde nicht gewonnen.

Der Verfasser[1]) hat aber auch darauf hingewiesen, dass für den Zweck sehr wohl die Bestimmung der Holzfaser dienen kann, da Pfeffer umgekehrt viel weniger Holzfaser enthält als Palmkernmehl und Pfefferschalen. So fand Verf. in der Trockensubstanz:

	Holzfaser %	In Zucker überführbar, auf Stärke berechnet %	Asche %
1. Verfälschter Pfeffer . .	22,15	24,17	6,49
2. Reiner Pfeffer	17,71	37,28	4,47
3. Reines Palmkernmehl . .	29,55	18,02	9,22

Hiernach enthält Palmkernmehl 11,73 % Holzfaser mehr als reiner Pfeffer; da der gefälschte Pfeffer 4,44 % Holzfaser mehr enthält als reiner Pfeffer, so berechnet sich die Grösse des Palmkernmehl-Zusatzes nach der Gleichung: $11,73 : 4,44 = 100 : x$ (= 37,8 %).

Oder wenn man vom Gehalt an in Zucker überführbaren Stoffen ausgeht, so hat man, da reiner Pfeffer 19,26 %, der verfälschte 6,15 % mehr in Zucker überführbare Stoffe enthält, als Palmkernmehl, nach der Gleichung: $19,26 : 6,15 = 100 : x$ (= 31,9 %)
als Menge des Palmkernmehl-Zusatzes.

Halenke u. Möslinger[2]) benutzen ebenfalls die Bestimmungen der in Zucker überführbaren Stoffe (Dextrose) und der Holzfaser in einem Pfeffer, um die Menge der in letzterem vorhandenen Pfefferschalen zu berechnen. Sie fanden*) z. B. in der wasser- und aschefreien Substanz:

	Dextrose	Holzfaser
1. Reiner, selbst gemahlener schwarzer Pfeffer . . .	56,0 %	15,65 %
2. Reine, ausgesuchte Pfefferschalen	16,4 „	45,00 „
3. Käuflicher Pfeffer, Handelwaare I	46,4 %	23,4 %
4. „ „ „ II	40,8 „	28,1 „
5. „ „ „ III	44,9 „	23,3 „
6. „ „ „ IV	41,5 „	25,8 „
7. Pfeffersiebsel, wie es sich beim Mahlbetriebe ergiebt	21,6 %	37,4 %

Den Procentgehalt der käuflichen Pfeffersorten berechnen sie nach den Gleichungen:

$$x = \frac{100s - 100b}{a - b} \text{ und } y = 100 - x,$$

worin bedeutet:

x = Gehalt an reinem Pfeffer, y = Gehalt an Schalen,
s = Dextrose oder Cellulose in der wasser- und aschefreien Substanz des fraglichen Pfeffers,
a = Dextrose und Cellulose in reinem Pfeffer,
b = „ „ „ in Pfefferschalen.

Hieraus ergeben sich auf Grund der oben gewonnenen Dextrose- und Cellulosezahlen folgende Formeln:

$$x = \frac{100s - 1640}{39,6} \text{ für Dextrosezahlen und } x = \frac{4500 - 100s}{29,35} \text{ für Cellulosezahlen.}$$

Für obige 4 Handelspfeffersorten würde sich also berechnen:

	Auf Grund der Dextose		Auf Grund der Cellulose	
	Reiner Pfeffer	Pfefferschalen	Reiner Pfeffer	Pfefferschalen
Probe I	75,8 %	24,2 %	73,5 %	26,5 %
„ II	61,6 „	38,4 „	57,5 „	42,5 „
„ III	72,1 „	27,9 „	74,0 „	26,0 „
„ IV	63,3 „	36,7 „	65,4 „	34,6 „

Halenke u. Möslinger konstatiren ebendort eine Verfälschung des Pfeffers mit Semen paradisi und Welschkorngries.

---

[1]) Landw. Ztg. f. Westf. u. Lippe 1885. S. 385.
[2]) Bericht über die vierte Versammlung der bair. Vertreter der angewandten Chemie. Berlin, 1885 und Vierteljahresschrift über Fortschritte auf dem Gebiet d. Chem. d. Nahrungs- u. Genussmittel etc. 1886. S. 47.
*) Dextrose wurde nach Allihn, Holzfaser nach Henneberg bestimmt.

H. Röttger[1]) hat ausser den oben in der Tabelle S. 722 aufgeführten Bestandtheilen in den von ihm untersuchten Pfeffersorten noch folgende Bestimmungen ausgeführt:

Bezeichnung	Wasser	Mineralstoffe	Von 100 Reinasche: in Wasser unlöslich	Von 100 Reinasche: in Wasser löslich	Von 100 Reinasche in Salzsäure unlöslich	In Procenten der Asche des Pfeffers: Kieselsäure	Phosphorsäure: in Wasser löslich	Phosphorsäure: in Wasser unlöslich	Gesammte Phosphorsäure	Im Pfeffer Alkoholextract
	%	%	%	%	%	%	%	%	%	%
I. Schwarzer Pfeffer:										
Unbekannter Abstammung	13,99	3,75	45,98	54,83	1,93	6,37	0,63	10,47	11,10	—
desgl.	12,78	4,79	36,66	63,82	1,63	1,61	0,25	9,21	9,47	—
Malabar, 1883er	14,70	4,77	45,98	55,05	0,68	1,54	0,11	10,95	11,06	—
Singapore I, 1882er	14,45	3,48	34,97	65,03	8,11	3,32	0,37	10,42	10,79	12,30
„ II, 1883er	12,63	3,73	37,78	62,22	5,85	1,87	0,51	10,57	11,08	15,65
Penang I, 1883er	13,16	4,62	32,31	67,69	13,73	2,32	0,42	11,23	11,65	15,81
Lampong, 1883er	13,22	6,42	45,52	54,48	19,85	3,20	0,60	12,57	13,17	19,17
Acheen, 1883er	13,61	5,17	41,64	58,36	17,61	3,61	0,92	11,79	12,71	16,78
Tellicherry, 1883er	12,79	4,38	37,05	62,95	2,10	4,85	0,21	8,22	8,43	15,49
Singapore III, 1883er	13,49	3,73	36,86	63,14	7,60	4,65	0,42	10,53	10,95	13,28
Penang, 1883er	13,89	4,02	45,81	54,19	3,70	5,86	0,45	9,52	9,97	16,68
II. Weisser Pfeffer:										
Unbekannter Abstammung	13,50	2,42	87,51	12,49	2,03	2,63	—	—	29,35	—
desgl.	13,69	1,09	90,89	10,44	2,05	—	—	—	—	—
Singapore, 1883er	13,75	1,23	85,68	13,89	17,74	1,46	—	—	30,75	—
Penang I, 1883er	13,69	2,97	91,29	8,71	5,33	2,08	—	—	10,89	11,71
Singapore, 1883er	13,74	1,12	91,18	8,82	13,97	2,02	—	—	28,69	11,04
Penang II, 1883er	14,56	2,68	91,89	8,11	2,17	1,03	—	—	12,69	10,07
Coriander, Tellicherry, 1884er	12,99	0,84	—	—	—	—	—	—	—	14,66
Tellicherry, 1884er	13,85	1,07	—	—	—	—	—	—	—	11,89

H. Röttger führte ferner von einigen der vorstehenden Pfeffersorten vollständige Aschen-Analysen aus (No. 2—6), welchen ich eine Analyse (No. 1) von W. Blyth hinzufüge; es wurde in Procenten der Asche gefunden:

	Kali	Natron	Kalk	Magnesia	Eisenoxyd	Manganoxyd	Phosphorsäure	Schwefelsäure	Salzsäure	Kieselsäure	Kohlensäure
	%	%	%	%	%	%	%	%	% Cl	% Sand	%
1. Tellicherry	24,38	3,23	11,60	13,00	0,30	—	8,47	9,61	7,57	6,53	14,00
Schwarzer Pfeffer:									HCl	SiO_2	
2. Unbekannte Abstammung	32,49	1,56	16,07	3,32	2,16	0,82	11,10	4,04	5,59	6,37	17,29
3. „ „	34,72	4,77	13,55	4,47	0,99	—	9,49	4,05	6,84	1,61	20,11
4. Malabar, 1883er	27,39	5,51	15,03	7,56	0,85	0,19	11,06	4,01	8,72	1,54	19,18
Weisser Pfeffer:											
5. Unbekannte Abstammuug	5,11	0,74	35,13	9,54	2,22	0,89	29,35	3,24	0,58	2,63	11,91
6. Singapore	7,15	0,84	31,06	11,65	1,86	0,21	30,75	3,76	0,91	1,46	10,02

[1]) Archiv f. Hygiene 1886. Bd. IV. p. 183.

Röttger ist der Ansicht, dass die Bestimmung des Alkoholextractes nicht zur Beurtheilung der Güte und Reinheit des Pfeffers dienen kann. Soll aber eine solche ausgeführt werden, so ist wie folgt zu verfahren:

Das Pfefferpulver wird 3 Stunden über Schwefelsäure gestellt, dann zur Bestimmung ca. 5 g abgewogen und diese in eine Hülse von Filtrirpapier gebracht. Man bedeckt das Pulver mit etwas entfetteter Watte und schiebt dann die Hülse in einen Soxhlet'schen Extractionsapparat. Darauf wird das tarirte Kölbchen mit 90 %tigem Alkohol gefüllt und mit vorgelegtem Kühler bis zur Erschöpfung extrahirt; hierzu sind 38—40 Stunden erforderlich. Nach der Extraction wird die Hülse mit dem Rückstande aus dem Apparat genommen und der Alkohol bei ca. 40° C. verdunstet. Das Pulver wird darauf vorsichtig in ein tarirtes Trockenglas gebracht, 1 Stunde bei 100° getrocknet, dann 3 Stunden über Schwefelsäure gestellt und gewogen. Aus dem Gewichtsverlust des Pulvers berechnet sich die Extractmenge wie folgt:

Es sei z. B. angewandte Substanz = 5,5295 g
Gewicht des Rückstandes = 4,1490 „

so ist 5,5295 : 4,1490 = 100 : x (= 75,033 % Rückstand). Die Differenz 100 — 75,033 = 24,967 % schliesst aber auch die ursprüngliche Wassermenge mit ein; wenn diese z. B. 14,45 % beträgt, so berechnet sich nach der Gleichung:

$$85{,}55 : 75{,}033 = 100 : x \; (= 87{,}706\,\%)$$

die wirkliche Alkohol-Extractmenge zu 100 — 87,71 = 12,29 %.

Zur directen Bestimmung des Extractes kann man auch den Alkohol in dem tarirten Kölbchen verdunsten und den Rückstand nach dem Trocknen wiegen. Indess ist die directe Methode nicht zuverlässig; denn durch ausreichendes Trocknen hat man Verluste an flüchtigen Stoffen und durch unzureichendes Trocknen schliesst der Rückstand noch Wasser ein.

Zu den vielen, häufig angewendeten Verfälschungsmitteln des Pfeffers gehören auch die Oliventrester. Ihre Erkennung im Pfefferpulver bietet mikroscopisch keine Schwierigkeiten.

Zur Trennung der Olivenkerne vom Pfefferpulver benutzt man im Pariser Laboratoire Municipal[1]) eine Mischung von Wasser und Glycerin mit einem spec. Gewicht von 1,173 bei 10° C., in welche Flüssigkeit das Pfefferpulver untersinkt.

H. Rabourdin[2]) kocht*) zur quantitativen Bestimmung der in einem Pfeffer vorhandenen Menge Oliventrester das Pulver eine Stunde lang mit 1 %tiger Schwefelsäure-Lösung und wiegt den Rückstand. Letzterer beträgt im Mittel von mehreren Analysen:

Weisser Pfeffer	17,5 %
Malabar, Tellicherry und Saignon	30,0 „
Alepy	32,0 „
Andere geringwerthige Pfeffersorten	35,0 „
Oliventrester	74,5 „
Pfefferschalen	65,5 „

Zur Berechnung des Procentantheiles der Verunreinigung mit Oliventrester oder Pfefferschalen diente ihm folgende Gleichung:

$$x + y = 100, \quad ax + by = p \text{ und } y = \frac{p - a}{b - a},$$

worin y = Procent des Rückstandes, a = Procent des Rückstandes von reinem Pfeffer, b = Procent des Rückstandes von reinen Oliventrestern (74,5) oder von Pfefferschalen (65,5) bedeutet. Rabourdin konnte auf diese Weise in 10 gemahlenen und als „rein" bezeichneten Pfeffersorten 40—60 % Oliventrester nachweisen.

---

[1]) Documents sur les falsifications des Matieres alimentaires. Paris, 1885. p. 694.

[2]) Journ. de Pharm. et de Chim. [5.] T. 9. p. 289.

*) Beim Kochen des fraglichen Pfefferpulvers haften die Oliventrester-Bestandtheile als röthliches Pulver an den Wandungen des Glaskolbens oder Becherglases.

J. Campbell Brown[1]) constatirt ebenfalls die Verfälschung des Pfeffers mit Oliventrestern und fand für diese, für Mandelschalen etc. folgende Zahlen, welche zur Unterscheidung von echtem Pfeffer dienen können:

	Asche	Löslich beim Kochen in verdünnter Säure	Eiweiss u. sonstige, in Alkali lösliche Stoffe	Holzfaser, unlöslich in Säure u. Alkali	Stärke
	%	%	%	%	
1. Weisser Pfefferstaub } als peperette oder poivrette bezeichnet	1,33	38,32	14,08	48,48	0
2. Schwarzer „	2,47	34,55	17,66	47,69	0
3. Gemahlene Mandelschalen . .	2,05	23,53	27,79	51,68	0
4. „ Oliventrester . . .	1,61	39,08	15,04	45,38	0

A. W. Stokes[2]) kocht zur Bestimmung der Holzfaser resp. des in Säuren unlöslichen Rückstandes 1 g der Masse, nachdem die Stärke entfernt ist, mit 50 ccm Wasser und 6 ccm Schwefelsäure 1 Stunde am Rückflusskühler, sammelt die Faser auf gewogenem Filter und findet an Gehalt für letztere:

Schwarzer Pfeffer	Weisser Pfeffer	Langer Pfeffer	Olivenkerne	Reis
21,0—26,3 %	12,7—13,8 %	20,0—22,3 %	62,0—64,2 %	0,8—1,6 %

Zur Berechnung der Grösse der Verfälschung mit Olivenkernen benutzt er die Gleichung:

$$x = (100a - 100m) : (a - p),$$

worin x = Procent Pfeffer in der Mischung, a = Procent Holzfaser der Olivenkerne, m = Procent Holzfaser in der zu untersuchenden Mischung, p = Procent Holzfaser von reinem Pfeffer bedeutet.

Ch. Heisch[3]) hat ebenfalls für verschiedene Pfeffersorten und deren Verfälschungsmittel den Gehalt an „Cellulose" bestimmt und findet für die wasser- und aschenfreie Substanz:

	Cellulose		Cellulose		Cellulose
Ashen Penang, schwarz	15,08 %	Penang, weiss . . .	5,15 %	Langer Pfeffer . . .	11,42 %
Trang „	11,58 „	Singapore „ . . .	4,48 „	desgl.	12,96 „
Singapore „	14,61 „	Siam „ . . .	6,72 „	Pfefferstaub, schwarz .	68,80 „
desgl. „	14,32 „	Handelswaare, weiss	3,4—6,7 „	„ weiss .	61,94 „
Tellicherry „	12,92 „			„ schwarz .	16,24 „
Penang „	27,82 „			„ weiss .	8,56 „
Light dusty Singapore, schwarz	19,58 „				

J. Campbell Brown[4]) hat ferner in England die Verfälschung des Pfeffers mit Dhurra-Korn (Sorghum vulgare, Mohrhirse) beobachtet und für die letztere folgende Zusammensetzung, auf Trockensubstanz berechnet, gegeben:

	Asche	In Salzsäure von 10 % löslich	Stärke	Eiweiss u. sonstige, in Alkali lösliche Stoffe	Holzfaser	Alkohol-Extract	Aether-Extract	Stickstoff
	%	%	%	%	%	%	%	%
1. Probe .	1,31	90,70	75,20	6,71	2,56	10,36	10,10	1,82
2. Probe .	1,69	87,80	73,00	7,96	4,19	7,96	7,30	1,79

Hiernach enthält Dhurra-Korn erheblich mehr in Säure lösliche Stoffe und weniger Holzfaser als Pfeffer, verhält sich also umgekehrt wie Palmkernmehl; es können daher diese Bestimmungen dazu dienen, gegebenen Falles die Menge des Dhurramehl-Zusatzes zu einem Pfeffer zu berechnen, wie vorhin gezeigt worden ist.

---

[1]) The analyst. T. 12. p. 23.

[2]) Ebendort. 1887. p. 148.

[3]) Nach The analyst 1888. S. 149 in Zeitschr. f. angewandte Chemie 1888. S. 475.

[4]) Analyst. T. 12. p. 89.

Cl. Richardson[1]) untersuchte verschiedene verfälschte und verunreinigte Handelspfeffersorten aus Washington und Baltimore mit folgendem Resultat:

Art der erkannten Verunreinigung	Wasser %	Asche %	Flüchtiges Oel %	Piperin und Harz %	Alkohol-extract %	Stärke %	Unbestimmbare Stoffe %	Holzfaser %	Reines Protein %	Rohprotein N × 6,25 %	Stickstoff %	In Zucker überführbare Stoffe in der asche- u. wasserfreien Substanz %
I. Schwarzer Pfeffer:												
1. Aussergewöhnlich schalenhaltig	10,00	4,52	0,69	6,50	—	31,86	21,53	15,90	9,00	10,88	1,74	39,80
2. Bestandtheile von Mais . . .	11,83	4,38	1,04	6,59	—	21,56	23,49	10,55	20,50	21,88	3,50	28,52
3. Gelber Mais (Yellow corn) und dessen Schalen	12,30	6,54	0,84	5,94	—	30,00	18,94	15,93	9,51	11,20	1,79	40,90
4. Kleie, geröstete Schalen, (Holzkohle) und Mais	8,92	4,06	0,92	3,99	—	30,83	21,52	20,48	9,28	10,33	1,65	39,36
5. Mais (corn)	11,15	7,85	0,82	6,59	—	27,85	17,30	19,03	9,31	11,20	1,79	38,19
6. Senfkornhülsen, Mais und geröstete Schalen	7,60	7,50	2,94	5,92	—	27,04	25,55	11,20	12,25	13,95	2,23	35,40
7. Senfkornhülsen und kleieartige Stoffe	8,90	9,85	1,14	6,38	—	21,27	27,13	13,53	14,80	16,63	2,66	29,08
8. } Gelber Mais (Yellow corn), Zwiebackmehl, Cayennepfeffer, Kohle und sonstige Verunreinigung	9,48	6,15	2,09	2,66	6,54	28,19	14,83	18,13	11,93	12,60	2,02	37,13
9. }	9,45	5,29	1,66	2,80	5,61	31,34	16,36	16,73	11,73	12,43	1,99	40,37
II. Weisser Pfeffer	11,12	2,13	0,98	2,84	4,10	15,58	4,24	12,13	10,79	11,55	1,85	66,09

Dagegen ergaben als „rein" zu bezeichnende Handelspfeffersorten ebendaher:

I. Schwarzer Pfeffer	10,70	5,85	0,42	7,19	—	30,47	20,81	14,90	9,66	11,73	1,88	40,57
II. Weisser Pfeffer: 1. Probe .	11,56	1,16	0,48	7,11	—	41,06	25,30	5,13	8,20	10,33	1,65	52,28
2. „ . .	11,35	1,86	0,55	7,45	—	48,29	14,35	4,63	12,52	13,80	2,20	59,81
3. „ . .	8,95	1,35	1,25	7,22	—	50,30	16,55	5,98	8,40	10,50	1,68	65,73

Langer Pfeffer. — Chavica Roxburgii Mig. oder Piper longum L.*)

J. Cambpell Brown[2]) giebt für 3 Proben langen Pfeffers folgende Zusammensetzung:**)

	Stickstoff-Substanz***) %	Aether-Extract %	Alkohol-Extract %	In Alkali lösl. Stoffe (Albumin etc.) %	In Zucker überführbare Stoffe (Stärke etc.) %	Gesammte in 10%tiger Salzsäure lösl. Stoffe %	Holzfaser %	Gesammtasche %	Sand und in Salzsäure unlöslich %
Probe 1	13,12	5,50	7,70	15,47	44,04	67,83	15,70	8,91	1,20
„ 2	12,50	4,90	7,60	17,42	49,34	68,31	10,50	8,98	1,10
„ 3	14,37	8,60	10,50	15,51	44,61	65,91	10,73	9,61	1,50

[1]) Cl. Richardson: Foods and food adulterants. Part second. Spices and condiments. Washington, 1887. Bulletin No. 13. p. 204—206.

Langer Pfeffer:

[2]) The Analyst. T. 12. p. 67 und Richardson: Foods and food adulterants. Part second. Bulletin No. 13. Washington, 1877. p. 200.

*) Der lange Pfeffer von Bengalen, Chavica Roxburghii Miq., besteht aus den 2—3 cm langen dunkelen plumpen Fruchtkolben dieser Pflanze und ist weniger geschätzt, als der lange Pfeffer d. h. die walzenförmigen kätzchen- oder kolbenartigen unreifen Fruchtstände von Chavica officinarum Miq. oder Piper officinarum DC.

**) Aus obiger letzter Quelle ist nicht zu ersehen, ob sich die Zusammensetzung für die wasserhaltige oder wasserfreie Substanz versteht.

***) Von mir aus dem angegebenen N-Gehalt durch Multiplikation mit 6,25 berechnet.

H. Weigmann u. W. Kisch untersuchten auf meine Veranlassung[1]) „langen Pfeffer“ und Oliventrester mit folgendem Resultat:

	Wasser	Stickstoff-Substanz	Fett (Aether-extract)	Stärke, d.h. in Zucker überführbare Stoffe	Sonstige N-freie Extractstoffe	Holzfaser	Asche	In der Trockensubstanz: Stickstoff-Substanz	In der Trockensubstanz: Stärke, d. h. in Zucker überführbare Stoffe	In der Trockensubstanz: Holzfaser
	%	%	%	%	%	%	%	%	%	%
1. Lang. Pfeffer	10,34	14,18	6,57	44,28	5,88	10,50	8,25	15,79	49,32	11,69
2. Oliventrester	8,38	5,25	15,25	13,59	7,92	47,05	2,56	5,73	14,81	51,33

Spanischer Pfeffer oder Cayennepfeffer oder Paprika. — Capsicum annuum L., gemeine Reissbeere.

No.	Bemerkungen	Zeit der Untersuchung	Wasser	Stickstoff-Substanz	Flüchtiges Oel *)	Fett	Kohlehydrate	Holzfaser	Asche	In der Trocken-Substanz: Stick-stoff-Substanz	In der Trocken-Substanz: Fett	Stickstoff in der Trocken-Substanz	Analytiker
			%	%	%	%	%	%	%	%	%	%	
1	Samen[0]) } aus Ungarn, beste Sorte	1884	8,12	18,31	—	28,54	24,33	17,50	3,20	19,92	31,05	3,19	F. Strohmer[2])
2	Schalen[0]) } aus Ungarn, beste Sorte	„	14,75	10,69	—	5,48	38,73	23,73	6,62	12,54	6,43	2,01	F. Strohmer[2])
3	Ganze Frucht } aus Ungarn, beste Sorte	„	11,94	13,88	—	15,26	32,63	21,09	5,20	15,43	17,34	2,47	F. Strohmer[2])
4	Rosenpaprika, Prima } Handelssorten	„	17,35	14,56	—	14,43	—	—	5,10	17,62	17,46	2,82	F. Strohmer[2])
5	desgl., Sekunda } Handelssorten	„	14,39	14,31	—	15,06	—	—	5,66	16,72	17,59	2,68	F. Strohmer[2])
6	Königspaprika[00]) } Handelssorten	„	12,69	13,19	—	13,35	—	—	7,14	15,10	15,29	2,42	F. Strohmer[2])
7	Aus Zanzibar	1887	(2,35)	13,13	0,13 **)	26,99 **)	41,47	16,88	9,06	13,45	27,77	2,15	Cl. Richardson[3])
8	Aus Zanzibar	„	(5,74)	11,20	1,58	17,90	40,24	18,10	5,24	11,88	20,67	1,90	Cl. Richardson[3])
	Mittel (excl. No. 2)	.	**13,21**	**13,40**	**0,87**	**18,26**	**31,76**	**17,17**	**5,33**	**15,56**	**21,04**	**2,49**	

Verfälschter Cayennepfeffer.

No.	Bemerkungen	Zeit der Untersuchung	Wasser	Stickstoff-Substanz	Flüchtiges Oel	Fett	Kohlehydrate	Holzfaser	Asche	In der Trocken-Substanz: Stickstoff-Substanz	In der Trocken-Substanz: Fett	Stickstoff in der Trocken-Substanz	Analytiker
1	Mit Reismehl verfälscht .	1887	3,70	10,15	3,40	14,50	46,75	15,40	6,10	10,54	18,58	1,69	Cl. Richardson[3])
2	desgl.	„	5,20	9,98	1,65	14,11	51,88	10,53	6,65	10,53	16,63	1,68	Cl. Richardson[3])
3	Mit gelbem Mais (Yellow corn), Gelbwurz u. Ocker verfälscht	„	1,41	7,70	4,00	9,41	58,10	14,70	4,68	7,81	13,60	1,25	Cl. Richardson[3])
4	Mit gelbem Mais (Yellow corn), Gelbwurz u. Ocker verfälscht	„	1,93	7,00	3,48	6,66	58,91	13,33	8,69	7,15	10,75	1,14	Cl. Richardson[3])

Samen von weissem Senf. — Sinapis alba L.

No.	Bemerkungen	Zeit der Untersuchung	Wasser	Stickstoff-Substanz	Flüchtiges Oel	Fett	Kohlehydrate + Holzfaser	Asche	In der Trocken-Substanz: Stickstoff-Substanz	In der Trocken-Substanz: Fett + Oel	Stickstoff in der Trocken-Substanz	Analytiker
1		1860	7,50	18,36	—	26,20	43,94	4,00	19,85	28,32	3,18	Rob. Hoffmann[4])
2		—	7,00	26,56	—	29,30	32,69	4,45	28,55	31,50	4,57	C. Schädler[5])

[1]) Original-Mittheilung.
[2]) Chem. Centralbl. 1884. S. 577.
[3]) Cl. Richardson: Foods and food adulterants. Part second. Spices and condiments. Washington, 1887. Bulletin No. 13. p. 211.
[4]) Landw. Vers.-Stat. 5. 1863. 191. Der untersuchte Samen war im Vergleich mit anderen Oelsaaten 1860 auf einem und demselben Felde zu Zittolib in Böhmen auf einem mit Stallmist gedüngten kalkhaltigen Lehmboden mit Lettenuntergrund angebaut worden. Das spec. Gew. des Samens war = 1,000; 100 Samen wogen 0,421 g. Nh-Substanz von uns berechnet.
[5]) Dessen Technologie der Fette. Berlin, 1883. 439.

[0]) Die Frucht von Capsicum annuum bestand im Mittel aus 42 % Samen und 58 % Schalen (Kapsel).
[00]) Diese Sorte enthielt neben den Früchten auch einen Theil der Fruchtstengel und des Fruchtbodens mitvermahlen.

*) Das flüchtige Oel ist nach Strohmer ein kampferähnlicher Körper.
**) Im Text heisst es für die Zahlen 0,13 % u. 1,58 % etc. „fixed oil“ und für die Zahlen 26,99 %, 17,90 % etc. „volatile Camphor“ etc.; ich glaube annehmen zu können, dass diese Bezeichnung gerade umgekehrt lauten muss, und habe ich demnach die Umstellung bewirkt.

No.	Bemerkungen	Zeit der Untersuchung	Wasser %	Stickstoff-Substanz %	Fett %	Kohlehydrate %	Holzfaser %	Asche %	In der Trocken-Substanz: Stick-stoff-Substanz %	In der Trocken-Substanz: Fett + Oel %	Stickstoff in der Trocken-Substanz %	Analytiker
3		1873	5,36	33,03 *)	35,76	5,45	16,29	4,11	34,91	37,80	5,58	*H. Hassall*[1])
4	Von Yorkshire	1881	9,32	28,37	25,56	21,68	10,52	4,57	31,29	28,19	5,01	*Ch. Piesse und Lionel Stansell*[2])
5	Von Cambridge . . .	„	8,00	28,06	27,51	23,06	8,87	4,70	30,50	29,90	4,88	
6	Gew. von 100 Korn 0,635 g	1887	5,57	28,88	34,53 **)	21,33	5,40	4,29	30,58	36,57	4,89	*Cl. Richardson*[3])
	Mittel	.	**7,13**	**27,19**	**29,76**	**23,21**	**8,35** ***)	**4,36**	**29,28**	**32,05**	**4,68**	

Samen von schwarzem Senf und sonstigen Senfarten. — Sinapis nigra L.

1	Sin. nigra L. (schwarzer Senf)	—	6,78	20,52	22,20	46,29		4,21	22,00	23,80	3,52	*Cl. Schädler*[4])
2	Sin. juncea L., (Sareptasenf)	—	7,35	28,60	28,45	29,86		5,74	30,93	30,70	4,95	
3	Schwarzer Senf . . .	1873	4,84	31,67 †)	35,70	6,30	16,77	4,72	33,28	37,52	5,32	*H. Hassall*[1])
4	desgl. von Cambridge . .	1880	8,52	26,50	25,54	25,45	9,01	4,98	28,96	31,19	4,63	*Ch. Piesse und Lionel Stansell*[5])
5	desgl.	1882	10,66	39,66	25,91	11,37	7,07	5,83	44,38	28,99	7,10	*V. Dirks*[6])
6	Sinap. arvensis, Ackersenf	„	8,93	28,22	26,41	21,38	9,46	5,60	30,99	29,00	4,96	
7	Guzerat-Raps (eine Sinapis-art)	1857	5,60	15,50	45,51	14,58	15,31	3,50	16,41	48,42	2,63	*Th. Anderson*[7])
8 ††)	Californien, gelber (Yellow)	1887	4,83	31,13	33,23 ††)	16,35	8,50	5,96	32,91	34,92	5,27	*Cl. Richardson*[3])

[1]) Hoffmann's Jahresber. 16. 1873. 241. (Pharm. Journ. and Transact. Ser. III. 5.)

[2]) Chem. Centralbl. 12. 1881. 374. (Journ. Pharm. Chim. (5) 3. 252.) In Procenten der lufttrocknen Substanz enthielten die Samen:

	Schwefel	Stickstoff	Myrosin u. Albumin	Eiweissartige Substanz	Lösliche Substanz	Flüchtiges Oel
No. 4 . . .	0,99 %	4,54 %	5,24 %	28,37 %	27,38 %	0,06 %
No. 5 . . .	0,93 „	4,49 „	4,58 „	28,06 „	26,29 „	0,08 „

	Lösliche Aschenbestandtheile	1 g der Samen enthält Körner	100 Körner wogen
No. 4 . . .	0,55 %	170	0,5882 g
No. 5 . . .	0,75 „	172	0,5814 „

Die Cellulose ist der Rückstand nach der Behandlung mit verdünnter Salzsäure, Natronlauge, siedendem Wasser und Alkohol.

[3]) Richardson: Foods and food adulterants. Part second. Bulletin No. 13. Washington, 1887. p. 181.

[4]) Dessen Technologie der Fette. Berlin, 1883. 436. In Procenten der lufttrocknen Substanz enthielten die Samen

	Schwarzer Senf	Sarepta-Senf
Myronsaures Kalium . . .	1,68 %	0,61 %

[5]) Chem. Centralbl. 12. 1881. 374. (Journ. Pharm. Chim. (5) 3. 252). In Procenten der lufttrocknen Substanz enthielten die Samen:

Schwefel	Stickstoff	Myrosin u. Albumin	Eiweissartige Substanz	Lösliche Substanz	Flüchtiges Oel	Myronsaures Kalium
1,28 %	4,38 %	5,24 %	26,50 %	24,22 %	0,473 %	1,692 %

Lösl. Aschenbestandtheile 1,11 %, 1 g der Samen enthielt 944 Körner, 100 Körner wogen 0,1059 g.

[6]) Aas.-Norwegen. Landw. Vers.-Stat. 28. 1883. 179. Die Samen enthielten in Procenten der lufttrocknen Substanz:

	Reinasche	Sand
No. 5	4,77 %	0,56 %
No. 6	5,35 „	0,25 „

[7]) Trans. Highl. Soc. July. 1860. 376.

*) Aus dem angegebenen N-Gehalt von 5,285 % durch Multiplikation mit 6,25 berechnet; Hassall giebt den Gehalt an Albumin + Myrosin zu 27,48 % an; ausser den eben angegebenen Bestandtheilen sind noch 10,98 % scharfes Salz u. 1,224 % Schwefel aufgeführt.

**) Mit 0,97 % flüchtigem Oel.

***) Das Mittel für Holzfaser ist aus den 3 letzten Analysen berechnet.

†) Aus dem N-Gehalt von 5,068 % durch Multiplikation mit 6,25 berechnet; Hassall giebt den Gehalt an Albumin + Myrosin zu 29,54 % an; ausser dem Obigen sind noch angegeben Myronsäure 4,84 %, flüssiges Oel 1,27 %, 3,59 % bitteres Salz u. 1,41 % Schwefel.

††) In den Samen „flüchtiges Oel“ und Gewicht von 100 Korn:

	No. 8	9	10	11
Flüchtiges Oel	1,27 %	1,35 %	2,06 %	0,63 %
Gewicht von 100 Korn . . .	0,480 g	0,435 g	0,419 g	0,425 g

No.	Bemerkungen	Zeit der Untersuchung	Wasser %	Stickstoff-Substanz %	Flüchtiges Oel %	Fett %	Kohlehydrate %	Holzfaser %	Asche %	In der Trocken-Substanz: Stick-stoff-Substanz %	In der Trocken-Substanz: Fett + Oel %	Stickstoff in der Trocken-Substanz %	Analytiker
9°)	Californien, brauner . .	1887	4,11	24,69	—	37,98	12,16	16,18	4,88	25,75	39,61	4,12	*Cl. Richardson*[1])
10°)	Englischer, gelber . . .	„	3,11	30,25	—	33,57	22,10	6,90	4,07	31,22	34,64	5,00	
11°)	desgl., tiefbraun (trieste brown)	„	4,62	25,88	—	40,18 °)	18,87	10,84	5,61	27,12	42,11	4,34	
	Mittel	.	**6,30**	**27,58**	—	**32,45**	**18,25**	**10,40** °°)	**5,02**	**29,43**	**34,63**	**4,70**	

Senf. — Mehl von Sinapis-Arten, vorwiegend Sinapis alba L., auch S. nigra L. und S. juncea Mayer.

No.	Bemerkungen	Zeit der Untersuchung	Wasser %	Stickstoff-Substanz %	Flüchtiges Oel %	Fixes Oel %	Kohlehydrate %	Holzfaser %	Asche %	In der Trocken-Substanz: Stickstoff-Substanz %	In der Trocken-Substanz: Flücht. + fixes Oel %	Stickstoff in der Trocken-Substanz %	Analytiker
1*)	Echter Senf	1876	5,70	33,37 *)	0,71	36,49	4,07 *)	13,37 **)	4,33	35,37	39,43	5,66	*H. Hassall*[2])
2*)	desgl., doppelt feiner . .	„	5,16	31,56	0,58	35,94	6,52	15,58	4,66	33,26	38,49	5,34	
3*)	desgl., sehr feiner . . .	„	5,59	34,12	0,52	34,71	5,25	15,29	4,32	36,13	37,31	5,78	
4*)	desgl., feiner	„	5,68	32,25	0,24	35,24	6,39	15,55	4,65	34,19	37,61	5,47	
5*)	Reiner Senf	„	5,08	32,56	0,25	33,96	7,05	16,81	4,29	34,32	36,06	5,49	
6*)	Haushaltungsenf . . .	„	5,29	31,44 *)	0,45	36,75	6,04 *)	16,32 **)	3,69	33,20	39,28	5,31	
7	Weisses Senfsamenmehl .	„	3,33	25,56	1,84	34,83	20,16	9,05	5,23	26,40	37,88	4,22	*Cl. Richardson*[1])
	Mittel	.	**5,12**	**31,55**	**0,66**	**35,42**	**13,95**	**8,85** **)	**4,45**	**33,27**	**38,02**	**5,32**	

Anm. zu reinem Senf:

R. Leeds und Edg. Everhart[3]) fanden für drei nach einem besonderen Verfahren (vergl. II. Thl. dieses Werkes) untersuchte Proben braunes Senfmehl folgende Zusammensetzung:

	Wasser	Myrosin	Myronsaures Kalium	Rhodan-wasserstoffsaures Sinapin	Oel resp. Fett	Cellulose u. sonstige Stoffe	Asche
1. Probe . . .	6,78 %	28,45 %	0,61 %	10,97 %	29,22 %	20,24 %	3,73 %
2. „ . . .	6,90 „	28,70 „	0,61 „	11,19 „	29,21 „	19,55 „	3,84 „
3. „ . . .	6,82 „	28,30 „	0,72 „	11,21 „	29,19 „	20,06 „	3,70 „

[1]) Richardson: Foods and food adulterants. Part second. Bulletin No. 13. Washington, 1887. p. 181.

[2]) H. Hassall: Foods, its adulteration and the methods for their detection. London, 1876. p. 510—514.

[3]) Zeitschr. f. analyt. Chem. 1882. S. 389.

°) Vergl. Anmerkung ††) Seite 737.

°°) Das Mittel für Holzfaser ist aus den Analysen von No. 4 an berechnet.

*) Die Stickstoff-Substanz ist von mir durch Multiplikation des angegebenen N mit 6,25 berechnet; Hassall giebt den Gehalt der 6 untersuchten Sorten an „Albumin + Myrosin“, an Myronsäure, bitterem Salz und bitteren Stoffen, sowie an Schwefel wie folgt an:

	No. 1	2	3	4	5	6
Myrosin + Albumin	31,69 %	27,36 %	31,02 %	27,89 %	27,62 %	27,47 %
Myronsäure	2,70 „	2,21 „	1,97 „	0,92 „	0,96 „	1,72 „
Bitteres Salz und bittere Stoffe .	5,71 „	9,08 „	(7,09) „	10,06 „	11,26 „	8,75 „
Schwefel	1,31 „	1,42 „	1,25 „	1,30 „	1,40 „	1,32 „

**) Die von Hassall angegeben Zahlen für Holzfaser dürften nach dem vorstehend für reinen Senfsamen gefundenen Gehalt an Holzfaser zu hoch sein; es ist daher bei der Mittelwerthsberechnung nur die Holzfaser von No. 7 berücksichtigt.

Handelssenfsorten (gemischt und gefälscht).

No.	Bemerkungen		Zeit der Untersuchung	Wasser %	Stickstoff-Substanz %	Flüchtiges Oel %	Fixes Oel %	Kohlehydrate %	Holzfaser %	Asche %	In der Trocken-Substanz: Stick-stoff-Substanz %	In der Trocken-Substanz: Fett + Oel %	Stickstoff in der Trocken-Substanz %	Analytiker
1°)	Doppelt feiner	Mit Weizenmehl und Gelbwurz verfälscht	1876	4,94	27,50 °)	0,85	27,52	22,79 °)	13,05 °)	3,35	28,93	29,85	4,63	*H. Hassall*[1]
2°)	Feiner		„	6,51	24,06	0,36	23,16	29,53	12,84	3,62	25,74	25,17	4,12	
3°)	Superior		„	4,97	25,44	0,32	25,17	28,81	11,50	3,79	26,76	26,82	4,28	
4°)	Suerls		„	8,94	20,87	0,41	23,88	31,03	7,08	3,79	22,92	26,67	3,67	
5°)	Alexander		„	8,34	19,75	0,50	29,60	29,23	8,99	3,59	21,55	32,84	3,45	
6°)	Lindsey		„	8,87	26,87	0,26	21,54	27,03	11,69	3,74	29,48	23,91	4,72	
7°)	Gilbert		„	6,28	21,62	0,30	22,06	37,58	8,41	3,75	23,07	23,86	3,69	
8°)	Goodman		„	8,95	21,06	0,48	26,90	31,60	7,27	3,74	23,12	30,06	3,70	
9°)	Clark		„	9,58	20,81 °)	0,10	18,31	40,14 °)	8,65 °)	2,41	23,02	20,36	3,68	
10 °°)	Als gefärbt bezeichnet		1887	5,97	37,44	0,43	18,16	24,10 °°)	7,35	6,55	39,80	19,76	6,37	*Cl. Richardson*[2]
11	Aus Columbien	Sämmtliche Proben als verfälscht bezeichnet	„	9,38	20,63	0,24	11,20	48,60	2,95	7,00	22,75	12,62	3,64	
12	„ Baltimore		„	9,73	13,31	0,80	9,85	59,51	2,40	4,40	14,75	11,80	2,36	
13	„ England		„	5,84	25,88	2,11	30,84	25,80	4,63	4,90	27,48	34,99	4,40	
14	„ Baltimore		„	6,60	14,50	0,50	14,72	50,23	3,75	9,70	15,53	16,30	2,48	
15	„ England		„	3,25	25,19	2,01	32,26	18,66	14,98	3,65	26,05	35,44	4,17	
16	„ ?		„	5,80	14,38	0,37	7,89	65,98	2,43	3,15	15,27	8,77	2,44	
17	„ New-York		„	6,70	13,63	1,31	6,50	66,99	2,97	1,90	14,61	8,37	2,34	
18	„ Baltimore		„	4,57	20,31	2,02	6,77	60,09	2,90	3,24	21,28	9,21	3,40	
19	„ desgl.		„	7,25	19,63	2,32	5,54	60,68	1,23	3,35	21,16	8,47	3,39	
20 °°)	„ desgl.		„	6,03	33,06	0,65	19,46	31,34 °°)	3,48	5,98	35,18	21,40	5,63	

E. Waller und E. W. Martin[3]) geben für trockene Handelssenfsorten aus Handlungen in New-York City folgende Zahlen:

[1]) Hassall: Foods, its adulterations etc. London, 1887. p. 514 u. s. w.

[2]) Richardson: Foods and food adulterants. Part second. Bulletin No. 13. Washington, 1887. p. 181.

[3]) The analyst. T. 9. p. 966. Vergl. auch Richardson: Foods etc.

°) Der Gehalt an N-Substanz ist wie beim reinen Senf aus den angegebenen Zahlen für Stickstoff durch Multiplikation mit 6,25 berechnet. Hassall giebt den Gehalt an Myrosin + Albumin, an Myronsäure, an bitteren Stoffen, an Weizenmehl und Gelbwurz, sowie an Schwefel in den von ihm untersuchten Handelspfeffersorten wie folgt an:

	No. 1	2	3	4	5	6	7	8	9
Myrosin + Albumin	23,16 %	19,50 %	23,24 %	14,48 %	13,89 %	21,76 %	15,30 %	15,58 %	20,82 %
Myronsäure	3,14 „	1,36 „	1,20 „	1,57 „	1,92 „	0,98 „	1,13 „	1,82 „	0,39 „
Bittere Stoffe	1,85 „	5,81 „	4,31 „	6,45 „	3,15 „	6,21 „	4,25 „	5,18 „	7,03 „
Schwefel	0,95 „	0,96 „	1,06 „	1,00 „	0,90 „	0,94 „	0,82 „	0,94 „	0,91 „
Weizenmehl u. Gelbwurz	22,29 %	27,20 %	25,82 %	33,81 %	30,52 %	25,21 %	38,82 %	30,56 %	32,81 %

Die von Hassall angegebenen Zahlen für Holzfaser dürften wie beim reinen Senfmehl zu hoch sein.

°°) Die von Richardson untersuchten Sorten, Handelssenfsorten ergaben folgenden Gehalt an Stärkemehl:

	No. 10	11	12	13	14	15	16	17	18	19	20
Stärke	0,0 %	21,15 %	29,14 %	7,26 %	9,00 %	8,50 %	40,50 %	45,00 %	31,50 %	34,63 %	5,70 %

No.	1	2	3	4	5	6	7	8	9	10	11	12	13	14
	%	%	%	%	%	%	%	%	%	%	%	%	%	%
Feuchtigkeit .	6,15	8,03	7,35	8,23	8,50	7,24	7,65	7,60	7,15	5,45	6,50	8,45	6,62	9,86
Oel	21,17	12,79	12,54	8,42	10,92	6,81	13,32	7,74	9,02	20,57	8,59	14,59	22,56	6,12
Gesammtasche	5,84	6,78	4,92	2,05	16,05	3,65	5,81	3,22	3,11	5,27	8,17	8,80	6,48	4,70
Davon löslich*)	0,30	1,39	0,23	0,15	2,90	0,10	0,64	1,53	0,20	0,15	1,52	2,15	1,62	1,16
„ unlöslich*)	5,54	5,39	4,69	1,90	13,15	3,55	5,17	1,69	2,91	5,12	5,65	6,65	4,86	3,54

Hiervon waren No. 1, 4, 7 und 14 mit Martinsgelb (Dinitronaphtol), die anderen Proben (ausgenommen No. 13) mit Gelbwurz gefärbt; die Probe No. 13 enthielt allein keine fremde Stärke, während diese in allen anderen Sorten vorhanden war; No. 2, 5, 11 und 12 enthielten ferner Gyps ($CaSO_4$).

Gebrauchs-Senf (Mustard paste).

Ueber deutschen, in New-York City dargestellten Gebrauchs-Senf geben E. Waller und E. W. Martin (l. c.) folgende Zusammensetzung:

	Feuchtigkeit	Oel	Essigsäure	Von der Asche Löslich	Von der Asche Unlöslich	Gesammt-asche	Kochsalz	Metallisches Kupfer	Oel in der Trockensubst.
	%	%	%	%	%	%	%	%	%
Probe 1 . .	77,02	2,55	2,76	2,51	0,93	3,44	2,11	0,001	24,98
„ 2 . .	81,52	3,50	1,98	1,77	0,56	2,33	1,63	Spur	21,24
„ 3 . .	79,62	3,90	2,43	2,52	0,97	3,49	—	0,009	19,51
„ 4 . .	76,54	4,57	3,69	2,69	0,98	3,67	1,86	0,003	23,14
„ 5 . .	81,45	3,73	2,94	2,14	0,65	2,79	1,77	Spur	22,44

Zur Berechnung der Grösse des Mehlzusatzes zu einem Senf benutzt W. Blyth[1]) die Bestimmung des Fettgehalts (fixes Oel), indem er denselben im reinen Senfmehl zu 33,9 % als Minimum und 36,7 % als Maximum und Weizenmehl zu 1,2 resp. 2,0% annimmt; wenn alsdann x = Menge des vorhandenen Senfes, y = dem gefundenen Fettgehalt gesetzt wird, so ergeben sich für die Berechnung folgende Gleichungen:

$$\frac{33{,}9x}{100} + \frac{1{,}2\,(100 - x)}{100} = y \quad \text{oder} \quad \frac{36{,}7x}{100} + \frac{2\,(100 - x)}{100} = y.$$

Da reiner Senfsamen resp. Senfmehl keine oder nur sehr wenig Stärke enthält, so kann die Bestimmung dieser ebenfalls zur Berechnung der Grösse des Mehlzusatzes dienen.

Zimmet oder Caneel oder Canehl.

I. Ceylon-Zimmet. — Cortex Cinnamomi Zeylanici, Canella vera.

No.	Bemerkungen	Zeit der Untersuchung	Wasser	Stickstoff-Substanz	Flüchtiges Oel	Fett (Fixes Oel)	Kohlehydrate	Holzfaser	Asche	In der Trocken-Substanz: Stick-stoff-Substanz	In der Trocken-Substanz: Fett + flüchtiges Oel	Stickstoff in der Trocken-Substanz	Analytiker
			%	%	%	%	%	%	%	%	%	%	
1	Von einem Droguisten in Münster	1878	12,44	4,06	—	1,45	43,31	35,46	3,28	4,63	1,66	0,74	*König u. Krauch*[2])
2	Ceylon-Rinde: Geringe Qualität von ein. Gewürzhändler	1887	10,00	3,80	3,14	3,30	59,88	(16,18)	3,70	4,22	7,15	0,68	*Cl. Richardson*[3])
3	Ceylon-Rinde: Von einem Droguisten	„	5,40	2,90	1,05	1,66	51,28	33,08	4,55	3,07	2,85	0,49	*Cl. Richardson*[3])
4	Ceylon-Rinde: Von einem Droguisten	„	7,93	3,87	0,82	1,58	56,84	25,63	3,40	4,20	2,91	0,67	*Cl. Richardson*[3])
	Mittel	.	**8,94**	**3,66**	**1,65**	**2,00**	**48,62**	**31,39**	**3,74**	**4,03**	**4,01**	**0,64**	

[1]) W. Blyth: Foods and their adulterations. p. 485.
[2]) Original-Mittheilung.
[3]) Richardson: Foods and food adulterants. Part second. Washington, 1887. p. 221.

*) Muss wahrscheinlich umgekehrt heissen, d. h. die Zahlen für „löslich" sind die für „unlöslich"; in der letzteren Quelle, welcher ich diese Zahlen entnehme, ist nicht angegeben, ob sich die Löslichkeit der Asche auf in „Wasser" oder in „Salzsäure" löslich bezieht.

II. Cassia-Zimmet oder chinesischer Zimmet. — Cortex Cinnamomi Chinensis, Cortex Cassiae cinnamomeae oder Cassia vera.

No.	Bemerkungen	Zeit der Untersuchung	Wasser %	Stickstoff-Substanz %	Flüchtiges Oel %	Fett %	Kohlehydrate %	Holzfaser %	Asche %	In der Trocken-Substanz: Stickstoff-Substanz %	In der Trocken-Substanz: Fett + flüchtiges Oel %	Stickstoff in der Trocken-Substanz %	Analytiker
1	Von einem Droguisten in Münster	1878	13,95	3,85	—	3,26	59,00	17,72	2,22	4,50	3,79	0,72	*J. König u. C. Krauch*[1])
2	Von einem Droguisten in Münster	"	14,44	2,94	—	1,24	61,66	17,76	1,96	3,44	1,45	0,55	*J. König u. C. Krauch*[1])
3	Vom Droguisten: Cassia-Rinde	1887	9,42	2,80	0,58	1,40	65,72	17,73	2,35	3,09	2,19	0,49	*Cl. Richardson* [2])
4	Vom Droguisten: Cassia-Rinde	"	9,01	2,45	0,84	1,75	63,57	20,63	1,75	2,69	2,85	0,43	*Cl. Richardson* [2])
5	Vom Droguisten: Cassia - Sprossen (buds) . . .	"	4,79	7,00	3,59	5,21	65,23	8,60	5,58	7,35	9,24	1,18	*Cl. Richardson* [2])
6	Gute gepulverte Handelssorte	"	5,19	3,15	4,41	3,70	58,80	19,10	5,68	3,32	8,56	0,52	*Cl. Richardson* [2])
	Mittel (excl. No. 5)	.	**10,40**	**3,04**	**2,21**	**2,27**	**60,70**	**18,59**	**2,79**	**3,46**	**5,00**	**0,55**	

III. Sonstige Zimmet-Arten.

No.	Bemerkungen	Zeit der Untersuchung	Wasser %	Stickstoff-Substanz %	Flüchtiges Oel %	Fett %	Kohlehydrate %	Holzfaser %	Asche %	In der Trocken-Substanz: Stickstoff-Substanz %	In der Trocken-Substanz: Fett + flüchtiges Oel %	Stickstoff in der Trocken-Substanz %	Analytiker
1	Vom Markt in Baltimore gesammelt: Saigon - Cassia - Stücke (chips) .	1887	9,49	4,20	1,01	2,13	48,65	26,29	8,23	4,58	3,42	0,73	*Cl. Richardson* [2])
2	Holz-Cassia (Cassia lignea) . . .	"	11,04	2,63	1,21	1,86	65,33	15,45	2,48	2,96	3,45	0,47	*Cl. Richardson* [2])
3	Batavia - Cassia - Rinde	"	17,45	4,03	0,55	0,74	63,65	14,33	5,25	4,88	1,56	0,78	*Cl. Richardson* [2])
4	Saigon - Cassia - Rinde	"	9,32	4,55	3,51	2,38	57,43	16,95	5,86	5,02	6,50	0,80	*Cl. Richardson* [2])

IV. Gemahlener Zimmet des Handels.

No.	Bemerkungen	Zeit der Untersuchung	Wasser %	Stickstoff-Substanz %	Flüchtiges Oel %	Fett %	Kohlehydrate %	Holzfaser %	Asche %	In der Trocken-Substanz: Stickstoff-Substanz %	In der Trocken-Substanz: Fett + flüchtiges Oel %	Stickstoff in der Trocken-Substanz %	Analytiker
1	Als Ceylon-Zimmet verkauft: Enthält Zimmet-Cassia von guter Qualität . . .	1887	5,60	2,00	3,70	3,92	56,10	29,88	4,80	2,12	8,07	0,34	*Cl. Richardson* [2])
2	Statt Ceylon-Zimmet ist Zimmet-Cassia substituirt	"	9,37	2,28	0,96	2,46	62,72	18,85	3,36	2,51	3,77	0,40	*Cl. Richardson* [2])
3	Statt Ceylon-Zimmet ist Zimmet-Cassia substituirt	"	9,51	2,63	1,19	2,69	64,83	15,73	3,42	2,91	4,29	0,47	*Cl. Richardson* [2])
4	Enthält wenig Zimmet-Cassia und viel anderes Material	"	7,76	2,98	1,37	1,92	66,62	16,43	2,92	3,22	3,57	0,52	*Cl. Richardson* [2])
5	Als Zimmet-Cassia verkauft: Geringe Qualität mit anderen Stoffen verfälscht .	"	6,45	2,10	1,00	1,96	63,56	18,43	2,50	2,24	3,16	0,36	*Cl. Richardson* [2])
6	Enthalten Gelbwurz, Ocker, Senfsamen- und sonstige Samenhülsen, Zwiebackpulver u. gebrannte Hülsen	"	8,73	4,55	1,90	2,86	61,06	16,88	4,02	4,99	5,22	0,80	*Cl. Richardson* [2])
7	Enthalten Gelbwurz, Ocker, Senfsamen- und sonstige Samenhülsen, Zwiebackpulver u. gebrannte Hülsen	"	11,21	4,20	1,15	2,13	58,39	19,18	3,74	4,73	3,69	0,76	*Cl. Richardson* [2])

[1]) Original-Mittheilung.
[2]) Cl. Richardson: Foods and food adulterants. Part second. Bulletin No. 13. Washington, 1887. p. 221.

Anhang zu Zimmet.

A. Hilger[1]) erhielt für die Menge Asche und die in Salzsäure löslichen Bestandtheile in 5 Proben Ceylon-Zimmet folgende Zahlen:

	No. 1	2	3	4	5
Asche	4,5 %	4,8 %	3,9 %	4,3 %	3,4 %
Hiervon in Procenten derselben löslich .	53,0 „	72,3 „	88,1 „	61,7 „	— „

Hehner[2]) bestimmte in der Asche verschiedener Zimmetsorten Kalk, Mangan und den löslichen Antheil wie folgt:

	Preis pro engl. Pfd. detail	Feuchtigkeit	Asche in der Rinde	In Procenten der Asche: Kalk	In Procenten der Asche: Manganoxyd-oxydul	Von der Asche: Löslich	Von der Asche: Unlöslich
	s. d.	%	%	%	%	%	%
Ceylon-Zimmet, ganz . . .	1,10	12,67	4,78	40,09	0,86	25,04	74,96
„ „ . . .	3,0	12,05	4,59	36,98	0,97	28,98	71,02
„ „ . . .	3,6	11,38	4,66	40,39	0,13	25,22	74,78
„ „ . . .	3,6	11,64	3,44	34,32	0,62	26,36	73,64
„ „ . . .	8,6	12,94	4,28	36,99	0,59	27,67	72,33
„ Stücke . .	0,9	11,25	4,44	42,11	0,34	18,34	81,66
Holz-Cassia (Cassia lignea) ganz . .	—	14,22	1,84	25,29	5,11	40,50	59,42
		11,88	2,54	34,49	4,94	26,78	73,22
Holz-Cassia (Cassia lignea) gemahlen .	—	11,05	2,55	28,63	3,55	30,91	69,09
Zimmet-Cassia (Cassia vera) .	—	10,37	4,08	52,72	1,13	8,36	91,64
		11,36	4,85	43,40	1,53	15,89	84,11

Die vollständige Analyse einiger dieser Aschen ergab folgende Resultate:

		Asche	Kali	Natron	Kalk	Magnesia	Eisenoxyd	Manganoxydoxydul	Phosphorsäure	Schwefelsäure	Chlor	Kohlensäure	Kieselsäure	Sand + Kohle
			In Procenten der Asche											
		%	%	%	%	%	%	%	%	%	%	%	%	%
Ceylon-Zimmet	1	4,79	14,22	3,98	40,09	2,65	0,78	0,86	3,52	2,42	0,18	29,29	0,27	1,36
„	2	4,59	16,70	2,97	36,98	3,30	0,41	0,97	2,20	2,73	0,51	32,27	0,31	0,94
„	3	4,66	10,35	4,65	40,39	3,86	0,46	0,13	3,00	2,84	0,76	32,40	0,25	0,83
Cassia lignea	.	1,84	20,58	3,98	25,29	5,48	1,23	5,11	3,67	2,02	0,14	27,18 *)	0,90	4,42
Cassia vera .	.	4,08	5,60	0,90	52,72	1,10	6,14	1,13	1,13	0,71	0,09	36,26	0,20	0,24

Ingwer. — Zingiber officinalis Roscoe.

No.	Bemerkungen	Zeit der Untersuchung	Wasser	Stickstoff-Substanz	Flüchtiges Oel	Fett	Kohlehydrate	Holzfaser	Asche	In der Trocken-Substanz: Stickstoff-Substanz	In der Trocken-Substanz: Fett + flüchtiges Oel	Stickstoff in der Trocken-Substanz	Analytiker
			%	%	%	%	%	%	%	%	%	%	
1	Von einem Droguisten in Münster	1879	13,13	6,50	1,53	4,58	62,58 **)	6,14	5,55	7,50	7,03	1,20	*Laube u. Aldendorff* [3])
2⁰)	Aus Afrika, 1	1884	15,80	—	—	—	—	5,10	3,40 ⁰)	—	—	—	*W. C. Young* [4])
3⁰)	desgl., 2	„	14,50	—	—	—	—	—	4,30	—	—	—	
4⁰)	Aus Jamaika	„	15,00	—	—	—	—	3,10	5,40	—	—	—	

[1]) Archiv d. Pharm. Bd. 223. S. 826.
[2]) The Analyst. T. 4. p. 223, vergl. auch Hanauseck: Die Nahrungs- u. Genussmittel. 1884. S. 252.
[3]) Original-Mittheilung.
[4]) Analyst 1884. T. 9. p. 214.
*) Als Differenz von 100 angenommen.
**) Mit 1,85 % Zucker.
⁰) Vergl. Anmerkung ⁰) Seite 743.

No.	Bemerkungen	Zeit der Untersuchung	Wasser %	Stickstoff-Substanz %	Flüchtiges Oel %	Fett %	Kohlehydrate %	Holzfaser %	Asche %	In der Trocken-Substanz: Stick-stoff-Substanz %	In der Trocken-Substanz: Fett + flüchtiges Oel %	Stickstoff in der Trocken-Substanz %	Analytiker
5⁰)	Aus Cochin	1884	15,20	—	—	—	—	9,00	5,80	—	—	—	W. C. Young[1])
6⁰)	„ Japan	„	15,20	—	—	—	—	4,60	8,00	—	—	—	W. C. Young[1])
7⁰)	„ Malabar	„	10,20	—	—	—	—	1,70	3,40	—	—	—	W. C. Young[1])
8⁰)	„ Bengalen	„	20,50	—	—	—	—	4,90	4,75 ⁰)	—	—	—	W. C. Young[1])
9⁰⁰)		1886	10,10	—	—	3,58	—	2,66	4,80	—	—	—	E. W. T. Jones[2])
10	Ganzer Wurzelstock: Calcutta, ungeschält und ungebleicht .	1887	9,60	6,30	2,27	4,58	62,78 *)	7,45	7,02	6,97	7,58	1,12	Cl. Richardson[3])
11	Ganzer Wurzelstock: Cochin, desgl. . .	„	9,41	7,00	1,84	4,07	73,24 *)	2,05	3,39	7,73	6,52	1,24	Cl. Richardson[3])
12	Ganzer Wurzelstock: Jamaika, desgl. . .	„	10,49	10,85	2,03	2,29	66,16 *)	4,74	3,44	12,12	4,83	1,94	Cl. Richardson[3])
13	Ganzer Wurzelstock: Jamaika, Londoner Markt, gebleicht .	„	11,00	9,28	1,89	3,04	68,55 *)	1,70	4,54	10,43	5,54	1,67	Cl. Richardson[3])
14	Ganzer Wurzelstock: Jamaika, amerikan. Markt, gebleicht .	„	10,11	9,10	2,54	2,69	62,33 *)	7,65	5,58	10,12	5,82	1,62	Cl. Richardson[3])
15	Ganzer Wurzelstock: Jamaika, gebleicht .	„	9,10	5,25	0,96	3,09	74,09 *)	3,15	4,36	5,78	4,46	0,92	Cl. Richardson[3])
16	Jamaika, gemahlen und gebleicht (Handelswaare, rein)	„	8,06	6,13	1,78	3,11	74,80 *)	2,65	3,47	6,67	5,32	1,07	Cl. Richardson[3])
17	Guter brauner Ingwer, ungebleicht, desgl. . . .	„	11,20	6,28	1,61	4,12	66,69 *)	4,08	6,02	6,87	6,45	1,10	Cl. Richardson[3])
18	Guter weisser, desgl. . .	„	8,90	6,30	0,95	3,65	73,36 *)	3,45	3,45	6,92	5,05	1,11	Cl. Richardson[3])
	Mittel	.	**12,08**	**7,12**	**1,70**	**3,44**	**66,49** *)	**4,36**	**4,81**	**8,11**	**5,84**	**1,30**	

Handels-Ingwer. — Gemahlen und gefälscht.

No.	Gefälscht mit:	Zeit der Untersuchung	Wasser %	Stickstoff-Substanz %	Flüchtiges Oel %	Fett %	Kohlehydrate %	Holzfaser %	Asche %	In der Trocken-Substanz: Stick-stoff-Substanz %	In der Trocken-Substanz: Fett + flüchtiges Oel %	Stickstoff in der Trocken-Substanz %	Analytiker
1	Stärke, Gelbwurz und fremden Schalen . . .	1887	10,35	8,75	1,52	4,66	65,41 **)	3,48	5,83	9,76	6,89	1,56	Cl. Richardson[1])
2	Stärke und Gelbwurz (?) .	„	9,45	8,93	1,45	4,30	66,92	4,20	4,75	9,86	6,35	1,58	Cl. Richardson[1])
3	Cerealien und Cayennepfeffer und extrahirtem Ingwer?	„	11,82	7,35	2,61	3,21	64,69	4,98	7,34	8,33	6,60	1,33	Cl. Richardson[1])
4	Cerealien und Cayennepfeffer und extrahirtem Ingwer?	„	11,33	7,35	2,11	3,51	64,56 **)	3,20	7,94	8,29	6,34	1,33	Cl. Richardson[1])

[1]) Analyst 1884. T. 9. p. 214.
[2]) Analyst 1886. T. 11. p. 75.
[3]) Richardson: Foods and food adulterants. Part second. Bulletin No. 13. Washington, 1887. p. 216.

⁰) Young bestimmte in obigen von ihm untersuchten Sorten Ingwer No. 2—8 noch folgende Bestandtheile:

	No. 2	3	4	5	6	7	8
Alkohol-Extract	8,50 %	15,70 %	6,50 %	12,50 %	8,30 %	4,10 %	4,30 %
Harz	2,20 „	—	0,25 „	4,50 „	2,80 „	1,70 „	0,84 „
Schleimstoffe	18,00 „	—	32,30 „	21,80 „	19,40 „	22,40 „	41,10 „
Wässerigen Extract	24,80 „	52,20 „	55,70 „	35,10 „	34,30 „	30,10 „	51,40 „
Asche, in Wasser löslich . .	1,34 „	1,58 „	1,22 „	3,28 „	5,82 „	1,60 „	2,36 „
Asche, in Wasser unlöslich .	2,06 „	2,72 „	4,18 „	2,52 „	2,18 „	1,80 „	2,29 „

⁰⁰) E. W. T. Jones bestimmte ferner Alkohol-Extract (0,90 sp. Gew.) zu 3,38 % wässerigen Extract zu 3,66 %, Stärke, Dextrin + Maltose zu 52,92 % und Rückstand von der Diastase-Wirkung zu 19,12 %.

*) Richardson bestimmte in den von ihm untersuchten Sorten No. 10—17 den Gehalt an Stärke mit folgendem Resultat:

	No. 10	11	12	13	14	15	16	17	18	Mittel
Stärke . .	49,34 %	53,33 %	50,58 %	49,34 %	50,67 %	46,16 %	48,92 %	50,00 %	49,12 %	49,72 %

**) In den 4 gefälschten Sorten fand Richardson folgenden Gehalt an Stärke:

	No. 1	2	3	4
Stärke	46,49 %	50,58 %	46,49 %	49,12 %

Gewürznelken. — Caryophyllus aromaticus L. oder Eugenia Caryophyllata.

No.	Bemerkungen	Zeit der Untersuchung	Wasser %	Stickstoff-Substanz %	Flüchtiges Oel %	Fett %	Kohlehydrate %	Holzfaser %	Asche %	In der Trocken-Substanz: Stick-stoff-Substanz %	In der Trocken-Substanz: Fett + flüchtiges Oel %	Stickstoff in der Trocken-Substanz %	Analytiker
1	Von einem Droguisten in Münster	1879	16,39	5,99	16,98	6,20	39,04 *)	10,56	4,84	7,19	27,72	1,15	*Laube u. Aldendorff*[1])
2	Ganze Gewürznelken: Von einem Händler in Washington .	1887	6,95	4,73	16,35	7,12	49,11 **)	9,75	5,99	5,08	25,23	0,81	*Cl. Richardson*[2])
3	Ganze Gewürznelken: Von einem Droguisten	„	3,98	6,48	16,61	9,72	46,96	6,94	9,31	6,75	27,41	1,08	*Cl. Richardson*[2])
4	Ganze Gewürznelken: desgl.	„	5,96	6,48	10,23	9,94	51,03	8,70	7,66	6,89	21,44	1,10	*Cl. Richardson*[2])
5	Ganze Gewürznelken: desgl.	„	2,90	7,00	15,87	10,07	42,56	8,55	13,05	7,21	26,72	1,15	*Cl. Richardson*[2])
6	Ganze Gewürznelken: Extra Qualität . .	„	8,67	5,60	17,94	9,54	42,70	7,83	7,72	6,13	30,09	0,98	*Cl. Richardson*[2])
7	Ganze Gewürznelken: Amboyna, direct importirt⁰)	„	8,78	5,42	18,89	10,24	43,24	6,18	5,25	5,94	31,93	0,95	*Cl. Richardson*[2])
8	Ganze Gewürznelken: Singapore, direct importirt⁰)	„	10,67	5,42	13,52	9,95	46,86	9,08	5,50	6,06	26,26	0,97	*Cl. Richardson*[2])
9	Ganze Gewürznelken: Stiele, direct importirt	„	(10,18	5,78	4,40	4,03	55,07	13,58	6,96)	6,43	9,38	1,03	*Cl. Richardson*[2])
10	Gemahlene Handelssorten aus Washington: Reine Qualität .	„	5,93	5,34	13,93	6,74	53,89	9,38	5,79	5,68	21,97	0,91	*Cl. Richardson*[2])
11	Gemahlene Handelssorten aus Washington: Geringe Qualität .	„	8,86	4,20	9,88	6,88	52,25	11,75	5,98	4,60	18,39	0,74	*Cl. Richardson*[2])
12	Gemahlene Handelssorten aus Washington: desgl. Amboyna .	„	8,30	4,38	12,40	6,58	51,39	11,10	5,85	4,78	20,71	0,76	*Cl. Richardson*[2])
13	Gemahlene Handelssorten aus Washington: desgl.	„	8,79	4,38	10,21	7,44	52,20	10,93	6,05	4,30	19,34	0,76	*Cl. Richardson*[2])
14	Gemahlene Handelssorten aus Washington: desgl.	„	8,78	5,95	8,45	5,36	52,23	10,75	8,48	6,52	15,14	1,04	*Cl. Richardson*[2])
15	Gemahlene Handelssorten aus Washington: desgl.	„	9,58	5,78	6,52	4,94	50,15	12,30	10,73	6,39	12,67	1,02	*Cl. Richardson*[2])
16	Gemahlene Handelssorten aus Washington: desgl.	„	7,48	6,48	12,67	6,74	48,88	10,00	7,75	7,00	20,98	1,12	*Cl. Richardson*[2])
17	Gemahlene Handelssorten aus Washington: desgl.	„	8,71	5,95	3,94	4,02	54,83	13,80	7,75	6,52	8,72	1,04	*Cl. Richardson*[2])
18	Gemahlene Handelssorten aus Washington: desgl.	„	7,99	5,60	7,31	5,20	52,90 **)	12,25	8,75	6,09	13,60	0,96	*Cl. Richardson*[2])
	Gute Qualität, Mittel No. 1—8	.	**8,04**	**5,92**	**15,80**	**9,10**	**45,20**	**8,45**	**7,42**	**6,41**	**27,10**	**1,03**	
	Geringe Qualität, Mittel No. 10—18 . . .	.	**8,56**	**5,34**	**8,92**	**5,90**	**51,85**	**11,61**	**7,67**	**5,84**	**16,19**	**0,93**	

Handels-Gewürznelken. — Gemahlen und verfälscht.***)

No.	Bemerkungen	Zeit der Untersuchung	Wasser %	Stickstoff-Substanz %	Flüchtiges Oel %	Fett %	Kohlehydrate %	Holzfaser %	Asche %	In der Trocken-Substanz: Stick-stoff-Substanz %	In der Trocken-Substanz: Fett + flüchtiges Oel %	Stickstoff in der Trocken-Substanz %
1	Von einer Gewürzmühle in Baltimore, als „rein“ und „beste“ bezeichnet	1887	11,00	5,42	4,06	4,46	47,88 **)	17,58	9,59	6,09	9,58	0,97
2	Von einer Gewürzmühle in Baltimore, als „rein“ und „beste“ bezeichnet	„	8,62	5,08	3,59	4,47	52,11 **)	17,78	8,35	5,56	8,82	0,89

[1]) Original-Mittheilung.

[2]) Richardson: Foods and food adulterants. Part second. Bulletin No. 13. Washington, 1887. p. 225.

⁰) Das Gewicht von 100 Gewürznelken betrug bei No. 7 = 10,505 g, bei No. 8 = 8,710 g.

*) Darin 1,32 % Zucker.

**) Richardson bestimmte in den von ihm untersuchten Sorten „Tannin“, als „Eichengerbsäure“ berechnet, mit folgendem Resultat:

No. 2	3	4	5	6	7	8	9	10	11	12
15,87 %	18,46 %	20,02 %	11,70 %	21,19 %	18,72 %	22,13 %	23,24 %	21,84 %	18,72 %	24,18 %
No. 13	14	15	16	17	18	In den 2 verfälschten Proben			No. 1	2
21,84 %	23,66 %	19,11 %	20,28 %	11,28 %	21,58 % Tannin.				11,70 %	11,54 %

***) Dieselben waren verfälscht mit gefärbten Mineralsubstanzen, gerösteten Schalen, Mais und Samenhülsen.

Nelkenpfeffer oder Piment. — Pimenta officinalis Berg, Myrtus Pimenta L., Eugenia Pimenta DC.

No.	Bemerkungen	Zeit der Untersuchung	Wasser %	Stickstoff-Substanz %	Flüchtiges Oel %	Fett %	Kohlehydrate %	Holzfaser %	Asche %	In der Trocken-Substanz: Stickstoff-Substanz %	In der Trocken-Substanz: Fett + flüchtiges Oel %	Stickstoff in der Trocken-Substanz %	Analytiker
1	Von einem Droguisten in Münster	1879	12,68	4,31	3,05	8,17	46,42 *)	22,50	2,87	4,94	12,85	0,79	*Laube u. Aldendorff* [1])
2	Ganze Frucht	1887	6,19	4,38	5,15	6,15	59,28 **)	14,83	4,01	4,58	11,82	0,73	*Cl. Richardson* [2])
3	Gemahlene Handelssorten: Aus Washington, rein garantirt .	„	5,51	5,34	2,93	6,10	58,24	17,95	3,93	5,64	9,54	0,90	*Cl. Richardson* [2])
4	Gemahlene Handelssorten: Ebendaher . . .	„	8,03	4,38	2,07	5,50	57,20	18,00	4,83	4,50	7,92	0,72	*Cl. Richardson* [2])
5	Gemahlene Handelssorten: Aus Baltimore .	„	8,82	5,42	3,32	6,18	57,90	13,45	4,91	5,73	10,04	0,92	*Cl. Richardson* [2])
6	Gemahlene Handelssorten: desgl.	„	7,31	4,03	3,16	6,92	58,58	16,55	3,45	4,20	10,50	0,67	*Cl. Richardson* [2])
7	Gemahlene Handelssorten: Aus England . .	„	8,71	5,42	1,29	5,35	55,90 **)	18,83	4,50	5,73	7,02	0,92	*Cl. Richardson* [2])
	Mittel	.	**8,18**	**4,75**	**3,00**	**6,34**	**56,22**	**17,44**	**4,07**	**5,05**	**9,96**	**0,81**	

Verfälschter Handels-Nelkenpfeffer.

No.	Bemerkungen	Zeit der Untersuchung	Wasser %	Stickstoff-Substanz %	Flüchtiges Oel %	Fett %	Kohlehydrate %	Holzfaser %	Asche %	In der Trocken-Substanz: Stickstoff-Substanz %	In der Trocken-Substanz: Fett + flüchtiges Oel %	Stickstoff in der Trocken-Substanz %	Analytiker
1	Verunreinigung unbekannt	1887	11,59	5,08	8,17	7,64	59,57 **)	11,93	6,02	5,75	17,88	0,92	*Cl. Richardson* [2])
2	Geringe, billige Sorten, mit gelbem Mais (Yellow corn) und gefärbten Mineralstoffen	„	7,98	4,38	2,80	3,77	56,86	18,98	5,53	4,75	7,14	0,75	*Cl. Richardson* [2])
3	Geringe, billige Sorten, mit gelbem Mais (Yellow corn) und gefärbten Mineralstoffen	„	7,31	4,03	1,82	1,60	56,45 **)	23,60	5,19	4,20	3,56	0,67	*Cl. Richardson* [2])

Muskatnuss. — Samenkern von Myristica fragans Houttuyn oder Myristica moschata Thunbg.

No.	Bemerkungen	Zeit der Untersuchung	Wasser %	Stickstoff-Substanz %	Flüchtiges Oel %	Fett %	Kohlehydrate %	Holzfaser %	Asche %	In der Trocken-Substanz: Stickstoff-Substanz %	In der Trocken-Substanz: Fett + flüchtiges Oel %	Stickstoff in der Trocken-Substanz %	Analytiker
1	Von einem Droguisten in Münster	1879	12,86	6,12	2,51	34,43	29,88 ***)	12,03	2,17	7,03	42,41	1,12	*Laube u. Aldendorff* [1])
2	Ganz, von einem Händler	1887	6,08	5,16	2,84	34,37	36,98	11,30	3,27	5,49	39,59	0,88	*Cl. Richardson* [2])
2	Gemahlen, von einem Händler	„	4,19	5,42	3,97	37,30	40,12	6,78	2,22	5,65	43,04	0,90	*Cl. Richardson* [2])
3	desgl. aus Baltimore . .	„	6,40	5,25	2,90	30,98	41,77	9,55	3,15	5,61	36,48	0,90	*Cl. Richardson* [2])
	Mittel	.	**7,38**	**5,49**	**3,05**	**34,27**	**37,19**	**9,92**	**2,70**	**5,94**	**40,29**	**0,95**	

Muskatblüthe, Macis. — Samenmantel von Myristica fragans Houttuyn oder Myristica moschata Thunbg.

No.	Bemerkungen	Zeit der Untersuchung	Wasser %	Stickstoff-Substanz %	Flüchtiges Oel %	Fett %	Kohlehydrate %	Holzfaser %	Asche %	In der Trocken-Substanz: Stickstoff-Substanz %	In der Trocken-Substanz: Fett + flüchtiges Oel %	Stickstoff in der Trocken-Substanz %	Analytiker
1	Von einem Droguisten in Münster	1879	17,59	5,44	5,26	18,60	46,56 †)	4,93	1,62	6,60	28,44	1,06	*Laube u. Aldendorff* [1])
2	Ganzer Samenmantel, garantirt rein	1887	5,67	4,55	4,04	27,50	41,17	8,93	4,10	4,82	33,43	6,77	*Cl. Richardson* [2])

[1]) Original-Mittheilung.

[2]) Richardson: Foods and food adulterants. Part second. Bulletin No. 13. Washington, 1887. p. 229 etc.

*) Mit 2,54 % Zucker.

**) Richardson bestimmte in den obigen von ihm untersuchten Sorten auch den Gehalt an „Tannin“ und fand:

	Reine Nelkenpfeffer No. 2	3	4	5	6	7	Verfälschte Nelkenpfeffer No. 1	2	3
Tannin-Aequivalent .	10,97 %	13,10 %	9,31 %	9,39 %	12,74 %	10,92 %	18,72 %	8,27 %	4,32 %
Sauerstoff-Verbrauch .	2,81 „	3,36 „	2,39 „	3,27 „	3,27 „	2,80 „	4,80 „	2,12 „	1,11 „

***) Mit 1,49 % Zucker.

†) Mit 1,97 % Zucker.

No.	Bemerkungen	Zeit der Untersuchung	Wasser %	Stickstoff-Substanz %	Flüchtiges Oel %	Fett %	Kohlehydrate %	Holzfaser %	Asche %	In der Trocken-Substanz: Stick-stoff-Substanz %	In der Trocken-Substanz: Fett + flüchtiges Oel %	Stickstoff in der Trocken-Substanz %	Analytiker
3	Gemahlener Samenmantel, garantirt rein	1887	4,87	6,13	8,66	29,08	44,13	4,48	2,65	6,43	39,59	1,03	*Cl. Richardson* [1])
4	desgl. aus Baltimore .	„	10,47	5,08	8,68	23,33	43,36	6,88	2,20	5,67	35,74	0,91	
5	desgl., geringe Qualität	„	(8,90	7,18	5,39	35,09	28,01	12,20	3,23	7,88	44,45	1,26)	
	Mittel (excl. No. 5)	.	**9,65**	**5,30**	**6,66**	**24,63**	**44,81**	**6,31**	**2,64**	**5,88**	**34,63**	**0,94**	

Vanille. — Vanilla planifolia Andrew.

No.	Bemerkungen	Zeit der Untersuchung	Wasser %	Stickstoff-Substanz %	Flüchtiges Oel %	Fett (Wachs) %	Zucker %	N-freie Stoffe %	Holzfaser %	Asche %	Stickstoff-Substanz (Trocken) %	Fett + flüchtiges Oel (Trocken) %	Stickstoff in der Trocken-Substanz %	Analytiker
1		1879	30,93	2,56	—	4,68	9,12	32,90	15,27	4,53	3,69	6,78	0,59	*G. Laube und H. Aldendorff* [2])
2		„	25,85	4,87	0,64	6,74	7,07	30,50	19,60	4,73	6,56	9,95	1,05	
	Mittel	.	**28,39**	**3,71**	**0,62**	**5,71**	**8,09**	**31,70**	**17,43**	**4,63**	**5,12**	**8,72**	**0,82**	

Zittwer. — Wurzel von Cucurma Zeodoria Roscoe.

No.	Bemerkungen	Zeit	Wasser	Stickstoff-Substanz	Flüchtiges Oel	Fett	Zucker	N-freie Stoffe	Holzfaser	Asche	Stickstoff-Substanz (Trocken)	Fett + flücht. Oel (Trocken)	Stickstoff in der Trocken-Substanz	Analytiker
1		1879	14,85	9,17	1,93	2,33	0,14	62,83	4,33	4,42	1,72	5,00	—	*dies.* [2])

Safran. — Blüthennarben von Crocus sativus L.

No.	Bemerkungen	Zeit	Wasser	Stickstoff-Substanz	Flüchtiges Oel	Fett	Zucker	N-freie Stoffe	Holzfaser	Asche	Stickstoff-Substanz (Trocken)	Fett + flücht. Oel (Trocken)	Stickstoff in der Trocken-Substanz	Analytiker
1		1879	17,23	11,80	—	2,82	—	59,59	4,30	4,26	14,55	3,41	2,28	*dieselb.* [2])
2		„	14,91	11,68	0,61	3,63	15,56	44,67	4,35	4,49	13,75	4,98	2,20	
	Mittel	.	**16,07**	**11,74**	**0,60**	**3,22**	**15,33**	**44,57**	**4,37**	**4,37**	**14,15**	**4,55**	**2,24**	

Anis. — Samen von Pimpinella Anisum L.

No.	Bemerkungen	Zeit	Wasser	Stickstoff-Substanz	Flüchtiges Oel	Fett	Zucker	N-freie Stoffe	Holzfaser	Asche	Stickstoff-Substanz (Trocken)	Fett + flücht. Oel (Trocken)	Stickstoff in der Trocken-Substanz	Analytiker
1		1879	11,42	16,31	1,92	8,36	3,89	23,96	25,23	8,91	18,38	11,61	2,94	*dies.* [2])

Kümmel. — Samen von Carum Carvi L.

No.	Bemerkungen	Zeit	Wasser	Stickstoff-Substanz	Flüchtiges Oel	Fett	Zucker	N-freie Stoffe	Holzfaser	Asche	Stickstoff-Substanz (Trocken)	Fett + flücht. Oel (Trocken)	Stickstoff in der Trocken-Substanz	Analytiker
1		1879	13,23	19,43	1,74	17,30	2,14	18,20	22,41	5,55	22,37	21,94	3,58	*dies.* [2])

Coriander. — Samen von Coriandrum sativum L.

No.	Bemerkungen	Zeit	Wasser	Stickstoff-Substanz	Flüchtiges Oel	Fett	Zucker	N-freie Stoffe	Holzfaser	Asche	Stickstoff-Substanz (Trocken)	Fett + flücht. Oel (Trocken)	Stickstoff in der Trocken-Substanz	Analytiker
1		1879	11,42	10,94	0,25	19,13	0,10	22,86	30,62	4,68	12,38	21,88	1,98	*dies.* [2])

Galgant. — Wurzel von Alpinia officinarum Hance.

No.	Bemerkungen	Zeit	Wasser	Stickstoff-Substanz	Flüchtiges Oel	Fett	Zucker	N-freie Stoffe	Holzfaser	Asche	Stickstoff-Substanz (Trocken)	Fett + flücht. Oel (Trocken)	Stickstoff in der Trocken-Substanz	Analytiker
1		1879	12,87	1,19	0,34	5,15	3,05	59,05	14,53	3,82	1,38	6,30	0,22	*dies.* [2])

Cardamom. — Ellataria Cardamomum Wh. und Bat.

No.	Bemerkungen	Zeit	Wasser	Stickstoff-Substanz	Flüchtiges Oel	Fett	Zucker	N-freie Stoffe	Holzfaser	Asche	Stickstoff-Substanz (Trocken)	Fett + flücht. Oel (Trocken)	Stickstoff in der Trocken-Substanz	Analytiker
1	Kerne	1879	19,38	11,18	3,80	1,14	0,65	44,10	11,02	8,73	13,88	6,13	2,22	*dieselb.* [2])
2	Hülsen	„	8,37	5,50	0,72	2,27	0,94	36,91	30,42	14,87	6,00	3,26	0,96	

[1]) Richardson: Foods and food adulterants. Part second. Bulletin No. 13. Washington, 1887. p. 233.

[2]) Hannover'sche Monatsschr. „Wider die Nahrungsfälscher“ 1879. S. 83.

Pilze und Schwämme.

Agaricus-Arten.

No.	Bemerkungen	Zeit der Untersuchung	Wasser %	Stickstoff-Substanz %	Fett %	N-freie Extractstoffe %	Holzfaser %	Asche %	In der Trocken-Substanz: Stick-stoff-Substanz %	In der Trocken-Substanz: Kohle-hydrate %	Stickstoff in der Trocken-Substanz %	Analytiker
	Eierschwamm:											
1	Agaricus Cantharellus . . .	1871	16,48	19,56	1,15	48,06 *)	7,91	6,84	23,38	57,54	3,74	*O. Siegel*[1])
2	„ melleus	1876	86,00	2,27	0,73	9,14	0,81	1,05	16,19	63,86	2,59	
3	„ mutabilis	„	92,88	1,40	0,17	4,47	0,62	0,46	19,69	62,78	3,15	
4	„ caperatus	„	90,67	1,91	0,19	5,52	1,15	0,56	20,50	59,16	3,28	
5	„ ulmarius	„	84,67	4,02	0,49	7,93	0,95	1,94	26,25	51,73	4,20	*v. Loesecke*[2])
6	„ Procerus	„	84,00	4,65	0,57	8,55	1,11	1,12	29,06	53,44	4,65	
7	„ oreades	„	91,75	2,93	0,19	3,59	0,67	0,87	35,50	43,52	5,68	
8	„ Prunulus	„	89,25	4,11	0,14	4,08	0,81	1,61	38,25	37,95	6,12	
9	„ excoriatus . . .	„	91,25	2,69	0,45	4,41	0,82	0,83	30,75	50,40	4,92	
10	„ foetens	1873	67,20	4,66	0,68	20,09	2,24	5,13	14,25	61,25	2,28	*Sacc*[3])
11	„ saponaceus . . .	1878	27,48	13,09	—	—	—	—	18,06	—	2,89	
12	„ arvensis	„	91,74	3,42	—	—	—	—	41,38	—	6,62	*J. N. Pahl*[4])
13	„ sylvaticus . . .	„	18,57	39,80	—	—	—	—	48,88	—	7,82	
14	„ species (aus Japan)	1885	92,50	1,10	0,30	4,93	0,66	0,51	14,68	65,66	2,35 **)	
15[0])	„ Sitake	„	13,49	15,17	2,46	51,85	13,72	3,31	17,54	59,92	2,88 **)	*O. Kellner*[5])
16[0])	„ „	„	14,12	13,20	2,00	54,25	13,47	2,96	15,37	63,17	2,46	
17	„ Hatsu-dake	1884	81,73	3,77	0,76	—	—	0,99	20,63	—	3,30	*Nagai und Murai*[6])
	Frisch . . . . . Mittel	.	**88,77**	**3,04**	**0,35**	**5,90**	**1,04**	**0,90**	**24,73**	**53,33**	**4,05**	
	Lufttrocken . . . „	.	**18,03**	**20,27**	**2,55**	**44,55**	**7,59**	**7,01**				

Champignon. — Agaricus campestris.

No.	Bemerkungen	Zeit der Untersuchung	Wasser %	Stickstoff-Substanz %	Fett %	N-freie Extractstoffe %	Holzfaser %	Asche %	Stick-stoff-Substanz %	Kohle-hydrate %	Stickstoff in der Trocken-Substanz %	Analytiker
	In den N-freien Stoffen:											
1	0,35 % Mannit	?	90,5	(0,60)	0,25	4,15	(3,20)	1,30	(6,32)	43,68	—	*Gobley*[7])
2	4,06 % Mannit, 5,97 % Traubenzucker	1867	17,54	17,01	1,48	43,55	6,09	4,37	20,63	52,81	3,30	*Kohlrausch*[8])
3[00])		1875	92,84	3,39	0,07	2,39	0,54	0,76	47,31	33,38	7,57	*W. Dahlen*[9])

[1]) Oecon. Fortschritte 1871. S. 38.
[2]) Arch. de Pharm. (3) Bd. 9. S. 133.
[3]) Comptes rendus 1873. Bd. 76. S. 505.
[4]) Landtbrucks Akademiens Handlingar och Tidskrift 1877. S. 42.
[5]) Mittheil. d. Deutschen Gesellsch. f. Natur- u. Völkerkunde Ostasiens. Bd. IV. No. 35.
[6]) Japan. Intern. Health Exhibitation. London, 1884. A. Descriptive Catalogue. p. 5.
[7]) Journ. Pharm. (3.) XXIX.
[8]) Jahresber. f. Agric.-Chemie 1867. S. 261. Dort ist auch die Zusammensetzung der Asche mitgetheilt.
[9]) Landw. Jahrbücher 1875. S. 613.

[0]) An der Luft getrocknet.
[00]) Es enthielt:

	Phosphorsäure	Schwefel organisch gebunden
Champignon No. 3	0,229 %	0,029 %

*) Darin 8,92 % Mannit.
**) Vom Gesammt-N d. Trockensubstanz waren Eiweiss-N:

	No. 14	No. 15
Gesammt-N . . .	2,35 %	2,88 %
Eiweiss-N	1,19 „	1,96 „

No.	Bemerkungen	Zeit der Untersuchung	Wasser %	Stickstoff-Substanz %	Fett %	N-freie Extractstoffe %	Holzfaser %	Asche %	In der Trocken-Substanz: Stick-stoff-Substanz %	In der Trocken-Substanz: Kohle-hydrate %	Stickstoff in der Trocken-Substanz %	Analytiker
4		?	90,00	5,20	0,05	—	—	0,5	52,00	—	8,35	*A. Payen*[1])
5	Mit 1,87 % Zucker . . .	1878	91,76	4,39	0,28	—	—	—	53,25	—	8,52	*C. N. Pahl*[2])
6		„	17,93	48,42	—	—	—	—	59,00	—	9,44	
7	Trocken	„	6,66	27,31 *)	1,13	48,99	11,37	4,54	29,25	52,48	4,68	*C. Böhmer*[3])
8	desgl. (aus Japan)	1884	14,49	(11,85)	1,69	—	—	4,37	(13,85)	—	2,22	*Nagai und Murai*[4])
	Frisch . . . . . Mittel	.	**91,28**	**3,74**	**0,15**	**3,51** **)	**0,84**	**0,48**	**43,57**	**40,02**	**6,97**	
	Lufttrocken . . . „	.	**14,04**	**37,45**	**1,45**	**34,09** **)	**8,25**	**4,72**				

Trüffel. — Tuber cibarium.

No.	Bemerkungen	Zeit der Untersuchung	Wasser %	Stickstoff-Substanz %	Fett %	N-freie Extractstoffe %	Holzfaser %	Asche %	In der Trocken-Substanz: Stick-stoff-Substanz %	In der Trocken-Substanz: Kohle-hydrate %	Stickstoff in der Trocken-Substanz %	Analytiker
1	Frisch	1867	76,78	8,13	0,66	3,64	8,77	2,02	35,00	15,68	5,60	*Kohlrausch*[5])
2	Frisch	1871	70,83	10,59	0,72	6,79	8,24	2,83	36,31	23,28	5,81	*O. Siegel*[6])
3[°]	Frisch	1875	70,80	8,01	0,47	12,20	6,74	1,78	27,44	41,78	4,39	*W. Dahlen*[7])
4	Trocken	„	4,35	26,98 *)	2,20	36,25	22,93	7,33	28,13	37,89	4,50 *)	*C. Böhmer*[3])
	Frisch . . . . . Mittel	.	**72,80**	**8,60**	**0,62**	**8,10**	**7,57**	**2,31**	**31,64**	**29,95**	**5,05**	
	Lufttrocken . . . „	.	**4,35**	**30,26**	**2,19**	**27,44**	**26,61**	**8,15**				

Steinmorchel. — Helvella esculenta.

No.	Bemerkungen	Zeit der Untersuchung	Wasser %	Stickstoff-Substanz %	Fett %	N-freie Extractstoffe %	Holzfaser %	Asche %	In der Trocken-Substanz: Stick-stoff-Substanz %	In der Trocken-Substanz: Kohle-hydrate %	Stickstoff in der Trocken-Substanz %	Analytiker
1	4,64 % Mannit, 0,78 % Traubenzucker	1867	16,89	21,27	1,87	46,15	5,73	7,49	26,31	55,53	4,21	*Kohlrausch*[5])
2	6,29 % Mannit	1871	15,81	28,58	1,43	40,44	5,54	8,20	33,94	48,03	5,43	*O. Siegel*[6])
	Mittel	.	**16,36**	**25,22**	**1,65**	**43,31** **)	**5,63**	**7,84**	**30,13**	**51,78**	**4,82**	

Speisemorchel. — Morchella esculenta.

No.	Bemerkungen	Zeit der Untersuchung	Wasser %	Stickstoff-Substanz %	Fett %	N-freie Extractstoffe %	Holzfaser %	Asche %	In der Trocken-Substanz: Stick-stoff-Substanz %	In der Trocken-Substanz: Kohle-hydrate %	Stickstoff in der Trocken-Substanz %	Analytiker
1	4,98 % Mannit, 0,82 % Traubenzucker	1867	19,04	28,48	1,93	**) 31,62	5,50	7,63	35,19	39,06	5,63	*Kohlrausch*[5])

[1]) H. Grouven: Vorträge über Agric.-Chem. 1872. I. Bd. S. 414.
[2]) Landtbrucks Akademiens Handlingar och Tidskrift 1878. S. 42.
[3]) Original-Mittheilung.
[4]) Japan. Internat. Health Exhibitation. London, 1884. A. Descriptive Catalogue. p. 6.
[5]) Jahresber. f. Agric.-Chem. 1867. S. 261. Dort ist auch die Zusammensetzung der Asche mitgetheilt.
[6]) Oeconom. Fortschritte 1871. S. 38; nach Götting. Gelehrten Anz. 1870. S. 389.
[7]) Landw. Jahrbücher 1875. S. 613.

[°]) Es enthielt:

	Phosphorsäure	Schwefel organisch gebuuden
Trüffel No. 3	0,482 %	0,385 %

*) C. Böhmer bestimmte in den von ihm untersuchten Proben „Champignon“ und „Trüffel“ die einzelnen N-Verbindungen mit folgendem Resultat für die Trockensubstanz:

	Gesammt-N %	Protein-N %	Amidosäure-N %	Ammoniak-N %	Sonstiger N %	Oder in Procenten des Gesammt-N: Reines Eiweiss %	Amidoverbindungen %	Sonstige N-Verbindungen %
Champignon .	4,68	3,34	0,508	0,011	0,832	71,4	10,8	17,8
Trüffel	4,50	3,63	0,274	0,008	0,588	80,7	6,1	13,2

**) In den N-freien Extractstoffen nach den aufgeführten Bestimmungen:

		Mannit	Traubenzucker
Champignon	Frisch	0,42 %	0,75 %
	Lufttrocken . . .	4,17 „	7,49 „
Steinmorchel	„ . . .	5,46 „	0,79 „
Speisemorchel	„ . . .	4,98 „	0,82 „
Kegelförmiger Morchel	Frisch	0,96 „	0,04 „
	Lufttrocken . .	7,89 „	0,39 „

Kegelförmiger Morchel. — Morchella conica.

No.	Bemerkungen	Zeit der Untersuchung	Wasser %	Stickstoff-Substanz %	Fett %	N-freie Extractstoffe %	Holzfaser %	Asche %	In der Trocken-Substanz: Stick-stoff-Substanz %	In der Trocken-Substanz: Kohle-hydrate %	Stickstoff in der Trocken-Substanz %	Analytiker
1	7,89 % Mannit, 0,39 % Traubenzucker	1867	18,23	29,64	1,24	30,20	5,07	7,25	36,25	36,93	5,80	*Kohlrausch* [1])
2[0])		1875	90,00	3,14	0,25	4,76	1,12	0,73	31,38	47,6	5,02	*W. Dahlen* [2])
3		„	90,00	(4,04)	0,06	—	—	1,3	—	—	—	*A. Payen* [3])
	Frisch . . . . . Mittel	.	**90,00**	**3,38**	**0,15**	**4,63** *)	**0,87**	**0,97**	**33,81**	**46,30**	**5,41**	
	Lufttrocken . . . „	.	**18,23**	**27,64**	**1,23**	**37,86** *)	**7,11**	**7,93**				

Clavaria botrytis.

No.	Bemerkungen	Zeit der Untersuchung	Wasser %	Stickstoff-Substanz %	Fett %	N-freie Extractstoffe %	Holzfaser %	Asche %	Stickstoff-Substanz %	Kohlehydrate %	Stickstoff in der Trocken-Substanz %	Analytiker
1		1876	89,35	1,31	0,29	7,66	0,73	0,66	12,31	71,92	1,97	*A. v. Loesecke* [4])

Hahnenkamm. — Clavaria flava Schaeff.

No.	Bemerkungen	Zeit der Untersuchung	Wasser %	Stickstoff-Substanz %	Fett %	N-freie Extractstoffe %	Holzfaser %	Asche %	Stickstoff-Substanz %	Kohlehydrate %	Stickstoff in der Trocken-Substanz %	Analytiker
1		1871	21,43	19,19	1,67	47,00 **)	5,45	5,26	24,44	59,82	3,91	*O. Siegel* [5])

Steinpilz. — Boletus edulis Bull.

No.	Bemerkungen	Zeit der Untersuchung	Wasser %	Stickstoff-Substanz %	Fett %	N-freie Extractstoffe %	Holzfaser %	Asche %	Stickstoff-Substanz %	Kohlehydrate %	Stickstoff in der Trocken-Substanz %	Analytiker
1	Mit 4,35 % Mannit . . .	1871	15,42	19,30	1,67	52,81	5,54	5,26	22,81	62,44	3,65	*derselbe* [5])
2		„	11,52	47,25	—	—	—	7,36	53,38	—	8,54	*N. Sokoloff* [6])
3		„	11,50	41,81	—	—	—	6,52	47,25	—	7,56	
	Mittel	.	**12,81**	**36,12**	**1,72**	**37,26** **)	**5,71**	**6,38**	**41,15**	**42,73**	**6,58**	

Gelber Röhrenpilz. — Boletus edulis.

No.	Bemerkungen	Zeit der Untersuchung	Wasser %	Stickstoff-Substanz %	Fett %	N-freie Extractstoffe %	Holzfaser %	Asche %	Stickstoff-Substanz %	Kohlehydrate %	Stickstoff in der Trocken-Substanz %	Analytiker
1[00])	Frisch	1886	90,06	2,93 [00])	0,51	4,72 [00])	1,15	0,63	29,44	47,48	4,71	*F. Strohmer* [7])
2[00])	Trocken	1871	12,34	47,50	—	—	—	7,65	54,19	—	8,67	*N. Sokoloff* [6])

[1]) Jahresber. f. Agric.-Chemie 1867. S. 261. Dort ist auch die Zusammensetzung der Asche mitgetheilt.
[2]) Landw. Jahrbücher 1875. S. 613.
[3]) Grouven: Vorträge über Agric.-Chem. 1872. I. Bd. S. 414.
[4]) Arch. der Pharm. (3) Bd. 9. S. 133.
[5]) Oeconom. Fortschritte 1871. S. 38.
[6]) Jahresber. f. Agric.-Chemie 1870/72. II. Bd. S. 257.
[7]) Archiv f. Hygiene 1886. Bd. V. S. 322.

*) Vergl. Anmerkung **) Seite 748.

**) In den N-freien Extractstoffen:

	Mannit	Traubenzucker
Hahnenkamm	6,13 %	—
Steinpilz	4,48 „	—
Sonstige Boletus-Arten	—	2,53 %

[0]) Es enthielt:

	Phosphorsäure	Schwefel organisch gebunden
Kegelförmiger Morchel No. 2	0,300 %	0,029 %

[00]) F. Strohmer bestimmte ausser den obigen Bestandtheilen auch die einzelnen N-Verbindungen etc. und untersuchte gleichzeitig „Hut“ und „Stiel“ von Boletus edulis mit folgendem Resultat für die Trockensubstanz:

	Eiweiss %	Ammoniak %	Amidosäuren %	Säurenamide %	Freie Fettsäuren %	Neutralfett %	Stärke %	Mannit, Traubenzucker etc. %	Holzfaser %	Asche %	Phosphorsäuren %
Hut	27,13	—	—	—	3,23	2,43	20,22	—	10,88	8,29	1,97
Stiel	13,75	—	—	—	2,14	1,82	34,95	—	13,21	1,95	0,72
Ganzer Schwamm	23,11	0,15	3,37	5,56	2,90	2,25	24,64	20,05	11,58	6,39	1,60

Die Amidosäuren sind als „Asparaginsäure“, die Säureamide als „Asparagin“ berechnet. Die N-Substanz zerfällt hiernach in Procenten derselben in:

	Eiweiss	Ammoniak	Amidosäuren	Säureamide
Hut	71,50 %	—	28,50 %	—
Stiel	75,09 „	—	24,91 „	—
Ganzer Schwamm	72,26 „	2,34 %	13,89 „	11,51 %

(Siehe Seite 750.)

Podosinnick. — (Boletus scabur.)

No.	Bemerkungen	Zeit der Untersuchung	Wasser %	Stickstoff-Substanz %	Fett %	N-freie Extractstoffe %	Holzfaser %	Asche %	In der Trocken-Substanz: Stick-stoff-Substanz %	In der Trocken-Substanz: Kohle-hydrate %	Stickstoff in der Trocken-Substanz %	Analytiker
1		1871	13,49	41,43	—	—	—	7,69	47,88	—	7,66	*N. Sokoloff*[1])
						Sonstige Boletus-Arten.						
1	Boletus granulatus . .	1876	88,50	1,61	0,23	8,09	0,82	0,75	14,00	70,35	2,24	*A.v. Loesecke*[2])
2	„ bovinus . . .	„	91,34	1,49	0,41	5,52	0,72	0,52	17,19	63,74	2,75	
3	„ elegans . . .	„	91,10	1,88	0,14	5,75	0,60	0,53	19,00	58,08	3,04	
4	„ luteus	„	92,25	1,72	0,29	4,45	0,80	0,49	22,19	57,42	3,55	
5	„ „	1878	93,26	1,23	0,24	3,21 *)	1,64	0,42	18,44	47,63	2,95	*C. N. Pahl*[3])
	Mittel	.	**91,30**	**1,59**	**0,26**	**5,39** **)	**0,92**	**0,54**	**18,06**	**61,95**	**2,89**	
						Fistulina hepatica.						
1		1876	85,00	1,59	0,12	11,40	1,95	0,94	10,63	76,00	1,70	*A.v.Loesecke*[2])
						Polyporus ovinus.						
1		1876	91,00	1,20	0,86	4,73	2,00	0,2	13,31	52,56	2,13	*v. Loesecke*[2])
2		1878	92,04	1,03	0,32	5,40 †)	1,64	0,57	14,56	76,49	2,33	*Pahl*[3])
3		„	91,85	0,65	—	—	—	—	8,00	—	1,28	
	Mittel	.	**91,63**	**0,96**	**0,58**	**4,27**	**1,80**	**0,76**	**11,96**	**51,01**	**1,91**	
						Lycoperdon Bovista.						
1	L. B. scugiganteum . .	1876	86,92	6,62	0,41	3,42	1,43	1,20	50,63	26,15	8,10	*v. Loesecke*[2])
2	„ „ gemmatum . . .	1878	87,02	7,84	0,37	1,68 ††)	2,34	0,85	60,38	12,94	9,66	*Pahl*[3])
	Mittel	.	**86,97**	**7,23**	**0,39**	**2,50**	**1,88**	**1,03**	**55,50**	**19,54**	**8,88**	
						Cortinarius caperatus Fries.						
1		1878	90,67	1,92	0,20	6,51	1,14	0,56	20,63	69,77	3,30	*v. Loesecke*[2])
						Hygrophorus erubescens.						
1		1878	14,79	16,56	—	—	—	—	19,44	—	3,11	*C. N. Pahl*[3])

Von der Gesammt-N-Substanz waren durch künstlichen Magensaft nach Stutzer in Procenten derselben verdaulich:

Hut	Stiel	Ganzer Schwamm
80,65 %	75,38 %	69.07 %

Unter „Stärke" sind die durch „Diastase" in Zucker überführbaren Stoffe zu verstehen, während sich Mannit und Traubenzucker aus der Differenz ergeben.

Der „Aetherextract" verbrauchte nach Köttstorfer's Methode:

	Hut	Stiel
1 g zur Neutralisation der freien Fettsäuren	114,1 mg	109,2 mg KHO
1 g zur totalen Verseifung	195,4 „	183,1 „
Differenz	81,3 mg	73,9 mg

Das Neutralfett erfordert hiernach ca. 189 resp. 161 mg KHO pro 1 g.

9850 g des frischen Schwammes lieferten 1069 g lufttrockne Substanz, von welcher 742 g auf den Hut und 327 g auf die Stiele entfielen. Von der Trockensubstanz kamen 70 % auf den Hut und 30 % auf die Stiele.

[1]) Jahresber. f. Agric.-Chemie 1870/72. II. Bd. S. 257.
[2]) Arch. der Pharm. (3). Bd. 9. S. 133.
[3]) Landtbrucks Akademiens Handlingar och Tidskrift 1878. S. 42.

*) Mit 1,95 % Zucker.
**) Vergl. Anmerkung **) Seite 749.
†) Mit 2,76 % Zucker.
††) Mit 1,34 % Zucker.

No.	Bemerkungen	Zeit der Untersuchung	Wasser %	Stickstoff-Substanz %	Fett %	N-freie Extractstoffe %	Holzfaser %	Asche %	In der Trocken-Substanz: Stick-stoff-Substanz %	In der Trocken-Substanz: Kohle-hydrate %	Stickstoff in der Trocken-Substanz %	Analytiker
	Lactarius deliciosus.											
1		1878	12,73	23,92	5,86	21,17*)	28,14	5,18	27,38	—	4,38	*C. N. Pahl*[1]
	Marasmius Oreades Bolt.											
1		1878	16,00	42,16	3,41	21,90*)	8,50	8,63	50,19	26,07	8,03	*v. Loesecke*[2]
2		„	91,75	2,93	0,33	3,45	0,67	0,87	35,56	41,82	5,69	*C. N. Pahl*[1]
	Cantharellus cibarius Fries.											
1		1878	91,91	3,92	0,52	1,17*)	1,65	0,83	48,44	14,46	7,75	*v. Loesecke*[2]
2		„	16,48	20,29	1,15	47,33*)	7,91	6,84	24,19	56,67	3,87	*C. N. Pahl*[1]
	Hydnum repandum.											
1		1878	94,58	0,73	0,25	2,84*)	1,08	0,52	13,44	52,40	2,15	*derselbe*[1]
2		„	95,67	0,79	0,20	2,66*)	0,24	0,44	18,25	61,43	2,92	*derselbe*[1]
3		„	87,78	3,86	—	—	—	1,12	31,56	—	5,05	*derselbe*[1]
	Mittel	.	**92,68**	**1,79**	**0,34**	**3,47**	**1,03**	**0,69**	**24,44**	**47,40**	**3,91**	
	Gyromitra esculenta Fries.											
1		—	16,89	21,87	1,87	46,24*)	5,73	7,50	26,31	55,64	4,21	*O. Kohlrausch*[3]
2		—	16,27	31,44	2,44	33,46*)	10,87	5,52	37,56	39,96	6,01	*C. N. Pahl*[1]
3		—	11,51	29,81	—	—	—	—	33,69	—	5,39	*C. N. Pahl*[1]
	Mittel	.	**14,89**	**27,71**	**2,21**	**40,06**	**8,48**	**6,65**	**32,52**	**47,07**	**5,20**	

Anhang zu „Pilze und Schwämme".

C. Th. Mörner[4]) bestimmte in verschiedenen essbaren Pilzen die in den einzelnen Formen vorhandenen Stickstoffverbindungen und die Verdaulichkeit mit folgendem Resultat für die Trockensubstanz:

Name des Pilzes	Vertheilung des Stickstoffs: Gesammt-N %	Protein-N %	Extractiv-N %	Durch Pankreas verdaulicher N %	Durch Magensaft verdaulicher N %	Unverdaulicher Protein-N %	In Procenten des Gesammt-N: Verdauliche Proteinstoffe im Ganzen %	Unverdauliche Proteinstoffe %	Extractiv-N %	In der Trockensubstanz: Verdauliche Proteinstoffe %	Unverdauliche Proteinstoffe %	Gesammt-Proteinstoffe %	Gesammt-Protein (1) : verdaulichem Protein
1. Agaricus procerus Scop., Hut . . .	6,23	4,21	2,02	0,28	2,71	1,27	48,1	20,4	31,5	22,3	7,4	29,7	1 : 0,75
2. Agaricus campestris L., Hut	7,38	4,89	2,49	0,35	3,29	1,17	49,3	16,0	34,7	19,2	16,7	35,9	1 : 0,53
3. desgl., Fuss . . .	6,02	4,04	1,98	0,10	2,78	1,09	47,8	18,0	34,2	18,7	8,0	26,7	1 : 0,70

[1]) Landtbrucks Akademiens Handlingar och Tidskrift 1878. S. 42.
[2]) Arch. der Pharm. (3). Bd. 9. S. 133.
[3]) Jahresber. f. Agric.-Chemie 1867. S. 261.
[4]) Zeitschr. f. physiol. Chem. 1886. Bd. X. S. 503.

*) Es enthält:

	Lactarius deliciosus	Marasmius oreades	Cantharells cibarius No. 1	Cantharells cibarius 2	Hydnum repandum 1	Hydnum repandum 2	Gyromitra esculenta 1	Gyromitra esculenta 2
Zucker . . .	16,93 %	7,34 %	0,74 %	8,92 %	1,24 %	0,94 %	5,41 %	12,91 %

Name des Pilzes	Vertheilung des Stickstoffs: Gesammt-N %	Protein-N %	Extractiv-N %	Durch Pankreas verdaulicher N %	Durch Magensaft verdaulicher N %	Unverdaulicher Protein-N %	In Procenten des Gesammt-N: Verdauliche Proteinstoffe im Ganzen %	Unverdauliche Proteinstoffe %	Extractiv-N %	In der Trockensubstanz: Verdauliche Proteinstoffe %	Unverdauliche Proteinstoffe %	Gesammt-Proteinstoffe %	Gesammt-Protein (1) : verdaulichem Protein
4. Lactarius deliciosus	3,11	2,51	0,60	0,21	1,20	1,05	45,3	33,8	20,9	18,0	6,8	24,8	1 : 0,72
5. Lactarius torminosus Fr.	2,52	1,94	0,58	0,17	0,79	1,00	38,1	40,0	21,9	13,6	11,8	25,4	1 : 0,56
6. Cantharellus cibarius Fr.	2,69	2,29	0,40	0,08	0,71	1,46	29,3	54,6	16,1	13,2	4,0	17,2	1 : 0,77
7. Boletus edulis Bull., Hut	3,87	2,73	1,14	0,16	1,94	0,65	54,5	16,9	28,6	11,2	4,3	15,5	1 : 0,71
8. desgl., Fuss . . .	3,30	2,35	0,95	0,14	1,62	0,67	53,3	20,3	26,4	10,5	5,3	15,8	1 : 0,65
9. Boletus scaber Fr., Hut	3,12	2,54	0,58	0,18	1,48	0,85	53,2	27,2	19,6	8,7	6,5	15,2	1 : 0,60
10. desgl., Fuss . . .	2,19	1,71	0,48	0,12	0,87	0,62	45,2	28,3	26,5	7,4	9,6	17,0	1 : 0,41
11. Boletus luteus L. .	2,51	1,77	0,74	0,22	0,48	1,06	27,8	42,2	30,0	6,3	3,8	10,1	1 : 0,60
12. Polyporus ovinus Fr.	1,80	1,35	0,45	0,08	0,42	0,84	27,7	46,6	26,9	6,2	6,3	12,5	1 : 0,48
13. Hydnum imbricatum L.	2,55	1,59	0,96	0,08	0,77	0,76	33,3	29,8	36,9	5,3	5,0	10,3	1 : 0,50
14. Hydn. repandum L.	3,52	2,78	0,74	0,15	1,08	1,55	34,9	44,0	21,1	5,0	9,3	14,3	1 : 0,35
15. Sparassis crispa L.	1,18	0,97	0,21	0,09	0,37	0,40	42,9	37,4	19,7	4,3	6,8	11,1	1 : 0,36
16. Morchella esculenta L.	4,99	4,18	0,81	0,22	1,97	1,90	43,7	38,1	18,2	3,1	2,5	5,6	1 : 0,50
17. Lycoperdon Bovista Fr.	8,19	5,79	2,40	Nicht bestimmt	3,13	2,70	38,2	22,5	29,3	3,1	5,2	8,3	1 : 0,37
						Mittel	**41,0**	**33,0**	**26,0**	**8,7**	**7,0**	**15,7**	**1 : 0,57**

Zuckerrohr, Zucker, Honig etc.

Zuckerrohr. — Saccharum officinarum, Canne à sucre, Canne créole.

No.	Bemerkungen	Zeit der Untersuchung	Wasser %	Stickstoff-Substanz %	Fett %	Rohrzucker %	Holzfaser %	Asche %	In der Trocken-Substanz: Stickstoff-Substanz %	Rohrzucker %	Stickstoff in der Trocken-Substanz %	Analytiker
1		1849	77,8	—	—	16,2	6,0		—	72,97	—	Casaseca[1]
2		„	77,0	—	—	12,0	11,0		—	52,17	—	
3		„	69,5	—	—	11,5	19,0		—	37,70	—	
4	Otaheitisches Zuckerrohr, reif	„	71,04	0,55	0,35	18,02	9,56	0,48	1,88	62,22	0,30	Payen[2]
5	desgl., unreif	„	79,70	1,17	1,95	9,06	7,03	—	5,75	44,63	0,92	

[1]) Pharm. Centr. 1849. S. 363.
[2]) Ibidem 1849. S. 854.

No.	Bemerkungen	Zeit der Untersuchung	Wasser %	Stickstoff-Substanz %	Glucose %	Rohrzucker %	Holzfaser %	Asche %	In der Trocken-Substanz: Stick-stoff-Substanz %	In der Trocken-Substanz: Rohr-zucker %	Stickstoff in der Trocken-Substanz %	Analytiker
6	Martinique und Guadeloupe .	1870	72,22	—	0,28	17,80	9,30	0,40	—	64,07	—	O. Popp[1])
7	Von Kairo	"	72,15	—	2,30	16,00	9,20	0,35	—	57,45	—	O. Popp[1])
8	Von Oberägyyten	"	72,13	—	0,25	18,10	9,10	0,42	—	64,94	—	O. Popp[1])
9	Am 23. August 1859 (In Cirencester angebaut)	1860	85,17	2,56	—	—	—	2,06	17,25	—	2,76	A. Völcker[2])
10	Am 26. Septbr. 1859 (In Cirencester angebaut)	"	81,80	2,19	Fett 0,55	5,85	—	1,40	12,00	32,14	1,92	A. Völcker[2])
11	Band-Zuckerrohr	"	76,73	0,44	—	13,39	9,07	0,37	1,88	57,54	0,30	Avequin[3])
12	Tahiti-Zuckerrohr	1879	76,08	0,42	—	14,28	8,87	0,36	1,75	59,70	0,28	Avequin[3])
13[0])	Unterer u. mittlerer Stengeltheil	"	79,09	—	—	16,15	—	0,86	—	77,23	—	A. v. Wachtel[4])
14[0])	Oberer Stengeltheil	"	78,46	—	—	16,90	—	—	—	78,46	—	A. v. Wachtel[4])
15[00])	Von Guadeloupe (Mittel mehrerer Analysen)	1886	71,45	—	0,70 *)	15,00	11,50*)	0,35	—	52,53	—	Ph. Boname[5])
16[00])	" Réunion (Mittel mehrerer Analysen)	"	69,35	—	0,34 *)	19,01	9,95*)	0,60	—	62,03	—	Ph. Boname[5])
17[00])	" desgl. (Mittel mehrerer Analysen)	"	72,24	—	0,54 *)	15,56	10,00*)	—	—	56,05	—	Ph. Boname[5])
	Mittel	.	**75,41**	**1,49**	**1,04**	**14,32**	**7,04** *)	**0,69**	**6,08**	**58,24**	**0,97**	

Rohrzucker.

No.		Zeit der Untersuchung	Wasser %	Eiweiss %	Rohrzucker %	Unkrystallisirbarer Zucker %	Gummi %	Extractivstoffe %	Asche %	Eingemengte St.: Organ. %	Eingemengte St.: Unorgan. %	In der Trocken-Substanz: Rohrzucker %	Analytiker
1	Cuba prima	1859	1,70	0,20	96,55	0,49	0,19	0,42	0,68	0,26	0,22	98,22	John Alexander u. Campbell Morfitt[6])
2	" blond	"	2,70	0,18	92,69	2,95	0,32	0,94	0,57	0,29	0,18	95,26	
3	Gemeiner Cuba	"	0,40	0,14	97,32	0,38	0,40	0,30	0,50	0,10	0,09	97,69	
4	Havanna prima . . .	"	0,20	0,14	97,32	0,40	0,15	0,87	0,50	0,40	0,25	97,52	
5	" blond	"	1,20	6,22	96,40	0,65	0,51	0,87	0,75	0,20	0,20	97,57	
6	" ordinär . . .	"	1,00	0,96	92,69	1,66	0,32	2,90	1,20	—	0,22	93,62	
7	New-Orleans prima . .	"	1,60	0,26	94,24	0,57	0,21	1,91	0,78	0,08	0,14	95,77	
8	" blond . .	"	1,30	0,16	94,23	1,20	0,14	1,60	0,64	0,05	0,12	95,47	
9	" ordinär . .	"	2,20	0,41	93,46	1,52	0,04	2,28	1,00	0,22	0,16	95,54	
10	Pernambuco, weiss . .	"	0,60	0,14	98,25	0,23	0,23	0,47	0,24	—	0,15	98,85	
11	" braun . .	"	0,30	0,76	93,31	0,54	0,81	2,46	1,24	0,24	0,92	93,59	
12	Porto-Rico prima . . .	"	0,80	0,52	97,32	0,12	0,16	0,49	0,34	0,03	0,10	98,104	
13	" blond . .	"	3,10	0,50	93,61	0,56	0,24	1,90	0,40	0,22	0,12	96,604	
14	" gemeiner . .	"	2,70	0,52	93,46	0,94	0,56	1,96	1,15	0,30	0,18	96,05	
15	Trinidad	"	2,20	0,58	91,41	2,35	0,32	3,68	0,38	0,39	0,09	93,46	

1) Zeitschr. f. Chemie 1870. S. 329.
2) Jahresbericht f. Agric.-Chemie 1860/61. S. 128.
3) Hassall: Food, its adulterations and the methods for their detection. London, 1876. S. 229.
4) Centralbl. f. Agric.-Chemie 1880. S. 344.
5) Ann. de la science agron. von L. Grandeau 1886. T. I. p. 193.
6) Chem. Centralbl. 1859. S. 118.

0) Aus amerikanischem Samen in Böhmen angebaut.
00) Die Analysen No. 16 rühren von Delteil, No. 17 von Siere de Fontbrune her.
*) Als unkrystallisirbarer Zucker aufgeführt, während die Zahlen in der Rubrik „Holzfaser" als Holzmasse (ligneux) bezeichnet sind. — **) Aus der Differenz berechnet.

No.		Zeit der Untersuchung	Wasser %	Eiweiss %	Rohrzucker %	Traubenzucker %	Gummi + Pflanzensäure %	Extractivstoffe %	Asche %	Eingemengte St. Organ. %	Eingemengte St. Unorgan. %	In der Trocken-Substanz Rohrzucker %	Analytiker
16	Java 19	1852	0,3	—	98,6	0,3	0,5	—	0,2	0,1		98,89	*G. J. Mulder*[1]
17	Gef. Cand., Java 19 . .	„	0,2	—	98,5	0,3	1,0	—	—	—		98,59	
18	Havanna 19	„	1,8	—	94,5	3,0	0,4	—	0,2	0,1		96,23	
19	„ 17	„	0,9	—	97,0	0,9	0,5	—	0,5	0,2		97,88	
20	Java 17	„	0,4	—	96,3	0,7	2,1	—	0,3	0,2		96,48	
21	Mischung v. 16, 17 u. 18	„	1,1	—	96,3	1,0	1,0	—	0,4	0,3		97,37	
22	Gefärbter Candis . . .	„	0,6	—	96,4	0,6	2,3	—	0,1	—		96,98	
23	Java 15	„	0,6	—	96,3	0,9	1,4	—	0,6	0,2		96,88	
24	Havanna 14	„	1,5	—	95,6	1,5	1,7	—	0,5	0,2		97,06	
25	„ 12	„	2,3	—	92,7	1,6	2,4	—	0,7	0,3		94,88	
26	Java 13	„	1,2	—	96,0	1,1	1,0	—	0,7	—		97,16	
27	„ 11	„	1,5	—	94,3	2,3	1,2	—	0,7	—		95,73	
28	Havanna 10	„	2,3	—	93,4	2,5	0,5	—	1,1	0,2		97,64	
29	Java 9	„	1,8	—	91,6	1,5	4,2	—	0,8	0,1		93,27	
30	Surinam, hell	„	3,6	—	92,3	1,6	1,1	—	0,8	0,6		95,74	
31	Geringer S., hell . . .	„	3,6	—	91,2	2,0	1,6	—	1,2	0,4		94,60	
32	Gef. Cand., Java 8 . .	„	3,6	—	91,4	2,6	2,0	—	0,4	—		94,81	
33	Havanna 7	„	3,5	—	87,3	3,7	4,5	—	0,9	0,1		90,46	
34	Java 7	„	4,4	—	88,7	3,3	2,2	—	1,3	0,1		92,78	
35	„ 6	„	4,9	—	87,9	4,6	1,6	—	0,9	0,1		92,42	
36	„ 5	„	4,7	—	86,3	5,0	2,0	—	1,9	0,1		90,55	
37	Surinam, braun . . .	„	5,4	—	86,7	4,0	2,0	—	1,4	0,5		91,64	
38	Java 4	„	6,1	—	83,1	5,5	3,5	—	1,6	0,2		88,49	
39	Surin., ger., braun . .	„	6,3	—	85,4	4,4	2,1	—	1,4	0,4		91,13	
	Mittel	.	**2,16**	**0,35**	**93,33**	**1,78**	**0,30**	**0,91**	**0,76**	**0,21**	**0,20**	**95,39**	

Rübenzucker (Rohzucker).

(Ueber die Zusammensetzung der Zuckerrüben vergl. S. 682.)

			Zeit der Unters.	Wasser	Rohrzucker	Sonst. organ. Stoff.	Asche	I. d. Trockensubs. Rohrzucker	
1	Zusammensetzung der Licht'schen deutschen Rübenzuckermuster	Krystallzucker ff. . . .	In	—	99,75	0,12	0,13	99,75	*C. Scheibler*[2]
2		„ fein . .	den	—	99,60	0,19	0,21	99,60	
3		„ mittel . .	60er	0,23	98,70	0,23	0,84	98,92	
4		„ ordinär .	Jahr.	0,50	98,30	0,37	0,83	98,79	
5		Weisses geschleudertes 1. Product	„	0,71	97,70	1,01	0,58	98,49	
6		Blondes geschleudertes 1. Product	„	1,12	97,20	0,95	0,73	98,30	
7		Gelbes geschleudertes 1. Product	„	1,39	96,30	1,31	1,00	97,65	
		Mittel (5—7)	.	**1,07**	**97,07**	**1,09**	**0,87**	**98,12**	
8		Fein weiss Rohzucker erstes Product	„	1,19	96,80	1,25	0,76	97,96	
9		Weiss Rohzucker erstes Product	„	1,74	95,50	1,52	1,24	97,19	
10		Ord. weiss Rohzucker erstes Product	„	1,93	94,70	1,94	1,43	96,56	
11		Blond Rohzucker erstes Product	„	2,43	93,80	2,01	1,76	96,13	
12		Fein gelb Rohzucker erstes Product	„	2,70	92,60	2,82	1,88	95,16	
13		Gelb Rohzucker erstes Product	„	3,42	91,10	2,86	2,62	94,32	
14		Ord. gelb Rohzucker erstes Product	„	3,57	90,60	3,14	2,69	93,94	

[1]) Pharm. Centralbl. 1852. S. 295. — [2]) Zeitschr. d. deutschen Vereins f. Rübenzucker-Industrie. Bd. 22. S. 297.

No.	Bemerkungen	Zeit der Untersuchung	Wasser %	Rohrzucker %	Organische Stoffe %	Asche %	In der Trocken-Substanz: Rohrzucker %	Analytiker
15	Erstes Product	In den 60er Jahren	2,59	94,90	1,40	1,11	97,42	*Bodenbender*[1])
16	Erstes Product	In den 60er Jahren	2,57	94,70	1,56	1,17	97,19	*Bodenbender*[1])
17	Erstes Product	In den 60er Jahren	1,44	95,10	2,05	1,41	96,49	*Bodenbender*[1])
18	desgl.	1868	1,81	94,00	3,26	0,93	95,73	*Heidepriem*[2])
19	desgl.	"	1,09	96,10	2,04	0,77	97,15	*Heidepriem*[2])
	Mittel (8—19)	.	**2,21**	**94,17**	**2,14**	**1,48**	**96,29**	
20	Zweites Product	In den 60er Jahren	2,70	92,40	2,56	2,34	94,96	*Bodenbender*[1])
21	Zweites Product	In den 60er Jahren	3,54	88,10	4,28	4,08	91,33	*Bodenbender*[1])
22	Zweites Product	In den 60er Jahren	2,72	93,00	1,67	2,61	95,60	*Bodenbender*[1])
23	Zweites Product	In den 60er Jahren	2,66	92,70	2,20	2,44	95,23	*Bodenbender*[1])
24	Zweites Product	In den 60er Jahren	2,78	92,40	2,21	2,61	95,04	*Bodenbender*[1])
25	Zweites Product	In den 60er Jahren	3,08	90,50	2,76	3,66	93,37	*Bodenbender*[1])
26	Zweites Product	In den 60er Jahren	2,36	92,20	2,62	2,82	94,42	*Bodenbender*[1])
27	Zweites Product	In den 60er Jahren	2,62	92,00	2,70	2,68	94,47	*Bodenbender*[1])
28	Zweites Product	In den 60er Jahren	2,77	91,60	1,94	3,69	94,21	*Bodenbender*[1])
29	Zweites Product	In den 60er Jahren	2,84	92,30	2,30	2,56	94,99	*Bodenbender*[1])
30	Zweites Product	In den 60er Jahren	3,99	91,20	2,15	2,66	94,98	*Bodenbender*[1])
	Mittel (20—30)	.	**2,91**	**91,68**	**2,49**	**2,92**	**94,42**	*Bodenbender*[1])
31	Drittes Product	In den 60er Jahren	3,17	90,80	3,17	2,76	93,77	*Bodenbender*[1])
32	Drittes Product	In den 60er Jahren	1,43	93,30	2,47	2,80	94,65	*Bodenbender*[1])
33	Drittes Product	In den 60er Jahren	2,90	92,10	2,24	2,76	94,85	*Bodenbender*[1])
34	Geschleuderte Nachproducte . .	In den 60er Jahren	2,56	93,90	2,02	2,12	95,75	*Scheibler*[3])
35	Ordinäre " . .	In den 60er Jahren	3,27	90,70	2,86	3,17	93,76	*Scheibler*[3])
	Mittel (31—35)	.	**2,68**	**92,05**	**2,55**	**2,72**	**94,58**	
	Oesterreichische Fabrikate:				Invertzucker	Sonstige Stoffe		
36	Raffinaden	Im Anfang der 70er Jahre	0,03	99,90	—	0,07	99,93	*J. Moser und Fr. Soxhlet*[4])
37	Raffinaden	Im Anfang der 70er Jahre	0,04	99,69	—	0,27	99,73	*J. Moser und Fr. Soxhlet*[4])
38	Raffinaden	Im Anfang der 70er Jahre	0,02	99,92	—	0,06	99,94	*J. Moser und Fr. Soxhlet*[4])
39	Rohzucker hellblond	Im Anfang der 70er Jahre	2,89	93,38	0,17	3,56	96,16	*J. Moser und Fr. Soxhlet*[4])
40	" hellblond	Im Anfang der 70er Jahre	1,64	94,91	0,16	3,29	96,49	*J. Moser und Fr. Soxhlet*[4])
41	" hellblond	Im Anfang der 70er Jahre	1,54	95,95	0,07	2,41	97,45	*J. Moser und Fr. Soxhlet*[4])
42	" hellblond	Im Anfang der 70er Jahre	2,25	95,04	0,06	2,65	97,23	*J. Moser und Fr. Soxhlet*[4])
43	" hellblond	Im Anfang der 70er Jahre	1,71	95,08	0,07	3,14	96,73	*J. Moser und Fr. Soxhlet*[4])
44	" hellblond	Im Anfang der 70er Jahre	3,35	92,74	0,11	3,80	95,95	*J. Moser und Fr. Soxhlet*[4])
45	" blond	Im Anfang der 70er Jahre	1,77	94,80	0,11	3,31	96,51	*J. Moser und Fr. Soxhlet*[4])
46	" blond	Im Anfang der 70er Jahre	2,60	94,40	0,17	3,83	96,92	*J. Moser und Fr. Soxhlet*[4])
47	" blond	Im Anfang der 70er Jahre	2,71	94,36	0,11	2,82	96,99	*J. Moser und Fr. Soxhlet*[4])
48	" blond	Im Anfang der 70er Jahre	1,52	94,98	0,11	3,39	96,45	*J. Moser und Fr. Soxhlet*[4])
49	" blond	Im Anfang der 70er Jahre	1,94	94,98	0,09	3,99	95,84	*J. Moser und Fr. Soxhlet*[4])

[1]) K. Stammer: Lehrbuch der Zuckerfabrikation 1875. S. 803.
[2]) Landw. Vers.-Stat. 1878. Bd. 9. S. 252.
[3]) Zeitschr. des deutschen Vereins f. Rübenzucker-Industrie. Bd. 22 S. 297.
[4]) Erster Bericht der landw. Versuchsst. Wien von 1871—1877. Wien 1878. Tabelle 38.

No.	Bemerkungen	Zeit der Untersuchung	Wasser %	Rohrzucker %	Invertzucker %	Sonstige Stoffe %	In der Trocken-Substanz Rohrzucker %	Analytiker
50	Rohzucker	Im Anfang der 70er Jahre	1,05	94,90	0,06	3,99	95,91	
51	„		3,60	92,60	0,07	3,73	96,06	
52	„		2,19	94,36	0,15	3,30	96,47	
53	„		0,91	96,65	0,24	2,20	97,54	
54	„ hellbraun		2,49	94,43	0,13	2,95	96,84	
55	„		1,92	94,71	0,13	3,24	96,56	
56	„		1,32	94,13	0,15	4,45	95,39	
57	„		0,75	95,72	0,05	3,48	96,44	
58	„		1,38	94,76	0,10	3,76	96,08	
59	„		1,23	95,70	0,13	2,94	96,89	
60	„		1,42	94,42	0,19	3,97	95,78	*J. Moser und Fr. Soxhlet*[1])
61	„		2,04	93,30	0,08	4,58	95,24	
62	„ braun		2,13	91,22	0,12	6,53	93,21	
63	„		3,32	94,00	0,08	2,60	97,23	
64	„		1,48	93,74	0,05	4,73	95,15	
65	„		1,60	93,45	0,07	4,88	94,97	
66	„		3,39	91,68	0,15	4,78	94,89	
67	„		1,20	94,29	0,06	4,45	95,44	
68	„		1,19	95,30	0,05	3,46	96,46	
69	„ dunkelbraun		1,16	95,60	0,22	3,02	96,72	
70	„		3,09	91,30	1,77	3,84	94,21	
71	„		2,79	91,22	2,10	3,89	93,84	
	Mittel für Rohzucker von No. 39—71	.	**1,93**	**94,42**	**0,21**	**3,44**	**96,28**	
					Sonstige organ. Stoffe	Asche		
72	Französischer Rübenzucker[0])	In den 40er Jahren	5,3	91,9	—	1,8	97,04	
73			3,3	94,3	—	1,4	97,53	
74			4,0	93,2	—	1,8	97,08	
75			1,7	96,5	—	0,8	98,17	*Péligot*[2])
76			2,4	95,6	—	1,0	97,95	
77			4,5	92,8	—	1,7	97,17	
78			4,5	92,5	—	2,0	96,86	
79			4,7	93,5	—	0,8	98,11	
	Mittel	.	**3,80**	**93,79**	—	**1,41**	**97,49**	

Palmenzucker.

1	Aus Calcutta	1879	1,86	87,97	9,65*)	0,50	89,64	*P. Horsin-Déon*[3])

[1]) Erster Bericht der landw. Vers.-Stat. Wien von 1871—1877. Wien, 1878. Tabelle 38.
[2]) Compt. rendus XXXII. p. 421.
[3]) Chem. Centralbl. 1879. S. 770.
[0]) Die Proben enthielten 1 % durch Bleiessig fällbare Stoffe.
*) Die sonstigen organischen Stoffe bestehen aus 1,71 % reducirendem Zucker, 4,88 % Gummi und 3,06 % Mannit + Fett.

Maiszucker.

No.	Bemerkungen	Zeit der Untersuchung	Wasser %	Rohrzucker %	Sonstige organische Stoffe %	Asche %	In der Trocken-Substanz Rohrzucker %	Analytiker
1		1879	2,50	88,42	7,62*)	1,47	90,86	*H. Pellet*[1])

Sorghozucker.

No.	Bemerkungen	Zeit der Untersuchung	Wasser %	Rohrzucker %	Sonstige organische Stoffe %	Asche %	In der Trocken-Substanz Rohrzucker %	Analytiker
1	Aus Sorghum saccharatum .	1879	1,71	93,05	4,55**)	0,68	94,67	*derselbe*[1])

Colonialzucker (Melassezucker).

No.	Bemerkungen	Zeit der Untersuchung	Wasser %	Rohrzucker %	Schleimzucker	Asche %	In der Trocken-Substanz Rohrzucker %	Analytiker
1		1850	27,07	34,59	35,63	2,71	47,43	*W. Stein*[2])
2		„	31,67	24,47	41,53	2,33	35,81	
3		„	41,14	15,26	40,70	2,90	25,93	
4		„	40,77	13,42	42,77	3,05	22,66	
5		„	39,57	14,30	42,71	3,43	23,66	
6		„	30,17	7,77	59,18	2,88	11,12	
	Mittel	.	**35,06**	**18,30**	**34,76**	**2,88**	**28,07**	

Stärkezucker.

No.	Spec. Gew. der Lösung von 100 g	Zeit der Untersuchung	Wasser %	Traubenzucker (vergährbar)	Unvergährbare Bestandtheile	Asche %	Traubenzucker	Analytiker
1	1,0306	1875	21,85	57,24	21,18	—	72,99	*C. Neubauer*[3])
2	1,0340	„	12,75	63,78	23,47	—	73,10	
3	1,0300	„	23,13	56,20	20,67	—	73,11	
4	1,0340	„	12,75	63,78	23,47	—	73,10	
5	1,0323	„	17,16	59,25	23,59	—	71,52	
6	1,0325	„	16,65	63,45	19,90	—	76,12	
7	1,0327	„	16,12	61,43	22,45	—	73,24	
8	1,0336	„	13,79	64,78	21,43	—	75,14	
9	1,0329	„	15,61	64,10	20,29	—	75,95	
10	1,0298	„	23,66	63,02	13,32	—	82,55	
11	1,0464	„	20,28	59,14	20,58	—	74,75	
12	1,0325	„	16,64	60,66	22,70	Mittel	72,77	
13	1,0295	„	24,42	57,20	18,23	(0,34)	75,68	
14		1869	13,40	70,10	16,50	—	80,95	*C. Schmid*[4])
15		?	16,00	60,65	24,00	—	72,20	*Mohr*[5])
16		1874	24,38	64,61	10,66	0,35	85,44	*R. Alberti*[6])

[1]) Centralbl. f. Agric.-Chem. 1880. S. 79.
[2]) Comptes rendus. XXXII. p. 421.
[3]) Der Weinbau 1875. 2.
[4]) Die Weinlaube 1869. S. 258.
[5]) Mohr's Weinstock. S. 211.
[6]) Hannov. land- u. forstw. Wochenbl. 1874.

*) Darin 3,07 % Glucose und 3,58 % sonstige organische Stoffe.
**) Darin 0,41 % „ „ 4,14 % „ „ „

No.	Bemerkungen	Zeit der Untersuchung	Wasser %	Vergährbarer Traubenzucker %	Unvergährbare Bestandtheile %	Asche %	In der Trocken-Substanz Traubenzucker %	Analytiker
17		1874	27,50	62,10	10,11	0,29	85,66	*R. Alberti*[1])
18		1873	—	70,62	—	—	—	*P. Wagner*[2])
19		„	—	64,30	—	—	—	
20		„	—	70,50	—	—	—	
21		„	—	73,70	—	—	—	
22	Aus Prag	1877	18,75	62,30	—	—	76,68	*L. v. Wagner*[3])
23	Französischer	„	22,00	56,00	—	—	71,79	
24	Aus Prag, Mittel von 5 Bestimmungen	„	14,11	67,50	19,18	0,21	78,59	
25	Fest, aus Oesterreich	„	12,98	65,22	20,89	0,91	74,95	*Strohmer u. Klaus*[4])
26	Aus einer deutschen Fabrik, weiss .	1879	15,50	63,40*)	10,80*)	0,30	75,03	*J. Steiner*[5])
27	Englische Fabrikate: aus Mais .	„	6,00	66,80	24,70	2,50	71,07	
28	Englische Fabrikate: fest . . .	„	13,30	81,00	5,30	0,40	93,43	
29	Englische Fabrikate: zäh . . .	„	7,60	42,60*)	48,70*)	1,10	46,10	
					Nicht vergährbare Stoffe			
30	Stärkezucker	Anfang der 70er Jahre	8,59	85,65	5,56	0,19	93,69	*J. Moser u. Fr. Soxhlet*[6])
31	Fester Zucker		14,64	72,33	13,03	—	84,74	
32	Brustzucker		13,38	71,25	15,37	—	82,27	
33	Gestockter Stärkesyrup		14,54	69,41	16,05	—	81,22	
34	Fester Zucker		16,16	69,34	14,50	—	82,71	
35	Gestockte weisse Glycose		15,19	68,58	16,23	—	80,86	
36	„ gefärbte „		18,74	68,02	13,24	—	83,71	
37	„ weisse „		20,62	66,67	12,71	—	83,99	
38	Fester Stärkezucker		18,18	66,09	15,73	—	80,78	
39	Gestockter Stärkesyrup		19,14	65,27	15,33	—	80,72	
40	desgl., kleine Tafeln		17,06	64,31	18,63	—	77,54	
41	desgl.		18,23	63,54	18,23	—	77,71	
42	desgl., grosse Tafeln		17,39	62,84	19,77	—	76,07	
43	desgl.		21,05	62,26	16,69	—	78,86	
44	Traubenzucker		20,40	61,71	17,89	—	77,53	
	Minimum	.	6,00	38,27	5,05	0,17	46,10	
	Maximum	.	27,50	77,77	43,75	2,21	93,69	
	Mittel . .	.	**16,99**	**64,33**	**18,02**	**0,66**	**77,49**	

[1]) Hannov. land- u. forstw. Wochenbl. 1874.

[2]) Zeitschr. d. landw. Centr.-Vereins d. Grossherzogth. Hessen 1873.

[3]) Post: Zeitschr. f. d. chem. Grossgewerbe 1877. S. 438.

[4]) Kohlrausch's Organ d. Centr.-Vereins f. Rübenzucker-Industrie 1877. S. 635.

[5]) Zeitschr. f. d. gesammte Brauwesen 1879. S 339.

[6]) Erster Bericht d. landw. Vers.-Stat. Wien 1871—1877. Wien, 1878. Tabelle 37.

*) J. Steiner giebt in den untersuchten Sorten an:

	No. 26	27	28	29
Dextrose . . .	45,40 %	26,50 %	76,00 %	—
Maltose . . .	28,00 „	40,30 „	5,00 „	42,60 %
Dextrin . . .	9,30 „	15,90 „	—	39,80 „
Protein . . .	—	1,80 „	0,20 „	—

Stärkezucker-Syrup.

No.	Bemerkungen	Zeit der Untersuchung	Wasser %	Vergährbarer Traubenzucker %	Nicht vergährbare Stoffe %	Asche %	In der Trocken-Substanz Traubenzucker %	Analytiker
1	Böhmischer	1876	20,0	48,30	31,70*)	—	60,38	*Fr. Anthon*[1])
2	Französischer	„	16,90	30,10	53,00*)	—	36,22	
3	desgl.	1877	17,17	36,95	45,52	0,37	44,61	*Strohmer und Kraus*[2])
4	Flüssiger Syrup	Anfang der 70er Jahre	21,05	47,87	31,08	—	60,63	*J. Moser und Fr. Soxhlet*[3])
5	„ „		17,63	46,82	35,35	—	56,84	
6	„ „ Ia		22,37	44,71	32,92	—	57,59	
7	„ „		16,51	44,21	39,28	—	52,95	
8	„ „		19,85	42,70	37,45	—	53,27	
9	„ „ I. Erzeugniss . . .		19,27	42,47	38,26	—	52,61	
10	„ „ IIa		21,42	41,21	37,37	—	52,44	
11	„ „		22,22	33,33	44,45	—	42,85	
	Mittel	.	**19,58**	**41,69**	**38,37**	**0,36**	**51,84**	
			Wasser	Dextrose	Dextrin etc.	Asche	Dextrose	
12	Stärkesyrup A, farblos	1883	14,11	43,86	41,66	0,37	51,06	*J. Cosack*[4])
13	„ B, „	„	15,70	39,98	44,07	0,25	47,43	
14	„ C, „	„	16,95	39,77	43,01	0,27	47,68	
15	„ Krystall-, Export-, . .	„	14,06	48,05	37,60	0,29	55,94	

Zucker-Couleur.

No.		Zeit der Untersuchung	Spec. Gewicht	Wasser %	Sacharom. Grade %	Polarisation als Rohrzucker %	Glykose %	Asche als Na_2CO_3 %	Sulfate %	Millim. des Stammerschen Colorim.	Farbe	Analytiker
1	Traubenzucker C.	1880	1,3481	30,40	69,6	11,29	28,34	1,27	1,71	6,0	166,6	*Ed. Matejcek*[5])
2	desgl.	„	1,3666	27,54	72,46	7,81	29,05	4,14	5,55	12,5	80	
3	Raffinade C.	„	1,3593	28,70	71,30	50,79	—	2,30	3,08	40,0	25	
4	Traubenzucker C.	„	1,3741	26,40	73,60	11,72	37,56	3,75	5,03	8,0	125	
	Mittel	.	**1,3620**	**28,26**	**71,74**	**20,40**	**31,75**	**2,86**	**3,84**	**19,1**	**99,2**	

Syrup.

		Wasser	Rohrzucker	Fruchtzucker	Sonstige organ. Stoffe	Asche	In der Trockensubstanz Zucker	Analytiker
1	Frischer Syrup	27,7	62,7	8,0	0,6	1,0	36,72	*Wallace*[6])
2	Gelber Syrup	22,7	39,6	33,0	2,2	2,5	51,23	
3	desgl.	23,4	32,5	37,2	3,4	3,5	42,44	
	Mittel	**24,60**	**44,93**	**26,07**	**2,07**	**2,33**	**59,60**	

[1]) Dingler's Polytechn. Journal 1876. Bd. 219. S. 437.
[2]) Kohlrausch: Organ d. Centr.-Vereins f. Rübenzucker-Industrie 1877. S. 635.
[3]) Erster Bericht der landw. Vers.-Stat. Wien 1871—1877. Wien, 1878. Tabelle 37.
[4]) Original-Mittheilung.
[5]) Nach Listy chem. 5. 1—3. Oct. 1880 in Chem. Centralbl. 1880. S. 809.
[6]) Hassall: Food, its adulteration, and the methods for their detection. London, 1876. S. 330.

*) Darin:

	Schleimzucker	Dextrin
No. 1	6,2 %	25,5 %
No. 2	5,0 „	48,0 „

Obst- und Zuckerrübenkraut.

1. Obstkraut.

No.	Bemerkungen	Wasser %	Frucht-zucker*) %	Rohr-zucker*) %	Stickstoff %	Säure = Aepfelsäure %	Asche**) %	Phosphor-säure %	Kali %	Nichtzucker etc. %	Drehung***) der Lösung 1 : 10	Analytiker
1	Birnenkraut	33,70	53,03	2,79	0,23	2,099	2,03	0,178	1,00	8,45	— 5° 49'	J. König, W. Kisch u. M. Wesener[1])
2	Aepfelkraut	33,04	57,80	3,80	0,16	1,194	1,88	0,151	0,92	3,48	— 4° 34'	
3	Obstkraut aus Westfalen .	37,39	46,88	10,52	0,21	1,971	2,04	0,199	0,85	3,19	— 4° 34'	
4	desgl. aus Rheinland . .	38,47	54,83	3,28	0,23	1,309	1,88	0,160	0,98	1,54	— 4° 12'	
5	Aepfelkraut aus Westfalen	33,11	55,36	3,61	0,31	3,307	2,06	0,178	1,14	2,56	— 3° 53'	
6	desgl., aus unreifen Aepfeln	41,71	48,59	1,04	0,24	4,237	2,05	0,135	0,99	2,37	— 4° 06'	
7	desgl., mit Kreide abgestumpft	42,55	51,68	—	0,16	3,667	2,44	0,133	0,97	—	— 4° 06'	
8	Birnenkraut aus Westfalen	32,75	50,78	3,69	0,16	1,156	1,76	0,162	0,87	9,87	— 5° 33'	
9	Aepfelkraut aus Rheinland	34,58	50,64	4,37	0,17	1,637	1,87	0,196	0,98	6,90	— 5° 42'	
	Mittel	**36,36**	**52,06**	**4,14**	**0,21**	**2,286**	**2,00**	**0,166**	**0,96**	**3,15**	**— 4° 45'**	

2. Zuckerrübenkraut.

No.	Bemerkungen	Wasser %	Frucht-zucker*) %	Rohr-zucker*) %	Stickstoff %	Säure = Aepfelsäure %	Asche**) %	Phosphor-säure %	Kali %	Nichtzucker etc. %	Drehung***) der Lösung 1 : 10	Analytiker
1	Aus Westfalen	28,06	13,67	51,09	0,72	0,282[0])	4,48	0,319	1,90	2,70	+ 6° 40'	dieselben[1])
2	desgl., körnig	28,69	20,74	40,20	0,92	(1,890)	3,74	0,370	1,54	4,74	+ 5° 40'	
3	desgl., blank	26,46	22,64	37,76	0,87	(2,029)	3,52	0,390	1,36	7,60	+ 4° 25'	
4	Aus Rheinland	28,29	17,68	42,48	0,51	1,156	3,07	0,480	1,05	7,32	+ 5° 06'	
	Mittel	**27,88**	**18,68**	**42,88**	**0,75**	**(1,339)**	**3,70**	**0,389**	**1,46**	**5,52**	**+ 5° 28'**	

Bienen-Honig.

No.	Bemerkungen	Zeit der Untersuchung	Wasser %	Stickstoff-Substanz %	Trauben-zucker %	Rohrzucker %	Pollen, Wachs etc. %	Asche %	Phosphor-säure %	In der Trocken-Substanz: Trauben-zucker %	In der Trocken-Substanz: Rohr-zucker %	Analytiker
1		1871	19,20	1,25	—	—	—	0,23	—	—	—	J. Nessler[2])
2	Mit Traubenzucker gefüttert .	1864	10,00	—	72,60	—	—	—	—	80,66	—	E. Röders[3])
3	Direct aus Honigscheiben gewonnen	1876	17,48	—	82,50	—	Spur	0,02	—	99,91	—	Arthur Hill Hassall[4])
4	"	"	19,56	—	79,48	0,49	"	0,02	—	89,79	0,61	"
5	"	"	16,88	—	81,00	1,82	"	0,03	—	88,75	2,71	"
6	"	"	13,68	—	81,04	5,29	"	0,04	—	93,84	6,13	"

[1]) Original-Mittheilung.

*) Unter Fruchtzucker ist der Invertzucker nach Fehling vor der Inversion, unter Rohrzucker der invertirbare Antheil zu verstehen.

**) In den Aschen einiger Krautsorten wurde auch Kalk und Magnesia bestimmt mit folgendem Resultat:

	Obstkraut No. 5	6	7	8	9	Rübenkraut No. 2	3	4
Kalk	0,14 %	0,14 %	(0,40 %)	0,15 %	0,17 %	0,14 %	0,11 %	0,11 %
Magnesia	0,044 „	0,065 „	0,047 „	0,056 „	0,110 „	0,191 „	0,163 „	0,196 „

***) 10 g Kraut wurden in 100 CC. Wasser gelöst, mit 10 CC. basisch essigsaurem Blei gefüllt und im 220 mm Rohr im Ventzke-Soleil polarisirt.

[0]) Die Rübenkrautproben No. 2 und 3 hatten längere Zeit in nur mit Papier bedeckten Gefässen im Laboratorium gestanden, wodurch vielleicht der hohe Säure-Gehalt mitbedingt sein kann.

Bienen-Honig:

[2]) Wochenblatt d. landw. Vereins in Baden 1871. S. 379.

[3]) Chem. Centralbl. 1864. S. 102.

[4]) Hassall: Food, its adulteration, and the methods for their detection. London, 1876. S. 330. Hassall bestimmte das Wasser aus der Differenz; Trauben- und Rohrzucker durch Titration mit Fehling'scher Lösung vor und nach der Inversion (1—2 g Substanz mit 5—6 Tropfen SH_2O_4).

No.	Bemerkungen	Zeit der Untersuchung	Wasser %	Stickstoff-Substanz %	Trauben-zucker %	Rohrzucker %	Pollen, Wachs etc. %	Asche %	Phosphor-säure %	In der Trocken-Substanz: Trauben-zucker %	In der Trocken-Substanz: Rohr-zucker %	Analytiker
	Aeltere Honige:											
7	Aus Dep. des Landes . .	1878	19,09	0,89	70,39	0,81	—	0,19	0,088	87,00	1,00	E. Erlenmeier und v. Planta Reichenau[1]) *)
8	Vom Senegal	„	25,59	1,14	63,54	2,75	—	0,44	0,014	83,40	3,70	
9	Von Meligonen	„	18,84	0,78	—	—	—	0,26	0,006	—	—	
10	Von Tamps No. 1 . . .	„	18,61	2,07	65,59	2,19	—	0,35	0,019	80,61	2,69	
11	Esparsette-Honig	„	19,44	0,48	72,34	—	—	0,10	0,021	89,77	—	
12	Von Tawetsch IV . . .	„	17,52	1,75	69,37	0,41	—	0,27	0,020	84,08	0,50	
	Jüngere Honige:			Gerinnb. Eiweiss								
13	Von Churwalden (ausgeflossen)	„	21,68	0,102	63,91	8,30	0,069	—	—	81,61	10,60	
14	Von Tamins No. III (ausgefl.)	„	21,47	0,102	63,41	7,30	0,229	—	—	80,72	9,29	
15	Buchweizen-Honig (ausgeschleudert)	„	33,59	1,136	—	—	0,147	—	—	—	—	
16	Von Tawetsch (ausgeflossen)	„	20,41	0,028	69,40	0,64	0,238	—	—	87,17	0,80	
17	Akazien-Honig (ausgeschl.)	„	20,29	0,031	—	—	0,102	—	—	—	—	
				(Gummi)								
18	Aus der Scheibe	1882	17,42	0,23	71,66	10,12 **)	0,44	0,13	—	86,78	12,26	James Bell[2]) **)
19	Aus Californien	„	23,32	0,17	68,52	4,48	3,02	0,49	—	89,35	5,84	
20	Aus Narbonne	„	17,10	0,13	74,04	7,10	1,35	0,28	—	89,29	8,56	
21	Aus Westindien	„	19,65	0,36	69,34	7,55	2,83	0,27	—	86,15	9,40	
22	Aus Transylvanien . . .	„	22,75	0,22	66,57	7,97 **)	2,17	0,32	—	86,14	10,31	
				Lävulose	Dextrose							
23	Aus England	„	26,70 ***)	36,60	36,50	?	Spur	0,15	—	—	—	J. Campbell Brown[3]) ***)
24	Aus Wallis	„	22,96	37,20	39,70	—	Spur	0,14	—	—	—	
25	Aus Normandie	„	20,45	36,88	42,50	—	Spur	0,17	—	—	—	
26	Aus Deutschland	„	30,11	33,14	36,58	—	Spur	0,17	—	—	—	
27	Aus Griechenland . . .	„	27,60	40,00	32,20	—	0,05	0,15	—	—	—	
28	Aus Lissabon	„	25,46	37,26	34,94	1,20	ca.1,90	0,14	—	—	1,61	
29	Aus Jamaika	„	27,04	33,19	35,21	2,20	2,10	0,26	—	—	3,02	
30	Aus Californien	„	26,03	37,85	36,01	—	Spur	0,11	—	—	—	
31	Aus Mexiko	„	28,50 ***)	35,96	38,47	?	Spur	0,07	—	—	—	

[1]) Bienenzeitung 34. Jahrgang 1878 No. 16 und 17 und 1879 No. 1 und 12.

[2]) Jam. Bell: Analyse und Verfälschung der Nahrungsmittel, übersetzt von C. Mirus. I. Bd. Berlin, 1882. S. 125.

[3]) A. Winter Blyth: Foods and their adulterations. London, 1882. p. 124.

*) Trockensubstanz wurde im Kohlensäurestrom bestimmt, Pollenkörner durch Abfiltriren des mit Wasser verdünnten Honigs; im Filtrat hiervon das beim Kochen gerinnende Eiweiss und der Gesammt-Stickstoff; Trauben- und Rohrzucker vor und nach der Inversion mit Schwefelsäure durch Fehling'sche Lösung. Neben dem Honig wurde auch der Nektar von Fritillaria imperialis untersucht und gefunden 93,40 % Wasser, 6,60 % Trockensubstanz mit 5,34 % Trauben- oder Fruchtzucker und 0,18 % Rohrzucker; Eiweiss war darin nicht enthalten.

**) Als nicht näher gekannter Zucker bezeichnet; derselbe wurde aus der Differenz nach mehrstündigem Kochen mit einigen Tropfen Schwefelsäure bestimmt. Zur Bestimmung des Zuckers verwendete Bell Kupfertartrat.

***) Das Wasser wurde durch Trocknen zunächst bei 100° C. und weiter bei viel höherer Temperatur bestimmt; obige Zahlen bilden die Summe der Verluste bei beiden Temperaturgraden; die Verluste an Wasser etc. betrugen:

	No. 23	24	25	26	27	28	29	30	31
1. Bei 100° C.	19,10 %	16,40 %	15,50 %	19,11 %	19,80 %	18,80 %	19,46 %	17,90 %	18,47 %
2. Bei höherer Temperatur .	7,60 „	6,56 „	4,95 „	11,00 „	7,80 „	6,66 „	7,58 „	8,13 „	10,03 „

No.	Bemerkungen	Zeit der Untersuchung	Wasser %	Stickstoff-Substanz %	Trauben-zucker %	Rohrzucker %	Pollen, Wachs etc. %	Asche %	In der Trocken-Substanz: Trauben-zucker %	In der Trocken-Substanz: Rohr-zucker %	Analytiker
	Reaction					?					
32⁰)	Aus Aegypten neutral	1884	30,44	—	61,11	5,00	—	0,33	87,87	7,19	*W. Lenz*[1] ⁰)
33	Aus Lissabon desgl.	„	20,32	—	68,70	4,31	—	0,68	86,22	5,40	
34	Aus Domingo schwach alkalisch	„	20,62	—	66,95	7,79	—	0,27	84,36	9,82	
35	Aus Valparaiso alkalisch	„	23,06	—	69,53	6,27	—	0,24	90,39	8,15	
36	Aus Havanna desgl.	„	24,58	—	65,28	1,61	—	0,58	86,56	2,13	
37⁰)	Aus Brasilien stark alkalisch	„	17,54	—	69,32	2,13	—	0,29	84,09	2,58	
38⁰⁰)	Aus Gatinais, Juli 1883 . .	1885	—	—	65,75	6,18	—	—	—	—	*W. Bischop*[2] ⁰⁰)
39	Aus Oesterreich-Ungarn, Juli 1883	„	—	—	67,17	7,58	—	—	—	—	
40	Aus Rosario, Januar 1883 . .	„	—	—	75,00	2,24	—	—	—	—	
41	Aus Chili „ „ . .	„	—	—	73,05	4,55	—	—	—	—	
42	Aus Italien, September 1883 .	„	—	—	70,37	5,77	—	—	—	—	
43	Aus Tyrol	„	—	—	65,75	5,07	—	—	—	—	
44	Reiner Handelshonig	„	—	—	73,43	3,20	—	—	—	—	
45	Aus Normandie, gt. „Miel de Colza," Juli 1884	„	—	—	79,39	—	—	—	—	—	
46⁰⁰)	Aus Verdun, August 1884 . .	„	—	—	71,21	6,46	—	—	—	—	

[1]) Chem. Ztg. 1884. No. 35. S. 613.

[2]) Nach Journ. Pharm. Chim. 1884. T. 5. 5. Ser. p. 459 in Chem. Ztg. 1885. S. 105.

⁰) Lenz untersuchte die Honigsorten wie folgt: 30 g Honig wurden genau mit dem doppelten Gewicht Wasser gelöst; die Lösung wird, wenn sie unklar ist, filtrirt und von derselben zunächst das spec. Gewicht und das Drehungsvermögen bestimmt; zu letzterem Zweck werden 50 CC. der Honiglösung mit 3 CC. Bleiessig und 2 CC. conc. Natriumcarbonatlösung versetzt. Zur Bestimmung des Wassers werden 5 CC. der Lösung im doppelten Gewicht Wasser genau abgewogen, verdunstet und bei 100—105° C. bis zum constanten Gewicht getrocknet. Der Trockenrückstand dient gleichzeitig zur Bestimmung der Asche. Der ursprünglich reducirende Zucker wird in der Weise bestimmt, dass 2 CC. der obigen Lösung (genau gewogen) auf 100 CC. verdünnt und in üblicher Weise mit Fehling'scher Lösung titrirt werden. Weiter 2 CC. der Lösung (genau gewogen) werden mit 3 Tropfen officineller Salzsäure und 50 CC. Wasser 30 Min. lang im kochenden Wasserbade erhitzt, neutralisirt, auf 100 CC. aufgefüllt und ebenfalls mit Fehling'scher Lösung titrirt. Die Differenz giebt die Menge des als „Rohrzucker" bezeichneten Zuckers. W. Lenz fand auf diese Weise:

	No. 32	33	34	35	36	37
1. Specif. Gewicht der 30 g Honiglösung bei 17° C. unfiltrirt	1,1120	1,1146	1,1128	1,1157	1,1085	(1,1212 bei 18° C.)
filtrirt .	1,1120	1,1150	1,1160	1,1157	1,1085	(1,1210 bei 19° C.)
2. Drehung im Wildt'schen Polaristrobometer	— 6° 38′	— 7° 34′	— 8° 0,5′	— 9° 33′	— 6° 38′	— 7° 33′

W. Lenz glaubt, dass ein natürlicher Honig im doppelten Gewicht Wasser ein spec. Gew. von 1,111 und eine Drehung von mindestens — 6° 30 (Wildt) haben muss. Für 2 verdächtige Sorten fand er:

	Spec. Gew. d. Lösung (30 g zu 60 g Wasser)	Drehung	Traubenzucker	Rohrzucker	Wasser	Asche
1. Honig aus Italien . . .	1,1022	— 0° 37′	43,70 %	9,70 %	34,61 %	0,28 %
2. Honig aus Mexico . . .	1,1085	+ 0° 38′	70,83 „	5,52 „	21,35 „	0,15 „

⁰⁰) 25 g Honig wurden in Wasser gelöst, auf 250 CC. aufgefüllt und falls die Lösung gefärbt war, mit Bleiacetat und Tannin versetzt und im Laurent'schen Saccharimeter geprüft. 10 CC. dieser Lösung wurden auf 250 CC. verdünnt und darin der reducirende Zucker mit Fehling'scher Lösung ermittelt; ferner wurden 100 CC. der Lösung 1 : 10 in einer Flasche von 110 CC. mit 1 CC. Salzsäure invertirt, neutralisirt (mit Natron), auf 110 CC. aufgefüllt und wieder optisch (mit Correction von $^1/_{10}$) geprüft, während 11 CC. auf 250 CC. aufgefüllt und darin der Zucker ermittelt wurde, wie in der Lösung von der Inversion. Die directe Ablenkung im Laurent'schen Saccharimeter betrug:

	No. 38	39	40	41	42	43	44	45	46
Vor der Inversion	— 9,05°	— 13,70°	— 11,80°	— 14,15°	— 8,55°	— 14,25°	— 9,65°	— 9,25°	— 4,30°
Nach der Inversion	— 10,75°	— 15,40°	— 13,10°	— 14,85°	— 12,00°	— 13,20° (?)	—	—	—

No.	Bemerkungen	Zeit der Untersuchung	1 Wasser*) %	2 Dextrose*) %	3 Lävulose*) %	4 Invertzucker nach Fehling*) %	5 Rohrzucker*) %	6 Nichtzucker %	Dextrose,*) gefunden nach Zerstören der Lävulose mit Salzsäure %	mehr oder weniger als bei 2+5 %	In der Trocken-Substanz: Traubenzucker %	In der Trocken-Substanz: Rohrzucker %	Analytiker
47	No. 47—107 sind unmittelbar von Producenten bezogen und sicher echt	1884	19,21	33,30	40,00	73,12	1,95	5,54	34,20	+ 0,90	90,52	2,41	*Fr. Soxhlet u. E. Sieben*[1]) *)
48		„	17,77	37,20	40,80	77,94	0,15	4,08	36,40	— 0,80	94,78	0,18	
49		„	16,68	36,48	37,24	73,70	3,44	6,16	38,50	— 2,14	82,54	3,85	
50		„	16,28	36,46	32,15	68,85	8,22	6,89	38,90	— 1,88	82,21	9,78	
51		„	22,16	35,45	40,05	75,40	0,97	1,37	36,82	+ 0,87	96,89	1,25	
52		„	18,60	37,40	37,00	74,49	0,65	6,35	35,31	— 2,44	92,57	0,86	
53		„	21,62	37,00	38,30	75,32	0,21	2,87	37,06	— 0,05	95,98	0,27	
54		„	19,01	34,20	44,10	78,00	0,10	2,59	34,77	+ 0,52	96,53	1,24	
55		„	18,62	31,80	43,40	74,83	0,43	5,75	34,02	+ 1,98	91,97	0,53	
56		„	17,05	43,35	34,50	78,35	0,70	4,40	41,74	— 1,87	94,59	0,84	
57		„	18,48	39,54	39,69	79,31	0,10	2,19	38,00	— 1,59	97,23	0,12	
58		„	19,52	33,02	41,00	73,79	0,33	6,13	34,77	+ 1,56	91,72	0,41	
59		„	19,09	37,50	35,70	73,35	—	7,71	39,65	+ 2,15	90,66	—	
60		„	17,05	44,71	33,92	79,12	—	4,32	42,89	— 1,71	95,42	—	
61		„	21,97	37,20	33,30	70,72	—	7,53	39,31	+ 2,11	90,66	—	
62		„	16,71	31,10	44,30	74,97	2,49	5,40	32,20	— 0,21	90,04	2,99	
63		„	16,72	43,05	33,40	76,90	1,52	5,31	41,80	— 2,05	92,36	1,83	
64		„	20,32	33,94	36,65	70,53	5,65	3,44	37,54	+ 0,63	88,52	7,09	
65		„	21,41	32,84	36,99	69,74	4,17	3,99	36,00	+ 0,65	88,71	5,30	
66		„	22,59	27,39	42,81	69,60	—	7,21	28,85	+ 1,46	89,92	—	
67		„	16,33	36,89	42,83	79,57	2,02	1,93	35,90	— 2,05	95,09	2,41	
68		„	20,79	38,06	39,86	77,94	—	1,29	39,85	+ 1,79	98,36	—	
69		„	19,45	36,98	38,36	75,36	3,15	2,06	39,54	+ 0,90	93,52	3,90	
70		„	21,52	36,91	35,15	72,15	3,82	2,60	40,00	+ 1,08	91,92	4,87	
71		„	22,51	34,84	38,31	73,10	0,35	3,99	35,85	+ 0,81	94,30	0,45	
72		„	21,27	36,11	39,52	75,58	0,71	2,39	36,60	+ 0,12	96,29	0,90	

[1]) Zeitschr. d. Ver. f. d. Rübenzucker-Industrie d. Deutschen Reiches 1884. p. 837.

*) Zur Bestimmung des Wassers wurden ca. 2,5 g Honig mit 10—12 g ausgeglühtem Seesand mittelst eines mitgewogenen Glasstäbchens in einer Glasschale verrieben, 6 Stunden lang bei 50—60° C. und weitere 12 Stunden bei 96—97° C. im Vakuum getrocknet.

Dextrose und Lävulose wurden in der Weise bestimmt, dass 14 g Honig in heissem Wasser gelöst, mit 2 CC. officineller Eisenacetatlösung versetzt, aufgekocht und nach dem Erkalten auf 100 CC. gebracht wurden. Diese Lösung wurde in der von Fr. Soxhlet angegebenen Weise mit unverdünnter Fehling'scher Lösung (100 CC.) und Sachsse'scher Jodquecksilber-Lösung (je 100 CC.) titrirt und der Gehalt an Dextrose und Lävulose durch Auflösen zweier Gleichungen mit 2 Unbekannten berechnet. (Vergl. Fr. Soxhlet: Journ. f. pract. Chemie 1880. Bd. 21. S. 227 und auch II. Th. dieser Schrift.)

Zur Bestimmung des Invert- und Rohrzuckers wurden 15 g Honig zu 500 CC. gelöst, davon 200 CC. = 6 g Honig zu 500 CC. verdünnt und von dieser 1,2 procentigen Lösung 25 CC. mit 50 CC. Fehling'scher Lösung und 25 CC. Wasser 2 Min. im Kochen erhalten und das ausgeschiedene Kupferoxydul nach der Reduction als Kupfer gewogen. In derselben Weise wurde die invertirte Lösung untersucht; behufs Inversion wurden 200 CC. (= 6 g Honig) der ersten Lösung mit 150 CC. Wasser und 50 CC. 1/5 Normalsalzsäure versetzt, 30 Min. im kochenden Wasser erhitzt, mit 19 CC. 1/2 Normalnatronlauge neutralisirt, zu 500 CC. aufgefüllt und hiervon wie vor der Inversion 25 CC. zur Fällung verwendet. Zur Berechnung der Resultate wurde die von Meissl (Zeitschr. d. Vereins f. d. Rübenzucker-Industrie d. Deutschen Reiches 1880. S. 16 u. 1034) aufgestellte Tabelle benutzt:

Invertzucker mg	245	225	200	175	125	100	75	50
Kupfer . . mg	428,2	400,8	360,3	270,8	233,2	188,9	124,9	96,0

Die Zwischenwerthe wurden durch Interpolation berechnet. Die Differenz zwischen den Zahlen vor und nach der Inversion wurde als „Rohrzucker" angesehen und durch Multiplikation mit 0,95 als solcher berechnet.

Die Zerstörung der Lävulose und die Zuckerbestimmung in der von Lävulose freien Lösung wurde in der Weise bewirkt, dass 100 CC. einer Lösung (mit 2,5 g eines Gemisches von Dextrose und Lävulose) mit 60 CC. sechsfach Normalsalzsäure 3 Stunden lang in einem mit einem eingehängten Trichter lose geschlossenen Kolben im Wasserbade erhitzt, nach Verlauf dieser Zeit sofort abgekühlt, mit 56—58 CC. sechsfach Normalnatronlauge neutralisirt und auf 250 CC. aufgefüllt wurden; hiervon wurden 25 CC. zur Dextrose-Bestimmung nach Allihn benutzt. (Vergl. Zeitschr. f. analyt. Chemie 1883. S. 448.).

No.	Bemerkungen	Zeit der Untersuchung	1 Wasser %	2 Dextrose %	3 Lävulose %	4 Invertzucker nach Fehling %	5 Rohrzucker %	6 Nichtzucker %	Dextrose, gefunden nach Zerstören der Lävulose mit Salzsäure %	mehr oder weniger als bei 2+5 %	In der Trocken-Substanz: Traubenzucker %	In der Trocken-Substanz: Rohrzucker %	Analytiker
73	Unmittelbar von Producenten bezogen und sicher echt	1884	18,81	39,79	34,12	74,24	1,22	6,06	40,22	— 0,21	91,46	1,50	Fr. Soxhlet u. E. Sieben[1]
74		„	17,84	34,24	41,87	75,88	1,24	5,81	36,77	+ 1,88	92,35	1,51	
75		„	20,86	28,11	46,79	74,26	—	4,24	29,13	+ 1,02	93,86	—	
76		„	24,62	29,20	39,71	68,71	—	6,47	28,00	— 1,20	91,18	—	
77		„	20,36	41,95	33,38	75,74	—	4,31	39,77	— 2,18	95,13	—	
78		„	20,00	41,43	33,74	75,59	—	4,83	41,74	+ 0,31	94,49	—	
79		„	21,08	32,16	39,25	71,22	—	7,51	34,34	+ 2,18	90,24	—	
80		„	21,51	34,70	40,02	74,59	—	3,77	36,54	+ 1,84	95,03	—	
81		„	20,17	35,45	40,05	75,41	—	4,33	37,54	+ 2,09	94,49	—	
82		„	19,02	32,27	39,47	71,54	4,00	5,24	36,00	+ 1,57	88,35	4,94	
83		„	20,61	24,27	45,35	68,89	0,95	8,82	26,57	+ 1,80	86,80	1,20	
84		„	21,24	26,86	43,85	69,93	—	8,05	29,07	+ 2,21	88,81	—	
85		„	24,95	22,23	46,89	68,25	—	5,93	24,25	+ 2,02	90,91	—	
86		„	21,70	32,40	40,06	72,23	—	5,84	31,48	— 0,92	92,24	—	
87		„	20,05	25,24	49,25	73,73	—	4,86	27,00	+ 1,44	92,24	—	
88		„	20,85	32,23	40,93	72,91	—	5,99	34,17	+ 1,94	92,09	—	
89		„	18,21	39,86	35,82	75,91	—	6,20	42,11	+ 2,25	92,84	—	
90		„	17,75	39,45	36,25	75,87	—	6,55	37,40	— 2,05	92,26	—	
91		„	19,35	31,48	42,68	73,91	—	6,49	33,77	+ 2,29	91,65	—	
92		„	22,11	34,60	35,97	70,53	—	7,32	35,31	+ 0,71	90,56	—	
93		„	17,85	35,92	41,96	77,76	—	4,27	36,31	+ 0,39	94,63	—	
94		„	22,90	25,50	43,05	67,95	1,58	6,97	27,65	+ 0,82	88,13	—	
95		„	18,30	31,07	41,01	71,63	3,98	5,64	34,48	+ 0,51	87,68	2,05	
96		„	20,65	35,75	39,75	75,42	—	3,84	35,08	— 0,67	95,03	4,87	
97		„	18,40	32,36	41,11	73,04	0,72	7,41	35,01	+ 2,27	89,47	—	
98		„	18,03	33,20	41,51	74,49	—	7,26	35,27	+ 2,01	90,88	0,88	
99		„	20,85	34,15	38,77	73,19	2,85	3,02	36,17	+ 0,16	92,44	—	
100		„	20,90	35,21	40,13	75,24	1,20	3,56	36,17	— 0,19	95,10	3,60	
101		„	22,81	37,00	38,67	75,63	—	1,52	38,45	+ 1,45	97,94	1,52	
102		„	20,81	34,05	40,26	75,66	1,23	3,53	35,71	+ 0,49	97,56	—	
103		„	21,82	37,89	32,26	70,15	—	8,03	39,08	+ 1,79	89,72	1,55	
104		„	20,79	31,75	39,61	75,35	3,99	3,86	33,85	—	95,09	—	
105		„	19,45	40,14	34,65	74,79	—	5,76	39,68	— 0,46	92,81	5,04	
106		„	21,40	37,68	36,73	74,41	—	4,19	36,60	— 1,08	94,57	—	
107		„	15,94	39,92	38,81	78,86	—	5,33	40,00	+ 0,08	93,84	—	
108	No. 108—133 stammen aus dem Kleinhandel, sind aber auch als echt zu bezeichnen	„	20,58	36,60	41,40	77,90	0,19	1,23	37,80	+ 1,11	98,07	0,24	
109		„	15,32	—	—	72,86	2,67	5,15	—	—	90,77	3,15	
110		„	19,86	44,10	32,80	77,40	1,07	2,17	43,10	— 1,57	96,60	1,34	
111		„	20,82	—	—	73,26	0,08	5,84	—	—	95,53	0,10	
112		„	19,21	—	—	75,40	0,44	4,95	—	—	93,35	0,54	
113		„	18,36	—	—	78,13	0,52	2,99	—	—	95,71	0,64	
114		„	25,80	34,15	30,36	64,74	2,19	7,50	35,26	— 0,04	87,33	2,93	

[1]) Zeitschr. d. Ver. f. d. Rübenzucker-Industrie d. Deutschen Reiches 1884. p. 837.

No.	Bemerkungen	Zeit der Untersuchung	1 Wasser %	2 Dextrose %	3 Lävulose %	4 Invertzucker nach Fehling %	5 Rohrzucker %	6 Nichtzucker %	Dextrose, gefunden nach Zerstören der Lävulose mit Salzsäure %	Dextrose, mehr oder weniger als bei 2+5 %	In der Trocken-Substanz: Traubenzucker %	In der Trocken-Substanz: Rohrzucker %	Analytiker
115	Stammen aus dem Kleinhandel, sind aber auch als echt zu bezeichnen	1884	21,45	35,90	35,09	71,01	0,11	7,45	36,23	+ 0,26	90,40	0,14	*Fr. Soxhlet u. E. Sieben*[1]
116		„	25,82	33,59	33,90	67,50	0,35	6,34	34,91	+ 1,14	91,06	0,47	
117		„	21,78	25,13	44,51	69,26	1,90	6,68	27,04	+ 1,91	88,51	2,43	
118		„	22,21	23,55	47,33	70,00	0,88	6,03	24,74	+ 0,72	90,02	1,13	
119		„	20,10	34,37	36,91	71,23	0,57	8,05	34,54	— 0,18	89,18	0,71	
120		„	25,18	27,45	39,96	67,16	0,34	7,07	29,03	+ 1,42	89,79	0,45	
121		„	19,10	36,35	41,23	77,68	1,90	1,42	37,85	+ 0,50	85,01	2,35	
122		„	20,16	38,30	39,87	78,14	—	1,67	39,11	+ 0,81	97,41	—	
123		„	21,11	34,81	42,29	76,95	—	1,79	36,00	+ 1,19	97,57	—	
124		„	22,74	35,65	34,86	70,53	0,12	6,63	36,11	+ 0,39	91,27	0,16	
125		„	21,34	33,09	40,12	73,97	—	5,45	34,31	+ 1,22	94,02	—	
126		„	22,81	34,76	36,37	71,10	—	6,06	35,80	+ 1,04	92,07	—	
127		„	21,80	31,45	44,30	75,49	—	2,45	32,42	+ 0,97	96,55	—	
128		„	19,00	32,97	40,77	73,58	1,20	6,06	34,68	+ 1,08	90,87	1,48	
129		„	22,22	32,02	43,74	75,53	—	2,02	33,45	+ 1,43	97,13	—	
130		„	11,54	32,33	46,73	78,77	—	5,40	33,08	+ 0,75	89,01	—	
131		„	19,77	30,40	44,69	74,81	0,31	4,83	31,48	+ 0,92	93,21	0,39	
132		„	23,59	35,90	35,09	71,01	2,77	2,65	36,28	— 1,08	92,95	3,63	
133		„	21,91	31,95	43,20	74,93	—	2,94	32,20	+ 0,25	93,79	—	
				Stickstoff-Substanz	Invertzucker	Rohrzucker	Dextrin	Asche					
134 °)	Kirschen-Honig vom 27. Mai 1885 . .	1887	23,35	0,38	66,05	3,07	6,64 °)	0,51	—	—	86,20	8,67	*C. Amthor*[2]
135 °)	Wiesenblumen-Honig vom 20. Juni 1885	„	22,45	0,74	65,65	4,72	5,83	0,61	—	—	84,62	7,51	
136 °)	Waldblum.- (vielleicht auch etwas Tonnen-) Honig, 16. Sept. 1885	„	18,22	0,40	71,66	3,41	5,91	0,40	—	—	87,64	7,23	
137	Rechtspolarisirender Natur-Honig	„	22,61	—	64,33	12,59	—	0,09	—	—	83,11	—	*R. Bensemann*[3])
138		„	21,09	—	69,41	9,41	—	0,09	—	—	87,94	—	

[1]) Zeitschr. d. Ver. f. d. Rübenzucker-Industrie d. Deutschen Reiches 1884. p. 837.
[2]) Bericht über die 6. Vers. d. freien Vereinigung bayr. Chem. 1887. S. 61.
°) Trotzdem die Honige No. 134—136 stark dextrinhaltig waren, bezeichnet sie C. Amthor als unzweifelhaft rein. Den Wassergehalt habe ich aus der Differenz angenommen; sonst scheint die Untersuchung theils nach dem vorstehenden Vorschlage von W. Lenz, theils nach dem von Soxhlet und Sieben ausgeführt zu sein. Amthor fand ferner für die 3 Honigsorten:

	Spec. Gew. d. Lösung 1 : 2	Drehung d. 10 %tigen Lösung (Laurent)	Drehung d. vergohrenen Flüssigkeit 10 : 100	Drehung d. vergohren. u. verzuckerten Flüssigkeit 10 : 100	Dextrin a. letzterer berechnet	Phosphorsäure	Schwefelsäure	Chlor
No. 134 Kirschen-Honig . .	1,1209	— 2,4°	+ 7,28°	+ 3,19°	7,01 %	0,054 %	Spur	—
No. 135 Wiesenblüthen-Honig	1,1197	— 1,82°	+ 7,01°	+ 2,58°	5,67 „	0,048 „	0,012 %	0,023 %
No. 136 Waldblüthen-Honig .	1,1200	— 2,04°	+ 5,35°	+ 2,23°	4,90 „	0,045 „	0,009 „	0,021 „

[3]) Zeitschr. f. angew. Chem. 1888. S. 117. Der Honig No. 137 entstammte aus einer Handlung, No. 138 dagegen wurde bei demselben Imker, welcher No. 137 geliefert hatte, direct aus den Waben entnommen; das spec. Drehungsvermögen, welches durch Auflösen von 25 CC. Honig in 100 CC. Wasser, Klären mit Bleiessig und Bestimmung des Ablenkungswinkels α im 200 mm ermittelt wurde, betrug bei No. 137 = 3,74° nach rechts, bei No. 138 = 1,66° nach rechts. Bensemann ist geneigt, den hohen Gehalt an Rohrzucker darauf zurückzuführen, dass die Imkerei in der Nähe einer Zuckerraffinerie lag.

Die Bestimmung der Zuckerarten wurde vor und nach der Inversion mit alkalischer Kupfertartratlösung gewichtsanalytisch ausgeführt.

Bemerkungen		Wasser %	Stickstoff-Substanz %	Lävulose %	Dextrose %	Trauben-zucker %	Rohrzucker %	Gummi %	Pollen + Wachs %	Sonstige Nichtzucker-stoffe %	Asche %	Phosphor-säure %
Bienen-honig	Minimum	10,00	0,03	30,49	23,52	64,10	—	0,12	Spur	1,23	0,02	0,006
	Maximum	33,59	2,02	48,91	42,67	79,37	12,91	0,36	2,81	8,82	0,68	0,086
	Mittel	**20,60**	**0,76**	**38,65**	**34,48**	**72,88**	**1,76**	**0,22**	**0,71**	**2,82**	**0,25**	**0,028**
	desgl. f. d. Trockensubstanz	—	**0,95**	**48,65**	**43,41**	**91,75**	**2,22**	**0,28**	**0,89**	**3,60**	**0,31**	**0,35**

Verfälschte Honigsorten des Kleinhandels von Fr. Soxhlet und N. Sieben.[1]) *)

No.	Art der Verfälschung	1 Wasser*) %	2 Dextrose*) %	3 Lävulose*) %	4 Invertzucker nach Fehling*) %	5 Rohrzucker*) %	6 Nichtzucker %	Dextrose nach Zerstören der Lävulose*) %	mehr oder weniger als 2 + 5 %	Drehung nach dem Vergähren im 200 mm Rohr,**) Kreisgrade	Gährrückstand von 100 g Honig giebt mit H Cl invertirbaren Zucker**) %	Nach Methode 5 Kupfer gewogen*) mg
1	Mit Rohrzucker	20,85	—	—	56,39	19,45	2,31	—	—	—	—	—
2	Mit desgl. und Wasser . .	36,48	25,63	25,42	51,05	10,62	1,85	33,05	+ 1,73	—	—	—
3	Mit ca. 15 % Stärkezuckersyrup	18,54	37,20	31,80	69,18	—	12,46	44,40	+ 7,20	+ 4,4	4,2	66
4	„ „ 65 „ „	18,65	21,75	19,60	41,30	—	40,00	43,60	+ 21,85	+ 25,0	12,4	366
5	„ „ 40 „ „	17,81	34,61	23,89	58,83	—	23,69	51,43	+ 16,82	+ 13,0	7,6	196
6	„ „ 46 „ „ und mit Rohrzucker . .	19,94	25,47	23,51	49,04	7,06	24,02	52,90	+ 22,71	+ 17,4	8,2	192
7	Mit ca. 80 % Stärkezuckersyrup	18,12	21,92	12,83	35,00	—	57,13	56,02	+ 34,10	+ 34,0	15,2	492
8	„ „ 50 „ „	19,73	30,00	22,30	52,56	—	27,97	55,70	+ 20,70	+ 25,2	9,4	253

Anhang zu Honig.

Zusammensetzung der Nektararten und des Blüthenstaubes von Pflanzen.

Bei der nahen Beziehung des Nektars und Blüthenstaubes zum Bienen-Honig mögen hier einige Untersuchungen über die chemische Zusammensetzung derselben mitgetheilt werden.

A. S. Wilson findet[2]) in dem Nectar einer Erbsenart 9,93 mg als höchste Menge, in dem von Claytonia almoides nur 0,413 mg Zucker als niedrigste Menge pro 1 Blüthe; in vielen Fällen enthielt der Nektar erhebliche Mengen Rohrzucker, z. B. der von einer Fuchsiablüthe 5,9 mg Rohrzucker bei einem Gesammt-Zuckergehalt von 7,59 mg.

[1]) Zeitschr. d. Vereins f. Rübenzucker-Industrie d. Deutschen Reiches 1884. p. 837.

[2]) Berichte d. deutschen chem. Gesellsch. in Berlin 1878. S. 1835.

*) Ueber die Methoden der verschiedenen Zuckerbestimmungen vergl. vorstehende Anmerkung S. 763.

**) Zur Vergährung wurden 25 g Honig in Wasser gelöst, mit 12 g stärkefreier Presshefe versetzt und das Ganze auf etwa 200 CC. gebracht. Nach 48- oder 72 stündigem Vergähren bei mittlerer Zimmertemperatur wird Thonerdehydrat zugesetzt, zu 250 CC. aufgefüllt, 200 CC. des klaren Filtrats auf 50 CC. abgedampft und im 200 mm Rohr polarisirt. Obige Ablenkungsgrade sind im Wildt'schen Polaristrobometer gefunden.

Zur Bestimmung der in dem Gährrückstand vorhandenen, in Zucker überführbaren Stoffe werden 25 CC. der obigen Lösung mit 25 CC. Wasser verdünnt, mit 5 CC. conc. Salzsäure versetzt, 1 Stunde im kochenden Wasserbade erhitzt, neutralisirt, zu 100 CC. aufgefüllt und in 25 CC. der Lösung der Zuckergehalt nach Allihn bestimmt.

Reiner Honig liefert keinen rechts drehenden Gährrückstand und keine oder nur sehr geringe Mengen, höchstens 2 mg Kupfer entsprechende, in Zucker überführbaren Stoffe in demselben.

A. v. Planta (vergl. auch Anm. *) S. 761) unterwarf den Pollen der Haselstaude (Corylus avellana)[1]) und der Kiefer (Pinus sylvestris)[2]) einer eingehenden Untersuchung und fand für die über Schwefelsäure getrocknete Substanz:

	Haselpollen	Kieferpollen
Wasser	4,98 %	7,66 %
Stickstoff	4,81 „	2,65 „
Stickstoff-Substanz (N × 6,25)	30,06 „	16,56 „
Hypoxanthin (und Guanin)	0,15 „	0,04 „
Fettsäuren	4,20 „	10,63 „
Wachsartige Körper*) (= Aetherextract)	3,67 „	3,56 „
Harzartige Bitterstoffe	8,41 „	7,93 „
Farbstoff (in der wässerigen Lösung)	2,06 „	— „
Rohrzucker	14,70 „	11,24 „
Stärke	5,26 „	7,06 „
Cuticula	3,02 „	21,97 „
Asche	3,81 „	3,30 „

Ausser vorstehenden Bestandtheilen konnte Pepton und Cholesterin in geringer Menge nachgewiesen werden.

Mit dem geringeren Gehalt des Kieferpollens an Stickstoff-Substanz, Zucker etc. und dem höheren Gehalt an unverdaulicher Cuticula hängt wohl zusammen, dass die Bienen den Kieferpollen nicht so gern eintragen wie den Haselpollen und andere Pollenarten.

Ferner untersuchte A. v. Planta[3]) mehrere Nektararten, von Protea mellifera (Kapland) und von zwei in unseren Gewächshäusern sich findenden Pflanzen der Bignonia radicans und Hoya carnosa, ferner nektarhaltige Flüssigkeiten, welche durch Behandeln von Blüthen mit destillirtem Wasser erhalten wurden. Er fand:

Nektarart:	In der frischen Substanz				In der Trocken-Substanz		Drehung im Polarisations-Apparat
	Wasser %	Glykose %	Rohrzucker %	Asche %	Glykose %	Rohrzucker %	
1. Protea-Nektar (spec. Gew. 1,077—1,078)	82,34	17,06	?	—	96,60	?	stark links
2. Bignonia-Nektar	84,70	14,84	0,437	0,45	97,00	2,85	links
3. Hoya-Nektar	59,23	4,99	35,65	0,105	12,24	87,44	rechts

Für eingedickten Syrup von Protea mellifera aus Kapstadt fand v. Planta:

Wasser	Glykose	Rohrzucker	Asche	In 100 Theilen Asche			
				P_2O_5	SO_3	Cl	K_2O
26,83 %	70,08 %	1,31 %	1,06 %	1,04 %	4,64 %	7,85 %	15,00 %

Ameisensäure, welche sich im Bienen-Honig findet, konnte in den Nektararten nicht nachgewiesen werden.

Durch Extraction von frischen Blüthen mit destillirtem Wasser wurde gefunden:

Blüthen:	1. der Alpenrosen (Rhododendron hirsutum)	2. der Akazie (Robinia viscosa)	3. der Esparsette (Onobrychis sativa)
	Anzahl der Blüthen = Gramm	Anzahl der Blüthen = Gramm	Anzahl der Blüthen = Gramm
	2866 = 215 g	3978 = 641,5 g	750 = 345 g
Diese lieferten:			
Glykose	1,3461 g	0,357 g	0,1358 g
Rohrzucker	—	—	—
Zu 1 g Glykose = 1,3 g Honig sind Anz. Blüthen erforderlich	2129 Stck.	2000 Stck.	5000 Stck.

Die Nektare enthalten zwischen 59—93 % Wasser; da älterer Honig nur 17—25 %, jüngerer 20—21 % Wasser enthält, so müssen die Bienen, während sie den Nektar im Honigmagen aufbewahren, einen erheblichen Theil des Wassers wegschaffen.

---

[1]) Landw. Vers.-Stat. 1885. Bd. 31. S. 97.
[2]) Ebendort 1886. Bd. 32. S. 215.
[3]) Zeitschr. f. physiol. Chemie 1886. Bd. 10. S. 227.
*) Durch Extraction mit Aether aus dem vorher schon mit alkoholischer Kalilauge gekochten Cuticula-haltigen Rückstand gewonnen; es ist daher anzunehmnn, dass die ursprünglich vorhandene Menge wachsartiger Körper grösser war.

Im Vergleich zu vorstehenden Nektaren und Pollenarten etc. enthielten einige Honigsorten folgende Mengen Glykose und invertirbaren Zucker in 100 Theilen Trockensubstanz:

Aeltere Honige:	Glykose %	Invertirbarer Zucker %
1. Vom Departement des Landes	87,00	1,00
2. „ „ Senegal .	85,40	3,70
3. Aus Graubündten 2000 ' .	80,60	2,70
4. Esparsette-Honig	88,70	0,00
5. Aus Graubündten 4500 ' .	84,10	0,50

Jüngere Honige:	Glykose %	Invertirbarer Zucker %
1. Aus Graubündten, Alpenregion	81,60	10,60
2. „ „ 2000 ' . .	81,60	9,30
3. „ „ Alpenregion	87,20	0,80

Da manche Nektararten erhebliche Mengen Rohrzucker besitzen, der Honig aber nicht, so ist anzunehmen, dass der Rohrzucker des Nektars bei der Bereitung des Honigs durch ein im Speichel der Bienen enthaltenes, dem Honig sich beimischendes Ferment nach und nach invertirt wird.

Weiterhin hat v. Planta[1]) den Futtersaft der Bienen einer Untersuchung unterworfen. Unter Futtersaft oder Futterbrei versteht man jene breiartige, weissliche Substanz, welche die fütternden Arbeitsbienen in die Zellen der Larven von Königinnen, Drohnen, Arbeiterinnen einlegen. Während einige die Quelle dieses Futtersaftes in den Speicheldrüsen suchen, ist derselbe nach der neuerdings wieder von Schönfeld vertretenen Ansicht ein Product des Chylusmagens, und wird von diesem aus in die Zellen erbrochen, ganz so wie der Honig aus dem Honigmagen. Für letztere Ansicht spricht der Umstand, dass der Futterbrei nach den folgenden Untersuchungen keine constante Zusammensetzung besitzt, was bei einer Abstammung aus Drüsen der Fall sein müsste.

Die Untersuchung der verschiedenen Sorten Futterbrei lieferte folgende Resultate:

Futterbrei	Wasser %	Trockensubstanz %	In der Trocken-Substanz: N-Substanz %	Fett %	Glykose %	Asche %
1. Von Königinnen	69,38	30,62	45,14	13,55	20,39	4,06
2. Von Drohnen	72,75	27,25	—	—	—	—
3. desgl., unter 4 Tage alt .	—	—	55,91	11,90	9,57	—
4. desgl., über 4 Tage alt .	—	—	31,67	4,74	58,49	2,02
5. Von Arbeiterinnen . . .	—	—	—	6,84	27,65	—
6. desgl.	71,63	28,37	51,21	—	—	—

Der Königinnen-Futterbrei ist in jeder Altersstufe, der der jüngsten Drohnenlarven bis zu 4 Tagen frei von absichtlich zugesetztem Pollen; beide sind völlig vorverdaut. Der Futterbrei der über 4 Tage alten Drohnenlarven dagegen zeigt reichliche Pollenkörner, ist klebriger und gelber; der Arbeiterinnen-Futterbrei wurde in den untersuchten 2 Proben ebenfalls pollenfrei gefunden. Das Fett des Futterbreies reagirt stark sauer; da es keine Ameisensäure enthielt, musste die sauere Reaction von freien Fettsäuren herrühren.

Tagma (Honig).*)

No.		Zeit der Untersuch.	Wasser %	Zucker %	Mannit %	Dextrin %	Sonstige Stoffe %	Asche %	In der Trocken-Substanz Zucker %	Analytiker
1	Aus Aethiopien . . .	1879	25,5	32,0	3,0	27,9	9,1	2,5	42,95	*A. Vilmorin*[2])

Manna.

No.		Zeit der Untersuch.	Wasser %	Zucker %	Gummi	Stärke	Inulin	Cellulose	In der Trocken-Substanz Zucker %	Analytiker
1	Eucalyptus dumosa**) .	?	15,01	49,06	5,77	4,29	13,80	12,04	57,72	*Th. Anderson*[3])
2	Lichen esculentus†) . .	1880	7,03	4,07	3,30	—	10,75 ††)	31,99	4,41	*E. Latour*[4])

[1]) Chem. Centralbl. 1888. S. 673.
[2]) Berichte d. deutschen chem. Gesellsch. in Berlin 1879. Bd. 12. S. 671.
[3]) Journ. f. pract. Chemie. Bd. 47. S. 449.
[4]) Repertoire de Pharm. 1880. Bd. 8. S. 449.
*) Von einer Art Mosquitos in Höhlen ohne Wachs erzeugt.
**) Diese Sorte Manna bedeckt zuweilen die Blätter von Eucalyptus dumosa in Australia felix und wird von den Eingeborenen als Lerp bezeichnet.
†) Darin ferner: 1,89 % N-Substanz, 0,73 % Fett + Wachs, 0,27 % Chlorophyll und 40,0 % Asche.
††) Als Lichenin bezeichnet.

Milch des Kuhbaumes.

No.		Zeit der Untersuchung	Wasser %	Albumin %	Fett %	Zucker + Gummi %	Asche %	In der Trocken-Substanz: Zucker %	Analytiker
1		?	57,3	0,4	5,8	4,7	0,4	11,01	*Heintz*[1])
2		1878	58,0	1,7	35,2*)	2,8**)	0,5	6,67	*Boussingault*[2])

Obstsorten und sonstige Früchte.

Frisches Obst.

Aepfel.

No.		Zeit der Untersuchung	Wasser %	In Wasser löslich: Zucker %	Freie Säure†) %	Eiweissstoffe %	Pectinstoffe %	Asche %	In Wasser unlöslich: Kerne %	Schalen %	Pectose %	Asche %	In der Trocken-Substanz: Stickstoff-Substanz %	Zucker %	Stickstoff in der Trocken-Substanz %	Analytiker
1	Grosse englische Reinette . .	1853	86,03	9,25	0,53		1,80		—	—	—	—	2,60	66,21	0,43	*R. Fresenius*[3])
2	desgl.	1854	82,03	5,96	0,39	0,49	7,61	0,22	0,07	1,71	1,49	0,06	2,44	33,16	0,39	
3	desgl.	1855	82,04	6,83	0,85	0,43	6,47	0,36	1,95		1,05	0,03	1,31	38,03	0,21	
4	Weisser Tafelapfel . . .	1854	85,04	7,58	1,04	0,20	2,72	0,44	0,38	1,42	1,16	0,03	—	47,49	—	
5	Borsdorfer . .	1853	82,49	7,61	0,61		6,85		—	—	—	—	—	43,46	—	
6	Weisser Metapfel	„	82,13	8,98	1,01		3,35		—	—	—	—	—	50,25	—	
7	Engl. Winter-Goldparmäne .	„	81,87	10,36	0,48		5,11		—	—	—	—	—	57,14	—	
8	Aepfel aus Württemberg (Mittel von 8 Sorten) .	1856	84,74	7,46	0,82		4,23			2,76			—	48,88	—	*E. Wolff*[4])
							+ Dextrin			Holzfaser		Asche im Ganzen				
9 °)	Weisser Astrachan-Apfel vom 27. August .	1874	86,19	7,35	1,64	0,50	3,03	—	—	1,43	—	0,17	3,63	53,22	0,58	*Otto Pfeiffer*[5])
	Pleissner Rambour-Reinette:															
10	20. September .	„	87,31	7,62	1,09	0,50	1,94	—	—	1,37	—	0,17	3,94	60,05	0,63	
11	30. September .	„	85,28	7,80	1,67	0,44	4,15	—	—	1,41	—	0,25	2,94	52,98	0,47	

[1]) Milchzeitung 1875. S. 1449.
[2]) Compt. rend. 1878. Bd. 87. S. 277.
*) Fett + Wachs.
**) Dazu noch 1,8 % sonstige organ. Stoffe.

Obstsorten:
[3]) Ann. d. Chem. u. Pharm. Bd. 101. S. 219.
[4]) Württemb. Wochenbl. f. Land- u. Forstw. 1856. No. 18.
[5]) Ann. d. Oenologie 1876. Jahresber. f. Agric.-Chemie 1875/76. I. Bd. S. 313.
†) Gleich Aepfelsäure.
°) Ein Apfel wog bei:

No. 9	10	11	12	13
55,33	142,38	123,50	59,70	53,00 g

No.		Gewicht eines Apfels g	Zeit der Untersuchung	Wasser %	In Wasser löslich: Zucker %	Freie Säure %	Eiweiss-stoffe %	Pectin-stoffe %	Asche %	In Wasser unlöslich: Kerne %	Schalen %	Pectose %	Asche %	In der Trocken-Substanz: Stick-stoff-Substanz %	Zucker %	Stickstoff in der Trocken-Substanz %	Analytiker
	Rother Oster-Calville-Apfel:							+ Dextrin			Holzfaser		Asche im Ganzen				
12	20. September . .		1874	83,60	5,95	1,00	0,37	7,13	—	—	1,68	—	0,27	2,25	36,28	0,36	Otto Pfeiffer
13	12. December . .		„	81,47	8,92	0,75	0,19	6,70	—	—	1,67	—	0,30	1,00	48,14	0,16	Otto Pfeiffer
14			1871	82,10	7,96	—	0,39	—	—	—	—	—	—	2,18	42,96	0,35	Ziurek [1])
15	Borsdorfer Aepfel .		1861	81,29	8,76	0,72	0,42	5,33	—	3,02		—	0,46	2,25	46,82	0,36	Th. Margold [2])
16	Leder-Aepfel . . .		„	83,16	7,29	1,34	0,33	4,77	—	2,84		—	0,26	1,94	43,29	0,31	Th. Margold [2])
17	Quitten-Aepfel . .		„	84,11	5,49	0,46	0,48	5,62	—	3,96		—	0,38	3,06	34,53	0,49	Th. Margold [2])
								(Arabinsäure?)			(Cellulose)						
18 [0])	Amtmannsa. 16. Oct. .	80,0	1875	88,24	5,45	0,87	—	0,86	0,44	—	0,69	0,42 *)	0,18	—	46,35	—	Dragendorff [3])
19 [0])	Rother holl. Gewürz-Calville 29. Oct. .	35,0	„	84,09	8,43	0,49	—	1,62	0,60	—	1,22	0,55	0,11	—	52,99	—	Dragendorff [3])
20 [0])	Schlottera. 29. Oct. .	85,0	„	82,76	8,41	0,52	—	2,42	0,67	—	1,51	0,44	0,05	—	48,78	—	Dragendorff [3])
21 [0])	Champagner-apfel 30. Sept. . .	110,0	„	86,43	7,00	0,66	—	2,67	0,35	—	0,98	0,45	0,03	—	51,58	—	Dragendorff [3])
22 [0])	Revaler Birn-apfel 15. Sept. . .	58,0	„	84,59	7,51	0,29	—	2,70	0,50	—	1,07	0,68	0,31	—	48,73	—	Dragendorff [3])
23 [0])	Gelber Klar-apfel 8. Oct. . .	122,0	„	86,82	5,73	0,66	—	2,20	0,48	—	1,00	0,36	0,20	—	43,48	—	Dragendorff [3])
24 [0])	Suislepper I. 18. Sept. .	72,5	„	86,45	6,01	0,73	—	2,78	0,43	—	0,99	0,41	0,20	—	44,35	—	Dragendorff [3])
25 [0])	Desgl. II. 20. Sept. .	43,0	„	86,95	5,97	0,89	—	2,28	0,53	—	1,40	0,46	0,25	—	45,75	—	Dragendorff [3])

[1]) Neue landw. Ztg. 1871. S. 960.

[2]) Jahresbericht f. Agric.-Chem. 1861/62. S. 51. Die von Margold untersuchten Obstsorten sind sämmtlich in Böhmen gereift.

[3]) Archiv f. die Naturkunde Liv-, Esth- u. Kurlands. Bd. 8. S. 140 u. Jahresber. f. Agric.-Chemie 1878. S. 114.

[0]) Die Aepfel 18—33 sind in Livland gewachsen; Dragendorff untersuchte die sämmtlichen Aepfel in den einzelnen Entwickelungsstadien; hier ist nur die Zusammensetzung der reifen Aepfel mitgetheilt. Ausser den aufgeführten Bestimmungen sind noch folgende ausgeführt:

	No. 18	19	20	21	22	23	24	25
a. Summe der in Wasser löslichen Stoffe	8,35	11,75	12,70	11,34	12,76	9,56	10,20	10,23 %
b. Summe der unlöslichen Stoffe	3,41	4,16	4,54	2,23	2,55	3,62	3,27	2,82 „
c. Eiweiss-Substanz und andere unlösliche Substanzen	1,96	1,99	2,25	0,45	0,28	1,85	1,44	0,49 „
	No. 26	27	28	29	30	31	32	33
a. Summe der in Wasser löslichen Stoffe	8,79	10,19	8,83	10,43	10,63	9,74	12,76	11,40 %
b. Summe der unlöslichen Stoffe	2,21	3,27	3,67	3,18	3,59	3,33	2,70	4,12 „
c. Eiweiss-Substanz und andere unlösliche Substanzen	0,49	0,95	2,44	0,27	1,37	1,84	0,30	1,97 „

*) Als Metarabinsäure oder „Pectin“ bezeichnet.

No.		Gewicht eines Apfels g	Zeit der Untersuchung	Wasser %	In Wasser löslich: Zucker %	Freie Säure %	Eiweiss-stoffe %	Pectin-stoffe %	Asche %	In Wasser unlöslich: Kerne %	Schalen %	Pectose %	Asche %	In der Trocken-Substanz: Stick-stoff-Substanz %	Zucker %	Stickstoff in der Trocken-Substanz %	Analytiker
26 °)	Sommer-traubenapfel 24. Sept.	49,0	1875	89,00	5,95	0,85	—	0,89	0,55	—	0,98	0,38	0,20	—	54,09	—	Dragendorff[1]
27 °)	Cardinal 24. Sept.	97,0	„	86,54	5,20	0,48	—	3,89	0,40	—	1,31	0,50	0,12	—	38,63	—	Dragendorff[1]
28 °)	Kaiser Alex.-A. 6. Oct.	133,0	„	87,50	5,98	0,79	—	1,05	0,43	—	0,64	0,26	0,22	—	47,84	—	Dragendorff[1]
29 °)	Goldgelbe Sommer-reinette 17. Sept.	46,0	„	86,39	7,07	1,38	—	1,31	0,55	—	1,31	0,80	0,13	—	51,95	—	Dragendorff[1]
30 °)	Süsse Herbst-reinette 29. Oct.	43,0	„	85,78	7,59	0,82	—	1,92	0,36	—	1,46	0,43	0,05	—	53,37	—	Dragendorff[1]
31 °)	Zwiebelbors-dorfer 16. Oct.	28,0	„	86,93	8,18	0,46	—	0,11	0,35	—	0,77	0,27	0,07	—	70,24	—	Dragendorff[1]
32 °)	August-A. 11. Sept.	49,0	„	84,54	5,00	0,96	—	5,37	0,50	—	0,96	0,50	0,19	—	32,34	—	Dragendorff[1]
33 °)	Wirthsch.-A. 27. Sept.	74,0	„	84,48	6,15	1,39	—	2,59	0,41	—	1,12	0,66	0,09	—	39,63	—	Dragendorff[1]
34 °°)	Balduin-A.-Fleisch 27. Sept.	—	„	84,11	—	(Fett) 0,29	0,21	—	(Gesammt) 0,23	—	—	0,91	—	1,31	—	0,21	F. H. Storer[2]
35 °°)	Russet-A.-Fleisch 27. Sept.	—	„	82,22	—	0,53	0,26	—	0,26	—	—	0,96	—	1,50	—	0,24	F. H. Storer[2]
36	Mantuan.-A.-Fleisch 9. Oct.	113,0	„	87,70	8,90 *)	0,44	—	—	0,31	—	—	—	—	—	72,36	—	E. Mach[3]
								N-freie Extractstoffe		Holzfas. (incl. Kerne)		Asche (im Ganzen)					
	Minimum		.	81,29	4,92	0,29	0,15	—		1,45		0,17		1,00	32,34	0,16	
	Maximum		.	89,00	10,68	1,88	0,59	—		3,79		1,03		3,94	70,24	0,63	
	Mittel		.	**84,79**	**7,22**	**0,82**	**0,36**	**5,81** **)		**1,51**		**0,49**		**2,32**	**47,50**	**0,37**	

[1]) Archiv f. die Naturkunde Liv-, Esth- u. Kurlands. Bd. 8. S. 140 u. Jahresber. f. Agric.-Chemie 1878. S. 114.
[2]) Bulletin of the Bussey Institution 1875. S. 362.
[3]) Weinlaube 1878. X. S. 334.

°) Vergl. Anmerkung °) Seite 770.
°°) Die zugehörigen Schalen enthielten:

	Wasser	Protein	Fett	Kohlehydrate	Holzfaser	Asche
No. 34 . .	71,60	1,00	2,27	19,31	5,27	0,45 %
No. 35 . .	69,93	1,08	1,71	21,73	5,02	0,53 „

*) Mit 3,1 % Dextrose u. 5,27 % Lävulose.
**) Aus der Differenz berechnet.

Birnen.

No.		Zeit der Untersuchung	Wasser %	In Wasser löslich: Zucker %	Freie Säure %	Eiweissstoffe %	Pectinstoffe %	Asche %	In Wasser unlöslich: Kerne %	Schalen %	Pectose %	Asche %	In der Trocken-Substanz: Stickstoff-Substanz %	Zucker %	Stickstoff in der Trocken-Substanz %	Analytiker
1	SüsseRothbirne	1854	83,95	7,00	0,07	0,23	3,28	0,28	0,39	3,42	1,34	0,05	1,54	43,61	0,23	*R. Fresenius*[1])
2	desgl. . . .	1855	83,01	7,94	Spur	0,21	4,41	0,28	3,52		0,04	0,04	1,19	46,73	0,19	
3	Birnen a. Württemberg (Mitt. von 9 Sorten)	1853	80,02	9,26	0,58		3,01		—	—	—	—	—	46,35	—	*E. Wolff*[1])
4		1850	83,88	11,52	0,08	—	Dextrin 2,07	—	—	Zellstoff —	—	—	—	71,46	—	*Bérard*[2])
5	Blutbirnen . .	1871	83,88	6,83	0,21	0,48	3,18	—	5,12		—	Asche im Ganzen 0,38	3,00	42,37	0,48	*Th. Margold*[3])
6	Kaiserbirnen .	„	81,43	8,21	0,11	0,37	4,76	—	4,75		—	0,37	2,00	44,16	0,32	
7	Salzburg. Birne 8. Sept. . .	1874	81,91	9,19	0,25	0,50	5,21	—	—	Cellulose 2,70	—	0,24	2,75	50,80	0,44	*Otto Pfeiffer*[4])
8	Siegels Honigb. 24. Aug. . .	„	86,00	6,58	0,13	0,50	3,61	—	—	—	—	0,20	—	41,13	—	
9		1871	83,20	8,78	—	0,23	—	—	—	1,90	—	—	1,31	49,33	0,21	*Ziurek*[5])
10	Sommer-Apotheker-Birne 11. Sept. . .	1878	85,60	7,20 †)	0,27	—	—	—	—	—	—	—	—	50,00	—	*E. Mach*[6])
	Mittel	.	**83,80**	**8,26**	**0,20**	**0,36**	**3,54** *)	—	**4,30** **)		—	**0,31** ***)	**1,94**	**48,49**	**0,31**	

Zwetschen.

No.		Zeit der Untersuchung	Wasser %	In Wasser löslich: Zucker %	Freie Säure %	Eiweissstoffe %	Pectinstoffe %	Asche %	In Wasser unlöslich: Kerne %	Schalen %	Pectose %	Asche %	In der Trocken-Substanz: Stickstoff-Substanz %	Zucker %	Stickstoff in der Trocken-Substanz %	Analytiker
1	Gewöhnliche .	1855	81,93	5,79	0,95	0,74	3,65	0,73	3,54	1,99	0,63	0,09	4,06	32,04	0,65	*R. Fresenius*[1])
2	Süsse ital. . .	„	81,27	6,73	0,84	0,79	4,11	0,59	3,12	0,97	1,53	0,07	4,19	35,93	0,67	
3		1871	80,10	6,78	—	0,87	—	—	—	—	—	—	4,31	34,07	0,69	*Ziurek*[5])
4		1861	81,41	5,29	0,73	0,72	4,82	—	6,40		—	Asche im Ganzen 0,63	3,69	27,00	0,59	*Th. Margold*[3])
	Mittel	.	**81,18**	**6,15**	**0,85**	**0,78**	**4,92** *)	—	**5,41** **)		—	**0,71** ***)	**4,06**	**32,35**	**0,65**	

[1]) Ann. d. Chem. u. Pharm. Bd. 101. S. 219.
[2]) Die Landwirthschaft von Boussingault. Deutsch von Gräger 1851. S. 313.
[3]) Jahresbericht für Agric.-Chem. 1861/62. S. 51. Die von Margold untersuchten Obstarten sind sämmtlich in Böhmen gereift.
[4]) Ann. d. Oenologie 1876. Jahresber. f. Agric.-Chemie 1875/76. I. Bd. S. 313.
[5]) Neue landw. Ztg. 1871. S. 960.
[6]) Die Weinlaube 1878. X. S. 334.

†) Darin 2,4 % Dextrose und 4,8 % Lävulose.
*) N-freie Extractstoffe überhaupt, aus der Differenz berechnet.
**) Holzfaser incl. Kerne.
***) Asche im Ganzen.

Pflaumen.

No.		Zeit der Untersuchung	Wasser %	In Wasser löslich: Zucker %	Freie Säure %	Eiweissstoffe %	Pectinstoffe %	Asche %	In Wasser unlöslich: Kerne %	Schalen %	Pectose %	Asche %	In der Trocken-Substanz: Stickstoff-Substanz %	Zucker %	Stickstoff in der Trocken-Substanz	Analytiker
1	Schwarz-blaue, mittelgross .	1854	88,75	1,99	1,27	0,43	2,31	0,49	4,19	0,51		0,04	3,81	17,69	0,61	R. Fresenius[1]
2	Dunkelschwarzrothe . . .	1855	85,24	2,25	1,33	0,40	5,85	0,55	3,32	1,02		0,06	2,75	15,25	0,44	R. Fresenius[1]
3		1871	80,60	6,44	—	0,37	—	—	—	—	—	—	1,81	33,20	0,29	Ziurek[2]
	Mittel	.	**84,86**	**3,56**	**1,50**	**0,40**	**4,68** *)	—	**4,34** **)	—	—	**0,66** ***)	**2,79**	**23,51**	**0,45**	

Reineclaude.

No.		Zeit der Untersuchung	Wasser %	Zucker %	Freie Säure %	Eiweissstoffe %	Pectinstoffe %	Asche %	Kerne %	Schalen %	Pectose %	Asche %	Stickstoff-Substanz %	Zucker %	Stickstoff in der Trocken-Substanz	Analytiker
1	Gelbgrüne, mittelgross . .	1854	80,84	2,96	0,96	0,45	10,47	0,32	3,25	0,68	1,03	0,04	2,31	15,50	0,37	R. Fresenius[1]
2	Sehr süsse, grüne, grosse	1855	79,72	3,41	0,86	0,38	12,07	0,39	2,85	0,01	0,25	0,04	1,81	16,81	0,29	R. Fresenius[1]
	Mittel	.	**80,28**	**3,16**	**0,91**	**0,41**	**11,46** *)	—	**3,39** **)		—	**0,39** ***)	**2,06**	**16,16**	**0,33**	

Mirabellen.

No.		Zeit der Untersuchung	Wasser %	Zucker %	Freie Säure %	Eiweissstoffe %	Pectinstoffe %	Asche %	Kerne %	Schalen %	Pectose %	Asche %	Stickstoff-Substanz %	Zucker %	Stickstoff in der Trocken-Substanz	Analytiker
1	Gelbe gewöhnliche . . .	1854	82,24	3,58	0,58	0,18	5,77	0,57	5,78	0,18	1,08	0,08	1,00	20,16	0,16	R. Fresenius[1]
2		1861	76,49	4,37	0,49	0,58	7,32	—	4,02		—	Asche im Ganzen 0,63	2,75	18,67	0,44	Th. Margold[3]
	Mittel	.	**79,42**	**3,97**	**0,53**	**0,38**	**10,07** *)	—	**4,99** **)		—	**0,64** ***)	**1,88**	**19,42**	**0,30**	

Pfirsiche.

No.		Zeit der Untersuchung	Wasser %	Zucker %	Freie Säure %	Eiweissstoffe %	Pectinstoffe %	Asche %	Kerne %	Schalen %	Pectose %	Asche %	Stickstoff-Substanz %	Zucker %	Stickstoff in der Trocken-Substanz	Analytiker
1	Grosse holländische . . .	1854	84,99	1,58	0,61	0,43	16,31	0,42	4,63	0,99	—	0,04	2,88	10,52	0,46	R. Fresenius[1]
2	Aehnliche . .	1855	76,55	1,57	0,73	11,06		0,91	6,76	2,42	—	0,06	—	6,69	—	R. Fresenius[1]
3		1861	79,84	1,46	0,71	0,54	11,01	—	3,02		—	Asche im Ganzen 0,62	2,69	7,24	0,43	Th. Margold[3]

[1]) Ann. d. Chem. u. Pharm. Bd. 101. S. 219.

[2]) Neue landw. Ztg. 1871. S. 960.

[3]) Jahresbericht für Agric.-Chem. 1861/62. S. 51. Die von Margold untersuchten Obstarten sind sämmtlich in Böhmen gereift.

*) N-freie Extractstoffe überhaupt, aus der Differenz berechnet.

**) Holzfaser incl. Kerne; bei Pflaumen bloss Kerne ohne Holzfaser.

***) Asche im Ganzen.

No.		Zeit der Untersuchung	Wasser %	In Wasser löslich: Zucker %	Freie Säure %	Eiweissstoffe %	Pectinstoffe %	Asche %	In Wasser unlöslich: Kerne %	Schalen %	Pectose %	Asche %	In der Trocken-Substanz: Stickstoff-Substanz %	Zucker %	Stickstoff in der Trocken-Substanz %	Analytiker
4		1871	78,60	6,19	—	0,31	—	—	—	—	—	—	1,44	28,93	0,23	*Ziurek*[1])
5		„	80,20	11,60	1,10	0,90	—	—	—	1,20	—	—	4,56	58,59	0,73	*Bérard*[2])
	Pfirsiche, Mittel	.	**80,03**	**4,48**	**0,92**	**0,65**	**7,17** *)	—	**6,06** **)		—	**0,69** ***)	**2,89**	**22,39**	**0,46**	
	Aprikosen.															
1	Schöne, ziemlich grosse .	1854	84,97	1,14	0,89	0,79	5,93	0,82	4,30	0,97	0,15	0,07	5,25	7,58	0,84	*R. Fresenius*[3])
2	Sehr wohlschmeckende, grosse . . .	1855	82,01	1,53	0,77	0,36	9,28	0,75	3,22	0,94	1,00	0,10	2,00	8,12	0,32	
3	Kleine . . .	„	83,55	2,74	1,60	0,38	5,57	0,72	3,42	1,25	0,75	0,06	2,31	16,66	0,37	
4		1850	74,40	16,50	1,80	0,20	—	—	—	1,90	—	— Asche i. Ganzen	0,81	64,29	0,13	*Bérard*[2])
5		1861	80,67	2,01	0,75	0,63	10,24	—	5,21		—	0,49	3,25	10,39	0,52	*Margold*[4])
6		1871	81,70	4,20	—	0,63	—	—	—	—	—	—	3,44	22,88	0,55	*Ziurek*[1])
	Mittel	.	**81,22**	**4,69**	**1,16**	**0,49**	**6,35** *)	—	**5,27** **)		—	**0,82** ***)	**2,84**	**24,98**	**0,46**	
	Kirschen.															
1	Süsse, hellrothe Herzkirsche .	1854	75,37	13,11	0,35	0,85	2,27	0,60	5,48	0,45	1,45	0,09	3,44	53,23	0,55	*R. Fresenius*[3])
2	Säuerliche, sehr helle Herzkirsche . .	1855	82,46	8,57	0,96	3,53		0,83	3,24	6,46	0,40	0,07	—	48,86	—	
3	Süsse, schwarze	„	79,70	10,70	0,56	0,96	—	0,60	5,73	0,37	0,66	0,08	4,75	52,71	0,76	
4	Saure Kirschen (Weichselk.) .	„	80,49	8,77	1,28	0,78	—	0,56	5,18	0,81	0,25	0,07	4,00	44,95	0,64	
5		1850	74,90	18,10	2,00	0,6	3,20	—	—	1,10	—	— Asche i. Ganzen	2,38	52,71	0,38	*Bérard*[2])
6	Herzkirschen .	1861	73,55	11,37	0,44	0,83	1,98	—	6,89		—	0,93	3,13	42,99	0,50	*Th. Margold*[4])
7	Schwarz. Kirsch.	„	88,48	3,43	0,32	0,43	0,47	—	6,23		—	0,64	3,69	29,97	0,59	
8	Weichsel-Kirschen . . .	„	85,71	6,39	1,30	0,40	0,57	—	5,28		—	0,35	2,81	44,72	0,45	
9		1871	77,70	11,72	—	0,82	—	—	—		—	—	3,44	52,56	0,55	*Ziurek*[1])
	Mittel	.	**79,82**	**10,24**	**0,91**	**0,67**	**1,76** *)	—	**6,07** **)		—	**0,73** ***)	**3,45**	**50,69**	**0,55**	

[1]) Neue landw. Ztg. 1871. S. 960.
[2]) Die Landwirthschaft von Boussingault. Deutsch von Gräger 1851. S. 313.
[3]) Ann. d. Chem. u. Pharm. Bd. 101. S. 219.
[4]) Jahresbericht für Agric.-Chem. 1861/62. S. 51. Die von Margold untersuchten Obstarten sind sämmtlich in Böhmen gereift.
*) Summe der N-freien Extractstoffe, aus der Differenz berechnet.
**) Holzfaser incl. Kerne.
***) Asche im Ganzen.

Weintrauben.

No.		Zeit der Untersuchung	Wasser %	In Wasser löslich: Zucker %	Freie Säure %	Eiweiss-stoffe %	Pectin-stoffe %	Asche %	In Wasser unlöslich: Kerne %	Schalen %	Pectose %	Asche %	In der Trocken-Substanz: Stick-stoff-Substanz %	Zucker %	Stickstoff in der Trocken-Substanz %	Analytiker
1	Ganz reife weisse Oesterreicher . .	1854	78,99	13,78	1,02	0,79	0,49	0,36	2,59		0,94	0,12	3,75	65,59	0,60	R. Fresenius[1])
2	Ganz reife Kleinberger .	1855	84,87	10,59	0,82	0,59	0,22	0,38	1,77		0,75	0,08	3,88	69,98	0,62	
3	Riesling-Trauben v. Oppenheim a. sehr reif .	„	76,04	13,52	0,71	—	—	—	—	—	—	—	0,88	56,85	0,14	
4	b. edelfaul .	„	74,38	15,14	0,50	—	—	—	—	—	—	—	0,94	59,06	0,15	
											N-freie Substanz					
5	Riesling-Trauben von Neroberg, 12. Oct., ganz gefüllt u. edelfaul . .	1875	71,93	18,63	0,94	0,25	2,00	0,59	3,42	1,20	0,51	0,11	—	66,73	—	C. Neubauer[2])
6	dgl., 22. Oct., geschimmelt .	„	72,35	17,86	0,59	0,26	2,33	9,53	3,38	1,77	0,56	0,15	—	64,59	—	
7	Oesterr. Trauben aus Wiesbaden, 1. Oct., grün u. gesund	„	77,54	16,71	0,71	0,69	1,16	0,49	1,79	0,64	0,28	0,08	3,08	74,39	0,49	
8	dgl., 13. Octbr., edelfaul und geschimmelt .	„	72,24	18,70	0,85	0,61	2,41	0,52	2,58	1,15	0,54	0,11	2,19	67,36	0,35	
												Asche i. Ganzen				
9	Weintrauben (Böhmen) . .	1861	83,95	9,28	1,36	0,73	0,23	—	4,00		—	0,45	4,56	57,82	0,73	Th. Margold[3])
10	dgl. Prag . .	„	82,31	11,81	0,72	0,76	0,27	—	3,72		—	0,40	4,31	66,76	0,69	
11	dgl. Černosek .	„	82,67	11,99	0,49	0,39	0,30	—	3,82		—	0,33	2,31	69,19	0,37	
12		1871	80,20	14,31	—	0,74	—	—	—		—	—	3,69	72,27	0,59	Ziurek[4])
	Mittel	.	**78,17**	**14,36**	**0,79**	**0,59**	**1,96** *)	—	**3,60** **)		—	**0,53** ***)	**2,97**	**65,88**	**0,47**	

[1]) Ann. d. Chem. u. Pharm. Bd. 101. S. 219.

[2]) Ann. d. Oenologie 1875. S. 343.

[3]) Jahresbericht f. Agric.-Chem. 1861/62. S. 31. Die von Margold untersuchten Obstarten sind sämmtlich in Böhmen gereift.

[4]) Neue landw. Ztg. 1871. S. 960.

*) Summe der N-freien Extractstoffe, aus der Differenz berechnet.

**) Holzfaser incl. Kerne.

***) Asche im Ganzen.

Erdbeeren.

No.		Zeit der Untersuchung	Wasser %	In Wasser löslich: Rohrzucker %	Traubenzucker %	Freie Säure %	Eiweissstoffe %	Pectinstoffe %	Salze %	In Wasser unlöslich: Cellulose Parenchym %	Proteinstoffe %	Fett %	Pectose %	Asche %	In d. Trocken-Substanz: Stickstoff-Substanz %	Zucker %	Stickstoff i. der Trock.-Subst. %	Analytiker
1	Walderdbeeren	Ende der 50er Jahre	81,05	0,84	8,99	1,06	0,53	—	1,23	3,85	0,96	1,05	—	0,23	2,75	51,88	0,44	M. H. Buignet[1]
2	Alperdbeeren .		83,60	1,26	8,03	0,65	0,48	—	1,04	3,36	0,89	0,63	—	0,22	2,94	56,64	0,47	
3	desgl. (w. Var.)		83,33	2,16	7,62	1,04	0,75	—	0,23	3,24	0,59	0,61	—	0,43	4,50	58,67	0,72	
4	Fragaria elatior (Duchesne) .		80,39	4,34	8,19	0,60	0,58	—	1,32	2,79	0,70	0,30	—	0,32	2,94	64,41	0,47	
5	Fragar. Collina (Ehrh.) . .		82,29	6,33	4,98	0,55	1,49	—	1,22	2,13	0,78	0,41	—	0,23	8,44	63,86	1,35	
6	Fragaria elatior (Ehrh.) . .		85,79	2,94	6,07	0,52	0,83	—	0,37	1,61	0,61	0,56	—	0,57	5,81	63,41	0,93	
7	Fragaria Virginiana (Duch.)		82,05	—	11,12	0,72	0,47	—	0,47	3,04	1,09	0,57	—	0,68	2,63	61,95	0,42	
8	desgl. . . .		86,04	1,69	8,00	0,96	0,45	—	0,59	1,19	0,45	0,50	—	0,18	3,19	69,41	0,51	
9	Essbare Var. (Elton) . .		88,45	0,39	7,60	0,75	0,48	—	0,88	0,76	0,35	0,41	—	0,06	4,19	69,17	0,67	
10	dgl. (Princesse royale, gross)		90,84	—	5,86	0,75	0,70	—	0,53	0,44	0,39	0,19	—	0,23	7,63	63,97	1,22	
11	desgl. (klein) .		90,68	—	6,08	0,60	0,73	—	0,30	0,84	0,32	0,34	—	0,07	7,81	65,23	1,25	
12	desgl. Asa Gray		87,50	0,84	6,15	1,14	0,31	—	0,52	1,70	0,63	0,86	—	0,09	2,42	55,92	0,39	
13	Fragaria Chiloensis (L.)		88,04	1,07	7,13	0,58	0,26	—	0,93	1,14	0,47	0,36	—	0,09	2,19	68,56	0,35	
14	desgl. . . .		87,30	1,52	7,86	0,44	0,53	—	0,15	1,35	0,35	0,28	—	0,20	4,19	73,86	0,67	
15	Walderdbeeren	1854	87,27	3,25		1,65	0,54	0,15	0,74	6,03	—	—	0,29	0,32	4,25	25,53	0,68	Fr. Schulze[2]
16	desgl. . . .	1855	87,02	4,55		1,33	0,34	0,05	0,60	5,58	—	—	0,30	0,35	2,63	35,05	0,42	
17	Hellrothe Ananas-Erdbeere	„	87,47	7,57		1,13	0,51	0,12	0,48	1,96	—	—	0,90	0,15	4,06	60,41	0,65	
														Asche im Ganzen				
18	Walderdbeeren	1861	88,32	3,86		1,61	0,43	0,18	—	5,00	—	—	—	0,59	3,63	33,05	0,58	Margold[3]
19	Gartenerdbeer.	„	87,82	6,29		0,94	0,40	0,11	—	3,84	—	—	—	0,60	3,25	51,64	0,52	
20	Elton Pine .	1868	90,59	4,61		1,18	—	—	—	—	—	—	—	—	—	47,92	—	R. Fresenius[4]
21	With of the North . .	„	90,10	5,26		1,04	—	—	—	—	—	—	—	—	—	53,13	—	
22	Victoria Troll.	„	90,23	5,70		1,01	—	—	—	—	—	—	—	—	—	58,24	—	
23	Goliath . . .	„	90,38	4,68		0,95	—	—	—	—	—	—	—	—	—	48,65	—	
24	Triumph de Liège . .	„	90,15	3,90		0,72	—	—	—	—	—	—	—	—	—	39,59	—	
25	Atleth . . .	„	90,30	3,70		0,72	—	—	—	—	—	—	—	—	—	38,14	—	Schulze[2]
26	Prinzess Alice	„	90,97	4,40		0,91	—	—	—	—	—	—	—	—	—	48,72	—	
27	Magnumbonum	„	87,97	3,03		1,25	—	—	—	—	—	—	—	—	—	25,19	—	

[1]) Journ. de Pharm. et de Chim. (III.) Bd. 36. S. 170.
[2]) Landw. Ann. d. Meckl. patriot. Vereins 1868. S. 206.
[3]) Jahresbericht für Agric.-Chem. 1861/62. S. 51. Die von Margold untersuchten Obstarten sind sämmtlich in Böhmen gereift.
[4]) Ann. d. Chem. u. Pharm. Bd. 101. S. 219.

No.		Zeit der Untersuchung	Wasser %	In Wasser löslich: Rohrzucker %	Traubenzucker %	Freie Säure %	Eiweissstoffe %	Pectinstoffe %	Salze %	In Wasser unlöslich: Cellulose Parenchym %	Proteinstoffe %	Fett %	Pectose %	Asche %	In d. Trocken-Substanz: Stickstoff-Substanz %	Zucker %	Stickstoff i. der Trock.-Subst. %	Analytiker
28	May Queen .	1868	91,10	3,20		1,06	0,91	—	—	—	—	—	—	—	10,19	35,95	1,63	*Fr. Schulze*[1])
29	Königin . .	"	89,70	3,60		0,84	—	—	—	—	—	—	—	—	—	34,95	—	
30	Bienenkorb .	"	88,70	3,50		1,03	0,87	—	—	—	—	—	—	—	7,69	30,97	1,23	
31	Rothe Ries.-E.	"	89,95	3,05		1,21	—	—	—	—	—	—	—	—	—	30,05	—	
32	Vierlander . .	"	88,50	3,00		1,02	—	—	—	—	—	—	—	—	—	26,09	—	
33	Weisse Ries.-E.	"	88,98	3,20		0,92	—	—	—	—	—	—	—	—	—	29,04	—	
	Minimum	.	80,39	3,11		0,52	0,27	—	—	0,44	0,32	0,19	—	0,35 **)	2,19	25,19	0,35	
	Maximum	.	91,10	9,13		1,65	1,28	1,46	—	6,03	1,09	1,05	—	1,64 **)	10,19	73,86	1,63	
	Mittel	.	**87,66**	**6,28**		**0,93**	**0,54**	**0,48** *)	—	**2,32**	**0,53**	**0,45**	—	**0,81**	**4,63**	**49,97**	**0,74**	

Himbeeren.

			Wasser	In Wasser löslich: Zucker	Freie Säure	Eiweissstoffe	Pectinstoffe	Asche	In Wasser unlöslich: Kerne	Schalen (Cellulose)	Pectose	Asche	In der Trocken-Substanz: Stickst.-Substanz	Zucker	Stickstoff	
1	Rothe Wald-Himbeere .	1854	83,86	3,59	1,98	0,53	1,11	0,27	8,46		0,18	0,13	3,31	22,24	0,53	*R. Fresenius*[2])
2	Rothe Garten-Himbeere .	1855	86,57	4,71	1,36	0,51	1,75	0,48	4,11		0,50	0,29	3,81	35,07	0,61	
3	desgl. weiss .	"	88,18	3,70	1,12	0,63	1,39	0,38	4,52		0,04	0,08	5,31	31,30	0,85	
4	Rothe Himb. .	1861	86,63	3,82	1,07	0,46	1,17	0,38	6,52		—	—	3,44	28,65	0,55	*Margold*[3])
5	Wald-Himb. .	1879	81,25	2,80	(1,38)†)	0,15	2,80	0,56††)	9,90	4,15	—	—	1,13	14,93	0,18	*Seyffert*[4])
6	Garten-Himb. .	"	87,95	4,45	(1,46)†)	0,12	0,45	0.36††)	4,70	2,28	—	—	1,00	36,39	0,16	
	Mittel	.	**85,74**	**3,86**	**1,42**	**0,40**	**0,66**	—	**7,44**		—	**0,48** ††)	**3,00**	**28,19**	**0,48**	

Heidelbeeren.

1		1855	77,55	4,78	1,34	0,76	0,56	0,86	12,86		0,26	0,55	3,38	21,29	0,54	*Fresenius*[2])
2		1861	79,19	5,26	1,98	0,80	0,42	0,63	11,72		—	—	3,81	25,28	0,61	*Margold*[3])
	Mittel	.	**78,36**	**5,02**	**1,66**	**0,78**	**0,87** *)	—	**12,29**		—	**1,02** **)	**3,60**	**23,28**	**0,58**	

Brombeeren.

1	Sehr reife . .	1854	86,41	4,14	0,19	0,51	1,44	0,41	5,21		0,38	0,07	2,63	32,67	0,42	*Fresenius*[2])

Maulbeeren.

1	Schwarze . .	1854	84,71	9,19	1,86	0,36	2,03	0,57	0,91		0,35	0,07	2,31	60,10	0,37	*derselbe*[2])

[1]) Landw. Ann. d. Meckl. patriot. Vereins 1868. S. 206.
[2]) Ann. d. Chem. u. Pharm. Bd. 101. S. 219.
[3]) Jahresbericht für Agric.-Chem. 1861/62. S. 51. Die von Margold untersuchten Obstarten sind sämmtlich in Böhmen gereift.
[4]) Arch. f. Pharm. 1879. Bd. 215. S. 324.
*) Summe der N-freien Extractstoffe, aus der Differenz berechnet.
**) Asche im Ganzen.
†) Als Weinsäure berechnet.
††) Gesammtasche.

Stachelbeeren.

No.		Zeit der Untersuchung	Wasser	In Wasser löslich: Zucker	Freie Säure	Eiweiss-stoffe	Pectin-stoffe	Asche	In Wasser unlöslich: Kerne	Schalen	Pectose	Asche	In der Trocken-Substanz: Stick-stoff-Substanz	Zucker	Stickstoff in der Trocken-Substanz	Analytiker
			%	%	%	%	%	%	%	%	%	%	%	%	%	
1	Grosse rothe . .	1854	85,57	8,06	1,36	0,42	0,97	0,32	2,48	0,51	0,29	0,15	2,75	55,85	0,44	R. Fresenius[1])
2	Kleine rothe . .	„	88,09	6,03	1,57	0,42	0,51	0,45	2,44		0,52	0,07	3,56	50,63	0,57	
3	desgl.	1855	84,83	8,24	1,59	0,33	0,52	0,50	2,53		1,43	0,25	2,19	54,32	0,35	
4	Mittelgrosse gelbe	1854	86,52	6,38	1,07	0,55	2,11	0,20	3,38	0,44	0,31	0,10	4,06	47,33	0,65	
5	desgl.	1855	85,36	7,51	1,33	0,34	2,11	0,28	2,08		0,96	0,17	2,32	51,29	0,37	
6	Grosse, glatte, rothe	„	86,96	6,48	1,66	0,30	0,84	0,55	2,80		0,39	0,13	2,31	49,68	0,37	
7		1850	81,30	6,00	2,40	0,90	0,80	—	8,00		—	—	4,81	32,08	0,77	*Bérard*[2])
								Ge-sammt-								
8	Rothe Stachelbeere	1861	84,87	8,24	1,03	0,57	0,88	0,22	4,20		—	—	3,75	54,46	0,60	*Th. Margold*[3])
9	Gelbe „	„	86,05	6,88	1,12	0,48	1,98	0,21	3,27		—	—	3,44	49,32	0,55	
10	Weisse „	„	88,14	6,57	1,09	0,37	0,59	0,20	3,03		—	—	3,06	55,39	0,49	
11		1871	85,40	6,93	—	0,47	—	—	—		—	—	3,13	47,47	0,50	*Ziurek*[4])
	Mittel	.	**85,74**	**7,03**	**1,42**	**0,47**	**1,40** *)	—	**3,52** **)		—	**0,42** ***)	**3,22**	**49,30**	**0,51**	

Johannisbeeren.

No.		Zeit der Untersuchung	Wasser	Zucker	Freie Säure	Eiweiss-stoffe	Pectin-stoffe	Asche	Kerne	Schalen	Pectose	Asche	Stick-stoff-Substanz	Zucker	Stickstoff in der Trocken-Substanz	Analytiker
1	Völlig reife, mittelgrosse, rothe .	1854	85,84	4,78	2,31	0,45	0,28	0,54	4,45	0,66	0,69	0,11	3,19	33,76	0,51	*R. Fresenius*[1])
2	desgl.	1855	85,27	6,44	1,84	0,49	0,19	0,57	4,48		0,72	0,23	3,31	43,72	0,53	
3	Sehr grosse, rothe	„	85,35	5,65	1,69	0,36	0,01	0,62	3,94		2,38	0,18	2,44	38,56	0,39	
4	Mittelgrosse, weisse	1854	84,17	6,61	2,26	0,77	0,18	0,54	4,94		0,53	0,12	5,25	41,76	0,84	
5	desgl.	1855	84,81	7,69	2,26	0,30	—	0,56	4,14		0,24	—	2,00	50,63	0,32	
6	desgl.	1856	83,42	7,12	2,53	0,68	0,19	0,70	4,85		0,51	0,14	4,51	42,95	0,72	
7		1871	84,50	6,37	—	0,55	—	—	—		—	—	3,56	41,09	0,57	*Ziurek*[4])
	Mittel	.	**84,77**	**6,38**	**2,15**	**0,51**	**0,90** *)	—	**4,57** **)		—	**0,72** ***)	**3,46**	**41,78**	**0,55**	

Preisselbeeren.

No.			Wasser	Im Saft: Zucker	Freie Säure	Stickstoff-Substanz	Asche	In der Trockensubstanz: Stickstoff	Zucker		Analytiker
1		1876	89,29	1,35	2,25†)	0,12	0,16††)	1,13	12,60	0,18	*C. A. Gössmann*[5])
2		1877	89,89	1,70	2,43†)	—	—	—	16,82	—	
	Mittel	.	**89,59**	**1,53**	**2,34**	**0,12**	**0,15**	**1,13**	**14,71**	**0,18**	

[1]) Ann. d. Chem. u. Pharm. Bd. 101. S. 219.
[2]) Die Landwirthschaft von Boussingault. Deutsch von Grüger 1851. S. 313.
[3]) Jahresbericht für Agric.-Chem. 1861/62. S. 52. Die von Margold untersuchten Obstarten sind sämmtlich in Böhmen gereift.
[4]) Neue landw. Ztg. 1871. S. 960.
[5]) Journ. of the American Chem. Soc. V. 1.

*) Summe der N-freien Extractstoffe, aus der Differenz berechnet.
**) Holzfaser incl. Kerne.
***) Asche im Ganzen.
†) Als Aepfelsäure berechnet, wahrscheinlich aus dieser und Citronensäure berechnet.
††) In der Asche 47,96 % Kali, 6,58 % Natron, 18,58 % Kalk, 6,78 % Magnesia, 0,66 % Eisenoxyd, 14,27 % Phosphorsäure und 5,22 % Kieselsäure (Sand).

Getrocknetes Obst.

Zwetschen. — Getrocknete Pflaumen. Fleisch derselben.

No.		Zeit der Untersuchung	Wasser %	Eiweissstoffe %	Rohrzucker %	Traubenzucker %	Stärke %	Freie Säure %	Pectinstoffe %	Sonstige N-freie Stoffe %	Holzfaser %	Asche %	In der Trocken-Substanz: Stickstoff-Substanz %	In der Trocken-Substanz: Zucker %	Stickstoff in der Trocken-Substanz %	Analytiker
1	Pflaumen [0]) .	1876	30,03	1,31	0,22	42,28	0,22	1,74	4,22	18,46	1,34	1,18	2,19	60,70	0,35	Jul. Bertram [1])
2	Zwetschen .	?	12,99	4,56	—	—	—	—	—	—	—	(4,53)	5,25	—	0,84	A. Payen [2])
3	desgl. . . .	1852	32,20	—	48,1		—	2,5	—	—	—	—	—	70,94	—	Faist [3])
4	desgl. . . .	„	27,90	—	56,3		—	3,0	—	—	—	—	—	78,09	—	Faist [3])
5	desgl. . . .	„	27,90	—	47,6		—	3,9	—	—	—	—	—	66,02	—	Faist [3])
6	Schwarze Marseiller Pflaumen .	?	31,95	—	23,28		—	—	—	—	—	—	—	34,21	—	F. Sestini [4])
7	Weisse ital. .	1852	33,05	—	31,95		—	—	—	—	—	—	—	47,72	—	F. Sestini [4])
8	Schwarze Pflaumen [00]) .	1878	42,62	1,93	Fett 0,44	35,91	—	—	—	16,49	1,26	1,35	3,48	62,58	0,54	J. König u. C. Krauch [5])
9	desgl. . . .	1879	25,09	1,34	0,49 Fett	59,20 Zucker	—	2,80	—	—	1,75	1,40	1,81	79,03	0,29	J. König u. C. Krauch [5])
	Mittel	.	**29,30**	**2,25**	**0,49**	**44,41** *)	**0,22**	**2,75**	**4,26**	**13,43**	**1,52**	**1,37**	**3,17**	**62,85**	**0,51**	

Getrocknete Birnen.

No.		Zeit der Untersuchung	Wasser %	Eiweissstoffe %	Rohrzucker %	Traubenzucker %	Stärke %	Freie Säure %	Pectinstoffe %	Sonstige N-freie Stoffe %	Holzfaser + Kerne %	Asche %	Stickstoff-Substanz %	Zucker %	Stickstoff in der Trocken-Substanz %	Analytiker
1 [000])	Aus Forli .	1876	29,61	1,69	Rohrzucker 4,98	29,39	10,31	0,84	4,46	9,74	7,18	1,80	2,38	48,83	0,38	J. Bertram [1])
2	Aus Forli .	?	32,86	—	23,93		—	—	—	—	—	—	—	35,64	—	F. Sestini [4])
3	Aus Forli .	1878	25,77	2,55	Fett 0,37	29,13	33,67				6,88	1,63	3,44	39,24	0,55	J. König u. C. Krauch [5])
	Mittel	.	**29,41**	**2,07**	**0,35**	**29,13** *)	**10,33**	**0,84**	**4,47**	**14,87**	**6,87**	**1,67**	**2,91**	**41,24**	**0,46**	

Getrocknete Aepfel.

No.		Zeit der Untersuchung	Wasser %	Eiweissstoffe %	Rohrzucker %	Traubenzucker %	Stärke %	Freie Säure %	Pectinstoffe %	Sonstige N-freie Stoffe %	Holzfaser + Kerne %	Asche %	Stickstoff-Substanz %	Zucker %	Stickstoff in der Trocken-Substanz %	Analytiker
1		1876	32,42	1,06	Rohrzucker 3,90	37,71	5,22	2,68	4,54	2,92	5,59	1,96	1,44	61,59	0,23	J. Bertram [1])
2		1879	23,48	1,50	Fett 0,87	44,05	—	4,52	—	(19,99)	4,40	1,19	2,06	57,57	0,33	C. Krauch [5])
	Mittel	.	**27,95**	**1,28**	**0,82**	**42,83** *)	**5,56**	**3,60**	**4,84**	**6,56**	**4,99**	**1,57**	**1,75**	**59,58**	**0,28**	

[1]) Landw. Vers.-Stat. 1876. S. 401.
[2]) Journ. de Pharm. XVI. S. 279.
[3]) Pharm. Centralbl. 1852. S. 363.
[4]) Bulletin soc. chim. (2). VII. S. 236.
[5]) Original-Mittheilung.

[0]) Von den Pflaumen wogen 140 Stück 1 kg; sie enthielten 13,70 % Steine, 86,30 % Fruchtfleisch.
[00]) Die Pflaumen enthielten 16,40 % Steine.
[000]) 140 Stück wogen 1 kg; dieselben enthielten 1,37 % Stengel und 98,63 % Fruchtfleisch.

*) Davon:

	Rohrzucker	Traubenzucker
1. Zwetschen	0,22 %	44,19 %
2. Getr. Birnen	4,99 „	24,14 „
3. Getr. Aepfel	4,14 „	38,69 „

Getrocknete Kirschen. — Fruchtfleisch.

No.		Zeit der Untersuchung	Wasser %	Eiweissstoffe %	Fett %	Traubenzucker %	Sonstige N-freie Stoffe %	Holzfaser %	Asche %	In der Trocken-Substanz: Stickstoff-Substanz %	In der Trocken-Substanz: Zucker %	Stickstoff in der Trocken-Substanz %	Analytiker
1[0]		1878	49,88	2,07	0,30	31,22	14,29	0,61	1,63	4,13	62,29	0,66	*J. König u. C. Krauch*[1]

Getrocknete Trauben. — Rosinen.

No.		Zeit der Untersuchung	Wasser %	Eiweissstoffe %	Fett %	Traubenzucker %	Sonstige N-freie Stoffe %	Holzfaser %	Asche %	In der Trocken-Substanz: Stickstoff-Substanz %	In der Trocken-Substanz: Zucker %	Stickstoff in der Trocken-Substanz %	Analytiker
1	Trauben-Rosinen . .	1878	23,18	2,72	0,66	55,62	14,12	1,94	1,36	3,50	72,43	0,56	*J. König u. C. Krauch*[1]
2	Trauben von Corinth	?	34,64	—	—	53,97	—	—	—	—	82,58	—	*F. Sestini*[2]
3	Trockne Trauben (Zibibbo)	?	37,83	—	—	54,08	—	—	—	—	86,99	—	*F. Sestini*[2]
	Mittel	.	**32,02**	**2,42**	**0,59**	**54,56**	**7,48**	**1,72**	**1,21**	**3,50**	**80,47**	**0,56**	

Cibeben.*)

	Zeit der Untersuchung	Wasser %	Zucker: Dextrose %	Zucker: Lävulose %	Pectinstoffe %	Gesammtsäure = Weinsäure %	Aepfelsäure %	Weinstein %	In Wasser unlösliche Stoffe %	Reinasche %	In der Trocken-Substanz: Gesammtzucker %	Analytiker
Sultanin*)	1880	20,4	30,2	36,4	1,86	1,76	0,38	3,28	5,0	2,03	83,66	*E. Mach u. K. Portele*[3]
Malaga	„	26,7	27,6	33,8	1,73	1,28	0,39	2,05	5,8	1,02	83,76	
Samos (schwarz) . . .	„	20,5	28,6	31,7	1,91	1,07	0,10	2,32	11,1	1,78	75,85	
Samos (weiss)	„	22,3	26,5	32,6	1,93	1,30	0,21	2,50	10,5	1,63	76,06	
Eleme	„	20,8	26,7	36,8	1,14	1,10	0,08	2,37	9,7	1,90	80,17	
Zante	„	24,8	25,1	35,3	1,43	2,39	0,95	3,15	7,1	1,53	80,32	
Mittel	.	**22,29**	**27,45**	**34,43**	**1,67**	**1,48**	**0,35**	**2,61**	**8,20**	**1,65**	**79,97**	

[1]) Original-Mittheilung.

[2]) Bulletin soc. (2) VII. S. 236.

[3]) Weinlaube 1880. S. 545.

[0]) Die Kirschen enthielten 27,6 % Steine und 72,4 % Fruchtfleisch.

*) Von obigen Sorten haben Malaga-Cibeben den höchsten Preis, dann folgen Sultaninen und Eleme, während für Samos und Zante der geringste Preis berechnet wird.

Ausser obigen Bestandtheilen bestimmten die Verf. folgende:

	Beerenstiele + Kämme %	Gewicht von 100 Beeren g	100 Beeren enthalten Kerne Stück	Gewicht von 100 Kernen g	Gerbstoff %	Freie Säure im Weinstein %
Sultanin	1,81	30,5	—	—	0,07	(1,31)
Malaga	3,03	76,7	42,4	4,36	0,11	(0,82)
Samos (schwarz)	2,41	55,1	120,8	4,04	0,17	(0,93)
Samos (weiss) .	4,98	46,3	186,8	1,35	0,26	(1,00)
Eleme	0,13	84,4	135,4	3,64	0,28	(0,95)
Zante	1,77	13,0	1,6	1,20	0,13	(1,26)

Korinthen (aus Süd-Frankreich) von R. Kayser[1]).

Wasser (bei 100° C.)	Mineralstoffe	Summe der in Wasser löslichen Stoffe	In Wasser löslich: Zucker	Traubensäure	Weinsäure	Aepfelsäure	Mineralstoffe	Kali	Kalk	Magnesia	Phosphorsäure	Schwefelsäure
%	%	%	%	%	%	%	%	%	%	%	%	%
14,35	2,68	71,80	53,32	1,86	—	0,72	1,46	0,763	0,128	0,065	0,152	0,104*)

Getrocknete Feigen.

No.		Zeit der Untersuchung	Wasser %	Eiweissstoffe %	Zucker %	Asche %	In der Trocken-Substanz: Stickstoff-Substanz %	In der Trocken-Substanz: Zucker %	Stickstoff in der Trocken-Substanz %	Analytiker
1		?	21,43	5,87	—	3,43	7,44	—	1,19	*A Payen*[2])
2	Gewöhnliche trockne	?	34,38	—	42,00	—	—	64,00	—	*F. Sestini*[3])
3	Feigen à pièce	?	40,36	—	45,50	—	—	76,29	—	*F. Sestini*[3])
4	Marseiller Feigen	?	32,67	—	48,35	—	—	71,81	—	*F. Sestini*[3])
5	?	1879	28,16	2,92	55,57	2,83	4,06	77,34	0,65	*C. Krauch*[4])
	Mittel	.	**31,20**	**4,01**	**49,79**	**2,86**	**5,75**	**72,26**	**0,92**	

Fruchtsäfte.

Reine Fruchtsäfte.

No.	Saft von:	Zucker %	Säure = Aepfelsäure %	No.	Saft von:	Zucker %	Säure = Aepfelsäure %	Analytiker
1	Forellenbirne.	11,5	0,13	14	Winterrosenapfel	10,2	0,53	*C. Marx*[5])
2	Späte Saubirne	11,6	0,25	15	Kleiner Fleiner	10,5	0,44	
3	Argenson Regentin. . . .	11,8	0,16	16	Blauapfel oder Blauling . .	10,7	0,56	
4	Blauschwanzapfel	7,9	0,51	17	Goldzeugapfel, Drap d'or. .	11,3	0,55	
5	Engl. Goldparmäne. . . .	9,0	0,49	18	Downstons Pepping . . .	11,5	0,62	
6	Muska-Reinette	9,2	0,91	19	Gasdonker Reinette . . .	11,6	0,78	
7	Hobaart-Zimmetapfel . . .	9,2	0,19	20	Morgenduftapfel.	11,8	0,36	
8	Karmeliter-Reinette . . .	9,8	0,57	21	Luikenapfel	11,9	0,76	
9	Ananas-Reinette	9,9	0,65	22	Grosser Bohnapfel	12,2	0,68	
10	Parkers grauer Pepping . .	10,0	1,10	23	Brauner Matapfel	12,2	0,56	
11	Buttermatapfel	10,1	0,51	24	Deutsche Forellen-Reinette .	12,4	0,72	
12	Vom Mons-Reinette . . .	16,2	1,15	25	Gravensteiner	12,7	0,72	
13	Reinette von Canada . . .	10,1	0,88					

[1]) Repertorium f. analyt. Chem. 1883. S. 67.
[2]) Journ. de Pharm. XVI. S. 279.
[3]) Bulletin soc. (2) VII. S. 236.
[4]) Original-Mittheilung.
[5]) Dingler's polytechnisches Journal. Bd. 150. S. 143—146. Das Obst ist in Hohenheim gewachsen.
*) Die Korinthen werden in geschwefelten Fässern transportirt, wodurch ohne Zweifel eine Vermehrung des ursprünglich vorhandenen Schwefelsäure-Gehaltes bewirkt wird.

No.	Saft von	In 100 CC. Saft sind enthalten: Extract = Trocken-Substanz g	Zucker = Invert-zucker g	Rohr-zucker g	Säure = Wein-säure g	Pectin-körper g	Mineral-stoffe g	Kali g	Kalk g	Magnesia g	Phosphor-säure g	Schwefel-säure g	Analytiker
26	Johannisbeeren ohne Stiele, weisse[0])	12,96	7,84	—	2,39	0,90	0,38	0,204	0,016	0,016	0,079	0,005	R. Kayser[1])
27	Johannisbeeren ohne Stiele, rothe[0])	12,68	6,89	—	2,71	1,08	0,50	0,212	0,021	0,015	0,052	0,005	R. Kayser[1])
28	Herzkirschen[00]), Garten bei Nürnberg	18,00	13,82	0,68	0,88	0,15	0,42	0,220	—	0,009	0,031	0,005	R. Kayser[1])
29	Weichselkirschen, Garten bei Nürnberg	16,00	10,06	—	2,28	—	0,60	0,392	—	0,014	0,052	0,007	R. Kayser[1])
30	Frische Walderdbeeren, Wald bei Nürnberg	8,11	4,15	0,17	1,23	0,56	0,76	—	—	—	—	—	R. Kayser[1])
31	Aprikosen, Garten bei Nürnberg	15,28	3,89	7,03	1,96	—	0,80	—	—	—	—	—	R. Kayser[1])
32	Frische Heidelbeeren, Wald bei Nürnberg	12,36	7,76	—	1,20	—	0,38	0,220	0,024	0,016	0,076	—	R. Kayser[1])
			%	%	%								
33	Gartenerdbeeren, 7. Juni 1884	—	6,89	1,37	1,03	—	—	—	—	—	—	—	J. Moritz[2])
34	Gartenhimbeeren, rothe, 27. Juni	—	6,97 *)	—	1,59	—	—	—	—	—	—	—	J. Moritz[2])
35	Johannisbeeren, rothe, 4. Juli	—	5,04	0,34	2,22	—	—	—	—	—	—	—	J. Moritz[2])
36	Heidelbeeren, 5. Juli	—	6,66	—	1,11	—	—	—	—	—	—	—	J. Moritz[2])
37	Kirschen, 15. Juli	—	12,00	Nicht bestimmt	1,43	—	—	—	—	—	—	—	J. Moritz[2])
38	Stachelbeeren, 15. Juli	—	8,33	—	0,79	—	—	—	—	—	—	—	J. Moritz[2])
39	Maulbeeren, rothe, 23. Juli	—	13,88	—	2,06	—	—	—	—	—	—	—	J. Moritz[2])
40	Brombeeren, 25. Juli	—	7,26	Nicht bestimmt	0,76	—	—	—	—	—	—	—	J. Moritz[2])
41	Aprikosen, 8. August	—	Spur	5,95	1,29	—	—	—	—	—	—	—	J. Moritz[2])
42	Quitten, 20. October	—	9,60	Nicht bestimmt	1,92	—	—	—	—	—	—	—	J. Moritz[2])
			100 CC. = g										
43	Johannisbeeren, rothe, 1886, grosse frühe	—	4,61	—	2,23	—	—	—	—	—	—	—	W. Sonne[3])
44	Johannisbeeren, rothe, 1886, späte, mittelgrosse	—	6,99	—	2,40	—	—	—	—	—	—	—	W. Sonne[3])
45	Weisse Johannisbeeren	—	5,57	—	2,04	—	—	—	—	—	—	—	W. Sonne[3])
46	Stachelbeeren	—	7,25	—	1,55	—	—	—	—	—	—	—	W. Sonne[3])

[1]) Repertorium f. analyt. Chem. 1883. S. 289.

[2]) Chem. Ztg. 1887. S. 1726. Die Säure wurde durch Titration mit $^1/_{10}$ Normalalkali bestimmt; der Zuckergehalt nach Fehling; der Rohrzuckergehalt wurde aus der Differenz zwischen der unmittelbar und der nach vorausgegangener Inversion ausgeführten Bestimmung berechnet. Die Inversion geschah durch Erhitzen mit verdünnter Salzsäure.

[3]) Ebendort, Chem. Repertorium, Wochenbericht 1888. S. 128.

[0]) 100 g Johannisbeeren ohne Stiele lieferten:

	Trockensubstanz	Asche
Weisse	16,45 g	0,54 g
Rothe	15,75 g	0,69 g

[00]) Eine Kirsche ohne Stiel wog im Durchschnitt 6,16 g, davon der Stein mit Kern 0,350 g und der Kern 0,108 g (beide im lufttrocknen Zustande). Die Kirschen gaben bei 95—100° C. getrocknet 24,8 % Trockensubstanz.

*) Bedeutet Zucker nach vorausgegangener Inversion

Fruchtsäfte des Handels.

No.		Zeit der Untersuchung	Spec. Gew. %	Wasser %	Traubenzucker*) %	Rohrzucker %	Durch Alkohol von 90 % fällbare Stoffe**) %	Asche %	Kali %	Phosphorsäure %	Schwefelsäure %	In der Trocken-Substanz: Fruchtzucker %	In der Trocken-Substanz: Rohrzucker %	Analytiker
1	Himbeersaft aus einer Apotheke (officinell)	1879	1,2971	39,00	20,50	39,95	0,169	0,383	0,164	0,016	0,049	33,61	65,41	*C. Krauch und v. der Becke*[1]
2	desgl. aus einem Haushalt	„	1,1513	54,40	21,18	24,34	0,023	0,062	0,023	0,007	Spuren	46,41	53,38	
3	desgl. aus einer Conditorei (rein?) . .	„	1,2867	41,59	22,54	35,50	5,245	0,123	0,041	0,028	Spuren	38,58	60,77	
4	Johannisbeersaft aus einer Conditorei (extrafein)	„	1,2518	46,35	24,84	27,58	0,901	0,329	0,149	0,020	0,069	46,30	51,41	
5	desgl. aus einem Haushalt	„	1,1885	50,42	23,66	25,63	0,145	0,144	0,043	0,014	Spuren	47,72	51,69	
6	Erdbeersaft aus einer Conditorei (extrafein)	„	1,2584	40,37	20,57	38,62	0,284	0,160	0,069	0,009	0,033	34,49	64,77	
7	Kirschsaft aus einer Conditorei . . .	„	1,2474	46,18	15,26	37,44	0,943	0,174	0,065	0,023	0,012	28,35	69,57	

Citronensaft.†) — Limone.

1. Von Citrus limonum:					2. Von Citrus limetta:					Analytiker
Spec. Gewicht %	Citronensäure %	Trockensubstanz %	Asche %	Schwefelsäure ††) %	Spec. Gewicht %	Citronensäure %	Trockensubstanz %	Asche %	Schwefelsäure ††) %	
1,03516	7,776	8,990	0,262	0,002	1,03604	7,168	8,915	0,465	0,002	*H. Hassall*[2]
1,03472	7,648	8,976	0,314	0,002	1,03784	7,680	9,412	0,473	0,002	
1,03520	7,782	9,270	0,353	0,002	1,02648	6,605	8,583	0,390	0,002	
1,02356	4,081	7,154	0,110	0,001	1,03492	7,155	9,530	0,330	0,001	
					1,03888	7,399	9,670	0,437	0,001	
Mittel **1,03213**	**6,822**	**8,597**	**0,259**	**0,002**	Mittel **1,03483**	**7,201**	**9,222**	**0,419**	**0,002**	

[1] Original-Mittheilung.

[2] Food: Its adulterations and the methods for their detection. London, 1876. S. 656.

*) Nach der Heinrich'schen Methode bestimmt. (Siehe II. Theil).

**) Darin nur Spuren von Stickstoff.

†) Für die in Zucker eingelegten Schalen der Citronaten, Cedratfrüchte, einer Abart der Citronen (Citrus medica macrocarpa cedra) fanden wir: 29,01 % Wasser, 29,89 % Fruchtzucker, 1,01 % Rohrzucker und 3,69 % Faser.

††) In verfälschtem Citronensaft fand Hassall 0,825 % u. 0,434 % Schwefelsäure.

Feste Brause-Limonaden.*)

	Champagner %	Kirschen %	Himbeer %	Citronen %	Orange %
Wasser	4,01	3,80	2,84	3,52	4,15
Rohrzucker	69,35	68,55	69,19	66,10	66,46
Citronensäure	15,03	15,98	15,81	16,79	16,62
Aetherisches Oel etc.	1,55	0,96	1,19	0,74	1,06
Doppelt kohlensaures Natrium	11,06	10,71	10,97	12,85	11,71

*) Die festen Brause-Limonaden werden von Gebr. Stollwerk in Köln in den Handel gebracht und sind von J. Cosack im Laboratorium des Verfassers untersucht. Das ätherische Oel etc. ist aus der Differenz berechnet.

GPSR Compliance

The European Union's (EU) General Product Safety Regulation (GPSR) is a set of rules that requires consumer products to be safe and our obligations to ensure this.

If you have any concerns about our products, you can contact us on ProductSafety@springernature.com

In case Publisher is established outside the EU, the EU authorized representative is:

Springer Nature Customer Service Center GmbH
Europaplatz 3
69115 Heidelberg, Germany

Batch number: 10683531

Printed by Printforce, the Netherlands

Chemie

der

menschlichen Nahrungs- und Genussmittel.

Von

Dr. J. König,

Professor und Vorsteher der agric.-chem. Versuchsstation Münster i. W.

Erster Theil.

Chemische Zusammensetzung der menschlichen Nahrungs- und Genussmittel.

Mit einer Einleitung über die Ernährungslehre.

Dritte sehr vermehrte und verbesserte Auflage.

Springer-Verlag Berlin Heidelberg GmbH
1889

Chemische Zusammensetzung

der

menschlichen Nahrungs- und Genussmittel.

Nach vorhandenen Analysen

mit Angabe der Quellen zusammengestellt.

Mit einer Einleitung über die Ernährungslehre.

Von

Dr. J. König,

Professor und Vorsteher der agric.-chem. Versuchsstation Münster i. W.

Dritte sehr vermehrte und verbesserte Auflage.

Mit in den Text gedruckten Abbildungen.

Springer-Verlag Berlin Heidelberg GmbH
1889

ISBN 978-3-662-41984-7 ISBN 978-3-662-42042-3 (eBook)
DOI 10.1007/978-3-662-42042-3

Softcover reprint of the hardcover 3rd edition 1889

Vorrede zur 1. Auflage.

Die Ernährung des Menschen hat bislang seitens der Physiologie nicht die Berücksichtigung gefunden wie andere Zweige dieser Wissenschaft. Während wir über die Beschaffenheit, Art und Menge des Futters, welches zur Ernährung der landwirthschaftlichen Nutzthiere nothwendig ist, schon recht gut informirt sind, besitzen wir über die Zusammensetzung und Menge der für den Menschen nothwendigen und zweckmässigen Nahrung nur sehr mangelhafte Kenntnisse. Es hat dieses verschiedene Gründe. Zunächst ist die Nahrung des Menschen eine sehr vielseitige und complicirte, sowohl in Rücksicht der einzelnen Arten und der Zubereitung der Nahrungsmittel, als auch nach den Berufsklassen und den örtlichen Verhältnissen. In diesem Labyrinth einen leitenden Faden zu finden, ist gewiss nicht leicht und mag dieses manchen Forscher von dem Gebiet fern gehalten haben. Auch erscheint die Erforschung desselben wenig dankbar; denn der grösste Theil der menschlichen Gesellschaft wird sich derartigen Forschungen gegenüber indolent verhalten, indem er entsprechend seinen Mitteln die Nahrung nicht nach wissenschaftlichen Grundsätzen, sondern nach seinem Geschmack auswählt. So auch mag es gekommen sein, dass die Regierungen dieser Frage bis jetzt gleichgültig gegenüber gestanden haben, insofern sie keine hinreichenden Mittel zur Erforschung dieses Gebietes zur Verfügung stellten.

Den grossartigen unermüdlichen Forschungen besonders der Münchener physiologischen Schule über die Ernährungsvorgänge des Menschen in den letzten 20 Jahren jedoch konnte man sich nicht länger verschliessen. Diese Forschungen haben nicht nur Licht in das verworrene Dunkel gebracht, sie haben auch in den weitesten Kreisen das lebhafteste Interesse hervorgerufen. So sehen wir denn, dass in den letzten Jahren von den Aerzten und Regierungsbehörden der Ernährung des Menschen, besonders in den öffentlichen Anstalten, in der Volksküche, in den Gefängnissen etc. mehr Aufmerksamkeit zugewendet wird.

Um in dieser Hinsicht zu richtigen Regeln zu gelangen, ist vorzugsweise dreierlei zu wissen nothwendig:

1. Die chemische Zusammensetzung der einzelnen menschlichen Nahrungs- und Genussmittel, ihr Gehalt an einzelnen Nährstoffen,

2. die Grösse ihrer Verdaulichkeit,
3. die Art und Menge der täglich für den Menschen verschiedenen Alters und Berufes erforderlichen Nährstoffe, ihr Schicksal und ihre Function im menschlichen Organismus.

Um einen Beitrag zu diesen Fragen zu liefern, habe ich seit einigen Jahren eine Reihe menschlicher Nahrungs- und Genussmittel einer chemischen Untersuchung unterworfen, deren erste Reihe durch die Zeitschrift für Biologie 1876. S. 497 mitgetheilt wurde. In Fortsetzung dieser Untersuchung habe ich den Entschluss gefasst, eine »Chemie der menschlichen Nahrungs- und Genussmittel« zu schreiben, welche nicht nur den mittleren, Maximal- und Minimal-Gehalt der Nahrungs- und Genussmittel, sondern auch die chemische Constitution der einzelnen Bestandtheile derselben, ferner die Veränderungen, welche dieselben durch Fabrikation und Zubereitung erleiden, enthalten soll. Ich habe mich dazu entschlossen, weil alle bis jetzt über diesen Gegenstand vorliegenden Werke, entweder wie z. B. die seiner Zeit hochgeschätzte »Physiologie der Nahrungsmittel« von Jac. Moleschott veraltet, oder wie die meisten neuesten Werke ungemein lückenhaft sind.

Man begegnet in den physiologischen Lehrbüchern durchweg nur einzelnen und meistens älteren Analysen, die zum Theil in Folge veränderter und verbesserter Methoden ganz unbrauchbar geworden sind. Diese übertragen sich von einem Buch in das andere, ohne dass man neueres Untersuchungs-Material berücksichtigt. Eine möglichst vollständige Zusammenstellung von Nahrungs- und Genussmittel-Analysen unter besonderer Berücksichtigung der neueren Analysen dürfte daher sehr an der Zeit sein, und nicht bloss von dem eben angeführten Gesichtspunkt aus, sondern auch noch aus einem ebenso wichtigen anderen Grunde.

Die Nahrungs- und Genussmittel werden nämlich wie alle Handelsartikel, nach denen die Nachfrage gross ist, in der gewissenlosesten und gröblichsten Weise verfälscht. Dieser Unfug hat in den letzten Jahren einen solchen Umfang angenommen, dass die deutsche Reichsregierung sogar Veranlassung genommen hat, demselben durch besondere Gesetze Schranken zu setzen. Das Schicksal dieser Gesetzesvorlage im Reichstage ist allerdings noch nicht abzusehen. Inzwischen aber haben schon viele grössere Städte und Vereine Untersuchungsämter eingerichtet, denen die chemische Untersuchung der Lebenswaaren des Handels obliegt. Für derartige Untersuchungen ist aber in sehr vielen Fällen wichtig, die mittlere chemische Zusammensetzung der reinen, unverfälschten Nahrungs- und Genussmittel und deren Schwankung zu kennen, um event. aus dem Vergleich mit dem Untersuchungsobject auf eine Verfälschung erkennen zu können.

Man muss nach meinen Erfahrungen zur Zeit in den verschiedensten Werken und Zeitschriften suchen, um über die chemische Zusammensetzung dieser oder jener Nahrungs- und Genussmittel im reinen, unverfälschten Zustande einige Aufklärung zu erhalten.

Ich glaube daher auch dem analytischen Handelschemiker für viele Fälle dadurch einen Dienst zu erweisen, dass ich die brauchbaren Analysen der Nahrungs- und Genussmittel in übersichtlichen Tabellen zusammenstelle und Mittelwerthe herausziehe.

Anfangs beabsichtigte ich, diese Tabellen mit einem erläuternden Text zu versehen, um sie auch dem Laien zugänglich zu machen. Da dieselben aber zum Theil einen grossen Umfang angenommen haben, so habe ich hiervon Abstand genommen; denn für den Laien haben diese grossen Zahlenreihen keinen Werth, für ihn genügt es, die mittlere chemische Zusammensetzung und deren Schwankungen zu kennen. Der Fachmann aber bedarf des erläuternden Textes nicht, für ihn genügen die einfachen Zahlen.

Ich habe mich daher entschlossen, die »Chemie der menschlichen Nahrungs- und Genussmittel« in zwei von einander unabhängigen Theilen herauszugeben, von denen der erste Theil eine Zusammenstellung aller bisherigen brauchbaren Analysen, der zweite Theil nur die Mittelzahlen und den erläuternden Text unter den oben angedeuteten Erweiterungen enthält.

Den ersten Theil übergebe ich hiermit der Oeffentlichkeit. Ich bin mir wohl bewusst, dass die entworfene Zusammenstellung noch manche Mängel und Lücken besitzt. Wenngleich ich mir alle Mühe gegeben habe, das brauchbare Material in der Literatur seit 1848 zusammenzulesen, so kann es doch sein, dass mir hier und da Analysen entgangen sind. Für jeden Wink in dieser Hinsicht werde ich den Herren Fachgenossen sehr dankbar sein, noch mehr aber, wenn sie die, etwa selbst ausgeführten, bis jetzt noch nicht veröffentlichten Analysen an mich gelangen lassen wollen, um sie den Tabellen zuzufügen.

Ich bitte daher die nachstehende Zusammenstellung in dem Sinne aufzufassen, dass sie das Gute anstrebt, nicht aber bereits erreicht hat.

Nichtsdestoweniger wollte ich mit der Veröffentlichung derselben nicht länger zögern, denn über zahlreiche Nahrungs- und Genussmittel liegt ein umfangreiches Untersuchungs-Material vor, so dass es kaum einer Erweiterung bedarf. Aus dieser Zusammenstellung ersieht man daher am ersten, wo weitere Untersuchungen am nothwendigsten sind.

Ich muss an dieser Stelle dankbar hervorheben, dass mich mein erster Assistent Dr. C. Krauch sowohl durch Ausführung sehr vieler Analysen, als auch durch Zusammenstellung von Tabellen und Berechnung der Mittelwerthe aufs eifrigste unterstützt hat.

Münster i. W., im Juli 1878.

Der Verfasser.

Vorrede zur 2. Auflage.

Wenn ich in der 1. Vorrede hervorgehoben habe, dass die Ernährungslehre des Menschen im allgemeinen bis jetzt nicht die gebührende Berücksichtigung seitens der Physiologie und Chemie gefunden hat, so lässt sich jetzt wohl behaupten, dass in den letzten 3 Jahren seit dem Erscheinen des Buches kein Zweig dieser Wissenschaft mehr bearbeitet worden ist, als gerade die Nahrungs- und Genussmittelkunde. Durch die Anhäufung von massigem Untersuchungsmaterial war daher schon an sich eine starke Vermehrung der 2. Auflage bedingt. Nicht nur konnten für eine ganze Reihe Nahrungsmittel die Tabellen um eine Anzahl Analysen vermehrt, sondern auch verschiedene neue Nahrungsmittel hinzugefügt werden, die bis dahin nicht untersucht waren.

Die Tabellen gewinnen dadurch eine erhöhte Bedeutung; denn abgesehen von einigen neuen Nahrungsmitteln, haben die in vielen Fällen zu berücksichtigenden Mittelwerthe um so mehr Anspruch auf Gültigkeit, je grösser die Anzahl Analysen ist, aus denen die Mittel berechnet wurden.

Leider kann ich an dieser Stelle nicht unerwähnt lassen, dass diese Minimal-, Maximal- und Mittelwerthe einerseits selbst in den neuesten Lehrbüchern der Physiologie und Chemie veraltete und vereinzelte Analysen aus gewohnter Bequemlichkeit noch nicht zu verdrängen vermochten, andererseits aber von gewissen Seiten*) in einer Weise ausgenutzt werden, gegen welche ich hier Protest erheben muss. Zwar kann ich nur wünschen, dass die Zahlen

*) Sehr viel hat darin ein Herr R. Palm geleistet, welcher in den letzten Wochen mit einem Buch: „Die wichtigsten und gebräuchlichsten menschlichen Nahrungs-, Genussmittel und Getränke“ etc. (Voss' Sortiment, G. Haessel, Leipzig 1882) an die Oeffentlichkeit getreten ist. Dasselbe enthält, ohne Angabe der Quelle, nicht nur die sämmtlichen Zahlen (Minimum-, Maximum- und Mittelzahlen) dieses I. Theiles meines Buches, sondern unter Hinzufügung einiger unzugehöriger Abbildungen und Umsetzung einiger Wörter und Sätze ein kurzes Extract aus dem II. Theil. Zwar ist am Schlusse der Vorrede mein Buch als Literatur unter denjenigen aufgeführt, welche bei der Bearbeitung benutzt sind. Aber kein Mensch wird aus dem weiteren Text ersehen, dass wesentlich nur mein Buch benutzt ist; Zahlen und Inhalt sind vielmehr so wiedergegeben, als wenn sie von R. Palm selbst herrühren. Ein solches Verfahren spottet jeder Kritik; es wird hoffentlich in den wissenschaftlichen Kreisen die richtige Würdigung finden. (Vergl. Repertorium f. analyt. Chemie 1882. S. 117—121.)

und Tabellen recht vielseitige Beachtung und Verbreitung finden, aber ich glaube auch verlangen zu müssen, dass man bei Benutzung derselben wenigstens die Quelle angiebt, der sie entnommen sind; wer die Mühseligkeit einer solchen Arbeit kennt, wird dieses Verlangen nicht unbillig finden.

Ausser durch Hinzufügung neuer Analysen und Nahrungsmittel sind die Tabellen auch noch dadurch vermehrt resp. erweitert, dass ich zwei Rubriken hinzugefügt habe, von denen, auf Trockensubstanz berechnet, die eine den Gehalt an Stickstoff, die andere den an Fett bei den animalischen, den an Kohlehydraten bei den vegetabilischen Nahrungsmitteln angiebt. Durch diese Erweiterung glaube ich die Tabellen für wissenschaftliche Untersuchungen und Betrachtungen brauchbarer zu machen. Der verschiedene Gehalt an Wasser lässt häufig keine directe Vergleichung der einzelnen Analysen zu, wenn es sich um die Fragen handelt, ob und welche Unterschiede in der Zusammensetzung durch die Individualität, Fütterung, Bodenart, Düngung oder Zubereitung etc. etc. bedingt sind. Da es bei den animalischen Nahrungsmitteln vorwiegend nur auf den Gehalt an Stickstoff-Substanz und Fett, bei den vegetabilischen vorwiegend nur auf den Gehalt an Stickstoff-Substanz und Kohlehydraten ankommt, glaubte ich mich mit der Umrechnung dieser beiden Bestandtheile auf Trockensubstanz begnügen zu dürfen. Dass ich den Gehalt an Stickstoff statt Stickstoff-Substanz (N $\times$ 6,25) gewählt habe, hat darin seinen Grund, dass nach neueren Untersuchungen der Factor 6,25 oder ein procentischer Gehalt von 16 % Stickstoff in den Protein-Verbindungen zweifelhaft geworden ist, der Gehalt an Stickstoff aber eine bestimmte nicht näher definirbare Grösse bildet.

Diese zahlreichen mühseligen Umrechnungen auf Trockensubstanz sind, wie ich hier dankbar hervorheben muss, fast ausschliesslich von Herrn Dr. W. von der Becke, zum geringen Theil von Herrn Dr. J. Cosack, Assistenten der Versuchsstation ausgeführt worden.

Eine dritte neue Rubrik, welche die Zeit resp. das Jahr der Untersuchung angiebt, dürfte nicht minder die Benutzung der Tabellen erleichtern, da man aus derselben den grösseren oder geringeren Werth einer Analyse erschliessen kann. Zwar konnte diese Zeit nicht überall mit Sicherheit ermittelt oder musste nach dem Jahr der Veröffentlichung angegeben werden, welches gewiss nicht immer mit der Zeit der Untersuchung übereinstimmen dürfte. Indess wird die Abweichung in den bei weitem meisten Fällen nicht gross sein und höchstens 1—2 Jahre betragen, welche Differenz für diesen Zweck nicht ins Gewicht fällt.

Ausserdem aber habe ich bei denjenigen Nahrungsmitteln wie Milch, Wein, Bier, bei denen verschiedene Untersuchungsmethoden in Gebrauch sind und je nach der Untersuchungsmethode in etwa andere Resultate erhalten werden, in der neuen Auflage thunlichst die Untersuchungsmethoden kurz beschrieben oder angedeutet. Das Fehlen derselben in der 1. Auflage ist mit

Recht als ein Mangel hervorgehoben worden*); ich habe diesen thunlichst abzustellen gesucht und dort, wo ich in den Quellen hierüber nichts finden konnte, die Mühe nicht gescheut, jeden Analytiker schriftlich ein und mehrere Male um diese Angaben zu ersuchen.

Von einigen Seiten sind Stimmen laut geworden, die älteren Weinanalysen, die nach weniger exacten Methoden ausgeführt sind, überhaupt als unnöthigen Ballast ganz fallen zu lassen. Ich glaube diesem Wunsche nicht nachkommen zu dürfen, einmal weil die Analysen wenigstens historische Bedeutung besitzen und für Studien bis jetzt unerlässlich sind, dann aber auch, weil die meisten und ausführlicheren derselben nach meinem Dafürhalten einen viel höheren Werth und mehr Glaubwürdigkeit in Anspruch nehmen können, als eine Reihe neuerer Analysen, welche die Hast und Effecthascherei an der Stirn tragen.

Die beiden Kapitel »Verdaulichkeit der Nahrungsmittel« und »Nahrungsbedürfniss des Menschen« habe ich nicht wieder aufgenommen,**) weil sie in den 2. Theil gehören und dort ausführlich besprochen werden.

Dagegen habe ich dem Kapitel: »Ueber die Berechnung des Nährgeldwerthes der Nahrungsmittel«, entsprechend der hohen practischen Bedeutung, eine eingehende und umfangreiche Behandlung zu theil werden lassen.

So hoffe ich denn, dass diese 2. sehr vermehrte und umgearbeitete Auflage nicht minder günstige Aufnahme und Anerkennung finden wird, wie die 1. Auflage.

---

*) Freilich hat es auch mit einigen dieser Kritiken ein eigenes Bewandtniss. So wird von dem Verf. eines ähnlichen Buches, dessen erstes literarisches Debüt, wie ich höre, darin bestand, dass er ein fleissig nachgeschriebenes Collegienheft drucken liess, der Zusammenstellung der Wein- und Bieranalysen aller Werth abgesprochen, weil die Untersuchungsmethoden nicht angegeben seien; in demselben Athemzuge theilt der Kritiker aber eine Reihe von ihm untersuchter Weinanalysen mit, ohne auch nur mit einem Wort die von ihm befolgten Methoden zu erwähnen. Wo nichts ist, da hat der Kaiser sein Recht verloren.

Von derselben oder einer nahe verwandten Seite wird mir in einer Kritik der Vorwurf gemacht, dass ich verschiedene Rothwein-Analysen von den Proff. Fr. u. N. übersehen und nicht aufgenommen habe. Auf meine wissbegierige Anfrage, wo denn diese Analysen zu finden seien, erhalte ich die Antwort, dass dieselben für eine Weinhandlung L. & Co. in B. ausgeführt seien. Freilich auch eine Quelle, aber es ist mir neu, in den Weinkellern nach Literatur suchen zu müssen.

**) Ist doch für die 3. Auflage wieder als Einleitung aufgenommen, um für den II. Theil mehr Raum für mikroscopische Abbildungen und Untersuchungsmethoden zu gewinnen.

Münster i. W., im Februar 1882.

Der Verfasser.

Vorrede zur 3. Auflage.

Die dritte Auflage des I. Bandes ist auf mehr als den 3fachen Umfang der zweiten Auflage angewachsen.

Diese Vermehrung ist einerseits dadurch bedingt, dass die »Ernährungslehre« aus dem II. Bande, um für diesen mehr Raum für mikroscopische Abbildungen, Untersuchungsmethoden etc. zu gewinnen, in den I. Band übernommen worden ist, andererseits dadurch, dass nach dem Erscheinen der zweiten Auflage zahlreiche Untersuchungen auf diesem Gebiete ausgeführt worden sind. Bei Vervollständigung des Inhaltes einiger Kapitel, so z. B. von Kuh- und Ziegenmilch, von abgerahmter Milch, von Körnern und Samen der Cerealien, Leguminosen, sowie von Wurzelgewächsen, kam mir die Neubearbeitung der Tabellen von Prof. Dr. Th. Dietrich in Marburg für das von ihm und mir gemeinschaftlich herausgegebene und demnächst erscheinende Werk »Zusammensetzung und Verdaulichkeit der Futtermittel« wesentlich zu statten.

Im übrigen haben mich bei der Bearbeitung der dritten Auflage dieselben Gesichtspunkte geleitet, wie bei der zweiten Auflage. Neben Aufführung der Analysen-Zahlen habe ich die angewendeten Untersuchungsmethoden, besonders bei den Nahrungs- und Genussmitteln, deren Untersuchungsresultate von den Analysen-Methoden beeinflusst sind, thunlichst berücksichtigt.

Ich glaube annehmen zu dürfen, dass die dritte Auflage eine vollständige Uebersicht über die gesammte bis jetzt vorliegende umfangreiche Literatur dieses Gegenstandes bietet; an Mühe und Arbeit, das Material zu sammeln und übersichtlich zusammenzustellen, habe ich es wenigstens nicht fehlen lassen. Hierbei bin ich von den verschiedensten Seiten durch Einsendung von diesbezüglichen Abhandlungen und Schriften unterstützt worden; für dieses Entgegenkommen will ich den Fachgenossen an dieser Stelle meinen wärmsten Dank ausprechen und mich der Hoffnung hingeben, dass die dritte Auflage nicht minder wie die früheren Auflagen den weiteren Ausbau des äusserst wichtigen Gebietes der menschlichen Nahrungs- und Genussmittel fördern möge. Darin besteht die beste Anerkennung, welche einem Werke zu theil werden kann.

Münster i. W., Pfingsten 1889.

Der Verfasser.

Inhalts-Uebersicht.

I. Die Ernährungslehre.

II. Animalische Nahrungs- und Genussmittel.

*

Nachträge:

IV.

Genussmittel.

Alkoholische Genussmittel.

Bier und dessen Rohproducte.

Hopfen.*)

No.		Wasser %	In Alkohol löslich: Im Ganzen %	davon Hopfenharz %	In Wasser löslich: Im Ganzen %	Gerbsäure %	Asche %	Asche im Ganzen %	Nach der Extraction mit Alkohol in Wasser löslich %	Analytiker
	Von 1861:									
1	East-Kent, Goldings . .	—	21,45	—	25,74	3,55	—	8,09	—	E. Peters[1])
2	Mid-Kent	—	21,24	—	28,02	7,22	—	7,35	—	
3	Yellow weald of Kent .	—	22,09	—	23,80	3,47	—	9,63	—	
4	Fine weald of Kent . .	—	25,31	—	28,13	4,55	—	8,82	—	
5	Sussex	—	24,13	—	24,33	6,84	—	10,42	—	
6	Amerikan I	—	25,69	—	26,84	6,87	—	6,78	—	
7	„ II	—	20,95	—	24,80	2,97	—	9,02	—	
8	Neuguth bei Schmiegel .	—	19,73	—	18,80	10,89	—	9,44	—	
9	Kotusch bei Schmiegel .	—	16,12	—	18,32	11,36	—	10,68	—	
10	Hacz bei Schmiegel . .	—	23,44	—	25,90	8,54	—	9,23	—	
11	Neutomysl	—	24,45	—	27,15	7,57	—	6,73	—	
	Von 1867:									
12	Späthopfen aus Lindstellerhorst, auf Torf gewachsen	12,06	13,50	9,78	—	4,56	4,56	9,20	8,56	M. Sievert[2])

[1]) Wochenbl. d. Ann. der Landw. 1862. S. 468.

[2]) Zeitschr. d. Landw. Centr.-Vereins der Prov. Sachsen 1868. S. 272.

*) Ives giebt (nach Hassall, Food: Its adulterations etc. London, 1876. S. 676) folgende Zahlen für die Zusammensetzung des Hopfens:

Gerbsäure	Extractivstoffe	Bitterer Stoff	Wachs	Harz	Holzfaser
4,16	8,33	9,16	10,00	30,00	39,33 %

Payen und Chevalier geben ebendort den Gehalt an flüchtigem Oel zu 2,00 % an. Griesmayer fand nach dem Chem. Centralbl. 1872. 360 im Hopfen 3,70 % Rechtstraubenzucker.

No.		Zeit der Untersuchung	Wasser	In Alkohol löslich: im Ganzen	In Alkohol löslich: davon Hopfenharz	In Wasser löslich: im Ganzen	In Wasser löslich: Gerbsäure	In Wasser löslich: Asche	Asche im Ganzen	Nach der Extraction mit Alkohol in Wasser löslich	Analytiker
			%	%	%	%	%	%	%	%	
13	Aus Holzhausen mit grüner Farbe . . .	1867	13,24	20,00	11,16	—	3,79	5,18	6,94	11,50	M. Siewert[1])
14	desgl.	„	13,54	19,60	12,00	—	4,38	4,53	7,53	11,00	M. Siewert[1])
15	Späthopfen aus Lotsche (hellgrün)	„	10,85	18,00	13,82	—	4,00	4,82	8,06	12,50	M. Siewert[1])
16	Später Grünhopfen aus Holzhausen von fettem Lettenboden . . .	„	11,53	25,50	16,70	—	3,49	5,16	6,74	12,00	M. Siewert[1])
17	Echter bairischer Grünhopfen	„	13,45	23,00	18,40	—	3,24	5,18	6,70	12,50	M. Siewert[1])
	Mittel (1—17)	.	**12,44**	**21,43**	**13,72**	**24,72**	**5,72**	**4,74**	**8,31**	**11,34**	
				In Aether lösliche Stoffe *)	In Alkohol lösliche Stoffe *)	Eiweissstoffe		Holzfaser	Asche	Sand	
18	Aus Westpreussen	1878	12,00	16,99	13,43	17,50	1,22	9,92	5,38	1,55	M. Siewert[2])
19	Aus Westpreussen	„	11,80	17,46	17,20	14,88	1,43	16,60	5,72	1,46	M. Siewert[2])
20	Aus Westpreussen	„	11,68	19,10	14,70	15,05	1,41	17,60	6,30	1,70	M. Siewert[2])
21	Aus Westpreussen	„	13,90	13,43	12,33	13,39	0,83	15,58	8,40	1,90	M. Siewert[2])
22	Aus Westpreussen	„	12,00	18,84	13,20	12,94	1,01	15,20	6,10	2,56	M. Siewert[2])
23	Aus Westpreussen	„	10,00	18,40	13,00	12,34	1,40	17,12	5,56	2,70	M. Siewert[2])
24	Aus Westpreussen	„	10,40	16,71	13,00	15,75	1,08	14,44	7,00	2,64	M. Siewert[2])
25	Aus Westpreussen	„	10,00	19,03	14,50	16,01	1,50	15,62	6,20	1,90	M. Siewert[2])
26	Aus Westpreussen	„	9,90	18,39	11,10	13,39	1,34	15,20	6,60	2,90	M. Siewert[2])
27	Aus Westpreussen	„	9,40	15,28	12,33	16,01	1,01	15,42	6,00	5,50	M. Siewert[2])
28	Aus Westpreussen	„	10,73	11,30	10,19	15,75	0,90	18,20	5,80	1,60	M. Siewert[2])
	Mittel (18—28)	.	**11,07**	**16,81**	**13,18**	**14,82**	**1,09**	**15,54**	**6,28**	**2,40**	
	Oesterreichische Hopfen:			Aetherisches Hopfenöl	Im Alkohol v. 0,82 spec. Gew. löslich: im Ganzen	Im Alkohol v. 0,82 spec. Gew. löslich: davon Harz			Reinasche		
29[0])	Aus Neuhaus: Ungeschwefelt . .	Anfang der 70er Jahre	16,75	0,48	29,93	17,05	4,01	—	4,34	1,08	J. Moser u. Fr. Soxhlet[3])
30	Aus Neuhaus: Geschwefelt zu 32	Anfang der 70er Jahre	17,13	0,48	30,97	17,00	4,85	—	3,57	2,27	J. Moser u. Fr. Soxhlet[3])
31	Aus Neuhaus: desgl. zu 29 . .	Anfang der 70er Jahre	16,78	0,45	30,46	16,35	5,01	—	4,86	1,03	J. Moser u. Fr. Soxhlet[3])
32[0])	Aus Neuhaus: Ungeschwefelt . .	Anfang der 70er Jahre	14,87	0,31	33,19	16,88	3,43	—	5,59	0,96	J. Moser u. Fr. Soxhlet[3])

[1]) Zeitschr. d. landw. Centr.-Vereins d. Prov. Sachsen 1868. S. 272.

[2]) Allgemeine Hopfenzeitung 1878. S. 385.

[3]) Erster Bericht der Vers.-Stat. Wien 1871—1877. Wien, 1878. Tabelle XXXIII.

[0]) Die Analysen wurden 3 Monate nach der Ernte ausgeführt.

*) Die feingemahlenen Hopfenproben wurden erst mit Aether, dann mit Alkohol extrahirt.

No.		Zeit der Untersuchung	Wasser %	Aetherisches Hopfenöl %	In Alkohol von 0,82 spec. Gew. löslich: im Ganzen %	davon Harz %	Gerbsäure %	Vom Alkoholrückstand in Wasser löslich %	Reinasche %	Sand %	Analytiker
33	Aus Neufelden aus Saazer Setzlingen, Früh-H.	In den 70er Jahren	13,10	0,25	21,93	18,09	3,47	9,95*)	5,29	0,65	*J. Moser* u. *Fr. Soxhlet*[1])
34	Aus Neufelden aus Saazer Setzlingen, Spät-H.		13,25	0,21	22,13	17,43	5,13	10,31	5,72	1,14	
35	Aus Neufelden aus Saazer Setzlingen, Früh-H.		14,95	0,18	21,98	17,98	4,00	10,17	5,01	0,60	
36[0])	Aus Rohrbach		11,32	0,18	21,99	17,69	1,38	14,95	6,19	0,29	
37[0])	Aus Grieskirchen		10,21	0,15	24,07	18,62	3,27	15,21	8,57	0,38	
38[0])	Von Saaz		9,90	0,13	20,12	14,57	2,52	16,66	10,01	0,91	
39[0])	Von Auscha		10,61	0,17	20,97	15,14	3,18	15,61	7,87	0,81	
	Mittel (29—39)	.	**13,53**	**0,27**	**25,24**	**16,98**	**3,66**	**13,02**	**6,09**	**0,93**	

Fr. Farsky[2]) fand durch eine vergleichende Untersuchung die Zusammensetzung des Saazer und Taborer Hopfens auf Trockensubstanz berechnet wie folgt:

	Hopfenmehl %	Blüthenblätter %	Blüthenstiele %	Früchte %	Chemische Zusammensetzung: Proteinstoffe %	Aetherextract %	N-freie Extractstoffe %	Holzfaser %	Asche %	In Procenten der Asche: Kali %	Kalk %	Phosphorsäure %
1. Saazer Hopf.	12,40	69,79	17,54	0,27	12,87	5,74	23,82	51,15?	6,42	33,14	12,45	29,20
2. Taborer „	6,12	74,79	18,52	0,57	14,18	4,91	21,44	53,21	6,26	42,30	16,04	12,08 ?

Carl Killing[3]) desgl. durch eine vergleichende Untersuchung des chilenischen, böhmischen und bairischen Hopfens:

	Zeit der Untersuchung	Wasser %	Stickstoff-Substanz %	Alkohol-Extract %	Flüchtiges Oel %	Hopfenharz %	Gerbsäure %	Reinasche %	Sand + Thon %
1. Hopfen aus Chile	1888	14,11	10,55	15,30	0,16	9,54	1,28	6,52	3,34
2. „ „ Böhmen	„	13,55	11,45	27,86	0,44	19,42	1,26	6,56	2,48
3. „ „ Baiern	„	13,88	11,52	25,36	0,41	17,38	1,19	6,36	1,76

C. Krauch[4]) bestimmte die Menge der in Wasser löslichen Stoffe auf trocknen Hopfen berechnet zu 31,62 %; er fand für die trockne Substanz:

	Protein %	Fett + Harz (Aether-Extract) %	N-freie Extractstoffe %	Asche %
1. Natürlicher Hopfen	15,27	20,43	54,22	10,08
2. Mit Wasser extrahirter Rückstand	12,06	11,40	70,05	6,49
Also von 100 Thl. trocknem Hopfen löslich	7,02	12,64	6,32	5,64

---

[1]) Erster Bericht der Versuchsstation Wien 1871—1877. Wien 1878. Tabelle XXXIII.

[2]) Nach Bericht der landw. Vers.-Stat. zu Tabor 1881 in Centralbl. f. Agric.-Chemie 1882. S. 427.

[3]) Nach Observaciones quimicas sobre El Oblon Chileno por Dr. Ch Killing Valparaiso 1885 in Vierteljahresschr. f. Chem. d. Nahrungs- u. Genussmittel pro 1888. S. 65.

[4]) Original-Mittheilung.

[0]) Die Analysen wurden 5 Monate nach der Ernte ausgeführt.

*) Hiervon waren:

	No. 33	34	35	36	37	38	39
Organische Substanz	6,85	7,40	7,01	10,63	10,26	11,24	10,51 %
Unorganische Substanz	3,10	2,91	3,16	4,32	4,95	5,42	5,10 „

Ergebnisse der Unter-

von C. G. Zetterlund. Chemische und Samenkontrolstation in Orebo.

Herkunft des Hopfens	Aeussere Beschaffenheit							
	Fruchtzapfen						Deckblätter	
	Form und Geschlossenheit	Farbe	Geruch	Geschmack	Klebrigkeit	Farbe des Hopfenmehls	Dicke	Glanz
Spalt (Bayern)	dicht	grüngelb	nicht sehr stark	rein bitter	trocken	goldgelb	häutig	nicht unbedeutend
Kindig (Bayern)	"	"	stark	"	ballt sich	"	"	"
Au (Bayern)	"	"	nicht sehr stark	"	trocken	"	"	"
Wolznach (Bayern)	" [1]	bleich gelbgrün mit braunen Flecken	"	"	ballt sich	"	"	unbedeutend
Aischgrund (Bayern)	nicht dicht	"	"	"	trocken	"	"	"
Hersbruck (Bayern)	der grösste Theil zerbröckelt	"	schwach	"	"	"	"	"
Baden	dicht [2]	grüngelb	stark	"	ballt sich	"	"	"
Posen	" [3]	bleich grün mit braunen Flecken	schwach	"	trocken	"	"	"
Elsass	"	grüngelb	"	"	"	"	"	nicht unbedeutend
Altmark, Brandenburg	theilweise zerbröckelt	bleich gelbgrün	"	"	"	"	"	unbedeutend
Württemberg	nicht dicht	grüngelb	stark	"	"	"	"	nicht unbedeut.
Saaz (Böhmen)	dicht	hellgrün	"	"	"	"	"	"
Auscha (Böhmen)	"	"	nicht sehr stark	"	"	"	"	unbedeutend

Angewendete Untersuchungsmethoden.

A. Botanische Untersuchung:

Reinheit: 50 g abgewogen, mit der Scheere Stiele abgeschnitten und diese mit den anderen Verunreinigungen gewogen.

Gewicht von 100 g Fruchtzapfen, die wie oben gereinigt waren.

Hopfenmehl: Circa 10 g Hopfen werden, nachdem sie gut getrocknet sind, über ein Haarsieb mit 0,5 mm weiten Löchern mittelst Pincette zerpflückt und abgesiebt. Deckblätter, Rippen, Perigon und Samen werden sortirt und gewogen.

B. Chemische Untersuchung:

Wasser und Asche wie gewöhnlich.

Gerbstoffgehalt: 10 g Hopfen werden 2 Std. mit Wasser gekocht, abfiltrirt, der Rückstand mit Wasser ausgewaschen und das Filtrat auf ein Liter verdünnt. In 20 cbcm wird die Gerbstoffsäure mit ammoniakalischer Zinkacetatlösung im Ueberschuss ausgefüllt und auf $^2/_3$ des Volumens eingedampft. Der Niederschlag wird abfiltrirt und mit warmem Wasser ausgewaschen. Der Niederschlag wird in verd. Schwefelsäure (1 : 4 H_2O [Vol.]) gelöst und mit Kaliumpermanganat der Gehalt an Gerbsäure bestimmt.

Der Harzgehalt wird aus der Differenz des Wasser- und Alkoholauszuges berechnet.

Alkoholextract: 10 g Hopfen werden 12 Std. mit 85 % Alkohol gekocht, abfiltrirt und nochmals 12 Std. mit 85 % Alkohol gekocht. Die vereinten Auszüge werden eingedampft und bei 100 ° C. getrocknet.

---

[1] Stiel zu lang. [2] und [3] Stiel zu lang, mehrere Zapfen an demselben Stiel.

suchung von Hopfen

(Allgem. Zeitschr. f. Bierbrauerei u. Malzfabrik. Wien. No. 46. 1886.)

Botanische Untersuchung							Chemische Untersuchung				
Gewicht von **100 Zapfen** Gramm	**Reinheit** %	**Hopfenmehl** (Lupulin) %	**Deckblätter** %	**Rippen** %	**Perigone** %	**Samen** %	**Wasser** %	**Asche** %	**Gerbstoff** %	**Harz** %	**Alkoholextract** %
17,74	98,45	11,10	75,95	9,36	2,91	0,68	12,62	7,01	4,43	7,43	32,40
12,94	98,57	10,50	75,33	10,48	3,69	—	14,93	6,94	3,98	9,10	32,44
15,22	98,11	16,59	70,51	8,45	4,33	0,12	13,16	6,77	4,20	11,57	35,57
15,78	97,54	15,54	73,40	8,29	2,59	0,18	11,92	7,12	3,36	9,18	35,03
13,51	96,41	13,52	70,17	11,92	2,10	2,29	10,09	7,62	3,69	12,80	38,20
10,12	94,72	12,75	68,15	12,70	1,98	4,42	11,25	7,41	4,03	10,62	36,30
19,95	98,64	11,70	77,29	7,28	3,17	0,56	11,82	7,56	3,78	11,21	39,23
13,91	97,81	13,42	73,23	10,90	2,35	0,10	11,64	7,11	4,37	9,50	37,25
14,57	98,40	11,38	72,93	10,31	4,61	0,32	11,90	6,63	3,41	13,80	37,38
11,83	96,90	10,42	63,25	13,52	2,22	0,50	12,02	7,52	3,93	9,14	39,85
15,85	98,59	13,19	72,36	11,51	2,08	0,86	10,14	6,31	3,67	15,42	41,71
18,31	98,46	13,58	72,95	9,05	3,71	0,71	9,66	7,18	3,91	11,61	38,79
17,05	98,05	12,04	77,38	8,09	2,49	—	11,68	7,58	3,95	11,62	40,27

Kennzeichen eines guten Hopfens.

1) Reinheit: Keine unentwickelte, beschädigte oder schlechte Dolden, keine Blätter oder Stielreste, höchstens zwei Fruchtzapfen an einem Stiele, dieser nicht länger als einige Millimeter.
2) Grösse: Dolden von gleicher Grösse und Form, zusammengeschlossene und aufeinanderliegende Blätter. Das Gewicht von 100 entwickelten Zapfen schwankt zwischen 14—24 g.
3) Farbe: Hellgrün oder grüngelb; nicht roth oder braunfleckig.
4) Klebrigkeit: Nicht trocken, sondern fett und klebrig anzufühlen.
5) Geruch: Stark aromatisch, fast betäubend.
6) Geschmack: Rein und angenehm bitter.
7) Hopfenmehl: Von hellgelber Farbe. Drüsen unter dem Mikroskop citronengelb, vollglänzend.
8) Deckblätter: Weich und dünn, ungefähr 75 % der Hopfenzapfen.
9) Rippen: 10—11 % der Zapfen.
10) Samen soll nicht vorkommen.
11) Gewicht der Perigone bis ungefähr 4 % der Zapfen.

Chemische Zusammensetzung der Fruchtzapfen.

1) Wassergehalt: Nicht mehr als 10—17 %.
2) Aschenbestandtheile: Nicht mehr als 6—10 %.
3) Alkoholextract: Möglichst hoch; schwankt zwischen 18—45 %.
4) Hopfengerbstoff: Nach R. Wagner 3—6, nach Rautert 1,8—4 %.
5) Hopfenharz: 12—18 % (nach Stahlschmidt).

Grünmalz.

No.	Bemerkungen	Zeit der Untersuchung	Wasser %	Stickstoff-Substanz %	Fett %	Kohlehydrate %	Holzfaser %	Asche %	In der Trocken-Substanz: Stick-stoff-Substanz %	In der Trocken-Substanz: Kohle-hydrate %	Stickstoff in der Trocken-Substanz %	Analytiker
1	Frisches, Mittel von 2 Analysen	1855	47,46	6,60	39,46		4,31	2,17	12,56	—	2,01	*H. Ritthausen*[1])
2		1871	42,40	7,13	1,30	40,50	6,81	1,86	12,38	70,31	1,98	*E. Schulze u.*
3		„	44,10	6,34	1,26	39,53	6,61	2,16	11,35	70,71	1,82	*M. Märker*[2])
	Mittel	.	**45,35**	**6,67**	**1,28**	**39,10**	**5,51**	**2,09**	**12,21**	**70,51**	**1,96**	

Luft- und Darrmalz.

No.	Bemerkungen	Zeit der Untersuchung	Wasser %	Stickstoff-Substanz %	Fett %	Kohlehydrate %	Holzfaser %	Asche %	In der Trocken-Substanz: Stick-stoff-Substanz %	In der Trocken-Substanz: Kohle-hydrate %	Stickstoff in der Trocken-Substanz %	Analytiker
1	Lufttrocken	?	16,10	11,00	1,80	56,80	(11,70)	2,60	13,11	67,71	2,10	*Mulder u.*
2	Gedarrt	„	11,10	9,10	2,10	65,90	(9,40)	2,40	10,24	74,14	1,64	*Oudemann*[3])
3	Stark gedarrt	„	9,90	9,70	2,40	64,80	(10,60)	2,60	10,68	71,92	1,71	
4		1848	8,35	9,44	—	—	—	2,31	10,29	—	1,65	*J. B. Lawes*[4])
5		„	4,61	10,13	—	—	—	2,60	10,62	—	1,70	
6		1855	8,00	7,59	1,68	—	6,95	2,94	8,25	—	1,32	*H. Hell-*
7		„	7,90	9,42	1,43	—	7,10	2,90	10,23	—	1,64	*riegel*[5])
8	Darrmalz	1855	4,20	8,33	—	—	8,70	2,67	8,70	—	1,39	*H. Ritthausen*[6])
9	Luftmalz, keimfreies ..	1860	12,80	10,40	2,46	55,19	(17,15)	2,00	11,93	63,30	1,91	*F. Stein*[7])
10	Darrmalz	„	10,40	10,50	3,03	57,16	(16,86)	2,05	11,82	63,79	1,89	
11	Aus Landgerste ...	1869	10,30	12,56	1,60	67,29	6,11	2,14	15,00	75,01	2,40	*E. Heiden*[8])
12	„ Hannagerste ...	„	12,95	10,96	1,81	65,32	5,78	3,18	12,59	75,05	2,01	
13	„ böhmischer Gerste .	„	11,53	11,38	1,70	66,62	5,75	3,02	12,88	75,41	2,06	
14	„ mährischer „ .	„	12,10	14,31	1,85	64,75	4,70	2,29	16,18	73,69	2,59	
15		„	9,35	11,37	1,97	68,27	5,53	3,51	12,54	75,30	2,01	*J. Nessler und H. Körner*[9])
	Mittel (No. 11—15)	.	**11,25**	**12,12**	**1,79**	**66,44**	**5,37**	**2,83**	**13,84**	**74,89**	**2,21**	

[1]) Vers.-Stat. Möckern. 5. Bericht. Leipzig, 1857. 29.

[2]) Vers.-Stat. Weende. Journ. f. Landwirthschaft 1872. 52 u. 74. Bei Grünmalz unter No. 2 war
In kaltem Wasser löslich .... N 0,606 % = 3,79 % Eiweissstoffen
Beim Digeriren in der Wärme in Wasser löslich .. N 0,801 „ = 5,01 „ „

[3]) Vergl. R. Stierlein, das Bier, seine Verfälschungen etc. 1878. S. 18 Als besondere Bestandtheile der N-freien Extractstoffe werden aufgeführt

	Zucker	Dextrin	Stärke
No. 1	0,4	6,5	47,3 %
No. 2	0,6	5,8	51,2 „
No. 3	0,8	9,4	43,9 „

[4]) Journ. Roy. Agr. Soc. England X. II. 1849. 299 u. 323.

[5]) Chem. Ackersm. 1855. 248. Die Malzproben enthielten:

	Stärkemehl	Dextrin, Zucker etc.
No. 6	48,17	24,67 %
No. 7	48,59	22,66 „

[6]) Vers.-Stat. Möckern. 5. Bericht. Leipzig, 1857. S. 29.

[7]) Wilda's landw. Centralbl. 1860. II. 8 auch Weende'r Jahresber. 1857/60. II. 212. Unter Zellensubstanz (Rohfaser) ist hier der beim Maischen des Malzes übrigbleibende in Wasser unlösliche Rückstand zu verstehen, von dem noch die Mengen der darin enthaltenen Aschenbestandtheile, des Proteins und der in Alkohol und Aether löslichen Theile in Abzug gebracht wurden. Ferner sind aufgeführt:

	Extractivstoffe	Dextrin	Stärke
No. 9 ...	4,00	7,56	51,55 %
No. 10 ...	4,65	8,23	50,88 „

[8]) Vers.-Stat. Pommritz. Originalmittheilung.

[9]) Bericht der Vers.-Stat. Karlsruhe 1870. S. 58.

Grünmalz.

No.	Bemerkungen	Zeit der Untersuchung	Wasser %	In der Trocken-Substanz: Extract %	Stickstoff-Substanz %	Maltose %	Dextrose %	Maltose zu Nichtmaltose 1: %	Analytiker
1	Grünmalz von der Tenne	1880	43,00	65,29	—	41,00	26,98	0,60	Lintner u. Krandauer[1])
2	desgl. 13 St. auf der Schwelke bei 15° R.	„	43,10	66,71	—	45,66	30,11	0,46	
3	desgl. 37 St. auf der Schwelke . .	„	42,06	66,93	—	40,45	30,96	0,44	
4	Grünmalz A von der Schwelke . .	„	58,53	70,23	—	46,39	30,96	0,51	
5	desgl. B 24 St. gefroren bei einem Minimum — 16,3° R.	„	58,38	70,71	—	46,45	30,97	0,52	
6	desgl. A } 2 Tage bei gewöhnlicher Zimmertemperatur stehen gelassen	„	58,34	73,92	—	48,18	32,13	0,53	
7	desgl. B }	„	58,48	73,85	—	47,52	31,68	0,56	
8	desgl. A 6 Tage gefroren bei einem Minimum von — 18,5° C. . . .	„	37,79	71,92	—	48,73	32,49	0,48	
9	Grünmalz von der Tenne	„	45,03	64,32	—	39,73	26,51	0,60	
10	desgl. von der Schwelke	„	44,98	67,58	—	44,65	29,79	0,50	
	Mittel	.	**48,97**	**69,15**	—	**44,88**	**30,26**	**0,52**	

Darrmalz.

No.	Bemerkungen	Zeit der Untersuchung	Wasser %	Aus der Trocken-Substanz Malz: Extract %	Stickstoff-Substanz %	Maltose %	Dextrose %	Asche %	Phosphorsäure %	Maltose zu Nichtmaltose 1: %	Analytiker
1	Malz von der oberen Horde[0]) aus Grünmalz No. 1 . .	1880	(17,30)	71,15	—	43,63	28,60	—	—	0,63	Lintner u. Krandauer[2])
2	desgl. abgedarrt	„	3,86	74,16	—	51,73	33,78	—	—	0,43	
3	Malz von der oberen Horde aus Grünmalz No. 3 . .	„	(21,01)	71,06	—	45,82	29,95	—	—	0,55	
4	desgl. abgedarrt	„	3,06	72,98	—	50,29	32,57	—	—	0,45	
5	Malz A aus Grünmalz No. 4 . . } abgedarrt u. 3 Tage liegen gelass.	„	1,56	71,52	—	43,90	29,27	—	—	0,63	
6	desgl. B aus Grünmalz B No. 5 . }	„	3,70	70,08	—	44,58	29,72	—	—	0,57	
7	desgl. A aus Grünmalz No. 8	„	5,01	73,89	—	48,34	32,56	—	—	0,51	
8	Von d. oberen Horde } zu Grünmalz N. 9 u. 10	„	(21,39)	66,75	—	42,83	27,31	—	—	0,56	
9	„ „ unteren „ }	„	3,76	72,77	—	47,22	31,48	—	—	0,53	

[1]) Zeitschr. f. d. gesammte Brauwesen 1880. S. 303. Durch die Untersuchung sollte der Einfluss des Schwelk- und Darrprozesses auf die Veränderungen des Malzes dargethan werden; vergl. unter Darrmalz No. 1—9. Für die Untersuchung wurden die Keime abgetrennt.

[2]) Zeitschr. f. d. gesammte Brauwesen 1880. S. 303.

[0]) Das Grünmalz verblieb bei den Analysen No. 1 u. 2, 3 u. 4, 8 u. 9 auf der oberen Darre 8 Stunden und auf der unteren Darre weitere 8 Stunden; vergl. unter Grünmalz No. 1—10.

No.	Bemerkungen	Zeit der Untersuchung	Wasser %	Aus der Trocken-Substanz Malz: Extract %	Stick-stoff-Substanz %	Maltose %	Dextrose %	Asche %	Phos-phor-säure %	Maltose zu Nichtmaltose 1: %	Analytiker
10		1884	7,93	78,78	(24,98)	55,46	—	2,07	0,65	0,51	*W. Krandauer*[1]
11	Gutes Malz von aromatischem Geruch und süssem Geschmack	"	8,64	77,73	10,39	46,82	—	2,18	0,90	0,65	
12	Aus ungarischer Gerste[0]) .	1882	5,79	77,83	10,16	39,95	—	2,48	0,93	—	*Brauerei-Versuchs-Station München*[2]
13	" slovakischer " .	"	6,55	79,91	10,00	42,37	—	2,39	0,87	—	
14	" Regensburger " .	"	4,80	76,05	11,61	43,01	—	2,44	0,90	—	
15	" böhmischer " .	"	5,40	77,47	11,33	44,26	—	2,30	0,71	—	
16	" fränkischer " .	"	4,72	72,26	10,81	40,73	—	2,42	0,78	—	
17	" Saalgerste	"	5,42	78,61	9,80	44,88	—	2,35	0,78	—	
18	" mährischer Gerste . .	"	5,07	78,73	10,83	42,95	—	2,32	0,83	—	
19	" schwedischer " [0]) . .	"	4,85	65,05	8,83	30,41	—	2,31	0,69	—	
	Mittel (1—19)	.	**5,01**	**74,04**	**10,42**	**40,44**	**25,02**	**2,33**	**0,80**	**0,55**	

[1]) Zeitschr. f. d. gesammte Brauwesen 1884. S. 140.

[2]) Ebendort 1882. S. 189.

[0]) Ueber die Zusammensetzung der Gerste resp. der aus dem Malz gewonnenen Würze etc. sind noch folgende Angaben gemacht:

Mälzungsergebniss:		No. 12	13	14	15	16	17	18	19
Durchschnittsgewicht eines lufttrocknen Gerstenkorns		37,64	38,02	41,17	44,50	47,40	43,60	38,65	39,93 mg
Schwemmlinge aus lufttrockner Gerste		0,73	0,44	1,28	0,82	1,40	0,56	1,34	1,14 %
Quelldauer		75	92	79	74	95	73	94	92 Stunden
Keimdauer		11,0	9,4	8,9	8,9	10,25	9,33	9,25	11,05 Tage
Grünmalz aus lufttrockner Gerste		148,1	133,1	157,3	151,9	146,4	153,7	158,2	152,9 %
Keimfreies Darrmalz aus lufttrockner Gerste . . .		83,2	84,4	81,0	83,3	78,5	83,3	80,8	79,6 "
Malztrockensubstanz aus Gerstentrockensubstanz . .		91,27	90,62	91,09	91,30	90,82	91,01	89,17	92,86 %
Die Gersten zu No. 12—19 enthielten:									
Trockensubstanz		85,87	87,03	84,65	86,31	82,35	86,56	86,07	81,07 %
In der Trockensubstanz	Stickstoffsubstanz	11,31	10,18	11,73	11,31	11,62	10,60	10,94	10,03 %
	Asche	2,69	2,64	2,85	2,57	2,81	2,86	2,65	2,63 "
	Kali	—	—	—	0,515	~~0,608~~	0,526	—	0,592 %
	Kalk	0,056	0,059	0,065	0,062	0,059	0,037	0,040	0,067 "
	Magnesia	—	—	—	0,231	0,229	0,216	—	0,224 "
	Phosphorsäure	1,010	0,790	1,078	0,923	0,798	0,817	0,804	0,767 "
	Kieselsäure	0,599	0,671	0,656	0,651	0,826	0,579	0,645	0,711 "
Hiervon in der Malztrockensubstanz	Kali	0,468	0,363	0,470	0,367	0,385	0,417	—	0,470 %
	Kalk	0,091	0,072	0,087	0,077	0,084	0,096	0,085	0,082 "
	Magnesia	0,253	0,266	0,236	0,219	0,239	0,239	0,219	0,212 "
	Phosphorsäure	0,929	0,868	0,904	0,708	0,779	0,784	0,830	0,693 "
	Kieselsäure	0,598	0,711	0,677	0,644	0,725	0,556	0,770	0,651 "
Procente d. Malztrockensubstanz im Extract	Stickstoffsubstanz	4,73	4,77	5,14	4,71	4,95	4,82	4,74	3,69 %
	Zucker (Maltose)	51,33	53,02	56,56	57,13	56,37	57,10	54,55	46,75 "
	Asche	1,29	1,24	1,39	1,24	1,20	1,28	—	1,13 "
Procente der Gerstentrockensubstanz im Malz	Stickstoffsubstanz	9,27	9,06	10,57	10,35	9,81	8,92	9,66	8,21 %
	Extract	71,03	72,41	69,27	70,73	65,62	71,54	70,20	60,47 "
	Asche	2,26	2,17	2,22	2,10	2,19	2,14	2,07	2,15 "
Procente der Gerstentrockensubstanz im Extract	Stickstoffsubstanz .	4,32	4,42	4,68	4,30	4,49	4,38	4,22	4,43 %
Von 100 in der Gerstentrockensubstanz enthaltenen Stickstoffsubstanz sind löslich in der Würze des resp. Malzes		46,58	47,69	44,29	41,56	45,79	49,17	43,73	41,77 %

No.	Bemerkungen		Zeit der Untersuchung	Wasser des Malzes %	In der Malz-Trockensubstanz: Extract %	Gesammt-Stickstoff-Substanz %	Lösliche Stickstoff-Substanz %	Maltose %	Dextrin %	Lösliche Asche %	Der Extract des Malzes hat: Stick-stoff-Substanz %	Maltose %	Dextrin %	Asche %	Analytiker
20	Englische Malze zur Ale-Bereitung. Blass gedarrte Malze vom Sudjahr 1878/79, wovon No. I und VII noch als gelagerte vom Vorjahre	I	1881	7,01	78,91	8,94	3,44	46,05	23,59	1,37	4,36	58,36	29,89	1,73	*H. Grimmer*[1])
21		II	"	7,13	80,75	9,74	4,06	52,52	13,11	1,43	5,03	64,71	16,23	1,77	
22		III	"	5,87	78,63	8,81	2,92	47,40	18,30	1,43	3,70	60,28	23,28	1,82	
23		IV	"	6,93	81,22	10,12	2,46	52,16	13,19	1,31	3,02	64,23	16,24	1,61	
24		V	"	8,71	80,45	8,80	4,16	49,54	10,66	1,40	5,17	61,57	13,25	1,74	
25		VI	"	4,57	77,83	10,80	4,03	48,57	10,58	1,57	5,18	62,14	13,59	2,02	
26		VII	"	6,03	76,75	10,22	3,91	46,69	18,91	1,44	5,10	60,84	24,64	1,87	
27		VIII	"	5,81	79,01	9,99	4,33	52,66	8,94	1,38	5,48	66,65	11,31	1,73	
28		IX	"	5,65	81,29	9,56	4,41	51,43	13,01	1,46	5,43	63,28	16,00	1,79	
29		X	"	4,54	79,79	9,15	4,87	50,99	17,20	1,42	6,10	63,90	21,56	1,78	
30		XI	"	5,15	77,70	—	4,57	55,04	12,98	1,28	5,88	70,84	16,70	1,65	
31		XII	"	5,43	80,66	10,11	4,85	51,54	8,45	1,48	4,77	63,90	10,47	1,83	
32		XIII	"	6,40	80,00	—	4,21	56,71	10,26	1,08	5,25	70,89	12,82	1,35	
33	Blass gedarrte Malze vom Sudjahre 1879/80, nur No. VII verhältnissmässig stark gedarrt	I	"	8,62	79,04	—	4,78	56,40	—	—	6,05	71,35	—	—	
34		II	"	9,20	80,85	—	5,33	57,27	13,36	—	6,60	70,84	16,52	—	
35		III	"	5,96	80,37	—	5,10	55,02	6,10	—	6,35	68,46	7,60	—	
36		IV	"	7,43	81,83	—	—	56,30	10,10	—	—	68,79	12,36	—	
37		V	"	8,42	82,35	—	5,29	58,43	10,75	—	6,43	70,95	13,05	—	
38		VI	"	5,64	80,04	—	4,53	54,99	13,88	—	5,66	68,70	17,34	—	
39		VII	"	5,77	78,95	—	5,12	52,62	—	—	6,48	66,65	—	—	
40		VIII	"	5,08	75,66	—	4,25	52,08	13,51	—	5,63	68,84	17,86	—	
41		IX	"	5,80	77,42	—	4,97	51,38	—	—	6,55	66,36	—	—	
42		X	"	5,75	78,92	—	5,11	53,56	—	—	6,61	67,87	—	—	
	Mittel (20—42)		.	**6,39**	**79,50**	**9,66**	**4,40**	**52,58**	**12,99**	**1,39**	**5,49**	**66,10**	**16,35**	**1,75**	

Gewinnung von Würze aus verschieden zubereitetem Malz.

No.	Bemerkungen	Maximal-Temperatur des Malzhaufens ° R.	Zeit der Untersuchung	Wasser des Malzes %	Aus 100 Theilen Malztrockensubstanz gingen in die Würze: Extract i. Ganzen (Balling) %	Stick-stoff-Substanz %	Maltose %	Asche %	In 100 Theilen Extract: Stick-stoff-Substanz %	Maltose %	Asche %	Analytiker
1a	Grünmalz	27	1877	42,62	58,91	2,71	38,79	0,94	4,60	65,86	1,60	*Brauerei-Versuchsstation München*[2]) *)
1b	Oberdarrmalz . . .		"	10,18	74,43	3,39	53,08	1,25	4,56	71,40	1,68	
1c	Unterdarrmalz . . .		"	5,18	73,29	3,08	50,46	1,11	4,20	68,85	1,51	
2a	Grünmalz	18,5	"	40,29	53,87	3,04	36,87	0,95	5,17	68,43	1,61	
2b	Oberdarrmalz . . .		"	7,41	76,09	3,64	52,40	0,94	4,80	68,86	1,23	
2c	Unterdarrmalz . . .		"	3,75	75,71	3,35	50,18	0,97	4,43	66,28	1,28	

[1]) Zeitschr. f. d. gesammte Brauwesen 1881. S. 181.

[2]) Ebendort 1880. S. 581.

*) Vergl. Anmerkung *) Seite 796.

No.	Bemerkungen	Zeit der Untersuchung	Wasser des Malzes	Aus 100 Theilen Malztrockensubstanz gingen in die Würze: Extract i. Ganzen (Balling)	Stick-stoff-Substanz	Maltose	Asche	P_2O_5	In 100 Theilen Extract: Stick-stoff-Substanz	Maltose	Asche	P_2O_5	Analytiker
			%	%	%	%	%	%	%	%	%	%	
	Maximal-Temperatur des Malzhaufens ° R.												
3a	Grünmalz . .	1877	36,06	60,86	3,27	42,91	0,99	—	5,38	70,51	1,63	—	Brauerei-Versuchsstation München[1]) *)
3b	Oberdarrmalz — 15	„	9,29	75,82	3,98	52,67	1,28	—	5,25	69,47	1,68	—	
3c	Unterdarrmalz	„	3,01	74,29	3,62	49,24	1,14	—	4,87	66,28	1,54	—	
	Mälzungsdauer Tage — Temperatur Weichwasser ° R. — Tenne ° R. — Maximaltemp. ° R.												
4	6 — 7,7 — 10 — 24	1880	5,21	75,05	4,35	49,14	1,10	—	5,80	65,48	1,47	—	
5	8 — 7,0 — 9,5 — 16	„	5,30	76,42	4,58	57,60	1,15	—	6,00	75,37	1,50	—	
6	10 — 6,0 — 8,0 — 12	„	5,73	77,22	4,78	52,65	1,21	—	6,18	68,19	1,57	—	
	Malz aus:												
7	Böhmischer, weisser Gerste .	1881	8,29	76,04	2,78	53,25	1,16	0,50	3,65	70,03	1,53	0,66	dieselbe[2]) **)
8	Mährischer G., Hanna-, gelb	„	7,07	79,24	2,65	49,03	1,14	0,51	3,34	61,88	1,49	0,67	
9	Fränkischer G. (Schweinfurter Gegend)	„	3,16	74,06	2,58	45,17	1,07	0,44	3,49	61,00	1,45	0,60	
10	Niederbairischer G., Landshut	„	7,06	74,50	3,35	47,79	1,18	0,56	4,49	64,15	1,59	0,75	
11	Elsässer G.	„	9,96	70,58	3,52	39,77	1,30	—	4,99	56,35	1,84	—	
12	desgl.	„	6,64	71,20	3,53	48,68	1,08	—	4,96	68,37	1,52	—	
13	Champagner-G.	„	6,82	70,97	3,64	49,62	1,21	—	5,14	67,79	1,69	—	
14	Malz, frisch	1882	—	77,91	3,90	54,83	—	—	5,00	70,38	—	—	L. Aubry[3])
15	desgl. 7 Monate gelagert . .	„	—	77,72	3,06	50,07	—	—	3,94	64,44	—	—	

[1]) Zeitschr. f. d. gesammte Brauwesen 1880. S. 581.

[2]) Ebendort 1881. S. 33.

[3]) Ebendort 1885. S. 154.

*) Die Versuche 1a—3c wurden mit grösseren Mengen Gerste, die Versuche 4—6 mit kleineren Mengen Gerste ausgeführt. Bei den Versuchen 1a—3c wurde das Malz in verschiedenen Darrstadien untersucht: Oberdarrmalz nach 24 Stunden, als es auf die untere Horde gebracht wurde, Unterdarrmalz nach dem Abdarren. Die Gerste zu den Versuchen 1a—3c enthielt 15,6% Wasser, 10,18% N-Substanz und 2,92% Asche in der Trockensubstanz; die Gerste zu den Versuchen 4—6 = 14,88% Wasser, 10,84% N-Substanz, 2,84% Asche mit 1,27% Phosphorsäure in der Trockensubstanz. Aus 100 Theilen Gerstetrockensubstanz wurden erhalten:

	No. 1a	1b	1c	2a	2b	2c	3a	3b	3c	4	5	6
Malztrockensubstanz	—	—	84,56	—	—	84,71	—	—	87,72	85,8	85,2	84,6 %
Extract	49,81	62,94	61,97	45,63	64,45	64,13	53,39	66,51	65,17	64,4	65,1	65,3 „
Stickstoffsubstanz	2,29	2,87	2,58	2,57	3,08	2,98	2,87	3,41	3,17	3,7	3,9	4,0 „
Maltose	32,80	44,88	42,66	31,22	44,41	42,50	37,63	46,21	43,20	42,21	49,10	44,46 %
Asche	0,79	1,06	0,93	0,80	0,80	0,82	0,87	1,12	1,00	0,9	0,9	1,0 „
Weichzeit d. Gerste in Stunden		120			100			76		—	—	—
Keimdauer in Tagen		6			7,5			9,5		6	8	10

**) Bei den Versuchen No. 7—13 stammten No. 7—10 aus einer und No. 11—13 aus einer anderen grösseren Mälzerei; es enthielt verwendete Gerste:

		No. 7	8	9	10	11	12	13
Wasser		14,87	14,67	15,73	15,66	15,57	16,16	16,40 %
In der Trockensubstanz	Stickstoffsubstanz . . .	8,01	8,43	9,07	9,54	9,61	10,82	10,78 %
	Asche	3,05	2,73	2,77	2,86	2,99	2,93	2,58 „
	Phosphorsäure	0,97	0,94	0,80	0,99	0,68	0,95	0,73 „
Von der N-Substanz der Gerstetrockensubstanz	Im Darrmalz	6,88	7,24	7,78	8,19	8,25	9,30	9,26 %
	In der Würze	2,39	2,27	2,22	2,87	3,02	3,03	3,13 „
Von 100 N-Substanz sind in die Würze übergegangen		34,7	31,3	28,5	35,0	36,6	32,1	33,8 %

Von 100 Theilen P_2O_5 der Gerste sind in die Würze übergegangen:

No. 7	8	9	10
44,57	46,49	47,81	48,54 %

No.	Bemerkungen	Zeit der Untersuchung	Wasser des Malzes %	Aus 100 Thln. Malztrockensubstanz gingen in die Würze: Extract i. Ganzen (Balling) %	Stick-stoff-Substanz %	Dex-trose %	Asche %	In 100 Thln. Würze: Stick-stoff-Substanz %	Dex-trose %	Asche %	Analytiker
16	Malz, frisch	1876	6,49	76,79	4,04	35,44	1,21	5,30	47,15	1,57	K. Reischauer[1]
17	desgl. 1 Monat alt	„	6,24	75,16	3,16	34,47	1,12	4,20	45,86	1,49	
18	desgl. 2 „ „	„	6,29	73,48	3,09	31,70	1,11	4,20	43,13	1,51	
	Malz aus:										
19	Ungarischer Gerste: frisch . . .	1878	—	77,89	4,73	34,22	1,29	6,07	43,93	1,66	Brauerei-Versuchsst. München[2]
20	4 Monat alt .	„	—	67,07	4,18	32,31	1,36	6,23	48,17	2,03	
21	Slowakischer Gerste: frisch . . .	„	—	79,91	4,77	35,35	1,24	5,97	44,24	1,68	
22	4 Monat alt .	„	—	74,99	4,13	32,82	1,26	5,51	43,77	1,68	
23	Bair., Regensburger Gerste: frisch . . .	„	—	76,05	5,14	37,71	1,39	6,75	49,59	1,83	
24	4 Monat alt .	„	—	76,27	4,78	34,61	1,39	6,27	45,38	1,69	
25	Böhmischer Gerste: frisch . . .	„	—	77,47	4,71	38,09	1,24	6,08	49,17	1,55	
26	4 Monat alt .	„	—	78,16	3,97	34,84	1,16	5,08	44,58	1,47	
27	Fränkischer Gerste: frisch . . .	„	—	77,26	4,95	37,58	1,20	6,41	48,64	1,55	
28	4 Monat alt .	„	—	77,29	4,90	37,73	1,20	6,34	48,82	1,55	
29	Saal-Gerste: frisch . . .	„	—	78,61	4,82	38,07	1,28	6,13	48,43	1,63	
30	4 Monat alt .	„	—	77,95	4,61	38,05	1,26	5,91	48,81	1,62	
31	Mährischer Gerste: frisch . . .	„	—	78,73	4,74	36,37	—	6,02	46,20	—	
32	4 Monat alt .	„	—	76,58	4,87	35,21	1,20	6,36	45,98	1,57	
33	Schwedischer Gerste: frisch . . .	„	—	65,05	3,69	31,17	1,13	5,67	47,92	1,74	
34	4 Monat alt .	„	—	69,13	3,73	31,26	1,14	5,40	45,22	1,65	
35	Saalgerste: 3 Wochen alt	„	—	77,60	4,29	41,93	—	5,53	54,03	—	
36	11 „ „	„	—	77,84	4,38	31,05	—	5,63	39,89	—	
37	Ungarischer Gerste: 6 „ „	„	—	75,68	3,08	31,56	—	4,07	41,70	—	
38	10 „ „	„	—	76,53	3,31	36,51	—	4,32	47,71	—	
39	Malz, frisch	„	9,56	73,21	4,61	36,45	—	6,31	49,79	—	
40	desgl. nach 2 Monaten: am Licht aufbewahrt	„	9,56	71,83	4,04	36,38	—	5,62	50,65	—	
41	im Dunkeln . . .	„	9,56	70,48	4,04	33,08	—	5,73	46,94	—	
42	in Kohlensäure . .	„	9,56	69,11	4,36	33,02	—	6,31	47,78	—	
						Maltose			Maltose		
43	Malz, frisch	1879	4,42	74,37	2,36	37,54	—	3,17	50,48	—	
44	desgl. nach 2 Monaten: im Glase aufbewahrt	„	4,77	72,73	2,49	39,96	—	3,42	54,94	—	
45	in Blechdose „	„	5,67	73,52	2,48	37,84	—	3,37	51,47	—	
46	im Sack	„	9,69	74,41	2,33	39,73	—	3,13	53,39	—	
47	desgl. nach 7 Monaten: im Glase	„	4,95	73,76	2,37	38,37	—	3,21	52,02	—	
48	in Blechdose . .	„	6,47	71,49	2,41	38,94	—	3,37	54,47	—	
49	im Sack	„	11,33	73,19	2,41	38,22	—	3,29	52,22	—	
50	desgl. nach weiteren 7 Monaten, in Blechdose	„	8,29	72,46	2,29	38,62	—	3,16	53,30	—	
	Malz aus:										
51	Ungarischer Neutra-Gerste: frisch . . .	1880	5,15	78,22	3,38	48,29	—	4,32	61,67	—	
52	8 Wochen alt	„	6,08	78,01	3,44	47,73	—	4,41	61,18	—	
53	16 „ „	„	6,78	77,54	3,48	48,05	—	4,49	61,97	—	

[1] Zeitschr. f. d. gesammte Brauwesen 1885. S. 262.
[2] Ebendort 1855. S. 263.

No.	Bemerkungen		Zeit der Untersuchung	Wasser des Malzes %	Aus 100 Thln. Malztrockensubstanz gingen in die Würze: Extract i. Ganzen (Balling) %	Stick-stoff-Substanz %	Maltose %	Asche %	In 100 Thln. Würze: Stick-stoff-Substanz %	Maltose %	Asche %	Analytiker
	Malz aus:											
54	Pressburger Gerste	frisch . . .	1880	4,29	75,55	3,11	46,84	—	4,12	62,00	—	*Brauerei-Versuchsst. München*[1])
55		8 Wochen alt	„	6,07	76,45	3,35	48,42	—	4,38	63,34	—	
56		16 „ „	„	6,79	75,37	3,32	50,50	—	4,40	67,00	—	
57	Chevalier-G.	1 Monat alt .	„	6,12	79,13	3,72	51,15	—	4,70	64,64	—	
58		2 „ „ .	„	6,42	78,77	3,53	50,93	—	4,48	64,66	—	
59	Zirndorfer G. (Mittelfranken)	1 Monat alt .	„	5,22	78,44	3,65	53,11	—	4,65	67,71	—	
60		2 „ „ .	„	7,24	79,12	3,78	47,40	—	4,78	59,91	—	
61	Elsässer Gerste (Wasslenheim)	frisch . . .	„	4,84	78,95	4,08	43,89	—	5,19	55,59	—	
62		2 Monat alt .	„	8,64	77,34	4,07	54,14	—	5,26	70,00	—	
63	Champagner-Gerste (Vitry)	20 Tage alt .	„	5,29	77,45	3,84	47,29	—	4,96	61,06	—	
64		2 Mon. „ .	„	7,65	76,45	4,04	48,68	—	5,28	63,68	—	
65	Elsässer Malz	stark gedarrt: frisch .	1881	2,53	76,9	3,09	46,0	—	4,02	59,82	—	
66		stark gedarrt: gelagert[0])	„	5,53	76,8	3,17	44,2	—	4,13	57,55	—	
67		schwach gedarrt: frisch .	„	2,72	76,9	3,17	48,5	—	4,12	63,01	—	
68		schwach gedarrt: gelagert[0])	„	6,73	77,3	3,26	46,4	—	4,22	60,03	—	
69	Vitry-Malz	stark gedarrt: frisch .	„	4,19	75,3	3,19	43,9	—	4,24	58,30	—	
70		stark gedarrt: gelagert .	„	6,32	75,5	3,19	44,3	—	4,23	58,68	—	
71		schwach gedarrt: frisch .	„	4,54	77,1	3,25	47,2	—	4,22	61,22	—	
72		schwach gedarrt: gelagert .	„	7,77	78,9	3,41	49,6	—	4,32	62,86	—	

Einfluss der Darrtemperatur auf die Zusammensetzung von Malz, Würze und Bier

von P. Matz und J. Balcke.[2])

	I	II	III	IV	V	VI	VII
Darrtemperatur °R.	65°	65°	65°	65°	65°	70°	70°
Züge:	3/4 geschloss. (Heizrohr)	3/4 geschloss. (direct)	geschlossen (1 Stunde)	offen	geschlossen (gesteigerte [39°] Anfangstemperatur)	geschlossen	offen
Malz:							
Wasser	4,00 %	3,80 %	3,06 %	3,42 %	3,20 %	3,37 %	3,58 %
Extract in der Malz-Trockensubst.	78,90 „	77,30 „	78,10 „	78,30 „	76,31 „	77,47 „	77,30 „
Maltose: Nichtmaltose wie 1 : .	0,397	0,466	0,395	0,430	0,400	0,510	0,486
Verzuckerungsdauer in Min. . .	30	30	30	30	30	40	53
Würzefarbe	hellgelb	hellgelb	hellgelb	hellgelb	hellgelb	bernsteingelb	
Würze:							
Extract nach Balling	13,05 %	13,00 %	13,05 %	13,20 %	13,20 %	13,05 %	13,10 %
Maltose: Nichtmaltose wie 1 : .	0,360	0,396	0,360	0,380	0,408	0,404	0,412
Bier (in 100 g):							
Extract	5,00 g	4,95 g	4,95 g	5,00 g	5,25 g	5,28 g	5,40 g
Alkohol	4,00 „	4,04 „	3,86 „	4,00 „	4,06 „	3,92 „	4,00 „
Maltose	1,43 „	1,47 „	1,40 „	1,43 „	1,66 „	1,43 „	1,46 „
Phosphorsäure in Proc. der Asche	42,11	42,57	42,39	42,15	42,44	41,22	40,65
Vergährungsgrad (wirklicher) . .	60,7	61,2	60,1	60,7	59,9	58,9	58,8

[1]) Zeitschr. f. d. gesammte Brauwesen 1885. S. 154. — [0]) 10 Wochen gelagert.

[2]) Wochenschr. f. Brauerei 1888. Bd. V. S. 858.

Die zu den Versuchen verwendete Gerste war Hannagerste mit 99 % Keimfähigkeit; sie enthielt:

Wasser	Stickstoff	Asche	Phosphorsäure
13,10	1,29	2,65	0,83 %

Zur Darrung diente eine gewöhnliche Malzdarre, in welcher zur besseren Ausgleichung in den Temperaturen in den Ecken der Darre ein eisernes Heizrohr angebracht war, in welchem das Feuer noch einmal unter der Horde herumläuft.

Bierwürzen.

No.	Bemerkungen	Zeit der Untersuchung	Spec. Gew.	In der Würze: Extract %	Maltose %	Stickstoff-Substanz %	Milchsäure %	Phosphorsäure %	In Procenten des Würze-Extracts: Maltose %	Stickstoff-Substanz %	Milchsäure %	Phosphorsäure %	Analytiker
1a	Hopfenkesselwürze°) . .	1880/81	1,0496	12,63	7,98	0,566	0,2565	0,0904	63,18	4,486	2,031	0,716	K. Lintner[1]
1b	Anstellwürze°)	„	1,0546	13,76	8,52	0,548	0,1161	0,0985	61,92	3,982	0,843	0,716	
2a	Hopfenkesselwürze . . .	„	1,0548	13,81	8,88	0,609	1,1701	0,0970	64,30	4,413	1,232	0,703	
2b	Anstellwürze	„	1,0558	14,06	9,58	0,623	0,1071	0,1004	68,14	4,431	0,761	0,713	
3a	Hopfenkesselwürze . . .	„	1,0545	13,73	7,83	0,458	0,0831	0,0803	57,03	3,331	0,605	0,585	
3b	Anstellwürze	„	1,0591	14,91	8,49	0,506	0,0959	0,0848	56,94	3,416	0,643	0,569	
4	Anstellwürze	„	1,0578	14,57	9,21	0,483	0,1044	1,1018	63,21	3,306	0,716	0,697	
5	desgl.	„	1,0556	14,01	8,54	0,583	—	0,1045	60,95	4,161	—	0,745	
6	desgl.	„	1,0592	14,94	9,18	0,575	0,0409	0,0719	61,44	3,850	0,274	0,482	
7	desgl.	„	1,0585	14,74	9,21	0,570	0,0423	0,0683	62,62	3,856	0,287	0,468	
8a	Hopfenkesselwürze . . .	„	1,0552	13,91	7,81	0,511	0,0586	0,0721	56,15	3,681	0,417	0,519	
8b	Anstellwürze	„	1,0599	15,11	8,49	0,541	0,0866	0,0782	56,19	3,581	0,573	0,517	
9a	Hopfenkesselwürze . . .	„	1,0596	15,04	8,49	0,546	0,0582	0,0790	56,45	3,640	0,387	0,526	
9b	Anstellwürze	„	1,0625	15,69	9,39	0,548	0,0954	0,0785	59,86	3,490	0,608	0,501	
10	Anstellwürze	„	1,0579	14,59	9,21	0,620	0,0723	0,0684	63,13	4,250	0,496	0,469	
11	desgl.	„	1,0589	14,86	9,19	0,594	0,0766	0,0670	61,84	4,019	0,515	0,452	
12a	Hopfenkesselwürze . . .	„	1,0586	14,75	9,21	0,628	0,0868	0,0828	62,44	4,262	0,588	0,563	
12b	Anstellwürze	„	1,0624	15,67	9,90	0,638	0,1035	0,0922	63,18	4,100	0,660	0,591	
13a	Hopfenkesselwürze . . .	„	1,0612	15,40	9,19	0,600	0,1404	0,0947	59,67	3,802	0,912	0,615	
13b	Anstellwürze	„	1,0643	16,09	9,55	0,625	0,1467	0,0944	59,35	3,850	0,911	0,587	
14a	Hopfenkesselwürze . . .	„	1,0589	14,86	9,19	0,614	0,1044	0,0973	61,84	4,150	0,702	0,654	
14b	Anstellwürze	„	1,0628	15,76	9,55	0,654	0,0954	0,0981	60,60	4,162	0,605	0,622	
15a	Hopfenkesselwürze . . .	„	1,0572	14,41	8,55	0,481	0,0738	0,0913	59,33	3,350	0,512	0,633	
15b	Anstellwürze	„	1,0583	14,70	8,86	0,481	0,1026	0,0937	60,27	3,287	0,697	0,637	
16	Würze vor der Hefengabe°°)	1884	1,0559	13,70	8,88	0,83	—	0,084	64,82	6,06	—	0,613	M. Krandauer[2]
17	desgl. nach dem Dekoktionsverfahren°°°) . .	„	1,0745	—	—	—	—	—	59,47	4,79	—	0,60	
18	desgl. nach dem Infusionsverfahren	„	1,0583	—	—	—	—	—	58,12	4,27	—	0,50	

[1]) Zeitschr. f. d. gesammte Brauwesen 1883. S. 417.

[2]) Ebendort 1884. S. 140.

°) Unter a und b sind Würzen desselben Sudes zu verstehen und zwar a = Würze aus dem Hopfenkessel unmittelbar vor dem Ausschlagen, d. h. ehe dieselbe auf die Kühle kommt und b = Anstellwürze d. h. Würze, ehe dieselbe nach dem Abkühlen mit Hefe versetzt wird.

°°) Aus Darrmalz No. 10 gewonnen.

°°°) Aus Darrmalz No. 11 gewonnen, indem nach dem Dekoktionsverfahren aus 200 g Malz bei 39, 51 und 59° R. während einer Zeit von 4 Stunden vom Einmaischen bis zur Filtration eine Dick- und Lautermaische dargestellt wurde; nach dem Infusionsverfahren wurden 200 g Malz ebenfalls kalt eingemaischt, innerhalb 2 Stunden langsam auf 60° R. erwärmt und darauf die Maische eine Stunde der Verzuckerung überlassen.

No.	Bemerkungen	Zeit der Untersuchung	Spec. Gew. %	In der Würze: Extract %	Maltose %	Stickstoff-Substanz %	Milchsäure %	Phosphorsäure %	In Procenten des Würze-Extracts: Maltose %	Stickstoff-Substanz %	Milchsäure %	Phosphorsäure %	Analytiker
19	Gehopfte Würzen vom Kühlschiff nach dem Infusionsverfahren[0]: Sud I 1. Würze[0]	1881	1,1037	25,00	16,72	1,33	0,140	—	66,88	5,30	0,56	—	H. Grimmer[1]
20	2. "	"	1,0685	17,10	11,23	0,91	0,109	—	65,68	5,33	0,64	—	
21	3. "	"	1,0238	6,14	3,66	0,39	0,057	—	59,66	6,42	0,93	—	
22	Gemisch d. 3 Würzen	"	1,0626	15,72	10,29	0,86	0,102	—	65,40	5,48	0,65	—	
23	Sud II 1. Würze	"	1,0980	23,80	16,73	1,21	0,171	—	70,30	5,08	0,72	—	
24	2. "	"	1,0605	15,25	10,47	0,84	0,109	—	68,64	5,48	0,72	—	
25	3. "	"	1,0286	7,39	4,86	0,43	0,064	—	65,78	5,78	0,86	—	
26	Gemisch d. 3 Würzen	"	1,0618	15,54	10,73	0,83	0,115	—	68,45	5,33	0,74	—	
27	Sud III 1. Würze	"	1,0967	23,40	15,68	1,24	0,156	—	67,02	5,30	0,67	—	
28	2. "	"	1,0611	15,38	11,31	0,84	0,111	—	73,53	5,43	0,72	—	
29	3. "	"	1,0254	6,55	4,24	0,41	0,061	—	64,75	6,27	0,94	—	
30	Gemisch d. 3 Würzen	"	1,0615	15,47	10,64	0,85	0,109	—	68,94	5,47	0,71	—	
31	Stammwürze vor dem Stellen: Sud IV	"	1,0522	13,81	7,98	0,79	—	—	57,81	5,73	—	—	
32	" V	"	1,0698	17,80	11,79	0,79	0,135	—	66,30	4,40	0,76	—	
33	" VI	"	1,0517	13,43	8,78	0,71	0,095	—	66,37	5,30	0,70	—	
34	" VII	"	1,0542	14,00	10,10	0,73	0,128	—	72,16	5,20	0,91	—	
Mittel	a. Hopfenkesselwürze . .	.	**1,0566**	**14,28**	**8,57**	**0,557**	**0,1146**	**0,0872**	**60,06**	**3,923**	**0,821**	**0,613**	
	b. Anstellwürze (incl. 4, 5, 6, 7, 16, 24, 28, 32)	.	**1,0605**	**14,94**	**9,44**	**0,629**	**0,0948**	**0,0865**	**62,48**	**4,215**	**0,629**	**0,586**	

No.	Bemerkungen	Zeit der Untersuchung	Im natürlichen Zustande: Wasser %	Maltose %	Dextrin %	Gesammt-N-Subst. (N × 6,25) %	Reines Eiweiss %	Mineralstoffe %	Phosphorsäure %	Kali %	In der Trocken-Substanz: Maltose %	Stickstoff-Substanz %	Reines Eiweiss %	Analytiker
35	Ungehopfte Bierwürzen	1886	84,05	10,88	3,97	1,00	0,20	0,298	0,144	0,071	68,21	6,27	1,25	*J. König und H. Weigmann*[2]
36		"	82,60	11,93	3,99	1,13	0,35	0,348	0,157	0,075	68,56	6,49	2,00	
37		"	82,57	12,19	3,98	1,13	0,35	0,284	0,143	0,072	69,93	6,49	2,00	
	Mittel (No. 35—37)	.	**83,07**	**11,67**	**3,98**	**1,09**	**0,30**	**0,310**	**0,148**	**0,073**	**68,90**	**6,42**	**1,75**	

[1]) Zeitschr. f. d. gesammte Brauwesen 1881. S. 181.

[2]) Original-Mittheilung. Dextrin ist aus der Differenz berechnet.

[0]) Die Würzen (Infusionswürzen) sind reine Malzwürzen für die Alefabrikation, welche durch Einmaischen des Malzes mit Wasser von 73—74° C. und Stehenlassen während 2 Stunden gewonnen wurden. Die klar abgeläuterte Würze wurde in 3 Pfannen laufen gelassen als 1., 2. und 3. Würze, mit ca. 1 kg Hopfen pro 1 Hectoliter 2 Stunden gekocht, durch Hopfenseier filtrirt und gekühlt.

Zusammensetzung der Gerste, des Roggens, Weizens und Hafers vor und nach dem Mälzen.[1]

	Gerste	Gersten-malz	Roggen	Roggen-malz	Weizen	Weizen-malz	Hafer	Hafer-malz
	%	%	%	%	%	%	%	%
Eiweissstoffe, lösliche	1,11	2,31	1,04	1,41	1,21	1,73	1,02	1,51
„ unlösliche	10,84	9,11	12,31	11,32	12,14	11,21	13,47	11,12
Stärkemehl	66,32	61,91	67,49	64,19	70,20	64,51	60,64	55,34
Dextrin	6,31	7,22	6,87	6,92	5,32	5,72	4,78	4,91
Zucker	—	0,49	—	—	—	0,41	—	0,30
Fett	2,93	1,87	2,41	1,91	1,87	1,62	6,41	5,91
Zellstoff	9,54	6,24	7,15	6,54	7,32	6,54	11,27	8,39
Asche	2,95	2,61	2,73	2,31	1,94	1,41	2,41	2,14
Aus Theilen Korntrockensubstanz	100,00	—	100,00	—	100,00	—	100,00	—
Entstehen Theile Malztrockensubstanz	—	91,76	—	94,60	—	93,15	—	89,62
Verlust durch den Mälzungsprocess	—	8,24	—	5,40	—	6,85	—	10,38
	—	100,00	—	100,00	—	100,00	—	100,00
100 Theile Trockensubstanz enthielten an Asche	2,95	2,61	2,73	2,31	1,94	1,41	2,41	2,14
In 100 Theilen Asche:								
Kali	16,4	14,4	13,4	12,5	15,3	14,2	16,7	17,4
Natron	6,3	4,9	5,7	4,9	5,2	4,8	7,8	6,2
Kalk	4,5	5,0	3,2	5,8	3,1	6,3	5,9	8,2
Magnesia	7,7	8,3	6,4	8,3	6,4	8,4	7,2	8,4
Eisenoxyd	0,9	1,4	0,7	1,5	0,6	1,2	0,9	1,0
Phosphorsäure	36,9	31,2	37,8	33,1	42,4	36,5	29,4	27,8
Schwefelsäure	1,5	1,3	1,4	1,2	1,1	1,0	1,4	1,2
Kieselsäure, löslich	23,2	23,4	22,3	21,3	19,4	19,2	20,2	19,3
„ uulöslich	8,4	9,3	7,8	9,4	5,2	7,3	8,4	8,7
Chlor	1,2	0,8	1,3	1,8	1,3	1,1	2,1	1,8
	107,0	100,0	100,0	98,8	100,0	100,0	100,0	100,0

[1]) Vergl. Schneider, die Mälzerei. S. 111.

Vergährung der Bierwürze zu Bier.

No.	Bemerkungen	Zeit der Untersuchung	Spec. Gew.	In der Würze resp. im Bier: Extract nach Balling %	Extract wirklicher %	Alkohol %	Maltose %	Stickstoff-Substanz %	Asche %	Phosphorsäure %	In Procenten des Extractes: Maltose %	Stickstoff-Substanz %	Milchsäure %	Analytiker
1 a	Würze vor d. Hefengabe	1884	1,0559	13,7	—	—	8,88	0,83	0,234	0,084	64,81	6,06	1,71	M. Krandauer[1]
b	Dieselbe am 2. Tage bei hohem Kräusen	„	1,0452	11,5	—	—	6,09	0,75	0,230	0,082	52,97	6,52	2,00	M. Krandauer[1]
c	Dieselbe am 8. Tage bei zurückgehend. Gähr.	„	1,0279	6,7	7,59	2,95	3,34	0,66	0,222	0,079	49,85	9,85	3,31	M. Krandauer[1]
d	Am 12. Tage beim Schlauchen . . .	„	1,0246	6,0	6,98	3,27	2,19	0,60	0,219	0,078	36,50	10,00	3,65	M. Krandauer[1]
2	Sud I.								Milchsäure	Essigsäure				
a	Stammwürze vor dem Stellen	1881	1,0626	15,72	15,72	—	10,29	0,861	0,102	—	65,40	5,48	0,646	H. Grimmer[2]
b	Gährende Würze, 22 Std. nach d. Hefengabe	„	1,0558	15,94	14,42	0,80	9,38	0,761	0,119	0,0006	65,00	5,28	0,827	H. Grimmer[2]
c	Bier beim Fassen . .	„	1,0185	15,61	6,94	4,68	1,72	0,683	0,157	0,0012	24,75	9,85	2,26	H. Grimmer[2]
d	Bier, 7 Monat alt . .	„	1,0148	15,78	6,04	5,13	1,06	—	0,166	0,0071	17,61	—	2,76	H. Grimmer[2]
3	Sud II.													
a	Stammw. vor d. Stellen	„	1,0618	15,54	15,54	—	10,73	0,827	0,114	—	68,45	5,33	0,736	H. Grimmer[2]
b	Gährende Würze, 20 Std. nach d. Stellen	„	1,0546	15,53	14,07	0,77	10,30	0,768	0,120	0,0003	73,25	5,45	0,849	H. Grimmer[2]
c	Bier beim Fassen . .	„	1,0191	15,09	6,98	4,38	1,65	0,641	0,150	—	23,60	9,18	2,15	H. Grimmer[2]
4	Sud. III.													
a	Stammw. vor d. Stellen	„	1,0615	15,47	15,47	—	10,64	0,846	0,110	—	68,94	5,47	0,713	H. Grimmer[2]
b	Gährende W., 25 Std. nach dem Stellen .	„	1,0482	15,38	12,78	1,37	8,37	0,727	—	—	65,45	5,69	1,075	H. Grimmer[2]
c	Bier beim Fassen . .	„	1,0173	—	—	4,26	—	0,650	0,139	0,0018	—	—	—	H. Grimmer[2]
5	Sud IV.													
a	Gährende W., 27 Std. nach dem Stellen .	„	1,0522	16,49	13,81	1,42	7,98	0,794	—	—	57,81	5,73	—	H. Grimmer[2]
b	Bier beim Fassen . .	„	1,0214	16,09	7,59	4,49	1,76	0,608	0,173	0,0018	23,22	8,01	2,29	H. Grimmer[2]
c	Bier, 8 Monate alt	„	1,0140	16,11	6,16	5,25	1,00	0,617	—	—	16,32	10,02	—	H. Grimmer[2]
6	Sud V.													
a	Gährende W., 18 Std. nach dem Stellen .	„	1,0698	19,62	17,80	0,98	11,79	0,785	0,135	0,0008	66,30	4,40	0,756	H. Grimmer[2]
b	Bier beim Fassen . .	„	1,0282	18,52	9,51	4,82	2,40	0,580	0,174	0,0011	25,15	6,06	1,83	H. Grimmer[2]
7	Sud VI.													
a	Gährende W., 21 Std. nach dem Stellen .	„	1,0517	15,37	13,43	1,02	8,78	0,713	0,095	0,0005	65,37	5,30	0,701	H. Grimmer[2]
b	Bier beim Fassen . .	„	1,0169	15,28	6,47	4,63	1,60	0,597	0,149	0,0012	24,62	9,23	2,30	H. Grimmer[2]
c	Bier, 7 Monate alt .	„	1,0124	15,29	5,49	5,15	0,99	0,593	0,169	0,0059	18,00	10,80	3,08	H. Grimmer[2]
8	Sud VII.													
a	Gährende W., 20 Std. nach dem Stellen .	„	1,0542	15,55	14,00	0,815	10,10	0,729	0,128	0,0005	72,16	5,20	0,914	H. Grimmer[2]
b	Bier beim Fassen . .	„	1,0175	15,10	6,56	4,48	1,50	0,660	0,157	0,0012	22,90	10,06	2,40	H. Grimmer[2]
c	Bier, 7 Monate alt .	„	1,0126	15,23	5,56	5,08	0,89	0,593	0,157	0,0041	15,96	10,65	2,84	H. Grimmer[2]

[1]) Zeitschr. f. d. gesammte Brauwesen 1884. S. 140. — [2]) Ebendort 1881. S. 181.

Ueber die stickstoffhaltigen Bestandtheile der Gerste, des Malzes und der Würze.

K. Lintner[1]) extrahirte Gerste und Malz nach dem Vorgange von U. Kreusler[1]) mit 70 %tigem Alkohol und fand im Mittel bei 8 verschiedenen Gersten 13 Malzen:

1. Gerste			2. Malz
Gesammt-N	davon löslich in Alkohol	desgl. in Proc. des Gesammt-N	Stickstoff löslich in 70 % tigem Alkohol
1,739 %	0,717 %	41,23 %	0,639 %

Ferner bestimmte derselbe die Menge des durch Bleiessig aus der Würze resp. aus Bieren fällbaren Antheils stickstoffhaltiger Bestandtheile und fand:

	Anzahl der Analysen	Gesammt-Stickstoff %	Im Filtrat, vom Bleiniederschlage %	In Procenten des Gesammt-N, durch Bleiessig nicht fällbar %
1. Aus 100 Malztrockensubstanz in der Würze	21	0,577	0,474	82,15
2. Gehopfte Würzen, Procente vom Extract	7	0,638	0,564	89,03
3. Bierprocente vom Extract	4	1,647	1,187	72,07

L. Aubry[2]) fällte aus kalt bereiteten Gerste- und Malzauszügen (von 4 Chevaliergersten) durch Kochen die coagulirbaren Eiweissstoffe und bestimmte im Filtrat den Amidstickstoff mit Natriumnitrit wie folgt:

	Gerste		Malz	
	Gesammt-N	Amid-N	Gesammt-N	Amid-N
1	1,659 %	0,371 %	1,613 %	0,761 %
2	1,443 „	0,330 „	1,527 „	0,699 „
3	1,646 „	0,334 „	1,570 „	0,520 „
4	1,625 „	0,347 „	1,680 „	0,838 „

Weiter untersuchte L. Aubry die Maischen aus drei verschiedenen Malzen im ungehopften und gehopften (und gekochten) Zustande von derselben Concentration durch Fällen mit phosphorwolframsaurem Natrium auf Amidstickstoff und fand in 100 Gewichtstheilen Extract:

	Ungehopfte Würze			Gehopfte Würze		
	Gesammt-N	Durch Phosphorwolframsäure fällbar	Amid-N	Gesammt-N	Durch Phosphorwolframsäure fällbar	Amid-N
A	0,026 %	0,570 %	0,405 %	0,892 %	0,711 %	0,594 %
B	0,792 „	0,546 „	0,385 „	0,758 „	0,477 „	0,296 „
C	0,765 „	0,552 „	0,397 „	0,742 „	0,511 „	0,388 „

H. Bungener und L. Fries[3]) zerlegten die einzelnen Stickstoffverbindungen der Gerste und des Malzes resp. der Würze:

a. Durch Fällen mit Bleioxydhydrat und etwas Bleiacetat in der Wärme (Eiweiss-Stickstoff);

b. durch Fällen mit Gerbsäure im Filtrat des Bleioxydniederschlages, nachdem mit H_2S das überschüssige Blei entfernt war (Pepton-Stickstoff);

c. weder durch Bleioxyd noch Gerbsäure fällbare N-Verbindungen, nämlich Amid-Stickstoff.

---

[1]) Zeitschr. f. d. gesammte Brauwesen 1882. S. 365.

[2]) Ebendort 1882. S. 421.

[3]) Ebendort 1884. S. 69.

Zuweilen wurde die von Eiweiss befreite Lösung, ohne das Blei abzuscheiden, mit essigsaurem Quecksilberoxyd gefällt unter Zusatz von so viel Natron, dass die Flüssigkeit nach der Fällung schwach basisch reagirte.

Auf diese Weise gelangten zur Untersuchung:

a. Ein Auszug aus gemahlener Gerste (18stündiges Einwirken von kaltem Wasser unter Zusatz von Thymol als Antiseptikum);

b. eine auf dieselbe Weise aus Malz dargestellte Flüssigkeit;

c. eine etwa 15 %tige Würze durch Infusion aus demselben Malz erhalten (3/4 Stunde bei 20—70°, 1/2 Stunde bei 70°).

Weder Auszüge noch Würze wurden gekocht.

Die Resultate sind folgende:

	Elsässer Gerste und Malz (Gerste = 1,69 % N, Malz = 1,58 % N)			Champagner-Gerste und Malz (Gerste = 1,84 % N, Malz = 1,73 % N)		
Auszug	a	b	c	a	b	c
Gesammt-N	0,355 %	0,642 %	0,581 %	0,380 %	0,625 %	0,630 %
Davon:						
Eiweiss-N	0,161 „	0,230 „	0,163 „	0,223 „	0,249 „	0,184 „
Pepton-N	0,040 „	0,060 „	0,080 „	0,041 „	0,042 „	0,060 „
Amid-N (fällbar durch Hg Ac)	0,052 „	0,182 „	0,197 „	0,025 „	0,134 „	0,165 „
desgl. (nicht fällbar durch Hg Ac)	0,102 „	0,170 „	0,141 „	0,091 „	0,200 „	0,221 „
Gesammt-Amid-N . . .	0,154 „	0,352 „	0,338 „	0,116 „	0,334 „	0,386 „
oder in Procenten des Gesammt-N bei Gerste (a) oder Malz (b und c):						
Gesammt-N im Auszuge	21,6 %	40,6 %	36,7 %	20,6 %	36,2 %	36,9 %
Davon:						
Eiweiss-N	9,5 „	14,5 „	10,3 „	12,1 „	14,4 „	10,6 „
Pepton-N	2,4 „	3,8 „	5,0 „	2,2 „	2,4 „	3,5 „
Gesammt-Amid-N . . .	9,1 „	22,3 „	21,4 „	6,3 „	19,4 „	22,3 „

Auf dieselbe Weise wurden 6 aus verschiedenen hellen, bei 65° abgedarrten Malzen zubereitete (Infusion: 3/4 Stunde bei 20—70°, 1/2 Stunde bei 70° C.) nicht gekochte Würzen untersucht:

Malz aus Gerste:	Auvergne 83	Ungarn 83	Elsass 82	Elsass 83	Ungarn 83	Champagne 82
Stickstoff im Malz . .	1,40 %	1,43 %	1,58 %	1,59 %	1,72 %	1,73 %
Gesammt-N in der Würze	0,504 %	0,535 %	0,581 %	0,580 %	0,514 %	0,630 %
Davon:						
Eiweiss-N	0,158 „	0,125 „	0,163 „	0,170 „	1,066 „	0,184 „
Pepton-N	0,070 „	0,072 „	0,080 „	0,070 „	0,060 „	0,060 „
Amid-N	0,276 „	0,338 „	0,338 „	0,334 „	0,288 „	0,386 „
oder in Procenten des im Malz enthaltenen Stickstoffs:						
Gesammt-N in der Würze	36,0 %	37,3 %	36,8 %	36,4 %	29,8 %	36,4 %
Davon:						
Eiweiss-N	11,3 „	8,7 „	10,3 „	11,0 „	9,6 „	10,6 „
Pepton-N	5,0 „	5,0 „	5,1 „	4,4 „	3,5 „	3,4 „
Amid-N	19,7 „	23,6 „	21,4 „	21,0 „	16,7 „	22,4 „

Malzextract.

No.		Zeit der Untersuchung	Spec. Gewicht	Wasser %	Kohlensäure %	Alkohol %	Extract %	Eiweissstoffe %	Zucker %	Dextrin %	Glycerin %	Säure = Milchsäure %	Asche %	Phosphorsäure %	Analytiker
1	Von Hoff . . .	?	—	88,72	(0,03)	3,33	7,95	?	4,37	2,12	—	—	0,35	—	Hayer u. Jacobsen [1]
2	„ Zimmermann	?	—	86,29	(0,03)	4,06	9,75	?	4,96	3,18	—	—	0,39	—	
3 °)	„ Hoff in Berlin	1869	—	90,31	—	2,54	6,73	—	—	—	—	—	—	—	Sonden [2]
4 °)	„ Benzen in Kopenhagen .	„	—	84,67	—	1,75	12,09	—	—	—	—	—	—	—	
5 °°)	Hoff'sches Malzextract . . .	1862	—	89,75	0,20	3,00	7,02	—	—	—	—	—	—	—	Unbek [3]
6	desgl.	1863	—	91,36	—	3,04	5,60	—	—	—	—	—	—	0,075	Himly [4]
7	Malzextract von Bemmen in Bremen (Seefahrtbier)	1874	—	—	—	—	(37,09)	—	2,77	14,82	—	—	—	—	Lintner [5]
8	Von J. Hoff in Berlin . . .	1882	1,0258	89,65	—	2,77	7,58	0,28	0,80	1,08	—	0,32	*) —	—	E. Geissler [6]
9	Von Werner . .	„	1,0385	85,35	—	3,35	10,26	—	—	—	—	0,31	0,23	0,051	
10	„ Grohmann .	„	1,0535	81,11	—	4,66	14,23	0,83	4,40	5,04	—	0,31	0,44	0,108	
11	„ Hollack . .	„	1,0638	80,73	—	3,65	15,62	0,98	4,66	5,28	—	0,32	0,36	0,120	
12	„ J. Hoff in Berlin . . .	„	—	91,42	—	1,25	7,38	0,28 *)	6,97		—	—	0,13	0,082	A. Stutzer [7]
13	Von Kennecke in Dortmund . .	„	—	79,85	—	4,58	15,57	1,00 *)	14,11		—	—	0,46	0,164	
14	Von Hollack „deutscher Porter" .	1888	1,0577	81,28	—	3,08	15,61	0,93	—		0,28	0,19	0,28	0,107	L. Rösler [8]

[1]) Industrieblätter. Bd. V. S. 43.
[2]) Jahresber. f. Chemie 1869. S. 1103.
[3]) Chem. Centralbl. 1862. S. 266.
[4]) Kieler Universitäts-Chronik 1873.
[5]) Der baier. Bierbrauer 1874.
[6]) Pharm. Centralhalle. Bd. 23. S. 406. In den Analysen von Malzextractbier von Geissler ist der Extract direct durch Trocknen bei 75°—80° C. bestimmt; Zucker und Dextrin durch Fehling'sche Lösung vor und nach der Inversion; Phosphorsäure in der Asche nach der Molybdänmethode; Eiweiss durch Eindampfen von 25 CC. Bier in Hofmeister'schen Glasschälchen, Verbrennen mit Natronkalk und Multiplication des gefundenen N mit 6,25.
[7]) Bericht über die erste allgemeine deutsche Hygiene-Ausstellung 1882/83. Breslau, 1885. S. 217.
[8]) Mittheil. d. K. K. chem. phys. Vers.-Stat. Klosterneuburg Heft V. 1888. Tabelle 56. Der Extract ist bei No. 14 bis 16 nach Balling bestimmt, es wurde ferner gefunden:

	Schwefelsäure	Kieselsäure	
No. 14	0,0042	0,026	Gewichtsprocent
No. 15	0,0037	0,014	„
No. 16	0,0017	0,019	„
No. 17	0,0076	0,018	„

No. 16 enthielt ferner 0,090 % Kali und 0,011 % Natron. In No. 16—17 liessen sich ferner 0,0039 g freie schwefelige Säure pro 1 l nachweisen. Der hohe, durch wiederholte Bestimmungen controlirte Gehalt an Glycerin im Hoff'schen Malzextractbier kann nur durch künstlichen Zusatz bedingt sein.

°) Dieselben hatten einen Zusatz von 0,419 und 1,478 % kohlensaurem Kali erfahren, das Malzextractbier von J. Hoff wird wegen seines geringen Gehaltes an Eiweissstoffen als „nicht rein" bezeichnet; angeblich ist es Braunbier mit 6 % Kartoffelstärkesyrup und 2 % Zuckercouleur.

°°) Darin wird 0,03 % Hopfenbitter angegeben.

*) Die N-Substanz zerfällt in:

	Eiweiss	Pepton	Lösliches Nichteiweiss
No. 12 Malzbier von Hoff . . .	0,04	0,05	0,19 %
No. 13 Malzbier von Kennecke .	0,19	0,18	0,63 „

No.		Zeit der Untersuchung	Spec. Gewicht	Wasser %	Kohlensäure %	Alkohol %	Extract %	Eiweissstoffe %	Zucker %	Dextrin %	Glycerin %	Säure = Milchsäure %	Asche %	Phosphorsäure %	Analytiker
15	Diätetischer Malzextract von Groh & Raudnitz in Wien	1888	1,0178	87,74	—	5,16	7,10	0,47	—	—	0,29	0,27	0,19	0,073	*L. Rösler*[1]
16	desgl. von R. Strassnick dort . .	„	1,0260	87,16	—	4,34	8,50	0,56	—	—	0,30	0,36	0,26	0,126	
17	Hoff'sches Malzextract-Bier .	„	1,0325	85,85	—	2,92	11,23	0,33	—	—	[1] (6,18)	—	0,17	0,051	
	Mittel (excl. 1, 3, 5, 7, 8, 12, 17)	.	—	**83,87**	**0,20**	**3,85**	**12,08**	**0,79**	**4,59**	**5,09**	**0,29**	**0,29**	**0,32**	**0,107**	

Bier.

I. Leichtere Biersorten.

Gewöhnliches Schenk-, Hefen- oder Winterbier.

No.			Zeit der Untersuchung	Spec. Gewicht	Wasser %	Kohlensäure %	Alkohol %	Extract %	Eiweissstoffe %	Zucker %	Gummi + Dextrin %	Säure = Milchsäure %	Asche %	Analytiker
1	Rose in Jena . . .	Gewöhnliche Schenkbiere	1850	—	93,60	—	2,08	4,31	—	4,21		0,103	—	*Wackenroder*[2]*)
2	desgl.		„	—	90,04	—	1,88	8,01	—	0,304	7,71	—	—	
3	Von Lichtenhain . .		„	—	91,11	—	2,87	5,89	—	0,386	4,80	0,707	—	
4	„ Ziegenhain . .		„	—	91,82	—	2,57	5,53	—	0,295	4,89	0,347	—	
5	„ Wöllnitz . . .		„	—	93,59	—	2,43	3,95	—	3,54		0,407	—	
6	Augustin. Bräu, München	Winterbiere	1849	1,018	90,6	0,14	3,9	5,9	—	—		—	—	*Kaiser*[3]*)
7	Leistbräu, ebendort . .		1853	1,019	90,7	0,16	3,3	6,0	—	—		—	—	
8	Von Augsburg . . .		1854	1,013	91,5	0,18	4,0	4,5	—	—		—	—	
9	„ Bayreuth		„	1,016	92,3	0,18	2,3	5,4	—	—		—	—	
10	„ Landshut		„	1,018	90,9	0,18	3,4	5,7	—	—		—	—	
11	„ Ansbach		„	1,015	91,6	0,18	3,2	5,2	—	—		—	—	
12	Löwenbräu, München . . .		1866	1,0170	91,08	—	3,00	5,92	—	—		—	0,25	*C. Lermer*[4]**)

[1]) Vergl. Anmerkung [8]) Seite 805.

[2]) De cerevisiae vera mixtione et indole chemica 1850.

[3]) R. Stierlein: Das Bier, seine Verfälschungen etc. Bern, 1878. S. 125.

[4]) Chem. Centralbl. 1866. S. 1086.

*) Ueber die angewandten Untersuchungsmethoden kann nichts angegeben werden.

**) Wahrscheinlich nach der Balling'schen Methode untersucht. Balling geht von der Annahme aus, dass Lösungen von Bier- oder Malzextract mit Zuckerlösungen von derselben Stärke, also demselben Gehalt an trockner Substanz, gleiche spec. Gewichte besitzen; seine Methode ist in kurzen Zügen folgende: Der durch ein Sacharometer oder durch Bestimmung des spec. Gewichtes ermittelte Malzextract-Gehalt der Bierwürze = p nimmt bei der Gährung ab; es entsteht in Folge dieses Verschwindens und unter gleichzeitiger Bildung von Alkohol eine specifisch leichtere Flüssigkeit (das Bier); wird die Sacharometeranzeige des letzteren, nachdem es durch Schütteln von CO_2 befreit ist, = m gesetzt, und zieht man von dem Extract-

No.		Zeit der Untersuchung	Spec. Gewicht	Wasser %	Kohlensäure %	Alkohol %	Extract %	Eiweissstoffe %	Zucker %	Gummi + Dextrin %	Säure = Milchsäure %	Asche %	Analytiker
13	Erlanger Winterschenkbiere aus 18 verschiedenen Brauereien	$18\frac{74}{75}$	—	92,13	—	2,80	5,07	—	—	—	—	0,23	*A. Hilger*[1]) *)
14		"	—	90,72	—	4,06	5,22	—	—	—	—	0,22	
15		"	—	90,84	—	3,99	5,17	—	—	—	—	0,24	
16		"	—	91,37	—	3,97	4,66	—	—	—	—	0,19	
17		"	—	90,87	—	4,06	5,07	—	—	—	—	0,13	
18		"	—	91,25	—	3,23	5,52	—	—	—	—	0,23	
19		"	—	91,32	—	3,42	5,26	—	—	—	—	0,23	
20		"	—	91,62	—	3,65	4,73	—	—	—	—	0,21	
21		"	—	92,59	—	3,14	4,27	—	—	—	—	0,20	
22		"	—	91,07	—	4,03	4,90	—	—	—	—	0,29	
23		"	—	91,44	—	3,31	5,25	—	—	—	—	0,27	
24		"	—	91,94	—	3,06	5,00	—	—	—	—	0,24	
25		"	—	90,89	—	3,71	5,40	—	—	—	—	0,23	
26		"	—	91,68	—	3,58	4,74	—	—	—	—	0,23	
27		"	—	89,36	—	4,06	6,58	—	—	—	—	0,29	
28		"	—	91,48	—	2,86	5,66	—	—	—	—	0,22	
29		"	—	90,40	—	3,39	6,21	—	—	—	—	0,24	

gehalt der Würze (p) den des Bieres (m) ab, so ergiebt die Differenz p—m die scheinbare Attenuation (Verdünnung), ausgedrückt in einer gewissen Zahl von Sacharometer-Procenten. Es ist einleuchtend, dass diese scheinbare Attenuation dem gebildeten Alkohol proportional geht, d. h. also, um so kleiner oder grösser wird, je weniger oder mehr Alkohol sich gebildet hat. Es lässt sich demnach ein Factor = a denken, mit dem die scheinbare Attenuation multiplicirt werden muss, um den Alkoholgehalt des Bieres = A in Gewichtsprocenten zu finden; also A = (p — m) a. Der Factor a lässt sich durch Versuche, d. h. durch directe Bestimmung der Sacharometer-Anzeige der Würze, des entkohlensäuerten Bieres sowie des Alkoholgehaltes der gegohrenen Würze, nämlich $a = \left(\frac{A}{p-m}\right)$ ermitteln. Balling fand den Factor für Bierwürzen zwischen 6—30% Extract zu 0,4079 bis 0,4588. Ist beispielsweise der Gehalt der Würze p = 13, die Sacharometer-Anzeige des entkohlensäuerten Bieres m = 4, so die scheinbare Attenuation 13—4 = 9 und da bei einem Gehalt der Würze von 13% der Factor a nach den Versuchen Balling's = 0,4215 ist, so ist der Alkoholgehalt des Bieres = 9 × 0,4215 = 3,79%.

Nimmt man dagegen statt der Sacharometer-Anzeige des alkoholhaltigen Bieres die des von Alkohol befreiten Bieres, indem man dasselbe zur Verjagung des Alkohols bis zu 1/3 eindampft, den Rückstand mit Wasser bis genau zum angewandten Gewicht des Bieres verdünnt, so erhält man aus dem spec. Gewicht dieser Flüssigkeit oder durch das Sacharometer den wirklichen Extractgehalt des Bieres = n. Zieht man von dem ursprünglichen Extractgehalt der Bierwürze p den Extractgehalt des Bieres = n ab, so ergiebt die Differenz p — n die wirkliche Attenuation, ausgedrückt in einer Anzahl Sacharometer-Procenten. Auch hier lässt sich aus denselben Gründen wie oben ein Factor = b denken und bestimmen, mit welchem die wirkliche Attenuation p — n zu multipliciren ist, um den Alkoholgehalt des Bieres = A in Gewichtsprocenten zu finden, nämlich A = (p — n) a und hieraus der Alkoholfactor für die wirkliche Attenuation, nämlich $a = \left(\frac{A}{p-n}\right)$; letzteren hat Balling durch Versuche für Würzen von 6—30% Extractgehalt zu 0,5004 bis 0,5735 gefunden.

Zieht man ferner von der scheinbaren Attenuation des Bieres = p — m die wirkliche Attenuation = p — n ab, so erhält man ausgedrückt in Sacharometer-Procenten die Attenuations-Differenz = d; es ist daher d = (p — m) — (p — n) oder d = n — m, d. h. man findet die Attenuations-Differenz, wenn man von dem Extractgehalt des Bieres = n die Sacharometer-Anzeige des frischen entkohlensäuerten Bieres = m subtrahirt; sie geht dem Alkoholgehalt proportional, ist um so grösser oder geringer, je mehr oder je weniger Alkohol das Bier enthält. Es muss daher wieder ein Factor = c existiren, mit dem man die Attenuations-Differenz (n — m) zu multipliciren hat, um den Alkoholgehalt des Bieres = A in Gewichtsprocenten zu finden; nämlich A = (n — m) c und hieraus wieder den Alkoholfactor $c = \left(\frac{A}{n-m}\right)$. Diesen fand Balling für Würzen von 6—30% zu 2,2096 bis 2,2902, im Mittel zu **2,240**; mit Hülfe dieses Factors lässt sich nun auch aus der Attenuations-Differenz annäherungsweise der Alkohol bestimmen, auch wenn der ursprüngliche Extractgehalt der Würze nicht bekannt ist. Dividirt man die scheinbare Attenuation (p — m) durch die wirkliche (p — n), so erhält man den Attenuations-Quotienten $q = \frac{(p-m)}{(p-n)}$, woraus sich, wie Balling gezeigt hat, der ursprüngliche Gehalt der Würze an Extract berechnen lässt. C. Reischauer findet (die Chemie des Bieres. Augsburg, 1878) aus den Balling'schen Tabellen q = 1,220 + 0,001 p. Auf eine weitere mathematische Entwickelung muss ich hier verzichten.

[1]) Archiv d. Pharm. Bd. V. S. 3.

*) Der Alkohol ist durch Destillation und Bestimmung des spec. Gewichtes des Destillats ermittelt, Extract durch Trocknen bei 100° C. im trocknen Luftstrom.

No.	Bemerkungen	Zeit der Untersuchung	Spec. Gewicht	Wasser %	Alkohol Vol. %	Alkohol Gew. %	Extract %	Eiweiss %	Zucker %	Dextrin %	Säure = Milchsäure %	Asche %	Vollmundigkeit	Analytiker
	Speierer Winterbiere nach Einführung des Malzaufschlages													
30	Schirmer, Jean 17. Jan.	1879	1,018	89,04	5,4	4,30	6,66	—	—	—	—	0,28	174	*Halenke*[1] *)
31	Leibner 17. „	„	1,019	88,86	5,2	4,1	7,04	—	—	—	—	0,26	183	
32	Hartmann 17. „	„	1,018	90,13	4,4	3,5	6,37	—	—	—	—	0,24	175	
33	Weltz 18. „	„	1,018	89,38	4,8	3,8	6,82	—	—	—	—	0,26	167	
34	Schwartz 18. „	„	1,019	89,04	4,7	3,7	7,26	—	—	—	—	0,22	180	
35	Villmann 18. „	„	1,020	88,50	5,5	4,4	7,10	—	—	—	—	0,31	186	
36	Sick 20. „	„	1,020	88,16	4,6	3,6	8,24	—	—	—	—	0,23	205	
37	Hauser 20. „	„	1,019	86,61	5,2	4,1	7,29	—	—	—	—	0,27	188	
38	Möser 20. „	„	1,014	90,86	4,8	3,8	5,34	—	—	—	—	0,25	163	
39	Schirmer, Friedrich 21. „	„	1,010	92,48	4,2	3,3	4,22	—	—	—	—	0,25	146	
40	Schwesinger 21. „	„	1,015	90,86	4,4	3,5	5,64	—	—	—	—	0,26	151	
41	Sick (Wiener Brauerei) 21. „	„	1,021	88,50	5,0	4,0	7,50	—	—	—	—	0,25	200	
42	Schultz 22. „	„	1,021	88,24	5,2	4,1	7,66	—	—	—	—	0,24	173	
43	Eberle 22. „	„	1,016	90,65	4,3	3,4	5,95	—	—	—	—	0,22	151	
44	Pöhe 22. „	„	1,015	90,56	4,6	3,7	5,74	—	—	—	—	0,31	161	
45	Schultz (Wien. Brauerei) 23. „	„	1,023	87,44	5,4	4,3	8,26	—	—	—	—	0,24	200	
46	Moos 23. „	„	1,021	88,38	5,3	4,2	7,42	—	—	—	—	0,25	182	
47	Hummel 23. „	„	1,018	89,47	4,7	3,8	6,73	—	—	—	—	0,25	179	
48	Sick 25. „	„	1,017	88,73	5,3	4,2	7,07	—	—	—	—	0,23	183	
	Strassburger Schenkbiere, November u. December Brauerei:	1878		In 100 CC. Bier									Phosphorsäure %	
49	Zum Kaiser	„	1,0181	88,87	—	4,86	6,27	—	1,22	3,24	0,121	0,233	(0,043)	*C. Weigelt*[2] **)
50	Zum goldenen Adler . .	„	1,0151	90,81	—	3,61	5,58	—	0,94	3,25	0,128	0,226	0,030	
51	Zum Rappen	„	1,0209	90,97	—	2,57	6,46	—	1,25	3,80	0,133	0,232	0,046	
52	Zum Einhorn	„	1,0195	89,41	—	3,92	6,67	—	1,47	3,61	0,129	0,222	0,032	
53	Zum goldenen Ring . .	„	1,0160	90,04	—	3,80	6,16	—	1,24	3,17	0,128	0,270	0,017	
54	Zum Mohrenkopf . . .	„	1,0168	89,73	—	3,90	6,37	—	1,31	3,62	0,160	0,224	0,043	
55	Zu den 4 Winden . . .	„	1,0202	88,00	—	4,90	7,10	—	1,30	4,28	0,187	0,240	0,048	
56	Zum grünen Wald . . .	„	1,0174	89,63	—	3,97	6,40	—	1,28	3,58	0,155	0,224	0,042	

[1]) Zeitschr. f. d. gesammte Brennereiwesen 1879. II. 14. S. 416.

[2]) Allgem. Hopfen-Ztg. 1879. No. 23 u. 24.

*) Spec. Gewicht wurde mit dem Aärometer in dem entkohlensäuerten Bier bestimmt, Alkohol in 50 CC. durch Destillation, Extract durch 6—8stündiges Trocknen auf dem Wasserbade und 24stündiges Stehen unter der Luftpumpe, Asche in 50 CC. durch Verbrennen des Extractes über freiem Feuer, Schwefelsäure und Phosphorsäure in der Asche, letztere nach der Molybdän-Methode, Kohlensäure durch Destillation und Auffangen der getrockneten CO_2 in Natronkalk oder Kalihydrat nach der Classen'schen Methode (Zeitschr. f. analyt. Chemie. Bd. 15. S. 288).

**) Spec. Gewicht ist mit der Westphal'schen Waage bei 17,5° C., Alkohol mit dem Geissler'schen Vaporimeter, Extract durch das spec. Gewicht der entgeisteten Flüssigkeit mit dem Piknometer nach Balling's Tabelle, Zucker, Dextrin und Milchsäure nach Lintner bestimmt, Phosphorsäure in der Asche titrirt. Die Zahlen verstehen sich für 100 CC. Bier; das Mittel derselben ist auf 100 Gewichtstheile umgerechnet, um sie den übrigen Zahlen vergleichbar zu machen.

No.		Zeit der Untersuchung	Spec. Gew.	Wasser %	Kohlensäure %	Alkohol %	Extract %	Eiweissstoffe %	Zucker %	Dextrin %	Säure = Milchsäure %	Asche %	Phosphorsäure %	Analytiker
				In 100 CC. Bier										
57	Zum weissen Hahn . .	1878	1,0169	88,86	—	4,86	6,28	—	1,17	3,23	0,153	0,239	0,027	C. Weigelt[1]) *)
58	Zur goldenen Kette .	„	1,0198	89,54	—	3,89	6,57	—	1,25	3,87	0,147	0,231	0,049	
59	Zum Fischer	„	1,0179	88,40	—	4,96	6,64	—	1,13	4,06	0,133	0,232	0,049	
60	Zur Axt	„	1,0179	89,45	—	4,27	6,28	—	1,24	3,50	0,157	0,220	0,047	
61	Zum Tiger	„	1,0161	91,31	—	3,15	5,54	—	1,06	3,01	0,112	0,212	0,034	
62	desgl.	„	1,0203	88,27	—	4,70	7,03	—	1,24	4,10	0,171	0,258	0,048	
63	Zur St. Paris . . .	„	1,0188	88,88	—	4,41	6,71	—	1,28	3,58	0,133	0,227	0,045	
64	desgl.	„	1,0178	88,93	—	4,68	6,39	—	1,17	3,75	0,144	0,230	0,045	
	Schiltigheimer Biere:													
65	Kutz	„	1,0202	89,62	—	3,70	6,68	—	1,54	3,55	0,117	0,220	0,034	
66	Gebr. Ehrhardt . . .	„	1,0197	88,86	—	4,15	6,99	—	1,45	3,84	0,147	0,228	0,044	
67	Weltz u. Co.	„	1,0220	90,51	—	2,73	6,76	—	1,28	4,30	0,121	0,209	0,038	
68	Actienbrauerei . . .	„	1,0168	89,27	—	4,63	6,10	—	1,22	3,24	0,182	0,263	0,061	
69	Schützenberg	„	1,0178	88,96	—	4,53	6,51	—	1,26	3,20	0,153	0,272	0,061	
70	desgl. Hauer	„	1,0167	89,17	—	4,62	6,21	—	1,16	3,19	0,151	0,272	0,060	
71	Hauer	„	1,0145	89,55	—	4,70	5,75	—	1,01	3,28	0,183	0,226	0,054	
72	Kronenburg, Tyatt . .	„	1,0154	89,71	—	4,43	5,86	—	0,99	3,50	0,175	0,222	0,034	
73	Bischheim, Müller und Koch	„	1,0227	89,48	—	3,29	7,23	—	1,25	3,95	1,130	0,226	0,038	
	Mittel von (49—73) .	.	**1,0182**	—	—	**4,13**	**6,42**	—	**1,23**	**3,59**	**0,146**	**0,234**	**0,041**	
	Oder Gewichts-Procent	.	**1,0182**	**90,53**	—	**3,24**	**6,23**	—	**1,20**	**3,52**	**0,143**	**0,229**	**0,040**	
	Chemnitzer Bier nach böhmischer Art:					Gew. %				+ Gummi				
74	Schloss Chemnitz . .	1878	1,0131	91,31	0,213	3,84	4,85	—	1,02	1,77	—	0,170	0,027	C. Hebenstreit[2]) **)
75	Feldschlösschen-Brauerei	„	1,0071	92,46	0,201	3,88	3,66	—	0,48	2,42	—	0,165	0,062	
76	Böttger's Brauerei . .	„	1,0062	92,54	0,215	4,00	3,47	—	0,48	2,40	—	0,185	0,062	
77	Societäts-Brauerei . .	„	1,0093	92,38	0,215	3,66	3,96	—	0,48	1,82	—	0,165	0,061	
78	Bergschlösschen-Brauerei	„	1,0128	91,49	0,176	3,71	4,80	—	0,85	1,92	—	0,160	0,069	
	Nach bairischer Art:													
79	Schloss Chemnitz . .	„	1,0200	89,40	0,215	3,96	6,64	—	1,04	3,21	—	0,175	0,078	

[1]) Allgem. Hopfen-Ztg. 1779. No. 23 u. 24.

[2]) Leipziger Zeitschr. gegen Verfälschung der Nahrungsmittel 1878. S. 356.

*) Vergl. Anmerkung **) Seite 809.

**) Alkohol wurde durch Destillation bestimmt, Extract durch Trocknen bei 110° C. bis zum constanten Gewicht, Zucker durch Fehling'sche Lösung in dem 4—5fach verdünnten Bier, Dextrin durch 6—8stündiges Erwärmen des mit etwas Schwefelsäure versetzten Bieres auf 106° im Salzbade, Neutralisiren mit Bariumcarbonat, Titriren des Filtrats mit Fehling'scher Lösung, wobei der gefundene Zucker in Abrechnung gebracht wurde; Kohlensäure ist durch Einleiten des Destillats in ammoniakalische Chlorcalciumlösung und durch Titriren des gut ausgewaschenen Calciumcarbonats ermittelt; Phosphorsäure durch Lösen der Asche in Salpetersäure nach der Molybdän-Methode.

No.		Zeit der Untersuchung	Spec. Gew.	Wasser %	Kohlensäure %	Alkohol Gew. %	Extract %	Eiweissstoffe %	Zucker %	Dextrin + Gummi %	Säure = Milchsäure %	Asche %	Phosphorsäure %	Analytiker
80	Feldschlösschen-Br. . .	1878	1,0097	90,05	0,222	4,24	4,71	—	0,62	3,18	—	0,168	0,071	C. Hebenstreit[1]) *)
81	Böttger's Brauerei . .	„	1,0114	89,94	0,210	4,53	5,53	—	0,90	2,96	—	0,235	0,079	
82	Societäts-Brauerei . .	„	1,0240	87,99	0,228	4,26	7,81	—	0,92	3,69	—	0,237	0,086	
83	Bergschlösschen-Br. .	„	1,0151	91,08	1,183	3,72	5,26	—	1,05	2,51	—	0,210	0,068	
	Dresdener resp. in Dresden getrunkene Biere:										Glycerin			
84	Gambrinus (Einfache Schenkbiere)	„	1,008	94,93	0,159	2,10	2,97	—	—	—	—	0,125	0,034	G. Hofmann u. E. Geissler[2]) **)
85	Schneider (Einfache Schenkbiere)	„	1,004	96,26	0,146	1,75	1,98	—	—	—	—	0,137	0,035	
86	St. Pilatus (Einfache Schenkbiere)	„	1,013	90,05	0,187	3,87	5,09	—	—	—	0,451	0,205	0,102	
87	Nürnberger (Einfache Schenkbiere)	„	1,012	89,34	0,200	4,27	6,39	—	—	—	—	0,255	0,065	
88	Pilsener (Böhmisches Bier)	„	1,012	92,24	0,220	3,42	4,34	—	—	—	—	0,190	—	
89	Cziskowitz (Böhmisches Bier)	„	1,014	91,50	0,212	3,43	5,09	—	—	—	—	0,190	—	
90	Colin. Schloss (Böhmisches Bier)	„	1,011	91,22	0,240	3,90	4,88	—	—	—	—	0,192	—	
91	Kamenz (Einfache)	1880	1,0252	91,20	—	1,70	7,10	—	—	—	—	0,170	—	
92	Bair.-Brauhaus (Einfache)	„	1,0075	94,61	—	2,36	3,03	—	—	—	—	0,120	—	
93	Naumann (Einfache)	„	1,0080	94,84	—	2,16	3,00	—	—	—	—	0,120	—	
	Hannoversche Biere:									Dextrin	Säure			
94	Hannov. Actien-Br. I	1878	1,0150	89,23	—	4,48	6,29	—	—	—	—	0,26	0,060	J. Skalweit[3]) †)
95	„ „ II	„	1,0151	89,19	—	4,42	6,39	—	—	—	—	0,27	0,062	
96	Union	„	1,0150	89,31	—	4,00	6,69	—	—	—	—	0,19	0,073	
97	Wülfel (Fontaine) . .	„	1,0140	89,46	—	4,15	6,39	—	—	—	—	0,23	0,068	
98	Brande u. Mayer . .	„	1,0190	88,54	—	4,81	6,65	—	—	—	—	0,28	0,065	
99	O. Bornemann . . .	„	1,0115	89,89	—	4,80	5,20	—	—	—	—	0,24	0,042	
100	Anderten (Schaale) . .	„	1,0135	90,12	—	4,04	5,84	—	—	—	—	0,28	0,065	
101	Leidenroth	„	1,0150	91,09	—	4,48	4,43	—	—	—	—	0,28	0,048	
102	Vlothoer Brauerei . .	„	1,0134	90,50	—	4,07	5,43	—	—	—	—	0,28	0,093	
103	Bückeburger	„	1,0149	89,91	—	3,28	6,81	—	—	—	—	0,25	0,082	
104	Schilling (Celle) . . .	„	1,0129	91,61	—	3,94	4,55	—	—	—	—	0,21	0,049	
105	Osnabrück. Actien-Br. I	„	1,0140	90,61	—	4,68	4,71	—	—	—	—	0,24	0,075	
106	„ „ II	„	1,0170	90,04	—	4,24	5,72	—	—	—	—	0,25	0,076	
107	Oeynhauser	„	1,0208	90,50	—	4,07	5,43	—	—	—	—	0,23	0,093	

[1]) Leipziger Zeitschrift gegen Verfälschung der Nahrungsmittel 1878. S. 356.
[2]) Jahresbericht f. Agric.-Chemie 1878. S. 663 u. 664 u. Pharmac. Centralhalle 1880. No. 10.
[3]) Zeitschr. gegen Verfälschung der Nahrungsm. Leipzig, 1878. S. 365 u. Hannov. Monatsschr. Wider die Nahrungsfälscher 1879. S. 177—181.

*) Vergl. Anmerkung **) Seite 809.

**) Die Bestimmung des spec. Gewichtes wurde im Piknometer bei 15° C. vorgenommen; der Alkohol wurde durch die directe Destillations-Methode, der Extract bei den Analysen von 1878 durch Eintrocknen bei 100—105° C., bei den Analysen von 1880 durch Eintrocknen von 10 g Bier bei 70° C. bis zum constanten Gewicht, nach dem Vorschlage von Schultze (Zeitschr. für das gesammte Brauwesen 1878), das Glycerin nach der Methode von Reichardt bestimmt. Die Reichardt'sche Glycerin-Bestimmungsmethode besteht darin, dass man 100 CC. Wein oder Bier mit etwa 5 g Kalk eindampft und den Rückstand mit 90procentigem Alkohol extrahirt. Neubauer und Borgmann haben aber (Zeitschr. f. analyt. Chemie 1878. S. 442) gezeigt, dass durch Alkohol von dieser Stärke ausser Glycerin auch noch andere Körper in Lösung gehen, also die so erhaltenen Zahlen zu hoch ausfallen.

†) Die Zahlen beziehen sich auf entkohlensäuertes Bier; das spec. Gewicht ist im Piknometer ermittelt, der Extract-Gehalt aus dem spec. Gewicht des von Kohlensäure und Alkohol befreiten Bieres nach der Tabelle von W. Schultze; der Alkohol-Gehalt aus der Differenz des spec. Gewichts des frischen entkohlensäuerten Bieres und des von Alkohol befreiten Bieres; die Phosphorsäure durch Titration mit Uranlösung. Hierbei nimmt man eine Uranlösung, die in 1 CC. 0,005 g Phosphorsäure enthält, ferner 100 CC. Bier, die bei hellen Sorten direct titrirt werden können, bei dunkelen erst durch Thierkohle entfärbt werden.

No.		Zeit der Untersuchung	Spec. Gew.	Wasser %	Kohlensäure %	Alkohol Gew. %	Extract %	Eiweissstoffe %	Zucker %	Dextrin %	Säure %	Asche %	Phosphorsäure %	Analytiker
108	Hannov. Actien-B. Febr.	1879	1,0120	91,79	0,227	4,21	5,04	—	—	—	—	0,30	0,091	J. Skalweit[1])*)
109	„ „ Juni	„	1,0170	90,55	0,230	3,44	6,01	—	—	—	—	0,23	0,080	
110	„ „ Sept.	„	1,0151	90,43	0,228	3,84	5,73	—	—	—	—	0,21	0,065	
111	Remmer (Einfach Braunbier)	„	1,0164	92,36	0,201	2,28	5,36	—	—	—	—	0,17	0,035	
112	Mindener (Brettholz & Denken)	„	1,0186	89,92	0,193	3,60	6,48	—	—	—	—	0,25	0,080	
113	Celle (Harmuth & Worbs)	„	1,0128	92,46	0,211	2,88	4,66	—	—	—	—	0,23	0,053	
114	„ (A. Schilling) . .	„	1,0108	92,43	0,233	3,24	4,33	—	—	—	—	0,23	0,062	
115	„ (Achilles) . . .	„	1,0101	92,14	0,167	3,60	4,26	—	—	—	—	0,24	0,084	
116	Nienburger Bier . . .	„	1,0156	90,78	0,142	3,52	5,70	—	—	—	—	0,28	0,080	
	Bremer Biere:													
117	Braunbier aus Bremen .	„	1,0100	90,04	—	5,13	4,83	—	—	—	—	0,265	0,084	L. Janke[2])**)
118	desgl.	„	1,0140	90,93	—	4,51	4,56	—	—	—	—	0,180	—	
119	desgl.	„	1,0220	92,97	—	2,87	4,86	—	—	—	—	0,109	0,026	
120	desgl.	„	1,0120	89,70	—	3,90	6,40	—	—	—	—	0,201	0,034	
121	desgl.	„	1,0125	91,07	—	3,32	5,61	—	—	—	—	0,284	—	
122	desgl.	„	1,0120	90,51	—	5,13	4,36	—	—	—	—	0,199	0,035	
	Hamburger Biere:									Gummi + Dextrin				
123	G. Hastedt-Harburg .	18$\frac{80}{81}$	—	90,24	—	4,28	5,48	—	—	—	—	0,24	0,089	B. C. Niederstadt[3])***)
124	Marienthaler, hell . .	„	—	90,41	—	3,92	5,67	—	—	—	—	0,23	0,069	
125	„ dunkel .	„	—	88,20	—	4,74	7,06	—	—	—	—	0,27	0,110	
126	Borgfelder Bier . . .	„	—	90,35	—	4,16	5,49	—	—	—	—	0,26	0,036	
127	Bier zu Bergendorf . .	„	—	90,15	—	4,60	5,25	—	—	—	—	0,22	0,058	
128	Bosselmann-Hamburg .	„	—	91,09	—	4,12	4,79	—	—	—	—	0,22	—	
129	desgl.	„	—	94,30	—	1,36	4,34	—	—	—	—	0,21	0,031	
130	Actien-Bier St. Pauli .	„	—	90,29	—	3,92	5,79	—	—	—	—	0,30	0,042	
131	Teufelsbrücker Bier .	„	—	89,61	—	4,84	4,55	—	—	—	—	0,24	0,071	
	Königsberger Biere:													
132	Ponarther, Winter . .	1880	1,0222	89,83	0,21	3,54	6,63	—	—	—	(1,36) ††)	0,31	—	E. Schrader[4])†)
133	Schönbuscher „ . .	„	1,0290	86,77	0,26	4,00	9,23	0,35	1,94	6,70	(0,63)	0,20	0,071	

[1])*) Vergl. Anmerkung [3])†) Seite 810.

[2]) Zeitschr. gegen Verfälschung der Lebensmittel 1879. No. 10.

[3]) Original-Mittheilung.

[4]) Zeitschr. für analyt. Chemie 1880. S. 167.

**) Extract wurde durch Trocknen bei 100° C. bestimmt, Alkohol durch Destillation und Wägen des Destillats im Piknometer, Phosphorsäure in der Asche nach der Molybdän-Methode.

***) Alkohol ist durch Destillation, Extract nach Entfernung des Alkohols durch das spec. Gewicht nach der Tabelle von W. Schultze, Phosphorsäure in der Asche gewichtsanalytisch nach der Molybdän-Methode bestimmt.

†) Alkohol ist durch Destillation, Extract durch Abdampfen, Zucker durch Titriren, Dextrin desgl. nach der Inversion, der Stickstoff durch Verbrennen mit Natronkalk und Multiplikation desselben mit 6,25, Phosphorsäure in der Asche, spec. Gewicht bei 16,5 C. durch das Piknometer bestimmt.

††) Bedeutet Acidität ohne CO_2; 5 CC. Bier = x CC. $^1/_{10}$ Normal-Natron.

No.		Zeit der Untersuchung	Spec. Gew.	Wasser %	Kohlensäure %	Alkohol Gew. %	Extract %	Eiweissstoffe %	Zucker %	Gummi %	Säure %	Asche %	Analytiker
	Berliner Biere:												
134	Tivoli	1877	—	90,72	—	4,15	5,14	—	—	—	—	0,191	*Unbekannt*[1])
135	Berg-Schloss-Brauerei .	„	—	90,07	—	4,54	5,39	—	—	—	—	0,199	
136	Happold's Brauerei . .	„	—	91,25	—	3,57	5,18	—	—	—	—	—	
137	Gratweil, Unions-Brauerei	„	—	89,95	—	3,61	6,44	—	—	—	—	0,217	
138	Victoria-Brauerei . . .	„	—	90,13	—	3,43	6,44	—	—	—	—	0,224	
139	Bötzow's Brauerei . . .	„	—	91,12	—	3,10	5,78	—	—	—	—	0,207	
140	Pfefferberg	„	—	90,33	—	3,38	6,29	—	—	—	—	0,225	
141	Königsstadt	„	—	91,19	—	3,45	5,36	—	—	—	—	0,236	
142	Josty's	„	—	95,27	—	1,62	3,11	—	—	—	—	—	
143	Friedrichshöhe	„	—	91,86	—	3,11	5,03	—	—	—	—	0,199	
144	Lips	„	—	91,41	—	3,51	5,08	—	—	—	—	0,184	
145	Baierischer Löwe . . .	„	—	90,29	—	4,17	5,54	—	—	—	—	0,237	
146	Böhm. Brauhaus . . .	„	—	90,60	—	4,11	5,29	—	—	—	—	0,190	
147	München. „ . . .	„	—	89,58	—	4,13	6,29	—	—	—	—	0,339	
148	Ley's Brauerei . .	„	—	90,27	—	4,14	5,59	—	—	—	—	0,236	
149	Schultheiss „ . .	„	—	91,07	—	3,50	5,43	—	—	—	—	0,316	
150	Adler „ . .	„	—	91,09	—	3,92	4,98	—	—	—	—	0,233	
151	Breslauer Weizenbier . .	„	—	89,56	—	4,65	5,79	—	—	—	—	0,152	
152	Nordd. Brauerei . . .	„	—	90,50	—	3,15	6,35	—	—	—	—	0,198	
153	Moabit (Ahrens) . . .	„	—	91,59	—	3,63	4,78	—	—	—	—	0,185	
154	Paegelow's Brauerei . .	„	—	91,49	—	2,93	5,58	—	—	—	—	0,191	
155	Bockbrauerei	„	—	91,10	—	3,92	4,98	—	—	—	—	0,188	
	Oesterreichische Biere:									Gummi + Dextrin			
	Bodenbach:												
156	Schenkbier	1866	—	92,15	0,248	3,12	4,48	1,57	0,563	2,23	—	0,173	*Th. v. Gohren*[2]) *)
157	desgl.	„	—	92,38	0,262	3,04	4,32	1,48	0,510	2,14	—	0,203	
158	Abzugsbier	„	—	93,30	0,258	2,02	4,42	1,55	0,604	2,24	—	0,163	
	Teschen:												
159	Schenkbier	„	—	89,03	0,405	5,59	4,98	1,75	0,511	2,54	—	0,172	
160	Abzugsbier	„	—	89,83	0,418	4,91	4,84	1,42	0,562	2,17	—	0,162	
161	Schenkbier	„	—	92,54	0,209	2,95	4,31	1,88	0,597	1,70	—	0,209	
162	Abzugsbier	„	—	93,92	0,254	1,63	4,31	1,81	0,618	1,55	—	0,203	

¹) Nach No. 290 der Tribüne 1877 sind diese Analysen auf Anordnung des Polizei-Präsidiums ausgeführt. Giftige Stoffe haben sich darin nicht vorgefunden, jedoch bei 11 derselben fremde Bitterstoffe. Der Gehalt an Wasser, Alkohol und Extract ist nach der Sacharometer-Anzeige berechnet. Die Analysen sind bei der Durchschnittsberechnung nicht mit berücksichtigt.

²) Böhmisches Centralbl. für die gesammte Landeskultur 1876. S. 373.

*) Der Alkohol ist durch Destillation bestimmt, die Kohlensäure durch Gewichtsverlust beim Erwärmen des Bieres; der Gehalt an Trockensubstanz durch Eintrocknen bei 110° C. Zur Bestimmung von Zucker, Gummi wurde das Bier zur Syrupsconsistenz eingedampft, das Gummi durch wiederholtes Fällen mit Alkohol und Wiederauflösen in Wasser abgeschieden, der Zucker durch Fehling'sche Lösung bestimmt. Das Eiweiss wurde durch Kochen coagulirt, die Asche durch Verbrennen, und der N-Gehalt durch Verbrennen mit Natronkalk. An coagulirbarem Eiweiss wurde gefunden 0,021—0,121 %, im Mittel 0,075 %.

No.		Zeit der Untersuchung	Spec. Gew.	Wasser %	Kohlensäure %	Alkohol Gew. %	Extract %	Eiweissstoffe %	Zucker %	Gummi + Dextrin %	Säure = Milchsäure %	Asche %	Farbe %	Analytiker
	Wernstadler:													
163	Schenkbier . . .	1866	—	93,88	0,194	1,99	3,98	1,50	0,561	1,66	—	0,124	—	*Th. v. Gohren*[1]*)
164	Abzugsbier . . .	„	—	92,33	0,147	2,97	4,55	1,28	0,501	2,47	—	0,298	—	
165	Liesinger, Abzug . .	1876	1,0162	92,50	—	2,86	4,64	0,32	—	—	0,17	0,18	—	*Fr. Schwackhöfer*[2]**)
166	St. Marx, „ . .	„	1,0148	92,30	—	2,74	4,87	0,28	—	—	0,10	0,16	5,0	
167	Simmering, Abzug, 6 Wochen alt . .	„	1,0149	92,46	—	2,63	4,91	0,30	—	—	0,10	0,17	5,9	
168	Brunner, Abz, 1 M. alt	„	1,0136	92,40	—	2,85	4,75	0,36	—	—	0,10	0,18	5,4	
169	Hütteldorf, Abzug . .	„	1,0147	92,78	—	2,52	4,70	0,31	—	—	0,09	0,14	5,0	
170	Nussdorf, Abzug, 6 Wochen alt . . .	„	1,0153	92,15	—	2,93	4,92	0,30	—	—	0,09	0,16	5,0	
171	Währinger, Abzug .	„	1,0105	92,73	—	3,21	4,06	0,29	—	—	0,10	0,19	5,9	
172	Grinzinger, „ .	„	1,0131	92,82	—	2,75	4,43	0,29	—	—	0,11	0,18	4,8	
173	Lichtenthaler, „ .	„	1,0142	92,60	—	2,67	4,73	0,33	—	—	0,08	0,16	5,0	
174	Ottakringer, „ .	„	1,0096	92,84	—	3,27	3,89	0,29	—	—	0,11	0,15	4,8	
175	Rauhensteiner, „ .	„	1,0156	92,55	—	2,77	4,68	0,21	—	—	0,12	0,16	5,6	
176	Pilsener Schenkbier .	„	1,0138	91,24	—	3,81	4,95	0,41	—	—	—	0,21	—	
177	Dreher's Böhm. Bier .	„	1,0157	90,86	—	3,60	5,54	0,38	—	—	0,17	0,20	6,0	
	Böhmische Biere:													
178	Pilsener, bürgerl. Brauhaus, 27/3	1886	1,0145	91,79	—	2,98	5,23	—	—	—	—	0,196	—	*Fr. Kundrat*[3]***)
179	Pilsener, Actien-Brauhaus, 30/3	„	1,0125	91,87	—	3,24	4,82	—	—	—	—	0,192	—	
180	Tuschkauer, 20/4 . .	„	1,0131	92,02	—	3,08	4,90	—	—	—	—	0,162	—	
181	Rokycaner, 5/4 . . .	„	1,0143	92,23	—	2,74	5,03	—	—	—	—	0,187	—	
182	Neckmirer, 21/4 . . .	„	1,0135	92,25	—	2,85	4,90	—	—	—	—	0,160	—	
183	Radnicer, 23/4 . . .	„	1,0142	92,34	—	2,68	4,98	—	—	—	—	0,165	—	
184	Dobraner, 6/4 . . .	„	1,0119	92,49	—	2,97	4,54	—	—	—	—	0,162	—	
185	Tscheminer, 20/5 . .	„	1,0129	92,55	—	2,75	4,70	—	—	—	—	0,171	—	
186	Rochlauer, 22/5 . . .	„	1,0131	92,79	—	2,57	4,64	—	—	—	—	0,152	—	
187	Libocaner, 7/4 . . .	„	1,0110	92,82	—	2,92	4,26	—	—	—	—	0,166	—	
188	Kladrüber, 1/4 . . .	„	1,0116	92,84	—	2,80	4,36	—	—	—	—	0,157	—	

[1]) Böhmisches Centr.-Bl f. die gesammte Landeskultur 1866. S. 373.
[2]) Allgem. Zeitschr. f. Brauerei und Malzfabrikation. Wien 1876 und Organ des Centr.-Vereins f. Rübenzucker-Industrie in Oesterreich-Ungarn 1875. S. 398.
[3]) Nach Listy chem. 11. 6 in Chem. Centralbl. 1887. S. 175.

*) Vergl. Anmerkung *) Seite 812.

**) Alkohol wurde durch Destillation bestimmt, Extract durch Eindampfen in einem besonders construirten Trommelwasserbad bei 100° unter gleichzeitigem Ueberleiten von getrockneter Luft und unter Anwendung einer Saugpumpe zur Herstellung eines luftverdünnten Raumes; Eiweissstoffe durch Eintrocknen von 40—50 g Bier in Glasschalen und Verbrennen mit Natronkalk, Zucker durch Titration mit Fehling'scher Lösung, Dextrin durch 6—7stündiges Erwärmen von 20 g Bier mit 3 CC. verdünnter Schwefelsäure in zugeschmolzenen Röhren im Kochsalzbade bei 108—110° C., Neutralisiren, Verdünnen auf 200 CC. und Titriren mit Fehling'scher Lösung, wobei der ursprüngliche Zucker in Abzug gebracht wird, Säure durch Titration des entkohlensäuerten Bieres (25 CC.) mittelst 1/10 Natronlauge und Berechnen als Milchsäure (als Indikator diente Curcumapapier); die Vollmundigkeit wurde mit dem Viscosimeter, die Farbe mit dem Stammer'schen Farbenmaass ermittelt.

***) Die Biere waren die in Pilsen gangbarsten Sorten. Dieselben wurden nach Vereinbarungen betreffs Untersuchung von Nahrungs- und Genussmittel etc. von Hilger 1885 untersucht (vergl. II. Theil). Der Alkohol wurde indirect bestimmt, nachdem sich Verf. überzeugt hatte, dass die so erhaltenen Werthe mit den durch Destillation erzielten übereinstimmten.

No.		Zeit der Untersuchung	Spec. Gew.	Wasser %	Kohlensäure %	Alkohol Gew. %	Extract %	Eiweissstoffe %	Zucker %	Dextrin %	Glycerin %	Säure = Milchsäure %	Asche %	Phosphorsäure %	Analytiker
189	Choteschauer, 16/5 . .	1886	1,0135	92,93	—	2,40	4,67	—	—	—	—	—	0,158	—	Fr. Kundrat[1] *)
190	Planer, 2/4	„	1,0138	92,93	—	2,35	4,72	—	—	—	—	—	0,184	—	
191	Stenovic, 3/4 . . .	„	1,0127	93,05	—	2,46	4,49	—	—	—	—	—	0,132	—	
192	Postoloput, 8/5 . . .	„	1,0107	93,07	—	2,80	4,13	—	—	—	—	—	0,153	—	
193	Staaber, 31/3 . . .	„	1,0099	93,11	—	2,86	3,98	—	—	—	—	—	0,144	—	
194	Klattauer, 8/4 . . .	„	1,0102	93,24	—	2,75	4,01	—	—	—	—	—	0,156	—	
195	Wscherauer, 26/5 . .	„	1,0096	93,26	—	2,86	3,88	—	—	—	—	—	0,160	—	
196	Wilkischener, 19/5 . .	„	1,0115	93,27	—	2,52	4,21	—	—	—	—	—	0,126	—	
197	Ulicer, 17/4	„	1,0090	93,48	—	2,80	3,72	—	—	—	—	—	0,159	—	
198	Krimicer, 1/5 . . .	„	1,0112	93,67	—	2,30	4,03	—	—	—	—	—	0,153	—	
199	Stankauer, 22/4 . . .	„	1,0101	93,79	—	2,41	3,80	—	—	—	—	—	0,128	—	
200	Lukovicer, 27/4 . . .	„	1,0074	93,97	—	2,76	3,27	—	—	—	—	—	0,147	—	
201	Malesiser, 15/5 . . .	„	1,0066	94,35	—	2,65	3,00	—	—	—	—	—	0,125	—	
202	Simmeringer Abzugsb.	18 81/85	1,0153	92,65	—	2,66	4,69	0,24	—	—	0,17	—	0,15	0,051	L. Rösler[2]
203	Kleinschwechater Abzugsbier	„	1,0120	92,81	—	2,94	4,25	0,26	—	—	0,09	—	0,14	0,041	
204	St. Marxer Abzugsbier	„	1,0145	92,79	—	2,72	4,49	0,23	—	—	0,11	—	0,13	0,046	
205	Ottakringer „	„	1,0153	92,39	—	2,66	4,95	0,29	—	—	0,10	—	0,15	0,049	
	Minimum	.	1,0040	86,61	0,140	1,36	1,98	0,21	0,29	1,46	0,09	0,08	0,11	0,026	
	Maximum	.	0,0290	93,92	0,418	5,59	9,23	1,88	1,94	6,70	(0,45)	0,70	0,31	0,110	
	Mittel**)	.	**1,0144** **)	**91,11**	**0,197**	**3,36**	**5,34**	**0,74**	**0,95**	**3,11**	**0,12**	**0,156**	**0,204**	**0,055**	

2. Lager- oder Sommerbier.

No.		Zeit der Untersuchung	Spec. Gew.	Wasser %	Kohlensäure %	Alkohol Gew. %	Extract %	Eiweissstoffe %	Zucker %	Dextrin %	Glycerin %	Säure = Milchsäure %	Asche %	Analytiker
1	Münchener Hofbräu .	1846	—	89,21	—	4,02	6,77	0,023	0,351	6,19	—	0,202	—	Wackenroder[3])
2	Rose in Jena . . .	—	—	91,54	—	3,54	4,98	0,019	4,754		—	0,148	—	
3	Stadtbrauh. daselbst .	1849	—	88,84	—	2,89	8,27	0,016	0,394	7,85	—	—	—	
4	Ober-Weimar . . .	„	—	90,69	—	3,64	5,67	0,019	0,292	5,36	—	—	—	
	Münchener Biere:													
5	Münchener Hofbräu .	1846	1,011	91,7	0,16	4,4	3,9	—	—	—	—	—	—	Kayser[4])
6	Deigelmeier . . .	1853	1,022	89,7	0,13	3,7	6,6	—	—	—	—	—	—	

¹) Nach Listy chem. 11. 6 in Chem. Centr.-Bl. 1887. S. 175.

²) Mittheilungen d. K. K. chem. phys. Vers.-Stat. Klosterneuburg. Heft V. 1888. Tabelle 56. Das spec. Gewicht ist bei 15° mittelst des Piknometers bestimmt; Alkohol nach der Destillationsmethode; Extract durch Eintrocknen und 2½-stündiges Trocknen im Wasser-Trockenschrank, oder nach Balling in dem entgeisteten Extract, Glycerin wie bei Süssweinen mit geringen Abweichungen von den vom deutschen Gesundheitsamt beschlossenen Methoden (vergl. die Weinanalysen desselben Verfassers). Die schwefelige Säure ist durch Destillation mit Phosphorsäure im Kohlensäurestrom und Auffangen des Destillats in Jodlösung bestimmt. Die Biere enthielten ferner:

	No. 202	203	204	205	
Schwefelsäure	0,0088	0,0095	0,0028	0,0056	Gewichtsprocent
Kieselsäure	0,0150	0,0140	0,0193	0,0183	„
Der schwefeligen Säure entsprechender schwefelsaurer Baryt in Gramm pro 1 Liter	—	0,0029	0,0110	0,0179	g

³) De Cerevisiae vera mixtione et indole chemica. Jenae 1850.

⁴) R. Stierlein: Das Bier, seine Verfälschungen etc. Bern, 1878. S. 125.

*) Vergl. Anmerkung ***) Seite 813.

**) Die Mittelzahlen für spec. Gewicht, Alkohol und Extract einerseits, sowie für die Bestandtheile des Extractes (Zucker, N-Substanz, Dextrin etc.) andererseits sind strenggenommen unter sich nicht vergleichbar, weil nicht bei allen Analysen diese Bestimmungen vorgenommen wurden.

No.		Zeit der Untersuchung	Spec. Gew. %	Wasser %	Kohlensäure %	Alkohol Gew. %	Extract %	Eiweissstoffe %	Zucker %	Gummi + Dextrin %	Säure = Milchsäure %	Asche %	Analytiker
7	Hofbräu	1852	1,018	90,6	0,18	4,3	5,1	—	—	—	—	—	*Kayser*[1])
8	Franziskaner Kloster . .	1853	1,012	89,8	0,15	5,2	5,0	—	—	—	—	—	*Kayser*[1])
9	Hofbräu, Sommerbier . .	1866	1,0141	91,19	—	3,88	4,93	0,43	—	—	—	0,23	*C. Lermer*[2])
										Dextrin etc.			
10	Hofbrauhaus 13/VI . .	1867	1,0170	90,64	—	3,70 *)	5,87	—	—	—	—	—	*C. Prantl*[3]) **)
11	„ 14/VI . .	„	1,0172	90,58	—	3,60	5,90	—	—	—	—	—	
12	Spatenbräu 27/VI . .	„	1,0207	90,26	—	3,23	6,61	—	1,38	5,23	—	—	
13	„ 4/VII . .	„	1,0178	90,64	—	3,50	6,01	—	1,01	5,00	—	—	
14	Löwenbräu 1. „ . .	„	1,0181	90,20	—	3,48	6,20	—	1,17	5,03	—	—	
15	„ 2. „ . .	„	1,0189	90,09	—	3,61	6,35	—	1,07	5,28	—	—	
16	Singlspieler 3. „ . .	„	1,0185	90,35	—	3,45	6,22	—	1,00	5,22	—	—	
17	„ 9. „ . .	„	1,0191	90,08	—	3,48	6,40	—	1,06	5,34	—	—	
18	Augustiner 4. „ . .	„	1,0198	90,07	—	3,24	6,50	—	1,25	5,25	—	—	
19	„ 10. „ . .	„	1,0202	90,24	—	3,42	6,54	—	1,38	5,16	—	—	
20	G. Pschorr 12. „ . .	„	1,0160	90,85	—	3,41	5,62	—	0,82	4,80	—	—	
21	„ 16. „ . .	„	1,0153	91,05	—	3,43	5,42	—	0,78	4,64	—	—	
22	Schleibinger 17. „ . .	„	1,0180	89,87	—	3,86	6,26	—	1,00	5,26	—	—	
23	„ 24. „ . .	„	1,0192	89,72	—	3,81	6,32	—	1,09	5,23	—	—	
24	Hacker 29. „ . .	„	1,0177	90,20	—	3,71	6,12	—	0,96	5,16	—	—	
25	„ 30. „ . .	„	1,0178	90,21	—	3,61	6,13	—	0,96	5,17	—	—	
26	Zacherl 1/VIII	„	1,0190	89,73	—	3,80	6,49	—	1,04	5,45	—	—	
27	„ 5. „	„	1,0177	89,86	—	3,98	6,22	—	1,00	5,22	—	—	
28	Leist 2. „	„	1,0181	90,60	—	3,33	6,05	—	1,22	4,83	—	—	
29	„ 5. „	„	1,0183	90,58	—	3,34	6,11	—	1,19	4,95	—	—	
30	Franzisk. Kloster 30/VIII	„	1,0223	89,46	—	3,41	—	—	1,00	6,13	—	—	

[1]) R. Stierlin: Das Bier, seine Verfälschungen etc. Bern 1878. S. 125.

[2]) Chem. Centralbl. 1866. S. 1086.

[3]) Chem. Centralbl. 1870. S. 710 u. Dingler's polytechn. Journ. Bd. 189. S. 397.

*) Diese Zahlen sind durch Destillation des Alkohols gewonnen. Prantl hat aber ausserdem den Alkohol noch nach 4 anderen Methoden bestimmt und findet

	Durch Destillation	nach Balling,	Mayer,	Bolley,	Reischauer
im Mittel:	3,55	3,61	3,61	3,62	3,53

**) 1. Die Balling'sche Methode der Alkohol-Bestimmungsmethode ist S. 806 u. 807 auseinandergesetzt.

2. Nach Mayer erhält man den Alkohol des Bieres, wenn man die Differenz der spec. Gewichte des entgeisteten und des frischen Bieres von 1,000 abzieht und zu der erhaltenen Zahl als spec. Gewicht in der Tabelle den Alkohol sucht. Also wenn

s = spec. Gewicht des frischen Bieres,
S = „ „ der entgeisteten Flüssigkeit,
P = Alkoholprocente in der Tabelle,
A = „ des Bieres, so ist

$$\% A = 1 - (S - s) \text{ zu P.}$$

3. Nach Bolley dividirt man das spec. Gewicht des Bieres durch das spec. Gewicht der entgeisteten und wieder auf das ursprüngliche Gewicht verdünnten Flüssigkeit und sucht zu dem erhaltenen Quotienten den diesem als spec. Gewicht entsprechenden Alkoholgehalt in der Tabelle auf; also:

$$\% A = \frac{s}{S} \text{ zu P.}$$

4. Nach Reischauer dividirt man noch den nach Bolley gefundenen Werth durch das spec. Gewicht der entgeisteten Flüssigkeit; also $\% A = \frac{\frac{s}{S} \text{ zu P}}{S}$; ist beispielsweise s = 1,024, S = 1,032, so $\frac{s}{S} = 0{,}99225$; diesem entspricht nach der Fownes'schen Tabelle 4,50 Gew.-Proc. dieser Werth durch S dividirt, giebt den wirklichen Alkoholgehalt des Bieres, also $\frac{4{,}50}{1{,}034} = 4{,}36$ Gew.-Proc.

Der Extractgehalt in den Prantl'schen Analysen ist durch die Sacharometer-Anzeige bestimmt.

No.		Zeit der Untersuchung	Spec. Gew.	Wasser %	Kohlensäure in 100 CC.	Alkohol Gew. %	Extract %	Eiweissstoffe %	Zucker %	Dextrin %	Säure = Milchsäure %	Asche %	Phosphorsäure %	Analytiker
31	Münchener Löwenbräu .	1884	1,0183	89,99	0,178	3,65	6,36	0,96	—	—	0,310	0,301	0,095	J. Skalweit[1]) *)
32	Münchener Kindl . . .	„	1,0151	89,55	0,175	4,48	5,97	1,02	—	—	0,203	0,207	0,092	
33	Nürnberger Actien-Brauerei hell . . .	„	1,0171	89,42	0,222	4,27	6,31	1,08	—	—	0,145	0,22	0,103	
34	Nürnberger Actien-Brauerei mittelfarbig	„	1,0190	89,71	0,232	3,71	6,58	1,24	—	—	0,442	0,22	0,092	
35	Nürnberger Actien-Brauerei dunkel . .	„	1,0168	90,40	0,208	3,41	6,19	1,25	—	—	0,145	0,22	0,090	
	Erlanger Biere.													
36	Sommer-Biere	1875	—	90,93	—	4,06	5,01	—	0,42	0,031	—	0,24	—	A. Hilger[2])
37		—	—	90,93	—	4,06	5,01	—	0,42	0,031	—	0,23	—	
38		—	—	91,34	—	4,29	4,37	—	0,38	0,99	—	0,32	—	
39		—	—	89,14	—	4,50	6,18	—	0,67	1,64	—	0,04?	—	
40		—	—	90,69	—	4,50	4,81	—	0,40	1,44	—	0,48	—	
	Speierer Biere.									(SiO_2)	(SO_3)			
41	Welz 13. April	1878	1,017	88,89	0,107	4,70	6,41	—	—	(0,024)	(0,008)	0,26	0,099	Halenke[3])
42	Schwartz 13. „	„	1,020	87,93	0,182	4,80	7,27	—	—	(0,025)	(0,006)	0,25	0,100	
43	Leibner 13. „	„	1,021	88,50	0,213	4,40	7,55	—	—	(0,027)	(0,008)	0,29	0,097	
44	Villmann 15. „	„	1,019	87,99	0,187	4,60	7,41	—	—	(0,030)	(0,016)	0,31	0,090	
45	Hartmann 15. „	„	1,018	88,93	0,126	4,50	6,77	—	—	(0,022)	(0,010)	0,24	0,080	
46	Schirmer Jean 15. „	„	1,018	89,00	0,242	4,30	6,70	—	—	(0,028)	(0,005)	0,24	0,084	
47	Möser 24. „	„	1,018	90,32	0,206	3,30	6,35	—	—	(0,026)	(0,005)	—	0,067	
48	Hauser 24. „	„	—	87,72	0,172	4,50	7,78	—	—	(0,026)	(0,005)	0,24	0,093	
49	Sick 24. „	„	1,018	89,92	0,062	4,30	6,68	—	—	—	—	0,22	—	
50	Hummel Wwe. 6. Mai	„	1,017	88,41	0,254	5,00	6,59	—	—	(0,026)	(0,012)	0,25	0,099	
51	Schwesinger 6. „	„	1,019	89,69	0,092	3,70	6,61	—	—	(0,026)	(0,021)	0,28	0,080	
52	Schirmer 6. „	„	1,016	89,72	0,170	4,50	5,78	—	—	(0,020)	(0,026)	0,29	0,086	
53	Eberle 13. „	„	1,022	88,13	0,321	4,20	7,67	—	—	(0,028)	(0,008)	0,27	0,093	
54	Schultz 13. „	„	1,021	87,25	0,166	4,80	7,95	—	—	(0,020)	(0,008)	0,26	0,097	
55	Reisch Wwe. 13. „	„	1,015	89,56	0,177	4,40	6,04	—	—	(0,030)	(0,007)	0,27	0,067	
56	Durst 17. „	„	1,013	91,36	0,171	3,40	5,24	—	—	(0,022)	(0,010)	0,18	0,127	
57	Moos 17. „	„	1,014	90,05	0,190	4,30	5,65	—	—	(0,025)	(0,007)	0,28	0,099	
58	Sick, Wiener-B. 17. „	„	1,020	87,72	0,144	4,30	7,47	—	—	(0,024)	(0,005)	0,24	0,093	
59	„ Lager-B. 17. „	„	1,016	88,85	0,082	4,60	6,55	—	—	(0,022)	(0,012)	0,23	0,102	
60	„ „ „ 17. „	„	1,017	88,67	0,285	4,90	6,43	—	—	(0,026)	(0,007)	0,24	0,097	
61	„ Wiener-B. 17. „	„	1,020	87,41	0,173	5,00	7,59	—	—	(0,026)	(0,009)	0,27	0,100	

[1]) Bericht über die deutsche Brauerei-Ausstellung in Hannover von C. Röhrig u J. Skalweit. Hannover 1884.

[2]) Archiv d. Pharm. Bd. V. S. 3. Untersuchungsmethoden siehe S.

[3]) Zeitschr. f. d. gesammte Brauwesen 1879. II. XIV. S. 416. Ueber Untersuchungsmethoden siehe S. 807.

*) Das spec. Gewicht ist in dem von Kohlensäure befreiten Bier mit der Westphal'schen Waage bestimmt; Extract nach Verjagen des Alkohols aus dem spec. Gewichte des gleichen Volumens, Extractlösung nach der Schultze'schen Tabelle; Alkohol einerseits nach Neutralisiren des Bieres mit Magnesia durch Destillation von 100 CC. und Bestimmung des spec. Gewichtes von 100 CC. Destillat bei 15° C., andererseits durch Division der spec. Gewichte von Extract und Bier; aus beiden Resultaten wurde das Mittel genommen. Die Asche wurde durch Eintrocknen von 50 CC. Bier und Verbrennen des Rückstandes bestimmt; in dieser Asche die Phosphorsäure nach Schmelzen mit Soda nach der Molybdänmethode; Milchsäure durch Titration von 50 CC. Bier mit Normalalkali; Kohlensäure in 50 CC. Bier durch schwach alkalische Chlorbariumlösung; Stammwürze und Vergährungsgrad nach den bekannten Methoden.

No.		Zeit der Untersuchung	Spec. Gew.	Wasser %	Kohlensäure %	Alkohol Gew. %	Extract %	Eiweissstoffe %	Zucker %	Dextrin %	Säure = Milchsäure %	Asche %	Phosphorsäure %	Analytiker
	Baseler Lager-Biere.													
62	Brändlin	1869	1,0118	91,97	0,262	3,16	4,87	—	0,80	—	—	0,22	(0,024)	*F. Goppelsröder*[1] *)
63	„	„	1,0102	92,92	0,217	3,54	3,54	—	0,93	—	—	0,19	(0,026)	
64	Thoma	„	1,0152	88,86	0,290	4,41	6,73	—	0,98	—	—	0,21	(0,028)	
65	„	„	1,0140	88,85	0,260	4,87	6,28	—	1,10	—	—	0,21	(0,028)	
66	Fuglisthal	„	1,0120	90,82	0,201	3,72	5,46	—	1,07	—	—	0,20	(0,031)	
67	Wohnlich	„	1,0186	89,54	0,165	4,24	6,22	—	1,03	—	—	0,29	(0,043)	
	Heidelberger Biere.					In 100 CC. Gramm:								
68	Meclasheim	1886	1,0207	—	—	5,00	7,70	—	—	—	0,108	0,208	0,061	*Ph. Sachs*[2] **)
69	Eppelheim[0])	„	1,0191	—	—	4,00	8,24	—	—	—	0,108	0,193	0,056	
70	Rohrbach	„	1,0176	—	—	4,12	6,42	—	—	—	0,108	0,219	0,058	
71	Weinheim 1	„	1,0199	—	—	4,50	7,53	—	—	—	0,072	0,268	0,072	
72	„ 2	„	1,0166	—	—	4,50	6,38	—	—	—	0,072	0,201	0,074	
73	Neuenheim	„	1,0147	—	—	4,62	6,05	—	—	—	0,054	0,212	0,074	
				%	%	%	%	%	%	%	%	%	%	
74	Erfurter Biere	1879	—	92,02	0,25	3,67	4,31	—	—	—	0,16	0,22	0,054	*W. Hadelich*[3] ***)
75	„ „	„	—	91,25	0,15	3,15	5,60	—	—	—	0,15	0,22	—	
76	„ „	„	—	91,16	0,21	3,49	5,35	—	—	—	0,15	0,21	0,052	
77	„ „	„	—	91,44	0,20	3,46	5,10	—	—	—	0,15	0,22	0,053	
78	„ „	„	—	91,45	0,27	3,91	4,64	—	—	—	0,12	0,25	0,072	
79	„ „	„	—	90,79	0,20	3,98	5,23	—	—	—	0,13	—	—	
80	„ „	„	—	90,49	—	3,31	6,27	—	—	—	0,11	0,24	0,055	
81	„ „	„	—	90,58	0,18	3,44	5,98	—	—	—	0,10	0,24	—	
82	„ „	„	—	91,26	0,15	3,61	5,13	—	—	—	0,09	0,23	0,057	
83	„ „	„	—	90,52	0,15	4,25	5,23	—	—	—	—	—	—	
84	„ „	„	—	90,29	0,15	4,00	5,71	—	—	—	0,06	0,24	0,055	
85	„ „	„	—	91,04	0,10	4,06	5,90	—	—	—	0,11	0,26	0,062	
86	„ „	„	—	90,02	—	3,99	5,99	—	—	—	0,15	0,28	—	
87	„ „	„	—	90,02	0,20	4,07	5,91	—	—	—	0,10	0,23	0,061	

[1]) Dingler's polytechn. Journ. Bd. 217. S. 328.
[2]) 2. und 3. Jahresbericht d. Städtlischen Laboratoriums Heidelberg. 1886. S. 10.
[3]) Correspondenzbl. d. Vereins analyt. Chemiker 1879. No. 17.

[0]) Dieses Bier ergab 0,00045 g schwefelige Säure (bestimmt durch Destillation von 200 CC. und Auffangen des Destillats in Bromwasser).

*) Spec. Gewicht ist im Pyknometer bestimmt, Extract durch Eintrocknen von 100 CC. Bier bei 100° C.; Alkohol durch Destillation, Zucker durch Titriren mit Fehling'scher Lösung, Phosphorsäure in der Asche nach der Molybdänmethode, Kohlensäure durch Auffangen in einer ammoniakalischen Lösung von Chlorcalcium.

**) Das spec. Gewicht wurde in dem entkohlensäuerten Bier, Alkohol durch Destillation, Phosphorsäure in der Asche nach der Molybdänmethode bestimmt; von der Bestimmung des Extractes, der Milchsäure und der Asche ist gesagt, dass sie nach den jetzt allgemein üblichen Methoden ausgeführt wurde. In Procenten der Asche wurde ferner gefunden:

No.	68	69	70	71	72	73
Kali	38,17	39,80	44,00	39,00	25,16	34,06 %
Natron . . .	3,65	1,24	3,65	2,84	7,86	2,13 „

Ein Bier aus Dossenheim wurde mit nur 0,048 g Phosphorsäure, 5,89 g Extract und 4,12 g Alkohol pro 100 CC. Bier als mit „Syrup" gebraut bezeichnet, was von dem Fabrikanten auch zugestanden wurde.

***) Der Alkohol wurde durch Destillation von 200 CC. Bier unter Zusatz von etwas Tannin und Ermittelung des spec. Gewichtes des Destillats (100 CC.) mittelst des Pyknometers bestimmt; Extract durch Eintrocknen im trocknen Luftstrom bei 85° C.; Kohlensäure aus dem Gewichtsverlust nach dem Kochen in einer Kochflasche mit aufgesetztem Chlorcalciumrohr; Phosphorsäure in der Asche theils nach der Molybdänmethode, theils nach der Uranmethode; freie Säuren durch Titration mit Normal-Kalilauge und Umrechnen auf Milchsäure.

No.		Zeit der Untersuchung	Spec. Gew.	Wasser %	Kohlensäure %	Alkohol Gew. %	Extract %	Eiweissstoffe %	Zucker %	Dextrin %	Säure = Milchsäure %	Asche %	Phosphorsäure %	Analytiker
88	Erfurter Biere	1879	—	90,74	0,25	3,73	5,53	—	—	—	0,11	0,23	0,061	*W. Hadelich*[1]) *)
89	„ „	„	—	89,50	0,20	4,02	6,48	—	—	—	0,09	0,25	0,061	
90	„ „	„	—	87,61	0,08	4,64	7,75	—	—	—	0,09	0,26	0,076	
91	„ „	„	—	88,93	—	5,07	6,00	—	—	—	—	—	—	
92	„ „	„	—	90,76	0,20	3,54	5,70	—	—	—	0,06	0,26	0,082	
93	„ „	„	—	90,09	0,10	3,15	6,76	—	—	—	0,09	0,24	0,052	
	Chemnitzer Lagerbiere.													
94	Actien-Brauerei Schloss Chemnitz, 4 Monate alt . . .	1878	1,0129	91,16	0,227	4,00	4,84	—	0,83	2,88	—	0,17	0,073	*C. Hebenst eit*[2])
95	Feldschlösschen, 4 Monate alt	„	1,0103	91,07	0,208	4,40	4,53	—	0,83	2,07	—	0,19	0,072	
96	Böttger's Brauerei, 4 Monate alt	„	1,0095	90,96	0,198	4,48	4,56	—	0,55	2,50	—	0,20	0,073	
97	Societäts-Brauerei, 3 Monate alt	„	1,0136	89,90	0,228	4,67	5,43	—	0,96	2,93	—	0,22	0,073	
98	Bergschlösschen-Brauerei, 5 Monate alt	„	1,0134	90,16	0,186	4,68	5,16	—	0,80	2,49	—	0,20	0,071	
99	Waldschlösschen-Brauerei, 4 Monate alt	„	1,0160	90,46	0,220	4,00	5,56	—	1,04	2,53	—	0,21	0,073	
	Dresdener Lagerbiere.													
100	Hofbrauhaus	„	1,0110	90,75	—	3,59	5,66	—	—	—	—	0,18	0,056	*E. Geissler und G. Hofmann*[3])
101	Felsenkeller	„	1,0140	90,86	—	3,79	5,35	—	—	—	—	0,20	0,066	
102	Plauenscher Lagerkeller . .	„	1,0120	91,17	—	4,00	4,83	—	—	—	—	0,20	0,076	
103	Feldschlösschen	„	1,0130	90,63	—	4,31	5,06	—	—	—	—	0,19	0,061	
104	Medingen	„	1,0120	90,66	—	3,93	5,41	—	—	—	—	0,22	0,063	
105	Gambrinus	„	1,0120	91,18	—	4,27	4,54	—	—	—	—	0,22	0,064	
106	Reisewitz	„	1,0140	91,42	—	3,59	4,99	—	—	—	—	0,21	—	
107	Radeberg	„	1,0120	90,66	—	4,04	5,29	—	—	—	—	0,24	0,073	
108	„ böhmisch . . .	„	1,0080	92,65	—	3,75	3,59	—	—	—	—	0,18	0,065	
109	Bayerisches Brauhaus . . .	„	1,0150	91,08	—	3,75	5,28	—	—	—	—	0,22	—	
110	Waldschlösschen, dunkeles .	„	1,0130	89,99	—	4,65	5,46	—	—	—	—	0,29	0,103	
111	„ helles . .	„	1,0100	92,17	—	3,61	4,22	—	—	—	—	0,23	0,073	
112	„ böhmisch .	„	1,0080	93,45	—	3,11	3,44	—	—	—	—	0,19	0,045	
113	„ Bavaria .	„	1,0140	87,40	—	6,09	6,52	—	—	—	—	0,36	—	
114	Hofbrauhaus	„	1,0190	89,19	—	3,70	7,11	—	—	—	—	0,24	—	
115	„	„	1,0190	88,00	—	4,57	7,47	—	—	—	—	0,21	0,062	
116	Felsenkeller	„	1,0160	88,90	—	3,90	7,20	—	—	—	—	0,26	—	
117	Waldschlösschen, dunkel, Februar	1880	1,0152	89,23	—	4,78	5,99	—	—	—	—	0,23	—	
118	Hofbrauhaus, Juli	1879	1,0142	90,13	—	4,29	5,58	—	—	—	0,20	0,24	—	
119	„ Januar . . .	„	1,0195	89,71	—	3,65	6,64	—	—	—	—	0,18	—	
120	Elsterwerda, Februar . . .	1880	1,0182	89,84	—	3,70	6,46	—	—	—	—	0,20	—	

[1]) Correspondenzbl. d. Vereins analyt. Chemiker 1879. No. 17.
[2]) Leipziger Zeitschr. gegen Verfälschung der Nahrungsmittel 1878. S. 356.
[3]) Jahresbericht f. Agric.-Chemie 1878. S. 663 u. 664 u. Pharmc. Centralhalle 1880. No. 10 (vgl. S. 810 Anm. **)

*) Vergl. Anmerkung ***) Seite 817.

No.		Zeit der Untersuchung	Spec. Gew.	Wasser %	Kohlensäure %	Alkohol %	Extract %	Eiweissstoffe %	Zucker %	Dextrin %	Säure = Milchsäure %	Asche %	Phosphorsäure %	Analytiker
121	Reisewitz, Februar	1880	1,0160	90,31	—	3,96	5,73	—	—	—	0,19	0,18	—	*E. Geissler u. G. Hofmann*[1])
122	Gambrinus, November . . .	1879	1,0136	90,52	—	4,13	5,35	—	—	—	0,23	0,23	—	
123	Waldschlösschen, hell, Februar	„	1,0123	91,07	—	4,57	4,36	—	—	—	0,19	0,20	—	
124	Plauenscher Keller, Februar	1880	1,0141	90,71	—	4,09	5,20	—	—	—	0,20	0,18	—	
125	Bayerisch. Brauhaus, Septbr.	1879	1,0110	91,05	—	4,16	4,79	—	—	—	0,19	0,23	—	
126	Meissner Felsenkeller, Januar	„	1,0120	91,06	—	4,00	4,94	—	—	—	—	0,20	—	
127	Feldschlösschen, Juli . . .	„	1,0130	90,96	—	3,90	5,14	—	—	—	0,16	0,17	—	
128	Felsenkeller, December . .	„	1,0134	91,08	—	3,84	5,08	—	—	—	0,16	0,18	—	
129	Nöthnitz, August	„	1,0100	92,56	—	3,37	4,07	—	—	—	0,20	0,20	—	
130	„ November . . .	„	1,0099	92,60	—	3,38	4,02	—	—	—	0,21	0,19	—	
	Hannover'sche Lagerbiere.													
131	Städtisches Lagerbier I. .	1878	1,0145	90,14	—	4,02	5,84	—	—	—	—	0,25	0,057	*J. Skalweit*[2])
132	„ „ II. .	„	1,0181	89,68	—	3,68	6,64	—	—	—	—	0,24	0,076	
133	„ „ III. .	„	1,0166	89,80	—	3,71	6,49	—	—	—	—	0,22	0,068	
134	„ „ IV. .	„	1,0158	90,17	—	3,60	6,23	—	—	—	—	0,26	0,075	
135	„ „ V. .	„	1,0168	89,07	0,230	4,48	6,45	—	—	—	—	0,25	0,070	
136	Celle, Schilling	1879	1,0151	92,35	0,120	3,19	4,46	—	—	—	—	0,23	0,060	
137	Einbecker	„	1,0146	90,32	0,248	4,02	5,66	—	—	—	—	0,30	0,075	
138	Herrenhauser	„	1,0162	89,12	0,230	4,32	6,56	—	—	—	—	0,27	0,075	
139	Städtische Brauerei in Hannover: Lagerbier . .	1884	1,0151	—	0,177	4,01	5,72	0,77	—	—	0,132	0,20	0,085	*J. Skalweit*[3])
140	desgl. nach Pilsener Art .	„	1,0140	—	0,162	4,29	5,57	0,60	—	—	0,147	0,21	0,086	
141	Doppeltlagerbier	„	1,0262	—	0,198	3,79	8,45	1,24	—	—	0,091	0,24	0,093	
142	Union-Brauerei in Hannover: Nach Münchener Art . . .	„	1,0190	—	0,188	3,88	6,71	0,84	—	—	0,147	0,20	0,088	
143	Nach Pilsener Art . . .	„	1,0131	—	0,081	3,91	5,70	0,67	—	—	0,136	0,19	0,091	
144	Vereins-Brauerei Herrenhausen bei Hannover . .	„	1,0158	—	0,179	3,74	5,82	0,65	—	—	0,118	0,19	0,070	
145	Schlombs-Brauerei Ahlten bei Lehrte	„	1,0150	—	0,156	3,88	5,70	0,62	—	—	0,141	0,23	0,060	
146	Lindener Actien-Brauerei .	„	1,0171	—	0,189	4,19	6,31	0,65	—	—	0,132	0,25	0,078	
147	Hannover'scheActien-Brauerei	„	1,0140	—	0,158	3,98	5,45	0,85	—	—	0,171	0,20	0,065	
148	Kelbra-Kyffhäuser	„	1,0130	—	0,157	3,17	4,66	0,72	—	—	0,134	0,19	0,058	
149	Hasenburg bei Lüneburg . .	„	1,0170	—	0,188	3,88	6,14	0,81	—	—	0,137	0,22	0,069	
150	Leipziger Kindl-Brauerei, dunkel	„	1,0200	—	0,229	1,87	5,99	1,45	—	—	0,348	0,23	0,048	
151	Schaumburger Brauerei in Stadthagen	„	1,0150	—	0,147	3,19	5,33	0,66	—	—	0,127	0,28	0,075	

[1]) Jahresbericht f. Agric.-Chemie 1878. S. 663 u. 664 u. Pharmc. Centralhalle 1880. No. 10.

[2]) Zeitschr. gegen Verfälschung der Nahrungsmittel. Leipzig, 1878. S. 355 u. Hannov. Monatsschr. wider die Nahrungsfälscher 1879. S. 177—181.

[3]) Bericht über die deutsche Brauerei-Ausstellung in Hannover 1884 von Röhrig u. Skalweit. Ueber die Untersuchungs-Methoden vergl. S. 816 Anm. *)

No.		Zeit der Untersuchung	Spec. Gew.	Wasser %	Kohlensäure in 100 CC.	Alkohol Gew. %	Extract %	Eiweissstoffe %	Zucker %	Gummi + Dextrin %	Säure = Milchsäure %	Asche %	Phosphorsäure %	Analytiker
	Westfälische Lagerbiere:													
152	Dortmunder	1879	1,0151	90,91	0,120	3,52	5,57	—	—	—	—	0,24	0,084	J. Skalweit[1])
153	Victoria-Brauerei Dortmund, goldfarbig . .	1884	1,0190	—	0,125	4,50	6,93	0,99	—	—	0,152	0,228	0,075	J. Skalweit[1])
154	desgl. nach böhm. Art .	„	1,0175	—	0,118	4,31	6,44	0,95	—	—	0,118	0,201	0,082	J. Skalweit[1])
155	Marienborn bei Siegen, 2—3 Monat alt . . .	„	1,0113	—	0,152	4,13	4,93	0,88	—	—	0,184	0,18	0,065	J. Skalweit[1])
156	Barmer Actien-Brauerei in Rittershausen . .	„	1,0190	—	0,147	3,49	6,50	—	—	—	1,161	0,203	0,084	J. Skalweit[1])
157	Gebr. Meininghaus-Dortm.	1884	1,0138	90,45	0,290	4,39	4,85	0,87	—	—	0,020	—	—	Zetterland[3])
										Glycerin				
158	Westfalia-Br., Münster: hell . .	1887	1,0130	—	0,236	4,56	5,64	0,65	0,99	0,197	0,302	0,236	0,111	H. Weigmann[2])
159	Westfalia-Br., Münster: dunkel .	„	1,0150	—	0,269	3,95	5,79	0,62	1,60	0,151	0,317	0,218	0,091	H. Weigmann[2])
	Berliner Lagerbiere:													
160	Brauerei-Actien-Gesellsch. Friedrichshöhe . . .	1887	1,0246	—	0,295	4,26	8,02	0,56	2,03	0,201	— *)	0,247	0,097	S. Bein[4])**)
161	Brauerei-Act.-Gesellsch. Königsstädt: dunkel .	„	1,0238	—	0,323	3,94	7,73	0,40	1,68	0,210	0,148 *)	0,229	0,064	S. Bein[4])**)
162	Brauerei-Act.-Gesellsch. Königsstädt: hell . .	„	1,0157	—	0,346	4,19	5,28	0,37	1,38	0,242	0,141 *)	0,191	0,070	S. Bein[4])**)
	Bremer Lagerbiere:													
163	Hellbraun	1879	1,0160	—	—	(7,00)	6,49	—	—	—	—	0,28	0,090	L. Janke[5])
164	Braun	„	1,0165	87,84	—	5,77	5,39	—	—	—	—	0,24	—	L. Janke[5])
165	Hellbraun	„	1,0145	92,91	—	2,17	4,92	—	—	—	—	0,23	0,097	L. Janke[5])
166	Braun	„	1,0120	89,28	—	5,77	5,01	—	—	—	—	0,22	0,104	L. Janke[5])
167	desgl.	„	1,0140	—	—	(7,09)	5,49	—	—	—	—	0,22	0,076	L. Janke[5])
168	Hellbraun	„	1,0120	89,19	—	5,77	5,04	—	—	—	—	0,22	0,097	L. Janke[5])
169	Bremer Actien-Br.: Lagerbier .	1884	1,0162	—	0,152	4,62	6,21	1,11	—	—	0,142	0,230	0,095	J. Skalweit[6])
170	Bremer Actien-Br.: Pilsener Superior . .	„	1,0091	—	0,168	4,30	4,28	0,77	—	—	0,145	0,201	0,081	J. Skalweit[6])
171	Hemelingen bei Bremen .	„	1,0121	—	0,174	3,89	4,93	0,92	—	—	0,137	0,20	0,065	J. Skalweit[6])
172	Andr. Müller, Bremen: Lagerbier .	„	1,0117	89,08	0,26	5,51	5,11	0,80	—	—	0,04	—	—	Zetterland[7])
173	Andr. Müller, Bremen: Deutsches Lagerbier .	„	1,0138	89,12	0,22	5,64	5,01	0,79	—	—	0,01	—	—	Zetterland[7])

[1]) Bericht über die deutsche Brauerei-Ausstellung in Hannover 1884 von Röhrig u. Skalweit. Ueber die Untersuchungs-Methoden vergl. S. 816 Anm. *)

[2]) Zeitschr. f. d. gesammte Brauwesen 1884. Ueber Untersuchungsmethoden vergl. weiter unten unter „Exportbiere."

[3]) Original-Mittheilung. Die Untersuchung wurde nach den „Vereinbarungen" bairischer Chemiker herausgegeben von A. Hilger, Berlin 1885, ausgeführt.

[4]) Repertorium f. analyt. Chem. 1887. S. 398.

[5]) Zeitschr. gegen Verfälschung der Lebensmittel 1879. No. 10.

[6]) Bericht über die deutsche Brauerei-Ausstellung in Hannover 1884 von J. Skalweit und Röhrig. Ueber Untersuchungs-Methoden vergl. S. 816 Anm. *)

[7]) Vergl. die Anmerkung zu den Analysen desselben Analytikers unter „Exportbier".

	No. 160	161	162
*) Flüchtige Säure = Essigsäure . .	0,015 %	0,027 %	0,009 %

**) Nach den Vereinbarungen bair. Vertreter der angewandten Chemie. Berlin 1885 untersucht. Das spec. Gewicht wurde mit dem Pyknometer bestimmt, Extract aus dem spec. Gewicht des von Alkohol befreiten Extractes nach der Tabelle von Schultze, indem von 100 CC. Bier ca. 35 CC. abdestillirt und der Rückstand wieder auf das ursprüngliche Gewicht gebracht wurde; die N-Bestimmung ist nach Kjeldahl ausgeführt.

No.		Zeit der Untersuchung	Spec. Gew.	Wasser %	Kohlensäure %	Alkohol Gew. %	Extract %	Eiweissstoffe %	Zucker %	Gummi + Dextrin %	Säure %	Asche %	Phosphor-säure %	Analytiker
	Hamburger Lagerbiere:													
174	Copperhold	1880/81	—	90,15	—	4,62	5,23	—	—	—	—	0,25	0,086	*B. C. Niederstadt*[1]
175	Von Uelzen, Sept. . . .	„	—	89,07	—	5,05	5,88	—	—	—	—	0,25	0,085	
176	„ „ Oct. . . .	„	—	89,84	—	4,72	5,44	—	—	—	—	0,28	0,085	
177	Leitmeritzer Brauerei, Elbschloss	„	—	90,86	—	4,30	4,83	—	—	—	—	0,19	0,066	
178	Holsten-Br., Altona . .	„	—	89,36	—	5,78	4,86	—	—	—	—	0,24	0,088	
	Königsberger Lagerbiere:													
179	Woriener, Sommer . .	1880	1,0172	90,60	0,18	4,08	5,32	0,45	1,02	3,62	—	0,21	0,072	*E. Schrader*[2]
180	Ponarther, „ . .	„	1,0250	89,53	0,25	3,22	7,25	0,43	1,05	5,57	—	0,19	0,051	
181	Wickholder März-Bräu .	„	1,0191	91,31	0,23	3,68	5,01	0,38	1,01	3,39	—	0,22	0,084	
182	Schönbuscher, Sommer .	„	1,0188	90,27	0,19	4,48	5,25	0,44	1,03	3,51	—	0,25	—	
183	„ Herbst .	„	1,0265	89,24	0,24	4,01	6,75	0,73	1,43	4,12	—	0,39	0,120	
	Kieler Lagerbiere:													
184	Baierisches, dunkel (Brauerei zur Eiche in Kiel)	Sommer 1880	—	89,37	—	4,54	6,09	—	1,42	—	—	—	—	*A. Emmerling*[1] *)
185	Böhmisches, hell (Brauerei zur Eiche in Kiel)	„	—	89,74	—	4,67	5,59	—	1,08	—	—	—	—	
186	Baierisches, Actien-Br. .	„	—	90,35	—	3,57	6,08	—	1,16	—	—	—	—	
187	Lagerbier, hell, Schlüter .	„	—	90,05	—	3,97	5,98	—	1,20	—	—	—	—	
188	„ „ Drews u. Co., Goovden . . .	„	—	90,95	—	3,97	5,08	—	1,08	—	—	—	—	
	Kieler (d. h. in Kiel getrunkene) Biere:													
189	Waldschlösschen . . .	1873	—	89,66	—	3,84	6,50	—	—	—	—	—	0,088	*Himly*[3] **)
190	(Erich) Erlang. b. . .	„	—	89,83	—	3,95	6,22	—	—	—	—	—	0,074	
191	Berl. Actienbier . . .	„	—	90,36	—	3,44	6,20	—	—	—	—	—	0,068	
192	Betz, Eckernförd. . . .	„	—	90,85	—	3,05	6,10	—	—	—	—	—	0,062	
193	Schlüter	„	—	90,31	—	3,60	6,09	—	—	—	—	—	0,074	
194	Scheibel	„	—	90,88	—	3,12	6,00	—	—	—	—	—	0,064	
195	Erlanger	„	—	90,73	—	3,57	5,70	—	—	—	—	—	0,070	
196	(Erich) Erlang. a. . .	„	—	91,34	—	3,04	5,62	—	—	—	—	—	0,076	
197	Eger u. Co., Christiania .	„	—	90,69	—	3,77	5,54	—	—	—	—	—	0,088	
198	(Henniger) Erlangen . .	—	—	91,90	—	2,60	5,50	—	—	—	—	—	0,072	
199	Dreiss	—	—	91,50	—	3,10	5,40	—	—	—	—	—	0,060	
200	Arp	—	—	91,75	—	3,15	5,00	—	—	—	—	—	0,056	

[1]) Original-Mittheilung.
[2]) Zeitschr. gegen Verfälschung der Lebensmittel 1879. No. 10.
[3]) Kieler Universitäts-Chron. 1873.

*) Der Alkohol ist durch Destillation und Wägen des gleichen Volumens-Destillat (100 CC.) bei 15,5° C., der Extract durch 24stündiges Eintrocknen von 5 g Bier bei 75°, der Zucker nach Verdünnen des Bieres von 1 : 5 durch Titriren mit Fehling'scher Lösung bestimmt.

**) Alkohol ist durch Destillation aus dem spec. Gewichte des Destillats, Extract durch Eindampfen einer kleinen Menge Bier, Phosphorsäure zum Theil direct durch Titriren mit Uranlösung, zum Theil aus der Asche ermittelt.

No.		Zeit der Untersuchung	Spec. Gew.	Wasser %	Kohlensäure %	Alkohol Gew. %	Extract %	Eiweissstoffe %	Zucker %	Dextrin %	Säure = Milchsäure %	Asche %	Phosphorsäure %	Analytiker
201	Schlüter u. Co., Kiel dunkel	1884	1,0138	—	0,151	4,01	5,45	0,42	—	—	0,128	0,23	0,058	J. Skalweit[1])
202	Schlüter u. Co., Kiel hell	"	1,0155	—	0,169	3,58	5,70	0,63	—	—	0,111	0,22	0,063	J. Skalweit[1])
203	Kieler Actien-Br., nach Wiener Art	"	1,0153	90,51	0,39	3,63	5,45	—	—	—	(0,02)	—	—	Zetterland[2])
204	Dreves u. Co., Kiel	"	1,0189	88,81	0,31	4,60	6,26	0,82	—	—	(0,02)	—	—	Zetterland[2])
	Bezugsquelle nicht angegeben:													
205	Lagerbier	1887	1,0156	—	—	3,95	5,70	0,45	1,49	2,27	0,160	0,21	0,088	O. Reinke[3])
206	" helles	"	1,0258	—	—	4,43	8,17	0,87 *)	2,44	3,43	0,088	0,26	0,115	O. Reinke[3])
207	" dunkles	"	1,0252	—	—	3,17	7,73	0,56	2,97	2,54	0,053	0,22	0,075	O. Reinke[3])
	Oesterreichische Biere:									Gummi			Farbe **)	
208	Kl.-Schwechater (Flasch.-Bier)	—	1,0174	89,95	0,25	3,90	6,15	—	—	—	—	0,194	10,5	O. Kohlrausch[4]) **)
209	St. Marxer Lagerbier	—	1,0189	91,24	0,24	2,76	6,00	—	—	—	—	0,243	5,3	O. Kohlrausch[4]) **)
210	Liesinger "	—	1,0179	90,34	0,20	3,11	6,55	—	—	—	—	0,221	9,5	O. Kohlrausch[4]) **)
211	Pilsener "	—	1,0129	91,30	0,14	3,55	5,15	—	—	—	—	0,197	5,2	O. Kohlrausch[4]) **)
212	Chotzener "	—	1,0126	92,06	0,10	2,99	4,95	—	—	—	—	1,171	5,9	O. Kohlrausch[4]) **)
213	Wittingauer "	—	1,0106	91,93	0,30	3,42	4,65	—	—	—	—	0,214	4,2	O. Kohlrausch[4]) **)
214	Kreuzherren-Brauerei (Prälaten-Flaschenbier)	—	1,0160	89,73	0,29	4,32	5,95	—	—	—	—	—	9,5	O. Kohlrausch[4]) **)
215	Prager Flaschenbier	—	1,0128	91,83	0,24	3,42	4,75	—	—	—	—	0,174	6,5	O. Kohlrausch[4]) **)
216	Lobositzer Flaschenbier	—	1,0129	91,74	0,19	3,41	4,85	—	—	—	—	0,167	5,6	O. Kohlrausch[4]) **)
217	Gräfl. Larisch-Damen-Flaschenbier	—	1,0181	91,16	0,15	2,89	5,95	—	—	—	—	0,214	—	O. Kohlrausch[4]) **)
218	Mönisch'sches Flaschenb.	—	1,0173	90,20	0,17	3,45	6,35	—	—	—	—	0,242	—	O. Kohlrausch[4]) **)
	Bodenbach:													
219	Lagerbier	—	—	89,93	0,445	4,00	5,63	1,98	0,501	3,01	—	0,519	—	Th. v. Gohren[5])
	Wernstadler:													
220	Lagerbier	—	—	92,33	0,147	2,97	4,55	1,28	0,501	2,47	—	0,298	—	Th. v. Gohren[5])
221	Schwechater Lager	—	1,0176	90,37	—	3,62	6,01	0,52	—	—	0,13	0,21	6,3	Fr. Schwackhöfer[6])
222	Liesinger Lager	—	1,0179	90,24	—	3,72	6,04	0,38	—	—	0,15	0,22	5,6	Fr. Schwackhöfer[6])
223	Simmeringer Lager (3 Monate alt)	—	1,0211	89,20	—	4,06	6,74	0,45	—	—	0,20	0,21	5,9	Fr. Schwackhöfer[6])

[1]) Bericht über die deutsche Brauerei-Ausstellung in Hannover 1884 von J. Skalweit und Röhrig. Ueber Untersuchungs-Methoden vergl. S. 816 Anm. *).
[2]) Vergl. die Anmerkung zu den Analysen desselben Analytikers unter „Exportbier".
[3]) Nach W. Bauer 1887. S. 795 in Zeitschr. f. d. chem. Industrie 1887. S. 291. Die Untersuchungs-Methoden sind nicht angegeben.
[4]) Jahresber. f. Agric.-Chemie 1873/74. II. Bd. S. 264.
[5]) Böhmisches Centralbl. f. d. gesammte Landeskultur 1866. S. 373; vergl. S. 812.
[6]) Allgem. Zeitschr. f. Brauerei u. Malzfabrikation. Wien 1876; vergl. S. 813.

*) Von dem Gesammt-N (0,086 %) waren 0,016 % Eiweiss-N, 0,006 % Pepton-N und 0,064 % Amid-N.
**) Alkohol, Extract und Wasser wurden nach der Balling'schen sacharometrischen Bierprobe (vergl. S. 806 Anm. **) bestimmt und beziehen sich auf entkohlensäuertes Bier; Farbe nach dem Stammer'schen Farbenmaass; zur Kohlensäure-Bestimmung wurden 200 g Bier mit einer ammoniakalischen, von Bariumcarbonat freien Chlorbariumlösung geschüttelt und 1/2 Stunde stehen gelassen; das ausgeschiedene kohlensaure Barium wurde nach dem Filtriren, Auswaschen und Glühen in schwefelsaures Barium übergeführt und als solches gewogen.

No.		Zeit der Untersuchung	Spec. Gew.	Wasser %	Kohlensäure %	Alkohol %	Extract %	Eiweissstoffe %	Zucker %	Glycerin %	Säure = Milchsäure %	Asche %	Farbe	Analytiker
224	Brunner, Lager (5 Monate alt)	—	1,0140	90,76	—	4,07	5,17	0,45	—	—	0,16	0,21	5,6	*Fr. Schwackhöfer*[1]
225	Hütteldorfer, Lager . .	—	1,0149	90,61	—	3,94	5,46	0,38	—	—	0,11	0,19	5,0	
226	Nussdorfer, Lager (3 Monate alt)	—	1,0196	90,36	—	3,56	6,08	0,41	—	—	0,13	0,19	5,2	
227	Währinger, Lager . . .	—	1,0153	90,57	—	3,85	5,58	0,42	—	—	0,14	0,22	6,3	
228	Grinzinger, Lager . . .	—	1,0153	90,55	—	3,94	5,51	0,39	—	—	0,12	0,22	4,6	
229	Lichtenthaler, Lager . .	—	1,0140	91,34	—	3,57	5,09	0,46	—	—	0,10	0,18	4,8	
230	Ottakringer, Lager . .	—	1,0157	90,60	—	3,85	5,55	0,39	—	—	0,16	0,21	5,1	
231	Schellenhofer, Lager . .	—	1,0198	90,30	—	3,36	6,34	0,37	—	—	0,15	0,20	4,6	
232	Rauhensteiner, Lager . .	—	1,0202	90,15	—	3,76	6,09	0,41	—	—	—	0,20	—	
233	Pilsener (Bgl. Brauhaus), Lager	—	1,0130	91,56	—	3,47	4,97	0,37	—	—	0,16	0,20	3,5	
234	Pilsener (Actienbrauerei), Lager	—	1,0128	91,45	—	3,72	4,83	0,41	—	—	0,17	0,20	4,3	
235	Wittingauer, Lager . .	—	1,0140	91,85	—	3,16	4,99	0,41	—	—	0,14	0,19	5,0	
236	Budweiser, „ . .	—	1,0114	92,21	—	3,55	4,24	0,38	—	—	—	0,20	—	
237	Jaroschauer, „ . .	—	1,0144	91,35	—	3,45	5,20	0,31	—	—	0,09	0,19	3,6	
238	Napageldner, „ . .	—	1,0134	91,91	—	3,36	4,73	0,28	—	—	0,12	0,19	4,5	
239	Leitmeritzer, „ . .	—	1,0139	91,64	—	3,41	4,95	0,34	—	—	—	0,19	—	
240	Pardubitzer, „ . .	—	1,0150	91,55	—	3,30	5,15	0,27	—	—	0,13	0,17	4,1	
241	Medleschitzer, „ . .	—	1,0112	92,20	—	3,45	4,35	0,31	—	—	0,12	0,17	4,8	
242	Olmützer, „ . .	—	1,0162	91,24	—	3,22	5,54	0,39	—	—	—	0,22	—	
243	Reichenbacher, Salon . .	—	1,0103	92,48	—	3,42	4,10	0,34	—	—	0,14	0,19	4,4	
244	Königinhofer, „ . .	—	1,0159	92,14	—	2,76	5,10	0,29	—	—	0,16	0,18	4,2	
													Phosph.-säure	
245	Bürgerl. Brauhaus, Pilsen	—	1,0130	—	—	3,32	5,08	—	—	—	0,12	0,18	0,064	*E. Geissler*[2]
246	Actien- „ „	—	1,0111	—	—	3,51	4,70	—	—	—	0,12	0,19	0,063	
247	Böhmisch-Kamnitzer . .	—	1,0128	—	—	3,15	4,84	—	—	—	0,12	0,18	0,065	
248	Münchengrätzer . . .	—	1,0090	—	—	3,35	3,93	—	—	—	0,08	0,15	0,049	
249	Libotschauer	—	1,0110	—	—	3,14	4,26	—	—	—	0,11	0,17	0,053	
250	Bürgerl. Brauhaus, Pilsen	—	1,0154	91,06	—	3,35	5,39	—	—	—	—	0,21	—	*Kundrat*[3]
251	Actien- „ „	—	1,0127	91,38	—	3,59	5,03	—	—	—	—	0,20	—	
252	Schwechater, Wien . .	$18\frac{81}{85}$	1,0163	90,68	—	3,72	5,60	0,31	—	0,18	—	0,18	0,059	*L. Rösler*[4]
253	Ansbacher, Flaschenbier .	„	1,0156	89,81	—	3,87	6,32	0,44	—	0,13	—	0,20	0,076	
254	Olmützer	„	1,0142	91,14	—	3,40	5,46	0,35	—	0,18	—	0,18	0,076	
255	Tucher'sches Flaschenbier	„	1,0182	90,42	—	3,63	5,95	0,44	—	0,17	—	0,25	0,061	

[1]) Allgem. Zeitschr. f. Brauerei und Malzfabrikation. Wien 1876; vergl. S. 813.

[2]) Norddeutsche Brauer-Ztg. 1885. S. 717. Hier sind die Untersuchungs-Methoden nicht angegeben. Die Biere dürften wie die von Geissler und Hofmann S. 810 Anm. **) untersucht sein oder nach den „Vereinbarungen" bair. Chem., herausgegeben von Hilger 1885.

[3]) Nach Listy chem. 11. 6 in Chem. Centralbl. 1887. S. 175. Die Biere sind nach den „Vereinbarungen" bair. Chemiker, herausgegeben von Hilger 1885, untersucht worden.

[4]) Vergl. Anmerkung [1]) Seite 824.

No.		Zeit der Untersuchung	Spec. Gew.	Wasser %	Kohlensäure %	Alkohol %	Extract %	Eiweissstoffe %	Zucker %	Dextrin %	Glycerin %	Säure = Milchsäure %	Asche %	Phosphorsäure %	Analytiker
256	Kleinschwechater .	18 81/85	1,0153	90,50	—	3,95	5,41	0,30	—	—	0,12	—	0,17	0,059	L. Rösler [1]
257	Wittingauer . .	„	1,0158	91,43	—	3,24	5,35	0,41	—	—	0,11	—	0,17	0,047	L. Rösler [1]
258	Grazer in Flaschen	„	1,0156	—	—	4,07	5,97	0,54	—	—	0,09	0,15	0,21	0,092	L. Rösler [1]
	Minimum	.	1,0099	87,25	0,062	1,87	3,15	(0,016)	0,29	2,07	0,09	0,06	0,17	0,051	
	Maximum	.	1,0207	92,92	0,445	5,78	8,27	1,98	1,43	8,27	0,24	0,34	0,52	0,127	
	Mittel*)	.	**1,0162**	**90,08**	**0,196**	**3,93**	**5,79**	**0,71**	**0,88**	**3,73**	**0,165**	**0,151**	**0,228**	**0,077**	

Export-Bier.

No.		Zeit der Untersuchung	Spec. Gew.	Wasser %	Kohlensäure %	Alkohol %	Extract %	Eiweissstoffe %	Zucker %	Dextrin %	Glycerin %	Säure = Milchsäure %	Asche %	Phosphorsäure %	Analytiker
1	Kulmbacher I. Actien-Br. .	1878	1,022	86,31	0,300	5,29	8,40	—	—	—	—	—	0,32	0,106	E. Geisler u. G. Hofmann [2]
2	Kulmbacher Export-Brauh.	„	1,016	88,91	0,302	4,47	6,62	—	—	—	—	—	0,30	0,104	E. Geisler u. G. Hofmann [2]
3	Kulmbacher „ „	1879	1,0193	87,55	—	4,51	7,94	—	—	—	—	0,20	0,33	—	E. Geisler u. G. Hofmann [2]
4	Kulmbacher Eberlein Dec.	„	1,0240	86,99	—	4,82	8,19	—	—	—	—	0,28	0,32	—	E. Geisler u. G. Hofmann [2]
5	Kulmbacher Sandler Nov.	„	1,0182	87,23	—	4,86	7,91	—	—	—	—	0,23	0,24	—	E. Geisler u. G. Hofmann [2]
6	Kulmbacher Pätz März	„	1,0214	87,73	—	4,78	7,49	—	—	—	—	0,26	0,31	—	E. Geisler u. G. Hofmann [2]
7	Kulmbacher Rizzi Aug.	„	1,0132	88,46	—	5,47	6,07	—	—	—	—	0,27	0,30	—	E. Geisler u. G. Hofmann [2]
8	Nürnberg, Act. „	„	1,0172	88,77	—	4,60	6,63	—	—	—	—	0,23	0,25	—	E. Geisler u. G. Hofmann [2]
9	Kitzingen, Ehemann Nov.	„	1,0175	89,38	—	4,88	5,74	—	—	—	—	0,23	0,23	—	E. Geisler u. G. Hofmann [2]
10	Nürnberger März	„	1,0184	89,07	—	4,30	6,63	—	—	—	—	0,23	0,27	—	E. Geisler u. G. Hofmann [2]
11	München, Spaten-Br. Decbr.	„	1,0201	89,67	—	3,74	6,59	—	—	—	—	0,19	0,20	—	E. Geisler u. G. Hofmann [2]
12	München, Löwen-Br. Aug.	„	1,0147	90,14	—	4,20	5,66	—	—	—	—	0,23	0,22	—	E. Geisler u. G. Hofmann [2]
13	Dresden, Waldschl.	„	1,0190	87,71	—	4,96	7,33	—	—	—	—	0,20	0,27	—	E. Geisler u. G. Hofmann [2]
14	Speier, Sick, 17. Mai	1878	1,0220	86,78	—	5,00	8,22	—	—	—	—	—	0,27	—	Halenke [3]
14	„ „ 24. Jan.	1879	1,0250	87,06	—	4,30	8,64	—	—	—	—	—	0,27	—	Halenke [3]
15	Kulmb., hell, aus der Puszta	1878	1,0153	90,31	0,227	3,59	6,10	—	—	—	—	0,17	0,28	0,086	J. Skalweit [4]
16	dgl., dunk., aus der Puszta	„	1,0182	88,85	0,201	3,62	7,53	—	—	—	—	0,13	0,32	0,102	J. Skalweit [4]
17/18	desgl., hell, Gebr. Christ	„	1,0151	90,45	0,232	3,66	5,89	—	—	—	—	0,18	0,39	0,085	J. Skalweit [4]

[1]) Mittheilungen d. K. K. chem. physiol. Vers.-Stat. Klosterneuburg. Heft 5. 1888. Tabelle 56. Ueber Untersuchungs-Methoden die Bieranalysen desselben Verfassers unter Schenkbiere S. 814 Anm. [2]). Die Biere ergaben ferner:

	Schwefelsäure Gew.-Proc.	Kieselsäure Gew.-Proc.	Der schwefeligen Säure entsprechender schwefels. Baryt in Gramm pro 1 Liter
No. 252 . .	0,0085	0,0199	0,0039
„ 253 . .	0,0037	0,0257	0,0059
„ 254 . .	0,0021	0,0213	0,0091
„ 255 . .	0,0075	0,0356	0,0132
„ 256 . .	0,0057	0,0210	0,0219
„ 257 . .	—	0,0137	0,0230
„ 258 . .	0,0084	—	—

[2]) Jahresbericht f. Agric.-Chemie 1878. S. 663 u. 664 und Pharmc. Centralhalle 1880. No. 10.

[3]) Zeitschr. f. d. gesammte Brauwesen 1879. II. 14. S. 416.

[4]) Zeitschr. gegen Verfälschung der Nahrungsmittel. Leipzig 1878. S. 355 und Hannov. Monatsschr. wider die Nahrungsfälscher 1879. S. 177—181.

*) Vergl. Anmerkung zu „Leichtere Biere". S. 810 Anm. **).

No.		Zeit der Untersuchung	Spec. Gew.	Wasser %	Kohlensäure %	Alkohol Gew. %	Extract %	Eiweissstoffe %	Zucker %	Gummi + Dextrin %	Säure = Milchsäure %	Asche %	Phosphorsäure %	Analytiker
19	Weihenstephan . .	1878	1,0147	90,45	0,218	4,06	5,49	—	—	—	0,19	0,22	0,067	J. Skalweit[1]
20	Erlangen, A. Schelle .	„	1,0175	89,43	0,113	3,98	6,59	—	—	—	0,12	0,27	0,089	
21	„ Niklass . .	„	1,0190	88,75	0,150	3,40	7,85	—	—	—	0,19	0,26	0,082	
22	Nürnberger, Robby .	„	1,0158	90,05	0,181	3,77	6,18	—	—	—	0,21	0,22	0,070	
23	Uelzener	„	1,0150	88,72	0,222	4,52	6,76	—	—	—	0,19	0,30	0,070	
24	Erlangen, Niklass . .	1879	1,0210	88,91	0,209	3,82	7,27	—	—	—	—	0,38	0,112	
25	Kulmbach, Act.-Br. .	„	1,0174	89,89	0,198	3,84	6,27	—	—	—	—	0,29	0,097	
26	Nürnberger I., braun .	1878	1,0180	90,09	—	3,87	6,04	—	—	—	—	0,26	0,061	L. Janke[2]
27	„ II., „ .	„	1,0210	89,02	—	4,40	6,58	—	—	—	—	0,29	0,056	
28	Kitzinger	„	1,0250	87,71	—	5,13	7,16	—	—	—	—	0,28	0,071	
29	Erlanger, Erich . .	„	1,0160	90,49	—	4,15	5,36	—	—	—	—	0,21	0,075	
30	„ Henniger .	„	1,0200	90,36	—	3,90	5,74	—	—	—	—	0,23	0,084	
31	Bayerisches Exp.-B. .	1879	1,0180	—	—	(9,92)?	(6,18)	—	—	—	—	0,28	0,093	
32	Nürnberger „ .	„	1,0140	88,45	—	5,77	5,78	—	—	—	—	0,28	0,097	
33	Weihenstephaner . .	1874	1,0189	90,05	—	3,20	6,75	0,50	0,96	3,22	(2,5) *)	0,24	—	Krandauer[3]
34	Strassburger . . .	„	1,0149	89,62	—	4,75	5,63	0,47	0,85	2,40	(2,4)	0,23	—	
35	Aus Norwegen . .	„	1,0170	89,48	—	4,40	6,12	0,50	1,06	4,32	(3,0)	0,23	—	
36	Aus Stralsund . . .	„	1,0190	89,50	—	3,94	6,56	—	0,96	1,76	(3,0)	—	—	
37	Kieler Actien-Br. . .	1880	—	87,45	—	4,40	8,15	—	1,56	—	—	—	—	A. Emmerling[4]
38	Von Drews u. Co., Gaarden	„	—	91,10	—	4,05	4,85	—	0,98	—	—	—	—	
39	Uelzener Export-Bier .	8 80/81	—	90,34	—	4,40	5,26	—	—	—	—	0,29	P_2O_5 0,096	B. C. Niederstadt[4]
40	Kopperhbld-Hamb.	„	—	88,42	—	5,30	6,28	—	—	—	—	0,32	0,109	
41	Erlanger, E. Niklass	„	—	88,88	—	4,81	6,37	—	—	—	—	0,28	0,104	
42	Leitmeritser zu Elbschloss	„	—	90,77	—	4,24	4,99	—	—	—	—	0,20	0,071	
43	Löwenbräu, München, pasteurisirt. Flasch.-Bier	1884	1,0187	90,05	0,018	3,47	6,37	0,88	—	—	0,260	0,296	0,090	J. Skalweti[5]
44	Kulmbach. Act.-Exp.-Brauerei: dunkeles	„	1,0259	85,99	0,189	4,31	8,51	1,12	—	—	0,180	0,321	0,105	
45	Kulmbach. Act.-Exp.-Brauerei: helles .	„	1,0133	90,03	0,140	4,19	5,35	0,87	—	—	0,132	0,240	0,084	
46	H. Henninger, Erlangen: helles .	„	1,0141	89,70	0,172	4,43	5,70	0,95	—	—	0,127	0,22	0,080	
47	H. Henninger, Erlangen: mittelfarbiges	„	1,0170	88,18	0,136	5,07	6,71	1,03	—	—	0,142	0,23	0,095	
48	H. Henninger, Erlangen: dunkeles	„	1,0145	90,41	0,162	4,61	5,82	1,08	—	—	0,148	0,23	0,088	

[1]) Zeitschr. gegen Verfälschung der Nahrungsmittel. Leipzig 1878. S. 355 u. Hannov. Monatsschr. wider die Nahrungsfälscher 1879. S. 177—181.

[2]) Zeitschr. gegen Verfälschung der Lebensmittel 1879. No. 10.

[3]) C. Lintner: Lehrbuch der Bierbrauerei 1875. S. 556 u. Mittheil. der bair. Central-Landwirthsschaftsschule 1874/75. S. 12. Ueber die Untersuchungs-Methoden ist nichts angegeben.

[4]) Original-Mittheilung.

[5]) Bericht über die deutsche Brauerei-Ausstellung in Hannover 1884 von E. Röhrig u. J. Skalweit. Ueber die Untersuchungs-Methoden vergl. Anm. unter „Lagerbier" S. 816 Anm. *)

*) Bedeutet „Cubikcentimeter Normalalkali".

No.		Zeit der Untersuchung	Spec. Gew.	Wasser %	Kohlensäure %	Alkohol Gew. %	Extract %	Eiweissstoffe %	Zucker = Maltose %	Dextrin %	Säure = Milchsäure %	Asche %	Phosphorsäure %	Analytiker
49	CarlNiclass, Erlangen, dunkeles	1884	1,0200	88,05	0,201	4,49	7,26	0,99	—	—	0,127	0,24	0,089	J. Skalweit[1]
50	CarlNiclass, Erlangen, helles .	„	1,0205	89,47	0,187	3,49	6,85	1,18	—	—	0,108	0,23	0,094	J. Skalweit[1]
51	Kubra-Kyffhäuser, dunkeles	„	1,0144	90,64	0,128	3,78	5,45	0,70	—	—	0,135	0,21	0,062	J. Skalweit[1]
52	Union-Br. in Hannov.	„	1,0195	89,46	0,150	3,68	6,71	0,87	—	—	0,129	0,21	0,081	J. Skalweit[1]
53	Vereins-Br. in Herrenhausen, in Flaschen	„	1,0140	88,84	0,129	5,12	5,91	0,62	—	—	0,132	0,22	0,073	J. Skalweit[1]
54	Actien-Br. in Hannov.	„	1,0150	88,74	0,165	5,57	5,53	0,63	—	—	0,183	0,19	0,078	J. Skalweit[1]
55	H. & J. ten Doornkaat-Koolmann in Norden	„	1,0171	88,90	0,187	4,50	6,41	1,20	—	—	0,135	0,23	0,082	J. Skalweit[1]
56	Schaumburger Br., Stadthagen . . .	„	1,0151	90,63	0,159	3,64	5,57	0,76	—	—	0,128	0,21	0,062	J. Skalweit[1]
57	Hemelinger Actien-Br.	„	1,0120	90,50	0,188	4,11	5,20	0,73	—	—	0,135	0,21	0,070	J. Skalweit[1]
58	Barmer Actien-Br. .	„	1,0210	89,29	0,227	3,47	7,01	0,79	—	—	0,152	0,251	0,073	J. Skalweit[1]
59	Müller, Bremen . .	„	1,0120	89,10	0,16	5,50	5,40	—	—	—	0,120	—	—	C. G. Zetterlund[2] *)
60	Herrmann, „ . .	„	1,0138	89,98	0,16	3,65	6,37	—	—	—	0,09	—	—	C. G. Zetterlund[2] *)
61	Geisel, Neustadt a. H.	„	1,0177	87,10	0,07	5,83	6,85	—	—	—	0,14	—	—	C. G. Zetterlund[2] *)
62	Kulmbach	„	1,0202	89,96	0,13	3,35	6,44	—	—	—	0,12	—	—	C. G. Zetterlund[2] *)
63	Frankfurter Bier-Brauerei-Gesellschaft	„	1,0196	89,84	0,31	4,03	5,78	0,61	—	—	0,04	—	—	C. G. Zetterlund[2] *)
64	Frankfurter Bier-Brauerei-Gesellschaft	„	1,0179	89,81	0,30	3,58	6,28	—	—	—	0,03	—	—	C. G. Zetterlund[2] *)
65	Frankfurter Bier-Brauerei-Gesellschaft	„	1,0214	89,15	0,19	4,00	6,59	1,21	—	—	0,07	—	—	C. G. Zetterlund[2] *)
66	Vereins-Br. in Bergedorf	„	1,0176	88,34	0,18	4,72	6,21	0,52	—	—	0,55	—	—	C. G. Zetterlund[2] *)
67	Actien-Brauerei in Hemelingen	„	1,0136	90,34	0,10	4,28	5,23	0,48	—	—	0,03	—	—	C. G. Zetterlund[2] *)
68	Actien-Brauerei in Hemelingen	„	1,0106	90,43	0,19	4,08	5,27	0,46	—	—	0,02	—	—	C. G. Zetterlund[2] *)
69	C. Seger's Bier-Export, Hamburg: Münchn. Kindl	„	1,0157	89,34	0,34	3,86	6,35	—	—	—	0,11	—	—	C. G. Zetterlund[2] *)
70	C. Seger's Bier-Export, Hamburg: Bayr. Exportb. f. d. Marine .	„	1,0133	89,19	0,33	5,80	5,44	1,13	—	—	0,04	—	—	C. G. Zetterlund[2] *)
71	C. Seger's Bier-Export, Hamburg: Nürnberger Exportbier . .	„	1,0229	88,38	0,35	4,26	6,99	—	—	—	0,02	—	—	C. G. Zetterlund[2] *)
72	C. Seger's Bier-Export, Hamburg: Erlanger desgl.	„	1,0232	88,06	0,24	4,11	7,52	1,72	—	—	0,07	—	—	C. G. Zetterlund[2] *)

[1]) Bericht über die deutsche Brauerei-Ausstellung in Hannover 1884 von E. Röhrig u. J. Skalweit. Ueber die Untersuchungs-Methoden vergl. Anm. unter „Lagerbier“ S. 816 Anm. *).

[2]) Zeitschr. f. das gesammte Brauwesen 1884.

*) Das spec. Gewicht wurde in dem entkohlensäuerten Bier bei 15° C. im Pyknometer bestimmt; Alkohol durch Destillation des entkohlensäuerten und mit Na_2CO_3 neutralisirten Bieres im Destillat; Extract durch Eindampfen des Bieres mit Quarzsand und Trocknen bei 80—90° C.; Kohlensäure wurde doppelt bestimmt, einmal durch Einleiten entkohlensäuerter Luft und Auffangen der CO_2 im Natronkalkrohr, dann durch einfaches Erwärmen des Bieres in einer mit Chlorcalciumrohr versehenen Flasche aus dem Gewichtsverlust; Säure durch Titration mit Normal-Natronlauge und ferner die flüchtige Säure aus der Differenz der Titration des ursprünglichen entkohlensäuerten und des zum Syrup eingedampften Bieres.

Ausserdem wurde noch die Farbe im Vergleich zu $^1/_{10}$ Normal-Jodlösung, und die Vollmundigkeit (im Vergleich zu Wasser = 100) mittelst des von Aubry verbesserten Viskosimeters bestimmt. Es wurde so gefunden:

	No. 59	60	61	62	63	64	65	66	67
Flüchtige Säure = Essigsäure . . %	0,008	0,008	0,005	0,003	0,004	0,003	Spur	0,005	0,004
Farbe CC. $^1/_{10}$ Normal-Jodlösung . CC.	2,5	2,0	5,0	—	3,0	2,5	3,0	5,0	2,0
Vollmundigkeit	1,33	1,8	1,92	1,88	1,65	1,5	1,6	1,60	1,55

	No. 68	69	70	71	72	73	74	75	76
Flüchtige Säure = Essigsäure . . %	0,005	0,003	0,005	0,005	0,003	Spur	Spur	Spur	Spur
Farbe CC. $^1/_{10}$ Normal-Jodlösung . CC.	2,0	5,0	5,0	—	—	5,0	—	1,5	—
Vollmundigkeit	1,55	1,5	1,55	1,72	1,74	1,70	1,80	1,6	1,70

No.		Zeit der Untersuchung	Spec. Gew.	Wasser %	Kohlensäure %	Alkohol Gew. %	Extract %	Eiweissstoffe %	Zucker = Maltose %	Dextrin %	Säure = Milchsäure %	Asche %	Phosphorsäure %	Analytiker
73	C. Seger's Bier-Export, Hamburg: La Colombiana	1884	1,0180	88,42	0,30	5,45	5,69	—	—	—	0,14	—	—	C. G. Zetterlund[1]
74	Kulmbacher Exportbier .	„	1,0230	87,98	0,36	4,19	7,34	—	—	—	0,13	—	—	
75	Pilsener desgl.	„	1,0116	90,17	0,38	4,63	4,80	0,69	—	—	0,02	—	—	
76	Actien-Br. in Aschaffenburg	„	1,1032	89,64	0,32	5,07	4,88	—	—	—	0,09	—	—	
77	Ursprung?	1887	1,0157	89,98	—	4,07	5,95	0,55	1,26	2,42	0,180	0,23	0,098	O. Reinke[2]*)
78	desgl.[6])	„	1,0195	89,25	—	4,00	6,75	0,35	2,10	3,68	0,176	0,187	0,067	
						Vol. %				Glycerin				
79	Actien-Br. Nürnberg .	1886	1,0179	89,20	—	4,40	6,40	—	—	0,124	0,108	0,223	0,050	F. Schaffer[3]**)
80	Sedelmayer, München	„	1,0182	88,55	—	4,90	6,55	—	—	0,185	1,081	0,220	0,068	
81	Augustinerbräu, „	„	1,0210	87,99	—	4,60	7,41	—	—	—	0,135	0,204	—	
82	Frankfurter	„	1,0198	87,67	—	5,35	6,98	—	—	—	0,144	0,225	0,048	
83	Löwenbräu, München	1883	1,0196	88,98	—	4,90	7,12	—	—	—	0,207	0,187	0,073	A. Bertschinger[4]***)
84	Leistbräu, „	„	1,0155	88,38	—	5,60	6,02	—	—	—	0,291	0,179	0,070	
85	Wahl, Augsburg . .	„	1,0192	88,57	—	5,50	6,93	—	—	—	0,207	0,195	0,075	
86	Königsbräu, Lindau .	„	1,0206	87,52	—	5,20	7,28	—	—	—	0,234	0,248	0,095	
87	Henninger, Erlangen .	„	1,0185	87,65	—	5,60	6,85	—	—	—	0,366	0,238	0,088	
88	„ Frankfurt	„	1,0186	87,94	—	5,40	6,66	—	—	—	0,216	0,227	0,098	
89	Bürgerl. Brauh., Pilsen	„	1,0144	89,92	—	4,60	5,48	—	—	—	0,180	0,184	0,070	
90	Actien-Brauhaus, „	„	1,0109	90,98	—	4,60	4,42	—	—	—	0,144	0,176	0,065	
91	Kulmbacher, dunkel .	1884	1,0240	87,03	—	4,89	8,08	—	—	0,152	0,153	0,270	0,086	F. Schaffer[3])
92	Frankfurter, hell . .	„	1,0205	89,14	—	3,92	6,94	—	—	—	0,108	0,200	0,086	
93	Spatenbräu, München, braun	1885	1,0220	89,52	—	3,56	6,92	—	—	—	0,099	0,210	0,085	
94	Pschorrbräu, München	„	1,0185	89,55	—	4,00	6,45	—	—	—	0,140	0,186	0,062	L. Friedrich[5]) †)
95	Spatenbräu, „	„	1,0196	90,43	—	3,92	6,65	—	—	—	0,200	0,203	0,047	
96	Erich, Erlangen . .	„	1,0180	89,10	—	4,50	6,40	—	—	—	0,198	0,256	0,090	
97	Ehemann, Kitzingen, helles	„	1,0170	88,50	—	5,10	6,40	—	—	—	0,210	0,270	0,066	
98	Jacob u. Co., Rehau .	„	1,0160	89,50	—	4,60	5,90	—	—	—	0,234	0,238	0,110	
99	Tucher'sches, hell .	„	1,0192	90,55	—	3,95	6,50	—	—	—	0,175	0,252	0,052	

[1]) Zeitschr. f. das gesammte Brauwesen 1884.
[2]) Nach W. Brauer in Zeitschr. f. chem. Industrie 1887. S. 291.
[3]) Bericht des Laboratoriums f. den Kanton Bern pro 1884 S. 9 u. 1887. S. 7.
[4]) Bericht d. städt. chem. Laboratoriums d. Stadt Zürich pro 1883. S. 6.
[5]) Bericht d. Vereins gegen Verfälschung der Lebensmittel in Chemnitz bis 1885 von L. Friedrich.

[6]) Dieses Exportbier war bereits in Amerika gewesen.

*) Die Untersuchungs-Methoden sind in letzterer Quelle nicht angegeben.

**) Die Biere sind, wie Schaffer dem Verf. schreibt, nach den im II. Theil dieses Werkes empfohlenen Methoden untersucht: also spec. Gewicht im entkohlensäuerten Bier mit der Westphal'schen Waage, Alkohol durch Destillation und Bestimmung des spec. Gewichtes des Destillats, Asche durch Eindampfen und Einäschern von 50 CC, Phosphorsäure in der Asche nach der Molybdän-Methode, Glycerin nach der Clausnitzer'schen Methode, Extract sowohl direct durch Eindunsten und Trocknen von 10 CC. bei 80° C. als indirect durch Bestimmung des spec. Gewichtes der von Alkohol befreiten Extractlösung nach der Schultze'schen Tabelle. Meistens wurden übereinstimmende Zahlen erhalten, anderen Falles das Mittel aus beiden genommen.

***) Die Methoden der Untersuchung sind nicht angegeben; wahrscheinlich sind die Biere nach den vorstehend von F. Schaffer angewendeten Methoden untersucht.

†) Die Untersuchungs-Methoden sind nicht angegeben.

No.		Zeit der Untersuchung	Spec. Gew.	Wasser %	Kohlensäure %	Alkohol Gew. %	Extract %	Eiweissstoffe %	Zucker %	Gummi + Dextrin %	Säure = Milchsäure %	Asche %	Farbe %	Analytiker
	Oesterreichische Biere:												*)	
100	Staaber Exportbier	1873	1,0100	90,56	0,22	4,79	4,65	—	—	—	—	—	6,7	*O. Kohlrausch*[1])
101	Schwechater „	1876	1,0174	90,48	—	3,52	6,00	0,47	—	—	0,13	0,19	6,0	*Fr. Schwackhöfer*[2])
102	Liesinger „	„	1,0256	87,66	—	4,26	8,08	0,64	—	—	0,23	0,36	4,0	
103	Pilsener „	„	—	91,83	—	3,39	4,78	0,34	—	—	0,13	0,20	4,0	
104	„ „	„	1,0139	90,04	—	4,59	5,37	0,42	—	—	—	0,23	—	
105	Pardubitzer „	„	1,0146	91,73	—	3,19	5,08	0,28	—	—	0,12	0,17	4,5	
106	Lundenburger „	„	1,0148	91,38	—	3,47	5,15	0,30	—	—	0,15	0,20	5,9	
107	Aus Puntigam bei Graz	1880	1,0194	89,40	—	4,70	6,90	0,51	1,06	—	—	—	—	*Lintner*[3])
108	Budapester Exportbier	1884	1,0150	90,45	—	4,06	5,49	—	—	—	0,157	0,25	—	*S. Fischer*[4])
109	„ „	„	1,0149	90,06	—	4,31	5,63	—	—	—	0,152	0,20	—	
													Phosph.-Säure	Glycerin %
.	Exportbier (No. 1 bis 109), Mittel . . .	.	**1,0176**	**89,01**	**0,209**	**4,40**	**6,38**	**0,74**	**1,20**	**2,47**	**0,161**	**0,247**	**0,074**	**0,154**

Bock-Bier.

(Märzen-, Salonbier, Doppelbier etc.)

No.		Zeit der Untersuchung	Spec. Gew.	Wasser %	Kohlensäure %	Alkohol Gew. %	Extract %	Eiweissstoffe %	Zucker %	Gummi + Dextrin %	Säure = Milchsäure %	Asche %	Farbe %	Analytiker
1	Doppelbier aus Wiesbaden	In den 50er Jahren	—	89,37	—	4,23	6,40	—	1,111	—	—	—	—	*Engelmann*[5]) **)
2			—	90,74	—	3,06	6,20	—	1,00	—	—	—	—	
3			—	92,01	—	3,49	4,50	—	0,741	—	—	—	—	
4			—	91,76	—	3,17	5,10	—	1,00	—	—	—	—	*Kayser*[6]) **)
	Münchener Bockbiere:													
5	Doppelbier, Zacherl .	1853	1,026	87,00	0,18	5,20	7,80	—	—	—	—	—	—	
6	Salvatorbier	„	1,034	85,90	0,13	4,60	9,50	—	—	—	—	—	—	
7	Bockbier, Maderbräu .	1852	1,027	86,60	0,17	4,20	9,20	—	—	—	—	—	—	
8	„ Hofbräuhaus	1866	1,0247	87,09	—	5,08	7,83	0,87	—	—	—	0,28	—	*C. Lermer*[7])
9	„ „ weisses	„	1,0200	91,04	—	4,41	4,55	0,39	—	—	—	0,18	—	
10	„ Spaten . .	„	1,0268	86,27	—	5,23	8,50	—	—	—	—	—	—	
11	Salvator, Zacherl . .	„	1,0333	85,88	—	4,49	9,63	0,67	—	—	—	—	—	
12	desgl.	1875	1,0280	86,28	—	4,64	9,08	0,40	1,47	5,4	—	0,263	—	*C. Reischauer*[8])
13	desgl.	„	1,0324	85,86	—	4,35	9,78	0,68	—	—	—	0,27	—	*Fr. Schwackhöfer*[9])
14	Bockbier	„	1,0206	88,70	—	4,20	7,10	0,56	—	—	0,18	0,24	—	
15	„ Speier, 26. Jan.	1878	1,0250	87,86	—	3,60	8,54	—	—	—	—	0,28	—	*Halenke*[10])
16	Culmbach	„	1,033	83,21	—	5,58	11,39	—	—	—	—	0,47	0,111	*E. Geisler u. G. Hofmann*[11])

[1]) Jahresbericht f. Agric.-Chem. 1873/74. II. Bd. S. 264. Untersuchungs-Methoden vergl S. 822 Anm. **)
[2]) Allgem. Chem. Zeitschr. f. Brauerei u. Malzfabrikation 1876. Untersuchungs-Methoden vergl. S. 813 Anm. **)
[3]) Correspondenzbl. d. Vereins analyt. Chemiker 1880. S. 64.
[4]) Archiv f. Hygiene 1884. Bd. II. S. 432. Ueber Untersuchungs-Methoden vergl. die Analysen desselben Verfassers unter „Märzenbier" S. 831.
[5]) Journ. f. pract. Chemie. Bd. 50. S. 133.
[6]) R. Stierlein: Das Bier, seine Verfälschungen etc. Bern 1878. S. 125.
[7]) Chem. Centralbl. 1866. S. 1086.
[8]) C. Lintner: Lehrbuch der Bierbrauerei 1875. S. 556.
[9]) Allgem. Ztschr. f. Brauerei u. Malzfabrikation. Wien 1876. Ueber Untersuchungs-Methoden vergl. S. 813 Anm. **)
[10]) Zeitschr. f. d. gesammte Brennereiwesen 1879. II. 14. S. 416.
[11]) Jahresber. f. Agric.-Chemie 1878. S. 663 u. 664 und Pharm. Centralhalle 1880. No. 10.

*) Nach dem Stammer'schen Farbenmass.
**) Ueber die Untersuchungs-Methoden kann ich nichts angeben.

No.		Zeit der Untersuchung	Spec. Gew.	Wasser %	Kohlensäure %	Alkohol Gew. %	Extract %	Eiweissstoffe %	Zucker %	Glycerin %	Säure = Milchsäure %	Asche %	Phosphorsäure %	Analytiker
17	Dresden, Klosterbräu .	1878	1,015	88,82	—	4,48	6,70	—	—	—	—	0,29	0,129	E. Geisler u. G. Hofmann[1]
18	„ Felsenkeller.	„	1,019	88,87	—	4,62	6,51	—	—	0,220	—	0,23	0,081	
19	„ Medingen .	„	1,021	88,03	0,254	4,82	7,15	—	—	—	—	0,32	0,115	
20	„ „ .	„	1,018	86,91	—	5,89	7,20	—	—	0,294	—	0,31	0,089	
21	„ Plauenscher Lagerkeller . . .	„	1,016	87,99	0,217	5,36	6,65	—	—	—	—	0,27	0,082	
22	München, Hofbräu, Einbock, Mai . .	1879	1,0342	83,70	—	4,75	11,60	—	—	—	0,24	0,39	—	
23	Kulmbach, I. Actien-Exp., Jan. . . .	1880	1,0280	85,04	—	5,28	9,68	—	—	—	0,15	0,35	—	
24	Kitzingen, Batavia, Febr.	„	1,0250	86,59	—	4,72	8,69	—	—	—	0,18	0,28	—	
25	Dresden, Hofbrauhaus, Jan.	1879	1,0235	87,43	—	4,49	8,08	—	—	—	—	0,21	—	
26	Dresden, Naumann, Octbr.	„	1,0175	88,68	—	4,68	6,64	—	—	—	—	0,27	—	
27	Dresden, Plauenscher Lagerkeller, Febr. .	1880	1,0192	88,46	—	4,34	7,20	—	—	—	0,23	0,21	—	
28	Striessen, Nov. . .	1879	1,0202	88,67	—	4,23	7,10	—	—	—	0,19	0,26	—	
29	Dresden, Feldschlösschen, Decbr. . .	„	1,0180	89,01	—	4,34	6,65	—	—	—	0,14	0,21	—	
30	Zieschen	1878	1,0153	90,54	—	3,79	5,67	—	—	—	0,18	0,22	—	
31	Einbecker Bockbier .	„	1,0218	87,20	0,108	5,39	7,41	—	—	—	0,15	0,34	0,085	J. Skalweit[2]
32	Uelzener Bock-Export-Bier	„	1,0219	86,85	0,201	5,08	8,07	—	—	—	0,22	0,26	0,095	
33	Celler Doppeltbier . .	1879	1,0127	91,08	0,197	3,84	5,08	—	—	—	—	0,27	0,081	
34	Einbecker Bier . .	„	1,0193	87,20	0,248	5,39	7,41	—	—	—	—	0,30	0,075	
35	Doppelt-Braunbier, frisch . (Bremen)	1878	1,0200	86,65	—	5,77	7,58	—	—	—	—	0,21	(0,041)	L. Janke[3]
36	desgl. . . . (Bremen)	„	1,0140	89,54	—	4,51	5,95	—	—	—	—	0,27	—	
37	desgl. . . . (Bremen)	„	1,0180	84,22	—	9,92	5,86	—	—	—	—	0,28	(0,050)	
38	Doppelt-Lagerbier . . . (Bremen)	„	1,0100	85,92	—	9,20	4,88	—	—	—	—	0,21	0,082	
39	Märzenbier, Altenburg	1874	1,0156	90,08	—	4,17	5,75	0,48	1,02	3,60	(3,8) *)	0,23	—	Krandauer[4]
40	Tafelbier, Spaten, München	?	1,036	82,65	—	7,00	10,35	0,71	2,27	6,29	—	0,30	—	Aubry[4]
41	Märzenbier, Eger . .	1874	1,0108	91,14	—	4,24	4,62	—	0,50	3,42	(3,0)	—	—	Krandauer[4]
42	desgl., Altenburg . .	„	1,0156	90,28	—	4,17	5,75	—	1,02	3,60	(3,8)	—	—	

[1]) Jahresber. f. Agric.-Chemie 1878. S. 663 u. 664 u. Pharm. Centralhalle 1880. No. 10.
[2]) Zeitschr. gegen Verfälschung der Nahrungsmittel. Leipzig 1878. S. 355 u. Hannov. Monatsschr. wider die Nahrungsfälscher 1879. S. 177—181.
[3]) Zeitschr. gegen Verfälschung der Lebensmittel 1879. No. 10.
[4]) C. Lintner: Lehrbuch der Bierbrauerei 1875. S. 556 u. Mittheil. d. bayer. Central-Landwirthschaftsschule in Weihenstephan 1874/75. S. 12. Ueber die Untersuchungs-Methoden ist nichts angegeben.
*) Bedeutet: Cubikcentimeter Normalalkali.

No.		Zeit der Untersuchung	Spec. Gew.	Wasser %	Kohlensäure %	Alkohol Gew. %	Extract %	Eiweissstoffe %	Zucker %	Gummi + Dextrin %	Säure = Milchsäure %	Asche %	Phosphorsäure %	Analytiker
43	Doppelbier d. Brauerei zur Eiche in Kiel	1880	—	86,82	—	5,07	8,11	—	1,95	—	—	—	—	A. Emmerling[1])
44	Doppelbier d. Brauerei zur Eiche in Kiel	„	—	87,33	—	5,15	7,52	—	1,74	—	—	—	—	A. Emmerling[1])
45	Märzen-Doppelbier, Act.-Brauerei Kiel . . .	„	—	87,74	—	4,29	7,97	—	1,56	—	—	—	—	A. Emmerling[1])
46	Doppelt-Kronenbier, Drews & Co., Gaarden	„	—	89,07	—	4,53	6,40	—	1,42	—	—	—	—	A. Emmerling[1])
47	Bockbier d. Leitmeritzer Brauerei zu Elbschloss	„	—	87,58	—	4,92	7,50	—	—	—	—	0,25	—	Niederstadt[1])
48	Koppelhold's Doppelbier, Hamburg	„	—	88,41	—	5,30	6,29	—	—	—	—	0,32	0,109	Niederstadt[1])
	Oesterreichische Biere.													
49	Karwin, Salonbier . .	1873	1,0285	87,19	0,25	4,36	8,45	—	—	—	—	0,312	—	O. Kohlrausch[2])
50	Tetschen, Bockbier . .	1866	—	86,18	0,502	6,11	7,22	2,50	0,665	3,09	—	0,248	—	v. Gohren[3])
													Farbe	
51	Schwechater, Märzenbier	1876	1,0169	90,29	—	3,83	5,88	0,48	—	—	0,14	0,21	7,1	Fr. Schwackhöfer[4])
52	St. Marx, Märzenbier .	„	1,0192	89,89	—	3,69	6,42	0,63	—	—	0,11	0,17	6,7	Fr. Schwackhöfer[4])
53	Brünner, Märzenbier, 14 Monate alt	„	1,0167	89,50	—	4,39	6,11	0,43	—	—	0,19	0,27	6,7	Fr. Schwackhöfer[4])
54	Schellenhofer Märzen .	„	1,0215	89,68	—	3,51	6,81	0,41	—	—	0,14	0,21	5,6	Fr. Schwackhöfer[4])
55	Reichenbacher Salonbier	„	1,0103	92,48	—	3,42	4,10	0,34	—	—	0,14	0,19	4,4	Fr. Schwackhöfer[4])
56	Königinh. Salonbier .	„	1,0159	92,14	—	2,76	5,10	0,29	—	—	0,16	0,18	4,2	Fr. Schwackhöfer[4])
													Phosphorsäure	
57	Exportbier-Brauerei in Pfungstädt: Kaiserbräu	1884	1,0215	87,72	0,192	4,49	7,60	1,12	—	—	0,132	0,24	0,100	J. Skalweit[5]) *)
58	Exportbier-Brauerei in Pfungstädt: Märzen . .	„	1,0161	89,79	0,190	4,07	6,04	1,01	—	—	0,127	0,23	0,065	J. Skalweit[5]) *)
59	Exportbier-Brauerei in Pfungstädt: Bock-Ale .	„	1,0122	89,05	0,188	5,23	5,53	1,03	—	—	0,113	0,26	0,083	J. Skalweit[5]) *)
60	Schlombs-Br. in Ahlten	„	1,0195	88,69	0,137	4,18	6,99	0,92	—	—	0,132	0,28	0,072	J. Skalweit[5]) *)
61	Unions-Br. Hannover, Bock-Ale	„	1,0170	88,91	0,173	4,48	6,44	0,53	—	—	0,121	0,25	0,097	J. Skalweit[5]) *)
62	Kieler Actien-Brauerei, Bair. Salvator . . .	„	1,0162	90,32	0,310	4,03	5,78	0,61	—	—	0,04	—	—	C. G. Zetterland[6]) **)
63	Seger's Bierexport, Hamburg: Krone aller Biere	„	1,0227	87,40	0,390	4,10	7,61	1,01	—	—	0,50	—	—	C. G. Zetterland[6]) **)
64	Seger's Bierexport, Hamburg: Wiener Salon-Tafelbier . .	„	1,0131	89,21	0,29	5,51	4,84	—	—	—	0,15	—	—	C. G. Zetterland[6]) **)
65	Seger's Bierexport, Hamburg: Münch. Salvator	„	1,0185	90,30	0,33	4,00	5,22	0,73	—	—	0,15	—	—	C. G. Zetterland[6]) **)
66	Seger's Bierexport, Hamburg: Super. Pilsenbeer	„	?	88,85	0,23	5,83	5,03	0,79	—	—	0,04	—	—	C. G. Zetterland[6]) **)

[1]) Original-Mittheilung.
[2]) Jahresber. f. Agric.-Chemie 1873/74. II. Bd. S. 264.
[3]) Böhmisches Centralbl. f. d. gesammte Landescultur 1866. S. 373; vergl. S. 812 Anm. *)
[4]) Allgem. Zeitschr. f. Brauerei und Malzfabrikation. Wien 1876 und Organ des Centr.-Vereins f. Rübenzucker-Industrie in Oesterreich-Ungarn 1875. S. 398.
[5]) Bericht über d. deutsche Brauerei-Ausstellung in Hannover 1884 von E. Röhrig u. J. Skalweit.
[6]) Zeitschr. f. das gesammte Brauwesen 1884.

*) Ueber die Untersuchungs-Methoden vergl. S. 816 Anm. *)
**) Ueber die Untersuchungs-Methoden vergl. S. 826 Anm. *). Zetterland bestimmte in den Bieren ferner:

	No. 62	63	64	65	66	67	68
Flüchtige Säure = Essigsäure	Spur	0,040	0,004	0,003	0,005	0,007	0,003 %
Farbe (= CC. von 1/10 Normal-Jodlösung) .	—	—	3	3,5	2,0	5,5	5,0 CC.
Vollmundigkeit (Wasser = 100)	1,7	1,55	1,7	1,4	1,6	2,0	1,7

No.		Zeit der Untersuchung	Spec. Gew.	Wasser %	Kohlensäure %	Alkohol Gew. %	Extract %	Eiweissstoffe %	Zucker = Maltose %	Glycerin %	Säure = Milchsäure %	Asche %	Phosphorsäure %	Analytiker
67	Kloster Adambier, Meininghaus-Dortmund	1884	1,0199	83,90	0,30	7,81	7,80	1,46	—	—	0,18	—	—	C.G. Zetterland [1]
68	Ritterbier v. Henninger in Erlangen . . .	„	1,0192	89,28	0,29	4,00	6,29	0,91	—	—	0,14	—	—	
69	Pfungstädter Märzenb.	1887	1,0197	89,50	0,149	3,88	6,47	0,45	1,67	0,172 Dextrin	— *)	0,247	0,088	S. Bein [2] **)
70	Münchener Salvator, Zacherl	1886	1,0300	84,90	—	5,05	10,05	—	3,44	3,21	0,242	0,288	—	Jos. Herz [3] ***)
71	Würzburger Beer . .	1885	1,0274	85,45	—	5,60	8,95	—	2,60	3,87	0,215	0,345	—	
72	Salvator	1886	1,0305	85,14	—	4,76	10,10	—	3,02	3,16	0,207	0,305	—	
73	Dettelbacher Klosterb.	1884	1,0192	88,64	—	4,69	6,67	—	1,70	1,99	0,308	0,242	—	
74	Salvatorbier: Münchener Kindl-Brauerei . .	1887	1,0338	84,55	—	4,78	10,67	0,65	3,23	5,31	0,147	0,294	0,116	H. Trillich [4] ***)
75	Salvatorbier: Petuel - Schwabing	„	1,0298	86,19	—	4,29	9,52	0,79	3,04	4,09	0,139	0,285	0,102	
76	Salvatorbier: Zacherl-Brauerei, Keller .	„	1,0280	85,43	—	5,08	9,49	0,73	2,85	4,18	0,144	0,289 †)	0,099	
77	Salvatorbier: Zacherl-Brauerei, Original-Flasche	„	1,0289	85,21	—	5,13	9,66	—	—	—	0,183	0,290	—	
78	Salvatorbier: München. Brauerschule . . .	„	1,0284	85,22	—	5,24	9,54	0,61	2,63	4,39	0,183	0,274 †)	0,093	
	Budapester Biere:													
79	Doppelt-Märzen . .	1884	1,0225	88,55	—	4,19	7,26	—	—	—	0,211	0,284	0,088	S. Fischer [5] ††)
80	desgl.	„	1,0190	89,17	—	4,06	6,77	—	—	—	0,141	0,248	—	
81	Märzenbier	„	1,0161	90,20	—	3,82	5,98	—	—	—	0,203	0,221	0,068	
82	desgl.	„	1,0161	90,12	—	3,84	6,04	—	—	—	0,118	0,256	0,070	
83	desgl.	„	1,0121	92,07	—	3,24	4,69	—	—	—	0,119	0,165	—	
84	Kronenbier	„	1,0139	91,60	—	3,12	5,18	—	—	—	0,149	0,195	0,059	
	Bockbier (No. 1—84), Mittel	.	**1,0213**	**87,87**	**0,234**	**4,69**	**7,21**	**0,73**	**1,81**	**3,97**	**0,165**	**0,263**	**0,089**	Glycerin % **0,176**

[1]) Zeitschr. f. das gesammte Brauwesen 1884.
[2]) Repertorium f. anlyt. Chem. 1887. S. 397.
[3]) Ebendort 1886. S. 365.
[4]) Ebendort 1887. S. 313.
[5]) Archiv f. Hygiene 1884. Bd. II. S. 432.

*) Gesammt-Säure ist nicht angegeben; an flüchtiger Säure = Essigsäure wurde 0,0117 % gefunden.

**) Ueber die Untersuchungs-Methoden vergl. unter „Lagerbier" S. 820 Anm. **)

***) J. Herz u. H. Trillich untersuchten die Biere nach den „Vereinbarungen" bairischer Chemiker, herausgegeben von A. Hilger. Berlin 1885. Phosphorsäure wurde von Trillich nach der Molybdän-Methode bestimmt, da die Uran-Methode beim Titriren der direct in Essigsäure gelösten Bierasche bedeutend niedrigere Zahlen (0,050—0,060 %) ergab. Ausserdem wurde von Trillich das Glycerin nach der Clausnitzer'schen Methode durch 8stündiges Extrahiren ohne Abzug der Asche (die nur 0,003—0,004 g betrug) bestimmt. Controlversuche nach der Bergmann'schen Methode lieferten etwas niedrigere Werthe. Es wurde an Glycerin gefunden:

	No. 74	75	76	77	78
Glycerin	0,099	0,125	0,160	0,155	0,177 %
Acidität in CC. Normalalkali .	1,63	1,55	1,60	2,03	2,04 CC.

†) Die Asche von diesen beiden Bieren hatte folgende procentische Zusammensetzung:

	K_2O %	Na_2O %	CaO %	MgO %	Fe_2O_3 %	P_2O_5 %	SO_3 %	Cl %	Kohle + SiO_2 %
No. 76 Zacherl-Brauerei .	33,60	6,23	2,35	8,21	Spur	34,60	0,51	1,00	13,69
No. 78 Brauerschule . . .	27,00	11,31	4,23	6,75	Spur	33,80	2,66	2,62	12,08

††) Der Extract ist theils indirect aus dem spec. Gewicht der von Alkohol befreiten Extractlösung nach Schultze's Tabelle, theils direct durch Trocknen des Abdampfrückstandes bei 70—80° C. bestimmt; Alkohol indirect durch Division des ursprünglichen spec. Gewichts mit dem der alkoholfreien Extractlösung etc., Säure durch Titration mit 1/10 Natronlauge. Ueber die Bestimmung des spec. Gewichtes, der Asche und Phosphorsäure ist nichts gesagt

Besondere Biere.

I. Weissbier.[0])

No.		Zeit der Untersuchung	Spec. Gew.	Wasser %	Kohlensäure %	Alkohol Gew. %	Extract %	Eiweissstoffe %	Zucker = Maltose %	Glycerin %	Säure = Milchsäure %	Asche %	Phosphorsäure %	Analytiker
1	Aus München . . .	1866	1,0129	91,76	—	3,51	4,73	0,53	—	—	—	0,15	—	C. Lermer[1])
2	Aus Berlin, November	1879	1,0175	91,95	—	2,60	5,45	—	—	—	0,32	0,13	—	E. Geisler u. G. Hofmann[2])
3	desgl., December . .	„	1,0120	92,46	—	2,92	4,62	—	—	—	0,30	0,12	—	
											Milchsäure			
4	Potsdamer Weisse .	1878	1,0138	92,02	0,388	3,26	4,72	—	—	—	0,60	0,19	0,035	J. Skalweit[3]) (No. 4–11)
5	Berliner „ I	„	1,0133	91,24	0,321	3,91	4,85	—	—	—	0,51	0,17	0,037	
6	„ „ II	„	1,0128	92,39	0,293	3,33	4,28	—	—	—	0,55	0,16	0,032	
7	Städtisch. Weissbier . . . . } Hannover	„	1,0287	91,64	0,328	1,08	7,28	—	—	—	0,18	0,18	0,050	
8	Von Glitz . . . } Hannover	„	1,0112	92,70	0,189	1,56	5,74	—	—	—	0,42	0,15	0,015	
9	Weizenbier von Celle	„	1,0128	88,85	0,160	0,70	10,45	—	—	—	0,18	0,19	0,031	
10	Berliner Weissbier .	1879	—	—	—	—	4,66	—	—	—	—	0,16	0,035	
11	Hannoversch. Weissb.	„	—	—	—	—	6,99	—	—	—	—	0,18	0,045	
12	Berliner Weissbier .	1880	—	91,40	—	2,20	6,40	—	—	—	—	0,18	0,044	Niederstadt[4])
											Säure = Milchsäure			
13	Von A. Landré in Berlin No. I	1884	1,0148	91,89	0,338	2,71	5,06	0,81	—	—	0,717	0,125	0,041	J. Skalweit[5]) **) (No. 13–18)
14	Von A. Landré in Berlin „ II	„	1,0104	93,09	0,302	2,71	3,90	0,72	—	—	0,829	0,150	0,028	
15	Hamburg-Altonaer Weissb.-Brauerei Export-Weissbier	„	1,0170	91,65	0,317	2,78	5,25	1,34	—	—	0,627	0,102	0,050	
16	Hamburg-Altonaer Weissb.-Brauerei Weissbier	„	1,0095	93,78	0,299	2,38	3,54	0,62	—	—	0,578	0,098	0,022	
17	Hamburg-Altonaer Weissb.-Brauerei Braunbier	„	1,0100	95,08	0,302	1,27	3,35	0,73	—	—	0,165	0,128	0,038	
18	Schlombs-Br. Ahlten, Weissbier in Flasch.	„	1,0098	93,52	0,328	2,49	3,66	0,39	—	—	0,787	0,172	0,029	
19	Von Actien-Brauerei (vorm. H. A. Bolle) Berlin	1887	1,0095	95,17	—	0,94	3,89	—	0,49	(0,092)	0,363	0,186	0,015	S. Bein[6]) ***)
										Dextrin				
20	Lichtenhainer*) . .	1886	1,0071	93,76	—	3,02	3,22	—	0,66	1,42	0,238 *)	0,128	—	J. Herz[7]) ***)
21	Berliner Weissbier .	1888	1,0118	92,97	—	2,82	4,21	0,32	0,92	2,10	0,234	0,124	—	E. Wein[8])
22	Münchener v. Schramm	„	1,0162	90,52	—	3,75	5,73	0,35	2,04	2,13	0,149	0,143	—	

[1]) Chem. Centralbl. 1866. S. 1086.
[2]) Jahresber. f. Agric.-Chemie 1878. S. 663 u. 664 und Pharm. Centralhalle 1880. No. 10.
[3]) Zeitschr. gegen Verfälschung der Nahrungsmittel. Leipzig 1878. S. 355 und Hannov. Monatsschr. wider die Nahrungsfälscher 1879. S. 177—181.
[4]) Original-Mittheilung.
[5]) Bericht über die deutsche Brauerei-Ausstellung in Hannover 1884 von E. Röhrig u. J. Skalweit.
[6]) Repertorium f. analyt. Chem. 1887. S. 397.
[7]) Repertorium f. analyt. Chemie 1886. S. 391.
[8]) Allgem. Brauer- u. Hopfen-Ztg. 1888. S. 2.

[0]) Weissbier ist aus Weizenmalz oder aus einem Gemisch von diesem mit Gerstenmalz durch Obergährung gewonnenes Bier.

*) Das Lichtenhainer Bier war sehr trübe; es hatte vor der Filtration ein spec. Gewicht von 1,0078. In dem Bodensatz konnten verschiedene Hefeformen, der Essigsäure- und Milchsäure-Pilz nachgewiesen werden, ferner Krystalle von oxalsaurem Kalk. An Essigsäure wurde 0,0101 % gefunden.

**) Ueber die Untersuchungs-Methoden vergl. unter „Lagerbier" S. 816 Anm. *)

***) Die Untersuchung wurde nach den Vereinbarungen bairischer Vertreter der angewandten Chemie, herausgegeben von A. Hilger, Berlin 1885, ausgeführt.

No.		Zeit der Untersuchung	Spec. Gew.	Wasser %	Kohlensäure %	Alkohol Gew. %	Extract %	Eiweissstoffe %	Zucker = Maltose %	Dextrin %	Säure = Milchsäure %	Asche %	Phosphorsäure %	Analytiker
23	Münchener Weissbier von Schneider . .	1888	1,0159	90,81	—	3,57	5,62	0,38	1,53	2,64	0,171	0,112	—	*E. Wein*[1])
24	desgl. von Röckl . .	„	1,0140	91,11	—	3,72	5,17	0,30	1,36	2,23	0,158	0,108	—	
25	desgl. Weissbierbock von Schramm . .	„	1,0277	86,55	—	4,49	8,96	0,59	3,65	3,48	0,180	0,228	—	
26	desgl. von Schneider .	„	1,0208	89,15	—	3,89	6,96	0,46	2,33	2,97	0,180	0,113	—	
	Weissbier, Mittel (No. 1—26)	.	**0,0137**	**91,63**	**0,297**	**2,73**	**5,34**	**0,58**	**1,62**	**2,42**	**0,392**	**0,149**	**0,034**	Glycerin % **0,092**

2. Broyhan.*)

No.			Zeit der Untersuchung	Spec. Gew.	Wasser %	Kohlensäure %	Alkohol Gew. %	Extract %	Eiweissstoffe %	Zucker = Maltose %	Dextrin %	Säure = Milchsäure %	Asche %	Phosphorsäure %	Analytiker
1	Städtische Broyhan-Brauerei in Hannover	Einfacher	1884	1,0230	—	0,237	0,82	6,31	1,32	—	—	0,158	0,20	0,054	*J. Skalweit*[2])**)
2		Doppelter	„	1,0420	—	0,060	0,96	11,30	1,67	—	—	0,060	0,23	0,123	

3. Sonstige obergährige Biere.

No.			Zeit der Untersuchung	Spec. Gew.	Wasser %	Kohlensäure %	Alkohol Gew. %	Extract %	Eiweissstoffe %	Zucker = Maltose %	Dextrin %	Säure = Milchsäure %	Asche %	Phosphorsäure %	Analytiker
1	Obergähriges, einfaches Bier	Röttger & Co., Kappel . .	1878	1,0062	93,80	0,289	2,00	3,91	—	0,93	1,46	—	0,112	0,043	*C. Hebenstreit*[3])***)
2		Böttger, Niederrabenstein .	„	1,0101	94,35	0,152	2,00	3,49	—	0,89	1,49	—	0,115	0,040	
3		L. Gefe, Bernsdorf . . .	„	1,0137	93,27	0,194	1,87	4,66	—	0,90	2,38	—	0,125	0,049	
4		H. Weber, Hilbersdorf . .	„	1,0135	93,71	0,162	1,95	4,18	—	1,08	1,55	—	0,115	0,048	
5		Stadt-Brauerei Chemnitz .	„	1,0122	93,84	0,133	1,92	4,11	—	1,06	1,56	—	0,110	0,049	
6	Sog. Altbier aus Münster in Westfalen 28. Juli 1883	Von Appels	1883	1,0048	92,19	0,113	4,45	3,35	0,33	0,58	1,66	0,372 †)	0,294	0,052	*König u. Schwarz*[4]) †)
7		„ Brüggemann .	„	1,0120	91,08	0,122	3,87	4,93	0,52	0,72	2,07	0,444	0,306	0,055	
8		Von Fiehe	„	1,0093	91,19	0,127	4,29	4,39	0,37	0,61	1,82	0,482	0,216	0,058	
	Obergähriges Bier, Altbier, Mittel (No. 1—8)		.	**1,0102**	**92,92**	**0,162**	**2,79**	**4,13**	**0,41**	**0,85**	**1,75**	**0,433**	**0,174**	**0,049**	Glycerin **0,235** %

[1]) Allgem. Brauer- u. Hopfen-Ztg. 1888. S. 2.
[2]) Bericht über die deutsche Brauerei-Ausstellung in Hannover 1884 von E. Röhrig u. J. Skalweit.
[3]) Leipziger Zeitschr. gegen Verfälschung d. Nahrungsmittel 1878. S. 356.
[4]) Repertorium f. analyt. Chem. 1883. S. 291.

*) Unter Broyhan versteht man ein süssgehaltenes „Weissbier".
**) Ueber die Untersuchungs-Methoden vergl. unter „Lagerbier" S. 816. Anm. *).
***) Ueber die Untersuchungs-Methoden vergl. unter „Schenkbiere" S. 809. Anm. **).
†) Das spec. Gewicht wurde in dem entkohlensäuerten Bier mit der Westphal'schen Waage bestimmt, Alkohol nach der Destillations-Methode, Extract sowohl durch Eindunsten von 50 CC. Bier und Trocknen bei 100° C., als auch nach der indirekten Methode aus dem spec. Gewicht der von Alkohol befreiten Extractlösung; Eiweissstoffe durch Verbrennen des Extract-Rückstandes von 25 CC. Bier mit Natronkalk; Maltose durch Fällen mit Fehling'scher Lösung nach Soxhlet's Methode, Dextrin durch Fällen mit Fehling'scher nach Ueberführung desselben in Traubenzucker in Reischauer'schen Druckfläschchen; Asche durch Eindunsten von 50 CC. Bier und Verbrennen des Rückstandes; Phosphorsäure in der Asche nach der Molybdän-Methode; Milchsäure durch Titration mit Barytlauge. Ausserdem wurde noch Essigsäure nach dem von C. H. Woff modificirten Weigert'schen Verfahren und Glycerin nach der Clausnitzer'schen Methode bestimmt. Es wurde für letztere gefunden

	Proben vom 28. Juli Glycerin	Proben vom 28. Juli Essigsäure	Proben vom 30. August Essigsäure	Proben vom 30. August Milchsäure
Altbier von Appels . . .	0,229	0,021 %	0,031	0,366 %
„ „ Brüggemann .	0,206	0,014 „	0,023	0,406 „
„ „ Fiehe	0,239	0,031 „	0,084	0,269 „

4. Reissbier.[0]

No.		Zeit der Untersuchung	Spec. Gew.	Wasser %	Kohlensäure %	Alkohol Gew. %	Extract %	Eiweissstoffe %	Zucker %	Dextrin %	Säure %	Asche %	Phosphorsäure %	Analytiker
1	Von Mainz	1869	1,0230	88,99	—	3,65	7,36	0,37	1,63	5,13	—	0,22	0,077	*A. Metz*[1]
2[0]	Von Weihenstephan		1,0220	89,34	—	3,52	7,14	0,36	1,59	4,13	0,23	—	—	*Krandauer*[2]
3	Von Weihenstephan	?	1,0190	89,30	—	4,40	6,30	0,65	1,13	3,34	—	0,21	—	*Aubry*[3]
	Mittel	.	**1,0213**	**89,21**	—	**3,86**	**6,93**	**0,46**	**1,45**	**4,20**	**0,23**	**0,22**	**0,077**	

5. Braunschweiger Mumme.

No.		Zeit der Untersuchung	Spec. Gew.	Wasser %	Kohlensäure %	Alkohol Gew. %	Extract %	Eiweissstoffe %	Zucker %	Dextrin %	Säure %	Asche %	P_2O_5 %	Analytiker
1		?	1,231	49,80	0,12	3,60	47,60	—	—	—	—	—	—	*Kayser*[4]
2		1880	—	40,69	—	2,32	56,99	—	—	—	—	1,39	0,509	*Niederstadt*[5]
	Mittel	.	**(1,231)**	**45,24**	**0,12**	**2,96**	**52,29**	—	—	—	—	**1,39**	**0,509**	

Porter und Ale.

I. Ale.

No.		Zeit der Untersuchung	Spec. Gew.	Wasser %	Kohlensäure %	Alkohol Gew. %	Extract %	Eiweissstoffe %	Zucker = Maltose %	Dextrin %	Säure = Milchsäure %	Asche %	Phosphorsäure %	Analytiker
1	Ale	1875	1,0106	89,76	—	5,43	4,81	0,57	—	—	0,31	0,36	—	*Fr. Schwackhöfer*[6]
2	Pale-Ale, Brändlin (Aus Basel)	1869	1,0120	91,75	0,205	3,23	5,02	—	1,00	—	—	0,21	(0,028)	*Fr. Goppelsröder*[7]
3	desgl. . . . . (Aus Basel)	„	1,0137	91,23	0,261	3,51	5,26	—	0,93	—	—	0,22	0,026	*Fr. Goppelsröder*[7]
4	desgl., Burgvogtei (Aus Basel)	„	1,0123	90,04	0,195	3,71	6,25	—	0,99	—	—	0,23	0,032	*Fr. Goppelsröder*[7]
5	desgl., Cardinal . (Aus Basel)	„	1,0157	91,70	0,269	4,30	4,00	—	0,99	—	—	0,22	0,037	*Fr. Goppelsröder*[7]
6	desgl., Dietrich . (Aus Basel)	„	1,0157	89,63	0,185	4,30	6,07	—	1,16	—	—	0,25	0,032	*Fr. Goppelsröder*[7]
7	desgl., Gesler . . (Aus Basel)	„	1,0157	89,65	0,228	4,00	6,35	—	0,85	—	—	0,21	0,035	*Fr. Goppelsröder*[7]
8	desgl., Gloch . . (Aus Basel)	1869	1,0177	89,22	0,207	4,05	6,73	—	0,10	—	—	0,24	0,030	*Fr. Goppelsröder*[7]
9	desgl., Hoch, z. Pflug . . . (Aus Basel)	„	1,0181	88,59	0,181	4,28	7,13	—	1,02	—	—	0,26	(0,036)	*Fr. Goppelsröder*[7]
10	Pale-Ale aus Burton	1871	—	88,90	—	6,05	5,05	—	0,83	—	—	0,28	—	*E. Monier*[8]
11	desgl.	„	—	88,72	—	5,50	5,78	—	1,51	—	—	0,27	—	*E. Monier*[8]
12	Aus Bremen . . .	1879	1,0200	86,49	—	9,82	3,69	—	—	—	—	0,26	P_2O_5 0,084	*L. Janke*[9]

[1]) Landw. Centralbl. 1871. Bd. I. S. 56. Ueber die Untersuchungs-Methoden ist nichts angegeben.
[2]) Zeitschr. f. d. gesammte Brauwesen 1887. S. 89. desgl.
[3]) C. Lintner: Lehrbuch der Bierbrauerei 1875. S. 556. desgl.
[4]) R. Stierlein: Das Bier und seine Verfälschungen etc. Bern 1878. S. 125. desgl.
[5]) Original-Mittheilung.
[6]) Allgem. Zeitschr. f. Brauerei u. Malzfabrikation. Wien 1876.
[7]) Dingler's Polytechn. Journal. Bd. 217. S. 328. Untersuchungs-Methoden vergl. S. 817. Anm. *).
[8]) Compt. rend. 1871. Bd. 73. S. 801.
[9]) Zeitschr. gegen Verfälschung der Lebensmittel 1879. No. 10.

[0]) Zu dem Reisbier No. 2 wurden 4 hl Gerstenmalz mit 30 kg Reismehl nach dem Druckmaisch-Verfahren vermaischt; zu der ersten Dickmaische in der Pfanne bei 46° R. wird das Reismehl in kleinen Portionen zugesetzt, tüchtig durchgerührt und vertheilt, dann nach ³/₄stündigem Stehen bei einer Temperatur von 48—52° R. innerhalb ³/₄ Stunden zum Kochen erhitzt und eine halbe Stunde gekocht.

No.		Zeit der Untersuchung	Spec. Gewicht	Wasser %	Kohlensäure %	Alkohol %	Extract %	Eiweissstoffe %	Zucker = Maltose %	Dextrin %	Essigsäure %	Asche %	Phosphorsäure %	Analytiker
13	Bass's Ale von Burton	1879	1,0138	86,79	—	6,34	6,87	0,48	—	—	0,135	—	0,027	*Lawrence und Reilly* [1]*)
14	Allsopp's Ale v. „	„	1,0144	89,33	—	6,30	4,37	0,45	—	—	0,235	—	0,026	
15	Pale-Ale, Bass u. Co.	1880	1,0174	91,58	—	3,92	4,50	—	—	—	—	0,300	0,060	*H. Schmidt* [2] **)
16	Burton-Ale, Bass u. Co.	„	1,0540	81,52	—	4,81	13,61	—	—	—	—	0,276	0,039	
17	desgl. (Allsopp's) . .	„	1,0361	85,22	—	5,54	9,24	—	—	—	—	0,453	0,056	
18	India Pale-Ale, Bass u. Co.	„	1,0226	92,80	—	1,36	5,84	—	—	—	—	0,523	0,078	
19	India Pale-Ale . . .	1874	1,0140	88,68	—	5,42	5,90	—	0,66	1,57	0,40	—	—	*Krandauer* [3]
20	Prinzesse-Ale von Vellenhoven . . .	„	1,0180	90,70	—	5,05	4,25	—	0,60	1,09	—	—	—	
21	Ale von Helgoland .	1880	—	88,84	—	5,54	5,62	—	—	—	—	0,66	0,121	*Niederstadt* [4]
22	Pale-Ale, Unions-Br. Hannover . . .	1884	1,0170	—	0,175	4,51	6,44	0,78	—	—	Milchsäure 0,138	0,24	0,095	*Skalweit* [5]
23	desgl., Bass u. Co. .	1887	?	—	—	4,97	5,08	0,61	1,11	2,32	0,182	0,30	0,057	*Sendtner* [6] ***)
24	Pale-Ale aus Christiania: Brewery .	1884	1,0212	88,27	0,25	4,57	6,80	0,89	—	—	0,11	—	—	*Zetterlund* [7]
25	„	„	1,0214	88,96	0,34	4,38	6,17	—	—	—	0,14	—	—	
26	Ringes u. Co. . .	„	1,0228	88,19	0,23	4,00	6,45	—	—	—	0,13	—	—	
27	Ale (d'Ecosse) . . .	1885	—	84,90	—	4,60	10,50	—	—	—	—	—	—	*Ch. Girard* [8]†)
28	Ale zum Export . .	„	—	88,26	—	5,84	5,90	—	—	—	—	0,35†)	—	

[1]) Chemical News 1879. Vol. 38. S. 215.
[2]) Hannov. Monatsschr. gegen Verfälschung der Nahrungsmittel 1880. S. 49.
[3]) Mittheilungen der baier. Central-Landwirthschaftsschule Weihenstephan. 1874/75. S. 12. Ueber Untersuchungs-Methoden siehe unter „belgischen Bieren".
[4]) Original-Mittheilung.
[5]) Bericht über die deutsche Brauerei-Ausstellung in Hannover 1885 von Röhrig u. Skalweit. Ueber die Untersuchungs-Methoden vergl. unter Lagerbier S. 816. Anm. *).
[6]) Archiv f. Hygiene 1887. Bd. VI. S. 85.
[7]) Zeitschr. f. d. gesammte Brauwesen 1884. Ueber die Untersuch.-Methoden vergl. unter Exportbier S. 826. Anm. *).
[8]) Documents sur les falsifications. 2-ième rapport du Laboratoire Municipal. Paris 1885. p. 205.

*) Die Zahlen sind pro Liter angegeben; ich habe sie auf Gewichtsprocente umgerechnet. Der Stickstoff ist nach der Will-Varrentrapp'schen Methode bestimmt und durch Multiplikation mit 6,25 die N-Substanz berechnet; die Phosphorsäure wurde mit Uranlösung titrirt. Bezüglich der anderen Untersuchungs-Methoden verweisen die Verfasser auf eine Abhandlung über die Dublin-Porter von Jackson u. Windsor (Journ. of the Royal Dublin Soc. Vol. 111. S. 163). Letztere ist mir nicht zugänglich geworden.

**) Das spec. Gewicht ist mittelst des Pyknometers bei 15° C., der Extract aus dem spec. Gewicht der von Alkohol befreiten Flüssigkeit nach der Tabelle von W. Schultze, der Alkohol-Gehalt nach der Methode von Bolley (Division des spec. Gewichts des ursprünglichen Bieres durch das der von Alkohol befreiten Flüssigkeit für gleiches Volumen, vergl. S. 806 u. 807. Anm.); die Phosphorsäure in der Asche von 100 CC. bestimmt. Die Asche von No. 16 u. 18 sowie von einem Porter (Double Stout Barklay) analysirte Schmidt für 100 Asche mit folgendem Resultat:

	K_2O %	Na_2O %	CaO %	MgO %	P_2O_5 %	SO_3 %	Cl %	SiO_2 %
1. Porter, Double Stout Barklay .	27,27	41,35	0,97	2,02	8,10	6,54	6,27	7,31
2. Burton-Ale, Bass u. Co. . .	11,62	27,37	7,21	8,27	14,01	4,29	10,71	16,32
3. India Pale-Ale, Bass u. Co. .	17,02	31,10	6,12	3,00	15,17	12,12	10,17	5,13

Der hohe Natron- und Chlor-Gehalt rührt von einem Zusatz von Kochsalz her.

***) Die Untersuchung wurde nach den Vereinbarungen bair. Chemiker, herausgeben von Hilger, Berlin 1885 ausgeführt. In No. 23 wurde 0,184% Glycerin gefunden.

†) Der Alkohol ist nach Entfernung der Kohlensäure und nach Neutralisation durch Destillation und Prüfung des Destillats mit einem in $^1/_{10}$ Grad eingetheilten Alkoholometer bestimmt; Extract durch Eindampfen von 20 CC. Bier bei 70° C. und schliessliches Trocknen bei 110°—115°; Asche durch Eindampfen von 100 CC. Bier und Verbrennen des Rückstandes. Für die Asche wurde folgende procentische Zusammensetzung gefunden:

	K_2O %	Na_2O %	CaO %	MgO %	P_2O_5 %	SO_3 %	Cl %	SiO_2 %
No. 27 . . .	23,5	38,0	1,1	1,2	22,0	2,7	6,1	5,2
No. 28 . . .	19,4	37,1	1,2	0,5	19,1	5,9	6,5	9,9

No.		Zeit der Untersuchung	Spec. Gew.	Wasser %	Kohlensäure %	Alkohol Gew. %	Extract %	Eiweissstoffe %	Zucker = Maltose %	Dextrin %	Säure = Milchsäure %	Asche %	Phosphorsäure %	Analytiker
29	Mittel von 17 Proben⁰)	1885	—	87,12	0,15	5,09	7,64	—	1,12	—	—	0,31	—	*Ch. Girard*[1])
30	Mittel v. 199 Proben⁰⁰)	„	1,0130	89,96	—	4,62	5,42	—	—	—	—	0,31	0,083	*F. E. Engelhardt*[2])
31	Bass pale Ale in Flaschen	1887	1,0095	89,42	0,503	5,66	4,42	0,50	0,49	2,20	0,117	0,31	0,056	*C. A. Crampton*[3])
32	Ale aus Philadelphia	„	1,0059	90,30	—	6,24	3,46	0,53	0,59	0,90	0,232	0,40	0,085	
33	Aus Philadelphia Pa.	„	1,0171	88,73	—	5,25	6,02	0,57	1,49	2,80	0,094	0,33	0,057	
34	Aus Reading Pa. . .	„	1,0125	87,09	0,441	6,92	5,55	0,73	0,93	1,99	0,382	0,47	0,077	
35	Aus Prov. Somerset, Fass-Ale: 2 Jahre alt . .	1882	1,0710	87,41	—	6,50	6,02	0,42	1,54	2,48	0,640 *)	—	—	*Ch. Graham*[4])
36	Aus Prov. Somerset, Fass-Ale: 3 Jahre alt . .	„	1,0850	85,71	—	8,57	5,49	0,71	1,36	1,96	0,630 **)	—	—	
37	Bass-Pale-Ale . . (hellbraun, bitter, starkes Hopfenaroma)	1888	1,0112	88,58	—	6,06	5,35	—	1,51	1,14	0,189 **)	—	—	*Bach und Gottfried*[5])
38	Devenish-Pale-Ale (hellbraun, bitter, starkes Hopfenaroma)	„	1,0127	89,81	—	4,73	5,45	—	1,21	1,46	0,178	—	—	
	Ale, Mittel (No. 1—38)	.	**1,0141**	**89,42**	**0,201**	**4,73**	**5,65**	**0,61**	**1,07**	**1,81**	**0,278**	**0,31**	**0,086**	

2. Porter.

No.		Zeit der Untersuchung	Spec. Gew.	Wasser %	Kohlensäure %	Alkohol Gew. %	Extract %	Eiweissstoffe %	Zucker = Maltose %	Dextrin %	Säure = Milchsäure %	Asche %	Phosphorsäure %	Analytiker
1		1875	1,0207	86,85	—	5,72	7,43	0,83	—	—	0,34	0,40	—	*Fr. Schwackhöfer*[6])
2	Aus London . . .	?	—	88,60	0,16	5,40	6,00	—	—	—	—	—	—	*Kayser*[7])
3	„ Edinburg . . .	?	—	80,60	0,15	8,50	0,90	—	—	—	—	—	—	
4	„ Dublin	1873	—	83,45	—	9,04	8,49	0,79	0,34	7,12	Essigsäure 0,35	0,42	—	*Jackson u. Wonfore*[8])

[1]) Vergl. Anmerk. [8]) u. †) S. 835.
[2]) State Board of Health of New-York. Sixt Ann. Report. Report of Beer. 1886.
[3]) Foods and food adulterants. Part third. Fermented alcoholic beverages. Von C. A. Crampton. Washington 1887. Ueber die Untersuchungs-Methoden vergl. die Analysen desselben Verfassers unter „Amerikanisches Bier".
[4]) Nach The Brewer's Guardian No. 291 in Zeitschr. f. d. gesammte Brauwesen 1882. S. 29. Die Untersuchungs-Methoden sind in letzterer Quelle nicht angegeben.
[5]) Allgem. Brauer- und Hopfenztg. 1888. No. 51.
[6]) Allgem. Zeitschr. f. Brauerei und Malzfabrikation. Wien 1876 und Organ des Central-Vereins f. Rübenzucker-Industrie in Oesterreich-Ungarn 1875. S. 398.
[7]) R. Stierlein: Das Bier und seine Verfälschungen. Bern 1878. S. 125.
[8]) Chem. News. III. 10.

⁰) Die Schwankungen für die 17 Proben betrugen:

	Alkohol	Extract	Asche
Minimum . . .	4,00 Gew.-Proc.	4,62 %	0,22 %
Maximum . . .	6,82 „	14,90 „	0,36 „

Die Kohlensäure und der Zucker wurden nur in je 1 Probe, die Asche in 4 Proben bestimmt.

Die Kohlensäure wird im städtischen Laboratorium in Paris durch Erwärmen von 250 CC. Bier in einem mit Chlorcalciumrohr versehenen Kolben auf 70—80° aus dem Gewichtsverlust bestimmt: Zucker durch Eindampfen von 50 CC. Bier bis zum Syrup, Fällen des mit 10 CC. Wasser versetzten Syrups mit 100 CC. 90grädigen Alkohols, Filtriren, Verjagen des Alkohols und Fällen der auf 100 CC. gebrachten Lösung nach Fehling oder Polarisiren, nachdem mit basisch essigsaurem Blei oder Thierkohle entfärbt ist.

⁰⁰) Minimum und Maximum betrugen:

	Alkohol	Extract	Asche
Minimum . . .	2,41 Gew.-Proc.	2,70 %	0,197 %
Maximum . . .	8,99 „	9,50 „	0,552 „

Die Untersuchungs-Methoden sind nicht angegeben.

*) Es enthielt flüchtige Säure = Essigsäure No. 35 = 0,070 %, No. 36 = 0,225 %.
**) Es enthielt Essigsäure No. 37 = 0,014 %, No. 38 = 0,011 %.

No.		Zeit der Untersuchung	Spec. Gew.	Wasser %	Kohlensäure %	Alkohol Gew. %	Extract %	Eiweissstoffe %	Zucker = Maltose %	Dextrin %	Essigsäure %	Asche %	Phosphorsäure %	Analytiker
5	Aus Stockholm . .	1873	—	87,40	—	6,00	6,60	—	—	—	—	—	—	Aug. Almén[1])
6	„ Göteborg . . .	„	—	88,80	—	5,80	5,40	—	—	—	—	—	—	
7	„ Stockholm . .	1879	1,0205	87,80	—	5,34	6,86	—	—	—	—	—	—	
8	„ „ . .	„	1,0272	88,13	—	5,18	6,69	—	—	—	—	—	—	
9	„ Göteborg . . .	„	1,0207	87,40	—	5,30	7,30	—	—	—	—	—	—	
10	Deutscher Porter . .	„	1,0355	84,62	—	2,32	13,06	—	—	—	0,21	0,35	—	F. Geissler[2])
11	Double Stout } aus Dublin	„	1,0116	86,60	—	7,23	6,17	0,78	—	—	0,364	—	0,173	Lawrence u. Reilly[3])
12	Siagle „ } aus Dublin	„	1,0243	89,74	—	4,92	5,34	0,43	—	—	0,222	—	0,115	
											Milchsäure			
13	Porter	„	1,0125	89,53	—	5,07	5,40	0,56	1,82	1,62	0,236 *)	0,34	0,071	J. Steiner[4])**)
14	Stout	„	1,0160	88,40	—	5,10	6,50	0,72	2,22	1,69	0,273 *)	0,33	0,068	
15	Hermelinger Porter (Bremen)	1880	1,0260	87,67	—	5,62	6,71	—	—	—	—	0,37	0,126 ***)	H. Schmidt[5])
16	Grabower P. (Mecklenburg)	„	1,0301	85,80	—	6,27	7,93	—	—	—	—	0,57	0,097 ***)	
17	Rostocker Port. (Mecklenburg)	„	1,0290	90,44	—	2,08	7,48	—	—	—	—	0,38	0,075	
18	Imperial Stout (Courage u. Co.) . .	„	1,0442	83,18	—	5,62	11,20	—	—	—	—	0,33	0,061 ***)	
19	Double Stout (Barklay Perkins u. Co.) . .	„	1,0374	85,89	—	4,56	9,55	—	—	—	—	0,45	0,037 ***)	
20	Brown Stout (Courage u. Co.)	„	1,0272	88,56	—	4,40	7,04	—	—	—	—	0,37	0,027	
21	Double Brown Stout (Barklay Perkins u. Co.)	„	1,0313	89,60	—	2,40	8,00	—	—	—	—	0,34	0,050	
22	Stout Brown single (Barklay Perkins u. Co.)	„	1,0271	90,91	—	2,08	7,01	—	—	—	—	0,54	0,084	
23	Brown Stout Double (Courage u. Co.) .	„	1,0301	87,75	—	4,32	7,93	—	—	—	—	0,32	0,086	
24	desgl. von Hermeling b. Bremen . . .	„	1,0180	86,35	—	6,33	7,32	—	0,99	2,88	0,46	—	—	Krandauer[6])
25	Von Helgoland . .	„	—	85,96	—	7,24	6,80	—	—	—	—	0,66	0,121	Niederstadt[7])

[1]) Wagner's Technol. Jahresbericht 1873 und nach einer vom Verf. eingesandten Separat-Abhandlung. Der Extractgehalt wurde durch Trocknen bei 110° C. ermittelt, der Alkohol durch Destillation.
[2]) Jahresbericht f. Agric.-Chemie 1878. S. 663 u. 664 und Pharmac. Centralhalle 1880. No. 10.
[3]) Chemical News 1879. Vol. 38. S. 215.
[4]) Zeitschr. f. d. gesammte Brauwesen. II. XIV.
[5]) Hannov. Monatsschr. gegen Verfälschung der Nahrungsmittel 1880. S. 49.
[6]) Mittheilungen der baier. Central-Landwirthschaftsschule Weihenstephan. 1874/75. S. 12. Ueber Untersuchungs Methoden siehe unter „belgischen Bieren."
[7]) Original-Mittheilung.

*) Im Original ist die Säure für 100 CC. in CC. Normallauge, nämlich 2,6 CC. und 3,0 CC. angegeben; ich habe diese auf Milchsäure umgerechnet.
**) Ueber die Untersuchungs-Methoden vergl. nachstehend unter engl. Bieren.
***) Durch Titriren mit Uranlösung, bei den anderen aus der Asche von 100 g Bier durch Gewichtsanalyse bestimmt.

No.		Zeit der Untersuchung	Spec. Gew.	Wasser %	Kohlensäure %	Alkohol Gew. %	Extract %	Eiweissstoffe %	Zucker = Maltose %	Dextrin %	Säure = Milchsäure %	Asche %	Phosphorsäure %	Analytiker
26	Von Barklay Perkins u. Co.	1880	—	85,09	—	7,34	7,57	—	—	—	—	0,54	0,162	*Niederstadt* [1])
27	Porter aus Chili . .	1887	1,0124	90,68	—	4,16	5,16	0,43	1,05	2,38	0,122	0,229	0,081	*O. Reinke*[2])
28	Porter, deutscher . .	„	1,0164	83,92	—	3,18	12,90	0,62	—	—	—	—	—	
29	„ „ von Hollack . .	„	1,0564	81,98	—	3,42	14,60	1,09	6,54	6,20	0,157	0,331	0,123	*Sendtner* [3])
30	„ aus London .	1885	—	89,44	—	4,16	6,40	—	—	—	—	0,32 *)	—	*Ch. Girard*[4])
31	„ aus Dublin .	„	—	90,25	—	3,75	6,00	—	—	—	—	0,37	—	
32	Mittel von 8 Proben[0])	„	—	89,05	0,16	4,32	6,47	—	—	—	—	0,38	—	
33	Double brown stout (Barklay Perkins u. Co.)	1884	1,0160	87,28	—	6,00	6,78	—	—	—	0,46	0,39	—	*v. Fodor*[5])
34	Mittel[00]) aus 70 Proben	1885	1,0150	89,54	—	4,46	6,00	—	—	—	—	0,35	0,094	*F. E. Engelhardt* [6])
35	Porter aus England .	1887	1,0147	87,57	0,397	6,13	5,90	0,76	0,57	2,76	0,151	0,37	0,049	*C. A. Crampton* [7])
36	Porter aus Reading Pa.	„	1,0269	86,32	0,592	4,89	8,19	0,76	2,67	2,88	0,166	0,41	0,100	
37	Dublin stout	1882	1,0740	85,77	—	5,50	8,71	0,26	3,45	3,07	0,172 **)	—	—	*Charles Graham*[8])
38	Dublin stout	„	1,0890	83,66	—	6,78	9,52	0,43	5,35	2,09	0,252 **)	—	—	

[1]) Original-Mittheilung.

[2]) Nach W. Brauer 1887. S. 795 in Zeitschr. f. d. chem. Industrie 1887. S. 291. Die Untersuchungs-Methoden sind nicht angegeben.

[3]) Vergl. Anmerkung [6]) u. ***) S. 835. No. 29 enthielt 0,059 % Glycerin.

[4]) Vergl. Anmerkung [8]) u. †) S. 835.

[5]) Archiv f. Hygiene 1884. Bd. II. p. 432. Diese Probe wurde in Budapest vertrieben. Ueber die Untersuchungs-Methoden vergl. unter „Bockbier" S. 831. Anm. ††).

[6]) State Boord of health of New-York. Report of the examinations of beers Sixthann. Report.

[7]) C. A. Crampton: Foods and food adulterants. Part third. Fermented alcoholic beverages. Washington 1887. Ueber die Untersuchungs-Methoden vergl. unter „Amerikanisches Bier".

[8]) Nach The Brewer's Guardian No. 291 in Zeitschr. f. d. gesammte Brauwesen 1882. S. 29. Die Methoden der Untersuchung sind in letzterer Quelle nicht angegeben.

[0]) Die Schwankungen in den 8 Proben betrugen:

	Alkohol	Extract	Asche
Minimum . . .	3,20 Gew.-Proc.	5,90 %	0,32 %
Maximum . . .	5,58 „	7,43 „	0,42 „

Kohlensäure wurde nur in einer Probe, Asche in 4 Proben bestimmt.

[00]) Minimum und Maximum der 70 Proben betrugen:

	Alkohol	Extract	Asche
Minimum . . .	1,67 Gew.-Proc.	2,84 %	0,170 %
Maximum . . .	6,69 „	11,78 „	0,557 „

*) Vergl. Anmerkung †) S. 835. Für die Asche dieser beiden Porter wurde folgende procentische Zusammensetzung gefunden:

	K_2O %	Na_2O %	CaO %	MgO %	P_2O_5 %	SO_3 %	Cl %	SiO_2 %
No. 30 . . .	20,9	33,4	2,8	0,3	18,6	6,5	7,7	10,0
No. 31 . . .	19,5	36,0	1,4	0,7	16,2	4,1	5,5	15,9

**) Es enthielt flüchtige Säure = Essigsäure No. 37 = 0,012 %, No. 38 = 0,036 %.

No.		Zeit der Untersuchung	Spec. Gew.	Wasser %	Kohlensäure %	Alkohol Gew. %	Extract %	Eiweissstoffe %	Zucker = Maltose %	Dextrin %	Säure = Milchsäure %	Asche %	Phosphorsäure %	Analytiker
39	Victoria Stout (schwarz, bitter, mit starkem Hopfenaroma)	1888	1,0094	89,69	—	5,36	4,90	—	1,30	2,14	0,526 *)	—	—	*Rach u. Gottfried*[1]
40	Guiness Stout (schwarz, bitter, mit starkem Hopfenaroma)	„	1,0181	86,89	—	5,66	7,42	—	1,51	1,81	0,523	—	—	
	Porter, Mittel (No. 1—40) . . .	.	**1,0191**	**88,49**	**0,215**	**4,70**	**6,59**	**0,65**	**2,62**	**3,08**	**0,281**	**0,363**	**0,093**	

Condensirtes Bier**) (Condensed Beer).

No.		Zeit der Untersuchung	Spec. Gew.	Wasser %	Kohlensäure %	Alkohol Gew. %	Extract %	Eiweissstoffe %	Zucker = Maltose %	Dextrin %	Säure = Milchsäure %	Asche %	Phosphorsäure %	Analytiker
1	Aus London erhalten . .	1887	1,0722	57,08	—	17,98	24,94	—	—	—	—	0,224	0,081	*R. Sendtner u. H. Trillich*[2] ***)
2	In Münch. gekauft	„	1,0650	57,07	—	19,13	23,80	0,720	13,04	6,85	0,101	0,209	0,076	
3	„ Frankfurt „	„	1,0714	56,50	—	17,68	25,82	0,873	14,06	8,01	0,126	0,221	0,076	
	Selbst dargestellt:													
4	Aus Malzextract u. Alkohol . . .	1887	1,0685	57,21	—	18,20	24,59	1,28	16,56	4,36	0,135	0,369	0,152	
5	Aus Pale-Ale . .	„	1,0417	52,29	—	25,61	22,10	2,95	3,61	10,73	0,475	1,047	0,322	

[1]) Allgem. Brauer- u. Hopfenztg. 1888. No. 51.

[2]) Archiv f. Hygiene 1887. Bd. VI. S. 85.

*) Es enthielt flüchtige Säure = Essigsäure No. 39 = 0,056 %, No. 40 = 0,028 %.

**) Das „condensed Beer" wird nach F. Springmühl (Pharm. Ztg. 1886. S. 107) von der Concentrated Produce Co. London in der Weise hergestellt, dass stark gehopfte und extractreiche aber nicht zu alkoholreiche englische Biere in besonderen Vacuumapparaten bei 40—50° C. auf 1/5—1/6 ihres Volumens concentrirt werden. Unter Zugrundelegung der mittleren Zusammensetzung der englischen Biere berechnet Springmühl, wie der Gehalt der auf 1/5 des ursprünglichen Gewichtes eingedunsteten Biere sein müsse und findet:

	Ursprüngliche Biere				Auf 1/5 des Gewichtes concentrirt			
	Alkohol %	Extract %	Asche %	Milchsäure %	Alkohol %	Extract %	Asche %	Milchsäure %
Ale (ord.) . . .	5,09	4,25	0,42	0,37	25,45	21,25	2,10	1,85
Ale (Export) . .	6,24	6,29	0,50	0,31	31,20	31,45	2,50	1,55
Porter	5,85	7,92	0,53	0,35	29,25	39,60	2,65	1,75
Stout (ord.) . .	4,89	5,44	0,39	0,38	24,45	27,20	1,95	1,90
Double Stout . .	6,30	7,48	0,52	0,40	31,50	37,40	2,60	2,00

Dann will Springmühl in einigen Sorten „condensed Beer" gefunden haben:

	Protein	Glycerin	Milchsäure	Hopfen-Extractivstoffe (? d. Verf.)
Probe I . . .	2,52	0,21	1,26	3,25 %
Probe II . . .	2,09	0,19	1,09	3,44 „
Probe III . .	2,41	0,23	1,45	3,56 „

Mit diesen Angaben stimmen aber die für wirkliche verkaufte Waaren gefundenen Zahlen von Sendtner u. Trillich nicht überein; auch zeigt die aus Pale-Ale von denselben nach der Vorschrift selbst dargestellte Probe eine ganz andere Zusammensetzung als die Verkaufsproben No. 1—3. Noch deutlicher tritt der Unterschied hervor, wenn man die Bestandtheile: Eiweissstoffe, Mineralstoffe und Phosphorsäure in Procenten des Extractes ausdrückt, mit welchen Zahlen ich gleichzeitig die für Glycerin und Extract (nach der direkten Methode) aufführen will:

	In Procenten des Extractes			In der ursprünglichen Substanz	
	Eiweissstoffe	Mineralstoffe	Phosphorsäure	Glycerin	Extract (direct bestimmt)
Gekaufte Sorten „Cond. Beer":	%	%	%	%	%
1. Aus London	—	0,90	36,3	—	—
2. Aus München	3,06	0,89	36,6	0,184	23,53
3. Aus Frankfurt	3,59	0,91	34,4	—	24,29
Selbst dargestellte Sorten:					
4. Aus Malzextract und Alkohol .	5,20	1,54	43,9	—	23,99
5. Aus Pale-Ale	14,17	5,03	30,7	0,717	20,81

Da Sendtner und ebenso Warnecke in dem condensed beer ferner kein Alkaloïd (das Hopfenalkaloïd) nachweisen konnte, so hält er das cond. beer für ein Gemisch von Alkohol mit Malzextract (d. h. ungehopfter Bierwürze).

***) Die Untersuchung wurde nach den Vereinbarungen bairischer Vertreter für angewandte Chemie, herausgegeben von A. Hilger, Berlin 1885, vorgenommen.

Ausländische Biere.

Belgische Biere.

No.		Zeit der Untersuchung	Spec. Gew.	Wasser %	Kohlensäure %	Alkohol Vol. %	Extract %	Eiweissstoffe %	Zucker %	Dextrin %	Säure = Milchsäure %	Colorimeter %	Phosphorsäure %	Analytiker
1	Lambic 1839 (E. Begquet Bruxelles)	?	1,0115	86,58	—	7,77	5,65	—	1,06	2,51	1,11 *)	6,7	—	*Krandauer*[1]) **)
2	„ 1869 (E. Begquet Bruxelles)	?	1,0024	90,83	—	6,20	2,97	—	0,33	0,73	1,18	1,2	—	
3	„ 1872 (E. Begquet Bruxelles)	?	1,0033	90,76	—	5,94	3,30	—	0,48	1,74	1,00	1,2	—	
4	Faro . . . (E. Begquet Bruxelles)	?	1,0130	90,52	—	4,33	5,15	—	0,71	2,90	0,90	2,3	—	
5	Lambic 1868 aus Thielrode	?	1,0023	91,44	—	5,93	2,63	—	0,44	1,55	0,85	1,5	—	
6	Doppelt-Bier, ebendaher	1874	1,0030	92,11	—	4,99	2,90	—	0,48	2,05	0,55	1,1	—	
7	Lambic 1871 (de Boeck frères-Bruxelles) . .	?	1,0090	89,14	—	6,38	4,48	—	0,66	1,87	1,06	1,9	—	
8	Gerstenbier aus Oud-Turnhout	1874	1,0028	92,53	—	4,77	2,70	—	0,44	0,89	0,46	1,5	—	
9	Aus Brouwers Oppuers .	„	1,0066	86,76	—	8,44	4,80	—	1,20	2,50	0,32	0,7	—	
												Asche		
10	Stanbier von Breda . .	„	—	—	—	3,85	3,10	—	0,36	1,33	0,320	—	—	*Ch. Girard*[2]) ***)
11	Lambic	„	1,0012	—	—	6,14 Gew. %	2,95	0,43	0,42	—	0,120	0,31	—	
12	De Winter frères (dunkel. Winter-Bier)	1884	1,0120	87,57	0,14	6,59	5,47	0,96	—	—	0,23	—	—	*Zetterlund*[3])
13	Oppuers . . . (dunkel. Winter-Bier)	„	1,0060	88,35	0,24	7,21	3,90	0,95	—	—	0,30	—	—	

Französische Biere.

No.		Zeit der Untersuchung	Spec. Gew.	Wasser %	Kohlensäure %	Alkohol Vol. %	Extract %	Eiweissstoffe %	Zucker %	Dextrin %	Säure = Milchsäure %	Colorimeter %	Phosphorsäure %	Analytiker
1	Aus Nordfrankreich (saure Biere)	1871	—	92,74	—	3,20	4,04	—	0,70	—	—	0,16	—	*E. Monier*[4])
2	desgl. . . . . . (saure Biere)	„	—	93,61	—	2,60	3,79	—	0,48	—	—	0,21	—	
3	desgl. . . . . . (saure Biere)	„	—	93,93	—	2,88	3,19	—	0,66	—	—	0,22	—	
4	Aus Paris (süsse Biere)	„	—	90,05	—	3,76	6,19	—	1,43	—	—	0,26	—	
5	desgl. . . (süsse Biere)	„	—	89,90	—	3,60	6,50	—	1,16	—	—	0,21	—	
6	Aus Nancy	1885	—	87,76	—	4,64	7,60	—	—	—	—	0,35	—	*Ch. Girard*[5])
7	„ Tantouville Lagerbier	„	—	89,21	—	4,79	6,00	—	—	—	—	0,32	—	
8	„ Toul	„	—	92,00	—	4,00	4,00	—	—	—	—	0,19	—	

[1]) Mitth. d. kgl. baier. Central-Landwirthschaftsschule Weihenstephan 1874/75. S. 12.
[2]) Documents sur les falsifications. 2-ième rapport du laboratoire Municipal à Paris. 1885. p. 209.
[3]) Zeitschr. f. d. gesammte Brauwesen 1884. Ueber Untersuchungs-Methoden vergl. unter „Exportbier" S. 826. Anm. *).
[4]) Compt. rendus 1871. Bd. 73. S. 801.
[5]) Documents sur les falsifications etc. 2-ième rapport du Laboratoiere Municipal à Paris 1885. p. 196. Ueber die Untersuchungs-Methoden vergl. unter „Ale" S. 835. Anm. †) und „Belgische Biere".

*) Die Säure ist im Original in „verbrauchte" CC. Normalalkalilauge angegeben; ich habe diese Zahlen auf „Milchsäure" umgerechnet, indem ich 1 CC. Normalalkali = 0,0912 g Milchsäure gesetzt habe. Säure = Cubikcentimeter Normalalkalilauge.

**) Ueber die Methoden der Untersuchung ist nichts Näheres angegeben. Es heisst nur in der Anleitung zu den Analysen: „Bei der Untersuchung der Biere werden hier gewöhnlich berücksichtigt: 1. Aeussere Eigenschaften: Farbe (Colorimetrie = 1/10 Normal-Jodlösung), Klarheit, Mousseux, Geruch, Geschmack: 2. bei Trübungen die Art der Trübung; 3. spec. Gewicht, Extract-, Alkohol-, Säuregehalt (letzteren bezogen auf Cubikcentimeter Normal-Natronlauge); Vollmundigkeit mit dem Viscosimeter); im Extract das Verhältniss des Zuckers zu Nichtzucker (Dextrin); in besonderen Fällen Stickstoff- und Aschengehalt; etc.

***) Ob die Analyse No. 10 von Girard selbst ausgeführt ist, ist aus der angeführten Quelle nicht ersichtlich; die von Krandauer herrührenden Analysen belgischer Biere sind dort auch aufgeführt. Ueber die Untersuchungs-Methoden vergl. unter „Ale" S. 835. Anm. †). Die Bestimmung des Stickstoffs resp. der Eiweissstoffe werden im Städtischen Laboratorium in Paris in der Weise ausgeführt, dass man die von der Zuckerbestimmung herrührende Alkoholfällung von 50 CC. Bier trocknet und nach dem Zerreiben in 2 Hälften theilt; die eine wird eingeäschert und dient zur Bestimmung der Salze; die andere wird in bekannter Weise mit Natronkalk verbrannt. Der gefundene N wird, unter der Annahme, dass die N-Substanz 15,5 % N enthält, mit 6,45 multiplicirt, während in Deutschland in der N-Substanz 16 % N angenommen und der gefundene N mit 6,25 % multiplicirt wird.

No.		Zeit der Untersuchung	Spec. Gew.	Wasser %	Kohlensäure %	Alkohol Gew. %	Extract %	Eiweissstoffe %	Zucker = Maltose %	Dextrin %	Säure = Milchsäure %	Asche %	Phosphorsäure %	Analytiker
9	Aus Vittel	1885	—	88,78	—	5,21	6,01	—	0,86	—	—	0,14	—	Ch. Girard[1])
10	„ Lille, starkes Bier .	„	—	91,35	—	3,35	5,30	—	—	—	—	0,35	—	
11	„ dem Norden, in Paris verkauft	„	—	90,94	—	6,70	3,36	—	1,92	—	—	0,21	—	
12	Aus Paris, nach Wiener Art, Mittel von 67[6]) Proben	„	—	91,14	—	3,54	5,32	—	1,11	—	—	0,19	—	
13	Delebart fils, Dou-ai-Nord, blondes Tyroler Bier .	„	1,0148	87,61	0,32	5,89	6,05	0,82	—	—	0,13	—	—	Zetterlund[2])

Spanische Biere.

No.		Zeit der Untersuchung	Spec. Gew.	Wasser %	Kohlensäure %	Alkohol Gew. %	Extract %	Eiweissstoffe %	Zucker = Maltose %	Dextrin %	Säure = Milchsäure %	Asche %	Phosphorsäure %	Analytiker
1	Bedeka de la Cruz-blanca, Santander: Imp. Bock-Ale	1884	1,0068	89,03	0,21	6,33	4,24	—	0,93	—	0,19	—	—	Zetterlund[2])
2	Bedeka de la Cruz-blanca, Santander: Double Bock .	„	1,0142	87,99	0,25	4,38	7,31	—	0,89	—	0,07	—	—	
3	Specialidade	„	1,0130	90,25	0,39	4,31	4,80	—	0,84	—	0,24	—	—	

Holländische Biere.

No.		Zeit der Untersuchung	Spec. Gew.	Wasser %	Kohlensäure %	Alkohol Gew. %	Extract %	Eiweissstoffe %	Zucker = Maltose %	Dextrin %	Säure = Milchsäure %	Asche %	Phosphorsäure %	Analytiker
1	Aus Amsterdam, süsses Bier	1871	—	—	—	4,30	7,00	—	1,63	—	—	0,22	—	E. Monier[3])
2	Ebendaher, Balkerbier .	1874	1,0090	—	—	3,20	6,07	0,52	0,96	3,22	—	0,25	—	Krandauer[4])
3	Aus Amsterdam: Amerfortsche Brau.	1884	1,0172	88,93	0,26	4,56	6,51	0,48	—	—	0,18	—	—	C. G. Zetterlund[2])
4	Aus Amsterdam, Koninklyka Bierbrauwery: Bairisches	„	1,0152	89,64	0,18	4,37	6,05	—	—	—	0,51	—	—	
5	Aus Amsterdam, Koninklyka Bierbrauwery: Pilsener .	„	1,0081	91,37	0,17	4,56	4,13	—	—	—	0,51	—	—	
6	Dè Haan u. Raven-Haarlem: Ale . . .	„	1,0034	92,80	0,32	4,50	2,90	—	—	—	0,31	—	—	
7	Dè Haan u. Raven-Haarlem: Dè withe Extra Stoute .	„	1,0156	90,07	0,20	4,19	5,93	—	—	—	—	—	—	
8	Amstelbier, Amsterdam .	„	1,0215	88,67	0,24	3,94	7,39	—	—	—	0,28	—	—	

Englische Biere.

No.		Zeit der Untersuchung	Spec. Gew.	Wasser %	Kohlensäure %	Alkohol Gew. %	Extract %	Eiweissstoffe %	Zucker = Maltose %	Dextrin %	Säure = Milchsäure %	Asche %	Phosphorsäure %	Analytiker
1	Wohl gehopft von guter Haltbarkeit	1879	1,0080	91,44	—	4,20	4,36	0,35	1,02	1,55	0,21 *)	0,25	0,052	J. Steiner[5]) **)
2		„	1,0091	90,37	—	5,10	4,53	0,38	1,60	1,47	0,27	0,28	0,057	

[1]) Vergl. Anmerkung [5]) Seite 840.
[2]) Zeitschr. f. d. gesammte Brauwesen 1884. Ueber die Untersuch.-Method. vergl. unter „Exportbier" S. 826. Anm. *).
[3]) Compt. rendus 1871. Bd. 73. S. 801.
[4]) Mitth. d. kgl. bayer. Centr.-Landwirthschaftsschule Weihenstephan 1874/75. S. 12.
[5]) Zeitschr. f. d. gesammte Brauwesen 1879. II. XIV. S. 244.

[6]) Aus der angegebenen Quelle ist nicht ersichtlich, ob diese Biere in Paris selbst gebraut sind. Die Schwankungen im Gehalt betrugen:

	Alkohol Gew.-Proc.	Extract %	Zucker %	Asche %
Minimum	0,86	1,68	0,35	0,04 (?)
Maximum . . .	6,17	8,89	5,40 (?)	0,40

Der Gehalt an „Asche" bei mehreren der untersuchten Sorten Bier ist so gering, dass kein Bier aus reinem Gerstenmalz angenommen werden kann; möglicher Weise hat dieser geringe Gehalt aber seine Ursache in der Untersuchungs-Methode, welche zu niedrige Zahlen liefern dürfte.

*) Vergl. Anmerkung *) Seite 840.
**) Der Gehalt an Extract wurde durch Eintrocknen bei 70° C., der Alkohol nach der Destillations-Methode (engl. Art „Excise method"), der Zucker mittelst Fehling'scher Lösung, das Dextrin durch Berechnung aus der abgelesenen Polarisation, die Eiweissstoffe durch Verbrennen mit Natronkalk und Multiplikation des gefundenen N mit 6,25 ermittelt.

No.		Zeit der Untersuchung	Spec. Gewicht	Wasser %	Kohlensäure %	Alkohol Gew. %	Extract %	Eiweissstoffe %	Zucker %	Dextrin %	Säure = Milchsäure %	Asche %	Phosphorsäure %	Analytiker
3	Gewöhnliche schwere Biere für den Consum	1879	1,0106	90,59	—	4,50	4,91	0,32	1,75	1,56	0,36	0,24	0,048	*J. Steiner* [1]*)
4	Gewöhnliche schwere Biere für den Consum	„	1,0110	89,10	—	5,00	5,90	0,40	2,12	1,81	0,36	0,36	0,072	
5	Besonders starke Biere zum Abmisch. (Blenden) von schwachem Bier	„	1,0144	87,97	—	6,43	5,60	0,68	2,25	1,57	0,40	0,40	0,091	
6	Besonders starke Biere zum Abmisch. (Blenden) von schwachem Bier	„	1,0203	83,29	—	8,11	8,60	0,79	2,24	2,79	0,55	0,45	0,092	
									Zuck. = Maltose				Essigsäure	
7	Burton süss	1882	1,0800	86,47	—	6,78	6,74	0,26	2,13	3,64	0,18	—	0,010	*Ch. Graham* [2])
8	Burton hell	„	1,0620	89,48	—	5,37	5,13	0,21	1,75	2,48	0,14	—	0,020	
9	Burton bitter	„	1,0640	89,12	—	5,44	5,42	0,16	1,62	2,60	0,17	—	0,015	
10	süss	„	1,0555	89,97	—	4,60	5,39	0,20	1,87	1,88	0,14	—	0,036	
11	süss	„	1,0607	89,40	—	5,13	5,44	0,20	1,99	1,73	0,15	—	0,031	
12	süss	„	1,0737	86,68	—	6,50	6,80	0,30	2,88	2,05	0,10	—	0,024	
13		„	1,0440	91,70	—	3,29	5,00	0,23	2,14	1,37	0,09	—	0,010	
14	bitter	„	1,0450	92,66	—	4,34	2,97	0,16	0,84	1,48	0,10	—	0,030	
15	bitter	„	1,0446	92,49	—	4,69	2,76	0,21	0,81	0,75	0,14	—	0,060	
16	Schottische Biere süss	„	1,0530	91,27	—	4,62	4,08	0,35	1,50	0,86	0,14	—	0,030	
17	Schottische Biere Export, bitter	„	1,0570	89,63	—	5,00	5,21	0,30	1,62	2,50	0,09	—	0,060	
18	Schottische Biere bitter . . .	„	1,0570	91,28	—	5,50	3,20	0,30	0,87	1,45	0,10	—	0,020	
19	Schottische Biere bitter . . .	„	1,0590	90,55	—	5,87	3,55	0,32	0,87	1,38	0,20	—	0,030	
20	Tottenham - Lager - Beer, hellbraun, mässig bitter	1888	1,0151	90,74	—	0,274	3,59	—	1,19	2,61	0,187 **)	—	—	*Rach u. Gottfried* [3])
21	Ihn finnst London Cooper, schwarz, bitter . . .	„	1,0138	89,08	—	0,325	5,03	—	1,30	2,02	0,204 **)	—	—	

Schwedische Biere.

No.		Zeit der Untersuchung	Spec. Gewicht	Wasser %	Kohlensäure %	Alkohol Gew. %	Extract %	Eiweissstoffe %	Zucker %	Dextrin %	Säure = Milchsäure %	Asche %	Phosphorsäure %	Analytiker
1	Exportbier von Stockholm	1871	—	90,40	—	4,50	5,10	—	—	—	—	—	—	*Aug. Almén* [4]***)
2	Starkbier von desgl. . .	„	—	90,00	—	4,80	5,20	—	—	—	—	—	—	
3	Aus Göteborg	1879	1,0135	90,18	—	4,39	5,33	—	—	—	—	—	—	
4	„ Orebro	„	—	90,60	—	4,10	5,50	—	—	—	—	—	—	
5	„ Göteborg	„	1,0152	89,80	—	4,52	5,68	—	—	—	—	—	—	
6	„ „	„	1,0159	89,38	—	4,81	5,81	—	—	—	—	—	—	
7	„ Upsala	„	—	89,10	—	4,70	6,20	—	—	—	—	—	—	
8	„ Mässjö	„	1,0179	89,34	—	4,37	6,29	—	—	—	—	—	—	
9	„ Upsala	1871	—	88,90	—	4,70	6,40	—	—	—	—	—	—	
10	„ „ (Erlanger) .	1879	1,0202	89,42	—	3,90	6,68	—	—	—	—	—	—	
11	„ Göteborg	„	1,0191	88,94	—	4,26	6,78	—	—	—	—	—	—	
12	„ Jönköpping . . .	„	1,0215	89,14	—	3,84	7,02	—	—	—	—	—	—	
13	„ Stockholm (Münch.)	1871	—	88,60	—	4,00	7,40	—	—	—	—	—	—	

[1]) Zeitschr. f. d. gesammte Brauwesen 1879. II. XIV. S. 244.
[2]) Nach The Brewer's Guardian No. 291 in Zeitschr. f. d. gesammte Brauwesen 1882. S. 29. Die Untersuchungs-Methoden sind in letzterer Quelle nicht angegeben.
[3]) Allgem. Brauer- u. Hopfenztg. 1888. No. 51.
[4]) Nach einem Abdruck aus: Upsala Läkareförnings Förhandlingar 1879. XIV. S. 8.

*) Vergl. Anmerkung **) Seite 841.
**) Es enthielt flüchtige Säure = Essigsäure No. 20 = 0,012 %, No 21 = 0,025 %.
***) Der Extractgehalt wurde durch Trocknen bei 110°, der Alkohol durch Destillation bestimmt.

No.	Bezeichnung des Bieres	Zeit der Untersuchung	Spec. Gew.	Wasser %	Kohlensäure %	Alkohol %	Extract %	Säure = Milchsäure %	Analytiker
14	Aus Upsala	1879	1,0272	89,31	—	2,71	7,98	—	*Aug. Almén*[1] *)
15	Exportbier Upsala	"	1,0356	85,64	—	3,79	10,57	—	
16	Starkbier Stockholm	1871	—	83,00	—	4,60	12,40	—	
17	Upsala } süsses Bier	"	—	89,20	—	2,60	8,20	—	
18	" } süsses Bier	"	—	88,10	—	3,00	8,90	—	
19	" } Dünnbier	"	—	94,70	—	2,10	3,20	—	
20	" } Dünnbier	"	—	94,50	—	2,20	3,30	—	
21	Norlings Bruggeri, Oerebro { Pilsener Art .	1884	1,0148	91,90	0,22	3,45	4,65	0,11	*Zetterlund*[2]
22	Norlings Bruggeri, Oerebro { Bair. Art . .	"	1,0200	89,64	0,21	3,60	6,76	0,11	
	A. Schenk- oder Winterbier, sogenanntes Bairisches Bier.	Winter						Gesammtsäure (Milchsäure)	
23	Bairisches Bier von Venersberg . . .	1880	1,0146	90,04	0,252	4,64	5,32	0,150	*Versuchsstation in Oerebro*[3]
24	" " " Alingsas	"	1,0180	89,53	0,177	4,48	5,99	0,132	
25	Sandvalls " " Boras	"	1,0132	91,26	0,184	4,16	4,58	0,115	
26	Bairisches " " Ulriahamm . . .	"	1,0132	91,12	0,183	4,24	4,64	0,106	
27	" " " Falköping . . .	"	1,0120	92,08	0,211	3,68	4,24	0,098	
28	" " " Sköfde	"	1,0188	89,16	0,168	4,40	6,44	0,167	
29	" " " Mariestad . . .	"	1,0184	89,63	0,106	4,24	6,13	0,194	
30	" " " Lund	"	1,0164	90,35	0,394	4,32	5,33	0,106	
31	Klappans " " Aby	"	1,0156	89,63	0,216	4,88	5,49	0,097	
32	Finnlands " " Kristianstad . . .	"	1,0140	90,81	0,336	4,16	5,03	0,177	
33	Wendels " " " . . .	"	1,0178	88,79	0,343	5,12	6,09	0,118	
34	Bairisches " der deutschen Brauerei in Karlskrona	"	1,0216	87,56	0,267	5,20	7,24	0,132	
35	Bairisches Bier von Lykeby	"	1,0180	89,37	0,186	4,48	6,15	0,176	
36	" " " "	"	1,0204	88,50	0,239	4,94	6,56	0,202	
37	Kronlein u. Co., Bier von Jönköping .	"	1,0160	90,77	0,204	4,08	5,15	0,115	
38	Sands Bier von Jönköping	"	1,0172	89,08	0,303	4,88	6,04	0,127	
39	Bairisches Bier von Ulrigstad	"	1,0176	89,94	0,134	4,32	5,74	0,150	
40	" " " Säfsjö	"	1,0164	91,32	0,190	3,68	5,00	0,155	
41	" " " Näfsjö	"	1,0176	88,34	0,307	5,52	6,14	0,141	
42	" " " Motala	"	1,0132	90,69	0,221	4,40	4,91	0,115	
43	" " " Eskilstuna . . .	"	1,0182	89,80	0,300	4,24	5,96	0,106	
44	" " " " . . .	"	1,0148	90,20	0,332	4,41	5,39	0,185	
45	Sala, Dampfbrauerei-Act.-Gesellsch. Sala	"	1,0174	89,94	0,163	4,16	5,90	0,097	
46	Erlangens bairisches Bier	"	1,0187	91,13	0,200	3,44	5,43	0,115	
47	Bairisches Bier von Westeras	"	1,0176	89,92	0,335	4,40	5,68	0,106	
48	" " " Köping	"	1,0152	90,73	0,242	4,00	5,27	0,141	
49	" " " Arboga	"	1,0160	91,32	0,205	3,44	5,24	0,119	
50	" " " Lindersberg . . .	"	1,0164	91,39	0,334	3,68	4,93	0,113	

[1] Nach einem Abdruck aus: Upsala Läkareförnings Förhandlingar 1879. XIV. S. 8.
[2] Zeitschr. f. d. gesammte Brauwesen 1884. Ueber die Untersuch.-Method. vergl. unter Exportbier S. 826. Anm. *).
[3] Brau- u. Hopfenztg. in Nürnberg 1884.

*) Der Extractgehalt wurde durch Trocknen bei 110°, der Alkohol durch Destillation bestimmt.

No.	Bezeichnung des Bieres	Zeit der Untersuchung	Spec. Gew.	Wasser %	Kohlensäure %	Alkohol %	Extract %	Gesammtsäure (Milchsäure) %	Analytiker
51	Bairisches Bier von Nora	Winter 1880	1,0156	90,88	0,188	4,08	5,04	0,106	*Versuchsstation in Oerebro*[1])
52	„ „ „ Baughammer . .	„	1,0156	91,16	0,250	3,50	5,34	0,180	
53	„ „ „ Nordlings Brauerei, Actien-Gesellschaft in Oerebro . .	„	1,020	89,46	0,340	3,70	6,84	0,140	
54	Starkbier von derselben Brauerei . .	„	1,0225	88,40	0,269	4,32	7,28	0,106	
55	Bairisches Bier von der Act.-Ges. Oerebro	„	1,0226	87,16	0,201	5,04	7,35	0,114	
56	Starkbier „ „ „ „	„	1,0228	86,63	0,187	5,78	7,59	0,123	
57	Bairisches Bier von J. Zenk	„	1,0164	90,30	0,175	4,00	5,70	0,164	
58	„ „ „ Askersund . . .	„	1,0264	87,65	0,138	4,56	8,49	0,144	
59	Pilsener Bier von Kristinehamm . . .	„	1,0184	90,76	0,151	3,52	5,72	0,265	
60	Samen- „ „ „ . . .	„	1,0172	90,51	0,199	4,24	5,25	0,159	
	B. Bockbier.								
61	Erlangens Bockbier von Upsala . . .	„	1,0437	83,06	0,140	4,72	12,22	0,146	
	C. Porter.								
62	Carnegu u. Co., Göteborg	„	1,0162	87,92	0,447	6,33	5,75	0,355	
	D. Süssbier (schwedisches Bier).								
63	Nordlings Brauerei, Act.-Ges. Oerebro: Weihnachtsbier .	„	1,0283	86,10	0,261	5,26	8,64	0,124	
64	Nordlings Brauerei, Act.-Ges. Oerebro: schwedisch. Bier	„	1,0429	89,04	0,190	0,96	10,00	0,103	
65	Oerebro, Brauerei-Actien-Ges. Oerebro: Schwedisches Bier	„	1,0431	87,30	0,274	1,09	11,61	0,108	
	F. Dünnbier.								
66	Nordl. Brauerei-Act.-Ges. Oerebro . .	„	1,0092	94,45	0,260	2,10	1,64	0,070	
67	Oerebro, Brauerei-Act.-Ges.	„	1,0184	93,63	0,178	1,72	4,65	0,126	

Norwegische Biere.

No.		Bezeichnung des Bieres						Alkohol Gew. %		Eiweissstoffe	Säure = Milchsäure	
1	Aus Christiana	Christ. Brewery, Pale Ale . .	1884	1,0212	88,27	0,25		4,57	6,80	0,89	0,11	*C. G. Zetterlund*[2])
2		Friedenlunds Brewery: Pale Ale . . .	„	1,0214	88,96	0,34		4,38	6,17	—	0,14	
3		Friedenlunds Brewery: Bock Beer . .	„	1,0254	86,38	0,21		6,02	7,30	1,30	0,09	
4		Friedenlunds Brewery: Export Beer . .	„	1,0187	—	0,24		4,38	—	—	0,11	
5		Ringnes u. Co, Pale Ale . .	„	1,0228	89,19	0,23		4,00	6,45	0,97	0,13	
6	Aus Drammen	P. Ltz-Aaass: Norw. Beer . .	„	1,0184	89,01	0,25		4,69	5,90	—	0,15	
7		P. Ltz-Aaass: Norskt Exp. . .	„	1,0206	89,32	0,33		3,83	6,35	—	0,17	
8		Christ. Wriedt: Bière de Wriedt .	„	1,0146	90,96	0,26		3,77	4,94	0,64	0,07	
9		Christ. Wriedt: „ Salvator . .	„	1,0228	87,63	0,28		4,94	7,06	—	0,09	

[1]) Brau- und Hopfenzeitung in Nürnberg 1884.

[2]) Zeitschr. f. d. gesammte Brauwesen 1884. Ueber die Untersuch.-Method. vergl. unter „Exportbier" S. 826. Anm. *).

Schweizer Biere.

Biere aus Canton Luzern.*)

No.		Zeit der Untersuchung	Spec. Gew.	Wasser %	Kohlensäure %	Alkohol Vol. %	Extract %	Eiweissstoffe %	Zucker %	Glycerin %	Säure %	Asche %	Phosphorsäure %	Analytiker
1	Brauerei Arnold i. Triengen	1876	1,0127	91,05	—	4,06	4,89	—	1,06	0,118	—	0,280	0,068	R. Stierlein[1]**)
2	Basel-Strassb. B. . . .	1879	1,0169	88,77	—	4,90	6,33	—	1,75	0,085	—	0,202	0,051	
3	desgl., andere Sorte . .	"	1,0168	87,47	—	5,16	6,37	—	1,60	0,185	—	0,212	0,059	
4	Bernet in Altbüron . .	"	1,0137	90,28	—	4,35	5,37	—	1,22	0,061	—	0,210	0,073	
5	Brun in Luzern . . .	"	1,0129	89,37	—	5,22	5,41	—	1,31	0,210	—	0,228	0,068	
6	Bühler in Willisau . .	"	1,0176	87,71	—	5,38	6,91	—	0,43	0,104	—	0,213	0,089	
7	Bühler in Altishofen . .	"	1,0191	87,77	—	5,28	6,95	—	0,25	0,238	—	0,225	0,080	
8	Baumberger in Langenthal	"	1,0150	88,65	—	5,34	6,01	—	1,16	0,360	—	0,214	0,062	
9	Brauerei Dali in Root .	"	1,0161	87,87	—	5,90	6,23	—	0,46	0,186	—	0,264	0,083	
10	Falken-Br. in Luzern . .	—	1,0117	90,11	—	4,83	5,06	—	1,23	0,165	—	0,249	0,062	
11	Bier von Dagmarsellen .	—	1,0177	89,44	—	4,71	5,85	—	1,70	0,215	—	0,237	0,072	
12	Gebr. Friedinger in Malters	—	1,0161	89,28	—	4,80	5,92	—	0,40	0,185	—	0,210	0,074	
13	Freienhof in Luzern . .	—	1,0146	90,34	—	4,85	5,81	—	0,97	0,224	—	0,225	0,072	
14	Furrer in Hochdorf . .	—	1,0187	89,14	—	4,48	6,48	—	0,51	0,233	—	0,210	0,066	
15	Steinhofbier	—	1,0174	88,38	—	5,30	6,32	—	0,93	0,345	—	0,250	0,070	
16	Gassler in Luzern . . .	—	1,0164	92,19	—	2,99	5,82	—	1,28	0,405	—	0,228	0,068	
17	Grieb in Dagmarsellen .	—	1,0164	87,66	—	5,58	6,86	—	2,45	0,221	—	0,228	0,084	
18	Hurliman in Zürich . .	—	1,0167	88,29	—	5,52	6,19	—	1,60	0,193	—	0,252	0,058	
19	St. Jacob in Luzern . .	—	1,0130	90,24	—	4,11	5,65	—	1,40	0,083	—	0,182	0,056	
20	Jos. Hügi i. Schötz . .	—	1,0179	92,67	—	1,85	5,58	—	0,38	0,321	—	0,184	0,046	
21	Pfungstädter Export . .	—	1,0159	88,10	—	5,74	6,16	—	1,61	0,260	—	0,242	0,079	
22	J. Limacher in Luzern .	—	1,0137	88,47	—	5,67	5,86	—	1,03	0,217	—	0,298	0,079	
23	Löwengarten " " .	—	1,0181	89,33	—	4,05	6,62	—	1,50	0,100	—	0,239	0,071	
24	desgl. " " .	—	1,0186	89,13	—	4,48	6,39	—	1,77	0,225	—	0,200	0,066	
25	Carlsruher Bier . . .	—	1,0117	88,93	—	5,75	5,32	—	1,11	0,363	—	0,242	0,069	
26	desgl. Exportbier . . .	—	1,0193	87,17	—	5,82	7,01	—	0,77	0,570	—	0,250	0,072	
27	desgl. Utobier	—	1,0206	87,70	—	4,99	7,31	—	1,24	0,193	—	0,261	0,069	
28	Brauerei Münster . . .	—	1,0174	89,23	—	4,64	6,13	—	0,32	0,164	—	0,194	0,064	
29	Pfungstädter Br. . . .	—	1,0152	88,44	—	5,61	5,95	—	1,47	0,190	—	0,244	0,067	
30	A. Reeb in Büron . .	—	1,0152	88,70	—	5,42	5,88	—	0,27	0,230	—	0,226	0,068	
31	Renggli in Hasle . . .	—	1,0153	87,91	—	5,38	6,71	—	0,10	0,106	—	0,230	0,089	
32	Rosengarten in Luzern .	—	1,0133	90,02	—	4,80	5,18	—	1,49	0,233	—	0,175	0,051	
33	Schweizerhalle in Luzern	—	1,0151	89,03	—	5,44	5,53	—	0,87	0,180	—	0,237	0,062	
34	Burgdorfer Bier . . .	—	1,0162	88,15	—	5,69	6,16	—	0,21	0,174	—	0,243	0,068	
35	Sursen'r Brauerei . . .	—	1,0159	87,49	—	6,32	6,19	—	0,19	0,188	—	0,252	0,067	
36	Vonesch in Werthenstein	—	1,0191	88,44	—	4,55	7,01	—	0,36	0,150	—	0,229	0,071	
37	Vitznau Brauerei . . .	—	1,0170	87,08	—	5,70	7,22	—	0,32	0,094	—	0,234	0,083	

[1]) Das Bier, seine Verfälschung etc. Bern 1878. S. 129.

*) Die Biere sind dort zum Theil gebraut, zum Theil anderswoher bezogen; sie stammen aus den Jahren 1876 u. 1877

**) Spec. Gewicht ist mit dem Pyknometer bei 15° C. bestimmt, Alkohol durch Destillation, Extract durch 36stündiges Trocknen im Wasserbade und Erkaltenlassen über Chlorcalcium, Zucker mit Fehling'scher Lösung durch Titration, Phosphorsäure aus der Asche nach der Molybdän-Methode.

No.		Zeit der Untersuchung	Spec. Gewicht	Wasser %	Kohlensäure %	Alkohol Vol. %	Extract %	Eiweissstoffe %	Zucker %	Glycerin %	Säure = Milchsäure %	Asche %	Phosphor-säure %	Analytiker
38	Wäggis, Brauerei . . .	—	1,0272	87,37	—	5,52	7,11	—	0,27	0,076	—	0,248	0,087	R. Stierlein[1])
39	Williman in Dagmarsellen	—	1,0172	87,88	—	5,18	6,94	—	0,33	0,283	—	0,223	0,089	
40	Zell, Brauerei	—	1,0177	88,28	—	5,18	6,54	—	0,22	0,168	—	0,255	0,078	
	Mittel*)	.	**1,0163**	**88,80**	—	**5,02**	**6,179**	—	**0,883**	**0,218**	—	**0,231**	**0,069**	

Schweizer Biere, Schenkbiere:

No.		Zeit der Untersuchung	Spec. Gewicht	Wasser %	Kohlensäure %	Alkohol Vol. %	Extract %	Eiweissstoffe %	Zucker %	Glycerin %	Säure = Milchsäure %	Asche %	Phosphor-säure %	Analytiker
1	Stämpfli, Schüpfen, hellbraun	1884	1,0230	88,12	—	4,56	7,32	—	—	0,212	0,153	0,240	0,089	F. Schaffer[2])
2	Baumberger, Langenthal, hellbraun	„	1,0150	89,40	—	4,60	6,00	—	—	0,280	0,189	0,220	0,073	
3	Egger, Aarwanger, hellbr.	„	1,0191	89,88	—	4,76	6,36	—	—	—	0,090	0,237	0,056	
4	Tüscher, Langenthal, hellbraun	„	1,0178	89,11	—	4,60	6,29	—	—	—	0,162	0,240	0,084	
5	Bächli, Matte (Bern), hell	„	1,0210	88,56	—	4,68	6,76	—	—	0,213	0,164	0,235	0,091	
6	Baumeister, Matte (Bern), hellbraun	„	1,0192	88,95	—	4,56	6,49	—	—	—	0,234	0,230	0,056	
7	Fischer, Reichenbach, hell	„	1,0175	89,03	—	4,64	6,33	—	—	—	0,090	0,230	0,068	
8	Heinzelmann bei Bern, braun	„	1,0245	87,48	—	4,89	7,63	—	—	0,326	0,190	0,250	0,079	
9	Teuscher, Matte (Bern), hell	„	1,0221	87,79	—	5,05	7,16	—	—	—	0,180	0,240	0,087	
10	Chipot, Biel, hellbraun .	„	1,0170	89,73	—	4,32	5,95	—	—	—	0,090	0,180	0,057	
11	Müller, „ „ .	„	1,0220	90,37	—	3,12	6,51	—	—	0,163	0,099	0,190	0,068	
12	Walther, „ „ .	„	1,0205	88,72	—	4,32	6,96	—	—	—	0,117	0,240	0,081	
13	Käser, Büren, braun . .	„	1,0250	87,63	—	4,72	7,65	—	—	—	0,117	0,260	0,099	
14	Christen, Burgtorf, braun	„	1,0245	88,18	—	4,12	7,70	—	—	—	0,099	0,240	0,089	
15	Roth, Kirchberg, braun .	„	1,0210	88,89	—	4,32	6,79	—	—	0,122	0,090	0,225	0,065	
16	Steinhof, Burgtorf, hellbr.	„	1,0240	89,64	—	3,32	7,04	—	—	—	0,099	0,230	0,070	
17	Hauert, St. Imier, hellbraun	„	1,0225	88,74	—	4,24	7,02	—	—	—	0,117	0,240	0,081	
18	Jacquet, „ „	„	1,0200	88,97	—	4,40	6,63	—	—	—	0,089	0,230	0,057	
19	Gürtler, Delsberg, hellbr.	„	1,0175	90,12	—	4,08	5,80	—	—	—	0,090	0,200	0,073	
20	Michel, Stein b. Meiringen, hellbraun	„	1,0120	91,84	—	3,68	4,48	—	—	—	0,072	0,200	0,059	
21	Schmider, Pruntrut, hellbr.	„	1,0250	87,90	—	4,24	7,86	—	—	0,225	0,118	0,210	0,076	
22	Feller u. Sohn, Thun, hellbraun	„	1,0205	89,76	—	3,88	6,36	—	—	0,184	0,154	0,215	0,068	
23	Schüpbach, Steffisbury, braun	„	1,0187	88,83	—	4,89	6,28	—	—	—	0,153	0,240	0,083	
24	Burger, Sumiswald, hell .	„	1,0223	90,18	—	2,88	6,94	—	—	—	0,108	0,184	0,059	
25	Minder, Huttwyl, braun .	„	1,0215	90,05	—	3,28	6,67	—	—	—	0,081	0,230	0,053	

[1]) Das Bier, seine Verfälschung etc. Bern 1878. S. 129.

[2]) Bericht des Laboratoriums f. d. Kanton Bern pro 1884. S. 9. Diese Biere sind, wie F. Schaffer dem Verfasser schreibt, nach den neuen gebräuchlichen im II. Th. dieses Werkes beschriebenen Methoden ausgeführt; vergl. Anmerkung unter „Exportbiere" S. 827. Anm. **).

*) Diese Mittelzahlen sind von Stierlein an besagter Stelle selbst angegeben.

No.		Zeit der Untersuchung	Spec. Gew. %	Wasser %	Kohlensäure %	Alkohol Gew. %	Extract %	Eiweissstoffe %	Zucker %	Glycerin %	Säure = Milchsäure %	Asche %	Phosphorsäure %	Analytiker
26	Christen, Herzogenbuchsee, braun	1884	1,0205	88,26	—	3,88	7,86	—	—	0,211	0,225	0,235	0,067	F. Schaffer[1]
27	Reber, Dürrmühle, braun	„	1,0198	87,62	—	5,25	7,13	—	—	—	0,108	0,220	0,057	
	Mittel (No. 1—27)	.	**1,0205**	**88,99**	—	**4,27**	**6,74**	—	—	**0,215**	**0,129**	**0,226**	**0,072**	
	Schweizer Biere, Lagerbiere:													
1	Fäsch, Basel, $^{1}/_{5}$, hell .	1883	1,0132	89,07	—	5,13	5,80	—	—	0,22	0,076	0,208	0,068	Abeljanz[2] *)
2	Merian, „ $^{2}/_{5}$, „ .	„	1,0176	89,46	—	4,10	6,44	—	—	0,19	0,063	0,177	0,063	
3	Hürlimann, Enge, $^{3}/_{5}$, hell	„	1,0195	88,45	—	4,43	7,12	—	—	0,20	0,085	0,225	0,079	
4	Reichenbach, Bern, $^{4}/_{5}$, hell	„	1,0170	89,28	—	4,33	6,39	—	—	—	0,067	0,189	—	
5	Steinhof, Berghof, $^{5}/_{5}$, braun	„	1,0200	89,26	—	3,78	6,96	—	—	—	0,085	0,204	—	
6	Thoma, Basel, $^{6}/_{5}$, hell .	„	1,0153	88,56	—	5,25	6,19	—	—	—	0,085	0,169	—	
7	Feller u. Sohn, Thun, $^{7}/_{5}$, hell	„	1,0132	90,38	—	4,22	5,40	—	—	0,17	0,067	0,182	—	
8	Billweiler-Gnägi, St.Gallen, $^{8}/_{5}$, hell	„	1,0176	88,56	—	5,00	6,44	—	—	0,23	0,072	0,183	0,065	
9	Hemmann b. Bern, $^{9}/_{5}$, hell	„	1,0710	89,00	—	4,50	6,50	—	—	0,18	0,085	0,192	0,056	
10	Attenhofer, Zurzach, $^{10}/_{5}$, braun	„	1,0310	85,14	—	5,01	9,85	—	—	—	0,072	0,255	—	
11	Actien-Br. Lenzburg, $^{11}/_{5}$, hell	„	1,0160	89,93	—	4,25	5,82	—	—	—	0,072	0,121	0,041	
12	Spies, Luzern, $^{12}/_{5}$, hell .	„	1,0145	88,81	—	5,25	5,94	—	—	0,26	0,085	0,257	—	
13	Stehle, Steckborn, $^{13}/_{5}$, br.	„	1,0130	90,09	—	4,46	5,45	—	—	0,24	0,076	0,203	0,050	
14	Br. d'Aigle (Vaud), $^{14}/_{5}$, br.	„	1,0150	89,43	—	4,58	5,99	—	—	—	0,099	0,208	—	
15	Actien-Br. Chur, $^{15}/_{5}$, hell	„	1,0142	90,33	—	4,22	5,45	—	—	—	0,085	0,181	—	
16	Füglistaller, Basel, $^{16}/_{5}$, hell	„	1,0165	89,66	—	4,15	6,19	—	—	—	0,085	0,227	—	
17	Schnell u. Co., Burgdorf, $^{17}/_{5}$, braun	„	1,0250	88,35	—	3,59	8,09	—	—	—	0,081	0,211	—	
18	Dietrich, Basel, $^{18}/_{5}$, hell	„	1,0233	87,88	—	4,19	7,93	—	—	—	0,067	0,205	—	
19	Br. Uetliberg, Zürich, $^{19}/_{5}$, hell	„	1,0180	89,49	—	4,07	6,44	—	—	—	0,076	0,191	—	
20	Giger, Ragatz, $^{20}/_{5}$, hell .	„	1,0175	89,30	—	4,20	6,50	—	—	—	0,072	0,224	—	
21	Siebenmann, Aarau, $^{21}/_{5}$, hell	„	1,0170	89,64	—	4,78	6,58	—	—	—	0,085	0,201	—	
22	Künzli, Reinach, $^{22}/_{5}$, braun	„	1,0228	88,41	—	3,88	7,71	—	—	—	0,072	0,202	—	
23	Dietschy, Rheinfelden, $^{23}/_{5}$, hell	„	1,0158	88,74	—	5,07	6,19	—	—	—	0,081	0,191	—	

[1]) Vergl. Anmerkung [2]) S. 846.

[2]) Schweiz. Landes-Ausstellung in Zürich 1883. Bericht über Gruppe V. S. 109.

*) Alkohol ist durch Destillation aus dem spec. Gewicht des Destillates mit der Westphal'schen Waage, Extract aus dem spec. Gewicht des entgeisteten Bieres nach der Tabelle von W. Schultze, Säure durch Titriren des entkohlensäuerten Bieres mit $^{1}/_{10}$ Normal-Natronlauge bestimmt worden. Ueber die Bestimmungsmethode der Asche und Phosphorsäure, welche bei No. 11 u. 13 sehr gering ist, sind keine Angaben gemacht. Die Biere gelangten auf der Schweizer. Landes-Ausstellung in Zürich 1883 zum Ausschank. Es ist zwar nicht angegeben, dass dieses Lagerbiere waren; indess glaube ich das nach der Zeit des Ausschankes annehmen zu können.

No.		Zeit der Untersuchung	Spec. Gew.	Wasser %	Kohlensäure %	Alkohol Gew. %	Extract %	Eiweissstoffe %	Zucker %	Glycerin %	Säure = Milchsäure %	Asche %	Phosphorsäure %	Analytiker
24	Wüthrich und Roniger, Rheinfelden, $^{24}/_{5}$, braun	1883	1,0195	88,05	—	4,69	7,26	—	—	—	0,081	0,224	—	Abeljanz[1]
25	Schwab, Lyss, $^{25}/_{5}$, „	„	1,0180	88,88	—	4,68	6,44	—	—	—	0,076	0,212	—	
26	Walz, Richtersweil, $^{26}/_{5}$, br.	„	1,0141	88,22	—	5,87	5,91	—	—	—	0,072	0,208	—	
27	Act.-Br. Solothurn, $^{27}/_{5}$, br.	„	1,0163	88,16	—	5,25	6,59	—	—	—	0,085	0,207	—	
28	Br. Haldengut, Winterthur, $^{28}/_{5}$, hell	„	1,0176	88,73	—	5,08	6,19	—	—	—	0,072	0,198	—	
29	Würkelmann, Affontern, $^{29}/_{5}$, braun	„	1,0153	88,60	—	5,20	6,20	—	—	—	0,067	0,278	—	
30	Irion, Winterthur, $^{30}/_{5}$, hell	„	1,0175	89,00	—	4,54	6,46	—	—	—	0,085	0,185	—	
31	Br. Felsenkeller b. Zürich, $^{31}/_{5}$, hell	„	1,0180	87,60	—	4,94	7,46	—	—	—	0,081	0,183	—	
32	Frank, Feldbach, $^{1}/_{6}$, hell	„	1,0175	88,57	—	4,69	6,74	—	—	—	0,076	0,205	—	
33	Actien-Br. Basel-Strassburg, $^{2}/_{6}$, hell . . .	„	1,0210	88,97	—	4,00	7,03	—	—	—	0,076	0,172	—	
34	Br. Bavaria, St. Gallen, $^{3}/_{6}$, hell	„	1,0190	87,80	—	4,98	7,22	—	—	—	0,081	0,186	—	
35	Schmider, Porrentruy, $^{4}/_{6}$, hell	„	1,0155	89,06	—	4,75	6,19	—	—	—	0,067	0,161	—	
36	Weber, Wädensweil, $^{5}/_{6}$, hell	„	1,0200	87,40	—	5,12	7,48	—	—	—	0,076	0,194	—	
37	Br. St. Jean, Genf, $^{6}/_{6}$, „	„	1,0200	88,84	—	4,87	7,39	—	—	—	0,090	0,249	—	
38	Fässler, Appenzell, $^{7}/_{6}$, „	„	1,0280	87,74	—	5,00	7,26	—	—	—	0,085	0,218	—	
	Mittel	.	**1,0180**	**88,72**	—	**4,63**	**6,65**	—	—	**(0,21)**	**0,078**	**0,202**	**(0,060)**	
39	Schwab, Lyss, dunkel .	1884	1,0230	88,60	—	4,28	7,12	—	—	—	0,135	0,240	0,087	F. Schaffer[2]
40	Hemmann, Felsenau, dunk.	„	1,0215	88,28	—	4,89	6,83	—	—	—	0,132	0,245	0,083	
41	Hess, Steinhölzli, braun .	„	1,0242	87,21	—	4,81	7,98	—	—	—	0,162	0,260	0,078	
42	Inker, Wabern, braun .	„	1,0210	88,27	—	4,85	6,88	—	—	0,191	0,112	0,240	0,086	
43	Tröhler, Liebefeld, hell .	„	1,0250	87,58	—	4,64	7,78	—	—	—	0,153	0,260	0,078	
44	Buri, Dicki, hellbraun .	„	1,0158	88,57	—	5,30	6,13	—	—	—	0,162	0,250	0,084	
45	Iselli, Wynigen, „ .	„	1,0220	89,09	—	3,88	7,03	—	—	0,307	0,108	0,230	0,070	
46	Schnell, Lochbach, hellbr.	„	1,0185	90,81	—	3,36	5,83	—	—	—	0,081	0,195	0,041	
47	Stolder, Jegenstorf, „	„	1,0135	88,78	—	5,42	5,80	—	—	—	0,099	0,230	0,043	
48	Actien-Br. Interlaken, hell	„	1,0205	89,05	—	4,32	6,63	—	—	0,256	0,126	0,240	0,078	
49	Nickel, Laufen, braun .	„	1,0130	91,31	—	3,88	4,81	—	—	—	0,144	0,200	0,078	
50	Abel, Tavanner, dunkel .	„	1,0173	88,88	—	4,89	6,23	—	—	—	0,153	0,240	0,084	
51	Aegerten, Bärau, braun .	„	1,0205	88,64	—	4,64	6,72	—	—	—	0,117	0,245	0,047	
52	Hofer, Signau, „ .	„	1,0190	88,80	—	4,85	6,35	—	—	—	0,144	0,230	0,077	
53	Marti, Glockenthal, „ .	„	1,0192	88,90	—	4,56	6,54	—	—	—	0,153	0,245	0,083	
54	S. Schübbach, Steffisburg, braun	„	1,0180	88,83	—	4,89	6,28	—	—	—	0,153	0,240	0,083	
55	Egger, Worb, braun . .	„	1,0205	89,32	—	4,08	6,60	—	—	—	0,095	0,233	—	

[1]) Vergl. Anmerkung [2]) *) S. 847.

[2]) Vergl. vorstehende Anmerkung [2]) unter „Schweizer Schenkbiere" S. 846.

Amerikanisches Bier.

No.		Zeit der Untersuchung	Spec. Gew.	Wasser %	Kohlensäure %	Alkohol Gew. %	Extract %	Eiweissstoffe %	Zucker %	Dextrin %	Säure = Milchsäure %	Asche %	Phosphorsäure %	Analytiker
1	Lagerbier, Mittel [0]) von 170 Proben	1885	1,0160	90,45	—	3,75	5,80	—	—	—	—	0,26	0,096	*F. E. Engelhardt* [1])
2	Bieranalysen, ausgeführt für die „Moderation Society" in New-York, Verfälschungen und schädliche Stoffe liessen sich nicht nachweisen (Nr. 2–25)	1873	1,0280	87,40	—	4,00	8,52	0,86	2,21 *)	—	0,189	0,29	0,130	*Doremus* [2]) *) (Nr. 2–15)
3		„	1,0315	89,50	—	2,00	8,46	0,86	2,20	—	0,171	0,34	0,161	
4		„	1,0175	88,80	—	4,60	6,56	0,70	1,23	—	0,081	0,37	0,178	
5		„	1,0275	88,80	—	2,80	8,34	0,61	2,78	—	0,108	0,27	0,058	
6		„	1,0330	86,60	—	3,40	—	0,63	3,03	—	0,090	0,37	0,120	
7		„	1,0210	88,50	—	4,60	6,83	0,64	2,65	—	0,135	0,34	0,188	
8		„	1,0250	90,40	—	2,50	6,97	0,67	0,97	—	0,162	0,29	0,088	
9		„	1,0180	90,30	—	2,80	6,86	0,64	1,03	—	0,163	0,46	0,063	
10		„	1,0150	91,60	—	3,10	5,18	1,61	1,05 *)	2,63	0,225	0,25	0,100	
11		„	1,0125	89,20	—	5,20	5,47	0,79	1,44	2,30	0,225	0,26	0,100	
12		„	1,0155	89,60	—	4,30	6,04	0,84	1,26	2,69	0,270	0,24	0,112	
13		„	1,0120	89,60	—	5,20	5,07	0,77	1,15	1,97	0,270	0,27	0,117	
14		„	1,0150	88,80	—	4,60	6,49	0,46	1,53	3,58	0,162	0,21	0,085	
15		„	1,0150	89,20	—	4,60	6,07	0,86	0,30 *)	2,38	0,315	0,29	0,120	
16		1885	1,0145	90,00	—	4,25	5,75	0,60	1,42	2,74	0,153	0,30	0,093	*F. E. Engelhardt* [3]) (Nr. 16–25)
17		„	1,0150	90,60	—	3,70	5,67	0,68	1,43	2,68	0,174	0,28	0,107	
18		„	1,0156	90,50	—	3,70	5,77	0,71	1,59	2,51	0,150	0,31	0,107	
19		„	1,0134	90,30	—	4,25	5,35	0,32	1,29	2,56	0,212	0,32	0,118	
20		„	1,0197	89,90	—	3,50	6,47	0,87	1,43	3,16	0,150	0,32	0,076	
21		„	1,0187	89,70	—	3,70	6,46	0,76	1,56	3,30	0,202	0,31	0,078	
22		„	1,0120	90,60	—	4,10	4,29	0,62	0,91	2,04	0,150	0,32	0,076	
23		„	1,0175	89,00	—	4,30	6,59	0,66	1,44	3,14	0,123	0,34	0,097	
24		„	1,0174	89,40	—	4,20	6,38	0,81	1,45	3,00	0,212	0,34	0,098	
25		„	1,0162	89,50	—	4,25	6,21	0,70	1,49	3,03	0,212	0,35	0,098	
	In Flaschen:								Zuck. = Maltose					
26	Lagerbier, Milwaukee .	1887	1,0100	91,13	0,411	4,28	4,18	0,51	1,10	1,57	0,057	0,20	0,065	*C. A. Crampton* [4]) (Nr. 26–27)
27 [00])	Exportbier, „ .	„	1,0140	89,88	0,300	4,42	5,40	0,40	1,06	2,63	0,057	0,31	0,056	

[1]) State Board of health of New-York. Sixt ann. Report. Report of the examinations of beers.
[2]) Nach Am. Analyst 1887. 1. Apr. in Foods and foods adulterants. Part third von C. A. Crampton. Washington 1887.
[3]) In der S. 850 Anm. [1]) citirten Schrift von C. A. Crampton S. 280. Dort sind die von Doremus und Engelhardt angewendeten Methoden nicht erwähnt.
[4]) Vergl. Anmerkung [1]) Seite 850.

[0]) Minimum und Maximum der 170 Proben betragen:

	Alkohol	Extract	Asche
Minimum . . .	0,68 Gew.-Proc.	3,66 %	0,172 %
Maximum . . .	7,06 „	9,65 „	0,412 „

Die Untersuchungs-Methoden sind nicht mitgetheilt.
[00]) Vergl. Anmerkung [0]) Seite 850.

*) Bei den Analysen 2—9 ist der Zucker u. Maltose einfach als Zucker aufgeführt; bei den Analysen 10—15 habe ich die Zahlen für Maltose und Dextrose addirt und als Summe aufgeführt; sie enthielten an Maltose und Dextrose:

No.	10	11	12	13	14	15
Maltose . .	0,547	0,312	0,204	0,754	0,689	0,095 %
Dextrose . .	0,509	1,122	1,058	0,391	0,845	0,206 „

No.		Zeit der Untersuchung	Spec. Gewicht	Wasser %	Kohlensäure %	Alkohol Gew. %	Extract %	Eiweissstoffe %	Zucker = Maltose %	Dextrin %	Säure = Milchsäure %	Asche %	Phosphorsäure %	Analytiker
28[0])	In Flaschen: Lagerb., Alexandria, Va.	1887	1,0171	89,25	0,489	4,55	5,71	0,68	2,04	2,21	0,074	0,36	0,091	C. A. Crampton[1])
29	Lagerb., Washington	„	1,0143	90,35	0,415	4,18	5,05	0,67	1,25	0,98	0,059	0,39	0,086	
30	Lagerbier, Cincinnati, Ohio	„	1,0100	89,59	0,328	5,53	4,55	0,51	0,94	2,25	0,073	0,24	0,082	
31[0])	Exportbier, St. Louis, Mo.	„	1,0178	88,98	0,471	4,40	6,15	0,46	2,14	2,54	0,067	0,31	0,074	
32[0])	Lagerb., Philadelphia, Pa.	„	1,0147	89,77	0,717	4,29	5,22	0,54	1,46	2,30	0,078	0,24	0,071	
33	desgl.	„	1,0147	90,34	0,219	4,35	5,09	0,74	1,37	1,80	0,080	0,27	0,104	
34	Budweissbier, Philadelphia, Pa.	„	1,0181	89,22	0,324	4,52	5,94	0,53	2,14	2,57	0,086	0,24	0,078	
35	Lagerbier vom Fass: Buffalo, N. Y.	„	1,0241	89,11	—	3,84	7,05	0,52	2,81	3,09	0,035	0,22	0,069	
36	Washington, D. C.	„	1,0146	90,53	—	4,29	5,18	0,67	1,22	2,21	0,044	0,24	0,086	
37	Cincinnati, Ohio	„	1,0169	89,51	—	4,63	5,86	0,46	2,37	2,29	0,074	0,24	0,085	
38[0])	Alexandria, Va.	„	1,0137	90,38	—	4,71	4,91	0,62	1,10	2,40	0,008	0,26	0,089	
39[0])	Washington, D. C.	„	1,0140	90,87	—	4,30	4,83	0,68	1,49	1,45	0,071	0,26	0,087	
40[0])	desgl.	„	1,0181	90,52	—	3,86	5,62	0,62	1,52	2,59	—	0,31	0,083	
41[0])	In Flaschen: Lagerb., St. Louis, Mo.	„	1,0178	90,45	0,629	4,28	4,64	0,46	2,17	2,75	0,067	0,18	0,064	
42	Erlangerb., St. Louis, Mo.	„	1,0203	88,16	0,344	4,68	6,82	0,68	2,51	2,58	0,046	0,22	0,093	
43	Lagerb., Boston, Mass.	„	1,0077	90,76	—	5,30	3,94	0,56	1,06	1,63	0,107	0,33	0,065	
44[0])	Exportb., Milwaukee, Wiss.	„	1,0150	90,03	—	4,59	5,38	0,43	1,87	2,46	0,071	0,19	0,059	
45	Salnitbier, Milwaukee, Wiss.	„	1,0183	89,90	—	4,22	5,88	0,42	1,88	2,82	0,061	0,19	0,059	
46	Exportb., Milwaukee, Wiss.	„	1,0183	90,70	0,242	4,22	5,84	0,41	1,75	3,12	0,053	0,22	0,058	
47	Böhmisches Bier, Milwaukee, Wiss.	„	1,0183	88,98	—	4,16	5,86	0,41	1,82	3,04	0,071	0,22	0,057	
48	Bairisches Bier, Milwaukee, Wiss.	„	1,0187	88,45	0,265	5,02	6,26	0,56	1,75	2,87	0,074	0,35	0,077	

[1]) C. A. Crampton: Foods and food adulterants. Part third. Fermented alcoholic beverages. Washington 1887.

Der **Alkohol** ist entweder direct aus dem spec. Gewicht eines gleichen Volumens Destillat nach Hehner's Tabelle bestimmt oder indirect aus dem spec. Gewicht des ursprünglichen Bieres und dem der von Alkohol befreiten, auf gleiches Volumen gebrachten Extractlösung. Letzteres spec. Gewicht diente auch zur indirecten **Extract**bestimmung; andererseits wurde der Extract auch direct durch Eindampfen von 10 resp. 5 g Bier und Trocknen des Rückstandes bei 100° C. bis zur Constanz des Gewichtes bestimmt. Zur Bestimmung der **Eiweissstoffe** wurden 10 g Bier in Schälchen zum Trocknen verdampft und mit Natronkalk verbrannt (N × 6,25 = Eiweissstoffe). **Maltose** und **Dextrin** wurden vor und nach der Inversion durch Fehling'sche Lösung bestimmt, wobei das reducirte Kupferoxydul als „Kupferoxyd" gewogen und durch Multiplikation mit 0,731 auf Maltose berechnet wurde; 10 CC. Bier wurden mit Wasser zu 100 CC. verdünnt und hiervon 20 CC. direct mit 30 CC. Fehlingscher Lösung gefällt; ferner wurden 10 CC. Bier mit 3 CC. Schwefelsäure gemischt, auf 100 CC. verdünnt und 3—4 Stunden bei 100° C. erwärmt (invertirt); von der zu 100 CC. ergänzten Lösung dienten 10 CC. nach Neutralisation mit Natriumcarbonat zur Fällung mit Fehling'scher Lösung wie vor der Inversion; das Dextrin ergab sich nach Abzug der gefundenen Menge Maltose. Die **freie Säure** wurde nach Entfernung der Kohlensäure durch Titration mit $^1/_{10}$ Normalalkali bestimmt und als Milchsäure berechnet; **Phosphorsäure** bei den hellen Bieren direct nach der Uranmethode, bei den stark dunkelen Bieren in der Asche nach der Molybdän-Methode.

[0]) No. 27, 28, 31, 32, 41 u. 44 waren mit Salicylsäure versetzt, No. 38 u. 40 mit Soda, während No. 39 Sulphite enthielt.

No.		Zeit der Untersuchung	Spec. Gew.	Wasser %	Kohlensäure %	Alkohol Gew. %	Extract %	Eiweissstoffe %	Zucker = Maltose %	Dextrin %	Säure = Milchsäure %	Asche %	Phosphorsäure %	Analytiker
49	Aus Rochester: V. Bartolomay, Bressing u. Co.	1884	1,0110	90,76	—	5,30	3,95	0,35	0,51	2,70	0,120	0,18	(0,02)?	Lattimore[1]
50	Von Brewing u. Co.	„	1,0110	91,18	—	4,58	4,00	0,30	0,50	2,75	0,160	0,21	(0,03)	
51	„ desgl.	„	1,0150	91,33	—	4,25	4,87	0,40	0,55	3,10	0,140	0,22	(0,03)	
52	„ J. G. Bratzel u. Bro	„	1,0220	90,47	—	3,83	5,70	0,47	0,57	4,30	0,200	0,24	(0,04)	
	Mittel (1—52)	.	**1,0163**	**89,97**	**0,396**	**3,85**	**5,79**	**0,62**	**1,53**	**2,57**	**0,124**	**0,26**	**0,095**	

Anhang zu Bier.

Selbstverständlich sind die vorstehenden Mittelzahlen der aufgeführten Biere für spec. Gew., Alkohol und Extract, andererseits zwischen Extract und dessen Bestandtheilen (Zucker, Eiweiss etc.) streng genommen nicht unter sich vergleichbar, weil die Anzahl der Einzelbestimmungen nicht gleich ist, d. h. weil nicht alle Bestandtheile bei jeder Analyse berücksichtigt worden sind. Im Uebrigen repräsentiren die Zahlen das Mittel aus einer ziemlich grossen Anzahl Analysen, die von den an sehr verschiedenen Orten gebrauten Bieren ausgeführt wurden.

Das Lager- oder Sommerbier ist in allen Bestandtheilen gehaltreicher als das Winter- (oder Schenk-) Bier, weil es eben gehaltreicher gebraut wird. Würde ein und dasselbe Bier für den Winter und Sommer gebraut, so würde das Sommerbier aus leicht erklärlichen Gründen zwar gehaltreicher an Alkohol, aber ärmer an Extract sein. So fand Lacamber[2]) für Jungbier u. Lagerbier von gleicher Sorte:

	Alkohol		Extract	
	Jungbier %	Lagerbier %	Jungbier %	Lagerbier %
Ale, London	7,0	8,0	6,5	5,0
Ale, Hamburg	5,5	6,0	6,0	5,0
Gewöhnl. Ale, London	4,0	5,0	5,0	4,0
Porter	5,0	6,0	7,0	6,0
Gewöhnl. Porter, London	3,0	4,0	5,0	4,0
Münchener Salvator	5,0	6,0	12,0	10,0
„ Bock	3,5	4,0	9,0	7,0
Gewöhnl. Baier. Bier	3,0	4,0	6,5	4,5
Brüsseler Lambic	4,5	6,0	5,3	3,5
„ Faro	2,5	4,0	5,0	3,0
Diest goldenes Bier	3,5	6,0	8,0	5,5
Peterman Löwen	3,5	5,0	8,0	5,5
Weissbier I	2,25	3,25	5,0	3,5
Doppelbier Gent	3,25	4,5	5,0	4,0
Einfaches Bier	2,75	3,5	4,0	3,0
Gerstenbier Antwerpen	3,00	3,5	4,5	3,0
Strassburger Bier	4,00	4,5	4,0	3,5
Kräftiges Bier von Lille	4,0	5,0	4,0	3,0
Weissbier von Paris	3,5	4,0	8,0	5,0

[1]) Brau- und Hopfenztg. in Nürnberg 1884.
[2]) R. Stierlein: Das Bier und seine Verfälschungen. Bern 1878. S. 126.

E. Eger u. H. Röttger[1]) stellten das Verhältniss von Alkohol zu Glycerin im Bier während der fortschreitenden Gährung fest, indem die beiden Bestandtheile von Zeit zu Zeit während ca. 3 Monaten ermittelt*) wurden. Sie fanden:

Datum der Probenahme	Spec. Gew. der Würze bei 15° C.	100 g Würze gaben		Alkohol zu Glycerin		Vergährungsgrad
		Alkohol g	Glycerin g	Alkohol	Glycerin	%
30. November 1883	1,055	—	—	—	—	—
4. December „	1,044	1,62	0,085	100	5,18	21,7
7. „ „	1,0294	3,12	0,115	100	3,68	41,7
11. „ „	1,0248	3,71	0,173	100	4,66	47,4
4. Januar 1884	1,0217	4,00	0,162	100	4,05	51,0
23. „ „	1,0209	4,12	0,164	100	3,98	51,9
27. Februar „	1,0199	4,12	0,160	100	2,88	53,5

Hiernach nimmt das Glycerin im Verhältniss zum Alkohol mit fortschreitende Gährung ab. Die Frage, ob das Glycerin, selbst wenn keine Steigerung des Alkohols mehr statt hat, eine Verminderung erfährt, bleibt nach den Verfassern weiteren Untersuchungen vorbehalten.

Farbbier.

A. Hilger, J. Mayrhofer und Röse[2]) untersuchten 2 Proben Farbbier (tief dunkeles Bier aus stark gedarrtem Malz), welches besonders in Franken zum Färben anderer Biere dient; die Proben enthielten:

	Alkohol	Extract	Zucker	Stickstoff im Extract	Gesammt-Acidität (in CC. Normalalkali)	Asche	Auf 1 Thl. Alkohol kommt Extract	Ursprüngliche Würze (Sacharometer)	Vergährungsgrad
	%	%	%	%	%	%	%	%	%
No. 1	2,39	10,63	1,70	0,84	10,8	0,313	4,45	15,8	30
No. 2	2,92	8,07	2,00	1,02	3,0	0,270	2,74	14,0	43

L. Aubry fand für eingedicktes Farbbier, einen sog. Farbsyrup:

Extract mit Maltose	In 100 Extract: Maltose	Glycerin	Stickstoff	Asche	Phosphorsäure
58,02% mit 37,70%	66,15%	0,626%	0,642%	1,88%	0,82%

Mais-Maltose-Bier.

Im Jahre 1885/86 wurde Maltose, aus Mais hergestellt, als Surrogat für die Bierbereitung vorgeschlagen, gegen welchen Vorschlag seitens der deutschen Bierbrauer lebhaft Stellung genommen wurde. Es dürfte daher von Interesse sein, hier einige vergleichende Untersuchungen über diese Maltose und das Maltose-Bier im Vergleich zu reinem Gerstemalz-Bier mitzutheilen.

H. Weigmann und Verfasser[3]) fanden:

---

[1]) Archiv f. Hygiene 1884. Bd. II. S. 254.

*) Das Glycerin wurde nach der Methode von E. Borgmann (vergl. II. Thl. dieses Werkes) bestimmt. Eger und Röttger überzeugten sich vorher, dass diese Methode übereinstimmende Resultate liefert; sie fanden nämlich bei einem Schenkbier pro 100 g Bier in 3 Versuchen 0,148, 0,145 resp. 0,146 g Glycerin.

[2]) Correspondenz-Bl. d. freien Vereinigung bair. Vertreter d. angewandten Chem. 1884. No. 2.

[3]) Original-Mittheilung.

I. Maltose und reine Bierwürze.

	Syrup sacharific (Maltose-Syrup) %	Syrup dextrine (Dextrin-Syrup) %	Ungehopfte Bierwürze I. Probe %	II. Probe %	III. Probe %
Wasser	30,05	29,42	84,05	82,60	82,57
Maltose	56,55	31,82	10,88	11,93	12,19
Dextrin etc.	9,58	35,36	3,97	3,99	3,98
Stickstoff-Substanz*) (N × 6,25)	2,69	2,44	1,00	1,13	1,13
Mineralstoffe	1,13	0,96	0,298	0,348	0,284
In letzteren: Kali	0,391	0,347	0,071	0,075	0,072
Phosphorsäure	0,369	0,286	0,144	0,157	0,143
*) Davon reines Eiweiss	0,69	0,61	0,20	0,35	0,35
Oder in der Trocken-Substanz:					
Maltose	80,81	45,09	68,21	68,56	69,93
Dextrin etc.	13,74	51,09	23,65	22,95	21,95
Stickstoff-Substanz	3,84	3,46	6,27	6,49	6,49
Mineralstoffe	1,61	1,36	1,87	2,00	1,63
In letzteren: Kali	0,558	0,492	0,501	0,431	0,414
Phosphorsäure	0,567	0,405	0,903	0,902	0,822
Reines Eiweiss	0,99	0,86	0,125	2,00	2,00

II. Maltose- und reines Gersten-Malz-Bier.

	Bier J. R. 30		Bier D. M. 11	
	I ½ Maltose-Syrup ½ Malz zu 14% eingebraut Gew.-Proc.	II ¹/₁ Malz zu 12% eingebraut Gew.-Proc.	I ½ Maltose-Syrup ½ Maltose zu 14% eingebraut Gew.-Proc.	II ¹/₁ Malz zu 14% eingebraut Gew.-Proc.
Spec. Gewicht	1,0252	1,0162	1,0164	1,0160
Wasser	88,25	90,38	89,64	89,86
Kohlensäure	0,26	0,34	0,29	0,28
Alkohol	3,96	3,63	5,88	5,80
Extract	7,63	5,55	4,18	4,06
Maltose	1,62	1,05	1,79	1,77
Dextrin etc.	5,14	3,64	3,26	3,13
Glycerin	0,187	0,169	0,156	0,198
Stickstoff	0,074	0,075	0,062	0,078
Stickstoff-Substanz	0,463	0,468	0,387	0,487
Mineralstoffe	0,216	0,221	0,201	0,223
Phosphorsäure	0,064	0,084	0,067	0,079
Kali	0,089	0,069	0,069	0,062
Säure = Normalalkali	1,8 cc	2,0 cc	1,9 cc	1,7 cc
In Procenten des Extractes:	%	%	%	%
Maltose	21,23	18,92	30,43	30,50
Dextrin etc.	67,43	65,63	56,93	53,88
Glycerin	2,45	3,04	2,65	3,41
Stickstoff	0,97	1,35	1,05	1,34
Stickstoff-Substanz	6,06	8,43	6,56	8,37
Mineralstoffe	2,83	3,98	3,43	3,84
Phosphorsäure	0,84	1,51	1,14	1,36
Kali	1,17	1,24	1,17	1,07

K. Birnbaum fand nach einem mir gedruckt vorliegendem Gutachten folgende Zahlen:

I. Mais-Maltose-Syrup.

	Zuckerreich	Dextrinreich	Sirop cristall.
Spec. Gew. bei 15° C.	1,3824	1,3721	1,4290
Wasser	26,91 %	28,66 %	17,12 %
Maltose	57,00 „	29,50 „	60,43 „
Dextrin	13,85 „	29,89 „	22,22 „
Protein	1,24 „	1,08 „	Spur
Asche	1,00 „	0,87 „	0,23 %

II. Bier.

	I 1/2 Malz 1/2 Maltosesyrup	II 1/1 Malz	III 1/2 Malz 1/2 Maltosesyrup	IV 1/1 Malz
Spec. Gew. bei 15° C.	1,025	1,016	1,016	1,016
	100 CC. bei 15° C. enthalten Gramm:			
Alkohol	3,409	3,647	3,995	3,965
Extract	8,381	5,778	6,021	5,968
Glycerin	0,266	0,216	0,252	0,302
Milchsäure	0,170	0,170	0,150	0,150
Asche	0,214	0,228	0,222	0,208
	Die Asche enthielt in Procenten:			
Phosphorsäure	33,18	35,09	32,25	46,15
Kali	29,53	24,73	22,79	27,50
Natron	9,81	9,91	10,28	9,90

Desgleichen erhielt A. Stutzer folgende Resultate:

I. Bestandtheile des Maltose-Syrups.

	Stark verzuckert	Schwach verzuckert
Maltose	44,26	24,02
Dextrin	34,09	44,92
Stickstoffhaltige Stoffe	2,44	2,19
Wasser	18,21	20,94
Mineralstoffe	1,00	0,85
Sonstige Bestandtheile	0,00	7,08

II. Bier.

	Bier I Gerstenmalz-Bier	Bier I Maltose-Bier	Bier II Gerstenmalz-Bier	Bier II Maltose-Bier
Spec. Gew. bei + 15° C.	1,0155	1,0248	1,0153	1,0158
Alkohol	3,68 4,60 Vol. %	3,36 4,20 Vol. %	4,02 5,03 Vol. %	4,01 5,01 Vol. %
Extract	5,62	7,25	5,62	5,77
Dextrin	2,985	5,125	3,016	3,267
Zucker	1,017	1,297	1,895	1,646
Protein	0,509	0,489	0,500	0,459
Kohlensäure	0,226	0,206	0,229	0,223
Mineralstoffe	0,213	0,212	0,218	0,219
Phosphorsäure	0,080	0,039	0,072	0,069
Kali	0,075	0,050	0,090	0,076
Extractgehalt der Würze	13,10	14,47	13,80	13,93

Wein und dessen Rohproduct.

(Ueber die Zusammensetzung von Weintrauben vergl. S. 775.)

Most.*)

I. Rheinwein-Most.

No.		Zeit der Untersuchung	Spec. Gew.	Wasser %	Zucker %	Säure %	Stickstoff-Substanz %	Sonstige organ. Stoffe %	Mineralstoffe %	Analytiker
1	Neroberg, Riesling	1868	1,095	76,72	18,06	0,42	0,22	4,11	0,47	*C. Neubauer*[1])
2	„ „	„	1,095	76,79	18,06	0,42	0,21	4,04	0,48	
3	„ Traminer	„	1,098	75,74	18,97	0,50	0,26	4,08	0,45	
4	„ „ II. Qual. .	„	1,096	76,92	18,40	0,45	0,27	3,58	0,38	
5	Markobrunner Auslese	„	1,117	69,92	23,56	0,46	0,19	5,43	0,44	
6	Steinberg, Auslese	„	1,115	70,78	24,24	0,43	0,18	3,92	0,45	
7	„ „ II. Qual. .	„	—	76,40	19,13	0,42	0,20	3,59	0,38	
8	Neroberg, Riesling	1869	1,094	74,53	19,76	0,46	0,24	4,50	0,51	*derselbe*[2])
9	„ Tram. I.	„	1,098	73,36	20,83	0,54	0,29	4,49	0,49	
10	„ „ II.	1870	1,098	74,71	20,16	0,50	0,30	3,92	0,41	
11	„ Riesling	„	1,075	79,22	13,51	1,16	0,34	5,39	0,38	
12	„ „	„	1,075	80,15	13,52	1,18	0,33	4,47	0,35	
13	„ „	„	1,069	82,10	12,89	1,17	0,36	3,13	0,35	
14	„ „	1873	—	79,24	16,89	1,16	0,57	1,85	0,34	
15		1874	1,0895	76,64	18,12	0,83	0,26	3,95	0,20	*derselbe*[3])
16	Steinberger, Auslese I	„	1,130	66,68	26,82	0,20	0,11	5,66	0,53	
17	„ Rosinen-Auslese . .	„	1,1660	60,74	30,63	0,23	0,14	7,71	0,55	
18	Rüdesheimer, Rosinenbeeren . .	„	1,2075	51,53	35,45	0,45	0,32	11,62	0,63	
19	Grüne gesunde Riesling-Trauben	„	1,0705	81,80	15,47	0,50	0,29	1,68	0,25	
20	Steinberger	„	1,0909	76,99	17,62	0,59	0,25	4,27	0,28	
21	Neroberger	„	1,0825	79,24	16,89	1,16	0,28	2,08	0,35	
22	Rauenthal	1872	1,0901	76,36	17,86	0,77	0,38	4,24	0,39	*derselbe*[4])
23	Hattenheimer Riesling	?	1,0899	76,81	16,67	0,78	0,33	5,17	0,24	
	Minimum	.	1,069	53,53	12,89	0,20	0,11	1,68	0,20	
	Maximum	.	2,2075	82,10	35,45	1,18	0,57	11,62	0,63	
	Mittel	.	**1,1024**	**74,49**	**19,71**	**0,64**	**0,28**	**4,48**	**0,40**	

[1]) Landw. Centralbl. f. Deutschland 1869. Bd. 2. S. 318.

[2]) Ann. d. Oenologie 1874. Vergl. Jahresbericht f. Agric.-Chemie 1873/74. S. 250.

[3]) Jahresbericht f. Agric.-Chemie 1875/76. II. Bd. S. 228 u. 231—232 u. 244.

[4]) Ann. d. Oenologie 1872. Bd. II. S. 6 u. 7.

*) Es liegen ausser den aufgeführten noch mehrere andere Untersuchungen über inländischen Most vor, so von J. Moser (Agron. Ztg. 1868. S. 321), von Blankenhorn und Rösler (Ann. d. Oenologie 1873. Bd. 3), von Fausto Sestini (Staz. Specim. Agrar. di Roma 1873, 1874 u. 1875), von der Vers.-Stat. Asti (deren Jahresbericht 1878), von A. Funaro und Pellegrini (Agricoltura Italiana 1878) über italienischen Most, etc.; letztere haben für deutsche Verhältnisse keine wesentliche Bedeutung; in ersteren sind nur einzelne Bestandtheile bestimmt, weshalb ich sie wie spätere, nicht eingehende Analysen, nicht mit aufführe.

II. Elsässer Moste aus der Gegend von Vogtlingshofen.

No.		Zeit der Untersuchung	Spec. Gew. (Bei 17° C.)	Wasser %	Zucker %	Säure %	Stickstoff-Substanz %	Farb- und Gerbstoff %	Mineralstoffe %	Analytiker
24	Ortlieber	1878	1,0670	84,28	13,58	1,23	0,51	(0,063)	0,34	C. Weigelt[1] *)
25	Gutedel (roth)	„	1,0747	82,01	16,25	0,89	0,44	0,051	0,36	
26	„ (weiss)	„	1,0769	81,52	16,67	0,97	0,44	0,033	0,37	
27	Elbing	„	1,0677	83,25	14,76	1,01	0,54	0,055	0,38	
28	Muskateller	„	1,0776	81,12	16,50	1,51	0,41	0,056	0,40	
29	Welsch-Riesling	„	1,0713	81,53	15,81	1,69	0,54	0,062	0,35	
30	Ruländer Tokayer	„	1,0990	79,69	18,02	1,10	0,74	0,065	0,38	
31	Riesling	„	1,0813	80,49	17,13	1,28	0,64	0,066	0,39	
32	Sylvaner	„	1,0805	80,79	17,05	1,18	0,56	0,055	0,37	
33	Trollinger	„	1,0691	82,06	15,72	1,38	0,43	0,058	0,35	
34	Clevner (weiss)	„	1,0926	79,24	18,21	1,33	0,78	0,065	0,37	
35	Traminer (roth, Rothedel) . .	„	1,0920	79,26	18,14	1,49	0,73	0,061	0,32	
36	Burgunder (schwarz)	„	1,0897	79,33	18,00	1,54	0,71	0,065	0,35	
	Mittel (No. 24—36)	.	**1,0800**	**81,14**	**16,60**	**1,27**	**0,57**	**0,058**	**0,36**	

No.	Traubensorte	Gemeinde	Gelände	Datum des Herbst	Traubenzahl	Gewicht derselben g	Eine Traube wiegt g	Die Trauben enthielten %: Trester	Die Trauben enthielten %: Most	Dichte des Mostes	Der Most enthielt: Asche	Zucker	Säure	Gerbstoff	Weinstein	Schwefelsäure
37	Ortlieber . . .	Dambach	Frauenberg	2/10	35	1298	37,1	23,8	76,2	1,0790	0,399	18,08	0,97	0,037	0,522	0,071
38	Sylvaner . . .	Dambach	Frauenberg	2/10	26	1235	47,5	32,8	67,2	1,0812	0,352	18,69	0,98	0,054	0,509	0,088
39	Elbing . . .	Dambach	Kaltthal	2/10	23	1537	66,7	22,4	77,6	1,0685	0,362	15,62	1,27	0,054	0,557	0,082
40	Clävner (grau) .	Türkheim	Vogel	4/10	59	1515	25,7	24,7	75,3	1,0908	0,395	21,74	0,85	0,049	0,510	0,088
41	Ortlieber . . .	Türkheim	Vogel	4/10	54	1616	29,8	24,0	76,0	1,0788	0,413	19,05	0,70	0,043	0,468	0,095
42	Elbing . . .	Türkheim	Vogel	4/10	31	1602	51,7	18,2	81,8	1,0748	0,364	16,95	0,88	0,058	0,527	0,076
43	Burgunder (roth)	Türkheim	Vogel	4/10	38	1099	26,3	38,0	62,0	1,0932	0,459	22,22	1,02	0,058	0,601	0,090
44	Gutedel (roth) .	Türkheim	Vogel	4/10	55	1581	28,7	26,9	73,1	1,0973	0,388	22,74	1,01	0,058	0,590	0,081
45	Olwer	Türkheim	Vogel	4/10	24	1630	67,9	26,0	74,0	1,0768	0,350	17,70	1,19	0,058	0,476	0,071
46	Sylvaner . . .	Barr	Bubenbach	8/10	8	786	98,2	23,4	76,6	1,0738	0,327	16,81	1,15	0,062	0,468	0,072
47	Lombarden . .	Barr	Bubenbach	8/10	8	1257	157,1	17,2	82,8	1,0647	0,376	15,15	1,13	0,066	0,462	0,085
48	Ortlieber . . .	Barr	Bubenbach	8/10	11	832	75,6	23,9	76,1	1,0732	0,406	17,02	1,11	0,058	0,384	0,088

[1]) Landw. Zeitschr. f. Elsass-Lothringen 1878. IV. Beilagen 69, Oenolog. Jahresbericht 1878. S. 84 und Jahresbericht f. Agric.-Chemie 1883. S. 549.

*) Im Original sind bei den Analysen No. 24—36 die Zahlen für 100 CC. Most angegeben; ich habe sie auf Gewichtsprocente umgerechnet; die Stickstoff-Substanz ist von mir aus dem angegebenen Stickstoff durch Multiplikation mit 6,25 berechnet. Bei den Analysen No. 37—82 fehlt eine Angabe, ob die Zahlen sich auf 100 g oder 100 CC. Most (wahrscheinlich das letztere) beziehen, wie auch darüber, aus welchem Jahrgang diese Moste stammen.

No.	Traubensorte	Gemeinde	Gelände	Datum des Herbst	Traubenzahl	Gewicht derselben g	Eine Traube wiegt g	Die Trauben enthielten % Trester	Die Trauben enthielten % Most	Dichte des Mostes	Der Most enthielt Asche	Zucker	Säure	Gerbstoff	Weinstein	Schwefelsäure
49	Tokyer (roth)	Barr	Bubenbach	8/10	10	417	41,7	25,7	74,3	1,0865	0,473	20,20	1,12	0,062	0,611	0,101
50	Clävner (grau)	Barr	Bubenbach	8/10	13	543	41,8	20,8	79,2	1,0905	0,390	21,98	1,00	0,062	0,443	0,085
51	Riesling	Barr	Bubenbach	8/10	11	855	77,8	24,6	75,4	1,0771	0,387	18,08	1,38	0,062	0,550	0,075
52	Burger (Elbing)	Barr	Bubenbach	8/10	12	742	61,8	20,9	79,1	1,0675	0,340	15,75	1,30	0,058	0,468	0,069
53	Gutedel (weiss)	Ruhfach	Galbühl	8/10	25	1500	60,0	15,7	84,3	1,0762	0,416	18,81	0,88	0,058	0,476	0,087
54	„ (roth)	Ruhfach	Galbühl	8/10	4	512	128,0	19,7	80,3	1,0725	0,428	17,39	0,78	0,062	0,490	0,087
55	Clävner	Martenheim	Paulacker	15/10	35	2328	66,5	20,4	79,6	1,0960	0,432	23,59	0,91	0,058	0,705	0,087
56	Muscateller (roth)	Martenheim	Paulacker	15/10	20	2330	116,5	27,0	73,0	1,0765	0,281	18,00	0,99	0,058	0,414	0,058
57	Riesling	Martenheim	Paulacker	15/10	32	1970	61,6	26,8	73,2	1,0790	0,380	18,35	1,18	0,062	0,702	0,078
58	Gutedel (weiss)	Martenheim	Paulacker	15/10	11	2110	191,8	18,5	81,5	1,0628	0,330	15,04	0,72	0,058	0,515	0,066
59	Burgunder (schwarz)	Martenheim	Paulacker	15/10	32	2349	73,4	24,5	75,5	1,0862	0,420	20,83	1,06	0,066	0,681	0,089
60	Plante de Bouze	Martenheim	Paulacker	15/10	15	2378	158,5	20,8	79,2	1,0702	0,438	16,53	1,27	0,078	0,797	0,096
61	Gutedel (roth)	Ruhfach	Hartweg	16/10	11	1205	109,5	24,8	75,2	1,0758	0,327	17,86	0,86	0,062	0,472	0,065
62	„ (weiss)	Ruhfach	Hartweg	16/10	10	850	85,0	19,1	80,9	1,0760	0,342	18,18	0,81	0,058	0,517	0,070
63	Ortlieber	Ruhfach	Hartweg	16/10	13	614	41,1	24,8	75,2	1,0870	0,342	21,28	0,94	0,058	0,486	0,072
64	Elbing	Ruhfach	Hartweg	16/10	7	784	112,0	19,5	80,5	1,0740	0,303	18,00	0,92	0,049	0,494	0,062
65	Clävner (grau)	Ruhfach	Hartweg	16/10	13	756	58,2	21,6	78,4	1,0935	0,313	22,47	0,05	0,054	0,524	0,065
66	Ortlieber	Bebtenheim	Gehrlen	18/10	110	2825	25,7	24,5	75,5	1,0890	0,440	21,50	0,73	0,058	0,547	0,089
67	Gutedel (weiss)	Bebtenheim	Gehrlen	18/10	35	2944	84,1	18,2	81,8	1,0705	0,318	17,70	0,70	0,058	0,441	0,097
68	Portugieser (blau)	Bebtenheim	Gehrlen	18/10	40	2933	73,3	22,9	77,1	1,0800	0,520	18,69	0,75	0,058	0,404	0,106
69	Sauvignon (weiss)	Bebtenheim	Gehrlen	18/10	50	3099	61,9	21,4	78,6	1,0870	0,354	20,83	1,00	0,054	0,396	0,067
70	Morilton blanc	Bebtenheim	Gehrlen	18/10	70	2552	36,5	22,3	77,7	1,0958	0,404	22,73	1,08	0,054	0,411	0,079
71	Malvasier (roth)	Bebtenheim	Gehrlen	18/10	35	2596	74,7	25,9	74,1	1,0898	0,481	21,28	0,68	0,054	0,434	0,093
72	Elbing	Vögtlinshofen	St. Niklausberg	18/10	27	2430	89,0	22,3	77,7	1,0705	0,350	17,24	1,03	0,058	0,532	0,073
73	Wälschriesling	Vögtlinshofen	St. Niklausberg	18/10	9	1152	128,0	25,1	74,9	1,0780	0,397	17,55	1,42	0,062	0,599	0,083
74	Gutedel (roth)	Vögtlinshofen	St. Niklausberg	18/10	23	2585	112,4	13,8	86,2	1,0725	0,345	17,09	0,73	0,062	0,494	0,066
75	Clävner (weiss)	Vögtlinshofen	St. Niklausberg	18/10	69	2951	41,8	21,8	78,2	1,0835	0,425	19,05	1,02	0,066	0,644	0,090
76	„ (grau)	Vögtlinshofen	St. Niklausberg	18/10	34	2224	55,4	23,1	76,9	1,0820	0,415	18,87	0,96	0,062	0,637	0,082
77	Ortlieber	Vögtlinshofen	St. Niklausberg	18/10	46	2868	44,8	24,4	75,6	1,0670	0,401	15,75	0,86	0,062	0,517	0,085
78	Riesling	Vögtlinshofen	St. Niklausberg	18/10	62	2986	48,2	28,9	71,1	1,0736	0,397	16,95	1,21	0,058	0,614	0,078
79	Burgunder (schwarz)	Vögtlinshofen	St. Niklausberg	18/10	58	2990	51,6	24,0	76,0	1,0840	0,394	19,41	1,19	0,066	0,667	0,075
80	Traminer (roth)	Vögtlinshofen	St. Niklausberg	18/10	48	1940	44,7	23,7	76,3	1,0935	0,384	22,47	1,00	0,054	0,660	0,068
81	Gutedel (weiss)	Vögtlinshofen	St. Niklausberg	18/10	21	2327	112,3	21,4	78,6	1,0740	0,326	17,09	0,80	0,062	0,509	0,063
82	Sylvaner	Vögtlinshofen	St. Niklausberg	18/10	63	4022	63,8	22,2	77,8	1,0753	0,282	17,39	1,13	0,062	0,392	0,050
	Mittel (No. 37—82)			.	**31,42**	**1775**	**72,7**	**23,1**	**76,9**	**1,0797**	**0,382**	**18,82**	**0,97**	**0,059**	**0,529**	**0,077**

III. Oesterreichische Moste.

	Zeit der Untersuchung	Spec. Gew.	Wasser %	Zucker %	Säure %	Nichtzucker*) %	Analytiker
Augster, blauer	1872	1,086	(79,4)*)	18,0*)	0,68	2,6	B. Haas[1]
	1873	1,078	81,2	15,0	0,99	3,8	
	1874	1,082	80,3	14,7	0,72	5,0	
Blaufränkisch	1872	1,100	76,3	18,2	0,48	5,5	
	1873	1,089	78,7	17,3	0,72	4,0	
	1874	1,100	76,3	18,6	0,77	5,1	
Bodenseetrauben	1872	1,097	76,9	19,4	0,65	3,7	
	1873	1,084	79,8	15,6	0,87	4,6	
	1874	1,084	79,8	15,4	1,08	4,8	
Burgunder, blauer	1872	1,101	76,1	20,9	0,59	3,0	
	1873	1,094	77,6	17,6	0,65	4,8	
	1874	1,093	77,8	17,3	0,87	4,9	
Burgunder, weisser	1872	1,101	76,1	21,9	0,60	2,0	
	1873	1,091	78,3	19,1	0,72	2,7	
	1874	1,094	77,6	17,2	0,77	5,2	
Carmenet, blauer	1872	1,092	78,1	19,5	0,52	2,4	
	1873	1,090	78,5	17,6	0,52	3,9	
	1874	1,079	81,0	16,5	0,66	2,5	
Dinka, rothe	1872	1,090	78,5	19,1	0,61	2,4	
	1873	1,090	78,5	18,4	0,88	3,1	
	1874	1,086	79,4	15,6	0,75	5,0	
Elben, rother	1872	1,093	77,8	17,6	0,70	4,6	
	1873	1,067	83,7	12,8	0,82	3,5	
	1874	1,080	80,7	13,1	0,75	6,2	
Gutedel, rother	1872	1,079	81,0	16,3	0,70	2,7	
	1873	1,072	82,6	13,1	0,69	4,3	
	1874	1,075	81,9	13,9	0,64	4,2	
Gutedel, weisser	1872	1,076	81,6	16,6	0,53	1,8	
	1873	1,074	82,1	13,7	0,58	4,2	
	1874	1,075	81,9	14,3	0,63	3,8	
Kadarka, blaue	1872	1,099	76,5	19,0	0,71	4,5	
	1873	1,071	82,8	13,1	0,88	4,1	
	1874	1,085	79,6	16,2	1,01	4,2	
Kleinweiss	1872	1,093	77,8	17,7	0,67	4,5	
	1873	1,095	77,4	16,6	0,61	6,0	
	1874	1,089	78,7	17,0	0,65	4,3	
Krachgutedel	1872	1,080	80,7	16,6	0,42	2,7	
	1873	1,080	80,7	14,7	0,46	4,6	
	1874	1,076	81,6	13,9	0,50	4,5	

[1]) Zeitschr. f. analyt. Chemie 1878. S. 425.

*) Der Extractgehalt ist nach der Balling'schen Sacharimetrie ermittelt; der obenangeführte Wassergehalt ist nach Abzug des Extractes von 100 berechnet; der Zucker ist mit Fehling'scher Lösung bestimmt; unter „Nichtzucker" ist der Rest zu verstehen, der nach Abzug des Zuckers vom Balling'schen Extractgehalt verbleibt.

	Zeit der Untersuchung	Spec. Gew.	Wasser %	Zucker %	Säure %	Nichtzucker %	Analytiker
Liverdun, blauer	1872	1,103	75,6	22,1	0,62	2,3	B. Haas[1]
	1873	1,088	78,9	14,6	0,90	6,5	
	1874	1,094	77,6	17,3	0,92	5,1	
Mosler, gelber	1872	1,100	76,3	19,0	0,55	4,7	
	1873	1,077	81,4	14,7	0,95	3,9	
	1874	1,092	78,1	17,3	0,88	4,6	
Müllerrebe, blaue	1872	1,105	75,2	19,6	0,55	5,2	
	1873	1,085	79,6	15,1	0,83	5,3	
	1874	1,087	79,2	17,4	0,99	3,4	
Oesterreichisch-Weiss	1872	1,101	76,1	20,2	0,71	3,7	
	1873	1,092	78,1	17,0	0,86	4,9	
	1874	1,094	77,6	17,2	1,10	5,2	
Ortlieber, gelber	1872	1,090	78,5	18,5	0,53	3,0	
	1873	1,081	80,5	14,4	0,70	5,1	
	1874	1,084	79,8	15,6	0,60	4,6	
Portugiesischer, blauer	1872	1,107	74,8	21,3	0,56	3,9	
	1873	1,097	76,9	19,0	0,55	4,1	
	1874	1,100	76,3	18,9	0,50	4,8	
Riesling, rother	1872	1,106	75,0	22,3	0,60	2,7	
	1873	1,090	78,5	17,0	0,98	4,5	
	1874	1,080	80,7	14,9	0,76	4,4	
Riesling, schwarzer	1872	1,095	77,4	18,6	0,58	4,0	
	1873	1,088	78,9	16,7	0,62	4,4	
	1874	1,086	79,4	15,3	1,22	5,3	
Riesling, weisser	1872	1,102	75,9	21,6	0,58	2,5	
	1873	1,078	81,2	14,7	0,93	4,1	
	1874	1,085	79,6	15,4	0,85	5,0	
Ruländer	1872	1,100	76,3	19,1	0,47	4,6	
	1873	1,103	75,6	20,1	0,56	4,3	
	1874	1,096	77,2	17,2	0,75	5,6	
Seetraube, grüne	1872	1,084	79,8	16,4	0,84	3,8	
	1873	1,089	78,7	17,7	0,95	3,6	
	1874	1,082	80,3	14,2	0,89	5,5	
Steinschiller, rother	1872	1,078	81,2	16,3	0,61	2,5	
	1873	1,081	80,5	15,2	0,52	4,3	
	1874	1,081	80,5	15,7	0,57	3,8	
Sylvaner, grüner	1872	1,095	77,4	18,6	0,57	4,0	
	1873	1,080	80,7	14,5	1,00	4,8	
	1874	1,090	78,5	16,4	0,72	5,1	
Traminer, rother	1872	1,100	76,3	20,9	0,42	2,8	
	1873	1,097	76,9	17,7	0,61	5,4	
	1874	1,090	78,5	16,7	0,77	4,8	

[1]) Zeitschr. f. analyt. Chemie 1878. S. 425.

	Zeit der Untersuchung	Spec. Gew.	Wasser %	Zucker %	Säure %	Nichtzucker %	Analytiker
Trollinger, blauer	1872	1,083	80,1	17,6	0,58	2,3	B. Haas[1])
	1873	1,075	81,9	13,9	1,04	4,2	
	1874	1,086	79,4	16,1	0,75	4,5	
Veltliner, früher rother . .	1872	1,098	76,7	20,0	0,50	3,3	
	1873	1,100	76,3	18,2	0,56	5,5	
	1874	1,106	75,0	18,8	0,81	6,2	
„ grüner	1872	1,090	78,5	19,1	0,51	2,4	
	1873	1,094	77,6	16,7	0,77	5,7	
	1874	1,094	77,6	17,9	0,71	4,5	
„ roth weisser . . .	1872	1,102	75,9	18,3	0,64	5,8	
	1873	1,079	81,0	16,3	0,63	2,7	
	1874	1,105	75,2	20,1	0,70	1,7	
Wälschriesling	1872	1,090	78,5	19,0	0,46	2,5	
	1873	1,093	77,8	18,3	0,59	3,9	
	1874	1,095	77,4	17,5	0,65	5,1	
Wildbacher, blauer	1872	1,094	77,6	17,8	0,73	5,6	
	1873	1,079	81,0	13,4	1,25	4,6	
	1874	1,088	78,9	16,7	1,17	4,4	
Zierfahndler, rother	1872	1,116	72,9	23,0	0,63	4,1	
	1873	1,091	78,3	17,3	0,68	4,4	
	1874	1,083	75,6	19,3	0,76	5,1	
Oesterreichische Moste aus 1872—1874, Mittel*) . .	.	**1,088**	**78,12**	**17,31**	**0,71**	**4,57**	

IV. Tyroler Moste.

	Zeit der Untersuchung	Spec. Gew.	Zucker %	Gesammtsäure als Weinsäure %	Durch Alkohol fällbar**) %	Freie Weinsäure %	Weinstein %	Aepfelsäure (indirect)**) %	Analytiker
Blauer Burgunder, 4jähr. Rebe, 24. Sept.	1878	1,109	26,3	0,52	0,59	—	0,53	0,284	E. Mach und K. Portele[2])**)
Grauer Ruländer, 3jähr. Rebe, Trauben überreif, 24. Sept.	„	1,109	26,2	0,47	—	—	0,47	0,242	
Rother Traminer, 4jähr. Rebe, 26. Sept.	„	1,101	23,9	0,45	0,48	—	0,53	0,210	
Teroldega, alte Rebe, hohe Cultur, 5. Oct.	„	1,105	24,4	0,76	0,61	0,036	0,41	0,502	
dgl. junge Reben, niedere Cultur, 5. Oct.	„	1,101	23,3	0,60	—	—	—	—	

[1]) Zeitschr. f. analyt. Chemie 1878. S. 425.
[2]) Weinlaube 1879. XI. S. 227.
*) Indem man für sämmtliche Mostsorten in den 3 Jahren das Mittel nimmt, erhält man für die einzelnen Jahrgänge:

	Spec. Gew.	Wasser	Zucker	Säure	Nichtzucker
1872 . . .	1,092	76,81	19,25	0,59	3,94 %
1873 . . .	1,086	78,86	16,11	0,75	5,03 „
1874 . . .	1,086	78,69	16,56	0,79	3,96 „

**) Der Zucker ist nach Fehling'scher Methode ermittelt, der Weinstein nach der Methode v. Berthelot-Fleurieu (Bolley: Handbuch der technisch-chem. Untersuchung), die freie Weinsäure nach Berthelot, die Aepfelsäure einmal indirect aus der Differenz zwischen der Acidität der Gesammtsäure und derjenigen der Gerbsäure, Weinsäure und des Weinsteins, so dann direct nach dem Verfahren von Fresenius-Barfoed.

	Zeit der Untersuchung	Spec. Gew.	Zucker %	Gesammtsäure als Weinsäure %	Durch Alkohol fällbar*) %	Freie Weinsäure %	Weinstein %	Aepfelsäure (indirect)*) %	Analytiker
Riesling, edelfaul, Kalkboden, Nordlage, 5. October	1878	1,111	26,5	0,73	0,64	0,108	0,49	0,370	*E. Mach und K. Portele*[1]) *)
desgl., nicht edelfaul, gleiche Lage, 4. Oct.	"	1,093	20,7	0,67	0,58	0,054	0,50	0,370	
Klein-Vernatsch, 28. September	"	1,099	22,8	0,58	0,58	0,054	0,50	0,290	
Negrara, 12. October	"	1,093	21,2	0,64	—	0,009	0,49	0,390	
Marzemino, 28. September	"	1,091	20,4	0,66	0,33	0,018	0,59	0,370	
Welschriesling, 4jährige Reben, 26. Sept.	"	1,089	20,0	0,59	0,51	0,036	0,54	0,340	
St. Laurent, 4jährige Reben, 24. September	"	1,089	20,0	0,65	—	0,018	0,53	0,370	
Rossara, alte Reben, 27. September	"	1,088	19,7	0,75	—	0,110	0,41	0,400	
Nosiola, 7jährige Reben, 21. September	"	1,086	18,2	0,60	—	0,047	0,56	0,290	
Kleinweiss, 4jährige Reben, 28. September	"	1,090	19,9	0,69	—	0,018	0,64	0,410	
Laska, 3jährige Reben, 27. September	"	1,081	17,6	0,74	—	0,064	0,64	0,410	
Kadarka, 3jährige Reben, 27. September	"	1,081	17,7	0,59	—	0,072	0,51	0,310	
Labruska, alte Reben, 28. September	"	1,072	14,6	0,62	—	0,130	0,33	0,350	
Tyroler Moste, Mittel	.	**1,094**	**21,30**	**0,63**	**0,54**	**0,055**	**0,52**	**0,35**	

Moste verschiedenen Ursprungs. — Neuere ausführliche Analysen.

No.		Zeit der Untersuchung	Wasser g	Extract g	Zucker g	Säure = Weinsäure g	Gesammt-Weinsäure g	Freie Weinsäure g	Aepfelsäure g	Mineralstoffe g	Phosphorsäure g	Schwefelsäure g	Kali g	Kalk g	Magnesia g
	In 100 CC. Most sind Gramm:														
1	Franken-Riesling-Tr., 24. October 1881	1881	79,24	20,76	16,94	1,20	0,44	—	0,92	0,26	0,034	0,015	0,170	0,013	0,014
2	desgl., 14. Oct. 1881	"	82,13	17,87	13,90	1,37	0,50	0,188	0,72	0,33	0,031	0,010	0,156	0,012	0,012
3	Pfälzer Riesling-Tr., 16. Oct. 1881 a	"	81,10	18,90	15,60	0,97	0,25	0,054	0,54	0,29	0,035	0,010	0,130	0,017	0,012
4	Pfälzer Riesling-Tr., 16. Oct. 1881 b	"	77,85	22,15	18,50	0,87	0,25	—	0,44	0,35	0,027	0,007	0,115	0,009	0,012
5	Pfälzer, Gimmeldingen Traminer-Traube, 22. October 1881	"	74,67	25,93	25,00	0,54	0,08	—	0,38	0,43	0,043	0,019	0,188	0,019	0,016
6	Rothe Südtyroler Tr., 14. October 1881	"	74,88	25,12	21,74	0,79	0,27	—	0,55	0,36	0,029	0,007	0,139	0,014	0,014
7	Weisse ungarische Tr., Hidegkut bei Pest, 10. October 1881	"	73,65	26,35	20,83	0,82	0,31	—	0,64	0,30	0,043	0,008	0,115	0,018	0,015
8	Rothe ungarische Tr., Budakesz bei Pest, 10. October 1881	"	77,80	22,20	18,69	0,99	0,16	—	0,84	0,28	0,036	0,013	0,162	0,016	0,019
	Mittel (No. 1—8)	.	**77,59**	**22,41**	**18,90**	**0,83**	**0,28**	**0,121**	**0,63**	**0,33**	**0,035**	**0,011**	**0,144**	**0,015**	**0,014**

[1]) Weinlaube 1879. XI. S. 267. — *) Vergl. Anmerkung **) S. 860.

Moste verschiedenen Ursprungs:
No. 1—8 von R. Kayser: Repertorium f. analyt. Chem. 1881. S. 1 u. 52. Die Untersuchungs Methoden sind nicht angegeben.

No.		Zeit der Untersuchung	Spec. Gew.	Extract %	Zucker %	Säure = Weinsäure %	Freie Weinsäure %	Weinstein %	N-Substanz (N × 6,25) %	Mineralstoffe %	Phosphorsäure %	Schwefelsäure %	Kali %	Kalk %	Magnesia %
9	Kadarka-Most, ungarische Tr., 1881er	1881	1,0960	22,60	18,46	0,64	—	—	—	0,27	0,033	0,013	0,144	—	—
10	Portugiesischer Most, ungarische Sorte, 1881er	„	1,1000	23,60	19,81	0,51	—	—	—	0,37	0,040	0,015	0,212	—	—
11	Blauer Burgunder, 1883er	Dec. 1883	1,0790	19,14	17,67	0,96	—	—	0,44	0,28	0,042	0,011	0,156	0,010	0,010
12	Kleiner Riesling, 1883er	„	1,0800	19,30	17,66	1,08	—	—	0,33	—	—	—	—	—	—
13	Wälsch - Riesling, 1883 er	„	1,0700	17,01	14,57	0,92	—	—	0,22	0,23	—	0,009	0,140	0,012	0,010
14	Rothgipfler, 1883er .	„	1,0800	19,21	17,33	1,16	—	—	0,35	0,29	0,036	0,010	0,156	0,010	0,009
15	Oesterreichisch, weiss, 1883er	„	1,0730	17,70	12,79	1,16	—	—	0,32	0,24	0,025	0,007	0,117	0,012	0,012
16	Sylvaner, 1883er . .	„	1,0730	17,61	14,99	1,17	—	—	0,19	0,25	0,040	0,012	0,149	—	—
17	Rother Veltliner, 1883er	„	1,0770	18,60	17,07	0,88	—	—	0,34	0,25	0,031	0,006	0,135	0,010	0,013
18	Weisser Veltiner, 1883er	„	1,0690	16,80	14,59	0,94	—	—	0,42	0,28	0,049	0,010	0,153	0,013	0,012
19	Gutedel, 1883er . .	„	1,0640	15,60	13,38	0,81	—	—	—	0,24	0,025	0,013	0,121	—	—
	Most aus italienischen Trauben.									Reinasche					
20 °)	Asti Barbera (Galeria d'Asti)	1878	1,099	—	18,32	1,18	0,25	0,74	—	0,91	0,094	0,042	0,545	0,066	0,048
21 °)	Barbera (Costiglione d'Asti)	„	1,098	—	17,74	1,67	0,37	0,92	—	0,91	0,081	0,083	0,628	0,064	0,004
22 °)	Grigerlino (Galeria d'Asti)	„	1,089	—	17,11	1,07	0,29	0,72	—	0,61	0,074	0,035	0,361	0,037	00,36
23 °)	Grigerlino (Costiglione d'Asti)	„	1,087	—	17,97	1,23	0,12	0,79	—	0,63	0,050	0,065	0,457	0,018	?
24 °)	Pinot (Galeria d'Asti)	„	1,096	—	20,16	0,63	0,06	0,73	—	0,89	0,106	0,042	0,541	0,053	0,043
25 °)	Frestin (Costiglione d'Asti)	„	1,082	—	15,83	1,33	0,21	0,80	—	0,73	0,058	0,071	0,512	0,044	0,020

Moste verschiedenen Ursprungs:

No. 9 u. 10 von C. Klement, No. 11—18 von E. Kayser, No. 19 von Hoffmann u. No. 26—34 von Konrad John in Mittheil. d. K. K. chem.-physiol. Vers.-Stat. in Klosterneuburg bei Wien 1885. Heft IV. Tab. 28, 30 u. 31.

No. 20—25 von E. Rotondi nach Relazione dei Lavori eseyniti nel laboratorio chimica della r. stazione enologica d'Asti 1878 in vorstehender Quelle, Tabelle 33. Ausser oben aufgeführten Mineralstoffen wurden noch bestimmt:

	No. 20	21	22	23	24	25
Eisenoxyd . . .	0,032	0,009	0,023	0,005	0,049	0,007 %
Natron	0,017	0,021	0,023	0,015	0,011	0,013 „
Chlor	0,004	0,101	0,002	0,004	0,007	0,003 „
Kieselsäure . . .	0,051	0,016	0,027	0,012	0,042	0,021 „

°) Bei No. 20—25 bedeutet „Mineralstoffe" Reinasche d. h. Asche frei von Sand, Kohle und Kohlensäure.

No.		Zeit der Untersuchung	Spec. Gew.	Extract %	Zucker %	Säure = Weinsäure %	Freie Weinsäure %	N-Substanz (N × 6,25) %	Aepfelsäure %	Mineralstoffe %	Phosphorsäure %	Schwefelsäure %	Kali %	Kalk %	Magnesia %
											In 100 CC. Most:				
26	Weisser Burgunder, 1872er Jahrgang, in Klosterneuburg auf Kalkboden gewachsen. Die einzelnen Moste stammen von 9 verschiedenen Parzellen in derselben Lage⁰)	—	—	—	—	—	—	—	—	0,27	0,044	0,011	0,152	0,018	0,014
27		—	—	—	—	—	—	—	—	0,33	0,051	0,018	0,169	0,024	0,023
28		—	—	—	—	—	—	—	—	0,24	0,044	0,007	0,128	0,016	0,012
29		—	—	—	—	—	—	—	—	0,26	0,047	0,009	0,143	0,019	0,012
30		—	—	—	—	—	—	—	—	0,26	0,054	0,008	0,156	0,009	0,012
31		—	—	—	—	—	—	—	—	0,30	0,045	0,011	0,168	0,018	0,016
32		—	—	—	—	—	—	—	—	0,31	0,049	0,017	0,166	0,024	0,020
33		—	—	—	—	—	—	—	—	0,36	0,078	0,007	0,216	0,015	0,013
34		—	—	—	—	—	—	—	—	0,25	0,050	0,004	0,166	0,010	0,011
			Gewichts-Procent:												
35	Klosterneuburger Moste, 1884er	—	1,0775	18,70	16,10	0,69	—	0,311	—	0,258	0,028	0,009	0,123	—	—
36		—	1,0780	18,80	15,31	0,97	—	0,291	—	0,324	0,050	0,013	0,150	—	—
37		—	1,0730	17,70	14,63	1,13	—	0,308	—	0,309	0,052	0,014	0,149	—	—
38		—	1,0806	19,40	16,44	0,63	—	0,338	—	0,338	0,057	0,016	0,160	—	—
	Mittel (No. 9—25 u. No. 35—38)	.	**1,0780**	**18,78**	**16,05**	**0,92**	—	**0,322**	—	**0,266**	**0,039**	**0,011**	**0,148**	**0,011**	**0,011**

Zusammensetzung des Saftes verschiedener Beerentheile von E. Mach und K. Portele.[1])

	Dichte des Mostes	Klosterneuburger Mostgewicht	Zuckerangabe nach Balling	Stickstoffhaltige Substanz %	Pectin-Substanz %	Nichtzucker %	Polarisationsgrade	Zucker %	Lävulose %	Dextrose %	Gesammtsäure %	Weinsteinsäure %	Freie Weinsäure %	Aepfelsäure (ber.) %	Gerbsäure %
Am 25. August.															
Most aus den Hülsen . . .	1,058	12,1	14,4	1,19	1,02	4,9	— 3,9	9,5	3,7	5,7	0,82	0,80	0,04	0,46	—
„ „ „ Butzen . . .	1,054	11,1	13,3	1,34	0,43	3,0	— 8,0	10,3	4,6	5,7	2,10	0,77	0,36	1,43	—
„ frei abgelaufen . . .	1,057	11,7	14,0	1,25	0,46	3,6	— 5,6	10,4	4,3	6,1	2,00	0,65	0,42	1,32	—
Am 30. September.															
Most aus den Hülsen . . .	1,081	16,6	19,6	0,88	0,61	2,0	— 18,7	17,6	8,3	9,3	0,23	0,25	—	0,13	—
„ „ „ Butzen . . .	1,081	16,6	19,6	0,88	0,54	3,4	— 12,5	16,2	7,1	9,1	1,26	0,63	0,05	0,96	—
„ frei abgelaufen . . .	1,084	17,1	20,1	0,82	0,45	1,6	— 18,7	18,4	8,6	9,8	0,62	0,47	0,07	0,36	—
Am 15. October.															
Most aus den Hülsen . . .	1,093	18,6	22,1	0,98	0,75	2,9	— 25,0	19,2	9,6	9,6	0,33	0,32	—	0,19	0,048
„ „ „ Butzen . . .	1,093	18,6	22,1	0,88	0,56	4,2	— 21,3	18,0	7,6	9,2	1,22	0,62	0,01	0,96	0,008
„ frei abgelaufen . . .	1,095	18,9	22,6	0,77	0,48	3,1	— 26,3	19,5	9,6	9,6	0,83	0,57	0,01	0,59	0,003

Moste verschiedenen Ursprungs:
No. 26—34 vergl. vorst. unter No. 9 S. 862.
No. 35—38 C. Hoffmann, Mittheil. d. K. K. chem.-physiol. Vers.-Stat. Klosterneuburg 1888. Heft V. Tab. 37.

⁰) Die Analysen No. 26—34 zeigen, dass der Aschengehalt und die Mengen der einzelnen Aschen-Bestandtheile selbst bei Mosten einer und derselben Sorte, eines gleichen Jahrganges, gleicher Lage, wenn die Trauben von verschiedenen Theilen des Grundstückes entnommen sind, unter Umständen beträchtlich schwanken können.

[1]) Weinlaube 1881. S. 61.

Wein.

Von den Weinanalysen haben die älteren, welche nicht nach den neuesten vereinbarten Untersuchungsmethoden ausgeführt sind, keinen Werth mehr und können nicht mit den neueren Analysen verglichen werden. Ich lasse unter denselben dennoch die ausführlicheren und besseren der historischen Bedeutung wegen stehen und gebe sie zum Unterschied von den neueren Analysen mit Kleindruck. Auch sind manche ältere Untersuchungsreihen von Weinen mit mehr Sorgfalt ausgeführt, als viele neue und wenn die Analysenmethoden mitgetheilt sind, werden sie eine willkommene Grundlage für weitere Untersuchungen derselben Sorten späterer Jahrgänge bieten. Die frühere Uebersichtstabelle über die Zusammensetzung der Weine aller Länder lasse ich fehlen, weil die Zahlen doch nicht unter einander vergleichbar werden.

Für die Beurtheilung der Weine der verschiedenen Länder, Lagen, Jahrgänge und Sorten kommen vorwiegend nur die Minima- und Maximazahlen in Betracht. Wenn ich dennoch für eng zusammengehörige Weine Mittelzahlen gezogen habe, so sollen dieselben zeigen, ob und welche Unterschiede bei Weinen bestimmter Lagen und Jahrgänge von einander auftreten.

Leider sollen nach den neuesten Vereinbarungen von Untersuchungsmethoden sowohl der Commission im Reichsgesundheitsamt wie der bairischen Nahrungsmittel-Chemiker die Resultate in Gramm pro 100 Vol. Wein angegeben werden. Dieses ist durchaus unwissenschaftlich und incorrect. Bei den gewöhnlichen Weinen, deren spec. Gew. nahezu = 1 ist, macht es allerdings nicht viel aus, ob die Zahlen in Gew. % oder als Gramm pro 100 Vol. aufgeführt sind. Bei den Süssweinen indess, deren spec. Gew. durchweg erheblich von 1 abweicht, sind die neueren Zahlen gar nicht mehr direct vergleichbar und wäre zu wünschen, dass diese Vereinbarung, die allerdings für den Analytiker bequem ist, recht bald wieder aufgehoben würde. Denn wenn nach der jetzigen Vereinbarung bei den Analysen, wie vielfach, das spec. Gew. nicht angegeben ist, so sind die übrigen Zahlen fast werthlos und man kann mit solchen Analysen trotz ihrer Neuheit nicht viel anfangen.

Mosel- und Saarweine.

a. Aeltere Analysen:

No.	Sorte und Lage	Jahrgang	Spec. Gew.	Alkohol Vol. %	Alkohol Gew. %	Extract %	Säure = Weinsäure %	Zucker %	Asche %	Analytiker
1	Pisport	1848	0,9977	10,8	8,74	2,226	0,583	0,520	0,203	*Saenz Diez* [1]) *)
2	"	1857	—	12,4	—	1,70	0,580	0,120	—	*v. Babo* [2]) **)
3	Zeltinger	"	—	11,2	—	1,60	0,630	0,130	—	
4	"	1861	—	11,2	—	—	0,637	0,178	—	*J. Nessler* [2])
5	Scharzhofberg (Saar)	1857	—	14,2	—	2,00	0,560	0,150	—	*v. Baba* [2])
6	Wildingen	"	—	12,6	—	1,90	0,660	0,130	—	
	Mittel der älteren Analysen (1—6)	.	0,9977	12,06	—	1,885	0,608	0,204	0,203	

[1]) Ann. d. Chem. u. Pharm. 1854. Bd. 90. S. 305—309.

[2]) Ann. d. Oenologie 1873. Bd. III. S. 224.

*) Der Alkohol ist in diesen wie in den weiter unten aufgeführten Weinanalysen von Saenz Diez nach der Gay-Lussac'schen Methode bestimmt. Extract durch Trocknen des Rückstandes bei 110°, Zucker nach der Methode von Barreswil durch Titration des zur Hälfte mit Wasser (150 CC. auf 300 CC.) verdünnten Weines mit einer alkalischen Normallösung von weinsaurem Kupferoxyd, Säuren durch Titration mit Normal-Kalilauge.

**) Methoden der Untersuchung sind nicht angegeben.

b. Neuere Analysen.

No.		Jahrgang	Zeit der Untersuchung	Spec. Gew.	Alkohol Vol. %	Alkohol Gew. %	Extract	Säure = Weinsäure	Zucker	Glycerin	Mineralstoffe	Phosphorsäure	Kali	Polarisation	Analytiker
							100 CC. Wein enthalten Gramm								
7	Brauneberger	?	1879	—	10,3	—	2,67	—	0,343	0,65	0,185	0,041	—	—	R. Kayser[1] *)
8	Pisporter	?	„	—	10,5	—	2,44	—	0,248	0,64	0,155	0,037	—	—	
9	Zeltinger	?	„	—	9,3	—	2,39	—	0,233	0,73	0,160	0,038	—	—	
10	Winninger Berg v. Bürgerm. Liedel u. Pfarrer Theveny in Winningen a. d. Mosel	1876er	1883	—	—	8,22	1,99	0,64	—	0,66	0,15	0,039	0,078	+0,03	R. Fresenius und E. Borgmann[2] **)
11		1877er	„	—	—	7,04	2,11	0,79	—	0,65	0,17	0,048	0,056	+0,03	
12		1878er	„	—	—	8,72	2,44	0,95	—	0,85	0,20	0,056	0,064	± 0	
13		desgl.	„	—	—	8,48	2,09	0,83	—	0,82	0,17	0,042	0,062	± 0	
14		(Riesl.) dgl.	„	—	—	7,92	1,92	0,77	—	0,66	0,19	—	0,079	± 0	
							%	%	Stickstoff %	%	%	%	%		
15	Saadter 1875er, weisse Burgunder Traube		1884	0,9953	—	8,29	2,07	0,60	(0,022)?	—	0,204	0,042	0,086	± 0	W. Klinkenberg[3] ***)
16	Saadter Riesl., 1878er		„	0,9969	—	6,86	1,96	0,74	0,052	—	0,183	0,036	0,075	+0,07°	
17	Bocksteiner 1876er		„	0,9960	—	8,36	2,53	0,78	0,027	—	0,162	0,023	0,059	+0,03°	
18	Geisberger „		„	0,9972	—	8,07	2,49	0,82	0,027	—	0,159	0,023	0,072	± 0	
19	Saarburger 1881er		„	0,9988	—	7,87	2,76	1,05	0,020	—	0,157	0,021	0,058	—0,466°	
20	Moselblümchen, leicht, mild, nicht sauer		1883	0,9940	12,12	8,09	2,27	0,67	0,031	0,66	0,179	0,026	0,056	SO_3 0,059 %	L. Weigert[4]
	Mittel (No. 10—20)		.	**0,9964**	**9,90**	**7,99**	**2,24**	**0,79**	**0,031**	**0,72**	**0,175**	**0,036**	**0,068**	**0,059** SO_3	

[1]) Repertorium f. analyt. Chem. 1884. S. 145.
[2]) Zeitschr. f. analyt. Chemie 1883. Bd. 22. S. 46.
[3]) Ebendort 1884. Bd. 23. S. 514.
[4]) Mittheil. d. K. K. chem.-physiol. Vers.-Stat. Klosterneuburg 1888. Heft V. Tab. 31. Ueber die Untersuchungs-Methoden vergl. unter „Niederösterr. Weine“ weiter unten. Der Wein No. 20 enthielt ferner: 0,074 % freie Weinsäure, 0,115 % Weinstein und 0,024 % Gerbstoff.

*) Die 3 Moselweine No. 12—14 sind als nicht beanstandete Handelssorten zu bezeichnen. Dieselben sind nach den Vereinbarungen des Vereins analyt. Chemiker (vergl. II. Thl. dieses Werkes) untersucht. Bei den Zucker-Bestimmungen wurden 100 CC. Fehling'scher Lösung als 0,05 g Zucker entsprechend angenommen. Bei den Glycerin-Bestimmungen ist eine Verdunstungs-Correctur von 0,1 g pro 100 CC. verdünsteter Flüssigkeit angebracht, aber auch stets Rücksicht genommen auf einen Gehalt des gewogenen Glycerins an Zucker oder Mineralsubstanz. Die Weine ergaben an Mineralstoffen ferner:

	No. 7	8	9
Schwefelsäure	0,014	0,009	0,010 %
Kalk	0,006	0,007	0,005 „
Magnesia	0,021	0,019	0,019 „

**) Die Weine sind als notorisch reine, flaschenreife Naturweine garantirt. Der Alkohol ist durch Destillation und Ermittelung des spec. Gewichtes des Destillats im Pyknometer von ca. 30 CC. Inhalt ermittelt; Extract durch Eindunsten von 50 CC. Wein in flachen Platinschalen und 2—3stündiges Trocknen im Wasserbad-Trockenschrank; Säure durch Titration mit $^1/_{10}$ Normal-Natronlauge; Glycerin durch Eindampfen von 100 CC. Wein unter Zusatz von Kalk, Extrahiren des Rückstandes mit Spiritus, Verdunsten des letzteren und Aufnehmen des Rückstandes mit 10—20 CC. Alkohol und Zusetzen von 15—30 CC. Aether, Filtriren und Eindampfen dieser Lösung. Die Polarisation ist in 220 mm Rohr des Wild'schen Polaristrobometers vorgenommen. Asche und Mineralstoffe sind in üblicher Weise bestimmt, Schwefelsäure direct im Wein nach Ansäuern mit Salzsäure durch Fällen mit Chlorbarium. An Schwefelsäure und Kalk wurde in den Weinen gefunden:

	No. 10	11	12	13	14
Schwefelsäure	0,006	0,009	0,013	0,018	0,016 g pro 100 CC. Wein
Kalk	0,021	0,013	0,014	0,008	0,009 g „ „ „ „

***) Alkohol wurde durch Destillation von 100 CC. Wein nach Neutralisation mit Kalkmilch und durch Ermittelung des spec. Gewichtes von 100 CC. Destillat im Pyknometer bestimmt; Extract durch Eintrocknen von 50 CC. Wein im Wasserbade und durch nachheriges 3stündiges Trocknen im Wasserbad-Trockenschrank; Säure nach Entfernung der Kohlensäure durch Aufkochen durch Titration mit Barythydrat und Lakmustinctur als Indicator; Stickstoff durch Verbrennen des Extractes von 10 CC. Wein mit Natronkalk; die Asche wurde durch Eindunsten und Verbrennen des Extractes von 100 CC. Wein ermittelt und in dieser Asche: Chlor, Phosphorsäure und Alkalien nach üblichen Methoden; Kalk und Magnesia wurden direct im Wein gefällt, Schwefelsäure nach vorheriger Zerstörung der organischen Stoffe durch Salzsäure und chlorsaures Kalium; die Polarisationen wurden im 220 mm Rohr des Wildt'schen Polaristrobometers vorgenommen.

Die Weine sind als „vollkommen“ rein und frei von jeglichem Zusatz bezeichnet. Es wurden an Mineralstoffen ferner gefunden:

	No. 15	16	17	18	19
Schwefelsäure	0,051	0,047	0,028	0,026	0,015 %
Chlor	0,003	0,003	0,004	0,004	0,002 „
Kalk	0,011	0,012	0,010	0,010	0,016 „
Magnesia	0,020	0,021	0,025	0,022	0,021 „
Natron	—	0,002	—	—	0,002 „

Rheingauweine. — Weissweine.

a. Aeltere Analysen.

No.		Jahrgang	Spec. Gew.	Wasser %	Alkohol Vol. %		Extract %	Säure = Weinsäure %	Zucker %	Asche %	Analytiker
	Weine der 1846er Ernte:										
1	Hattenheimer (Junge, 4 Monate alte Weine)	—	0,9959	85,08	10,707		4,214	0,556	3,850	—	*R. Fresenius* [1]*)
2	Markobrunner (Junge, 4 Monate alte Weine)	—	1,0012	83,68	11,141		5,178	0,533	4,521	—	
3	Steinberger (Junge, 4 Monate alte Weine)	—	1,0070	84,38	10,069		5,559	0,497	4,491	—	
4	desgl. Auslese (Junge, 4 Monate alte Weine)	—	1,0323	78,27	10,170		10,555	0,424	8,628	—	
					Vol. %	Gew. %	Extract bei 110°				
5	Markobrunner Auslese . .	1822	0,9963	—	12,2	9,76	2,394	0,403	0,243	0,195	*Man. Saenz Diez* [2]**)
6	Rüdesheim	1848	0,9963	—	11,4	9,22	2,450	0,519	0,425	0,179	
7	desgl.	1846	0,9957	—	11,6	9,38	2,131	0,332	0,386	0,149	
8	Geisenheim	1848	0,9967	—	11,4	9,22	2,675	0,465	0,503	0,178	
9	desgl.	1846	0,9960	—	12,2	9,86	2,265	0,403	0,427	0,185	
10	Hattenheim	1834	0,9960	—	11,9	9,62	2,027	0,389	0,272	0,156	
11	Rauenthal	1834	0,9962	—	12,1	9,78	2,153	0,483	0,284	0,202	
12	Steinberg	1846	0,9955	—	11,6	9,38	2,066	0,411	0,352	0,152	
13	Hochheim	1846	0,9963	—	11,5	9,30	1,640	0,375	0,437	0,180	
14	Scharlagsberg	1848	0,9972	—	10,2	8,26	2,284	0,586	0,425	0,169	
15	Nierstein	1842	0,9952	—	11,3	8,34	1,852	0,488	0,408	0,127	
16	Johannisberg	1848	0,9917	—	10,0	8,10	2,059	0,514	0,416	0,120	
17	Hochheim	1865	—	—	—	9,61	2,463	0,461	0,329	0,179	*G. Glässner* [3]***)
18	Rüdesheim	1868	—	—	—	9,98	2,916	0,514	0,454	0,180	
19	Nierstein-Rehbacher . . .	1868	—	—	—	8,98	3,120	0,479	0,252	0,184	
	Mittel d. ält. Analys. (5—19)	.	0,9958	—	11,45	(9,25)	2,299	0,455	0,374	0,169	

b. Neuere Analysen.

No.		Zeit der Untersuchung	Spec. Gew.	Alkohol Vol. %	Alkohol Gew. %	Extract	Säure = Weinsäure	Zucker	Glycerin	Mineralstoffe	Phosphorsäure	Kali	Polarisation	Analytiker
	Von H. W. Schlamp in Nierstein:					100 CC. enthalten Gramm								
20	Pettenthal 1875er, {1/4 Riesling, 3/4 Oesterr.}	1883	—	—	9,06	1,86	0,51	—	1,02	0,26	—	—	+0,14°	*Fresenius u. Borgmann* [4])
21	Rehbach 1875er, desgl. .	„	—	—	9,35	2,25	0,80	—	1,08	0,28	—	—	+0,22°	

[1]) Ann. d. Chem. u. Pharm. 1846. Bd. 63. S. 384. Die Weine waren 4 Monate alt, und ohne jeglichen Zusatz dargestellt; Steinberger Auslese war noch in schwacher Gährung.

[2]) Ibid. 1854. Bd. 90. S. 305—309.

[3]) Naumann's Jahresbericht f. Chemie 1872. S. 1043.

[4]) Vergl. Anmerkung [1]) u. *) S. 867.

*) Der Alkohol wurde durch Destillation des Weines, Rectification des Destillats unter Zusatz von etwas Kalk und Bestimmung des spec. Gewichtes des Rectificats ermittelt; Extract durch Eindampfen und Trocknen bei 100°; Zucker in dem Weinrückstand durch Gährenlassen bei 20—25° C. unter Zusatz von Hefe aus dem Gewichtsverlust an Kohlensäure; Säuren durch Zusammenbringen einer gewogenen Menge des abgedampften Weines mit überschüssigem, doppelt kohlensaurem Natrium in einem besonders construirten Kohlensäure-Apparat, der auch zum Gährenlassen des Weinrückstandes diente.

**) Man. Saenz Diez bestimmte den Extract durch Eindampfen des Weines und Trocknen der Rückstandes bei 110°, Alkohol nach der Gay-Lussac'schen Methode, Zucker nach der Methode von Barreswil mittelst einer alkalischen Normallösung von weinsaurem Kupferoxyd, wobei 150 CC. Wein mit destillirtem Wasser auf 300 CC. verdünnt wurden. Um zu prüfen, ob noch andere Stoffe reducirend auf die Kupferlösung wirken, liess Diez dieselben Weine vollständig vergähren und titrirte wieder mit der Kupferlösung; es trat aber erst dann eine Reduction ein, wenn die Kupferlösung in einem grossen Ueberschuss zugesetzt wurde. Ueber die Methoden zur Bestimmung der Säure und Asche sind keine Angaben gemacht.

***) Die Analysen wurden nach dem Mohr'schen Werk über Wein ausgeführt, nämlich Alkohol aus dem spec. Gewicht des Destillats, Extract durch Trocknen bei 100°, Zucker durch Titration mit Fehling'scher Lösung.

No.		Zeit der Untersuchung	Spec. Gew.	Alkohol Vol. %	Alkohol Gew. %	Extract	Säure = Weinsäure	Zucker	Glycerin	Mineralstoffe	Phosphorsäure	Kali	Polarisation	Analytiker
						100 CC. enthalten Gramm								
22	Hipping 1876 er {Auslese Riesling Faule Beeren}	1883	—	—	9,66	2,67	0,71	—	1,25	0,19	—	—	+ 0,20°	R. Fresenius und E. Borgmann[1]) *)
23	{Rehbach Mundelpfad} 1874 er, Oester. Traube .	„	—	—	9,42	2,35	0,64	—	1,19	0,21	—	—	+ 0,10°	R. Fresenius und E. Borgmann[1]) *)
24	desgl. 1876 er, desgl.	„	—	—	9,25	2,20	0,58	—	1,28	0,17	—	—	+ 0,10°	R. Fresenius und E. Borgmann[1]) *)
	Von Sebastian Balbach jun. in Nierstein:													
25	Pettenthal 1876 er .	„	—	—	9,34	2,12	0,57	—	0,93	0,18	0,026	0,079	± 0	R. Fresenius und E. Borgmann[1]) *)
26	Orbel 1876 er, Riesling-Traube	„	—	—	10,11	2,45	0,66	—	0,91	0,16	0,036	0,072	± 0	R. Fresenius und E. Borgmann[1]) *)
27	Hipping 1877 er . .	„	—	—	8,50	—	—	—	0,80	—	—	—	—	R. Fresenius und E. Borgmann[1]) *)
28	Auflanger desgl. . .	„	—	—	8,45	—	—	—	0,93	—	—	—	—	R. Fresenius und E. Borgmann[1]) *)
29	Rehbach 1878 er . .	„	—	—	8,46	2,22	0,54	—	0,69	0,28	0,046	0,088	± 0	R. Fresenius und E. Borgmann[1]) *)
30	Heiligenbaum 1878 er	„	—	—	8,65	2,35	0,54	—	0,88	0,28	0,048	0,058	± 0	R. Fresenius und E. Borgmann[1]) *)
31	Orbel 1878 er, Auslese	„	—	—	9,64	2,23	0,55	—	0,72	0,23	0,039	0,090	± 0	R. Fresenius und E. Borgmann[1]) *)
32	Auflanger 1878 er, „	„	—	—	8,63	2,49	0,65	—	0,90	0,24	0,039	0,061	± 0	R. Fresenius und E. Borgmann[1]) *)
	Aus den Kgl. Preuss. Domänen-Kellern:							Weinstein						
33	Steinberger 1882 er (Riesling-Traube)	1884	1,0034	—	5,30	2,88	1,30	0,29	0,49	0,21	0,041	0,091	± 0	R. Fresenius und E. Borgmann[1]) *)
34	Markobrunner „ (Riesling-Traube)	„	1,0010	—	5,76	2,64	0,78	0,21	0,76	0,26	0,037	0,078	± 0	R. Fresenius und E. Borgmann[1]) *)
35	Hattenheimer „ (Riesling-Traube)	„	0,9966	—	6,86	3,37	1,03	0,21	0,77	0,23	0,045	0,079	± 0	R. Fresenius und E. Borgmann[1]) *)
36	Gräfenberger „ (Riesling-Traube)	„	1,0020	—	4,86	3,05	1,00	0,15	0,65	0,23	0,061	0,078	± 0	R. Fresenius und E. Borgmann[1]) *)
37	Neroberger „ (Riesling-Traube)	„	1,0006	—	4,66	3,32	1,48	—	0,59	0,33	0,077	0,116	± 0	R. Fresenius und E. Borgmann[1]) *)
38	Assmannshäus. 1882 er, Traminer-Traube .	„	0,9992	—	6,17	2,40	0,67	—	0,47	0,27	0,057	0,123	± 0	R. Fresenius und E. Borgmann[1]) *)

[1]) Zeitschr. f. analyt. Chem. 1883. Bd. 22. S. 46 u. 1884. Bd. 23. S. 44.

*) Ueber die Untersuchungs-Methoden siehe unter „Moselweine" S. 865 Anm. **). Bei den letzten 6 Sorten (No. 33 bis 38) wurde auch der Weinstein bestimmt, indem 50 CC. Wein auf dem Wasserbade zur Syrupdicke eingedampft und nach dem Erkalten unter beständigem Umrühren mit 70 CC. Weingeist versetzt wurden. Nach 12 stündigem Stehen wurde filtrirt, die ausgeschiedene Masse mit Alkohol ausgewaschen, bis das Filtrat nicht mehr sauer reagirte, erstere in heissem Wasser gelöst und mit $^1/_{10}$ Normal-Natronlauge titrirt. Sonstige Bestimmungen in den Weinen ergaben:

Polarisation im Wild'schen Polaristrobometer	No. 20	21	22	23	24
a. Nach Concentration von 250 CC. auf 50 CC. . .	+ 0,7°	+ 1,1°	+ 1,0°	+ 0,5°	+ 0,5°
b. Alkohol-Fällung	+ 0,7°	+ 1,3°	+ 1,4°	+ 0,7°	+ 0,6°
c. Aether-Fällung	± 0	± 0	± 0	— 0,5°	— 0,3°

	No. 25	26	27	28	29	30	31	32
	Gramm in 100 CC. Wein							
Kalk	0,0090	0,0081	—	—	0,0096	0,0104	0,0098	0,0130
Magnesia . . .	0,0180	0,0204	—	—	0,0189	0,0191	0,0177	0,0211

	No. 33	34	35	36	37	38
	Gramm in 100 CC.					
Schwefelsäure .	0,009	0,017	0,015	0,014	0,017	0,022
Chlor	—	0,009	—	—	—	—
Kalk	0,035	0,029	0,037	0,036	0,005	0,017
Magnesia . . .	0,020	0,029	0,020	0,022	0,025	0,020
Natron	0,013	0,008	0,007	0,011	0,006	0,004

No.		Zeit der Untersuchung	Spec. Gew.	Alkohol Vol. %	Alkohol Gew. %	Extract	Säure = Weinsäure	Zucker	Glycerin	Mineralstoffe	Phosphorsäure	Kali	Schwefelsäure	Analytiker
						100 CC. enthalten Gramm								
39	Geisenheim 1881er, aus d. Lehranstalt für Wein- u. Obstbau in Geisenheim: Oesterr. Rebe .	1884	0,999	10,5	9,3	3,37	1,28	0,13	0,91	0,18	—	—	—	Rich. Meyer [1]*)
40	Riesling	„	0,999	9,7	8,6	3,21	1,25	0,15	0,92	0,17	—	—	—	Rich. Meyer [1]*)
41	desgl. .	„	1,007	6,5	5,9	2,61	0,87	0,26	0,49	0,18	—	—	—	Rich. Meyer [1]*)
42	Rüdesheimer Berg, mild, voll, vorzüglich . .	„	0,9970	10,15	8,09	2,50	0,62	Stickstoff (0,048)	1,03	0,22	0,046	0,096	0,043	*B. Haas*[2])
	Rheingau-Weine. Neuer. Analys. Mittel (20—42)	.	**1,0005**	**9,90**	**8,00**	**2,60**	**0,81**	Weinstein **0,20**	**0,85**	**0,23**	**0,046**	**0,085**	**0,020**	

Rheingau-Rothweine.

No.			Spec. Gew.	Alkohol Gew. %	Extract %	Zucker %	Freie Säure = Weinsäure %	Farb- und Gerbstoff %	Asche %	Analytiker
1	Oberingelheimer . . .	1869	0,9960	10,133	3,042	—	0,635	0,125	0,260	*C. Neubauer*[3]) **)
2	„ . . .	1865	0,9972	11,624	3,710	—	0,562	0,148	0,276	
3	„ . . .	1865	0,9976	11,883	4,180	—	0,510	0,163	0,254	
4	„ . . .	1866	0,9985	10,219	3,756	—	0,510	0,120	0,247	
5	Assmannshäuser . . .	1857	0,9951	9,348	2,688	—	0,562	0,134	0,240	
6	„ . . .	1857	0,9926	10,415	2,537	—	0,427	0,138	0,212	
7	„ I. . .	1868	0,9952	9,636	2,840	—	0,480	0,261	0,314	
8	„ II. . .	1868	0,9944	10,413	2,862	—	0,472	0,250	0,284	
9	„ . . .	1869	0,9937	11,900	3,170	—	0,622	0,091	0,251	
10	Schwabenheimer . . .	1866	1,0010	9,117	4,383	—	0,487	0,106	0,238	
11	Guntesheimer . . .	1865	0,9987	8,247	3,054	—	0,660	0,156	0,239	
12	Gaualgesheimer . . .	1865	0,9953	9,411	2,713	—	0,529	0,128	0,194	
13	„ I. . .	1868	0,9944	9,109	2,467	—	0,442	0,184	0,222	
14	„ II. . .	1868	0,9944	9,866	3,019	—	0,495	0,223	0,267	
15	„ . . .	1867	0,9950	8,498	2,371	—	0,529	0,128	0,209	
16	Wiesbadener Neuberg .	1868	0,9969	8,919	2,875	—	0,472	0,177	0,279	
17	Oberingelheimer . . .	1846	0,9983	11,6	2,541	0,454	0,468	—	0,275	*Diez*[4])
18	Assmannshäuser . . .	1848	0,9957	11,2	2,510	0,329	0,440	—	0,225	
		Mittel	**0,9966**	**10,08**	**3,039**	**0,392**	**0,517**	**0,158**	**0,249**	

[1]) Jahresbericht der naturforschenden Gesellsch. Graubünden. Jahrg. XXVIII. S. 83.
[2]) Mittheil. d. K. K. chem.-physiol. Vers.-Stat. Klosterneuburg 1888. Heft V. Tab. 31. Ueber die Untersuchungs-Methoden vergl. weiter unten unter „Niederösterr. Weine“.
[3]) Ann. d. Oenologie 1872. Bd. II. S. 30.
[4]) Ann. d. Chem. u. Pharm. 1854. Bd. 90. S. 305—309.

*) Die Weine No. 39, 40 u. 41 enthielten ziemlich viel freie Weinsäure. Ueber die Untersuchungs-Methoden vergl. die Analysen desselben Verfassers unter „Schweizer Weine“.

**) C. Neubauer beobachtete bei diesen und den folgenden Weinanalysen folgende Untersuchungs-Methoden: Spec. Gewicht wurde mit dem Pyknometer bei 15° C. bestimmt, Alkohol in 100 CC. Wein durch Destillation und Ermittelung des spec. Gewichts von dem auf 100 CC. gebrachten Destillat bei 15,5° C., Extract durch Eindampfen von 10 CC. Wein in einer Platinschale bis zur Syrupdicke, Umfüllen des letzteren in ein mit Glassplittern beschicktes, in einem verschlossenen Glasrohr vorher tarirtes Porzellanschiffchen, Verdunsten der Flüssigkeit auf dem Wasserbade und 1½—2 stündiges Trocknen des Rückstandes im Trockenapparat (Zeitschr. f. analytische Chemie. Bd. I.) unter gleichzeitigem Durchleiten eines trocknen

Ahrweine.

Ahrrothweine (aus dem Winzer-Casino in Ahrweiler) von C. Neubauer.[1])

No.		Spec. Gew.	Alkohol Vol %	Freie Säure = Weinsäure %	Farb- und Gerbstoff %	Asche %	Extract %	Zucker %	Weinstein %	Essigsäure %	Stickstoff %	Phosphorsäure %	Kali %
1	Walportsheimer Berg, Schiefer . . . 1865	0,9932	11,120	0,514	0,221	0,200	2,804	0,077	0,186	0,083	0,059	0,040	0,094
2	desgl., Schiefer . . 1867	0,9942	9,316	0,422	0,229	0,185	2,715	0,117	0,201	0,067	0,087	0,050	0,089
3	desgl., Clevner Rebe 1868	0,9933	10,629	0,416	0,229	0,253	2,651	0,162	0,172	0,064	0,031	0,054	0,139
4	Clevner Rebe, verschiedene Lagen . 1868	0,9950	9,189	0,458	0,213	0,211	2,395	0,125	0,204	0,067	0,036	0,047	0,115
5	desgl., versch. Lagen 1867	0,9915	10,842	0,514	0,187	0,206	2,553	0,088	0,078	0,101	0,057	0,065	0,074
6	desgl., Ebene, Lehm 1868	0,9953	9,499	0,529	0,231	0,261	2,715	0,056	0,189	0,067	0,027	0,065	0,131
7	Ahrweiler Berg, Clevner Rebe . . 1867	0,9952	8,253	0,521	0,190	0,181	2,518	0,076	0,254	0,080	0,063	0,051	0,100
8	Marienthaler Berg, Portugieser . . 1867	0,9957	7,927	0,534	0,099	0,207	2,137	0,109	0,216	0,079	0,023	0,040	0,111
9	desgl., Clevner Rebe 1868	0,9917	10,798	0,450	0,168	0,201	2,319	0,144	0,174	0,059	0,043	0,043	0,106
10	Frühburgund. Traub., Ebene, schwer. Lehm .	0,9944	10,133	0,501	0,272	0,203	2,706	0,134	0,223	0,077	0,047	0,100	0,100
11	Ahrbleich . . . 1852	0,9960	11,20	0,390	—	0,229	2,885	0,674	—	—	—	—	—[2])
	Mittel	**0,9941**	**9,90**	**0,477**	**0,204**	**0,212**	**2,581**	**0,160**	**0,189**	**0,074**	**0,047** *)	**0,052**	**0,105**

Rhein-Hessische Weine.

Rothweine.

No.		Spec. Gew.	Alkohol Vol. %	Extract %	Zucker %	Freie Säure = Weinsäure %	Farb- und Gerbstoff %	Asche %	Analytiker
1	Gundesheimer . . 1868	0,9977	9,338	3,497	—	0,735	0,091	0,227	*C. Neubauer*[3])
2	„ . . 1868	0,9968	9,169	3,142	—	0,600	0,147	0,224	
3	„ . . 1868	0,9950	9,749	2,854	—	0,382	0,169	0,225	
4	„ . . 1868	0,9956	8,814	2,834	—	0,442	0,216	0,206	
5	„ . . 1868	0,9966	8,672	2,864	—	0,607	0,146	0,219	
6	„ . . 1868	0,9923	10,041	2,473	—	0,555	0,098	0,188	

Luftstromes; zur Bestimmung der Säure diente $^1/_{10}$ Normal-Natronlauge. Für die Bestimmung des Farb- und Gerbstoffes fand N. die Methode von Löwenthal, welche auf dem Verhalten derselben gegen Chamäleon und Kohle beruht (Journ. f. pract. Chem. Bd 81), für geeignet. N. hielt folgendes Verfahren inne: Eine abgemessene Menge Wein wird durch Destillation von Alkohol befreit und wieder bis zum ursprünglichen Volumen aufgefüllt: 10 CC. dieser Flüssigkeit werden bis zu $^1/_2$—$^3/_4$ l mit Wasser verdünnt, 20 CC. Indigocarminlösung, 10 CC. verdünnte Schwefelsäure zugesetzt und mit Chamäleon titrirt. Um die neben Farb- und Gerbstoff durch Chamäleon oxydirbaren Stoffe zu bestimmen, werden 10 CC. der Flüssigkeit mit Wasser verdünnt, mit Thierkohle entfärbt und filtrirt; das Filtrat wird dann nach dem Auswaschen der Thierkohle in derselben Weise mit Chamäleon titrirt; die Differenz bei den Bestimmungen giebt die Menge Farb- und Gerbstoff.

[1]) Ann. d. Oenologie 1872. Bd. II. S. 34. Nach Pasteur's Verfahren erhitzt. Die Weine waren nach übereinstimmendem Urtheil der Sachverständigen klarer und wohlschmeckender, als die nicht erhitzten (erwärmten) Weine. Ueber die Untersuchungs-Methoden vergl. vorstehend unter „Rheingau-Rothweine."

[2]) Diese Analyse ist von Saenz Diez. (Ann. d. Chem. u. Pharm. Bd. 90. S. 305—309.)

[3]) Ann. d. Oenologie 1872. Bd. II. S. 32. Ueber Untersuchungs-Methoden vergl. „Rheingau-Rothweine".

*) Diese entsprechen 0,294 % Stickstoff-Substanz.

No.		Spec. Gew.	Alkohol Vol. %	Extract %	Zucker %	Freie Säure = Weinsäure %	Farb- und Gerbstoff %	Asche %	Analytiker
7	Gundesheimer . . 1866	0,9983	10,104	3,712	—	0,547	0,112	0,205	C. Neubauer [1])
8	„ . . 1865	0,9942	11,029	3,199	—	0,570	0,168	0,180	
9	„ . . 1861	0,9982	9,398	3,714	—	0,690	0,235	0,227	
10	„ . . 1864	0,9959	8,792	2,520	—	0,577	0,206	0,267	
11	Bodenheimer . . 1865	0,9942	10,176	2,782	—	0,675	0,121	0,264	
12	„ . . 1868	0,9949	8,892	2,587	—	0,532	0,115	0,246	
13	„ . . 1857	0,9996	8,545	3,634	—	0,675	0,101	0,200	
14	„ . . 1835	0,9961	11,0 *)	2,375	0,326	0,564	—	0,177	Saenz Diez [2])
	Mittel	**0,9961**	**9,55**	**3,013**	**0,326**	**0,582**	**0,148**	**0,218**	

Rhein-Hessische Weissweine.

No.		Alkohol Vol. %	Alkohol Gew. %	Extract	Zucker	Säure = Weinsäure	Glycerin	Mineralstoffe	Schwefelsäure	Phosphorsäure	Analytiker
	a. Aeltere Analysen:										
1	Liebfrauenmilch . . . 1842	11,0	—	2,7	1,0	—	—	—	—	—	Fischern [2])
2	„ . . . 1843	11,1	—	2,3	1,5	—	—	—	—	—	
3	„ . . . 1857	11,1	—	1,04?	0,12	—	—	—	—	—	Schellenberger [3])
	b. Neuere Analysen:			In 100 CC. Gramm:							
4	Liebfrauenmilch 1874 er	—	10,39	2,04	—	0,48	0,93	0,20	0,050	0,043	R. Fresenius und Borgmann [4])
5	„ 1875 er	—	9,42	3,00	—	0,63	1,11	0,30	0,045	0,048	

Hessische Weine (von der Bergstrasse). — Aeltere Analysen.

No.		Zeit der Untersuchung	Spec. Gew.	Wasser %	Alkohol Gew. %	Extract excl. Säure und Zucker %	Zucker %	Säure = Weinsäure %	Analytiker
1	1834 er Postmeister Werle . . .	1849	0,9936	89,40	8,22	1,29	0,28	0,81	R. Kersting [5])**)
2	1846 er Rottberger Auerbacher . .	„	0,9933	87,12	10,44	1,27	0,46	0,71	
3	1834 er Heckler	„	0,0934	88,86	9,05	1,20	0,20	0,69	
4	1834 er Riesling Hemsberg . . .	„	0,9930	89,54	8,81	0,83	0,15	0,67	
5	1864 er Riesling Heckler . . .	„	0,9916	88,31	9,97	0,93	0,18	0,61	
6	1846 er Heckler	„	0,9918	87,41	10,55	1,16	0,23	0,65	
7	1846 er Riesling Auerb. Rott . .	„	0,9924	86,88	10,66	1,64	0,22	0,60	
	Mittel	.	0,9927	88,22	9,67	1,19	0,24	0,71	

[1]) Ann. d. Oenologie 1872. Bd. II. S. 32. Ueber Untersuchungs-Methoden vergl. „Rheingau-Rothweine."
[2]) Ann. d. Chem. u. Pharm. Bd. 90. S. 305—309.
[3]) Ann. d. Oenol. 1873. Bd III. S. 228.
[4]) Zeitschr. f. analyt. Chem. 1883. S. 46. Die Weine stammten als garantirt reine Naturweine von Mannheimer u. Dosenheim in Worms. Die Polarisation war bei beiden (No. 4 u. 5) = ± 0; über die Untersuchungs-Methoden vergl. unter „Moselweine" S. 865 Anm. **).
[5]) Ann. d. Chem. u. Pharm. 1849. Bd. 70. S. 250.

*) Gleich 8,90 Gew.-Proc.
**) Der Alkohol ist durch Destillation (von 234,3 g Wein wurden 50—70 g langsam abdestillirt) und Berechnungaus dem spec. Gewicht des Destillats berechnet; Extract ist durch Eindampfen von 5—6 g Wein bestimmt; die obigen Zahlen für

Pfälzer Weine. — a. Aeltere Analysen.

No.			Spec. Gew.	Alkohol Vol. %	Alkohol Gew. %	Extract %	Freie Säure = Weinsäure %	Zucker %	Asche %	Analytiker
1	Forster Auslese	1852	0,9964	11,2	9,06	2,495	0,511	0,648	0,199	Man. Saenz Diez [1]
2	„ „	1848	0,9957	11,4	9,22	2,464	0,484	0,630	0,133	
3	„ „	1846	0,9955	11,5	9,30	2,445	0,478	0,569	0,151	
4	„ „	1844	0,9954	11,6	9,38	2,415	0,476	0,425	0,142	
5	„ „	1834	0,9953	11,9	9,62	2,103	0,390	0,296	0,131	
6	Deidesheim	1853	0,9998	11,2	9,06	3,199	0,757	0,780	0,149	
7	„ Riesling	1853	0,9998	10,9	8,82	3,241	0,779	0,692	0,146	
8	„ Traminer	1853	0,9997	11,8	9,14	3,157	0,682	0,678	0,166	
9	„	1848	0,9973	12,0	9,71	2,018	0,572	0,532	0,128	
10	„	1846	0,9953	12,1	9,78	2,006	0,473	0,113	0,141	
11	Grimmelding	1852	0,9920	11,2	9,06	2,283	0,550	0,635	0,206	
12	„	1849	0,9910	12,0	9,70	2,052	0,463	0,548	0,150	
13	Ruppertsberg	1848	0,9956	11,5	9,30	2,447	0,463	0,571	0,160	
14	„	1834	0,9950	11,6	9,38	2,346	0,403	0,253	0,108	
15	Dürkheim	1852	0,9960	11,4	9,22	2,131	0,553	0,635	0,177	
16	„	1849	0,9056	12,0	9,70	2,107	0,530	0,576	0,168	
17	Musbach	1842	0,9967	10,5	8,50	2,246	0,499	0,526	0,124	
18	Neustadt	1852	0,9986	9,5	7,70	1,916	0,460	0,635	0,118	
19	Oppenheim	1848	0,9951	11,3	8,34	2,073	0,359	0,503	0,125	
20	Ungstein	1853	0,9988	11,2	9,06	2,621	0,773	0,687	0,163	
21	Wachenheim	1852	0,9963	11,4	9,22	1,928	0,573	0,634	0,166	
22	Edenkoben	1850	0,9923	10,2	8,26	2,053	0,549	0,493	0,164	
23	Wachenheim	1868	—	—	8,20	3,801	0,558	0,491	0,192	G. Glässner [2]
24	„	1865	—	—	8,98	2,150	0,529	0,294	0,202	
25	Forster Traminer	1865	—	—	9,57	2,444	0,561	0,474	0,182	
26	Dürkheim	1868	—	—	7,99	2,166	0,480	0,263	0,171	
		Mittel	0,9956	11,55	9,05	2,390	0,534	0,522	0,162	

Pfälzer Weine. — b. Neuere Analysen.

I. Weissweine.

1. Vollständig vergohren:

No.		Zeit der Untersuchung	Alkohol Vol. %	Extract	Säure = Weinsäure	Zucker	Glycerin	Mineralstoffe	Phosphorsäure	Schwefelsäure	Kali	Kalk	Magnesia	Analytiker
				In 100 CC. sind Gramm										
1	Neustädter Grain, 1878er .	1882	9,80	2,70	0,65 *)	0,46	—	0,24	0,047	—	0,122	0,010	0,020	R. Kayser [3]) *)
2	Hardter Schlossberg, 1876er	„	10,30	2,87	0,67	0,59	1,15	0,25	0,041	0,051	0,115	0,010	0,027	
3	Ungsteiner Herrenberg, 1878er	„	10,10	2,59	0,49	0,42	—	0,22	0,040	0,028	0,105	0,006	0,025	

Extract beziehen sich auf Extractrückstand nach Abzug des Zuckers und der Säure; Zucker mit einer alkalischen Kupferoxydlösung nach Trommer; Säure durch Titration mit einer Kalilösung, welche das Aequivalent von 1% krystallisirter Weinsäure enthielt; als Indikator diente eine wässerige Lakmustinctur.

[1]) Ann. d. Chem. u. Pharm. Bd. 90. S. 305—309. Ueber die Untersuchungs-Methoden vergl. unter „Rheingau-Rothweine" S. 868 Anm. **)

[2]) Naumann's Jahresber. f. Chemie 1872. S. 1043. Arch. d. Pharm. (2) 149. S. 117.

[3]) Vergl. Anmerkung [1]) S. 872. — *) Vergl. Anmerkung *) S. 872.

No.		Zeit der Untersuchung	Alkohol Vol. %	Extract	Säure = Weinsäure	Zucker	Glycerin	Mineralstoffe	Phosphorsäure	Schwefelsäure	Kali	Kalk	Magnesia	Analytiker
				In 100 CC. sind Gramm										
4	Dürkheimer Feuerberg, 1876er	1882	9,30	2,43	0,61	0,36	1,08	0,24	0,045	—	0,098	0,010	0,017	R. Kayser[1]) *)
5	Wachenheimer Goldbächel, 1878er	„	9,80	2,45	0,75	0,11	—	0,24	0,042	0,038	—	—	0,016	
6	Ruppertsberger Traminer, 1875er	„	9,80	2,26	0,52	0,24	1,14	0,20	0,044	—	0,105	0,009	—	
7	Forst. Ziegler Riesl., 1876er	„	12,20	2,48	0,54	0,18	1,28	0,20	0,034	—	0,078	—	0,015	
8	Neustädter, 1881er . . .	„	7,30	2,34	1,06	0,04	0,82	0,16	0,031	0,021	0,094	0,008	0,016	
9	Deidesheimer, 1879er . .	„	10,20	2,36	0,75	0,12	1,12	0,21	0,028	0,030	0,091	0,010	0,017	
10	desgl., 1878er	„	11,00	2,11	0,60	0,03	1,20	0,17	0,012	0,040	0,088	0,007	0,009	
11	Neustädter, 1880er . . .	„	11,00	2,28	0,70	0,11	1,18	0,20	0,015	0,031	0,090	0,005	0,011	
	Mittel (No. 1—11)	.	**10,07**	**2,43**	**0,67**	**0,24**	**1,12**	**0,21**	**0,034**	**0,034**	**0,099**	**0,008**	**0,017**	

2. Nicht vollständig vergohrene Pfälzer Weine (Auslese-Weine).

No.		Zeit der Untersuchung	Alkohol Vol. %	Extract	Säure = Weinsäure	Zucker	Glycerin	Mineralstoffe	Phosphorsäure	Schwefelsäure	Kali	Kalk	Magnesia	Analytiker
1	Deidesheimer Langenmorgen, 1878er . . .	1882	10,80	3,07	0,67	0,78	1,15	0,25	0,046	—	0,106	0,011	0,017	R. Kayser[1]) *)
2	Deidesheimer Kieselberg, 1878er	„	10,60	3,34	0,47	1,24	—	0,24	—	0,036	—	0,008	0,019	
3	Forster Kirchenstück, 1874er	„	12,35	3,01	0,53	0,75	1,35	0,23	0,048	—	—	0,008	0,020	
4	Deidesheimer Gewürztraminer, 1875er . . .	„	11,25	4,46	0,69	2,05	1,27	0,26	0,043	—	0,104	0,011	0,017	
5	Deidesheimer Hofstück, 1875er	„	12,70	4,59	0,68	1,90	—	0,25	0,046	—	—	—	0,020	
6	Forster Kirchenstück, Riesling-Auslese, 1874er . .	„	12,80	5,06	0,59	2,78	—	0,27	0,040	—	—	—	0,018	
7	Forster Jesuitengarten, Ausbruch, 1875er . . .	„	11,70	9,33	0,55	6,88	1,29	0,29	0,036	0,058	—	0,007	0,021	
8	Forster Riesling-Auslese, 1875er	„	11,60	2,68	0,38	0,64	1,24	0,18	0,030	—	0,082	0,006	0,015	
9	Forster Jesuitengarten, Auslese, 1875er	„	13,20	4,04	0,60	1,86	1,30	0,24	0,049	0,051	0,097	0,009	0,019	
10	Deidesheimer Grain, Riesl.-Auslese, 1875er . . .	„	13,50	4,05	0,58	1,79	1,41	0,24	0,048	0,050	0,100	0,007	0,018	
11	Deidesheimer Kieselberg, Auslese, 1862er . . .	„	12,60	4,08	0,52	1,80	—	0,26	0,040	0,038	—	—	0,020	
12	Dürkheimer Michesberg, Ausstich, 1864er . . .	„	10,20	14,15	0,76	11,44	1,10	0,38	0,056	0,081	0,143	0,009	0,026	
13	Forster Kirchenstück, Auslese, 1875er	„	12,50	11,40	0,68	9,04	1,40	0,27	0,038	0,072	0,087	0,008	0,028	

[1]) Repertorium f. analyt. Chemie 1884. S. 145.

*) Ueber die Untersuchungs-Methoden vergl. unter „Moselweine" S. 865. Anm. *) In den Weinen, welche, wie Kayser bemerkt, nicht beanstandet werden konnten, wurde auch die Weinsteinsäure mit folgendem Resultat bestimmt:

a. Völlig vergohrene Weine.

	No. 1	2	3	4	5	6	7	8	9	10	11
Weinsteinsäure .	—	0,080	0,186	0,064	—	0,033	—	0,276	0,124	0,092	0,084 %

b. Nicht vollständig vergohrene Weine.

	No. 1	2	3	4	5	6	7	8	9	10	11	12	13
Weinsteinsäure . .	0,120	—	0,074	—	—	0,058	0,042	0,015	0,063	0,060	0,046	0,144	0,086 %

3. Gallisirte und von R. Kayser selbst gekelterte Pfälzerweine.

No.		Zeit der Untersuchung	Alkohol Vol. %	Extract	Säure = Weinsäure	Zucker	Glycerin	Mineralstoffe	Phosphorsäure	Schwefelsäure	Kali	Kalk	Magnesia	Analytiker
	Handelsweine: (No. 1–8 mit Rohrzucker gallisirt)			In 100 CC. sind Gramm										
1	Hardter 1878er	1879	10,0	2,26	0,61 *)	0,19	1,10	0,21	0,019	0,049	0,086	0,007	0,010	R. Kayser[1] *)
2	Deidesheimer 1878er	„	10,5	2,56	0,56	0,34	1,20	0,24	0,021	0,048	0,110	0,008	0,009	
3	Hambacher 1878er	„	10,3	2,30	0,61	0,12	1,08	0,21	0,012	0,028	0,092	0,007	0,008	
4	Hardter 1879er	1880	8,7	2,20	0,70	0,16	0,90	0,23	0,015	0,030	0,098	0,010	0,012	
5	„ „	„	10,1	2,20	0,61	0,24	1,00	0,21	0,009	0,049	0,090	0,008	0,009	
6	„ 1880er	„	10,5	2,60	0,62	0,40	1,12	0,25	0,010	0,032	0,114	0,007	0,010	
7	Hambacher 1880er	„	10,3	2,30	0,74	0,18	1,09	0,21	0,012	0,028	0,120	0,006	0,013	
8	Deidesheimer 1881er	1882	10,8	2,38	0,71	0,10	1,23	0,17	0,019	0,024	0,080	0,010	0,011	
9	Neustädter 1881er, mit Rohrzucker gallisirt und mit Alkohol verschnitten	„	8,7	1,45	0,46	0,09	0,54	0,16	0,015	0,008	0,084	0,008	0,008	
10	Deidesheimer Ausl., 1882er, mit Rohrzucker gallisirt u. mit Alkohol verschnitten	„	10,2	2,26	0,54	0,15	1,10	0,23	0,034	0,028	—	0,014	0,016	
	Selbstgekelterte Weine:													
11	Most, Pfälzer-Riesling-Tr., 16. Oct. 1881	1881	—	22,15	0,86	—	—	0,35	0,036	0,012	0,158	0,014	0,015	
12	Wein daraus	—	9,4	2,26	0,81	0,20	0,86	0,22	0,022	0,004	0,113	0,010	0,014	
13	desgl. chaptalisirt, zu 1 *l* Most 1 g praec. kohlens. Kalk	—	9,4	2,08	0,60	0,19	0,79	0,28	0,032	0,006	0,154	0,003	0,014	
14	desgl. gegypst, zu 1 *l* Most 2 g gebrannter Gyps	—	9,6	2,24	0,86	0,19	0,84	0,34	0,032	0,121	0,148	0,006	0,015	

II. Pfälzer Rothweine.

No.		Zeit der Untersuchung	Alkohol Vol. %	Extract %	Säure %	Farb- u. Gerbstoff %	Glycerin	Mineralstoffe	Phosphorsäure	Schwefelsäure	Kali	Kalk	Magnesia	Analytiker
1	Wachenheimer 1869er	1872	8,55	2,27	0,62	0,058	—	0,185	—	—	—	—	—	C. Neubauer[2]
2	desgl. 1868er	„	8,06	2,34	0,45	0,094	—	0,292	—	—	—	—	—	
				In 100 CC. sind Gramm		Zucker								
3	Gimmeldinger 1878er	1882	10,3	2,95	0,49 **)	0,44	1,18	0,27	0,036	0,040	0,117	0,004	0,017	R. Kayser[3] **)
4	Königsbacher 1876er	„	11,0	3,08	0,50	0,54	1,34	0,29	0,039	0,037	0,094	0,002	0,016	
5	Königsb. Idig Ausl., 1870er	„	13,2	3,65	0,46	1,12	1,47	0,23	0,038	0,028	—	0,006	0,018	

[1]) Vergl. vorstehende Anmerkung S. 872 und Repertorium f. analyt. Chem. 1882. S. 1, 52, 65 u. 81.

[2]) Ann. d. Oenologie 1872. Bd. I. S. 31. Ueber die Untersuchungs-Methoden vergl. unter „Rheingau-Rothweine" S. 868. Anm. **)

[3]) Repertorium f. analyt. Chem. 1884. S 245.

*) Ueber den Gehalt an freier Weinsteinsäure und sonstigen Säuren giebt R. Kayser noch folgende Zahlen:

No.	1	2	3	4	5	6	7	8	9	10	11	12	13	14
Weinsteinsäure	0,142	0,123	0,101	0,128	0,120	0,098	0,108	0,104	0,095	0,120	0,252	0,192	0,090	0,085 %
Aepfelsäure	—	—	—	—	—	—	—	—	—	—	0,435	0,422	0,418	0,420 „
Bernsteinsäure	—	—	—	—	—	—	—	—	—	—	—	0,155	0,150	0,140 „

**) Ueber die Untersuchungs-Methoden vergl. unter „Moselweine" S. 865. Anm. *) In den Pfälzer Rothweinen No. 3—9 wurde ferner folgende Menge Wein- resp. Traubensäure gefunden:

No.	3	4	5	6	7	8	9
Weinsteinsäure	0,100	0,070	0,046	0,062	0,072	0,082	0,041 %
Traubensäure	0,035	0,020	—	0,022	0,020 %	—	—

No.		Zeit der Untersuchung	Alkohol Vol. %	Extract	Säure = Weinsäure	Zucker	Glycerin	Mineralstoffe	Phosphorsäure	Schwefelsäure	Kali	Kalk	Magnesia	Analytiker
				In 100 CC. sind Gramm										
6	Eschbacher 1880er . . .	1882	10,0	2,30	0,57	0,02	1,05	0,24	0,042	0,022	0,089	0,003	0,015	*R. Kayser*[1]
7	Königsbacher 1878er . .	„	12,1	2,55	0,49	0,12	1,30	0,22	0,036	0,022	—	0,003	0,017	
8	Kallstadter 1876er . . .	„	11,4	3,20	0,49	0,72	1,28	0,23	0,034	0,043	—	—	0,016	
9	Königsb Idig Ausl., 1874er	„	13,3	2,88	0,41	0,64	1,42	0,22	0,039	0,031	0,081	0,006	0,018	
	Pfälzer Rothw., Mittel (3—9)	.	**11,6**	**2,94**	**0,49**	**0,51**	**1,29**	**0,24**	**0,038**	**0,029**	**0,095**	**0,004**	**0,017**	

Frankenweine. — a. Aeltere Analysen.

No.			Spec. Gew.	Alkohol Vol. %	Säure = Weinsäure %	Extract %	Zucker %	Asche %	Analytiker
1	Riesling-Leiste	1847	0,9938	10,5	0,815	2,778	—	—	*Schubert*[2])
2	Gemischt Stein	„	0,9937	10,2	1,138	3,195	—	—	
3	„ Schalksberg	„	0,9933	10,2	0,907	2,778	—	—	
4	Clevner	„	0,9950	10,3	0,907	4,167	—	—	
5	Gemischt Spielberg	„	0,9958	9,0	0,907	3,612	—	—	
6	Tram. Lämmerberg	„	0,9916	10,4	0,907	3,056	—	—	
7	Gemischt „	„	0,9929	7,7	1,056	2,639	—	—	
8	Riesling Pfülben	„	0,9950	10,7	1,000	2,639	—	—	
9	Gemischt Marschberg	„	0,9981	7,6	1,138	2,723	—	—	
10	Gemischt Rothweg	„	0,9969	9,2	0,771	2,730	—	—	
11	Riesling	1857	—	11,3	0,645	1,95	0,125	—	*J. Nessler*[3])
12	Riesling Stein	„	—	10,8	0,525	1,72	0,116	—	
13	Kalmut	„	—	11,1	0,560	1,66	0,131	—	
14	Setzenberger	1859	—	12,8	0,690	2,65	0,154	—	
15	Gutedel Sylvaner	1862	—	12,0	0,630	1,86	0,181	—	
						Durch Alkohol fällbare Stoffe			
16	Leisten	1871	0,9930	11,02	0,660	0,066	0,011	0,171	*A. Hilger*[4]) *)
17	Schalksberger	„	0,9940	7,34	0,600	0,075	0,012	0,158	
18	Spielberg Riesling	„	0,9960	11,30	0,600	0,054	0,016	0,130	
19	Stein-Riesling	„	0,9916	12,90	0,650	0,042	0,008	0,174	
20	Felsenst. Oester.	„	0,9950	10,50	0,860	0,084	0,015	0,145	
						Extract			
	Mittel (No. 1—20)		0,9944	10,34	0,798	2,677	0,067	0,155	

¹) Vergl. Anmerkung ³) u. **) Seite 873.

²) Poggendorf's Annalen. Bd. 77. S. 397 u. Ann. d. Oenologie 1873. Bd. III. S. 229—232. Aus der grossen Anzahl von Analysen des Verfassers, die sich zum grössten Theil auf sehr alte Weine (bis 1728) erstrecken, hebe ich nur die angeführten hervor.

³) Der Wein von J. Nessler. 1845. S. 46. Methoden vergl. unter „Badische Weine".

⁴) Bericht über die Thätigkeit der Vers.-Stat. für Unterfranken und Aschaffenburg 1872. S. 55. Verfasser hat einige 70 Analysen von Frankenweinen ausgeführt. Die hier aufgeführten sind ca. $1^1/_2$ Jahre alt. Verfasser hebt als charakteristisch hervor, dass die Frankenweine an den durch Alkohol fällbaren Stoffen reicher sind, als die Badischen und Pfälzer Weine.

*) Zur Bestimmung des Zuckers wurden 200—300 CC. zur Trockne verdampft, der Rückstand mit Alkohol aufgenommen und nach Verjagung des Alkohols und Entfärbung mit Thierkohle (wenn nöthig) mit Fehling'scher Lösung behandelt. Alkohol ist durch Destillation und Wägen des Destillats im Pyknometer bestimmt.

Frankenweine. — Von E. List und Hampel.[1]*)

(Diese Weine dürften wegen des auffallend niedrigen Gehaltes an Extract als „Halbweine“ zu bezeichnen sein.)

No. curr.			Jahrgang	Spec. Gew. des Weines	Alkohol in Gewichts %	Extract bei 75° C.	Säure des Destillates (als Essigsäure berechnet)	Säure des Weines (als Weinsäure berechnet)	Weinstein	Asche
21	Würzburg Felsenleiste	Oesterreicher	1875	0,9962	9,89	1,19	0,024	0,60	0,284	0,244
22	„ Stein	Riesling	1874	0,9935	10,15	1,34	0,022	0,75	0,190	0,180
23	„ Schalksberg	?	1875	0,9957	8,87	1,49	0,021	0,71	0,115	0,202
24	„ Stein	Oesterreicher	1875	0,9950	8,05	1,20	0,026	0,68	0,282	0,247
25	„ Ständerbühl	Traminer	1874	0,9952	10,30	1,55	0,024	0,86	0,188	0,226
26	„ Aeussere L.	?	1874	0,9935	10,15	1,17	0,023	0,77	0,372	0,197
27	„ Lämmerberg	gemischt	1876	0,9940	9,08	1,28	0,023	0,69	0,282	0,235
28	Rödelsee	?	1874	0,9920	9,20	1,11	0,029	0,60	0,376	0,292
29	Randersacker Pfülben	Riesling	1874	0,9945	10,18	1,27	0,019	0,73	0,171	0,266
30	Würzburg Heinrichsl.	?	1875	0,9950	8,66	1,01	0,018	0,66	0,209	0,210
31	Rödelsee	Traminer	1868	0,9930	8,47	1,17	0,015	0,65	0,237	0,250
32	Würzburg Stein	Riesling	1858	0,9962	9,35	1,87	—	0,79	0,181	0,218
33	„ „ Ausl.	?	1859	0,9960	9,21	2,00	0,031	0,86	0,162	0,247
34	„	Clävner	1875	0,9960	9,36	1,81	0,023	0,56	0,152	0,286
35	„ Abtsl.	?	1874	0,9930	9,08	1,56	0,019	0,57	0,190	0,262
36	Randersacker Pfülben	?	1874	0,9940	9,30	1,32	0,026	0,66	0,181	0,230
37	Würzburg Stein Ausl.	?	1865	0,9930	10,31	1,32	0,035	0,71	0,181	0,217
38	Randersacker Pfülben Ausl.	?	1868	0,9940	8,36	1,42	0,031	—	0,124	0,229
39	Würzburg Stein	?	1872	0,9930	9,20	1,14	0,024	0,88	0,115	0,234
40	„ „	?	1874	0,9940	8,87	1,17	0,025	0,57	0,119	0,278
41	„ Harfe	?	1875	0,9960	9,21	1,30	0,026	0,57	0,190	0,273
42	„ Stein	?	1876	0,9945	9,80	1,42	0,008	0,54	0,115	0,205
43	Iphofen Berg Ausl.	?	1875	0,9930	8,46	0,94	0,051	0,62	0,190	0,188
44	„ „	?	1875	?	8,99	1,49	—	0,53	—	0,233
45	Buchbrunn (b. Kitzgn.) Berg	?	1874	0,9930	7,44	1,11	0,010	0,71	0,190	0,228
46	Reppendorf Berg	Oesterreicher, wenig Musc.	1874	0,9945	8,46	1,18	0,071	0,59	0,115	0,240
47	Rödelsee Berg	Oesterreicher	1874	0,9910	9,20	1,22	0,026	0,56	0,120	0,235
48	„ Niederung	do.	1874	0,9930	7,84	0,80	0,025	—	0,150	0,231
49	Iphofen Schwanberg	Oesterr., Musc., Tram., Rul.	1875	0,9930	8,87	0,86	0,020	—	0,070	0,221
50	Rödelsee	2/3 Oestr., Tram., Musc., Rul.	1876	0,9935	8,87	1,10	0,010	—	0,075	0,227
51	Würzburg Neuberg	?	1868	0,9935	7,94	1,18	0,031	0,53	0,152	0,230
52	„ Hohenburg	?	1875	0,8934	7,94	1,08	0,012	0,99	0,113	0,204
53	„ Neuberg	Rother Clävner	1876	0,9930	8,05	1,40	0,018	0,46	0,134	0,232
54	„ Stein	?	1876	0,9916	8,25	1,07	0,009	0,46	0,113	0,184
55	„ Neuberg	?	1875/76	0,9929	8,30	1,28	0,032	0,46	0,113	0,238
56	„ Stein	?	1874	0,9913	9,20	0,99	0,019	0,48	0,115	0,209
57	„ Hohenburg	?	1876	0,9937	7,84	1,37	0,031	0,49	0,152	0,196
58	„	Gemeiner aus 6 Sorten	1876	0,9940	9,20	1,33	0,017	0,52	0,115	0,228
59	„ Abtsleite	?	1874	0,9942	7,84	1,18	0,021	0,56	0,152	0,212
60	„ Neuberg	?	1873	0,9935	7,44	1,19	0,017	0,54	0,152	0,244
61	„ Stein	?	1872	0,9936	8,30	1,64	0,049	0,65	0,190	0,196
62	„ Neuberg	?	1874	0,9930	9,20	1,48	0,024	0,53	0,181	0,228
63	„ Stein	?	1874	0,9928	8,25	1,02	0,018	0,52	0,162	0,204
64	„ „	?	1875	0,9929	7,93	1,49	0,022	0,57	0,096	0,228
65	„ Neuberg	?	1876	0,9930	8,05	1,31	0,016	0,41	0,181	0,194
66	Frickenhausen	gemischter Satz	1874	—	8,64	—	0,026	0,62	0,085	0,221
67	„	do.	1876	0,9926	9,20	1,16	0,018	0,49	0,085	0,193

[1]) Correspondenz-Bl. d. Vereins analyt. Chem. 1879. II. S. 23.

*) Sämmtliche Aschen reagirten alkalisch, No. 1 stark alkalisch. In Wild's Polaristrobometer gaben No. 17 + 0,33, No. 30 + 0,18 Ablenkung, alle übrigen + 0. Der Alkohol ist durch Destillation und Bestimmung des spec. Gewichtes des Destillates ermittelt. Extract durch Trocknen bei 75° C., Weinstein durch Fällen mit Alkohol-Aether und Titriren (nach Nessler).

No.			Jahrgang	Spec. Gew. des Weines	Alkohol in Gewichts %	Extract bei 75° C.	Säure des Destillates (als Essigsäure berechnet)	Säure des Weines (als Weinsäure berechnet)	Weinstein	Asche
68	Eibelstadt	gemischter Satz	1875	0,9987	7,14	1,02	0,021	0,66	0,105	0,198
69	Nordheim	do.	1875	0,9950	7,14	1,07	0,016	0,58	0,096	0,190
70	Sommerach	do.	1876	0,9948	7,12	0,97	0,014	0,53	0,091	0,227
71	„	do.	1876	0,9950	7,94	0,89	0,014	0,46	0,182	0,204
72	Nordheim	do.	1876	0,9935	7,14	0,74	0,028	0,53	0,115	0,220
73	Randersacker	do.	1876	0,9931	7,74	1,07	0,016	0,48	0,134	0,218
	Frankenweine. Aelt. Analysen, Mittel (No. 21—73)		.	0,9938	8,83	1,25	0,023	0,61	0,161	0,225

Frankenweine. — b. Neuere Analysen.

1. Rothweine.

No.		Zeit der Untersuchung	Spec. Gew.	Alkohol	Extract	Säure = Weinsäure	Glycerin	Mineralstoffe	Phosphorsäure	Schwefelsäure	Kali	Kalk	Magnesia	Analytiker
			In 100 CC. sind Gramm											
1	Leisten 1875er	1883	—	9,51	3,30	0,62	1,23	0,35	0,065	0,082	—	—	—	R. Fresenius und E. Borgmann[1] *)
2	„ 1878er	„	—	9,49	2,70	0,54	1,16	0,29	0,065	0,070	—	—	—	

2. Weissweine.

No.		Zeit der Untersuchung	Spec. Gew.	Alkohol	Extract	Säure = Weinsäure	Glycerin	Mineralstoffe	Phosphorsäure	Schwefelsäure	Kali	Kalk	Magnesia	Analytiker
1	Stein 1874er, Riesling . .	1883	—	9,10	2,40	0,73	1,03	0,17	0,047	0,069	—	—	—	R. Fresenius und E. Borgmann[1] *)
2	Leisten 1875er, „ . .	„	—	9,70	2,16	0,64	1,12	0,20	0,033	0,061	—	—	—	
3	Stein 1876er, „ . .	„	—	9,00	2,22	0,68	0,92	0,19	0,041	0,049	—	—	—	
4	Leisten 1876er, „ . .	„	—	10,15	2,41	0,80	0,86	0,20	0,051	0,029	—	—	—	
5	Pfülben 1878er, gemischt .	„	—	8,90	2,27	0,54	1,20	0,20	0,036	0,040	—	—	—	
6	desgl., Riesling	„	—	9,85	2,74	0,74	1,26	0,18	0,036	0,027	—	—	—	
7	Stein 1879er, Riesling . .	„	—	9,91	2,78	0,71	1,34	0,18	0,033	0,031	—	—	—	
8	Aus dem Bürgerspital Würzburg: Harfe A 1876er . .	1884	0,9956	8,32	2,32	0,59	0,75	0,19	0,038	0,042	0,088	—	—	
9	Stein B 1874er . .	„	0,0952	7,80	2,19	0,63	0,85	0,19	0,036	0,048	0,069	—	—	
10	Harfe 1878er . . .	„	0,9967	8,39	2,63	0,60	1,03	0,23	0,042	0,041	—	0,016	0,015	
11	Lindlesberg 1878er .	„	0,9975	7,56	2,47	0,61	0,81	0,21	0,042	0,036	—	0,014	0,017	
12	Klinge 1878er . .	„	0,9990	7,15	2,67	0,61	0,86	0,23	0,037	0,044	0,126	0,012	0,015	

[1]) Zeitschr. f. analyt. Chem. 1883. S. 46 u. 1884. S. 44.

*) Die Weine sind sämmtlich als reine Naturweine garantirt. Ueber die Untersuchungs-Methoden vergl. unter Moselweine S. 865. Anm. **) In den Weinen No. 9—19 wurde ausser den obigen Bestandtheilen noch Weinstein, Chlor, fixe und flüchtige Säure bestimmt; letztere nach der Methode von Nessler u. Booth durch Eindampfen von 20 CC. Wein zur Syrupconsistenz, weiteres einstündiges Erhitzen auf dem Wasserbade, nachheriges Aufnehmen mit heissem Wasser und Titriren nach dem Erkalten. Die flüchtige Säure ist aus der Differenz zwischen der Gesammtsäure und fixen Säure berechnet. R. Fresenius und E. Borgmann fanden auf diese Weise pro 100 CC. Wein:

	No. 8	9	10	11	12	13	14	15	16	17	18
Flüchtige Säure .	0,17	0,22	0,06	0,08	0,07	0,05	0,07	0,04	0,03	0,03	0,06 g
Fixe Säure . . .	0,42	0,42	0,54	0,53	0,54	0,62	0,58	0,52	0,52	0,58	0,54 g
Weinstein	0,16	0,14	0,14	—	0,15	0,28	0,31	0,19	0,19	0,19	0,24 g
Chlor	—	—	0,003	0,002	0,002	0,005	0,003	0,004	0,004	0,003	0,005 g
Polarisation . . .	± 0	± 0	± 0	± 0	± 0	± 0	± 0	± 0	± 0	± 0	± 0

No.				Zeit der Untersuchung	Spec. Gew.	Alkohol	Extract	Säure = Weinsäure	Glycerin	Mineralstoffe	Phosphorsäure	Schwefelsäure	Kali	Kalk	Magnesia	Analytiker
						In 100 CC. sind Gramm										
13	V. K. Neuland-Würzb.	Stein 1868er .	Gemischter Rebsatz	1884	0,9950	8,41	2,15	0,67	0,82	0,22	0,037	0,063	—	0,012	0,017	R. Fresenius und E. Borgmann[1]) *)
14		Neuberg 1874er		„	0,9953	8,51	2,25	0,65	1,00	0,25	0,045	0,072	0,100	0,013	0,016	
15		Stein 1874er .		„	0,9940	8,32	2,07	0,56	0,80	0,22	0,036	0,057	0,092	0,007	0,013	
16		Leisten A 1878er		„	0,9963	8,12	2,53	0,55	1,16	0,19	0,023	0,048	0,073	0,010	0,015	
17		„ B 1878er		„	0,9952	7,82	2,22	0,61	0,78	0,16	0,029	0,023	—	0,015	0,016	
18		Spielberg 1878er, Riesling . .		„	0,9963	8,20	2,57	0,60	1,18	0,19	0,028	0,043	0,079	0,009	0,018	

No.			Zeit der Untersuchung	Spec. Gew.	Alkohol Vol. %	Alkohol Gramm in 100 CC.	Extract direct %	Extract nach Hager's Tabelle %	Säure = Weinsäure	Glycerin	Mineralstoffe	Phosphorsäure	Polarisation	Analytiker
19	Von K. Neuland in Würzburg	Neuberg 1878er . . .	1883	0,9980	9,8	7,8	2,30	2,3	0,52	0,90	0,210	0,018	± 0	J. Moritz[2]) **)
20		Traminer 1878er . .	„	0,9966	9,1	7,2	1,81	2,23	0,63	0,83	0,198	0,031	± 0	
21		Stein A 1875er . . .	„	—	10,1	8,0	1,67	2,00	0,57	—	0,227	0,029	— 0,1 bis — 0,2	
22		Stein 1876er	„	0,9930	10,0	8,0	1,74	—	0,53	0,62	0,186	0,038	± 0	
23		Hohenburg 1878er . .	„	0,9955	9,8	7,8	2,05	2,14	0,51	0,75	0,190	0,037	± 0	
24		Stein 1878er	„	0,9960	10,4	8,2	2,46	2,48	0,70	1,00	0,179	0,026	ca. + 0,2	
25	Aus dem Bürgerspital in Würzburg	Lindlesberg 1878er .	„	0,9974	9,4	7,4	2,05	2,33	0,67	—	0,210	0,020	± 0	
26		Stein A 1875er . .	„	0,9978	9,0	7,1	1,99	—	0,64	0,58	0,236	0,038	± 0	
27		„ „ 1874er . .	„	0,9955	9,8	7,8	1,80	—	0,58	0,95	0,194	0,032	± 0	
28		Lindlesberg 1876er .	„	0,9962	9,5	7,5	2,40	2,25	0,68	0,83	0,254	0,044	± 0	
29		Klinge 1878er . . .	„	0,9983	8,7	6,9	2,31	2,14	0,64	0,84	0,218	0,034	± 0	

No.		Zeit der Untersuchung	Alkohol Vol. %	Extract	Säure = Weinsäure	Zucker	Glycerin	Mineralstoffe	Phosphorsäure	Schwefelsäure	Kali	Kalk	Magnesia	Analytiker
				In 100 CC. sind Gramm										
30	Abtswindter 1878er . . .	1879	6,4	2,46	1,13	0,060	0,70	0,235	0,030	0,022	0,140	0,016	0,023	R. Kayser[3]) ***)
31	desgl.	„	7,0	2,39	0,90	0,180	0,78	0,265	0,024	0,030	0,152	—	0,018	
32	desgl.	„	5,8	2,66	1,07	0,240	0,64	0,265	0,027	0,032	0,142	0,011	0,017	

[1]) Zeitschr. f. analyt. Chem. 1883. S. 46 u. 1884. S. 44.
[2]) Fresenius: Zeitschr. f. analyt. Chem. 1883. S. 513.
[3]) Repertorium f. analyt. Chemie 1882. S. 145.

*) Vergl. Anmerkung *) Seite 876.
**) Das spec. Gewicht wurde mit der Westphal'schen Waage bestimmt, jedoch nicht bei gleichen Temperaturen, nämlich:

No.	19	20	22	23	24	25	26	27	28	29
Bei . .	15,5°	15,6°	15,7°	15,0°	15,0°	17,0°	15,0°	15,0°	15,0°	16,8° C

Der Alkohol ist nach vorausgegangener Destillation mit dem Geissler'schen Vaporimeter bestimmt; Extract sowohl nach Hager's Tabelle indirect als direct durch Eindampfen von 5 CC. Wein im Wasserbade und 2—3stündiges weiteres Trocknen bei 100° C.; Säure durch Titration mit $^1/_{10}$ Normal-Natronlauge unter Anwendung von Rosolsäure als Indikator; Glycerin nach der Methode von Neubauer und Borgmann (vergl. II. Theil dieses Werkes und Zeitschr. f. analyt. Chemie Bd. 17. S. 442); Asche im Anschluss an die Extractbestimmung durch Veraschen des Rückstandes; Phosphorsäure in der Asche von 100 CC. Wein nach der Uranmethode; Schwefelsäure direct in 50 CC. Wein nach Ansäuern mit Salzsäure; Polarisation geschah im 200 mm Rohr im Wild'schen Polaristrobometer.
***) Vergl. Anmerkung *) Seite 878.

No.		Zeit der Untersuchung	Alkohol Vol. %	Extract	Säure = Weinsäure	Zucker	Glycerin	Mineralstoffe	Phosphorsäure	Schwefelsäure	Kali	Kalk	Magnesia	Analytiker
				In 100 CC. sind Gramm										
33	Abtswindter 1878er . .	1879	6,0	2,59	1,16	0,046	—	0,285	0,034	0,019	—	0,012	0,015	*R. Kayser*[1]) *)
34	desgl.	„	6,4	2,41	1,19	0,065	—	0,245	0,029	—	—	0,010	0,016	
35	desgl.	„	7,2	2,49	1,04	0,037	—	0,290	0,035	0,041	0,137	0,012	0,016	
36	desgl.	„	6,8	2,53	1,09	0,098	—	0,265	—	0,027	—	0,012	0,017	
37	desgl.	„	5,7	2,39	1,13	0,190	—	0,275	0,040	0,024	—	0,013	0,017	
38	desgl.	„	5,6	2,38	1,09	0,430	—	0,235	0,028	0,031	0,135	0,013	0,018	
39	desgl.	„	8,0	2,27	0,83	0,220	0,91	0,315	0,031	0,029	0,185	0,012	0,017	
		Spec. Gew.	Gew. %											
Franken-weine. Neuere Analysen	Minimum . .	0,9930	4,47	1,67	0,51	0,037	0,58	0,160	0,018	0,019	0,069	0,007	0,013	
	Maximum . .	0,9990	10,15	2,78	1,19	0,430	1,34	0,315	0,051	0,072	0,185	0,016	0,023	
	Mittel (1—39)	**0,9962**	**7,75**	**2,31**	**0,74**	**0,157**	**0,90**	**0,217**	**0,034**	**0,040**	**0,117**	**0,012**	**0,017**	

3. Selbstgekelterte, gallisirte etc. Frankenweine.

		Zeit der Untersuchung	Vol. %		**)									
1	Most von Riesling-Traub. 11/10 1881	1881	—	17,87	1,37	13,90	—	0,33	0,031	0,010	0,156	0,012	0,012	*R. Kayser*[2])
2	Wein daraus	„	6,6	2,53	1,28	0,21	0,65	0,26	0,024	0,006	0,117	0,009	0,011	
3	Gallisirt mit Rohrzucker[0])	„	12,2	2,11	0,77	0,18	1,15	0,10	0,011	0,002	0,051	0,007	0,004	
4	„ „ Traubenzucker[0])	„	9,1	5,91	0,80	0,34	0,80	0,17	0,011	0,010	0,081	0,018	0,005	
5	Chaptalisirt[0])	„	6,6	2,19	0,66	0,20	0,60	0,28	0,023	0,006	0,134	0,027	0,012	
6	Gegypst[0])	„	6,7	2,80	1,29	0,18	0,70	0,29	0,025	0,077	0,127	0,039	0,012	
7	Petiotisirt[0])	„	10,4	1,98	0,49	0,30	0,90	0,16	0,017	0,002	0,093	0,006	0,008	
8	Most von Riesling-Traub. 21/10 1881	„	—	20,76	1,20	16,94	—	0,26	0,034	0,015	0,170	0,013	0,014	
9	Chaptalisirter Wein daraus[0])	„	8,4	2,44	0,60	0,24	0,80	0,22	0,030	0,013	0,168	0,006	0,014	

---

[1]) Repertorium f. analyt. Chemie 1882. S. 145.

[2]) Repertorium f. analyt. Chemie 1882. S. 1 u. 52. Die Untersuchungs-Methoden sind nicht angegeben.

[0]) Die Gallisirung wurde in der Weise vorgenommen, dass zu ½ l Most 368,0 CC. destillirtes Wasser und 132,5 g weisser Kandiszucker, resp. bei No. 4 dieselbe Menge fester Stärkezucker von blassgelblicher Färbung zugesetzt wurden; bei dem Chaptalisirungsversuch 5 wurden auf 1 l Most 5 g gefällter reiner kohlensaurer Kalk zugesetzt; bei dem Gypsungsversuch 6 auf 1 l Most 2,0 g gebrannter Gyps. Behufs Petiotisirens wurden 330 g Trester von Traube 1 mit 200 g weissem Kandiszucker und der erforderlichen Menge Wasser auf 1 kg gebracht; 330 g Trester entsprachen 1 kg Traube 1. Bei dem Chaptalisirungsversuch 9 wurde so viel $CaCO_3$ zum Most 8 gesetzt, als erforderlich war, um die Gesammt-Weinsäure in Calciumtartrat überzuführen ($C_4H_6O_6$: $CaCO_3$ = 150 : 100).

*) Die Weine sind als solche bezeichnet, zu deren Beanstandung keine Veranlassung vorlag. Ueber die Untersuchungs-Methoden vergl. unter „Moselweine“ S. 865. Anm. *)

**) R. Kayser bestimmte in den Mosten und Gährungsproducten noch den Gehalt an Gesammt-Weinsäure, freier Weinsäure, Aepfel- und Bernsteinsäure mit folgendem Resultat pro 100 CC. Most resp. Wein in Gramm:

	No. 1	2	3	4	5	6	7	8	9
Gesammt-Weinsäure . .	0,501	0,343	0,120	0,140	0,014	0,260	0,150	0,435	0,010 g
Freie Weinsäure . . .	0,188	9,012	—	—	—	0,160	—	—	— g
Aepfelsäure	0,720	0,715	0,400	0,388	0,710	0,716	0,165	0,920	0,900 g
Bernsteinsäure	—	0,110	0,140	0,114	0,112	0,101	0,127 g	vorhanden	vorhanden

Tauberweine. — Von Kulisch.[1])

No.		Zeit der Untersuchung	Spec. Gew.	Alkohol	Extract	Säure = Weinsäure	Freie Säure	Weinstein	Flüchtige Säure = Essigsäure	Gerbstoff	Glycerin	N-Substanz (N × 6,25)	Mineralstoffe	Schwefelsäure (SO_3)
				In 100 CC. Gramm										
1	Karlsberger Weissweine, 1811er	1887	0,9988	6,78	2,42	0,57	0,096	0,207	0,048	—	1,03	0,195	0,269	0,118
2	desgl. 1834er	„	0,9997	7,27	2,83	0,76	0,241	0,087	0,064	—	1,24	0,195	0,297	0,180
3	Riesling 1862er	„	0,9949	9,26	2,41	0,88	0,233	0,057	0,099	—	0,94	0,144	0,176	0,122
4	Beerwein 1884er . . .	„	0,9947	7,89	1,95	0,54	0,003	0,324	0,040	—	0,71	0,212	0,156	0,026
5	Weisswein 1884er . . .	„	0,9942	7,91	1,78	0,54	0,010	0,285	0,048	—	0,73	0,238	0,168	0,019
6	Rothwein 1868er . . .	„	0,9985	7,57	3,18	0,95	0,245	0,132	0,083	0,040	1,09	0,244	0,303	0,180
7	Rother Beerwein, 1884er	„	0,9959	7,47	2,09	0,64	0,100	0,275	0,037	0,052	0,75	0,125	0,167	0,034
8	Clävner 1884er	„	0,9966	7,55	2,34	0,68	0,033	0,306	0,065	0,056	0,76	0,212	0,226	0,059
	Mittel (No. 1—8)	.	**0,9967**	**7,71**	**2,38**	**0,70**	**0,120**	**0,209**	**0,061**	**0,049**	**0,91**	**0,196**	**0,220**	**0,092**

Badische Weine. — Von J. Nessler.[2])

a. Aeltere Analysen.

No.		Jahrgang	Alkohol Vol. %	Freie Säure = Weinsäure %	Aepfelsäure %	Essigsäure %	Extract %	Zucker %	Gerbstoff %
	Markgräfler:								
1	Krachtgutedel	1876	9,6	0,630	0,262	0,269	2,02	0,081	0,026
2	„	1834	10,0	0,630	0,305	0,230	1,84	0,098	0,027
3	„	1834	10,3	0,637	0,310	0,230	1,84	0,097	0,051
4	„	1859	12,1	0,600	0,262	0,245	2,10	0,124	0,030
5	„	1861	11,4	0,525	0,268	0,180	1,91	0,077	0,019
6	„	1862	11,4	0,510	0,257	0,178	1,73	0,090	—
7	Riesling	1859	12,0	0,570	0,278	0,211	2,02	0,116	0,016
8	Ruländer	1858	10,3	0,540	0,268	0,192	1,55	0,089	0,052
9	„	1861	12,2	0,547	0,257	0,207	1,62	0,111	—
10	Muscateller	1857	11,5	0,500	0,273	0,157	1,52	0,110	0,016
11	Burgunder	1858	11,8	0,630	0,300	0,187	2,42	0,121	—
12	„	1859	11,7	0,570	0,211	0,252	2,49	0,108	—
	Breisgauer:								
13	Gutedel	1859	11,2	0,615	0,326	0,200	1,64	0,106	0,001
14	Ruländer	1862	9,7	0,525	0,300	0,149	1,66	0,072	—
15	Traminer	1862	12,3	0,650	0,346	0,207	1,92	0,135	—

[1]) Vierteljahresschr. f. Chem. d. Nahrungs- und Genussmittel pro 1887. S. 574. Die Weine stammten aus den Weinbergen des Fürsten Hohenlohe-Langenburg und werden als notorisch rein bezeichnet. Die Weine zeigen zum Theil einen sehr hohen Gehalt an Schwefelsäure. Ueber die Untersuchungs-Methoden ist in obiger Quelle zwar nichts angegeben, jedoch ist anzunehmen, dass die Weine nach den neuesten Vereinbarungen untersucht wurden.

[2]) Landw. Vers.-Stat. Bd. 7. S. 173—185. Verfasser hat 192 Sorten, von denen 180 auf der Ausstellung in Hamburg waren, untersucht, ich gebe aus dieser Anzahl von Analysen nur solche wieder, bei denen die aufgeführten Bestandtheile vollständig untersucht sind. Ausserdem haben v. Babo und Schellenberger (Landw. Berichte f. d. Bad. Kreisverein Weinheim-Heidelberg 1861. S. 21) eine Anzahl badischer Weine untersucht. Auf diese Analysen will ich nur verweisen.

Von J. Nessler wurden folgende Untersuchungs-Methoden angewendet: Alkohol ist mit dem Geissler'schen Vaporimeter bestimmt und hier und da durch Destillation controlirt; in letzterem Falle wurden durchweg 0,2 - 0,3 % weniger Alkohol gefunden; Zucker nach Entfärben des Weines mit Thierkohle durch Fehling'sche Lösung; eine Behandlung des Weines vor Entfärbung liefert Zucker + Gerbstoff, da letzterer in gleicher Weise auf Kupferlösung wirkt; die Differenz zwischen beiden Bestimmungen giebt die Menge Gerbstoff.

Zur Bestimmung der Essigsäure wurde erst die Gesammtsäure mit Normal-Natronlauge bestimmt, dann 25 CC. mit reinem Quarzpulver zur Trockne verdampft, längere Zeit im Trockenschrank erwärmt, bis kein saurer Geruch mehr wahrnehmbar, der Rückstand mit Wasser aufgenommen und wieder titrirt; Extract = Trockensubstanz bei 100° C. (?)

No.		Jahrgang	Alkohol Vol. %	Freie Säure = Weinsäure %	Aepfelsäure %	Essigsäure %	Extract %	Zucker %	Gerbstoff %
	Seeweine.								
16	Ruländer	1857	9,7	0,570	0,268	0,213	1,32	0,093	0,013
17	Traminer	1857	9,4	0,620	0,286	0,240	1,60	0,119	0,020
18	Ruländer und Traminer	1859	10,3	0,555	0,395	0,180	1,52	0,166	—
19	Burgunder	1859	9,5	0,577	0,250	0,237	1,36	0,087	—
20	„	1862	10,7	0,690	0,315	0,229	1,60	0,121	—
21	Sylvaner	1859	10,1	0,510	0,260	0,174	1,48	0,107	—
	Kaiserstühler:								
22	Burgunder	1862	12,3	0,585	0,315	0,184	1,65	0,095	—
23	Riesling	1861	11,0	0,585	0,295	0,204	1,73	0,128	—
24	„	1862	13,8	0,615	0,386	0,146	2,64	0,695	—
25	Schwarzclevner	1859	11,5	0,525	0,278	0,168	1,60	0,128	—
26	Clevner	1862	12,0	0,510	0,257	0,178	1,39	0,100	—
27	Clevner und Sylvaner	1858	10,5	0,615	0,273	0,247	1,33	0,086	0,024
28	Riesling und Clevner	1862	10,0	0,555	0,260	0,211	1,45	0,102	0,027
29	Weissherbst	1862	11,2	0,510	0,300	0,142	1,77	0,156	—
30	Gutedel	1859	10,2	0,480	0,258	0,150	1,41	0,102	0,024
31	Muscateller	1862	11,0	0,540	0,260	0,200	1,40	0,125	—
32	Edelwein	1862	11,4	0,600	0,252	0,254	1,28	0,086	—
	Ortenau-Durbach:								
33	Josephsberger	1859	11,4	0,577	0,247	0,240	—	0,094	—
34	Traminer	1846	11,6	0,570	0,252	0,230	1,90	0,077	—
35	„	1862	13,0	0,435	0,221	0,150	—	0,106	0,013
	Ortenau-Oberkirch:								
36	Traminer	1859	11,3	0,555	0,247	0,223	1,44	0,079	0,022
37	„	1862	10,5	0,445	0,183	0,193	—	0,091	—
38	Riesling	1861	10,8	0,630	0,278	0,254	1,36	0,120	0,020
39	Elbling	1862	10,0	0,480	—	—	1,22	0,094	—
	Ortenau, unterer Bezirk:								
40	Riesling	1861	10,4	0,735	0,361	0,260	1,60	0,122	—
41	Affenthaler	1859	12,0	0,585	0,231	0,260	1,63	0,125	—
42	Abtsberger	1861	10,8	0,555	0,242	0,228	1,85	0,156	—
43	Zeller	1861	12,5	0,542	0,198	0,254	1,60	0,250	—
	Bergsträsser:								
44	Ortlieb und Riesling	1861	11,8	0,735	0,333	0,290	1,61	0,179	—
45	Ruländer	1862	11,4	0,630	0,348	0,189	1,78	0,143	—
46	Litzelsachser Auslese	1861	12,6	0,585	0,402	0,108	2,18	0,139	—
	Main- und Tauberwein:								
47	Riesling	1857	11,3	0,645	0,346	0,204	1,95	0,125	—
48	Satzenberger	1859	12,8	0,690	0,428	0,168	2,65	0,154	—
49	Stein-Riesling	1857	10,8	0,525	0,268	0,180	1,72	0,116	—
50	Gutedel und Oesterreich	1862	12,0	0,630	0,336	0,202	1,86	0,081	—
51	Gemischt	1783	9,6	0,735	0,321	0,300	2,00	0,120	—
52	Calmut	1857	11,1	0,560	0,315	0,180	2,66	0,131	—
Badische Weine. Aeltere Analysen	Minimum*)	.	8,60	0,405	0,183	0,108	1,22	0,046	0,001
	Maximum*)	.	13,80	0,795	0,536	0,408	2,65	0,695	0,089
	Mittel*)	.	11,07	0,582	0,279	0,223	1,78	0,116	0,025*)

*) Diese Zahlen beziehen sich auf alle von J. Nessler untersuchten 180 Weinsorten Badens.

Badische Weine. — Von Alex. Salomon.[1]) *)

No.		Spec. Gew.	Alkohol Gew. %	Extract (Trock.-Subst.) %	Glycerin %	Gew.-Procente Bernsteinsäure %	Gew.-Procente Freie Säure = Weinsäure %	Asche %	Phosphorsäure %	Weinstein %
1	Markgräfler Reckenhager, Gutedel 1868, nicht gelüftet	0,9927	8,23	2,01	0,241	0,048	0,338	0,184	0,027	0,066
2	desgl. gelüftet	0,9935	7,99	2,75	0,240	0,048	0,372	0,173	—	0,097
3	1865 Ihringer Riesling, nicht gelüftet	0,9943	7,75	2,53	0,665	0,133	0,395	0,169	0,057	0,089
4	desgl. erwärmt	0,9936	7,66	2,72	—	—	0,460	0,191	0,042	0,128
5	Riesling, nicht gelüftet	0,9954	7,50	2,92	0,816	0,163	0,517	0,164	0,043	0,135
6	desgl. gelüftet 1867	0,9976	7,66	3,55	0,644	0,127	0,573	0,186	0,040	0,127
7	1867 Ihringer Weissherbst, gelüftet	0,9986	6,60	2,22	1,021	0,201	0,457	0,213	0,021	0,096
8	1868 Ihringer rother Burgunder, gelüftet	0,9957	7,31	2,42	0,261	0,052	0,431	0,256	—	—
9	1868 Markgräfler Edelwein, gelüftet	0,9944	6,93	2,00	0,735	0,147	0,297	0,164	0,029	0,074
10	1865 Gutedel Reckenhager, nicht gelüftet	0,9937	7,12	1,67	0,830	0,166	0,327	0,161	0,033	0,112
11	1868 desgl. gelüftet	0,9939	7,19	1,72	0,665	0,133	0,276	0,180	—	0,101
12	1868 Ihringer Weissherbst, gelüftet	0,9946	7,62	2,30	0,533	0,107	0,287	0,167	0,036	0,146
13	1868 Reckenhager Gutedel, grlüftet	0,9934	7,12	1,85	0,576	0,118	0,288	0,165	0,032	0,148
14	1868 Ihringer Traminer	0,9931	7,26	2,29	0,697	0,139	0,346	0,201	—	0,118
	Mittel	**0,9946**	**7,42**	**2,353**	**0,609**	**0,122**	**0,385**	**0,184**	**0,036**	**0,111**

Markgräfler Weine. — Von H. Wachter[2]) **) untersucht 1881/82.

No.		Jahrgang	Spec. Gew. bei 15° C.	Alkohol Vol. %	Extract direct bestimmt %	Extract nach Hager berechnet %	Extract nach Balling berechnet %	Gesammtsäure = Weinsäure %	Freie Weinsäure %	Weinstein %	Mineralstoffe %	Titrirbares Alkali in der Asche als K_2CO_3	Chlor
1	Anggener	1868	0,9950	9,6	1,79	1,75	1,97	0,60	0	—	0,18	0,020	0,004
2	Kastelberger	„	0,9943	9,8	1,80	1,64	1,85	0,59	0	—	0,20	0,001	0,002
3	Laufener	„	0,9955	9,8	1,84	1,87	2,12	0,59	0	—	0,22	0,003	0,003
4	Schallstadter	1870	0,9940	10,4	1,90	1,73	1,95	0,51	0	—	0,16	0,028	0,003
5	Kastelberger	„	0,9944	10,3	1,95	1,73	1,95	0,58	0	—	0,19	0,006	0,003
6	Obereggener	1873	0,9975	7,2	1,67	1,66	1,87	0,69	0	—	0,17	0,020	0,003
7	Anggener	1874	0,9950	9,3	1,71	1,66	1,87	0,62	0	—	0,18	0,018	0,003
8	Schallstadter	„	0,9944	10,0	1,90	1,70	1,92	0,51	0	—	0,17	0,033	0,004
9	Kastelberger	„	0,9944	9,8	1,80	1,70	1,92	0,55	0	—	0,15	0,032	0,003
10	Laufener	„	0,9945	9,9	1,72	1,70	1,92	0,57	0	—	0,19	0,025	0,003
11	Müllheimer	„	0,9951	9,0	1,75	1,64	1,85	0,59	0	—	0,18	0,027	0,003

[1]) Ann. d. Oenolgie 1871. Bd. I. S. 364.
[2]) Der Weinbau 1882. S. 91.

*) Untersuchungs-Methoden vergl. weiter unten unter „Krim-Bessarabische und Kaukasische" Weine.
**) Der Extract wurde direct durch Eindampfen von 100 CC. Wein und 3 stündiges Trocknen bei 100° C. bestimmt; indirect aus dem spec. Gewicht des entgeisteten Weines nach Hager und Balling; das Chlor ist in der Asche bestimmt und das in der Asche titrirbare Alkali auf kohlensaures Kali berechnet; Weinstein und freie Weinsäure sind nach der Methode von Berthelot-Fleurieu (vergl. II. Thl. dieses Werkes) ermittelt.

No.		Jahrgang	Spec. Gew. bei 15° C.	Alkohol Vol. %	Extract direct bestimmt %	Extract nach Hager berechnet %	Extract nach Balling berechnet %	Gesammtsäure = Weinsäure %	Freie Weinsäure %	Weinstein %	Mineralstoffe %	Titrirbares Alkali in der Asche als K_2CO_3	Chlor
12	Schliengener	1875	0,9958	8,5	1,75	1,64	1,85	0,59	—	—	0,19	0,021	0,003
13	Anggener	„	0,9960	8,6	1,68	1,68	1,90	0,63	—	—	0,19	0,055	0,006
14	Hügelheimer	„	0,9961	9,2	1,94	1,87	2,12	0,65	—	—	0,18	0,044	0,004
15	Kastelberger	„	0,9938	9,9	1,71	1,52	1,72	0,52	—	—	0,15	0,027	0,002
16	Feldberger	1876	0,9953	9,3	1,72	1,73	1,95	0,63	—	—	0,18	0,038	0,003
17	Bellinger	„	0,9950	9,0	1,68	1,59	1,80	0,61	—	—	0,17	0,027	0,003
18	Vögisheimer	„	0,9953	9,1	1,72	1,66	1,87	0,56	—	—	0,17	0,026	0,003
19	Müllheim (Reggenhag.) . . .	„	0,9940	10,4	1,86	1,73	1,95	0,50	—	—	0,18	0,075	0,003
20	Anggener	„	0,9944	9,8	1,68	1,66	1,87	0,60	—	—	0,16	0,025	0,003
21	Schallstadter	„	0,9937	10,4	1,79	1,66	1,87	0,49	—	—	0,15	0,031	0,004
22	Rheinweiler	„	0,9944	9,9	1,68	1,68	1,90	0,68	—	—	0,17	0,015	0,002
23	Kastelberger	„	0,9937	9,9	1,76	1,54	1,75	0,53	—	—	0,17	0,036	0,002
24	Schallstadter	1877	0,9939	11,4	1,99	1,94	2,20	0,51	—	—	0,16	0,046	0,004
25	Kastelberger	„	0,9942	10,7	2,06	1,85	2,10	0,60	—	—	0,18	0,038	0,003
26	Bellinger	1878	0,9949	9,7	1,74	1,75	1,97	0,64	—	—	0,17	0,023	0,004
27	Obereggener	„	0,9973	7,9	1,80	1,81	2,05	0,68	—	—	0,19	0,054	0,003
28	Steinenstadter	„	0,9959	9,3	1,82	1,85	2,10	0,68	—	—	0,19	0,036	0,003
29	Anggener (Letten)	„	0,9958	9,3	1,84	1,83	2,07	0,53	—	0,26	0,19	0,049	0,004
30	Müllheim (Reggenhag.) . . .	„	0,9954	10,0	1,94	1,92	2,17	0,64	—	—	0,19	0,033	0,003
31	Anggener (Lerchenberg.) . . .	„	0,9964	8,9	1,85	1,87	2,12	0,60	—	0,27	0,18	0,044	0,003
32	Schallstadter	„	0,9945	10,1	1,88	1,75	1,97	0,58	—	—	0,16	—	0,003
33	Fohenberger	„	0,9957	9,2	1,87	1,77	2,00	0,61	—	—	0,21	0,038	0,005
34	Hügelheimer	„	0,9951	9,6	1,87	1,77	2,00	0,58	—	—	0,18	0,029	0,004
35	Rheinweiler	„	0,9945	9,6	1,68	1,64	1,85	0,64	—	—	0,16	0,036	0,002
36	Kastelberger I	„	0,9943	10,0	1,96	1,68	1,90	0,56	—	—	0,18	0,049	0,003
37	„ II	„	0,9955	9,8	2,04	1,87	2,12	0,60	—	—	0,19	0,040	0,003
38	Obereggener	1879	0,9985	8,5	2,09	2,23	2,52	0,98	0,03	0,30	0,19	0,022	0,003
39	Schliengener	„	0,9969	8,6	1,81	1,89	2,15	0,59	—	0,25	0,22	—	0,003
40	Anggener (Letten)	„	0,9981	9,5	2,36	2,40	2,72	0,89	0,06	0,27	0,21	0,048	0,003
41	Hügelheimer	„	0,9993	7,1	2,15	2,02	2,30	0,99	0,05	0,24	0,22	—	0,003
42	Rheinweiler	„	0,9957	8,6	1,75	1,64	1,85	0,76	0,05	0,27	0,17	0,040	0,002
43	Müllheimer	„	0,9972	7,7	1,81	1,73	1,95	0,73	0,01	0,20	0,17	0,036	0,004
44	Britzinger	„	0,9977	8,0	1,78	1,89	2,15	0,78	0,03	0,28	0,19	0,061	0,003
45	Kastelberger	„	0,9979	8,4	2,16	2,07	2,35	0,92	0,05	0,34	0,20	0,056	0,002
46	Schallstadter	1880	0,9952	9,0	1,65	1,64	1,85	0,55	—	—	0,20	0,056	0,004
47	Kastelberger	„	0,9949	10,0	1,87	1,81	2,05	0,39	—	—	0,24	0,057	0,083
48	Müllheim (Reggenhag.) . . .	1881	0,9944	10,0	1,73	1,70	1,92	0,66	—	—	0,17	0,069	0,003
49	Bergwein von verschiedenen Orten	„	0,9962	9,8	1,93	2,04	2,32	0,83	—	—	—	—	—
50	Manchener	„	0,9971	9,3	2,06	2,11	2,40	0,94	—	—	—	—	—
51	Schliengener	„	0,9973	8,9	2,12	2,07	2,35	0,94	—	—	—	—	—
52	Steinenstadter	„	0,9966	8,8	2,07	1,92	2,17	0,92	—	—	—	—	—
53	Schliengener	„	—	9,9	2,01	—	—	0,92	—	—	—	—	—
54	„	„	—	9,1	1,99	—	—	0,82	—	—	—	—	—
55	Schallstadter	„	—	9,9	2,11	—	—	0,87	—	—	—	—	—

No.		Jahrgang	Spec. Gew. bei 15 ° C.	Alkohol Vol. %	Extract direct bestimmt %	Extract nach Hager berechnet %	Extract nach Balling berechnet %	Gesammtsäure = Weinsäure %	Freie Weinsäure %	Weinstein %	Mineralstoffe %	Titrirbares Alkali in der Asche als K_2CO_3	Chlor
56	Schallstadter	1881	—	9,4	2,18	—	—	0,97	—	—	—	—	—
57	Kastelberger I	„	0,9959	9,8	2,02	1,98	2,25	0,86	—	—	—	—	—
58	„ II	„	0,9966	9,0	1,97	1,94	2,20	0,89	—	—	—	—	—
59	Oberweiler	„	—	8,5	2,05	—	—	0,88	—	—	—	—	—
60	Laufener (Vogelgesang)	„	0,9956	10,6	2,09	2,11	2,40	0,84	—	—	—	—	—
61	„ (Hausacker)	„	0,9961	9,6	2,07	1,98	2,25	0,87	—	—	—	—	—
62	Seefelder	„	0,9988	7,5	2,06	2,02	2,30	0,95	—	—	—	—	—
63	Heitersheimer	„	0,9998	7,1	2,08	2,16	2,45	1,06	—	—	—	—	—
64	Fohrenberger (Rothwein)	„	0,9992	8,7	2,48	2,40	2,72	0,90	—	—	—	—	—
	Mittel (No. 1—64)	.	**0,9958**	**9,3**	**1,90**	**1,83**	**2,07**	**0,69**	**0,04**	**0,27**	**0,18**	**0,036**	**0,003**

Markgräfler Weine der 1881er Ernte. — Neuere Analysen.

Weissweine.

No.		Zeit der Untersuchung	Alkohol Vol. %	Extract	Freie Säure überhaupt	Freie Säure fixe	Weinsäure	Weinstein	Zucker	Mineralstoffe	Polarisation (Ventzke-Soleil nach rechts)	Analytiker
				In 100 CC. sind Gramm								
1	Laufener	1882	10,00	2,02	0,84	0,59	—	—	0,05	0,17	0,7	J. Nessler[1]
2	Batzenberger	„	10,10	2,14	0,89	0,62	—	—	0,08	0,17	0,5	
3	Leutersberger	„	10,30	2,03	0,73	0,52	—	—	0,07	0,18	0,5	
4	Schallstadter	„	10,20	2,02	0,87	0,62	—	—	0,13	0,18	1,0	
5	Ehrenstetter	„	10,00	2,09	0,87	0,68	—	—	0,08	0,16	0,2	
6	Norsinger	„	9,60	2,19	1,00	0,75	vorhanden	—	0,06	0,16	0,5	
7	Efringer, Badener Schlossberg	„	10,50	1,73	0,55	0,37	—	—	0,06	0,18	0,3	
8	Kirchener Kirchenberg	„	9,70	1,80	0,60	0,38	—	—	0,06	0,16	0,5	
9	Holbinger	„	10,00	2,07	0,85	0,65	—	—	0,04	0,16	0,1	
10	Endinger	„	7,66	2,04	1,10	0,78	Spur	—	0,08	0,16	0,2	
11	„	„	8,01	2,03	1,06	0,76	0,09	0,20	0,08	0,17	0,5	
12	„	„	7,57	2,10	1,13	—	Spur	—	0,10	0,17	0,1	
13	Steinbacher	„	10,10	2,24	1,12	0,89	0,127	0,39	0,10	0,19	0,2	
14	Odenheimer	„	9,20	2,24	1,00	—	—	—	—	0,15	—	
15	„	„	8,20	2,24	1,00	—	—	—	—	0,20	—	
16	Pfälzer	„	8,63	2,30	1,15	—	0,16	0,36	0,10	0,17	0,4	
17	„	„	9,62	2,08	0,96	0,76	0,15	0,33	0,06	0,17	0,2	
18	„	„	10,30	2,37	0,93	—	—	0,23	0,10	0,22	0,7	
19	„	„	10,50	2,30	0,89	—	—	0,22	0,10	0,23	0,7	
20	Von der Mosel	„	10,80	2,23	0,95	0,80	—	—	0,13	0,20	0,5	
21	Aus Rheinhessen	„	9,78	2,06	0,80	—	—	—	0,10	0,22	0,6	

[1]) Weinbau 1882. Bd. VIII. S. 15. Die Weine sind wie die nachfolgenden garantirt echte Weine; J. Nessler weist darauf hin, dass sich die 1881er Weine von denen früherer Jahrgänge durch einen hohen Alkoholgehalt neben viel freier Säure und auch neben freier Weinsäure auszeichnen. Diese und die folgenden Analysen von J. Nessler sind nach den Beschlüssen der vom Kaiserlichen Gesundheitsamt einberufenen Kommission ausgeführt worden (vergl. M. Barth: Die Weinanalyse. Hamburg und Leipzig 1884 und II. Theil dieses Werkes).

Markgräfler Rothweine.

No.		Zeit der Untersuchung	Alkohol Vol. %	Extract	Freie Säure überhaupt	Freie Säure fixe	Freie Säure Weinsäure	Weinstein	Zucker	Mineralstoffe	Polarisation (Ventzke-Soleil nach rechts)	Analytiker
				In 100 CC. sind Gramm								
22	Bezirk Offenburg	1822	10,47	2,20	0,90	—	—	—	0,17	0,21	0,9	J. Nessler[1]
23	„ „	„	9,90	2,11	0,88	—	—	—	0,17	0,20	0,7	
24	„ Tauberthal	„	8,80	2,57	1,15	0,98	—	—	0,10	0,26	0,5	
25	„ Odenheim	„	8,20	2,24	1,00	—	—	—	—	0,20	—	
26	„ Hessen	„	10,70	2,70	0,99	—	—	—	0,14	0,25	—	
	Mittel (No. 1—26)	.	**9,57**	**2,16**	**0,93**	**0,69**	**0,02**	**0,29**	**0,09**	**0,19**	**0,5**	

Badische Weine 1882er Ernte.

No.		Zeit der Untersuchung	Spec. Gew.	Alkohol Vol. %	Gesammtsäure	Freie Weinsäure	Weinstein	Zucker annähernd	Glycerin	Mineralstoffe	Phosphorsäure %	Polarisation (Ventzke-Soleil) nach rechts	Analytiker
					In 100 CC. sind Gramm								
1	Markgräfler, Anggen . . .	1883	0,9778	8,01	0,50	—	—	0,08	0,539	0,228	0,034	0,1	J. Nessler[2]
2	desgl. Hügelheim, I Krachmost	„	0,9980	8,54	0,80	ger. Menge	—	0,10	0,512	0,194	0,024	0,3	
3	desgl. „ II „	„	1,0010	6,32	0,90	0,04	—	0,07	0,473	0,210	0,029	0,3	
4	desgl. Leufener	„	0,9980	8,63	0,77	—	0,250	0,13	0,560	0,202	0,027	0,6	
5	desgl Müllheimer	„	1,0012	6,55	0,90	Spur	—	0,10	—	0,220	—	0,6	
6	desgl. „	„	0,9977	8,36	0,64	—	—	0,09	—	0,204	—	0,5	
7	desgl. „	„	0,9976	8,27	0,64	—	—	0,09	—	0,196	—	0,3	
8	desgl. „	„	—	8,18	0,84	—	—	0,10	—	0,220	—	0,4	
9	Kaiserstühler	„	1,0046	3,98	1,00	—	—	0,10	—	0,310	—	0,5	
10	desgl.	„	1,0011	6,55	1,12	1,106	0,500	0,12	0,456	0,220	—	—	
11	desgl.	„	—	8,01	0,60	—	—	0,10	—	0,210	—	0,4	
12	desgl.	„	—	5,94	0,88	ger Menge	—	0,10	—	0,204	—	0,6	
13	Aus Kaiserstühler Trauben selbst bereitet	„	1,0038	5,08	1,33	0,14	0,480	0,08	0,365	0,250	0,015	—	
14	Kaiserstühler Rothwein . .	„	—	7,83	0,52	—	—	0,10	—	0,260	—	0,3	
15	Ortenauer	„	—	6,24	1,06	wenig	—	0,10	—	0,160	—	0,5	
16	desgl.	„	—	—	1,30	—	—	—	—	0,250	—	—	
17	Aus Pfälzer Trauben selbst bereitet	„	1,0012	6,48	0,92	0,03	0,475	0,12	0,550	0,270	0,019	—	
18	Abstammung zweifelhaft . .	„	0,9989	5,78	0,88	—	—	0,10	—	0,250	—	0,8	
19	desgl.	„	—	8,01	0,76	—	—	0,10	—	0,220	—	0,3	
20	Pfälzer	„	—	6,24	1,16	wenig	—	0,11	—	0,200	—	0,4	
	Mittel (No. 1—20)	.	**0,9984**	**7,00**	**0,88**	**0,016**	**0,426**	**0,10**	**0,494**	**0,224**	**0,025**	**0,4**	

[1]) Vergl. Anmerkung [1]) Seite 883.

[2]) Weinbau 1883. Bd. 9. S. 21. Das schwefelsaure Kalium ist bei No. 11, 12, 14, 19 u. 20 kleiner als 1,0 g pro 1 l angegeben.

Anmerkung zu „Badische Weine.“

J. Nessler hat in einer besonderen Schrift: „Die Weine Badens.“ Karlsruhe 1887 eine ausführliche Statistik und Beschreibung des Weinbaues und der Weinfabrikation in Baden gegeben und am Schlusse eine Reihe neuerer Analysen badischer Weine aufgeführt, auf welche ich hier verweisen will.

Württembergische Weine. — a. Aeltere Analysen.

No.			Spec. Gew.	Alkohol Gew. %	Extract %	Zucker %	Säure als Weinsteinsäure %	Analytiker
1	Carmeliter, dunkelgelb	1873	0,9911	6,69	2,12	0,18	0,70	*Th. Bronner* [1]*)
2	Kleinheppacher, weiss	1811	0,9971	7,23	2,32	0,20	0,77	
3	Untertürkheimer Riesling	1846	0,9944	9,05	2,30	0,21	0,58	
4	desgl.	1854	0,9941	8,85	2,15	0,13	0,67	
5	desgl.	1855	0,9938	8,55	1,97	0,09	0,73	
6	desgl. gemischt, weiss	„	0,9944	7,50	1,75	0,08	0,65	
7	Mundelsheimer Riesling	„	0,9944	8,06	1,95	0,11	0,69	
8	desgl. gemischt, weiss	„	0,9951	7,99	2,10	0,16	0,65	
9	Clevner	„	0,9980	8,13	2,87	0,20	0,56	
10	Trollinger	1856	0,9981	7,37	2,62	0,16	0,90	
11	Clevner	„	0,9982	8,13	2,92	0,13	0,75	
12	Untertürkheim, Riesling	„	0,9937	8,98	2,10	0,11	0,70	
13	Mundelsheimer Riesling	„	0,9941	8,62	2,08	0,13	0,93	
		Mittel	0,9950	0,09	2,25	0,14	0,71	

Württembergische Weine. — b. Neuere Analysen.

Weisswein No. 1—12 und Rothwein No. 1—5 von A. Klinger untersucht 1883/84[2])**), Weisswein No. 13—15 und Rothwein No. 6 von R. Kayser[3])**) untersucht 1882.

1. Weissweine.

No.		Spec. Gew. bei 15° C.	Alkohol	Extract	Säure = Weinsäure	Weinstein	Freie Weinsäure	Glycerin	Mineralstoffe	Phosphorsäure	Schwefelsäure	Chlor	Kali	Polarisation	Der betr. Most hatte ergeben: Spec. Gew. bei 15°	Der betr. Most hatte ergeben: Säure = Weinsäure g
			In 100 CC. sind Gramm													
1	Rothenburger Tr., 1881er	0,9983	7,09	2,22	0,87	0,145	0,060	0,68	0,24	—	—	0,012	0,089	+ 0,16°	—	—
2	Hanweiler 1881er	0,9980	7,23	2,38	0,97	0,217	0,170	0,99	0,33	—	—	0,014	0,140	± 0	—	—
3	Schnaither 1881er	0,9982	7,53	2,19	0,72	0,228	0,101	—	0,28	—	—	—	0,144	± 0	—	—

[1]) Württ. Wochenbl. f. Land- u. Forstw. 1857. Beilage No. 13.

[2]) Jahreshefte d. Vereins f. vaterl. Naturkunde in Württemberg 1884. S. 300.

[3]) Repertorium f. analyt. Chem. 1884. S. 149.

*) Spec. Gewicht ist bei 15,6° C. im Pyknometer bestimmt; Alkohol sowohl durch Destillation, wie nach Balling aus der Differenz der spec. Gewichte des natürlichen und entgeisteten Weines, Extract nach Balling und durch Eindampfen von 20 CC. Wein im Wasserbade, die Methoden lieferten in beiden Fällen gut übereinstimmende Zahlen; Zucker wurde durch Titriren mit Fehling'scher Lösung, Säure durch Titriren mit Natronlauge ermittelt.

**) Die geringe Extractmenge des von R. Kayser selbst gekelterten Weissweines No. 17 erklärt sich aus dem geringen Gehalt des verwendeten Mostes an Zucker und Säure. R. Kayser fand in diesem Wein 0,194 % Essigsäure und in

No.		Spec. Gew. bei 15° C.	Alkohol	Extract	Säure = Weinsäure	Weinstein	Freie Weinsäure	Glycerin	Mineralstoffe	Phosphorsäure	Schwefelsäure	Chlor	Kali	Polarisation	Der betr. Most hatte ergeben: Spec. Gew. bei 15°	Der betr. Most hatte ergeben: Säure = Weinsäure g
			In 100 CC. sind Gramm													
4	Trollinger 1881 mit Erwärmen des Mostes .	1,0030	5,77	2,59	1,28	0,448	0,099	—	0,29	—	—	Spur	0,143	± 0	1,056	1,52
5	Trollinger 1881 ohne Erwärmen d. Most.	1,0010	6,42	2,55	1,35	0,299	0,145	—	0,23	—	—	—	0,115	—	1,056	1,51
6	Geradtstetter 1881er . .	0,9985	7,43	2,49	1,08	0,310	0,043	0,65	0,31	—	—	—	—	± 0	—	—
7	Mischling 1882er . .	1,0000	5,77	2,17	0,95	0,195	0,172	0,38	0,19	—	—	—	0,099	± 0	—	—
8	Untertürkheimer Riesling, 1882er . .	0,9980	7,21	2,42	0,85	0,169	0,107	0,36	0,23	0,050	0,018	—	0,084	± 0	—	—
9	Schiller vom Reichelsberg 1882er . .	1,0000	4,82	2,25	1,02	0,271	0,079	0,28	0,29	0,043	0,011	Spur	0,142	— 0,33°	—	—
10	Von Sylvaner und Gutedel, 1882er . .	1,0030	5,77	2,09	0,77	0,254	0,042	0,39	0,21	0,041	0,012	—	0,086	± 0	1,064	1,24
11	Hanweiler . .	1,0000	5,13	2,27	0,83	0,228	0,093	0,41	0,32	0,060	—	—	0,165	— 0,16°	—	—
12	Von Gutedel, Sylvaner und Elbing 1880	0,9958	7,09	1,98	0,72	0,384	0,025	—	0,19	0,056	—	—	0,106	± 0	1,070	1,07
			Vol. %			Zucker	Weinsäure					Kalk		Magnesia		
13	Tauberwein 1881er . .	—	6,5	2,79	1,42	0,061	0,186	0,79	0,18	0,030	0,015	0,013	0,088	0,011	—	—
	Selbst gekelt.:															
14	Besigheimer 1882er . .	—	7,8	2,42	0,85	0,145	0,300	0,91	0,29	0,023	0,017	0,023	0,140	0,013	—	—
15	Eresheimer 1882er . .	—	4,0	1,26	0,62	Spur	0,360	0,42	0,22	0,039	0,011	0,026	0,174	0,009	—	—
						Weinstein	Freie Weinsäure									
	Mittel (No. 1 bis 15)	**0,9995**	**6,10**	**2,27**	**0,95**	**0,262**	**0,095**	**0,57**	**0,25**	**0,043**	**0,009**	**0,021**	**0,115**	**0,011**	—	—

dem Rothwein No. 6 = 0,024 % Essigsäure. Ueber die von R. Kayser angewendeten Untersuchungs-Methoden vergl. unter „Moselweine" S. 865. Anm. *).

Die von Klinger untersuchten Württembergischen Weine sind mit wenigen Ausnahmen von ihm selbst dargestellt. Zum Vergleich bereitete er auch Weine aus Trauben von Hagenau am Bodensee, Zell in Baden, Tokayer- und Ialiener-Trauben; ich lasse jedoch die Analysen dieser Weine, weil sie nicht zu den Württembergischen gerechnet werden können, hier fehlen. Die Untersuchungs-Methoden sind folgende: Alkohol ist durch Destillation des alkalisch gemachten Weines aus dem spec. Gewicht des Destillates (ermittelt mit einem controlirten Aräometer) bestimmt; Extract durch Eintrocknen von 50 CC. Wein und 3 stündiges Trocknen des Rückstandes im Wasserbad-Trockenschrank; der Trocken-Rückstand diente zur Bestimmung der Asche und diese wiederum entweder zur Bestimmung der Phosphorsäure (nach der Molybdän-Methode) oder des Kali's als Kalciumplatinchlorid; Glycerin ist nach der Methode von Neubauer-Borgmann bestimmt; Weinstein und freie Weinsäure im wesentlichen nach der Methode von Berthelot-Fleurieu; Schwefelsäure nach Ansäuern des Weines mit Salzsäure direct durch Chlorbarium gefällt. Zur Chlor-Bestimmung wurden 100 CC. Wein mit chlorfreier Kalkmilch im Ueberschuss versetzt, zur Trockne eingedampft und dann bei niedriger Temperatur eingeäschert. Die Asche wurde mit kochend heissem Wasser ausgelaugt, zuerst mit Salpetersäure angesäuert, dann mit reinem Calciumcarbonat versetzt und erwärmt. In der so erhaltenen neutralen Lösung wurde das Chlor mit Silberlösung titrimetrisch bestimmt. Die Polarisation wurde in dem mit Bleiessig geklärten Wein (auf 50 CC. Wein 5 CC. Bleiessig) im 220 mm Rohr des Wild'schen Polaristrobometers vorgenommen.

2. Württembergische Rothweine.

No.		Spec. Gew. bei 15° C.	Alkohol Vol. %	Extract	Säure = Weinsäure	Weinstein	Freie Weinsäure	Glycerin	Mineralstoffe	Phosphorsäure	Schwefelsäure	Chlor	Kali	Polarisation	Der betr. Most hatte ergeben: Spec. Gew. bei 15°	Der betr. Most hatte ergeben: Säure = Weinsäure g
				In 100 CC. sind Gramm												
1	Schozacher 1881er . .	0,9980	7,66	2,60	0,87	0,239	0,089	—	0,29	—	—	—	0,119	± 0	—	—
2	Himmelsberg 1882er . .	1,0000	5,45	2,21	0,62	0,137	0,038	0,51	0,26	0,040	—	Spur	0,126	± 0	—	—
3	Kornberg und Steinenbau 1882er . .	1,0010	5,77	2,61	1,25	0,141	0,105	0,43	0,22	—	0,007	—	0,068	— 0,3°	—	—
4	Ameisenberg 1882er . .	1,0020	5,77	2,93	1,52	0,340	0,072	0,37	0,29	0,046	0,003	—	0,139	± 0	—	—
5	Aus Clevner, Trollinger u. Portugieser	1,0005	5,77	2,66	1,25	0,271	0,151	0,31	0,24	—	0,005	—	0,107	— 0,36°	1,061	1,73
6	Meersburger 1881er . .	—	6,4	2,83	1,31	Zucker 0,052	Weinsäure 0,186	0,70	0,22	0,035	0,016	Kalk 0,024	0,092	Magnesia 0,010	—	—
	Mittel (No. 1 bis 6)	—	**5,92**	**2,64**	**1,14**	Weinstein **0,226**	Freie Weinsäure **0,091**	**0,46**	**0,25**	**0,040**	**0,008**	Kalk **0,024**	**0,108**	Magnesia **0,010**	—	—

Württembergische Weine aus den Jahren 1884, 1885 und 1886. — Von Gantter.[1])

	Als Maximum der Jahrgänge 1884	1885	1886	Als Minimum der Jahrgänge 1884	1885	1886	Mittel von 22 Proben 1884	Mittel von 23 Proben 1885	Mittel von 24 Proben 1886
Extract	2,30	2,75	2,39	1,35	1,55	1,48	**1,80**	**1,96**	**1,72**
Weingeist	8,64	9,36	7,93	4,60	4,08	3,41	**7,02**	**5,84**	**9,36**
Glycerin	0,90	1,00	0,92	0,52	0,40	0,30	**0,74**	**0,75**	**0,70**
Freie Säure	0,72	0,78	0,88	0,44	0,45	0,40	**0,58**	**0,63**	**0,61**
Mineralstoffe	0,29	0,26	0,35	0,10	0,17	0,14	**0,21**	**0,20**	**0,24**
Phosphorsäure	0,040	0,046	0,079	0,017	0,023	0,024	**0,031**	**0,034**	**0,038**
Schwefelsäure	0,071	0,096	0,039	0,014	0,009	0,007	**0,033**	**0,034**	**0,020**
Extractrest (Extract — Säure) . . .	1,52	1,90	1,70	0,81	0,90	0,90	**1,22**	**1,30**	**1,10**
Alkohol : Glycerin	15,0	17,8	16,0	6,0	8,0	4,8	**10,6**	**12,7**	**11,2**
Mineralstoffe : Extract	13,5	12,4	11,0	6,3	6,6	5,0	**8,41**	**9,2**	**7,7**

[1]) Gantter, Mittheil. d. Untersuchungsamtes Heilbronn 1887.

Elsässer Weine.

Aeltere Analysen.

Weissweine.

No.		Spec. Gew.	Alkohol Vol. %	Alkohol Gew. %	Säure = Weinsäure %	Essigsäure %	Extract %	Zucker %	Asche %	Analytiker
1	Elsässer Weissweine	0,990	9,6	7,7	0,463	0,025	1,858	—	0,184	*F. Goppelsröder* [1] *)
2	„ „	0,995	9,9	7,87	0,462	0,029	1,993	0,039	0,192	
3	„ „	0,987	11,67	9,38	0,455	0,019	1,993	0,153	0,105	
4	„ „	0,990	11,1	8,90	0,439	0,020	1,879	0,066	0,216	
5	„ „	0,990	11,58	9,28	0,401	0,020	2,038	0,045	0,213	
6	„ „	0,990	7,79	6,25	0,484	0,059	2,201	0,063	0,256	
7	„ „	0,990	11,8	9,40	0,494	0,028	1,956	0,098	0,185	
8	„ „	0,989	12,06	9,67	0,461	0,027	1,944	0,155	0,219	
9	„ „	0,986	12,23	9,69	0,410	0,020	1,714	0,090	0,202	
10	„ „	0,990	10,56	8,37	0,424	0,031	1,923	0,103	0,301	
11	„ „	0,990	11,13	8,82	0,470	0,026	2,168	0,169	0,231	
12	„ „	0,995	6,2	5,0	0,255	0,061	1,862	0,040	0,170	
13	„ „	0,995	10,9	8,7	0,384	0,051	2,389	0,063	0,210	
14	„ „	0,990	11,0	8,7	0,318	0,038	2,183	0,043	0,264	
15	„ „	0,990	8,72	6,92	0,566	0,036	2,040	0,167	0,195	
16	„ „	0,990	9,09	7,29	0,508	0,019	1,970	0,106	0,182	
17	„ „	0,990	9,64	7,72	0,525	0,020	2,050	0,188	0,262	
18	„ „	0,990	9,97	7,99	0,493	0,022	1,720	0,125	0,186	
19	„ „	0,987	9,36	7,53	0,345	0,021	1,603	0,089	0,183	
20	„ „	0,992	7,66	6,32	0,373	0,020	—	0,099	0,188	
	Mittel	0,9906	10,14	(8,07)	0,517	0,029	1,723	0,092	0,207	

Rothweine.

No.		Spec. Gew.	Alkohol Vol. %	Alkohol Gew. %	Säure = Weinsäure %	Essigsäure %	Extract %	Zucker %	Asche %	Analytiker
1	Türkheimer	0,990	11,13	8,91	0,438	0,037	2,268	0,013	0,219	*derselbe* [1]
2		0,990	11,20	9,90	0,445	0,027	2,138	0,023	0,357	
3		0,990	11,13	8,83	0,477	0,026	2,313	0,133	0,295	
4		0,990	11,07	8,78	0,332	0,036	2,066	0,030	0,387	
5		0,990	11,20	8,97	0,449	0,044	1,998	—	0,332	
	Mittel	0,990	11,15	8,88	0,428	0,035	2,157	0,045	0,298	

[1]) Sur l'analyse des vins. Mulhouse 1877.

*) Das spec. Gewicht ist mit dem Aerometer und Pyknometer bestimmt, der Alkohol durch Destillation nach Saleron oder mit dem Geisler'schen Vaporimeter, der Zucker nach Trommer's oder Fehling's Methode, Extract durch Trocknen bei 100° C.

Elsässer Edelweine. — C. Weigelt.[1] *)

No.	Name und Herkunft der Weine	Jahrgang	Spec. Gew.	Spec. Gew. ohne Alkohol	In 100 CC. gefunden: Extract	Alkohol Vol.-Proc.	Säure: Gesammt $C_4H_6O_6$	Säure: Nicht-flüchtige $C_4H_6O_6$	Säure: Flüchtige $C_2H_4O_2$	Weinstein	Farb- und Gerbstoff	Zucker	Ablenkung im 200 mm Rohr	Stickstoff	Asche	Phosphorsäure
1	Marlenheimer Paulacker, bordeauxroth	1874	0,9946	1,00873	2,182	10,615	0,615	0,510	0,108	0,1339	0,116	0,140	± 0	0,0213	0,2652	0,024
2	„ „ „	1876	0,9936	1,00747	1,867	10,465	0,548	0,450	0,078	0,1415	0,136	0,087	+ 0,2	0,0240	0,2440	0,015
3	Roderen (Kreis Rappoltsweiler), hellroth	?	0,9956	1,00713	1,782	8,996	0,536	0,413	0,099	0,0725	0,094	0,094	+ 0,1	0,0141	0,2692	0,041
4	Marlenheimer Paulacker, bernsteingelb	1874	0,9943	1,00763	1,907	9,806	0,540	0,427	0,090	0,0929	0,076	0,132	± 0	0,0139	0,2772	0,021
5	„ „ „	1876	0,9934	1,00665	1,662	9,899	0,532	0,435	0,078	0,0737	0,052	0,103	± 0,1	0,0189	0,1960	0,016
6	„ „ hellcitronengelb	1877	0,9965	1,00737	1,842	8,987	0,727	0,675	0,096	0,1565	0,040	0,100	+ 0,2	0,0363	0,1932	0,015
7	Gebweiler Kitterle, hellgelb	1873	0,9925	1,00589	1,472	9,849	0,607	0,510	0,078	0,1038	0,060	0,05	+ 0	0,0333	0,2404	0,010
8	„ „ braungelb	1875	0,9950	1,00823	2,057	9,721	0,617	0,420	0,078	0,0406	0,052	0,140	+ 0,2	0,0238	0,2800	0,009
9	Wolxheimer Riesling, goldgelb	1868	0,9940	1,00679	1,697	10,027	0,645	0,580	0,090	0,1226	0,040	0,126	+ 0,4	0,0164	0,2004	0,024
10	„ „ „	1875	0,9941	1,00736	1,840	9,950	0,608	0,495	0,090	0,1241	0,088	0,141	+ 0,3	0,0147	0,2116	0,022
11	Pfaffenheimer, hellgelb	1868	0,9919	1,00572	1,430	10,627	0,630	0,532	0,078	0,1681	0,024	0,076	+ 0,4	0,0161	0,1600	—
12	„ „	1877	0,9935	1,00695	1,737	10,327	0,840	0,690	0,120	0,1922	0,024	0,076	+ 0,3	0,0550	0,1508	—
	Mittel No. 1—12	.	**0,9938**	**1,00716**	**1,789**	**9,938**	**0,620**	**0,511**	**0,090**	**0,119**	**0,067**	**0,105**	**+ 0,18**	**0,024**	**0,241**	**0,019**
13	Türkheimer, aus dem unteren Münsterthal (Elsass), als zweifellos unverfälscht bezeichnet	1881	0,9925	—	1,625	10,82	—	0,450	0,070	—	—	—	± 0	—	0,195	0,028
14		„	0,9910	—	1,625	10,52	—	0,495	0,168	—	—	—	± 0	—	0,183	0,028
15		„	0,9925	—	1,750	10,65	—	0,600	0,156	—	—	—	± 0	—	0,177	0,026
16		„	0,9925	—	1,675	10,73	—	0,488	0,096	—	—	—	± 0	—	0,179	0,022
	Mittel No. 13—16	.	**0,9921**	—	**1,669**	**10,93**	—	**0,508**	**0,124**	—	—	—	**± 0**	—	**0,159**	**0,026**

[1]) Veröffentlichungen d. kaiserl. deutschen Gesundheitsamtes 1878. II. No. 48. Beilage u. Oenol. Jahresbericht 1881. 4. S. 118. C. Weigelt veröffentlichte schon 1875 (Ann. d. Oenol. 1875. Bd. V. S. 439) Analysen Elsässer Weine, jedoch waren diese, nach einer späteren Erklärung bezüglich der Reinheit, fraglicher Natur.

*) Das spec. Gewicht ist bei 15° C. mit der Westphal'schen Waage bestimmt; Alkohol mit je 2 geprüften Vaporimetern von Geissler; Extract aus dem spec. Gewicht des von Alkohol befreiten Weines nach Balling berechnet; Zucker mit Fehling'scher Lösung unter Berücksichtigung der von Ulbricht gemachten Vorschläge (vergl. II. Thl. dieses Werkes); Gesammtsäure wurde in 10 CC. — zu 100 CC. verdünnt — mit $^1/_{10}$ Normallauge titrirt, ferner in dem von Alkohol und flüchtigen Säuren befreiten Extract; die Differenz giebt die Menge der flüchtigen Säuren auf Essigsäure berechnet. Zur Bestimmung des Farb- und Gerbstoffes diente die Neubauer'sche Methode S. 868 Anm. **); zur Bestimmung des Weinsteins wurden 25 CC. Wein mit 50 CC. Alkohol-Aether, durch ein Filter decantirt, letzteres in das Kölbchen zurückgebracht, die Masse mit 50 CC. Wasser ausgekocht und mit $^1/_{50}$ Normallauge titrirt. Zu dem aus der Anzahl der verbrauchten Cubikcentimeter berechneten Procentgehalt an Weinstein wurden 0,02 % hinzuaddirt. (Ann. d. Oenologie I. S. 377.)

Der Stickstoff ist durch Eindampfen von 100 CC. in Hofmeister'schen Glasschälchen und Verbrennen des Rückstands mit Natronkalk ermittelt. Zur Aschen-Bestimmung wurden 50 CC. genommen, in einer Platinschale eingedampft und über freier kleiner Flamme verbrannt.

Elsässer Weine verschiedener Jahrgänge. — Von C. Amthor.[1] [*]

Neuere Analysen.

No.		Zeit der Untersuchung	Alkohol Vol. %	Alkohol Gew. %	Extract	Säure = Weinsäure	Flüchtige Säure	Weinsteinsäure	Weinstein	Stickstoff	Glycerin roh	Glycerin rein	Mineralstoffe	Phosphorsäure
				In 100 CC. Wein bei 15° C. sind Gramm										
	I. Weine 1879er Ernte, Mittel von 9 Analysen	1880	7,01	5,62	2,44	1,08	—	—	—	—	—	—	0,25	0,045
	II. Weine (weisse) 1881er Ernte.													
1	Böchingen	18 82/83	8,75	—	2,34	1,13	—	0,085	0,360	—	—	0,417	0,166	0,016
2	Kleeburg	„	8,60	—	2,17	1,05	—	0,168	0,246	—	—	0,443	0,162	0,019
3	desgl.	„	9,00	—	2,67	1,21	—	0,011	0,266	—	—	0,481	0,232	0,017
4	Sulz unterm Wald	„	9,05	—	2,26	1,02	—	0,062	0,256	—	—	0,515	0,213	0,026
5	Ergersheim	„	9,75	—	2,21	0,98	—	0,035	0,276	—	—	0,552	0,199	0,016
6	Stutzheim	„	8,0	—	2,28	1,09	—	0,067	0,226	—	—	0,448	0,176	0,019
7	Wangen	„	9,0	—	2,28	0,84	—	0,115	0,234	—	—	0,617	0,203	—
8	Westhofen	„	10,5	—	2,20	1,13	—	0,118	0,170	—	—	0,688	0,157	0,025
9	Barr (Clevner)	„	11,0	—	2,12	0,96	—	0,037	0,232	—	—	0,629	0,183	0,020
10	Andlau	„	9,5	—	2,24	1,00	—	0,113	0,204	—	—	0,655	0,153	0,021
11	Oberehnheim	„	9,0	—	2,23	1,08	—	0,136	0,228	—	—	0,480	0,192	0,025
12	Bergheim	„	10,0	—	2,11	0,93	—	0,049	0,318	—	—	0,449	0,182	0,021
13	Gemar	„	10,5	—	2,14	0,96	—	0,039	0,346	—	—	0,449	0,203	0,031
14	Rappoltsweiler	„	12,5	—	2,27	0,93	—	0,069	0,212	—	—	0,494	0,168	0,024
15	„ Forst	„	11,5	—	2,24	1,00	—	0,099	0,240	—	—	0,622	0,151	0,031
16	„ Sechsacker	„	11,5	—	2,24	0,94	—	0,028	0,244	—	—	0,579	0,174	0,014
17	„ Wybaum	„	11,0	—	1,83	0,77	—	—	0,272	—	—	0,498	0,178	0,025
18	„ Gams	„	12,0	—	2,31	1,00	—	0,072	0,216	—	—	0,725	0,159	0,024
19	„ Kirchberg	„	12,0	—	2,09	0,91	—	0,065	0,224	—	—	0,555	0,147	0,020
20	„ „	„	12,5	—	1,96	0,80	—	—	0,224	—	—	0,593	0,157	0,040
21	Hunaweier	„	10,0	—	2,01	1,08	—	0,035	0,286	—	—	0,524	0,165	0,020
	Weine 1881er Ernte, Mittel	.	**10,3**	**8,33**	**2,19**	**0,98**	—	**0,068**	**0,243**	—	—	**0,512**	**0,178**	**0,023**
	III. Elsässer Weine (weisse) 1882er Ernte.													
	Aus dem Ober-Elsass:													
1	Reichenweier	18 83/84	7,5	—	2,72	1,40	—	0,054	0,200	—	—	0,366	0,279	0,037
2	desgl.	„	7,75	—	2,64	1,42	—	0,142	0,376	—	—	0,409	0,185	0,043
3	Hunsweier	„	7,75	—	2,77	1,25	—	0,064	0,202	—	—	0,421	0,276	0,040
4	Mittelweier	„	7,50	—	2,54	1,17	—	0,028	0,186	—	—	0,369	0,283	0,032
5	Zellenberg	„	8,0	—	2,07	0,90	—	0,044	0,242	—	—	0,434	0,225	0,033
6	Oberbergheim	„	6,0	—	2,39	1,02	—	—	0,332	—	—	0,329	0,289	0,047
	Aus dem Unter-Elsass:													
7	Nothalten	„	7,0	—	2,42	1,19	—	0,022	0,184	—	—	0,352	0,306	0,036
8	Kleeburg	„	5,25	—	2,41	1,31	—	0,032	0,304	—	—	0,277	0,289	0,027

[1] Weinbau 1883. Bd. IX. S. 21.
[2] Repertorium f. analyt. Chem. 1883. S. 226.
[*] Der Extract ist durch Eindampfen von 100 CC. Wein im Wasserbade und durch 2stündiges Trocknen bei 100° C. bestimmt; Glycerin nach der Methode von Clausnitzer; Weinstein nach der Methode von Berthelot-Fleurieu (vergl. II. Thl. dieses Werkes); Phosphorsäure in der Asche nach der Uranmethode. Ueber die für die anderen Bestandtheile angewendeten Untersuchungs-Menthoden sind keine Angaben gemacht.

No.		Zeit der Untersuchung	Alkohol Vol. %	Alkohol Gew. %	Extract	Säure = Weinsäure	Flüchtige Säure	Weinsteinsäure	Weinstein	Stickstoff	Glycerin roh	Glycerin rein	Mineralstoffe	Phosphorsäure
			In 100 CC. Wein sind Gramm											
9	St. Nabor	$18\frac{83}{84}$	5,00	—	2,62	1,51	—	—	0,234	—	—	0,229	0,457	0,035
10	Oberehnheim	„	6,75	—	2,68	1,18	—	0,048	0,264	—	—	0,420	0,248	0,043
11	Barr (Clevner, gute Lage)	„	8,0	—	2,15	0,93	—	0,029	0,238	—	—	0,418	0,215	0,037
	Weine 1882er E., Mittel	.	**6,95**	**5,56**	**2,49**	**1,21**	—	**0,52**	**0,251**	—	—	**0,366**	**0,278**	**0,038**

IV. Elsässer Weine 1883er Ernte.[1]

No.		Zeit der Untersuchung	Alkohol Vol. %	Alkohol Gew. %	Extract	Säure = Weinsäure	Flüchtige Säure	Weinsteinsäure	Weinstein	Stickstoff	Glycerin roh	Glycerin rein	Mineralstoffe	Phosphorsäure
1	Rother Ober-Elsässer . .	$18\frac{84}{85}$	9,20	—	2,51	0,99	—	0,034	0,228	—	—	0,56	0,247	0,027
2	Weiss, Barr	„	9,00	—	2,07	0,76	—	—	0,310	—	—	0,65	0,145	0,035
3	„ Dambach . . .	„	8,75	—	2,25	0,85	—	0,006	0,144	—	—	0,58	0,244	0,035
4	„ Kleeburg . . .	„	7,90	—	2,11	1,04	—	0,069	0,328	—	—	0,58	0,184	0,032
5	„ St. Nabor x. . .	„	9,75	—	1,99	0,96	—	0,094	0,428	—	—	—	0,226	0,034
6	„ Nothalten . . .	„	8,80	—	2,32	0,74	—	—	0,278	—	—	0,48	0,215	0,036
7	„ „ (Clevner)	„	9,00	—	2,20	0,88	—	0,089	0,216	—	—	0,75	0,179	0,044
8	„ „ (Riesling)	„	8,90	—	2,62	0,93	—	0,048	0,268	—	—	0,72	0,203	0,048
9	„ Oberehnheim . .	„	9,00	—	2,13	0,82	—	0,073	0,344	—	—	0,65	0,166	0,031
10	„ Sulz unterm Wald	„	7,50	—	2,35	1,08	—	0,136	0,400	—	—	0,61	0,226	0,034
11	„ Wangen . . .	„	8,25	—	2,37	0,96	—	0,163	0,242	—	—	0,62	0,159	0,035
	Lotharinger Weine:													
12	x.	„	6,25	—	2,50	1,53	—	0,104	0,494	—	—	0,52	0,224	0,019
13	x.	„	7,75	—	2,29	1,06	—	—	0,364	—	—	0,69	0,138	0,017
	Weine 1883er E., Mittel	.	**8,46**	**6,78**	**2,28**	**0,97**	—	**0,068**	**0,311**	—	—	**0,62**	**0,196**	**0,033**

V. Elsässer Weine 1884er Ernte.[2]

No.		Zeit der Untersuchung	Alkohol Vol. %	Alkohol Gew. %	Extract	Säure = Weinsäure	Flüchtige Säure	Weinsteinsäure	Weinstein	Stickstoff	Glycerin roh	Glycerin rein	Mineralstoffe	Phosphorsäure
	Ober-Rhein:													
1	St. Pilt, roth	$18\frac{85}{86}$	11,96	9,64	2,74	0,580	0,080	—	0,260	0,039	0,76	0,69	0,252	0,044
2	„ „ weiss	„	11,17	9,00	1,81	0,575	0,063	0,003	0,152	0,014	—	—	0,213	0,028
3	Reichenweier, Riesling .	„	11,96	9,64	2,02	0,590	0,061	0,002	0,310	0,037	0,75	0,71	0,167	0,039
4	Zellenberg, weiss . . .	„	10,38	8,36	1,96	0,610	0,069	—	0,262	0,033	0,81	0,75	0,179	0,025
	Nieder-Rhein:													
5	Epfig, weiss	„	9,21	7,40	1,98	0,635	0,060	—	0,134	0,014	0,68	0,62	0,207	0,048
6	Heiligenstein (Clevner) .	„	11,87	9,57	2,10	0,720	0,064	0,046	0,338	—	0,68	0,63	0,159	0,040
7	Kleeburg, roth	„	11,08	8,93	1,87	0,580	0,068	0,021	0,216	0,017	0,68	0,63	0,158	0,032
8	„ weiss . . .	„	9,54	7,67	2,12	0,950	0,041	0,139	0,230	—	0,64	0,60	0,163	0,031
9	St. Nabor, weiss . . .	„	8,72	7,00	2,29	0,960	0,030	0,038	0,220	—	0,56	0,52	0,249	0,031
10	Oberehnheim, weiss . .	„	10,65	8,57	1,99	0,655	0,077	—	0,292	0,044	0,69	0,66	0,183	0,037
11	Schillingheim (Garten am Ort), weiss	„	7,25	5,81	2,01	0,710	0,095	0,026	0,434	—	0,53	0,50	0,202	0,033
12	Sulz unterm Wald, weiss	„	10,21	8,21	2,09	0,790	0,030	0,041	0,221	—	0,74	0,72	0,180	0,044
	Weine 1884er E., Mittel	.	**10,61**	**8,54**	**2,08**	**0,69**	**0,049**	**0,026**	**0,236**	**0,028**	**0,68**	**0,66**	**0,193**	**0,036**

[1]) Repertorium f. analyt. Chem. 1884. S. 296.

[2]) Zeitschr. f. analyt. Chem. 1886. Bd. 25. S. 359.

VI. Elsässer Weine 1885er Ernte.[1])

No.		Zeit der Untersuchung	Alkohol Vol. %	Alkohol Gew. %	Extract	Säure = Weinsäure	Flüchtige Säure	Weinsteinsäure	Weinstein	Stickstoff	Glycerin roh	Glycerin rein	Mineralstoffe	Phosphorsäure
				In 100 CC. Wein bei 15° C. sind Gramm										
	Ober-Rhein:													
1	Bergheim, weiss . . .	1886/87	8,01	6,43	1,89	0,665	0,046	—	0,244	0,034	0,58	0,56	0,191	0,028
2	Herrlisheim, „ . . .	„	7,01	5,61	1,79	0,750	0,053	—	—	—	0,57	0,52	0,172	0,024
3	Mittelweier, „ . . .	„	7,48	6,00	1,79	0,720	0,049	0,015	0,247	0,044	0,45	0,42	0,202	0,021
4	„ roth . . .	„	10,03	8,07	2,50	0,640	0,096	—	0,202	0,069	0,68	0,64	0,220	0,041
5	Nothalten, weiss . . .	„	8,88	7,13	1,85	0,710	0,049	0,008	0,239	0,039	0,62	0,59	0,164	0,024
6	Reichenweier, weiss .	„	6,78	5,44	1,79	0,685	0,048	0,011	0,221	0,036	0,53	0,48	0,208	0,029
	Nieder-Rhein:													
7	Bergbieten, weiss . .	„	8,88	7,13	1,97	0,818	0,058	0,098	0,259	0,012	0,56	0,49	0,205	0,037
8	Epfig, „ . .	„	7,14	5,94	1,96	0,685	0,041	—	0,193	0,023	0,60	0,56	0,214	0,038
9	Kleeburg, „ . .	„	7,32	5,87	2,09	0,735	0,064	—	0,207	0,032	0,49	0,44	0,234	0,033
10	Oberehnheim, „ . .	„	9,26	7,42	1,97	0,650	0,067	—	0,225	0,026	0,98	0,87	0,156	0,021
11	St. Nabor, „ . .	„	6,71	5,37	1,79	0,715	0,047	0,011	0,085	0,016	0,39	0,37	0,192	0,025
12	Sulz unterm Wald, weiss	„	8,72	7,00	2,04	0,855	0,038	0,041	0,223	0,019	0,91	0,84	0,179	0,031
	Lothringen:													
13	Saareinsming., gemischt	„	3,98	3,18	2,01	1,045	0,075	0,018	0,385	0,035	0,33	0,29	0,198	0,034
14	Bliesbrücken, roth . .	„	8,18	6,57	2,17	0,653	0,071	—	0,244	0,033	0,56	0,51	0,258	0,037
	Weine 1885er E., Mittel	.	**7,76**	**6,23**	**1,97**	**0,74**	**0,057**	**0,023**	**0,229**	**0,033**	**0,59**	**0,54**	**0,199**	**0,030**

VII. Elsass-Lothringer Weine 1886er Ernte.[2])

No.		Zeit der Untersuchung	Alkohol Vol. %	Alkohol Gew. %	Extract	Säure = Weinsäure	Flüchtige Säure	Weinsteinsäure	Weinstein	Stickstoff	Glycerin roh	Glycerin rein	Mineralstoffe	Phosphorsäure
	Ober-Elsass:													
1	Bebbenheim, weiss . .	1887/88	8,18	6,57	2,255	0,604	0,123	—	0,165	0,025	0,459	0,410	0,258	0,042
2	Dambach, „ . .	„	6,71	5,37	2,283	0,731	0,086	—	0,172	0,039	0,444	0,386	0,307	0,059
3	Hunaweier, „ . .	„	10,47	8,43	2,186	0,739	0,051	0,098	0,251	0,039	0,695	0,651	0,175	0,033
4	Mittelweier, „ . .	„	9,13	7,33	1,985	0,563	0,052	—	0,106	0,046	0,526	0,484	0,199	0,027
5	„ roth . .	„	10,65	8,57	2,892	0,458	0,055	—	0,101	0,073	0,685	0,643	0,280	0,066
6	Nothalten, weiss . .	„	8,45	6,78	1,959	0,645	0,059	—	0,172	0,039	0,487	0,442	0,230	0,043
7	Zellenberg, „ . .	„	8,88	7,13	2,028	0,637	0,042	—	0,204	0,032	0,529	0,470	0,246	0,045
	Unter-Elsass:													
8	Ballbronn, weiss . .	„	8,45	6,78	1,837	0,630	0,035	—	0,082	0,016	0,596	0,551	0,199	0,029
9	Dangolsheim, „ . .	„	9,45	7,60	2,074	0,656	0,028	0,043	0,068	0,016	0,756	0,684	0,212	0,034
10	Mittelbergheim, „ . .	„	7,57	6,07	1,994	0,615	0,054	—	—	0,054	0,656	0,586	0,232	0,043
11	St. Nabor, „ . .	„	7,17	5,75	1,933	0,690	0,061	—	0,204	0,017	0,388	0,331	0,344	0,048
12	Oberehnheim, „ . .	„	7,57	6,07	1,899	0,645	0,053	0,026	0,139	0,021	0,502	0,461	0,205	0,024
13	Rott, „ . .	„	7,10	5,66	1,899	0,653	0,032	—	0,282	0,021	0,394	0,359	0,226	0,029
14	Westhofen, „ . .	„	8,63	6,93	2,360	0,964	0,039	0,026	0,188	0,019	0,759	0,682	0,201	0,036
	Lothringen:													
15	Saareinsmingen, Schillerwein	„	7,09	5,69	2,274	0,975	0,012	0,073	0,156	0,013	0,609	0,554	0,178	0,043
	1886er E., Mittel der Weissw.	.	**8,20**	**6,59**	**2,069**	**0,696**	**0,052**	**0,018**	**0,168**	**0,028**	**0,566**	**0,549**	**0,229**	**0,038**

[1]) Zeitschr. f. analyt. Chem. 1887. Bd. 26. S. 610.
[2]) Ebendort 1888. Bd. 27. S. 304.

Lothringer Rothweine (1881er Lese). — Selbst gekeltert von C. Weigelt u. P. Hofferichter.[1])

No.		Zeit der Untersuchung	Spec. Gew. (10° C.)	Alkohol Gew. %	Extract %	Fixe Säure %	Flüchtige Säure %	Freie Weinsäure %	Zucker %	Glycerin %	Gerb- und Farbstoff %	N-Substanz (N × 6,25) %	Mineralstoffe %	Phosphorsäure %	Schwefelsäure %	Polarisation %
1	Mörchingen .	1882	0,9975	6,21	2,12	0,42	0,195	0,226	0,080	0,64	0,090	0,156	0,168	0,024	0,006	± 0
2	Marsal . . .	„	0,9969	10,46	2,26	0,91	0,135	0,041	0,100	—	0,125	—	0,155	0,036	0,004	± 0
3	Vic a. d. Seille	„	0,9964	9,64	2,65	0,96	0,110	—	0,110	0,59	0,188	0,050	0,169	0,034	0,004	— 0,01
4	Nevéant . .	„	0,9972	6,57	2,00	0,49	0,117	0,023	0,050	0,40	0,135	—	0,156	0,026	0,004	± 0
5	Corny . . .	„	0,9974	7,00	2,08	0,53	0,157	0,028	0,070	0,24	0,164	0,212	0,190	0,028	0,004	± 0
6	Ars a. d. Mosel	„	0,9975	7,47	2,26	0,48	0,155	0,029	0,090	0,44	0,206	0,200	0,206	0,047	0,009	— 0,2
7	Vallières . .	„	0,9972	7,93	2,79	0,48	0,202	0,033	0,080	0,38	0,255	0,125	0,255	0,033	0,007	— 0,1
8	St. Julien bei Metz . . .	„	0 9968	7,27	1,98	0,49	0,170	0,034	0,070	0,53	0,119	0,050	0,176	0,030	0,006	+ 0,1
9	Hayingen . .	„	0,9972	6,28	2,07	0,42	0,117	0,015	0,060	0,50	0,173	—	0,169	0,035	0,008	— 0,1
10	Barcelona*) .	„	0,9929	12,00	2,53	0,41	0,187	0,059	0,170	0,77	0,148	0,050	0,205	0,031	0,026	— 0,2
	Mittel (1—10)	.	**0,9967**	**8,08**	**2,27**	**0,56**	**0,155**	**0,032**	**0,088**	**0,50**	**6,159**	**0,120**	**0,185**	**0,030**	**0,008**	

Französische Weine.

a. Aeltere Analysen.

Rothweine.

No.		Jahrgang	Spec. Gew.	Alkohol Vol. %	Extract %	Freie Säure = Weinsäure %	Glycerin %	Weinstein %	Asche %	Phosphorsäure %	Analytiker
1	Blaye	1865	0,9950	8,418	2,283	0,615	—	0,229	0,174	—	C. Neubauer[2])
2	Boury	„	0,9954	8,567	2,376	0,592	—	0,186	0,213	—	〃
3	Kamblanes	„	0,9947	9,270	2,508	0,600	—	0,223	0,215	—	〃
4	Pouillac Beychevelle . .	„	0,9950	9,055	2,534	0,637	—	0,196	0,198	—	〃
5	St. Julien	„	0,9952	9,281	2,546	0,637	—	—	0,228	—	〃
6	St. Estèphe	„	0,9964	8,318	2,514	0,675	—	—	0,217	—	〃
7	Margaux	„	0,9959	9,437	2,919	0,630	—	—	0,238	—	〃
8	Volnay	1867	0,9933	9,895	2,320	0,607	—	—	0,176	—	〃
9	„	1865	0,9945	9,386	2,439	0,600	—	—	0,198	—	〃
10	St. Emillion	„	0,9954	8,708	2,720	0,637	—	—	0,245	—	〃
11	St. Chrystoly	„	0,9960	8,965	2,668	0,645	—	—	0,216	—	〃
12	St. George	„	0,9941	9,736	2,370	0,593	—	—	0,238	—	〃

[1]) Zeitschr. f. Wein-, Obst- u. Gartenbau in Elsass-Lothringen 1883. S. 18. Die Weine sind aus rothen Lothringer Trauben 1881er Lese durch Vergähren hergestellt und dann im November 1882 nach den Vereinbarungen der Oenochemiker (vergl. Repertorium f. analyt. Chem. 1883. S. 308) untersucht. Das spec. Gewicht ist mit der Westphal'schen Waage bei 15° C. ermittelt; Extract durch Eindampfen von bei 15° C. abgemessenen 50 CC. im Wasserbade und 3stündiges Trocknen im Wasserbad-Trockenschrank; Alkohol durch Destillation von 100 CC. Wein auf $^1/_2$—$^1/_3$ des Volumens und durch Ermittelung des spec. Gewichtes des auf 100 CC. aufgefüllten Destillats; Säure durch Titration mit Alkalilauge und Lakmus als Indikator; fixe Säure durch Eindampfen von derselben Menge Wein, welche zur Bestimmung der Gesammtsäure gedient hat, im Wasserbade, 20—25 Minuten langes Erwärmen, Auffüllen mit Wasser und Titriren wie vorhin; die flüchtige Säure ergiebt sich aus der Differenz. Farb- und Gerbstoffe sind durch Titration mit Chamaeleon bestimmt; Glycerin genau nach der Methode von E. Borgmann (vergl. II. Theil dieses Werkes); trotzdem die Verfasser sich keiner Fehler in der Glycerin-Bestimmung bewusst sind, glauben sie doch die gefundenen Zahlen selbst als auffällig niedrig bezeichnen zu müssen. Die Polarisation wurde im Halbschatten-Apparat (200 mm Rohr) und die Bestimmung der anderen Bestandtheile nach den üblichen Methoden vorgenommen.

*) Dieser Wein wurde zum Vergleich aus einem aus Barcelona eingegangenen Muster Trauben gekeltert.

[2]) Ann. der Oenologie 1872. Bd. II. S. 33. Ueber Untersuchungs-Methoden vergl. S. 868. Anm. **).

No.		Jahrgang	Spec. Gew.	Alkohol Vol. %	Extract %	Freie Säure = Weinsäure %	Glycerin %	Weinstein %	Asche %	Phosphorsäure %	Kali %	Analytiker
13	St. Estèphe	1862	0,9961	8,286	2,376	0,637	—	—	0,235	—	—	C. Neubauer[1])
14	St. Julien	—	0,9952	8,364	2,244	0,574	—	—	0,225	—	—	
15	Aloxa (Burgund. Beaune) .	?	0,9952	9,00	2,72	0,402	—	0,127	0,194	0,024	—	A. Salomon[2])
16	Maron (Burg)	1862	0,9964	8,30	3,61	0,413	0,723	0,135	0,253	0,027	—	
17	Chablis „	„	0,9948	9,30	2,10	0,494	0,490	0,143	0,183	0,018	—	
18	St. Emillion (Bordeaux) . .	„	—	8,70	2,98	0,372	0,406	—	0,432	—	—	
							(Zucker)					
19	Genom la Rose . . .	1857	—	9,70	1,60	0,675	(0,199)	—	—	—	—	J. Nessler[3])
20	St. Julien	1858	—	10,70	1,91	0,750	(0,180)	—	—	—	—	
							Glycerin					
21	Von St. Germain . . .	?	0,9935	9,70	2,04	(0,679)	0,470	0,076	0,261	0,020	0,042	T. Péneau und Lécat[4]) *)
22	Von St. Doulchard . . .	1858	0,9920	8,00	2,00	(0,422)	0,500	0,138	0,217	0,025	0,049	
23	Von Vaselay	„	0,9950	10,00	2,12	(0,402)	0,512	0,183	0,175	0,031	0,095	
24	Von Soye No. 2 . . .	1865	0,9930	10,40	2,23	(0,434)	0,686	0,133	0,160	0,019	0,079	
25	desgl. No. 3	1869	0,9930	11,80	2,30	(0,462)	0,700	0,153	0,140	0,029	0,049	
26	desgl. No. 3	1865	0,9940	12,00	2,50	(0,420)	0,780	0,130	0,200	0,024	0,045	
27	Von Bun	?	0,9935	10,65	2,30	(0,520)	0,616	0,186	0,190	0,036	0,094	
								Farb- u. Gerbstoff				
	Mittel (No. 1—27)	.	0,9946	9,40	2,341	0,589	0,588	0,207	0,217	0,025	0,065	

Französische Weine.[5]) — b. Neuere Analysen.

Rothweine.

No.		Zeit der Untersuchung	Spec. Gew.	Alkohol	Extract	Säure = Weinsäure	Weinsäure	Zucker	Glycerin	Mineralstoffe	Phosphorsäure	Schwefelsäure	Kali	Kalk	Magnesia	Polarisation
	Von Henry Faber u. Co. in Bordeaux:			In 100 CC. Gramm												
28	Chateau d'Avensan, tirage du chateau, 1870er	18 82/83	—	9,32	2,67	0,55	—	—	0,99	0,27	0,025	0,027	0,125	0,013	0,017	— 0,02
29	Chat. Lafitte, tirage du chateau, 1871er	„	—	8,58	2,17	0,58	—	—	0,88	0,24	0,037	0,021	0,122	0,006	0,013	± 0
30	Haut Canon, St. Emilion, 1874er . .	„	—	8,36	2,45	0,48	—	—	0,81	0,21	0,024	0,006	0,078	0,010	0,012	— 0,02

[1]) Ann. der Oenologie 1872. Bd. II. S. 33. Ueber Untersuchungsmethoden siehe S. 868. Anm. **).
[2]) Ibidem 1871. Bd. I. S. 364. Ueber Untersuchungs-Methoden vergl. unter „Krimweine" etc.
[3]) Ibidem 1873. Bd. III. S. 200.
[4]) Annales agronomiques 1877. Bd. III. S. 131.
[5]) No. 28—35 von R. Fresenius und E. Borgmann, Zeitschr. f. analyt. Chem. 1883. Bd. 22. S. 46 u. 1884. Bd. 23. S. 44. Die Weine No. 28—34 sind als durchaus reine Naturweine garantirt. Ueber die Untersuchungs-Methoden vergl. die Analysen derselben Verfasser unter „Moselweine" S. 865. Anm. **).

*) Säure auf 100 Theile Schwefelsäure (SH_2O_4) bezogen; dieselbe wurde in 10 CC. Wein durch Titration mit Kalkmilch bestimmt; das Ende der Reaction wird durch einen flockigen dunkelen Niederschlag angezeigt, den man nach P. und L. scharf erkennen kann, wenn man quer durch die Flüssigkeit nach einer Lampe sieht; Extract ist durch Eindampfen von 20 CC. Wein in flachen Porzellanschalen und Trocknen bei 100° C. bestimmt, Glycerin nach Pasteur's Methode; Weinstein durch Zusatz von 25 g Kalium sulfuricum, öfteres Umschütteln, unter späterem Hinzufügen von 25 CC. 80-grädigem Alkohol; der nach 24stündigem Stehen ausgeschiedene Weinstein wird filtrirt, mit Alkohol von 30 Grad, der mit Kaliumsulfat gesättigt ist, ausgewaschen, in Wasser gelöst und mit 1/10 Normalalkali titrirt.

No.		Zeit der Untersuchung	Spec. Gew.	Alkohol	Extract	Säure = Weinsäure	Weinsäure	Zucker	Glycerin	Mineralstoffe	Phosphorsäure	Schwefelsäure	Kali	Kalk	Magnesia	Polarisation
				In 100 CC. sind Gramm												
31	Von Henry Faber u. Co. in Bordeaux: Chateau Leonville, tirage du Chateau, 1875er . .	18 82/83	—	7,99	2,46	0,53	—	—	0,75	0,27	0,023	0,009	0,110	0,007	0,013	−0,2°
32	Chat. Verdus, St. Seurin Cadourne Medoc, 1879er[0])	18 83/84	0,9945	8,73	1,96	0,57	—	—	0,64	0,22	0,028	0,018	—	0,021	0,021	± 0
33	Margaux Medoc, 1880er	„	0,9941	8,82	2,34	0,56	—	—	0,72	0,21	0,027	0,034	0,112	0,010	0,018	± 0
34	St. Eulalie Côtus, 1881er	„	0,9962	7,45	2,09	0,58	—	—	0,55	0,23	0,032	0,024	0,089	0,012	0,015	± 0
				Vol. %												
35	Médoc Macau, 1872er . . .	1881	—	9,5	2,60	0,52	0,126	0,28	1,04	0,23	0,020	0,014	0,108	0,009	0,024	—
36	Bordeaux, 1875er	„	—	8,6	2,40	0,46	0,104	0,26	0,90	0,21	0,026	0,020	0,114	0,010	0,023	—
37	Med. St. Estèphe?	„	—	10,1	2,39	0,38	0,140	0,27	0,98	0,23	0,032	0,016	0,108	0,008	0,031	—
38	Brugnac ? . .	1882	—	10,0	3,03	0,45	—	0,21	—	0,29	0,026	0,012	—	0,011	0,018	—
39	Fronsac ? . .	„	—	8,5	2,74	0,46	—	0,24	—	0,24	0,022	0,032	—	0,008	0,014	—
40	St. Foy ? . .	„	—	10,3	2,66	0,52	—	0,28	—	0,23	0,024	0,015	—	0,009	0,014	—
41	Farques ? . .	„	—	11,5	3,88	0,54	—	0,84	—	0,23	0,024	0,020	—	0,009	0,015	—
42	Medoc St. Julien	„	—	10,7	2,53	0,63	0,101	0,11	—	0,26	0,031	0,031	0,098	0,005	0,024	—
					%	%	Weinstein %	Gerbstoff %	%	%	%	%				
43	Chambertin, Burgund, vorzügl. Rothwein . .	„	0,9938	11,23	2,63	0,59	0,272	0,30	0,68	0,21	0,062	0,036	—	—	—	—
44	Chateaux Margaux, desgl. .	„	0,9966	9,53	2,63	0,62	0,175	0,20	0,65	0,26	—	0,032	—	—	—	—
45	Bordeaux 1878er, desgl. . . .	1881	0,9956	9,04	2,43	0,47	—	0,19	0,64	0,31	—	0,095	—	—	—	—
46	Guter Rothwein	1882	0,9941	10,56	2,13	0,54	—	0,11	0,62	0,19	—	0,035	—	—	—	—
47	desgl. 1882er, Aramou, gepfropft auf Riparia Sauvage	1883	0,9980	7,98	2,17	0,69	—	0,16	0,57	0,23	0,015	0,038	0,098	—	—	—
48	desgl. Jacquez, 1882er . . .	„	0,9982	10,98	3,06	0,78	—	0,17	0,67	0,28	0,017	0,026	0,113	—	—	—
49	Aus amerikan. Jacquez-Traube in Frankreich gezogen . . .	1881	0,9890	9,70	3,98	0,60	0,054	0,15	0,80	0,30	—	—	—	—	—	—

Französische Rothweine; neuere Analysen:

No. 35—42 von R. Kayser, Repertorium f. analyt. Chem. 1884. S. 145. Die Weine No. 36—43 sind als solche bezeichnet, gegen deren Beanstandung keine Veranlassung vorlag. Ueber die Untersuchungs-Methoden vergl. die Analysen desselben Verfassers unter „Moselweine" S. 865. Anm. *).

No. 43—48 von B. Haas, Mittheil. d. K. K. chem.-physiol. Vers.-Stat. f. Wein- u. Obstbau in Klosterneuburg. Heft IV. Wien 1885. Tafel XX.

No. 49 von J. Boussingault, Weinlaube 1881. S. 585. Der Wein No. 50 enthielt 0,20 % Bernsteinsäure und 0,162 % Alkalien in der Asche.

[0]) Dieser Wein enthielt 0,007 g Chlor pro 100 CC. Wein.

No.		Zeit der Untersuchung	Spec. Gew.	Alkohol Vol. %	Alkohol Gew. %	Extract %	Säure = Weinsäure %	Zucker %	Glycerin %	Gerbstoff %	N-Substanz (N × 6,25) %	Mineralstoffe %	Phosphorsäure %	Schwefelsäure %
50	Chateau Lafitte, voll, nicht zu sauer, sehr gut	1884	0,9970	9,63	7,67	2,50	0,63	—	0,63	0,15	0,279	0,248	0,035	0,043
51	St. Julien, wie No. 51	„	0,9971	10,04	8,00	2,60	0,64	—	0,62	0,20	0,258	0,268	0,039	0,043
52	desgl., wenig herb, ziemlich voll, gut .	„	0,9961	10,00	7,97	2,16	0,65	—	0,76	—	—	0,256	0,035	0,062
53	desgl., mild, voll, sehr gut	„	0,9967	10,60	8,45	2,69	0,68	0,24	0,70	—	—	0,292	0,041	0,037
54	Bordeauxwein, zieml. stark und voll, wenig herb, gut . . .	„	0,9967	9,02	7,21	2,10	0,67	—	0,60	—	—	0,280	—	0,064
55	Medoc, unklar, in Nachgährung	1886	0,9965	10,50	8,36	2,20	0,68	—	0,67	—	—	0,297	—	0,051
56	Vin de St. Raphaël Valeuce (Drôme), aromatisch, stark, süss, voll, sehr guter süsser Rothwein .	1885	1,0401	15,10	11,54	(14,23)	0,43	(11,92)	—	—	—	0,204	0,039	0,063
Minimum (von No. 28—56)		.	0,9890	7,98	6,39	1,96	0,38	0,11	0,57	0,11	0,258	0,190	0,015	0,026
Maximum do.		.	1,0401	11,55	9,32	14,23	0,78	0,84	1,04	0,30	0,279	0,300	0,062	0,064
Mittel*) do.		.	**0,9982**	**9,71**	**7,80**	**2,56**	**0,57**	**0,30**	**0,73**	**0,18**	**0,269**	**0,248**	**0,030**	**0,033**

	Kali g	Kalk g	Magnesia g
Minimum (von No. 28—56)	0,078	0,005	0,012
Maximum do.	0,125	0,021	0,031
Mittel do.	**0,106**	**0,010**	**0,018**

Französische Weissweine. — Aeltere Analysen.

No.		Jahrgang	Spec. Gew.	Alkohol Vol. %	Extract %	Säure %	Glycerin %	Weinstein %	Asche %	Phosphorsäure %	Kali %	Analytiker
1	Von Morogues . . .	1874	0,9930	11,00	2,00	(0,679) **)	0,470	0,184	0,157	0,022	0,049	*T. Péneau u. Lécat* [1])
2	Von Soya No. 1 . .	1869	0,9870	12,80	2,03	(0,502)	0,760	0,144	0,138	0,012	0,083	
3	Von Quincy . . .	?	0,9950	7,10	1,60	(0,690)	0,766	0,296	0,179	0,023	0,102	
	Mittel	.	0,9917	10,30	1,88	(0,627)	0,665	0,208	0,158	0,010	0,078	

Französische Rothweine; neuere Analysen:

No. 50—56 von B. Haas, Mittheil. d. K. K. chem.-physiol. Vers.-Stat. Klosterneuburg 1888. Heft V. Tab. 15. Der Wein No. 55 enthielt Salicylsäure; der Wein No. 56 drehte im 200 mm Rohr 10,0 Grad nach links.

[1]) Annales agronomiques 1877. Bd. III. S. 131.

*) Im Mittel von 4 resp. 3 Bestimmungen wurde ferner gefunden: Freie Weinsäure 0,118 %, Weinstein 0,167 %.

**) Auf 100 Theile Schwefelsäure bezogen.

Französische Weissweine.[1]) — Neuere Analysen.

No.		Zeit der Untersuchung	Spec. Gew.	Alkohol	Extract	Säure = Weinsäure	Glycerin	Mineralstoffe	Phosphorsäure	Schwefelsäure	Kali	Kalk	Magnesia	Chlor	Polarisation
				In 100 CC. Gramm											
4	Von Henry Faber u. Co. in Bordeaux: Chateau Séreilhan, 1er Graves, 1869er .	1882/83	—	9,05	2,47	0,71	0,88	0,24	0,046	0,019	0,018	0,010	0,015	—	± 0
5	Chateau Rigailhon, 1er Graves, 1878er .	„	—	9,84	2,62	0,54	1,00	0,28	0,023	0,015	0,105	0,007	0,013	—	± 0
6	Chateau Filhot, Haut Sauterne, 1877er . . .	1883/84	0,9956	12,49	3,54	0,75	1,03	0,25	0,040	0,070	0,094	0,014	0,017	0,003 *)	−0,3°
7	Chateau Pernaud tête, 1er Crû de Haut Barsac, 1876er . . .	„	1,0097	10,31	6,80	0,72	0,83	0,23	0,045	0,075	0,070	0,024	0,018	0,003 *)	−1,3°
8	Haut Sauternes, sehr guter Wein . . .	1882	0,9958	% 10,27	% 3,19	% 0,65	% 0,97	% 0,26	% —	% 0,052	% —	—	—	—	—
9	Chateau d'Yquem, 1879er, mild, voll, feines Bouquet, vorzüglich	1885	0,9974	9,88	3,33	0,65	0,95	0,20	0,020	0,036	0,075	—	—	—	—
	Mittel (No. 4—9 excl. No. 7) .	.	**0,9963**	**10,31**	**3,03**	**0,66**	**0,97**	**0,25**	**0,032**	**0,038**	**0,098**	**0,010**	**0,015**	**0,003**	

Anmerkung zu Französischen Weinen.

Ausser den vorstehenden Analysen französischer Weine sind eine grosse Anzahl derselben, welche 1878 in Paris ausgestellt waren, von Boussingault untersucht; die Grenzzahlen für die untersuchten Weine finden sich in Weinlaube 1883. Bd. XV. S. 397. Die Bestimmungen erstrecken sich auf Dichte, Alkohol, Säure, Weinstein, Zucker, Gerbstoff, Extract, Glycerin, Bernsteinsäure, Asche und Alkalien in der Asche.

Ferner sind von Ch. Girard in Documents sur les falsifications des matières alimentaires et sur les traveaux du Laboratoire municipal, Paris 1885 p. 121—130 eine Anzahl Analysen französischer Weine mitgetheilt; in letzteren sind bestimmt: Alkohol, Extract (bei 100° C. und im Vacuum bestimmt), Zucker, Säure (auf SO_4H_2 berechnet), Weinstein, Mineralstoffe und Kaliumsulfat.

Ich verweise bezüglich dieser Analysen auf die Originale.

Französische Weissweine; neuere Analysen:

[1]) No. 4—7 von R. Fresenius und E. Borgmann, Zeitschr. f. analyt. Chem. 1883. Bd. 22. S. 46 u. 1884. Bd 23. S. 44. Die französischen Weissweine No. 4—7 sind als reine Naturweine garantirt. Ueber die Untersuchungs-Methoden vergl. unter „Moselweine" S. 865. Anm. **).

No. 8 u. 9 von B. Haas, Mittheil. d. d. K. K. chem.-physiol. Vers.-Stat. Klosterneuburg 1888. Heft V. Tab. 15. Es enthielt ferner:

	Zucker	Freie Weinsäure	Weinstein	Essigsäure
No. 8 . .	0,65 %	—	—	—
No. 9 . .	1,02 %	0,04 %	0,17 %	0,09 %

Der Wein No. 9 drehte im 200 mm Rohr 1,4° nach links.

*) No. 6 u. 7 enthielten je 0,014 g Natron pro 100 CC. Wein.

Schweizer Weine.

a. Aeltere Analysen.

1. Weissweine.

No.		Zeit der Untersuchung	Spec. Gew.	Alkohol Vol. %	Alkohol Gew. %	Extract %	Säure = Weinsäure %	Essigsäure %	Zucker %	Asche %	Analytiker
1	Züricher	1877	0,990	8,66	6,87	1,293	0,446	0,046	0,077	0,134	*Fr. Goppelsröder* [1]
2	„	„	0,992	7,52	5,97	1,901	0,290	0,129	0,097	0,502	
3	„	„	0,990	11,25	8,93	1,938	0,422	0,026	0,073	0,202	
4	„	„	0,992	8,62	6,84	2,112	0,493	0,083	0,120	0,254	
5	„	„	0,989	12,57	9,97	2,013	0,460	0,029	0,055	0,229	
6	„	„	0,990	11,22	8,89	2,242	0,465	0,026	0,098	0,224	
7	„	„	0,990	8,73	6,93	1,369	0,453	0,034	0,053	0,140	
8	„	„	0,993	7,50	5,99	1,721	0,497	0,093	0,051	0,305	
9	„	„	0,988	11.01	8,84	1,528	0,400	0,054	0,025	0,164	
10	„	„	0,990	9,17	7,37	2,689	—	—	0,081	0,364	
11	„	„	0,990	8,89	7,13	1,716	0,367	0,039	0,067	0,171	
	Mittel (No. 1—11)	.	0,9904	9,56	7,60	1,866	0,429	0,056	0,072	0,244	

2. Rothweine.

No.		Zeit der Untersuchung	Spec. Gew.	Alkohol Vol. %	Alkohol Gew. %	Extract %	Säure = Weinsäure %	Essigsäure %	Zucker %	Asche %	Analytiker
1	Schaffhäuser	—	0,990	8,38	6,71	1,939	0,536	0,101	0,030	0,258	*Fr. Goppelsröder* [1]
2	Waadtländer	—	0,990	10,66	8,46	1,956	0,405	0,069	0,031	0,270	
3	Baseler	—	0,992	9,12	7,46	—	0,456	0,042	0,026	0,267	
	Mittel (No. 1—3)	.	0,9907	9,39	7,54	1,948	0,466	0,071	0,029	0,267	

Schweizer Weine. — Von Rich. Meyer u. G. Dändliker.[2] *)

b. Neuere Analysen.

Rothweine.

No.	Name und Lage	Jahrgang	Spec. Gew.	Alkohol Vol. %	Alkohol Gew. %	Extract	Gesammtsäure = Weinsäure	Flüchtige Säure = Essigsäure	Weinstein	Zucker	Glycerin	Farb- und Gerbstoff	Mineralstoffe	Phosphorsäure	Schwefelsäure	Kali *)	Polarisation
					In 100 CC. Wein sind Gramm												
1	Veltliner, Bianzone	1867	0,995	9,1	8,1	2,27	0,69	0,16	—	0,11	0,75	0,07	0,22	0,02	0,02	(0,11)	± 0
2	Sasella, Sondrio .	1870	0,094	11,4	10,1	2,42	0,78	0,14	—	0,23	0,63	0,13	0,17	0,04	0,04	(0,08)	± 0
3	Veltliner, Bianzone, Abhang . . .	1879	0,998	9,8	8,7	2,30	0,88	0,07	0,06	0,19	0,63	0,21	0,21	0,03	0,02	(0,10)	± 0

[1]) Sur l'analyse des vins. Mulhouse 1877. Ueber Untersuchungs-Methoden vergl. die Analysen desselben Verfassers unter „Elsässer Weine" S. 888. Anm. *).

[2]) Jahresbericht d. naturforschenden Gesellschaft Graubünden. Jahrgang XXVIII. S. 83.

*) Die Weine No. 1—10 sind als nach Lage und Jahrgang garantirte reine Weine den beiden Analytikern eingeliefert. Das spec. Gewicht wurde bei 15° C. mit der Westphal'schen Waage bestimmt; Alkohol durch Destillation und Ermittelung des spec. Gewichtes des auf das ursprüngliche Volumen aufgebrachten Destillats; Extract durch Eindunsten von 50 CC. Wein im Wasserbade und 3stündiges Trocknen des Rückstandes im Dampftrockenschrank; Glycerin nach der Methode von E. Borgmann (vergl. II. Thl. dieses Werkes); Zucker durch Titriren mit Fehling'scher Lösung; Weinstein nach der Methode von Berthelot-Fleurieu; Farb- u. Gerbstoff nach Löwenthal's Methode durch Oxydation mit Kaliumpermanganat, wobei jedoch nach Nessler's Vorschlag in dem mit Thierkohle entfärbten Wein die auf das Oxydationsmittel wirkenden Substanzen, welche nicht Farb- u. Gerbstoff sind, ermittelt und vom Gesammt-Resultat in Abzug gebracht wurden; die Einstellung der Titarflüssigkeit geschah mit reiner Gerbsäure. Ueber die Bestimmung der Schwefelsäure, Phosphorsäure und des Kalis sind keine Angaben gemacht, jedoch ist bezüglich der für Kali aufgeführten Zahlen bemerkt, dass diese in Folge einer nachträglich entdeckten Fehlerquelle etwas zu hoch ausgefallen sind.

No.	Name und Lage	Jahrgang	Spec. Gew.	Alkohol Vol. %	Alkohol Gew. %	Extract	Gesammtsäure = Weinsäure	Flüchtige Säure = Essigsäure	Weinstein	Zucker	Glycerin	Farb- und Gerbstoff	Mineralstoffe	Phosphorsäure	Schwefelsäure	Kali	Polarisation
					In 100 CC. Wein sind Gramm												
4	Veltliner, Bianzone, Abhang .	1880	0,995	9,7	8,6	2,04	0,62	0,08	0,13	0,13	0,61	0,23	0,22	0,03	0,024	(0,11)	± 0
5	desgl., La Gatta bei Bianzone .	1881	0,9935	10,6	9,3	2,10	0,57	0,08	0,08	0,12	0,58	0,26	0,22	0,03	0,02	(0,11)	± 0
6	desgl. desgl. .	1882	0,996	8,9	7,9	2,25	0,66	0,09	0,20	0,26	0,51	0,25	0,22	0,03	0,02	(0,12)	−0,2°
7	Tirano	1883	1,000	8,2	6,6	2,47	1,26	—	0,42	—	—	—	0,23	—	0,02	?	—
8	Inferno } gleiche Lage	1882	0,994	10,7	8,6	2,15	0,59	—	0,20	—	—	—	0,22	—	0,02	—	—
9	desgl. } gleiche Lage	1883	0,996	11,2	9,0	2,48	1,00	—	0,28	—	—	—	0,24	—	0,02	—	—
10	Churer, Sand .	„	0,999	10,7	8,6	2,67	1,06	—	0,30	—	—	—	0,24	—	0,01	—	—
11	Toskaner, ? . .	1881 (?)	0,9985	8,8	7,8	2,25	0,63	0,12	0,19	0,12	0,58	0,25	0,20	—	0,025	—	± 0
	Mittel (No. 1—11)	.	**0,9963**	**9,9**	**8,0**	**2,31**	**0,79**	**0,11**	**0,17**	**0,17**	**0,61**	**0,20**	**0,22**	**0,03**	**0,022**	**(0,11)**	

Tyroler Weine.

a. Aeltere Analysen.

No.		Jahrgang	Spec. Gew.	Alkohol Vol. %	Extract %	Säure = Weinsäure %	Flüchtige Säure %	Gerbsäure %	Mineralstoffe %	Phosphorsäure %	Analytiker
1	Teroldigo	1876	—	13,1	4,25	0,65	0,065	0,210	0,27	0,046	*K. Portele* [1])
2	Negrara	„	—	12,4	3,75	0,68	0,067	0,120	0,25	0,039	
3	Riesling	„	—	12,2 Vol. % ?	3,00	0,61	0,059	0,039	0,22	0,034	
	Vorarlberger Weine:										
4	Blasenberger	1875	—	8,8	2,62	0,67	—	—	0,31	—	*W. Eugling* [2])
5	„	1876	—	10,5	2,33	0,70	—	—	0,32	—	
6	„	1877	—	7,6	3,18	0,93	—	—	0,35	—	
7	„	1878	—	9,1	2,14	0,71	—	—	0,28	—	
8	Ardetzenberger	1875	—	8,6	2,15	0,58	—	—	0,27	—	
9	„	1876	—	10,8	2,48	0,66	—	—	0,30	—	
10	„	1877	—	7,7	2,87	1,05	—	—	0,32	—	
11	„	1878	—	8,9	2,51	0,68	—	—	0,30	—	
12	Batschänser	1876	—	8,2	2,14	0,73	—	—	0,26	—	
13	Röthner	1878	—	7,8	2,23	0,66	—	—	0,25	—	
14	Ardetzenberger Krätzer . . .	1876	—	11,2	2,18	0,67	—	—	0,32	—	
15	Vadutzer Krätzer	„	—	11,6	2,25	0,59	—	—	0,26	—	
16	Bocker	„	—	10,7	2,48	0,61	—	—	0,24	—	
17	Gutenberger	„	—	12,1	2,33	0,52	—	—	0,28	—	
18	Vaduzer Bocker	1877	—	11,8	2,31	0,73	—	—	0,21	—	

[1]) Weinlaube 1878. Bd. 10. S. 141. Die Untersuchungs-Methoden sind nicht angegeben.
[2]) Ebendort 1879. Bd. 11. S. 209. Die Untersuchungs-Methoden sind nicht angegeben.

Tyroler Weine. — Von R. Haas und C. Hoffmann.[1])

b. Neuere Analysen.

1. Rothweine.

No.		Zeit der Untersuchung	Spec. Gew.	Alkohol Vol. %	Alkohol Gew. %	Extract %	Säure = Weinsäure %	Weinstein %	Gerbstoff %	Glycerin %	Mineralstoffe %	Phosphorsäure %	Schwefelsäure %	Kali %
1	Meran, trübe, unfertige Weine	1882	0,9928	9,75	7,81	1,60	0,76	—	0,17	(0,19)	0,224	0,024	0,014	0,121
2	Meran, trübe, unfertige Weine	„	0,9930	8,97	7,18	1,50	0,77	—	0,17	(0,27)	0,228	0,017	0,011	0,109
3	Leitacher, Bozen, etwas trübe, leichter Wein, 1881er	„	0,9932	10,00	8,00	1,90	0,72	—	0,17	0,41	0,243	0,022	0,019	0,127
4	Kälterer See, Bozen, trübe, unfertiger Wein, 1881er	„	0,9930	9,72	7,78	1,90	0,52	—	0,17	0,64	0,245	0,023	0,019	0,132
5	Traminer Boz. 1881er guter Rothw.	„	0,9940	9,56	7,65	1,90	0,51	—	0,16	0,44	0,229	0,022	0,014	0,121
6	Traminer Boz. 1881er leichter „	„	0,9938	9,34	7,47	1,85	0,55	—	0,14	0,49	0,214	0,022	0,017	0,116
7	Guter Wein, klar und mild	„	0,9944	10,25	8,19	2,07	0,58	—	0,19	0,65	0,236	0,023	0,015	0,122
8	Meran, unklar, geringer W.	„	0,9937	9,96	7,97	1,72	0,67	0,03	0,22	0,53	0,241	0,022	0,010	0,129
9	Leichter W., z. klar und etwas sauer	„	0,9940	10,70	8,56	1,87	0,56	0,15	0,18	0,57	0,219	0,021	0,018	0,115
10	Sehr geringer Tischwein, Südtyrol	„	0,9935	9,60	7,68	1,77	0,62	0,17	0,22	(0,31)	0,235	0,019	0,015	0,119
11	Vino di pasto, Südtyrol, unfertig, etwas süss, gut	„	1,0100	8,71	6,86	5,11 *)	0,59	—	0,19	0,95	0,234	0,027	0,013	0,095
12	Negrara-Wein aus Südtyrol	1879	0,9948	15,60	12,48	3,44	0,71	—	0,08	—	0,250	0,047	0,041	0,110
13	Negrara-Wein aus Südtyrol	„	0,9934	9,46	7,57	1,54	0,82	—	0,19	—	0,191	0,032	0,009	0,087
14	Negrara-Wein aus Südtyrol	„	0,9935	8,44	6,75	(1,14)?	0,78	—	0,12	—	0,195	0,029	0,009	0,086
15	Negrara-Wein aus Südtyrol	„	0,9978	9,56	7,52	2,54	0,62	—	0,15	—	0,182	0,019	0,010	0,089
16	Negrara-Wein aus Südtyrol	„	0,9920	13,63	10,92	2,24	0,63	—	0,16	—	0,239	0,055	0,021	0,098
17	Negrara-Wein aus Südtyrol	„	0,9920	9,77	7,75	3,69	0,71	—	0,27	—	0,262	0,025	0,012	0,126
18	Teroldigo (beide gleich gute Rothweine, etwas kohlensäurehaltig)	1882	0,9933	13,04	10,44	2,60	0,85	0,32	0,26	0,59	0,250	—	0,024	—
19	Rossara (beide gleich gute Rothweine, etwas kohlensäurehaltig)	„	0,9928	10,45	8,37	1,70	0,48	0,27	0,17	0,47	0,187	—	0,018	—
	Teroldigo Giuseppe, Pedrotti Muzzo-Lombardo, 1881er:													
20	Trento: No. 29, etwas süss, noch unfertig . .	27/3 1883	1,0140	10,24	8,02	6,55	0,59	—	0,16	0,41	0,235	0,022	0,023	0,118
21	Trento: No. 38, klar, voll, sehr guter Wein .	9/4 1883	0,9960	12,11	9,68	3,06	0,59	—	0,18	0,54	0,231	0,024	0,024	0,115
22	Trento: No. 39, klar, etwas sauer, guter Wein	„	0,9937	12,44	9,95	2,43	0,58	—	0,20	0,56	0,239	0,021	0,024	0,115
23	Trento: No. 40, voll, mild, sehr guter Wein .	„	0,9930	12,49	10,00	2,40	0,57	—	0,19	0,55	0,239	0,022	0,025	0,116

[1]) Mittheil. d. K. K. chem.-physiol. Vers.-Stat. f. Wein- und Obstbau in Klosterneuburg. Heft IV. Wien 1885 und 1888. Heft V. Tab. IV, V u. VI. Die Weine No. 1—10 enthielten keine freie Weinsäure und kein Fuchsin. Ueber die Untersuchungs-Methoden vergl. unter „Niederösterr. Weine“ weiter unten.

*) Mit 2,75 % Zucker.

No.		Zeit der Untersuchung	Spec. Gew.	Alkohol Vol. %	Alkohol Gew. %	Extract %	Säure = Weinsäure %	Weinstein %	Gerbstoff %	Glycerin %	Mineralstoffe %	Phosphorsäure %	Schwefelsäure %	Kali %
	Teroldigo, Pietro Pezzi Mezzo-Lombardo, 1881er:													
24	Trentino: No. 43, etwas sauer, guter Wein . .	9/4 1883	0,9943	11,94	9,53	2,45	0,59	—	0,16	0,53	0,225	0,019	0,015	0,116
25	Trentino: No. 45, etwas sauer, mittelmässiger W.	„	0,9944	12,11	9,68	2,47	0,71	—	0,18	0,47	0,231	0,024	0,021	0,117
26	Trentino: No. 48, mild, sehr guter Weiñ . .	„	0,9930	11,83	9,49	2,25	0,60	—	0,16	0,53	0,190	0,022	0,028	0,104
27	Teroldigo, Landwirthschaftliche Landes-Anstalt, St. Michele a. E.: 1880 er, klar, mild, sehr guter Wein . .	27/3 1883	0,9934	12,53	10,02	2,52	0,55	—	0,12	0,89	0,234	0,037	0,028	0,108
28	Teroldigo, Landwirthschaftliche Landes-Anstalt, St. Michele a. E.: 1878er, nicht zu herb, guter W.	„	0,9954	11,55	9,23	2,73	0,61	—	0,21	0,82	0,269	0,042	0,042	0,124
29	Teroldigo, A. Schwarz jun. Bozen, klar, z. sauer, guter Wein	„	0,9965	9,68	7,73	2,31	0,66	—	0,23	0,53	0,226	0,026	0,035	0,106
30	Teroldigo, Trento: Luigi Litterotti, zu herb, noch unfertig	10/4 1883	0,9951	11,67	9,32	2,51	0,70	—	0,25	0,53	0,241	0,024	0,025	0,106
31	Teroldigo, Trento: Conti Consolati, nicht ganz klar . . .	„	0,9920	12,13	9,62	1,97	0,69	—	0,14	0,41	0,214	0,022	0,023	0,099
32	Teroldigo aus Trento: 1868er, sauer, guter Rothwein . . .	1883	0,9915	12,77	10,24	2,00	0,65	—	0,11	0,80	0,218	0,024	0,030	0,094
33	Teroldigo aus Trento: 1872er, zu sauer, sehr guter Wein . . .	„	0,9926	12,51	10,02	2,00	0,65	—	0,14	0,78	0,255	0,030	0,033	0,114
34	Teroldigo aus Trento: 1880er, sehr sauer, Rothwein mittlerer Qualität	„	0,9936	11,26	9,01	1,90	0,66	—	0,14	0,79	0,239	0,028	0,033	0,112
35	Negrara aus Marano d'Isera: 1880er, sehr guter Wein . . .	„	0,9934	10,79	8,63	1,90	0,61	—	0,18	0,59	0,208	0,017	0,019	0,098
36	Negrara aus Marano d'Isera: 1881er, guter Wein	„	0,9947	10,68	8,54	2,10	0,68	—	0,20	0,59	0,235	0,039	0,035	0,107
37	Negrara aus Trento: 1868er, sehr sauer, Wein mittlerer Qualität	„	0,9919	12,51	10,03	1,90	0,64	—	0,12	0,72	0,233	0,032	0,037	0,103
38	Negrara aus Trento: nicht ganz klar und ziemlich sauer . .	„	0,9905	11,98	9,54	1,73	0,81	—	0,12	0,59	0,220	0,027	0,019	0,101
39	Negrara aus Trento: 1881er, nicht zu sauer, guter Wein . . .	„	0,9910	12,28	9,85	2,08	0,61	—	0,15	0,65	0,198	0,026	0,021	0,093
40	Negrara aus Trento: 1869er, etwas sauer, W. mittler. Qualität	„	0,9910	12,23	9,81	2,03	0,62	—	0,15	0,64	0,214	0,027	0,027	0,102
41	Marzemino aus Trento: 1881 er, nicht zu sauer, sehr gut. W.	„	0,9918	11,62	9,31	2,13	0,55	—	0,16	0,71	0,236	0,036	0,026	0,107
42	Marzemino aus Trento: 1867 er, nicht zu sauer, guter Wein	„	0,9910	12,38	9,93	2,03	0,68	—	0,16	0,67	0,225	0,033	0,032	0,108

No.		Zeit der Untersuchung	Spec. Gew.	Alkohol Vol. %	Alkohol Gew. %	Extract %	Säure = Weinsäure %	N-Substanz %	Gerbstoff %	Glycerin %	Mineralstoffe %	Phosphorsäure %	Schwefelsäure %	Kali %
43	Marzemino aus Rovereto, 1881 er, wenig sauer, sehr guter Wein . .	1883	0,9925	10,62	8,51	2,18	0,56	—	0,21	0,62	0,211	0,028	0,022	0,105
44	Vino da pasto, 1879er, klar, mild, guter Wein	"	0,9930	11,81	9,51	2,27	0,58	0,111	0,13	0,79	0,199	—	0,023	0,089
45	desgl. 1881er, noch unfertig	"	0,9927	12,33	9,86	2,22	0,52	0,088	0,12	0,87	0,205	0,029	0,021	0,092
46	Rosaro Bozen, 1882er, unklar, W. minderer Qual.	"	0,9951	8,52	6,81	1,70	0,54	Weinstein 0,25	—	0,50	0,200	—	0,021	—
47	Maderno bei Trient: Burgunder 1880er, klar, sehr guter Wein	"	0,9933	10,60	8,48	2,18	0,56	N-Subst. (N × 6,25) 0,188	0,14	0,67	0,212	0,028	0,022	0,098
48	Maderno bei Trient: 1878er, etwas unklar, Rothwein mittlerer Qual.	"	0,9924	10,46	8,39	1,98	0,60	0,134	0,12	0,52	0,189	0,035	0,015	0,083
49	Castello Aquila Trient: 1880er, klar, mild, sehr guter Wein	"	0,9939	11,41	9,13	2,32	0,59	0,143	0,18	0,66	0,216	0,031	0,036	0,096
50	Castello Aquila Trient: 1881 er, unklar, nicht ganz fertiger Wein . .	"	0,9925	10,70	8,57	2,12	0,49	0,161	0,12	0,70	0,221	0,036	0,019	0,100
51	Borgogna, Marano d'Isera, 1881er, sehr guter Wein	"	0,9931	11,76	9,45	2,45	0,62	0,159	0,19	0,75	0,191	0,026	0,031	0,098
52	Riva sul Garda, 1881er, Rothwein mittlerer Qual.	"	0,9926	10,48	8,40	1,88	0,75	0,131	0,18	0,51	0,184	0,027	0,016	0,084
53°)	Rothwein aus Südtyrol°)	1882	—	10,60	—	3,52	0,62	—	Zucker 0,84	1,14	0,210	0,026	0,005	0,102
54	Carbenot, Landw. Anstalt St. Michele, 1880er, klar, mild, voll, vorzüglich .	19/12 1884	0,9940	11,67	9,33	2,45	0,53	0,129	Gerbstoff 0,15	0,77	0,202	0,023	0,028	0,094
55	desgl. ebendaher, 1879er, etwas herb, gut . . .	1/12 1884	0,9942	11,13	8,90	2,40	0,55	0,123	0,17	0,72	0,211	0,023	0,030	0,097
56	Burgunder, ebendaher, 1879er, mild, voll, sehr gut	"	0,9950	10,70	8,55	2,45	0,59	0,118	0,15	0,75	0,225	0,032	0,033	0,104
57	Kadarka, ebendaher, 1879er, mild, voll, vorzüglich	16/1 1885	0,9942	10,95	8,76	2,45	0,60	0,123	0,18	0,71	0,250	0,035	0,039	0,117
58	Merlot, ebendaher, 1880er, mild, voll, sehr gut .	20/2 1885	0,9940	12,55	10,03	2,94	0,58	0,091	0,16	0,93	0,208	0,029	0,045	0,084
59	Negraro-Trento, 1881er, etwas herb, mittlere Qualität	5/10 1883	0,9943	9,88	7,89	1,96	0,54	0,134	0,22	0,59	0,204	0,020	0,019	0,097

°) Dieser Wein ist von R. Kayser (Repertorium f. analyt. Chem. 1882. S. 53) aus Südtyroler Trauben selbst gekeltert; es wurde ausser obigen Bestandtheilen in dem Wein gefunden: 0,140 % Gesammt-Weinsäure, 0,542 % Aepfelsäure, 0,122 % Bernsteinsäure, 0,006 % Kalk und 0,014 % Magnesia.

No.		Zeit der Untersuchung	Spec. Gew.	Alkohol Vol. %	Alkohol Gew. %	Extract %	Säure = Weinsäure %	N-Substanz (N × 6,25) %	Gerbstoff %	Glycerin %	Mineralstoffe %	Phosphor-säure %	Schwefel-säure %	Kali %
60	Negraro vecchio Trento, etwas sauer, guter, alter Rothwein	5/10 1883	0,0915	13,64	10,93	2,14	0,61	0,157	0,13	0,98	0,224	0,027	0,038	0,103
	Minimum (No. 1 — 60)	.	0,9905	8,44	6,75	1,50	0,48	0,088	0,08	0,41	0,182	0,017	0,005	0,083
	Maximum (No. 1 — 60)	.	1,0140	13,64	11,02	6,55	0,85	0,188	0,27	1,14	0,269	0,055	0,045	0,132
	Mittel[0]) (No. 1 — 60)	.	**0,9940**	**11,13**	**9,08**	**2,34**	**0,62**	**0,133**	**0,17**	**0,65**	**0,222**	**0,027**	**0,023**	**0,106**

2. Weissweine.

No.		Zeit der Untersuchung	Spec. Gew.	Alkohol Vol. %	Alkohol Gew. %	Extract %	Säure = Weinsäure %	N-Substanz (N × 6,25) %	Gerbstoff %	Glycerin %	Mineralstoffe %	Phosphor-säure %	Schwefel-säure %	Kali %
1	Weiss - Terlan Bozen, 1881er, wenig sauer, mit bitterem Nachgeschmack, geringer Wein	1882	0,9946	9,87	7,89	2,17	0,55	Weinstein 0,13	0,20	0,61	0,245	0,024	0,023	0,121
2	Geringer Wein, etwas sauer, 1866er . . .	„	0,9946	9,87	7,89	1,97	0,67	0,20	0,12	0,53	0,203	0,017	0,019	0,097
3	Maderno bei Trient, Riesling 1878er, etwas unklar, guter Wein . .	1883	0,9923	10,10	8,03	1,56	0,59	N-Subst. (N × 6,25) 0,126	—	0,67	0,158	0,019	0,027	0,063
4	Castello Aquilla Trient, 1881er, guter Wein .	„	0,9929	11,29	9,04	1,92	0,72	0,088	—	0,75	0,144	0,026	0,018	0,056
5	Lavis bei Trient, Riesling, etwas unklar, geringer Wein	„	0,9912	9,93	7,96	1,52	0,78	0,136	—	0,51	0,159	0,019	0,016	0,079
6	Marano d'Isera, Ruländer 1879er, klar, sehr guter Wein	„	0,9912	12,67	10,18	2,07	0,75	0,181	—	0,91	0,168	0,029	0,043	0,072
7	Ebendaher Riesling 1877er, klar, guter Wein . .	„	0,9931	11,40	9,12	2,07	0,67	0,178	—	0,68	0,195	0,039	0,048	0,079
8	Nosiola Trento 1879er, etwas unklar und sauer, voll, gut	5/10 1883	0,9941	8,79	6,93	1,51	0,47	0,143	—	0,57	0,182	0,018	0,022	0,079
9	Muscateller Weisswein, 1881er, nicht klar, wenig voll	22/11 1883	0,9959	10,23	8,17	2,47	0,49	0,178	—	0,67	0,201	0,022	0,012	0,092
10	Terlauer, 1881er, nicht klar, unharmonisch .	„	0,9931	9,69	7,76	1,60	0,69	0,132	—	0,45	0,201	0,020	0,013	0,088
11	Nosiola Lavis, etwas unklar und sauer, ziemlich voll, noch jung, mittlerer Qualität . . .	5/10 1883	0,9921	10,10	8,09	1,62	0,52	0,112	—	0,58	0,166	0,015	0,015	0,068

[0]) Für Weinstein ergiebt sich nach 6 Bestimmungen:

Minimum	Maximum	Mittel
0,03 %	0,32 %	0,20 %

No.		Zeit der Untersuchung	Spec. Gew.	Alkohol Vol. %	Alkohol Gew. %	Extract %	Säure = Weinsäure %	N-Substanz (N × 6,25) %	Zucker %	Glycerin %	Mineralstoffe %	Phosphorsäure %	Schwefelsäure %	Kali %
12 °)	Traminer, Landw. Anstalt St. Michele, etwas unklar, voll, mild, sehr gut, 1880er	16/1 1885	0,9905	12,67	10,16	1,76	0,45	0,096	—	0,70	0,174	0,022	0,029	0,076
13 °)	desgl. 1879er, klar, ziemlich stark, voll, mild, sehr gut	„	0,9913	12,35	9,91	1,89	0,49	0,107	—	0,67	0,154	0,018	0,025	0,068
14 °)	Ruländer, ebendaher, 1879er, etwas unklar, stark und wenig sauer, voll, gut	„	0,9910	12,60	10,10	1,87	0,52	0,107	—	0,66	0,147	0,017	0,038	0,062
15 °)	Kleinweiss, ebendaher, 1878er, klar, mild, voll, sehr gut	„	0,9934	10,75	8,61	1,86	0,64	0,101	—	0,61	0,139	0,017	0,029	0,061
16	Riesling, ebendah., 1878er, klar, ziemlich sauer, stark und voll, sehr gut	„	0,9930	11,51	9,21	1,96	0,58	0,085	—	0,74	0,176	0,026	0,039	0,074
17	Zierfahndler, ebendaher, 1879er, nicht klar, ziemlich stark und sauer, mittlerer Qualität . .	„	0,9910	11,49	9,19	1,97	0,49	0,075	—	0,74	0,158	0,018	0,027	0,071
18	Goccia d'oro Trento 1866er, süss, voll, vorzüglicher Dessertwein	24/10 1883	1,0110	15,12	11,88	7,55	0,63	0,229	—	0,60	0,203	0,023	0,036	0,089
19	Trebbiano 1867er, voll, noch etwas süss, ziemlich stark, gut . . .	5/10 1883	0,9982	18,71	14,90	5,13	0,55	0,221	—	0,83	0,171	0,022	0,031	0,077
20	Wermuth Trento, etwas unklar, ziemlich stark, süss-bitter, guter Wermuth	1/12 1884	1,0520	14,30	10,81	16,43	0,48	0,093	14,39	0,42	0,135	0,013	0,015	0,055
	Tyroler Weisswein, Mittel (No. 1—17)	.	**0,9927**	**10,90**	**8,84**	**1,87**	**0,59**	**0,123**	Gerbstoff **0,16**	**0,65**	**0,175**	**0,022**	**0,023**	**0,077**

Anmerkung zu Tyroler Weinen.

E. Mach und K. Portele untersuchten (Tyroler landw. Blätter 1888. No. 6. S. 56) eine Reihe feinerer Tyroler Weine auf Gehalt an Kalk und fanden:

	Asche pro 1 Liter Minim. g	Asche pro 1 Liter Maxim. g	Asche pro 1 Liter Mittel g	Kalk pro 1 Liter Minim. g	Kalk pro 1 Liter Maxim. g	Kalk pro 1 Liter Mittel g	Kalk in Proc. der Asche Minim. g	Kalk in Proc. der Asche Maxim. g	Kalk in Proc. der Asche Mittel g
1. Weine aus d. Keller d. Landesanstalt St. Michele (15 Analys.)	1,370	2,600	1,990	0,082	0,120	0,099	2,58	7,88	4,92
2. Rametzer Weine von Fr. Boscarolli (7 Analysen)	2,120	3,020	2,530	0,072	0,118	0,097	3,40	4,58	3,83
3. Aus d. Kellerei von Fr. Tschürtschenthaler in Bozen (3 Analys.)	1,890	2,080	1,986	0,100	0,150	0,123	5,75	7,93	6,19

°) Es enthielten schwefelige Säure:

Tyroler Weissweine . .	No. 12	13	14	15
	0,0011 %	0,0014 %	0,0013 %	0,0008 %

Verf. weisen darauf hin, dass erst nach Ausfällen von Weinstein und Weinsäure z. B. durch Gypsen oder Entsäuern mittelst Kalk resp. Marmorpulver grössere Mengen Kalk in den Weinen auftreten können. Von den von der Klosterneuburger Versuchs-Station untersuchten 228 Sorten Wein enthielten 170 Sorten nur 0,051—0,200 g, 19 Sorten unter 0,051 g und 28 Sorten 0,200—0,300 g Kalk im Liter; die Hälfte dieser letzten Weine waren gegypste oder mit Kalk versetzte italienische Weine, die andere Hälfte grösstentheils Beeren- oder Aepfelweine, welche kalkreicher sind als Traubenweine. Dalmatiner Weine enthielten 0,037—0,310 g, im Mittel 0,126 g Kalk pro 1 Liter. Nach E. Borgmann beträgt der Gehalt von Naturweinen an Kalk pro 1 Litter:

Rheingauer Weissweine	8 Rheinhessische Weine	11 Frankenweine	5 Moselweine	Mittel von 25 deutschen Weinen
0,05—0,37 g	0,081—0,130 g	0,07—0,16 g	0,08—0,21 g	0,15 g

4 weisse Bordeauxweine	7 rothe Bordeauxweine	Mittel von 11 Bordeauxweinen
0,07—0,24 g	0,07—0,21 g	0,11 g

Oesterreich-Ungarische Weine. — Von J. Pohl.[1] *)

Aeltere Analysen.

	Jahrgang	Spec. Gew.	Alkohol Vol. %	Säure %	Zucker %	Extract %	Asche %
Niederösterreich:							
Kahlenberger	1841	0,9951	11,8	0,723	—	2,70	0,211
„	1848	0,9927	12,3	0,718	—	2,25	0,173
Vöslauer Riesling	1852	0,9955	10,0	0,637	—	2,27	0,200
„ „	1856	0,9898	13,3	0,898	—	2,02	0,231
Klosterneuburg, Prälaten-Wein	1856	0,9950	9,8	0,743	—	2,10	0,162
Steiermark:							
Sandberger	1834	0,9941	11,4	0,928	—	2,34	0,300
„	1836	0,9948	10,8	0,851	—	2,34	0,150
„	1857	0,9925	12,1	0,655	—	2,12	—
Lutternberger Altenburg r.	1846	0,9960	11,1	0,728	—	2,74	0,152
„ w.	1855	0,9939	11,4	0,552	—	2,24	0,161
Johannisberger w.	1848	0,9933	11,9	0,796	—	2,62	0,175
„ Traminer w.	1855	0,9929	14,4	0,593	—	2,83	0,137
Lemberger Piknoer w.	1848	0,9933	13,1	0,796	—	2,62	0,175
Marburger Tresternitz w.	1848	0,9942	10,3	0,746	—	2,03	0,138
Sauritscher w.	1848	0,9930	11,1	0,697	—	1,98	0,142
Tyrol:			Gew. %				
Entiklar w.	1856	0,9965	7,5	0,612	—	1,75	0,173
Lustenauer r.	1856	0,9953	8,3	0,496	—	1,71	0,228
Entiklar r.	?	0,9952	8,3	0,461	—	1,67	0,154
Böhmen:							
Radobiler w.	1842	0,9949	12,6	0,564	—	2,33	0,202
„ r.	1852	0,9926	10,7	0,426	—	2,29	0,192
Kostaler w.	1846	0,9212	11,8	0,644	—	2,48	0,128
Melniker r.	1846	0,9957	9,8	0,562	—	2,26	0,197
„ w.	1852	0,9942	9,9	0,605	—	1,85	0,197

[1]) Chem.-techn. Untersuchungen österreichischer Weine S. 79 und Ann. d. Oenologie 1873. Bd. III. S. 205—224. Aus der grossen Anzahl von Analysen des Verfassers gebe ich nur einen kleinen Theil hier wieder.

*) Untersuchungs-Methoden sind nicht angegeben.

Sorte und Lage	Jahrgang	Spec. Gew.	Alkohol Gew. %	Säure %	Zucker %	Extract %	Asche %
Krain:							
Bauwein v. Gabrije w.	1856	0,9960	10,3	0,811	—	2,51	0,269
Drasiker w.	1856	0,9941	8,9	0,564	—	1,60	0,137
Gebirgswein von Jama w.	1856	0,9951	8,9	0,496	—	2,03	0,179
Semicer r.	1856	0,9954	9,6	0,697	1,64	2,13	0,226
Ungarn:							
Erlauer w.	1848	0,9928	11,8	0,472	—	2,11	0,164
Fünfk. Tafelwein No. 8	1848	0,9936	10,2	0,452	—	1,84	0,165
Erlauer w.	1852	0,9924	11,0	0,446	—	1,81	0,112
Fünfk. Tafelwein No. 7	1852	0,9935	11,0	0,465	—	2,08	0,102
Elechögger Szegszarder r.	1856	0,9967	12,1	0,480	—	3,32	0,241
Paulitscher r.	1856	1,0032	13,7	0,594	2,33	5,27	0,213
Simonthurner	1856	0,9958	10,6	0,417	1,41	2,54	0,219
Tétényer r.	1856	0,9946	9,5	0,481	—	2,56	0,221
Worschetzter Gebirg w.	1856	0,9920	9,5	0,399	—	1,96	0,178
Slavonien:							
Mikloser	1848	0,9942	10,7	0,597	—	2,14	0,166
Slatina Veröczer w.	1853	0,9941	11,8	0,630	—	2,45	0,212
Veröczer w.	1854	0,9939	12,3	0,928	—	2,57	0,157
Bukovicer w.	1855	0,9927	10,6	0,795	—	1,75	0,166
Ferîconci r.	1856	1,0012	10,6	0,591	—	3,89	0,286
Pozegane Palika r.	1856	0,9960	10,7	0,513	—	2,63	0,171
Vizentianer Cernaker w.	1856	0,9922	1,20	0,565	—	2,01	0,181
Kroatien:							
Cerina w.	1834	0,9932	11,6	0,731	—	2,14	0,173
„	1846	0,9946	10,6	0,770	—	2,22	0,130
Goljak	1848	0,9927	10,9	0,798	—	1,81	0,117
Dugivérher sch.	1853	0,9947	7,6	0,927	—	1,35	0,174
Bucovicer w.	1855	0,9913	11,0	0,665	—	1,50	0,111
Moslavina Pescénika r.	1855	0,9948	10,5	0,770	—	2,27	0,322
Rekaer w.	1856	0,9959	8,9	0,563	—	2,06	0,271
			Vol. %				
Visoko w.	1856	0,9931	9,3	0,564	—	1,47	0,127
Vivodinaer w.	1856	0,9960	7,5	0,579	—	1,76	0,131
Dalmatien:							
Vino bianco	1856	0,9950	10,7	0,480	—	2,60	0,170

Im Mittel[1]) ergiebt sich aus sämmtlichen Analysen österreichischer Weine von Pohl folgender Gehalt:

	Alkohol Gew.-Proc.	Säure %	Extract %
Für Böhmen	10,63	0,56	2,26
„ Oesterreich	11,34	0,68	2,54
„ Ungarn	12,13	0,50	2,62
„ Steiermark	11,49	0,67	3,03

[1]) Vergl. die Abhandlung von J. Hanamann in Fühling's landw. Zeitschr. 1876. S. 806.

Böhmische Weine. — Von J. Hanamann.[1] *)

a. Weissweine.

		Spec. Gew. der Weine	Alkohol Vol. %	Alkohol Gew. %	Gesammt-säure als Weinsäure	Extract	Asche	Der Wein ist
					Gewichtsprocente			
Labin von Berkovic	1868	0,9906	10,49	12,98	0,545	1,65	0,107	leicht
Cernoseker	„	0,9926	11,56	14,43	0,614	2,24	0,150	„
Kostaler	„	0,9918	11,16	13,77	0,605	1,99	0,120	„
Lobositzer	„	0,9930	9,76	12,08	0,604	2,15	0,156	schwer
Cernoseker	1872	0,9916	9,98	12,35	0,514	1,89	0,130	leicht
Chablis von Berkovic	„	0,9922	10,95	13,54	0,574	2,08	0,165	„
Riesling do.	„	0,9920	10,75	13,29	0,705	2,10	0,151	„
Weisswein do.	„	0,9934	8,76	10,87	0,634	1,78	0,135	„
Lobositzer	„	0,9935	9,65	11,96	0,704	2,16	0,169	„
Kostaler	„	0,9928	10,44	12,90	0,784	2,27	—	„
Cernoseker	1874	0,9928	9,88	12,23	0,564	1,91	0,140	„
Riesling von Berkovic	„	0,9923	9,97	12,34	0,574	1,86	0,151	„
Ruländer do.	„	0,9921	9,59	11,88	0.574	1,75	0,111	„
Lobositzer	„	0,9941	9,44	11,69	0,654	2,14	0,195	schwer
Kostaler	„	0,9930	10,26	12,69	0,755	2,16	—	leicht
Kostaler	1875	0,9921	9,65	11,95	0,554	1,78	0,111	„
Cernoseker	„	0,9925	9,36	11,59	0,544	1,74	0,120	„
St. Laurent von Berkovic	„	0,9952	9,25	11,47	0,572	2,36	0,249	schwer
Lobositzer	„	0,9934	9,78	12,10	0,553	2,08	0,146	leicht
Lobositzer	1873	0,9942	8,65	10,72	0,663	1,95	0,177	schwer
Chrubka von Berkovic	1869	0,9940	8,25	10,23	0,623	1,53	0,130	leicht
Kostaler	1873	0,9925	9,95	12,33	0,846	1,95	0,126	„
Gesammt-Mittel		—	9,76	12,09	0,60	1,99	0,15	

b. Rothweine.

		Spec. Gew. der Weine	Alkohol Vol. %	Alkohol Gew. %	Gesammt-säure als Weinsäure	Extract	Asche	Der Wein ist
Cernoseker	1868	0,9943	10,04	12,44	0,593	2,34	0,220	schwer
Kabinetswein von Berkovic	„	0,9934	9,98	12,35	0,594	2,15	0,210	„
Burgunder 1. S. do.	„	0,9935	9,88	12,23	0,654	2,23	0,223	„
Cernoseker	„	0,9938	9,64	11,93	0,493	2,25	0,260	„
Melniker	1872	0,9940	9,45	11,71	0,513	2,02	0,175	leicht
Lobositzer	„	0,9938	8,72	10,80	0,533	2,26	0,220	schwer
Kabinetswein von Berkovic	„	0,9937	9,69	12,00	0,654	2,12	0,207	leicht
Lobositzer	1874	0,9941	8,84	10,93	0,432	2,15	0,226	schwer
Cernoseker	„	0,9942	9,82	12,16	0,482	2,39	0,250	„
Melniker	„	0,9933	9,62	12,91	0,483	1,98	0,185	leicht
Kostaler	„	0,9939	9,05	11,21	0,543	2,02	0,201	schwer
Kabinetswein von Berkovic	„	0,9947	9,45	11,71	0,633	2,23	0,201	„
Lobositzer	1875	0,9953	8,88	11,01	0,402	2,24	0,211	„
Melniker	„	0,9935	9,23	11,44	0,493	1,97	0,195	leicht
Portugal von Berkovic	„	0,9953	8,56	10,61	0,603	2,14	0,313	schwer
Cernoseker	„	0,9953	8,55	10,60	0,603	2,28	0,260	„
Burgunder 2. Sorte Berkovic	„	0,9953	8,97	11,11	0,752	2,37	0,233	„
Lobositzer	1871	0,9956	7,52	9,31	0,562	2,31	0,226	„
Mittel		—	9,00	11,16	0,56	2,21	0,22	

[1]) Fühling's landw. Zeitschr. 1876. 11. Heft.

*) Der Alkohol ist durch Destillation und Bestimmung des spec. Gewichtes des Destillats bestimmt; Extract durch Trocknen bei 108—110 ° C.

Oesterreichische Rothweine.

No.		Zeit der Untersuchung	Spec. Gew.	Alkohol Vol. %	Extract %	Säure = Weinsäure %	Farb- und Gerbstoff %	Asche %	Analytiker
1	Vöslauer Goldesk. Kabinet . .	—	0,9934	10,281	2,534	0,592	0,154	0,258	C. Neubauer[1])
2	Matzner	1858	0,9939	9,382	2,276	0,575	0,109	0,247	
3	„	1862	0,9945	9,198	2,188	0,442	0,138	0,311	
4	„	1865	0,9941	10,564	2,564	0,555	0,136	0,310	
5	„	1868	0,9974	10,602	3,327	0,510	0,194	0,257	
6	Sexarder	„	0,9945	9,787	2,573	0,637	0,148	0,184	
7	Ofner Adelsberger	1867	0,9982	9,568	3,600	0,630	0,138	0,205	
8	Erlauer	1866	0,9991	9,489	3,712	0,705	0,134	0,211	
9	Vöslauer	1865	0,9960	8,864	2,930	0,645	0,110	0,206	
10	Gumpoldskirchner I	—	0,9944	9,967	2,530	0,532	0,134	0,272	
11	„ II	—	0,9949	9,191	2,466	0,611	0,135	0,281	
12	Erlauer	—	0,9955	8,645	2,331	0,577	0,111	0,288	
13	Ofner Adelsberger	—	0,9960	8,432	2,539	0,654	0,175	0,256	
14	Vöslauer	—	0,9944	9,889	2,656	0,570	0,134	0,290	
15	Vöslauer Kabinet	—	0,9954	8,561	2,365	0,510	0,121	0,272	
	Mittel	.	**0,9954**	**9,49**	**2,706**	**0,583**	**0,138**	**0,256**	

Wein aus Mähren. — Von L. Weigert.[2])

Neuere Analysen.

No.		Zeit der Untersuchung	Spec. Gew.	Alkohol Vol. %	Alkohol Gew. %	Extract %	Säure = Weinsäure %	N-Substanz (N × 6,25) %	Gerbstoff %	Glycerin %	Mineralstoffe %	Phosphorsäure %	Schwefelsäure %	Kali
1	Rothwein von Znaim mittlerer Qual., wenig stark und voll	1885	0,9970	8,97	7,15	2,03	0,59	—	—	0,67	0,198	—	0,052	—

Weine aus Böhmen. — Von E. Kayser und B. Haas.[2])

No.		Zeit der Untersuchung	Spec. Gew.	Alkohol Vol. %	Alkohol Gew. %	Extract %	Säure = Weinsäure %	N-Substanz (N × 6,25) %	Gerbstoff %	Glycerin %	Mineralstoffe %	Phosphorsäure %	Schwefelsäure %	Kali
1	Guter Weissw. von Unter-Berkovic, ziemlich stark, voll, 1876er	25/1 1884	0,9940	11,29	9,03	2,23	0,58	0,216	0,019	0,90	0,135	0,029	0,026	0,063
2	Guter Rothw. ebendaher, ziemlich stark, voll, etwas sauer, 1878er .	23/1 1884	0,9940	11,29	9,03	2,33	0,73	0,228	0,139	0,56	0,202	—	—	—
3	Sehr guter Rothw. von Melnik, mild, voll . .	1884	0,9939	12,10	9,67	2,51	0,55	—	—	0,86	0,236	—	0,034	—

[1]) Annalen der Oenologie 1872. Bd. II. S. 32—33. Ueber die Untersuchungs-Methoden vergl. unter Rheingau-Rothweine S. 868. Anm. **).

[2]) Mittheil. d. K. K. chem.-physiol. Vers.-Stat. Klosterneuburg. 1888. Heft V. Tab. III. Ueber Untersuchungs-Methoden vergl. unter „Niederösterr. Weine" S. 909.

Niederösterreichische Weine. — Von B. Haas, L. Weigert, C. Hoffmann und F. Hock.[1]) *)

1. Weissweine.

No.		Zeit der Untersuchung	Spec. Gew.	Alkohol Vol. %	Alkohol Gew. %	Extract %	Säure = Weinsäure %	Weinstein %	Zucker %	Glycerin %	Mineralstoffe %	Phosphorsäure %	Schwefelsäure %	Kali %
1	Gobelsburg, unklar, sauer, ordinairer Wein . . .	1882	0,9946	8,87	7,09	1,80	0,62	0,25	—	0,49	0,144	—	0,018	—
								Freie Weinsäure						
2	Ziersdorf, klar, leicht . .	1881	0,9970	7,49	5,97	1,90	0,62	0,22	—	0,44	0,159	—	0,028	—
3	Bockfluss, nicht ganz klar, jung und leicht . . .	1883	0,9950	7,95	6,35	1,80	0,63	—	—	0,47	0,175	0,030	0,017	—
4	Klosterneuburger Strohw.	?	1,0593	—	—	—	—	—	—	—	0,311	0,045	0,047	0,126
5	Wiener Schankwein, klar, etwas sauer, aber gut .	1878	0,9920	8,77	7,03	3,15	0,65	—	0,19	—	0,167	—	0,036	—
6	desgl., guter, leichter Tischwein	„	0,9950	7,86	6,27	2,55	0,64	—	0,13	—	0,168	—	0,029	—
								Weinstein						
7	Etwas unklar, guter Weisswein	1883	0,9986	8,87	7,06	2,70	1,04	0,27	—	0,72	0,257	—	0,042	—
								N-Substanz (N × 6,25)						
8	Klosterneuburger Stift, etwas sauer, voll, guter Wein	7/4 1885	0,9960	9,07	7,24	2,34	0,75	0,137	—	0,63	0,171	0,028	0,036	0,072
9	desgl. Sylvaner, mild, voll, sehr guter Wein, 1878er	7/3 1885	0,9941	10,70	8,55	2,34	0,62	0,121	—	0,69	0,189	0,030	0,049	0,076
10	desgl. Traminer, mild, voll, sehr gut, 1875er . .	7/4 1885	0,9950	10,29	8,22	2,40	0,69	0,127	—	0,76	0,193	0,027	0,056	0,079
11	desgl. Kahlenber, voll, sehr gut, 1846er . .	„	0 9985	8,07	6,43	2,61	0,88	1,155	—	0,68	0,233	0,039	0,070	0,092
12	Retzbacher, Langenlois, nicht ganz klar, etwas sauer, zieml. gut, 1868er	7/8 1884	0,9931	9,76	7,72	1,94	0,56	0,113	—	0,72	0,161	0,037	0,035	0,065
13	Bisamberger Affenthaler, wie No. 12, 1868er .	„	0,9925	11,29	9,04	2,04	0,73	0,133	—	0,69	0,157	0,034	0,021	0,068

[1]) No. 1—7 von B. Haas u. L. Weigert. Mittheil. d. K. K. chem.-physiol. Vers.-Stat. f. Wein- und Obstbau in Klosterneuburg von L. Rössler. Heft IV. 1885.

No. 8—35 von B. Haas, C. Hoffmann, L. Weigert u. F. Hock. Mittheil. d. K. K. chem.-physiol. Vers.-Stat. Klosterneuburg von L. Rössler. Wien 1888. Heft V. Tab. I u. L III.

*) Der Alkohol wurde nach der Destillations-Methode bestimmt; Extract aus dem spec. Gewicht des entgeisteten und mit Wasser auf das urspüngliche Volumen gebrachten Weines; freie Säure durch Titration mit Kalilauge (von welcher 1 CC. = 0,01 g Weinsäure); Weinstein und freie Weinsäure nach Berthelot-Fleurieu; Glycerin nach Reichardt-Neubauer; Zucker nach Fehling; Gerbsäure nach Löwenthal-Neubauer; Essigsäure nach Kissel-Neubauer; Stickstoff nach der Natronkalk-Methode; Phosphorsäure nach der Molybdän-Methode.

Nach Veröffentlichung der im deutschen Gesundheitsamt vereinbarten Methoden hat man an der Vers.-Stat. f. Wein- u. Obstbau in Klosterneuburg auch thunlichst diese berücksichtigt. Im Jahre 1886 sind von den österreichischen Oenochemikern ebenfalls gemeinschaftliche, mit den deutschen im allgemeinen übereinstimmende Wein-Untersuchungsmethoden (vergl. K. Portele: Bericht über den III. österr. Weinbau-Congress in Bozen 1886) vereinbart, welche ich im II. Theile dieses Werkes mittheilen werde.

An freier schwefeliger Säure wurde in den Weinen gefunden:

No. 1	8	9	10	11	12	13	19	26	27	28
0,010	0,0058	0,0049	0,0066	0,0055	0,0029	0,0033	0,0082	0,0015	0,0011	0,0092 %

No. 29	30	31	32
0,0077	0,0066	0,0051	0,0016 %

No.		Zeit der Untersuchung	Spec. Gew.	Alkohol Vol %	Alkohol Gew. %	Extract %	Säure = Weinsäure %	N-Substanz (N × 6,25) %	Weinstein %	Glycerin %	Mineralstoffe %	Phosphorsäure %	Schwefelsäure %	Kali %
14	Klosterneuburg, etw. sauer, voll, mittelgut . . .	1885	0,9936	10,15	8,07	1,89	0,70	—	—	0,62	0,167	—	0,032	—
15	desgl., desgl., gut . . .	„	0,9940	10,50	8,39	1,99	0,67	—	—	0,67	0,186	—	0,036	—
16	Nussdorf, trüb, wenig stark, gering	„	0,9967	7,30	5,81	1,76	0,70	—	0,33	0,55	0,191	0,036	0,024	—
17	Harnals, unklar, etwas sauer, mittelmässig . .	„	0,9947	9,20	7,34	1,73	0,73	—	0,34	0,54	0,168	—	0,021	—
18	Mistelbach, unklar, ziemlich sauer, gering . .	„	0,9971	7,90	6,29	1,74	0,75	—	—	0,47	0,168	—	—	—
19	Gumpoldskirchner, klar, voll, sehr gut, 1868er	1884	0,9944	12,63	10,09	2,67	0,79	—	—	0,93	0,200	—	0,046	—
20	Traminer, Klosterneuburg, etwas unklar, ziemlich stark, gut	27/5 1884	0,9930	11,12	8,90	1,72	0,63	—	—	0,74	0,201	0,027	0,031	0,083
21	Gumpoldskirchner, etwas unklar, voll, sehr gut .	26/5 1884	0,9973	10,33	8,24	2,86	0,73	0,178	—	0,62	0,209	0,037	0,024	0,084
22	Kalksburger, desgl., 1868er	„	0,9949	9,23	7,37	1,83	0,65	0,144	—	0,55	0,175	0,030	0,042	0,072
23	desgl., etwas unklar, nicht zu sauer, voll, gut, 1874er	„	0,9950	9,19	7,32	1,83	0,67	0,149	—	0,58	0,174	0,029	0,043	0,073
24	Gumpoldskirchner, klar, ziemlich stark, voll, gut, 1874er	„	0,9932	12,57	10,05	2,41	0,75	—	—	0,85	0,192	—	0,048	—
25	Sooser Muscateller, klar, etwas stark und süss, voll, sehr gut . . .	„	0,9974	14,31	11,40	3,91	0,72	—	—	0,35	0,195	—	0,040	—
26	Gumpoldskirchner, „Braut von Oesterreich,“ zieml. stark u. voll, gut, 1868er	31/7 1886	0,9944	11,00	8,79	2,05	0,67	0,179	Freie Weinsäure (0,01)	0,92	0,206	0,044	0,059	—
27	Gumpoldskirchner, ziemlich stark, mild, voll, sehr gut, 1869er . .	„	0,9950	10,80	8,62	2,19	0,62	0,172	(0,02)	1,01	0,200	0,048	0,057	—
28	desgl., desgl., gut, 1872er	„	0,9968	9,00	7,17	2,11	0,69	0,184	(0,02)	0,87	0,173	0,036	0,062	—
29	desgl., desgl., gut, 1874er	„	0,9963	9,80	7,21	2,21	0,69	0,137	(0,02)	1,05	0,210	0,031	0,060	—
30	desgl., desgl., sehr gut, 1876er	„	0,9963	9,50	7,58	2,12	0,69	0,194	0,0	0,87	0,206	0,034	0,052	—
31	Pfaffstätter, ziemlich stark, mild, voll, jung uud gut, 1884er	„	0,9918	12,50	10,01	1,78	0,61	0,108	(0,02)	0,83	0,181	0,024	0,025	—
32	Gumpoldskirchner, desgl., 1885er	„	0,9920	13,00	10,11	1,97	0,63	0,179	(0,01)	0,93	0,153	0,037	0,015	—
33	Klosterneuburger Gutedel, aus conserv. Most mit Weinhefe, 1885er . .	18/3 1886	0,9940	8,12	6,50	1,43	0,45	0,159	—	0,45	—	—	—	—
34	Aus conserv. Gutedelmost mit Presshefe, 1885er	„	0,9960	8,08	6,44	1,69	0,52	0,176	—	0,52	—	—	—	—

No.		Zeit der Untersuchung	Spec. Gew.	Alkohol Vol. %	Alkohol Gew. %	Extract %	Säure = Weinsäure %	N-Substanz (N × 6,25) %	Weinstein %	Glycerin %	Mineralstoffe %	Phosphorsäure %	Schwefelsäure %	Kali %
35	Aus conserv. Rieslingmost mit Weinhefe, 1885 er	18/3 1886	—	9,23	(7,34)	(1,82)	(0,67)	(0,112)	—	(0,42)	—	—	—	—
36	Aus desgl. mit Presshefe, 1885 er . .	„	—	9,25	(7,34)	(2,17)	(0,65)	(0,103)	—	(0,65)	—	—	—	—
Niederösterr. Weissweine (No. 1—36 excl. No. 4)	Minimum	.	0,9918	7,30	5,81	1,43	0,45	0,108	0,25	0,44	0,144	0,024	0,015	0,065
	Maximum	.	0,9986	14,31	11,40	3,91	1,04	0,194	0,34	1,01	0,311	0,048	0,070	0,126
	Mittel	.	**0,9949**	**9,82**	**7,93**	**2,13**	**0,67**	**0,148**	**0,30**	**0,68**	**0,189**	**0,034**	**0,039**	**0,081**

Niederösterreichische Weine. — Von B. Haas, L. Weigert, C. Hoffmann und F. Hock.[1]*)

2. Rothweine.

No.		Zeit der Untersuchung	Spec. Gew.	Alkohol Vol. %	Alkohol Gew. %	Extract %	Säure = Weinsäure %	Weinstein	Gerbstoff	Glycerin %	Mineralstoffe %	Phosphorsäure %	Schwefelsäure %	Kali %
1	Ziersdorf, Schillerwein, nicht zu sauer, leicht	1881	0,9958	8,97	7,15	2,05	0,63	0,22	—	0,45	0,181	—	0,032	—
2	Klosterneub. Strohwein	—	1,0526	—	—	—	—	—	—	—	0,252	0,039	—	0,111
3	Wiener Schankw., sehr trübe, sauer, alkohol. Geschmack . . .	1881	0,9950	11,25	8,99	2,46	0,52	—	0,08	—	0,167	—	0,016	—
4	desgl., ziemlich sauer	1882	1,0015	12,04	9,56	3,86	0,78	—	—	—	0,346	—	0,031	—
5	Vöslauer Ausstich, noch moussirend, guter Rothwein .	1883	0,9956	10,41	8,31	2,42	0,63	—	—	0,81	0,241	—	0,051	—
6	Portugieser Vöslauer, selbst gekeltert aus 1882 er Trauben .	„	0,9942	11,49	9,18	1,96	0,55	—	—	0,59	0,214	—	0,008	—
								N-Subst. (N × 6,25)						
7	Bisamberger Affenthaler, klar, mild, voll, sehr gut, 1874 er .	7/8 1884	0,9950	10,50	8,39	2,33	0,64	0,162	0,11	0,73	0,187	0,041	0,016	0,085
8	Langenlois aus Portugieser Trauben, klar, nicht zu herb, voll, gut, 1874 er . . .	„	0,9950	9,48	7,57	2,03	0,56	0,144	0,09	0,87	—	0,041	0,022	0,073
9	Matzner, klar, mild, voll, sehr gut, 1872er	„	0,9975	8,04	6,41	2,33	0,64	0,178	0,14	0,79	—	0,031	0,037	0,094
10	desgl. desgl. . . .	„	0,9950	10,16	8,11	2,43	0,61	0,186	0,13	0,70	—	0,041	0,054	0,134
11	Vöslauer Ausstich, etw. unklar, nicht zu herb und sauer, hat sich gebrochen . . .	19/12 1884	0,9950	10,29	8,22	2,64	0,57	0,142	0,10	0,87	0,249	0,041	0,027	0,110

[1]) Mittheil. d. K. K. chem.-physiol. Vers.-Stat. in Klosterneuburg 1885. Heft IV und 1888. Heft V. Tabelle II und L III.

*) Ueber die Untersuchungs-Methoden vergl. vorstehend unter „Niederösterr. Weissweine" S. 909. Es enthielten „freie schwefelige Säure":

	No. 1	15	16
	0,008	0,037	0,0015 %

No.		Zeit der Untersuchung	Spec. Gew.	Alkohol Vol. %	Alkohol Gew. %	Extract %	Säure = Weinsäure %	N-Substanz (N × 6,25) %	Gerbstoff %	Glycerin %	Mineralstoffe %	Phosphorsäure %	Schwefelsäure %	Kali %
12	Vöslauer Ausstich, klar, mild, voll, sehr gut .	1884	0,9952	12,73	10,16	2,93	0,61	—	—	1,17	0,277	—	0,025	—
13	desgl. wie Burgunder, klar, mild, voll, vorzüglich .	„	0,9940	12,73	10,17	2,56	0,62	—	—	0,81	0,219	—	0,030	—
14	desgl., klar, ziemlich stark, nicht zu herb, voll, sehr gut	„	0,9958	11,00	8,77	2,62	0,68	—	—	0,81	0,280	0,029	0,035	—
15	Vöslauer Ausstich, ziemlich stark, mild, voll, sehr gut, 1869 er . .	31/7 1886	0,9970	10,60	8,45	2,73	0,67	0,146	—	1,03	0,253	0,033	0,064	—
16	Vöslauer, ziemlich stark, mild, voll, gut, 1884 er	„	0,9959	11,20	8,94	2,50	0,58	0,168	—	0,95	0,266	0,041	0,049	—
	Mittel (No. 1—16 excl. 2)	.	**0,9958**	**10,53**	**8,49**	**2,54**	**0,62**	**0,161**	**0,11**	**0,81**	**0,241**	**0,037**	**0,033**	**0,101**
	Wein aus Steiermark. — Von B. Haas, L. Weigert, C. Hoffmann und E. Kayser.[1]) *)													
1	Pettau, gemischter Satz .	1883	0,9950	8,67	6,92	1,78	0,65	—	—	0,57	0,15	—	0,005	—
2	Aus Marburg, sauer, ziemlich guter Weisswein .	„	0,9973	8,18	6,52	2,16	0,87	Weinstein 0,30	0,03	0,66	0,17	0,028	0,021	0,068
3	Ebendaher, guter Weissw.	„	0,9967	8,77	7,00	2,33	0,76	0,26	0,04	0,67	0,19	—	0,028	0,068
4	Lüttenberger 1873er, nicht klar, nicht zu sauer und voll	28/2 1884	0,9942	9,82	7,85	1,96	0,70	N-Subst. (N × 6,25) 0,159	—	0,63	0,152	0,046	0,019	0,059
5	desgl. 1875 er, nicht klar, voll und guter Weissw.	„	0,9944	9,93	7,94	2,02	0,69	0,154	—	0,77	0,154	0,044	0,019	0,072
6	desgl., sehr klar, mild, voll, sehr guter Weisswein .	10/7 1884	0,9950	11,29	9,02	2,54	0,74	0,107	—	0,65	0,155	0,038	0,032	0,064
7	Lüttenb. Auslese, noch etw. süss, sehr guter Weissw.	„	1,0210	12,90	10,04	8,46	0,71	0,155	—	0,72	0,212	0,045	0,051	0,086
8	Jerusalemer Ausl., nicht zu sauer, voll, gut. Weissw.	„	1,0040	11,17	8,84	4,06	0,82	0,152	—	0,85	0,175	0,042	0,040	0,067
9	Jerusalemer 1862er, süss, voll, sehr guter Weissw.	„	1,0090	10,53	8,14	5,11	0,83	0,136	—	0,71	0,176	0,042	0,041	0,069
10	Picknoer, nicht zu sauer, ziemlich voll und stark, guter Weissw. . . .	„	0,9940	11,76	9,40	2,35	0,64	0,104	—	0,66	0,149	0,034	0,019	0,068
11	Schützenberger, nicht zu sauer, voll, gut. Weissw.	—	0,9940	12,21	9,76	2,79	0,77	0,107	—	0,92	0,151	0,028	0,025	0,068
12	Sauritscher, ziemlich voll, wenig stark, sehr sauer	—	0,9980	—	6,01	2,10	1,13	—	—	—	0,170	—	0,014	—
	Weisswein aus Steiermark, Mittel (No. 1—12) . .	.	**0,9994**	**10,48**	**8,44**	**3,14**	**0,78**	**0,134**	**0,035**	**0,71**	**0,167**	**0,039**	**0,026**	**0,069**

[1]) Mittheil. d. K. K. chem.-physiol. Vers.-Stat. f. Wein- und Obstbau in Wien. Heft IV, ferner 1888. Heft V, Tab. III.

*) Ueber die Untersuchungs-Methoden" vergl. unter „Niederösterr. Weine" S. 909. An schwefeliger Säure„ wurde in den Weinen gefunden:

	No. 6	7	8	9	10	11
Schwefelige Säure .	0,0071	0,0013	0,0148	0,0206	0,0029	0,0029 %

Wein aus Istrien, der Grafschaft Görz resp. vom Küstenlande. — Von B. Haas, L. Weigert, E. Kayser und C. Hoffmann.[1])

No.		Zeit der Untersuchung	Spec. Gew.	Alkohol Vol. %	Alkohol Gew. %	Extract %	Säure = Weinsäure %	N-Substanz (N × 6,25) %	Gerbstoff %	Glycerin %	Mineralstoffe %	Phosphorsäure %	Schwefelsäure %	Kali %
1	Parrenzo, Terrano-Traube	1883	1,0000	8,07	6,42	3,23	1,18	—	—	0,67	0,18	—	0,013	—
2	Sehr guter Rothwein, 1882er, wenig sauer .	„	0,9992	7,98	6,35	2,60	0,85	—	0,24	0,54	(0,61) ?	—	0,031	—
3	Villanova di Fara bei Görz: Pinot blanc 1880er, klar, mild, voll, vorzüglich. Rothw.	23/1 1884	0,9910	10,37	8,29	2,23	0,62	0,157	0,047	0,79	0,198	0,034	0,056	0,080
4	Villanova di Fara bei Görz: Wälschriesl. 1879er, klar, voll, sehr guter Weisswein . . .	20/12 1883	0,9930	11,17	8,94	2,02	0,68	0,118	—	0,81	0,195	0,021	0,054	0,089
5	Villanova di Fara bei Görz: Carmenet, 1875er, klar, mild, voll, vorzüglich. Rothw.	28/2 1884	0,9960	10,37	8,27	2,32	0,56	0,193	0,151	0,71	0,198	0,036	0,036	0,080
6	Villanova di Fara bei Görz: Barbera 1878er, wie No. 5	21/12 1883	0,9961	10,65	8,50	2,95	0,58	0,188	0,237	0,74	0,258	0,035	0,044	0,133
7	Wälschriesling, Dornberg bei Görz, 1881er, unklar, noch etwas süss, leer	28/2 1884	0,9935	10,48	8,38	2,22	0,59	0,149	—	0,64	0,191	0,022	0,012	0,084
8	Vinorejko Drustov, ebendaher, 1881er, klar, ziemlich stark, voll, sehr guter Weisswein .	„	0,9923	11,84	9,48	1,90	0,46	0,118	—	0,66	0,190	0,024	0,020	0,086
9	desgl. ebendaher, ziemlich sauerer Rothwein . .	„	0,9950	10,65	8,51	2,32	0,83	0,170	0,131	0,59	0,224	0,038	0,014	—
10	Stazione E'nologica Parenzo-Istrien: Pinot, Farbstoffabsatz, sonst klar, geringer Rothw.	1883	0,9980	11,99	9,55	3,49	0,82	0,201	0,149	0,86	0,249	0,038	0,068	0,104
11	Stazione E'nologica Parenzo-Istrien: Syrrah, klar, voll u. ziemlich stark, guter Rothwein	„	0,9940	11,80	9,43	2,88	0,83	0,069	0,140	0,61	0,202	0,022	0,051	0,095
12	Stazione E'nologica Parenzo-Istrien: Rothgipfler, klar, stark, voll, guter Weisswein . .	„	0,9924	13,47	10,99	2,63	0,79	0,154	—	0,94	0,218	0,029	0,054	0,099
13	Refosco di Visignano, etwas unklar, schwach moussirend, süss, voll, guter, rother Refosco spumanta	„	1,0600	3,41	2,55	15,48	1,38	0,125	0,034	0,14	—	0,019	0,006	0,093
	Istrien: Weisswein, Mittel (No. 1, 4, 7, 8, 12)	.	**0,9942**	**11,01**	**8,87**	**2,40**	**0,74**	**0,108**	—	**0,74**	**0,195**	**0,019**	**0,028**	**0,072**
	Istrien: Rothwein, Mittel (No. 2, 3, 5, 6, 9, 10, 11)	.	**0,9956**	**10,54**	**8,44**	**2,68**	**0,70**	**0,163**	**0,156**	**0,69**	**0,222**	**0,034**	**0,043**	**0,098**

[1]) Mittheil. d. K. K. chem.-physiol. Vers.-Stat. f. Wein- und Obstbau in Wien. Heft IV. 1885 und Heft V. 1888. Ueber Untersuchungs-Methoden vergl. unter „Niederösterr. Weine" S. 909. Anm. *).

Wein aus Dalmatien. — Von R. Haas, L. Weigert, C. Hoffmann und E. Kayser,[1])*)
No. 17—20 von R. Kayser.[2])**)

a. Tischwein (rother).

No.		Zeit der Untersuchung	Spec. Gew.	Alkohol Vol. %	Alkohol Gew. %	Extract %	Säure = Weinsäure %	Weinstein %	Gerbstoff %	Zucker %	Glycerin %	Mineralstoffe %	Phosphorsäure %	Schwefelsäure %	Kalk %
1	Herber Rothwein . .	1883	0,9950	11,21	8,95	3,03	0,64	0,37	0,21	—	0,87	0,25	—	0,035	—
2	Plavaz aus Lissa . .	„	0,9940	14,02	11,21	2,96	0,45	—	—	—	0,80	0,19	—	0,011	—
3	Rothw. aus Dalmatien	„	—	10,22	—	2,87	0,72	—	—	—	—	0,38	—	0,093	—
4	Bollopollo Spalato, 1870, voll, etwas süss, sehr guter Tischwein . . .	1873	0,9990	13,70	10,90	4,38	0,66	—	0,20	0,81	—	0,21	—	—	—
5	Bol (schietto) Spalato 1871er, guter, rother Tischwein . . .	„	1,0040	12,00	9,50	4,62	0,73	—	0,28	0,96	—	0,27	0,033	—	0,009
6	Spalato (soprafinu), 1871er, sehr guter, exportfähig. Tischw.	„	0,9990	10,70	8,51	4,38	0,70	—	0,27	0,58	—	0,28	0,017	—	0,016
7	Spalato 1871er, guter Tischwein . . .	„	1,000	11,20	8,91	4,12	0,68	—	0,24	0,50	—	0,28	0,031	—	0,012
8	Pucisce bianco Subenico, 1871er, mittlerer Tischwein .	„	0,9960	11,30	9,02	3,88	0,60	—	0,09	0,31	—	0,29	0,040	—	0,014
9	Castello (schietto) Spalato, 1871 er, mittlerer, aber zu herber Tischwein . . .	„	0,9960	11,50	9,18	3,36	0,65	—	0,28	0,14	—	0,29	0,028	—	0,008
10	Glavinusa Spalato, 1871er, sehr guter, exportfähig. Tischw.	„	0,9960	12,20	9,74	3,88	0,66	—	0,22	—	—	0,29	0,038	—	0,009
11	Cevica bei Sebenico, unklar, herb, unfertiger Rothwein .	1883	0,9943	13,78	11,02	2,70	0,62	—	0,26	—	0,76	0,25	—	0,027	—
12	Aus Ribnik bei Sebenico, klar, mild, sehr guter Rothwein . .	„	0,9945	13,66	10,12	2,50	0,58	—	0,28	—	0,75	0,27	—	0,024	—
	Vino commune:							N-Substanz (N × 6,25)							Kali
13	Aus Lissa 1881er, mild, hellroth, vorzüglich. süsser Schillerwein	„	0,9976	13,35	10,64	3,63	0,49	0,207	0,11	—	0,92	0,33	0,024	0,043	0,157

[1]) Mittheil. d. K. K. chem.-physiol Vers.-Stat. f. Wein- u. Obstbau in Wien. 1885. Heft IV und 1888. Heft V.
[2]) Repertorium f. analyt. Chem. 1884. S. 150.

*) Bei den Weinen No. 13 u. 16 aus Dalmatien hat wahrscheinlich eine Entsäuerung durch kohlensaures Kalium stattgefunden. Ueber die Untersuchungs-Methoden vergl. unter „Niederösterr. Weine" S. 909. Anm. *).

**) Ueber die Untersuchungs-Methoden vergl. unter „Moselweine" S. 865. Anm. *). Die Weine No. 11—14 enthielten ferner

	No. 17	18	19	20
Magnesia . .	0,014	0,016	0,019	0,015 %
Kalk	0,006	0,005	0,004	0,006 „

No.		Zeit der Untersuchung	Spec. Gew.	Alkohol Vol. %	Alkohol Gew. %	Extract %	Säure = Weinsäure %	N-Substanz (N × 6,25) %	Gerbstoff %	Zucker %	Glycerin %	Mineralstoffe %	Phosphorsäure %	Schwefelsäure %	Kali %
14	Vino commune. Aus Lissa, 1881er, sehr guter Rothw.	1883	0,9940	12,42	9,93	2,59	0,55	0,170	0,31	—	0,80	0,25	0,025	0,021	0,108
15	Vino commune. Aus Lissa, 1881er, herb., gut. Rothw.	„	0,9930	13,80	10,98	3,00	0,54	0,191	0,43	—	0,88	0,24	0,025	0,021	0,106
16	Vino commune. Aus Lissa, 1881er, guter, starker Weisswein . .	„	0,9953	13,42	10,72	3,22	0,51	0,195	0,26	—	0,85	0,38	0,021	0,050	0,171
								Weinsäure							
17	Rothwein 1878er (in 100 CC.)	1882	—	11,9	—	2,99	0,51	0,07	—	0,01	1,25	0,23	0,032	0,019	0,150
18	„ 1879er	1883	—	12,2	—	3,59	0,83	—	—	0,13	1,35	0,28	0,035	0,032	0,147
19	„ 1880er	„	—	12,8	—	3,36	0,73	—	—	0,19	1,30	0,29	0,034	0,020	0,160
20	„ 1881er	„	—	11,7	—	3,05	0,67	—	—	0,16	1,09	0,27	0,034	0,024	0,156
								N-Substanz (N × 6,25)							
21	Von der Insel Lacroma. Plavka, 1871er, ziemlich süss, sehr brauner Tischwein . .	1872	0,9930	13,60	10,89	3,30	0,44	0,071	0,08	—	—	0,302	0,048	—	0,110
22	Von der Insel Lacroma. Glavinjas 1871er, sehr gerbstoffreich, herber, aber sehr guter Rothwein . .	„	0,9950	12,20	9,75	3,20	0,65	0,158	0,25	—	—	0,211	0,037	—	—
23	Von der Insel Lacroma. Plavaz 1871er, nicht süss, geringer, herber Weisswein . .	„	0,9910	10,80	8,66	2,30	0,62	0,071	0,08	—	—	0,166	0,031	—	0,067
24	Von der Insel Lacroma. Cervenak, viel Gerbstoff, herb. aber guter, roth. Tischw. 1870er	„	0,9980	13,90	11,07	4,95	0,59	0,175	0,19	1,14	—	0,241	0,034	—	0,088
	Dalmatien. Rothwein, Mittel (No. 1, 3—12, 14, 15, 22, 24)	.	**0,9967**	**12,25**	**9,89**	**3,56**	**0,64**	**0,155**	**0,22**	**0,44**	**0,81**	**0,267**	**0,031**	**0,023**	**0,115**

b. Dessertwein. — Von denselben.

No.		Zeit der Untersuchung	Spec. Gew.	Alkohol Vol. %	Alkohol Gew. %	Extract %	Säure = Weinsäure %	Weinstein	Gerbstoff %	Zucker %	Glycerin %	Mineralstoffe %	Phosphorsäure %	Schwefelsäure %	Kalk
1	Maraschino Sebenico, weiss	1873	1,0540	13,50	10,19	18,40	0,47	—	0,35	10,44	—	0,21	0,044	—	0,004
2	Vino Debito, Sebenico, 1869er, hellgelber, geringer Dessertwein	„	1,000	14,70	11,70	4,70	0,74	0,058	—	1,90	—	0,22	0,026	—	0,009
3	Vugava Spalato, 1871, dunkelgelb, anisartiger Geschmack	„	1,0150	13,40	10,50	8,40	0,60	—	0,08	3,17	—	0,24	0,025	—	0,021

No.		Zeit der Untersuchung	Spec. Gew.	Alkohol Vol. %	Alkohol Gew. %	Extract %	Säure = Weinsäure %	Weinstein %	Gerbstoff %	Zucker %	Mineralstoffe %	Phosphorsäure %	Kalk %
4	Vino Maraschino Sebenico, 1869er, mittl. Dessertwein	1873	1,0440	11,60	8,80	14,40	0,63	0,112	—	8,60	0,25	0,027	0,002
5	Vugava Insel Brazza, 1870er, sehr guter Dessertwein	„	1,0110	14,10	11,09	8,27	0,67	—	0,09	3,09	0,26	0,044	0,015
6	Vino Tartavo Sebenico, 1868er, geringer Dessertwein	„	1,0030	14,20	11,30	5,60	0,85	0,058	—	2,10	0,27	0,034	0,004
7	Vino Plavinio Sebenico, 1863er, gelbroth, geringer Dessertwein . .	„	1,0160	14,40	11,20	8,40	0,89	0,093	—	4,30	0,28	0,032	0,004
8	Bol dolce Spalato, 1871er, dunkelroth, guter Dessertwein	„	1,0140	12,90	10,11	7,63	0,65	—	0,39	3,66	0,31	0,025	0,015
9	Castello (Dolce) Spalato, 1871 er, dunkelroth, ziemlich guter Dessertwein	„	1,0130	13,50	10,60	7,63	0,69	—	0,34	3,00	0,32	0,032	0,014
10	Cerljenack (dolce) Spaloto, 1871er, sehr guter Dessertwein	„	1,0290	12,60	9,74	11,07	0,63	—	0,18	5,17	0,33	0,029	0,031
11	Muscat rosa Spalato, 1870er, roth, vorzüglicher Dessertwein . .	„	1,0300	12,80	10,04	11,43	0,58	—	0,16	5,34	0,36	0,016	0,019
12	Maraschino Liquore Sebenico, 1850er, dunkel, ausgezeichneter Wein .	„	1,0790	10,50	7,70	21,80	0,83	0,088	0,07	15,20	0,50	0,028	0,011
13	Vino rosso Sebenico, 1872er, geringer Dessertwein	„	1,0240	15,00	11,60	10,70	0,70	0,074	0,12	3,20	(0,72)	0,026	0,008
								N-Subst. (N × 6,25)					Kali
14	Von Insel Lacroma: Maraschino No. II, 1871er, ziemlich guter Dessertwein	1872	1,0110	14,90	11,72	6,70	0,56	0,078	0,06	2,60	0,160	0,057	0,077
15	Von Insel Lacroma: desgl. No. III 1870er, riecht nach Essigsäure	„	1,0330	14,00	10,77	12,00	0,80	0,136	0,03	—	0,227	0,040	0,049
16	Von Insel Lacroma: desgl. No. I 1870er, sehr süsser, feiner Dessertwein . .	„	1,0540	12,20	9,20	16,60	0,64	0,143	0,04	—	0,204	0,051	0,059
17	Von Insel Lacroma: Slatarizza 1870er, wie No. 16	„	1,0210	14,00	10,90	9,13	0,64	0,206	0,07	5,10	0,304	0,051	0,089
18	Von Insel Lacroma: Muscat-rosa, 1870er, vorzügl. Dessertw. mit Essenzcharakt.	„	1,0850	10,70	7,80	22,90	0,67	0,356	0,07	—	0,396	0,047	—

Wein aus der Herzegowina. — Von B. Haas und L. Weigert.[1]*)

a. Rothweine.

No.		Zeit der Untersuchung	Spec. Gew.	Alkohol Vol. %	Alkohol Gew. %	Extract %	Säure = Weinsäure %	Weinstein %	Gerbstoff %	Glycerin %	Mineralstoffe %	Phosphorsäure %	Schwefelsäure %	Kali %
1	Cim, Kr. Mostac, 1882er, guter Rothwein . . .	1883	0,9930	12,22	9,78	2,11	0,67	0,22	0,22	0,89	0,17	0,033	0,009	—
2	Kadarka aus Odramei im Dorfe Turia, 1882er, geringer Rothwein . .	"	0,9940	9,23	7,39	2,11	0,71	0,41	0,16	0,58	0,17	0,014	0,006	—
3	Ebendaher, leichter Rothwein mittlerer Qualität	"	0,9950	10,23	8,17	2,21	0,73	0,41	0,19	0,65	0,19	0,013	0,006	—
								N-Subst. (N × 6,25)						
4	Mostar: Mostarsko Crno, 1881er, krank mit Essigstich . . .	1885	0,9950	12,07	9,64	2,76	0,84	0,164	0,18	0,78	0,229	0,055	0,006	0,114
5	Mostar: Cim Ilici crnoi bielo groz, 1883er, etwas herb, voll, gut .	"	0,9950	11,13	8,88	2,40	0,59	0,117	0,16	0,67	0,182	0,028	0,007	0,094
6	Mostar: Savo Bilic Guojnica, 1883er, ziemlich voll, gut. licht. W.	1884	0,9970	10,89	8,79	2,34	0,61	0,288	0,19	0,69	0,220	0,045	—	—
7	Mostar: Ristan gatalo, Ekmecja, 1883er, unklar, voll, mittlere Qualität	"	0,9980	10,53	8,49	2,34	0,56	0,264	0,25	0,94	0,193	0,039	—	—
8	Mostar: Cim bubelusic crnoi bielo groz, 1883er, unklar, voll, etwas herb, aber gut .	"	0,9960	11,96	9,68	2,34	0,58	0,135	0,23	0,86	0,212	0,051	—	—
9	Mostar: Cim-Kreis 1882er, voll, nicht zu herb, gut	1883	0,9930	12,33	9,87	2,11	0,67	—	0,22	0,87	0,167	0,033	0,009	—
10	Stolac 1883er, Njve Gemeinde D. Poplad: Miho Podnajeviv, herb, ger.	1884	0,9950	10,17	8,13	2,30	0,52	0,077	0,22	—	—	—	—	—
11	Stolac 1883er, Njve Gemeinde D. Poplad: Aleksa pecely, herb, gering, mit Essigstich	"	0,9950	9,72	7,77	2,30	0,57	0,064	0,21	—	—	—	—	—
12	Stolac 1883er, Njve Gemeinde D. Poplad: Jova Ruzcia, unklar, etwas sauer, gering	"	0,9960	10,60	8,46	2,43	0,52	0,140	0,26	—	—	—	—	—
13	Stolac 1883er, Njve Gemeinde D. Poplad: Ivan Vukasovio, etwas herb, leichter Wein	"	0,9955	10,89	8,69	2,29	0,52	0,209	0,31	0,65	0,217	0,027	—	0,115
14	Stolac 1883er: Prenj, stark, voll, sehr guter Schillerwein	"	0,9930	14,60	11,69	2,53	0,47	0,063	0,09	0,70	0,322	0,024	—	0,168
15	Stolac 1883er: Vino crno Njeste Prenj, mittelstark, etwas herb, voll, gut	"	1,0000	13,25	10,35	3,61	0,59	0,204	—	0,96	0,263	0,039	—	0,132

[1]) Mittheil. d. K. K. chem.-physiol. Vers.-Stat. in Klosterneuburg. 1885. Heft IV u. 1888. Heft V. Tab. XVII u. XVIII.

*) Ueber die Untersuchungs-Methoden vergl. unter „Niederösterr. Weine" S. 909. Anm. *). No. 4 ergab ferner 0,146 %, No. 5 = 0,189 % Weinstein.

No.		Zeit der Untersuchung	Spec. Gew.	Alkohol Vol. %	Alkohol Gew. %	Extract %	Säure = Weinsäure %	N-Substanz (N — 6,25) %	Gerbstoff %	Glycerin %	Mineralstoffe %	Phosphorsäure %	Schwefelsäure %	Kali %
16	Trebinje 1883er: Pridovica, Nikola Traparic, mittlere Qualität	1884	0,9960	9,52	7,59	2,12	0,62	0,088	0,32	—	—	—	—	—
17	Trebinje 1883er: Pridovica, Spira Nikolic, kahmig, etwas sauer, ziemlich gut	„	0,9980	9,27	7,38	2,11	0,60	0,084	0,29	—	—	—	—	—
18	Trebinje 1883er: Police Audria Selec, unklar, sehr herb, wenig sauer u. voll, gering	„	0,9990	8,87	7,06	2,71	0,70	0,149	0,52	—	—	—	—	—
19	Konjica 1883er: Turia, Fra Andrea Saravanga, unklar, sauer, leicht, ordinär	„	0,9950	8,27	6,60	1,84	0,92	0,112	0,13	(0,19)	0,151	0,013	—	0,071
20	Konjica 1883er: Trusina Lepen Tade kruso Skadarka Covlu blatina, unklar, herb, sehr leicht, gering . .	„	0,9960	8,40	6,70	2,11	0,74	—	0,16	(0,39)	0,154	0,007	—	0,076
								Weinstein						
21	Zabradje Govro Popa dic Crven 1883er, unklar, etwas herb, ziemlich voll, leicht, geringer Wein .	„	0,9960	8,87	7,08	2,11	0,70	—	0,151	0,56	0,144	0,009	—	0,069
22	Skadarka Odramei im Dorf Turia, 1882er, trüb, herb, geringer Wein . . .	1883	0,9950	9,77	7,80	2,07	0,73	0,45	0,170	—	0,184	0,013	—	—
23	Ebendaher 1882er, wenig sauer u. voll, mittl. Qual.	„	0,9950	10,23	8,17	2,21	0,73	0,41	0,196	0,65	0,185	0,013	0,006	—
24	Ebendaher, etwas unklar u. sauer, voll, gering. W.	„	0,9940	9,23	7,39	2,11	0,71	0,41	0,160	0,58	0,172	0,014	0,006	—
25	Aus Herzegowina ohne nähere Bezeichnung: klar, voll, sehr gut	„	0,9967	12,02	9,58	3,12	0,67	—	0,235	0,65	0,168	—	—	—
26	Aus Herzegowina ohne nähere Bezeichnung: 1882er, etwas süss, ziemlich stark, voll, gut . . .	„	0,9960	12,90	10,29	3,32	0,62	—	0,240	0,76	0,190	—	—	—
27	Aus Herzegowina ohne nähere Bezeichnung: 1882er, voll, etwas nach faul. Traub. schmeckend . .	„	0,9940	11,63	9,30	2,60	0,55	—	0,179	0,73	0,188	—	—	—
28	Aus Herzegowina ohne nähere Bezeichnung: 1882er, nicht zu herb und sauer, guter, junger W.	„	0,9960	11,90	9,50	3,22	0,60	—	0,240	0,80	0,191	—	—	—
29	Aus Herzegowina ohne nähere Bezeichnung: nicht zu herb, ziemlich stark, voll, gut	„	0,9960	12,90	10,30	3,22	0,62	—	0,215	0,77	0,219	—	—	—
								N-Subst.						
Rothwein aus Herzegowina (No. 1—29)	Minimum	.	0,9930	8,87	7,06	2,07	0,47	0,063	0,090	0,56	0,144	0,009	0,006	0,069
	Maximum	.	1,0000	14,60	11,69	3,61	0,84	0,288	0,520	0,96	0,322	0,055	0,009	0,168
	Mittel*)	.	**0,9956**	**10,81**	**8,72**	**2,45**	**0,64**	**0,144**	**0,218**	**0,63**	**0,195**	**0,025**	**0,007**	**0,105**

*) Für Weinstein wurde nach 5 Bestimmungen gefunden:

Minimum	Maximum	Mittel
0,22	0,45	0,39 %

Wein aus der Herzegowina. — Von B. Haas und L. Weigert (l. c.).

b. Weissweine.

No.			Zeit der Untersuchung	Spec. Gew.	Alkohol Vol. %	Alkohol Gew. %	Extract %	Säure = Weinsäure %	N-Substanz (N × 6,25) %	Gerbstoff %	Glycerin %	Mineralstoffe %	Phosphorsäure %	Schwefelsäure %	Kali %
1	Ohne nähere Bezeichn.	Klar, stark, voll, nicht süsser Dessertwein	1882	0,9950	16,71	13,35	4,23	0,69	—	—	0,78	0,243	—	—	—
2	Ohne nähere Bezeichn.	Trüb, etwas sauer, junger, unfertiger Wein, 1882er . .	1883	0,9950	13,02	10,40	3,02	0,70	—	—	0,87	0,174	—	—	—
3	Ohne nähere Bezeichn.	1882er wie No. 2 .	"	0,9950	13,49	10,78	3,17	0,66	—	—	—	0,205	—	—	—
4	Stolac 1883 er	Gemeinde Dolni Poplad, unklar, wenig herb u. sauer, gering	1884	0,9960	9,92	7,92	1,87	0,47	0,071	—	0,89	—	—	—	—
5	Stolac 1883 er	Gemeinde: D. Poplad, trüb, voll, würzig, unfertig, mittl. Qual.	"	0,9950	10,27	8,20	2,74	0,62	—	—	0,89	0,183	—	—	—
6	Stolac 1883 er	Prenj, etwas herb mit Essigstich . . .	1882	0,9960	12,55	10,01	2,72	0,66	0,068	—	0,97	0,237	0,025	—	0,118
7°)	Kreis Mostar	Mostarsko bielo, etwas unklar und sauer, herber, guter Wein, 1880 er	1885	0,9940	14,07	11,24	2,65	0,66	0,155	0,08	0,72	0,175	0,048	0,006	0,074
8°)	Kreis Mostar	Ebendaher, etwas unklar u. herb, krank mit Essigstich, 1881er	"	0,9950	12,30	9,82	2,54	0,84	0,155	0,13	0,78	0,203	0,058	0,007	0,089
9°)	Kreis Mostar	Ebendaher, etwas unklar und sauer mit Hülsengeschmack, zieml. gut, 1883er	"	0,9940	12,43	9,94	2,26	0,66	0,157	0,05	1,03	0,190	0,028	0,009	0,096
10	Kreis Mostar	Savo Biliu Guojnica, klar, mild, voll, sehr gut	1884	0,9950	12,32	9,84	2,34	0,54	0,363	—	0,86	0,192	0,043	—	0,082
11	Kreis Mostar	Ristan Gatalo, etwas unklar, mild, zieml. voll, sehr gut . .	"	0,9950	10,65	8,58	2,00	0,54	0,204	—	0,86	0,179	0,039	—	0,094
12	Kreis Mostar	Cimilici Klapo, klar, mild, voll, kräftig, gut	"	0,9940	12,20	9,85	2,00	0,53	0,127	—	0,91	0,155	0,028	—	0,084
13°)	Kreis Mostar	Ebendaher 1883 er, etwas unklar und sauer, voll, gut .	1885	0,9930	11,73	9,39	2,14	0,56	—	—	0,73	—	0,024	0,007	—
		Mittel (No. 1 — 13)	.	**0,9955**	**12,44**	**9,95**	**2,59**	**0,63**	**0,188**	**0,09**	**0,86**	**0,194**	**0,037**	**0,007**	**0,091**

°) Es enthielten ferner Weinstein:

No. 7	8	9	13
0,184	0,177	0,126	0,256 %

Wein aus Bosnien. — Von B. Haas, L. Weigert und C. Hoffmann.[1])

a. Rothwein.

No.		Zeit der Untersuchung	Spec. Gew.	Alkohol Vol. %	Alkohol Gew. %	Extract %	Säure = Weinsäure %	Weinstein %	Gerbstoff %	Glycerin %	Mineralstoffe %	Phosphorsäure %	Schwefelsäure %	Kali %
1	Bezirk Prozor, 1882er, guter, leichter Rothwein	1883	0,9960	8,80	7,02	1,70	0,60	0,33	0,16	0,63	0,148	0,020	0,032	0,077
2[0])	Ustrama Marko, Dzalto Romawein, 1883er, etwas sauer, unfertig, ger.	1884	0,9970	9,37	7,47	2,56	0,84	0,26	0,14	0,70	0,148	—	—	0,055
3[0])	Ustrama Ibrasim Balics Romawein, etwas sauer, mit beginn. Essigstich	„	0,9950	9,94	7,94	2,31	0,67	0,35	0,23	0,58	0,151	—	—	0,072
	Mittel (No. 1—3)	.	**0,9960**	**9,37**	**7,48**	**2,19**	**0,70**	**0,31**	**0,18**	**0,64**	**0,149**	**0,020**	**0,032**	**0,068**

b. Weisswein.

No.		Zeit der Untersuchung	Spec. Gew.	Alkohol Vol. %	Alkohol Gew. %	Extract %	Säure = Weinsäure %	Weinstein %	Gerbstoff %	Glycerin %	Mineralstoffe %	Phosphorsäure %	Schwefelsäure %	Kali %
1[0])	Ustrama Marko Dzalto, 1883er, trüb, etwas herb, jung, mittl. Qualität .	1884	0,9940	8,57	6,85	1,72	0,57	0,25	—	0,62	0,142	—	—	0,073
2[0])	Aus bosn. Trauben (Bez. Prozov) selbst erzeugter Wein, 1884er, gut . .	„	0,9950	9,27	7,40	2,16	0,69	—	—	0,62	0,163	—	—	—
3[0])	desgl.	„	0,9990	9,77	7,77	2,74	0,68	0,013	—	0,53	0,163	0,033	0,016	0,080
	Mittel (No. 1—3)	.	**0,9960**	**9,27**	**7,34**	**2,21**	**0,65**	**0,19**	—	**0,59**	**0,156**	**0,033**	**0,016**	**0,077**

Wein aus Serbien. — Von C. Hoffmann.[1])

No.		Zeit der Untersuchung	Spec. Gew.	Alkohol Vol. %	Alkohol Gew. %	Extract %	Säure = Weinsäure %	Weinstein %	Gerbstoff %	Glycerin %	Mineralstoffe %	Phosphorsäure %	Schwefelsäure %	Kali %
1	Negotiner, klar, mild, voll, sehr guter Rothwein .	1884	0,9951	11,62	9,28	3,25	0,53	—	0,26	0,91	0,229	—	0,025	—

Ungarweine.

No.		Zeit der Untersuchung	Spec. Gew.	Alkohol Vol. %	Alkohol Gew. %	Extract	Säure	Zucker	Stickstoff	Asche	Analytiker
	Von Banat, Weisskirchen; Weisstischweine:			In 100 CC. Wein							
1	Steinschiller 1871er	1873	0,9993	10,91	8,73	2,89	0,71	0,080	0,029	0,31	*A. Blankenhorn* [2])
2	„ „	„	0,9940	9,61	7,69	(1,03)	0,42	0,050	0,032	0,39	
3	„ „	„	0,9947	10,71	8,57	1,50	0,50	0,054	0,011	0,42	

[1]) Mittheil. d. K. K. chem.-physiol. Vers.-Stat. Klosterneuburg. 1885. Heft IV u. 1888. Heft V. Tab. XVII u. XIX. Ueber Untersuchungs-Methoden vergl. S. 909. Anm. *).

[2]) Vergl. Anmerkung [1]) Seite 921.

[0]) Es ergaben ferner:

	Bosnier Rothwein No. 2	3	Weisswein No. 1	2	3
N-Substanz (N × 6,25) . .	0,141	0,113	0,106	0,074	0,088 %

No.		Zeit der Untersuchung	Spec. Gew.	Alkohol Vol. %	Alkohol Gew. %	Extract	Säure	Zucker	Stickstoff	Asche	Analytiker
						In 100 CC. Wein					
4	Steinschiller 1870er	1873	0,9950	9,75	7,80	(1,11)	0,45	0,042	0,015	0,29	A. *Blankenhorn*[1])
5	„ 1871er	„	0,9990	7,92	6,34	2,83	0,54	0,040	0,053	0,34	
6	Aus gemeinen Traubensorten, 1870er	„	0,9932	10,16	8,13	2,96	0,55	0,042	0,016	0,23	
7	Steinschiller, Prinzenthal, 1867er	„	0,9961	9,42	7,53	2,55	0,55	0,050	0,016	0,50	
8	Zierfahndler 1871er	„	0,9993	10,51	8,41	2,66	0,48	0,152	0,050	0,40	
9	Semendrianer 1870er	„	0,9973	9,84	7,89	2,14	0,80	0,068	0,112	0,13	
10	Zierfahndler	„	0,9871	9,77	7,78	2,89	0,92	0,096	0,011	0,14	
11	Steinschiller 1866er	„	0,9978	9,03	7,22	1,93	0,50	0,046	0,021	0,13	
	Mittel (No. 1—11)	.	**0,9957**	**9,78**	**7,83**	**2,23**	**0,58**	**0,065**	**0,024**	**0,29**	

Ungarweine. — Von B. Haas, L. Weigert und C. Hoffmann,[2]) Rothwein No. 18 von R. Kayser.[3]) (Ueber Süssweine aus Ungarn vergl. weiter unten unter „Tokayer.“)

a. Rothweine.

No.		Zeit der Untersuchung	Spec. Gew.	Alkohol Vol. %	Alkohol Gew. %	Extract %	Säure = Weinsäure %	Weinstein %	Gerbstoff %	Glycerin %	Mineralstoffe %	Phosphorsäure %	Schwefelsäure %	Kali %
1	Oedenburger Schillerwein, leicht, etwas herb, wenig stark und voll, 1881er: hellroth, nicht klar . . .	1882	0,9942	9,77	7,81	1,85	0,65	0,12	—	0,44	0,183	—	0,019	—
2	desgl., desgl. .	„	0,9944	9,49	7,59	1,90	0,67	0,12	—	0,50	0,192	—	0,020	—
3	desgl.: roth, ziemlich klar . . .	„	0,9970	8,47	6,75	2,31	0,75	0,25	—	0,72	0,183	—	0,024	—
4	desgl.: hellroth, nicht ganz klar	„	0,9968	7,91	6,30	2,16	0,59	0,18	—	0,64	0,177	—	0,013	—
5	desgl.: (hellroth, nicht ganz klar)	„	0,9942	9,68	7,74	1,90	0,65	0,12	—	0,45	0,187	—	0,020	—
6	Ofner Königswein, klar, sehr guter Rothwein .	„	0,9926	12,41	9,94	2,27	0,54	0,20	0,13	0,75	0,158	0,036	0,017	0,069
7	Szegszard, nicht klar und unreif, 1878er . . .	1879	0,9944	12,59	10,06	2,50	0,63	—	0,06	—	0,211	0,039	0,029	0,065
8	Carlowitz, klar, mild, sehr guter 1878er . . .	„	0,9940	12,50	10,00	2,44	0,62	—	—	—	0,210	0,044	0,021	0,064
9	Sehr schön roth, sehr guter W., etwas herb .	1883	0,9935	13,58	10,87	2,62	0,61	—	0,28	0,699	—	0,019	0,013	—

[1]) Ann. d. Oenologie 1873. Bd. 3. S. 253. Die Weine liessen mit Ausnahme von No. 4, 8 u. 11 bezüglich des Geschmackes viel zu wünschen übrig. Die Untersuchungs-Methoden sind nicht angegeben.

[2]) Mittheil. d. K. K. chem.-physiol. Vers.-Stat. f. Wein- u. Obstbau in Klosterneuburg 1885. Heft IV u. 1888. Heft V. Tab. X, XI etc. Von den zahlreichen Analysen Ungarweine lasse ich diejenigen fehlen, bei welchen nur einzelne Bestandtheile, wie Alkohol u. Extract bestimmt sind. Ueber die Untersuchungs-Methoden vergl. unter „Niederösterr. Weine“ S. 909. Anmerk. *).

[3]) Repertorium f. analyt. Chem. 1882. S. 53. Ueber Untersuchungs-Methoden vergl. S. 865. Anm. *).

No.		Zeit der Untersuchung	Spec. Gew.	Alkohol Vol. %	Alkohol Gew. %	Extract %	Säure = Weinsäure %	Weinstein %	Gerbstoff %	Glycerin %	Mineralstoffe %	Phosphorsäure %	Schwefelsäure %	Kali %
10	Wie No. 9, nicht zu herb	1883	0,9936	12,71	10,17	2,50	0,60	—	0,25	0,71	0,254	0,035	0,014	—
11	Wie No. 10	1882	0,9916	13,20	10,58	2,20	0,58	0,15	0,15	0,55	0,256	—	0,032	—
12	Trübe, wenig sauer . .	„	0,9962	9,70	7,74	2,30	0,53	0,17	0,13	0,83	0,222	—	0,039	—
13	Schön roth, sehr guter W. von vollem Geschmack	„	0,9960	9,68	7,73	2,37	0,61	—	—	0,73	0,222	—	0,029	—
14	Erlauer, schön roth, guter W., mild und voll . .	1883	0,9964	10,74	8,57	2,65	0,65	—	0,16	0,80	0,227	—	0,021	—
15	Ofner, nicht klar, geringer Wein	„	0,9973	8,87	7,07	2,40	0,65	—	—	0,64	0,203	—	0,022	—
16	desgl. Landwein, klar, guter Wein	„	0,9946	10,56	8,44	2,25	0,59	—	0,13	0,68	0,208	—	0,040	—
17	Villany, klar, zieml. herb	„	0,9957	13,90	11,10	3,20	0,60	—	—	(2,20) **)	0,204	—	0,014	—
18	Budapest*) 1881er . .	1882	—	—	9,30	2,97	1,05	—	Zucker 0,25	0,88	0,23	0,033	0,006	0,094
19	Villanyer, klar, ziemlich stark, voll, gut . . .	1884	0,9951	12,84	10,25	2,88	0,65	N-Substanz —	Gerbstoff —	0,71	0,233	—	0,031	—
20	Ofner wie „Burgunder," klar, zieml. kräftig und voll, gut	1885	0,9951	10,77	8,54	2,71	0,63	—	0,17	1,00	0,234	—	0,046	—
21 †)	Gyöngyös, unklar, noch jung, schwach moussir., mittelmässig, 1885er .	„	0,9963	11,50	9,19	2,87	0,90	—	0,17	0,78	0,212	0,049	0,007	—
22	Pressburg. Eigenbau, mild, voll, sehr gut . . .	1884	0,9958	10,56	8,42	2,40	0,62	0,269	0,13	0,77	0,214	—	0,021	—
23	Chateau Palugyay, Pressburg, sehr mild und voll, feines Bouquet, vorzüglich	„	0,9960	11,56	9,22	2,80	0,65	0,285	0,16	0,75	0,209	0,047	0,037	—
24	Ebendaher, nicht zu herb, voll, sehr gut . . .	„	0,9950	11,64	9,29	2,50	0,62	0,261	0,13	0,78	0,212	0,037	0,036	—
25 †)	Rother Syrmier, etwas unklar, sauer und herb, voll, gering	„	0,9943	9,20	7,35	1,40	0,68	—	—	0,33	0,265	—	0,029	0,119
26	Ofner, herb, ziemlich stark und voll, gut . . .	1886	0,9959	11,40	9,09	2,76	0,65	—	—	1,26	0,217	—	0,019	—
27	Villanyer, etwas sauer, nicht zu herb, voll, gut	19/12 1886	0,9968	10,82	8,48	3,01	0,70	0,113	0,16	0,89	0,221	0,041	0,038	0,088

*) Dieser Wein wurde von R. Kayser selbst aus rothen Budakeszer Trauben bei Pest gekeltert; die Hälfte der Trester wurde mit dem ausgepressten Saft überschüttet, 4 Tage digeriren gelassen, dann gepresst und der Gährung unterworfen; der Wein besass eine blassrothe Farbe. In dem Wein wurde 0,048 Gesammtweinsäure, 0,832 % Aepfelsäure, 0,111 % Bernsteinsäure, 0,014 % CaO und 0,017 % MgO gefunden. Ueber die Untersuchungs-Methoden vergl. die Analysen desselben Analytikers unter „Moselweine" S. 865. Anm. *).

**) Der Wein ist als mit Glycerin (etwa 1,5 %) verfälscht zu bezeichnen.

†) Es enthielten ferner:

	No. 21	25
Weinstein . . .	0,48 %	0,096 %
Zucker	0,15 „	—

No.		Zeit der Untersuchung	Spec. Gew.	Alkohol Vol. %	Alkohol Gew. %	Extract %	Säure = Weinsäure %	N-Substanz %	Gerbstoff %	Glycerin %	Mineralstoffe %	Phosphorsäure %	Schwefelsäure %	Kali %
28	Portugies. Villany, 1881er, unklar, bitter geworden	21/2 1885	0,9930	11,01	8,81	1,99	0,79	0,214	0,11	0,51	0,272	0,039	0,019	0,130
29	desgl. desgl., 1874er . .	„	0,9934	10,77	8,62	2,14	0,91	0,256	0,13	0,52	0,234	0,048	0,020	0,099
30	Kadarka Villany 1881er, unklar, in Nachgährung	„	0,9940	10,53	8,42	1,97	0,75	0,279	0,11	0,54	0,240	0,035	0,014	0,113
31	desgl. 1879er, mild, voll, gut	„	0,9950	11,76	9,74	2,93	0,67	0,258	0,14	0,63	0,229	0,051	0,024	0,098
32	desgl. 1874, klar, Absatz in der Flasche, Schimmelgeruch	„	0,9954	12,40	8,31	2,61	0,74	0,240	0,11	0,61	0,211	0,044	0,028	0,087
33	Villanyer: Cabinet, zieml. sauer, mittelmässig . .	16/6 1886	0,9951	13,00	10,37	3,13	0,62	0,156	—	1,34	0,195	0,034	0,031	—
34	Villanyer: Ausstich, herb, desgl.	„	0,9946	13,20	10,54	3,05	0,66	0,172	—	1,41	0,226	0,037	0,030	—
35	Villanyer: 1884er, ziemlich voll und gut	17/8 1886	0,9963	11,60	9,25	2,77	0,72	0,172	—	0,92	0,212	—	—	—
36	Villanyer: ziemlich herb u. voll, gut	„	0,9951	12,40	9,90	2,77	0,62	0,192	—	1,29	0,219	0,034	0,012	—
37	Villanyer: ziemlich mild u. voll, sehr gut . . .	„	0,9961	13,70	10,92	3,43	0,62	0,156	—	1,41	0,199	0,030	0,025	—
38	Villanyer: ziemlich voll, nicht zu herb, gut . . .	„	0,9949	13,10	10,46	2,99	0,64	0,165	—	1,32	0,208	0,035	0,014	—
39	Villanyer: stark, voll, mild . .	29/12 1886	0,9974	12,10	9,64	3,13	0,70	0,235	—	0,91	0,194	—	0,026	—
40	Pressburger, zieml. stark, voll, mild	„	0,9963	11,30	9,02	2,65	0,68	—	—	0,79	0,203	—	0,034	—
41	Budai 1882er, ziemlich stark und voll, nicht zu herb, gut	19/11 1886	0,9969	10,50	8,37	2,43	0,73	—	—	0,65	0,226	0,028	0,041	—
	Ungar-Rothw. (No. 1—41) Minimum	.	0,9916	7,91	6,30	1,40	0,53	0,113	0,06	0,33	0,158	0,019	0,006	0,064
	Ungar-Rothw. (No. 1—41) Maximum	.	0,9974	13,90	11,10	3,43	1,05	0,285	0,28	1,41	0,272	0,051	0,046	0,130
	Ungar-Rothw. (No. 1—41) Mittel *)	.	**0,9952**	**11,34**	**9,02**	**2,54**	**0,67**	**0,214**	**0,15**	**0,79**	**0,215**	**0,038**	**0,024**	**0,091**

Ungarweine. — Von B. Haas, L. Weigert und C. Hoffmann,[1]) No. 20 von R. Kayser.[2])

b. Weissweine.

No.		Zeit der Untersuchung	Spec. Gew.	Alkohol Vol. %	Alkohol Gew. %	Extract %	Säure = Weinsäure %	Weinstein	Freie Weinsäure	Glycerin %	Mineralstoffe %	Phosphorsäure %	Schwefelsäure %	Kali %
1	Badacson 1878er, klar, mild, sehr guter Tischw.	1879	0,9946	11,12	8,89	2,41	0,63	—	—	—	0,255	0,036	0,023	0,089
2	Somlo, desgl.	„	0,9944	11,17	8,93	2,22	0,69	—	—	—	0,203	0,044	0,053	0,063
3	„ klar, sauer u. rauh	1882	0,9980	8,70	6,93	2,69	0,73	0,23	—	0,73	0,216	—	0,027	—

[1]) Vergl. Anm. [2]) unter Ungar-Rothweine S. 921.

[2]) Vergl. Anm. [3]) unter Ungar-Rothweine S. 921.

*) Nach 8 Analysen Weinstein:

Minimum	Maximum	Mittel
0,10 %	0,25 %	0,16 %

No.		Zeit der Untersuchung	Spec. Gew.	Alkohol		Extract	Säure = Weinsäure	Weinstein	Freie Weinsäure	Glycerin	Mineralstoffe	Phosphorsäure	Schwefelsäure	Kali
				Vol. %	Gew. %	%	%	%	%	%	%	%	%	%
4	Losoncz, klar, sauer,	1882	0,9960	8,57	6,84	1,92	0,83	0,36	0,31	0,54	0,176	—	0,009	—
5	mit Fassgeschmack	„	0,9940	9,39	7,51	1,81	0,85	0,30	0,42	0,51	0,138	—	0,009	—
6	Kobánya, 1878er, klar, sehr guter Tischwein .	1879	0,9954	11,71	9,35	2,80	0,68	—	—	—	0,236	0,035	0,014	0,089
7	Dioscéger, unklar, ziemlich sauer, sehr leichter Wein	1881	0,9964	6,81	5,43	1,60	0,62	0,15	—	0,41	0,192	—	—	—
8	Werschetzer 1880er, klar, zieml. stark und sauer, junger Wein mittlerer Qualität	1882	0,9943	9,08	7,26	1,68	0,55	—	—	0,46	0,180	—	0,037	—
9	Kadarka, Werschetz (Selbst gekelterte Weine aus 1882er Trauben)	1883	0,9950	12,32	9,84	2,84	0,75	—	—	0,85	0,205	—	0,004	—
10	Steinschiller, „ (Selbst gekelterte Weine aus 1882er Trauben)	„	0,9940	8,87	7,09	1,56	0,55	—	—	0,51	0,157	—	0,006	—
11	Kadarka, Gyöngyös (Selbst gekelterte Weine aus 1882er Trauben)	„	0,9947	8,67	6,93	1,63	0,45	—	—	0,53	0,199	—	0,005	—
12	Riesling, „ (Selbst gekelterte Weine aus 1882er Trauben)	„	0,9972	8,90	7,09	2,69	0,78	—	—	0,85	0,164	—	0,005	—
13	Mehlweiss, „ (Selbst gekelterte Weine aus 1882er Trauben)	„	0,9980	7,82	6,23	2,49	0,98	—	—	0,41	0,150	—	0,003	—
14	Kadarka, Illok . . (Selbst gekelterte Weine aus 1882er Trauben)	„	0,9978	8,27	6,59	2,53	0,63	—	—	0,46	0,156	—	0,003	—
15	Weisse Tr., Siebenbürgen . . . . (Selbst gekelterte Weine aus 1882er Trauben)	„	0,9950	11,66	9,31	3,15	1,01	—	—	0,59	0,167	—	0,007	—
16	Gemischter Satz . (Selbst gekelterte Weine aus 1882er Trauben)	„	0,9950	10,52	8,40	2,31	0,92	—	—	0,81	0,148	—	0,004	—
17	Margof Save, Kroat. (Selbst gekelterte Weine aus 1882er Trauben)	„	0,9963	8,97	7,16	2,19	0,65	—	—	0,53	0,182	—	0,006	—
18	Somlo, 1885er, etwas	„	0,9938	10,26	8,21	2,37	0,73	0,31	—	—	0,209	—	0,041	—
19	sauer, nicht zu stark	„	0,9940	10,26	8,20	2,45	0,76	0,30	—	—	0,209	—	0,045	—
20	Guter W., nicht zu sauer	„	0,9946	10,57	8,45	2,00	0,70	0,20	—	0,79	0,200	—	0,054	—
21	Budapest, 1881er*) . .	1882	—	11,50	—	3,16	0,75	—	Zucker 0,78	1,12	0,190	0,038	0,006	0,066
22	Chateau de Maros-Ujvár 1885er, ziemlich stark, mild und voll, sehr gut	1884	0,9943	11,10	8,87	2,20	0,68	—	—	0,95	0,177	0,014	0,025	—
23	Muscateller, ebendaher, 1872er, nicht süss, voll, mild, vorzüglich .	„	0,9949	10,10	8,06	2,10	0,65	—	—	0,94	0,173	0,014	0,038	—
24	Riesling, ebendah., 1875er, mild, voll, vorzüglich .	„	0,9944	9,90	7,91	2,00	0,64	—	—	0,86	0,164	0,013	0,017	—
25	Madeleine Angevine, 84er, etwas unklar und sauer, jung, sehr gut . . .	1885	0,9958	11,25	8,97	2,80	0,62	—	—	1,22	0,226	0,068	0,031	—
26	desgl. 1883er, mild, voll, mit feinem Bouquet, sehr gut	„	0,9950	11,55	9,22	2,68	0,68	—	—	1,12	0,219	0,051	0,059	—

*) Von R. Kayser aus weissen Trauben von Higdekut bei Pest gekeltert. In dem Wein wurde ferner gefunden 0,096 % Gesammtweinsäure, 0,620 % Aepfelsäure, 0,011 % Kalk und 0,015 % Magnesia.

No.		Zeit der Untersuchung	Spec. Gew.	Alkohol Vol. %	Alkohol Gew. %	Extract %	Säure = Weinsäure %	Weinstein %	Freie Weinsäure %	Glycerin %	Mineralstoffe %	Phosphor-säure %	Schwefel-säure %	Kali %
27	Schomlauer, etwas sauer und herb, ziemlich stark und voll, mittelmässig	1885	0,9957	10,95	8,73	2,87	0,80	0,23	0,01	1,22	0,179	—	0,034	—
28	desgl. desgl.	„	0,9954	9,90	7,90	2,43	0,78	—	—	0,98	0,178	—	0,041	—
29	Moorer, ziemlich stark und voll, gut	„	0,9960	10,10	8,05	2,59	0,79	0,25	0,02	1,08	0,181	—	0,038	—
30	Plattenseer, wenig unklar und voll, mittelmässig .	„	0,9966	9,35	7,45	2,35	0,78	—	—	1,00	0,186	—	0,039	—
31	Von Töplitz bei Warasdin, trüb, etwas sauer, wenig voll, gering	„	0,9971	8,10	6,45	2,11	0,83	—	—	0,42	0,156	—	0,010	—
32	Ebendaher, wie No. 31, mittelmässig	„	0,9972	8,60	6,85	2,31	0,80	—	—	0,75	0,160	—	0,011	—
33	Ziemlich sauer, wenig voll, mittl. Qual.	„	0,9974	10,50	8,37	2,80	0,75	—	—	1,01	0,212	0,027	0,054	—
34	Aus Siebenbürgen, wenig sauer, stark und voll, gering	„	0,9930	12,00	9,60	2,10	0,59	—	—	0,49	0,142	0,019	0,011	—
35	Ebendaher, ziemlich stark und voll, mittl. Qual. .	„	0,9907	12,10	9,70	1,59	0,60	—	—	0,54	0,141	0,017	0,009	—
36	Unklar, wenig sauer und voll, gering	„	0,9970	7,50	5,98	1,45	0,55	0,23	—	0,44	0,185	0,029	0,029	0,069
								N-Substanz (N × 6,25)						
37	Riesling, Pressburg, ziemlich stark, mild, voll, sehr gut	1884	0,9982	12,64	10,06	3,50	0,71	0,210	—	0,87	0,170	0,037	0,028	—
38	Chateau Palugyay, mild, voll, feines Bouquet, vorzüglich	„	0,9951	9,73	7,77	2,00	0,64	0,265	—	0,85	0,199	0,048	0,032	—
39	Neszmelyer, etwas unklar und süss, ziemlich sauer, gut	„	0,9940	10,78	8,62	1,91	0,70	0,128	—	0,75	0,176	0,033	0,038	0,072
									Zucker					
40	Weisser Tischwein: Aus Steinschiller, 1871 er, sehr sauer	1873	0,9933	10,91	8,73	2,90	0,71	0,183	0,080	—	0,310	—	—	—
41	Weisser Tischwein: desgl. 1871er, Fassgeschmack . .	„	0,9947	10,71	8,57	1,51	0,50	0,070	0,054	—	0,421	—	—	—
42	Weisser Tischwein: desgl. 1871 er, Pilzgeschmack . .	„	0,9990	7,92	6,34	2,83	0,54	0,333	0,040	—	0,342	—	—	—
43	Weisser Tischwein: Aus gemischt. Trauben, zähe, in Gährung, 1870 er	„	0,9932	10,16	8,13	2,98	0,55	0,104	0,042	—	0,232	—	—	—

No.		Zeit der Untersuchung	Spec. Gew.	Alkohol Vol. %	Alkohol Gew. %	Extract %	Säure = Weinsäure %	N-Substanz (N × 6,25) %	Zucker %	Glycerin %	Mineralstoffe %	Phosphorsäure %	Schwefelsäure %	Freie schwefelige Säure %
44	Weisser Tischwein: Aus Steinschiller, Prinzenthal, 1867er, nicht gut	1873	0,9961	9,42	7,53	2,57	0,55	0,098	0,050	—	0,504	—	—	—
45	Weisser Tischwein: Aus Zierfahndler, 1871er, besserer Wein	"	0,9993	10,51	8,41	2,66	0,48	0,315	0,152	—	0,404	—	—	—
46	Weisser Tischwein: Aus Semendrianer, 1870er, schlecht	"	0,9973	9,84	7,89	2,15	0,80	0,077	0,068	—	0,132	—	—	—
47	Weisser Tischwein: Aus Zierfahndler, 1870er, hat Stich	"	0,9971	9,77	7,78	2,92	0,92	0,071	0,096	—	0,145	—	—	—
48	Weisser Tischwein: Aus Steinschiller, 1866er, guter W.	"	0,9978	9,03	7,22	1,93	0,50	0,129	0,046	—	0,126	—	—	—
49	Villanyer Riesling, 1882er, mild, voll, feines Bouquet, sehr gut . . .	16/6 1886	0,9943	11,10	8,87	2,12	0,64	0,136	—	0,91	0,202	0,041	0,043	0,003
50	desgl., erstes Gewächs, wie No. 49	"	0,9942	11,20	8,95	2,14	0,60	0,156	—	0,93	0,221	0,043	0,042	0,001
51	desgl. wie No. 50 . . .	"	0,9956	11,50	9,17	2,45	0,62	0,176	—	0,89	0,227	0,043	0,038	0,002
52	Villanyer, Burgunder, schwach moussirend, stark, voll, mild, gut .	"	0,9927	11,70	9,25	1,85	0,60	0,169	—	0,73	0,175	0,030	0,036	0,001
Ungar-Weissw. (No. 1—52)	Minimum	.	0,9907	6,81	5,43	1,45	0,45	0,071	—	0,41	0,126	0,014	0,003	0,063
	Maximum	.	0,9993	12,32	10,06	3,50	1,01	0,333	0,78	1,22	0,504	0,068	0,059	0,089
	Mittel*)	.	**0,9955**	**10,48**	**8,00**	**2,33**	**0,69**	**0,170**	**0,070**	**0,77**	**0,204**	**0,034**	**0,025**	**0,075**

*) An Weinstein wurde nach 7, an freier Weinsäure nach 4 Analysen gefunden:

	Minimum	Maximum	Mittel
Weinstein	0,15 %	0,36 %	0,26 %
Freie Weinsäure . . .	0,01 "	0,42 "	0,19 "

Wein aus Russland. — Von A. Salomon.[1]*)

Krimwein.

Laufende No.	Sorte und Ursprung des Weines	Jahrgang	Spec. Gew.	Alkohol Vol. %	Alkohol	Trocken-Substanz	Freie Säure (als Weinsäure berechnet)	Gesammtfreie und gebundene Weinsäure	Die gesammte Weinsäure als Weinstein berech.	Bernsteinsäure berechnet	Flüchtige Säure als Essigsäure	Glycerin	Zucker	Gerbstoff	Stickstoff-Substanz (N × 6,25)	Asche	Kali	Phosphorsäure
					Gramme in 100 Cubikcentimeter Wein													
	A. Der Südküste.																	
	1. Rothweine.																	
1	Bordeaux Laspy	1868	0,9959	11,03	8,81	2,165	0,507	0,091	0,114	0,067	0,148	0,336	—	0,350	0,15	0,215	0,097	0,029
2	do. Alupka	1869	0,9942	10,76	9,85	2,720	0,570	0,277	0,347	0,178	0,174	0,890	—	0,143	0,174	0,255	0,155	0,0169
3	do. Liwadia	1868	0,9926	15,52	12,44	3,063	0,735	0,294	0,228	0,117	0,070	0,588	—	—	0,20	—	0,144	—
4	do. do.	1867	0,9937	13,25	10,61	2,450	0,643	0,235	0,230	—	0,140	0,850	—	0,438	0,156	0,285	0,148	0,0284
5	do. Margaratsch	1868	0,9934	13,76	10,98	2,909	0,588	0,118	0,147	0,116	0,201	0,584	—	0,503	0,306	0,245	0,078	0,026

[1]) Ann. d. Oenologie 1873. Bd. III. S. 1. Die Weine stammen meistens aus den Jahren 1868 bis 1869; ausser diesen Weinen untersuchte Verf. noch eine grössere Anzahl auf Gehalt an Alkohol, freier Säure und auf spec. Gewicht.

*) Der Alkohol wurde vergleichend nach mehreren Methoden bestimmt.

a. Durch Destillation von 50 CC. auf die Hälfte und Bestimmen des spec. Gewichtes des auf 50 CC. gebrachten Destillats; aus den gefundenen Volumprocenten findet man die Gewichtsprocente nach der Gleichung: $x = V \frac{d}{D}$; worin d = spec. Gewichte des absoluten Alkohols; D = spec. Gewicht des Weines, V = Volumprocente.

b. Indirecte Methode aus dem spec. Gewicht des ursprünglichen und des von Alkohol befreiten Weines nach der Formel (Alkohol-Gehalt) A = 1 — (a — e), worin a = spec. Gewicht des ursprünglichen, e = spec. Gewicht des von Alkohol befreiten Weines ist.

c. Sacharimetrische Methode (nach Balling); im wesentlichen mit vorstehender gleich und nur mit dem Unterschiede, dass das spec. Gewicht in Sacharometer-Graden ausgedrückt und der Alkohol gleich in Gewichtsprocenten erhalten wird nach der Gleichung: (Alkohol-Gehalt) A = (n — m) o, worin m = Sacharometer-Grade des ursprünglichen, n des von Alkohol befreiten Weines, C = sog. Attenuations-Differenz; zur Berechnung des letztereren wird die ursprüngliche Concentration des Mostes p nach der Formel: $p = \frac{n - m}{q - 1} + n$ bestimmt, worin q = Attenuations-Quotient = 1,222 im Durchschnitt angenommen wird.

Die der so berechneten Zahl entsprechende Attenuations-Differenz wird in einer Tabelle aufgesucht. Zur Bestimmung des Alkohols im Wein dienten ferner:

d. Das Dilatometer von Silbermann (auf der Ausdehnung der Flüssigkeit durch Wärme beruhend).

e. Das Ebullioscop (auf der Siede-Temperatur des Alkohols und seiner Mischung mit Wasser beruhend), und

f. Die Methode von Arthur, die sich auf die Adhäsion von Alkohol in Capillarröhren gründet. Im Vergleich zu a lieferte die Methode b Differenzen von — 4,2 bis + 1,1 %. Die Methode c von — 1,21 bis + 1,28 %, d von + 0,85 bis — 1,3 %, e von — 0,4 bis + 1,35 %, bei f bis zu 7,4 %.

Den Gehalt an **Extract** fand S. durch Eindampfen von 5 CC. Wein in Porzellanschalen, 5stündiges Trocknen bei 100° und 24stündiges Stehen unter der Luftpumpe; **freie Säure** durch Titration mit Natronlauge, von welcher 1 CC. = 0,0057 g Weinsäure entsprach; **Glycerin** nach Pasteur durch Eindampfen von 100 CC. Wein bei 40° bis auf ½ Volumen; Zusatz von gelöschtem Kalk und Thierkohle und weiteres Eintrocknen bei 40° C.; der trockne Rückstand wird mit gleichen Theilen Alkohol und Aether ausgezogen, die Lösung (das Filtrat) erst in freier Luft und dann unter der Luftpumpe verdunstet. **Bernsteinsäure** wurde nach der von Pasteur gegebenen Formel aus dem Glycerin-Gehalt berechnet, nämlich 3,5 g Glycerin = 0,7 g Bernsteinsäure; **Asche** durch Einäschern des Abdampfrückstandes von 50 CC. Wein; **Phosphorsäure** durch Behandeln der Asche mit Salpetersäure nach der Molybdän-Methode; **Weinstein** nach der Methode von Berthellot u. Fleurieu: 100 CC. Wein werden mit 20 CC. einer Mischung von gleichen Theilen Alkohol und Aether versetzt, 48 Stunden stehen gelassen, der ausgeschiedene Niederschlag abfiltrirt, mit der ätherischen Mischung ausgewaschen, in Wasser gelöst und mit Natronlauge titrirt, von welcher 1 CC. = 0,001529 g Weinstein; zu der gefundenen Zahl wird pro 1000 CC. noch 0,2 g als Verlust für nicht ausgeschiedenen Weinstein hinzuaddirt.

Laufende No.	Sorte und Ursprung des Weines	Jahrgang	Spec. Gew.	Alkohol Vol. %	Alkohol	Trocken-Substanz	Freie Säure (als Weinsäure berechnet)	Gesammtfreie und gebundene Weinsäure	Die gesammte Weinsäure als Weinstein berech.	Bernsteinsäure berechnet	Flüchtige Säure als Essigsäure	Glycerin	Zucker	Gerbstoff	Sstickstoff-Substanz (N × 6,25)	Asche	Kali	Phosphorsäure
					Gramme in 100 Cubikcentimeter Wein													
6	Bordeaux Margaratsch, erwärmt	1868	0,9934	13,76	10,98	2,858	0,588	0,118	0,147	—	—	—	—	0,250	0,063	—	0,078	—
7	do. Gursuf	1869	0,9937	14,82	11,86	3,080	0,490	0,128	0,260	0,092	0,097	0,458	—	0,370	0,225	0,338	0,110	0,057
8	do. Aluschta	1869	0,9925	13,13	10,52	2,840	0,557	0,140	0,176	0,189	0,090	0,846	—	—	0,298	0,245	0,170	0,029
9	Lafitte Parteint	1869	0,9941	14,40	11,51	3,078	0,350	0,024	0,030	0,099	0,127	0,480	—	0,354	0,269	0,247	0,021	0,011
10	Petitbourgogne Limery	1868	0,9952	12,55	10,03	2,451	0,558	0,114	0,143	0,140	0,230	0,720	—	0,312	0,313	0,309	0,105	0,022
	Mittel der Rothweine	.	**0,9939**	**13,30**	**10,76**	**2,761**	**0,559**	**0,154**	**0,182**	**0,125**	**0,142**	**0,639**	—	**0,340**	**0,225**	**0,267**	**0,111**	**0,027**
	2. Weissweine.																	
11	Riesling	1842	0,9922	16,35	13,10	3,517	0,642	0,115	0,149	—	0,025	—	0,040	—	—	0,257	0,1090	—
12	do. Liwadia	1868	0,9922	14,81	11,87	2,204	0,630	0,204	0,255	0,143	0,140	0,713	—	—	0,0525	0,171	0,0820	0,021
13	do. Djemiett	„	0,9931	11,93	9,55	1,943	0,480	0,200	0,251	0,134	0,102	0,674	Spur	—	0,1444	0,163	0,0825	0,036
14	do. Magaratsch	1867	0,9906	15,58	12,51	2,789	0,605	0,176	0,221	0,143	0,090	0,608	—	—	0,175	0,179	0,0500	—
15	do. Tschukurlar	1868	0,9890	15,37	12,36	2,155	0,495	0,196	0,246	0,125	0,090	0,627	—	—	0,219	0,195	0,1060	0,023
16	Sauterne Liwadia	1869	0,9897	15,09	12,13	2,577	0,412	0,1795	0,224	0,062	0,102	0,309	Spur	—	0,175	0,212	0,0965	0,011
17	do. Massandra	1868	0,9895	14,23	11,43	2,082	0,420	0,147	0,184	0,063	0,117	0,315	0,225	—	0,200	0,200	0,0590	0,011
18	do. Gursuf	1869	0,9905	16,93	13,59	2,225	0,427	0,095	0,119	0,1325	0,107	0,663	Spur	—	0,194	0,153	0,0780	0,019
19	do. Parteint	„	0,9926	14,80	11,85	2,225	0,322	0,156	0,195	0,113	0,051	0,569	do.	—	0,194	0,153	0,0710	0,020
20	Pinot Magaratsch	1867	0,9991	14,58	11,16	4,515	0,427	0,112	0,140	—	0,132	—	3,403	—	0,2102	0,172	0,0840	0,037
21	Pedro-Ximenes.	1868	0,9948	14,15	11,31	3,237	0,505	0,093	0,116	0,167	0,155	0,830	Spur	—	0,1244	0,382	0,0920	0,090
22	Kokur Aluschta	1869	0,9934	14,34	11,51	1,353	0,544	0,207	0,260	0,111	0,090	0,583	—	—	0,125	0,215	0,1270	0,028
	Mittel der Weissweine	.	**0,9931**	**14,85**	**11,96**	**2,568**	**0,492**	**0,157**	**0,197**	**0,119**	**0,100**	**0,589**	**0,458**	—	**0,165**	**0,204**	**0,0864**	**0,030**
	3. Dessertweine.																	
23	Muscat noir Magaratsch	1866	1,068	12,26	9,11	21,58	0,477	0,053	0,066	—	0,050	—	10,558	—	—	0,445	0,160	—
24	do. blanc Gursuf	1864	1,025	13,60	10,54	10,70	0,732	0,052	0,065	0,0046	0,099	0,232	6,820	0,017	—	0,451	0,117	—

25	Mad. Malvoisie Simeis	1867	1,044	16,53	12,59	16,30	0,330	0,036	0,045	—	0,204	—	5,89	—	—	0,456	0,068	—
26	Mad. Malvoisie Partenit	1868	1,024	15,29	11,87	11,116	0,435	0,029	0,036	—	0,092	—	3,95	—	—	0,352	0,080	—
	Mittel der Dessertweine	.	**1,040**	**14,42**	**11,03**	**14,93**	**0,494**	**0,043**	**0,053**	**0,0046**	**0,111**	**0,232**	**6,80**	**0,017**	—	**0,439**	**0,106**	—
	B. Der Thäler.																	
	1. Rothweine, Tischweine.																	
27	Belbeck	1869	0,9939	11,94	9,56	2,170	0,615	0,128	0,167	0,108	0,121	0,543	—	—	0,200	0,195	0,096	0,0157
28	Nowobajaut	1870	1,0011	11,31	9,98	3,490	0,720	0,316	0,395	0,045	0,160	0,225	1,756	0,143	0,213	0,218	0,100	0,0156
29	Taracktasch	1870	0,9943	10,31	8,25	1,569	0,580	0,096	0,120	0,041	0,240	0,205	—	—	0,113	0,237	0,081	(0,002)
	Mittel der Rothweine	.	**0,9964**	**11,19**	**9,26**	**2,343**	**0,638**	**0,180**	**0,227**	**0,065**	**0,174**	**0,324**	**1,756**	**0,143**	**0,175**	**0,317**	**0,092**	**0,0157**
	2. Weissweine, Tischweine.																	
30	Belbeck	1869	0,9940	14,61	11,69	2,826	0,540	0,021	0,026	0,096	0,132	0,478	Spur	—	0,188	0,308	0,086	0,012
31	Nowobajaut	1870	0,9987	12,28	9,78	3,403	0,780	0,283	0,354	—	0,168	—	1,710	—	0,156	0,177	0,103	0,009
32	Burgunder Sudack	1869	0,9922	10,76	8,62	1,773	0,564	0,101	0,126	0,075	0,231	0,377	—	—	0,151	0,205	0,087	0,019
33	Sudack	1869	0,9960	9,08	7,25	1,860	0,562	0,107	0,134	0,093	0,215	0,466	—	—	0,088	0,181	0,090	0,019
34	Asjsowwa	1867	0,9943	11,21	8,96	2,222	0,525	0,124	0,155	0,140	0,132	0,702	Spur	—	0,156	0,245	0,088	0,017
35	do.	1869	0,9926	10,06	8,06	1,874	0,580	0,062	0,077	—	0,120	—	—	—	—	0,214	0,095	—
36	Theodosia	—	0,9939	14,50	11,67	2,574	0,854	0,059	0,074	0,004	0,282	—	—	—	0,363	0,266	0,080	0,009
37	do.	1868	0,9924	12,56	10,07	2,005	0,528	0,192	0,241	0,103	0,115	0,527	—	—	0,187	0,165	0,092	0,017
	Mittel der Weissweine	.	**0,9943**	**11,88**	**9,51**	**2,317**	**0,617**	**0,144**	**0,148**	**0,084**	**0,174**	**0,510**	**0,570**	—	**0,184**	**0,220**	**0,090**	**0,015**
	3. Dessertweine.																	
38	Muscat Sudack	1869	1,0039	15,33	12,14	5,540	0,567	0,041	0,055	0,101	0,060	0,505	3,234	—	0,208	0,314	0,118	0,019

Bessarabische Weine.

	1. Rothweine.																	
	A. Südliche Region.																	
39	Tischwein, Kischineff	1868	0,9960	12,46	9,85	3,120	0,796	0,216	0,237	0,043	0,312	0,216	0,542	0,153	0,194	0,182	0,1000	0,019
40	do. Ackjermann	—	0,9926	12,20	9,78	2,104	0,567	0,228	0,285	0,101	0,070	0,502	—	—	0,138	0,189	0,1006	0,021

Laufende No.	Sorte und Ursprung des Weines	Jahrgang	Spec. Gew.	Alkohol Vol. %	Alkohol	Trocken-Substanz	Freie Säure (als Weinsäure berechnet)	Gesammtfreie und gebundene Weinsäure	Die gesammte Weinsäure als Weinstein berech.	Bernsteinsäure berechnet	Flüchtige Säure als Essigsäure	Glycerin	Zucker	Gerbstoff	Stickstoff-Substanz (N × 6,25)	Asche	Kali	Phosphorsäure
					Gramme in 100 Cubikcentimeter Wein													
41	Bon bourgois Ackjermann . . .	1869	0,9951	9,70	7,75	2,140	0,540	0,159	0,199	0,041	0,142	0,203	—	0,195	0,244	0,232	0,0640	0,011
42	Bordeause Odessa	1868	0,9941	8,24	6,59	2,454	0,460	0,177	0,221	0,055	0,112	0,277	0,232	0,232	0,194	—	0,0690	—
	Rothweine, Mittel	.	**0,9945**	**10,65**	**8,49**	**2,455**	**0,591**	**0,195**	**0,236**	**0,060**	**0,159**	**0,297**	**0,387**	**0,193**	**0,192**	**0,201**	**0,0834**	**0,017**
	B. Mittel-Region.																	
43	Tischweine: Kischineff	1868	0,9907	8,82	7,08	1,826	0,605	0,124	0,156	0,046	0,232	0,230	—	0,250	0,2063	0,185	0,091	0,016
44	do. do.	1868	0,9963	12,07	9,64	2,406	0,660	0,205	0,304	0,093	0,130	0,464	—	—	0,1188	0,198	0,194	0,028
45	do. do.	1868	0,9954	10,22	8,16	2,357	0,681	0,197	0,240	0,094	0,140	0,478	—	—	0,1188	0,202	0,088	—
46	do. Bendery	1868	0,9921	13,15	10,54	2,060	0,600	0,209	0,261	0,132	0,100	0,662	—	—	0,3063	0,157	0,091	0,022
47	do. Tiraspol	1869	0,9953	10,83	8,55	1,918	0,602	0,251	0,314	0,100	0,115	0,504	—	—	0,1940	0,223	0,129	0,025
48	do. Donizeny (Pruth) . .	1869	0,9931	11,47	9,19	2,060	0,600	0,225	0,294	0,127	0,080	0,631	—	—	0,1500	0,130	0,100	0,029
	Mittel von Mittel-Region	.	**0,9938**	**11,09**	**8,86**	**2,104**	**0,625**	**0,202**	**0,262**	**0,099**	**0,133**	**0,495**	—	**0,250**	**0,1674**	**0,183**	**0,116**	**0,024**
	C. Nördl. Region.																	
49	Bordeaux. Kamenka (Podolien) .	1869	0,9950	12,32	9,35	2,190	0,315	0,161	0,301	0,056	—	0,279	—	—	0,213	0,207	0,112	0,018
50	do. do.	1869	0,9934	10,73	8,68	2,287	0,520	0,088	0,110	0,022	0,127	0,109	Spur	0,20	0,20	0,224	0,041	0,017
	Mittel von Nördl. Region	.	**0,9942**	**11,53**	**9,02**	**2,139**	**0,418**	**0,125**	**0,155**	**0,039**	**0,127**	**0,194**	Spur	**0,20**	**0,207**	**0,216**	**0,077**	**0,018**
	Mittel sämmtl. Rothweine	.	**0,9942**	**11,09**	**8,79**	**2,233**	**0,545**	**0,174**	**0,218**	**0,066**	**0,140**	**0,329**	**0,194**	**0,214**	**0,1888**	**0,200**	**0,092**	**0,020**
	2. Weissweine.																	
	A. Südliche Region.																	
51	Tischwein Ackjermann	—	0,9923	10,91	9,82	1,851	0,589	0,215	0,269	0,0999	0,08	0,499	—	—	0,1188	0,185	0,046	0,0199
52	do. do.	1862	0,9910	12,28	9,85	2,125	0,662	0,149	0,181	0,104	0,08	0,523	—	—	0,1188	0,141	0,108	0,030

53	Tischwein Ackjermann	1867	0,9911	12,18	9,77	1,812	0,622	0,154	0,185	0,114	0,09	0,573	—	—	0,156	0,141	0,072	0,025
54	Sautome Odessa	1868	0,9933	10,08	8,41	2,11	0,407	0,188	0,235	0,081	0,139	0,404	—	—	0,248	0,185	0,095	0,012
	Mittel, südliche Region	.	**0,9919**	**11,36**	**9,46**	**1,975**	**0,570**	**0,177**	**0,218**	**0,097**	**0,097**	**0,500**	—	—	**0,1604**	**0,174**	**0,080**	**0,022**
	B. Mittel-Region.																	
55	Tischwein Donizeny (am Pruth) .	1866	0,9936	11,73	8,86	2,154	0,676	0,175	0,220	0,091	0,120	0,456	—	—	0,0688	0,186	0,130	0,033
	C. Nördl. Region.																	
56	Rheinwein Kamenka	1869	0,9922	12,46	10,10	1,833	0,510	0,092	0,115	0,037	0,142	0,167	0,0025	—	0,175	0,171	0,143	0,011
	Mittel sämmtl. Weissweine	.	**0,9926**	**11,85**	**9,47**	**1,985**	**0,585**	**0,148**	**0,184**	**0,075**	**0,120**	**0,374**	**0,0025**	—	**0,1347**	**0,177**	**0,084**	**0,022**

Weine des Don.

57	Roth moussirend Zimliansk . . .	—	1,278	8,06	5,02	8,333	0,34	0,129	0,161	0,050	0,024	0,25	7,26	0,18	0,0688	0,140	0,055	0,008
58	Weiss moussirend Donseher . .	—	1,051	9,65	7,30	16,40	0,525	0,071	0,089	0,62	0,131	0,312	8,260	—	—	0,250	0,060	0,013

Kaukasische Weine.

	1. Rothweine.																	
59	Imeretien	—	0,9967	7,80	6,04	3,229	0,602	0,044	0,055	0,023	0,041	0,115	0,931	0,311	0,1560	0,331	0,080	0,001
60	Derbent	1869	0,9937	14,09	10,52	2,028	0,408	0,166	0,199	0,108	0,045	0,544	Spur	0,495	0,0456	0,193	0,080	Spur
61	do.	—	0,9993	13,61	10,95	2,916	0,388	0,115	0,167	0,106	0,040	0,534	do.	0,589	0,0963	0,285	0,146	0,017
62	Kahetien	—	0,9958	12,23	9,76	2,807	0,540	0,196	0,246	0,120	0,060	0,601	do.	0,638	0,2690	0,252	0,146	0,041
	Mittel der Rothweine	.	**0,9964**	**11,93**	**9,32**	**2,745**	**0,485**	**0,130**	**0,167**	**0,089**	**0,052**	**0,449**	**0,233**	**0,508**	**0,1417**	**0,265**	**0,113**	**0,015**
	2. Weissweine.																	
63	Eriwan	—	0,9988	14,51	11,55	3,851	0,326	0,040	0,050	0,103	0,306	0,513	—	—	0,131	0,336	0,085	0,014
64	Derbent	—	0,9937	12,45	9,69	2,29	0,420	0,160	0,215	0,092	0,030	0,46	Spur	—	0,113	0,176	0,089	0,030
65	Kahetien	—	0,9934	12,57	10,06	2,800	0,497	0,166	0,208	0,167	0,070	0,584	do.	—	0,25	0,225	0,125	0,038
	Mittel der Weissweine	.	**0,9953**	**13,18**	**10,43**	**2,960**	**0,414**	**0,122**	**0,158**	**0,120**	**0,135**	**0,519**	Spur	—	**0,165**	**0,246**	**0,100**	**0,027**

Kaukasische Weine. — Von Basile Taïroff (No. 1—8), untersucht 1886/87[1]) und von Struve (No. 9—12)[2]).

No.		Spec. Gew.	Alkohol	Extract	Säure = Weinsäure	Fixe Säure	Flüchtige Säure = Essigsäure	Weinstein	Weinsäure	Glycerin	Mineralstoffe	Phosphorsäure	Schwefelsäure	Chlor	Kali	Natron	Kalk	Magnesia	Polarisation
	a. Weissweine.		In 100 CC. sind Gramm																
1	Kachetien: Gouvernement Tiflis, 1883er, tiefgelb	0,9908	10,88	2,25	0,60	0,37	0,182	0,058	0,017	0,80	0,24	0,029	0,019	0,009	0,084	0,004	0,011	0,013	± 0
2	Kachetien: 1885er, dunkelgelb	0,9955	10,72	2,90	0,44	0,33	0,084	0,134	0,024	0,85	0,18	0,041	0,006	0,006	0,117	0,011	0,007	0,013	−1,0
3	Kachetien: desgl. desgl.	0,9922	6,93	2,13	0,51	0,46	0,043	0,152	0,039	0,72	0,18	0,033	0,013	0,007	0,098	0,012	0,010	0,011	± 0
4	Eriwan: Stadt, 1885er, gelb	0,9920	11,80	2,71	0,38	0,29	0,062	0,058	0,017	0,83	0,35	0,049	0,019	0,007	0,118	0,015	0,006	0,013	−0,1
5	Eriwan: Gouvernement, 1885er, hellgelb	0,9916	9,51	1,85	0,47	0,39	0,070	0,077	0,024	0,69	0,30	0,034	0,014	0,006	0,136	0,013	0,010	0,014	± 0
	Weisswein, Mittel	**0,9924**	**9,97**	**2,37**	**0,48**	**0,37**	**0,088**	**0,096**	**0,024**	**0,78**	**0,25**	**0,037**	**0,014**	**0,007**	**0,111**	**0,011**	**0,009**	**0,013**	—
	b. Rothweine.																		
6	Kachetien: 1885er, tiefrother Wein	0,9948	10,46	2,76	0,43	0,36	0,058	0,134	0,032	0,89	0,32	0,060	0,008	0,009	0,131	0,009	0,008	0,015	± 0
7	Kachetien: desgl.	0,9961	11,67	3,15	0,46	0,36	0,080	0,171	0,032	0,95	0,27	0,045	0,007	0,007	0,137	0,009	0,009	0,023	± 0
8	Eriwan, 1885er, hellrother Wein	0,9928	8,95	1,96	0,46	0,36	0,074	0,115	0,024	0,68	0,26	0,020	0,014	0,005	0,128	0,012	0,011	0,013	± 0
			%	%	%		%				%		%						
9	Rothwein I	—	9,74	2,37	0,56	—	0,074	—	—	—	0,18	—	0,009	—	—	—	—	—	—
10	„ II	—	9,75	2,11	0,54	—	0,079	—	—	—	0,18	—	0,009	—	—	—	—	—	—
	Rothwein, Mittel	**0,9946**	**10,11**	**2,47**	**0,49**	**0,36**	**0,073**	**0,140**	**0,029**	**0,84**	**0,24**	**0,042**	**0,009**	**0,007**	**0,132**	**0,010**	**0,009**	**0,017**	—
								Zucker											
11	Traminer	—	11,25	2,21	0,61	—	0,137	—	—	—	0,18	—	0,001	—	—	—	—	—	—
12	Muscat	—	10,67	2,80	0,60	—	0,109	0,34	—	—	0,15	—	0,001	—	—	—	—	—	—

[1]) Fresenius: Zeitschr. f. analyt. Chemie 1887. Bd. 26. S. 52. Die Weinbereitung in Kaukasien lässt, wie Taïroff bemerkt, noch viel zu wünschen übrig. Die besten Weine sind die Kachetiner Weine; weniger gut die von Mingrelien, sowie aus den Gouvernements Eriwan, Jelisawetopol etc. Die obigen Weine sind reine Naturweine. Sie sind nach den von E. Borgmann in Anleitung zur chem. Analyse der Weine angegebenen Methoden (vergl. II. Thl. dieses Werkes) untersucht worden.
Weisswein No. 2 enthielt 1,07 % Zucker; die Rothweine ergaben pro 100 CC. Wein:

	No. 6	7	8
Farb- und Gerbstoff . . .	0,69	0,74	0,36 g

[2]) Nach Allg. W. Ztg. 1887 No. 4 in Vierteljahresschr. f. Chem. d. Nahrungs- u. Genussmittel pro 1887. S. 100.

Wein aus Kleinasien. — Von A. Stutzer[1]) (No. 1—6), R. Kayser[2]) (No. 7—12), C. Hoffmann[3]) (No. 13).

No.		Zeit der Untersuchung	Spec. Gew.	Alkohol	Extract	Zucker	Säure = Weinsäure	Glycerin	Mineralstoffe	Phosphorsäure	Schwefelsäure	Kalk	Magnesia	Polarisation ° im 200 mm Rohr
				In 100 CC. sind Gramm										
1	Ismid Pinot 1881er, roth	1882	0,9921	12,27	2,56	0,90	—	—	0,25	—	—	—	—	— 1,03
2	„ Medoc 1881er, „	„	0,9921	10,17	2,42	0,60	—	—	0,23	—	—	—	—	— 1,73
3	„ Pinot Gois 1881er, roth	„	0,9871	14,28	2,08	0,20	—	—	0,13	—	—	—	—	— 0,88
4	Aus der Gegend v. Smyrna 1883er: Muscat . .	1885	1,0230	11,10	11,54	2,95	0,60	1,06	0,37	0,035	0,042	0,018	0,027	— 9,08
5	Rothwein I	„	0,9960	10,30	3,53	0,26	0,64	0,72	0,42	0,048	0,023	0,014	0,019	— 0,43
6	„ II	„	0,9925	10,40	3,08	0,11	0,61	0,71	0,35	0,032	0,019	0,010	0,018	— 0,33
7	Sog. Smyrnaer: Herber Rothwein .	1888	—	12,10	5,00	—	0,93	—	0,40	0,046	0,034	—	—	—
8	Muscat Budja . .	„	—	12,40	11,30	—	0,78	—	0,30	0,045	0,040	—	—	—
9	Muscat-Auslese .	„	—	12,30	10,90	—	0,60	—	0,34	0,050	0,038	—	—	—
10	Muscat-Essenz Seidikoi	„	—	11,60	27,50	—	0,75	—	0,49	0,048	0,050	—	*—	—
11	Rothwein-Sect . .	„	—	15,20	10,30	—	0,80	—	0,41	0,047	0,047	—	—	—
12	Roth- und Süss-Kukludja . . .	„	—	12,80	18,20	—	1,27	—	0,52	0,057	0,048	—	—	—
13	Smyrna 1883er, trüb, süss und voll, feines Aroma	1883	1,0360	Gew. % 10,26	% 12,63	% 8,72	% 0,73	% 0,88	% 0,43	% 0,027	% 0,037	% —	% —	0,191

Wein aus Syrien. — Von A. Stutzer[4]) (No. 1—7), C. Hoffmann[5]) (No. 8 und 9).

No.		Zeit der Untersuchung	Spec. Gew.	Alkohol	Extract	Zucker	Säure = Weinsäure	Glycerin	Mineralstoffe	Phosphorsäure	Schwefelsäure	Kalk	Magnesia	Polarisation
				In 100 CC. sind Gramm										(200 mm W.) °
1	Muscatwein 1866er . .	1882	1,0251	15,26	12,52	4,30	0,83	2,00	0,42	0,041	0,218	0,018	0,049	—10,13
2	„ 1871er . .	„	1,0031	13,80	6,61	2,60	0,61	0,82	0,33	0,042	0,054	0,011	0,033	— 4,86
3	„ 1876er . .	„	1,0571	10,67	18,86	4,20	0,57	0,41	0,96	0,051	0,056	(0,454) *)	0,046	— 7,94
4	„ 1878er . .	„	1,0031	13,16	4,70	2,10	0,61	0,50	0,46	0,033	0,204	0,024	0,036	— 5,08
5	„ 1869er . .	„	1,0199	15,10	11,63	4,50	0,71	0,86	(1,16) *)	0,053	0,325	0,017	0,051	— 7,94

¹) Repertorium f. analyt. Chem. 1882. S. 209 u. 1885. S. 77. Die Untersuchungs-Methoden sind nicht angegeben. Die Weine aus Kleinasien wie die aus Spanien und Palästina waren dem Analytiker von dem deutschen Handelsverein in Berlin geliefert; es wird zu den Weinen bemerkt, dass die Weinbereitung in diesen Ländern in Folge der Vorschriften des Korans und des bisherigen Exportes auf einer sehr geringen Stufe steht.

²) Original-Mittheilung. Die Weine werden unter Controle des deutschen Handelsvereins in Berlin mit obiger Bezeichnung in den Handel gebracht. R. Kayser bemerkt zu den Analysen, dass Rohrzucker und Nitrate in den Weinen No. 7 bis 12 nicht nachgewiesen werden konnten. Die Weine sind nach den Vereinbarungen bairischer Chemiker untersucht (vergl. II. Theil dieses Werkes).

³) Mittheil. d. K. K. chem.-physiol. Vers.-Stat. Klosterneuburg 1888. Heft V. Tab. 20. Der Wein No. 13 enthielt 0,128 % N-Substanz (N × 6,25).

⁴) Repertorium f. analyt Chem. 1882. S. 209.

⁵) Mittheil. d. K. K. chem.-physiol. Vers.-Stat. Klosterneuburg 1888. Heft V. Tab. 20. Die Weine aus Syrien No. 8 und 9 enthielten ferner

	No. 8	9
N-Substanz (N × 6,25) . .	0,091 %	0,103 %
Gerbstoff	0,195 „	—

*) Diese Zahlen stehen im Original, können aber unmöglich richtig sein; wenn bei No. 7 der Gehalt an Zucker richtig angegeben ist, so muss es für Extractgehalt entweder 6,16 % oder 10,16 % heissen; nach dem spec. Gewicht ist jedoch anzunehmen, dass die Zahlen für Zucker und Extract verwechselt sind; dass No. 5 1,16 g Asche in 100 CC. enthalten hat, ist mehr als unwahrscheinlich und ein Gehalt von 0,454 g CaO bei No. 3, worin nur 0,96 g Asche und 0,056 g Schwefelsäure vorhanden sind, unmöglich; vielleicht soll es für Kalk bei No. 3 = 0,045 und bei No. 5 für Asche 0,61 heissen.

No.		Zeit der Untersuchung	Spec. Gew.	Alkohol	Extract	Zucker	Säure = Weinsäure	Glycerin	Mineralstoffe	Phosphorsäure	Schwefelsäure	Kalk	Magnesia	Polarisation ° (200 mm W.)
				In 100 CC. sind Gramm										
6	Muscatwein 1873er . .	1882	0,9922	14,62	4,22	0,25	0,76	1,09	0,21	0,035	0,084	0,016	0,033	— 0,90
7	„ 1873er . .	„	0,9951	12,81	(0,16) *)	4,00	0,43	0,32	0,59	0,023	0,283	0,019	0,036	— 2,07
8	Libanon-W. Beyruth in Syrien 1883er, mild, voll, sehr guter Rothw.	1884	0,9970	Gew. % 9,75	% 3,33	% —	% 0,57	% 0,85	% 0,31	% 0,026	% 0,067	Kali % 0,132	% —	—
9	desgl. unklar, stark, etwas unfertiger Weisswein, 1883er	„	0,9923	11,82	3,09	—	0,60	0,82	0,31	0,024	0,026	0,144	—	—

Wein aus Palästina. — Von A. Stutzer[1]) (No. 1—3), C. Hoffmann[2]) (No. 4).

				In 100 CC. sind Gramm										
1	Jerusalem 1880 er, weiss	1882	1,0000	12,64	5,13	1,20	—	—	0,22	—	—	—	—	— 2,29
2	Jerusalem desgl. roth .	„	0,9911	12,56	2,68	0,70	—	—	0,17	—	—	—	—	— 0,37
3	Jerusalem 1881 er, roth .	„	0,9940	13,96	2,84	0,90	—	—	0,22	—	—	—	—	— 1,07
4	Ebendaher, trüb., krank. Weisswein 1883er .	1884	0,9940	Gew. % 10,22	% 2,74	% —	% 0,56	% 0,95	% 0,26	% 0,026	% 0,029	Kali % 0,119	% —	—

Wein aus Australien. — Von J. Skalweit.[3])

				Alkohol Vol. %	Alkohol Gew. %	Extract	Säure		Mineralstoffe					
1	Shiraz, roth	1879	—	17,13	13,80	3,86	0,90	—	0,20	—	—	—	—	—
2	Penena	„	—	16,62	13,40	9,26	1,21	—	0,40	—	—	—	—	—

Wein von Cypern. — Von Klement (No. 1—4), B. Haas[4]) (No. 5) und A. Stutzer[1]) (No. 6).

No.		Zeit der Untersuchung	Spec. Gew.	Alkohol Vol. %	Alkohol Gew. %	Extract %	Zucker %	Säure = Weinsäure %	Glycerin %	N-Substanz (N × 6,25) %	Mineralstoffe %	Phosphorsäure %	Schwefelsäure %	Kali %	Kalk %	Polarisation (200 mm W.)
	Lanarka von bräunlicher bis braungelblicher Farbe:															
1	Sehr süss, schmeckt nach eingekocht. Most	1881	1,0145	5,68	3,94	35,40	21,83	1,04	—	—	0,85	0,067	0,089	0,424	—	—
2	Stark, riecht nach Sprit	„	1,0380	14,74	11,29	14,00	8,17	0,65	—	—	0,42	0,031	0,117	0,176	—	—

[1]) Repertorium f. analyt. Chem. 1882. S. 209.

[2]) Vergl. Anmerkung [5]) Seite 933.

[3]) Hannov. Monatsschr. wider d. Nahrungsfälscher 1879. S. 167. Ueber die Untersuchungs-Methoden vergl. unten unter „Tokayer".

[4]) No. 1—5: Mittheil. d. chem.-physiol. Vers.-Stat f. Wein- und Obstbau in Klosterneuburg. Heft IV. Wien 1885. Tabelle XV.

*) Vergl. Anmerkung *) Seite 933.

No.		Zeit der Untersuchung	Spec. Gew.	Alkohol Vol. %	Alkohol Gew. %	Extract %	Zucker %	Säure = Weinsäure %	Glycerin %	N-Substanz (N × 6,25) %	Mineralstoffe %	Phosphorsäure %	Schwefelsäure %	Kali %	Kalk %	Polarisation (200 mm W.)
3	Lanarka von bräunlich bis braungelbl. Farbe: sehr süss, riecht n. Sprit .	1881	1,0670	14,62	10,90	19,90	12,02	0,89	—	—	0,49	0,050	0,100	0,212	—	—
4	sehr süss u. stark, desgl. .	„	1,0430	14,50	11,06	15,10	8,56	0,74	—	—	0,41	0,035	0,106	0,172	—	—
5 *)	Cypro, sehr gut. Dessertwein . . .	„	1,0967	10,82	7,84	23,95	22,26 *)	0,53	0,39	0,26	0,37	0,047	0,047	0,176	—	—
						In 100 CC. sind Gramm										
6	Kommanderia-Wein 1866er	1882	1,0130	—	14,86	8,59	3,70	—	0,62	—	0,79	0,045	0,330	MgO 0,055	0,019	—4,86°

Griechische Weine. — a. Aeltere Analysen.

No.			Zeit der Untersuchung	Spec. Gew.	Alkohol Gew. %	Extract %	Zucker %	Säure %	Farb- und Gerbstoff %	Asche %	Analytiker
1	Malvasier (Misistra) .	Von der Firma J. F. Menzer in Neckargemünd	?	1,1646	6,02	41,00	36,40	0,90	0,39	1,60	*Fr. Elsner* [1])
2	„ (Vino santo Santorin) . .		?	1,0895	8,46	25,80	20,40	0,60	0,37	0,86	
3	„ Rose . .		?	1,0902	6,83	22,00	20,06	0,90	0,17	0,90	
4	„ Achaja, weiss .		?	1,0242	15,87	14,00	10,90	0,85	—	0,64	
5	„ „ roth .		?	1,0336	15,04	12,25	10,90	0,90	—	0,63	
6	Muscato		?	1,0440	12,56	13,70	9,90	0,58	—	0,56	
7	Maurodaphon . . .		?	1,0114	9,65	9,50	8,06	0,60	0,10	0,40	
8	Elia		?	0,9794	13,40	3,25	—	0,60	0,16	0,23	
9	Kalliste		?	0,9950	13,40	3,30	—	0,60	0,14	0,23	
10	Vino Bacco . . .		?	0,9982	13,60	4,00	—	0,70	0,16	0,24	
11	Korinther		?	0,9833	10,50	2,65	—	0,60	0,15	0,22	
12	Kamarite		?	0,9974	11,30	3,30	—	0,60	0,43	0,23	
13	Santorin		?	1,1486	11,52	36,87	32,79	0,47	—	0,22	*Laboratorium der Chem. Ztg.* [2]) **)
14	Samos		?	1,0283	12,10	11,16	7,68	0,73	—	0,33	
15	Cephallenier		?	1,0470	11,90	15,12	10,79	0,57	—	0,21	

[1]) Zeitschr. gegen Verfälschung d. Lebensmittel 1878—79. II. S. 264 u. 338. Alkohol und Extract sind bei den gewöhnlichen Weinen aus dem spec. Gewicht vor und nach der Entfernung des Alkohols bestimmt nach der Hager'schen Tabelle; bei den zuckerreichen Weinen wurde der Alkohol durch Destillation, Extract durch Eindampfen bestimmt.

[2]) Chemiker Ztg. 1881. S. 666 und 667.

*) Der Wein No. 5 enthielt 11,5 % Dextrose, 10,76 % Lävulose, 0,049 % Gerbstoff, 0,204 % Weinstein, Spuren von Weinsäure und war frei von Salicylsäure und Kartoffelzucker.

**) Das spec. Gewicht ist durch das Pyknometer bestimmt und durch das Aräometer controlirt (obige Zahlen bilden das Mittel beider nur wenig abweichenden Bestimmungen); Alkohol durch Destillation und durch die Bestimmung des spec. Gewichts des ursprünglichen Weines und der entgeisteten und wieder aufgefüllten Flüssigkeit; aus letzterem der Extract nach der Schultze'schen Tabelle; Zucker durch die Fehling'sche Lösung.

Griechische Weine. — b. Neuere Analysen.

No.		Zeit der Untersuchung	Spec. Gew.	Alkohol Vol. %	Alkohol Gew. %	Extract %	Zucker %	Säure = Weinsäure %	Glycerin %	N-Substanz (N × 6,25) %	Mineralstoffe %	Phosphorsäure %	Schwefelsäure %	Kali %	Kalk %	Polarisation (200 mm W.)
16	Samos 1872er	1879	1,0519	—	10,40	13,73	11,22	0,49	?	0,23	0,52	0,055	0,042	0,203	—	—
17	Muscat 1872er	„	1,0574	—	9,44	16,00	13,74	0,54	?	0,14	0,29	0,036	0,070	0,115	—	—
						In 100 CC. sind Gramm								Mg O		
18	Von Flotho & Kaiser in Köln a. Rh. importirt: Samos	1882	1,0231	—	15,20	11,90	8,20	0,68	1,43	—	0,38	0,044	0,053	0,035	0,016	— 7,87°
19	Santorin	„	1,0442	—	9,27	13,36	9,82	0,55	0,56	—	0,33	0,068	0,057	0,029	0,010	— 16,74
20	Malvasier I	„	1,0511	—	15,34	17,78	8,20	0,59	0,29	—	0,29	0,067	0,034	0,028	0,009	— 11,71
21	„ II	„	1,0479	—	13,16	17,52	9,20	0,52	—	—	0,21	0,032	0,018	0,019	0,008	— 6,61
22	Muscat	„	1,0458	—	13,08	16,36	8,82	0,68	1,03	—	0,32	0,036	0,006	0,031	0,010	— 9,47
						%	%	%	%	%	%	%	%	Kali %	%	
23	Vino Santo, 1870er	1883	1,0188	17,27	13,48	9,30	6,74	0,69	0,69	—	0,23	0,025	0,028	0,101	—	Ventzke-Soleil
24	Kalavrita, halbsüsser Achaier Weissw., Peloponnes	1885	1,0000	—	15,64	6,21	3,56	0,43	0,50	0,14	0,29	0,044	0,044	0,117	—	— 1° 10'
25	Moscato di Argostoli, süsser Muscateller von Cephalonia, jonische Inseln	„	1,0535	—	11,61	13,32	14,72	0,41	0,57	0,23	0,35	0,044	0,045	0,121	—	— 10° 2'
26	Vino Santo Rosato, roth. Süssw. v. Santorin, Cyclad. Ins.	„	1,1426	—	6,07	36,71	30,11	0,67	0,52	0,49	0,46	0,088	0,026	0,126	—	— 18° 48'
27	Mont Eros, trockner Weisswein von Cephalonien	„	0,9906	—	12,85	2,86	0,52	0,62	0,87	0,16	0,25	0,025	0,041	0,068	—	— 0° 3'
28	Rothw. Kamarite von Santorin 1884er	1887	0,9948	—	9,46	2,78	—	0,67	0,72	—	0,29	0,035	0,010	0,106	—	—
29	Rothw. Kamarite von Santorin 1886er	„	0,9945	—	10,08	2,63	—	0,64	0,73	—	0,27	0,043	0,018	0,092	—	—
							Gerbstoff %									
30	Athen: 1883er Weissw., unklar, etw. stark u. süss, gut	20/2 1885	0,9930	12,12	9,70	2,58	—	0,62	0,73	0,076	0,220	0,013	0,016	0,109	—	—
31	1877er Weisswein, wie No. 33	„	0,9960	13,37	10,76	3,75	—	0,70	0,88	0,086	0,206	0,012	0,021	0,101	—	—
32	1883er guter herber Rothwein	„	0,9970	12,20	9,73	3,42	0,37	0,68	0,76	0,081	0,253	0,015	0,018	0,126	—	—
33	1877er zieml. herber Rothw. mittl. Qualität	„	0,9920	14,40	11,53	2,80	0,18	0,63	0,94	0,086	0,256	0,018	0,029	0,125	—	—
34	Insel Milot 1883er, sehr herber, guter Rothwein	„	0,9965	11,49	9,18	3,09	0,36	0,61	—	—	0,332	—	0,020	—	—	—

Griechische Weine; b. Neuere Analysen.

No. 16—17 von G. Laube und B. Aldendorff: Hannov. Monatsschr. wider die Nahrungsfälscher 1879. S. 124. Im Original beziehen sich die Zahlen auf Vol.-Proc.; ich habe sie auf Gew.-Proc. umgerechnet; über die Untersuchungs-Methoden vergl. unter „Tokayer."

No. 18—22 von A. Stutzer: Repertorium f. analyt. Chemie 1882. S. 209. Untersuchungs-Methoden sind nicht angegeben.

No. 23 von B. Haas: Mittheil. d. chem.-physiol. Vers.-Stat. f. Wein- u. Obstbau in Klosterneuburg. Heft IV. Wien 1885.

No. 24—29 von J. König u. H. Weigmann, Original-Mittheilung. Die Weine sind nach den Beschlüssen der vom Kaiserl. Gesundheitsamt einberufenen Commission untersucht worden (vergl. II. Thl. dieses Werkes).

No. 30—34. C. Hoffmann, Mittheil. d. K. K. chem.-phys. Ver.-Stat. Klosterneuburg 1888. Heft 5. Tab. 20. Ueber die Untersuch.-Meth. vergl. Niederösterr. Weine S. 909. Anm. *).

No.		Zeit der Untersuchung	Spec. Gew.	Alkohol Gew. %	Extract Gew. %	Zucker Gew. %	Säure = Weinsäure Gew. %	Glycerin Gew. %	Stickstoff-Substanz (N × 6,25) Gew. %	Mineralstoffe Gew. %	Phosphorsäure Gew. %	Schwefelsäure Gew. %	Kali Gew. %	Drehung im Halbschattenapparat
35	Vino Santo Rosato 1884, roth. Süsswein von Santa Maura. Jonische Inseln. Kräftiger als der Santorin. W. gleich. Nam.	1888	1,0296	12,09	12,02	9,23	0,594	0,614	0,168	0,291	0,046	0,039	0,072	— 5,20°
36	Gran Moscato di Lixuri 1884. Weiss. Muscatell. Auslese. Wein von Cephalonia, Jonischen Inseln	„	1,0461	10,49	15,07	14,21	0,751	0,564	0,155	0,300	0,043	0,053	0,102	— 6,67°
37	Gran Malvasia di Cephalonia 1882. Weiss. Malvasier Auslese. Wein von Cephalonia	„	1,0522	10,81	16,37	14,49	0,581	0,592	0,255	0,320	0,054	0,048	0,097	— 6,71°
38	Achaios 1882. Herber Weissw. a. d. Peloponnes	„	1,0003	13,29	5,29	3,04	0,631	0,676	0,199	0,324	0,070	0,058	0,111	— 0,43°
39	Monemvasia 1882. Braun. Malvasier a. d. Peloponnes	„	1,0436	13,33	15,41	12,82	0,586	0,692	0,239	0,345	0,048	0,041	0,127	— 6,35°
40	Moscato Nectar 1882. Muscateller Essenzwein von Cephalonia	„	1,0806	9,70	24,13	18,86	0,551	0,790	0,169	0,388	0,052	0,061	0,133	— 13,28°
41	Argos Malvasia 1884. Weisser peloponnesische Auslese Malvasier	„	1,0429	13,19	16,04	10,57	0,587	0,886	0,245	0,253	0,053	0,045	0,085	— 13,91°
42	Malvasia Nectar 1882. Weisser Malvas. Essenzwein Peloponnes	„	1,0690	10,71	20,48	15,93	0,537	0,683	0,293	0,322	0,079	0,059	0,125	— 12,78°
43	Mavrodaphne 1884. Süssw. v. Patras	„	1,0444	13,13	16,24	12,73	0,566	0,712	0,227	0,304	0,060	0,046	0,132	— 9,29°
44	Rothwein v. Euboea 1886. Hart. Rothwein (noch nicht flaschenreif) .	„	0,9927	11,70	2,73	0,39	0,564	0,833	0,176	0,281	0,038	0,025	0,165	0°
45	Santo 1882. Claret von Santorin .	„	1,0019	12,72	5,75	3,31	0,431	0,770	0,194	0,314	0,061	0,053	0,089	— 1,70°
46	Achaios 1884. Peloponnesischer Weissw., weniger hart als der unter No. 4 gesandte 1882	„	0,9979	11,10	3,88	0,67	0,702	0,850	0,125	0,342	0,087	0,036	0,123	0°

No. 35—46. H. Weigmann, C. Stood und W. Kisch, Original-Mittheilung. Die Weine stammten aus der Handlung von H. Chardon in Coblenz und sind nach den von der Commission im Reichsgesundheitsamt vereinbarten Methoden untersucht. (Vergl. II. Thl. dieses Werkes.)

No.		Zeit der Untersuchung	Spec. Gew.	Alkohol	Extract	Zucker	Säure = Weinsäure	Glycerin	Mineralstoffe
	Santorin-Weine:			In 100 CC. sind Gramm					
47	Kamarite	1887	0,9960	11,62	3,76	0,46	0,79	0,88	0,296
48	Elia, vino di notte	„	0,9920	13,15	3,23	0,76	0,71	1,03	0,280
49	Kalliste, vino di notte	„	1,0050	14,82	7,30	4,71	0,62	1,07	0,218
50	Vino di Bacco	„	0,9990	12,38	4,64	1,42	0,60	0,91	0,242
51	Vino Santo Malvasier	„	1,0750	10,08	24,89	18,95	0,64	0,89	0,372
52	Malvasier	„	1,1110	9,00	33,75	25,50	0,82	0,90	0,330
	Kephalonia-Weine:								
53	Moscato	„	1,0460	11,62	17,84	13,50	0,58	0,95	0,288
54	Wein des Odysseus	„	1,0500	11,62	18,44	15,50	0,50	0,89	0,288
55	Wein der Helena	„	1,0500	12,38	18,95	16,22	0,58	1,07	0,298
56	Mont Eros	„	0,9900	13,15	3,09	0,27	0,63	1,07	0,208
	Patras-Weine:								
57	Achaja Malvasier	„	1,0480	14,82	20,48	16,02	0,58	1,32	0,228
58	desgl. rosso	„	1,0440	13,92	17,57	13,87	0,58	1,25	0,290
59	Mavrodaphne	„	1,0390	14,82	17,04	12,50	0,52	1,15	0,315
60	Wein des Achilles	„	1,0720	12,38	26,43	19,25	0,63	1,24	0,360
61	„ „ Agamemnon	„	1,0460	15,67	18,53	13,15	0,50	1,09	0,315
	Ithaka-Wein:								
62	Wein des Homer	„	0,9960	12,38	4,03	0,53	0,60	0,91	0,392
63	Korinth-Rothwein	„	0,9940	12,00	4,17	0,38	0,70	0,89	0,232
64	Elis-Rothwein	„	1,0140	8,64	8,92	5,00	0,70	0,71	0,310
65	Misistra, Malvasier	„	1,1040	9,00	32,60	25,50	0,82	0,98	0,435
66	Achaja, Wein des Nestor	„	1,1440	11,62	45,34	37,20	0,50	0,88	0,288

Italienische Weine.*) Von der Pariser Weltausstellung 1878. — Von G. Briosi, Del Torre, Vaccarone und Bomboletti.[1]**)

(Die Weine stammen durchweg aus Anfang der 70er Jahre. [1870—1876].)

Rothweine.

Provinz	Zahl der untersuchten Weine	Dichte der Weine	Alkohol Vol. %	Trockensubstanz 100° C. %	Gesammtsäure %	Gerbsäure %	Asche %	Zucker %
Venezien	24	0,9930	12,21	1,69	0,67	0,19	0,19	—
Lombardei	22	0,9955	12,85	2,61	0,67	0,22	0,24	—

No. 47—66 von Sachs-Heidelberg. Vierteljahresschr. f. Chem. der Nahrungs- und Genussmittel pro 1887. S. 574. Die Weine sind durch Menzer-Neckargemünd aus Griechenland bezogen, und wurden nach den von der Commission im deutschen Gesundheitsamt vereinbarten Methoden untersucht (vergl. II. Thl. dieses Werkes).

[1]) Esame Chimica comparativo del vini italiani, inviti all Esposizione internationale del Parigi 1878. Roma 1879.

*) Ausser den von Briosi und F. Sestini ausgeführten Analysen zahlreicher italienischer Weine liegen noch mehrere andere Untersuchungen vor; so: Von A. Carpené über eine Anzahl von Weinen aus dem Bezirk Lecce (Terra d'Otranto) Rivista di viticoltura ed enologia 1878. II. S. 517 von E. Rotondi über 15 Piemontesische Weine, Ibidem 1878. II. S. 346, von A. Funaro über Weine von dem Gute Piaggia bei Pisa; Ibidem 1879. III. S. 449, ferner von C. Portele über 26 italienische Weiss- und Rothweine, Weinlaube 1878. X. S. 319 und P. Freda, Le stazioni sperim. agrar. ital. 1888. Fasc. I.

Bei der beschränkten Bedeutung italienischer Weine für deutsche Verhältnisse und weil in den meisten Analysen nur wenige Bestandtheile der Weine bestimmt sind, begnüge ich mich damit, nur die nachstehenden Untersuchungen aufzunehmen.

**) Ueber Untersuchungs-Methoden siehe weiter unten „Sicilische Weine“ von G. Briosi.

Provinz	Zahl der untersuchten Weine	Dichte der Weine	Alkohol Vol. %	Trockensubstanz 100° C. %	Gesammtsäure %	Gerbsäure %	Asche %	Zucker %
Piemont	70	0,9913	12,66	2,30	0,71	0,23	0,18	—
Ligurien	4	—	13,50	3,47	0,69	—	0,31	—
Emilia, Marche Umbrien	16	0,9939	11,79	1,97	0,71	0,23	0,23	—
Toscana	29	0,9940	11,69	1,88	0,62	0,23	0,24	—
Lazien	4	0,9952	12,82	2,16	0,57	0,16	0,27	—
Mittelmeer-Küste	17	0,9973	12,94	2,93	0,77	0,29	0,28	—
Sicilien	22	1,0005	14,33	3,95	0,64	0,31	0,46	—
Sardinien	4	0,9943	15,17	2,66	0,69	0,26	0,44	—
Mittel aller Rothweine	**215**	**0,9945**	**12,69**	**2,36**	**0,68**	**0,24**	**0,25**	—
Weissweine.								
Venezien	10	0,9922	12,88	1,64	0,60	—	0,18	—
Lombardei	2	0,9905	14,50	1,61	0,56	—	0,17	—
Piemont	1	0,9946	16,50	3,12	0,54	—	0,21	—
Ligurien	1	—	12,00	2,10	0,70	—	0,20	—
Emilia und Umbrien	6	0,9919	13,71	1,86	0,54	—	0,22	—
Toscana	3	0,9926	13,50	1,68	0,62	—	0,20	—
Lazien	1	0,9951	11,30	2,00	0,53	—	0,21	—
Mittelmeer-Küste	11	0,9925	14,82	2,12	0,62	—	0,31	—
Sicilien	9	0,9982	17,00	3,42	0,59	—	0,39	—
Sardinien	5	0,9914	17,84	2,15	0,68	—	0,26	—
Mittel aller Weissweine	**49**	**0,9930**	**14,48**	**2,11**	**0,59**	—	**0,26**	—
Liqueurweine.								
Venezien	1	0,0310	13,70	11,14	0,65	—	0,20	0,733
Piemont	10	1,0183	14,41	9,66	0,66	—	0,19	7,846
Ligurien	1	—	16,10	15,79	0,71	—	0,29	—
Emilia	2	1,0411	13,55	12,95	0,67	—	0,20	10,505
Toscana	2	1,0291	17,00	11,54	0,61	—	0,37	11,817
Küste des adriatischen Meeres	4	1,0370	14,60	15,07	0,59	—	0,30	12,871
Mittelmeer-Küste	16	1,0259	15,29	9,97	0,66	—	0,36	6,887
Sicilien	88	1,0190	17,88	8,97	0,58	—	0,39	13,601
Sardinien	7	1,0129	16,31	6,84	0,64	—	0,34	7,231
Mittel aller Liqueurweine	**131**	**1,0206**	**16,99**	**9,56**	**0,60**	—	**0,36**	**10,991**
Schaumweine.								
Venezien	1	—	11,3	11,02	0,55	—	0,17	—
Piemont	2	—	10,2	11,74	0,55	—	0,25	—
Emilia	1	—	11 3	6,47	0,53	—	0,23	—
Küstenländer	2	—	12,0	9,46	0,74	—	0,17	—
Mittel aller Schaumweine	**6**	—	**11,4**	**9,98**	**0,61**	—	**0,21**	—

Italienische

auf der Wiener Welt-

untersucht von

Landstrich		Farbe	Spec. Gewicht Minimum %	Spec. Gewicht Mittel %	Spec. Gewicht Maximum %	Alkohol Vol. Proc. Minimum %	Alkohol Vol. Proc. Mittel %	Alkohol Vol. Proc. Maximum %
I.	Oberes Po-Becken	Roth .	0,9031	**0,9938**	1,0384	9,25	**13,49**	18,95
		Weiss .	0,9874	**1,0148**	1,0721	8,40	**13,21**	17,20
II.	Lombardei	Roth .	0,9897	**0,9929**	0,9950	11,20	**13,08**	14,30
		Weiss .	0,9901	**1,0091**	1,0879	10,05	**13,17**	15,55
III.	Venetien	Roth .	0,9913	**0,9955**	1,0369	10,55	**12,41**	18,25
		Weiss .	0,9890	**1,0032**	1,0420	11,30	**14,53**	17,05
IV.	Ligurien	Roth .	0,9906	**0,9923**	0,9951	10,45	**13,23**	15,55
		Weiss .	0,9891	**1,0083**	1,0510	11,40	**15,06**	19,60
V.	Emilien	Roth .	0,9905	**0,9977**	1,0213	11,25	**13,64**	17,70
		Weiss .	0,9881	**1,0045**	1,0459	10,35	**14,75**	21,95
VI.	Marschen, Umbrien u. Rom	Roth .	0,9926	**0,9978**	1,0330	9,90	**13,58**	16,95
		Weiss .	0,9900	**1,0056**	1,0396	9,25	**14,30**	19,95
VII.	Toskana	Roth .	0,8934	**0,9907**	1,0043	10,80	**13,91**	17,85
		Weiss .	0,9879	**1,0060**	1,0863	12,00	**14,29**	18,85
VIII.	Südliche Provinzen a. Adriatischen Meer	Roth .	0,9911	**0,9960**	1,0236	11,05	**13,93**	17,15
		Weiss .	0,9891	**1,0259**	1,0796	13,55	**15,35**	17,45
IX.	Südliche Provinzen a. Mittelländischen M.	Roth .	0,9907	**0,9971**	1,0406	10,10	**13,48**	17,65
		Weiss .	0,9896	**1,0034**	1,0357	11,85	**14,20**	17,45
X.	Sicilien	Roth .	0,9907	**1,0214**	1,0867	13,80	**17,18**	20,25
		Weiss .	0,9895	**1,0235**	1,0976	13,70	**18,98**	27,15
XI.	Sardinien	Roth .	0,9902	**1,0035**	1,0636	13,50	**15,00**	16,55
		Weiss .	0,9884	**0,9940**	1,0165	16,00	**17,16**	20,40

[1]) Statione sperimentale Agraria di Roma. Roma 1873.

*) 82 Weinsorten wurden auf flüchtige Säure, nicht flüchtige Säure, Gerbsäure, Zucker und Glycerin untersucht. Die Analysen zeigen folgende Minimum-, Mittel- und Maximumzahlen (in Procenten ausgedrückt):

	Minimum	Mittel	Maximum
Flüchtige Säure	0,0600	0,1443	0,2715
Nicht flüchtige Säure	0,2910	0,5101	0,9112
Zucker	0,1796	3,6303	22,970
Glycerin	0,415	0,930	1,952

Von den 82 Weinsorten sind 46 Rothweine und 36 Weissweine. Der Gerbsäuregehalt derselben ist folgender:

Weine*)

Ausstellung 1873

F. Sestini.[1]) **)

Säure*) in 100 CC			Extract in 100 CC			Asche in 100 CC			Zahl der Analysen
Minimum %	Mittel %	Maximum %	Minimum %	Mittel %	Maximum %	Minimum %	Mittel %	Maximum %	
0,4425	**0,6605**	0,9075	1,004	**2,292**	11,368	0,082	**0,202**	0,743	99
0,4800	**0,6733**	0,9000	1,309	**6,133**	15,950	0,057	**0,172**	0,286	29
0,5213	**0,6720**	0,8775	1,600	**1,630**	2,200	0,081	**0,212**	0,335	10
0,4163	**0,6733**	0,9264	1,130	**4,787**	17,490	0,125	**0,220**	0,560	8
0,5400	**0,7135**	0,9000	1,209	**2,022**	8,345	0,128	**0,201**	0,340	35
0,5775	**0,6640**	0,7500	0,991	**2,091**	4,410	0,157	**0,209**	0,273	5
0,5662	**0,7241**	0,9371	1,364	**1,901**	2,718	0,168	**0,219**	0,336	8
0,5062	**0,7394**	1,0425	1,164	**5,307**	14,023	0,082	**0,204**	0,340	15
0,5850	**0,7425**	0,8850	1,040	**2,578**	7,557	0,073	**0,191**	0,500	21
0,4800	**0,6887**	0,8475	1,056	**4,294**	13,941	0,140	**0,177**	0,220	10
0,5250	**0,6663**	0,8288	1,100	**2,548**	9,127	1,105	**0,219**	0,318	26
0,4612	**0,7065**	0,9525	1,045	**4,019**	18,009	0,127	**0,243**	0,409	19
0,4912	**0,6186**	0,8363	0,836	**1,799**	4,736	0,159	**0,225**	0,350	39
0,4987	**0,6738**	0,7687	0,746	**4,261**	21,886	0,137	**0,224**	0,345	19
0,4650	**0,6399**	0,8225	1,400	**2,699**	7,691	0,195	**0,295**	0,455	14
0,2757	**0,5768**	0,7950	1,373	**7,481**	18,942	0,155	**0,320**	0,736	8
0,5400	**0,7004**	1,0087	1,427	**2,446**	10,891	0,129	**0,275**	0,495	25
0,5250	**0,6419**	0,7875	1,118	**1,368**	9,755	0,191	**0,242**	0,444	17
0,4200	**0,6165**	0,8212	1,080	**8,044**	22,871	0,200	**0,340**	0,601	21
0,3862	**0,5780**	0,8325	1,600	**8,841**	27,940	0,185	**0,386**	0,857	65
0,4875	**0,5540**	0,7875	1,609	**4,216**	15,068	0,218	**0,266**	0,318	8
0,4650	**0,6706**	1,1212	1,357	**2,821**	7,372	0,109	**0,275**	0,536	10

A. Gerbsäuregehalt vom Rothwein:

Minimum	Mittel	Maximum
0,0174	0,184	0,3398

B. Gerbsäuregehalt vom Weisswein:

Minimum	Mittel	Maximum
0,0029	0,0279	0,1183

**) Extract ist durch Trocknen bei 110° C., Alkohol durch Destillation und Bestimmung des spec. Gewichtes mit dem Aräometer nach Salleron bestimmt; spec. Gewicht mit der Mohr'schen Waage; flüchtige Säuren nach der Methode von Kissel durch Destillation mit Phosphorsäure, Glycerin nach Pasteur's Methode, Gerbstoff nach der von Neubauer modificirten Löwenthal'schen Methode, Zucker mit Fehling'scher Lösung nach Abzug des Gerbstoff-Gehaltes.

Römische Weine. — Aus den Jahren 1879, 1880 und 1881 von G. Briosi.[1])

I. Weine aus dem Jahre 1879.

Weissweine.

	Anzahl der Analysen	Spec. Gew. bei 12,5° R.	Alkohol Vol. %	Extract bei 100° C. %	Zucker %	Säure = Weinsäure %	Flüchtige Säure %	Fixe Säure %	Gerb- und Farbstoff %	Mineralstoffe %
Provinz Rom:										
Grottaferrata	1	1,0034	13,9	3,53	—	0,600	0,062	0,54	—	0,137
Tivoli	2	1,0953	10,75	2,69	—	0,598	0,126	0,47	0,123	0,189
Mittel der Weissweine	**3**	**1,0646**	**11,8**	**2,97**	—	**0,598**	**0,105**	**0,49**	**0,123**	**0,172**
Rothweine.										
Albano	1	1,0068	10,4	4,61	—	0,720	0,120	0,60	0,059	0,214
Zagarolo	1	1,0238	11,0	8,55	0,11	0,570	0,054	0,52	—	0,343
Viterbo	1	1,0113	8,6	2,78	1,46	0,590	0,110	0,48	—	0,215
Mittel der Rothweine	**3**	**1,0139**	**10,0**	**5,31**	—	**0,627**	**0,095**	**0,53**	**0,059**	**0,257**
Mittel der Weine pro 1879	**6**	**1,0393**	**10,9**	**4,14**	—	**0,613**	**0,099**	**0,51**	**0,102**	**0,215**
II. Weine aus dem Jahre 1880.										
Weissweine.										
Stadt Rom:										
Porta pia	2	0,9917	10,7	1,48	—	0,68	0,087	0,09	0,053	0,248
„ Maggiore	2	0,9949	9,7	1,83	—	0,51	0,065	0,45	0,063	0,204
Mittel der städtischen Weissweine	**4**	**0,9932**	**10,2**	**1,65**	—	**0,59**	**0,076**	**0,52**	**0,058**	**0,226**
Provinz Rom:										
Grottaferrata	1	0,9936	11,4	2,13	—	0,67	0,075	0,59	—	0,200
Viterbo	1	0,9935	11,3	2,14	—	0,56	0,093	0,47	0,100	0,191
Tivoli	4	0,9965	8,4	1,91	—	0,59	0,110	0,48	—	0,264
Mittel der Weissweine aus der Provinz	**6**	**0,9955**	**9,38**	**1,98**	—	**0,59**	**0,101**	**0,49**	**0,100**	**0,241**
Mittel der Gesammt-Weissweine	**10**	**0,9946**	**9,71**	**1,85**	—	**0,59**	**0,091**	**0,51**	**0,072**	**0,234**

[1]) Annali della Stazione chim. agrar. sperimentale di Roma 1882. Fasc. 9. Ich beschränke mich darauf, aus der grossen Anzahl von Weinanalysen nur die Mittelzahlen mitzutheilen und verweise bezüglich der Untersuchungs-Methoden auf die Bemerkungen unter „Sicilische Weine" von demselben Verfasser.

Rothweine.

	Anzahl der Analysen	Spec. Gew. bei 12,5° R.	Alkohol Vol. %	Extract bei 100° C. %	Zucker %	Säure = Weinsäure %	Flüchtige Säure %	Fixe Säure %	Gerb- und Farbstoff %	Mineralstoffe %
Stadt Rom:										
Porta pia	1	0,9945	10,5	2,19	—	0,55	0,076	0,47	0,091	0,243
„ Maggiore	2	0,9948	10,4	1,96	—	0,58	0,083	0,50	0,070	0,213
„ del Popolo	1	0,9942	12,4	2,79	—	0,74	0,105	0,64	0,089	0,260
Mittel der städtischen Rothweine	**4**	**0,9946**	**10,92**	**2,26**	—	**0,61**	**0,087**	**0,53**	**0,079**	**0,232**
Provinz Rom:										
Grottaferrata	1	0,9921	13,5	2,22	—	0,60	0,060	0,54	0,186	0,232
Albano	1	0,9950	14,2	2,03	—	0,68	0,095	0,59	0,117	0,208
Velletri	2	1,0026	12,65	4,26	—	0,66	0,064	0,59	0,114	0,229
Afile	1	0,9925	11,4	2,37	(3,87)	0,78	0,089	0,69	—	0,110
Zagarolo	1	0,9977	13,0	3,21	—	0,62	0,058	0,56	0,098	0,282
Piglio	4	0,9983	13,17	3,56	—	0,62	0,066	0,55	0,163	0,302
Tivoli	4	0,9940	11,85	2,49	—	0,67	0,084	0,59	0,183	0,256
Mittel der Rothweine aus der Provinz	**14**	**0,9965**	**12,70**	**3,04**	—	**0,66**	**0,074**	**0,58**	**0,165**	**0,251**
Mittel der Gesammt-Rothweine	**18**	**0,9961**	**12,30**	**2,86**	—	**0,65**	**0,076**	**0,57**	**0,142**	**0,247**
Mittel aller Weine pro 1880	**28**	**0,9956**	**11,37**	**2,49**	—	**0,63**	**0,082**	**0,55**	**0,131**	**0,243**

III. Weine aus dem Jahre 1881.

Weissweine.

Stadt Rom:										
Porta pia	4	0,9923	12,04	1,88	—	0,483	0,058	0,43	0,122	0,245
„ Lorenzo	1	0,9932	10,70	1,76	—	0,760	0,078	0,68	—	0,241
„ Maggiore	6	0,9955	9,60	1,72	—	0,540	0,069	0,47	0,071	0,219
„ S. Giovanni	5	0,9998	10,83	3,47	(6,06)	0,540	0,065	0,48	0,122	0,282
„ S. Paolo	5	0,9944	11,08	2,04	—	0,559	0,087	0,47	—	0,198
„ Portese	4	0,9941	10,90	1,89	—	0,565	0,067	0,49	0,144	0,209
„ del Popolo	5	0,9944	10,74	1,86	—	0,576	0,077	0,49	0,119	0,211
„ Salara	1	0,9930	11,70	2,22	—	0,540	0,069	0,47	0,112	0,249
Mittel der städtischen Weissweine	**31**	**0,9950**	**10,80**	**2,15**	—	**0,552**	**0,072**	**0,48**	**0,114**	**0,228**
Provinz Rom:										
Frascati	6	1,0090	9,85	4,65	—	0,594	0,066	0,53	—	0,245
Grottaferrata	2	0,9968	9,90	2,89	—	0,690	0,078	0,61	—	0,235
Marino	6	0,9938	12,55	2,22	—	0,568	0,058	0,51	—	0,246
Albano	1	0,9933	11,45	1,98	—	0,520	0,085	0,44	0,068	0,191

	Anzahl der Analysen	Spec. Gew. bei 12,5° R.	Alkohol Vol. %	Extract bei 100° C. %	Zucker %	Säure = Weinsäure %	Flüchtige Säure %	Fixe Säure %	Gerb- und Farbstoff %	Mineralstoffe %
Velletri	2	0,5959	11,60	2,49	—	0,470	0,056	0,41	—	0,226
Cisterna	3	0,9938	11,50	1,76	—	0,546	0,056	0,53	—	0,253
Monte Rotondo	9	0,9955	12,55	2,64	—	0,586	0,073	0,57	—	0,251
Viterbo	5	0,99616	9,32	1,98	(1,72)	0,560	0,079	0,48	0,171	0,208
Tivoli	3	1,0099	7,90	3,85	(2,37)	0,555	0,073	0,47	0,100	0,219
Mittel der Weissweine aus der Provinz	**37**	**0,9986**	**10,99**	**2,83**	—	**0,573**	**0,068**	**0,52**	**0,128**	**0,234**
Mittel sämmtlicher Weissweine pro 1881	**68**	**0,9970**	**10,91**	**2,52**	**(0,39)**	**0,563**	**0,069**	**0,50**	**0,118**	**0,231**

Rothweine.

	Anzahl der Analysen	Spec. Gew. bei 12,5° R.	Alkohol Vol. %	Extract bei 100° C. %	Zucker %	Säure = Weinsäure %	Flüchtige Säure %	Fixe Säure %	Gerb- und Farbstoff %	Mineralstoffe %
Stadt Rom:										
Porta pia	5	0,9945	11,22	2,23	—	0,60	0,075	0,53	0,207	0,249
„ S. Lorenzo	1	0,9946	10,40	2,19	—	0,62	0,088	0,53	0,134	0,244
„ Maggiore	5	0,9962	9,72	1,98	—	0,58	0,075	0,50	0,112	0,245
„ S. Giovanni	5	0,9951	11,64	2,42	—	0,56	0,076	0,49	0,145	0,269
„ S. Paglo	4	0,9964	10,82	2,42	—	0,50	0,063	0,46	0,113	0,308
„ Portese	4	0,9956	11,02	2,23	—	0,62	0,072	0,55	0,194	0,228
„ del Popolo	4	0,9943	11,27	2,10	—	0,56	0,075	0,49	0,142	0,238
„ Salara	1	0,9972	11,30	2,04	—	0,52	0,061	0,46	0,179	0,258
Mittel der städtischen Rothweine	**29**	**0,9954**	**10,93**	**2,22**	—	**0,57**	**0,073**	**0,50**	**0,150**	**0,255**
Provinz Rom:										
Frascati	1	0,9970	12,40	2,76	—	0,61	0,066	0,54	0,138	0,223
Grottaferrata	2	1,0055	13,25	5,31	(6,29)	0,60	0,077	0,52	0,169	0,229
Marino	5	0,9940	13,62	2,63	—	0,62	0,065	0,56	0,174	0,340
Albano	1	1,0020	11,10	3,87	—	0,58	0,085	0,50	0,064	0,245
Velletri	5	0,9979	13,14	3,38	(5,66)	0,54	0,062	0,48	0,112	0,277
Cisterna	3	0,9940	11,80	1,99	—	0,64	0,073	0,57	0,230	0,239
Afile	2	1,0000	11,20	2,72	—	0,85	0,098	0,75	—	0,159
Genazzano	1	0,9936	13,00	3,09	—	0,62	0,060	0,56	0,143	0,224
Paliano	1	0,9935	12,00	2,10	—	0,72	0,084	0,64	0,119	0,181
Monte Rotondo	13	0,9997	11,80	3,48	(6,41)	0,65	0,073	0,58	0,204	0,287
Viterbo	1	0,9954	12,00	2,75	—	0,68	0,064	0,62	0,162	0,329
Vignanello	1	0,9956	9,90	2,07	—	0,63	0,160	0,47	—	0,240
Mittel der Rothweine aus der Provinz	**36**	**0,9979**	**12,27**	**3,16**	—	**0,64**	**0,074**	**0,56**	**0,168**	**0,271**
Mittel sämmtlich. Rothweine	**65**	**0,9968**	**11,67**	**2,74**	—	**0,61**	**0,074**	**0,54**	**0,160**	**0,264**
Mittel aller Weine pro 1881	**133**	**0,9969**	**11,28**	**2,65**	—	**0,59**	**0,072**	**0,52**	**0,150**	**0,247**

Italienische Weine.

No.		Zeit der Untersuchung	Alkohol Vol. %	Extract	Zucker	Säure = Weinsäure	Traubensäure	Glycerin	Mineralstoffe	Phosphorsäure	Schwefelsäure	Kali	Kalk	Magnesia
				In 100 CC. Wein sind Gramm										
1	Barletta, roth, 1877er	1878	14,7	3,99	0,65	0,36	—	—	0,34	0,033	0,025	0,136	0,014	0,018
2	Bari, „ desgl.	„	13,6	3,46	0,53	0,51	—	—	0,35	0,036	0,018	—	0,008	0,019
3	Brindisi, „ desgl.	„	13,9	3,77	0,40	0,45	—	—	0,33	—	0,013	0,113	0,012	0,018
4	Bisceylin, „ desgl.	„	13,0	3,70	0,45	0,42	—	—	0,35	0,032	0,011	0,125	0,008	0,017
5	Ruvo, „ desgl.	„	12,9	3,32	0,60	0,45	—	—	0,34	0,030	0,014	0,116	0,011	0,017
6	Barletta, „ 1878er	1879	13,5	3,95	0,85	0,50	—	—	0,37	—	0,017	—	—	—
7	Brindisi, „ desgl.	„	13,7	4,04	0,81	0,41	—	—	0,30	—	0,023	—	—	—
8	Bisceylin, „ desgl.	„	13,4	3,51	0,49	0,61	—	—	0,30	—	0,012	—	—	—
9	Ruvo, „ desgl.	„	12,1	3,29	0,44	0,41	—	—	0,27	—	0,023	—	—	—
10	Bitonto, „ desgl.	„	12,0	3,12	0,34	0,41	—	—	0,24	—	0,014	—	—	—
11	Bisceylin, weiss, desgl.	„	12,5	2,29	0,04	0,56	—	—	0,26	—	0,022	0,092	0,007	0,015
12	Bitonto, „ desgl.	„	12,5	2,23	0,07	0,47	—	—	0,26	—	0,023	0,105	0,007	0,017
13	Bitonto, „ 1882er	1883	13,0	3,33	0,30	0,53	0,072	1,40	0,23	0,020	0,022	0,111	0,008	0,018
14	Ruvo, desgl.	„	13,9	3,33	0,34	0,51	0,076	1,42	0,31	0,032	0,023	0,126	0,007	0,022
15	Bitonto, roth, desgl.	„	13,5	3,27	0,28	0,58	0,084	1,40	0,31	0,032	0,020	0,130	0,008	0,022
16	Bisceylin, desgl.	„	13,7	3,78	0,65	0,65	0,096	1,42	0,29	0,033	0,023	0,131	0,008	0,021
17	Brindisi, desgl.	„	14,0	3,83	0,37	0,55	0,078	(0,55)	0,28	0,034	0,021	0,129	0,007	0,023
18	Barletta, desgl.	„	14,5	4,15	0,26	0,49	0,068	1,59	0,34	0,035	0,022	0,140	0,008	0,022
					Gerbstoff		Flüchtige Säure	N-Substanz						
				%	%	%	%	%	%	%	%	%	%	%
19	Römischer Rothwein	1883	10,1	3,1	0,07	0,75	0,22	0,077	0,22	0,032	0,018	0,085	0,009	0,005
20	„ Weisswein	„	10,2	3,4	0,04	0,72	0,18	0,086	0,23	0,037	0,016	0,087	0,013	0,003
					Zucker		Traubensäure	Glycerin						
	Italienische Weine, Mittel (No. 1—20)	.	**13,14**	**3,44**	**0,44**	**0,52**	**0,079**	**1,45**	**0,29**	**0,032**	**0,019**	**0,115**	**0,009**	**0,017**

Italienische Weine:

No. 1—18 von R. Kayser: Repertorium f. analyt. Chemie 1882. S. 69 u. 1884. S. 150. Ueber die Untersuchungs-Methoden vergl. unter „Moselweine“ S. 865. Anm. *). R. Kayser hebt als charakteristisch für die italienische Weine hervor, dass sie statt der Weinsäure Traubensäure enthalten; die Weine sind ferner sehr reich an Farb- und Gerbstoff.

No. 19 u. 20 von Portele: Mittheil. d. K. K. chem.-physiol. Vers.-Stat. Klosterneuburg. Heft IV. Wien 1885. Tab. 16. Die Weine No. 19 u. 20 ergaben ferner:

	Gerbstoff	Reinasche	Eisenoxyd	Natron	Kieselsäure
No. 19 . . .	0,073	0,162	0,001	0,005	0,007 %
No. 20 . . .	0,038	0,170	0,002	0,009	0,003 „

Sicilische

Von G.

(Die Weine stammten durchweg aus

Name des Weines	Anzahl der Bestimmungen	Spec. Gewicht			Anzahl der Bestimmungen	Alkohol Vol. %			Anzahl der Bestimmungen	Gesammtsäure %		
		Maximum	Mittel	Minimum		Maximum	Mittel	Minimum		Maximum	Mittel	Minimum
Gewöhnliche Rothweine	178	1,0233	**0,9952**	0,9887	196	22,66	**13,30**	6,17	62	0,96	**0,69**	0,30
Gewöhnliche Weissweine	30	1,0555	**1,0029**	0,9911	32	24,70	**17,01**	0,00	29	0,99	**0,69**	0,51
Marsala	54	1,0597	**1,0041**	0,9919	61	24,40	**19,81**	14,20	54	0,79	**0,55**	0,39
Marsala**)	23	1,0113	**1,0005**	0,9934	23	23,15	**20,81**	14,90	23	0,69	**0,55**	0,47
Albanello	15	1,0771	**1,0201**	0,9810	17	20,91	**17,30**	11,70	15	0,97	**0,66**	0,49
Zucco rosso . . .	5	1,0027	**0,9976**	0,9953	5	19,80	**17,61**	15,50	5	0,87	**0,74**	0,56
Zucco bianco . . .	13	0,9968	**0,9919**	0,9888	1	21,25	**18,01**	15,00	13	0,77	**0,62**	0,51
Moscato	22	1,1549	**1,0715**	0,9941	27	24,66	**15,34**	6,00	22	1,14	**0,63**	0,27
Malvasia	10	1,0750	**1,0503**	1,0251	13	18,25	**15,28**	11,60	11	0,82	**0,60**	0,34
Naccarella	3	1,0800	**1,0366**	1,0033	3	17,94	**16,88**	16,00	3	0,83	**0,74**	0,64
Amarena	11	1,1031	**1,0390**	0,9995	20	23,40	**15,22**	4,70	11	0,86	**0,62**	0,38
Lacrimae Christi . .	3	1,0391	**1,0155**	0,9912	3	19,94	**18,49**	16,66	3	0,64	**0,62**	0,60
Calabrese	5	1,1221	**1,0690**	1,0295	9	19,05	**15,81**	12,80	5	1,05	**0,80**	0,42
Verschiedene Liqueur- und Trockenbeerweine	97	1,0867	**1,0153**	0,9855	103	27,15	**18,28**	10,53	97	0,92	**0,61**	0,38
Schaumweine . . .	2	1,0578	**1,0449**	1,0320	2	14,90	**14,72**	14,55	2	0,71	**0,71**	0,70
Mittel sämmtlicher Sicilischer Weine .	**448**	1,1540	**1,0094**	0,9810	**504**	27,15	**15,97**	4,70	**332**	1,14	**0,63**	0,27

¹) Intornoai Vini della Sicilia. Studio dell Ing. Giovanni Briosi. Roma 1879.

*) Das spec. Gewicht ist mit der Mohr'schen Waage bei 15° C. bestimmt; der Alkohol in 100 CC. Wein durch Destillation und Bestimmung des spec. Gewichtes des mit Wasser auf 190 CC. gebrachten Destillats mit der Mohr'schen Waage bei 15° C., die Gesammtsäure in 100 CC. Wein durch Titriren mit Natronlauge, von der 1 CC. = 0,01 g Weinsäure

Weine.

Briosi.[1])*)

Anfang der 70er Jahre 1870—1876.)

Anzahl der Bestimmungen	Farb- und Gerbstoff % Maximum	Mittel	Minimum	Anzahl der Bestimmungen	Zucker % Maximum	Mittel	Minimum	Anzahl der Bestimmungen	Trockensubstanz % Maximum	Mittel	Minimum	Anzahl der Bestimmungen	Asche % Maximum	Mittel	Minimum
132	0,870	**0,252**	0,021	5	1,78	**1,42**	0,72	94	1,95	**3,32**	0,60	179	0,73	**0,39**	0,05
21	0,238	**0,073**	0,011	9	19,00	**3,87**	0,10	29	24,31	**5,14**	1,55	30	0,65	**0,38**	0,19
10	0,066	**0,029**	0,007	13	15,90	**5,23**	2,73	58	17,70	**5,40**	2,27	58	0,67	**0,43**	0,17
6	0,028	**0,016**	0,007	6	3,50	**3,17**	2,73	23	8,88	**5,10**	2,46	29	0,67	**0,45**	0,26
9	0,096	**0,037**	0,008	8	16,68	**6,37**	0,62	17	24,32	**7,73**	1,84	16	0,89	**0,43**	0,24
2	0,184	**0,157**	0,130	0	—	—	—	5	5,42	**4,53**	3,63	5	0,46	**0,40**	0,34
6	0,179	**0,056**	0,023	3	1,44	**0,95**	0,57	13	8,62	**3,46**	1,36	13	0,50	**0,26**	0,19
11	0,056	**0,031**	0,021	17	29,01	**17,16**	12,50	26	38,18	**20,08**	3,56	25	0,86	**0,41**	0,17
4	0,023	**0,015**	0,010	8	15,36	**12,33**	9,23	12	20,72	**15,13**	8,09	12	0,40	**0,32**	0,19
2	0,078	**0,060**	0,045	2	14,25	**10,83**	7,40	3	21,46	**14,44**	4,77	2	0,62	**0,52**	0,41
5	0,096	**0,065**	0,048	7	23,49	**8,41**	1,26	20	39,26	**12,86**	3,32	19	0,72	**0,34**	0,11
3	0,092	**0,060**	0,026	3	7,15	**3,17**	1,11	2	3,31	**3,08**	2,85	3	0,33	**0,26**	0,18
2	0,107	**0,084**	0,061	2	29,29	**24,15**	19,00	9	37,07	**15,59**	2,82	9	0,46	**0,33**	0,15
41	0,323	**0,067**	0,012	31	20,42	**6,83**	Spur	100	23,15	**7,51**	2,13	102	1,38	**0,38**	0,20
—	—	—	—	—	—	—	—	2	16,37	**12,79**	9,22	2	0,39	**0,35**	0,32
230	0,870	**0,160**	0,007	**108**	29,295	**8,411**	—	**390**	39,25	**7,55**	0,60	**475**	1,38	**0,38**	0,05

anzeigte; Gerb- und Farbstoff nach der von Neubauer modificirten Löwenthal'schen Methode; Zucker nach Entfernung von Gerb- und Farbstoff durch Thierkohle mittelst Fehling'scher Lösung; Extract durch Trocknen von 10 CC. Wein bei 100° C.; Mineralstoffe durch Einäschern von 100 CC. Wein.

**) Aus den 4 grössten Weinhandlungshäusern Florio, Ingham, Woudhouse und D'Ali e Bordonaro bezogen.

Spanische Weine.

a. Rothweine.

No.		Zeit der Untersuchung	Spec. Gew.	Alkohol Vol %	Alkohol Gew. %	Extract %	Zucker %	Säure = Weinsäure %	Gerbstoff %	Glycerin %	Mineralstoffe %	Phosphorsäure %	Schwefelsäure %	Kali %	Kalk %	Magnesia %
1	(Sämmtlich gegypst) Benicarlo 1878er, alkoholisirt .	1880	—	17,0	—	3,43	0,45	0,35	—	1,09	0,43	0,023	0,177	0,182	0,010	0,016
2	Valencia 1878er . .	„	—	15,6	—	3,81	0,54	0,45	—	—	0,60	0,033	0,276	0,215	0,009	0,014
3	Alikante dgl.	„	—	12,0	—	2,81	0,39	0,43	—	—	0,67	0,027	0,259	0,235	0,006	0,014
4	Sevilla desgl., alkoholisirt	1881	—	18,5	—	2,38	0,28	0,64	—	1,06	0,55	0,025	0,188	0,202	0,007	0,014
5	Benicarlo? .	1880	—	13,5	—	4,18	0,42	0,58	—	—	0,41	0,021	0,187	—	0,009	0,015
6	Romana 1878er . .	„	—	15,3	—	3,40	0,34	0,45	—	—	0,60	0,026	0,240	—	0,006	0,014
7	Benicarlo? alkoholisirt .	„	—	17,3	—	3,81	0,19	0,38	—	1,14	0,56	0,025	0,221	0,228	0,007	0,035
8	Sax, Prov. Alicante, vino tinto seco, starker Dessertw.	1877	0,9942	14,3	11,4	3,10	—	0,40	0,080	—	0,56	0,019	0,241	—	—	0,005
9	Elda, Prov. Alicante vino, salzig süss	„	1,0063	15,9	12,5	5,60	—	0,80	0,332	—	1,07	0,046	0,303	0,425	—	0,008
10	Ebendah., vino clarete dulce, vorzüglicher Liqueurw.	„	1,0220	16,4	12,7	9,40	5,80	0,50	—	—	0,67	0,036	0,161	0,281	—	0,004
11	Alicante, vino tinto seco, ordin. guter Rothwein . . .	„	0,9950	14,0	11,1	3,00	—	0,40	0,206	—	0,59	0,021	0,079	—	—	0,014
12	Alicante, Maisonnave, vino tinto seco, ordin. gewöhnl. Rothwein	„	0,9950	14,4	11,3	3,00	—	0,50	0,247	—	0,64	0,035	0,226	0,246	—	0,007
13	Taragona - Alicante Maisonnave, dgl.	„	1,0187	16,4	12,9	8,30	3,90	0,50	0,219	—	0,93	0,042	0,322	0,343	—	0,033
14	Alaque - Alicante, Maisonnave, gut. Rothwein . . .	„	0,9971	16,7	13,6	4,30	—	0,50	0,230	—	0,74	0,029	0,294	0,300	—	0,024

Spanische Weine:

Rothwein No. 1—7 und Weisswein No. 1—4 von R. Kayser: Repertorium f. analyt. Chemie 1884. S. 152; die sämmtlichen Weine sind stark gegypst; Weisswein No. 4 enthielt 0,032 % Traubensäure. Ueber die Untersuchungs-Methoden vergl. unter „Moselwein“ S. 865. Anm. *).

Rothwein No. 8—18 und Weisswein No. 5—8 von Dworzak, Weigert und Haas: Mittheil. d. K. K. chem.-physiol. Vers.-Stat. Klosterneuburg bei Wien 1885. IV. Heft. Tabelle 17. Auch diese Weine sind sämmtlich mit Ausnahme von Rothwein No. 17 und Weisswein No. 7 und 8 als gegypst zu bezeichnen. Rothwein No. 17 enthielt 0,090 % Weinstein und 0,197 % Stickstoff-Substanz; ferner ergaben:

	Rothwein No. 9	10	11	12	13	14	15	17	18	Weisswein No. 5	6
Natron . .	0,068	0,036	—	0,029	0,099	0,053	0,085	0,120	0,022	0,015	0,014 %
Chlor . .	0,026	0,065	0,053	0,006	—	—	—	—	—	0,039	0,004 „

No.		Zeit der Untersuchung	Spec. Gew.	Alkohol Vol. %	Alkohol Gew. %	Extract %	Zucker %	Säure = Weinsäure %	Gerbstoff %	Glycerin %	Mineralstoffe %	Phosphorsäure %	Schwefelsäure %	Kali %	Kalk %	Magnesia %
15	Benilloba, Prov. Alicante, vino tinto clarificado, guter Rothwein.	1877	0,9937	13,5	10,8	2,80	—	0,50	0,174	—	0,54	0,024	0,155	0,186	—	0,009
16	Alicante, sehr gut., süsser Dessertw.	1883	1,0463	15,5	11,8	15,38	12,63 *)	0,56	0,061	0,63	0,30	0,033	0,062	0,135	—	—
17	Elsche, Alicante, sehr stark. Rothwein	1877	1,0062	15,7	12,4	5,80	—	0,80	0,381	—	1,09	0,040	0,332	0,395	—	0,033
18	Vino seco commun Valencia, starker Dessertwein . .	"	0,9907	16,1	12,9	2,60	—	0,40	0,065	—	0,45	0,017	0,186	0,153	—	0,018
	Mittel: Gewöhnl. Rothwein (No. 1 bis 8, 11, 12, 14, 15, 17)	.	—	15,2	—	**3,53**	**0,38**	**0,49**	**0,22**	**1,09**	**0,61**	**0,027**	**0,221**	**0,242**	**0,008**	**0,016**
	Mittel: Ausgeprägter Süssw., Alicante (No. 9, 10, 13, 16)	.	**1,0233**	**16,1**	**12,78**	**9,69**	**6,55**	**0,59**	**0,20**	**0,63**	**0,74**	**0,039**	**0,212**	**0,296**	—	**0,015**

b. Weissweine.

No.		Zeit der Untersuchung	Spec. Gew.	Alkohol Vol. %	Alkohol Gew. %	Extract %	Zucker %	Säure = Weinsäure %	Gerbstoff %	Glycerin %	Mineralstoffe %	Phosphorsäure %	Schwefelsäure %	Kali %	Kalk %	Magnesia %
1	Gegypst; alkoholisirt: Andalusier 1878er .	1880	—	16,3	—	2,53	0,27	0,60	—	1,04	0,58	0,027	0,239	—	0,013	0,013
2	Gegypst; alkoholisirt: Sevilla desgl.	"	—	18,6	—	3,12	0,48	0,56	—	1,12	0,65	0,026	0,249	—	0,012	0,020
3	Gegypst: Nördl. Spanien?	"	—	9,4	—	2,90	0,31	0,45	—	1,14	0,67	0,027	0,250	0,229	0,014	0,015
4	Gegypst: Xeres, alkoholisirt	"	—	18,0	—	3,22	0,62	0,35	—	0,92	0,40	0,016	0,165	0,172	0,011	0,007
5	Elda, Prov. Alicante, vino blanco seco, sehr guter Liqueurwein . .	1877	1,0090	16,6	13,0	6,60	3,90	0,30	—	—	0,53	0,028	0,110	0,238	—	0,012
6	Alicante, vino blanco seco, starker Dessertwein	"	0,9910	15,8	12,6	2,40	—	0,30	—	—	0,47	0,021	0,084	0,166	—	0,010
7	Alicante, echt, vorzüglich . . .	1883	1,0568	16,03	12,06	18,59	15,47	0,48	—	0,63	0,24	0,025	0,031	0,143	—	—
8	Lacrimae Christi, sehr guter, starker Dessertwein	"	1,0766	16,39	12,10	21,76	18,51 **)	0,54	—	0,58	0,28	0,030	0,017	0,120	—	—

*) Der Zucker besteht aus 6,54 % Dextrose und 6,60 % Lävulose.
**) Der Zucker besteht aus 8,79 % Dextrose un 9,72 % Lävulose.

Wein aus der Provinz Catalana.[1])

No.		Zeit der Untersuchung	Spec. Gew.	Alkohol Vol. %	Alkohol Gew. %	Extract	Zucker	Säure = Weinsäure	Weinstein	Gerbstoff	Glycerin	Mineralstoffe	Phosphorsäure	Schwefelsäure	Kali
	18 reine Naturweine ergaben:				In 100 CC. sind Gramm										
	Minimum	1885	—	8,65	6,95	1,50	0,10	0,38	0,02	0,02	0,55	0,18	0,009	0,014	—
	Maximum	„	—	15,23	12,33	5,57	0,38	0,68	0,25	0,42	1,49	0,35	0,060	0,077	—
	Mittel	„	—	12,28	9,91	2,96	0,19	0,53	0,13	0,20	0,86	0,24	0,027	0,029	—

Portugiesische Weine. — Von B. Haas.[2])

No.		Zeit der Untersuchung	Spec. Gew.	Alkohol Vol. %	Alkohol Gew. %	Extract	Zucker	Säure = Weinsäure	Weinstein	Gerbstoff	Glycerin	Mineralstoffe	Phosphorsäure	Schwefelsäure	Kali
					%	%	%	%	%	%	%	%	%	%	%
1	Benavente, District Santarem, am Tajo, Vieho bastardo 1867er, lichtroth, sehr guter Liqueurwein	1874	1,0625	18,4	13,77	20,09	13,97	0,39	—	0,13	—	0,32	0,042	0,016	—
2	Abranthes, Prov. Estremadura, am Tajo, vieho tinto, 1852er, dunkelgelb, Cognac-Liqueur	„	1,0175	20,8	16,25	9,86	5,48	0,42	—	—	—	0,16	0,040	0,042	—
3	Ega, District Coimbra, vin rouge, 1872er, sehr guter, rother Flaschenwein	„	0,9925	12,4	9,93	3,32	—	0,52	—	0,13	—	0,28	0,017	0,016	0,123
4	Celecros am Douro, Lacrima branca, 1870er, noch trübe, Spritgeruch	„	1,0470	20,6	15,64	16,86	13,28	0,26	—	—	—	0,12	0,028	0,012	0,046
5	Villa Real, Trasos-Montes, vin blanc, dunkelgelber Liqueurwein: 1834er, nicht sehr fein	1875	1,0000	19,3	15,34	5,88	2,63	0,42	—	—	—	0,20	0,035	0,021	0,104
6	Villa Real, Trasos-Montes, vin blanc, dunkelgelber Liqueurwein: 1851er, gut	„	0,9990	19,8	15,10	5,88	2,59	0,42	—	—	—	0,22	0,059	0,026	0,116
7	Villa Real, Trasos-Montes, vin blanc, dunkelgelber Liqueurwein: 1815er, gut	„	1,0010	19,0	9,62	5,10	2,38	0,69	—	—	—	0,20	0,037	0,017	0,098
8	Alijo, District Villa Real, vin blanc, 1872er, feiner Süsswein	„	1,0000	12,1	10,58	4,32	1,43	0,42	—	—	—	0,16	0,035	0,017	0,083
9	Ebendaher, 1872er, guter, halbsüsser Rothwein	„	1,0140	13,5	12,33	8,09	3,18	0,63	—	—	—	0,22	0,038	0,017	—
10	Concelho, d'Alijo, ebendort, Casal de Loivos, 1872er, gut. Dessertw.	1874	1,0120	15,7	17,08	7,80	4,25	0,42	—	—	—	0,21	0,029	0,066	0,074
11	Real Companhia, dos vinhos de Porto, 1840er, lichtroth, guter Dessertwein	„	1,0140	21,8	16,79	10,15	5,72	0,64	—	0,15	—	0,54	0,040	0,067	—

[1]) Die Weine aus der Prov. Catalana sind von Eug. Mascarenas und Jaime Santomé (Chem. Ztg. 1885. S. 1857) nach den von Fresenius und Borgmann angewendeten Methoden (siehe unter „Moselweine“ S. 865. Anm. **) untersucht worden.

[2]) Mittheil. d. K. K. chem.-physiol. Vers.-Stat. Klosterneuburg bei Wien 1885. Heft IV. Tab. 19. Ueber Untersuchungsmethoden vergl. unter „Niederösterr. Weine“ S. 909. Anm. *).

Wein von den Ost-Pyrenäen. — Von Bishop und Ferrer.[1])

No.	Name und Abstammung des Weines	Alkohol %	Extract %	Zucker %	Säure als H_2SO_4 %	Weinsäure %	Weinstein %	Glycerin %	Mineralstoffe %	Kaliumsulfat %	Polarisation °
1	C. Carignan, von Espira, von Agly	10,50	2,060	0,09	0,40	0,111	0,17	0,49	0,24	0,060	+ 1,40
2	Carignan, von Grenade, von Espira	10,50	2,976	0,72	0,44	0,096	0,19	0,88	0,24	0,018	— 2,60
3	Alicante Baushet, von Espira . .	9,50	2,924	0,16	0,50	0,141	0,23	0,99	0,41	0,088	+ 0,40
4	„ „ Auslese	9,60	3,192	0,17	0,50	0,120	0,24	0,74	0,51	0,076	+ 1,50
5	Carignan, von Grenade, von Salies .	12,30	2,484	0,11	0,45	0,099	0,22	0,74	0,21	0,027	+ 0,50
6	Aramon, von Claira	18,90	2,544	0,10	0,62	0,156	0,15	—	0,52	0,048	+ 0,40
7	Aramon, Jaquez und Alicante, von Toreilles	7,00	2,276	0,10	0,50	0,120	0,27	—	0,29	0,046	± 0
8	Aramon, von Toreilles	8,60	2,024	0,10	0,44	0,153	0,22	—	0,30	0,028	+ 0,50
9	Alicante Baushet, von Toreilles . .	7,70	2,276	0,19	0,50	0,183	0,24	—	0,30	0,041	+ 0,30
10	Jaquez, von amerikanischen Reben, von Pouteilla	17,00	3,548	0,22	0,62	0,210	0,23	—	0,48	0,083	+ 1,40
11	Carignan, von Pouteilla	10,20	2,192	0,17	0,45	0,150	0,24	0,80	0,27	0,041	+ 0,30
12	Aramon, von Mas Delfau	10,40	2,016	0,12	0,54	0,159	0,26	—	0,24	0,095	+ 0,80
13	Carignan, von Cabestany	9,50	2,160	0,11	0,50	0,132	0,27	0,66	0,23	0,034	+ 0,40
14	Carignan u. Grenade, von Cabestany	11,60	2,326	0,13	0,44	0,114	0,23	0,78	0,23	0,054	+ 1,00
15	Alicante Baushet, von Cabestany .	8,40	2,512	0,09	0,45	0,117	0,23	—	0,24	0,044	+ 0,30
16	Aramon u. Carignan, von Bauguls u. Aspus.	8,80	2,180	0,10	0,50	0,183	0,21	0,77	0,26	0,081	± 0
	Mittel (No. 1—16)	**10,66**	**2,481**	**0,17**	**0,52**	**0,140**	**0,23**	**0,76**	**0,31**	**0,054**	—

Wein von der Insel Elba.

No.		Zeit der Untersuchung	Alkohol Vol. %	Extract %	Zucker %	Säure = Weinsäure %	Freie Weinsäure %	Weinstein %	Gerbstoff %	Mineralstoffe %	Analytiker
1	Weisswein	1885	11,1	3,54	1,49	0,62	0,036	0,19	0,10	0,31	*S. Signorini*[2])
2	desgl.	„	11,6	3,41	0,81	0,57	0,042	0,18	0,12	0,28	
3	Rothwein	„	13,0	3,45	0,47	0,54	0,042	0,18	0,25	0,28	
4	Muscat	„	12,6	8,96	6,12	0,46	0,030	0,16	0,17	0,33	
5	Aleatico	„	13,0	10,10	6,96	0,47	0,036	0,12	0,16	0,33	

[1]) Nach Journ. pharm. et chim. 1888. S. 503 in Vierteljahresschr. f. Chem. d. Nahrungs- und Genussmittel pro 1888. S. 175.

Bishop u. Ferrer bezeichnen die Weine als notorisch rein; E. List als Referent weist aber an letzterer Stelle schon darauf hin, dass Weine mit einer Rechtsdrehung von + 1,40 unmöglich als Typen reiner Weine aufgestellt werden können; auch ist auffallend, dass Weine mit so verschiedenem Alkohol-Gehalt ganz gleiche Glycerinmengen ergeben haben.

[2]) Studie Ricerche Instituite nel Laboratorio di chim. agrar. della R. Universita di Pisa 1885. p. 81.

Die Weine sind als selbst dargestellte und garantirt reine bezeichnet; der Rothwein war aus 1 Thl. weissen und 2 Thl. rothen Trauben bereitet. Der Alkohol wurde nach Gay-Lussac bestimmt; Extract durch Eindampfen von 10 CC. Wein und mehrstündiges Trocknen bei 80° C.; freie Weinsäure und Weinstein nach der Methode von E. Borgmann (vergl. dessen Anleitung zur chem. Analyse des Weines 1884); Tannin nach der von Pavesi und Rotondi modificirten Fleck'schen Methode; Zucker nach Entfärben mit Bleiessig durch Titration mit Fehling'scher Lösung und unter Berechnung als Glykose.

Capweine. — Von Portele.[1])

No.	Tranbensorte und Abstammung	Alkohol Vol. %	Extract %	Zucker (Dextrose) %	Gesammt-säure %	Essigsäure %	Gerbsäure %	Asche %	Phosphor-säure %	Phosphor-säure in der Asche %
1	Green Grape, Groot Const. 1882 . .	13,92	1,830	—	0,60	0,082	—	0,1385	0,0294	21,22
2	Perl green, Groot Const. 1882 . . .	16,13	2,985	—	0,49	0,121	—	0,2712	0,0400	14,75
3	Gelb. Muscateller, Groot Const. 1886 .	17,65	5,182	2,89	0,44	0,104	—	0,1732	0,0448	25,82
4	Frontignac, Groot Const. 1886 . . .	15,30	2,966	—	0,63	0,197	—	0,2900	0,0553	19,07
5	Stein grape, Groot Const. 1886 . . .	12,35	2,155	—	0,68	0,143	—	0,2190	0,0274	13,10
6	Muscatdamascener, Groot Const. 1886 .	14,11	2,245	—	0,54	0,128	—	0,1950	0,0266	13,64
7	Claôner, Groot Const. 1886	15,87	3,825	1,790	0,52	0,136	—	0,1865	0,0397	21,99
8	Rother Muscateller, Groot Const. 1886	15,11	2,792	—	0,61	0,131	0,102	0,2885	0,0668	23,15
9	Pontac, Groot Const. 1886	15,85	4,350	—	0,53	0,110	0,312	0,4250	0,0851	20,02
10	Hermitage, Groot Const. 1886 . . .	14,39	2,656	—	0,61	0,145	0,091	0,2350	0,0438	18,63
11	Jan Meiring Hex River (Malaga ähnlich), 1857	17,89	26,575	17,460	0,75	0,136	—	0,7600	0,1142	15,03
12	Pearl Manepot Most	—	31,660	27,510	0,23	0,004	—	0,2873	0,0336	11,71
	Capweine, gewöhnliche, Mittel (No. 1, 2, 4, 5, 6, 8 u. 10)	**14,47**	**2,517**	—	**0,59**	**0,135**	**0,091**	**0,2332**	**0,0413**	**17,37**

Amerikanische Weine.

Virginische Weine. — Von J. W. Mollet und R. M. Cooper[2]) (No. 1—12) und von M. A. Crampton[3]) (No. 13—16).

No.		Spec. Gew. bei 15°,5 C.	Alkohol Gew. %	Extract %	Zucker %	Flüchtige Säure = Essigsäure %	Nicht flüchtige Säure = Weinsäure %	Gesammt-Säure = Weinsäure %	Gerbsäure %	Stickstoff-Substanz %	Stickstoff %	Asche %	Kalium als kohlensaures Kalium %
1	Virginia Claret, Alveg-Traube, Monticello & Co.	0,9949	9,80	1,78	0,070	0,15	0,60	0,79	0,018	0,083	0,013	0,24	0,148
2	Virginia Hock, Concord-Traube, Monticello & Co.	0,9932	8,56	1,84	0,058	0,07	0,13	0,53	0,004	0,122	0,019	0,17	0,111
3	Bachantees, Concord-Traube, Laurel Hill . .	0,9941	10,04	1,52	0,047	0,15	0,35	0,54	0,019	0,083	0,013	0,14	0,098
4	Concord, Concord-Traube, Belmont	0,9926	11,03	1,60	0,045	0,13	0,44	0,61	0,011	0,038	0,006	0,15	0,098
5 *)	Swent Concord, Concord-Traube, Laurel Hill . .	1,9050	11,79	5,11	3,152	0,39	0,17	0,66	0,006	0,038	0,006	0,13	0,111

[1]) Nach Weinbau 1888 No. 11 in Vierteljahresschr. f. Chem. d. Nahrungs- und Genussmittel 1888. Heft I. S. 62. Die Weine stammten von der Musterfarm der Capregierung zu Groot Constantin.

[2]) Chm. News 1875. Bd. 32. S. 160.
Extract wurde durch Trocknen bei 110° bestimmt; Säuren durch Titriren mit Kalkwasser oder Ammoniak; flüchtige Säuren durch Eindampfen unter Zusatz von Natronlauge und Destillation des Rückstandes mit Phosphorsäure; Gerbsäure nach Maumené's Verfahren d. h. Zugeben von Alkohol, Barytwasser und Salmiak zum Wein, Abfiltriren und Auswaschen des Niederschlages mit Alkohol und Wasser, Digeriren desselben mit verdünnter Schwefelsäure und Titriren mit Indigo und übermangansaurem Kalium.

[3]) Foods and food adulterants. Part third. Fermented alcoholic beverages von C. L. Crampton. Washington 1887. S. 351. Ueber die Untersuchungs-Methoden vergl. die Analysen desselben Verfassers unter „Californische Weine".

*) No. 5 unter Zusatz von Zuckersyrup bereitet.

No.		Spec. Gew. bei 15,5° C.	Alkohol Gew. %	Extract %	Zucker %	Flüchtige Säure = Essigsäure %	Nicht flüchtige Säure = Weinsäure %	Gesammtsäure = Weinsäure %	Gerbsäure %	Stickstoff-Substanz %	Stickstoff %	Asche %	Kalium als kohlensaures Kalium %
6	Ivey, Ivey-Traube, Belmont	0,9915	11,13	1,69	0,065	0,12	0,57	0,73	0,009	0,051	0,008	0,12	0,074
7 *)	Delaware, Delaware-Traube, Monticello & Co. . . .	0,9931	9,46	1,98	0,075	0,10	0,41	0,55	0,008	0,090	0,014	0,24	0,160
8 *)	Swent Delaware, Delaware-Traube, Laurel Hill . .	1,0117	10,57	6,41	3,703	0,56	0,01	0,72	0,006	0,058	0,009	0,17	0,111
9	Delaware, Delaware-Traube, Belmont	0,9875	12,69	1,42	0,106	0,08	0,41	0,52	0,002	0,102	0,016	0,12	0,086
10	Catawta, Catawta-Traube, Belmont	0,9902	10,04	1,41	0,034	0,16	0,42	0,63	0,003	0,077	0,012	0,13	0,086
11	Nortony, Nortony-Virginia-Traube, Monticello & Co.	0,9953	10,57	2,66	0,112	0,22	0,48	0,76	0,019	0,115	0,018	0,31	0,234
12	Doy Nortony Virginia, Nortony-Virginia-Traube, Laurel Hill	0,9981	11,79	3,55	1,228	0,41	0,50	1,02	0,041	0,102	0,016	0,20	0,148
	Mittel	**0,9950**	**10,62**	**2,58**	**0,724**	**0,211**	**0,374**	**0,671**	**0,012**	**0,079**	**0,012**	**0,175**	**0,122**
									Weinstein	Glycerin			Polarisation
13	Claret, Rothwein	0,9943	9,04	1,52	0,124	0,132	0,315	0,480	0,057	0,517	—	0,224	± 0
14	" "	0,9958	8,92	1,71	Spur	0,183	0,297	0,525	0,095	0,382	—	0,396	— 0,2
15	" "	0,9949	8,43	1,43	0,051	0,221	0,279	0,555	0,086	0,421	—	0,307	± 0
16	" "	0,9969	7,78	1,82	—	0,084	0,600	0,705	0,133	0,412	—	0,252	± 0

Californische Weine.[1])

a. Weissweine.

No.		Zeit der Untersuchung	Spec. Gew.	Alkohol Vol. %	Alkohol Gew. %	Extract	Zucker	Säure = Weinsäure	Glycerin	Mineralstoffe	Phosphorsäure	Schwefelsäure	Kali	Kalk	Magnesia	Polarisation
						In 100 CC. sind Gramm										
1	California-Hock, schlechter, stark. W.	1875	—	14,0	—	1,80	—	—	—	0,20	—	—	—	—	—	—
2	Riesling: 1865, angenehm lieblicher W. .	"	0,9800	12,0	—	2,05	—	—	—	0,26	—	—	—	—	—	—
3	Riesling: Riesling-Traube .	1882	0,9900	—	11,60	1,67	0,10	0,54	0,35	0,19	0,016	0,058	—	0,006	0,012	± 0
4	Riesling: Riesling-Auslese, hellgelb u. klar	1887	0,9911	—	10,06	1,86	—	0,59	0,81	0,19	—	0,049	—	—	—	—

*) No. 7 unter Zusatz von 1/4 Pfd. raffinirtem Zucker auf die Gallone Most, No. 8 unter Zusatz von Zuckersyrup bereitet.

[1]) Die nachstehenden Analysen californischer Weine sind von Georg Baumert in Landw. Versuchs-Stationen 1887. Bd. 33 S. 39 zusammengestellt. Die von Baumert selbst ausgeführten Analysen sind echte Originalproben und wurden nach den Beschlüssen der vom Kaiserl. Gesundheitsamt einberufenen Commission (vergl. M. Barth: Die Weinanalyse oder E. Borgmann: Anleitung zur chem. Analyse des Weines und auch II. Theil dieses Werkes) ausgeführt.

Californischer Weisswein:

No. 1, 2, 5 und No. 11 von Merrick, nach The american chemist 1875. No. 63 in Archiv d. Pharm. 1876. S. 545 und in obiger Quelle.

No. 3 von A. Stutzer: Repertorium f. analyt. Chem. 1882. S. 211; der Wein enthielt 0,15 % freie Weinsäure; die Untersuchungsmethoden sind nicht angegeben.

No. 4 und 7 von Georg Baumert (Landw. Versuchsstationen Bd. 33. 1887. S. 39); No. 4 enthielt 0,129 % flüchtige und 0,429 % fixe Säure, ferner Borsäure; letztere konnte auch neben Spuren von schwefeliger Säure in No. 7 nachgewiesen werden.

No.		Zeit der Untersuchung	Spec. Gew.	Alkohol Vol. %	Alkohol Gew. %	Extract	Zucker	Säure = Weinsäure	Glycerin	Mineralstoffe	Phosphorsäure	Schwefelsäure	Kali	Kalk	Magnesia	Polarisation
						In 100 CC. sind Gramm										
5	Gutedel: 1868er, mit lieblicher Blume	1875	0,9906	11,0	—	1,99	—	—	—	0,21	—	—	—	—	—	—
6	Gutedel: 1878er, Gutedel-Cabinet aus Sonoma County Cal.	1885	0,9907	—	10,45	2,09	0,017	0,59	0,61	0,20	0,022	0,038	0,097	0,006	0,017	+0,2°
7	Gutedel: 1880er, klar, dunkelgelb, wenig vom Riesling unterschieden . .	1887	0,9919	—	10,14	2,01	—	0,63	0,76	0,20	0,020	0,028	—	—	—	± 0
8	Zinfandel: Folson 1883er .	1884	—	11,25	8,98	1,88	—	0,58	—	—	—	—	—	—	—	—
9	Zinfandel: Stockton 1881er	„	—	14,10	11,41	2,06	—	0,42	—	—	—	—	—	—	—	—
10	Zinfandel: St.Helena 1880er	„	—	11,54	9,34	1,80	—	0,60	—	—	—	—	—	—	—	—
11	Muscatell 1870er, starker Wein mit Muscatgeschmack . .	1875	0,9901	13,0	—	2,45	—	—	—	0,24	—	—	—	—	—	—

No.		Zeit der Untersuchung	Spec. Gew.	Alkohol Vol. %	Alkohol Gew. %	Extract %	Zucker %	Säure = Weinsäure %	Fixe Säure = Weinsäure %	Flüchtige Säure = Essigsäure %	Weinstein %	Glycerin %	Asche %	Polarisation
12	Mosel 1884er	1887	0,9911	13,52	10,91	(1,44)	0,073	0,74	0,59	0,118	0,094	0,39	0,25	— 2,2
13	Riesling 1884er . . .	„	0,9917	11,61	9,37	1,16	0,081	0,75	0,60	0,128	0,150	0,44	0,20	— 2,4
14	desgl. weisser Johannisberg, 1885er . . .	„	0,9919	13,52	10,91	1,75	0,325	0,56	0,45	0,092	0,039	0,80	0,20	— 2,0
15	Sauterne 1885er . . .	„	0,9882	16,52	13,35	1,74	0,394	0,49	0,39	0,082	0,062	0,84	0,18	— 3,2
16	Catawba	„	0,9913	12,49	10,11	1,16	0,147	0,68	0,45	0,156	0,198	0,37	0,24	— 1,8
17	California Riesling . .	„	0,9914	12,31	9,95	1,16	0,139	0,69	0,47	0,175	0,189	0,43	0,26	— 0,8
18	Riesling	„	0,9927	11,17	9,01	1,22	0,109	0,67	0,55	0,096	0,142	0,58	0,20	— 0,5
19	desgl.	„	0,9920	11,96	9,64	1,18	0,098	0,71	0,53	0,146	0,255	0,54	0,23	± 0
20	Berger	„	0,9903	13,32	10,74	1,34	—	0,70	0,46	0,187	0,236	0,37	0,22	— 0,4
	Mittel (No. 12—20)	.	**0,9912**	**12,94**	**10,44**	**(1,35)**	**0,150**	**0,67**	**0,50**	**0,131**	**0,152**	**0,53**	**0,22**	—

No. 6 von de Fremery: Berichte d. deutschen chem. Gesellsch. Berlin 1885. S. 426; der Wein ergab ferner pro 100 CC.: 0,080 g flüchtige, 0,485 g fixe Säure, 0,158 g Weinstein, 0,032 g Aepfelsäure, 0,007 g Bernsteinsäure, 0,032 g Gerbstoff (auf Tannin) berechnet, 0 0009 g Eisen, 0,0003 g Thonerde, 0,0049 g Natron und 0,0036 g Chlor. Die Untersuchungsmethoden sind nicht angegeben.

No. 8, 9 u. 10 von E. W. Hilgard, nach Pacific Rural Press San Francisco 1884 in Landw. Versuchsstat. 1887. Bd. 33. S. 39.

No. 12—20 von C. A. Crampton: Foods and food adulterants. Part third. Fermented alcoholic beverages. Washington 1887, p. 351.

Das spec. Gewicht ist in den von Crampton ausgeführten Analysen mit dem Pyknometer bestimmt; Extract durch Eindampfen von 10—50 g Wein (je nach dem Zuckergehalt) im Wasserbade und Trocknen des Rückstandes im Luftbade bei 100° C. bis zur Konstanz des Gewichtes; auf diese Weise sind die Zahlen für Extract mit anderen Analysen nicht vergleichbar, indem sie erheblich niedriger sind; so fand Crampton durch vergleichende Bestimmungen (einmal nach dieser Methode und dann durch nur 2½ stündiges Trocknen bei 100°) im Mittel von 25 Analysen:

a. durch Trocknen bei 100° C. bis zur Konstanz des Gewichtes 2,38 %

b. durch 2½ stündiges Trocknen bei 100° C. . . . . 2,98 „

Der Zucker ist nach Verjagen des Alkohols und nach Neutralisation mit Natriumcarbonat durch Fehling'sche Lösung nach Soxhlet's Methode bestimmt, indem gefärbte Weine vorher mit Bleiessig oder Thierkohle entfärbt wurden; Glycerin nach der alten Methode durch Eindampfen von 50 CC. Wein mit Kalk, Extrahiren des Rückstandes mit Alkohol, Versetzen der alkoholischen Lösung mit einem gleichen Volumen Aether, Filtriren und Eindampfen etc.; Alkohol durch Destillation und Ermittelung des spec. Gewichtes des Destillats; die Säuren, Weinstein und Tannin sind im wesentlichen nach den Beschlüssen der vom Kaiserl. Gesundheitsamt einberufenen Commission bestimmt worden; die Polarisation wurde mit dem Laurent'schen Polarisationsapparat vorgenommen.

b. Californische Rothweine.

No.		Zeit der Untersuchung	Spec. Gew.	Alkohol Vol. %	Alkohol Gew. %	Extract	Zucker	Säure = Weinsäure	Gerbsäure	Mineralstoffe	Phosphorsäure	Schwefelsäure	Kali	Kalk	Magnesia	Polarisation
					In 100 CC. sind Gramm											
1	Zinfandel: 1880er bis 1883er Ernte aus „vollreifen“ Trauben, Mittel v. 24 Analysen*) . . .	1884	—	12,93	10,47	2,78	—	0,54	0,124	—	—	—	—	—	—	—
2	Zinfandel: 1883er Ernte, aus „eben reifen“ Trauben, Mittel von 2 Analysen	„	—	10,40	8,13	2,25	—	0,76	0,030	—	—	—	—	—	—	—
3	Zinfandel: Von Burgunder-Trauben . . .	1882	0,9930	—	9,45	2,43	0,10	0,75	Glycerin 0,38	0,39	0,035	(0,141)	—	0,014	0,015	±0
4	Zinfandel: 1884er aus Sonoma County Calif., violettroth . .	1885	0,9938	—	9,80	2,13	0,028	0,53	0,56	0,22	0,019	0,017	0,106	0,008	0,016	±0
5	Claret-Weine aus Napa County, 1882/83, Mittel v. 13 Analys.*)	1884	—	12,40	10,01	2,56	—	0,46	Gerbstoff 0,119	—	—	—	—	—	—	—
6	Aus Sonoma County, 1883er, Mittel von 8 Analysen*) . .	„	—	10,91	8,80	2,24	—	0,52	0,132	—	—	—	—	—	—	—
7	Burgundy	1887	0,9959	—	9,30	2,83	—	0,67	Glyc. 0,80	0,29	—	0,034	—	—	—	±0

No.		Zeit der Untersuchung	Spec. Gew.	Alkohol Vol. %	Alkohol Gew. %	Extract %	Zucker %	Gesammtsäure = Weinsäure %	Fixe Säure = Weinsäure %	Flüchtige Säure = Essigsäure %	Weinstein %	Glycerin %	Asche %	Polarisation
8	Amerik. Burgunder . .	1887	0,9903	14,74	11,93	1,73	0,390	0,39	0,27	0,097	0,115	—	0,18	±0
9	Charbono 1885er . . .	„	0,9946	11,35	9,12	2,28	0,302	0,50	0,27	0,166	—	—	0,32	— 1,9
10	Lenoire 1885er . . .	„	0,9951	12,96	10,43	2,25	0,354	0,43	0,28	0,120	—	—	0,31	— 1,5
11	Burgunder 1884er . .	„	0,9945	12,68	10,23	2,00	0,093	0,87	0,72	0,121	0,062	0,73	0,26	— 1,0
12	Claret 1885er	„	0,9943	13,15	10,61	2,26	0,256	0,67	0,54	0,109	0,076	0,59	0,29	— 1,6
13	Zinfandel 1883er . . .	„	0,9945	12,22	9,87	2,09	0,153	0,79	0,67	0,104	0,057	0,89	0,20	+ 1,0
14	Burgunder	„	0,9951	10,30	8,29	1,39	—	0,38	0,22	0,113	0,057	0,55	0,24	+ 0,2

Californischer Rothwein:
No. 1, 2, 5 und 6 von E. W. Hilgard, vergl. unter Weisswein No. 8, 9 u. 10.
No. 3 von A. Stutzer, vergl. unter Weisswein No. 3
No. 4 von J. L. de Fremery, vergl. unter Weisswein No. 6; Fremery fand ferner in 100 CC. Wein Gramm: 0,097 flüchtige, 0,411 fixe Säure, 0,143 Weinstein, 0,0097 Bernsteinsäure, 0,092 Aepfelsäure, 0,155 Gerbsäure auf Tannin berechnet, 0,052 Farbstoff, 0,001 Eisen, 0,0001 Thonerde, 0,0035 Natron und 0,0054 Chlor.
No. 7 von G. Baumert, vergl. unter Weisswein No. 4 u. 7; die Zahlen für Alkohol, Säure und Glycerin bilden das Mittel von je 3 Bestimmungen; der Burgunder enthielt Borsäure und Spuren schwefliger Säure.
No. 8—18 von C. A. Crampton: Foods and food adulterants. Part third. Washington 1887. pag. 351. Ueber die Untersuchungsmethoden vergl. Weisswein, vorstehende Seite No. 12—20.

*) Die Schwankungen bei den Weinen No. 1, 5 und 6 betrugen:

In 100 CC. Gramm	No. 1 (24 Analysen) Minimum	No. 1 (24 Analysen) Maximum	No. 5 (13 Analysen) Minimum	No. 5 (13 Analysen) Maximum	No. 6 (8 Analysen) Minimum	No. 6 (8 Analysen) Maximum
Alkohol	7,92	12,39	8,41	10,81	7,23	10,35
Extract	2,00	3,81	1,92	3,44	1,85	2,60
Säure	0,34	0,73	0,35	0,60	0,40	0,68
Gerbstoff (= Tannin) . .	Spur	0,34	0,07	0,24	0,06	0,25

No.		Zeit der Untersuchung	Spec. Gew.	Alkohol Vol. %	Alkohol Gew. %	Extract %	Zucker %	Gesammtsäure = Weinsäure %	Fixe Säure = Weinsäure %	Flüchtige Säure = Essigsäure %	Weinstein %	Glycerin %	Asche %	Polarisation
15	St. Julien Claret 1885er	1887	0,9983	12,87	10,38	2,83	0,508	0,73	0,40	0,211	0,062	0,47	0,29	± 0
16	Zinfandel	„	0,9950	10,87	8,76	2,18	0,250	0,77	0,41	0,281	0,048	0,30	0,34	—1,0
17	Claret	„	0,9923	12,95	10,45	1,71	—	0,67	0,44	0,180	0,029	0,37	0,45	—0,5
18	desgl.	„	0,9937	12,40	10,01	1,82	—	0,59	0,39	0,154	0,048	0,35	0,36	—0,7
	Californ. Rothw., Mittel (No. 8—18)		**0,9943**	**12,40**	**10,01**	**(2,05)**	**0,210**	**0,62**	**0,42**	**0,151**	**0,062**	**0,53**	**0,29**	—

c. Californische Süssweine.

No.		Zeit der Untersuchung	Spec. Gew.	Alkohol	Extract	Zucker	Säure = Weinsäure	Glycerin	Mineralstoffe	Phosphorsäure	Schwefelsäure	Kali	Kalk	Magnesia	Polarisation (Wild) 220 mm Rohr
				In 100 CC. sind Gramm											
1	Californischer: Muscat, stark und weniger süss .	1887	1,0398	16,49	16,72	13,57	0,35	0,88	0,33	—	0,017	—	—	—	—7,0[0]
2	desgl., süss und weniger stark .	„	1,0521	14,09	18,71	15,08	0,37	1,52	0,30	—	0,019	—	—	—	—8,7
3	Best Sherry, stark, wenig süss, braungelb . .	„	0,9995	14,67	5,53	3,12	0,44	0,82	0,33	—	0,057	—	—	—	—1,1
4	Angelika, nicht so fein wie Muscat, braungelb . .	„	1,0476	15,03	18,79	16,66	0,31	0,70	0,26	—	0,008	—	—	—	—8,0
5	Portwein, vorzüglich, roth bis braungelb . .	„	1,0255	14,81	12,17	—	0,29	0,49	0,25	—	0,013	—	—	—	—5,0
6	Californische Süssweine un-	1879	—	14,64	5,58	3,10	0,62	0,95	0,23	0,035	0,041	0,090	0,004	0,013	—
7	bekannter Her-	Anfang der 80ger Jahre	—	12,4	7,40	3,70	0,57	1,14	0,24	0,041	0,018	0,089	—	0,018	—
8	kunft, wie sie in Nürnberg im		—	11,80	6,80	3,20	0,67	1,23	0,22	0,039	0,030	0,084	—	0,020	—
9	Handel vor-		—	14,00	9,50	6,40	0,58	1,36	0,22	0,037	0,027	0,087	—	0,023	—
10	kommen, wahrscheinlich		—	11,40	9,40	6,70	0,70	1,24	0,25	0,040	0,031	0,104	—	0,019	—
11	Sherry-Weine		—	10,90	4,20	2,10	0,50	1,08	0,21	0,032	0,024	0,107	—	0,019	—

Californische Süssweine:

No. 1—5 von G. Baumert: Landw. Versuchsstation 1887. Bd. 33. S. 39; vergl. unter Californ. Weissweine No. 4 u. 7. Die sämmtlichen Süssweine drehten nach dem Vergähren ± 0.

Muskat No. 2 enthielt 0,040 g flüchtige Säure und 0,32 g fixe Säure pro 100 CC. Wein.
Portwein „ 5 „ 0,048 „ „ „ „ 0,23 „ „ „ „ „ „ „ „

In sämmtlichen Süssweinen 1—5 liess sich wie in den Roth- und Weissweinen Borsäure nachweisen; jedoch hält Baumert es für möglich, dass diese aus dem Boden stammt. Auch enthielten einige Weine Blei (vielleicht auch Kupfer und Zinn), herrührend von der dort üblichen Verwendung von metallenen Geräthen bei der Weinfabrikation, während die gefundene schwefelige Säure vom Schwefeln herrührt.

No. 6—11 von R. Kayser: Mittheil. d. Bayr. Gewerbemuseums in Nürnberg. 1879. No. 19 und Landw. Versuchsst. 1887. Bd. 33. S. 61, dort von G. Baumert mitgetheilt. Die Weine sollten den Spanischen Süssweinen Concurrenz machen, was ihnen jedoch nicht gelungen ist. Die Weine No. 7—11 ergaben ferner:

	No. 7	8	9	10	11	
Freie Weinsäure (theilweise Traubensäure)	0,070	0,056	0,087	0,080	0,092	g pro 100 CC. Wein.
Chlor	0,004	0,007	0,002	0,007	0,005	„ „ „ „ „

No.			Zeit der Untersuchung	Spec. Gew.	Alkohol Vol. %	Alkohol Gew. %	Extract %	Zucker %	Gesammtsäure = Weinsäure %	Fixe Säure = Weinsäure %	Flüchtige Säure = Essigsäure %	Weinstein %	Glycerin %	Asche %	Polarisation
12	Sherry . . .	1883er	1887	0,9929	19,87	16,16	3,82	1,85	0,64	0,45	0,157	0,039	0,61	0,31	— 12,0
13	desgl. . . .	—	„	0,9939	19,68	15,99	3,38	2,89	0,51	0,39	0,096	0,114	0,28	0,22	— 6,6
14	Port . . .	—	„	1,0432	18,93	15,39	15,38	8,93	0,68	0,43	0,202	0,076	0,19	0,60	— 20,2
15	Süss. Burgunder	1884er	„	1,0161	19,08	15,53	9,30	6,15	0,62	0,49	0,092	0,057	0,66	0,42	— 30,2
16	„ Catawba	1886er	„	1,0145	17,87	14,50	8,39	6,65	0,52	0,41	0,087	0,086	0,11	0,12	— 8,8
17	Süsser Catawba	—	„	1,0357	13,60	10,98	13,20	—	0,47	0,30	0,130	0,018	0,42	0,38	—
18	Tokay . . .	1884er	„	1,0167	17,92	14,58	9,53	6,11	0,52	0,36	0,118	0,039	0,21	0,26	— 20,2
19	Süsser Muscatel	1884er	„	1,0511	16,05	12,99	17,20	15,05	0,38	0,33	0,025	0,048	0,19	0,26	— 30,6
20	Muscatel . .	—	„	1,0380	19,00	15,45	13,64	11,11	0,56	0,38	0,144	0,057	0,10	0,36	— 23,4
21	Angelika . .	1884er	„	1,0492	15,49	12,54	16,27	14,20	0,38	0,33	0,030	0,132	0,14	0,69	— 30,0
22	desgl. . . .	—	„	1,0433	18,90	15,37	13,24	11,87	0,36	0,29	0,060	0,039	0,05	0,25	— 29,9
	Mittel (No. 12 — 22)		.	**1,0261**	**17,85**	**14,50**	**11,21**	**8,48**	**0,51**	**0,38**	**0,104**	**0,067**	**0,26**	**0,35**	—

Weine aus Nord-Carolina.

No.		Jahrgang	Spec. Gew.	Alkohol Vol. %	Alkohol Gew. %	Extract %	Gesammtsäure %	Weinsäure %	Essigsäure %	Zucker %	Gerbstoff %	Mineralstoffe %	Analytiker
	Von C. W. Garrett u. Cie., Medoc.												
1	Dry Mish	1884	0,9946	11,96	9,64	2,459	0,609	0,568	0,041	0,31	0,025	0,128	*J. P. Venable und Wm. B. Phillips*[1]
2	desgl.	1885	0,9957	11,81	9,51	3,162	0,699	0,655	0,044	0,60	0,020	0,122	
3	Sweet Mish	„	1,0336	12,15	9,71	14,275	0,529	0,501	0,028	5,50	0,025	0,108	
4	Dry Imperial Scuppernong	1884	0,9949	11,61	9,36	2,597	0,765	0,713	0,055	0,08	0,025	0,110	
5	desgl.	1885	1,0009	11,62	9,37	4,259	0,792	0,770	0,022	2,20	0,025	0,106	
6	Dry Black Scuppernong .	1886	0,9944	10,47	8,43	2,335	0,681	0,655	0,026	0,20	0,030	0,139	
7	Sweet Scuppernong . . .	1884	1,0323	11,26	9,07	13,889	0,662	0,647	0,015	5,75	0,020	0,112	
8	Dry Norton	1885	0,9965	11,35	9,14	2,785	0,765	0,724	0,041	0,25	0,025	0,224	
9	Sweet Norton	„	1,0331	11,26	9,07	14,927	0,706	0,693	0,013	4,75	0,020	0,197	
10	Dry Bulay	„	0,9951	10,40	8,38	2,179	0,849	0,818	0,031	0,45	0,015	0,113	
	Von N. W. Graft, Shore.												
11	Knig Grape	1885	0,9932	15,77	12,77	3,320	0,770	0,770	—	1,75	Spur	0,173	
12	White Victory	„	1,0392	15,30	12,38	16,646	0,755	0,755	—	4,25	Spur	0,106	
13	Sweet Martha	1884	1,0332	13,81	11,15	15,103	0,708	0,708	—	2,95	0,005	0,148	
14	Sweet Concord	„	1,0317	13,43	10,85	15,448	0,578	0,578	—	3,00	0,010	0,204	

Californische Süssweine:
No. 12—22 von C. A. Crampton: Foods and food adulterants. Part. third. Washington 1887. p. 352. Ueber die Untersuchungsmethoden vergl. vorstehend unter „Californische Weissweine" S. 954 No. 12—20.

[1]) Chem. Ztg. 1887. S. 54. u. 87. Die Weine wurden mit Ausnahme von No. 15 direct von Weinproducenten bezogen. Die Scuppernong-Traube ist, wie die Verf. bemerken, nicht nur die beste Tafeltraube, sondern liefert auch einen vorzüglichen Wein; die Misch- und Bulay-Trauben sind der Scuppernong-Traube verwandte Varietäten. Die Weine wurden nach den Beschlüssen der vom Kaiserl. Gesundheitsamt einberufenen Commission ausgeführt (vergl. M. Barth: Die Weinanalyse. Hamburg u. Leipzig 1884 und II. Theil dieses Werkes). Nur der Gehalt an Extract ist etwas anders ermittelt, nämlich durch $2^1/_2$stündiges Erhitzen im Dampfbade, in welchem die Temperatur nicht über 97° C. stieg. Die Zahlen für den Extract dürften daher etwas zu hoch sein.

No.		Jahrgang	Spec. Gew.	Alkohol Vol. %	Alkohol Gew. %	Extract %	Gesammtsäure %	Weinsäure %	Essigsäure %	Zucker %	Gerbstoff %	Mineralstoffe %	Analytiker
	Von H. Mahler, Raleigh.												
15	Thomasberger	—	1,0365	14,27	11,54	14,931	0,554	0,554	—	3,00	0,010	0,090	*J. P. Venable u. Wm. B. Phillips*[1])
16	(N. C. Claret) Ives Seedling	1884	0,9952	12,96	10,46	3,137	0,963	0,963	—	0,25	0,030	0,174	
17	Clinton-Port	1885	1,0314	15,96	12,92	10,952	0,886	0,886	—	2,00	Spur	0,202	
	Von G. W. Lawrence, Jayetteville.												
18	Dry Scuppernong . . .	1885	0,9931	17,02	13,80	3,698	0,669	0,655	0,014	0,50	0,005	0,116	
19	Sweet „ . . .	1884	1,0347	14,65	11,85	14,300	0,809	0,809	—	3,00	0,005	0,140	

Sonstige amerikanische Weine.

No.		Zeit der Untersuchung	Spec. Gew.	Alkohol Vol. %	Alkohol Gew. %	Extract %	Säure = Weinsäure %	Weinstein %	Gerbstoff %	Mineralstoffe %	Phosphorsäure %	Kali %	Kalk %	Analytiker
1	Katawba, weiss . .	1873	0,9900	12,15	9,81	2,40	0,50	0,033	0,014	0,19	0,040	0,094	0,019	*Haas und Hintze*[2])
2	Deleward, „ . .	„	0,9900	13,50	10,92	2,30	0,56	0,033	0,029	0,20	0,041	0,090	0,016	
3	Nortons Virginia Seedling, roth . . .	„	0,9920	11,70	9,44	2,40	0,72	0,045	0,216	0,23	0,044	0,097	0,019	
4	Wein aus Jacquez-Trauben	1883	0,9980	11,28	—	3,08	0,78	0,266	0,324	0,27	—	0,053	—	*E. Mach*[3])

Anmerkung zu „Amerikanische Weine".

Ausser vorstehend aufgeführten Analysen amerikanischer Weine sind in: Foods and food adulterants. Part third. Fermented alcoholics beverages. Washington 1887 von C. A. Crampton noch eine Anzahl von Analysen sonstiger amerikanischer Weine mitgetheilt, von denen C. A. Crampton p. 339 unter anderen folgende Mittel-, Maxima- und Minima-Zahlen giebt:

	Rothweine (64 Analysen) Mittel	Maximum	Minimum	Weissweine (51 Analysen) Mittel	Maximum	Minimum
Spec. Gewicht	0,9933	1,0011	0,9804	0,9926	1,0105	0,9845
Alkohol, Gew. %	8,92	12,21	5,71	9,35	13,94	7,03
„ Vol. %	11,04	15,21	7,17	11,70	17,37	8,80
Extract	2,28	3,16	1,65	1,75	2,64	1,18
Asche	0,231	0,532	0,130	0,181	0,335	0,090
Zucker	Spur	0,450	—	Spur	0,300	—
Gesammt-Säure = Weinsäure	0,72	1,00	0,51	0,68	0,86	0,42
Fixe Säure = Weinsäure . .	0,36	0,65	0,23	0,31	0,56	0,12
Flüchtige Säure = Essigsäure	0,29	0,52	0,14	0,29	0,51	0,07

In weiteren Analysen amerikanischer Weine aus den Jahren 1884—86 ist nur Alkohol, Extract, Säure, Tannin und Asche bestimmt.

[1]) Vergl. Anmerkung [1]) Seite 957.
[2]) Mittheilungen der K. K. chem. physiol. Versuchsstation in Klosterneuburg bei Wien 1885. Heft IV. Tab. 16. Ueber die Untersuchungsmethoden vergl. unter „Niederösterreichische Weine" S. 909. Anm. *).
[3]) Nach Tyroler landw. Blätter im Jahresbericht f. Agriculturchemie 1883. S. 565. Der Wein No. 4 enthielt 0,101 % flüchtige Säure, 0,612 % Glycerin und keine freie Weinsäure.

Süssweine, die vorwiegend in Deutschland consumirt werden.

1. Tokayer (Ungarn).[0])

a. Aeltere Analysen.

No.		Jahrgang	Spec. Gew.	Alkohol Vol. %	Alkohol Gew. %	Extract %	Zucker %	Säure = Weinsäure %	Glycerin %	Asche %	P_2O_5 %	Drehung nach links	Analytiker
1	Ungarn	1841	0,9935	17,4	14,2	3,78	—	0,711	—	—	—	—	*Pohl* [1])
2	„	?	—	12,1	9,8	10,60	—	—	—	—	—	—	*Lüdersdorf* [1])
3	„	?	1,0201	—	—	10,00	—	—	—	—	—	—	*Knapp* [1])
4	„	?	—	—	16,84	—	11,36	0,251	—	—	—	—	*G. Glässner* [2])
5	Echter Ausbruchwein . .	?	1,1185	7,85	6,36	27,17	23,47	—	—	—	—	—	*J. Moser* [3]) *)
6	„ „ . .	?	1,1059	10,85	8,72	24,38	18,84	—	—	—	—	—	
7	„ „ . .	1841	1,0737	10,30	8,29	21,84	17,26	—	—	—	—	—	
8	„ „ . .	„	1,0894	10,80	8,71	21,96	17,45	—	—	—	—	—	
9	„ „ . .	„	1,0793	11,80	9,50	23,00	18,75	—	—	—	—	—	
10	„ „ . .	„	1,0241	17,60	14,27	8,42	6,42	—	—	—	—	—	
11	Tokayer Ausbruch . . .	?	1,1106	—	8,00	28,96	26,60	0,56	1,06	0,53	0,046	—	*Fr. Elsner* [4]) **)
12	„ „	?	1,0980	—	8,66	27,24	25,34	0,60	1,24	0,40	0,032	—	
13	„ „ II . .	?	1,0366	—	12,00	9,42	8,20	0,62	0,80	0,28	0,036	—	
14	„	?	1,0022	—	12,35	5,04	3,88	0,54	0,96	0,28	0,026	—	
15	„ Halbausbruch . .	1841	—	14,16	11,42	25,18	—	0,58	—	0,44	—	35,5	*J. Skalweit* [5]) ***)
16	„ Fettausbruch . .	„	—	13,29	10,72	23,74	—	0,59	—	0,61	—	44,1	
17	„ „ . .	„	—	9,98	8,05	39,99	—	0,64	—	0,50	—	37,5	
18	„ Muscat . . .	„	—	10,03	8,09	32,32	—	0,62	—	0,51	—	39,0	
19	„ 1	„	—	12,70	10,24	24,70	—	0,69	—	0,35	—	36,6	
20	„ 2	„	—	11,90	9,52	31,31	—	0,72	—	0,34	—	32,7	
21	„ 3	„	—	9,47	7,64	41,11	—	0,73	—	0,47	—	45,1	
22	„ 4	„	—	12,41	10,01	22,35	—	0,75	—	0,32	—	35,1	
23	Essenz Uso Tokayer . .	„	—	10,92	8,81	43,36	—	0,62	—	0,60	—	44,0	
24	Tokayer	„	—	12,75	10,28	23,86	—	0,75	—	0,29	—	22,0	

[1]) Ann. d. Oenologie 1873. Bd. III. S. 200.
[2]) Archiv f. Pharm. (2). Bd. 149. S. 117.
[3]) Erster Bericht der Versuchsstation Wien 1878. S. 83 und Tabellen XXXVI.
[4]) Die Praxis des Nahrungsmittelchemikers. Leipzig 1880. S. 104.
[5]) Hannov. Mtsschr. wider die Nahrungsfälscher 1879. S. 167.

[0]) E. Egger weist im: 1. und 2. Jahresbericht der Untersuchungsstation des Hygien. Instituts in München 1880/81. München 1882. S. 79 darauf hin, dass die Preise, unter denen Tokayer in Deutschland vertrieben werden, absolut Zweifel darüber wachrufen, ob hier zur Weinbereitung auch wirklich Tokayer-Trauben Verwendung gefunden haben. L. v. Wagner giebt den Preis einer kleinen Flasche von kaum mehr als 0,3 l echten Tokayers zu 3½—12 Gulden österreich. Währung an, während in Deutschland für Flaschen von 0,5—0,75 l Inhalt gewöhnlich nur 4—5 Mk. bezahlt werden. Ungarn selbst besitzt grosse Fabriken, die sich mit der Erzeugung façonnirter Tokayerweine befassen. Der eigentliche Tokayer wächst in der Hegyallya, d. h. an der Gebirgslehne zwischen Tokay und Satorallya—Ujhaly; Mittelpunkt ist Erdöbeny, das auch die besten Trauben hat; der nördlichste Punkt ist Sarros-Patak; in Tokay selbst wächst kein Tokayer.

Welche der nachstehenden „Tokayer“ als echte Weine zu bezeichnen sind, lässt sich hiernach schwer sagen; bei den wenigen Analysen, für welche garantirt echte Tokayer vorliegen, habe ich dieses bemerkt. Die meisten Analysen dürften von Handelswaaren zweifelhaften Ursprungs herrühren und nur zeigen, was unter dem Namen „Tokayer“ vertrieben wird.

*) Ueber die Untersuchungsmethoden ist nichts angegeben. Die Weine wurden vor und nach Vergähren des Zuckers auf ihr Verhalten gegen polarisirtes Licht untersucht; es drehten (pro 25 CC. Wein) nach links:

	No. 5	6	7	8	9	10
a. Vor dem Gährungsversuch	34,66	36,66	42,52	28,88	30,44	19,54
b. Nach dem „	6,52	3,86	2,94	0,40	1,66	1,00

**) Alkohol durch Destillation, Extract durch Eindampfen bestimmt; sonstige Angaben fehlen.

***) Der Alkohol ist meistens doppelt durch Destillation und aus der Differenz der spec. Gewichte vor und nach dem Eindampfen bestimmt, Extract ebenfalls doppelt sowohl durch Eindampfen bei 40 ° C. als auch aus dem spec. Gewichte der entgeisteten Flüssigkeit nach der Hager'schen und Schultze'schen Tabelle.

b. Neuere Analysen.

No.		Zeit der Untersuchung	Spec. Gew.	Alkohol Vol. %	Alkohol Gew. %	Extract %	Zucker %	Säure = Weinsäure %	Weinstein %	Gerbstoff %	Glycerin %	N-Substanz (N × 6,25) %	Mineralstoffe %	Phosphorsäure %	Schwefelsäure %	Kali %
25	TokayerAusbruch I. Qual. . . .	?	1,0325	—	11,33	9,74	8,34	0,61	—	—	0,42	—	0,33	0,051	0,014	0,092
26	desgl. II. Qual. .	?	1,0012	—	12,15	5,57	3,57	0,52	—	—	1,10	—	0,33	0,076	0,018	0,111
(27	Tok., herbgezehrt	?	0,9930	—	10,25	2,24	0,45	0,54	—	—	0,98	—	0,29	0,039	0,038	0,109)
28	Tokayer 1865er .	1879	1,0879	—	8,96	24,22	20,31	0,47	—	—	?	0,39	0,31	0,048	0,056	0,149
29	TokayerAusbruch 1866er . . .	„	1,0588	—	9,69	17,31	14,15	0,50	—	—	?	0,37	0,28	0,070	0,021	0,128
30	Tokayer, sehr klar, dunkel, guter Süsswein	1882	1,0704	11,50	8,54	20,67	16,10	0,61	0,23	0,06	0,52	0,76	0,41	0,053	0,048	0,178
31	TokayerAusbruch 1872er, klar, bräunlich goldgelb, vorzüglich	„	1,0933	11,61	8,44	25,75	22,53	0,65	0,25	0,07	0,41	—	0,32	0,041	0,041	0,118
32	Tokayer, klar, bräunlich gelb, beides sehr	„	1,1090	9,67	6,95	24,82	21,97	0,52	—	Spur	0,46	0,16	0,30	0,053	0,045	0,103
33	gute Süss- resp. Dessertweine	„	1,0900	12,82	9,50	22,90	20,85	0,49	0,14	0,04	0,36	0,95	0,35	0,053	0,075	0,117
34	Tok., sehr klar, goldgelb, vorzügl. Dessertw.	„	1,0576	14,78	11,11	18,30	14,62	0,59	0,18	0,12	0,84	0,91	0,39	0,085	0,076	0,139
35	Tokayer 1866er .	?	—	—	9,9	—	15,60	0,80	—	—	—	0,14	0,40	0,076	0,031	0,155
36	„ 1868er .	?	1,0985	—	8,5	—	24,87	0,63	—	—	1,27	0,11	0,25	0,027	0,026	0,151
37	Tokayer, dunkelgelb,	1882	1,0866	11,40	8,34	24,05	20,43	0,62	—	—	0,58	—	0,40	—	0,080	—
38	als gute u. sehr gute Süssw.	1883	1,0753	14,65	10,83	22,65	19,32	0,52	—	—	0,55	—	0,34	—	0,032	—
39	bezeichnet	„	1,0788	13,00	9,58	23,10	18,08	0,69	—	0,08	0,95	—	0,31	—	0,062	—

Tokayer, neuere Analysen:

No. 25—27 von B. C. Niederstadt, Original-Mittheilung. — Alkohol wurde vermuthlich wie bei den Bieranalysen des Verf.'s durch Destillation, Extract aus dem spec. Gewicht der entgeisteten Flüssigkeit nach der Schultze'schen Tabelle, Phosphorsäure gewichtsanalytisch in der Asche ermittelt. Niederstadt bestimmte in der Asche ausser der Phosphorsäure noch folgende Mineralstoffe:

	Natron	Kalk
No. 25	0,040 %	0,039 %
No. 26	0,025 „	0,028 „
No. 27	0,010 „	0,023 „

No. 28 u. 29 von G. Laube und P. Aldendorff: Hannov. Mtsschr. wider die Nahrungsfälscher 1879. S. 124. — Im Original beziehen sich die Zahlen auf Volumen-Procente; ich habe sie auf Gewichts-Procente umgerechnet. Alkohol wurde durch Destillation aus dem spec. Gewicht des Destillats im Pyknometer bestimmt; spec. Gew. des Weines ebenfalls im Pyknometer, Extract durch Eintrocknen bei 105—110° C., Zucker durch Fehling'sche Lösung gewichtsanalytisch, Stickstoff-Substanz durch Verbrennen des trocknen Extractes mit Natronkalk und Multiplication des Stickstoffs mit 6,25, die Mineralstoffe aus der Asche in üblicher Weise; nur Schwefelsäure im natürlichen Wein nach der Weigelt'schen Methode.

No. 30—54 von B. Haas, L. Weigert, Hoffmann etc.: Mittheilungen der K. K. chem. physiol. Versuchsstation für Wein und Obstbau in Klosterneuburg. Heft IV. Wien 1885. — Ueber die Untersuchungsmethoden dieser Weine vergl. unter „Niederösterreichische Weine" S. 909. Anm. *). In den von diesen Analytikern untersuchten Tokayern wurde noch gefunden:

	Dextrose %	Lävulose %	Essigsäure %	Kalk %	Magnesia %	Eisenoxyd %	Thonerde %	Natron %	Chlor %	Kieselsäure %
No. 30	7,70	8,40	0,22	0,016	0,026	0,001	—	0,011	0,010	0,005
„ 31	10,51	12,02	0,22	0,017	0,025	0,002	0,002	0,012	0,007	0,004
„ 32	10,72	12,11	—	0,011	0,025	0,001	Spur	0,012	0,021	0,003
„ 33	9,77	11,08	—	0,014	0,024	0,001	0,001	0,011	0,013	0,005
„ 34	6,46	8,15	—	0,010	0,031	0,001	0,001	0,011	0,011	0,005
„ 35	—	—	—	—	—	—	—	0,092	0,010	Spur
„ 36	11,67	13,20	—	0,008	0,015	0,002	—	0,015	Spur	0,006
„ 45	8,12	8,51	—	—	—	—	—	—	—	—

No.		Zeit der Untersuchung	Spec. Gew.	Alkohol Vol. %	Alkohol Gew. %	Extract %	Zucker %	Säure = Weinsäure %	Weinstein %	Gerbstoff %	Glycerin %	N-Substanz (N × 6,25) %	Mineralstoffe %	Phosphorsäure %	Schwefelsäure %	Kali %
40	Tokayer Ausbruch: sehr gut .	1882	1,1077	13,51	9,70	29,50	23,50	0,51	—	—	0,65	—	0,34	—	0,041	—
41	gut . . .	„	1,0522	12,05	9,10	16,61	11,87	0,70	—	—	0,56	—	0,36	—	0,043	—
42	sehr gut .	„	1,0947	12,09	8,80	26,12	20,45	0,57	—	—	0,69	—	0,29	—	0,029	—
43	sehr gut .	„	1,0887	13,22	9,65	25,23	20,13	0,55	—	—	0,84	—	0,29	—	0,047	—
44	geringe Qual. .	„	1,0593	12,25	9,19	18,00	—	0,74	—	—	0,38	—	0,41	—	—	—
45	Tokayer Ausbr.,	1883	1,0598	15,01	11,26	18,55	16,63	0,48	—	—	0,32	—	0,24	0,042	0,023	0,114
46	goldgelb, klar,	„	1,0670	13,70	10,20	20,80	17,71	0,61	—	—	0,40	—	0,29	0,043	0,026	—
47	sehr gut	„	1,0967	15,44	11,19	27,22	23,78	0,53	—	—	0,47	—	0,27	0,036	0,034	—
48	Medicinal - Tok., goldgelb, sehr guter Ausbruchwein	„	1,0580	12,22	9,18	17,50	15,60	0,53	—	—	0,39	—	0,39	0,046	0,058	—
49	Guter, alter, gezehrter Ausbruchw., etwas unklar u. sauer	„	0,9904	18,03	14,47	2,85	0,48	0,64	0,17	—	0,80	—	0,24	0,047	0,043	0,107
50	Süsser Ausbr.-W., klar, goldgelb: vorzüglich .	1884	1,0601	13,90	10,42	18,67	15,18	0,60	—	—	—	—	0,36	—	—	—
51	sehr gut .	„	1,1045	10,61	7,64	27,83	23,79	0,57	—	—	—	—	0,42	0,068	0,053	—
52	Tokayer, klar, goldgelb, sehr gute Ausbruchweine	„	1,0700	11,45	8,51	20,25	17,44	0,61	—	—	—	—	0,34	0,071	0,049	—
53		„	1,0935	10,73	7,80	25,50	22,42	0,59	—	—	—	—	0,38	0,076	0,035	—
54	Sehr guter Ausbruchwein, klar, dunkelgelb . .	1883	1,0687	12,97	9,65	20,10	16,73	0,59	—	—	—	—	0,26	0,044	0,040	0,116
						In 100 CC. Wein sind Gramm										
									Flüchtige Säure	Fixe Säure						Polarisation
55	Echte Tokayer: Tokay Hegyallyar Maslas Wein, 1872er . .	$18\frac{80}{81}$	0,9978	15,87	—	4,25	0,87	0,86	0,11	0,71	—	0,34	0,25	0,031	—	± 0
56	Tokay Szamarodei oder Bratenwein, 1875er Fechsung .	„	0,9965	14,55	—	3,82	0,99	0,68	0,06	0,56	—	0,24	0,25	0,028	—	± 0
57	Ausbruchw. No. 1, 1874er Fechsung, (sehr süss) .	„	1,0615	12,59	—	19,00	14,45	0,68	0,08	0,56	—	0,35	0,29	0,026	—	—
58	desgl. desgl. (nicht süss)	„	0,9957	14,27	—	3,40	0,36	0,74	0,08	0,62	—	0,19	0,21	0,015	—	± 0
59	Tokayer (ca. 60 Jahre alt)	„	1,0400	12,38	—	14,20	3,45	1,12	0,25	0,80	—	0,38	0,31	0,016	—	—4,5

No. 40—54 vergl. vorstehende Seite No. 30—54.

No 55—63 von E. Egger in: 1. und 2. Jahresber. d. Untersuchungsstation d. Hygien. Instituts in München pro 1880/81. München 1882. S. 79. — Der Alkohol wurde durch Destillation und Ermittelung des spec. Gewichtes des auf gleiches Volumen gebrachten Destillats bestimmt; Extract aus dem spec. Gew. der von Alkohol befreiten Extractlösung nach der Tabelle von Schultze; die Säure nach Weigert (Zeitschr. f. analyt. Chemie 1879. S. 207); Zucker mittelst Kupferlösung nach Fehling. Weitere Angaben fehlen.

No.		Zeit der Untersuchung	Spec. Gew.	Alkohol Vol. %	Alkohol Gew. %	Extract	Zucker	Säure = Weinsäure	Flüchtige Säure	Fixe Säure	Glycerin	N-Substanz (N × 6,25)	Mineralstoffe	Phosphorsäure	Schwefelsäure	Polarisation
						In 100 CC. Wein sind Gramm										
60	Von einer Berliner Firma: Tokayer Essenz, 1869er .	1880/81	1,0908	11,41	—	26,10	18,96	0,65	0,14	0,47	—	0,18	0,38	0,065	—	— 10,4
61	Von einer Berliner Firma: Alter Tokayer, 1872er .	„	1,0442	16,15	—	15,84	10,63	0,84	0,15	0,67	—	0,54	0,25	0,062	—	— 10,4
62	Von einer Hamburg. Firma: Ausbruch No. I . .	„	1,0743	12,93	—	22,77	19,99	0,63	0,12	0,49	—	0,51	0,35	0,053	—	— 12,4
63	Von einer Hamburg. Firma: Ausbruch No. II .	„	1,0927	11,23	—	26,32	19,78	0,71	0,12	0,56	—	0,19	0,37	0,041	—	— 14,0
64	Medicinal-Tokayer	1883	1,0837	—	10,43	25,43	21,27	0,64	—	—	0,48	0,16	0,43	0,055	0,038	Kali 0,136

No.		Zeit der Untersuchung	Spec. Gew.	Alkohol Vol. %	Alkohol Gew. %	Extract %	Zucker = Traubenzucker %	Säure = Weinsäure %	N-Substanz (N × 6,26) %	Glycerin %	Mineralstoffe %	Phosphorsäure %	Schwefelsäure %	Kali %	Drehung im 200 mm Rohr in Graden
65	Tokayer, herb gezehrt, mild, voll, sehr gut . . .	1885	0,9922	13,80	11,05	2,80	—	0,65	—	1,35	0,181	0,049	0,010	—	—
66	Sehr guter, süsser Ausbruchwein .	1884	1,0898	13,50	9,84	25,48	21,88	0,57	—	0,80	0,246	0,036	0,025	—	— 6,6
67	desgl.	„	1,1119	14,60	10,43	30,25	26,17	0,52	—	0,82	0,229	0,035	0,021	—	— 7,7
68	desgl.	„	1,1042	13,60	9,78	28,35	24,56	0,54	—	0,76	0,254	0,037	0,027	—	— 7,3
69	desgl.	„	1,1230	14,00	9,90	32,58	28,27	0,50	—	0,64	0,242	0,040	0,028	—	— 7,8
70	Sehr gute Tokayer Essenz . . .	1885	1,0842	10,20	7,47	24,02	19,07	0,86	—	—	0,244	0,070	0,029	—	— 9,8
71	Sehr guter Tokayer Ausbruchwein .	„	1,0840	11,30	8,28	23,80	20,53	0,53	—	1,12	0,289	0,036	0,036	0,115	—15,5
72	Guter, süsser desgl.	„	1,0618	13,40	10,02	19,34	16,89	0,50	—	—	0,267	0,026	0,052	0,116	— 6,8
73	Vorzüglich . . .	„	1,1201	12,40	8,79	31,75	26,33	0,50	—	—	0,318	0,038	0,026	—	—13,7
74	Sehr gut . . .	„	1,0711	12,50	9,28	20,90	16,91	0,60	—	—	0,267	0,035	0,028	—	—13,3
75	desgl.	„	1,0932	11,40	8,28	25,85	21,07	0,55	—	—	0,306	0,042	0,033	—	—14,8
76	Vorzüglich . . .	„	1,0973	10,30	7,46	26,32	21,52	0,64	—	—	0,317	0,043	0,033	—	—15,1
77	Sehr guter, süsser Ausbruchwein	1884	1,0700	11,45	8,51	20,25	16,77	0,61	—	—	0,340	0,071	0,035	—	—
78	Sehr guter, süsser Ausbruchwein	„	1,0935	10,73	7,80	25,50	21,56	0,59	—	—	0,375	0,076	0,040	—	—

No. 60—63 vergl. vorstehende Seite No. 55—63.

No. 64. C. Böhmer, Original-Mittheilung.

No. 65—78. B. Haas in Mittheil. d. K. K. chem. physiol. Versuchsstation Klosterneuburg 1888. Heft V. Tab. 13.

In den Weinen wurde ferner bestimmt:

	Essigsäure	Kalk	Magnesia	Eisenoxyd	Thonerde	Natron	Chlor	Schweflige Säure
No. 71 . .	0,11 %	0,011 %	0,022 %	0,0015 %	0,0009 %	0,008 %	0,0064 %	0,0033 %
„ 72 . .	— „	0,012 „	0,015 „	0,0011 „	0,0010 „	0,003 „	0,0068 „	— „

No.		Zeit der Untersuchung	Spec. Gew.	Alkohol Vol. %	Alkohol Gew. %	Extract %	Zucker = Traubenzucker %	Säure = Weinsäure %	N-Substanz (N × 6,25) %	Glycerin %	Mineralstoffe %	Phosphorsäure %	Schwefelsäure %	Kali %	Drehung im 200 mm Rohr in Graden
	Echter Tokayer aus Paczok, 1885er: Preis pro 135—140 l														
79	4 büttiger 170 fl.	1886	1,0121	15,6	12,48	7,22	3,90	0,66	—	—	—	—	—	—	—
80	5 „ 190 „	„	1,0081	15,7	12,59	6,75	3,09	0,73	—	—	—	—	—	—	—
81	Essenz 500 „	„	1,1661	8,0	5,60	38,00	32,90	1,15	—	—	—	—	—	—	—
	Tokayer a. Herb gezehrt, Mittel*) (No. 27, 49, 55, 56, 58 u. 65) . . .	.	**0,9943**	**14,88**	**12,05**	**3,26**	**0,63**	**0,68**	**0,26**	**1,04**	**0,24**	**0,035**	**0,030**	**0,108**	—
	Tokayer b. Ausbruch, Mittel*) (No. 29, 31, 40—47, 48, 50, 51, 53, 54, 66 bis 69, 71, 72, 77 u. 78) . . .	.	**1,0870**	**12,72**	**9,44**	**23,63**	**19,44**	**0,57**	**0,37**	**0,62**	**0,32**	**0,054**	**0,034**	**0,116**	—
	Tokayer c. als Tokayer bezeichnet, Mittel*) (No. 28, 30, 32 bis 39, 52, 64, 73—76) . . .	.	**1,0851**	**12,16**	**9,05**	**23,64**	**19,73**	**0,51**	**0,44**	**0,71**	**0,34**	**0,052**	**0,046**	**0,141**	—

2. Ruster Ausbruch. — a. Aeltere Analysen.

No.		Zeit der Untersuchung	Spec. Gew.	Alkohol Vol. %	Alkohol Gew. %	Extract %	Zucker = Traubenzucker %	Säure = Weinsäure %	N-Substanz (N × 6,25) %	Glycerin %	Mineralstoffe %	Phosphorsäure %	Schwefelsäure %	Kali %	Drehung im 200 mm Rohr in Graden
1	Aus Ungarn . .	1834	—	14,2	11,48	10,07	6,1	—	—	—	—	—	—	—	—
2	„ „ . .	1862	1,0199	15,7	12,71	9,78	—	0,53	—	—	—	—	—	—	—
3	„ „ . .	1863	1,0024	16,4	13,30	5,77	—	0,67	—	—	—	—	—	—	—
4	„ „ . .	„	1,0141	17,1	13,86	8,97	—	0,58	—	—	—	—	—	—	—

b. Neuere Analysen.

No.		Zeit der Untersuchung	Spec. Gew.	Alkohol Vol. %	Alkohol Gew. %	Extract %	Zucker = Traubenzucker %	Säure = Weinsäure %	N-Substanz (N × 6,25) %	Glycerin %	Mineralstoffe %	Phosphorsäure %	Schwefelsäure %	Kali %	Drehung im 200 mm Rohr in Graden
5	Aus Ungarn . .	1872	1,0849	11,08	8,21	21,61	20,04	0,48	0,29	—	0,38	0,053	0,032	0,171	—
6	Sehr süsser, ziemlich starker, guter Ruster Ausbruch	1885	1,0923	13,50	9,82	26,36	23,07	0,44	—	—	0,39	0,054	0,048	0,160	—14,7
7	Sehr süss, stark und gut . . .	„	1,1070	14,30	10,26	29,36	25,58	0,42	—	—	0,25	0,027	0,029	—	—14,8
8	Süss, stark und gut	„	1,0978	13,60	9,84	26,87	23,39	0,44	—	—	0,26	0,027	0,038	—	—14,8
	Mittel (No. 5—8)	.	**1,0800**	**13,12**	**9,55**	**26,05**	**23,77**	**0,44**	**0,29**	—	**0,32**	**0,040**	**0,037**	**0,116**	—

No. 79—81. Nach Weinlaube 1886 in Vierteljahrsschr. f. Chem. d. Nahrungs- u. Genussmittel pro 1886. S. 75. Die Proben werden als echte Tokayer Ausbruchweine bezeichnet; die Untersuchung hatte den Zweck, zu zeigen, dass echter Original-Tokayer-Wein unter Umständen weniger als 10 Vol. % Alkohol enthalten kann.

*) Es wurde ferner für Tokayer im Mittel gefunden:

	Flüchtige Säure = Essigsäure	Weinstein	Gerbstoff
a. Tokayer, herb gezehrt . .	0,08 %	0,17 %	— %
b. „ Ausbruch . . .	0,09 „	0,25 „	0,07 „
c. „	0,14 „	0,18 „	0,22 „

Ruster Ausbruch:

No. 1—4. Fischern u. Pohl, Ann. d. Oenol. 1873. Bd. III. S. 200.

No. 5. G. Laube u. B. Aldendorff, Hannov. Zeitschr. wider d. Nahrungsfälscher 1879. S. 124. Ueber Untersuchungsmethoden vergl. S. 960. No. 28 u. 29.

No. 6—8. B. Haas, Mittheil. d. K. K. chem. physiol. Versuchsstation Klosterneuburg 1888. Heft V. Tab. 14. Ueber Untersuchungsmethoden vergl. S. 909. Anm. *).

3. Menescher Ausbruch (rother).

No.		Zeit der Untersuchung	Spec. Gew.	Alkohol Vol. %	Alkohol Gew. %	Extract %	Zucker %	Säure = Weinsäure %	Weinstein %	Gerbstoff %	Glycerin %	N-Substanz (N × 6,25) %	Mineralstoffe %	Phosphorsäure %	Schwefelsäure %	Kali %
1	Ganz klar, sehr süss, vorzüglich. Ausbruchwein .	1882	1,0631	13,06	9,77	19,10	15,14	0,50	0,18	0,14	(0,27)	0,76	0,34	0,040	0,061	0,141
									Rohrzucker							Drehung im 200 mm Rohr
2	Sehr süss, ziemlich stark und voll, sehr gut . . .	1885	1,0797	12,10	8,90	22,70	18,59	0,52	0,41	—	1,33	—	0,24	0,033	0,019	— 9⁰,6
3	desgl.	„	1,1072	11,70	8,40	28,45	22,83	0,49	0,23	—	0,92	—	0,25	0,055	0,019	— 11⁰,5
									Weinstein							Kali
	Mittel (No. 1—3)	.	**1,0833**	**12,29**	**9,02**	**23,42**	**18,85**	**0,50**	**0,18**	**0,14**	**1,13**	**0,76**	**0,28**	**0,036**	**0,053**	**0,141**

4. Sonstige Süssweine aus Ungarn (ohne nähere Bezeichnung).

No.			Zeit der Untersuchung	Spec. Gew.	Alkohol Vol. %	Alkohol Gew. %	Extract %	Zucker = Traubenzucker %	Säure = Weinsäure %	Glycerin %	Mineralstoffe %	Phosphorsäure %	Schwefelsäure %	Kali %	Drehung im 200 mm Rohr Grade
1	Ausbruchweine	Unklar, sehr süss, ziemlich stark und voll, gut .	1885	1,0775	13,50	9,95	22,41	18,17	0,63	—	0,232	0,036	0,031	—	— 12,0
2		Klar, stark, voll, ziemlich süss, sehr gut . .	„	1,0639	12,90	9,63	19,27	15,46	0,62	—	0,245	0,036	0,039	—	— 11,3
3		Unklar, stark, voll, süss, sehr gut	„	1,0458	14,50	11,01	15,33	13,09	0,45	0,76	0,277	0,030	0,032	—	— 9,7
4		Klar, sonst wie No. 3 . . .	„	1,0813	13,00	9,55	23,44	20,43	0,56	0,83	0,221	0,033	0,028	—	— 12,8
5		Wie No. 4 . .	„	1,0887	13,30	9,70	25,07	21,83	0,54	0,87	0,226	0,033	0,026	—	— 13,1
6		Wie No. 4 . .	„	1,1031	13,90	10,01	28,11	24,93	0,50	0,81	0,233	0,033	0,025	—	— 14,6
7		Wie No. 4 . .	„	1,1201	11,60	8,35	31,11	27,79	0,52	0,71	0,240	0,034	0,024	—	— 16,4
8		Klar, stark, süss, voll, vorzüglich, feines Aroma .	1884	1,0601	13,90	10,42	18,67	14,60	0,60	—	0,360	0,068	0,053	—	—
9		Klar, sehr süss, voll, sehr gut	„	1,1045	10,61	7,64	27,83	22,88	0,57	—	0,421	0,072	0,049	—	—
10		Wie No. 9 . .	„	1,0690	13,44	10,00	20,20	17,15	0,51	0,38	0,267	0,039	0,037	0,114	—

Menescher Ausbruch:
No. 1—3. B. Haas, Mittheil. d. K. K. chem. physiol. Versuchsstation Klosterneuburg 1885. Heft IV. und 1888 Heft V. Tab. 14. In No. 1 wurde ferner bestimmt:

Dextrose	Lävulose	Kalk	Magnesia	Eisenoxyd	Thonerde	Natron	Chlor	Kieselsäure
6,44 %	8,70 %	0,013 %	0,020 %	0,002 %	0,002 %	0,008 %	0,007 %	0,004 %

Sonstige Süssweine aus Ungarn:
No. 1—15. B. Haas u. L. Weigert, Mittheil. d. K. K. chem. physiol. Versuchsstation Klosterneuburg 1888. Heft V. Tab. 15. Ueber d. Untersuchungsmethoden vergl. Niederösterr. Weine S. 909. Anm. *).

No.		Zeit der Untersuchung	Spec. Gew.	Alkohol Vol. %	Alkohol Gew. %	Extract %	Zucker = Traubenzucker %	Säure = Weinsäure %	Glycerin %	Mineralstoffe %	Phosphorsäure %	Schwefelsäure %	Kali %	Drehung im 200 mm Rohr Grade
11	Halbausbruch, klar, süss, voll, ziemlich stark, sehr gut . .	1884	1,0740	13,85	10,01	20,69	18,64	0,65	0,54	0,249	0,041	0,024	—	— 5,1
12	Fettausbruch, sehr klar, süss, voll, sehr gut	„	1,1100	14,15	10,14	27,24	23,79	0,53	0,42	0,231	0,035	0,026	—	— 4,4
13	Essenz, sehr süss, voll und gut	„	1,1560	14,88	10,23	33,39	27,89	0,43	0,35	0,206	0,026	0,027	—	— 3,2
14	Ausbruchwein, stark, süss, voll, sehr gut	1886	1,0788	13,60	12,00	23,83	20,58	0,46	—	0,241	0,028	0,028	—	—
15	Wie No. 14 . . .	„	1,1100	13,20	9,45	29,61	26,31	0,43	—	0,211	0,028	0,025	—	—

5. Portwein (Portugal).

a. Aeltere Analysen.

No.		Zeit der Untersuchung	Spec. Gew.	Alkohol Vol. %	Alkohol Gew. %	Extract %	Zucker %	Säure = Weinsäure %	Weinstein %	Glycerin %	N-Substanz (N × 6,25) %	Asche %	Mineralstoffe %	Phosphorsäure %	Schwefelsäure %	Kali %
1		?	0,9995	—	17,73	4,23	3,33	0,42	—	—	—	0,24	—	—	—	—
2		?	—	—	19,22	5,90	4,38	0,31	—	—	—	0,35	—	—	—	—
3		?	0,9922	—	12,08	2,78	0,67	0,62	—	—	—	0,45	—	—	—	—

b. Neuere Analysen.

No.		Zeit der Untersuchung	Spec. Gew.	Alkohol Vol. %	Alkohol Gew. %	Extract %	Zucker %	Säure = Weinsäure %	Weinstein %	Glycerin %	N-Substanz (N × 6,25) %	Asche %	Mineralstoffe %	Phosphorsäure %	Schwefelsäure %	Kali %
4	Weiss 1860er . .	1879	1,0126	20,03	16,12	8,71	4,82	0,33	—	—	0,09	—	0,21	0,034	0,037	0,091
5	Roth 1863er . . .	„	1,0059	19,46	15,71	6,69	4,42	0,42	—	—	0,23	—	0,29	0,034	0,045	0,133
6	„ 1865er . . .	„	1,0125	21,91	17,61	8,71	6,33	0,44	—	—	0,20	—	0,23	0,031	0,018	0,113
7	Portwine vintage old-finest, granatroth, sehr klar, aromatisch, vorzüglicher Wein	1882	1,0084	21,30	16,79	8,41	6,20 *)	0,47	0,13	0,51	—	—	0,21	0,028	0,021	0,091
8	Sehr guter Portwein, roth, klar, gewürzhaft	„	1,0026	21,00	16,65	6,76	4,70	0,29	—	0,28	—	—	0,33	—	0,042	—
9	Vorzüglicher echter Portwein, roth, sehr klar und aromatisch . .	1883	1,0034	22,55	17,87	7,58	5,29	0,45	—	0,71	—	—	0,21	0,029	0,020	0,096

Portwein:

No. 1, 2 u. 3 von Thudichum, Griffith u. Hassall, vergl. Food: Its adulterations and the methods for their detection by Hassall. London 1876. S. 732.

No. 4—6 von G. Laube u. Aldendorff, Hannov. Monatsschr. wider d. Nahrungsfälscher 1879. S. 124. Vergl. unter Tokayer-Analysen No. 28 u. 29.

No. 7—10 von B. Haas u. L. Weigert, Mittheil. d. K. K. chem. physiol. Versuchsstation in Klosterneuburg. Heft IV. Wien 1885. Ueber Untersuchungsmethoden vergl. S. 909. Anm. *).

*) Vergl. Anmerkung *) Seite 966.

No.		Zeit der Untersuchung	Spec. Gew.	Alkohol Vol. %	Alkohol Gew. %	Extract %	Zucker %	Säure = Weinsäure %	Weinstein %	Glycerin %	N-Substanz (N × 6,25) %	Asche %	Mineralstoffe %	Phosphor-säure %	Schwefel-säure %	Kali %
10	Portwein, unklar, etwas herb, schmeckt fuselig	1883	1,0018	21,77	17,00	9,90	—	0,36	0,15	—	—	—	0,18	0,030	0,015	0,085
11	desgl. klar, sehr stark, voll, etwas süss, gut	1884	1,0180	20,20	15,78	9,67	8,12	0,44	—	0,23	—	—	0,21	—	0,017	—
	Mittel (No. 4—11)	.	**1,0081**	**20,80**	**16,69**	**8,05**	**5,82**	**0,40**	**0,14**	**0,43**	**0,17**	—	**0,23**	**0,031**	**0,023**	**0,102**

6. Madeira (Portugal).

a. Aeltere Analysen.

1	Aus Afrika	?	0,9938	18,00	14,50	5,51	—	0,37	—	—	—	—	0,43	—	—	—
2	Aus Afrika	?	—	20,30	16,51	4,19	—	—	—	—	—	—	—	—	—	—
3	?	?	1,0013	—	16,12	6,17	3,00	0,61	—	—	—	—	0,35	—	—	—

b. Neuere Analysen.

4	Aus Portugal 1870er	1879	1,0040	—	15,53	5,21	3,46	0,48	—	—	0,21	—	0,40	0,056	0,097	0,148
5	desgl. 1878er . .	„	0,9990	—	15,34	5,32	3,39	0,49	—	—	0,14	—	0,38	0,082	0,081	0,162
6	Aus Portugal: Vorzüglicher echter Madeira, sehr klar, dunkelgelb . . .	1883	0,9997	19,04	15,14	5,76	2,93	0,52	—	1,04	—	—	0,38	0,052	0,068	0,149
7	desgl. Madeira finest old reserve . .	1882	1,0040	18,76	14,85	6,71	3,88 *)	0,30	0,12	0,71	—	—	0,33	0,051	0,048	0,145
8	Sehr guter Madeira, klar	„	0,9947	20,20	16,14	4,60	2,48	0,38	—	0,46	—	—	0,27	—	0,081	—
	Mittel (No. 4—8)	.	**1,0003**	**18,98**	**15,40**	**5,52**	**3,23**	**0,43**	**0,12**	**0,74**	**0,18**	—	**0,35**	**0,060**	**0,075**	**0,149**

7. Malaga (Spanien).

a. Aeltere Analysen.

1	Aus Spanien . . .	?	1,0370	12,50	9,6	14,40	9,91	—	—	—	—	—	—	—	—	—
2	desgl.	1841	1,0570	15,00	11,5	18,40	14,72	—	—	—	—	—	—	—	—	—
3	desgl.	1842	1,0560	15,34	11,7	18,70	14,51	—	—	—	—	—	—	—	—	—
4	desgl.	?	1,0690	13,20	10,0	14,40	9,90	—	—	—	—	—	—	—	—	—
5	desgl.	?	1,070	16,10	12,2	18,70	14,50	—	—	—	—	—	—	—	—	—
6		?	1,0548	—	12,40	16,00	—	0,42	—	—	—	0,36	—	0,048	—	—
7		?	1,0600	—	12,80	17,85	—	0,46	—	—	—	0,42	—	0,046	—	—

Portwein:

No. 11. L. Weigert, Mittheil. d. K. K. chem. physiol. Versuchsstation in Klosterneuburg. 1888. Heft V. Tab. 2.

Madeira:

No. 1 von A. Salomon, No. 2 von Lamotte in Ann. d. Oenologie 1873. Bd. III. S. 199.
No. 3 von Hassall in Food: Its adulterations etc. London 1876. S. 732.
No. 6—8 von B. Haas, Mittheil. d. K. K. chem. physiol. Versuchsstation in Klosterneuburg. Heft IV. Wien 1885.

*) Es enthielten ferner:

		Dextrose	Lävulose	Essigsäure
Portwein	No. 7	4,05 %	2,15 %	0,081 %
Madeira	No. 7	1,76 „	2,12 „	0,139 „

Malaga:

No. 1—5 von Fr. Mayer, Jahrbuch f. Pharmacie. XV. S. 201.
No. 6 u. 7 von Fr. Elsner, Praxis d. Nahrungsmittelchemikers. Leipzig 1880. S. 104; vergl. unter „Tokayer-Analysen“ No. 11—14.

b. Neuere Analysen.

No.		Zeit der Untersuchung	Spec. Gew.	Alkohol Vol. %	Alkohol Gew. %	Extract %	Zucker %	Säure = Weinsäure %	Weinstein %	Glycerin %	N-Substanz (N × 6,25) %	Asche %	Phosphorsäure %	Schwefelsäure %	Kali %	Drehung im 200 mm Rohr Grade
8		1872	1,0691	—	12,23	19,85	15,50	0,39	—	0,23	0,20	0,27	0,039	0,024	0,133	—
9	Medicinischer Malaga-Sect, dunkelbraun, klar: Sehr guter Malagaw.	1882	1,0788	15,30	11,28	23,59	18,50	0,58	0,34	0,54	—	Mineralstoffe 0,44	0,050	0,039	0,198	—
10	Medicinischer Malaga-Sect, dunkelbraun, klar: Vorzüglich echter Malagawein .	1883	1,0425	17,97	13,70	15,92	11,90	0,64	—	0,65	—	0,39	0,041	0,072	0,177	—
11	Medicinischer Malaga-Sect, dunkelbraun, klar: Starker Malagawein .	„	1,0547	15,45	11,65	18,28	14,79	0,43	0,21	0,38	—	0,31	0,036	0,040	0,137	—
12	Sehr guter Malaga-Wein . .	„	1,0860	14,78	10,82	24,00	19,04	0,56	—	0,30	—	0,51	0,053	0,045	0,232	—
13	Malaga - Wein, sehr gut . .	„	1,0871	17,15	12,54	27,14	19,47	0,81	0,30	0,23	—	0,59	0,065	0,075	0,245	—
14	desgl. 1862, gut	„	1,0817	18,30	13,45	22,76	19,67	0,65	—	0,71	—	0,41	0,056	0,058	—	—
15	desgl., sehr gut, Red Malaga .	„	1,0656	16,55	12,35	20,72	15,30	0,61	—	0,65	—	0,32	0,038	0,036	0,108	—
16	desgl, sehr gut, echt	„	1,0543	15,96	12,03	17,70	14,26	0,41	0,19	0,44	—	0,29	0,033	0,043	0,134	—
17	desgl., gut . .	1882	1,0953	12,61	9,15	26,00	21,87	0,63	—	0,28	—	0,68	0,053	0,072	0,332	—
18	Malaga 1874er . (In 100 CC. g)	1879	—	14,0	—	29,20	24,80	0,62	—	—	—	0,41	0,058	0,038	0,174	—
19	desgl., Verschnitt . . (In 100 CC. g)	„	—	15,0	—	21,68	17,24	0,53	—	—	—	0,34	0,042	0,032	—	—
20	desgl. 1879er (In 100 CC. g)	1882	—	13,6	—	29,23	25,20	0,36	—	—	—	0,73	0,053	—	—	—
21	desgl. feiner, alter	1883	1,0892	—	10,02	27,11	22,00	0,52	—	0,65	0,32	0,42	0,054	0,028	0,169	—
22	desgl., stark, süss, voll, vorzüglich	1885	1,0770	16,60	12,24	23,54	17,96	0,60	—	—	—	0,43	0,049	0,045	0,180	—7,1
23	desgl., stark, süss, mit wenig Aroma, ziemlich gut	1884	1,0454	16,20	12,31	15,88	12,13	0,47	—	0,47	—	0,29	0,029	0,061	—	—3,0
	Mittel (No. 8—17 und 21—23) .	.	**1,0694**	**15,76**	**11,93**	**21,73**	**17,11**	**0,55**	**0,26**	**0,46**	**0,26**	**0,41**	**0,049**	**0,043**	**0,187**	—

No. 8 von G. Laube u. B. Aldendorff, Hannov. Monatsschr. wider die Nahrungsfälscher 1879. S. 124; vergl. unter „Tokayer" No. 28 u. 29.

No. 9—17 von B. Haas u. L. Weigert, Mittheil. d. K. K. chem. physiol. Versuchsstation in Klosterneuburg. Heft IV. Wien 1885. Ueber die Untersuchungsmethoden vergl. unter „Niederösterreichische Weine" S. 909. Die Weine No. 9—17 enthielten ferner:

No.	9	11	12	13	16	17
Dextrose	9,67 %	7,55 %	9,46 %	10,55 %	7,17 %	11,07 %
Lävulose	8,83 „	7,24 „	9,58 „	8,92 „	7,09 „	10,80 „
Gerbstoff	— „	0,07 „	0,13 „	0,14 „	— „	— „
Essigsäure	0,16 „	— „	— „	— „	— „	— „

No. 18—20 von R. Kayser, Repertorium f. analyt. Chem. 1882. S. 152. Ueber Untersuchungsmethoden vergl. unter „Moselweine" S. 865. Die Weine No. 18—20 ergaben ferner:

	18	19	20
Kalk	0,007 %	0,018 %	0,006 %
Magnesia	0,032 „	0,024 „	0,034 „

Der Wein No. 18 enthielt 0,002 % Kieselsäure, 0,003 % Thonerde und 0,003 % Eisen.

No. 21. C. Böhmer, Original-Mittheilung.

No 22 u. 23. B. Haas, Mittheil. d. K. K. chem. physiol. Versuchsstation Klosterneuburg 1888. Heft V. Tab. 21.

8. Marsala.

a. Aeltere Analysen.

No.		Zeit der Untersuchung	Spec. Gew.	Alkohol Vol. %	Alkohol Gew. %	Extract %	Zucker %	Säure = Weinsäure %	Glycerin %	N-Substanz (N × 6,25) %	Mineralstoffe %	Phosphorsäure %	Schwefelsäure %	Kali %
1	Aus Italien	?	—	20,6	16,77	4,50	—	—	—	—	—	—	—	—
2	desgl.	?	0,9995	—	16,38	3,57	2,75	0,39	—	—	0,31	—	—	—

b. Neuere Analysen.

No.		Zeit der Untersuchung	Spec. Gew.	Alkohol Vol. %	Alkohol Gew. %	Extract %	Zucker %	Säure = Weinsäure %	Glycerin %	N-Substanz (N × 6,25) %	Mineralstoffe %	Phosphorsäure %	Schwefelsäure %	Kali %
3	Ingham } Sicilien, gegypst	?	0,9966	—	16,73	4,94	3,48	0,40	0,30	0,15	0,27	0,024	0,087	0,123
4	Woudhouse } Sicilien, gegypst	?	1,0111	—	15,41	5,39	3,74	0,46	0,45	0,23	0,41	0,023	0,152	0,171
5[0])	Sicilien, Anfang der 70 ger Jahre	1879	1,0041	19,81	16,08	5,40	4,23	0,55	—	—	0,43	—	—	—
6[0])	Sicilien, Anfang der 70 ger Jahre	„	1,0005	20,81	16,92	4,10	3,17	0,55	—	—	0,45	—	—	—
7	Aus Italien, sehr gut, Marsala-Wein, gegypst	1883	1,0032	17,95	14,22	6,26	3,49	0,45	0,83	—	0,42	0,048	0,103	0,158
8[00])	Aus Italien, sehr gut, Marsala-Wein, gegypst	1882	0,9975	19,71	15,71	5,55	3,08	0,52	0,48	0,22	0,33	0,018	0,112	0,116
	Mittel (No. 3—8)	.	**1,0022**	—	**15,85**	**5,27**	**3,53**	**0,49**	**0,51**	**0,23**	**0,38**	**0,029**	**0,114**	**0,142**

9. Sherry, Spanien.

a. Aeltere Analysen.

No.		Zeit der Untersuchung	Spec. Gew.	Alkohol Vol. %	Alkohol Gew. %	Extract %	Zucker %	Säure = Weinsäure %	Glycerin %	N-Substanz (N × 6,25) %	Mineralstoffe %	Phosphorsäure %	Schwefelsäure %	Kali %
1		?	0,9897	—	14,85	3,09	1,79	0,45	—	—	0,48	—	—	—
2		1879	0,9939	—	17,28	3,95	2,04	0,48	—	—	0,53	—	—	—
3		„	0,9929	—	17,89	3,81	1,81	0,46	—	—	0,44	—	—	—
4		„	—	—	16,91	2,80	0,93	0,50	—	—	0,38	—	—	—
5		„	0,9880	—	16,98	4,88	1,74	0,44	—	—	0,57	—	—	—
6		„	0,9928	—	15,46	3,50	—	0,45	—	—	0,28	0,022	—	—
7		„	0,9890	—	14,50	3,70	—	0,46	—	—	0,32	0,026	—	—
8		„	0,9840	—	21,00	2,49	—	—	0,71	—	0,40	0,019	—	—

b. Neuere Analysen.

No.		Zeit der Untersuchung	Spec. Gew.	Alkohol Vol. %	Alkohol Gew. %	Extract %	Zucker %	Säure = Weinsäure %	Glycerin %	N-Substanz (N × 6,25) %	Mineralstoffe %	Phosphorsäure %	Schwefelsäure %	Kali %
9	Sherry 1870er, gegypst .	1879	0,9952	—	18,78	3,80	1,89	0,45	0,52	0,20	0,50	0,032	0,186	0,226
10	„ amontilado, gegypst	„	0,9924	—	16,44	2,69	0,52	0,51	0,57	0,20	0,66	0,038	0,269	0,269
11	Sehr guter, goldgelber, aber gegypster Sherry . . .	1883	0,9913	20,51	16,45	4,06	1,69	0,43	0,43	—	0,45	0,021	0,166	0,194
12	desgl. nicht gegypst . . .	1882	0,9866	22,00	17,37	3,28	1,93	0,25	0,22	—	0,20	—	0,044	—

Marsala:

No. 1 von D. Joss, Ann. d. Oenologie 1873. Bd. III. S. 200.

No. 2 von Thudichum in Hassall: Food, its adulterations etc. London 1876. S. 732.

No. 3 u. 4. G. Laube u. B. Aldendorff, Hannov. Monatsschr. wider die Nahrungsfälscher. 1879. S. 124. Ueber die Untersuchungsmethoden vergl. unter „Tokayer“ No. 28 u. 29.

No. 5 u. 6. G. Briosi, vergl. unter „Sicilische Weine“.

No. 7 von B. Haas, No. 8 von L. Weigert: Mittheilungen d. K. K. chem. physiol. Versuchsstation Klosterneuburg. Heft IV. Wien 1885. Tab. 16.

[0]) No. 5 Mittel aus 54, No. 6 Mittel aus 23 Analysen.

[00]) Der Marsala No. 8 enthielt ferner: 0,039 % Weinstein, 0,029 % Gerbstoff, während der Zucker aus 0,29 % Dextrose und 2,79 % Lävulose bestand.

Sherry:

No. 1 u. 2 von Thudichum, No. 3 u. 5 von Hassall, No. 4 von Griffin in Hassall: Food, its adulterations etc. London 1876. p. 732.

No. 6—8 von Fr. Elsner, die Praxis d. Nahrungsmittelchemikers. Leipzig 1880. S. 104. Ueber die Untersuchungsmethoden vergl. unter „Tokayer“ No. 11—14.

No. 9 u. 10 von G. Laube u. B. Aldendorff, Hannov. Monatsschr. wider die Nahrungsfälscher 1879. S. 124. Ueber die Untersuchungsmethoden vergl. unter „Tokayer“ No. 28 u. 29.

No. 11—13 von B. Haas, Mittheil. d. K. K. chem. physiol. Versuchsstation Klosterneuburg. Heft IV. Wien 1885. Tab. 18. Ueber die Untersuchungsmethoden vergl. „Niederösterreichische Weine“ S. 909.

No.		Zeit der Untersuchung	Spec. Gew.	Alkohol Vol. %	Alkohol Gew. %	Extract %	Zucker %	Säure = Weinsäure %	Glycerin %	N-Substanz (N × 6,25) %	Mineralstoffe %	Phosphorsäure %	Schwefelsäure %	Kali %
13 °)	Sehr guter, goldgelber Sherry, Red Star Sherry old finest	1882	1,0490	20,98	15,90	18,02	14,73	0,29	0,24	—	0,35	0,034	0,088	0,156
14	Ein nicht zu beanstandender Sherry	1883	0,9975	—	17,21	3,64	—	0,64	0,91	—	0,23	0,032	0,022	—
15	Sherry pale	„	0,9934	—	19,88	5,40	3,77	0,30	0,45	0,12	0,31	0,027	0,109	0,136
16	Sherry, etwas unklar, sehr stark, voll, gut . . .	1886	0,9963	20,10	16,01	4,98	2,93	0,54	0,52	—	0,34	—	0,098	—
	Mittel (No. 9—16, excl. No. 13)	.	**0,9932**	**21,29**	**17,45**	**3,98**	**2,12**	**0,45**	**0,52**	**0,17**	**0,38**	**0,031**	**0,128**	**0,206**

No.		Zeit der Untersuchung	Alkohol	Extract	Zucker	Freie Säure = Weinsäure	Weinstein	Glycerin	Mineralstoffe	Phosphorsäure	Schwefelsäure	Kali	Polarisation
			In 100 CC. sind Gramm										
17	Reine echte Sherry-Weine, durch F. A. Schmölder in Frankfurt a. M. direct von dem Exporthause Gonzales Byass u. Co. in Xeres de la Frontera bezogen. No. 17 bis 28 feine und hochfeine Sorten	1888	13,82	2,40	—	0,32	0,051	0,58	0,44	0,019	0,182	0,180	± 0
18		„	17,88	4,71	2,35	0,48	0,057	0,65	0,42	0,026	0,133	0,191	— 0,8
19		„	13,28	1,94	—	0,33	0,155	0,33	0,55	0,024	0,247	0,234	± 0
20		„	16,91	4,08	1,59	0,51	0,019	0,83	0,53	0,021	0,235	0,244	— 0,8
21		„	19,01	8,13	4,80	0,43	—	0,34	0,56	0,019	0,230	0,256	— 2,3
22		„	16,51	4,65	2,25	0,37	—	0,37	0,51	0,015	0,219	0,234	— 0,7
23		„	15,67	4,07	1,10	0,53	—	0,86	0,62	0,031	0,280	0,278	— 0,66
24		„	16,19	3,90	—	0,52	—	0,96	0,63	0,028	0,299	0,292	— 0,3
25		„	13,33	1,93	—	0,34	—	0,21	0,43	0,027	0,187	0,207	± 0
26		„	13,17	2,36	—	0,37	—	0,39	0,66	0,034	0,304	0,219	± 0
27		„	12,26	1,88	—	0,34	—	0,25	0,52	0,027	0,223	0,233	± 0
28		„	18,63	6,32	—	0,71	—	0,99	0,92	0,053	0,405	0,418	— 2,7

Sherry:

°) Sherry No. 13 enthielt ferner: 0,11 % Weinstein, 0,094 % Essigsäure, während der Zucker aus 7,20 % Dextrose und 7,53 % Lävulose bestand.

No. 14. E. List, Archiv f. Hygiene 1883. Bd. I. S. 500. Der Sherry drehte im Wild'schen Polaristrobometer 1,66 nach links; derselbe wurde gleichzeitig mit Hamburger Kunst-Sherry untersucht, welcher in 2 Proben folgende Zusammensetzung lieferte:

Kunst-Sherry	Spec. Gew.	Alkohol Gew. %	Extract %	Säure = Weinsäure %	Glycerin %	Mineralstoffe %	Chlor %	Phosphorsäure %	Schwefelsäure %	Polarisation Wild
No. 1	0,9934	14,41	4,11	0,30	0,33	0,16	0,049	0,008	0,022	+ 0,08
„ 2	0,9940	16,65	4,05	0,38	0,48	0,21	0,042	0,011	0,023	— 0,04

No. 1 ist ein Gemisch von Zucker, Wasser, Weingeist und Kochsalz; der Zuckerzusatz hat wegen der Rechtsdrehung ohne Abwesenheit von Hefe stattgefunden; durch gelindes Erwärmen drehte das Kunstgemisch 0,60 nach links; No. 2 ist ein Verschnitt von Hamburger Kunst-Sherry.

No. 15 von C. Böhmer, Original-Mittheilung.

No. 16. B. Haas, Mittheil. d. K. K. chem. physiol. Versuchsstation Klosterneuburg 1888. Heft V. Tab. 21.

No. 17—34. E. Borgmann u. W. Fresenius, Zeitschr. f. analyt. Chemie 1889. Bd. 28. S. 71. Die Weine wurden nach den von der im April 1884 im Reichsgesundheitsamte zusammenberufenen Commission vereinbarten Methoden ausgeführt. Der Weinstein ist bei den ersten 4 Nummern bestimmt, weil sich beim Aufbewahren der anderen Proben ein Bodensatz von Weinstein abschied. Aus dem Grunde kann die Bestimmung des Weinsteins in einem gegypsten Wein nicht, wie Biltz (Repertorium f. analyt. Chem. Bd. I. S. 164; vergl. Petrowitsch, Zeitschr. f. analyt. Chem. Bd. 25. S. 198) vorgeschlagen, einen Anhaltepunkt über die Stärke des Gypses liefern; denn die Abscheidung des Weinsteins richtet sich nicht allein nach der zugesetzten Menge Gyps, sondern hängt auch ab von der Temperatur, dem Alkoholgehalt etc.

Bei Bestimmung der Mineralstoffe in Süssweinen wird leicht zu wenig gefunden in Folge Verluste von Säuren; auch die übliche Bestimmung der Phosphorsäure durch einfaches Veraschen fällt nach W. Fresenius (Zeitschr. f. analyt. Chem. 1889. Bd. 28. S. 65) zu niedrig aus; man soll für den Zweck den Zucker erst durch Hefepflänzchen (nicht Hefe) oder durch Soda und Salpeter zerstören. In den Weinen wurde ferner bestimmt:

No.		Zeit der Untersuchung	Alkohol	Extract	Zucker	Freie Säure = Weinsäure	Weinstein	Glycerin	Mineralstoffe	Phosphorsäure	Schwefelsäure	Kali	Polarisation
			In 100 CC. sind Gramm										
29	Reine echte Sherry-Weine, durch F. A. Schmölder in Frankfurt a. M. direct von dem Exporthause Gonzales Byass u. Co. in Xeres de la Frontera bezogen. Mittlere und geringe Sorten des Handels	1880	16,33	2,75	—	0,29	—	0,46	0,35	0,020	0,135	0,159	± 0
30		„	11,98	3,40	—	0,27	—	0,38	0,34	0,018	0,116	0,153	± 0
31		„	15,97	3,54	—	0,30	—	0,50	0,36	0,016	0,132	0,173	± 0
32		„	17,40	4,71	—	0,41	—	0,41	0,41	0,034	0,169	—	— 0,5
33		„	15,61	5,78	—	0,30	—	0,27	0,34	0,042	0,119	—	(— 4)?
34		„	17,20	7,22	4,20	0,30	—	0,14	0,37	0,025	0,139	0,178	— 2,8
	Minimum	.	11,98	1,93 *)	1,10	0,29	—	0,14	0,34	0,015	0,119	0,153	—
	Maximum	.	19,01	3,54	4,80	0,71	—	0,99	0,92	0,053	0,405	0,418	—
	Mittel *)	.	**15,61**	**2,63** *)	**2,60**	**0,39**	—	**0,49**	**0,49**	**0,027**	**0,209**	**0,228**	—

10. Schaumweine.

No.		Zeit der Untersuchung	Spec. Gew.	Alkohol Vol. %	Alkohol Gew. %	Extract %	Zucker %	Säure = Weinsäure %	Weinstein %	Glycerin %	Mineralstoffe %	Phosphorsäure %	Schwefelsäure %	Kali %	N-Substanz (N × 6,25) %
1	Aus Champagne (Frankreich)	?	—	13,60	—	11,10	—	—	—	—	—	—	—	—	—
2		?	—	10,30	—	9,70	—	—	—	—	—	—	—	—	—
3	Carte blanche . . .	1879	1,0443	—	9,03	13,37	11,54	0,58	—	?	0,13	0,026	0,016	0,049	0,21
4	Rheinwein mousseux .	„	1,0373	—	9,44	10,47	8 70	0,57	—	?	0,16	0,033	0,026	0,064	0,28
5 °)	Tokay. mouss., sehr gut	„	1,0301	12,00	9,26	11,00	9,09 °)	0,83	0,26	(0,16)	0,13	0,023	0,023	0,061	0,25

In 100 CC. sind Gramm	No. 17	18	19	20	21	22	23	24	25
Kalk	0,020	0,015	0.016	0,011	0,014	0,017	0,019	0,023	0,015
Magnesia	0,024	0,022	0,025	0,031	0,030	0,023	0,027	0,032	0,022
Natron	0,018	0,022	0,012	0,015	0,014	0,013	0,016	0,025	0,012
Chlor	0,020	0,019	0,021	0,022	0,019	0,016	0,022	0,021	—
Der Schwefelsäure entspricht schwefels. Kalium pro 1 l in Gramm:	3,97	2,90	5,37	5,12	5,01	4,78	6,09	6,52	4,07

In 100 CC. sind Gramm	No. 26	27	28	29	30	31	32	33	34	Mittel
Kalk	0,016	0,016	0,003	0,015	0,017	0,017	0,013	0,016	0,015	0,015
Magnesia	0,031	0,023	0,049	0,019	0,019	0,017	0,021	0,017	0,017	0,025
Natron	0,013	0,021	0,026	0,015	0,026	0,017	—	—	0,017	0,018
Chlor	0,024	—	0,036	—	—	—	—	—	—	0,022
Der Schwefelsäure entspricht schwefels. Kalium pro 1 l in Gramm:	6,63	4,86	8,81	2,93	2,53	2,86	3,67	2,59	3,04	4,54

Hiernach enthalten diese Weine sämmtlich mehr als 2 g schwefelsaures Kalium pro 1 Liter; wenn an dieser Maximalgrenze festgehalten würde, so könnte keiner der obigen Weine (No. 17—34) für den Consum zugelassen werden. Gerade die besseren Sorten (No. 17—28) sind am stärksten gegypst.

*) Das Minimum, Maximum und Mittel des Extractes bezieht sich auf den zuckerfreien Extractrest, wobei diejenigen zuckerhaltigen Proben, deren Zuckergehalt nicht bestimmt wurde, nicht zur Berechnung herangezogen wurden. Das Maximum des zuckerfreien Extractes kann unter Umständen noch etwas höher als die oben angeführte Zahl sein; so z. B. wahrscheinlich bei No. 12, bei welchem wegen unzureichender Menge eine Zuckerbestimmung nicht ausgeführt werden konnte.

Schaumweine:

No. 1 von Mitis, No. 2 von Lamotte, Ann. d. Oenologie 1873. Bd. III. S. 201.

No. 3 u. 4. G. Laube und B. Aldendorff, in Hannov. Monatsschr. wider d. Nahrungsfälscher 1879. S. 124. Ueber die Untersuchungsmethoden vergl. unter „Tokayer"-Analysen No. 28 u. 29.

No. 5. B. Haas, Mittheil. d. K. K. chem. physiol. Versuchsstation Klosterneuburg. Heft IV. Wien 1885. Tab. 34. Ueber die Untersuchungsmethoden vergl. unter „Niederösterreichische Weine" S. 909.

°) Der Tokayer mousseux No. 5 enthielt ferner 0,081 % freie Weinsäure, 0,04 % Gerbstoff, 0,003 % Natron, 0,012 % Kalk, 0,006 % Magnesia, 0,0009 % Eisenoxyd, 0,0009 % Thonerde, 0,0037 % Chlor, 0,0019 % Kieselsäure, während der Zucker aus 4,61 % Dextrose und 4,48 % Lävulose bestand.

No.		Zeit der Untersuchung	Spec. Gew.	Kohlensäure	Alkohol	Extract	Zucker	Säure = Weinsäure	Weinstein	Glycerin	Mineralstoffe	Phosphorsäure	Schwefelsäure	Kali	Polarisation 220 mm Rohr, Wild: direct Grad	Polarisation 220 mm Rohr, Wild: nach der Vergährung Grad
					In 100 CC. sind Gramm											
6	Veuve Cliquot Reims, Pousardin	1883	1,0565	0,514	10,20	19,75	17,52	0,60	0,25	1,13	0,12	0,016	0,022	—	−3,72	+ 0,06
7	Louis Röderer, Carte blanche .	„	1,0572	1,514	9,50	20,24	18,50	0,70	0,26	0,97	0,12	0,012	0,017	—	−6,22	+ 0,12
	Söhnlein u. Co. in Schierstein:															
8	Rheingold . .	„	1,0600	0,432	9,60	20,52	17,85	0,68	0,23	0,89	0,11	0,014	0,019	—	−6,00	± 0
9	Schloss Vollrads	„	1,0360	0,413	10,00	13,58	11,76	0,72	0,25	0,79	0,15	0,009	0,021	—	−6,16	± 0
10	Söhnlein u. Co.	„	1,0445	0,405	9,90	15,90	13,65	0,69	0,20	0,85	0,15	0,019	0,026	—	−4,66	± 0
11	Rheingauer Schaumw., roth	„	1,0244	0,447	10,50	10,76	8,61	0,46	0,19	0,81	0,21	0,028	0,038	—	−1,50	± 0
	Matheus Müller in Eltville:															
12	Moussirender Rheinwein .	„	1,0392	0,521	10,35	14,31	12,50	0,72	0,23	0,84	0,15	0,012	0,034	—	−4,00	± 0
13	Moussirender Johannisberger . .	„	1,0343	0,578	10,85	13,18	(1,55)?	0,70	0,18	1,06	0,21	0,030	0,033	—	−3,42	± 0
14	Moussirender Scharzberger	„	1,0363	0,470	9,70	13,23	11,25	0,66	0,21	0,74	0,14	0,013	0,019	—	−3,66	± 0
15	Moussirender Assmannshäuser, roth	„	1,0323	0,492	10,10	12,54	11,00	0,46	0,18	0,78	0,23	0,048	0,035	—	−3,33	± 0
16	Champagne . .	„	1,0477	0,579	10,35	16,75	14,45	0,68	0,22	0,85	0,17	0,020	0,042	—	−5,66	± 0
	Ewald u. Co. in Rüdesheim:															
17	Kaisersect . .	„	1,0436	0,462	9,80	15,69	13,40	0,64	0,24	0,77	0,15	0,025	0,028	—	−5,33	± 0
18	Sparkling Hock .	„	1,0215	0,507	10,20	9,47	8,00	0,59	0,20	0,81	0,14	0,026	0,023	—	−2,66	± 0
19	Sparkling Moselle	„	1,0124	0,727	10,75	7,10	5,60	0,52	0,22	0,80	0,13	0,018	0,018	—	−2,36	± 0
	A. Burghardt in Deidesheim (Rheinpfalz):			%	Gew. %	%	%	%	%	%	%	%	%	%	Venzke-Soleil	
20	Carte d'or . .	1887	1,0447	0,809	8,36	13,98	12,44	0,58	—	0,21	0,16	0,028	0,026	0,071	−4,43	± 0
21	Monopole . .	„	1,0280	0,897	8,21	10,15	8,45	0,57	—	0,23	0,13	0,016	0,025	0,059	−3,36	± 0
22	Fleur de Sillery	„	1,0190	0,865	8,14	8,13	6,39	0,55	—	0,28	0,13	0,017	0,027	0,064	−2,52	± 0

No. 6—19 von C. Schmitt. Repertorium f. analyt. Chemie 1883. S. 84. Die Kohlensäure wurde unter Anwendung eines besonders construirten Bohrers volumetrisch bestimmt; die anderen Zahlen beziehen sich in Gramm auf 100 CC. von Kohlensäure befreiten Weines. Das Glycerin ist nach Borgmann's Methode, die übrigen Bestandtheile nach den Vereinbarungen rheinischer Chemiker (vergl. Lothringer Rothwein-Analysen von C. Weigelt etc. S. 893 und II. Theil dieses Werkes) bestimmt. Die Schaumweine No. 6—19 enthielten nur Spuren von Chlor, normale Mengen Kalk, die Asche reagirte bei allen alkalisch, die Weingeistfällung (4 : 10) verhielt sich bei allen normal, No. 7, 8, 10, 12, 14, 16, 17 u. 18 enthielten Spuren bis merkliche Mengen „freier Weinsäure".

No. 20—22 von H. Weigmann u. W. Kisch. Original-Mittheilung. Die Weine wurden genau nach den Beschlüssen der vom Kaiserl. Gesundheitsamt 1884 einberufenen Commission ausgeführt (vergl. M. Barth: Die Weinanalyse. Hamburg 1884 u. auch II. Theil dieses Werkes).

No.		Zeit der Untersuchung	Spec. Gew.	Kohlensäure	Alkohol Vol. %	Alkohol Gew. %	Extract	Zucker	Säure = Weinsäure	Weinstein	Glycerin	Mineralstoffe	Phosphorsäure	Schwefelsäure	Kali
						In 100 CC. sind Gramm									
23	Von einem Stuttgarter Schaumweinfabrikanten, Probe 1	1887	—	0,73	—	8,87	11,96	10,00	0,67	—	—	0,18	—	—	—
24	" " 2	"	—	0,53	—	9,07	16,32	13,51	0,74	—	—	0,15	—	—	—
25	" " 3	"	—	0,52	—	9,48	9,57	8,00	0,75	—	—	0,17	—	—	—
								Zucker (Dextrose)		Flüchtige Säure = Essigsäure	Gerbstoff				
26	Champagner, Kleinoscheck, Graz . . .	"	—	—	10,69	—	13,29	10,86	0,56	0,046	0,050	—	—	—	—
27	Astispumante von Boschiera in Asti . .	"	—	—	8,50	—	13,25	11,31	0,52	0,055	0,045	—	—	—	—
28	Aug. Grote, Frankfurt a. M.: Moussirender Moselwein . .	"	—	—	10,25	—	12,71	10,67	0,65	0,055	0,036	—	—	—	—
29	Aug. Grote, Frankfurt a. M.: Moussir. Hochheimer . . .	"	—	—	11,46	—	11,62	9,12	0,64	0,043	0,043	—	—	—	—
30	Aug. Grote, Frankfurt a. M.: Cider Sect . .	"	—	—	7,67	—	10,00	7,44	0,63	0,050	0,057	—	—	—	—
31	Aug. Grote, Frankfurt a. M.: Mouss. Cognac .	"	—	—	37,63	—	18,44	7,44	—	0,004	—	—	—	—	—
32	Gewöhnl. mouss. Birnmost aus Württemberg	"	—	—	4,52	—	5,73	2,86	1,03	0,023	0,173	—	—	—	—
	Amerikanische Champagner:														
33	Dry Sillery	1880	1,0293	—	11,96	9,22	10,70	7,34	0,69	0,198	—	0,10	—	—	—
34	Great Western extra dry	"	1,0268	—	11,10	9,05	10,41	9,08	0,82	0,362	—	0,13	—	—	—
35	desgl.	"	1,0285	—	10,82	8,35	11,07	8,79	0,50	0,186	—	0,13	—	—	—
36	Grand price, medium dry	"	1,0228	—	12,49	9,75	9,15	8,21	0,82	0,398	—	0,13	—	—	—
37	Eclipse, extra dry . .	"	1,0174	—	11,87	9,26	7,78	6,51	0,89	0,472	—	0,15	—	—	—
38	Gold Seal	"	1,0402	—	10,82	8,26	13,31	12,02	0,88	0,346	—	0,11	—	—	—
39	Sans Pareil	"	1,0272	—	7,48	5,78	9,00	8,74	0,86	0,339	—	0,15	—	—	—
40	desgl.	"	1,0308	—	10,47	8,07	10,30	8,78	0,83	0,159	—	0,15	—	—	—
41	La Diamant	"	1,0217	—	10,82	8,40	8,73	7,54	0,56	0,122	—	0,14	—	—	—
42	Norton's Virginia (red) 1872	"	1,0188	—	8,01	6,24	8,58	7,24	0,69	0,142	—	0,16	—	—	—
43	Cook's Imperial . . .	"	1,0207	—	10,82	8,41	8,47	7,23	0,78	0,247	—	0,13	—	—	—
44	desgl.	"	1,0222	—	9,04	7,03	7,80	7,02	0,85	0,352	—	0,11	—	—	—
45	Red Cross	"	1,0264	—	12,96	10,02	11,23	10,11	0,57	0,198	—	—	—	—	—
46	desgl.	"	1,0265	—	11,08	8,58	11,01	9,01	0,57	0,145	—	0,10	—	—	—
47	Catawba 1878 . . .	"	1,0233	—	9,86	7,64	8,57	6,60	0,57	0,119	—	0,11	—	—	—

No. 23—25 von H. Abel. Repertorium f. analyt. Chem. 1887. S. 390. Die Untersuchung erfolgte nach den Beschlüssen der von dem Kaiserl. Gesundheitsamt 1884 einberufenen Commission; vergl. M. Barth: Die Weinanalyse und auch II. Theil dieses Werkes. Die Kohlensäure wurde mittelst eines besonderen Bohrers nach dem Befreien von Wasser durch Schwefelsäure und Chlorcalcium durch Auffangen derselben von Natronkalk bestimmt; in derselben Weise wurde auch die Kohlensäure bei No. 20—22 bestimmt, nur mit dem Unterschiede, dass statt des Natronkalkes conc. Kalilauge angewendet wurde.

No. 26—32 von K. Portele. Jahresbericht f. Agric. Chem. 1883. S. 565. Der Zucker ist direct mit Fehling'scher Lösung bestimmt; da derselbe — wahrscheinlich als Rohrzucker zugesetzt — nicht vollständig invertirt war, so zeigen obige Zahlen nicht den Gesammtzucker an.

No. 33—47 von C. A. Crampton. Foods and food adulterants. Part third. Fermented alcoholic beverages. Washington 1887. p. 337. Ueber die Untersuchungsmethoden vergl. die Analysen desselben Verf. unter „Californische Weissweine“ S. 954.

Sehr alte Weine.

No.		Jahrgang	Zeit der Untersuchung	Alkohol Vol. %	Alkohol Gew. %	Extract %	Säure = Weinsäure %	Flüchtige Säure %	Fixe Säure %	Freie Weinsäure %	Weinstein %	Glycerin %	Mineralstoffe %	Phosphorsäure %	Schwefelsäure %	Polarisation
1	Rüdesheimer Rose (aus dem Bremer Rathskeller)	1653	1886	—	8,05	4,01	1,39	—	—	—	—	1,00	0,31	0,080	—	—
2	Hochheimer Apostel (aus dem Bremer Rathskeller)	1726	„	—	8,66	4,32	1,56	—	—	—	—	1,02	0,31	0,070	—	—
3	Oestricher	1783	„	—	2,83	3,26	0,94	—	—	—	0,101	0,92	0,31	0,057	—	—
4	Hofleister	1728	„	—	9,56	2,64	0,74	0,15	0,59	—	0,140	0,91	0,27	0,036	0,048	± 0
5	Rüdesheimer Berg, Orleans	„	„	—	8,79	3,51	0,63	—	—	—	0,116	1,14	0,29	—	—	± 0
6	desgl.	1811	„	—	7,89	2,93	0,68	—	—	—	0,169	0,90	0,26	—	—	± 0
7	Vom Weingut des Baron v. Zwierlein: Geisenheimer Rothenberg .	1748	„	9,40	7,50	4,59	1,50	0,64	0,70	0,297	0,256	1,43	0,29	0,083	—	± 0
8	desgl. . . .	1783	„	9,70	7,80	4,22	1,47	0,52	0,83	0,270	0,210	1,53	0,28	0,077	—	± 0
9	Geisenheimer .	1804	„	8,40	6,70	3,86	1,29	0,41	0,78	0,615	0,278	1,73	0,29	0,062	—	± 0
10	desgl. . . .	1857	„	11,50	9,14	2,30	0,63	0,25	0,32	0,282	0,218	1,41	0,17	0,042	—	± 0
11	Geisenheimer Altbaum . .	1862	„	12,80	10,40	2,90	0,68	0,26	0,33	0,156	0,169	1,16	0,20	0,059	—	± 0

Weine aus widerstandsfähigen, amerikanischen Reben. — Von T. Hock.[1])

Rothweine.

No.		Zeit der Untersuchung	Spec. Gew.	Alkohol Vol. %	Alkohol Gew. %	Extract %	Säure = Weinsäure %	Gerbstoff %	Glycerin %	N-Substanz (N × 6,25) %	Mineralstoffe %	Phosphorsäure %	Schwefelsäure %	Kali %
1	York - Madeira, Tresterwein,*) 1885er, herb, sauer, zum Verschneiden geeignet	18/5 1886	0,9956	11,15	8,90	2,62	0,58	0,248	0,96	0,091	0,195	0,036	0,006	0,081
2	York-Madeira aus Pettau in Steiermark,**) 1885er, wie No. 1	„	0,9950	12,15	9,70	2,69	0,75	0,069	0,89	0,125	0,207	0,041	0,007	0,082

Sehr alte Weine:
No. 1 u. 2 von E. Winkelmann. Weinbau und Weinhandel 1886. No. 15.
No. 3 u. 4 von E. Borgmann. Ebendort.
No. 5 u. 6 von W. Thomas nach Pharm. Ztg. 1886. Bd. 31. S. 307.
No. 7—11 von J. Moritz in Chem. Ztg. 1886. S. 1370, wo die vorstehenden Analysen No. 1—6 ebenfalls mitgetheilt sind. Ueber die Untersuchungsmethoden ist nichts angegeben, jedoch ist anzunehmen, dass die Analysen nach den Beschlüssen der 1884 vom Kaiserl. Gesundheitsamt einberufenen Kommission ausgeführt worden sind.

[1]) Mittheil. d. K. K. chem. physiol. Versuchsstation Klosterneuburg. 1888. Heft V. Tab. 47.

*) Bei Wein No. 1 wurden am 6. Oct. 1885 im Laboratorium auf 1 kg Trester 1,166 l Wasser, in welchem 248 g Zucker gelöst waren, gegossen; der Wein wurde am 28. November 1885 auf Flaschen gefüllt.

**) Wein No. 2 aus unfiltrirtem Most von frischen Trauben im Laboratorium bereitet; nicht auf Hülsen vergohren; am 25. November 1885 auf Flaschen gefüllt.

No.		Zeit der Untersuchung	Spec. Gew.	Alkohol Vol. %	Alkohol Gew. %	Extract %	Säure = Weinsäure %	Gerbstoff %	Glycerin %	N-Substanz (N × 6,25) %	Mineralstoffe %	Phosphorsäure %	Schwefelsäure %	Kali %
3	York-Madeira aus Pettau in Steiermark,*) 1885er, zieml. stark, mild, voll, zum Verschn. geeignet	18/5 1886	0,9951	12,25	9,79	2,68	0,76	0,056	0,96	0,136	0,202	—	—	—
4	Othello Château de Solettes près Montelimar, Depart. Drôme, 1885er, etwas stark, herb u. sauer, gut	12/7 1886	0,9983	8,80	7,04	2,29	0,81	0,130	0,63	0,249	0,189	0,013	0,014	0,087
5	desgl. 1885er, wenig stark, und herb, voll, sehr gut	„	0,9983	8,70	6,93	2,37	0,82	0,150	0,66	0,249	0,193	0,014	0,015	0,086
6	Othello Montpellier, 1885er, wenig stark und herb, gut . . .	„	0,9983	8,20	6,53	2,08	0,73	0,120	0,66	0,198	0,217	0,012	0,027	0,109
7	desgl. 1881er, wie No. 6	„	0,9964	11,10	8,86	2,56	0,79	0,140	0,96	0,255	0,202	0,018	0,029	0,099
8	desgl. 1885er, wenig stark, herb, voll, sehr gut .	„	0,9976	8,70	6,94	2,10	0,68	0,140	0,67	0,115	0,187	0,009	0,012	0,095

Weine aus amerikanischen, in Frankreich gebauten Reben. — Von A. M. Desmoulins.[1])

No.	Traubensorte und Herkunft	Spec. Gew.	Alkohol %	Extract %	Glycose %	Säure %	Weinstein %	Gerbstoff %	Asche %	Sulfat %	Polarisation
1	Herbemout 9/10. Jacquez 1/10. Villary Côte (St. Gilles)	0,996	13,60	3,00	0,18	0,59	0,17	0,062	0,24	0,075	— 0,2
2	Herbemout 1886. La Rèole (Gironde) .	0,995	7,90	2,10	0,072	0,53	0,27	0,064	0,28	0,040	— 0,1
3	Jacquez Manduel (Gard)	0,997	11,50	2,60	0,130	0,53	0,27	0,064	0,20	0,040	— 0,16
4	Jacquez 1886. Blacaus (Drôme) . .	0,998	12,60	3,04	0,20	0,40	0,105	0,180	0,28	0,050	— 0,60
5	Jacquez 1886. Vauver (Gard) . . .	0,999	10,40	2,56	0,10	0,36	0,090	0,080	0,24	0,090	— 0,60
6	Cynthiana 1886. Monnay (Drôme) . .	0,998	10,20	2,44	0,14	0,44	0,085	0,035	0,24	0,035	— 0,50
7	Othello 1885. Chazay d'Azergues (Rhône)	0,997	9,40	1,96	0,06	0,46	0,110	0,136	0,18	0,035	± 0
8	St. Othello St. Laurent (Gard) . . .	0,998	8,70	2,04	0,063	0,50	0,135	0,080	0,20	0,060	— 0,20

*) Der Most von Wein No. 3 wurde 6 Stunden lang gelüftet und der Wein am 7. December 1885 auf Flaschen gezogen.

In den Weinen aus amerikanischen Reben No. 1—8 wurden noch folgende weitere Bestandtheile bestimmt:

	Freie Weinsäure %	Weinstein %	Essigsäure %	Natron %	Kalk %	Magnesia %	Eisenoxyd %	Thonerde %	Chlor %	Kieselsäure %
No. 1	—	0,24	0,072	0,0022	0,086	0,033	0,0024	0,0002	0,0023	0,0022
„ 2	0,05	0,29	0,056	0,0047	0,092	0,048	0,0020	0,0007	0,0035	0,0029
„ 3	0,07	0,22	0,085	—	—	—	—	—	—	—
„ 4	0,10	0,22	0,050	0,0041	—	—	—	—	—	—
„ 5	0,12	0,15	0,060	0,0082	—	—	—	—	—	—
„ 6	0,06	0,30	0,110	0,0081	—	—	—	—	—	—
„ 7	0,04	0,22	0,140	0,0097	—	—	—	—	—	—
„ 8	—	—	—	0,0079	—	—	—	—	—	—

Wein No. 2 ergab ferner 0,145 % Zucker = Dextrose.

[1]) Nach Mon. vinic. 1887. No. 96 in Vierteljahresschr. f. Chem. d. Nahrungs- u. Genussmittel etc. 1888. I. Heft. S. 60.

Wermuthwein.*)

No.		Zeit der Untersuchung	Spec. Gew.	Alkohol Vol. %	Extract %	Zucker %	Säure = Weinsäure %	Analytiker
1	Tropfwermuth . . . . . } aus Karlowitz	1886	1,0209	7,77	6,90	4,98	0,64	M. Petrowitsch[1])
2	Gewöhnl. Original-Wermuth } aus Karlowitz	„	1,0517	7,37	13,14	10,24	0,55	M. Petrowitsch[1])
3	Zweiter Wermuth	„	1,0122	8,71	5,82	3,47	0,41	M. Petrowitsch[1])
4	Italienischer Wermuth	„	1,028	20,40	12,60	8,70	0,57	*E. Mach*[1])

Trockenbeer-Weine.**)

No.		Zeit der Untersuchung	Alkohol Vol. %	Extract	Zucker	Säure = Weinsäure	Freie Weinsäure	Weinstein	Mineralstoffe	Phosphorsäure	Schwefelsäure	Kalk	Analytiker
	Aus Fabriken in:			In 100 CC. sind Gramm									
1	Pruntrut	1883	7,02	1,79	0,32	0,77	Spur	0,47	0,16	0,017	—	0,019	*F. Schaffer*[2])
2	Genf	„	7,78	1,87	—	0,50	—	0,32	0,15	0,010	—	—	*F. Schaffer*[2])
3	Basel	„	6,50	1,35	0,15	0,45	Spur	0,25	0,23	0,010	—	—	*F. Schaffer*[2])
4	Praix bei Freiburg	„	8,05	2,39	0,33	0,74	0,019	0,26	0,21	0,019	0,037	—	*F. Schaffer*[2])
5	Als Waadtländer fakturirt .	1884	5,85	1,16	—	0,49	—	0,086	0,14	0,019	—	—	*F. Schaffer*[2])
6	Aus Bern, Weisswein gt. .	„	6,70	1,29	—	0,57	0,211	0,152	0,07	—	—	—	*F. Schaffer*[2])
7	Als Rothwein aus der Fabrik Duvivier u. Mory in Basel**)	„	5,90	1,51	—	0,64	Spur	—	0,25	0,009	—	—	*F. Schaffer*[2])

[1]) Zeitschr. f. analyt. Chemie 1886. S. 520. Das spec. Gew. ist im Pyknometer bei 15° C. bestimmt; Alkohol nach der Destillationsmethode; Extract nach dem spec. Gewicht der entgeisteten Flüssigkeit und auch direct durch Eintrocknen; Zucker mit Fehling'scher Lösung; Säure durch Titration mit $^1/_{10}$ Normal-Natronlauge.

*) Unter „Wermuthwein" versteht man nach Petrowitsch (l. c.) sehr verschiedenartige Wein-Erzeugnisse, welche nur das gemeinsam haben, dass überall „Wermuthkraut" (Artemisia Absynthium) und sonstige aromatische und gährungswidrige Körper (besonders Senfmehl) verwendet werden. Wermuthwein wird im südlichen Frankreich, in Italien (besonders Piemont), ferner in Ungarn, in der kroatisch-slavonischen Landschaft Syrmien (hier besonders in der Stadt Karlowitz und den umliegenden Klöstern) bereitet. Bei der Wermutherzeugung in Italien wird Eindicken des Mostes, Zusatz von Sekt und Zucker, sehr oft auch Alkoholzusatz angewendet. Auch in Ungarn ist die Anwendung von eingedicktem Most ziemlich allgemein. In Syrmien dagegen bereitet man den Wermuthwein in der Weise, dass man in einem kleinen Fasse frische, am besten stark eingeschrumpfte Trauben, denen man das Wermuthkraut und die sonstigen Ingredientien zusetzt, mit gutem Rothwein übergiesst und 4—5 Wochen ruhig liegen lässt. Ist dieser erste Wermuth verzehrt oder abgezogen, so werden die im Fasse zurückgebliebenen Trauben häufig zum zweiten und dritten Male übergossen; man erhält auf diese Weise einen zweiten etc. Wermuth. Den Tropfwermuth erhält man in Karlowitz und den umliegenden Klöstern durch eine beschleunigte und forcirte Gährung des schnell abgepressten Mostes im stark eingeheizten Zimmer.

Der verhältnissmässig geringe Gehalt der syrmischen Wermuthweine an Alkohol erklärt sich daraus, dass beim Aufgiessen von Wein auf die Beeren eine Diffusion eintritt, indem Alkohol in die Beerenzellen übertritt, Extractstoffe dagegen aus diesen in den Wermuthwein; dieses erhellt aus folgenden Zahlen:

	Spec. Gew. %	Alkohol %	Extract %	Zucker %	Säure = Weinsäure %
1. Auffüllwein	0,9960	8,29	1,90	Spur	0,61
2. Wermuthwein	1,0122	6,91	5,82	3,45	0,57
3. Beerensaft	1,0240	6,43	7,38	6,79	0,64

[2]) Bericht über die Thätigkeit des chem. Laboratoriums im Kanton Bern pro 1883. S. 6, pro 1884. S. 6 u. pro 1886. S. 4, ferner Zeitschr. f. analytische Chemie 1885. Bd. 24. S. 559. Die Untersuchungsmethoden sind nicht angegeben.

**) Die Trockenbeerweine werden aus getrockneten Weintrauben (Korinthen, Rosinen), und Zusatz von Weinsäure, Zucker etc. dargestellt; vielfach spielen die Weinbeeren auch nur eine nebensächliche Rolle; aus den Rückständen der Trockenbeere werden nicht selten noch durch wiederholtes Extrahiren mit Zuckerlösung petiotisirte Weine gewonnen. Die Trockenbeerweine zeichnen sich, da sie nach der Hauptgährung pasteurisirt zu werden pflegen, durchweg durch einen relativ hohen Zuckergehalt aus. Dieselben haben einen scharfen, süsslichen Geschmack, ihr Bouquet erinnert deutlich an getrocknete Weinbeeren.

No.		Zeit der Untersuchung	Alkohol Vol. %	Extract	Zucker	Säure = Weinsäure	Freie Weinsäure	Weinstein	Mineralstoffe	Phosphorsäure	Schwefelsäure	Kali	Analytiker
				In 100 CC. sind Gramm									
8	Aus einer ostschweizerischen Fabrik als Weisswein declarirt	1884	4,70	0,86	0,12	0,49	—	0,076	0,09	—	—	—	F. Schaffer[1]
9	Woher?	1885	9,55	1,96	0,41	0,51	Spur	0,227	0,14	0,014	—	—	F. Schaffer[1]
10	desgl.	„	6,75	1,58	0,28	0,40	Spur	0,208	0,16	—	—	—	F. Schaffer[1]
11	Mit 1/10 eines gegypsten span. Rothweines verschnitten .	„	10,65	2,33	0,45	0,63	—	0,180	0,19	0,009	0,048	—	F. Schaffer[1]
							Flüchtige Säure						
12	Woher?	1886	7,70	1,57	0,29	0,58	0,072	0,152	0,22	—	—	—	F. Schaffer[1]
13	desgl.	„	7,80	1,42	0,19	0,48	0,072	0,246	0,19	—	—	—	F. Schaffer[1]
14	desgl., mit natürlichem Rothw. gefärbt	„	7,60	2,04	0,21	0,86	0,096	0,339	0,28	—	—	—	F. Schaffer[1]
15	desgl.	„	7,90	2,11	0,28	0,98	0,144	0,208	0,22	—	—	—	F. Schaffer[1]
16	Weisswein	1884	9,3	1,98	0,35	0,59	—	—	0,19	—	—	—	Alfr. Bertschinger[2]
17	Alter Seewein, weiss . . .	„	8,2	2,77	0,55	0,83	—	—	0,27	—	—	—	Alfr. Bertschinger[2]
18	Italiener, weiss	„	9,7	2,07	0,40	0,53	—	—	0,27	—	—	—	Alfr. Bertschinger[2]
19	Ungarwein, weiss	„	7,2	2,02	0,33	0,77	—	—	0,18	—	—	—	Alfr. Bertschinger[2]
20	Rothwein	„	8,9	2,35	0,46	0,71	—	—	0,25	—	—	—	Alfr. Bertschinger[2]
21	desgl.	„	9,3	2,68	0,71	0,68	—	—	0,28	—	—	—	Alfr. Bertschinger[2]
22	desgl.	„	10,0	2,23	0,40	0,55	—	—	0,21	—	—	—	Alfr. Bertschinger[2]
23	desgl.	„	10,3	2,44	0,43	0,62	—	—	0,26	—	—	—	Alfr. Bertschinger[2]
24	Französischer Weisswein . .	1885	8,7	1,92	0,31	0,68	—	—	0,23	—	—	—	Alfr. Bertschinger[2]
25	Oesterreichischer Weisswein .	„	9,1	1,94	0,38	0,64	—	—	0,25	—	—	—	Alfr. Bertschinger[2]
26	Italienischer Rothwein . .	„	10,2	1,98	0,23	0,55	—	—	0,26	—	—	—	Alfr. Bertschinger[2]
27	La côte, weiss	„	9,3	1,91	0,48	0,50	—	—	0,16	—	—	—	Alfr. Bertschinger[2]
28	Alter Seewein, weiss . . .	„	7,8	2,86	0,55	0,83	—	—	0,27	—	—	—	Alfr. Bertschinger[2]
29	Piemonteserwein, weiss . .	„	8,2	1,84	0,26	0,75	—	—	0,20	—	—	—	Alfr. Bertschinger[2]
30	Italiener, weiss	„	9,7	2,07	0,40	0,52	—	—	0,27	—	—	—	Alfr. Bertschinger[2]
31	Ungarn, weiss	„	7,2	2,02	0,33	0,76	—	—	0,18	—	—	—	Alfr. Bertschinger[2]
							Fixe Säure						
32	Aus trocknen Sultanina-Trauben	1886	5,00	1,68	0,16	0,83	0,29	0,23	0,26	—	—	0,081	F. Ravizza[3]
33	Aus trocknen Passita-Trauben	„	9,31	3,14	—	0,88	0,31	0,17	0,34	—	—	—	F. Ravizza[3]

[1]) Vergl. Anmerkung [2]) Seite 975.

[2]) Bericht des chem. Laboratoriums d. Stadt Zürich pro 1884. S. 18, und pro 1885. S. 16.

[3]) Rivista di Viticoltura ed Enologia Italiano 10. 1886. Nov. Ravizza weist darauf hin, dass getrocknete Trauben weniger freie Säure (abzüglich des Säureäquivalents des Ditartrats) enthalten als frische; die obigen Weine waren von ihm selbst durch Extraction der Trauben mit kaltem und heissem Wasser, so dass Lösungen von 5°,5 u. 10° Beaumé entstanden, dargestellt worden. Er bestimmte den Gehalt an Dextrose und Lävulose in derartigen Weinen wie folgt:

	Gesammtzucker	Dextrose	Lävulose
Wein aus Sultanina (Rosinen)	0,160 %	0,052 %	0,108 %
„ „ Barbera (1 Jahr alt)	0,625 „	0,302 „	0,323 „
„ „ „ (2 Jahre alt)	0,008 „	0,001 „	0,006 „
„ „ „ (10 Jahre alt)	0,000 „	— „	— „

No.		Zeit der Untersuchung	Spec. Gew.	Alkohol Vol. %	Alkohol Gew. %	Extract %	Säure = Weinsäure %	N-Substanz (N × 6,25) %	Glycerin %	Mineralstoffe %	Phosphorsäure %	Schwefelsäure %	Kali	Analytiker
34	Aus Trockenbeeren nach Schweizer Art bereiteter Weissw., ohne Weingeruch mit schwachem Geschmack, etwas sauer, trüb	4/10 1886	0,9977	5,30	4,22	1,33	0,58	(0,014)?	0,57	0,173	0,021	0,012	0,089	*Hock und Kremla*[1])
35		„	0,9971	8,10	6,46	1,91	0,58	0,051	0,62	0,211	0,015	0,014	0,107	

Halbweine.

No.		Zeit der Untersuchung	Spec. Gew.	Alkohol Vol. %	Alkohol Gew. %	Extract %	Säure = Weinsäure %	N-Substanz (N × 6,25) %	Glycerin %	Mineralstoffe %	Phosphorsäure %	Schwefelsäure %	Kali	Analytiker
1	Trübe Weissweine, mit schwachem Weingeruch und Geschmack	1886	0,9934	9,00	7,20	1,20	0,47	0,059	0,55	0,128	—	—	—	*Haas und Kremla*[1])
2		„	0,9949	8,70	6,95	1,40	0,56	0,009	0,45	0,180	—	—	—	
3		„	0,9949	8,10	6,46	1,28	0,52	0,119	0,49	0,155	—	—	—	
4		„	0,9957	6,60	5,26	0,94	0,52	0,048	0,38	0,214	—	—	—	

Hefe- und Kunstwein.

(Vergl. auch unter „Pfälzer-Wein“ S. 873, „Franken-Weine“ S. 878, „Sherry“ S. 969 Anm. zu No. 14.)

No.		Zeit der Untersuchung	Spec. Gew.	Alkohol Gew. %	Extract %	Zucker %	Säure = Weinsäure %	Freie Weinsäure %	N-Substanz %	Glycerin %	Mineralstoffe %	Phosphorsäure %	Schwefelsäure %	Chlor %	Kalk %	Polarisation
1	Hefewein	1885	1,0013	5,06	2,31	0,10	0,79	—	0,59	0,49	0,21	0,048	0,057	0,006	—	±0
2	Von Hefe abgepresst. Wein, sehr trüb, schmeckte nach Hefe . . .	1883	1,0053	3,33	2,97	—	0,67	—	—	0,57	0,39	0,069	0,044	Kali 0,183	—	—
3	Galizischer Kunstwein .	„	1,0110	8,13	6,00	4,71	0,64	0,26	Weinstein 0,069	0,056	0,057	0,003	0,009	0,016	0,009	—
4	Aus demselben stark angefaulten Traubenmateriale gegypst .	1884	0,9960	Vol. % 10,99	2,76	—	0,66	Flüchtige Säure 0,071	0,15	0,82	0,45	0,039	0,152	0,192	0,030	—
5	Aus demselben stark angefaulten Traubenmateriale ungegypst	„	0,9955	11,08	2,50	—	0,60	0,069	0,15	0,82	0,27	0,039	0,033	0,148	0,003	—
					In 100 CC. sind Gramm											
6	Leistadter Trebermost, 1882er, gemischte Trauben, für sich gekeltert	April 1883	—	4,8	2,32	wenig	0,94	Weinsäure 0,256	—	0,52	0,26	0,025	0,008	0,113	0,014	Mg O 0,014

[1]) Mittheil. d. K. K. chem. physiol. Versuchsstation Klosterneuburg 1888. Heft V. Tab. 36. Die Weine No. 34 und 35 enthielten ferner:

	No. 34	No. 35
Natron	0,011 %	0,012 %

Hefe- und Kunstwein:

No. 1. Jos. Herz. Repertorium f. analyt. Chem. 1885. S. 209. Untersuchungsmethoden sind nicht mitgetheilt, jedoch ist anzunehmen, dass die von den bairischen Chemikern vereinbarten Methoden (vergl. II. Theil dieses Werkes) angewendet wurden. Herz bemerkt als characteristisch für diesen Wein, dass beim Erwärmen desselben mit Kalkhydrat und beim Kochen mit Fehling'scher Lösung ein eigenthümlicher, unangenehmer, hornähnlicher Geruch auftrat; das abgeschiedene Kupfer war von einer gallertartigen Masse (Gummi?) eingehüllt.

No. 2 u. 3 von B. Haas. Mittheilungen d. K. K. chem. physiol. Versuchsstation in Klosterneuburg bei Wien 1885. Heft IV. Tafel 35.

No. 4 u. 5 von J. Erdely. Weinlaube 1884. Bd. 16. S. 432.

No. 6 vergl. Anm. 6—8 Seite 978.

No.		Zeit der Untersuchung	Spec. Gew.	Alkohol Vol. %	Extract	Zucker	Säure = Weinsäure	Weinsäure	Aepfelsäure	Glycerin	Mineralstoffe	Phosphorsäure	Schwefelsäure	Chlor	Kalk	Magnesia
					In 100 CC. sind Gramm											
7	Trester-Auszug . .	1883	—	—	4,85	3,22	0,71	0,387	—	—	0,31	0,036	0,013	0,157	0,069	0,014
8	Trester-Auszug + Most No. 6 + Zucker . . .	April 1883	—	7,5	2,02	wenig	0,59	0,120	—	0,86	0,23	0,027	0,010	0,097	0,018	0,012
9	Rosinenwein*) . . .	1882	—	10,30	2,27	0,22	0,31	0,190	0,24	0,96	0,43	0,029	0,012	0,197	0,003	0,015
				Gew. %												
10	Aus Franken-Trauben + Gyps**) .	1885	—	6,8	2,67	—	0,76	0,162	—	—	0,48	0,029	0,218	0,147	0,034	0,023
11	Aus Franken-Trauben + Gyps + Weinsäure**)	„	—	6,9	2,81	—	0,92	0,264	—	—	0,38	0,028	0,234	0,136	0,044	0,023
				Vol. %	%	%	%	%			%	%	%			Polarisation
12	Wein ohne Zusatz . .	1888	1,0209	8,1	2,41	0,500	0,92	0,373	—	—	0,194	0,015	0,023	—	—	4° 50′
13	desgl., gegypst . . .	„	1,0244	8,8	2,87	0,463	0,95	0,165	—	--	0,369	0,004	0,120	—	—	4° 18′
14	desgl., mit Kalkphosphat versetzt	„	1,0214	8,8	2,94	0,435	0,77	0,176	—	—	0,325	0,029	0,016	—	—	4° 41

Unterschied zwischen natürlichen und Tresterweinen. — Von A. Girard.[1])

No.	Bezeichnung	Alkohol Vol. %	Extract	Weinstein	Gerb- und Farbstoff	Farbenintensität	No.	Bezeichnung	Alkohol Vol. %	Extract	Weinstein	Gerb- und Farbstoff	Farbenintensität
	Wein v. Bordeaux (haut Medoc):		In 100 CC. Gramm					Wein vom Cher:		In 100 CC. Gramm			
1	La Barbe, Wein aus Most .	12,4	2,98	0,24	0,36	10,0	7	Montrichard, Wein aus Most .	9,0	2,76	0,32	0,29	10,0
2	„ „ Tresterw. (vin de marc)	11,0	1,81	0,20	0,15	2,4	8	„ Tresterwein . .	10,5	1,37	0,19	0,03	3,6
								Wein vom Hérault:					
3	Cantenac, Wein aus Most .	11,5	3,04	0,24	—	10,0	9	Capestrang, Wein aus Most .	8,5	2,47	0,26	0,11	10,0
4	„ Tresterwein . .	10,1	1,78	0,20	0,09	1,7	10	„ Tresterwein . .	11,0	1,43	0,16	0,04	5,6
	Wein von Burgund (Yonne):							Wein vom Isure:					
5	Epinnuil, Wein aus Most .	10,6	2,41	0,27	0,27	10,0	11	Tullein, Wein aus Most . .	9,5	2,53	0,24	0,27	10,0
6	„ Tresterwein . .	10,4	1,74	0,18	0,04	1,8	12	„ Tresterwein . .	9,1	1,57	0,19	0,12	5,2

Hefe- und Kunstwein:

No. 6—8 von R. Kayser. Repertorium f. analyt. Chem. 1883. S. 205. Der erhaltene Most von No. 6, welcher der Gährung überlassen wurde, betrug 1000 l; die Trester hiervon wurden mit 352 l heissem Wasser extrahirt, 12 Stunden digerirt und gekeltert; zu 1000 l Most No. 6 wurden 352 l Tresterauszug + 71 kg Rohrzucker gegeben und der Gährung überlassen. Wein No. 8 zeigt keine Abweichung von der Zusammensetzung eines normalen Weines und ist Kayser der Ansicht, dass der Most durch Zuckerzusatz etc. eine Verbesserung erfahren kann, wenn dieselbe nach bestimmten Grundsätzen und unter gewissen Beschränkungen vorgenommen wird.

No. 9—11 von R. Kayser. Repertorium f. analyt. Chemie 1882. S. 54 u. 1885. S. 127.

No. 12—14 von E. Comboni (Chem. Centr. Bl. 1888. S. 432) zur Entscheidung der Frage, ob der Gyps bei der Weinbereitung durch Calciumphosphat ersetzt werden kann? Zu den Versuchen diente Most von rothen Trauben, welcher einerseits für sich, andererseits mit einem Zusatz von 3,5 g Gyps resp. 3,5 g neutralem Calciumphosphat der Gährung überlassen wurde. Comboni hält die Anwendung des Calciumphosphats statt des Gypses für empfehlenswerth.

*) Der Rosinenwein wurde aus südspanischen Rosinen durch Ausziehen mit Wasser und Pressen so hergestellt, dass der Most nach Verdünnen mit Wasser 20 % Zuckergehalt hatte; zu 2 l Most wurden 5 g ausgewaschene Bierhefe zugesezt.

**) Je 600 g Trauben aus der Nähe von Würzburg wurden mit den dazu gehörigen Kämmen zerquetscht, die Masse 2 Tage lang der Gährung überlassen, dann ausgepresst und die von Trestern und Kämmen befreite Flüssigkeit der weiteren Gährung überlassen; die ausgegohrenen Weine wurden 3 Monate im Keller aufbewahrt und dann untersucht.

Zu der gequetschten Masse wurde bei No. 10 = 7,5 g Gyps, bei No. 11 ebenfalls 7,5 g Gyps und 3 g Weinsteinsäure zugesetzt.

[1]) Compt. rend. 1882. T. 95. p. 227. Girard liess sich im September und October 1881 Trester senden, welche theils in dem zugehörigen Weine schwammen, theils bereits abgepresst waren. Auf je 1 l Wasser wurden 250 g gepresste Trester und 180 g Zucker verwendet und in Flaschen von 6—8 l Inhalt unter Wasserverschluss der Gährung überlassen. Nach deren Beendigung (in 7—10 Tagen) wurde abgelassen, die Jungweine bis zum 15. März eingekeltert, dann auf Flaschen abgezogen und untersucht. Der Wein aus Most, den die Winzer aus denselben Trauben erhielten, kam ebenfalls zur Untersuchung. Bezüglich der Untersuchungsmethoden ist mitgetheilt, dass der Extract durch Eindampfen im luftverdünnten Raum ohne Erwärmung, die Farbenintensität nach dem Colorimeter von Laurent, Gerbstoff nach einer eigenen Methode (Niederschlagen des Gerbstoffs auf getrocknete Hammeldärme etc.) bestimmt wurde.

Kunstweine. — Von B. Haas, L. Weigert und C. Hoffmann.[1])

No.		Zeit der Untersuchung	Spec. Gew.	Alkohol Vol. %	Alkohol Gew. %	Extract %	Säure = Weinsäure %	Weinstein %	Glycerin %	Gerbstoff %	N-Substanz (N × 6,25) %	Mineralstoffe %	Phosphorsäure %	Schwefelsäure %	Kali %
1	Kadarka, 1 kg Trester mit 10 l 20 % tiger Rohrzuckerlösung (1 maliger Aufguss) petiotisirt, höchstens zum Verschnitt geeignet	1886	1,0070	8,22	6,48	4,63	0,58	—	0,72	—	0,013	0,048	—	—	0,033
2	Petiotis. Rothwein, 1/2 kg frische Trester von Lasca mit 3 l 12 Vol. % tigem Alkohol, kein Wein .	„	0,9900	9,00	7,24	0,75	0,21	0,195	—	0,102	0,069	0,149	—	—	—
3	desgl. 1 kg der frischen Treber wie No. 2 behandelt, wenig weinartig	„	0,9900	10,25	8,23	0,99	0,26	0,217	—	0,106	0,099	0,157	—	—	—
4	desgl. 1 1/2 kg Trester wie No. 2 behandelt, zum Verschnitt geeignet .	„	0,9910	10,35	8,30	1,49	0,32	0,264	—	0,121	0,190	0,203	—	—	—
5	Riesling mit Alkoholwasser (1 maliger Aufguss), petiotisirter Wein*) . .	„	0,9910	7,24	5,76	0,55	0,19	—	—	—	0,027	0,166	—	—	—
6	Hefewein, 100 g Weinhefe, 160 g Zucker, 960 g Wasser, 3 Monate liegen gelassen, höchstens zum Verschnitt geeignet .	„	0,9950	6,88	5,50	1,49	1,05	0,386	0,29	—	—	0,189	—	—	—
7	Presswein vom 1879er Geläyer, 1880 abgezogen, schlecht	„	1,0090	6,45	5,08	4,50	1,03	0,374	1,39	—	—	0,260	—	—	—
8	Rothwein mit Glycerin-Zusatz, guter Wein . .	„	0,9954	11,90	9,50	2,72	0,71	—	1,40	—	—	0,183	—	0,015	—
9	desgl. unfertig . . .	„	0,9995	9,10	7,23	3,17	0,72	—	1,61	—	—	0,192	—	0,007	—
10	desgl. in Nachgährung .	„	1,0021	11,50	9,11	5,01	0,78	—	2,78	—	—	0,203	—	0,007	—
11	Strohwein, ohne Vergährung erzeugt, nach Malz riechend, sehr süss**) .	„	1,0450	13,30	10,11	14,06	0,80	—	0,06	—	—	0,191	0,028	00,17	0,098

Petiotisirte Weine.***) — Von Ludw. Scholz.[2])

No.		Zeit der Untersuchung	Spec. Gew.	Alkohol Vol. %	Alkohol Gew. %	Extract %	Zucker %	Säure = Weinsäure %	Freie Weinsäure %	Weinstein %	Glycerin %	N-Substanz (N × 6,25) %	Mineralstoffe %	Phosphorsäure %	Schwefelsäure %	Kali %
1	I. Mostabzug, guter Wein .	Jan. 1886	0,9950	9,8	7,83	2,12	0,08	0,78	0,030	0,39	0,69	0,151	0,223	0,021	0,011	0,109
2	I. Aufguss, II. Abzug, geringer Wein . . .	„	0,9970	7,7	6,14	1,63	0,06	0,49	0,004	0,274	0,61	0,067	0,218	0,011	0,013	0,101

[1]) Mittheil. d. K. K. chem. physiol. Versuchsstation Klosterneuburg 1888. Heft V. Tab. 34.
[2]) Mittheil. d. K. K. chem. physiol. Versuchsstation Klosterneuburg 1888. Heft V. Tab. 35.

*) 46 kg dreimal gescheiterter Trester wurden mit 54 kg 6,7 Vol. %tigem Alkoholwasser einmal übergossen und vergähren gelassen.

**) Der Strohwein drehte im 200 mm Rohr 5,8° nach links.

***) Der aus gemischten Trauben (Versuchskeller d. Klostern. k. k. önol. u. pomol. Lehranstalt) erzeugte Most hatte nach der Klostern. Mostwaage 17 % Zucker. Auf die Trester wurde ebenso viel laues Wasser, in welchem pro Hectoliter

No.		Zeit der Untersuchung	Spec. Gew.	Alkohol Vol. %	Alkohol Gew. %	Extract %	Zucker %	Säure = Weinsäure %	Freie Weinsäure %	Weinstein %	Glycerin %	N-Substanz (N × 6,25) %	Mineralstoffe %	Phosphorsäure %	Schwefelsäure %	Kali %
3	II. Aufguss, III. Abzug, sehr geringer Wein . . .	Jan. 1886	0,9980	5,7	4,54	1,22	0,04	0,39	—	0,203	0,48	0,016	0,162	0,004	0,011	0,085
4	III. Aufguss, IV. Abzug, sehr geringer Wein . . .	„	0,9986	4,2	3,34	0,91	0,02	0,34	—	0,158	0,38	0,014	0,138	0,003	0,015	0,062
5	IV. Aufguss, V. Abzug, sehr geringer Wein . . .	„	0,9982	4,5	3,58	0,88	0,03	0,33	—	0,063	0,33	0,002	0,100	0,002	0,013	0,039
6	Trester Presswein, sehr gering, aber besser wie No. 4 und 5	„	0,9992	4,7	3,74	1,12	0,03	0,37	0,004	0,236	0,39	0,048	0,171	0,009	0,016	0,086
7	Laska-Maische, gut . .	Febr. 1886	0,9960	12,3	9,82	3,21	0,24	0,83	0,075	0,201	1,24	0,227	0,206	0,049	0,006	0,074
8	Laska-Tresterwein, gut .	„	0,9982	10,5	8,50	1,68	0,03	0,42	0,027	0,151	0,84	0,032	0,127	0,017	0,002	0,062

Weine aus mit Kartoffelzuckerlösung petiotisirter Maische.

Lfd. No.	Sorte und Ursprung des Weines		Spec. Gew.	Alkohol in Volumprocenten	Extract	Freie Säure (als Weinsäure berechnet)	Nicht flüchtige Säure (als Weinsäure berechnet)	Flüchtige Säure (als Essigsäure berechnet)	Gerbstoff	Weinstein	Zucker	Stickstoff	Stickstoff-Substanz (N × 6,25)	Asche	Drehung im 200 mm l. R.	Verhältniss der gef. Stickstoffmenge zu 100 Theilen des Extractes
					Gramm in 100 CC.											
1	M.Original Elbing Most		1,0511	—	—	1,313	—	—	0,071	—	11,63	0,0700	0,4375	0,4066	—	—
2	M. vergohren .	Nach 14 Tagen	1,0163	4,158	5,828	1,177	—	—	0,051	—	4,32	0,0203	0,1269	0,2770	—	—
3	1. Aufguss . .	Nach 14 Tagen	1,0137	5,828	5,675	0,780	—	—	0,122	—	2,57	0,0133	0,08313	0,3774	—	—
4	2. „ . .	Nach 14 Tagen	1,0191	6,749	7,292	0,503	—	—	0,094	—	3,25	0,0065	0,0406	0,2660	—	—
5	3. „ . .	Nach 14 Tagen	1,0210	6,714	7,101	0,367	—	—	0,051	—	3,88	0,0053	0,03313	0,2110	—	—
6	4. „ . .	Nach 14 Tagen	1,0254	6,980	8,756	0,367	0,251	0,093	0,031	—	4,91	0,0048	0,030	0,2070	—	—
7	5. „ . .	Nach 14 Tagen	1,0297	7,122	9,833	0,405	0,259	0,117	0,043	—	5,44	0,0028	0,0175	0,1940	—	—
8	6. Ablauf von der Trotte . .	Nach 14 Tagen	1,0239	7,359	9,541	0,411	0,258	0,131	0,055	—	3,96	0,0028	0,0175	0,2130	—	—

8 kg Rohrzucker gelöst waren, aufgegossen, als Most abgelaufen war. Der Aufguss blieb in offenen Bottichen bis zum Beginn der Gährung auf den Trestern, was in 24 Stunden der Fall war. Nun wurde abgezogen und mit ebenso viel (8 %) Zuckerlösung nachgefüllt, als Flüssigkeit abgelaufen war; das Verfahren ist viermal wiederholt worden. Die Gährung trat nach jedem neuen Aufguss immer später ein, da die Gährstube nicht geheizt war und die Thätigkeit der Hefe sich bedeutend verminderte.

Die **Laska-Maische** stammt ebenfalls vom Versuchsweingarten der Lehranstalt daselbst. Die in der Versuchsstation hergestellte Maische wurde 7 Wochen in mit Gährtrichtern versehenen Glasgefässen aufbewahrt; der Most hat 17,4 % Zucker. Von einer anderen Partie frischer Trauben wurden 1660 g Pressrückstand mit 8745 g dest. Wasser und 1865 g (= 21 %) Rohrzucker ebenfalls 7 Wochen vergähren gelassen.

Die Weine ergaben ferner:

	Gerbstoff %	Essigsäure %	Bernsteinsäure % (berechnet)	Aepfelsäure % (berechnet)	Kalk %	Magnesia %	Eisenoxyd %	Chlor %	Kieselsäure %
No. 1 . . .	0,012	0,074	0,146	0,284	0,009	0,017	0,0013	0,0069	—
„ 2 . . .	0,017	0,075	0,130	0,105	0,010	0,017	0,0010	0,0051	—
„ 3 . . .	0,029	0,059	0,102	0,094	0,011	0,014	0,0007	0,0051	—
„ 4 . . .	0,027	0,034	0,097	0,116	0,013	0,014	0,0006	0,0051	—
„ 5 . . .	0,032	0,064	0,070	0,112	0,016	0,010	0,0005	0,0051	—
„ 6 . . .	0,033	0,053	0,082	0,089	0,011	0,016	0,0010	0,0051	—
„ 7 . . .	0,139	0,063	0,262	0,204	0,006	0,019	0,0007	0,0006	0,0014
„ 8 . . .	0,097	0,047	0,178	0,025	00,06	0,005	0,0006	0,0004	0,0014

Weine aus mit Kartoffelzuckerlösung petiotisirter Maische:

No. 1—24. C. Weigelt und O. Saare (Dingler's polytechn. Journ. 1878. 230. 489, von da in „Oenolog. Jahresber." 1878, I. S. 124). Darstellung petiotisirter Weine nach Dochnahl's Recept. Von 50 Liter Elbingmaische liefen 20 Liter Most freiwillig ab (M). Auf die Trester kamen 20 Liter Traubenzuckerlösung, nach 4 Tagen wurden 30 Liter abgezogen (1), wieder 30 Liter aufgefüllt und nach 4 Tagen abgelassen (2) — endlich 40 Liter Zuckerwasser aufgefüllt und abgelassen (3). Die Mischung aller dieser Abzüge M + 1 + 2 + 3 gab Wein I. Qualität. Wein II. Qualität wurde durch zweimaligen neuen Zuckerwasseraufguss von je 30 Litern erhalten und endlich abgepresst (10 Liter) (4 + 5 + 6). Die Abzüge wurden für sich gemischt, unvergohren und im nächsten Frühjahre auch die Weine analysirt.

Lfd. No.	Sorte und Ursprung des Weines	Spec. Gew.	Alkohol in Volumprocenten	Extract	Freie Säure (als Weinsäure berechnet)	Nicht flüchtige Säure (als Weinsäure berechnet)	Flüchtige Säure (als Essigsäure berechnet)	Gerbstoff	Weinstein	Zucker	Stickstoff	Stickstoff-Substanz (N × 6,25)	Asche	Drehung im 200 mm l. R.	Verhältniss der gef. Stickstoffmenge zu 100 Theilen des Extractes
				Gramm in 100 CC.											
9	M. + 1 . . (4 Tage n. d. letzt. Misch.)	1,0062	6,116	3,950	0,983	—	—	0,082	—	0,93	0,0098	0,0613	0,2970	—	—
10	M. + 1 + 2 . (4 Tage n. d. letzt. Misch.)	1,0090	6,443	4,875	0,795	—	—	0,063	—	1,53	0,0073	0,0456	0,2886	—	—
11	M. + 1 + 2 + 3 (4 Tage n. d. letzt. Misch.)	1,0152	7,277	6,389	0,720	0,563	0,126	0,067	—	2,72	0,0062	0,0383	0,2694	—	—
12	4 + 5 . . (4 Tage n. d. letzt. Misch.)	1,0265	6,820	9,014	0,427	0,244	0,147	0,041	—	5,06	0,0036	0,0225	0,2040	—	—
13	4 + 5 + 6 . (4 Tage n. d. letzt. Misch.)	1,0240	7,132	8,221	0,474	0,240	0,186	0,043	—	4,44	0,0036	0,0225	0,2100	—	—
	Vergohrene Producte:														
14	M. Mostwein (Naturw.)	0,9953	6,812	1,582	0,968	0,772	0,156	0,027	0,2057	0,07	0,0384	0,24	0,1320	± 0	2,42
15	1	1,0067	6,953	3,937	0,615	0,525	0,072	0,102	0,1126	0,96	0,0083	0,0519	0,1780	+ 5,4	0,241
16	2	1,0166	7,305	6,580	0,570	0,375	0,312	0,078	0,1674	2,60	0,0048	0,030	0,1732	+ 11,2	0,07
17	3	1,0193	7,512	7,015	0,439	0,270	0,270	0,059	0,0377	2,98	0,0028	0,0175	0,1632	+ 13,0	0,04
18	4	1,0241	7,689	8,391	0,435	0,252	0,354	0,043	0,0253	3,80	0,0028	0,0175	0,1472	+ 15,6	0,03
19	5	1,0261	7,700	8,889	0,461	0,236	0,360	0,039	0,0316	4,40	0,0028	0,0175	0,1508	+ 16,8	0,02
20	6	1,0155	8,685	6,688	0,461	0,262	0,318	0,039	0,0267	2,53	0,0020	0,0125	0,1700	+ 13,1	0,03
21	M. + 1 . . .	1,0034	6,573	3,190	0,787	0,630	0,126	0,055	0,1102	0,77	0,0084	0,0525	0,1832	+ 3,0	0,26
22	M. + 1 + 2 . .	1,0080	7,632	4,347	0,720	0,532	0,150	0,067	0,1493	1,30	0,0067	0,04188	0,1850	+ 6,8	0,15
23	M + 1 + 2 + 3 d. i. Wein I. Qualität .	1,0155	7,256	5,475	0,623	0,435	0,150	0,059	0,1798	1,88	0,0045	0,02813	0,1940	+ 10,0	0,09
24	4 + 5 + 6 d. i. Wein II. Qualität . .	1,0185	7,881	7,195	0,304	0,219	0,144	0,043	0,0294	2,77	0,0025	0,0156	0,1592	+ 14,8	0,03

Gährungsversuche. — Riesling mit Zucker- und Alkohol-Zusatz — Von F. Hock und M. Kremla.[1])

No.		Zeit der Untersuchung	Spec. Gew.	Alkohol Vol. %	Alkohol Gew. %	Extract %	Zucker = Dextrose %	Säure = Weinsäure %	N-Substanz (N × 6,25) %	Glycerin %	Mineralstoffe %	Phosphorsäure %	Drehung im 200 mm Rohr
	Einem Liter Riesling*) wurden zugesetzt:												
1	Am 8. Mai 1880 nach der Gährung 60 g Rohrzucker	25/10 1885	0,9927	13,6	10,89	2,80	0,57	0,76	0,061	0,81	—	—	° — 0,6
2	desgl. 80 g Rohrzucker	„	0,9952	14,1	11,26	3,34	1,28	0,76	0,047	0,73	—	—	— 1,4
3	desgl. 100 „ „	„	1,0059	13,8	10,91	5,78	3,62	0,75	0,049	0,70	—	—	— 4,2
4	desgl. 120 „ „	„	1,0166	13,3	10,35	8,28	5,94	0,76	0,064	0,68	—	—	— 5,0
5	desgl. 160 „ „	„	1,0388	11,9	9,11	13,50	10,83	0,71	0,079	0,66	—	—	— 7,0
6	Vor der Gährung 20 CC. (90,2 Vol. % tiger) Alkohol	13/12 1886	0,9920	12,0	9,62	1,94	—	0,68	0,099	0,67	—	—	± 0
7	Nach der Gährung am 8. Mai 1880 = 20 CC. desselben Alkohols	„	0,9922	12,1	9,70	2,01	—	0,71	0,075	0,66	0,179	0,043	+ 0,2
8	Vor der Gährung 40 CC. desselben Alkohols	„	0,9909	13,3	10,67	1,94	—	0,70	0,105	0,75	0,149	0,035	— 0,1
9	Nach der Gährung am 8. Mai 1880 = 40 CC. Alkohol	„	0,9908	13,7	10,99	2,01	—	0,69	0,077	0,69	0,173	0,041	+ 0,2
10	Vor der Gährung 60 CC. Alkohol . . .	„	0,9935	15,0	12,01	3,31	—	0,74	0,133	0,67	0,141	0,033	— 1,4
11	Nach der Gährung am 8. Mai 1880 = 60 CC. Alkohol	„	0,9894	15,3	12,27	2,05	—	0,69	0,081	0,69	0,169	0,040	± 0
12	Vor der Gährung 80 CC. Alkohol . . .	„	1,0053	14,5	11,46	6,35	—	0,67	0,137	0,60	0,127	0,032	— 5,2
13	Nach der Gährung am 8. Mai 1880 = 80 CC. Alkohol	„	0,9877	16,7	13,45	1,98	—	0,61	0,079	0,67	0,155	0,040	— 0,1

[1]) Mittheil. d. K. K. chem. physiol. Versuchsstation Klosterneuburg 1888. Heft V. Tab. 46.

*) Der verwendete Riesling wurde am 30. October 1879 im Laboratorium gepresst und stammte aus den stiftlichen Weingärten in Klosterneuburg; derselbe wurde vor der Untersuchung zweimal abgezogen.

Einwirkung von Salzen auf die Gährung und Zusammensetzung der Weine. — Von Partes.[1])

		1	2	3	4	5	6	7	8	9
			Eine solche einfache Gährung mit Zusatz von							
	Most enthält	Einfache Gährung	Gährung mit Luftzufuhr	Weinsäure	Weinsäure + Luft	Calcium-tartrat	Weinsäure + Calcium-tartrat	Calcium-sulfat	Weinsäure + Calcium-sulfat	Calcium-phosphat
Alkohol	—	9,3	9,1	9,3	9,2	9,0	9,2	9,0	9,1	9,0
Extract	19,86	26,20	26,4	26,4	26,30	26,40	26,25	27,80	28,60	28,40
Asche	3,40	2,72	2,60	2,46	2,52	2,56	2,46	4,36	4,25	4,50
Glykose	1,74	0,882	1,02	1,45	1,42	1,02	1,06	1,13	1,00	1,26
Sulfate	—	0,10	0,09	0,10	0,11	0,10	0,12	3,00	3,40	0,15
Weinstein	7,60	3,30	3,20	3,15	3,50	2,80	3,00	3,60	3,90	3,00
Weinsäure	Spur	—	—	Spur	Spur	0,96	0,95	Spur	Spur	—
Tannin	do.	1,18	1,24	1,20	1,18	1,26	1,21	1,30	1,26	1,20
Gummi	—	2,80	3,05	3,00	2,90	2,80	2,70	2,50	2,20	3,05
Säure	7,83	5,76	5,70	6,13	6,06	5,95	6,10	6,33	6,65	5,80
Saccharometer-Grade	— 37	— 0,40	— 0,20	± 0	± 0	± 0	— 0,30	+ 0,2	+ 0,10	± 0
Chlor	0,035	0,024	0,024	0,025	0,025	0,026	0,024	0,025	0,025	0,024
Schwefelsäure	0,81	0,052	0,050	0,051	0,051	0,050	0,050	1,425	1,435	0,050
Phosphorsäure	0,304	0,420	0,385	0,410	0,411	0,415	0,410	0,565	0,440	1,605
Magnesia	0,147	0,159	0,159	0,158	0,160	0,158	0,159	0,150	0,167	0,150
Kalk	0,234	0,168	0,167	0,179	0,168	0,161	0,178	0,280	0,283	0,204
Kali	0,155	0,170	1,170	0,165	0,165	1,067	1,166	1,565	1,565	1,985
Thonerdesulfat und Eisenphosphat	0,025	0,051	0,051	0,052	0,051	0,053	0,052	0,061	0,055	0,105

Obstwein.

(Ueber natürlichen Obstmost vergl. unter Fruchtsäfte S. 781—782.)

Englischer Obstwein.

No.		Spec. Gew.	Alkohol Gew. %	Extract %	Zucker %	Aepfelsäure %	Essigsäure %	Asche %	Analytiker
1	Aepfelwein ausgegohren	1,0129	4,70	5,76	3,63	0,364	0,086	0,27	*Arth. Hill Hassal*[2])
2		1,0131	4,88	6,14	3,96	0,328	0,111	0,53	
3		1,0128	4,76	5,38	3,75	0,329	0,118	0,22	
4		1,0019	5,01	2,67	1,72	0,368	0,119	0,29	
5		1,0116	4,88	5,18	3,83	0,310	0,133	0,24	
6		1,0124	4,88	5,33	3,91	0,343	0,111	0,22	
7	desgl. moussirend	1,0277	2,08	7,63	5,82	0,367	0,177	0,37	
8		1,0289	2,32	8,94	6,30	0,533	0,053	0,27	
9		1,0075	4,39	3,64	2,83	0,224	0,088	0,23	
10		1,0156	3,67	5,65	4,38	0,332	0,010	0,23	
11	Aus Herrfordshire	0,9992	5,07	1,80	1,09	0,302	0,151	0,18	
12		0,9984	4,76	1,66	1,04	0,310	0,146	0,16	
	Mittel	**1,0118**	**4,28**	**4,75**	**3,27**	**0,342**	**0,111**	**0,26**	

[1]) Nach Weinlaube 1888 S. 256 in Vierteljahresschr. f. Chemie d. Nahrungs- u. Genussmittel pro 1888. S. 162. 60 kg schwarze Trauben wurden mit Füssen ausgetreten und gepresst. Der Most wurde in 10, die Trester in 9 gleiche Theile getheilt. 9 Gefässe von je 4 Liter Inhalt, mit hydraulischen Verschlüssen versehen, wurden mit 1 Theil Most und 1 Theil Trester gefüllt und nach Zusatz der in den Tabellen 3—9 bezeichneten Stoffe vergohren.

Zu No. 3 und 4 wurde je 1 g Weinsäure auf je 1 Liter Flüssigkeit, zu No. 5 = 4 g Calciumtartrat und zu No. 6 ausserdem 1 g Weinsäure auf 1 Liter zugesetzt.

No. 7 und 8 erhielten je 4 g Calciumsulfat, letzteres ausserdem noch 1 g Weinsäure beigemischt.

No. 9 erhielt 4 g Calciumphosphat.

[2]) Food: Its adulterations and the methods for their detection. London 1876. S. 713. Sämmtliche Sorten sind als rein und unverfälscht bezeichnet.

Schweizer Obstwein.*)

No.			Spec. Gew.	Alkohol Vol. %	Extract %	Zucker %	Säure = Aepfelsäure %	Asche %	Analytiker
13	Aus Speckbirnen	Canton Thurgau	1,005	5,08	3,33	0,54	0,53	0,50	C. Tuchschmidt[1]**)
14	desgl. anderswoher . . .		1,006	4,03	2,65	0,38	0,52	0,31	
15	Aus Zweitholzäpfel . . .		1,007	4,06	3,90	0,18	0,69	0,42	
16	desgl., anderswoher . . .		1,003	4,05	2,08	0,18	0,50	0,39	
17	Aus Piemonteser (fadenzieh.)		1,001	3,09	1,70	0,16	0,49	0,37	
18	Aus Piemonteser, gut . .		1,003	4,02	1,98	0,18	0,51	0,48	
19	Birnwein (Wirgler) . . .		1,005	6,08	3,47	0,40	0,59	0,53	
20	Aus Birnen und Aepfeln .		1,007	5,03	3,67	0,27	0,53	0,36	
21	Aus Spätbirnen (Vordruck) .	Canton Luzern	1,007	5,05	2,70	1,00	0,43	0,18	
22	desgl. (süss)		1,035	3,09	5,62	3,64	0,43	0,17	
23	Aus Deilerbirnen (Federmost, trüb)		1,000	4,08	2,27	0,15	0,40	0,18	
24	desgl., trüb (Nachdruck wenig süss)		1,015	6,01	4,81	1,41	0,63	0,63	
25	Aus Steinhauser Aepfeln .	Canton Zug	1,003	5,09	2,35	0,20	0,53	0,31	
26	Von Bibersee, süss . . .		1,017	8,09	4,82	2,82	0,66	0,66	
27	Von Utterberg, süss . . .		1,017	7,05	5,75	2,98	0,51	0,65	
28	Aepfelwein 1868		0,998	6,90	1,32	0,09	0,54	0,29	
29	desgl. von Kronau 1868 .		0,998	7,10	1,29	0,08	0,49	0,27	
30	Aus Spätbirnen 1869 . .		1,005	5,05	3,37	0,26	0,49	0,29	
31	Aus Frühbirnen 1869 . .		1,004	6,02	2,63	0,14	0,49	0,33	
32	Aus Birnenwein, klar . .		1,008	7,08	3,33	0,45	0,39	0,36	
33	Aus Aepfelwein 1868 . .		1,000	6,08	1,23	0,07	0,49	0,25	
34	desgl. Waldhöfler 1868 . .	Aus d. oberen Thurgau	1,003	10,04	2,08	0,17	0,73	0,41	
35	desgl. „ 1869 . .		1,008	5,08	2,74	0,19	0,40	0,36	
36	Aus Birnenwein 1869 . .		1,010	5,00	2,32	0,21	0,56	0,32	
37	Aus Aepfelw., Gelbjocker 1868		1,003	9,07	1,41	0,07	0,59	0,37	
38	desgl. (Nägeliäpfel) 1869 .		1,003	6,04	1,35	0,06	0,53	0,26	
39	desgl. (Uttweiler) 1868 . .		1,005	8,08	2,93	0,14	0,53	0,50	
40	desgl. (Waldhöfler) 1868 .		1,010	5,07	2,71	0,19	0,43	0,29	
41	desgl. (Weissbreitacher) 1869)		1,004	5,07	2,10	0,11	0,53	0,60	
42	Aus Birnenwein 1869 . .		1,006	5,06	1,75	0,22	0,36	0,69	
	Gesammt-Mittel		**1,0065**	**5,65**	**2,75**	**0,56**	**0,52**	**0,36**	
	Mittel für Aepfelwein		**1,0053**	**6,05**	**2,53**	**0,37**	**0,54**	**0,34**	
	Mittel für Birnenwein		**1,0084**	**5,06**	**3,17**	**0,70**	**0,48**	**0,38**	

[1]) Programm d. eidgenöss. polytechn. Schule in Zürich 1870/71.

*) Einige der Weine waren mit Wasser verdünnt; die Zahlen sind darnach umgerechnet und beziehen sich auf Wein ohne Wasserzusatz. Als Bestandtheile des Aepfelweins erkannte Tuchschmidt: Als Säuren, Essigsäure, Buttersäure, Aepfelsäure, Gerbsäure, Oxalsäure, Bernsteinsäure, Weinsäure, Milchsäure, ferner Alkohol, Eiweiss, Gummi, Pectinstoffe, Zucker, fette Oele, Glycerin, Aetherarten des Aethylalkohols, unorganische Salze.

**) Spec. Gew. wurde mittelst des Aräometers bestimmt, Säure durch Titration mit $^1/_{10}$ Normal-Natron, Alkohol mit dem Vaporimeter, Zucker durch Titration mit Fehling'scher Lösung, Extract durch Eindampfen von 10 CC. in einer Schale mit Quarzsand und Trocknen bei 100—110 ° C., Asche durch Glühen des Extractes.

In einigen Weinen wurde auch der Stickstoff (resp. Protein = N × 6,25) durch Glühen des Extractes mit Kupferoxyd nach der Dumas'schen Methode bestimmt; T. erhielt auf diese Weise für Obstwein (100 g):

No.	14	16	25	28	33
	0,215	0,360	0,320	0,210	0,250 g N.

(Eine sehr erhebliche Menge? der Verf.; soll vielleicht pro 1000 g heissen).

Die Asche von Wein No. 28 ergab:

Calcium-carbonat	Calcium-sulfat	Calcium-phosphat	Magnesium-carbonat	Chlor-natrium	Thon-erde	Eisen-oxyd	Kiesel-säure
0,26 %	0,02 %	0,21 %	0,10 %	0,010 %	0,028 %	0,016 %	0,009 %

Die Asche der Obstweine ist reich an Calciumcarbonat (in 6 Aepfelweinen fand T. 0,26 %, 0,22 %, 0,28 %, 0,22 %, 0,32 %, 0,35 %, in 5 Birnenweinen 0,26 %, 0,40 %, 0,40 %, 0,12 %, 0,11 %), während der Traubenwein viel weniger enthält, nämlich 0,021—0,049 %, im Mittel 0,036 % (von 12 Bestimmungen). Crasso giebt 0,02—0,03 % Calciumcarbonat für Traubenwein an. Hiernach hätte man in der Bestimmung des Kalkes ein Mittel, Obstwein von Traubenwein zu unterscheiden.

Obstmoste

(nicht vollständig vergohren).

No.			Spec. Gew. des Extractes	Alkohol Vol. %	Extract*) %	Freie Säure %	Gerbsäure %	Analytiker
1	Gundishauserbirne 1878 . .	vom Bodensee	1,016	5,4	4,0	0,51	0,150	*E. Madler*[1])
2	Rossbirne (Cotilac grande) .	vom Bodensee	1,018	5,6	4,5	0,57	0,353	*E. Madler*[1])
3	Bädelbirne	höhere Lagen des Hochgaues	1,022	6,4	7,9	0,36	0,216	*E. Madler*[1])
4	Apfelmost gemischt .	höhere Lagen des Hochgaues	1,027	6,3	6,7	0,62	0,230	*E. Madler*[1])

Obstwein (vorwiegend aus deutschem und österreichischem Obst).

No.		Zeit der Untersuchung	Alkohol Vol. %	Extract	Zucker	Säure = Aepfelsäure	Essigsäure	Glycerin	Mineralstoffe	Phosphorsäure	Schwefelsäure	Kali	Kalk	Magnesia	Polarisation
				In 100 CC. sind Gramm											
1	Aepfelmost⁰) . . .	1882	—	16,25	12,50	0,33	—	—	0,35	0,024	0,009	0,106	0,025	0,018	—
2	Daraus bereit. Aepfelwein	„	5,80	2,36	0,75	0,30	0,080	0,68	0,31	0,022	0,008	0,105	0,024	0,018	—
3	Selbst bereiteter Aepfelwein⁰⁰)	1883	7,20	2,85	0,16	0,64	0,015	0,79	0,30	0,012	0,005	0,155	0,007	0,011	—
4	Aepfelwein, 1881er, selbst dargestellt .	„	Gew. % 5,44	2,38	—	1,34	0,096	0,39	0,27	0,008	0,004	0,155	0,011	0,009	+0,1⁰
5	Birnenwein, 1881er, selbst dargestellt .	„	3,65	3,48	0,14	0,93	0,140	0,37	0,22	0,019	0,006	0,122	0,010	0,009	+0,3⁰
6	Beeren-Aepfelwein, 1881er⁰⁰⁰) . . .	1884	Vol. % 7,9	% 3,94	% —	% 0,88	% —	% 0,96	% 0,34	% 0,070	—	—	—	—	—
7	Fallobstwein, 1883er⁰⁰⁰)	„	8,3	3,46	0,22 *)	0,66	0,128	—	0,21	0,023	—	—	—	—	—
8	Lagerobstwein, 1883er⁰⁰⁰) . . .	„	7,7	3,35	0,16 *)	0,87	—	0,94	0,23	0,045	—	—	—	—	—
9	Schweizer Obstwein aus Speckbirnen . . .	Spec. Gew. 1,0050	5,08	3,33	0,54	0,53	N-Subst (N × 6,25) 0,215	—	0,50	—	—	—	—	—	—

[1]) Centr.-Bl. f. Agric.-Chemie 1879. S. 477 nach Mittheil. d. Landw. u. Gartenbauvereins in Bozen 1879. S. 16.

*) Der Extractgehalt aus dem spec. Gewicht der von Alkohol befreiten Lösung bestimmt.

Obstwein (vorwiegend aus deutschem und österreichischem Obst):

No. 1—3 von R. Kayser, Repertorium f. analyt. Chem. 1882 S. 354 u. 1883. S. 373.

No. 4 u. 5 von R. Fresenius u. E. Borgmann, Zeitschr. f. analyt. Chem. 1883. S. 46. Ueber die Untersuchungsmethoden vergl. „Rheingauweine" S. 886 Anm. *).

No. 6—8 von J. Moritz. Chem. Ztg. 1884. S. 471. Bezüglich der Untersuchungsmethoden bemerkt J. Moritz, dass dieselben die bei der Weinanalyse zur Zeit allgemein üblichen waren (vergl. II. Thl. dieses Werkes).

No. 9. L. Weigert. Mittheil. d. K. K. chem. physiol. Versuchsstation Klosterneuburg 1888. Heft V. Tab. 38.

⁰) Der Most wurde aus Borsdorfer Aepfeln durch Auspressen gewonnen; der Wein erst nach vollendeter Gährung des Mostes untersucht.

⁰⁰) Der Aepfelwein No. 3 wurde aus Most von Ruppiner Aepfeln gewonnen und 4 Wochen nach beendigter Gährung untersucht; in demselben liess sich keine Citronen- oder Weinsteinsäure nachweisen. Ueber die Untersuchungsmethoden ist nichts angegeben, jedoch ist anzunehmen, dass die Weine nach den Vereinbarungen bairischer Chemiker untersucht wurden (vergl. II. Thl. dieses Werkes und auch unter „Moselweine" S. 865 Anm. *).

⁰⁰⁰) Der Wein No. 6 hatte vor der Gährung einen Zusatz von Weinsäure, die Weine No. 7 u. 8 neben diesem Zusatz auch einen solchen von Rohrzucker erhalten.

*) Hierzu bei No. 7 noch 0,33 % und bei No. 8 = 0,12 % Rohrzucker.

No.		Spec. Gew.	Alkohol Vol %	Extract %	Zucker %	Säure = Aepfelsäure %	N-Substanz (N × 6,25) %	Glycerin %	Mineralstoffe %	Phosphorsäure %	Schwefelsäure %	Kali %	Kalk %	Magnesia %
10	Schweizer, aus Zweitholzäpfel	1,0070	4,06	3,90	0,18	0,69	0,360	—	0,42	—	—	—	—	—
11	desgl. a. Deilerbirnen (Nachdruck)	1,0150	6,01	4,81	1,41	0,63	0,320	—	0,63	—	—	—	—	—
12	desgl. Utterbery	1,0170	7,05	5,75	2,98	0,51	0,210	—	0,65	—	—	—	—	—
13	desgl. Birnenwein . . .	1,0080	7,08	3,33	0,45	0,39	0,250	—	0,36	—	—	—	—	—
14	Klosterneuburg. Aepfelwein	1,000	6,00	2,28	—	0,66	0,029	0,40	0,25	—	—	—	—	—
15	Aus Holzäpfeln	1,0079	6,99	2,75	0,55	0,47	—	—	0,16	0,004	0,016	0,057	0,016	0,003
	Mittel (No. 2—14)	**1,0087**	**6,42**	**3,48**	**0,70**	**0,69** *)	**0,231**	**0,65**	**0,36**	**0,028**	**0,006**	**0,134**	**0,013**	**0,012**

Französischer Obstwein.

No.		Zeit der Untersuchung	Alkohol Gew. %	Extract bei 100° C. getrocknet	Extract im Vacuum getrocknet	Zucker	Säure als H_2SO_4 berechnet	Säure in dem getrockneten Weine (fixe)	Mineralstoffe	Phosphate, unlöslich in Wasser	Kohlensaures Kalium	Sonstige Alkalisalze	Analytiker
				In 100 CC. sind Gramm									
1	Aus der Bretagne (Mittel von 21 Analysen) . .	In den 70er Jahren	2,5	1,93	—	0,25	—	0,15	0,15	—	—	—	*Rousseau*[1])
2	Aus Obst von der Küste Bois-Guillaume 1877 .	Anfang der 80er Jahre	4,74	5,16	6,01	2,00	0,36	0,35	0,35	0,038	0,223	0,089	*Ch. Girard*[2])
3	Aus 1876er Obsternte von Mazure Yvetot . . .		4,11	3,09	3,76	0,75	0,41	0,25	0,25	—	—	—	
4	Alter Obstwein		3,79	2,09	2,70	0,44	0,54	0,25	0,25	0,025	0,140	0,085	
5	Reiner Obstwein, 1878er aus Yvetot, Obst aus der Ebene		3,48	6,13	7,27	0,37	0,45	0,30	0,30	0,030	0,200	0,070	
6	desgl. 1880er, bei Bayeux		2,37	5,32	6,08	1,65	0,32	0,26	0,26	0,045	0,180	0,035	
7	Verkaufs-Obstwein No. 2		0,79	6,97	8,20	3,60	0,27	0,25	0,25	0,062	0,150	0,041	
8	desgl. No. 1		2,53	8,12	9,26	3,90	—	0,23	0,23	0,017	—	—	
9	Reiner Obstwein, 1880er, bei Bagneux		1,98	6,38	7,50	2,50	0,21	0,28	0,28	0,055	—	—	
	Mittel (No. 1—9)	.	**2,92**	**5,02**	**6,35**	**1,72**	**0,37**	**0,22**	**0,26**	**0,039**	**0,179**	**0,064**	

Obstwein:
No. 10—14. L. Weigert. Mittheilungen d. K. K. chem. physiol. Versuchsstation Klosterneuburg 1890. Heft V. Tabelle 38.
No. 15. Landw. Vers.-Stat. in Tabor, Allg. Wiener Ztg. 1888. No. 32. Der Saft der Aepfel enthielt 6,17 % Zucker und 0,74 % Aepfelsäure. Dem Saft wurde Zucker bis zu 10 % des letzteren zugesetzt.
*) An Essigsäure ergiebt sich nach den 5 Bestimmungen im Mittel 0,091 % pro 100 CC.

Französischer Obstwein:
[1]) Dictionnaire des altérations et falsifications des substances alimentaires par Chevalier et Baudrimont. Paris 1878. p. 264.
[2]) Documents sur les falsifications des matières alimentaires par Ch. Girard. Paris 1885. p. 243. Die Art der Bestimmung des Extractes ist schon oben angegeben; das Trocknen bei 100° C. wurde mit 25 CC. Wein in Platinschalen im Wasserbade während 7 Stunden vorgenommen; Alkohol ist nach Gay-Lussac's Methode durch Destillation bestimmt; der Zucker entweder durch Titration mit der alkalischen Kupferlösung von Neubauer u. Vogel (wobei 1 CC. derselben = 0,005 g wasserfreier Glycose entspricht) oder durch Gährung.

Amerikanischer Obstwein.

a. Gut vergohrener Obstwein.

No.		Zeit der Untersuchung	Spec. Gew.	Alkohol Vol. %	Alkohol Gew. %	Extract %	Säure = Aepfelsäure %	N-Substanz (N × 6,25) %	Mineralstoffe %	Kohlensäure %	Polarisation (Laurent)	Analytiker
1	Obstwein vom Fass („extra drye")	1887	1,0132	5,23	4,18	3,31	0,60	0,038	0,39	—	— 19,5°	C. A. *Crampton*[1])
2	desgl. in Flaschen, anscheinend rein	„	1,0003	10,05	8,09	1,88	0,46	0,063	0,28	Spur	— 7,0°	
3	Obstwein in Flaschen . . .	„	1,0007	7,83	6,28	1,80	0,38	0,014	0,34	—	— 6,1°	
4	desgl. („extra dry russet") .	„	1,0264	5,61	4,48	5,52	0,34	0,031	0,39	—	— 35,2°	
5	Champagner-Obstwein in Fl.	„	1,0223	5,10	4,08	5,02	0,57	0,050	0,31	0,161	— 23,4°	
6	desgl.	„	1,0143	6,79	5,45	3,69	0,36	0,038	0,42	0,120	— 20,4°	
7	„Sparkling", Obstwein in Fl.	„	1,0306	4,54	3,63	5,92	0,11	—	0,51	0,621	— 33,8°	
	Mittel (No. 1—7)	.	**1,0154**	**6,45**	**5,17**	**3,88**	**0,40**	**0,044**	**0,38**	—	—	

b. Unvollständig vergohrene (süsse) Obstweine.

No.		Zeit der Untersuchung	Spec. Gew.	Alkohol Vol. %	Alkohol Gew. %	Extract %	Säure = Aepfelsäure %	N-Substanz (N × 6,25) %	Mineralstoffe %	Kohlensäure %	Polarisation (Laurent)	Analytiker
8	Obstwein vom Fass . . .	1887	1,0537	0,81	0,65	9,34	0,57	0,069	0,32	—	— 41,6°	C. A. *Crampton*[1])
9	Süsser Obstwein	„	1,0516	0,77	0,61	9,59	0,30	0,063	0,27	—	— 34,2°	
10	desgl. vom Fass	„	1,0567	0,25	0,20	9,53	0,38	0,075	0,28	—	— 48,4°	
11	desgl.	„	1,0203	4,33	3,46	3,84	0,30	0,044	0,37	—	— 24,2°	
12	desgl.	„	1,0552	0,67	0,55	9,75	0,41	0,031	0,34	—	— 48,5°	
13	desgl.	„	1,0355	3,71	2,96	6,98	0,48	0,069	0,35	—	— 39,1°	
	Mittel (No. 8—13)	.	**1,0455**	**1,76**	**1,40**	**8,17**	**0,41**	**0,059**	**0,32**	—	—	

Obstwein und Obstweinbereitung.

Behrend[2]) hat in Hohenheim eingehende Untersuchungen über die Art der Obstweinbereitung und die Zusammensetzung des erzielten Obstweines angestellt, welche ich hier wegen des allgemeinen Interesses übersichtlich zusammenstellen will. Die Untersuchungen erstrecken sich auf Moste und deren Weine, welche Behrend im Jahre 1885 selbst in Hohenheim zubereitete und auf solche, welche im Jahre 1886 (zwei im Jahre 1884) von Obstweinproducenten in Württemberg selbst dargestellt worden waren.

Zu den Versuchen dienten Aepel und Birnen. Die Saftgewinnung geschah bei den von Behrend eigens ausgeführten Versuchen in der in dortiger Gegend üblichen Weise auf einer Frankfurter Obstmahlmühle und einer kräftigen Klein'schen Spindelpresse.*)

[1]) C. A. Crampton: Foods and food adulterants. Part third. Fermented alcoholic beverages. Washington 1887. p. 373. Das spec. Gew. ist mit dem Pyknometer bestimmt; Alkohol nach Neutralisation der Säure durch Destillation und Ermittelung des spec. Gewichtes des Destillates; Extract durch Eindampfen von 25—50 CC. resp. bei No. 8—13 von 10 CC. Wein und Trocknen bis zum constanten Gewicht; hierdurch sind die Zahlen viel niedriger als nach neueren deutschen Methoden (vergl. die Analysen desselben Verf.'s unter „Californische Weine") S. 954; Säure (als Aepfelsäure berechnet) ist durch Titration mit $^1/_{10}$ Normalnatronlauge bestimmt; Stickstoff-Substanz durch Eindampfen von 25 CC. Wein und Verbrennen des Rückstandes mit Natronkalk, wobei N mit 6,25 multiplicirt ist; Kohlensäure durch Erwärmen des Weines und Auffangen der Kohlensäure durch Kalilauge; Polarisation (ausgedrückt durch die Rohrzucker-Scala mit dem Laurent'schen Polariscop).

[2]) Mittheilungen aus Hohenheim von O. Vossler. Stuttgart 1877 und Württembergisches Wochenbl. f. Landw. 1877 No. 39 u. 40. S. 143.

*) Die chemischen Untersuchungsmethoden waren folgende: Das spec. Gew. wurde durch mehrmalige Wägung von 50 CC. im Pyknometer ermittelt und sowohl durch die Westphal'sche Waage wie durch ein in $^1/_{10}$ getheiltes Sacharometer controlirt; Extract durch Eindampfen von 25 CC. im Wasserbade und weiteres dreistündiges Trocknen bei 100° C.; Alkohol durch Destillation und Bestimmung des Alkoholgehaltes des Destillats mittelst eines empfindlichen Alkoholometers; Säure (gesammte) durch Titration von 20 CC. Most mit verdünnter Kalilauge unter Anwendung von violettem Lakmuspapier (nach der Tüpfelmethode); flüchtige Säure durch Destillation von 50 CC. im Wasserdampfstrom und Titration des Destillats (200 CC.) mit derselben Kalilauge unter Anwendung von Phenolphtalein als Indikator (vergl. Barth: Weinanalyse. S. 20).

I. Untersuchungen aus dem Jahre 1885. — Von Behrend selbst dargestellte Obstweine.

No.	Bezeichnung der Sorte	Angewandtes Material	Daraus erhaltener Obstsaft	100 kg gaben Saft	In den süssen Säften: Saccharometer nach Balling	In den süssen Säften: Dementsprechendes specifisches Gewicht	In den süssen Säften: Hieraus berechneter Extract g in 100 c.	In den vergohrenen Säften: Saccharometer nach Balling	In den vergohrenen Säften: Dementsprechendes specifisches Gewicht	In den vergohrenen Säften: Specifisches Gewicht bestimmt vermittelst Pyknometers	In 100 CC.: Extract g	In 100 CC.: Alkohol CC.	In 100 CC.: Alkohol g	In 100 CC.: Säure: Apfelsäure g	In 100 CC.: Säure: Essigsäure g	In 100 CC.: Säure: Gesammtsäure g	In 100 CC.: Asche g
		kg	l	l	1.	2.	3.	4.	5.	6.	7.	8.	9.	10.	11.	12.	13.
	A. Birnen.																
1	Wildling von Einsiedel	229	133	58,1	13,8	1,0564	14,6	5,8	1,0232	1,0238	7,88	4,50	3,58	0,293	0,073	0,366	0,34
2	Rommelterbirnen	240	135	56,3	14,8	1,0606	15,7	3,3	1,0132	1,0137	5,63	6,28	4,99	0,862	0,052	0,914	0,34
3	Champagner-Bratbirnen	213,5	105	49,2	14,6	1,0597	15,5	0,5	1,0020	1,0020	3,06	8,04	6,39	0,533	0,085	0,618	0,32
4	Wolfsbirnen	207,5	127	61,2	16,0	1,0657	17,1	2,3	1,0092	1,0092	4,58	7,58	6,03	0,705	0,051	0,756	0,61
5	Langstieler	163,5	75	45,9	16,4	1,0674	17,5	2,0	1,0080	1,0081	4,66	8,20	6,52	0,429	0,093	0,522	0,53
	Mittel für Birnen	—	—	**54,1**	**15,1**	—	**16,1**	**2,8**	—	—	**5,16**	**6,92**	**5,50**	**0,564**	**0,071**	**0,633**	**0,43**
	B. Aepfel.																
6	a. Luiken kg 106; b. Goldparmänen „ 69,5	175,5	88	50,1	15,8	1,0648	16,8	0,4	1,0016	1,0010	3,06	7,90	6,28	0,677	0,059	0,736	0,43
7	Kasseler Reinetten	211	115	54,5	13,8	1,0564	14,6	0,3	1,0012	1,0012	2,68	7,15	5,68	0,737	0,051	0,788	0,32
8	Carpentinäpfel	200	132	66,0	13,4	1,0547	14,1	1,8	1,0072	1,0078	4,12	6,83	5,43	1,391	0,051	1,442	0,47
9	Bohnäpfel	260	144	59,2	12,6	1,0513	13,2	1,1	1,0044	1,0039	3,20	6,85	5,45	0,843	0,060	0,903	0,38
	Mittel für Aepfel	—	—	**57,5**	**13,9**	—	**14,7**	**0,9**	—	—	**3,27**	**7,18**	**5,71**	**0,912**	**0,055**	**0,967**	**0,40**
	Mittel für Birnen und Aepfel	—	—	**55,80**	**14,6**	—	**15,5**	**1,9**	—	—	**4,32**	**7,04**	**5,59**	**0,717**	**0,064**	**0,781**	**0,42**

II. Untersuchungen aus dem Jahre 1886. — Von Obstweinproducenten in Württemberg dargestellte Obstweine.

No.	Material	Wie viel mal wurde das Obst gemahlen	Wie viel mal wurde das Obst gepresst	Wurde Wasser zugesetzt und wie viel Liter pro 100 kg Obst?	Ertrag am Most: Liter pro 100 kg Obst?	Zeit der Einsendung	Saccharometer nach Balling	Specifisches Gewicht	In 100 CC. Extract g	Alkohol CC.	Alkohol Gramm	Säure und zwar nicht flüchtige (Äpfelsäure) g	flüchtige (Essigsäure) g	Gesammtsäure g	Asche g
10	Aepfel } 1884er Most	1	1	—	80	—	0,5	1,0020	2,5	6,7	5,3	0,38	0,09	0,47	0,32
11	Birnen } 1884er Most	1	1	—	80	—	2,9	1,0116	5,4	8,2	6,5	0,63	0,13	0,76	0,36
12*)	85 % Aepfel, 15 % Birnen	1	2	5	67	23. August	0,9	1,0036	2,8	6,3	5,0	—	—	0,49	0,29
13*)	67 % Aepfel, 33 % Birnen	1	2	15	86	13. September	0,5	1,0020	2,0	5,1	4,0	—	—	0,48	0,32
14	Aepfel	1	2	35	99	5. November	3,7	1,0148	4,8	3,2	2,5	—	—	0,69	0,19
15	Aepfel	1	2	45	126	5. „	2,2	1,0088	3,1	3,5	2,8	—	—	0,81	0,21
16	90 % Aepfel, 10 % Birnen	2	2	40	125	7. „	1,1	1,0044	2,3	4,5	3,6	—	—	0,45	0,16
17	90 % Aepfel, 10 % Birnen	1	2	40	105	7. „	1,4	1,0056	2,0	2,7	2,2	—	—	0,45	0,14
18	Aepfel	2	2	20	100	7. „	1,8	1,0072	2,7	3,4	2,7	—	—	0,37	0,14
19	Aepfel	1	1	67	138	7. „	0,5	1,0020	1,3	3,3	2,6	—	—	0,63	0,17
20	Aepfel	1	2	?	90	12. „	1,0	1,0040	2,6	5,6	4,5	—	—	0,91	0,26
21	75 % Aepfel, 25 % Birnen	1	2	40	126	27. „	0,8	1,0032	2,2	4,8	3,8	0,36	0,10	0,46	0,22
22	Aepfel (fast ausschliesslich)	1	2	?	80	9. December	0,6	1,0024	1,8	4,7	3,8	0,38	0,11	0,49	0,26
23*)	Birnen	2	2	40	?	11. „	2,8	1,0112	3,5	3,4	2,7	0,48	0,11	0,59	0,18
24	Aepfel	1	1	10	?	30. Januar	0,1	1,0004	1,4	4,9	3,9	0,28	0,17	0,45	0,23
25*)	Aepfel	1	1	14	89	30. „	0,5	1,0020	2,7	5,5	4,4	0,24	0,13	0,37	0,23
26*)	Aepfel	1	1	22	90	30. „	0,5	1,0020	2,1	5,0	4,0	0,29	0,16	0,45	0,28
27	Aepfel	1	1	23	93	30. „	0,2	1,0008	1,9	5,3	4,2	0,45	0,12	0,57	0,21
28	50 % Aepfel, 50 % Birnen	1	1	25	80	12. März	0,6	1,0024	2,0	4,9	3,9	—	—	0,45	0,21
29	53 % Aepfel, 47 % Birnen	2	2	21	85	12. „	0,7	1,0028	2,5	4,3	3,4	—	—	0,37	0,17
30	33 % Aepfel, 67 % Birnen	1	2	66	130	12. „	0,6	1,0024	2,5	4,2	3,3	—	—	0,38	0,21
31	67 % Aepfel, 33 % Birnen	1	2	40	100	12. „	0,3	1,0012	1,1	2,7	2,1	—	—	0,46	0,10
32	67 % Aepfel, 33 % Birnen	2	2	50	110	12. „	0,8	1,0032	2,0	3,9	3,1	0,66	0,07	0,73	0,19
33	67 % Aepfel, 33 % Birnen	1	2	24	100	12. „	0,6	1,0024	1,8	3,8	3,0	0,41	0,08	0,49	0,14
34*)	90 % Aepfel, 10 % Birnen	2	2	33	100	31. Mai	0,3	1,0012	1,8	4,8	3,8	0,32	0,08	0,40	0,26
35	Aepfel	2	2	33	100	31. „	0,3	1,0012	1,7	4,3	3,4	0,34	0,04	0,38	0,21
	Minimun (excl. No. 10 u. 11)	—	—	—	—	—	3,7	1,0148	4,8	6,3	5,0	0,66	0,17	0,91	0,32
	Maximum (excl. No. 10 u. 11)	—	—	—	—	—	0,1	1,0004	1,1	2,7	2,1	0,24	0,04	0,37	0,10
	Mittel (excl. No. 10 u. 11)	—	—	—	—	—	**0,95**	**1,0038**	**2,3**	**4,3**	**3,4**	**0,38**	**0,11**	**0,51**	**0,21**

*) No. 12 erhielt einen Zusatz von 1 % trocknen Traubentrestern; No. 13 einen solchen von 3 l Branntwein pro 100 l Most; No. 23 ebenfalls 3 l Branntwein und 100 g Salz pro 100 l Most; No. 25 einen solchen von 0,67 l und No. 26 von 0,33 l gemahlenen Traubenkernen; No. 34 einen Zusatz von ca. 100 g gedörrten Heidelbeeren pro 100 l Most.

Anmerkung.

Hiernach ist der Gehalt der Obstweine an Alkohol und Extract etc. grossen Schwankungen unterworfen. Im allgemeinen vergähren die Aepfelmoste vollständiger als die Birnenmoste und bleibt bei letzteren mehr unvergohrener Extract. Der Birnenmost ist im allgemeinen extract- und zuckerreicher als der Aepfelmost. Der Alkoholgehalt steht in directem Zusammenhang mit dem Verjährungsgrad, wie nicht anders zu erwarten ist.

Der Gehalt an nicht flüchtiger Säure ist bei den Aepfelweinen durchschnittlich erheblich höher, als bei den Birnenweinen; den verhältnissmässig hohen Gehalt der 1885 selbst dargestellten Obstweine erklärt Behrend daraus, dass das Obst im September 1885 durch einen starken Sturm gelitten hatte und nicht im normalen Reifezustand zur Mostung gelangte.

Die Obstweine der zweiten Untersuchungsreihe lassen sich kaum mit einander vergleichen, weil sie zu verschiedenen Zeiten eingesandt wurden und zum Theil noch unvergohren waren. Den Zusatz von Wasser zu den Obstmosten hält Behrend für nachtheilig auf die Qualität des Weines wirkend.

Beeren-Obstwein.

No.		Zeit der Untersuchung	Spec. Gew.	Alkohol Vol. %	Alkohol Gew. %	Extract %	Zucker %	Säure = Aepfelsäure %	N-Substanz %	Glycerin %	Mineralstoffe %	Phosphorsäure %	Schwefelsäure %	Kali %	Polarisation (Ventzke-Soleil)
	Wein aus:														
1	Wald-Erdbeeren .	1883	—	13,53	10,74	16,56	13,56	0,86	—	0,46	0,18	0,018	—	—	—
2	Stachelbeeren, unreif	„	—	15,32	12,16	19,32	12,45 *)	0,87	—	—	0,12	0,010	0,002	—	—
3	desgl. (reif) . . .	„	—	14,08	11,17	17,30	13,05	0,87	—	—	0,17	0,013	—	—	—
4	Johannisbeeren, schwarz . . .	„	—	14,68	11,65	12,42	8,90 *)	1,59	—	0,85	0,35	0,024	0,009	—	—
5	Weichselkirschen .	„	—	14,25	11,31	17,71	12,75	0,70	—	0,55	0,11	0,013	—	—	—
6	Wald-Himbeeren .	„	—	14,56	11,55	17,48	13,54 *)	0,91	—	0,75	0,18	0,020	—	—	—
7	Maulbeeren, schwarz	„	—	14,16	11,24	18,04	15,79 *)	0,91	—	0,56	0,12	0,008	—	—	—
8	Preisselbeeren . .	„	—	12,64	10,03	24,75	18,90 *)	0,85	—	—	0,14	0,005	—	—	—
9	Johannisbeeren, roth	„	—	13,25	10,51	15,40	12,09 *)	0,93	—	0,60	0,16	0,007	—	—	—
10	Heidelbeeren . . .	„	—	15,10	11,98	20,03	14,36	0,88	—	0,44	0,15	0,008	—	—	—
11	Wald-Brombeeren .	„	—	13,52	10,73	18,28	16,55	0,96	—	—	0,09	0,005	—	—	—
12	Johannisbeeren (bei Osnabrück gewachsen)	„	1,0058	—	11,39	5,68	3,83	0,82	0,058	0,54	0,26	0,016	0,007	0,074	−3,0°
13	Stachelbeeren (bei Osnabrück gewachsen)	„	1,0110	—	11,25	7,56	5,53	0,62	0,056	0,45	0,24	0,015	0,009	0,061	−5,0°

Beeren-Obstwein:

No. 1—11 von J. Moritz u. A. Förster. Chem. Ztg. 1883. S. 1009. Die sämmtlichen Weine hatten den Charakter von Liqueurweinen, einen angenehmen Geschmack und zum Theil eine brillante Farbe. Die Methoden der Untersuchung waren die im allgemeinen bei Weinen gebräuchlichen; das Glycerin speciell wurde nach der von Borgmann für Süsswein angegebenen Methode, Phosphorsäure in der Asche nach der Uranmethode bestimmt (vergl. II. Thl. dieses Werkes).

No. 12 u. 13 von J. König. Original-Mittheilung. Die Weine wurden nach den im II. Thl. dieses Werkes empfohlenen Methoden untersucht; die Polarisation ist im Halbschatten-Apparat vorgenommen.

*) Von dem Zucker war noch als Rohrzucker vorhanden:

	Bei No. 2	4	6	7	8	9
Rohrzucker	2,71 %	1,8 %	1,47 %	2,50 %	0,52 %	0,30 %

Bei No. 1, 3, 5, 10 u. 11 war der Rohrzucker bereits ganz verschwunden und in Invertzucker übergeführt.

No.		Zeit der Untersuchung	Spec. Gew.	Alkohol Vol. %	Alkohol Gew. %	Extract	Zucker	Säure = Aepfelsäure	Flüchtige Säure	Glycerin	Mineralstoffe	Phosphorsäure	Schwefelsäure	Kali	Polarisation (Ventzke-Soleil)
					In 100 CC. Wein sind Gramm										
14	Stachelbeer-W., rothgelbl., angenehmer Geschmack . .	1886	1,0356	14,64	11,22	14,39	10,83	0,77	0,021	0,99	0,26	0,019	0,013	0,134	−16,3°
15	Johannisbeerwein aus Charlottenburg von der Hygiene-Ausstell. 1882: Weiss, „Groseille" . .	1882	0,9920	—	10,08	2,58	—	0,95	0,244	0,53	0,16	0,009	—	—	− 0,4
16	Weiss, „Perle blanche" .	„	0,9980	—	12,23	4,52	—	1,05	0,255	1,06	0,17	0,007	—	—	− 2,3
17	Roth . . .	„	0,9910	—	11,31	2,28	—	1,19	0,128	0,48	0,20	0,013	—	—	± 0
18	Weisser Johannisbeerwein . . .	1888	1,0255	—	11,74	11,06	8,37	1,01	—	0,23	0,29	—	—	—	—
19	Rother Johannisbeerwein, I. Sorte	„	1,0277	—	9,95	11,39	9,09	0,92	—	0,40	0,21	—	—	—	—
20	desgl. II. Sorte . .	„	1,0611	—	9,37	20,20	16,88	1,09	—	0,20	0,39	—	—	—	—
21	Stachelbeerwein . .	„	0,9971	—	21,30	3,93	1,89	0,95	—	0,46	0,21	—	—	—	—

Gerstenwein.*)

Zeit der Untersuchung	Wasser %	Alkohol %	Zucker %	Dextrin %	Eiweissstoffe etc. %	Glycerin %	Bernsteinsäure %	Essigsäure %	Kaliumbitartrat %	Mineralstoffe aus Gerste %	Analytiker
1888	89,18	4,80	1,00	3,00	1,28	0,20	0,04	0,02	0,25	0,23	*Jacquemin* [1])

Pulque fuerte.**)

Spec. Gew.	Alkohol Vol. %	Kohlensäure %	Gummi %	Aepfelsäure %	Glycerin %	Bernsteinsäure %	Asche %	Kali %
0,976	5,87	0,061	0,05	0,550	0,210	0,140	0,250	0,085

Beeren-Obstwein:

No. 14 von L. Marquardt. Zeitschr. f. analytische Chem. 1886. S. 156. Der Wein war von röthlicher Farbe und völlig klar; Geschmack und Bouquet angenehm; beide erinnerten an spanischen Wein resp. an Champagner. Ueber die Untersuchungsmethoden ist nichts bemerkt; jedoch dürfte anzunehmen sein, dass der Wein nach den Beschlüssen der vom Kaiserl. Gesundheitsamt einberufenen Commission untersucht wurde (vergl. II. Thl. dieses Werkes). An sonstigen Bestandtheilen wurde in dem Wein gefunden:

Weinstein	Kalk	Magnesia	Natron	Chlor
0,117 g	0,012 g	0,007 g	0,050 g	0,009 g pro 100 CC Wein.

Nach dem Vergähren war der Wein optisch inactiv.

No. 15—17. C. Weigelt und A. Looss. Jahresbericht f. Agric. Chem. 1884. S. 728. Die Untersuchungsmethoden sind nicht angegeben; jedoch ist anzunehmen, dass dieselben Methoden angewendet wurden, als bei der Untersuchung der „Elsässer Weine" S. 889.

No. 18—21 von W. Sonne nach Gewerbebl. f. d. Grossherzogthum Hessen 1888. S. 142 in Chem. Ztg. 1888. Chem. Repertorium 1888. S. 128. Bezüglich der Untersuchungsmethoden gilt das unter No. 15—17 Gesagte. Die Beerenobstweine waren unter Zusatz von Zucker hergestellt und konnten bereits nach 15 Monaten in den Handel kommen.

Gerstenwein:

[1]) Nach Compt. rendus 1888. T. 106. p. 643 in Zeitschr. f. d. gesammte Brauwesen 1888. S. 180.

*) Der Gerstenwein wurde aus Gerstenwürze, welcher pro 1000 Thl. 2,50 Thl. Kaliumbitartrat zugesetzt war, unter Zusatz von Saccharomyces ellipsoideus hergestellt; das Gährungsproduct hatte einen völlig weinigen Character, hatte pro 1 l = 60 g trocknen Extract mit 3 g Asche (wovon 0,50 g P_2O_5) und einem Alkoholgrad von 6. Bei der Darstellung von Gerstenwein kann man nach Jacquemin einen Theil des Malzes durch ungekeimte Gerste oder Wein etc. ersetzen; um ein Getränk von 8—10° Alkohol zu erzielen, kann man das Verhältniss der Cerealien vermehren oder Zucker zu der Würze setzen.

Pulque fuerte:

**) Der Pulque ist ein im tropischen Amerika gebräuchliches Getränk, welches durch Gährung aus dem Safte einer Varietät der Agave americana (Met oder Magney der Eingebornen), erhalten wird. Derselbe hat nach Boussingault die obige Zusammensetzung. Ann. de chim. et de phys. (4) VII. S. 429. Dort (4) XI. S. 497 findet sich auch eine Analyse des ursprünglichen Saftes von demselben Verf., nämlich:

Wasser	Eiweiss	Rohrzucker	Lävulose	Gummi	Aepfelsäure	Asche
88,65	1,01	6,17	2,65	0,53	0,35	0,62 %

Palmenwein.*)

Spec. Gew.	Alkohol Vol. %	Kohlensäure %	Gummi %	Aepfelsäure %	Glycerin %	Zucker %	Mannit %	Asche %
—	4,38	—	3,30	0,54	1,64	0,20	5,60	0,32

Einige alkoholische Getränke in Japan.**)

No.		Zeit der Untersuchung	Spec. Gew.	Alkohol %	Extract %	Glucose %	Dextrin %	Freie Säure = Essigsäure %	Flüchtige Säure = Essigsäure %	Glycerin %	Asche %	Analytiker
	Sake (eine Art Reiswein).											
1	Sake Oiran	1884	0,9902 (17 ° C.)	12,0	2,83	0,54	0,22	0,25	—	0,94	0,10	K. Nagai u. J. Murai[1])
2	Clear Sake foom Uwosaki (Settsu)	„	0,9854 (27,5 ° C.)	13,6	2,90	0,62	0,20	0,24	—	0,80	0,06	
3	Clear Sake foom Imatsu (Settsu)	„	0,9897 (27,5 ° C.)	9,5	2,61	0,53	0,17	0,35	—	0,64	0,05	
				In 100 CC. sind Gramm								
4	Sake Masamune . . .	„	0,9930	12,33	3,74	—	—	0,16	0,006	—	—	O. Kellner[2])
5	Sake Oiran	„	0,9992	12,61	4,03	—	—	0,16	0,083	—	—	
6	Sake Hayarimasu . . .	„	0,9900	14,63	2,76	—	—	0,06	0,040	—	0,056	
	Sake, Mittel, Gew. %	.	**0,9913**	**12,45**	**3,15**	**0,56**	**0,20**	**0,20**	**0,043**	**0,79**	**0,067**	
	Sonstige alkoholische Getränke.			In 100 CC. sind Gramm								
7	Mirin	1884	1,121	12,15	43,21	36,21	—	—	—	—	0,087	
8	Shirosake	„	1,179	6,97	5,32	1,11	Stärke 4,08	—	—	—	0,069	
9	Weisser Kofuwein . . .	„	0,9941	8,26	0,17	—	—	Weinsäure 0,051	—	—	0,010	
10	Sakurada-Bier	„	1,003	5,60	0,33	—	—	Milchsäure 0,188	—	—	0,021	

Palmenwein:

*) Analyse von Bolland (Journ. Pharm. Chim. (4) 30. 1878. S. 461). Der Palmenwein wird aus dem Saft der Dattelpalme gewonnen, wenn sie ein Alter von 40 Jahren erreicht hat.

Einige alkoholische Getränke in Japan:

[1]) Japan. International health Exhibitation. London 1884. p. 29. Das spec. Drehungsvermögen (Specific rotatory power) ist wie folgt angegeben:

	No. 1	2	3
Spec. Drehungsvermögen . .	+ 0,13 °	+ 0,80 °	+ 0,64 °

[2]) Mittheilungen d. deutschen Gesellsch. f. Natur- u. Völkerkunde Ostasiens. Bd. IV. No. 35.

**) Ueber die Bereitung dieser Getränke theilt O. Kellner (l. c.) Folgendes mit:

Der Sake wird bekanntlich aus gewöhnlichem Reis mit Hülfe eines eigenthümlichen Pilzes bereitet, der nicht blos die Inversion der Reisstärke in einen gährungsfähigen Zucker (Glucose), sondern auch die Zersetzung des letzteren zu Alkohol und Kohlensäure bewerkstelligt. Da das fertige Product frei von Kohlensäure ist, so darf man dasselbe nicht, wie es vielfach geschieht, als „Reisbier" bezeichnen, sondern würde zweckmässiger den Namen „Reiswein" in Anwendung bringen. Die durch die Sake-Hefe hervorgerufene Gährung scheint im Princip nicht sehr verschieden zu sein von dem durch Saccharomyces (Bierhefe) vermittelten Process; denn ausser Alkohol und Kohlensäure finden sich unter den Gährungsproducten im Sake, wie constatirt ist, auch Glycerin und Bernsteinsäure in nahezu denselben Mengenverhältnissen wie im Bier.

Bei der Bereitung des Mirin, eines süssen Getränkes, vermischt man gekochten Klebreis mit dem invertirenden Ferment der Sake (Soji, das durch Aussaat von Sporen auf gekochten Reis erhalten wird), und setzt in verschiedenen Perioden Alkohol (Shochin) zu, um die durch Inversion aus der Reisstärke entstandene Maltose und Glucose vor alkoholischer Gährung zu schützen.

Das in Tokio erzeugte Sakurada-Bier ist ein obergähriges, nach englischer Art gebrautes Bier von geringer Güte.

Branntwein.

Die Branntweine sind meistens nichts anders, als ein mit Wasser verdünnter Alkohol neben geringen Mengen ätherischer Oele (Fuselöle) und von Farbstoffen. Der Alkohol-Gehalt schwankt in weiten Grenzen, meistens zwischen 40—50 Vol. %; geht jedoch bis zu 70 % hinauf.

H. Grouven[1]) giebt folgenden Gehalt:

	Alkohol			Alkohol	
	Vol. %	Gew. %		Vol. %	Gew. %
Schottischer Whisky	50,3	42,8	Gewöhnlicher deutscher Schnaps	45,0	37,9
Irländischer "	49,9	42,3	Französischer Cognac	55,0	47,3
Englischer "	49,4	41,9	Amerikanischer Whisky	60,0	52,2
Rum	49,7	42,2	Russischer Dobry Wutky	62,0	54,2
Genever	47,8	40,3			

Deutsche Trinkbranntweine des Kleinhandels. — Von Eugen Sell.[2])

Die Untersuchung von 265 Proben Trinkbranntweinen des Kleinhandels aus verschiedenen Theilen Deutschlands ergaben:

Minimum			Maximum			Mittel		
Alkohol		Fuselöl	Alkohol		Fuselöl	Alkohol		Fuselöl
Vol. %	Gew. %	Vol. %	Vol. %	Gew. %	Vol. %	Vol. %	Gew. %	Vol. %
21,58	17,57	—	77,68	70,89	0,582	39,39	33,03	0,113

Von den 265 untersuchten Proben waren 33 oder 12,4 % fuselfrei. Auf Alkohol berechnet, ergab sich im Minimum 0,034 Vol.% Fuselöl, im Maximum 1,177 Vol.%.

Für Rohsprit und die daraus dargestellten Producte Prima- und Weinsprit einer Spritfabrik wurde gefunden:

Rohsprit			Primasprit			Weinsprit		
Alkohol		Fuselöl	Alkohol		Fuselöl	Alkohol		Fuselöl
Vol. %	Gew. %	Vol. %	Vol. %	Gew. %	Vol. %	Vol. %	Gew. %	Vol. %
88,55	83,81	0,20	91,16	87,17	—	96,57	94,66	—

Ferner wurden 8 Proben Kornbranntwein verschiedenen Alters und verschiedener Fabrikationsstadien aus einer Nordhäuser Brennerei mit folgendem Resultat untersucht:

		Alkohol Vol. %	Alkohol Gew. %	Fuselöl Vol. %
1.	Sehr alter, besonders gepflegter, „uralter" Kornbranntwein, gewonnen aus lutterhaltigem Branntwein, der sich durch langes Lagern auf Eichenholzgebinden gut entwickelt hat	45,49	38,29	—
2.	„Sehr alter Branntwein," bestehend aus 17—20 procentigem Lutter, welcher durch nochmaliges Ueberdestilliren mit feinstem Kartoffelsprit (sog. Weinsprit) auf 46 % gebracht worden ist	46,14	38,89	—
3.	Alter, ganz reiner Kornbranntwein, gewonnen durch nochmaliges Destilliren von Lutter ohne Zusatz von Sprit und sog. „Probe;" derselbe dient zum Verschnitt	45,23	38,07	0,202
4.	Jüngerer, ganz reiner Kornbranntwein, gewonnen und verwendet wie No. 3	46,35	39,08	0,155
5.	Gewöhnlicher Branntwein zum Consum mit Gewürz und „Probe"	42,63	35,71	—
6.	desgl. desgl.	42,61	35,69	—
7.	desgl. desgl., mit karamelisirtem Zucker gefärbt	42,87	35,93	—
8.	desgl. desgl., wie No. 7	42,56	35,65	—

[1]) Vorträge über Agriculturchemie 1872. I. Bd. 1872. S. 425.

[2]) Arbeiten aus dem Kaiserl. Gesundheitsamt 1888. IV. Bd. S. 109. Zur Bestimmung des Fuselöles wurde die Methode von Röse in der Modification von Stutzer und Reitmair zu Grunde gelegt und für den Schüttelapparat diejenige Form gewählt, welche ihm von Herzfeld gegeben worden ist (vergl. II. Thl. d. Werkes). Gleichzeitig wurden die Branntweine auf Farbe, Geruch und Reaction geprüft.

Kirsch-Branntwein.*) — Von J. Nessler und M. Barth.[1]*)

No.	Alkohol Vol. %	Freie Säure = Essigsäure pro 1 l g	Blausäure pro 1 l mg	Kalk pro 1 l mg	Kupfer pro 1 l mg	No.	Alkohol Vol. %	Freie Säure = Essigsäure pro 1 l g	Blausäure pro 1 l mg	Kalk pro 1 l mg	Kupfer pro 1 l mg
1	51	0,4	6	10	unter 2	22	52,1	0,5	12	4	3
2	53	0,4	6	1	„ 2	23	53,5	0,8	10	4	8
3	55,4	0,4	7	2	6	24	47,2	0,8	2	3	9
4	57,4	0,6	4	1	2	25	55,1	0,4	8	Spur	—
5	50	0,9	3	8	5	26	49,5	0,6	10	„	6
6	52,3	0,5	3	7	unter 2	27	53,4	0,4	10	„	3
7	52	0,6	3	10	2	28	51,7	0,4	10	„	5
8	53	0,6	5	8	2	29	50,8	0,3	10	1	6
9	52	0,6	5	8	unter 2	30	53,6	0,3	12	3	5
10	54,3	1,0	3	1	6	31	50,8	0,8	15	1	2
11	55,6	0,4	3	3	6	32	53,1	0,4	17	Spur	7
12	49	0,4	4	1	unter 2	33	53,1	0,3	10	1	6
13	51,6	0,5	4	3	2	34	50,3	0,3	10	3	2
14	50,6	1,8	4	2	unter 2	35	54,3	0,7	15	2	7
15	49,8	0,6	10	4	3	36	52,9	0,6	15	1	unter 2
16	55,8	0,3	8	3	2	37	54,2	0,7	8	Spur	5
17	48,3	0,5	5	2	5	38	55,2	0,7	12	„	2
18	53,1	0,4	6	2	7	39	52,4	0,5	10	„	6
19	52,6	0,5	10	2	unter 2	40	50,3	0,5	10	„	6
20	52,3	0,4	15	3	Spur	41	54	1,1	12	3	5
21	51,2	0,5	12	2	mim. Spur						

[1]) Zeitschr. f. analyt. Chem. 1883. Bd. 22. S. 32.

*) Die Kirschwasserproben stammten von den Ausstellungen in Kappel-Rodeck (Schwarzwald) und Oberkirch 1882. In Baden, besonders im Rench- und Kinzig-Thale, werden die Obstfrüchte, Kirschen und Zwetschen (unter den Kirschen liefert die sog. wilde Kirsche den bouquetreichsten Branntwein) zu einer breiigen Fruchtmaische in Gährbottiche eingestampft und der freiwilligen Gährung überlassen; nach längerer Zeit wird die Masse aus geeigneten Destillirblasen entweder über freiem Feuer oder viel seltener mit überhitzten Wasserdämpfen abgebrannt, wobei das Destillat gewöhnlich durch kupferne Kühlschlangen geführt wird. Daher kommt es, dass die Fruchtbranntweine durchweg Kupfer enthalten. Letzteres wurde colorimetrisch durch eine Lösung von Ferrocyankalium bestimmt, welche selbst in 10 CC. einer Flüssigkeit, die nur 2 mg Kupfer pro 1 l enthält, eine schwach röthliche Färbung erzeugte. Zur quantitativen Bestimmung des Kupfers wurde die Reaction in den gleichen Flüssigkeitsmengen mit 2, 5, 7 und mehr mg Kupfergehalt pro 1 Liter erzeugt. Geringere Mengen Kupfer als 2 mg pro 1 l sind durch die Bläuung einer dünnen Guajakharzlösung bei Vorhandensein von Spuren von Blausäure noch bis zu weniger als 0,5 mg pro 1 l nachweisbar. Die Blausäure wurde ebenfalls colorimetrisch bestimmt. Zu 10 CC. Kirschwasser werden 3 Tropfen einer 0,5 %tigen Kupferlösung und 1,5 CC. einer frisch bereiteten Guajakholztinctur von weingelber Farbe (15 g Guajakholz mit 100 CC. 50 %tigen Weingeistes) gesetzt, indem man nach Zusatz der Kupfersalzlösung die der Guajaktinctur vorsichtig über das Kirschwasser aufschichtet, dann plötzlich durch einmaliges Umkehren des verschlossenen Reagenzglases mischt und die Intensität der Bläuung rasch mit der einer frisch bereiteten Versuchsscala vergleicht. Als letztere dient ein mit 50 %tigem Weingeist verdünntes Kirschlorbeerwasser, in welchem der Blausäure-Gehalt nach der Liebig'schen Methode (Zeitschr. f. analyt. Chemie Bd. 2. S. 173) mit Silberlösung festgestellt ist, indem man Verdünnungen von 2—10 mg und mehr Blausäure pro 1 l wählt.

Der Alkohol ist aus dem spec. Gewicht des ursprünglichen Branntweines nach der Hehner'schen Methode ermittelt. Amylalkohol konnte nach der Methode von Marquardt in einigen guten Fruchtbranntweinen nicht nachgewiesen werden; die Methode von Jorissen (Zeitschr. f. analyt. Chem. Bd. 8. S. 67) erwies sich für den Zweck als unbrauchbar. Zur Bestimmung der freien Säure wurde eine alkoholische $^1/_{30}$ Normal-Kalilauge unter Benutzung von Phenolphtalein als Indikator benutzt, Kalk ist in der entgeisteten Flüssigkeit mit Ammoniumoxalat gefällt. Der Kalk rührt vom Verdünnen des Kirschbranntweines von etwa 60 Vol. % Alkohol auf 45—50 Vol. % mit Brunnenwasser her.

Reiner Kirsch-Branntwein. — Von K. Birnbaum.[1])

No.	Alkohol Vol. %	pro 1 Liter: Gesammtrückstand mg	pro 1 Liter: Glührückstand mg	pro 1 Liter: Kalk mg	Essigsäure pro 1 Liter g	Reaction auf Blausäure	Bemerkungen
1	50,2	190	85	10	0,49	schwach	enthält sehr wenig Kupfer
2	50	50	10	—	1,13	stark	—
3	48,5	50	5	—	1,63	do.	—
4	51	50	5	—	1,06	do.	—
5	52	30	6	—	0,30	do.	—
6	64,5	50	23	—	0,64	do.	enthält viel Kupfer
7	56	50	20	—	0,78	do.	do.
8	53	70	24	Spur	0,47	do.	do.
9	52,75	60	8	—	0,61	do.	—
10	53	46	10	—	0,64	do.	—
11	51	40	10	—	0,58	do.	—
12	63	30	10	—	0,21	auch nach Kupferzusatz kaum erkennbar	—
13	52,25	40	10	Spur	0,72	kaum erkennbar	fünf Jahre alt
14	48,5	70	25	do.	1,02	stark	—
15	58	40	15	—	0,64	do.	—
16	50	50	15	Spur	—	deutlich	—
17	51,75	50	15	do.	0,24	do.	—
18	47,25	75	30	6	0,55	do.	—
19	50,5	95	45	10	0,28	kaum erkennbar	Handelswaare von unbekannter Quelle
20	49,5	105	20	Spur	0,18	do.	—
21	51,2	60	20	do.	0,47	stark	—

Zwetschen- und Trester-Branntwein aus Süd-Ungarn und den angrenzenden Gebieten.

Von M. Petrowitsch.[2])

No.		Zeit der Untersuchung	Jahre alt	Spec. Gew. bei 15,5°	Alkohol (aus dem spec. Gew. ermittelt) Vol. %	Freie Säure = Essigsäure	Rückstand	Mineralstoffe
						In 100 CC. sind Gramm		
	Zwetschenbranntwein aus:							
1	Cereriv (Syrmien)	1886	1	0,9489	41,87	0,086	0,018	—
2	Komoriste (Banat)	"	2	0,9383	47,89	0,078	0,008	—
3	Kisfalu (Baranya)	"	3	0,9493	41,62	0,138	0,025	—
4	M. Theresiopel	"	4	0,9601	34,31	0,138	0,108	—
5	Bosnien	"	neu	0,9687	27,09	0,219	0,079	0,033
6	desgl.	"	"	0,9681	27,64	0,208	0,073	0,035
7	desgl.	"	"	0,9737	22,27	0,240	0,080	—

[1]) K. Birnbaum: Die Prüfung der Nahrungsmittel und Gebrauchsgegenstände im Grossherz. Baden. Stuttgart 1883. S. 96. Zur Prüfung auf Blausäure bediente sich K. Birnbaum wie Nessler und Barth einer Kupfervitriollösung und der Guajakholztinctur, während er die Essigsäure aus der verbrauchten Menge einer $^1/_{10}$ Normalnatronlauge berechnete.

[2]) Zeitschr. f. analyt. Chemie 1886. Bd. 25. S. 195.

Der Abd. Rückstand, von gelblicher bis schwärzlicher Farbe, hinterliess in den meisten Fällen keine oder nur Spuren von Asche. Der bedeutende Gehalt der Branntweine an Säure hat in der Behandlung der Maische seine Ursache. Die Gährung der Zwetschen- wie der Trester-Maische wird in offenen Gefässen sich selbst überlassen und dauert ziemlich lange, da nur wenig Eiweissstoffe vorhanden sind, um eine stürmische Gährung zu veranlassen. Die Folge davon ist eine starke Bildung von Essigsäure, welche bei der Destillation leicht Kupfer löst und dieses in das Destillat überführt. Dazu hält man in Bosnien und Slavonien nicht den Branntwein, sondern die Maische vorräthig, welche erst kurz vor dem Gebrauch in einheimischen kleinen Apparaten abdestillirt wird. Daher hatten alle bosnischen Branntweine deutlichen Rauchgeschmack. Auch in Süd-Russland sind die Brenn-Apparate meist primitiver Art. Nur ausnahmsweise wird die Destillation wiederholt, meistens wird gleich das erste Destillat als Branntwein genossen. Man hat es also eigentlich mit Lutter zu thun und darin findet der zum Theil geringe und in weiten Grenzen schwankende Alkoholgehalt seine Erklärung.

Da Zwetschen-Branntwein viel höher im Preise steht als Trester-Branntwein, so lässt man letzteren wohl auf gedörrten Zwetschen lagern, oder digerirt ihn mit zerstossenen Zwetschenkernen, um ihm Farbe und Aroma des Zwetschen-Branntweins zu ertheilen und als solchen zu verkaufen.

Petrowitsch konnte in den Zwetschen-Branntweinen Blausäure nicht oder nur in Spuren nachweisen.

No.		Zeit der Untersuchung	Jahre alt	Spec. Gew. bei 15,5°	Alkohol (aus dem spec. Gew. ermittelt) Vol. %	Freie Säure = Essigsäure	Rückstand
						In 100 CC. sind Gramm	
	Tresterbranntwein aus:						
8	Zombor	1886	neu	0,9715	24,40	0,066	0,022
9	desgl.	„	„	0,9492	41,69	0,048	0,020
10	desgl.	„	„	0,9608	33,77	0,054	0,036
11	desgl.	„	1	0,9538	38,80	0,084	0,058
12	desgl.	„	2	0,9405	46,67	0,018	0,008
13	M. Theresiopel	„	neu	0,9492	41,69	0,216	0,025
14	desgl.	„	„	0,9432	45,17	0,048	0,013
15	desgl.	„	„	0,9492	41,69	0,108	0,010
16	desgl.	„	6	0,9467	43,17	0,060	0,016
17	Kisfalu (Baranya)	„	2	0,9499	41,25	0,111	0,018
18	Pantschowa (Banat)	„	1	0,9643	31,00	0,180	0,024
19	Hefenbranntwein aus Zambor	„	neu	0,9552	37,87	0,036	0,018
20	Pfirsichbranntwein aus Pantschowa	„	1	0,9671	28,54	0,186	0,040
21	Birnbranntwein aus Bosnien	„	neu	0,9764	19,60	0,189	0,040

Cognac- und Branntwein-Untersuchungen. — Von Rocques.[1])

No.		Zeit der Untersuchung	Alkohol Vol. %	Extract (In 100 CC.) g	Säure (In 100 CC.) g	Furfurol mg
	I. Cognac:					
1	Natürlicher von Châteaux des Andreaux (Charente) 1836	1887	47,5	0,490	0,073	5,6
2	desgl. 1848	„	51,5	0,330	0,078	4,5
3	desgl. 1849	„	60,0	0,130	0,054	4,0
4	Künstlicher Cognac	„	50,0	0,102	0,012	Spur
	II. Ciderbranntwein (rein) von Saint-Quen-du-Mésuil-Oge, 1875er	„	64,0	0,11	0,044	0,6
	III. Whisky:					
1	Natürlicher	„	61,9	0,036	0,027	0,18
2	Künstlicher	„	50,0	0,020	—	Spur

No.		Zeit der Untersuchung	Alkohol Vol. %	Extract (In 100 CC.) g	Säure (In 100 CC.) g	Furfurol mg
	IV. Weintresterbranntwein:					
1	Natürlicher Beaune (Côte d'Or)	1887	52,0	0,030	0,018	Spur
2	Natürlicher Bourgogne frisch	„	49,0	0,030	0,029	1,45
3	Natürlicher Bourgogne alt	„	49,4	0,030	0,029	0,16
4	Künstlicher	„	50,1	0,008	Spur	Spur
	V. Rum:					
1	Natürlicher	„	50,6	0,330	0,102	2,0
2	Künstlicher	„	49,3	0,160	0,005	Spur

[1]) Nach Bull. chim. 50. S. 157 in Zeitschr. f. angewandte Chemie 1888. S. 531.

Zur Unterscheidung der natürlichen Branntweine von Kunstgemischen destillirt Rocques aus einem Kolben mit einem Lebel- und Henniger'schem Aufsatz in der Weise, dass nur Tropfen für Tropfen übergehen und die Destillation $1^1/_2$ Stunden dauert. Man sammelt 9 verschiedene Portionen des Destillats à 50 CC. auf, vermerkt die Temperaturen und prüft jeden dieser Antheile mit Rosanilinbisulfit, Anilinacetat, conc. Schwefelsäure, Kaliumpermanganat und ammoniakalischem Silbernitrat. (Einige dieser Reactionen werden im II. Theil dieses Werkes besprochen.)

Beim natürlichen Cognac giebt das 3., 4., 5. und 6. Destillat mit Schwefelsäure eine rosa Färbung, welche beim Erhitzen roth und dann gelbbraun wird. Die beiden ersten Antheile des Destillats riechen nach Aldehyd; die 3 folgenden nur nach Alkohol. Das Bouquet findet sich in dem 6. und 7. Theil, der 8. und 9. Theil des Destillats ist trübe mit brenzlichem Geruch. Der Aldehyd- und Furfurol-Gehalt ist ziemlich gross, während alle künstlichen Branntwein-Gemische arm daran sind. Der geringe Gehalt der natürlichen Weintrester-Branntweine soll durch die Art der Destillation bedingt sein. Letztere Branntweine lassen sich nicht durch künstliche Mischungen von Essenzen mit Sprit herstellen; man begnügt sich damit, sie zu verschneiden. Der künstliche Cognac war aus Reisalkohol, käuflicher Cognac-Essenz. Karamel und einer Spur Vanillin hergestellt.

	Spec. Gewicht	Alkohol Vol. %	Alkohol Gew. %	Extract in 100 CC. g	Asche in 100 CC. g	Analytiker
Arrac	0,9158	60,5	52,5	0,082	0,024	J. König[1]
Cognac	0,8987	69,5	61,4	0,645	0,009	J. König[1]
Rum	0,9378	51,4	43,5	1,260	0,059	J. König[1]
Jamaika-Rum: Aus den Docks in London	0,885	75,0	61,38	0,668	0,023	H. Beckurts[2]
Jamaika-Rum: „ „ „ „ Glasgow	0,875	75,0	61,38	4,800	0,089	H. Beckurts[2]
Jamaika-Rum: „ Bremen	0,875	90,0	74,07	0,568	0,031	H. Beckurts[2]
Jamaika-Rum: Direct bezogen	0,910	63,0	51,33	2,047	0,098	H. Beckurts[2]

Ch. Ordonneau fand (Compt. rendus T. 102, p. 217) durch fractionirte Destillation in einem zweifellos reinen Cognac an verschiedenen Alkoholen und Bestandtheilen pro 1 Liter:

Acetaldehyd	0,03 g	Normaler Hexylalkohol	0,006 g
Essigäther	0,35 „	„ Heptylalkohol	0,015 „
Acetal	0,35 „	Aether der Propion-, Butter- und Caprylsäure	0,030 „
Normaler Propylalkohol	0,40 „	Oenanthaether	0,040 „
„ Butylalkohol	2,19 „	Basen, Amine	0,040 „
„ Amylalkohol	0,84 „		

In ähnlicher Weise giebt Ed. Ch. Morin (Bulletin de la soc. chim. de Paris. 1888. T. 44. S. 178) die Zusammensetzung eines Cognac's aus der Charente-Inférieure pro 1 Liter wie folgt:

Aldehyd	Spur	Furfurol und Basen	0,022 g
Aethylalkohol	508,370 g	Aromatisches Weinöl	0,076 „
Normaler Propylalkohol	0,273 „	Essig- und Bernsteinsäure	Spur
Isobutylalkohol	0,065 „	Isobutylenglycocoll	0,022 g
Amylalkohol	1,902 „	Glycerin	0,044 „

Francis Wyatt theilt (in American. analyst 1886, p. 455) folgende Analyse (No. 1) des amerikanischen Whisky's mit, welcher ich zwei weitere ebendort 1886, p. 366 mitgetheilte Analysen (No. 2 und 3) hinzufüge:

	No. 1
Spec. Gew. bei 60° F.	0,95
Alkohol (Aethyl)	46,00 %
Propyl- Butyl- Amyl- Alkohol	4,87 „
Aethylaether	5,08 „
Ameisen- Capron- Capryl- Säure	0,58 „
Wasser, Zucker, Gerbs.	43,47 „

	No. 2 Neuer	No. 3 4 Jahre alt
Spec. Gew.	1,0114	1,0922
Propylalkohol	2,13	1,10
Butyl- „	1,08	0,81
Amyl- „	2,08	1,02
Aethylaether	4,11	8,31
Capronsäure	0,06	0,13
Caprylsäure	0,04	0,02
Ameisensäure	0,52	0,28
Kupfer	Spur	—

Ob die Zahlen bei No. 2 und 3 sich auf 1 Liter oder 100 Volum- (resp. Gewichtstheile) beziehen, ist aus der Quelle nicht ersichtlich.

Br. Röse ermittelte (Zeitschr. f. angewandte Chemie 1888. S. 425) in verschiedenen echten Cognacsorten (Rohcognac) den Gehalt an Alkohol und Fuselöl wie folgt:

	1852 er	1858 er	1865 er	1870 er	1875 er	1880 er	1885 er
Alkohol	54,8 %	56,4 %	66,4 %	61,8 %	63,6 %	65,6 %	64,7 %
Fuselöl	0,01 „	0,02 „	0,01 „	0,05 „	0,04 „	0,05 „	0,07 „

Von anderer Seite wird das Vorkommen von Fuselöl im Cognac bestritten.

---

[1]) Original-Mittheilung. [2]) Zeitschr. (Hannov.) wider die Nahrungsfälscher 1881. S. 104.

Cl. Richardson findet (Amer. Chem. Journ. VI. 425) findet den Alkoholgehalt des Whisky zwischen 42—44 %; ein 6 Monate alter Branntwein hatte 0,034 %, ein 4—5 Jahre alter 0,2 % feste Bestandtheile.

Liqueure.

Absynth-Liqueure.

No.		Spec. Gewicht	Alkohol Vol. %	Absynth-Extract in 100 CC. g	Sonstige Extractstoffe in 100 CC. g	Analytiker
1	Gewöhnlicher Absynth	—	47,67	0,100	0,017	*Adrian*[1])
2	Halbfeiner "	—	50,00	0,153	0,033	
3	Feiner "	—	68,00	0,283	0,033	
4	Schweizer "	—	80,67	0,283	0,033	
5	Rue de Rivoli	0,945	43,20	0,061	0,102	*Deschamps*[1])
6	Belleville	0,939	45,00	0,098	0,137	
7	Avalloe	0,919	55,60	0,164	0,442	
8	Gros-Caillou	0,9192	56,40	0,174	0,792	
9	Belleville	0,904	61,20	0,216	0,522	
10	Schweizer Absynth	0,906	61,60	0,186	0,450	
11	Place de l'École	0,9045	61,80	0,216	0,483	
12	Gros-Caillou	0,8925	65,80	0,217	0,527	
13	Lyon	0,8850	69,20	0,204	0,563	
	Mittel	**(0,9116)**	**58,93**	**0,181**	**0,318**	

Sonstige Liqueure.

	Spec. Gewicht	Alkohol Vol. %	Alkohol Gew. %	Extract in 100 CC. g	Rohrzucker in 100 CC. g	Sonstige Extractstoffe in 100 CC. g	Asche in 100 CC. g	Analytiker
Bonekamp of Maag-Bitter . . .	0,9426	50,0	42,1	2,045	keiner	—	0,106	*C. Krauch* und *B. Aldendorff*[2]) *)
Benedictiner-Bitter	1,0709	52,0	38,5	36,00	32,57	3,43	0,043	
Ingwer	1,0481	47,5	36,0	27,79	25,92	1,87	0,141	
Crême de Menthe	1,0447	48,0	36,5	28,28	27,63	0,65	0,068	
Anisette de Bordeaux	1,0847	42,0	30,7	34,82	34,44	0,38	0,040	
Curaçao	1,0300	55,0	42,5	28,60	28,50	0,10	0,040	
Kümmel	1,0830	33,9	24,8	32,02	31,18	0,84	0,058	
Pfeffermünz	1,1429	34,5	24,0	48,25	47,35	0,90	0,068	

[1]) Dictionnaire des altérations et falsifications des substances alimentaires par Chevalier et Baudrimont. Paris 1878. S. 28 u. 29. Die Verfasser geben den Gehalt für ein Glas von 30 CC. an; ich habe denselben auf 100 CC. umgerechnet.

[2]) Original-Mittheilung.

*) Alkohol ist durch Destillation, Extract durch Trocknen bei 105 ° C. bestimmt.

Liqueure. — Von O. Reinke.[1])

No.	Bezeichnung	Farbe	Reaction	Geschmack und Geruch	Spec. Gew.	Alkohol Vol. %	Extract %	Rohrzucker durch Polarisation %	Directe Kupferreaction
1	Mandarinen-Ginger of East India	roth (von Anilinroth)	schwach sauer	nach Ingwer	1,1343	32,03	41,71	40,1	0
2	Litthauer Magenbitter	desgl.	desgl.	nach Kardamon, Nelken, Carduibenedictenkraut etc.	0,9692	46,64	10,95	9,48	0
3	Angostura	Orangeroth bis braun, mit Wasser trübe	neutral	nach Zimmet und Nelken	0,9540	49,66	5,85	4,16	0
4	Absynth	gelbgrün, mit Wasser milchig	desgl.	stark ätherisch, nach Fenchel und Anis	0,9195	59,18	—	(+0,2°)	0
5	Curaçao	braungelb	schwach sauer	nach Apfelsinen und Pomeranzen	1,0439	40,20	25,45	22,50?	0
6	Chartreuse	gelb	neutral	scharf aromatisch, anis- u. angelikaartig	1,0799	43,18	36,11	34,35	0,88g Cu pro 100g
7	Kakao-Liqueur	zart gelbbraun	desgl.	nach Kakao u. Vanille	1,1338	26,68	40,68	30,40	Spur
8	Pfeffermünz-Liqueur	farblos, mit Wasser opalisirend	desgl.	stark nach Pfeffermünz	1,0661	34,61	27,92	27,80	0

Schwedischer Punsch.

	Spec. Gewicht bei 15° C.	Gewichtsprocente Wasser %	Gewichtsprocente Zucker %	Gewichtsprocente Alkohol %	Alkohol Vol. %	Analytiker
Upsala Spirituosabolags punsch No. 2	1,052	61,6	20,9	17,5	23,2	Aug. Almèn[2])
" " " No. 1	1,099	49,1	33,3	17,6	24,3	
" " (förfuskad brygd) . . .	1,085	54,1	28,5	17,4	23,7	
" " Bankopunsch	1,155	40,2	42,3	17,5	25,4	
" " "	1,143	39,9	41,3	18,8	27,0	
" " "	1,112	43,3	36,2	20,5	28,7	
Stockholm, Högstedt & Co.	1,089	52,6	29,1	18,3	25,1	
Paris. Caloric. Banko Svedois, Cederlund & Söner	1,086	51,3	29,2	19,5	26,6	
Göteborg, Militärpunsch, Broddelius & Ackermann	1,118	42,9	37,3	19,8	27,8	
" Malmberg & Peters	1,103	46,4	33,8	19,8	27,5	
Stockholm, Bragebolaget	1,097	45,0	33,5	21,5	29,7	
Minimum	1,052	39,9	20,9	17,4	23,2	
Maximum	1,155	61,6	42,3	21,5	29,7	
Mittel	**1,103**	**47,9**	**33,2**	**18,9**	**26,3**	

[1]) Industrie-Blätter 1887. S. 273. Das spec. Gewicht wurde pyknometrisch bestimmt; Alkohol durch Destillation von 100 CC. zu 100 CC.; die Polarisation geschah mit 26,048 g im 200 mm oder 100 mm Rohr (event. nach Entfärben mit Bleiessig) im Soleil-Ventzke-Scheibler oder im Halbschattenapparat; Extract wurde durch Eindampfen von 10 g in einer Platinschale und Trocknen bei 150° ermittelt; der Rückstand diente zur Bestimmung der Asche; die direct gefundenen Zahlen für Extract wurden durch die Sacharometeranzeige der auf gleiches Volumen gebrachten entgeisteten Flüssigkeit controlirt. Zum Invertiren wurden 10 g mit 220 CC. Wasser und 10 CC. Salzsäure (1,125 spec. Gew.) 1½ Stunden gekocht, fast neutralisirt und zu 500 CC. aufgefüllt; hiervon dienten 25 CC. zur Reduction mit Fehling'scher Lösung.

[2]) Nach einem Abdruck aus: Upsala Läkareförenings Förhandlingar 1879. XIV. S. 2.
Alkohol wurde durch Destillation, Extract sowohl durch directes Trocknen von 10—15 g bei 110° C. als auch aus dem spec. Gew. der entgeisteten wieder aufgefüllten Extractlösung bestimmt.

Importirter schwedischer Punsch. — Von O. Reinke.[1])

No.		Farbe	Reaction 100 CC. verbrauchen Normalalkali CC.	Geschmack	Spec. Gew.	Alkohol Vol. %	Alkohol Gew. %	Extract %	Rohrzucker*) %	Asche %	Directe Kupferreduction
1	Carlshannes Punsch von Otto Wallerius & Co. in Göteborg	hellgelb	0,9	Cognac-Aroma	1,1169	23,38	16,62	36,64	31,39	0,025	gering
2	Göteborg-Punsch von Joh. Larson & Co. in Göteborg	gelb	0,5	—	1,0818	25,48	18,69	27,97	24,73	0,021	gering
3	Caloris-Punsch	hellgelb	0,6	—	1,0834	25,24	18,50	28,20	25,18	—	gering

Ueber den Gehalt der käuflichen Alkohole an Basen.

L. Lindet[2]) bestimmte nach der unten beschriebenen Methode**) den Gehalt der käuflichen Alkohole an Ammoniak und an den diesem entsprechenden Basen. Im Fuselöl soll nach Krämer und Pinner eine N-haltige Base „Collidin" enthalten sein und Morin[3]) will solche auch in einem Branntwein gefunden haben. Morin behauptet, durch fractionirte Destillation 3 Basen mit den Siedepunkten 155—160°, 171—172° und 185—190° isolirt zu haben. Der bei 171—172° siedende Antheil ist der grösste und wurde bisher untersucht; diese Base ist in Wasser, Alkohol und Aether leicht löslich und soll die Formel $C_7H_{10}N_2$ haben. Nach Tauret[3]) bilden sich bei der Einwirkung von freiem Ammoniak oder von Ammonsalzen organischer Säuren auf Glucose flüchtige Basen, die er „Glycosine" nennt. Die von Morin beschriebene Base soll mit einem solchen Glycosin β $C_7H_{10}N_2$ identisch sein. Indem Lindet das gefundene Ammoniak auf diese Base umrechnete, fand er pro 1 l Alkohol:

	Ammoniak mg	Base mg
Brannntwein, alter (Vibrac Charantes) 45°	1,29	5,48
„ (hergestellt im Laboratorium) 49° . . .	0,95	4,04
Obstbranntwein (Clures, Seine-Infurinure) 53° . . .	1,35	5,74
Tresterbranntwein (Barletta-Italien) 53°	1,40	5,95
Rum aus Melasse (Réunion) 60°	3,07	13,05
„ „ „ (Guadeloupe) 63°	2,54	10,79
„ „ „ (Martinique) 55°	5,30	22,52
Spiritus aus Korn (durch Säure verzuckert) 59° . .	0,52	2,21
„ „ „ („ „ „) 60° . .	0,66	2,80
„ „ „ („ Malz „) 50° . .	0,40	1,70
„ „ „ (Genever von Antwerpen) 49° . .	0,86	3,65
Rübenspiritus 74°	0,84	3,57
„ 54°	1,04	4,42
„ 58°	2,86	12,15
Spiritus aus Topinambur 58°	0,93	3,95
„ „ Rübenmelasse 85°	16,23	68,98
„ „ „ 79°	18,09	76,88
„ „ „ 79°	19,24	81,77
„ „ „ 71°	23,05	97,96

[1]) Industrie-Blätter 1887. S. 273. Ueber die Untersuchungsmethoden vergl. unter „Liqueure" von demselben Verf. S. 998.
[2]) Nach Compt. rendus 1888. T. 106. p. 280 in Chem. Ztg. 1888. Repertorium S. 52.
[3]) Nach Compt. rendus 1888. T. 106. p. 360 in Chem. Ztg. 1888. Repertorium S. 50.

*) Nach der Inversion aus der Kupferreduction berechnet.

**) 0,5—1 l des Alkohols wurden auf ca. 50° Gay-Lyssac gebracht, 20 g Schwefelsäure zugefügt, einige Zeit geschüttelt und dann destillirt, bis aller Alkohol und alles Wasser verschwunden ist. Die rückbleibende Masse wird durch die Schwefelsäure verkohlt und indem man 0,5 g Quecksilber zugiebt, weiter nach der Methode von Kjeldahl auf Stickstoff-, d. h. Ammoniak-Gehalt untersucht.

Essig.*)

Der Gehalt des Haushaltungs-Essigs an Essigsäurehydrat ist sehr schwankend; er geht von 2—13 Procent. So ergaben folgende Sorten, die als rein befunden wurden:

	Spec. Gewicht	Essigsäure-Hydrat (in 100 CC. sind Gramm)	Extract (in 100 CC. sind Gramm)	Asche (in 100 CC. sind Gramm)	Analytiker
Essigsprit	1,0171	10,30	0,216	0,064	J. König und C. Krauch[1])
desgl.	1,0074	6,62	0,918	0,191	
desgl.	1,0218	12,03	—	0,035	
Weinessig	1,0080	5,37	0,466	0,117	
Weisser gewöhnlicher Essig	1,0110	4,63	0,207	0,101	
Brauner gewöhnlicher Essig**)	1,0055	3,53	0,459	0,143	

Vergleichende Untersuchung von Essigsprit und Weinessig.

No.		Zeit der Untersuchung	Spec. Gew.	Flüchtige Säure = Essigsäure Gew. %	Nicht flüchtige Säure = Weinsäure %	Freie Weinsäure %	Weinstein %	Alkohol Gew. %	Extract %	Glycerin %	Mineralstoffe %	Phosphorsäure %	Analytiker
1	Essigsprit	1886	1,0177	11,55	Spur	—	—	0,63	0,296	0,010	0,031	Spur	H. Weigmann[2])
2	Reiner Weinessig	„	1,0143	7,79	0,216	0,006	0,057	1,19	0,863	0,141	0,118	0,012	
3	Reiner Weinessig	„	—	5,84	0,080	—	0,190	—	2,55	0,280	0,250	—	R. Fresenius[2])
4	desgl., aus Meiniker W.	1888	1,0550	4,63	—	—	—	—	0,47	—	—	—	Carl Lables[3])
5	desgl., aus österr. W.	„	1,0090	4,82	—	—	—	—	0,38	—	—	—	
6	Aus Wein u. Essigsprit hergestellt, 20% Weinzusatz	1886	1,0107	6,83	0,145	0,002	0,028	1,69	0,647	0,086	0,088	0,008	H. Weigmann[2])
7	Aus Wein u. Essigsprit hergestellt, ?	„	—	7,29	0,007	—	0,037	—	1,29	0,100	0,230	—	R. Fresenius[2])

Conserven-Essig. — Von A. Gawalowsky.[4])

Wasser %	Essigsäurehydrat %	Links optisch activer Zucker %	Sonstige organ. Extractstoffe (mit Spuren v. Carbolsäure) %	Chlornatrium %	Kaliumsulfat %	Kaliumnitrat %
89,67	4,80	0,52	0,35	3,23	0,12	0,31

---

[1]) Original-Mittheilung. Die Essigsäure ist durch Titration mit Barytlauge, Extract durch Trocknen bei 105° C. bestimmt.

[2]) Original-Mittheilung. Die Untersuchungen sind nach den Beschlüssen der 1884 vom Kaiserl. Gesundheitsamt einberufenen Kommission zur Festsetzung von gemeinschaftlichen Untersuchungsmethoden für Wein ausgeführt worden.

[3]) Zeitschr. f. Nahrungsmittel-Untersuchung u. Hygiene 1888. No. 2. S. 22. Die Essigsäure (d. h. Gesammtsäure) ist durch Titration mit Barythydrat unter Anwendung von Phenolphtalein als Indikator bestimmt.

[4]) Nach Zeitschr. f. Nahrungsmittel-Unters. u. Hygiene 1888. II. S. 61 in Vierteljahresschr. f. Chem. d. Nahrungs- u. Genussmittel pro 1880. S. 190. Der Conservirungsessig erscheint als ein Gemenge von Conservirungssalzen, Wein, Holzessig, Essigessenz und Wasser.

*) Der Essig gehört zwar nicht zu den geistigen Getränken, sondern dient nur als Gewürz; jedoch wegen seiner nahen Beziehung zu den geistigen Getränken möge er hier seinen Platz finden.

**) Mit gebranntem Zucker gefärbt.

Alkaloid-haltige Genussmittel.

Kaffee.

No.		Zeit der Untersuchung	Wasser %	Stickstoff-Substanz %	Coffeïn %	Fett %	Gummi + Zucker %	Sonstige N-freie Extractstoffe (Gerbsäure) %	Rohfaser %	Asche %	Analytiker
1	Ungebrannter Kaffee . .	—	12,00	(13,00)	0,75	13,00	15,50	5,00	(34,00)	6,69	*Payen*[1])
							Zucker	Extractivstoffe			
2	desgl.	—	8,26	(10,68)	1,10	11,42	8,18	14,03	(42,36)	3,97	*Hassall*[2])
3	Gebrannter Kaffee . . .	—	0,36	(12,03)	1,06	8,30	1,84	26,28	(44,96)	5,17	*Hassall*[2])
4	desgl. (Mittel von mehreren Analysen)	—	—	13,31	1,30	8,29	—	—	—	4,56	*Hassall*[2])
5	Gebrannter Kaffee . . .	—	1,55	—	—	14,55	0,20	—	—	4,43	*C. Krauch, B. Farwick und J. König*[3])
6	desgl., beste Sorte . . .	—	4,37	12,44		11,25	—	—	—	4,33	*C. Krauch, B. Farwick und J. König*[3])
7	desgl., Menado	—	1,53	11,75		13,63	—	—	—	4,78	*C. Krauch, B. Farwick und J. König*[3])
8	desgl., Java	—	1,47	13,87		13,33	—	—	—	6,29	*C. Krauch, B. Farwick und J. König*[3])
9	desgl., Ceylon	—	1,57	12,31		14,88	—	—	—	4,13	*C. Krauch, B. Farwick und J. König*[3])
	Preis pro Pfd.										
10	Ceylon-Kaffee 1,00 M.	1882	3,89	14,17		12,13	—	—	26,33	4,63	*Smetham*[4])
11	Costa-Rica 1,20 „	„	3,49	13,68		11,40	—	—	27,50	4,29	*Smetham*[4])
12	Plantagen-Ceylon 1,40 „	„	1,84	14,63		13,13	—	—	34,40	4,40	*Smetham*[4])
13	Ostindischer 1,60 „	„	3,54	13,37		10,63	—	—	30,26	4,08	*Smetham*[4])
14	Jamaika 1,80 „	„	1,59	14,87		10,13	—	—	27,90	4,19	*Smetham*[4])
								Gerbsäure			
15	Brasilianischer Kaffee, ältere Sorte .	1883	11,22	(6,96)	1,18	14,27	—	—	—	3,51	*Church*[5])
16	Brasilianischer Kaffee, desgl. . .	„	12,07	12,19	1,75	14,06	6,36	7,01	—	3,75	*Ludwig*[5])
17	Brasilianischer Kaffee, jüngere Sorte	„	11,65	13,92	1,16	14,10	5,96	5,84	—	3,55	*Ludwig*[5])

[1]) Prècis théoretique et pratique des substances alimentaires. Paris 1865. S. 414.

[2]) Food, Hassall: Its adulterations and the methods for their detection. London 1876. S. 146 u. s. f.

[3]) Chem. und techn. Untersuchungen d. landw. Vers.-Stat. Münster von J. König 1878. S. 108 u. 113.

[4]) The analyst 1882. p. 73 und Repertorium f. analyt. Chem. 1882. S. 218. Die Rohfaser ist durch aufeinanderfolgendes Kochen mit 5procentiger Schwefelsäure und 5procentiger Kalilauge bestimmt; trotz dieser starken Säure und Lauge ist der Gehalt an Holzfaser noch höher wie bei den Analysen No. 18—23, bei welchen nach der Weender Methode nur $1^1/_2$procentige Lösungen verwendet wurden. Vielleicht war das Material für die Analysen No. 10—14 schlecht zerkleinert. Von der Asche waren in Wasser löslich:

No. 10	11	12	13	14
3,34	3,50	3,60	3,14	3,40 %

[5]) Von Ed. Hanauseck mitgetheilt in: Mittheil. a. d. Labor. f. Waarenkunde an d. Wiener Handelsakademie 1883. Bd. II S. 155. In Brasilien werden, wie Hanauseck dort mittheilt, die eingesammelten Kaffeefrüchte in Wasser geworfen, um die untersinkenden d. h. reifen von den oben aufschwimmenden (unreifen) zu trennen. Die ersteren gelangen dann in den Despolpator, um sie von den Fruchthüllen zu befreien. Nach dem Trocknen werden die Steinschalen mit dem Descador und besonderen Ventilatoren entfernt. Den Bohnen wird durch Scheuern — mitunter mit Kohle und Graphit — ein höherer Glanz verliehen. Dann werden sie sortirt. Diese erhaltenen Bohnen heissen „Caffee lavado" oder „Caffee despolpado"; sie sind erbsengrün, von süsslichem Geruch und nicht scharfem Geschmack. Die nicht reifen Kaffeefrüchte (Caffee do terreiro) werden auf Haufen geworfen, gähren gelassen und mit der Hand von den Fruchthüllen befreit.

No.				Zeit der Untersuchung	Wasser %	Stickstoff-Substanz %	Coffeïn %	Fett %	Zucker + Gummi, + Dextrin %	Kaffeesäure %	Rohfaser %	Asche %	Analytiker
		Preis pro 1/2 Kilo M.	In Wasser lösliche Stoffe %										
18	Gebrannte Handelssorten, als feinster Java-Kaffee bezeichnet: glasirt	1,10	29,83	1887	7,76	—	—	7,99	—	—	20,56	6,42	W. *Kisch*[1])
19	nicht glasirt	1,30	23,83	„	6,52	—	—	7,21	—	—	19,67	4,29	
20	nicht glasirt	1,40	22,71	„	7,19	—	—	13,85	—	—	18,87	5,25	
21	nicht glasirt	1,50	22,83	„	7,16	—	—	14,35	—	—	19,18	4,85	
22	nicht glasirt	1,60	23,35	„	7,13	—	—	13,03	—	—	18,13	4,68	
23	glasirt	1,70	28,58	„	7,87	—	—	12,40	—	—	20,13	4,45	
24	Roher Kaffee			1886	12,00	13,50	2,50	12,50	14,50	4,00	(34,00)	7,00	*Francis Wyatt*[2])
25	Gerösteter Kaffee (Cawahlin-Kaffee)			„	0,93	12,77	0,76	13,10	2,37	3,97	(51,30)	4,65	
								Fett + Oel	Zucker	Dextrin	Cellulose + unlösl. Farbstoffe		
26	Mokka: roh . . .			1882	8,98	9,87	1,08	12,60	9,55	0,87	(37,95)	3,74	*James Bell*[3])
27	Mokka: geröstet . .			„	0,63	11,23	0,82	13,59	0,43	1,24	(48,62)	4,56	
28	Ostindischer Kaffee: roh . . .			„	9,64	11,23	1,11	11,81	8,90	0,84	(38,60)	3,98	
29	Ostindischer Kaffee: geröstet . .			„	1,13	13,13	1,05	13,41	0,41	1,38	(47,42)	4,88	
										Sonstige N-freie Stoffe	Holzfaser		
30	Java-Kaffee: roh . . .			1888	13,81	13,68	1,48	12,17	7,40	32,35	16,61	3,98	W. *Kisch*[1])
31	Java-Kaffee: geröstet . .			„	1,92	17,18	1,44	16,51	2,45	38,61	18,42	4,91	
	Kaffee, Mittel: Ungebrannt (No. 24, 26, 28 u. 30) .			.	**11,23**	**12,07**	**1,21**	**12,27**	**8,55**	**33,79**	**18,17**	**3,92**	
	Kaffee, Mittel: Gebrannt (No. 25, 27, 29 u. 31) . . .			.	**1,15**	**13,98**	**1,24** *)	**14,48**	**0,66** *)	**45,09**	**19,89** *)	**4,75**	

[1]) Original-Mittheilung. Das Glasiren (Ueberziehen mit Zucker) bei No. 18 und 23 macht sich durch eine grössere Feuchtigkeit wie durch einen höheren Gehalt an in Wasser löslichen Stoffen geltend.

[2]) Nach Amerik. Anal. 1886. II. No. 24. S. 462 in Vierteljahresschrift f. Chem. d. Nahrungs- u. Genussmittel pro 1886. S. 330.

Die Zahlen für Holzfaser sind ohne Zweifel zu hoch; Wyatt bezeichnet dieselben bei den gerösteten Kaffeebohnen als „Cellulose und unlösl. Pflanzenfaser“; die N-Substanz wird bei No 24 als „Legumin“ resp. als „Albumin + N-haltige Substanz“ (löslich in Alkohol?) bezeichnet. Für eine andere Probe „gerösteten Kaffee“ führt Wyatt folgende abnorme Zusammensetzung an:

Wasser	Stickstoff-Substanz (Albumin + N-haltige Substanz)	Coffeïn	Fett + Oel	Zucker + Dextrin	Cellulose + unlösl. Pflanzenfaser	Asche
0,87 %	23,00 %	0,43 %	14,35 %	1,65 %	50,20 %	4,40 %

[3]) James Bell, übersetzt von C. Mirus: Die Analyse und Verfälschung der Nahrungsmittel. Berlin 1882. I. Bd. S. 45. Die Stickstoff-Substanz ist als „Legumin + Albumin“ bezeichnet; ferner ist angegeben:

	No. 26 Roh	27 Geröstet	28 Roh	29 Geröstet
Kaffeesäuren	8,46	4,74	9,58	4,52 %
Alkoholischer Extract (N-haltige u. färbende Substanz)	6,90	14,14	4,31	12,67 „

[4]) Original-Mittheilung. 800 g der rohen Java-Bohnen (= 689,52 g Trockensubstanz) lieferten 631 g gebrannte Bohnen (= 618,88 g Trockensubstanz). Der Gesammtverlust betrug durch das Rösten = 21,13 %, der an organischen Stoffen = 10,25 %. Durch Wasser wurden gelöst:

	Im Ganzen	Organische Stoffe	Unorganische Stoffe
No. 30 . . .	23,84	20,27	3,57 %
No. 31 . . .	24,42	19,91	4,51 „

*) Bei der Mittelwerthsberechnung des Gehaltes an Coffeïn und Zucker (roh, gebrannt) sind auch die nachstehenden Einzel-Bestimmungen berücksichtigt; für Holzfaser bei gebranntem Kaffee dagegen auch die Analysen No. 18—23.

Löslichkeit des gebrannten Kaffees in Wasser.

No.	Von 100 Theilen gebranntem Kaffee werden gelöst:	Summe der in Wasser löslichen Stoffe*) %	Davon Stickstoff-Substanz**) %	=	Stickstoff**) %	Oel %	N-freie Extractstoffe %	Asche %	Analytiker
1		28,01	—		—	—	—	3,49	*Hassall*[1])
2	Beste Sorte***)	23,47	3,63	=	0,57	3,66	12,86	3,39†)	*C. Krauch, B. Farwick und J. König*[1])
3	Menado***)	23,51	2,73	=	0,45	4,80	12,18	3,80	
4	Java***)	23,23	4,45	=	0,74	4,38	9,11	5,29	
5	Ceylon***)	22,47	3,00	=	0,48	6,04	10,19	3,24	
6	—	24,82	—		—	—	—	—	
7	Java-Kaffee	21,52	—		—	—	—	3,41	*Lehmann*[2])
8	—	37,00	1,69	=	0,27	—	—	—	*Payen*[2])
	Mittel	**25,50**	**3,12**	=	**0,50**	**5,18**	**13,14** ††)	**4,06**	

Coffeïn-Gehalt der Kaffeebohnen.

Ueber den Coffeïn-Gehalt der Kaffeebohnen liegen noch folgende besondere Untersuchungen vor: Nach Hassall: Food, its adulterations etc. London 1886 fanden:

	Coffeïn		Coffeïn
Payen	1,736 %	Robiquet	0,238 %
Parkes	1,310 „	Grahamm. Steuhouse (Mittel von 5 Bestimmungen)	0,800 „

E. D. Smith giebt (Zeitschr. d. allgem. österr. Apotheker-Vereins Bd. 41. S. 359) folgenden Gehalt an:

	Coffeïn		Coffeïn
Rio-Kaffee 1. Sorte	1,300 %	Costa-Rica	1,104 %
„ 2. „	1,185 „	Porto-Rico	0,885 „
„ 3. „	1,030 „	Tanagra	1,020 „
Perl-Java	1,095 „	Sorvanilla	0,885 „
Maracaibo	1,370 „	Mexiko	0,602 „

[1]) Food Hassall: Its adulterations and the methods for their detection. London 1876. S. 146 u. s. f.

[2]) Grouven: Vorträge über Agricultur-Chemie 1872. I. Bd. S. 445.

*) Die Menge der in Wasser löslichen Stoffe beim Kaffee richtet sich im wesentlichen nach der Stärke des Brennens. Vogel giebt die in Wasser löslichen Stoffe beim rohen Kaffee zu 25, beim gebrannten zu 39 % an; Cadet findet im leicht braun gebrannten Kaffee 12,3 %, im nussbraun gebrannten 18,5 %, im stark braun gebrannten 21,7 % in Wasser lösliche Stoffe.

**) Die gelöste Stickstoff-Substanz besteht unzweifelhaft zum grössten Theil aus Coffeïn; ich habe einstweilen den Stickstoff auf Stickstoff-Substanz durch Multiplikation mit 6,25 zurückgeführt.

***) Nach den im Haushalt üblichen Methoden extrahirt.

†) In den gelösten Salzen dieser Probe waren 1,87 % Kali und 0,28 % Phosphorsäure; vom Gesammt-Kali des Kaffees waren 97,4 % durch Wasser gelöst.

††) Aus der Differenz berechnet.

Beim Brennen geht nach Smith etwas Coffeïn verloren; die Probe Perl-Java mit 1,095 % vor dem Brennen gab nach dem Brennen 1,15 % Coffeïn, während der Gewichtsverlust $^1/_3$ betrug. Smith bestimmte das Coffeïn wie folgt:

0,65 g gepulverter Kaffee werden mit 0,13 g Magnesia gemischt, mit 150 CC. siedendem Wasser 5 Minuten lang gekocht und davon 200 CC. perkolirt; der Rückstand wird ebenso lange mit 300 CC. gekocht und davon 100 CC. perkolirt. Die vereinigten Perkolate dampft man auf 20 CC. ein, versetzt den Rückstand mit 120 CC. starkem Alkohol, filtrirt, wäscht mit Alkohol aus, dunstet letzteren ab, löst den Rückstand unter allmäligem Zusatz kleiner Wassermengen, bringt die Lösung in einen Scheidetrichter und schüttelt dreimal mit je 25 CC. Chloroform aus.

B. H. Paul und Cownley finden (Chem. Ztg. 1887. Repertorium No. 7. S. 59) den Coffeïn-Gehalt verschiedener Kaffeesorten wie folgt:

	Wasser	Coffeïn (in der Trockensubst. bei 100° getr.)		Wasser	Coffeïn (in der Trockensubst. bei 100° getr.)
	%	%		%	%
Coory	8,0	1,20	Manila	6,6	1,20
Guatemala	8,6	1,29	Ceylon	6,2	1,24
Travancorn	10,0	1,29	Perak	7,3	1,22
Liberian	8,0	1,30	Costa Rica	7,2	1,24
desgl.	8,0	1,39	Pala Jamaika	8,7	1,21
Rio	9,1	1,20	Mysore	8,0	1,23
Santos Brazil	9,0	1,29	Jamaika	9,0	1,28

Zucker-Gehalt des Kaffee's vor und nach dem Rösten.

Graham, Stenhouse u. Campbell[1]) erhielten für den Zuckergehalt des Kaffee's vor und nach dem Rösten folgende Resultate:

Kaffeesorte	Procentgehalt an Zucker Roh	Geröstet	Kaffeesorte	Procentgehalt an Zucker Roh	Geröstet
1. Plantagen-Ceylon	7,52	1,14	7. Costa-Rica	6,72	0,49
2. „	7,48	0,63	8. „	6,87	0,40
3. „	7,70	0,00	9. Jamaika	7,78	0,00
4. „	7,10	0,00	10. Mokka	7,40	0,50
5. Native-Ceylon	5,70	0,46	11. „	6,40	0,00
6. Java	6,73	0,48	12. Neilgherry	6,20	0,00

Zucker-Gehalt von Cichorie und anderen süssen Wurzeln vor und nach dem Rösten.

In derselben Weise fanden Graham, Stenhouse u. Campbell[1]) den Zuckergehalt von Cichorie und anderen süssen Wurzeln vor und nach dem Rösten:

Wurzel	Procentgehalt an Zucker Roh	Geröstet	Wurzel	Procentgehalt an Zucker Roh	Geröstet
1. Ausländische Cichorie	23,76	11,98	6. Möhren (gewöhnliche)	31,98	11,53
2. Gunrusey-Cichorie	30,49	15,96	7. Rübe (weisse)	30,48	9,65
3. Englische „	35,23	17,98	8. „ (rothe)	24,06	17,24
4. „ „ (Yorkshire)	32,06	9,86	9. Bergeppich-Wurzel	21,96	9,08
5. Mangold-Wurzel	23,68	9,96	10. Pastinake	21,70	6,98

[1]) James Bell, übersetzt von C. Mirus: Die Analyse und Verfälschung der Nahrungsmittel. Berlin 1882. I. Bd. S. 59. Der Zucker ist nach der Gährungsmethode bestimmt. In der angegebenen Quelle ist nicht angegeben, ob sich die Zahlen auf Trockensubstanz oder natürliche Substanz beziehen; wahrscheinlich ist das erstere der Fall.

Kaffee-Surrogate.

No.		Zeit der Untersuchung	Wasser %	Stickstoff-Substanz %	Fett %	Zucker %	Sonstige N-freie Extractstoffe %	Holzfaser %	Asche %	In Wasser lösliche Stoffe %	Analytiker
1	Gebrannte Cichorie . .	Ende der 70er Jahre	13,16	6,53	2,74	17,89	41,42	12,07	6,19	61,01	*Siehe S. 695.*
2	Gedörrte Eicheln, geschält	„	15,00	6,02	4,22	—	67,92	4,82	1,97	—	*Siehe S. 616.*
3	Gedörrte Eicheln, ungeschält	„	14,04	6,24	3,99	—	61,37	12,17	2,19	—	*desgl.*
4	Gebrannter Feigenkaffee .	„	18,98	4,25	2,83	34,19	29,15	7,16	3,44	73,91	*J. König und C. Krauch*[1])
5	Gebrannte Cerealiensamen (Roggen etc.) . . .	„	15,22	11,84	3,46	3,92	49,37	11,35	4,84	45,11	
6	Carobbe-Kaffee (Ceratonia siliqua)	„	5,35	8,93	3,65		69,83	10,15	2,09	63,71	
7	Mogdad-Kaffee (Cassia occidentalis L.) . . .	„	11,09	15,13 *)	2,55		45,69**)	21,21	4,33	—	*J. Möller und J. Pohl*[2])
8	Deutsches Natron-Kaffee-Surrogat	1884	11,43	13,25	—	12,50	—	—	5,57	—	*Niederstadt*[3])
9	Wiener Kaffee-Surrogat .	„	9,72	4,50	—	19,92	—	—	8,33	—	
10	Von Gebr. Behr in Cöthen aus Kleie, Mais, Graupen . .	1882	2,22	11,87	3,91	49,51 ***)	—	9,78	4,54	61,33	*R. Fresenius*[4])
11	Von Gebr. Behr in Cöthen aus Roggen, Gerste u. Malz	„	0,35	4,22	—	57,76 ***)	—	—	—	64,25	
12	Dattelkerne (Phoenix dactylifera), ungebrannt, Mittel von 2 Analysen †)	1876	9,27	5,46	8,50	—	52,86	23,97	1,04	—	*F. Storer*[5])
13	Sog. Congo-Kaffee (aus einer Phaseolus-Art) ††)	1889	4,22	27,06	1,19	3,25	40,37	19,28	4,63	21,55	*E. Fricke*[6])

[1]) Original-Mittheilung.
[2]) Chem. Centr.-Bl. 1880. S. 539.
[3]) Chem. Centr.-Bl. 1884. S. 334. Weiter ist angegeben:

	No. 8	9
In Wasser lösl. Stoffe (Bitterstoffe etc.)	17,73	39,52 %
In Wasser unlösl. Stoffe (Pflanzenfaser etc.)	26,16	31,37 „

[4]) Nach einer Privat-Broschüre der Gebr. Behr in Cöthen; des weiteren ist angegeben:

No. 10 Klein-Mais-Graupen-Kaffee:
In Wasser lösliche Stoffe:
Organische . . 57,96 %
Unorganische . 3,37 „ (mit 1,31 % P_2O_5)
Im Ganzen 61,33 %
In Wasser unlösliche Stoffe:
Organische . . 35,28 %
Unorganische . 1,17 „
Im Ganzen 36,45 %

No. 11 Malto-Kaffee:
In siedendem Wasser lösliche Stoffe:
Eiweissstoffe . . . . 4,22 %
Dextrin . . . . . . 50,19 „
In 92 %tigem Alkohol lösliche Stoffe . . 7,57 „
Mineralstoffe . . . . 2,27 „ (mit 0,54 % P_2O_5)
Im Ganzen 64,25 %
In siedendem Wasser unlöslich 35,40 %

[5]) Bull. Bussey Instit. 1876. Vol. V. S. 373.
[6]) Zeitschr. f. angew. Chem. 1889. S. 121.

*) Darin kein Coffeïn.
**) Mit 5,23 % Gerbsäure (eisengrünend) und 36,60 % Pflanzenschleim.
***) Bei No. 10 bedeutet die Zahl in der Rubrik Zucker = Dextrin bei No. 11 = 50,19 % Dextrin + 7,57 % in 92 %tigem Alkohol lösliche Stoffe.
†) Ein unter dem Namen „Dattelnkaffee“ eingekauftes Kaffee-Surrogat bestand fast ganz aus gebrannter Cichorie und ergab:

Wasser	Stickstoff-Substanz	Fett	N-freie Extractstoffe	Holfaser	Asche	In Wasser lösliche Stoffe
12,07 %	10,18 %	5,22 %	55,41 %	11,87 %	5,25 %	63,64 %

††) In der Asche waren 1,22 % P_2O_5, 2,25 % K_2O, 0,29 % CaO und 0,39 % MgO. Da die ganze rohe Bohne zu diesem Product enthielt: 13,72 % Wasser, 39,82 % N-Substanz, 1,26 % Fett, 37,09 % Nfr. Extractstoffe, 4,41 % Holzfaser und 3,70 % Asche, so dürfte obiges Surrogat aus dem Kleiemehl dieser Bohne zubereitet sein.

Anmerkung zu Kaffee-Surrogaten:

Im Grossherzogthum Baden ist vorgeschrieben, dass kein in den Handel gebrachtes Cichorien-Präparat mehr als 8 % Gesammtasche und darin höchstens 2 % Sand enthalten darf. Dr. Zerener und K. Birnbaum[1]) finden für 7 reine Cichorien-Präparate im Mittel:

	In der frischen Substanz				In der Trocken-Substanz		
	Wasser	Gesammtasche	Reinasche	Sand	Gesammtasche	Reinasche	Sand
1. Zerener	16,05 %	3,44 %	3,13 %	0,45 %	4,09 %	3,73 %	0,54 %
2. Birnbaum	— „	— „	— „	— „	4,95 „	3,26 „	1,69 „
3. Weitere Handelsproben ergaben letzterem:							
a. Nicht beanstandete Proben (Mittel von 10 Proben):	12,59 %	5,32 %	3,81 %	1,51 %	6,09 %	4,36 %	1,73 %
b. Beanstandete Proben (Mittel von 6 Proben):	12,00 %	10,72 %	4,17 %	6,55 %	12,17 %	4,73 %	7,44 %

Zwei Proben Kaffee-Surrogat, von denen die erste zu 1/3 aus echtem und zu 2/3 aus sogen. Braunschweiger, d. h. Cichorien-Kaffee, die zweite aus 1/3 Natur-Kaffee und 2/3 Feigen-Kaffee bestehen sollten, hatten nach einer im Laboratorium des Verfs. ausgeführten Analyse folgende Zusammensetzung:

	Wasser	Stickstoff-Substanz	Coffeïn	Fett	Rohrzucker	Sonstige N-freie Stoffe	Holzfaser	Asche	In Wasser lösliche Stoffe
	%	%	%	%	%	%	%	%	%
No. 1	10,65	9,13	0,11	4,81	19,40	38,70	12,75	4,56	57,45
					Dextrose				
No. 2	8,10	8,02	0,44	7,04	34,91	23,69	13,41	4,83	61,37

Das Surrogat No. 1 enthält hiernach nur ca. 1/10, nicht 1/3 echten Kaffee beigemischt.

Ein Kunst-Kaffee.

Neuerdings wird von Köln a. Rh. aus ein gebrannter Kunst-Kaffee offerirt, welcher nach zwei im Laboratorium des Verfassers untersuchten Proben[2]) folgende Zusammensetzung ergaben:

	Wasser	Stickstoff-Subst. ($N \times 6,25$)	Fett = Aetherextract	N-freie Extractstoffe	Holzfaser	Asche	In Wasser lösliche Stoffe
Probe 1	5,14 %	10,75 %	2,19 %	76,76 %	3,96 %	1,20 %	29,88 %
„ 2	1,83 „	17,90 „	2,03 „	65,14 „	10,83 „	2,27 „	24,85 „

Die Masse der Probe 1 bestand nach der mikroscopischen Untersuchung nur aus gebranntem und geformtem Weizenmehlteig; Probe 2 hatte einen Zusatz von Lupinen, ferner einen solchen von Coffeïn in Substanz erhalten; es wurden in No. 2 = 0,67 % Coffeïn resp. Alkaloïd gefunden.

Verfälschung von Kaffee mit Maiskörnern.

Im Jahre 1887 hatte Verf. Gelegenheit, eine Verfälschung von gebrannten und glasirten Natur-Kaffeebohnen mit gebrannten und glasirten Maiskörnern zu constatiren. Der Kaffee wurde zwar als Kaffee-Ersatz verkauft, in einigen Fällen war aber dieser Zusatz nicht gemacht, dagegen stand auf den Umhüllungspapieren zu lesen „für die Reinheit des Kaffee's wird garantirt". Die gebrannten Maiskörner lassen sich schon leicht mit freiem Auge von den echten gebrannten Kaffeebohnen unterscheiden, ferner durch die microscopische Untersuchung (Stärkeform) und durch den Gehalt an in Zucker überführbaren Stoffen; die untersuchten Proben ergaben:

---

[1]) K. Birnbaum: Die Prüfung der Nahrungsmittel und Gebrauchsgegenstände im Grossherzogthum Baden. Karlsruhe 1883. S. 26.

[2]) Zeitschr. f. angewandte Chemie 1888 S. 630 und Original-Mittheilung.

Probe	I Naturkaffee %	I Maiskörner %	II Naturkaffee %	II Maiskörner %	III Naturkaffee %	III Maiskörner %	IV Naturkaffee %	IV Maiskörner %
Menge in dem Gemisch . .	53,29	46,71	59,14	40,86	52,92	47,08	63,97	36,03
Die Mischbestandtheile ergaben in Procenten:								
Wasser	8,38	7,44	6,43	7,82	6,87	7,81	6,59	8,04
Mineralstoffe	4,39	1,96	4,65	1,70	4,24	1,70	4,55	1,87
In Zucker überführbare Stoffe (= Stärke etc.)	29,48	58,12	28,08	57,00	30,24	58,28	28,04	58,68

An Holzfaser und Chloroform-Extract = Coffeïn wurde im Mittel der 4 Proben gefunden:

	Natur-Kaffee (gebrannt)	Maiskörner (gebrannt)
Holzfaser	18,13 %	8,04 %
Chloroform-Extract = Coffeïn	1,47 „	Spur

Einfluss des Glasirens auf die Zusammensetzung der Kaffeebohnen.

In den letzten Jahren werden die gebrannten Kaffeebohnen des Handels vielfach mit einer Glasur von Zucker oder Syrup, die, in Wasser gelöst, auf die zu brennenden Kaffeebohnen gesprengt werden, überzogen, angeblich zu dem Zweck, um das Aroma in denselben besser vor Verlusten zu schützen. In Wirklichkeit bedingt diese Manipulation aber eine Uebervortheilung des kaufenden Publikums, indem die glasirten Kaffeebohnen während des Brennens einerseits weniger Wasser verlieren, andererseits mit werthloserem Zucker beschwert werden, so dass das kaufende Publikum in den glasirten gebrannten Kaffeebohnen bei gleicher Gewichtsmenge weniger werthvolle Kaffee-Substanz erhält, als in gebrannten aber nicht glasirten Bohnen. Dieses geht aus folgender Untersuchung von Dr. H. Weigmann[1]) hervor:

	Gebrannte glasirte Bohnen			Gebrannte, nicht glasirte Kaffeebohnen		
Probe	1	2	3	4	5	6
	%	%	%	%	%	%
Wasser	9,91	10,46	4,41	3,14	2,73	2,79
Auf Trockensubstanz berechnet:						
Aeusserlich den Bohnen anhaftende, lösliche Stoffe*)	7,72	7,59	5,91	4,77	4,15	4,43
Davon Fehling'sche Lösung reducirend, als Dextrose berechnet .	1,49	1,49	0,91	0,44	0,34	0,19
Gesammtmenge der in Wasser löslichen Stoffe*)	28,12	27,71	26,07	24,09	21,81	25,97
Fett + flüchtiges Oel (= Aetherextract)	12,62	12,34	9,45	16,29	13,44	12,06

Zum Glasiren wird Syrup empfohlen, der, je nachdem man „matte“ oder „Glanz-Kaffee's“ erhalten will, in einer Menge von 5—25 % den zu röstenden Kaffeebohnen zugesetzt werden soll. Das sind also nicht zu unterschätzende Mengen, und woraus besteht dieser Röst-Syrup? Derselbe enthält nach einer im Laboratorium des Verfassers ausgeführten Analyse:

---

[1]) Zeitschr. f. angew. Chemie 1888. S. 631.

*) Die äusserlich den ganzen Bohnen anhaftenden löslichen Stoffe wurde in der Weise bestimmt, dass je 10 g Bohnen zweimal mit je 200 CC. heissem Wasser gleichmässig kurze Zeit durchgeschüttelt, dann mit etwa 100 CC. Wasser nachgewaschen und die Lösung auf 500 CC. gebracht wurde; je 200 CC davon dienten zur Bestimmung des Abdampfrückstandes (= gelöste Stoffe). Die Gesammtmenge der in Wasser löslichen Stoffe wurde durch Auskochen von 10 g gemahlenem Kaffee mit 500 CC. Wasser bestimmt.

Wasser	Vergährbarer Zucker (Dextrose)	Nicht vergährbare Stoffe	Mineralstoffe
26,21 %	45,80 %	27,45 %	0,54 %

In dem unvergährbaren Rückstand lässt sich nach der Methode von Neubauer deutlich der stark rechtsdrehende Bestandtheile (Amylin) nachweisen. Der Röst-Syrup ist daher nichts anderes als unreiner Stärkezucker, dessen unvergährbare Bestandtheile nach Ansicht einiger Fachmänner sogar eine gesundheitsnachtheilige Beschaffenheit besitzen.

Thee.

No.		Zeit der Untersuchung	Wasser %	Stickstoff-Substanz*) (N × 6,25) %	Theïn %	Aetherisches Oel %	Fett (Wachs + Chlorophyll) %	Harz %	Gummi, Dextrin etc. %	Gerbstoff %	Sonstige Extractiv-stoffe %	Holzfaser %	Asche %	Analytiker
	Grüner Thee:			(Albumin)										
1	Chinesischer Hysant	In den 50er Jahren	Trocken	(3,00)	(0,43)	0,79	2,50	2,22	8,56	17,80	22,88	(17,08)	5,56	G. J. Mulder[1])
2	Java-Hysant . . .		„	(3,64)	(0,60)	0,98	3,56	1,64	12,20	17,56	21,68	(18,20)	4,76	
	Schwarzer Thee:													
3	Chinesischer Congo		„	(2,80)	(0,46)	0,60	1,84	3,64	7,28	12,88	19,88	(28,32)	5,24	
4	Java-Congo . . .		„	(1,28)	(0,63)	0,65	1,28	2,44	11,08	14,80	18,64	(27,00)	5,36	
5	Paraguay-Thee . .		8,10	N-Subst. (9,36)	(0,45)	Spur	5,90		4,03	20,88	15,25	(22,15)	3,89	Strauch[2])
6	Schwarzer Thee .	1876	11,15	15,55	2,53	—	5,24		5,70	15,24	—	(38,36) **)	5,82	Hassall[3])
7	Grüner Thee . . .	„	9,37	24,39	2,79	—	1,83		5,89	18,69	—	(31,66) **)	5,38	
8	Congo	1881	8,20	(24,69)	3,24	—	4,60		—	16,40	Pectin 2,60	(34,00)	6,27	J. Bell[4])
9	Young-Hyson . .	„	5,96	(24,68)	2,33	—	4,20		0,50	27,14	3,22	(25,90)	6,07	
10	Einheimische Art .	1873	16,06	29,63		—	—		—	—	—	—	5,13	Hodges[5])
11	Kreuzung aus China	„	16,20	17,56		—	—		—	—	—	—	4,82	
12	Schwarzer Thee .	1876	—	—	2,08	—	—		—	—	—	—	5,78	Hassall[3])
13	Grüner Thee . . .	„	—	—	2,17	—	—		—	—	—	—	5,75	
14	Himalaya-Thee . .	1871	4,95	24,75	4,94	—	—		—	—	—	—	5,63	Zöller[6])
15	Schwarzer Thee . .	1876	14,04	19,49		—	1,21		—	—	—	—	5,51	J. König[7])
16	Gepresster Thee aus London	1882	10,80	23,87	2,49	3,61		—	40,23			15,50	5,99	C. Krauch[8])

[1]) Moleschott: Physiologie der Nahrungsmittel 1859. II. Th. S. 222.

[2]) Vierteljahresschr. f. Pharm. XVI. S. 167.

[3]) Food: Its adulterations and the methods for their detection. London 1876. S. 99 u. s. w.

[4]) James Bell, die Analyse und Verfälschung der Nahrungsmittel, übersetzt von C. Mirus. Berlin 1882. S. 7. Für die Stickstoff-Substanz ist angegeben:

	Albumin Löslich	Albumin Unlöslich	Alkoholischer Extract N-haltige Substanzen enthalten l
No. 8 . .	0,70 %	17,20 %	6,79 %
No. 9 . .	0,80 „	16,83 „	7,05 „

[5]) Jahresbericht f. Agric.-Chemie 1873/74. Bd. I. S. 247.

[6]) Ann. d. Chem. u. Pharm. 1871. Bd. 158. S. 180.

[7]) Zeitschr. f. Biologie 1876. S. 497.

[8]) Original-Mittheilung; der Thee No. 16 ergab 24,47 % in Wasser lösliche Stoffe.

*) Peligot fand nach Hassall (Anm. 3 S. 100) den Stickstoff-Gehalt im trocknen Thee wie folgt:

Pekoe-Thee	Gunpowder	Suchong	Assam
6,58 %	6,15 %	6,15 %	6,10 %

**) Als in Wasser unlösliche Substanz, Cellulose etc. minus Stickstoff-Substanz bezeichnet.

No.		Preis pro 1 Kin*)	Gesammt-Lösliches %	Zeit der Untersuchung	Wasser %	Stickstoff-Substanz (N × 6,25) %	Theïn %	Fett (Wachs + Chlorophyll) %	Gerbstoff %	Sonstige N-freie Stoffe %	Holzfaser %	Asche %	Analytiker
17	Japanischer Thee, in Tokio gekauft	20 Sen	34,44	1884	11,45	23,79	1,79	13,85	15,63	20,12	9,64	5,52	O. Kellner [1]
18	Japanischer Thee, in Tokio gekauft	1½ Yen*)	38,93	„	11,40	34,79	3,38	15,15	15,55	8,07	9,96	5,08	O. Kellner [1]
19	Japanischer Thee, in Tokio gekauft	2 Yen	45,89	„	4,48	38,65	3,31	8,73	19,10	11,90	11,22	5,92	O. Kellner [1]
								Theekraft**)					
20	Japanischer Thee, Aus Uji: Gerollter Thee			1886	—	—	2,93	(29,77)	14,20	—	—	5,67	F. A. Junker von Langegg [2]
21	Japanischer Thee, Aus Uji: Thauperlen-Thee . . .			„	—	—	2,42	(34,00)	15,60	—	—	5,80	
22	Japanischer Thee, Aus Uji: Heller Thee			„	—	—	3,44	(35,75)	22,72	—	—	6,15	
23	Japanischer Thee, Aus Uji: Dunkeler Thee			„	—	—	4,21	(35,65)	25,20	—	—	6,05	
24	Japanischer Thee, Gesichteter Thee			„	—	—	4,15	(12,82)	14,20	—	—	4,97	
25	Japanischer Thee, Gewöhnlicher Thee			„	—	—	1,98	(27,75)	13,06	—	—	5,06	
26	Japanischer Thee, Export-Thee			„	—	—	2,57	(30,40)	23,96	—	—	4,68	
27	Japanischer Thee, Nach chinesischer Art bereitet: Ziegel-Thee . . .			„	—	—	3,36	(36,00)	19,88	—	—	4,10	
28	Japanischer Thee, Nach chinesischer Art bereitet: Schwarzer Thee . .			„	—	—	4,67	(30,85)	14,06	—	—	5,60	
29	Japanischer Thee, Nach chinesischer Art bereitet: Theestaub . . .			„	—	—	1,94	(33,07)	14,20	—	—	5,73	
30	Japanischer Thee, Nach chinesischer Art bereitet: Grüner Thee . .			„	—	—	2,83	(37,35)	15,95	—	—	5,73	
31	Japanischer Thee, Nach chinesischer Art bereitet: Theestaub . . .			„	—	—	2,96	(36,25)	15,75	—	—	5,28	

No.		Preis pro Pfd. im Grosshandel C.	Wasser %	Theïn %	Extract nach ½ stündigen Ziehen %	Gesammt-Extract %	Unlöslicher Blätterrückstand %	In Säure unlösliche Asche %	Gerbsäure %	Asche %	Lösliche Asche %	Unlösliche Asche %	Analytiker
32	Grüner Thee: Finest, Nankin, Moyune, Gunponder	75	4,69	2,86	44,70	47,04	48,26	0,66	19,11	8,25	5,02	3,23	Jos. F. Geissler [3]
33	Grüner Thee: Finest Moyune, Young Hysor	65	5,39	2,06	40,20	50,00	44,60	0,56	—	6,07	3,54	2,53	
34	Grüner Thee: Fine Moyune Gunpowder .	39	7,34	1,96	30,20	46,90	45,76	0,21	16,23	5,68	3,57	2,11	
35	Grüner Thee: Common Moyune Gunpowder	18	7,01	2,20	35,37	43,30	49,61	0,54	11,91	6,09	3,37	2,71	
36	Grüner Thee: Pingsuëy (Rejected by Govt Inspector) 1	—	6,32	1,52	—	—	—	—	11,87	6,70	2,02	4,68	
37	Grüner Thee: Pingsuëy (Rejected by Govt Inspector) 2	—	7,78	1,54	33,25	—	—	—	13,74	8,53	2,15	6,38	
	Grüner Thee, Mittel	.	**6,43**	**2,02**	**36,74**	**46,56**	**47,05**	**0,49**	**14,57**	**6,89**	**3,28**	**3,61**	

[1]) Mittheilungen d. deutschen Gesellsch. f. Natur- u. Völkerkunde Ostasiens. Bd. 4. No. 35. Die Bereitung des Japanischen Thees unterscheidet sich, wie O. Kellner bemerkt, dadurch von der des chinesischen, dass man in Japan die Blätter nicht absichtlich gähren lässt, sondern nach dem Dämpfen und Abkühlen sofort auf dem Ofen verarbeitet und ferner dadurch, dass man es unterlässt, den fertigen Thee mit wohlriechenden Blüthen zu würzen. O. Kellner giebt in den 3 untersuchten Sorten für die Trockensubstanz berechnet ferner an:

	No. 17	18	19
Gesammt-Stickstoff	4,299	6,284	6,474 %
Nicht-Eiweiss-Stickstoff . .	0,955	2,149	2,115 „

[2]) Humboldt, Monatsschr. f. d. ges. Naturw. 1886. S. 95. Es ist nicht angegeben, ob sich die Zahlen auf wasserhaltige und wasserfreie Substanz beziehen.

[3]) Vergl. Anmerkung [1]) Seite 1010.

*) 1 Kin = 0,6 kg, 1 Yen = 3—4 Mark.

**) Unter „Theekraft“ ist die von G. Martin eingeführte technische Bezeichnung für den Gesammtgehalt des Thees an Extractivstoffen zu verstehen, welchen man durch Behandlung der Blätter mit einer Mischung von 3 Vol. Theilen Aether und 1 Vol. Thl. absolutem Alkohol erhält, welcher also einschliesst: flüchtiges Oel, Fett, Harz, Chlorophyll, Theïn und andere Extractivstoffe.

No.		Preis pro Pfd. im Grosshandel C.	Wasser %	Theïn %	Extract nach ½ stündigen Ziehen %	Gesammt-Extract %	Unlöslicher Blätter-rückstand %	In Säure unlösliche Asche %	Gerbsäure %	Asche %	Lösliche Asche %	Unlösliche Asche %	Analytiker
38	Japan. Thee: Japan Basket Fired	37½	4,00	2,81	42,00	50,70	45,30	0,27	15,08	5,35	3,49	1,86	Jos. F. Geissler[1]
39	Japan. Thee: Japan Pan Fired	39	3,93	2,22	43,20	50,10	45,96	0,46	14,29	5,77	3,54	2,23	
	Japan. Thee, Mittel	.	**3,97**	**2,52**	**42,60**	**50,40**	**45,63**	**0,37**	**14,69**	**5,56**	**3,52**	**2,04**	
40	Indischer (Assam-) Thee: Indian Tea 1	13,13	6,19	3,31	39,63	41,92	51,89	0,14	18,87	5,43	3,24	2,19	
41	" " 2	22,82	5,61	2,53	39,66	41,32	53,07	0,29	16,29	5,53	3,31	2,22	
42	" " 3	21,48	5,88	1,88	37,94	41,49	52,63	0,13	14,73	5,62	3,68	1,94	
43	" " 4	23,17	5,83	2,30	39,25	45,64	48,53	0,19	13,06	5,78	3,60	2,18	
44	" " 5	21,25	5,85	3,24	37,80	44,05	50,10	0,15	13,01	5,79	3,67	2,12	
45	" " 6	21,21	5,56	3,06	38,40	43,21	51,23	0,17	13,26	5,75	3,65	2,10	
	Indischer (Assam-) Thee, Mittel	.	**5,81**	**2,70**	**38,77**	**42,92**	**51,24**	**0,19**	**14,87**	**5,62**	**3,52**	**2,10**	
46	Oolong-Thee: Extra choicest Formosa Oolong	65	6,30	2,78	44,00	48,87	44,80	0,33	19,91	5,56	3,71	1,85	
47	Choicest Formosa Oolong	65	5,09	2,86	40,33	46,56	48,35	0,35	17,07	5,61	3,32	2,29	
48	desgl.	53	6,22	—	41,60	45,18	48,59	0,49	20,07	5,95	3,33	2,62	
49	Superior Formosa Oolong	31	5,86	1,68	37,94	41,09	53,05	0,42	17,34	5,80	3,50	2,30	
50	desgl.	30	5,16	3,50	37,30	42,60	52,15	0,41	16,16	5,87	3,04	2,83	
51	Good medium Formosa Oolong	27	5,56	2,40	37,04	44,20	50,05	0,54	16,64	5,94	3,19	2,75	
52	Superior, medium Amoy	24	5,47	—	37,10	44,90	49,60	0,39	18,07	5,44	3,05	2,39	
53	Medium Amoy Oolong	21½	6,05	2,34	34,10	40,80	53,15	0,53	13,55	5,52	2,60	2,92	
54	Common Amoy Oolong	21	6,65	2,22	34,24	40,60	52,75	0,67	16,35	5,91	2,81	3,10	
55	Finest Formosa Oolong	75	5,38	2,43	40,91	43,27	51,33	0,66	16,43	6,07	3,20	2,87	
56	Superior " "	28	6,09	1,61	35,64	41,50	52,40	0,27	14,73	5,98	3,59	2,39	
57	Medium Amoy "	20	5,86	2,92	37,37	42,30	51,83	0,50	14,70	5,84	3,38	2,46	
58	Common " "	14	6,88	1,15	35,18	41,20	51,90	0,84	11,93	6,11	2,93	3,18	
	Oolong-Thee, Mittel	.	**5,89**	**2,32**	**37,88**	**43,32**	**50,70**	**0,51**	**16,38**	**5,81**	**3,20**	**2,61**	
59	Congo-Thee: Finest Moning	65	8,29	2,84	32,14	35,28	56,41	0,32	11,64	5,43	3,52	1,91	
60	Fine "	45	7,65	2,87	31,42	35,41	56,94	0,46	13,11	5,61	3,22	2,39	
61	Superior "	27	8,43	2,77	29,00	37,06	54,30	0,63	13,89	5,82	3,28	2,54	
62	Superior, medium Moning	23	7,85	1,97	27,84	34,90	57,22	0,45	10,11	5,71	3,09	2,62	
63	Medium Moning	22	8,14	2,56	28,40	36,41	55,45	0,42	11,74	5,56	3,00	2,56	
64	desgl.	20	8,78	1,97	27,60	34,32	56,90	0,45	12,38	5,59	3,00	2,59	
65	desgl.	19½	8,70	2,38	27,90	31,70	59,60	0,42	12,26	5,52	2,88	2,64	
66	Common Moning	16	9,15	1,70	23,94	32,23	58,60	(1,31)	10,60	6,48	2,76	3,72	
67	desgl.	15½	8,67	2,01	23,48	27,48	63,85	(0,96)	8,44	6,14	2,28	3,86	
68	Good common Moning	20½	8,62	2,68	30,26	36,88	54,50	0,36	12,30	5,65	3,24	2,41	
69	desgl.	17½	7,79	2,68	30,52	36,26	55,97	0,32	10,52	5,73	3,43	2,30	
	Congo-Thee, Mittel	.	**8,37**	**2,37**	**28,40**	**34,35**	**57,20**	**0,43**	**11,54**	**5,75**	**3,06**	**2,69**	

[1]) Nach einem dem Verf. übersandten Sonderabdruck (von der „American Grocer Publishing Association"). Der nach ½stündigem Kochen in 100 Thln. destillirtem Wasser erhaltene Extract steht bei Oolong- und Congo-Thee weit eher im Verhältniss zu dem Preise des Thees, als andere Bestandtheile, obgleich der durch Erschöpfen der Blätter erzielte Gesammt-Extract sehr unregelmässige Zahlen aufweist. Ueber die Löslichkeitsverhältnisse der einzelnen Bestandtheile bei weniger langer Einwirkung des Wassers vergl. No. 11—32 S. 1013.

	Wasser	Stickstoff-Substanz	Theïn	Aetherisches Oel	Fett (Wachs + Chlorophyll)	Harz	Gummi, Dextrin etc.	Gerbstoff	Pectin	Holzfaser	Asche
	%	%	%	%	%	%	%	%	%	%	%
Minimum	3,93	15,91	1,00	0,54	1,27		0,48	8,16	—	9,90	3,82
Maximum	16,20	36,61	4,70	0,89	15,47		10,02	26,13	—	15,72	8,37
Mittel	**9,51**	**24,50**	**3,58** *)	**0,68**	**6,39**		**6,44**	**15,65** *)	**16,02**	**11,58** **)	**5,65**

Zusammensetzung der Theeblätter in verschiedenen Vegetationsstadien.

Von O. Kellner, K. Makino und K. Ogasawara.[1])

Datum der Probenahme	Wasser in den frischen Blättern	In der Trocken-Substanz														
		Rohprotein	Theïn	Aether-Extract	Tannin	Sonstige N-freie Stoffe	Holzfaser	Asche	Gesammt-Lösliches	Vertheilung des Stickstoffs				In Procenten des Gesammt-N		
										Gesammt-N	Eiweiss-N	Theïn-N	Amid-N	Eiweiss-N	Theïn-N	Amid-N
	%	%	%	%	%	%	%	%	%	%	%	%	%	%	%	%
15. Mai 1884	76,83	30,64	2,85	6,48	8,53	40,56	9,10	4,69	36,18	4,91	3,44	0,81	0,66	70,1	16,5	13,4
30. „ „	75,78	24,25	2,80	6,42	9,67	37,65	17,25	4,76	37,17	3,88	2,77	0,79	0,32	71,4	20,4	8,2
15. Juni „	78,61	22,83	2,77	6,65	10,10	38,16	17,38	4,88	36,13	3,65	2,73	0,78	0,14	74,8	21,4	3,8
30. „ „	70,85	21,02	2,59	6,83	10,25	38,25	18,69	4,96	36,56	3,37	2,43	0,73	0,21	72,2	21,6	6,2
15. Juli „	72,67	20,06	2,51	7,00	9,40	40,09	19,16	4,29	31,72	3,21	2,31	0,71	0,21	71,4	22,1	6,5
30. „ „	70,57	19,96	2,30	8,59	10,44	38,99	17,56	4,46	33,77	3,19	2,25	0,65	0,29	70,5	20,4	9,1
15. August „	64,21	19,05	2,29	10,85	10,75	37,05	17,72	4,58	32,71	3,05	2,28	0,65	0,12	74,7	21,3	4,0
30. „ „	67,75	18,58	2,22	12,14	11,09	35,26	17,95	4,98	33,93	2,91	2,19	0,63	0,16	73,5	21,1	5,4
15. September „	65,26	18,27	2,05	13,40	11,32	33,03	19,13	4,85	30,01	2,93	2,27	0,59	0,08	77,2	20,1	2,7
30. „ „	64,20	18,15	2,06	14,16	10,91	32,50	19,17	5,11	33,05	2,91	2,39	0,58	—	80,1	19,9	—
15. October „	64,66	17,91	1,83	17,23	11,21	29,93	18,66	5,06	34,77	2,87	2,45	0,52	—	81,8	18,1	—
30. „ „	64,11	17,98	1,79	19,50	11,27	27,78	18,40	5,07	36,80	2,88	2,35	0,51	0,02	81,6	17,7	0,7
15. November „	59,43	17,70	1,29	20,38	11,34	27,32	18,26	5,00	38,21	2,83	2,30	0,37	0,16	81,2	13,1	5,7
30. „ „	60,97	17,14	1,00	22,19	12,16	25,13	18,34	5,04	37,91	2,74	2,35	0,28	0,11	85,5	10,2	4,0
15. Mai (alte Blätter) . .	60,03	16,56	0,84	14,18	11,11	35,39	17,62	5,14	36,45	2,66	2,43	0,23	0,01	91,4	8,6	—

*) Diese auf 90,49 % Trockensubstanz zurückgeführte Mittelzahl schliesst die nachstehend aufgeführten Bestimmungen des Theïns resp. Gerbstoffs mit ein.
**) Für die Holzfaser sind nur die Analysen Nr. 17, 18, 19 u. 20 berücksichtigt.

[1]) Landw. Vers.-Stat. 1887. Bd. 33. S. 370 und Mittheilungen d. deutschen Gesellschaft f. Natur- und Völkerkunde Ostasiens Bd. IV. No. 35.

Hierzu bemerkt O. Kellner: Die immergrünen Organe des Theestrauches zeigen hiernach ein Verhalten während ihrer ersten Vegetationsperiode, das ähnlich ist dem der Nadeln der immergrünen Coniferen. Da dieselben im nächsten Frühjahr wieder in Funktion treten, werden die in ihnen durch Assimilation und Einwanderung angehäuften Stoffe im Herbst nicht in dem Masse nach anderen Vorraths-Orten transportirt, wie bei den gewöhnlichen Laubhölzern, deren Blätter vor dem Winter abgeworfen werden. Im Einklang hiermit bleiben die Theeblätter im Alter reich an Proteinstoffen und beweglichen Kohlehydraten. Wohl hauptsächlich in Folge von Neubildung organischer Substanz vermindern sich die stickstoffhaltigen Stoffe, einschliesslich des Theïns, ganz allmälig und regelmässig, ebenso die stickstofffreien Extractstoffe, während die fettartigen Bestandtheile (Aetherextract) sehr rasch ansteigen und wahrscheinlich in Folge von Wachsbildung eine bemerkenswerthe Höhe erreichen.†) Die Holzfaser vermehrt sich in den ersten Wochen sehr rasch, bleibt aber alsdann auf ziemlich constanter Höhe. Die am tiefsten eingreifenden Veränderungen machen sich in der Zusammensetzung der Asche geltend: Kali und Phosphorsäure vermindern sich sehr rasch, während Kalk, Magnesia und Eisenoxyd in gleichem Masse zunehmen. Der Reichthum der Blätter an letzterer Substanz ist sehr auffällig, indem bis jetzt wohl bei keiner Pflanze ein so hoher Gehalt beobachtet worden ist. Wenn diese grosse Menge Eisenoxyd bei der Ernährung des Theestrauches eine wesentliche Rolle spielt, so würde man bei eisenarmen Bodenarten für einen Ersatz durch Düngung Sorge zu tragen haben.

†) Der Aetherextract der älteren Blätter enthält Thein und ziemlich viel Gerbsäure.

Löslichkeit des Thees in Wasser.

No.	Von 100 Theilen lufttrockenem Thee werden gelöst:	Summe der in Wasser löslichen Stoffe %	Darin: Stickstoff-Substanz*) %	=	Stickstoff %	N-freie Extractstoffe %	Asche %	Mit Kali %	Analytiker
1	Schwarzer Thee	33,85 **)	—		—	—	—	—	Hassall[1])
2	Grüner Thee	41,20 **)	—		—	—	—	—	Hassall[1])
3	Schwarzer Thee	23,25	8,63	=	1,38	20,97	3,65	—	Hassall[1])
4	Grüner Thee	35,06	12,93	=	2,07	22,47	3,66	—	Hassall[1])
5	Himalayathee	36,26	20,93	=	3,27	11,39	3,94	2,17	*Ph. Zöller*[2])
6	Schwarzer Thee	18,22 ***)	4,23	=	0,67	11,47	2,52	1,56	*J. König*[3])
	Mittel	**33,64**	**12,38** †)	=	**1,98**	**17,61** †)	**3,65**	**2,10** †)	

Desgl. nach Untersuchungen von O. Kellner[4]) (No. 7—10) und Jos. F. Geisler[5]) (No. 11—32).

No.		Trockensubstanz im Ganzen	Gesammt-Stickstoff	Theïn	Tannin	Mineralstoffe	Kali	Natron	Kalk	Magnesia	Eisenoxyd	Manganoxydul-oxyd	Phosphorsäure	Schwefelsäure	Kieselsäure	Chlor
		In 1 Liter Extract sind Gramm														
7	Aus japanischem Thee No. 19: 1. Aufguss aus 180 g	8,43	0,528	0,91	4,49	1,59	0,535	0,154	0,010	0,123	0,040	0,030	0,117	0,186	0,069	0,327
8	Aus japanischem Thee No. 19: 2. Aufguss aus 180 g	7,60	0,476	0,74	4,07	1,33	0,533	0,314	0,008	0,067	0,009	0,006	0,064	0,039	0,016	0,274
9	Aus japanischem Thee No. 19: 3. Aufguss aus 180 g	5,69	0,452	0,75	3,97	0,45	0,216	0,048	0,005	0,052	0,004	0,003	0,051	0,036	0,010	0,023
10	Aus 100 g des japan. Thees No. 20 ††) .	15,34	1,061	1,33	7,04	2,14	1,384	0,101	0,034	0,142	0,022	0,050	0,233	0,080	0,004	0,069

[1]) Hassall, Food: Its adulterations and the methods for their detection. London 1876. S. 99 u. s. w.

[2]) Ann. d. Chem. u. Pharm. 1871. Bd. 158. S. 180.

[3]) Zeitschr. f. Biologie 1876. S. 497.

[4]) Mittheil. d. deutschen Gesellsch. f. Natur- u. Völkerkunde Ostasiens. Bd. IV. No. 35.

[5]) Nach einem eingesandten Separatabdruck (American Grocer Publishing Assoccation). Der Gesammt- oder vollständige Extract ist durch $^1/_2$ stündiges Kochen von 1 Thl. Thee mit 100 Thln. Wasser bestimmt; die anderen Extracte durch Stehenlassen von 1 Thle. Thee in 100 Thle. kochendem Wasser (destillirtem oder Brunnenwasser) während 10 Minuten etc.; der Procentgehalt ist auf lufttrockne Substanz berechnet. Die feineren Theesorten geben ihren Theïngehalt fast ganz an Wasser ab, während dieses bei den schlechteren Sorten nur im beschränktem Masse der Fall ist.

*) Die gelöste Stickstoff-Substanz besteht zum grössten Theile aus Theïn; da die Menge des letzteren in den citirten Untersuchungen nicht angegeben ist, so habe ich einstweilen den Stickstoff durch Multiplication mit 6,25 auf Eiweiss-Substanz überhaupt berechnet.

**) Mittel von 27 und 13 Bestimmungen von verschiedenen Theesorten.

***) Die Menge der in Wasser löslichen Stoffe wurde nach den im Haushalte bei Bereitung des Thee's üblichen Methoden ermittelt. Die Menge der löslichen Stoffe dieser Probe ist gegen die der anderen auffallend gering. Der Thee stammte als beste Sorte aus einer Handlung in Münster.

†) Diese Zahlen sind von dem gefundenen Gehalt an löslichen Stoffen auf den berechneten mittleren Gehalt von 33,64 % zurückgeführt.

††) 90 g Thee wurden 3 mal hintereinander mit $^1/_2$ l heissem destillirten Wasser von 50° C. übergossen, nach 5 Min. langem Stehen abgegossen und jeder Extract gesondert analysirt. Bei Versuch 10 wurden 100 g Thee mit 1 l kochendem Wasser übergossen, nach 2 Min. abgegossen, wobei sich die Temperatur auf 87,5° C. erniedrigt hatte. Beide Methoden sind die in Japan üblichen.

No.		Preis des Thee's im Grosshandel pro 1 Pf. C.	Nach 10 Minuten langem Ziehen von 100 Theilen Thee: Extract %	Extract minus Asche %	Verhältniss d. Extractes nach 10 Minuten zum vollst. Extract %	Tannin %	Verhältniss dieses Tannins zum Gesammt-Tannin %	Theïn %	Asche %	Verhältniss dies. Asche zur Ges.-Asche %	Alkalinität als Kalium berechnet %
11	Indischer Thee	100	29,15	25,35	73,56	11,48	60,85	3,30	3,80	70,02	1,48
12	desgl.	100	28,57	24,17	72,04	9,50	58,38	2,75	4,40	79,55	1,28
13	Finest, Nankin, Moyune Gunpowder	75	37,32	32,72	73,19	16,79	87,80	2,95	4,60	55,77	1,66
14	Common Moyune Gunpowder . .	18	28,07	24,05	79,36	9,26	77,74	1,68	4,02	66,14	1,29
15	Japan. Basket Fired	37½	31,75	27,47	75,59	11,23	74,51	2,18	4,27	79,98	1,61
16	Japan Pan Fired	39	34,37	30,70	79,59	13,41	94,39	2,07	3,67	63,59	1,64
17	Choicest Formoso Oolong	65	33,62	29,62	75,90	12,91	75,60	2,50	4,00	71,30	1,36
18	desgl.	53	33,30	29,32	73,69	13,75	68,51	2,42	3,97	66,49	1,20
19	Superior Formoso Oolong	30	29,00	25,34	68,60	9,63	59,60	2,12	3,66	62,30	1,39
20	Medium Amoy Oolong	24	27,4	23,67	60,99	10,12	56,00	1,92	3,72	68,47	1,43
21	desgl.	21½	24,5	21,25	60,50	7,53	55,60	1,70	3,25	58,90	1,31
22	Choicest Moning Congou	45	24,25	20,12	70,60	5,46	41,70	2,87	4,13	73,60	1,46
23	Superior Moning Congou	97	21,55	17,85	57,83	4,44	31,98	2,77	3,70	63,50	1,47
24	Medium Moning Congou	19½	21,02	17,80	68,6	5,55	45,20	2,32	3,22	58,28	1,32
25	Good Common Kaison Congou . .	17¼	23,25	19,95	64,10	4,05	38,49	2,35	3,30	59,86	1,51
26	Common Moning Congou	15½	19,50	15,62	72,2	4,50	52,90	1,95	2,88	46,80	1,26
	In 100 Thln. Wasser auf 1 Thl. Thee:										
27	Nach 3 Min. (destill. Wasser) . .	—	25,97	22,25	—	9,76	—	1,95	3,73	—	1,03
28	„ 5 „	—	28,37	24,50	—	11,23	—	2,65	3,87	—	1,22
29	„ 5 „ (Brunnenwasser) . .	—	27,47	23,85	—	10,18	—	2,02	3,63	—	1,08
30	„ 10 „ (destill. Wasser) . .	—	30,87	26,70	—	13,46	—	2,75	4,18	—	1,22
31	„ 10 „ (Brunnenwasser) . .	—	30,25	26,12	—	10,60	—	2,82	4,13	—	1,15
32	„ 15 „ (destill. Wasser) . .	—	23,75	29,42	—	14,94	—	2,85	4,33	—	1,28

Thee-Untersuchungen. — Von A. W. Blyth.[1])

No.	Theesorte	Anzahl der Analysen	Wasser %	Theïn %	Extract %	Gummi %	Asche %	Lösliche Asche %	Kali %	Kieselerde %
1	Congo	8	8,09	1,55	28,93	5,60	7,16	3,21	1,27	0,94
2	Pekoe	2	6,41	1,32	33,75	1,03	6,17	3,04	1,36	0,47
3	Oolong	35	6,82	1,48	37,24	7,47	6,36	3,42	1,48	0,56
4	Gunpowder	31	5,98	1,33	39,77	8,56	7,12	3,69	1,54	0,79
5	Imperial	19	6,50	1,39	33,23	7,08	6,86	3,14	1,39	0,85
6	Hyson	10	6,61	1,60	36,95	7,25	6,85	3,37	1,53	0,52
7	Japan	12	4,69	1,38	39,41	10,29	6,56	3,21	1,41	0,79
	Mittel	.	**6,44**	**1,43**	**35,61**	**6,75**	**6,72**	**3,29**	**1,44**	**0,70**

[1]) National Board of Health Bulletin 1881. 1. Jan. Suppl. No. 11. S. 5. Die obigen Zahlen sind Mittel aus mehreren Analysen von Theesorten, wie sie in verschiedenen Städten Amerikas verkauft wurden. Wasser wurde durch Trocknen bei 100° C., Extract durch Erschöpfen des Thee's mit Wasser im Wasserbade bestimmt, Gummi durch Fällen des wässerigen Extracts mit Alkohol, Theïn durch Eindampfen eines Theiles des wässerigen Extracts mit Magnesia und Extrahiren mit Aether.

Thee-Untersuchungen. — Von J. M. Eder.[1])

J. M. Eder bestimmte in einer Reihe von chinesischen Theesorten den Gehalt an Gerbstoff, an in Wasser löslichen Stoffen etc. mit folgendem Resultat für die bei 100 ^{0} C. getrockneten Blätter:

	Original-Blätter				Einmal extrahirte Blätter			
	Gerbstoff	In Wasser lösl. Extractstoffe	Asche	In Wasser lösl. Asche	Gerbstoff	In Wasser lösl. Extractstoffe	Asche	In Wasser lösl. Asche
Schwarzer Thee:	%	%	%	%	%	%	%	%
Congo I	11,20	40,3	5,43	2,83	4,14	10,2	3,92	0,94
„ II	10,10	39,4	6,21	1,55	5,65	15,3	4,80	0,46
„ III	8,36	37,60	6,05	2,32	3,31	8,5	4,27	0,39
Souchong I	8,16	34,40	5,27	2,90	2,51	12,4	—	—
„ (Assam)	10,95	44,30	5,22	3,09	5,07	19,7	4,96	1,05
Pekko I	11,63	40,60	5,02	3,18	3,11	16,3	2,37	0,81
Java-Pekko I	14,11	40,70	5,53	2,45	6,47	14,1	3,92	0,58
Grüner Thee:								
Haysan I	12,44	43,20	4,89	2,77	5,36	13,2	3,41	0,74
Imperial	12,41	41,50	5,87	2,96	7,97	15,9	4,62	0,90
Gelber Japan	13,07	39,50	5,81	2,73	2,62	12,0	3,40	0,47

Als Mittelzahlen aus 34 Analysen berechnet Eder:

	Gerbstoff	In Wasser lösl. Extractstoffe	Asche	In Wasser lösl. Asche
Schwarzer Thee: Souchong und Pouchong	9,18	38,30	5,88	2,85
Schwarzer Thee: Congo	9,75	37,70	5,70	2,41
Schwarzer Thee: Blüthenthee	11,34	40,00	5,27	2,59
Gelber Thee	12,66	40,80	5,68	2,64
Grüner Thee, Haysan und Gunpowder	22,14	41,80	5,79	2,95

Die in Wasser löslichen Extractstoffe sind aus dem Gewichtsverlust der bei 100 ^{0} C. getrockneten und der nach der Extraction wieder getrockneten Blätter bestimmt.

Ein guter Thee muss nach Eder mindestens 30 % in Wasser lösliche Extractstoffe enthalten, welche Minimalmenge auch das englische Gesetz vorschreibt; ferner mindestens 7,5 % Gerbstoff, bestimmt durch Fällen mit Kupfersulfat.[2]) — Hager[3]) hält diese Menge für zu gering und verlangt mindestens 10 % Gerbstoff.

Die Asche soll 6,4 % nicht überschreiten und hiervon mindestens 2 % in Wasser löslich sein; das englische Gesetz verlangt 3 %.

Wenn man ferner 10 g nach dem Trocknen fein gepulverten Thee mit 3 g wasserfreiem Natriumcarbonat und 3 g Bleioxyd innig mischt, das Gemisch mit 10 g Wasser anfeuchtet, an einem mässig warmen Ort austrocknet, zu einem feinen Pulver zerreibt, mit Chloroform extrahirt und schliesslich das Chloroform verdunstet, so muss das gesammelte Theïn mindestens 0,09—0,1 g = 0,9—1,0 % betragen; aus sehr guten Theesorten werden 1,5—2,0 % Theïn gewonnen.

Im übrigen schwankt der Theïngehalt in den Theesorten derartig, dass er nach Eder nicht als Massstab für die Qualität gelten kann. Beim gelben und grünen Thee sind die wohlfeileren Sorten reicher an Theïn, als die im Handel hochgeschätzten, während beim schwarzen Thee das umgekehrte Verhältniss statthat.

Nach Eder wird ausgezogener schwarzer Thee öfters durch Catechu und Campecheholz wieder aufgefärbt und adstringirend gemacht. Dieselben verraten sich meistens durch die eigenthümliche fremd-

---

[1]) Dingler's polytechn. Journal. Bd. 231. S. 445 u. 526.

[2]) Ebendort. Bd. 229. S. 81 und II. Theil dieses Werkes.

[3]) Pharm. Centralhalle. Bd. 20. S. 258.

artige Färbung des Aufgusses. Wenn man ferner 1 g Thee mit 100 CC. Wasser auskocht, das Decoct mit überschüssigem Bleizucker kocht und das Filtrat, welches hell und klar sein muss, mit etwas Silbernitratlösung versetzt, so entsteht bei Gegenwart von Catechu ein starker, gelbbrauner Niederschlag, während reiner Thee nur eine geringe grauschwarze Trübung von metallischem Silber giebt.

Campecheholz lässt sich beim Einweichen des Thee's in kaltem Wasser erkennen, welches dadurch schwärzlich und auf Zusatz von etwas Schwefelsäure hellgrün wird. Gelbes chromsaures Kali färbt das Theedecoct bei Anwesenheit von Campecheholz schwärzlich blau, während es auf reinen Thee ohne Wirkung ist.

Falls Eisensalze zum Färben des Thee's benutzt sind, so lassen sich dieselben durch eine Eisenbestimmung in der Theeasche nachweisen; reine Theeasche enthält nur 0,03—0,12 % Eisenoxyd.

Thee-Untersuchungen. — Von G. W. Slatter.[1])

No.	Sorten aus Dublin	Summe der in Wasser lösl. Stoffe*) %	Gerbsäure**) %	Asche: Gesammt- %	Asche: davon löslich in Wasser %	No.	Sorten aus Dublin	Summe der in Wasser lösl. Stoffe %	Gerbsäure %	Asche: Gesammt- %	Asche: davon löslich in Wasser %
1	Grüner Thee . . .	41,48	21,35	5,91	3,66	8	Schwarzer, gemischt .	28,82	10,16	6,26	3,08
2	Schwarzer, sehr bitter	36,85	14,10	5,62	3,17	9	„ „ .	29,90	10,95	6,66	3,45
3	„ gewöhnlich	32,70	12,30	5,77	3,47	10	„	26,75	9,45	6,64	3,25
4	„ gemischt .	34,35	12,30	5,65	3,15	11	„ gemischt .	29,75	11,25	5,91	3,56
5	„ „ .	31,97	11,95	5,55	3,05	12	„ „ .	30,50	11,25	5,49	3,37
6	„ „ .	26,45	9,60	5,45	2,63	13	„	30,20	10,95	5,17	3,17
7	„ „ .	27,20	9,45	7,28	2,93	14	„	29,30	11,25	5,80	3,34
							Mittel	**31,18**	**11,88**	**5,94**	**3,23**

Theïn-Gehalt echter indischer und Ceylon-Thees.

Stenhouse[2]) giebt den Theïn-Gehalt wie folgt an:

Huasan	Schwarzer Congo	Schwarzer Assam	Grüner Thee von Iwankay
1,09 %	1,02 %	1,37 %	0,98 %

Nach Péligot[3]) schwankt der Theïngehalt zwischen 2,3—4,1 %.

James Bell[3]) giebt für 100 g bei 100° C. getrockneten Thee an:

Congou gering	Congou fein	Hyson	Souchong	Moning	Assam	Gunpowder
2,78 %	3,12 %	2,24 %	2,97 %	2,97 %	3,43 %	2,72 %

---

[1]) Zeitschr. gegen Verfälschung der Nahrungsmittel. Leipzig 1878. S. 388.

*) Zur Bestimmung des Auszuges wurden 10 g Thee längere Zeit mit 500 CC. Wasser gekocht, hiervon 50 CC. in einer Schale im Wasserbade resp. Wasserofen bis zur Constanz des Gewichtes eingetrocknet und der Rückstand gewogen.

**) Die Gerbsäure wurde im wässerigen Auszuge mit einer Normallösung von essigsaurem Blei titrirt, wobei eine Lösung von Eisencyankalium, welches mit einem geringen Ueberschuss von Gerbsäure eine blassrothe Färbung giebt, als Indicator diente.

Theïn-Gehalt echter indischer und Ceylon-Thees:

[2]) Ann. d. Chem. u. Pharm. Bd. 45. S. 336.

[3]) James Bell, die Analyse und Verfälschung der Nahrungsmittel übersetzt von C. Mirus. Berlin 1882. S. 8.

B. St. Paul und A. J. Cownley[1]) fanden:

	Ceylon-Thee:	Theïn-Gehalt*) im frischen Thee %	im trocknen Thee %
1.	Penhros	4,56	4,89
2.	F. L. C.	4,56	4,85
3.	Nahalma	4,54	4,80
4.	Haare der Theeblätter . .	2,40	2,57
5.	Hardenhiuschkekon . . .	4,08	4,24
6.	Woodstock Pekon Souchong	3,44	3,57
7.	Radella brocken Pekon . .	4,10	4,30
8.	Morton Pekon	3,98	4,15
9.	Penhros brocken Pekon .	4,64	4,96
10.	Strathellin Orange Pekon .	4,10	4,33
11.	Nahalma	4,06	4,29
12.	Venture	3,74	3,36
13.	St. Leys Pekon Dust . .	3,46	3,66
14.	Venture Pekon Souchong .	3,40	3,57
15.	Venture brocken Orange Pekon	3,98	4,26

	Ceylon-Thee:	Theïn-Gehalt im frischen Thee %	im trocknen Thee %
16.	Calsag Pekon Souchong .	3,22	3,43
17.	Venture Pekon	3,48	3,68
18.	St. Clair Orange Pekon .	3,90	4,09
	Indischer Thee:		
19.	Pekon, ausgewählte Spitzen	4,27	4,62
20.	Brocken Pekon	4,48	4,81
21.	Pekon	4,16	4,44
22.	Orange Pekon	4,66	4,89
23.	Pekon	4,48	4,74
24.	Brocken Pekon	3,76	3,95
25.	Pekon	3,66	3,86
26.	„Weak" tea	4,66	4,35
27.	„Strong" tea	4,18	4,43
28.	Mixture	3,64	3,87

Verfasser bemerkt, dass durch die Handelsprobe, Infundiren von 3 g Thee mit 100 g Wasser, nur etwa 20 % statt 35 % Extract gewonnen werden, welche etwa nur die Hälfte des Theïns enthalten.

Maté oder Paragay-Thee (Ilex paraguayensis, Südamerika). — Von H. Byasson[2]) (No. 1) und Hildwein[3]) (No. 2—4).

No.	Wasser %	Eiweisskörper %	Theïn %	Harz %	Zucker %	Asche %	In Wasser löslich %
1	Lufttrocken	3,87	1,85	0,63 + Fett	2,38 Gerbstoff	3,92	24,0
2	—	—	0,48	4,50	5,50	5,53	—
3	—	—	0,62	2,00	4,10	5,20	—
4	—	—	1,15	2,25	4,50	4,82	—

Ueber den Theïn-Gehalt des Maté liegen noch folgende Angaben vor:[4])

Stenhouse 1843	Derselbe 1854	Stahlschmidt 1861	Strauch 1867	Würthner 1873	Bialet —	Hoffmann —
0,13 %	1,20 %	0,45 %	0,45 %	0,80 %	1,30 %	0,30 %

Sogen. Böhmischer Thee (Lithospermum officinale). — Von A. Belohoubeck (No. 1)[5]) und W. Kisch (No. 2)[6])

Wasser %	Eiweisskörper %	Theïn %	Aetherisches Oel %	Fett %	Gerbstoff %	N-freie Extractstoffe %	Holzfaser %	Asche %	In Wasser lösl. Stoffe %
9,86	24,54	0	0	9,29	8,25	26,49	5,96	20,60	—
13,09	21,50	0	0	1,98	—	32,91	8,53	21,99	29,79

[1]) Nach Pharm. Journ. and Trans. 1887. 417 in Chem. Ztg. 1888. No. 3. Repertorium 8.
[2]) Pharm. Journ. and Transact. (3) VIII. S. 605.
[3]) Jahresbericht f. Agric. Chem. 1873/74. Bd. I. S. 242.
[4]) Vergl. T. F. Hanauseck, die Nahrungs- u. Genussmittel. Kassel 1884. S. 393.
[5]) Arch. mikr. azbozizn. I. VII—XXXIV. Prag. böhm. Technik 1879.
[6]) Original-Mittheilung.

*) Zur Bestimmung des Theïns wurden 5 g feinst gepulverter Thee mit heissem Wasser befeuchtet, mit 1 g Calciumhydroxyd innig gemengt, auf dem Wasserbade eingetrocknet und mit Alkohol extrahirt; aus der klaren Lösung der Alkohol verjagt, die bleibende alkoholische Lösung mit einigen Tropfen verdünnter Schwefelsäure angesäuert, um Kalk zu entfernen, filtrirt und im Scheidetrichter mit Chloroform (30—40 CC.) ausgeschüttelt. Das Ausschütteln muss 5—6 Mal wiederholt werden. Zur Entfärbung der Chloroformlösung wird dieselbe mit sehr verdünnter Natronlauge ausgeschüttelt, darauf das Chloroform abdestillirt. Es soll das Theïn völlig weiss resultiren. Wilh. Kwasnik fand (Pharm. Zeitschr. f. Russland 1887. S. 177) erheblich weniger Theïn in Handels-Theesorten, nämlich Pecco 00 = 1,42 %, Pecco = 1,37 %, Souchong = 0,9 %, Imperial = 0,92 %, Peol = 0,87 %, Hagsan = 0,21 %. Da Kwasnik aber die Theeextracte mit Thierkohle entfärbte, so dürften diese Zahlen, wenn anders die Theesorten rein waren, zu niedrig ausgefallen sein.

Thee-Surrogate in Japan.

No.	Blätter von	Zeit der Untersuchung	Wasser %	Stickstoff-Substanz %	Tannin %	Mineralstoffe %	Von der Trock.-Subst. Gesammt-Lösliches %	In der Trock.-Substanz: Stick-stoff-Substanz %	In der Trock.-Substanz: Tannin %	Stickstoff in der Trocken-Substanz %	Analytiker
1	Lycium sinense (einer Solanee) in Japan (Kuko-cha gt.)	1889	3,28	34,54	1,12	8,33	27,15	35,72	1,16	5,71	*O. Kellner, G. Hayakawa und H. Kamoshita*[1])
2	Acanthopanax spinosum (einer Araliacee) Ukogi-cha	„	4,75	20,25	6,84	7,15	43,94	21,26	7,18	3,40	
3	Lonicera flexuosa (einer Caprifoliacee) Pinto-cha	„	7,80	18,74	8,06	7,66	43,00	20,33	8,73	3,25	
4	Akebia quinata, Akebi-cha	„	3,93	16,74	3,20	8,99	37,42	17,42	3,33	2,79	
5	Hydrangea Thunbergii (einer Saxifragee) Ama-cha	„	11,03	21,29	1,41	8,43	33,33	23,93	1,59	3,83	

Cacaobohnen.

Aeltere Analysen. — Unenthülste Bohnen.

No.		Wasser %	Stickstoff-Substanz (Kleber) %	Theobromin %	Fett*) %	Cacaoroth**) %	Schleim %	Stärke %	Huminsäure %	Sonstige Extractivstoffe %	Holzfaser %	Asche %	Analytiker
1	Guayaquil	6,20	(2,97)	0,63	36,38	4,56	1,58	0,53	8,58	3,44	(30,50)	3,03	*A. Tuchen*[2])
2	Surinam	6,02	(3,21)	0,56	36,97	6,62	0,96	0,55	7,25	4,18	(30,00)	3,00	
3	Caracas	5,58	(3,22)	0,55	35,08	6,18	1,19	0,62	9,28	6,22	(28,67)	2,92	
4	Para	5,55	(2,99)	0,67	38,48	6,19	0,78	0,29	8,63	6,62	(30,22)	3,00	
5	Margnon	5,48	(3,14)	0,38	38,25	6,57	0,63	0,72	8,03	3,33	(29,77)	2,92	
6	Trinidad	4,88	(3,14)	0,48	36,42	6,22	0,61	0,51	9,25	5,48	(29,87)	2,98	
			N-Substanz					+ Dextrin					
7	A. Neu-Granada	11,00	(20,00)	2,00	44,00	—	—	6,00	—	—	(13,00)	4,00	*Boussingault*[3])
8	Westindien	8,00	(20,60)	—	48,40		13,4		—	—	(9,60)	—	
	Mittel	**6,59**	**(7,31?)**	**0,75**	**38,75**	**5,99**	**0,96**	**0,52**	**8,29**	**2,52**	**(25,20)**	**3,12**	

[1]) Mitth. d. deutschen Gesellsch. f. Natur- u. Völkerkunde Ostasiens. Bd. IV. No. 35. S. 214 u. 216. Ausser obigen Blättern werden nach O. Kellner in Japan noch als Thee-Surrogate verwendet: Junge Blätter von Camellina theïfera var. macrophylla (dort Tocha gt.), welche wild in den Bergen der Prov. Ipo und Tamba wachsen; junge Blätter von Camellia japonica (dort Macha gt.) gemischt mit gepulvertem Thee; Blätter einer degenerirten Form von Thea sinensis (dort Oba-cha gt.); Maulbeerblätter; Blättter von Cassia mimosoides einer Leguminose (dort Kawara-cha gt.); junge Gerstenblätter (dort Mugi-cha gt.); Blätter von Botonia cantoniensis (dort Yomena gt.); Blätter Wistaria sinensis (dort Fuji gt.) und endlich Weidenblätter.

Cacaobohnen:

[2]) Ueber die organ. Bestandtheile des Cacao. Dissertation. Göttingen 1857.

[3]) Grouven: Vorträge über Agric.-Chem. 1872. I. Bd. S. 451.

*) Abel Poirier giebt (Journ. de chim. médic. Ser. IV. T. II. p. 257) folgenden Fettgehalt in Cacaobohnen:

	Von Caracas	Haiti	Trinidad	Martinique	Maragnon
Fett	47,6 %	52,0 %	44,3 %	44,5 %	50,2 %

Chevalier nach Payen: Précis théor. et prat. de substances alimentaires, Paris 1856:

Von Maracaibo	Caracas	den Inseln	Maragnon
51,0 %	55,0 %	45,0	56,0 %

**) Unter Cacaoroth versteht Tuchen einen durch einfach-essigsaures Blei fällbaren, in Wasser und Alkohol löslichen rothen Farbstoff, der mit dem Theobromin den Geschmack des Cacao bedingt.

Enthülste Bohnen.

No.		Wasser %	Stickstoff-Substanz (Kleber) %	Theobromin %	Fett %	Cacaoroth %	Schleim %	Stärke %	Huminsäure %	Sonstige Extractivstoffe %	Holzfaser %	Asche %	Analytiker
9		10,0	(20,0)	2,2	52,0	—	—	10,0	—	—	(2,0)	4,0	*Payen*[1])
10	A. Westindien . . .	3,43	16,70		53,10	Pigment 2,01	—	Gummi 7,75	—	—	(0,90)	3,43	*Lampadius*[2])
11	Guayaquil	5,60	14,39	1,20	45,00	3,50	Zucker 0,60	Stärke 14,30	—	—	(5,80)	3,50	*A. Mitscherlich*[3])
12	desgl.	6,30	13,93	1,50	49,00	5,00	—	17,00	—	—	—	—	
13	Caracas	—	—	—	46,00	—	—	13,50	—	—	—	—	
14	desgl.	—	—	—	49,00	—	—	17,00	—	—	—	—	
15	Geröstete Bohnen . .	1,50	15,62		32,61	38,18*) (Pigment | Zucker | Stärke?)					8,40	3,69	
	Mittel von 9—15	**5,36**	**14,13**	**1,66**	**46,67**	**3,46**	**0,60**	**14,56**?	**1,93**		**(8,07)**	**3,56**	

Enthülste Cacaobohnen (Kerne).

No.		Zeit der Untersuchung	Wasser**) %	Stickstoff-Substanz %	Fett %	Stärke***) %	Sonstige N-freie Stoffe %	Holzfaser %	Asche %	Schalen %	Analytiker
16	Caracas I.	1879	4,04	14,68	46,18	12,74	(18,50)	—	3,86	—	*G. Laube und B. Aldendorff*[4])
17	desgl. II.	"	4,72	14,06	49,36	13,99	9,46	4,20	4,21	—	
18	Guayaquil I.	"	3,63	14,68	49,64	11,56	12,64	4,13	3,72	—	
19	desgl. II.	"	2,61	16,25	46,99	10,82	16,12	3,53	3,68	—	
20	Trinidad I.	"	2,81	15,06	48,32	14,91	12,06	3,62	3,22	—	
21	desgl. II.	"	2,28	15,12	52,14	14,38	8,82	3,87	3,39	—	
22	Puerto-Cabello	"	2,96	15,03	50,57	12,94	11,49	3,07	3,94	—	
23	Socosnusco	"	2,95	13,19	48,38	15,13	13,20	3,34	3,21	—	
24	Caracas	1876	4,32	10,87	48,40	—	32,19	—	3,95	13,8	*Ch. Heisch*[5])
25	Trinidad	"	3,84	11,00	49,40	—	32,82	—	2,80	15,5	
26	Surinam	"	3,76	11,00	54,40	—	28,35	—	2,35	15,5	
27	Guayaquil	"	4,14	13,04	49,80	—	30,47	—	3,50	11,5	
28	Granada	"	3,90	12,25	45,60	—	35,70	—	2,40	14,5	
29	Bahia	"	4,40	7,31	50,30	—	35,30	—	2,60	9,5	
30	Cuba	"	3,72	8,56	45,30	—	39,41	—	5,90	12,0	
31	Para	"	3,96	12,50	54,30	—	26,33	—	3,05	8,5	
	Mittel von 16—31	.	**3,63**	**13,49**	**49,32**	**13,25**	**13,18**	**3,65**	**3,48**	—	

[1]) Grouven: Vorträge über Agric.-Chem. 1872. I. Bd. S. 451.
[2]) Der Cacao und die Chocolade. Berlin 1859.
[3]) Hassall: Food, its adulteration and the methods for their detection. London 1876. S. 192.
[4]) Original-Mittheilung.
[5]) The american. Chemist 1876. Oct. No. 76. S. 930.

*) Darin waren 8,98 % durch Schwefelsäure in Zucker überführbare Stoffe (Stärke?).
**) Wassergehalt nach dem Trocknen bei 60°—70° C.
***) d. h. in Zucker überführbare, auf Stärke berechnete Stoffe.

Neuere Analysen. — 1. Rohe, ungeschälte Cacaobohnen.

No.		Zeit der Untersuchung	Wasser %	N-Substanz einschliesslich Theobromin (N × 6,25) %	Theobromin %	Fett %	Stärke %	Sonstige Kohlehydrate %	Rohfaser %	Reinasche %	Sand %	Gesammt-N %	Analytiker
32	Caracas	18 84/85	7,77	14,13	1,48	45,54	19,40		6,19	4,91	2,06	2,26	*H. Weigmann*[1])
33	Trinidad*)	„	7,87	14,06	1,31	44,62	25,39		4,55	3,48	0,10	2,25	
34	Surinam	„	7,53	13,69	1,66	44,74	26,45		4,30	3,16	0,13	2,19	
35	Port au Prince	„	7,77	14,56	—	46,35	(5,97)	15,53	5,19	4,15	1,48	2,33	
36	Machala	„	8,17	14,06	—	45,93	(5,69)	17,50	4,36	4,09	0,22	2,25	
37	Puerto Cabello	„	8,08	13,50	1,51	46,61	22,92		4,43	4,28	0,18	2,16	
38	Ariba	„	8,27	15,37	—	45,15	(5,83)	16,96	4,48	3,88	0,14	2,46	
	Mittel für rohe, ungeschälte Bohnen (No. 32—38)	.	**7,93**	**14,19**	**1,49**	**45,57**	**22,92**		**4,78**	**3,99**	**0,62**	**2,27**	

[1]) Original-Mittheilung. H. Weigmann bestimmte das Theobromin in der Weise, dass er 20 g Cacao mit heissem Wasser zu einem ganz feinen Brei zerrieb, mit einer grösseren Menge Wasser ¼—½ Stunde aufkochte, darauf auf 1 l auffüllte. Hiervon wurden nach dem Absetzen 500 CC. abfiltrirt und mit Ferriacetat unter Kochen gefällt. Das durch Verdampfen eingeengte Filtrat dieser Fällung wurde mit Schwefelsäure stark sauer (mindestens 6 %tig) gemacht und mit phosphorwolframsaurem Natrium gefällt, der weisse Niederschlag nach 2—3 Stunden filtrirt, mit schwefelsäurehaltigem Wasser ausgewaschen, darin nach dem Trocknen der Stickstoff nach der Natronkalk-Methode oder ohne zu trocknen nach der Kjeldahl'schen Methode bestimmt. Die nach dieser Methode gefundenen Resultate sind etwas niedriger als die vergleichsweise nach der Methode von Wolfram erhaltenen Zahlen. Dagegen stimmen sie unter sich und mit den nach der Mulder-schen Methode erhaltenen Resultaten ziemlich gut überein. Nach Mulder werden 10 g Cacoo mit Wasser angerieben, ¼ Stunde gekocht, mit Magnesia versetzt, unter öfterem Umrühren auf dem Wasserbade zur Trockne verdampft, der trockne Rückstand mit Chloroform ausgezogen und letzteres abdestillirt. Der hier verbleibende Rückstand wird in heissem Wasser gelöst, filtrirt, das Filtrat zur Trockne verdampft, gewogen, geglüht und wieder gewogen. Der Chloroform-Auszug nach der Mulder'schen Methode schliesst auch noch das **Theïn** resp. ein dem Theïn ähnliches Alkaloïd mit ein, welches in den Cacaobohnen besonders in den Cacaoschalen nachgewiesen ist; man kann das Theïn des Chloroformauszuges nach H. Weigmann dadurch vom Theobromin trennen, dass man den Rückstand zuerst mit Benzol extrahirt, worin das Theobromin so gut wie unlöslich ist. Die Benzollösung wird verdampft, der Rückstand mit heissem Wasser durchgeschüttelt, das wässerige Filtrat zur Trockne verdampft und gewogen. Weigmann fand auf diese Weise:

	Caracas-Bohne Masse	Caracas-Bohne Schalen	Porto Cabello Schalen	Trinidad Schalen	Surinam Schalen
Theobromin .	1,258 %	0,316 %	0,623 %	0,545 %	0,501 %
Theïn . . .	0,170 „	0,164 „	0,137 „	0,113 „	0,190 „

H. Weigmann bestimmte ferner nach der Methode von E. Schulze (Zeitschr. f. analyt. Chemie 1883. Bd. 22. S. 325) den Gehalt einer Cacaobohne an **Asparagin** und Ammoniak und fand

	Asparagin-N	=	Asparagin	Ammoniak-N	=	Ammoniak
Caracas	0,0238 %	=	0,224 %	0,0211 %	=	0,0255 %
Trinidad	0,0211 „		0,199 „	0,0172 „		0,0208 „
Surinam	0,0238 „		0,244 „	0,0158 „		0,0192 „
Port au Prince . .	0,0224 „		0,211 „	0,0106 „		0,0195 „

(Die Zahlen für Ammoniak dürften eher etwas zu hoch als zu niedrig sein.)

H. Weigmann suchte auch die **Weinsäure** dadurch zu bestimmen, dass er 10 g der entfetteten Cacaomasse mit Wasser kochte und auf 500 CC. auffüllte, 200 CC. des Filtrates nach Neutralisation mit Ammoniak, mit Chlorcalcium versetzte, den erhaltenen Niederschlag nach dem Abfiltriren und Auswaschen durch wiederholtes Lösen in Salzsäure und Wiederfällen mit Natronhydrat reinigte, und aus dem Kalkgehalt des Niederschlages schliesslich die als solche zu bezeichnende Weinsäure berechnete; er fand Weinsäure?:

Bohne von Trinidad	Port au Prince	Machala	Ariba
5,82 %	4,34 %	4,86 %	5,02 %

Das **Fett** der Cacaobohnen erfordert, wie H. Weigmann findet, nach der Koettstorfer'schen Methode im Mittel 200,5 mg KHO pro 1 g zur Verseifung, mit Schwankungen von 198,4—203,0 mg.

Zur Bestimmung der **Stärke** bediente sich H. Weigmann der nach Stutzer's Vorschrift zubereiteten Diastaselösung (vergl. II. Thl. dieses Werkes); 10 g entfettete Cacaomasse wurde ¼ Stunde mit Wasser gekocht und auf 500 CC. aufgefüllt; 250 CC. des gut durchgeschüttelten Gemisches wurden mit 2 CC. der Diastaselösung versetzt, 4 Stunden bei 60° C. stehen gelassen, darauf mit 20 CC. starker Salzsäure invertirt, die Lösung neutralisirt, nach dem Verdünnen mit Bleiessig versetzt, filtrirt, das Filtrat durch Schwefelsäure von Blei befreit, das Filtrat hiervon auf 500 CC. gebracht und in 100 CC. der Zucker durch Fällen mit Fehling'scher Lösung bestimmt. Das ausgeschiedene Kupferoxydul wurde nach Soxhlet's Vorschrift durch Asbest filtrirt und als Cu gewogen etc.

*) James Bell findet (die Analyse und Verfälschung der Nahrungsmittel übersetzt von C. Mirus. Berlin 1882. S. 82) die Zusammensetzung der rohen Trinidad-Bohnen wie folgt:

Wasser	Stickstoff-Substanz Löslich	Stickstoff-Substanz Unlöslich	Alkaloïde	Fett	Gummi	Stärke	Cacaoroth	Adstringirandes Princip	Sonstige organ. Stoffe	Cellulose	Asche
5,23 %	6,30 %	6,96 %	0,84 %	50,44 %	2,17 %	4,20 %	2,20 %	6,71 %	5,80 %	6,40 %	2,75 %

2. Gebrannte, ungeschälte Cacaobohnen.

No.		Zeit der Untersuchung	Wasser %	N-Substanz einschliesslich Theobromin (N × 6,25) %	Theobromin %	Fett %	Stärke %	Sonstige Kohlehydrate %	Rohfaser %	Reinasche %	Sand %	Gesammt-N %	Analytiker
39	Caracas	1883/84	6,73	13,66	1,62	45,95	22,75		5,40	4,49	1,02	2,17	*H. Weigmann*[1])
40	Trinidad	„	6,32	13,68	1,44	45,06	26,40		4,92	3,55	0,07	2,19	
41	Surinam	„	5,26	14,25	1,75	45,53	26,69		4,80	3,33	0,14	2,28	
42	Port au Prince	„	7,14	14,31	—	48,35	21,64		4,35	3,80	0,41	2,29	
43	Machala	„	7,97	13,56	—	46,21	24,17		4,01	3,85	0,23	2,17	
44	Puerto Cabello	„	5,95	13,68	1,52	46,55	24,75		4,74	4,28	0,05	2,19	
45	Ariba	„	8,17	15,75	—	45,53	22,45		4,17	3,83	0,10	2,52	
	Mittel von No. 39—45 im Vergleich zu No. 32—38	.	**6,79**	**14,13**	**1,58**	**46,19**	**24,10**		**4,63**	**3,87**	**0,29**	**2,26**	

3. Rohe, geschälte Cacaobohnen.

No.		Zeit der Untersuchung	Wasser %	N-Substanz %	Theobromin %	Fett %	Stärke %	Sonstige Kohlehydrate %	Rohfaser %	Reinasche %	Sand %	Gesammt-N %	Analytiker
46	Caracas	1884/85	6,50	—	0,77 *)	50,31	7,65 *)	—	—	4,17	—	—	*P. Zipperer*[2]) *)
47	Trinidad	„	6,20	—	0,40	51,57	11,07	—	—	2,87	—	—	
48	Surinam	„	7,07	—	0,50	50,87	6,41	—	—	2,72	—	—	
49	Port au Prince	„	6,94	—	0,32	53,66	8,96	—	—	2,92	—	—	
50	Machala	„	6,32	—	0,33	52,68	8,39	—	—	4,11	—	—	
51	Puerto Cabello	„	8,40	—	0,54	53,01	10,05	—	—	4,32	—	—	
52	Ariba	„	8,35	—	0,35	50,39	5,78	—	—	4,12	—	—	
	Mittel von No. 46—52 für rohe, geschälte Bohnen im Vergleich zu Mittel No. 72—78	.	**7,11**	—	**(0,45)** *)	**51,78**	**8,33** *)	—	—	**3,60**	—	—	
53	Guayaquil	1883	6,50	14,87	—	40,10	—	—	—	3,75	—	2,38	*Boussingault*[3])
54	Carugano	„	6,50	13,62	—	47,70	—	—	—	3,35	—	2,18	
55	Puerto Cabello	„	7,00	13,62	—	40,36	—	—	—	3,75	—	2,18	
56	Haiti	„	6,00	14,00	—	42,96	—	—	—	2,85	—	2,24	

[1]) Vergl. Anmerkung [1]) Seite 1019.
[2]) P. Zipperer: Untersuchungen über Cacao und dessen Präparate. Hamburg u. Leipzig 1887.
[3]) Nach Ann. Chim. et Phys. 1883. p. 433 in Chem. Ztg. 1883. S. 902.

*) Das Theobromin ist in der Weise bestimmt, dass die Substanz erst mit Petroläther und darauf 3 mal mit 80 %tigem Alkohol extrahirt wurde; die so gewonnenen Extracte (welche? d. Verf.), anscheinend die Alkohol-Extracte, wurden mit 15,0 g Kalkhydrat im Wasserbade zur Trockne verdampft, der trockne Rückstand mit Chloroform extrahirt, letzteres abgeblasen (?), die zurückbleibenden Krystallnadeln in heissem Wasser gelöst, letzteres verdunstet und der getrocknete Rückstand als „Theobromin" gewogen. Durch das Extrahiren mit Petroleumäther soll mit dem Fett auch das Coffeïn gelöst werden. Verf. bezweifelt, dass dieses in vollständiger Weise geschieht wie ebenso, dass durch Extrahiren mit 80 %tigem Alkohol alles Theobromin aus den Cacaobohnen gelöst wird. Jedenfalls erscheinen die von Zipperer gefundenen Resultate für Theobromin sehr fraglich und sind mit denen von Weigmann und anderen Analytikern nicht vergleichbar, weil letztere auch das vorhandene Coffeïn und sämmtliches Theobromin mit einschliessen. Die Stärke ist von Zipperer in der Weise bestimmt, dass die mit Petroläther entfettete Substanz mit Wasser in den Soxhlet'schen Dampfdruckkesseln 3—4 Stunden bei 133—144° C. erhitzt und darauf das Filtrat in bekannter Weise mit Salzsäure invertirt und in der invertirten Flüssigkeit der Zucker durch Titration mit Fehling'scher Lösung bestimmt wurde. Ausser obigen Bestandtheilen giebt P. Zipperer für die untersuchten Bohnen nur noch an:

	No. 46 Caracas	47 Trinidad	48 Surinam	49 Port au Prince	50 Machala	51 Puerto Cabello	52 Ariba
Cacaogerbsäure, Zucker, Phlobaphene . . .	10,76 %	9,46 %	8,31 %	11,39 %	13,72 %	7,85 %	8,91 %
Cellulose und Proteinstoffe	19,84 „	18,43 „	24,13 „	15,81 „	14,45 „	15,83 „	22,10 „
Verhältniss von Cellulose: Proteinstoffe wie 1 :	6,6	6,0	8,0	5,25	5,0	4,32	7,30

Der Gehalt an Protein und Cellulose für sich allein ist merkwürdiger Weise nicht angegeben.

No.		Zeit der Untersuchung	Wasser %	N-Substanz einschliesslich Theobromin (N × 6,25) %	Theobromin %	Fett %	Stärke %	Sonstige N-freie Stoffe %	Holzfaser %	Reinasche %	Sand %	Gesammt-N %	Analytiker
57	Trinidad*)	1883	6,50	13,93	—	48,93	—	—	—	2,95	—	2,23	*Boussingault*[1])
58	Martinique	„	7,50	14,06	—	41,20	—	—	—	2,75	—	2,25	
59	Para	„	6,20	13,06	—	37,13	—	—	—	3,15	—	2,09	
60	Guayra	„	7,00	13,62	—	35,96	—	—	—	4,00	—	2,18	
61	Marageau, getrocknet . .	„	4,20	13,87	—	45,80	—	—	—	2,75	—	2,22	
62	San Yágo	„	6,00	11,75	—	46,03	—	—	—	2,25	—	1,88	
63	Caracas	„	4,20	13,50	—	51,50	—	—	—	4,00	—	2,16	
64	Montaraz	„	11,60	12,90	(2,40)	53,30	—	—	—	4,00	—	—	
	4. Geschälte (gereinigte) und gebrannte Cacaobohnen.												
65	Caracas	18 84/85	6,00	13,93 **)	1,61	48,97	9,22	13,36	4,24	3,83	0,27	2,23	*H. Weigmann*[2])
66	Trinidad	„	6,07	13,37	1,46	50,28	7,96	16,02	3,30	2,94	0,06	2,14	
67	Surinam	„	5,01	13,75	1,73	50,42	10,04	13,08	4,44	2,98	0,08	2,20	
68	Port au Prince	„	4,73	14,56	1,66	51,87	8,40	12,25	4,31	3,49	0,39	2,33	
69	Machala	„	4,97	14,06	1,39	50,77	7,17	15,99	3,16	3,73	0,15	2,25	
70	Puerto Cabello	„	5,71	13,31	1,74	50,20	9,26	13,27	4,33	3,89	0,03	2,13	
71	Ariba	„	6,57	15,94	1,28	48,01	7,80	14,65	3,70	3,31	0,02	2,55	
	Mittel von No. 65—71 für gereinigte und gebrannte Bohnen im Vergleich zu Mittel aus No. 32—38 und No. 39—45 . .	.	**5,58**	**14,13** **)	**1,55**	**50,09**	**8,77**	**13,91**	**3,93**	**3,45**	**0,14**	**2,26**	
72	Caracas	18 84/85	7,48	—	(0,50)	49,24	9,85	—	—	3,92	—	—	*P. Zipperer*[3]).
73	Trinidad	„	7,85	—	(0,42)	48,14	8,72	—	—	4,12	—	—	
74	Surinam	„	4,04	—	(0,54)	49,88	10,19	—	—	2,88	—	—	
75	Port au Prince	„	6,27	—	(0,36)	46,90	12,64	—	—	4,82	—	—	
76	Machala	„	6,25	—	(0,31)	52,09	11,59	—	—	3,75	—	—	

¹) Nach Ann. Chim. et Phys. 1883. p. 433 in Chem. Ztg. 1883. S. 902.

²) Original-Mittheilung; vergl. Anm. S. 1019.

³) Vergl. Anm. ²) und Anm. *) S. 1020. Zipperer giebt ferner an:

	No. 72 Caracas	73 Trinidad	74 Surinam	75 Port au Prinin	76 Machala	77 Puerto Cabello	78 Ariba
Cacaogerbsäure, Zucker und Phlobaphene . .	8,61 %	7,69 %	8,08 %	7,19 %	7,84 %	8,25 %	8,61 %
Proteinstoffe + Cellulose	22,16 „	23,06 „	24,39 „	21,82 „	18,17 „	21,21 „	19,43 „
Verhältniss von Cellulose zu Proteinstoffe wie 1 :	7,7	7,6	8,0	7,3	6,0	7,0	6,5

Auch hier ist der Gehalt an Protein und Cellulose für sich allein nicht angegeben.

*) Boussingault giebt für die Kerne des Trinidad Cacao a. ungeröstet und b. geröstet noch folgende ausführliche Analyse:

	Wasser	Albumin	Theobromin	Fett	Stärke und Stärkezucker	Schleimgummi	Weinsäure	Tannin	Lösliche Cellulose	Sonstige Stoffe	Asche
a.	7,6 %	10,9 %	3,3 %	49,9 %	2,4 %	2,4 %	3,4 %	0,2 %	10,6 %	5,3 %	4,0 %
b.	5,8 „	11,8 „	3,6 „	54,0 „	2,5 „	2,5 „	3,7 „	0,2 „	11,5 „	5,8 „	4,4 „

**) In den Bohnen No. 65—71 bestimmte H. Weigmann auch nach der Methode von Stutzer den Gehalt an reinem Protein mit folgendem Ergebniss:

	No. 65 Caracas	66 Trinidad	67 Surinam	68 Port au Prince	69 Machala	70 Puerto Cabello	71 Ariba
Reiner Eiweiss-N . . .	1,65 %	1,51 %	1,45 %	1,67 %	1,75 %	1,45 %	1,69 %
Oder reines Eiweiss . .	10,31 „	9,44 „	9,06 „	10,44 „	10,94 „	9,06 „	10,56 „

No.		Zeit der Untersuchung	Wasser %	N-Substanz einschliesslich Theobromin (N × 6,25) %	Theobromin %	Fett %	Stärke %	Sonstige N-freie Stoffe %	Holzfaser %	Asche %	Sand %	Stickstoff %	Analytiker
77	Puerto-Cabello	18$\frac{84}{85}$	6,58	—	(0,52)	48,40	10,96	—	—	4,08	—	—	P. Zipperer[1])
78	Ariba	„	8,52	—	(0,38)	50,07	9,10	—	—	3,89	—	—	
	Mittel von No. 72—78 im Vergleich zu Mittel von No. 46—52	.	**6,71**	—	**(0,43)**	**49,24**	**10,43**	—	—	**3,92**	—	—	

5. Cacaobohnen-Masse (d. h. verknetete Cacaobohnen).

No.		Zeit der Untersuchung	Wasser %	N-Substanz %	Theobromin %	Fett %	Stärke %	Sonstige N-freie Stoffe %	Holzfaser %	Asche %	Sand %	Stickstoff %	Analytiker
79	Caracas	18$\frac{85}{84}$	5,03	14,05	1,57	50,37		22,76	3,60	3,87	0,32	2,25	H. Weigmann[2])
80	Trinidad	„	4,49	13,50	1,25	54,17		21,38	3,51	2,88	0,07	2,16	
81	Surinam	„	3,92	13,37	1,74	55,81		20,97	2,92	2,93	0,08	2,14	
82	Port au Prince	„	3,10	14,19	1,75	55,51		19,85	3,57	3,44	0,34	2,27	
83	Machala	„	3,46	13,62	1,40	54,64		21,55	3,11	3,49	0,13	2,18	
84	Puerto-Cabello	„	4,93	13,25	1,65	50,83		24,53	3,60	3,88	0,08	2,12	
85	Ariba	„	4,16	15,81	—	49,86		22,81	3,48	3,74	0,14	2,53	
	Cacaobohnen-Masse, Mittel aus No. 79—85 im Vergleich zu Mittel No. 65 bis 71, Mittel aus No. 46 bis 52 und Mittel No. 32 bis 38)	.	**4,16**	**13,97**	**1,56**	**53,03**		**21,81**	**3,40**	**3,46**	**0,17**	**2,23**	

Cacaoschalen.*)

No.		Zeit	Gehalt an Schalen[3])	Wasser	N-Substanz								Analytiker
1	Caracas I.	1879	15,03	7,41	13,93	4,94	—	41,78	12,91	7,41	12,62	—	G. Laube und B. Aldendorff[3])
2	desgl. II.	„	20,09	7,74	11,68	5,99	—	35,29	12,79	8,32	18,19	—	
3	Guayaquil I.	„	—	8,93	13,44	8,12	—	48,01	13,87	6,81	0,82	—	
4	desgl. II.	„	—	9,11	12,94	10,75	—	47,08	13,12	6,79	0,21	—	
5	Trinidad I.	„	15,35	9,04	14,94	6,18	—	44,80	16,36	6,39	2,29	—	
6	desgl. II.	„	14,04	8,30	15,44	4,23	—	46,05	18,00	7,06	0,92	—	
7	Puerto-Cabello	„	14,92	6,40	13,75	4,38	—	47,12	14,83	6,06	7,46	—	
8	Socosnusco	„	18,58	6,48	19,12	6,48	—	39,39	15,67	8,15	4,71	—	
					N-Substanz einschl. Theobromin								
9		1878	—	12,30	10,19	3,22	—	39,44	23,00	11,85		—	L. Grandeau[4])
10		„	—	14,40	8,44	1,89	—	62,27	10,05	3,05		—	
11		„	—	9,62	12,31	2,78	—	47,09	18,00	10,20		—	
12		„	—	11,72	9,98	2,38	—	42,11	24,24	9,32		—	

[1]) Vergl. Anmerkung [3]) Seite 1021.
[2]) Original-Mittheilung; vergl. Anm. S. 1019.
[3]) Original-Mittheilung.
[4]) Nach Dietrich und König: Zusammensetzung der Futtermittel. 2. Aufl. S. 264.
*) Die Schalen wurden nach dem Trocknen mechanisch abgetrennt.

No.		Zeit der Untersuchung	Gehalt der Bohnen an Schalen %	Wasser %	Stickstoff-Substanz einschl. Theobromin %	Theobromin %	Fett %	N-freie Extractstoffe %	Holzfaser %	Asche %	Sand %	Stickstoff %	Analytiker
13		1878	—	11,13	(25,87)	—	8,22	34,15	13,35	7,28		—	*C. Portele*[1])
14		„	—	11,46	10,32	—	4,99	49,94	14,81	6,68 Reinasche	2,30	—	*J. Moser*[2])
15	Caracas	18 84/85	—	12,49	13,18	0,58	2,38	40,30	16,33	9,06	6,26	2,11	*H. Weigmann*[3])
16	Trinidad	„	—	14,64	14,62	0,74	3,45	44,89	15,79	6,19	0,42	2,34	*H. Weigmann*[3])
17	Surinam	„	—	13,93	16,25	0,78	2,54	42,47	17,04	6,63	0,85	2,60	*H. Weigmann*[3])
18	Puerto-Cabello	„	—	14,89	16,18	0,75	2,01	43,32	15,25	8,08	0,27	2,59	*H. Weigmann*[3])
19	Caracas	„	15,00	11,90	14,06	(0,30)	4,15	35,17	17,99	16,73		2,25	*H. Zipperer*[4])
20	Trinidad	„	14,68	13,09	13,31	(0,40)	4,74	43,04	18,04	7,78		2,13	*H. Zipperer*[4])
21	Surinam	„	14,60	13,02	—	(0,33)	4,17	—	14,85	7,31		—	*H. Zipperer*[4])
22	Puerto-Cabello	„	12,28	12,04	—	(0,32)	4,00	—	15,98	8,99		—	*H. Zipperer*[4])
	Mittel	.	**15,45**	**11,37**	**13,95**	**0,73**	**4,66**	**43,29**	**16,02**	**6,70**	**4,01**	**2,23**	

L. Seyler[5]) bestimmte den Gehalt an Holzfaser in ungerösteten Cacaobohnen und in Cacaoschalen mit folgendem Resultat:

	Bahia	Tabasko	Guayaquil	Caracas	Domingo	Puerto-Cabello
Ungeröstete Bohnen	3,09 %	2,14 %	2,37 %	2,97 %	2,25 %	2,68 %
Schalen	14,48 „	11,91 „	10,99 „	11,94 „	16,16 „	10,23 „
Letzterer Gehalt nach Abzug von Quarzsand	0,67 %	0,38 %	1,03 %	6,65 %	2,50 %	5,96 %

Ueber den Theobromin-Gehalt giebt G. Wolfram[6]) folgende Zahlen für die bei 100^0 C. getrocknete Substanz:

No.		In den enthülsten Bohnen			In den Schalen	
		Theobromin %	Fett %	Asche %	Theobromin %	Asche %
1	Caracas	1,63	53,80	3,68	11,1	13,32
2	Guayaquil	1,63	50,60	3,81	0,97	5,99
3	Domingo	1,66	51,50	3,02	0,56	10,61
4	Bahia	1,64	51,70	3,35	0,71	5,13
5	Puerto-Cabello	1,46	49,90	3,59	0,81	9,28
6	Tabasca	1,34	52,60	4,33	0,42	5,87
	Mittel	**1,56**	**51,68**	**3,63**	**0,76**	**6,37**

1) Centr.-Bl. f. Agric. Chem. 1870. S. 304.

2) Nach Dietrich u. König: Zusammensetzung d. Futtermittel. 2. Aufl. S. 264.

3) Original-Mittheilung; vergl. Anm. zu den Analysen von Cacaobohnen desselben Analytikers S. 1019. H. Weigmann bestimmte in den 4 von ihm untersuchten Sorten Cacaoschalen den Gehalt an reinem Eiweiss nach Stutzer's Methode mit folgendem Resultat:

	No. 15	16	17	18
Schalen von Bohnen:	Caracas	Trinidad	Surinam	Puerto Cabello
Reiner Eiweiss-N	2,08 %	1,90 %	2,08 %	1,93 %
Oder reines Eiweiss . . .	13,00 „	11,86 „	13,00 „	12,06 „

4) P. Zipperer: Untersuchungen über Cacao und dessen Präparate. Hamburg 1887. S. 55. Bei Machala-Bohnen betrug der Gehalt an Schalen 16,14 %, bei Port au Prince 16,00 %, bei Ariba 18,68 %. Zipperer fand ferner bei den 4 von ihm untersuchten Cacaoschalen an in 80 % tigem Alkohol löslicher Cacaogerbsäure:

No. 19	20	21	22
Caracas	Trinidad	Surinam	Puerto Cabello
3,8 %	4,87 %	5,10 %	9,15 %

5) 14.—17. Jahresbericht d. k. chem. Centralstelle f. öffentl. Gesundheitspflege in Dresden 1888. S. 86.

6) 6. und 7. Jahresbericht d. chem. Centralstelle f. öffentl. Gesundheitspflege in Dresden 1878. S. 76.

James Bell[1]) giebt für den Gehalt an Theobromin und ein dem Theïn ähnliches Alkaloïd an:

	Guayaquil	Grenada	Surinam	Trinidad	Trinidad-Schalen
Theobromin . .	0,54 %	0,91 %	0,78 %	0,59 %	1,02 %
Theïn	Spur	Spur	0,02 „	0,25 „	0,33 „

P. Zipperer theilt in seiner Schrift: Untersuchungen über Cacao und dessen Praeparate 1887. S. 43 noch folgende äussere Beschaffenheit etc. einiger Cacaobohnen mit:

No.	Bohnen von	Form der Bohnen	Aussehen und Ueberzug der Schalen	Aussehen der Samenlappen (Cotyledonen)	Durchschnittsmass d. Bohnen: Länge mm	Breite mm	Dicke mm	Gewicht von 20 Bohnen g
1	Puerto-Cabello	gross, eirund, wenig abgeplattet	mineralischer, ockergelber	aussen röthlichbraun, innen rothbraun	24	15	8	25,0
2	Caracas	stark convex	mineralisch, rothbraun	desgl.	23	15	8	35,5
3	Ariba	gross, mit ungleichen Conturen	mineralisch, gelbbraun	aussen tiefer gefärbt, als gegen die Mitte	24	15	6	34,5
4	Machala	flach, unregelmässig conturirt	schmutzig schwarzbraun	aussen tief schwarzbraun, innen heller	22	13	5	23,5
5	Surinam	gross	graubraun	dunkelrothbraun	23	12	6	33,0
6	Port au Prince	flach unförmig	hellbraun	gleichförmig schwarzbraun	23	14	4	25,8
7	Trinidad	sehr gross, breit und platt	gelbbraun, leicht abspringend	innen schwarzbraun	25	18	4	—

Ueber sonstige microscopische Unterschiede in der anatomischen Structur, sowie über chemische Reactionen zur Unterscheidung der einzelnen Cacaobohnen, welche Reactionen mir nicht sehr zuverlässig erscheinen, verweise ich auf das Original.

R. Bensemann hat (Repertorium f. analyt. Chemie 1884. S. 213 und 1885. S. 178) in einigen Cacaobohnen und Schalen behufs Feststellung von Verfälschungen und Vermengungen von Cacaopulver und Chocolade (vergl. II. Theil dieses Werkes) Bestimmungen von Fett, Stärke etc. ausgeführt, wobei die Stärke in der Weise bestimmt wurde, dass 2 g Substanz erst mit kaltem Wasser extrahirt, darauf das Ungelöste noch feucht in 200 CC. Wasser aufgenommen und nach Zusatz von 20 CC. Salzsäure (1,12) 3 Stunden in kochendem Wasserbade erwärmt wurden. Nach dem Erkalten wurde filtrirt und zu dem Filtrat eine kalte, frisch bereitete Lösung von 4 g Kupfertartrat, 2 g Weinsäure, 30 CC. Natronlauge (1,13) und 100 CC. Wasser gegeben; das Gemisch ½ Stunde bei einer Temperatur von 70—80° C. digerirt, das ausgeschiedene Kupferoxydul als Kupferoxydul gewogen und bei der Berechnung 1 g Cu_2O = 0,4532 g Stärke gesetzt.

Die Resultate sind folgende:

Cacaobohnen, Handelssorten	Maracaibo %	Caracas %	Trinidad %	Malacha-Guayaquil %	Portoplata %	Mittel %
Die lufttrockenen Samen (Cacaobohnen) enthalten:						
Samenschalen (Hülsen), lufttrocken	12,00	16,00	14,00	13,00	12,00	**13,00**
Samenkerne (Kerne), „	88,00	84,00	86,00	87,00	88,00	**87,00**
	100,00	100,00	100,00	100,00	100,00	**100,00**

[1]) James Bell, die Analyse und Verfälschung der Nahrungsmittel übersetzt von C. Mirus. Berlin 1882. S. 85.

Cacaobohnen, Handelssorten	Maracaibo %	Caracas %	Trinidad %	Machala Guayaquil %	Portoplata %	Mittel %
Die von den Samenschalen befreiten lufttrockenen Samenkerne enthalten (b.–d. = U; a.–f. trocken bei 100° C.):						
a. Feuchtigkeitswasser bei 100° C.	6,87	7,03	6,45	5,81	5,87	**6,41**
b. Fett	49,18	49,43	51,97	53,21	53,57	**51,47**
c. Stärke = S	13,01	12,74	10,15	10,82	12,04	**11,75**
d. Andere wasserunlösliche organische Körper	17,32	18,53	19,25	19,38	15,69	**18,03**
e. Wasserlösliche organische Körper	9,20	8,26	8,80	6,94	9,52	**8,54**
f. Aschenbestandtheile trocken bei 100° C.	4,42	4,01	3,38	3,84	3,31	**3,80**
	100,00	100,00	100,00	100,00	100,00	**100,00**
g. Asche der wasserunlöslichen Körper	0,84	0,90	0,63	1,00	1,09	**0,89**
Die lufttrockenen Samenschalen (Hülsen) enthalten (a.–d. = U; a.–f. trocken bei 100° C.):						
a. Feuchtigkeitswasser bei 100° C.	13,08	13,62	13,80	14,56	11,55	**13,32**
b. Fett = F	2,34	1,81	2,37	2,03	3,95	**2,50**
c. Stärke	8,79	8,81	8,63	7,07	10,35	**8,73**
d. Andere wasserunlösliche organische Körper	54,43	48,96	48,32	48,51	45,58	**49,16**
e. Wasserlösliche organische Körper	14,45	9,74	18,91	14,73	15,53	**14,67**
f. Aschenbestandtheile trocken bei 100° C.	6,91	17,06	7,97	13,11	13,04	**11,62**
	weiss	grau-bräunl.	grau	grau	grau-bräunl.	
	100,00	100,00	100,00	100,00	100,00	**100,00**
g. Asche der wasserunlöslichen Körper	2,63	13,60	3,80	1,20	10,21	**7,83**
	weiss	grau-bräunl.	grau-bräunl.	grau	grau-bräunl.	
Chocoladen in Tafelform, deutsches Fabrikat nur aus enthülsten Cacaobohnen (Kernen) und Zucker hergestellt; Preis pro ½ Kilo	Mk. 2,40	Mk. 2,00	Mk. 1,60	Mk. 1,20	Mk. 10,21	
Die Chocolade enthält (a.–d. = U; a.–f. trocken bei 100° C.):	%	%	%	%	%	%
a. Feuchtigkeitswasser bei 100° C.	1,92	2,25	1,10	1,53	1,43	**1,65**
b. Fett = F	22,61	22,5	22,48	21,40	24,14	**22,57**
c. Stärke = S	5,20	4,70	4,27	3,92	4,81	**4,58**
d. Andere wasserunlösliche organische Körper	8,35	8,82	8,63	9,02	8,09	**8,58**
e. Wasserlösliche organische Körper	59,60	59,56	61,81	62,43	59,73	**60,63**
f. Aschenbestandtheile, trocken bei 100° C.	2,32	2,42	1,71	1,70	1,80	**1,99**
	100,00	100,00	100,00	100,00	100,00	**100,00**
g. Asche der wasserunlöslichen Körper	0,27	0,24	0,34	0,25	0,40	**0,30**

R. Bensemann hat ferner die Zusammensetzung des in Salzsäure und Salpetersäure löslichen Antheiles der Asche ermittelt, jedoch verweise ich bezüglich dieser Resultate auf das Original.

Puder-Cacao, d. h. theilweise entfetteter Cacao.

No.		Zeit der Untersuchung	Wasser %	N-Substanz (einschl. Theobromin-N) %	Theobromin %	Fett %	Zucker %	Stärke %	Sonstige N-freie Extractstoffe %	Holzfaser %	Asche %	Stickstoff %	Analytiker
1	Entölter Cacao von Lobeck & Co. in Dresden*)	1882	6,86	18,91	—	32,55	1,60	17,11	17,79		5,18	3,02	A. Stutzer[1])
2		„	6,71	18,60	—	33,48	—	—	—		5,18	2,97	
3	Von Gebr. Stollwerck in Köln: Entölt. Cacao No. I*)	„	6,55	20,23	—	30,95	2,13	15,20	21,16		3,78	3 24	
4	„ „ „ II*)	„	6,50	20,29	—	32,31	2,53	13,56	19,44		5,37	3,25	
5	Extrafein. aus Puerto Cabello und Socosnusco, 4 Mk. pro ½ kg **) . . .	1884	6,81	22,50	2,12 **)	21,95	2,77	15,20	20,71	4,64	5,22	3,60	J. König, J. Cosack und H. Weigmann[2])
6	Feiner, No. II, 2,40 Mk. pro ½ kg	„	6,67	23,62	2,25 **)	23,31	3,62	14,26	18,72	4,76	5,04	3,78	
7	Puder-Cacao . . .	1888	5,10	22,31	—	21,81	—	17,34	22,55	5,42	5,47	3,57	
8	Von Lobeck & Co. in Dresden	„	7,62	19,81	—	26,23	—	13,30	22,79	4,67	5,58	3,17	
9	Von P. W. Gaedtke in Hamburg***) . . .	„	7,10	25,18 ***)	—	21,68	—	13,84	20,45	6,05	5,70	4,03	
10	desgl.	„	6,49	21,94	1,64	28,07	—	16,82	14,63	6,68	5,37	3,51	
11	Von C. S. van Houten & Zoon in Amsterdam**)	„	5,42	18,97	—	29,27	—	13,38	20,24	4,88	7,84	3,17	
12	desgl.	1886	4,27	20,50	(0,95)	32,30	—	11,85	13,18	8,78	9,12	3,28	A. Stutzer[3])

[1]) Repertorium f. analyt. Chem. 1882. S. 161 u. Hygiene-Bericht 1882/83. Bd. I. S. 217.
[2]) Original-Mittheilung.
[3]) Nach einer Broschüre von P. W. Gaedtke über Hamburger Puder-Cacao.

*) Die Puder-Cacao No. 1—4 ergaben ferner:

	No. 1	2	3	4
Reines Eiweiss	6,25 %	4,16 %	6,72 %	8,24 %
Lösliches Nichteiweiss .	5,78 „	5,54 „	6,36 „	5,46 „
Unlösliche N-Substanz .	6,88 „	8,90 „	7,15 „	6,58 „
Phosphorsäure	1,61 „	1,67 „	1,79 „	1,95 „

**) Das Theobromin in No. 4 u. 5 ist nach G. Wolfram bestimmt; bei No. 9 nach der von Weigmann modificirten Methode (vergl. unter Cacaoanalysen S. 1019, wo auch die Methode der Stärkebestimmung beschrieben ist. Die Proben Puder-Cacao No. 7—11 ergaben ferner:

	Von der N-Substanz Verdaulich %	Unverdaulich %	In Proc. der Gesammt-N-Subst. verdaul. %	In Wasser lösl. Stoffe Organische %	Unorganische %	Kali %	Kalk %	Magnesia %	Phosphorsäure %
No. 7 .	12,76	9,55	57,19	4,88	2,04	1,58	0,35	0,93	2,05
No. 8 .	10,56	8,25	58,35	4,03	1,93	1,83	0,50	0,86	1,92
No. 9 .	14,06	11,12	55,84	4,34	1,88	1,75	0,50	1,01	2,09
No. 10 .	—	—	—	—	—	1,91	0,28	0,92	1,88
No. 11 .	8,54	10,43	45,02	4,03	3,03	3,52	0,27	0,81	1,84
Vom reinen Eiweiss:									
No. 12 .	9,18	9,47	49,34	—	—	—	0,16	—	1,77
No. 13 .	13,13	7,50	63,61	—	—	—	0,20	—	1,82

Die Verdaulichkeit ist durch successives Behandeln der Puder-Cacao mit Magen- und Pankreassaft bestimmt worden

***) Der Gaedtke'sche Puder-Cacao scheint durch Rösten der Cacaobohnen mit Ammoniak oder dessen Salzen dargestellt zu werden; denn er enthält nicht unwesentliche (durch Magnesia aus dem wässerigen Extract abdestillirbare) Mengen Ammoniak-N + Asparagin-N; wir fanden in einer Probe mit 4,12 % Gesammt-N 0,36 % N in Form von Ammoniak und Asparagin. H. Weigmann fand nach Anm. S. 1019 in natürlicher Cacaomasse im Mittel:

Asparagin-N . . .	0,023 %
Ammoniak-N . . .	0,016 „
Summa	0,039 %

welche Menge für entfetteten Puder-Cacao höchstens 0,07 % ausmacht, so dass nach Abzug dieser für den Gaedtke'schen Cacao noch rund 0,30 % N in Form von künstlich zugesetztem Ammoniak verbleiben würde. Daher erklärt sich wohl auch der verhältnissmässig hohe Gehalt dieses Puder-Cacaos an Gesammt-N und daraus berechneter N-Substanz.

No.		Zeit der Untersuchung	Wasser %	N-Substanz (einschl. Theobromin-N) %	Theobromin %	Fett %	Zucker %	Stärke %	Sonstige N-freie Extractstoffe %	Holzfaser %	Asche %	Stickstoff %	Analytiker
13	Von P. W. Gaedtke in Hamburg	1886	3,81	23,12	1,28	28,45	—	15,08	18,43	5,85	5,26	3,70	*A. Stutzer*[1])
14	Holländ. Puder-Cacao *) .	1880	4,60	19,50	—	31,60	—	—	—	—	9,10 *)	3,12	*Frühling und Schultz*[2])
15	van Houten's Cacao . .	1888	3,87	(14,47)	1,74	33,27		34,80		3,89	7,88	—	*Belohoubeck*[3])
16	Nährsalz-Cacao von Hewel & Veithen in Köln **) .	1889	8,00	17,50	1,78	28,26	—	11,09	26,24	4,21	4,70	2,80	*E. Haselhoff*[4])
	Mittel für deutschen Cacao	.	**6,35**	**21,50**	**1,82**	**27,34**	**2,53**	**15,17**	**16,48**	**5,44**	**5,19**	**3,44**	
	„ „ holländisch. „	.	**4,54**	**19,66**	**1,74**	**31,61**	—	**12,61**	**17,25**	**5,85**	**8,48**	**3,15**	

Eichel-Cacao.

No.		Zeit der Untersuchung	Wasser %	N-Substanz %	Fett %	Gerbsäure (als Eichelgerbsäure berechnet) %	Zucker %	N-freie Extractstoffe %	Holzfaser %	Asche %	Phosphorsäure %	Stickstoff %	Analytiker
1	Von Gebr. Stollwerck in Köln a. Rh.	1885	—	14,06 ***)	14,42	1,96	25,15	23,39	(1,88)	—	—	2,29	*R. Fresenius*[4])
2		„	5,28	—	14,14	1,95	24,26	22,66	3,13	3,66	—	—	*A. Tschirch*[5])
3		„	5,52	15,25 ***)	14,85	3,28	19,10	26,22	3,82	3,95	1,21	2,44	*H. Weigmann*[4])
4		1888	7,50	11,25	16,54	2,50		38,76		3,83	—	1,80	*O. Schweissinger*[6])
5	Holländischer Eichel-Cacao von Kraepelin & Holm in Zeist .	1885	4,34	—	17,33	—	26,35	32,78	2,40	3,34	—	—	*A. Tschirch*[5])
6	desgl.	1887	4,01	13,46	11,68	—	39,70	—	2,30	3,42	—	2,15	*van Hamel-Roos*[7])
	Mittel	.	**5,33**	**13,51**	**14,82**	**2,42**	**26,91**	**30,16**	**2,91**	**3,64**	**1,21**	**2,16**	

[1]) Nach einer Broschüre von P. W. Gaedtke über Hamburger Puder-Cacao.

[2]) Correspondenz-Bl. d. Vereins analyt. Chem. 1880. S. 17.

[3]) Nach Cas. ceského lékarnietoa 1888. Bd. 7. S. 311 in Repertorium der Chem. Ztg. 1888. S. 270. Die N-Substanz ist als in Wasser lösliche und unlösliche Eiweissstoffe aufgeführt; das Theobromin ist nach Legler's Methode, der N nach Will-Varrentrapp, Holzfaser nach der Weende'r Methode bestimmt. Die Asche ergab in Procenten:

K_2O %	Na_2O %	MgO %	CaO %	Fe_2O_3 %	Al_2O_3 %	Mn_2O_3 %	P_2O_5 %	SO_3 %	Cl %	SiO_2 %	CO_2 %	Sand etc. %
52,89	2,14	10,45	1,56	0,22	0,15	0,02	24,91	2,56	0,89	0,78	3,45	0,09

[4]) Original-Mittheilung.

[5]) Pharm. Ztg. 1887. No. 27.

[6]) Jahresber. d. öffentl. chem. Laboratoriums in Dresden. 1888. S. 16.

[7]) Nach einer Mittheilung von T. F. Hanauseck in Zeitschr. f. Nahrungsm. Untersuch. u. Hygiene 1887. S. 247. Hanauseck findet für den holländischen Eichelcacao nach der mikroskop. Untersuchung; dass die Cacao-Cotyledonen nur in kleinen Körperchen vorhanden, die Bohnen daher fein gepulvert sind; Cacaoschalen-Bestandtheile liessen sich nur wenige nachweisen; das zugesetzte Weizenmehl war gut geröstet mit allen Kennzeichen der Dextrinirung; indess fand sich auch etwas Kleie von Weizenmehl vor. Kartoffelstärke und Zimmtpulver etc. waren nicht vorhanden.

*) Die Asche des Holländischen Cacaos ergab in Procenten derselben:

K_2O	Na_2O	CaO	MgO	P_2O_5	SO_3	Cl	CO_2
48,68 %	1,23 %	2,08 %	8,43 %	20,42 %	1,76 %	1,86 %	15,52 %

Der Zusatz von Potasche bei dem holländischen Puder-Cacao macht sich hier wie bei den Analysen No. 11 durch einen erhöhten Kaligehalt geltend.

**) Von der Asche 1,66 % K_2O und 1,56 % P_2O_5.

***) Von der Stickstoff-Substanz ist reines Eiweiss:

	No. 1	3
Reines Eiweiss . . .	8,13 %	10,10 %

Sacharin-Cacao.

No.		Zeit der Untersuchung	Wasser %	N-Substanz %	Theobromin %	Fett %	Sacharin %	Stärke %	Sonstige N-freie Extractstoffe %	Holzfaser %	Asche %	Analytiker
1	Von Max Rieck in Hamburg	1888	7,26	20,50	2,09	32,25	0,40	13,02	13,51	5,27	5,93 *)	*J. König und M. Wesener*[1])
2	Von D. Sprüngli & Sohn in Zürich	„	3,89	—	—	28,78	0,76	—	—	—	—	? [2])

Pepton-Cacao.

Vergl. S. 245; hier sei noch ein mit Kemmerich's Fleisch-Pepton von Rud. Schülke in Hamburg dargestellter Pepton-Cacao mitgetheilt, welcher während des Druckes dieses Werkes von W. Kisch mit folgendem Resultat untersucht wurde:

Wasser	Gesammt-N-Substanz (3,29 % N)	Albuminosen**)	Pepton	Theobromin	Zucker	Sonstige N-freie Extractstoffe	Holzfaser	Mineralstoffe	Kali	Phosphorsäure
4,08 %	20,56 %	8,25 %	4,41 %	1,03 %	49,51 %	9,37 %	1,43 %	4,17 %	1,97 %	1,21 %

Chocolade.

No.		Preis pro ½ kg Mk.	Zeit der Untersuchung	Wasser %	N-Substanz (einschl. Theobromin-N) %	Theobromin ***) %	Fett %	Zucker %	Stärke***) %	Sonstige N-freie Stoffe %	Holzfaser %	Asche %	Stickstoff %	Analytiker
1	Süsse Chocolade . . .		1879	2,81	5,56	—	17,57	54,80	—	—	—	2,98	0,89	*J. König, C. Krauch, J. Cosack und H. Weigmann*[1]) ***)
2	Vanille-Chocolade . . .		„	0,99	4,87	—	12,03	64,96	4,10	—	—	2,18	0,78	
3	Haushaltungs-Chocolade .		„	1,31	4,94	—	15,52	65,64	3,96	5,51	1,22	1,90	0,79	
4	desgl.		„	1,09	4,87	—	16,09	69,84	3,69	1,77	1,10	1,55	0,78	
5	Von Gebr. Stollwerck in Köln a. Rh.: Superfeine Gesundheits-Chocolade I. . .	2,40	1883	2,50	6,62	0,66	27,31	48,59	4,59	5,40	1,30	1,69	1,06	
6	Gute Gesundh.-Choc. mit 10 % Sagostärke .	1,25	„	2,68	6,81	0,49	21,73	50,65	10,99	3,84	1,87	1,43	1,09	
7	Fürsten-Chocol.	5,00	„	2,06	6,89	0,79	28,55	37,86	5,85	14,68	2,10	2,01	1,10	
8	Superfeine Vanille-Choc. III.	3,00	„	2,11	6,75	0,68	25,54	45,37	5,83	11,25	1,50	1,65	1,08	
9	desgl. für Reisen	3,00	„	2,19	6,93	0,69	24,10	47,29	3,83	12,48	1,50	1,68	1,11	
10	Gute Vanille-Chocolade VI.	1,60	„	1,93	8,18	0,56	22,50	55,31	4,44	5,50	0,70	1,44	1,31	

[1]) Original-Mittheilung.
[2]) Chm. Ztg. 1888. No. 7. S. 106.

*) Der Sacharin-Cacao enthielt ferner 1,69 % Phosphorsäure und 2,16 % Kali.

**) Die Albuminosen sind durch Fällen mit Ammoniumsulfat, Pepton durch Fällen mit phosphorwolframsaurem Natrium bestimmt worden.

***) Bei No. 2, 3 u. 4 sind unter Stärke die nach Extraction des Zuckers mit Schwefelsäure in Zucker überführbaren Stoffe zu verstehen; bei No. 5—10 ist die Stärke in dem zucker- und fettfreien Rückstand dadurch bestimmt, dass letzterer in Reischauer'schen Druckfläschchen erhitzt und die verkleisterte Masse mit Salzsäure invertirt wurde; bei No. 6 schliesst die Zahl die Sagostärke mit ein. Der Zucker ist bei den Analysen No. 1—10 durch Extraction mit Wasser und Fällen der wässerigen invertirten Lösung mit Fehling'scher Lösung gewichtsanalytisch bestimmt. Für die Bestimmung des Theobromins bei No. 5—10 wurde die Wolfram'sche Methode angewendet.

No.		Zeit der Untersuchung	Wasser %	N-Substanz (excl. Theobromin) %	Theobromin*) %	Fett %	Zucker*) %	Stärke*) %	Sonstige N-freie Stoffe %	Holzfaser %	Asche %	Stickstoff %	Analytiker
11	Nährsalz-Chocolade von Hewel & Veithen in Köln	1889	1,88	5,81	0,80	24,12	45,67	6,49	12,14	2,05	1,84	0,93	*E. Haselhoff*[1]
12	Französische Chocoladen	1883	1,22	4,57	(1,26)	21,40	59,07	1,83	—	—	1,79	—	*Boussingault*[2]*)
13		„	1,28	4,57	(1,33)	22,20	57,47	1,83	—	—	1,75	—	
14		„	0,98	4,99	(1,43)	23,80	56,34	0,97	—	—	1,87	—	
15	Spanische Chocoladen	„	1,51	6,45	(1,82)	20,50	54,00	1,33	—	—	2,43	—	
16		„	1,20	8,67	(2,64)	24,80	41,46	1,84	—	—	3,23	—	
17		„	1,33	8,21	(2,50)	26,60	41,40	1,74	—	—	3,06	—	
	Mittel (No. 1—10 excl. No. 6)	.	**1,89**	**6,18**	**0,67**	**21,02**	**54,40**	**4,54**	**8,73**	**1,35**	**1,89**	**0,99**	

Kolanüsse.

(Nüsse des Kolabaumes, Cola acuminata R. Br., oder Steocolia acuminata).

No.		Zeit der Untersuchung	Wasser %	N-Substanz %	Coffeïn %	Theobromin %	Fett %	Gummi + Zucker %	Stärke %	Rohfaser %	Asche %	Analytiker
1	Aus Centralafrika . . .	1882	11,92	6,76	2,35	0,023	0,59	5,91	33,75	(29,83)	3,33	*Fr. Schlagdenhauffen*[3])
2		„	13,65	6,33	2,13		1,52	10,67	42,50	(20,00)	3,20	*J. Attfield*[4])
3	Von Binun	1888	11,59	10,12	1,69		0,17	—	46,73	8,67	3,31	*R. Chodat u. Ph. Chuit*[5])
4	Von Camerun	„	12,19	—	2,34		0,20	—	—	15,14	2,93	
5	Kolapraeparat, für Nährzwecke dienend . . .	„	6,83	10,18	1,95		0,15	—	47,92	8,99	2,88	
	Mittel	.	**11,23**	**8,34**	**2,09**		**0,52**	**8,94**	**42,72**	**10,80**	**3,13**	

¹) Original-Mittheilung. Die Nährsalz-Chocolade ergab 0,82 % Kali und 0,59 % Phosphorsäure.

²) Nach Ann. Chim. d. Phys. 1883. p. 433 in Chem. Ztg. 1883. S. 203.

³) Compt. rendus. T. 94. p. 802. Verf. führt noch folgende besondere Bestandtheile für die Kolanüsse auf:

Glykose	Gummi	Tannin (lösl. in Alkohol)	Tannin (lösl. in Chloroform)	Kolaroth (lösl. in Alkohol)	Farbstoff
2,88 %	3,04 %	1,59 %	0,027 %	1,29 %	2,56 %

⁴) Quelle unbekannt, vergl. T. F. Hanauseck: die Nahrungs- und Genussmittel. Kassel 1884. S. 433.

⁵) Nach Ann. de Genève (Soc. phys. et histoire nat. de Genève) T. 19. p. 497 in Chm. Centr.-Bl. 1888. S. 1070. In der Azche von No. 3 wurden ferner gefunden:

Kali	Natron	Kalk	Magnesia	Phosphorsäure	Schwefelsäure	Kieselsäure
54,96 %	Spur	Spur	8,54 %	14,62 %	8,50 %	1,07 %

*) Ueber die Untersuchungsmethoden ist nichts Näheres angegeben; das Albumin schliesst anscheinend „Theobromin"-Stickstoff aus; die Zahlen für Theobromin dürften entschieden zu hoch, die für Stärke entschieden zu niedrig sein; der Zucker ist anscheinend durch Polarisation bestimmt, da es heisst, dass behufs seiner Bestimmung das stark rechtsdrehende Gummi vorher entfernt wurde. Boussingault giebt in den untersuchten Chokoladen ferner noch folgende Bestandtheile an:

	No. 11	12	13	14	15	16
Gummi (Schleim-)	1,02 %	1,07 %	1,14 %	1,33 %	1,84 %	1,74 %
Weinsäure	1,41 „	1,48 „	1,58 „	1,97 „	2,72 „	2,51 „
Tannin und Farbstoff . .	0,20 „	0,20 „	0,20 „	0,07 „	0,15 „	0,14 „
Lösliche Cellulose . . .	4,53 „	4,70 „	5,07 „	6,22 „	8,45 „	8,00 „
Unbestimmbare Stoffe . .	1,70 „	1,92 „	1,66 „	2,30 „	3,00 „	2,71 „

Tabak.

Verschiedene deutsche und fremde Tabake nach J. Nessler und E. Muth.[1]) *)

No.	Namen des Tabaks	Jahrgang	In 100 Theilen, auf bei 100° C. getrockneten Tabak berechnet, sind enthalten: Nicotin %	Ammoniak %	Salpetersäure %	Gesammt-Stickstoff %	Fett %	Gesammt-Kali %	Natron %	In d. Asche: Kohlens. Kali %	In d. Asche: Kohlens. Kalk %	Asche %	In 100 Theilen Asche sind enthalten: Kali %	Natron %	Bemerkungen
1	Habanna	—	0,62	0,210	0,964	2,45	9,8	2,93	0,91	2,30	—	24,6	11,92	3,7	Dünnes, kleines Blatt, brennt sehr gut und verbreitet einen sehr guten Geruch.
2	Portoriko	—	1,20	0,105	0,647	2,25	6,7	5,02	0,63	3,35	17,4	23,4	21,50	1,63	Ziemlich grosses Blatt, hellbraun, mit sehr vielen hellen Flecken versehen, brennt sehr gut, glimmt noch etwas länger, als 1, riecht weniger gut. Diese beiden Tabake erhielt Nessler durch Grossherzogliches Handelsministerium vom badischen Consul in Amerika.
3	Habanna	—	1,89	—	—	—	—	—	—	—	—	—	—	—	Franz. importirte Cigarren zu 25 Cent.
4	Cuba	—	0,954	0,337	0,243	2,993	—	—	—	3,10	—	20,00	—	—	Kleines, etwas grünliches, helles Blatt, brennt sowohl als Blatt, als in der Cigarre sehr gut.
5	Kentuky	—	1,354	0,767	0,940	4,226	—	—	—	5,12	—	—	—	—	Dickes, dunkelbraunes, fettiges Blatt, brennt als Blatt gut, d. h. glimmt lange. Asche schwarzgrau. Die Cigarre hält nicht lange Feuer, hinter dem Feuer bläht sich der Tabak auf. Geruch schlecht. Geruch und Geschmack sehr stark.
6	Bahia	—	—	0,30	—	4,29	—	3,20	0	4,15	—	19,3	16,6	—	14 Jahre alte Cigarre, brennt gut, hält lange Feuer, riecht und schmeckt gut.
7	Elsässer und Kentuky . .	—	—	0,148	—	3,32	—	—	—	—	—	21,6	—	—	Cigarren der französischen Regie zu 5 Centimes, brennen ziemlich gut und riechen nicht schlecht.
8	desgl.	—	—	0,466	—	—	—	—	—	—	—	12,1	—	—	(wie 7)
9	Syrischer Tabak . . .	—	0	0,601	0,575	2,900	—	2,753	0,133	3,42	12,1	20,685	13,309	0,643	Fein geschnittener Tabak, riecht, schmeckt und brennt sehr gut, beim Rauchen ist er sehr betäubend. (Von Herrn Dr. Laurent in Mannheim.)
10	Rheinbayerischer . . .	1858	1,31	0,69	0,83	3,36	5,54	—	—	—	—	—	—	—	Dunkles, stark fermentirtes Blatt, brennt ziemlich gut. Asche grau. Geruch schlecht. Geschmack scharf. Beim Rauchen sehr betäubend.

11	Rheinbayerischer . . .	1864	1,480	0,484	0,310	4,62	—	4,006	—	2,45	15,5	23,612	19,970	—	Dunkles, stark fermentirtes Blatt, brennt ziemlich gut, besser als 24, 25 u. 26.
12	Bad. Unterländer . . .	1859	3,36	0,59	0,16	4,64	6,05	—	—	0,054	—	19,7	—	—	Dickes, dunkelbraunes, fettes Blatt, brennt sehr schlecht, kohlt, bläht sich auf und glimmt nicht fort, ist sehr stark und riecht sehr schlecht.
13	Friedrichsfelder	1860	—	0,84	0,31	—	—	—	—	—	—	—	—	—	Riecht schlecht und kohlt.
14	Hockenheimer	1863	0,728	0,599	—	3,507	2,760	6,246	0,166	5,21	10,8	22,343	27,484	0,743	Braunes, grosses, nicht dickes Blatt, brennt in jeder Beziehung sehr gut, riecht nicht schlecht.
15	Friedrichsthaler	1863	1,882	0,571	—	4,57	4,314	4,645	0	4,86	10,2	23,875	19,455	0	Braunes Blatt von mittlerer Dicke, brennt sehr gut, riecht beim Brennen ziemlich stark nach Nicotin und Nicotinin, nicht nach Fett.
16	desgl.	1864	1,950	0,549	—	2,825	6,335	4,825	0	4,55	12,3	23,707	20,325	0	Dickes, braunes, fettes Blatt, brennt ziemlich gut, bläht sich dabei auf, riecht schlecht nach brennendem Fett.
17	Seckenheimer, hell . . .	1864	2,117	0,416	—	4,143	1,814	1,913	0,156	0,15	9,7	22,591	8,5	0,52	Hellbraunes Blatt, brennt sehr schlecht, glimmt nicht fort, Asche weiss, flammt stark.
18	desgl., grünlich	1864	2,320	0,437	—	4,073	4,45	2,766	0	0,07	14,1	24,219	11,4	0	Grünlich braunes, fettiges Blatt von mittlerer Dicke, glimmt durchaus nicht, riecht schlecht nach brennendem Fett.
19	desgl.	1865	0,907	0,137	—	4,001	2,487	4,36	0	3,28	16,8	22,733	19,2	0	Hellbraunes, dünnes Blatt, glimmt ziemlich gut fort, riecht nicht schlecht.
20	Altlusheimer	1865	1,318	0,324	—	3,584	3,411	2,417	0,673	1,08	18,7	22,088	10,9	3,0	Hellbraunes, dünnes Blatt, glimmt ziemlich gut fort, riecht nicht schlecht.
21	Bergsträsser	1863	1,119	0,664	—	3,107	2,672	2,998	0,197	1,71	20,8	27,281	11,0	0,72	Dunkelbraunes Blatt von mittlerer Dicke, brennt viel schlechter als 19 und 20, aber besser als 17 u. 18. Das brennende Blatt riecht nicht schlecht.
22	Lilienthaler	1861	—	—	—	—	4,81	—	—	—	—	20,15	—	—	Hellbraunes Blatt von mittlerer Dicke, brennt ziemlich gut und riecht gut.
23	Ettenheimer	1865	1,780	0,900	0,569	4,78	—	4,746	—	3,76	18,2	25,890	18,331	—	Dunkles Blatt, brennt ziemlich gut, glimmt nicht sehr lange fort, riecht nicht schlecht.
24	Gamshurster	1865	1,500	0,699	0,070	4,699	—	2,660	—	1,83	12,7	24,25	10,700	0,717	Hellbraunes, dünnes Blatt. Beim Trocknen geräuchert, brennt weiss, aber glimmt nur kurze Zeit fort.
25	Lilienthaler	1865	0,918	0,680	0,170	3,429	—	3,066	—	1,06	19,1	25,533	15,337	—	Dunkelbraunes, ziemlich dickes Blatt, brennt nicht gut, kohlt und glimmt nicht fort.
26	Herbolsheimer	1865	0,962	0,760	0,585	4,11	—	1,810	—	0,29	17,4	21,210	8,057	—	Dunkles Blatt, ziemlich dick, brennt besser als 24 und 25, riecht schlecht beim Brennen.

[1]) Der Tabak, seine Bestandtheile und seine Behandlung von J. Nessler, Mannheim 1867.

*) Stickstoff ist durch Verbrennen mit Natronkalk bestimmt, Nicotin durch Extrahiren des Tabakpulvers mit Ammoniak-haltigem Aether, Verdunsten des letzteren und Titriren des Rückstandes; Salpetersäure durch Ueberführen mittelst Eisenchlorür und Salzsäure in Stickoxyd, dieses in Salpetersäure, letztere in Ammoniak und Wägen des letzteren als Ammoniumplatinchlorid; kohlensaures Kalium durch Titriren des wässerigen Auszuges der Asche.

No.		Gesammt-Stickstoff %	Nicotin %	Asche %	Trocken-Substanz %	Analytiker
27	Cigarren-Deckblatt	3,18	3,32	8,94	—	Mallet, Irby und Cabell[1])
28	Feiner Rauchtabak	2,63	3,58	9,29	—	
29	Cigarren-Einlage	3,72	5,27	12,34	—	
30	Oesterreich	5,76	7,08	14,83	—	
31	England	5,33	6,20	13,39	—	
32	?	5,25	8,86	11,06	—	
		Ammoniak				
33	Pfälzer Tabak	0,62	1,54	—	—	*Wittstein*[2])
34	desgl.	0,63	1,58	—	—	
35	desgl.	1,03	1,85	—	—	
36	desgl.	0,57	1,86	—	—	
37	desgl.	1,06	2,18	—	—	
38	desgl.	1,25	2,62	—	—	
39	Lot	—	7,96	—	—	*J. Schiel*[3])
40	Garonne	—	7,34	—	—	
41	Elsass	—	3,21	—	—	
42	Virginien	—	6,87	—	—	
43	Maryland	—	2,29	—	—	
44	Havanna	—	2,00	—	—	
	Ungarischer Tabak:	In der Trocken-Substanz Ammoniak	Nicotin	Salpeter		
45		0,67	3,73	1,48	90,27	*Th. Kosutany*[4])
46		0,56	1,71	0,84	91,53	
47		0,95	2,61	—	89,97	
48		0,42	0,88	—	—	
49		1,12	1,37	0,74	87,68	
50		0,15	0,17	0,31	88,88	
51		0,19	0,21	0,66	90,69	
52		0,34	0,05	0,65	88,13	
53		0,66	0,04	—	—	
54		0,90	1,49	0,50	88,29	
55		0,65	0,67	1,61	91,57	
56		0,35	0,49	1,44	94,35	
57		1,53	1,06	1,34	96,40	
58		1,32	0,67	1,17	97,34	
59		0,59	0,51	0,77	97,61	
60		1,07	0,89	0,69	97,41	
61		1,82	1,11	0,38	95,18	
62		0,15	0,63	Spur	99,25	
63		0,31	0,47	0,57	95,58	
64		0,06	0,38	Spur	93,05	
65		0,07	0,28	Spur	92,16	
66		0,43	0,31	—	—	

[1]) Jahresber. f. Agric.-Chem. 1873/74. Bd. I. S. 231.
[2]) Vierteljahresschr. f. Pharm. XI. S. 351.
[3]) Ann. d. Chem. u. Pharm. 1858. Bd. 105. S. 257.
[4]) Dissertation 1873. Jahresber. f. Agric.-Chemie 1873/74. I. Bd. S. 297.

No.		In der Trocken-Substanz			Trocken-Substanz	Analytiker
		Ammoniak %	Nicotin %	Salpeter %	%	
67		0,14	0,35	—	—	*Th. Kosutany*[1])
68		0,76	0,67	—	—	
	Düngung:	Gesammt-Substanz		Asche		
69	Gesättigter Torf *)	4,87	2,18	22,54	—	*M. Fesca*[2])
70	desgl. + 70,4 g kohlens. Kali	5,51	3,55	23,59	—	
71	desgl. + 11,4 g kohlens. Natron . . .	5,55	2,29	23,42	—	
72	desgl. + 143 g kohlens. Ammon . . .	5,66	2,41	19,22	—	
73	desgl. + saurer phosphorsaurer Kalk . .	8,16	2,83	23,49	—	
74	desgl. + 70,4 g kohlensaures Kali + 11,4 kohlensaures Natron	4,55	1,92	21,32	—	
		Gesammt-N				
75	1/4 gesättigter Torf + Salzgemisch . . .	5,96	2,95	21,61	—	
76	desgl. + Kali-Magnesia-Salz	5,71	2,87	19,04	—	
77	1/2 gesättigter Torf.	5,21	2,94	20,73	—	
78	desgl. + 47 g kohlensaures Kali . . .	6,04	2,43	20,58	—	
79	desgl. + 7,6 g kohlensaures Natron . .	6,47	3,00	27,90	—	
80	desgl. + 47 g kohlensaures Kali + 7,6 g kohlensaures Natron	6,99	2,17	19,25	—	

No.	Düngung	Trocken-Substanz %	In der Trocken-Substanz: Gesammt-Stickstoff %	Nicotin %	Fett %	Asche %	Kali im Ganzen %	Kohlensaures Kali %	Natron %	Analytiker
81	Superphosphat	14,10	2,82	0,51	4,06	20,40	—	0,148	—	*J. Nessler und E. Muth*[3])
82	desgl. + Ammoniak	12,27	2,63	0,60	3,48	21,60	—	—	—	
83	Ammoniak allein	12,09	2,99	0,87	3,30	20,10	—	0,572	—	
84	Ohne Düngung	13,04	2,48	0,51	3,73	20,10	—	—	—	
85	Superphosphat	—	3,23	—	4,50	21,40	3,09	1,16	0,43	
86	Chlorkalium	—	3,29	0,83	—	23,02	3,62	0,42	0,87	
87	Schwefelsaures Kali	—	3,11	—	3,94	21,07	3,39	1,40	0,72	
88	Chlornatrium	—	2,15	0,58	3,65	24,47	2,06	0,47	0,43	
89	Kohlensaures Kali	—	3,21	0,57	3,42	21,96	3,08	2,51	0,44	
90	Feldspath	—	3,07	0,94	—	22,19	2,86	1,23	1,00	
91	Ungedüngt	—	3,12	0,50	—	20,43	2,76	1,13	1,10	
92	Carnalith	—	3,01	0,93	—	21,70	3,42	1,05	0,87	
93	Schwefelsaure Magnesia	—	3,02	0,69	—	21,70	2,90	1,03	0,93	
94	Gyps	—	—	—	—	22,68	2,83	1,60	0,92	
95	Schwefelsaures Ammon	—	3,14	0,80	3,86	24,79	2,15	0,86	0,71	
96	desgl. + schwefelsaure Magnesia + schwefelsaures Kali	—	2,80	—	4,40	23,01	2,89	1,40	0,71	

[1]) Dissertation 1873. Jahresber. f. Agric.-Chemie 1873/74. I. Bd. S. 297.

[2]) Journ. f. Landw. 1873. S. 263.

[3]) Der Tabak, seine Bestandtheile und seine Behandlung von J. Nessler. 1867.

*) Schleissheimer Torf, der lufttrocken 20,83 % Wasser, 6,02 % Asche + Sand und 2,46 % Stickstoff enthielt, wurde mit 16,0 g Kali, 2,3 g Natron, 6,7 g Ammoniak, 21,4 g Salpetersäure und 4,4 g Phosphorsäure 1/4 gesättigt und ebenso mit der doppelten Menge dieser Stoffe 1/2 gesättigt; zu dieser Grundmischung wurden dann noch obige Salze zugesetzt.

Italienischer Tabak.

No.		Wasser beim Trocknen bei 100° C. %	Nicotin in dem bei 40° getrockneten Tabak %	Asche in dem bei 100° C. getrockneten Tabak %	Von 100 Thln. Asche löslich in Wasser %	Von 100 Thln. lösl. Asche ist kohlensaures Kalium %	Analytiker
97	Lecce, im Umkreis von Messina	13,44	4,05	21,97	39,13	9,02	*Leonardo Ricciardi*[1])
98	Leccese, im Umkreis von Milazzo	12,78	3,24	25,18	35,55	7,35	
99	Brasile concostola, Prov. Catania	12,50	4,37	22,50	34,67	41,96	
100	Spanischer Tabak „ „	13,58	3,24	18,30	50,46	58,19	
101	Brasile, Prov. Palermo . . .	16,50	2,83	23,26	34,10	13,48	
102	Lecce „ „ . . .	15,55	2,26	21,69	37,43	26,07	
103	Brasile, Prov. Lecce	19,65	4,69	26,82	34,07	15,29	
104	Bewässerter, Prov. Lecce . . .	14,03	3,48	19,06	38,31	10,62	
105	Trockner „ „ . . .	12,86	2,43	27,48	20,96	12,55	

No.		Ammoniak %	Salpetersäure %	Fett %	Asche %	Analytiker
1	Jamaika-Tabak, Blätter 16 cm breit, 27 cm lang, mit stark behaartem Mittelnerv, Oberfläche warzig, drüsig, lederartig dick .	0,66	0,58	5,38	19,45	*Niederstadt*[2])
2	Seedleaf-Tabak, Blätter 15 cm breit und 34 cm lang, mit stark behaartem Mittelnerv, abwechselnden, sich hervorhebenden Seitennerven, Blatt kahl	0,85	1,39	2,75	14,47	
3	Domingo-Tabak, Blätter 19 cm breit, 40 cm lang, Mittelnerv stark fleischig, Blatt kahl, Blattfläche dünn	0,89	0,492	3,62	20,96	
4	Sonnsoun-Tabak, Blatt 29 cm lang, 16—17 cm breit, mit starkem Mittelnerv und runden, abwechselnden Seitennerven, Oberfläche warzig, fast kahl	1,31	0,58	4,56	17,91	
5	Java-Tabak, Blätter 19 cm breit, 28 cm lang, ganzrandig mit stark behaartem Mittelnerv und abwechselnden Seitennerven, Blattfläche dünn, fast kahl	0,58	0,62	3,22	21,51	
6	Carmen-Tabak, Blätter 10 cm breit, 25 cm lang, mit starkem, rundem Mittelnerv, abwechselnden kahlen Seitennerven, Blattfläche dünn und kahl	0,62	0,59	3,19	19,56	
7	Varinas-Blätter, 6 cm breit, 17 cm lang, ganzrandig, umgekehrt eiförmig, mit schwach behaarten, abwechselnden Seitennerven, Blattfläche dünn, fein und kahl	0,63	0,58	4,60	19,83	
8	Paraguay-Tabak, Blätter 10 cm breit, 29 cm lang, lederartig, mit starkem Mittelnerv und gegenüberstehenden, sich zahlreich verästelnden Seitennerven, Oberfläche warzig behaart	0,19	0,45	5,47	21,71	

[1]) Le Stazione sperimentali agrarie italiane 1877. Bd. 6. S. 51. Das Nicotin ist nach der Schlösing'schen Methode bestimmt.

[2]) Landw. Vers.-Stat. 1886. Bd. 32. S. 193. Aus der Mittheilung ist nicht zu ersehen, ob sich die Zahlen auf wasserfreie oder wasserhaltige Substanz beziehen; wahrscheinlich auf letztere, weil es heisst, dass die Aschenuntersuchungen auf Trockenasche berechnet sind; bezüglich der Aschenuntersuchungen verweise ich auf das Original. Die Salpetersäure ist durch wiederholtes Eindampfen der Tabakauszüge mit Kalihydrat, bis alles Ammoniak und Nicotin zerstört waren und darauf durch Ueberführung mittelst Zink und Eisen in Ammoniak bestimmt worden.

A. Petermann[1]) bestimmte in 4 aus direct importirtem Havannah-Tabak gezogenen und in 16 Sorten belgischen Tabak's den Gehalt an Nicotin Der Tabak ist auf einem sandig-lehmigen Boden gezogen und entweder mit Guano oder Ammoniak-Superphosphaten und Kalisalzen gedüngt. Der Gehalt der an der Luft getrockneten und entrippten Blätter an Nicotin ist folgender:

Belgischer Tabak (16 Proben)			Aus Havannah-Tabak, in Belgien gezogen (4 Proben)		
Minimum	Maximum	Mittel	Minimum	Maximum	Mittel
2,53 %	5,19 %	3,66 %	2,19 %	3,21 %	2,68 %

Kultur, Behandlung und Zusammensetzung Japanischer Tabake. — Von M. Fesca und H. Imai.[2])

Die nachstehend untersuchten Tabake sind aus der Dorfschaft Oyamada im Tochigi-Keu (Japan) und hatten folgende Marken:

1. Havannah, Nicotiana macrophylla
2. Russischer, „ „
3. Kentucky, „ tabacum
4. Connecticut „ „
5. Florida, Nicotiana tabacum
6. Oyamada, gewöhnlicher, Nicotiana rustica
7. desgl., krausblättriger, „ „
8. desgl., langgestielter, „ „

Ferner als Vergleichsmaterial Tabak (Nicotiana macrophylla) aus Shudaga yamura bei Komaba (Tokio), dort Kiriha (Schneideblatt) genannt.

Der Boden, auf welchem die Tabake gewachsen, gehört der tertiären und paläozoischen Formation an; erstere (schotterige Lehme) sind besser für den Tabaksbau geeignet, als letztere, welche mehr oder weniger aus thonigem Lehm bestehen. Durch eine eingehende mechanische und chemische Untersuchung des Bodens hat sich herausgestellt, dass Durchlässigkeit und ein gewisser Humusgehalt des Bodens von grösserer Wichtigkeit für den Tabaksbau sind, als Gehalt an Nährstoffen, welche sich durch Düngung ergänzen lassen.

Die Kulturmethode ist folgende:

Als Saatbett zur Erziehung der jungen Pflanzen wählt man ein warmes, fruchtbares Feld aus. Dasselbe wird mittelst der japanischen Hacke gelockert und fein gekrümelt; Ende April oder Anfang Mai werden 3 Fuss breite Dämme hergestellt, die mit 1 Fuss breiter Furche abgegrenzt sind. An Dünger kommen für je 5 Tsubo (etwa 15 qm) Saatbeet 1 Koku (1,88 hl) menschlicher Excremente und 5 To. (90 l) Holzasche zur Verwendung.

Anfangs Mai findet die Saat statt: 1,5 Momme (5,6 g) Samen pro Tsubo (3 qm) werden mit 1,5 Sho (2,7 l) Holzasche gemischt, breitwürfig gesäet und durch Klopfen mit der Hacke in den Boden eingepresst. Das Beet wird nun mit Tannenzweigen bedeckt, um die keimende Saat vor plötzlichen Temperaturschwankungen zu schützen; die Deckzweige werden Ende Mai oder Anfang Juni, wenn die Pflanzen das 4. oder 5. Blatt gebildet haben, abgeräumt. Ist die Witterung sehr trocken, so wird als flüssige Kopfdüngung Badewasser, dem 1 % Menschenharn zugesetzt ist, gegeben, bei nasser Witterung wendet man statt dessen Pferdeharn an.

Anfangs Juli findet das Verpflanzen der jungen Tabakpflanzen statt, sobald dieselben eine Höhe von 7—8 Zoll erreicht haben. Sie werden mitten auf die Kämme in einer Entfernung von 8—9 Zoll von einander gepflanzt. Der Pflanzenbedarf beläuft sich auf 4000 Pflanzen pro ha. Der Dünger wird in Japan als Kopfdünger den Pflanzen während der Vegetationszeit wiederholt zugeführt und erhalten die Pflanzen z. B. 10 Tage nach dem Verpflanzen pro ha: 108 hl Stalldünger, 21,6 hl Abtrittsdünger, 21,6 hl Strohasche, ferner 40 hl Badewasser (nach Zumischen von 13,5 hl Abtrittsdünger); etwa 20 Tage nach dem Verpflanzen folgt eine zweite solche Düngung von ähnlicher Stärke. Die Dünger werden gemischt und eingehackt.

Nach Fesca's Berechnungen werden dem Boden pro ha:

	Stickstoff	Kali	Kalk	Phosphorsäure	Chlor
Im Dünger zugeführt . . .	64,8 kg	11,5 kg	97,5 kg	41,2 kg	37,5 kg
In der Ernte entzogen . . .	16,7 „	47,3 „	56,7 „	6,8 „	— „

[1]) Ann. de la science agron. par L. Grandeau pro 1886. T. I. p. 428.

[2]) Preuss. Landw. Jahrbücher 1888. Bd. XVII. S. 329.

Es wird daher dem Boden eher mehr zu- als ausgeführt, indess hat derselbe nach dem Tabak noch Gerste oder Weizen ohne Düngung zu tragen.

Die Tabakernte findet in Oyamada von Anfang September bis Mitte October statt. Nach dem Köpfen werden 2 — 3 Sandblätter (Doba) und nach dem ersten Geizen 4 — 5 nächst obere Blätter (Nakaha oder Neguche) geerntet. Zur Zeit des zweiten Geizens erntet man etwa sieben weitere Blätter (niban Nakaha) und zur Zeit des dritten Geizens entnimmt man der Pflanze die Mehrzahl der noch vorhandenen Blätter (Houba oder Motoba). Die wenigen noch an der Pflanze verbleibenden Blätter nennt man Teuba oder Amaba; sie sind die schlechtesten; nächstdem sind die Sandblätter (Doba) die geringwerthigsten; Houba und Motoba gelten als Blätter in mittlerer Qualität, während Nataba und niban Nakaha als die besten Blätter angesehen werden. Im Ganzen steht der Tabak etwa 95 Tage im Felde.

Bezüglich der Präparation des Tabaks, welche in Japan wesentlich von den für den europäischen Geschmack in Anwendung kommenden Methoden abweicht, sei auf das Original verwiesen und nur noch hervorgehoben, dass der in Japan consumirte Tabak eine weit geringere Fermentation erfährt, als für den europäischen Geschmack genügt.

Die Untersuchungsresultate sind in folgender Uebersichts-Tabelle enthalten:

Procent der sandfreien Trockensubstanz.

	Havannah (N. macrophylla)	Oyamada, gewöhnlicher (N. rustica)	Oyamada, krausblätterig (N. rustica)	Oyamada, langgestielt (N. rustica)	Kentucky (N. tabacum)	Florida (N. tabacum)	Connecticut (N. tabacum)	Russischer (N. macrophylla)	Kiriha (N. macrophylla)
Nicotin	2,632	3,653	2,958	4,090	3,496	2,902	2,914	2,678	0,762
Entsprechend Stickstoff . . .	0,455	0,631	0,502	0,708	0,605	2,502	0,504	0,463	0,132
Amidstickstoff	0,588	0,553	0,674	0,602	0,346	0,317	0,329	0,415	0,123
Eiweissstickstoff	0,430	0,389	0,513	0,139	0,327	0,487	0,579	0,470	0,796
Entsprechend Eiweiss	2,690	2,430	3,210	0,689	2,040	3,040	3,620	2,940	4,970
Salpetersäure	—	—	—	—	—	—	—	—	Spur
Gesammtstickstoff	1,473	1,573	1,689	1,459	1,296	1,306	1,412	1,348	1,051
Rohfett	12,320	14,440	11,740	12,580	10,340	12,000	11,760	11,800	nicht bestimmt
Rohfaser	13,250	13,710	13,890	13,930	15,500	14,760	14,630	13,170	do.
Gesammtkohlensäure	4,067	4,721	3,721	3,717	3,998	3,688	3,622	4,279	do.
Lösliche Kohlensäure	0,393	0,528	0,522	0,358	0,434	0,345	0,569	0,347	do.
Entsprechend kohlensaures Kali	1,236	1,661	1,642	1,126	1,365	1,085	1,788	1,093	do.
Unlösliche Kohlensäure . . .	3,674	4,193	3,199	3,359	3,564	3,343	3,053	3,932	do.
Entsprechend Calciumcarbonat .	8,351	9,531	7,271	7,635	8,101	7,599	7,039	8,937	do.
Reinasche	13,831	12,662	10,677	12,382	11,091	14,935	12,323	14,636	15,519
Kali	3,917	3,866	3,682	3,140	3,263	4,730	4,715	4,425	2,649
Natron	0,310	0,186	0,154	0,232	0,130	0,157	0,077	0,379	0,140
Kalk	6,147	5,364	3,706	4,959	4,626	5,675	4,769	0,554	5,120
Magnesia	1,523	1,230	0,964	1,379	1,143	1,433	1,176	1,408	2,326
Eisenoxyd	0,356	0,293	0,296	0,183	0,332	0,375	0,235	0,304	0,391
Phosphorsäure	0,678	0,531	0,411	0,255	0,444	0,559	0,383	0,601	0,633
Schwefelsäure	0,307	0,649	0,687	0,885	0,268	1,028	0,319	1,120	1,306
Kieselsäure	0,389	0,514	0,455	0,362	0,454	0,367	0,387	0,457	1,006
Chlor	0,635	0,134	0,378	0,940	0,527	0,309	0,491	0,326	1,986
In Procent des Gesammt-Stickstoffs.									
Nicotinstickstoff	30,900	40,100	29,700	48,600	46,800	38,600	35,800	34,300	12,600
Amidstickstoff	39,900	35,200	39,900	41,300	26,800	24,300	23,200	30,800	11,700
Eiweissstickstoff	29,200	24,700	30,300	9,600	26,200	37,300	40,000	36,100	75,700

Procent der lufttrockenen Substanz.

	Havannah (N. macrophylla)	Oyamada, gewöhnlicher (N. rustica)	Oyamada, krausblätterig (N. rustica)	Oyamada, langgestielt (N. rustica)	Kentucky (N. tabacum)	Florida (N. tabacum)	Connecticut (N. tabacum)	Russischer (N. macrophylla)	Kiriha (N. macrophylla)
Hygroscopisches Wasser . . .	11,640	11,170	12,210	11,520	8,390	11,280	8,790	8,730	7,370
Sand	1,510	1,910	1,740	1,020	1,250	1,400	1,760	1,300	1,720
Blattspreite[1]) Product des lufttrocknen Blattes	78,420	75,580	70,210	77,730	67,730	66,000	65,000	73,170	72,660

Die für die Untersuchung und Beurtheilung des Tabaks wichtigen Momente sind nach den Verfassern folgende:

1) Der Nicotingehalt des Tabaks kann gewissermassen mit dem Alkoholgehalte geistiger Getränke verglichen werden. Wie die letzteren einen gewissen Alkoholgehalt erfordern, so erfordert der Tabak einen gewissen Nicotingehalt; jedoch ist die Abhängigkeit der Qualität des Tabaks von der Höhe des Nicotingehaltes bis jetzt wenigstens noch nicht erwiesen.

2) Salpetersäure ist in einigermassen gut fermentirten Tabaken nicht enthalten.

3) Die Ammoniakbestimmungen der älteren Analysen sind jedenfalls zu hoch ausgefallen, da sie einen nicht unerheblichen Theil Amidstickstoff einschliessen müssen, der bei den halbfermentirten in Oyamada kultivirten Tabaken etwa $^1/_3$ des Gesammtstickstoffgehaltes beträgt. Uebrigens ist den Verfassern eine Depression der Qualität des Tabaks durch einen einige Zehntelprocent betragenden Ammoniakgehalt nicht erklärlich.

4) Der Eiweissgehalt, wie er früher ohne Berücksichtigung des Amidstickstoffes berechnet wurde, ist kein Massstab zur Beurtheilung des Tabaks. Der von den Verfassern untersuchte geringwerthigste Tabak hatte den niedrigsten Gesammtstickstoffgehalt, aber zugleich infolge äusserst niedrigen Gehaltes an Nicotin und Amidstickstoff den höchsten Eiweissgehalt.

5) Der Amidstickstoff repräsentirt grösstentheils für die Qualität des Tabaks mindestens unschädliche, vielleicht sogar dieselbe steigernde Stickstoffverbindungen. Durch weiteres Studium der Amidverbindungen und ihrer Umsetzungen im Tabakblatte findet man möglicherweise Körper, welche die gute Qualität des Tabakes direct bedingen. Immerhin können die Verfasser es bereits jetzt als eine der wichtigsten Aufgaben der Fermentation hinstellen, die Eiweisskörper in Amidverbindungen zu verwandeln.

6) Die übliche Rohfettbestimmung (Aetherextract) ist ebenso zur Beurtheilung des Tabaks geeignet, wie die frühere Eiweissbestimmung. Derartige Methoden sind für die Tabakanalyse weit unbrauchbarer als für die Analyse von Futtermitteln. Für die letzteren lassen sich die Fehler der Analysen durch Ermittelung von Verdauungskoëffizienten korrigiren; Geruchskoëffizienten werden sich jedoch schwerlich ermitteln lassen.

7) Kohlehydrate sollten, abgesehen von Cellulose, in gut fermentirten Tabaken nicht vorhanden sein, wie das die Untersuchungen von Müller-Thurgau erwiesen haben. Das Studium der Umsetzung der Kohlehydrate wie das der Bildung und Umsetzung der organischen Säuren dürfte für die Beurtheilung des Tabakes ebenso werthvoll sein, wie das der Amidverbindungen. Derartige Studien müssen ausserdem practische Regeln bezüglich der Behandlung und Kultur des Tabaks ergeben.

8) Nur erhebliche Unterschiede im Gehalt an den bis jetzt im Tabak bestimmten Stoffe lassen Schlüsse auf die Qualität zu. Sehr schlechte Tabake werden stets viel Eiweiss, viel Schwefelsäure, viel Chlor, überhaupt viel Mineralsäure, dagegen wenig Amidstickstoff, wenig Kali u. s. w. enthalten, jedoch sprechen bereits nicht unerhebliche Unterschiede im Gehalte an diesen Körpern noch keineswegs für die bessere oder geringere Qualität.

[1]) Die Blattspreiten finden die beste Verwerthung als Deckblatt zur Cigarrenfabrikation.

9) Ueberhaupt lassen sich nach einzelnen Stoffen oder Stoffgruppen, wie Verfasser sie auf Grund ihrer angewandten Methoden trennen und bestimmen können, Qualitätsunterschiede höchstens ausnahmsweise beurtheilen; in der Regel werden solche Unterschiede mit Sicherheit nur zu machen sein, wenn sich die stoffliche Zusammensetzung durchgehend als eine günstige oder ungünstige erweist.

10) Auf Grund der Untersuchungsmethoden der Verfasser ist die Geringwerthigkeit eines Tabaks mit grösserer Sicherheit nachzuweisen als die gute Qualität.

Ein Einfluss des Botanischen Typus auf die Qualität ist nach den Untersuchungen der Verfasser nur insoweit zu folgern, dass sich der Typus Nicotina tabacum durch einen geringeren Procentsatz an Blattspreite vom Gesammtblatte (also an nutzbaren Theilen), sowie durch einen unverhältnissmässig hohen Rohfasergehalt von den übrigen Typen unterschied; im Uebrigen sind Beziehungen zwischen der stofflichen Zusammensetzung und dem botanischen Typus nicht mit Sicherheit zu erkennen.

Was schliesslich noch die Vertheilung der einzelnen Basen und Mineralsäuren in den Tabakssorten anbelangt, so gilt davon nach den Verfassern Folgendes:

1) Ein mittlerer Gehalt von Basen, besonders an Kali und Kalk, ist eine Bedingung für gute Qualität, besonders Verbrennlichkeit des Tabaks. Kali und Kalk können dem Anscheine nach einander in begrenztem Maasse vertreten. Die Steigerung des Gehaltes an einer von beiden Basen über einen guten Mittelgehalt hinaus ist weder als ein Zeichen besserer Verbrennlichkeit noch besserer Qualität zu betrachten. Nur der auffallend geringe Gehalt an einer der beiden Basen ist mit Sicherheit als ein schlechtes Werthmal anzusehen. Ein auffallend hoher Gehalt an Magnesia scheint die Verbrennlichkeit zu beeinträchtigen.

2) Ein hoher Gehalt an Mineralsäure ist ein Zeichen schlechter Verbrennlichkeit und wohl überhaupt schlechter Qualität. Nur ein auffallend hoher Gehalt an einer der Mineralsäuren kann mit Sicherheit als ein schlechtes Werthmal betrachtet werden. Abgesehen von Silicum scheint der Phosphorgehalt Qualität wie Verbrennlichkeit am wenigsten zu beeinträchtigen, bedeutend mehr der Chlorgehalt, am meisten jedoch der Schwefelgehalt, welcher die Verbrennlichkeit namentlich weit mehr beeinträchtigt (schwarze Asche).

3) Der Gehalt an löslichen Karbonaten, oder richtiger an wasserlöslichen, nicht an Mineralsäure gebundenen Basen scheint auf Qualität wie Verbrennlichkeit von nicht erheblichem Einflusse zu sein. Weit mehr zeigt dies der Gehalt an Gesammtkohlensäure in der Asche; doch scheint auch hier ein Optimum zu existiren, über welches hinaus der Kohlensäuregehalt der Asche nicht mehr als die Verbrennlichkeit steigernd betrachtet werden kann.

4) Wichtiger als der absolute Gehalt an Karbonaten in der Asche scheint das Verhältniss der Karbonate zu den Mineralsalzen. Ein starkes Ueberwiegen der Karbonate dürfte als gutes Werthmal zu betrachten sein.

5) Als ein besonders gutes Werthmal der Verbrennlichkeit ist hohe Basicität der Asche anzusehen, besonders wenn die Möglichkeit ausgeschlossen ist, dass dieselbe ganz oder auch nur vorwiegend durch den Magnesia- und Eisengehalt bedingt sein kann. —

Nach vorstehenden Untersuchungen ergiebt sich für Tabak:

	In der Trockensubstanz *)									In der Asche	
	Gesammt-Stickstoff %	Nicotin %	Ammoniak %	Salpetersäure **) %	Salpeter **) %	Fett %	Asche %	Gesammt-Kali %	Natron %	Kohlensaures Kali %	Kohlensaurer Kalk %
Minimum	2,25	0 ***)	0,06	0,07	Spur	1,81	19,04	1,81	0	0,05	9,70
Maximum	8,16	3,73	1,82	0,96	3,38	9,80	27,90	6,25	1,10	5,21	20,8
Mittel	**4,01**	**1,32**	**0,57**	**0,49**	**1,08**	**4,32**	**22,81**	**3,29**	**0,49**	**1,96**	**15,05**

*) Bei der nachstehenden Berechnung sind die Analysen 27—44 nicht mit berücksichtigt, weil ich aus dem Originale nicht ersehen konnte, ob sich die Zahlen auf Trockensubstanz oder auf lufttrockene Substanz beziehen.

**) Hierbei sind die directen Bestimmungen in No. 1—26 und 45—68 berücksichtigt.

***) Syrischer Tabak.

Nachträge.

Verdaulichkeit der Milch. — (Vergl. Seite 37.)

Zu den Versuchen über die Verdaulichkeit der Milch S. 37—40 sei hier noch nachgetragen, dass auch J. Uffelmann[1]) die Verdaulichkeit der Milch an sich selbst und an 4 Kindern ermittelte mit folgendem Ergebniss:

Versuchsperson und Milchmenge		Verdaut in Procenten der verzehrten Menge					
		Trockensubstanz	Organische Substanz	Eiweiss	Fett	Zucker	Salze
J. Uffelmann:		%	%	%	%	%	%
a.	1500 CC.	90,1	92,3	98,7	93,4	100,0	44,2
b.	1750 „	91,9	93,7	98,4	95,6	100,0	56,2
c.	1600 „	91,7	93,4	99,2	93,5	100,0	52,3
	Mittel	**91,2**	**93,1**	**98,8**	**94,2**	**100,0**	**51,7**
Säuglinge:							
5½ Mon. alt, L. . .	9400 CC.	94,0	96,0	99,4	94,9	100,0	51,0
6 Wochen alt, Leo A.	2400 „	93,7	95,5	98,2	94,8	100,0	53,3
4 „ „ H. P. .	650 „	89,9	92,0	99,2	92,2	100,0	45,4
11¼ Mon. alt, J. S. .	4000 „	92,3	93,9	98,5	93,3	100,0	57,0
	Mittel	**92,5**	**94,4**	**99,8**	**93,8**	**100,0**	**51,7**

Wenn aus den S. 39—40 angeführten Versuchen geschlossen wurde, dass die Milch für Erwachsene keine genügende oder geeignete Nahrung ist, so scheint vorstehender Versuch diese Ansicht zu widerlegen. Zwar ist im Durchschnitt von dem Erwachsenen Trockensubstanz und organische Substanz etwas geringer ausgenutzt als von den Kindern, indess ist die Differenz an sich sehr gering und liegt innerhalb der Fehlergrenzen. Auch hat der Erwachsene (Uffelmann) die Milch im Durchschnitt sogar besser ausgenutzt als der Säugling H. P.; der geringe Unterschied in der Ausnutzung kann daher recht wohl daran liegen, dass im ersten Falle nur ein Individuum, im letzteren dagegen 4 Individuen zu den Versuchen dienten.

Die obigen Versuche von M. Rubner (S. 39—40) anlangend, so macht G. Kühn in einem Gutachten[2]) darauf aufmerksam, dass M. Rubner in jedem Versuch wohl die ausgeschiedene Menge Koth und dessen Einzelbestandtheile, nicht aber die Zusammensetzung der verzehrten Milch ermittelte; Rubner legt für die Zusammensetzung der in seinen Versuchen verzehrten Milch die von C. Voit angenommenen Durchschnittszahlen, nämlich:

Wasser	N-Substanz	Fett	Milchzucker	Salze
87,08 %	4,13 %	3,90 %	4,20 %	0,73 %

zu Grunde, und das ist gerade für Milch durchaus nicht zulässig; denn sie schwankt, abgesehen davon, dass die mittlere Zusammensetzung sich nach den vorstehenden Zusammenstellungen S. 295 ganz anders

[1]) Pflüger's Archiv f. Physiologie 1882. Bd. 29. S. 354.

[2]) Vergl. Beitrag zur Erweiterung des Gebrauchs der Milch als Volksnahrungsmittel. Dresden 1888. S. 28.

herausstellt, von einem Tage zum anderen in nicht geringem Grade. Die Rubner'schen Zahlen über die Verdaulichkeit der Milch sind daher mit einem Fehler behaftet, und G. Kühn ist der Ansicht, dass aus den bisherigen diesbezüglichen Versuchen nicht geschlossen werden kann, dass die Milch von einem Erwachsenen schlechter ausgenutzt wird, als von Säuglingen und Kindern. Die einigermassen zulässigen Resultate sprechen vielmehr für eine gleiche Verdaulichkeit der Milch durch Erwachsene wie Kinder.

Ein neuerer Versuch von W. Prausnitz[1]) spricht jedoch wieder gegen diese Annahme und bestätigt die früheren Rubner'schen Resultate. Prausnitz verabreichte demselben kräftigen gesunden Arbeiter (d) von 74 kg Gewicht, welcher auch zu den Rubner'schen Versuchen gedient hatte, an 3 Tagen je 3 l Milch, welche Menge leicht und ohne Widerwillen genossen und gut vertragen wurde. Zur Abgrenzung des Kothes genoss die Versuchsperson 20 Stunden vor Beginn und 20 Stunden nach Schluss des Versuches Fleisch und Blutwurst. In Procenten der verzehrten Milchbestandtheile wurde durch den Koth als unverdaut ausgeschieden:

Trockensubstanz	Stickstoffsubstanz	Fett	Organische Stoffe	Asche
8,96 %	11,18 %	5,05 %	6,95 %	37,09 %

Eiweiss und Zucker waren im Koth nicht nachzuweisen.

Im Harn wurden in den 3 Versuchstagen 57,05 g, im Harn und Koth zusammen 61,51 g Stickstoff ausgeschieden, während die Milch nur 39,84 g Stickstoff enthielt. Letzterer war daher zur Herstellung des Stickstoffgleichgewichts nicht ausreichend; dieses lag an dem auffallend geringen N-Gehalt der verzehrten Milch; dieselbe enthielt nämlich neben 11,30 % Trockensubstanz, 3,61 % Fett, 0,75 % Asche nur 2,45 % Casein + Albumin oder 2,58 % Nh-Substanz nach Ritthausen's Methode resp. 0,428 % N nach Kjeldahl's Methode.

Nach diesem Versuch ist allerdings wiederum die Milch von dem Erwachsenen sehr auffallend gering ausgenutzt worden; es muss aber dahingestellt bleiben, inwieweit dieses Resultat ausser von der abnormen Zusammensetzung der Milch auch von den gleichzeitig dem Koth beigemengten Stoffwechselproducten, besonders der N-haltigen, fehlerhaft beeinflusst worden ist.

Untersuchung von Seethieren. — Von L. v. Sempolowski.[2]) — (Nachtrag zu S. 200.)

No.		Gewicht eines Fisches mit allem	In der frischen Substanz							In der Trocken-Substanz						
			Wasser	N-Substanz (N × 6,25)	Fett	Asche	Phosphorsäure	Kali	Kalk	N-Substanz (N × 6,25)	Stickstoff	Fett	Asche	Phosphorsäure	Kali	Kalk
		g	%	%	%	%	%	%	%	%	%	%	%	%	%	%
1	Scholle (Pleuronectes platessa) . .	221,6	79,12	17,06	1,39	3,58	1,24	0,63	0,62	81,87	13,10	6,64	17,16	5,94	3,01	2,98
2	Kliesche (Pleuronectes limanda) . .	207,3	78,32	17,44	1,75	3,45	1,25	0,47	1,25	80,44	12,87	8,07	15,90	5,78	2,16	5,77
3	Stern - Roche (Raja radiata)	800,0	80,67	16,75	1,79	2,61	0,91	0,34	0,61	86,56	13,85	9,24	13,48	4,72	1,76	3,17
4	Schellfisch (Gadus aeglefinus) . . .	128,0	78,90	17,25	1,14	3,59	1,22	0,40	1,16	81,62	13,06	5,42	17,00	5,76	1,89	5,51

[1]) Zeitschr. f. Biologie 1888. N. F. Bd. VII. S. 533.

[2]) Landw. Vers.-Stat. 1889. Bd. 36. S. 61. Die Untersuchung verfolgte den Zweck, den Werth der Abfälle der Seefischerei für die Landwirthschaft (Düngung) zu ermitteln. Die obigen Zahlen haben indess zum grössten Theil auch für die menschliche Ernährung eine Bedeutung.

No.		Gewicht eines Fisches mit allem	In der frischen Substanz							In der Trocken-Substanz						
			Wasser	N-Substanz (N × 6,25)	Fett	Asche	Phosphor-säure	Kali	Kalk	N-Substanz (N × 6,25)	Stickstoff	Fett	Asche	Phosphor-säure	Kali	Kalk
		%	%	%	%	%	%	%	%	%	%	%	%	%	%	%
5	Kabeljau (Gadus morrhua)															
	a. Fleisch . .	520,0 *)	80,61	18,75	0,37	1,57	0,61	0,60	0,11	96,68	15,47	1,91	8,07	3,16	3,15	0,58
	b. Kopf u. Grät.		78,25	14,31	0,67	7,42	2,91	0,43	3,65	65,69	10,51	3,07	34,10	13,36	1,99	16,77
6	Grauer Knurrhahn (Prigla gunardus .	463,0	74,95	16,87	5,31	4,47	1,78	0,70	0,97	66,12	10,58	20,89	17,61	7,02	2,76	3,81
7	Gemein. Dornhai (Acanthias vulgar.)	753,0	59,08	33,31	10,45	2,75	0,98	0,52	0,07	81,37	13,02	25,55	6,73	2,40	1,27	0,18
8	Seestern (Asterias glacialis)	310,9	67,36	13,87	3,46	14,84	0,29	0,48	7,07	42,56	6,81	10,60	45,45	0,90	1,46	21,66
9	Gem. Taschenkrebs (Cancer pagurus)	461,8	62,64	12,00	2,99	16,45	1,16	0,51	5,26	32,06	5,13	8,00	44,04	3,11	1.37	14,09
10	Auster (Ostrea edulis)															
	a. Fleisch .	387,2	80,89	9,87	1,90	2,08	0,37	0,29	0,11	51,68	8,27	9,92	10,90	1,94	1,51	0,58
	b. Schalen .		15,83	2,44	—	80,24	—	3,94	35,14	2,87	0,46	—	95,33	—	4,68	41,74

Zusammensetzung der Japanischen Shoya. — (Vergl. S. 241.)

J. Tahara und M. Kitao[1]) untersuchten mehrere Sorten der Japanischen Shoya; von derselben werden in Japan jährlich 540—720 Millionen Liter hergestellt; jeder Japaner geniesst täglich 60—100 CC. Das spec. Gewicht schwankt zwischen 1,15—1,23. Die Untersuchung von 13 Proben lieferte folgende Resultate pro 100 CC.:

	Trocken-rückstand	Gesammt-Stickstoff	Zucker	Dextrin	Freie Säure = Essigsäure	Asche	Kochsalz	Phosphor-säure
	g	g	g	g	g	g	g	g
Minimum . .	29,24	0,86	1,28	0,69	0,30	14,88	7,64	0,15
Maximum .	39,93	1,47	9,31	4,14	0,92	25,25	23,01	0,74
Mittel . . .	36,71	1,33	3,80	1,30	0,72	19,45	15,86	0,48

In einer Sorte Shoya (von der Firma G. Yamogecki, Prov. Shimosa) bestimmten die Verf. auch Alkohol, flüchtige Säure und die Aschenbestandtheile mit folgendem Resultat pro 100 CC. in g:

Trocken-rückstand	Gesammt-Stickstoff	Zucker	Dextrin	Alkohol	Flücht. Säure = Essigsäure	Nichtflücht. Säure = Milchsäure	Asche	Spec. Gewicht bei 21° C.
32,58 g	1,18 g	2,76 g	1,30 g	0,43 g	0,16 g	0,83 g	17,47 g	1,216 g

100 g Asche ergaben:

Kochsalz	Schwefelsäure	Phosphorsäure	Magnesia	Kalk	Kali
87,26 g	2,84 g	2,65 g	3,90 g	Spur	Spur

Sie fanden in dieser Shoya eine eigenthümliche krystallisirende wohlriechende Stickstoffverbindung (mit 49,84% C, 9,66% H, 11,84% N und 28,68% O); dieselbe ist unlöslich in Wasser, Aether, Chloro-

[1]) Revue Internationale scient. et popul. des falsifications 1889. Bd. II. p. 159.

*) Diese bestanden aus 3200 g Fleisch und 2050 g Kopf mit Gräten etc.

form, Schwefelkohlenstoff, schwer löslich in absolutem, dagegen leicht löslich in 90 grädigem Alkohol; beim Erwärmen mit Kalihydrat liefert die neue N-Verbindung ein alkalisch reagirendes Gas mit dem Geruch von Trimethylamin.

Der Gehalt der letzten Shoya an dieser N-Verbindung, an Ammoniak und Aminen wie an Protein erhellt aus folgenden Verhältnisszahlen:

Gesammt-N	Stickstoff in Form von: Eiweiss	Ammoniak + Aminen	Wohlriechende N-Verbindung
1,18 g	0,55 g	0,17 g	0,46 g

Fleischpeptone. — Von E. Fricke und W. Kisch[1]. — (Nachtrag zu S. 237.)

No.		Wasser %	Organische Stoffe %	In den organischen Stoffen: Gesammt-N %	Unlösliche Eiweissstoffe %	Lösliche Eiweissstoffe (Albuminosen)*) %	Pepton**) %	Sonstige N-Verbindungen %	Fett = Aetherextract %	Dextrose %	Salze %	In den Salzen: Kali %	Phosphorsäure %	Chlor %	Chlornatrium %
1	Cibil's flüssige Fleischlösung	62,33	18,36	3,16	0,087	6,51	9,62	2,14	nicht bestimmt	—	19,31	2,28	1,72	8,91	14,68
2	Cibil's feste Fleischlösung	23,75	49,22	8,45	0,425	7,26	30,24	11,29	"	—	26,98	7,93	6,11	5,34	8,80
3	Cibil's Papaya-Fleisch-Pepton	31,69	56,10	9,04	0,325	13,71	28,29	13,77	"	—	12,21	3,10	2,50	2,88	4,75
4	Malto-Fleisch-Pepton (A. Brunn-Wiesbad.)	51,64	43,32	2,85	0,47	10,11	0,46	6,77	0,26	7,57 ***)	5,04	2,18	0,46	CaO 1,95	—
5	Malto-Pepton von demselben	44,51	50,41	2,68	0,56	8,89	2,29	5,01	Dextrin 17,20	5,39 †)	5,08	1,53	0,71	—	—

Bierbrodsuppe.

No.		Wasser %	N-Substanz %	Fett %	Maltose %	Dextrin %	Sonstige N-freie Stoffe %	Holzfaser %	Asche %	Kali %	Phosphorsäure %	In Wasser lösliche Kohlehydrate %	Analytiker
1	Von Carl Riewe in Bärwalde . . .	7,75	11,19	1,12	21,14	5,21	47,61	3,45	2,53	0,54	0,97	33,30	*H. Weigmann*[1])
					73,17								
2	desgl.	8,96	10,81	1,86	73,17			2,60	2,60	—	—	—	*Birner*[1])

Butter-Untersuchungen. — Von P. Vieth.[2]) — (Nachtrag zu S. 360.)

P. Vieth untersuchte eine Reihe Butterproben von in London dargestellter, von französischer, dänischer und schwedischer Butter, indem er gleichzeitig den Gehalt des Butterfettes an unlöslichen Fettsäuren nach Hehner, an flüchtigen Fettsäuren d. h. an verbrauchtem $^1/_{10}$ Normalalkali nach Reichert

*) Fällbar durch Ammoniumsulfat.

**) Fällbar durch phosphorwolframsaures Natrium nach Abzug der durch Ammoniumsulfat gefällten Albuminosen. Fällt man mit Ferriacetat und das Filtrat hiervon mit phosphorwolframsaurem Natrium, so erhält man wesentlich grössere Mengen sog. Pepton; nämlich:

	No. 1	2	3
a. Durch Ferriacetat fällbar	2,64 %	3,52 %	5,15 %
b. Durch phosphorwolframsaures Natrium fällbar	14,45 "	34,76 "	38,60 "

***) Hierzu kommen noch 17,68 % sonstige N-freie Stoffe.

†) Hierzu kommen noch 11,07 % sonstige N-freie Stoffe.

[1]) Original-Mittheilung.

[2]) Milchztg. 1889. S. 143.

(pro 2,5 g Fett) und nach dem von Wolley modificirten Verfahren des letzteren (pro 5 g Fett) bestimmte (vergl. II. Thl. dieses Werkes). Die Untersuchung ergab:

a. In London dargestellte Butter.

	Wasser %	Fett %	N-Substanz, Milchzucker etc. %	Salze %	Kochsalz %	Im Butterfett: Unlösliche Fettsäuren nach Hehner %	Es erfordern 1/10 Normal-alkali nach Reichert (2,5 g) CC.	Wollny (5,0 g) CC.
Minimum . .	10,94	85,66	0,14	0,79	0,68	88,27	12,9	—
Maximum . .	12,62	87,59	0,73	2,51	2,30	88,39	13,3	—
Mittel . . .	11,72	86,53	0,41	1,34	1,20	88,32	13,1	—
			b. Französische Butter.					
Minimum . .	13,40	83,98	0,98	0,14	0,05	87,15	—	26,1
Maximum . .	14,41	85,58	1,56	0,25	0,12	87,55	—	27,6
Mittel . . .	13,79	84,86	1,16	0,19	0,08	87,38	—	26,9
			c. Dänische und Schwedische Butter.					
Minimum . .	11,78	81,72	0,71	1,32	1,12	87,30	13,00	27,6
Maximum . .	15,65	85,49	1,71	2,71	2,71	88,43	14,02	29,3
Mittel . . .	13,72	83,11	1,09	2,09	2,09	87,78	13,60	28,3

Untersuchungen über den Reifungsprocess des Backsteinkäses. — Von J. Klein.[1])
(Nachtrag zu S. 372 resp. 375.)

Verfasser hat den selbst hergestellten Backsteinkäse in verschiedenen Reifestadien untersucht und dessen Veränderungen festgestellt; bei Probe I war der Käse 8 Tage alt, bei Probe II 3 Wochen und bei den anderen Proben je 14 Tage älter. Die Untersuchung ergab:

	I %	II %	III %	IV %	V %	VI %
Wasser	57,42	56,41	56,02	55,20	55,48	54,70
In der kochsalzfreien Trockensubstanz:						
Reinfett	17,81	19,38	20,44	19,33	19,56	20,99
Stickstoff in Form von NH_3	0,0	0,18	0,259	0,598	0,867	0,856
Gesammt-Stickstoff	10,44	10,66	10,92	11,07	11,16	11,22
Rohprotein	65,30	65,50	66,69	65,49	64,36	64,80
Reinprotein	62,24	58,63	53,97	60,80	54,04	61,10
Casein	55,57	44,85	38,67	43,70	48,55	55,81
Cholesterin	0,74	0,86	0,55	0,44	0,76	0,65
Löslicher Stickstoff	—	4,72	4,27	8,72	8,00	9,04
Lösliches Rohprotein	—	26,71	29,80	54,45	50,01	56,54
Löslicher Eiweiss-N	—	3,01	1,52	2,67	2,37	3,13
Lösliches Reinprotein	—	18,81	9,44	16,73	14,81	19,34
Milchsäure	3,26	2,84	2,82	3,09	3,30	2,99
Reinasche	6,34	5,75	5,84	5,34	5,97	5,46
Phosphorsäure	2,72	2,42	2,51	2,50	2,46	2,54
Kalk	2,31	1,83	1,84	1,73	1,73	1,85
Magnesia	0,134	0,116	0,133	0,119	0,116	0,131

[1]) Bericht über d. Thätigkeit d. Milchw. Instituts Proskau 1886/88. S. 17.

Gehalt des Weizens und Weizenmehles an Kleber. — Von H. Ritthausen.[1]) — (Nachtrag zu S. 619.)

No.	Bezeichnung des Weizens	Beschaffenheit	Körner Gehalt an Wasser %	Körner: Stickstoff in der Trocken-Substanz %	Mehl Gehalt an Wasser %	Mehl: Stickstoff in der Trocken-Substanz %	Mehl: Protein-Substanz ber. in der Trocken-Substanz %	Mehl: Kleber trocken %	Mehl: Kleber frisch %	Kleber Gehalt an Trocken-Substanz %	Kleber: Stickstoff in der Trocken-Substanz %	Mehl Gehalt an Kleber-Stickstoff in 100 Thl. trockn. Mehl %	Kleber-Stickstoff in % des Gesammt-Stickstoffs %	Stickstoff i. ander. Verb. in 100 Thl. trockn. Mehl %	Stickstoff i. ander. Verb. in % des Gesammt-Stickstoffs %
1	Sommer-Weizen aus Südrussland, Gouv. Jekaterinoslaw	Glasig, hart, hornartig. Bruch	11,81	3,41	12,54	3,27	19,62	19,70	55,00	31,35	13,73	2,67	81,7	0,60	18,3
2	desgl., Gouv. Cherson	Wie No. 1 und mehlig (weich)	13,11	3,07	13,10	2,84	17,04	16,00	42,70	32,56	14,02	2,24	78,9	0,60	21,1
3	Winter-W. aus Südrussland, Gouv. Cherson	Halbhart und mehlig (weich)	12,90	2,51	13,41	2,53	15,18	14,14	38,96	31,44	13,07	1,85	73,1	0,68	26,9
4	Rheinischer Sommer-Weizen, Vers.-Feld zu Poppelsdorf, Ernte 1869. 5—12. Sommer-W., im ökonom. botanischen Garten der Akademie Poppelsdorf cultivirt 1870 .	Glasig, hart, hornartiger Bruch	16,16	3,12	15,90	3,38	20,28	19,21	47,65	33,91	13,75	2,66	79,7	0,72	21,3
5	Gallizischer Sommer-W., Triticum vulgare	desgl.	13,21	3,20	14,47	3,36	20,16	20,16	53,94	31,97	14,70	2,96	88,1	0,40	11,9
6	Gelbähriger Sommer-Dinkel-Weizen, Triticum vulgare	desgl.	13,27	2,96	14,33	2,80	16,80	17,95	45,66	33,70	12,87	2,34	82,5	0,49	17,5
7	Weiss- und gelbähriger Sommer-Igel-Weizen, Triticum boeoticum	desgl.	13,80	3,63	13,43	3,66	21,96	20,74	67,19	26,74	14,93	3,09	84,5	0,57	15,5
8	Blauähriger Sommer-Bart-W., Trit. vulg. .	desgl.	14,19	3,25	13,84	3,56	21,36	21,35	63,15	29,12	14,40	3,07	86,3	0,49	13,7
9	Weisser gemeiner Bart-Weizen, Trit. vulg.	desgl.	13,33	3,17	14,09	3,14	18,84	19,09	51,12	32,10	13,24	2,52	80,3	0,62	19,7
10	Victoria-Weizen, Trit. vulg.	desgl.	14,33	3,44	14,51	3,81	22,86	21,27	56,08	32,61	13,94	2,97	78,0	0,84	22,0
11	Braunsamiger Sommer-Igel-W., Trit. vulg.	desgl.	13,76	2,95	13,96	2,75	16,50	17,00	45,82	31,91	12,54	2,13	77,5	0,62	22,5
12	Fern-Weizen, Trit. vulg.	desgl.	13,87	3,11	14,00	3,53	21,18	19,83	54,62	31,23	13,80	2,74	77,7	0,79	22,3
13	Hart-Weizen aus Algier	desgl.	13,00	2,17	13,00	2,15	12,90	12,64	30,96	35,64	12,93	1,63	75,4	0,52	24,6
14	Weizen aus dem Banat	desgl. und etwas mehlig . .	12,62	3,08	13,81	3,07	18,42	16,87	42,80	34,00	14,08	2,38	77,6	0,69	22,4
15	Weizen aus Neuschottland	desgl.	13,20	3,11	13,93	3,30	19,80	19,16	45,97	35,82	13,22	2,53	76,7	0,77	23,3
16	Sommer-Weizen, Vers.-Feld, 1871 . . .	desgl.	15,88	2,62	15,44	2,80	16,80	16,17	38,63	34,36	13,88	2,24	80,0	0,56	20,0
17	Rheinischer Kling-Weizen, Vers.-Feld 1871	desgl.	15,55	2,61	15,42	2,51	15,06	15,56	38,27	34,38	13,45	2,09	83,5	0,42	16,5
18	Ungarischer Weizen von Kezthely . . .	desgl.	13,78	2,57	14,35	2,64	15,84	13,85	35,48	33,43	15,25	2,11	80,0	0,53	20,0

19	Ungarischer Sommer-W., Vers.-Feld 1871	desgl.	14,81	2,50	15,28	2,43	14,58	14,80	37,67	33,29	13,56	2,01	82,7	0,42	17,3
20	Winter-Weizen von Priesa bei Meissen in Sachsen	Hart, weich und übergehend	16,77	2,30	16,24	1,93	11,58	12,45	29,95	34,82	13,33	1,66	86,0	0,27	14,0
21	Bismarck-Weizen, Vers.-Feld 1871	desgl.	14,37	2,51	15,31	2,66	15,96	14,88	37,62	33,49	14,04	2,09	78,6	0,57	21,4
22	Frankensteiner Weizen von Frankenstein in Schlesien	desgl.	14,40	2,01	15,07	1,75	10,50	11,27	25,50	34,55	12,74	1,44	82,3	0,31	17,7
23	Kujawischer Weizen von Kopelnik, Posen	desgl.	16,01	2,30	15,94	2,04	12,24	12,33	29,88	34,71	12,97	1,55	76,0	0,49	24,0
24	Kaiser-Weizen von Proskau, Schlesien	desgl. a.	14,68	1,93	15,52	1,68	10,08	8,52	20,34	35,42	13,95	1,19	70,9	0,49	29,1
		b.	15,06	2,21	15,36	2,05	12,30	12,33	30,07	34,72	12,94	1,60	78,1	0,45	21,9
25	Winter-Weizen von der Aar	desgl.	15,46	2,21	15,64	1,94	11,64	11,10	26,71	35,04	14,76	1,64	84,6	0,30	15,4
26	Winter-Weizen von Brodersdorf bei Kiel	desgl.	16,51	2,14	16,24	2,03	12,18	12,13	29,55	34,38	13,87	1,68	82,8	0,35	17,2
27	Rother engl. Weizen, Trit. turgidum, ökonom.-botan. Garten zu Poppelsdorf	Halbhart, übergehend	—	—	15,41	2,68	16,08	13,07	30,16	36,67	13,73	1,79	66,8	0,89	33,2
28	Winter-Weizen von Liebstadt in Sachsen	Weich mit etwas übergehend	14,11	1,63	13,91	1,62	9,72	9,54	22,55	36,43	12,77	1,22	75,3	0,40	24,7
29	Kessingland-Weizen, Vers.-Feld 1871, a. mit Regenwasser ausgewaschen	desgl.	17,14	2,03	16,91	1,71	10,26	8,36	18,99	37,00	14,15	1,18	69,0	0,53	31,0
	b. mit Gipslösung und hartem Wasser ausgewaschen	Hart, weich und übergehend	17,14	2,01	16,91	1,71	10,26	9,15	23,04	34,04	13,80	1,26	73,1	0,46	26,9
30	Hallet's genealogischer Weizen, Vers.-Feld 1871, a. mit Regenwasser	desgl.	15,53	1,92	15,83	1,78	10,68	10,41	24,11	36,41	12,84	1,34	75,3	0,44	24,7
	b. mit Gipslösung und hartem Wasser ausgewaschen	desgl.	15,53	1,92	15,83	1,78	10,68	9,42	23,46	33,82	13,60	1,28	72,0	0,50	28,0
31	Blumen-Weizen von Schieritz bei Meissen in Sachsen, a. mit Regenwasser	desgl.	15,26	1,86	15,11	1,60	9,60	9,11	20,38	37,94	14,01	1,28	83,1	0,26	16,9
	b. mit Gipslösung und hartem Wasser ausgewaschen	desgl.	15,26	1,86	15,11	1,60	9,60	9,11	22,89	33,79	13,03	1,19	77,4	0,35	22,6
32	St. Helena-Weizen, Vers.-Feld 1871, seit einer Reihe v. Jahren ohne Dünger gebaut	desgl.	15,10	2,53	15,43	2,40	14,40	10,64	29,38	32,86	13,84	1,61	67,1	0,79	32,9
33	Speltmehl von Hohenheim, Württemberg	desgl.	—	—	13,90	2,98	17,98	15,46	38,60	34,48	13,90	2,15	72,2	0,83	27,8
		Minimum	11,81	1,63	12,54	1,60	9,60	8,36	18,99	26,74	12,54	1,18	6,68	0,26	11,9
		Maximum	17,14	3,63	16,91	3,81	22,86	21,35	67,19	37,94	15,25	3,09	88,1	0,89	33,2
		Mittel	**14,60**	**2,57**	**14,82**	**2,53**	**15,16**	**14,45**	**37,30**	**31,11**	**13,67**	**1,98**	**78,0**	**0,54**	**2,19**

[1]) H. Ritthausen: Die Eiweisskörper der Getreidearten etc. Bonn 1872. S. 12.

Kleber-Brod.*) — (Nachtrag zu S. 633.)

No.		Zeit der Untersuchung	Wasser %	Stickstoff-Substanz %	Fett %	Kohlehydrate %	Holzfaser %	Asche %	In der Trocken-Substanz: Stick-stoff-Substanz %	Kohle-hydrate %	Stickstoff in der Trocken-Substanz %	Analytiker
	Auf 1 Theil Weizenmehl frischer Kleber											
1	die 3 fache Menge	1889	27,49	15,69	0,21	53,58	0,98	2,05	21,65	73,86	3,46	W. Kisch und E. Haselhoff[1])
2	„ 4 „ „	„	40,69	16,05	0,18	40,53	0,91	1,64	27,06	68,33	4,33	
3	„ 5 „ „	„	46,02	16,88	0,16	34,89	0,60	1,45	31,28	64,63	5,00	
4	„ 6 „ „	„	45,73	17,80	0,16	34,33	0,55	1,43	32,80	63,26	5,25	
5	„ 7 „ „	„	48,02	18,86	0,15	31,19	0,44	1,34	36,28	60,00	5,80	

Knollen von Stachys tuberifera.**) — (Nachtrag zu S. 705.)

1	Aus Japan	1888	78,33	3,17 **)	0,18	16,57 **)	0,73	1,02	14,39 **)	76,71	2,27	A. v. Planta[2])

Untersuchung von schwarzem und weissem Pfeffer. — (Nachtrag zu Pfeffer S. 724.)

William Johnstone[3]) bestimmte als einen bisher unbekannten Bestandtheil des Pfeffers das „Piperidin“ (nämlich zu 0,21—0,77 %). Dasselbe geht beim Kochen des Pfeffers mit Wasser in das Destillat über und kann in diesem titrimetrisch bestimmt werden. Seine Identität wurde durch Darstellung des Platindoppeltsalzes festgestellt. Es ist nicht durch Hydrolyse des Piperins entstanden, weil dieses, auf gleiche Weise behandelt, kein Piperidin giebt.

Das „Piperin“ bestimmt Verfasser in der Weise, dass er 10 g Pfeffer in einem verschlossenen Gefäss 4—6 Stunden mit einer Lösung von 3 g Kalihydrat in 25 CC. Wasser und 25 CC. Alkohol bei 100° C. kocht, die Flüssigkeit nach dem Abkühlen mit viel Wasser in einen geräumigen Destillirkolben bringt und das entstandene Piperidin abdestillirt, bis das Destillat neutral ist. Das letztere wird mit $^1/_{10}$ Normalschwefelsäure unter Anwendung von Methylorange als Indicator titrirt.

Zur Bestimmung der „Stärke“ wurde der Pfeffer vorher mit 90 %tigem Alkohol extrahirt, darauf mit Säure invertirt und der Zucker mit Fehling'scher Lösung bestimmt.

Für die Bestimmung der „Rohfaser“ wurden 3—5 g des gestossenen Pfeffers mit 50 CC. einer 5 %tigen H_2SO_4 und 150 CC. Wasser gekocht, der Rückstand erst mit 200 CC. Wasser, darauf mit 50 CC. einer 5 %tigen Natronlauge und 150 CC. Wasser ebenso lange und dann wieder mit 200 CC.

---

[1]) Original-Mittheilung. Die Analysen wurden im Laboratorium d. landw. Vers.-Stat. Münster ausgeführt.

[2]) Landw. Vers.-Stat. 1888. Bd. 35. S. 473.

[3]) Nach Analyst in Chm. Centr.-Bl. 1889. S. 481.

*) Die Kleber-Brode sind in der Weizenstärke-Fabrik von Dr. Joh. Hundhausen in Hamm in W. dargestellt. Die Fabrik gewinnt frischen, süssen Weizenkleber und hat ein besonders patentirtes Verfahren, denselben ohne Säuerung trocken und feinpulverig herzustellen, um auf diese Weise den werthvollen Weizenkleber für die menschliche Ernährung nutzbar zu machen. Obige Brode sind offenbar unter Zusatz von frischem Kleber hergestellt; der Geschmack derselben liess nichts zu wünschen übrig; die Lockerheit nahm mit steigendem Klebergehalt zu.

**) Stachys tuberifera ist eine neue Gemüsepflanze, welche aus Japan stammt, und zur Familie der Labiaten gehört; sie wird jetzt auch in Frankreich angebaut. Die Pflanze ist behaart, gedeiht in jedem Boden und giebt ein feines Gemüse. Der Geschmack derselben erinnert an den der Artischocken, Spargel und Skorzoneren.

Die Knollen enthalten wie alle Wurzelgewächse viel Stickstoff in Form von Amiden; Verfasser fand für die Trocken-Substanz an Stickstoff in Form von:

Eiweissstoffen	Amiden	Nuclein (unlöslich in Magensaft)
0,91 %	1,23 %	0,13 %

Darnach enthält:

	Natürliche Substanz	Trockensubstanz
Reines Eiweiss	1,50 %	6,68 %
Amide	1,67 „	7,71 „

Stärkemehl ist in den Knollen nicht vorhanden, dagegen ein dextrinhaltiges Kohlehydrat, wahrscheinlich „Galactan“ in grosser Menge. Die durch Kochen mit verdünnter Salzsäure in Zucker (Dextrose) überführbaren Stoffe betrugen für die Trockensubstanz 49,38 %, welche als Galactose berechnet 52,84 % entsprechen. Das Galactan liefert mit Salpetersäure Schleimsäure.

Wasser gekocht. Der verbleibende Rückstand wird filtrirt, mit Wasser, Alkohol und Aether ausgewaschen und filtrirt. Diese Methode gleicht im Ganzen der deutschen Methode der Holzfaserbestimmung.

Die solcherweise untersuchten, unzweifelhaft echten Proben Pfeffer lieferten folgende Resultate:

No.		Wasser %	Stickstoff %	Eiweiss %	Piperin %	Piperidin %	Oel %	In Alkohol löslich %	Stärke %	Holzfaser %	Asche %	Von der Asche löslich in Wasser %	Von der Asche löslich in Salzsäure %	Kieselsäure %
	Schwarzer Pfeffer:													
1	Acheen	15,15	1,06	2,34	12,21	0,50	1,51	0,84	42,45	10,00	3,79	1,41	1,74	0,62
2	Alleppey	15,36	1,34	2,62	13,03	0,44	1,87	2,12	29,50	13,10	4,66	2,72	1,87	0,06
3	Kamport	13,82	1,42	5,37	8,13	0,55	1,63	9,57	37,50	11,65	3,51	1,50	1,70	0,31
4	Lampong	15,22	1,82	7,25	11,05	0,77	1,42	4,55	30,80	15,05	4,46	2,15	2,10	0,21
5	Langer Pfeffer	12,26	1,51	6,93	7,15	0,34	1,56	3,50	32,10	13,75	7,57	2,18	3,92	1,47
6	Penang WC	15,04	1,72	8,37	6,41	0,46	0,98	5,44	41,65	11,70	4,14	1,71	1,63	0,56
7	Siam	14,06	1,57	6,93	6,89	0,76	1,29	6,26	40,15	12,25	3,65	1,64	1,67	0,34
8	Singapore	14,72	1,40	6,31	5,72	0,72	0,99	5,55	32,18	10,75	3,64	2,00	1,48	0,16
9	Tellichery	14,24	1,40	5,87	8,25	0,39	1,01	2,50	33,33	12,15	3,87	2,26	1,55	0,06
10	Trang	14,02	1,49	6,68	5,21	0,47	1,40	4,54	37,50	10,70	3,96	1,74	1,92	0,30
	Weisser Pfeffer:													
11	Penang	14,94	0,90	2,62	8,87	0,34	0,53	0,46	51,00	4,35	2,47	0,31	1,97	0,19
12	Siam	13,13	1,37	6,00	7,79	0,21	1,41	0,11	53,50	4,45	2,22	1,18	0,95	0,09
13	Singapore	15,62	1,61	7,00	8,66	0,42	1,14	1,76	52,00	4,20	1,07	0,30	0,62	0,15
	Abfälle:													
14	Schalen	12,54	1,47	6,50	6,32	0,74	1,74	4,23	11,80	22,80	16,34	1,10	6,71	8,53

Johnstone ist der Ansicht, dass weder der Gehalt an Piperin, an Stärke, an in Alkohol löslichen Stoffen, noch an Eiweissstoffen bei den grossen Schwankungen als Anhaltepunkt zur Erkennung von etwaigen Verfälschungen dienen kann; wohl aber der Gehalt an Holzfaser und Asche resp. deren Löslichkeit in Salzsäure. Mir will scheinen, dass die obigen Zahlen an sich vielfach sehr abnorm und der gefundene Gehalt an Stickstoff in obigen Pfefferproben etwas sehr niedrig ist; bezüglich der letzteren Ansicht verweise ich auf die Ausführungen S. 722—726.

J. N. Zeitler[1]) untersuchte verschiedene Handelspfeffersorten auf in Alkohol lösliche Stoffe, Asche etc.

Zur Alkoholextractbestimmung wurden 5 g der vorher getrockneten Pfeffer in einen Soxhlet'schen Extractionsapparat gebracht, 8 Stunden lang mit absolutem Alkohol extrahirt, der Alkohol abdestillirt und der Rückstand 1 Stunde im Wassertrockenschrank getrocknet.

Der in Salzsäure unlösliche Theil der Asche wurde in der Weise bestimmt, dass die Asche mit verdünnter Salzsäure (1 : 2) einige Zeit auf dem Wasserbade digerirt, abfiltrirt, der Rückstand geglüht und gewogen wurde. Die Resultate sind folgende:

	Wasser %	Alkohol-Extract %	Asche %	In Salzsäure unlöslicher Rückstand in Proc. der Substanz	In Salzsäure unlöslicher Rückstand in Proc. der Asche
Schwarzer Pfeffer	12,05	13,22	7,34	1,86	29,35
desgl.	12,35	11,22	3,96	0,21	5,45
desgl.	10,79	12,48	4,82	0,45	9,53
desgl.	11,90	12,42	4,53	0,30	6,76

[1]) Zeitschr. f. angew. Chem. 1888. Bd. I. S. 510.

	Wasser %	Alkohol-Extract %	Asche %	In Salzsäure unlöslicher Rückstand in Proc. der Substanz	In Salzsäure unlöslicher Rückstand in Proc. der Asche
Schwarzer Pfeffer	12,48	10,41	3,73	0,10	2,75
desgl. (stark mit Pfefferstielen verunreinigt) .	11,67	12,49	5,31	0,50	9,28
Schwarzer Pfeffer	12,29	12,96	5,16	0,40	7,85
desgl. (mit 2 % Erde verunreinigt)	12,48	12,53	7,93	1,80	22,69
Schwarzer Pfeffer	11,95	13,93	6,02	0,62	10,33
desgl.	12,03	10,66	7,66	1,38	18,05
Weisser Pfeffer	9,90	11,55	5,03	1,24	26,35
Piment	11,85	13,92	4,96	Spur	Spur
Paprika	7,25	28,27	7,40	0,39	5,20
desgl.	9,95	36,39	6,10	0,39	5,07
desgl.	5,90	30,81	7,11	0,47	6,71

Ch. Heisch[1]) bestimmte in einer Anzahl reiner Pfeffersorten den Gehalt an Rohfaser und fand auf wasser- und sandfreie Substanz berechnet:

		Rohfaser %
1.	Acheen-Penang, schwarz	15,08
2.	Trang	11,58
3.	Singapore	14,61
4.	desgl.	14,32
5.	Tellichery	12,92
6.	Penang	(27,82)
7.	Singapore (leicht, staubig), schwarz .	19,58
8.	Penang, weiss	5,15
9.	Singapore, weiss	4,48
10.	Siam, weiss	6,72
11.	Weisser Pfeffer (fein gemahlen) . .	6,74
12.	desgl. (feinst gemahlen)	5,42
13.	Superfine	3,44
14.	Langer Pfeffer	11,42
15.	desgl.	12,96
16.	Poivrette (schwarz)	68,80
17.	desgl. (weiss)	61,94
18.	10 Theile schwarzen Pfeffer No. 3 und 90 Theile Poivrette	16,24
19.	10 Theile weissen Pfeffer No. 9 und 90 Theile Poivrette	8,56

Obst- und Rübenkraut. — (Nachtrag zu S. 760.)

	Wasser %	Fruchtzucker %	Rohrzucker %	Stickstoff %	Säure = Aepfelsäure %	Nichtzucker[*]) %	Asche %	Phosphorsäure %	Kali %	Kalk %	Magnesia %	Drehung der Lösung 1 : 10 im Halbschatten-Apparat °
Reines Obstkraut aus süssen Aepfeln 1888	33,55	57,12	1,85	0,224	2,063	3,68	1,74	0,111	0,88	0,100	0,093	— 4,52
Mittel der 10 Proben Obstkraut	**34,88**	**52,94**	**2,77**	**0,200**	**2,264**	**5,23**	**1,92**	**0,160**	**0,96**	**0,139**	**0,070**	**— 4,45**
Reines Zuckerrübenkraut aus Westfalen 1888	27,96	14,12	45,60	0,620	1,688	6,43	4,20	0,537	1,38	0,094	0,259	+ 6,0
Mittel der 5 Proben Rübenkraut	**28,01**	**17,85**	**43,63**	**0,727**	**1,409**	**5,30**	**3,80**	**0,419**	**1,49**	**0,104**	**0,202**	**+ 5,36**
Möhrenkraut	31,19	40,30	12,64	0,612	2,363	7,60	5,85	0,481	2,18	0,296	0,123	+ 0,45

[1]) Analyst 1888. Bd. 13. S. 149.

[*]) Unter Nichtzucker ist die Differenz der Summe (Wasser + Zucker + Säure + Mineralstoffe) von 100 zu verstehen.

Gemische von Obst- und Rübenkraut zu gleichen Theilen.

	Wasser %	Fruchtzucker %	Rohrzucker %	Stickstoff %	Säure = Aepfelsäure %	Nichtzucker %	Asche %	Phosphorsäure %	Kali %	Kalk %	Magnesia %	Drehung der Lösung 1 : 10 im Halbschatten-Apparat °
1. Probe	26,83	36,10	19,74	0,374	1,348	12,51	2,47	0,324	1,01	0,118	0,155	— 0,20
2. „	29,09	38,08	22,38	0,389	1,876	5,63	2,94	0,347	1,08	0,086	0,185	+ 0,27

Obstkraut unter Zusatz von Rohrzucker und Mehl; Pflaumenmus.*)

Aepfelkraut mit Kreide abgestumpft; auf $1^1/_2$ kg Saft 75 g Rohrzucker	39,81	44,00	13,41	0,170	2,889	0,46	1,43	0,068	0,53	0,184	Spur	— 2,50
Mit Mehl eingekocht . . .	23,86	21,48	0,69	0,239	1,407	51,44	1,12	0,171	0,59	0,088	0,079	— 1,13
Pflaumenmus	64,68	11,92	2,07	0,308	1,252	17,86	2,22	0,145	0,65	0,116	0,070	—

Fragliche Proben.

Aepfelkraut (wahrscheinlich mit Dextrinsyrup versetzt) . .	30,83	50,40	2,89	0,250	1,323	13,09	1,47	0,170	0,72	0,080	0,045	+ 2,58
Zuckerrübenkraut, desgl. wahrscheinlich mit Dextrinsyrup versetzt	26,99	30,80	20,77	0,243	0,768	18,05	2,62	0,091	1,01	0,250	0,025	+ 13,45

Vegetabile Milch. — (Nachtrag zu S. 769.)

Die nach Dr. Lahmann's Vorschrift von Hewel & Veithen in Köln dargestellte sog. vegetabile Milch besteht aus äusserst fein zerstossenen Mandeln und Nüssen. Dieselbe soll als Zusatz zu Kuhmilch dienen und bewirken, dass der gerinnende Käsestoff der Milch in Folge der besseren mechanischen Vertheilung durch das vegetabile Casein und Oel der Mandeln und Nüsse ein sehr feinflockiges Gerinnsel bildet, welches leichter als der ohne diesen Zusatz in dicken Klumpen gerinnende Käsestoff der Milch verdaulich ist. In der That will A. Stutzer nach einer Flugschrift obiger Firma durch künstliche Verdauungsversuche eine bessere Verdauung des Milch-Käsestoffs nach Vermischen der Milch mit der vegetabilen Milch beobachtet haben, als bei Milch ohne solchen Zusatz.

Die Zusammensetzung der sog. „vegetabilen Milch" ist nach zwei Analysen (No. 1 von A. Stutzer, No. 2 von E. Haselhoff im Laboratorium des Verfassers) folgende:

	Wasser %	Nh-Substanz %	Fett %	N-freie Extractstoffe %	Asche %
No. 1 . .	20,62	12,00	34,72	31,03	1,62
„ 2 . .	25,88	10,06	18,71	43,66	1,69

No. 2 ergab ferner 0,75 % Phosphorsäure und 0,49 % Kali.

*) Unter „Pflaumenmus" versteht man die zerquetschten, von Kernen befreiten gekochten Pflaumen, welche dadurch, dass sie durch ein Sieb geschlagen werden, auch von einem Theil der Haut befreit sind.

Weinstatistik für Deutschland.[1]) — (Nachtrag zu S. 893.)

1. Weinbaubezirk: Rheinhessen (Dr. Egger-Mainz).

Jahr		Most: Anzahl der Analysen	Most: Spec. Gew. (Grade, Oechsle)	Most: Zucker %	Most: Freie Säure = Weinsäure %	Most: Phosphorsäure %	Most: Schwefelsäure %	Wein: Anzahl der Analysen	Wein: Alkohol	Wein: Extract	Wein: Freie Säure = Weinsäure	Wein: Zucker	Wein: Glycerin	Wein: Mineralstoffe	Wein: Phosphorsäure	Wein: Schwefelsäure	Polarisation
									Gramm in 100 CC.								
1886	Minimum	65	69	—	0,46	—	—	38	8,0	1,78	0,42	0,017	0,57	0,16	0,022	—	± 0
	Maximum		121	—	0,97	—	—		12,0	5,44	0,78	2,05	1,30	0,35	0,054	—	— 2,1
	Mittel		**87,7**	—	**0,69**	—	—		**9,87**	**2,50**	**0,57**	**0,233**	**0,79**	**0,24**	**0,035**	—	—

[Verhältniss von Alkohol : Glycerin wie 100 : 7,0 (Min.), : 10,97 (Max.), : 8,0 (Mittel)].

Jahr		Most: Anzahl der Analysen	Most: Spec. Gew.	Most: Zucker %	Most: Freie Säure %	Most: Phosphorsäure %	Most: Schwefelsäure %	Wein: Anzahl der Analysen	Wein: Alkohol	Wein: Extract	Wein: Freie Säure	Wein: Zucker	Wein: Glycerin	Wein: Mineralstoffe	Wein: Phosphorsäure	Wein: Schwefelsäure	Polarisation
1887	Minimum	83	53,0	—	0,77	—	—	23	5,94	1,99	0,38	0,05	0,43	0,16	0,022	—	± 0
	Maximum		110,8	—	1,49	—	—	23	9,93	5,68	1,25	2,47	1,03	0,29	0,041	—	— 4,2
	Mittel		**70,9**	—	**1,09**	—	—										
	a. Weisswein	—	—	—	—	—	—	a. 16	**8,27**	**2,96**	**0,91**	**0,263**	**0,68**	**0,20**	**0,033**	—	—
	b. Rothwein	—	—	—	—	—	—	b. 7	**7,88**	**2,61**	**0,51**	—	**0,68**	**0,25**	**0,032**	—	—

[Verhältniss von Alkohol : Glycerin wie 100 : 7,23 (Min.), : 10,60 (Max.), : 8,41 (Mittel)].

2. Weinbaubezirk: Rheingau incl. Maingau (Prof. Dr. R. Fresenius, Dr. E. Borgmann und Dr. W. Fresenius).

Jahr		Most: Anzahl der Analysen	Most: Spec. Gew.	Most: Zucker %	Most: Freie Säure %	Most: Phosphorsäure %	Most: Schwefelsäure %	Wein: Anzahl der Analysen	Wein: Alkohol	Wein: Extract	Wein: Freie Säure	Wein: Zucker	Wein: Glycerin	Wein: Mineralstoffe	Wein: Phosphorsäure	Wein: Schwefelsäure	Polarisation
1887	Minimum	107	58	11,25	0,58	—	—	44	5,65	2,03	0,56	—	0,45	0,14	0,027	—	± 0
	Maximum		93	19,01	1,54	—	—		9,94	3,24	1,38	—	0,90	0,29	0,057	—	± 0
	Mittel		**76,2**	**15,83**	**0,98**	—	—		**7,93**	**2,67**	**0,90**	—	**0,70**	**0,17**	**0,041**	—	—

[Verhältniss von Alkohol : Glycerin wie 100 : 7,06 (Min.), : 10,37 (Max.), : 8,75 (Mittel)].

3. Weinbaubezirk: Rheinpfalz (Dr. Halenke und Dr. Möslinger).

Jahr		Most: Anzahl der Analysen	Most: Spec. Gew.	Most: Zucker %	Most: Freie Säure %	Most: Phosphorsäure %	Most: Schwefelsäure %	Wein: Anzahl der Analysen	Wein: Alkohol	Wein: Extract	Wein: Freie Säure	Wein: Zucker	Wein: Glycerin	Wein: Mineralstoffe	Wein: Phosphorsäure	Wein: Schwefelsäure	Polarisation
1886	Minimum	82	52,0	—	0,41	—	—	—	—	—	—	—	—	—	—	—	—
	Maximum		102,0	—	1,27	—	—	—	—	—	—	—	—	—	—	—	—
	Mittel		**85,7**	—	**0,70**	—	—	—	—	—	—	—	—	—	—	—	—
1887	Minimum	120	58,7	14,52	0,56	—	—	—	—	—	—	—	—	—	—	—	—
	Maximum		96,9	21,17	1,63	—	—	—	—	—	—	—	—	—	—	—	—
	Mittel		**78,9**	**18,09**	**0,97**	—	—	—	—	—	—	—	—	—	—	—	—

[1]) Fresenius, Zeitschr. f. analyt. Chemie 1888. Bd. 27. S. 729. Auf der 5. Versammlung der freien Vereinigung bayrischer Vertreter f. angew. Chem. 7. Aug. 1886 in Würzburg wurde beschlossen, eine Weinstatistik für Deutschland zu organisiren und für den Zweck Deutschland in 10 Bezirke zu theilen und für jeden Bezirk einen oder zwei Bezirksvorstände zu wählen, nämlich: 1. Rheinhessen (Dr. Egger-Mainz), 2. Rheingau incl. Maingau (Prof. Dr. R. Fresenius-Wiesbaden), 3. Rheinpfalz (Dr. Halenke-Speier), 4. Mosel-Saar-Gebiet (Dr. Stutzer-Bonn), 5. Baden (Prof. Dr. Nessler-Karlsruhe), 6. Württemberg (Dr. Gantter-Heilbronn und Prof. Dr. Marx-Stuttgart), 7. Unterfranken (Prof. Dr. Medicus-Würzburg und Dr. E. List-Würzburg), 8. Sachsen-Thüringen (Prof. Dr. E. Geisler-Dresden), 9. Schlesien (Prof. Dr. Gscheidlen-Breslau), 10. Elsass-Lothringen (Dr. Barth-Rufach).

Der Zweck dieser, durch eine Reihe von Jahren fortgesetzter Erhebungen soll sein, eine sicherere und allgemeinere Kenntniss von der Zusammensetzung der Moste und Weine aus den verschiedenen deutschen Weinbaugebieten, sowie Anhaltepunkte über den Einfluss verschiedener Umstände auf die Entwickelung der Trauben resp. Beschaffenheit des Mostes zu gewinnen.

Die vorläufig mitgetheilten Zahlen, von denen ich nur die Minima, Maxima und Mittel aufnehme, erstrecken sich auf die Moste der Jahre 1886 u. 1887 und der daraus gewonnenen Jungweine. Aus dem Weinbau-Gebiet Sachsen-Thüringen liegen noch keine Untersuchungen vor.

Ueber die Untersuchungsmethoden ist nichts mitgetheilt; indess ist anzunehmen, dass die Weine nach den von der vom deutschen Gesundheitsamt einberufenen Commission beschlossenen Methoden untersucht wurden und die Zahlen Gramm pro 100 CC. Wein bedeuten.

4. Weinbaubezirk: Ahr- und Moselgebiet (Dr. A. Stutzer-Bonn).

		Most: Anzahl der Analysen	Most: Spec. Gew. (Grade, Oechsle)	Most: Zucker %	Most: Freie Säure = Weinsäure %	Most: Phosphorsäure %	Most: Schwefelsäure %	Wein: Anzahl der Analysen	Wein: Alkohol	Wein: Extract	Wein: Freie Säure = Weinsäure	Wein: Zucker	Wein: Glycerin	Wein: Mineralstoffe	Wein: Phosphorsäure	Wein: Schwefelsäure	Wein: Polarisation
									Gramm in 100 CC.								
1884	Minimum	—	—	—	—	—	—	13	7,03	1,98	0,516	—	—	0,145	0,025	0,009	±0
1886 u.	Maximum	—	—	—	—	—	—		10,60	2,71	0,863	—	—	0,335	0,061	0,081	±0
1887	Mittel	—	—	—	—	—	—		**8,58**	**2,35**	**0,673**	—	—	**0,232**	**0,046**	**0,032**	—

5. Weinbaubezirk: Baden (Prof. Dr. Nessler-Karlsruhe).

		Most: Anzahl der Analysen	Most: Spec. Gew.	Most: Zucker	Most: Freie Säure	Most: Phosphorsäure	Most: Schwefelsäure	Wein: Anzahl der Analysen	Alkohol	Extract	Freie Säure	Zucker	Glycerin	Mineralstoffe	Phosphorsäure	Schwefelsäure	Polarisation
1868/84	Minimum	—	—	—	—	—	—	24	3,3	1,62	0,42	0,05	0,41	0,16	0,013	—	—
	Maximum	—	—	—	—	—	—		9,5	2,70	0,81	0,19	0,81	0,36	0,065	—	—
	Mittel	—	—	—	—	—	—		**7,58**	**2,03**	**0,61**	**0,13**	**0,58**	**0,22**	**0,027**	—	—

[Verhältniss von Alkohol : Glycerin wie 100 : 7,0 (Min.), : 10,9 (Max.), : 7,6 (Mittel)].

		Most: Anzahl der Analysen	Most: Spec. Gew.	Most: Zucker	Most: Freie Säure	Most: Phosphorsäure	Most: Schwefelsäure	Wein: Anzahl der Analysen	Alkohol	Extract	Freie Säure	Zucker	Glycerin	Mineralstoffe	Phosphorsäure	Schwefelsäure	Polarisation
1885	Minimum	—	—	—	—	—	—	58	3,3	1,50	0,40	unter 0,1	0,29	0,15	0,012	—	—
	Maximum	—	—	—	—	—	—		8,5	2,45	0,94	0,25	0,78	0,35	0,042	—	—
	Mittel	—	—	—	—	—	—		**6,46**	**1,90**	**0,61**	**0,13**	**0,58**	**0,21**	**0,025**	—	—

[Verhältniss von Alkohol : Glycerin wie 100 : 7,0 (Min.), : 11,2 (Max.), : 8,9 (Mittel)].

		Most: Anzahl der Analysen	Most: Spec. Gew.	Most: Zucker	Most: Freie Säure	Most: Phosphorsäure	Most: Schwefelsäure	Wein: Anzahl der Analysen	Alkohol	Extract	Freie Säure	Zucker	Glycerin	Mineralstoffe	Phosphorsäure	Schwefelsäure	Polarisation
1886	Minimum	—	—	—	—	—	—	82	5,4	1,64	0,30	0,10	0,56	0,15	0,020	—	—
	Maximum	—	—	—	—	—	—		10,5	3,10	0,99	0,26	0,99	0,49	0,073	—	—
	Mittel	—	—	—	—	—	—		**7,80**	**2,18**	**0,56**	**0,13**	**0,72**	**0,26**	**0,039**	—	—

[Verhältniss von Alkohol : Glycerin wie 100 : 6,9 (Min.), : 10,7 (Max.), : 9,2 (Mittel)].

6. Weinbaubezirk: Württemberg*) (Dr. Gantter-Heilbronn).

		Most: Anzahl der Analysen	Most: Spec. Gew.	Most: Zucker	Most: Freie Säure	Most: Phosphorsäure	Most: Schwefelsäure	Wein: Anzahl der Analysen	Alkohol	Extract	Freie Säure	Zucker	Glycerin	Mineralstoffe	Phosphorsäure	Schwefelsäure	Polarisation
1884	Minimum	—	—	—	—	—	—	18	5,87	1,56	0,44	—	0,56	0,15	0,017	0,014	—
	Maximum	—	—	—	—	—	—		8,64	2,30	0,72	—	0,92	0,29	0,040	0,062	—
	Mittel	—	—	—	—	—	—		**7,08**	**1,84**	**0,59**	—	**0,76**	**0,22**	**0,030**	**0,035**	—

[Verhältniss von Alkohol : Glycerin wie 100 : 7,7 (Min.), : 13,9 (Max.), : 10,7 (Mittel)].

		Most: Anzahl der Analysen	Most: Spec. Gew.	Most: Zucker	Most: Freie Säure	Most: Phosphorsäure	Most: Schwefelsäure	Wein: Anzahl der Analysen	Alkohol	Extract	Freie Säure	Zucker	Glycerin	Mineralstoffe	Phosphorsäure	Schwefelsäure	Polarisation
1885	Minimum	—	—	—	—	—	—	16	4,50	1,76	0,45	—	0,62	0,17	0,023	0,013	—
	Maximum	—	—	—	—	—	—		9,36	2,75	0,85	—	1,00	0,26	0,055	0,096	—
	Mittel	—	—	—	—	—	—		**6,38**	**2,00**	**0,63**	—	**0,76**	**0,21**	**0,036**	**0,040**	—

[Verhältniss von Alkohol : Glycerin wie 100 : 9,4 (Min.), : 13,7 (Max.), : 11,9 (Mittel)].

		Most: Anzahl der Analysen	Most: Spec. Gew.	Most: Zucker	Most: Freie Säure	Most: Phosphorsäure	Most: Schwefelsäure	Wein: Anzahl der Analysen	Alkohol	Extract	Freie Säure	Zucker	Glycerin	Mineralstoffe	Phosphorsäure	Schwefelsäure	Polarisation
1886	Minimum	—	—	—	—	—	—	22	4,62	1,48	0,40	—	0,50	0,12	0,024	0,007	—
	Maximum	—	—	—	—	—	—		7,93	2,39	0,88	—	1,00	0,30	0,058	0,039	—
	Mittel	—	—	—	—	—	—		**6,63**	**1,80**	**0,61**	—	**0,72**	**0,23**	**0,037**	**0,022**	—

[Verhältniss von Alkohol : Glycerin wie 100 : 8,0 (Min.), : 13,7 (Max.), : 10,8 (Mittel)].

		Most: Anzahl der Analysen	Most: Spec. Gew.	Most: Zucker	Most: Freie Säure	Most: Phosphorsäure	Most: Schwefelsäure	Wein: Anzahl der Analysen	Alkohol	Extract	Freie Säure	Zucker	Glycerin	Mineralstoffe	Phosphorsäure	Schwefelsäure	Polarisation
1887	Minimum	28	65	15,6	0,91	—	—	—	—	—	—	—	—	—	—	—	—
Rothwein,	Maximum		88	18,2	1,28	—	—	—	—	—	—	—	—	—	—	—	—
Most	Mittel		**78**	**16,4**	**1,07**	—	—	—	—	—	—	—	—	—	—	—	—
1887	Minimum	—	68	15,0	0,90	—	—	—	—	—	—	—	—	—	—	—	—
Weissw.,	Maximum	—	82	17,9	1,30	—	—	—	—	—	—	—	—	—	—	—	—
Most	Mittel	—	**76**	**16,4**	**1,08**	—	—	—	—	—	—	—	—	—	—	—	—

*) Vergl. auch S. 887.

7. Weinbaubezirk: Unterfranken (Prof. Dr. Medicus und Dr. List-Würzburg).

		Anzahl der Analysen	Most: Spec. Gew. (Grade, Oechsle)	Most: Zucker %	Most: Freie Säure = Weinsäure %	Most: Phosphorsäure %	Most: Schwefelsäure %	Anzahl der Analysen	Wein: Alkohol	Wein: Extract	Wein: Freie Säure = Weinsäure	Wein: Zucker	Wein: Glycerin	Wein: Mineralstoffe	Wein: Phosphorsäure	Polarisation
									Gramm in 100 CC.							
1887 (Medicus)	Minimum		80,3	16,4	0,64	0,037	Spur	—	—	—	—	—	—	—	—	—
	Maximum	16	93,5	18,9	0,89	0,060	0,018	—	—	—	—	—	—	—	—	—
	Mittel		**87,4**	**17,7**	**0,78**	**0,046**	**0,008**	—	—	—	—	—	—	—	—	—
1887 (List)	Minimum		72,0	14,66	0,65	—	—		6,27	1,99	0,68	—	0,53	0,126	0,018	± 0
	Maximum	13	95,0	22,51	10,26	—	—	9	10,13	3,52	0,90	—	0,86	0,170	0,031	— 0,60
	Mittel		**84,8**	**18,10**	**0,82**	—	—		**7,79**	**2,29**	**0,77**	—	**0,70**	**0,149**	**0,025**	—

[Verhältniss von Alkohol : Glycerin wie 100 : 8,5 (Min.), : 9,7 (Max.), : 8,9 (Mittel)].

8. Weinbaubezirk: Schlesien (Prof. Dr. Gscheidlen).

		Anzahl der Analysen	Most: Spec. Gew.	Most: Zucker	Most: Freie Säure	Most: Phosphorsäure	Most: Schwefelsäure	Anzahl der Analysen	Wein: Alkohol	Wein: Extract	Wein: Freie Säure	Wein: Zucker	Wein: Glycerin	Wein: Mineralstoffe	Wein: Phosphorsäure	Polarisation
1886	Minimum		55	10,64	0,57	—	—	—	—	—	—	—	—	—	—	—
	Maximum	34	86	20,00	2,10	—	—	—	—	—	—	—	—	—	—	—
	Mittel		**70**	**15,82**	**0,90**	—	—	—	—	—	—	—	—	—	—	—
1887, Mittel . .		3	**68**	**14,39**	**0,97**	**0,014**	**0,012**	—	—	—	—	—	—	—	—	—

9. Weinbaubezirk: Elsass (Dr. Barth).

		Anzahl der Analysen	Most: Spec. Gew.	Most: Zucker	Most: Freie Säure	Most: Phosphorsäure	Most: Schwefelsäure	Anzahl der Analysen	Wein: Alkohol	Wein: Extract	Wein: Freie Säure	Wein: Zucker	Wein: Glycerin	Wein: Mineralstoffe	Wein: Phosphorsäure	Polarisation
Weisswein 1885	Minimum	—	—	—	—	—	—		4,62	1,61	0,48	unter 0,1	0,33	0,153	—	— 0,11
	Maximum	—	—	—	—	—	—	32	10,02	2,59	0,78	0,14	0,88	0,384	—	+ 0,27
	Mittel	—	—	—	—	—	—		**6,69**	**1,97**	**0,62**	**0,11**	**0,56**	**0,214**	—	—

[Verhältniss von Alkohol : Glycerin wie 100 : 7,0 (Min.), : 10,1 (Max.), : 8,3 (Mittel)].

		Anzahl der Analysen	Most: Spec. Gew.	Most: Zucker	Most: Freie Säure	Most: Phosphorsäure	Most: Schwefelsäure	Anzahl der Analysen	Wein: Alkohol	Wein: Extract	Wein: Freie Säure	Wein: Zucker	Wein: Glycerin	Wein: Mineralstoffe	Wein: Phosphorsäure	Polarisation
1884/85, Rothwein .		—	—	—	—	—	—	5	7,81	2,24	0,62	0,14	0,61	0,23	—	—0,04 bis + 0,27
1886	Weisswein .	—	—	—	—	—	—	10	7,02	1,90	0,58	0,10	0,68	0,23	—	—0,08 bis + 0,23
	Rothwein . .	—	—	—	—	—	—	4	8,20	2,58	0,56	0,16	0,85	0,27	—	± 0 bis + 0,15
1887	Minimum		64	—	0,62	—	—	—	—	—	—	—	—	—	—	—
	Maximum	13	95	—	1,69	—	—	—	—	—	—	—	—	—	—	—
	Mittel		**84**	—	**1,13**	—	—	—	—	—	—	—	—	—	—	—

10. Weinbaubezirk: Lothringen (Dr. Barth).

		Anzahl der Analysen	Most: Spec. Gew.	Most: Zucker	Most: Freie Säure	Most: Phosphorsäure	Most: Schwefelsäure	Anzahl der Analysen	Wein: Alkohol	Wein: Extract	Wein: Freie Säure	Wein: Zucker	Wein: Glycerin	Wein: Mineralstoffe	Wein: Phosphorsäure	Polarisation
Weisswein 1880/85	Minimum	—	—	—	—	—	—		5,62	1,73	0,47	0,07	0,46	0,146	—	— 0,08
	Maximum	—	—	—	—	—	—	12	9,24	2,53	1,27	0,12	0,83	0,250	—	+ 0,15
	Mittel	—	—	—	—	—	—		**7,49**	**2,04**	**0,79**	**0,12**	**0,67**	**0,181**	—	—

[Verhältniss von Alkohol : Glycerin wie 100 : 8,0 (Min.), : 10,6 (Max.), : 8,9 (Mittel)].

		Anzahl der Analysen	Most: Spec. Gew.	Most: Zucker	Most: Freie Säure	Most: Phosphorsäure	Most: Schwefelsäure	Anzahl der Analysen	Wein: Alkohol	Wein: Extract	Wein: Freie Säure	Wein: Zucker	Wein: Glycerin	Wein: Mineralstoffe	Wein: Phosphorsäure	Polarisation
Rothwein 1884	Minimum	—	—	—	—	—	—		5,25	1,96	0,51	unter 0,1	0,43	0,166	—	+ 0,04
	Maximum	—	—	—	—	—	—	14	8,36	2,45	0,64	0,12	0,80	0,294	—	+ 0,23
	Mittel	—	—	—	—	—	—		**7,38**	**2,14**	**0,59**	**0,10**	**0,59**	**0,215**	—	—

[Verhältniss von Alkohol : Glycerin wie 100 : 7,1 (Min.), : 10,7 (Max.), : 7,9 (Mittel)].

		Anzahl der Analysen	Most: Spec. Gew.	Most: Zucker	Most: Freie Säure	Most: Phosphorsäure	Most: Schwefelsäure	Anzahl der Analysen	Wein: Alkohol	Wein: Extract	Wein: Freie Säure	Wein: Zucker	Wein: Glycerin	Wein: Mineralstoffe	Wein: Phosphorsäure	Polarisation
Rothwein, 1885 . .		—	—	—	—	—	—	5	6,18	2,04	0,65	0,10	0,58	0,213	—	+ 0,08 bis + 0,19
Weisswein, 1886 . .		—	—	—	—	—	—	4	6,04	1,80	0,63	0,11	0,57	0,206	—	+ 0,04 bis + 0,08
Rothwein, 1886 . .		—	—	—	—	—	—	3	6,72	2,38	0,55	0,10	0,64	0,290	—	+ 0,04 bis + 0,11

Reine Rheingau-Weine. — Von P. Kulisch.[1])

No.	Jahrgang	Gemarkung und Lage	Traubensorte	In 100 CC. sind enthalten Gramme: Alkohol	Extract	Asche	Gesammtsäure als Weinsäure berechnet	Weinstein	freie Weinsäure	Kali	Kalk	Magnesia	Phosphorsäure	Glycerin
		Geisenheim:												
1	1887	Versch. Lagen	Riesling . .	7,17	2,595	0,187	0,782	0,163	0,033	0,063	0,016	0,019	0,022	—
2	„	desgl. . . .	Riesling und Oesterreicher	8,14	2,824	0,175	0,868	0,204	0,024	—	0,014	0,018	0,039	—
3	1888	Fuchsberg .	2/3 Riesling, 1/3 Oesterreicher	7,00	3,066	0,171	1,108	0,248	0,155	0,059	0,021	0,021	0,040	—
4	„	desgl. . . .	Riesling und Oesterreicher	7,70	2,916	0,143	1,162	0,201	0,250	0,048	0,018	0,022	0,030	—
5	1887	desgl. . . .	Riesling . .	7,70	2,977	0,138	1,159	0,210	0,139	0,038	0,010	0,018	0,025	—
6	„	desgl. . . .	Oesterreicher	7,40	2,371	0,157	0,813	0,206	0,045	0,062	0,015	0,016	0,022	—
7	„	desgl. . . .	Kleinberger .	6,50	2,789	0,155	1,233	0,241	0,142	0,059	0,020	0,016	0,018	—
8	1888	desgl. . . .	Riesling I .	7,99	3,134	0,145	1,279	0,241	0,260	0,044	0,014	0,026	0,014	—
9	„	desgl. . . .	Oesterreicher	7,73	2,676	0,159	0,934	0,277	0,116	0,065	0,011	0,019	0,027	—
10	„	desgl. . . .	Kleinberger .	5,61	2,563	0,161	1,354	0,186	0,269	0,057	0,027	0,020	0,017	—
11	„	desgl. . . .	Riesling II .	7,60	2,974	0,140	1,179	0,221	0,307	0,055	0,014	0,022	0,033	—
12	„	desgl. . . .	Oesterreicher u. Traminer	7,62	2,654	0,144	0,936	0,257	0,066	0,052	0,011	0,020	0,028	—
13	„	desgl. . . .	Kleinberger u. Oesterreicher	6,75	2,621	0,168	1,115	0,222	0,464	0,061	0,015	0,023	0,033	—
14	1886	desgl. . . .	Riesling und Traminer .	9,21	2,866	0,198	0,703	0,176	nicht vorhand.	0,066	0,010	0,021	0,037	—
		Rüdesheim:												
15	1887	Oberer Platz .	Riesling . .	8,38	2,824	0,200	0,803	0,253	„	0,076	—	—	—	0,737
16	„	Rottland . .	desgl. . . .	8,82	2,904	0,201	0,689	0,195	„	—	—	—	—	0,917
17	„	Hinterhaus .	desgl. . . .	8,58	2,672	0,192	0,518	0,111	„	0,062	—	—	—	0,871
18	„	Mühlstein und Brunnen .	desgl. . . .	9,95	2,487	0,185	0,467	0,094	„	0,067	—	—	—	0,810

Ueber das Gypsen und Phosphatiren des Weines. — Von Desmoulins und Gautier.[2])
(Nachtrag zu S. 982.)

In Frankreich machen sich bezüglich des Gypsens der Weine zwei Strömungen geltend; die eine will die gegypsten Weine mit Chlorbarium entgypsen, die andere an Stelle des Gypses das von Hugouneuq vorgeschlagene Calciumphosphat angewendet wissen. Es wurden daher von Desmoulins und Gautier vergleichende Versuche über den Zusatz von Gyps und Calciumphosphat zum Most und deren Einwirkung auf die Zusammensetzung des Weines angestellt; zu dem Versuch 1886 wurden 800 kg frische Trauben von Kämmen befreit, gepresst, der Saft in Gefässe von je 60 l Inhalt gefüllt und ohne und mit Zusatz verschiedener Mengen Gyps und Calciumphosphat vergähren gelassen; der ohne Zusatz zu

[1]) Weinbau und Weinhandel 1889. No. 17. Die Rheingau-Weine von 1887 und 1888 hatten in Folge unvollkommener Reife der Traube in mannigfacher Hinsicht eine abnorme Beschaffenheit. Auffallend ist z. B. der geringe Gehalt an Mineralstoffen, der sich nur auf das Kali, nicht auf Kalk, Magnesia und Phosphorsäure erstreckt. Verf. glaubt den niedrigen Gehalt an Kali mit der Nothreife der Trauben in Zusammenhang bringen zu sollen.
Die Weine wurden nach den im Kaiserlichen Gesundheitsamt vereinbarten Methoden untersucht (vergl. II. Theil dieses Werkes).

[2]) Nach Mon. vinic. 1888, No. 64—66 als besondere Schrift „De vinification“ bei Masson in Paris; vergl. auch: Vierteljahresschrift f. Chem. d. Nahrungs- und Genussmittel 1888. S. 281.

vergährende Most gebrauchte 45 Tage; die mit Gyps und Calciumphosphat versetzten Moste zeigten eine viel raschere Vergährung wie auch werthvollere Eigenschaften bezüglich der Farbe und zwar umsomehr, je grösser die Menge des Zusatzes war. Im Jahre 1887 wurden die Versuche wiederholt; die erzielten Weine hatten folgende Zusammensetzung:

	Versuche von 1886					Versuche von 1887		
	Ohne Zusatz	Zusatz von Gyps pro 1 hl		Zusatz von Calciumphosphat pro 1 hl		Ohne Zusatz	Gegypst	Phosphatirt
		150 g	525 g	165 g	350 g			
	%	%	%	%	%	%	%	%
Alkohol	8,00	8,70	8,30	8,40	8,30	9,70	9,80	9,90
Extract	1,79	1,63	1,88	1,77	1,82	2,18	2,42	2,59
Säure als H_2SO_4 berechnet	0,416	0,496	0,536	0,466	0,456	0,75	0,79	0,93
Mineralstoffe	0,302	0,275	0,422	0,275	0,295	0,188	0,384	0,624
Kaliumsulfat	0,054	0,171	0,404	0,054	0,048	0,034	0,370	0,045
Phosphorsäure	0,012	0,010	0,006	0,028	0,026	—	—	—
Kaliumcarbonat	—	—	—	—	—	0,041	0,089	0,174

Nach diesen Versuchen hatte das Calciumphosphat eine gleich günstige Wirkung wie der Gyps sowohl auf die raschere Vergährung wie auf die schnellere Klärung des Weines.

Anhang.

Die Berechnung des Nährgeldwerthes der menschlichen Nahrungsmittel.

Seitdem man der menschlichen Ernährung eine grössere Aufmerksamkeit geschenkt hat, ist man auch der Frage, den Nährgeldwerth der Nahrungsmittel zu bestimmen, näher getreten.

Für einen grossen Theil der menschlichen Gesellschaft hat diese Frage allerdings keine oder nur eine untergeordnete Bedeutung; die wohlhabende Klasse braucht ihre Nahrung nicht nach dem absoluten Gehalt der Nahrungsmittel an Nährstoffen auszuwählen, sie geht bei Auswahl der Nahrung wesentlich von anderen Gesichtspunkten aus, wie: Wohlgeschmack, Wohlgeruch, schönem Ansehen, geringerer Beschwerde bei der Verdauung etc.

Allein in einer Zeit, wo das Leben an den Einzelnen wie an die Gesammtheit die grössten Anforderungen stellt, wo Jeder im Kampf ums Dasein seine volle körperliche wie geistige Kraft entfalten muss, kann es für den grössten Theil der menschlichen Gesellschaft nicht gleichgültig sein, zu erwägen, wie und auf welche Weise der Organismus am zweckmässigsten (d. h. am besten und billigsten) arbeitsfähig erhalten werden kann.

Geradezu von der grössten Bedeutung ist die Frage für die arbeitende Klasse, für die Massenernährung in öffentlichen Anstalten, in der Volksküche, in den Arbeiter-Menagen etc., in denen, wie C. Flügge[1]) richtig bemerkt, „auf eine Befriedigung der Geschmacksgelüste weit weniger Rücksicht genommen zu werden braucht, als auf eine zureichende, den Körperbestand erhaltende und dabei möglichst billige Kost.“

So wichtig aber die Frage ist, so schwierig ist sie auch zu lösen.

Zunächst sind die menschlichen Nahrungsmittel von sehr verschiedener Constitution. Wir pflegen in denselben, indem wir von den Mineralstoffen absehen, vorwiegend 3 Gruppen von organischen Nährstoffen zu unterscheiden, nämlich: die Protein- oder Eiweissstoffe, das Fett (oder fettähnliche Körper) und die stickstofffreien Extractstoffe oder Kohlehydrate (Milchzucker, Rohr- und Traubenzucker, Dextrin, Stärke etc.)

Diese 3 Hauptgruppen der Nährstoffe schliessen aber bei den einzelnen Nahrungsmitteln sehr verschiedene Verbindungen und von verschiedener Constitution ein.

So sind schon bezüglich der procentischen Zusammensetzung die animalischen Proteinstoffe, welche im allgemeinen mit den vegetabilischen die gleichen Eigenschaften besitzen und diesen den Namen verliehen haben, nach den neuesten

[1]) C. Flügge: Lehrbuch der hygiënischen Untersuchungsmethoden, 1881. S. 429.

Untersuchungen von H. Ritthausen durchweg stickstoffärmer und zum Theil kohlenstoffreicher, als die vegetabilischen Proteinstoffe, wie nachstehende Zusammenstellung zeigt:

		C	H	N	O	S
		%	%	%	%	%
Albumin	Fleisch-Albumin	52,89	7,17	16,18	22,18	1,59
	Eier-Eiweiss	53,40	7,00	15,70	22,40	1,60
	Pflanzen-Albumin . . .	53,06	7,33	16,58	21,93	1,10
Caseine	Milch-Casein	53,55	7,10	15,83	23,52	
	Pflanzen-Legumin . . .	51,48	7,02	18,22	22,88	0,40
	„ Conglutin . . .	50,63	6,88	19,43	22,39	0,67
	„ Gluten-Casein .	51,37	6,83	17,26	23,41	1,13
Kleber-proteinstoffe	Fleisch-Fibrin (Syntonin) .	53,97	7,21	15,57	22,03	1,21
	Pflanzen-Gluten-Fibrin .	54,49	7,35	16,91	20,41	0,84
	„ Mucedin . . .	53,90	6,90	16,80	21,70	0,70
	„ Gliadin (Leim) .	52,53	7,07	18,20	10,95	1,25
	Thierischer Leim . . .	49,85	6,65	18,20	25,30	

Wenn man mit H. Ritthausen[1]) annehmen darf, dass die Proteinstoffe einen um so höheren Nähreffect besitzen, je stickstoffärmer und kohlenstoffreicher sie sind (vergl. S. 141), so können hiernach die animalischen Proteinstoffe einen höheren Geldwerth beanspruchen als die vegetabilischen und unter diesen wieder die an Kleberproteinstoffen reichen Nahrungsmittel einen höheren als die an Pflanzen-Caseinen reichen. Da ferner die Proteinstoffe bei der künstlichen Zersetzung die Zersetzungsproducte (Leucin, Tyrosin, Glutamin- und Asparaginsäure sowie Ammoniak etc.) in sehr verschiedener Menge liefern, so ist anzunehmen, dass sie auch im Organismus sich ähnlich verhalten und einen verschiedenen Effect äussern, der auch bei der Belegung mit einem Geldwerthe zum Ausdruck gelangen müsste.

Nicht minder verschieden constituirt ist die Gruppe „Fett“. Der Talg der gewöhnlichen Schlachtthiere besteht aus den Triglyceriden der Oel-, Stearin- und Palmitinsäure (und zwar zu circa $^1/_4$ aus Olein, zu $^3/_4$ aus Stearin und Palmitin), das Butterfett enthält ausser mehr Olein auch noch Glyceride der niederen Fettsäuren, während die Pflanzenfette durchweg viel freie Fettsäuren einschliessen und nur zum Theil aus Triglyceriden bestehen.

Vollends verschieden ist die Gruppe: „stickstofffreie Extractstoffe“ oder Kohlehydrate bei den einzelnen Nahrungsmitteln. Bei den animalischen Nahrungsmitteln ist diese Gruppe fast ausschliesslich durch den Milchzucker der Milcharten und der Molkereiproducte vertreten; die äusserst geringen Mengen derartiger Verbindungen beim Fleisch kommen ausser dem Glycogen in der Leber kaum in Betracht. Bei den vegetabilischen Nahrungsmitteln aber bildet diese Gruppe den Hauptbestandtheil, und zwar in Form von Stärke, Dextrin, Gummi, Rohr- und Fruchtzucker etc. und sonstigen nicht näher zu definirenden Verbindungen in wechselnden Mengen.

Wenn nun schon die Stärkeformen in den verschiedenen Pflanzen sich gegen Lösungs- und verdauende Mittel verschieden verhalten und in Folge dessen möglicher-

[1]) H. Ritthausen: Die Eiweisskörper der Getreidearten, Hülsenfrüchte u. Oelsamen. Bonn 1872.

weise auch für den Organismus von verschiedenem Werth sind, dann dürfte dieses vollends bei den Zuckerarten und sonstigen Verbindungen gegenüber der Stärke der Fall sein.

Dazu kommt, dass neben diesen 3 Hauptnährstoffgruppen noch verschiedene Verbindungen in äusserst geringer Menge vorhanden sind, welche als directe Nährstoffe nicht in Betracht kommen, welche aber durch ihre anregende Wirkung auf die Gesichts-, Geruchs- und Geschmacksnerven als Reiz- und Genussmittel von nicht zu unterschätzender Bedeutung für die Verdauungsarbeit sind und bewirken, dass die Nahrung im Organismus ihren vollen Effect äussert. Hierzu gehören die Fleischbasen (Kreatin, Kreatinin, Sarkin etc.) beim Fleisch, die ätherischen Oele, die Pflanzensäuren, Zuckerarten etc. bei den vegetabilischen Nahrungsmitteln. Viele dieser Verbindungen sind uns kaum mehr als dem Namen nach bekannt; noch viel weniger kennen wir die Art und Weise ihrer Wirkung im Organismus; keinenfalls aber besitzen wir eine Methode, die Grösse ihrer Wirkung bestimmen zu können.

Um uns über die grössere oder geringere Nährwirkung eines Nahrungsmittels Aufschluss zu verschaffen, pflegen wir Verdauungs- oder Ausnutzungsversuche anzustellen in der Weise, dass wir die Menge der eingenommenen Nahrung, die dieser entsprechende Menge Fäces bestimmen und aus der Differenz die Grösse der Verdaulichkeit berechnen. Aber selbst hierüber liegen bis jetzt noch sehr lückenhafte Versuche vor. Die umfangreichsten Versuche dieser Art hat M. Rubner [1]) angestellt. Nach diesen und einigen anderen Versuchen wurden z. B. von den Nährstoffen einiger wichtiger Nahrungsmittel in Procenten der verzehrten Mengen wie folgt:

1. Animalische Nahrungsmittel:

	Trocken-substanz %	Stickstoff-substanz %	Fett %	Mineral-stoffe %
Fleisch { vom Rind / vom Fisch }	94,8	97,4	80,9	81,9
Eier	94,8	97,1	95,0	81,6
Milch [2])	91,1	91,7	94,9	62,9
Käse	93,6	96,7	94,7	71,6

2. Vegetabilische Nahrungsmittel:

	Trocken-substanz %	Stickstoff-substanz %	Fett %	Kohle-hydrate %	Mineral-stoffe %
Mais	93,3	84,5	82,8	96,8	70,0
Reis	95,9	79,6	92,9	99,1	85,0
Kartoffeln	90,6	67,8	96,3	92,4	84,2
Erbsen	90,9	82,5	36,1	96,4	67,5
Weissbrod . . .	94,8	74,3	—	98,0	74,6
Schwarzbrod . . .	85,0	68,0	—	89,1	64,0
Spätzeln	94,1	79,5	—	98,4	79,1
Macaroni (Nudeln) .	95,7	82,9	94,3	98,8	75,0

---

[1]) Zeitschr. f. Biologie 1879. S. 115 u. 1880. S. 119.

[2]) Dass die Nährstoffe der Milch geringer als die von Fleisch und Eiern verdaut sind, muss nach dem Versuchsansteller wohl darauf zurückgeführt werden, dass die Versuche an einem Erwachsenen angestellt wurden, für welchen reine Milch kein geeignetes Nahrungsmittel bildet. (Vergl. Nachträge „Verdaulichkeit der Milch").

	Trocken-substanz	Stickstoff-substanz	Fett	Kohle-hydrate	Mineral-stoffe
	%	%	%	%	%
Wirsing	85,1	81,5	93,9	84,6	80,7
Gelbe Rüben . .	79,3	61,0	93,6	81,8	66,2
Pilze (Champignon) .	80,91	74,23	—	—	—
Cacao	—	42,00	94,5	100	—

Von der Holzfaser der vegetabilischen Nahrungsmittel werden nach H. Weiske 40—60 % verdaut; sie ist aber in unserer Nahrung in so geringer Menge vorhanden, dass man sie vernachlässigen kann.

Wie aus vorstehenden Zahlen ersichtlich, gelangt besonders die Stickstoffsubstanz bei den animalischen Nahrungsmitteln in weit höherem Grade zur Ausnutzung als bei den vegetabilischen Nahrungsmitteln, und unter diesen sind die Nährstoffe des Holzfaser-reicheren Schwarzbrodes, viel geringer verdaut, als die des Weissbrodes etc.

Würde man so für jedes Nahrungsmittel genau und exact die Ausnutzungsgrösse kennen, so würde man auch einer richtigen Geldwerthsabschätzung derselben näher rücken, denn es ist klar, dass es bei der Geldwerthsabschätzung der Nahrungsmittel nicht auf den absoluten Gehalt an Nährstoffen ankommt, sondern auf den Grad der Verdaulichkeit und auf die Grösse des Effectes im Organismus. Hiervon sind wir aber noch weit entfernt. Die vorstehenden Verdauungs-Coëfficienten sind bei einseitiger Ernährung mit dem betreffenden Nahrungsmittel für sich allein gewonnen; wir sind aber nicht gewohnt, bloss Fleisch, oder Eier oder Kartoffeln oder Wirsing zu uns zu nehmen, sondern ein Gemisch dieser Nahrungsmittel und so ist es recht gut möglich, dass sich in einer gemischten Nahrung die Verdaulichkeitsgrösse ganz anders gestaltet für die einzelnen Componenten, als wenn jeder für sich allein genossen wird.

Wenn wir daher schon jetzt an eine Nährgeldwerthsberechnung der Nahrungsmittel herantreten, so sind nach vorstehenden Ausführungen 2 Hauptgesichtspunkte sehr wohl zu berücksichtigen:

1) Es können nur Nahrungsmittel von gleicher oder ähnlicher chemischen Constitution mit einander verglichen werden; aus dem Grunde sind von vornherein animalische und vegetabilische Nahrungsmittel von einander zu halten; es können nur animalische und animalische einerseits und vegetabilische und vegetabilische Nahrungsmittel andererseits in Vergleich gezogen werden. Ob und in wie weit es nothwendig ist, in diesen beiden Hauptgruppen weiter zu unterscheiden, wird weiter unten erörtert werden.

2) Alle diejenigen Componenten unserer Nahrung, welche fast ausschliesslich oder ganz als Genussmittel dienen, sind einstweilen von einer Geldwerthsberechnung auszuschliessen.

Die Berechnung des Nährgeldwerthes ist in den letzten Jahren von verschiedenen Seiten angestrebt worden. Es dürfte wesentlich zur Lösung der Frage, wie auch zur richtigen Würdigung derselben beitragen, wenn die eingeschlagenen Methoden hier kurz der Reihe nach besprochen werden.

I. Im Jahre 1876 veröffentlichte Prof. A. Krämer in den „Blätter für Gesundheitspflege“, Zürich, eine Abhandlung, betitelt: „Werth und Preis der menschlichen Nahrungsmittel", die später mit Veränderungen der Marktpreise pro 1880/81 (in Zürich) in die schweiz. landw. Ztg. überging.

Krämer geht bei der Berechnung des Nährgeldwerthes zunächst von dem Grundsatz aus, dass man keine physiologischen Werthe[1]) sondern wirkliche Marktpreise zu Grunde legen müsse. Derselbe unterscheidet sodann zwischen „animalischen" und „vegetabilischen" Nahrungsmitteln und theilt erstere wieder in verschiedene Gruppen, nämlich:

A. Animalische Nahrungsmittel.

1. Das Fleisch. Das Fleisch besteht fast ausschliesslich aus „Stickstoff-Substanz" und „Fett".

Das thierische Körperfett im reinen ausgelassenen Zustande, wie es zur Bereitung der Speisen verwendet wird, kostet (im Detail in Zürich Winter 1880/81) 1,79 Mk. pro kg. Indem nun Kr. die mittlere chemische Zusammensetzung der Fleischsorten (nach des Verf.'s Chemie der menschlichen Nahrungs- und Genussmittel) zu Grunde legt und von dem Marktpreis (1,20 Mk. pro 1 kg Ochsen- und Hammelfleisch und 1,36 Mk. pro 1 kg Schweinefleisch) den nach obigem Satz für das mitgekaufte Fett berechneten Geldwerth abzieht, erhält er den Marktpreis der Stickstoff-Substanz; z. B. enthält:

Fleisch von:	Ochsen			Hammel		Schwein	
	a. sehr fett	b. mittelfett	c. mager	a. sehr fett	b. halbfett	a. fett	b. mager
	%	%	%	%	%	%	%
Stickstoff-Substanz	16,93	21,39	20,61	14,80	18,11	14,54	19,91
Fett	27,23	5,19	1,50	36,39	5,77	37,34	6,81

Im 1. Falle sind von 1,20 Mk. für 272,3 g Fett 0,487 Mk., im 2. für 51,9 0,093 Mk., im 3. für 15 g Fett, 0,027 Mk. etc. abzuziehen; es verbleiben somit für 169,3 g, resp. 213,9 g, resp. 206,1 g Stickstoff-Substanz 0,713 resp. 1,107 resp. 1,173 Mk. etc. oder 1 kg Stickstoff-Substanz kostet in den einzelnen Fleischsorten:

1. Ochsenfleisch:	a. sehr fett . .	4,211 Mk.		Mittel: 5,026 Mk.
	b. mittelfett . .	5,175 "		
	c. mager . . .	5,691 "		
2. Hammelfleisch:	a. sehr fett . .	3,703 "		Mittel: 4,881 "
	b. halbfett . .	6,059 "		
3. Schweinefleisch:	a. fett	3,659 g		Mittel: 4,036 "
	b. mager . . .	5,414 "		
	Im Mittel . . .	4,845 g		

[1]) Dieses Verfahren wurde zuerst von Jul. Kühn („Ernährung des Rindviehes" 7. Aufl. 1878. S. 194) und E. Wolff (Mentzell und v. Lengerke's landw. Kalender) für Berechnung des Futtergeldwerthes der Futtermittel eingeschlagen und später vom Verf. irriger Weise, wie wir gleich sehen werden, auch für die menschl. Nahrungsmittel adoptirt. Es geht von der Annahme aus, dass der Geldwerth der Nährstoffe im umgekehrten Verhältniss zu der im Futter aufgenommenen Menge steht; beispielsweise verzehren die Thiere durchschnittlich auf 1 Theil Protein 6 Theile N-freie Extractstoffe; es ist daher 1 Gewthl. Protein (d. h verdauliches) mit dem 6fachen Geldwerth von 1 Gewthl. verdaulichen N-freien Extractstoffen zu belegen, und weil 1 Thl. Fett den 2,5fachen Respirationswerth von 1 Thl. N-freien Extractstoffen hat, so kann es, wie irrthümlicher Weise gefolgert wurde, den 2,5fachen Geldwerth der letzteren beanspruchen.

Diese Zahlen sind für andere Marktverhältnisse und zu anderen Zeiten nicht zutreffend und jedenfalls zu niedrig. Zunächst hat Kr. für die einzelnen Fleischsorten desselben Schlachtthieres denselben Marktpreis zu Grunde gelegt, während dieselben in den meisten Orten Deutschlands, wenn auch noch nicht so ausgeprägt wie in England, je nach der Qualität mit verschiedenen Preisen belegt werden. Dann auch schliesst das eingekaufte Fleisch stets mehr oder weniger werthlose Knochen[1]) ein, die in der procentischen Zusammensetzung, welche sich auf die reine Fleischmasse bezieht, nicht zum Ausdruck gelangt, also von der gekauften Fleischmasse hätte abgezogen werden müssen, wodurch der Marktpreis für 1 kg Stickstoff-Substanz sich entsprechend höher stellen würde.

2. Eier. Mittelgrosse Eier wiegen im Durchschnitt mit der Schale nach Krämer 55,5 g und da 2 Eier nach Grouven 13,8 „ Stickstoff-Substanz und 12,4 g Fett enthalten, so 100 Stück Eier 690,0 „ [2]) „ „ 620,0[2]) „ „

In Rücksicht darauf, dass das Eier-Fett sehr schmackhaft und äusserst fein vertheilt ist, legt Krämer demselben den Geldwerth des Milchfettes bei, nämlich 3,008 Mk. pro kg; und da 100 Stück Eier 6,664 Mk. im Durchschnitt kosten, so bleibt nach Abzug des Fettwerthes $\left(\frac{3{,}008 \times 620{,}0}{1000} = 1{,}865 \text{ Mk.}\right)$ für 690,0 g Eier-Eiweissstoffe 4,799 Mk. übrig; oder 1 kg Eier-Eiweissstoffe kostet 6,955 Mk.[2])

3. Käse. Für die Käsesorten nimmt Krämer folgenden Gehalt[3]) an:

	Stickstoff-Substanz %	Fett %
a. Fett (Emmenthaler und Greyerzer) . .	30,68	30,29
b. Halbfett (Oberengadiner u. Simmenthaler .	42,35	9,92
c. Mager (Emmenthaler)	49,16	3,40

Indem für das Käsefett wiederum in Rücksicht der feinen Vertheilung der Marktpreis des Butterfettes zu 3,008 Mk. per 1 kg, und die Detailpreise der Käse zu 1,760 Mk. (für a), 1,440 Mk. (b) und 0,96 Mk. (c) angenommen werden, ergiebt sich nach Abzug des Fettwerthes für 1 kg Käse-Eiweissstoffe:

Fett	Halbfett	Mager
2,767 Mk.	2,696 Mk.	1,745 Mk.

4. Milch. In der Milch tritt zu der Stickstoff-Substanz und dem Fett noch als wesentlicher Bestandtheil der Milchzucker hinzu. Um für letzteren einen Geldwerth zu finden, geht Krämer von dem Marktpreis der Kartoffeln aus. Er setzt den Nährwerth des Milchzuckers gleich dem der Stärke[4]) und nimmt an, dass in den Kartoffeln, da Stickstoff-Substanz (1,79 %) und Fett (0,16 %) in zu minimaler Menge

---

[1]) Im Durchschnitt können die Knochen resp. Abfälle beim Rindfleisch auf 10 %, beim Schweinefleisch (und fettem Hammelfleisch) auf 8 %, beim Kalbfleisch auf 12 % veranschlagt werden.

[2]) Diese Menge ist etwas hoch veranschlagt; nach anderen Untersuchungen wiegt 1 Ei durchschnittlich 50 g mit 7 g Schale und 43 g Inhalt; letzterer enthält 12,55 % Eiweissstoffe und 12,11 % Fett, also 100 Eier nur 534,6 g Eiweissstoffe und 520,7 g Fett; unter Zugrundelegung desselben Marktpreises würde hiernach 1 kg Eier-Eiweissstoffe 9,447 Mk. kosten.

[3]) Dieser Gehalt entspricht nicht der mittleren Zusammensetzung, welche sich aus zahlreichen anderen Analysen ergeben hat.

[4]) In wie weit dieses zulässig ist, möge einstweilen dahingestellt bleiben. Jedenfalls kann der Milchzucker als solcher direct resorbirt werden, während die Stärke, um resorptionsfähig zu werden, zuerst einer Umwandlung und damit der Aufwendung von Kraft bedarf.

vorhanden sind, als Nährstoffe nur die Kohlehydrate (Stärke etc.) in Betracht kommen. Hiervon sind im Mittel 20,5 % vorhanden und da 100 kg einen Marktpreis von 7,20 Mk.[1]) besitzen, so kostet 1 kg Stärke 35 Pfg.

Die Milch enthält im Durchschnitt:

Stickstoff-Substanz	Fett	Milchzucker
%	%	%
3,4	3,6	4,8

und kostet (in Zürich) 18,4 Pfg.[1]) pro Liter; indem hiervon für 36 g Fett (3,008 Mk. pro 1 kg) 10,8 Pfg., für 48 g Milchzucker 4,7 Pfg., zusammen 12,5 Pfg. abgehen, bleiben für 34 g Stickstoff-Substanz 5,9 Pfg. oder 1 kg **Stickstoff-Substanz in der Milch kostet** 1,735 Mk.

B. Vegetabilische Nahrungsmittel.

1. **Kartoffeln.** Dieselben dienen **Krämer**, wie wir eben gesehen haben, zur Ermittelung des Marktpreises der Stärke (nämlich 35 Pfg. pro 1 kg).

2. **Reis, Weizenmehl, Brod und Hülsenfrüchte.** In diesen stärkereichen Nahrungsmitteln setzt **Krämer** den Werth des Fettes nach dem niedrigsten Satz für thierisches Fett. (1,79 Mk. pro 1 kg), den Werth der Kohlehydrate nach dem Marktpreis der Stärke (resp. N-freien Extractstoffen) in den Kartoffeln zu 35 Pfg. pro kg an und findet unter Zugrundelegung der mittleren Zusammensetzung und Preise (für Zürich) folgende Beziehungen:

Es enthalten und kosten im Mittel:

	Stickstoff-Substanz	Fett	N-freie Extractstoffe	Preis pro 100 kg
	%	%	%	Mark
1. Geschälter Reis . .	7,81	0,69	76,40	40,00?
2. Weizenmehl	11,27	1,22	73,55	48,00
3. Roggenbrod	6,02	0,48	47,87	30,40
4. Weizenbrod	6,82	0,77	52,34	40,00
5. Erbsen	22,63	1,72	53,24	56,00
6. Linsen	24,81	1,85	54,78	64,00
7. Weisse Bohnen . . .	23,12	2,28	53,63	48,00

Nach Abzug des Geldwerthes für Fett und Kohlehydrate verbleiben auf 1 kg Waare bezogen:

							oder 1 kg Stickstoff-Substanz kostet	
1. Geschälter Reis	für	78,1	g	Stickstoff-Substanz	12,03	Pfg.	1,540	Mk.
2. Weizenmehl	„	112,7	„	„	20,08	„	1,781	„
3. Roggenbrod	„	60,2	„	„	12,79	„	2,124	„
4. Weizenbrod	„	68,2	„	„	20,30	„	2,976	„
5. Erbsen	„	226,3	„	„	34,29	„	1,516	„
6. Linsen	„	248,1	„	„	42,52	„	1,713	„
7. Weisse Bohnen	„	231,2	„	„	25,15	„	1,088	„

[1]) In Deutschland pflegt der mittlere Marktpreis der Kartoffeln und Milch niedriger zu sein.

In übersichtlicher Zusammenstellung kostet unter den von A. Krämer gemachten Annahmen in aufsteigender Reihe 1 kg Stickstoff-Substanz:

A. Animalische Nahrungsmittel.

1.	Milch	1,735 Mk.
2.	Mager-Käse	1,745 „
3.	Halbfetter Käse	2,696 „
4.	Fett-Käse	2,767 „
5.	Schweinefleisch, fett	3,659 „
6.	Hammelfleisch, sehr fett	3,703 „
7.	Ochsenfleisch, sehr fett	4,211 „
8.	desgl., mittelfett	5,175 „
9.	Schweinefleisch, mager	5,414 „
10.	Ochsenfleisch, mager	5,691 „
11.	Hammelfleisch, halbfett	6,059 „
12.	Eier	6,955 „
	Mittel	4,151 Mk.

B. Vegetabilische Nahrungsmittel.

1.	Weisse Bohnen	1,088 Mk.
2.	Erbsen	1,516 „
3.	Reis	1,540 „
4.	Linsen	1,713 „
5.	Weizen	1,781 „
6.	Roggenbrod	2,124 „
7.	Weizenbrod	2,976 „
	Mittel	1,819 Mk.

II. Gleichzeitig mit A. Krämer und unabhängig von demselben hat auch Verf. im Jahre 1876 einen Versuch zur Berechnung des Nährgeldwerthes der menschlichen Nahrungsmittel gemacht.[1]) Das von mir eingeschlagene Verfahren weicht von dem Krämer's in etwas ab.

Zunächst wurden eine Reihe menschlicher Nahrungsmittel vom Markte Münster's i. W. aufgekauft, die Preise notirt, der im Haushalt znr Verwendung kommende Antheil und die chemische Zusammensetzung ermittelt, und hiernach der Preis auf verwerthbare Masse[2]) umgerechnet.

Um einen Ausdruck für den Geldwerth der einzelnen Nährstoffe zu erhalten, wurde zwischen „animalischen" und „vegetabilischen" Nahrungsmitteln unterschieden. Für das Fett der animalischen Nahrungsmittel wurde der durchschnittliche Marktpreis des reinen Schweineschmalzes 2,0 Mk. pro 1 kg (oder 1,8 Mk. pro 1 kg rohes Schmalz) zu Grunde gelegt und indem von dem Marktpreise 1,4 Mk. pro 1 kg mittelfettes Rindfleisch mit rund 20 % Stickstoff-Substanz und 5 % Fett der Geldwerth des Fettes (mit 0,100 Mk. pr. 50 g) in Abzug gebracht wurde, ergab sich für 200 g Stickstoff-Substanz 1,30 Mk. oder für 1 kg 6,50 Mk.

Bei den vegetabilischen Nahrungsmitteln ging ich, wie auch Krämer, von dem Marktpreise der Kartoffeln aus und setzte nnter der Annahme von 6 Mark Marktpreis pro 100 kg Kartoffeln und unter approximativer Schätzung der in denselben vorhandenen Stickstoff-Substanz (2 %) und des Fettes (0,2 %) zu 1 Mark, die Stärke resp. N-freien Extractstoffe (20—21 %) zu rund 25 Pfg. pro kg an.

Hiernach wurde der Geldwerth des vegetabilischen Fettes nach dem Verhältniss berechnet, wie es die Stärke im Organismus zu ersetzen im Stande ist, nämlich 100 g Fett = 175 Stärke, also zu $25 \times 1{,}75 = 44$ oder rund 45 Pfge. pr. 1 kg.

Um den Geldwerth der vegetabilischen Stickstoff-Substanz aus dem Marktpreis ziemlich annähernd zu finden, wurde der des Roggenmehles (31 M. pro

[1]) Der Gehalt der menschlichen Nahrungsmittel an Nahrungsstoffen im Vergleich zu ihren Preisen. Zeitschr. f. Biologie 1876. S. 497.

[2]) Z. B. nach Abzug der Knochen beim Fleisch, der Abfälle bei den Gemüsen etc.

100 kg im Detail) und dessen chemische Zusammensetzung gewählt. Die letztere wurde angenommen:

Stickstoff-Substanz	Fett	Stärke etc.
9,0 %	1,5 %	73,5 %

Nach Abzug von 18,37 M. für 73,5 kg Stärke und von 0,67 M. für 1 kg Fett von dem Marktpreise bleiben für 9,0 kg. Stickstoff-Substanz 11,96 Mark oder für 1 kg 1,33 Mark; oder, damit wie bei den vegetabilischen Nahrungsmitteln die Stickstoff-Substanz in demselben Verhältniss zu Fett als in den animalischen Nahrungsmitteln (nämlich 3,25 mal so hoch als Fett) berechnet werde, wurden 1,50 M. pro 1 kg vegetabilische Stickstoff-Substanz angenommen.

Zur Berechnung des Nährgeldwerthes wurden daher folgende aus Marktpreisen abgeleitete Geldwerthe für die einzelnen Nährstoffe pro 1 kg zu Grunde gelegt:

	Animalische Nahrungsmittel	Vegetabilische Nahrungsmittel
Stickstoff-Substanz	6,5 Mk.	1,50 Mk.
Fett	2,0 „	0,45 „
Stickstofffreie Extractstoffe . .	— „	0,25 „

Später rundete ich nach dem bereits erwähnten Vorgange von E. Wolff und Jul. Kühn diese aus Marktpreisen abgeleiteten Geldwerthe nach physiologischen Werthen ab und setzte ein kg Nährstoff an zu:

	Animalische Nahrungsmittel	Vegetabilische Nahrungsmittel
Stickstoff-Substanz . .	6,00 Mk.	1,15 Mk.
Fett	2,00 „	0,45 „
N-freie Extractstoffe .	1,10 „ [1])	0,25 „

Diese Abrundung und Begründung der Zahlen nach physiologischen Werthen ist jedoch im Princip unrichtig. Man kann nämlich nicht sagen, dass, weil wir auf 1 Thl. Stickstoff-Substanz 5 Thle. Kohlehydrate in der Nahrung einzunehmen pflegen, nun auch 1 Thl. Stickstoff-Substanz 5 mal höher als 1 Thl. Kohlehydrate bezahlt werden muss; denn beide dienen im Organismus ganz verschiedenen Zwecken. Aus demselben Grunde müsste dann das Fett etwa 8 mal, die Mineralstoffe sogar 80 mal höher als N-freie Extractstoffe bezahlt resp. in Rechnung gesetzt werden, was mit den thatsächlichen Preisverhältnissen in Widerspruch steht.

Dass die von mir aus Marktpreisen abgeleiteten Geldwerthe für die einzelnen Nährstoffe annähernd in dem umgekehrten Verhältniss stehen, wie wir dieselben in der Nahrung zu uns zu nehmen pflegen, ist wohl mehr Zufall. Nichtsdestoweniger dürfte die Zugrundelegung der Geldwerthe in obigem Verhältniss für die Nährstoffe aus anderen weiter, unten zu erörternden Gründen berechtigt sein und möge hier nochmals kurz auf die Tragweite der nach diesem Verhältniss erhaltenen Nährgeldwerthszahlen hingewiesen werden, weil sie vielfach zu Missverständnissen Veranlassung gegeben haben.

Obige Geldwerthe sind, wie bereits angeführt, bei den animalischen Nahrungsmitteln aus den wirklichen Marktpreisen von thierischem Körperfett (Schmalz) und

---

[1]) Letzterer Werth ebenfalls nach dem Verhältniss berechnet, dass, wie damals angenommen wurde, 175 Stärke = 100 Fett sind.

Rindfleisch, bei den vegetabilischen Nahrungsmitteln aus den Marktpreisen der Kartoffeln und des Roggenmehles abgeleitet. Wenn daher der Gehalt eines Nahrungsmittels an Nährstoffen mit diesen Geldwerthen multiplicirt wird, so bedeutet das nichts anderes als ihr Nährgeldwerthsverhältniss zu Schweineschmalz und Rindfleisch einerseits, zu Kartoffeln und Roggenmehl andererseits; die Nährgeldwerthszahlen haben daher keine absolute sondern nur eine relative Bedeutung. Die grössere oder geringere Preiswürdigkeit ergiebt sich erst aus einer Vergleichung dieser Zahlen mit den herrschenden Marktpreisen; z. B.

A. Animalische Nahrungsmittel.

	Nährgeldwerth pro 1 kg. Pfg.	Mrktpr. pr. 1 kg in Münster i. W. Pfg.
1. Ochsenfleisch sehr fett	156,0	165[1]
2. desgl. mittelfett	138,7	170
3. desgl. mager	126,7	168
4. Hammelfleisch sehr fett	161,6	148
5. desgl. fett	120,2	140
6. Schweinefleisch fett	161,9	165
7. desgl. mager	133,1	—
8. Schellfisch	130,2	80
9. Stockfisch	470,1	138
10. Häring	146,2	105
11. Rheinsalm	93,3	500
12. Sardellen	138,2	465
13. Cervelatwurst	185,4	400
14. Eier	100,2	125—250
15. Milch, (Voll-)	33,1	15
16. desgl. abgerahmte	25,7	9
17. Fett-Käse	226,8	190
18. Halbfetter Käse	209,2	140
19. Mager-Käse	220,9	90
etc.		

B. Vegetabilische Nahrungsmittel.

	Nährgeldwerth pro 1 kg Pfg.	Mrktpr. pr. 1 kg in Münster i. W. Pfg.
1. Weizenmehl (feinstes)	30,2	36
2. desgl. (gröberes)	33,0	30
3. Roggenmehl	32,0	32
4. Hafermehl (Grütze)	38,0	60
5. Buchweizengrütze	30,6	42
6. Reis	29,2	60
7. Weizenbrod (feines)	21,9	48
8. desgl. (grobes)	20,6	36
9. Roggenbrod	19,7	33
10. Kartoffeln	7,5	6
11. Weisse Bohnen	43,3	40
12. Erbsen	42,4	40
13. Linsen	45,5	50
14. Möhren (kl. Varietät)	3,6	33
15. Teltower Rübchen	7,3	72
16. Spargel	3,8	150
17. Gartenerbsen (unr. Frcht.)	8,3	44
18. Saubohnen (desgl.)	7,6	38
19. Blumenkohl	4,7	320
etc.		

Diese Zahlen bedürfen kaum einer Erläuterung. Die Nahrungsmittel sind um so preiswürdiger, je höher der Nährgeldwerth über dem Marstpreis oder um so unpreiswürdiger, je tiefer er unter letzterem liegt und zwar unter der steten Voraussetzung, dass die Nährstoffe der in Vergleich gezogenen Nahrungsmittel gleiche Konstitution und gleichen Effect für den Organismus besitzen.

Will man aus diesen relativen Nährgeldwerthen einen correcteren Ausdruck für die Preiswürdigkeit nach den Marktpreisen erhalten, so muss man einfach folgende Rechnung ausführen:

[1]) Nach Abzug der im Fleisch miterhaltenen Knochen.

Angenommen 1 kg Cervelatwurst kostet 4 Mk.; es fragt sich, wie viel kann ich dann für 1 kg Fettkäse bezahlen? Ihre relativen Nährgeldwerthszahlen verhalten sich wie 1,85 Mk. (Cervelatwurst) : 2,27 Mk. (Fettkäse), also:

$$1{,}85 : 2{,}27 = 4 : x\,(= 4{,}91 \text{ Mk.})$$

d. h. dann kann ich für 1 kg Käse 4,91 Mk. bezahlen; da aber 1 kg Fettkäse nur 2 Mk. kostet, so ist er für reine Ernährungszwecke $2^1/_2$ mal preiswürdiger als Cervelatwurst.

Handelt es sich weiter um die Frage, was ist 1 kg weisse Bohnen werth, wenn 1 kg Hafergrütze 60 Pfg. kostet, so ist die Rechnung eine gleiche. Ihre relativen Nährgeldwerthszahlen verhalten sich wie 38 Pfg. (Hafergrütze) : 43,3 Pfg. (Bohnen), also:

$$38 : 43{,}3 = 60 : x\,(= 68{,}4)$$

d. h. wenn Hafergrütze 60 Pf. kostet, kann man für 1 kg. weisse Bohnen 68,4 Pfg. bezahlen; da aber 1 kg weisse Bohnen nur 40 Pfg. kostet, so sind sie für reine Ernährungszwecke um das mehr als $1^1/_2$fache preiswürdiger denn Hafergrütze.

Ob es nun aber zulässig ist, die Nährstoffe von Cervelatwurst und Käse einerseits oder von Hafergrütze und weissen Bohnen andererseits in ihrem Nähreffect für den Organismus gleichzusetzen, ist eine andere Frage. Diese muss in jedem einzelnen Falle besonders erwogen werden und wenn unsere Kenntnisse über die Konstitution und den Effect der Nährstoffe der einzelnen Nahrungsmittel im Organismus auch noch ziemlich dürftig sind, so wird sie sich doch in vielen Fällen vom sachkundigen Fachmann schon mit einiger Sicherheit entscheiden lassen.

Es ist einleuchtend, dass man, wenn es sich um gleich constituirte Nahrungsmittel von annähernd gleicher procentischer Zusammensetzung handelt, beliebige Werthszahlen für die einzelnen Nährstoffe zu Grunde legen kann, um brauchbare relative Nährgeldwerthszahlen zu erhalten und um festzustellen, welches derselben nach den wirklichen Marktpreisen das preiswürdigste ist. Ob ich z. B. in 2 Nahrungsmitteln, die enthalten:

a. 15 % Stickstoff-Substanz und 9 % Fett
oder b. 20 % „ und 12 % „

den Gehalt an Stickstoff-Substanz mit 20 oder 50 und den Gehalt an Fett mit 4 oder 10 multiplicire, bleibt sich zur Erzielung relativer Werthe gleich. Dieses ist aber nicht mehr der Fall, wenn sie eine verschiedene Zusammensetzung haben, d. h. wenn das Verhältniss von Stickstoffsubstanz zu Fett etc. ein verschiedenes ist. In diesem Falle haben die relativen Nährgeldwerthe nur dann um so mehr Anspruch auf Richtigkeit, je mehr die für die einzelnen Nährstoffe zu Grunde gelegten Werthe den durchschnittlichen Marktpreisen entsprechen.

Ich habe in meiner ersten, oben citirten Arbeit die Preise für die einzelnen Nährstoffe aus den Marktpreisen einiger gangbarer Nahrungsmittel abzuleiten versucht, und glaube mehr als hinreichend betont zu haben, dass die Nährgeldwerthszahlen nur eine relative Bedeutung haben.

Um so mehr wundert es mich, dass dieser Gesichtspunkt von Prof. Fr. Hofmann[1]) vollständig übersehen ist und derselbe diesem Versuch allen und jeden Werth abspricht.

---

[1]) „Die Bedeutung von Fleischnahrung und Fleischconserven mit Bezug auf Preisverhältnisse" von Fr. Hofmann, Leipzig 1880. S. 18—25.

Derselbe sagt l. c. S. 21. „So sehr ich die sonstigen Resultate von König's Arbeiten anerkenne, so vermag ich doch den Angaben über die relativen und absoluten Preiswerthe weder theoretischen noch practischen Werth abzugewinnen".

„Auf willkührlichen Prämissen verschiedenartiger Werthsberechnungen ist ein System aufgebaut, welches ganz heterogene Stoffe völlig gleich behandelt, andere ungemein wichtige Pnnkte völlig ausser Acht lässt".

„Die Nahrungsmittel eines Menschen bilden eine ungemein grosse Reihe von Substanzen, die aus dem Pflanzenreich und Thierreich entnommen, zum Theil wesentliche Meliorationen erfahren und specifische Eigenschaften besitzen".

„Ein ganz bestimmter Wassergehalt, eine eigenthümliche Konsistenz, das geeignete Mischungsverhältniss von Eiweiss und Fett und die jeder Speise eigenen Würzen gehören so nothwendig zu dem Begriff der nothwendigen Nahrungsmittel, dass sie von einer Werthsbestimmung nicht ausgeschlossen werden können, und dass Genusswerth wie Nahrungswerth im Leben auch jederzeit bezahlt worden ist und bezahlt wird."

Im directen Gegensatz hierzu sagt aber Hofmann S. 18:

„Im practischen Leben treten jedoch noch andere Forderungen auf, um das Ideal einer Nahrung (nämlich ein solches Gemisch von Nährstoffen, welches bei möglichst geringer Belastung des Körpers die zur Erhaltung des Körpers gerade erforderliche Quantität bietet) zu bilden. Hier werden die Nahrungsgemische vorzuziehen sein, welche bei gleicher Zusammensetzung und gleicher Verdaulichkeit am billigsten kommen. Die Schmackhaftigkeit der Speise betone ich hierbei absichtlich nicht, indem sie, zwar unentbehrlich, mit den einfachsten Mitteln zu erreichen ist und bei nur einiger Uebung und Aufmerksamkeit, wie die Speisen in Kasernen, in Gefangenanstalten, zeigen, auch wirklich erreicht wird. Die Beziehung zwischen dem Preise der verschiedenen Nahrungsmaterialien und ihrem Gehalt an nährenden d. h. verdaulichen Bestandtheilen ist darum wohl der beachtenswertheste Gesichtspunkt etc. Dieser Vergleich bietet erst die sicheren Grundlagen, welche die Verpflegung im Grossen zu einer rationellen machen etc.

Thatsächlich habe ich aber die von Fr. Hofmann für einen derartigen Versuch geforderten Momente nicht übersehen; denn ich habe ausdrücklich:

1) alle Genussmittel von einer Nährgeldwerthsberechnung ausgeschlossen,
2) zwischen animalischen und vegetabilischen Nahrungsmitteln unterschieden, weil sie sowohl bezüglich der Grösse der Verdaulichkeit als ihres Nähreffectes durchaus als verschieden anzusehen sind.

Dann aber sage ich bezüglich der der Lösung der Frage entgegenstehenden Schwierigkeiten wörtlich Folgendes:

„Zunächst wissen wir über die Verdaulichkeitsgrösse der menschlichen Nahrungsmittel,[1]) welche nach dem absoluten Gehalt in erster Linie den Nährgeldwerth mitbedingt, nur sehr wenig und viel weniger als bei den thierischen Futtermitteln.

Dann wirken ausser den direct nährenden Stoffen in denselben verschiedene andere in grösserer oder geringerer Menge indirect durch ihren Reiz auf die Nerven und Verdauungsthätigkeit, indem sie einerseits eine grössere Ausnutzung der direct nährenden Stoffe veranlassen, andererseits das Gefühl des Wohlbehagens bei uns hervorrufen, zwei Factoren, zu deren Ausdruck in Geldwerth uns vor der Hand jeglicher Anhaltspunkt fehlt.

Dennoch dürfte ein Versuch in dieser Richtung nicht ohne Interesse sein.

---

[1]) Das war 1876; nach dieser Zeit sind bekanntlich verschiedene Versuche hierüber von M. Rubner u. Anderen (vergl. S. 36—54) angestellt.

Lassen wir nämlich die indirect wirkenden Stoffe in unseren Nahrungs- und Genussmitteln einstweilen ganz ausser Acht und stellen sie auf gleiche Stufe mit den wirklichen Nährstoffen, so giebt der Vergleich des berechneten Nährgeldwerthes mit dem wirklichen Handelspreise wenigstens Aufschluss, wie hoch wir diese Stoffe in den Nahrungs- und Genussmitteln bezahlen[1])

Aehnlich heisst es in der 1. Aufl. meines erwähnten Buches S. 206 und 207.

Dort sage ich ausdrücklich: „Unbedingt nutzbar sind die gewonnenen Zahlen dort, wo es sich um Nahrungsmittel handelt, welche in ihrer Zusammensetzung und Constitution analog und in ihrem Nährwerth gleich zu erachten sind.“

Dieses wird aber bei einer ganzen Reihe derselben der Fall sein, und wenn hie und da gegen diese Forderung verstossen ist, so wird darum der ganze Versuch nicht nutzlos.

Fr. Hofmann sagt weiter S. 23:

„Die Preisbestimmung, welche nicht bloss die Zusammensetzung der Nahrungsmittel, sondern auch alle sonstigen Eigenschaften, Vorzüge wie Nachtheile derselben trifft, kann nur durch die Geldsumme dargestellt und verglichen werden, für welche man jedes einzelne Nahrungsmittel thatsächlich erhält.

In dem Kauf- oder Marktpreis liegen alle Momente, die für das practische Leben aller Klassen, aller Zeiten, aller Orten von Bedeutung sind. Production und Verbrauch wie nicht minder die Qualität findet in dem Kaufpreis den wahren Ausdruck.“

Dieser Forderung Hofmann's entsprechend bin ich von thatsächlichen Kauf- und Marktpreisen ausgegangen und habe die animalischen wie vegetabilischen Nährstoffe mit verschiedenen Geldwerthen belegt, weil sich dieselben auf dem Markt thatsächlich verschieden verhalten. In vollem Widerspruch wiederum mit vorstehender Aeusserung macht mir Hofmann auf der Seite vorher einen Vorwurf daraus, dass ich diesen thatsächlichen Verhältnissen Rechnung getragen habe, indem er sagt:

„Ja die Unterscheidung eines getrennten Grundwerthes für animalische und vegetabilische Nahrungsmittel führt direct zu irrigen Vorstellungen, wollte man auch gänzlich vom Genusswerthe absehen. So beträgt z. B. nach König der Nährgeldwerth für 1 kg Cervelatwurst 109,2 Pfg., für 1 kg. Erbsen 48,7, da genau das Preisverhältniss wie 4 : 1 ist, so besitzt also $^1/_4$ kg Cervelatwurst denselben Nährgeldwerth wie 1 kg Erbsen.“

Indem dann Hofmann die Verdaulichkeit des Erbsenproteins nur zu 50 %, die der Cervelatwurst zu 100 % annimmt und 175 Stärke = 100 Fett setzt, so findet er, dass unter Berücksichtigung der procentischen Zusammensetzung folgende Gewichtsmengen gleichwerthig sind:

250 g Cervelatwurst	mit 44 g	verdaul. Eiweiss	und 99 g	Fett
1000 g Erbsen	mit 115 g	„ „	„ 325 g	„

d. h. es werden vom gleichen Nährgeldwerthe die wirklichen Mengen nährender Stoffe weder relativ noch absolut gedeckt.

---

[1]) Wenn daher Fr. Hofmann weiter sagt: „Die Nährgeld-Bestimmungen König's führen zu demselben Resultate, als wenn man zur Werthbestimmung einer Kunstsammlung für die Stücke aus getriebenem Silber den Silberwerth des Geldes, für die Gemälde den Preis der Farben und Leinwand, für die Statuen den Preis eines kg Steines ermittelte und mit diesen Einheiten den wahren Vergleichswerth aller Schätze berechnen wollte“, so mag dieser Herzenserguss wohl ein Reizmittel für die Lectüre seines Buches abgeben, für meine Arbeit beweist er nur, dass Fr. Hofmann dieselbe nicht aufmerksam gelesen, zum mindesten aber die Bedeutung der Zahlen nicht verstanden hat.

Allerdings und ich will sogar hinzufügen, dass dieselben vielleicht nicht allein dem Nährgeldwerthe nach, sondern dem wirklichen Nähreffect im Organismus nach gleich sein werden. Es beweist das einfach, dass die Erbsen ein sehr preiswürdiges Nahrungsmittel gegenüber der Cervelatwurst bilden und derartige Verhältnisse zu beleuchten, dazu soll ja gerade die Berechnung der Nährgeldwerthe dienen.

Aber nicht genug! auf der einen Seite hält Fr. Hofmann dafür, dass man ausser dem Gehalt an Nährstoffen auch noch verschiedene andere Punkte zur Werthsabschätzung benutzen müsse, und hier stellt er zwei sehr heterogene Nahrungsmittel in Parallele, während ich ausdrücklich hervorhebe, dass wir auf Grund der thatsächlichen Marktpreise zwischen animalischen und vegetabilischen Nahrungsmitteln unterscheiden müssen und einstweilen bezüglich der Preiswürdigkeit nach dem relativen Nährgeldwerthe nur animalische mit animalischen und vegetabilische mit vegetabilischen Nahrungsmitteln vergleichen dürfen.

Dass die Nährstoffe in den vegetabilischen Nahrungsmitteln zur Zeit erheblich (4—5 mal) weniger kosten als in den animalischen Nahrungsmitteln, ist eine Thatsache, an der wir nicht rütteln können. Ob diese Thatsache ihre Begründung in einem 4—5 mal höheren Nähreffect der animalischen Nahrungsmittel hat, ist eine andere Frage, die ich vor der Hand unentschieden gelassen habe.

Auch sagt Fr. Hofmann auf Grund seiner eigenen Ermittelungen S. 25:

„Bezüglich der Billigkeit würde sich die ausschliessliche Pflanzenkost am meisten empfehlen, erhält doch die Militärverwaltung in Leipzig für 1 Mark:

circa 5300 g Brod mit 412 g Eiweiss,
„ 16666 „ Kartoffeln mit 333 g Eiweiss[1]),
„ 4000 „ Bohnen oder Erbsen mit 1000 g Eiweiss,

hingegen nur:

circa 1000 g Fleisch mit 160 g Eiweiss.

Finanziell wäre es somit geboten, in allen Fällen, in welchen die Speisen der Ernährung wegen und nicht mehr oder weniger vorwiegend des Genusses wegen verzehrt werden sollen, auf animalische Kost zu verzichten."

Wenn dann ferner Fr. Hofmann meint, dass nur in dem Kauf- oder Marktpreis der wahre Ausdruck für Production und Verbrauch wie nicht minder für die Qualität liegt, so ist dieses nur in beschränktem Masse der Fall.

Es ist auch möglich, dass durch verdorbene und unrichtige Geschmacksrichtung, durch eine einseitige Nachfrage die Preise von Nahrungsmitteln einseitig und in nicht zu rechtfertigender Weise in die Höhe geschroben werden.[2])

Ferner üben zeitliche wie örtliche Konjunkturen mitunter einen solchen Einfluss auf die Preise der Nahrungsmittel oder Nahrungsstoffe aus, dass sie nicht mehr im Verhältniss zu dem sich mehr oder weniger gleich bleibenden Nährwerth für den Organismus stehen; dieses ist z. B. der Fall für Olivenöl, Obst etc.

---

[1]) Ungefähr die Hälfte der Stickstoffverbindungen der Kartoffeln besteht übrigens aus Amidverbindungen etc. Anm. d. Verf.'s.

[2]) Beispielsweise weist Ad. Mayer (Journal f. Landw. 1881. S. 191) darauf hin, dass Leinkuchen — freilich ein thierisches Futtermittel — durch eine aus alter Gewohnheit hervorgegangene einseitige Nachfrage in Friesland den fabelhaften Preis von 31,67 Mk. pro 50 kg erreicht haben, dass der Preis aber heruntergegangen ist, seitdem man nachwies, dass derselbe nicht im Verhältniss zu dem Futterwerth der Leinkuchen steht.

Wenn Production, Verbrauch und Qualität der Nahrungsmittel stets nur in dem Kaufpreise den wahren Ausdruck finden, dann kann von einer grösseren oder geringeren Preiswürdigkeit, von einem grösseren oder geringeren Werth derselben für die Ernährung überhaupt nicht mehr die Rede sein; dann müssten auch bei unserem vervollkommneten Verkehrswesen wenigstens zwei der wichtigsten Componenten unserer Nahrung, wie Fleisch und thierisches Fett zeitlich wie örtlich denselben Schwankungen unterliegen.

J. Pierstorff hat aber[1]) nachgewiesen, dass in den letzten Decennien die Fettpreise nicht in demselben Masse gestiegen sind als die Fleischpreise, dass sich dieses Verhältniss in den einzelnen Städten ganz verschieden gestaltet hat, wie ferner, dass sich diese Thatsache nicht allein aus einer verminderten Nachfrage nach thierischem Fett (Unschlitt) für die Technik (Kerzen- und Seife-Fabrikation), noch durch Import überseeischer Fette, noch durch die Einführung von Petroleum und Gas zu Beleuchtungszwecken allein erklären lässt.

Fr. Hofmann giebt schliesslich eine Tabelle, welche besagt, wie viel Nährstoffe in einzelnen Nahrungsmitteln man auf Grund seiner Erhebungen auf dem Leipziger Markt für 1 Mark erhält, bloss um zu zeigen, welch hohe Preisdifferenzen die wirklich nährenden Substanzen besitzen. Ich habe dieselben Erhebungen für den Markt Münster's angestellt, gleichzeitig aber den Versuch gemacht, zu eruiren, ob diese Preisunterschiede durch den Nährwerth der betreffenden Nahrungsmittel begründet sind oder ob nicht einzelne derselben mit einem Affectionspreis behaftet, und welche derselben für reine Ernährungszwecke am preiswürdigsten sind. Ich habe ausdrücklich betont, dass diesem Versuch, — dessen Hauptresultate übrigens durch die anderen hier aufgeführten Berechnungsmethoden bestätigt sind —, sehr viele Mängel ankleben und derselbe der Vervollkommnung bedarf. Ich werde jedes andere, bessere Verfahren mit Freuden begrüssen.

Mit einer derartigen Kritik, welche zum Theil unlogisch ist und Widersprüche enthält, ist jedoch der Frage, welche auch von Fr. Hofmann als ungemein wichtig bezeichnet wird, nicht gedient, zumal nicht, wenn man nichts Besseres an die Stelle zu setzen weiss.[2])

III. In ganz analoger Weise, wie ich, hat auch Aug. Almén[3]) ***einen Versuch zur Berechnung des Nährgeldwerthes*** der Nahrungsmittel gemacht.

Zur Geldwerthsfeststellung des Fettes geht er aber statt von Schmalz, wie ich, vom amerikanischen Speck aus und setzt nach den in Schweden zur Zeit (1879) herrschenden Preisen 1 kg Fett = 92 Pfg. (= 80 Oere); zur Werthsberechnung der Stickstoff-Substanz wählt er das billigste animalische Nahrungsmittel „das Blut", worin sich 1 kg Stickstoff-Substanz zu 69 Pfg. (= 60 Oere) stellt, also geringer als das Fett. Die Kartoffeln eignen sich in erster Linie zur Werthsberechnung der

---

[1]) Journ. f. Landw. 1880. S. 501.

[2]) Ich werde weiter unten auseinandersetzen, dass das von Fr. Hofmann eingeschlagene Verfahren nicht im Stande ist, uns über die grössere oder geringere Preiswürdigkeit eines Nahrungsmittels Aufschluss zu geben.

[3]) Näringsmedlens sammansättning, vàrde och pris. Föredrag hollet pa Upsala Läkare förenings högtigsdag den 17. Sept. 1879. Siehe auch: Pharmazeut. Zeitung 1879. No. 102. S. 701.

Kohlehydrate; aber indem er Roggen- und Erbsenmehl hinzuzieht, findet er folgende Werthe für 1 kg Kohlehydrate:

Kartoffeln	grobes Roggenmehl	Erbsenmehl	Unzerkleinerte Erbsen
22	16	17	9 Pfg.

oder im Mittel 16 Pfg.

Den Geldwerth der vegetabilischen Stickstoff-Substanz berechnet Almèn aus dem Gehalt des Erbsenmehles und findet denselben zu 16 Pfg. pr. 1 kg.

Indem mit vorstehenden Zahlen der mittlere Gehalt der Nahrungsmittel an Nährstoffen multiplicirt wird, erhält man den Nährgeldwerth derselben und zwar im Vergleich zu amerikan. Speck und Blut einerseits und Kartoffeln, Roggen- und Erbsenmehl andererseits.

Die von Almèn berechneten Nährgeldwerthe liegen aber alle erheblich unter den Marktpreisen, weil derselbe zur Werthberechnung der Nährstoffe von Nahrungsmitteln mit anerkannt den niedrigsten Marktpreisen ausgegangen ist.

Almèn bezeichnet als billig alle diejenigen Nahrungsmittel, bei denen der Marktpreis dreimal höher als der berechnete Nährgeldwerth ist. Er findet z. B.

A. Animalische Nahrungsmittel.

	Der Marktpreis ist höher als der Nährgeldwerth um
1. Buttermilch	1,2
2. Abgerahmte Milch	2,1
3. Ganze Milch	2,2
4. Butter	2,6
5. Schellfisch oder Stockfisch u. Blut	1,5
6. Strömlig (frisch)	2,0
7. Häring (marinirt)	2,4
8. Fettes Hammelfleisch	2,9
9. Fetter Speck	3,2
10. Mager-Käse	3,4
11. Halbfetter Häse	4,2
12. Fettes Rindfleisch (ohne Knochen)	4,5
13. Fett-Käse	4,9
14. Gewöhnl. Hammelfleisch (ohne Knochen)	5,1
15. Mageres Rindfleisch (ohne Knoch.)	5,5
16. Mettwurst	5,5
17. Eier	7,8
18. Lachs	14,0
etc.	

B. Vegetabilische Nahrungsmittel.

	Der Marktpreis ist höher als der Nährgeldwerth um
1. Kartoffeln	1,2
2. Roggenmehl	1,3
3. Roggenbrod (feines)	2,4
4. Weizenmehl 1. Sorte	1,8
5. desgl. 2. „	1,5
6. Weisse Bohnen	2,1
7. Kohlrabi und Weisskohl	2,5
8. Reis und Weizenbrod	3,1
9. Mohrrüben	4,5
10. Brauner Kohl	5,1
11. Rothe Rüben	7,4
12. Vitsbohnenhülsen	8,4
13. Spinat	11,1
etc.	

Almèn setzt den Werth des Fettes höher als den der Stickstoff-Substanz und erhält dadurch für die meisten Nahrungsmittel ein unrichtiges Bild von ihrer Preiswürdigkeit. Denn wenn man auch für das Fett den höchsten Marktpreis, nämlich den für Butterfett, welches noch mit Fabrikations-Unkosten behaftet ist, zu Grunde legt, erhält man, wie die Zahlen von A. Krämer beweisen, in den gangbarsten und meisten Nahrungsmitteln höhere Werthe für die vorhandene Stickstoff-Substanz als für Fett. Auch stehen die an Stickstoff-Substanz reichen Nahrungsmittel verhältnissmässig höher im Preise als die fett- und kohlehydratreichen. Almèn würde daher der Wirklichkeit näher liegende Werthe erhalten haben, wenn er zur Berechnung wenigstens der animalischen Stickstoff-Substanz nicht von dem extremen Blut, welches ein untergeordnetes Nahrungsmittel bildet, sondern von den gangbarsten Nahrungsmitteln (Milch, Fleisch oder Käse) ausgegangen wäre.

IV. C. Flügge geht in seinem vortrefflichen Handbuch der hygienischen Untersuchungsmethoden (Leipzig 1881 S. 428) von einem andern Princip zur Berechnung des Nährgeldwerthes aus. Er ist der Ansicht, dass der wahre Werth eines Nahrungsmittels wesentlich nach dem Gehalt an Eiweiss und Fett abgeschätzt werden muss, und weil die vegetabilischen Nahrungsmittel keine in Betracht kommende Fettmengen enthalten, so ist bei einer Vergleichung dieser mit den animalischen Nahrungsmitteln die Eiweissmenge das einzig massgebende.

Die in den vegetabilischen Nahrungsmitteln in vorwiegender Menge vorhandenen Kohlehydrate bilden nach Flügge eine unvermeidliche Gratisbeigabe und haben in den meisten Fällen keinen eigentlichen Werth; denn wenn man den Eiweissbedarf des Körpers zu einem gewissen Theile durch Vegetabilien deckt, so bekommt man stets die genügende Menge von Kohlehydraten mit in den Kauf.

Wenn somit als wesentlicher oder einziger Werthmesser das Eiweiss angesehen werden muss, so kann ferner nur das verdauliche Eiweiss als werthvoll erscheinen d. h. dasjenige Eiweiss, welches wirklich verdaut und resorbirt wird. Es wird somit dasjenige Nahrungsmittel bei einer vergleichenden Zusammenstellung sich als das billigste herausstellen, welches für einen und denselben Preis die grösste Menge von verdaulichem Eiweiss liefert.

Weil ferner die Vergleichung des Nährgeldwerthes mit den Marktpreisen nur für die Massenernährung in öffentlichen Anstalten von Belang ist, hier aber die Nahrungsmittel im Engros angekauft werden, so sind nicht Detail-, sondern Engros-Preise zu berücksichtigen.

Unter dieser Voraussetzung und unter der Annahme, dass von dem vegetabilischen Eiweiss nur 53—56 % im Durchschnitt verdaut werden[1]) findet C. Flügge, dass man nach den von der Militairverwaltung für die deutsche Armee gezahlten Preisen für 1 Mark folgende Mengen verdauliches Eiweiss erhält:

	Verdauliches Eiweiss g
1613 g Mager-Käse	666
4545 g Erbsen	614
3847 g Bohnen	565
10 000 g Milch	380
2000 g Kartoffeln	280
3333 g Graupen	267
4545 g Roggenbrod	255
2778 g Mehl	244

[1]) Die von M. Rubner gefundene procentische Ausnutzung des vegetabilischen Eiweisses dürfte nach Flügge, auf eine Massenernährung angewendet, zu hoch gegriffen sein.

	Verdauliches Eiweiss g
1000 g Ochsenfleisch . . .	212
2778 g Weissbrod	208
1786 g Nudeln	162
2778 g Reis	155
1000 g Eier	137

Die Zahlen bedürfen keiner Erläuterung.

Jedoch sind sie sehr anfechtbar. Wir nehmen nämlich die vegetabilischen Nahrungsmittel in der Nahrung nicht um deswillen allein zu uns, um den Eiweissbedarf zu decken, sondern vorwiegend oder fast einzig, um dem Körper die nöthigen Kohlehydrate zuzuführen. Diese bilden wenigstens für die civilisirte menschliche Bevölkerung, wenn sie auch zum Theil bis zu einer gewissen Grenze durch thierisches Fett ersetzt werden können, einen ebenso integrirenden und nothwendigen Bestandtheil unserer Nahrung wie die Eiweisstoffe. Auch besitzen dieselben, wie Stärke, Zucker etc., im isolirten Zustande nicht geringe Marktpreise, die sich nicht allein (wie Flügge meint) aus den Fabrikationsunkosten zusammensetzen. Wenn aber diese Stoffe im isolirten Zustande einen Marktpreis haben, dann kann man ihnen auch in den Rohstoffen (in Verbindung mit anderen Stoffen) einen Geldwerth nicht absprechen.

Nach dem Verfahren Flügge's müssen sich selbstverständlich alle diejenigen Nahrungsmittel, welche sehr viel Stärke und nur wenig Eiweiss enthalten, als sehr theuer und für die Ernährung als fast werthlos herausstellen, was thatsächlich nicht der Fall ist. Reis, feinstes Weizenmehl, Weizenbrod, Kartoffeln bilden ausgezeichnete Nahrungsmittel aber nicht wegen der nur in verhältnissmässig geringer Menge vorhandenen Eiweisssubstanz, sondern wegen der darin enthaltenen Stärke.

Das Verfahren von C. Flügge ist gerade so, als wenn man bei Düngemitteln, in welchen neben dem Stickstoff für den Boden vorwiegend die Phosphorsäure und auch das Kali in Betracht kommt, den Geldwerth nur nach dem Gehalt an Stickstoff berechnen würde.

V. Alle bis jetzt in chronologischer Uebersicht mitgetheilten Methoden zur Berechnung des Nährgeldwerthes sind, wie wir gesehen haben, unvollkommen und mangelhaft. Es fragt sich daher, ob es nicht noch andere Mittel und Wege giebt, zu einer richtigeren Lösung der Frage zu gelangen. Dass hierbei nur analoge und ähnlich constituirte Nahrungsmittel in Betracht gezogen werden dürfen, habe ich schon oben begründet. Es fragt sich aber weiter, ob man mit Roh- oder verdaulichen Nährstoffen rechnen soll.

Nach den bis jetzt vorliegenden Versuchen zeigen zunächst die animalischen Nahrungsmittel in ihren Hauptrepräsentanten (Fleich, Eier, Milch, Käse) keine solchen Unterschiede bezüglich der Resorptionsgrösse, dass zwischen ihnen eine Unterscheidung zu treffen wäre.

Auch die vegetabilischen Nahrungsmittel verhalten sich bis auf wenige Ausnahmen[1]) in ihrer Resorptionsfähigkeit unter sich ziemlich gleich. Die bis jetzt

---

[1]) So scheint mit Bestimmtheit aus den bisherigen Versuchen hervorzugehen, dass die gröberen und holzfaserreichen Nahrungsmittel (Schwarzbrod etc.) weniger gut resorbirt werden, als die an Holzfaser ärmeren Nahrungsmittel (Weissbrod etc.)

hierüber vorliegenden Versuche sind mit den einzelnen Nahrungsmitteln für sich allein angestellt; es hatte also der Magen sehr einseitig entweder protein-, fett- oder stärkereiche Nahrungsmittel zu bewältigen, und lässt sich mit ziemlicher Wahrscheinlichkeit vermuthen, dass sich die hier zu Tage getretenen Unterschiede ziemlich annähernd ausgleichen, wenn dieselben im Gemisch genommen werden, zumal wenn es sich um Massenernährungen handelt, wo die durch individuelle Anlagen hervorgerufenen Unterschiede vollständig verschwinden.

Aus dem Grunde scheint es vor der Hand gerechtfertigt und geboten, mit Rohnährstoffen zu rechnen, und zwar um so mehr als wir im gegebenen Falle nur diese mit Sicherheit durch die Analyse bestimmen können.

Ferner ist schon oben begründet, dass man zur Berechnung des Geldwerthes für die einzelnen Nährstoffe, Protein, Fett, Kohlehydrate nicht von physiologischen Werthen, sondern von den wirklichen Marktpreisen der Nahrungsmittel ausgehen soll; weil aber die Marktpreise in den beiden Hauptgruppen der Nahrungsmittel sehr verschieden sind, so soll man, wie bereits gesagt, zwischen den Nährstoffen der animalischen und vegetabilischen Nahrungsmittel unterscheiden, abgesehen davon, dass dieselben in beiden Gruppen von verschiedener Constitution und Resorptionsfähigkeit sind.

An diesen Forderungen festhaltend, bleibt dann die weitere wichtige Frage zu lösen, in welchem Verhältniss sollen Protein, Fett und Kohlehydrate zur Werthsberechnung herangezogen werden?

Zur Lösung dieser Frage giebt es verschiedene Methoden resp. Wege:

1) Der einfachste Weg wäre der, dass man die einzelnen Nährstoffe sich einander gleich setzte, die Menge jeden einzelnen Nährstoffes im gegebenen Falle ermittelte. alle drei addirte und durch Vergleichung der Summe mit dem Marktpreis (d. h. Division in den Marktpreis) den Preis einer Nährwertheinheit ermittelte, um daraus auf die grössere oder geringere Preiswürdigkeit zu schliessen.

So bestimmte Fr. Hofmann (l. c. S. 24) diejenigen Mengen Protein, Fett und Kohlehydrate in verschiedenen Nahrungsmitteln, welche man für 1 Mark im Engros-Einkaufe in Leipzig 1877 erhielt. Wenn man die Mengen der 3 Nährstoffe addiren würde, so würde man die Summe der Nährwertheinheiten erhalten und hieraus unter Umständen erfahren hönnen, welches der Nahrungsmittel das preiswürdigste ist; man könnte dann auch noch einen anderen Ausdruck gewinnen, nämlich was 1000 Nährwertheinheiten (g) in den einzelnen Nahrungsmitteln kosten; z. B.:

Für 1 Mark wurden erhalten:	Protein g	Fett g	Kohlehydrate g	Summa der Nährwertheinheiten g	1000 g Nährwertheinheiten kosten Pfg.
5350 g Commisbrod mit . .	412	76	2307	2795	35,8
3333 g Reis „ . .	233	17	2500	2750	36,3
4166 g Erbsen „ . .	937	104	2424	3465	28,8
16666 g Kartoffeln „ . .	333	265	3633	4231	23,6
980 g knochenhaltiges Rindfleisch „ . .	159	52,9	—	211,9	471,9
1042 g Rindertalg „ . .	—	1031,0	—	1031	96,9
1521 g Handkäse „ . .	391	47,0	—	438	228,3

Dieses Verfahren[1]) ist aber nicht zulässig; einmal besitzen Protein und Fett einen höheren Nähreffect für den Organismus, können also auch einen höheren Geldwerth beanspruchen, dann aber auch haben sie in Wirklichkeit einen höheren Marktpreis, als Kohlehydrate.

Dazu kommt, das uns dieses Verfahren in den meisten Fällen im Stiche lässt, wenn es sich um Feststellung der grösseren oder geringeren Preiswürdigkeit eines Nahrungsmittels handelt. Am deutlichsten tritt dieses in vorstehenden Beispielen bei „Rindertalg und Handkäse" hervor; man erhält für 1 Mark bei Rindertalg 1031,0 g Fett, bei Handkäse 391 g Protein + 47,0 g Fett; wollte man hier Protein = Fett berechnen, so ist Handkäse (391 + 47 = 438) um mehr als das doppelte unpreiswürdiger denn Rindertalg, was mit der Bedeutung beider für die Ernährung im vollen Widerspruch steht.

Wenn ich für 1 Mark erhalte

in einem Falle . . . 200 g Protein und 100 g Fett
in einem andern Falle 100 g „ „ 200 g „

und will ich wissen, welches der beiden Nahrungsmittel das preiswürdigste ist, so drängt sich von selbst die Frage auf, haben Protein und Fett gleichen Werth sowohl nach den Marktpreisen als auch für die Ernährung und wenn nicht, wie stellt sich der Geldwerth des Protein's zu dem des Fettes?

Vorstehendes Verfahren von Fr. Hofmann, wonach einfach registrirt wird, wie viel Gramm Protein, Fett und Kohlehydrate man für 1 Mark erhält, ist daher nicht im Stande, uns über die grössere oder geringere Preiswürdigkeit eines Nahrungsmittels irgendwie richtigen Aufschluss zu geben.

Es muss somit zur Ermittelung der grösseren oder geringeren Preiswürdigkeit eines Nahrungsmittels ein anderer Weg aufgesucht werden.

2) Am sichersten würde man das Werthverhältniss zwischen Protein, Fett, Kohlehydraten nach der Wahrscheinlichkeitsrechnung auf mathematischem Wege ermitteln.[2])

Da wir es mit 3 Unbekannten zu thun haben, so liegt die Vermuthung nahe, durch Zusammenstellung von 3 Gleichungen die 3 Unbekannten zu finden.

Beispielsweise enthalten und kosten:

	Wasser %	Protein %	Fett %	Kohlehydrate %	Durchschnittspreise pro 1 kg pro 1880
1. Rindfleisch . .	73,0	19,5	6,4	0,1	127 Pfg.
2. Milch . . .	87,5	3,3	3,5	5,0	15 „
3. Halbfetter Käse	46,5	27,5	19,5	3,5	150 „

[1]) Dasselbe ist auch von C. A. Meinert: „Armee- und Volks-Ernährung" Berlin 1880 eingeschlagen worden.

[2]) Dieses Verfahren wurde von mir (Landw. Jahrbücher 1880. S. 805, 1883. S. 849 und 1887. S. 281) zur Berechnung des Futter-Geldwerthes der thierischen Futtermittel benutzt und hat hier ein unter Umständen brauchbares Resultat geliefert. Ich habe dasselbe daher auch auf die menschlichen Nahrungsmittel angewendet und theile dasselbe hier ausführlich mit, wenngleich ich nur negative Resultate erhalten habe.

Setzt man Protein = x, Fett = y und Kohlehydrate = z, so hat man folgende 3 Gleichungen:

$$\begin{aligned} 195\,x + 64\,y + 1\,z &= 127 \\ 33\,x + 35\,y + 50\,z &= 15 \\ 275\,x + 195\,y + 35\,z &= 150 \end{aligned}$$

Indem man hieraus die 3 Unbekannten in üblicher Weise berechnet und eine Anzahl derartiger Gleichungen, die durch die procentische Zusammensetzung und die Marktpreise gegeben sind, combinirt, sollte man glauben, die aus den Marktpreisen abgeleiteten mittleren Geldwerthe für Protein (x), Fett (y) und Kohlehydrate (z) zu erhalten.

Dieses ist aber nicht der Fall, man erhält in diesem, wie in vielen anderen Fällen für y und z Minus-Werthe (nämlich hier x = 0,742, y = — 0,279, z = 0,070 d. h. 1 g Protein kostet 0,742 Pfg. etc.).

Erst wenn man 3 Nahrungsmittel resp. Gleichungen combinirt, in denen eine an Protein, eine 2te an Fett, eine 3te an Kohlehydraten reiche vorkommt, erhält man einigermassen brauchbare Werthe.

Diese Combination ist aber weder bei den animalischen noch vegetabilischen Nahrungsmitteln möglich, da wir bei ersteren nur einseitig protein- und fettreiche, bei den letzteren vorwiegend nur kohlehydratreiche Nahrungsmittel besitzen.

Bei den Futtermitteln, bei welchen sich obiges Verhältniss ebenfalls zeigte, erzielte ich dagegen ein brauchbares Resultat durch Anwendung der uns von Mathematikern empfohlenen Methode der kleinsten Quadrate.[1])

Diese Methode wird von Astronomen und Physikern, angewendet, um aus Beobachtungen, die nicht genau unter einander stimmen, das wahre Mittel zu suchen oder um aus zahlreichen oder mit Fehlern behafteten Versuchen ein Naturgesetz abzuleiten etc.; es stand daher zu erwarten, dass die Methode auch für diesen Zweck ein brauchbares Resultat liefern würde.

Nach den bei Futtermitteln gemachten Erfahrungen ist dieses aber auch nur dann der Fall, wenn in den zur Berechnung herangezogenen Gleichungen eine nahezu gleiche Anzahl protein-, fett- und kohlehydratreicher Futtermittel vorhanden sind.

Dieser Bedingung aber lässt sich wiederum bei den Nahrungsmitteln aus besagten Gründen nicht genügen und wenn man eine nahezu gleiche Anzahl protein-, fett- und kohlehydratreiche Nahrungsmittel aus den animalischen und vegetabilischen Nahrungsmitteln zusammenstellt, so ist von vornherein um desswillen kein befriedigendes Resultat zu erwarten, weil die Preise der vegetabilischen Nahrungsmittel erheblich niedriger als die der animalischen sind.

Nichts desto weniger habe ich einen Versuch dieser Art gemacht und wenngleich er ein negatives Resultat geliefert hat, so will ich denselben hier doch mittheilen, einmal um das Wesen dieser an sich rationellen Methode[2]) zu zeigen, dann auch in der Hoffnung, dass andere durch eine richtigere Combinirung von Gleichungen vielleicht glücklicher sind, als ich.

---

[1]) Vergl. Anm. [2]) auf Seite 1076.

[2]) W. Fleischmann giebt (Journ. für Landw. 1881. S. 257) eine mathematische Begründung der Brauchbarkeit dieser Methode.

Zunächst kommt es darauf an, ausser der mittleren chemischen Zusammensetzung wenigstens annähernd richtige Marktpreise zu erhalten. Als letztere legte ich die vom königl. statistischen Büreau pro 1878 ermittelten Mittelpreise [1]) für den preussischen Staat zu Grunde, von einigen Nahrungsmitteln verschaffte ich mir dieselben auf andere Weise.[2])

Die der Rechnung zu Grunde gelegten Zahlen sind die folgenden:

	Chemische Zusammensetzung*)						Marktpreise pro 1 kg		
	Wasser %	Protein %	Fett %	Kohlehydrate %	Holzfaser %	Asche %	1878 Pfg.	1879 Pfg.	1880 Pfg.
1. Rindfleisch	73,0	19,5	6,4	0,1	—	1,0	130**)	128**)	127**)
2. Schweinefleisch	50,0	17,5	32,0	0,1	—	0,8	134**)	125**)	133**)
3. Kalbfleisch	75,0	20,5	4,4	0,1	—	1,0	115**)	111**)	111**)
4. Speck (geräuchert und gesalzen)	9,0	9,5	76,4	0,1	—	5,0	179	166	171
5. Butter (Markt-)	13,5	0,5	84,5	0,5	—	1,0	215	205	220
6. Milch	87,5	3,3	3,5	5,0	—	0,7	15	15	15
7. Fett-Käse	35,5	27,5	30,5	2,5	—	4,0	160	160	165
8. Halbfetter Käse	47,0	27,0	19,5	3,5	—	3,0	135	140	150
9. Mager-Käse	49,0	32,0	8,2	6,8	—	4,0	80	80	88
10. Roggenmehl	14,0	11,5	1,9	69,6	1,5	1,5	28	28	38
11. Weizenmehl	12,2	11,0	1,2	74,2	0,7	0,7	38	37	41
12. Reis	13,0	7,8	0,7	76,6	0,8	1,1	59	57	58
13. Kartoffeln	75,5	1,8	0,2	20,8	0,7	1,0	5,7	6,1	6,5
14. Bohnen	13,6	23,0	2,2	53,9	3,8	3,5	22,0	21,4	24,2
15. Erbsen	14,3	22,6	1,7	53,2	5,5	2,7	28,6	27,5	30,6
16. Linsen	12,5	24,8	1,8	54,8	3,6	2,5	35,0	34,5	41,4

[1]) Wirkliche und Mittelpreise der wichtigsten Lebensmittel während 1878 und 1877/78. Vom Königl. statist. Büreau. Berlin 1878 und Milchzeitung 1881. No. 10.

Die jetzigen Preise sind etwas niedriger. Ich lasse aber die 1878 ermittelten stehen, weil dadurch das Resultat der Rechnung nicht beeinträchtigt wird; denn die Preisverminderung erstreckt sich gleichmässig auf alle Nahrungsmittel.

[2]) Die Mittelpreise von Käse wurden mir z. B. freundlichst von Herrn Carl Mahlo in Berlin mitgetheilt.

*) Die mittlere chemische Zusammensetzung ist noch der ersten Auflage dieses Buches entnommen, weil diese Rechnung vor der Neubearbeitung dieses Bandes ausgeführt wurde. Durch Hinzufügung neuerer Analysen ist die mittlere chemische Zusammensetzung von einigen der aufgeführten Nahrungsmittel etwas anders geworden; die Unterschiede sind aber so gering, dass dadurch das Resultat der Berechnung nicht alterirt wird; wegen der Langwierigkeit der letzteren habe ich daher von der Umänderung der Grundzahlen Abstand genommen.

**) Die Durchschnittspreise der aufgeführten 3 Fleischsorten sind pro 1 kg:

	1878	1879	1880
1. Rindfleisch	117	115	114
2. Schweinefleisch	123	115	122
3. Kalbfleisch	101	98	98

Diese Preise verstehen sich aber für rohes vom Metzger eingekauftes d. h. knochenhaltiges Fleisch;

Indem man zunächst die Preise von 1878 nimmt und Protein $= x$, Fett $= y$, Kohlehydrate $= z$ setzt, erhält man folgende Gleichungen:

1.	Rindfleisch . . .	195 x +	64 y +	1 z =	130
2.	Schweinefleisch . .	175 x +	320 y +	1 z =	134
3.	Kalbfleisch . . .	205 x +	44 y +	1 z =	115
4.	Speck	95 x +	764 y +	1 z =	179
5.	Butter	5 x +	845 y +	5 z =	215
6.	Milch	33 x +	35 y +	50 z =	15
7.	Fettkäse	275 x +	305 y +	25 z =	160
8.	Halbfetter Käse .	270 x +	195 y +	35 z =	135
9.	Mager-Käse . . .	320 x +	82 y +	68 z =	80
10.	Roggenmehl . .	115 x +	19 y +	696 z =	28
11.	Weizenmehl . .	110 x +	12 y +	742 z =	38
12.	Reis	78 x +	7 y +	766 z =	59
13.	Kartoffeln . . .	18 x +	2 y +	208 z =	5,7
14.	Bohnen	230 x +	22 y +	539 z =	22
15.	Erbsen	226 x +	17 y +	532 z =	28,6
16.	Linsen	248 x +	18 y +	548 z =	35

Zur Berechnung nach der Methode der kleinsten Quadrate wird zunächst jede Gleichung mit dem Werth von x multiplicirt[1]) und dann sämmtliche Gleichungen addirt, man erhält:

1. . . .	38 025 x +	12 480 y +	195 z =	25 350	
2. . . .	30 625 x +	56 000 y +	175 z =	23 450	
3. . . .	42 025 x +	9 020 y +	205 z =	23 575	
4. . . .	9 025 x +	72 580 y +	95 z =	17 005	
5. . . .	25 x +	4 225 y +	25 z =	1 075	
6. . . .	1 089 x +	1 115 y +	1 650 z =	495	
7. . . .	75 625 x +	83 875 y +	6 875 z =	44 000	
8. . . .	73 900 x +	56 650 y +	9 450 z =	36 450	
9. . . .	102 400 x +	26 240 y +	21 760 z =	25 600	
10. . . .	13 225 x +	2 185 y +	80 040 z =	3 220	
11. . . .	12 100 x +	1 320 y +	81 620 z =	4 180	
12. . . .	6 084 x +	546 y +	59 748 z =	4 602	
13. . . .	324 x +	36 y +	3 744 z =	102,6	
14. . . .	52 900 x +	5 060 y +	123 970 z =	5 060	
15. . . .	51 076 x +	3 842 y +	120 232 z =	6 463,6	
16. . . .	61 504 x +	4 464 y +	135 904 z =	8 680	
Summe	568 952 x +	335 638 y +	645 688 z =	229 308,2	I. Hauptgleichung.

---

man erhält aber im Durchschnitt im Rindfleisch 10 %, Kalbfleisch 12 % u. Schweinefleisch 8 % Knochen oder Abfälle mit; ich habe daher diese Zahlen auf reines Fleisch, wie sie der aufgeführten procentischen Zusammensetzung entsprechen, umgerechnet.

[1]) Zur Verdeutlichung diene die 1. Gleichung:

$$195\,x + 64\,y + 1\,z = 130$$

Daraus $195 \times 195\,x + 195 \times 64\,y + 195 \times 1\,z = 195 \times 30$

Oder $38\,025\,x + 12\,480\,y + 195\,z = 25\,350$

In derselben Weise wird jede Gleichung mit dem Werth von y multiplicirt; man erhält:

1. . . .	12 480	x	+	4 096	y	+	64	z	=	8 320	
2. . . .	56 000	x	+	102 400	y	+	320	z	=	42 880	
3. . . .	9 020	x	+	1 936	y	+	44	z	=	5 060	
4. . . .	72 580	x	+	583 696	y	+	764	z	=	136 756	
5. . . .	4 225	x	+	714 025	y	+	4 225	z	=	181 675	
6. . . .	1 115	x	+	1 225	y	+	1 750	z	=	525	
7. . . .	83 875	x	+	93 025	y	+	7 625	z	=	48 800	
8. . . .	52 650	x	+	38 025	y	+	6 825	z	=	26 425	
9. . . .	26 240	x	+	6 724	y	+	5 576	z	=	6 460	
10. . . .	2 185	x	+	361	y	+	13 224	z	=	532	
11. . . .	1 320	x	+	144	y	+	8 904	z	=	456	
12. . . .	546	x	+	49	y	+	5 362	z	=	413	
13. . . .	36	x	+	4	y	+	416	z	=	11,4	
14. . . .	5 060	x	+	484	y	+	11 858	z	=	484	
15. . . .	3 842	x	+	289	y	+	9 044	z	=	486,2	
16. . . .	4 464	x	+	324	y	+	9 864	z	=	630	
Summe	335 638	x	+	1 546 807	y	+	85 865	z	=	459 913,6	II. Hauptgleichung.

Durch Multiplication einer jeden Gleichung mit dem Werth von z erhält man:

1. . . .	195	x	+	64	y	+	1	z	=	130	
2. . . .	175	x	+	320	y	+	1	z	=	134	
3. . . .	205	x	+	44	y	+	1	z	=	115	
4. . . .	95	x	+	764	y	+	1	z	=	179	
5. . . .	25	x	+	4 225	y	+	25	z	=	1 075	
6. . . .	1 650	x	+	1 750	y	+	2 500	z	=	750	
7. . . .	7 875	x	+	7 625	y	+	625	z	=	4 000	
8. . . .	9 450	x	+	6 825	y	+	1 225	z	=	4 725	
9. . . .	21 760	x	+	5 576	y	+	4 624	z	=	5 440	
10. . . .	80 040	x	+	13 224	y	+	484 416	z	=	19 488	
11. . . .	81 620	x	+	8 904	y	+	550 564	z	=	28 196	
12. . . .	59 748	x	+	5 362	y	+	586 756	z	=	45 194	
13. . . .	3 744	x	+	416	y	+	43 264	z	=	1 185,6	
14. . . .	123 970	x	+	11 858	y	+	290 521	z	=	11 858	
15. . . .	120 232	x	+	9 044	y	+	283 024	z	=	15 215,2	
16. . . .	135 904	x	+	9 864	y	+	300 304	z	=	19 180	
Summe	645 688	x	+	85 865	y	+	2 547 852	z	=	156 864,8	III. Hauptgleichung.

Man gewinnt so 3 Hauptgleichungen mit 3 Unbekannten, aus welchen letztere in üblicher Weise berechnet werden; indem man die Hauptgleichungen durch Division mit 10 000 unter Belassung einer Decimalen abkürzt, wird:

$$56{,}9\ x + 33{,}6\ y + 64{,}6\ z = 22{,}9 \quad \text{I. Hauptgleichung.}$$
$$33{,}6\ x + 154{,}7\ y + 8{,}6\ z = 45{,}9 \quad \text{II. „}$$
$$64{,}6\ x + 8{,}5\ y + 254{,}8\ z = 15{,}7 \quad \text{III. „}$$

Hierin wird:

x (Protein) = + 0,285
y (Fett) = + 0,235
z (Kohlehydrate) = — 0,018

Noch mehr widersprechende und unbrauchbare Werthe erhält man, wenn man die Berechnung bloss für die animalischen und ebenso bloss für die vegetabilischen Nahrungsmittel ausführt.

Ich glaube daher, dass die Methode der kleinsten Quadrate, welche bei den Handelsfuttermitteln brauchbare Werthe geliefert hat,[1]) bei den Nahrungsmitteln wegen deren sehr heteregonen Zusammensetzung und Preise nicht anwendbar ist.

Vielleicht würden sich die den Grundgleichungen anhaftenden Fehler mehr und mehr ausgleichen, wenn man ausser diesen noch eine Reihe anderer Nahrungsmittel mit in Rechnung zieht; für die meisten derselben fehlen aber bis jetzt die richtigen mittleren Marktpreise und ob es noch eine andere mathematische Methode giebt, aus obigen Daten die wahren Mittel für x, y und z zu finden, ist mir nicht bekannt.

3) Es fragt sich daher, ob man nicht auf einem anderen Wege zum Ziele d. h. zu richtigen Zahlen über das mittlere Werthsverhältniss zwischen Protein, Fett und Kohlehydraten und zwar aus wirklichen Marktpreisen gelangen kann.

Da Fett und Kohlehydrate in verschiedenen Formen im isolirten Zustande im Handel vorkommen, so liegt es nahe von den Preisen dieser auszugehen, dieselben auf die Nahrungsmittel (mit Protein, Fett und Kohlehydrate) zu übertragen, von dem Marktpreis der letzteren den Geldwerth für Fett und Kohlehydrate abzuziehen und den Rest als Preis des Proteins anzusetzen. Dieses Verfahren ist wie oben auseinandergesetzt wurde, von Krämer, Almèn und auch von mir angewendet worden.

Beispielsweise kann man für die isolirten Nährstoffe folgende durchschnittlichen Preise pro 1 kg ansetzen:

a. Fette resp. Oele:

Animalische		Vegetabilische Nahrungsmittel.	
1. Schweineschmalz[2]) . . .	2,00 Mk.	1. Rüböl	0,66 Mk.
2. Rindstalg[2])	1,70 „	2. Baum- resp. Olivenöl . .	1,20 „
3. Butter[2])	2,60 „	3. Mohnöl	1,50 „
		4. Nussöl	1,80 „

---

[1]) Bei den üblichen Handelsfuttermitteln wurde z. B. gefunden:

1) 5jährliche Mittelpreise der Futtermittel pro 1874/75—1878/79:

	Protein x		Fett y		N-freie Extractstoffe z
a. Preis pro 1 kg . . .	0,335		0,332		0,109 Mk.
b. Verhältniss zu einander	3,0	:	3,0	:	1,0

2) Mittelpreise im Jahre 1879/80:

	Protein x		Fett y		N-freie Extractstoffe z
a. Preis pro 1 kg . . .	0,301		0,306		0,086 Mk.
b. Verhältniss zu einander	3,5	:	3,7	:	1,0

3) Mittelpreise pro 1882/85:

	Protein x		Fett y		N-freie Extractstoffe z
a. Preis pro 1 kg . . .	0,294		0,156		0,125 Mk.
b. Verhältniss zu einander	2,3	:	1,3	:	1,0

Man sieht hieraus, dass das Werthsverhältniss zwischen Protein : Fett : Kohlehydraten kein constantes ist, sondern je nach den Preisverschiebungen Schwankungen unterliegt.

Bei den thierischen Futtermitteln waren nämlich die protein- u. fettreichen Futtermittel von 1878 bis 1885 fortwährend und mehr im Preise gesunken als die an N-freien Extractstoffen reichen Futtermittel, in Folge dessen sich das Werthsverhältniss verengern musste.

[2]) Nach Abzug des Wassers, der Asche etc. auf den reinen Fettgehalt berechnet.

Animalische		Vegetabilische Nahrungsmittel.	
		b. Kohlehydrate:	
1. Milchzucker	3,00 Mk.	1. Stärke	0,65 Mk.
		2. Rohrzucker	0,90 „
		3. Rübensyrup [1])	0,40 „

Man sieht wie sehr verschieden die Preise dieser isolirten Nährstoffe sind.

„Protein" existirt im isolirten Zustande im Handel nur als „Weizenkleber", der zur Zeit circa 80 Mk. pro 100 kg, also nach Abzug von Wasser und Asche etc. circa 0,90 Mk. pro 1 kg kostet. Der Weizenkleber kann uns aber nicht als Massstab für den Geldwerth des vegetabilischen Proteins dienen, weil er nur als Abfallproduct bei der Weizenstärke-Fabrikation gewonnen wird, und bis jetzt weniger für die menschliche als thierische Ernährung und für technische Zwecke verwendet wird.

Die grossen Schwankungen der isolirten Nährstoffe im Marktpreise sind ausser von der grösseren oder geringeren Schmackhaftigkeit auch noch davon abhängig, welche Fabrikations-Unkosten darauf lasten und wie gross die Menge ihres Vorkommens in der Natur ist (so Mohnöl, Nussöl gegen Olivenöl, Milchzucker gegen Rohrzucker etc.).

Aus dem Grunde ist es nicht zulässig, die Preise derselben für die zusammengesetzten Nahrungsmittel zu Grunde zu legen und aus dem verbleibenden Rest auf den Geldwerth der Proteinstoffe zu schliessen. Bei den vegetabilischen Nahrungsmitteln würde man, wenn man Fett und Kohlehydrate nach dem Preis für isolirtes Pflanzenfett und Stärke berechnete, Werthe erhalten, die über den wirklichen Marktpreisen liegen, so dass für Protein nichts übrig bliebe.

Nur bei den animalischen Nahrungsmitteln, die ausser „Fett" und „Protein" keine nennenswerthen anderen Stoffe enthalten, welche in die Rubrik „Kohlehydrate" fallen, ist dieses Verfahren statthaft, z. B. bei den Fleischsorten.

Man kann in diesen ohne einen nennenswerthen Fehler dem Fett den gleichen Geldwerth beilegen, welchen Schweineschmalz und Rindstalg auf dem Markt besitzen; denn einmal hat das Fett im Fleisch gleiche Constitution mit dem im Rindstalg und Schweineschmalz und dann auch ist die Herstellung der letzteren mit kaum in Betracht kommenden Fabrikationskosten behaftet.

Nimmt man also den Geldwerth dieses Fettes zu 2,00 Mk. pro 1 kg an und legt obige Zusammensetzung und die mittleren Marktpreise der 3 letzten Jahre zu Grunde, so erhält man:

	Gehalt an		Marktpreis pro 1 kg	Nach Abzug des Fettes verbleibt für Protein	Oder 1 kg Protein kostet
	Protein	Fett			
	%	%	Pfg.	Pfg.	Pfg.
1. Rindfleisch	19,5	6,4	128,3	115,5	592
2. Schweinefleisch	17,5	32,0	131,0	67,0	371
3. Kalbfleisch	20,5	4,4	112,3	103,5	505
				Mittel	489

[1]) Der eingedickte Rübensaft, der ausser Wasser und Asche fast nur Zucker resp. Kohlehydrate von 75 % enthält; der natürliche Rübensaft kostet durchschnittlich 30 Mk. pro 100 kg.

Ferner:	Gehalt an Protein %	Fett %	Marktpreis pro 1 kg Pfg.	Nach Abzug des Fettes verbleibt für Protein Pfg.	Oder 1 kg Protein kostet Pfg.
4. Salm oder Lachs (frisch)	15,0	6,4	500	487,2	3248
5. Schellfisch	17,1	0,4	80	79,2	463
6. Hecht	20,1	0,7	214	212,6	1057
7. Häring (eingemacht) . .	18,9	16,9	105	71,2	376
8. Sardellen (desgl.) . .	22,3	2,2	465	460,6	2065

Diese Zahlen geben ohne Zweifel ein recht anschauliches Bild, welche der aufgeführten Fleischsorten sich, wenn man von der Schmackhaftigkeit und der grösseren oder geringeren Beschwerde bei der Verdauung absieht, für reine Ernährungszwecke am billigsten herausstellen.

Aber wie soll man bei Milch und Molkereiproducten verfahren? Hier gesellt sich zu Protein und Fett als wesentlicher Bestandtheil der Milchzucker. Denselben nach seinem Marktpreise im isolirten Zustande ansetzen, geht nicht, weil derselbe in Folge grösserer Fabrikationskosten sogar höher liegt, als der des Milchfettes (in der Butter), welches entschieden einen höheren Nähreffect besitzt als Milchzucker.[1])

Wollte man in Milch und Molkereiproducten das Protein und Fett nach den Geldwerthen für Fleisch (4,89 und 2,00 Mk.) veranschlagen, so würde durch Multiplikation dieser Werthe mit dem Gehalt der Marktpreis schon mehr als gedeckt, also für Milchzucker nichts übrig bleiben.

Noch schwieriger ist die Sache bei den vegetabilischen Nahrungsmitteln. Von den Marktpreisen der Kohlehydrate und des Fettes im isolirten Zustande kann man bei diesen aus bereits angeführten Gründen nicht ausgehen.

Zur Geldwerthsberechnung der Kohlehydrate bilden noch immer die „Kartoffeln“ das geeignetste Material, denn sie enthalten wesentlich nur Stärke; die äusserst geringen Mengen Fett kommen kaum in Betracht und die Proteinstoffe sind im Verhältniss zu den Kohlehydraten ebenfalls von nur untergeordneter Bedeutung, zumal fast die Hälfte derselben in Form von Amidverbindungen etc. vorhanden ist, die nach H. Weiske ähnlich wie Leim nur Eiweiss ersparend wirken, aber kein Eiweiss in der Nahrung zu ersetzen im Stande sind.

Man wird daher der Wahrheit sehr nahe kommen, wenn man mit der Summe der organischen Substanz (excl. Holzfaser) in den Marktpreis der Kartoffeln dividirt und die gefundene Zahl als den Geldwerth für Stärke resp. Kohlehydrate ansieht; im Mittel der 3 letzten Jahre kostete 1 kg Speisekartoffeln (mit 22,8 % organ. Stoffen, also 228 g) 6,1 Pfg., also 1 kg Stärke 26,7 Pfg.

Wie aber soll man zu dem Geldwerth des Fettes kommen? Dasselbe tritt zwar in den Mehlsorten, Brod, Leguminosen etc. gegen Stärke und Protein so zurück, dass es keinen grossen Fehler bedingt, wenn dasselbe mit gar keinem besonderen Geld-

[1]) Denselben nach dem Vorgang Krämer's gleich dem Werth der Stärke in den Kartoffeln zu berechnen, erscheint ebenfalls unzulässig, weil beide sehr heterogener Natur sind, abgesehen davon, dass die Stärke in den Kartoffeln in Zellen eingeschlossen ist und ungleich mehr Kraftaufwand zur Verdauung beansprucht, als der in Lösung befindliche und direct resorptionsfähige Milchzucker.

werth belegt,[1]) sondern gleich dem der Kohlehydrate gesetzt wird, zumal dasselbe vielfach als Aetherextract bestimmt, ausser Fett noch Wachs, Farbstoffe etc. einschliesst. Unter dieser Annahme würde nach Abrechnung des Geldwerthes für Stärke + Fett (26,7 Pfg. pro 1 kg) für die Stickstoff-Substanz[2]) nach obigen 3-jährlichen Mittelpreisen verbleiben:

	Gehalt an: Protein	Fett +	Kohlehydrate	Marktpreis pro 1 kg	Nach Abzug für Fett + Kohlehydrate verbleibt für Protein	1 kg Protein kostet:
	%	%	%	Pfg.	Pfg.	Pfg.
1. Roggenmehl . .	11,5	1,9 +	69,6	31,3	12,2	106
2. Weizenmehl . .	11,0	1,2 +	74,2	38,7	18,6	151
3. Erbsen	22,6	1,7 +	53,2	28,9	14,3	63
					Mittel	106

Indess ist einleuchtend, dass dieses Verfahren, wenn es auch recht brauchbare Resultate liefert, nicht correct ist und fragt es sich, ob man nicht, da uns auch eine mathematische Wahrscheinlichkeits-Rechnung im Stiche lässt, unter Berücksichtigung der Marktpreise und durch Erwägungen theoretischer Natur zu einem besseren und einfacheren Verfahren gelangen kann.

So viel geht aus den bisherigen Ausführungen mit aller Bestimmtheit hervor, dass nach den laufenden Marktpreisen die Stickstoff-Substanz (das Protein) in den Nahrungsmitteln höher bezahlt wird, als das Fett und dieses wieder höher als die Kohlehydrate.

Nach dem bei den gebräuchlichsten Fleischsorten sich geltend machenden Verhältnisse kann man sagen, dass das Protein durchschnittlich 2—3 mal höher bezahlt wird, als das Fett, und bei den vegetabilischen Nahrungsmitteln stellt sich sowohl nach Krämer's wie meiner letzten Berechnung heraus, dass das Protein rund 4—5 mal höher bezahlt wird als die Kohlehydrate.

Man kann daher sagen, dass sich der Geldwerth von Kohlehydraten : Fett : Protein nach den Marktpreisen im Durchschnitt:

wie 1 : 2—3 : 4—5

herausstellt.

Dieses aus Marktpreisen sich ableitende Werthsverhältniss scheint aber noch aus anderen Gründen seine Berechtigung zu haben.

Zwar kann man, wie oben bereits auseinandergesetzt ist, nicht sagen, dass weil wir auf 1 Thl. Stickstoff-Substanz 5 Thle. Kohlehydrate zu uns nehmen, 1 Thl. der ersteren 5 mal mehr werth ist, als 1 Thl. der letzteren. Aber eine andere Betrachtung dürfte dieses Verhältniss doch vielleicht rechtfertigen.

Die Grundlage für die thierische Ernährung bilden die Pflanzen und ist einleuchtend, dass sich das Nährstoffbedürfniss von Thieren und Menschen nach dem in

---

[1]) A. Krämer setzt das vegetabilische Fett = dem thierischen Fett im ausgelassenen Rindstalg. Dieses scheint mir wegen der verschiedenen Constitution der thierischen und vegetabilischen Fette und wegen des Umstandes, dass das durch die Analyse gefundene Fett in den Vegetabilien noch einige für die Ernährung indifferente Stoffe einschliesst, nicht zulässig zu sein.

[2]) Beim Reis berechnet sich in derselben Weise nach obigen Preisen, 479 Pfg., bei Bohnen nur 33 Pfg. und bei Linsen 88 Pfg. pro kg Protein.

der Natur als Nahrung vorgefundenen Nahrungsmaterial ausgebildet hat. Denn was von den Nährstoffen der Nahrungsmittel technisch verarbeitet wird, kommt grösstentheils der Ernährung wieder zu gut, und was rein zu technischen Zwecken verwendet wird, dürfte mit Ausnahme des Fettes vielleicht bei allen 3 Nährstoffgruppen im Grossen nicht so verschieden sein, dass es ins Gewicht fällt. Es wäre recht gut denkbar, dass, wenn die Thierwelt ein anderes Nährstoffverhältniss in dem zur Ernährung dienenden Pflanzenmaterial vorgefunden hätte, auch ein anderes Nahrungsbedürfniss angenommen haben würde, in Folge dessen sich die Lebensfunctionen anders gestaltet hätten.

Zu dem spärlicheren Vorkommen der Proteinstoffe gegenüber den Kohlehydraten in der Natur (im allgemeinen wie 1 : 5) gesellt sich aber noch ihr höherer Nähreffect und höherer Nährzweck für den thierischen Organismus, indem sie die eigentlichen Träger des organischen Lebens sind, gleichsam die Maschinen bilden, während die Kohlehydrate nur als Heizmaterial dienen. Wie aber im allgemeinen der Werth der Metalle sich richtet nach der Menge ihres Vorkommens in der Natur und nach ihrer Brauchbarkeit für technische Zwecke, so ist es auch gerechtfertigt, den Werth der Proteinstoffe gegenüber den Kohlehydraten nach diesem Massstabe abzuschätzen und sie in ihrem Geldwerth rund 5 mal höher zu veranschlagen, abgesehen davon, dass sich dieses Verhältniss nach den wirklichen Marktpreisen im Durchschnitt der gangbarsten Nahrungsmittel herausstellt.

Das „Fett“ pflegt in dem den Menschen und Thieren gebotenen Nahrungsmaterial, selbst wenn man das für technische Zwecke verwendete Fett hinzunimmt, noch spärlicher oder wenigstens in nicht reichlicherer Menge vorzukommen als die Proteinstoffe. Wollte man aber hiernach dem Fett denselben Geldwerth beilegen wie den Proteinstoffen, so dürfte das nicht zulässig sein, weil einmal das Fett nach den Marktpreisen nicht so hoch bezahlt wird,[1]) dann aber auch nicht denselben Nutzungseffect für den Organismus besitzt. Das Fett ist in seiner physiologischen Bedeutung eher den Kohlehydraten zuzurechnen und hier lässt sich insofern von physiologischen Werthen sprechen, als sich Fett und Kohlehydrate in unserer Nahrung bis zu einer gewissen Grenze gegenseitig ersetzen lassen, während von einer wirklichen Substitution von Proteinstoffen durch Fett resp. Kohlehydrate nie die Rede sein kann. Thatsächlich haben die neueren Versuche von Rubner S. 126 ergeben, dass 250 Thle. Kohlehydrate in ihrem Effect für den Organismus 100 Thl. Fett äquivalent sind.

[1]) Es kann sein, dass sich dieses Verhältniss im Laufe der Zeit ändert; denn Jul. Pierstorff hat (Journ. f. Landw. 1880 S. 501) nachgewiesen, dass die Steigerung der Fleischpreise (vorwiegend proteinreich) nicht gleichen Schritt gehalten hat mit der der Fettpreise, dass letztere wesentlich hinter ersteren znrückgeblieben sind; er findet im Mittel von 16—22 Städten und in Zeiträumen von 5 zu 5 Jahren die Preise pro 1 kg wie folgt:

	Rindfleisch Mk.	Rindstalg Mk.	Speck Mk.	Schweineschmalz Mk.
1852	0,75	1,01	1,47	1,45
1857	0,88	1,02	1,58	1,57
1862	0,94	1,15	1,58	1,65
1867	1,04	1,18	1,63	1,75
1872	1,22	1,28	1,68	1,72
1877	1,35	1,23	1,77	1,76

Während also die Fleischpreise um fast das Doppelte in den letzten 30 Jahren gestiegen sind, sind die Fettpreise nur unwesentlich in die Höhe gegangen.

Es hat daher in diesem Falle wohl einen gewissen Sinn zu sagen, 1 Thl. Fett hat den 2,5 fachen Werth der Kohlehydrate. Weil aber das Fett gleichzeitig wesentlich zur Zubereitung der Nahrung dient, um uns dieselben schmackhaft zu machen, und weil es scheint, dass dasselbe die Nahrung leichter verdaulich macht, indem eine an Vegetabilien reiche Nahrung stets unter Zusatz grösserer Fettmengen eingenommen zu werden pflegt, so werden wir unter gleichzeitiger Berücksichtigung der Marktpreise der Wahrheit sehr nahe kommen, wenn wir den Werth des Fettes 3mal höher als den der Kohlehydrate veranschlagen.

Nach allen diesen Erwägungen scheint in den menschlichen Nahrungsmitteln ein Werthsverhältniss zwischen:

	Kohlehydrate	:	Fett	:	Protein
wie	1	:	3	:	5

bis jetzt eine rationelle Basis für sich zu haben. Sehen wir daher zu, wie wir mit Hülfe dieses aus Marktpreisen wie theoretischen Erwägungen abgeleiteten Werthsverhältnisses zur Ermittelung des Nährgeldwerthes und zur Beantwortung der Frage gelangen, welches von zu wählenden Nahrungsmitteln das preiswürdigste ist.

4. Um mit Hülfe dieses Werthsverhältnisses zur Bestimmung des Nährgeldwerthes zu gelangen[1]), multiplicirt man den Gehalt der Nahrungsmittel an Protein mit 5, den an Fett mit 3 und den an Kohlehydraten mit 1, addirt und erhält so die Summe der Nährwertheinheiten. Indem man dann mit dieser Summe in den Marktpreis dividirt, erhält man den Marktpreis einer Nährwertheinheit und aus der grösseren oder geringeren Höhe des letzteren schliesst man auf die geringere oder grössere Preiswürdigkeit des Nahrungsmittels.

Auch kann man, falls dieses nach dem Vorschlage von Flügge und Hofmann vorgezogen werden sollte, leicht berechnen, wie viel Nährwertheinheiten man für 1 Mk. erhält; die Beziehungen für die Preiswürdigkeit bleiben selbstverständlich dieselben.

Beispielsweise enthalten nach obiger Zusammenstellung Rindfleisch, Milch und Roggenmehl und kosten im Durchschnitt der letzten 3 Jahre:

	Wasser	Stickstoff-Substanz	Fett	N-freie Extractstoffe	Asche	Marktpreise pr. 1 kg
	%	%	%	%	%	%
1. Rindfleisch . . .	73,0	19,5	6,4	0,1	1,0	128,3
2. Milch	87,5	3,3	3,5	5,0	0,7	15,0
3. Roggenmehl . .	14,0	11,5	1,9	69,6	1,5	31,3

Nach obiger Annahme enthält auf 1 kg berechnet:

1. Fleisch:

195 Stickstoff-Substanz	$= 195 \times 5 = 975$	Nährwertheinheiten
64 Fett	$= 64 \times 3 = 192$	„
1 N-freie Extractstoffe	$= 1 \times 1 = 1$	„
	Summe 1168	Nährwertheinheiten

Diese kosten 128,3 Pfg., also eine Nährwertheinheit:

$$\frac{128{,}3}{1168} = 0{,}1098 \text{ Pfg., oder für 1 Mark erhält man } \frac{1168 \times 100}{128{,}3} = 911 \text{ Nährwertheinheiten.}$$

[1]) Dieses Verfahren ist zuerst von Dr. Emmerling-Kiel (Landw. Wochenbl. f. Schleswig-Holstein 1877. No. 33) bei den Futtermitteln angewendet.

2. Milch:

33 Stickstoff-Substanz	= 33 × 5 =	165 Nährwertheinheiten
35 Fett	= 35 × 3 =	105 "
50 Milchzucker	= 50 × 1 =	50 "
	Summe	320 Nährwertheinheiten.

Diese kosten 15 Pfg., also eine Nährwertheinheit:

$$\frac{15}{320} = 0{,}0468 \text{ Pfg., oder für 1 Mk. erhält man } \frac{320 \times 100}{15} = 2133 \text{ Nährwertheinheiten.}$$

3. Roggenmehl:

Ganz in derselben Weise geschieht die Berechnung bei den vegetabilischen Nahrungsmitteln; denn es ist einleuchtend, dass, wenn einmal das Werthverhältniss von Kohlehydrate : Fett : Protein wie 1 : 3 : 5 berechtigt ist, dieses auch für alle Nahrungsmittel, die nicht zu den Genussmitteln gehören, zu Grunde gelegt werden kann; also für Roggenmehl:

115 Protein	sind	= 115 × 5 =	575 Nährwertheinheiten
19 Fett	"	= 19 × 3 =	57 "
696 Kohlehydrate	"	= 696 × 1 =	696 "
		Summe	1328 Nährwertheinheiten.

Diese kosten 31,3 Pfg., also eine Nährwertheinheit:

$$\frac{31{,}3}{1328} = 0{,}0235 \text{ Pfg., oder für 1 Mk. erhält man } \frac{1328 \times 100}{31{,}3} = 4243 \text{ Nährwertheinheiten.}$$

Indem man so für obige 16 Nahrungsmittel die Rechnung mit den 3jährigen Mittelpreisen durchführt und die Zahlen statt auf 1 der besseren Uebersicht wegen auf 1000 Nährwertheinheiten zurückführt, erhält man in aufsteigender Reihe:

Animalische Nahrungsmittel:

	Summe der Nährwerth-einheiten pro 1 kg	Marktpreis pr. 1 kg Durch-schnitt pro 1878-1880 Pfg.	1000 Nähr-wertheinheiten kosten Pfg.	Oder für 1 Mk. erhält man Nährwerth-einheiten
1. Magermilch	216	9,0	41,7	2400
2. Magerkäse	1914	82,7	43,2	2314
3. Milch	320	15,0	46,8	2133
4. Speck	2767	172,0	62,1	1608
5. Fettkäse	2315	161,7	69,4	1432
6. Schweinefleisch . . .	1836	131,0	71,4	1401
7. Halbfetter Käse . .	1970	141,7	71,9	1319
8. Butter	2610	213,3	81,7	1223
9. Kalbfleisch	1157	112,0	96,8	1033
10. Rindfleisch	1168	128,3	109,8	911

Vegetabilische Nahrungsmittel:

1. Bohnen	1755	22,5	12,8	7800
2. Erbsen	1713	28,9	16,8	5927
3. Linsen	1842	37,0	20,1	4979
4. Kartoffeln	304	6,1	20,1	4982
5. Roggenmehl	1328	31,3	23,5	4243
6. Weizenmehl	1328	38,7	29,1	3431
7. Reis	1177	58,0	49,3	2029

Es ist nun einleuchtend, dass die für 1 kg berechneten Nährwertheinheiten überall und für alle Verhältnisse brauchbar sind, dass es eines besonderen Ausdruckes für den Nährgeldwerth gar nicht mehr bedarf, indem ersterer vollständig letzteren ersetzt; denn man braucht mit der Summe der Nährwertheinheiten nur in den zur Zeit herrschenden örtlichen Marktpreis pro 1 oder 100 kg zu dividiren, um den Preis für die Nährwertheinheit zu erhalten und daraus direct zu ersehen, welches der Nahrungsmittel zur Zeit das preiswürdigste ist. Dass hierbei nur analoge Nahrungsmittel von gleicher oder ähnlicher chemischer Constitution in Parallele gezogen werden können, ist schon zum öfteren hervorgehoben; ob und welche derselben mit einander verglichen werden sollen und können, bleibt dem sachkundigen Urtheil eines jeden überlassen.

Handelt es sich z. B. um den Ankauf von Fleisch (sehr fett), Zunge oder Leber von einem fetten Hammel, so berechnet man die Summe der Nährwertheinheiten, dividirt in den Marktpreis und erhält:

	Chemische Zusammensetzung					Summe der Nährwertheinheiten pro 1 kg	Marktpreis pro 1 kg	Es kosten Nährwertheinheiten		Oder für 1 Mark erhält man Nährwertheinheiten
	Wasser %	Protein %	Fett %	Extractstoffe %	Asche %		Pfg.	1: Pfg.	1000: Pfg.	
1. Hammelfleisch (sehr fett) . . .	47,91	14,80	36,39	0,05	0,85	1832,2[1])	148	0,0808	80,8	1238
2. Hammelzunge	67,44	14,29	17,81	0,09	1,00	1230,8	183	0,1486	148,6	672
3. Hammel-Leber	69,30	21,64	4,98	2,73	1,35	1258,7	85	0,0675	67,5	1481

Hiernach hostete 1 Nährwertheinheit in der Leber am wenigsten, in der Zunge am meisten und zwar in letzterer doppelt so viel, als in ersterer. Welches von den 3 Fleischsorten ich wähle, hängt natürlich einmal von den Geschmacksgelüsten, dann aber auch von der Frage ab, sind die Nährwertheinheiten in allen 3 Sorten gleichwerthig für die Ernährung? Bezüglich des Fleisches und der Zunge dürfte die Gleichwerthigkeit kaum zu bezweifeln sein; für die Leber aber ist wohl anzunehmen, dass sie in Folge der ungünstigeren mechanischen Structur des Gewebes nicht denselben Effect für den Organismus hat. Ob aber der durch diese ungünstigeren Umstände bedingte Minderwerth derart ist, dass der Nähreffect der Leber nur halb mal so gross ist, als der der Zunge, bleibt dem Einzelnen zu entscheiden überlassen.

Ist ferner die Frage zu entscheiden, wie stellt sich die Preiswürdigkeit von Rauchfleisch (Ochsen und Pferd) zu geräucherter Zunge, Cervelatwurst, Fett- und Magerkäse etc. nach den herrschenden Ladenpreisen, so ergiebt sich die Beantwortung aus folgenden Zahlen:

	Chemische Zusammensetzung					Summe der Nährwertheinheiten pro 1 kg	Marktpreis pro 1 kg	Es kosten Nährwertheinheiten		Oder für 1 Mark erhält man Nährwertheinheiten
	Wasser %	Protein %	Fett %	Kohlehydrate %	Asche %		Pfg.	1: Pfg.	1000: Pfg.	
1. Rauchfleisch vom Ochsen . .	47,68	27,10	15,35	—	10,59	1815,5	320	0,1762	176,2	567
2. Desgl. vom Pferd . . .	49,15	31,84	6,49	—	12,53	1786	120	0,0616	61,6	1488
3. Zunge, geräuchert	35,74	24,31	31,61	—	8,51	2163,8	267	0,1234	123,4	810
4. Cervelatwurst	37,37	17,64	39,76	—	5,44	2074,8	400	0,1928	192,8	502
5. Fett-Käse	33,50	27,50	30,50	2,50	4,00	2315	200	0,0863	86,3	1158
6. Mager-Käse	49,00	32,00	8,20	6,80	4,00	1914	100	0,0522	52,2	1914

[1]) In derselben Weise wie oben 148,0 × 5 = 740 + 363,9 × 3 = 1091,7 u. 0,5 × 1 im Ganzen 1832,2 Nährwertheinheiten.

Wer in diesen Nahrungsmitteln Fleischconserven vorzieht, wird in Rauchfleisch vom Pferde, wenn er nicht apprehensiv ist, am billigsten kaufen. Am billigsten aber stellt sich die Nährwertheinheit im Magerkäse heraus. Mögen nun auch die Nährstoffe im Käse in Folge der festeren Konsistenz und einer in etwa abweichenden chemischen Konstitution nicht völlig gleichen Nähreffect für den Organismus mit denen in den Fleischconserven haben, so ist der hierdurch bedingte Minderwerth doch vielleicht nicht so gross, dass man darum die Nährstoffe in den Fleischconserven um 3- und 4mal höher bezahlt, als im Käse. Wenn es sich daher um Beschaffung von billiger Stickstoffsubstanz in einer Nahrungsration durch animalische Nahrungsmittel handelt, so würde man zu Magerkäse und wenn gleichzeitig Fett in derselben beschafft werden soll, eher zu Fettkäse als zu Zunge und Cervelatwurst greifen.

Ich meine, dass man auf diese Weise recht treffliche Anhaltepunkte für die grössere oder geringere Preiswürdigkeit der menschlichen Nahrungsmittel gewinnen kann und dass man unter gleichzeitiger Berücksichtigung der chemischen Konstitution derselben und ihres Nähreffectes für den Organismus, soweit uns dieselben schon jetzt bekannt sind, nicht leicht oder nicht weit fehl gehen wird.

Hierbei möge aber noch darauf aufmerksam gemacht werden, dass man bei Ermittelung des Preises der Nährwertheinheit nicht immer von den Marktpreisen der roh eingekauften Marktwaare ausgehen darf. Bei vielen derselben erhält man neben den verwendbaren Theilen noch allerlei mehr oder weniger werthlose Abfälle (so bei Gemüse und Fleisch), um deren procentische Menge der Einkaufspreis erhöht werden muss. Die im roh eingekauften Fleisch miterhaltenen Knochen werden zwar in der Küche zur Bereitung von Suppen etc. verwendet, indess ist die hieraus erhaltene nutzbare Menge nur sehr gering. Beispielsweise werden nach einigen hiesigen Versuchen von 100 g frischen Knochen durch kochendes Wasser gelöst:

	1. Rindsknochen g	2. Röhrenknochen (6jährig. Ochs) g	3. Gelenkknochen (3jährig. Ochs) g	4. Röhrenknochen (6wöchentl. Kuh) g	5. Schienbeinknochen (Junges Kalb) g
Trockensubstanz (gelöst) . .	7,289	1,389	5,634	1,641	2,834
Darin:					
Fett	4,114	1,012	4,386	0,649	1,827
Stickstoffsubstanz	2,837	0,181	0,565	0,678	0,628
(Mit Stickstoff)	0,454	0,029	0,091	0,108	0,100
Sonstige organische Stoffe	0,338 (mit Salze)	0,094	0,578	0,113	0,190
Salze		0,102	0,093	0,201	0,189

Es scheint hiernach angemessen, die Knochen eher gar nicht als mit dem vollen Marktpreise des Fleisches in Anrechnung zu bringen.

5. Wenngleich mit vorstehendem Verfahren zur Berechnung des Nährgeldwerthes der Nahrungsmittel dem praktischen Bedürfniss vollständig Genüge geleistet wird, so möge doch noch kurz darauf hingewiesen werden, wie mit Hülfe obigen Werthsverhältnisses zwischen Kohlehydraten, Fett und Protein weiter ein directer Ausdruck für den mittleren Nährgeldwerth der Nahrungsmittel gewonnen werden kann.

a. Bei den Fleischsorten ist die Gruppe „Kohlehydrate“ in so minimaler Menge vorhanden, dass hierfür ein Geldwerth nicht gesucht zu werden braucht. Nehmen wir daher wieder für die Fleischsorten obige mittlere Zusammensetzung und die mittleren Marktpreise der letzten 3 Jahre, nämlich:

	Gehalt: Protein %	Fett %	Marktpreis pro 1 kg Pfg.
1. Rindfleisch	19,5	6,4	128,3
2. Schweinefleisch . . .	17,5	32,0	131,0
3. Kalbfleisch	20,5	4,4	112,3
4. Speck	9,5	76,4	172,0

Beim Rindfleisch kostet nach vorstehender Berechnung eine Nährwertheinheit 0,1098 Pfg.

In 1 kg Fleisch sind enthalten:

		Geldwerth
195 g Protein = 195 × 5 = 975 Nährwertheinheiten	= 975 × 0,1098 =	107,1 Pfg.
64 g Fett = 64 × 3 = 192 „	= 192 × 0,1098 =	21,1 „
	Summa .	128,2 Pfg.

Es kosten daher im Rindfleisch 195 g Protein 107,1 Pfg., also 1000 g (1 kg) $= \frac{107{,}1 \times 1000}{195} = 549{,}2$ Pfg. oder 5,492 Mk.; ferner kosten im Rindfleisch 64 g Fett 21,1 Pfg., also 1000 g (1 kg) $= \frac{21{,}1 \times 1000}{64} = 3{,}297$ Mk.

Indem bei den anderen Fleischsorten die Berechnung in derselben Weise durchgeführt wird, erhält man für 1 kg Protein und Fett folgende Preise in den Fleischsorten:

	Protein Mk.	Fett Mk.
1. Rindfleisch . . .	5,492	3,297
2. Schweinefleisch . .	3,574	2,141
3. Kalbfleisch . . .	4,840	2,904
4. Speck	3,105	1,863
Mittel .	4,253	2,551

b. Für Milch und Molkereiproducte erhält man nach obigen Zahlen folgende Werthe für je 1 kg Protein, Fett und Milchzucker:

	Protein Mk.	Fett Mk.	Milchzucker Mk.
1. Milch	2,337	1,403	0,468
2. Butter	4,084	2,451	0,818
3. Fett-Käse . . .	3,470	2,082	0,694
4. Halbfetter Käse .	3,595	2,156	0,718
5. Mager-Käse . .	2,160	1,296	0,432
Mittel . .	3,129	1,878	0,626

c. Für Roggen-, Weizenmehl, Brod[1]), Kartoffeln, Erbsen und Bohnen:

	Protein Mk.	Fett Mk.	Kohlehydrate Mk.
1. Roggenmehl . .	1,175	0,705	0,235
2. Weizenmehl . .	1,455	0,874	0,291
3. Roggenbrod . .	1,636	0,981	0,327

[1]) Der Marktpreis des Roggenbrodes ist zu 26, der des Weizenbrodes zu 40 Pfg. pro 1 kg angesetzt.

	Protein Mk.	Fett Mk.	Kohlehydrate Mk.
4. Weizenbrod . .	2,505	1,503	0,501
5. Kartoffeln . . .	1,030	0,618	0,206
6. Erbsen	0,840	0,503	0,168
7. Bohnen	0,640	0,384	0,128
Mittel . .	1,326	0,795	0,265

d. Für einige Gemüse-Arten[1]) und trocknes Obst[1]):

	Protein Mk.	Fett Mk.	Kohlehydrate Mk.
1. Möhren (kleine Var.)	11,300	6,780	2,260
2. Gartenerbsen (unreife Frucht) .	5,350	3,210	1,070
3. Winterkohl	3,955	2,373	0,791
4. Spinat	5,309	3,186	1,962
5. Aepfel (getrocknete)	7,190	4,314	1,438
6. Birnen desgl.	9,900	5,950	1,980
7. Pflaumen desgl. . , . . .	6,385	3,831	1,277
Mittel . .	7,056	4,235	1,411

Durch Multiplikation dieser Geldwerthe mit dem Gehalt eines Nahrungsmittels an Protein, Fett und Kohlehydraten erhält man direct den Nährgeldwerth im Vergleich zu dem mittleren Marktpreise verschiedener analoger Nahrungsmittel. Da sich die Marktpreise in den einzelnen ähnlichen Gruppen der Nahrungsmittel sehr verschieden gestalten, so müsste eine Reihe derartiger Gruppen von ähnlich constituirten Nahrungsmitteln gebildet und aus den jedesmaligen Marktpreisen der Hauptrepräsentanten derselben die Geldwerthe für Protein, Fett und Kohlehydrate abgeleitet werden. Soll daher die Frage beantwortet werden, welchen Nährgeldwerth hat zur Zeit ein bestimmtes Nahrungsmittel, so ist zunächst zu erwägen, in welche Gruppe es seiner Constitution nach zu bringen ist, und multiplicirt dann den gefundenen Gehalt einfach mit den für diese Gruppe geltenden mittleren Werthszahlen.

Dieses wie das vorhin explicirte Verfahren führen natürlich zu demselben Resultat, jedoch ist das erstere in der Art der Ausführung (d. h. Berechnung) einfacher und weniger zeitraubend.

6. Wie immer man auch über die Bedeutung der Berechnung des Nährgeldwerthes und über den Werth der behufs Lösung dieser Fragen eingeschlagenen Methoden denken mag, so viel ergiebt sich aus den vorstehenden Auseinandersetzungen und der am Schluss beigefügten Uebersichts-Tabelle[2]) übereinstimmend und mit Gewissheit, dass

a. die Nährstoffe in den vegetabilischen Nahrungsmitteln (mit Ausnahme von Gemüse, Obst etc.) durchweg um das 2—5fache weniger kosten, als in den animalischen Nahrungsmitteln. Dieses ist wohl unzweifelhaft vorwiegend dadurch be-

[1]) Bei den Obst- und Gemüsearten sind Detailpreise zu Grunde gelegt.

[2]) In der Uebersichts-Tabelle habe ich nicht mehr wie früher allein die hier auf dem Markte Münster's i. W. eruirten Marktpreise zu Grunde gelegt, sondern die Mittelpreise grösserer Städte (wie von Berlin, Hamburg, Cöln, Leipzig, München, Karlsruhe). Die meisten Zahlen habe ich dem vortrefflichen an statistischem Material sehr reichen Werk: „Die Armee- und Volksernährung" von Dr. C. A. Meinert. Berlin 1880. I. Bd. S. 184—193 entnommen. Ueber die Preiswürdigkeit giebt die letzte Rubrik Aufschluss, welche die Anzahl Nährwertheinheiten aufführt, die man für 1 Mk. erhält.

dingt, dass letztere sowohl geringere Beschwerde bei der Magenverdauung bereiten, wie auch in Wirklichkeit höher ausgenutzt werden; ferner enthalten die animalischen Nahrungsmittel durchweg noch geringe Mengen von Stoffen, welche (wie die Fleischbasen) durch ihre vortheilhafte Einwirkung auf die Nerven den Organismus zu einer grösseren und intensiveren Leistung befähigen. Ob aber der hierdurch bedingte grössere Nährwerth der animalischen Nahrungsmittel um das 2—4fache höher ist, als bei den vegetabilischen, können wir nach dem heutigen Stande der Wissenschaft nicht beurtheilen. Vorläufig aber stehen wir vor der Thatsache, dass, wenn es sich bloss um billige Beschaffung von Rohnährstoffen handelt, man in den gangbarsten vegetabilischen Nahrungsmitteln diesen Zweck am leichtesten erreicht.

b. Unter den Fleischsorten sind die fetten Stücke und Partien zur Zeit billiger und preiswürdiger als die mageren. Dieses liegt wohl vorwiegend daran, dass die fetteren Stücke bei annähernd gleichem Protein-Gehalt mehr Fett und weniger Wasser resp. werthlosere Abfälle enthalten, als die mageren und weniger durchwachsenen Stücke.

Das Fleisch von Wild und Geflügel besitzt gegenüber seinem Nährwerth zu anderen Fleischsorten einen sehr hohen Preis, wie nicht anders zu erwarten ist. Unter den Fischen stellt sich der Stockfisch, dann Häring (marinirt) und Schellfisch am billigsten. Dass in einigen Würsten und Fleischconserven die Nährstoffe theuerer bezahlt werden, als in dem zur Bereitung verwendeten frischen Fleisch, kann nicht befremden.

c. Aus allen erwähnten Methoden geht übereinstimmend hervor, dass unter den rein animalischen Nahrungsmitteln Milch und Molkereiproducte, was Preiswürdigkeit anbelangt, den ersten Platz einnehmen. Bei abgerahmter Milch und Magerkäse stellen sich die Nährstoffe um 2—3mal billiger, wie in den Fleischsorten[1]) heraus. Ja in Magermilch, Magerkäse und ganzer Milch kommen die Nährstoffe im Preise gleich dem im Brod. Dieses ist eine für die Massen-Ernährung in öffentlichen Anstalten, in Gefängnissen, Arbeiter-Menagen und Arbeiterfamilien etc., wohl zu berücksichtigende Thatsache; denn es dürfte wohl von keinem, selbst nicht von den Gegnern derartiger Berechnungen geleugnet werden, dass die Nährstoffe in der Milch und den Molkereiproducten nicht wesentlich hinter denen des Fleisches zurückstehen, wenigstens aber die in den Brodsorten übertreffen. Dieses ist um so mehr anzunehmen, als die Bestandtheile der Milch in den ersten Lebensjahren die einzige Nahrung des Menschen bilden.

Neuerdings ist in einigen Städten der Verkauf von Magermilch verboten oder eine starke Agitation gegen dieselbe erhoben. Welche Gründe dieser polizei-

---

[1]) Zu demselben Resultat gelangt Fr. Dornblüth (Johnston's „Chemie des täglichen Lebens." Zweite Aufl. Stuttgart 1882. S. 145). Er sagt: „Die Kuhmilch ist nicht bloss ihrer Zusammensetzung und daraus sich ergebenden Leichtverdaulichkeit halber, sondern auch wegen ihres billigen Preises eines der schätzbarsten Nahrungsmittel. Wenn man nämlich für 1,50 Mk. 1 kg mittelfetten Ochsenfleisches mit 214 g Stickstoff-Substanz und 52 g Fett oder 1 kg mittelfettes Schweinefleisch mit 180 g Stickstoff-Substanz und 200 g Fett kaufen kann, so erhält man für denselben Preis mindestens 10 Liter Milch mit 341 g Käsestoff und 366 g Fett. Wenn ferner 1 Liter Magermilch wie in vielen Städten jetzt, nach der Abrahmung für 6—8 Pfg. verkauft wird, so hat man darin etwa 30 g Kasein (also = 210 g Ochsenfleisch) für 7 Pfg. Auch die beim Buttern gewonnene Buttermilch ist im frischen Zustande, wenn sie nicht zu sauer ist und dadurch den Magen reizt, ein billiges und gutes Nahrungsmittel" etc. In derselben Weise urtheilt Fr. Dornblüth über den Käse, obige Schrift S. 147.

lichen Massregel zu Grunde liegen, ist mir nicht bekannt geworden; jedenfalls aber ist sie in dieser Allgemeinheit nicht gerechtfertigt.

Der entrahmten oder Magermilch ist allerdings der grösste Theil des Fettes entzogen, statt 3,5 % in der ganzen Milch enthält dieselbe im Durchschnitt nicht mehr wie 0,5 % Fett; sie bildet aus dem Grunde ein einseitiges vorwiegend proteinreiches Nahrungsmittel. Will man aber aus dem Grunde den Verkauf derselben, wenn anders sie in guter und süsser Qualität — wie das neuerdings nach dem Kaltwasser- und Centrifugalabrahmverfahren der Fall ist — geliefert wird, generell verbieten, so führt das doch zu nicht zu billigenden Consequenzen. Denn dann müsste der Verkauf von allen ähnlich zusammengesetzten Nahrungsmitteln (so von Magerkäse, fettarmem Fleisch, Rauchfleisch, fettarmen Fischen und vice versa von Fleischextract, Stärkemehl etc.) ebenfalls inhibirt werden. Dass Magermilch keine Nahrung für Kinder abgeben kann, ist einleuchtend und das kann allerdings nicht genug betont werden. Dieser Umstand dürfte aber wohl jeder Familie bekannt sein, und rechtfertigt ein etwaiger und vereinzelter Missbrauch nicht die allgemeine Unterdrückung einer Sache. Auch fehlt es durchaus nicht an Mitteln, die Qualität der Magermilch ebenso gut zu ermitteln wie die der ganzen Milch; hier ist höchstens ein Wasserzusatz rentabel und der ergiebt sich sehr leicht durch eine einfache Bestimmung des spec. Gewichts. Das allerdings ist unbedingt zu fordern, dass sie ausdrücklich unter dem Namen und stets mit der Bezeichnung „Magermilch“ oder „entrahmte Milch“ feilgeboten und verkauft wird. Dann aber soll man sie den Arbeitern und der weniger bemittelten Volksklasse nicht vorenthalten; denn bei erwachsenen Menschen kann das entzogene Fett durch andere billigere thierische Fette in der Nahrung, (wie Speck, Talg etc.) ersetzt werden und bei der guten Qualität, in welcher die Magermilch jetzt zu haben ist, bildet sie neben Magerkäse zur Zeit eines der billigsten und preiswürdigsten Nahrungsmittel[1]); man kann daher nur wünschen, dass Magermilch und Magerkäse für die Ernährung, besonders aber für die Massenernährung, so lange die jetzigen Preisverhältnisse andauern, eine immer weitere Verbreitung finden, dieses um so mehr, als im Laufe der letzten Decennien der Genuss von Milch und Molkerei-Producten bei der unteren Volksklasse immer mehr zurückgegangen ist. (Vergl. Dr. Dangers: Land- und hauswirthsch. Beilage zum Hamburgischen Correspondenten 1880. 25. Apr.)[2])

In ähnlicher Weise berichtet Mr. Evershed über englische Verhältnisse: „Es giebt, sagt derselbe, zahlreiche Dörfer, in denen Milch durchaus nicht zu erlangen ist, wo ganze Familien dieselbe entbehren müssen und wo die Kinder der Arbeiter sie in ihrem ganzen Leben nicht wieder zu schmecken bekommen, nachdem sie von der Mutterbrust entwöhnt sind. Evershed zieht sodann aus seinen Betrachtungen folgende Schlussfolgerungen: 1. dass die Versorgung der Arbeiter und ihrer Kinder mit Milch ausserordentlich mangelhaft ist, 2. dass der Arbeiter in vielen Fällen sich von dem Gebrauch der Milch, des werthvollsten und billigsten Nahrungsmittels,

[1]) So berechnet auch F. Stohmann (Milchzeitung 1881 No. 21 S. 321), dass 1 Liter Magermilch in seinem Nährwerth = 160 g knochenfreiem Fleisch ist. Diese kosten aber selbst bei dem billigsten Preise des Fleisches (60 Pfg. pro ½ kg knochenfreies Fleisch) 19,2 Pfg., während 1 Liter Magermilch nur 8—10 Pfg. kostet.

[2]) Vergl. C. A. Meinert: Armee- und Volksernährung. Berlin 1880. II. Bd. S. 179.

welches der Mensch besitzt, selbst für seine Kinder entwöhnt hat; 3. dass Anstrengungen gemacht werden sollten, um den Genuss der Milch wieder allgemeiner zu machen; 4. dass die Kuhhaltung bei den Tagelöhnern wieder eingeführt werden sollte.

Diese Thatsachen und Forderungen passen auch für deutsche Verhältnisse.

Dr. Eisbein[1]) fordert pro Kopf und Jahr als eine mässige durchschnittliche Consumtion:

120 l Milch
15 kg Butter
7,5 kg Käse.

Um diesen Bedarf an Milch, Butter und Käse zu decken, sind nach Eisbein auf 1000 Seelen 30—32 Kühe nöthig; diese sind aber nur in einzelnen Gegenden Deutschlands in diesem Verhältniss vorhanden, durchschnittlich kommen auf 1000 Seelen nur 21,8 Stück Kühe.

d. Bei den vegetabilischen Nahrungsmitteln stehen, was Preiswürdigkeit anbelangt, die Leguminosen, Kartoffeln und Roggenmehl oben an. In dem Brod stellen sich die Nährstoffe fast doppelt so hoch, wie in den zugehörigen Mehlen, ein Beweis dafür, welchen Werth wir auf eine schmackhafte Zubereitung legen, zumal wenn sie die Magenthätigkeit bei der Verdauung[2]) erleichtert.

e. Sehr hoch im Preise stehen einige zubereitete Nahrungsmittel (wie sog. condensirtes Griesmehl, Erbsenpüree, Liebig's Backmehl etc.), welche die Arbeit in der Küche erleichtern resp. unnöthig machen sollen. In den meisten Fällen aber dürfte es rentabel sein, die einfache Mischung und Zubereitung selbst zu übernehmen.

f. Die Gemüse bilden durchweg sehr theure Nahrungsmittel; viele derselben sind allerdings wohl mehr Genuss- als Nahrungsmittel, zu deren Werthsabschätzung wir keinen Massstab besitzen. Indess dürfte es noch kaum allgemein zum Bewusstsein gekommen sein, dass die meisten derselben einen höheren Wassergehalt haben als die Milch, dass man in vielen Fällen billiger ein Stück Fleisch anstatt Gemüse kauft. Getrocknetes Obst, welches in seinem Nähreffect vollständig den Gemüsearten an die Seite gestellt werden kann, ist gegenüber einigen derselben, besonders in obstreichen Jahren preiswürdig zu nennen.

7. Nachstehende berechnete Nahrungsrationen pro Tag für den erwachsenen Mann (Arbeiter) mögen zeigen, dass die Berücksichtigung des Nährstoff-Gehaltes und Preises der menschlichen Nahrungsmittel unter Umständen nicht ohne Belang ist. So enthält und kostet:

A. Theuere Nahrungsrationen.

I. Tagesration.	Protein g	Fett g	Kohlehydrate g	Preis[3]) Pfg.
500 g gröberes Weizenbrod . . .	31,0	2,0	254,0	15
230 „ Rindfleisch vom Metzger =				
212 „ knochenfreies Fleisch . . .	39,2	26,3	—	32
Latus	70,2	28,3	254,0	47

[1]) Vergl. C. A. Meinert: Armee- und Volksernährung. Berlin 1880. II. Bd. S. 179.

[2]) Ein lockeres Gebäck wird nach einigen Verdauungsversuchen höher ausgenutzt, als ein compactes Gemisch.

[3]) Diese Zahlen sind noch nach den 1882 geltenden Preisen berechnet; zur Zeit (1887) sind die Preise im allgemeinen etwas niedriger und würden auch die obigen Zahlen entsprechend niedriger

	Protein g	Fett g	Kohlehydrate g	Preis Pfg.
I. Tagesration.				
Transport	70,2	28,3	254,0	47
250 g ganze Milch (zu Mehlspeisen)	8,3	9,0	12,0	4
250 „ gröberes Weizenmehl . . .	28,7	2,4	183,5	8
300 „ Kartoffeln	5,5	—	61,5	2
150 „ unreife Gartenerbsen (Gemüse)	8,5	1,0	16,0	7
30 „ Butter	—	25,0	—	6
Summe	120,1	65,7	527,0	74
II. Tagesration.				
500 g gröberes Weizenbrod . . .	31,0	2,0	254,0	15
160 „ Zunge, geräuchert	40 0	55,0	—	36
50 „ Rauchfleisch (vom Pferd) . .	16,9	3,2	—	5
250 „ ganze Milch (zu Milchsuppe) .	8,3	9,0	12,0	4
200 „ Reis	15,6	1,4	152,8	15
200 „ Kartoffeln	3,6	—	41,0	1
100 „ getrocknete Zwetschen . . .	2,4	0,5	64,9	10
Summe	117,8	71,1	524,7	86
III. Tagesration.				
750 g gröberes Weizenbrod . . .	46,5	3,0	381,0	22,5
220 „ Kalbfleisch	41,6	17,2	—	27
50 „ Fettkäse	14,0	15,0	1,0	10
500 „ Kartoffeln	9,0	—	104,0	3
100 „ Gemüse (Rosenkohl) . . .	4,8	0,5	6,2	8
30 „ Butter	—	25,0	—	6
10 „ Rindstalg	—	9,8	—	2
Summe	115,9	80,5	492,2	78,5
IV. Tagesration.				
500 g Weizenbrod	31,0	2,0	254,0	15
150 „ Mettwurst	40,0	55,0	—	34
2 Stück Eier	10,0	9,6	—	11
250 g ganze Milch	8,3	6,0	12,0	4
200 „ Graupen	14,4	2,4	152,4	8
250 „ Kartoffeln	4,5	—	52,0	2
50 „ Erbsen	11,3	—	26,6	2
100 „ Sauerkraut	1,8	—	2,0	1,5
Summe	121,3	79,0	499,0	77,5
V. Tagesration.				
500 g Weizenbrod	31,0	2,0	254,0	15
200 „ Kalbsleber . } zu Leberknödeln.	35,5	4,7	—	22
1 Stück Ei . . } zu Leberknödeln.	5,0	4,8	—	6
50 g Semmel . . } zu Leberknödeln.	3,4	0,4	26,2	3
700 „ Weizenmehl } zu Leberknödeln.	11,3	1,2	73,3	3
750 „ Kartoffeln	3,5	—	156,0	5
20 „ Zwiebeln	—	—	—	20
50 „ Cervelatwurst	8,9	19,9	—	—
30 „ Butter	—	25,0	—	6
10 „ Baumöl	—	9,8	—	1
Summe	108,6	77,8	509,5	81

sein. Ich behalte die älteren Zahlen aber bei, weil die Preise der Nahrungsmittel demnächst wieder steigen können. Auch bleibt das Verhältniss unter den Zahlen richtig, weil sich die Preisverminderung auf alle Nahrungsmittel mehr oder weniger gleichmässig erstreckt.

VI. Tagesration:	Protein g	Fett g	Kohlehydrate g	Preis Pfg.
500 g Weizenbrod	31,0	2,0	254,0	15
200 „ Hecht	40,2	1,4	—	40
750 „ Kartoffeln	13,5	—	156,0	5
30 „ Butter	—	25,0	—	6
100 „ Erbsen	22,6	1,7	53,2	4
100 „ ganze Milch	3,5	3,6	5,0	1,5
20 „ Rindstalg	—	19,6	—	4
20 „ Zwiebeln	—	—	—	—
Summe	110,8	53,3	468,2	75,5

VII. Tagesration:	Eiweiss g	Fett g	Kohlehydrate g	Preis Pfg.
500 g Brod	31,0	2,0	254,0	15
230 „ Hammelfleisch	34,0	60,0	—	32
300 „ Kartoffeln	5,5	—	61,5	2
100 „ weisse Rüben	1,0	0,2	8,8	1
250 „ ganze Milch	8,3	9,0	12,0	4
200 „ Nudeln	18,0	0,6	153,6	19
10 „ Rindsfett	—	9,8	—	2
100 „ getrocknetes Obst (Aepfel)	1,3	0,8	63,4	9
50 „ halbfetter Käse	13,5	9,5	2,0	8
Summe	112,6	91,9	555,5	92

B. Billigere Tagesrationen.

I. Tagesration:				
750 g Weizenbrod	46,5	3,0	381,0	22,5
200 „ Schweinefleisch	33,5	60,0	—	24
100 „ Erbsen	22,6	1,7	53,2	4
100 „ Sauerkraut	1,8	—	12,0	1,5
100 „ Magermilch	3,1	0,5	4,8	1
50 „ Weizenmehl	5,6	0,6	36,8	1,5
50 „ Magerkäse	15,0	4,0	4,0	5
Summe	127,6	69,5	491,8	59,5

II. Tagesration:				
500 g Weizenbrod	31,0	2,0	254,0	15
125 „ Bohnen-Fleischtafeln[1]	37,5	30,0	38,0	17
150 „ Bohnen	35,5	3,3	80,0	5
750 „ Kartoffeln	13,5	—	156,0	5
50 „ Häring (1 Stück 70 g roh)	9,0	8,0	—	10
30 „ Butter	—	25,0	—	6
Summe	126,5	68,3	528,0	58

III. Tagesration:				
500 g Weizenbrod	31,0	2,0	254,0	15
75 „ Speck	6,7	68,4	—	12,0
150 „ Erbsen	33,9	2,5	79,8	6,0
300 „ Kartoffeln	5,5	—	61,5	2
1000 „ Magermilch	31,0	8,0	48,0	9
100 „ Griesmehl	10,4	0,4	76,0	5
Summe	118,5	81,3	519,3	49

[1]) Diese Fleischtafeln bestehen aus rund 25 g trocknem reinem Fleischpulver, 25 g Fett, 60 g Bohnenmehl und 10 g Gewürzen; sie liefern in $^3/_4$—1 Liter Wasser gekocht eine kräftige Suppe.

IV. Tagesration:	Eiweiss g	Fett g	Kohlehydrate g	Preis Pfg.
750 g Weizenbrod	46,5	3,0	381,0	22,5
200 „ Lunge und Leber	36,0	8,0	—	20
500 „ Kartoffeln	9,0	—	104,0	3
100 „ Gemüse (Spinat)	3,1	0,5	3,4	2
50 „ Rindsfett	—	48,0	—	9
60 „ Magerkäse	18,6	4,8	4,0	6
Summe	112,2	64,3	492,4	62,5
V. Tagesration:				
600 g Weizenbrod	37,2	2,0	304,8	18
100 „ Kalbfleisch	18,9	7,4	—	12
500 „ Kartoffeln	9,0	—	104,0	3
100 „ Weisskraut	1,8	—	4,9	1
50 „ Rindsfett	—	48,0	—	9
500 „ Magermilch	15,5	4,0	24,0	4,5
63 „ Linsenfleischtafel[1])	18,0	14,4	21,0	9,0
40 „ Magerkäse	12,4	3,2	2,5	4
Summe	112,8	79,0	461,2	60,5
VI. Tagesration:				
600 g Weizenbrod	37,2	2,0	304,8	18
75 „ Stockfisch	52,5	1,0	—	10
750 „ Kartoffeln	13,5	—	156,0	5
25 „ Rüböl	—	24	—	2
25 „ Butter	—	21,0	—	5
500 „ Magermilch	15,5	4,0	24,0	4,5
100 „ Hafergrütze	14,3	5,6	65,8	5,5
Summe	133,0	57,6	550,6	50,0
VII. Tagesration:				
600 g Weizenbrod	37,2	2,0	304,8	15
100 „ fettes Hammelfleisch . . .	14,9	36,4	—	14
750 „ Kartoffeln	13,5	—	156,0	5
100 „ weisse Rüben	1,0	—	5,9	1
50 „ Häring (1 Stück)	9,0	8,0	—	10
25 „ Butter	—	21,0	—	5
100 „ Magerkäse	31,0	8,0	6,8	10
Summe	106,6	75,4	473,5	60

Hiernach stellt sich der Preis der Nahrungsrationen per Woche:

Theuere	Billige Rationen
5,65 Mk.	4,00 Mk.

Im letzten Falle werden daher 1,65 Mk. pro Woche gespart, ohne dass der Nähreffect für den Organismus und die Geschmacksgelüste eine wesentliche Beeinträchtigung erleiden dürften. Rechnet man eine Familie zu 3 erwachsenen Personen, so könnten auf diese Weise wöchentlich an der Nahrungsration bei gleichen Leistungen 4,95 Mk. oder jährlich 257,4 Mk. erspart werden.

[1]) In derselben Weise wie die Bohnenfleischtafel dargestellt, nur mit dem Unterschiede, dass statt Bohnenmehl, Linsenmehl genommen wird; in derselben Weise wird auch Erbsenmehl etc. verwandt. Siehe C. A. Meinert: Die Armee- und Volks-Ernährung. Berlin 1880. I. S. 419, 481, II. Bd. S. 45, 168, 194 und 264.

Vorstehende Preise sind Detailpreisen entnommen; mag nun die Differenz durch Zugrundelegung von Engrospreisen um ca. $^1/_3$ geringer werden oder mag man es auch vorziehen, abwechselnd zu theueren Nahrungsmitteln zu greifen, um auch einer verwöhnteren Zunge gerecht zu werden, jedenfalls ergiebt sich aus diesen Berechnungen, dass man unter Berücksichtigung des Nährstoffgehalts und der Preise der Nahrungsmittel bei gleichem Effect jährlich leicht 100 Mk. ersparen kann, ein Umstand, der nicht nur für Arbeiter, sondern auch für zahlreiche andere Familien der Beachtung werth sein dürfte.

Für die weniger bemittelte arbeitende Volksklasse werden freilich die aufgeführten billigen Rationen noch zu theuer erscheinen; aber auch hier hält es vielfach nicht schwer, derselben unter Berücksichtigung des Nährgeldwerthes für den gleichen Preis eine rationeller zusammengesetzte Nahrung zu bieten.

Dadurch aber leistet man nicht nur dem individuellen, sondern auch dem nationalen Organismus einen nicht zu unterschätzenden Dienst. Denn wenn es von dem kämpfenden Soldaten mit Recht heisst: „Die Courage hat ihren Sitz im Magen“, so kann man mit demselben Recht für den Arbeiter (sei es körperliche oder geistige Arbeit) behaupten: „Die Leistungsfähigkeit steht in directem Verhältniss zur Qualität der Nahrung.“

Es mag nicht uninteressant sein, an dieser Stelle darauf hinzuweisen, wie viel von den Jahreseinnahmen bei den einzelnen Familien auf die Ausgaben für die Ernährung entfällt und wie sich dieselben auf die einzelnen Arten von Nahrungsmitteln vertheilen.

Nach den statistischen Ermittelungen[1]) betragen die Ausgaben für die Ernährung einer Familie mit Kindern:

bei reichen Leuten bis zu		30 %
beim oberen Mittelstande	ca.	30—40 „
beim kleinen „	„	40—50 „
bei den arbeitenden Klassen	„	50—70 „

der Jahreseinnahmen.

Die Vertheilung der Ausgaben auf die einzelnen Nahrungsmittel wurde bei einer Anzahl Familien ermittelt, daraus das Mittel für jede Familie gezogen und gefunden:

	1. Oberelsässische Arbeiter-Familien	2. Frankfurter (a. M.) Arbeiter-Familien	3. Berliner Arbeiter-Familien	4. Berliner Familien des Mittelstandes
Anzahl der Familien . . .	16	5	9	4
Kopfzahl im Ganzen: Erwachsene .	42	10	18	11
Kopfzahl im Ganzen: Kinder . . .	46	8	14	8
	Mk.	Mk.	Mk.	Mk.
Durchschnittliche Jahreseinnahme von 1 Familie . .	1456,64	1253,11	1280,22	4388,00
Hiervon entfielen auf Ausgabe für die Ernährung . . .	879,96	567,84	657,95	1662,75

Letztere vertheilten sich wie folgt:

[1]) Vergl. P. Ballin: Die Wahrheit über die Vertheuerung der Lebensmittel. Berlin 1881.

	Mk. = Proc.	Mk. = Proc.	Mk = Proc.	Mk. = Proc.
Fleisch, Eier	119,41 = 13,6	149,04 = 26,3	140,24 = 21,4	562,62 = 33,8
Milch	116,90 = 13,3	59,52 = 10,5	60,19 = 9,2	142,67 = 8,6
Butter und Schmalz	— —	72,24 = 12,7	86,02 = 13,1	189,65 = 11,4
Brod und Backwaaren	287,55 = 37,7	98,40 = 17,3	120,50 = 18,3	206,08 = 12,4
Gemüse, Kartoffeln	356,10 = 40,4	50,40 = 8,9	81,66 = 12,4	115,83 = 7,0
Zucker, Kaffee, Thee		54,00 = 9,5	50,11 = 7,6	125,16 = 7,5
div. Lebensmittel		18,24 = 3,2	53,22 = 8,1	175,16 = 10,5
Getränke		66,00 = 11,6	65,11 = 9,9	145,58 = 8,8
Summe	879,96 = 100	567,84 = 100	657,05 = 100	1662,75 = 100

Man sieht, dass von den Jahreseinnahmen ein nicht unerheblicher Theil auf die Ausgaben für die Beschaffung von Lebensmitteln entfällt; und wenn eine Familie bei sonstigen Ausgaben mit dem Jahresbudget Rath zu halten pflegt, so ist es auch bei Anschaffung der Lebensmittel nicht gleichgültig, zu erwägen, wie und auf welche Weise der Bedarf entsprechend den Mitteln am rationellsten gedeckt werden kann.

Leider aber besitzen wir über die zeitlichen wie örtlichen Schwankungen der Preise von Nahrungs- und Genussmitteln nur sehr dürftige Angaben. Das statistische Amt in Berlin hat zwar schon seit längeren Jahren für einige Fleischsorten, Speck, Butter, Mehl, Getreidearten, Leguminosen und Kartoffeln in anerkennendster Weise Schwankungen und Mittelpreise ermittelt, aber das ist immer nur eine geringe Anzahl gegenüber den zahlreichen Nahrungs- und Genussmitteln, welche im täglichen Leben Verwendung finden. Im Interesse einer vortheilhaften Ernährung und des öffentlichen Wohles würde es aber liegen, wenn in derselben Weise für thunlichst alle Nahrungs- und Genussmittel (wie für Schlachtabfälle, Fische, Fleischconserven, Molkereiproducte, Gemüse, Nahrungsmittel-Präparate, Obst im frischen und getrockneten Zustande etc.) die örtlichen und zeitlichen Schwankungen sowie die Mittelpreise ermittelt würden.

Mittlere Zusammensetzung der Nahrungs-

I. Animalische Nahrungs-

Fleisch und Fleischwaaren (ohne Knochen).

No.	Bezeichnung	Anzahl der Analysen	In der natürlichen Substanz Wasser %	Stick-stoff-Substanz %	Fett %	N-freie Extract-stoffe*) %	Asche %
1	Ochs, Fleisch, sehr fett	11	53,05	16,75	29,28	—	0,92
2	desgl., mittelfett	42	73,03	20,96	5,41	0,46	1,14
3	desgl., mager	13	76,37	20,71	1,74	—	1,18
4	Ochs, fett, Herz	3	65,66	19,61	13,75	0,10	0,88
5	desgl., Lunge	2	81,03	12,37	2,46	0,21	3,93
6	desgl., Leber	4	71,39	19,72	5,55	1,69	1,65
7	desgl., Milz	1	75,71	19,87	2,55	0,17	1,70
8	desgl., Zunge	1	63,80	17,10	18,10	—	1,00
9	desgl., Knochenmark	1	3,49	1,30	92,53	—	2,78
10	Kuh, Fleisch, fett	9	70,96	19,86	7,70	0,41	1,07
11	desgl., mager	6	76,35	20,54	1,78	0,01	1,32
12	Kuh, Niere	1	76,93	15,23	6,66	0,08	1,10
13	Kalb, Fleisch, fett	9	72,31	18,88	7,41	0,07	1,33
14	desgl., mager	4	78,84	19,86	0,82	—	0,50
15	Kalb, fett, Herz	1	72,48	15,39	10,89	0,18	1,06
16	desgl., Lunge	1	78,34	16,33	2,32	1,69	1,32
17	desgl., Niere	1	72,85	22,13	3,77	—	1,25
18	desgl., Leber	1	72,80	17,66	2,39	5,47	1,68
19	Hammel, Fleisch, sehr fett	9	53,31	16,62	28,61	0,54	0,93
20	desgl., mittelfett	8	75,99	17,11	5,77	—	1,33
21	Hammel, fett, Niere	1	78,61	16,56	3,33	0,21	1,30
22	desgl., Leber	3	69,24	21,64	4,98	2,73	1,35
23	desgl., Zunge	2	67,44	14,29	17,18	0,51	1,00
24	desgl., Herz und Lunge	1	70,57	16,29	10,57	1,58	0,99
25	Schwein, Fleisch, fett	5	47,40	14,54	37,34	—	0,72
26	desgl., mager	10	72,57	20,25	6,81	—	1,10
27	Schwein, fett, Herz	1	75,07	17,65	5,73	0,64	0,91
28	desgl., Lunge	1	81,61	13,96	2,92	0,54	0,97
29	desgl., Milz	1	75,24	15,67	5,83	2,84	1,42
30	desgl., Niere	1	74,20	18,14	6,69	—	0,97
31	desgl., Leber	2	72,37	18,65	5,66	1,81	1,51
32	Pferd, Fleisch	12	74,27	21,71	2,55	0,46	1,01
33	Blut	21	80,82	18,12	0,18	0,03	0,85

*) Unter „N-freie Extractstoffe" ist bei Fleisch und Fleischwaaren die Differenz zu verstehen, welche verbleibt, wenn man Wasser, N-Substanz, Fett und Asche addirt und diese Summe von 100 abzieht.

**) Das Nährstoffverhältniss ist in der Weise berechnet, dass das Fett auf Grund der neuesten Versuche durch Multiplication mit 2,50 auf den Werth der N-freien Extractstoffe (Kohlehydrate) zurückgeführt und die Summe von (Fett × 2,5) + N-freie Extractstoffe durch den Gehalt an Stickstoff-Substanz dividirt ist.

und Genussmittel. Uebersichtstabelle.

und Genussmittel.

Fleisch und Fleischwaaren (ohne Knochen).

In der Trocken-Substanz				Nährstoff-verhältniss **) (Nh : Nfr.) wie 1 :	1 kg enthält Nährwerth-einheiten ***)	1 kg kostet im Kleinverkauf †)	Für 1 Mk. erhält man Nährwerth-einheiten	Bezeichnung	No.
Stick-stoff-Substanz %	Fett %	N-freie Extract-stoffe %	Asche %			Pfg.			
35,68	62,37	—	1,95	4,38	1715,9	168	1021,1	Ochs, Fleisch, sehr fett	1
77,59	20,03	0,16	4,22	0,67	1214,9	163	745,3	desgl., mittelfett	2
87,65	7,16	—	5,19	0,21	1087,7	175	621,6	desgl., mager	3
57,10	40,04	0,30	2,56	1,76	1394,0	100	1394,0	Ochs, fett, Herz	4
65,21	12,97	1,10	20,72	0,51	694,4	40	1736,0	desgl., Lunge	5
68,92	19,40	5,91	5,77	0,79	1169,4	50	2338,8	desgl., Leber	6
82,20	10,50	0,30	7,00	0,33	1071,7	40	2679,3	desgl., Milz	7
47,18	49,05	—	3,77	2,65	1398,0	212	659,4	desgl., Zunge	8
1,26	95,86	—	2,88	177,90	2840,9	—	—	desgl., Knochenmark	9
68,40	26,52	1,39	3,69	0,99	1228,1	156	787,2	Kuh, Fleisch, fett	10
86,84	7,53	0,05	5,58	0,22	1080,5	162	667,0	desgl., mager	11
66,01	28,87	0,35	4,77	1,10	962,1	100	962,1	Kuh, Niere	12
68,17	26,76	0,27	4,80	0,99	1167,0	160	729,4	Kalb, Fleisch, fett	13
93,86	3,88	—	2,26	0,10	1017,6	165	616,8	desgl., mager	14
55,93	39,57	0,65	3,85	1,77	1098,0	60	1830,0	Kalb, fett, Herz	15
75,40	10,71	7,80	6,09	0,46	903,0	30	3010,0	desgl., Lunge	16
81,50	10,20	3,70	4,60	0,42	1219,6	290	421,0	desgl., Niere	17
62,92	8,79	22,11	6,18	0,65	1009,4	35	2912,6	desgl., Leber	18
35,60	61,28	1,13	1,99	4,33	1694,7	152	1114,9	Hammel, Fleisch, sehr fett	19
71,26	23,20	—	5,54	0,84	1028,6	144	714,3	desgl., mittelfett	20
77,42	15,57	0,93	6,08	0,52	930,0	290	320,7	Hammel, Niere	21
69,64	16,02	10,00	4,34	0,70	1259,3	85	1481,5	desgl., Leber	22
43,88	52,76	0,29	3,07	3,04	1235,0	183	674,9	desgl., Zunge	23
55,35	35,92	5,37	3,36	1,72	1147,4	53	2164,8	desgl., Herz und Lunge	24
27,64	70,98	—	1,38	2,71	1847,2	154	1199,5	Schwein, Fleisch, fett	25
73,83	24,83	—	1,34	0,84	1216,8	138	881,7	desgl., mager	26
70,79	22,98	2,58	3,65	0,85	1060,8	110	964,5	Schwein, fett, Herz	27
75,89	15,87	2,97	5,27	0,56	791,0	60	1318,3	desgl., Lunge	28
63,29	23,54	7,43	5,74	1,11	986,8	72	1370,6	desgl., Milz	29
70,31	25,93	—	3,76	0,92	1107,7	—	—	desgl., Niere	30
67,39	20,48	6,67	5,46	0,86	1220,4	110	1109,5	desgl., Leber	31
84,39	9,91	1,77	3,93	0,31	1166,6	60	1944,3	Pferd, Fleisch	32
94,48	0,94	0,15	4,43	0,03	917,7	—	—	Blut	33

***) Bei Berechnung der Summe der Nährwertheinheiten pro 1 kg sind: die Stickstoff-Substanz mit 5, Fett mit 3, N-freie Extractstoffe mit 1 multiplicirt und alle 3 Producte addirt.

†) Die Marktpreise im Kleinverkauf sind Mittelpreise aus mehreren Städten Deutschlands im Anfang der 80 er Jahre; wenn sich dieselben auch jetzt etwas verändert haben, so betrifft die Veränderung doch mehr oder weniger gleichmässig alle Nahrungsmittel. Die Beziehungen zwischen der Preiswürdigkeit bleiben daher dieselben. Die Preise verstehen sich für Nettowaare, z. B. knochenfreies Fleisch, kernfreies Obst, von Abfällen befreites Gemüse etc. (Ueber die mittleren Marktpreise vergl. auch C. A. Meinert: Armee- und Volksernährung. Berlin 1880.)

No.	Bezeichnung	Anzahl der Analysen	In der natürlichen Substanz Wasser %	Stick-stoff-Substanz %	Fett %	N-freie Extract-stoffe %	Asche %
34	Fettgewebe	3	11,88	2,27	85,43	—	0,42
35	Rindstalg	2	1,33	0,44	98,15	—	0,08
36	Schweineschmalz	2	0,70	0,26	99,04	—	—
37	Schweineschwarte	1	51,75	35,32	3,75	—	9,18
38	Knorpel und Sehnen	1	63,84	23,00	11,32	—	0,84
39	Kalbsbröschen	1	70,00	28,00	0,40	—	1,60
	Fleisch von frischen Fischen: a. Fettreiche Fische.						
40	Lachs oder Salm	8	64,29	21,60	12,72	—	1,39
41	Flussaal	2	57,42	12,83	28,37	0,53	0,85
42	Meeraal	1	71,45	18,46	9,09	—	1,00
43	Häring	2	74,64	14,55	9,03	—	1,78
44	Strömling	1	74,44	19,36	4,92	—	1,47
45	Makrele	8	71,20	19,36	8,08	—	1,36
46	Weissfisch (Uklei)	1	72,80	16,81	8,13	—	(3,25)
47	Heilbutte	3	75,24	18,53	5,16	—	1,06
48	Alse	7	70,44	18,76	9,45	—	1,35
	b. Fettarme Fische.						
49	Hecht	4	79,63	18,42	0,53	0,46	0,96
50	Schellfisch	8	81,50	16,93	0,26	—	1,31
51	Kabliau, Stockfisch oder Dorsch	6	82,20	16,23	0,33	—	1,36
52	Flussbarsch	3	79,48	18,53	0,70	—	1,29
53	Scholle	2	78,35	18,71	1,93	—	1,01
54	Seezunge	1	86,14	11,94	0,25	0,45	1,22
55	Karpfen	1	76,97	21,86	1,09	—	1,33
56	Rochen	2	77,67	19,51	0,91	—	1,11
57	Gründling	1	76,89	17,37	2,68	—	(3,44)
58	Flunder	2	84,00	14,03	0,69	—	1,28
59	Saibling oder Forelle	3	77,51	19,18	2,10	—	1,21
60	Stör	1	78,59	18,00	1,90	—	1,43
	Fleisch von conservirten Fischen: a. Getrocknet.						
61	Getrockneter Schellfisch, ungesalzen	2	16,16	81,54	0,74	—	1,56
62	desgl., gesalzen	2	13,20	73,73	3,37	—	9,92
63	Leng	1	28,53	59,11	0,57	—	11,82
64	Sonstige Gadus-Arten	1	17,02	76,06	0,70	—	8,73
	b. Gesalzen und geräuchert.						
65	Laberdan (gesalzener Kabliau)	4	50,54	27,07	0,36	—	22,10
66	Schellfisch	1	68,39	22,18	2,21	—	7,22
67	Heilbutte	2	49,29	20,72	15,00	—	14,99
68	Makrele	4	44,45	19,17	22,43	0,13	13,82
69	Häring (Pökel-)	3	46,23	18,90	16,89	1,57	16,41

In der Trocken-Substanz Stickstoff-Substanz %	Fett %	N-freie Extractstoffe %	Asche %	Nährstoffverhältniss (Nh : Nfr.) wie 1:	1 kg enthält Nährwerth-einheiten	1 kg kostet im Kleinverkauf Pfg.	Für 1 Mk. erhält man Nährwerth-einheiten	Bezeichnung	No.
2,58	96,96	—	0,46	94,09	2676,4	—	—	Fettgewebe	34
0,45	99,43	—	0,12	557,68	2966,5	135	2197,4	Rindstalg	35
0,27	99,73	—	—	913,85	2984,2	180	1657,9	Schweineschmalz	36
73,20	7,77	—	19,03	0,27	1878,5	—	—	Schweineschwarte	37
63,60	31,30	3,78	2,32	1,23	1489,6	—	—	Knorpel und Sehnen	38
93,34	1,33	—	5,33	0,04	1412,0	—	—	Kalbsbröschen	39
								Fleisch von frischen Fischen: a. Fettreiche Fische.	
60,48	35,63	—	3,89	1,47	1461,6	400	365,4	Lachs oder Salm	40
30,14	66,64	1,22	2,00	5,56	1497,9	—	—	Flussaal	41
64,67	31,83	—	3,50	1,23	1195,7	—	—	Meeraal	42
57,16	35,84	—	7,00	1,55	998,4	—	—	Häring	43
75,74	19,25	1,26	3,75	0,64	1115,6	—	—	Strömling	44
67,23	28,05	—	4,72	1,04	1210,4	—	—	Makrele	45
61,79	29,89	—	11,95	1,21	1084,4	—	—	Weissfisch (Uklei)	46
74,88	20,84	—	4,28	0,70	1081,3	—	—	Heilbutte	47
63,47	31,97	—	4,56	1,26	1221,5	—	—	Alse	48
								b. Fettarme Fische.	
90,42	2,60	2,27	4,71	0,09	941,5	200	470,8	Hecht	49
91,51	1,41	—	7,08	0,04	854,3	75	1139,1	Schellfisch	50
91,18	1,85	—	7,64	0,05	828,6	—	—	Kabliau, Stockfisch oder Dorsch	51
90,30	3,31	—	6,39	0,09	947,5	—	—	Flussbarsch	52
86,42	8,91	—	4,67	0,26	993,4	—	—	Scholle	53
86,15	1,80	3,34	8,71	0,09	609,0	270	225,6	Seezunge	54
94,92	4,73	—	5,77	0,12	1125,7	—	—	Karpfen	55
87,37	4,07	3,60	4,96	0,12	1002,8	—	—	Rochen	56
75,16	11,60	—	(14,88)	0,39	948,9	—	—	Gründling	57
87,69	4,31	—	8,00	0,12	722,2	—	—	Flunder	58
85,27	9,34	—	5,39	0,27	1022,0	—	—	Saibling oder Forelle	59
84,35	8,87	—	6,68	0,26	957,0	—	—	Stör	60
								Fleisch von conservirten Fischen: a. Getrocknet.	
97,28	0,88	—	1,84	0,02	4099,2	130	3153,2	Getrockneter Schellfisch, ungesalzen	61
84,94	3,88	—	11,18	0,11	3787,6	—	—	desgl., gesalzen	62
82,69	0,80	—	16,51	0,03	2972,6	—	—	Leng	63
91,65	0,83	—	10,52	0,02	3824,0	—	—	Sonstige Gadus-Arten	64
								b. Gesalzen und geräuchert.	
54,74	0,73	—	44,53	0,03	1364,3	110	1240,3	Laberdan (gesalzener Kabliau)	65
70,18	6,99	—	22,83	0,25	1175,3	—	—	Schellfisch	66
41,86	29,58	—	28,56	1,86	1486,0	—	—	Heilbutte	67
34,51	40,37	0,24	24,88	2,93	1632,7	—	—	Makrele	68
35,15	31,42	2,91	30,52	2,32	1467,4	105	1397,5	Häring (Pökel-)	69

No.	Bezeichnung	Anzahl der Analysen	In der natürlichen Substanz Wasser %	Stick-stoff-Substanz %	Fett %	N-freie Extract-stoffe %	Asche %
70	Sardelle	1	51,77	22,30	2,21	—	23,27
71	Lachs oder Salm	2	51,46	24,19	11,86	0,45	12,04
	c. Geräuchert und eingelegt.						
72	Californischer Salm	3	61,76	20,16	15,68	—	2,38
73	Bücklinge	1	69,49	21,12	8,51	—	1,24
74	Kieler Sprotten	1	59,89	22,73	15,94	0,98	0,46
75	Neunauge	1	51,21	20,18	25,59	1,61	1,41
76	Sardinen oder Anchovis	3	53,64	25,90	11,27	0,19	9,00
77	Caviar	5	43,89	30,79	15,66	1,67	8,09
	Fleisch von Muschel- und Krustenthieren etc.						
78	Austern, Fleisch	34	80,52	9,04	2,04	6,44	1,96
79	desgl., Flüssigkeit	34	95,76	1,42	0,03	0,70	2,09
80	desgl., Fleisch und Flüssigkeit	34	87,30	5,95	1,15	3,57	2,03
81	Kammmuschel, Fleisch und Flüssigkeit	2	80,32	14,75	0,17	3,38	1,38
82	Klaffmuschel	3	85,91	8,23	1,01	2,15	2,59
83	Miesmuschel	1	84,16	8,69	1,12	4,12	1,91
84	Hummer, frisch	4	81,84	14,49	1,84	0,12	1,71
85	desgl., eingelegt	2	77,75	18,13	1,07	0,58	2,47
86	Flusskrebs, frisch	1	81,22	16,00	0,46	1,01	1,31
87	desgl., eingelegt	1	72,74	13,63	0,36	0,21	13,06
88	Krabbe, frisch	2	79,97	15,80	1,54	0,75	1,94
89	desgl., eingelegt	1	70,80	25,38	1,00	0,24	2,58
90	Froschschenkel, eingelegt	1	63,64	24,17	0,91	2,92	8,46
	(Ueber sonstige Fische und Muschelthiere etc. vergl. S. 200—225.)						
	Fleisch von Wild und Geflügel.						
91	Hase, Fleisch	2	74,16	23,34	1,13	0,19	1,18
92	desgl., Lunge	1	78,56	18,17	2,18	—	1,16
93	desgl., Herz	1	77,57	18,82	1,62	0,86	1,13
94	desgl., Niere	1	75,17	20,11	1,82	1,53	1,36
95	desgl., Leber	1	73,81	21,84	1,58	1,09	1,68
96	Kaninchen, sog. Lapins, fett	1	66,85	21,47	9,76	0,75	1,17
97	desgl., Leber	1	68,73	22,04	2,21	5,32	1,70
98	Reh, Fleisch	2	75,76	19,77	1,92	1,42	1,13
99	Haushuhn, Fleisch, mager	1	76,22	19,72	1,42	1,27	1,37
100	desgl., fett	1	70,06	18,49	9,34	1,20	0,91
101	desgl., innere Theile, fett	1	59,70	17,63	19,30	2,26	1,16
102	Junges Huhn, Brustfleisch	1	76,51	19,36	2,85	—	1,28
103	Junger Hahn, Fleisch, mager	1	70,03	23,32	3,15	2,49	1,01
104	desgl., innere Theile	1	74,52	18,79	2,41	3,00	1,28
105	Truthahn, Fleisch, mittelfett	1	65,60	24,70	8,50	—	1,20

In der Trocken-Substanz: Stickstoff-Substanz %	Fett %	N-freie Extractstoffe %	Asche %	Nährstoffverhältniss (Nh : Nfr.) wie 1:	1 kg enthält Nährwertheinheiten	1 kg kostet im Kleinverkauf Pfg.	Für 1 Mk. erhält man Nährwertheinheiten	Bezeichnung	No.
46,43	4,58	—	48,99	0,25	1181,3	400	295,3	Sardelle	70
49,83	24,43	0,94	24,80	1,24	1569,8	550	285,4	Lachs oder Salm	71
								c. Geräuchert und eingelegt.	
52,72	41,00	—	6,28	1,93	1478,4	—	—	Californischer Salm	72
69,23	27,90	—	4,06	1,01	1311,3	170	771,4	Bücklinge	73
55,53	38,94	4,41	1,12	1,36	1624,5	340	477,8	Kieler Sprotten	74
41,37	52,46	3,28	2,89	3,25	1792,8	460	389,8	Neunauge	75
55,87	24,35	0,37	19,41	1,10	1635,0	—	—	Sardinen oder Anchovis	76
54,87	27,91	2,80	14,42	1,32	2026,0	1000	202,6	Caviar	77
								Fleisch von Muschel- und Krustenthieren etc.	
46,41	10,47	43,05	10,07	1,28	577,6	—	—	Austern, Fleisch	78
33,49	0,71	16,51	49,29	0,55	78,9	—	—	desgl., Flüssigkeit	79
46,85	9,06	28,11	15,98	1,08	367,7	2000	18,4	desgl., Fleisch und Flüssigkeit	80
75,73	0,87	16,34	7,06	0,26	776,4	—	—	Kammmuschel, Fleisch und Flüssigkeit	81
58,41	7,17	16,04	18,38	0,57	463,3	—	—	Klaffmuschel	82
54,86	7,07	26,01	12,06	0,80	509,3	—	—	Miesmuschel	83
79,80	10,13	0,65	9,42	0,33	780,9	—	—	Hummer, frisch	84
81,48	4,81	2,61	11,10	0,12	944,4	—	—	desgl., eingelegt	85
85,20	2,45	5,37	6,98	0,08	823,9	—	—	Flusskrebs, frisch	86
49,99	1,32	0,79	47,90	0,08	694,4	—	—	desgl., eingelegt	87
78,87	7,69	3,76	9,68	0,29	843,7	—	—	Krabbe, frisch	88
86,93	3,43	0,80	8,84	0,11	1301,4	—	—	desgl., eingelegt	89
66,47	2,50	7,76	23,27	0,21	1265,0	—	—	Froschschenkel, eingelegt	90
								(Ueber sonstige Fische und Muschelthiere etc. vergl. S. 200—225.)	
								Fleisch von Wild und Geflügel.	
90,33	4,37	0,73	4,57	0,13	1202,8	240	501,2	Hase, Fleisch	91
84,74	10,17	—	5,09	0,30	973,9	—	—	desgl., Lunge	92
83,94	7,23	3,80	5,03	0,26	998,2	—	—	desgl., Herz	93
80,98	7,33	6,21	5,48	0,30	1075,4	—	—	desgl., Niere	94
83,39	6,03	4,27	6,41	0,24	1150,3	—	—	desgl., Leber	95
64,77	29,45	2,25	3,53	1,17	1373,8	250	549,5	Kaninchen, sog. Lapins, fett	96
70,48	7,07	17,01	5,44	0,49	1221,5	—	—	desgl., Leber	97
80,55	7,92	1,21	10,32	0,31	1060,3	—	—	Reh, Fleisch	98
82,92	5,97	5,35	5,76	0,24	1041,3	—	—	Haushuhn, Fleisch, mager	99
61,76	31,20	3,00	3,04	1,33	1216,7	240	507,0	desgl , fett	100
43,32	47,42	6,41	2,85	2,86	1477,1	—	—	desgl., innere Theile, fett	101
82,41	12,14	—	5,45	0,37	1053,5	—	—	Junges Huhn, Brustfleisch	102
78,82	10,51	7,30	3,37	0,44	1285,4	300	421,4	Junger Hahn, Fleisch, mager	103
73,75	9,47	11,76	5,02	0,48	1014,8	—	—	desgl., innere Theile	104
71,80	24,71	—	3,49	0,86	1490,0	—	—	Truthahn, Fleisch, mittelfett	105

No.	Bezeichnung	Anzahl der Analysen	In der natürlichen Substanz: Wasser %	Stick-stoff-Substanz %	Fett %	N-freie Extract-stoffe %	Asche %
106	Ente (wilde), Fleisch	2	70,82	22,65	3,11	2,33	1,09
107	Feldhuhn, Fleisch	1	71,96	25,26	1,43	—	1,39
108	Krammetsvögel, Fleisch	1	73,13	22,19	1,77	1,39	1,52
109	Taube, Fleisch	1	75,10	22,14	1,00	0,76	1,00
	Fleischconserven.						
110	Fleischpulver, getrocknetes Fleisch	10	10,99	69,50	5,84	0,42	13,25
111	Charque oder Tassajo, fett	1	40,20	48,40	3,10	—	8,30
112	desgl., mager	1	36,10	46,00	2,70	—	15,20
113	Rauchfleisch vom Ochsen	1	47,68	27,10	15,35	—	10,59
114	desgl. vom Pferde	1	49,15	31,84	6,49	—	12,53
115	Zunge, geräuchert, vom Ochsen	1	35,74	24,31	31,61	—	8,51
116	Schinken, westfälischer, geräuchert	1	28,11	24,74	36,45	0,16	10,54
117	desgl., gesalzen	1	62,58	22,32	8,68	—	6,42
118	Speck, gesalzen	1	9,15	9,72	75,75	—	5,38
119	Gänsebrust, pommersche	1	41,35	21,45	31,49	1,15	4,56
120	Rinds-Gulyas in Büchsen	1	71,90	19,63	3,92	2,03	2,52
121	Rindfleisch in Büchsen	1	64,76	19,41	13,07	—	2,76
122	Zunge in Büchsen	1	64,86	15,35	15,14	2,01	2,64
123	Büchsenfleisch, amerikanisches, eingemachtes	10	55,80	29,04	11,54	—	3,62
124	Gänseleberpastete	1	46,04	14,59	33,59	2,67	3,11
125	Rindfleischpastete	1	32,81	17,17	44,63	3,36	2,03
126	Schinkenpastete	1	25,57	16,88	50,88	—	6,78
127	Zungenpastete	1	41,52	18,46	32,85	0,46	6,71
128	Salmpastete	1	37,64	18,48	36,51	0,70	6,67
129	Hummerpastete	1	51,33	14,87	24,86	4,04	4,90
130	Anchovispastete	1	36,81	12,33	1,59	5,18	44,09
	Würste.						
131	Schinkenwurst	1	46,87	12,87	24,43	12,52	3,31
132	Trüffelwurst I. Qual.	1	43,29	13,06	41,27	—	2,41
133	„ II. „	1	34,31	11,50	51,39	—	3,36
134	Mettwurst (westfälische)	1	20,76	27,31	39,88	5,10	6,95
135	Cervelatwurst	1	37,37	17,64	39,76	—	5,44
136	Frankfurter Würstchen	1	42,79	11,69	39,61	2,25	3,66
137	Blutwurst	1	49,93	11,81	11,48	25,09	1,69
138	„ , gewöhnliche Qualität	1	63,61	9,93	8,87	15,83	1,76
139	Leberwurst, I. Sorte	1	48,70	15,93	26,33	6,38	2,66
140	„ II. „	1	47,80	12,89	25,10	12,22	2,21
141	„ III. „	1	51,66	9,98	14,60	22,78	1,98
142	Sülzenwurst	1	41,50	23,10	22,80	—	12,60
143	Knackwurst	1	58,60	22,80	11,40	—	7,20
144	Erbswurst	9	6,53	15,46	37,94	31,38	8,69

In der Trocken-Substanz				Nährstoff-verhältniss (Nh : Nfr.) wie 1 :	1 kg enthält Nährwerth-einheiten	1 kg kostet im Kleinverkauf	Für 1 Mk. erhält man Nährwerth-einheiten	Bezeichnung	No.
Stick-stoff-Substanz %	Fett %	N-freie Extract-stoffe %	Asche %			Pfg.			
77,62	10,65	7,99	3,74	0,44	1249,1	240	520,5	Ente (wilde), Fleisch	106
90,08	5,10	—	4,82	0,14	1305,9	570	229,1	Feldhuhn, Fleisch	107
82,59	6,59	5,16	5,66	0,26	1176,5	600	196,1	Krammetsvögel, Fleisch	108
88,91	4,02	2,96	4,11	0,15	1144,6	—	—	Taube, Fleisch	109
								Fleischconserven.	
78,05	6,56	0,51	14,88	0,22	3654,4	450	812,1	Fleischpulver, getrocknetes Fleisch	110
80,92	5,18	—	13,90	0,16	2513,0	200	1256,5	Charque oder Tassajo, fett	111
71,96	4,25	—	23,79	0,15	2381,0	210	1133,8	desgl., mager	112
51,79	29,33	—	20,24	1,42	1815,5	320	567,3	Rauchfleisch vom Ochsen	113
62,52	12,82	—	24,66	0,51	1785,7	100	1785,7	desgl. vom Pferde	114
37,83	49,17	—	13,00	3,25	2163,8	275	786,8	Zunge, geräuchert, vom Ochsen	115
34,41	50,70	0,23	14,66	3,69	2332,1	300	777,4	Schinken, westfälischer, geräuchert	116
59,66	23,20	—	17,14	0,97	1376,4	—	—	desgl., gesalzen	117
10,70	83,40	—	5,90	19,49	2758,5	150	1839,0	Speck, gesalzen	118
36,57	53,69	1,97	7,77	3,72	2028,7	360	563,5	Gänsebrust, pommersche	119
69,86	13,94	7,23	8,97	0,60	1119,4	—	—	Rinds-Gulyas in Büchsen	120
55,15	37,02	—	7,83	1,17	1362,6	—	—	Rindfleisch in Büchsen	121
43,69	43,09	5,70	7,52	2,60	1241,8	—	—	Zunge in Büchsen	122
65,69	26,12	—	8,19	0,99	1798,2	220	817,4	Büchsenfleisch, amerikanisches, eingemachtes	123
27,09	62,38	4,75	5,78	5,94	1763,9	1570	112,3	Gänseleberpastete	124
25,55	66,41	5,02	3,02	6,69	2231,0	1140	195,7	Rindfleischpastete	125
22,65	68,25	—	9,10	7,54	2370,4	990	239,4	Schinkenpastete	126
31,57	56,17	0,79	11,47	4,46	1913,1	985	194,2	Zungenpastete	127
19,66	48,85	24,39	7,10	4,98	2026,3	1025	197,7	Salmpastete	128
40,83	51,09	8,01	10,07	4,45	1529,7	965	158,5	Hummerpastete	129
19,52	2,52	8,17	69,79	0,74	716,0	930	77,0	Anchovispastete	130
								Würste.	
24,22	45,98	23,57	6,23	5,72	1501,6	—	—	Schinkenwurst	131
23,00	72,76	—	4,24	7,90	1891,1	600	315,2	Trüffelwurst I. Qual.	132
17,50	78,28	—	5,11	11,17	2116,7	280	756,0	„ II. „	133
34,48	50,33	6,42	8,77	3,84	2612,9	160	1633,1	Mettwurst (westfälische)	134
28,06	63,46	—	8,48	5,63	2074,8	370	560,8	Cervelatwurst	135
20,04	69,22	2,34	8,40	8,66	1795,3	360	498,7	Frankfurter Würstchen	136
23,58	22,93	50,22	3,27	4,55	1185,8	160	741,1	Blutwurst	137
27,36	25,50	44,06	3,08	3,83	920,9	120	767,4	„ , gewöhnliche Qualität	138
31,05	51,32	12,45	5,18	8,30	1650,2	160	1031,4	Leberwurst, I. Sorte	139
24,70	48,09	22,98	4,23	5,82	1519,7	130	1169,0	„ II. „	140
20,67	30,21	46,02	3,10	5,94	1164,8	80	1456,0	„ III. „	141
39,48	38,97	—	21,55	2,47	1839,0	125	1471,2	Sülzenwurst	142
55,08	27,53	—	17,39	1,25	1482,0	180	823,3	Knackwurst	143
16,74	40,60	33,36	9,30	8,16	2225,0	140	1589,3	Erbswurst	144

Fleischextract und Peptone.

No.	Bezeichnung	Anzahl der Analysen	In der natürlichen Substanz: Wasser %	Stickstoff-Substanz %	Fett %	Albuminosen*) %	Pepton*) %	Asche %
145	Fleischextract, festes	38	21,64	60,47 **)	—	—	—	17,89
146	„ flüssiges	5	65,35	15,76 **)	—	—	—	18,89
147	Leube-Rosenthal'sche Fleischsolution	3	73,44	22,96	1,50	10,00	4,15	2,10
148	Derby's Fluid meat	2	25,71	60,79	—	—	30,60	13,50
149	Johnston's Fluid beef	8	44,27	44,65	2,04	18,14	18,57	9,04
150	Kemmerich's Fleisch-Pepton, festes	5	33,30	58,17	0,30	14,56	32,57	7,73
151	„ „ flüssiges	3	62,19	19,17	0,97	5,09	9,11	17,67
152	Koch's Fleisch-Pepton, festes	4	40,16	52,16	0,79	15,95	18,83	6,89
153	„ „ flüssiges	1	61,87	20,66	1,05	7,16	6,09	16,42
154	Merck's Pepton, Syrupform	1	32,42	63,36	0,39	10,75	27,94	3,83
155	„ „ Pulverform	1	6,91	86,15	0,61	23,00	32,49	6,33
156	Antweiler's Pepton, pulverförmig	1	6,91	78,43	1,35	14,53	60,15	13,31
157	Finzelberg's Nachfolger Pepton, desgl.	1	6,44	76,40	0,14	9,19	64,23	17,02
158	Maggi's Pepton-Krankennahrung	1	5,15	85,44	—	5,75	28,90	9,41
159	„ Kranken-Bouillon-Extract	1	43,93	44,01	0,69	3,81	10,89	11,37
160	Cibil's flüssige Fleischlösung	1	62,33	18,36	—	2,64	14,45	19,31
161	„ feste „	1	23,75	49,22	—	3,52	34,76	26,98
162	„ Papaya-Fleisch-Pepton	1	31,69	56,10	—	5,15	38,60	12,21
163	Brunn's Malto-Fleisch-Pepton***)	1	51,64	17,81	0,26	10,11	0,46	5,04
164	„ Malto-Pepton†)	1	44,51	16,75	—	8,89	2,29	5,08

(Ueber sonstige „Peptone“ vergl. S. 237—239.)

Käufliche Saucen.

No.	Bezeichnung	Anzahl der Analysen	Wasser %	Stickstoff-Substanz %	Fett %	Albuminosen + Pepton %	N-freie Extractstoffe %	Asche %
165	Maggi's Suppen-Gewürz (Concentré de truffes)	1	72,16	10,31	1,59	1,65	0,65	15,29
166	„ „ (Aux fines herbes)	1	68,64	7,87	1,08	2,15	3,60	22,39
167	Essence of Anchovis	1	66,09	7,07	0,94	4,51	11,69	24,22
168	„ of Schrimps	1	67,48	6,97	0,53	3,37	12,34	22,68
169	Harvey-Sauce	1	82,65	1,13	0,84	0,15	5,82	9,56
170	Japanisch Soya	1	73,60	4,63	0,49	2,47	4,25	17,03
171	India Soya	1	25,68	0,94	0,48	0,58	60,43	12,57
172	Beefsteak-Sauce	1	78,55	1,19	1,18	0,17	11,65	7,43
173	Trüffel-Sauce	1	80,52	2,63	0,57	0,66	6,52	9,76

Gemischte Fleisch-Conserven, Suppen-Conserven.

No.	Bezeichnung	Anzahl der Analysen	Wasser %	Stickstoff-Substanz %	Fett %	N-freie Extractstoffe %	Holzfaser %	Asche %
174	Bohnen-Fleisch-Suppe	5	9,27	28,95	19,28	27,86	1,65	12,99
175	Erbsen- „ „	8	11,28	27,53	18,61	28,83	1,80	11,95

*) Durch Fällen mit Ferriacetat und darauf mit phosphorwolframsaurem Natrium bestimmt; hierdurch wird aber, da Ferriacetat nicht alle Albuminosen fällt, zu viel Pepton gefunden (vergl. 237—239).
**) Die Nh-Substanz besteht vorwiegend aus Fleischbasen mit nur wenig Fett.

Fleischextract und Peptone.

In der Trocken-Substanz: Stickstoff-Substanz %	Fett %	Albuminosen %	Pepton %	Asche %	Nährstoffverhältniss (Nh : Nfr.) wie 1 :	1 kg enthält Nährwertheinheiten	1 kg kostet im Kleinverkauf Pfg.	Für 1 Mk. erhält man Nährwertheinheiten	Bezeichnung	No.
77,16	—	—	—	22,84	—	—	—	—	Fleischextract, festes	145
45,48	—	—	—	54,52	—	—	—	—	„ flüssiges	146
86,44	5,65	37,65	15,62	7,91	—	—	—	—	Leube-Rosenthal'sche Fleischsolution	147
81,83	—	—	41,19	18,17	—	—	—	—	Derby's Fluid meat	148
80,11	3,67	32,54	33,31	16,22	—	—	—	—	Johnston's Fluid beef	149
87,20	2,21	29,32	48,82	11,59	—	—	—	—	Kemmerich's Fleisch-Pepton, festes	150
50,69	4,57	13,46	24,10	46,74	—	—	—	—	„ „ flüssiges	151
87,16	2,22	26,65	31,46	11,52	—	—	—	—	Koch's Fleisch-Pepton, festes	152
54,19	2,74	18,78	15,97	43,07	—	—	—	—	„ „ flüssiges	153
93,77	1,56	15,91	41,35	4,67	—	—	—	—	Merck's Pepton, Syrupform	154
92,52	0,69	24,70	34,89	6,79	—	—	—	—	„ „ Pulverform	155
84,23	1,48	15,61	64,60	14,29	—	—	—	—	Antweiler's Pepton, pulverförmig	156
81,60	0,23	9,81	68,60	18,17	—	—	—	—	Finzelberg's Nachfolger Pepton, desgl.	157
90,05	—	6,06	30,46	9,95	—	—	—	—	Maggi's Pepton-Krankennahrung	158
78,58	1,25	6,79	20,42	20,27	—	—	—	—	„ Kranken-Bouillon-Extract	159
48,75	—	7,01	38,36	51,25	—	—	—	—	Cibil's flüssige Fleischlösung	160
64,53	—	4,61	45,57	35,47	—	—	—	—	„ feste „	161
82,13	—	7,54	56,51	17,87	—	—	—	—	„ Papaya-Fleisch-Pepton	162
36,83	—	20,91	0,95	10,42	—	—	—	—	Brunn's Malto-Fleisch-Pepton	163
30,18	—	16,11	4,13	9,15	—	—	—	—	„ Malto-Pepton	164

(Ueber sonstige „Peptone" vergl. S. 237—239.)

Käufliche Saucen.

Stickstoff-Substanz %	Fett %	Albuminosen + Pepton	N-freie Extractstoffe	Asche %	Nährstoffverhältniss wie 1 :	1 kg enthält Nährwertheinheiten	1 kg kostet im Kleinverkauf Pfg.	Für 1 Mk. erhält man Nährwertheinheiten	Bezeichnung	No.
37,03	5,71	5,93	2,34	54,92	—	—	598	—	Maggi's Suppengewürz (Concentré de truffes)	165
25,09	3,44	6,85	3,09	71,38	—	—	795	—	„ „ (Aux fines herbes)	166
20,85	2,77	13,30	4,96	71,42	—	—	764	—	Essence of Anchovis	167
21,43	1,57	10,36	7,26	69,74	—	—	729	—	„ of Schrimps	168
6,51	4,84	0,86	33,55	55,10	—	—	700	—	Harvey-Sauce	169
17,53	1,86	9,35	18,12	64,49	—	—	500	—	Japanisch Soya	170
1,33	0,41	0,78	81,34	16,92	—	—	459	—	India Soya	171
5,55	5,50	0,79	54,31	34,64	—	—	683	—	Beefsteak-Sauce	172
13,51	2,91	3,39	33,47	50,11	—	—	1025	—	Trüffel-Sauce	173

Gemischte Fleisch-Conserven, Suppen-Conserven.

Stickstoff-Substanz %	Fett %	N-freie Extractstoffe	Holzfaser	Asche %	Nährstoffverhältniss wie 1 :	1 kg enthält Nährwertheinheiten	1 kg kostet im Kleinverkauf Pfg.	Für 1 Mk. erhält man Nährwertheinheiten	Bezeichnung	No.
31,90	21,25	30,72	1,82	14,31	2,63	2304,5	200	1152,3	Bohnen-Fleisch-Suppe	174
31,00	20,95	32,56	2,03	13,46	2,81	2223,1	200	1111,6	Erbsen- „ „	175

***) Dasselbe enthält ferner 7,57 % Dextrose und 17,68 % sonstige N-freie Extractstoffe.

†) Dasselbe enthält ferner 5,39 % Dextrose, 17,20 % Dextrin und 11,07 % sonstige N-freie Extractstoffe.

No.	Bezeichnung		Anzahl der Analysen	In der natürlichen Substanz: Wasser %	Stick-stoff-Substanz %	Fett %	N-freie Extract-stoffe %	Holzfaser %	Asche %
176	Linsen-Fleisch-Suppe		4	10,96	28,07	19,22	28,67	1,67	11,41
177	Fleischbrod-Suppe		3	10,19	17,84	13,08	48,33	2,11	8,45
178	Suppenpulver (German army food)		2	11,27	19,51	2,14	78,07	1,71	17,33
179	Rumford-Suppe		1	11,73	16,18	1,87	56,33	1,15	12,74
180	Suppe militaire		1	7,21	23,41	1,40	43,06	6,80	18,32
181	Fleisch-Graupen		4	11,40	18,55	1,24	65,82	0,52	2,47
182	„ -Nudeln		1	14,53	17,56	1,44	63,73	0,45	2,29
183	„ -Zwieback		4	5,07	16,31	15,91	59,09	1,29	2,33
184	„ -Weizen-Zwieback		4	11,52	13,31	4,75	63,76	1,82	4,84
185	„ -Roggen-Zwieback		2	10,97	12,00	4,66	59,40	1,57	11,40
186	„ -Bisquits		2	6,62	14,69	1,07	74,23	0,74	2,65
187	Fleischgemüse	Von Ferd. Flörken in Mayen	1	37,74	12,50	7,97	31,40	2,00	8,39
188	Gulyas mit Kartoffelwürfeln		1	57,25	17,62	5,36	15,10	0,81	3,86
189	Feldbeefsteaks m. Kartoffelfrittes		1	50,34	16,68	21,31	5,58	1,20	4,89
190	Fleisch-Erbsen-Kartoffeln		1	13,22	31,25	28,59	15,74	3,80	7,40
191	Fleisch-Puder-Cacao		4	5,83	24,34	21,53	66,01	7,57	6,74
192	„ -Chocolade		2	2,21	11,47	25,96	56,09	1,89	2,37
193	Pepton-Puder-Cacao		2	6,92	21,12 *)	10,86	54,58	3,15	3,37

Fleischextract-Conserven (Sog. condensirte Suppen).

No.	Bezeichnung		Anzahl der Analysen	Wasser %	Stickstoff-Substanz %	Fett %	N-freie Extractstoffe %	Holzfaser %	Asche %
194	Fleischextract-Bohnen-Suppe	Von L. Lejeune in Berlin resp. von C. H. Knorr in Heilbronn	5	10,76	18,92	18,58	37,77	1,69	12,28
195	„ -Erbsen-Suppe		6	9,61	19,61	17,88	38,80	1,53	12,07
196	„ -Linsen-Suppe		3	10,91	19,87	17,61	38,74	1,23	11,64
197	„ -Hafergrütz-Suppe		2	8,21	16,53	10,14	53,32	1,52	11,28
198	„ -Kartoffel-Suppe		1	9,48	8,69	14,08	53,13	1,88	12,74
199	„ -Brod-Suppe		1	7,11	15,50	13,26	51,70	1,68	10,77
200	„ -Gries-Suppe		1	10,67	10,81	10,99	52,68	0,92	13,93
201	„ -Gersten-Suppe		1	8,31	10,56	11,23	54,43	0,76	14,71
202	„ -Reis-Suppe		1	9,80	9,00	10,09	56,46	0,79	13,86
203	„ -Grünkern-Suppe		1	6,54	10,44	12,04	53,07	1,43	16,48
204	„ -Curry-Suppe		1	6,59	17,81	20,84	39,54	2,15	13,07
205	Mock-Turtle od. Schildkröten-S		1	4,97	18,37	17,31	40,27	3,23	15,85

Condensirte Suppentafeln (Mehl mit Fett).

No.	Bezeichnung		Anzahl der Analysen	Wasser %	Stickstoff-Substanz %	Fett %	N-freie Extractstoffe %	Holzfaser %	Asche %
206	Condensirte Gries-Suppe	Von Rud. Scheller in Hildburghausen	3	9,30	7,05	15,04	55,76	1,40	11,45
207	„ Gersten-Suppe		1	10,99	6,07	15,87	51,19	1,23	14,65
208	„ Erbsen-Suppe		3	8,50	17,79	24,45	35,99	1,63	11,64
209	Condensirte Erbsen-Suppe	Von Alex. Schörke & Co. in Görlitz	5	8,03	17,54	20,77	40,25	1,65	11,76
210	„ Bohnen-Suppe		2	7,04	17,75	20,67	39,90	1,59	13,05
211	„ Linsen-Suppe		2	6,92	20,75	20,64	37,66	1,81	12,22

*) Mit 5,64 % Albuminosen, 4,25 % Pepton und 0,41 % Theobromin.

In der Trocken-Substanz: Stickstoff-Substanz %	Fett %	N-freie Extractstoffe %	Holzfaser %	Asche %	Nährstoffverhältniss (Nh : Nfr) wie 1 :	1 kg enthält Nährwertheinheiten	1 kg kostet im Kleinverkauf Pfg.	Für 1 Mk. erhält man Nährwertheinheiten	Bezeichnung	No.
31,52	21,58	32,21	1,88	12,81	2,73	2266,8	210	1079,4	Linsen-Fleisch-Suppe	176
19,87	14,57	53,80	2,35	9,41	4,54	1767,7	200	883,9	Fleischbrod-Suppe	177
21,99	2,41	54,14	1,93	19,53	4,28	1820,4	—	—	Suppenpulver (German army food)	178
18,33	2,02	63,92	1,30	14,43	3,77	1428,4	—	—	Rumford-Suppe	179
25,24	1,51	46,17	7,33	19,75	2,01	1643,1	—	—	Suppe militaire	180
20,94	1,40	74,38	0,59	2,69	3,72	1622,9	175	927,4	Fleisch-Graupen	181
20,55	1,68	74,56	0,53	2,68	3,83	1558,5	175	890,6	„ -Nudeln	182
17,16	1,67	77,36	1,36	2,45	6,06	1883,7	—	—	„ -Zwieback	183
15,04	5,37	72,06	2,06	5,47	5,72	1445,6	120	1204,7	„ -Weizen-Zwieback	184
13,48	5,23	66,73	1,76	12,80	5,92	1333,8	—	—	„ -Roggen-Zwieback	185
15,73	1,15	79,48	0,79	2,84	5,24	1508,9	—	—	„ -Bisquits	186
20,08	12,80	50,44	3,21	13,47	4,11	1178,1	—	—	Fleischgemüse (Von Ferd. Flörken in Mayen)	187
41,21	12,54	35,33	1,89	9,03	1,62	1192,8	—	—	Gulyas mit Kartoffelwürfeln (Von Ferd. Flörken in Mayen)	188
33,59	42,92	11,22	2,42	9,85	2,94	1529,1	—	—	Feldbeefsteaks m. Kartoffelfrittes (Von Ferd. Flörken in Mayen)	189
36,00	42,94	8,16	4,38	8,52	2,79	2577,6	—	—	Fleisch-Erbsen-Kartoffeln (Von Ferd. Flörken in Mayen)	190
25,85	22,06	33,65	8,04	10,40	4,60	2523,0	—	—	Fleisch-Puder-Cacao	191
11,73	26,56	57,33	1,96	2,42	10,55	1913,2	—	—	„ -Chocolade	192
22,68	11,66	58,60	3,38	3,62	3,87	1927,6	—	—	Pepton-Puder-Cacao	193

Fleischextract-Conserven (Sog. condensirte Suppen).

21,21	20,74	42,39	1,89	13,77	4,45	1881,1	180	1045,1	Fleischextract-Bohnen-Suppe (Von L. Lejeune in Berlin resp. von C. H. Knorr in Heilbronn)	194
21,69	19,78	43,49	1,69	13,35	4,26	1904,9	180	1058,3	„ -Erbsen-Suppe (Von L. Lejeune in Berlin resp. von C. H. Knorr in Heilbronn)	195
23,29	19,76	42,51	1,38	13,06	4,27	1909,2	180	1060,7	„ -Linsen-Suppe (Von L. Lejeune in Berlin resp. von C. H. Knorr in Heilbronn)	196
18,00	11,04	57,02	1,66	12,28	4,76	1663,9	200	832,0	„ -Hafergrütz-Suppe (Von L. Lejeune in Berlin resp. von C. H. Knorr in Heilbronn)	197
9,60	15,56	58,69	2,07	14,08	10,16	1388,2	200	694,1	„ -Kartoffel-Suppe (Von L. Lejeune in Berlin resp. von C. H. Knorr in Heilbronn)	198
16,68	14,27	55,95	1,81	11,59	5,47	1689,8	160	1056,1	„ -Brod-Suppe (Von L. Lejeune in Berlin resp. von C. H. Knorr in Heilbronn)	199
12,10	12,30	58,98	1,03	15,59	7,42	1397,0	200	698,5	„ -Gries-Suppe (Von L. Lejeune in Berlin resp. von C. H. Knorr in Heilbronn)	200
11,52	12,25	73,80	0,83	1,60	7,81	1409,2	200	704,6	„ -Gersten-Suppe (Von L. Lejeune in Berlin resp. von C. H. Knorr in Heilbronn)	201
9,98	11,19	52,58	0,88	15,37	9,07	1317,3	200	658,7	„ -Reis-Suppe (Von L. Lejeune in Berlin resp. von C. H. Knorr in Heilbronn)	202
11,17	12,88	56,79	1,53	17,63	7,89	1413,9	200	707,0	„ -Grünkern-Suppe (Von L. Lejeune in Berlin resp. von C. H. Knorr in Heilbronn)	203
19,07	22,32	42,31	2,30	14,00	5,15	1911,1	200	955,6	„ -Curry-Suppe (Von L. Lejeune in Berlin resp. von C. H. Knorr in Heilbronn)	204
19,33	18,21	42,39	3,40	16,67	4,55	1840,5	200	920,3	Mock-Turtle od. Schildkröten-S. (Von L. Lejeune in Berlin resp. von C. H. Knorr in Heilbronn)	205

Condensirte Suppentafeln (Mehl mit Fett).

7,77	16,57	61,50	1,54	12,62	13,24	1361,3	160	850,8	Condensirte Gries-Suppe (Von Rud. Scheller in Hildburghausen)	206
6,82	17,82	57,53	1,38	16,45	14,97	1291,5	160	807,2	„ Gersten-Suppe (Von Rud. Scheller in Hildburghausen)	207
19,44	26,72	49,28	1,78	12,78	5,46	1982,9	160	1239,3	„ Erbsen-Suppe (Von Rud. Scheller in Hildburghausen)	208
19,07	22,58	43,78	1,79	12,78	5,26	1902,6	100	1902,6	Condensirte Erbsen-Suppe (Von Alex. Schörke & Co. in Görlitz)	209
19,10	22,24	42,91	1,71	14,04	5,16	1906,6	110	1733,3	„ Bohnen-Suppe (Von Alex. Schörke & Co. in Görlitz)	210
22,29	22,17	40,48	1,94	13,12	4,30	2033,3	130	1564,1	„ Linsen-Suppe (Von Alex. Schörke & Co. in Görlitz)	211

Eier.

No.	Bezeichnung	Anzahl der Analysen	In der natürlichen Substanz				
			Wasser %	Stick-stoff-Substanz %	Fett %	N-freie Extract-stoffe %	Asche %
212	Hühnereier	4	73,67	12,55	12,11	0,55	1,12
213	Hühnereier-Eiweiss	4	85,50	12,87	0,25	0,77	0,61
214	„ -Eigelb	5	51,03	16,12	31,39	0,48	1,01
215	Enteneier	1	71,11	12,24	15,49	—	1,16
216	Kibitzeier	1	74,43	10,75	11,66	2,19	0,98

Milch.

No.	Bezeichnung	Anzahl der Analysen	Wasser %	Stickstoff-Substanz %	Fett %	N-freie Extractstoffe %	Asche %
217	Frauenmilch	107	87,41	2,29	3,78	6,21	0,31
218	Kuhmilch	793	87,17	3,55	3,69	4,88	0,71
219	Ziegenmilch	38	85,71	4,29	4,78	4,46	0,76
220	Schafmilch	32	80,82	6,52	6,86	4,91	0,89
221	Büffelmilch	4	81,41	6,10	7,47	4,15	0,87
222	Lamamilch	1	86,55	3,90	3,15	5,60	0,80
223	Kameelmilch	3	86,57	4,00	3,07	5,59	0,77
224	Elefantenmilch	3	67,85	3,09	19,57	8,84	0,65
225	Stutenmilch	47	90,78	1,99	1,21	5,67	0,35
226	Maulthiermilch	1	91,50	1,64	1,59	4,80	0,38
227	Eselmilch	7	89,64	2,22	1,64	5,99	0,51
228	Schweinemilch	9	84,04	7,23	4,55	3,13	1,05
229	Hundemilch	28	75,44	11,17	9,57	9,57	0,73
230	Katzenmilch	1	81,63	9,08	3,33	4,91	0,58
231	Meerschweinchenmilch	1	41,11	11,19	45,80	1,33	0,57

Molkerei-Producte.

No.	Bezeichnung	Anzahl der Analysen	Wasser %	Stickstoff-Substanz %	Fett %	N-freie Extractstoffe %	Asche %
232	Präservirte Kuhmilch	4	87,97	3,34	3,21	4,74	0,74
233	Condensirte Kuhmilch { ohne Rohrzucker, schwach concentrirt	5	72,87	8,20	6,62	10,63	1,68
234	„ „ stark „	36	58,99	11,92	12,42	14,49	2,18
235	mit Rohrzucker	64	25,61	11,79	10,35	50,06	2,19
236	Condensirte Stutenmilch	4	21,87	13,65	8,28	54,46	1,74
237	Rahm	46	68,82	3,76	22,66	4,23	0,53
238	Kuhbutter	302	13,59	0,74	84,39	0,62	0,66
239	Kunstbutter	11	10,57	—	85,82	*) 1,14	2,47
240	Rahmkäse	27	36,33	18,84	40,71	**) 1,02	3,10
241	Fettkäse	143	38,00	25,35	30,25	1,43	4,97
242	Halbfettkäse	21	39,79	29,67	23,92	1,79	4,73
243	Magerkäse	41	46,00	34,06	11,65	3,42	4,87
244	Sauermilchkäse (Quarg etc.)	15	52,36	36,64	6,03	0,90	4,07
245	Molkenkäse (Mysost)	7	23,66	8,90	16,91	45,75	4,78
246	Kunstkäse	8	32,77	33,42	27,51	2,13	4,17

*) Mit 0,50 % Milchzucker und 0,12 % Milchsäure.
**) Incl. Nh-Substanz.

Eier.

In der Trocken-Substanz: Stickstoff-Substanz %	Fett %	N-freie Extractstoffe %	Asche %	Nährstoffverhältniss (Nh : Nfr) wie 1:	1 kg enthält Nährwertheinheiten	1 kg kostet im Kleinverkauf Pfg.	Für 1 Mk. erhält man Nährwertheinheiten	Bezeichnung	No.
47,69	46,02	1,03	4,26	2,46	996,3	170	586,1	Hühnereier	212
87,87	1,71	6,25	4,17	0,11	658,7	—	—	Hühnereier-Eiweiss	213
32,92	64,10	0,92	2,06	4,90	1752,5	—	—	„ -Eigelb	214
42,36	53,61	0,02	4,01	3,16	1076,7	—	—	Enteneier	215
42,03	45,59	8,55	3,83	2,92	909,2	440	206,7	Kibitzeier	216

Milch.

In der Trocken-Substanz: Stickstoff-Substanz %	Fett %	N-freie Extractstoffe %	Asche %	Nährstoffverhältniss (Nh : Nfr) wie 1:	1 kg enthält Nährwertheinheiten	1 kg kostet im Kleinverkauf Pfg.	Für 1 Mk. erhält man Nährwertheinheiten	Bezeichnung	No.
18,19	30,02	49,33	2,46	6,84	290,0	—	—	Frauenmilch	217
27,67	28,74	38,06	5,53	3,98	337,0	15	2246,7	Kuhmilch	218
30,02	33,45	31,21	5,32	3,68	402,5	—	—	Ziegenmilch	219
34,00	35,77	25,59	4,64	3,69	580,9	—	—	Schafmilch	220
32,81	40,18	22,43	4,58	3,74	570,6	—	—	Büffelmilch	221
29,00	23,42	41,63	5,95	3,48	345,5	—	—	Lamamilch	222
29,49	22,63	42,20	5,68	3,32	348,0	—	—	Kameelmilch	223
9,61	60,86	27,51	2,02	1,87	830,0	—	—	Elefantenmilch	224
2,16	13,11	46,81	37,92	4,37	192,5	—	—	Stutenmilch	225
19,29	18,71	57,53	4,47	4,74	177,7	—	—	Maulthiermilch	226
21,43	15,83	57,82	4,92	4,55	220,1	—	—	Eselmilch	227
45,30	28,51	19,61	6,58	2,01	529,3	—	—	Schweinemilch	228
45,48	38,97	12,58	2,97	3,00	941,3	—	—	Hundemilch	229
49,42	18,30	29,12	3,16	1,46	603,0	—	—	Katzenmilch	230
19,00	77,77	2,26	0,97	10,35	1946,8	—	—	Meerschweinchenmilch	231

Molkerei-Producte.

In der Trocken-Substanz: Stickstoff-Substanz %	Fett %	N-freie Extractstoffe %	Asche %	Nährstoffverhältniss (Nh : Nfr) wie 1:	1 kg enthält Nährwertheinheiten	1 kg kostet im Kleinverkauf Pfg.	Für 1 Mk. erhält man Nährwertheinheiten	Bezeichnung	No.
29,44	28,29	35,75	6,52	3,82	310,7	—	—	Präservirte Kuhmilch	232
30,23	24,40	38,18	6,19	3,31	714,9	—	—	Condensirte Kuhmilch ohne Rohrzuck., schwach concentr.	233
29,06	30,28	35,35	5,31	3,82	1113,5	160	695,9	„ „ stark „	234
15,85	13,91	67,30	2,94	6,44	1400,6	180	778,1	mit Rohrzucker	235
17,46	10,59	69,72	2,23	5,51	1475,5	—	—	Condensirte Stutenmilch	236
12,06	72,67	13,57	1,70	1,62	910,1	—	—	Rahm	237
0,86	97,64	0,74	0,76	258,92	2574,9	230	1119,5	Kuhbutter	238
—	95,95	0,73	3,32	—	2586,0	—	—	Kunstbutter	239
29,60	63,96	1,57	4,87	5,46	2173,5	300	724,5	Rahmkäse	240
40,89	48,79	2,30	8,02	3,00	2189,3	190	1152,3	Fettkäse	241
49,23	39,68	3,24	7,85	2,08	2219,0	155	1431,6	Halbfettkäse	242
63,08	21,58	6,32	9,02	0,96	2086,7	105	1987,3	Magerkäse	243
76,91	12,66	2,09	8,54	0,44	2021,9	—	—	Sauermilchkäse (Quarg etc.)	244
11,65	22,14	59,95	6,26	9,89	1409,8	—	—	Molkenkäse (Mysost)	245
49,70	40,91	3,19	6,20	2,12	2517,6	—	—	Kunstkäse	246

No.	Bezeichnung	Anzahl der Analysen	In der natürlichen Substanz: Wasser %	Stickstoff-Substanz %	Fett %	N-freie Extractstoffe %	Zucker %	Milchsäure %	Asche %
247	Abgerahmte oder Magermilch: Sattenabrahmverfahren	13	90,68	3,03	0,70	4,84		—	0,75
248	Abgerahmte oder Magermilch: Centrifugen-Magermilch	6	90,60	3,06	0,31	5,29		—	0,74
249	Buttermilch	57	90,12	4,03	1,09	4,04		—	0,72
250	Quargserum	6	93,52	1,07	0,15	4,48		—	0,78
251	Molken (Käsemilch) aus Kuhmilch . . .	46	93,38	1,86	0,32	4,79		—	0,65
252	„ aus Ziegenmilch	4	93,81	0,62	0,11	4,88		—	0,58
253	„ aus Schafmilch	1	91,96	2,13	0,25	5,07		—	0,59
						Alkohol			
254	Kumys aus Stutenmilch	43	90,44	2,24	1,46	1,91	1,77	0,91	0,42
255	„ aus Kuhmilch	11	89,20	2,66	1,83	1,14	4,09	0,55	0,43
256	Kefir oder Kaphir	22	91,21	3,49	1,44	0,75	2,41	1,02	0,68

Kindermehle.

No.	Bezeichnung	Anzahl der Analysen	Wasser %	Stickstoff-Substanz %	Fett %	Kohlehydrate löslich	Kohlehydrate unlösl.	Holzfaser	Asche %
257	W. Nestlé in Vevey	10	6,15	9,91	4,46	42,37	35,04	0,33	1,74
258	Gerber & Co. in Thun	2	4,96	13,01	4,58	44,58	32,93	0,50	1,40
259	Anglo-Swiss Co. in Cham	6	6,48	11,23	5,96	47,01	26,95	0,50	1,87
260	Giffey, Schill & Co. in Rohrbach	2	5,37	11,71	4,29	47,11	29,75	—*)	1,77
261	Faust & Schuster in Göttingen	5	6,54	10,79	4,55	43,21	32,99	—*)	1,92
262	Oettli in Vevey	2	6,89	10,11	5,16	42,30	33,29	0,50	1,75
263	Th. Timpe in Magdeburg	2	7,32	19,96	5,45	35,34	29,11	—*)	2,82
264	W. Stelzer in Berlin	3	6,96	10,27	4,17	51,43	24,49	0,27	2,41
265	C. Heinroth in Berlin	2	5,63	9,91	5,63	65,57	10,89	0,65	1,72
266	Stratmann & Meyer in Bielefeld	1	6,27	11,56	8,69	36,40	34,62	0,71	1,75
267	Ed. Löfflund in Stuttgart: Rahmmilch	1	66,02	9,25	9,09	12,88	—	—	1,95
268	Ed. Löfflund in Stuttgart: Kindermilch	1	24,46	10,35	7,57	40,42	14,28	—	2,92
269	Ed. Löfflund in Stuttgart: Kindernahrung	3	32,33	3,47	—	62,44	—	—	1,76
270	P. Liebe in Dresden	1	24,48	3,51	—	70,65	—	—	1,36
271	Dr. Frerichs & Co. in Leipzig-Reudnitz . .	4	6,42	11,96	6,02	28,76	44,48	—*)	2,36
272	Grob & Anderegg	2	9,47	15,78	5,48	21,23	46,95	—*)	1,09
273	A. Wahl in Neuwied	1	10,14	1,96	1,28	12,24	74,13	—*)	0,33
274	Kufeke	2	8,78	12,51	1,81	21,92	52,22	0,65	2,11
275	Uslar & Polstorf in Göttingen	1	6,73	11,51	—	79,97		—	1,79
276	N. Gerber, Lacto-Leguminosen	2	6,33	16,67	5,58	43,17	24,46	1,01	2,78
277	Liebig's Kindersuppe	1	40,44	8,41	0,82	48,61		—*)	1,71
278	Rademann's Kindermehl	2	4,54	13,62	5,37	15,78	55,81	0,82	4,06
279	Wiener Kindermehl	1	3,18	11,38	4,36	47,01	30,00	0,25	3,82
280	Dr. Ridge, Patent food	4	7,06	8,70	1,38	5,79	75,75	0,68	0,64
281	Mellin's food	2	6,87	8,95	0,34	61,47	18,84	0,59	2,94
282	Franco Swiss Co., Milk food	2	4,11	12,94	3,23	43,06	34,32	0,92	1,44
283	Carnrick's soluble food	2	5,17	16,69	5,53	28,11	41,32	0,18	3,00
284	Neave's farinaceous food	5	4,27	13,20	1,70	4,71	73,38	0,89	1,09

*) In diesen Kindermehlen ist die Holzfaser nicht bestimmt worden.

In der Trocken-Substanz: Stickstoff-Substanz %	Fett %	N-freie Extractstoffe %	Zucker %	Milchsäure %	Asche %	Nährstoffverhältniss (Nh : Nfr.) wie 1 :	1 kg enthält Nährwertheinheiten	1 kg kostet im Kleinverkauf Pfg.	Für 1 Mk. erhält man Nährwertheinheiten	Bezeichnung	No.
32,51	7,51	51,93		—	8,05	2,17	220,9	8	2761,3	Abgerahmte oder Magerm. Sattenabrahmverfahr.	247
32,52	3,29	56,33		—	7,86	1,58	215,2	7	3074,3	Abgerahmte oder Magerm. Centrifugen-Magerm.	248
40,79	1,10	50,82		—	7,29	1,68	274,6	—	—	Buttermilch	249
16,51	2,31	69,14		—	12,04	4,54	102,8	—	—	Quargserum	250
28,10	4,63	57,45		—	9,82	2,95	150,5	—	—	Molken (Käsemilch) aus Kuhmilch .	251
10,02	1,78	78,83		—	9,37	8,32	83,1	—	—	„ aus Ziegenmilch	252
26,49	3,11	63,06		—	7,34	2,68	164,7	—	—	„ aus Schafmilch	253
		Alkohol									
23,43	15,27	19,98	18,51	9,52	4,39	—	—	—	—	Kumys aus Stutenmilch	254
24,63	16,94	10,56	37,87	5,09	3,98	—	—	—	—	„ aus Kuhmilch	255
39,70	16,38	8,53	27,42	11,40	7,74	—	—	—	—	Kefir oder Kaphir	256

Kindermehle.

Stickstoff-Substanz %	Fett %	Kohlehydrate löslich	Kohlehydrate unlösl.	Holzfaser	Asche %	Nährstoffverhältniss	1 kg enthält Nährwertheinheiten	1 kg kostet Pfg.	Für 1 Mk. Nährwertheinheiten	Bezeichnung	No.
10,55	4,76	45,12	37,37	0,35	1,85	8,94	1403,4	—	—	W. Nestlé in Vevey	257
14,69	4,82	46,90	31,59	0,53	1,47	6,84	1563,0	—	—	Gerber & Co. in Thun	258
12,00	6,37	50,25	28,85	0,53	2,00	7,91	1479,9	—	—	Anglo-Swiss Co. in Cham . . .	259
12,38	4,53	49,79	31,43	—	1,87	7,31	1482,8	—	—	Giffey, Schill & Co. in Rohrbach .	260
11,55	4,87	46,23	35,30	—	2,05	8,12	1438,0	—	—	Faust & Schuster in Göttingen . .	261
10,86	5,54	45,43	35,75	0,54	1,88	8,75	1416,2	—	—	Oettli in Vevey	262
21,54	5,88	38,13	31,41	—	3,04	3,66	1806,0	—	—	Th. Timpe in Magdeburg . . .	263
11,04	4,48	55,29	26,31	0,29	2,59	8,41	1397,8	—	—	W. Stelzer in Berlin	264
10,50	5,97	69,50	11,47	0,69	1,87	9,14	1429,0	—	—	C. Heinroth in Berlin	265
12,33	9,27	38,84	36,93	0,76	1,87	8,02	1548,9	—	—	Stratmann & Meyer in Bielefeld . .	266
27,22	26,75	37,91	2,38	—	5,74	3,85	864,0	—	—	Ed. Löfflund in Stuttgart Rahmmilch . . .	267
13,70	9,98	53,52	18,93	—	3,87	7,11	1291,6	—	—	Ed. Löfflund in Stuttgart Kindermilch . .	268
5,12	—	92,29	—	—	2,59	17,99	797,9	—	—	Ed. Löfflund in Stuttgart Kindernahrung . .	269
4,65	—	93,55	—	—	1,80	20,13	882,0	—	—	P. Liebe in Dresden	270
12,79	6,44	30,74	47,51	—	2,52	7,38	1511,0	—	—	Dr. Frerichs & Co. in Leipzig-Reudnitz	271
17,42	6,05	23,44	51,89	—	1,20	5,19	1635,2	—	—	Grob & Anderegg	272
2,18	1,42	13,82	82,21	—	0,37	45,70	1000,1	—	—	A. Wahl in Neuwied	273
13,71	1,98	24,02	57,27	0,71	2,31	6,29	1421,2	—	—	Kufeke	274
12,34	—	85,74		—	1,92	6,95	1375,2	—	—	Uslar & Polstorf in Göttingen . .	275
17,80	5,96	46,11	26,08	1,08	2,97	4,89	1677,2	—	—	N. Gerber, Lacto-Leguminosen . .	276
14,12	1,37	81,64		—	2,87	6,02	931,2	—	—	Liebig's Kindersuppe	277
14,27	5,63	16,54	58,45	0,86	4,25	6,24	1558,0	—	—	Rademann's Kindermehl	278
11,76	4,50	48,56	30,97	0,26	3,95	7,72	1469,9	—	—	Wiener Kindermehl	279
9,36	1,48	6,23	81,51	0,73	0,69	9,77	1291,8	—	—	Dr. Ridge, Patent food	280
9,61	0,37	66,02	20,21	0,63	3,16	9,07	1260,8	—	—	Mellin's food	281
13,50	3,37	44,91	35,71	0,96	1,55	6,60	1517,7	—	—	Franco Swiss Co., Milk food . .	282
17,61	5,83	29,66	43,54	0,19	3,17	4,98	1694,7	—	—	Carnrick's soluble food	283
13,79	1,78	4,92	77,44	0,93	1,14	6,24	1491,8	—	—	Neave's farinaceous food	284

No.	Bezeichnung	Anzahl der Analysen	In der natürlichen Substanz						
			Wasser	Stick-stoff-Substanz	Fett	Kohlehydrate		Holzfaser	Asche
						löslich	un-löslich		
			%	%	%	%	%	%	%
285	Horlick's food	2	5,08	9,67	0,34	66,39	15,95	0,55	2,02
286	Savory & Moore's food	2	5,81	10,79	1,06	28,27	50,34	0,82	0,91

(Ueber sonstige ausländische Kindermehle vergl. S. 425 u. 426.)

Kinderzwieback.

No.	Bezeichnung	Anzahl der Analysen	Wasser %	Stickstoff-Substanz %	Fett %	löslich %	unlöslich %	Holzfaser %	Asche %
287	Arrow-Root-Kinderzwieback von H. Schmidt . . .	1	6,66	8,17	2,32	81,96		—*)	0,89
288	Arrow-Root-Kinderzwieback von Huntley & Palmers .	1	6,53	7,36	12,21	70,05	3,64	—*)	0,88
289	Fr. Coers in Massen, Westfalen	1	10,99	10,50	1,15	18,95	56,87	0,62	0,92
290	Ed. Löfflund in Stuttgart, Milchzwieback . .	1	4,58	13,44	5,81	69,61		0,73	5,83

II. Vegetabilische

Cerealien und Leguminosen.

No.	Bezeichnung	Anzahl der Analysen	In der natürlichen Substanz							
			Wasser	Stick-stoff-Substanz	Fett	Zucker	Dextrin + Gummi	Stärke etc.	Rohfaser	Asche
			%	%	%	%	%	%	%	%
1	Weizen (Nackt-)	948	13,37	12,04	1,85	3,25	2,54	62,86	2,31	1,78
2	Spelz	18	13,37	11,84	1,85	0,98	1,72	65,52	2,65	2,07
3	Roggen	173	13,37	10,81	1,77	1,87	4,57	63,77	1,78	2,06
4	Gerste	754	14,05	9,66	1,93	1,23	3,75	62,01	4,95	2,42
5	Hafer	377	12,11	10,66	4,99	1,72	1,89	54,76	10,58	3,29
6	Mais	137	13,35	9,45	4,29	2,29	2,06	64,98	2,29	1,29
7	Reis, nicht enthülst	3	11,99	6,48	1,65		70,07		6,48	3,33
8	Reis, enthülst, Kochreis	41	12,58	6,73	0,88	0,15	0,77	77,56	0,51	0,82
9	Klebreis	3	13,88	6,67	2,35	7,73	3,35	61,89	2,99	1,14
10	Hirse, Panic. italicum, geschält . . .	1	12,04	7,40	3,87		74,21		1,37	1,11
11	Rispenhirse, Panicum miliac. ungeschält . . .	6	12,50	10,61	3,89		61,11		8,07	3,82
12	Rispenhirse, Panicum miliac. geschält	9	11,79	10,51	4,26	0,57	1,16	66,43	2,48	2,80
13	Mohrhirse, Dari Sorghum tartar. . .	6	11,09	9,77	3,82		70,98		1,92	2,42
14	Zucker-Mohrhirse, Sorghum sacchar. .	38	15,17	9,26	3,36	2,05	1,70	64,24	2,51	1,71
15	Mohrhirse oder Dhurra, Sorgh. vulgare	12	11,46	8,96	3,79		70,25		3,59	1,95
16	Buchweizen ungeschält	21	14,12	11,32	2,61		54,86		14,32	2,77
17	Buchweizen geschält	2	12,68	10,18	1,90		71,73		1,65	1,86
18	Erbsen	72	13,92	23,15	1,89		52,68		5,68	2,68
19	Ackerbohnen (Puff-)	63	13,49	25,31	1,68		48,33		8,06	3,13
20	Vits- oder Schminkbohnen	20	11,24	23,66	1,96		55,60		3,88	3,66
21	Lupinen, gelbe	42	13,98	38,25	4,38		25,46		14,12	3,81
22	„ blaue	13	13,81	29,52	6,16		36,37		11,24	2,90

*) In diesen Kindermehlen ist die Holzfaser nicht bestimmt worden.

In der Trocken-Substanz: Stickstoff-Substanz %	Fett %	Kohlehydrate löslich %	Kohlehydrate unlöslich %	Holzfaser %	Asche %	Nährstoff-verhältniss (Nh : Nfr.) wie 1:	1 kg enthält Nährwerth-einheiten	1 kg kostet im Kleinverkauf Pfg.	Für 1 Mk. erhält man Nährwerth-einheiten	Bezeichnung	No.
10,20	0,36	70,04	16,69	0,58	2,13	8,60	1317,1	—	—	Horlick's food	285
11,46	1,13	30,02	55,55	0,87	0,97	7,53	1357,4	—	—	Savory & Moore's food	286

(Ueber sonstige ausländische Kindermehle vergl. S. 425 u. 426.)

Kinderzwieback.

Stickstoff-Substanz %	Fett %	Kohlehydrate löslich %	Kohlehydrate unlöslich %	Holzfaser %	Asche %	Nährstoffverhältniss wie 1:	1 kg enthält Nährwertheinheiten	1 kg kostet Pfg.	Für 1 Mk. Nährwertheinheiten	Bezeichnung	No.
8,75	2,48	87,82		—	0,95	10,74	1297,7	—	—	Arrow-Root-Kinderzwieb. von H. Schmidt	287
7,87	13,05	74,88	3,26	—	0,94	14,16	1471,2	—	—	Arrow-Root-Kinderzwieb. von Huntley & Palmers	288
11,79	1,29	21,28	63,91	0,70	1,03	7,50	1317,7	—	—	Fr. Coers in Massen, Westfalen	289
14,08	6,09	72,96		0,76	6,11	5,48	1542,4	—	—	Ed. Löfflund-Stuttgart, Milchzwieback	290

Nahrungsmittel.

Cerealien und Leguminosen.

In der Trocken-Substanz: Stickstoff-Substanz %	Fett %	Zucker %	Dextrin + Gummi %	Stärke %	Rohfaser %	Asche %	Nährstoff-verhältniss (Nh : Nfr.) wie 1:	1 kg enthält Nährwerth-einheiten	1 kg kostet im Kleinverkauf Pfg.	Für 1 Mk. erhält man Nährwerth-einheiten	Bezeichnung	No.
13,89	2,13	3,87	2,93	72,46	2,67	2,05	6,08	1344,0	—	—	Weizen (Nackt-)	1
13,66	2,13	1,13	1,98	75,65	3,06	2,39	6,13	1329,7	—	—	Spelz	2
12,47	2,04	2,16	5,27	73,63	2,05	2,38	6,90	1295,7	—	—	Roggen	3
11,23	2,24	1,43	4,36	72,17	5,76	2,81	7,43	1210,8	—	—	Gerste	4
12,13	5,68	1,96	2,15	62,30	12,04	3,74	6,64	1266,4	—	—	Hafer	5
10,90	4,95	2,64	2,38	75,00	2,64	1,49	8,46	1294,5	—	—	Mais	6
7,36	1,87		79,63		7,36	3,78	11,45	1074,2	—	—	Reis nicht enthülst	7
7,70	1,01	0,17	0,88	88,72	0,58	0,94	11,99	1147,7	60	1912,8	Reis enthülst, Kochreis	8
7,74	2,73	8,97	3,89	71,88	3,47	1,32	11,82	1133,7	—	—	Klebreis	9
8,41	4,40		84,37		1,56	1,26	11,34	1228,2	—	—	Hirse, Panic. italicum, geschält	10
12,13	4,37		69,91		9,22	4,37	6,67	1258,3	—	—	Rispenhirse, Panicum miliac. ungeschält	11
11,92	4,83	0,65	1,32	75,29	2,81	3,18	7,50	1434,9	50	2869,8	Rispenhirse, Panicum miliac. geschält	12
10,99	4,30		79,83		2,16	2,72	8,24	1312,9	—	—	Mohrhirse, Sorghum tartar.	13
10,91	3,96	2,41	2,00	75,75	2,96	2,01	8,25	1243,7	—	—	Zucker-Mohrhirse, Sorgh. sacchar.	14
10,12	4,18		79,45		4,05	2,20	8,90	1264,2	—	—	Mohrhirse od. Dhurra, Sorgh. vulgare	15
13,18	3,04		63,88		16,68	3,22	5,42	1192,9	—	—	Buchweizen ungeschält	16
11,66	2,18		82,14		1,89	2,13	5,86	1283,3	—	—	Buchweizen geschält	17
26,88	2,19		61,23		6,59	3,11	2,48	1741,0	30	5803,3	Erbsen	18
29,26	1,94		55,86		9,32	3,62	2,08	1842,0	30	6140,0	Ackerbohnen (Puff-)-	19
26,66	2,21		62,64		4,37	4,12	2,56	1799,2	32	5622,5	Vits- oder Schminkbohnen	20
44,48	5,09		29,58		16,42	4,43	0,90	2298,5	—	—	Lupinen, gelbe	21
34,24	7,15		42,21		13,04	3,36	1,75	2024,5	—	—	„ blaue	22

No.	Bezeichnung	Anzahl der Analysen	In der natürlichen Substanz: Wasser %	Stickstoff-Substanz %	Fett %	Zucker % + Dextrin + Gummi % + Stärke etc. %	Rohfaser %	Asche %
23	Lupinen, weisse	10	15,84	28,78	7,03	33,40	11,98	2,97
24	„ haarige	3	11,75	27,83	7,99	36,01	13,83	2,59
25	„ ausdauernde	2	11,75	38,41	11,64	35,36	4,56	3,18
26	„ Cruikshanks	1	11,75	41,59	13,97	23,54	5,93	3,22
27	„ leinblätterige	2	11,75	33,45	6,61	34,56	11,22	2,41
28	„ sicilianische	2	11,75	33,32	10,87	33,71	8,26	2,09
29	Linsen, Ervum Lenz	14	12,33	25,94	1,93	52,84	3,92	3,04
30	Wicklinse „ mon.	2	13,94	21,26	1,30	52,90	7,99	2,61
31	Ervenlinse „ Erv.	2	11,07	17,31	1,33	63,83	4,10	2,36
32	Platterbse	4	12,74	24,08	2,38	51,38	6,60	2,82
33	Sojabohne, flachgründige, schwarze	3	12,71	32,18	14,03	31,97	4,40	4,71
34	„ gedunsenfrüchtige, gelbe	25	9,89	33,41	17,68	29,31	4,67	5,10
35	„ „ braune	13	9,25	32,90	18,03	30,17	4,76	4,89
36	„ schwarze, runde	5	11,23	33,97	17,11	28,41	4,55	4,73
37	Fasel-Heilbohne	6	16,10	21,44	1,82	53,11	4,41	3,12

Oelgebende Samen.

No.	Bezeichnung	Anzahl der Analysen	Wasser %	Stickstoff-Substanz %	Fett %	N-freie Extractstoffe	Holzfaser	Asche %
38	Leinsamen	53	9,23	22,57	33,64	23,33	7,05	4,28
39	Rapssamen	23	7,28	19,55	42,23	20,78	5,95	4,21
40	Rübsamen	16	7,86	20,48	33,53	24,41	9,91	3,81
41	Senfsamen, weisser	6	7,13	27,19	29,76	23,21	8,35	4,36
42	„ schwarzer	11	6,30	27,58	32,45	18,25	10,40	5,02
43	Mohnsamen	9	8,15	19,53	40,79	18,72	5,58	7,23
44	Hanfsamen	5	8,92	18,23	32,58	21,06	14,97	4,24
45	Madiasamen	4	7,46	19,36	38,44	12,78	17,69	4,27
46	Leindotter	3	7,75	23,92	29,86	21,68	8,86	7,93
47	Sonnenblumensamen	5	7,51	14,22	32,26	14,49	28,08	3,44
48	Sesamsamen	12	5,50	20,30	45,60	14,98	7,15	6,47
49	Candlenuts	5	5,90	21,38	61,74	4,88	2,83	3,27
50	Ricinussamen	7	6,46	18,78	51,37	1,50	18,10	3,10
51	Palmkerne	6	8,40	8,41	48,75	26,87	5,82	1,75
52	Erdnuss, enthülst	9	6,95	27,65	45,80	14,75	2,21	2,64
53	Nigersamen	2	6,72	19,42	43,08	12,86	14,38	3,54
54	Baumwollesamen, nicht entschält	8	9,76	19,56	19,91	22,45	23,46	4,86
55	„ entschält	4	7,53	29,14	24,33	26,33	4,68	7,99
56	Cocosnussschalen	5	5,81	8,88	67,00	12,44	4,06	1,81
57	Paranuss	2	5,94	15,48	67,65	3,83	3,21	3,89
58	Wallnusskerne	4	7,18	15,77	57,43	13,03	4,59	2,09
59	Haselnusskerne	2	7,11	17,41	62,60	7,22	3,17	2,49
60	Mandeln, süsse	4	6,02	23,49	53,02	7,84	6,51	3,12
61	Bucheckern, nicht entschält	1	11,13	15,59	28,89	24,46	16,45	3,48
62	„ entschält	1	9,09	21,67	42,49	19,17	3,72	3,86

In der Trocken-Substanz: Stickstoff-Substanz %	Fett %	Zucker % + Dextrin + Gummi % + Stärke %	Rohfaser %	Asche %	Nährstoffverhältniss (Nh : Nfr.) wie 1 :	1 kg enthält Nährwertheinheiten	1 kg kostet im Kleinverkauf Pfg.	Für 1 Mk. erhält man Nährwertheinheiten	Bezeichnung	No.
34,19	8,35	39,70	14,23	3,53	1,77	1983,9	—	—	Lupinen, weisse	23
31,53	9,05	40,82	15,67	2,93	2,01	1991,3	—	—	„ haarige	24
43,52	13,19	28,86	10,83	3,60	1,68	2623,3	—	—	„ ausdauernde	25
47,12	15,83	26,68	6,72	3,65	1,41	2734,2	—	—	„ Cruikshanks	26
37,90	7,49	39,36	12,72	2,53	1,53	2216,2	—	—	„ leinblätterige	27
37,74	12,32	37,71	9,86	2,37	1,83	2329,2	—	—	„ sicilianische	28
29,60	2,20	60,26	4,47	3,47	2,22	1883,3	36	5231,4	Linsen, Ervum Lenz	29
24,70	1,51	61,48	9,28	3,03	2,64	1631,0	—	—	Wicklinse „ mon.	30
19,46	1,52	73,76	4,61	2,65	3,88	1543,7	—	—	Ervenlinse „ Erv.	31
27,60	2,73	58,88	7,56	3,23	2,38	1789,2	—	—	Platterbse	32
36,88	16,08	36,60	5,04	5,40	2,08	2349,6	—	—	Sojabohne, flachgründige, schwarze	33
37,09	19,62	32,45	5,18	5,66	2,20	2494,0	—	—	„ gedunsenfrüchtige, gelbe	34
36,26	19,87	33,23	5,25	5,39	2,29	2487,6	—	—	„ „ braune	35
38,29	19,28	31,97	5,13	5,33	2,09	2495,9	—	—	„ schwarze, runde	36
25,56	2,07	63,39	5,26	3,72	2,69	1657,7	—	—	Fasel-Heilbohne	37

Oelgebende Samen.

Stickstoff-Substanz %	Fett %	N-freie Extractstoffe	Holzfaser	Asche %	Nährstoffverhältniss wie 1 :	1 kg enthält Nährwertheinheiten	1 kg kostet im Kleinverkauf Pfg.	Für 1 Mk. erhält man Nährwertheinheiten	Bezeichnung	No.
24,87	37,07	25,57	7,77	4,72	4,75	2371,0	—	—	Leinsamen	38
21,07	45,52	22,46	6,41	4,54	7,49	2452,2	—	—	Rapssamen	39
22,22	36,38	26,52	10,75	4,13	5,28	2274,0	—	—	Rübsamen	40
29,28	32,05	24,98	8,99	4,70	3,59	2484,4	—	—	Senfsamen, weisser	41
29,43	34,62	19,49	11,10	5,36	3,60	2535,0	—	—	„ schwarzer	42
21,27	44,42	20,36	6,08	7,87	6,28	2387,4	—	—	Mohnsamen	43
20,02	35,77	23,13	16,42	4,66	5,51	2099,5	—	—	Hanfsamen	44
20,93	41,55	13,78	19,12	4,62	5,63	2249,0	—	—	Madiasamen	45
25,93	32,37	24,50	9,60	8,60	4,03	2308,6	—	—	Leindotter	46
15,77	34,87	15,29	30,35	3,72	6,69	1823,7	—	—	Sonnenblumensamen	47
21,48	48,24	15,81	7,62	6,85	6,35	2532,8	—	—	Sesamsamen	48
22,73	65,63	5,15	3,01	3,48	7,45	2970,0	—	—	Candlenuts	49
20,08	54,91	2,34	19,35	3,32	6,92	2495,1	—	—	Ricinussamen	50
9,18	53,24	29,31	6,36	1,91	17,69	2151,7	—	—	Palmkerne	51
29,72	48,41	16,70	2,38	2,79	4,75	2904,0	—	—	Erdnuss, enthülst	52
20,82	46,18	13,89	15,32	3,79	6,21	2392,0	—	—	Nigersamen	53
21,67	22,07	24,89	25,99	5,38	3,69	1799,8	—	—	Baumwollesamen, nicht entschält	54
31,50	26,30	28,50	5,06	8,64	2,99	2450,2	—	—	„ entschält	55
9,43	71,15	13,19	4,31	1,92	20,26	2578,4	—	—	Cocosnussschalen	56
16,46	71,92	4,09	3,41	4,14	11,17	2841,8	—	—	Paranuss	57
16,98	58,85	16,96	4,94	2,25	9,93	2641,7	156	1693,4	Wallnusskerne	58
18,75	67,36	7,80	3,41	2,68	9,41	2820,7	130	2169,8	Haselnusskerne	59
24,99	56,41	8,35	6,93	3,32	5,98	2843,5	150	1895,7	Mandeln, süsse	60
17,54	32,50	27,63	18,41	3,92	6,20	1890,8	—	—	Bucheckern, nicht entschält	61
23,84	46,74	21,08	4,09	4,25	6,02	2549,9	—	—	„ entschält	62

Seltene Samen resp. Pflanzentheile.

No.	Bezeichnung	Anzahl der Analysen	In der natürlichen Substanz					
			Wasser %	Stick-stoff-Substanz %	Fett %	N-freie Extractstoffe %	Rohfaser %	Asche %
63	Rosskastanie	11	14,83	6,83	5,14	68,25	2,73	2,22
64	Kastanien, nicht entschält	9	39,82	3,80	2,49	43,71	8,09	2,09
65	„ entschält	5	7,34	10,76	2,90	73,04	2,99	2,97
66	Eicheln, ungeschält	10	37,12	4,11	3,05	45,27	8,95	1,50
67	„ geschält	9	34,90	4,67	4,03	50,36	4,17	1,87
68	Johannisbrod	10	14,96	5,86	1,28	68,98	6,39	2,53
69	Zuckerschotenbaum	1	10,90	20,94	2,96	51,68	10,66	2,88
70	Isländisches Moos	1	15,96	2,19	1,41	76,12	2,91	1,41
71	Hagebutten	1	25,47	2,99	1,41	55,62	9,87	4,64
72	Banane	1	73,10	1,87	0,63	23,05	0,29	1,06
73	Bananenmehl	1	14,90	2,90	0,50	77,90	1,60	2,20
74	Dschugara	1	11,60	19,50	2,80	54,20		1,90
75	Indianisches Brod	2	12,61	1,08	0,35	77,24	6,78	1,94

Mehle und Stärkesorten.

No.	Bezeichnung	Anzahl der Analysen	Wasser %	Stick-stoff-Substanz %	Fett %	Zucker	Dextrin etc.	Stärke etc.	Rohfaser %	Asche %
76	Weizenmehl, feines	12	13,37	10,21	0,94	2,35	3,06	69,30	0,29	0,48
77	„ gröberes	29	12,81	12,06	1,36	1,86	4,09	65,88	0,98	0,96
78	„ Graham-(aus ganzem Korn)	1	13,00	11,70	1,70	69,90			1,90	1,80
79	Weizengries	5	13,05	9,43	0,94	75,92			0,21	0,40
80	Graupen	1	12,82	7,25	1,15	76,19			1,36	1,23
81	Roggenmehl	16	13,71	11,57	2,08	3,89	7,16	58,66	1,59	1,44
82	Gerstenmehl	7	14,83	11,38	1,53	3,11	6,52	61,60	0,45	0,59
83	Hafermehl	11	9,65	13,44	5,92	2,26	3,08	61,67	1,86	2,12
84	Maismehl	14	14,21	9,65	3,80	3,56	3,36	62,63	1,46	1,33
85	Reismehl	2	12,82	6,91	0,67	78,84			0,18	0,58
86	Hirsemehl (Panicum miliac.)	1	10,30	9,81	8,80	1,30	9,30	59,03		1,46
87	„ Dhurra (Sorghum vulgare) .	1	13,16	8,25	3,85	71,27			1,86	1,59
88	„ Dari (Sorghum tartar.) . .	1	13,14	7,75	3,30	68,45			4,72	2,64
89	„ Zuckerhirse (Sorgh. sacchar.)	2	14,40	7,61	3,41	72,56			1,24	0,78
90	Buchweizenmehl	16	13,51	8,87	1,56	1,06	2,95	70,30	0,67	1,14
91	Bohnenmehl	7	10,29	23,19	2,13	59,37			1,67	3,35
92	Erbsenmehl	8	11,41	25,20	2,01	57,17			1,32	2,89
93	Linsenmehl	6	10,73	25,46	1,83	57,35			2,01	2,62
94	Sojabohnenmehl	1	10,23	25,69	18,83	38,12			2,75	4,36
95	Kartoffelmehl	5	17,18	1,03	—	80,83			—	0,96
96	Stärkemehl*)	21	16,04	1,18	0,06	82,13			0,13	0,36

*) Ueber die einzelnen Stärkemehlsorten vergl. S. 626.

Seltene Samen resp. Pflanzentheile.

In der Trocken-Substanz: Stickstoff-Substanz %	Fett %	N-freie Extractstoffe %	Holzfaser %	Asche %	Nährstoff-verhältniss (Nh : Nfr) wie 1 :	1 kg enthält Nährwerth-einheiten	1 kg kostet im Kleinverkauf Pfg.	Für 1 Mk. erhält man Nährwerth-einheiten	Bezeichnung	No.
80,18	6,03	7,18	3,20	2,61	11,87	1178,2	—	—	Rosskastanie	63
6,32	4,14	72,62	13,45	3,47	13,14	701,8	—	—	Kastanien, nicht entschält . . .	64
11,61	3,12	78,84	3,23	3,20	7,56	1355,4	—	—	„ entschält	65
6,53	5,05	71,80	14,23	2,39	12,87	749,7	—	—	Eicheln, ungeschält	66
7,17	6,19	77,36	6,41	2,87	12,94	858,0	—	—	„ geschält	67
6,89	1,50	81,19	7,45	2,97	12,32	1021,2	80	1276,5	Johannisbrod	68
23,49	3,32	58,00	11,96	3,23	2,82	1652,6	—	—	Zuckerschotenbaum	69
2,61	1,68	90,57	3,46	1,68	36,37	913,0	100	913,0	Isländisches Moos	70
4,01	1,89	74,65	13,23	6,22	1,99	748,0	—	—	Hagebutten	71
3,21	1,08	93,39	0,50	1,82	13,17	342,9	—	—	Banane	72
3,41	0,59	92,53	0,88	2,59	27,29	939,0	—	—	Bananenmehl	73
22,21	3,17	72,47		2,15	0,31	1059,0	—	—	Dschugara	74
1,24	0,40	88,38	7,76	2,22	72,33	836,9	—	—	Indianisches Brod	75

Mehle und Stärkesorten.

Stickstoff-Substanz %	Fett %	Zucker	Dextrin etc.	Stärke etc.	Holzfaser %	Asche %	Nährstoff-verhältniss	1 kg enthält Nährwerth-einheiten	1 kg kostet Pfg.	Für 1 Mk. Nährwerth-einheiten	Bezeichnung	No.
11,79	1,08	2,71	3,53	80,01	0,33	0,55	7,55	1285,2	36	3570,0	Weizenmehl, feines	76
13,83	1,56	2,13	4,69	75,57	1,12	1,10	6,24	1362,1	28	4864,6	desgl., gröberes	77
13,44	1,95		80,36		2,18	2,07	6,34	1335,0	22	6068,2	desgl., Graham (aus ganzem Korn)	78
10,84	1,08		87,38		0,24	0,46	8,30	1258,9	42	2997,2	Weizengries	79
8,32	1,32		87,39		1,56	1,41	10,91	1158,9	38	3049,7	Graupen	80
13,41	2,41	4,51	8,30	68,06	1,84	1,67	6,48	1338,0	26	5146,2	Roggenmehl	81
13,36	1,80	3,65	7,65	73,82	0,53	0,69	6,59	1327,2	44	—	Gerstenmehl	82
14,88	6,55	2,51	2,41	69,24	2,06	2,35	6,09	1519,7	48	3166,0	Hafermehl	83
11,21	4,42	4,14	3,90	72,81	1,97	1,55	8,19	1292,0	—	—	Maismehl	84
7,93	0,77		90,42		0,21	0,67	11,67	1154,0	100	1154,0	Reismehl	85
10,94	9,81	1,45	10,37	65,80		1,63	3,32	860,5	—	—	Hirsemehl (Panicum miliac.) . .	86
9,50	4,44		81,89		2,14	1,83	9,81	1240,7	—	—	desgl., Dhurra (Sorghum vulgare)	87
8,92	3,80		74,96		5,43	1,89	9,90	1171,0	—	—	desgl., Dari („ tartar.) .	88
8,89	3,98		84,77		1,45	0,91	10,12	1208,4	—	—	desgl., Zuckerhirse („ sacchar.)	89
10,25	1,80	1,23	3,41	81,25	0,78	1,28	8,82	1233,4	38	3245,8	Buchweizenmehl	90
25,88	2,38		66,10		1,86	3,74	2,79	1817,1	58	3132,9	Bohnenmehl	91
28,45	2,27		64,53		1,49	3,26	2,47	1892,0	50	3784,0	Erbsenmehl	92
28,52	2,05		64,25		2,25	2,93	2,43	1901,4	70	2716,3	Linsenmehl	93
28,62	20,98		42,48		3,06	4,86	3,32	2230,6	—	—	Sojabohnenmehl	94
1,24	—		97,60		—	1,16	78,47	859,8	66	1302,7	Kartoffelmehl	95
1,41	0,07		97,94		0,15	0,43	69,89	882,1	70	1260,4	Stärkemehl*)	96

Praeparirte Mehle.

No.	Bezeichnung	Anzahl der Analysen	In der natürlichen Substanz: Wasser %	Stick-stoff-Substanz %	Fett %	Zucker %	Dextrin etc. %	Stärke etc. %	Holzfaser %	Asche %
97	Nudeln, Maccaroni	4	13,07	9,02	0,30	76,77 (Zucker, Dextrin etc., Stärke etc.)			—	0,84
98	Liebig's Backmehl	1	13,82	8,81	0,44	74,55			0,50	1,88
99	„ Puddingpulver	2	12,97	2,09	3,37	78,93			2,04	0,[illegible]4
100	Cond. Hafergrütze	9	9,34	11,29	6,67	70,30			0,91	1,49
101	Hafer-Maltose	5	11,00	11,33	5,44	69,72			0,99	1,52
102	Gersteschleimmehl	3	10,94	7,97	1,38	77,51			0,79	1,41
103	Grünkern-Extract	1	11,09	8,93	1,85	76,28			0,57	1,28
104	Tapioca-Julienne (Reis mit Suppenkräutern)	1	12,33	5,31	0,73	78,49			1,72	1,47
105	Julienne (feine Mischung)	1	7,33	11,16	1,79	64,37			—	5,35
106	Eiergerstel	1	10,16	12,22	1,96	75,09			—	0,57
107	Liebig's Malto-Leguminose	1	9,42	20,47	1,34	16,25 (Zucker, Dextrin etc.)		49,41 (Stärke etc., Holzfaser)		3,01
108	desgl. von Starker & Pobuda	1	8,01	21,93	1,72	5,44		59,84		3,06
109	Lösl. Leguminose von Timpe	1	14,96	21,18	1,87	14,55		44,21		3,23
110	Leguminose-Malzmehl von Gebhard . . .	1	12,00	19,32	1,50	31,60		31,76	1,80	2,02
111	Revalescierre du Barry's	1	10,56	23,56	1,55	9,80		52,22 (Stärke etc., Holzfaser)		2,31
112	Sparsuppenmehl von Knorr	1	10,54	23,00	2,20	12,86		48,98		2,42
113	Kraftsuppenmehl von Scheller	1	6,66	20,26	1,88	—	—	68,11	—	3,09
114	Suppentafeln von Naumann	1	11,41	21,00	3,05	—	—	53,17	—	11,37
115	Sog. Kraft und Stoff	1	10,00	21,04	1,55	—	—	64,22	—	3,19
116	Leguminosen-Mischung I von Knorr und von Hartenstein	4	10,99	25,49	1,85	7,21 (Zucker, Dextrin etc.)		50,58	0,82	3,06
117	„ „ II von Knorr und von Hartenstein	2	11,65	20,38	1,89	10,96		52,10	0,98	2,04
118	„ „ III von Knorr und von Hartenstein	4	11,88	17,83	1,34	10,54		55,89	0,70	1,82
119	Leguminose-Maggi, Marke A,*) mager . .	1	11,46	25,87	2,00	55,95 (Zucker, Dextrin etc., Stärke etc.)			1,05	3,67
120	„ „ „ AA, fett . . .	1	10,65	29,66	6,54	47,46			1,60	4,09
121	„ „ ohne Marke, mager . .	1	11,52	20,25	2,04	61,95			1,23	3,01
122	„ „ „ „ fett . . .	1	10,80	23,68	6,96	52,83			1,81	3,92
123	Sojabohnen-Praeparate, genannt „Miso“ **) von Maggi & Co.	1	12,53	26,43	13,91	19,54			1,41	26,18
124	Dextrinmehl	2	6,46	10,36	0,75	57,96 (Zucker, Dextrin etc.)		23,84 (Stärke etc., Holzfaser)		1,03
125	Gerstenmehl-Extract	1	2,02	7,02	0,22	32,02	56,00	0,42		1,64
126	Weizenmehl- „	1	4,06	6,35	0,20	25,06	60,06	0,61		2,10
127	Leguminosenmehl-Extract	1	1,95	13,45	0,30	28,08	47,05	2,00		5,30
128	Reismehl-Extract	2	17,42	1,57	0,07	58,12	23,30	—		0,45
129	Gerstenmalz-Extract	2	25,49	3,62	69,86 (Fett, Zucker, Dextrin etc., Stärke etc., Holzfaser)					1,03
130	„ „ mit Pepsin	1	23,70	3,33	73,80					1,10

*) Vergl. auch S. 631.

Praeparirte Mehle.

In der Trocken-Substanz: Stickstoff-Substanz %	Fett %	Zucker %	Dextrin etc. %	Stärke etc. %	Holzfaser %	Asche %	Nährstoff-verhältniss (Nh : Nfr.) wie 1 :	1 kg enthält Nährwerth-einheiten	1 kg kostet im Kleinverkauf Pfg.	Für 1 Mk. erhält man Nährwerth-einheiten	Bezeichnung	No.
10,37	0,35	88,31			—	0,97	8,59	1227,7	80	1534,6	Nudeln, Maccaroni	97
10,22	0,51	87,51			0,58	1,18	8,59	1199,2	70	1713,3	Liebig's Backmehl	98
2,40	3,87	90,75			2,24	0,74	41,80	994,9	350	284,3	„ Puddingpulver	99
12,45	7,36	77,55			1,00	1,64	7,70	1467,6	70	2096,6	Cond. Hafergrütze	100
12,73	6,11	78,34			1,11	1,71	7,35	1426,9	80	1783,6	Hafer-Maltose	101
8,75	1,55	87,23			0,89	1,58	10,16	1215,0	100	1215,0	Gersteschleimmehl	102
10,05	2,08	79,79			6,64	1,44	9,06	1264,8	140	903,4	Grünkern-Extract	103
6,07	0,83	89,46			1,96	1,68	15,22	1072,3	180	595,6	Tapioca-Julienne (Reis mit Suppenkräutern)	104
12,04	1,93	80,26			—	5,77	6,18	1255,4	200	627,7	Julienne (feine Mischung) . .	105
13,60	2,18	83,59			—	0,63	6,55	1420,7	120	1184,1	Eiergerstel	106
22,60	1,48	17,96		54,64		3,32	0,96	1226,2	—	—	Liebig's Malto-Leguminose . .	107
23,84	1,87	5,91		65,05		3,33	0,44	1202,5	—	—	desgl. von Starker & Pobuda .	108
24,91	2,20	17,11		51,98		3,80	0,91	1260,6	—	—	Lösl. Leguminose von Timpe .	109
21,95	1,70	35,90		38,12	2,04	2,29	1,83	1327,0	—	—	Leguminose-Malzmehl v. Gebhard	110
26,34	1,73	10,96		58,39		2,58	0,58	1322,5	—	—	Revalescierre du Barry's . . .	111
25,58	2,46	10,96		58,29		2,71	0,80	1344,6	60	2241,0	Sparsuppenmehl von Knorr . .	112
21,70	2,01	—	—	72,98	—	3,31	3,59	1750,5	—	—	Kraftsuppenmehl von Scheller .	113
23,71	3,44	—	—	60,01	—	12,84	2,90	1673,2	—	—	Suppentafeln von Naumann .	114
23,38	1,72	—	—	71,36	—	3,54	3,24	1740,7	—	—	Sog. Kraft und Stoff	115
28,63	2,08	8,10		56,83	0,92	3,44	2,45	1907,9	210	908,5	Leguminosen-Mischung I (von Knorr und von Hartenstein)	116
23,07	2,14	12,41		58,96	1,11	2,31	3,33	1706,3	210	812,5	„ „ II	117
20,24	1,52	11,96		63,42	0,79	2,07	3,91	1596,0	210	760,0	„ „ III	118
29,21	2,26	63,20			1,19	4,14	2,36	1913,0	64	2989,1	Legumin.-Maggi, Marke A,*) mager	119
33,19	7,28	63,16			1,79	4,58	2,15	2153,8	72	2991,4	„ „ „ AA, fett	120
22,88	2,27	70,13			1,37	3,35	3,31	1693,2	48	3527,5	„ „ ohne Marke, mager	121
26,55	7,80	59,33			2,03	4,29	2,97	1921,1	64	3001,7	„ „ „ „ fett .	122
30,21	15,90	22,36			1,61	29,92	2,05	1934,2	—	—	Sojabohnen-Praeparate, genannt „Miso“ **) von Maggi & Co. .	123
11,07	0,80	61,96		25,07		1,10	5,78	1120,1	—	—	Dextrinmehl	124
7,17	0,22	32,66	57,12	1,16		1,67	12,62	1237,8	—	—	Gerstenmehl-Extract	125
6,62	0,21	26,11	62,58	2,29		2,19	13,46	1174,7	—	—	Weizenmehl- „	126
13,72	1,31	28,64	47,99	2,93		5,41	5,64	1432,8	—	—	Leguminosenmehl-Extract . .	127
1,90	0,85	70,33	27,19	—		0,54	51,98	894,8	—	—	Reismehl-Extract	128
4,86	94,76					1,38	—	181,0	—	—	Gerstenmalz-Extract	129
4,37	94,29					1,44	—	166,5	—	—	„ „ mit Pepsin	130

**) Ueber die Japanischen Praeparate „Miso“ und „Tofu“ vergl. S. 632.

Brod und Conditorwaaren.

No.	Bezeichnung	Anzahl der Analysen	In der natürlichen Substanz: Wasser %	Stick-stoff-Substanz %	Fett %	Zucker %	Dextrin etc. %	Stärke etc. %	Holzfaser %	Asche %
131	Weizenbrod, feines	15	35,59	7,06	0,46	4,02	52,56 (Dextrin + Stärke)		0,32	1,09
132	„ grobes	15	40,45	6,15	0,44	2,08	49,04		0,62	1,22
133	Weizenzwieback	9	13,28	8,55	0,98	1,82	73,28		0,59	1,50
134	Roggenbrod	28	42,27	6,11	0,43	2,31	46,95		0,49	1,46
135	Roggenzwieback	7	11,62	9,31	0,96	3,65	67,66		4,73	2,09
136	Pumpernickel	3	43,42	7,59	1,51	3,25	41,87		0,94	1,42
137	Haferzwieback	5	13,04	8,39	6,03	4,09	60,12		5,28	3,05
138	Gerstezwieback	3	12,44	9,33	1,09	4,66	64,40		4,29	3,79
139	Commisbrod (Preussisches)	1	36,71	7,47	0,45	3,05	46,36		1,51	1,46
140	Kleberbrod*)	1	48,02	18,86	0,15	31,19 (Zucker + Dextrin + Stärke)			0,44	1,34
141	Kleberbrod-Bisquits	1	8,47	76,37	2,00	10,53 (Zucker + Dextrin + Stärke)			—	2,63
142	Peptonbrod	1	39,41	7,64 **)	0,37	19,80 (Zucker + Dextrin)		28,99	0,76	4,03
143	Feiner Weizenzwieback	1	1,18	13,31	3,18	7,12	73,96 (Dextrin + Stärke)		0,25	1,00
144	Bisquits, deutsche	1	10,07	11,93	7,47	36,38	32,29		0,75	1,14
145	„ englische	1	7,45	7,18	9,28	17,02	58,08		0,16	0,83
146	Lebkuchen	1	7,27	3,98	3,57	36,47	46,63		0,66	1,51
147	Pfeffernüsse	1	5,01	6,81	0,68	44,86 ***)	40,29		0,42	1,98
148	Cabin, Weizenbisquits	1	9,70	11,40	0,60	—	77,00		—	1,30
149	Cakes, „	1	9,60	11,00	4,60	—	73,30		—	1,50
150	Hafermehl-Cakes A	1	4,04	8,38	12,98	18,29	54,67		0,72	0,92
151	„ „ B	1	5,70	8,19	12,70	17,40	53,64		1,19	1,18
152	Bonbons, gewöhnliche	1	4,66	0,68	0,21	72,86	—	21,03 (Stärke + Holzfaser)		0,56
153	„ bessere	1	5,86	1,63	0,18	81,69	—	10,16		0,58
154	Frucht-Bonbons	1	2,63	0,31	0,07	96,63	—	0,24		0,12
155	Brust- „	1	4,63	0,50	0,13	94,25 †)	—	0,16		0,33
156	Gummi- „	1	7,24	2,12	0,55	87,62 ††)	—	0,38		2,09

Wurzelgewächse.

No.	Bezeichnung	Anzahl der Analysen	Wasser %	Stickstoff-Substanz %	Fett %	Zucker %	N-freie Extractstoffe %	Holzfaser %	Asche %
157	Kartoffeln	178	74,98	2,08	0,15	0,28	20,73	0,69	1,09
158	Topinambur	22	79,24	1,76	0,14	3,48	12,81	1,49	1,08
159	Kohlrübe oder Steckrübe	105	87,80	1,54	0,21	2,71	5,51	1,32	0,91
160	Weisse Rübe, Kohlrübe oder Turnips . . .	53	90,78	1,18	0,22	5,89 (Zucker + N-freie Extractstoffe)		1,13	0,80
161	Runkelrübe	269	87,50	1,34	0,14	7,22	1,68	0,98	1,14
162	Zuckerrübe	34	82,25	1,27	0,12	12,52	1,88	1,14	0,82

*) Ueber sonstige Kleberbrodsorten vergl. S. 633 und S. 1046.

**) Darin 2,73 % Pepton.

***) Mit 24,73 % Traubenzucker.

Brod und Conditorwaaren.

In der Trocken-Substanz: Stickstoff-Substanz %	Fett %	Zucker %	Dextrin etc. %	Stärke etc. %	Holzfaser %	Asche %	Nährstoffverhältniss (Nh : Nfr.) wie 1 :	1 kg enthält Nährwertheinheiten	1 kg kostet im Kleinverkauf Pfg.	Für 1 Mk. erhält man Nährwertheinheiten	Bezeichnung	No.
10,95	0,71	6,24	79,91		0,50	1,69	8,18	932,6	42	2220,5	Weizenbrod, feines	131
9,71	0,69	2,28	84,41		0,98	1,93	8,49	831,9	30	2773,0	„ grobes	132
9,86	1,13	2,10	84,50		0,68	1,73	9,07	1207,9	—	—	Weizenzwieback	133
10,58	0,74	4,00	81,30		0,85	2,53	8,24	811,0	18	4505,6	Roggenbrod	134
10,54	1,09	4,13	76,52		5,35	2,37	7,92	1207,4	—	—	Roggenzwieback	135
13,41	2,67	5,74	74,01		1,66	2,51	6,44	876,0	16	5475,0	Pumpernickel	136
9,65	6,93	4,70	69,14		6,07	3,51	9,45	1242,5	—	—	Haferzwieback	137
10,65	1,24	5,32	73,56		4,90	4,33	7,69	1189,8	—	—	Gerstezwieback	138
11,80	0,71	4,82	78,00		2,36	2,31	6,77	881,1	—	—	Commisbrod (Preussisches)	139
36,29	0,29	59,91			0,85	2,58	1,67	1259,4	—	—	Kleberbrod	140
85,47	2,19	9,47			—	2,87	0,20	3983,8	—	—	Kleberbrod-Bisquits	141
12,58	0,61	32,61		47,31	1,25	6,64	6,51	880,9	—	—	Peptonbrod	142
13,47	3,22	7,21	74,84		0,25	1,01	6,69	1571,7	—	—	Feiner Weizenzwieback	143
13,27	8,31	40,45	35,87		0,83	1,27	7,32	1507,3	400	376,8	Bisquits, deutsche	144
7,75	10,02	18,38	62,78		0,17	0,90	13,69	1388,4	400	347,1	„ englische	145
4,99	3,85	39,31	49,51		0,71	1,63	23,12	1137,1	260	437,4	Lebkuchen	146
7,17	0,72	47,24	42,35		0,44	2,08	12,75	1212,4	132	918,5	Pfeffernüsse	147
12,62	0,66	—	85,28		—	1,44	4,26	1358,0	—	—	Cabin, Weizenbisquits	148
12,17	1,77	—	84,40		—	1,66	7,71	1421,0	—	—	Cakes, „	149
8,73	13,53	19,06	56,97		0,75	0,96	12,63	1538,0	—	—	Hafermehl-Cakes A	150
8,78	13,46	18,44	52,81		1,26	1,25	12,55	1500,9	—	—	„ „ B	151
0,71	0,22	76,42	—	22,06		0,59	282,57	2219,8	—	—	Bonbons, gewöhnliche	152
1,73	0,19	86,59	—	10,88		0,61	125,29	2532,2	—	—	„ bessere	153
0,32	0,07	99,24	—	0,25		0,12	779,29	2914,4	—	—	Frucht-Bonbons	154
0,52	0,14	98,82	—	0,17		0,35	471,26	2852,5	—	—	Brust- „	155
2,29	0,59	94,46	—	0,41		2,25	103,47	2734,6	—	—	Gummi- „	156

Wurzelgewächse.

Stickstoff-Substanz %	Fett %	Zucker %	N-freie Extractstoffe %	Holzfaser %	Asche %	Nährstoffverhältniss wie 1 :	1 kg enthält Nährwertheinheiten	1 kg kostet Pfg.	Für 1 Mk. Nährwertheinheiten	Bezeichnung	No.
8,31	0,60	1,12	82,85	2,76	4,36	10,28	318,6	6,5	4901,5	Kartoffeln	157
8,48	0,67	16,77	61,70	7,18	5,20	9,45	255,1	—	—	Topinambur	158
12,62	0,25	3,24	81,22	1,58	1,09	10,92	165,5	—	—	Kohlrübe oder Steckrübe	159
12,80	2,39	74,90		1,23	8,68	5,46	124,5	—	—	Weisse Rübe, Kohlrübe od. Turnips	160
10,72	1,12	57,76	13,44	7,84	9,12	6,90	160,2	—	—	Runkelrübe	161
7,22	0,68	71,16	9,80	6,48	4,66	11,57	211,1	—	—	Zuckerrübe	162

†) Mit 84,39 % Malzzucker.
††) Mit 53,89 % Zucker und 33,73 % Gummi.

No.	Bezeichnung	Anzahl der Analysen	In der natürlichen Substanz: Wasser %	Stick-stoff-Substanz %	Fett %	Zucker %	N-freie Extract-stoffe %	Holzfaser %	Asche %
163	Cichorie	3	75,69	1,01	0,49	3,44	17,62	0,97	0,78
164	Kerbelrübe	3	65,34	3,89	0,32	1,60	26,23	0,94	1,68
165	Mohrrübe, gelbe Möhre, grosse Varietät	36	86,79	1,23	0,30	6,71	2,46	1,49	1,02
166	Mohrrübe, gelbe Möhre, kleine "	6	88,84	1,07	0,21	1,58	6,59	0,98	0,73
167	Pastinak	3	83,22	1,37	0,44	2,06	10,50	1,42	0,99
168	Zuckerwurzel	1	72,51	2,87	0,34	4,50	15,19	2,11	2,48
169	Batate oder Yamswurzel	11	71,86	1,00	0,20	1,74	23,31	1,03	0,86
170	Zuckerkartoffeln	3	82,52	1,78	0,14	14,04		0,64	0,88
171	Eierkartoffeln	2	93,72	0,88	0,10	3,61		1,28	0,41

(Ueber sonstige seltenere Wurzelgewächse vergl. S. 701, 703—705.)

Gemüsearten.

No.	Bezeichnung	Anzahl der Analysen	Wasser %	Stick-stoff-Substanz %	Fett %	Zucker %	N-freie Extract-stoffe %	Holzfaser %	Asche %
172	Teltower Rübchen	2	81,90	3,52	0,14	1,24	10,10	1,82	1,28
173	Einmach-Rothrübe	1	87,07	1,37	0,03	0,54	9,02	1,05	0,92
174	Rettig	3	86,92	1,92	0,11	1,53	6,90	1,55	1,07
175	Radieschen	3	93,34	1,23	0,15	—	15,89	2,78	1,63
176	Schwarzwurz	1	80,39	1,04	0,50	2,19	12,61	2,27	0,99
177	Sellerie (Knollen)	1	84,09	1,48	0,39	0,77	11,03	1,40	0,84
178	" (Blätter)	1	81,57	4,64	0,79	1,26	7,87	1,41	2,46
179	Kohlrabe (Knollen)	8	85,89	2,87	0,21	0,38	7,80	1,68	1,17
180	" (Blätter)	9	86,04	2,03	0,45	0,51	6,77	1,55	1,65
181	Perlzwiebeln	1	70,18	2,68	0,10	5,78	19,91	0,81	0,54
182	Blassrothe Zwiebel (Knollen)	2	85,99	1,68	0,10	2,78	8,04	0,71	0,70
183	" " (Blätter)	1	88,17	2,58	0,58	5,65		1,76	1,25
184	Lauch (Knollen)	3	87,62	2,83	0,29	0,44	6,09	1,49	1,24
185	" (Blätter)	2	90,82	2,10	0,44	0,81	3,74	1,27	0,82
186	Knoblauch (Zwiebel)	1	64,66	6,76	0,06	26,31		0,77	1,44
187	Schnittlauch	2	82,00	3,92	0,88	9,08		2,46	1,66
188	Gurke	4	95,20	1,18	0,09	0,96	1,35	0,78	0,44
189	Melone	5	90,38	1,00	0,32	2,13	4,40	1,09	0,68
190	Kürbis (Fruchtfleisch)	20	90,32	1,10	0,13	1,34	5,16	1,22	0,73
191	Liebesapfel	1	92,37	1,25	0,33	2,53	1,54	0,84	0,63
192	Spargel	4	93,75	1,79	0,25	0,37	2,26	1,04	0,54
193	Gartenerbse (unreif)	4	78,44	6,35	0,53	12,00		1,87	0,81
194	Saubohne (unreif)	3	84,07	5,43	0,33	7,35		2,08	0,74
195	Schnittbohnen	7	88,75	2,72	0,14	1,16	5,44	1,18	0,61
196	Blumenkohl	5	90,89	2,48	0,34	1,21	3,34	0,91	0,83
197	Butterkohl	1	86,96	3,01	0,54	1,47	5,72	1,20	1,10
198	Winterkohl	2	80,03	3,99	0,90	1,21	10,42	1,88	1,57
199	Rosenkohl	2	85,63	4,83	0,46	6,22		1,57	1,29
200	Savoyerkohl	6	87,09	3,31	0,71	1,29	4,73	1,23	1,64
201	Rothkraut	1	90,06	1,83	0,19	1,74	4,12	1,29	0,77
202	Zuckerhut	2	92,60	1,80	0,20	1,39	2,40	0,97	0,64
203	Weisskraut (Kabbes)	7	89,97	1,89	0,20	2,29	2,58	1,84	1,23

In der Trocken-Substanz											
Stickstoff-Substanz %	Fett %	Zucker %	N-freie Extractstoffe %	Holzfaser %	Asche %	Nährstoffverhältniss (Nh : Nfr.) wie 1 :	1 kg enthält Nährwertheinheiten	1 kg kostet im Kleinverkauf Pfg.	Für 1 Mk. erhält man Nährwertheinheiten	Bezeichnung	No.
4,15	2,02	14,15	72,48	3,99	3,21	22,07	275,8	—	—	Cichorie	163
11,22	0,92	14,62	75,68	2,71	4,85	7,36	482,4	—	—	Kerbelrübe	164
9,31	2,27	50,79	18,63	11,28	7,72	8,07	162,2	2,5	6488,0	Mohrrübe, gelbe Möhre, grosse Varietät	165
9,59	1,88	14,16	59,05	8,78	6,54	9,07	141,5	6,0	2358,3	Mohrrübe, gelbe Möhre, kleine „	166
8,16	2,62	12,28	62,58	8,46	5,90	9,97	207,3	—	—	Pastinak	167
10,44	1,24	16,37	55,25	7,68	9,02	7,16	350,6	—	—	Zuckerwurzel	168
3,55	0,71	6,18	82,84	3,66	3,06	25,55	306,5	—	—	Batate oder Yamswurzel	169
9,12	0,72	82,37		3,28	4,51	8,08	233,6	—	—	Zuckerkartoffeln	170
14,01	1,59	57,49		20,38	6,53	4,39	83,1	—	—	Eierkartoffeln	171

(Ueber sonstige seltenere Wurzelgewächse vergl. S. 701, 703—705.)

Gemüsearten.

19,45	0,77	6,85	55,80	10,06	7,07	3,32	293,6	70	419,4	Teltower Rübchen	172
10,60	0,23	4,18	69,75	8,12	7,12	7,04	165,0	—	—	Einmach-Rothrübe	173
14,66	0,84	11,70	51,77	12,85	8,18	4,54	183,6	30	612,0	Rettig	174
18,49	2,25	—	22,50	32,29	24,47	13,23	224,9	—	—	Radieschen	175
15,70	7,55	3,31	24,22	34,27	14,95	15,43	215,0	—	—	Schwarzwurz	176
9,30	2,45	4,84	69,33	8,80	5,28	8,81	203,7	—	—	Sellerie (Knollen)	177
25,19	4,29	6,84	42,68	7,65	13,35	2,89	347,0	—	—	„ (Blätter)	178
20,34	1,49	2,69	55,28	11,91	8,29	3,03	231,6	12	1930,0	Kohlrabe (Knollen)	179
14,54	3,22	3,65	55,87	11,10	11,82	4,12	187,8	—	—	„ (Blätter)	180
8,99	0,34	19,38	65,76	3,72	1,81	9,68	393,9	—	—	Perlzwiebeln	181
11,99	0,71	19,84	57,39	5,07	5,00	6,59	195,2	—	—	Blassrothe Zwiebel (Knollen)	182
21,81	4,90	47,83		14,88	10,58	2,75	202,9	—	—	„ „ (Blätter)	183
22,86	2,34	3,55	49,19	12,04	10,02	2,57	215,5	—	—	Lauch (Knollen)	184
22,88	4,79	8,82	40,75	13,83	8,93	2,79	163,7	—	—	„ (Blätter)	185
19,13	0,17	74,44		2,18	4,08	6,91	602,9	—	—	Knoblauch (Zwiebel)	186
21,95	4,89	50,27		13,67	9,22	2,88	313,2	—	—	Schnittlauch	187
24,58	1,88	20,00	27,12	16,25	9,17	2,15	84,8	—	—	Gurke	188
10,40	3,32	22,14	45,74	11,33	7,07	7,33	124,9	—	—	Melone	189
11,36	1,34	13,84	53,32	12,60	7,54	6,21	123,9	—	—	Kürbis (Fruchtfleisch)	190
16,38	4,32	33,16	26,87	11,01	8,26	3,92	113,1	—	—	Liebesapfel	191
28,64	4,00	5,92	40,16	12,64	8,64	1,82	123,3	150	82,2	Spargel	192
29,43	2,46	55,70		8,66	3,75	2,10	453,4	44	1030,5	Gartenerbse (unreif)	193
34,08	2,07	46,15		13,06	4,64	1,51	354,9	38	934,0	Saubohne (unreif)	194
24,18	1,24	10,31	48,36	10,49	5,42	2,55	206,2	—	—	Schnittbohnen	195
27,12	3,73	13,28	36,77	9,99	9,11	2,18	179,7	320	56,2	Blumenkohl	196
23,08	4,14	11,27	43,87	9,20	8,44	2,84	238,6	—	—	Butterkohl	197
19,98	4,51	6,06	52,17	9,42	7,86	2,37	342,8	20	1714,0	Winterkohl	198
33,61	3,20	43,28		10,93	8,98	1,53	317,5	80	396,9	Rosenkohl	199
25,64	5,50	10,00	38,02	9,53	11,31	2,36	247,0	—	—	Savoyerkohl	200
18,41	1,91	17,50	41,95	12,48	7,75	3,47	155,8	—	—	Rothkraut	201
24,33	2,70	18,79	32,42	13,11	8,65	2,38	133,9	—	—	Zuckerhut	202
18,81	1,99	22,79	25,86	18,31	12,24	2,54	149,2	10	1492,0	Weisskraut (Kabbes)	203

No.	Bezeichnung	Anzahl der Analysen	In der natürlichen Substanz: Wasser %	Stickstoff-Substanz %	Fett %	Zucker %	N-freie Extractstoffe %	Holzfaser %	Asche %
204	Steckrübenstengel	2	92,88	2,00	0,14	1,94		1,17	1,87
205	Spinat	3	88,47	3,49	0,58	0,10	4,34	0,93	2,09
206	Endiviensalat	2	94,13	1,76	0,13	0,76	1,82	0,62	0,78
207	Kopfsalat	5	94,33	1,41	0,31	2,19		0,73	1,03
208	Feldsalat	1	93,41	2,09	0,41	2,73		0,57	0,79
209	Römischer Salat	1	92,50	1,26	0,54	3,55		1,17	0,98
210	Dill (Blätter, Blüthen)	1	83,84	3,48	0,88	7,30		2,08	2,42
211	Petersilie	1	85,05	3,66	0,72	0,75	6,69	1,45	1,68
212	Beifuss	1	79,01	5,56	1,16	9,46		2,26	2,55
213	Pfeffer- (Bohnen-) Kraut	1	71,88	4,15	1,65	2,45	9,16	8,60	2,11
214	Becherblume	1	75,36	5,65	1,23	1,98	11,05	3,02	1,72
215	Gemüse-Sauerampfer	1	92,18	2,42	0,48	0,37	3,06	0,66	0,82

Gemüse-Conserven.

No.	Bezeichnung	Anzahl der Analysen	Wasser %	Stickstoff-Substanz %	Fett %	Zucker %	N-freie Extractstoffe %	Holzfaser %	Asche %
216	Lauch	1	17,19	16,07	2,83	64,49		10,66	8,76
217	Zwiebeln	1	26,88	10,02	0,72	55,05		4,24	3,09
218	Sellerie (Knollen)	1	12,80	12,85	2,17	55,06		8,73	8,39
219	„ (Blätter)	1	14,99	18,81	4,31	36,33		9,78	15,78
220	Carotten (Möhren)	1	22,08	7,20	1,44	54,77		8,65	5,86
221	Schnittbohnen	2	20,66	18,36	1,54	45,20		9,46	4,78
222	Wirsing	1	24,81	20,87	1,67	36,94		8,99	6,72
223	Blumenkohl	1	21,48	29,97	3,00	30,43		8,34	6,78
224	Winterkohl	1	13,93	20,31	3,59	45,25		7,65	9,27
225	Rosenkohl	1	17,05	28,11	2,64	36,44		8,41	6,35
226	Suppenkräuter	1	17,44	8,23	1,04	44,89		5,62	2,81
227	Kohl mit Grütze	1	5,40	12,82	5,53	67,58			8,67
228	Chunnos (Kartoffel-Conserve)	1	13,03	2,31	0,13	83,04		1,13	0,36

Salat-Unkräuter.

No.	Bezeichnung	Anzahl der Analysen	Wasser %	Stickstoff-Substanz %	Fett %	Zucker %	N-freie Extractstoffe %	Holzfaser %	Asche %
229	Löwenzahn	1	85,54	2,81	0,69	7,45		1,52	1,90
230	Nessel	1	82,44	5,50	0,67	7,13		1,96	2,30
231	Wegebreit-Blätter	1	81,44	2,65	0,41	11,19		2,09	2,16
232	Gemüse-Portulak	1	92,61	2,24	0,40	2,16		1,03	1,56
233	Weisser Gänsefuss	1	80,80	3,94	0,76	8,93		3,82	3,02

Meeres-Algen.

No.	Bezeichnung	Anzahl der Analysen	Wasser %	Stickstoff-Substanz %	Fett %	Zucker %	N-freie Extractstoffe %	Holzfaser %	Asche %
234	Porphyra vulgaris	2	14,19	29,95	1,29	39,45		5,52	9,60
235	Enteromorpha compressa	2	13,57	16,07	1,73	43,23		10,58	14,82
236	Cystoseira species	2	16,07	10,01	0,49	39,49		17,06	16,88
237	Capea elongata	3	17,01	10,07	0,32	38,90		2,11	32,59
238	Laminaria japonica	2	23,95	6,64	0,87	43,68		4,97	19,89
239	Isinglas	1	22,80	11,71	62,05			—	3,44
240	Agar-Agar	1	19,56	2,53	73,60			—	4,31

In der Trocken-Substanz: Stick-stoff-Substanz %	Fett %	Zucker %	N-freie Extract-stoffe %	Holzfaser %	Asche %	Nährstoff-verhältniss (Nh : Nfr.) wie 1 :	1 kg enthält Nährwerth-einheiten	1 kg kostet im Kleinverkauf Pfg.	Für 1 Mk. erhält man Nährwerth-einheiten	Bezeichnung	No.
28,09	1,97	27,25		16,43	26,26	1,15	123,6	6	2060,0	Steckrübenstengel	204
30,27	5,03	0,87	37,63	8,07	18,13	1,69	236,3	22	1074,1	Spinat	205
29,98	2,21	12,94	31,02	10,56	13,29	1,65	117,7	—	—	Endiviensalat	206
24,87	5,47	38,96		12,53	18,17	2,11	101,7	—	—	Kopfsalat	207
31,71	6,22	41,44		8,64	11,99	1,80	144,1	—	—	Feldsalat	208
16,80	7,20	47,34		15,59	13,07	3,89	114,7	—	—	Römischer Salat	209
21,53	5,45	45,18		12,87	14,97	2,73	273,4	—	—	Dill (Blätter, Blüthen)	210
24,48	4,82	5,02	44,74	9,70	11,24	2,52	279,0	—	—	Petersilie	211
26,49	5,53	44,96		40,87	12,15	2,22	407,4	—	—	Beifuss	212
14,76	5,87	8,71	32,58	30,58	7,50	3,79	373,1	—	—	Pfeffer- (Bohnen-) Kraut	213
22,93	4,99	8,03	44,81	12,26	6,98	2,85	449,7	—	—	Becherblume	214
30,95	6,14	4,73	39,25	8,44	10,49	1,91	169,7	—	—	Gemüse-Sauerampfer	215

Gemüse-Conserven.

19,41	3,42	53,72		12,87	10,58	4,45	1533,3	320	479,1	Lauch	216
13,71	0,98	75,28		5,80	4,23	5,67	1073,1	300	357,4	Zwiebeln	217
14,74	2,49	63,14		10,01	9,62	4,71	1258,3	440	286,0	Sellerie (Knollen)	218
22,12	5,09	53,31		0,92	18,56	2,50	1433,1	200	716,6	„ (Blätter)	219
9,24	1,85	70,29		11,10	7,52	8,11	950,9	240	396,2	Carotten (Möhren)	220
20,67	1,73	61,57		10,65	5,38	2,67	1416,2	550	257,5	Schnittbohnen	221
27,76	2,22	49,12		11,96	8,94	1,97	1463,0	300	487,7	Wirsing	222
38,18	3,82	38,73		10,63	8,64	1,27	1892,8	840	237,2	Blumenkohl	223
23,60	4,17	52,57		8,89	10,77	2,67	1575,7	—	—	Winterkohl	224
33,90	3,18	45,12		10,14	7,66	1,53	1849,1	600	308,2	Rosenkohl	225
9,97	1,70	78,12		6,81	3,40	5,83	891,6	220	405,3	Suppenkräuter	226
13,55	5,85	71,44			9,16	1,08	806,9	—	—	Kohl mit Grütze	227
2,66	0,15	95,28		1,30	0,61	3,61	949,8	—	—	Chunnos (Kartoffel-Conserve) . .	228

Salat-Unkräuter.

19,43	4,77	52,15		10,51	13,14	3,27	235,7	—	—	Löwenzahn	229
31,32	3,82	40,60		11,16	13,10	1,64	366,4	—	—	Nessel	230
14,14	2,19	61,00		11,15	11,52	4,61	256,7	—	—	Wegebreit-Blätter	231
30,31	5,41	29,21		13,94	21,11	1,41	145,6	—	—	Gemüse-Portulak	232
20,52	3,96	39,90		19,89	15,73	2,77	309,1	—	—	Weisser Gänsefuss	233

Meeres-Algen.

34,89	2,50	46,00		5,43	11,18	1,43	1930,7	—	—	Porphyra vulgaris	234
18,58	2,00	50,06		12,23	17,13	2,96	1287,7	—	—	Enteromorpha compressa	235
12,04	0,58	46,92		20,34	20,12	4,06	910,1	—	—	Cystoseira species	236
13,34	0,39	44,46		2,54	39,27	3,94	902,1	—	—	Capea elongata	237
8,73	1,15	57,42		6,54	26,16	6,91	794,9	—	—	Laminaria japonica	238
21,14	74,41			—	4,45	5,30	1206,0	—	—	Isinglas	239
31,45	63,19			—	5,36	2,91	862,5	—	—	**Agar-Agar**	240

Gewürze.

No.	Bezeichnung	Anzahl der Analysen	In der natürlichen Substanz: Wasser %	Stickstoff-Substanz %	Flüchtiges Oel %	Fixes Oel %	Stärke %	Sonstige N-freie Extractstoffe %	Holzfaser %	Asche %
241	Pfeffer, schwarzer	25	13,05 *)	11,98	1,36	6,85	32,60	7,39	12,45	4,02
242	„ weisser	12	13,75 **)	11,12	0,94	7,11	40,31	3,35	6,08	1,61
243	Cayenne-Pfeffer	7	13,21	13,40	0,87	18,26	31,76		17,17	5,33
244	Senf (Mehl von Sinapis-Arten)***)	7	5,12	31,55	0,66	35,42	13,95		8,85	4,45
245	Ceylon-Zimmet	4	8,94	3,66	1,65	2,00	48,62		31,39	3,74
246	Chinesischer Zimmet	5	10,40	3,04	2,21	2,27	60,70		18,59	2,79
247	Ingwer	18	12,08	7,12	1,70	3,44	49,72	16,77	4,36	4,81
							Tannin			
248	Gewürznelken, gute Qualität	8	8,04	5,92	15,80	9,10	16,01	29,19	8,45	7,42
249	Gewürznelken, geringe „	9	8,56	5,34	8,92	5,90	23,72	28,13	11,61	7,67
250	Nelkenpfeffer (Piment)	7	8,18	4,75	3,00	6,34	9,38	46,84	17,44	4,07
							Zucker			
251	Muskatnuss	3	7,38	5,49	3,05	34,27	1,58	35,61	9,92	2,70
252	Muskatblüthe (Macis)	5	9,65	5,30	6,66	24,63	2,15	42,66	6,31	2,64
253	Vanille	2	28,39	3,71	0,62	5,71	8,09	31,70	17,43	4,63
254	Zittwer	1	14,85	9,17	1,93	2,33	0,14	62,83	4,33	4,42
255	Safran	1	16,07	11,74	0,60	3,22	15,33	44,57	4,37	4,37
256	Anis	1	11,42	16,31	1,92	8,36	3,89	23,96	25,23	8,91
257	Kümmel	1	13,23	19,43	1,74	17,30	2,14	18,20	22,41	5,55
258	Coriander	1	11,42	10,94	0,25	19,13	0,10	22,86	30,62	4,68
259	Galgant	1	11,87	1,19	0,34	5,15	3,05	59,05	14,53	3,82
260	Cardamom, Kerne	1	19,38	11,18	3,80	1,14	0,65	44,10	11,02	8,73
261	Cardamom, Hülsen	1	8,37	5,50	0,72	2,27	0,94	36,91	30,42	14,87

Pilze und Schwämme. a. Frisch.

No.	Bezeichnung	Anzahl der Analysen	Wasser %	Stickstoff-Substanz %	Fett %	Mannit %	Traubenzucker %	Sonstige N-freie Extractstoffe %	Holzfaser %	Asche %
262	Champignon	4	91,28	3,74	0,15	0,42	0,75	2,34	0,84	0,48
263	Sonstige Agaricus-Arten	12	88,77	3,04	0,35	5,90			1,04	0,90
264	Trüffel	4	72,80	8,60	0,62	8,10			7,57	2,31
265	Steinmorchel	2	90,00 °)	3,00	0,19	0,65	0,09	4,47	0,67	0,93
266	Speisemorchel	1	90,00 °)	3,48	0,24	0,61	0,10	3,96	0,67	0,94
267	Kegelförmiger Morchel	3	90,00	3,38	0,15	0,96	0,04	3,63	0,87	0,97
268	Hahnenkamm	1	90,00 °)	2,44	0,21	0,77	—	5,22	0,69	0,67
269	Clavaria botrytis	1	89,35	1,31	0,29	—	7,66		0,73	0,66
270	Steinpilz	3	91,30	3,61	0,17	0,44	—	3,28	0,57	0,63
271	Sonstige Boletus-Arten	5	91,30	1,59	0,26	—	2,53	2,87	0,92	0,54
272	Fistulina hepatica	1	85,00	1,59	0,12	11,40			1,95	0,94

*) Schliesst 0,55 % Sand mit ein; vergl. S. 723.
**) Schliesst 0,19 % Sand mit ein; vergl. S. 724.

Gewürze.

In der Trocken-Substanz: Stickstoff-Substanz %	Flüchtiges Oel %	Fixes Oel %	Stärke %	Sonstige N-freie Extractstoffe %	Holzfaser %	Asche %	Nährstoffverhältniss (Nh : Nfr.) wie 1:	1 kg enthält Nährwertheinheiten	Bezeichnung	No.
13,68	1,56	7,64	37,49	20,69	14,32	4,62	—	—	Pfeffer, schwarzer	241
12,89	1,09	8,24	46,72	19,52	9,67	1,87	—	—	„ weisser	242
15,44	1,00	21,04	36,60		19,78	6,14	—	—	Cayenne-Pfeffer	243
33,27	0,70	37,34	14,67		9,33	4,69	—	—	Senf (Mehl von Sinapis-Arten)	244
4,02	1,81	2,20	53,79		34,47	4,11	—	—	Ceylon-Zimmet	245
3,39	2,47	2,53	67,75		20,75	3,11	—	—	Chinesischer Zimmet	246
8,10	1,93	3,91	56,53	19,10	4,96	5,47	—	—	Ingwer	247
			Tannin							
6,44	17,19	9,90	17,42	31,79	9,19	8,07	—	—	Gewürznelken gute Qualität	248
5,84	9,76	6,45	25,96	30,50	12,70	8,39	—	—	Gewürznelken geringe „	249
5,17	3,27	6,90	10,21	51,13	18,99	4,43	—	—	Nelkenpfeffer (Piment)	250
			Zucker							
5,97	3,29	37,00	1,71	39,40	10,71	2,92	—	—	Muskatnuss	251
5,86	7,37	27,27	2,38	46,21	9,99	2,92	—	—	Muskatblüthe (Macis)	252
4,37	0,87	7,97	10,49	47,51	24,33	4,46	—	—	Vanille	253
10,77	0,27	7,74	61,64	9,31	5,08	5,19	—	—	Zittwer	254
13,99	0,72	3,84	18,28	52,96	5,20	5,21	—	—	Safran	255
18,41	2,17	9,44	4,39	31,05	28,48	10,06	—	—	Anis	256
22,38	2,00	13,92	2,47	27,03	25,87	6,39	—	—	Kümmel	257
12,26	0,28	20,44	0,11	27,34	34,32	5,25	—	—	Coriander	258
1,35	0,38	5,85	3,46	68,03	16,59	4,34	—	—	Galgant	259
13,86	4,71	26,21	0,81	29,92	13,66	10,83	—	—	Cardamom Kerne	260
6,00	0,79	2,48	1,03	40,29	33,19	16,22	—	—	Cardamom Hülsen	261

Pilze und Schwämme. a. Frisch.

Stickstoff-Substanz %	Fett	Mannit	Traubenzucker	Sonstige N-freie Extractstoffe	Holzfaser	Asche	Nährstoffverhältniss	Nährwertheinheiten	Bezeichnung	No.
42,89	1,72	4,83	8,60	26,83	9,63	5,50	1,04	226,6	Champignon	262
27,11	3,12	52,46			9,28	8,03	2,23	221,5	Sonstige Agaricus-Arten	263
29,43	2,28	31,97			27,83	8,49	1,12	529,6	Trüffel	264
30,00	1,90	6,50	0,90	44,70	6,70	9,30	1,90	207,8	Steinmorchel	265
34,80	2,40	6,10	1,00	39,60	6,70	9,40	1,51	227,9	Speisemorchel	266
33,80	1,50	9,60	0,04	36,66	8,70	9,70	1,48	219,8	Kegelförmiger Morchel	267
24,40	2,10	7,70	—	52,20	6,90	6,70	2,66	188,2	Hahnenkamm	268
12,39	2,72	—	71,84		6,85	6,20	6,40	150,8	Clavaria botrytis	269
41,48	1,95	5,06	—	75,07	6,55	7,24	1,12	222,8	Steinpilz	270
18,28	2,99	—	—	61,95	10,57	6,21	3,81	141,3	Sonstige Boletus-Arten	271
10,60	0,80	69,33			13,00	6,27	7,36	197,1	Fistulina hepatica	272

***) Ueber Handels-Senfsorten vergl. S. 739.

n) Dieser Wassergehalt ist nach dem der kegelförmigen Morcheln angenommen.

No.	Bezeichnung	Anzahl der Analysen	Wasser %	Stickstoff-Substanz %	Fett %	Mannit %	Traubenzucker %	Sonstige N-freie Extractstoffe %	Holzfaser %	Asche %
			In der natürlichen Substanz							
273	Polyporus bovinus	3	91,63	0,96	0,58	2,90		1,57	1,80	0,76
274	Lycoperdon bovista	1	86,97	7,23	0,39	1,34		1,16	1,88	1,03
275	Cortenaris caperatus	1	90,67	1,92	0,20	6,51			1,14	0,56
276	Marasmius Oreades	2	91,75	3,53	0,33	0,72		2,07	0,75	0,85
277	Cantharellus cibarius	2	91,91	2,94	0,32	0,74		2,13	1,21	0,75
278	Hydnum repandum	3	92,68	1,79	0,34	1,68		1,84	1,03	0,69
	b. Lufttrocken.									
279	Champignon	8	14,04	37,45	1,45	4,17	7,49	22,43	8,25	4,72
280	Sonstige Agaricus-Arten	17	18,03	20,27	2,55	8,87	—	35,68	7,59	7,01
281	Trüffel	4	4,35	30,26	2,19	27,44			26,61	8,15
282	Steinmorchel	2	16,36	25,22	1,65	5,46	0,79	37,05	5,63	7,84
283	Speisemorchel	1	19,04	28,48	1,93	4,98	0,82	31,62	5,50	7,63
284	Kegelförmiger Morchel	3	18,23	27,64	1,23	7,89	0,39	29,58	7,11	7,93
285	Hahnenkamm	1	21,43	19,19	1,67	6,13	—	40,87	5,45	5,26
286	Steinpilz	3	12,81	36,12	1,72	4,48	—	32,78	5,71	6,38
287	Lactarius deliciosus	1	12,73	23,92	5,86	16,93		7,24	28,14	5,18
288	Marasmius Oreades	2	16,00	35,29	3,38	7,34		20,89	7,69	8,71
289	Cantharellus cibarius	2	16,48	30,32	3,26	8,27		21,49	12,48	7,70
290	Gyromitra esculenta	3	14,89	27,71	2,21	9,34		30,72	8,48	6,65
	Zucker, Syrup und Honig etc.									
						Rohrzucker				
291	Zuckerrohr	17	75,41	1,49	1,04	14,32	0,83	6,24		0,69
292	Rohrzucker	39	2,16	0,35	—	93,33	1,78	1,21	—	0,76
293	Rübenzucker ff.	—	—	—	—	99,75	—	0,12	—	0,13
294	„ fein	—	—	—	—	99,60	—	0,19	—	0,21
295	„ mittel	—	0,23	—	—	98,70	—	0,23	—	0,84
296	„ ordinär	—	0,50	—	—	98,30	—	0,37	—	0,83
297	Palmenzucker	1	1,86	—	—	87,97	1,71	7,94	—	0,50
298	Maiszucker	1	2,50	—	—	88,42	3,07	3,57	—	1,47
299	Sorghozucker	1	1,71	—	—	93,05	0,41	4,14	—	0,68
300	Melassezucker (Colonial-)	6	35,06	—	—	18,30	Schleimzucker 34,70	—	—	2,88
							Traubenzucker			
301	Stärkezucker	44	16,99	—	—	—	64,33	18,02	—	0,66
302	Stärkezucker-Syrup	11	19,58	—	—	—	41,69	38,37	—	0,36
303	Krystall-Syrup	1	14,06	—	—	—	48,05	37,60	—	0,29
304	Zucker-Couleur	4	28,26	—	—	20,40	31,75	16,73	—	2,86
				Stickstoff	Säure = Aepfelsäure					
305	Obstkraut (Syrup)	10	34,88	0,200	2,26	2,77	52,94	5,23	—	1,92

In der Trocken-Substanz										
Stickstoff-Substanz %	Fett %	Mannit %	Traubenzucker %	Sonstige N-freie Extractstoffe %	Holzfaser %	Asche %	Nährstoffverhältniss (Nh : Nfr.) wie 1 :	1 kg enthält Nährwertheinheiten	Bezeichnung	No.
11,47	6,93	34,64		16,38	21,50	9,08	6,17	110,1	Polyporus bovinus	273
55,49	2,99	10,28		8,90	14,43	7,91	0,48	398,2	Lycoperdon bovista	274
20,58	2,14	59,06			12,22	6,00	3,65	167,1	Cortenaris caperatus	275
42,80	4,00	8,73		24,99	9,09	10,39	1,03	214,3	Marasmius Oreades	276
36,34	3,96	9,15		26,32	14,96	9,27	1,25	185,3	Cantharellus cibarius	277
24,45	4,64	2,30		45,11	14,07	9,43	2,44	134,9	Hydnum repandum	278
					b. Lufttrocken.					
43,55	1,69	4,85	8,71	26,11	9,60	5,49	1,01	2256,9	Champignon	279
24,73	3,11	10,82	—	47,53	9,26	8,55	2,51	1535,5	Sonstige Agaricus-Arten . . .	280
31,65	2,92	28,28			27,83	9,32	1,80	1853,1	Trüffel	281
30,19	1,97	6,52	0,94	44,25	6,73	9,40	1,88	1743,5	Steinmorchel	282
35,17	2,38	6,14	1,01	39,09	6,79	9,42	1,47	1856,1	Speisemorchel	283
34,47	1,53	9,84	0,49	35,11	8,87	9,89	1,48	1797,5	Kegelförmiger Morchel . . .	284
24,43	2,13	7,80	—	52,00	6,94	6,70	2,67	1479,6	Hahnenkamm	285
41,43	6,72	5,14	—	32,44	6,55	7,32	1,15	2230,2	Steinpilz	286
27,41	6,72	19,40		6,82	32,25	7,40	1,62	1613,5	Lactarius deliciosus	287
42,86	4,03	8,74		24,84	9,16	10,37	1,04	2148,2	Marasmius Oreades	288
36,29	3,90	9,90		25,75	14,94	9,22	1,25	1911,4	Cantharellus cibarius	289
32,56	2,60	10,97		36,20	9,96	7,71	1,65	1852,4	Gyromitra esculenta	290

Zucker, Syrup und Honig etc.

		Rohrzucker								
6,06	4,23	60,32	3,37	23,30		2,81	—	—	Zuckerrohr	291
0,35	—	95,38	1,82	1,67	—	0,78	—	—	Rohrzucker	292
—	—	—	—	—	—	—	—	—	Rübenzucker ff.	293
—	—	—	—	—	—	—	—	—	„ fein	294
—	—	98,90	—	—	—	0,83	—	—	„ mittel	295
—	—	98,79	—	1,21	—	—	—	—	„ ordinär	296
—	—	89,64	1,81	8,04	—	0,51	—	—	Palmenzucker	297
—	—	90,72	3,14	4,63	—	1,51	—	—	Maiszucker	298
—	—	94,63	0,42	4,26	—	0,69	—	—	Sorghozucker	299
			Schleimzucker							
—	—	29,18	53,44	14,94	—	4,44	—	—	Melassezucker	300
			Traubenzucker							
—	—	—	77,52	22,05	—	0,43	—	—	Stärkezucker	301
—	—	—	50,82	48,82	—	0,36	—	—	Stärkezucker-Syrup	302
—	—	—	56,73	39,94	—	3,33	—	—	Krystall-Syrup	303
—	—	28,44	44,26	23,31	—	3,99	—	—	Zucker-Couleur	304
Stickstoff	Säure = Aepfelsäure									
0,31	3,47	4,25	81,32	7,40	—	3,25	—	—	Obstkraut (Syrup)	305

No.	Bezeichnung	Anzahl der Analysen	In der natürlichen Substanz							
			Wasser %	Stickstoff %	Säure = Aepfelsäure %	Rohrzucker %	Traubenzucker %	Sonstige N-freie Extractstoffe %	Holzfaser %	Asche %
306	Zuckerrübenkraut (Syrup)	5	28,01	0,723	1,41	43,63	17,85	5,30	—	3,80
307	Möhrenkraut	1	31,19	0,612	2,36	12,64	40,30	7,66	—	5,85
				Stickstoff-Substanz	Lävulose	Dextrose		Rohrzucker	Pollen + Wachs	
308	Bienenhonig	138	20,60	0,76	38,65	34,48	72,88	1,76	0,71	0,25

(Ueber Tagma-Honig, Manna und Milch des Kuhbaumes vergl. S. 768 und 769.)

Obstsorten und sonstige Früchte. a. Frisch.

No.	Bezeichnung	Anzahl der Analysen	Wasser %	Stickstoff %	Fett	Freie Säure	Zucker	Sonstige N-freie Extractstoffe	Holzfaser*)	Asche %
309	Aepfel	36	84,79	0,36	—	0,82	7,22	4,81	1,51	0,49
310	Birnen	10	83,03	0,36	—	0,20	8,26	3,54	4,30	0,31
311	Zwetschen	4	81,18	0,78	—	0,85	6,15	4,92	5,41	0,71
312	Pflaumen	3	84,86	0,40	—	1,50	3,56	4,68	4,34	0,66
313	Reineclaude	2	80,28	0,41	—	0,91	3,16	11,46	3,39	0,39
314	Mirabellen	2	79,42	0,38	—	0,53	3,97	10,07	4,99	0,64
315	Pfirsiche	5	80,03	0,75	—	0,92	4,48	7,17	6,06	0,69
316	Aprikosen	6	81,22	0,49	—	1,16	4,69	6,35	5,27	0,82
317	Kirschen	9	79,82	0,67	—	0,91	10,24	1,76	6,07	0,73
318	Weintrauben	12	78,17	0,59	—	0,79	14,36	1,96	3,60	0,53
319	Erdbeeren	33	87,66	0,54	0,45	0,93	6,28	1,01	2,32	0,81
320	Himbeeren	6	85,74	0,40	—	1,42	3,86	1,44	6,66	0,48
321	Heidelbeeren	2	78,36	0,78	—	1,66	5,02	0,87	12,29	1,02
322	Maulbeeren	1	84,71	0,36	—	1,86	9,19	2,31	0,91	0,66
323	Brombeeren	1	86,41	0,51	—	0,19	4,44	2,76	5,21	0,48
324	Stachelbeeren	11	85,74	0,47	—	1,42	7,03	1,40	3,52	0,42
325	Johannisbeeren	7	84,77	0,51	—	2,15	6,38	0,90	4,57	0,72
326	Preisselbeeren	2	89,59	0,12	—	2,34	1,53	6,27		0,15

b. Getrocknet.

No.	Bezeichnung	Anzahl der Analysen	Wasser %	Stickstoff %	Fett	Freie Säure	Zucker	Sonstige N-freie Extractstoffe	Holzfaser*)	Asche %
327	Zwetschen	9	29,30	2,25	0,49	2,75	44,41	17,91	1,52 **)	1,37
328	Birnen	3	29,41	2,07	0,35	0,84	29,13	29,67	6,86	1,67
329	Aepfel	2	27,95	1,28	0,82	3,60	42,83	16,96	4,99	1,57
330	Kirschen	1	49,88	2,07	0,30	—	31,22	14,29	0,61 **)	1,63
331	Trauben (Rosinen)	3	32,02	2,42	0,59	—	54,56	7,48	1,72	1,21
332	Corinthen	1	14,35	—	—	2,58	53,32	15,80	—	2,68
333	Cibeben	6	22,29	—	—	1,48	61,88	—	—	1,65
334	Feigen	5	31,20	4,01	—	—	49,79	—	—	2,86

(Ueber die natürlichen Fruchtsäfte und die des Handels, über Citronensaft und Brauselimonaden vergl. S. 781—784.)

*) Holzfaser bei den Obstsorten incl. Kerne.
**) Bei diesen incl. Kerne.

In der Trocken-Substanz												
Stickstoff %	Säure = Aepfelsäure %	Rohrzucker %	Traubenzucker %	Sonstige N-freie Extractstoffe %	Holzfaser %	Asche %	Nährstoffverhältniss (Nh : Nfr.) wie 1 :	1 kg enthält Nährwertheinheiten	1 kg kostet im Kleinverkauf Pfg.	Für 1 Mk. erhält man Nährwertheinheiten	Bezeichnung	No.
1,00	1,96	60,60	24,79	5,57	—	5,88	—	—	—	—	Zuckerrübenkraut (Syrup) . .	306
0,85	3,29	17,62	56,18	13,91	—	8,15	—	—	—	—	Möhrenkraut	307
Stickstoff-Substanz	Lävulose	Dextrose		Rohrzucker	Pollen + Wachs							
0,96	48,66	43,41	91,76	2,22	0,89	0,31	—	—	—	—	Bienenhonig	308

(Ueber Tagma-Honig, Manna und Milch des Kuhbaumes vergl. S. 768 und 769.)

Obstsorten und sonstige Früchte. a. Frisch.

Stickstoff %	Fett	Freie Säure	Zucker	Sonstige N-freie Extractstoffe	Holzfaser	Asche %	Nährstoffverhältniss wie 1 :	1 kg enthält Nährwertheinheiten	1 kg kostet im Kleinverkauf Pfg.	Für 1 Mk. erhält man Nährwertheinheiten	Bezeichnung	No.
2,37	—	5,39	47,47	31,62	9,93	3,22	38,5	147	—	—	Aepfel	309
2,12	—	1,18	48,68	22,85	23,34	1,83	33,3	138	—	—	Birnen	310
4,14	—	4,52	32,68	26,14	28,75	3,77	15,3	158	—	—	Zwetschen	311
2,64	—	9,91	23,51	30,91	28,67	4,36	24,3	117	—	—	Pflaumen	312
2,08	—	5,15	15,99	57,67	17,16	1,97	37,9	176	—	—	Reineclaude	313
1,85	—	2,57	19,29	48,94	24,24	3,11	38,3	165	—	—	Mirabellen	314
3,76	—	4,61	22,43	35,39	30,35	3,46	19,3	158	—	—	Pfirsiche	315
2,61	—	6,18	24,99	33,77	28,08	4,37	24,9	147	—	—	Apricosen	316
3,32	—	4,51	50,74	7,83	30,08	3,52	19,3	153	—	—	Kirschen	317
2,70	—	3,62	65,78	8,19	16,48	2,43	29,0	201	—	—	Weintrauben	318
4,38	3,65	7,84	50,89	2,88	23,80	6,56	16,6	125	—	—	Erdbeeren	319
2,81	—	2,95	27,07	15,09	46,71	3,37	16,8	87	—	—	Himbeeren	320
3,60	—	7,67	23,20	4,03	56,79	4,71	9,7	115	—	—	Heidelbeeren	321
2,35	—	12,16	60,10	15,12	5,95	4,32	37,1	152	—	—	Maulbeeren	322
3,75	—	1,40	32,67	21,31	38,34	3,53	14,5	99	—	—	Brombeeren	323
3,30	—	9,96	49,30	9,80	24,69	2,95	21,0	122	—	—	Stachelbeeren	324
3,35	—	14,12	41,88	4,89	30,03	5,73	18,5	120	—	—	Johannisbeeren	325
1,15	—	22,48	14,70	60,23	—	1,44	32,3	—	—	—	Preisselbeeren	326

b. Getrocknet.

Stickstoff %	Fett	Freie Säure	Zucker	Sonstige N-freie Extractstoffe	Holzfaser	Asche %	Nährstoffverhältniss wie 1 :	1 kg enthält Nährwertheinheiten	1 kg kostet im Kleinverkauf Pfg.	Für 1 Mk. erhält man Nährwertheinheiten	Bezeichnung	No.
3,89	6,69	3,89	62,80	18,71	2,15	1,87	29,3	778	100	778	Zwetschen	327
2,93	0,50	1,19	41,25	42,06	9,71	2,36	29,1	710	140	507	Birnen	328
1,78	1,14	5,00	59,45	23,52	6,93	2,18	42,8	723	104	700	Aepfel	329
4,13	0,60	—	62,28	26,56	3,18	3,25	22,2	568	120	473	Kirschen	330
3,56	0,87	—	80,26	11,00	2,53	1,78	26,0	779	200	389	Trauben (Rosinen)	331
—	—	3,01	62,22	31,64	—	3,13	—	—	—	—	Corinthen	332
—	—	1,90	79,64	16,34	—	2,12	—	634	—	—	Cibeben	333
5,82	—	—	72,39	17,63	—	4,16	12,4	708	136	521	Feigen	334

(Ueber die natürlichen Fruchtsäfte und die des Handels, über Citronensaft und Brauselimonaden vergl. S. 781—784.)

Alkaloid-haltige Genussmittel.

No.	Bezeichnung	Anzahl der Analysen	In der natürlichen Substanz: Wasser %	Nh-Substanz %	Alkaloid %	Fett %	Zucker %	Sonstige Nfr. Extr.-stoffe %	Holzfaser %	Asche %
335	Kaffee, roh	4	11,23	12,07	1,21	12,27	8,55	33,79	18,17	3,92
336	„ gebrannt	4	1,15	13,98	1,24	14,48	0,66	45,09	19,89	4,75
	(Kaffee-Surrogate und Kunstkaffee vergl. S. 1005 und 1006.)									
							Gerbsäure			
337	Thee	69	9,51	24,50	3,58	7,07	15,65	26,04	11,58	5,65
	(Thee-Surrogate vergl. S. 1016 und 1017.)									
							Stärke			
338	Cacaobohnen, roh und ungeschält .	7	7,93	14,19	1,49	45,57	22,92		4,78	4,61
339	„ geschält und gebrannt	7	5,58	14,13	1,55	50,09	8,77	13,91	3,93	3,59
340	„ verknetet (Masse) . .	7	4,16	13,97	1,56	53,03	21,81		3,40	3,63
341	Puder-Cacao, deutscher	11	6,35	21,50	1,82	27,34	15,17	19,01	5,44	5,19
342	„ holländischer . . .	4	4,54	19,66	1,74	31,61	12,61	17,25	5,85	8,48
							Zucker			
343	Chocolade	9	1,89	6,18	0,67	21,02	54,40	13,27	1,35	1,89
	(Eichel-, Saccharin- und Pepton-Cacao vergl. S. 1027 und 1028.)									
							Stärke			
344	Kolanüsse	5	11,23	8,34	2,09	0,52	42,72	23,27	10,80	3,13

III. Alkoholische

Bier.

No.	Bezeichnung	Anzahl der Analysen	In der ursprünglichen Substanz: Wasser %	Nh-Substanz %	Aetherisches Hopfenöl %	Alkohol-Extr.: im Ganzen %	Alkohol-Extr.: davon Harz %	In Wasser löslich %	Gerbsäure %	Holzfaser %	Reinasche %	Sand %	Kali %
1	Hopfen	39	13,35	14,82	0,33	23,77	15,79	24,72	4,64	15,54	4,91	1,83	—
					Fett	Extractausbeute	Im Extract: Nh-Subst.	Maltose	Dextrin	Asche	Holzfaser	Asche	
2	Grünmalz	13	48,13	6,67	1,28	35,29	—	22,90	—	—	(5,51)	2,09	—
3	Darrmalz	42	5,71	10,97	1,79	72,39	4,27	48,68	12,25	1,31	5,37	2,83	—
					Reines Eiweiss	Maltose	Dextrin etc.				Mineralstoffe	Phosphorsäure	
4	Ungehopfte Bierwürze . .	3	83,07	1,09	0,30	11,67	3,98	—	—	—	0,310	0,148	0,078
			Spec. Gewicht	Wasser	Kohlensäure	Alkohol Gew.%	Extract	Nh-Substanz	Zucker	Dextrin	Säure = Milchsäure	Mineralstoffe	Phosphorsäure
5	Malzextract	10	—	83,87	0,200	3,85	12,08	0,79	4,59	5,09	0,290	0,320	0,107
6	Schenk- oder Hefenbier .	205	1,0144	91,11	0,197	3,36	5,34	0,74	0,95	3,11	0,156	0,204	0,055
7	Lager- oder Sommerbier .	258	1,0162	90,08	0,196	3,93	5,79	0,71	0,88	3,73	0,151	0,228	0,077
8	Exportbier	109	1,0176	89,01	0,209	4,40	6,38	0,74	1,20	2,47	0,161	0,247	0,074
9	Bockbier	84	1,0213	87,87	0,234	4,69	7,21	0,73	1,81	3,97	0,165	0,263	0,089

Alkaloid-haltige Genussmittel.

In der Trocken-Substanz: N-Substanz %	Alkaloid %	Fett %	Zucker %	Sonstige Nfr. Extr.-stoffe %	Holzfaser %	Asche %	Bezeichnung	No.
13,60	1,36	13,83	0,65	64,09	2,05	4,42	Kaffee, roh	335
14,15	1,25	14,65	0,67	43,34	21,13	4,81	„ gebrannt	336
(Kaffee-Surrogate und Kunstkaffee vergl. S. 1005 und 1006.)								
			Gerbsäure					
27,07	3,96	7,81	17,29	24,83	12,80	6,24	Thee	337
(Thee-Surrogate vergl. S. 1016 und 1017.)								
			Stärke					
15,41	1,62	49,48	23,29		5,19	5,01	Cacaobohnen, roh und ungeschält	338
14,96	1,64	53,05	9,29	13,10	4,16	3,80	„ geschält und gebrannt	339
14,57	1,63	54,27	22,19		3,55	3,79	„ verknetet (Masse)	340
22,96	1,94	29,60	16,20	17,41	5,81	6,08	Puder-Cacao, deutscher	341
20,60	1,82	33,13	13,22	16,21	6,13	8,89	„ „ holländischer	342
			Zucker					
6,30	0,68	21,52	55,43	12,76	1,38	1,93	Chocolade	343
(Eichel-, Saccharin- und Pepton-Cacao vergl. S. 1027 und 1028.)								
9,40	2,86	0,36	47,64	24,04	12,17	3,53	Kolanüsse	344

Getränke.

Bier.

In der Trocken-Substanz: Nh-Substanz %	Aetherisches Hopfenöl %	Alkohol-Extract im Ganzen %	Alkohol-Extract davon Harz %	In Wasser löslich %	Gerbsäure %	Holzfaser %	Reinasche %	Sand %	Bezeichnung	No.
17,10	0,38	27,43	18,22	28,53	5,35	17,93	5,67	2,11	Hopfen	1
	Fett	Extract-ausbeute	Im Extract: Nh-Subst.	Im Extract: Maltose	Im Extract: Dextrin	Im Extract: Asche	Holzfaser	Asche		
12,85	2,47	68,00	4,53	44,13	—	—	(10,62)	4,03	Grünmalz	2
11,64	1,90	76,80	—	52,65	13,00	1,39	5,69	3,00	Darrmalz	3

In Procenten des Extracts: N-Subst.	Maltose	Dextrin	Säure =Milchsäure	Mineralstoffe	In Procenten der Mineralstoffe: Phosphorsäure	Kali	Bezeichnung	No.
6,44	68,92	23,51	—	18,31	47,74	25,16	Ungehopfte Bierwürze	4
	Zucker							
6,54	37,99	42,13	2,40	2,65	33,44	—	Malzextract	5
13,85	17,79	58,24	2,92	3,82	26,96	—	Schenk- oder Hefenbier	6
12,26	15,20	64,42	2,60	3,94	33,77	—	Lager- oder Sommerbier	7
11,70	18,80	38,70	2,52	3,86	29 96	—	Exportbier	8
10,18	25,10	55,06	2,29	3,65	33,84	—	Bockbier	9

No.	Bezeichnung	Anzahl der Analysen	In der ursprünglichen Substanz										
			Spec. Gew.	Wasser %	Kohlensäure %	Alkohol Gew. %	Extract %	Nh-Substanz %	Zucker %	Dextrin %	Säure = Milchsäure %	Mineralstoffe %	Phosphorsäure %
10	Weissbier	26	1,0137	91,63	0,297	2,73	5,34	0,58	1,62	2,42	0,392	0,149	0,034
11	Broyhan einfacher	1	1,0230	92,63	0,237	0,82	6,31	1,32	—	—	0,158	0,200	0,054
12	Broyhan doppelter	1	1,0420	87,68	0,060	0,96	11,30	1,67	—	—	0,060	0,230	0,123
13	Obergähriges (Alt- etc.) Bier	8	1,0102	92,92	0,162	2,79	4,13	0,41	0,85	1,75	0,433	0,174	0,049
14	Reisbier	3	1,0213	89,21	—	3,86	6,93	0,46	1,45	4,20	0,230	0,220	0,077
15	Braunschweiger Mumme	2	1,2310	45,24	0,120	2,96	52,29	—	—	—	—	1,390	0,509
16	Ale	38	1,0141	89,42	0,201	4,73	5,65	0,61	1,07	1,81	0,278	0,310	0,086
17	Porter	40	1,0191	88,49	0,215	4,70	6,59	0,65	2,62	3,08	0,281	0,363	0,093

(Ueber „Condensirtes Bier“ vergl. S. 839, über „Belgische, Französische, Spanische, Holländische, Englische,

Wein.*)

No.	Bezeichnung	Anzahl der Analysen	In der ursprünglichen Substanz										
			Spec. Gew.	Alkohol Gew. %	Extract %	Säure = Weinsäure %	Zucker %	Stickstoff %	Gerb- und Farbstoff %	Mineralstoffe %	Phosphorsäure %	Schwefelsäure %	Kali %
18	Most**)	20	1,0780	—	18,78	0,92	16,05	0,051	—	0,266	0,039	0,011	0,148
							Glycerin						
19	Moselwein	14	0,9964	7,99	2,24	0,79	0,72	0,031	—	0,175	0,036	0,026	0,068
20	Rheingau Weisswein	23	1,0005	8,00	2,60	0,81	0,85	0,048	—	0,230	0,046	0,020	0,085
21	Rheingau Rothwein	18	0,9966	10,08	3,04	0,52	—	—	0,158	0,249	—	—	—
22	Ahrrothwein	11	0,9941	8,02	2,58	0,48	—	0,047	0,204	0,212	0,052	—	0,105
23	Rheinhessischer Weisswein	2	—	9,91	2,52	0,56	1,02	—	—	0,250	0,046	0,048	—
24	Rheinhessischer Rothwein	14	0,9961	7,70	3,01	0,58	—	—	0,148	0,218	—	—	—
25	Pfälzer Weisswein	11	—	8,11	2,43	0,67	1,12	—	—	0,210	0,034	0,034	0,099
26	Pfälzer Rothwein	7	—	9,39	2,94	0,49	1,29	—	—	0,240	0,038	0,029	0,095
27	Frankenwein	39	0,9962	7,75	2,31	0,74	0,90	—	—	0,217	0,034	0,040	0,117
28	Tauberwein	8	0,9967	7,71	2,38	0,70	0,91	0,031	0,049	0,220	—	0,092	—
29	Badische Weine	14	0,9946	7,42	2,35	0,39	0,61	—	—	0,184	0,036	—	—
30	Württembergische Weine Weisswein	15	0,9995	6,10	2,27	0,95	0,57	—	—	0,250	0,043	0,009	0,115
31	Württembergische Weine Rothwein	6	—	5,92	2,64	1,14	0,46	—	—	0,250	0,040	0,008	0,108
32	Elsass-Lothringer Weine 1885er Ernte	14	—	6,23	1,97	0,74	0,54	0,033	—	0,199	0,030	—	—
33	Elsass-Lothringer Weine 1886er „	15	—	6,59	2,07	0,69	0,55	0,028	—	0,229	0,038	—	—
34	Lothringer Rothwein	10	0,9967	8,08	2,27	0,56	0,50	0,019	0,159	0,185	0,030	0,008	—
35	Französischer Rothwein	28	0,9982	7,80	2,56	0,57	0,73	0,043	0,180	0,248	0,030	0,033	0,106
36	„ Weisswein	5	0,9963	10,31	3,03	0,66	0,97	—	—	0,25	0,032	0,038	0,098
37	Schweizer Rothwein	11	0,9963	8,00	2,31	0,79	0,61	—	0,200	0,22	0,030	0,022	(0,110)
38	Tyroler Rothwein	60	0,9940	9,08	2,34	0,62	0,65	0,021	0,170	0,222	0,027	0,023	0,106
39	„ Weisswein	17	0,9927	8,84	1,87	0,59	0,65	0,020	0,160	0,175	0,022	0,023	0,077
40	Niederösterreich. Weisswein	36	0,9949	7,93	2,13	0,67	0,68	0,022	—	0,189	0,034	0,039	0,081
41	„ Rothwein	15	0,9958	8,49	2,54	0,62	0,81	0,026	0,110	0,241	0,037	0,033	0,101

*) Bezüglich der Bedeutung der Mittelzahlen für die Zusammensetzung der Weine vergl. das S. 864 Gesagte.

In Procenten des Extractes					In Procenten der Mineralstoffe	Bezeichnung	No.
Nh-Substanz %	Zucker %	Dextrin %	Säure = Milchsäure %	Mineralstoffe %	Phosphorsäure %		
10,75	30,03	44,87	7,27	2,76	22,81	Weissbier	10
20,92	—	—	2,50	3,17	27,00	Broyhan einfacher	11
14,78	—	—	0,53	2,04	53,48	Broyhan doppelter	12
9,93	20,58	42,37	10,48	4,21	28,16	Obergähriges (Alt- etc.) Bier	13
6,64	20,92	60,61	3,32	3,17	35,00	Reisbier	14
—	—	—	—	2,65	36,62	Braunschweiger Mumme	15
10,80	18,93	32,04	7,42	5,49	27,74	Ale	16
9,23	39,62	46,57	4,25	5,49	25,62	Porter	17

Schwedische, Norwegische, Schweizer u. Amerikanische Biere," sowie „Mais-Maltose-Bier" vergl. S. 840—854.)

Wein.*)

In Procenten des Extracts					In Proc. der Mineralstoffe			Verhältniss von Alkohol zu Glycerin wie 100:	Bezeichnung	No.
Säure = Weinsäure %	Zucker %	Stickstoff %	Gerb- und Farbstoff %	Mineralstoffe %	Phosphorsäure %	Schwefelsäure %	Kali %			
4,89	85,46 Glycerin	0,27	—	1,42	14,66	4,13	55,64	—	Most**)	18
35,26	32,14	1,38	—	7,81	20,56	14,85	38,85	9,01	Moselwein	19
31,15	32,69	1,85	—	8,85	20,00	8,67	36,96	10,63	Rheingau Weisswein	20
17,10	—	—	5,20	8,19	—	—	—	—	Rheingau Rothwein	21
18,60	—	1,82	7,94	8,22	24,53	—	49,53	—	Ahrrothwein	22
22,22	40,47	—	—	9,42	18,40	19,20	—	11,32	Rheinhessischer Weisswein	23
19,27	—	—	4,93	7,23	—	—	—	—	Rheinhessischer Rothwein	24
27,60	46,13	—	—	6,65	16,19	16,19	47,14	13,81	Pfälzer Weisswein	25
18,66	43,87	—	—	8,18	15,83	12,08	39,58	13,76	Pfälzer Rothwein	26
32,03	38,96	—	—	9,39	15,66	18,43	53,91	11,61	Frankenwein	27
29,41	38,24	1,30	2,06	4,26	—	41,82	—	11,80	Tauberwein	28
16,59	25,96	—	—	7,85	19,56	—	—	8,22	Badische Weine	29
41,85	25,11	—	—	11,01	17,20	3,60	46,00	9,34	Württembergische Weine Weisswein	30
43,18	17,42	—	—	9,47	16,00	3,20	43,20	7,77	Württembergische Weine Rothwein	31
37,56	27,41	1,68	—	10,10	15,08	—	—	8,67	Elsass-Lothringer Weine 1885er Ernte	32
33,33	26,57	1,35	—	11,06	16,59	—	—	8,35	Elsass-Lothringer Weine 1886er „	33
24,67	22,03	0,84	7,00	8,15	16,22	4,32	—	6,19	Lothringer Rothwein	34
22,26	28,51	1,68	1,68	9,69	12,10	13,31	42,74	9,36	Französischer Rothwein	35
21,78	32,01	—	—	8,25	12,80	15,20	39,20	9,41	„ Weisswein	36
34,20	26,37	—	8,66	9,52	13,64	10,00	50,00	7,63	Schweizer Rothwein	37
26,50	27,78	0,90	7,27	9,40	12,16	10,36	47,75	7,16	Tyroler Rothwein	38
31,55	34,76	1,07	8,56	9,36	12,57	13,14	44,00	7,35	„ Weisswein	39
31,46	31,93	1,03	—	8,69	17,99	20,63	42,86	8,58	Niederösterreichischer Weisswein	40
24,40	31,89	1,01	4,33	8,49	15,35	13.69	41,91	9,54	„ Rothwein	41

**) Ueber verschiedene Mostsorten vergl. S. 855—861.

No.	Bezeichnung	Anzahl der Analysen	Spec. Gew.	Alkohol Gew. %	Extract %	Säure = Weinsäure %	Glycerin %	Stickstoff %	Gerb- und Farbstoff %	Mineralstoffe %	Phosphorsäure %	Schwefelsäure %	Kali %
						In der ursprünglichen Substanz							
42	Steiermärker Weisswein .	12	0,9994	8,44	3,14	0,78	0,71	0,021	0,035	0,167	0,039	0,026	0,069
43	Istrien, Weisswein .	5	0,9942	8,87	2,40	0,74	0,74	0,017	—	0,195	0,019	0,028	0,072
44	Istrien, Rothwein . .	7	0,9956	8,44	2,68	0,70	0,69	0,026	0,156	0,222	0,034	0,043	0,098
45	Dalmatien, Rothwein . .	14	0,9967	9,89	3,56	0,64	0,81	0,025	0,220	0,267	0,031	0,023	0,115
46	Herzegowina, Rothwein . .	29	0,9956	8,72	2,45	0,64	0,63	0,023	0,218	0,195	0,025	0,007	0,105
47	Herzegowina, Weisswein .	13	0,9955	9,95	2,59	0,63	0,86	0,030	0,090	0,194	0,037	0,007	0,091
48	Bosnien, Rothwein . .	3	0,9960	7,48	2,19	0,70	0,64	—	0,180	0,149	0,020	0,032	0,068
49	Bosnien, Weisswein .	3	0,9960	7,34	2,21	0,65	0,59	—	—	0,156	0,033	0,016	0,077
50	Ungarn, Rothwein . .	41	0,9952	9,02	2,54	0,67	0,79	0,034	0,150	0,215	0,038	0,024	0,091
51	Ungarn, Weisswein .	52	0,9955	8,00	2,33	0,69	0,77	0,027	—	0,204	0,034	0,025	0,075
52	Krim, Südküste, Rothwein . .	10	0,9939	10,79	2,78	0,56	0,64	0,036	0,340	0,267	0,027	—	0,111
53	Krim, Südküste, Weisswein .	12	0,9931	11,98	2,57	0,50	0,60	0,026	—	0,204	0,030	—	0,086
54	Bessarabien, Rothwein . .	12	0,9942	8,81	2,25	0,55	(0,33)	0,030	0,214	0,200	0,020	—	0,092
55	Bessarabien, Weisswein .	6	0,9926	9,49	1,99	0,60	(0,37)	0,021	—	0,177	0,022	—	0,084
56	Kaukasien, Rothwein . .	5	0,9924	9,99	2,39	0,48	0,78	—	—	0,250	0,037	0,014	0,111
57	Kaukasien, Weisswein .	5	0,9946	10,14	2,49	0,49	0,84	—	—	0,240	0,042	0,009	0,132
58	Italienischer Wein . . .	20	—	10,63	3,44	0,52	1,45	0,013	—	0,290	0,032	0,019	0,115
59	Spanischer Wein (Roth-) .	13	—	12,31	3,53	0,49	1,09	—	0,22	0,61	0,027	0,221	0,242

(Ueber Weine aus Kleinasien und Syrien vergl. S. 933, aus Palästina, Australien und von Cypern Spanische Weine S. 948—950, Portugiesische Weine S. 950, von der Insel Elba S. 951,

Süssweine.

No.	Bezeichnung	Anzahl der Analysen	Spec. Gew.	Alkohol Gew. %	Extract %	Säure = Weinsäure %	Glycerin %	Stickstoff %	Zucker %	Mineralstoffe %	Phosphorsäure %	Schwefelsäure %	Kali %
60	Tokayer, herb gezehrt . .	5	0,9943	12,05	3,26	0,68	1,04	0,041	0,63	0,24	0,035	0,030	0,108
61	„ Ausbruch . . .	22	1,0870	9,44	23,63	0,57	0,62	0,060	19,44	0,32	0,054	0,034	0,116
62	Ruster Ausbruch	4	1,0800	9,55	26,05	0,44	—	0,046	23,77	0,32	0,040	0,037	0,116
63	Menescher Ausbruch . .	3	1,0833	9,02	23,42	0,50	1,13	0,121	18,85	0,28	0,036	0,053	0,141
64	Portwein	7	1,0081	16,69	8,05	0,40	0,43	0,027	5,82	0,23	0,031	0,023	0,102
65	Madeira	5	1,0003	15,40	5,52	0,43	0,74	0,020	3,23	0,35	0,060	0,075	0,149
66	Malaga	14	1,0694	11,93	21,73	0,55	0,46	0,041	17,11	0,41	0,049	0,043	0,187
67	Marsala	6	1,0022	15,85	5,27	0,49	0,51	0,037	3,53	0,38	0,029	0,114	0,142
68	Sherry	7	0,9932	17,45	3,98	0,45	0,52	0,027	2,12	0,38	0,031	0,128	0,206

(Ueber sonstige Süssweine vergl. Weine aus Kleinasien S. 933, aus Griechenland S. 935—938, aus die Zusammensetzung von Champagner-Sorten vergl. S. 970, von sehr alten Weinen S. 973, von Wer-

No.	Bezeichnung	Anzahl der Analysen	Spec. Gew.	Alkohol Gew. %	Extract %	Aepfelsäure %	Glycerin %	Stickstoff %	Zucker %	Mineralstoffe %	Phosphorsäure %	Schwefelsäure %	Kali %
69	Obstwein, deutscher . . .	14	1,0087	5,08	3,48	0,69	0,65	0,037	0,70	0,36	0,028	0,006	0,134
70	Aepfelwein, Schweizer	18	1,0053	4,80	2,53	0,54	—	—	0,37	0,34	—	—	—
71	Birnenwein, Schweizer	11	1,0084	4,01	3,17	0,48	—	—	0,70	0,38	—	—	—
72	Obstwein, englischer . . .	12	1,0118	4,28	4,75	0,34	—	—	3,27	0,26	—	—	—
73	„ französischer . .	9	—	2,92	5,02	0,45	—	—	1,72	0,26	—	—	—
74	„ amerikanischer .	7	1,0154	5,17	3,88	0,40	—	0,007	—	0,38	—	—	—
75	Stachelbeerwein	3	—	11,22	13,08	0,75	0,77	0,009	9,80	0,21	0,018	0,011	0,097
76	Johannisbeerwein	9	—	11,14	12,69	1,06	0,57	0,009	9,86	0,24	0,016	0,008	0,074

(Ueber sonstige Beeren-Obstweine vergl. S. 989, Gerstenwein und Pulque

In Procenten des Extracts					In Proc. der Mineralstoffe			Verhältniss von Alkohol zu Glycerin wie 100:	Bezeichnung	No.
Säure = Weinsäure %	Glycerin %	Stickstoff %	Gerb- und Farbstoff %	Mineralstoffe %	Phosphorsäure %	Schwefelsäure %	Kali %			
24,84	12,61	0,67	1,11	5,32	23,35	15,57	41,31	8,41	Steiermärker Weisswein . . .	42
30,84	30,84	0,71	—	8,13	9,74	14,36	36,92	8,34	Istrien { Weisswein . . .	43
26,11	25,74	0,97	5,82	8,28	15,32	19,37	44,14	8,18	Istrien { Rothwein . . .	44
17,98	22,76	0,70	6,38	7,50	11,61	8,61	43,47	8,19	Dalmatien, Rothwein	45
26,11	25,72	0,94	8,90	7,96	12,82	3,59	52,82	7,23	Herzegowina { Rothwein . . .	46
24,32	33,20	1,16	3,47	7,49	19,07	3,61	46,91	8,64	Herzegowina { Weisswein . . .	47
31,96	29,22	—	8,22	6,80	13,22	22,15	45,66	8,56	Bosnien { Rothwein . . .	48
29,41	26,70	—	—	7,06	21,29	10,26	49,36	8,04	Bosnien { Weisswein . . .	49
26,32	31,30	1,34	5,91	8,46	17,67	11,16	42,32	8,76	Ungarn { Rothwein . . .	50
29,61	33,05	1,16	—	8,76	16,66	12,25	36,76	9,63	Ungarn { Weisswein . . .	51
20,14	33,03	1,29	12,23	9,95	10,11	—	41,87	5,93	Krim, Südküste { Rothwein . . .	52
19,46	23,35	1,01	—	7,94	14,71	—	42,16	5,01	Krim, Südküste { Weisswein . . .	53
24,44	(14,67)	1,33	9,51	8,89	10,00	—	46,00	(3,74)	Bessarabien { Rothwein . . .	54
30,15	(18,59)	1,06	—	8,89	12,43	—	47,46	(3,90)	Bessarabien { Weisswein . . .	55
20,08	32,64	—	—	10,46	14,00	5,60	44,40	7,81	Kaukasien { Rothwein . . .	56
19,68	33,73	—	—	9,64	17,50	3,75	55,00	8,28	Kaukasien { Weisswein . . .	57
15,44	13,37	0,39	—	8,61	11,03	6,55	39,66	13,64	Italienischer Wein	58
13,88	30,88	—	6,23	17,28	4,43	36,23	32,67	8,86	Spanischer Wein (Roth-) . . .	59

S. 934, aus Griechenland S. 935—938, aus Italien S. 938—944, Sicilische Weine S. 946 und 947, Capweine S. 995, Amerikanische Weine [Virginien und Californien] S. 952—958.)

Süssweine.

			Zucker							
20,86	31,90	1,26	19,32	7,36	14,58	12,50	45,00	8,63	Tokayer, herb gezehrt	60
2,41	6,85	0,25	82,23	1,35	16,88	10,63	36,25	6,57	„ Ausbruch	61
1,69	—	0,18	91,28	1,23	12,50	11,56	36,25	—	Ruster Ausbruch	62
2,14	4,83	0,52	80,50	1,20	12,86	18,93	50,36	12,53	Menescher Ausbruch	63
4,97	5,34	0,34	72,38	1,86	13,48	10,00	44,35	2,58	Portwein	64
7,79	13,41	0,36	58,53	6,34	17,14	21,43	42,57	4,81	Madeira	65
2,53	2,12	0,19	78,71	1,89	11,95	10,49	45,61	3,86	Malaga	66
9,30	10,19	0,74	70,53	7,59	7,63	30,00	37,37	3,22	Marsala	67
11,31	13,07	0,41	53,28	9,55	8,16	33,68	54,21	2,98	Sherry	68

Italien S. 938—944, aus Sicilien S. 946—947, aus Spanien S. 948—950, aus Portugal S. 950; über muthwein und Trockenbeerwein S. 975, von Halb-, Hefe-, Kunst- und petiotisirten Weinen S. 977—982.)

19,83	18,68	1,06	20,12	10,35	7,78	1,67	37,22	12,79	Obstwein, deutscher	69
21,34	—	—	14,62	13,44	—	—	—	—	Aepfelwein, } Schweizer {	70
15,14	—	—	22,09	11,99	—	—	—	—	Birnenwein, } Schweizer {	71
7,16	—	—	68,83	5,47	—	—	—	—	Obstwein, englischer	72
8,96	—	—	34,26	5,18	—	—	—	—	„ französischer . . .	73
10,31	—	0,18	—	9,79	—	—	—	—	„ amerikanischer . . .	74
5,74	5,89	0,07	74,97	1,61	8,57	5,24	46,19	6,86	Stachelbeerwein	75
8,35	4,49	0,07	77,70	1,89	6,67	3,33	30,83	5,12	Johannisbeerwein	76

fuerte S. 990, Palmenwein und einige alkoholische Getränke Japans S. 991.)

Branntweine und Liqueure.

No.	Bezeichnung	Wasser	Alkohol	Extract	Säure = Essigsäure	Zucker	Mineralstoffe
		In 100 CC. sind Gramm					
77	Gewöhnlicher Branntwein	64,90	35,1	—	—	—	—
78	Kirschbranntwein	56,0	43,9	0,055	—	—	0,018
79	Zwetschenbranntwein (Südungarn)	71,1	28,7	0,056	0,155	—	0,034
80	Weintresterbranntwein	57,4	42,5	0,030	0,025	—	—
81	Whisky	47,8	52,2	0,036	0,027	—	—
82	Cognac	55,6	43,9	0,385	0,067	—	0,024
83	Rum	36,5	61,4	1,975	—	—	0,060
84	Arrac	47,4	52,5	0,082	—	—	0,024
85	Absynth-Liqueur	47,8	51,7	0,499	—	—	—
86	Ginger- „	31,79	26,4	41,71	—	40,10	—
87	Ingwer- „	32,01	40,2	27,79	—	25,92	0,141
88	Kümmel- „	39,98	28,0	32,02	—	31,18	0,058
89	Pfeffermünz- „	23,15	28,6	48,25	—	47,35	0,068
90	Anisette de Bordeaux	30,00	35,2	34,82	—	34,44	0,040
91	Crême de Menthe	31,12	40,6	28,28	—	27,63	0,068
92	Chartreuse	27,69	36,2	36,11	—	34,35	—
93	Cacao-Liqueur	37,34	21,98	40,68	—	30,40	—
94	Curaçao	32,87	40,1	27,03	—	26,55	0,040
95	Benedictiner-Bitter	19,60	44,4	36,00	—	32,57	0,043
96	Angostura- „	51,95	42,20	5,85	—	4,16	—
97	Bonekamp of Maag-Bitter	55,45	42,5	2,05	—	—	0,106
98	Punsch, schwedischer	41,89	21,5	36,61	—	33,20	—

Essig.

No.	Bezeichnung	Alkohol	Extract	Flüchtige Säure = Essigsäure	Nicht flüchtige Säure = Weinsäure	Weinstein	Glycerin	Mineralstoffe
		Gewichts-Procente						
99	Essig, gewöhnlicher	Spur	0,43	4,02	—	—	—	0,113
100	Essigsprit	0,63	0,30	11,55	Spur	—	0,010	0,031
101	Weinessig	1,05	1,066	5,77	0,149	0,124	0,211	0,184

Alphabetisches Sachregister.

GPSR Compliance

The European Union's (EU) General Product Safety Regulation (GPSR) is a set of rules that requires consumer products to be safe and our obligations to ensure this.

If you have any concerns about our products, you can contact us on ProductSafety@springernature.com

In case Publisher is established outside the EU, the EU authorized representative is:

Springer Nature Customer Service Center GmbH
Europaplatz 3
69115 Heidelberg, Germany

Batch number: 10683531

Printed by Printforce, the Netherlands